Gesamtverzeichnis des deutschsprachigen Schrifttums (GV) 1700 – 1910

Bearbeitet unter der Leitung von
Hilmar Schmuck und Willi Gorzny
Bibliographische und redaktionelle Beratung:
Hans Popst und Rainer Schöller

15

Bibl - Bieli

K · G · Saur München · New York · London · Paris 1980

Redaktion:

Monika Eichler, Ursula Geier, Robert Mittelstaedt, Sabine Nebinger,
Hildegard Roßberg, Hermann Schrott, Brigitte Semmler,
Eva von Troschke, Helga Werner, Gabriele Winter

CIP-Kurztitelaufnahme der Deutschen Bibliothek

Gesamtverzeichnis des deutschsprachigen Schrifttums :
(GV). – München, New York, London, Paris : Saur.
Bd. 1 – 6 bearb. unter d. Leitung von Peter Geils
u. Willi Gorzny.
ISBN 3-598-30000-X

1700 – 1910 / bearb. unter d. Leitung von Hilmar
Schmuck u. Willi Gorzny. Bibliograph. u. red.
Beratung: Hans Popst u. Rainer Schöller

NE: Schmuck, Hilmar [Bearb.]

15. Bibl – Bieli. – 1980.

Techn. Realisierung und Druck: Norbert Gärtner, Mainz-Kastel
Binden: Karl Schaumann, Darmstadt
Printed in the Federal Republic of Germany
ISBN 3-598-30000-X (Gesamtwerk)

Bibl, Rudolf, Katholische Kirchenlieder wie sie in den Kirchen der Wiener Erzdiözese gesungen werden, mit Marienliedern während der Mai-Andacht, für die Jugend. 2stimmig gesetzt. Schulausgabe. 8. (IV u. 68 S.) geh. 30 kr. netto.
Wiener Neustadt: Wedl 1881.

Bibl, Rud., katholische Kirchenlieder, für die Jugend zweistimmig gesetzt. 4. Aufl. 8. (II, 58 S.) Wiener-Neustadt 892. A. Folk. n. — 48

Bibl, Rudolf, Praktische Orgelschule. (Mit Berücksichtigung der Lehrerbildungsanstalten und Seminarien.) Opus 81. Band I. und II. Leipzig. Max Brockhaus. (Min.-Erl. v. 14. Sept. 1897, Z. 23272.) Ein Band 1.50

Bibl Viktor: Die literarischen Beziehungen des Humanisten Conrad Celtis. Diss.Wien, Univ.
1893 PN 783 749

— s.a. Klesl's Briefe an etc. Adam Freih. v. Dietrichstein.

BIBL, Victor
Klesl's Briefe an K. Rudolfs II. Obersthofmeister Adam Freiherrn von Ditrichstein. (1583—1589.) Ein Beitrag zur Geschichte Klesl's und der Gegenreformation in Niederösterreich. Von Dr. Victor Bibl. (Aus dem Archiv für österreichische Geschichte [Bd. LXXXVIII. II. Hälfte. S. 475] separat abgedruckt.) Wien. 1900. In Comm. Gerold's Sohn. Gr.-8°. 108 S. K 2.40

— Klesls Briefe an Kaiser Rudolfs II. Obersthofmeister Adam Freiherrn von Dietrichstein (1583—1589). Ein Beitrag zur Geschichte Klesls und der Gegenreformation in Niederösterreich. Ar. 88. 473 . . . . 2.40
Separatabdruck

Bibl, Vict., die Einführung der katholischen Gegenreformation in Niederösterreich durch Kaiser Rudolf II. (1576—1580.) Mit Unterstützg. der hohen kaiserl. Akademie der Wissenschaften. gr. 8. (XI, 182 S.) Innsbruck 900. Wagner. n. 4. —

Bibl, Vikt.: Die Erhebg Herzog Cosimos v. Medici z. Grossherzog v. Toskana u. d. kais. Anerkenng (1569—76). [Aus: „Archiv f. österr. Gesch."] (162) gr8° Wien, A Hölder '11. 4 —

Bibl, Vict., Nidbruck u. Tanner. E. Beitrag z. Entstehungsgeschichte d. Magdeburger Centurien u. z. Charakteristik König Maximilians II. [Aus: „Archiv f. österr. Gesch."] gr. 8. (52 S.) Wien 898. (C. Gerold's Sohn.) n. 1. 20

Bibl Viktor, Dr.: Nidbruck und Tanner. Ein Beitrag zur Entstehungsgeschichte der Magdeburger Zenturien und zur Charakteristik König Maximilians II. Ar. 85. 379 „ 1.20
Separatabdruck

— die Organisation des evangelischen Kirchenwesens im Erzherzogth. Österreich u. d. Enns von der Ertheilung der Religions-Concession bis zu Kaiser Maximilians II. Tode (1568—1576). gr. 8. (116 S.) Wien 899. (C. Gerold's Sohn.) n. 2. 50
Sonderabdruck aus „Archiv f. österr. Geschichte".

— Die Organisation des evangelischen Kirchenwesens im Erzherzogtume Österreich unter der Enns von der Erteilung der Religionskonzession bis zu Kaiser Maximilians II. Tode (1568—1576). Ar. 87. 113 . . . . 2.50
Separatabdruck

— die Restauration der niederösterr. Landesverfassung unter K. Leopold II. Ein Beitrag zur Geschichte der österr. Stände u. innern Staatsverwaltg. gr. 8. (IV, 86 S.) Innsbruck 902. Wagner. n. 3. —

— Die niederösterr. Stände im Vormärz. Beitrag z. Vorgesch. d. Revolution d. J. 1848. (12, 338) gr8° Wien, Gerlach & W. '11. 15 —

Bible, la, ou la sainte Écriture dediée à l'enfance et à la jeunesse par la Direct. de l'instit. franç. à Leipsick. 1. Part. (Mit dem Umschlagstitel: Rathe einmal, kleiner Franzos u. kleine Französin! in welchem Buche du auf jeder Seite die Hälfte der Wörter von vorn herein auswendig weisst.) 16. (4⅞ B.) Leipsick 845, Steinacker.

Bible česká, s. Bibli

Bible. La B' éclairée s. (Frey, Alphonse).

— en figures, s. Kupferbibel. fol. Haag.

— en figures, cont. 250. sentences av. fig. 12. Copenh. 745.

— en figures, cont. 252. sentences choisies etc, av. fig. 12. ibid. (Weidmann et Gleditsch in Leips.) 751.

Bible, la, française de Calvin. Livres des saintes écritures, traduits ou révisés par le Réformateur, tirés de ses oeuvres et accompagnés de variantes d'autres versions du 16e siècle par Ed. Reuss. Tome I. Livres de l'ancien testament. [Aus: „Corpus reformatorum".] 8. (XVI, 911 S.) Berlin 897. C. A. Schwetschke & Sohn. n. 10. —

— dasselbe. Tome II. Livres du nouveau testament. [Aus: „Corpus Reformatorum".] gr. 8. (705 S.) Ebd. 897. n. 10. —

Bible, the Holy. 12. Altona. 730. Rthlr.

— newly translated etc. gr. 8. Leips. (Frommann in Jena) 746.

Bible, holy, polychrome ed., s.: Books, the sacred, of the Old and New Testaments.

— à l'usage de la Jeunesse. (*Biblische Geschichte...*) *Winterthur*, 1774, in-12. Voyez *a Schellenberg* (*J.-R.*).

Bible illustrée, petite, ou récits tirés de l'Ancien et du Nouveau Testament à l'usage de la jeunesse. Traduction revue par l'abbé Bourquard. 1re—3e édit. 8. (VIII, 279 S. mit eingedr. Holzschn. und 1 Holzschntaf.) Einsiedeln 867—70, Gebr. Benziger. cart. *

Bible, petite, illustrée, ou récits tirés de l'ancien et du nouveau testament à l'usage de la jeunesse. Traduction revue par Chanoine l'Abbé Bourquard. 7e édit. 8. (VI, 279 S. mit 140 eingedr. Holzschn.) Einsiedeln 875, Gebr. Benziger. geb. *

Bible, petite, en estampes, s. Bilder-Bibel.

Bible, La Sainte. Avec les Pseaumes de David, mis en vers françois. Berlin 1704—33. Ü: *Conrart, V.* (BrMm)

— selon la Vulgate, av. des explic. p. Guion. XX Vol. 8. Col. 715.

— du Vieux et du Nouv. Testam. p. Osterwald. fol. Amsterd. 724.

— av. une préf. de Lenfant. 8. Hannov. 728.

— le même livre. 4. maj. Berl. Lange. 732.

Bible, La Sainte, revûë sur les originaux ... Nouvelle edition, ... corrigée. Basle 1736. V: (Vorrede): *Roques, P.* Ü: (Psalmen): *Conrart, V.* (BrMm)

— av. des pet. not. d. Dav. Martin. 4. Basle, Imhof. 736.

La Sainte Bible, qui contient le vieux et le nouveau Testament. Le tout reveu sur les originaux etc. par David Martin. A Flensbourg et Altona. 1739. 8°.

— — le même, à la Haye. 740.

— la S., qui cont. le Vieux et le Nouv. Test. av. les Pseaumes en Vers. 4. Berl. 750.

— mise en Vers p. du Bois. 16. Berl. 755.

— la sainte, par Osterwald. gr. 8. Basel 771. Tourneyson. 2 ℛ La même. 8. Bern 778. Typograph. Soc. 2 ℛ

— la sainte, par Dav. Martin, rev. per Pierre Roques. 8. Basel 772. Imhof. 1 ℛ 8 ℊ

— p. Osterwald. 8. Bern, Typ. 778.

Bible, la sainte, qui cont. le vieux et le nouv. Testam. gr. 8. Basel 811. Ed. II, 818. Tourneyson. 2 ℛ 12 ℊ

Bible-Chrestomathy, A r a b i c , with a Glossary, ed. by George Jacob. Berlin 1888.
(= Porta linquarum orientalium. 9.)

Bible History, containing the most remarkable events of the Old and New Testament, prepared for the use of catholic Schools in the United States. By a priest of the archdiocese of Cincinnati. 8. (VI, 836 S. mit eingedr. Holzschn., Holzschntaf. und 1 Stnt. in qu. 4.) Einsiedeln 870, Gebr. Benziger. cart. *

Bible stories, s.a. H i s t o r i e s , Biblical.

Bible stories for little children in the Tshi language, Gold Coast W. Africa. 4. ed. Thoroughly revised. 12. (96 S. m. Abb.) Basel 896. Missionsbuchh. Geb. n. 1. —

— in the Romanised colloquial of the Hakka Chinese in the province of Canton. 2. ed. 8° (76) Ebd. 95. Kart. 1.20

Bible stories in the Mosquito-language. Stuttgart 1863. V: *Barth, Chu Glob.* (Tübz 11, 9)

Bible Stories, short, for little children in the Akra or Gã language, Gold Coast W. Africa. 12. (76 S. m. Bildern.) Basel 889. Missionsbuchh. Geb. n. 1. —

Bible-stories, short, for little children in the Akra ore G ã language, Gold Coast W. Africa. (5. ed.) 8. (72 S. m. Abb.) Basel 901. Missionsbuchh. Geb. n. 1. —

Bibli

Bible česká, čili pismo swaté staré ho i nowé ho Zákona, podlé obecného latinského od sw. Římské katolické církwe schwaleného wýkladu přeložené, a opět s pilností přehlednuté, ponaprawené, wyswětlené a znowu wydané. gr. 8. (XXII u. 1439 S.) Prag 851, Haase Söhne. n. 1 1/3 ℛ

Bibli česká čili pismo svatého starého i nového zákona etc. Prací Dr. Innoc. Ant. Froncla. V dalším pokračování prací J a n a N e p. F. D e s o l d y. Sešit 1—42. Prag 860—64. (Bellmann.) 4. (VIII, 1982 S. m. Holzschn. u. 1 Karte in Fol.) Jede Liefg. n. 6 *ngr.*; feine Ausg. n. 9 *ngr.*

— svaté čili pisma svatého starého i nového zákona božího. Dle nejlepších starších výkladů k tisku připravil F r a n t. S. B e z d ě k a. Sešit 1—22. Prag 860—64. Kober. 4. (I.: VIII, 1272 Sp.; II.: 1088 Sp.; III. Sp. 1—640.) Jede Liefg. mit 1 Holzschn. n. 8 *ngr.*

Biblia

Für die Ordnung der einzelnen Ausgaben ist vorrangig maßgeblich die Titelfassung; lassen sich aus ihr keine Ordnungs*wörter* gewinnen, wird, wenn möglich, auf Ordnungs*hilfen* zurückgegriffen: zumeist auf die Namen der Übersetzer, Herausgeber, Vorredner oder ähnlicher an der jeweiligen Ausgabe Beteiligten, in wenigen Fällen auch auf die Sprachbezeichnungen.

Teil- und Gesamtausgaben der Bibel sind gelegentlich auch verzeichnet unter dem Namen des Übersetzers oder Herausgebers, hauptsächlich aber unter den folgenden Wörtern:
Bibbia; Bibel-; Bible; Bibli; Bilderbibel; Broschüren-Cyclus für das katholische Deutschland; Familien (-Bilder)bibel; Haus (-Bilder)bibel; Kirchenbibel; Künstlerbibel; Perlbibel; Polyglottenbibel; Prachtbibel; Protestantenbibel; Schrift, Die (göttliche) heilige; Schriften, Die heiligen; Schullehrerbibel; Stiftungsbibel; Synopsis evang.; Testament, Altes; Testament, Neues; Testamentum novum; Testamentum vetus; Volks-und Schulbibel; Wartburg-Bibel.

Einzelne Bücher der Bibel finden sich unter dem Titel der betreffenden Schrift.

— die. Berlin u. Züllichau, Eyssenhardt, in Leder geb. n. 1 ℛ 11 ℊ Das neue Testament apart in Leder geb. Nonpareil. n. 2/3 ℛ

— dass. Bourgeois in Leder geb. n. 14 1/2 ℊ dass. mit Psalmen, in Leder geb. n. 2/3 ℛ

— 8. Bregenz, Brentano.

— gr. 8. Kehl. (Macklot in Frankf.)

weiß Papp.

—— oder d. ganze heil. Schrift d. alt. u. neu. Testaments. Kiel, Bünsow. Ausg. kl. 8. * 13 Gr., mitt. 8. * 10 Gr., gr. 8. –

— d. i. A. u. N. Test. f. die Jugend. in Kpf. abgeb. in 1 Bde ohne Text. Nürnb. Schneider u. W.

— die, oder bibl. Augenlust, in Kupfern, f. d. Jugend. 2 Bde. mit Erklärr. Nürnb., Schneider u. W. 1 ℛ 8 ℊ

— die, od. d. ganze heil. Schrift. gr. 8. Straßb., Treuttel u. W.

Biblia, Das ist: Die Gantze Heilige Schrifft . . . Mit Summarien . . . Worzu insonderheit Die Lobwasserische Psalmen . . . angefüget worden. Zürich 1707: Gessner.
830, 262, 208 S.

— mit Summarien. Fol. Cassel. (Vandenhök, Götting.) 730.

— — A. u. N. Test. Fol. Cassel. (Vandenhök u. Rupr. in Gött.) 730.

Biblia, Das ist: Die Heilige Schrift . . . Germantown: Gedrückt bey Christoph Saur, 1743.

— Dies., aus d. Grundspr. deutl. verdeutscht, m. Ausleg. v. Ulrich. 2 Thle. Fol. Zürich 757. 6 ℛ

— m. Ausleg. der Weimar. Theol. Fol. Nürnb. Endters. 763.

— Dies., nach d. Züricher Uebersetz. aufs Neue u. mit Fleiß übersehen, mit Concordanzen u. Register. Fol. Zürich 772. Orell. 2 ℛ Dies. N. A. Fol. 824. 3 ℛ 8 ℊ Dies. in gr. 8. Ebd. 819. 2 ℛ

— Dies., nach d. uralten gemeinen, von d. kathol. Kirche bewährten Uebersetzung, deutsch herausg. 6 Bde. gr. 8. Fulda. (Würzb.) 787. Stahel. 2 ℛ 20 ℊ Schrbp. 3 ℛ 4 ℊ (Der 6e Bd., welcher d. N. Test. enth., besond. 12 ℊ)

— m. neuen Anmerk. Summar. Tüb. Schramm. 787.

— Dies., nach der in d. kathol. Kirche angenomm. latein. Uebersetzung. 12 Thle. Mit Kpf. 8. Wien 791. (W. G. Korn in Bresl.) 6 ℛ 16 ℊ

— in grobem Druck mit 6 Registern u. Fig. Fol. Basel, Tourneysen. 793.

— — dieselbe. 4. Ebend. 795.

— Dies., kathol., neu verdeutscht. 12 Bde. M. Kpf. 8. Wien 793. Alberti. 5 ℛ 14 ℊ

— od. d. ganze H. Schrift d. A. u. N. Test. 8. Halberst. Groß. 801.

— d. i. d. ganze h. Schrift A. u. N. Testam. mit Parallelstellen ꝛc. 8. Marburg, Krieger. 803.

— Dies., oder die heil. Schriften A. u. N. Test. 24 Hfte Text u. 24 Hfte Kpf. 4. Frburg 815 u. ff. Herder. 8 ℛ 8 ℊ (Alt. Test. apart 5 ℛ 14 ℊ N. Test. apart 5 ℛ 14 ℊ)

— Dies. gr. 8. Basel 819. Thurneysen. 5e Aufl. gr. 8. Ebd. 823. (Cnobloch in Leipz.) 1 ℛ 4 ℊ

Biblia, oder d. ganze heil. Schrift ꝛc., mit bericht. Parallelstellen, u. Anweis., wie dieses göttl. Buch zu lesen ist, u. e. erklär. dunkler Stellen. N. A. 8. Marb. 821. Krieger. 1 ℛ

Bibel, d., oder d. ganze heil. Schrift alten u neuen Testam. 5e Aufl. 8. Basel 823. (Enobloch in Leipz.) Rthlr.

— oder d. heil. Schrift d. Alten u. Neuen Testaments. Fol. Zürich 824, Orell.

Biblia. 14e mit Stereotypen gedruckte Ausg. gr. 8. Frankfurt 838. Brönner. n. 1½ ℛ

— dies. Aus Petit-Schrift. 1e mit Stereotypen gedr. Aufl. 8. Ebd. 840. Auf Druckp. ¾ ℛ Velinp. 1¾ ℛ

— — Herausg. und verlegt vom Evangel. Bücher-Verein. Stereot.-Ausg. Mit 327 Holzschn. (im Text.) Berlin 855. (Hertz. — W. Schultze. — Wohlgemuth.) Lex.-8. (XXXII, 1182 S., 1 Bl., 366 S.) nn. 1 ℛ 20 ngr; Velinp. nn. 3 ℛ

— — Größere Stereot.-Ausg. Hannover 855. Hahn. Lex.-8. (2 Bl., 1079; 312 S.) 1 ℛ 7½ ngr; Velinp. 2 ℛ

— — Stereot.-Ausg. Karlsruhe 857. Groos. 12. (A. T.: 4 Bl., 1079 S.; N. T.: 312 S.) n. 20 ngr

— die, oder die ganze Heilige Schrift ꝛc. Reutlingen 857. Fleischhauer u. Spohn. 16. (A. T.: IV, 756 S.; N. T.: 2 Bl., 250 S. u. 2 Stahlst.) 1 ℛ; weiß Pap. 1 ℛ 6 ngr; Lederbd. in Etui 2 ℛ 12 ngr; feiner Lederbd. 3 ℛ 15 ngr

Bibel oder die ganze heilige Schrift des alten und neuen Testaments ꝛc. 2. Abdr. Iserlohn (861.) Bädeker. Fol. (IV, 1343 S.) n. 8 ℛ 15 ngr

— — Stuttgart 861. Bibel-Anst. der Cotta'schen Buchh. Lex.-8. (V, 1237 S.) n. 3 ℛ 10 ngr; in Lederbd. n. 7 ℛ

— — Mit Holzschn. nach Zeichnungen der ersten Künstler Deutschlands. 2. Aufl. Ebend. 861. 4. (A. T. 1208 S.; N. T. 372 S.) 7 ℛ 15 ngr

— — Mit 327 Holzschn. (im Text.) Stereot.-Ausg. 4. Aufl. (In 13 Liefgn.) Berlin 862. Wiegandt & Grieben in Comm. gr. 8. (XXXII, 1182; 366 S.) n. 2 ℛ 5 ngr

— — Revid. Ausg. Leipzig. 863. Teubner. Lex.-8. (VI, 1390 S.) n. 2 ℛ 8 ngr; in Lederbd. n. 4 ℛ 8 ngr

—— die. Das ist: Sämmtliche Bücher der Heiligen Schrift des Alten und Neuen Testamentes. Nach der in Zürich kirchl. eingeführten Uebersetzung aufs Neue aus dem Grundtext berichtigt. gr. 8. (IV, 1468 S. mit 1. Stahlst.) Zürich 868, Depot der evangelischen Gesellschaft. geb. **

— die, oder die ganze heilige Schrift des alten u. neuen Testaments. 54. Aufl. Basel 869. (Spittler.) Lex.-8. (IV, 1592 S.) n. 1 ℛ 5 ngr

Bibel, die. Das ist: Sämmtliche Bücher der Heiligen Schrift d. Alten u. Neuen Testamentes. Nach der in Zürich kirchlich eingeführten Uebersetzg. aufs Neue aus dem Grundtext berichtigt. Mit Genehmigg. der Zürcher Synode. gr. 8. (IV, 948; 228; 292 u. Familienchronik 16 S. m. 1 Stahlst.) Zürich 882. Dépôt der evangel. Gesellschaft. geb. n. 2. 70; n. 6. —; n. 7. 30 u. n. 18. —

— die Altonaer, od. die heil. Schrift Alten u. Neuen Testaments nach d. Uebers. D. M. Luthers. Unter Zustimmung des Generalsup. Adler, bearbeitet u. herausgeg. v. N. Funk. 8. Altona, Hammerich. (in Comm.) 815.
weiß Druckp.
Schreibp.

— — dies., nach d. deutsch. Uebers. D. M. Luthers. Zur 3. Jubelfeier d. Uebergabe d. Augsburg. Bekenntnisses. Mit ein. kurzen Einleit. z. heils. Gebr. d. heil. Schrift f. denk. Leser aus allen Ständen v. Chr. Fr. v. Ammon. (Nach d. Hallischen Ausg.) 8. (94 B.) Dresden 830. (Leipzig, Dürr.)
weiß Drckp. 1 Thlr. 8 Gr., Vlnp.

— apocrypha veteris Testamenti græci cum versionibus (lat.-deutsch), accur. Chr. Reineccio. Lpzg. 1751. fol.

BIBLIA VETERIS TESTAMENTI AETHIOPICA, in quinque tomos distributa, ad librorum manuscriptorum fidem edidit et apparatu critico instruxit AUGUSTUS DILLMANN.

(I.) Lipsiae, 1853. Sumptibus Fr. Chr. Guil. Vogelii. A. u. d. T.: VETERIS TESTAMENTI AETHIOPICI Tomus I, sive OCTATEUCHUS AETHIOPICUS. Ad librorum manuscriptorum fidem edidit et apparatu critico instruxit AUGUSTUS DILLMANN. Impensarum partem suppeditante Societate Germanorum Orientali. ib. 1853. — 4°.

(II.) ib. 1861—1871. Sumptibus Societatis Germanorum Orientalis. A. u. d. T.: VETERIS TESTAMENTI AETHIOPICI Tomus II, sive libri Regum, Paralipomenon, Esdrae, Esther. Ad librorum manuscriptorum fidem edidit et apparatu critico instruxit AUGUSTUS DILLMANN. Fasc. (I)—II. ib. 1861—1871. —

Biblia veteris Testamenti aethiopica, in V tomos distributa, ad librorum mss. fidem ed. et apparatu critico instruxit Aug. Dillmann. Tom. I., s. Octateuchus aethiopicus. Fasc. I., qui cont. Genesin, Exodum, Leviticum cum apparatu critico. 4. (V und 346 S.) Lipsiae 853, Vogel.

—— id. — Tom. I., Fasc. 2., qui cont. Numeros et Deuteronomium cum apparatu critico. 4. (198 S.) Ibid. 854.

—— id. — Tom. I., Fasc. 3., qui cont. Josua, Judicum et Ruth. Cum apparatu critico. 4. (102 S.) Ibid. 855.

—— Veteris Testamenti aethiopica, in V tomos distributa, ad libr. mss. fidem ed. et apparatu critico instruxit Aug. Dillmann. Tom 2., sive Libri Regum, Paralipomenon, Esdrae, Esther. Pars 1. 4. (VII und 155 S.) Leipzig 861, (Brockhaus' Sortiment und Antiquarium.) *
Tom. 1. Fasc. 1—3. Leipzig 1853—55, Vogel. 9 Thlr. 15 Ngr.

—— veteris testamenti aethiopica, in quinque tomos distributa, ad librorum manuscriptorum fidem ed. et apparatu critico instruxit Aug. Dillmann. Tom. II.: sive Libri Regum, Paralipomenon, Esdrae, Esther, Fasc. II., quo continentur Libri Regum III. et IV. 4. (176 S.) Leipzig 872, (Brockhaus' Sortiment und Antiquarium.) *
Tom. I. Leipzig 1853—55, Vogel. ℳ 28,50. — Tom. II. Fasc. 1. Leipzig 1861, (Brockhaus' Sortiment und Antiquarium.) *ℳ 8.

— veteris testamenti aethiopica. In 5 tomos distributa, ad librorum manuscriptorum fidem edidit et apparatu critico instruxit Aug. Dillmann. Tom. V. 4. Berlin 894. A. Asher & Co. n.n. 20. —
(I—II, 2 u. V.: n. 65. 50)
Libri apocryphi, Baruch, Epistola Jeremiae, Tobith, Judith, Ecclesiasticus, Sapientia, Esdrae Apocalypsis, Esdrae graecus. (X, 221 S. m. 1 Bildnis.)
Die noch fehlenden Theile III u. IV werden nicht erscheinen.

— die Schriften d. Alt. Testam. Neu übers. v. J. C. W. Augusti u. W. M. L. de Wette. 3 Bde. gr. 8. Heidelberg, Mohr u. Zimmer 809.
gr. Drckp. (1r Bd. 1 Rthlr. 8 gr. 2r Bd. 1 Rthlr. 16 gr. 3r Bd. 1 Rthlr. 4 gr.)
weiß Drckp. (1r Bd. 1 Rthlr. 18 gr. 2r Bd. 2 Rthlr. 2 gr. 3r Bd. 1 Rthlr. 12 gr.)
Postp. (1r Bd. 2 Rthlr. 16 gr. 2r Bd. 3 Rthlr. 8 gr. 3r Bd. 2 Rthlr. 8 gr.)
Vel. Pap. (1r Bd. 4 Rthlr. 2r Bd. 5 Rthlr. 3r Bd. 3 Rthlr. 8 gr.)

— die Schriften des Alten Testaments. Neu übers. von J. C. W. Augusti u. W. M. L. de Wette. [illegible] Heidelberg, Mohr u. Winter. 810—12.
4r grau Druckp.
weiß Druckp.
Schreibp.
Velinp.
5r grau Druckp.
weiß Druckp.
Schreibp.
Velinp.

— die Schriften des Neuen Testaments. Neu übersetzt von J. C. W. Augusti, u. W. M. L. de Wette, mit 1 Titelk. gr. 8. Ebend. 814.
weiß Druckp.
Schreibp.
Velinp.

Altes u. Neues Testament. 6 Bde. mit 6 Titelkupf. vollständig.
Druckp.
weiß Druckp. 1
Schreibp. 1
Velinp. 2

— d. Schriften d. A. u. N. Test.; neu übers. v. J. C. W. Augusti u. W. M. L. de Wette, 6 Bde. M. 6 Kpf. gr. 8. Heidelb. 809 — 14. Mohr. 9 ℛ 4 ℊ Weiß P. 11 ℛ 16 ℊ Postp. 18 ℛ 8 ℊ Velinp. 26 ℛ 2e v. W. M. L. de Wette umgearb. Aufl. 1r — 3r Bd. gr. Lex.-8. Ebd. 831, 32. 4 ℛ

— im Auszuge, s. Chr. Fr. Schneider.

— d., im Auszuge, f. Schul. v. Mörschel. 8. Berl. Realsch. 784.

— — die, im Auszuge. Kern u. Geist d. heil. Schrift alten u. neuen Testamentes, in Beziehung auf d. Christenthum. Hrsg. v. Ludw. Chr. Kehr. (3 Abthln.) 8. (34½ B.) Kreuznach 830, Kehr.
Diese Abthln. enthalten: Kern u. Geist d. alten Testamentes ꝛc. 1830. 12 Gr. — Jesus Sirach u. d. König Salomo. 1829. 8 Gr. — Das einzig wahre Christenthum ꝛc. 1829. 12 Gr.

— Baseler, od. d. ganze heil. Schrift alt. u. neues Testam. gr. 8. Basel, Schweighäuser. 818.

— Dies. mit Battiers u. Gernlers Ausleg. Fol. Basel 798. Thurneysen. 2 ℛ 8 ℊ Schrbp. 3 ℛ 16 ℊ

— — mit Battiers u. Gernlers Ausl. Fol. Bas. Tourneis. 799. Schreibp.

—— d. i.: Die ganze heilige Schrift alten und neuen Testaments, verdeutschet durch Dr. Martin Luther. Anjetzo über die alten Summarien, Concordanzen, Zeit-, Lehr-, Historien- und Namen-Register, mit nützlichen, einem jeden Vers beigefügten Auslegungen ꝛc. durch eine besondere Schrift Gott zu Ehren und allen heilsbegierigen Seelen zum Unterricht und Trost versehen und hrsg. durch Friedr. Battier und Thdr. Gernler. Neue Aufl., mit noch mehreren Auslegungen, sammt einer verbesserten Zeitrechnung und unterschiedlich dazu dienlichen neuen Figuren (in eingedr. Holzschn.) versehen und verm. mit einer Beschreibung der Zerstörung Jerusalems; nebst angehängtem Familienregister. gr. Fol. (LVI und 688 S.; Apogrypha 120 S. — N. T. IV und 280 S. und Gesch. der Zerstörung Jerusalems 4 S. mit 1 Stnt.) Reutlingen 854, Kurtz'sche Buchh. *

— — Berleburger, n. d. Grundtext aufs neue übersetzt. u. Erklär. ꝛc. 8 Thle. Fol. Berleb. 726—42.

—— Berlenburger, neue, getreue Auflage, s. Schrift.

Die heilige Schrift [Biblia]. Nach d. masoret. Text neu übers. u. erklärt nebst e. Einl. von Dr. S[imon] Bernfeld. *Berlin: S. Calvary & Co. 1902.* (XXXIV, 886 S.) 8°

—— die, das ist d. Heil. Schrift alt. u. neu. Testam. in Dr. Mart. Luthers deutsch. Uebersetz. f. d. Schule nach Johann. 16, 12. u. 1. Cor. 3., 2. bearb. u. hrsg. v. Ewald Beyer. Nebst Dr. Mart. Luthers klein. Katechismus. Mit Stereotypen gedr. 8. (23¾ B.) Leipzig 837, Teubner. *

Sahidische Bibel-Fragmente [Biblia, Fragmente, koptisch] aus dem British Museum zu London. Von Dr. J. Schleifer. Wien: Hölder in Komm. 1900. 38 S. 8°
(Sitzungsberichte d. Kais. Akademie d. Wiss. in Wien. Philos.-hist. Kl. Bd 162, Abh. 2)

Biblia. Bibelsprüche, s. Biblia. Ziehkästchen.

Bibel-Version, d. syr., Peschita im Urtext, hrsg. v. M Altschueler, s.: Orbis antiquitatum.

Bibel-Versionen, d. aramaeischen (Targumim). Targum Jōnatan ben 'Uzij'el u. Targum Jrušalmij, Text, Umschrift u. Uebersetzg, hrsg. v. M Altschueler. Vol. 1: Genesis, s.: Orbis antiquitatum.

*— d. german. (Ulfilas, Angelsachsen, Notker, Interlinearglossen, mhd. Bibelversionen.) Text in Urschrift u. deut. Uebersetzg. Lpzg, Bh. G Fock. ca 25 ℳ

— d. latein., (Itala u. Vulgata), hrsg. v. J Lanz-Liebenfels. Vol. 1: Genesis, s.: Orbis antiquitatum.

[Biblia] Bibelwerk
—— das Weimarische. Biblia d. i. die ganze Heilige Schrift Alten und Neuen Testaments, verdeutscht von Dr. Martin Luther, und auf Herzog Ernst's Verordnung von etlichen reinen Theologen dem eigentl. Wortverstand nach erklärt. Nebst Vorreden, Anweisung, die heil. Schrift recht zu lesen und zu verstehen, Concordanz, Erklärung der fremden Namen, Harmonie der Evangelisten, vergleich. Tabellen der Gewichte, Münzen, Ellen ꝛc., welches alles dem christlichen Leser zu mehrern Verstand der heil. Schrift gute Anleitung geben kann. Nach der letzten Ausg. von 1768 unverändert abgedruckt. 2. Aufl. 16 Lfgn. oder 2 Bde. gr. 4. (A. T. XL, 1295; N. T. IV, 555 S.) St. Louis 881, Mo. (Leipzig, Bredt.) à Lfg. *ℳ 2. *

Biblia, d. i. die gantze heilige Schrifft, A. und N. T. Dresden 1730. H: *Boerner, Christian Friedrich.* (Myl)

— Dies., mit Börner's Vorrede. 8. Dresd. 772. (Walther). 1 ℛ

— Dies., nach der deutschen Uebersetzung Dr. M. Luthers, u. mit Erklärr. u. Nutzanwendungen begleitet. In Verbind. mit einigen evangel. Geistlichen herausg. v. Chr. Ph. H. Brandt. Neuen Testaments 1r Thl. A. u. d. T.: Evangelische Schullehrer-Bibel. 1r — 3r Thl. Mit 4 Karten. Lex.-8. Sulzb. 829 — 31. v. Seidel. 1r Thl. 12 ℊ 2r Thl. 8 ℊ 3r Thl. 10 ℊ

— Dies. in latein. u. deutscher Sprache, mit Erklär. v. H. Braun. 13 Thle. (7r Thl. v. Beda Mayr. übers.) gr. 8. Augsb. 788 — 805. M. Rieger. (Alt. Test. 10 Thle. 24 ℛ 18 ℊ N. T 3 Thle. 6 ℛ) 30 ℛ 18 ℊ
das Univers. Lex. hierzu s. Universal-Lexicon.

— d. i. die ganze heil. Schrift A. u. N. Test. nach d. uralt. in d. kathol. Kirche allgem. angenommenen Uebersetzung, m. Anmerkk. übers. v. H. Braun. 2e Aufl. verbess. v. M. Feder. 3 Bde. gr. 8. Nürnb. 803. Stein. 3 ℛ 16 ℊ 3e v. Allioli umgearb. Aufl. unt. d. T.: Uebersetz. d. heil. Schriften A. u. N. Test. 6 Bde. gr. 8. Ebd. 830 — 32. Pr.-Pr. 4 ℛ

— d. i. d. ganze h. Schrift alt. u. neuen Testaments, nach Luthers deutsch. Uebers. m. vorläuf. Einleit. in jed. bibl. Buch und eingeschalt. Erklär. herausgeg. von Joh. Sal. Braun. 2 Bde. gr. 4. Erfurt. Rothmann (Gleditsch in Leipz.) 764.

Biblia, d. i. die ganze H. Schrift A. u. N. Test. mit Einleit. u. Erklär. v. J. S. Braun u. e. Vorrede v. J. E. Stemmler. gr. 4. Erfurt, Hohmeier. 768—69.

— — Alt. Test. v. D. v. Brentano s. Brentano.

— — — dies. N. Test. 3 Thle. gr. 8. Frankf. Varrentr. u. W. 794.

— — des neuen Bundes ꝛc. s. Schnappinger B. M.

— die, übers. u. erklärt von Bunsen, s. Bunsen, vollständ. Bibelwerk.

— Dies. nach d. Uebers. Luthers, sammt e. Vorr. v. Hier. Burkhardt. 8. Basel 792. Flick. (Neukirch). 1 ℛ

— — mit Vorr. A. J. Buxtorfs. gr. Fol. Bas.

— — v. Canstein. Fol. Halle, Bibelanstalt.
Weiß Drckp.

— — — dies. in 4. Ebend.
Weiß Drckp. †
Fein Drckp.
Schreibp.

Biblia, od. die ganze h. Schrift A. u. N. Test. v. Canstein. gr. 8. Halle, Bibelanst. 807.
Rthlr.
Weiß Drckp. m. †
Fein Drckp.
Ord. Schrbp.
Fein Schrbp.
Stark Schrbp. m. br. R.

— — dies. 8. Ebend.
Weiß Drckp. m. †
Fein Drckp.
Schrbp.

— — dies. 12. Ebend.
Weiß Drckp. m †
Fein Drckp. † †
Basl. f. Drckp.
Schrbp. m. roth. Tit.
Fein Schrbp.
Schrbp. m. br. Rand

— das neue Testament nebst Psalter. gr. 8. Ebend.
Weiß Druckp.

— — dasselbe in 12. Ebend. m. Nompareilschrift
m. Corpusschrift
letzteres auf weiß Pap.

Bibel, Die, für gemeine Christen, von einem Layen. Halle 1785—86. H: *Wach, Georg Friedrich.* (Ky) (MGT)

— die, für gemeine Christen, v. e. Laien, (v. G. F. Wach). 2 Thle. gr. 8. Halle 785,86. Gebauer. 3 ℛ

Bibliorum codex Sinaiticus Petropolitanus. Auspiciis aug. imperatoris Alexandri II. ex tenebris protraxit, in Europam transtulit, ad juvandas atque illustrandas sacras litteras ed. Const. Tischendorf. 4 Voll. Fol. (XXXI und 790 S. mit 21 Stnt.) St. Petersburg 862. (Leipzig, C. F. Fleischer.) geb. * *
[Leipzig, Köhler's Antiquarium.] * *

Bibliorum ss. graecorum Codex Vaticanus 1209, s.: Codices e Vaticanis selecti phototypice expressi. IV.

Bibliorum sacrorum graecus codex Vaticanus auspice Pio IX, pontifice maximo, collatis studiis Caroli Vercellone, sodalis Barnabitae et Josephi Cozza, monachi Basiliani, editus. Carolum Vercellone excepit Cajetanus Sergio sodalis Barnabites. (In 6 Bdn.) Tom. I—V. Fol. Rom. (Leipzig, Brockhaus' Sortiment und Antiquarium.) à Bd. * ℳ 120. *

Inhalt:

Tom. I. Pentateuchus et liber Josue. (V, S. 1—271.) 869.
» II. Libri Judicum, Ruth, Regnorum, Paralipomenon et Esdrae. (III, S. 272—625.) 1870.71.
» III. Complectens Libros Psalmorum, Proverbiorum, Ecclesiastis, Cantici, Job, Sapientiae, Salomonis et Sirach. (S. 626—893.) 871.
» IV. Libri Esther, Judith, Tobiae et Prophetarum. (S. 894—1234.) 872.
» V. Novum Testamentum. (S. 1235—1536.) 869.

Bibliorum sacrorum graecus cod. Vaticanus auspice Leone XIII. pontifice maximo, cum prolegomenis, commentariis et tabulis Henrici Canonici Fabiani et Iosephi Cozza, abbatis cryptaeferratae editus. Fol. (XXXVI, 170 S. mit 4 photogr. Taf.) Romae 881. (Leipzig, Brockhaus' Sortiment und Antiq.) *]

Bildet den Schluss des Werkes.
Tom. I—V. (Ebendas.) 1869—72. à * ℳ 120.

Biblia critica sacra. VIIII Tomi c. suppl. Francof. Andreae 695—701.

Biblia ... Anitzo ... von neuem ... übersehen, durch fernere ... Anmerckungen erläutert ... Nürnberg 1736. H: *Cyprian, Ernst Salomo.* (BrMm)

Biblia, hrsg. von K. A. Dächsel, s. Dächsel, K. A.

Biblia oder ausgewählte geistliche Denksprüche, s. Biblia. Ziehkästchen.

— deutsche Original-, d. i. die ganze heil. Schr. A. u. N. Test. rc. m. J. Muthmanns Vorrede. 4. Züllichau. (Frommann, Jena) 741.

— Dies., nebst e. vollst. Erklär. u. Anmerkk. v. J. A. Dietelmair, S. J. Baumgarten, Teller u. Brucker. 19 Bde. gr. 4. Leipz. 756. Breitkopf u. H. 40 ℛ Hbg. Pr. 15 ℛ

— v. Dietenberger. gr. 4. Augsb. Riegers. 776.

— Dies., mit Vorrede v. Dietenberger. M. Kpf. gr. 8. Augsb 777. (Rieger). 2 ℛ 12 gr Fol. 5 ℛ

— m. Dietrichs Summarien. 4. Braunschw. 722.

—— d. i. die ganze heilige Schrift des Alten und Neuen Testaments verdeutschet durch Dr. Mart. Luther, mit dessen Vorreden und Randglossen, sowie mit den Summarien Viti Dieterichs, nebst den Vorreden und Schlußgebeten Franc. Vierlings. 1. Bd. Die fünf Bücher Mosis bis Hiob. Lex.-8. (XXXI und 724 S.) St. Louis, Mo. 860. (Philadelphia, Schäfer und Koradi.) geb. *

—— d. i. die ganze heilige Schrift des Alten und Neuen Testaments verdeutschet durch Dr. Mart. Luther, mit dessen Vorreden und Randglossen, sowie mit den Summarien M. Viti Dieterichs, nebst den Vorreden und Schlußgebeten Franc. Vierlings. 2. Bd.: Der Psalter bis Maleachi nebst den Apokryphen. Unveränderter, unter Aufsicht der deutschen evangel.-luther. Bibelgesellschaft zu St. Louis, Mo., besorgter Abdr. Lex.-8. (IV, 772 S.) St. Louis, Mo. 864. (Dresden, Naumann.) *

1. Bd.: Die fünf Bücher Mosis bis Hiob. Ebendas. 1860. * ℳ 12.

— das ist die ganze Heilige Schrift des Alten u. Neuen Testaments, verdeutschet durch Mart. Luther, m. dessen Vorreden u. Randglossen, sowie m. den Summarien Viti Dieterichs, nebst d. Vorreden u. Schlußgebeten Francisci Vierlings. 1. Bd. Die 5 Bücher Mosis bis Hiob. Lex.-8. (XXXI, 724 S.) St. Louis, Mo. 888. (Zwickau, Schriftenverein.) n. 8. —

Biblia, d. i. die ganze hl. Schrift des Alten u. Neuen Testaments, verdeutschet durch Dr. Mart. Luther, m. dess. Vorreden u. Randglossen, sowie m. d. Summarien Viti Dieterichs, nebst d. Vorreden u. Schlußgebeten Francisci Vierlings. 2. Bd. Der Psalter bis Maleachi, nebst d. Apokryphen. Lex.-8. (III, 772 S.) St. Louis, Mo., 890. (Zwickau, Schriftenverein.) n. 8. —

Bd. 1 u. 3. Ebd. 888. 895. à n. 8. —.

Biblia, d. i. d. ganze Heil. Schrift d. Alten u. Neuen Testaments, verdeutschet durch Mart. Luther, m. dessen Vorreden u. Randglossen, sow. m. d. Summarien Viti Dieterichs, nebst d. Vorreden u. Schlußgebeten Francisci Vierlings. 3. Bd. D. Neue Testament uns. HErrn JEsu Christi. 4. (XVI, 614 S.) St. Louis, Mo., 895. (Zwickau, Schriftenverein.) n. 8. —

— die, oder die heilige Schrift des Alten u. Neuen Testaments nach der deutschen Uebersetzung von Dr. Martin Luther. Pracht-Ausg. mit 230 großen Bildern illustr. von Gust. Doré. Stuttgart 867—70. E. Hallberger. Fol. (A. T.: VIII, 1238 Sp.; N. T.: 344 Sp.) 24 ℛ 24 ngr.

Erscheint auch gleichzeitig in Ausgabe für Katholiken nach der Uebersetzung von J. F. v. Allioli.

—— die, oder die heilige Schrift des Alten und Neuen Testaments nach der deutschen Uebersetzung von Dr. Mart. Luther. Pracht-Ausg. mit 230 großen Bildern illustr. von Gust. Doré. 62 Lfgn. gr. Fol. (1. Bd. XVIII S., Alt. Test. Sp. 1—776; 2. Bd. VIII S., Alt. Test. Sp. 777—1238, und Neues Test. 344 Sp. mit eingedr. Holzschn. und Holzschntaf.) Stuttgart 868—70, E. Hallberger. à Lfg. * ℳ 1,20. *

—— dass. — 2. Aufl. In 24 Heften. gr. Fol. Ebendas. 869,70. à Heft * ℳ 3. *

—— dass. — 3. Aufl. 62 Lfgn. Fol. (Alt. Test. VI S., 1236 Sp.; Neues Test. 344 Sp. mit eingedr. Holzschn. und Holzschntaf.) Ebendas. 872,73. à Lfg. * ℳ 1,20. *
In 2 Bdn. geb. in Leinw. mit schwarzem Lederrücken *
geb. in Leinw. mit rothem Lederrücken *
geb. in schwarz Maroquin *
geb. in roth Maroquin *

—— dass. Pr.-Asg. illustr. v. G Doré. 3. Afl. 1—62. (Schl.-) Lfg. Fol. (I.: Sp.1—1236 II.: 1—314) Stuttg. 72—74, Hallberger. à n. 1. 20 ‖ 4. Afl. 1. Lfg. (I.: 1—21) 75. n. 1. 20

— dasselbe. 4. Aufl. 1—60. Lfg. Fol. (A. T. Sp. 1—1238. u. N. T. Sp. 1—200 mit eingedr. Holzschn. u. Holzschntaf.) Ebend. 876. à n. 1. 20

— die, oder die heilige Schrift des Alten u. Neuen Testaments nach der deutschen Uebersetzung v. Martin Luther. Pracht-Ausg., m. 230 großen Bildern illustrirt v. Gust. Doré. 4. Aufl. 61. u. 62. (Schluß-)Lfg. Fol. (N. T. Sp. 201—344 m. eingedr. Holzschn. u. Holzschntaf.) Stuttgart 877. Deutsche Verlags-Anstalt. à n. 1. 20

—— dass. — Ausg. für Katholiken, s. Schrift, die heilige.

— — Dresdner, m. Borners Vorr. 8. Dresd. Walther. 772.

Biblia ebraica, s. Biblia hebraica.

Biblia ectypa od. 850 Abbild. a. d. H. Schr. A. u. N. Test. Fol. 4. u. gr. 8. Nürnb. Schneider.

Biblia vulgatae editionis, s. Biblia sacra vulgatae editionis.

— Eisenacher mit Nicanders Vorr. 8. 720.

— lat. u. deutsch n. d. Comment. Erhard u. Duhamel. 2 Thle. gr. Fol. Augsb. Wolf. 771.

— erläuterte, mit Frag. gr. 8. Altdorf. 756.

Bibel, Die Ernestinische,

mit neuen Anmerkungen. Nürnberg 1737. H: *Zeltner, Georg Gustav, Ernst Salomo Cyprian, Christian Loeber. & Rusio.* (Myl)

— die erste deutsche, hrsg. v. W. Kurrelmeyer, s. a. Bibliothek des litterarischen Vereins in Stuttgart. 234. 238.

— die erste deutsche, hrsg. v. W. Kurrelmeyer, s. a. Bibliothek des litterarischen Vereins in Stuttgart. 243. 249.

Die erste deutsche Bibel [Biblia]. Hrsg. von W. Kurrelmeyer. Bd 1. 2. Tübingen: Litt. Ver. in Stuttgart 1904–05. 2 Bde 8°
1. ⟨Evangelien.⟩ 1904.
2. ⟨Briefe. Apostelgesch., Offenbarung.⟩ 1905.
= Bibliothek d. Litterarischen Vereins in Stuttgart. 234. 238. [05. 0749]

— m. Esenbecks Vorrede u. 128 eingedr. Kupf. 8. 755.

— Dies., mit Geo. Sam. Esenbecks Vorrede. 8. Schwab. 751. 16 g/ Dies. mit 120 eingedr. Kpf. 8. Ansb. 755. 2 ℛ

— — nach d. uralt. in d. kathol. Kirche allgem. angenomm. Uebers. m. Anmerk. übers. v. Braun, verbess. v. Feder. 3 Bde. gr. 8. Nürnb. Stein. 803.

(—) — Sacrorum Bibliorum vetustissima fragmenta graeca et latina ex palimpsestis codicibus bibliothecae Cryptoferratensis eruta atque edita ab A. Jos. Cozza. Rom 867. Spithöver. Lex.-8. (LXXIII, 338 S., 1 lith. Taf u. 1 Photogr. in 4.) n. 5 ℛ 8 ngr

Bibliorum, sacrorum, vetustissima fragmenta graeca et latina, e codicibus Cryptoferratensibus eruta atque edita a Jos. Cozza. Praecedit Daniel ex unico codice Chisiano. Pars III. Lex.-8. (CXLIII S.) Rom 877, Spithoever.
Pars I et II. Ebendas. 1867. * ℳ 13,60.

— Frankfurter n. d. Uebers. Lutheri m. n. Summ. u. Vorr. v. J. P. Fresenius. 8. Frankf. Brönner. 811.
Weiß Pap.
Schrbp.

— Frankfurter, mit d. Uebersetz. Luthers, mit neuen Summar. u. Vorr. v. J. P. Fressenius. 18e A. 8. Frankf. a. M. 812, Brönner. 20 g/ Weiß P. 1 ℛ 6 g/ Schrbp. 1 ℛ 16 g/ Dies. 21e Aufl. od. 8e mit Stereotyp. gedr. Ausg. 8. Ebd. 831. 16 g/ Weiß P. 1 ℛ Velinp. 2 ℛ 2 g/ Dies. in gr. 8. 1 ℛ 4 g/ Velinp. 2 ℛ 8 g/ (Das N. Test. apart. gr. 8. 8 g/ Velinp. 12 g/ Die apocryph Bücher apart in 8. 2 g/ In gr. 8. 3 g/)

— Frankfurter, oder die ganze heil. Schrift A. u. N. Testam., nach Dr. Luthers Deutscher Uebersetzung mit neuen Summarien und auserlesenen Schriftstellen, um mit einer kurzen Anweisung die heil. Schrift zur Erbauung zu lesen, von Dr. J. P. Fresenius. 21te Aufl. od. 2te Stereotyp. Ausg. 8. Frankf a. M., Brönner. 820.
feineres Pap.
weiß Druckp.

— — dies., nach d. deutsch. Uebers. D. Martin Luthers. Mit jed. Capitels neuen Summarien u. auserles. richt. Schriftstellen; unt. Aufsicht ein. Hoch-Ehrwürd. Ministeriums zu Frankfurt a. Main, auf d. sorgfält. ausgefert., u. mit e. Anleit. vers., wie d. heil. Schrift z. Erbauung zu lesen, v. Joh. Phil. Fresenius. 28. Aufl. od. 8. mit Stereotyp. gedr. Ausg. ... 831. 1 Thlr. 2 Gr., Vlnp. 2 Thlr. 2 Gr., 29. A., od. 9. mit Strtyp. gedr. A. (76 B. u. 3 Holzsch.) 8. Frankfurt a. M. (834), Brönner. 16 Gr., fein Drckvlnp. mit breit. Rand 19 Gr., ganz fein Drckvlnp. Thlr.

— die, oder die ganze heil. Schrift Alten u. Neuen Testaments, nach d. deutschen Uebersetzung D. Mart. Luthers. Mit jedem Capitels neuen Summarien u. auserles. richtigen Schriftstellen; unter Aufsicht eines Hoch-Ehrwürd. Ministeriums zu Frankfurt a. M., auf das sorgfältigste ausgefertigt u. mit einer Anleitung versehen, wie d. heil. Schrift zur Erbauung zu lesen, von Jh. Ph. Fresenius. 29e Aufl. od. 9e Stereotyp-Ausg. Mit 3 Holzschn. 8. Frankfurt a. M. 834. Brönner. $2/3$ ℛ Fein Druckvelinp. mit breit. Rand. 19 g/ ganz fein Druckvelinp. $2 \frac{1}{12}$ ℛ — 30e Aufl. ... 31e Aufl. 8. Ebd. 836. 35e Aufl. 8. Ebd. 840. $2/3$ ℛ — Die apokryphischen Bücher apart in 8. $1/12$ ℛ in gr. 8. $2 \frac{1}{2}$ g/

—— die, od. d. ganze heil. Schrift alt. u. neu. Testam., n. d. deutsch. Uebersetz. Dr. Mart. Luthers. Mit jed. Capitels neu. Summarien u. auserles. richt. Schriftstellen; unt. Aufsicht e. Hoch-Ehrwürd. Minister. zu Frankfurt a. M., auf d. sorgfält. ausgefert., u. mit e. Anleit. vers., wie d. heil. Schrift zur Erbau. zu lesen, v. Joh. Phil. Fresenius. 36. Aufl. od. 16. mit Stereotypen gedr. Ausg. (Mit Ttlbild.) 8. (76 $1/4$ B.) Frankfurt a. M. 840, Brönner. * 16 Gr., Vlnp. *

—— dies. Ausg. m. Petitschrift. Stereotyp-Ausg. gr. 8. (77 B.) Ebds. 841. * 1 Thlr., Vlnp. *

— die, oder die ganze Heilige Schrift Alten u. Neuen Testaments, nach der deutschen Uebersetzung Dr. Martin Luthers. Mit jeden Capitels neuen Summarien u. auserles. richtigen Schriftstellen von Jh. Ph. Fresenius. 36. Aufl. oder 16. mit Stereot. gedruckte Ausg. 8. (Mit 2 Holzschn.) Frankfurt a/M. 842, Brönner. n. $2/3$ ℛ — Velinpap. $1 \frac{2}{3}$ ℛ — 18. Stereotyp-Aufl. gr. 8. 845. n. $1 \frac{5}{6}$ ℛ — 19. Aufl. gr. 8. 846. n. $1 \frac{1}{6}$ ℛ

—— die, oder die ganze heilige Schrift alten und neuen Testaments nach der deutschen Uebersetzung Dr. Mart. Luthers. Mit neuen Summarien, auserlesenen richtigen Schriftstellen und einer Anleitung zum erbaulichen Lesen der heil. Schrift von Joh. Phil. Fresenius. Stereotyp-Ausg. gr. 8. (XVI und 1216 S.) Frankfurt a. M. 850, Brönner. Ausg. auf feinem Pap. *

—— dass. — Mit neuen Summarien, auserlesenen richtigen Schriftstellen und einer Anleitung zum erbaulichen Lesen der heil. Schrift von Joh. Phil. Fresenius. Ster.-Ausg. gr. 8. (XVI und 1167 S.) Ebds. 851. Ausg. in Petit. *

—— dass. — 42. Aufl., mit neuen Ster. gedr. 8. (XVI und 1180 S.) Ebds. 852. Ausg. in Nonpareille. *

Biblia ... nach der Teutschen Übersetzung D. M. Luthers. ... Halle 1775. V (Vorrede): *Freylinghausen*, *Glieb Anast.* (BrMm)

Biblia ... Teutsch D. M. Luthers ... Mit gantz neuen Summarien ... versehen. Samt einer Vorrede ... durch J. F. Ulm 1716. V: (Vorrede): *Frick*, *Joh.* (BrMm)

– – Ulm 1758.

— m. e. Vorr. v. Frick. 8. Ulm, Wohler. 801.

Die Bibel [Biblia] oder die ganze Heilige Schrift des Alten u. Neuen Testaments nach d. deutschen Übers. D. Martin Luthers. Im Auftr. d. Deutschen ev. Kirchenkonferenz durchges. Ausg. 1. Abdr. (Vorr.: O[tto] Frick.) *Halle a. S.: Cansteinsche Bibelanst. 1902.* (Getr. Pag.) 4° [F.]
[5. 8946 3

—— dass. — Im Charakter der Handschriften-Malerei des Mittelalters, geschmückt mit bunten Umrahmungen, Zierleisten und Initialen, bibl. Landschaften und einer großen Anzahl religiöser Gemälde in getreuen farb. Nachbildungen, unter Mitwirkung hervorragender Künstler und Kunstgelehrter hrsg. von Emil Frommel, Heinr. Steinhausen und Karl Lindemann-Frommel. (In ca. 60 Lfgn.) 1.—8. Lfg. Fol. (N. Test. S. 1—36 mit 1 Chromolithogr.) Berlin 888, Pasch. à Lfg. *M 2. *

—— dass. — nach der deutschen Uebersetzg. Dr. Martin Luthers. Im Charakter der Handschriften-Malerei d. Mittelalters, geschmückt m. bunten Umrahmngn., Zierleisten, Initialen u. religiösen Gemälden in getreuen farb. Nachbildgn., unter Mitwirkg. hervorrag. Künstler u. Kunstgelehrter hrsg. v. Emil Frommel, Heinr. Steinhausen u. Karl Lindemann-Frommel. 4.—18. Lfg. Fol. (N. T. V, S. 37—197.) Berl. 889—91, Pasch. à Lfg. * 2 —; * 30 —
1.—3. Lfg. Ebd. 1888. à * 2 —; — Neues Testament compl. geb. in Leinw. * 25 —; geb. in Ldr. m. Goldschn. * 45 —.
Das alte Testament ist nicht erschienen.

Biblia, hrsg. von Fuchs, s. Fuchs

Bibel, Die, oder die gantze Heil. Schrift. Nach der Uebersetzung M. Luthers. Herausgeg. von Nic. Funk. Altona. 1815.

Bibel, m. Einleit. und erklär. Anmerk. v. O. v. Gerlach. 7 Bde. Berl. 1847—1853. Ppbde. gr.-8. (D. A. Test. in 2. Aufl., d. N. Test. in 4. Aufl.) 20. —

—— goldene. Die heilige Schrift, illustrirt von den grössten Meistern der Kunstepochen. Hrsg. von Alfr. v. Wurzbach. 1. Thl.: Das Alte Testament. Erläuternder Bibeltext nach Dr. Mart. Luther. (In 25 Lfgn.) 1.—16. Lfg. gr. Fol. (à 2 Bl. in Lichtdr. und 2 Bl. Text.) Stuttgart 879, Neff. à Lfg. * M 1,50. *
Die Ausg. für Katholiken mit erläut. Text nach Allioli erscheint zu gleichem Preise.

Bibel, goldene. Die heil. Schrift, illustrirt von den größten Meistern der Kunstepochen. Hrsg. von Alfr. v. Wurzbach. 1. Thl.: Das alte Testament. Evangelische Ausg. Bibeltext nach Luther's Uebersetzung. 17.—25. (Schluß-)Lfg. Fol. (à Lfg. 2 Phototyp. mit 2 Bl. Text.) Stuttgart 880, Neff. à Lfg. *M 1,50. *
Kathol. Ausg., Bibeltext nach Allioli's Uebersetzung à Lfg. *M 1,50. *
compl. geb. in Leinw. * *M 50.; in Saffian * *
1.—16. Lfg. Ebendas. 1879. à Lfg. *M 1,50.

—— dass. — 2. Thl.: Das neue Testament. Evangelische Ausg. Bibeltext nach Luther's Uebersetzung. 25 Lfgn. Fol. (à Lfg. 2 Phototyp. mit 2 Bl. Text.) Ebendas. 881. à Lfg. *
Kathol. Ausg., Bibeltext nach Allioli's Uebersetzung. à Lfg. *
geb. in Leinw. * *M 50.; in Saffian * *

Bibel, goldene. Die heilige Schrift, illustrirt von den größten Meistern der Kunstepochen. Hrsg. von Alfr. v. Wurzbach. Das Neue Testament. 50 Stiche in unveränderl. Photogr.-Druck. Neue Ausg. in 25 Lfgn. Fol. (XVI, 50 Taf.) Stuttgart 887, Neff. à Lfg. *M 1.—. *
geb. *
Evangel. und kathol. Ausg. zu gleichen Preisen.

Bibel Goldene. Herausgegeben von A v Wurzbach. 2 Bde (100 T) mit Text nach Luther. fol Stuttgart (1888)

— die gotische, hrsg. v. Wilh. Streitberg, s.: Bibliothek, germanische. II. 8.

Biblia graeca

— — LXX. interpr. iuxta exempl. vatic. c. lectionib. c. Millii. II. Tmi. Amst. 725.

— — LXX. interpr. c. Reineccii 8. Leips. 730.

Biblia graeca, s. vet. test. ex vers. LXX. interpr. ol. a Grabe nunc etc. etc. ill. c. I. I. Breitinger. III. Tmi. 4. Tiguri. (Varrentrapp et W. Frcf.) 730.

Biblia. Bibliorum Graecorum ex versione Septuaginta interpretum T. I—V. Halae 1759—62. H: *Kirchner*, *Joh. Gg.* (BrMm) (Ky)

— graeca ex vers. LXX interpret. (Ed. J. G. Kirchner.) V Tom. 12. Halle 759—62. Waisenh.-B. 2 ₰

— d., oder d. ganze heil. Schrift d. A. u. N. Testaments, nach den neusten besten deutsch. Uebersetzungen, mit Einleit. u. Inhaltsanzeigen, herausg. v. D. G. Fr. v. Griesinger. Stuttg. 824, Metzler.

— die, ausgewählt. (Hrsg. v. Alfr. u. Paul Geo. Grotjahn.) (V, 273 S.) 8. Leipzig 909. Insel-Verlag.
In Pappbd. 2.—; geb. in Ldr. 4. —

— Vet. et N. Test. illustr. in quibus annotata Hug. Grotii exhibentur opera Abr. Calovii. V. Tomi. Fol. Dresd. 719.

— Dies. übers. v. S. Grynäus. 5 Bde. gr. 8. Basel 776, 77. 2e A. in 3 Bden. gr. 8. Ebd. 782. (Rottmann in Berl.) 3 ₰ 12 gr

— m. Haasens Erläuter. u. K. 8. Leipz. Weidmann. 733.

— n. Luthers Uebers. mit Hagens Vorr. 4. Hof.

— Hamburger, m. viel. Kpf. gr. 4. Hamb. Halle. 717.

— bequeme Hand- Schul- u. Canzel-, d. i. d. ganze Heil. Schrift. m. Kupf. gr. 8. Augsb. 757.

— n. d. Uebers. Lutheri. Freyberg. Handbibel. 8. Freyberg.

— Dies., Haus- u. Familienbibel, mit 10 Kpf. gr. 8. Hildburgh. 831, 32. (Leipz., Weygand). 3 ₰ 8 gr Dies. mit 24 Kpf. 4 ₰ Dies. mit 36 Kpf. 6 ₰

— für Hausväter eingerichtet. 4. Zittau.

Biblia hebraica, s.a. Biblia, Israelitische.

– – s.a. Biblia, Kleine hebräische.

– – s.a. Biblia parva hebraico-latina.

— — non punctata D. E. Jablonsky. 24. Berol. (Waisenh. Halae.)

— — analysis et explicat. lection. Masorethicarum etc. 8. maj. Halae, Waisenh

Biblia hebraica. Athias. 8. (London.) Wesel ... Aug. Prinz. 2⅔ ₰

Biblia Hebraica cum optimis impressis et manuscriptis codicibus in et extra Germaniam per plurimos annos incredibili labore et diligentia collata, et juxta Masoram, Or thora, Schaar hanneginoth, aliaque Hebræorum principia critica solicite examinata. Studio et opera HENR. OPITII. Kilonii. 1709. 4.

— — non punct. Jablonski. 24. Züllich. (Frommann, Jena) 711.

— hebraica Clodii, Leusden., Iablonsky, Opitii collata. 4. Francof. 716.

- hebraica. ed. J. St. Maius et G. Chr. Bürklin. Frnkfrt. a M. 1716. 8.

— — c. praefat. I.H. Maji. 4. Francof. Andraee. 716.

— — c. ac studio I. H. Michaelis. fol. Hal. Waisenh. 726.

— — id. l. 4. maj. ibid. 726.

— — id. l. 8. maj. ibid. 725.

— — accentuata c. Dachsel. Leips. F. C. W. Vogel. 729.

— — ad optimas quasq. edition. expressa cum not. Chr. Reineccii. 4. Leipz. Iunius. 739.

— — secund. edit. Belgic. Everardi v. d. Hoogt c. vers. lat. Seb. Schmidii. 4. Leipz. (Walther, Dr.) 740.

— — c. nov. Test. graeco et praef. Michaelis. gr. 4. Züllichau. (Frommann. Jena.) 741.

— — ex officina D. E. Jablonsky. Halle, Waisenh. 762.

— hebraica, olim ab Christ. Reineccio edit., et ad optim. codic. et editionum fidem recensita et expressa; nunc denuo ad fidem recens. Masoreticae cum var. lect. ex ingenti codicum copia ab Kennicoto et J. B. de Rossi collat. ed. a J. C. Döderlein et J. H. Meisner. 8. Leipz. 793.

— — olim a Christ. Reineccio edita, et ad optim. codic. etc. edi. a Doederlein et Meisner. 8. Leipz. Breitkopf et Haertel. 793.

ord. Druckp.
Weiß Druckp.
Schreibp.
Holl. Pap.
Schreibp. in 4. Form.

— hebraica digessit et var. lect. adj. J. Jahn. IV Tom. 8 maj. Wien 808. (Beck). 12 Rthlr.

Biblia hebraica, digessit et graviores lection. varietat. adjecit J. Jahn. IV Tomi. 8. maj. Viennae 1808, Heubner. 8 Thlr. — 14 fl. 24 kr.

— — digessit et var. adj. I. Iahn. 4 Tmi. 8. maj. Wien, Wappler. 808.

— hebraica, olim a Chr. Reineccio evulgata, postea ad fid. recens. Masoret. cur. a Döderleinio et J. H. Meisnero, c. praef. Knappii de edit. biblior. Halensium. 8. Halle 818. Waisenh.-B. 3 Rthlr. Weiss P. 3 Rthlr. 18 gGr. Schrbp. 4 Rthlr. 12 gGr. Holl. P. 6 Rthlr. Schrbp. in 4. 9 Rthlr.

Biblia hebraica, olim a Chr. Reineccio evulgata, post ad fid. recens. Masoret. cur. Doederleinio et J. H. Meisnero. Ed. Nova. 8. Halle, Waisenhaus-Buchh. 819. Rthlr. Schrbppr. 4 Rthlr. 12 Gr. Schrbppr. in 4.

— Id. ad opt. edit. fidem summa dilig. ac studio recusa Societatum biblicarum. II Vol. (I.: Quinque libri Mosis. et Prophetae priores. — II.: Prophetae poster. et Hagiographa.) 8 maj. (93 B.) Basileae 827. (Lipsiae, Cnobloch.)

— hebraica, ad opt. edit. fidem summa dilig. ac studio recusa societatum biblicarum. (II Voll.) 8 maj. Basel 827. Spittler. (Cnobloch in Leipz.) 6 Rthlr. 20 gGr.

תורה נביאים וכתובים Biblia Hebraica, secundum edit. Ios. Athiae, Ioannis Leusden, Io. Simonis aliorumque, inprimis Everardi van der Hooght, recensuit, sectionum Propheticarum recensum et explicationem clavemque masorethicam et rabbinicam add. Aug. Hahn. Ed. stereotypa. 8 maj. (89½ B.) Lipsiae (831), Tauchnitz.

Biblia hebraica. Lipsiae 1832.

— id. ad opt. edit. inprimis Everardi van der Hoogt ex recensione Aug. Hahnii expressa, Praefatus est Ern. Fr. Car. Rosenmüller. Ed. stereotypa. 12 maj. (43½ B.) Lipsiae 834, Tauchnitz.

Biblia hebraica ex rec. Aug. Hahnii c. Vulgata interpretat. lat. denuo edita. II Vol. Edit. stereotypa. 12maj. (83¾ B.) Lipsiae 838, Car. Tauchnitz. *

—— id. secund. edit. Ios. Athiae, Ioannis Leusden, Io. Simonis aliorumque inprimis Everardi van der Hooght rec., section. propheticar. recens. et explicationem clavemque masorethicam et rabbinicam addidit Aug. Hahn. Edit. stereotypa, quart. recog. et emendata. 8maj. (90 B.) Lipsiae 839, Car. Tauchnitz.

— — idem liber (ex recens. *Hahnii) cum Vulgata interpretatione lat. denuo edita. Ed. stereot. II Vol. 12 maj. Lips. 1839, C. Tauchnitz. 3¾ Thlr. — 6 fl. 18 kr.

Biblia hebraica ad optimas editiones imprimis Everardi van der Hooght accurate recensa et expressa. תורה נביאים וכתובים Curavit argumentique notationem et indices nec non clavem masorethicam addidit Car. Godofr. Guil. Theile. Editio ster. 8maj. (XVIII und 1236 S.) Lipsiae 849, B. Tauchnitz jun. *

(—— hebräische.) ספר הקדש והוא תורה נביאים וכתובים. הוגה ונעתק על ידי החכם מו"ה מ' ה' לעטעריס. gr. 8. (640 S.) Wien 852, (Lechner'sche Universitäts-Buchh.)

— - hebraica ad optimas editiones imprimis Everardi van der Hooght accurate recensa et expressa. Curavit argumentique notationem et indices nec non clavem masorethicam addidit Car. Godofr. Guil. Theile. Editio ster. II. gr. 8. (XIX und 1236 S.) Leipzig 859, B. Tauchnitz.

—— die. (In hebr. Sprache.) gr. 8. (551 S.) Leipzig 862. Berlin, Gerschel. ** 19 Ngr.; geb. **

—— hebraica. Cum punctis. 8. (778 S.) Philadelphia 868, (Schäfer und Koradi.) In Leder geb. *

—— hebraica ad optimas editiones imprimis Everardi van der Hooght accurate recensa et expressa. Curavit argumentique notationem et indices nec non clavem masorethicam addidit Car. Godofr. Guil. Theile. Editio ster. III. gr. 8. (XIX und 1236 S.) Leipzig 867, B. Tauchnitz.

—— hebraica ex rec. Aug. Hahnii cum vulgata interpretatione latina denuo edita. 2 vol. Editio stereot. Carol. Tauchnitii. Nova impressio. 8. (VII, 2002 S.) Leipzig 868, Bredt.

Biblia hebraica secundum editiones Jos. Athiae, Jos. Leusden, Jo. Simonis aliorumque inprimis Everardi van der Hooght recensuit sectionum propheticarum recensum et explicationem clavemque masorethicam et rabbinicam addidit Aug. Hahn. Editio stereot. C. Tauchnitii quartum recognita et emendata. gr. 8. (XXI, 1415 S.) Leipzig 868, Bredt.

Biblia hebraica ad optimas editiones inprimis Everardi van der Hooght ex rec. Aug. Hahnii expressa. Praefatus est Ern. Fr. Car. Rosenmüller. Editio stereot. C. Tauchnitii denuo recognita. Leipzig 868. Bredt. 8. (VI, 1036 S.) n. 1 Rthlr. 15 ngr.

hebraica. Ad optimas editiones imprimis Everardi van der Hooght accurate recensa et expressa. Curavit argumentique notationem et indices nec non clavem Masorethicam addidit Car. Godofr. Guil. Theile. Ed. ster. 4. gr. 8. (XVIII, 1236 S.) Leipzig 873. B. Tauchnitz. 6.

Biblia hebraica secundum editiones Jos. Athiae, Jos. Leusden, Jos. Simonis aliorumque, inprimis Everardi van der Hooght, recensuit, sectionum propheticarum recensum et explicationem clavemque masorethicam et rabbinicam addidit Aug. Hahn. Editio stereot. C. Tauchnitii quartum recognita et emendata. gr. 8. (XXI, 1415 S.) Leipzig 879, Bredt.

Biblia hebraica, ad optimas editiones, imprimis Everardi van der Hooght, accurate recensa et expressa. Curavit argumentique notationem et indices nec non clavem masorethicam addidit C. G. G. Theile. Ed. ster. VII. gr. 8. (XIX, 1236 S.) Leipzig 889. B. Tauchnitz. 7. —

—— hebraica, ad optimas editiones imprimis Everardi van der Hooght ex recensione Aug. Hahnii expressa. Praefatus est Ern. Fr. Car. Rosenmüller. Edit. ster. Caroli Tauchnitii denuo recognita. 8. (VI, 1086 S.) Lpz. 891, E. Bredt. 4 50
Separat-Abdr. daraus, s. Jesaias, der Prophet.

— hebraica secundum editiones Ios. Athiae, Ioa. Leusden, Io. Simonis aliorumque inprimis Everardi van der Hooght rec. Aug. Hahn. Ed. ster. C. Tauchnitii. Quartum recognita et emendata. gr. 8. (XX, 1392 u. 33 S.) Ebd. 893. 6. —

[Hebr.] Tôrâ nebiim û-ketûbim [Ant.] **Biblia** Hebraica ad optimas editiones imprimis Everardi van der Hooght accurate recensa et expressa. Cur. argumentique notationem et indices nec non clavem Masorethicam addidit Car. Godofr. Guilielmus Theile, Prof. Lips. Ed. stereot. VIII. *Lipsiae: B. Tauchnitz 1895.* (XVII S., 1 Bl., 1236 S.) 1 Bd 8. [98. 4369 B]

Tôrâh nebiim ûketûbim. **Biblia** hebraica secundum editiones Ios. Athiae, Ioannis Leusden, Io. Simonis aliorumque inprimis Everardi van der Hooght rec., sectionum propheticarum recensum et explicationem clavemque masorethicam et rabbinicam addidit Augustus Hahn. Ed. stereotypa C. Tauchnitii 4. recogn. et emend. *Lipsiae: Sumpt. E. Bredtii 1896.* (XX S., 1 Bl., 1392 S., 12 Bl.) 1 Bd 8. [98. 256 G]

— hebraica secundum editiones. Ios. Athiae, Ioa. Leusden, Io. Simonis aliorumque inprimis Everardi van der Hooght recensuit, sectionum propheticarum recensum et explicationem clavemque masorethicam et rabbinicam addidit Aug. Hahn. Ed. ster. C. Tauchnitia quartum recognita et emendata. gr. 8. (XX, 1415 S.) Leipzig 899. E. Bredt. n. 6. —

— hebraica, nach genauem masoret. Text hrsg. v. P. Menachem ben Chaim Scholtz. (Diamantausg.) 16. (605 S.) Berlin 901. M. Poppelauer.
Geb. in Leinw. n.n. 1. 50 u. 1. 75

— dass. nach genauem masoret. Text hrsg. v. Menachem ben Chaim Scholtz. (Diamantausg.) (605) 16° Berl.'01. Warschau, Verl. Achiasaf. (Nur dir.) L. nn 1.50; in feinem L.-Bd nn 1.75

— hebraica ad optimas editiones imprimis Everardi van der Hooght accurate recensa et expressa. Curavit argumentique notationem et indices nec non clavem masorethicam addidit Car. Godofr. Guilelm. Theile. Ed. ster. IX. gr. 8. (XIX, 1236 S.) Leipzig 902. B. Tauchnitz. n. 7. —

Biblia hebraica. Ed. R Kittel. Pars I. (552) 8° Lpzg, JC Hinrichs' V. '05. 4 —; L. 5.20
Einzelausgaben:
1. Liber Genesis. Praeparavit R Kittel. (74)'05. 1 — ‖ 2. Exodus et Leviticus. Praeparaverunt Exodum: V Ryssel et R Kittel, Leviticum: V Ryssel. (75—178)'05. 1.30 ‖ 3. Numeri et Deuteronomium. Praeparaverunt Numeros: V Ryssel et R Kittel, Deuteronomium: SR Driver. (179—293)'05. 1.80 ‖ 4. Libri Josuae et Judicum. Praeparaverunt librum Josuae: SR Driver, librum Judicum: R Kittel. (294—367)'05. 1 — ‖ 5. Liber Samuelis. Praeparavit R Kittel. (368—457)'05. 1 — ‖ 6. Liber Regum. Praeparavit R Kittel. (458—552)'05. 1 — ‖ 7. Liber Jesaiae. Praeparavit R Kittel. (553—638)'06. 1 — ‖ 8. Liber Jeremiae. Praeparavit IW Rothstein. (639—743)'06. 1.30 ‖ 9. Liber Ezechiel. Praeparavit IW Rothstein. (744—829)'06. 1 — ‖ 10. Prophetae, duodecim. Opera R Kittel praeparavit W Nowack. (830—907)'06. 1 —

Biblia Hebraica. Adjuvantibus Professoribus G[eorgio] Beer, F[rants] Buhl ... [et] V[ictore] Ryssel edidit Rud[olfus] Kittel professor Lipsiensis. [Fasciculus] 2 *et* 3. 8. Lipsiae, J. C. Hinrichs, 1905. (*je* M. 1. 30)

[Fasc.] 2: שמות ויקרא· Exodus et Leviticus. Praeparaverunt Exodum: V[ictor] Ryssel Turicensis et Rud. Kittel, Leviticum: V. Ryssel. IV + II p. + p. 75—178.

[Fasc.] 3: במדבר דברים· Numeri et Deuteronomium. Praep' Numeros: V[ictor] Ryssel Turicensis et Rud. Kittel. Deuteronomium: Sa[muel] R[olles] Driver Oxoniensis. IV + II p. + p. 179—293.

Biblia hebraica ex recensione Aug. Hahnii cum Vulgata, interpretatione latina denuo edita. 2 voll. (IV S., 991 Doppels. u. S. 992—1012.) 8. Leipzig (906). E. Bredt. n. 9. —

— hebraica. Adjuvantibus G. Beer, F. Buhl, G. Dalman etc. Ed. Rud. Kittel. Pars I et II. (X, 552 u. II u. S. 553—1324.) gr. 8. Leipzig 906. J. C. Hinrichs' Verl. ... 8. —;
geb. in Halbldr. n. 10. —; in 2 Leinw.-Bdn. n. 10. 40

— dasselbe. Einzelausg. 1—15. gr. 8. Ebd. 906. n. 16.70
1. Liber Genesis. Praeparavit Rud. Kittel. (IV, 74 S.) n. 1.—
2. Exodus et Leviticus. Praeparaverunt Exodum: V. Ryssel et Rud. Kittel, Leviticum: V. Ryssel. (II u. S. 75—178.) n. 1. 30
3. Numeri et Deuteronomium. Praeparaverunt Numeros: V. Ryssel et Rud. Kittel, Deuteronomium: S. R. Driver. (S. 179—293.) n. 1. 30
4. Libri Josuae et Judicum. Praeparaverunt librum Josuae: S. R. Driver, librum Judicum: Rud. Kittel. (S. 294 bis 367.) n. 1. —
5. Liber Samuelis. Praeparavit Rud. Kittel. (S. 368—457.) n. 1. —
6. Liber Regum. Praeparavit Rud. Kittel. (S. 458—552.) n. 1. —
7. Liber Jesaiae. Praeperavit Rud. Kittel. (S. 553—638.) n. 1. —
8. Liber Jeremiae. Praeparavit I. W. Rothstein. (S. 639 bis 743.) n. 1. 30
9. Liber Ezechiel. Praeparavit I. W. Rothstein. (S. 744 bis 829.) n. 1. —
10. Prophetae, duodecim. Opera Rud. Kittel praeparavit W. Nowack. (S. 830—907.) n. 1. —
11. Liber Psalmorum. Praeparavit Fr. Buhl. (S. 908—1024.) n. 1. 30
12. Proverbia et Job. Praeparavit Geo. Beer. (S. 1025—1112.) n. 1. 20
13. Volumina, quinque. Canticum canticorum. Ruth. Threni. Ecclesiastes. Esther. Praeparaverunt Canticum canticorum: Gust. Dalman; Ruth et Threnos: Rud. Kittel; Ecclesiastem: S. R. Driver; Esther: Fran. Buhl. (S. 1113 1159.) n. 1. —
14. Libri Danielis, Esrae et Nehemiae. Praeparavit Max. Löhr. (S. 1160—1221.) n. 1. —
15. Liber Chronicorum. Praeparavit Rud. Kittel. (S. 1222 bis 1320 u. IV S.) n. 1. 30

— Massoretisch-krit. Text des Alten Testaments. Genau durchgesehen nach der Massorah und nach alten Drucken nebst Varianten u. Randglossen aus alten Handschriften u. Targumim v. Dav. Ginsburg. 2. ed., printed from the plates. (Titel auch in engl. u. französ. Sprache.) (IV, 1808 S.) 8. London 906. (Wien. C. Fromme.) 6. —
Die 1. Afl. kam nicht in d. Handel.

Biblia hebraica. Adjuvantibus G. Beer, F. Buhl, G. Dalman etc. Ed. Rud. Kittel. Ed. II, emendatior stereotypica (XVI, 1320 S.) gr. 8. Leipzig 909. J. C. Hinrichs' Verl. 8.—;
geb. in Halbldr. n 10.—; in 2 Leinw.-Bde. 10. 40

— *Hebraica*, *Graeca*, *Latina* et *Germanica*. Adjectis notis edid. C. Reineccius. Lips. 730. 3 Vol. f. 18 rthlr. Ib. 747-51. 3 Vol. f. 22 rthlr.

Biblia hebraica ed. Theile. Probe einer neuen Ausg. s. Liber Geneseos.

Biblia hebraica manualia ed. Simonis. 8. Halle 756. Kümmel. 3 ℛβ

— — manualia ad praestant. accur. c. Simonis. 8. maj. Halle, Waisenh. 766.
Schreibp.

— hebraica manualia ad praestantiores editiones accurata cura et studio Jh. Simonis. Edit. III. emend. 8 maj. Halle 822. Ed. IV. 826. Waisenh.-B. 4 ℛβ 12 gℛ Schrbp. 5 ℛβ 12 gℛ Velinp. 8 ℛβ

— id. manualia ad praestantiores edit. accurata. Cura et studio Joh. Simonis. Acced. analysis et explicatio variantium lect., quas Kthibh et Kri vocant. — Interpret. Epicriscon Masorethicar. singulis libris bibl. subject. — Explicatio notarum marginalium textui s. hinc inde additarum. — Vocabular. omnium vocum vet. testam. hebr. et chaldaicar. denuo emend. editum. Edit. IV. emend. 8 maj. (84½ B.) Halae 828, Orphanotrophei. 4 Thlr. 12 Gr., Schrbp. Vlnp.

Biblia hebraica parva, exhibentia dicta classica SS. Librorum V.T. hebraice, ... Dorpati 1818. H: *Hezel, Johann Wilhelm Friedrich.* (Ky) (R-N)

Biblia, Hebräische, s. Biblia hebraica.

Biblia hebraeo-latina parva, s. Biblia parva hebraico-latina.

Bibel, d. heilige. gr. 8. Stettin, Leich. 809.

— — dieselbe, gr. 8. Ebend. in feinerm Druck

— Dies., (Thora, Neviim, Ketuwim) in einer deutschen Uebersetzung aus d. Urtext, u. mit einem auf das Bedürfniß d. Jugend u. ihrer Lehrer berechneten Commentar in deutscher Sprache u. Schrift; herausg. v. D ... Heinemann. 1r Thl. die 5 B. Mosis. Berl. 820. Büreau f. Litt. u. Kunst. 1 Thlr. Ausgabe f. Schulen. 8. Ebd. 816. (Maurers B.) 14 gGr.

— Dies., neue Uebersetzung u. Bearbeitung, (v. R. F. O. Heinzelmann). 2 Thle. gr. 8. Halle 801. (Waisenh.-B.) 3 Thlr.

— Dies., mit erklär. Anmerkk. v. J. W. F. Hezel. 10 Thle. gr. 8. Lemgo 780—93. (1r—7r Thl. N. A. 786—93.) Meyer. 19 Thlr. 6 gGr. Anh. Die Apocryphen d. A. T. mit Erklär. 1r, 2r Thl. gr. 8. Ebd. 800, 1. 2 Thlr. 12 gGr. Dies. im Ausz. v. W. Schenk. 1r Thl. 2 Abtheill. gr. 8. Ebd. 787. 2 Thlr.

— alt. u. n. Testam. m. Anmerk. v. W. Fr. Hezel. 10 Thle. (1r bis 7r enth. alt. Test. 8r bis 10r enth. neu. Test.) gr. 8. Lemgo, Meyer. 786—91. (1r bis 6r à 2 Rthlr. 7r 1 Rthl. 6 gr. 8r in 2 Abth. à 1 Rthlr. 9r u. 10r à 2 Rthlr.) Anhang dazu s. Apocryphen.

— die, des neuen Testaments, od. d. ehrwürd. Urkunden der christl. Rel. rc. übers. und m. Anm. herausgeg. v. W. F. Hezel. gr. 8. Leipz. Kummer. 809.

— — Hildburghauser in folgenden Ausgaben:
1) Confirmanden-Bibel. M. 12 Kpfr. u. 1 Karte. 8. ... Hildburghausen (831), Bibliograph. Institut.
2) Die ächte Lutherische Bibel. M. 1 Stahlst. kl. 8. ... Hildburghausen (832), Bibliograph. Institut.
3) Haus- u. Familien-Bibel. M. 10 Stahlst. Lex.-8. ... Hildburghausen (832), Bibliograph. Institut.
4) dies., gute Ausg. M. 24 Kpfrst.
5) dies., beste Ausg. M. 36 Kpfrst.
6) Kirchen- u. Pastoral-Bibel. M. 50 Kpfr. u. Kart. gr. 4. ... Hildburghausen (832), Bibliograph. Institut.

— Historia Celebrioris Veteris et Novi Testam. icon. repraes., od. d. v. Luyken u. Weigel gestoch. gr. Kupferbibel, m. 152 Kpf. üb. d. Alte u. 109 Kpf. üb. d. N. Testam. Fol. Nürnb., Endter. 8 Thlr.

Bibel, n. e. Unterr. v. d. Alterth. d. h. Schrift v. C. G. Hofmann. 4. Leipz. Breitkopf. 708. Rthlr.

— dies. Revidirte Ausg. (v. Wilh. Hopf.) In 9 Lfgn. gr. 8. Neues Testament. 2 Lfgn. (312 S.) Altes Testament. 7 Lfgn. (VIII u. 1079 S. m. Portr. in Stahlst.) Leipzig 850—52, Teubner. Ausg. A. mit Petit n. 1 Thlr.

Bibel, die, oder die ganze heilige Schrift des alten und neuen Testaments nach der deutschen Uebersetzung Dr. Mart. Luthers. Revidirte Ausg. (von Wilh. Hopf.) Neues Testament. 2 Lfgn. gr. 8. (312 S.) Leipzig 851, Teubner.
Ausg. A. mit Petit à Lfg. * 4 Ngr. Thlr. *

—— dies. — Altes Testament. 1—3. Lfg. gr. 8. (S. 1—480.) Ebds. 851. Ausg. A. mit Petit à Lfg. * 4 Ngr. *

—— dass. — Revid. Ausg. (von Wilh. Hopf.) (Altes Testament. 4—7. Lfg. gr. 8. (VIII und S. 481—1070, mit Portr. in Stahlst.) Leipzig 852, Teubner. Ausg. A. mit Petit. *
1—3. Lfg. Ebendas. 1851. * 12 Ngr.

—— die, oder die ganze heilige Schrift des alten und neuen Testaments, nach der deutschen Uebersetzung Dr. Mart. Luthers. Revid. Ausg. (von Wilh. Hopf.) 2. Abdr. 1853. und 3. Abdr. 8. (VII und 1391 S. mit Luthers Portr. in Stahlst.) Leipzig 854, Teubner. Ausg. A. mit Petit. **
Ausg. B. mit Corpus in gr. 8. **
Vlnp. **

— — (Aus Nonpareille.) Ebend. 855. gr. 16. (A. T.: VI, 1052 S.; N. T.: 1 Bl., 209 S. u. 1 Stahlst.) n. 1 Thlr. 10 Ngr.; Lederbd. in Etui n. 2 Thlr. 15 Ngr.

— die, oder die ganze Heilige Schrift des alten und neuen Testaments, nach der deutschen Uebersetzung D. Martin Luthers. Mit e. Vorrede von Dr. Hüffel, s. Prachtbibel.

— m. Hutters Summarien u. d. theol. Facult. in Wittenb. Vorrede. 4. Wittenb. 715.

— Dies., mit vorgesetzt. kurzen Inhalt e. jeden Kapitels u. e. Vorr. v. Jh. Fr. Jacobi. Mit steh. Schrift. 8. Lemgo ... N. A. 808. Meyer. 12 gGr.

— d. i. die ganze heil. Schrift Alten u. Neuen Testaments nach d. deutschen Uebersetzung D. Mart Luthers, mit vorgesetztem kurzem Inhalts eines jeden Capitels u. sehr vielen Concordanzen oder gleichen Schrift-Stellen; nebst e. Vorrede v. Ph. Fr. Jacobi. Mit stehen bleibenden Schriften. 26e Aufl. 2 Thle. 8. Lemgo 832, 33. Meyer. ½ Thlr.

—— illustrata. IV Meisterwerke bibl. Malerei. (Von Christof Graf Münnich.) gr. Fol. (IV und 17 S.) Hannover 860. (Oldenburg, Stalling'sche Buchh.) **

—— illustrirte, für Israeliten von Jul. Fürst, s. Pracht-Bibel.

—— die, für Israeliten, s. Bücher.

—— für Israeliten, hrsg. von Jul. Fürst, s. Prachtbibel.

—— für Israeliten, s. Schrift, die heilige

Biblia, Israelitische, s.a. Biblia hebraica.

— dies. s. auch: Bücher, die vier u. zwanzig, der heil. Schrift.

תורה נביאים ובתובים מקרא Die Israelitische Bibel. Enthaltend: Den heiligen Urtext. Die deutsche Uebertragung. Die allgemeine, ausführliche Erläuterung mit mehr als 500 engl. Holzschn. Herausg. von Dr. Ludw. Philippson. 1e—10e Lfrg. Lex.-8. Leipz. 839, 40. Baumgärtners B. (à ¼ Thlr.) 2½ Thlr.

תורה נביאים ובתובים מקרא Die Israelitische Bibel. Enthaltend: Den heiligen Urtext, die deutsche Uebersetzung, die allgemeine, ausführliche Erläuterung mit mehr als 500 englischen Holzschnitten. Herausgeg. von Ludw. Philippson. (1 Thl.) 11.—26. u. 2. Thl. 1.—30. Liefg. Lex. 8. Leipzig 841—46, Baumgärtner's Buchh. à ¼ Thlr.

— תורה ביאום ובתובים מקרא Die Israelitische Bibel. Enthaltend: Den heiligen Urtext, die Deutsche Uebersetzung, die allgemeine, ausführliche Erläuterung mit mehr als 500 Englischen Holzschnitten. Herausgeg. v. Ludw. Philippson. II. Thl. 31—39. Lfg. Lex. 8. (S. 1201—1560.) III. Thl. 1—21. Lfg. Lex. 8. (XII S. u. S. 1—832.) Leipzig 847—51, Baumgärtner. à Lfg. ¼ Thlr.

— die Israelitische. Enthaltend den heiligen Urtext, die deutsche Uebersetzung, die allgemeine ausführliche Erläuterung, mit mehr als 500 engl. Holzschn. (im Text.) Herausg. von Ludw. Philippson. III. Bd. 22—31. (letzte) Liefg. Leipzig (853, 54). Baumgärtner. 4. (S. V—XLIV, 833—1188 u. 1 Stahlstich.) Jede Liefg. 7½ Ngr.

תורה נביאים כתובים Die israelitische Bibel in correctem hebräischen Texte mit worttreuer Uebersetzung, vollständiger Erklärung und erbaulichen und homiletisch benutzbaren Andeutungen herausgegeb. vom Landes-Rabbiner Sal. Herxheimer. 2. Thl. Die Propheten נביאים 1. u. 2. Liefg. gr. 8. Berlin 842, Lewent's Verlagsbuchh. 1/2 ℛ︎

(—) — תורה נביאים כתובים Die vier und zwanzig Bücher der Bibel im ebräischen Texte mit worttreuer (deutscher) Uebersetzung, fortlaufender Erklärung und homiletisch benutzbaren Anmerkungen. Herausg. von Salom. Herxheimer. 1. Thl. A. u. d. T.: תורה Der Pentateuch oder die fünf Bücher Mose's, nebst Haphtharoth. 2., verm. ꝛc. Aufl. Bernburg 854. Gröning. gr. 8. (XXXII, 806 S.) n. 2 ℛ︎ 15 ngl

—— die israelitische. Enthaltend: Den heiligen Urtext, die deutsche Uebertragung, die allgem., ausführl. Erläuterung mit mehr als 500 engl. Holzschn. und Einleitungen in alle Bücher. Hrsg. von Ludw. Philippsohn. 2., verb. Aufl. 3 Thle. in 49 Lfgn. hoch 4. Leipzig, Baumgärtner's Buchh.

Inhalt:

Thl. 1. Die 5 Bücher Moschah. 13 Lfgn. (XXX und 1002 S. mit 1 Stahlst.) 858. 6 Thlr. 15 Ngr.

„ 2. Die Propheten. 20 Lfgn. (VII und 1560 S.) 858,59. 9 Thlr. 22½ Ngr.

„ 3. Die heiligen Schriften. 16 Lfgn. (XLIV und 1188 S.) 859,60. 7 Thlr. 22½ Ngr.

Biblia [italienisch]

— — dito con stampe impresse al libro. ibid. 724.

— — Giov. Diodati riveduta di nuovo etc. corr. da Giov. Dav. Müller. 8. Dresd. 757.

— in lingua italiana da Matthia d' Eerberg. fol. Nürnb. Monath. 766.

— m. Ittigs Vorr. Fol. Leipz.

— m. Ittigs Erklär. Fol. Ebend.

—— Carlsruher, s. Pracht-Bibel.

Die Bibel für die Katholiken oder die ganze hl. Schrift des Alten und Neuen Testamentes. Nach der latein. Bulgata von neuem übers. von Heinr. Joachim Jäck. Mit erläuternden Bemerkungen über die dunkelsten Stellen der hl. Schrift am Schlusse des Ganzen. Leipzig, Baumgärtner, 1836, 3. Aufl., 7 Mk.

— die, für die Katholiken oder die ganze heil. Schrift des Alten und Neuen Testaments nach der latein. Vulgata von Neuem übers. von Hnr. Joach. Jaek. Mit 1 Stahlst. Ster.-Ausg. 1.—3. Liefg. Lex.-8. (Mit 1 Stahlst.) Leipzig 845, 46, Baumgärtner. à n. 3/8 ℛ︎

— die, für die Katholiken nach der latein. Vulgata von Neuem übersetzt, mit unter dem Texte befindl. Erläuterungen von H. J. Jaeck. Mit 1 Stahlst. Stereot.-Ausg. 4. Lfg. (Schluß.) gr. 8. (360 u. LXXV S.) Ebd. 847. n. 3/8 ℛ︎ (cmplt. n. 1 1/2 ℛ︎)

— katholische, v. Rosalino. 5 Thle. 8. Insbruck, Wagner.

— kathol. neu verb. v. Seibt. gr. 8. Prag (Göbhard in Bamberg) 781.

— kathol. neu verdeutscht. 12 Bde m. K. 8. Wien, Alberti. 793.

— kathol. maynzische. Fol. Frankf.

— v. K. G. Kelle mit Anmerk. s. Kelle, K. G.,

BIBEL für Kinder. Herausgegeben von einem Kinderfreunde. Pressburg 1784: Weber u. Korabinski. 8. 103, 44 S. - 12°

— für Kinder; auserlef. Sprüche d. A. u. N. Test., mit ꝛc. Tabellen. 8. Nürnb. 808. 2e A.... Bieling. (Fr. Fleischer in Leipz.) 6 gl

— Dies., Kirchen- u. Pastorenbibel. gr. 4. Mit 50 Kpf. u. 1 Karte. Hildburgh. 832. (Leipz., Weygand). 12 ℛ︎

— d. kleine, od. einige Machtsprüche d. heil. Schrift. 8. Dresd. Gerlach. 768.

— die Kleine s. C. F. Bahrdt.

Bibel, Kleine, ehrwürdig und lesbar für Christen und Nichtchristen. Berlin 1780. H: *Bahrdt, Carl Friedrich.* (Ky) (ML) (winer) (GGr)

— die kleine, ehrwürdig u. lesbar f. Christen u. Nichtchristen, (v. K. F. Bahrdt), 2 Bde. gr. 8. Berl. 780. Mylius. 2 ℛ︎

— kleine hebräische s. F. W. Schwabe.

— kleine, hebräische, mit ein. deutsch. Ubers. und gramm. Erläuter. von F. W. Schwabe. 8. Duisb. Bädecker u. K. 787.

— kl. hebräische, mit e. deutschen Uebersetzung u. grammat. Erläuter., f. Anfänger, v. F. W. Schwabe. Mit e. Vorrede v. Hezel. 8. Essen 787. Bädeker. 12 gl

— kleine, für Kinder. Mit 460 Bild. 16. Leipzig 842, Teubner. Velinp. geb. 27 ngl — Colorirt 1 1/3 ℛ︎

— kleine, f. Kinder. 2. Aufl. Mit 460 Bildern (in Holzschn.) gr. 16. (VIII u. 136 S.) Leipzig 849, Teubner. 1/2 ℛ︎; color. 24 ngl

—— kleine Schul- und Hausbibel [für Israeliten], s. Auerbach, Jak.

— d. l. die ganze göttl. H. Schrift A. u. N. Test. n. Luthers Uebers. m. Vork. v. A. F. Knopffen. gr. 8. Frankf. Jäger. 800.

— v. Carl Kocken edirt. 4. Hildesh. Autor. 758.

— Dies., für Confirmanden. Mit 12 Kpf. gr. 8. Hildburgh. 831. (Leipz., Weygand). 2 ℛ︎ 12 gl Dies. mit 16 Kpf. 2 ℛ︎ 16 gl

—— s. König, Gust., und Jul. Thäter, Volksbibel.

— Dies., mit Anmerkk. v J. G. Körner. 3 Bde. gr. 4. Leipz., (W. Nauck). 6 ℛ︎

— m. Anmerk. v. J. G. Körner. 3 Bde. gr. 4. Leipz. Sommer.

— m. J. G. Körners Anmerk. 3 Bde. gr. 4. Leipz. Breitkopf. 770—73.

— d., für Kranke u. Leidende ꝛc., s. Stunden d. Andacht.

Biblia. Künstlerbibel, s. Biblia, übers. von Martin Luther. 1873.

— die, in Kupfern nach d. besten Originalen, gestochen v. J. Adam. Mit deutsch. u. latein. Textstellen begleitet. Altes Test. 90 Bl. Neues Test. 90 Bl. 4. Wien, Schalbacher. 40 ℛ︎

— Dies., aus d. Grundtexte in e. dem gemeinen Manne verständl. deutsche Sprache übersetzt v. Jos. Lauber. 1r Bd., die 5 Bücher Mosis. 8. Wien 780.

Bibel, Die. Das ist: Alle Bücher der ganzen Heiligen Schrift. Zürich 1772. H: *Lavater, Johann Kaspar.* (schstr S. 100)

— — m. d. Leb. d. Marggr. v. Brandenburg. Fol. Hof.

— Lemgoer, m. Petitschr. 8. 749.

— Lemgoer. Fol. Meyers. 766.

— Lemgoer, m. siebendleib. Schriften. 8. 808.

Biblia [lettisch]
— die, in lettischer Sprache. gr. 8. Riga 795. (Hartknoch in Leipz.) 2 $\mathcal{R}$

— Dies., nach d. Uebersetz. Luthers, mit Anmerkk. v. Ehrenfr. Liebich. Herausg. v. J. Fr. Burg. 3 Bde. 8. Hirschb. 756—65. (J. F. Korn in Bresl.) 4 $\mathcal{R}$

—— die, od.: Die ganze heil. Schrift alt. u. neuen Testam. nach d. deutschen Uebers. Dr. M. Luthers; mit jedem Capitel vorhergesetzten kurzen Summarien, sorgfältigst ausgesuchten u. zahlreich beigefügten Real- u. Verbal-Parallelstellen, u. vornehml. bei allen schweren v. Spöttern gemißhandelten od. sonst zweifelhaft scheinenden Stellen mit möglichst kurzgefaßten Anmerkgn. nach u. a. dem Grundtexte ꝛc. Ans Licht gest. durch Ehrenfr. Liebich. Mit ein. Vorr. ꝛc. von Friedr. Burg. 2. Aufl. gr. Lex.-8. (109¾ B.) Hirschberg 844, Krahn. (Leipzig, Hunger.)*

— die, od.: Die ganze Heil. Schrift Alten u. Neuen Testaments, nach d. deutsch. Uebersetz. Dr. M. Luthers; mit jedem Capitel vorhergesetzten kurzen Summarien, sorgfältigst ausgesuchten u. zahlreich beigefügten Real- und Verbal-Parallelstellen, u. vornehmlich bei allen schweren von Spöttern gemißhandelten oder sonst zweifelhaft scheinenden Stellen mit möglichst kurz gefaßten Anmerkungen nach u. aus dem Grundtexte ꝛc. Ans Licht gestellt durch Ehrenfr. Liebich. Mit einer Vorrede von Jh. Fr. Burg. 2. sorgfält. durchgesehene Aufl. 3. Aufl. gr. Lex.-8. Hirschberg 844, 846, Krahn. (Leipzig, Hunger.) n. 3⅙ $\mathcal{R}$

—— die, oder: Die ganze heilige Schrift alten und neuen Testaments, nach der deutschen Uebersetzung Dr. Mart. Luthers; mit jedem Capitel vorhergesetzten kurzen Summarien, sorgfältigst ausgesuchten ꝛc. Real- und Verbal-Parallelstellen, und vornehmlich bei allen schweren von Spöttern gemißhandelten oder sonst zweifelhaft scheinenden Stellen mit möglichst kurz gefaßten Anmerkungen nach und aus dem Grundtexte. Ans Licht gestellt durch Ehrenfried Liebich. Mit einer Vorrede von Joh. Friedr. Burg. 3. Aufl. (XXII und 1720 S.) 847. * 3 Thlr. 5 Ngr. und 4., durchgeseh. Aufl. Lex.-8. (XXII und 1710 S.) Hirschberg 852. (Leipzig, Hunger.) **

—— dies. Mit Summarien, Real- u. Verbal-Parallelstellen etc. v. E Liebich. 5. Afl. 8. (1719) Hirschb. 61, Act.-Ges. n. 3. 20

— — Mit jedem Capitel vorhergesetzten kurzen Summarien, sorgfältigst ausgesuchten ꝛc. Real- u. Verbal-Parallelstellen, u. vornehmlich bei allen schweren von Spöttern gemißhandelten oder sonst zweifelhaft scheinenden Stellen mit möglichst kurz gefaßten Anmerkungen nach u. aus dem Grundtexte. Ans Licht gestellt durch Ehrenfr. Liebich. Mit einer Vorrede ꝛc. von Joh. Frdr. Burg. 5., sorgfältig durchgeseh. Aufl. Hirschberg 861. (Leipzig, Hunger.) Lex.-8. (XXII, 1719 S.) n. 3 $\mathcal{R}$ 20 ngr.

Bibel, die, od. die ganze heil. Schrift des alt. u. neuen Testam. nach d. deutschen Uebers. Dr. Mart. Luthers Mit Erklärgn., Einleitgn., Aufsätzen, Registern u. Inhaltsverzeichnissen v. F. Gust. Lisco. Zum Gebr. f. Lehrer in Kirchen u. Schulen bearb. 2 Abthlgn. (3 Bde.) hoch 4. (141 B.) Berlin, Müller's Vrlg.*
1. Abthl. Das alte Testament:
Bd. 1. Die histor. Bücher enthalt. Nebst 1 Tab. üb. d. Völkergenealogie u. Aufsätzen üb. d. mosaische Gesetz ꝛc. (48 B.) 844. * 3 Thlr. 10 Ngr.
" 2. Die poet., prophet. u. apokryphischen Bücher enthalt. Nebst einem Aufs. üb. d. Propheten, ein. Sachregister u. ein. vollständ. Spruchregister üb. d. ganze Bibel. (52 B.) 843. * 3 Thlr. 15 Ngr. Ohne Spruchregister. * 3 Thlr. 10 Ngr.
2. Abthl. Das neue Testament. Nebst e. vollständ. Abriß der Geographie v. Palästina ꝛc., ein alphabat. Sach- u. Spruchregister. 5. Aufl. (45 B.) 846. * 2 Thlr. 25 Ngr. Mit ein. Bibel-Atlas v. Kiepert. (10 Kart.) *

— die, oder die ganze heil. Schrift des alten und neuen Testaments, nach der deutsch. Uebersetz. Dr. M. Luthers. Mit Erklärungen, Einleitungen, Aufsätzen, Registern u. Inhaltsverzeichnissen ꝛc. von F. Gust. Lisco. 2 Abtheil. in 3 Bden. kl. hoch 4. Berlin 844, 47. Müller. n. 9½ $\mathcal{R}$ — 1. Bd. Das Alte Testament apart. n. 3⅓ $\mathcal{R}$ — 2. Bd. Die poet., prophet., apokryph. Bücher enthaltend. Mit e. vollständ. Spruchregister. n. 3½ $\mathcal{R}$ — ohne Spruchreg. n. 3⅓ $\mathcal{R}$ — II. Abtheil. Das neue Testament. 5. Aufl. n. 2⅚ $\mathcal{R}$ — Mit einem Bibel-Atlas. Mit 12 Karten v. Kiepert nebst Bibel-Register u. Erklärung d. Karten. Ausg. ohne Atlas mit Spruchreg. n. 2¼ $\mathcal{R}$ — ohne Spruchreg. n. 2 $\mathcal{R}$.

—— die, oder die ganze heilige Schrift Alten und Neuen Testamentes nach der deutschen Uebersetzung Dr. Mart. Luthers. Mit Erklärungen, Einleitungen, Aufsätzen und Registern. Zum Gebrauch für alle Freunde des göttl. Wortes, insonderheit für Lehrer in Kirchen und Schulen bearb. von F. G. Lisco. Neue wohlfeile Ausg. 13 Lfgn. gr. Lex.-8. (1—8. Lfg. A. T. 2. Ausg. 2. Abdr. XV und 1000 S., 9—13. Lfg. N. T. 5. Aufl. 3., unveränd. Abdr. VIII und 640 S.) Berlin 857. 58, G. W. F. Müller. à Lfg. * 12 Ngr.

Biblia [litauisch]
— dasselbe. (In Litauischer Sprache.) (VIII, 1186 u. 812 S.) gr. 8. Ebd. 903. n.n. 1. 70;
geb. von n.n. 8. 70 bis n.n. 9. 75

Biblija [Biblia, litauisch] tai esti visas šventas raštas Seno ir Naujo Testamento, į lietuviškąją kalbą perstatytas, iš naujo perveizdėtas ir devintą kartą atspaustas. Berlyne: Britišk. ... biblijų draug. 1908. 848, 270 S. 8°
[Litauische Bibel Alten u. Neuen Testaments. 9. Aufl.]

Bybeles [Biblia, litauisch], tai esti: Wisas Szwentas Rasztas Senojo ir Naujojo Testamento i lietuwiszkąję kalbą iszwerstas. Ant Paliepimo Wyriausiósiós Prusiszkôsiós Bybeliû-Draugystés Berlyne isz naujo perweizdėtas (N. T.: Fridrikio Kurszaczio [Kurschat]). Halle-Saale 1910: Kanstein. Byb. Druk. VII, 1130, 311 S. 8° A 12. 1030

Biblia oder die ganze heil. Schrift . . . mit bericht. Parallelstellen, . . . Neue Aufl. Marburg 1821. H: *Lorsbach, Georg Wilhelm.* (Ky)

Biblia, übers. von D. Martin Luther
— n. Luthers Uebers. Stereotypausg. 8. Berl. Amelang. weiß Druckp.
Dieselbe in gr. 8. Ebend. auf Postp.

— die, oder die ganze heilige Schrift des alten und neuen Testaments, nach der deutschen Uebersetzung Dr. M. Luthers. Stereot.-Ausg. Lex.-8. Elberfeld ..., Hassel. n. 1⅓ $\mathcal{R}$ — Velinp. n. 1⅔ $\mathcal{R}$

— die, oder die ganze heil. Schrift d. alten u. neuen Testament, nach M. Luthers Uebersetz. ., Grimma ... Verlags-Compt. $^5/_{12}$ $\mathcal{R}$

— die, oder die ganze heilige Schrift des alten und neuen Testaments, nach der deutschen Uebersetzung D. Martin Luthers. gr. 8. (London.) Wesel, Aug. Prinz. Velin-Schreibpap. in Kalbleder geb. 2⅔ $\mathcal{R}$

Biblia, das ist: Die gantze Heilige Schrifft Altes und Neues Testaments, durch D. Martin Luther verdeutscht . . . Und endlich denen drey Haupt-Symbolis und Augspurgischen Confession zum Druck befördert, nebst einer Vorrede und Erklärung des Kupffer-Blats [!]. Schiffbeck bey Hamburg. o. J. 8°

Die Bibel oder die ganze Heilige Schrift des Alten und Neuen Testaments nach Martin Luthers Uebersetzung. Stereotyp-Ausg. Schleswig. o. J. 8°

Die Bibel oder die ganze Heilige Schrift Alten und Neuen Testaments nach der deutschen Übersetzung Martin Luthers. Mit jeden Capitels neuen Summarien und auserlesenen richtigen Schriftstellen. Mit Brennerschen der Schl.-Holst. Bibelgesellschaft zuständigen Stereotypen. Schleswig. o. J. 8°

– – Amsterdam: Wetstein 1701. Getr. Zählung.

– – Amsterdam: Wetstein & Halma 1704. Getr. Zählung.

— m. Luthers u. Hrm. Frankens Vorr. u. Randgl. a. cis parall. 8. Halle, Waisenh. 708.

— n. d. Uebers. Lutheri. m. K. 8. Leipz. 755.

— Dies., mit Dr. M. Luthers Vorrede, Randgl. u. locis parall. M. grober Schrift. 4 Thle. Fol. Regensb. 755. 5 ℛ 8 ℊ

— Dies., nach d. deutsch. Uebers. Luthers, m. Zugabe d. III. u. IV. Buchs Esra u. des III. Buchs Makkabäer rc. Fol. Lemgo. 2e Aufl. 756. Meyer. 1 ℛ

– – Halle 1777. 81. Aufl.

— nach der deutschen Uebersetzung Dr. Martin Luthers. gr. 8. 817. Breslau, Holdufer. (in Comm.)
Fein Schrbpr.

— Dies., nach d. deutsch. Uebersetz. Luthers. gr. 8. Hamb. 818. Perthes u. B. 1 ℛ 14 ℊ Schrbp. 2 ℛ

— Nach Dr. M. Luthers deutscher Uebers. Stereotypen Ausg. 12. Leipz. Tauchnitz. 819.

Die Bibel oder die ganze Heilige Schrift des Alten und Neuen Testaments nach der deutschen Übersetzung Martin Luthers. Mit Tauchnitzischen der Schl.-Holst. Bibelgesellschaft zuständigen Stereotypen ⟨gegossen 1819⟩. Schleswig. (1819.) 8°

— nach Dr. Martin Luthers Uebersetzung. (Strassburger-Bibel). Strassbg. 1819. 8.

— Dies., nach d. deutschen Uebersetz. D. M. Luthers. gr. 8. Bresl. 817. 2e Aufl. 820. Graß, B. u. C. 1 ℛ 12 ℊ Schrbp. 3 ℛ

— Dies., nach Dr. M. Luthers deutsch. Uebersetzung. Stereotypen-Ausg. 16. Leipz. 820. Tauchnitz. Velinp. 2 ℛ 12 ℊ Hbg. Pr. 832. 1 ℛ 8 ℊ

Bibel, Die, oder die ganze Heil. Schrift, nach der deutschen Uebersetzung Mart. Luthers. Mit Tauchnitzischen der Schlesw.-Holst. Bibelgesellschaft zuständigen Stereotypen (gegossen 1819). Schleswig. — (gegossen 1820). Sm. St.

— nach d. deutsch. Uebersetz. Dr. M. Luthers. M. stehenbleibenden Lettern. 7te Aufl. gr. 8. Hannov., Gebr. Hahn. 821.
Fein Pap.

— d., oder d. ganze heilige Schrift, alten u. neuen Testaments; nach d. deutsch. Uebers. Dr. M. Luthers. (Mit Stereotypendr.) 8. Leipzig 821, Barth. 16 gr. weiß P. 20 gr. Post-Pap. 1 Rthlr. 12 gr. Velin-Pap. 2 Rthlr. — gr. 8. 21 gr. weiß Pap. 1 Rthlr. 6 gr. fein weiß Pap. 2 Rthlr. Vel.-Pap. 2 Rthlr. 16 gr. gr. 12. 13 gr. weiß Pap. 16 gr. franz. Pap. 1 Rthlr. 12 gr. Vel.-Pap. 1 Rthlr. 16 gr.

— Dies., D. M. Luthers Uebersetzung nach d. Grundtext berichtigt. Lexiconform. Mit steh. Schrift. Frankf. 824. 2r Abdr. 825. Hermann. 1 ℛ 8 ℊ

— dieselbe 15e Aufl. gr. 8. Hannover 825, Hahn. 1 Rthlr. grobe Schrift

— d., oder d. ganze heilige Schrift Alten u. Neuen Testaments, nach d. deutschen Uebersetzg. D. Mart. Luthers. Mit jeden Capitels neuen Summarien u. auserles. richtigen Schriftstellen. 23e Aufl. oder 5e mit Stereotypen gedruckte Ausg. 8. Frankf. 826, Brönner. 16 gr. weiß Pap. 1 Rthlr. Vel.-P.

— d., oder d. ganze Schrift des alten u. neuen Testaments, nach d. deutschen Uebersetzung Dr. Martin Luthers, mit stehender Nonpareilleschrift. gr. 8. Sulzbach 826, v. Seidel.

— Dies., nach d. deutsch. Uebersetz. D. M. Luthers. 3e Aufl. gr. 8. Stuttg. 827. 5e A. 828. (Steinkopf). 12 ℊ (D. N. Test. apart 5 ℊ)

— Bibel, die, od. d. ganze Heil. Schrift d. A. u. N. Testam., nach d. deutsch. Uebers. D. Martin Luthers. 5. Aufl. gr. 8. (89½ B.) Stuttgart 828, (Steinkopf.)

—— dies., (mit d. apocryph. Büchern.) 3. Aufl. Mit steh. Lettern. 8. (83½ B. Nonpar.-Schrift.) Ebds. 828.

—— dies., nach d. deutsch. Uebers. D. Martin Luthers. 8. (87¼ B.) Rinteln 829, (Osterwald.)

— Dies., (nebst d. apocryph. Büchern,) nach Luthers deutsch. Uebersetz. 2e Aufl. Mit stehenden Lettern. gr. 8. (Corp.-Schr.) Sulzb. 829, v. Seidel. 1 ℛ 3e Aufl. 828. 4e Aufl. 831. Mit steh. Lettern. 8. (Nompar.-Schr.) Ebd. 16 ℊ Schrbp. 1 ℛ Postp. 1 ℛ 4 ℊ Velinp. 1 ℛ 12 ℊ Dies. gr. 8. M. Corpus-Schrift. 18 ℊ Postp. 1 ℛ 4 ℊ Velinp. 3 ℛ Dies. m. Cicero-Schrift: 1 ℛ Postp. 1 ℛ 16 ℊ Velinp. 4 ℛ

—— die, od. die ganze heil. Schrift des alt. u. neuen Testam., nach d. deutschen Uebers. Dr. M. Luthers. 6. Aufl. gr. 4. (175 B. grobe Schrift.) Halle 830, Cansteinsche Bibel-Anstalt. Druckp. *

—— dies., (gen.: Baseler große Quartbibel.) gr. 4. ... Grobe Cicero-Schrift. Basel 831, (Spittler.)

— Dies., nach d. deutschen Uebersetz. Dr. M. Luthers. 23e Aufl. gr. 8. Hannov. 831. Hahn. 1 ℛ Grobe Schrift 1 ℛ 10 ℊ (D. N. Test. apart 6 ℊ)

—— die, od. d. ganze Heil. Schrift d. alt. u. neu. Testam., n. d. deutschen Uebersetz. Dr. Mart. Luthers. Gedr. auf Kosten d. Edinburger Bibel-Gesellschaft. gr. 8. (81½ B.) Hamburg 832, Nestler u. Melle.

— Dies., nach Luthers Uebersetzung. Mit 1 Kpf. 8. Hildburgh. 832. (Leipz., Weygand), 1 ℛ

—— dies., nach D. M. Luthers deutsch. Uebers. Stereotyp-Ausg. 16. ... Leipzig (832), Tauchnitz. hrbas. Pr.

—— dies., 33—35., m. stehend. Lettern gebr. Aufl. (à 87½ B.) gr. 8. Hannover 833—35, Hahn.

—— die, rc. 3. Ausg. mit der Petitschrift. Besond. Aufl. mit breiten Bundstegen u. Rändern. 8. (88 B.) Halle 835, Cansteinsche Bibel-Anstalt. * 1 Thlr. 22½ Ngr. — Schreibp. 1832. *

— die, oder die ganze heil. Schrift des alten u. neuen Testaments, nach d. deutschen Uebersetzung D. Mart. Luthers. Gedruckt auf Kosten der Edinburger Bibel-Gesellschaft. gr. 8. Hamb. 835. Nestler u. Melle. Geb. in gepreßten Deckeln 2⅔ ℛ

— dies. (Ohne Apokryphen.) 8. Ebd. (Leipzig, Barth.) Perlschrift. Lederband 1¾ ℛ

— dies. 16. Hamburg, im J. C. 1835. Gedruckt auf Kosten der Edinburger Bibel-Gesellschaft. (Nestler u. Melle; Leipzig, Barth.) Velinp. In gepreßt. Leder geb. 1¾ ℛ

Die Bibel oder die ganze Heilige Schrift des alten und neuen Testaments nach der deutschen Uebersetzung Dr. Martin Luthers. Hannover 1838. 4°.

—— die, od. d. ganze Heil. Schrift d. alt. u. neu. Testaments n. Dr. Mart. Luthers Uebersetz. Mit Stereotypen gedr. gr. 12. (58¼ B.) Leipzig 838, K. Tauchnitz. *

Bibel, die, od. d. ganze Heil. Schrift d. alt. u. neu. Testam. n. d. deutsch. Uebersetz. Dr. Mart. Luthers. Neue Stereotyp-Ausg. m. größ. Lettern. (Corpusschr.) gr. 8. (87¼ B.) Hannover 839, Hahn'sche Hofbuchh. * Thlr.

Die Bibel oder die ganze Heilige Schrift des alten und neuen Testaments, nach der deutschen Uebersetzung D. Martin Luthers. Abgedruckt nach der Hallischen Ausgabe. London 1839.

— dies. (Petitschrift.) n. 11/12 ℛ fein Pap. n. 1 ℛ 52e Aufl. 840. n. ⅚ ℛ

— die, oder die ganze heil. Schrift alten u. neuen Testaments nach Dr. M. Luthers Uebersetz. gr. 8. Basel 840, Verlag der deutschen Bibel-Anstalt. (F. Schneider.) 42. Stereot.-Aufl. auf ord. weißem Maschinenpapier 1 ℛ — Masch.-Vel. 1⅓ ℛ — 45. Stereot.-Aufl. 846, ord. Pap. 1 ℛ — Masch.-Vel. 1⅓ ℛ

— die, oder die ganze heil. Schrift Alten u. Neuen Testaments, nach Luthers Uebersetzung. Mit Brönnerschen Stereotypen gedruckt. 8. Lübeck 840. Bünsow. 13 gl größerer Druck, mittel 8. ⅔ ℛ großer Druck. gr. 8. Schreibp. ⅚ ℛ

—— dies., die 304. Aufl. 12. (59 B.) Halle 841, Cansteinsche Bibel-Anstalt. Druckp. *

— dies. oder die ganze heil. Schrift Alten u. Neuen Testaments. kl. 8. Kiel 841, Bünsow. n. 16¼ ngl — mittel 8. n. ⅔ ℛ gr. 8. n. 27 ngl

Bibel, die, oder die ganze heil. Schrift A. u. N. Testaments nach Dr. Mart. Luther's Uebersetzung. Stereotyp-Ausg. gr. 8. Leipz. 841, K. Tauchnitz. (Bourgois-Bibel.) n. ¾ ℛ

Bibel, die, oder die ganze Heilige Schrift des alten und neuen Testaments, nach der deutschen Uebersetzung Dr. Martin Luthers rc. 8. Magdeburg 841, Baensch jun. ⅔ ℛ — weiß oder Maschinenpapier. à n. ¾ ℛ — 2. Aufl. 8. Ebd. 842. baar ½ ℛ

—— die, od. d. ganze Heil. Schrift d. alt. u. neu. Testam. n. Dr. Mart. Luthers Uebersetz. Stereotyp-Ausg. gr. 8. (87¼ B.) Meurs 841, Rhein. Schulbuchh. (Leipzig, Fr. Fleischer.) * 16 Gr., fein weiß. Pap. * 22 Gr., Vlnp. *

Biblia. Das ist: die ganze Heilige Schrift. Deutsch durch Dr. Martin Luther. Aufs neue verglichen mit der Ausgabe letzter Hand vom Jahre 1545. — Auch mit dem Umschlags-Titel: Die Wartburg-Bibel. Mit 15 Pracht-Stahlst. in 16 Liefg. Lex.-8. Leipzig 842, 43, Mayer. 3 ℛ in berlin. Lederband 4½ ℛ — Ausg. mit 1 Stahlst. Lex.-8. Ebd. 843. n. 1⅔ ℛ

—— die, od. die ganze heil. Schrift des alten u. neuen Testam. nach der deutschen Uebers. Dr. Martin Luthers. 2. Aufl. 8. (88⅛ B.) Magdeburg 842, Baensch. **

—— die, od. die ganze heil. Schrift des alt. u. neuen Testam. nach d. deutschen Uebers. Dr. M. Luthers. Kleinere Stereot.-Ausg. (Nonpareille-Schrift.) 12. (58¼ B.) Hannover 843, Hahn'sche Hofbuchh. * 20 Ngr. — Vlnp. *

—— die, od. die ganze heil. Schrift des alt. u. neuen Testam. nach d. deutschen Uebers. Dr. M. Luthers. Stereot.-Ausg. gr. 12. (58⅓ B.) Karlsruhe 843, Groos. * 20 Ngr. — mittelfein Pap. * 1 Thlr. — Vlnp. *

—— die, od. die ganze heil. Schrift des alt. u. neuen Testam. nach Dr. M. Luthers Uebers. Stereot.-Ausg. 8. (87¼ B.) Leipzig 843, Fr. Fleischer. *

—— Das ist: die ganze heil. Schrift. Deutsch durch Dr. Mart. Luther. Aufs neue verglichen mit der Ausg. letzter Hand vom Jahre 1545. (Wartburg-Bibel.) 15 Lfgn. Lex.-8. (72 B. u. 15 Stahlst.) Leipzig 843. [Mayer.] à * 10 Ngr. *

—— od. d. heil. Schriften d. alt. u. neuen Testam. Nach Dr. M. Luthers Uebersetzg. Nach der hallischen Ausg. gr. 8. (75 B.) Grimma 844, Verlags-Comptoir. * –

—— dies., (Stereotdr., mit breiten Bundstegen u. Rändern.) Lex.-8. (88 B.) Halle 844, Cansteinsche Bibel-Anstalt. * 1 Thlr. 3¾ Ngr. — Fein Papier in gr. Lex.-8. * 2 Thlr. 7½ Ngr. — Schreibp. 1841. *

—— die, od. die ganze heil. Schrift des alt. u. neuen Testam. nach d. deutschen Uebers. Dr. Mart. Luthers. 4. Aufl. gr. 8. (80½ B.) Sulzbach 844, v. Seidel'sche Buchh. *

Bibel, die, od. die ganze heil. Schrift des alt. u. neuen Testam. nach d. deutschen Uebers. Dr. M. Luthers. 18. Stereot.-Aufl. gr. 8. (87¼ B.) Frankfurt a. M. 845, Brönner. Thlr *

—— dies. 19. Stereot.-Aufl. (in 60 Lfgn.) gr. 8. (87 B.) Ebds. *

—— die, od. die ganze heil. Schrift des alt. u. neuen Testam. nach Dr. M. Luthers Uebers. Stereot.-Ausg. gr. 8. (87¼ B.) Meurs 845, Rhein. Schulbuchh. *

—— dies. Ausg. auf Vlnp. u. 1 Stahlst. gr. 8. (87¼ B.) Ebds.

—— die, od. die ganze heil. Schrift des alt. u. neuen Testam. nach d. deutschen Uebers. Dr. Mart. Luthers. Mit eigenthüml. Druckeinr. Als Anh.: ein Bibel-Atlas v. Kiepert mit 12 geograph. Karten u. antiquar. Darstellungen rc. u. e. vollständ. Spruchregister üb. das alte u. neue Testam. Stereot.-Ausg. gr. Lex.-8. (91½ B.) Berlin 846, Müller's Verl. Thlr. *
Ausg. ohne d. Atlas u. mit Spruchreg. (60 B.) *
ohne d. Atlas u. ohne Spruchreg. (55 B.) *

—— die, od. die ganze heil. Schrift alt. u. neuen Testam. nach der deutschen Uebers. Dr. M. Luthers. Stereot.-Ausg. gr. 8. (76 B.) Berlin 846, G. Reimer. *

—— die, od. die ganze heil. Schrift des alt. u. neuen Testam. nach d. deutsch. Uebers. Dr. M. Luthers. Stereot.-Ausg. Lex.-8. (88¼ B.) Elberfeld 846, Hassel. * 1 Thlr. 10 Ngr. — Vlnp. *

—— dies., die 247. Aufl. (Stereotdr.) Lex.-8. (88 B.) Halle 846, Cansteinsche Bibel-Anstalt. * –

—— dies. 375. Aufl. (Stereotdr.) 8. (88. B.) Halle 846, Cansteinsche Bibel-Anstalt. Druckp. * –

—— dies. 379. Aufl. (Stereotdr.) 8. (88 B.) Halle 846, Cansteinsche Bibel-Anstalt. Maschinenp. *

—— die, od. die ganze heil. Schrift alt. u. neuen Testam. nach der deutschen Uebers. Dr. M. Luthers. — Pracht-Schulausg. Mit 32 Stahlst. u. 1 Karte v. Palästina. Lex.-8. (45 B.) Hildburghausen 846, Bibliograph. Institut. *

—— die, od. die ganze heil. Schrift des alt. u. neuen Testam. nach Dr. M. Luthers Uebers. 6. Eisen-Stereot.-Ausg. gr.-8. (65 B.) Nordhausen 846, Müller.

—— d. i. die ganze heil. Schrift alt. u. neuen Testam. Nach Dr. M. Luthers Uebers. Mit Inhaltsangabe jedes Capitels u. Anf. d. Parallel-Stellen. Neue wohlf. Stereot.-Prachtausg. in 1 Bde. mit 12 Stahlst. u. allegor. Ttlblde. Neuester Abdr. (12 Lfgn.) Lex.-8. (90½ B.) Nürnberg 846, [Lotzbeck.] à Lfg. 7½ Ngr. *

— d. i. die ganze heil. Schrift A. u. N. Testaments. Nach Dr. M. Luthers Uebersetz. Mit Inhaltsangabe jedes Kapitels u. Anführung der Parallel-Stellen. Neue wohlf. Stereotyp-Prachtausg. in 1 Bde. mit 12 Stahlst. u. allegor. Titelbilde. Neuester Abdr. In 12 Lief. Lex.-8. (Mit 2 Stahlst.) Nürnberg 846, Zeh'sche Buchh. (à ¼ ℛ) 3 ℛ

—— die, od. die heil. Schrift des alt. u. neuen Testam. nach d. deutschen Uebers. von Dr. Mart. Luther. Mit Holzschn. nach Zeichnungen der ersten Künstler Deutschlands. 1—12. Lfg. 4. (17 B.) Stuttgart 846, 47, Cotta'sche Buchh. à 3¾ Ngr.

Bibel, die, oder die heilige Schrift des alten und neuen Testaments nach der deutschen Uebersetzung von Dr. Mart. Luther. Mit Holzschnitten nach Zeichnungen der ersten Künstler Deutschlands. 13—60. Lfg. (Schluß.) 4. [Altes Testament (S. 273—1160.) Neues Testament (372 S. mit Titel in Holzschn.)] Stuttgart 847—50, Bibel-Anstalt der Cotta'schen Buchh. à Lfg. 3³/₄ Ngr. Thlr.
1—12. Lfg. Ebendas. 1846—47. 1 Thlr. 15 Ngr.

—— dies. Prachtausgabe (in 125 Lfgn.) 1—26. Lfg. Imp.-4. (52 B.) Ebds. 846, 47. à 3³/₄ Ngr.

—— dies. Prachtausgabe. 27—125. (letzte) Lfg. Imp.-4. [Altes Testament (S. 337—1320.) Neues Testament (410 S. mit Titel in Holzschn.) à Lfg. 3³/₄ Ngr.] Ebds. 847—50. 1?
1—26. Lfg. Ebendas. 1846—47. 3 Thlr. 7¹/₂ Ngr.

—— die, oder die ganze heilige Schrift des alten und neuen Testaments nach der deutschen Uebersetzung Dr. Mart. Luthers. Größere Stereotyp-Ausg. Nr. 6. gr. 8. (1391 S.) Hannover 847, Hahn'sche Hofbuchh. Schrbp. *

Bibel, Die, oder die ganze Heilige Schrift des alten und neuen Testaments nach Dr. Martin Luthers Uebersetzung. Stereotyp-Ausgabe. Mit 12 Stahlstichen. 8. Leipzig 1847.

Biblia. Das ist: die ganze heilige Schrift. Deutsch durch Dr. Mart. Luther. Auf's neue verglichen mit der Ausg. letzter Hand vom J. 1545. 3. Stereotyp-Abdruck. (10 Lfgn.) Lex.-8. Leipzig 847, Mayer. [Altes Testament 902 S. und neues Testament 248 S. mit 1 Stahlst. (à Lfg. * 5 Ngr.)] *

—— dies. (20 Lfgn.) Mit 15 Stahlst. Lex.-8. Ebds. 847. [Altes Testament 902 S. und neues Testament 248 S. (à Lfg. 4 Ngr.)]

—— dies. — Stereotyp-Ausg. gr. 8. (1392 S. und 1 Stahlst.) Leipzig 847, Ph. Reclam jun. *
Mit 12 Stahlst. *

—— oder die ganze heilige Schrift des alten und neuen Testaments nach Dr. Mart. Luther's Uebersetzung. Stereotyp-Ausg. 8. (1387 S.) Leipzig 847, Ph. Reclam jun. **
Mit 12 Stahlst. *

Bibel, die, oder die ganze heilige Schrift des alten und neuen Testaments nach der deutschen Uebersetzung Dr. Martin Luthers. 7. Aufl. 8. (XVI und 1393 S. Stereotypen-Druck.) Magdeburg 847, Baensch. **

—— dies. — (Stereotyp-Ausg.) 8. (1388 S. mit 1 Stahlst. u. 13 engl. Orig.-Holzschn.) Grimma 848, Verlags-Comptoir. **

—— die, oder die ganze heilige Schrift des alten und neuen Testaments, nach der deutschen Uebersetzung Dr. Mart. Luthers. 8. Stereotyp-Aufl. 8. (XX und 1391 S. mit lith. Titel.) Leipzig 849, [Baensch.]

— d. i. die ganze heilige Schrift des alten u. neuen Testaments. Nach M. Luther's Uebersetzung. Mit Inhaltsangabe jedes Kapitels u. Anführung der Parallel-Stellen. Neue, wohlf. Ster.-Prachtausg. in 1 Bd. Mit allegor. Titelbilde. Lex. 8. (VIII u. 1416 S.) Nürnberg 849, Lotzbeck. 1¹/₃ ₰ — Mit 12 Stahlst. 2 ₰

—— dass. — 8. (1101 S.) New-York 850. (Philadelphia, Schäfer und Koradi.)

Bibel, die, od. die ganze heilige Schrift d. alten u. neuen Testaments nach der deutschen Uebersetzung Mart. Luther's. [Ster.-Ausg.] 8. (XVI u. 1391 S.) Berlin 851, Decker. baar n. n. ⁵/₁₂ ₰; fein Pap. in Leder geb. m. Goldschn. baar n. 1²/₃ ₰

— dies. 22. Ster.-Aufl. gr. 8. (1391 S.) Ebd. 851. 1 ₰

— dies. gr. Lex. 8. (VI u. 1114 S.) Elberfeld 851, Hassel. Velinp. n. 2¹/₃ ₰

—— dies. Lex.-8. (1114) Cöln 51, Hassel. n. 2. 10

Bibel, die, oder die ganze heil. Schrift des alten und neuen Testaments, nach der deutschen Uebersetzung Dr. Martin Luthers. Neue Ster.-Ausg. gr. 8. (IV und 1440 S.) Frankfurt a. M. 852, Brönner. Vlnp. *

—— dies. N. Asg. 8. (1449) Frankf. 52. Winter. n. 2. 15

—— die, oder die ganze heilige Schrift des alten und neuen Testaments nach der deutschen Uebersetzung Dr. Martin Luther's. 7. Ster.-Ausg. 8. (XVI und 1391 S.) Berlin 853, Deckersche geheime Ober-Hofbuchdr. **
fein Pap. 9. Ster.-Ausg. **

—— dass. — 23. Aufl. Ster.-Ausg. der preuß. Haupt-Bibelgesellschaft. gr. 8. (XVI und 1391 S.) Ebds. 853. ** –
fein Pap. **
Vlnp. **

Bibel, die, oder die ganze Heilige Schrift des alten und neuen Testaments nach Dr. M. Luthers Uebersetzung. 18. Eisen-Stereot.-Ausg. Nordhausen 853. (Büchting.) 8. (XII, 1079; 308, XXIV S.) n. 17¹/₂ ngl

Bibel, die, oder die ganze Heilige Schrift des alten und neuen Testaments nach der deutschen Uebersetzung Dr. M. Luther's 23. Aufl. Stereot.-Ausg. der Preuß. Haupt-Bibelgesellschaft. Berlin 854. Decker. Lex.-8. (XIV, 1 Bl., 1079, 312 S.) n. 22¹/₂ ngl; fein Pap. n. 27 ngl; Velinp. n. 1 ₰ 10 ngl

—— dass. — Pracht-Ausg. mit Stahlst. 1—18. Heft. 4. (A. T. S. 1—600 mit 18 Stahlst.) Berlin 854, Preuß. Literatur-Compt. à Heft * 5 Ngr. *.

—— die, oder die ganze heil. Schrift des alten und neuen Testaments nach der deutschen Uebersetzung Dr. Mart. Luthers. Hrsg. vom evangel. Bücher-Verein. Ster.-Ausg. gr. 8. (XXXII und 1548 S. mit 327 eingedr. Holzschn. und 2 Holzschnt.) Berlin 855, (W. Schultze.) **
Vlnp. **

—— dass. — Größere Ster.-Ausg. gr. 8. (IV und 1391 S.) Hannover 855, Hahn'sche Hofbuchh.
Vlnp.

—— die, oder die ganze heilige Schrift des alten und neuen Testaments, nach der deutschen Uebersetzung Dr. Martin Luthers. 8. (VII und 1006 S. mit 2 Stahlst.) Reutlingen 856, Fleischhauer und Spohn.

—— die, oder die ganze Heilige Schrift des alten und neuen Testaments nach der deutschen Uebersetzung Dr. Mart. Luthers. Ster.-Ausg. 12. (VIII und 1891 S.) Carlsruhe 857, Groos. **

Bibel, die — oder die ganze Heilige Schrift des alten und neuen Testamentes nach der deutschen Uebersetzung Dr. Martin Luthers. *Pest* 1857. *Gust. Heckenast.* Druck von *Wilh. Hassel* in *Köln.* Das alte Testament 856 S., das neue Testament. 286 S., 8°. 2-spalt. 45 kr.

—— die, oder die ganze Heilige Schrift des alten und neuen Testaments, nach der deutschen Uebersetzung Dr. Mart. Luthers. gr. 16. (VII und 1006 S. mit 2 Stahlst.) Reutlingen 857, Fleischhauer und Spohn.

—— die, oder die ganze Heilige Schrift des alten und neuen Testaments nach der deutschen Uebersetzung Dr. Mart. Luthers. Ster.-Ausg. der preuß. Haupt-Bibelgesellschaft. 24. Aufl. 8. (XXXII und 1391 S.) Berlin 858, Decker'sche geheime Ober-Hofbuchdruckerei. **

—— dass. — 25. Aufl. 8. (XXXII und 1391 S.) Ebendas.
weiß Pap. ** –
Vlnp. **

— die, oder die ganze Heilige Schrift des alten und neuen Testaments nach der deutschen Uebersetzung Dr. M. Luthers. Stereot.-Ausg. der Preuß. Haupt-Bibelgesellschaft. Berlin (858.) Decker. gr. 16. (A. T.: XXXII, 916, 163 S.; N. T.: 312 S. u. 2 Holzschn.) nn. 10 ngr; weiß Pap. nn. 15 ngr; Velinp. nn. 25 ngr

— — Ausg. in gr. 4. Ebend. (858). nn. 1 ℛ 15 ngr; weiß Pap. nn. 2 ℛ 15 ngr; Velinp. nn. 4 ℛ; Prachtausg. nn. 18 ℛ 10 ngr

— — Ausg. in gr. 4. Ebend. 859. (XXXII, 1391 S. u. 2 Holzschn.) nn. 1 ℛ 15 ngr; weiß Pap. nn. 2 ℛ 15 ngr; Velinp. nn. 4 ℛ; Pracht-Ausg. nn. 18 ℛ 10 ngr

— — Ausg. in gr. 16. Ebend. 859. (XXXII, 1391 S. u. 2 Holzschn.) nn. 10 ngr; weiß Pap. nn. 15 ngr; Velinp. nn. 25 ngr

Biblia. Das ist: Die ganze Heilige Schrift des Alten und Neuen Testaments, nach der deutschen Uebersetzung Dr. Mart. Luthers. Mit eines jeden Capitels kurzen Summarien, auch beygefügten vielen aufs neue berichtigten Parallelen. gr. 4. (992 S. mit 20 Holzschnt.) Philadelphia 859, (Schäfer und Koradi.) geb. *

— . — nach der deutschen Uebersetzung Dr. Martin Luthers. Stereot.-Dr. Halle 860. Canstein'sche Bibel-Anstalt. Lex.-8. (1423 S.) n. 2 ℛ; feine Ausg. n. 2 ℛ 20 ngr

—— d. i. d. ganze Heil. Schrift d. A. u. N. Testam. verdeutschet durch Luther, m. dess. Vorr. u. Randglossen etc. 1. Bd.: Die 5 Bücher Mosis bis Hiob. 8. (724) St. Louis 60. (Philad., Schäfer u. K.) geb. n. 4. —

Bibel, die, oder die ganze heilige Schrift des Alten und Neuen Testaments nach der deutschen Uebersetzung Dr. Mart. Luthers. 299. Aufl. (Ster.-Dr.) gr. 8. (XXXI und 1391 S.) Halle 861, v. Canstein'sche Bibel-Anstalt. Thlr. * -
Vlnp. *
Schreibp. *

—— dies. 2. Abdr. Fol. (1343) Iserl. 61, Bädeker. n. 8. 15

—— die, oder die heilige Schrift des Alten und Neuen Testaments nach der deutschen Uebersetzung von Dr. Mart. Luther. Lex.-8. (V und 1237 S.) Stuttgart 861, Bibel-Anstalt der Cotta'schen Buchh. * 3 Thlr. 10 Ngr; in Leder geb. mit Goldschn. *

—— dies. 8. (1237) Stuttg. 61. (Lpzg. Brockhaus.) n. 3. 10; geb. n. 7. — || Asg. in 4. (1580) m. H.) 60. 61. 7. 15

—— die, oder die ganze heilige Schrift des alten und neuen Testaments nach der deutschen Uebersetzung Dr. Mart. Luther's. Hrsg. vom evangel. Bücher-Verein. Mit 327 (eingedr.) Holzschn. Ster.-Ausg. 4. Aufl. (In 13 Lfgn.) 1. Lfg. gr. 8. (XVI und S. 1—112 mit 1 Holzschnt.) Berlin 862, (Wiegandt und Grieben.) *

—— dies. 4. Afl. 8. (1548 m. H.) Berl. 62—65, Wiegandt u. G. n. 2. 5

—— die, oder die ganze Heilige Schrift des alten und neuen Testaments nach Dr. Mart. Luther's Uebersetzung. Ster.-Ausg. 16. (III und 1087 S.) Bremen 862, (Verlag des Tractathauses.) *

Die Bibel, od. d. ganze Heil. Schrift . . . . . nach d. deutschen Uebersetzung Dr. *Mart. Luther's*. Cöln 1862. Kl. 8°. Gepr. Lwdb. 648 u. 212 S.

—— d., od. d. ganze h. Schrift d. A. u. N. Testam. nach d. Uebers. M Luther's. 8. (1423) Berl. 63, v. Decker. n. — 13; w. Pap. n. — 20; Vel. n. 1. 3½ || Asg. in gr. 8. (1391) 53. n. — 22½; f. Pap. n. — 27; Vel. n. 1. 10 || Asg. in 4. (1391) 59. n.n. 1. 15; w. Pap. n.n. 2. 15; Vel. n.n. 4. —; Pr.-Asg. n.n. 18. 10 || Asg. in 16. (1391) 59. n.n. — 10; w. P. n.n. — 15; Vel. n.n. — 25

—— die, oder die ganze heilige Schrift des Alten und Neuen Testaments, nach der deutschen Uebersetzung D. Mart. Luthers. Revid. Ausg. gr. Lex.-8. (VI und 1390 S.) Leipzig 863, Teubner. *
In Leder geb. mit Goldschn. und in Futteral *

—— d. i. d. ganze h. Schrift d. A. u. N. Testam. verdeutschet durch M Luther, m. dess. Vorreden u. Randglossen etc. 2. Bd. Der Psalter bis Maleachi nebst d. Apokr. 8. (772) St. Louis, Mo., 64. (Dresd., Naumann.) n. 4. 15 (1. 2.: n. 8. 15)

—— die, oder die ganze Heilige Schrift des alten und neuen Testaments nach Dr. Martin Luther's Uebersetzung. Mit 327 eingedr. Holzschn. Ster.-Ausg. 4. Aufl. 2.—13. (Schluß-)Lfg. gr. 8. (A. T. S. 113—1182 und N. T. 366 S. mit 1 Holzschntaf.) Berlin 865, (Wiegandt und Grieben.) à Lfg. * 5 Ngr. *
1. Lfg. (Ebendas.) 1862. * 5 Ngr.

—— die, oder die ganze Heilige Schrift des Alten und Neuen Testaments nach Dr. Mart. Luthers Uebersetzung. Der 2. Ausg. neuer Abdr. 16. (VI und 1117 S.) Leipzig 865, Bredt.

Biblia. Das ist die ganze heilige Schrift. Deutsch durch Dr. Mart. Luther. Aufs neue verglichen mit der Ausg. letzter Hand vom J. 1545. 5. Ster.-Aufl. Ausg. mit 6 Stahlst. 1. Lfg. Lex.-8. (96 S. mit 1 Stahlst.) Altona 866, Haendcke und Lehmkuhl. 6 Ngr.; Ausg. mit 15 Stahlst.

Bibel. Neue Ausg. mit Stichen in Kupfer nach Entwürfen, Zeichnungen u. Bildern von neueren deutschen Künstlern. 6. Stereot.-Abdr. d. auf's Neue mit der Ausg. letzter Hand von 1545 verglichenen Textes. Altona 867. Haendcke & Lehmkuhl. Lex.-8. (1150 S.) 3 ℛ 18 ngr; geb. n. 6 ℛ

—— die, oder die ganze heilige Schrift alten und neuen Testaments nach Dr. Martin Luthers Uebersetzung. Imp.-4. (VIII und 1232 S.) Barmen 867, (Langewiesche's Verlag.) **

—— die, oder die ganze Heilige Schrift des alten und neuen Testaments. Nach dem Orig.-Text von Dr. Mart. Luther. Neue Prachtausg. mit 32 Stahlst. hoch 4. (1128 S.) Berlin 867, Lemke. In Leder geb. mit Goldschn.

Biblia. Das ist: die ganze Heilige Schrift. Deutsch durch Dr. Mart. Luther. Aufs neue verglichen mit der Ausg. letzter Hand vom J. 1545. Altona 868. Händcke & Lehmkuhl. Lex.-8. mit 1 Stahlst. n. 1 ℛ 20 ngr; geb. n. 3 ℛ; mit 6 Stahlst. 2 ℛ 12 ngr; geb. n. 4 ℛ; mit 15 Stahlst. 3 ℛ; geb. n. 4 ℛ 22½ ngr

— die, oder die ganze heilige Schrift alten u. neuen Testaments nach Dr. Mart. Luthers Uebersetzung. Barmen 868. Langewiesche. Imp.-4. (VIII, 1232 S.) n. 6 ℛ

—— dies. 54. Afl. 8. (1592) Bas. 69, (Spittler.) geb. n. 1. 5

Bibel, die, oder die ganze heilige Schrift des alten und neuen Testaments nach der deutschen Uebersetzung Dr. Mart. Luthers. Mittlere Ster.-Ausg. Nr. 3. gr. 8. (IV, 1392 S.) Hannover 870, Hahn'sche Hofbuchh. geb. *
Ausg. Nr. 4. Lex.-8. geb. *

—— die, in der ächten deutschen Uebersetzung von Martin Luther. Prachtausg. in 25 Lfgn. mit 25 Stahlst. berühmter Meister. [Neue Ausg.] 1. und 2. Lfg. Imp.-4. (S. 1—88 mit 2 Stahlst.) Hildburghausen 870, Bibliograph. Institut. [Cassel, Vollmann'sche Buchh.] à Lfg. 75 Pf.

—— dass. — nach Dr. Mart. Luthers Uebersetzung. Galvanotyp-Ausg. 48. Aufl. 1872. ℳ 2., und 49. Aufl. gr. 8. (1492 S.) Barmen 873, Wiemann.
geb. *
geb. mit Goldschn. *

Biblia. Das ist: die ganze Heilige Schrift. Deutsch durch Dr. Mart. Luther. Aufs neue verglichen mit der Ausg. letzter Hand vom J. 1545. [Wartburg-Bibel.] 9. Ster.-Aufl. Lex.-8. (1151 S.) Altona [Gotha] 873, Händcke und Lehmkuhl.
Ausg. mit 1 Stahlst. (* M 5.) *
In Leder geb. mit Goldschn. (* M 9.) **
Ausg. mit 6 Stahlst. von W. Witthöft (M 7,20.) *
In Leder geb. mit Goldschn. (* M 12.) **
Ausg. mit 15 Stahlst. von C. Oertinger. (M 9.) *
In Leder geb. mit Goldschn. (* M 14,25.) **

—— dass. — [Künstler-Bibel] mit 12 Stichen in Kupfer nach Entwürfen, Zeichnungen und Bildern von neueren deutschen Künstlern. 8. Ster.-Aufl. Lex.-8. (1150 S.) Ebendas. 873. *
geb. mit Goldschn. **

Bibel, die, od. die ganze heil. Schrift alten u. neuen Testaments nach Martin Luthers Uebersetzg. Galvanotyp-Ausg. 18. Aufl. gr. 8. (1384 S.) Barmen 873. Wiemann. n. 2 50; geb. n.n. 4. 50; geb. m. Goldschn. n. 6. —; mit Familienchronik geb. 5. —: geb. m. Goldschn. n. 6. 50

Bibel, die, oder die ganze Heilige Schrift des Alten und Neuen Testaments, nach der deutschen Uebersetzung Dr. Martin Luthers. 807.—906. Aufl. (Ausg. in Petitschrift.) 8. (VIII, 916, 163, 310, 44 S.) Halle 874—79, v. Canstein'sche Bibel-Anstalt. *
geb. in Calico * M 2,50.; in Ganzleder *
Ausg. auf Velinpap. mit Luthers Portr. *
geb. in Ganzleder mit Goldschn. *

—— dass. — 355.—371. Aufl. (Ausg. in Corpusschrift.) gr. 8. (VIII, 916, 163, 310, 40 S.) Ebendas. 874—79. *
geb. in Ganzleder *
geb. in Ganzleder mit Luthers Portr. *
Ausg. auf Schreibpap. mit Luthers Portr. *
geb. in Ganzleder mit Goldschn. *
Ausg. auf Velinpap. mit Luthers Portr. *
geb. in Ganzleder mit Goldschn. *

Bibel, die, oder die heilige Schrift des alten und neuen Testaments nach der deutschen Uebersetzung von Dr. Martin Luther. Mit (eingedr.) Holzschn. nach Orig.-Zeichnungen von E. Bendemann, J. Fischer, G. Jäger, Fr. Overbeck, A. Rethel, L. Richter, J. Schnorr v. Carolsfeld, F. Schubert, E. Steinle, A. Strähuber, C. F. v. Stralendorf, L. Völlinger. 8. Aufl. In 30 Lfgn. 4. (Altes Test. 876 S.; Neues Test. 268 S.) Leipzig 874,75, Brockhaus. à Lfg. 50 Pf.
geb. *
geb. in Leder mit Goldschn. *

—— dass. — Galvanotyp.-Ausg. 19.—23. Aufl. gr. 8. (X, 1396 S.) Barmen 875—79, Wiemann. (* M 2,50.) *
geb. * M 4,50.; geb. mit Goldschn. *

Bibel, d., od. d. ganze heil. Schrift d. alt. u. neuen Test. nach M Luthers Uebersetzg. 43. Afl. 8. (1396) Barm. 75, Wiemann. n. 2. — ‖ 50. Afl. (1396) 75. n. 1. 80; geb: n. 3. 30 u. n. 4. 80

—— dass. — Galvanotyp.-Ausg. 50.—52. Aufl. 8. (X, 1396 S.) Ebendas. 875—79. * M 1,80.; geb. *
geb. mit Goldschn. *

—— dass. — Ster.-Ausg. der preuß. Haupt-Bibelgesellschaft. 8. (VIII, 916, 163, 352 S. mit 2 Holzschntaf.) Berlin 875, (v. Decker's Verlag.) *
Ausg. auf weißem Pap. * M 2,30.; Velinpap. *

—— dies. 19. Afl. 8. (1396) Ebd. 75. 2. 50.; geb. n. 4. 50 u. n. 6. —; m. Familienchronik geb. 5. — u. n. 6. 50

Bibel, die, oder die Heilige Schrift des Alten und Neuen Testaments. Nach der deutschen Uebersetzung von Dr. Martin Luther. Mit Holzschn. nach Orig.-Zeichnungen von Ed. Bendemann, J. Fischer, Gust. Jäger, F. Overbeck, Alf. Rethel, Adrian L. Richter, Jul. Schnorr v. Carolsfeld, F. Schubert, J. Ed. Steinle, Alex. Strähuber, C. F. v. Stralendorf, L. Völlinger. 3. Aufl. In 30 Lfgn. 4. (Altes Test. 876 S.; Neues Test. 266 S.) Leipzig 875, Brockhaus. à Lfg. 50 Pf.
geb. in Leinw. mit Lederrücken *
geb. in Leder mit Goldschn. *
Pracht-Ausg. M 20.; geb. in Leder mit Goldschn. *

Biblia, d. i.: Die ganze heil. Schrift des alten und neuen Testaments, nach der deutschen Uebersetzung Dr. Martin Luther's. Mit einem jeden Kapitel beigefügten kurzen Sumarien, auch vielen auf's Neue bericht. Parallelen. 30 Lfgn. gr. 4. (992 S.) Philadelphia 875—79, Schäfer und Koradi. à Lfg. * 50 Pf.

—— dass. — Ausg. A. (Petitschrift.) 8. (X, 1390 S. mit Luthers Portr.) Leipzig 877,79, Teubner. *
geb. in Ganzleder *
geb. in Ganzleder mit Goldschn. * M 4,50.; * M 5. und *

—— dass. — Ausg. B. (Corpusschrift.) gr. 8. (X, 1390 S. mit Luthers Port.) Ebendas. 876. *
geb. in Ganzleder. *
geb. in Ganzleder mit Goldschn. * M 5,75.; * M 6. und *
Ausg. auf Velinpap. *
geb. in Chagrinleder mit Goldschn. * M 8. und *

— die, oder die ganze Heilige Schrift des Alten u. Neuen Testaments, nach der deutschen Uebersetzung Martin Luthers. 366. Aufl. (Ausg. in Corpusschrift auf Velinpapier m. breiten Rändern.) Lex.-8. (VIII, 916, 163, 310 u. 40 S. m. Portr. Luther's in Holzschn.) Halle 879. v. Canstein'sche Bibel-Anstalt. n. 6. —

—— dass. — 907.—949. Aufl. (Ausg. in Petitschrift.) 8. (VIII, 916, 163, 310, 40 S.) Ebendas. 879—84. *
geb. in Calico * M 2,50.; in Ganzleder **
Ausg. auf Velinpap. *
geb. in Ganzleder mit Goldschn. *

—— dass. — Galvanotyp.-Ausg. 24. und 25. Aufl. gr. 8. (X, 1396 S.) Barmen 880,84, Wiemann. (* M 2,50.) *
geb. * M 4,50.; geb. mit Goldschn. *

—— dass. — Galvanotyp.-Ausg. 53. und 54. Aufl. 8. (X, 1396 S.) Ebendas. 880,84. * M 1,80.; geb. *
geb. mit Goldschn. *

Bibel, die, oder die ganze Heilige Schrift des Alten und Neuen Testaments, nach der deutschen Uebersetzung Dr. Martin Luthers. 372.—389. Aufl. (Ausg. in Corpusschrift.) Mit illustr. Familien-Chronik. gr. 8. (VIII, 1427 S. und Familien-Chronik 15 S. mit Luthers Portr. in Holzschn.) Halle 881—84, v. Canstein'sche Bibel-Anstalt. *
geb. in Ganzleder *
geb. in Ganzleder mit Luthers Portr. *
Ausg. auf Schreibpap. mit Luthers Portr. *
geb. in Ganzleder mit Goldschn. *
Ausg. auf Velinpap. mit Luthers Portr. *
geb. in Ganzleder mit Goldschn. *

— die, od. die ganze heilige Schrift d. Alten u. Neuen Testaments, nach der deutschen Übersetzg. D. Martin Luthers. 1. Abdruck der im Auftrage der Eisenacher deutschen evangel. Kirchenkonferenz revidierten Bibel. [Sogenannte Probebibel.] gr. 8. (LXVIII, 916, 167, 312 u. 14 S. m. Luthers Holzschn.-Portr.) Halle 883. Buchh. d. Waisenhauses. n. 6. 75

—— dass. — Ausg. A. (Petitschrift.) 18. Abdruck. 8. (X, 1390 S. mit Luthers Portr.) Leipzig 884, Teubner. *

—— dass. — Ausg. D. (Corpusschrift; — Haus- und Kirchenbibel.) 3. Abdr. . gr. 8. (X, 1390 S.) Ebendas. 887. *

— dasselbe, nach der deutschen Übersetzung Martin Luther's. Ausg. Nr. 5. Velinpap. 1000. Aufl. 8. (VIII, 916; 163 u. 312 S., nebst Anh.: Wegweiser 44 S. m. Luther's Bild.) Halle 887. v. Canstein'sche Bibel-Anstalt. n. 3. 20

— dasselbe. Ausg. Nr. 11. Maschinenpap. 401. Aufl. gr. 8. (VIII, 916; 163 u. 312 S., nebst Anh.: Wegweiser 44 u. Familienchronik 15 S. mit Luther's Bild.) Ebd. 887. n. 2. 10

— dasselbe. Ausg. Nr. 24. Velinpap. 16. Aufl. gr. 4. (VIII, 1079 u. 312 S.) Ebd. 887. n. 7. 30

—— dass. — (Ausg. in Corpusschrift.) gr. 8. (VIII, 916, 163, 308, 44 S.) Ebendas.
—— dass. — 408. Aufl. Auf Maschinenpap. 887. **
geb. in Ganzleder **
geb. in fein Ganzleder mit Goldschn. **ℳ 3.—. **
**ℳ 5.—.; **ℳ 8.25. **
—— dass. — 398. Aufl. Auf Velinpap. mit Luthers Portr. 885. **
geb. in Ganzleder mit Goldschn. **ℳ 6.40. **
**ℳ 9.—. **

—— dass. Mit 100 chromogr. Vollbildern nach deut., ital., span., holländ. u. franz. Künstlern u. e. Haus- u. Familien-Chronik nach Concurrenz-Entwürfen deut. Ornamentiker u. Kalligraphen. 2 Bde. 60 Lfgn. Fol. (1972 Sp.) Wandsb. 87, Kunstanst. A. G. à Lfg. 2. 50; Einbde: Ganz Ldr. m. vergold. Ruhknäufen a. Malachit, Goldschn. u. vergold. Schliessspangen, Relief- u. Goldprägg *n.n.* 75. —; dass. ohne Ruhknäufe *n.n.* 67. —; in Doppelstoff m. Lederrücken, Goldschn. u. ohne Metallarmatur *n.n.* 62. —; dass. ohne Lederrücken *n.n.* 60. —

—— dass. — Mit 100 chromogr. Vollbildern nach deutschen, italien., span., holländ. und französ. Künstlern und einer Haus- und Familien-Chronik nach Konkurrenz-Entwürfen deutscher Ornamentiker und Kalligraphen. 1.—32. Lfg. Fol. (Sp. 1—735, mit Haus- und Familien-Chronik S. 1—24 und 34 Taf.) Wandsbeck 887,88, Seitz. à Lfg. ℳ 2.50. *

Bibel, die, od. die ganze heilige Schrift d. alten u. neuen Testaments nach der deutschen Übersetzung Martin Luther's. Ster.-Ausg. Mit 327 Holzschn. 7. Aufl. gr. 8. (XVI, 1182 u. 366 S.) Berlin 888. Hauptverein f. christl. Erbauungsschriften. geb. in Leder. n.n. 9. —

—— dass. — Dargestellt durch 216 chromolithogr. Reliefbilder. 2 Bde. qu. 4. (à Bd. 12 Taf. mit 12 Bl. Text.) Dresden 888, Schwager. cart. à Bd. *ℳ 3.—. *

Bibel, die, oder die heil. Schrift des Alten und Neuen Testaments, nach der deutschen Uebersetzung M. Luthers, für Schule und Haus hrsg. von K. Boelker. 8. (800, 375 S. mit Karten.) Gera 888, Hofmann. **

—— die, oder die ganze Heilige Schrift des Alten und Neuen Testaments, nach der deutschen Uebersetzung Dr. Martin Luthers. (Ausg. in Petitschrift.) 1022. Aufl. 8. (VIII, 916, 163, 308, 44 S.) Halle 888, v. Canstein'sche Bibel-Anstalt.
Auf Maschinenpap. **
geb. in Calico **ℳ 1.90.; in Ganzleder **
geb. in fein Ganzleder mit Luthers Portr. **
—— dass. — 1000. Aufl. Auf Velinpap. mit Luthers Portr. 887. **
geb. in Ganzleder mit Goldschn. **ℳ 5.25. **
**ℳ 7.50.; **ℳ 8.—.; **ℳ 8.50. **
—— dass. — 988. Aufl. Auf Velinpap. mit breiten Rändern und Luthers Portr. 886. **
geb. in Ganzleder mit Goldschn. **ℳ 6.50. **
**ℳ 9.—.; **ℳ 9.50.; **ℳ 10.—. **

— dasselbe, dargestellt durch 226 chromolith. Reliefbilder. 2 Bde. qu. 4. (Je 12 Bl. Text m. 12 Cartontaf. zum Aufkleben der Bilder.) Dresden 889. Schwager. cart. à 3. —

1. Die biblische Geschichte des Alten Testaments.
2. Die biblische Geschichte des Neuen Testaments.

—— die, oder die heilige Schrift des Alten u. Neuen Testaments nach der deutschen Uebersetzg. Dr. Mart. Luthers. Mit 100 chromogr. Vollbildern nach deutschen, italien., span., holländ. u. französ. Künstlern u. e. Haus- u. Familien-Chronik nach Concurrenz-Entwürfen deutscher Ornamentiker u. Kalligraphen. 2 Bde. 33.—60. (Schluß-)Lfg. Fol. (1. Bd. Spalte 736—1472; 2. Bd. IV, 500 Sp.) Wandsbeck 889,90, [Seitz.] Kunstanstalt. à Lfg. * 2 50; * 70 —
1.—32. Lfg. Ebd. 1887,88. à Lfg. * 2 50; * 80 —.

Bibel, die, od. die ganze heilige Schrift d. Alten u. Neuen Testaments, nach der deutschen Übersetzg. Mart. Luthers. Im Auftrage der deutschen evangel. Kirchenkonferenz durchgeseh. Ausg. 1. Abdr. (Mitteloktavbibel in Petit-Frakturschrift.) Gewöhnl. Ausg. gr. 8. (XX, 926, II, 166, II, 316, 12 u. 24 S.) Halle a/S. 892. v. Canstein'sche Bibelanstalt. n.n. 1. 60; geb. n. 3. —; n. 3. 25; n.n. 3. 60; n.n. 5. 25; n.n. 7. —; n.n. 8. —; n.n. 9. —; n.n. 9. 25 u. n.n. 10. —; feine Ausg. mit breiten Rändern geb. n. 5. —; n. 7. —; n.n. 9. —; n.n. 11. 25; n.n. 12. —; n.n. 12. 50; n.n. 13. —; n.n. 13. 50

— dasselbe. (Großoktav-Ausg. in Korpus-Frakturschrift.) Gewöhnl. Ausg. gr. 8. (XVIII, 934, 168; IV, 316, 8, 20 u. illustr. Familienchronik 15 S.) Ebd. 893. n. 2. 40; geb. n.n. 3. 80; n.n. 4. —; m. 1 Bildnis n. 6. —; n.n. 7. —; n.n. 9. —; n.n. 10. —; n.n. 10. 50; n. 11. —; n.n. 12. 50; n.n. 13. —; feine Ausg. mit breiteren Rändern u. 2 Bildern n. 6. —; geb. n.n. 10. —; n.n. 14. 50; n.n. 15. —; n.n. 16. —; n.n. 17. 50; n.n. 18. —; n.n. 20. — u. n.n. 25. —

Bibel, die, oder die ganze Heil. Schrift d. Alten u. Neuen Testaments nach der deutschen Uebersetzg. D. Martin Luthers. Durchgesehen im Auftrag der deutschen Evangel. Kirchenconferenz. (Garmondschrift.) Lex.-8. (896, 140, 298, 10 S. m. 6 farb. Karten.) Stuttg. 892, priveleg. Württemberg. Bibelanstalt.
geb. in Ldrtuch. * 3 20; in Ldr. * 4 — u. * 4 50
geb. in Ldr. m. Goldschn. * 8 —; * 9 50 u. * 10 70

—— die, oder die ganze Heil. Schrift d. Alten u. Neuen Testaments nach der deutschen Übersetzg. D. Mart. Luthers. Durchgesehen im Auftrag der deutschen Evangel. Kirchenkonferenz. (Petitschrift.) gr. 8. (896, 140, 298, 14 S. m. 6 farb. Karten.) Stuttg. 892, privileg. Württemberg. Bibelanstalt.
geb. in Ldrtuch * 2 40; in Ldr. * 3 20 u. * 3 75
geb. in Ldr. m. Goldschn. * 6 —; * 7 35 u. * 8 70

— dasselbe. Mit (10) chromogr. Vollbildern. Fol. (1472 u. 500 Sp.) Wandsbek 892. Kunstanstalt (vormals G. W. Seitz). Geb. in Ldr. m. Goldschn. 45. —; m. Haus- u. Familienchronik (52 S. m. farb. Bildern u. Umrandgn.) 60. —

— dass. (Grossoktav-Asg. in Korpusfrakturschrift.) Gewöhnl. Asg. 8° (1464 u. illustr. Familienchronik 15) Ebd. 93. 2.40 geb. n.n. 3.80; n.n. 4 —; m. 1 Bildnis 6 —; n.n. 7 —; n.n. 9 — n.n. 10 —; n.n. 10.50; 11 —; n.n. 12.50; n.n. 13 —; feine Asg. m. breiteren Rändern u. 2 Bildern 6 —; geb. n.n. 10; n.n. 14 — n.n. 15 —; n.n. 16 —; n.n. 17.50; n.n. 18 —; n.n. 20 — u. n.n. 25 —

Bibel, d., od. d. ganze hl. Schrift nach d. deut. Übersetzg M Luthers. Durchgesehen im Auftr. d. Deut. ev. Kirchenkonferenz. Feine, extradünne Asg. auf „India-Pap." Stuttg. 93, Württb. Bibelanstalt. Geb. in Ldr n.n. 4.20; n.n. 4.40; n.n. 5 —; n.n. 5.40; n.n. 6 — u. n.n. 7 —

— dass. Durchgesehen im Auftr. d. Deut. ev. Kirchenkonferenz. 12° (1348 m. 8 farb. Kartens.) Stuttg. 93, Württb. Bibelanstalt. Geb. n.n. 1.20; n.n. 1.75; n.n. 3 —; n.n. 3.10; n.n. 3.70 n.n. 4.10; n.n. 4.20; n.n. 4.70; in 3 Bdchn n.n. 2 —; in 7 Bdchn n.n. 3.40

Bibel, die, od. die ganze Heilige Schrift d. Alten u. Neuen Testaments nach der deutschen Übersetzg. Mart. Luthers. (Mit Apokryphen.) Durchgesehen im Auftrag der deutschen evangel. Kirchenkonferenz. 4. (1232, 222, 406, 20 u. Familienchronik 16 S. m. 8 farb. Kartentaf.) Stuttgart 894. Württb. Bibelanstalt. Geb. in Leinw. n.n. 5. 60

Bibel, d., od. d. ganze hl. Schrift d. Alten u. Neuen Test. nach d. deut. Uebersetzg M Luthers. Ster.-Asg. Grosse Asg. in grosser Korpusschrift. 8° (916, 168, 308 u. 40) Stett. 96, R Grassmann. 2.40

— dass. Ster.-Asg. Mittelasg. in grosser Petitschrift. 8° (916, 163, 308 u. 40) Ebd. 96. 1.50

— dasselbe. Durchgesehen i. Auftr. d. deutschen evang. Kirchenkonferenz. Taschenausg. 7. Aufl. (Nr. 91.) 12. (896, 144, 298 u. 18 S. m. 8 farb. Karten u. Taf.) Stuttgart 896. Württ. Bibelanstalt. Geb. in Ledertuch n.n. 1. 20

— dasselbe. (Groß-Oktav-Ausg. m. breiten Rändern.) (X, 916, 164, 312, 22 u. 12 S. m. 2 Vollbildern.) Lex.-8. Ebd. 897. n.n. 4. —; geb. von n.n. 5. 50 bis n.n. 52. —

— dasselbe. (Klein-Folio-Ausg.) (XXXII, 916, 163 u. 312 S. m. 2 Vollbildern.) 4. Ebd. 898. Geb. von n.n. 5. 25 bis n.n. 16. 50

— dasselbe. (M. d. Apokryphen.) Kleinquartausg. (1008, 130, 334, 2, 12 u. 8 S.) Ebd. 898. Geb. in Kaliko n.n. 3. 20

Die Bibel [Biblia] oder die ganze Heilige Schrift des Alten und Neuen Testaments, nach d. deutschen Übers. D. Martin Luthers. Durchges. Ausg. mit dem von d. Deutschen ev. Kirchenkonferenz genehmigten Text. Ster.Ausg. *Berlin: Preuss. Haupt-Bibelges. 1899.* (Getr. Pag.) 4° [F.]

— dasselbe. (Klein-Folio-Ausg.) (X, 916, 164, 312 u. 11 S. mit 2 Vollbildern.) 4. Ebd. 899. n.n. 5. —; geb. von n.n. 5. 25 bis n.n. 200. —

Die Bibel [Biblia] oder die ganze Heilige Schrift des Alten und Neuen Testaments, nach d. deutschen Übers. D. Martin Luthers. Im Auftr. d. Deutschen ev. Kirchenkonferenz durchges. Ausg. 1. Abdr. *Halle a. S.: v. Cansteinsche Bibelanst. 1900.* (Getr. Pag.) 8° [F.]

Bibel, od. die ganze hl. Schrift des Alten u. Neuen Testaments in Dr. Luthers Uebersetzung. Mit e. Leitfaden f. Bibelfreunde. Schriftwort erklärt durch Schriftwort unter reicherer Verwertg. gleichsinn. Stellen u. m. Angabe der Uebersetzungs-Berichtigg. des deutschen Revisions-Ausschusses. (Lehrer-Bibel.) gr. 8. (878, 290 u. 166 S. m. 8 Karten u. Familienchronik 8 S.) Konstanz (900). C. Hirsch. Geb. in Ldr. m. Goldschn. n. 10.—

Die Bibel [Biblia] oder die ganze Heilige Schrift des Alten und Neuen Testaments, nach d. deutschen Übers. D. Martin Luthers. Durchges. Ausg. mit dem von d. Deutschen ev. Kirchenkonferenz genehmigten Text. Ster.Ausg. *Berlin: Preuss. Haupt-Bibelges. 1901.* (Getr. Pag.) 8° [F.]

Bibel, d., od. d. ganze Hl. Schrift d. Alten u. Neuen Test. n. d. deut. Uebersetzg Luther's. (Mittel-Oktav-Ausg.) (23, 916, 163, 312 u. 22 m. 2 Vollbildern u. 2 Kart.) 8° Berl., Preuss. Haupt-Bibelgesellsch.'01. Geb. von nn 1.65 bis nn 9 — d

— dass. (Gross-Oktav-Bibel in Korpusschrift.) (916, 163, 312 u. 40 m. 2 Vollbildern u. 2 Kart.) 8° Ebd.'01. Geb. von nn 2.50 bis nn 9.75 d

— dasselbe, durchgesehen im Auftrage der deutschen evangel. Kirchenkonferenz. Feine Taschenausg. auf extradünnem Pap. 17. Aufl. 12. (896, 298, 10, 4 u. 4 S. m. 8 farb. Kartenseiten.) Stuttgart 901. Württ. Bibelanstalt. n.n. 1.85; geb. von n.n. 4.50—n.n. 6.75; m. Apokryphen (896, 144, 298, 10, 4 u. 4 S. m. 8 farb. Kartenseiten) n.n. 2.15; geb. von n.n. 4.80—n.n. 7.—

Die Bibel [Biblia] oder die ganze Heilige Schrift des Alten und Neuen Testaments, nach der deutschen Übersetzung D. Martin Luthers. Durchges. Ausg. mit dem von d. Deutschen ev. Kirchenkonferenz genehm. Text. Ster.Ausg. d. Preuss. Haupt-Bibelges. *Berlin 1902: R. Grassmann in Stettin.* (Getr. Pag.) 8° [F.]

Die Bibel [Biblia] oder die ganze Heilige Schrift des Alten und Neuen Testaments nach d. deutschen Übers. D. Martin Luthers. Durchges. Ausg. mit dem von d. Deutschen ev. Kirchenkonferenz genehmigten Text. Ster.Ausg. *Berlin: Preuss. Haupt Bibelges. 1902.* (Getr. Pag.) 8° [F.]

Die Bibel [Biblia, deutsch] oder die ganze Heilige Schrift des Alten und Neuen Testaments, nach d. deutschen Übers. D. Martin Luthers. Im Auftr. d. Deutschen ev. Kirchenkonferenz durchges. Ausg. 1. Abdr. *Halle a. S.: Cansteinsche Bibelanst. 1902.* (Getr. Pag.) 4°(8°) [F.]

— od. die ganze hl. Schrift des Alten u. Neuen Testaments, nach der deutschen Übersetzg. Dr. Mart. Luthers. Im Auftrage der deutschen evangel. Kirchenkonferenz durchgeseh. Ausg. (Altar- u. Hausbibel in Ciceroschrift, m. Hervorhebg. der neuen Perikopen im Text.) gr. 4. (XVIII, 1010, 342, 15 u. 8 S.) Halle 902. v. Canstein'sche Bibelanstalt. n.n. 5.—; geb. in Leinw. n.n. 7. 50; in Ldr. n.n. 10. —; m. Goldschn. n.n. 17.50; in Saff. m. Goldschn. n.n. 20.—; auf Velinpap. n.n. 7. 50; geb. in Ldr. n.n. 13. 75; m. Goldschn. n.n. 16.25; in Saff. m. Goldschn. n.n. 22. — u. n.n. 25. —; in Seehund m. Goldschn. n.n. 27. —

Bibel, die, od. die ganze hl. Schrift des Alten u. Neuen Testaments, nach der deutschen Übersetzg. D. Mart. Luthers. Im Auftrage d. deutschen evangel. Kirchenkonferenz durchgeseh. Ausg. 6. Abdr. (Großoktavbibel in Korpusschrift m. der neuen Rechtschreibg.) (XX, 934; II, 168; IV, 327; 8 u. 20 S. m. 1 Bildnis, 5 farb. Karten u. Familien-Chronik 15 S.) gr. 8. Halle 902. v. Canstein'sche Bibelanstalt. n.n. 1. 70; geb. von n.n. 1. 70 bis n.n. 13. 25

Die Bibel [Biblia, deutsch] oder die ganze Heilige Schrift des Alten und Neuen Testaments, nach d. deutschen Übers. D. Martin Luthers. Im Auftr. d. Deutschen ev. Kirchenkonferenz durchges. Ausg. 15. Abdr. *Halle a. S.: Cansteinsche Bibelanst. 1903.* (Getr. Pag.) 8° [F.]

— dass. 464. Afl. (Korpusschrift.) (912, 163, 312 u. 40 m. 1 Bildnis, 5 Kart. u. Familien-Chronik 16) 8° Halle, v. Cansteinsche Bibelanst.'03. nn 1.70; geb. von nn 3.50 bis 15 — d

— dasselbe. 7. Abdr. (Großoktavbibel in Korpusschrift. Feine Ausg. m. breiten Rändern. In neuester Rechtschreibg.) (XX, 934; II, 168; II, 327, 8, 20 u. Familienchronik 23 S. m. 2 Stahlst. u. 5 farb. Karten.) Lex.-8. Ebd. 904. n.n. 5. 50; geb. von n.n. 10. — bis n.n. 30. —

— dasselbe. Groß-Oktavausg. (X, 916, 164, 312, 22 u. 12 S. m. 2 Vollbildern u. 2 farb. Karten.) gr. 8. Ebd. 904. n.n. 1. 90; geb. von n.n. 2. 50 bis n.n. 45. —

— dasselbe. Mitteloktav-Ausg. (X, 916, 164, 312, 22 u. 12 S. m. 2 Vollbildern u. 2 farb. Karten.) 8. Ebd. 904. n.n. 1. 40; geb. von n.n. 1. 65 bis n.n. 27. 50

— dasselbe. Im Auftrage der deutschen evangel. Kirchenkonferenz durchgeseh. Ausg. 17. Abdr. (Mitteloktavbibel in Petitschrift m. der neuen Rechtschreibg.) (XX, 926; II, 166; II, 312; 15, 24 u. 12 S. m. farb. Karten.) 8. Halle 904. v. Canstein'sche Bibelanstalt. n.n. 1. 25; geb. von n.n. 2. 25 bis n.n. 11. —

— dasselbe. 18. Abdr. (Mitteloktavbibel in Petitschrift. In neuester Rechtschreibg.) (XX, 928, 166, II, 312, 15, 24 u. 12 S. m. 5 farb. Karten.) 8. Ebd. 904. n.n. 1. 25; geb. von n.n. 2. 25 bis 11. —

— dasselbe. Nonpareille-Ausg. (Taschenbibel.) (IV, 856, 158, 292 u. 7 S. m. 2 Vollbildern u. 2 farb. Karten.) 11. 8. Ebd. 904. n.n. — 90; geb. von n.n. 1. 10 bis n.n. 13. —

— dasselbe. Durchgesehen im Auftrage der deutschen evangel. Kirchenkonferenz. Kleinoktavausg. (752, 260, 4 u. 4 S. m. 8 farb. Karten.) gr. 8. Stuttgart 904. Priv. württ. Bibelanstalt. Geb. in Leinw. (Schulbibel) n.n. 1.25; m. Familienchronik (Traubibel) n.n. 1. 30; in Leinw. m. Goldschn. n.n. 3. —; in Saffian m. Goldschn. n.n. 6.50; Ausg. m. Apokryphen. (752, 136, 260, 4. u. 4 S. m. 8 farb. Karten.) n.n. 1. 20; n.n. 1. 25; n.n. 2. 90 u. n.n. 6. 30

— dasselbe. 4. Abdr. (Handbibel in Kolonelschrift. In neuester Rechtschreibg.) (XX, 970, 176, 845 u. 12 S. m. 5 farb. Karten.) 8. Ebd. 904. n.n. — 75; geb. von n.n. 1. 35 bis n.n. 6. —

— dass. Durchgesehen im Auftr. d. deut. ev. Kirchenkonferenz. (Grossoktavbibel.) (941, 327 u. 8 m. 8 Kartens.) gr8° Elberf., Bergische Bibelgesellsch.'05. Geb. v. nn 2.30 bis nn 11 — d

— dass. 7. Afl. (Kleinoktavbibel.) (822 u. 296 m. 8 Kartens.) 8° Ebd.'05. Geb. v. nn 1.20 bis nn 8.50 d

— dass. Im Auftr. d. deut. ev. Kirchenkonferenz durchgeseh. Afl. 8. Abdr. (Korpusschrift.) (20, 934, 168, 327, 8 u. 20 m. 1 Bildnis u. 5 Kart. u. Familien-Chronik 16) 8° Ebd.'05. nn 1.70; geb. von nn 3.20 bis 15 —; feine Ausg. m. breiten Rändern nn 5.50; geb. von 12 — bis 36 — d

— dass. 19. Abdr. (Mitteloktavbibel in Petitschrift. In neuester Rechtschreibg.) (20, 926, 166, 312, 15, 24 u. 12 m. 5 Kart.) 8° Ebd.'05. nn 1.25; geb. von nn 2.25 bis 12 —; feine Ausg. nn 3 —; geb. von nn 4.75 bis 15 — d

— dass. 1183. Afl. (Petitschrift.) (916, 163, 312 u. 44 m. 5 Kart.) Ebd.'05. nn 1.25; geb. von nn 2.25 bis 10 — d

Bibel, die, od. die ganze Hl. Schrift des Alten u. Neuen Testaments nach der deutschen Übersetzung Dr. Martin Luthers. Durchgesehen nach dem v. der deutschen evangel. Kirchenkonferenz genehmigten Text. Neue Oktavausg. (IV, 818, 143 u. 278 S. m. 2 Vollbildern u. 2 farb. Karten.) 8. Berlin 906. Preuß. Haupt-Bibelgesellschaft. Geb. von n.n. 1. 25 bis n.n. 6. —; Ausg. m. Familienchronik. Geb. n.n. 1. 30

dasselbe. (Großoktavbibel.) (III, 858 u. 290 S. m. 8 farb. Kartens.) gr. 8. Elberfeld 906. Bergische Bibelgesellschaft. Geb. in Leinw. nn 2.—; in Ldr. nn 3.50; m. Goldschn. nn 5. 40

— dasselbe. Im Auftrage der deutschen evangel. Kirchenkonferenz durchgeseh. Ausg. 20. Abdr. (Mitteloktavbibel in Petitschrift.) (XX, 928, 166, II, 312, 15, 24 u. 12 S. m. 5 farb. Karten. 8. Ebd. 906. n.n 1. 25; geb. von n.n. 2. 25 bis 12.—

— dasselbe. 466. Aufl. (Korpusschrift.) (VIII, 916, 163, 312 u. 40 S. m. 1 Bildnis, 5 Karten u. Familien-Chronik 15 S.) gr. 8. Ebd. 906. n.n. 1. 70; geb. von n.n. 3. 50 bis n.n. 26. —

— die, od. die ganze Hl. Schrift des Alten u. Neuen Testaments, nach der deutschen Uebersetzung D. Mart. Luthers. 1185. Aufl. (Petitschrift.) (VIII, 916, 163, 312 u. 44 S. m. 5 Karten.) 8. Ebd. 906. n.n. 1.25; geb. von n.n. 2. 25 bis n.n. 10. —

Die Bibel [**Biblia**] oder die ganze Heilige Schrift des Alten und Neuen Testaments, nach d. deutschen Übers. D. Martin Luthers. Im Auftr. d. Deutschen ev. Kirchenkonferenz durchges. Ausg. 5. Abdr. Halle a. S.: Canstein 1907. (Getr. Pag.) 8° [F. u. Ant.] [07. 9692 3

— dass. (Korpusschrift.) 9. Abdr. (18, 934; 168; 327, 8 u. 20 m. 1 Bildn., 5 Kart. u. Familien-Chronik 15) 8° Ebd. 07. nn 1.70; geb. v. nn 3.20 bis nn 32 — d

— dass. (Mittelschrift. Quartbibel.) 17. Afl. (8, 1078 u. 312) Lex8° Ebd.'07. nn 5.50; geb. v. nn 10 — bis nn 28 — d

— dass. 1191. Afl. (Petitschrift.) (916, 163, 312 u. 44 m. 5 Kart.) 8° Ebd.'07. nn 1.25; geb. v. nn 2.25 bis nn 10 — d

Die Bibel [**Biblia** Sacra] oder die ganze Heilige Schrift des Alten und Neuen Testaments nach d. deutschen Übers. D. Martin Luthers. Durchges. nach dem von d. Deutschen evang. Kirchenkonferenz genehmigten Text. Mitteloktav-Ausg. Berlin: Preuß. Haupt-Bibelgesellsch. 1908. (Getr. Pag.) 8° [F.] [05. 17031

— dass. (Gesetzt u. gedr. m. Orig.-Typen in d. Reichsdr. zu Berlin. Satz im Anschluss an d. Text d. durchgeseh. Ausg. d. Lutherbibel. Korrektur d. Satzes v. Breest. Dekorative Ausstattg v. Ludw. Sütterlin.) (830 m. 1 Bildn.) 33×23,5 cm. Ebd. ('08). Moleskin 20 —; Ldr 28 —; Saff. m. G. 40 — d

— dass. 1202. Afl. (916, 163, 308 u. 44 m. 5 Kart.) 8° Halle, v. Canstein'sche Bibelanst.'08. nn 1.25; geb. v. nn 2.25 bis nn 12 — d

— dasselbe. Im Auftrage der deutschen evang. Kirchenkonferenz durchgeseh. Ausg. (Petitschrift.) 25 Abdr. (XX, 928, 166; II, 312, 15, 24 u. 12 S. m. 5 farb. Karten.) 8. Ebd. 909. nn 1.25; geb. von nn 2.25 bis nn 15. —

Bibel, die, od. die ganze hl. Schrift des Alten u. Neuen Testaments nach der deutschen Übersetzg. D. Mart. Luthers. (Korpusschrift.) 482. Aufl. (VIII, 916, 163, 312, 40 u. Familienchronik 15 S. m. 1 Bildnis u. 5 farb. Karten.) gr. 8. Halle 909. v. Canstein'sche Bibelanstalt. nn 1.70; geb. von nn 3.50 bis nn 15. —

— dass. Gross-Oktavausg. (Neue Afl.) (916, 164, 312, 22, 12 u. 4 m. Abb., 2 Vollbildern u. 2 Kart.) gr8° Ebd.'09. Geb. v. nn 3 — bis nn 11.25 d

— dasselbe. Im Auftrage der deutschen evang. Kirchenkonferenz durchgeseh. Ausg. (Korpusschrift.) 10. Abdr. (XX, 934; II, 168; IV, 327, 8 u. 20 S. m. 1 Bildnis, 5 farb. Karten u. Familien-Chronik XV S.) 8. Ebd. 910. nn 1.70; geb. von nn 3.20 bis nn 36. —

— dasselbe. Im Auftrage der deutschen evang. Kirchenkonferenz durchgeseh. Ausg. 6. Abdr. (Handbibel in Kolonelschrift.) (XVI, IV, 970, 176, 845 u. 12 S. m. 5 farb. Karten.) 8. Halle 910. v. Canstein'sche Bibelanstalt. nn — 75; geb. von nn 1.40 bis nn 8. —

— dass. Miniatur-Ausg. (590, 108 u. 200) 18,5×10,5 cm. Ebd. '11. L nn 2 —; Ldr nn 3 —; m. G nn 3.50; in Saff. m. G nn 4.50; u. m. Schutzklappen nn 6 —

— Die, od. d. ganze Hl. Schrift d. Alten u. Neuen Test., nach der deut. Übersetzg Martin Luthers. (Korpusschrift.) 492. Afl. (8, 916; 163, 312, 40 u. Familienchronik 15 m. Bildn. u. 5 farb. Ktn.) gr8° Halle, v. Canstein'sche Bibelanst. '12. nn 1.70; geb. v. nn 3.50 bis nn 26 — d

— dass. (Petitschrift.) 1217. Afl. (8, 916; 163, 312 u. 44 m 5 farb. Ktn.) 8° Ebd. '12. nn 1.25; geb. v. nn 2.25 bis nn 12 — d

— dass. Im Auftrage d. deut. evang. Kirchenkonferenz durchgeseh. Ausg. (Ciceroschrift.) 2. Abdr. (20, 1010, 182, 342, 15 u. 8) Lex8° Ebd. '12 nn 4 —; geb. v. nn 7.50 bis nn 20 — d

— dass. (Korpusschrift.) 11. Abdr. (20, 934; 2, 168; 4, 327, 8, 20 u. Familienchronik 15 m. Bildn. u. 5 farb. Ktn.) Ebd. '12. nn 1.70; geb. v. nn 3.20 bis nn 32 — d

— dass. (Petitschrift.) 28. Abdr. (20, 928, 166; 2, 312, 15, 24 u. 12 m. 5 farb. Ktn.) 8° Ebd. '12. nn 1.25; geb. v. nn 2.25 bis nn 15 — d

— Die, od. d. ganze Hl. Schrift d. Alten u. Neuen Test. nach d. deut. Übersetzg D. Martin Luthers. Neue Ster.-Ausg. Ausg. v. d. hannoverschen Bibelgesellsch. (8, 1136, 351 u. 16) 8° Hann., Hahn ('12). † 2 —; L † 3.50 d

Bibel, Die, od. d. ganze Hl. Schrift d. Alten u. Neuen Test. nach d. deut. Übersetzg D. Martin Luthers. Durchgesehen im Auftrag d. deut. evang. Kirchenkonferenz. (Korpusschrift.) Feine Grossoktav-Ausg. (298, 14, 8 u. Familienchronik 16 m. 8 farb. Ktn.) gr8° Stuttg., Privilegierte württ. Bibelanst. '12. geb. v. nn 3 — bis nn 12 — d

— **Marburger**, d. i. d. ganze heil. Schr., A. u. N. Test., m. ausführl. Summarien u. Parallelen. 12. Frankf. a. M.... 4e A. 770. Brönner. 16 Gr. Dies. oder: Marburger Handbibel, A. u. N. Test., im Anh. d. Augsburg. Confession. N. A. 12. Frkf. a. M., Brönner. 8 Gr.

— v. J. C. Meelführers. gr. 4. Nürnb.

— m. J. C. Meelführers Vorr. gr. 8. Nürnb.

— des Alt. Testaments, v. Meineke. s. Meineke, J. H. F.

Bibel. Neue Ausgabe mit 12 Stichen in Kupfer nach Entwürfen, Zeichnungen und Bildern von neueren deutschen Künstlern. 4. Stereot.-Abdr. . . . Leipzig [1857]. H: *Meinhardt*, *C. G.* (zu)

— Dies. nach d. mosaisch. Texte, übers. v. Moses Mendelssohn, D. Friedländer, Euchel u. And., für Bibelfreunde aller Confess., zunächst f. Israeliten besond. Herausg. v. Fränkel u. Bock. A. u. d. T.: Die 5 B. Mosis, übers. v. M. Mendelssohn, herausg. v. Fränkel u. Bock. gr. 8. 815. (Berl., Nicolai). 1 Thlr.

— die, des alten u. neuen Testaments, nach M. Luthers Uebersetzung, mit e. Vorrede von Pastor Menken. 4e Aufl. gr. 8. Bremen ... Schünemann. 7/12 Thlr. Postp. 1 1/3 Thlr. Velinp. 2 1/8 Thlr.

— dies. Mit einer Vorrede v. G. Menken. 6. Aufl. [Ster.-Ausg.] 8. (1391 S.) Bremen 848, Schünemann. n. 16 ngr.; Ausg. in gr. 8. auf Velinp. n. 1 Thlr.; Postpap. n. 2 Thlr.

— die, oder die ganze heilige Schrift alten und neuen Testaments, nach der deutschen Uebersetzung Dr. Martin Luther's. Mit einer Vorrede von G. Menken. 6. Aufl. (Stereotyp-Ausg.) 8. (1391 S.) Bremen 850, Schünemann's Vrlgsh. *
Ausg. in gr. 8. auf Vlnp. *
Postpap. *

— m. Merians K. Fol. Frankf.

— Dies., in bericht. Uebersetz., m. kurzen Anmerkk. v. J. F. v. Meyer. 3 Thle. gr. 8. Frankf. a. M. 819. 2e A. 822. Hermann. 6 Thlr.

— die, od. d. ganze heil. Schrift alt. u. neuen Testam. Dr. M. Luthers Uebers., nach dem Grundtext bericht. (von Joh. Friedr. v. Meyer.) Neu revid., mit Parallelen verseh. Stereot.-Ausg. gr. 8. (87 3/4 B.) Halle 842, Schwetschke u. Sohn. *

Bibel, Die, oder die ganze Heilige Schrift Alten und Neuen Testaments. Dr. M. Luthers Übersetzung, nach dem Grundtexte berichtigt. Neu revidirte Ausgabe. Halle 1842. 5. Aufl. 1850. H: *Meyer*, *Johann Friedrich von.* (Ky)

— Dies., von D. M. Luther verdeutscht, mit den Summarien e. jeden Kapitels etc. den Hauptsymbolis des christl. Glaubens etc. u. e. Vorrede von G. P. Mörl. gr. 8. Nürnb. N. A. 822. Endter 1 Thlr. 8 gr.

Biblia [deutsch]
Die Bibel oder d. ganze Heilige Schrift d. Alten u. Neuen Testaments, nach d. deutschen Uebersetzung D. Martin Luthers. Durchges. Ausg. Mit 252 Bildern u. Karten. (Hrsg.: D. Dr. Nikolaus Müller, Prof., u. Lic. Dr. Immanuel Benzinger, Privatd.) *Berlin: H. Grund 1899.* (Getr. Pag.) 4° [F.]

— dasselbe, nach der deutschen Uebersetzg. Dr. Mart. Luthers. Durchgesch. Ausg. (Hrsg. v. Nik. Müller u. Imm. Benzinger.) Mit 252 Bildern u. Karten. 4. (XXVI, 612, 111, II, 209, 12 u. Familien-Chronik 16 S.) Berlin 900. [H. Grund.] Leipzig, Deutsche Bibelgesellschaft. Geb. in Leinw. n. 10.—; Liebhaberausg. n. 15.—; Luxus-Ausg. n. 20.—; erhöhte Preise n. 15.—; n. 20.— u. n. 25.—

Bibel, Mystische und Profetische, das ist die gantze Heil. Schrifft ... auffs ... neue ... verbessert ... Marburg 1712. H: *Horch*, *Hnr.* (BrMm) (Myl) (ADB) (Winer)

— neue hieroglyphische, f. d. Jugend. M. 500 ill. Figuren. N. d. Engl. 8. (9 1/2 B.) Leipzig 828, Industrie-Comptoir.

— die neutestamentliche, unpartelisch übersetzt m. Anmerk. von C. F. Preiß. 2 Thle. gr. 8. Leipz. Barth. 811.

— m. Nitschens Vorr. 4. Gotha 712.

Bibel, Nürnb. mit den Capit. Summar. und 174 K. gr. 8. Nürnb. Endters. Rthlr.

— Nürnberger, m. Mörls Vorr. gr. 8. Nürnb. Endters. 772.

— — dies. mit klar. Druck. 8. Ebend.

— — in schmal 12. Ebend.
Postpp.

— — mit Anmerk. u. Erklär. v. G. G. Zeltner. Fol. Ebend.

— — — — — und Pfitzers Vorr. gr. 4. Ebend.

— — erläuterte, mit Fragen, Summar. Parall. etc. gr. 8. Ebend.

— Original-Bibel, das Alte Test., hebräisch u. deutsch, das Neue Test. nebst d. apocryph. Büchern, griech. u. deutsch. 2 Bde. gr. 4. Leipz., Breitkopf u. H. 2 Thlr. 12 gr.

— Dies., aus d. Grundsprachen übers. u. m. Anmerkk. erläutert v. C. F. Chr. Oertel. 1r Bd. die 5 B. Mosis. gr. 4. Ansb. 817. (Gassert). 2 Thlr.

— m. Lucä Osianders Auslegung. Fol. Löneb. 711.

— Parallela harmonico-exegetica, od. die übereinstimm. u. sich selbst erklär. heil. Schrift A. u. N. Test. v. C. F. Wilisch. 4 Bde. gr. Fol. Freiberg. (Breitkopf u. H. in Leipz.) 6 Thlr.

— parva hebraico-latina, ed. Hnr. Opitii. 8. Leipz. 772. (W. Vogel). 16 gr.

Biblia Pauperum. Nach dem Original in der Lyceumsbibliothek zu Constanz herausgegeben und mit einer Einleitung begleitet von Laib und Schwarz. Zürich, Leo Wörl 1867. 26 S. m. 4 Abb.; 17 Taf.; 17 S. Erklärungen. 2°.

— pauperum. Facsm.-Reproduction, getreu nach dem in d. Erzherzogl. Albrecht'schen Kunst-Sammlg. „Albertina" befindl. Exemplar. Von Ant. Einsle. Mit e. erläut. historisch-bibliograph. Beschreibg. v. Jos. Schönbrunner. gr. 4. (40 Bl. m. 16 S. Text.) Wien 890, Einsle. * 36 —

— dass. — Nach d. Original in d. Liceumsbibliothek zu Constanz hrsg. u. m. e. Einleitg. begleitet v. Laib u. Schwarz. 2. unveränd. Aufl. Lex.-8. (36 S. m. Abbildgn., 17 Taf. u. 34 S. Erläutergn.) Würzb. 892, Etlinger. * 8 —; geb. in Leinw. * 10 —

— dass. Nach d. Orig. in d. Lyc.-Bibl. zu Constanz hrsg. u. m. e. Einl. begleitet v. Laib u. Schwarz. 2. Afl. 8° (70 m. Abbildgn u. 17 Taf.) Würzb. 92. Freib. i/B., Herder. 8 —; geb. in Lnw. 10 —

Biblia Pauperum. Nach dem Original in der Lyceumsbibliothek zu Constanz herausgegeben und mit einer Einleitung begleitet von Pfarrer Laib und Dekan Dr. Schwarz. Zürich, Wörl, 1867, gr. 4°, 26 S. u. 28 Bl., 16 Mk. Zweite unveränderte Aufl.: Freiburg, Herder, 1893, 4°, 36 und XXXIV S. Text mit 17 Doppeltafeln in Schwarz- u. Rotdruck u. 4 in den Text gedruckten Abbildungen, 8 Mk., geb. in Leinwand 10 Mk.

[Ant. u. F.] **Biblia pauperum.** Facs.-Reproduction getreu nach dem in d. Erzhzgl. Albrechtschen Kunst-Sammlg 'Albertina' befindl. Exemplar. Von Anton Einsle. M. e. erläut. histor.-bibliogr. Beschreibg v. Josef Schönbrunner, Insp. d. 'Albertina'. *Wien, Pest, Leipzig: A. Hartleben [1896].* (16 S., 40 Facs.) 1 Bd 4. [96. 3132

— **pauperum.** Nach dem Original in der Lyceumsbibliothek zu Constanz hrsg. u. m. e. Einleitg. begleitet v. Laib u. Schwarz. 2., unveränd. Aufl. Neue [Titel-]Ausg. Lex.-8. (86 S. u. 17 Taf. m. Text auf der Rückseite.) Freiburg i/B. [892]. (899). Herder. n. 4. —; geb. in Leinw. n. 6. —

— **pauperum.** Nach dem einzigen Exemplar in 50 Darstellgn. (früher in Wolfenbüttel, jetzt in der Bibliothèque nationale) hrsg. v. Paul Heitz. Mit e. Einleitg. üb. die Entstehg. u. Entwicklg. der Biblia pauperum unter besond. Berücksicht. der uns erhaltenen Handschriften v. W. L. Schreiber. 50 Taf., 29 Textillustr. u. 1 Lichtdr.-Taf. (45 S. Text.) gr. 4. Strassburg 903. J. H. E. Heitz. n. 36. —

— dasselbe, hrsg. v. Paul Kristeller, s.a. Veröffentlichungen der graphischen Gesellschaft.

Biblia Pauperum. Unicum der Heidelberger Universitäts-Bibliothek. In 34 Lichtdrucktaf. u. 4 Taf. in Farbendr. hrsg. von Paul Kristeller. Berlin: B. Cassirer 1906. (2 Bl., 38 Taf.) 2°
— Graphische Gesellschaft. **Veröffentlichung** 2. [06. 16024

Biblia pauperum. Deutsche Ausgabe von 1471. (Hrsg.: R[udolf] Ehwald.) Weimar: Gesellschaft d. Bibliophilen 1906. (8 S., 39 Bl.) 4° [Umschlagt. F.]
= **Gesellschaft** d. Bibliophilen. [8.] [07. 1428

— **Pentapla,** A. u. N. Test. mit fünff. Uebers. kathol., luther., reform., jüd. u. holländ. 3 Thle. 4. Hamb. 711.

Biblia pentapla, das ist: Die Bücher der Heiligen Schrift des alten und neuen Testaments, nach fünf-facher deutscher Verdolmetschung, als I. der römisch-catolischen durch CASP. ULENBERG, II. der evangelisch-lutherischen durch MART. LUTHER, III. der evangelisch-reformirten durch JOH. PISCATOR, IV. der jüdischen, im alten Testament des Jos. Athiae, und der neuen im neuen Testament durch JOH. HENR. REITZEN, V. der holländischen. [Wandesbeck]. 1711. 4.

Biblia pentapla ... nach fünffacher deutscher Verdolmetschung. Wandsbeck 1711. H: *Glusing, Joh. Otto.* (Ebert)

Biblia, d. i. die gantze heilige Schrifft mit neuen Vorreden, Summarien, Anmerckungen ... unter Aufsicht Christoph Matthäi Pfaffens. Tübingen 1729. H: (N.T.): *Klemm, Johann Christian.* (Myl)

— Dies., mit Pfaffs Vorrede. 8. Tübing. 807. Schramm. 18 ℛ

— dasselbe. Mit Bildern der Meister christl. Kunst. Hrsg. v. R. Pfleiderer. 1.—33. Lfg. Fol. (S. 1—344 m. eingedr. Holzschn. u. Vollbildern.) Stuttgart 888-890. Süddeutsches Verlags-Institut. à Lfg. n. — 50

— dasselbe, d. alten u. neuen Testaments nach Mart. Luthers Übersetzg. Mit Bildern der Meister christl. Kunst. Hrsg. v. Rud. Pfleiderer. 34.—101. Hft. Fol. (A. T. 1. Bd. XIV u. S. 345—578; 2. Bd. X, 400 S.; N. T. S. 1—176 m. eingedr. Holzschn. u. Vollbildern.) Stuttgart 891—894. Süddeutsches Verlags-Institut. à n. — 50
A. Test. 1. Bd. (1.—50. Hft.) kplt. geb.: n. 32.—.
A. Test. 2. Bd. (51.—84. Hft.) kplt. geb.: n. 24.—.

— dasselbe. 102.—116. Hft. Fol. (N. T. X u. S. 361—370 m. eingedr. Holzschn., Vollbild. u. 2 farb. Karten.) Ebd. 895. à n. — 50
(Neues Test. kplt. geb. in Halbfrz. m. Goldschn. 24. —)

Die Bibel [**Biblia**], d. i. die ganze Heilige Schrift des alten und neuen Testaments nach Doktor Martin Luthers Übersetzung. Mit Bildern der Meister christl. Kunst. Hrsg. von Dr. Rudolf Pfleiderer, Stadtpfarrer, Ulm. (Bd 1–3.) Stuttgart: Süddeutsches Verl.-Inst. (1892–95). 2°
[Umschlagt.:] Illustrierte Hausbibel hrsg. von Dr. Rudolf Pfleiderer.
(1. 1892.) 2. (1893.) (3. 1895.)

— dasselbe, Dr. Martin Luthers Übersetzung. M. Bild. d. Meister christl. Kunst. Hrsg. v. Rud. Pfleiderer. (Bill. Ausg. ohne Heliogravüren u. m. weniger Vollbild.) 3 Bde. gr. 4. (V, 578; III, 440 u. V, 368 S.) Stuttgart 897. Süddeutsches Verlags-Institut.
In 2 Halbfrzbdn. n. 50. —

— verdeutschte d. Joh. Piscator. 4. Bern.

Biblia, d. i. die gantze heilige Schrifft. Leipzig und Zittau 1728. H: *Pitzschmann, Christian Gottlob.* (Myl)

Biblia [polnisch]
— Nowego Testamentu dla wiernych Katolików. Na język polski przełożona przez Ks. Jak. Wujka S. J. Nowe Stereotypowe wydanie Jana Nep. Bobrowicza. Ozdobione 170 Obrazkami. Poszyt 1—8. 4. (51¼ B.) Lipsku 838, Baumgaertnera. à 4 Gr.

Biblia to jest Księgi Starego Testamentu. Na język polski przełożono przez Ks. Jak. Wujka S. J. Wydanie Streotypowe Jana Nep. Bobrowicza, Ozdobione 500 Obrazkami. Poszyt 1—27. 4. (164½ B.) Lipsku 839—41, Baumgaertnera. à 4 Gr. Thlr.

— nowy pana naszego Jezusa Chrystusa Testament z łacinskiego na jezyk polski zrzełozony przez Ks. Jakóba Wujka S. J. Wydanie drugie stereotypowe poprawne etc. Ozdobione 170, Obrazkami. Lex.-8. (29¼ B. u. 3 Stahlst.) Lipsk 841, Baumgaertnera.

— to jest Księgi Starego i Nowego Testamentu. Na językc polski przełożone przez kr. Jakóba Wujka S. J. Wydanie drugie stereotypowe porawne. Jana Nep. Bobrowicza. Ozdobione 500 Obrazkami i pięć sztychów na stali. Lex.-8. (80⅛ B. u. illustr. Ttl.) Leipzig 816, Baumgärtners Buchh.

— Nowy pana naszego Jezusa Chrystusa Testament; z łacińskiego na język polski przełożony przez Ks. Jak. Wujka. Wydanie nowe ster. J. N. Bobrowicza. Ozdobiono 3 stalorytami i 170 drzeworytami w texcie. 3. Oddruk. 4. (III und 460 S.) Leipzig 854, Baumgärtners Buchh.

— Księgi Starego Testamentu z łacińskiego na język polski przełożone przez Ks. Jak. Wujka. 3. Wydanie ster., poprawne. Ozdobione przeszło 300 obrazkami i dwoma sztychami na stali. (Die Bücher des Alten Testaments ins Polnische übertragen von J. Wujka. 3. Ster.-Ausg. Mit über 300 Holzschn. und 2 Stahlst.) hoch 4. (IX und 1250 S. und Register 50 S. mit 1 Stahlst.) Leipzig 858, Baumgärtner's Buchh.

—— dass. — Nowy pana naszego Jezusa Chrystusa Testament z łacińskiego na język polski przełożony przez Ks. Jak. Wujka. 4. Wydanie ster. ozdobione 3 stalorytami i 170 drzeworytami w tekscie. (Neues Testament ins Polnische übertragen. 4. Ster.-Ausg. Mit 3 Stahlst. und 170 eingedr. Holzschn.) hoch 4. (X und 458 S.) Ebendas. 858.

— dasselbe. (Polnische Ausg.) 8. Aufl. (968, 240 u. 809 S.) gr. 8. Ebd. 907. nn 1. 70

Biblia. P r o b e b i b e l , s. B i b l i a , übers. von Martin L u t h e r . 1883.

Biblia. Q u a r t b i b e l , Baseler große, s. B i b l i a , übers. von Martin L u t h e r . 1831 u. ö.

Biblia [rätoromanisch]

— o vero la soinchia scritüra del velg testamaint. 8. Chur ... Grubenmann. $1^1/_2$ Rthl.

— la S., ner la soinchia scartira d'ilg veder testament. Messa giu ent il linguaig rumonsch da la ligia grischa. 8. Chur ... Grubenmann. $1^1/_2$ Rthl.

— die, vormals m. Dillherrns Vorrede, jetzt m. Anmerkk. v. A. Rehberger; m. Kpf. gr. Fol. Nürnb. 765. Endter. 2 Rthl. 6 gr. Schrbp. 5 Rthl. 6 gr.

— m. Reinhards Vorrede. 4. Sondersh. (Varrentrapp u. W. Frankf.)

Biblia, d. i. die gantze heilige Schrifft A. und N. Testaments. Sondershausen 1729. H: *Reinhard, Michael Heinrich.* (Myl)

— — dies. 8. Sondersh. 748.

Biblia zum Gebrauche der Römisch-Katholischen, herausgegeben von des hohen teutschen Ritterordens verordneten Geistlichen zu Nürnberg. Nürnberg, 1758.

— Dies., mit Vorrede u. Anmerkk. v. Roos. Mit Kpf. gr. Fol. Tübing. 788. Schramm. 2 Rthl. 12 gr.

DIE BIBEL nach der teutschen Uebersetzung D. Martin Luthers mit eines jeden Kapitels kurzen Summarien vielen und richtigen Parallelen und einer Vorrede von weyl. Magnus Friedrich Roos (S. III–VI.). – Tübingen: Fues 1812.

— od. d. Schr. v. Fr. Rosalino. 3 Thle. 8. Wien. (Göbhard, Bamb.) 789.

— Dies., herausg. v. Frz. Rosalino. 3 Thle. gr. 8. Wien 789. Trattner. 2 Rthl. Dies. in 8. Mit 3 Kpf. 1 Rthl. 8 gr.

Biblia, das ist: d. ganze heil. Schrift. A. u. N. Testaments nach d. deutsch. Uebersetzung Dr. M. Luthers; nebst Anleit. zum erbaul. Bibellesen, einem Wort-Register rc. Mit Vorr. v. D. J. G. Rosenmüller. Neue Aufl. 8 Zwickau. (Leipz. Magaz. f. Ind.) 16 gr. Weiß Druckp. mit 1 Kpfr. 18 gr. Velin-Pap.

— m. Rothens Uebers. der meisten Oerter. 4. Ebersdorf.

Biblia s a c r a

— — od. d. H. Schrift A. u. N. Test. auf Befehl des Fürst. Erzbisch. Kard. v. Migazzi, herausgeg. von F. Rosalino. 3 Thle. gr. 8. Wien, Tendler.

— — — A. und N. Test. 3 Thle. m. K. v. Rosalino. 8. Ebend.

Biblia sacra cum P. Menochii S. J. commentariis. Wien, (Kaulfuß) 1755, 4°, 8 Bde.

Der mit Recht geschätzte Komm. von J. St. Menochius erschien zuerst zu Köln 1630 unter dem Titel: Brevis explicatio sensus litteralis s. Scripturae ex optimis quibusque auctoribus per epitomen collecta. Addito textu ss. Bibliorum iuxta exemplar Vatican. et indice. Später zahlreiche Nachdrücke. Vgl. de Backer, a. a. O. s. v. „Menochius".

Biblia S a c r a , Das ist: Die ganze Heil. Schrift . . . Worzu annoch die Lobwasserische Psalmen . . . angefügt sind. Zürich 1756: Bürgklische Truckerey. Getr. Zählung.

— Sacra, d. i. die ganze heil. Schrift alt. u. n. Testam. n. d. deutsch. Uebers. Luthers, m. Zugabe III. u. IV. Buchs Esra, u. III. Buchs Maccabäer rc. Fol. Lemgo, Meyer. 756.

Biblia sacra, sive Testament. Vet. ab J. Tremellio et F. Junio, et Nov. Test. a Th. Beza. 8. Zürich 765. Gessner. 1 Rthl.

— sacra, c. Cartier. fol. Cölln, Fabricius. 770.

— sacra utriusque Testamenti, e linguis primaevis ad mentem Vulgatae sensu literali per metaphrasin et commentar. explicata ab Ig. Weitenauer. VII Voll. 8 maj. Augsb. 773. Wagner. 8 Rthl. 8 gr. (Einzelne Theile daraus, s. 1) *Prophetae* majores et min. 2) *Job.* 3) *Evangelia* IV. 4) *Otateuchus.* 5) *Libri* regum. 6) *Libri* Machabaeorum.)

Biblia sacra, verdeutscht u. m. Anmerkk. versehen v. Ign. Weitenauer. 14 Bde. gr. 8. Augsb. 777—83. Kranzfelder. 9 Rthl.

Biblia sacra oder die hl. Schrift des Alten u. Neuen Testamentes, verteuscht u. mit Anmerkungen versehen durch Ignatz Weitenauer. Augsburg, Wolff, 1779—1781, 8°, 14 Bde.

Das Neue Test. war bereits 1777—1778 herausgekommen und erscheint hier in 2. Aufl. —

Biblia sacra oder die hl. Schrift des Alten u. Neuen Testamentes mit Genehmhaltung und Gutheißen Seiner Eminenz des Fürsterzbischofs Kardinals von Migazzi u. s. w. in deutscher Sprache herausgegeben und von unzähligen Sprachfehlern gereiniget von F r a n z R o s a l i n o , Weltpriestern. Wien, Trattner, 1781, gr. 8°, 3 Teile, 538 u. 630 u. 336 S.

— — od. d. ganze H. Schrift n. d. deutsch. Uebers. Luthers. 8. Ebend. 783.

Biblia sacra, d e u t s c h. Altes und Neues Testament. Nach der Übersetzung von Joh. D i e t e n b e r g e r. Mit Kupfern. Augsburg, Rieger, 1786, Folio, (15, jetzt) 9 Mk.

Biblia sacra oder die heil. Schrift Alten und Neuen Testaments in lateinischer und deutscher Sprache, mit Erklärung von H. Braun. Augsb. 1788. Ü: (Th. VII): *Mayr, Beda.* (Ky)

Biblia sacra, od. d. heil. Schr. A. u. N. Test. n. d. Uebers. D. M. Luthers. Unter Zustimmung des Generalsup. Adler bearb. u. herausg. v. N. Funk. 8. Altona 815. (Hammerich). 20 gr. Weiß Druckp. 1 Rthl. 6 gr. Schrbp. 2 Rthl. 12 gr.

Biblia s a c r a vulgatae editionis
(auch . . . veteris et vulgatae editionis, . . . vulgatae versionis u. ä. Titelversionen)

B i b l i a sacra latina vulgata editionis Sixti V. P. M. versiculis distincta. II. Tmi. fol. Nürnb. Stein. 714. Rthlr.

Biblia sacra Vulgatae editionis . . . edid. N. S a n s o n. Wien, 1718.

Biblia sacra Vulgatae editionis . . . recognita ac versione Germanica illustrata, oder die Bibel l a t e i n i s c h und d e u t s c h mit theologischen und chronologischen Anmerkungen, herausgegeben von T h o m a s E r h a r d. Augsburg, Wolff, 1723, Fol.

Biblia Sacra vulgatae editionis . . . . summariis et notis P. *Thomae Aq. Erhardi*, o. Ben. (in Wessofontano monasterio theol. et professo). Ed. III. — *Bibel* od. Heil. Schrifft d. Alten u. Neuen Testaments, nach der uralten, u. in Latein gemeinen, auch von der Römisch-Cathol. Kirch bewährten Uebersetzung . . . . 3. Druck. Augspurg, Joh. Strötter u. Sohn, cathol. Buchhändler, 1730. Fol. Holzb. m. gepr. Pgmt-Ueberz. u. Clausuren. Gebraucht, aber wohlerhalt.

Lat. u. deutsch. — 12 Bll. Vorst. (incl. roth u. schwarz gedr. Tit.) u. 905 S. (à 2 Col.).

— — — vulgata edit. Sixti V. iussu recognita et Clemens VIII. auctor. ed. VI. Tmi. 8. Wien, Trattner. 760.

Biblia sacra Vulgatae editionis . . . locupletibus ss. patrum et aliorum probatorum s. Scripturae interpretum commentariis illustrata. Unacum nova eaque excultiore necnon ad sensum Scripturae magis accommoda versione Germanica in commodum et utilitatem totius ecclesiae cath. praesertim Germanicae elucubrata a theologis monasterii d. Ettonis prope s. Landelinum etc. sub directione P. Germani Cartier. Konstanz, Beez, 1770, Folio, 4 Bde, 3 Aufl.

1. Aufl. 1751.

— — vulgat. version. edit. Clero gallicano dicata. II. Vol. 4. Par. (Tourneysen, Basel.) 785.

— — latina, Vulgatae editionis, juxta exemplar. Vatican. denuo impress. (ed. ab Emmeran. Salomon). 3 Vol. 12. maj. Ratisbonae 1806. Editio nova 1826, Rotermundt (Russwurm) auch Pustet in P. 2 Thlr. — 3 fl.

— sacra veteris et vulgatae edit. juxta exemplar Vatic. sub Pont. Clemente VIII. III Pts. 8 maj. Wien 811. Pichler. 5 rß 12 gr

Biblia Vulgatae editionis iuxta exemplar Vaticanum sub Pont. Clemente VIII. editum. Wien, Pichler, 1813, 8°, 16,50 Mk.

2. Edition 1822, 12 Mk.

— sacra veteris et vulgatae editionis, juxta exemplar Vatican. sub Pontifice Clemente VIII. Rom. excusa. III Pts. in 8maj. Wien 813. Volke. 4 rß 12 gr •

— — — Juxta exempl. Vatic. Vienn. 814. 3 Tom. 8. 6 rthl.

Biblia veteris et Vulgatae editionis iuxta exemplar Vaticanum sub Pontifice Clemente VIII. excusum edid. J. Fortunat. Zamboni. Wien, Volke, 1816, gr. 8°, 4 Teile, 8 Mk.

Biblia sacra Vulgatae editionis iuxta exemplaria ex typographia apostolica Vaticana, Romae 1592, edid. Leand. van Ess. Tübingen, Fues, 1822—1824, gr. 8°, 3 Bde, 12 Mk.

— id. lib. vulgatae editionis. Juxta Exemplar. ex Typograph. Apost, Vaticana, Romae 1592. Edid. Dr. L. van Ess. Pars I—III. 8 maj. Tubingae 822—24. (Lipsiae, Kummer.) 2 Rthlr. 22 gr. Vel.-Pap.

Biblia sacra veteris et vulgatae edit. juxta exemplar. Vatic. sub pontifice Clemente VIII. III. Partes. 8 maj. Viennae 822, Pichler.

— id. lib. vulgatae editionis, juxta exemplar Vatican. III Tom. Ed. nova cur. J. A. Kistemaker. 8 maj. Münst. 823. Theissing, auch Aschendorf. 3 rß 12 gr Schrbp. 4 rß 12 gr Velinp. 6 rß 12 gr

Biblia sacra Vulgatae editionis Sixti V. P. M. iussu recognita atque edita Romae 1593. Editio nova auctoritate S. Pont. Leonis XII. excusa. Münster, Coppenrath, 1824, Lex.-8°, 3 Mk.

Biblia sacra Vulgatae editionis iuxta exemplar Vaticanum cur. J. H. Kistemaker. Münster, Theissing, auch Aschendorff, 1824, gr. 8°, 3 Bde (990 u. 832 u. 634 S.), herabges. Preis 3,50 Mk.

— id. lib. vulgatae editionis Sixti V. et Clementis VIII. Pont. max., jussu recogn. atque edita. Edit. nova versiculis distincta. 8 maj. Tulli Leucor. 825. (Mainz, Müller.)

Biblia sacra Vulgatae editionis Sixti V. P. M. iussu recognita atque edita Romae 1593. Editio nova auctoritate summi Pontif. Leonis XII. excusa. Frankfurt, Andreä, 1826, 8°, 67 Bg., 10 Mk.

— id. lib. vulgatae editionis, juxta exemplar vaticanum. 3 Voll. gr. 12. Passau 826. Pustet.

Biblia sacra Vulgatae editionis iuxta exemplar Vaticanum. (Edid. Emm. Salomon.) Regensburg, Rotermundt, 1826, 12°, 3 Bde, 6 Mk.

Erschien zuerst 1805 (Neues Test.) und 1806 (Altes Test.)

— sacra Vulgatae edit., Sixti V et Clementis VIII. Pont. max. jussu recogn. atque edita. Edit. nova versiculis distincta. 8 maj. (51½ B.) Toul 828. (Moguntiae, Kirchheim, Schott et Thielmann.)

Biblia sacra. Novum Testamentum **Vulgatae editionis** iuxta exemplar Vaticanum. Sulzbach, v. Seidel, 1829, gr. 12°, 22 Bg., (2. ermäß. Pr.) 1 Mk.

— sacra Vulgatae edit., Sixti V. et Clementis VIII. Pont. Max. auctor. recog., c. indicibus etiam Plantinianis. Edit. nova, notis chronolog. histor. et geograph. illustr., juxta edit. Parisiensem Antonii Vitré, nunc ordinante celsiss. ac reverendiss. Dom. Dom. Bern. Galura Episcopo Brixinensi et principe etc. denuo adornata. Pars veteris Testamenti I. schmal gr. 4. (51¼ B.) Oeniponti 834, Wagner.

—— sacra Vulgatae edit. Edit. nova, Edid. Episc. Bern. Galura. Ps. vet. Test. II. et III. Schmal gr. 4. (99 B.) Oeniponti 835, Wagner. *

Ps. I. Ebendas. 1834. * 22 Gr.

Biblia sacra vulgatae editionis, Sixti V. Pontificis Maximi jussu recognita et Clementis VIII. auctorit. edita. 8 maj. (64¾ B.) Moguntiae 813, Kirchheim, Schott et Thielmann. *

—— sacra Vulg. edit., c. JF Allioli, s. a. Schrift, d. heil.

— — Vulgatae editionis etc. etc. nunc novissime ad exemplar Vaticanum expressa cura Dr. Jos. Franc. Allioli. Mit zur Seite stehender deutscher (approbirter) Uebersetzung. 10 Bde. Lex.-8. Landsh. 1844—45, v. Vogel 15 fl. (Cotta'sche Anstalt.) | jetzt 6⅔ Thlr. — 10 fl. 30 kr.

— — vulgatae editionis, Sixti V. et Clementis VIII. jussu recognita atque edita. Editio nova, versiculis distincta. o. O. 1819.

— sacra vulgatae editionis juxta exemplaria ex typographia apostolica Vaticana Romae 1592 et 1593 inter se collata et ad normam correctionum Romanarum exacta auctoritate summi pontificis Pii IX. Edid. Valent. Loch. IV Tomi (in 1 vol.) 8. (XLII u. 1486 S.) Ratisbonae 849, Manz. n. 1⅓ rß

—— sacra vulgatae editionis Sixti V. et Clementis VIII., pont. max., auctoritate recognita. Editio nova, notis chronologicis, historicis, geographicis ac novissime philologicis illustrata. Fasc. 1—3. gr. Lex.-8. (Tom. I. S. 1—432.) Viennae 855—56, Libr. Mechitaristica. à Fasc. 10 Ngr.

—— sacra vulgatae editionis Sixti V. et Clementis VIII. pontt. maxx. jussu recognita atque edita. gr. 4. (XXIV und 839 S.) Rom 861, (Spithöver.) *

—— sacra Vulg. edit. juxta ex. ex typogr. apost. Vatic. Romae 1592 et 1593 inter se coll. Ed. V Loch. 4 Tomi. Ed. II. 16. (2250) Rgsbg 63, Manz. n. 1. 20 || Asg. in 8. (1434) n. 1. 10

—— sacra Vulg. edit. Ed. nova. 8. (1308) Wien 63, Kirsch. 3. 10

—— sacra Vulgatae editionis Sixti V. et Clementis VIII., pont. max., auctoritate recognita. Editio nova, notis chronologicis, historicis, geographicis ac novissime philologicis illustrata. Lex.-8. (XXVI und 1282 S.) Wien 863, Mechitharisten-Congregations-Buchh.

Biblia sacra vulgatae editionis juxta exemplaria et typographia apostolica vaticana Romae 1592 et 1593 inter se collata et ad normam correctionum romanarum exacta, auctoritate summi pontificis Pii IX. od. Valent. Loch. Ed. III. 4 voll. 8. (XL, 394; 333, 303 u. 364 S.) Regensburg 873. Manz. n. 4. —

Biblia sacra Vulgatae editionis iuxta exemplaria ex typographia apostolica Vaticana Romae 1592 et 1593 inter se collata et ad normam correctionum Romanarum exacta auctoritate Summi Pont. Pii IX. Edidit Valentinus Loch. Regensburg, Verl.-Anst., 1883, 8°, 4 Bde (XLII u. 1486 S.), 1. Aufl., 4 Mk.

1. Ausg. 1849. — Ausg. in 12° (Taschenformat) 1883, 4 Bde, 2234 S., 5 Mk.

Biblia sacra, juxta vulgatae exemplaria et correctoria romana denuo edit., divisionibus logicis analysique continua sensum illustrantibus ornavit Aloisius Claudius Fillion. gr. 8. (XII, 1366, 29 S.) Parisiis 887. (Freiburg i. Br., Herder'sche Verlagsh.) **

— sacra Vulgatae ed. Sixti V et Clementis VIII, pont. maxx. jussu recognita atque edita juxta editionem cura et studio C Vercellone, an. 1861 datam Romae recensita ad amussim. 2 voll. 8° (1660) Paris 91, P Lethielleux. 9.60

— sacra Vulgatae editionis. Juxta exemplaria ex typographia apostolica vaticana Romae 1592 & 1598 inter se collata et ad normam correctionum romanarum exacta. Ed. V Loch. Ed. VII. 4 Tle in 2 Bdn. 8° (40, 894, 888, 808 u. 804) Rgnsbg 99, Verl.-Anst. vorm. GJ Manz. 4 —

Biblia sacra vulgatae editionis Sixti v. Pont. Max. iussu recogn. et Clementis VIII auctor. edita, nunc novissime ad exemplar Vaticanum expressa cura Augustini Arndt S. J. T. 1—3. *Ratisbonae: F. Pustet 1899–1901.* 3 Bde 4°(8°)
[Nebent.:] Die Heil. Schrift d. Alten u. Neuen Testamentes. Mit d. Texte d. Vulgate. Als 10. Aufl. (Bd 3: An Stelle) d. Allioli'schen Bibelwerkes hrsg. von A. Arndt.
1. 1899. 2. 1900. 3. 1901. [oi. 1330 6

Biblia sacra. Vulgatae ed. Sixti V Pont. Max. jussu recognita et Clementis VIII auctoritate edita. 25 Lfgn. (878, 17 u. 8 m. 100 Heliograv.) 54,5×40,5 cm. Mainz, Kirchheim & Co. ('04.'05). Je 14 —

— dass. Ex ipsis exemplarib. Vaticanis inter se atque cum indice error. corrigendor. collatis critice ed. Mich. Hetzenauer. (82, 1142 u. 178 m. 2 Taf.) Lex8° Innsbr., Wagner'06. 22 —

Biblia sacra latina
— — — Seb. Schmidii. 4. Strasb. 715.

— — — ex interpretat. G. Osiandri. fol. 734.

— sacra latina, cum commentar. P. Menochii. VII Tom. 4. Wien 755. Trattner. 10 ℛ 16 ℊ

— — — sive Testamentum vetus ab I. Tremellio et F. Iunio et novum Testamentum a Th. Beza. 8. Zürich, Gessner. 765.

— — — Sixti V. iussu recognita, Clementis VIII. auctoritate ed. gr. 8. Cölln (Wolff in Augsb.) 774.

— sacra latina ex Sebast. Castellionis interpretat. ejusque postrema recognitione praecipue in usum studios. juventutis denuo evulgata. 8 maj. Leipz. 778. Breitkopf et H. 1 ℛ 8 ℊ Hbg. Pr. 16 ℊ

— sacra latina ex Seb. Castellionis interpretat. in us. juvent. breviata, ed. J. H. Campe. Spec I. 8 maj. Hamb. 779. (Schulbuchh. in Braunschw.) 6 ℊ

—— sacra latina veteris testamenti Hieronymo interprete ex antiquissima auctoritate in stichos descripta. Vulgatam lectionem ex editione Clementina principe anni 1592 et Romana ultima anni 1861 repetitam testimonium comitatus codicis Amiatini latinorum omnium antiquissimi. Editionem instituit suasore Christ. Carolo Josia de Bunsen Theodorus Heyse ad finem perduxit Constantinus de Tischendorf. Cum (lithogr.) tabula. Lex.-8. (LXXI, 991 S.) Leipzig 873, Brockhaus. *
geb. *

— — — Gregoriana seu Commentaria Textuum S. Scripturae. fol. Augsb. Wolff. 731.

— — sacra, latino-germanica, institutionibus bibl. illustr. etc. Commentariis J. B. Du Hamel aucta op. Th. Aq. Erhard Ord. S. B. Edit. 7a. 2 Tomi. Fol. maj. Aug. Vind. 1771, Wolff. (auch mit deutschem Titel.) 4 Thlr. — 6 fl.

— sacra latino-germanica, opera et studio Thom. Erhard, et ejusd. et Cl. Duhamel commentariis aucta. II Voll. Bibel, od. die ganze heil. Schrift latein. u. deutsch, v. Th. Erhard u. dessen u. Duhamel Commentarius. 2 Bde. gr. Fol. Augsb. 771. Wolf. 6 ℛ

sacra quadrilingua. A. T. hebr., griech., lat., deutsch. N. T. griech., vulg. griech., syr., lat., deutsch ed. Reineccius praef. Deyling. 3 vol. fol. Lpzg. 1750.

— sacra quadrilingua Nov. Test. c. versionib. syriaca, graeca, vulgar. Lat. et German etc. accur. Chr. Reineccio. Fol. Leipz. 751. (Brockhaus). 6 ℛ Eadem, tam Vet. quam Nov. Testam. in charta maj. Ibid. 22 ℛ

— sacra quadrilingua Nov. Test. c. versionib. Syriaca, Graeca, vulgar. Lat. et German. etc. accur. Chr. Reineccio. fol. Lips. Gleditsch. 751.

— eadem, tam Vet. quam Nov. Testam. in chart. maj. ibid.

— v. Sacy m. Erklärungen s. Sacy.

— Dies., mit e. Vorr. v. C. L. Schäffer. 8. Halberst. 802. N. A. 817. Dölle. (Barth in Leipz.) 21 ℊ

— nach der deutschen Uebers. von C. L. Schäfer. 4te Aufl. 8. Halberstadt. (Leipzig, Barth in Comm.) 817.

— A. u. N. Testam. nach Luthers Uebers. m. Parallelstell. und Anmerk. a. d. Hezelschen Bibelwerke v. F. W. Scheule. 1r Thl. 2 Abtheil. 8. Lemgo, Meyer. 787. (à Abth. 1 Rthlr.)

— dasselbe. Mit den Bildern von Jul. Schnorr v. Carolsfeld. gr. 4. (VIII, 1167 S.) Leipzig 874. G. Wigand. 30. —; geb. in Leinw. n. 41. —; geb. in Leder. n. 48. —

Die Bibel [Biblia] mit Bildern von [Julius] Schnorr v. Carolsfeld oder die Heil. Schrift d. Alten u. Neuen Testaments nach d. deutschen Übersetzung D. Martin Luthers. *Berlin, Eisenach, Leipzig: H. Hillger 1903.* (Getr. Pag.) 4°(8°) [F.] [o. 540

Die Bibel [Biblia] oder die ganze Heilige Schrift des Alten und Neuen Testamentes. Mit 192 Bildern nach Schnorr v. Carolsfeld. (Berlin: Preuß. Hauptbibelgesellsch. 1903.) (Getr. Pag.) 8° [F.] [o. 7998

— dasselbe. Nach den Beschlüssen der deutschen evangel. Kirchenkonferenz bericht. Text. Mit den Bildern von Jul. Schnorr v. Carolsfeld. (241 Abbildgn. auf 152 Taf.) (XVI, 612, 111, II, 209, 12 u. Familien-Chronik IV S.) gr. 4. Leipzig 903. Deutsche Bibelgesellschaft.
Geb. in Leinw. n. 15. —; Liebhaberausg. n. 20. —; Luxusausg. n. 25. —

Die Bibel [Biblia] oder die ganze Heilige Schrift des Alten und Neuen Testaments, nach d. deutschen Übers. D. Martin Luthers. Durchges. nach dem von d. Deutschen Kirchenkonferenz genehmigten Text. Groß-Oktavausg. (Mit 192 Bildern nach Schnorr v. Carolsfeld.) Berlin: Preuß. Haupt-Bibelgesellsch. 1904. (Getr. Pag.) 8° [F.] [o. 9036

— die, od. die ganze Hl. Schrift des Alten u. Neuen Testaments u. die Apokryphen nach der deutschen Übersetzung D. Mart. Luthers. Mit 240 bibl. Bildern von Jul. Schnorr v. Carolsfeld. Mit Familienchronik u. 8 Karten. (VIII, IV, 1001, 130, 352 u. 4 S.) gr. 8. Konstanz (904). C. Hirsch. Geb. in Leinw. n. 3. —; m. Goldschn. n. 5. —; in Ldr. m. Goldschn. n. 7. 50

— dass. Gross-Oktavausg. (Mit 192 Bildern n. Schnorr v. Carolsfeld.) (916, 164, 312, 22, 12 u. 4 m. 2 Vollbildern u. 2 Kart.) 8° Ebd. '04. HLdr nn 3.50 d

— dasselbe. Groß-Oktavausg. (Mit 192 Bildern nach Schnorr v. Carolsfeld.) (Neue Aufl.) (X, 916, 164, IV, 312, 22, 12 u. 4 S. m. 2 Vollbildern u. 2 farb. Karten.) gr. 8. Ebd. 905. Geb. von n. n. 3. — bis n. n. 11. 25

Bibel. Die B' oder die ganze Heilige Schrift des Alten und Neuen Testaments und die Apokryphen, nach der deutschen Übersetzung D. Martin Luthers. Mit 240 biblischen Bildern von Julius Schnorr von Carolsfeld. Mit [illustrierter] Familienchronik und acht Karten [auf 4 Tafeln]. VIII + IV + 1001 + 130 + II + 352 + 4 S. 8. Emmishofen ⟨Ct. Thurgau⟩, Evangelische Buchh., [1905]. [geb. fr. 4. — *bis* 12. 75]

Die Bibel [Biblia] mit Bildern von [Julius] Schnorr v. Carolsfeld oder d. Heilige Schrift d. Alten u. Neuen Testaments nach d. unrevid. deutschen Übers. D. Martin Luthers. Elberfeld: Luth. Büchervercin 1906. (VI, 730, 234 S.) 8° [F.] [o. 411 5

—— die, f. Schule u. Haus, d. i. sorgfält. Auswahl aller wicht. u. heils. Aussprüche, Lehren u. Erzähln. d. heil. Bücher Alt. u. Neu. Testaments. Nach Dr. Mart. Luthers Uebersetz. gr. 8. (36½ B.) Grimma 840, Verlags-Comptoir. *
Das Dutzend * 3 Thlr. 12 Gr.

—— die, für Schule u. Haus aus den heil. Schriften d. alten u. neuen Testaments nach Luthers Uebersetzung f. jedes Alter u. jeden Stand bearb. u. geordn. v. Eduard Sparfeld. Stereotyp-Ausg. gr. 8. (56¼ B. u. 1 Stahlst.) Leipzig 845, Baumgärtners Buchh. *

—— die, für Schule und Haus, aus den heiligen Schriften des alten und neuen Testaments nach Luther's Uebersetzung für jedes Alter und jeden Stand unter besond. Rücksicht auf das sittliche Gefühl der Jugend und mit Hinweglassung alles Unnöthigen und Störenden. Eingeführt durch eine Beurtheilung von Joh. Heinr. Bernh. Dräseke. 2. (Titel-)Ausg. gr. 8. (XXXI und 868 S. mit 1 Stahlst.) Leipzig 852, Baumgärtners Buchh.

— — z. Gebr. d. Schul, in Braunschw. 8. Blankenb. 750.

— Schullehrer-Bibel, von G. F. Dinter. Altes Test. 5 Bde. Lex.-8. Neust. 826—28. Wagner. 6 ℛ 8 ℊ Schrbp. 7 ℛ 4 ℊ Neues Test. 4 Thle. 3e Aufl. Lex.-8. Ebd. 829. 2 ℛ 16 ℊ Druck-Velinp. 3 ℛ 12 ℊ

Bibel, Die, oder die gantze Heil. Schrift. nach der deutschen Uebersetzung M. Luthers. Mit einer Vorrede Gottfr. Schützens. Altona. 1756. — 2. Aufl. Sm. St. 1773. — Mit einer Vorrede von Fridr. Conr. Lange. 3. Aufl. Sm. St. 1790.

Bibel oder die ganze hl. Schrift des Alten und Neuen Testaments nach der von der Kirche angenommenen Übersetzung, herausgegeben von K. H. Seibt. Prag. 1781, gr. 8°.

— Dies., kathol., neu verb. v. Seibt. gr. 8. Prag 781. (Wesché in Frankf.) 5 ℛ

— v. Selligmann. Fol. Leipz.

— — — 4. Leipz.

Biblia, hrsg. von S e i l e r, s. S e i l e r

Biblia. S e p t u a g i n t a, s. B i b l i a g r a e c a.

Biblia [sorbisch]
— to iest Wszystko Pismo Swiete Starego i Nowego Przymierza Podlug Edycici Berlinskiey z Roku 1810 Z Gdanskiey z Roku 1632 Dla Pozytku Zborów Polskich Ewangielickich Za przyczyna Glównego Towarzystwa Biblijnego Pruskiego Na nowo przedrukowane. Halle 854. Canstein'sche Bibelanstalt. Lex.-8. (A. T.: XIV, 968, 240 S.; N. T.: 312 S.) n. 1 ℛ

Biblija abo to zele Swete Pismo Starego a Nowego Testamenta, do serskeje rezy pschestawjone, wot nowotki pilne pscheglebane a pscheporezane. Hudawk Pschußkego glownego bibliskego towarstwa. Lex.-8. (X, 1210 S.) Halle 869, v. Canstein'sche Bibel-Anstalt. *

Biblia. S p r ü c h e in Ziehkästchen, s. B i b l i a . Z i e h - k ä s t c h e n.

Biblia. Das ist die gantze Heilige Schrift . . . nach der Übers. u. mit der Vorrede D. Martin Luther . . . , auch mit einer neuen Vorrede, Wie die Bibel mit Nutzen zu lesen von Fr. L. S p r ü n g l i n. Schaffhausen 1743.

— b. Stargarder. Fol.

— — — 8.

Biblia, hrsg. von S t a r k e, s. S t a r k e

— dies. Mart. Luthers Uebersetzung, nach dem Grundtext berichtigt (v. J o h. F r d r. v. M e y e r.) Neu revidirte, m. Parallelen (v. R. S t i e r) verseh. Ausg. 5. unveränd. Aufl. Mit Ster. gedr. gr. 8. (VIII u. 1393 S.) Halle 850, (Braunschweig) Schwetschke & Sohn. n. 1½ ℛ

—— dass. — Dr. Mart. Luthers Uebersetzung, nach Joh. Fr. v. Meyer nochmals aus dem Grundtext berichtigt von Rud. Stier. Mit Beigabe der Apokryphen. 1. Lfg.: Das neue Testament. gr. 8. (310 S.) Bielefeld 855(56,) Velhagen und Klasing. *

—— dass. — 2. und 3. Lfg.: Das alte Testament. gr. 8. (VII, 912 und Apokryphen 158 S.) Ebds. 856. à Lfg. * 20 Ngr. *

— die, oder die ganze Heilige Schrift alten und neuen Testaments. Dr. M. Luthers Uebersetzung nach dem Grundtext berichtigt von J. F. v. M e y e r. Neu revid., mit Parallelen von R. S t i e r versehene Ausg. 6. unveränd. Aufl. Mit Stereot. gedr. Braunschweig 856. Schwetschke u. Sohn. gr. 8. (A. T.: VIII, 1079 S.; N. T.: 314 S.) n. 28 ngr

—— dies. Luther's Uebers., nach JF v. Meyer bericht. v. R Stier. Mit Beigabe d. Apokr. 2. Afl. 8. (1380) Bielef. 59, Velhagen u. K. *n.* 1. 10; f. Asg. *n.* 2. 10; geb. *n.* 3. 20

— oder die ganze Heilige Schrift Alten und Neuen Testaments. Dr. Martin Luthers Uebersetzung, nach Dr. Joh. Frdr. v. Meyer nochmals aus dem Grundtext berichtigt von R u d. S t i e r. Mit Beigabe der Apokryphen. 2. Aufl. Bielefeld 860. Velhagen & Klasing. gr. 8. (IX, 1380 S.) n. 1 ℛ 10 ngr; feine Ausg. n. 2 ℛ 10 ngr; in Lederbd. n. 3 ℛ 20 ngr

—— dies. Luthers Uebers., nach JF v. Meyer bericht. v R Stier. Mit Beigabe d. Apokr. 3. Afl. 8. (1080) Bielef. 67—69, Velhagen & K. *n.* 1. 10

— die, oder die ganze Heilige Schrift Alten u. Neuen Testaments. Martin Luthers Uebersetzung, nach Joh. Fr. v. Meyer nochmals aus dem Grundtext berichtigt v. R u d. S t i e r. Mit Beigabe der Apokryphen. 4. Aufl. Lex.-8. (VII, 912; 158 u. 310 S.) Bielefeld 878. Velhagen & Klasing. n. 4. 50

[F.] Die B i b e l [Biblia] oder die ganze Heilige Schrift Alten und Neuen Testaments [m. Sondert. f. d. Neue Testam.]. Doctor Martin L u t h e r s Uebersetzg nach Dr. Joh. Fr. v. M e y e r nochmals aus d. Grundtext berichtigt v. Dr. Rudolf S t i e r. M. Beig. d. Apokryphen. 5. Aufl. *Bielefeld & Leipzig: Velhagen & Klasing 1896.* (VI S., 1 Bl., 912, 158 S., 2 Bl., 310 S.) 1 Bd 8. [96. 435]

Biblia, od. die ganze heil. Schrift A. u. N. Test., mit Storr's Vorrede. 8. Tübing. 793. v. Cotta. 20 ℊ

Biblia [deutsch]
Die B i b e l oder d. ganze Heilige Schrift d. Alten u. Neuen Testaments nach d. deutschen Uebersetzung D. Martin L u t h e r s. Nach d. Beschlüssen d. Deutschen ev. Kirchenkonferenz bericht. Text. Mit 271 Abb. nach Michelangelo ... Hrsg. von Prof. D. Dr. Hermann L[ebe-recht] S t r a c k u. Dr. Julius K u r t h. *Berlin: H. Grund 1900.* (Getr. Pag.) 4° [F.] [00. 9871

Biblia. S t r a s s b u r g e r b i b e l, s. B i b l i a, übers. von Martin L u t h e r. 1819.

— u. kurz. Erläut. u. Vorr. v. Ad. S t r u e n s e e. 8. Halle. 751.

—— dass. — nebst den Hagiographen und apokryph. Schriften übers. mit hinzugefügten Sachparallelstellen von Leonh. Tafel. Lex.-8. (904, 416, 362 S.) Basel 876, (Riehm.) **

— d. i. vollst. Erklär. d. ganz. H. Schr. a. d. Engl. v. Rom. T e l l e r, Baumgarten u. a. 19 Bde. gr. 4. Leipz. Breitk. 748. (sonst 40 Rthlr.)

— des alten u. neuen Testamentes in 60 (farb.) Bildern. (Mit erläut. Text [auf der Rückseite] v. Ign. Rieder.) qu. 12. (VIII S. Text.) Salzburg (901). A. Pustet. Ausg. A., geb. in Leinw. n. 3.50; Ausg. B., lose Bl., in Mappe n. 3. 20

— das böhmische Testament mit Psalter und Jesus Sirach

Biblia veteris testamenti aethiopica, s. Biblia veteris testamenti aethiopica.

Bibel oder die hl. Schrift des Alten und Neuen Testamentes, mit kurzer Auslegung v. P. Jak. Tirin. Augsburg, Doll, 1787—1794, gr. 8°, 16 Bde.

ספר הקדש והוא תורה נביאים וכתובים·
הוגה ונכון על ידי החכם מו"ה מ' ה' לעטעריס·
s. Biblia hebraica.

— m. Tossani und Falkneisen Ausleg. Fol. Minden. 716.

— m. Paul. Tossani Ausleg. u. Ulrichs Vorr.; mit 6 Landchart. Fol. Basel, Tourneysen. 729.

— — sive Testamentum Vetus, ab Imman. Tremellio et Francisco Junio ex Hebraeo Latine redditum, et Testamentum Novum, a Theodoro Beza e Graeco in Latinum versum. Lipsiae 1822.

Biblia, Thübinger. Fol. Nürnberg 729. — Fortgesetzt von J. C. Klemm und Chr. Mich. Pfaff. 9 Bde. 8. Speyer u. Leipz. 767—70. 5 rf

— — mit Storrs Vorr. 8. Tüb. Cotta. 793.

Bibel, Tübingische, m. Pfaffens Vorr. u. Ausl. Fol. Tüb. 730. Rthlr.
Die Kupfer dazu

Biblia, Türkische, s. Bibel. – Türkische Bibel.

— n. d. Sixtiner Edit. d. P. Uhlenberg. Fol. Frankf. 734.

Biblia, übers. von Ulfilas, s. Ulfilas

— ... Verdeutschet u. mit Anmerkungen von J.-C. Ulrich. – Zürich, 1755, 2 vol. in-f°.
1?? pl. gravées par Kilian, Eickler et A. d'après Picard, Jordan, etc.

— d. i. d. ganze H. Schr. A. u. N. Test. a. d. Grundspr. deutl. verdeutscht, m. Ausl. v. Ulrich. 2 Thle. Fol. Zürich. 757.

— varia biblica, hebræa et latina, cum annotat. Seb. Münsteri. Basel 1857. 8.

— für das Volk, s.: Laienbibel.

—— für das liebe christl. Volk, s. Wohlfarth, Joh. Fr. Thdr.

Bibel, die, oder die Heilige Schrift d. Alten u. Neuen Testaments nach der deutschen Übersetzg. Dr. Martin Luthers. Für Schule u. Haus hrsg. v. Karl Voelker. gr. 8. (VIII, 800; 375 S. m. 2 Holzschn., 4 farb. Karten u. Begleitwort 14 S.) Gera 889, Hofmann. ** 2 50; geb. ** 3 —

Biblia. Vulgata, s. Biblia sacra vulgatae editionis.

— u. e. Anweis. die heil. Schrift erbaul. zu lesen, v. D. J. G. Walch. 8. Jena. 720.

Biblia. Wartburgbibel, s. Biblia, übers. von Martin Luther. 1842 u. ö.

—— dies., ganz neu verdeutscht, m. Einl., fortl. Erkl., gesch. Ueberbl. v. R Weber. 2. Bd. = Die poet. Bücher d. A. Testam. 1. u. 2. Lfg. 8. (256) Stuttg. 53. 54. (Gotha, Besser.) n. — 28

Bibel, die, oder die heiligen Schriften des alten und neuen Testamentes, ganz neu aus den Grundsprachen des Hebräischen und Griechischen verdeutscht, mit Einleitungen in jedes Buch, fortlaufenden Erklärungen, geschichtlichen Ueberblicken, guten Karten und feinen Kpfrst. begleitet und mit Benutzung der besten neuern Forschungen erklärt von Rob. Weber. 2. Bd. A. u. d. T.: Die poetischen Bücher des alten Testamentes, übers. und erklärt. 1. und 2. Lfg. Lex.-8. (VIII und S. 1—256 mit 1 Titelkpfr.) Stuttgart 853—54, Scheitlin's Verlag. Thlr. *
Der 1. Bd. erscheint später.

Biblia ... verdeutscht durch M. D. Luthern ... Mit einer Vorrede ... J. Weickhmanns. Stargard 1706—07. H: *Gerdes, Johannes.* (BrMm)

— Weimarische, welche auf Verordnung d. Herzogs Ernst zu Sachsen von etlichen reinen Theologen dem eigentl. Wort-Verstand nach erklärt worden. Mit bibl. Registern, Vergleich. der jüd. u. bibl. Monden; Beschreib. von Jerusalem rc., nebst d. christl. Haupt-Symbolis u. d. Augsburg. Confession. M. 30 Kpf. u. 7 Landkarten. N. A. gr. Fol. Nürnb. 768. Endter. 11 rf

— m. Anmerk. v. Weitenauer. 14 Bde. gr. 8. Augsburg. Wolf. 783.

— Wernigerodische. 8. 753.

— Werthheimer. 4. Frankf. Varrentrapp. 735.

Bibel, übersetzt v. de Wette. 3. Aufl. 3 Bde. Heidelb. 1839. Ppbde. gr.-8. 7. 50

— Wittenberger m. K. Fol. Wittenb. 703.

— — m. J. Arndts Vorr. 8. Wittenb. 706.

— Würzburger. 6 Thle. gr. 8. Würzb. Stahel. 787. Schrbp.

— m. Zeltners Anm. 8. Halle, Waisenh.

— Dies., mit Anmerkk. u. Erklär. v. G. G. Zeltner, mit Pfisters Vorrede. gr. 4. Nürnb., Endter. 2 rf 2 gr

— d. i. die ganze heil. Schr. n. Luthers Uebers. m. Anmerk. v. Zeltner. 4. Altdorf. 747.

Biblia. Ziehkästchen, s.a. Bibelsprüche.

Biblia, oder ausgewählte geistliche Denksprüche aus Tersteegens „Vergißmeinnicht." qu. 32. (88 Ziehkärtchen.) Reutlingen 850, Kurtz. 6 ngr

Biblia oder ausgewählte geistliche Denksprüche aus Tersteegens „Vergißmeinnicht." qu. 64. (88 Ziehkärtchen.) Reutlingen 850, Kurtz'sche Buchh. Thlr.

Biblia. (Ziehkästchen.) 128. (63 Bl.) Schweidnitz 887. Weigmann. n. — 60

— Ziehkästchen. (2. Aufl.) 128. (80 Bl.) Stuttgart 892. Buchh. der Evang. Gesellschaft. In Karton. n. — 60

— (Bibelsprüche.) 128. (63 Bl.) Schweidnitz 898. G. Brieger. In Ziehkästchen. n. — 60

Biblia. (Bibelsprüche.) 32. (80 Bl.) Reutlingen 894. Enßlin & Laiblin. In Ziehkästchen. n. — 80

Biblia. (Sprüche in Ziehkästchen.) (5. Afl.) 128° (80 Bl.) Stuttg. 97, Bh. d. ev. Gesellsch. In Kästchen — 60

Biblia ... nach der teutschen Übersetzung D. M. Luthers. Mit vielen richtigen Parallelen, ... Summarien: D. Luthers eigenen Vorschrifften, und dem Arndischen Inform. Biblico, ... Ebersdorff im Voigtlande 1727. H: *Zinzendorf, Graf von & andere.* V: (Verzeichnis): *Rothe, Joh. Andreas.* (BrMm)

— Zittauer, A. u. N. Test. 4. Zittau, Schöps. 728.

— Züricher., Fol. Zurich, Orell, Füssli u. C. 775.

*— 42zeilige, v. Johs Gutenberg. (Neudr.) Hauptwerk u. Suppl.-Bd. Lpzg. Insel-Verl. Subskr. ca 700 —

Bibliander, Harmonie solcher Sprüche d. heil. Schr., d. einand. schein. zuwid. z. lauf. 4 Thle. 8. 722.

Biblija [sorbisch], s. Biblia

Biblija [litauisch] s. Biblia.

Biblio, ol la. Capitroj, tradukitaj de L. L. Zamenhof, s.: Esperanto biblioteko internacia. Nr. 6.

Bibliografia polska. Wykaz wszelakich tworów literatury polskiej, wychodzących w kraju i za granicą. (Polnische Bibliographie. Verzeichniss von allen Erscheinungen der polnischen Literatur des In- und Auslandes.) Redig. von Ed. Brockhaus. Jahrg. 1861. 12 Nrn. (Bog.) gr. 8. Leipzig, Brockhaus' Sortiment und Antiquarium.

Bibliografia polska. Wykaz wszelakich nowości literatury i sztuki polskiej, oraz obcych, z nią związek mających, a wychodzących tak w kraju jak i za granicą. Redact.: E. Brockhaus. Rok 2—5. 1862—65. à Jahrg. 12 Nrn. (à ½ —1 Bog.) gr. 8. Leipzig, Brockhaus' Sortiment und Antiquarium. à Jahrg. *

Bibliografie, s. Bibliographie.

Bibliografija. — Библiографiя, русская. Russische Bibliographie. Red. von Ernst A. Zuchold. Nr. 1. Leipzig 864. Zuchold. Lex.-8. (24 S.) 3 ngr.

Bibliographi, Svensk, för År 1849—1852, eller allmän förteckning öfwer utkomna Böcker, Musikalier, Kartor, Kopparstick och Stentryck. 12 Nrn. gr. 8. (½—1 B.) Stockholm. (Bonnier.) à Jahrg. 1 ℛ

Bibliographia economica universalis. Répertoire bibliographique annuel des travaux relatifs aux sciences économiques et sociales, publié par Jul. Mandelló. 1ère année. Travaux de l'année 1902, rédigés par Ervin Szabó. (XXI S., 142 Bl. u. S. 143—170.) gr. 8. Budapest 903. Wien, A. Hölder. n. 4. 80

— dasselbe. Répertoire bibliographique des travaux relatifs aux sciences économiques et sociales (livres, mémoires, articles de revues). (Bibliographia universalis. Publication coopérative de l'institut international de bibliographie. Contribution No. 39. Indice bibliogr. [016 : 33].) 2. année. 1903. Publié par J. Mandelló. Rédigé en collaboration avec Mlle. L. Pollacsek par Ervin Szabó. (XIX, 162 Bl. u. S. 163—199.) Lex.-8. Bruxelles (904). (Wien, A. Hölder.)
Auf starkem od. dünnem Pap. à n. 4. 80

— dasselbe. 3. année. 1904. Publié par J. Mandelló, H. La Fontaine, P. Otlet, L. Masure. Rédigé par Mlle. L. Pollacsek. (XVIII S. m. 93 Bl.) Lex.-8. Bruxelles (904). (Wien, A. Hölder.)
Auf starkem od. dünnem Pap. à n. 4. 80

Bibliographia Foreliana. Verzeichnis richtunggeb. Schriften August Forels. Aus Anlass seines 60. Geburtstages hrsg. v. wiener Freunden. (80 S. m. 1 Taf.) 8. Wien 908. Manz. 1. —

Bibliographia juridica, ein Verzeichn. d. rechtswissenschaftl. Schriften Deutschlands u. d. Auslands, f. Rechtsgelehrte u. Buchhändler hrsg. v. ein. Bibliophilen. (Emil Kind.) 1. Hft., die Bibliographie v. 1834 enth. gr. 8. (6¼ B.) Leipzig 835, [Jackowitz.]

— juridica, ein Verzeichniß der rechtswissenschaftl. Schriften Deutschlands und des Auslands, für Rechtsgelehrte und Buchhändler, herausg. von einem Bibliophilen (Emil Kind). 1s Hft. Die Bibliographie von 1834 enthaltend. gr. 8. Leipzig 836. Vetter u. Rostosky. ⅜ ℛ

Bibliographia physiologica (Beiblatt zum Zentralblatt f. Physiologie), hrsg. vom Concilium bibliographicum in Zürich unter der Red. v. Herm. Jordan. 3. Serie. 1. Bd. 4 Nrn. (II, 372 S.) gr. 8. Wien 905. F. Deuticke. n. 12. —

— theologica, ein Verzeichniß d. theolog. Schriften Deutschlands u. d. Auslands; f. Theologen u. Buchhändler hrsg. v. F. J. Bernhard. 1. Hft., die Bibliographie v. 1834 enth. gr. 8. (9¼ B.) Leipzig 836, [Jackowitz.] Rostosky.

Bibliographia theologica, ein Verzeichniß der theologischen Schriften Deutschlands u. des Auslands; für Theologen und Buchhändler herausg. v. F. J. Bernhard. 1s Hft. Die Bibliographie von 1834 enthaltend. gr. 8. Leipzig 836. Rostosky. ⅔ ℛ — 2s Hft. Die Bibliographie von 1835, nebst Nachträgen zu 1834 enthaltend. gr. 8. Ebd. 837. Polet. ½ ℛ

Bibliographia theologica. Monats-Uebersicht aller im deutschen Buchhandel neu erschienenen theologischen Bücher. Redig. von Just. Alb. Wohlgemuth. 1—6. Jahrg. 1853—58. à 12 Nrn. (à ½—1 Bgn.) Berlin, Wohlgemuth. gr. 8. Jeder Jahrg. 7½ ngr.

— theologica. Monats-Uebersicht aller im deutschen Buchhandel neu erschienenen theologischen Bücher. Red. von Just. Alb. Wohlgemuth. 7—9. Jahrg. 1859—61. à 12 Nrn. (à ½ Bgn.) Berlin, J. A. Wohlgemuth. gr. 8. Jeder Jahrg. 7½ ngr.

Bibliographia universalis quae auspiciis instituti bibliographici internationalis Bruxellensis editur. Bibliographia physiologica (016 : 612) quam auxiliis J. Athanasiu, J. Carvallo, C. Dupuy, G. Manca et Concilii bibliographici ed. Carol. Richet. Nova series. Vol. I, No. 1. 1897. gr. 8. (32 S.) Zürich 898. Concilium bibliographicum. n. 1. 10

Bibliographia universalis quae auspiciis instituti bibliographici internationalis Bruxellensis editur. Bibliographia physiologica (016:612) quam auxiliis J. Athanasiu, J. Carvallo, C. Dupuy, G. Manca et Concilii bibliographici ed. Carol. Richet. Nova series. Vol. I, No. 2—5. 1897. gr. 8. (S. 33—191.) Zürich 898. Concilium bibliographicum. n. 5. 50
I. 1. Ebd. 898. n. 1. 10.

Bibliographia universalis quae auspiciis instituti bibliographici internationalis Bruxellensis editur. Bibliographia physiologica (016:612) quam auxiliis J. Athanasiu, J. Carvallo, C. Dupuy, G. Manca et Concilii bibliographici ed. Carol. Richet. Nova series. Vol. II, No. 1 u. 2. 1897/98. gr. 8. (S. 1—64.) Zürich 899. Concilium bibliographicum. à n. 1. 10

— xenologica. Litteraturbl. f. Fremd-, Grenz- u. Geheimwiss. Hrsg.: F Maack. (Nr. 1 u. 2. 32) 8° Hambg (St. Pauli, Marktstr. 23), Dr. F Maack (03-05). Unberechnet.

Bibliographia zoologica. (Beibl. z. zoolog. Anzeiger.) Vol. I—III. à 40 Bog. gr. 8. Leipzig 896—898. W. Engelmann. Gewöhnl. Ausg. à n. 15. —; Schöndruck-Ausg. (nur a. 1 Seite bedruckt) à n. 20. —

— zoologica. (Beiblatt zum zoolog. Anzeiger. Vol. IV—VI. gr. 8. (IV, 612; III, 588 u. III, 536 S.) Leipzig 899—901. W. Engelmann. Gewöhnliche Ausg. à Vol. n. 15. —; Schöndruck-Ausg. (nur auf 1 Seite bedruckt) à Vol. n. 20. —

— dasselbe. Vol. VII. gr. 8. (IV, 592 S.) Ebd. 902. Gewöhnliche Ausg. n. 16. —; Schöndruck-Ausg. (nur auf 1 Seite bedruckt) n. 20. —

— zoologica. (Beiblatt zum zoolog. Anzeiger.) Vol. VIII.—X. à 40 Bog. (III, 560; III, 512 u. V, 440 S.) gr. 8. Leipzig 902—904. W. Engelmann.
Gewöhnliche Ausg. à Bd. n. 16. —; Schöndruck-Ausg. (nur auf 1 Seite bedruckt) à Bd. 20. —

— dasselbe. Vol. XI. 60 Bog. (III, 472 S.) gr. 8. Ebd. (905). Gewöhnliche Ausg. n. 12. —

— dasselbe (diario „Zoologischer Anzeiger" adnexa), condita ab J. Vict. Carus ed. sub cura Herb. Havilard Field. Vol. XII et XIII. (Ann. 1906 et 1907.) (XII: III, 384 S.) gr. 8. Ebd. Gewöhnliche Ausg. à Bd. n. 12.—

— zoologica (diario „Zoologischer Anzeiger" adnexa) condita ab J. Vict. Carus ed. sub cura Herb. Havilard Field. Vol. XIV—XVI. (Ann. 1908—1910.) (à 480 S.) gr. 8. Leipzig, W. Engelmann. Gewöhnliche Ausg. à vol. 12. —

Bibliographia zoologica (diario „Zoolog. Anz." adnexa) condita ab J Vict. Carus ed. sub cura Herb. Havilard Field. Vol. XVII—XXII. (Ann. '10—12.) (468; XVIII—XXII je 480) gr8° Lpzg, W Engelmann. je 12 —

— dass. (adhuc Zoolog. Anzeiger: Bibliographia zoologica). Hrsg. v. Concilium bibliograph. Zürich. Vol. XXIII. (Nr 1: 288) gr8° Lipsiae '12/13. Lpzg, W Engelmann. 18 —

Bibliographie, s. a. Bibliografia.

Bibliographie, s. a. Bibliografija.

Bibliographie, s. a. Bibliographi.

Bibliographie, s. a. Bibliographia.

Bibliographie, s. a. Bibliography.

Bibliographie
— s. auch Blätter, bibliographische. — Börsenblatt f. d. Buchh.

Bibliographie, allgemeine. Monatliches Verzeichniss der wichtigern neuen Erscheinungen der deutschen u. ausländischen Literatur. Zusammengestellt von Paul Trömel. 1—3. Bd. (Jahrg.) 1856—58. à 12 Nrn. (à 1 Bgn.) Leipzig, Brockhaus. gr. 8. Jeder Jahrg. nn. 10 ngr

Bibliographie, allgemeine. Monatliches Verzeichniss der wichtigern neuen Erscheinungen der deutschen u. ausländischen Literatur. Zusammengestellt von Paul Trömel. Red.: Ed. Brockhaus. Jahrg. 1859—1861. à 12 Nrn. (à 1 Bgn.) Leipzig, Brockhaus. gr. 8. Jeder Jahrg. n. 20 ngr

— — Jahrg. 1862—64. à 12 Nrn. (à 1 Bgn.) Ebend. gr. 8. Jeder Jahrg. 15 ngr

Bibliographie, allgemeine. Monatliches Verzeichniss der wichtigern neuen Erscheinungen der deutschen u. ausländ. Literatur. Jahrg. 1865—1870 à 12 Nrn. (à 1 Bgn.) Leipzig, Brockhaus. gr. 8. Jeder Jahrg. 15 ngr

Bibliographie, allgemeine. Monatliches Verzeichniss der wichtigeren neuen Erscheinungen der deutschen u. ausländ. Literatur. Red.: Ed. Brockhaus. Jahrg. 1871—1876. à 12 Nrn. (B.) gr. 8. Leipzig Brockhaus' Sort. à Jahrg. 1. 50

Bibliographie, allgemeine. Monatliches Verzeichniss der wichtigern neuen Erscheinungen der deutschen u. ausländischen Literatur. Red.: Ed. Brockhaus u. O. Kistner. Jahrg. 1877—1882. à 12 Nrn. (B.) gr. 8. Leipzig, Brockhaus' Sort. à Jahrg. 1. 50

Bibliographie, allgemeine. Monatliches Verzeichniss der wichtigern neuen Erscheingn. der deutschen u. ausländ. Literatur. Red.: Otto Kistner. Jahrg. 1883—1886. à 12 Nrn. (B.) gr. 8. Leipzig, Brockhaus' Sort. à Jahrg 1. 50

Bibliographie, allgemeine. Monatliches Verzeichniss der wichtigeren neuen Erscheingn. d. deutschen und ausländischen Literatur. Red.: O. Kistner. Jahrg. 1887—1890. à 12 Nrn. (B.) gr. 8. Leipzig, Brockhaus' Sort. à Jahrg. n. 1. 50

Bibliographie, allgemeine. Monatliches Verzeichniss der wichtigern neuen Erscheingn. der deutschen u. ausländ. Literatur. Red.: Otto Kistner. Jahrg. 1891—1894. à 12 Nrn. (Bog.) gr. 8. Leipzig, F. A. Brockhaus' Sort. à Jahrg. n. 1. 50

Bibliographie, allgemeine. Monatl. Verzeichn. der wichtigeren neuen Erscheingn. d. deutschen u. ausländ. Literatur. Red.: Otto Kistner. Jahrg. 1895—1898. à 12 Nrn. (Bog.) gr. 8. Leipzig, F. A. Brockhaus' Sort. à Jahrg. 1. 50

Bibliographie, allgemeine. Monatliches Verzeichniss der wichtigern neuen Erscheingn. der deutschen u. ausländ. Literatur. Red.: Otto Kistner. 44. u. 45. Jahrg. 1899 u. 1900. à 12 Nrn. gr. 8. (à XLVI m. 192 S.) Leipzig, F. A. Brockhaus' Sort. à Jahrg. 1. 50

— dasselbe. 46. u. 47. Jahrg. 1901 u. 1902. à 12 Nrn. gr. 8. (XLVI, 192 u. XLVIII, 192 S.) Ebd. à Jahrg. n. 2.—

— allgemeine. Monatliches Verzeichnis d. wichtigern neuen Erscheingn. der deutschen u. ausländ. Literatur. Red.: Paul Schumann. 48.—51. Jahrg. 1903—1906. à 12 Nrn. (à Jhrg. 192 u. 48 S.) 8. Leipzig, F. A. Brockhaus' Sort. à Jhrg. 2. —
Der 48. Jhrg. ist von O. Kistner redigiert.

Bibliographie, allgemeine. Monatliches Verzeichnis der wichtigern neuen Erscheingn. der deutschen u. ausländ. Literatur. Red.: Paul Schumann. 52—54. Jahrg. 1907—1909 à 12 Nrn. (à Jhrg. 192 S.) 8. Leipzig, F. A. Brockhaus' Sort. à Jhrg. 2. —
Fortsetz., s.: Brockhaus' allgemeine Bibliographie.

Bibliographie, Allgemeine, Fortsetzg, s: Brockhaus' allg.

—— allgemeine, f. Deutschland. 1—7. Jahrg. 1836—42. à 52 Nrn. Nebst bibliograph. Anzeiger u. alphabet. u. systemat. Register. gr. 8. Leipzig, Brockhaus. [1. J. * 2⅔ Thlr., 2—5. J. à * 3 Thlr., 6., 7. J. * à 2 Thlr.] *
1. u. 2. Jahrg. besorgt v. E. Avenarius, 3. Jahrg. v. G. Otto u. J. E. Richter, 4—6. Jahrg. v. J. Pflaumer u. 7. Jahrg. v. Thon.

— dies. verbunden mit d. literar. Anzeigeblatt. Ein wöchentl. Verzeichniß aller neuen Erscheinungen im Felde d. Literatur. Redacteur: J. de Marle. Jahrg. 1843. 52 Numm. Mit Intelligenzblatt. Lex.-8. Leipzig, Hinrichs'sche Buchh. n. ⅔ ₰ — Dies. f. 1844. 52 Numm. n. ⅔ ₰ — Dies. f. 1845 und 1846. à 52 Numm. gr. 8. Ebd. à 24 ngl

— dies. (monatlich) Wissenschaftlich geordnet. Jahrg. 1843. Ebend. 12 Hefte. n. ⅔ ₰ — Dieselb. für 1844. 12 Hefte. n. ⅔ ₰ — Dies. für 1845 u. 1846. à 12 Hefte. gr. 8. Ebend. à n. 24 ngl

— allgemeine, für Deutschland. Wöchentliches Verzeichniß aller neuen Erscheinungen im Felde der Literatur. (Mit Intelligenzblatt.) Jahrg. 1847—1852. à 52 Nrn. gr. 8. (à ½—1 B.) Leipzig, Hinrichs. 1847 n. 24 ngl 1848—52 à n. 1⅓ ₰

— allgemeine, für Deutschland. Ein wöchentliches Verzeichniß aller neuen Erscheinungen im Felde der Literatur. 11—16. Jahrg. 1853—58. à 52 Nrn. (à ½—1 Bgn.) Leipzig, Hinrichs. Lex.-8. Jeder Jahrg. n. 1 ₰ 10 ngl

— allgemeine, für Deutschland. Ein wöchentliches Verzeichniß aller neuen Erscheinungen im Felde der Literatur. Jahrg. 1859—64. à 52 Nrn. (à ½—1 Bgn.) Leipzig, Hinrichs. gr. 8. Jeder Jahrg. n. 1 ₰ 10 ngr

— allgemeine, für Deutschland. Ein wöchentliches Verzeichniß aller neuen Erscheinungen im Felde der Literatur. Jahrg. 1865—1870. à 52 Nrn. (à ½—1 Bgn.) Leipzig, Hinrichs. gr. 8. Jeder Jahrg. n. 1 ₰ 10 ngr

— allgemeine f. Deutschland. Ein wöchentl. Verzeichniß aller neuen Erscheingn. im Felde der Literatur. Jahrg. 1871. 52 Nrn. (à ½—1 B.) gr. 8. Leipzig Hinrichs' Verl. n. 4. —

— dasselbe. Jahrg. 1872. 52 Nrn. (à ½—1 B.) gr. 8. Ebend. 872. n. 4. 80

— dasselbe. Jahrg. 1873—1876. à 52 Nrn. (à ½—1 B.) gr. 8. Ebend. 873. à Jahrg. n. 6. —

— allgemeine, f. Deutschland. Wöchentliches Verzeichniß aller neuen Erscheinungen im Felde der Literatur. Jahrg. 1877—1882. à 52 Nrn. (à ½—1 B.) gr. 8. Leipzig, Hinrichs' Verl. à Jahrg. n. 6. —

— allgemeine, f. Deutschland. Wöchentliches Verzeichniß aller neuen Erscheingn. im Felde der Literatur. Jahrg. 1883—1886. à 52 Nrn. (à ½—1 B.) gr. 8. Leipzig, Hinrichs' Verl. à Jahrg. n. 6. —

— allgemeine, f. Deutschland. Wöchentliches Verzeichniß aller neuen Erscheingn. im Felde der Literatur. Jahrg. 1887—1889. à 52 Nrn. (à ½—1 B.) gr. 8. Leipzig, Hinrichs' Verl. à Jahrg. n.n. 6. —

— dasselbe. Jahrg. 1890. 52 Nrn. (½—1 B.) gr. 8. Ebd. n.n. 7. 50

— allgemeine, f. Deutschland. Wöchentliches Verzeichniß aller Neuigkeiten d. deutschen Buchhandels. Jahrg. 1891. 52 Nrn. (à ½—2 Bog.) gr. 8. Leipzig, J. C. Hinrich's Verl. n.n. 7. —

— dasselbe Jahrg. 1892. 52 Nrn. (à ½—2 Bog.) gr. 8. Ebd. n.n. 7. 50

— dass. Register z. IV. Vierteljahr 1892. 8° (27) Ebd. 93. n.n. — 60
Fortsetzg s. u. d. T.: Verzeichnis, wöchentl., d. erschienenen u. d. vorbereiteten Neuigkeiten d. deut. Buchhandels.

[Bibliographie], Allgemeine Genossenschaftliche Bibliographie zsgest. von d. leitend. Ausschuss d. internationalen Genossenschafts-Allianz. *[Auch m. engl. u. franz. Tit.]* Berlin 1906. 8°.

— allgemeine, der Kriegs-Wissenschaften. Uebersicht d. auf diesem Gebiete neu erschienenen deutschen u. ausländ. Schriftthums verbunden m. Kriegs-Literatur-Blatt. Hrsg. v. der Verlagshandlg. unter Mitwirkg. v. Offizieren aller Waffen. 5. Jahrg. 1876. 12 Hfte. gr. 8. (1. Hft. 39 S.) Cassel: Luckhardt. n. 10. —
Ist seit 1877 m. d. „Heeres-Zeitg." verschmolzen.
Vorh. u. d. T.: Allgemeine Bibliographie der Militärwissenschaften.

Bibliographie, allgemeine — der Militär-Wissenschaften, verbunden mit Militär-Literatur-Blatt. 1. mit 5. Jahrg. Cassel u. Leipzig 1872—76. 8.

—— allgemeine, der Militär-Wissenschaften. Uebersicht der auf diesen Gebieten im deutschen und ausländ. Buchhandel neu erschienenen Literatur verbunden mit Militair-Literatur-Blatt. Hrsg. von Fr. Luckhardt. 1. und 2. Jahrg. 1872 und 1873. à Jahrg. 12 Nrn. (à 1—2 Bog.) gr. 8. Cassel und Leipzig, Luckhardt'sche Verlagsh. à Jahrg. *

Bibliographie, allgemeine, der Militär-Wissenschaften. Uebersicht der auf diesen Gebieten im deutschen und ausländ. Buchhandel neu erschienenen Literatur verbunden mit Militär-Literatur-Blatt. Hrsg. von der Verlagshandlung unter Mitwirkung von Offizieren aller Waffen. 3. Jahrg. 1874. 12 Hefte. (à 1—2 Bog.) gr. 8. Cassel und Leipzig, Luckhardt'sche Verlagsh. *

—— allgemeine, der Militär-Wissenschaften. Uebersicht der auf diesem Gebiete im deutschen und ausländ. Buchhandel neu erschienenen Literatur verbunden mit Militär-Literatur-Blatt. Hrsg. von der Verlagshandlung unter Mitwirkung von Offizieren aller Waffen. 4. Jahrg. 1875. 12 Hefte. gr. 8. (à Heft ca. 4 Bog.) Berlin, Luckhardt'sche Verlagsh. *

— allgemeine, der Staats- u. Rechtswissenschaften. Uebersicht der auf diesen Gebieten im deutschen u. ausländ. Buchhandel neu erschienenen Literatur. Red.: O. Mühlbrecht. 1. Jahrg. 1868. 12 Nrn. n. 27 ngr. — 2. Jahrg. 1869. 12 Nrn. (à 1 Bgn.) 1 Thlr. — 3. Jahrg. 1870. 6 Doppel-Nrn. (à ca. 3 Bgn.) Berlin, Puttkammer & Mühlbrecht. gr. 8. 1 Thlr.

— allgemeine, der Staats- u. Rechtswissenschaften. Uebersicht der auf diesen Gebieten im deutschen u. ausländ. Buchhandel neu erschienenen Literatur. Red.: Otto Mühlbrecht. 4—6. Jahrg. 1871—1873. à 6 Doppel-Nrn. (à ca. 3 B.) gr. 8. Berlin, Puttkammer & Mühlbrecht. à Jahrg. 3. —

— dasselbe. 7—9. Jahrg. 1874—1876. à 6 Doppel-Nrn. (à 2—3 B.) gr. 8. Ebend. à Jahrg. n. 4. —

—— allgemeine, der Staats- und Rechtswissenschaften. Uebersicht der auf diesen Gebieten im deutschen und ausländ. Buchhandel neu erschienenen Literatur. Redact.: Otto Mühlbrecht. 8.—12. Jahrg. 1875—1879. à Jahrg. 6 Doppel-Nrn. (à 2—3 Bog.) gr. 8. Berlin, Puttkammer und Mühlbrecht. à Jahrg. *
1.—6. Jahrg. 1868—1873. Ebendas. à Jahrg. * ℳ 3.
7. Jahrg. 1874. Ebendas. * ℳ 4.
Vgl.: Uebersicht der gesammten staats- und rechtswissenschaftlichen Literatur.

—— allgemeine, der Staats- und Rechtswissenschaften. Uebersicht der auf diesen Gebieten im deutschen und ausländischen Buchhandel neu erschienenen Literatur. 13.—17. Jahrg. 1880—1884. à Jahrg. 6 Doppel-Nrn. (à Doppel-Nr. 2—3 Bog.) gr. 8. Berlin, Puttkammer und Mühlbrecht. à Jahrg. *

— allgemeine, der Staats- u. Rechtswissenschaften. Uebersicht der auf diesen Gebieten im deutschen u. ausländ. Buchhandel neu erschienenen Literatur. 16—19. Jahrg. 1883—1886. à 6 Doppel-Nrn. (à 2—3 B.) gr. 8. Berlin, Puttkammer & Mühlbrecht. à Jahrg. n. 4. —

— allgemeine, der Staats- u. Rechtswissenschaften. Uebersicht der auf diesen Gebieten im deutschen u. ausländ. Buchhandel neu erschienenen Literatur. 20.—23. Jahrg. 1887—1890. à 6 Doppel-Nrn. (à 2 bis 3 B.) gr. 8. Berlin, Puttkammer & Mühlbrecht. à Jahrg. n. 5. —
s.: Mühlbrecht, O., Uebersicht der staats- u. rechtswissenschaftl. Literatur.

— allgemeine, der Staats- u. Rechtswissenschaften. Uebersicht der auf diesen Gebieten im deutschen u. ausländ. Buchhandel neu erschienenen Literatur. Hrsg.: Otto Mühlbrecht. 24.—27. Jahrg. 1891—1894. à 6 Doppel-Nrn. (à 2—3 Bog.) gr. 8. Berlin, Puttkammer & Mühlbrecht. à Jahrg. n. 5. —
Vgl.: Mühlbrecht, O., Übersicht der staats- u. rechtswissenschaftlichen Literatur.

— allgem., d. Staats- u. Rechtswissenschaften. Uebersicht d. a. dies. Gebieten i. deutschen u. ausländ. Buchhandel neu erschienenen Litteratur. Hrsg.: Otto Mühlbrecht. 28.—31. Jahrg. 1895—1898. à 6 Doppel-Nrn. (à ca. 40 S.) gr. 8. Berlin, Puttkammer & Mühlbrecht. à Jahrg. n. 5. —

— allgem., d. Staats- u. Rechtswissenschaften. Uebersicht der auf diesen Gebieten im deutschen u. ausländ. Buchhandel neu erschienen. Litteratur. Hrsg.: Otto Mühlbrecht. 32.—34. Jahrg. 1899—1901 à 6 Doppel-Nrn. gr. 8. (XXXII, 286; XXXII, 300; (XXXII, 280 S.) Berlin, Puttkammer & Mühlbrecht. à Jahrg. n. 5. —

— dasselbe. 35. Jahrg. 1902. 6 Doppel-Nrn. gr. 8. (XXXII, 276 S.) Ebd. n. 6. —
Vergl. Mühlbrecht, O.: Übersicht d. staats- u. rechtswissenschaftlichen Litteratur.

— allgemeine, d. Staats- u. Rechtswissenschaften. Uebersicht der auf diesen Gebieten im deutschen u. ausländ. Buchhandel neu erschienenen Literatur. Hrsg.: Otto Mühlbrecht. 36.—39. Jahrg. 1903—1906. à 6 Doppel-Nrn. (à ca. 48 S.) gr. 8. Berlin, Puttkammer & Mühlbrecht. à Jhrg. n. 6. —
Vergl.: Mühlbrecht, O.: Übersicht der staats- u. rechtswissenschaftl. Litteratur.

— allgemeine, d. Staats- u. Rechtswissenschaften. Uebersicht der auf diesen Gebieten i. deutschen u. ausländ. Buchhandel neu erschienenen Literatur. Hrsg. v. Herm. Mühlbrecht, begr. v. Otto Mühlbrecht. 40.—42. Jhrg. 1907—1909 à 6 Doppel-Nrn. (XXXV, 846; XLIII, 390 u. 410 S.) gr. 8. Berlin, Puttkammer & Mühlbrecht. à Jahrg. 6. —
Vergl.: Mühlbrecht, Herm., Übersicht der staats- u. rechtswissenschaftl. Literatur.

— Allgemeine, d. Staats- u. Rechtswissenschaften. Uebersicht d. auf diesen Gebieten im deut. u. ausländ. Buchhandel neu erschien. Lit. Hrsg. v. Herm. Mühlbrecht, begründet v. Otto Mühlbrecht. 43. u. 44. J. '10 u. '11. je 6 Doppel-Nrn. ('11, Nr. 1 u. 2: 63) gr8° Berl. Puttk. & M. 6 —

— dasselbe, s.: Mühlbrecht, O., Uebersicht etc.

— allgemeine, der bautechnischen u. kunstgewerblichen Wissenschaften. Uebersicht der auf diesen Gebieten im deutschen u. ausländ. Buchhandel neu erschienenen Literatur, verbunden m. Bau- u. Kunstgewerbe-Literatur-Blatt. Hrsg. v. Karl Scholtze unter Mitwirkg. v. Architekten u. Ingenieuren aus Deutschland, Oesterreich, Schweiz etc. 1. Jahrg. 1876/77. 12 Hfte. (3 B.) Lex.-8. Leipzig, Scholtze. n. 8. —

Allgemeine Bibliographie der militärisch. Wissenschaften, verbunden mit Militär-Literatur-Blatt. Hrsg. von H. Luckhardt. Jhrg. 1—5. Leipzig 1872—1876.

—— allg., d. theolog. Wiss. Red. v. A Erlecke. 1. Jahrg. Oct. 1871—1872. 12 Nrn. (ca. 2—3 B.) 8. Lpzg, Mindo. || 2. Jahrg. Zür. 72, Erlecke. à n. 4. —

— altpreussische, für 1891, nebst Ergänzgn. zu früheren Jahren. [Beilageheft zur Altpreuss. Monatsschr.] gr. 8. (56 S.) Königsberg i/P. 893. F. Beyer. n. 2. 80
Die früheren Jahrgänge sind nicht allein erschienen, sondern bilden e. Theil der altpreussischen Monatsschrift.

— dasselbe, f. 1892, nebst Ergänzgn. zu früheren Jahren. gr. 8. (68 S.) Ebd. 893. n. 3. —

— altpreussische f. 1893—1895, nebst Ergänzgn. z. früh. Jahren. [Beilageheft z. Altpreuss. Monatsschr.] gr. 8. (66, 66 u. 64 S.) Königsberg 895—897. F. Beyer. à n. 3. —

— altpreussische, f. d. J. 1896/97 u. 1898—1900. Nebst Nachträgen zu den früh. Jahren. Im Auftr. des Vereins f. d. Geschichte v. Ost- u. Westpreussen zusammengest. v. Walt. Meyer. gr. 8. (87, 87, 53 u. 48 S.) Königsberg 898—901. F. Beyer. à n. 1. —
Sonderabdruck aus: „Altpreuss. Monatsschrift".

— altpreussische, f. die J. 1901 u. 1902. Nebst Nachträgen zu den früheren Jahren. Im Auftrage des Vereins f. die Geschichte v. Ost- u. Westpreussen zusammengestellt v. Wilh. Rindfleisch. (185 S.) gr. 8. Königsberg 903. F. Beyer. n. 2. —

— dasselbe, f. d. J. 1903. (52 S.) gr. 8. Ebd. 904. n. 1. 60
Sonderabdrucke aus: „Altpreuss. Monatsschr."

— altpreussische, f. die J. 1904, 1905 u. 1906. Nebst Nachträgen zu den früheren Jahren. Im Auftrage des Vereins f. die Geschichte v. Ost- u. Westpreussen zusammengestellt v. Wilh. Rindfleisch. (108 S.) gr. 8. Königsberg, F. Beyer. 4. 60
1904. (50 S.) 906. 1. 60. — 1905. 1906. (108 S.) 909. 3. —
Sonderabdrucke aus „Altpreuss. Monatsschr."

Bibliographie, antiquar., s. Schulz, O. A.

Bibliographie der grammatikalischen, lexikalischen und litteraturhistorischen Arbeiten über die Dialekte Nord- und Mitteldeutschlands. [Berlin 1869.] H: *Kletke, Carl.* (Mz)

Bibliographie d. Arbeiterfrage, s.a. Arbeiter-Freund.

Bibliographie der Arbeiterfrage für das Jahr 1901 ff. Nach Materien geordnet. Beiheft zum „Arbeiterfreund" (und daran angebunden). Zusammengestellt v. Peter Schmidt. Berlin. 1902 ff. 8°.

— d. Arbeitsvermittlung. Hrsg. v. Verband deut. Arbeitsnachweise. (64) kl8° Berl., G Reimer '12. — 80

Bibliographie de la Belgique, publiée par la librairie allemande et étrangère de C. Muquardt. 10—14. années 1847—1851. à 12 Nrs. gr. 8. (1/4—1/2 Bog. m. Titel u. Register.) Bruxelles, Muquardt. — ou catalogue général de l'imprimerie et de la librairie Belge publié par la librairie de C. Muquardt. 15. Année 1852. 12 Nrs. gr. 8. (à 1/2—1 B. u. Register.) Ebd. à Jahrg. n. 1/2 ℳ

—— de la Belgique ou catalogue général de l'imprimerie et de la librairie belge publié par la librairie de C. Muquardt. (15. et 16.) Année 1852 et 1853. à 12 Nrs. (à 1/2—1 Bog. und Register.) gr. 8. Bruxelles, Muquardt. à Année *

Bibliographie des Bibliotheks- und Buchwesens. Leipzig. 8°
Jg. 1, 1904 — Jg. 9, 1912 bearb. v. Adalbert Hortzschansky. 1905—13.
Jg. 1922. 1923 bearb. v. Richard Meckelein. 1923. 1925.
= Zentralblatt für Bibliothekswesen. Beiheft 29. 31. 32. 34. 36. 37. 39. 40. 42. 51. 54.

— für Bienenfreunde, s.a. Büchting.

—— für Bienenfreunde oder Verzeichniß der in Bezug auf die Bienen von 1700 — Mitte 1861 in Deutschland und der Schweiz erschienenen Bücher und Zeitschriften, mit Angabe des Formates und Verlagsortes, der Verleger und Preise derselben. Hrsg. von Adph. Büchting. Mit einem Sach-Register. 16. (75 S.) Nordhausen 861, Büchting.

Bibliographie der Bienenzucht, od. Verzeichniß der neuesten Schriften, welche von der Bienenzucht u. dem Bienenrecht handeln, (Von J. S. Gruber.) 8. Nürnb. 800. (Eichhorn). 2 ℛ

— sociale Bildung. 2. Bd. 4. Leipzig. [Socialer Verlag.] Berlin, Modern-pädagog. u. psycholog. Verlag. n. 1. —
Musafia, E., M. A., wie fördern wir unsere geistige Arbeitsfähigkeit? Psychologische u. hygien. Hauptregeln beim geist. Arbeiten. (47 S.) (903.)

— der Biochemie u. Biophysik. Red. v. C. Brahm u. L. Pincussohn. Hrsg. in Verbindg. m. dem internationalen Institute f. Bibliographie der Medizin u. der Nachbargebiete E. V. v. Emil Abderhalden. (Zentral-Organ der Medizin. Monatsschrift des interat. Institutes f. Bibliographie der Medizin u. der Nachbargebiete E. V.) 1. Jahr 1910. 12 Nrn. (Nr. 1. 30 u. 11 S.) gr. 8. Berlin, Bibliograph. Zentral-Verlag. 12. —

— d. Biologie. Allg. Biol. u. Chemie (Biochemie, Biophysik). Red.: G Franz u. Vict. Ritter v. Klarwill. (Abtlg I d. Bibliogr. d. Medizin.) 3. J. '11. 12 Nrn. (Jan.-Septbr 404) Lex8° Ebd. 16 —

Braunschweigische Bibliographie. Verzeichniss der auf d. Landeskunde d. Hzgth. Braunschweig bezügl. Litteratur. Bearb. u. hrsg. v. Verein f. Naturwiss. zu Braunschw. (Vorr.: Wilh. Blasius.) Hälfte 1. *Braunschweig: Commr. d. Schulbuchh. 1897.* 8. [97. 5704

Bibliographie des Deutschen Buchhandels. Eigentum d. Börsenver. d. Deutschen Buchhändler zu Leipzig. (Red.: Max Evers.) No 1—25. Dez. 1902. *Leipzig: (Börsenver. d. Deutschen Buchhändler) 1902.* (116 S.) 4° [Kopft. F.] [04. 7913 6

—— und literarische Chronik der Schweiz. — Bibliographie et chronique littéraire de la Suisse. 8. und 9. Jahrg. 1878 und 1879. à Jahrg. 12 Nrn. (à 1 Bog.) gr. 8. Basel, Georg. Vorh. u. d. T.: Bibliographie d. Schweiz. **

Bibliographie und literarische Chronik der Schweiz — Bibliographie et chronique littéraire de la Suisse. 10.—14. Jahrg. 1880—1884. à Jahrg. 12 Nrn. (à Nr. 1/2—1 Bog.) gr. 8. Basel, Georg. à Jahrg. **

—— und literarische Chronik der Schweiz. — Bibliographie et chronique littéraire de la Suisse. 15.—18. Jahrg. 1885—1888. à Jahrg. 12 Nrn. (à Nr. 1/2—1 Bog.) gr. 8. Basel, Georg Verlag. à Jahrg. **

— u. literarische Chronik der Schweiz. — Bibliographie et chronique littéraire de la Suisse. 17.—20. Jahrg. 1887—1890. à 12 Nrn. (à 1/2—1 B.) gr. 8. Basel, Georg. à Jahrg. n.n. 2. 50

— u. literarische Chronik der Schweiz. — Bibliographie et chronique littéraire de la Suisse. 21.—23. Jahrg. 1891—1893. à 12 Nrn. (à 1/2—1 Bog.) gr. 8. Basel, Georg & Co. à Jahrg. n.n. 2. 50

— u. literar. Chronik d. Schweiz. — Bibliographie et chronique littéraire de la Suisse. 24.—28. Jahrg. 1894—1898. à 12 Nrn. (à ca. 12 S.) gr. 8. Basel, Georg & Co. à Jahrg. n.n. 3. —

— u. litterarische Chronik der Schweiz. — Bibliographie et chronique littéraire de la Suisse. 29. u. 30. Jahrg. 1899 u. 1900. à 12 Nrn. gr. 8. (à ca. 16 Sp.) Basel, Georg & Co. à Jahrg. 3. —
Erscheint nicht mehr.

— u. litter. Chronik d. Schweiz. — Bibliographie et chronique litt. de la Suisse. 31. Jahrg. 1901. 12 Nrn. (Nr. 1. 16 Sp.) 8° Bas., Georg & Co. nn 3 —
Nur Nr. 1 ist erschienen. — Als Ersatz wird geliefert: Bulletin, bibliograph., d. Schweiz. Landesbibliothek.

Bibliographie coopérative internationale. International co-operative Bibliography. Allgemeine genossenschaftliche Bibliographie. Zsgest. von dem leitenden Ausschuss der Internationalen Genossenschafts-Allianz. London: King; Paris: Alcan; Berlin: Puttkammer & Mühlbrecht 1906.

— Dansk, for 1847—1852, udgiven af Andr. Fred. Høst. 5—10. Aarg. à 12 Nrn. gr. 8. (1/4 B.) Kjøbenhaven, Høst. à Jahrg. n. 12 ℳ

—— dansk for 1852 a 1853, udgiven af Andr. Fred. Høst. 10. a 11. Aarg. à 12 Nrn. (1/4 Bog.) gr. 8. Kjøbenhavn 852—53, Høst. à Jahrg. *

— deutsche, der Arbeiter-Versorgung. Ein vierteljährl. Verzeichnis aller auf dem Gesammt-Gebiete der Arbeiter-Wohlfahrtspflege in Deutschland erschienenen Schriften. 1901 u. 1902. à 4 Nrn. gr. 8. (à 12—18 S.) Berlin 902. Grunewald, Verlag der Arbeiter-Versorgung, A. Troschel. à n. — 40

— deutsche, der Arbeiter-Versorgung. Ein vierteljährl. Verzeichnis aller auf dem Gesamt-Gebiete der Arbeiter-Wohlfahrtspflege in Deutschland erschienenen Schriften. 1903—1906. à 4 Nrn. (15, 10, 8, 10; 17, 11, 8, 11; 18, 8, 8, 9 u. 8, 12, 8 u. 8 S.) 8. Grunewald-Berlin, Verlag der Arbeiter-Versorgg., A. Troschel. à Jhrg. n. — 40

Bibliographie, deutsche, die Arbeiter-Versorgung. Ein vierteljährl. Verzeichnis aller auf dem Gesamt-Gebiete der Arbeiter-Wohlfahrtspflege in Deutschland erschienenen Schriften. 1907—1910 à 4 Nrn. (à ca. 8 S.) gr. 8. Groß-Lichterfelde, Verlag der Arbeiter-Versorgg., A. Troschel. à Jhrg. — 40

Deutsche, d. Arbeiter-Versorgung. Vierteljährl. Verz. aller auf d. Gesamt-Gebiete d. Arbeiter-Wohlfahrtspflege in Deutschd erschien. Schriften. J. '10—12 je 4 Nrn. ('12, Nr 1: 10) gr8° Berl.-Lichterf., Verl. d. Arbeiter-Versorgg A Troschel. d. Nr — 40 d

Bibliographie von Deutschland, oder wöchentliches vollständiges Verzeichniſs aller in Deutschland herauskommenden neuen Bücher, Musikalien und Kunstsachen. Jahrgang I (1826) bis X (1836). Leipzig. 8.

— v. Deutschland. 1r—7r Jahrg. 1826—32. gr. 8. Leipz., Ind.-Compt. 1r J. 1 ℛ 16 gr 2r u. 3r Jahrg. à 1 ℛ 8 gr u. 4r—7r J. à 1 ℛ 16 gr

Bibliographie von Deutschland, oder wöchentl. vollständ. Verzeichniß aller in Deutschland herauskomm. neuen Bücher und Kunstsachen, mit Angabe d. Bogenzahl, des Preises u. der Verleger ꝛc. 8r—10r Jahrg. 1833—35. gr. 8. Leipzig, Industrie-Compt. (à J. 1 2/3 ℛ) n. 5 ℛ

—— von Deutschland, od. wöchentl. vollständ. Verzeichniß aller in Deutschland herauskomm. neuen Bücher u. Kunstsachen, mit Angabe d. Bogenzahl, d. Preises u. d. Verleger, nebst Anzeige v. Kunstsachen u. denjen. Unternehmn. aus allen Fächern, welche auf Subscript. u. Pränumerat. gemacht werden ꝛc. 10. Jahrg. 1835. Mit Beil. gr. 8. Leipzig, [Baumgärtner's Buchh.] *
1—9. Jahrg. 1826—34. Ebendas. * 14 Thlr. 8 Gr.

— elektrotechnische. Monatliche Rundschau üb. die literar. Erscheingn. d. In- u. Auslandes einschliesslich der Zeitschriftenliteratur auf dem Gebiete der Elektrotechnik. Unter ständ. Mitwirkg. der elektrotechn. Gesellschaft zu Leipzig zusammengestellt v. Geo. Maas. 1. Bd. Jahrg. 1893. 9 Hfte. (à ca. 24 S.) gr. 8. Leipzig, J. A. Barth. n. 4. —

— entomologique, 18. Lps. (Wolf et Comp.)

—— der Freimaurerei u. der mit ihr in Verbind. gesetzten geheimen Gesellschaften. Systemat. zusammengest. v. Georg Kloß. gr. 8. (28 1/2 B.) Frankfurt a. M. 844, Sauerländer's Verl.

— générale et complète des livres de droit et de jurisprudence publiées jusqu'au 8 novembre 1893 classée dans l'ordre des codes avec table alphabétique des matières et des noms des auteurs. gr. 8. (XXIX, 140 S.) Paris 894. Berlin, Puttkammer & Mühlbrecht. 1. 50

Bibliographie générale étrangère etc. II années à 2 Vol. 8. Strasb. (Treuttel et W.) 801. 802. (à 6 Rthlr.)

— générale de la France etc. années 1798-802. V Vol. chez le même, (à 4 Rthlr.)

Die Bibliographie in der — seit Ende des vergangenen Jahres eingegangenen — Germania. Stuttgart, J. B. Metzlersche Buchhandlung, später Wien, C. Gerold's Sohn, 1856 ff. Die jährliche „Bücherschau" in der Anglia. Halle, Max Niemeyer, 1877 ff.

— der württembergischen Geschichte. Im Auftrage d. württemb. Kommission f. Landesgeschichte bearb. v. Wilh. Heyd, fortges. v. Thdr. Schön. 3. Bd. u. 4. Bd. I. Hälfte. gr. 8. Stuttgart, W. Kohlhammer. 5. —
3. (XII, 169 S.) 907. 2.—. — 4. I. (240 S.) 908. 3.—.

Bibliographie der Geschichte ... von ... Zürich s. [Escher, Hermann].

—— de la guerre franco-allemande et de la commune, s. Schultz, Alb.

— der Handelswissenschaften. Zusammengestellt aus der Literaturübersicht der Zeitschrift f. Handelswissensch. u. Handelspraxis. 1. Jhrg. 1908/09. (46 S.) kl. 8. Leipzig 909. C. E. Poeschel. — 50

— d. Handelswissenschaften. Zusammengest. a. d. Lit.-Übersicht d. Zeitschr. f. Handelswissensch. u. Handelspraxis. 2. u. 3. J. Apr. '09—März '11. (48, 83) 8° Lpzg, CE Poeschel '10 '11. je — 50 ‖ 4. J. '11/12. (100) '12. — 75

Bibliographie, hebräische. Blätter für neuere und ältere Literatur des Judenthums. Redig. von M. Steinschneider. 1. Jahrg. 1858. 6 Nrn. (à 1—1 1/2 Bgn.) Berlin, Asher u. Co. gr. 8. n. 1 ℛ

— hebräische. Blätter für neuere und ältere Literatur des Judenthums. Red. von M. Steinschneider. 2—7. Jahrg. 1859—64. à 6 Nrn. (à 1—1½ Bgn.) Berlin, Asher & Co. gr. 8. 2—4. Jahrg. à n. 1 ℛ; 5—7.: à n. 1 ℛ 10 ngr.

— hebräische. Blätter für neuere u. ältere Literatur des Judenthums. Redig. von M. Steinschneider. 8. Jahrg. 1865. 6 Nrn. (à 1—1½ Bgn.) Berlin, Asher & Co. gr. 8. n. 1 ℛ 10 ngr.

—— hebraeische. Blätter für neuere und ältere Literatur des Judenthums. Hrsg. von Jul. Benzian. Mit literar. Beilage von Steinschneider. 9.—14. Jahrg. 1869—1874. à Jahrg. 6 Nrn. (à 1—2 Bog.) Berlin, Benzian.
9.—11. Jahrg. à *
12.—14. Jahrg. à *

—— hebraeische. Blätter für neuere und ältere Literatur des Judenthums. Hrsg. von Jul. Benzian. Mit literar. Beilage von Steinschneider. 15.—19. Jahrg. 1875—1879. à Jahrg. 6 Nrn. (à 1—2 Bog.) gr. 8. Berlin, Benzian. à Jahrg. *

—— hebräische. Blätter für neue und ältere Literatur des Judenthums. Hrsg. von Jul. Benzian. Mit literar. Beilage von Steinschneider. 20.—24. Jahrg. 1880—1884. à Jahrg. 6 Nrn. (à Nr. 1—2 Bog.) gr. 8. Berlin Benzian.
à Jahrg. *

historisch-politische. Vollständige Uebersicht der neuesten Erscheinungen des In- u. Auslandes auf dem Gebiete der Geschichte, der Politik u. der verwandten Wissenschaften. Bearb. von F. Jaerschkerski. 1. Jahrg. 1869. 12 Hfte. (à 1—1½ Bgn.) Berlin, Adolf & Co. gr. 8. n. 1 ℛ 10 ngr.

—— internationale. Eine halbmonatl. Rundschau. Hrsg. v. Emil Walk. Jahrg. 1890. 22 Nrn. (à Nr. 1½ Bog.) 4. Lpz., Walk. * 3 75
Nicht weiter erschienen.

— internationale, der Kunstwissenschaft. Hrsg. v. Arth. L. Jellinek. 1. Jahrg. 1902. 6 Hfte. gr. 8. (1. Hft. 34 S.) Berlin, B. Behr's Verl. n. 15. —

— internationale, der Kunstwissenschaft. Hrsg. v. Arth. L. Jellinek. 2. Jahrg. 1903. 4 Hfte. (374 S) gr. 8. Berlin, B. Behr's Verl. n. 15. —

— internationale, der Kunstwissenschaft. 3.—5. Bd. Jahr 1904—1906. Berlin, B. Behr's Verl. Kart. 51. —
3. Hrsg. v. Arth. L. Jellinek. Jahr 1904. (VI, 366 S.) 907. 15. —
4. Hrsg. v. Otto Fröhlich. Jahr 1905. (IX, 433 S.) 908. 18. —
5. Hrsg. v. Otto Fröhlich. Jahr 1906. (VIII, 309 S.) 909. 18. —

— Internationale, d. Kunstwissenschaft. Hrsg. v. Otto Fröhlich. 6. u. 7. Bd. J. '07/8. 2 Hälften. (8, 633) gr8° Berl.-Zehlend. '11. Berl.-Stegl., B Behr's V. je 18 —

— d. gesamten Kinderheilkde f. '11. Hrsg. v. d. Red. d. Referatentls d. Zeitschr. f. Kinderheilkde (Dr. Hans Bahrdt). (8, 182) Lex8° Berl., J Springer '12. 12 —; HF 14 —

— d. evang.-reformierten Kirche in d. Schweiz, s: Bibliographie d. schweiz. Landeskde.

—— class. ital. Disp. I. Lex.-8. Triest 57, lit.-art. Anst. n. — 4
Villani, G, P e F, croniche pubbl. p. A Racheli. Disp. 1. (80)

Bibliographie der schweizerischen Landeskunde, Bern 1892-1945.

— der schweizerischen Landeskunde. (Bibliographie nationale suisse.) Unter Mitwirkg. der hohen Bundesbehörden, eidgenöss. u. kantonaler Amtsstellen u. zahlreicher Gelehrter hrsg. v. der Centralkommission f. schweizer. Landeskunde. Bern: K. J. Wyss.

– dasselbe. Fasc. Ia. gr. 8. Ebd. 894.
Bibliographische Vorarbeiten der landeskundlichen Litteratur u. Kataloge der Bibliotheken der Schweiz. Zusammengestellt v. J. H. Graf. (XVI, 53 S.)
Ib. Bibliographie d. Gesellschaftsschriften, Zeitungen u. Kalender in d. Schweiz. Von Jos. Leop. Brandstetter. (XIX, 302 S. u. S. 55—67.) 1896 n. 3. —

— dasselbe. Fasc. II a. gr. 8. Ebd. 892. n. 3. —
Landesvermessung u. Karten der Schweiz, ihrer Landstriche u. Kantone. Hrsg. vom eidgenöss. topograph. Bureau [Chef: J. J. Lochmann]. Red. v. J. H. Graf. (XVII, 193 S.)

— dasselbe. Fasc. II b. gr. 8. Ebd. 892. n. 3. —; französ. Ausg. n. 3. —
Karten kleinerer Gebiete der Schweiz. Hrsg. vom eidgenöss. topograph. Bureau (Chef: J. J. Lochmann). Red. v. J. H. Graf. (VII u. S. 171—335.)

— dasselbe. Fasc. II c. gr. 8. Ebd. 893. n. 3. —
Stadt- u. Ortschaftspläne, Reliefs u. Panoramen der Schweiz. Hrsg. vom eidgenöss. topograph. Bureau (Chef: J. J. Lochmann). Red. v. J. H. Graf. (XIII u. S. 331—490.)
II d. Generalreg., Ergänzgn. u. Nachträge z. d. Fasc. IIa—c, enth. Landesvermessg., Kataloge d. Kartensammlgn., Karten, Pläne, Reliefs u. Panoramen. Hrsg. v. eidgenöss. topogr. Bureau (Chef: J. J. Lochmann). Red. v. J. H. Graf. (XXVI u. S. 491—712.) 1896 n. 3. —
III. Landes- u. Reisebeschreibungen. Ein Beitrag zur Bibliographie der schweizer. Reiselitteratur, 1479—1890, zusammengest. v. A. Wäber. (XXIII, 440 S.) 899. n. 4.—
III, 2. Landes- u. Reisebeschreibungen. Von A. Wäber. (Schluss v. Fasc. III.) Beitrag zur Bibliographie d. schweizer. Reiselitteratur, 1891—1900, m. Nachträg. aus der Zeit vor 1891. (XVI, 172 S.) 909. 2.- (III vollständig 6. -)
IV 3. Balneologie u. Climatotherapie. Versuch e. schweizer. Bibliographie der Litteratur auf den Gebieten des Badewesens, der Heilquellen, der climater. Kurorte u. s. w. Von B. Reber. (XIX, 111 S.) 900. n. 1. 80
IV 5. Flora helvetica 1530—1900. Von Ed. Fischer. (XVIII, 241 S.) 901. n. 3. 50
IV, 6. I. Fauna helvetica. 1. Hft. Bibliografia sulla fauna della Svizzera italiana. Redatta per curadi A Lenticchia. (12) 94. — 50
IV 6 2. Fauna helvetica. Zusammengest. v. Theophil Studer. Unt. Mitwirkg. d. schweizer. zoolog. Gesellsch. 2. Hft. Seenfauna. Zusammengest. v. F. Zschokke. (X, 24 S.) 897. n. — 60
IV 6 3 Hft. 3 a. Säugethiere v. H Fischer-Sigwart. (104) 1900. 1.50
IV 6 4. dasselbe. 4. Hft. Vögel. (XIV, 43 S.) 895. n. 1. —
IV 6 5. dasselbe. 5. Hft. Reptilien u. Amphibien. Zusammengest. v. H. Fischer-Sigwart. (XII, 27 S.) 898. n. — 80
IV6 Hft 5 δ. Fische v. H Fischer-Sigwart. (85) 1900. 1.80.
IV 6 6. dasselbe. 6. Hft. Mollusken. Zusammengest. v. Th. Studer, G. Amstein u. A. Brot. (XI, 12 S.) 896. n. — 60
IV 6. Fauna helvetica. Zusammengest. v. T Studer. 8. Heft. Zschokke, F: Parasit. Würmer. (89) '02. 1 —
IV 6 9. dasselbe. 9. Hft.: 1. Crustacea, bearb. v. J. Heuscher. 2. Bryozoa, bearb. v. Th. Studer. 3. Annelida, bearb. v. K. Hescheler. 4. Rotifera, bearb. v. J. Heuscher. 5. Turbellaria, bearb. v. Marianne Plehn. 6. Spongien u. Hydroiden, bearb. v. Th. Studer. 7. Protozoa, bearb. v. H. Blanc. (VIII, 27 S.) 898. n. — 80
V 2. Anthropologie u. Vorgeschichte. Physische Anthropologie der schweizer. Bevölkerung. Von Rud. Martin. Urgeschichte der Schweiz. Von Jak. Heierli. (VI, 138 S.) 901. n. 3. —
V, 3. Kantons- u. Ortsgeschichte (Siedelungskde.). Von Jos. Leop. Brandstetter. (VIII, 330 S.) 906. 3. 50

— dasselbe. Fasc. V, 4. gr. 8. Ebd. 895. n. 1. 50
Heraldik u. Genealogie. Bearb. v. Jean Grellet u. Maurice Tripet. (X, 60 S.)
V, 5, I. Aberglaube, geheime Wissenschaften, Wundersucht. Von Frz. Heinemann. (1. u. 2. Hälfte.) Heft 1 (2 Hälften) der Kulturgeschichte u. Volkskunde (Folklore) der Schweiz. (XXVIII, 591 S.) 907. 6. —
V, 5. II. Inquisition. Intoleranz. Exkommunikation. Interdikt. Index. Zensur. — Sektenwesen. Hexenwahn u. Hexenprozesse. Rechtsanschauungen. Von Frz. Heinemann. II. Heft. (2 Hälften) der Kulturgeschichte u. Volkskunde (Folklore) der Schweiz. (XXXVI. 484 S.) 908. 909. 11.
V, 5. III. Sagen u. Legenden. — Märchen u. Fabeln. III. Hft. der Kulturgeschichte u. Volkskunde (Folklore) der Schweiz. Von Frz. Heinemann. (XXI, 211 S.) 910. 2. —
V, 6a—e. Architektur, Plastik u. Malerei. Zusammengestellt v. B Haendcke. (100) 92. 2 —
V, 6 d. Schriften üb. Musik u. Volksgesang. Von Karl Nef. (XII, 151 S.) 908. 1. 80
V 6 e. Leibesübungen. Turnen, Fechten, Reiten, Radfahren, Wassersport etc. Zusammengestellt v. Alois Landtwing. (XII, 153 S.) 899. n. 3. —
V 8. Gesundheitswesen. Zusammengest. durch Fr. Schmid. 1. Hft. Allgemeines u. Gesundheitsverhältnisse. XII, 205 S.) 898. n. 3. —
V 8. Gesundheitswesen. Von Fr. Schmid. 2. Hft. Oeffentliche Gesundheitspflege u. Sanitätspolizei. (2 Hälften.) (VIII, XVII u. 651 S. 903. 906. à n. 3. 50

V, 9 a b. Landwirthschaft. Zusammengestellt v. F Anderegg u. E Anderegg. (Abgeschlossen d. 31. Decbr 1892.) 1. Hft. Allg. Landwirthschaft (incl. Volkswirthschaft). (240) 94. 3 — ‖ 2. Hft. Acker- u. Wiesenbau. (247—460) 94. 3 — ‖ 3. Hft. Gemüse-, Obst- u. Weinbau. (461—616) 94. 3 — ‖ 4. Hft. Alpwirthschaft. (617—656) 94. — 60 ‖ 5. Hft. Landw. Thierhaltg. (657—856) 95. 2 — ‖ 6. Hft. Milchwirtschaft. (857—971 u. 22) 95. 2 —

V, 9 e. Forstwesen, Jagd u. Fischerei. Zusammengestellt v. d. Abtlg Forstwesen, Jagd- u. Fischerei (Oberforstinspektorat) d. schweiz. Industrie- u. Landwirtschaftsdepartements. (150) 94. 2 —

— dasselbe. Fasc. V, 9 e. gr. 8. Ebd. 898. n. 1. 20
Forstwesen, Jagd u. Fischerei. — Fischerei. Zusammengest. durch d. Abtlg. Forstwesen, Jagd u. Fischerei (Oberforstinspektorat) d. eidgenöss. Departements d. Innern. (VIII, 57 S.)

V 9 e. Forstwesen, Jagd u. Fischerei. Jagd. Zusammengestellt durch die Abteilg. Forstwesen, Jagd u. Fischerei (Oberforstinspektorat) des eidgenöss. Departements des Innern. (VII, 71 S.) 899. n. 1. 50

V, 9 e. Forstwesen, Jagd u. Fischerei. Forstwesen. Suppl. Zusammengestellt durch die Abteilg. Forstwesen, Jagd u. Fischerei (Oberforstinspektorat) des eidgenöss. Departements d. Innern. (IX u. S. 151—231.) 907. 1. — (Hauptwerk u. Suppl.: 2.20)

V 9 d. Schutzbauten. Zusammengest. durch d. Abteilg. Forstwesen, Jagd u. Fischerei (Oberforstinspektorat) d. schweiz. Industrie- u. Landwirtschaftsdepartements. (VIII, 128 S.) 1895

V 9 f. Gewerbe u. Industrie. Von Ed. Boos-Jegher. (Abgeschlossen auf Jan. 1900.) 1. Hft. Allgemeine Gesetzgebg. incl. Arbeiterschutz. Mit e. Nachtrag. (X, 343 S.) 904. n. 3. 50

V, 9 f. 2. Gewerbe u. Industrie. (Abgeschlossen auf Jan. 1900.) II. Heft. Volkswirtschaft, Sozialismus, Geschichte, Berichte, Verzeichnisse, Gewerbe- u. Industrieförderg., Ausstellungswesen, spezielle Arbeiterfragen, Hausindustrie, Frauenerwerb, Zünfte, Vereine. Mit e. Nachtrag. Von Ed. Boos-Jegher. (VI, 328 S.) 907. 3. 50

V, 9 f. 3. Dasselbe. (Abgeschlossen auf 31. XII. 1900.) III. Hft. Gewerblich-industrielle Berufsbildg. Fachblätter u. Kataloge. (VI, 164 S.) 908. 2.

V, 9 f (4. Heft.) Boos-Jegher Ed.: Gewerbe u. Industrie. 4. Heft. Lebensmittel-Textilgewerbe u. -Industrien-Bekleidgsgewerbe u. -Industrie. (11, 312) '11. 2.5 (1—4: 11.50)

V, 9 g β. Mass u. Gewicht, Münzen. 1. Hft: Mass u. Gewicht. Bearb. v. F Ris. (30) 94. 1 —

V 9 g γ. Post- u. Telegraphenwesen. Postwesen. Zusammengest. v. d. schweizer. Oberpostdirektion. — Telegraphenwesen. Zusammengest. v. E. Abrezol. (VIII, 105 S.) 1895

V 9 g γ. Post- u. Telegraphenwesen. Postwesen (Nachtrag.) Zusammengestellt v. d. schweizer. Oberpostdirektion. (VIII, 74 S.) 903. n. 1. —

V, 9 g γ. Post- u. Telegraphenwesen. Telegraphen- (u. Telephon-)wesen. (Nachtrag.) Zusammengestellt v. der schweizer. Telegr.-Direktion. (VIII, 19 S.) 906. — 50

V, 9 g δ. Wirtschaftswesen (Hotelwesen). Hrsg. v. Bureau der Zentralkommission f. schweizer. Landeskunde. Red. vom Bureau der Zentral-Kommission. (VIII, (165 S.) 907. 2. —

V, 9 g ε. Bankwesen, Handelsstatistik, Versicherungswesen. Zusammengestellt v. W Speiser, T Geering, JJ Kummer. (207) 93. 3 —

V 9 g ε. Auswanderungswesen. Von J. Dreifuss. (VIII, 68 S.) 905. n. 1. 20

V 9 h β. Schweizerische Eisenbahn-Litteratur (1830—1901). Mit Anh.: Verzeichniss der in der Eisenbahn-Aktensammlg. (Bd. 1—8 u. neue Folge, Bd. 1—15) abgedruckten Aktenstücke 1850—1889. Von Alb. Sichler. (XIX, 390 u. 130 S.) 902. n. 5. —

V 9 i. Alkohol u. Alkoholismus. Zusammengest. v. Otto Lauterburg, E. W. Milliet u. Antony Rochat. (XI, 172 S.) 1895

V, 9 k. Kultur, wirtschaftl., Nationalökonomie u. Gemeinnütziges. Heft 9k. Fischer-Sigwart, H., Tierschutz. (X, 101 S.) 906. 1. 20

V 10 a. Geistige Kultur der Schweiz im Allgemeinen. Von Rud. Luginbühl. (VIII, 154 S.) 903. n. 2. —

V 10 c. Erziehungs- u. Unterrichtswesen. Hrsg. vom Bureau der Centralkommission f. schweizer. Landeskunde. Red. v. Alb. Sichler. 1. Bd. (1. Hälfte.) Allgemeine u. Litteratur Pädagogik. (XVI, 339 S.) 906. n. 2. 50

V, 10 c. I. Erziehungs- und Unterrichtswesen. Hrsg. vom Bureau d. Centralkommission f. schweizer. Landeskunde. Red. v. Alb. Sichler. 1. Bd. (2. Hälfte.) Das Schulwes. im allgemeinen. (XII, 443 S.) 907. 3. 50

V, 10 c. III. Dasselbe. 3. Bd. Lehrmittel (Schulbücher). (XIV, 320 S.) 908. 2. 50

V, 10 e δ. Konfession, jüdische, u. die Judenfrage. Hrsg. v. Bureau der Zentralkommission f. schweiz. Landeskunde. Red. vom Bureau der Zentral-Kommission. (VIII, 105 S.) 907. 1. 60

V. 10 e. D. kathol.-theolog. u. kirchl. Litteratur d. Bisth. Basel v. J. 1750 b. z. J. 1893. Zusammengest. im Auftr. v. Leonhard Haas, Bischofs v. Basel, v. Ludw. Rochus Schmidlin. 2. Hft. (V u. S. 247—439.) 895. n. 3. —

V. 10 e α. Bibliographie d. evang. reform. Kirche in d. Schweiz. 1. Hft.: D. deutschen Kantone. Zusammengest. v. G. Finsler. (IX, 77 S.) 896. n. 2. —

V, 10 ed (2. Heft.) Bibliographie d. evang.-reformierten Kirche in d. Schweiz. 2. Heft. Französ. Schweiz im Allgemeinen. Bernischer Jura, Neuenburg u. Waadt. Zusammengest. v. R. Veuilleumier (78) '11. 1.50 (1 u. 2.: 3.50)

V, 10 e γ. Bibliographie d. christ-kathol. Kirche d. Schweiz. Zusammengestellt v. F Lauchert. (88) 93. — 60

V, 10 f (1. Heft.) Anderegg, Ernst, u. Hans Anderegg: Armenwesen u. Wohltätigk. Abgeschlossen auf Ende 1900. 1. Heft. Armen- u. Wohltätigkeitswesen im allg. Gesetzl. Armenpflege. (8, 386) '10. 3.50
(2. Heft.) Dass. 2. Heft. Freiwill. Armenpflege. — Armenpolizei. (9 u. 387—924) 11. 3.50
(3. Heft.) Dass. 3. Heft. Jugend-, Arbeitslosen-, Witwen- u. Altersfürsorge. (9 u. 925—1518) '11. 4 —

V, 10 f. (4. Heft.) dass. 4. Heft. Fürsorge f. Kranke u. and. Schutzbedürftige; Korrektionswesen. (11 u. 1519—2010) '12. 3.50

Bibliographie der schweizer. Landeskunde. Programm und Normalbestimmungen. Ausgegeben 1903. 10 S. 8. Bern, K. J. Wyss, 1903.

— für Linguistik und orientalische Literatur. Zusammengestellt von P. Trömel. (1.) Jahrg. 1856. 4 Nrn. (à 1—2 Bgn.) Leipzig, Brockhaus. gr. 8. nn. 10 ngl
Beilage zur Zeitschrift der Deutschen Morgenländischen Gesellschaft.

— d. deut. u. ausländ. Lit. d. J. '08—11 üb. Psychologie, ihre Hilfswissensch. u. Grenzgebiete, m. Unterstützg v. HC Warren zusammengest. v. W Köhler. [Aus: „Ztschr. f. Psychol."] (353—600, 321—496, 331—473 u. 321—496) gr. 8° Lpzg, JA Barth '09—12. je 4 —
Bisher u. d. T.: Bibliographie d. psycho-physiol. Lit.

— der deutschen naturwissenschaftlichen Litteratur. Hrsg. im Auftrage des Reichsamtes d. Innern v. deutschen Bureau der international. Bibliographie in Berlin. 1. u. 2. Bd. 1901/02 u. 1902. gr. 8. à 26 Nrn. (IV, 1280 u. II, 1280 S.) Jena, G. Fischer. à Bd. n. 20. —; Schöndr.-Ausg. à Bd. n. 24. —

Bibliographie der deutschen naturwissenschaftlichen Literatur. Hrsg. im Auftrage des Reichsamtes des Innern vom deutschen Bureau der internationalen Bibliographie in Berlin. 3. u. 4. Bd. (398, 384, 464; 384, 384 u. 512 S.) gr. 8. Jena 903. 904. G. Fischer. à Jhrg. n. 20. —; auf einseitig bedruckt. Bogen n. 24. —
Hieraus einzeln:
1. Abtlg.: Mathematik, Mechanik, Physik, Chemie, Astronomie, Meteorologie. (398 u. 384 S.) à Jhrg. n. 9. —
2. Abtlg.: Mineralogie, Petrographie, Krystallographie, Geologie, Geographie, Paläontologie, allgemeine Biologie, Botanik, Zoologie, Anthropologie. (384 u. 384 S.) à Jhrg. n. 7. —
3. Anatomie des Menschen (einschl. allgemeine Histologie u. Embryologie), Physiologie (einschl. Pathologie u. Pharmakologie), Bakteriologie (einschl. Hefen u. pathogene Protozoen). (464 u. 512 S.) à Jhrg. n. 9. —

— dasselbe. 5.—8. Bd. (Bd. 8 Nr. 1—3. 248 S.) gr. 8. Berlin 904—906. H. Paetel. à Jhrg. n. 20. —; Schöndr.-Ausg. n. 24. —
Hieraus einzeln:
1. Abtlg.: Mathematik, Mechanik, Physik, Chemie, Astronomie, Meteorologie. à Jhrg. n. 9. —
2. Abtlg.: Mineralogie, Petrographie, Krystallographie, Geologie, Geographie, Paläontologie, allgemeine Biologie, Botanik, Zoologie, Anthropologie. à Jhrg. n. 7. —
3. Anatomie des Menschen (einschl. allgemeine Histologie u. Embryologie), Physiologie (einschl. Pharmakologie u. experimentelle Pathologie), Bakteriologie (einschl. Hefen u. pathogene Protozoen). à Jhrg. n. 9. —

— der deutsch. naturwissenschaftlichen Litteratur. Hrsg. im Auftrage des Reichsamtes d. Innern vom deutschen Bureau der internat. Bibliographie in Berlin. 9. u. 10. Bd. gr. 8. Berlin 907. [H. Paetel.] G. Heymann. à Bd. 20. —; einseitig bedr. 24. —
Hieraus einzeln:
1. Abtlg.: Mathematik, Mechanik, Physik, Chemie, Astronomie, Meteorologie. (355 u. 291 S.) à Jhrg. 9. —
2. Abtlg.: Mineralogie Petrographie, Krystallographie, Geologie, Geographie, Paläontologie, allg. Biologie, Botanik, Zoologie, Anthropologie. (286 u. 315 S.) à Jahrg. 7. —
3. Anatomie des Menschen u. der Wirbeltiere (einschl. allgemeine Histologie u. Embryologie), Physiologie einschl. Pharmakologie u. experimentelle Pathologie), Bakteriologie (einschl. Hefen, Schimmelpilze u. pathogene Patrozoen). (335 u. 410 S.) à Jhrg. 9. —

— d. deut. naturwissenschaftlichen Litt. Hrsg. im Auftrage d. Reichsamtes d. Innern v. deut. Bureau d. internat. Bibliogr. in Berlin. 11. u. 12. Bd je 3 Abtlgn. (269, 277, 371 u. 282, 297, 338) gr8° Berl. (S.W. 48, Enckeplatz 3a), Deut. Bureau d. internat. Bibliogr. '08'09. je 20 —
Hieraus einzeln:
1. Abtlg: Exakte Naturwissensch., Mathematik, Mechanik, Physik, Chemie, Astronomie, Meteorol. (269 u. 282) 9 — ‖ 2. Abtlg: Descriptive Naturwissensch., Mineral., Petrogr., Krystallogr., Geol., Geogr., Paläontol., allg. Biol., Botanik, Zool., Anthropol. (277 u. 297) 7 — ‖ 3. Abtlg: Medicin, Anatomie d. Menschen (einschl. Histol. u. Embryol.), Physiol. (einschl. Pathol. u. Pharmakol.), Bakteriol. (einschl. Hefen u. pathogene Protozoen). (371 u. 338) 9 —

— dass. Gesamt-Ausg. 13. Bd. J. '09 20 Nrn. (752) gr8° Burg ('09—11). Berl. (SW 48, Enckeplatz 3a), Deut. Bureau f. internat. Bibliogr. 20 —

— dass. 14—16. Bd, je 3 Abtlgn. (228, 244, 288, Reg.: 33); (220, 244, 312, Reg.: 36); (228, 240, 298, Reg. ca 36) gr8° Berl., (C Heymanns) '10—12. je 20 —
Hieraus einzeln:
1. Abtlg: Mathematik, Mechanik, Physik, Chemie, Astronomie, Meteorol. (228, 220 u. 228) je 9 — ‖ 2. Abtlg: Mineral., Petrogr., Krystallogr., Geol., Geogr., Paläontol., allg. Biol., Botanik, Zool., Anthropol. (244, 244 u. 240) je 7 — ‖ 3. Abtlg: Anatomie d. Menschen (einschl. Histol. u. Embryol.), Physiol. (einschl. Pharmakol. u. physiolog. Pathol.), Bakteriol. (einschl. Hefen, Schimmelpilze u. parasitäre Protozoen). (288, 312 u. 298) je 9 —

Bibliographie, der gesamten wissenschaftlichen Literatur üb. den Alkohol u. den Alkoholismus, unter Mitwirkg. v. Almqvist, Aschaffenburg, E. Bayr u. a. u. m. Unterstützg. d. kgl. Akademie der Wissenschaften in Berlin red. u. hrsg. v. E. Abderhalden. (XII, 504 S.) gr. 8. Wien 904. Urban & Schwarzenberg. n. 20. —; geb. in Leinw. n.n. 22. —

Bibliographie der kirchengeschichtlichen Literatur. Jg (1905)—1908/09. Gotha (1905)—1909. 8°. — Pa 2860, Beih. —
(Zeitschrift f. Kirchengesch. Bd 26—30, Beih.)

— der kirchengeschichtlichen Literatur. Jhrg. 1906/07. 1907/08. 1908/09. Beiheft zum 28.—30. Bd. der Zeitschrift f. Kirchengeschichte. (146, 168 u. 258 S.) 8. Gotha 907—09. F. A. Perthes. à Jhrg. 6. —
Frühere Jahre nur in d. Zeitschrift f. Kirchengesch.

— dass. f. '07. Bearb. v. Werner, Krüger, Vogt, Hermelink, Koehler, Herz. [SA] (85—384) Lex8° Lpzg, M Heinsius Nf. '09. 3.80

— dass. '08 u. '09. Bearb. v. Preuschen, Krüger, Vogt, Hermelink, Koehler, Zscharnack, Wendland, Schian, Werner. [Aus: „Bibliogr. d. theol. Lit."] Lex8° Lpzg, M Heinsius Nf. '08. (95—334) '10. 3 — ‖ '09. (104—380) '11. 3.50

— der psycho-physiologischen Litteratur des J. 1889. [Aus: „Zeitschr. f. Psychologie u. Physiologie d. Sinnesorgane".] gr. 8. (S. 363—418.) Hamburg 890. Voss. 1. 50

— der psychophysiologischen Litteratur d. J. 1890, 1891, 1892, 1893. [Aus: „Zeitschr. f. Psychologie u. Physiologie der Sinnesorgane".] gr. 8. (S. 459—541; 433—503; 419—487; 433—510.) Hamburg 891—894. L. Voss. à Jahr 1. 50

— d. psycho-physiolog. Litteratur d. J. 1894 u. 1895. [A.: „Zeitschr. f. Psychologie u. Physiologie der Sinnesorgane".] gr. 8. (S. 421—506 u. 89 S.) Hamburg 895/96. L. Voss. à 1. 50

— dasselbe d. J. 1896. gr. 8. (127 S.) Leipzig 897. J. A. Barth. n. 4. —

— der psycho-physiologischen Literatur d. J. 1897 u. 1898. gr. 8. (132 S. u. S. 321—469.) Leipzig 898—900. J. A. Barth. à Jahrg. n. 4. —

— dasselbe d. J. 1899, zusammengestellt v. Leo Hirschlaff. gr. 8. (S. 289—494.) Ebd. 901. n. 4. —

— dasselbe d. J. 1900, m. Unterstützg. v. H. C. Warren zusammengestellt v. Leo Hirschlaff. gr. 8. (S. 305—490.) Ebd. (902). n. 4. —
Sonderabdrucke aus: „Zeitschr. f. Psychologie u. Physiologie der Sinnesorgane"

— der psycho-physiologischen Literatur des J. 1901—1904, m. Unterstützg. v. H. C. Warren zusammengestellt v. K. L. Schaefer. (S. 305—492; 321—478; 337—472 u. 321—454.) gr. 8. Leipzig 903—905. J. A. Barth. à n. 4. —
Sonderabdrucke aus: „Ztschr. f. Psychologie u. Physiologie d. Sinnesorgane". — Die Jhrgge. 1901—1903 sind v. Leo Hirschlaff zusammengestellt.

— der psycho-physiologischen Literatur d. J. 1905—1907, m. Unterstützg. v. H. C. Warren zusammengestellt v. K. L. Schaefer. (S. 337—475; S. 329—474 u. S. 321—463.) gr. 8. Ebd. 907—909. à Jahrg. 4. —
Sonderabdrucke aus „Ztschr. f. Psychol."

— d. psycho-physiologischen Lit., Fortsetzg, s: Bibliographie d. deut. u. ausländ. Lit. üb. Psychol.

— der stenographischen Litteratur Deutschlands vom J. 1890—1899. Aufgestellt v. der Kommission zur Förderg. stenograph. Geschichtsforschg. (VIIe congrès international de sténographie, Paris 1900.) gr. 8 (158 S.) Paris 900. (Berlin, Frz. Schulze.) n. 7. —

— der theologischen Litteratur f. d. J. 1900. Bearb. v. Baentsch, O. Clemen, Elsenhans etc. u. Totenschau, zusammengestellt v. Nestle. gr. 8. (III, 344 u. VII S.) Berlin (901). C. A. Schwetschke & Sohn. n. 2. —
Sonderabdruck aus: „Theolog. Jahresbericht".

— dasselbe f. das J. 1901. Bearb. v. Baentsch, Beer, Bruckner u. a., u. Totenschau, zusammengestellt v. Nestle. Hrsg. G. Krüger u. W. Koehler. 1.—3. Lfg. gr. 8. (III u. S. 1—240.) Ebd. 902. à n. — 50

— der theologischen Literatur f. d. J. 1901. Bearb. v. Baentsch, Beer, Bruckner u. a., u. Totenschau, zusammengestellt v. Nestle. Hrsg. v. G. Krüger u. W. Koehler. 4. Lfg. (VIII u. S. 241—372.) gr. 8. Berlin 902. [C. A. Schwetschke & Sohn] Leipzig, M. Heinsius Nachf. n. — 70 (kplt. n. 2. 20)

— dasselbe f. d. J. 1902 u. 1903. gr. 8. Ebd. n. 8. 30
1902. (5 Lfgn.) (431 S.) 903. n. 2. 80
1903. (5 Lfgn.) (436 S.) 904. 905. n. 5. 50

— dasselbe f. d. J. 1904. 1.—3. Lfg. (S. 1—240.) Ebd. 905. à n. 1. —

Bibliographie der theologischen Literatur f. d. J. 1905. Bearb. v. Beer, Christlieb, O. Clemen u. a., u. Totenschau zusammengestellt v. Nestle. Hrsg. v. G. Krüger u. W. Koehler. 1.—4. Lfg. (S. 1—320 u. VII S.) Lex.-8. Leipzig 906. M. Heinsius Nachf.) à n. 1. —
Sonderabdrucke aus: „Theolog. Jahresber."

— der theologischen Literatur f. d. J. 1905—1907. Bearb. v. Beer, Christlieb, O. Clemen u. a., u. Totenschau zusammengestellt v. Nestle. Hrsg. v. G. Krüger u. W. Koehler. (1905. 5.—7. Lfg., 1906 7 Lfgn. u. 1907 8 Lfgn.) Lex. 8. Leipzig, M. Heinsius Nachf. 18. —
1905. Lfg. 5—7 (S. 321—565). 906. 3.
1906. 7 Lfgn. (567 S.) 907. 7. —
1907. 8 Lfgn. (VIII, XV, 623 S.) 908. 09. 8. —

— d. theologischen Lit. Totenschau, zusammengest. v. Nestle. Hrsg. v. G Krüger u. M Schian. [Aus: „Theol. Jahresber."] '08,09 u. '10, 1—3. Lfg. Lex8° Lpzg, M Heinsius Nf.
'08. 7 Lfgn. (10, 555) '09 '10. 9 — ‖ '09. 8 Lfgn. (11, 611) '11. 7.80 ‖ '10. 1—3. Lfg. (1—240) '11 '12. je 1 —

—— der ungarischen nationalen und internationalen Literatur. 1. Bd.: Ungarn betreffende deutsche Erstlings-Drucke. 1454—1600. Mitgetheilt von K. M. Kertbeny. [Anh.: Deutscher Ausweis der 371 Druckwerke in ungar. Sprache des 15. und 16. Jahrh. Nach Karl Szabó.] gr. 8. (CLXXXIV, 760 S.) Budapest 880. (Leipzig, Friedrich.) *

Bibliographie der ungarischen-nationalen und internationalen Literatur. I. Bd. Ungarn betreffende Erstlingsdrucke 1454—1600. Mitgetheilt v. K. M. Kertbeny. gr. 8. (CLXXXIV u. 760 S.) geh. 5 fl.
Budapest: Kilian 1881.

Bibliographie der vergleichenden Literaturgeschichte. Hrsg. von Artur L. Jellinek. Bd 1. *Berlin: A. Duncker 1903.* 8°
— Studien z. vergleichenden Literaturgeschichte. Bd 3. Beiblatt.

— der Luther-Litteratur d. J. 1883. 2 Abtlgn., abgeschlossen am 1. Juli 1884, nebst krit. Bericht hrsg. v. der Redaktion d. Christl. Bücherschatzes. Lex.-8. (24 S.) Frankfurt a/M. 883. 884. [Drescher.] Leipzig, Th. Rother. à Abtlg. einzeln n. — 40; cplt. n. — 60

—— der Luther-Litteratur des J. 1883. 1. Abtl., abgeschlossen am 15. Septbr. 1883, und 2. Abtl., abgeschlossen am 1. Juli 1884, nebst krit. Bericht hrsg. von der Redaktion des Christl. Bücherschatzes. Lex.-8. (26; 24 S.) [Frankfurt a. M. 883,84, Drescher.] Leipzig, Wilh. Weber. à Abtl. einzeln * 40 Pf.; compl. *

—— d. Luther-Litteratur d. J. 1883. 2. Abtlg., abgeschlossen am 1. Juli 1884, nebst krit. Bericht hrsg. v. d. Red. d. Christl. Bücherschatzes. 8. (24) Lpzg 87, Rother. n. — 60 (1. u. 2.: n. 1.55)

— der inneren Medizin. Red. v. Lewitt. Hrsg. in Verbindg. mit d. internat. Institute f. Bibliographie der Medizin u. der Nachbargebiete E. V. v. Abderhalden. (Zentral-Organ der Medizin.) (Monatsschrift des internat. Institutes f. Bibliographie d. Medizin u. der Nachbargebiete E. V.) 1. Jahr 1910. 12 Nrn. (Nr. 1. 238.) gr. 8. Berlin, Bibliograph. Zentral-Verl. 12. —

— medicinische, u. Anzeiger zum Centralblatt f. die gesammte Medicin. Jahrg. 1883—1886. à 52 Nrn. (à 1/2—3/4 B.) gr. 8. Leipzig, Breitkopf & Härtel. à Jahrg. n. 6. —

— medicinische, u. Anzeiger zum Centralblatt f. die gesammte Medicin. Jahrg. 1887—1890. à 52 Nrn. (à 1/2—3/4 B.) gr. 8. Leipzig, Breitkopf & Härtel. à Jahrg. n. 6. —

— medicinische, u. Anzeiger zum Centralblatt f. die gesammte Medicin [klinische Medicin, Chirurgie, Gynäkologie]. Jahrg. 1891—1893. à 52 Nrn. (à 1/2—3/4 Bog.) gr. 8. Leipzig, Breitkopf & Härtel. à Jahrg. n. 6. —

— medicin. Jetzt: Lpzg, JA Barth.

— du mouvement de la paix, s: Catalogue de la bibliothèque de l'instit. Noble norvégien.

Bibliographie nationale suisse . . ., s. Bibliographie der schweizerischen Landeskunde.

Bibliographie, Neuere, der Bibliothek des königlichen statistischen Bureau's zu Berlin 1865 ff. einverleibten Werke. (Berlin. 1865 ff.)

Bibliographie der Neurologie und Psychiatrie. Hrsg. von d. Red. d. Zeitschr. f. d. gesamte Neurologie u. Psychiatrie. [1.] Für d. J. 1910. Berlin: Springer 1911. 8°

— d. Neurologie u. Psychiatrie f. '10 u. '11. Hrsg. v. d. Red. d. Zeitschr. f. d. gesamte Neurol. u. Psychiatrie. (202 bezw. 4, 216) gr8° Berl., J Springer '12. 10 —; HF 12 —

—— ophthalmologische, von den J. 1863 und 1864. Nach einzelnen Fächern zusammengestellt. gr. 8. (24 S., 44 S.) Erlangen 864,65, Enke's Verlagsbuchh. à Jahrg. *

—— dies. v. d. J. 1865—67, s.: Monatsblätter, klin., f. Augenheilkde.

— orientalische, unter Mitwirkg. v. A. Bezzenberger, Herm. L. Strack, Joh. Müller, K. Vollers u. A. hrsg. v. Aug. Müller. 1. 2. Jahrg. 1887/88, 1888/89. à 4 Hfte. gr. 8. (à Hft. ca. 80 S.) Berlin, Reuther. à Jahrg. Subscr.-Pr. n. 6. — ; Ladenpr. n. 10. —

— dasselbe. 3. Bd. [f. 1889]. 8 Hfte. gr. 8. (1. Hft. 32 S.) Ebd. Subscr.-Pr. n. 8. —; Ladenpr. n. 10. —

— dasselbe. 4. Bd. [f. 1890]. 8 Hfte. gr. 8. (1. Hft. 32 S.) Ebd. Subscr.-Pr. n. 8. —; Ladenpr. n. 10. —
Bildet die Fortsetzung von: Litteraturblatt f. oriental. Philologie.

— orientalische. Unter Mitwirkg. v. R. Garbe, Th. Gleiniger, Rich. J. H. Gottheil u. A. hrsg. v. A. Müller. V. u. VI. Jahrg. 1891. 1892. à 4 Hfte. gr. 8. (à Hft. ca. 64 S.) Berlin, Reuther & Reichard. à Jahrg. Subskr.-Pr. n. 8. —; nach vollständ. Erscheinen n. 10.—

— dasselbe, bearb. v. Lucian Scherman. Hrsg. v. Ernst Kuhn. Mit Unterstützg. der deutschen morgenländ. Gesellschaft. VII. Jahrg. 1893. 2 Hälften. gr. 8. (à Hälfte ca. 160 S.) Ebd. Subskr.-Pr. n. 8. —; nach vollständ. Erscheinen n. 10. —

— orientalische. Begr. v. Aug. Müller. Unt. Mitwirkg. v. Th. Gleiniger, Grotenfelt, G. Kalemkiar etc. bearb. v. Lucian Scherman. Hrsg. v. Ernst Kuhn. M. Unterstützg. d. deutschen morgenländ. Gesellsch. VIII. Jahrg. 1894. 2 Hälften. gr. 8. (VII, 372 S.) Berlin 895. Reuther & Reichard. Subskr.-Pr. n. 10. —

— dasselbe, hrsg. v. Lucian Scherman. IX. Jahrg. 2 Hfte. gr. 8. (VI, 388 S.) Ebd. 896. Subskr.-Pr. n. 10. —

— dasselbe. X. Jahrg. (f. 1896). 2 Hfte. gr. 8. (IV, 317 S.) Ebd. 897. Subskr.-Pr. n. 10. —

Bibliographie, orientalische. (Begründet v. Aug. Müller.) Unter Mitwirkg. v. W. Barthold, R. Fick, L. H. Gray u. A. bearb. u. hrsg. v. Lucian Scherman. Mit Unterstützg. d. k. bayer. Akademie d. Wissenschaften, d. deutschen morgenländ. Gesellschaft u. der American Oriental Society. XI.—XV. Jahrg. (f. 1897—1901). à 2 Hfte. gr. 8. (VII, 322; VIII, 326; VIII, 345; VIII, 381 u. VIII, 335 S.) Berlin 898—902. Reuther & Reichard. à Jahrg. n. 10. —
Auch unter dem Titel: Oriental Bibliography.

— orientalische. (Begründet v. Aug. Müller.) Unter Mitwirkg. v. W. Barthold, A. G. Ellis, R. Fick u. A. bearb. u. hrsg. v. Lucian Scherman. Mit Unterstützg. der k. bayer. Akademie der Wissenschaften, der deutschen morgenländ. Gesellschaft u. d. American Oriental Society. XVI. u. XVII. Jahrg. (f. 1902 u. 1903). à 2 Hfte. (VIII, 324 u. VIII, 360 S.) gr. 8. Berlin 903. 904. Reuther & Reichard. à Jhrg. n. 10. —

— dasselbe. Mit besond. Beihilfe v. E. Kuhn u. unter Mitwirkg. v. W. Barthold. A. G. Ellis, R. Fick u. A. bearb. u. hrsg. v. Lucian Scherman. Mit Unterstützg. der k. bayer. Akademie der Wissenschaften, des India Office, der deutschen morgenländ. Gesellschaft u. der American Oriental Society. XVIII. u. XIX. Jahrg. (f. 1904 u. 1905). à 2 Hfte. (1904: X, 385 S.) gr. 8. Ebd. 905. 906. à n. 12. —
Auch unter d. engl. Titel: Oriental Bibliography.

— orientalische. (Begründet v. Aug. Müller.) Mit besond. Beihilfe v. E. Kuhn u. unter Mitwirkg. v. W. Barthold, R. Fick, G. C. O. Haas u. A. bearb. u. hrsg. v. Lucian Scherman. Mit Unterstützg. der kgl. bayer. Akademie der Wissenschaften, des k. preuss. Unterrichtsministeriums, des India Office, der deutschen morgenländ. Gesellschaft u. der American Oriental Society. XIX.—XXII. Jhrg. (f. 1905—1908) à 2 Hefte. (VI, 375; IV, 385; IV, 400 u. VIII, 330 S.) gr. 8. Berlin 907—10. Reuther & Reichard. Subskr.-Pr. à Jahrg. 12. —

— Orientalische. (Begründet v. Aug. Müller.) Bearb. u. hrsg. v. Lucian Scherman. 22. u. 23/24. J. (f. '08 u. '09/10). gr8° Berl., Reuther & R.
22. ('08) 3 Hefte. (6, 330) '10. Subskr. 12 — ‖ 23/24. ('09/10) 4 Hefte. (1. Heft: 150) '10. Subskr. 28 —

— österreichische. Hrsg. v. Verein d. österr.-ungar. Buchhändler. Red. v. Carl Juncker. Jahrg. 1899. 52 Nrn. gr. 8. (à ca. 16 S.) Wien, Verein d. österr.-ungar. Buchhändler. 6. —

— dassolbo. Rod. v. Carl Junker u. Arth. L. Jellinek. Vorantwortlioh: Carl Junker. Jahrg. 1900 u. 1901. à 52 Nrn. gr. 8. (à ca. 4 S.) Ebd. à Jahrg. n. 12. — Erscheint nicht mehr.

Bibliographie, Österreichische, des Bibliothekswesens. 1909/1910 ff. Wien u. Leipzig 1910 ff. 8°
1909/10. 1910—1912/13. 1913.
(Zeitschrift d. Österr. Vereines f. Bibliothekswesen. 1 F.)

—— pfälzische. Verzeichniß der pfälzer Broschüren aus der Sammlung des Hrn. Alb. Mays in Heidelberg, zur 500jähr. Jubelfeier der Ruperto-Carola hrsg. von der Universitätsbibliothek in Heidelberg. gr. 8. (VII, 151 S.) Heidelberg 886, C. Winter's Universitäts-Buchh. *

—, Pfaelzische. Zsgest. von Daniel Häberle. Heidelberg.
Bd 2. D. landeskundl. Literatur der Rheinpfalz. . . 1909.
Aus: Mitteil. d. Pollichia. Jg. 65, No 24. 1908.
„ 3. D. Ortskundliche Literatur d. Rheinpfalz . . . 1909.
Aus: Mitteil. d. Pollichia. Jg. 66, No 25. 1909.

— der deutschen Rezensionen, s.a. Bibliographie der deutschen Zeitschriften-Litteratur. I. Suppl.-Bd.

Bibliographie der deutschen Rezensionen, mit Einschluss von Referaten und Selbstanzeigen. Supplement zur Bibliographie der deutschen Zeitschriften-Litteratur. Nach Büchertiteln (Alphabet der Verfasser) geordnetes Verzeichnis von ... Besprechungen deutscher und ausländischer Bücher und Karten, die ... in ... deutscher Zunge erschienen sind, mit Sach-Register. Unter (*Band 1:* besonderer) Mitwirkung von Arth[ur] (**Band 2:* A.) L Jellinek und Dr. E[rnst] Roth hrg. von F(elix) Dietrich. Band 1 *u.* 2. 4. Leipzig, Felix Dietrich.

Band 1: ... die während des Jahres 1900 ... erschienen sind.... (10 Lieferungen.) IV + 406 S. 1901. (pro complet M. 25. —)
Band 2: ... die — — 1901 ... erschienen sind.... (5 Lieferungen.) II + XXXVIII + 288 S. 1902. (Komplett M. 25. —)

Bibliographie der deutschen Rezensionen, mit Einschluss von Referaten und Selbstanzeigen. Supplement zur Bibliographie der deutschen Zeitschriften-Litteratur. Band 3. Nach Büchertiteln ... geordnetes Verzeichnis von Besprechungen deutscher und ausländischer Bücher und Karten, die während des Jahres 1902 in ... deutscher Zunge erschienen sind, mit Sach-Register. Unter Mitwirkung von A[rthur] L Jellinek, Oberbibliothekar Dr. E[rnst] Roth und Edg[ar] Funke hrg. von F(elix) Dietrich. (5 Liefg.) 324 S. 4. Leipzig, Felix Dietrich, 1903. (Komplett M. 25. —)

Bibliographie der deutschen Rezensionen, mit Einschluss von Referaten und Selbstanzeigen. Supplement zur B' der d' Zeitschriften-Litteratur. Band 4. Nach Büchertiteln ... geordnetes Verzeichnis von Besprechungen deutscher und ausländischer Bücher und Karten, die während des Jahres 1903 in ... deutscher Zunge erschienen sind, mit Sach-Register. Unter Mitwirkung von A[rthur] L Jellinek, Oberbibliothekar Dr. E[rnst] Roth und Edg[ar] Funke hrg. von F(elix) Dietrich. (5 Liefg.) 328 S. 4. Leipzig, Felix Dietrich, 1904. (Komplett M. 25. —)

Bibliographie der deutschen Rezensionen, mit Einschluss von Referaten und Selbstanzeigen. Supplement zur B' der d' Zeitschriften-Literatur. Band 5. Nach Büchertiteln ... geordnetes Verzeichnis von Besprechungen deutscher und ausländischer Bücher und Karten, die während des Jahres 1904 in ... deutscher Zunge erschienen sind. Unter Mitwirkung von A[rthur] L Jellinek und Oberbibliothekar Dr. E[rnst] Roth hrg. von F(elix) Dietrich. (5 Lieferungen.) 316 S. 4. Leipzig, Felix Dietrich, 1905. (Komplett M. 27. 50)

Bibliographie der deutschen Rezensionen, mit Einschluss von Referaten und Selbstanzeigen. Supplement zur B' der d' Zeitschriften-Literatur. Band 6. Nach Büchertiteln ... geordnetes Verzeichnis von Besprechungen deutscher und ausländischer Bücher und Karten, die während des Jahres 1905 in ... deutscher Zunge erschienen sind. Unter Mitwirkung von A[rthur] L Jellinek und Oberbibliothekar Dr. E[rnst] Roth hrg. von F(elix) Dietrich. (5 Lieferungen.) 339 S. 4. Leipzig, Felix Dietrich, 1906. (Komplett M. 27. 50)

Bibliographie der deutschen Rezensionen, mit Einschluss von Referaten und Selbstanzeigen. Supplement zur B' der d' Zeitschriften-Literatur. Band 7. Nach Büchertiteln ... geordnetes Verzeichnis von Besprechungen deutscher und ausländischer Bücher und Karten, die während des Jahres 1906 in ... deutscher Zunge erschienen sind. Unter Mitwirkung von Oberbibliothekar Dr. E[rnst] Roth und mit Beiträgen von A[rthur] L Jellinek hrg. von F(elix) Dietrich. (5 Lieferungen.) 324 S. 4. Leipzig, Felix Dietrich, 1907. (Komplett M. 27. 50)

Bibliographie der deutschen Rezensionen, mit Einschluss von Referaten und Selbstanzeigen. Supplement zur B' der d' Zeitschriften-Literatur. Band 8. Nach Büchertiteln ... geordnetes Verzeichnis von Besprechungen deutscher und ausländischer Bücher und Karten, die während des Jahres 1907 in ... deutscher Zunge erschienen sind. Unter besond. Mitwirkung v. Oberbiblioth. Dr. E[rnst] Roth ... hrg. von F(elix) Dietrich. (5 Lieferungen.) 300 S. 4. Leipzig, Felix Dietrich, 1908. (Komplett M. 28. 75)

Bibliographie der deutschen Rezensionen, mit Einschluss von Referaten und Selbstanzeigen. Supplement zur B' der d' Zeitschriften-Literatur. Band 9. Rezensenten-Register für Band 8 (1907) und Sach-Reg' für Band 5—8 (1904—1907). (3 Lieferungen.) 124 S. 4. Gautzsch b. Leipzig, Felix Dietrich, 1908. (Komplett M. 12.50)

Bibliographie der deutschen Rezensionen, mit Einschluss von Referaten und Selbstanzeigen. Supplement zur B' der d' Zeitschriften-Literatur. Band 10. Nach Büchertiteln ... geordnetes Verzeichnis von Besprechungen deutscher und ausländischer Bücher und Karten, die während des Jahres 1908 in ... deutscher Zunge erschienen sind. Mit Rezensenten-Verzeichnis und Sachregister. Unter besond. Mitwirkung ... hrg. von F(elix) Dietrich. (5 Lieferungen.) 358 S. 4. Gautzsch b. Leipzig, Felix Dietrich, 1909. (Komplett M. 35. —)

Bibliographie der deutschen Rezensionen, mit Einschluss von Referaten und Selbstanzeigen. Supplement zur B' der d' Zeitschriften-Literatur. Band 11. Nach Büchertiteln ... geordnetes Verzeichnis von Besprechungen deutscher und ausländischer Bücher und Karten, die während des Jahres 1909 in ... deutscher Zunge erschienen sind. (Mit Autoren-Register.) Unter besond. Mitwirkung ... hrg. von F(elix) Dietrich. (5 Lieferungen.) 356 S. 4. Gautzsch b. Leipzig, Felix Dietrich, 1910. (Komplett M. 35. —)

— der theologischen Rundschau, hrsg. von Wilh. Lucken. 1901. 4 Hfte. gr. 8. (174 S.) Tübingen, J. C. B. Mohr. n. 2. 60; f. Abonnenten d. theolog. Zeitschriften des Verlegers n.n. 2. — Erscheint nicht mehr.

—— russ. Red. v. EA Zuchold. Nr. 1. 8. (24) Lpzg 64, (List u. F.) — 3

—— der in Elsässischer Mundart erschienenen Schriften. (Von Louis Mohr.) gr. 8. (22 S.) Straßburg 877, Schultz und Comp. *

Bibliographie der in Elsässischen Mundarten gedruckten Schriften. O.O. 189? V: *Mohr, Louis.* (cb)

Bibliographie (8 ff.: und Literarische Chronik) der Schweiz. Bibliogr.-krit. Revue d. neuen Erscheinungen d. Schweiz. Bibliographie (8 ff.: et Chronique littéraire) de la Suisse. Revue bibliogr. et crit. des publications nouvelles de la Suisse. (1–4: Red.: E. C[amillo] Rudolphi.) Jg. 1–31, No 1. [Mehr nicht erschienen.] Zürich: Schweiz. Antiquariat (8 ff.: Basel: H. Georg) 1871–1901. 7 Bde 4°, 24 Bde 8°
Forts. s. u. d. T.: Bibliogr. Bulletin d. Schweizer. Landesbibliothek. 1901. [o8. 6664

—— skandinavische. Hrsg. von A. Fritsch. Jahrg. 1869. 5 Nrn. mit Register. Lex.-8. (104 Sp.) Leipzig, Fritsch. [Brockhaus' Sortiment und Antiquarium.] *

—— dass. — Jahrg. 1870. Nr. 1 und 2. Lex.-8. (32 Sp.) Ebendas. *

—— slawische. Beilage zu den slawischen Jahrbüchern. Nr. 1—4. März, Mai und Juli 1846 und April 1847. (à ½ Bog.) gr. 8. Leipzig 847, Slawische Buchh. à Nr. * 2½ Ngr. *

Bibliographie der Sozial- und Wirtschaftsgeschichte für d. Monate Jan.—März 1910 ff. Bearb. vom Internat. Institut f. Sozial-Bibliographie in Berlin. (Berlin 1910) ff. 8°

Bibliographie der Sozialwissenschaften. Monatshefte der Buch- und Zeitschriftenliteratur des In- und Ausl. über Ges., Politik, Wirtschaft, Finanzen, Statistik. Jg 1, 1905 ff. — Bln.: Hobbing (1906) ff.

Bibliographie der Sozialwissenschaften... Hrsg. v. Hermann Beck i. Auftr. d. internat. Instituts f. Sozial-Bibliographie (9-15: hrsg. i. Auftr. d. Reichsamts d. I. v. Georg Maas). Jg. 1-16. — Dresden: Boehmert [u. a.] 1905-1923. 8°
1: Fc 50

5 ff.: Berlin: Bibliogr. Zentral-Verl. — 9 ff.: Berlin: Springer. — 15: Berlin: Engelmann.

Jg. 5-8 ersch. als T. 3 der „Blätter für die gesamten Sozialwissenschaften". Jg. 1-15 umfassen fortlaufend d. Literatur der Jahre 1905-1920.

— der Sozialwissenschaften. — Bibliographie des sciences sociales. — Bibliography of social science. Bearb. in Verbindg. m. Henry Barrault, Wilh. Böhmert, Dav. Kinloy u. a. Hrsg. v. Herm. Beck im Auftrage des internationalen Instituts f. Sozial-Bibliographie. 1905. 1. Jahrg. (1390 S.) Lex.-8. Dresden (906). O. V. Böhmert. n. 10.—
Buchausgabe d. Monatsbibliographien d. „Kritischen Blätter f. die gesamten Sozialwissenschaften" m. Generalregister.

— der Sozialwissenschaften. — Bibliographie des sciences sociales. — Bibliography of social science. Zugleich als 3. Tl. der Blätter f. d. gesamten Sozialwissenschaften, hrsg. v. Herm. Beck im Auftrage des internat. Instituts f. Sozial-Bibliographie in Berlin. Bearb. in Verbindg. m. Wilh. Böhmert, Falkenburg, Jean Gautier u. a. Red. v. Otto Waldschütz, 2.—4. Jahrg. 1906—1908. (XLVIII, 604 S.; X, VIII, 709 S. u. 646 u. VII S.) Lex. 8. Dresden (907—09). O. V. Böhmert. 12.—

Bibliographie d. Sozialwissenschaften. — Bibliogr. des sciences sociales. — Bibliogr. of social science. Zugl. 3. Tl d. Blätter f. d. gesamten Sozialwissensch. Hrsg.: Herm. Beck. Red. v. Otto Waldschütz. 5. u. 6. J. '09 u. '10. (26, 836 u. 7 bezw. 19, 1004, 7 u. 12) Lex8° Berl., Bibliograph. Zentral-Verl. ('10'11). je 24 —; L 26 —
Buchausg. d. Monatsbibliographien d. „Kritischen Blätter f. d. gesamten Sozialwissensch." m. Generalreg.

(Bibliographie der Theologie.) Wiest Introd., Schleichert Inst. hist. liter. theol., Kramer ditto, Ild. Schwarz Anl. z. theol. Bücherk., *Winer Handb. der theolog. Literatur (zunächst des protestant. Deutschlands). 3e Aufl. 2 Bde. 1838—40 (9 fl.)

— ungarische sozialwissenschaftliche, hrsg. v. Stef. Varró, s.: Veröffentlichungen der Stadtbibliothek v. Budapest. Nr. 5.

— der Veterinär-Medizin. Red. v. Adf. R. Walther. Monatsschrift des internat. Institutes f. Bibliographie der Medizin u. d. Nachbargebiete E.V. (Zentral-Organ der Medizin.) 1. Jahr 1910. 12 Nrn. (Nr. 1. 23 u. 11 S.) Lex. 8. Berlin, Bibliograph. Zentralverlag. 12.—

Bibliographie, Vierteljährliche systematische, der auf dem Gebiete der classischen Philologie und Altertumswissenschaft sowie der Neuphilologie in Deutschland u. d. Auslande neu erschienenen Schriften und Zeitschriften-Aufsätze. 1892. Bes. Abdruck der Bibliotheca philologica Jhg. 45. Herausg. von A. Blau. (Göttingen.) 8.
Vorher: Geordnete Übersicht ... . (D.)

Bibliographie der Volkswirtschaftslehre u. Rechtswissenschaft. Beil. der „Blätter für vergl. Rechtswissenschaft und Volkswirtschaftslehre." Bearb. vom Internationalen Institut für Sozial-Bibliographie. Jg. 1-4. Berlin 1906 - 09. 2 Bde.

Bibliographie der Volkswirtschaftslehre und Rechtswissenschaft. Bearb. v. Internat. Institut fuer Sozial-Bibliographie zu Berlin. Jg. 1 (Berlin: Inst. 1906.) 8°
(Blätter f. vergl. Rechtswissenschaft u. Volkswirtschaftslehre. Beil.) [illegible]

— wissenschaftliche, der Weltlitteratur. 1. Jahrg. Juli 1887 — Juni 1888. 26 Nrn. (à 1—2 B.) gr. 8. Leipzig, Herbich & Rapsilber.
Erschien nicht weiter.

Die Bibliographie zu Gröbers Zeitschrift für romanische Philologie. Halle, Max Niemeyer, 1877 ff.

— d. deutschen Zeitschriften-Litteratur. 1. Bd. Alphabet., nach Schlagworten sachl. geordn. Verzeichnis v. ca. 8500 Aufsätzen, d. währ. d. J. 1896 in ca. 275 zumeist wissenschaftl. Zeitschriften deutscher Zunge erschienen sind, m. Angabe d. Autoren (sow. nicht anonym geschrieben), d. Zeitschrift, in welcher sie erschienen, d. Seitenzahl, v. Name u. Adresse d. Verlegers u. Preis d. betr. Bandes od. Heftes, sow. letzterer festzustellen war. 4. (III, 184 u. XIV S.) Leipzig 897. F. Dieterich. n. 7.50

— dasselbe. 1. Bd. Autoren-Register. 1896. gr. 4. (32 S.) Ebd. 898. n.n. 2.—

— dasselbe. 2. Bd. Alphabet., n. Schlagworten sachl. geordn. Verzeichn. v. ca. 15000 Aufsätzen, d. währ. d. J. 1897 in ca. 400 zum. wissenschaftl. Zeitschriften deutscher Zunge erschienen sind, nebst Ergänzgn. z. Jahrg. 1896. Hrsg. unt. Mitwirkg. v. E. Roth u. M. Grohlig v. F. Dietrich. 4. (VIII, 232 S. m. 1 Tab.) Ebd. 898. n.n. 10.—

— der deutschen Zeitschriften-Litteratur. 2. Bd. 1897. Autoren-Register. 4. (46 S.) Leipzig 899. Fel. Dietrich. n.n. 3. 60; (1897 kplt. m. Register n.n. 13. 60)

— dasselbe. 3. Bd. Alphabetisches nach Schlagworten sachlich geordnetes Verzeichnis v. Aufsätzen, die während des J. 1898 in ca. 520 zumeist wissenschaftl. Zeitschriften deutscher Zunge erschienen sind, mit Autoren-Register. Hrsg. unt. Mitwirkg. v. E. Roth u. M. Grolig v. F. Dietrich. 4. (XVI, 313 S.) Ebd. 899. n.n. 16.—

— dasselbe m. Einschluss von Sammelwerken u. Zeitungen. 4. Bd. Alphabetisches nach Schlagworten sachlich geordnetes Verzeichnis v. Aufsätzen, die während der Monate Jan. bis Juni 1899 in üb. 900 zumeist wissenschaftl. Zeitschriften, Sammelwerken u. Zeitgn. deutscher Zunge erschien. sind, m. Autoren-Register. Unter besond. Mitwirkg. v. E. Roth f. den medizinisch-naturwissenschaftl. Tl. u. m. Beiträgen v. Arth. L. Jellinek u. M. Grolig hrsg. v. F. Dietrich. 8 Lfgn. 4. (325 S.) Ebd. 899. n.n. 15.—

Bibliographie der deutschen Zeitschriften-Litteratur. 5. Bd. Alphabetisches nach Schlagworten sachlich geordnetes Verzeichnis von Aufsätzen, die während der Monate Juli—Dezbr. 1899 in üb. 1000 zumeist wissenschaftl. Zeitschriften, Sammelwerken u. Zeitgn. deutscher Zunge erschienen sind, m. Autoren-Register. Unter besond. Mitwirkg. v. E. Roth f. den medizinisch-naturwissenschaftl. Tl. u. m. Beiträgen v. Arth. L. Jellinek u. M. Grolig hrsg. v. F. Dietrich. 4. (353 S.) Leipzig 900. Fel. Dietrich. n.n. 18.—

— dasselbe. 6. Bd. Alphabetisches nach Schlagworten sachlich geordnetes Verzeichnis von Aufsätzen, die während der Monate Jan.—Juni 1900 in üb. 1300 zumeist wissenschaftl. Zeitschriften, Sammelwerken u. Zeitgn. deutscher Zunge erschien. sind, m. Autoren-Register. Unter besond. Mitwirkg. v. E. Roth f. den medizinisch-naturwissenschaftl. Tl. u. m. Beiträgen v. Arth. L. Jellinek. Hrsg. v. F. Dietrich. 9 Lfgn. 4. (362 S.) Ebd. 900. n.n. 18.—

— dasselbe. 7. Bd. Juli—Dezbr. 1900. 4. (II, 428 S.) Ebd. 901. n.n. 21.40

— dasselbe. 8. Bd. Jan.—Juni 1901. 4. (II, 384 S.) Ebd. 901. n.n. 20. —

— dasselbe. 1. Suppl.-Bd.: Bibliographie der deutschen Rezensionen m. Einschluss v. Referaten u. Selbstanzeigen. 1. Bd. Nach Büchertiteln (Alphabet der Verfasser) geordnetes Verzeichnis von etwa 38,000 Besprechgn. deutscher u. ausländ. Bücher u. Karten, die während d. J. 1900 in üb. 1000 zumeist wissenschaftl. u. krit. Zeitschriften, Zeitungsbeilagen u. Sammelwerken deutscher Zunge erschienen sind, m. Sach-Register. Unter besond. Mitwirkg. v. Arth. L. Jellinek u. E. Roth hrsg. v. F. Dietrich. 4. (IV, 406 S.) Ebd. 901. n.n. 25. —

— dasselbe. 9. Bd. Alphabetisches, nach Schlagworten sachlich geordnetes Verzeichnis von Aufsätzen, die während der Monate Juli—Dezbr. 1901 in üb. 1400 zumeist wissenschaftl. Zeitschriften, Sammelwerken u. Zeitungsbeilagen deutscher Zunge erschienen sind, m. Autoren-Register. Unter besond. Mitwirkg. v. E. Roth f. den medizinisch-naturwissenschaftl. Tl. u. m. Beiträgen v. A. L. Jellinek hrsg. v. F. Dietrich. 5 Lfgn. (II, 376, 96 u. XX S.) 4. Ebd. 902. n.n. 20. —

— dasselbe, m. Einschluss von Sammelwerken u. Zeitungsbeilagen. 10. Bd. Alphabetisches, nach Schlagworten sachlich geordnetes Verzeichnis v. Aufsätzen, die während der Monate Januar—Juni 1902 in über 1500 zumeist wissenschaftl. Zeitschriften, Sammelwerken u. Zeitungsbeilagen deutscher Zunge erschienen sind, m. Autoren-Register. Unter besond. Mitwirkg. v. E. Roth f. d. medizinisch-naturwissenschaftl. Tl. u. m. Beiträgen v. A. L Jellinek u. Edg. Funke hrsg. v. F. Dietrich. 5 Lfgn. 4. (II, 374 S.) Ebd. 902. n.n. 20. —

— dasselbe. 2. Suppl.-Bd. Bibliographie der deutschen Rezensionen m. Einschluss v. Referaten u. Selbstanzeigen. 2. Bd. Nach Büchertiteln (Alphabet der Verfasser) geordnetes Verzeichnis v. Besprechgn. deutsch. u. ausländ. Bücher u. Karten, die während des J. 1901 in üb. 1000 zumeist wissenschaftl. u. krit. Zeitschriften, Zeitungsbeilagen u. Sammelwerken deutsch. Zunge erschienen sind, m. Sach-Register. Unter besond. Mitwirkg. v. A. L. Jellinek u. E. Roth hrsg. v. F. Dietrich. 5 Lfgn. (XXXVIII, 288 S.) Ebd. 902. n.n. 25. —

— der deutschen Zeitschriften-Litteratur m. Einschluss v. Sammelwerken u. Zeitungsbeilagen. 11. Bd. Alphabetisches, nach Schlagworten sachlich geordnetes Verzeichnis v. Aufsätzen, die während der Monate Juli—Dezbr. 1902 in etwa 2000 zumeist wissenschaftl. Zeitschriften, Sammelwerken u. Zeitungsbeilagen deutscher Zunge erschienen sind, m. Autoren-Register, Unter besond. Mitwirkg. v. E. Roth f. den medizinisch-naturwissenschaftl. Tl. u. m. Beiträgen v. Edg. Funke u. A. L. Jellinek hrsg. v. F. Dietrich. In 5 Lfgn. (II, 404 S.) 4. Leipzig 903. F. Dietrich n.n. 21. —

— dasselbe. 3. u. 4. Suppl.-Bd. Bibliographie der deutschen Rezensionen 1902 u. 1903. Nach Büchertiteln (Alphabet der Verfasser) geordnetes Verzeichnis v. Besprechgn. deutscher u. ausländ. Bücher u. Karten, die während d. J. 1902 u. 1903 in üb. 2000 zumeist wissenschaftl. u. krit. Zeitschriften, Zeitgn. u. Sammelwerken deutscher Zunge erschienen sind, m. Sachregister. Unter besond. Mitwirkg. v. A. L. Jellinek, E. Roth. u. Edg. Funke hrsg. v. F. Dietrich. (à 5 Lfgn.) (II, 324 u. II, 328 S.) 4. Ebd. 903. 904. à Bd. n.n. 25. —

— dasselbe. 12.—17. Bd. Alphabetisches, nach Schlagworten sachlich geordnetes Verzeichnis v. Aufsätzen, die während der Monate Jan.—Juni bezw. Juli bis Dezbr. 1903—1905 in etwa 2000 zumeist wissenschaftl. Zeitschriften, Zeitungsbeilagen u. Sammelwerken deutscher Zunge erschienen sind, m. Autoren-Register. Unter besond. Mitwirkg. v. E. Roth f. den medizinisch-naturwissenschaftl. Tl. u. m. Beiträgen v. A. L. Jellinek hrsg. v. F. Dietrich. (à 5 Lfgn.) (II, 414; II, 402; II, 377; II, 350; II, 357 u. II, 360 S) Lex.-8. Ebd. 903—906. à Bd. n.n. 22. 50

— dasselbe. 18. Bd. Jan.—Juni 1906. (5 Lfgn.) 1. Lfg. 56 S.) Lex.-8. Ebd. 906. Für vollständig n.n. 23. 75

— dasselbe. 5. u. 6. Suppl.-Bd.: Bibliographie der deutschen Rezensionen m. Einschluss von Referaten u. Selbstanzeigen. 5. u. 6. Bd. Nach Büchertiteln (Alphabet der Verfasser) geordnetes Verzeichnis von Besprechgn. deutscher u. ausländ. Bücher u. Karten, die während d. J. 1904 u. 1905 in etwa 2000 zumeist wissenschaftl. u. krit. Zeitschriften, Zeitungsbeilagen u. Sammelwerken deutscher Zunge erschienen sind. Unter Mitwirkg. v. A. L. Jellinek u. E. Roth hersg. v. F. Dietrich. (à 5 Lfgn.) (II, 316 u. II, 319 S.) Lex.-8. Ebd. à Bd. n.n. 27. 50

— dasselbe. 7.—11. Suppl.-Bd.: Bibliographie d. deutschen Rezensionen m. Einschluss v. Referat. u. Selbstanzeigen. 7.—11. Bd. Nach Büchertiteln (Alphabet d. Verfasser) geordnetes Verzeichnis v. Besprechungen deutscher u. ausländ. Bücher u. Karten, die während d. J. 1906 - 1909 in etwa 2000 zumeist wissenschaftl. u. krit. Zeitschriften, Zeitungsbeilagen u. Sammelwerken deutscher Zunge erschienen sind. Unter Mitwirkg. v. E. Roth u. m. Beiträgen v. A. L. Jellinek hrsg. v. F. Dietrich. Lex. 8. Ebd. nn 138. 75

7. (1906) (321 S.) un 27. 50
8. (1907) (290 S.) nn 28. 75
9. Rezensenten-Register f. Bd. VIII (1907) u. Sach-Register f. Bd. V—VIII (1904—1907). (123 S.) 908. nn 12. 50
10. (1908) (357 S.) nn 35. —
11. (1909) (357 S.) nn 35. —

— der deutschen Zeitschriften-Literatur m. Einschluss v. Sammelwerk. u. Zeitungsbeilagen. 19.—26. Bd. Alphabetisches, nach Schlagworten sachlich geordnetes Verzeichnis v. Aufsätzen, die während der Monate Juli bis Dezbr. 1906, Jan.—Dez. 1907—1908 u. Jan.—Juni 1910 in etwa 2000 zumeist wissenschaftl. Zeitschriften, Zeitungsbeilagen u. Sammelwerken deutscher Zunge erschienen sind, m. Autoren-Register. Unter besond. Mitwirkg. v. E. Roth f. den medizinisch-naturwissenschaftl. Tl. hrsg. v. F. Dietrich. Lex. 8. Leipzig-Gautzsch. Fel. Dietrich. nn 197. 75

19. (Juli—Dezbr. 1906) (405 S.) 907. nn 23. 75
20. (Jan.—Juni 1907) (372 S.) 907. nn 24. 50
21. (Juli—Dezbr. 1907) (382 S.) 908. nn 24. 50
22. (Jan.—Juni 1908) (376 S.) 908. nn 25. —
23. (Juli—Dezbr. 1908) (463 S.) 909. nn 25. —
24. (Jan.—Juni 1909) (382 S.) 909. nn 25. —
25. (Juli—Dezbr. 1909) (408 S.) 909. nn 25. —
26. (Jan.—Juni 1910.) (398 S.) 910. nn 25. —

— dasselbe. Bd. XXII A. u. XXIV A. Ergänzungsbd. I. u. II. Nachträge aus den J. 1896—1898 bezw. 1896—1898 m. Autoren-Register. (214 u. III, 218 S.) Lex. 8. Ebd. 908. 910. à nn 25. —

— dass. 11—14. Suppl.-Bd: Bibliogr. d. deut. Rezensionen '09—11. Hrsg. v. F. Dietrich. (355, 392, 382, 357) Lex8° Ebd. '10'11. je nn 35 —

— dass. Bd 23A, 24A, 25A u. 27A. Lex8° Ebd.
23A. I. Beilage-Bd. '09. (260) '09. nn 20 — ‖ 24A. II. Ergänzgs-Bd. Nachtr. a. d. J. 1896—1908 m. Autoren-Reg. (218) '10. nn 25 — ‖ 25A II. Beilage-Bd. '10. (243) '10. nn 16 — ‖ 27A. III. Beilage-Bd. '10/11. (306) '11. nn 16 —

— dass. (Internat. Bibliogr. d. Zeitschriftenlit. m. Einschluss v. Sammelwerken u. Zeitgn. Abtlg A.) Bd 28A. 3. Ergänzgs-Bd. 1893—95, m. Nachträgen auch a. späteren Jahren. Mit Autoren-Reg. 5 Lfgn. (314) Lex8° Ebd. '11. nn 25 —

— d. deut. Zeitschriften-Literatur m. Einschluss v. Sammelwerken. 24—30. Bd je 5 Lfgn. Hrsg. v. F Dietrich. Lex8° Gautzsch b. Lpzg, Fel. Dietrich. je nn 25 — 24.25. Jan.—Juni u. Juli—Dez. '09. (805) '09. ‖ 26.27. Jan.—Juni u. Juli—Dez. '10. (814) '10 '11. ‖ 28.29. Jan.—Juni u. Juli—Dez. '11. (848) '11 '12. ‖ 30. Jan.—Juni '12. (422) '12.

— dass. Zeitgn. Abteilg B. Bibliogr. d. fremdsprach. Zeitschriftenlit. Répertoire bibliograph. internat. des revues etc. Internat. index to periodicals etc. 1—4. Bd. Alphabetisches nach Schlagworten in deut. Sprache sachl. geordnetes Verz. v. Aufsätzen, die zumeist '11—13 in mehreren Tausend zumeist wissenschaftl. Zeitschriften, Sammelwerken u. Zeitgn nichtdeut. Zunge erschienen od. ermittelt sind. Hrsg. v. F Dietrich. Je 5 Lfgn. (1—3. Bd: 20, 362; 273; 479) Lex8° Ebd. '11'12'13. je 30 —

Bibliographie d. gesamten landwirtschaftlichen Zeitschriften-Literatur. — Bibliographie de la presse agricole mondiale. (Institut international de bibliographie, Bruxelles. Contribution Nr. 59.) (95 S.) 8. Wien (I, Concordiaplatz 4), „Observer", Unternehm. f. Zeitungsausschnitte u. Bibliogr. (907). 3. —

Bibliography british, or monthly Advertiser of new books, engravings, works on the fine arts etc. A Supplement to the Albion. 1835. 12 No. (¼ Bog.) gr. 8. Stuttgart 835, Neff. *
Vgl. Albion.

Bibliography, international medical. A classified list of all works on medicine, including important magazine and paper articles published in England and abroad. Ed. Gust. Ruprecht. (English edition of the Bibliotheca medico-chirurgica.) 1891. 4 systematic parts and an alphabetical index. gr. 8. (II, 359 S.) Gött., Vandenhoeck u. Ruprecht. * 6 —
Nicht weiter erschienen.

Bibliophilen, Den deutschen. Bibliofolische Grotesken in 21 Aphorismen des idealen Verlegers. Zum 29. Nov. 1908. V: *Zeitler, Julius.* (Berl 1909, S. 692)

Bibliophilen-Kalender, Deutscher, f. '13. Jahrb. f. Bücherfreunde u. Büchersammler. Hrsg. v. Hans Feigl. (172 m. Abb. u. 1 Bildn.) 8° Wien, M Perles. Pappbd 3 —; Ldr 6 —; Chagrinldrbd 8 —; Luxusldrbd 25 — d

Bibliophilus: (Jh. Gttb. Böhmer,) zwei Gespräche von d. Unsterblichkeit d. Seele, zwischen e. Bauer u. e. Officier, welcher ein Materialist ist. Bautzen 760. (Nachher noch viele Auflagen.)

Bibliophilus, Sincerus, (psdn.), s. Religionsfrage, die Leipziger.

Bibliophili Sabbathslust d. Kind. Gottes, 4. Erf. 758.

Bibliophoros decurrentis literaturae scientiae catholicae praecipuos in hoc genere libros exhibens, quos omnis natio in dies affert una cum de operibus indiciis ex clarioribus periodicis excerptis vel a peculiaris disciplinae professoribus prolatis. E. Schmitz et J. Sestili studio conlato, compilationem recensentibus. Vol. I. 4 fasce. (224 S.) gr. 8. Rom 908. M. Bretschneider. 2. 50

Biblorium..., s. Biblia

Biblioteca Arabo-Sicula, s.a. Amari, Michele.

Biblioteca Arabo-Sicula ossia raccolta di testi arabici che toccano la geografia, la storia, le biografie e la bibliografia della Sicilia, messi insieme da Michele Amari. Lipsia 1857.

— Appendice alla Biblioteca Arabo-Sicula per Michele Amari con nuove annotazioni critiche del Prof. Fleischer. Lipsia 1875.

Biblioteca arabo-sicula. Seconda appendice. Stampata a spese della società orientale di Germania. gr. 8. (VIII, 46 S.) Leipzig 887. (Brockhaus' Sort. u. Antiq.) n. 2. —
(Hauptwerk: 3 fasc. u. Append. I. II.: n. 18. —)

Biblioteca de autores españoles desde la formacion de lenguaje hasta nuestros dias ordinada é illustrada por Buonavent. Carlos Aribau. Tom. I.—III. Lex.-8. Madrid, 846. (Leipzig, Brockhaus u. Avenarius.) à n. 4 ℳ

Biblioteca de autores Espanoles desde la formacion del lenguaje hasta nuestros dias ordenada é illustrada por Buonaventura Carlos Aribau, Hartzenbusch, Duran, Oschoa, Mora etc. Tomo IV. Elegias de Varones ilustres de Indias por Juan de Castellanos. Lex. 8. Madrid 850. (Leipzig, Brockhaus.) n. 4 ℳ

— dies. Tomo V. Comedias escogidas de Fray Gabriel Tellez (el maestro Tirso de Molina.) Lex. 8. Ebd. 850. n. 4 ℳ

— dies. Tomo VI. Obras de Fray Luis de Granada. Tomo I. Lex. 8. Ebd. 850. n. 4 ℳ

— dies. Tomo VII. Comedias de Don Pedro Calderon de la Barca. Tomo I. Lex. 8. Ebd. 848. n. 4 ℳ

— dies. Tomo VIII. Obras de Fray Luis de Granada. Tomo II. Lex. 8. Ebd. 848. n. 4 ℳ (I. u. II. n. 8 ℳ)

— dies. Tomo IX. Comedias de Don Pedro Calderon de la Barca. Tomo II. Lex. 8. Ebd. 849. n. 4 ℳ

— dies. Tomo X. Romancero general, o Coleccion de romances castellanos, recogidos por D. Augustin Duran. Tomo I. Lex. 8. Ebd. 849. n. 4 ℳ

— dies. Tomo XI. Obras de Fray Luis de Granada. Tomo III. Lex. 8. Ebd. 849. n. 4 ℳ

— dies. Tomo XII. Comedias de Don Pedro Calderon de la Barca. Tomo III. Lex. 8. Ebd. 849. n. 4 ℳ

— dies. Tomo XIII. Epistolario Español. Coleccion de cartas de Españoles ilustres antiguos y modernos por Don Eugenio de Ochoa. Tomo I. Lex. 8. Ebd. 850. n. 4 ℳ

— dies. Tomo XIV. Comedias de Don Pedro Calderon de la Barca. Tomo IV. Lex. 8. Ebd. 850. n. 4 ℳ (T. I—IV. n. 16 ℳ)

— dies. Tomo XV. Obras escogidas de José Francisco de Isla. Lex. 8. Ebd. 850. n. 4 ℳ

— dies. Tomo XVI. Romancero general, o Coleccion de romances castellanos, recogidos por Don Augustin Duran. Tomo II. Lex. 8. Ebd. 851. n. 4 ℳ

— dies. Tomo XVII. Poemas epicos. Coleccion dispuesta y revisada, con notas biograficas y una advertencia preliminar por D. Cayetano Rosell. Tomo I. Lex. 8. Ebd. 851. n. 4 ℳ

— dies. Tomo XVIII. Novelistas posteriores á Cervantes. Coleccion revisada y precedida de una noticia critico-bibliografica por Don Cayetano Rosell. Lex. 8. Ebd. 852. n. 4 ℳ

— dies. Tomo XIX. Obras completas del Exmo. Sr. Manuel José Quintana, con un prólogo por D. Antonio Ferrer del Rio. Lex. 8. Ebd. 852. n. 4 ℳ

— dies. Tomo XX. Comedias de Don Juan Ruiz de Alarcon y Mendoza. Coleccion hecha é ilustrada por Don Juan Eugenio Hartzenbusch. Lex. 8. Ebd 852. n. 4 ℳ

— dies. Tomo XXI. Historiadores de sucesos particulares. Coleccion dirigida é ilustrada por Don Cayetano Rosell. T. I. Lex. 8. Ebd. 852. n. 4 ℳ

— dies. Tomo XXII. Historiadores primitivos de Indias. Coleccion dirigida é ilustrada por Don Enrique de Vedia. Tomo I. Lex. 8. Ebd. n. 4 ℳ (Thl. I—III. enthalten: I. Obras de Miguel de Cervantes Saavedra. — II. Obras de D. Nicolas y de D. Leandro Fernandez de Moratin. — III. Novelistas anteriores á Cervantes.)

Biblioteca de Autores Españoles, desde la formacion del lenguaje hasta nuestros dias. Tomo XXIII. Obras de Fr. de Quevedo Villegas. Coleccion completa, corregida, ordenada é ilustrada por Aurel. Fernandez-Guerra y Orbe. Tomo I. Madrid 852. (Leipzig, Brockhaus.) Lex.-8. (CXXXV, 551 S.) Jeder Bd. n. 4 ℳ

—— d'autori italiani. Tomo I e II. 8. Leipzig 860. 61, Brockhaus' Sortiment und Antiquarium. à Tomo * 1 Thlr. *

Inhalt:

Tomo 1. Manzoni, Alles., I promessi sposi. Storia Milanese del secolo XVII. scoperta e rifatta. (VIII und 500 S.)
» 2. Leopardi, Giacomo, opere. (VI und 344 S.)

Biblioteca d'autori italiani. Tomo III—VIII. 8. Leipzig, Brockhaus' Sortiment und Antiquarium. à Tomo *
geb. à Tomo *

Inhalt:

Tomo 3. Balbo, Cesare, Novelle. (280 S.) 864.
» 4. 5. Boccaccio, Giovanni, il Decameron. 2 Voll. (XX und 336, 404 S.) 865.
» 6. Cantù, Cesare, Margherita Pusterla. (425 S.) 866.
» 7. Giusti, Gius., le Poesie. (LXXIII und 358 S.) 866.
» 8. d'Azeglio, Massimo, Niccolò de' Lapi ovvero i Palleschi e i Piagnoni. (VIII und 442 S.) 866.

Tomo 1 und 2. Ebendas. 1860,61. à Tomo * 1 Thlr.; geb. à Tom * 1 Thlr. 10 Ngr.

Biblioteca d'autori italiani. Tomo 9—13. 8. Leipzig, Brockhaus. à Bd. (*M. 3.) *
geb. à Bd. (*M. 4.) *

Inhalt:

Tom. 9. Pellico, Silvio, Le mie prigioni e poesie scelte. (V, 440 S.) 868.
» 10. Goldoni, Carlo, Commedie scelte. Precedute da un discorso critico delle opere dell' autore. (XXXVII, 388 S.) 869.
» 11. Fiori della poesia italiana antica e moderna. Raccolti da Carolina Michaelis. (XVII, 396 S.) 871.
» 12. Tasso, Torquato, La Gerusalemme liberata. Riveduta nel testo e corredata di note critiche illustrative per cura di G. A. Scartazzini. (XLVII, 411 S.) 871.
» 13. Fanfani, Pietro, Cecco d'Ascoli. Racconto storico del secolo XIV. Ediz. acconsentità dall' autore. (XXXII, 287 S.) 871.

Biblioteca d'autori italiani. Tomo I, IX. XI—XIV 8. Leipzig 871—76. Brockhaus. à n. 3. 50
geb. à n. 4. 50

I. I promessi sposi. Storia milanese del secolo XVII. scoperta e rifatta da Alessandro Manzoni. Ed. consentita dall' editore proprietario. (VIII, 500 S.)
IX. Le mie prigioni e poesie scelte di Silvio Pellico Ed. consentita dall' editore proprietario. (440 S.)

Biblioteca d'autori italiani. Tomi 1—3. 6. 8. 12. 15—17. 8. Leipzig 877—82. Brockhaus. à n. 3. 50;
geb. à n.n. 4. 50

1. I promessi sposi. Storia milanese del secolo XVII. scoperta e rifatta da Alessandro Manzoni, Ed. consentita dall' editore proprietario. Nuova ed. (VIII, 500 S.)
2. Opere di Giacomo Leopardi. [Canti — Frammenti — Operette morali.] (VI, 344 S.)
3. Novelle di Cesare Balbo. Ed. consentita dall' editore proprietario. (280 S.)
6. Margherita Pusterla. Racconto di Cesare Cantù. Ed. acconsentita dall' autore. (398 S.)
8. Niccolò de' Lapi ovvero i Palleschi e i Piagnoni di Massimo d'Azeglio. (Nuova ed.) (VIII, 442 S.)
12. La Gerusalemme liberata di Torquato Tasso. Riveduta nel testo e corredata di note critiche od illustrative, e di varianti e riscontri colla conquistata per cura di G. A. Scartazzini. 2. ed. intieramente rifatta. (VIII, 475 S.)

—— d'autori italiani. Tomo 14—17. 8. Leipzig, Brockhaus. à Bd. * M. 3,50.; geb. *

Inhalt:

Tomo 14. Tigri, Gius., Selvaggia de' Vergiolesi. Racconto storico. Ediz. riveduta e consentita dall' autore. (XI, 306 S.) 876.
» 15. Alfieri, Vittorio, Tragedie scelte. [La congiura de' Pazzi. — Virginia. — Mirra. — Filippo. — Maria Stuarda. — Merope. — Saul.] Cogli argomenti e pareri relativi alle medesime dell' autore. Pubblicate per cura di G. Locella. (X, 318 S.) 878.
» 16. Foscolo, Ugo, le ultime lettere di Jacopo Ortis ed altre opere scelte. Pubblicate per cura di G. Locella. (X, 335 S.) 878.
» 17. Novelle italiane di quaranta autori dal 1300 al 1847. Pubblicate per cura di G. Locella. (441 S.) 878.

Tomo 1—13. Ebendas. 1861—71. à Bd. M. 3,50.; geb. M. 4,50.

— d'autore italiani. Tomo 9 e 18. 8. Leipzig, Brockhaus. à n. 3. 50; geb. à n.n. 4. 50

9. Le mie prigioni e poesie scelte di Silvio Pellico. Nuova ed. (V, 440 S.) 885.
18. Il canzoniere di Francesco Petrarca, riveduto nel testo e commentato da G. A. Scartazzini. (X, 444 S.) 883.

— d'autori italiani. Tomo I e X. 8. Leipzig, F. A. Brockhaus. 7. —; geb. n. 9. —

I. Manzoni, Alessandro, i promessi sposi. Storia milanese del secolo XVII. Scoperta e rifatta da M. Ed. consentita dall' editore proprietario. (VIII, 500 S.) 906.
n. 3. 50; geb. n. 4. 50
X. Goldoni, Carlo, comedie scelte. Precedute da un discorso critico delle opere dell'autore. (XXXVII, 388 S.) 906.
n. 3. 50; geb. n. 4. 50

Biblioteca Castellana, publ. por A. Keller y C. Possart. Tomo I. A. u. d. T.: El Conde Lucanor compuesto por Don Juan Manuel. Publ. por Keller. 8. Stuttgart 839. Liesching. $^7/_8$ ℛ

—— chilena. Publicada bajo la direccion de Luis Montt i J. Abelardo Nuñez. Tomo I—IV. 8. Santiago 885, (Leipzig, Brockhaus' Sortiment und Antiq.) geb. à Bd. *

Inhalt:

Tomo I. Vallejo, José Joaquin, Jotabeche. Articulos i estudios de costumbres chilenas. (VI, 289 S. mit Portr.)
» II. Lastarria, J. V., Antaño i Ogaño. Novelas i cuentos de la vida hispano-americana. (VI, 328 S. mit Portr.)
» III. Sanfuentes, Salvator, Leyendas nacionales. (VI, 335 S. mit Portr.)
» IV. Amunátegui, Miguel Luis. Descubrimiento i conquista de Chile. (XVI, 372 S. mit Portr.)

—— classica italiana. Dispensa I.: Secolo XIV. Nr. 21. Villani, Giovanni, Matteo e Filippo, Croniche. II. le migliori stampe e corredate di note filologiche e storiche. (Pubblicate per cura del A. Racheli.) Dispensa 1. Lex.-8. (Vol. 1. S. 1—80 mit Portr. in Holzschn.) Triest 857, Direction des österreich. Lloyd. *

Biblioteca, Domestica homeopathica, s. Biblioteca, homeopathica domestica.

Biblioteca de la familia y de la escuela, publicada bajo la dirección de J. Abelardo Nuñez. Tomo 1 y 2. 8. Lpz. 888, Brockhaus. cart. à Tom. * 3 —; * 6 —; geb. à Tom. * 4 —; * 8 —

1. Pestalozzi, Juan Enrique. Cómo Gertrudis enseña á sus hijos. Obra escrita en alemán. Traducida y anotada por José Tadeo Sepúlveda, institutor Chileno. (XII, 251 S.)
2. —— Leonardo y Gertrudis. Obra escrita en alemán. Traducida por Juan O. Monasterios. (VIII, 278 S.)

— giovanile. Vol. I. Novelle morali di Luciano Scarabelli. Edizione 4a. 8. Milano e Vienne 846. (Wien, Tendler & Schäfer.) $^1/_2$ ℛ

—— homeopática doméstica. Nr. 21—25. 16. Leipzig, Dr. Schwabe. *

Inhalt:

Nr. 21 El cólera, y su curacion pronta y segura con el tratamiento homeopático. (22 S.) 885. * 50 Pf.
» 22. Modo de emplear los medicamentos externos usados en homeopatia, como Arnica, Calendula, Hamamelis, Ruta, etc. y guia para el tratamiento de las heridas, contusiones, torceduras, dislocaciones, quemaduras y congelaciones. Escrito para las personas ilustradas por un médico práctico. Traducidos de la IV. edicion alemana. (87 S.) 887. * 80 Pf.
» 23. De la curacion de los dolores et muelas con los medicamentos homeopáticos. Obra recomendada á las personas ilustradas para comprobar la gran eficacia del tratamiento homeopático por un médico homeópata. Traducida de la 3a edicion alemana. (48 S.) 887. * 60 Pf.
» 24. La difteria. Instruccion para el tratamiento preservativo curativo de las auginas catarral y difterica, segun los principios de la higiene y de la homeopatia. Traducida de la 2a edicion alemana. (41 S.) 887. * 60 Pf.
» 25. El croup. Instruccion para conocerlo y tratarlo desde su aparicion, segun los principios de la homeopatia. Dedicada á los padres, asi como á los partidarios del método homeopático. Escrita por el Hugo Billig. Con un apéndice concerniente á la difteria y su tratamiento por el Carl Heinigke. Traducida de la 3a edicion alemana. (62 S.) 887. * 60 Pf.

Vgl.: Hausbibliothek, homöopathische.

Biblioteca homeopática doméstica. Nr. 23. 16. Leipzig, Dr. W. Schwabe. — 60

De la curacion de los dolores de muelos con los medicamentos homeopáticos. Obra recomendada à los personas ilustradas para comprobar la gran eficacia del tratamiento homeopático por un medico homeópata. Traducida de la tercera ed. alemana. (52 S.) 896.

— domestica homeopathica Nr. 34 e 35. 16. Leipzig, Dr. W. Schwabe. 1. 40

34. Modo de usar os medicamentos externos usados em homeopathia em especial Arnica, Calendula, Hamamelis, Ruta, etc. com um guia para o tratamento das chagas, feridas, entorses, luxações, queimadures e congelações. Redigido para uso das familias por um clinico habil. Segundo a 4 ed. allemà. (92 S.) 897. — 80
35. A cura das dôres de dentes pelos medicamentos homeopathicos como meio de avaliarmos o merito da homeopathia. Recommendado aos investigadôres da verdade a fim de verificarem a nossa asserção por um medico homoeopatha. Versao portugueza do Francisco Jose do Costo. (47 S.) 897. — 60

— dell' Italiano. Dispensa 1—41. — Vol. I. Prodromo della storia naturale generale e comparata d'Italia di F. C. Marmocchi. Fasc. 1—8. — Vol. II. Geografia politica dell' Italia di Celestino Bianchi. Fasc. 1—9. Mit 5 Karten. — Vol. III. Storia delle belle lettere in Italia di Paolo Emil. Giudici. Fasc. 1—8. Vol. IV. Storia delle belle arti in Italia di Ferd. Ranalli. 16 fasc. cpl. gr. 8. Firenze 844—46. (München, Franz.) à n. 1/2 ℔

Biblioteca italiana. Zum Schul- u. Privatgebrauch hrsg. u. m. Anmerkgn. versehen v. A. Güth. 1—10. Hft. 16. Berlin, Simion. cart. à n. — 50
1. Un curioso accidente. Commedia in 3 atti di Carlo Goldoni. (84 S.) 883.
2. Novelle di Edmondo de Amicis. (78 S.) 883.
3. Filippo. Tragedia in 5 atti di Vittorio Alfieri. (66 S.) 883.
4. Oreste. Tragedia in 5 atti di Vittorio Alfieri. (75 S.) 883.
5. Il vero amico. Commedia di 3 atti in prosa di Carlo Goldoni. Mit Anmerkgn. u. Wörterbuch versehen v. A. Güth. (99 S.) 883.
6. Memorie d'un fanciullo. Il cappellano della Rovella. Novelle di Giulio Carcano. Mit Anmerkgn. u. Wörterbuch versehen v. H. Michaelis. (96 S.) 883.
7. La madre e il figlio. Novella di Giulio Carcano. Mit Anmerkgn. u. Wörterbuch versehen v. H. Michaelis. (75 S.) 883.
8. Il burbero benefico. Commedia di Carlo Goldoni. Mit Anmerkgn. u. Wörterbuch versehen v. E. Post. (89 S.) 884.
9. Novelle di Enrico Castelnuovo. Mit Anmerkgn. u. Wörterbuch versehen v. A. Güth. (76 u. Wörterverzeichnis 24 S.) 883.
10. Merope. Tragedia di Scipione Maffei. Mit Anmerkgn. u. Wörterverzeichnis versehen v. K. Goldbeck. (80 u. Wörterverzeichn. 8 S.) 884.

—— italiana. Zum Schul- u. Privatgebrauch hrsg. v. A Güth. 2. u. 11. Hft. 16. Berl., Simion. à n. — 50
Amicis, E de, Cuore. Libro per i ragazzi. Auswahl. (66) 85. novelle. 2. Afl. (64) 87.

-- italiana. Zum Schul- u Privatgebrauch hrsg. von A. Güth. 2. u. 11. Hft. gr. 16. Berlin 887. 888. Simion. cart. à n. — 50
2. Novelle di Edmondo de Amicis. Hrsg. u. m. Anmerkgn. versehen v. A. Güth. 2., veränd. Aufl. (61 S.)
11. Edm. de Amicis, Cuore. Libro per i ragazzi. Auswahl, hrsg. u. m. Anmerkgn. versehen v. A. Güth. (66 S.)

Biblioteca italiana. Z. Schul- u. Privatgebr. begr. v. A. Güth. 12. u. 13. Hft. gr. 16. Berlin, L. Simion. Kart. à n. — 50
12. Il ventaglio. Commedia in 3 atti di Carlo Goldoni. Hrsg. u. m. Anmerkgn. u. Wörterverzeichn. vers. v. E. Maddalena. (95 u. Wörterverzeichn. 12 S.) 895.
13. O bere o affogare. Commedia in un atto di Leo di Castelnuovo (Conte Leopoldo Pullè). Hrsg. u. m. Anmerkgn. u. Wörterverzeichn. vers. v. E. Maddalena. V. Verf. autoris. Nachdr. (39 S.) 896.

Biblioteca italiana. Zum Schul- u. Privatgebrauch begründ. v. A. Güth. 14. u. 15. Heft. kl. 8. Berlin, L. Simion Nf. Kart. à - 50
Castelbolognesi, E., libro di lettura. Brani scelti da diversi autori italiani e ridotti ad uso dei tedeschi coll' aggiunta di un piccolo vocabolario. Mit e. kleinen Wörterbuch versehen. (71 u. 12 S.) 908. (Heft 15.)
Tasso, Torquato, la Gerusalemme liberata. Breve sunto con brani scelti del poema ad uso dei tedeschi. Per cura dello E. Castelbolognesi. (Mit e. Wörterverzeichnis u. Anmerkgn. versehen. (75 u. 8 S.) 908. (Heft 14.)

-- italiana. Für den Unterricht im Italienischen m. Anmerkgn. in deutscher, französ. u. engl. Sprache hrsg. v. A. Scartazzini. 1—5. Bdchn. gr. 8. Davos, Richter. n. 5. 10
1. Un curioso accidente. Commedia in tre atti di Carlo Goldoni. (61 S.) 883. n. — 75
2. Il cane del cieco. Racconto di Vittorio Bersezio. (56 S.) 883. n. — 75
3. Il vero blasone. Commedia in 5 atti di Gherardi del Testa. (107 S.) 884. n. 1. 30
4. Adelchi. Tragedia in 5 atti di A. Manzoni [1785—1873]. (110 S.) 885. n. 1. 30
5. Mirra. Tragedia in 5 atti di Vittorio Alfieri da Asti. [1749—1803.] (68 S.) 886. n. 1. —

Biblioteca italiana. Für den Unterricht im Italienischen m. Anmerkgn. in deutscher, französ. u. engl. Sprache. Hrsg. v. A. Scartazzini. 6. Bdchn. gr. 8. Davos 892. H. Richter. n. 3. —
Florilegio di poesie italiane. Scelte in ogni secolo della letteratura italiana per A. Scartazzini. (248 S.)

-- italiana. F. d. Unterricht i. Italien. m. Anmerkgn. in deutscher, französ. u. engl. Sprache hrsg. v. A. Scartazzini 2. Bdchn. gr. 8. Davos 898. H. Richter. n. — 80
Il cane del cieco. Racconto di Vittorio Bersezio. 2. ed. rifatta e corretta da A. Scartazzini. (56 S.)

Biblioteca italiana Für d. Unterricht im Italienischen m. Anmerkgn. in deutscher, französ. u. engl. Sprache hrsg. v. A. Scartazzini. 1. Bdchn. gr. 8. Davos. Chur, F. Schuler. n. -- 80
Goldoni, Carlo, un curioso accidente. Commedia in 3 atti. 2. ed. rifatta e corretta da A. Scartazzini. (61 S.) 903.

Biblioteca italiana scelte di racconti e novelle moderne con note spiegative ad uso delle scuole. 1—13. Bd. 16. Leipzig, Baumgärtner. cart. 6. 60
1. Il trovatello e il suo tesoro. Cherubina. 2 Erzählgn. aus „Fel. Morandi, racconti". Mit Anmerkgn. u. Fragen zum Schul- u. Privatgebrauch hrsg. v. C Th. Lion. (V, 113 S.) 885. — 60
2. 3. Le avventure di Pinotto ed altri racconti. Aus den Racconti v. F. Morandi, Ernesto Corti u. Fior di racconti e novelle italiane. Mit deutschen Anmerkgn. u. Fragen zum Schulgebrauch hrsg. v. C. Th. Lion. (222 S.) 885. — 90
4. Carmen. Azzo il pittore. 2 racconti. Aus Fior di racconti e novelle italiane entnommen. (94 S.) 886. — 60
5. La serva amorosa. Cronachetta di uno studio di procuratore. 2 Erzählgn. aus den Nuovi racconti offerti alla gioventù italiana da Pietro Thouar. (116 S.) 886. — 60
6. J. Grassi. Beatrice, o la corte di Ludovico il Moro. Carlo Graziani. 3 geschichtl. Erzählgn. aus den Racconti storici di Ignazio Cantù u. den Racconti storici di Pietro Thouar, raccolti dal Pietro Dazzi. (127 S.) 886. — 60
7. Donato del Conte ossia la reggenza di Bona Sforza. Il carbonajo di Val Brombana o la corte di Bartolomeo Colleoni. 2 geschichtl. Erzählgn. aus den Racconti storici v. Ignazio Cantù. (110 S.) 886. — 60
8. 9. Massimo d'Azeglio, Ettore Fieramosca ossia la disfida di Barletta. (IV, 232 S.) 886. — 90
10—13. Marco Visconti da Tommaso Grossi. Storia del trecento cavata dalle cronache di quel tempo. 2 tomi. In Auszügen m. Anmerkgn. zum Schul- u. Privatgebrauch hrsg. v. C. Th. Lion. (229 u. 197 S.) 886. n. 1. 80

Biblioteca italiana. Scelta di racconti e novelle moderne con note spiegative ad uso delle scuole. 14.—22. Bd. 16. Leipzig, [Baumgärtner]. Dresden, Kühtmann. geb. 4. 20

14—17. Massimo d'Azeglio, Niccolò de' Lapi ovvero i Palleschi e i Piagnoni. 2 tomi. In Auszügen m. Anmerkgn. zum Schulgebrauch hrsg. v. C. Th. Lion. (231 u. 241 S.) 887. 1. 80

18. Francesca di Rimini. Tragedia di Silvio Pellico. Mit erklär. Anmerkgn. f. den Schul- und Privatgebrauch hrsg. v. C. Th. Lion. (XXIV, 77 S.) 887. — 60

19—22. I promessi sposi. Storia milanese del secolo XVII scoperta e rifatta da Al. Manzoni. In Auszügen m. Anmerkgn. zum Schul- u. Privatgebrauch hrsg. v. C. Th. Lion. 2 Tle. (241 u. 247 S.) 890. 1. 80

— italiana. 23. Bd. 12. Dresden 898. G. Kühtmann. Geb. in Leinw. n. 1. —

Scelta di novelle antiche, tratte dal novellino di Aurelio di Cataldo. Revid. u. f. d. Schulgebrauch bearb. M. Wörterbuch u. Anmerkgn. (V, 78, 16 u. 19 S.)

Biblioteca moderna italiana. Für den Unterricht im Ital. hrsg. v. C. M. Sauer. 1—7. Bdchn. 8. Leipzig 878. 80. Veit & Co. à n. — 60

1. Un cuor morto. Commedia in tre atti di Leo di Castelnuovo. (64 S.)
2. La nunziata. Racconto di Giulio Carcano. (64 S.)
3. Orgine d'una gran casa bancaria. Commedia in due atti di Italo Franchi. (64 S.)
4. Perchè al cavallo gli si guarda in bocca? Commedia in tre atti di Leopoldo Marenco. (63 S.)
5. Il più bel giorno della vita. Bozzetto della vita militare di Edm. de Amicis. (61 S.)
6. 7. Le conscienze elastiche. Commedia in 5 atti di T. Gherardi del Testa. (119 S.)

— pedagógica general, publicada por OGA Littmann. Nr. 2 y 3. 8° Lpzg 91, (FA Brockhaus). Kart. 2.30

2. Libro primero del niño, abecedario según el método fonético de escritura y lectura simultáneas. Para el uso de escuelas primarias, por OGA Littmann. (60 m. Abbildgn.) — 80
3. Enseñanza primera de la lectura, según el método fonético de escritura y lectura simultáneas, para el uso de los maestros y alumnos normales, por OGA Littmann. (50) 1.50

Nr. 1 bildet: Littmann, OGA, curso de arimetica. Kart. 1.00

—— pedagogica general, publicada por Littmann. Nr. 1—3. 8. Lpz. 892, (Brockhaus). cart. 3 80

1. Littmann, O. G. A. Curso de aritmética en el círculo de uno á ciento (comprendiendo los dos primeros años escolares) según el método objetivo para el uso de los maestros y alumnas normalistas. (VI, 55 S.) cart. 1 50.
2. —— Libro primero del niño. Abecedario según el método fonético de escritura y lectura simultáneas para el uso de escuelas primarias. Con láminas. (69 S.) cart. — 80.
3. —— Enseñanza primera de la lectura, según el método fonético de escritura y lectura simultáneas, para el uso de los maestros y alumnos normales. (50 S.) cart. 1 50.

— portatil de Classicos españoles. Vol. I—IV. c. 4. portr. (Calderon 1—4.) 12. Zwickau 820. Schumann. 1 Thlr. 16 gGr. Hbg. Pr. 21½ gGr.

—— portátil española, ó colleccion de las mejores poesias, novelas, dramas etc. de los escritores españoles del siglo XIX hasta nuestros dias. To. I. No. 1—3. gr. 12. (6⅓, 6 u. 6⅔ B.) Brunsvico 838—41, Leibrock. à * ½ Thlr. *

— portatile dei Classici Italiani. 8 Vol. 12. Zwickau, Gebrüd. Schumann 818—820. à 10 Gr.
(Vol. 1. Sonetti di Fr. Petrarca, — Vol. 2. Canzoni di Fr. Petrarca. Vol. 3. u. 4. il Pastor fido, del Cav. Guarini. — Vol. 5—8. Tragedie di Vitt. Alfieri.)

Bibliotheca portatile de Classici Italiani. Tom. IX. Torq. Tasso, Rime scelte. X. Gius Parini il Giorno. 32. Zwickau 821—27, Gebr. Schumann. à 8 gr. geh. à

Biblioteczka gospodarcza. No. I—III. Berlin 861, 62. Nicolai'sche Sorthdlg. 8. Jede No. n. 10 ngr.

I.: Chów drobiu napisał Kortys. (54 S.)
II.: Chów kur, kogutów, kapłonów osobliwie kochinchina z dołączonemi środkami i sposobami leczenia chorób przez Kortysa. (S. 55—92.)
III.: Chów i pielęgnowanie gęsi i kaczek po miastach i wsiach przez Kortysa. (S. 93—146.)

Biblioteczka nabożeństwa katolickiego. (Bibliothek der katholischen Andacht.) Tomik I und II. 32. Leipzig 866, Kasprowicz. (Brockhaus' Sortiment und Antiquarium.) *

Inhalt:

Tom. 1. Czyste westchnienia do Boga. Wydanie dla kobiet. (Herzensergüsse. Ausgabe für Frauen.) (XVI und 422 S. mit 1 Stahlst. und chromolithogr. Titel.) * 1 Thlr. 10 Ngr.; geb. in Chagrin mit Goldschn. * 2 Thlr.; mit rothem Schnitt und Goldsternen * 2 Thlr. 5 Ngr.; mit Schloss * 2 Thlr. 10 Ngr.; in Elfenbein * 10 Thlr.
Wydanie dla mężczyzn (Ausgabe für Männer) erschien zu gleichen Preisen.

» 2. Tomasz à Kempis, o naśladowaniu Chrystusa. Przekład Tadeusza Matuszewicza. (Wydanie nowe.) (Kempis, Nachfolge Christi.) (XVI und 303 S. mit 1 Stahlst. und chromolithogr. Titel.) * 27 Ngr.; geb. in Chagrin mit Goldschn. * 1 Thlr. 17 Ngr; mit rothem Schnitt und Goldsternen * 1 Thlr. 22 Ngr.; mit Schloss * 1 Thlr. 27 Ngr.; in Elfenbein * 9 Thlr. 17 Ngr.

Biblioteczka nabożeństw katolickich. Tom. I—V. 32. Leipzig 870—75, Kasprowicz. (Brockhaus' Sortiment und Antiquarium.)

Inhalt:

Tom. I. Czyste westchnienia do Boga. Książeczka do nabożeństwa, ułożona podług najlepszych dzieł katolickich przez E. Ł. Kasprowicz. I. Wydanie dla kobiet. II. Dla mężczyzn. Edycja trzecia i czwarta. (XVI, 422 S.) 873. * M. 4.

Tom. II. O naśladowaniu Jezusa Chrystusa przez Tomasza à Kempis. Przekład T. Matuszewicza. Wydanie nowe. (XVII, 303 S. mit 1 Stahlst. und chromolithogr. Titelbild.) 866. * M. 2,75.

» III. Wianek nabożeństwa dla dzieci polskich. Ułożył i wydał E. Ł. Kasprowicz. Wydanie drugie. (XV, 253 S. mit 2 lithogr. Titelbildern.) 874. * M. 2.

» IV. Droga do życia pobożnego przez Ś. Franciszka Salezjusza. Przekład z francuskiego przez Ks. Jana Kazimierza Denhoffa. Wydanie drugie. (XXXIX, 423 S. mit 1 Stahlst. und 1 chromolithogr. Titelbild.) 874. * M. 4.

» V. Nawiedzania Najświętszego Sakramentu i niepokalanie poczętej Marji Panny na każdy dzień miesiąca przez Ś. Alfonsa Marja Liguory. Wydanie drugie. (XVI, 224 S. mit chromolithogr. Titelbild.) 874. * M. 2.

Biblioteczka, nowa, poswięcona dzieciom i młodym panienkom, przez autorkę pamiątki po dobréy matce (Madame Tańske-Hofmann). Tom. I. A. u. d. T.: Zycie świętéy Elżbiéty, Krolewnéy Węgierskiéy, Xieżnéy Turyngii. 16. Wrocławiu 838. Schletter. 5/6 Thlr. — dass. Tom. II. Powiastki, powieści, i Komedyyki moralne. 16. Ebd. 838. 5/6 Thlr. — dass. Tom. III. et IV. A. u. d. T.: Próbki dobrey litteratury wieku szesnastego. Tom. I. et II. (Nicołaj Rej — Jana Kochanowskiego.) 16. Ebd. 838, 39. à 5/6 Thlr.

— dass. Tom. V. Małe powieści i rozmowy dla dzieci zaczynających czytać po francuzku. Przez autorkę Wiązania Helenki. — Historiettes et conversations à l'usage des enfans qui commencent à lire le français. Par l'auteur du Cadeau d'Helenka. 16. Ebd. 838. 5/6 Thlr. (1—5. 3 Thlr.)

Biblioteka

—— dzieł historycznych z obcych języków na polski przełożonych. (Bibliothek der historischen Denkmäler der Literatur.) Tom I. Poszyt 1. 2. y Tom II. Poszyt 1. gr. 8. Breslau 867, Günther's Verlag. à Tom * 10 Ngr. *

Inhalt:

Tom I. Poszyt 1. 2. Gerwinus, G. G., Dzieje 19. stulecia od traktatów wiedeńskich. Tom VIII. Rewolucja lipcowa i jéj skutki bezpośrednie. Poszyt 1—2. (Gervinus, Geschichte des XIX. Jahrh., Bd. VIII. Die Julirevolution und ihre Folgen. Heft 1. 2.) (III und 124 S.)

» II. » 1. Palacki, Franc., Dzieje narodu czeskiego. Dział 5. Wiek Jagielloński. Poszyt 1. (Palacky, Geschichte des böhmischen Volkes. Thl. V. Das Jagiellonische Jahrhundert. Heft 1.) (VII und 56 S.)

(Biblioteka.) — Библіотека, русскихъ авторовъ. Leipzig 861, 62. Brockhaus. 8.

I.: Полное собраніе сочиненій К. Ѳ. Рылѣева. (XX, 393 S. u. Portr. in Stahlst.) n. 2 Thlr. 20 ngr.
II.: Собраніе стихотвореній Декабристовъ. (XVI, 231 S. u. 1 Stahlst.) n. 1 Thlr. 20 ngr.

—— zábawného čtení, wydáwána od J. B. Malého. Swazek. I—IV. 12. W Praze 845, Kronbergra a Riwnáce. à * ⅓ Thlr. *

Inhalt:

Tom. I. Wypisky z dennika lekare. Z anglicíny Sam. Warrena preloził J. B. Malý. Swazek I. (6 B.)
II. Powesti Ukrajinske. (6¼ B.)
III. Wypisky z dennika lekare od Sam. Warrena. Swazek II. (6¼ B.)
IV. Mujbratr Arthur od H. C. Andersena. (5¾ B.)

Biblioteka domowa polska. Leipzig 868. Rohde. (Posen, Leitgeber.) 8. Jeder Bd. n. 1 Thlr.

I—VI.: Pierścionki babuni z dołączeniem pozostałych pism Karoliny Wojnarowskiej. (XXVIII, 1564 S.)

Biblioteka dramat z dějin slovanských. Díl 1. Prag 861. Rziwnatz in Comm. 8. (116 S.) n. 16 ngr.

Inhalt: Záviš z Falkenštejna. Tragédie v pěti jednáních od Vítězslava Hálka.

— historická. Sbírka nejvytečnějších dějepisců všech národů. Red.: Vácslav Zelený. Sešit 1—23. Prag 861—64. Kober. gr. 8. Jedes Heft n. 10 ngr.

Inhalt: [Oddělení I.] Tom. Bab. Macaulayo dějiny anglické přeložil Vácslav Zelený. (Díl I.; 300 S.; II.: 279 S.; III.: VI, 369 S.; IV.: 475 S.; V.: 371 S.; VI.: V, 320 S.; VII.: S. 1—16.)

Biblioteka katólicka czyli Powiesci, Nauki i ciekawe obrzedy religvine dla ukształcenia serca i dla niewinnej zabawy. Z. Rycinami. Czesc. 1—4. 12. Thorn 844, Lambeck. à * 12½ Ngr. *

Biblioteka katolika czyli Powiesci, Nauki etc. Z. Rycinami.

Czesc. 1., 2. Jaskinia Beatusa. Wolny przekład z niemieckiego. Tom. pierwszy z dolozona rycina. [1. (7½ B. u. 1 Kpfr.) 2. (6¼ B. u. 1 Kpfr.)]
3. Ojciec. kapucyn, czyli Zwyciestwo Wiary i Miłosci. (16 B. u. 1 Stnt.)
4., 5. Krysztofa Schmidta, Owoce dobrego wychowania czyli dobre dzieci. (6¼ B. u. 1 Stnt.) 845.

— dies. Czesc. IV. V. Krysztofa Schmidta Owoce dobrego wychowania czyli dobre dzieci. (Mit 1 Lithogr.) 8. Ebd. 846. à n. ⅓ Thlr.

Biblioteka kazań dobranych tegoczesnych kaznodziejów słynniejszych archidyecezyi Łwownskiéj obrz. Łaciń. Wydana przez Ks. Jana Kucharskiego. Tom. II. Kazań przygodnych oddział II. gr. 8. (324 S.) Lemberg 846, Millikowski.

Tom. I. ? ? —

Biblioteka kieszonkowa klassyków Polskich, wydawana przez J. N. Bobrowicza, w 37. Tom. Na pięknym welinowym Papierze, ozdobiona pięknie litografowanemi portretami Autorów i bijografiami tychże. 16. Lipsku 834—37. Breitkopfa i Härtela. Oddział I. Tom. 1—X. obejmuje kompletne Dzieła wierszem i prozą Jgnacego Krasickiego. Cena 6 Thlr. Oddział II. Tom. XI—XXV. obejmuje Adama Naruszewicza Poezye. Tom. III. Jana Kochanowskiego Dzieła. Tom. III. Fran. Karpińskiego Dzieła Tom. V. Seb. Klonowicza Poezye. Tom. II. Stanis. Trembeckiego. Tom. II. Cena Oddziału II. 6 Thlr. Oddział III. Tom. XXVI—XXXVII. obejmuje Józefa Szymanowskiego Pisma. Tom. I. Szym. Zimorowicza Sielanki. Tom. I. Szym. Szymonowicza Sielanki i. Tom. I. Jana Gawińskiego Sielanki i Dworzanki. Tom. I. Kaje. Węgierskiego Poezye. Tom. I. Elżbiety Drużbackiej Poezye. Tom. 2. Fr. D. Kniaźnina Poezye. Tom. 6. Cena Oddziału III. 6 Thlr. Alle Bde. zus. 16 Thlr.

— kieszonkowa klassyków polskich. Wydana przez Jana Nep. Bobrowicza. Tom. 38—40. 16. Leipzig 853, Librairie étrangère.

Tom. 38—40. Dzieła poetyczne wierszem i proza J. P. Woronicza, arcibiscupa Warszawskiego. 3 Tomy z portretem autora. (XIV und 674 S.)
Tom. 1—37. erschien in Leipzig bei Breitkopf und Härtel 1835—40. und kosten 16 Thlr.

Biblioteka klassykow Łacinskich na polski język przełozonych. Wydana przez Edw. Hr. Raczynskiego. Tom. I—III. A. u. den T.: C. Plinii Caecilii Sec. Epist. Ad edit. Godofr. Henr. Schaefer. Vol. I—III. — K. Pliniusza Cecyliusza Sekunda (Młodszego.) Listy. Przełożone na język polski przez Romana Ziołeckiego. Tom. I—III. gr. 8. Wrocławiu 837. Schletter. 6½ Thlr. — Tom. IV. A. u. den T.: Q. Valerii Catulli Veronensis liber ad edit. Car. Lachmanni. — Q. Waleryusza Katulla Weroneńczyka Poezye, przez Szymona Baranowskiego. — Albii Tibulli Carmina libri tres cum libro quarto Sulpiciae et aliorum ex recens. Heyniana edidit Dr. Car. Fr. Wunderlich. — Albiusza Tybulla Elegie i wiérsze jako téż niektóre przypisywane Sulpicyi i innym, przez J. M. — Sex. Aurelii Propertii Elegiae. — Sex. Aureliusza Propercego Elegie. gr. 8. Ebd. 3 Thlr. — Tom. V. et VI. A. u. den T.: M. Vitruvii Pollionis de Architectura libri decem. Ad edit. Jo. Gottlob. Schneideri. II. Vol. — Marka Witruwiusza Polliona o Budownictwie ksiąg dziesięć. Przekładu na język Polski Edw. Hr. Raczyńskiego. II. Tom. 1 Atlas m. d. T.: Ryciny do Budownictwa. Witruwiusza, mit 40 Steintaf. gr. 8. Ebd. 840. 5 Thlr. (I—VI. 14½ Thlr.)

Biblioteka klassyków Łacińskich na polski etc.

Tom. IV. Valerii Catulli Veron. liber ad edit. Car. Lachmanni. — Waleryusza Katulla Weroneńczyka Poezye, przez Szymona Baranowskiego. — Alb. Tibulli Carmina lib. tres c. libro quarto Sulpiciae et alior. ex rec. Heyniana ed. Car. Fr. Wunderlich. — Albiusza Tybulla Elegie i wiérsze jako téż niektóre przypisywane Sulpicyi i innym, przez J. M. — Sex. Aur. Propertii Elegiae. — Sex. Aurel. Propercego Elegie. (48¼ B.) 839. 3 Thlr.

— klassykow łacinskich na polski język przełozonych. Tom VII—XVI. K. Pliniusza hist. naturalna. 10 Tom. Wydan Edw. Hr. Raczynskiego. gr. 8. (... B.) Posen 845, 46. (Leipzig, Brockhaus et Avenarius.) Thlr. *

Tom. I—VI. Ebendas. .... à * 1 Thlr. 15 Ngr.

Biblioteka ludowa. Serya I. Tomik 1—7. i Serya II. Tomik 1—3. 8. (104; 99; 95; 109; 92; 92; 92; 95; 96; 92 S.) Posen 869, Jagielski. à Bd.

— dass. — Serya II. Tomik 4. 8. (136 S.) Ebendas. 869.

Biblioteka ludowa. Serya I. Tomik 1—3. 6. — Ser. II. Tom. 1—5. Posen 869. Jagielski. 8. (104; 99; 95; 92; 95; 96; 92; 109; 92 S.) Jeder Bd. 7½ ngr.

— malownicza, s. Bibliotheque illustrée.

Bibliothéka, nova, kazatelská, čili sbírka kázaní a řeči homiletických příležitostných na všemožné případnosti církve katolické, jakož i kázaní postních svátečních i nedělních. Díl I. Svazek I.: Příležitostná kázaní na všemožné případnosti církve katolické. S použitím církevních otců a jiných proslulých kazatelů vydává Frant. Poimon. Díl I. Svazek I. gr. 8. (S. 1—96.) Brünn 854, Nitsch und Grosse. *

Bibliothéka, nova, katatelská, čili sbírka kázaní a řečí homiletických příležitostných na všemožné případnosti církve katolické, jakož i kázaní postních svátečních i nedělních. Díl 1. Svazek 1.: Příležitostná kázaní na všemožné případnosti církve katolické. S použitím církevních otců a jiných proslulých kazatelů vydává kooperator Frant. Poimon. Díl 1. Svazek 1. Brünn 855. Nitsch u. Grosse. gr. 8. (S. 1—96.) n. 6 ngr.

— nowočeská, wydáwaná Nákladem Ceského Museum. Cjslo I. — A. u. d. T.: Josefa Jungmanna, Sebrané spisy Wersem i prosau. (Neuböhmische Bibliothek. 1. Bd. — Jungmann's gesammelte Schriften.) gr. 8. (25½ B.) Praze 841, (Kronbergra i Riwnáče.) * Thlr.

— nowoceska, wydawana Nakladem Ceskeho Museum. Cjslo II—IV. u. VII. A. u. d. Tl: Neuböhmische Bibliothek. II—IV. u. VII. Bd. gr. 8. Praze 842, Kronbergra i Riwnáce. *

Bd. 2. Jos. Smetany Sylozpyt cili Fysika. (29 B. u. 11 Stnt.) 842. * 1 Thlr. 10 Ngr.
- 3. Jana Miltona Ztraceny Raj. Prelozeny z Anglickeho jazyka do Ceskeho od Josefa Jungmanna. (23 B.) 843. * 1 Thlr.
- 4. Antonina Marka základní Filosofie. Logika. Metafysika. (21¼ B.) 845. * 1 Thlr.
- 7. Jana slaw. Tomicka dobra prwniho clowecenstwa. Spisu Musejnich. Cislo XXI. (16¼ B.) 846. * 20 Ngr.
1. Bd. Ebendas. 1841. * 1 Thlr. 5 Ngr.

Bibliotéka, nowočeska, wydáwaná nákladem Českého Museum. Číslo VIII—XIII. gr. 8. Prag, (Rziwnatz.) *

Číslo VIII. Smetany, Jos. Frant., wšeobecný dějepis občanský. 3 Díly. (Spisů Musejních Číslo XXV.) (1152 S.) 846. * 3 Thlr. 17 Ngr.
IX. Celakowského, Frant. Lad., spisů básnických knihy šestery. (Spisů Musejních Číslo XXVIII.) (412 S.) 847. * 1 Thlr. 23 Ngr.
X. Presla, Jan. Swat., počátkowé rostlinoslowí. 8. 32 obrazy. (Spisů Musejních Číslo XXIX.) (VI und 564 S., mit Atlas in 4. von 32 Stnt. und 30 S. Text.) 848. * 1 Thlr. 25 Ngr.
XI. Pixy, Frant., klíč štěpařský, čili nawedení k štěpowání owocních stromů a popis nejznamenitějších druhů owocních w čechách. (Spisů Musejních Číslo XXX.) (265 S.) 848. * 22 Ngr.
XII. Tomka, Wácsl. Wlad., děje university Pražské. Díl I. (Spisů Musejních Číslo XXXIII.) (VIII und 320 S.) 849. * 26¼ Ngr.
XIII. Tomíčka, Jana Slawomira, děje anglické země. (Spisu Musejních Číslo XXXV.) (428 S.) 849. * 1 Thlr. 6 Ngr.

— novočeská, vydávaná nákladem Ceského Museum. Císlo XIV—XIX. Prag 852—57. (Rziwnatz.) gr. 8.

XIV. Mudrosloví národu slovanského ve příslovích. Připojena jest sbírka prostonárodních českých pořekadel. Uspořadal a vydal Fr. L. Čelakovsky. (644 S.) n. 1 ℛ 24 ngr

XV. Rozbor filosofie Tomáše ze Štítného dle rukopisu „řečí besedních". Od Ign. Jana Hanuše. (LXVIII, 296 S.) n. 1 ℛ 10 ngr

XVI. O národních písních a pověstech plemen slovanských. Od Ludev. Stúra. (VIII, 148 S.) n. 18 ngr

XVII. Frant. Ladisl. Celakovského čtení o srovnavací mluvnici Slovanské na universitě Pražské. (XV, 360 S.) n. 1 ℛ 10 ngr

XVIII. Dějepis města Prahy. Sepsal Wácsl. Wlad. Tomek. Díl 1. (XII, 631 S.) n. 2 ℛ 20 ngr

XIX. Místr Jan Hus aneb počátkové církevního rozdvojení v Čechách. Sepsal Jos. Alex. Helfert. (7 Bl., 287 S.) n. 1 ℛ 10 ngr

Biblioteka, nowa, poswięcona dzieciom i młodym panienkom, przez autorkę pamiątki po dobréy matce (Made. Tańske-Hofmann). 5 Tom. 16. Wrocławiu 838, Schletter.

A. u. d. Ttln.: Zusamm. genomm.

Tom. I. Życie świętéy Elżbiéty, Krolewnéy Węgierskiéy, Xiężnéy Turyngii. (12½ B. u. Titbild.) 20 Gr.
- II. Powiastki, powieści, i Komedyyki moralne. (14 B.) 20 Gr.
- III. IV. Próbki dobrey litteratury wieku szesnastego. 2 Tom. (Nicolaj Rej. — Jana Kochanowskiego.) (22½ B.) à 20 Gr.
- V. Małe powieści i rozmowy dla dzieci zaczynaiących czytać po francusku. Przez autorkę Wiązania Helenki. — Historiettes et conversations à l'usage des enfans qui commencent à lire le français. Par l'auteur du Cadeau d'Helenka. (13½ B.) 20 Gr.

— obrázková pro mládež. Sbírka vybraných spisů poučných a zábavných. Prag 861—63. Kuranda. 16.

Svaz. 1.: Za mořem. Povídka mravoučná pro mládež od Fr. Hoffmanna. Přel. P. J. Š. Se 4 ocelorytinami. (103 S.) n. 7½ ngr

Svaz. 2.: Věrná krev. Mravoučná a dojímavá povídka pro mládež od Fr. Hoffmanna. Přel. P. J. Š. Se 4 ocelorytinami. (91 S.) n. 7½ ngr

Svaz. 3.: Na severu. Povídka mravoučná pro mládež od Fr. Hoffmanna. Přel. P. J. S. Se 4 ocelorytinami. (108 S.) n. 7½ ngr

Svaz. 4.: Petr Veliký, rusky car. Dějepisná povídka pro mládež i dospělé. Vzdělal P. J. Š. Se 3 malovanými obrázky. (129 S.) n. 7 ngr

Svaz. 5.: Rodina Whartonova. Povídka z amerikánského boje o osvobození pod Washingtonem. Pro mládež vzdělal Jan Přibík. Se 3 malovanými obrázky. (98 S.) n. 7 ngr

Svaz. 6. 7.: Cesta nepravosti. Povídka od Frant. Hoffmanna. Přeložil A. J. P. Se 4 ocelorytinami. (104 S.) n. 10 ngr

Svaz. 8.: Otec a syn čili vojsko francouzské v. Rusích. Vzdělal P. J. Š. Se 3 malovanými obrázky. (107 S.) nn. 7 ngr

Svaz. 9.: Dívka hrdinská čili vděčnost chudoby. Povídka pro mládež, zvláště ale pro dívky. Dle F. K. přel. P. J. Š. Se 3 malovanými obrázky. (92 S.) n. 7 ngr

Svaz. 10.: Přítel v nouzi aneb dobročinnost se odměňuje. Povídka od Frant. Hoffmanna. Přeložil Fr. K. Se 4 ocelorytinami. (83 S.) 7½ ngr

—— pamiętników i podróży po dawnej polsce. Wydawana przez J. J. Kraszewski. Tom. I—III. 8. Dresden 870, Kraszewski. *

Inhalt:

Tom. I. Polska w roku 1793. Według podróży Fryderyka Szulca. (XV, 383 S.) *ℳ 4.
» II. Pamiętnik Hansa Schweinichena do dziejów Szląska i polski 1552—1602. Przekład skrócony Hier. Feldmanowskiego. (VIII, 239 S.) *ℳ 2,40.
» III. Pamiętniki Stanisława Augusta Poniatowskiego. Z autografu francuzkiego przełożone przez Bron. Zaleskiego. (XIX, 464 S.) *ℳ 5.

Biblioteka pisarzy polskich. Leipzig 860—64. Brockhaus. 8. Jeder Bd. n. 1 ℛ; geb. n. 1 ℛ 10 ngr

I.: Poezye Stef. Garczyńskiego. (VII, 190 S.)
II—V.: Pisma Jul. Słowackiego. Tom I—IV. (XXII, 1432 S.)
VI.: Obrazki caryzmu. Pamiętniki J. Gordona. (XVI, 222 S.)
VII.: Pamiętnik historyczny o wyprawie partyzanckiej do Polski w roku 1833. Przez Kar. Borkowskiego. (VIII, 239 S.)
VIII—XII.: Pisma Adama Mickiewicza. Nowe wydanie zupełne. 5 tomow. (XXVIII, 1358 S.)
XIII—XVIII.: Pisma Michała Czajkowskiego. Tom. I—VI. Wernyhora wieszcz Ukrainski. Powieść historyczna z roku 1768. 3. wydanie przejrzane i poprawione. (XCIV, 1355 S.)
XXI.: Poezye Cypriana Norwida. 1. wydanie zbiorowe. (VI, 292 S.)
XXII.: Poezye Lucyana Siemieńskiego. 1. wydanie zbiorowe. (VII, 303 S.)
XXIII—XXV.: Poezye Zygm. Krasińskiego. Tom I—III. (XV, 820 S.)
XXVI.: Poezye Maurycego Gosławskiego. Z przedmową przez Leona Zienkowicza. 1. wydanie zbiorowe i zupełne. (XXIII, 311 S.)
XXVII.: Wieczory lacha z lachów czyli opowiadania przy kominku starego literata polskiego przez Leona Zienkowicza. (III, 257 S.)
XXVIII.: Wizerunki polityczne dziejów państwa polskiego. Tom I. Rzecz o rozumie stanu w Polsce. Przez Jana Alcyatc. Przejrzana, powiększona i powtórnie wydana przez Leona Zienkowicza. (V, 256 S.)
XXIX.: Wizerunki polityczne dziejów państwa polskiego. Tom II. Polska w kraju i zagranicą od 1831 do 1848 r. Zbiór dokumentów z tych czasów jako materyałów do historyi politycznej narodu polskiego. Wydany przez Leona Zienkowicza. (V, 304 S.)

— pisarzy polskich. Leipzig 865—70. Brockhaus. 8. Jeder Bd. n. 1 ℛ; geb. n. 1 ℛ 10 ngr

19. Pisma Mich. Czajkowskiego. Tom. VII. Koszowata i Ukrainki. Wyd. 2., przejrzane i poprawione. (XI, 300 S.)
20. Anna Powieść przez Mich. Czajkowskiego. Wydanie nowe. (VII, 262 S.)
30. 31. Wizerunki polityczne dziejów panstwa polskiego. Wydany przez Leona Zienkowicza. Tom III. Rewolucyoniści i stronnictwa wsteczne w 1848 roku przez Edm. Chojeckiego. (XIX, 305 S.) — Tom IV. Polska w kraju w 1848 roku. Sprawy Poznańskie, Krakowskie i Galicyjskie. Zbiór dokumentów z tych czasów jako materyałów do historyi politycznej panstwa polskiego. (III, 279 S.)
32. Pisma Mich. Czajkowskiego. Tom IX. Dziwne życia Polakow i Polek. (VI, 256 S.)
33. Sołdat czyli sześć lat w Orenburgu i Uralsku. Nowe pamiętniki J. Gordona. Wyd. 2., przejrzane i dopełnione. (IX, 255 S.)
34. Kaukaz czyli ostatnie dni Szamyla. Powieść historyczna przez J. Gordona. (VIII, 240 S.)
35. Demokracya polska na emigracyi. Wyjątki z pism Wikt. Heltmana. (V, 308 S.)
36. Poezye romana Zmorskiego. (VIII, 225 S.)
37. Jan Kochanowski w Czarnolesie. Obrazy z końca szesnastego wieku przez K. z Tańskich Hoffmannowa. (XI, 337 S.)
38. 39. Wieczory Pielgrzyma. Rozmaitości moralne, literackie i polityczne przez Stef. Witwickiego. 2 tomy. (XXII, 481 S.)
40. 41. Podróż więźnia etapami do Syberyi w roku 1854 przez Agat. Gillera. 2 tomy. (XII, 485 S.)
42. 43. Poezje Kornela Ujejskiego. Nowe wydanie z wyboru autora. 2 tomy. (XV, 438 S.)
44. Dziesięć lat niewoli moskiewskiej napisał Jasieńczyk. Poprzedzone listem B. Bolesławity do autora. (X, 312 S.)
45—47. Opisanie zabajkalskiej krainy w Syberyi przez Agat. Gillera. 3 tomy. (XXIX, 950 S.)
48. Podróż do Nowego Orleanu przez J. Gordona. (V, 217 S.)
49. Na kresach. Powieść z naszych czasów w trzech częściach. Napisał Jan Zacharjasiewicz. (V, 341 S.)
50. 51. Wizerunki polityczne literatury polskiej. Kurs publiczny wykładany w paryżu w okręgu towarzystw uczonych (cercle des sociétés savantes) przez Leona Zienkowicza. 2 tomy. (VI, 532 S.)
52. Poezje Konst. Gaszynskiego. Wydanie zupełne. (XXVIII, 220 S.)
53. Pamiątki Pana Seweryna Soplicy, cześnika Parnawskiego. Wydanie nowe, pomnożone. (XXXIX, 269 S.)

54. Pamietniki czasów moich. Dzieło pósmiertne Juljana Ursyna Niemcewicza. Wydanie nowe. (XII, 328 S.)

55—58. Alkhadar. Ustęp z dziejów ojców naszych przez Edm. Chojeckiego. Wyd. 2. poprawne. 4 tomy. (1097 S.)

59. Pisma Adama Mickiewicza. Nowe wydanie zupełne. Tom. 6. Pisma pośmiertne. (V, 208 S.)

60. 61. Dzieła Seweryna Goszczynskiego. Nowe wydanie poprawne. 2 tomy. (XVI, 275; VI, 306 S.)

» 62. Pamiętniki Kasztelana Narcyza Olizara. Dwie części razem. (XIII, 211 S.) 871.

» 63. Gordon, Joz., Gdy się było młodym. Wspomnienia z wędrówki po szerokim świecie. (240 S.) 871.

» 64. Czajkowski, Mich. Pisma. Tom X. Bułgarja. Powieść sławiańska. (IV, 308 S.) 872.

» 65. —— dass. – Tom. XI. Nemolaka. Powieść sławiańska. (282 S.) 873.

» 66. 67. Zacharjasiewicz, Jan, Święty Jur. Jarema. Dwie powieści współczesne. 2 tomy. (300; 276 S.) 873.

» 68. Belza, Władysł., Poezje. (IX, 273 S.) 874.

» 69. Gaszyński, Konst., Pisma prozaiczne. (VII, 279 S.) 874.

» 70. Kozubowski, Fel., Rozgrzeszeni. Obrazek z życia wygnańców. (XV, 269 S.) 875.

Biblioteka pisarzy polskich. Tom. 71—81. 8. Leipzig, Brockhaus. à Bd. *
geb. à Bd. *

Inhalt:

Tom. 71. 72. Wrotnowski, Feliks, Historja powstania w 1831 roku na Wołyniu, Podolu, Ukrainie, Żmudzi i Litwie. 2 tomy. I. Powstanie na Wołyniu, Podolu i Ukrainie. — II. Zbiór pamiętników o powstaniu Litwy. (X, 353; XII, 255 S.) 875.

» 73. Czyński, Jan, Cesarewicz Konstanty i Joanna Grudzińska czyli Jakubini Polscy. (XII, 274 S.) 876.

» 74. 75. Purk, X., Luźne karty pamiętnika zbiega z Sybiru. 2 tomy. (VI, 317; IV, 299 S.) 877.

» 76. 77. Witwicki, Steffan, Zbiór pism pomniejszych utworu. 2 tomy. (X, 262; VI, 317 S.) 878.

» 78. Urbanski, Aurel, Utwori poetyczne. Wydanie trzecie pomnożone. (VIII, 304 S.) 884.

» 79. Czaijkowski, Michał, Pisma. Tom XII. Legendy. (VI, 312 S.) 885.

» 80. 81. Gorecki, Ant., Pisma. (Wydanie uprawnione E. Ł. Kasprowicza.) 2 tomy. (XVI, 276; X, 312 S.) 886.

Biblioteka pisarzy polskich. Tom. 2—4, 42 u. 43. 8. Leipzig 894. F. A. Brockhaus. à n. 2. —; geb. à n. 3. —

2—4. Pisma Juliusza Słowackiego. (Neue Aufl.) (VII, 327, V, 350 u. V, 374 S.)

42. 43. Poezje Kornela Ujejskiego. Nowe wydanie z wyboru autora. (VIII, 243 u. VII, 195 S.)

—— powiesci historycznych wydawana przez J. N. Bobrowicza. Tom. I—IX. 16. Lipsk. (Librairie étrangère.)

Tom I., II. Lechia w IX wieku przez W. B. 2 Tomy. (36 B.) 843. 1 Thlr. 15 Ngr.

III., IV. Biała Kniebini powiesc historyczna z czasow Bolesława wielkiego. Przez W. B. 2 Tomy. (31 B.) 844. 1 Thlr. 15 Ngr.

V—VII. Maxymilian arcy-ksiaze Austryacki obrany krol Polski. Obraz narodowi z konca XVI wieku przez F. M. 3 Tomy. (38½ B.) 844. 2 Thlr.

VIII., IX. Wyprawa Pruska i Poltora Krzyza, powiesci historyczne z czasow Bolesława W. Przez W. B. 2 Tomy. (30½ B.) 845. 1 Thlr. 15 Ngr.

Biblioteka powiesci historycznich wyd. przez J. N. Bobrowicza. Lipsk 858. Librairie étrangère. 16.
Tom. 1. 2. Lechia w 9. wieku. Powiesc historyczna przez Win. Budzyńskiego. 2 tomy. Wydanie 2. (2 Bl., 300; 2 Bl., 268 S.) 1 Thlr 15 Ngr

Bibliotéka. Prostonárodná —. Wydáwaná pod správou Dra. Ondr. Radlinského. 5. Swazek. (Slovakisch.) Enthält: »Fabiola« od P. Vikt. Časinka. W Budíně, 1857. Tisk Mart. Bagô. (276 S. 8.) Populäre Bibliothek. Herausgegeben unter der Leitung des Dr. Andr. Radlinský. 5. Bd. »Fabiola.« Von P. Vikt. Časinek. Ofen, 1857. Dr. von Mart. Bagó.

—— najnowszych i najlepszych romansów zagranicznych. Tom. I—XVIII. gr. 16. Lipsk, Breitkopfa i Haertla.

Tom. I—V. Konsuelo z Francuzkiego pana Jerzego Sand przełożył B. W. 5 Bde. (76 B.) 844. 3 Thlr. 10 Ngr.

VI. Joanna z Francuzkiego pana Jerzego Sand przełożył B. W. (28¼ B.) 845. 1 Thlr.

VII—XVI. Zyd wieczny z Francuzkiego Eugen Sue przełożył B. W. 10 Bde. (170¼ B.) 844, 45. à 15 Ngr., 5 Thlr.

XVII., XVIII. Oliwer Twist. Z Angielskiego przez Pana Boz (Karola Dickens.) 2 Bde. 16. (18 B.) 845. 1 Thlr. 10 Ngr.

—— wybranych romanu ginozazycnych. 3 Swaz. Karoljny Pichlerowe Swedowe w Praze. W čeſſtinu uwedl Jos. Pecjrka. 3 Djl. gr. 12. (18⅔ B.) Znogme 844, Fourniera. à ⅓ Thlr.

Библіотека, Русская. (Russische Bibliothek.) Томъ 1—16. 8. Leipzig, Gerhard. Thlr. 13

Inhalt:

Томъ 1. Собраніе стихотвореній Пушкина, Рылѣева, Лермонтова и другихъ лучшихъ авторовъ. (Sammlung der Gedichte von Puschkin, Rylloff, Lermontoff und vieler andern Autoren.) (VII und 272 S.) 858. 1 Thlr. 15 Ngr.

» 2. Приваловскій, Ю., Губернаторская Ревизія. Сцены списанныя съ натуры. Комедія въ трехъ дѣйствіяхъ. (Privaloffski, Untersuchung des Gouverneurs. Erfahrungen aus der Natur. Posse in 3 Akten.) (VII und 77 S.) 858. 15 Ngr.

» 3. Головинъ, Иванъ, Ровира. Драма въ трехъ дѣйствіяхъ. (Golowin, J., Rowira. Schauspiel in 3 Akten.) (53 S.) 858. 15 Ngr.

» 4. —— Лекціи о Френологіи. (Vorlesungen über Phrenologie.) (77 S. mit eingedr. Holzschn.) 858. 20 Ngr.

» 5. —— Десять лѣтъ въ Англіи. (Zehn Jahre in England.) (X und 143 S. mit lithogr. Portr.) 858. 1 Thlr. 15 Ngr.

» 6. —— Записки. (Notizen.) (216 S.) 859. 1 Thlr. 15 Ngr.

» 7. —— Молодая Россія. (Das junge Russland.) (VI und 108 S.) 859. 24 Ngr.

» 8. Пушкинъ и Шевченко, Новые Стихотворенія. (Puschkin und Schawtschenko, Gedichte.) (45 S.) 859. 7½ Ngr.

» 9. Записки Фонъ-Визина очевидца смутныхъ временъ царствованій Павла I, Александра I и Николая I. (Notizen des Herrn v. Wizin, eines Augenzeugen der traurigen Zeiten der Regierung von Paul I. Alexander I. und Nicolaus I.) 1. Aufl. 1859. und 2. Aufl. (III und 178 S.) 861. 1 Thlr.

» 10. Некрасовъ, Н., Стихотворенія. Изданіе К. Солдатенкова и Н. Щепкина. (Nekrassoff, N., Gedichte. Hrsg. von K. Soldatenkow und N. Schtschepkin.) (230 S.) 859. 1 Thlr. 10 Ngr.

» 11. Стихи Сп.......ко и П. П. (Gedichte von Sp.......ki und P. P.) (VII und 90 S.) 860. 15 Ngr.

» 12. Вольфзонъ, Вильгельмъ, Они только души! Драма въ пяти дѣйствіяхъ. Переводъ съ нѣмецкаго. (Wolfsohn, Wilh., nur eine Seele! Schauspiel in 5 Aufzügen.) (195 S.) 860. 1 Thlr.

» 13. Римъ и Санктъпетербургъ. (Rom und St. Petersburg.) Журналъ высочайше утвержденнаго комитета по дѣламъ императорскаго двора съ римскимъ правительствомъ. (40 S.) 861. 7½ Ngr.

» 14. Кто правъ. О соединеніи восточной церкви съ западной. (Ueber die Vereinigung der orientalischen mit der occidentalischen Kirche.) (VII und 87 S.) 861. 15 Ngr.

» 15. Милль, Джонъ, Стюартъ, О свободѣ. (Mill, über die Freiheit.) Переводъ съ англійскаго. (253 S.) 861. 1 Thlr. 10 Ngr.

» 16. Духовная Василія Никитича Татищева. (Vermächtniss des Basil. Nikititsch Tatischtschoff.) (40 S.) 861. 7½ Ngr.

—— русская. Томъ 17—22. (Russische Bibliothek.) 8. Leipzig 868, Gerhard. * 1

Inhalt:

Томъ 17. О юности Александра I. (Die Jugendjahre Alexander's I.) (40 S.) * 10 Ngr.

» 18. Разсказъ очевидца о 14. декабря 1825. (Erzählung eines Augenzeugen vom 14. December 1825.) (24 S.) * 7½ Ngr.

» 19. Біографія Арсенія Мацѣевича, Архіепископа Ростовскаго и Ярославскаго. (Biographie des Alexander Matziejewitsch, Erzbischoff von Rostoff und Jaroslaff.) (28 S.) * 7½ Ngr.

» 20. О мнимой княжнѣ Таракановой. (Ueber die vermeintliche Gräfin Tarakanoff.) (24 S.) * 7½ Ngr.

» 21. О состояніи русской арміи въ семилѣтнюю войну. О злой Салтычихѣ. (Ueber die russische Armee im siebenjährigen Kriege.) (42 S.) * 10 Ngr.

» 22. Докладъ о управленіи государствомъ, поданный Екатеринѣ II. вскорѣ по восшествіи ея на престолъ. Записка князя Михаила Никитича Волконскаго о необходимыхъ улучшеніяхъ 1775. (Project des Regierungssystems, welches der Kaiserin Katharina II. sogleich nach ihrer Thronbesteigung unterbreitet wurde.) (39 S.) * 10 Ngr.

Bd. 1—16. Ebendas. 1858—61. * 13 Thlr. 11½ Ngr.

—— poucnych i zabawnych spisu pro mlady i dospely wek. Cjslo I—V. gr. 12 (29 B.) Znogme 844, 45, Fourniera. à

Inhalt:

Tom. I. Swetak z Krkonoš. Powjdka pro křesťanské rodiny, zwlaſſtě wſſak pro dospělegſſj mládež. Od katolického duchownjho sepsána a dle německého wzdělána od Jos. Pecjrky.

» II. Wystěhowanci do Ameriki. Powjdka od G. Nieritze, přeložena od Pecjrky.

» III. Jan Poctiwa. Dle anglického romanu a německé powjdky wzdělal Jos. Pecjrka.

» IV. Mateřská láska a bratrská wěrnost, aneb: Nepřjzeň společenstwj welikého města. Zábawná powjdka od G. Nieritze. Zčeſſtěna od Jos. Pecjrky.

» V. Žiwot a přjběhy dwau wězňu w kázniči, aneb: Jak zaseješ, tak sklidjš. We francauzském gazyku sepsána od L. P. de Jussieu, swobodně zčeſſtěna od Jos. Pecjrky.

—— staročeska, wydáwaná Nákladem Českého Museum. Cjslo I. — A. u. d. T.: Viktorína Kornelia ze Wšehrd knihy dewatery o práwiech a súdiech i o dskách země české. (Altböhmische Bibliothek. 1. Bd. — Wsehrd's böhm. Landrecht. Mit Titkpfr.) gr. 8. (34 B.) Praze 841, Kronbergra i Riwnáče.) *

Biblioteka, Nowočeska, wýdáwaná nákladem Českého Museum. Cislo II.: Wácslawa Březana žiwot Wiléma z Rosenberka. Spisů musejních číslo XXIV. gr. 8. (VIII u. 328 S.) Prag 847, Rziwnatz in Comm. 1 Thlr

—— dass. Číslo III.: Jana Amosa Komenského didaktika. Téhož 1.: Nawržení krátké o obnowení škol w králowstwí Českém. 2. Přislowí čili maudrost starých předků za zrcadlo wystawená potomkům. Spisů Musejních Číslo XXXIV. gr. 8. (XX und 208 S.) Prag 849, Rziwnatz. Thlr.

Číslo I. Ebendas. 1841. * 1 Thlr. 10 Ngr.

— staročeská, vydávaná nákladem Ceského Museum. Číslo IV. Díl 1. 2. A. u. d. T.: Kristofa Haranta z Polžic a z Bezdružik a na Pecce atd., Cesta z král. Českého do Benátek, odtud do země svaté, země Judské a dále do Egypta, a potom na horu Oreb, Sinai a sv. Kateřiny v pusté Arabii. Prag 854, 55. Rziwnatz in Comm. gr. 8. (XXXII, 294 S., 1 lith. Taf. u. Portr. in Kpfrst.; 298 S.) n. 1 ₰ 6 ngl.

— Starożytna Pisarzy Polskich. Wydal K. Wt Wojcicki. Tom I. gr. 8. Warszawa 843, Orgelbrand. pro 6 Bde. n. $7^1/_2$ ₰

Esperanta Biblioteko Internacia. No. 1. Berlin: Möller & Borel [1909]. 8° [illegible]

Biblioteko Esperantista, 10-spesdeka. Nr 1—6 u. 6a. kl8° Lpzg, Esperanto-propaganda instituto. je — 20
Christaller, P: Proverbaj nomoj en Esperanto. (16) ('11) [2]
Fenot, Marcel: Vidaĵoj de senlimo. Originala traktato. (24) '11 [5]
Gautherot, G: Esperanto kaj Ido. Lau G. trad. de LE Meier. (16) '11 [4]
Heine, Heinr.: Libro de kantoj. Unua serio, trad. de LL Zamenhof, L Belmont, P Christaller u. a. (24) '11 [3]
Zamenhof, LL: Gentoj kaj lingvo internacia. Memuaro originale. (15) '12 [6] ‖ Dass. Memuaro originale verkita. (15) '12 [6a] ‖ Kongresa parolado ĉe la malfermo de la sesa universala kongreso de Esperanto en Washington '10. (24 m. Bildn.) '11 [1]

— de la verda standardo. Red.: A. Marich. Nr. 1—3, 5 u. 10. 16° Budap., L Kókai.
Evald, K: Bildoj el la besta vivo. Trad. I Pataky. (86) Eger '11 (Umschl.: '12) [10] — 80
Kovács, J: Praktika metodo por instrui la lingon esperantan. (32) '10 [3] — 50
Monato, La granda, de Esperanto. (Historio Esperanta.) Lau la ofitzialaj protokoloj kaj gazetartikoloj. (31) '10 [1] — 50
Petőfi, A: Elektitaj poemoj (Hungara poemaro), trad. Eug. Fuchs. (55) '10 [5] — 80
Rakontoj, Tri. (Hungara serio I.) (31) '10 [2] — 50

Bibliothec, s. Bibliothek.

Bibliotheca abessinica. Studies, concerning the languages, literature and history of Abyssinia. Edited by Enno Littmann. I—III. gr. 8. Leiden, Buchh. u. Druckerei vorm. E. J. Brill. nn 11. 40
Boyd, J. Osc., the text of the Ethiopic version of the Octateuch with special reference to the age and value of the Haverford manuscript. (VII, 30 S.) 905. (II) nn 1. 70
Littmann, E., the legend of the Queen of Sheba in the tradition of Axum. (XI, 40 S.) 904. (I) nn 1. 70
Octateuch, the, in Ethiopic. According to the text of the Paris codex, with the variants of 5 other manuscripts ed. by J. Osc. Boyd. Part. I. Genesis. (XXII, 158 S.) 909. (III) nn 8. —

Bibliotheca abessinica. Studies, concerning the languages, lit. and hist. of Abyssinia. Ed. by Enno Littmann. Vol. 4. gr8° Leid., Buchh. u. Dr. vorm. EJ Brill. (1—4: nn 22.40)
Octateuch, The, in Ethiopic. According to the text of the Paris codex, with the variants of 5 other manuscripts, ed. by J. Osc. Boyd. Part. 2. Exodus and Leviticus. (7;240) '11. nn 11—

Bibliotheca academica anni 1718 et 1719. etc. XIV. Part. 4. Hal. Kümmel.

Bibliotheca sive acta et scripta Magica. [Lemgo] 1738—45. V: *Hauber, Eberhard David.* (Petz)

Bibliotheca acta et scripta magica: Gründliche Nachrichten und Urtheile von solchen Büchern und Handlungen, welche die Macht des Teufels in leiblichen Dingen betreffen. Ulm 1738—45. H: *Hauber, Eberhard David.* (ML)

— acta et scripta Magica. Nachricht. v. Handl. welche d. Macht d. Teufels betreff. 36 Stck. 8. Lemgo, Meyer. 739—45.

Bibliotheca aegyptiaca. Repertorium über die bis zum J. 1857 in Bezug auf Aegypten, seine Geographie, Landeskunde, Naturgeschichte, Denkmäler, Sprache etc. etc. erschienenen Schriften, academ. Abhandlungen und Aufsätze in wissenschaftl. und anderen Zeitschriften. Von H. Jolowicz. Nebst einem alphabet. Namen-Register. gr. 8. (VIII und 244 S.) Leipzig 858, Engelmann. *

—— dass. — Suppl. 1. gr. 8. (IV und 75 S.) Ebendas. 861. *

Bibliotheca Alpina tertia. Troisième collection d'ouvrages anciens et modernes spécialement sur les Alpes en vente aux prix marqués à la librairie H. Georg à Bâle. (ca. 1400 Nros. avec table alphabétique et un appendix de 60 ouvrages sur le Jura.) In-8°, 85 p. Bâle et Genève, Georg. 1878? — 50

Bibliotheca americana. Collect. d'ouvr. inéd. ou rares sur l'Amérique. (Vols. I—III.) 8. Paris, Franck. geb. n. 11. 10
Alvarez de Toledo, F, Puren indomito. (488) 62. n. 3. 20
Perrot, N, mémoire s. l. moeurs, coust. et relig. d. sauvages de l'Amér. septentr. (381) 64. n. 3. 20
Yves d'Evreux, voyage dans le nord de Brésil. (456) 64. n. 4. —

Bibliotheca americana. Collection d'ouvrages inédits ou rares sur l'Amérique. Vol. I—III. gr. 8. Leipzig, [Paris] Franck'sche Verlagsbuchh. geb. *

Inhalt:
Vol. I. Puren Indomito. Poema por el capitan Fernando Alvarez de Toledo. Publicado bajo la direccion de Don Diego Barros Arana. (VIII und 488 S.) 862. * 3 Thlr. 20 Ngr.
Vol. II. Voyage dans le nord du Brésil fait durant les a. 1613 et 1614 par le père Yves d'Évreux. Publié d'après l'exemplaire unique conservé à la bibliothèque impériale de Paris. Avec une introduction et des notes par Ferd. Denis. (XLVII und 456 S.) 865. * 4 Thlr.
» III. Mémoire sur les mœurs, coustumes et relligion des sauvages de l'Amérique septentrionale par Nicolas Perrot. Publié pour la première fois par le R. P. J. Tailhan. (VIII und 381 S.) 865. * 3 Thlr. 20 Ngr.

Bibliotheca anecdotorum sive veterum monumentorum ecclesiastic. collectio novissima. Ex codd. bibliothecar. Hispanicar. collegit, descrips., dispos. et ed. Gotth. Heine. Pars I. Monumenta regni Gothorum et Arabum in Hispaniis. Praefatus est J. E. Volbeding. 8maj. (IX und 244 S.) Lipsiae 848, T. O. Weigel. *

Bibliotheca anonymiana sive Catalogus locupletis raritate, selectu, ligatura librorum splendidissimae. Norimbergae 1738. V: *Solger, Adam Rud.* (ML) V: *Zeltner, Ge. Gustav.* (Myl)

— anonymica c. u. liter. et pretio libror. 8. Nrnb.

Bibliotheca antiqua. Jenae 1705-7. V: *Struvius, Burkard Ghelf.* (Myl)

Bibliotheca antiqua Vindobonensis civica, s. Catalogus librorum ... qui in Bibl. Vind. civica asservantur, ... Vind. 1750. V: *Lambacher, Phil. Jac.* (ML)

Bibliotheca Aprosiana. Liber rarissimus ... latine conversa ... Hamburgi 1734. V: *Aprosio, Angelico.* (Barbier)

— Aprosiana ex lingua Ital. in lat. conv. c. praef. Wolf. 8. Hamb. (Vandenhök.) 734.

Bibliotheca arabico-hispana. Tom. IX. gr. 8. Caesaraugustae. (Leipzig 894. O. Harrassowitz.) n.n. 20. —
Index librorum de diversis scientiarum ordinibus quos a magistris didicit Abu Bequer ben Khair, ad fidem codicis escurialensis arabice nunc primum ediderunt indicibus additis Franc. Codera et J. Ribera Tarrago. Vol. I. (483 S.)

Bibliotheca arabico-hispana. Tom. X. gr. 8. Caesaraugustae 896. (Leipzig, O. Harrassowitz.) n.n. 4. —
Index librorum de diversis scientiarum ordinibus quos a magistris didicit Abu Bequer ben Khair, ad fidem codicis escurialensis arabice nunc primum edd. indicibus add. Franc. Codera et J. Ribera Tarrago. Vol II. Introductionem et indices continens. (XIII, 118 S.) n.n. 4. — (1 u. 2.: n.n. 24. —)

Bibliotheca Arabo-Sicula raccolta da Michele Amari. Versione italiana. Fol. (XXVIII, 363 S.) Torino 880. Loescher. n.n. 50. —

Bibliotheca Arnoldiana ... [Norimb.] 1725. H: *Jungendres, Seb. Jac.* (EB)

—— ascetica, s. a. Bibliotheca, mystica.

Bibliotheca ascetica. Edidit Mich. Sintzel. XVII tomi. 18maj. Solisbaci 843—46, de Seidel. Tomus I—V. s. Rob. Bellarmini Opuscula Ascetica quinque exiguis Voluminibus distributa. Praefatus est J. E. Weigl. — Tom. VI. VII. s. Thesaurus precum ac meditationum. — Tom. VIII. s. M. Lud. Abelly Sacerdos christianus. — Tom. IX.—XIII. s. Joann. Mich. Kroust meditationes de praecipuis fidei mysteriis ad usum clericorum accommodatae. Vitam auctoris adumbravit et praefatus est J. B. Weigl. — Tom. XIV. — XVI. s. Div. Aur. Augustini Opera. Cum vita et effigie S. Augustini. — Tom. XVII. s. L. Blosii divini amoris scintillulae.

Bibliotheca ascetica. Ed. Mich. Sintzel.

E. s. tit.:

Tom. I., II. Bellarmini, Rob., opuscula ascetica quinque exiguis voluminib. distributa. Praefat. est J. B. Weigl, ed. Mich. Sintzel, 844, 45. Vol. I et II.

Vol. I. de gemitu columbae sive de bono lacrymarum libri III. Cum vita auctoris. (17½ B.) 22½ Ngr.

II. de ascensione mentis in Deum per scalas rerum creatarum. (11 B.) 20 Ngr.

VI., VII. Thesaurus precum ac meditation. atque variar. instructionum exercitationumque spiritualium. Ex probatis autorib. collectus etc. (Cracoviae a. MDCIX) in usum omnis conditionis nominum 2 Tomi. (33¼ B. u. 2 Kpfr.) 845. 2 Thlr.

VIII. Sacerdos christianus seu manuductio ad vitam sacerdotalem pie instituendam. Auct. M. Ludov. Abelly. (18½ B.) 845. 1 Thlr.

IX—XIII. Meditationes de praecipuis fidei mysteriis ad us. clericorum accomodatae. Auct. Joan. Mich. Kroust. Ed. Mich. Sintzel. 5 Tomi. (.... B.) 846. 3 Thlr. 10 Ngr.

XIV. Divi Aurelii Augustini, meditationes, soliloquia et manuale. Cum vita et effigie Auct. (12½ B.) 846. 20 Ngr.

XVII. Divini amoris scintillulae, seu preculae admodum piae. Ex operibus Lud. Blosii excerpta. (23¼ B.) 847. 1 Thlr.

Tom. III—V. contin. Bellarmini opuscula etc. u. Tom. XV., XVI. sind noch nicht erschienen.

—— ascetica, ed. J. B. Malou. I. Serie. VII Hefte. 12. Lovanii 846—47. (Cöln und Neuss, Schwannsche Vrlgsh.) *

Heft I. S. Eucherii, de contemptu mundi epistola paraenetica ad Valerianum cognatum, et ejusdem de laude eremi ad Hilarium libellus. (IX und 81 S.)
- II. S. Patris nostri Joannis Chrysostomi paraeneses II ad Theodorum Lapsum. (95 S.)
- III. Martyrium S. Stratonicae et Seleuci Cyzici. (91 S.)
- IV. S. Patrum et veterum scriptorum ecclesiast. pietas Mariana, seu homiliae in festis beatae Mariae virginis etc. (513 S.)
- V. S. Patris nostri Gregorii Nazianzeni de pauperum amore oratio. Accedunt S. Joannis Chrysostomi de eroganda eleemosyna homiliae II. nec non ejusdem encomium paupertatis. (108 S.)
- VI. Vita S. Patris nostri Antonii, scripta missaque ad monachos etc. a S. Patre nostro Athanasio. (104 S.)
- VII. S. Patris nostri Joannis Chrysostomi, de educandis liberis monita. (103 S.)

Bibliotheca ascetica. 1—4. 16° Ratisbonae. Regensbg. F Pustet.
Arvisenet, Claud.: Memoriale vitae sacerdotalis. (400) '11 [4] 1.50; L 2 —; Ldr m. G 3 —
Lohmann, Joa. Bapt.: Vita D. N. Jesu Christi e quatuor evangeliis ipsis ss. libror. verbis concinnata. Latina reddita a Vict. Cathrein. (12, 371 m. 1 Taf.) '11 [3] 1.50; L 2 —; Ldr m. G 3 —
Loyola, Ignatii de, exercitia spiritualia. Versio litteralis ex autographo hispanico, notis illustrata auctore Joa. Roothaan. (40, 599 m. Abb. u. Titelbild.) '11 [2] 2 —; L 2.60; Ldr m. G 3.80
Thomas Hemerken a Kempis: De imitatione Christi libri 4. (24, 400 m. Titelbild.) '11 [1] 1.50; L n 2.30; Ldr m. G 3.70

Bibliotheca ascetica ex ordinis s. Benedicti scriptoribus collecta ac usu omnium quidem clericorum ac monachorum, praecipue antem sub regula s. p. Benedicti militantibus accommodata. I. Spiritus ss. p. n. Benedicti. Meditationes in ejus regulam et vitam pro singulis anni diebus. Denuo ed. Beatus Rohner. Pars I. 16. (472 S. mit 1 Stahlst.) Einsiedeln 875, Gebr. Benziger.

Bibliotheca ascetica ex ordinis S. Benedicto scriptoribus collecta ac usui omnium quidem clericorum ac monachorum, praecipue autem sub regula S. P. Benedicti militantibus accomodata. I. Spiritus ss. P. N. Benedicti. Meditationes in ejus regulam et vitam pro singulis anni diebus. Denuo ed. P. Beatus Rohner. Pars II—IV. 16. Mit je 1 Stahlst. Einsiedeln, Gebr. Benziger. [Pars II. (414 S.) 876. ℳ 2,40.; Pars III. (368 S.) 877. ℳ 2.; Pars IV. (365 S.) 878. ℳ 2.]

Pars I. Ebendas. 1875. ℳ 2,40.

Bibliotheca ascetica mystica. Series operum selectorum quae consilio atque auctoritate eminentissimi et reverendissimi domini Antonii cardinalis Fischer, archiepiscopi Coloniensis, denuo edenda curavit Augustinus Lehmkuhl. S. J. kl. 8. Freiburg i/B., Herder. n. 8. —; geb. in Halbfrz. n. 4. —

Arvisenet, Claudius, memoriale vitae sacerdotalis. — Bona, Kard. Ioa., O. Cist., de sacrificio missae. Tractatus asceticus continens praxim attente, devote et reverenter celebrandi. (XVI, 425 S.) 906.

— ascetica mystica. Series operum selectorum quae consilio atque auctoritate eminentissimi et reverendissimi domini Antonii cardinalis Fischer, archiepiscopi Coloniensis, denuo edenda curavit Augustinus Lehmkuhl, S. J. kl. 8. Freiburg i/B., Herder.

Blosius, Ludov., Manuale vitae spiritualis continens opera spiritualia selecta. (XV, 373 S.) 907. 3.—; geb. in Halbfrz. 4. —

Ponte, Ludov. de, S. J., meditationes de praecipuis fidei nostrae mysteriis, de hispanico in latinum translatae a Melchiore Trevennio, S. J., de novo in lucem datae cura Augustini Lehmkuhl, S. J. Ed. altera recognita. (In 6 vols.)

Pars I, complectens meditationes de peccatis, hominis novissimis, aliisque quae ad purgandam animam conducunt, cum instructione de oratione mentali. (XXVIII, 370 S.) 908. 3.—; geb. in Halbfrz. 3. 80

Pars II, complectens meditationes de incarnatione et de infantia Christi eiusque vita usque ad baptismum, similiter de eiusdem gloriosa matre Maria. (XXVI, 268 S.) 908. 2.25; geb. in Halbfrz. 3. 25

Pars III, complectens meditationes circa vitam Christi publicam ab eius baptismo usque ad passionem, eius gesta, doctrinam, miracula, parabolas. (XLI, 530 S.) 908. 4.—; geb. in Halbfrz. 5. —

Pars IV, complectens meditationes de mysteriis passionis domini nostri Jesu Christi ab eius ultimo ascensu ad Ierusalem usque ad sepulturam inclusive. (XXXVIII, 468 S.) 909. 4.—; geb. in Halbfrz. 5. —

Pars V, complectens meditationes de Christi domini nostri glorificatione, de spiritus sancti missione eiusque in ecclesia operatione. (XXXI, 376 S.) 910. 3.30; geb. in Halbfrz. 4. 30

Pars VI, complectens meditationes de divinitate divinisque perfectionibus, de naturalibus et supernaturalibus dei beneficiis. Cum duabus appendicibus et indice tum synoptico tum alphabetico rerum memorabilium. (XLI, 572 S.) 910. 5.25; geb. in Halbfrz. 6. 25

— ascetica mystica. Series operum selector. quae denuo edenda curavit Augustinus Lehmkuhl. kl8° FreiburgB., Herder.
Bona, Ioa: Opuscula ascetica selecta. (14, 385) ('11) 3.30; L m. Ldrrücken 4.30
Ioannes a Iesu Maria: Theologia mystica et epistola Christi ad hominem. — Scupoli, Laurentius: Pugna spiritualis. Secundum versionem latinam ab Olympio Masotto factam. (12, 394) ('12) 3.50; HLdr 4.50

Bibliotheca auctorum classicorum graecorum et latinorum

Bibliotheca Autorum classicorum graecorum et latinorum, od. Verzeichniß derjen. Ausgaben u. Uebersetzung. griech. u. römischer Schriftsteller, welche v. Jahre 1700 bis Ende 1820. in Deutschl. erschienen sind. gr. 8. Berl. Enslin. 820.

Bibliotheca auctorum classicor. et Graecor. et Latinor., od. Verzeichniß derjen. Ausgaben u. Uebersetzn. griech. u. röm. Schriftsteller, welche v. J. 1700 bis zu Ende d. J. 1830 in Deutschland erschienen sind, nebst d. nothwend. u. brauchbarsten Erläuterungsschrn. ders. Zuerst hrsg. v. Buchhdlr. Th. Chr. Fr. Enslin, jetzt aber neu bearb. u. verm. v. Buchhdlr. Chr. W. Löflund. 6., sehr verm. u. verb. Aufl. (2 Abthl.) gr. 8. (11 B.) Stuttgart 831, Löflund.

Bibliotheca auctorum classicorum et graecorum et latinorum, oder Verzeichniß derjenigen Ausgaben u. Uebersetzungen griech. u. röm. Schriftsteller, nebst den Erläuterungsschriften derselben, welche vom Jahre 1700 bis Mitte des Jahres 1839 in Deutschland u. den angränz. Ländern erschienen sind. Zuerst herausg. v. Th. Chr. Fr. Enslin. Supplement-Heft, enthalt. die Literatur vom Jahre 1830 bis Mitte 1839. Herausg. von Wilh. Engelmann. gr. 8. Leipz. 840. Engelmann. n. ½ ℛ︀

— Augusta, v. Veith.

— Augustiniana, histor. crit. et chronolog. in qua ordinis scriptores, eorumque opera etc. collect. et in ord. alph. redeg. Joan. Fel. Ossinger. Fol. Ingolstadt 1768 (zu Rubrik pag. 34 gehörig). Antiquarisch 10—15 fl.

Bibliotheca Austriaca, oder Verzeichniß von seltenen, werthvollen und brauchbaren Büchern, nebst mehreren Manuscripten über alle Kronländer Oesterreichs, welche um beigesetzte Preise in C. M. zu haben sind bei Johann Schratt, Antiquar-Buchhändler in Wien. Wien. 1855. Druck von Carl Gerold und Sohn. (50 S. 8.) geh.

— Baumgartiana, s. catalog. etc. Pts. I. II. Sect. I. II. 8. Halle 765—67, Gebauer. 2 ℳ 15 𝒦

Bibliotheca Bavarica oder Sammlung verschiedener kleiner Schriften ... München 1767. H: *Finauer, Peter Paul.* (weber)

Bibliotheca. Bibliothecae Bernensis librorum tomi II. Bern 1764. V: *Sinner Herr zu Ballaigue, Joh. Rud.* (Ky)

— Biblica, v. Adler.

Bibliotheca Biblica Das ist Verzeichnis der Bibel-Sammlung, welche die ... Frav Elisabeth Sophia Maria verwittwete Herzogin zv Bravnschweig vnd Lvnebvrg ... aufgestellet hat. Bravnschweig 1752. B: *Knoch, Georg Rudolph Otto.* (Petz)

Bibliotheca biographica. Reichhaltige Sammlung von Monographien zur Geschichte einzelner Personen und Familien Briefwechsel, Memoiren etc. aus dem antiquarischen Bücherlager von Paul Neubner in Köln a. Rh. 8. (1891.)

—— biographica Lutherana, s.a. Vogel, E. G.

Bibliotheca Biographica Lutherana. Uebersicht der getauften Dr. Mart. Luther betreffenden Schriften. Halle 1851. V: *Vogel, Ernst Gustav.* (Ernst Frensdorff, Berl., Kat. 58.)

— Bodlejanae codicum manuscptrm. orientali Catalogi. Part I. et II. Vol. I. Arabicos compl. Confecit Al. Nicoll. Fol. Oxfort 821.

Bibliotheca botanica. Abhandlungen aus dem Gesammtgebiete der Botanik. Hrsg. v. Osc. Uhlworm u. F. H. Haenlein. 1—3. Hft. gr. 4. Kassel 886. Fischer. n. 66. —
1. Vergleichende Anatomie der submersen Gewächse. Von Heinr. Schenk. Mit 10 Taf. (VI, 67 S. m. 10 Bl. Erklärgn.) n. 32. —
2. Ueber die Gerbstoff- u. Anthocyan-Behälter der Fumariaceen u. einiger anderen Pflanzen v. W. Zopf. Mit 8 color. Doppeltaf. (40 S.) n. 30. —
3. Ueber Verbascum-Hybriden u. einige neue Bastarde d. Verbascum pyramidalum M. B. v. Vict. Schiffner. [Mit 59 Fig. auf 2 Taf.] (17 S.) n. 4. —

Bibliotheca botanica. Abhandlungen aus dem Gesammtgebiete der Botanik. Hrsg. v. Osc. Uhlworm, F. H. Haenlein u. Chr. Luerssen. 4.—21. Hft. gr. 4. Cassel, Fischer. n. 281. — (1—21.: n. 347.—)
4. Ueber die Bildung der Knollen. Physiologische Untersuchgn. v. H. Vöchting. Mit 5 Taf. u. 5 Fig. im Text. (VIII, 55 S.) 887. n. 8. —
5. Ueber die Entwickelung der Blüthe u. Frucht v. Sparganium Tourn. u. Typha Tourn. Von S. Dietz. Mit 3 Taf. Von der Königl. Ungar. naturwissenschaftl. Gesellschaft mit dem Bugát-Preis gekrönte Preisschrift. (59 S.) 887. n. 8. —
6. Fossile Pflanzen aus der Albourskette, gesammelt von E. Tietze. Besprochen v. Schenk. Ein Beitrag zur Flora d. Rhät. Mit 9 Taf. (14 S.) 887. n. 8. —
7. Untersuchungen üb. Bau u. Lebensgeschichte der Hirschtrüffel, Elaphomyces. Von M. Reess u. C. Fisch. (VI, 24 S. m. 1 Holzschn. u. 1 Taf.) 887. n. 5. —
8. Entwickelungsgeschichte d. Prothallium v. Equisetum. Von O. Buchtien. (49 S. m. 6 Taf.) 887. n. 10. —
9. Die Klett-Pflanzen m. besond. Berücksicht. ihrer Verbreitung durch Thiere. Von E. Huth. Mit 78 in den Text gedr. Holzschn. (36 S.) 887. n. 4. —
10. Beiträge zur Kenntniss der Bestäubungseinrichtungen u. der Geschlechtsvertheilung bei den Pflanzen. Von A. Schulz. Mit 1 Taf. (104 S.) 888. n. 8. —
11. Nelumbium speciosum W. Eine monograph. Studie von A. Wigand. Vollendet u. hrsg. v. E. Dennert. Mit 6 Taf. (68 S.) 888. n. 12. —
12. Stenzel, G., die Gattung Tubicaulis Cotta. (50 S. mit 7 Taf.) 888. * ℳ 20.—.
12. Die Gattung Tubicaulis Cotta. Bearb. v. G. Stenzel. (VI, 51 S. m. 7 Taf.) 889. n. 20. —

Bibliotheca botanica. Abhandlgn. aus d. Gesammtgebiete d. Botanik. Hrsg. v. Osk. Uhlworm u. F. H. Haenlein. 13. Heft: Geheeb, Adb. Neue Beiträge zur Moosflora v. Neu-Guinea. Mit 8 Taf. gr. 4. (13 S.) [Kassel 889, Fischer.] Stuttg., Nägele. * 10 —

—— dass. — Hrsg. v. F. H. Haenlein u. Chr. Luerssen. 14.—26. Heft. gr. 4. Ebd. * 288 —
14. Oltmanns, Friedr. Beiträge zur Kenntniss d. Fucaceen. (100 S. m. 15 Taf.) 889. * 32 —.
15. Schumann, C. R. G. Anatomische Studien üb. d. Knospenschuppen v. Coniferen u. dicotylen Holzgewächsen. (36 S. m. 5 Taf.) 889. * 10 —.
16. Bucherer, Emil. Beiträge zur Morphologie u. Anatomie d. Dioscoreaceen. (35 S. m. 5 Taf.) 889. * 10 —.
17. Schulz, Aug. Beiträge zur Kenntniss d. Bestäubungseinrichtungen u. Geschlechtsvertheilung bei d. Pflanzen. II. (112; XI, 224 S.) 890. * 36 —.
18. Walter, Geo. Ueber die braunwandigen, sklerotischen Gewebeelemente der Farne, m. besond. Berücks. d. sog. „Stützbündel" Russow's. (21 S. m. 3 Farbdr.-Taf.) 890. * 6 —.
19. Beck v. Mannagetta, Günther Ritter. Monographie d. Gattung Orobanche. (VII, 275 S. m. 4 farb. Taf. u. 3 farb. Karten.) 890. * 64 —.
20. Rostowsew, S. Die Entwickelung d. Blüthe u. d. Blüthenstandes bei einigen Arten d. Gruppe Ambrosieae u. Stellung d. letzteren im System. (III, 23 S. m. 7 Taf.) 890. * 10 —.
21. Blütenbildungen beim Schneeglöckchen [Galanthus nivalis] u. Samenformen bei d. Eiche [Quercus pedunculata], gesammelt v. G. Stenzel. (V, 66 S. m. 6 lithogr. Taf.) 890. * 20 —.
22. Karsten, G. Ueber d. Mangrove-Vegetation im malayischen Archipel. Eine morphologisch-biolog. Studie. (V, 71 S. m. 11 Taf.) 891. * 24 —.
23. Reinke, J. Beiträge zur vergleichenden Anatomie u. Morphologie der Sphacelariaceen. Mit 13 Taf., gezeichnet v. P. Kuckuck. (40 S.) 891. * 24 —.
24. Borckholtz, W. Beiträge zur Kenntniss d. Morphologie u. Anatomie v. Gunnera manicata Linden. (19 S. m. 9 Taf.) 891.892
25. Krick, Fr. Über d. Rindenknollen d. Rotbuche. (28 S. m. 2 Taf.) 891. 892
26. Beiträge zur Flora Albaniens. Bearbeitung der v. J. Dörfler im J. 1890 im Gebiete d. Sar-Dagh gesammelten Pflanzen v. R. v. Wettstein. 3 Lfgn. (97 S. m. 5 Taf.) 892. n. 24. —
27. Ueber den Aufbau des Palmiet-Schilfes (Prionium serratum Drège) aus dem Caplande. Eine morphologisch-anatom. Studie v. Frz. Buchenau. (26 S. m. Fig. u. 3 Taf.) 893. Subskr.-Pr. n. 18. —; Einzelpr. n. 24. —
28, I. Chr. Luerssen, Beiträge zur Kenntniss der Flora West- u. Ostpreussens. Mitteilungen aus dem kgl. bot. Institute der Universität Königsberg. 1. Tl. (32 S. m. 9 Taf.) 894. n. 29. —
28, II. — dasselbe. 2. Tl. (S. 33–58 m. 14 Taf.) 894. n. 36. —

-- botanica. Orig.-Abhandlgn. a. d. Gesammtgebiete d. Botanik. Hrsg. v. Chr. Luerssen u. B. Frank. 28. Hft. 2. Lfg. gr. 4. Stuttgart 895. E. Nägele. n. 36. —
Beiträge z. Kenntniss d. Flora West- u. Ostpreussens. Mittheilgn. a. d. kgl. botan. Institute d. Universität z. Königsberg i. Pr. I—III. Von Chr. Luerssen. 2. (Schluss-)Lfg. (III u. S. 33—58 m. 14 Taf.) n. 36. — (kplt.: n. 69. —)
29. Botanische Mitteilung üb. Hydrastis canadensis. Von Jul. Pohl. (12 S. m. 4 Taf. u. 4 Bl. Erklärgn.) 894. n. 8. —
30. Ueber die Auflösungsweise der sekundären Zellmembranen der Samen bei der Keimung. Von Th. Elfert. (VIII, 26 S. m. 2 Taf.) 894. n. 8. —
31. Vergleichende Anatomie des Holzes der Magnoliaceen. Von Rob. Groppler. (50 S. m. 4 Taf.) 894. n. 12. —
Berichtigung der Preisangabe des 17. Heftes [in Bd. XXV]: 17. Hft. Beiträge zur Kenntniss der Bestäubungseinrichtungen etc. Von A. Schulz. II. n. 27. — (I. u. II.: n. 35. —)

— 32.—45. Hft. gr. 4. Ebd. n. 322. —
32. Wie wirkt träufelndes u. fliess. Wasser a. d. Gestaltung d. Blattes? Ein. biolog. Experimente u. Beobachtgn. v. J. R. Jungner. (V, 40 S. m. 3 Taf.) 895. n. 10. —
33. Der Faserverlauf i. Wundholz. E. anatom. Untersuchg. v. C. Mäule. (32 S. m. 2 Taf. u. 2 Bl. Erklärgn.) 895. n. 8. —
34. Ascochyta Pisi b. parasit. u. saprophyter Ernährg. Untersuchgn. v. Max Jurius. (22 S. m. 1 Taf.) 896. n. 7. —; Einzelpr. n. 9. —
35. Morpholog. u. anatom. Vergleich d. Kotyledonen u. ersten Laubblätter d. Keimpflanzen d. Monokotylen. Von Aug. Schlickum. (88 S. m. 5 lith. Taf.) 896. n. 24. —; Einzelpr. n. 26. —
36. I. Beiträge z. Anatomie d. Epidermis d. Gramineenblätter. Von Aug. Grob. 1. Hälfte. (64 S. m. 5 Taf.) 896. n. 22. —. — II. Dasselbe. 2. Hälfte. (S. 65—123 m. 5 Taf.) 896. n. 24. —
37. Die Milchsafthaare d. Cichoriaceen. E. anatom.-physiolog. Studie v. Rich. Zander. (41 S. m. 2 Taf.) 896. n. 12. —
38. Üb. Aufbau u. Entwickelg. ein. Fucaceen v. Ed. Gruber. (34 S. m. 7 Lichtdr.-Taf.) 896. n. 24. —
39. Üb. Lösg. u. Bildg. d. a. Hemicellulose besteh. Zellwände u. ihre Beziehg. z. Gummosis. Von J. Grüss. (15 S. m. 1 Taf.) 896. n. 7. —

40. Vergleich. Untersuchgn üb. d. anatom. Bau d. geflüg. Früchte u. Samen von Carl v. Wahl. (25 S. m. 5 Taf.) 897. n. 16. —
41. Neue Kalkalgen v. Deutsch-Neu-Guinea (Kaiser Wilhelms-Land.) Von F. Heydrich. (11 S. m. 1 Fig. u. 1 Lichtdr.-Taf.) 897. n. 6. —
42. Ergebnisse, botan., d. v. d. Gesellschaft f. Erdkunde z. Berlin unt. Leitg. v. Drygalski's ausges. Grönlandexpedition, n. Dr. Vanhöffens Sammlgn. bearb. A. Kryptogamen. M. 1 Taf. (VII, 75 S. m. Fig.) 897. n. 12. —

Bibliotheca botanica. Orig.-Abhandlgn. aus dem Gesammtgebiete der Botanik. Hrsg. v. Chr. Luerssen u. B. Frank. Hft. 42. B. u. 47—58. gr. 4. Stuttgart, E. Nägele. n. 249. —

42. Ergebnisse, botanische, der v. der Gesellschaft f. Erdkunde zu Berlin unt. Leitung v. Drygalski's ausgesandten Grönlandsexpedition nach Vanhöffen's Sammlungen bearb. B. Samenpflanzen (Phanerogamen) aus dem Umanaks- u. Ritenbenks-Distrikt. Bearb. v. J. Abromeit. (106 S. m. 1 Fig. u. 4 Taf.) 899. n. 18. —
43. Ueb. d. Blattstructur d. Gattg. Cecropia, insbes. ein. bisher unbekannter Imbauba-Bäume d. trop. Amerika. Von Aladar Richter. M. 5 Doppeltaf. u. 3 einf. Taf. (25 S.) 898. n. 24. —
44. Weit. Beiträge z. Moosflora v. Neu-Guinea. (I. Ueb. d. Laubmoose, welche O. Beccari i. d. J. 1872—73 u. 1875 auf Neu-Guinea, bes. d. Arfak-Gebirge, sammelte. II. Ueb. ein. Moose v. westl. Borneo.) Von Adb. Geheeb. M. 21 Taf. 2 Lfgn. (29 S.) 898. n. 42. —
45. Monographia Rocellicorum. E. Beitrag z. Flechtensystematik. Von Otto Vernon Darbishire. 2 Lfgn. (V, 102 S. m. 8 Fig. u. 30 Taf.) 898. à n. 30. —
46. Beiträge z. anatom. u. physiolog. Kenntnis Wasser-secernierender Organe. Von Max v. Minden. M. 7 Taf. (V, 76 S.) 899. n. 24. —
47. Untersuchungen üb. die Morphologie, Biologie u. Physiologie der Blüte v. Victoria regia. Von Ed. Knoch. Mit 6 Taf. (60 S.) 899. n. 17. —
48. Beiträge zur Blütenbiologie. Von Ernst Fisch. Mit 6 Taf. (VI, 61 S.) 899. n. 16. —
49. Uber die weiblichen Conceptakeln v. Sporolithon. Von F. Heydrich. Mit 2 Taf. (25 S.) 899. n. 6. —
50. Zur Organisation v. Acer Pseudoplatanus. Von J. Hämmerle. (V, 101 S. m. 2 Fig.) 900. n. 16. —
51. Beiträge zur botanischen u. pharmacognostischen Kenntnis v. Hyoscyamus niger L. Von J. Stim-Jensen. (90 S. m. 6 Taf.) 901. n. 18. —
52. Phylogenie der Blütenformen u. der Geschlechterverteilung bei den Compositen. Von M. v. Uexküll-Gyllenband. Mit 2 Taf. u. zahlreichen Textfig. (VII, 80 S.) 901. n. 18. —
53. Bastarde zwischen Maisrassen, m. besond. Berücksicht. der Xenien. Von C. Correns. Mit 2 (farb.) Taf. (XII, 161 S. m. Abbildgn.) 901. n. 24. —
54. Physiologisch-anatomische Untersuchungen üb. Luftwurzeln m. besond. Berücksicht. der Wurzelhaube. Von Aladár Richter. (50 S. m. 12 Taf.) 901. n. 30. —
55. Abweichende Blüten heimischer Orchideen, m. e. Rückblick auf die der Abietineen. Von K. Gust. W. Stenzel. Mit 6 Taf. (V, 136 S.) 902. n. 28. —
56. Untersuchungen üb. den Blattbau der Mangrove-Pflanzen. Von F. W. C. Areschoug. M. 13 Taf. (92 S.) 902. n. 24. —
57. Das Tetrasporangium der Florideen, e. Vorläufer der sexuellen Fortpflanzg. Von F. Heydrich. Mit 1 Taf. (9 S.) 902. n. 6. —
58. Beiträge zur Blütenbiologie der Cruciferen, Crassulaceen u. der Gattung Saxifraga. Von A. Günthart. M. 11 Taf. (IX, 97 S. m. 11 Bl. Erklärgn.) 902. n. 28. —

Von Hft. 51 an von Luerssen allein herausgeg.

— **botanica.** Orig.-Abhandlgn. aus dem Gesamtgebiete der Botanik. Hrsg. v. Chr. Luerssen. 59.—63. Hft. 4. Stuttgart. [E. Nägele.] E. Schweizerbart. n. 118. —

59. Wurzelhaut, Hypodermis u. Endodermis der Angiospermenwurzel. Arbeit aus dem botan. Institut der Universität Marburg. Von Karl Kroemer. Mit 6 Taf. (V, 151 S.) 903. n. 28. —
60. Die physikalischen Eigenschaften der Laubblätter. Gekrönte Preisschrift. Von Alfr. Ursprung. Mit 27 Fig. im Texte u. 9 Taf. (V, 120 S. m. 3 Bl. Erklärgn.) 903. n. 28. —
61. Der anatomische Bau der Wurzel in seinem Zusammenhange m. d. Wassergehalt des Bodens. Von T. Freidenfelt. (Studien üb. die Wurzeln kraut. Pflanzen II.) (IV, 118 S. m. 7 Fig. u. 5 Taf.) 904. n. 20. —
62. Rhizodermis, Hypodermis u. Endodermis der Farnwurzel. Arbeit aus dem botan. Institut der Universität Marburg. Von Geo. Rumpf. Mit 4 Taf. (V, 48 S.) 904. n. 12. —
63. Der anatomische Bau der Laubblätter der Festucaceen u. dessen Bedeutung für die Systematik. Von Karl Lohauss. Mit 16 Taf. (VI, 114 S.) 905. n. 30.—

— **botanica.** Orig.-Abhandlungen aus dem Gesamtgebiete der Botanik. Hrsg. v. Chr. Luerssen. 64.—72. Heft u. 74. Heft 1. u. 2. Lfg. 31,5×24 cm. Stuttgart, E. Schweizerbart. 427. —

Bitter, Gg., die Gattung Acaena. I. u. II. Lfg. (168 S. m. Abbildgn. u. 17 Taf.) 910. (Hft. 74. I. u. II.) 50. —
Domin, K., Monographie der Gattung Koeleria. (4 Lfgn.) Mit XVIII Taf. u. 3 Karten. (VIII, 354 S.) 907. (Hft. 65.) 96. —
Focke, Wilh. Olbers, Species Ruborum. Monographiae generis Rubi prodromus. Pars I. Iconibus LIII illustrata. (120 S.) 910. (Hft. 72) 40. —
Heinzerling, Otto, der Bau der Diatomeenzelle m. besond. Berücksicht. der ergastischen Gebilde u. der Beziehung des Baues zur Systematik. Arbeit aus dem botan. Institute der Universität Marburg. Mit 8 Taf. (V, 88 S.) 908. (Hft. 69) 24. —
Kühns, R., die Verdoppelung des Jahresringes durch künstliche Entlaubung. (III, 54 S. m. 2 Taf.) 910. (Hft. 70) 14. —
Lang, Wilh., zur Blüten-Entwickelung der Labiaten, Verbenaceen u. Plantaginaceen. Mit 5 Taf. (42 S.) 906. (Hft. 64) 28. —
Mager, Hans, Beiträge zur Anatomie der physiologischen Scheiden der Pteridophyten. Mit 4 Taf. (59 S.) 907. (Hft. 66) 15. —
Matthiesen, Frz., Beiträge zur Kenntnis der Podostemaceen. Mit 9 Taf. u. 1 Abbildg. im Text. (VII, 55 S.) 908. (Hft. 68) 18. —
Pascher, Adf., Studien üb. die Schwärmer einiger Süsswasseralgen. Mit Unterstützg. der Gesellschaft zur Förderg. deutscher Wissenschaft, Kunst u. Literatur in Böhmen durchgeführt. Mit 8 Taf. (116 S.) 907. (Hft. 67) 24 —
Wolf, Thdr., Monographie der Gattung Potentilla. Mit 2 Karten u. 20 Taf. 4 Lfgn. (III, VII, 715 S.) 908. (Hft. 71) 120.

Heft 73 ist noch nicht erschienen.

— **botanica.** Orig.-Abhandlgn a. d. Gesamtgebiete d. Botanik. Hrsg. v. Chr. Luerssen. Heft 70; 72, II; 73, I, II; 74—78. 31,5×24 cm. Stuttg., E Schweizerbart. (1—78: 1902 —)

Bitter, Gg: Die Gattg Acaena. Vorstudien zu e. Monogr. 4 Lfgn. (12, 336 m. Abb. u. 37 Taf.) '10'11 [74] 100 —
Focke, Wilh. Olbers: Species Ruborum. Monographiae generis Rubi prodromus. Pars II. (121—223 m. Abb.) '11 [72,II] (je) 40 —
Fuchs, Jos.: Ueb. d. Beziehgn v. Agaricineen u. and. humusbewohn. Pilzen z. Mycorhizenbildg d. Waldbäume. (5, 32 m. 4 Taf.) '11 [76] 10 —

Bibliotheca. Bibliothecae Jo. Gottl. Imm. Breitkopf nuper defuncti pars prior in classes digesta et quoad monumenta typographica uberiore descriptione illustrata publ. auctione dividenda. Lipsiae 1795. V: *Stimmel, Joh. Gottlob.* (RHMB III, 309)

Bibliotheca Bremensis nova historico-philologico-theologica. Bremae et Amstelodami 1760-67. II: *Barkey, N.* (BrMm)

Bibliotheca Brunsvico-Luneburgensis. Scriptores rerum Brunsvico-Luneburgensium exhibens. Wolfenbutteli 1744. H: *Praun, Ge. Septimus Andr. v.* (BrMm) (ML) (schles)

— Brunsuico Luneburg, 8. Wolfenb. Albrecht. 744.

— **buddhica.** Çikshâsamuccaya. A compendium of buddhistic teaching compiled by Çântideva chiefly from earlier Mahâyâna-sûtras. Edited by C. Bendall. I. gr. 8. (VIII, 96 S.) St. Petersburg 897. Leipzig (Voss' Sort.) n. 2. 50

— **buddhica.** I, 2 u. 3. II u. III. gr. 8. St.-Pétersbourg. (Leipzig, Voss' Sort.) n. 9. 50

I, 2. 3. Çântideva, Cikshâsamuccaya. A compendium of buddhistic teaching, compiled chiefly from earlier Mahâyâna-sûtras. Ed. by C. Bendall, M. A. II u. III. (S. 97—312.) 898. 901. à n. 2. 50
II. Râstrapâlapariprcchâ. Sûtra du Mahâyâna. Publié par L. Finot. (XVIII, 69 S.) 901. n. 2. —
III. Avadânaçataka. A century of edifying tales belonging to the Hinayânâ. Ed. by J. S. Speyer. I. (XI, 96 S.) 902. n. 2. 50

Bibliotheca buddhica. I, 4; III, 2. 3; IV, 1. 2; V; VI, 1. 2 u. VIII, 1 u. 2. Lex.-8. St. Pétersbourg. (Leipzig, Voss' Sort.) n. 80. — (I—VI u. VIII.: 42. —)
I, 4. Çāntideva, Çikshāsamuccaya. A compendium of buddhistic teaching, compiled chiefly from earlier Mahāyāna-sūtras. Ed. by Cecil Bendall, M. A. IV. (VII, VII, XLVII u. S. 313—419 m. 1 Taf.) 902. n. 2.50
III, 2. 3. Avadānaçataka. A century of edifying tales belonging to th Hīnayāna. Ed. by J. S. Speyer. II. III. (S. 97—288 m. 1 Taf.) 903. 904. à n. 2.50
IV, 1. 2. Mūlamadhyamakakārikās (Mādhyamikasūtras) de Nāgārjuna, avec la Prasannapādā, commentaire de Candrakirti. Publié par Louis de la Vallée Poussin I. II (IV, 208 S.) 903. 904. à n. 2.50
V. Sammlung v. 300 Abildungen von Buddha-Statuen. Aus dem Album des asiat. Museums hrsg. v. S. F. Oldenburg. 1. Tl. Zeichngn. u. Index. (Mit russ. Tittel.) (II S., 100 Bl. farb. Abbildgn. u. 8 S. Text.) 903. n. 7.50
VI, 1. 2. Übersicht e. Sammlung v. Gegenständen des lamaischen Kultus, dem Fürsten Uchtomsky gehörig. Von A. Grünwedel. (In russ. Sprache.) Text u. Atlas. (VIII, 138 S. m. 33 Taf.) 905. à n. 2.50
VIII, 1. 2. Darmakirthi, Nyayabindu. Buddhistischer Leitfaden d. Logik. Verf. u. erläutert nach seiner Nyayabindulike. Thibetanische Übersetzung hrsg. m. Einleitung u. Notizen v. P. J. Scherbalykoi. (In russ. Sprache.) (S. 1—222.) 904. à 2.50
VII ist noch nicht erschienen.

Bibliotheca buddhica. III, vol. I, 4, vol. II, 1.—4.; IV vol. 3.—5.; IX; X vol. 1.—4.; XI u. XII. Lex. 8. St.-Pétersbourg. (Leipzig, Voss' Sort.) 55. —
III. 1. IV. Avadānaçataka. A century of edifying tales belonging the Hinayana. Ed. by J. S. Speyer. Vol. I, 4. (XIII—XVI u. S. 289—388.) 906. 2.50
III. 2. 1—IV. Dasselbe. Vol. II, 1—4. (CXII, 238 S.) 906—09. 20. —
IV. 3.—5. Mūlamadhyamakakārikās (Mādhyamikasūtras) de Nagārjuna, avec la Prasannapadā, commentaire de Candrakirti. Publié par Louis de la Vallée Poussin. III—V. (S. 209—512.) 906. 07. 7.50
IX. Candrakirti, Madhyamakavatāra. Traduction tibétaine. Publiée par Louis de la Valée Poussin. I—III. (S. 1—288.) 907. 09. 7.50
XI. Nyayabindutīkaṭippaṇī. Erläuterung in der Ausarbeitung v. Darmottari Nyāyabindutīka. Sanskrit-Text m. Aumerkgn. v. F. I. Stscherbatsky. (Mit russ. Titel.) (IV, 49 S.) 909. 2.50

— **buddhica.** IV, 6; X, 3 u. 4 u. XII—XIV. gr8° StPétersbg. (Lpzg, Voss' Sort.) (soweit erschienen: 99.50)
Kuan-ši-im Pusar. Türk. Übersetzg d. 25. Kapitels d. chines. Ausg. d. Saddharmapuṇḍarīka. Hrsg. u. übers. v. W Radloff. (8, 119 m. 2 Taf.) '11 [XIV] 2.50
Mahāvyutpatti, hrsg. (m. russ. Anmerkgn) v. JP Minaeff. 2. Afl. m. Reg. 3 Lfgn. (12, 272) '10'11 [XIII] 7.50
Mūlamadhyamakakārikās (Mādhyamikasūtras) de Nāgārjuna, avec la Prasannapadā, commentaire de Candrakīrti. Publié par Louis de la Vallée Poussin. 6. (513—594) '10 [IV, 6] (je) 2.50
Saddharmapuṇḍarīka. Ed. by H Kern and Bunyiu Nanjio. 3 u. 4. (193—384) '09'10 [X, 3 u. 4] je 2.50
Tišastvustik. In türk. Sprache bearb. buddhist. Sūtra. 1. Transscription u. Übersetzg v. W Radloff. 2. Bemerkgn zu d. Brāhmīglossen d. Tišastvustik-Mscr. (Mus. As. Kr. VII) v. Baron A v. Staël-Holstein. (8, 143 m. 2 Taf.) '10 [XII] 5 —

Bibliotheca Büloviana, d. i. systemat. Verzeichniß der zum Nachlasse des verstorb. Herrn Stiftsregier.-Rath Fr. Gottl. Jul. v. Bülow zu Beyernaumburg bei Sangerhausen gehörigen, eben so zahlreichen als werthvollen Samml. von Büchern u. Handschriften aus allen Fächern der Wissenschaften, verfaßt u. mit bibliograph.-literar. Anmerkk. versehen von Geo. Hnr. Schäffer. 1r u. 2r Thl. (jeder in 2 Abthll.) gr. 8. Sangerhausen 834, 35. (Eisleben, Reichardt u. Sondershausen, Euvel.) 11/12 ß

Bibliotheca Carpatica, s. Payer, Hugo

— **Castellana, Portugaes Provenzal.,** por G. H. Schubert. II Voll. 8. Altenb. ... Ed. II. 809. (Hinrichs in Leipz.) 3 ß 4 ℊ

— **catholica,** od. Verzeichniß der vom 1. Jan. 1842 an erschienenen u. in Deutschland debitirten kathol. Bücher. Hrsg. von E. J. Dormann. 1. Bd. Bücherkunde von 1842 u. 1843. 8. (11 B.) Marienburg 845, Dormann. Thlr. * -

— **catholica** Societatis Jesu, s. Tavagnutti, Mario Sig. Katholisch-theolog. Bücherkunde d. letzten 50 Jahre.

— **catholico-theologica,** s.a. Bücherkunde.

— **catholico-theologica.** Bücherkunde der kathol.-theolog. Literatur, oder möglichst vollständ. Verzeichniß von in älterer und neuerer Zeit bis zum Jahre 1831 erschienenen gang- u. brauchbaren Werken üb. alle Theile der kathol. Religionswissenschaften u. anderer, in entfernt. Beziehung zu Katholicismus, Kirchenwesen, Seelsorge ꝛc. stehenden Schriften. Mit Namen- u. Sachregistern, den richtigen Ladenpreisen u. sonst nöthigen Nachweisungen. gr. 8. Augsburg u. Innsbruck 832. (Kollmann.) 1/2 ß 2e verm. Aufl. bis Ende 1836. gr. 8. Ebd. 837. Kollmann. 1 1/6 ß

Bibliotheca catholico-theologica oder systematisch geordnete Uebersicht der in Deutschland u. dem Auslande auf dem Gebiete der kathol. Theologie neu erschienenen Bücher herausg. von W. Müldener. 1. Jahrg. 1867. 2 Hefte. Göttingen, Vandenhoeck & Ruprecht. gr. 8. (219 S.) Jedes Heft n. 8 ngr

— **Chemica,** od. Catalog. v. chym. Büchern in d. Rothscholtz. Biblioth. 5. Stck. 8. Nrnb. 727.

Bibliotheca chemica. Verzeichniss der auf dem Gebiete der reinen, pharmaceutischen, physiologischen u. technischen Chemie in den Jahren 1840 bis Mitte 1858 in Deutschland u. im Auslande erschienenen Schriften. Von E. A. Zuchold. Mit einem ausführlichen Sachregister. Göttingen 859. Vandenhoeck & Ruprecht. gr. 8. (VIII, 335 S.) n. 1 ß 10 ngr

— **chemica.** Mit Vorwort v. Wilh. Ostwald: „Berzelius' Jahresbericht u. Organisation der Chemiker". Chemie u. Pharmacie unter besond. Berücksicht. der neueren u. neuesten Literatur in systemat. Anordng. Antiquariats-Katalog No. 388. (293 S.) 8. Leipzig (908). Buchh. G. Fock. 1.50

— **chirurgica,** s. Büchting, A.

***Bibliotheca* classica,** s. Lexicon, quo nomina propria pleraque apud scriptores graec. etc. 8 maj. Daventr. 794. Ed. alt. auct. et emend. 816. (Jülicher in Lingen). 4 ß 4 ℊ

— **classica Graeca** (Umschlagstitel), s.a. : I—II. Homeri Ilias. — III—IV. Homeri Odyssea. — V. *Ξενοφῶντος Κύρου ἀνάβασις.*

— **classica graeca.** Ad optima exemplaria recognovit et in usum scholar. ed. Geo. Aenotheus Koch. Edit. ster. Vol. I—V. 8. Lipsiae, Ph. Reclam jun. à Vol. * 5 Ngr. *
Etiam sub titulis:
Vol. I. II. Homeri Odyssea. 2 Partes. (VIII und 312 S.) 848.
III. IV. Homeri Ilias. 2 Partes. (X und 402 S.) 849.
V. Ξενοφῶντος Κύρου ἀνάβασις. Xenophontis expeditio Cyri. (VI und 158 S.) 849.

— **classica latina,** sive Collectio autorum classicor. latinorum, cum notis et indicibus ed. N. E. Lemaire. Tom. I—XVI. 8 maj. Paris. (Lipsiae; Voss.)

— — **latine** publiee par Lemaire. in 8. Paris 819—821. Leips. Voss.
(Virgilius V Voll. 20 Rthl. 15 Gr. Tacitus V Voll. et Indices 22 Rthl. 6 Gr. Caesar 3 Voll. 11 Rthl. 6 Gr. Ovidius 2 Voll. 7 Rthl. 12.)

— **classica latina.** Ad optima exemplaria recognovit et in usum scholar. ed. Geo. Aenotheus Koch. Edit. ster. Vol. I—XV. 8. Lipsiae, Ph. Reclam jun. *
Etiam sub titulis:
Vol. I. Cornelii Nepotis vitae excellentium imperatorum. Accedunt fragmenta, index hominum et locorum memorabilium atque tabula chronologica. (110 S.) 848. * 2½ Ngr.
II. Phaedri fabularum Aesopiarum libri V. Accedunt fabulae novae XXX e cod. Perottino restitutae. (64 S.) 848. * 2½ Ngr.
III. C. Julii Caesaris commentarii de bello Gallico. (163 S.) 848. * 5 Ngr.
IV. — commentarii de bello civili. (101 S.) 848. * 5 Ngr.
V. Eutropii breviarium historiae romanae. (68 S.) 849. * 2½ Ngr.
VI. Q. Curtii Rufi de gestis Alexandri Magni libri qui supersunt octo. Accedit index historicus. (235 S.) 849. * 5 Ngr.
VII. P. Virgilii Maronis Aeneis. (252 S.) 850. * 7½ Ngr.
VIII. C. Sallustii Crispi opera. Ad fidem librorum manu scriptor. recens. (94 S.) 850. * 2½ Ngr.
IX. P. Ovidii Nasonis metamorphoseon libri XV. Ad fidem librorum manu scriptorum recensuit. (305 S.) 851. * 7½ Ngr.
X. M. Tullii Ciceronis orationes pro P. Sulla, pro lege Manilia, pro Archia poeta. (62 S.) 851. * 2½ Ngr.
XI. — orationes IV in L. Catilinam et oratio pro L. Murena. (74 S.) 851. * 2½ Ngr.
XII. — orationes pro Milone, pro Marcello, pro Ligario. (61 S.) 851. * 2½ Ngr.
XIII. — orationes pro Dejotaro, pro S. Roscio, pro Plancio. (88 S.) 851. * 2½ Ngr.
XIV. — Cato major de senectute et Laelius de amicitia. (55 S.) 851. * 2½ Ngr.
XV. Q. Horatii Flacci opera. (229 S.) 851. * 7½ Ngr.

—— classica latina. Vol. I—IV., VI., VIII., X et XI. 8. Brunae 849—50, Winiker.

Etiam sub titulis:

Vol. I. Cornelii Nepotis vitae excellentium imperatorum ad optima exemplaria. (102 S.) 849. 2½ Ngr.
II. C. Sallustii Crispi Catilina seu bellum Catilinarium. Ad optima exemplaria recognovit Jos. Walz. (129 S.) 849. 3 Ngr.
III. C. Julii Caesaris commentarii de bello gallico. Ad optima exemplaria recognovit Jos. Walz. (188 S.) 849. 5 Ngr.
IV. —— commentarii de bello civili. Ad optima exemplaria recognovit H. P. (120 S.) 849. 4 Ngr.
VI. Ciceronis opera. Cato major de senectute. Laelius de amicitia et paradoxa. Ad optima exemplaria recognovit H. P. (48 S.) 849. 3 Ngr.
VIII. T. Livii Patavini historiarum libri qui supersunt. Ad optima exemplaria recognovit H. P. Tom. I. (384 S.) 849. 7½ Ngr.
X. P. Ovidii Nasonis opera. Ad optima exemplaria recognovit H. P. Vol. II. (Metamorphoseon.) (312 S.) 849. 7½ Ngr.
XI. Q. Horatii Flacci opera. Ad praestantium editionum lectiones recognovit H. P. (250 S.) 850. 6¼ Ngr.
Vol. V., VII. und IX. sind noch nicht erschienen.

—classica poetarum et scriptorum prosaicorum Graecor. Text. ad fid. cod. mss. et opt. edit. recens. A. Boeckh, J. F. Boissonade, Fr. Jacobs, A. Matthiae, E. F. Poppo, G. H. Schäfer, C. G. Siebelis et G. Stallbaum. LXI Tom. 8 min. Leipz. 817—20. Weigel. 14 ℛ 21 ℊ Velinp. 30 ℛ (sind sämmtl. unter d. einzeln. Titeln nachzusehen.)

— classica Poetarum graecor. cur. typ. gerente G. H. Schaefero. 8min. XVIII. Tomi Lips. Weigel. 817—820. (T. I. Aeschylus 18 Gr. T. II. Theocritus, Bion et Moschus 12 Gr. T. III. Poetae Gnomici 12 Gr. T. IV. Callimachus 6 Gr. T. V. Anacreontica c. aliis lyricis 6 Gr. T. VI. Apollonius Rhodius 12 Gr. T. VII. Orphica 12 Gr. T. VIII. Hesiodus 6 Gr. T. IX. Sophocles 1 Rthl. 8 Gr. T. X. XI. Aristophanes 2 Tomi 2 Rthl. T. XII-XIV. Euripides e rec. A. Matthiae 3 Tomi 2 Rthl. 16 Gr. T. XV—XVIII. Homerus 4 Tomi 2 Rthl.)

Bibliotheca class. script. Poeticorum graec. Tom. XIX. Coluthus et Tryphiodorus. Acced. collationes codicum ed. G. H. Schäfer. 4 gr. XX. Pindarus c. metr. et fragm. ed. A. Boeckh. 14 gr. 8. Leipz. 822, Weigel. Rthlr.

Bibliotheca classica scriptorum Prosaicorum graec. XXII vol. 8min. 817—20. Lipsiae, Weigel. Rthlr. (Tom. I. Aeschinis opera 12 Gr. T. II. Xenophontis Cyropaedia 12 Gr. T. III. Xenophontis Oeconomicus, convivium, Hiero, Agesilaus 9 Gr. T. IV—VI. Pausanias, e nova rec. Siebelis 3 Tomi 1 Rthl. 3 Gr. T. VII—IX. Herodotus 3 Tomi 2 Rthl. 3 Gr. T. X. Xenophontis Expeditio Cyri 12 Gr. T. XI. Xenoph. Histor. graeca 12 Gr. T. XII. Xenophont. memorabilia 9 Gr. T. XIII. Xenoph. Opuscula polit. 8 Gr. T. XIV. et. XV. Thucydides 2 Tomi 1 Rthl. 12 Gr. T. XVI—XXII. Plutarchi vitae parall. e recogn. Schaeferi T. I—VII. 3 Rthl. 12 Gr.)

— class. prosaicorum graec. c. typ. gerente G. H. Schäfer. Tom. XXXIII. et XXXIV. Plutarchi vitae parall. E recens. G. H. Schäfer. Voll. VIII. et IX. 8. Leipzig 822, Weigel.

— id. lib. Tom. XXV. Herodiani Historia rom. ed. G. A. Schäfer. 8. 10 gr. Tom. XXVI—XXXIII. Platonis Opera. 8 Voll. 4 Rthlr. 12 gr. Tom. XXXIV—XXXVIII. Demosthenis Opera, ed. G. H. Schäfer. 8 Voll. 3 Rthlr. 3 gr. Tom. XXXIX. Isaei Orat. Opera, ed. T. Tyrwhitt et ej. Oratio dehered. Cleon ed. a A. Majo, ed. G. H. Schäfer. 12 gr. XL. Lysiae Orat. Opera, ed. G. H. Schäfer. 12 gr. 8. Leipzig 821—26. Weigel.

— id. lib. Tom. II. — Etiam sub t.. Xenophontis Cyropaedia. Denuo recens. adhib. cod. Medic. Lavrent. collat. E. Poppo. 8. Leipz. 823, Weigel.

—— Commentariorum in scriptor. tam graecos quam latinos. Vol. I. Ps. I. — E. s. t.: In C. Sallustii Crispi Opera praeter fragmenta omnia Commentarios viror. erudit. c. variis lectionibus libror. tam manu scriptor. quam edit. praesertim cod. Erlangensis coll., vitam auctoris et notit. litterar. praemisit, suasque notas et indices adjecit Ern. Jul. Richter. Ps. I. Commentarius in C. Sallustii Crispi conjurationem Catilinariam. 8maj. (32 B.) Monachii 836, Fleischmann. Thlr.

—— concionatoria, s. Homiliarium.

— critica, VIII Partes in II Voll. et Vol. III. p. 1 et 2. 8maj. Amsterd. 777—91. Fritsch. 7 ℛ 12 ℊ Vol. III. p. 3, 4. 8 maj. Ibid. 807—9. (Gotha, Ettinger). 3 ℛ 12 ℊ

— critica nova. Edentibus J. Backe, J. Geel, H. A. Hamacker, P. Hofmann et Peerlkamp. Vol. I—V. 8 maj. Leyden 825—31. Luchtmans. (Leipz., Weigel). 15 ℛ 20 ℊ

— Critica sacra. 5 Vol. fol. Lovanii.

— Cyprianica sive Catalog. libror. historico-theologicor. quos E. S. Cyprianus conquisivit. 8. Gothae, Knoch, 747.

Bibliotheca Dissertationum et minor. libror. theolog., juris prudentiam, philolog., histor. literar., medicar., chemicar., physicar. etc. spectant. Ps. I—IV. Venundantur in commissis in libr. T. O. Weigelii. 4maj. Lipsiae, Weigel. [I. (13¾ B.) 837. * ⅜ Thlr., II. (6½ B.) 839. * ⅓ Thlr., III. IV. (15 B.) 840. * ⅔ Thlr.] *

— Döllingeriana. Katalog der Bibliothek des verstorbenen kgl. Universitäts-Professors I. J. J. v. Döllinger, Stiftspropstes bei St. Cajetan, Reichsrathes der Krone Bayern, Vorstandes der kgl. Akademie der Wissenschaften. gr. 8. (VI, 671 S.) München 893. (J. Lindauer.) n. 10. —

—— ecclesiastica, quam moderante Aug. Neandro adornavit Herm. Theod. Bruns. Vol. I. Ps. I. II. — E. s. t.: Canones Apostolor. et Concilior. saeculor. IV. V. VI. VII. Recogn. atque insignioris lect. variet. notationes subjunxit Bruns. Ps. I. II. 8maj. Berolini 839, Reimer. [I. (26½ B.) * 1 Thlr., II. (20½ B.) * ⅚ Thlr.] *

— ecclesiastica continens graecorum theologorum opera. Ex codd. manuscr. Mosquensibus nunc primum graece edidit Andron. Demetracopulus. Tom. I. Leipzig 866. List & Francke. gr. 8. (XXXVIII, 415 S.) n. 3 ℛ 10 ngr

Bibliotheca ecclesiastica Friburgensis. Frib. 1780. H: *Klypfel, Engelbert (Joh. Ant.)* (schmal)

—— epidemiographica, sive Catalogus libror. de historia morborum epidemicor. tam generali quam speciali conscriptorum. Collegit atque digess. Henr. Haeser. 8maj. (11⅛ B.) Jenae 843, Mauke. *

—— id., additamenta, colleg. atque ed. Joan. Thoph. Thierfelder. 8 maj. (9½ B.) Misenae 843, Klinkicht et fil. -

BIBLIOTHECA erotica. Deutſche Ausgabe. Bd. 1, o. O. u. J. (um 1900). 8°.
Sotadiſch.

— Espannola, IX Tom. (I. II. III. Tom. contiene, Guerras civiles, 805. à 12 gr. S. P. à 15 gr.; IV. V. VI. Tom. cont. la Araucana, 806. 7. à 12 gr. S. P. à 15 gr.; VII. VIII. IX. Tom. cont. Novelas exemplares, 805. 6. 9. à 12 gr. S. P. à 15 gr.) 8. Chemn. Maucke.
S. P.

— española. X Tom. (T. I—III. Las Guerras civiles III Tom. 805. 1 ℛ 12 ℊ Schrbp. 1 ℛ 21 ℊ T. IV—VI. La Auracana, III Tom. 806, 7. 1 ℛ 12 ℊ Schrbp. 1 ℛ 21 ℊ T. VII—X. Novelas exemplares de M. Cervantes Saavedra IV Tom. 805—12. 2 ℛ Schrbp. 2 ℛ 12 ℛ) 8. Chemn. et Gotha. (Starke). Steudel. 5 ℛ Schrbp. 6 ℛ 6 ℊ

Bibliotheca espannola. Tom. X. (Novales exemplares. Tom. IV) 8. Gotha, Steudel. 813.
Schreibp.

Bibliotheca familiarum nobilium, s. Gundlach, O.

Bibliotheca fatidica, sive Musaeum scriptorum de divinatione. Wolfenb. 1711. H: *Arpe, Peter Friedr.* (Adel)

— Franciscana ascetica medii aevi. Tom. I—III. kl. 8. Ad Claras Aquas (Quaracchi). (Florenz, B. Seeber.) n.n. 3. 80

I. Francisci Assisiensis, sancti patris, opuscula, sec. codices mss. emendata et denuo edita a PP. collegii S. Bonaventurae. (XVI, 209 S.) 904. n.n. 1. 20
II. Conradus a Saxonia, Fr., speculum beatae Mariae Virginis, sec. codices mss. Castigatum et denuo editum a PP. collegii s. Bonaventurae. (XXVIII, 281 S.) 904. n.n. 1. 60
III. Aegidii Assisiensis, beati, dicta, sec. codices mss. emendata et denuo edita a collegii S. Bonaventurae. (XIX, 122 S.) 905. n.n. 1. —

— Franciscana ascetica medii aevi. Tom. IV. kl. 8. Ad Claras Aquas (Quaracchi). (Florenz, Succ. B. Seeber.) nn 1.20 (I—IV: nn 5.—)

Iacobus Mediolanensis, Stimulus amoris. — Peckam, Ioa., Canticum pauperis. Sec. codices mss. ed. a. PP. collegii S. Bonaventurae. (XX, 207 S.) 905.

— Franciscana scholastica medii aevi. Tom. I. gr. 8. Ad Claras Aquas (Quaracchi). Ebd. n.n. 4. 80

I. Matthaei ab Aquasparta, Fr., O. F. M., quaestiones disputatae selectae. Tom. I. Quaestiones de fide et de cognitione. (XVI, 479 S.) 903.

Bibliotheca geographica. Verzeichniss der seit der Mitte des vorigen Jahrhunderts bis zu Ende des J. 1856 in Deutschland erschienenen Werke über Geographie und Reisen mit Einschluss der Landkarten, Pläne und Ansichten. Hrsg. von Wilh. Engelmann. Mit einem ausführlichen Sach-Register. 2 Hälften. Lex.-8. (1. Hälfte: Allgemeiner Thl. Asien, Africa, America, Australien, Europa. — Specieller Thl.: Aachen—Genthin S. 1—520.) Leipzig 856(57,) Engelmann. *

— geographica. Verzeichniss der seit der Mitte des vorigen Jahrhunderts bis zu Ende des J. 1856 in Deutschland erschienenen Werke über Geographie und Reisen mit Einschluss der Landkarten, Pläne und Ansichten. Hrsg. von Wilh. Engelmann. Mit einem ausführl. Sach-Register. 2. Hälfte. Lex.-8. (Specieller Thl. Genua-Zwingenberg. VI und S. 521—1225.) Leipzig 858, Engelmann. Nachberechnung: *

1. Hälfte. Ebendas. 1856(57). * 3 Thlr. 20 Ngr.

— geographica od. systemat. geordnete Uebersicht, der in Deutschland u. dem Auslande auf dem Gebiete der gesammten Geographie neu erschienenen Bücher hrsg. v. W. Müldener. 18. Jahrg. 1870. [Als Fortsetzg. der bibliotheca geographico-statistica et oeconomico-politica.] gr. 8. (109 S.) Göttingen 871. Vandenhoeck & Ruprecht's Verl. n. 1.

Vorh. u. d. T.: Bibliotheca geographico-statistica et oeconomica.

— dasselbe. 19. Jahrg. 1871. gr. 8. (116 S.) Ebend. 872. n. 1. —

— dasselbe. 20. Jahrg. 1872. gr. 8. (124 S.) Ebend. 873. n. 1. 20

— dasselbe. 21. Jahrg. 1873. gr. 8. (144 S.) Ebend. 874. n. 1. 40

— dasselbe. 22. Jahrg. 1874. gr. 8. (151 S.) Ebend. 875. n. 1. 50

— geographica. Hrsg. v. d. Gesellschaft f. Erdkunde z. Berlin. Bearb. v. Otto Baschin unt. Mitwirkg. v. Ernst Wagner. 1. Bd. Jahrg. 1891 u. 1892. gr. 8. (XVI, 506 S.) Berlin 895. W. H. Kühl. n. 10. —

— dasselbe. Bearb. v. Otto Baschin. 2.—4. Bd. Jahrg. 1893—1895. gr. 8. (XVI, 383; XVI, 402 u. XVI, 411 S.) Ebd. 896—898. à Bd. n. 8. —

— geographica. Hrsg. v. der Gesellschaft f. Erdkunde zu Berlin. Bearb. v. Otto Baschin. 5.—7. Bd. Jahrg. 1896—1898. gr. 8. (XVIII, 450; XVI, 444 u. XVI, 476 S.) Berlin 899—901. W. H. Kühl. à Bd. n. 8. —

— geographica. Hrsg. v. der Gesellschaft für Erdkunde zu Berlin. Bearb. v. Otto Baschin. 8.—11. Bd. Jahrg. 1899—1902. (XVI, 511; XVI, 510; XVI, 571 u. XVI, 531 S.) gr. 8. Berlin 902—905. W. H. Kühl. à Bd. n. 8. —

— geographica. Jahresbibliographie der gesamten geograph. Literatur. Hrsg. v. der Gesellschaft f. Erdkunde zu Berlin. Bearb. v. Otto Baschin. 12.—15. Bd. Jahrg. 1903—1906. (XVI, 518; XVI, 560; XVI, 545 u. XVI, 535 S.) gr. 8. Berlin 907—10. W. H. Kühl. à Bd. 8. —

— geographica. Jahresbibliogr. d. gesamten geograph. Lit. Hrsg. v. d. Gesellsch. f. Erdkde zu Berlin. Bearb. v. Otto Baschin. 15. u. 16. Bd. J. '06 u. '07. (16, 535 u. 16, 522) gr8° Berl., WH Kühl '10'11. je 8 —

Bibliotheca geographica Germaniae, s. Richter, Paul Emil

Bibliotheca Geographico-Statistica et Oeconomico-Politica oder systematisch geordnete Uebersicht der in Deutschland und dem Auslande auf dem Gebiete der gesammten Geographie, Statistik und der Staatswissenschaften neu erschienenen Bücher, herausgegeben von Dr. W. Müldener. Jahrg. 10—22. Göttingen 1857—1874. 4 Bde. 8°.

— geographico-statistica et oeconomico-politica oder systematisch geordnete Uebersicht der in Deutschland und dem Auslande auf dem Gebiete der gesammten Geographie, Statistik und der Staatswissenschaften neu erschienenen Bücher hrsg. von W. Müldener. 10.—15. Jahrg. 1862—67. gr. 8. Göttingen 862—68, Vandenhoeck und Ruprecht's Verlagsh. [1862. 1. Heft. (S. 1—78.) * 7 Ngr., 2. Heft. (S. 79—182.) * 8 Ngr., 1863. 1. Heft. (S. 1—80.) * 7 Ngr., 2. Heft. (S. 81—184.) * 8 Ngr., 1864. 1. Heft. (S. 1—77.) * 7 Ngr., 2. Heft. (S. 78—174.) * 8 Ngr., 1865. 1. Heft. (S. 1—68.) * 6 Ngr., 2. Heft. (S. 69—174.) * 9 Ngr., 1866. 1. Heft. (S. 1—69.) * 6 Ngr., 2. Heft. (S. 75—182.) * 9 Ngr., 1867. 1. Heft. (S. 1—90.) * 7 Ngr., 2. Heft. (S. 91—226). * 10 Ngr.] *

War früher vereinigt [mit der: Bibliotheca historica-geographica, vgl. diese.

Bibliotheca geographico-statistica et oeconomico-politica oder systematisch geordnete Uebersicht der in Deutschland und dem Auslande auf dem Gebiete der gesammten Geographie, Statistik und der Staatswissenschaften neu erschienenen Bücher hrsg. von W. Müldener. 16. und 17. Jahrg. à 2 Hefte. gr. 8. Göttingen, Vandenhoeck und Ruprecht's Verlag. [16. Jahrg. 1. Heft. Jan.—Juni 1868. (S. 1—95.) * 80 Pf.; 2. Heft. Juli—Decbr. (S. 96—246.) * ℳ 1,20. — 17. Jahrg. 1. Heft. Jan.—Juni 1869. (II, S. 1—99.) * 80 Pf.; 2. Heft. Juli—Decbr. (II, S. 100—245.) * ℳ 1.20.] *

Fortges. u. d. T.: Bibliotheca oeconomica.

— geographorum arabicorum. Edidit M. J. de Goeje Pars I. Viae regnorum descriptio ditionis moslemicae auctore Abu-Isha'k al-Fárisí al-Istakhrí. gr. 8. (XI, 350 S.) Leiden 871, Brill. **

— geographorum arabicorum. Ed. M. J. de Goeje. Pars II. et III. 1 et 2. gr. 8. Leiden, Brill. **

Inhalt:

Pars II. Viae et regna. Descriptio ditionis moslemicae auctore Abu 'l-Kásim ibn Haukal. (XXI, 406 S.) 873. **ℳ 15.
» III. 1 et 2: Descriptio imperii moslemici auctore Schamso 'd-dín Abû Abdollâh Mohammed ibn Amed ibn abí Bekr al-Bannâ al-Basschârí al-Mokaddasí. (VII, S. 1—498.) 876,77. à **ℳ 9,50.
Pars I. Ebendas. 1871. **ℳ 13.

— geographorum arabicorum. Ed. M. J. de Goeje. Pars IV—VIII. gr. 8. Leiden, E. J. Brill. n.n. 81. — (I—VIII.: n.n. 128. —)

IV. Indices, glossarium et addenda et emendanda ad part. I—III. (VIII, 444 S.) 879. n.n. 13. 50
V. Compendium libri Kitâb al-Boldân auctore Ibn al-Fakîh al-Hamadhânî. (LXVII, 365 S.) 885. n.n. 15. —
VI. Kitâb al-Masâlik wa'l-Mamâlik auctore Abu'l-Kâsim Obaidallah ibn Abdallah ibn Khordâdhbeh. Accedunt excerpta e Kitâb al-Kharâdj auctore Kodâma ibn Dja 'far. (XXIII, 216 u. 308 S.) 889. n.n. 15. 50
VII. Kitâb al-a'lâk. An-Nâfisa VII, auctore Abû Alî Ahmed ibn Omar ibn Rosteh et Kitâb al-Boldân auctore Ahmed ibn abî Jakûb ibn Wâdhih al-Kâtib al-Jakûbî. Ed. II. (VIII, 373 S.) 892. n.n. 15. —
VIII. Kitâb-at-tanbîh wa'l-ischrâf auctore al-Masûdî. Accedunt indices et glossarium ad tomos VII et VIII. (XLIII, 508 S.) 894. n.n. 22. —

— geographorum arabicorum. Ed. M. J. de Goeje. Pars III. Lex.-8. Leiden 906. Buchh. u. Druckerei vorm. E. J. Brill. n.n. 24. — Al-Moqaddasi, Shams ad-dîn Abû Abdallah Mohammed ibn Ahmed ibn abî Bekr al-Bannâ al-Bassharî. Descriptio imperii moslemici. Ed. M. J. de Goeje Ed. II. (VII, 100 S.)

Bibliotheca Germanica. Verzeichnis von 7026 Werken und Abhandlungen aus dem Gebiete der germanischen Philologie, Litteraturgeschichte und Volkskunde ... Leipzig, Fock, 1892. 8. (D.)

Bibliotheca Geseniana, sive Catalogus librorum et typis editorum et manuscriptorum ... quos reliquit Guil. Gesenius. Halis ad. S. 1843. H: *Bindseil, Heinrich Ernst.* (Petz)

—— graeca medii aevi. Nunc primum edid. Const. Sathas. 5 Vol. Vol. I—III. gr. 8. (CXXXVIII, 314 S. mit 2 Stnt.; CLX, 637 S. mit 9 Stnt.; CXIII, 642 S.) Venedig 872. (Paris, Maisonneuve und Comp.) à Vol. ** *M.* 9. **

— Graeca medii aevi. Nunc primum ed. Const. Sathas. (5 Voll.) Vol. I et III. gr. 8. (CXXXVIII, 314 S. m. 2 Steintaf. u. CXIII, 642 S.) Venedig 872. (Münster.) à n.n. 8. —

—— dass. — Vol. IV. Pselli historia Byzantina et alia opuscula. gr. 8. (CXIX, 462 S.) Paris 874, Maisonneuve und Comp. **

—graeca et latina compl. auctor. Graeciae et Latin. vet., s.a. *Deltophilus.*

Bibliotheca Graeca et Latina complectens auctores fere omnes Graeciae et Latii veteris ... Berolini 1784. H: *Revitzky Graf v. Revissnye. Carl Emerich Alex.* (Pk) (ML)

— Graeca et Lat. compl. auctor. Graeciae et Latii vet. 8. Berl. Unger, 794.

—— graeca medica, sive opera quae exstant omnia medicor. Graecor. ad fidem Cod. et edit. veter. maxime correcta variisque lectionibus aucta. Instituit atque composuit Car. Gul. Fickel. Vol. I. Addita in fine sunt Fragmenta medicor. deperdit. magno studio collecta, Glossaria et Lexica graeca, etiam Foësii Oeconomia ad veter. lect. pernecessaria longe emend. additamentisque locupletata. (Prodromus.) — E. s. t.: Hippocratis Magni Coi Opera novo ordine digesta. Praemiss. est consp. medic. vet. ad Hippocratis usque aetatem. 8 maj. (5¾ B.) Zwiccaviae 833. (Lipsiae, Voss.) Thlr.

—— Graeca viror. doct. opera omnia et commentariis in usum scholar. instructa, curant. Fr. Jacobs et Val. Chr. Fr. Rost. 8 maj. Gothae, Hennings.

A. Poetae.

Vol. I. Homeri Ilias. Rec. et brevi annotat. instr. Franc. Spitzner. Vol. I. Sect. I. cont. libr. I—VI. (15¼ B.) 832. 20 Gr., Postp. 1 Thlr., Vlnp. 1 Thlr. 6 Gr. — Sect. II. cont. libr. VII—XII. (20½ B.) 833. 1 Thlr. 1 Gr., Postp. 1 Thlr. 6 Gr., Vlnp. 1 Thlr. 16 Gr. — Sect. III. cont. libr. XIII—XVIII. (32⅓ B.) 1 Thlr. 21 Gr., Postp. .. Thlr. .. Gr., Vlnp. .. Thlr. .. Gr.

Vol. I. Homeri Ilias. Rec. et brevi annotat. instr. Franc. Spitzner. Vol. I. Sect. IV., cont. libr. XIX.—XXIV. Adjecta potiore lect. variet. et annotat. critica. (35 B.) 836. 2 Thlr.

- IV. - Antigonam. Edit. I. (11 B.) 835., Edit. II. mult. locis emend. (10 B.) 840. à 14 Gr.

- V. Hesiodi Carmina. Rec et comment. instr. Car. Goettlingius. (20 B. incl. 2 Tab.) 831. 20 Gr., Postp. 1 Thlr., Vlnp. 1 Thlr. 16 Gr.

- V. Hesiodi Carmina. Rec. et comment. instr. C. Goettling. Edit. II. (25 B. u. 2 Tab.) 842. 1 Thlr.

Vol. V. Hesiodi carmina. Recens. et commentariis instrux. Car. Goettlingius. Editio II. (30 B.) 843. 1 Thlr. 26¼ Ngr.

- VI. Pindari Carmina quae supersunt, cum deperdit. fragment. select. ex rec. Boeckhii commentar. perpet. illustr. Ludolph Dissen. II Sect. Adjec. sunt tab. II geograph. del. a C. O. Mueller. (70½ B.) 830. 4 Thlr. 6 Gr., Postp. 5 Thlr. 2 Gr., Vlnp. 7 Thlr. 16 Gr.

- VI. Pindari carmina quae supersunt. Ex rec. Boeckhii commentario perpet. illustr. Lud. Dissenius. Edit II. auct et emend. curavit F. G. Schneidewin. Sect. I. Carmina cum annotat. critica. (39¼ B.) 843. 1 Thlr. 26¼ Ngr.

Vol. VI. Pindari carmina quae supersunt cum deperditorum fragmentis selectis ex recens. Boeckhii commentario perpetuo illustr. Ludolph. Dissenius. Edit. II. auctior et emend. curavit F. G. Schneidewin, Sect. II. Commentarius. Fasc. 1—2. (S. 1—376.) 847,50. à Sect. 27 Ngr.

Vol. VII. Aeschyli Tragoediae ed. Rud. Henr. Klausen. Vol. I. Sect. I. cont. Agamemnon. (23 B.) 833. 1 Thlr. 20 Gr., Postp. 1 Thlr. 12 Gr., Vlnp. 2 Thlr. — Sect. II. Choephoras. (18 B.) 835. 1 Thlr. 9 Gr., Postp. 1 Thlr. 13 Gr., Vlnp. 1 Thlr. 20 Gr.

IX. Sophoclis Tragoediae. Rec. et explan. Ed. Wunder. Vol. I. Sect. I. cont. Philoctetam. (12½ B.) 831. 18 Gr., Postp. 1 Thlr., Vlnp. 1 Thlr. 8 Gr. — Sect. II. Oedipum reg. (10½ B.) 832. 12 Gr., Postp. 16 Gr., Vlnp. 22 Gr. — Sect. III. Oedipum Colon. (15 B.) 832. 20 Gr., Postp. 1 Thlr., Vlnp. 1 Thlr. 6 Gr.

IX. Sect. I. Sophoclis tragoediae. Recens. et explan. Ed. Wunderus. Vol. I. Sect. I. cont. Philoctetem. Edit. III. (IV und 174 S.) 848. 27 Ngr.

IX. Sophoclis Tragoediae. Rec. et explan. Ed. Wunderus. Vol. I. Sect. I—IV.
Sect. I. Cont. Philoctetam. Edit. II. plur. locis emend. (13 B.) 839. 18 Gr.
II. - Oedipum Regem. Edit. II. plur. locis emend. (10½ B.) 840. 12 Gr.
III. - Oedipum Coloneum. Edit. II. mult. locis emend. (15½ B.) 839. 21 Gr.
Sect. III. cont. Oedipus Coloneus. Edit. III. (215 S.) 847. 1 Thlr.

Vol I. Sect. IV. Cont. Antigonam. 8maj. ibid. 835. 840. 7/12 *rß* Postp. ¾ *rß* Velinp. 1⅙ *rß*

IX. Sect. IV. Sophoclis Tragoediae. Rec. et explan. Ed. Wunderus. Vol. I. Sect. IV. cont. Antigonam. Edit. III. multis locis emend. (151 S.) 847. 17½ Ngr.

A. Poetarum Vol. IX. Sophoclis Tragoediae. Recens. et explan. Ed. Wunderus. Vol. I. Sect. II cont. Oedipum regem. Edit. III. gr. 8. (170 S.) Ebd. 847. ½ *rß*

Vol. IX. Sophoclis tragoediae. Recens. et explan. Ed. Wunder. Vol. I.
Sect. 2. Oedipus Rex. Edit. IV. 856. (167 S.) 21 *ngl*
„ 4. Antigone. Edit. IV. 856. (148 S.) 21 *ngl*

Vol. IX. Sophoclis tragoediae. Recensuit et explanavit Ed. Wunderus. Vol. I. Sect. II. Editio IV. et Vol. II. Sect. II. Editio III. (Oedipus rex. — Ajax.) (167 und 155 S.) 856/57. à 21 Ngr.

- X. —— Id. Vol. II. Sect. I—III.
Sect. I. Cont. Electram. (11¼ B.) 836. 14 Gr.
- II. - Ajacem. (12 B.) 837. 16 Gr.
- III. - Trachinias. (12½ B.) 841. 21 Gr.

- X. Sect. I et II. Sophoclis Tragoediae. Recens. et explan. Ed. Wunderus. Vol. II. Sect. I et II. Electra.-Aiax. Edit. II. 8maj. (21½ B.) 844, 45. à 20 Ngr.

„ X. Sophoclis tragoediae etc. Vol. II.
Sect. 1. Electra. Edit. III. 854. (146 S.) 21 *ngl*
„ 2. Ajax. Edit. III. 857. (155 S.) 21 *ngl*

X. Sect. III. Sophoclis tragoediae. Recensuit et explan. Ed. Wunderus. Vol. II. Sect. III. cont. Trachinias. Edit. II. (192 S.) 850. 27 Ngr.

XI. Euripidis Tragoediae. Rec. et comment. instr. Aug. Jul. Edm. Pflugk. Vol. I. Sect. I—IV. cont. Medea. 10 Gr.; Hecuba. 10 Gr.; Andromache. 12 Gr.; Heraclidae. 12 Gr. (26½ B.) 829. 1 Thlr. 20 Gr., Postp. 2 Thlr. 2 Gr., Vlnp. 3 Thlr.

XI. Euripidis Tragoediae. Rec. et comment. instr. Aug. Jul. Edm. Pflugk. Vol. I. Sect. I., II.
Sect. I. Cont. Medeam. Edit. II. quam cur. Reinh. Klotz. (9¼ B.) 842. 12 Gr.
- II. - Hecubam. Edit. II. (7¼ B.) 840. 10 Gr.

„ XI. Euripidis tragoediae. Recens. et commentar. in usum scholarum instr. Aug. Jul. Edm. Pflugk. Vol. I.
Sect. 3. Andromache. Edit. II., quam curav. Reinh. Klotz. 858. (147 S.) 18 *ngl*
„ 4. Heraclidae. Edit. II., quam curav. Reinh. Klotz. 857. (136 S.) 18 *ngl*

Vol. XI. Euripidis tragoediae. Recensuit et commentariis in usum scholarum instruxit Aug. Jul. Edm. Pflugk. Vol. II. Sect. II. cont. Alcestin. Editio II, quam curavit Reinh. Klotz. (143 S.) 857. 18 Ngr.

- XII. —— Id. Vol. II. Sect. I. cont. Helena. (10 B.) 831. 12 Gr., Postp. 16 Gr., Vlnp. 1 Thlr. — Sect II. Alcestis. (7½ B.) 834. 10 Gr., Postp. ... Vlnp. ...

„ XII. Euripidis tragoediae etc. Vol. II
Sect. 1. Helena. Edit. II., quam curav. Reinh. Klotz. 858. (195 S.) 18 *ngl*
„ 2. Alceste. Edit. II., quam curav. Reinh. Klotz. 857. (143 S.) 18 *ngl*

- XII. —— Id. Vol. II. Sect. III., IV.
Sect. III. Cont. Herculem furentem. (10½ B.) 841. 15 Gr.
- IV. - Phoenissas. (16¼ B.) 842. 21 Gr.

„ XII. Euripidis tragoediae. Recensuit et commentariis instruxit Reinh. Klotz. Vol. III. Sect. I. cont. Orestem. (207 S.) 859. 18 Ngr.

„ XII. Euripidis tragoediae. Recensuit et commentariis instruxit Reinh. Klotz. Vol. III. Sect. II. cont. Iphigeniam Tauricam. (183 S.) 860. 18 Ngr.

„ XII. Euripidis tragoediae. Recensuit et commentariis instruxit Reinh. Klotz. Vol. III. Sect. III. cont. Iphigenia quae est Aulide. (191 S.) 861. 18 Ngr.

- XVII. Theocriti Reliquiae. Recogn. et illust. Ern. Frid. Wuestemann. (30½ B.) 830. 1 Thlr. 18 Gr., Postp. 2 Thlr. 2 Gr., Vlnp. 3 Thlr.

- XIX. Anacreontis quae feruntur Carmina, Sapphus et Erinnae fragmenta ed. Ern. Ant. Moebius. (10 B.) 826. 12 Gr., Postp. 16 Gr., Vlnp. 1 Thlr.

- XX. Delectus epigrammatum Graecorum. Nova ordine concinnat. et comment. a Fr. Jacobs. (34½ B.) 826. 2 Thlr., Postp. 2 Thlr. 12 Gr., Vlnp. 3 Thlr. 8 Gr.

B. Scriptores orationis pedestris.

Vol. III. Thucydidis de bello Peloponnesiaco libri VIII, ed. Ern. Frid. Poppo. Vol. III. Sect. II. (Lib. VI.) (IV und 212 S.) 848. 27 Ngr.

Vol. IV. sect. 1. 2. Phaedrus 2 ℛ 2 gr Postp. 2 ℛ 12 gr Velinp. 3 ℛ 6 gr

- IV. Sect. I. Thucydidis de bello Peloponnesiaco libri VIII. Ad optimor. libror. fidem editos explan. Ern. Frid. Poppo. Vol. IV. Sect. I. (S. 1—200) 851. 27 Ngr.

Vol. V. Pars I. Thucydidis de bello Peloponnesiaco libri octo. Edid. Ern. Frid. Poppo. Vol I. (Lib. I et II.) Sectio I et II. (31¼ B.) 843. 1 Thlr. 22½ Ngr.

VI. Sect. II. Thucydidis de bello Peloponnesiaco libri VIII. Ad optimor. libror. fidem editos explan. Ern. Frid. Poppo. Vol. IV. Sect. II. (VIII und 230 S.) 851. 27 Ngr.

Vol. VI. Sect. II. Thucydidis de bello Peloponnesiaco libri VIII. Ad optimor. libror. fidem editos explanavit Ernest. Frid. Poppo. Vol. IV. Sect. III. — De historia Thucydidea commentatio. Accedit index historicus et geographicus. Edidit E. F. Poppo. (VIII und 158 S.) 856. * 20 Ngr.

— id. lib. Vol. VI. Pars II. Sect. I. Thucydidis de bello Peloponnesiaco libri VIII. Recens. et explan. Frid. Poppo. Vol. II. Sect. I. cont. librum III. 8maj. ibid. 845. ⅞ ℛ

- VI. Pars II. cont. Thucydidis de bello Peloponnesiaco. Ed. Ern. Frid. Poppo. Vol. II. (Lib. III. et IV.) (13¾ B.) 846. 26¼ Ngr.

- VII. Thucydidis de bello Peloponnesiaco libri VIII, ed. Ern. Frid. Poppo. Vol. III. Sect. I. (Lib. V.) (186 S.) 847. 26¼ Ngr.

Vol. VII. Sest. I. Timaeum et Critiam. 8maj. ibid. 837.

Vol. VII. Xenophontis Opera omnia, rec. Fr. A. Bornemann. Vol. I. cont. Cyropaedia. (48½ B.) 828. 2 Thlr. 8 Gr., Postp. 3 Thlr., Vlnp. 4 Thlr.

— ead. Vol. VII. Sect. II.: Xenophontis Opera. Vol. II.: Memorabilia ed. Kühner. 8maj. ibid. 841. 1½ ℛ

— ead. Vol. VIII.: — Et. s. titulo: Xenophontis Opera omnia recens. et commentariis instructa. Vol. II. Xenophontis de Socrate commentarii. Recogn. et explan. Raph. Kühner. 8maj. ibid. 841. ½ ℛ

— dies. B. Scriptorum orationis pedestris vol. VIII. sect. I. et II. A. u. d. T.: Xenophontis opera omnia recensita et commentariis instructa. Vol. III.: Cyri minoris expeditionem recensuit et explicavit R. Kühner. Sect. I—II. gr. 8. (XLIV u. 641 S. m. 1 lith. Karte in qu. 4.) Gothae 851. 52, Hennings. Subscr.-Pr. (1: n. 18 ngr: 2: ⅔ ℛ) n. 1 ℛ 8 ngr Ladenpr. (1: 27 ngr 2: 1 ℛ) 1 ℛ 27 ngr

Vol. VIII. Xenophontis opera omnia. Recens. et commentariis instr. etc. Vol. II.
Sect. 2. De Socrate commentarii. Recogn. et explan. Raph. Kühner. 857. (XVI, 548 S.) 2 ℛ

VIII. Xenophontis opera omn. Vol. II.: De Socrate comm., rec. R Kühner., (548) 58. 2. –

VIII. Sect. II. Xenophontis opera omnia recensita et commentariis instructa. Vol. III. cont. Cyri minoris expeditionem. Recensuit et explicavit Raph. Kühner. Sect. II. Addita est tab. geographica (lith. in qu. gr. 4.) (XLIII und S. 315—641.) 852. 1 Thlr.

IX. Sect. I. Xenophontis opera omnia recensita et commentariis instructa. Vol. III.: Cyri minoris expeditionem recens. et commentariis instruxit R. Kühner. Sect. I. (S. 1—314.) 851. 27 Ngr.

IX. — id. Vol. III.: Cyri min. exped. rec. R Kühner. Sect. I. 2. (641) 52. à n. – 18

— graeca viror. doctor. Opera recogn. et commentarius in usum schol. c. Fr. Jacobs et C. F. Rost. Vol. IX. Sect. I—3. Cont. Platonis dialog. selectos ed. G. Stallbaum. gr. 8. Gotha 827. Hennings. 2 Rthlr. Schreibp. 2 Rthlr. 12 gr. Vel.-Pap.

- IX. Sect. II. Platonis Opera. Recens. et commentariis instruxit Godofr. Stallbaum. Vol. IX. Sect. II. cont. Philebum. (25¾ B.) 842. 1 Thlr. 18¾ Ngr.

- X. Sect. II. Xenophontis opera omnia. Vol. IV. Sect. II. cont.: Agesilaum. Ed. Ludov. Breitenbach. (8¼ B.) 846. 15 Ngr.

- X. Sect. III. Xenophontis Opera omnia recensita et commentariis instructa. Vol. IV. Sect. III. cont.: Hiero. Recogn. et interpret. est Ludov. Breitenbach. (6 B.) 847. 10 Ngr.

- X. Vol. IV. Sect. I. — Xenophontis Oeconomicum recogn. et interpret. est Lud. Breitenbach. 8maj. (12¼ B.) 841. 21 Gr.

" X. Xenophontis opera omnia etc. Vol. IV.
Sect. 3. De postremis belli Peloponnesiaci annis libri II. sive Hellenicorum quae vulgo feruntur libri I. et II. Recogn. et interpret. est Ludov. Breitenbach. 853. (XXXV, 134 S.) 27 ngr

- XI. Platonis Opera omnia. Rec. et commentar. inst. Godofr. Stallbaum. Vol. I. Sect. I—III. (I. Apologia Socrat. et Crito. (14 B.) 16 Gr., II. Phaedo. (16½ B.) 18 Gr., III. Symposium et Indices. (13 B.) 18 Gr.) 833, 84. 2 Thlr., Postp. 2 Thlr. 12 Gr., Vlnp. 3 Thlr. 8 Gr.

- XI. Sect. I. Platonis opera omnia. Recens. et commentariis instr. Godofr. Stallbaum. Vol. I. Sect. I. cont. Apologiam et Critonem. Edit. III. superioribus multo auctior et emend. 8 maj. (16⅛ B.) 847. 26¼ Ngr.

" XI. Sect. I. Platonis opera omnia. Recensuit et commentariis instruxit Godofr. Stallbaum. Vol. I. Sect. I. cont. Apologiam et Critonem. Editio IV. aliquanto auctior et emendatior. (LXXI und 252 S.) 858. 27 Ngr.

- XI. Sect. II. Platonis opera omnia. Recensuit et commentariis instruxit Godofr. Stallbaum. Vol. I. Sect. II. cont. Phaedonem. Edit. III. superioribus multo auctior et emendatior. (V und 275 S.) 850. 27 Ngr.

- XI. Platonis Opera omnia. Recens. etc. Godofr. Stallbaum. Vol. I. Sect. III. Cont. Symposium. Edit. II. auct. et emend. (18 B.) 836. 22 Gr.

XI. Sect. III. Platonis opera omnia. Recensuit et commentariis instruxit Godofr. Stallbaum. Vol. I. Sect. III. cont. Symposium. Editio III., auctior et emendatior. (LXXIX und 230 S.) 852. 27 Ngr.

XI. Platonis opera omn. Rec. G Stallbaum. Vol. I. sect. 1.: Apologia Socratis et Crito. Ed. IV. (323) 58; sect. 3.: Symposium. Ed. III. (309) 53. à – 27

" XII. Sect. I. Platonis opera omnia. Recensuit, prolegomenis et commentariis illustravit Godofr. Stallbaum. Vol. II. Sect. I. cont. Gorgiam. Editio III. plurimum aucta et emendata novisque prolegomenis instructa. (346 S.) 861. 1 Thlr. 15 Ngr.

- XII. — id. Vol. II. Sect. I. II. (I. Gorgias. (17 B.) 20 Gr., II. Protagoras. (12½ B.) 18 Gr.) 828. 1 Thlr. 14 Gr., Postp. 2 Thlr. 4 Gr., Vlnp. 2 Thlr. 20 Gr.

XII. — id. Vol. II. Sect. I. II.
Sect. I. Cont. Georgiam. Edit. II. mult. part. aucta et emend. (20 B.) 840. 20 Gr.
- II. - Protagoram. Edit. II. mult. part. aucta et emend. (12½ B.) 840. 18 Gr.
Vgl. 8. Bd. 1. Abthl. S. 80. u. 81.

- XIII. — id. Vol. III. Sect. I. II. (I. Politiae libr. I—V. (30½ B.) 829. 1 Thlr. 18 Gr., II. Polit. libr. VI—X. (26½ B.) 1 Thlr. 12 Gr.) 830. 3 Thlr. 6 Gr., Postp. 3 Thlr. 22 Gr., Vlnp. 5 Thlr. 14 Gr.
Vgl. Vol. XIX u. XX.

" XIII. Sect. I. Platonis opera omnia. Recensuit, prolegomenis et commentariis illustravit Godofr. Stallbaum. Vol. III. Sect. I. cont. politiae libr. I—V. Editio nova plurimum aucta et emendata. (CXXXVI und 480 S.) 858. 2 Thlr.

" XIII. Sect. II. Platonis opera omnia. Recensuit, prolegomenis et commentariis instruxit Godofr. Stallbaum. Vol. III. Sect. II. cont. politiae libr. VI—X. Editio II., plurimis locis aucta et emendata. (515 S.) 859. 1 Thlr. 15 Ngr.

- XIV. Isocratis Orationes commentar. instr. ab Jo. Henr. Breml. Sect. I. (15½ B.) 831. 20 Gr., Postp. 1 Thlr. 4 Gr., Vlnp. 1 Thlr. 12 Gr.

- XV. Demosthenis Orationes selectae, ab. Jo. Heur. Breml. Sect. I. (21 B.) 829. 1 Thlr. 4 Gr., Postp. 1 Thlr. 12 Gr., Vlnp. 1 Thlr. 18 Gr. — Sect. II. Oratio de corona. (14½ B.) 834. 20 Gr., Postp. ... Vlnp. ...

- XV. Sect. I. cont.: Demosthenis orationes selectae ed. Herm. Sauppius. Vol. I. Conciones. Fasc. I. 8 maj. (10 B.) 845. 15 Ngr.
Vgl. 8. Bd. 1. Abthl. S. 80. u. 9. Bd. 1. Abthl. S. 87.

- XVI. Lysiae et Aeschinis Orationes selectae comment. in us. scholar. instr. ab Jo. Henr. Breml. (31 B.) 826. 2 Thlr., Postp. 2 Thlr. 12 Gr., Vlnp. 3 Thlr. 8 Gr.

- XIX. Platonis opera omnia. Recensuit, prolegomenis et commentariis illustravit Godofr. Stallbaum. Vol. IV. Sect. I. cont. Phaedrum. Editio II. multo auctior et emendatior. (CXL und 223 S.) 856(57.) 1 Thlr. 15 Ngr.

— ead. Vol. XIX. Sect. II. Et. s. tit.: Platonis Opera omnia. Recens. et commentariis instr. Gf. Stallbaum. Vol. IV. Sect. II. Cont. Menexeum, Lysidem, Hippiam utrumque, Jonem. 8maj. ibid. 833.

" XIX. Sect. II. Platonis opera omnia. Recensuit et commentariis instruxit Godofr. Stallbaum. Vol. IV. Sect. II. cont. Menexenum, Lysidem, Hippiam utrumque, Ionem. Editio II. plurimum emendata et locupletata. (407 S.) 857. 1 Thlr. 15 Ngr.

XIX. Platonis Opera omnia. Rec. et comment. instr. Godofr. Stallbaum. Vol. IV. Sect. I. II. (I. Phaedrus. (18½ B.) 832. 20 Gr., Postp. 1 Thlr., Vlnp. 1 Thlr. 6 Gr., II. Menexenus, Lysis, Hippias utrumque. (22 B.) 822. 1 Thlr. 6 Gr., Postp. 1 Thlr. 12 Gr., Vlnp. 2 Thlr.)

" XIX. Platonis opera omnia etc. Vol. IV.
Sect. 1. cont. Phaedrum. Edit. II. multo auct. et emendat. 857. (CXL, 223 S.) 1 ℛ 15 ngr
" 2. cont. Menexenum, Lysidem, Hippiam utrumque, Jonem. Edit. II. plurimum emend. et locuplet. 857. (407 S.) 1 ℛ 15 ngr

XX. — id. Vol. V. Sect. I. Lachetes, Charmides, Alcibiades utrumque. (23 B.) 834. 1 Thlr. 6 Gr., Postp. 1 Thlr. 12 Gr., Vlnp. 2 Thlr. — Sect. II. Cratylum (15¼ B.) 835. 21 Gr., Postp. 1 Thlr., Vlnp. 1 Thlr. 6 Gr.
(Die fehlenden Volum. sind noch nicht erschienen.)

" XX. Platonis opera omnia etc. Vol. V.
Sect. 1. cont. Lachetem, Charmidem, Alcibiadem utrumque. Edit. II. multo auct. et emendat. 857. (395 S.) 1 ℛ 15 ngr

XX. Sect. I. Platonis opera omnia. Recensuit, prolegomenis et commentariis illustravit Godofr. Stallbaum. Vol. V. Sect. I. cont. Lachetem, Charmidem, Alcibiadem utrumque. Editio II. multo auctior et emendatior. (395 S.) 858. 1 Thlr. 15 Ngr.

Bibliotheca Hagana. Bremae 1760—66. H: *Barkey, Nic.* (Barbier)

— Hagana, hist. philol. theol. Bremens. ed. N. Barkey. IV. Class. in 12 fasc. 8. Amsterd. 768 — 73. (Brem., Cramer). 4 ℛ 14 gr

— hagiographica graeca, edd. socii Bollandiani. Ed. II emendatior, accedit synopsis metaphrastica. (XV, 299 S.) Lex. 8. Bruxellis 909. Brüssel (22 Boulevard Saint-Michel), Société des Bollandistes. nn 12. --

— hagiographica latina antiquae et mediae aetatis. Edidd. Socii Bollandiani. gr. 8. (1. fasc. S. 1—224.) Brüssel 897. O. Schepens & Co. Subskr.-Pr. n.n. 32. —

— hagiographica latina antiquae et mediae aetatis. Edd. Socii Bollandiani 8° (1. fasc. 1—224) Brüss. 98, O Schepens & Co. Subskr.-Pr. nn 82 —

— hagiographica latina antiquae et mediae aetatis, edd. socii Bollandiani. 6 voll. et suppl. gr. 8. (1387 u. XXXV S.) Brüssel (Rue des Ursulines 14) 898—901. Société des Bollandistes. n.n. 40. —

Bibliotheca, Hamburgische, historica ... Bd. 1—10 u. Reg. Leipzig 1715—1729. H: *Hübner, Johann.* (schr) *Richey, M., Joh. Hübner, J. A. Fabricius & P. F. Hane.* (CBH) (Myl)

Bibliotheca hebraica parva exhibens dicta classica S. S. Librorum Vet. Test. hebraica, scholarum in Ruthenia florentium usibus inservitura. Dorp. [1818.] H: *Hezel, Joh. Wilh. Fr.* (MGT)

Bibliotheca **Heumanniana, sive suppellex libror. ad omnia scientiar. etc. c. praef. Jh. Bernh. Hofferi. 8. Nürnb. 752. Lechner. (v. Ebner). 15 gl**

Bibliotheca historiae literariae critica eaque generalis ... Hildesiae 1739. V: *Reimmann, Jac. Friedr.* (EB)

— **Historica, v. Struvius.**

—— historica. Katalog des histor. Bücher-Lagers von J. M. Heberle (H. Lempertz) in Köln. 4. (II und 254 S.) Köln 855, Heberle.

—— **historica oder systematisch geordnete Uebersicht der in Deutschland und dem Auslande auf dem Gebiete der gesammten Geschichte neu erschienenen Bücher hrsg. von W. Müldener. 10.—15. Jahrg. 1862—67. gr. 8. Göttingen 862—68, Vandenhoeck und Ruprecht's Verlagsh. [1862. 1. Heft. (S. 1—132.) * 11 Ngr., 2. Heft. (S. 133—300.) * 13 Ngr., 1863. 1. Heft. (S. 1—128.) * 10 Ngr., 2. Heft. (S. 129—286.) * 13 Ngr., 1864. 1. Heft. (S. 1—124.) * 10 Ngr., 2. Heft. (S. 125—285.) * 12 Ngr., 1865. 1. Heft. (S.1—116.) * 10 Ngr., 2. Heft. (S. 121—272.) * 12 Ngr., 1866. 1. Heft. (S. 1—95.) * 8 Ngr., 2. Heft. (S. 96—277.) * 15 Ngr., 1867. 1. Heft. (S. 1—130.) * 10 Ngr., 2. Heft. (S. 131—293.) * 13 Ngr.]** *
Vorh. u. d. T.: Bibliotheca historico-geographica.

—— **historica oder systematisch geordnete Uebersicht der in Deutschland und dem Auslande auf dem Gebiete der gesammten Geschichte neu erschienenen Bücher hrsg. von W. Müldener. Mit einem alphabet. Register. 16.—22. Jahrg. gr. 8. Göttingen, Vandenhoeck und Ruprecht's Verlag. [16. Jahrg. 1. Heft. Jan.—Juni 1868. (S. 1—98.) * 80 Pf.; 2. Heft. Juli—Decbr. (S. 99—272.) * M 1,40. — 17. Jahrg. 1. Heft. Jan.—Juni 1869. (II, S. 1—122.) * M 1.; 2. Heft. Juli—Decbr. (II, S. 123—282.) * M 1,30. — 18. Jahrg. 1. Heft. Jan.—Juni 1870. (II, S. 1—86.) * 70 Pf.; 2. Heft. Juli—Decbr. (S. 87—216.) * M 1,10. — 19. Jahrg. 1. Heft. Jan.—Juni 1871. (S. 1—106.) * 90 Pf.; 2. Heft. Juli—Decbr. (S. 113—337.) * M 1,80. — 20. Jahrg. 1. Heft. Jan.—Juni 1872. (S. 1—138.) * M 1,20.; 2. Heft. Juli—Decbr. (S. 139—306.) * M 1,70. — 21. Jahrg. 1. Heft. Jan.—Juni 1873. (S. 1—118.) * M 1,20.; 2. Heft. Juli—Decbr. (S. 121—310.) * M 1,80. — 22. Jahrg. 1. Heft. Jan.—Juni 1874. (S. 1—146.) * M 1,40.]** *

—— historica oder systematisch geordnete Uebersicht der in Deutschland und dem Auslande auf dem Gebiete der gesammten Geschichte neu erschienenen Bücher hrsg. von W. Müldener. 22. Jahrg. 2. Heft—27. Jahrg. 1. Heft. gr. 8. Göttingen, Vandenhoeck und Ruprecht's Verlag. [22. Jahrg. 2. Heft. Juli—Decbr. 1874. [Mit einem alphab. Register.] (S. 151—373.) * M 2.; 23. Jahrg. 1. Heft. Jan.—Juni 1875. (S. 1—158.) * M 1,50.; 2. Heft. Juli—Decbr. 1875. (S. 159—367.) * M 2.; 24. Jahrg. 1. Heft. Jan.—Juni 1876. (S. 1—156.) * M 1,40.; 2. Heft. Juli—Decbr. 1876. (S. 157—371.) * M 2.; 25. Jahrg. 1. Heft. Jan.—Juni 1877. (S. 1—162.) * M 1,60.; 2. Heft. Juli—Decbr. 1877. (S. 165—386.) * M 2.; 26. Jahrg. 1. Heft. Jan.—Juni 1878. (S. 1—176.) * M 1,60.; 2. Heft. Juli—Decbr. 1878. (S. 177—399.) * M 2,40.; 27. Jahrg. 1. Heft. Jan.—Juni 1879. (S. 1—154.) * M 1,60.] *

Bibliotheca historica oder systematisch geordnete Uebersicht der in Deutschland und dem Auslande auf dem Gebiete der gesammten Geschichte neu erschienenen Bücher. Hrsg. von W. Müldener. 27. Jahrg. 2. Heft. Juli—Decbr. 1879. gr. 8. (S. 155—371.) Göttingen 880, Vandenhoeck und Ruprecht's Verlag. *

Bibliotheca historica oder systematisch geordnete Uebersicht der in Deutschland und dem Auslande auf dem Gebiete der gesammten Geschichte neu erschienenen Bücher. Hrsg. von E. Ehrenfeuchter. 28.—30. Jahrg. 1. Heft. gr. 8. Ebendas. [28. Jahrg. 1. Heft. Jan.—Juni 1880. (S. 1—166.) * M 1,60.; 28. Jahrg. 2. Heft. Juli—Decbr. 1880. (S. 167—399.) * M 2,40.; 29. Jahrg. 1. Heft. Jan.—Juni 1881. (S. 1—198.) * M 2.; 29. Jahrg. 2. Heft. Juli—Decbr. 1881. (S. 199—433.) * M 2,60.; 30. Jahrg. 1. Heft. Jan.—Juni 1882. (S. 1—156.) * M 1,80.] *
Nicht weiter erschienen.

—— **historica. Vierteljährliche systematisch geordnete Übersicht der auf dem Gebiete der gesammten Geschichte in Deutschland und dem Auslande neu erschienenen Schriften und Zeitschriften-Aufsätze. Hrsg. von Osc. Masslow. Neue Folge. 1. Jahrg. 1887. 4 Hefte. gr. 8. (637 S.) Göttingen, Vandenhoeck und Ruprecht's Verlag.** *

Bibliotheca historica. Verzeichnis von 9307 Werken u. Abhandlungen aus dem Gesamtgebiete der Geschichte u. deren Hilfswissenschaften. In systemat. u. chronolog. Anordng. 8. (IV, 292 S.) Leipzig 890. Fock. 1.50

Bibliotheca historica adhuc inedita. Braunschw. 1758—62. H: *Scheidt, Christian Ludwig.* (Dn)

Bibliotheca historica Goettingensis worinnen allerhand bishero ungedruckte alte und neuere Schriften und Urkunden, welche zur Erläuterung der Geschichte und Rechtsgelehrsamkeit dienen können, aus bewährten Handschriften ans Licht gestellet werden. Gött. u. Hannover 1758. H: *Scheidt, Christian Ludwig.* (schz)

— historica Goettingensis. Göttingen. 758. jetzt in Leipz. b. Barth in Comm.

— **historico-geographica oder systematisch geordnete Uebersicht der in Deutschland und dem Auslande auf dem Gebiete der gesammten Geschichte und Geographie neu erschienenen Bücher. 1. Jahrg. 1853. 1. Heft herausg. von E. A. Zuchold. 2. Heft, herausg. von G. Schmidt. Göttingen, Vandenhoeck u. Ruprecht. gr. 8. (130 S.) n. 1 1/4 ngl**

— — 2—6. Jahrg. 1854—58. herausg. von Gust. Schmidt. à 2 Hefte. Ebend. gr. 8. (2.: 176 S. n. 13 3/4 ngl — 3.: 166 S. n. 14 ngl — 4.: 160 S. n. 12 1/2 ngl — 5.: 185 S. n. 15 ngl — 6.: 179 S. n. 15 ngl.) n. 2 ß 10 1/4 ngl

— historico-geographica oder systematisch geordnete Uebersicht der in Deutschland und dem Auslande auf dem Gebiete der gesammten Geschichte u. Geographie neu erschienenen Bücher herausg. von Gust. Schmidt. 7—9. Jahrg. 1859—61. à 2 Hefte. Ebend. gr. 8. (7.: 209 S. n. 18 ngl — 8.: 182 S. n. 15 ngl — 9.: 316 S. n. 21 ngl) n. 1 ß 27 ngl
Die Fortsetzung erschien unter den Titeln: Bibliotheca geographico-statistica, und Bibliotheca historica, vgl. diese.

—— **historico-naturalis,** s.a. **Index.**

—— historico-naturalis. Hrsg. von Wilh. Engelmann. Suppl.-Bd.: Bibliotheca zoologica. Verzeichniss der Schriften über Zoologie, welche in den period. Werken enthalten und vom J. 1846—1860 selbständig erschienen sind. Mit Einschluss der allgemein naturgeschichtl., period. und palaeontolog. Schriften. Bearb. von J. Vict. Carus und Wilh. Engelmann. 2 Bde. gr. 8. (XXXIV und 2144 S.) Leipzig 861. 62, Engelmann.

BIBLIOTHECA HISTORICO-NATURALIS ET PHYSICO-CHEMICA [*later*, et mathematica] oder systematisch geordnete Uebersicht der in Deutschland und dem Auslande auf dem Gebiete der gesammten Naturwissenschaften [*later*, und der Mathematik] neu erschienenen Bücher. Herausgegeben von E. A. Zuchold [*later*, *by* Guthe; Metzger; Frenkel; Fricke; Hanstein]. Göttingen, 1851–1892. 42 vols., 8vo.

—— historico naturalis et physico-chemica oder systematisch geordnete Uebersicht der in Deutschland und dem Auslande auf dem Gebiete der gesammten Naturwissenschaften neu erschienenen Bücher hrsg. von Ernst A. Zuchold. 1. Jahrg. 1. Heft. Jan. bis Juni 1851. gr. 8. (46 S.) Göttingen 851, Vandenhoeck und Ruprecht. Thlr. *

—— historico-naturalis et physico-chemica oder systematisch geordnete Uebersicht der in Deutschland und dem Auslande auf dem Gebiete der gesammten Naturwissenschaften neu erschienenen Bücher, hrsg. von Ernst A. Zuchold. 1. Jahrg. 2. Heft. Juli — Decbr. 1851. gr. 8. (S. 47—117) Göttingen 852, Vandenhoeck und Ruprecht's Vrlgsh. *

1. Jahrg. 1. Heft. Ebendas. 1851. * 5 Ngr.

— historico-naturalis physico-chemica et mathematica od. systematisch geordnete Uebersicht der in Deutschland u. dem Auslande auf dem Gebiete der gesammten Naturwissenschaften u. der Mathematik neu erschienenen Bücher hrsg. v. Ernst A. Zuchold. 2. Jahrg. 1852. 2 Hfte. gr. 8. (200 S.) Ebd. (1: n. 8 ngr 2: n. n. ½ ß) n. 18 ngr (1851 u. 52: n. 1 ß ½ ngr)

— historico-naturalis physico-chemica et mathematica oder systematisch geordnete Uebersicht der in Deutschland und dem Auslande auf dem Gebiete der gesammten Naturwissenschaften und der Mathematik neu erschienenen Bücher herausg. von E. A. Zuchold. 3—8. Jahrg. 1853—58. à 2 Hefte. Göttingen, Vandenhoeck u. Ruprecht. gr. 8. (3.: 172 S. n. 13¼ ngr — 4.: 217 S. n. 18 ngr — 5.: 235 S. n. 18 ngr — 6.: 225 S. n. 19 ngr — 7.: 244 S. n. 20 ngr — 8.: 243 S. n. 19 ngr.) n. 3 ß 17¼ ngr

— historico-naturalis, physico-chemica et mathematica oder systematisch geordnete Uebersicht der in Deutschland und dem Auslande auf dem Gebiete der gesammten Naturwissenschaften u. der Mathematik neu erschienenen Bücher herausg. von E. A. Zuchold. 9—13. Jahrg. 1859—63. à 2 Hefte. — 14. Jahrg. 1864. 1. Heft. Göttingen, Vandenhoeck & Ruprecht. gr. 8. (9.: 238 S. n. 21 ngr — 10.: 191 S. n. 16 ngr — 11.: 210 S. n. 18 ngr — 12.: 196 S. n. 16 ngr — 13.: 199 S. n. 17 ngr — 14.: S. 1—84. n. 8 ngr) n. 3 ß 6 ngr

— **historico-naturalis, physico-chemica et mathematica oder systematisch geordnete Uebersicht der in Deutschland u. dem Auslande auf dem Gebiete der gesammten Naturwissenschaften u. der Mathematik neu erschienenen Bücher. 14. Jahrg. 1864. 2. Heft, 15. u. 16. Jahrg. 1865 u. 1866, hersg. von E. A. Zuchold, 17—19. Jahrg. 1867—1869, hersg. von H. Guthe, à 2 Hefte (à 5—8 Bgn.). Ebend. gr. 8. n. 3 ß 6 ngr**

64. 2. n. 10 ngr — 65. 1. n. 8 ngr; 2. n. 9 ngr — 66. 1. n. 10 ngr; 2. n. 9 ngr — 67. 1. n. 7 ngr; 2. n. 9 ngr — 68. 1. n. 7 ngr; 2. n. 10 ngr — 69. 1. n. 7 ngr; 2. n. 10 ngr

— historico-naturalis physico-chemica et mathematica od. systematisch geordnete Uebersicht der in Deutschland u. dem Auslande auf dem Gebiete der gesammten Naturwissenschaften u. der Mathematik neu erschienenen Bücher hrsg. v. H. Guthe. 20. Jahrg. 1870. gr. 8. (173 S.) Ebend. 871. n. 1. 50

— dasselbe, hrsg. v. A. Metzger. 21. Jahrg. 1871. gr. 8. (168 S.) Ebend. 872. n. 1. 50

— dasselbe. 22. Jahrg. 1872. gr. 8. (186 S.) Ebend. 873. n. 1. 70

— dasselbe. 23. Jahrg. 1873. gr. 8. (198 S.) Ebend. 874. n. 2. —

— dasselbe. 24. Jahrg. 1874. gr. 8. (226 S.) Ebend. 875. n. 2. 30

— dasselbe. 25. Jahrg. 1875. gr. 8. (283 S.) Ebend. 876. n. 2. 60

— historico-naturalis, physico-chemica et mathematica oder systematisch geordnete Uebersicht der in Deutschland u. dem Auslande auf dem Gebiete der gesammten Naturwissenschaften u. der Mathematik neu erschienenen Bücher, hrsg. v. A. Metzger. 26. Jahrg. 1876. gr. 8. (118 S.) Ebend. n. 2. 80

— dasselbe. 27. Jahrg. 1877. gr. 8. (268 S.) Ebend. 878. n. 2. 80

— dasselbe. 28. Jahrg. 1878. gr. 8. (291 S.) Ebend. n. 2. 80.

— dasselbe. 29. Jahrg. 1879 hrsg. v. F. Frenkel. gr. 8. (276 S.) Ebend. 880. n. 2. 80

— dasselbe. 30. Jahrg. 1880. gr. 8. (333 S.) Ebend. 881. n. 3. 20

— dasselbe. 31. Jahrg. 1881. gr. 8. (309 S.) Ebend. 882. n. 3. —

— historico-naturalis, physico-chemica et mathematica od. systematisch geordnete Uebersicht der in Deutschland u. dem Auslande auf dem Gebiete der gesammten Naturwissenschaften u. der Mathematik neu erschienenen Bücher, hrsg. v. K. Fricke u. R. v. Hanstein. 32. Jahrg. 1882. gr. 8. (262 S.) Göttingen 882. 83. Vandenhoeck & Ruprecht's Verl. n. 2. 80

Bibliotheca historico-naturalis, physico-chemica et mathematica od. systematisch geordnete Uebersicht der in Deutschland u. dem Auslande auf dem Gebiete der gesammten Naturwissenschaften u. der Mathematik neu erschienenen Bücher, hrsg. v. K. Fricke u. R. v. Hanstein. 33. Jahrg. 1883. gr. 8. (363 S.) Göttingen 884. Vandenhoeck & Ruprecht's Verl. n. 3. 20

— dasselbe. 34. Jahrg. 1884. gr. 8. (330 S.) Ebend. 885. n. 3. 20

—— histor.-naturalis, physico-chem. et mathematica od. systemat. geordnete Uebersicht d. in Deutschland u. d. Auslande auf d. Gebiete d. ges. Naturwissenschaften u. d. Mathematik neu erschien. Bücher, hrsg. v. R v. Hanstein. 35. Jahrg. 1885. 8. (321) Götting., Vandenhoeck & R. *n*. 3. 20 || 36. Jahrg. 1886. (338) *n*. 4. 40. || 37. Jahrg. N.F. 1. Jahrg. 1887. (377) *n*. 5. 80

Erscheint nicht mehr.

— dasselbe. 35. Jahrg. 1885. gr. 8. (321 S.) Ebend. 886. n. 3. 20

— historico-naturalis, physico-chemica et mathematica od. vierteljährl. systematisch geordnete Uebersicht der in Deutschland u. dem Auslande auf dem Gebiete der gesammten Naturwissenschaften u. der Mathematik neu erschienenen Bücher, hrsg. von R. v. Hanstein. 36. Jahrg. Neue Folge. 1. Jahrg. 1886. 4 Hfte. gr. 8. (338 S.) Göttingen 886. 887. Vandenhoeck & Ruprecht's Verl. n. 4. 40

— historico-naturalis od. vierteljährl. systematisch geordnete Uebersicht der in Deutschland u. dem Auslande auf dem Gebiete der Zoologie, Botanik u. Mineralogie neu erschienenen Schriften u. Aufsätze aus Zeitschriften. Hrsg. von R. v. Hanstein. 37. Jahrg. Neue Folge. 2. Jahrg. 1887. 4 Hfte. gr. 8. (377 S.) Ebd. n. 5. 80
Erschien nicht weiter.

Bibliotheca historico-philologico-theologica. Bremae 1719—25. V: *Hase, Theodor* & *Fr. Ad. Lampe.* (BrMm) (Myl)

— historico - philologico - theologica. (Ed. Th. Hasaeus et F. A. Lampe.) Brem. 719-27. 8 Vol. (48 Fasc.) 8. 6 rthl. *Continuatio.* Vergl. *Museum.*
— — nova. (Edid. N. Barkey.) Brem. et Amst. 760-65. 5 Vol. 8. Vergl. Barkey.

— hist. - philolog. theol. Bremensis Class. VIII. 8. Bremae, Kumpf, 719.

Bibliotheca Hoffmanni Fallerslebensis. Leipzig 1846. H: *Hoffmann gen. v. Fallersleben, August Heinrich.* (GGr)

— Hoffmanni Fallerslebensis. 8maj. Leipzig 846, Engelmann. baar 1/2 Thlr

—— homoeopathica. Verzeichniß d. für d. Homöopathie erschien. Schriften. 8. (3/4 B.) Arnsberg 832, Ritter.

— homoeopathica, oder Verzeichniß aller bis zur Mitte des Jahres 1833 erschien. Werke u. Schriften über Homöopathie. Nach d. Namen d. Verfasser alphabet. geordnet. gr. 12. Leipzig 833. Baumgärtner. 1/6 Thlr

Bibliotheca homoeopathica ... 2. Aufl. ... Leipz. 1842. V: *Schreck, Ludwig.* (EngM) (Choulant)

— homoeopathica, oder Verzeichniß aller bis Ende des Jahres 1841 erschienenen Werke und Schriften über Homöopathie. Nach den Namen der Verfasser alphabetisch geordnet. 2. vermehrte u. verb. Aufl. von L. S. gr. 12. Leipzig 842, Baumgärtner's Buchh. 1/3 Thlr

— homoeopathica. Verzeichniß der im In- und Auslande erschienenen auf die Homöopathie Bezug habenden Schriften. 3. bis zum Jahre 1861 fortgeführte Aufl. bearb. von G. O. Kleinert. Leipzig 862. Baumgärtner. 8. (IV, 152 S.) 20 ngr.

Bibliotheca Horatiana sive syllabus editionum Horatii, interpretationum versionum ab a. 1470-1770. Lips. 1775. V: *Neuhaus, S. Wendelin.* (BSCE) (Ky)

— Horatiana, s. Syllabus edit. Horatii etc. ab anno 1740 — 70. 8. Leipz. 775. (W. Nauck). 10 gr

— Horatiana, s. Syllabus edit. Horatii, etc. ab. a. 1740 — 770. 8. Lpz. Sommer, 775.

Bibliotheca hortensis. Vollständige Garten-Bibliothek oder alphabetisches Verzeichniss aller Bücher, welche über Gärtnerei, Blumen- und Gemüsezucht, Obst- und Weinbau, Gartenbotanik und bildende Gartenkunst von 1750 bis 1860 in Deutschland erschienen sind. Mit Angabe der Verleger u. Preise. Nebst einem chronolog. Sachregister. Herausg. von Frdr. Jak. Dochnahl. Nürnberg 861. W. Schmid. gr. 8. (IX, 180 S.) n. 1 Thlr 10 ngr.

— Hulthemiana, ou Catalogue Méthodique de la riche et précieuse collection de livres et des manuscrits délaissés par M. Ch. van Hulthem etc. La vente, s'il y a lieu, en sera annoncée ultérieurement. VI Vol. Mit Charles van Hulthem's Bildn. gr. in-8. Gand 836,37. (Bonn, Marcus.) n. 16 Thlr

Bibliotheca Hydriatica oder Verzeichniss der wichtigsten ... Werke und Schrifften über Wasserheilkunde ... Leipz. 1842. H: *Dietrich, Ewald Chn Vict.* (Petz)

— hydriatica, oder Verzeichniß der wichtigsten bis zur Jubilate-Messe 1842 erschienenen Werke und Schriften über Wasserheilkunde, nebst den neuesten Schriften über vorzügl. Mineralbäder und dem Verzeichniß bereits vorhandener Wasserheilanstalten. Nach den Namen der Verfasser alphabetisch geordnet. 8. Ebd. 842. 1/4 Thlr

Bibliotheca hydriatica, od. Verzeichniß der wichtigsten bis zur Jubilate-Messe 1842 erschienenen Werke u. Schriften über Wasserheilkunde, nebst den neuesten Schriften über vorzügl. Mineralbäder u. d. Verzeichn. bereits vorhand. Wasserheilanstalten. Nach den Namen d. Verfasser alphabet. geordnet. 8. (3 1/2 B.) Leipzig 845, Baumgärtners Buchh. Thlr.

— iatrica, s. *Hippocratis* Coi opera.

—— ichthyologica et piscatoria, s. Bosgoed, D. M.

— Italiana, V. 3. cont. l' Orlando innamorato di Bojardo. Vol. I. 8. Nell' istessa citta, i medesemi, 805.

— Italiana, XII. Tom. (I. II. entb. la Gerusalemme liberat. de Tasso ediz. di Keil, 806. à 12 gr. S. P. à 15 gr.; III. IV. entb. Orlando inamorato di Bojardo, rifatto da Berni, 805. 6. à 12 gr. S. P. à 16 gr.; V. entb. la vita nuova e le rime di Alighieri, ediz. di Keil, 810. à 16 gr. S. P. à 20 gr.; VI. u. VII. —. VIII. bis XI. entb. Decamerone di Boccaccio, 806. 9. à 12 gr. S. P. à 15 gr.; XII. entb. la divine commedia di Alighieri, ediz. di Keil, 807. à 1 gr. S. P. à 15 gr.) 8. Chemnitz, Maucke. excl. VI. u. VII. T.
excl. VI. u. VII. Tom. S. P.

— italiana. Vol. 1—12. 8 Ebend. 812. (à 12 gr.)
Schreibp. (à 15 gr.)

— italiana, Tom. I — XI. (T. I. II. la Gerusaleme liber. de Tasso ed. di G. G. Keil. 1 Thlr Schrbp. 1 Thlr 6 gr T. III. IV. Orlando inamorato di Bojardo, rifatto da Berm. II Tom. 1 Thlr Schrbp. 1 Thlr 6 Thlr T. V. la vita nuova e le rime di Alighieri, ed. di G. G. Keil. 12 gr Schrbp. 15 gr T. VI —IX. II Decamerone di Boccaccio. IV Tom. 2 Thlr Schrbp. 2 Thlr 12 gr T. X. XI. La divina commedia di Dante Alighieri ed. di G. G. Keil. II Tom. 1 Thlr Schrbp. 1 Thlr 6 gr 8. Chemn. et Gotha 806 — 12. (Starke; a. Steudel). 5 Thlr 12 gr Schrbp. 6 Thlr 21 gr

— italiana o sia Giornale di Letteratura, Scienze ed Arti, V. 1 — 72 6 Jahrg. 816 — 21. gr. in 8. Milano (Vienna, Volke) à Jahrg. v. 12 Heften in 4 Bänden 10 Rthlr.

Biblioteca italiana. Für den Unterricht im Italienischen mit Anmerkungen in deutscher, französischer und englischer Sprache herausgegeben von A. Scartazzini. Davos, Richter.
1. Bändchen: *Goldoni, Carlo,* Un curioso accidente. In-8°, 64 S. — 90
2. Bändchen: *Bersezio, Vittorio,* Il cane del cieco. In-8°, 56 S. 1883? — 90

Bibliotheca italiana. Für den Unterricht im Italienischen mit Anmerkungen in deutscher, französischer u. englischer Sprache, herausgegeben v. *A. Scartazzini.* 3tes Bändchen. In-8⁰, 108 S. Davos, Hugo Richter. 1 20

*** Inhalt: „Gherardi del Testa". Il vero blasone. Comedia in 5 atti. 1886?

Biblioteca italiana. Für den Unterricht im Italienischen, mit Anmerkungen in deutscher, französischer und englischer Sprache. Hrsg. von *A. Scartazzini.* 5. Bändchen: *Vitt. Alfieri.* Mirra. Tragedia in 5 atti. In-8⁰. Davos, Hugo Richter. 1 20

1886?

Biblioteca italiana. Für den Unterricht im Italienischen mit Anmerkungen in deutscher, französ. und englischer Sprache, hrsg. von *A. Scartazzini.* 6. Bdchen.: Fiorilegio di poesie italiane, scelte in ogni secolo della letteratura italiana, per *A. Scartazzini.* Gr. in-8⁰. 248 S. Davos, Hugo Richter. 1892? 3 60

Biblioteca italiana. F. d. Unterricht im Ital. u. Dtsch., franz. u. engl. Anmerkg. Hrsg. v. *A. Scartazzini.* Bd. 2. 2. Aufl. In-8⁰. 72 S. Davos, Hugo Richter. 1 —

*** Bd. 2. Il cane del Cieco. Racconto di Vittorio Bersezzio. 1898?

Bibliotheca juridica oder Verzeichniss aller brauchbaren, in älterer und neuerer Zeit, besonders aber vom Jahre 1700 bis zu Ende des Jahres 1823 in Deutschland erschienenen Werke über alle Theile der Rechtsgelehrsamkeit und deren Hülfswissenschaften, mit Einschluss der Diplomatie, Polizei- und Cameralwissenschaft, hrsg. von Th. Chr. Fr. Enslin. 8⁰. Berlin 1824.

— juridica, od. Verzeichniß aller brauchbaren, in älterer u. neuerer Zeit, besond. aber v. J. 1750 bis zur Mitte d. J. 1839 in Deutschland erschien. Werke üb. alle Theile d. Rechtsgelehrsamkeit u. deren Hülfswissenschaften. Zuerst hrsg. v. Theod. Christ. Friedr. Enslin. Von Neuem gänzlich umgearb. 2. Aufl. v. Wilh. Engelmann. Nebst ein. vollständ. Materienregister. gr. 8. (38 B.) Leipzig 840, Engelmann. *

— juridica oder Verzeichniß der in älterer und neuerer Zeit, besond. aber vom Jahre 1750 bis zur Mitte des J. 1848 in Deutschland erschien. Werke über alle Theile der Rechtswissenschaft und deren Hülfswissenschaften. Hrsg. von Wilh. Engelmann. Supplement-Heft, enth.: die Literatur von der Mitte des J. 1839 bis zur Mitte des J. 1848. Nebst einem ausführl. Materienregister. gr. 8. (IV und 205 S.) Leipzig 849, W. Engelmann. *

Das Hauptwerk erschien 1840 ebendas. und kostet * 1 Thlr. 25 Ngr.

Bibliotheca juridica, ein Verzeichniss der rechtswissenschaftlichen Schriften Deutschlands und des Auslandes . . . Leipzig 1835. II: *Kind, Emil.* (Petz)

— juridica. Enth.: ein Verzeichniß der in Oesterreich üb. Gesetzgebung, polit. Verfass. u. üb. das Camerale erschien. Schriften. 8. (4 B.) Wien 839, [Braumüller u. Seidel.]

— Juridica. Enthaltend: ein Verzeichniß der in Oesterreich über Gesetzgebung, politische Verfassung u. über das Camerale erschienenen Schriften. 8. Wien 839. v. Mösle's Witwe u. Braumüller. 1/3 ℛ

— juridica oder geordnete Uebersicht der auf dem Gebiete der Staats- und Rechtswissenschaft in Deutschland neu erschien. Bücher, hrsg. von Carl Joh. Fr. W. Ruprecht. 1. und 2. Jahrg.: Die literar. Erscheinungen von 1848 und 1849. (Mit alphabet. Register.) gr. 8. Göttingen, Vandenhoeck und Ruprecht. [1. (34 S.) 849. 5 Ngr., 2. (50 S.) 850. 7½ Ngr.] -

— juridica. Verzeichniss der vorzüglichsten Werke aus allen Zweigen der Staats- und Rechtswissenschaften. 2., bis Ende Januar 1858 ergänzte Aufl. gr. 8. (88 S.) Wien 858, F. Manz. **

— dass. — 3., sehr verm. Aufl. gr. 8. (120 S.) Ebendas. 861. **

— juridica. Verzeichniss der vorzüglichsten Werke aus allen Zweigen der Rechts- und Staatswissenschaften. 4., sehr verm. Aufl. gr. 8. (100 S.) Wien 867, Manz' Verlag. *

— juridica. Verzeichniss der vorzüglichsten Werke aus allen Zweigen der Rechts- und Staatswissenschaften. 5. sehr verm., mit einem ausführl. Materien-Register versehene Ausg. [Geschlossen Ende Juli 1871.] gr. 8. (144 S.) Wien 872, Manz. *

Bibliotheca juridica. Verzeichniss der vorzüglichsten Werke aus allen Zweigen der Rechts- und Staatswissenschaften. 6. sehr verm., mit einem ausführl. Materien-Register verseh. Ausg. [Geschlossen mit Ende des J. 1878.] gr. 8. (171 S.) Wien 879, Manz'sche Hofbuchh. *

— juridica. Verzeichniss der vorzüglichsten Werke aus allen Zweigen der Rechts- und Staatswissenschaften. 7. sehr verm., mit einem ausführl. Materien-Register verseh. Ausg. [Geschlossen mit Ende Juni 1880.] gr. 8. (181 S.) Wien 880, Manz'sche Hof-Verlagsh. *

— juridica. Verzeichniss der vorzüglichsten Werke aus allen Zweigen der Rechts- u. Staatswissenschaft. 8., sehr verm., m. e. Namen-Register verseh. Ausg. [Geschlossen m. Ende Aug. 1884.] gr. 8. (III, 176 S.) Wien 885. Manz. n. 2. —; cart. n. 2. 40

— juridica. Handbuch der gesammten neueren jurist. u. staatswissenschaftlichen Literatur. Eine Zusammenstellung aller seit 1849 bis gegen die Mitte des J. 1867 auf dem Gebiete der Rechts- u. Staatswissenschaft in den deutschen u. benachbarten Staaten erschienenen Schriften. Bearb. von Gust. Wilh. Wuttig. Mit umfassendem Materienregister u. Nachweisungen über wichtigere in Zeitschriften enthaltene Abhandlungen. Leipzig 867. O. A. Schulz. gr. 8. (IV, 330 S.) n. 1 ℛ 10 ngr.

— juridica. Handbuch der gesammten neueren jurist. u. staatswissenschaftlichen Literatur. Eine Zusammenstellung aller auf dem Gebiete der Rechts- u. Staatswissenschaft seit 1849 in Deutschland u. den benachbarten Staaten erschienenen Schriften. 2. Bd., die Jahre 1867 bis Mitte 1876 umfassend. Bearb. v. Ludw. Rossberg. Mit einem ausführlichen Materienregister. gr. 8. (IV, 249 S.) Leipzig 877. Rossberg. n. 3. — (1. u. 2.: n. 7. —)

— juridica. Catalogus van alle Boeken sedert 1837 in het Koningrijk der Nederlanden verschenen over Staatswetenschappen, Wetgeving en Rechtsgeleerdheid. Met alphabet. Zaakregister. gr. 8. (IV, 209 S.) Haag 874, Nijhoff. *

— juridica. Systemat. Verzeichniß der neueren und gebräuchlicheren, auf dem Gebiete der Staats- und Rechtswissenschaft erschienenen Lehrbücher, Compendien, Gesetzbücher, Commentare ꝛc. Mit Sach- und Autorenregister. 1.—5. Aufl. 8. (IX, 62 S.) Leipzig 885—89, Roßberg'sche Buchh.

Bibliotheca juridica. Systematisches Verzeichniß der neueren u. gebräuchlicheren, auf dem Gebiete der Staats- u. Rechtswissenschaft erschienenen Lehrbücher, Compendien ꝛc. Mit einem Sach- u. Autorenregister. 6. Aufl. 12. (IX, 61 S.) Lpz. 890, Roßberg. ** — 20

— juridica. Systematisches Verzeichniß d. neueren u. gebräuchlicheren, auf dem Gebiete der Staats- u. Rechtswissenschaft erschienenen Lehrbücher, Compendien, Gesetzbücher, Commentare ꝛc. 7. Aufl. 12. (IX, 59 S.) Leipzig 890. Roßberg. n. — 30

— dass. — 7. u. 8. Aufl. 12. (IX, 59 S.) Ebd. 891,92. — 30

— juridica. Systematisches Verzeichniß der neueren u. gebräuchlicheren auf dem Gebiete der Staats- u. Rechtswissenschaft erschienenen Lehrbücher, Compendien, Gesetzbücher, Commentare 2c. Mit e. Sach- u. Autorenregister. 11. Aufl. 12. (IX, 60 S.) Leipzig 894. Roßberg. — 80

— juridica. Systemat. Verzeichniss d. neueren u. gebräuchlicheren, auf d. Gebiete d. Staats- u. Rechtswissenschaft erschien. Lehrbücher, Compendien, Gesetzbücher, Commentare etc. 12. Afl. 12° (60) Lpzg 95, Rossberg. — 80

— juridica. Systemat. Verzeichn. d. neueren u. gebräuchl., a. d. Gebiete d. Rechts- u. Staatswissensch erschien. Lehrbücher, Compendien, Gesetzesausgaben, Commentare 2c. M. e. Sach- u. Autorenreg. 15., d. Erscheingn. b. Ende Septbr. 1898 berücksicht. Aufl. 12. (VIII, 55 S.) Leipzig 898. Roßberg. — 80

— juridica. Systematisches Verzeichnis der neueren u. gebräuchlicheren auf dem Gebiete der Rechts- u. Staatswissenschaft erschienenen Lehrbücher, Kompendien, Gesetzesausgaben, Kommentare 2c. 1900/1901 u. 1901/1902. 12. (63 u. 74 S.) Leipzig 900. 901. Roßberg'sche Buchh. à — 80

— juridica. Systematisches Verzeichnis der neueren u. gebräuchlicheren auf dem Gebiete der Rechts- u. Staatswissenschaft erschienenen Lehrbücher, Kompendien, Gesetzesausgaben, Kommentare usw. Mit ausführl. Autoren- u. Sachregister. 1903/1904. 1904/1905. 1905/1906 u. 1906/1907. (79, 77, 91 u. 95 S.) 8. Leipzig, Roßberg'sche Buchh. à Jhrg. n. — 80

— juridica. Systematisches Verzeichnis der neueren u. gebräuchlicheren auf dem Gebiete der Rechts- u. Staatswissenschaft erschienenen Gesetzesausgaben, Kommentare, Lehrbücher, Kompendien usw., m. ausführl. Autoren- u. Sachregister. 1907/08. 1908/09. u. 1909, 1910. (106, 124 u. 144 S.) kl. 8. Leipzig (907–09). Roßberg'sche Buchh. 1907/08 — 30; 1908/09. u. 09/10. p à — 35

— juridica. Systemat. Verz. d. neueren u. gebräuchlicheren auf d. Geb. d. Rechts- u. Staatswissensch. erschien. Gesetzesausg., Kommentare, Lehrbb., Kompendien usw. '10/11, '11/12 u. '12/13. kl8° Lpzg, Rossberg'sche Bh. (Pp.) d '10/11. (169) ('10) — 35 ‖ '11/12 u. '12/13. (195 bezw. 219)('12) je † — 40

— iuridica medii aevi, ed. Augustus Gaudentius. Pars I. Scripta anecdota glossatorum. Vol. I et II. Fol. Bologna, Fratelli Treves. n. 96. —

I. Ugonis summula de pugna. Rogerii summa codicis. Quaestiones dominorum Bononiensium. Yrnerii formularium tabellionum, saeculo XIII ineunte in novam formam redactum. Prodeunt curante Joh. Bapt. Palmerio (Palmieri). (X, 229 S.) 888. n. 48. —

II. Scripta anecdota antiquissimorum glossatorum scilicet Rainerii de Perusio — Rofredi Beneventiani — Anselmi de Orto — Hugolini — Iohannis Bassiani — aliorumque; praeit Hincomari Remensis collectio de ecclesiis et cappellis, accedit Boncompagni rhetorica novissima prodeunt curantibus Augusto Gaudentio, Ioh. Bapt. Palmerio. Friderico Patetta, Iohanne Tamassia, Victoria Scialoia. (297 S.) 892. n. 48. —

— juridica medii aevi. Ed. Aug. Gaudentius. Vol. III. Fol. Bologna (Fratelli Treves). à n. 48. —

Scripta anecdota glossatorum vel glossatorum aetate composita scilicet Pillii — Jacobi Bortaldi — Alberti de Gandino — Johannis Viterbiensis — Vaccellae — aliorumque, prodeunt curantibus Joh. Bapt. Palmerio — Franc. Schupfer — Heinr. Solmio — Caiet. Salvemini — Carol. Cicognario — Heinr. de Bosta — Arth. Palmerio. (VIII, 367 S.) 901. Vol. I u. II. Ebd. 883. 892. n. 96. —.

— juridica et oeconomico-politica. Verzeichniss der auf dem Gebiete der Rechts- und Staatswissenschaft [Diplomatie, Politik, Nationalökonomie und Statistik] bis Ende 1867 in deutscher und fremden Sprachen erschienenen älteren und neueren bemerkenswerthen Werke. Mit besond. Berücksicht. der preuss. Rechts- und Staatswissenschaft, der Literatur des norddeutschen Bundes, sowie des Genossenschaftswesens. Mit genauem Materienregister von E. Wadsak. gr. 8. (95 S.) Berlin 868, Kortkampf. *

— juridica et oeconomico-politica. Verzeichniss einer Sammlung von Werken aus dem Gesammtgebiete der Rechts- und Staatswissenschaften (in systemat. Anordnung). Hrsg. von R. L. Prager. (IV, 408 S.) gr. 8. Berlin 886, R. L. Prager. *

Bibliotheca iuridico-politica, ordine Alphabetico distributa a B. H. W. ... Lipsiae 1704. V: *Wüsthoff, Barthold Heinrich.* (Myl) (Petz)

Bibliotheca Juris Feudalis, in welcher die vornehmsten und wichtigsten Schrifften, ... erzehlet werden. [Franckfurth a. M. 1727]. V: *Lünig, Joh. Chn.* (Schles)

Bibliotheca iuris imperantium quadripartita, sive commentatio de scriptoribus iurium, ... Norimbergae 1727. H: *Neumann, Joh. Fr. Wilh.* (BrMm) (ML) (OA) (Schr)

Bibliotheca Juris Lubecensis complectens notitiam scriptorum ad Jus Lubecense ... Lub. 1776. V: *Bünekau, Hm. G.* (Co) (Schz)

Bibliotheca juris statutarii Hamburgensis ... anno 1719. [Hamb.] H: *Fogel, Carl Johann.* (Schr) (Petz)

— Kaemmereriana. Vermächtniß des weil. Geh. Hofraths Prof. F. Kämmerer an die Universitäts-Bibliothek zu Rostock. gr. 8. Rostock 843. (Leopold.) n. 2⅓ ℔

— latina classica, s.a. F. N. Titze.

Bibliotheca Latina classica. Edid. cum notis F. N. Fitze. Linc. et Prag. 804. 13. 2 Tom. 8. 1 rthl. 8 gr. Sie sollte aus 8 Theil. bestehen; aber bis jetzt sind nur *zwei* erschienen. T. I. Pompon. Mela., Plinii H. N. L. I., Disticha Catonis. T. II. P. I. II. Cornel. Nepos et Phaedrus.

— latina minor. Hersg. von Rhold. Klotz. Leipzig 865. Veit & Co. gr. 8.

2. Bdchn.: Terenti, P., Andria. Mit kritischen u. exegetischen Anmerkungen. Beigegeben ist ein Excursus über die unlateinische Wortform Sublimen. (XII, 220 S.) 1 ℔ 24 ngr.

1. Bdchn. bisher nicht erschienen.

— latina poët. vet. christian. P. I. Et s. tit.: Caji, V. Aquil. Juvenci Historiae Evangel. L. IV. Ad. vet. edit. fidem edid. prolegomena et animadvers. crit. adj. A. R. Gebser. Vol. I. Prolegomena et L. J. Hist. Evangel. cont. 8 maj. Jena 827. Schmidt. 15 gr (vergl. *Juvenci* histor.)

Bibliotheca librorum novorum collecta a L. Neocoro tomus I Apr.—Decbr. 1697; tomus II-V 1698 & 99 Jan.—Decbr. collecta a L. Neocoro et Henr. Sickio. Amstel. 1698—1700. V: *Küster, Ludolph.* (RHMB IV, 317)

— libror. rarior. Dav. Selthen. 8. Königsb. 751. Hartung. 10 gr

Bibliotheca librorum rariorum universalis, oder vollständiges Verzeichniss rarer Bücher ... O. O. 1770—72. V: *Will, Georg Andreas.* (BB)

Bibliotheca Librorum rariorum universalis ... Nürnberg 1770—91. V (der Hälfte des Hauptwerkes u. des Suppl.): *Waldau, Georg Ernst.* (Petz)

— linguistica. Lipsiae 858. Brockhaus. 8. Vol. I. Diccionario da lingua Tupy, chamada lingua geral dos indigenas do Brazil por A. Goncalves Dias. (VIII, 191 S.) n. 1 ₰ 10 ngr

— linguistica. Leipzig 859. Brockhaus. 8. Vol. II.: Chrestomathia da lingua Brazilica. Pelo Ern. Ferreira-França. (XVIII, 230 S.) n. 1 ₰ 10 ngr

Bibliotheca Lubecensis. Lubecae 1725—31. II: *Scharbau, Hnr., Sam. Gerh. von Melle* & *Joh. Hnr. von Seelen.* (BrMm) (Myl)

— Lubecensis. XII. Vol. 8. Lubeck, Schmidt, 725. 30.

Bibliothecae Ludewigianae pars secunda complectens Juris et Medicinae scriptores, pars tertia complectens Historiae scriptores. 8. (1750.)

—— magica et pneumatica, od. wissenschaftl. geordnete Bibliographie d. wichtigst. in das Gebiet des Zauber-, Wunder-, Geister- u. sonstigen Aberglaubens vorzügl. älterer Zeit einschlagenden Werke. Zusammengest. u. mit doppelt. Register versehen v. Joh. Geo. Theod. Gräße. gr. 8. (11½ B.) Leipzig 843 Engelmann. *

— magica et pneumatica. Geheime Wissenschaften. Sciences occultes. Occult sciences. Folk-lore. Kataloge 31—35. (48, 681 S.) gr. 8. München (904). J. Rosenthal. Geb. in Leinw. n. 6. —

— manualis ecclesiae patrum Petrus Jos. Tricaletius gallice ed. Eudox. Philenius latinitate donavit, notisque illustravit. 5 Tomi. Ed. II. emendatior. gr. 8. (XXXII, 476, 590, 597, 602 u. 631 S.) Romae 871. 72. (Leipzig, Brockhaus' Sort.) à n. 6. —

— **manuscripta ad S. Marci Venetiarum. Digessit et commentarium addidit Jos. Valentinelli. Tom. I. II. Codices mss. latini. Venedig 868, 69. (Triest, Coen.) gr. 8. (V, 357; III, 392 S.) Jeder Bd. nn. 1 ₰ 20 ngr**

— manuscripta ad S. Marci Venetiarum. Digessit et commentarium addidit Jos. Valentinelli. Tom. III. Codices mss. latine Tom. III.] gr. 8. (III, 300 S.) Venedig 870. Münster. n. 6. 40 (I—III.: n. 16. 40)

— mariana ordinis ff. min. Capucinorum seu catalogus scriptorum ejusdem ordinis qui de B. V. Maria opera ediderunt vel manuscripta reliquerunt a Eduardo Alenconiensi, contexta accedit dissertatio de primo bibliotheca scriptorum ordinis min. Capucinorum. (12, 95) 32×22,5 cm. Rom (71 Via Boncompagni), Curia generalitia collegio S Lorenzo '10. 3 —

— mathematica, herausg. von Sohncke, s. Sohncke.

—— mathematica. Verzeichniss der Bücher über die gesammten Zweige der Mathematik, als: Arithmetik, höhere Analysis, construirende und analyt. Geometrie, Mechanik, Astronomie und Geodäsie, welche in Deutschland und dem Auslande vom J. 1830 bis Mitte des J. 1854 erschienen sind. Hrsg. von L. A. Sohncke. Mit einem vollständigen Materienregister. gr. 8. (XVIII und 388 S.) Leipzig 854, Engelmann. *

—— mathematica. Hrsg. von Gustaf Eneström. 1. Jahrg. 1884. 4 Nrn. (Bog.) gr. 4. Stockholm. (Berlin, Mayer und Müller.) (früher * ℳ 1.20.) *

—— dass. — 2. Jahrg. 1885. 4 Nrn. gr. 4. (13 Bog.) (Ebendas.) *

Bibliotheca mathematica. Hrsg. von Gustaf Eneström. 3. Jahrg. 1886. 4 Nrn. gr. 4. (15 Bog.) Stockholm. (Berlin, Mayer und Müller.) *

— mathematica. Zeitschrift f. Geschichte der Mathematik. Hrsg. von Gustaf Eneström. Neue Folge. 1.—4. Jahrg. 1887—1890. à 4 Nrn. (2 B.) gr. 8. Stockholm. Berlin, Mayer & Müller. à Jahrg. n. 4. —

Bibliotheca, mathematica. Zeitschrift f. Geschichte der Mathematik. Hrsg. v. Gustaf Eneström. Neue Folge. 5.—8. Jahrg. 1891—1894. à 4 Nrn. (2 Bog.) gr. 8. Stockholm. Berlin, Mayor & Müller. à Jahrg. n. 4. —

— mathematica. Zeitschrift f. Geschichte d. Mathematik. Hrsg. v. Gust. Eneström. N. F. 9.—12. Jahrg. 1895—1898. à 4 Nrn. (à 2 Bog. m. Fig.) gr. 8. Stockholm. Berlin (Mayer & Müller). à Jahrg. n. 4. —

— dasselbe. General-Reg. d. Jahrgänge 1887—1896. N. F. 1—10. gr. 8. (IV, 85 S. m. eingedr. Bildn.) Ebd. 898. n. 4. —

Allg. Bücher-Lexikon. XXIX. Band. (XII. Supplement-Band

Bibliotheca mathematica. Zeitschrift f. Geschichte der Mathematik. Hrsg. v. Gust. Eneström. Neue Folge. 13. Jahrg. 1899. 4 Nrn. gr. 8. (IV, 124 S. m. 8 Fig.) Stockholm (Berlin, Mayer & Müller.) n. 4. —

— dasselbe. Zeitschrift f. Geschichte der mathemat. Wissensch. Hrsg. v. Gust. Eneström. 3. Folge. 1.—3. Bd. gr. 8. (VI, 549 S. m. Fig. u. 1 Taf.; VI, 476 S. m. Fig. u. 1 Taf. u. VI, 442 S. m. 1 Fig. u. 1 Taf.) Leipzig 900. 902. B. G. Teubner. à Bd. n. 20. —

— **mathematica.** Zeitschrift f. Geschichte der mathematischen Wissenschaften. Hrsg. v. Gust. Eneström. 3. Folge. 3.—6. Bd. à 4 Hfte. Lex.-8. Leipzig, B. G. Teubner. à Bd. n. 20. —
3. (VI, 442 S. m. 37 Fig., 2 eingedr. Bildnissen u. 1 Taf.) 902.
4. (VI, 440 S. m. 28 Fig. u. Titelbild.) 903.
5. (VI, 442 S. m. 21 Fig. u. Titelbild.) 904.
6. (VI, 442 S. m. 15 Fig. u. Titelbild.) 905.

Bibliotheca mathematica. Zeitschrift f. Geschicht der mathematischen Wissenschaften. Hrsg. v. Gust. Eneström. 3. Folge. 7. Bd. 4 Hfte. (1. Hft. 112 S.) Lex.-8. Leipzig 906. B. G. Teubner. n. 20. —

— **mathematica.** Zeitschrift f. Geschichte der mathemat. Wissenschaften. Hrsg. v. Gust. Eneström. 3. Folge. 8.—11. Bd. à 4 Hefte. (8.—10. Bd.: VI, 442 S.; VI, 378 S. u. 4 Taf. u. VI, 378 S. m. Abb.) Lex. 8. Leipzig 907—10. B. G. Teubner. à Bd. 20. —

— mathematica. Zeitschr. f. Gesch. d. mathemat. Wiss. Hrsg. v. Gust. Eneström. 3. Folge. 10—12. Bd je 4 Hefte. (10. Bd, 1. Heft: 96) Lex8° Lpzg. BG Teubner '10—12. d. Bd. 20 —

— mechanico-technologica, oder Verzeichniß der, in älterer und neuerer Zeit, bis zur Mitte des Jahres 1843 in Deutschland erschienenen Bücher über alle Theile der mechanischen und technischen Künste und Gewerbe, der Fabriken, Manufacturen und Handwerke, der Eisenbahnen, Mechanik und Maschinenbaukunst, mit Inbegriff der bürgerl., schönen, Land-, Wasser- und Straßenbaukunst. Herausgeg. von W. Engelmann. 2. umgearb. Aufl. gr. 8. Ebd. 844. n. 1⅚ ₰

— mechanico-technologica od. Verzeichniß der bis zur Mitte des J. 1849 in Deutschland erschienen Bücher üb. alle Theile der mechan. u. techn. Künste u. Gewerbe, der Fabriken, Manufacturen u. Handwerke, der Eisenbahnen, Mechanik u. Maschinenbaukunst, m. Inbegriff der bürgerl., schönen, Land-, Wasser- u. Straßen-Baukunst. Hrsg. v. Wilh. Engelmann. Suppl.-Hft., enth. die Literatur v. der Mitte d. J. 1843 bis 1849. Mit e. vollständ. Materien-Register. gr. 8. (IV u. 180 S.) Leipzig 850, W. Engelmann. n. ⅔ ₰ (cmplt. n. 2½ ₰)

—— mechanico-technologica et oeconomica oder systematisch geordnete Uebersicht aller der auf dem Gebiete der mechan. und techn. Künste und Gewerbe, der Fabriken, Manufacturen und Handwerke etc. sowie der gesammten Haus-, Land-, Berg-, Forst- und Jagdwissenschaft in Deutschland und dem Auslande neu erschienenen Bücher hrsg. von W. Müldener. 1.—6. Jahrg. 1862—67. Göttingen 862—68, Vandenhoeck und Ruprecht's Verlagsh. [1862. 1. Heft. (S. 1—82.) * 7 Ngr., 2. Heft. (S. 83—184.) * 7 Ngr., 1863. 1. Heft. (S. 1—66.) * 6 Ngr., 2. Heft. (S. 67—158.) * 8 Ngr., 1864. (163 S.) * 14 Ngr., 1865. 1. Heft. (S. 1—72.) * 6 Ngr., 2. Heft. (S. 73—171.) * 8 Ngr., 1866. 1. Heft. (S. 1—69.) * 6 Ngr., 2. Heft. (S. 70—175.) * 8 Ngr., 1867. 1. Heft. (S. 1—94.) * 8 Ngr., 2. Heft. (S. 95—225.) * 10 Ngr.] *

—— mechanico-technologica et oeconomica oder systematisch geordnete Uebersicht aller der auf dem Gebiete der mechan. und techn. Künste und Gewerbe, der Fabriken, Manufacturen und Handwerke, der Eisenbahn- und Maschinenbaukunst, der gesammten Bauwissenschaften, sowie der Haus-, Land-, Berg-, Forst- und Jagdwissenschaft in Deutschland und dem Auslande neu erschienenen Bücher hrsg. von W. Müldener. Mit einem alphabet. Register. 7.—9. Jahrg. à 2 Hefte. gr. 8. Göttingen, Vandenhoeck und Ruprecht's Verlag. [7. Jahrg. 1. Heft. Jan.—Juni 1868. (S. 1—90.) * 80 Pf.; 2. Heft. Juli—Decbr. (S. 96—236.) * ℳ 1,10. — 8. Jahrg. 1. Heft. Jan.—Juni 1869. (II, S. 1—104.) * 80 Pf.; 2. Heft. Juli—Decbr. (II, S. 105—252.) * ℳ 1,20. — 9. Jahrg. 1. Heft. Jan.—Juni 1870. (II, S. 1—106 S.) * 80 Pf.; 2. Heft. Juli—Decbr. (S. 109—226.) * ℳ 1.] *

—— mechanico-technologica oder systematisch geordnete Uebersicht aller der auf dem Gebiete der mechanischen und technischen Künste und Gewerbe, der Fabriken, Manufacturen und Handwerke, der Eisenbahn- und Maschinenbaukunst, der gesammten Bauwissenschaften, in Deutschland und dem Auslande neu erschienenen Bücher. Hrsg. von W. Müldener. 10. Jahrg. 2 Hefte. gr. 8. Göttingen, Vandenhoeck und Ruprecht's Verlag. [1. Heft. Jan.—Juni 1871. (S. 1—59.) *50 Pf.; 2. Heft. (S. 63—154.) *80 Pf.]

Bibliotheca mechanico-technologica oder systematisch geordnete Uebersicht aller der auf dem Gebiete der Mechanik und Technik wie der gesammten Bau- und Ingenieur-Wissenschaften in Deutschland und dem Auslande neu erschienenen Bücher, hrsg. von W. Müldener. 11. und 12. Jahrg. à 2 Hefte. gr. 8. Göttingen, Vandenhoeck und Ruprecht's Verlag. [11. Jahrg. 1. Heft. Jan.—Juni 1872. (S. 1—48.) * 50 Pf.; 2. Heft. Juli—Decbr. (S. 49—106.) * 60 Pf. — 12. Jahrg. 1. Heft. Jan.—Juni 1873. (S. 1—47.) * 50 Pf.; 2. Heft. Juli—Decbr. (S. 49—126.) * 75 Pf.] *

Bibliotheca medica. Hrsg. v. Gust. Born, Karl Flügge, Paul Grützner etc. Abth. A. Anatomie, hrsg. v. Gust. Born. 1. u. 2. Hft. gr. 4. Stuttgart, E. Nägele. n. 41. —
1. D. Gehirnwindgn. b. d. Esten. E. anatom.-anthropolog. Studie v. R. Weinberg. M. 5 Doppeltaf. (96 S.) 896. n. 27. —
2. Beiträge z. Entwickelungsgeschichte d. Gehirns. Von F. Hochstetter. (V, 26 S. m. 4 Taf.) 898. n. 14. —

— medica. Hrsg. v. Gust. Born, Karl Flügge, Paul Grützner etc. Abth. A. Anatomie, hrsg. v. Gust. Born. 3. Hft. gr. 4. Stuttgart, E. Nägele. n. 80. —
Der Bronchialbaum der Säugethiere u. des Menschen. Eine vergleichendanatom. u. entwicklungsgeschichtl. Studie. Von Alb. Narath. Mit 242 Fig. im Text u. VII Doppeltaf. (VIII, 380 S.) 901.
Hft. 1 u. 2. Ebd. 896. 898. n. 41. —.

— medica. Hrsg. v. Karl Flügge, Paul Grützner, Ed. Hitzig u. a. Abtlg. A. Anatomie, hrsg. von Wilh. Roux. 4. Hft. 4. Stuttgart [E Nägele], E. Schweizerbart. n. 40. —
Das Wachstum des Schädels v. Capreolus vulgaris, Cervus elaphus u. Dama vulgaris. Von Adf. Rörig. Mit 4 Taf. u. 8 Textfig. (VIII, 320 S. m. 4 Bl. Erklärgn.) 904.
Hft. 1—3 jetzt Ebd. 896—901. n. 121. —

— medica. Hrsg. v. Karl Flügge, Paul Grützner, Ed. Hitzig u. a. Abtlg. A. Anatomie, hrsg. v. Wilh. Roux. 5.—7. Heft. 31×24 cm. Stuttgart, E. Schweizerbart. 46. —
5. Über die Gehirne v. Th. Mommsen, Historiker, R. W. Bunsen, Chemiker, u. Ad. v. Menzel, Maler. Von D. v. Hansemann. Mit 6 Taf. (18 S.) 907. 6.
6. Zur Morphologie u. Anatomie der Halsanhänge beim Menschen u. bei den Ungulaten. Von Rhard. Froehner. Mit 72 Abbildgn. auf Taf. I—XI. (VII, 31 S. m. 11 Bl. Erklärgn.) 907. 20. —
7. Zur vergleichenden Anatomie u. Morphologie des Musculus obliquus abdominis externus u. der Fascia flava. Aus der anatomisch-physiolog. Abteilg. der landwirtschaftl. Institute der kgl. Universität Halle a. S. unter Leitg. v. Rudolf Disselhorst. Von Wilh. Baumeier. Mit 11 Abb. auf 9 Taf. (23 S.) 908. 20. —
Hft. 1—4. Ebd. 896—904. 161.—.

— medica. Hrsg. v. Gust. Born, Karl Flügge, Paul Grützner etc. Abth. C. Pathologische Anatomie, Hygiene u. Bacteriologie, hrsg. v. Flügge, Ponfick, Weigert. 1.—3. Hft. gr. 4. Kassel, Th. G. Fisher & Co. n. 26. 40; f. die Abonnenten auf die vollständ. Bibliotheca 15%, auf einzelne Abthlgn. 10% billiger.
1. Ueber Syringomyelie. Von Ed. Asmus. (Aus dem patholgisch-antom. Institut der Universität Breslau.) (26 S. m. 1 Taf.) 893. n. 2. 40
2. Anatomische Untersuchungen üb. die Osteomalacie. Von Hugo Ribbert. (Aus dem pathologisch-anatom. Institut der Universität Zürich.) (56 S. m. 2 Taf.) 893. n. 8. —
3. Zur Kenntniss des Central-Nervensystems der Hemicephalen v. C. Schürhoff. (79 S. m. 2 farb. Taf.) 894. n. 16. —

— dasselbe. Abth. C. Patholog. Anatomie, Hygiene u. Bacteriologie, hrsg. v. Flügge, Ponfick, Weigert. 4.—10. Hft. gr. 4. Ebd. n. 60. 50 (1—10: n. 86. 90)
4. Untersuchgn. üb. d. norm. u. patholog. Physiologie u. Anatomie d. Niere. Von Hugo Ribbert. (V, 38 S. m. 2 farb. Doppeltaf.) 896. n. 10. —
5. Ueb. congenitalen Defekt d. Tibia m. anatom. Untersuchg. e. Falles v. totalem congenitalem Tibiadefekt. Von Ludw. v. Muralt. (29 S. m. 1 farb. Doppel- u. 1 Lichtdr.-Taf.) 896. n. 8. —
6. Beiträge z. Syphilis visceralis, Magen-, Lungen-, Herzsyphilis. Von P. Stolper. (43 S. m. 2 farb. u. 1 Lichtdr.-Taf.) 896. n. 10. —
7. Zur Frage d. Situs viscerum b. allgem. Hydrops. E. topograph.-anatom. Untersuchg. v. S. Delitzin. Deutsch v. R. Weinberg. (12 S. m. 1 Taf. u. 1 Bl. Erklärungen.) 896. n. 2. —
8. Beitrag z. Syphilis d. Lunge v. E. Storch. (12 S. m. 1 farb. Taf.) 896. n. 4. 50
9. Ueb. Rückbildg. an Zellen u. Geweben u. üb. d. Entstehg. d. Geschwülste. Von Hugo Ribbert. (V, 81 S. m. 3 Taf.) 897. n. 18. —
10. Ueb. Mikrophthalmos, Coloboma oculi u. Hemimicrosoma. Von E. Rachlmann. (21 S. m. 2 Taf.) 897. n. 8. —

— dasselbe. Abth. C. Pathologie u. patholog. Anatomie, hrsg. v. Ponfick, Weigert. 11.—15. Hft. gr. 4. Ebd. n. 71. —
11. Zwei Fälle v. Mikrocephalie m. Rachitis. Von D. Hansemann. Mit 4 Taf. (25 S.) 899. n. 9. —
12. Beitrag zur Lehre v. der Fettgewebs-Nekrose. Von E. Ponfick. Mit 1 Taf. (8 S.) 902. n. 16. —
13. Zur Frage der cystischen Entartung der Leber. Ein Beitrag zur Kenntnis der Gallengangscystadenome. Von Rob. Borrmann. Mit 2 Taf. (34 S.) 900. n. 8. —
14. Über die sogenannten embryonalen Mischgeschwülste der Niere. Von Niels Muus. (IX, 104 S. m. 4 Taf.) 901. n. 20. —
15. Untersuchungen üb. den anaemischen Niereninfarkt als Folge v. Schnittwunden. Von Osc. Langemak. Mit 2 Taf. (36 S.) 902. n. 18. —
Hft. 1—10 jetzt Ebd. 893—897. n. 86. 90.

— dasselbe. Abtlg. C. Pathologie u. patholog. Anatomie. Hrsg v. Ponfick. 16.—20. Hft. 4. Ebd. n. 150. —
16. Architekturveränderungen des Knochensystems bei pathologischen Bedingungen. Von Ernst Walkhoff. Mit 4 Taf. (28 S.) 902. n. 16. —
17. Über den Einfluss der Blutdrucksteigerung auf den anaemischen Niereninfarkt. Von Osc. Langemak. Mit 1 Taf. (11 S. m. 1 Fig.) 902. n. 10. —
18. Die Niere des Kaninchens nach der Unterbindung ihres Harnleiters. Von Erich Fabian. Mit 4 Taf. u. 2 Textfig. (68 S.) 904. n. 32. —
19. Die Dermoidcysten des Eierstocks, ihre Geschichte, ihr Bau u. ihre Entstehung, sowie ihre Beziehung zu verwandten pathologischen Bildungen. Von M. Askanazy. Mit 6 (3 farb.) Taf. u. 1 Textfig. (VII, 116 S.) 905. n. 32. —
20. Beobachtungen über Riesenzellen. Von Vict. Babes. Mit 10 farb. Taf. (127 S.) 905. n. 60. —
Hft. 1—15 jetzt Ebd. 893—902. n. 157. 90.

Bibliotheca medica. Hrsg. v. Karl Flügge, Paul Grützner, Ed. Hitzig u. a. Abtlg. C. Pathologie u. patholog. Anatomie. Hrsg. v. Ponfick. 21. Heft. 31,5×24 cm. Stuttgart, E. Schweizerbart. 12. —
Die Topographie des Lymphgefässapparates des menschlichen Körpers u. ihre Beziehungen zu den Infektionswegen der Tuberkulose. Von Aug. Most. Mit 1 Taf. u. 6 Textfig. (V, 82 S.) 908.
Hft. 1 20. Ebd. 893—905. 307.90.

— dasselbe Abth. D I. Innere Medicin einschl. Neurologie u. Psychiatrie, hrsg. v. Hitzig, Kast, Naunyn. 1. Hft. gr. 4. Ebd. 893. n. 8. —; f. die Abonnenten auf die vollständ. Bibliotheca 15%, auf einzelne Abthlgn. 10% billiger.
Untersuchungen üb. den Stoffwechsel im Diabetes mellitus u. zur diätetischen Therapie der Krankheit. Von W. Weintraud. (Aus der medicin. Klinik zu Strassburg i. Els.) (V, 54 u. 57 S. m. 6 Tab.)

— dasselbe. Abth. DI. Inn. Medicin, einschl. Neurologie u. Psychiatrie, hrsg. v. Hitzig, Kast, Naunyn. 2., 3. u. 5. Hft. gr. 4. Ebd. n. 39. 40
2. Beitrag z. Differentialdiagnose zw. Verschluss d. Pfortader u. d. unt. Hohlader. Von Thomas. (16 S. m. 15 Abb. u. 14 Taf.) 895. n. 5. 40
3. D. Ermüdg. als e. Mass d. Constitution. Von Fr. Kraus. M. 9 Taf. u. 18 Tab. (V, 46 S.) 897. n. 18. —
5. Ueb. Magencapacität u. Gastrektasie i. Kindesalter. Von Meinhard Pfaundler. (V, 121 S. m. Fig.) 898. n. 16. —
Hft. 4 erscheint später.

— dasselbe. Abth. DI. Innere Medicin einschliesslich Neurologie u. Psychiatrie. Hrsg. v. Hitzig, Kast, Naunyn. 4. u. 6. Hft. gr. 4. Ebd. n. 52. —
4. Die Veränderungen der inneren Organe bei hochgradigen Skoliosen u. Kyphoskoliosen. Von M. Bachmann. (V, 173 S. m. 14 Taf.) 899. n. 44. —
6. Beiträge zur klinischen Thorakographie. Von Jak. Kuhn. Mit 6 Taf. (20 S. m. 2 Fig.) 899. n. 8. —
Hft. 1—3 u. 5. Ebd. 893—898. n. 47. 40.

— dasselbe. Abthg. D. I. Innere Medizin einschliessl. Neurologie u. Psychiatrie. Hrsg. v. Hitzig, Naunyn. 7. Hft. gr. 4. Ebd. 903. n. 8. —
Über die bei operativer Behandlung von Hirntumoren auftretenden Hirnhernien. Von Alice Profé. (9 S. m. 15 Tab.)
Hft. 1—6 jetzt Ebd. 893—899. n. 99. 40.

— dasselbe. Abth. DII. Dermatologie u. Syphilidologie, hrsg. v. Neisser. 1.—3. Hft. gr. 8. Ebd. 894. n. 44. —; f. die Abonnenten der vollständ. Bibliotheca 15%, auf einzelne Abthlgn. 10% billiger.
1. Psorospermosis (Darier). Keratosis hypertrophica universalis. Von Ernst Schwimmer. (13 S. m. 1 farb. Taf. 51×76 cm.) n. 8. —; die Taf. allein, auf Pappe n. 4. —
2. Die Lepra vom klinischen u. pathologisch-anatomischen Standpunkte v. G. Armauer Hanson u. Carl Looft. (III, 45 S. m. 3 farb. Taf.) n. 16. —
3. Contribution clinique et anatomo-pathologique à l'étude de la Psorospermose cutanée végétante par Tommaso de Amicis. (7 S. m. 10 Taf.) n. 20. —

— dasselbe. Abth. DII. Dermatologie u. Syphilidologie, hrsg. v. Neisser. 4.—6. Hft. gr. 4. Ebd. n. 74. 60
4. Untersuchgn. üb. pathogene Sporozoen. (A. d. Institut f. allgem. Pathologie d. Universität Kiel.) 1) Zur Entwickelungsgeschichte d. Coccidium oviforme als Zellschmarotzers. Von W. Podwyssozki. 2) Sporozoen in Geschwülsten (Carcinomen u. Sarcomen). Von J. Sawtschenko. (12 u. 35 S. m. 1 Fig. u. 7 farb. Taf.) 895. n. 24. —
5. Mittheilgn. üb. Reduktion d. Überosmiumsäure durch d. Pigment d. menschlichen Haut. Von Rich. Barlow. (10 S. m. 2 farb. Taf.) 895. n. 5. 60
6. Das melanotische Pigment u. d. pigmentbild. Zellen d. Menschen u. d. Wirbelthiere in ihrer Entwickelg., nebst Bemerkgn. üb. Blutbildg. u. Haarwechsel v. S. Ehrmann. (80 S. m. 12 farb. Taf.) 896. n. 45. —

— dasselbe. Abth. D II. Dermatologie u. Syphilidologie. Hrsg. v. A. Neisser. 7.—10. Hft. gr. 4. Ebd. n. 116. —
7. Mycosis fungoides. Von Max Wolters. Mit 16 Taf. (74 S.) 899. n. 28. —
8. Der Einfluss des Lichtes auf die Haut in gesundem u. krankhaftem Zustande. Von Magnus Möller. Mit 4 Taf. (V, 143 S.) 900. n. 26. —
9. Die Sarcome u. Sarcoide der Haut. I. Thl. Die Sarcome. Von G. Pini. Aus dem Ital. übers. v. E. Freund. (94 S. m. 8 Taf.) 901. n. 30. —
10. Die Blastomykose. Nach den bisher. Erfahrgn. u. eigenen Untersuchgn. dargestellt. Von A. Buschke. Mit 9 Taf. (VIII, 74 S. m. 9 Bl. Erklärgn.) 902. n. 32. —
Hft. 1—6. Ebd. 894—896. n. 118. 60.

— dasselbe. Abthg. D. II. Dermatologie u. Syphilidologie. Hrsg. v. A. Neisser. 11. Heft. 4. Ebd. n. 24. —
Sarkome u. Sarkoide der Haut. Von G. Pini. II. Tl.: Sarkoide. Mit 5 Taf. Aus dem Ital. übers. v. Jul. Pollak. (32 S.) 904. n. 24. — (I u. II vollständig: 54. —)
Hft. 1—10 jetzt Ebd. 894—902. n. 234. 60.

— dasselbe. Abth. E. Chirurgie, hrsg. v. Kocher, König, Mikulicz. 1. Hft. gr. 4. Ebd. 894. n. 6. —; f. die Abonnenten der ganzen Bibliotheca 15%, auf einzelne Abthlgn. 10% billiger.
Beobachtungen an e. Falle v. multiplem Melanosarkom m. Melanurie. Von Alex. Tietze. (19 S. m. 1 farb. Taf.)

— dasselbe. Abth. E. Chirurgie einschl. Gynäcologie, Ophthalmologie, Otiatrie, Laryngologie, Rhinologie u. Orthopädie, hrsg. v. Kocher, König, Mikulicz. 2. u. 3. Hft. gr. 4. Ebd. 895. n. 100. —
2. Zur Lehre v. d. Schusswunden d. Kleinkalibergeschosse. v. Thdr. Kocher. (V, 126, 52, 4, 6, 3, 7, 3, 4, 8, 5, 4, 5, 4 u. 5 S. m. 30 Taf. u. 13 Erklärungsbl.) n. 80. —
3. D. Missbildg. d. Extremitäten durch Defekt, Verwachsg. u. Ueberzahl. Von Werner Kümmel. (VII, 84 S. m. 2 lith. Doppeltaf. u. 13 Tab.) n. 20. —
Den Abonnenten auf die ganze Sammlung wird eine Ermässigung von 15%, den Abonnenten auf die einzelnen Abtheilungen eine solche von 10% vom Ladenpreise gewährt. Die Ermässigungen des früheren Verlegers Th. G. Fisher & Co. in Cassel sind aufgehoben.

— dasselbe. Abth. E. Chirurgie einschliesslich Gynäkologie, Ophthalmologie, Otiatrie, Laryngologie, Rhinologie u. Orthopädie. Hrsg. v. Kocher, König, Mikulicz. 4. Hft. gr. 4. Ebd. n. 40. —
Klinische u. experimentelle Beiträge zur Lehre v. der Bauchfelltuberkulose. Von O. Borchgrevink. Mit 1 Taf. (238 S. m. 1 Bl. Erklärgn.) 901.
Hft 1—3. Ebd. 894—895. n. 106. —.

— dasselbe. Abtlg. E. Chirurgie einschliesslich Gynäkologie, Ophthalmologie, Otiatrie, Laryngologie, Rhinologie u. Orthopädie. Hrsg. v. Kocher u. König. 5.— 7. Hft. 4. Ebd. n. 80. —
5. Anatomie u. Mechanismus der Skoliose. Von Carl Nicoladoni. Mit e. Vorwort v. Joh. v. Mikulicz. Mit 18 Taf., zahlreichen Textfig. u. 1 Portr. des Verf. (VI, 89 S.) 904. n. 36. —
6. Die Arterien der normalen u. skoliotischen Wirbelsäule. Von Max Hofmann. Mit 5 Taf. u. 8 Textfig. Ausgeführt an der anatom. Anstalt der k. k. Universität in Graz. (20 S.) 904. n. 18. —
7. Die Ollier'sche Wachstumsstörung. Von Arnold Wittek. Mit 9 Taf. u. 1 Textfig. (22 S.) 906. n. 26. —
Hft. 1—4 jetzt Ebd. 894—901. n. 146. —.

—— medicinae publicae — medico generalis, s. Büchting, A.

Bibliotheca medico-chirurgica et anatomico-physiologica. Alphabetisches Verzeichniss der medizin., chirurg., geburtshülfl., anatom. und physiolog. Bücher, welche vom J. 1750 bis zu Ende des J. 1847 in Deutschland erschienen sind. Hrsg. von Wilh. Engelmann. Mit einem vollständ. Materien-Register. 6., gänzlich umgearb. Aufl. der Biblioth. medico-chirurg. von Enslin. gr. 8. (VIII und 734 S.) Leipzig 848, W. Engelmann. Thlr. *

—— medico-chirurgica et anatomico-physiologica. Alphabetisches Verzeichniss der medizin., chirurg., geburtshülfl., anatom. und physiolog. Bücher, welche vom J. 1750 bis zu Ende des J. 1867 in Deutschland erschienen sind. Hrsg. von Wilh. Engelmann. Supplement-Heft. Enth. die Literatur vom J. 1848 bis Ende des J. 1867. Mit einem vollständ. Materien-Register. gr. 8. (350 S.) Leipzig 868, Engelmann. *
Hauptwerk 1750—1847. Ebendas. 1848. (*ℳ 8,40.) *ℳ 3.

—— medico-chirurgica et pharmaceutico-chemica, oder Verzeichniß der in den Jahren 1750 bis Ende 1816 in Deutschl. erschienenen medizin.-chirurg. pharmazeut. u. chemischen Bücher. 8. Berlin, Enslin.

—— medico-chirurg. et pharmaceut.-chemica, od. Verzeichniß derjen. medizin., chirurg., geburtshülfl. u. pharmazeut.-chem. Bücher, welche v. J. 1750 bis zur Mitte d. J. 1837 in Deutschland erschienen sind. Zuerst hrsg. v. Theod. Christ. Friedr. Enslin. Von neuem gänzl. umgearb. v. Wilh. Engelmann. 5., durchaus verb. u. verm. Aufl. Nebst ein. vollständ. Materienregister. gr. 8. (37½ B.) Leipzig 838, Engelmann. * Thlr.

Bibliotheca medico-chirurg. et pharmaceut.-chemica, Supplem.-Heft, enth. d. Literatur von d. Mitte d. J. 1837 bis gegen Ende d. J. 1840. Hrsg. v. Wilh. Engelmann. Nebst ein. vollständ. Materien-Register. gr. 8. (10 B.) Ebds. 841.

Bibliotheca medico-chirurgica et pharmaceutico-chemica . . . Lips. 1843. V: *Holtrop, Leonh. Steph. Aug.* (call)

Bibliotheca medico-chirurgica, pharmaceutico-chemica et veterinaria od. geordn. Uebersicht aller in Deutschland neu erschien. medicin.-chirurg.-geburtshülfl., pharmaceut.-chemischen u. veterinär-wissenschaftl. Bücher. 1—2. Hft. 1847. gr. 8. (76 S.) [2. Jahrg.] 1848. 2 Hfte. gr. 8. (48 S.) Göttingen, Vandenhoeck & Ruprecht. (à Hft. n. 1/8 ₰) u. 1/2 ₰

—— medico-chirurg., pharm.-chem. et veterin. hrsg. v. CJFW Ruprecht. 5. Jahrg. 1851. 8. (106) Ebd. *n.* — 12½ ‖ 6. Jahrg. 1852. (146) *n.* — 16 ‖ 7. Jahrg. 1853. (128) *n.* — 10½ ‖ 8. Jahrg. 1854. (114) *n.* — 9½ ‖ 9. Jahrg. 1855. (123) *n.* — 10 ‖ 10. Jahrg. 1856. (106) *n.* — 9 ‖ 11. Jahrg. 1857. (142) *n.* — 11 ‖ 12. Jahrg. 1858. (126) *n.* — 11 ‖ 13. Jahrg. 1859. (100) *n.* — 10 ‖ 14. Jahrg. 1860. (107) *n.* — 10 ‖ 15—18. Jahrg. 1861—64. (431) à *n.* — 9 ‖ 19. Jahrg. 1865. 1. Hft. (45) *n.* — 4

—— med.-chirurg., pharm.-chem. et veterin. Hrsg. v. CJFW Ruprecht. 19. Jahrg. 1865. 2. Hft. 8. (49—114) Gött., Vandenhoeck & R. *n.* — 6 ‖ 20. Jahrg. 1866. (124) *n.* — 11 ‖ 21. Jahrg. 1867. (130) *n.* — 10 ‖ 22. Jahrg. 1868. (142) *n.* — 12 ‖ 23. Jahrg. 1869. (153) *n.* — 12

—— med.-chirurg. et anat.-physiol. Alphab. Verz. d. mediz., chirurg. etc. Bücher, welche v. 1750—1867 in Deutschl. erschienen sind. Hrsg. v. W Engelmann. Suppl.-Hft. 1848—67. 8. (350) Lpzg 68, Engelmann. *n.* 1. —

—— med.-chirur., pharm.-chem. et veterin. Hrsg. v. CJFW Ruprecht. 24. Jahrg. 1870. 8. (104) Ebd. *n.* 1. — ‖ 25. Jahrg. 1871. (127) 72. *n.* 1. 10 ‖ 26. Jahrg. 1872. (140) 73. *n.* 1. 40 ‖ 27. Jahrg. 1873. (158) 74. *n.* 1. 60 ‖ 28. Jahrg. 1874. (176) 75. *n.* 1. 70

—— med.-chirurg., pharmaceut.-chem. et veterinaria od. geordn. Uebersicht aller in Deutschland u. im Auslande neu erschien. medicin.-chirurg.-geburtshülfl., pharmaceutisch-chem. u. veterinär-wissensch. Bücher. Hrsg. v. C Ruprecht. 29. Jahrg. 1875. 8. (161) Gött. 76, Vandenhoeck u. R. *n.* 1. 80 ‖ 30. Jahrg. 1876. (163) 77. *n.* 1. 70 ‖ 31. Jahrg. 1877. (166) 78. *n.* 1. 70 ‖ 32. Jahrg. 1878. (177) 79. *n.* 1. 70 ‖ 32. Jahrg. 1879. (185) 80. *n.* 1. 70

—— medico-chirurgica, pharmaceutico-chemica et veterinaria oder geordnete Uebersicht aller in Deutschland und im Auslande neu erschienenen medicin., pharmaceutisch-chem. und veterinär-wissenschaftl. Bücher. Hrsg. von Carl Ruprecht. 33. Jahrg. 2. Heft.—38. Jahrg. 1. Heft. gr. 8. Göttingen, Vandenhoeck und Ruprecht's Verlag. [33. Jahrg. 2. Heft. Juli—Decbr. 1879. (S. 79—185.) * ℳ 1.; 34. Jahrg. 1. Heft. Jan.—Juni 1880. (S. 1—74.) * 70 Pf.; 34. Jahrg. 2. Heft. Juli—Decbr. 1880. (S. 75—175.) * ℳ 1.; 35. Jahrg. 1. Heft. Jan.—Juni 1881. (S. 1—84.) * 80 Pf.; 35. Jahrg. 2. Heft. Juli—Decbr. 1881. (S. 85—192.) * ℳ 1.; 36. Jahrg. 1. Heft. Jan.—Juni 1882. (S. 1—78.) * 80 Pf.; 36. Jahrg. 2. Heft. Juli—Decbr. 1882. (S. 79—188.) * ℳ 1.; 37. Jahrg. 1. Heft. Jan.—Juni 1883. (S. 1—78.) * 80 Pf.; 37. Jahrg. 2. Heft. Juli—Decbr. 1883. (S. 79—192.) * ℳ 1,20.; 38. Jahrg. 1. Heft. Jan.—Juni 1884. (S. 1—73.) * 80 Pf.] *

— medico-chirurgica, pharmaceutico-chemica et veterinaria od. vierteljährl. systematisch geordnete Uebersicht aller auf dem Gebiete der gesammten Medicin in Deutschland u. dem Auslande neu erschienenen Schriften, der wichtigeren Aufsätze aus Zeitschriften etc. Hrsg. v. Gust. Ruprecht. 40. Jahrg. Neue Folge. 1. Jahrg. 1886. 4 Hfte. gr. 8. (398 S.) Göttingen 886. 887. Vandenhoeck & Ruprecht's Verl. n. 5. —

— dasselbe. 41. Jahrg. Neue Folge. 2. Jahrg. 1887. 4 Hfte. gr. 8. (455 S.) Ebd. 887. 888. n. 6. 40

— dasselbe. 42. Jahrg. Neue Folge. 3. Jahrg. 1888. 4 Hfte. gr. 8. (380 S.) Ebd. 888. 889. n. 6. 40

— dasselbe. 43. Jahrg. Neue Folge. 4. Jahrg. 1889. 4 Hfte. gr. 8. (306 S.) Ebd. 889. 890. n. 5. 80

— dasselbe. 43. Jahrg. Neue Folge. 4. Jahrg. Registerheft. gr. 8. (S. 307—376.) Ebd. 890. n. 1. —

— dasselbe. 44. Jahrg. Neue Folge. 5. Jahrg. 1. u. 2. Hft. Jan. — Juni 1890. gr. 8. (S. 1—150.) Ebd. 890. à n. 1. 50

— medico-chirurgica, pharmaceutico-chemica et veterinaria od. vierteljährl. systematisch geordnete Übersicht aller auf dem Gebiete der gesammten Medicin in Deutschland u. dem Auslande neu erschienenen Schriften, der wichtigeren Aufsätze aus Zeitschriften etc. Hrsg. v. Gust. Ruprecht. 44. Jahrg. Neue Folge. 5. Jahrg. 1890. 3. u. 4. Hft. u. Register. gr. 4. (S. 151—337.) Göttingen 890. 891. Vandenhoeck & Ruprecht. n. 3. 40 (1890 kplt. m. Register: n. 6. 40.)

— dasselbe. 45. Jahrg. Neue Folge. 6. Jahrg. 1891. 4 Hfte. u. Register. gr. 8. (359 S.) Ebd. 891. 892. n. 5. 70

— dasselbe. 46. Jahrg. Neue Folge. 7. Jahrg. 1. u. 2. Hft. Jan.—Juni 1892. gr. 8. (S. 1—128.) Ebd. 892. n. 2. 90

Erschien nicht weiter.

Bibliotheca metallica. Lipsiae 1728. V: *Seiffert, Chn Ehrenfried.* (Myl)

BIBLIOTHECA METALLICA, ODER BERGMÄNNISCHER BÜCHERVORRATH. Dresden, 1730. 4to.

Bibliotheca monachica Oldenstadensis. Katalog No. 21. Incunabeln u. Drucke d. 16. 17. u. 18. Jhs. *Braunschweig: Scholz (1897.)* (72 S.) 1 Bd 8. [98. 257 II

Bibliotheca. Bibliothecae a Jo. Sigism. Moerlio . . . Pars I. et. II. Norimbergae 1791—92. V: *Roth, Johann Ferdinand.* (will)

Bibliotheca Myliana sive Catalogus bibliothecae Ern. Fr. Mylii. Hamburg. 1775. H: *Schetelig, Joh. Andr. Gottfr.* (schr)

—— mystica et ascetica. Continens praecipue auctorum medii aevi opuscula. Publicatio I—IX. 32. Coloniae, Heberle.

Etiam sub titulis:

Publ. I. Alter Thomas a Kempis, sive Gerlaci Petri ignitum cum Deo soliloquium. Denuo ed. J. Strange. (136 S.) 849. 7½ Ngr.

II. Guilelmi II., agalma religiosorum sive meditationes circa mysteria passionis dominicae. Textum recognov., vitam Guilelmi expos. indicemque adjec. Frdr. Guil. Otto. (127 S.) 850. 6 Ngr.

III. S. Aloysii Gonzagae opera omnia partim italice, partim latine ed. A. Heuser. (116 S. und 1 Stut.) 850. 6 Ngr.

IV. Bellarmini, Rob., de ascensione mentis in Deum per scalas rerum creatarum liber singularis. Exacte recudendum curavit et annotationibus instruxit F. X. Dieringer. (XXII und 390 S. mit Bellarmin's Portr.) 850. 18 Ngr.

— dies. Publicatio V. Beatae Angelae de Fulginio visionum et instructionum liber. Recensuit annotationibusque instruxit J. H. Lammertz. (IV u. 392 S.) Ebd 850. 14 ngl

V. Beatae Angelae de Fulginio visionum et instructionum liber. Recensuit annotationibusque instruxit J. H. Lammertz. (IV und 392 S.) 851. 14 Ngr.

VI. Revelationes selectae S. Brigittae. Textum ad fidem codd. mss. cognovit A. Heuser. (VII und 351 S. mit 1 Stahlst.) 851. 15 Ngr.

VII. Beati Alberti Magni libellus aureus: de adhaerendo Deo. (51 S.) 851. 3¾ Ngr.

VIII. S. Anselmi liber meditationum. Textum accurate recognovit, vitam s. doctoris exornavit, indicemque adjecit Adph. Buse. (272 S.) 851. 12 Ngr.

IX. Thomae Aquinatis de duobus praeceptis charitatis et decem legis praeceptis ejusdemque de venerabili sacramento altaris. Textum accurate recognovit Conr. Martin. (VII und 342 S. mit 1 Stahlst.) 851. 18 Ngr.

— mystica et ascetica. Continens praecipue auctorum medii aevi opuscula. Publicatio X. A. u. d. T.: Revelationes selectae S. Mechthildis. Textum ad fidem codd. mss. cogn. A. Heuser. Coloniae 854. Heberle. 32. (3 Bl., 184 S.) 7½ ngl

Bibliotheca mystica et ascetica. Continens praecipue auctorum medii aevi opuscula. Publicatio XI. A. u. d. T.: Joh. Thauleri de vita et passione salvatoris nostri Jesu Christi piissima exercitia. Juxta primam versionem latinam denuo impressa. Coloniae 857. Heberle. 32. (1 Bl., 461 S.) 20 ngl
Eine deutsche Ausg. davon, s. Bibliothek, mystische u. ascetische.

—— dass. — deutsch. s. Bibliothek, mystische und ascetische

Bibliotheca nominalis curiosa Seu Notitia Autorum et Librorum maximam partem nostri Aevi. Editio 2... emendatior. Vitembergae [1703]. Continuatio 1705. H: *Ludovici, Chn Glieb.* (Petz)

— normannica. Denkmäler normann. Literatur u. Sprache, hrsg. v. Herm. Suchier. 1. u. 2. Bd. gr. 8. Halle 879. Niemeyer. n. 8. 50
1. Rheinpredigt, hrsg. v. Herm. Suchier. (LVI, 110 S.) n. 4. 50.
2. Der Judenknabe. 5 griech., 14 latein. u. 8. franz. Texte, hrsg. v. Eug. Wolter. (128 S.) n. 4. —

— normannica. Denkmäler normann. Literatur u. Sprache, hrsg. v. Herm. Suchier. III. gr. 8. Halle 885. Niemeyer. n. 10. — (1—3.: n. 18. 50)
Die Lais der Marie de France, hrsg. v. Karl Warnke. Mit vergleich. Anmerkgn. v. Rhold. Köhler. (VII, CVIII, 276 S.)

— normannica. Denkmäler normann. Literatur u. Sprache, hrsg. v. H. Suchier. V. gr. 8. Halle a/S. 890. Niemeyer. n. 6. — (I—III u. V.: n. 24. 50)
La clef d'amors, texte critique avec introduction, appendice et glossaire par Aug. Doutrepont. (XLVIII, 199 S.)
Bd. IV erscheint später.

— normannica. Denkmäler normann. Literatur u. Sprache, hrsg. v. Herm. Suchier. IV. gr. 8. Halle a/S. 891. M. Niemeyer. n. 14. — (I—V.: n. 38. 50)
Eneas. Texte critique, publié par Jacques Salverda de Grave. (VIII, LXXIX, 465 S.)

—— normannica. Denkmäler normann. Literatur u. Sprache, hrsg. v. Herm. Suchier. V gr. 8. Halle a. S., Niemeyer. * 20 —
V. La clef d'amors, texte critique avec introduction, appendice et glossaire par Aug. Doutrepont. (XLVIII, 199 S.) 892. * 6 —.

— normanica. Denkmäler normann. Litteratur u. Sprache, hrsg. v. Herm. Suchier. gr. 8. VI. Halle, M. Niemeyer. n. 16. — (I—VI.: n. 54. 50)
VI. Fabeln v. Marie de France. Mit Benutzg. d. v. Ed. Mall hinterlass. Materials hrsg. v. Karl Warnke. (XIII, XLVI, 447 S.) 898.

— normannica. Denkmäler normann. Literat. u. Sprache, hrsg. v. Herm. Suchier. III u. VII. gr. 8. Halle, M. Niemeyer. n. 24. —
III. Die Lais. Von Marie de France. Hrsg. v. Karl Warnke. Mit vergleich. Anmerkgn. v. Rhold. Köhler. 2. verb. Aufl. (XI, CLX, 303 S.) 900. n. 12. —
VII. Der anglonormannische Boeve de Haumtone, zum ersten Male hrsg. Von Alb. Stimming. (IX, CXCVI, 279 S.) 899. n. 12. —

— normannica. Denkmäler normann. Literatur u. Sprache, hrsg. v. Herm. Suchier. VIII. gr. 8. Halle 911. M. Niemeyer. 5. —
Chançun, la, de Guillelme. Französisches Volksepos des XI. Jahrh., kritisch hrsg. v. Herm. Suchier. (IX, LXXVI, 195 S.) 911.

— Nösseltiana, sive catalog. librorum etc. 8. Halle, Waisenh. Buchh. in Commiss. 810.

— nova Bremensis VI Classes s. XVIII Fasc. 8. Brem. 760 — 66. (Rabenhorst in Leipz.) 4 ₰ 4 ℊ.

Bibliotheca, Nova Ecclesiastica Friburgensis. Ulmae 1775—1779. H: *Klüpfel, Joh. Andreas.* (WBL 12/123) (Biblport)

— nova ecclesiast. Friburgensis, ed. E. Klüpfel et Soc. VII Voll. in 28 Pts. 8. Freiburg 787 — 90. (Stettin in Ulm). 14 ₰

— nova juris sel. Vol. lum. cont. Pandectar. Tom. lum. gr. 8. Cassel. (Krieger, Marburg.) 805.

— nova Lubecensis (ed. J. D. Overbeck, F. J. Schnabel et J. Hake). VIII Voll. 8. Lübeck 753 — 57. Schmidt. 1 ₰

— nova philolog. et critica (ed. J. C. Volborth). Vol. 1. p. 1 et 2. 8. Götting. 782, 83. Dieterich. 16 ℊ

— nova, romana classica; cur. Dr. G. H. Lünemann. Tom. I. — Et. s. titulo: C. Suetonii Tranq. vitae XII. imperatorum. Ad optimarum ed. fidem Schol. in usum. gr. 8. Hannover 824, Hahn.

— id. lib. Tom. II. Et. s. titulo. C. Cr. Salustii bellum Catilinarium et Jugurthinium. 8 maj. Ibid. 825. Ibid.

— id. lib. Tom. III. et IV. Et. s. titulo: C. Corn. Taciti Opera. II. Partes. 8 maj. Ibid. 825. Ibid.

— id. lib. Tom. V. et VI. — Et. s. t.: M. F. Quintiliani de institutione oratoria libri XII. II. Partes. 8 maj. Ibid. 826. Ibid.

— id. lib. Tom. VII. Et. s. t. A. Curtii Rufi de rebus gestis Alexandri magni libri superstites. gr. 8. Ibid. 827. Ibid.

— id. lib. Tom. VIII. Et. s. t.: Justini historiae philippicae. gr. 8. Ibid. 827. Ibid.

—— nova, Romana classica probatiss. utriusque orationis scriptores latinos exhibens. Ad opt. edit. fidem scholar. in usum adorn. G. H. Lünemann. Tom. IX—XI. E. s. t.: T. Livii Pat. historiarum libri qui supersunt cum deperdit. fragmentis et epitomis omnium. 5 Ps. 8 maj. (93¼ B.) Hannoverae 828, 29, Hahn.

—— id. Tom. XII. — E. s. t.: C. Julii Caesaris Commentarii de bello Gallico et civili. Acced. libri de bello Alexandrino, Africano et Hispaniensi. 8 maj. (22½ B.) Ibid. 831.
Tom. I. Sueton. 10 Gr., II. Sallust. 4 Gr., III. u. IV. Tacitus. 20 Gr., V. u. VI. Quintilian. 20 Gr., VII. Curtius. 9 Gr., VIII. Justin. 8 Gr. Ebendas. 1825—27. — XII Tomi zusamm. 5 Thlr. 8 Gr.

Bibliotheca nova scriptor. latinor., ad optimas editiones recens. accurantib. Paris. Acad. Proff. et colligente J. Charpentier. Edid. C. L. F. Panckoucke. Vol. I — XXXIII. Lex.-8. Paris. (Lipsiae, Barth; Brockhaus et Avenarius.) à * 1⅓ Thlr. * Thlr.

E. s. tit.:

Vol. I. Caesaris Opera, c. lectiss. varior. not., quibus suas adj. Eligius Johanneau. Vol. I. (18½ B.) 836.
- II. Ciceronis omnia Opera. — De Oratore lib. tres quos suis variorumq. not. illustr. A. Durand. (22½ B.) 836.
- III. Sallustii Crispi omnia quae exstant Opera, cum varior. not., quibus suas adj. Th. Burette. (21 B.) 836.
- IV. Suetonii Tranq. Opera, selectis varior. animadversionibus suisq. instr. E. Gros. Vol. I. (18½ B.) 836.
- V. Curtii Rufi de rebus gestis Alexandri Mag. lib. superstites, c. Freinshemii supplem. suis variorumq. not. illustr. A. Huguet. Vol. I. (19¾ B.) 836.
- VI. Caesaris Opera etc. Vol. II. (20½ B.) 837.
- VII. Plinii Secundi histor. natur. lib. XXXVII quibus accessere novus index animal., mineral., vegetabil. synonymicus. nominumque et rerum quoad cetera enodatio, habita alphabet. ord. ratione, e not. gallicae edit. a Jasson de Grandsagne, quarum auctor. exstitere ad zoosophiam, ut plurim., G. Cuvier passim vero, et in iis, quae zoosophiae non erant, Doé, E. Dole, Fée, L. Fouché, El. Johanneau, L. Marcus, C. L. F. Panckoucke, Val. Parisot, etc. Vol. I. (17½ B.) 836.
- VIII. Cornelii Nepotis Opera, c. lectiss. varior. not., quibus suas adj. El. Johanneau et J. Mangeart. (17 B.) 837.
- IX. Statii Opera quae extant, c. not. alior. et suis ed. Fr. Dubner. Vol. I. (20¾ B.) 837.
- X. Lucretii Cari de rerum natura lib. VI. c. suis variorumque not. illustr. Regaler. (22½ B.) 837.
- XI. Statii Opera quae extant etc. Vol. II. (23 B.) 837.
- XII. Plinii Secundi histor. natur. lib. XXXVII. etc. Vol. II. (15½ B.) 837.
- XIII. Curtii Rufi de rebus gestis Alexandri Magni lib. superstites etc. Vol. II. (18½ B.) 837.
- XIV. Suetonii Tranq. Opera etc. Vol. II. (21 B.) 837.
- XV. Plinii Secundi histor. natur. lib. XXXVII etc. Vol. III. (17 B.) 837.
- XVI. Claudiani Opera quae suis variorumq. not. illustr. E. Doullay. Vol. I. (19 B.) 837.
- XVII. Justini historiar. Philippicar. ex Trogo Pompeio lib. XLIV quos not. et ind. illustr. El. Johanneau et Frid. Dubner. Vol. I. (16¾ B.) 838.
- XVIII. Plinii Sec. histor. natur. lib. XXXVII. etc. Vol. IV. (19¼ B.) 838.
- XIX. Claudiani Opera etc. Vol. II. (19 B.) 838.
- XX. Flori Epitome rer. romanar., c. lectiss. varior. not. quibus suas adj. Langlois. (18 B.) 838.
- XXI. Plinii Caecilii Sec. Epistolarum lib. X. et Panegyricus, c. varior. adnotationibus quibus suas add. E. Gros. Vol. I. (19¼ B.) 838.
- XXII. Juvenalis Satirarum lib. V, quos not. illustr. A. Chardin. (17½ B.) 838.
- XXIII. Vellei Paterculi Historiae romanae ad M. Vinicium, Consul., c. lectiss. varior. not., quibus suas adj. C. Chardin. (18½ B.) 838.
- XXIV. Plinii Caec. Sec. Epistolarum lib. X et Panegyr. etc. Vol. II. (18½ B.) 838.
- XXV. Justini Histor. Philippicar. ex Trogo Pompeio lib. XLIV. etc. Vol. II. (14¾ B.) 838.
- XXVI. Horatii Flacci Opera quae suis variorumq. not. illustr. Th. Burette. Vol. I. (18¾ B.) 838.
- XXVII. Plinii Sec. Histor. natur. lib. XXXVII. etc. Vol. V. (18¾ B.) 838.
- XXVIII. Valerii Max. Opera, c. varior. not. quib. suas adj. Salviui de Lennemas. Vol. I. (20¼ B.) 838.
- XXIX. Ciceronis omnia Opera. — Orationes suis variorumq. not. illustr. J. Mangeart. Vol. I. (21½ B.) 838.
- XXX. Horatii Flacci Opera etc. Vol. II. (18¾ B.) 838.
- XXXI. Plinii Secundi historiae naturalis lib. XXXVII. Vol. VI. (22½ B.) 838.
- XXXII. Valerii Max. Opera, c. varior. not. quibus suas adj. Salviui de Lennemas. Vol. II. (19½ B.) 838.
- XXXIII. Ciceronis omnia Opera. Vol. V. — Orationes suis variorumq. not. illustr. J. Mangeart. Vol. II. (22½ B.) 838.

Die Autoren in alphabet. Ordnung:

Caesaris Opera. Vol. 1. 2.
Vgl. Bibl. Vol. 1. 6.
Ciceronis Opera omnia.
Vgl. Bibl. Vol. 2. 29. 33.
Claudiani Opera Vol. 1. 2.
Vgl. Bibl. Vol. 16. 19.
Cornelii Nepotis Opera.
Vgl. Bibl. Vol. 8.
Curtii Rufi de rebus gestis Alexandri. Vol. 1. 2.
Vgl. Bibl. Vol. 5. 13.
Flori, L. Annaei, Epitome rer. romanor.
Vgl. Bibl. Vol. 20.
Horatii Flacci Opera. Vol. 1. 2.
Vgl. Bibl. Vol. 26. 30.
Justini Historiar. Philippicar. Vol. 1. 2.
Vgl. Bibl. Vol. 17. 25.
Juvenalis Satirarum.
Vgl. Bibl. Vol. 22.
Lucretii Cari de rerum natura.
Vgl. Bibl. Vol. 10.
Plinii Secundi Histor. natur. Vol. 1—6.
Vgl. Bibl. Vol. 7. 12. 15. 18. 27. 31.
Plinii Caecilii Sec. Epistolarum. Vol. 1. 2.
Vgl. Bibl. Vol. 21. 24.
Sallustii Crispi omnia quae exst. Op. Vol. 1.
Vgl. Bibl. Vol. 3.
Statii Opera. Vol. 1. 2.
Vgl. Bibl. Vol. 9. 11.
Suetoni Tranq. Opera. Vol. 1. 2.
Vgl. Bibl. Vol. 4. 14.
Valerii Max. Opera. Vol. 1. 2.
Vgl. Bibl. Vol. 28. 32.
Vellei Paterculi Historiae romanae.
Vgl. Bibl. Vol. 23.

Bibliotheca nova theologica, vide Hufnagel.

— **numaria.** Verzeichniss sämmtlicher in dem Zeitraume 1800 bis 1866 erschienenen Schriften über Münzkunde. Hersg. von J. Leitzmann. 2., stark verm. Aufl. Nebst vollständ. Sachregister. Weissensee 867. Grossmann. gr. 8. (IV, 190 S.) n. 1 ₰ 10 ngr.

—— oeconomica, od. Verzeichniß der in älterer u. neuerer Zeit bis zur Mitte d. J. 1840 in Deutschland u. den angränz. Ländern erschien. Bücher üb. die Haus- u. Landwirthschaft u. deren einzelne Zweige. Zuerst hrsg. v. Theod. Christ. Friedr. Enslin. Von neuem gänzl. umgearb. 2. Aufl. v. Wilh. Engelmann. Nebst ein. vollständ. Materienregister. gr. 8. (27⅔ B.) Leipzig 841, Engelmann. *

— oeconomica od. systematisch geordnete Uebersicht der in Deutschland u. dem Auslande auf dem Gebiete der gesammten Land-, Haus-, Garten-, Forst- u. Jagdwissenschaft neu erschien. Bücher hrsg. v. W. Müldener. 10. Jahrg. 1871. [Als Fortsetzg. der bibliotheca mechanico-technologica et oeconomica.] gr. 8. (81 S.) Ebend. 872. n. — 80

Fortsetzung der Bibliotheca mechanico-technologica et oeconomica.

— oeconomico-politica et statistica od. systematisch geordnete Uebersicht der in Deutschland u. dem Auslande auf dem Gebiete der gesammten Staatswissenschaften u. Statistik neu erschienenen Bücher hrsg. v. W. Müldener. 18. Jahrg. 1870. [Als Fortsetzg. der bibliotheca geographico-statistica et oeconomico-politica.] gr. 8. (122 S.) Göttingen: Vandenhoeck & R. 1871.

— dasselbe. 19. Jahrg. 1871. gr. 8. (151 S.) Ebend. 872. n. 1. 30

— oenologica. Zusammenstellung der gesammten Weinliteratur d. In- u. Auslandes. [Aus: „Annalen der Oenologie".] gr. 8. (98 S.) Heidelberg 875. C. Winter. n. 1. 60

Bibliotheca oenologica. Zusammenstellung der gesamten Weinliteratur des In- und Auslandes. Heidelberg. 1901.

—— orientalis. Ps. I. Libros cont. arabicos persicos turcicos inde ab arte typographica inventa ad nostra usque tempora impressos. Ed. Jul. Theod. Zenker. (Fasc. I. Libri arabici.) 8maj. (6 B.) Lipsiae 840, Engelmann.

—— orientalis. Manuel de Bibliographie orientale. I. cont. 1. Les livres arabes, persans et turcs, disposés par ordre de matières, 2. table des auteurs, des titres orientaux et des éditeurs, 3. un aperçu de la littérature orientale, par J. Th. Zenker. gr. in-8. (10⅓ B.) Leipzig 840, Engelmann. *

—— orientalis. Manuel de bibliographie orientale. Cont. Supplément du 1. vol. Littérature de l'orient chrétien, de l'Inde, des Parsis, de l'Indo-Chine et de la Malaisie, de la Chine, du Japon. Littérature mantchoue, mongole et tibétaine. Tables des auteurs, des titres orientaux et des éditeurs. Par J. Th. Zenker. gr. 8. (XV und 616 S.) Leipzig 861, Engelmann.

Vol. 1. Ebendas. 1846. * 2 Thlr. 7½ Ngr.

Bibliotheca Orientalis, oder eine vollständige Liste der in Deutschland, Frankreich, England und den Kolonien erschienenen Bücher, u. s. w. Für 1876—82. Leipzig, London, Paris, New York.

— **orientalis et linguistica.** [Bibliothecae philologicae pars I.] Verzeichniss der vom J. 1850 bis incl. 1868 in Deutschland erschienenen Bücher, Schriften u. Abhandlungen oriental. u. sprachvergleich. Literatur. Hersg. von C. H. Herrmann. Halle 870. Herrmann. gr. 8. (IV, 184 S.) n. 1 ₰

—— Parriana, s. Parr.

—— **pastoralis** e variis sanctorum patrum aliorumque piorum auctorum opusculis deprompta, atque in gratiam sacerdotum, qui animarum curam gerunt, studiose collecta. Vol. I. et II. 12maj. Oeniponte, libr. Wagner.
E. s. tit.:
Vol. I. Sancti Gregorii cognom. Magni liber regulae pastoralis. Accessit in fine anonymi formula Praelatorum. (18½ B.) 845. 11¼ Ngr.
II. Sancti Caroli Borromei instructiones pastorum ad concionandum, confessionisque et eucharistiae sacramenta ministrandum utilissimae. Adjectis quibusdam aliis, una cum instructione S. Francisci de Sales pro confessariis. (9½ B.) 846. 12 Ngr.

—— **Patrum** ecclesiae catholicae, qui ante orient. et occident. schisma floruerunt. Delectu Presbyteror. quorundam Oxoniensium. Tom. I. — E. s. t.: S. Aurelii Augustini Confessiones, post. edit. Paris. noviss. ad fidem cod. Oxoniens. recogn., et post edit. M. Dubois ex ipso Augustino illustr. 8maj. (21¼ B.) Oxonii 838. (Lipsiae, T. O. Weigel.) *

— **patrum** ecclesiae catholicae qui ante Orientis et Occidentis schisma floruerunt. Delectu presbyterorum quorundam Oxoniensium. Tomus I. A. u. d. T.: S. **Aurelii Augustini** confessiones post editionem Parisiens. novissimam ad fidem codicum Oxoniensium recognitae, et post editionem M. Dubois ex ipso Augustino illustratae. gr. 8. (XVI u. 324 S.) Oxonii 838, Parker. n. n. 3 ℛ (vergl. Augustini confessiones. Kaysers Bücherlexicon. 7. Thl. Seite 46.)

— dies. (Tom II—IV.) A. u. d. T.: Sancti patris nostri **Joannis Chrysostomi** archiepisc. Constantinopol. homiliae in Matthaeum textum ad fidem codicum Mss. et versionum emendavit praecipuam lectionis varietatem adscripsit adnotationibus ubi opus erat et novis indicibus instruxit **Frid. Field.** 3 tomi. gr. 8. Tom. I. Homiliae I—XLIV. (VI u. 599 S.) Tomus II. Homiliae XLV - XC. (VI u. 555 S.) Tomus III. Adnotationes et indices. (XXVIII u. 271 S.) Ebd. 839. n. n. 14 ℛ

— dies. (Tom. V.) A. u. d. T.: Sancti patris nostri **Joannis Chrysostomi** archiepisc. Constant. in divi Pauli epistolam I. ad Corinthios. Cum notis edidit **Frid. Field.** gr. 8. (... S.) Ebd. 84.. n. n. 4⅔ ℛ

— dies. (Tom. VI.) A. u. d. S.: Sancti patris nostri **Joannis Chrysostomi** archiepisc. Constantin. in divi Pauli epistolam II. ad Corinthios. Cum notis ed. **Frid. Field.** gr. 8. (... S.) Ebd. 849. n. n. 3½ ℛ

Bibliotheca patrum ecclesiae catholicae qui ante Orientis et Occidentis schisma floruerunt. Delectu presbyterorum quorundam Oxoniensium. (Tom. VII.) A. u. d. T.: Sancti patris nostri **Joannis Chrysostomi** archiepisc. Constantinop. in divi Pauli epistolam ad Romanos homiliae XXXIII. Ed. nova ad fidem codicum Mss. et versionum antiquarum diligenter castigata. gr. 8. (XIV u. 554 S.) Oxonii 849, Parker. n. n. 4 ℛ

— dies. (Tom. VIII.) A. u. d. T.: **Theodoreti** episc. Cyri commentarius in omnes B. Pauli epistolas. Pars I. continens epistolas ad Romanos, Corinthios et Galatas. gr. 8. (VIII u. 365 S.) Ebd. 852. n. n. 3½ ℛ (I—VIII: n. n. 32⅔ ℛ)

—— **Patrum** ecclesiasticor. latinor. selecta. Ad optim. libror. fidem edita cur. E. G. Gersdorf. Vol. I — X. Ps. I. 8. Lipsiae, B. Tauchnitz jun.
E. s. tit.:
Vol. I. S. **Clementis** romani recognitiones Rufino Aquilei. Presb. interprete. Car. Gersdorf. (16½ B.) 838. 1 Thlr.
- II. III. Th. C. **Cypriani** Opera genuina. Cur. D. J. H. Goldhorn. Ps. I. II.
Ps. I. Epistolae. (16½ B.) 838. 16 Gr.
- II. Tractatus. (18 B.) 839. 16 Gr.
- IV.—VII. Qu. Sept. Flor. **Tertulliani** Opera. Cur. E. F. Leopold. Ps. I—IV.
Ps. I. Libri apologetici. (16¼ B.) 839. 16 Gr.
- II. Libri ad ritus et mores christianorum pertinentes. (15 B.) 839. 16 Gr.
- III. IV. Libri polemici et dogmatici. Ps. I. II. (42 B.) 841. 1 Thlr. 16 Gr.
- VIII. IX. S. **Ambrosii** Episcopi Mediol. Selecta. Ps. I. II.
Ps. I. De officiis clericor. libros tres, ad mspt. etc. emend. et select. lection. variet. adj. R. O. Gilbert. Praemissa est vita S. Ambrosii a Paulino scripta. (12½ B.) 839. 12 Gr.
II. Hexaemeri libros sex. Cur. R. O. Gilbert. (12 B.) 840. 12 Gr.

X. Pet. Firmiani **Lactantii** Opera. Ed. O. Fridol. Fritzsche.
Ps. I. Institutionum div. l. V. prior. (18 B.) 842. 18 Gr.

—— **patrum** ecclesiasticorum latinorum selecta. Ad optim. libr. fidem edita curante E. G. Gersdorf. Vol. XI et XII. 8. Lipsiae. B. Tauchnitz jun.
E. s. tit.:
Vol. XI. Firmiani Lactantii opera. Ed. O. Fridol. Fritzsche. Ps. II. Institutionum div. L. VI. et VII. Epitome. Lib. de opificio Dei. L. de ira Dei. L. de mortib. persecutorum. Fragmenta. Carmina. (20¼ B.) 844. 22½ Ngr.
XII. Arnobii Oratoris adversus nationes libri septem. Recens. emend. et adnotationibus illustr. Franc. Oehler. (24½ B.) 846. 27 Ngr.
Vol. I—X. Ibid. 1838—41. 7 Thlr. 2½ Ngr.

—— **patrum ecclesiasticorum** latinorum selecta. Ad optimor. libror. fidem edita cur. E. G. Gersdorf Vol. XIII. Et. s. tit.: M. Minucii Felicis Octavius. Julii Firmici Materni V. C. de errore profanar. religionum ad Constantium et Constantem Augustos liber. S. Meropii Pontii Paulini poema advers. paganos. Commodiani instructionum etc. libri II. Recens. emend. et adnot. Franc. Oehler. 8. (X und 202 S.) Lipsiae 847, B. Tauchnitz jun.
Vol. I—XII. Ibid. 1837—46. 8 Thlr. 22 Ngr.

— **patrum ecclesiasticorum** selectissima. Ad optim. edit. fidem recudi cur. **Guil. Br. Lindner.** Lipsiae 857, 58. Dörffling u. Franke. 8.
Fasc. I.: Viri anonymi apostolici epistola ad Diognetum, Polycarpi epistola ad Philippenses, Smyrnensium epistola de Polycarpi martyrio. Tria vetustissima ecclesiae christianae documenta ad optim. edit. fidem recudi cur. etc. (2 Bl., 32 S.) n. 6 ngr
„ II.: Quinti Septimii Florentis **Tertulliani** liber de resurrectione carnis. (VII, 80 S.) n. 8 ngr

— **patrum ecclesiasticorum** selectissima. Ad optim. edit. fidem recudi curavit **Guil. Bruno Lindner.** Leipzig 861. Dörffling & Franke. gr. 8.
Fasc. III.: **Clementis Alexandrini** liber quis dives salvetur. Textum et versionem novis studiis recens. (76 S.) n. 10 ngr
Fasc. IV.: Quinti Septimii Florentis **Tertulliani** de anima liber. Textum denuo recens. (VI, 86 S.) n. 10 ngr

—— **patrum** graecorum dogmatica. Ad optimor. libror. fidem edendam curavit Joan. Car. Thilo. Vol. 1. et 2. 8 maj. Lipsiae, T. O. Weigel. *
Etiam sub titulis:
Vol. 1. Sancti Athanasii Archiepiscopi Alexandrini opera dogmatica selecta. Ex recensione Bern. de Montfaucon cum ejusdem interpretatione et adnotationibus. Praefatus est Joan. Car. Thilo. (XLIII und 1006 S.) 853. * 6 Thlr. 20 Ngr.
2. Sancti Basilii Caesareae Cappadociae Archiepiscopi et Sancti Gregorii Theologi vulgo Nazianzeni Archiepiscopi Constantinopolitani opera dogmatica selecta. Ex recensione monachorum ord. S. Benedicti e congregatione S. Mauri cum eorundem interpretatione et animadversionibus. Accedit appendix, Eunomii apologeticum et confessionem et Amphilochii epistolam synodalem continens. Edenda curavit Joan. Dav. Henr. Goldhorn. (VII und 735 S.) 854. * 4 Thlr. 20 Ngr.

1 — patrum graec. dogmatica. 2 voll. Jetzt: CH Tauchnitz. I. 5 —; II. 4 — (I u. II. 8 —)

Bibliotheca patrum latinorum Britannica. s.a. Schenkl Heinrich, Dr.

— **patrum** latinorum britannica. Bearb. v. Heinr. **Schenkl.** 1. Bd. 1. u. 2. Abth. Lex.-8. Wien, (F. Tempsky). n. 7. 30
1. Die Bodleianische Bibliothek in Oxford. [1—909.] [Aus: „Sitzungsber. d. k. Akad. d. Wiss."] (192 S.) 891. n. 3. 80
2. Die Phillipps'sche Bibliothek in Cheltenham. (910—2154.) [Aus: „Sitzungsber. d. k. Akad. d. Wiss."] (158 S.) 892. n. 3. 50

— **patrum** latinorum britannica. Bearb. v. Heinr. **Schenkl.** II. Bd. 2. Abth. I. u. II. Hft. gr. 8. Wien 897/98. (C. Gerold's Sohn.) n. 8. 70
Die Bibliotheken der Colleges in Cambridge, I. u. II. (2155—2716). (162 S.)

— dasselbe. III. Bd. 1. u. 2. Abth. gr. 8. Ebd. 894/98. n. 8. 30 (I, 1. 2, II, 2 I. u. III., 3 u. III, 1. 2 : n. 16. 80)
Die Bibliotheken d. engl. Kathedralen. (3600—4478.) (171 S.)

— dasselbe. III. Bd. 3. Abth. gr. 8. Ebd. 896. n. 2. —
Die schott. Bibliotheken, nebst d. Bibliotheken v. Trinity College (in Dublin, Irland) u. Holkham (Norfolk). (2985—3599 A.) 90 S. m. 1 Taf.)

— patrum latinorum britannica. Bearb. v. Heinr. Schenkl. II. Bd. 2. Abth. (Schluss). gr. 8. Wien (C. Gerold's Sohn). n. 1.20
Die Bibliotheken der Colleges in Cambridge. II. (2717—2986.) (49 S.) 901.

— patrum latinorum britannica. Bearb. v. Heinr. Schenkl. III. Bds. 3. Abtlg. gr. 8. Wien (A. Hölder). n. 1.65 (I, 1. 2, II, 2 I II, 3 u. III, 1—3 n. 19.15)
III, 3. Die kleineren öffentlichen u. Privatbibliotheken, nebst der Bibliothek v. Corpus Christi College, Cambridge. (4479—4961.) (78 S.) 905.
Sonderabdruck aus: „Sitzungsber. d. k. Akad. d. Wiss."

Bibliotheca patrum latinorum Hispaniensis. Siehe unter Hartel Wilhelm August Ritter von, Dr., und unter Garcia Zacharias Pater S. J.

— patrum latinorum italica, s. Reifferscheid, Aug.

— sanctorum patrum theologiae tironibus et universo clero accommodata. Curante Ios. Vizzini. Series I. Patres apostolici. Vol. 1—5. 8. Rom, (F. Pustet). nn 2.40
1. Doctrina 12 appostolorum. Epistola I S. Clementis ad Corinthios. (221 S.) (901).
2. Ignatii et Polycarpi epistolae. (208 S.) (902).
3. Epistola Barnabae. Epistola ad Diognetum. Epistola II S. Clementis ad Corinthios. (208 S.) 902.
4. Clementii Romani epistolae de virginitate. Hermae Pastor (Visiones, Mandata). 904.
5. Hermae Pastor (Similitudines). Papiae fragmenta. (S. 177—338 u. 38 S.) 905.

— sanctorum patrum et scriptorum ecclesiasticorum theologiae christianarum litterarum cultoribus accomodata. Series II. Scriptores graeci antenicaeni. Vol. III. pars I et II. 8. Rom, (F. Pustet). à nn 2.40
Irenaei, Lugdunensis episcopi, adversus Haereses libri V. Curante P. D. Dr. Ubaldo Mannucci. Pars I et II. (476 S.) 907. nn 2.40
Vol. I u. II sind noch nicht erschienen.

— dasselbe. Series III. Scriptores latini antenicaeni. Vol. 1—5. 8. Ebd. à nn 2.40
Minucii Felicis, M., Octavius. Q. Sept. Florentis Tertulliani apologeticum. (247 S.) (902.) (vol. 1.)
Tertulliani, Q. Sept. Flor., de praescriptione haereticorum; de testimonio animae; de baptismo; de poenitentia; de oratione; de pudicitia. (250 S.) (902.) (vol. 2.)
Tertulliani, Q. Sept. Florentis, adversus Marcionem. (Libri I—III.) (190 S.) 902. (vol. 3.)
— dasselbe. (Liber IV.) (S. 201—405.) 902. (vol. 4.)
— dasselbe. (Liber V.) — Adversus Valentinianos. (S. 407—636.) 903. (vol. 5.)

— dasselbe. Series V. Scriptores latini postnicaeni. Vol. 1—6. 8. Ebd. à nn 2.40
Ambrosii, episcopi Mediolanensis, de fide ad Gratianum Augustum. (Libri I—III.) (210 S.) 905. (vol. 5.)
— dasselbe. (Libri IV—V.) — De spiritu sancto ad Gratianum Augustum. (Lib. I.) 906. (vol. 6.)
Hilarii Pictaviensis de trinitate. (Libri I—IV.) (216 S.) 903. (vol. 1.)
— dasselbe. (Libri V—VIII.) (S. 217—457.) 903. (vol. 2.)
— dasselbe. (Libri IX—X.) (S. 459—662.) 903. (vol. 3.)
— dasselbe. (Libri XI—XII.) — De synodis seu de fide Orientalium. (S. 663—926.) 904. (vol. 4.)

— dasselbe. Series VII. Scriptores medii aevi. Vol. I, pars 1. 8. Ebd. nn 2.40
I, 1. Gregorii Magni, sancti, epistolae selectae. Curante Nicol. Turchi. Pars I. (XLVIII, 160 S.) 907.
Series VI ist noch nicht erschienen.

— pharmaceutica, s. Büchting, A.

— pharmaceut.-chemica, od. Verzeichniß derjen. pharzeut.-chem. Bücher, welche seit d. Mitte d. vorigen Jahrh. bis zur Mitte d. J. 1837 in Deutschland erschienen sind. Hrsg. v. Wilh. Engelmann. Mit ein. vollständ. Materienregister. gr. 8. ($4\frac{1}{2}$ B.) Leipzig 837, Engelmann.
Aus der: Bibliotheca med.-chirurg. v. Th. Enslin u. W. Engelmann, 5. Aufl., besond. abgedruckt.

— philologica etc., s. a. Engelmann, W.

— philologica. s. a. Bibliothek der neuern Sprachen.

— Philologica, 3 Vol. 8. Lpz. Weygand. 779—81. (à 16 gr.)

Bibliotheca philologica. Leipzig 1779—1788. II: *Vollborth, J. Ch. & andere.* (ErschDL)

— philologica, oder Verzeichniß derjenigen Grammatiken, Wörterbücher, Chrestomathieen, Lesebücher u. a. Werke, welche zum Studium der griech., latein. und oriental. Sprachen gehören, und vom Jahre 1750, zum Theil auch früher, bis zur Mitte des Jahres 1839 in Deutschland u. den angränz. Ländern erschienen sind. Zuerst herausg. v. Th. Chr. Fr. Enslin. Neue gänzlich umgearb. 2e Aufl. v. W. Engelmann. Nebst einer systemat. Uebersicht. gr. 8. Leipzig 840. Engelmann. n. $^{5}/_{6}$ ℳ

— philologica oder alphabet. Verzeichniss derjenigen Grammatiken, Wörterbücher, Chrestomathieen, Lesebücher und anderer Werke, welche zum Studium der griechischen und lateinischen Sprache gehören, und vom J. 1750, zum Theil auch früher, bis zur Mitte des J. 1852 in Deutschland erschienen sind. Hrsg. von Wilh. Engelmann. Nebst einer systemat. Uebersicht. 3., umgearb. und verb. Aufl. gr. 8. (VI und 230 S.) Leipzig 853, Engelmann. *

— philologica oder geordnete Uebersicht aller auf dem Gebiete der class. Alterthumswissenschaft wie der älteren und neueren Sprachwissenschaft in Deutschland und dem Ausland neu erschienenen Bücher, hrsg. von Carl Joh. Fr. W. Ruprecht und Ludw. Ruprecht. 1—3. Jahrg. 1848—50. und 4. Jahrg. 1851. 1. Heft. Jan.—Juni. gr. 8. Göttingen 849—51, Vandenhoeck und Ruprecht. [1. (30 S.) * 5 Ngr., 2. (81 S.) * 10 Ngr., 3. (108 S.) * 12 Ngr., 4. 1. (54 S.) * 5 Ngr.] *

— philologica oder geordnete Uebersicht aller auf dem Gebiete der class. Alterthumswissenschaft wie der älteren und neueren Sprachwissenschaft in Deutschland und dem Ausland neu erschienenen Bücher, hrsg. von Ludw. Ruprecht. 4. Jahrg. 1851. 2. Sem. Juli—Decbr. gr. 8. (S. 57—116.) Göttingen 852, Vandenhoeck und Ruprecht's Vrlgsh.
1—3. Jahrg. 1848—50. und 4. Jahrg. 1851. 1. Sem. Ebendas. * 1 Thlr. 2 Ngr.

— philolog. hrsg. v. G Schmidt. 4. Jahrg. 1851. (116) Gött., Vandenhoeck u. R. *n.* — $12\frac{1}{2}$ ‖ 5. Jahrg. 1852. (130) *n.* — 14 ‖ 6. Jahrg. 1853. (112) *n.* — $9\frac{3}{4}$ ‖ 7. Jahrg. 1854. (130) *n.* — $10\frac{1}{2}$ ‖ 8. Jahrg. 1855. (107) *n.* — 9 ‖ 9. Jahrg. 1856. (108) *n.* — 9 ‖ 10. u. 11. Jahrg. 1857 u. 58. (223) à *n.* — 10 ‖ 12. Jahrg. 1859. (143) *n.* — 12 ‖ 13. u. 14. Jahrg. 1860 u. 61. (257) à *n.* — 11 ‖ 15. Jahrg. 1862. (144) *n.* — 13 ‖ 16. Jahrg. 1863. (150) *n.* — 14 ‖ 17. Jahrg. (169) *n.* — 15 ‖ 18. Jahrg. 1865. 1. Hft. (74) *n.* — 6

— philologica hrsg. v. G Schmidt. 18. Jahrg. 1865. 2. Hft. 8. (75—181) Gött., Vandenhoeck & R. *n.* — 9 ‖ 19. Jahrg. 1866. (175) *n.* — 15 ‖ 20. Jahrg. 1867. (184) *n.* — 15 ‖ Hrsg. v. W Müldener. 21. Jahrg. 1868. (247) *n.* — 20 ‖ 22. Jahrg. 1869. (277) *n.* — 22

— philologica. Hrsg. v. W Müldener. 23. Jahrg. 1870. 8. (226) Gött., Vandenhoeck u. R. *n.* 2. 80. ‖ 24. Jahrg. 1871. (227) 72. *n.* 1. 60 ‖ 25. Jahrg. 1872. (251) 73. *n.* 2. 40 ‖ 26. Jahrg. 1873. (270) 74. *n.* 2. 60. ‖ 27. Jahrg. 1874. (290) 75. *n.* 3.—

— philologica oder geordnete Uebersicht aller auf dem Gebiete der class. Alterthumswissenschaft wie der älteren und neueren Sprachwissenschaft in Deutschland und dem Ausland neu erschienenen Bücher. Hrsg. von W. Müldener. [Mit einem alphabet. Register.] 27. Jahrg. 2. Heft—32. Jahrg. 1. Heft. gr. 8. Göttingen, Vandenhoeck und Ruprecht's Verlag. [27. Jahrg. 2. Heft. Juli—Decbr. 1874. (S. 117—299.) * ℳ 1,80.; 28. Jahrg. 1. Heft. Jan.—Decbr. 1875. (S. 1—122.) * ℳ 1,20.; 2. Heft. Juli—Decbr. 1875. (S. 123—306.) * ℳ 3,60.; 29. Jahrg. 1. Heft. Jan.—Juni 1876. (S. 1—123.) * ℳ 1,20.; 2. Heft. Juli—Decbr. 1876. (S. 124—324.) * ℳ 2.; 30. Jahrg. 1. Heft. Jan.—Juni 1877. (S. 1—123.) * ℳ 1,20.; 2. Heft. Juli—Decbr. 1877. (S. 124—314.) * ℳ 1,80.; 31. Jahrg. 1. Heft. Jan.—Juni 1878. (S. 1—136.) * ℳ 1,20.; 2. Heft. Juli—Decbr. 1878. (S. 137—324.) * ℳ 1,80.; 32. Jahrg. 1. Heft. Jan.—Juni 1879. (S. 1—133.) * ℳ 1,20.] *

— philologica oder geordnete Uebersicht aller auf dem Gebiete der class. Alterthumswissenschaft wie der älteren und neueren Sprachwissenschaft in Deutschland und dem Ausland neu erschienenen Bücher. Hrsg. von W. Müldener. 32. Jahrg. 2. Heft. Juli—Decbr. 1879. gr. 8. (S. 135—318.) Ebendas. 880. *

—— dass. — Hrsg. von E. Ehrenfeuchter. 33.—35. Jahrg. gr. 8. Ebendas. [33. Jahrg. 1. Heft. Jan.—Juni 1880. (S. 1—184.) *ℳ 1,60.; 33. Jahrg. 2. Heft. Juli—Decbr. 1880. (S. 185—444.) *ℳ 2,40.; 34. Jahrg. 1. Heft. Jan.—Juni 1881. (S. 1—238.) *ℳ 2,20.; 34. Jahrg. 2. Heft. Juli—Decbr. 1881. (S. 239—504.) *ℳ 2,60.; 35. Jahrg. 1. Heft. Jan.—Juni 1882. (S. 1—184.) *ℳ 1,80.; 35. Jahrg. 2. Heft. Juli—Decbr. 1882. (S. 185—394.) *ℳ 2,20.] *

Bibliotheca philologica oder geordnete Uebersicht aller auf dem Gebiete der class. Alterthumswissenschaft wie der älteren und neueren Sprachwissenschaft in Deutschland und dem Ausland neu erschienenen Bücher. Hrsg. von Gust. Kosinna. 36. Jahrg. 1883. 2 Hefte. gr. 8. Göttingen, Vandenhoeck und Ruprecht's Verlag. [1. Heft. (S. 1—200.); 2. Heft. (S. 201—393.) à Heft *ℳ 2.] *

— dasselbe. Hrsg. v. Gust. Kosinna. 36. Jahrg. gr. 8. (393 S.) Ebend. 884. n. 4. —

—— dass. — Hrsg. von Max Heyse. 37. Jahrg. 1. Heft. Jan.—Juni 1884. gr. 8. (S. 1—170) Ebendas. *

—— philologica oder geordnete Uebersicht aller auf dem Gebiete der class. Alterthumswissenschaft wie der älteren und neueren Sprachwissenschaft in Deutschland und dem Ausland neu erschienenen Bücher. Hrsg. von Max Heyse. 37. Jahrg. 2. Heft. Juli—Decbr. 1884. gr. 8. (S. 171—400.) Göttingen, Vandenhoeck und Ruprecht's Verlag. *

—— dass. — Hrsg. von Aug. Blau. 38. Jahrg. 2 Hefte. gr. 8. Ebendas. [1. Heft. Jan.—Juni 1885. (S. 1—157.) *ℳ 1.60.; 2. Heft. Juli—Decbr. 1885. (S. 161—396.) *ℳ 2.40.] *

— dasselbe. Hrsg. v. Aug. Blau. 38. Jahrg. 1885. gr. 8. (396 S.) Ebend. 886. n. 3. 80

— philologica od. vierteljährl. systematisch geordn. Uebers. aller auf dem Gebiete der gesammten Philologie in Deutschland u. dem Auslande neu erschienenen Schriften u. Zeitschriften-Aufsätze. Hrsg. v. Aug. Blau. 39. Jahrg. Neue Folge. 1. Jahrg. 1886. 4 Hfte. gr. 8. (437 S.) Göttingen 886. 887. Vandenhoeck & Ruprecht's Verlag. n. 6. —

— dasselbe. 40. Jahrg. Neue Folge. 2. Jahrg. 1887. 4 Hfte. gr. 8. (510 S.) Ebd. 887. 888. n. 6. 60

— dasselbe. 41. Jahrg. Neue Folge. 3. Jahrg. 1888. 4 Hfte. gr. 8. (388 S.) Ebd. 888. 889. n. 5. 40

— dasselbe. 42. Jahrg. Neue Folge. 4. Jahrg. 1889. 4 Hfte. gr. 8. (300 S.) Ebd. 889. 890. n. 4. 60

— dasselbe. 42. Jahrg. Neue Folge. 4. Jahrg. Register. gr. 8. (54 S.) Ebd. 890. n. — 80

— dasselbe. 43. Jahrg. Neue Folge. 5. Jahrg. 1. u. 2. Hft. Jan.—Juni 1890 gr. 8. (S. 1—140.) Ebd. 890. n. 2. 40

Bibliotheca philologica od. vierteljährl. systematisch geordnete Übersicht der auf dem Gebiete der classischen Philologie u. Altertumswissenschaft, sowie der Neuphilologie in Deutschland u. dem Auslande neu erschienenen Schriften u. Zeitschriften-Aufsätze. Hrsg. v. Aug. Blau. 43. Jahrg. Neue Folge. 5. Jahrg. 3. u. 4. Hft. Juli—Decbr. 1890 u. Registerhft. gr. 8. (S. 141—286 u. 53 S.) Göttingen 890. 891. Vandenhoeck & Ruprecht. n. 3. 20 (1890 kplt. m. Register: n. 5. 60)

— dasselbe. 44. Jahrg. Neue Folge. 6. Jahrg. 1891. 4 Hfte. u. Register. gr. 8. (288 u. 53 S.) Ebd. 891. 892. n. 5. 50

— dasselbe. 45. Jahrg. Neue Folge. 7. Jahrg. 1892. 4 Hfte. u. Register. gr. 8. (282 u. 56 S.) Ebd. 892. 893. n. 5. 60

— dasselbe. 46. Jahrg. Neue Folge. 8. Jahrg. 1893. 4 Hfte. u. Reg. gr. 8. (296 u. 54 S.) Ebd. 893. 894. n. 5. 60

— dasselbe. Unter Mitwirkg. v. Frdr. Kuhn hrsg. v. Aug. Blau. 47. Jahrg. Neue Folge. 9. Jahrg. 1. bis 3. Hft. Jan.—Septbr. 1894. gr. 8. (S. 1—224.) Ebd. n. 3. 60

Bibliotheca philologica od. vierteljährl. system. Bibliographie d. auf d. Gebiete d. class. Philologie u. Altertumswissenschaft, sow. d. Neuphilologie i. Deutschland u. d. Auslande neu erschien. Schriften u. Zeitschriften-Aufsätze. Unt. Mitwirkg. v. Frdr. Kuhn hrsg. v. Aug. Blau. 47. Jahrg. N. F. 9. Jahrg. 4. Hft. Octbr.—Decbr. 1894 u. Registerheft. gr. 8. (S. 225—300 u. 35 S.) Göttingen 895. Vandenhoeck & Ruprecht. n. 2. 20 (1894 kplt. m. Reg.: n. 5. 80)

— dasselbe. 48. Jahrg. N. F. 10 Jahrg. 4 Hfte. u. Reg.-Hft. gr. 8. (298 u. 58 S.) Ebd. 895/96. n. 5. 80

— dasselbe. 49. Jahrg. N. F. 11. Jahrg. 1896. 4 Hfte. u. Reg.-Hft gr. 8. (304 u. 60 S.) Ebd. 896/97. n. 6. 60

— dasselbe. 50. Jahrg. N. F. 12. Jahrg. 1897. 4 Hfte. M. e. alphabet. Register. gr. 8. (365 S.) Ebd 898. n. 7. 20

—— philologicae pars I. Bibliotheca orientalis et linguistica. Verzeichniss der vom J. 1850 bis incl. 1868 in Deutschland erschienenen Bücher, Schriften und Abhandlungen oriental. und sprachvergleich. Literatur. Hrsg. von Carl Heinr. Herrmann. gr. 8. (IV, 184 S.) Halle 870, Herrmann. *

—— dass. — Pars II. Bibliotheca scriptorum classicorum et graecorum et latinorum. Verzeichniss der vom J. 1858 bis incl. 1869 in Deutschland erschienenen Ausg., Uebersetzungen und Erläuterungsschriften der griech. und latein. Schriftsteller des Alterthums hrsg. von Carl Heinr. Herrmann. gr. 8. (IV, 221 S.) Ebendas. 870.

—— philologica. Verzeichniss der vom J. 1852 bis Mitte 1872 in Deutschland erschienenen Zeitschriften, Schriften der Akademien und gelehrten Gesellschaften, Miscellen, Collectaneen, Biographieen, der Literatur über die Geschichte der Gymnasien, über Encyclopädie und Geschichte der Philologie, und über die philolog. Hülfswissenschaften. Hrsg. von Carl Heinr. Herrmann. 2 Abthlgn. gr. 8. (III, 229 S.) Halle 873, 74, Herrmann. *

— philologica classica. Verzeichniss auf dem Gebiete der classischen Alterthumswissenschaft erschienenen Bücher, Zeitschriften, Dissertationen, Programm-Abhandlgn., Aufsätze in Zeitschriften u. Recensionen. Beiblatt zum Jahresbericht üb. die Fortschritte der class. Alterthumskunde. 1. u. 2. Jahrg. 1874. u. 1875. gr. 8. (à ca. 150 S.) Berlin Calvary & Co. à Jahrg. n. 2. —

— philologica classica. Verzeichniss der auf dem Gebiete der class. Alterthumswissenschaft erschienenen Bücher, Zeitschriften, Dissertationen, Programm-Abhandlungen, Aufsätze in Zeitschriften u. Recensionen. Beiblatt zum Jahresbericht über die Fortschritte der class. Alterthumskunde. 3—9. Jahrg. 1876—1882 à 4 Hfte. gr. 8. (à ca. 266 S.) Berlin, Calvary & Co. à Jahrg. n. 6. —

— philologica classica. Verzeichniss der auf dem Gebiete der class. Alterthumswissenschaft erschienenen Bücher, Zeitschriften, Dissertationen, Programm-Abhandlgn, Aufsätze in Zeitschriften u. Recensionen. Beiblatt zum Jahresbericht üb. die Fortschritte der class. Alterthumswissenschaft. 10—13. Jahrg. 1883—1886. à 4 Hfte. gr. 8. (à Hft. 106 S.) Berlin, Calvary & Co. à Jahrg. n. 6. —

Bibliotheca philologica classica. Verzeichniss der auf dem Gebiete der class. Alterthumswissenschaft erschienenen Bücher, Zeitschriften, Dissertationen, Programm-Abhandlgn., Aufsätze in Zeitschriften u. Recensionen. Beiblatt z. Jahresbericht üb. d. Fortschritte d. class. Alterthumswissenschaft. 14.—17. Jahrg. 1887 —1890. à 4 Hfte. gr. 8. (à Hft. ca. 100 S.) Berlin, Calvary & Co. à Jahrg. n. 6. —
s.: Jahresbericht über die Fortschritte der classischen Alterthumswissenschaft.

— philologica classica. Verzeichniss der auf dem Gebiete der class. Alterthumswissenschaft erschienenen Bücher, Zeitschriften, Dissertationen, Programm-Abhandlgn., Aufsätze in Zeitschriften u. Recensionen. Beiblatt zum Jahresbericht üb. die Fortschritte der class. Alterthumswissenschaft. 18.—21. Jahrg. 1891 bis 1894. à 4 Hfte. gr. 8. (à Hft. ca. 90 S.) Berlin, S. Calvary & Co. à Jahrg. n. 6. —

— philologica classica. Verzeichn. d. a. d. Gebiete d. class. Alterthumswissenschaft erschien. Bücher, Zeitschriften, Dissertationen, Programm-Abhandlgn., Aufsätze in Zeitschriften u. Recensionen, Beiblatt z. Jahresber. üb. d. Fortschr. d. class. Alterthumswissenschaft. 22. u. 23. Jahrg. 1895 u. 1896. à 4 Hfte. gr. 8. (Berlin, S. Calvary & Co.) Leipzig, O. R. Reisland. à Jahrg. n. 6. —

— dass. Index libror. periodicor., dissertationum, comentationum vel seorsum vel in periodicis expressar., recensionum, Appendix ad annales de studior. quae ad scientiam antiquar. rer. pertinent progressibus. Vol. XXIV—XXVII. 1897—1900 à 4 Hfte. 8° (1897. 1. Hft. 112) Ebd. à vol. nn 6 —

— philologica classica. Index libror., periodicor., dissertationum, commentationum vel seorsum vel in periodicis expressar., recensionum. Vol. XXVIII. 1901. 4 Hefte. (1. Heft. 63) 8° Lpzg, OR Reisland. Subskr.-Pr. 6 — ‖ Vol. XXIX—XXXII. 1902—05. Je 7 —

— philologica classica. Index librorum, periodicorum, dissertationum, commentationum vel seorsum vel in periodicis expressarum, recensionum. Appendix annalium de studiorum classicorum progressibus agentium. Vol. XXX—XXXIII. 1903—1906. à 4 Hfte. (XXX—XXXII: IV, 400; IV, 370 u. IV, 362 S.) gr. 8. Leipzig, O. R. Reisland. Subskr.-Pr. à vol. n. 7.—

— philosophica classica. Index librorum, periodicorum, dissertationum, commentationum vel seorsum vel in periodicis expressarum, recensionum. Appendix annalium de studiorum classicorum progressibus angentium. Vol. XXXIV—XXXVII. 1907—1910. à 4 Hefte. (34—36: IV, 251; IV, 291 u. IV, 241 S.) gr. 8. Leipzig, O. R. Reisland. à vol 7 —

— philologica classica. Index libror., periodicor., dissertationum, commentationum vel seorsum vel in periodicis expressar., recensionum. Vol. 37—39. J. '10—12 je 4 Hefte. ('10: 253, '11: 274) gr8° Lpzg, OR Reisland. Subskr., d. J. 7 —

— dasselbe, s.: Jahresbericht üb. d. Fortschritte der classischen Alterthumswissenschaft.

— dasselbe, s.: Wochenschrift, Berliner philologische.

Bibliotheca philosophica classica, ändern in: Bibliotheca philologica classica.

Bibliotheca philosophorum mediae aetatis. Hrsg. v. CS Barach. 1. u. 2. Bd. 8. Innsbr., Wagner. n. 6. —
1. Bernardi Silvestris de mundi universitate libri II sive megacosmus et microcosmus. Hrsg. v. CS Barach u. J Wrobel. (71) 76. n. 2. 40
2. Excerpta e libro Alfredi Anglici de motu cordis item Costem-Ben-Lucae de differentia animae et spiritus liber translatus a Johanne Hispalensi. Als Beitr. z. Gesch. d. Anthropologie u. Psychologie d. Mittelalters nach handschriftl. Ueberlieferg hrsg. (139) 78. n. 3. 60

— photographica. Verzeichniss der auf dem Gebiete der Photographie, sowie der damit verwandten Künste und Wissenschaften seit Erfindung der Daguerreotypie bis zu Anfang des Jahres 1860 erschienenen Schriften. Von E. A. Zuchold. Leipzig 860. Zuchold. gr. 8. (VIII, 26 S.) 12 *ngr*

— physico-medica. 11 Voll. 8. Bresl. 777. W. G. Korn. 10 ℛ

— physico-medica. Verzeichn. wichtiger älterer sowohl, als sämmtlicher seit 1821 in Deutschland gedruckter Bücher a. den Fächern der Physik u. s. w. (v. L. Voß). Lex.-8. Leipz. 832. L. Voß. Velinp. 16 ℛ

— physico-medico. Verzeichniß wichtiger älterer sowohl als sämmtl. seit 1821 in Deutschland gedruckter Bücher aus den Fächern der Physik, Chemie, Geognosie, Mineralogie, Botanik, Zoologie, vergleich. u. menschl. Anatomie, Physiologie, Pathologie, Therapie, materia medica, Chirurgie, Augenheilkunde, Geburtshülfe, Staatsarzneikunde, Pharmacie, Thierarzneikunde ꝛc., v. Leop. Voß. (2e Aufl.) gr. 8. Lpz. 835. Voß. $^{2}/_{3}$ ℛ

— Maphaei Pinelli Veneti magno iam studio coll. a. I. Morellio descr. etc. 6. Tmi. 4. Venet. Weidmann. 789.

— Poetarum Polonor. q. patrio serm. scrips. 4. Vratisl. Gröll. 755.

Bibliotheca polytechnica. Wissenschaftlich in Schlagwörtern geordnetes Repertorium d. ges. deut., franz. u. engl. techn. Litteratur, einschliesslich ihrer Beziehgn zu Gesetzgebg, Hygiene u. tägl. Leben. Hrsg. v. F v. Szczepański. 1. Jahrg. 1889. 8. (80) St. Petersb. 90. v. Szczepański. geb. *n.* 2. —

— polytechnica. Internat. Bibliographie d. ges. neuen techn. Litt., hrsg. v. F v. Szczepanski. 1. Jahrg. 1893. 12 Nrn. 8° (Nr. 1—5 102) St. Petersb., F v. Szczepanski. 4 —
Fortsetzg erscheint in russ. Sprache.

Bibliotheca psychologica, oder Verzeichniß der wichtigsten über das Wesen der Menschen- u. Thierseelen u. die Unsterblichkeitslehre handelnden Schriftsteller älterer und neuerer Zeit, in alphabet. Ordnung zusammengestellt, u. mit einer wissenschaftlichen Uebersicht begleitet von J. G. Th. Gräße. gr. 8. Leipzig 845, Engelmann. $^{1}/_{4}$ ℛ

—— rabbinica. Eine Sammlung alter Midraschim, zum ersten Male ins Deutsche übertr. von Aug. Wünsche. 34 Lfgn. gr. 8. Leipzig, O. Schulze. à Lfg. *ℳ 2. *

Inhalt:

Lfg.	1. 3.	Der Midrasch Kohelet. (XVI, 165 S.) 880. Einzelpr. *ℳ 4,50.
»	2. 4. 5. 8. 10. 11.	Der Midrasch Bereschit Rabba. (VIII, 567 S.) 880,81. Einzelpr. *ℳ 13.
»	6. 7.	Der Midrasch Schir Ha Schirim. (XII, 208 S.) 880. Einzelpr. *ℳ 5,50.
»	9.	Der Midrasch zum Buche Esther. (X, 102 S.) 881. Einzelpr. *ℳ 3.
»	12. 15. 17. 18.	Der Midrasch Schemot Rabba d. i. die haggad. Auslegung des zweiten Buches Moses. Mit Noten und Verbesserungen von J. Fürst und O. Straschun. (VIII, 407 S.) 881,82. Einzelpr. *ℳ 9.
»	13. 14.	Der Midrasch Echa Rabatti d. i. die haggad. Auslegung der Klagelieder. (XI, 176 S.) 881. Einzelpr. *ℳ 4,50.
»	16. 19.	Midrasch Debarim Rabba. (IX, 184 S.) 882. Einzelpr. *ℳ 5.
»	20. 21. 25. 27 28. 29.	Der Midrasch Bemidbar Rabba d. i. die haggadische Auslegung des vierten Buches Moses. (S. 1—576.) 883,84. Einzelpr. *ℳ 15.
»	22. 24. 26.	Der Midrasch Wajikra Rabba d. i. die haggadische Auslegung des dritten Buches Moses. Mit Noten und Verbesserungen von J. Fürst. (X, 298 S.) 883,84. Einzelpr. *ℳ 7, 50.
»	23.	Der Midrasch Ruth Rabba d. i. die haggadische Auslegung des Buches Ruth. (XIII, 98 S.) 883. Einzelpr. *ℳ 3.
»	30. 31. 32.	Die Pesikta des Rab Kahana d. i. die älteste in Palästina redig. Haggada. (XII, 300 S.) 884. Einzelpr. *ℳ 8.
»	33. 34.	Midrasch Mischle, Midrasch Bemidbar Rabba [Schluss]. (IX, 77 S. und VII, S. 577—676.) 884. Einzelpr. *ℳ 3.

— rabbinica. Eine Sammlg. alter Midraschim. Zum 1. Male ins Deutsche übertr. v. Aug. Wünsche. Neue (Titel-)Ausg. 34 Lfgn. gr. 8. Berlin 890—893. Weimar, E. Felber. Subskr.-Pr. à n. 1. 50

1. 3. Der Midrasch Kohelet. 2 Lfgn. (XVI, 185 S.)
2. 4. 5. 8. 10. 11. Der Midrasch Bereschit Rabba, d. i. die haggad. Auslegg. der Genesis. Mit e. Einleitg. v. J. Fürst, Noten u. Verbesserungen v. demselben u. D. O. Straschun, u. Varianten v. M. Grünwald. 6 Lfgn. (VIII, 587 S.)
6. 7. Der Midrasch Schir Ha-Schirim. 2 Lfgn. (208 S.)
9. Der Midrasch zum Buche Esther. Eingeleitet u. m. Noten versehen von Jul. Fürst. (X, 102 S.)
12. 15. 17. 18. Der Midrasch Schemot Rabba d. i. die haggad. Auslegg. d. 2. Buches Moses. Mit Noten u. Verbessergn. v J. Fürst u. D. O. Straschun. 4 Lfgn. (VIII, 407 S.)
13. 14. Der Midrasch Echa Rabbati, d. i. die haggad. Auslegg. der Klagelieder. Mit Noten u. Verbessergn. v. J. Fürst u. D. O. Straschun. 2 Lfgn. (XI, 176 S.)
16. 19. Der Midrasch Debarim Rabba d. i. die haggad. Auslegg. d. 5. Buches Moses. Mit Noten u. Verbessergn. v. J. Fürst u. D. O. Straschun. 2 Lfgn. (X, 184 S.)
20. 21. 25. 27. 28. 29. 34. Der Midrasch Bemidbar Rabba d. i. die allegor. Auslegg. d. 4. Buches Mose. Mit Noten u. Verbessergn. versehen v. J. Fürst. 7 Lfgn. (VIII, 676 S.)
22. 24. 26. Der Midrasch Wajikra Rabba d. i. die haggad. Auslegg. d. 3. Buches Mose. Mit Noten u. Verbessergn. v. J. Fürst. 3 Lfgn. (X, 298 S.)
23. Der Midrasch Ruth Rabba d. i. d. haggad. Auslegg. d. Buches Ruth. Angehängt sind einige Sagen v. Salomo u. 3 Petrussagen. (XIII, 98 S.)
30—32. Pesikta d. Rab Kahana d. i. die älteste in Palästina red. Haggada. Nach der Buberschen Textausg. zum ersten Male ins Deutsche übertr. u. m. Einleitg. u. Noten versehen. (XII, 300 S.)
33. Der Midrasch Mischle d. i. die allegor. Auslegg. der Sprüche Salomonis. (IX, 77 S.)

—— regularum fidei. Ed. Josephus Braun. Tom. I et II. 8 maj. Bonnae 844. [Coblenz, Pleimes.] à *

Tom. I. Veronii regula fidei, Anonymi ejusdem regulae compendium, Bossueti expositio fidei catholicae, Beringtoni et Kirkii fides catholicorum, declarationes, I. Vicariorum apostolicorum Britanniae, Archiepiscoporum et Episcoporum Hiberniae, professio fidei a Pio IV. emissa. (24¾ B.)
II. Henrici Holdeni, sacrae facultatis parisiensis Doctoris theologi, divinae fidei analysis, seu de fidei christianae resolutione libri duo et ejusdem scriptoris de schismate disputatio. (18¼ B.)

Bibliotheca rerum Germanicarum ed. Ph. Jaffé. Berol. 1864—73. H (Th. 6): *Wattenbach, Wilh.* & *Ernst Dümmler.* (Dn

—— rerum germanicarum edidit Phil. Jaffé. Tomus I—IV. Lex.-8. Berlin, Weidmann'sche Buchh. *

Inhalt:

Tom. I. Monumenta Corbeiensia ed. Phil. Jaffé. (XI und 640 S.) 864. * 4 Thlr.
» II. Monumenta Gregoriana ed. Phil. Jaffé. (XI und 712 S.) 865. * 4 Thlr. 20 Ngr.
» III. Monumenta Moguntina ed. Phil. Jaffé. (IX und 750 S.) 866. * 4 Thlr. 20 Ngr.
» IV. Monumenta Carolina ed. Phil. Jaffé. (IX und 720 S.) 867. * 4 Thlr. 20 Ngr.
Tom V. Monumenta Bambergensia edid. Phil. Jaffé. (XI, 865 S.) 869. * ℳ 16.
» VI. Monumenta Alcuiniana a Phil. Jaffeo praeparata ediderunt Wattenbach et Duemmler. (VI, 912 S.) 873. * ℳ 18.
Tom. I—IV. Ebendas. 1864—67. * ℳ 54.

Bibliotheca rerum metallicarum. ... Eisleben 1840-52. II: *Reichardt, Georg.* (Petz)

—— rerum metallicarum. Verzeichniß der bis Mitte 1856 in Deutschland über Bergbau, Hütten- und Salinenkunde und verwandte Zweige erschienenen Bücher, Karten und Ansichten. Mit Sachregister. 2., verb. und verm. Aufl. 8. (XXXII und 164 S.) Eisleben 857, Reichardt.

— rerum metallicarum. Verzeichniß der in Deutschland über Bergbau-, Hütten- und Salinenkunde und verwandte Zweige erschienenen Bücher, Karten und Ansichten. Mit Sachregister. Nachtrag, den Zeitraum vom Juli 1856 bis Januar 1864 umfassend. Eisleben 864. Reichardt. 8. (XXIV, 111 S.) n. 15 ngr.

— Reuvensiana. Descripsit atque edidit C. Leemans. Praefigitur editoris epistola de vita Reuvensii. Mit C. J. C. Reuvens Bildn. als Titelvign. 8maj. Lugduni Batav. 838. Luchtmans et van der Hoek. (Lipsiae, libr. Weidmann; auch T. O. Weigel.) n. ⅔ ℛ

Bibliotheca Richteriana. Pars III. philologica et critica. Pars IV. theologica. Goettingae 1775—76. V: *Ekkard, Friedrich.* (Rotermund, Gel. Hannover. Bremen 1823.) (Kordes, Schlesw.-holst. u. eutin. Schriftst. Schleswig 1797.)

Bibliotheca Riegeriana in ordinem scientificum redacta (ed. K. A. Engelhardt). 8. Dresd. 808.

— Rinkiana, s. suppellex libror. tam litt. impres. quam Msctor. E. G. Rinkii. med. 8. Lps. 747.

Bibliotheca Roloffiana. Berolini 1789. V: *Augustin, F. S.* & *G. E. Schmid.* (Schwenke, P., Adressbuch d. dtsch. Bibliotheken. Leipzig 1893. S. 27)

— romana classica probatissimos utriusque orationis scriptores latinos exhibens. Ad optimar. edit. fid. scholar. in usum adornavit G. H. Lünemann. X Tom. 8. Götting. 818—23. Deuerlich. 4 ℛ 7 ℊ (NB. sind sämmtl. auch unter ihren einzelnen Titeln nachzusehen.)

— romana classica script. prosaicorum et poetar. latin. Vol. I. II. 12 maj. Weim. 821—26. Ind.-Compt. 1 ℛ 18 ℊ Schrbp. 2 ℛ 6 ℊ (Vol. I., s. auch *Horatii* Opera, ed. Jäck et Vol. II., s. *Virgilii* Opera ed. Jäck.)

— romana in usum scholar. edita. Tom. I—III. Et. s. tit.: T. Livii Pat. historiar. ed. L. Tafel. III Tom. 8 maj. Stuttg. 824. Metzler. 1 ℛ 20 ℊ Velinp. 2 ℛ 18 ℊ (vergl. *Livius.*)

— romanica. 1.—31. Hft. kl. 8. Strassburg, J. H. E. Heitz. à Hft. n. — 40

Biblioteca española. Calderon de la Barca, P., Comedias. La vida es sueño. (94 S.) (905.) (Hft. 8.)
Biblioteca italiana. Boccaccio, Opere. Decameron. 1. giornata. (82 S.) (905.) (Hft. 7.)
— Dasselbe. Boccaccio, Opere. Decameron. 2. giornata. (130 S.) (906.) (Hft. 21. 22.)
— Dasselbe. Dante, Opere. Divina commedia I. Inferno. (170 S.) (905.) (Hft. 5. 6.)
— Dasselbe. Dante, Opere. Divina commedia. II. Purgatorio. (159 S.) (906.) (Hft. 16. 17.)
— Dasselbe. Dante, Opere. Divina commedia. III. Paradiso. (155 S.) (906.) (Hft. 30. 31.)
— Dasselbe. Petrarca, Francesco, Rime. Rerum vulgarium fragmenta. (306 S.) (906.) (Hft. 12—15.)
Biblioteca portugueza. Camões, Luis de, Obras. Os Lusiadas. (86 S.) (905.) (Hft. 10.)
— Dasselbe. Camões, Luis de, Obras. Os Lusiadas. III, IV. (76 S.) (906.) (Hft. 25.)
Bibliothèque française. Beaumarchais, Oeuvres. Le barbier de Séville. (120 S.) (906.) (Hft. 23. 24.)
— Dasselbe. Corneille, Pierre, Oeuvres. Le Cid. Tragédie. 1636. (80 S.) (905.) (Hft. 3.)
— Dasselbe. Corneille, Pierre, Oeuvres. Horace. Tragédie. 1640. (79 S.) (906.) (Hft. 29.)
— Dasselbe. Descartes, Oeuvres. Discours de la méthode. 1637. (83 S.) (905.) (Hft. 4.)
— Dasselbe. Molière, Théâtre. Les femmes savantes. Comédie. (75 S.) 905. (Hft. 2.)
— Dasselbe. Molière, Théâtre. Le Misanthrope. (71 S.) (905.) (Hft. 1.)
— Dasselbe. Musset, Alfr. de, Théâtre. Comédies et proverbes. La nuit vénitienne. André del Sarto. Les caprices de Marianne. Fantasio. On ne badine pas avec l'amour. (225 S.) (906.) (Hft. 26—28.)
— Dasselbe. Racine, Jean, Oeuvres. Athalie. Tragédie. 1691. (77 S.) (906.) (Hft. 11.)
— Dasselbe. Restif de la Bretonne, L'an deux-mille. (56 S.) (905.) (Hft. 9.)
— Dasselbe. Tillier, Claude, Mon oncle Benjamin. (239 S.) (906.) (Hft. 18—20.)

— **romanica.** 82.—116. Heft. kl. 8. Strassburg, J. H. E. Heitz. à Heft — 40

Biblioteca española. **Calderon de la Barca**, P., Comedias. El magico prodigioso. (130 S.) (909.) (73. 74. Hft.)
— dasselbe. **Castro**, Don Guillem de, Obras. Las mocedades del Cid. I, II. (190 S.) (907.) (37.—39. Hft.)
— dasselbe. **Cervantes Saavedra**, Cinco novelas ejemplares. (258 S.) (908.) (41.—44. Hft.)
Biblioteca italiana. **Boccaccio**, Opere. Decameron. 3. giornata. (106 S.) (908.) (48. 49. Hft.)
— dasselbe. **Boccaccio**, Opere. Decameron. 4. giornata. (95 S.) (908.) (59. Hft.)
— dasselbe. **Boccaccio**, Opere. Decameron. Quinta giornata. (90 S.) (909.) (66. Hft.)
— dasselbe. **Boccaccio**, Opere. Decameron. Giornata VI e VII. (128 S.) (909.) (85. 86. Hft.)
— dasselbe. **Boccaccio**, Opere. Decameron. Giornata VIII. (107 S.) (909.) (89. 90. Hft.)
— dasselbe. **Boccaccio**, Opere. Decameron. Giornata IX. (65 S. (909.) (93. Hft.)
— dasselbe. **Boccaccio**, Opere. Decameron. Giornata X. (112 S.) (909.) (99. 100. Hft.)
— dasselbe. **Brunetto Latino**, Il tesoretto e il favolello. (106 S.) (909.) (94. 95. Hft.)
dasselbe. **Dante**. Opere. La vita nova. (81 S.) (907.) (40. Hft.)
— dasselbe. **Goldoni**, Carlo, Commedie. La locandiera. (99 S.) (910.) (109. Hft.)
dasselbe. **Leopardi**, Giacomo, Poesie. Canti. (144 S.) (908.) (62. 63. Hft.)
— dasselbe. **Leopardi**, Giacomo, Prose. Pensieri. (70 S.) (909.) (91. Hft.)
dasselbe. **Maffei**, Scipione, Opere. Merope. Tragedia. (90 S.) (910.) (108. Hft.)
dasselbe. **Metastasio**, Opere. Didone abbandonata. (104 S.) (910.) (110. 111. Hft.)
dasselbe. **Novelle**, le cento, antiche. Il novellino. (119 S.) (909.) (71. 72. Hft.)
dasselbe. **Petrarca**, Francesco, Rime. I trionfi. (77 S.) (908.) (47. Hft.)
— dasselbe. **Redi**, Francesco, Poesie. (131 S.) (910.) (115. 116. Hft.)
— dasselbe. **Strozzi**, Giovan Battista, Madrigali. (126 S.) (909.) (78. 79. Hft.)
Biblioteca portuguesa. **Camões**, Luis de, Obras. Os Lusiadas. V. VI. VII. (80 S.) (908.) (45. Hft.)
— dasselbe. **Camões**, Luis de, Obras. Os Lusiadas VIII. IX. X. (104 S.) (908.) (51. 52. Hft.)
Bibliothèque française. **Balzac**, Honoré de, Oeuvres. Le cabinet des antiques. (196 S.) (909.) (96. 98. Hft.)
— dasselbe. **Balzac**, Honoré de, Oeuvres. Eugénie Grandet. (254 S.) (909.) (81.—83. Hft.)
— dasselbe. **Boileau**, Oeuvres. L'art poétique. (48 S.) (84. Hft.)
— dasselbe. **Boileau**, Oeuvres. Le lutrin. Poëme heroï-comique. (58 S.) (910.) (101. Hft.)
dasselbe. **Chanson**, la, de Roland d'après le manuscrit d'Oxford. (174 S.) (906.) (53. 54. Hft.)
— dasselbe. **Chateaubriand**, Atala ou les amours de deux sauvages dans le désert. (112 S.) (908.) (64. 65. Hft.)
dasselbe. **Corneille**, Pierre, Œuvres. Cinna. Tragédie. 1640. (84 S.) (908.) (50. Heft)
— dasselbe. **Corneille**, Pierre, Oeuvres. Le menteur. Comédie, hiver 1643—1644. (110 S.) (909.) (92. Heft)
— dasselbe. **Corneille**, Pierre, Oeuvres. Polyeucte. Tragédie chrétienne 1642 ou 1643. (93 S.) (909.) (80. Heft)
— dasselbe. **La Bruyère**, Oeuvres. Les caractères ou les moeurs de ce siècle. Discours à l'académie. (467 S.) (910.) (102. 107. Heft)
— dasselbe. **Lamartine**, A. de, Oeuvres. Premières méditations poétiques. (231 S.) (909.) (75.—77. Heft)
— dasselbe. **Molière**. Théâtre. L'Avare. (90 S.) (908.) (46. Heft)
— dasselbe. **Musset**, Alfr. de, Poésies. (1828—1833.) (Premières poésies.) (280 S.) (908.) (55.—58. Heft)
— dasselbe. **Pascal**, Blaise, Oeuvres. Les provinciales. (343 S.) (909.) (67.—70. Heft)
— dasselbe. **Pathelin**, Maistre Pierre. Farce du XVe siècle. (102 S.) (908.) (60. 61. Heft)
dasselbe. **Prévost**, l'abbé, Oeuvres. Manon Lescaut. (222 S.) (907.) (32.—34. Heft)
— dasselbe. **Tillier**, Claude, Belle-Plante et Cornélius. (184 S.) (910.) (112.—114. Heft)
— dasselbe. **Villon**, maitre François, Oeuvres. (135 S.) (907.) (35. 36. Heft)
— dasselbe. **Voltaire**, Oeuvres. Zadig ou la destinée Histoire orientale. (103 S.) (909.) (87. 88. Heft)

Bibliotheca romanica. 101—167. kl8° Strassbg. JHE Heitz. je —40
Beccaria, Cesare: Opere. Dei delitti e delle pene. (107) ('11) [128.29]
Boccaccio: Opere. Il Corbaccio o il laberinto d'amore. (116) ('12) [157.58] ‖ Dass. La Fiammetta. (192) ('10) [120—22] ‖ Dass. Il filostrato. (202) ('12) [146—48]
Boileau: Oeuvres. Le lutrin. Poëme heroi-comique. (58) ('10) [101]
Bruno Giordano, Candelaio. (197) ('12) [162—64]
Cervantes Saavedra: Don Quijote. (Ia) (352) ('11) [137—41] ‖ Dass. (Ib.) (353—596) ('12) [151—53]
Chateaubriand: René. (81) ('12) [161]
Comedia de Calisto e Melibea. (312) ('11) [142—45]
Goldoni, Carlo: Commedie. Le donne curiose. (73) ('10) [124] ‖ Dass. La locandiera. (99) ('10) [109]
Guarini, Battista: Opere. Il pastor fido. (232) ('12) [154—56]
Guérin, Maurice de: Oeuvres. Journal, lettres, poèmes et fragments. (382) ('11) [132—36]

Bibliotheca sacra, für diejenigen, so sich dem heiligen Predigt-Amte gewidmet ... Magdeburg 1728. V: *Opfergeld.* (Myl) (Adel)

— **Sacra**, post le Long et Boerneri curas, ordine disp. contin. ab Masch. II. Vol. 4. maj. Halae, Gebauer. 778—90. (I. 2 Rthlr. 22 gr., II. 1e. u. 2e. 2 Rthlr. 8 gr.; 3e. 2 Rthlr. 8 gr.; 4e. 2 Rthlr. 22 gr.; 5e. 1 Rthlr. 4 gr.)

Bibliotheca sacra. II. Lipsiae 1828—30. II: *Richter*, *C. E.* (Ky)

— sacra ecclesiae Graecorum Part. I. Et. s. tit.: Fl. Josephi Opera omnia. Text. ed. C. E. Richter. VI Voll. 12 maj. Leipz. 826—27. Schwickert. 5 ₰ 6 ℊ Schrbp. 6 ₰ 6 ℊ Prs. II. Et. s. t.: Philonis Judaei Opera omnia. Text. edit. ad fid. opt. edit. (cur. C. E. Richter). VIII Voll. 12 maj. Ibid. 828—30. 6 ₰ 8 ℊ Schrbp. 8 ₰ 4 ℊ Pars III. Et. s. tit.: Titi Fl. Clementis Alexandrini Opera omnia. Recogn. R. Klotz. Vol. I—III. 12 maj. Ibid. 831, 32. 2 ₰ 18 ℊ Schrbp. 3 ₰ 16 ℊ (vergl. *Clementis* opera. Fl. *Josephi* Opera et *Philonis* Jud. Opera.)

— sacra patrum ecclesiae Graecorum Pars I. Vol. I—VI. — Et. s. titulo: Fl. Josephi Opera omnia. Textum edid. C. E. Richter, 6 Vol. 12 maj. Lips. 826—27, Schwickert.

—— sacra patrum ecclesiae Graecorum. Pars II. — Etiam s. t.: Philonis Judaei Opera omnia. Textus editus ad fidem opt. edit. (cur. C. E. Richter.) VIII Vol. 12 maj. Lipsiae, Schwickert. [I. (13½ B.), II. (14½ B.), III. (13½ B.) 828. à 18 Gr., IV. (15 B.) 828. 20 Gr., V. (13⅔ B.) 828. 18 Gr., VI. (15⅔ B.) 829. 21 Gr., VII. (18 B.) 830. 1 Thlr., VIII. (10⅙ B.) 830. 15 Gr.] Thlr. Schrbp.

Bibliotheca sacra patrum ecclesiae Graecorum. Pars III. — E. s. t.: Titi Flaui Clementis Alexandrini Opera omnia. Recogn. Reinh. Klotz. Vol. I. cont. Protrepticum ad graecos et paedagogi lib. III. 12 maj. (15 B.) Lipsiae 831, Schwickert. 21 Gr., Schrbp.

—— id. Pars III. — E. s. t.: T. F. Clem. Alex. Op. omnia. Recogn. R. Klotz. Vol. II. cont. Stromatorum lib. I—IV. 12 maj. (16 B.) Ibid. 831. 1 Thlr., Schrbp.

—— id. Pars III. — E. s. t.: T. F. Clem. Alex. Op. omnia. Recogn. R. Klotz. Vol. III. cont. Stromatorum lib. V—VIII. Libellum quis diues saluetur. 12 maj. (15 B.) Ibid. 832. 21 Gr., Schrbp.

—— id. Pars III. — E. s. t.: T. F. Clem. Alex. Op. omnia. Recogn. R. Klotz. Vol. IV. cont. Fragmenta, Scholia, Annotationes, Indices. 12 maj. (19½ B.) Ibid. 834. Schrbp.

Pars I. Josephi Op. omnia, ed. C. E. Richter. VI Vol. Ebendas. 1826, 27. 5 Thlr. 6 Gr., Schrbp. 6 Thlr. 6 Gr.

Bibliotheca Samaritana. Hrsg. u. m. Einleitg., textkrit. Noten, Scholien u. Beilagen versehen v. M. Heidenheim. I. u. II. gr. 8. Leipzig, O. Schulze. à n. 3. 50

I. Die samaritanische Pentateuch-Version. Die Genesis in der hebr. Quadratschrift unter Benutzg. der Barberinischen Triglotte. (LII, 97 S.) 884.
II. Die samaritanische Liturgie [e. Auswahl der wichtigsten Texte], in der hebr. Quadratschrift aus den Handschriften d. brit. Museums u. anderen Bibliotheken hrsg. u. m. Einleitg., Beilagen, Übersetzgn. der schwierigsten Texte u. Scholien versehen v. M. Heidenheim. 1. Hft. (XLVIII. 56 S.) 885.

— samaritana. 3. u. 4. Lfg. gr. 8. Ebd. 887. 888. à n. 3. 50
Die samaritanische Liturgie [eine Auswahl der wichtigsten Texte], in der hebr. Quadratschrift aus den Handschriften des brit. Museums u. anderen Bibliotheken hrsg. u. m. Einleitg., Beilagen, Übersetzgn. der schwierigsten Texte u. Scholien versehen von M. Heidenheim. 2. u. 3. Hft. (VI u. S. 57—230.)

— Samaritana. III. Bd. (5. u. 6. Hft.) gr. 8. Weimar 896. E. Felber. n.n. 20. — (1—6.: n.n. 84. —)
D. Commentar Marqah's des Samaritaners [Bücher I, II, IV u. Auszüge aus BB. III u. VI], in der hebr. Quadratschrift nebst Einleitg, Übersetzg, Noten u. Appendices hrsg. v. M. Heidenheim. (XL, 123 u. 212 S.)

Bibliotheca Schmeizeliana sive index librorum viri illustris Martini Schmeizel ... Halae Magdeburgicae [1748]. V: *Agnethler, Mich. Gottl.* (PK 1/28, 1/281) (BIBLPORT)

Bibliotheca b. Joh. Henr. Schulzii cum praef. Sig. Jac. Baumgarten. Halae 1744. II: *Agnethler, Mich. Glieb.* (Trausch)

— scriptorum classicorum etc., s. a. Engelmann, W.

— scriptorum classicorum et Graecorum et Latinorum. Herausg. von Wilh. Engelmann. Mit einer literar.-histor. Uebersicht. 6. gänzlich umgearb. Aufl. der Bibliotheca auctorum classicorum von Enslin. gr. 8. (XLVIII u. 508 S.) Leipzig 847, W. Engelmann. n. 2⅓ ₰

Bibliotheca scriptorum classicorum et graecorum et latinorum. Alphabet. Verzeichniss der Ausgaben, Uebersetzungen und Erläuterungsschriften der griech. und latein. Schriftsteller, welche vom J. 1700 bis zu Ende des J. 1852 besonders in Deutschland gedruckt worden sind. Hrsg. von Wilh. Engelmann. Suppl.-Heft.: enthaltend die Literatur von Anfang des J. 1847 bis Ende 1852. gr. 8. (III und 120 S.) Leipzig 853, Engelmann.
Die 6. Aufl. des Hauptwerks erschien ebendas. 1847 und kostet *2 Thlr. 10 Ngr.

— scriptorum classicorum et graecorum et latinorum. Alphabetisches Verzeichniss der Ausgaben, Uebersetzungen und Erläuterungsschriften der griech. und latein. Schriftsteller des Alterthums, welche vom J. 1700 bis gegen Ende des J. 1858 besonders in Deutschland gedruckt worden sind. Hrsg. von Wilh. Engelmann. Mit einer literar.-histor. Uebersicht. 7., umgearb. und ergänzte Aufl. gr. 8. (XLVI und 744 S.) Leipzig 858, Engelmann. *

Bibliotheca scriptorum classicorum et graecorum et latinorum [Bibliothecae philologicae pars II.] Verzeichniss der vom J. 1858 bis incl. 1869 in Deutschland erschienenen Ausg., Uebersetzgn. u. Erläuterungsschriften der griech. u. latein. Schriftsteller d. Alterthums hrsg. v. Carl Heinr. Herrmann. gr. 8. (IV, 221 S.) Halle 870. Hermann. 4. 50

— dasselbe. Supplement zu C. H. Herrmann's verzeichniss (Halle 1871) der vom j. 1858—1869 in Deutschland erschienenen ausgaben, übersetzgn. etc. der griech. u. latein. schriftsteller d. alterthums zugleich fortsetzg. desselben bis Mitte d. J. 1873 v. Rudf. Kluszmann. gr. 8. (181 S.) Ebend. 874. n. 6.

– scriptorum graecorum (Parisiis, Didot), s. a. Apollonius. – Aristophanes. – Aristoteles. – Cicero. – Diogenes Laertius. – Fragmenta. – Geographici graeci. – Lysias. – Philostratorum et Callistrati opera. – Plato. – Plotinus. – Plutarchus. – Poetae bucolici et didactici. – Poetae comici. – Scholia in Theocritum. – Scriptores erotici. – Seneca. – Strabo.

— scriptorum Graecorum cum interpretatione latina et indicibus nominum et rerum. Vol. IX.: Thucydidis historia belli Peloponnesiaci cum nova translatione latina F. Hasii. Acced. Marcellini vita, Scholia graeca emendat. expressa, et indices nominum et rerum. 8maj. Paris 841, f. Didot. n. 4 ₰

— ead. Vol. X.: Theophrasti Characteres, Marci Antonini Commentarii, Epictetis dissertationes ab Arriano literis mandatae, fragmenta et enchiridion cum commentario Simplicii, Cebetis tabula, Maximi Tyrii dissertationes. Graece et latine cum indicibus. — Theophrasti Characteres XV et Max. Tyrium ex antiquissimis Codicibus accurate excussis emend. Fred. Dübner. 8maj. ibid. 841. n. 4 ₰

— ead. Vol. XI. XII.: Plutarchi Chaeronensis Scripta moralia gr. et lat. Ex codicibus Parisinis, a Konto collatis, emend. Fr. Dübner. 2 Vol. 8maj. ibid. 841. n. 8 ₰

— scriptorum graecorum. Paris, Didot frères. Vol. 46—51, s. Aelianus. — Aristotelis opera omnia. — Joannis Chrysostomi opera selecta. — Fragmenta philosophorum graecorum. — Oratores attici. — Strabonis geographica.

— scriptorum graecorum. Paris, Didot frères. Voll. 52—55, s. Epigrammatum anthologia Palatina. (I.) — Fragmenta philosophorum graecorum. (II.) — Geographi graeci minores. (II.) (s. im XIII. Bd.) — Theophrasti Eresii opera.

— Scriptorum graecorum classica. Tom. I. Homeri Carminum Vol. I. 8maj. Hildburgh. et Neuyork 830. Bibliogr. Institut. 12 *K*

– scriptorum Graecorum et Romanorum, s. Ampelius. – Apollodorus. – Apolonii Argonautica. – Appianus. – Aristophanis comaediae. – Arrianus. – Aeschylus. – Babrius. – Bucolici Graeci. – Caesar. – Catullus. – Dio Chrysostomus. – Cicero. – Cornelius. – Vgl. auch: Corpus poetar. epicor. Graecorum. – Curtius. – Demosthenes. – Diodorus. – Euripides. – Fabulae Aesophicae. – Florus. – Frontinus. – Gellius. – Heliodorus. – Herodianus. – Herodotus. – Homerus. – Horatius. – Josephus. – Juvenalis. – Livius. – Lucianus. – Lucretius. – Lycurgus. – Lysiae orationes. – Martialis. – Ovidius. – Paterculus. – Pausanias. – Persius. – Phaedrus. – Pindarus. – Plato. – Plautus. – Plinius. – Plotinus. – Plutarchus. – Propertius. – Quintilianus. – Rhetores graeci. – Sallustius. – Senecae opera. – Sophocles. – Stobaeus. – Strabo. – Tacitus. – Terentius. – Theophrastus. – Thucydides. – Tibullus. – Vellejus. – Virgilius. – Xenophon.

Bibliotheca scriptorum Graecorum et Romanorum edita curantibus Joanne Kvíčala et Carolo Schenkel: Q. Horatii Flacci Carmina Scholarum in usum edidit Michael Petschenig. 3. (225 S.) Prag, F. Tempsky. 75 kr. 1883. 16

Bibliotheca Scriptorum Latinorum, curis viror. doctor. emendata et commentariis instructa, consilio God. Bernhardy instituta. Pars I. M. Tullii Ciceronis libri Tom. I. Et. s. tit.: Ciceronis Brutus. Emend. et commentariis instr. Henr. Meyerus. 8maj. Halae 838. Buchh. d. Waisenh. 1 ₰

— Scriptorum Latinorum, curis virorum doctorum emendata et commentariis instructa, consilio God. Bernhardy instituta. Pars V. — Et. s. titulo: C. Cornelii Taciti Opera. Emendavit et commentariis instruxit Lud. Doederlein. Tom. I. 8maj. Halis 841, libr. Orphanotrophei. 2 ₰

— scriptorum latinorum, curis virorum doctorum emendata et commentariis instructa consilio God. Bernhardy instituta. Pars V. C. Cornelii Taciti opera Tom. II. Historias, Germaniam, Agricolam, dialogum de oratoribus cont. A. u. d. T.: C. C. Taciti opera emend. et commentariis instruxit Lud. Doederlein. T. II. gr. 8. (LVIII u. 324 S.) Halis 847, Libr. Orphanotrophei. 2¼ ₰ (Pars V. T. I. II. 4⅓ ₰)

— scriptorum latinorum classica: P. Virgilii Maronis opera ex recensione Chr. G. Heynii. 8 maj Hildburgh. u. Neuyork 830. Bibliogr. Institut. 12 gl

—— Scriptorum ac poetarum latinorum aetatis recentioris selecta. Cur. Frid. Traug. Friedemann. 16. Lipsiae, Geo. Wigand.

A. Scriptorum. Vol. I. Ps. I. II. — E. s. tit.: Scriptor. latinor. saec. XIX delectus. Ps. I. II. (25¼ B.) 840. à * 8 Gr.

B. Poetarum. Vol. I. Ps. I. et Vol. II. Ps. I. — E. s. tit.:

Vol. I. Ps. I. Pet. Lotichii Sec. Poemata omnia. Ad edit. Pet. Burmanni Sec. et Car. Tr. Kretzschmari. Cur. Friedemann. Ps. I. (17 B.) 840. * 8 Gr.

- II. - I. Matth. Casim. Sarbievii Poemata omnia. Ad edit. opt. cur. Friedemann. (20 B.) 840. * 8 Gr.

—— selecta etc. — Auswahl v. ältern u. neuern Büchern in allen Wissenschn. u. in verschied. Sprachen, welche um billige, oft sehr vermind., Preise zu haben sind in Schmidt's Buchhandlung in Wien. I. (mit Nachtrag.) gr. 8. (7¼ B.) Wien 831.

— selecta probatiss. recentiss. aevi auctor. latinorum. Cur. E. Th. Hohler. P. I — III. Et. s. tit.: P. J. Paulini a S. Josepha, oratt. XXIII. c. not. liter. in commod. rhetorices stud. T. I. II. P. II. M. A. Mureti orationes academ. P. III. Mureti epistol. selectae. 8 maj. Wien 822. Bauer et Dirnböck. (à 1 ₰ 6 gl) 3 ₰ 18 gl

Bibliotheca Selecta probatiss. recentiss. aevi Auctor. Latinorum. Cur. E. Th. Hohler. P. I — III. — Etiam sub titulo: P. I. Paulini a S. Josepha, oratt. XXIII. c. not. liter. in commod. Rhetorices Stud. T. I. II. — P. II. M. A. Mureti orationes academicae. — P. III. Mureti Epistol. selectae. gr. 8. Wien 822. (Leipz., Liebeskind.) à 1 Rthlr. 6 gr.

— selecta classica latina. Bibl., auserles., d. vorzügl. latein. Classiker, mit zur Seite stehender deutscher Uebersetzung. 1r Bd. gr. 8. Wien 824. Geistinger. 16 gl

Selecta Bibliotheca jur. tripartita alphab. 1. Nominalis, 2. Realis. 3. Ad librorum et titulorum in Pandectis seriem directa, ex compendio iuris Lauterbachiano collecta. Ed. nova. Tubingae 1700. – Ed. 14. 1791.

—— Shahiludii. — Bibliothèque du jeu des Echecs. — Bibliothek des Schachspiels. Alphabet. geordn. Verzeichniss aller Werke, die über das Schachspiel im Druck erschienen sind. Zusammengest. v. Ed. Maria Oettinger. gr. 8. (3½ B.) Leipzig 844, Engelmann. *

Bibliotheca Solgeriana. Carmen. Norimb. 1760. V: *Leinker, Johann Siegmund.* (Ml.)

Bibliotheca Steenstrupiana. [Th.] I—IV. *Leipzig: M. Weg 1898.* 4 Bde 8. I. Anthropologie. Praehistor. Archaeologie. Ethnologie. (36 S.) II—IV. Zoologie. I. Evertebrata. (15 S.) II. Arthropoda. (53 S.) III. Vertebrata. (65 S.)

Bibliotheca. Bibliothecae Syriacae a Paulo de Lagarde collectae quae ad philologiam sacram pertinent. Gottingae 1892. H: *Rahlfs, Alfred.* (Berl)

— Tamulica sive opera praecipua Tamuliensium, edita, translata, adnotationibus glossariisque instructa a Carol. Graul. Tomus I.: Tria opera Indorum philosophiam orthodoxam exponentia, in sermonem germanicum translata atque explicata. A. u. d. T.: Tamulische Schriften zur Erläuterung des Vedanta-Systems oder der rechtgläubigen Philosophie der Hindus. Übersetzung und Erklärung. Lipsiae 854. Dörffling et Franke. gr. 8. (XVI, 203 S.) n. 1 ₰ 26 ngl

— — Tom. II. A. u. d. T.: Kaivaljanavanita a Vedanta poem. The Tamil text with a translation a glossary and grammatical notes to which is added an outline of Tamil grammar, with specimens of Tamil structure and comparative tables of the flexional system in other Dravida languages. Ebend. 855. gr. 8. (X, 174 S. und: Outline of Tamil grammar etc. 1 Bl., 100 S.) n. 4 ₰

— — Tom. III. A. u. d. T.: Der Kural des Tiruvalluver. Ein gnomisches Gedicht über die drei Strebeziele des Menschen. Uebersetzung und Erklärung. Ebend. 856. gr. 8. (XXIII, 196 S.) n. 1 ₰ 20 ngl

— tamulica sive opera praecipua Tamuliensium, edita, translata, adnotationibus glossariisque instructa a C. Graul. Leipzig 865. Brockhaus. gr. 8.
Tom. IV.: Kural of Tiruvalluver. High-Tamil text with translation into common tamil and latin, notes and glossary. By C. Graul. Published after the author's death by Will. Germann. (X, 335 S.) n. 8 ₰

— Teatrale italiana e straniera Vol. 1–8. 12. Venezia. (Vienna, Volke.) 820.

— S. Comit. Teleki de Szék. p. I. 8. maj. Wien, Blumauer. 796.

— Samuelis Com. Teleki de Szek pars IIIia; scriptores rerum hungaricarum et transilvanicarum complexa, cum catalogo libr. hungar. Conjugis desideratissimae Susannae Com. Bethlen de Iktar. 8maj. Viennae, Schallbacher in Comm. 816.

Bibliotheca theologica 1830—62. herausg. H. E. A. Zuchold. Gött. 1864. 2 Bde. 8.

—— theologica, od. Verzeichniß aller brauchbaren, in ält. u. neu. Zeit, bis z. Schluß d. J. 1831 in Deutschland erschien. Werke üb. alle Theile d. wissenschaftl. u. prakt., besonders protestant. Theologie. Nach d. „Handbuch d. theol. Literatur d. Hrn. Prof. Winer," mit Zuziehung and. zuverläss. literar. Hülfsmittel zuerst bearb. u. hrsg. v. Buchhdlr. Th. Chr. Fr. Enslin, v. Neuem durchges. u. fortges. v. Buchhdlr. Christ. Wilh. Löflund. Nebst einem Materienregister. 2., verm. u. verb. Aufl. gr. 8. (24¼ B.) Stuttgart 833, Löflund.

—— theologica. Catalog von Werken aus dem Gesammtgebiete der Theologie des antiquar. Bücherlagers von H. W. Schmidt in Halle a/S. gr. 8. (IV und 372 S.) Halle 855, Schmidt.

—— theologica oder geordnete Uebersicht aller auf dem Gebiete der evangel. Theologie in Deutschland neu erschien. Bücher, hrsg. von Carl Joh. Fr. W. Ruprecht. 1—3. Jahrg. und 4. Jahrg. 1. Heft.: Die literar. Erscheinungen von 1848—1851. (Mit alphabet. Registern.) gr. 8. Göttingen 849—51, Vandenhoeck und Ruprecht. [1. (45 S.) * 5 Ngr., 2. (67 S.) * 8⅓ Ngr., 3. (80 S.) * 10 Ngr., 4. 1. (40 S.) * 5 Ngr.] *

—— theologica oder geordnete Uebersicht aller auf dem Gebiete der evangelischen Theologie in Deutschland neu erschienenen Bücher, hrsg. von Carl Joh. Fr. W. Ruprecht. 4. Jahrg. 1851. 2. Sem. Juli — Decbr. gr. 8. (S. 49—80.) Göttingen 852, Vandenhoeck und Ruprecht's Vrlgsh. *
1–3. Jahrg. 1848–50. und 4. Jahrg. 1. Sem. 1851. Ebendas. * 28⅓ Ngr.

—— dass. — 5—8. Jahrg. 1852—55. und 9. Jahrg. 1856. 1 Sem. gr. 8. Ebds. [5. (95 S.) * 10 Ngr., 6. (86 S.) * 6⅔ Ngr., 7. (71 S.) * 7 Ngr., 8. (89 S.) * 8 Ngr., 9. 1. Sem. (S. 1—39.) * 3 Ngr.] *

—— theologica oder geordnete Uebersicht aller auf dem Gebiete der evangel. Theologie in Deutschland neu erschienenen Bücher. Hrsg. von Carl Joh. Fr. W. Ruprecht. 9. Jahrg. 1856. 2. Heft. Juli — Decbr. bis 14. Jahrg. 1861. 1. Heft. Januar — Juni. gr. 8. Göttingen, Vandenhoeck und Ruprecht's Verlagsh. [9. Jahrg. 2. Heft. (S. 39—79.) * 4 Ngr., 10. Jahrg. 1. (29 S.) * 3 Ngr., 2. (47 S.) * 4 Ngr., 11. Jahrg. 1. (28 S.) * 3 Ngr., 2. (42 S.) * 4 Ngr., 12. Jahrg. 1. (30 S.) * 3 Ngr., 2. (41 S.) * 4 Ngr., 13. Jahrg. 1. (37 S.) * 3 Ngr., 2. (42 S.) * 4 Ngr., 14. Jahrg. 1. (31 S.) * 3 Ngr.]
Das 2. Heft jedes Jahrgangs enthält ein alphabet. Register.

—— theologica oder geordnete Uebersicht aller auf dem Gebiete der evangelischen Theologie in Deutschland neu erschienenen Bücher. Hrsg. von Carl Joh. Fr. W. Ruprecht. 14. Jahrg. 1861. 2. Heft. Juli bis Decbr. bis 20. Jahrg. 1867. gr. 8. Göttingen 862 — 68, Vandenhoeck und Ruprecht's Verlagsh. [1861. 2. Heft. (S. 43—84.) * 4 Ngr., 1862. 1. Heft. (S. 1—40.) * 3 Ngr., 2. Heft. (S. 41—73.) * 4 Ngr., 1863. 1. Heft. (S. 1—28.) * 3 Ngr., 2. Heft. (S. 29—73.) * 4 Ngr., 1864. 1. Heft. (S. 1—32.) * 3 Ngr., 2. Heft. (S. 33—72.) * 4 Ngr., 1865. 1. Heft. (S. 1—28.) * 3 Ngr., 2. Heft. (S. 29—71.) * 4 Ngr., 1866. 1. Heft. (S. 1—26.) * 3 Ngr., 2. Heft. (S. 27—70.) * 4 Ngr., 1867. 1. Heft. (S. 1—84.) * 7 Ngr., 2. Heft. (S. 85—191.) * 7½ Ngr.] * 1

—— theologica oder systematisch geordnete Uebersicht aller auf dem Gebiete der evangelischen Theologie in Deutschland und dem Auslande neu erschienenen Bücher. Hrsg. von W. Müldener. 21.—27. Jahrg. Mit einem alphabet. Register. gr. 8. Göttingen, Vandenhoeck und Ruprecht's Verlag. [21. Jahrg. 1. Heft. Jan.—Juni 1868. (S. 1—64.) * 60 Pf.; 2. Heft. Juli—Decbr. (S. 74—181.) * 80 Pf. — 22. Jahrg. 1. Heft. Jan.—Juni 1869. (II, S. 1—41.) * 40 Pf.; 2. Heft. Juli—Decbr. (S. 42—99.) * 50 Pf. — 23. Jahrg. 1. Heft. Jan.—Juni 1870. (II, S. 1—31.) * 30 Pf.; 2. Heft. Juli—Decbr. (S. 37—90.) * 50 Pf. — 24. Jahrg. 1. Heft. Jan.—Juni 1871. (S. 1—32.) * 30 Pf.; 2. Heft. Juli—Decbr. (S. 39—81.) * 40 Pf. — 25. Jahrg. 1. Heft. Jan.—Juni 1872. (S. 1—45.) * 40 Pf.; 2. Heft. Juli—Decbr. (S. 46—100.) * 50 Pf. — 26. Jahrg. 1. Heft. Jan.—Juni 1873. (S. 1—38.) * 40 Pf.; 2. Heft. Juli—Decbr. (S. 43—91.) * 50 Pf. — 27. Jahrg. 1. Heft. Jan.—Juni 1874. (S. 1—32.) * 40 Pf.] *

—— theologica oder systematisch geordnete Uebersicht aller auf dem Gebiete der evangelischen Theologie in Deutschland neu erschienenen Bücher. Hrsg. von W. Müldener. [Mit einem alphabet. Register.] 27. Jahrg. 2. Heft—32. Jahrg. 1. Heft. gr. 8. Göttingen, Vandenhoeck und Ruprecht's Verlag. [27. Jahrg. 2. Heft. Juli—Decbr. 1874. (S. 35—78.) * 50 Pf.; 28. Jahrg. 1. Heft. Jan.—Juni 1875. (S. 1—42.) * 40 Pf.; 2. Heft. Juli—Decbr. 1875. (S. 43—88.) * 50 Pf.; 29. Jahrg. 1. Heft. Jan.—Juni 1876. (S. 1—34.) * 40 Pf.; 2. Heft. Juli—Decbr. 1876. (S. 89—82.) * 50 Pf.; 30. Jahrg. 1. Heft. Jan.—Juni 1877. (S. 1—33.) * 40 Pf.; 2. Heft. Juli—Decbr. 1877. (S. 37—82.) * 50 Pf.; 31. Jahrg. 1. Heft. Jan.—Juni 1878. (S. 1—34.) * 40 Pf.; 2. Heft. Juli—Decbr. 1878. (S. 35—74.) * 50 Pf.; 32. Jahrg. 1. Heft. Jan.—Juni 1879. (S. 1—29.) * 40 Pf.] *

—— theologica oder systematisch geordnete Uebersicht aller auf dem Gebiete der evangelischen Theologie in Deutschland neu erschienenen Bücher. Hrsg. von W. Müldener. 32. Jahrg. 2. Heft. Juli—Decbr. 1879. gr. 8. (S. 33—73.) Göttingen 880, Vandenhoeck und Ruprecht's Verlag. *

—— dass. — Hrsg. von E. Ehrenfeuchter. 33. Jahrg. 1. Heft —35. Jahrg. 2 Hefte. gr. 8. Ebendas. [33. Jahrg. 1. Heft. Jan.—Juni 1880. (S. 1—36.) * 40 Pf.; 33. Jahrg. 2. Heft. Juli—Decbr. 1880. (S. 37—80.) * 50 Pf.; 34. Jahrg. 1. Heft. Jan.—Juni 1881. (S. 1—48.) * 50 Pf.; 34. Jahrg. 2. Heft. Juli—Decbr. 1881. (S. 49—89.) * 50 Pf.; 35. Jahrg. 1. Heft. Jan.—Juni 1882. (S. 1—38.) * 40 Pf.; 35. Jahrg. 2. Heft. Juli—Decbr. 1882. (S. 39—80.) * 50 Pf.] *

—— dass. — Hrsg. von G. Ruprecht. 36. Jahrg. 2 Hefte und 37. Jahrg. 1. Heft. gr. 8. Ebendas. [36. Jahrg. 1. Heft. Jan.—Juni 1883. (S. 1—38.) * 40 Pf.; 36. Jahrg. 2. Heft. Juli—Decbr. 1883. (S. 39—95.) * 60 Pf.; 37. Jahrg. 1. Heft. Jan.—Juni 1884. (S. 1—49.) * 50 Pf.] *

—— theologica oder systemat. geordnete Uebersicht aller auf dem Gebiete der evangelischen Theologie in Deutschland neu erschienenen Bücher. Hrsg. von G. Ruprecht. 37. Jahrg. 2. Heft. Juli—Decbr. 1884. gr. 8. (S. 55—96.) Göttingen, Vandenhoeck und Ruprecht's Verlag. *

—— dass. — 38. Jahrg. 2 Hefte. gr. 8. Ebendas. [1. Heft. Jan.—Juni 1885. (S. 1—35.) * 50 Pf.; 2. Heft. Juli—Decbr. 1885. (S. 39—94.) * 70 Pf.] *

—— theologica oder vierteljährl. systemat. geordnete Uebersicht aller auf dem Gebiete der [wissenschaftl.] evangel. Theologie in Deutschland und dem Auslande neu erschienenen Schriften und wichtigeren Zeitschriften-Aufsätze. Hrsg. von Gust. Ruprecht. 39. Jahrg. [Neue Folge. 1. Jahrg.]—41. Jahrg. [Neue Folge. 3. Jahrg.] 3. Heft. gr. 8. Ebendas. [Neue Folge. 1. Jahrg. 1. und 2. Heft. Jan.—Juni 1886. (S. 1—58.) * 80 Pf.; 1. Jahrg. 3. Heft. Juli—Septbr. 1886. (S. 61—95.) * 50 Pf.; 1. Jahrg. 4. Heft. Octbr.—Decbr. 1886. (S. 99—168.) *ℳ 1.—; 2. Jahrg. 1. Heft. Jan.—März 1887. (S. 1—38.) * 50 Pf.; 2. Jahrg. 2. Heft. April—Juni 1887. (S. 39—76.) * 50 Pf.; 2. Jahrg. 3. Heft. Juli—Septbr. 1887. (S. 77—108.) * 50 Pf.; 2. Jahrg. 4. Heft. Octbr.—Decbr. 1887. (S. 111—175.) *ℳ 1.—; 3. Jahrg. 1. Heft. Jan.—März 1888. (S. 1—34.) * 80 Pf.; 3. Jahrg. 2. Heft. April—Juni 1888. (S. 39—62.) * 50 Pf.; 3. Jahrg. 3. Heft. Juli—Septbr. 1888. (S. 65—98.) * 70 Pf.] *

— dasselbe. 42. Jahrg. Neue Folge. 4. Jahrg. 1889. 4 Hfte. gr. 8. (156 S.) Ebd. 889. 890. n. 3. 20

— theologica od. vierteljährl. systematisch geordnete Übersicht aller auf dem Gebiete der [wissenschaftl.] evangel. Theologie in Deutschland u. dem Auslande neu erschienenen Schriften u. wichtigeren Zeitschriften-Aufsätze. Hrsg. v. Gust. Ruprecht. 43. Jahrg. Neue Folge. 5. Jahrg. 4. Hft. Octbr.—Decbr. 1890. [Mit alphabet. Register üb. den ganzen Jahrg.] gr. 8. (S. 91—131.) Göttingen 890. 891. Vandenhoeck & Ruprecht. n. 1. — (1890 kplt.: n. 3. —)

— dasselbe. 44. Jahrg. Neue Folge. 6. Jahrg. 1891. 4 Hfte. gr. 8. (138 S.) Ebd. 891. 892. n. 3. 20

— dasselbe. 45. Jahrg. Neue Folge. 7. Jahrg. 1892. 4 Hfte. gr. 8. (150 S.) Ebd. 892. 893. n. 3. 60

Bibliotheca theologica od. vierteljährl. systematisch geordnete Übersicht aller auf dem Gebiete der [wissenschaftl.] evangel. Theologie in Deutschland u. dem Auslande neu erschienenen Schriften u. wichtigeren Zeitschriften-Aufsätze. Hrsg. v. Gust. Ruprecht. 46. Jahrg. Neue Folge. 8. Jahrg. 1893. 4 Hfte. gr. 8. (142 S.) Göttingen 893. 894. Vandenhoeck & Ruprecht. n. 3. 20

— dasselbe. 47. Jahrg. Neue Folge. 9. Jahrg. 1894. 1.—3. Hft. Jan.—Septbr. 1894. gr. 8. (S. 1—104.) Ebd. n. 2. 80

— theologica od. vierteljährl. system. Bibliographie all. a. d. Gebiete d. (wissenschaftl.) evang. Theologie i. Deutschland u. d. Auslande neu erschien. Schriften u. wicht. Zeitschriften-Aufsätze. Hrsg. v. Gustav Ruprecht. 47. Jahrg. N. F. 9. Jahrg. 4. Hft. Octbr.—Decbr. 1894. gr. 8. (S. 105—169.) Göttingen 895. Vandenhoeck & Ruprecht. n. 1. 60 (1894 kplt.: n. 4. 40)

— dasselbe. 48. Jahrg. N. F. 10. Jahrg. 1895. 4 Hfte. gr. 8. (114 S.) Ebd. 895/96. n. 3. 20

— dasselbe. 49. Jahrg. N. F. 11. Jahrg. 1896. 4 Hfte. m. alphabet. Reg. gr. 8 (115 S.) Ebd. 896/97. n. 3. 40

— dasselbe. 50. Jahrg. N. F. 12. Jahrg. 1897. 4 Hfte. M. e. alphabet. Reg. gr. 8. (84 S.) Ebd. 897/98. n. 2. 80

Bibliotheca theologica William Jackson: Paris, verzeichnet. v. Otto Harrassowitz. (IV, 898 S.) 8. Leipzig (910). O. Harrassowitz. Geb. in Leinw. 3. —

— **Thomasiana,** seu locuplet. thesaur. ex omni scientia etc. ed. Panzer. III. Tmi. 8. maj. Nrnb. Stein. 765—69.

— Thomistica. (I.) Sancti Thomae Aquinatis compendium theologiae. Text m. Übersetzg. u. Anmerkgn. v. Frdr. Abort. gr. 8. (IV, 515 S.) Würzburg 896. A. Göbel. n. 6. 80

— transsilvanica. Verzeichniss der über Siebenbürgen erschienenen Bücher, Landkarten etc. Zusammengestellt von Frdr. Aug. Credner. 864. (29 S.) — 2. verm. Ausg. Prag 865. Credner. 8. (48 S.) n. 6 ngr.

Bibliotheca Uffenbachiana manuscripta seu Recensio codd., qui in bibl. Zach. Conr. ab Uffenbach asservantur. Halae 720. f. 4 rthl. 12 gr.

Bibliotheca Uffenbachiana MSta. Halae Herm. 1720. V: *Uffenbach, Zach. Conrad von, Joh. Hnr. Maius & Carl Dadichi.* (Myl)

— Uffenbachianae, Catalog. T. I. 8. Frft. Andreae. 729.

— Uffenbachiana universalis. IV. Tmi. 8. Frft.

Bibliotheca uniuersalis, sistens omnium facultatum ordine alphabetico libros novantiquos, tam manu exaratos, quam typis impressos. Francofurti et Lipsiae 1707. V: *Wüsthoff, B. H.* (Myl)

— Universalis od. allgem. u. auserles. Biblioth. 4 Bde. 4. Nrnb. 738.

Bibliotheca universalis, oder Thesaurus Bibliothecalis . . . Norimbergae 1738—39. V: *Schwindel, Gg Jac.* (EB)

Bibliotheca veterinaria oder Verzeichnis aller brauchbaren, in älterer und neuerer Zeit, bis zur Mitte des Jahres 1824 in Deutschland erschienenen Bücher über alle Theile der Thierheilkunde. Hrsg.: von Theodor Christian Friedrich Enslin. Nebst e. Materien-Reg. Berlin u. Landsberg a. W. 1825. 34 S.–

—— veterinaria, oder Verzeichniß der in älterer u. neuerer Zeit bis zur Mitte des Jahres 1842 in Deutschland erschienenen Bücher üb. alle Theile der Thierarzneikunde. Zuerst hrsg. von Th. Ch. Fr. Enslin. Von neuem gänzl. umgearb. v. Wilh. Engelmann. Nebst ein. vollständ. Materien-Register. 2., verb. u. verm. Aufl. gr. 8. (5 B.) Leipzig 843, Engelmann. Thlr. *

— veterinaria oder Verzeichnis der seit Mitte 42 bis Ende 66 im deutschen Buchhandel ersch. Bücher u. Zeitschr. über alle Teile der Tierarzneikunde. Anschliessend an die W. Engelmannsche Bibliotheca veterinaria. Von A. Büchting. Nordhausen 67. Büchting. M. 1.—

— virorum etc. vid. Mencken, I. Burchh.

Bibliotheca Westfalica. Repertorium aller Druckschriften, Karten u. Pläne z. Gesch. u. Landeskunde d. Prov. Westfalen nebst e. vollst. Verz. aller einschläg. Abh. westf. Vereinsorgane von Prof. Dr. P[aul] Bahlmann. Jg. 1896/98. *Münster i. W.: H. Mitsdörffer 1899.* 8° [o. 9n] 6

Bibliotheca Windhagiana, ab illustrissimo, quondam S. R. J. comite Joanne Joachimo ab, et in Windhag, Müntzbach, Pragthall et Saxenegg etc. anno 1678 pro uso publico et quotidiana frequentatione fundata. 4. Viennae 1733.

— Wunderlichiana. Altera editio. Halis Sax. 853. Pfeffer. gr. 8. (VI, 166 S.) n. 1 ngr

—— zoologica, s.a. Bibliotheca historico-naturalis.

– s.a. Ergebnisse, Zoologische.

— zoologica. Orig.-Abhandlgn. aus dem Gesammtgebiete der Zoologie. Hrsg. v. R. Leuckart u. C. Chun. 1.—5. Hft. gr. 4. Cassel, Fischer. n. 106. —

1. Die pelagische Thierwelt in grösseren Meerestiefen u. ihre Beziehungen zu der Oberflächenfauna. Geschildert v. C. Chun. (72 S. m. 5 Taf.) 888. n. 20. —
2. Untersuchungen über den Bau u. die Entwickelung der Rübennematode Heterodera Schachtii Schmidt von A. Strubell. Mit 2 Taf. (52 S.) 888. n. 10. —
3. Untersuchungen über semäostome u. rhizostome Medusen. Von E. Vanhöffen. Mit 6 Taf. u. 1 Karte. (52 S.) 889. n. 24. —
4. Leucochloridium paradoxum. Monographische Darstellg. der Entwickelungs- u. Lebensgeschichte des Distomum Macrostomum. Von Gust. A. Heckert. Mit 4 Taf. (66 S.) 889. n. 20. —
5. Beiträge zur Kenntniss der holotrichen Ciliaten. Von W. Schewiakoff. (78 S. m. 7 farb. Steintaf.) 889. n. 32. —

— zoologica. Orig.-Abhandlgn. aus dem Gesammtgebiete der Zoologie. Hrsg. v. Rud. Leuckart u. Carl Chun. 6. Hft. gr. 4. [Cassel, Th. Fischer.] Stuttgart 890. E. Nägele. n. 80. —

Untersuchungen üb. die Bryozoen d. süssen Wassers. Von Fritz Braem. (III, 131 S. m. Abbildgn., 15 lith. Taf. u. 15 Bl. Erklärgn.)

6. Braem, Fritz. Untersuchungen üb. die Bryozoen d. süssen Wassers. (III, 134 S. m. Abbildgn., 15 lithogr. Taf. u. 15 Bl. Erklärgn.) 891. * 80 —.

— dasselbe. 7. Hft. 7 Lfgn. gr. 4. Ebd. 891—893. n. 92. —
Beiträge zur Kenntniss der Anatomie, Histologie u. Entwickelungsgeschichte der Acanthocephalen. Von Johs. Kaiser. (136, VIII, 148 u. XIX S. m. 10 Taf.)

— dasselbe. 8. Hft. 11 Lfgn. gr. 4. Ebd. 891—893. n. 90. —
Untersuchungen üb. die Mimicry auf Grundlage e. natürlichen Systems der Papilioniden. Von Erich Haase. (1. Thl. VII, 112 S., 2. Thl. IV, 161 S.; m. 14 farb. Taf. u. 14 Bl. Erklärgn.)

— dasselbe. 9. Hft. gr. 4. Ebd. 891. n. 24. —
Beiträge zur Kenntniss der Chilopoden. [Drüsen; Coxalorgan; Gefässsystem u. Eingeweidenervensystem.] Von C. Herbst. (V, 43 S. m. 5 Taf.)

— dasselbe. 10. Hft. gr. 4. Ebd. 891. n. 24. —
Beiträge zur Naturgeschichte der Isopoden. Von Geo. Leichmann. (44 S. m. 8 Taf. u. 8 Bl. Erklärgn.)

— dasselbe. 11. Hft. gr. 4. Ebd. 892. n. 54. —
Deutschlands freilebende Süsswasser-Copepoden. Bearb. v. Otto Schmeil. 1. Thl. Cyclopidae. (VI, 192 S. m. 8 Taf., 3 Fig. u. 8 Bl. Erklärgn.)

— dasselbe. 12. Hft. 1.—3. Lfg. gr. 4. Ebd. 891—893. n. 34. —
Untersuchungen üb. die mikroskopische Fauna Argentiniens. 1. Tl.: Die Protozoen. Eine Monographie der Protozoen Argentiniens, ihrer systemat. Stellg. u. Organisation v. Johs. Frenzel. I. u. II. Abtlg.: Die Rhizopoden u. Helioamoeben. 1.—3. Lfg. (II, 114 S. m. 6 farb. Taf. u. 6 Bl. Erklärgn.)

— dasselbe. 13. Hft. gr. 4. Ebd. 892. n. 73. —
Rudimentäre Wirbeltieraugen. Von C. Kohl. 1. Thl. (VII, 141 S. m. 9 z. Tl. farb. Taf. u. 9 Bl. Erklärgn.)

— dasselbe. 14. Hft. 3 Lfgn. gr. 4. Ebd. 893. Subskr.-Pr. n. 62. —; Einzelpr. n. 78. —
Rudimentäre Wirbeltieraugen v. C. Kohl. 2. Tl. 3 Lfgn. (180 S. m. 6 farb. Doppeltaf. u. 6 Bl. Erklärgn.) (kplt.: n. 151. —)

— dasselbe. 15. Hft. 2 Lfgn. gr. 4. Ebd. 893. Subskr.-Pr. n. 40. —; Einzelpr. n. 50. —
Deutschlands freilebende Süsswasser-Copepoden. Bearb. v. Otto Schmeil. II. Tl.: Harpacticidae. Mit 8 Taf. u. 2 Textfig. (103 S. m. 8 Bl. Erklärgn.)

— dasselbe. 16. Hft. 4 Lfgn. gr. 4. Ebd. 894. Subskr.-Pr. n. 82. —; Einzelpr. n. 98. —
Die Distomen unserer Fische u. Frösche. Neue Untersuchgn. üb. Bau u. Entwickelg. des Distomenkörpers v. A. Looss. Mit 9 z. Thl. farb. Doppeltaf. (296 S.)

— dasselbe. 17. Hft. 1. u. 2. Lfg. gr. 4. Ebd. 894. Subskr.-Pr. n. 36. —; Einzelpr. n. 44. —
I. Zur Entwickelungsgeschichte des Zahnsystems der Säugethiere. Von W. Leche. 1. Lfg. (S. 1—56 m. Abbildgn. u. 5 Taf.) Subskr.-Pr. n. 16. —; Einzelpr. n. 20. —. — II. Dasselbe. 2. Lfg. (S. 57—104 m. 7 Taf.) Subskr.-Pr. n. 20. —; Einzelpr. n. 24. —.

— dasselbe. 18. Hft. 2 Lfgn. gr. 4. Ebd. 894. Subskr.-Pr. n. 42. —; Einzelpr. n. 50. —
Vergleichend physiologische u. anatomische Untersuchungen üb. den Geruchs- u. Geschmackssinn u. ihre Organe, m. einleit. Betrachtgn. aus der allgemeinen vergleich. Sinnesphysiologie v. Willib. A. Nagel. Gekrönte Preisschrift. 2 Lfgn. (VIII, 207 S. m. 7 Taf.)

— zoologica. Orig.-Abhandlgn. a. d. Gesammtgebiete d. Zoologie. Hrsg. v. Rud. Leuckart u. Carl Chun. 12. Hft. 4. Lfg. gr. 4. Stuttgart 897. E. Nägele. n. 22. —; (kplt.: n. 56. —)
Untersuchgn. üb. d. mikroskop. Fauna Argentiniens. Von Johs. Frenzel. 1. Tl.: Die Protozoen. E. Monographie d. Protozoen Argentiniens, ihr. systemat. Stellg. u. Organisation. I. u. II. Abtlg.: D. Rhizopoden u. Helioamoeben. 4. (Schluss-)Lfg. (V u. S. 115—166 m. 4 Farbdr.)

— dasselbe. 14. Hft. Nachtrag. gr. 4. Ebd. 895. n. 12. —
Rudimentäre Wirbelthieraugen. Von C. Kohl. III. Thl. Zusammenfassg. (S. 179—274.) n. 12. —; (kplt. m. Nachtrag: n. 163. —)

— dasselbe. 17. Hft. 3. Lfg. gr. 4. Ebd. 895. Subskr.-Pr. n. 28. —; Einzelpr. n. 32. —; (17. Hft., 1. Thl. kplt.: Subskr.-Pr. n. 64. —; Einzelpr. n. 78. —)
Z. Entwickelungsgeschichte d. Zahnsystems d. Säugethiere, zugl. e. Beitrag zur Stammesgeschichte dies. Thiergruppe. 1. Thl.: Ontogenie. Von W. Leche. 3. Lfg. (VI u. S. 105—169 m. Abb., 7 Taf. u. 19 Bl. Erklärgn.)

Bibliotheca zoologica. Orig.-Abhandlgn. a. d. Gesammtgebiete d. Zoologie. Hrsg. v. Rud. Leuckart u. Carl Chun. 19. Hft. 1.—4. Lfg. gr. 8. Stuttgart. E. Nägele. Subskr.-Pr. n. 122. —; Einzelpr. n. 140. —
1. Atlantis von Carl Chun. Biolog. Studien üb. pelag. Organismen. 1. Lfg. I. D. Knospungsgesetze d. proliferir. Medusen. II. Auricularia nudibranchiata. (76 S. m. 4 Taf. u. 4 Bl. Erklärgn.) 895. Subskr.-Pr. n. 28. —; Einzelpr. n. 32. —
2. Dasselbe. 2. Lfg. III. Die Nauplien d. Lepaden. IV. D. secundären Geschlechtscharaktere d. Männchen v. Phronima. (S. 77—130 m. 4 Taf. u. 4 Bl. Erklärgn.) 895. Subskr.-Pr. n. 30. —; Einzelpr. n. 34. —
3. Dasselbe. 3. Lfg. V. Ueb. pelag. Tiefsee-Schizopoden. (S. 137—190 m. 7 Taf. u. 7 Bl. Erklärgn.) 896. Subskr.-Pr. n. 32. —; Einzelpr. n. 42. —
4. Dasselbe. 4. Lfg. VI. Leuchtorgane u. Facettenaugen. E. Beitrag z. Theorie d. Sehens in grossen Meerestiefen. (VI u. S. 193—263 m. 1 Bildnis, 6 farb. Taf. u. 5 Bl. Erklärgn.) 896. n. 32. —

— dasselbe. 20. Hft. 1.—4. Lfg. gr. 4. Ebd. Subskr.-Pr. n. 40. —; Einzelpr. n. 44. —
1. Zoologische Ergebnisse d. v. d. Gesellschaft f. Erdkunde z. Berlin unt. Leitung v. Drygalski's ausges. Grönlandexpedition, nach Vanhöffen's Sammlgn. bearb. 1. Lfg. I. Untersuchgn. üb. Anatomie u. Entwicklungsgeschichte v. Arachnactis albida Sars. II. Die grönländ. Ctenophoren. Von E. Vanhöffen. (24 S. m. 1 Taf.) 895. Subskr.-Pr. n. 7. —; Einzelpr. n. 9. —
2. Dasselbe. 2. Lfg. III. Die Appendikularien d. Expedition v. H. Lohmann. IV. D. Tintinnen v. K. Brandt. (S. 25—72 m. 2 Taf. u. 2 Bl. Erklärgn.) 896. n. 12. —; Einzelpr. n. 14. —
3. Dasselbe. 3. Lfg. V. Grönländ. Spinnen von H. Lenz. VI. Grönländ. Milben von P. Kramer. VII. Drei Grönländerschädel von W. Sommer. (S. 73—100 m. 12 Holzschn. u. 1 Taf.) 897. n. 9. —
4. Dasselbe. 4. Lfg. VIII. Grönländ. Mycetophiliden, Sciariden, Cecidomyiden, Psylliden, Aphiden u. Gallen von E. H. Rübsaamen. IX. Grönländ. Anneliden von W. Michaelsen. (S. 103—132 m. 14 Fig. u. 2 Taf.) 898. n. 12. —

— dasselbe. 21. Hft. 2 Lfgn. gr. 4. Ebd. 896. à n. 25. —; Einzelpr. à n. 28. —
Deutschlands freileb. Süsswasser-Copepoden. Bearb. v. Otto Schmeil. III. Tl.: Centropagidae. 2 Abtlgn. (144 S. m. 12 Taf. u. 12 Bl. Erklärgn.) (I—II, 2. u. III.: n. 144. —)

— zoologica, Fortsetzg., s.: Zoologica.

— zoologica II. Verzeichniss der Schriften üb. Zoologie, welche in den period. Werken enthalten u. vom J. 1861—1880 selbständig erschienen sind. Mit Einschluss der allgemein-naturgeschichtl., period. u. palaeontolog. Schriften. Bearb. v. O. Taschenberg. (In ca. 12 Lfgn.) 1. Lfg. gr. 8. (1. Bd. S. 1—320.) Leipzig 886. Engelmann. n. 7. —

— zoologica. II. Verzeichniss der Schriften üb. Zoologie, welche in den period. Werken enthalten u. vom J. 1861—1880 selbständig erschienen sind. Mit Einschluss der allgemein-naturgeschichtl., periodischen u. paläontologischen Schriften. Bearb. v. O. Taschenberg. 1.—8. Lfg. gr. 8. (1. Bd. XX u. S. 1—864; 2. Bd. VIII u. S. 865—1970; 3. Bd. S. 1971—2610.) Leipzig 886—890. Engelmann. à Lfg. n. 7. —; auf Velinpap. à Lfg. n. 12. —; Einzelpr. f. die gew. Ausg. à Lfg. n. 10. —
1. Bd. gew. Ausg. cplt. n. 20. —
2. Bd. gew. Ausg. cplt. n. 19. —

— zoologica. II. Verzeichniss der Schriften üb. Zoologie, welche in den period. Werken enthalten u. vom J. 1861—1880 selbständig erschienen sind. Mit Einschluss der allgemein-naturgeschichtl., period. u. palaeontolog. Schriften. Bearb. v. O. Taschenberg. 9.—12. Lfg. gr. 8. (IV u. S. 2611—3888.) Leipzig 891—894. W. Engelmann. à n. 7. —; Ausg. auf Velinpap. à n. 12. —
Ausgabe in Bänden:
1. Bd. (XX u. S. 1—864.) 887. n. 20. —; Ausg. auf Velinp. n. 30. —
2. Bd. (VIII u. S. 865—1730.) 889. n. 19. —; Ausg. auf Velinp. n. 29. —
3. Bd. (IV u. S. 1731—2760.) 890. n. 21. —; Ausg. auf Velinp. n. 31. —
4. Bd. (V u. S. 2761—3648.) 894. n. 20. —; Ausg. auf Velinp. n. 30. —

— zoologica II. Verzeichn. d. Schriften üb. Zoologie, welche i. d. period. Werken enthalten u. v. J. 1861—1880 selbständ. erschien. sind. M. Einschl. d. allgem.-naturgeschichtl., period. u. palaeontolog. Schriften. Bearb. v. O. Taschenberg. 13. u. 14. Lfg. gr. 8. (S. 3889—4528.) Leipzig 895. 98. W. Engelmann. Subskr.-Pr. à n. 7. —; Velinp. à n. 12. —

— dasselbe. 5. Bd. Signatur 451—588 nebst Inhalt. gr. 8. (VI u. S. 3649—4708.) Ebd. 899. n. 22. —

Bibliotheca zoologica II. Verzeichniss d. Schriften üb. Zoologie, welche in den period. Werken enthalten u. vom J. 1861—1880 selbständig erschienen sind. Mit Einschluss der allgemein-naturgeschichtl., period. u. palaeontolog. Schriften. Bearb. v. O. Taschenberg. 15. u. 16. Lfg. (VI u. S. 4529—5164.) gr. 8. Leipzig 901. 902. W. Engelmann. Subskr.-Pr. à n. 7. —; Velinpap. à n. 12. —

Bibliotheca zoologica II. Verzeichniss der Schriften üb. Zoologie, welche in den period. Werken enthalten u. vom J. 1861—1880 selbständig erschienen sind. Mit Einschluss der allgemein-naturgeschichtl., period. u. palaeontolog. Schriften. Bearb. v. O. Taschenberg. 17 Lfg. (VI. Bd. VII u. S. 5165—5512.) gr. 8. Leipzig 905. W. Engelmann. Subskr.-Pr. n. 7. —; auf Velinpap. n. 12. — (VI. Bd. kplt. [VII u. S. 4709—5512] n. 19. —; auf Velinpap. n. 29. —)

— zoologica II. Verzeichniss der Schriften üb. Zoologie, welche in den period. Werken enthalten u. vom J. 1861—1880 selbständig erschienen sind. Mit Einschluss d. allgemein-naturgeschichtl., period. u. palaeontolog. Schriften. Bearb. v. O. Taschenberg. 18. Lfg. (Nachträge. [Verbesserungen, Ergänzgn. u. Zusätze.] S. 5513—5800.) gr. 8. Leipzig 910. W. Engelmann. 7. —; Ausg. auf Velinpap. 12. —

Bibliotheca Zrinyiana. Die Bibliothek des Dichters Nicolaus Zrinyi. Ein Beitrag zur Zrinyi-Literatur. Mit literar-historischer Einleitung. Wien 1893. V: *Schwartz*, *Ignaz*. (EB)

Bibliotheca Zrinyiana. Die Bibliothek des Dichters Nicolaus Zrinyi. Ein Beitrag zur Zrinyi-Literatur. Mit literar-histor. Einleitg. Mit dem Porträt d. Dichters nach E. Widemann, e. Fcsm. u. 1 Stammtaf. gr. 8. (III, XIX, 88 S.) Wien 893. S. Konde. n. 2. —

Bibliothecae Guelferbytanae etc., s. Eberts Handschriftenkunde 2r Bd.

Bibliothecae Rheno-Trajectinae Catalogus. Pars I. et II. (A—Z) Fol. Trajecti ad Rhenum 834, 35. Altheer. (Bonn, König et Borcharen.) 7⁵/₆ ℛ

Bibliothecae veterum deperditae in Augusta Vindobonensi cæsarea instauratae ... Viennae 1729. V: *Greiner, Ign.* (Jes)

Bibliothecarius, Der unpartheyische, welcher die Urtheile derer Gelehrten von Gelehrten und ihren Schriften aufrichtig entdecket. Leipzig 1713 ff. V: *Quade, Mich. Friedr.* (BrMm) (Myl)

Helvetische Bibliotheck. Bestehend In Historischen, Politischen und Critischen Beyträgen Zu den Geschichten Des Schweitzerlands. [Hrg. von Johann Jacob Bodmer und Johann Jacob Breitinger.] 6 Stücke. 8. Zürich.
Stück 1—5: 1735—1736. — Stück 6: 1741.

Bibliotheek, neederlandsche. 1. Deel. 8. Leipzig 874. Brockhaus. n. 3. —; geb. n. 4. —
Gedichten van Eman. Hiel. (XII, 288 S.)

Bibliothek, s. a. Biblioteca.

Bibliothek, s. a. Biblioteczka.

Bibliothek, s. a. Biblioteka.

Bibliothek, s. a. Biblioteko.

Bibliothek, s. a. Bibliotheca.

Bibliothek, s. a. Bibliotheck.

Bibliothek, s. a. Bibliotheek.

Bibliothek, s.a. Bibliothèque.

Bibliothek der Abentheuer. In zweckmässigen Auszügen vom Verf. der grauen Mappe. Magdeb. 1810. V: *Haken, Johann Christian Ludwig.* (BrMm) (EE) (GGr)

Bibliothek d. Abenteurer, v. Verf. d. grauen Mappe. 1r Bd. 8. Magdb. Heinrichshofen. 810.

Bibliothek der Abenteuer. Nr. 1—7. (à 32 S.) Lex.-8. Berlin (906). Verlagsgesellschaft Berlin. à n. — 20

Bibliothek der Abenteuer. Nr. 8—10. (à 32 S.) Lex. 8. Berlin (907). K. Boegels. à — 20

Bibliothek der Abenteurer, s. Bibliothek der Abentheuer.

Bibliothek, Abgesonderte. Halle 1718—19. V: *Franck, Joh. Chph.* (Myl)

Bibliothek f. d. jung. deutsch. Adel. (v. J. G. Schummel). 3 Thle. 8. Liegn. 785—87. (Heymann in Glog.; a. Taubert in Lpz.) 3 ℛ 15 𝒢

— akademische. Die Wissenschaft des 20. Jahrhunderts in gemeinverständl. Darstellg. Naturwissenschaften, Medizin, Jurisprudenz u. s. w. I. Serie. 14 Lfgn. gr. 8. Berlin [Verlag XX. Jahrh.]. Leipzig, deutscher Kultur-Verlag. à n. — 50; auch in 4 Bdn. à n. 2. —
I. Der menschliche Körper. (Die Physiologie.) 12 Vorlesgn. über den Bau u. die Funktionen des menschl. Körpers. Von S. Rahmer. (V, 197 S. m. Abbildgn.) (906.)
II. Die Gesetze der Kunst. 10 Vorträge üb. die Kunst u. die einzelnen Künste, Dichtkunst, Bildhauerkunst, Malerei, Tonkunst, Baukunst u. die angewandten Künste. Von Otto Krack. (VIII, 152 S.) (906.)
III. Wesen u. Geschichte der Religionen. 7 Vorlesgn. Von Thdr. Kappstein. (II, 162 S.) (906.)
IV. Das Wesen u. der Geist des Rechts. 10 Vorträge. Von H. Peiser. (IV, 110 S.) (906.)

Bibliothek für Acclimatisation nützlicher Thiere und Pflanzen des Auslandes. Berlin 860. Hasselberg. 8.
1. Heft: Das Colin-Huhn. Seine Zucht u. Pflege. Mit 2 Illustr. (color. Holzschn.) Von Carl Löffler. (36 S.) n. 10 ngr.

— aktuelle. 1. u. 2. Bd. 8. Berlin, Verlagshaus für Volksliteratur u. Kunst. à Bd. n. — 25
1. Der falsche Hauptmann v. Cöpenick. Ein Gaunerstreich sondergleichen, von der Entstehg. im Zuchthause bis zum heut. Tage ausführlich geschildert u. m. zeitgemäßen Betrachtgn. versehen. Von A. Obk. Klaußmann. Mit vielen Abb. (48 S.) (906.)
2. Hauptmann, der, v. Cöpenick, vor Gericht. Aktenmäßig dargestellt m. zahlreichen Abbildgn. (32 S.) (906.)

Bibliothek, aktuelle. 3. Bd. 8. Berlin, Verlagshaus f. Volksliteratur u. Kunst. — 25
Josef Petrosino, Chef der italien. Abteilung der New Yorker Kriminalpolizei, genannt: Der italien. Sherlock Holmes (ermordet am 12. III. 1909 zu Palermo). Ein Opfer der schwarzen Hand! Von Kurt Matull. (39 S.) (909.)

Bibliothek, Aktuelle. 4. Bd. 8° Berl., Verlagshs f. Volkslit. u. Kunst. je — 25 d
Panknin, CL: Der Untergang d. „Titanic". Anschaul. Schilderg, zugleich e. krit. Studie. (32 m. Abb.) ('12) [4]

— d. Großfürsten Alexander u. Constantin, s. a. Erzähll. u. Gespr. v. Catharina.

Bibliothek der Grossfürsten Alexander und Constantin. Berlin 1783—88. V: *Catharina II. Kaiserin von Russland.* (ErschDL)

Bibliothek f. Alle. Nr. 1—8. 8. Basel 894. Koehler. 1. 25
1. Elsi, die seltsame Magd. Erzählung v. Jerem. Gotthelf. (30 S.) — 15
2. Das gerettete Kind. Erzählung v. Jak. Frei. (30 S.) — 15
3. Auf der Michelsburg. Erzählg. v. Arth. Bitter. (32 S.) — 15
4. Die Wege Gottes u. der Menschen Gedanken. Eine Erzählg. v. Jerem. Gotthelf. (32 S.) — 15
5. Schön Anneli. Eine Sage aus dem Berner Oberland von Abrah. Roth. (32 S.) — 15
6. 7. Ein unglückliches Königskind od. Ludwig XVII. König v. Frankreich. Eine histor. Erzählg. v. Carl Zastrow. 2 Hfte. (76 S.) — 35
8. Florette od. die erste Liebe Heinrich IV. Erzählung v. Heinr. Zschokke. (32 S.) — 15

Bibliothek f. Alle. Nr. 9—29. gr. 8. Basel, Koehler. à — 15
9. Kl. Ursachen od. e. Bäckergeselle als Minister. Erzählg. v. Heinr. Zschokke. (32 S.) 894.
10. Wurst wider Wurst. D. Rabeneltern. 2 Erzählgn. v. Jerem. Gotthelf. (32 S.) 895.
11. Der Besuch od. Birlig-Stüdeli. Erzählg. v. Jerem. Gotthelf. [Aus: „Alpenrosen".] (31 S.) 895.
12. D. Wirthshaus z. Cransac. Erzählg. v. Heinr. Zschokke. (32 S.) 895.
13. Karlidürsen Joggis Liseli. Der Heuet a. d. Nesselhof. Erzählgn. v. Alfr. Hartmann. [A.: „Alltabend-Geschichten".] (32 S.) 895.
14. D. blaue Wunder od. e. Heirath auf Credit. Humoreske v. Heinr. Zschokke. (29 S.) 895.
15. 16. D. Fräulein v. Scuderi od. d. Goldschmied v. Paris. Erzählg. a. d. Zeitalter Ludwigs XIV. v. E. Th. Am. Hoffmann. 2 Hfte. (64 S.) 895.
17. 18. D. Abenteuer d. Neujahrsnacht. Humoreske v. Heinr. Zschokke. 2 Hfte. (60 S.) 895.
19. D. zerbrochene Krug. D. Bein. Humorist. Novellen v. Heinr. Zschokke. (31 S.) 895.

20. D. Spion d. Kaisers Napoleon. E. geschichtl. Erzählg. v. W. Frey. (32 S.) 895.
21. D. Bohne. Humorist. Novelle v. Heinr. Zschokke. (31 S.) 895.
22. Spielerglück. E. Erzählg. v. E. T. A. Hoffmann. (32 S.) 895.
23. D. Wolkenbruch. Erzählg. v. Marie Nathusius. (32 S.) 895.
24. Vier Kapitel a. Ben Hur od. a. d. Tagen d. Messias. Erzählg. v. Lew. Wallace. A. d. Amerikan. v. Paul Heichen. (30 S.) 895.
25. Hans Berner u. s. Söhne. E. Erzählg. v. Jerem. Gotthelf. (32 S.) 895.
26. „Zu Straßburg auf der Schanz". Erzählg. v. K. H. Caspari. (31 S.) 895.
27. D. Schlacht b. Gravelotte a. 16., 17. u. 18. Aug. 1870. E. Kapitel a. d. Geschichte d. Krieges v. 1870—71 (La guerre 1870—71) v. Arth. Chuquet. A. d. Franz. übers. v. L. A. Hauff. [Aus: „Ch., d. Krieg v. 1870—71".] (32 S.) 895.
28. Wie Joggeli e. Frau sucht. Servaz u. Pankraz. Zwei Erzählgn. v. Jerem. Gotthelf. (32 S.) 895.
29. D. Schlacht b. Sedan a. 1. u. 2. Septbr. 1870 u. D. Gefangennahme Napoleon III. Von Arth. Chuquet. A. d. Franz. übers. v. L. A. Hauff. [Aus: „Ch., d. Krieg v. 1870—71".] (31 S.) 896.

— f. Alle. Illustr. Monatsbde f. jung u. alt. Schriftleiter: Herm. Schmidt u. Frdr. Fuchs. In Österr.-U. verantwortlich: Osk. Lechner. 1. u. 2. J. (Oktbr'08—Septbr 10.) Je 13 Bde. (1. Bd. 192) kl8° Stuttg. Dresd., C Heinrich. Kart. je — 60 d

— f. Alle. Illustr. Monatsbände f. Jung u. Alt. Schriftleiter: 3. J.: C Rustige, 4. J.: Harry Nitsch. In Österr.-U. verantwortl.: Osk. Lechner. 3. u. 4. J. (Okt. '10—Sept. '12.) je 13 Bde. (1. Bd je 192) kl8° Dresd., Verl. d. Bibliothek f. Alle. (geb. je — 60) d 6F

Bibliothek f. Alle. Fortsetzg., s.: Koehler's Bibliothek f. Alle.

— allgem. botanische, d. 19n Jahrh., herausg. v. e. botan. Gesellsch. in Regensb., (v. C. T. Hoppe). 1r bis 7r Jahrg. u 4 Hfte. 8. Regensb. 802—8. (Palm in Erlang. u. Monath u. K. in Nürnb.) à J. 2 rß

Allgemeine chemische Bibliothek des neunzehnten Jahrhunderts. Herausgegeben von J. B. Trommsdorff. 5 vols., 8vo. Erfurt, 1801–'05.

Bibliothek, Allgemeine Deutsche. Berlin u. Kiel 1765—98. H: (Bd. 1—106): *Nicolai, Christoph Friedrich.* (Bd. 107—118): *Bohn, C. E.* (Dn) (EE) (Ky) (GGr) (BrMm)

— allgem. deutsche, herausg. (v. Fr. Nicolai). 106 Bde u. 21 Bde Anhänge. gr. 8. Berl. 765—92. Nicolai. 189 rß 8 gr 107r bis 118r Bd. gr. 8. Hamb. 792—94. Bohn. 19 rß

— allgem. deutsche, 1r-12r Bd. gr. 8. Berl. Nicolai. 772. (à 1 Thlr. 12 gr.)

— — derselben 1r Anh. n. Register über die ersten 12 Bde. gr. 8. Ebend.

— — ders. 13r—24r Bd. gr. 8. Ebend.

— — 2r Anh. 3 Abthl. n. Register über d. 13n—24n Bd. v. 769—75. gr. 8. Ebend.

— — 25r—36r Bd. gr. 8. Ebend.

— — 3r Anh. 5 Abthl. n. Register über den 25n—36n Bd. 774—78. gr. 8. Ebend.

— — 37r—52r Bd. gr. 8. Ebend. 783.

— — 4r Anh. 4 Abthl. n. Register über den 37n—52n Bd. v. 778—81. gr. 8. Ebend.

— — 53—86r Bd. gr. 8. Ebend. 789.

— — 5r Anh. 5 Abtheil. in 6 Bänden. v. 1782—87. gr. 8. Ebend.

— — 87r—106r Bd. gr. 8. Ebend. 792.

— — 107r—118r Bd. gr. 8. Hamburg, Bohn. 792—94. (107r—117r à 1 Thlr. 12 gr. 118r als Register. 2 Thlr. 12 gr.)

— allgemeine deutsche, neueste Encyclopädie der deutschen Nationalliteratur. Die deutschen Classiker von Göthe bis auf unsere Zeit. 1.—3. Thl. oder 1.—12. Bochn. Mit den Portr. der berühmtesten Schriftsteller. 32. Grimma 846, Verlags-Comptoir. à n. 1/12 rß

— allgem. deutsche. Neue Encyklopädie d. deutschen Nationalliteratur. Die deutschen Classiker von Goethe bis auf unsere Zeit. Mit d. Portraits d. berühmtest. Schriftsteller. 4. Thl. od. 13—16. Bdchn. 16. (382 S.) Grimma 847, Verlags-Comptoir. 12 ngr (4 Thle. 1 rß 12 ngr)

— allgem. Englische, v. mehr. Gelehrt. in England. 12 St. gr. 8. Lpz. Weygand. 775. (à Stck. 8 gr.)

Allgemeine Juristische **Bibliothek**. Hrsg. v. E. F. Rühl. Bd. 1, H. 1-4. Bd. 2, H. 1.2. Frankfurt a. M. 1781. 82. 2 Bde.

— allgem. jurist. herausg. v. Malblanc u. Siebenkees. 5 Bde. zu 2 Stck. (à 12 gr.) u. 8n Bds. 1s, 2s u. 3s St. (à 4 gr.) gr. 8. Nürnb. Grattenauer. 781—86.

Allgemeine juristische **Bibliothek**. Hrsg. von zweyen Altdorfischen Professoren (Jul. Friedr. Malblanc u. Joh. Chr. Siebenkees.) Nürnberg 1781 - 88. Bd. 1-6. 3 Bde.

— allgem. jurist. v. e. Gesellsch. Tübing. Rechtsgelehrten. 4 Bde. gr. 8. Tüb. Cotta. 796—99. (à 1 Thlr.)

— allgemeine, f. das europä. Kirchenwesen aller Nationen u. Confessionen. In Verbind. mit vielen d. angesehensten Gelehrten hrsg. v. Alex. Müller u. Ernst Münch. 1. Jahrg. 1830. 1. Hft. gr. 8. (8½ B.) Stuttgart 830, [Schelble, Rieger u. Sattler.]

Bibliothek, Allgemeine, der biblischen Litteratur von Johann Gottfried Eichhorn. Band 1—10. 20 voll. Leipzig 1787—1801. Weidmanns Erben und Reich.

Bibliothek, Allgemeine, der neuesten deutschen theologischen Litteratur. Quedlinburg 1784—87. H: *Hermes, Johann August.* (BrMm) (Ky) & *H. Mth. A. Cramer.* (Winer)

Allgemeine **Bibliothek** der neuesten Juristischen Litteratur. Hrsg. . . . von Franz Jos. Hartleben. Bd 1 für das Jahr 1786.– Mainz u. Frankfurt: Hermann (Fischer) 1787.

— allgem., d. theolog. Literatur, (herausg. v. J. A. Hermes.) 8 Thle. gr. 8. Quedlinb. 784—87. Mit n. T. 798. Ernst. 3 rß

Bibliothek, Allgemeine musikalische, für das Klavier und die Singkunst. Enthält Arien und Lieder aus den besten Dichtern Deutschlands zum Singen und Spielen am Klavier; in Musik gesetzt von verschiedenen berühmten Tonkünstlern. Erstes (-sechstes) Heft.– Wien: Musikalisch-typographische Gesellschaft, 1794 - 1795. 6 vol. in -4 obl., 16 S., 14 S., 15 S., 13 S., 14S., 14S.
F. J. Freystädtler, Habucek, J. Haydn, Hubatzek, Jäger, A. E. Müller, J. G. Naumann, W. Pohl, Queck, Telonius, D. G. Türck, Anon.

— allg. pract. f. Prediger u. Schulmänner, 2r Bd. s.a. J. Wächter.

— allgem. prakt., f. Prediger u. Schulmänner. Herausg. von F. Wächter u. K. Cleynmann. 1r, 2r Bd. gr. 8. Wien 802 u. 4. 1r Bd. Schaumburg. 1 rß 8 gr 2r Bd. (Heubner) 1 rß 8 gr 2 rß 16 gr

Bibliothek, Allgemeine, für Schauspieler und Schauspielliebhaber. Eisleben 1776—77. V: *Bertram, Christian August von.* (MGT) »Erfurt 1776« (Ky)

— allgem., für Schauspieler u. Schauspielliebh. 3 Stck. 8. Erfurt. Keyser. 776.

Bibliothek, Allgemeine Schlesische. Breslau 1778. H: *Streit, Carl Conrad.* (Ky) (MGT)

— allgem. Schlesische. 2 Thle. 8. Breslau, W. G. Korn. 778.

— allgem., d. Schönen u. Guten. 1r Bd. 8. Frankf. a. M. 764. Brönner; auch Hermann, Gebhardt u. K. 12 *gl*

Bibliothek, Allgemeine, für das Schul- und Erziehungswesen in Deutschland. Nördlingen 1773—86. H: *Böckh, Christian Gottfried & andere.* (ErschDL)

— allgem., f. d. Schul- u. Erziehungs-Wesen in Deutschland. 11 Bde. gr. 8. Nördling. 773—83. Beck. 12 ₰ Hbg. Pr. 6 ₰
Vorh. u. d. T.: Magazin für Schulen und die Erziehung überhaupt.

— allgemeine, der Staats- u. Rechtswissenschaften. Uebersicht der auf diesen Gebieten im deutschen u. ausländ. Buchhandel neu erschienenen Literatur. Red.: Otto Mühlbrecht. 10—15. Jahrg. 1877—1882. à 6 Doppel-Nrn. (à 2—3 B.) gr. 8. Berlin, Puttkammer & Mühlbrecht. à Jahrg. n. 4. —

— allgem. theolog. 14 Bde. gr. 8. Mietau, Hinz. 774—80. (13 davon Sommer)

— allgemeine theologische, (von K. F. Bahrdt u. Mursinna). 14 Bde. gr. 8. Mitau 774—80. Hinz. (Leipz., W. Nauck). 10 ₰ 12 *gl*

— allgemeine, der Unterhaltung für das deutsche Volk. Hrsg. von Karl Riedel. 2 Lfgn. 6 Bde. 8. Leipzig 843, 44, Schreck. Einzeln à Bd. 1 Thlr.

U. u. d. T.:
Bd. 1. Sylphen, Novellenkränze.
" 2. Gottfrieds von Berlichingen ritterliche Thaten. Mit dem Vorworte eines Ungenannten u. ergänzenden Einleitungen.
" 3. Bilder aus der Heimath und Fremde.
" 4. Der alte Fritz.
" 5. Der alte Dessauer.
" 6. Lebensbilder aus der Camera obscura des Auslandes

Allgemeine Bibliothek der Gesammten Popularen Wissenschaften: Band 1—2, 1860—69. New York

Sub-title: Die wichtigsten Wissenszweige: Naturkunde, Physik, Chemie, Mechanik, &c., mit Bezug auf Künste, Gewerbe und tägliches Leben systematisch behandelnd; Für Jung und Alt, für Leser aller Stände. Band 1 issued in Abt. 1—5, paged separately, each about 160 pages; there is joint contents for Band 1; Octavo. Edited & published by Chr. Schmidt. "Vorwort" to Band 1, dated June 1860, Philadelphia.

Bibliothek des Schweizer Alpenclub. ⟨Verwaltet von der Stadtbibliothek Zürich.⟩ Zuwachsverzeichnis Nr. 2 zum Katalog von 1897, enthaltend den Zuwachs der Jahre 1899 und 1900. 12 S. 8. [Bern, Stämpfli & Cie., 1901.]
In: Jahrbuch des Schweizer Alpenclub. Jahrg. 36. 1900 bis 1901. (Mappe:) Beilagen... Bern, Schmid & Francke, 1901.

— Altdorfische, d. gesammt. schön. Wissenschaften. (Von G. A. Will.) 2 Bde. gr. 8. Altd. 762—63. Monath u. K. 1 ₰ 8 *gl*

Bibliothek, Alte und auserlesene theologische. Th. 1—4. Frankfurt und Leipzig 1733—34. H: *Oeder, Georg Ludwig.* (BB) (ML)

— alte theologische, od. Urtheil von theol. alt. Schriften. 4 Thle. 8. Frankf. 734.

Bibliothek, altengl., hrsg. v. E Kölbing. 1—3. Bd. 8. Heilbr., Henninger. *n.* 17. 10
1. O Bokenam's Legenden. hrsg. v. C Horstmann. (280) 81. n. 5. 60

Bibliothek, altenglische, hrsg. v. Eug. Kölbing. 1—3. Bd. 8. Heilbronn, Henninger. n. 17. 10
1. Osbern Bokenam's Legenden, hrsg. v. C. Horstmann. (XV, 280 S.) 883. n. 5. 60
2. Amis and Amiloun, zugleich m. der altfranz. Quelle hrsg. v. Eug. Kölbing. Nebst e. Beilage: Amicus ok Amilius Rimur. (CXXXI, 256 S.) 884. n. 7. —
3. Octavian. Zwei mittelengl. Bearbeitgn. der Sage, hrsg. v. Greg. Sarrazin. (XLV, 191 S.) 885. n. 4. 50

Bibliothek, altenglische, hrsg. von E. Kölbing. 4. u. 5. Bd. 8. Leipzig 890. Reisland. n. 24. — (1—5.: n. 41. 10)
4. Arthour u. Merlin, nach der Auchinleck-Hs., nebst 2 Beilagen, hrsg. v. E. Kölbing. (CLXXXIX, 504 S.) n. 14. —
5. Libeaus desconus. Die mittelengl. Romanze vom schönen Unbekannten, hrsg. v. M. Kaluza. (CLXVI, 227 S.) n. 10. —

— d. klass. Altertumswissenschaften, hrsg. v. J Geffcken. 1. Bd. 8° Heidelbg, Carl Winter.
Hoppe, Edm.: Mathematik u. Astronomie im klass. Altertum. (11, 443 m. Fig.) '11 [1] 6 —; Ln 7 —

Bibliothek, altfranzösische, hrsg. v. Wendelin Foerster. 1. 2. 4. u. 5. Bd. 8. Heilbronn 879—82. Henninger. n. 20. 80
1. Chardry's Josaphaz, Set Dormanz u. Petit Plet. Dichtungen in der anglo-norman. Mundart d. XIII. Jahrh., zum 1. Mal vollständig mit Einleitung, Anmerkungen u. Glossar hrsg. v. John Koch. (XLVII, 226 S.) n. 6. 80.
2. Karls d. Grossen Reise nach Jerusalem u. Constantinopel. Ein altfranzös. Gedicht d. XI. Jahrh. Hrsg. v. Ed. Koschwitz. (113 S.) n. 2. 80
4. Lothringischer Psalter [Bibl. Mazarine No. 798], altfranzös. Uebersetzung d. XIV. Jahrh., mit einer grammat. Einleitung, enth. die Grundzüge der Grammatik d. altlothring. Dialects, u. einem Glossar zum ersten Mal hrsg. v. Frdr. Apfelstedt. (LXIII, 177 S.) n. 6. —
5. Lyoner Yzopet. Altfranzösische Uebersetzung d. XIII. Jahrh. in der Mundart der Franche-Comté, mit dem krit. Text d. latein. Originals [sog. Anonymus Neveleti] zum 1. Mal hrsg. v. Wendelin Foerster. (XLIV, 165 S.) n. 5. 20

Der 3. Bd. erscheint später.

— altfranzösische, hrsg. v. Wendelin Foerster. 2., 3., 6—10. Bd. 8. Ebend. n. 45. — (1—10.: n. 63. —)
2. Karls d. Grossen Reise nach Jerusalem u. Constantinopel. Ein altfranz. Heldengedicht. Hrsg. v. Ed. Koschwitz. 2. vollständig umgearb. u. verm. Aufl. (LI, 115 S.) 883. n. 4. 40
3. Octavian. Altfranzösischer Roman. Nach der Oxforder Handschrift Bodl. Hatton 100 zum ersten Mal hrsg. v. Karl Vollmöller. (XIX, 160 S.) 883. n. 4. 40
6. Das altfranzösische Rolandslied. Text v. Chateauroux u. Venedig VII. Hrsg. v. Wendelin Foerster. (XXII, 404 S.) 883. n. 10. —
7. Das altfranzösische Rolandslied. Text v. Paris, Cambridge, Lyon u. den sog. lothring. Fragmenten. Mit R. Heiligbrodt's Concordanztabelle zum altfranz. Rolandslied. Hrsg. v. Wendelin Foerster. (XXII, 377 S.) 886. n. 10. —
8. Orthographia gallica. Aeltester Traktat üb. französ. Aussprache u. Orthographie, nach 4 Handschriften zum ersten Mal hrsg. v. J. Stürzinger. (XLVI, 52 S.) 884. n. 2. 40
9. Adgar's Marien-Legenden, nach der Londoner Handschrift Egerton 612 zum ersten Mal vollständig hrsg. v. Carl Neuhaus. (XVI, XLVIII, 259 S.) 886. n. 8. —
10. Commentar zu den ältesten französischen Sprachdenkmälern, hrsg. v. Ed. Koschwitz. I. Eide, Eulalia, Jonas, Hohes Lied, Stephan. (VIII, 227 S.) 886. n. 5. 80

Bibliothek, altfranzösische. Hrsg. v. W. Foerster 11. Bd. 8. Heilbronn 887. [Gebr. Henninger.] Leipzig Reisland. n. 5. 20 (1—11.: n. 66. 60
Die Werke des Trobadors N'At de Mons. Zum ersten Ma hrsg. v. W. Bernhardt. (XLIX, 169 S.)

— altfranzösische. 12.—14. Bd. 8. Leipzig, O. R. Reisland. n. 13. 50 (1–14.: n. 81. 90)
12. Floris et Liriope, altfranzösischer Roman d. Robert de Blois. Zum erstenmal hrsg. v. Wolfram v. Zingerle. (XXX, 52 S.) 891. n. 2. 50
13. Provenzalische Inedita aus Pariser Handschriften, hrsg. v. C. Appel. (XXXII, 356 S.) 890. n. 5. —; Einzelpr. n. 8. —
14. Le Bestiaire. Das Thierbuch d. normann. Dichters Guillaume Le Clerc, zum ersten Male vollständig nach den Handschriften v. London, Paris u. Berlin m. Einleitg. u. Glossar hrsg. v. Rob. Reinsch. (V, 441 S.) 890. n. 6 —; Einzelpr. n. 10. —
Die Bände 13 u. 14 erschienen 1890 als Separatwerke u. wurden 1892 der altfranzös. Bibliothek eingereiht. Die ermässigten Preise: 5. — resp. 6. — gelten nur für Abnehmer der altfranzös. Bibliothek.
13. Provenzal. Inedita aus Pariser Handschriften hrsg. v. Carl Appel. (XXXII, 356 S.) 892. * 5 —; Einzelpr. * 8 —.
14. Le Bestiaire. Das Thierbuch des normann. Dichters Guillaume Le Clerc, zum ersten Male vollständig nach den Handschriften v. London, Paris u. Berlin mit Einleitg. u. Glossar hrsg. v. Rob. Reinsch. (V, 441 S.) 892. * 6 –; Einzelpr. * 10 —.

— altfranzösische. 15. Bd. 8. Leipzig, O. R. Reisland. Subskr.-Pr. n. 6. —; Einzelpr. n. 10. —
Aliscans, m. Berücksicht. v. Wolframs v. Eschenbach Willehalm krit. hrsg. v. Gust. Rollin. (LXIX, 163 u. 132 S.) 894.

— dasselbe. 2. Bd. 3., verb. Aufl. 8. Ebd. 895. Subskr.-Pr. n. 3. 30; Einzelpr. n. 4. 40
Karls d. Grossen Reise nach Jerusalem u. Constantinopel. E. altfranzös. Heldengedicht, hrsg. v. Ed. Koschwitz. (XXXVIII, 120 S.)

Bibliothek, altfranzösische. Hrsg. v. Wendelin Foerster. 2. Bd. 8. Leipzig, O. R. Reisland. n. 4. 50
Karls des Grossen Reise nach Jerusalem u. Constantinopel. Ein altfranzös. Heldengedicht. Hrsg. v. Ed. Koschwitz. 4., verb. Aufl. (V, XL, 128 S.) 900.

— altfranzösische. Hrsg. v. Wendelin Foerster. 2. Bd. 8. Leipzig, O. R. Reisland. 4.50; geb. n 5. 30
2. Karls des Großen Reise nach Jerusalem u. Constantinopel. Ein altfranzös. Heldengedicht. Hrsg. v. Eduard Koschwitz. 5., verb. Aufl. Besorgt v. Gust. Thurau (XII, XL, 130 S.) 907.

— Altorfisch. d. gesammt. schön. Wissensch. 2 Thle. gr. 8. Altorf. Monath. 762—63.

Bibliothek, Amerikanische. 1—4. Bd. Shannondale. Ein amerik. Roman v. E. D. E. Nevitt Southworth. Aus d. Engl. 4 Bde. 8. (208. 208. 205 u. 198 S.) Leipzig 852, Kollmann. (à 1/2 ℛ) 2 ℛ

— dies. 5 u. 6. Bd. Wilde Scenen u. Abenteuer im westl. Amerika. Eine Erzählung v. J. B. Jones. Nach der 13. Aufl. des Orig. übers. v. Ernst Susemihl. 2 Bde. 8. (VI. 212 u. 255 S.) Ebd. 852. (à 1/2 ℛ) 1 ℛ

— dies. 7. Bd. Leben, hier u. dort; od. Skizzen aus d. Gesellschaft u. Abenteuer aus weit entfernten Zeiten u. Orten v. N. P. Willis. Deutsch v. W. E. Drugulin. 8. (214 S.) Ebd. 852. 1/2 ℛ

— dies. 8. Bd. Leute, die ich gekannt; od. Gemälde aus der Gesellschaft, u. bekannte Leute. Unter einem dünnen Schleier der Fiction gezeichnet v. N. Parker Willis. Deutsch v. W. E. Drugulin. 8. (188 S.) Ebd. 852. 1/2 ℛ

Bibliothek, Amerikanische. 9—12. Bd. Onkel Tom od. Negerleben in den nordamerikan. Sklavenstaaten. Von H. B. Stowe. Nach der 10. amerik. Aufl. übers. v. W. E. Drugulin. 4 Bde. 8. (194. 196. 206 u. 215 S.) Leipzig 852, Kollmann. (à 1/2 ℛ) 2 ℛ

— dies. 13 u. 14. Bd. Nachtwachen in einem Blockhause. Von Henry C. Watson. Aus d. Engl. v. Ernst Susemihl. 2 Bde. 8. (240 u. 188 S.) Ebd. 852. (à 1/2 ℛ) 1 ℛ

— dies. 15 u. 16. Bd. Blithedale. Ein Roman v. Nathaniel Hawthorne. Deutsch v. W. E. Drugulin. 2 Bde. 8. (1. Bd. X u. 181 S. 2. Bd. 208 S.) Ebd. 852. (à 1/2 ℛ) 1 ℛ

— dies. 17—19. Bd. Der weiße Sklave. Eine Erzählung aus Virginien v. R. Hildreth. Deutsch v. Wm. E. Drugulin. 3 Bde. 8. (224. 208 u. 197 S.) Ebd. 852. 1 1/2 ℛ

— dies. 20—22. Bd. Nordamerikanisches Volksleben. 3 Bde. Aus d. Engl. v. Karl Ernst Richter. 8. 1. Bd. Leben u. Abenteuer des Kapitäns Simon Suggs. (VIII u. 176 S.) 2. Bd. Der große Bär v. Arkansas u. andere Erzählungen. (190 S.) 3. Bd. Das „sternbesä'te Banner" u. andre Erzählungen, sowie Polizeianekdoten aus New-Orleans. (188 S.) Ebd. 852. (à 1/2 ℛ) 1 1/2 ℛ

Bibliothek, amerikanische. Leipzig 853—58. Kollmann. 8. Jeder Bd. 15 ngr
23—25. Bd. Die einsame Taube. Eine Erzählung aus der Revolutionszeit. Von einer Dame. In's Deutsche übertr. von E. Susemihl. 3 Bde. (184; 184; 192 S.)
26—29. Bd. Simms, J. R., Katherine Walton oder der Rebell von Dorchester. Ein histor. Roman aus dem Revolutionskriege in Karolina. In's Deutsche übertr. von. W. E. Drugulin. 4 Bde. (212; 212; 198; 224 S.)
30. 31. Bd. Webber, C. W., Agaton der Geächtete oder wildes Leben in Texas. Aus dem Engl. von W. E. Drugulin. 2 Bde. (191; 176 S.)
32—35. Bd. Southworth, D. E. N., Die Schwiegermutter oder die Strahleninsel. Ein Roman. Aus dem Engl. übers. von Ernst Susemihl. 4 Bde. (168; 184; 182; 183 S.)
36. 105—7. Bd. Webber, C. W., Geschichten von der Süd-Grenze. Deutsch von W. E. Drugulin. 4 Thle. (168; 149; 144; 168 S.)
37. 38. 99. Bd. Poe, Edgar Allan, Ausgewählte Werke. Aus dem Engl. von W. E. Drugulin. 3 Bde. (200; 214; 197 S.)
39—42. Bd. Wilfred Montressor oder die Sieben. Ein Roman aus dem New-Yorker Leben. Von dem Verf. von „Abel Parsons oder Bruderrache" rc. 4 Bde. (192; 184; 184; 200 S.)
43—48. Bd. Wetherell, Elisabeth, die weite, weite Welt. Deutsch von J. Ziethen. 6. Bde. (208; 221; 232; 211; 199; 198 S.)
49—53. Bd. Kennedy, John P., Hufeisen-Robinson. Eine Erzählung a. d. Zeit d. Toryherrschaft. In's Deutsche übertr. von W. E. Drugulin. 5 Bde. (224; 214; 222; 220; 215 S.)
54—57. Bd. Weir, James, Esq. Long Powers oder die Regulatoren. Ein Roman aus dem Leben in Kentucky. Deutsch von Ernst Susemihl. 4 Bde. (216; 204; 192; 174 S.)
58—61. Bd. Romer, Jonathan, Kalula oder der Amerikaner in Afrika. Eine Autobiographie. Herausg. von W. J. Mayo. Aus dem Engl. von W. E. Drugulin. 4 Bde. (226; 198; 216; 232 S.)
62—64. Bd. Simms, W. Gilmore, Marie de Bernière. Eine Geschichte aus New-Orleans. Und andere Erzählungen. Deutsch von W. E. Drugulin. 3 Bde. (168; 184; 176 S.)
65—68. Bd. Tucker, Beverly, George Balcombe. Ein Roman. Aus dem Engl. von W. E. Drugulin. 4 Bde. (200; 176; 198; 208 S.)
69—72. Bd. Dorsey, Anna Hanson, Schloß Woodreve. Erzählung aus dem amerikan. Leben. Deutsch von J. Ziethen. 4 Bde. (173; 157; 152; 168 S.)
73. 74. Bd. Jones, F. Randolph, Fort Wayne. Eine Erzählung aus Tennessee. 2 Bde. (192; 176 S.)
75. 76. Bd. Huntington, J. V. Alban, Geschichte eines jungen Puritaners. Nach der 2. Aufl. des Originals bearb. von W. E. Drugulin. 2 Bde. (200; 204 S.)

77—79. Bd. Southworth, Emma D. E. N., Mark Sutherland der Pflanzersohn oder Macht und Grundsätze. Aus dem Engl. von W. E. Drugulin. 3 Bde. (176; 175; 171 S.)

80—83. Bd. Southworth, D. E. N., Clifton's Fluch oder Sühne und Vergebung. Ein Roman. Aus dem Engl. übers. von Ernst Susemihl. 4 Bde. (188; 197; 208; 207 S.)

84—89. Bd. Wetherell, Elisabeth, Queechy. Deutsch von Ernst Susemihl. 6 Bde. (220; 240; 219; 224; 214: 232 S.)

99. Poe, Edgar Allan, ausgewählte Werke. Aus dem Engl. von W. E. Drugulin. 3. (letzter) Bd. (197 S.) (Vgl. Bd. 37. und 38.)

100—104. Simms, W. G., Schwert und Spindel. Eine Geschichte aus dem Süden. Aus dem Engl. 5 Bde. (1029 S.)

105—107. Webber, C. W., Geschichten von der Süd-Grenze. Deutsch von W. E. Drugulin. 2—4. (letzter) Thl. (461 S.) (Vgl. Bd. 36.)

108—111. (Cumming), der Laternenwärter. Aus dem Engl. übers. von W. E. Drugulin. 4 Bde. (912 S.)

112—114. Webber, C. W., Jäger und Naturforscher. Scenen aus Wald und Prairie. Nach der (3.,) londoner Aufl. von „The romance of natural history" übers. von W. E. Drugulin. 3 Bde. (555 S.)

115—117. Willrich, Geo., Erinnerungen aus Texas. Wahrheit und Dichtung. Aufgezeichnet während der Untersuchungshaft zu Hannover. Deutsches Original. 3 Bde. (523 S.)

118—21. Bd. Stephens, Mrs. Anna S., Julie Warren oder Glanz und Elend. Nach der 3. Aufl. von „Fashion and famine" aus dem Engl. übers. von A. Kretzschmar. 4 Bde. (182; 184; 176; 208 S.)

122—124. 126. Bd. Legenden des Westens. Amerikanisches Original von James Hall. Aus dem Engl. übers. 4 Bde. (166; 195; 163; 163 S.)

125. 127—29. Bd. Robin Day oder das Leben eines Unglücksvogels von Dr. Bird. Aus dem Engl. von W. E. Drugulin. 4 Bde. (232; 160; 159; 172 S.)

130—33. Bd. Barnum's Leben. Von ihm selbst geschildert. Deutsch von W. E. Drugulin. 4 Bde. (VIII, 187; 214; 156; 216 S.)

134—37. Bd. Zana oder die Erbin von Clair-Hall von Mrs. Ann S. Stephens. Aus dem Engl. von W. E. Drugulin. 4 Bde. (165; 182; 175; 181 S.)

138—41. Bd. Der Krüppel. Ein Roman aus den Tagen Karl's II. von J. P. Kennedy. Deutsch von Ernst Susemihl. 4 Bde. (176; 160; 168; 168 S.)

142—44. Bd. Der alte Soldat oder der Preis der Freiheit. Aus dem Engl. von W. E. Drugulin. 3 Bde. (160; 168; 173 S.)

145—47. Bd. Am Lagerfeuer, oder: Die Büffeljäger von Capitain Mayne Reid. Aus dem Engl. von W. E. Drugulin. 3 Bde. (188; 196; 203 S.)

148. Bd. Blackwater oder eine Entdeckungsreise in das Land Canaan (Randolph-County, Virginien) im Sommer 1851. Unternommen von fünf kühnen Männern ohne alle Regierungsunterstützung und nur aus eigenen Mitteln bestritten. Deutsch von W. E. Drugulin. (176 S.)

149. 150. Bd. Die Verbannten. Naturbilder aus den Wildnissen am Amazonenstrome. Von Capitain Mayne Reid. Deutsch von W. E. Drugulin. 2 Bde. (203; 225 S.)

151—54. Bd. Capitain Canot oder zwanzig Jahre aus dem Leben eines afrikanischen Sclavenhändlers. Von Brantz Mayer. Aus dem Engl. von W. E. Drugulin. 4 Bde. (203; 192; 200; 198 S.)

155. 156. Bd. Warme Maiskolben! Bilder des Lebens in New-York, von Solon Robinson. Aus dem Engl. von W. E. Drugulin. 2 Bde. (216; 256 S.)

157—60. Bd. Die verlorene Erbin. Von E. D. E. Nevitt Southworth. Deutsch v. Ernst Susemihl. 4 Bde. (200; 207; 207; 199 S.)

161—63. Bd. Meines Bruders Hüter. Von Miß Wetherell. Aus dem Engl. übers. von W. E. Drugulin. 3 Bde. (186; 186; 188 S.)

164—66. Bd. Ned Lorn's Abenteuer von J. B. Jones. Deutsch von W. E. Drugulin. 3 Bde. (224; 235; 246 S.)

167. Bd. Aufzeichnungen eines Sumpfarztes in Louisiana. Von Madison Tensas. Deutsch von W. E. Drugulin. (250 S.)

168—70. Bd. Die Goldjäger. Ein amerikan. Roman. Von C. W. Webber. 2. Aufl. 3 Bde. (197; 197; 175 S.)

171—74. Bd. Costal der Indianer. Histor. Roman. Scenen aus dem merikan. Befreiungskriege von Gabr. Ferry. Hinterlassenes Werk. Ins Deutsche übers. von W. L. W. 2. Aufl. 4 Bde. (179; 180; 190; 189 S.)

175—82. Bd. Der Waldgänger. Roman aus Amerika's Urwäldern von Gabr. Ferry. Deutsch von W. L. W. 2. Aufl. 8 Thle. (230; 207; 189; 208; 208; 184; 176; 199 S.)

183—87. Bd. Dollars und Cents oder die Familie von Glen Luna. Von Miß Wetherell. Deutsch von W. E. Drugulin. 5 Bde. (200; 180; 200; 189; 176 S.)

188. 189. Bd. Tom Owen, der Bienenjäger und andere Geschichten aus dem Südwesten von T. B. Thorpe. Aus dem Engl. übertr. von W. E. Drugulin. 2 Bde. (184; 200 S.)

190. 191. Bd. Simon Kenton oder des Spähers Rache. Ein histor. Roman von J. Weir. Aus dem Engl. von W. E. Drugulin. 2 Bde. (168; 175 S.)

192. 193. Bd. Die Winterhütte oder das erfüllte Gelübde. Ein histor. Roman (Fortsetzung von „Simon Kenton") von James Weir. Deutsch von Ernst Susemihl. 2 Bde. (190; 208 S.)

194—97. Bd. Die Vermonter Burschen. Von Richter Thompson. Deutsch von Ernst Susemihl. 4 Bde. (188; 192; 171; 168 S.)

198—200. Bd. Stanhope Burleigh oder Jesuitenränke. Von Helene Dhu. Aus d. Engl. 3 Bde. (144; 176; 127 S.)

201—3. Bd. Der verborgene Weg. Von Marion Harland. Aus dem Engl. von W. E. Drugulin. 3 Bde. (226; 216; 236 S.)

204—7. Bd. Der weiße Häuptling. Eine Sage aus Nord-Merico. Von Capitain Mayne Reid. Aus dem Engl. von W. E. Drugulin. 4 Bde. (174; 167; 162; 175 S.)

208—11. Bd. Die verstoßene Tochter oder die Kinder der Insel. Von Mrs. Emma D. E. N. Southworth. Deutsch von Ernst Susemihl. 4 Bde. (203; 205; 159; 181 S.)

212—15. Bd. Das alte Familienhaus. Von Mrs. Ann S. Stephens. Deutsch von W. E. Drugulin. 4 Bde. (176; 192; 202; 174 S.)

216—18. Bd. Eine Seeräubergeschichte, wie man sie den Schiffssoldaten erzählt, von Harry Gringo (Lieut. Wise). Aus dem Engl. übers. von W. E. Drugulin. 3 Bde. (182; 175; 150 S.)

219—22. Bd. Virginia und Magdalena oder die Milchschwestern. Ein Roman v. Emma D. E. N. Southworth. Deutsch von Ernst Susemihl. 4 Bde. (181; 182; 176; 184 S.)

223. 224. Bd. Viola oder Abenteuer im fernen Südwesten von Emerson Bennett. Aus dem Engl. übers. 2 Bde. (2 Bl., 148; 172 S.)

225—27. Bd. Clara Moreland oder Abenteuer im fernen Südosten (Fortsetz. von „Viola") von Emerson Bennett. Aus dem Engl. übers. 3 Bde. (2 Bl., 160; 2 Bl., 160; 2 Bl., 168 S.)

228—31. Bd. Ellie oder die Komödie des Menschenlebens. Von John Estan Cooke. Aus dem Engl. 4 Bde. (208; 211; 192; 216 S.)

232—34. Bd. Clovernook oder Erinnerungen an unsere Nachbarn im Westen. Von Alice Carey. Aus dem Engl. von W. E. Drugulin. 3 Bde. (192; 216; 200 S.)

235—39. Bd. Die Schauspieler, oder alte Zeiten in Virginien. Nach den Manuscripten von C. Effingham. Herausg. von John Estan Cooke. 5 Bde. (247; 222; 196; 240; 224 S.)

240—41. Bd. Der Scharlachbuchstabe. Von Nathaniel Hawthorne. Nach der 2. Aufl. aus dem Engl. übers. von W. E. Drugulin. 2 Bde. 2. Aufl. (240; 222 S.)

242—46. Bd. Die Berge am Shatemuc. Von Elisabeth Wetherell. 5 Bde. (194; 207; 210; 213; 221 S.)

— amerikanische. 247—410. Bd. 8. Leipzig 857—61, Kollmann. à Bd. 15 Ngr.

247—50. Bd. Cousine Veronica oder Scenen und Abenteuer jenseits der Blauen Berge. Von M. E. Wormeley. 4 Bde. (171; 166; 163; 169 S.)

251—54. Bd. Die Quadrone oder Abenteuer in Louisiana. Von Capt. Mayne Reid. Aus dem Engl. übers. 4 Bde. (166; 178; 176; 173 S.)

255. 256. Bd. Aus dem Leben eines New-Yorker Arztes. Von Edw. H. Dixon. 2 Bde. (172; 160 S.)

257—60. Bd. Lederstrumpf und Seide oder der Jäger John Myers und seine Zeit. Eine Erzählung aus dem Thale von Virginien. Von John Estan Cooke. Aus dem Engl. 4 Bde. (161; 157; 162; 156 S.)

261. 262. Bd. Hardscrabble oder der Fall von Chicago. Erzählung aus dem Indianerkriege von Major Richardson. 2 Bde. (143; 136 S.)

263—65. Bd. Licht und Schatten. Amerikan. Novellenkranz von Mrs. Emma D. E. N. Southworth. Aus dem Engl. übers. von Marie Heine. 3 Bde. (186; 207; 212 S.)

266—68. Bd. Juno Clifford. Eine Erzählung. Aus dem Engl. 3 Bde. (159; 160; 155 S.)

269—73. Bd. Amabel. Eine Familiengeschichte von Mary Elisabeth Wormeley. Aus d. Engl. übertr. 5 Bde. (164; 183; 175; 168; 152 S.)

274—76. Bd. Edgar Huntley oder der Nachtwandler von Charles Brockden Brown. 3 Bde. (158; 156; 166 S.)

277—79. Bd. Die Waldesbraut von Emerson Bennett. Aus dem Engl. 3 Bde. (151; 156; 160 S.)

280—84. Richard Hurdis. Ein Roman aus Alabama. Von W. G. Simms. 5 Bde. (166; 158; 143; 124; 138 S.)

285—90. Bd. Die vermißte Braut, oder Miriam die Nächerin. Von Emma D. E. N. Southworth. Deutsch von Ernst Susemihl. 6 Bde. (195; 184; 172; 192; 163; 160 S.)

291—93. Bd. Komische Geschichten von N. Parker Willis. Aus dem Engl. 3 Bde. (2 Bl., 148; 2 Bl., 160; 2 Bl., 140 S.)

294—97. Bd. Orion Lindell, oder: Treue und falsche Herzen. Erzählung aus dem New-Yorker Leben von Sylvanus Cobb. Aus dem Engl. übers. von Marie Heine. 4 Bde. (176; 162; 163; 172 S.)

298—300. Bd. Paul Fane oder unerzählte Partien aus einem Künstlerleben. Von N. Parker Willis. 3 Bde. (VIII, 151; VIII, 163; VIII, 160 S.)

301. 302. Bd. Die Flüchtlinge. Eine Indianergeschichte aus dem Jahre 1812. Von Emerson Bennett. Aus dem Engl. übers. von Marie Heine. 2 Bde. (232; 252 S.)

303—6. Bd. Rothbäckchen. Eine Erzählung von der Gränze Alt-Virginiens von John Estan Cooke. 4 Bde. (2 Bl., 147; 2 Bl., 170; 2 Bl., 161; 2 Bl., 171 S.)

307—9. Bd. Gant Gurley, oder die Trapper am Umbagog. Von D. P. Thompson. 3 Bde. (2 Bl., 174; 2 Bl., 159; 2 Bl., 184 S.)

310—13. Bd. Die Kriegsfährte, oder die Jagd des wilden Rosses. Eine Erzählung aus der Prairie von Capit. Mayne Reid. Nach dem amerikan. Original vollständig übers. 4 Bde. (196; 199; 202; 224 S.)

314—17. Bd. Die rothen Indianer von Newfoundland. Ein Roman von Murray. Aus d. Engl. übertr. von Ernst Susemihl. 4 Bde. (171; 175; 158; 153 S.)

318—22. Bd. Verheirathet oder ledig? Novelle von der Verf. von „Hope Leslie," „Redwood" ꝛc. (Miß Sedgwick.) Aus dem Engl. übers. von Marie Heine. 5 Bde. (VII, 176; 191; 172; 179; 192 S.)

323—26. Bd. Guy Rivers. Eine Geschichte aus Georgien von W. Gilmore Simms. Aus dem Engl. übers. 4 Bde. (192; 208; 176; 204 S.)

327—30. Bd. Moß-Side. Von Marion Harland. Aus dem Engl. 4 Bde. (176; 170; 178; 180 S.)

331. 332. Bd. Die Testamentsfälschung oder Sünde und Vergeltung. Von Emerson Bennett. Aus dem Engl. 2 Thle. (207; 226 S.)

333—37. Bd. Die Grenzjagd. Von W. Gilmore Simms. Aus dem Engl. 5 Bde. (174; 176; 179; 173; 182 S.)

338—41. Bd. Wacousta, oder die Prophezeihung. Eine indianische Geschichte von Major Richardson. Aus dem Engl. 4 Bde. (172; 175; 200; 174 S.)

342—46. Bd. Oceola oder die aufgehende Sonne. Ein Roman von Capitain Mayne Reid. Aus dem Engl. 5 Bde. (167; 172; 154; 146; 149 S.)

347—49. Bd. Der Ritter von der goldenen Biene. Historischer Roman von J. Turvill Adams. Aus d. Engl. übers. 3 Bde. (228; 200; 216 S.)

350—53. Bd. Die Inselprinzessin oder die Doppelehe. Von D. E. Nevitt-Southworth. Aus dem Engl. 4 Bde. (204; 194; 197; 260 S.)

354. Bd. Zwei Mal getraut. Ein Lebensbild aus Connecticut von Calvin W. Philleo. Deutsch von W. E. Drugulin. (223 S.)

355—57. Bd. Der Gefangene. Eine Erzählung aus dem canadischen Aufstand d. J. 1838 von P. Hamilton Myers. 3 Bde. (168; 202; 195 S.)

358. 359. Bd. Hagar, eine Geschichte aus unserer Zeit von Alice Carey. Aus dem Engl. von W. E. Drugulin. 2 Bde. (153; 154 S.)

360—63. Bd. Der Kriegspfad oder: Abenteuer in der Wildniß. Von J. B. Jones. Aus dem Engl. übers. 4 Bde. (188; 163; 137; 128 S.)

364—68. Bd. Mabel Vaughan. Ein Roman von Miß Cummins. Aus dem Engl. 5 Bde. (168; 176; 163; 164; 168 S.)

369—71. Bd. Die Garies und ihre Freunde von Frank J. Webb. Mit e. einl. Vorw. von Harriet Beecher Stowe. Aus dem Engl. 3 Bde. (210; 208; 208 S.)

372—75. Bd. Arthur Mervyn oder die Pest in Philadelphia. Denkwürdigkeiten aus d. J. 1793. Von Ch. B. Brown. Aus d. Engl. übers. 4 Bde. (174; 184; 194; 203 S.)

376—78. Bd. Verlorene Juwelen. Eine Novelle von Mrs. Ann S. Stephens. Aus d. Engl. übers. von Marie Heine. 3 Bde. (192; 183; 172 S.)

379—381. Fern, Fanny, Rose Clark. Aus dem Engl. von W. E. Drugulin. 3 Bde. (458 S.)

382—385. Cobb, Sylvanus, Bion, der Wanderer. Eine Erzählung. Aus dem Engl. übers. von Marie Heine. 4 Bde. (788 S.)

386., 387. Clemens, Jer., Mustang Gray. Eine Erzählung aus Texas. Deutsch von W. E. Drugulin. 2 Bde. (462 S.)

388—391. Cartwright, Peter, Gottes Wort im Hinterwalde. Lebensschicksale und Erfahrungen des ältesten reisenden Methodistenpredigers in Amerika. Von ihm selbst geschrieben. Nach der 40. amerikan. Aufl. 4 Bde. (734 S.)

392—395. Stephens, Ann S., Mary Derwent. Deutsch von W. E. Drugulin. 4 Bde. (678 S.)

396—400. Simms, W. Gilmore, der Kassike von Kiawa. Ein Roman aus den Colonien. Deutsch von W. E. Drugulin. 5 Bde. (1098 S.)

401—403. Benauly, Matthew Caraby. Geschichte seiner Abenteuer im Herbst 1818, unter Freunden und Fremden, in der Stadt und auf dem Lande. Deutsch von W. E. Drugulin. 3 Bde. (588 S.)

404—407. Reid, Mayne, die wilde Jägerin. Roman. Deutsch von W. E. Drugulin. 4 Bde. (852 S.)

408—410. — Meister Braun oder die große Bärenjagd. Aus dem Engl. 3 Bde. (516 S.)

— amerikanische. Leipzig 859—63. Kollmann. 8. Jeder Bd. 15 ngr.

379—381. Bd.: Rose Clark von Fanny Fern. Aus dem Engl. von Wm. E. Drugulin. 3 Bde. (458 S.)

382—385. Bd.: Bion, der Wanderer. Eine Erzählung von Sylvanus Cobb. Aus dem Engl. übers. von Marie Heine. 4 Bde. (788 S.)

386. 387. Bd.: Mustang Gray. Eine Erzählung aus Texas von Jer. Clemens. Deutsch von W. E. Drugulin. 2 Bde. (462 S.)

388—391. Bd.: Gottes Wort im Hinterwalde. Lebensschicksale u. Erfahrungen Peter Cartwright's des ältesten reisenden Methodistenpredigers in Amerika. Von ihm selbst geschrieben. Nach der 40. amerikan. Aufl. 4. Bde. (734 S.)

392—395. Bd.: Mary Derwent. Von Mrs. Ann S. Stephens. Deutsch von W. E. Drugulin. 4 Bde. (678 S.)

396—400. Bd.: Der Kassike von Kiawa. Ein Roman aus den Colonien von William Gilmore Simms. Deutsch von E. Drugulin. 5 Bde. (1098 S.)

401—403. Bd.: Matthew Caraby. Geschichte seiner Abenteuer im Herbst 1818, unter Freunden u. Fremden, in der Stadt u. auf dem Lande. Von Benauly. Deutsch von W. E. Drugulin. 3 Bde. (588 S.)

404—407. Bd.: Die wilde Jägerin. Roman von Capit. Mayne-Reid. Deutsch von W. E. Drugulin. 4 Bde. (852 S.)
408—410. Bd.: Meister Braun oder die große Bärenjagd. Von Capit. Mayne-Reid. Aus d. Engl. 3 Bde. (516 S.)
411—415. Bd.: Der Parteigänger. Eine Erzählung aus dem Revolutionskriege in Süd-Carolina. Von W. Gilmore Simms. Aus dem Engl. 5 Bde. (915 S.)
416. 417. Bd.: Der Erbe. Ellen Welles. Zwei Novellen von P. Hamilton Myers. Aus dem Engl. übers. von Marie Heine. 2 Thle. (316 S.)
— — 84—89. Bd. 2. Aufl. Ebend. 859. 8. 2 ℛ
Inhalt: Queechy. Von Elisabeth Wetherell. Aus dem Engl. übers. von E. Susemihl. 6 Bde. (1383 S.)

Bibliothek, amerikanische. Leipzig 866—70. Kollmann. (Stuttg., Werther.) 8. Jeder Bd. 15 ngr.
418—421. Bd.: Holmes, Oliver Wendel, Elsie Venner. Ein Schicksalsroman. 4 Bde. (645 S.)
422. Bd.: Stephens, Ann S., Sybille oder der Rancho des Thales. Eine Erzählung. Deutsch von Aug. Kretzschmar. (204 S.)
423—427. Bd.: — Doppelt falsch. Roman. Deutsch von Aug. Kretzschmar. 5 Bde. (842 S.)
428—431. Bd.: Reid, Mayne, Blanche. Roman aus zwei Welten. Dentsch von Aug. Kretzschmar. 4 Bde. (698 S.)

Bibliothek, amerikanische. 432—435. Bd. 8. Leipzig 871. Kollmann. à 1. 50
432. Malaeska. Eine Erzählg. v. Ann S. Stephens. Deutsch v. Aug. Kretzschmar. 2. Aufl. (247 S.)
433. Myra od. die Pflegetochter. Eine Erzählg. v. Ann S. Stephens. Aus d. Engl. übersetzt. 2. Aufl. (218 S.)
434. Der Engel der Grenze. Eine Erzählg. v. Ann S. Stephens. Aus d. Engl. 2. Aufl. (253 S.)
435. Walde-Warren. Eine amerikan. Criminalgeschichte v. Emerson Bennet. Aus d. Engl. übersetzt v. Marie Heine. 2. Aufl. 8. (224 S.)

Nach den Verfassern geordnete Uebersicht der einzelnen Werke.

Adams, Turvill J., der Ritter von der goldenen Biene. (347—49.)
Barnum's Leben. (130—33.)
Benauly, Matthew Caraby. (401—403.)
Bennett, Emerson, die Flüchtlinge. (301—2.)
— Clara Moreland. (225—27.)
— die Testamentsfälschung. (331—32.)
— Viola. (223—24.)
— die Waldesbraut. (277—79.)
Bird, Robin Day. (125. 127—29.)
Blackwater oder eine Entdeckungsreise in dem Lande Canaan. (148.)
Brown, Ch. Br., Edgar Huntley. (274—76.)
— Arthur Mervyn. (372—75.)
Carey, A., Clovernook. (232—34.)
— Hagar. (358—59.)
Cartwright, Peter, Gottes Wort im Hinterwalde. (388—391.)
Clemens, Jer., Mustang Gray. (386, 387.)
Clifford, Juno. (266—68.)
Cobb, Sylvanus, Bion, der Wanderer. (382—385.)
Cobb, Sylv., Orion Lindel. (294—97.)
Cooke, John Estan, Ellin. (228—31.)
— Lederstrumpf und Seide. (257—60.)
— Rothbäckchen. (303—306.)
Cummins, Mabel Vaughan. (364—68.)
(—) der Laternenwärter. (108—11.)
Dhu, H., Stanhope Burleigh. (198—200.)
Dixon, H., Aus dem Leben eines Newyorker Arztes. (255—56.)
Dorsey, Anna Hanson, Schloß Woodreve. (69—72.)
Effingham, C., die Schauspieler. (235—39.)
Fern, Fanny, Rose Clark. (379—381.)
Ferry, Gabr., Costal der Indianer. (171—74.)
— der Waldgänger. (175—82.)
Foster, G. G., Celio. (97—98.)
Gringo, H., eine Seeräubergeschichte. (216—18.)
Hall, J., Legenden des Westens. (122—24. 126.)
Harland, M., Moß-Side. (327—30.)
— der verborgene Weg. (201—3.)
Hawthorne, N, Blithedale. 2 Bde. (389) 52.
Hawthorne, N., der Scharlachbuchstabe. (240—41.)
Hildreth, R. d. weisse Sklave. 3 Bde. (637) 53.
Holmes, OW, Elsie Venner. 4 Bde. (645) 66.
Huntington, J. V., Alban. (75—79.)
— Im Walde. (90—91.)
Jones, J. B., der Kriegspfad. (360—63.)
— Ned Lorn's Abenteuer. (164—66.)
– wilde Scenen u. Abent. im westl. Amerika. 2 Bde. (467) 52.
— Fort Wayne. (73—74.)
Kennedy, JP, Hufeisen-Robinson. 5 Bde. (1095) 53.
Kennedy, J. P., der Krüppel. (138—41.)
Laternenwärter, der, s. Cummins.
Mayer, Br., Capitän Canot. (151—54.)
Mayne-Reid, Meister Braun. (408—410.)
— Die wilde Jägerin. (404—407.)
Mayo, s. Romer.
Murray, die rothen Indianer. (314—17.)
Myers, P. Hamilton, der Erbe. Ellen Welles. (416, 417.)
Myers, P. H., der Gefangene. (355—57.)
Paulding, J. K., der alte Soldat. (142—44.)
Philleo, W., Zweimal getraut. (354.)
Poe, E. A., ausgewählte Werke. (37—38. 99.)
Reid, Mayne, Am Lagerfeuer. (145—47.)
Reid, M, Blanche. 4 Bde. (693) 70.
— der weiße Häuptling. (204—7.)
— die Kriegsfährte. (310—13.)
— Oceola. (342—46.)
— die Quadrone. (251—54.)
— die Verbannten. (149—50.)
Richardson, Hardscrabble. (261—62.)
— Waconsta. (338—41.)
Richter, KE, nordamerik. Volksleben. 3 Bde. (554) 52.
Robinson, S., Warme Maiskolben! (155—56.)
Romer, Kalula. (58—61.)
Sedgwick, Verheirathet oder ledig? (318—22.)
Simms, W. G., die Grenzjagd. (333—37.)
— Marie de Bernière. (62—64.)
— Richard Hurdis. (280—84.)
Simms, Will. Gilmore, der Kassike von Kiawa. (396—400.)
— der Parteigänger. (411—415.)
— Guy Rivers. (323—26.)
— Schwert und Spindel. (100—104.)
— Katherine Walton. (26—29.)
Southworth, E. D. E. N., die vermißte Braut. (285—90.)
— Elliston's Fluch. (80—83.)
Southworth, E. D. E. N., die verlassene Ehefrau. (92—96.)
— die verlorene Erbin. (157—60.)
— die Inselprinzessin. (350—53.)
— Licht und Schatten. (263—65.)
— die Schwiegermutter. (32—35.)
– Shannondale. 4 Bde. (819) 52.
— Mark Sutherland. (77—79.)
— die verstoßene Tochter. (208—11.)
— Virginie und Magdalena. (219—22.)
Stephens, Ann S., Mary Derwent. (392—395.)
Stephens, AS, d. Engel d. Grenze. (253)
Stephens, A. S., das alte Familienhaus. (212—15.)
— verlorene Juwelen. (376—78.)
– Maleska. (247)
– Myra od. d. Pflegetochter. (218)
Stephens, AS, Sybille od. d. Rancho d. Thales. (201) 67.
— Julie Warren. (118—21.)
— Zana. (184—87.)
Stowe, HB, Onkel Tom. 4 Bde. (811) 52.
Taube, die einsame. (23—25.)
Tensas, Aufzeichnungen eines Sumpfarztes. (167.)
Thompson, die Vermonter Burschen. (194—97.)
— Gant Gurley. (307—9.)
Thorpe, T. B., Tom Owen. (188—89.)
Tucker, B., George Balcombe. (65—68.)
Webb, Fr. J., die Garies und ihre Freunde. (369—71.)
Webber, C. W., Agaton der Geächtete. (30—31.)
— Geschichten von der Südgrenze. (63. 105—7.)
— die Goldjäger. (168—70.)

— die weite, weite Welt. (43—48.)
Watson, HC, Nachtwachen in e. Blockhause. 2 Bde. (428) 52.
Wilfred Montressor oder die Sieben. (39—42.)
Willis, P., Paul Fane. (298—300.)
— komische Geschichten. (291—93.)
– Leben, hier u. dort. (214) 52.
– Leute, die ich gekannt. (188) 52.
Willrich, G., Erinnerungen aus Texas. (115—17.)
Wise, s. Gringo.
Wormeley, M. C., Amabel. (269—73.)
— Cousine Veronica. (247—50.)
— Jäger und Naturforscher. (112—14.)
Weir, J., Lonz Powers. (54—57.)
— Simon Kenton. (190—91.)
— die Winterhütte. (192—93.)
Wetherell, E., die Berge am Shatemuc. (242—46.)
— Dollars und Cents. (183 | 87.)
— Meines Bruders Hüter. (161—63.)
— Queechy. (84—89.)

— d. Anarchie. 1. Bd. 8° Klosterneuburg (N.-Oesterr.) (Kierlingerstr. 183), R Grossmann.
Ramus, Pierre: Der Justizmord v. Chicago. In memoriam. 11. 11. 1887. (Umschl.: Die Opfer u. Märtyrer d. Justizmordes v. Chicago.) (4, 220 m. 6 Taf.) '12. [1] 2 —

Bibliothek, Anarchistische. Heft 1-5. 8°– Berlin (1.-4. W. Werner, 5. A. Gruman), s.a. N. F. Heft 1. 8°.– Berlin, Gust. Friedrich, 1897.

Bibliothek, Anarchistisch-communistische. Herausgegeb. von der Gruppe „Autonomie" London.
Heft 1. Revolutionäre Regierungen v. P. Krapotkin, übers. aus d. Franz.
Heft 2. Die Repräsentativregierung, von P. Krapotkin.
Heft 3. Der Alte und der Junge. Ein Zwiegespräch von dem Verfasser vom „Sturm". London. 1888.
Heft 4. Das Lohnsystem, von P. Krapotkin, übers. aus d. Engl.
Heft 5. Gerechtigkeit der Anarchie, von J. Peukert.
Heft 6. Anarchistische Moral, von P. Krapotkin, übers. aus d. Franz.
Heft 7. Was die Anarchisten wollen, von Sch. Janovski. Aus d. Hebräischen übersetzt.
Heft 8. Die Irrlehren und Irrwege der Socialdemokratie in Deutschland, eine zeitliche Warnung an die arbeitende Klasse.
Heft 9. Gretchen und Helene von Mina Kancoi.

Bibliothek für die vergleichende Anatomie. Hrsg. v. L(udwig) F(riedrich von) Froriep. Bd. 1. Weimar: Verl. d. Landes-Industrie-Compt. 1802. 8°

— angenehme. 4 Bdchn. (1s, 2s enth. Starrons tragikom. Novellen; 3s, 4s enth. Mmous d. L. Bapt. Alberti). 8. Lpz., Köhler. 2 rß

— Anhaltische, kritische, 4 Thle. 8. Wittenb. Zimmermann, 778—81.

— v. Anzeigen u. Auszügen, kl., meist akad. Schriften, theol., philos., mathemat., histor. rc. Inhalts, (v. H. E. G. Paulus). 3 Bde. à 4 Stcke. 8. Jena 789—92. (Schmid). 3 rß

— von Anzeig. u. Auszug. klein. academ. Schrift. 5 Bde. in 12 Stck. 8. Jena, Stahl. 789—92.

— apistische. Nr. 1 u. 2. gr. 8 Wytikon-Zürich 890. Apist. Verlagsanstalt. à n. 1. —
1. Das Glück der Landleute durch die Bienenzucht. Eine Volksschrift. Frei aus dem Franz. v. Abbé David übers. u. mit Beiträgen verschiedener deutscher Schriftsteller verm. u. hrsg. v. Tony Kellen. (XII, 53 S.)
2. Die Bienenzucht in der Welt-Ausstellung zu Paris 1889. Ein illustr. Bericht m. 64 Abbildgn. Von Tony Kellen. 2. Ausg. [Aus: „Allgem. illustr. Bienen-Zeitg."] (VII, 61 S.) geb.

— apistische. Nr. 3 u. 4. Wytikon-Zürich, G. Schilde. n. — 90
3. Der praktische Honig-Konsument. Praktische Anleitg. zur Anfertigg. v. Honig-Liqueuren, Met, Wein, Bier, Essig, Fruchtsäften, Backwerk; Einmachen v. Früchten in Honig; Anfertigg. v. Honig- u. Wachsseifen, Pomaden, Volks-Arzneimittel rc. rc. Von Max Pauly. [Aus: „Illustr. Bienenzeitg."] gr. 8. (IV, 47 S.) Zürich 887. n. — 50
4. Die Wachsmotten. Beschreibung u. Mittel zur Bekämpfg. derselben. Von A. v. Rauschenfels. 8. (33 S.) 891. n. — 40

Bibliothek der Neu-Testamentlichen Apokryphen. 1r Thl. Die apokryph. Evangelien u. Apostelgeschichten, ins Deutsche übersetzt u. mit Einleitungen u. Anmerkk. begleitet v. Dr. Karl Friedr. Borberg. 1e Hälfte. Die apokryph. Evangelien. gr. 8. Stuttgart 840, Literatur-Comptoir. 1 7/12 rß

Bibliothek der neu-testamentlichen Apokryphen. Gesammelt, übers. u. erl. von Karl Friedrich Borberg. Bd 1. Stuttgart: Literatur-Comptoir 1841. XXX,748 S.
1. Die apokryphischen Evangelien [Evangelia apocrypha, deutsch] und Apostelgeschichten.
1:Br 1350-1. 12:B. g. Cath. 135. 6. 8. 10. 102.
5.7015

— für Aquarien- u. Terrarienkunde. 1.—3. Heft. 8. Braunschweig, G. Wenzel & Sohn. à Hft. n. — 40
1. Das Süsswasseraquarium, seine Einrichtung u. Bepflanzung. Von K. Stansch. (35 S. m. Abbildgn.) 906.
2. Der Makropode od. Grossflosser, Polyacanthus cupanus. Von K. Stansch. (32 S. m. Abbildgn.) 906.
3 Die Barben u. die den Barben verwandten Arten. Von K. Stansch. Mit 8 Abbildgn. (35 S.) 906.

— f. Aquarien- u. Terrarienkunde. 4.—20. Hft. kl. 8. Braunschweig, G. Wenzel & Sohn. 7. 10
Engmann, P., die Cichliden. 1. Der Chanchito, Heros facetus Jenyns. (29 S. m. 1 Abbildg.) 908. (Heft 12) — 40
— Nordamerikan. Sonnenfische (Centrarchidae). (Umschlag: Der Scheibenbarsch u. die übrigen nordamerikan. Barsche.) Mit 8 Abbildgn. (52 S.) 909. (Heft 17) — 40
Klingelhöffer, W., d. Süsswasserschildkröten u. ihre Pflege. (43 S. m. 20 Abb.) 908. (Heft 13) — 40
Müllegger, S., das Seewasseraquarium, seine Einrichtung u. Pflege. I. Tl. Mit 12 Abb. u. 1 Farben-Taf. (39 S.) 909. (Heft 18) — 50
— dasselbe. 2. Tl. Tiere u. Pflanzen. (43 S. m. 24 Abb. u. 1 farb. Taf.) 910. (Heft 20) — 50
Musshoff, Hugo, das Terrarium. I. Tl.: Einheimische Reptilien u. ihre Pflege. Mit 6 Abbildgn. (38 S.) 908. (Heft 10) — 40
Stansch, K., die Fischkrankheiten, ihre Ursachen u. Heilung. (28 S. m. 1 Abbildg.) 908. (Heft 11) — 40
— Einheimische Fische f. d. Süsswasseraquarium. 2 Tle. (28 S. m. 7 Abbildgn. u. 27 S. m. 8 Abbildgn.) 907. (Heft 6. 7) — 80
— Die Labyrinthfische. Mit 8 Abbildgn. u. 1 Farben-Taf. (35 S.) 909. (Heft 19) — 50
— Der Schleierschwanz u. die übrigen Abarten d. Goldfisches. (32 S. m. 8 Abbildgn.) 907. (Heft 5) — 40
— Die Wasserpflanzen. I. Tl.: Schwimmpflanzen u. untergetauchte Wasserpflanzen. Mit 26 Abbildgn. (28 S.) 907. (Heft 8) — 40
— dasselbe. II. Tl.: Sumpfpflanzen. Mit 14 Abbildgn. (27 S.) 908. (Heft 9) — 40
— Die eigebärenden Zahnkarpfen (Cyprinodontidae oviparae). (Cyprinodon, Haplochilus, Fundulus, Rivulus, Cynolebias.) Mit 21 Abb. (42 S.) 909. (Heft 16) — 40
— Die lebendgebärenden Zahnkarpfen (Cyprinodontidae viviparae). Mit 17 Abb. (40 S.) 906. (Heft 4) — 40
Ziegeler, M., das Leben der Süsswasserschnecken. Mit 102 photograph. Abbildgn. auf 3 Taf. (79 S.) 908. (Heft 14. 15) — 80

— f. Aquarien- u. Terrarienkde. 20—29. Heft. (Mit Abb.) kl8° Braunschw., G Wenzel & S. je — 40; m. 1 farb. Taf. je — 50
Engmann, P: Die Cichliden. II. Cichliden d. alten Welt. Paratilapia multicolor., Tilapia fälli, Tilapia nilotica, Hemichromis fasciatus, Hemichromis bimaculatus. (34 m. 1 farb. Taf.) '11 [22] ‖ III. Cichliden d. neuen Welt. (41) '11 [26]
— Nordamerikan. Sonnenfische (Centrarchidae). 2. Afl. (39 m. 1 farb. Taf.) '11 [25]
Müllegger, S: Das Seewasseraquarium. Tiere u. Pflanzen. 2. Tl. (43 m. 1 farb Taf.) '10 [20]
Stansch, K: Der junge Aquarianer. Leitf. f. Schüler z. Einrichtg u. Pflege d. Aquariums u. sr Bewohner. 1. Tl. (35) '12 [27] ‖ 2. Tl. Amphibien; Niedere Wassertiere; Diefremdländ. Zierfische. (36 m. 1 farb. Taf.) '12 [28]
— Die Characiniden. Pyrrhulina, Tetragonopterus, Pseudocorynopoma, Nanostomus, Metynnis etc. (41 m. 1 farb. Taf.) '11 [21]
— Die eigebär. Zahnkarpfen (Cyprinodontidae oviparae). II. Tl. Fundulus, Rivulus, Cynolebias. 2. Afl. (38 m. 1 farb. Taf.) '12 [24]
— Die lebendgebär. Zahnkarpfen (Cyprinodontidae viviparae). 2. Tl. (Mollienisia, Poecilia, Platypoecilus, Jenynsia, Belonesox u. Tomeurus.) 4. Afl. (48) '11 [23]
Terrarium, Das. 2. Tl. Tofohr, Otto: Aus d. Ordng Lacertilia: Die Familie d. Lacertiden, ihre Haltg u. Pflege. (38) '12 [29] (Der 1. Tl ist v. Otto Musshoff.)

—— für Arbeiterrecht. Hrsg. v. Menzen. 1.–4. Bd. 12. Berl., Heine. cart. * 6 10
1. Das Reichsgesetz betr. die Gewerbegerichte vom 29. Juli 1890. Text-Ausg. mit Erläutergn., e. Zusammenstellg. aller Verfahrensvorschriften u. ein Ortsstatuts-Entwurf v. C. Pfafferoth. (V, 134 S.) 890. * 1 80.
2. Der Arbeiterschutz nach dem Reichsgesetze vom 1. Juni 1891. Nebst e. Anh., enth. die päpstl. Encyklika vom 17. Mai 1891 über die Arbeiterfrage. Hrsg. v. C. D. Menzen. (IV, 129 S.) 891. * 1 80.
3. Pfafferoth, C. Führer durch die gesammte Arbeiterversicherung auf Grund der Reichsgesetze üb. Kranken-, Unfall-, Invaliditäts- und Altersversicherung in übersichtlicher, populärer Darstellung. Nachschlagebuch u. Rathgeber für Jedermann. 2. verm. u. verb. Aufl. (XII, 102 S.) 891. * 1 25.
1. Aufl., s. Pfafferoth, C.
4. Pfafferoth, C. Rechtsbeistand f. die Arbeiterversicherung. Formulare nebst Anleitg. zur Selbstanfertigg. aller in Invaliden- u. Alters-, Unfall- od. Krankenversicherungssachen vorkomm. Eingaben, Anmeldgn. 2c. (VIII, 91 S.) 891. * 1 25.

— der Architekten. 1.—96. Lfg. Fol. (à 8—9 Taf. in Kupferst. u. Lichtdr.) Wien 887—889. A. Lehmann. à Lfg. n. 4. —

— dasselbe. 2. Ausg. in 25 Abthlgn. 1.—7. Abth. Fol. (275 Taf. in Stahlst. u. Lichtdr.) Ebd. 890. In Mappe. à Abthlg. n. 20. —

— d. Architekten. 97.—100. (Schluss-) Lfg. Fol. (16 Taf. in Kpfrst. u. Lichtdr. m. 8 S. Text.) Wien 892. A. Lehmann. Mit 3 Mappen. à n. 4. —

— dasselbe. 2. Ausg. Fol. (868 Taf. in Stahlst., Lichtdr. u. Photolithogr. Ebd. 891. 892. In 8 Mappen. n. 500. —; auch in 25 Abthlgn. à n. 20. —
Enthält zum billigen Gesammtpreis die vier Werke: Wiener Neubauten [Serie A], — Bauschatz, — Piranesi's Werke, — Myskovszky, Kunstdenkmale.

— des Architekten. 3., um 7 Werke m. 252 Taf. verm. Ausg. (In 30 Lfgn.) 1.—12. Lfg. Fol. (466 Taf. in Kpfrst. u. Lichtdr. m. 9 Bl. Text.) Wien 895—897. A. Lehmann. In Mappe à n. 20. —

— dasselbe. II. Serie. Wiener Monumental-Bauten. (In 15 Lfgn.) 1.—14. Lfg. gr. Fol. (225 Taf. in Kpfrst. m. 13 S. u. 33 Bl. Text.) Ebd. 895—897. In Mappe à n. 20. —

Bibliothek, armenische. Hrsg. v. Abgar Joannissiany. I. u. II. 8. Leipzig 886. Friedrich. à n. 1.50; Einbd. à n.n. 1. —
1. Drei Erzählungen v. Raph. Patkanian. Aus dem Armen. übertr. v. Arth. Leist. (IV, 164 S.)
2. Litterarische Skizzen v. Arth. Leist. (174 S.)

— armenische. Hrsg. v. Abgar Joannissiany. III.—IX. 8. Leipzig, Friedrich. à n. 1. 50; geb. à n.n. 2. 50
III. Bilder aus Persien u. Türkisch-Armenien v. Raffi. Aus dem Armen. übers. v. Leo Rubenli. (198 S.) 886.
IV. Märchen u. Sagen. Mit e. Einleitg. v. G. Chalatianz (XL, 147 S.) 887.
V. VI. Sako. Roman in 2 Bdn. v. P. Proschianz. Aus dem Armen. übers. v. J. Lalajan. (204 u. 181 S.) 887.
VII. Die ruinirte Familie. Lustspiel in 3 Aufzügen v. G. Sundukianz. Aus dem Armen. v. L. Rubenli. (118 S.) 888.
VIII. IX. Zwei Jahre in Abyssinien od. Schilderung d. Sitten u. d. staatlichen u. religiösen Lebens der Abyssinier v. Pater Timotheus, Legat Sr. Eminenz d. Armenischen Patriarchen bei König Theodor v. Abyssinien. 2 Tle. in 1 Bde. (162 u. 106 S.) 888.

— der prakt. Arzneikunde u. Wundarzneikunst, herausg. v. C. W. Hufeland. 1r—20r Bd. 1799—1808. 8. Berl., Reimer. 18 ℛ 8 g 21r—31r Bd. mit K. Himly, fortgesetzt unt. d. T.: Bibl. d. prakt. Heilkunde. 1r—11r Bd. 1809—14. Ebd. 13 ℛ 6 g (32r Bd. ist nicht erschienen.) 33r—44r Bd. oder neue Bibl. 12r—23r Bd. mit C. F. Harles. 1815—20. (33r—38r Bd. à J. 2 ℛ 16 g 39r—44r Bd. à J. 2 ℛ 20 g) 45r—68r Bd. od. n. Bibl. 24r—48r Bd. mit E. Osann. 1821—32. (à. J. 2 ℛ 20 g) Supplement zum 12n, 13n, 15n, 17n, 19n u. 20n Bde v. Hufeland. 1 ℛ 12 g 1r—31r, 33r—68r Bd. incl. d. 6 Suppl.-Hfte. 83 ℛ 14 g

— der prakt. Arzneikunde u. Wundarzneikunst, herausg. v. C. W. Hufeland, fortgesetzt unt. d. T.: Bibliothek der prakt. Heilkunde 2c. v. C. W. Hufeland u. E. Osann; 69r—84r Bd. oder Neue Bibliothek 2c. 49r—64r Bd. Jahrg. 1833—36. Jahrg. 1837—40. A. u. d. T.: Neues Journal 2c. 1r—8r Bd. 8. Berlin, Reimer. à Jahrg. 2 5/6 ℛ

— der alten Aerzte in Uebersetz. u. Auszügen, s.a. Chr. Gf. Gruner.

Bibliothek der alten Aerzte in Uebersetzungen und Auszügen. (Hrsg.,) übers.und mit den nöthigsten Anmerkungen versehen von Christian Gottfried Gruner. Th.1 - 2, gbd.

Leipsig: Weidmann & Reich 1780 - 1782

JB 6.511

— d. wichtigst. prakt. Aerzte d. 17ten Jahrh. in Auszügen aus verschied. Sprachen übersetzt. 2 Thle. gr. 8. Leipz. 785, 86. Weygand. 3 ℛ 4 g

—— ascetische, s.a. Bibliothek, mystische.

—— ascetische. 1. Serie. (10 Bde.) 12. Freiburg i. Br., Herder'sche Verlagsh.
Inhalt:
Bd. 1. Brucker, J., die Lehre des heil. Franz von Sales von der wahren Frömmigkeit. 1. und 2. unveränd. Aufl. (XVII, 448 S.) 875, 79. ℳ 2,25.
" 2. Bona, J., Cardinal, der Wegweiser zum Himmel. Aus dem Latein. übers. von W. Schneider. (XIV, 172 S.) 876. ℳ 1.
" 3. Nieremberg, Eusebius, Beweggründe zur Liebe Jesu. Uebersetzt von Bierbaum. (XII, 172 S.) 876. ℳ 1.
" 4. Brucker, J., die geistlichen Exercitien des heil. Ignatius für Gläubige jeden Standes. (XVI, 264 S.) 873. ℳ 1,20.
" 5. Blosius, L., geistlicher Perlenkranz. Aus den Schriften der heil. Gertrud, Mechtildis, Katharina von Siena und Brigitta. Aus dem Latein. übers. von J. Weißbrodt. (VI, 126 S.) 876. 75 Pf.
" 6. Lombez, der Seelenfrieden. Nach dem Französ. von Ewald Bierbaum. (XII, 320 S.) 876. ℳ 1,80.
" 7. Lehen, der Weg zum innern Frieden. Unserer lieben Frau vom Frieden geweiht. Nach der 4. Aufl. des Französ. übers. von J. Brucker. 6. Aufl. (XXIV, 424 S.) 875. ℳ 2,25.
" 8. Brucker, J., die Kunst mit Gott zu verkehren. (X, 285 S.) 875. ℳ 1,50.
" 9. 10. Avancini, Nik., Leben und Lehre Jesu Christi. Betrachtungen auf alle Tage des Jahres. Aus dem Latein. übers. von Jak. Ecker. 2 Bde. (XXVIII, 336; 415 S.) 877. ℳ 4.

—— dasselbe. — 2. Serie. 10 Bde. 12. Ebendas.
Inhalt:
Bd. 1. 2. Der heil. Gertrud der Großen, Jungfrau von dem Orden des heil. Benedictus, „Gesandter der göttlichen Liebe". Aus dem Latein. nach der Ausgabe der Benedictiner von Solesmes übers. von J. Weißbrodt. 2 Bde. (XXXII, 838 S.) 876. ℳ 4.
" 3. 4. Hense, Friedr., Tagebuch der Heiligen und der Kirchenfeste in kurzen Betrachtungen auf alle Tage des Jahres. Nach J. St. Grosez. 2 Bde. (XXXIV, 1374 S.) 875. ℳ 6.
" 5. Scheeben, M. J., die Herrlichkeiten der göttlichen Gnade, nach P. Eusebius Nieremberg. 3. neu durchgeseh. und verb. Aufl. (XVI, 575 S.) 875. ℳ 3.
" 6. Franz von Sales, ausgewählte Briefe. Uebersetzt von Becker. (XXVIII, 567 S.) 878. ℳ 3.
" 7. Quadrupani, C. Jos., Anleitung zur Beruhigung furchtsamer Seelen in ihren Zweifeln. Aus dem Italien. übers. und mit Anmerkungen versehen von Ewald Bierbaum. (VIII, 109 S.) 877. 75 Pf.
" 8. 9. Lancicius, Nik., Betrachtungen für alle Tage des ganzen Jahres und die vorzüglichsten Feste, nebst neun Betrachtungen zu Ehren des heiligen Herzens Jesu. Aus dem Latein. übers. von J. Weißbrodt. 2 Bde. (XVIII, 347; XIV, 412 S.) 877. ℳ 4.
" 10. Piconio, B. a, Heiligung des Lebens durch die Vorbereitung zum Tode. Uebersetzt von E. Bierbaum. (XXIV, 287 S.) 878. ℳ 1,60.

—— ascetische. 3. Serie. 10 Bde. 12. Freiburg i. Br., Herder'sche Verlagsh.
Inhalt:
Bd. 1. Neppen, Frz., Geist des Christenthums oder Nachfolge Christi. Nach der neuesten Aufl. des französ. Orig. frei bearb. von einem Priester der Diözese Münster. (XII, 316 S.) 879. ℳ 1,80.
" 2. Lefebvre, A., Trostworte. Frei nach dem Französ. von M. Hoffmann. (XI, 366 S.) 879. ℳ 1,80.
" 3. Mändl, C., Christus der Gottes- und Menschensohn. Kurze Betrachtungen auf alle Tage des Jahres. Aus dem Latein. übers. von Joh. Ecker. (VII, 433 S.) 879. ℳ 2.
" 4. Kinane, T. H., der wahre Pelikan oder die Liebe Jesu im Allerheiligsten Altarssacramente. Aus dem Engl. übers. (XXII, 356 S.) 880. ℳ 2.
" 5. Geheiligtes Jahr. Lehren und Beispiele der Heiligen in kurzen Lesungen für alle Tage des Jahres. Nach dem Italienischen. (X, 503 S.) 880. ℳ 2,40.
" 6. 7. Coulin, F. X., der heilige Geist. Betrachtungen. Aus dem Französ. übers. und mit Anmerkungen und einem Anhang von Hymnen und Gebeten zum Heil. Geiste versehen von Jak. Ecker. 2 Abthlgn. (XXV, 947 S.) 881. ℳ 6.
" 8. Binet, Steph., der Freund der armen Seelen oder die katholische Lehre vom Fegfeuer. Nach der neuen Bearbeitung des Peter Jennesseaux frei aus dem Französ. übers. Mit einem Vorwort von Frz. Hattler. (XXIV, 386 S.) 881. ℳ 2.
" 9. Balthasar, Basilius, das Geheimniß aller Geheimnisse im allerheiligsten Sacramente des Altars. In Betrachtungen auf jeden Tag des Monats. Aus dem Lateinischen. 2. umgearb. Aufl. (XVI, 570 S.) 882. ℳ 3.
" 10. Ludwig v. Granada, „Sei barmherzig gegen dich selbst! Gib Almosen!" Ein Mahnruf an jedes Christenherz. Aus dem Span. übers. von Jak. Ecker. (VIII, 75 S.) 882. 60 Pf.

Die „Ascetische Bibliothek" ist weiter erschienen, doch tragen die Werke weder Serien- noch Band-Zahlen.

—— assyriologische, hrsg. von Friedr. Delitzsch und Paul Haupt. 1. Bd. 1.—4. Lfg., 2. Bd., 3. Bd. 1. Abthl., 4. Bd. 1.—5. Lfg. und 5. Bd. gr. 4. Leipzig, Hinrichs'sche Buchh. *

Inhalt:

Bd. 1. Akkadische und sumerische Keilschrifttexte, nach den Originalen im Brit. Museum copirt und mit einleit. Zusammenstellungen, sowie erklär. Anmerkungen hrsg. von Paul Haupt. 1. Lfg.: Einleitende Zusammenstellungen. [Schrifttafel, Zeichensammlung, Vocabularien, Monatsnamen.] (S. 1—44.) *ℳ 7. — 2. Lfg.: Akkadische Texte. (S. 45—106.) *ℳ 10. — 3. Lfg.: Sumerische Texte. (S. 107—132.) *ℳ 5. — 4. Lfg.: Erklärende Anmerkungen. [1. Grundzüge der akkad. Grammatik. 2. Kurzes akkad. Glossar. 3. Anmerkungen zur Schrifttafel. 4. Belegstellen zur Zeichensammlung.] (S. 133—220.) 881,82. *ℳ 14.

Bd. 2. Die Achämenideninschriften. Transscription des babylon. Textes, nebst Uebersetzung, textkrit. Anmerkungen und einem Wörter- und Eigennamenverzeichnisse von Carl Bezold. Mit dem Keilschrifttexte der kleinen Achämenideninschriften, autogr. von Paul Haupt. (XVI, 96 S.) 882. *ℳ 24.

» 3. 1. Abthl. Das babylonische Nimrodepos. Keilschrifttext der Bruchstücke der sogenannten Izdubarlegenden mit dem keilschriftl. Sintfluthberichte, nach den Originalen im Brit. Museum copirt und hrsg. von Paul Haupt. 1. Abthl., den Keilschrifttext der ersten 10 Taf. enthaltend. (78 autogr. S.) 884. *ℳ 20.

» 4. Alphabetisches Verzeichniss der assyrischen und akkadischen Wörter im 2. Bde. der „Cuneiform inscriptions of Western Asia", sowie mehrerer anderer meist unveröffentlichter Inschriften. Mit zahlreichen Ergänzungen und Verbesserungen der Texte nach den Tontafeln des Brit. Museums von J. N. Strassmaier. 1.—5. Lfg. (S. 1—960.) 882,83. à Lfg. *ℳ 24.

» 5. Keilschrifttexte Sargon's, Königs von Assyrien [722—705 v. Chr.]. Nach den Originalen neu hrsg., umschrieben, übers. und erklärt von D. G. Lyon. (XVI, 93 S.) 883. *ℳ 24.

—— assyriologische, hrsg. von Friedr. Delitzsch und Paul Haupt. 4. Bd. 6. Lfg. und 6. Bd. gr. 4. Leipzig, Hinrichs' Verlag. à Bd. *ℳ 30.—. *

Inhalt:

Bd. 4. 6. Lfg.: Strassmaier, J. N., alphabetisches Verzeichniss der assyrischen und akkadischen Wörter der Cuneiform inscriptions of Western Asia vol. II, sowie anderer, meist unveröffentlichter Inschriften. Mit zahlreichen Ergänzungen und Verbesserungen und einem Wörterverzeichniss zu den in den Verhandlungen des XI. Orientalisten-Congresses zu Leiden veröffentlichten babylon. Inschriften. 6. (Schluss-)Lfg. (IV, S. 961—1144; Wörterverzeichniss III, 66 S.) 886.

Bd. 6. Babylonische Busspsalmen, umschrieben, übers. und erklärt von Heinr. Zimmern. (X, 119 S.) 885.

1. Bd. 1.—4. Lfg., 2. Bd., 3. Bd. 1. Abthl., 4. Bd. 1.—5. Lfg. und 5. Bd. Ebendas. 1881—84. *ℳ 224.—.

— assyriologische, hrsg. v. Frdr. Delitzsch u Paul Haupt. 9. Bd. gr. 4. Leipzig 890. Hinrichs Verl. n. 30. — (I, 1—4. II, III, 1., IV—VI u. IX. n. 314. —

Die Achämenideninschriften zweiter Art. Hrsg. u. bearb. v F. H. Weisbach. (VIII, 126 S. m. 16 autogr. Taf.)
Bd. VII bildet Delitzsch, F., assyr. Wörterbuch.
Bd. VIII erscheint später.

— assyriologische, hrsg. v. Frdr. Delitzsch u. Paul Haupt. III. Bd. 2. Abth. 1. Lfg. gr. 4. Leipzig 891. J. C. Hinrichs' Verl. n. 18. —

Das babylonische Nimrodepos. Keilschrifttext der Bruchstücke der sogenannten Izdubarlegenden m. dem keilinschriftl. Sintfluthberichte. Nach den Originalen im brit. Museum copirt u. hrsg. v. Paul Haupt. 2. Abth. den Keilschrifttext der XI. u. XII. Taf. wie der seit 1882 neu gefundenen od. vervollständ. Fragmente enth. 1. Lfg. Nr. 43—Nr. 72. (S. 79—150.)

— dasselbe. VIII. Bd. gr. 4. Ebd. 892. n. 40. —

Šamaššumkin, König v. Babylonien 668—648 v. Chr. Inschriftliches Material üb. den Beginn seiner Regierg. Grossentheils zum 1. Male hrsg., übers. u. erläut. v. C. F. Lehmann. (XIV, 173 u. 118 S. m. 47 autogr. u. 1 Lichtdr.-Taf.)

Bibliothek, assyriologische, hrsg. v. Frdr. Delitzsch u. Paul Haupt. X. Bd. 1. Lfg. gr. 4. Leipzig 893. J. C. Hinrichs' Verl. n. 10. —

Die altpersischen Keilinschriften, hrsg. v. F. W. Weissbach u. W. Bang. 1. Lfg. (48 S. m. 4 Doppeltaf.)

— dasselbe. XI. Bd. gr. 4. Ebd. 893. n. 30. — (I, 1—4, II, III, 1 u. 2 I, IV—VI, VIII, IX, X, 1, XI.: n. 412. —)

Beiträge z. altbabylonischen Privatrecht v. Bruno Meissner. (VIII, 160 Druck- u. VIII, 58 autogr. S.)

— assyriologische, hrsg. v. Frdr. Delitzsch u. Paul Haupt. XII. Bd. 1. Lfg. gr. 4. Leipzig 896. J. C. Hinrichs' Verlag. n. 20. —

Beiträge z. Kenntn. d. babylon. Religion v. Heinr. Zimmern. 1. Lfg. D. Beschwörungstafeln Surpu. (IV, 80 S. m. 19 Taf.)

— dasselbe. XIII. Bd. 1. u. 2. Hft. gr. 4. Ebd. n. 33. 50

1. Assyrian and Babylonian religious texts being prayers, oracles, hymns etc. Copied from the original tablets preserved in the British museum and autographed by James A. Craig. Vol. I. (VIII S. u. 83 Bl.) 895. n. 26. 50

2. Dasselbe. Vol. II. With corrections to vol. I. (XI S. u. 21 Bl.) 897. n. 7. —

— assyriologische, hrsg. v. Frdr. Delitzsch u. Paul Haupt. XII. 2. u. 3. u. XIV—XVII. gr. 4. Leipzig, J. C. Hinrichs' Verl. n. 148. —

XII, 2. Beiträge zur Kenntnis der babylonischen Religion. 2 Lfg. Ritualtafeln f. den Wahrsager, Beschwörer u. Sänger. Von Heinr. Zimmern. 1. Hälfte. (S. 81—128 m. 19 autogr. Taf.) 899. n. 15. —

XII, 3. Dasselbe. 3. (Schluss-)Lfg. Ritualtafeln f. den Wahrsager, Beschwörer u. Sänger. 2. Hälfte. (XII u. S. 129—226 m. autogr. Taf.) 900. n. 30. —; (kplt. n. 65. —

XIV. Astrological-astronomical texts. Copied from the original tablets in the British Museum and autographed. By James A. Craig. (IX S. u. 95 Bl.) 899. n. 30. —

XV. The great cylinder-inscriptions A & B of Gudea. Copied from the original clay-cylinders of the Telloh-Collection, preserved in the Louvre. Autographed, signs listed, tentatively transliterated and translated. With commentary and notes. By Ira Maurice Price. Part I. Text and sign-list. (VI S. m. 1 Abbildg. u. 111 Bl.) 899. n. 34. —

XVI. Assyrische Lesestücke. Mit grammat. Tabellen u. vollständ. Glossar. Einführung in die assyr. u. babylon. Keilschriftlitteratur bis hinauf zu Hammurabi, f. akadem. Gebrauch u. Selbstunterricht. Von Frdr. Delitzsch. 4. durchaus neu bearb. Aufl. (XII, 193 S.) 900. Kart. n.n. 18. —

XVII. An Assyrian Doomsday-book or liber censualis of the district round Harran; in the seventh century b. C., copied from the cuneiform tablets in the British museum. Transliterated and translated, with index of proper names and glossary. By C. H. W. Johns. (VIII, 82 S. m. 17 autogr. Taf.) 901. n.n. 21. —

Bibliothek, assyriologische, hrsg. v. Frdr. Delitzsch u. Paul Haupt. XVIII. Bd., XIX. Bd. 1. u. 2. Tl. u. XX. Bd. 1. u. 2. Lfg. Lex.-8. Leipzig, J. C. Hinrichs' Verl. n.n. 90. 50

XIII. Beiträge zur Kenntnis der assyrisch-babylonischen Medizin. Texte m. Umschrift, Übersetzg. u. Kommentar. Von Frdr. Küchler. (VII, 154 S. m. 20 autogr. Taf.) 904. n.n. 28. 50

XIX, 1. Materials for a Sumerian lexicon, with a grammatical introduction. By John Dyneley Prince. Part I. Containing the letters A—E. (XXXVI S. u. 109 autogr. S.) 905. n.n. 24. —

2. Dasselbe. Part II. Containing the letters G—M. (S. 110—248 in Autogr.) 906. n.n. 18 —

XX, 1. 2. Seltene assyrische Ideogramme. Von Bruno Meissner. (In 4 bis 5 Lfgn.) 1. u. 2. Lfg. (S. 1—160 u. 2 Bl. Zeichenübersicht in Autogr.) 906. à n.n. 10. —

— assyriologische, hrsg. v. Frdr. Delitzsch u. Paul Haupt. X. Bd. 2. Lfg., XIX. Bd. 3. u. 4. Lfg., XX. Bd. 3.—9. Lfg. u. XXI. Bd. Lex. 8. Leipzig, J. C. Hinrichs' Verl. 141. —

Huber, Engelb., O. F. M., die Personennamen in den Keilschrifturkunden aus der Zeit der Könige v Ur u. Nisin. (VIII, 208 S.) 907. (XXI. Bd.) nn 36. —

Meissner, Bruno, seltene assyrische Ideogramme. 8. u. 9. Lfg. (XX u. S. 161—721 in Autogr.) 907—909. (XX. Bd 3.—9. Lfg.) à 10.— (Kplt. nn 90.—; geb. in Hlbfrz. nn 95.50

Prince, John Dyneley, Materials for a Sumerian lexicon, with a grammatical introduction. Part. III. Containing the letters N—Z. (S. 249—366 in Autogr.) 907 (XIX. Bd. 3. Lfg.) 15. —

— dasselbe. Part. IV. Reference-glossary of Assyrian words by W. Muss-Arnold. (S. 367—414) 908. (XIX. Bd 4. Lfg.) 8.— (Vollständig: 65. —

Weissbach, F. H., u. W. Bang, die altpersischen Keilinschriften, in Umschrift u. Übersetzg. hrsg. 2 (Schluss-)Lfg. (XVI S.) 908. (X. Bd. 2. Lfg.) 2.— (Kplt. 12. —

— Assyriologische, hrsg. v. Frdr. Delitzsch u. Paul Haupt. NAfl 16. Bd. Lex8° Lpzg, JC Hinrichs. (1—15, I u. 16—21: 926.50)

Delitzsch. Frdr.: Assyr. Lesestücke m. d. Elementen d. Grammatik u. vollständ. Glossar. Einführg in d. assyr. u. semit.-babylon. Keilschriftlit. f. akadem. Gebr. u. Selbstunterr. 5. Afl. (12, 183 z. Tl in Autogr.) '12 [16] geh. od. Hl. nn 18 —

— **astrologische.** 2. u. 3. Bd. gr. 8. Leipzig 910 Astrolog. Verlagshaus. 6.50; geb. 8.50
2. Astrologische Aphorismen. Eine große Sammlg. v astrolog. Regeln u. Vorschriften zur Deutg. u. Interpretation der Horoskope. Die Erfahrgn. der berühmtesten Astrologen aller Zeiten wurden vom Verf. gesammelt u. in diesem Buche in e. den modernen Verhältnissen angepassten Form niedergelegt. Von Karl Brandler-Pracht. Unerlässlich f. jeden Astrologen! (VI, 192 S.) (910.) 3.—; geb. 4.—
3. Häuser-Tabellen von 40°—56° geographische Breite. Mit e. Anh.: Mathematische Tafeln zum Gebrauche f. die Astrologie. Diese Häuser-Tabellen ermöglichen es die Häuser e. Horoskops auch ohne rechner. Mühe annähernd genau zu bestimmen. Berechnet u. zusammengestellt. Von Karl Brandler-Pracht. (V, 96 S.) (910.) 3.50; geb. 4.50
Bd. I ist noch nicht erschienen.

Bibliothek, astrologische. Verlagsfirma ändern in: Theosophisches Verlagshaus. I. Bd. s.: Brandler-Pracht, K.

Bibliothek, astronomische. Nr. 1. 8. Berlin, R. Breiting. — 40
Der Komet Halley. Gemeinverständliche astronom. Abhandlg. Von H. Bruno Bürgel. (32 S. m. Abbildgn.) (910.)

— **aszetische.** 6. Bd. kl. 8. Regensburg, F. Pustet. 1.30; geb. in Leinw. 2.
Das himmlische Vaterhaus. Unterweisungen üb. die Freuden des Himmels. Zu Ehren des heiligsten Herzens Jesu, zum Troste u. zur Erbaug. des christgläub. Erdenpilgers. Von Ludw. Lercher, S. J. (VIII, 192 S.) 910.
Bd. 1—5 s. u. d. T.: Lercher, Ludw., Erhebungen zu Gott.

Bibliothek d. deutschen Aufklärer des 18. Jahrh. Hrsg. von Mart. v. Geismar. I. Carl Fr. Bahrdt. II. Joh. Aug. Eberhardt's neue Apologie des Socrates. gr. 8. (11⅝ B.) Leipzig 846, Vereins-Vrlsbuchh.

—— dass. III. Johann Heinrich Schulz. — IV. Voglers Evangelist Johannes vor dem jüngsten Gericht. gr. 8. (13⅝ B.) Ebds. 846.

— **der Aufklärung.** Beantwortung der Frage: Was ist Aufklärung? von Immanuel Kant. Mit e. Einleitg. v. Fr. Jodl. (16 S.) 8. Frankfurt a/M. (905). Neuer Frankfurter Verlag. n. — 40

— **d. Aufklärung.** 8° Frankf.M., Neuer Frankfurter Verl.
Bisher unter Einzeltiteln aufgenommen.
Hume, Dav.: Die Naturgeschichte d. Relig. Übers. u. m. e. Abr. üb. d. Gesch. d. Deismus in Engld eingeleitet v. Alphons J Sussnitzki. (125) '11. 1.20
Laskowski, P: Der Klosterprozess v. Czenstochau. Kulturbild a. d. 20. Jahrh. Auf Grund d. Gerichtsverhandlgn dargestellt, m. e. Einführg u. Nachwort versehen. (96 m. Abb.) '12. 1.20
Michelis, Heinr.: Richtlinien z. Entwicklgsgesch. d. Naturphilos. im 19. Jahrh. (72) 12. — 75
Münter, Heinr.: Das vatikan. Konzil. Beitrag z. Aufklärg üb. d. Praxis d. päpstl. Dogmenfabrikationen. (62) '11. — 75
Rousseau, Jean Jacques: Brief an Christophe de Beaumont, Erzbischof v. Paris. Übers. v. Emil Doctor. (16, 112) '12. 1.50

Bibliothek für religiöse Aufklärung. 1. Heft: Wie ist Jesus wirklich gestorben? Beantwortet nach einem alten Manuscript. 16. (71 S.) Baltimore 850. (Philadelphia, Schäfer.) *

Auserlesene **Bibliothek** der Geschichte. Bd. 1—13: Eduard Gibbon's Geschichte des Verfalls und Untergangs des Römischen Reichs. A. d. Engl. Th. 1—13. Frankfurt und Leipzig. 1800—1803. 8°.

— **auserlesene,** f. Kinder u. junge Leute, z. Ausbreit. d. Religion ꝛc. 8. Leipz. 783. Schneider. 8 gr.

— **auserlesene,** der vorzügl. latein. Classiker, s.a. ***Bibliotheca* selecta class. lat.**

Bibliothek, auserlesene, der vorzüglichsten lateln. Klassiker mit zur Seite stehender deutscher Uebersetzung. 1r Bd. gr. 8. Wien 824, Geistinger. (Landsbut, Krüll.)

Bibliothek, Auserlesene, der neuesten deutschen Literatur. Lemgo 1772—81. H: *Hausen, Carl Renatus.* (Cat. d. Stadtbibl. Zürich. Zürich 1864—97.)

Bibliothek, auserles., d. neuesten deutschen Literatur. 20 Thle. 8. Lemgo 772—81. Meyer. 26 ℛ 16 gr.

BIBLIOTHEK. Auserlesene medizinische – oder Sammlung d. neuesten u. besten Werke d. Heilkunde. 1785–1828. Wien.

Auserlesene medicinische **Bibliothek,** oder Sammlung der neuesten und besten Werke in der Heilkunde und den damit verwandten Wissenschaften. Th. 9. Wien (Doll) 1818. 8°.
Th. 9: Willdenow, Karl Ludwig: Grundriß der Kräuterkunde. 1818.

Bibliothek, Auserlesene ōconomische, für den österreichischen Bürger und Landmann, ... Wien 1799. V: *Berger, Joachim Christian.* (MGT) »Wien 1800« (Ky) *Berger, Chr. Fr.* (Engoec)

— **auserles. ökonom.,** (v. Chr. Fr. Berger). 2 Bde. 8. Wien 800. Al. Doll. 16 gr.

— auserlesene ökonomische, (v. Chr. Fr. Berger). 2 Bde. 8. Wien, 1800. (Leipzig, Liebeskind.) — 20

— **auserles.,** von Predigten auf alle Sonn- u. Festtage. 22 Bde. gr. 8. Wien 797. Alberti. 7 ℛ 8 gr.

BIBLIOTHEK, Auserlesene, d. vorzüglichsten Romane u. Erzaehlungen f. Deutsche. Bd. 1. (einz.?) Mit TKpf. Frkft. u. Lpz. (ohne Adresse) 1804. 8°.
TKpf., gestoch. Tit., IV (Vorr., dat.: in d. Wetterau, im Christmonat 1803) u. 406 SS., nebst 1 S. Inh.: 1) Die Ruinen v. Moyencourt. (Pikant.) 2) Ritter Huldmann v. Behringen, oder: die Höhle d. Zobtenberges (v. Aug. v. Kotzebue). 3) Das Portrait (v. Aug. Lafontaine.

Bibliothek, Auserlesene theologische. Leipzig 1724—36. H: *Coler, J. Cp.* (Winer)

—— ausgewählte, des Auslandes. In neuen und meisterhaften Uebersetzungen. I. (Abthl.) A. u. d. T.: Geschichte der spanischen Inquisition von Llorente und Gallois. 2 Thle. 4. Aufl. gr. 16. (256 S.) Leipzig 855, O. Wigand. Thlr. *

—— **ausgewählte historische,** f. gebild. Leser aus allen Ständen. 1—27. Lfg. Enth.: Mignon's Geschichte v. Frankreich. Uebers. durch Heinr. Hase. (1—15. Lfg.) — Gesch. Cromwell's. Nach den gleichzeit. Denkschriften u. parlament. Sammlungen v. M. Villemain. Uebers. v. C. P. Berly. (4 Lfgn.) — Gesch. Ludwigs d. Elften, v. Graf. v. Ségur. A. d. Franz. übers. u. mit e. Vorr. begl. v. Ludw. Hoffmann. (3 Lfgn.) — Gesch. d. Hugenotten d. 16. Jahrh. A. d. Engl. d. W. S. Browning. Uebers. durch Karl Herzog. (1—6. Lfg.) gr. 8. (208¼ B.) Leipzig 833, 34, Hartleben's Vrls.-Exped. à Lfg. Thlr.
Ist eine wohlfeile Ausg. d. „Biblioth. d. wichtigsten neuern Geschichtswerke d. Auslandes ꝛc. v. Pölitz."

—— ausgewählte, der Classiker d. Auslandes. Mit biograph. literar. Einleitungen. 1—16. Bd. gr. 12. Leipzig 841, 42, Brockhaus.
A. u. d. Tln.:
Bd. 1., 2. Skizzen aus d. Alltagsleben. Von Frederike Bremer. — Die Nachbarn. A. d. Schwed. 2 Thle. 2., verb. Aufl (M. e. Vorr. d. Verfn. (21 B.) 12 Gr., 3., verb. A. (21½ B.) 16 Gr.
„ 3. Ignez de Castro. Trauersp. in 5 Aufz., v. João Bapt. Gomes. N. d. 7., verb. Aufl. d. portugies. Urschrift übers. v. Alex. Wittich. Mit geschichtl. Einleit. u. e. vergleich. Kritik d. verschied. Ignez-Tragödien. (7 B.) 16 Gr.
„ 4. Das neue Leben, v. Dante Alighieri. A. d. Italien. übers. u. erläut. v. Karl Förster. (7⅙ B.) 16 Gr.
„ 5—10. Skizzen aus d. Alltagsleben. Von Frederike Bremer. A. d. Schwed.
5. Thl. Die Töchter d. Präsidenten. Erzähl. ein. Gouvernante. 2. u. 3. verb. Aufl. (à 11½ B.) à 8 Gr.
6., 7. „ Ninna. 2 Thle. 1. u. 2., verb. Aufl. (à 22⅞ B.) à 16 Gr.
8., 9. „ Das Haus, od. Familiensorgen u. Familienfreuden. 2. u. 3., verb. Aufl. (à 20⅞ B.) à 16 Gr.
10. „ Die Familie H. (10⅞ B.) 8 Gr.
„ 11. Geschichte d. Manon Lescaut u. des Chevalier Des Grieux. Von Ant. Franç. Prévost d'Exiles. A. d. Franz. übers. v. Ed. v. Bülow. (8⅞ B.) 16 Gr.

—— ausgewählte, der Classiker d. Auslandes. Mit biograph. literar. Einleitungen. Bd. 1, 2, 5, 8—10, u. 16—56. gr. 12. Leipzig, Brockhaus.

Bd. 1., 2. Skizzen aus dem Alltagsleben. Von Frederike Bremer. A. d. Schwed. — Die Nachbarn. 2 Thle. 4., verb. Aufl. (21¼ B.) 843. 20 Ngr.

" 5., 8—10. Skizzen aus dem Alltagsleben. Von Freder. Bremer. A. dem Schwed.

5. Thl. Die Töchter d. Präsidenten. Erzähl. ein. Gouvernante. 4., verb. Aufl. (11¼ B.) 845. 10 Ngr.

8., 9. " Das Haus od. Familiensorgen u. Familienfreuden. 2 Thle. 4., verb. Aufl. (20¾ B.) 844. * 20 Ngr.

10. " Die Familie H. 2., verb. Aufl. (10½ B.) 846. * 10 Ngr.

" 16. Skizzen aus dem Alltagsleben. Von Freder. Bremer. Aus d. Schwed. A. u. d. T.: Streit u. Friede, od. einige Scenen in Norwegen. 3., verb. Aufl. (8 B.) 845 * 10 Ngr.

Bd. 12., 13. Dante Alighieri's lyrische Gedichte. Uebers. u. erklärt v. Karl Ludw. Kannegießer u. Karl Witte. 2 Thle. 2., verm. u. verb. Aufl. (25 B.) 2 Thlr. 9¾ Gr.

" 14. Der geraubte Eimer, v. Aless. Tassoni. A. d. Ital. v. P. L. Kritz. Mit e. in d. Gedichte vorkomm. geograph. Oertlichkeiten darstell. Karte. (12 B.) 1 Thlr. 7½ Gr.

" 15., 16. Skizzen aus d. Alltagsleben. Von Frederike Bremer. A. d. Schwed.

15. Thl. Kleinere Erzählungen. (9 B.) * 8 Gr.

16. " Streit u. Friede, od. einige Scenen in Norwegen. 2. Aufl. (8 B.) * 8 Gr.

" 17. Die Henriade von François Marie Arouet de Voltaire. A. d. Franz. im Versmaße des Origin. übers. v. Friedr. Schröder. (10¼ B.) 843. 1 Thlr.

" 18. Schauspiele von König Gustaf III. von Schweden. Aus dem Schwed. übers. v. Karl Eichel. (13 B.) 843. 1 Thlr. 6 Ngr.

" 19. Gedichte von Erik Sjöberg (Vitalis). A. d. Schwed. übers. v. Karl Ludw. Kannegießer. (7 B.) 843. 20 Ngr.

" 20—22. Das Dekameron von Giov. Boccaccio. A. d. Italien. übers. v. Karl Witte. 2., verb. Aufl. 3 Thle. (45½ B.) 843. 2 Thlr. 15 Ngr.

" 23—25. Die göttliche Komödie des Dante Alighieri. Aus d. Italien. übers. u. erklärt v. Karl. Ludw. Kannegießer. 4., sehr veränd. Aufl. 3 Thle. (37½ B., D's. Bildn. u. 3 Pläne.) 843. 2 Thlr. 15 Ngr.

" 26. Celestina. Eine dramat. Novelle. A. d. Span. übers. v. Ed. v. Bülow. (13 B.) 843. 1 Thlr. 6 Ngr.

" 27., 28. Sammlung oriental. Märchen, Erzählungen u. Fabeln. Hrsg. v. Herm. Brockhaus. 1. u. 2. Thl. A. u. d. T.: Die Märchensamml. des Somadeva Bhatta aus Kaschmir. 2 Thle. (19½ B.) 843. 1 Thlr. 18 Ngr.

Bd. 29., 30. Skizzen aus dem Alltagsleben. Von Frederike Bremer. A. u. d. T.: Ein Tagebuch. Aus d. Schwed. 2 Thle. (13½ B.) 844. 20 Ngr.

" 31., 32. Auserlesene lyrische Gedichte von Torquato Tasso. A. d. Ital. übers. v. Karl Förster. Mit einer Einleit.: „Ueber Torquato Tasso als lyrischen Dichter." 2., verm. u. verb. Aufl. 2 Thle. (15 B.) 844. 1 Thlr. 15 Ngr.

" 33. Hitopadesa. Eine alte indische Fabelsammlung aus d. Sanskrit zum ersten Mal in das Deutsche übers. v. Max Müller. (8¾ B.) 844. 20 Ngr.

" 34., 35. Indische Gedichte. In deutsch. Nachbildungen v. Albert Hoefer. 2 Thle. (19¾ B.) 844. 2 Thlr.

" 36—38. Schauspiele von Don Pedro Calderon de la Barca. A. d. Span. übers. v. Adolf Martin. 3 Thle. (46¼ B.) 844. 3 Thlr.

Bibliothek, ausgewählte, der Classiker des Auslandes 2c. 39. u. 40. Bd.: Dante Alighieri's prosaische Schriften mit Ausnahme der Vita nuova. Uebers. von Karl Ldw. Kannegießer. 2 Thle. gr. 12. Leipzig 845, Brockhaus. 2 ℛ

— dies. 41. u. 42. Bd.: Skizzen aus dem Alltagsleben. Von Frke. Bremer. A. d. Schwed. A. u. d. T.: In Dalekarlien. 2 Thle. gr. 12. Ebd. 845. n. ⅔ ℛ

— dies. 43.—53. Bd.: Der ewige Jude. Von E. Sue. Aus d. Französ. 11 Thle. gr. 12. Ebd. 844, 45. n. 3⅓ ℛ

— dies. 54. u. 55. Bd.: Nicolo Machiavelli's Florentinische Geschichten, übers. von Alf. Reumont. 1. u. 2. Thl. kl. 8. Ebd. 846. 3 ℛ

— dies. 56. Bd.: Moslicheddin Sadi's Rosengarten. Nach d. Texte u. dem arab. Commentar Sururi's aus d. Pers. übers. Mit Anmerk. v. K. H. Graf. kl. 8. Ebd. 846. 1 ℛ 6 ngl.

—— ausgewählte der Classiker des Auslandes. Mit biographisch-literarischen Einleitungen. Bd. 1, 2., 6, 7. und 57—79. Bd. gr. 12. Leipzig, Brockhaus.

Auch unter den Titeln:

Bd. 1., 2. Skizzen aus dem Alltagsleben: Die Nachbarn. Von Frederike Bremer. Aus dem Schwed. Mit einer Vorrede der Verfasserin. 2 Thle. 5., verb. Aufl. (XII und 494 S.) 850. * 20 Ngr.

" 6., 7. Skizzen aus dem Alltagsleben. Von Frederike Bremer. Aus dem Schwed. A. u. d. T.: Nina. 3., verb. Aufl. 2 Thle. (VI und 530 S.) 848. * 20 Ngr.

" 57. Eurich der Priester der Gothen von Alex. Herculano. Aus dem Portugies. übers. von G. Heine. (VIII und 184 S.) 847. 20 Ngr.

" 58., 59. Das befreite Jerusalem von Torquato Tasso. Aus dem Italien. übers. von Carl Streckfuß. 4. Aufl. 2 Thle. (496 S.) 847. 1 Thlr.

" 60—62. Delphine von Anne Louise Germaine de Staël. Aus dem Franz. 2. Aufl. 3 Thle. (XXX und 988 S.) 847. 2 Thlr.

" 63. Letzte Briefe des Jacopo Ortis von Ugo Foscolo. Aus dem Italien. von Friedr. Lautsch. 2. Aufl. (XXVI und 289 S.) 847. 1 Thlr.

Bd. 64. Niels Klim's Wallfahrt in die Unterwelt. Von Ludw. Holberg. Aus dem Latein. übers. von Ernst Glob. Wolf. 2. Aufl. (XXXII und 288 S.) 848. 1 Thlr.

" 65—67. Skizzen aus dem Alltagsleben: Geschwisterleben. Von Frederike Bremer. Aus dem Schwed. 3 Thle. (469 S.) 848. * 1 Thlr.

" 68., 69. Skizzen aus dem Alltagsleben: Sommerreise. Eine Wallfahrt von Frederike Bremer. Aus dem Schwed. 2 Thle. (IX und 197 S.) 849. * 20 Ngr.

" 70—73. Gil Blas von Santillana. Von Alain René Lesage. Aus dem Franz. 4 Thle. (LXII und 1029 S.) 850. 2 Thlr. 15 Ngr.

" 74. Der Landprediger von Wakefield. Eine Erzählung von Oliver Goldsmith. Aus dem Engl. übers. durch Carl Ed. von der Oelsnitz. 3. Aufl. (XXXII und 232 S.) 851. 15 Ngr.

" 75—77. Rußlands Novellendichter. Uebertragen und mit biographisch-krit. Einleitungen von Wilh. Wolfsohn. 3 Thle. (XIX und 968 S.) 848—50. 3 Thlr. 15 Ngr.

" 78., 79. Francesco Petrarca's sämmtliche Canzonen, Sonette, Ballaten und Triumphe. Aus dem Italien. übers. und mit erläut. Anmerkungen begleitet von Carl Förster. 3., verb. Aufl. 2 Thle. (XIII und 511 S.) 851. 2 Thlr.

(—— ausgewählte, der Classiker des Auslandes. Mit biographisch-literar. Einleitungen. 80. Bd. A. u. d. T.:) Skizzen aus dem Alltagsleben. Von Frederike Bremer. Aus dem Schwed. (Leben im Norden. Eine Skizze. — Morgen-Wachen. Ein Glaubensbekenntniß.) gr. 12. (115 S.) Leipzig 853, Brockhaus.

Vgl. II. Bd. 1. Abthl. S. 96.

— automobiltechnische. Die Automobiltechnik in Einzeldarstellgn. 1.—5. Bd. Lex. 8. Berlin, M. Krayn 89.—; geb. 45. 40

Bauschlicher, Aug., die Kugellagerungen, ihre Konstruktion u. ihre Anwendung f. den Motorwagen- u. Maschinenbau. Mit 267 Textfig. (230 S.) 908. (Bd. 4) 7.50; geb. 8. 70

Dechamps, Heinr., Automobil-Vergaser. Mit 130 Textfiguren. (140 S.) 907. (Bd. 3) 6.—; geb. nn 7. 50

Haenig, A., der Konstruktionsstahl u. seine Mikrostruktur unter besond. Berücksicht. des modernen Automobilstahls. Mit e. Anh.: Mikrographische Untersuchgn. üb. die Gefügebestandteile v. abgeschrecktem Stahl. (XII, 334 u. 48 S. m. 300 Abbildgn.) 910. (Bd. 5) 15.—; geb. 16. 50

Müller, W. A. Th., der Automobil-Zug. Eine Studie üb. die allgem. Grundlagen der Automobilzug-Systeme, durchgeführt an dem Beispiel des Train-Renard. Mit 34 Abbildgn. im Text u. auf (3) Taf. Erweit. Sonderdr. e. Artikel-Serie aus der Zeitschrift „Der Motorwagen". (VIII, 100 S.) 907. (Bd. 2) 3.—; geb. 4. —

Pfitzner, der Automobilmotor u. seine Konstruktion. Hrsg. u. bearb. v. R. Urtel. Mit 84 Textfig. (179 S.) 907. (Bd. 1) 7.50; geb. 8. 70

— Automobiltechnische. Die Automobiltechnik in Einzeldarstellgn. 5. u. 6. Bd. Lex8° Berl., M Krayn. (1—6: 46.50; geb. 54.10)

Haenig, A: Der Konstruktionsstahl u. s. Mikrostruktur unter bes. Berücks. d. modernen Automobilstahls. Anh.: Mikrograph. Untersuchgn üb. d. Gefügebestandtle v. abgeschrecktem Stahl. (12, 334 u. 48 m. Abb.) '10 [5] 15 —; geb. 16.50

Lutz, R: Das Fahrgestell v. Gaskraftwagen. 1. Tl. (202 m. Abb.) '11 [6] 7.50; geb. 8.70

— berühmter Autoren. 1.—41. u. 48.—50. Bd. kl. 8. Wien, Wiener Verlag. à Bd. n. — 50; geb. n.n. 1. —

Andrejew, Leonid, Frühlingsversprechen u. andere Geschichten. Autoris. Übersetzg. von Sonja Wermer Umschlag von Berth. Löffler. 6.—10. Taus. (99 S.) 904. (Bd. 15.)

— im Nebel. Eine Erzählg. Autoris. Übers. v. Sonja Wermer. Umschlag v. Berth. Löffler. 1.—5. Taus. (103 S.) 903. (Bd. 4.)

— der Spion. Aus dem Russ. übers. v. Sonja Wermer. Umschlag v. Berth Löffler. 1.—10. Taus. (136 S.) 905. (Bd. 45.)

Barbey d'Aurevilly, J., die Rache einer Frau. Aus dem Französ. übers. v. M. v. Berthof. Umschlag v. Herm. Liebich. 6.—10. Taus. (98 S.) 904. (Bd. 14.)

— der rote Vorhang. Aus dem Französ. übers. v. M. v. Berthof. Umschlag v. Hugo Scheyrer. 1.—10. Taus. (122 S.) 905. (Bd. 39.)

Bernard, Tristan, das tolle Paris. Deutsch v. Frz. Well. Umschlag v. Leo Kober. 1.—5. Taus. (111 S.) 904. (Bd. 27.)

Björnson, Björnstjerne, Kapitän Mansana. Eine Erzählg. aus Italien. Übers. v. J. K. Mautner. Umschlag v. Herm. Liebich. 6.—10. Taus. (161 S.) 904. (Bd. 18.)

Bourget, Paul, Frauenherz. Deutsch v. Ellen Godwyn. Umschlag v. Berth. Löffler. 6.—10. Taus. (129 S.) 904. (Bd. 29.)

— venetianische Nächte u. andere Novellen. Übersetzung aus dem Französ. v. Frz. Well. Umschlag v. Herm. Liebich. 1.—5. Taus. (97 S.) 903. (Bd. 10)

Capus, Alfr., Geschichten zum Lachen. Autoris. Übersetzg. aus dem Französ. von Ellen Godwyn. Umschlag von Fritz Schönpflug. 6.—10. Taus. (108 S.) 904. (Bd. 25.)

David, J. J., Stromabwärts. Umschlag von Otto Friedrich. 1.—5. Taus. (102 S) 903. (Bd. 6.)

Fogazzaro, Antonio, wenn Könige lieben . . . Aus dem Italien. übers. v. Otto Eisenschitz. Umschlag v. S. Karmin. 1.—10. Taus. (103 S.) 905. (Bd. 46.)

Garschin, Wsjewolod, der Narr. Eine Erzählung. Aus dem Russ. übers. v. Julie Goldbaum. Umschlag v. Berth. Löffler. 6.—10. Taus. (85 S.) 904. (Bd. 17.)

Gorjki, Maxim, ein Abenteuer u. andere Novellen. Aus dem Russ. übers. v. Klara Brauner. Umschlag v. Ant. Kling. 6.—10. Taus. (113 S.) 904. (Bd. 13.)

— Geld. Eine Erzählg. Aus dem Russ. übers. v. Klara Brauner. Umschlag v. Leo Kober. 1.—5. Taus. (98 S.) 903. (Bd. 3.)

— Judenmassakre. Aus dem Russ. übers. von Sonja Wermer. Umschlag v. Berth. Löffler. 1.—10. Taus. (107 S.) 904. (Bd. 30.)

Heyermans, Herm., ein Judenstreich. Einzig autoris. Übersetzung von R. Ruben. Umschlag v. Leo Kober. 1.—5. Taus. (118 S.) 903. (Bd. 1.)

Huysmans, J. K., der Junggeselle. Aus dem Französ. übers. v. Ellen Godwyn. Umschlag v. Berth. Löffler. 1.—10. Taus. (115 S.) 905 (Bd. 43.)

Juschkewitsch, Semjon, Ghetto. Einzig autoris. Übersetzung v. Sonja Wermer. Umschlag v. Berth. Löffler. 1.—5. Taus. (94 S.) 903. (Bd. 7.)

— die Gouvernante. Aus dem Russ. übers. v. Sonja Wermer. Umschlag (von) Fritz v. Radler. 1.—10. Taus. (113 S.) 905. (Bd. 44.)

Karmenn, die Enterbten Rußlands Aus dem Russ. übers. v. Julie Goldbaum. Umschlag v. Berth. Löffler. 1.—10. Taus. (139 S.) 905. (Bd. 48.)

Kipling, Rudyard, der schwarze Jack u. andere Geschichten. Autoris. Übers. aus dem Engl. Umschlag v. Fritz Schönpflug. 1.—5. Taus. (97 S.) 903. (Bd. 2.)

— das Mädchen aus Birma u. andere Geschichten. Autoris. Übersetzg. aus dem Engl. Umschlag v. Berth. Löffler. 1.—5. Taus. (117 S.) 903. (Bd. 8.)

Lavedan, Henri, Mamsell Tugendspiegel. Aus dem Französ. übers. v. Ellen Godwyn. Umschlag von Leop. Forstner. 1.—10. Taus. (122 S.) 905. (Bd. 41.)

Lemonnier, Camille, Liebespuppen. Autoris. Übersetzg. aus dem Französ. Umschlag von Leop. Forstner. 1.—5. Taus. (116 S.) 904. (Bd. 26.)

Louys, Pierre, im Venusberg u. andere Novellen. Aus dem Französ. übers. v. Frz. Weil. Umschlag von Herm. Liebich. 6.—10. Taus. (91 S.) 904. (Bd. 11.)

Margueritte, Paul, Bohême Aus dem Französ. Umschlag v. Hugo Scheyrer. 1.—10. Taus. (90 S.) 905. (Bd. 37.)

Maupassant, Guy de, das Bett u. andere Novellen. Aus dem Französ. übers. von Willi Handl. Umschlag von Otto Friedrich. 6.—10. Taus. (96 S.) 904. (Bd. 16.)

Meltschin, L., Judenkinder. Aus dem Russ. übers. von Sonja Wermer. Umschlag v. Leop. Forstner. 1.—10. Taus. (100 S.) 905. (Bd. 40.)

— sibirische Sklaven. Erzählung. Übers. von Sonja Wermer. Umschlag v. Berth. Löffler. 6.—10. Taus. (84 S.) 904. (Bd. 23.)

Mendès, Catulle, im Bade zu lesen. Aus dem Französ. Umschlag v. Leo Kober. 1.—10. Taus. (92 S.) 905. (Bd. 31.)

— im Kloster zu lesen. Aus dem Französ. Umschlag von Leo Kober. 1.—5. Taus. (87 S.) 903. (Bd. 9.)

Mikszáth, Koloman, der kleine Kirchenfürst. Autoris. Übersetzg. aus dem Ungar. von Osk. v. Krücken. Umschlag v. Leop. Forstner. 1.—10. Taus. (139 S.) 905. (Bd. 49.)

Mirbeau, Octave, Laster u. andere Geschichten. Aus dem Französ. übers. von Frz. Weil. Umschlag von Berth. Löffler. 1.—5. Taus. (87 S.) 903. (Bd. 5.)

— der Herr Pfarrer u. andere Geschichten. Aus dem Französ. übers. v. Frz. Weil. Umschlag von Leo Kober. 6.—10. Taus. (87 S.) 904. (Bd. 20.)

Naschiwin, Iwan, das hungrige Rußland. Aus dem Russ. übers. v. Julie Goldbaum. Umschlag v. Berth. Löffler. 1.—10. Taus. (92 S.) 905. (Bd. 36.)

Neera, die unverstandene Frau u. andere Novellen. Umschlag v. Hugo Scheyrer. 1.—10. Taus. (107 S.) 905. (Bd. 50.)

Serao, Matilde, Liebesbriefe. Übersetzg. aus d. Italien. Umschlag v. Herm. Liebich. 1.—10. Taus. (96 S.) 904. (Bd. 28.)

Sienkiewicz, Henryk, Bartel, der Sieger. Novelle. Aus dem Poln. übers. v. S. Horowitz. Umschlag von Fritz Schönpflug. 6.—10. Taus. (135 S.) 904. (Bd. 18.)

Strindberg, Aug., Ehegeschichten. Aus dem Schwed. von J. K. Mautner. Umschlag v. Leo Kober. 1.—10. Taus. (156 S.) 904. (Bd. 22.)

Tan, durch die Mandschurei. Aus dem Russ. übers. v. Sonja Wermer. Umschlag v. Alex. Hartmann. 1.—5. u. 6.—10. Taus. (à 95 S.) 904. (Bd. 24.)

Tolstoj, Graf Leo, der Tod des Iwan Iljitsch. Deutsch von Julie Goldbaum. Umschlag v. Leop. Forstner. 1.—10. Taus. (162 S.) 904. (Bd. 21.)

Tschechow, Ant., das Kätzchen. Erzählung. Aus dem Russ. übers. v. Klara Brauner. Umschlag v. Leo Kober. 6.—10. Taus. (102 S.) 904. (Bd. 19.)

— von der Liebe. Aus dem Russ. übers. v. Klara Brauner. Umschlag v. Berth. Löffler. 1.—10. Taus. (97 S.) 905. (Bd. 32.)

Tschirikow, unter Polizeiaufsicht. Aus dem Russ. übers. von Sonja Wermer. Umschlag v. Leop. Forstner. 1.—10. Taus. (107 S.) 905. (Bd. 38.)

Verga, Giovanni, das Liebeszeichen. Aus dem Italien. übers. von Otto Eisenschitz. Umschlag von Leo Kober. 1.—10. Taus. (116 S.) 905. (Bd. 35.)

Willy, die Beichte. Aus dem Französ. v. Ellen Godwyn. Umschlag v. Berth. Löffler. 1.—10. Taus. (85 S.) 905. (Bd. 33.)

Xanrof, das Absteigquartier. Aus dem Französ. übers. v. Ellen Godwyn. Umschlag v. Herm. Liebich. 1.—10. Taus. (83 S.) 905. (Bd. 34.)

Zangwill, J., die Jüdin. Aus dem Engl. übers. von Ellen Godwyn. Umschlag von Pascin. 1.—10. Taus. (118 S.) (905.) (Bd. 47.)

Bd. 42, enth.: Twain, die Millionen-Pfund-Note, darf in dieser Übersetzung im Deutschen Reiche nicht vertrieben werden.

Bibliothek moderner deutscher Autoren. 1.—20. Bd. kl. 8. Wien, Wiener Verlag. à Bd. n. 1.—

Bierbaum, Otto Jul., das höllische Automobil. Novellen. Umschlag v. Rich. Lux. (156 S.) 905. (Bd. 6.)

Busse-Palma, Geo., das große Glück. Novelle. Umschlag v. Otto Dély. 6.—10. Taus. (131 S.) 906. (Bd. 14.)

David, J. J., wunderliche Heilige. Erzählungen. Umschlag v. Rich. Lux. 6.—10. Taus. (109 S.) 906. (Bd. 17.)

Dörmann, Fel., alle guten Dinge. Novellen. Umschlag v. Otto Dély. 1.—5. Taus. (131 S.) 906. (Bd. 19.)

Ernst, Otto, die Kunstreise nach Hümpeldorf. Humoreske. Umschlag v. Berth. Löffler. (168 S.) 905. (Bd. 4.)

Hartleben, Otto Erich, das Ehefest. Novellen. Umschlag v. Walt. Hampel. 6.—10. Taus. (97 S.) 906. (Bd. 11.)

Hauptmann, Carl, Einfältige. Eine Studie. Umschlag v. Alex. Hartmann. 6.—10. Taus. (150 S.) 906. (Bd. 16.)

Hirschfeld, Geo., Erlebnis u. andere Novellen. Umschlag v. Heinr. Vogeler. (128 S.) 905. (Bd. 3.)

— Michael Lewinoffs deutsche Liebe. Novelle. Umschlag v. Rich. Lux. 6.—10. Taus. (127 S.) 906. (Bd. 20.)

Hofmannsthal, Hugo v., das Märchen der 672. Nacht u. andere Erzählungen. Umschlag v. Walt. Hampel. (123 S.) 905. (Bd. 2.)

Hollaender, Fel., der Pflegesohn. Erzählungen. Umschlag v. W. Wachtel. 1.—5. Taus. (136 S.) 906. (Bd. 13.)

Kahlenberg, Hans v., Jungfrau Marie. Novellen. Umschlag v. Otto Friedrich. (118 S.) 905. (Bd. 10.)

— ein Mann v. Geist. Novellen. Umschlag v. Alex. Hartmann. 6.—10. Taus. (132 S.) 906. (Bd. 18.)

Land, Hans, ja — die Liebe. Novellen. Umschlag v. Otto Dély. 6.—10. Taus. (145 S.) 906. (Bd. 15.)

Mann, Heinr., Schauspielerin. Novelle. Umschlag v. Walt. Hampel. 1.—5. Taus. (148 S.) 906. (Bd. 12.)

Perfall, Ant. v., er lebt von seiner Frau. Novelle. Umschlag v. Otto Friedrich. (149 S.) 905. (Bd. 8.)

Salten, Fel., der Schrei der Liebe. Novelle. Umschlag v. Rich. Lux (141 S.) 905. (Bd. 5.)

Schlaf, Johs., die Nonne. Novellen. Umschlag v. A. D. Goltz. (125 S.) 905. (Bd. 7.)

Schnitzler, Arth., die griechische Tänzerin. Novellen. Umschlag v. J. Engelhart. (131 S.) 905. (Bd. 1.)

Trebitsch, Siegfr., das verkaufte Lächeln. Novellen. Umschlag von Karl Rözsa. (121 S.) 905. (Bd. 9.)

- autotechnische. 1. 2. 6.—9. 14. 15. 17. 18. 25. 27. 28. 33.—37. u. 39. Bd. kl. 8. Berlin, R. C. Schmidt & Co. Geb. in Leinw. à 2. 80

Bauer, M. H., das Motorboot u. seine Behandlung. 3. verb. u. verm. Aufl. Mit 100 Abbild. im Text. (246 S.) 910. (Bd. 15)

Buch, Max, Automobil-Getriebe u. -Kupplungen. 2., neubearb. Aufl. (155 S. m. 88 Abbildgn.) 910. (Bd. 8)

Bursch, A., u. Jul. Küster, deutsche Rechtsprechung im Automobilwesen. Zusammengestellt u. bearb. (190 S.) 908. (Bd. 25)

Küster, Jul., das Automobil u. seine Behandlung. Mit 125 Abb. im Text. 4. verb. u. verm. Aufl., besorgt von B. v. Lengerke. (309 S.) 909. (Bd. 6)

Chauffeur-Schule. Theoret. Einführg. in die Praxis des berufsmäss. Wagenführers. 3. verb. u. verm. Aufl., besorgt v. R. Schmidt. (311 S. m. 175 Abb.) 910. (Bd. 28)
2. Aufl. (352 S.) 909.

— Personen- u. Lasten-Dampfwagen. Mit 170 Abbildgn. im Text. (234 S.) 908. (Bd. 17)

Lehmbeck, Thdr., der Automobil-Motor. 2., umgearb. Aufl. (225 S. 119 m. Abbildgn.) 910. (Bd. 7)

Lengerke, B. v., u. R. Schmidt, Automobil-ABC. Praktisches Reparaturen-Taschenbuch in alphabet. Reihenfolge. 3., stark verm. u. verb. Aufl. Mit 146 Abb. im Text. (251 S.) 910. (Bd. 2)

Löwy, Jos., die elektrische Zündung bei Automobilen u. Motorfahrrädern. 2., durchgearb. u. stark verm. Aufl. Mit 120 Abbildgn. im Text u. 1 Taf. (189 S.) 909. (Bd. 9)

Martini, B., das moderne Automobil. Konstruktion u. Behandlg. 3. verb. Aufl. (261 S. m. 194 Abb.) 910. (Bd. 33)
1. u. 2. Aufl. (à 256 S. m. Abb. u. 2 Taf.) 909.

— Praktische Chauffeurschule. Mit 174 Abbild. im Text, darunter 3 Taf. (259 S.) 909. (Bd. 34)
Kl. Wagen (Volksautomobile). (190 m. Abb. u. 3 Taf.) '08. [27.]

— Kleine Wagen (Volksautomobile). 2., bedeutend erweit. Aufl. Mit 108 Abb. im Text u. vielen Vignetten. (245 S.) 911. (Bd. 27)

Méville, H. de (Nauticus), Taschenbuch der Navigation f. Motorbootführer. Mit 25 Illustr. im Text u. 5 Karten u. Taf. (120 S.) 909. (Bd. 35)

Ostwald, Walt., Autler-Chemie. (380 S. m. 10 Abbild.) 910. (Bd. 39)

Schuricht, Walt., das Motorrad u. seine Behandlung. 2. verb. Aufl. Mit 177 Abb. im Text. (248 S.) 910. (Bd. 18)

Simon, Alfr. H., das Nutzautomobil. (180 S. m. 141 Abb. im Text u. auf 15 Taf.) 910. (Bd. 14)

Vorreiter, Ansbert, Motor-Flugapparate (Drachen-, Schrauben- u. Schwingenflieger). Im Auftrage des mitteleuropäischen Motorwagenvereins bearb. Mit 107 Abb. u. Zeichngn. ausgeführter Flugapparate. 2. beträchtlich verm. u. verb. Aufl. (195 S.) 910. (Bd. 36)
1. Aufl. (184 S.) 909.

Vorreiter, Ansbert, Motor-Luftschiffe. Mit 43 Abb. im Text u. Zeichngn. ausgeführter Luftschiffe auf 4 Taf. (147 S.) 909. (Bd. 37)

Zechlin, Max R., Anleitung u. Vorschriften f. Kraftwagen-Besitzer u. -Führer, nebst Fragen u. Antworten f. die Prüfung. 2., bedeutend erweit. Aufl. Mit 26 Abb. im Texte. (XVI, 155 S.) 909. (Bd. 1)
Vergl.: Küster's autotechn. Bibliothek.

— Autotechnische. 38—44., 46., 47. u. NAfl 1., 6—11., 14., 21., 27., 28., 33., 34. u. 36. Bd. kl8° Berl., RC Schmidt & Co. L je 2.80
Bd 45 ist noch nicht erschienen.
Bauschlicher, Aug.: Kühlg u. Kühlvorrichtgn v. Motorwagen. (134 m. Abb.) '11 [42]
— Schmierg u. Schmiervorrichtgn v. Motorwagen (unter bes. Berücks. zweckmäss. Lagergn u. Schmierstoffe). (156 m. Abb.) '12 [44]
Buch, Max: Automobil-Getriebe u. -Kupplgn. 2. Afl. (155 m. Abb.) '10 [8]
— Automobil-, Steuergs-, Brems- u. Betätiggsorgane. 2. Afl. v. Thdr Lehmbeck. (156 m. Abb. u. 3 Taf.) '13 [11]
— u. R Schmidt: Räder, Felgen u. Bereifg. (220 m. Abb.) '11 [41]
Dorner, Herm., u. Walth. Frendahl: Flugmotoren. (151 m. Abb.) '12 [38]
König, Ad.: Anlassen u. Anlassvorrichtgn d. Verbrennungsmotoren. (155 m. Abb.) '11 [43]
— Chauffeurkursus. Lehrb. nebst Fragen u. Antworten f. d. Prüfg d. Kraftwagen-Besitzer u. -Führer. (386 m. Abb.) '12 [47]
Küster, Jul.: Das Automobil u. s. Behandlg. 5. Afl. v B v. Lengerke. (324 m. Abb.) '11 [6]
— Chauffeur-Schule. Theoret. Einführg in d. Praxis d. berufsmäss. Wagenführers. 4. Afl. v. R Schmidt. (334 m. Abb.) '13 [28]
Lehmbeck Thdr: Der Automobil-Motor. 2. Afl. (225 m. Abb.) '10 [7]
Löwy, Jos.: Die elektr. Zündg bei Automobilen, Motorfahrrädern, Motorbooten u. Luftschiffen. 3. Afl. (260 m. Abb. u. 1 Taf.) '12 [9]
Martini, B: Das moderne Automobil. Konstruktion u. Behandlg. 4. Afl. (278 m. Abb.) '12 [33]
— Prakt. Chauffeur-Schule. 3. Afl. (312 m. Abb. u. 3 Taf.) '12 [34]
— Kleine Wagen (Volksautomobile). 2. Afl. (245 m. Abb.) '11 [27]
Menzel, Jons: Automobil-Vergaser (Karburatoren). 2. Afl. (274 m. Abb.) '11 [10]
Ostwald, Walt.: Autler-Chemie. (380 m. 10 Abb.) '10 [39]
— Autler-Elektrik. Gemeinfassl. Darstellg d. f. Automobilisten u. Motorradler wicht. Tle v. Elektricitätslehre u. Elektrotechnik. (255 m. Abb. u. 1 Tab.) '11 [40]
Schimek, Ernst: Die magnetelektr. Zündapparate f. Explosionsmotoren. Stationäre Motoren, Motorfahrräder, Motorboote, Automobil- u. Flugfahrzeugmotoren-Aufbau u. Wirkgsweise. (121 m. Abb. u. 12 Taf.) '12 [46]
Schmidt, R: 4sprachiges autotechn. Wörterb. Deutsch-französisch-englisch-italienisch. 2. Afl. (225) '12 [21]
Simon, Alfr. H: Das Nutzautomobil. (180 m. Abb. u. 15 Taf.) '10 [14]
Vorreiter, Ansbert: Motor-Flugapparate (Drachen-, Schrauben- u. Schwingenflieger). 2. Afl. (195 m. Abb.) '10 [36]
Zechlin, Max R: Anleitg u. Vorschriften f. Kraftwagen-Besitzer u. -Führer, nebst Fragen u. Antworten f. d. Prüfg. 4. Afl. (16, 284 m. Abb.) '12 [1]

— badische. Systemat. Zusammenstellg. selbständ. Druckschriften üb. d. Markgrafschaften, d. Kurfürstenth. u. Grossherzogth. Baden. I. Staats- u. Rechtskunde. 1. Bd. Einleitg. 1. Zeitraum: D. Markgrafschaften u. d. Kurfürstenthum. 2. Zeitraum: D. Grossherzogthum. Staatsrecht u. Verwaltg. gr. 8. (XII, 211 S.) Karlsruhe 897. A. Bielefeld's Hofbuchh. n. 5. —

— badische. Systematische Zusammenstellg. selbständ. Druckschriften üb. die Markgrafenschaften, das Kurfürstenth. u. Grossherzogth. Baden. I. Staats- u. Rechtskunde. 2. Bd. 2. Zeitraum: Das Grossherzogth. Justiz. Die kirchlichen Verhältnisse. Finanzwesen. Kriegswesen. Die materiellen u. Process-Rechte. gr. 8. (S. 215—432.) Karlsruhe 898. A. Bielefeld. n. 5. —

— dasselbe. II. gr. 8. Ebd. n. 24. —
Litteratur der Landes- u. Volkskunde des Grossherzogt. Baden. Von Otto Kienitz u. Karl Wagner. (Abgeschl. am 1. 1. 1900.) (X, 715 S.) 901.

— Badische nationalliberale. Hrsg. v. P Thorbecke. 1—6. Heft. gr8° Münch., Buchh. Nationalverein. nn 1.60 d
Elfner: Die bad. Gemeinde- u. Städteordngsreform. (19) '11 [3] — 30
Endres: Die deut. Eisenbahnfrage. (20) '11 [2] — 30
Frey, Ernst: Nationalliberale Partei u. Religion. (15) '12 [6] — 20
Hausser: Der gewerbl. Mittelstand in Baden. (20) '11 [1] — 30
Zentrum u. Sozialdemokratie in Baden. Aufklärg üb. Wackers Sammlgspolitik. (27) ('11) [4] nn — 10
Zischka, Jul.: Entstehg u. Wesen d. polit. Parteien. (24 m. 1 Taf.) '11 [5] — 40

— balneologische. Hrsg. v. Kornel Preysz. Nr. 25, 28, 33, 35, 36 u. 49. gr. 8. Budapest 895. Eggenberger. n. 5. 35
25. Mattoni's Giesshübler natürl. alkal. Sauerbrunn. M. Berücksicht. d. Kurortes Giesshübl-Sauerbrunn v. W. Gastl. (40 S. m. Abb.) n. — 65
28. D. Kurort Mattoni's Elisabeth-Salzbad i. Budapest u. dess. Bitterquellen. V. naturwissenschaftl. u. therapeut. Standpunkte dargest. von Jak. Bruck. (36 S. m. Abb.) n. — 65
33. Bäder, Curorte u. Mineralquellen Ungarns. Klimat. Curorte u. d. Hohe Tátra, Höhlenhayn, Koronahegy, Matlárháza, Tátra-Háza, Tátra-Lomnicz, Schmecks (Alt-Schmecks, Unter-Schmecks, Neu-Schmecks), Bad Csorba, Schwarzenberg, Iglófüred, Thurzófüred, Stoósz, Lucsivna, Biharfüred, Marillathal, Tusnád. Von Kornel Preysz. (32 S. m. 1 Abb.) n. — 65
35. D. Bäder a. Plattensee, ihre Wirkg. u. ihr Gebrauch. Von Kornel Preysz. (95 S. m. Abb.) n. 1. 60
36. D. Behandlg. Lungenkranker in Höhenkurorten m. spec. Berücksicht. d. geschloss. Heilanstalten v. Thdr. Römpler. (32 S.) n. — 80
49. D. Behandlg. d. Mineralwässer. Von Wilh. Hankó. (44 S. m. Abb.) n. 1. —
Die Nr. 1, 2, 4—6, 9, 11—24, 26, 27, 29—32, 34, 37—39 u. 41—48 sind in deutscher Sprache nicht erschienen.

— dasselbe. Bd. 40, s.: Bibliothèque balnéologique.

— dasselbe. Nr. 101—105. gr. 8. Budapest, Eggenberger.
101. Bad Lipik in Slavonien. Alkal. jodhalt. Therme (constante Temperatur 64° C.). Von Thom. v. Marschalko. (80 S. m. Abb.) 896. n. 1. 60
102. Bäder, Curorte u. Mineralquellen Ungarns. Salzbäder. Von Kornel Preysz. (32 S.) 896. n. — 80
103. Ungarns Kurorte u. Mineralquellen, anlässl. d. Millenär-Landes-Ausstellg. i. Auftr. d. ungar. balneolog. Vereines hrsg. von Stef. v. Boleman. (III, 148 S.) 896. n. 2. 40
104. Z. Frage d. Flaschenverschlusses natürl. Mineralwässer. Von H. G. Oelhofer. (7 S.) 897. n. — 50
105. Bad Rajeczfürdö i. d. hoh. Karpathen. Von Kornel Preysz. (109 S. m. Abb.) 895. n. 1. —
— Bad Rajeczfürdö in d. hohen Karpathen. (109 m. Abb.) 97. [105.] 1 —

— Bard. 1.—11. Bd. 8. Berlin 902. J. Bard. à n. 1. —; Einbde. f. jedes Werk n. 1. —
1. Der letzte Flirt. Novellen. Von Michel Provins. Einzig autoris. Übersetzg. aus dem Franz v. Hedda u. Arth. Moeller-Bruck. (123 S.)
2.—4. Die Gattin. Roman. Von Jeanne Marni. Einzig autoris. Übersetzg. aus dem Franz. v. Hedda u. Arth. Moeller-Bruck. (258 S.)
5. 6. Verworfene. Novellen. Von Hans Ostwald. Umschlagzeichng. u. Illustr. v. Hans Baluschek. (220 S.)
7. Der Anarchist. Novellen. Von Paul Gottschalk. Umschlagzeichng. u. Buchschmuck entworfen v. Geo. Tippel. (121 S.)
8.—10. Sündige Liebe. Roman. Von Jeanne Marni. Einzig autoris. Übersetzg. aus dem Franz. (272 S.)
11. Liebesbriefe. Von Michel Provins. Aus dem Franz. übers. v. Hedda u. Arth. Moeller-Bruck. (115 S.)

Bibliothek Bard. 12.—15. Bd. schmal 8. Berlin [Bard, Marquardt & Co.]. Leipzig, G. Fock, Verl. à n. 1. —; Einbde. f. jedes Werk n. 1. —
12. 13. Sindelin. Novellen. Von Jonas Lie. Einzig autoris. Übersetzg. aus d. Norweg. Umschlagzeichnung v. Geo. Tippel. (208 S.) 904.
14. Das Unverzeihliche. Novellen. Von Fel. Dörmann. Umschlagzeichnung v. Ernst Heilemann. (114 S.) 904.
15. Die Gasse. Geschichten. Von Stef. Großmann Umschlagzeichnung v. Geo. Tippel. (105 S.) 904.
Auch die Bände 1—11 sind in obig. Verlag übergegangen.

! — Bard. 12. u. 13. Bd. Lie, J: Sindelin. Jetzt: Lpzg, G Merseburger. '01/05

— dasselbe. 16. 17. Bd. schmal 8. Berlin 904. Marquardt & Co. n. 2. —; geb. n. 3. —
Kinderfrühling. Novellen. Von Otto Stoessl. Umschlagzeichnung u. Buchschmuck v. Heinr. Vogeler. Worpswede. (144 S.)

Bibliothek zu Basel. (*Basel [1893]: Gebr. Bossert.*) (4 Taf.) 4° [Umschlagt. F.] [c.a. 123.2 4

Bibliothek, Bayerische. Herausgegeben von Reinhardstöttner und Trautwein. Band 1-30. Bamberg 1890-92

Bibliothek, bayerische. Begründet u. hrsg. von Karl v. Reinhardstoettner u. Karl Trautmann. 1. Serie. 1.—29. Bdchn. 8. (Bamberg 890,91, Buchner Verlag.) Gera, Griesbach.
Subscr.-Pr. à Bdch. * 1 25; Einzelpr. à Bdch. * 1 40
Kästchen m. Titel f. 5 Bdchn. à ** 2 50

1. Reinhardstoettner, Karl v. Martinus Balticus. Ein Humanistenleben aus dem 16. Jahrh. Zeichnungen v. Phpp. Sporrer. (86 S.).
2. Destouches, Ernst v. Geschichte des königl. bayerischen Haus-Ritter-Ordens vom Heiligen Georg. Nach urkundl. Quellen des Ordensarchives dargestellt. Zeichnungen v. Pet. Halm. (91 S.)
3. Holland, Hyacinth. Franz Graf Pocci. Ein Dichter- u. Künstlerleben. Mit 26 Bildern nach Zeichnungen von Frz. Graf Pocci u. dessen Bildniss. (86 S.)
4. Haushofer, Max. Arbeitergestalten aus den bayerischen Alpen. Zeichnungen v. Otto E. Lau. (83 S.)
5. Rée, Paul Johs. Peter Candid. Zeichnungen v. Carl Sörgel. (73 S.)
6. Riggauer, Hans. Geschichte des königl. Münzcabinets in München. Zeichnungen v. P. Heine. (74 S.)
7. Vogt, Wilh. Elias Holl, der Reichsstadt Augsburg bestellter Werkmeister. Zeichnungen v. Otto E. Lau. (78 S.)
8. Mayerhofer, Johs. Schleissheim, e. geschichtl. Federzeichng. aus der bayer. Hochebene. Zeichnungen v. Pet. Halm. (110 S.)
9. Leitschuh, Frz. Friedr. Das germanische Nationalmuseum in Nürnberg. Illustrationen nach Photographien v. Chrph. Müller. (63 S.)
10. Wegele, Frz. v. Johannes Aventin. Zeichnungen v. Pet. Halm u. Toni Grubhofer. (70 S.)
11. Hefner-Alteneck, J. H. v. Entstehung, Zweck u. Einrichtung des bayerischen Nationalmuseums in München. Zeichnungen v. Pet. Halm u. O. Fleischmann. (58 S.)
12. Kluckhohn, Aug. Über Lorenz v. Wertenrieders Leben u. Schriften. Zeichnungen v. Otto E. Lau. (V, 93 S.)
13. Günther, Siegm. Martin Behaim. Zeichnungen v. Otto E. Lau. (86 S.)
14. Muncker, Frz. Friedrich Rückert. Zeichnungen v. Otto E. Lau. (79 S.)
15. Trautmann, Karl. Oberammergau u. sein Passionsspiel. Zeichnungen v. Pet. Halm. 1.—3. Aufl. (110 S.)
16. Gmelin, Leop. Die St. Michaelskirche in München und ihr Kirchenschatz. Zeichnungen nach photogr. Orig.-Aufnahmen. (96 S.)
17. Reinhardstoettner, Karl v. Land u. Leute im bayerischen Walde. Zeichnungen v. Otto E. Lau. (V, 102 S.)
18. Brenner, Osk. Mundarten und Schriftsprache in Bayern. (85 S. m. Abbildgn. u. 1 Karte.)
19. Goetze, Edm. Hans Sachs. Zeichnungen v. Pet. Halm. (76 S.)
20. Holland, Hyazinth. Theodor Horschelt. Ein Künstlerleben u. -Schaffen. Mit Reproduktionen nach Orig.-Zeichnungen und Bildern des Künstlers. (112 S.)
21. Haushofer, Max. Alpenlandschaft u. Alpensage in den bayerischen Bergen. Zeichnungen v. K. Th. Meyer-Basel. (III, 92 S.)
22. Mummenhoff, Ernst. Altnürnberg. Schilderungen aus der älteren reichstädt. Zeit bis zum J. 1350. Zeichnungen v. Lorenz u. Wilh. Ritter. (107 S.)
23. Heigel, Karl v. Karl Stieler. Ein Beitrag zu seiner Lebensgeschichte. Nebst 12 bisher ungedr. Jugendgedichten Stielers u. 15 Briefen Stielers an seine Mutter. Zeichnungen v. K. Th. Meyer-Basel. (108 S.)
24. Braunmühl, Ant. v. Christoph Scheiner als Mathematiker, Physiker u. Astronom. Zeichnungen nach photogr. Orig.-Aufnahmen. (V, 92 S.)
25. Heigel, Karl Thdr. Nymphenburg. Eine geschichtl. Studie. Zeichnungen v. Pet. Halm. (112 S.)
26. Muncker, Frz. Richard Wagner. Eine Skizze seines Lebens u. Wirkens. Zeichnungen von Heinr. Nisle. 1.—4. Aufl. (VI, 130 S. mit Facs.)
27. Haeutle, Chrn. Die fürstl. Wohnsitze der Wittelsbacher in München. I. Die Residenz. Zeichnungen v. Pet. Halm. (VI, 124 S.)
28. 29. Erhard, Adf. Johann Nepomuk Graf v. Triva, k. b. General der Artillerie, der 1. Kriegsminister Bayerns [1755—1827]. Zeichnungen v. Heinr. Nisle. (157 S.)

— der **Bekenntnißschriften** der deutsch-kathol. Kirchen. Herausgeg. v. J. Günther. Mit e. Vorwort v. Karl Gll. Bretschneider. 1. 2. Samml. 2. Aufl. gr. 8. Jena, 845, 46, Luden. à n. 1/3 ℔

— der vorzügl. **Belletristiker** des Auslandes. Samml. der interessant. u. besonders der neuesten schöngeistigen Schriften des Auslandes; aus d. franz., engl. u. a. fremden Sprachen; unter Mitarbeitung von Mehreren ins Deutsche übertragen v. Frz. Demmler. 1. Serie. I—VI. Lfrg. oder 18—24 Bdchen. (Enth.: Valida, oder der Ruf e. Frau. Aus d. Franz. d. Marquise v. E..... — Antony's Erinnerungen. Aus d. Franz. des Alex. Dumas. — Abentheuer eines jüngern Sohnes. Aus d. Engl. des Trelawney. — Il Vivere, von dem Buchhändler Sam. Bach. — Blumenstrauß von kleinen Erzählungen aus dem Engl.) 16. Stuttg. 835, 36. Liesching. 3 ℔ 2e Serie. VI Lfrgg. 18—98 Bdchn. Jul. Janin, der Weg in die Quere. — Agnes v. Mansfeld. Ein geschichtl. Roman, nach d. Engl. d. Th. Grattan von Geo. Nic. Bärman. 1r Thl. — Buntes, Auswahl kleiner Erzählungen aus d. Engl. u. Franz. — Sitten u. Charakterscenen aus d. 18. u. 19. Jahrh. Aus d. Franz. der Mad. Aug. Thierry. 16. Ebd. 836, 37. 2 1/2 ℔

— der vorzügl. **Belletristiker** des Auslandes. In treuen Uebertragungen v. Mehreren. 1., 3. u. 9. Bdchn. Inhalt: 1. Bdchn. Der Glücksritter. Span. Sittengemälde v. Don Francisco Gomez de Quevedo. 1. Thl. — 3. Bdchn. Herkules Kühne oder Guyana im Jahre 1772, von Eugen Sue. Aus d. Französ. von Paul Gauger. 1. Thl. — 9. Bdchn. Der Pilger von Vicomte d'Arlincourt. Aus d. Französ. von Paul Gauger. 1. Thl. 8. Karlsruhe 843, Macklot. à 1/6 ℔

Bibliothek, belletristische, des Israelit. 1. u. 2. Bd. gr. 8. Frankfurt a/M., Verlag des Israelit. 5.—; geb. 6. 80
1. Baalschem, der, v. Michelstadt. Kulturgeschichtliche Erzählg. v. Judaeus. Mit dem Bilde des Baalschem. (180 S.) 907. 2.—; geb. 2. 50
2. Damon u. Phintias in der Judengasse. Von Arth. Kahn. (403 S.) 907. 3.—; geb. 3. 80

— **Belletristische**, d. „Israelit". 3. Bd. gr8° Frankf. M., Verl. d. Israelit. d
Lehmann, Osc.: Samuel ha Nagid. Jüd. Erzählg a. d. span.-maur. Zeit. (8. 234 m. Abb.) ('09) [3] 2.50

Belletristische Bibliothek der Deutschen Literatur-Gesellschaft. No 1/2. *München: Deutsche Lit.-Ges.; J. Lentner in Komm. [1904].* 8° [F.]

— **belletristische**, der deutschen Literatur-Gesellschaft. Nr. 1 u. 2. gr. 8. München (J. J. Lentner). n. 1.—
Maisegen. Ein Bündel Lieder. Von Laurenz Kiesgen. (56 S.) (904.)

(**Bibliothek.** Benzigers Naturwissenschaftliche B'. No. 1, No 2, No. 3.) 8. Einsiedeln *etc.*, Benziger & Co. A. G., 1904. (*je* geb. M. 1. 50)
s. Gander, Martin.
(*Als* B' N' Bibliothek soll in zwangloser Folge eine Sammlung handlicher Bändchen erscheinen.)

(**Bibliothek.** Benzigers Naturwissenschaftliche B'. No. 4.) 8. Einsiedeln *etc.*, Benziger & Co. A. G., 1905. (geb. M. 1. 50)
s. Gander, Martin.

(**Bibliothek.** Benzigers Naturwissenschaftliche B'. No. 5 und 6 *u.* No. 7.) 8. Einsiedeln *etc.*, Benziger & Co. A. G., 1905. [geb. M. 3. —] *u.* (geb. M. 1. 50)
s. Gander, Martin — Kindler, Fintan.

(**Bibliothek.** Benzigers Naturwissenschaftliche B'. No. 8.) 8. Einsiedeln *etc.*, Benziger & Co. A. G., 1906. (geb. M. 1. 50)
s. Gander, Martin.

(**Bibliothek.** Benzigers Naturwissenschaftliche B'. No. 1.) 2. Aufl. *u.* (No. 9). 8. Einsiedeln *etc.*, Benziger & Co. A. G., 1906. (*je* geb. M. 1. 50)
s. Gander, Martin.

(**Bibliothek.** Benzigers Naturwissenschaftliche B'. No. 2 *u.* 3.) 2.... Aufl. *u.* (No. 10). 8. Einsiedeln *etc.*, Benziger & Co. A. G., 1907. (*je* geb. M. 1. 50)
s. Gander, Martin.

(**Bibliothek.** Benzigers Naturwissenschaftliche B'. No. 11.) 8. Einsiedeln *etc.*, Benziger & Co. A. G., 1908. (geb. M. 1. 50)
s. Gander, Martin.

(**Bibliothek.** Benzigers Naturwissenschaftliche B'. Nr. 12.) 8. Einsiedeln..., Benziger & Co. A. G., 1909. (geb. M. 1. 50)
s. Gander, P. Martin.

(**Bibliothek.** Benzigers Naturwissenschaftliche B'. No. 1.) 3. ... Aufl. *u.* (N° 13 *u.* 14). 8. Einsiedeln..., Benziger & Co. A. G., 1909—1910. (*je* geb. M. 1. 50)
(No. 1) s. Gander, P. Martin — (No. 13) s. Kindler, P. Fintan — (No. 14) s. Gander, P. Martin.

(**Bibliothek.** Benzigers Naturwissenschaftliche B'.) 8. Einsiedeln..., Benziger & Co. A. G., 1910.
(No. 4.) 2. ... Aufl. *s.* Gander, P. Martin — (No. 8.) 2. ... Aufl. *s.* Gander, P. Martin — (No. 15) *s.* Netzhammer, Raymund.

Bibliothek parlamentarischer **Beredsamkeit**, od. d. polit. Redner aller Völker u. Zeiten. In zeitgemäßer Auswahl. 1. u. 2. Hft. Mit Bolivar's u. v. Rotteck's Portr. gr. 8. (4 u. 5 B.) Leipzig 833, 34, O. Wigand. à

Bibliothek, Berliner, ein Pfälzischer und Hessischer Klerus; ein Danksagungsschreiben von einem Präceptor. . . . 1777. V: *Köster, Hnr. Mart. Gtfr.* (HS) (MGT) (Adel)

— **Berlinische**, von neu herausgekomm. Schriften u. and. z. Gelahrtheit gehörigen Aufsätze, (herausg. v. J. K. K. Oelrichs). 6 Bde. 8. Berl. 747—51. Rüdiger. (Voß). 4 ℔ 12 ℊ

— dos Botriobsleitors. Hrsg. v. Gust. Rauter. 1. u. 2. Bd. gr. 8. Hannover, Dr. M. Jänecke. n. 34. —; geb. in Leinw. n. 36. —
1. Die Betriebsmittel der chemischen Technik. Unter Mitwirkung v. Hans Schwanecke. Von Gust. Rauter. Mit 617 Abbildgn. im Text u. auf 14 Taf. (X, 554 S.) 905. n. 13. —; geb. in Leinw. n. 14. —
2. Erfahrungen e. Betriebsleiters. 2 (Titel-)Ausg. d. Buches: Aus d. Praxis d. Anilinfarbenfabrikation. Von Joh. Walter. Mit 116 Abbildgn. im Text u. 12 Taf. (X, 337 S.) [903.] 905. n. 21. —; geb. in Leinw. n. 22. —

— v. Biedermann. Verzeichniss der v. dem Geheimen Rath Dr. Gustav Woldemar Frhr. v. Biedermann hinterlassenen Bücher-Sammlg. nebst einigen Landkarten, Kunstblättern u. Handschriften. (X, 254 S.) 8. Leipzig 904. F. W. v. Biedermann. n. 1. —

— die, des Bienenwirtes. I u. II. gr. 8. Korneuburg. (Wien, W. Frick.) n. 3. 40
I. Der Bau des Bienenhauses. Ratschläge zur Erbauung v. Bienenhäusern u. Bienenständen m. Abbildgn. u. Plänen. Von Thdr. Weippl. Mit 70 Abbildgn. im Text u. 1 Titelbild. (IV, 80 S.) 904. n. 2. 40
II. Die Faulbrut der Bienen. Von Thdr. Weippl. Mit 3 Abbildgn. im Text u. 1 Titelbild in Farbendr. (24 S.) 904. n. 1. —

— die, des Bienenwirtes. III. u. IV. gr. 8. Klosterneuburg. Berlin, F. Pfenningstorff. 4. 60
III. Beiträge zur Naturgeschichte der Honigbiene, nach den Vorträgen v. Alb. Fleischmanns u. v. Enoch Zander hrsg. Von Thdr. Weippl. (IV, S. 129—140 m. Abbild. u. 1 Bildnis.) 907—910. Subskr.-Pr. 3.40; Einzelpr. 4. —
IV. Der teilbare Breitwabenstock u. seine praktische Behandlung im Kreislaufe des Bienenjahres, m. besond. Berücksicht. des Dadant-Blatt- u. des Würfelstockes. Von Otto Dengg. (III, 116 S. m. 60 Abbildgn.) 911. 1. 20

— für sociale Bildung. I., IV. u. X. Bd. 4. Leipzig, Socialer Verlag. à n. 1. —
I. Wie erleichtern wir uns geistige Arbeiten. (Mentale Unterrichtsbriefe.) (Psychologisches u. Hygienisches zur Methode der geistigen Arbeit.) Von Wilh. Frdr. Jahn. (47 S.) (902.)
IV. Wie sollen wir Sprachen lernen? Psychologische u. hygien. Hauptregeln beim Studium. Von Frz. Jos. Goetz. (46 S.) (902).
X. Arbeiten, Lesen u. Lernen. Beiträge zur Ausbildg. uns. mental. Fähigkeiten. Von Frz. Jos. Goetz. (47 S.) (902.)
Musada, E: Wie fördern wir uns. geist. Arbeitsfähigk.? Psycholog. u. hygien. Hauptregeln beim geist. Arbeiten. (47) (03.) [II.]

Bibliothek, biographische VI. (Heinr. Pestalozzi) gr. 8. Leipzig, Siegismund & Volkening. 2. — 1876?

Bibliothek, blaue. 2. Jahrg. 1—59. Hft. 16. Berlin 871—73. Radetzky. baar à — 10
Das geheimnißvolle Blumenmädchen od. Scholz und Nestroy. Original-Roman v. Karl Haffner. (664 S. m. 10 Holzschntaf.)
Die Kinder v. Neudorf. Roman v. Karl Haffner. (534 S. m. 7 Holzschntaf.)
Der Mann ohne Herz. Roman v. Karl Haffner. (459 S. m. 6 Holzschntaf.)
Der Lebendbegrabene od. das Geheimniß d. schwarzen Schlosses. Roman. (624 S. m. 10 Holzschntaf.)
Ein furchtbares Geheimniß, od. Liebe u. Rache. Roman aus dem Wiener Leben v. J. Blümel. (609 S. m. 11 Holzschntaf.)
Die Braut d. Todten. Lebensbild v. Gust. Knöpfer. (201 S. m. 3 Holzschntaf.)
Kreuz-Dame. Ein Bild aus dem Leben v. Gust. Knöpfer. (S. 1—74.)
Franz Zahlheim, od. das Rabenhaus auf der Elendbastei. Historischer Roman aus der Zeit Kaiser Josef II. Von Rafael Hellbach. (596 S. m. 10 Holzschntaf.)

—— blaue. 2. Jahrg. 1.—59. Heft. 16. Berlin 872—73, Radetzki. à Heft 10 Pf.
Inhalt:
Haffner, Karl, das geheimnißvolle Blumenmädchen oder Scholz und Nestroy. Orig.-Roman. (S. 664 mit 10 Holzschntaf.) — Haffner, Karl, die Kinder von Neudorf. Roman. (534 S. mit 7 Holzschntaf.) — Haffner, Karl, der Mann ohne Herz. Roman. (459 S. mit 6 Holzschntaf.) — Der Lebendbegrabene oder das Geheimniß des schwarzen Schlosses. Roman. (624 S. mit 10 Holzschntaf.) — Blümel, J., ein furchtbares Geheimniß, oder Liebe und Rache. Roman aus dem Wiener Leben. (609 S. mit 11 Holzschntaf.) — Knöpfer, Gust., die Braut des Todten. Lebensbild. (201 S. mit 3 Holzschntaf.) — Knöpfer, Gust., Kreuz-Dame. Ein Bild aus dem Leben. (74 S.) — Hellbach, Rafael, Franz Zahlheim, oder das Rabenhaus auf der Elendbastei. Historischer Roman aus der Zeit Kaiser Josef II. (596 S. mit 10 Holzschntaf.)

— die blaue, d. Feenreichs, der Kobolde, Zwerge u. Gnomen oder Deutschlands Zaubermährchen, Hexengeschichten und Schwänke zu ergötzl. u. bildender Unterhaltg. f. d. Jugend u. Erwachsene. 6 Bde. (Neue Titel-Aufl.) 8. (906 S.) Leipzig 849, Hentze. 1⅓ ß

— d. blaue, f. Kinder. 4 Bdchn. 12. Weim. 804. Ind.-Compt. 1 ß

BIBLIOTHEK, Die Blaue, aller Nationen. 12 Bde. (soviel ersch.). (Bd. 1—4 hrsg. von Chrn. Friedr. Wilh. Jacobs, Bd. 5—12 hrsg. von Fr. Justin Bertuch.) Mit 12 schönen Titelkpfrn. nach H. Lips u. A. Gotha, Ettinger, 1790—1800. 8°. (Expl. im BritishMuseum.) (1—9, Expl. in Hlz., 16 Mk. Adolf Weigel, 1906.)
Die beste ältere Sammlung von Feenmärchen, meist aus dem Französischen (Ch. Perrault, Mad. de Lintot, J. J. Rousseau, A. Hamilton, Comtesse d'Aulnoy, Supplemente zu 1001 Nacht u. s. w.)

— d. blaue, aller Nation., (v. Fr. Just. Bertuch, F. Jacobs u. And.) 12 Bde. 8. Weim. 790 — 800. Ind.-Compt. 5 ß 6 g.

—— die blaue, aller Nationen oder teutsche Volksmährchen. 1—6. Bd. Neue Ausg. 8. (58¼ B.) Nordhausen 846, Fürst. à
Auf 10 Bde. berechnet.

— Hans Bondy. 8° Berl., J Ladyschnikow.
Bd 10 ist noch nicht erschienen.
Artzybaschew, M: Arbeiter Schewyrjów u. and. Novellen. (Deutsch v. Frdr. Krantz.) (227) '10 [2] 3 —; geb. 4 —
Bang, Herm., Zusammenbruch. Roman. (Autoris. Übersetzg. v. Helene Klepetar.) (412 S.) 910. (Bd. 1) 4.—; geb. 5. —
Behnisch-Kappstein, Anna: Der Opferstein. Roman. (354) '11 [11] 4 —; geb. 5 —
Blaubarts 7 Frauen u. and. wunderbare Gesch. Erzählgn (v. Anatole France). (Verdeutschg v. Frdr. v. Oppeln-Bronikowski.) (190) '10 [5] 3 —; geb. 4 —
Feydeau, Ernest: Fanny. Roman. (Deutsch v. Alfr. Wolfenstein.) (162) '11 [8] 2 —; geb. 3 —
Graeser, Erdmann: Der Frauenarzt. Roman. (340) '40 [4] 1 —; geb. 5 —
Jäger, Hans: Kristiania Bohême. Roman. (Aus d. Norweg.) (440) '10 [6] 5 —; geb. 6 —
Kuprin, A: Olessja u. and. Novellen. (Deutsch v. Frdr. Krantz.) (232) '11 [7] 3 —; geb. 4 —
Rema, Else: Frauen untereinander. Roman. (524) '11 [9] 3 —; geb. 4 —
Schlaf, Johs: Der alte Herr Weismann u. and. Novellen. (284) '10 [3] 3 —; geb 4 —

— botanische, herausg. v. Hoppe f. 1805. od. 4r Jahrg. in 4 Quartl. 8. Ebend. (Monath u. K. in Nürnb.) 805.

— botanische, herausg. v. Hoppe f. 808. od. 7r Jahrg. in 4 Quartal. 8. Monath u. K. in Nürnb.

Brand's oenologische und gastrosophische Bibliothek. Bd 1. *Berlin: Ph. Brand & Co. 1903.* 8° [F.] [03. 3030

Bibliothek, braune. Herausgeber F. B. Geitler. 1871. Redakteur Anton Saxsperger. 1. 2. Heft. 12. Wien, Geitler. à 5 kr.
Inhalt: Jaques, Sultan Mammon und seine Sklaven. Roman aus Wiens Gegenwart (S. 1—96.)

— Bremische u. Verdische, (v. J. H. Pratje. 5 Bde. 8. Hamb. 754 — 60. (Compt. f. Literat. in Leipz.) 6 ß

— Brittische, 6 Bde. 8. Lpz. Fritsch, 756 — 67.

— Brittische, (v. Karl W. Müller). 6 Bde. 8. Leipz. 756 — 67. (Hahn). 4 ß 12 g.

BIBLIOTHEK, Britische (hrsg. von Carl Wilh. Müller). Leipzig, bey Johann Wendler, 1756—67. 8°. (Cplt. im British Museum; Jahrg. 1757 in 2 Bdn. apart: 14 Mk. Paul Graupe, Berlin, 1908.)
Anon.-Lex. I. p. 235 (nach Engelmann, Ersch, Meusel, Goedeke).

— Britt, theologische, (von J. Pet. Bamberger). 2 Bde. gr. 8. Halle 774. (Hahn in Hannov.) 1 ß 6 g.
Vorh. u. d. T.: Brittisches theologisches Magazin.

Die Bibliothek des Bücherfreundes. 1906. Nr. 1. Vierteljährlicher Bücheranzeiger von Gilhofer & Ranschburg. Gr.-8°. (XXVI, 58 S.)

Fischer & Franke's Bibliothek für Bücherliebhaber. (Bd 1—5.) *(Berlin: Fischer & Franke 1897.)* 8. [98. 1733

— moderner Buchhaltungswerke. I. u. II. Bd. gr. 8. Linz, Zentraldruckerei vorm. E. Mareis. n. 3. 20

I. Leitfaden zur Kolonnen-Buchführung f. Hotels, Gasthöfe u. Gastwirtschaften event. auch f. den Kleinhandel u. f. das Kleingewerbe, m. Jahres-Bilanz, Selbstkosten-Berechngn., Darstellg. des steuerpflicht. Einkommens etc. etc. Von Jos. Steinkellner. (IV, 52 S.) 905. n. 2. —

II. Die zwischen dem Reisenden u. seinem Hause sich ergebende Korrespondenz, sowie die auf dieses Verhältnis bezüglichen Verbuchungen. Von E. Prommer. (68 S.) 906. n. 1. 20

Bibliothek des Bundes der Freien Gemeinden und Freidenker-Vereins von Nord-Amerika: no. 1—17, 1907--1913: Milwaukee, WI

Issued irregularly, by the Bund der Freien Gemeinden und Freidenker-Vereins von Nord-Amerika.
held by v

— bunte, zeitgenössischer Schriftsteller. kl. 8. Mainz, J. Diemer. 14. 20

El-Correl, das Mädchen m. den kleinen Füßen. Eine lebensfrohe Erzählg. 1. u. 2. Aufl. (172 S.) 908. 2.—; geb. 3. —
Friedendorff, Rud., wenn der Wind darüber gehet. Erzählg. v. der Insel Rügen. (71 S.) (908.) 1. 20
Herbert, Hanna, Gedichtgrüße. (54 S.) (908.) 1. —
Holtz, Anna, vornehme Charaktere. Novelle. (125 S.) (908.) 2. —
Müller, Gust. Adf., im Schatten der Akropolis. 2 Geschichten aus Hellas. (224 S.) 910. 3. —
Stilgebauer, Edward, die blaue Blume. Humoristischer Roman. 1.—3. u. 5.—6. Tauf. (XVI, 128 S.)(908.) 3.—; geb. 4. —
Wehlau, Anna v., Frau Hede's Eheglück. Der Roman e. jungen Frau. Mit e. Geleitwort v. Gust. Adf. Müller. (154 S.) (909.) 2. —

Bibliothek der Charitinnen, s.a. Gosch, Jos. Lud.

Bibliothek der Charitinnen. Bd. 1. 2. Gotha 1792—94. V: *Gosch*, *Josias Ldw.* (Ky) (Schr)

— d. Charitinnen, 1r Bd. m. K. 8. Gotha, Ettinger, (Hoffmann, W.) 792.

Bibliothek, chemisch-technische. Bd 1-242. Wien 1875-1901

Bibliothek, Chemisch-technische. Band 243-301. Wien 1901-07

Bibliothek, Chemisch-technische 302-346. Wien 1907-13

— Chemisch-technische. 337—343. u. NAfl 4., 16., 23., 31., 49., 81., 90., 103., 105., 114., 117., 124., 127., 144., 155., 192., 200., 257. Bd. (Mit Abb.) 8° Wien, A Hartleben. d

Bisher unter Einzeltiteln aufgenommen.

Andés, Louis Edg.: Die Fabrikation d. Siegel- u. Flaschenlacke. Anh.: Die Fabrikation d. Brauer-, Wachs-, Schuhmacher- u. Bürsterpeches. 2. Afl. (8, 200) '11 [124] 3 —; geb. 3.80
— Die Fabrikation d. Stiefelwichse u. d. Leder-Konserviergsmittel. 3. Afl. (8, 275) '13 [200] 4 —; geb. 4.80
— Moderne Schuhcremes u. Lederputzmittel. (7, 211) '11 [337] 4 —; geb. 4.80
— Verarbeitg d. Hornes, Elfenbeins, Schildpatts, d. Knochen u. d. Perlmutter. Abstammg u. Eigensch. dieser Rohstoffe, ihre Zubereitg, Färbg u. Verwendg. 2. Afl. (8, 240) '11 [117] 3 —; geb. 3.80
Askinson, George William: Die Parfümeriefabrikation. 6. Afl. (16, 384) '11 [4] 4.50; geb. 5.30
Bersch, Jos.: Die Verwertg d. Holzes auf chem. Wege. Darstellg d. Verfahren z. Gewinng v. Azeton, Essigsäure, Holzgeist, Teerölen usw.; v. Oxalsäure, Zellulose, Gerb- u. Farbstoff-Extrakten, äther. Oelen u. Harzen. 3. Afl. v. Wilh. Bersch. (7, 331) '12 [105] 4.50; geb. 5.30
Bersch, Wilh.: Die Teerfarbstoffe. Ihre Konstitution, Eigenschaften u. Anwendg. 2. Afl. d. Buches: Die Fabrikation d. Anilinfarbstoffe v. Jos. Bersch. (8, 248) '12 [341] 5 —; geb. 5.80
Cubaeus, Paul: Das Ganze d. Kürschnerei. 2. Afl. v. Alex. Tuma. (8, 422) ('11) [192] 6 —; geb. 6.80
Fleck, C: Die Photolithogr. (8, 64 m. 1 Taf.) '12 [338] 2 —; geb. 2.30
Hartmann, Frdr.: Das Färben d. Metalle. (8, 480) '12 [339] 6 —; geb. 6.80
Hausner, A: Die Fabrikation d. Konserven u. Kanditen. 4. Afl. (8, 332) '12 [23] 4.50; geb. 5.30
Hubbard, Ernst: Die Verwertg d. Holzabfälle. 3. Afl. (8, 208) '11 [144] 3 —; geb. 3.80
Japing, Eduard: Eisen u. Eisenwaren. Anleitg z. Kenntn. d. Darstellgs-Methoden u. Eigensch. v. Eisen, Stahl u. Waren aus beiden. 1. Tl: Die Darstellg d. Eisens u. d. Eisenfabrikate. 2. Afl. v. Hugo Krause. (8, 336) '13 [81] 5 —; geb. 5.80
— Kupfer u. Messing sowie alle techn. wicht. Kupferlegiergn, ihre Darstellgsmethoden, Eigensch. u. Weiterverarbeitg zu Handelswaren. 2. Afl. v. Hugo Krause. (7, 208) '12 [103] 3 —; geb. 3.80
Jettmar, Jos.: Moderne Gerbmethoden, enth. verschied. neuart. Verfahren b. Weichen, Äschern, Einfetten u. Aufhellen, sowie Anleitgn z. Herstellg moderner Ledersorten. (8, 256) '13 [342] 6 —; geb. 6.80
Lang, Vikt.: Die Fabrikation d. Kunstbutter, Kunstspeisefette u. Pflanzenbutter. 4. Afl. (8, 140) '12 [31] 1.80; geb. 2.00
Lehner, Sigm.: Die Kunststeine. 2. Afl. (13, 384) '12 [257] 6 —; geb. 6.80
Miller, JB: Die Verzierg d. Gläser durch d. Sandstrahl u. d. Sandblasmaschinen. 2. Afl. (7, 146) '11 [90] 2.50; geb. 3.30
Peter, J, u. L Vanino: Die Luminographie. Ein einfaches Verfahren z. Herstellg photograph. Kopien. (62) '13 [343] 1.80; geb. 2.60
Rehwald, Fel.: Die Stärkefabrikation u. d. Fabrikation d. Dextrins, d. Stärkezuckers, Sirups u. d. Zuckercouleur. 4. Afl. (7, 302) '11 [16] 3 —; geb. 3.80
Roller, Jos.: Technik d. Radierg. 3. Afl. (8, 128) '11 [155] 3 —; geb. 3.80
Stahl, CJ: Glaserkunst, Glasmalerei u. moderne Kunstverglasg. (8, 240) '12 [340] 4 —; geb. 4.80
Thenius, Geo.: Die Meiler- u. Retorten-Verkohlg. Die lieg. u. steh. Meiler. Die vermauerten Holzverkohlgs-Öfen u. d. Retorten-Verkohlg. Anh.: Üb. d. Russfabrikation a. harz. Hölzern, Harzen, harz. Abfällen u. Holzteerölen. 2. Afl. (12, 307) '12 [127] 4.50; geb. 5.30
Uhlenhuth, Eduard: Vollständ. Anleitg z. Formen u. Giessen nebst genauer Beschreibg aller in d. Künsten u. Gewerben dafür angewandten Materialien. 7. Afl. (8, 213) '12 [49] 2 —; geb. 2.80
Wiltner, Frdr.: Die Fabrikation d. Toiletteseifen u. d. Seifenspezialitäten. 2. Afl. (15, 352) '11 [114] 4 —; geb. 4.80

Bibliothek für die Chirurgie. Hrsg.v.K(onrad) J(ohann) M(artin) Langenbeck. Bd 1-3/1-2, 4. gbd.

Göttingen: 1806-1812

Bibliothek, für Chirurgie u. Ophthalmologie rc. s. Langenbeck, C. J. M.

—— der praktischen Chirurgie. Eine Samml. von interessanten Abhandlungen, Aufsätzen u. Notizen aus d. Gesammtgebiet der in- u. ausländischen Chirurgie, hrsg. von mehreren Aerzten. 1. u. 2. Bd. gr. 8. (47½ B.) Erlangen 842, Ferd. Enke. *

Chirurgische Bibliothek, A. G. Richters. 15 Bd. à 4 Stücke (23 Vol.). Götting. [1-2] u. Gotha 1771-97.
— Allgemeines Register üb. die ersten 6 Bd. Sst. 1794, üb. die zweyten 6 Bd. Sst. 1796.

— f. Christen, (v. F. Schißling), 16 Bdchn. 8. Wien 794. Pazowsky. 16 fl.

Bibliothek, Christliche, enthält dasjenige was allen Pilgern auf der Reise nach der verlorenen Herrlichkeit zu wissen nöthig ist . . . Ephrata 1792. V: *Martin*, *Georg Adam*. (Seidensticker, German Printing in America. Philad. 1893.)

— u. literarische Chronik der Schweiz. — Bibliographie et chronique littéraire de la Suisse. 8—12. Jahrg. 1878—1882. à 12 Nrn. (à ½—1 B.) gr. 8. Basel, Georg. à Jahrg. n. 4. —

Bibliothek v. Coler. Sammlung v. Werken aus dem Bereiche der medicin. Wissenschaften, m. besond. Berücksicht. der militärmedicin. Gebiete. Hrsg. v. O. Schjerning. 1.—14. Bd. gr. 8. Berlin, A. Hirschwald. Geb. in Leinw. n. 83. —

1. Geschichte der Pocken u. der Impfung. Von P. Kübler. Mit 12 Abb. im Text u. 1 Taf. (XVI, X, 397 S.) 901. n. 8. —
2. Diphtherie. (Begriffsbestimmung, Zustandekommen, Erkenng. u. Verhütg.) Von E. v. Behring. Mit 2 Abb. (XVI, XI, 185 S.) 901. n. 5. —
3. Nichtarzneiliche Therapie innerer Krankheiten. Skizzen f. physiologisch denk. Aerzte. Von Buttersack. Mit 8 Abbildgn. im Text. (VIII, 134 S.) 901. n. 4. —
4. Leitfaden f. Operationen am Gehörorgan. Von F. Trautmann. Mit 27 Abb. im Text. (XVI, V, 104 S.) 901. n. 4. —
5. Leitfaden der kriegschirurgischen Operationen. Von Herm. Fischer. Mit 56 Abb. im Text. (VIII, 157 S.) 901. n. 4. —
6. Studien zu e. Physiologie des Marsches. Von Zuntz u. Schumburg. Mit Abbildgn., Curven im Text u. 1 Taf. (XVI, VIII, 361 S.) 901. n. 8. —
7. Grundriss e. Geschichte der Kriegschirurgie. Von Alb. Köhler. Mit 21 Abbildgn. im Text. (II, V, 138 S. m. 1 Bildnis.) 901. n. 4. —
8. Die Pest u. ihre Bekämpfung. Von P. Musehold. (X, 305 S. m. 4 Taf.) 901. n. 7. —
9. Die Cerebrospinalmeningitis als Heeresseuche. In ätiolog., epidemiolog., diagnost. u. prophylakt. Beziehg. Von H. Jaeger. Mit 33 Texttaf. (VIII, 256 S.) 901. n. 7. —
10. Die Therapie der Infektionskrankheiten. In Verbindg. m. Dorendorf, Grawitz, Hertel etc. Von C. Gerhardt. Mit Curven im Text. (V, 421 S.) 902. n. 8. —

11. Die experimentelle Diagnostik, Serumtherapie u. Prophylaxe der Infektionskrankheiten. Von E. Marx. Mit 1 Fig. im Text u. 2 lith. Taf. (VII, 296 S.) 902. n. 8. —
12. Die Verletzungen u. Verengerungen der Harnröhre. Auf Grund des König'schen Materials von 1875—1900 bearb. Von M. Martens. Mit e. Vorwort v. König. (VII, 138 S.) 902. n. 4. —
13. Die Aetiologie d. akuten Gelenkrheumatismus, nebst krit. Bemerkgn. zu seiner Therapie. Von A. Menzer. Mit e. Vorw. v. Senator. Mit 5 Taf. (XII, 127 S.) 902. n. 5. —
14. Der Hitzschlag auf Märschen. Mit Benutzg. d. Akten d. Medicinal-Abtheilg. d. preuss. Kriegs-Ministeriums. Von A. Hiller. Mit 6 Holzschn. u. 8 Curven. (V, 284 S.) 902. n. 7. —

— von Coler. Sammlung v. Werken aus dem Bereiche der medizin. Wissenschaften, m. besond. Berücksicht. der militärmedizin. Gebiete. Hrsg. v. O. Schjerning. 3. 5. 15.—21. 23. u. 24. Bd. 8. Berlin, A. Hirschwald. Geb. in Leinw. n. 57. 50

Inhalt:

Boldt, J., das Trachom als Volks- u. Heereskrankheit. (240 S.) 903. (Bd. 19.) n. 5. —
Buttersack, nichtarzneiliche Therapie innerer Krankheiten. Skizzen f. physiologisch denk. Aerzte. 2. Aufl. Mit 8 Abbildgn. im Text. (VIII, 188 S.) 903. (Bd. 3.) n. 4. 60
Fischer, Herm., Leitfaden der kriegschirurgischen Operations- u. Verbandstechnik. 2. Aufl. Mit 55 Abbildgn. im Text. (IX, 170 S.) 905. (Bd. 5.) n. 4. —
Hildebrandt, die Verwundungen durch die modernen Kriegsfeuerwaffen, ihre Prognose u. Therapie im Felde. I. Bd. Allgemeiner Tl. Mit 2 Taf. u. 109 Abbildgn. im Text. (X, 278 S.) 905. (Bd. 21.) n. 8. —
Niedner, Otto, die Kriegsepidemieen des 19. Jahrh. u. ihre Bekämpfung. (VIII, 227 S.) 903. (Bd. 17.) n. 5. —
Paalzow, Fr., die Invaliden-Versorgung u. Begutachtung beim Reichsheere, bei der Marine u. bei d. Schutztruppen, ihre Entwickelung u. Neuregelung nach dem Offizier-Pensions- u. dem Mannschafts-Versorgungs-Gesetze vom 31. V. 1906. (XX, 243 S. m. 1 Tab.) 906. (Bd. 24.) n. 5. —
Sonnenburg, Eduard, u. Rich. Mühsam, Compendium der Operations- u. Verbandstechnik. 1. Tl. Allgemeine Operationstechnik, Verbandstechnik. Mit 150 Abbildgn. im Text. (XII, 171 S.) 903. (Bd. 15.) n. 4. —
— — dasselbe. 2. Tl.: Specielle Operationstechnik. Mit 194 Abbildgn. im Text. (XXI, 195 S.) 903. (Bd. 16.) n. 6. — (Vollständig: n. 10. —)
Stechow, das Röntgen-Verfahren m. besond. Berücksicht. der militärischen Verhältnisse. Mit 91 Abbildgn. (X, 265 S.) 903. (Bd. 18.) n. 6. —
Stricker, die Blinddarmentzündung (Perityphlitis) in der Armee von 1880—1900. Mit 10 Taf. (96 S.) 906. (Bd. 23.) n. 4. —
Thel, Grundsätze f. d. Bau v. Krankenhäusern. Mit 11 Taf. u. 66 Fig. im Text. (VIII, 124 S.) 905. (Bd. 20.) n. 6. —
Bd. 1. 2. 4 u. 6—14. Ebd. 901. 902. n. 75. —. Bd. 22 ist noch nicht erschienen.

— v. Coler-v. Schjerning. 11. 15. 16. 22. u. 25.—32. Bd. 8. Berlin, A. Hirschwald. Geb. in Leinw. 78. —
Becker, Theophil, der angeborene Schwachsinn in seinen Beziehungen zum Militärdienst. Für Sanitätsoffiziere, Militärgerichtsbeamte, Gerichtsoffiziere u. Truppenbefehlshaber. Mit 1 Kurve u. 8 Abb. im Text. (VII, 211 S.) 910. (Bd. 27) Geb. 5. —
Custodis, die Verletzung der Arteria meningea media. (VIII, 200 S.) 908. (Bd. 26) Geb. 8. —
Graf u. Hildebrandt, die Verwundungen durch die modernen Kriegsfeuerwaffen, ihre Prognose u. Therapie im Felde. II. Bd. Spezieller Tl. Mit 180 Abb. im Text. (VIII, 570 S.) 907. (Bd. 22) Geb. 12. — (vollständig: 20. —) Der I. Bd. ist v. Hildebrandt allein.
Lehrbuch der Militärhygiene. Unter Mitwirkg. v. H. Findel, H. Hetsch, K. H. Kutscher hrsg. v. H. Bischoff, W. Hoffmann, H. Schwiening. 2 Bde. (XIV, 431 u. X, 451 S. m. 319 Abb.) 910. (Bd. 31. 32) à 7. —; geb. à n 8. —
Marx, E., die experimentelle Diagnostik, Serumtherapie u. Prophylaxe der Infektionskrankheiten. 2. Aufl. Mit 8 lith. Taf. (VII, 398 S.) 907. (Bd. 11) 8. —
Momburg, der Gang d. Menschen u. die Fussgeschwulst. Mit 22 Taf. u. 8 Textfig. (67 S.) 908. (Bd. 25) Geb. 5. —
Schjerning, Otto v., sanitätsstatistische Betrachtgn. üb. Volk u. Heer. Nach e. am 24. VII. 1909 in dem wissenschaftl. Senate bei der Kaiser Wilhelms-Akademie f. das militärärztl. Bildungswesen geh. Vortrage. Mit 37 Taf. im Text u. 6 Kart. (IV, 116 S.) 910. (Bd. 28) Geb. 3. —
Sonnenburg, Ed., u. Rich. Mühsam, Compendium der Verband- u. Operationslehre. 1. Tl. Verbandlehre. 2. Aufl. Mit 87 Abb. im Text. (XI, 94 S.) 908. (Bd. 15) Geb. 3. —
— — dasselbe. II. Tl. Operationslehre. 2. Aufl. Mit 290 Abbildgn. im Text. (XX. 446 S.) 910. (Bd. 16) Geb. 9. —
Steinhausen, F. A., Nervensystem u. Insolation. Entwurf e. klin. Pathologie der kalor. Erkrankgn. (103 S.) 910. (Bd. 30) Geb. 4. —
Westphal, Behelfsvorrichtungen beim Sanitätsdienste im Felde. (Vorwiegend nach Erfahrgn. aus dem Hottentottenfeldzuge 1904/07.) (XII, 218 S. m. 99 Fig.) 910. (Bd. 29) Geb. 5. —
Bd. 22 u. 55 erschienen noch u. d. alt. T.: Bibl. von Coler

— v. Coler-v. Schjerning. 29—34. u. 36. Bd. 8° Berl., A Hirschwald. (1—34 u. 36: L 207.10)
Bd 35 ist noch nicht erschienen.
Lehrbuch d. Militärhygiene. Unter Mitwirkg v. H Findel, H Hetsch, KH Kutscher, O Martineck, B Möllers hrsg. v. H Bischoff, W Hoffmann, H Schwiening. 1. u. 2. Bd. (14, 431 u. 10, 451 m. Abb.) '10 [31. 32] ‖ 3. Bd. Hygiene d. militär. Unterkünfte (Kasernen, Lazarette, militär. Bildgsanst. usw.). Hygiene d. Dienstes (Heeresergänzg, Dienstarbeit, Dienst d. einz. Truppenarten usw.), bearb. v. W Hoffmann u. H Schwiening. (11, 496 m. Abb. u. 2 Taf.) '11 [33] ‖ 4. Bd. Infektionskrankh. u. nicht infektiöse Armeekrankh. (9, 515 m. Abb. u. 2 [1 farb.] Taf.) '12 [34] (I—IV: je 7 —; L n 8 —)
Steinhausen, FA: Nervensystem u. Insolation. Entwurf e. klin. Pathol. d. kalor. Erkrankgn. (163) '10 [30] L 4 —
Westphal: Behelfsvorrichtgn b. Sanitätsdienste im Felde. (Vorwiegend nach Erfahrgn a. d. Hottentottenfeldzuge '04/7.) (12, 218 m. Fig.) '10 [29] L 5 —
Wezel, Karl: Robert Koch. Eine biograph. Studie. (8, 148 m. Abb. u. 1 Bildn.) '12 [36] 3.60

— compendiöse, d. gemeinnützigsten Kenntnisse f. alle Stände. 8. Halle 790—93. Gebauer, (à n ℛ) 30 ₰ 6 ℛ (1e Abtheil., der Landmann, 4 Hefte; 2e, d. Bürger od. Technologie, 2 Hfte; 3e, d. Kaufmann, 6 Hefte; 4e, d. Künstler, 1 Heft; 5e, d. Geistliche od. Religionslehrer, 11 Hefte; 6e, d. Pädagog, 6 Hefte; 7e, d. Arzt, 4 Hefte; 8e, d. Rechtsgelehrte od. Jurist, 1 Heft; 9e, d. Staats- oder Geschäftsmann, 2 Hefte; 10e, d. Soldat, 4 Hefte; 11e, das Weib, 4 Hfte; 12e, d. Mensch, 2 Hfte; 13e, d. Philosoph, 1 Heft; 14e, d. Physiker, 2 Hefte; 15e, d. Arithmetiker, 2 Hefte; 16e, d. Mathematiker, 3 Hefte; 17e, d. Astronom, 2 Hefte; 18e, d. Baumeister, 4 Hefte; 19e, d. Mineralog, 5 Hefte; 20e, d. Botaniker, 18 Hefte; [Fortsetz. hiervon, s. Heinis Flora;] 21e, d. Zoolog, 8 Hefte; 22e, d. Geograph, 5 Hefte; 23e, d. Historiker, 8 Hefte; 24e, d. schöne Geist, 6 Hfte; 25e, d. Freimaurer, 5 Hefte; 26e, d. Sprachforscher, 1 Heft; 27e, d. Lückenbüßer, 4 Hefte.) (1e Abtheil., d. Landmann, 2 Hefte. 790, 91. 2e Abtheil., d. Bürger, 1 Heft. 791. [v. Chr. K. André,] u. 25e Abthl., d. Freimaurer, 1s Hft. 790. auch bei Dieterich in Götting. à 6 ℛ)

Bibliothek, Cotta'sche, der Weltlitteratur. 1. Serie. 1.—93. Bd. 8. Stuttgart 880—84, Cotta'sche Buchh. geb. à Lfg. *

Inhalt:

Bd. 1. 5. 8. 13. 21. 28. 36. 51. 58. 62. 63. 67. 68. 71. 72. 76. 77. 81. 82. 87. 88. 93. Goethe's sämtliche Werke. Neu durchges. und ergänzte Ausg. in 36 Bdn. Mit Einleitungen von Karl Goedeke. 1.—22. Bd. (304; 315 S. mit Holzschn.-Portr.; 260; 360; 214; 268; 256; 264; 292; 383; 272; 216; 268; 268; 304; 260; 300; 376; 228; 404; 352; 251 S.)
" 50. Goedeke, Karl, Goethe's Leben. Suppl. zu den Werken des Dichters. Neu durchgesehen. (187 S. mit 1 Holzschn.)
" 2. 6. 14. 22. 31. 41. 57. 61. 66. 73. 78. 83. 89. 91. 92. Schiller's sämtliche Werke. Mit Einleitungen von Karl Goedeke. 15 Bde. (304; 340 S. mit Holzschn.-Portr.; 272; 319; 284; 248; 196; 264; 334; 194; 219; 296; 203; 219; 275 S.)
" 25. Wolzogen, Karoline v., Schiller's Leben. Verf. aus Erinnerungen der Familie, seinen eigenen Briefen und den Nachrichten seines Freundes Körner. Neue durchges. und verm. Aufl. (279 S.)
" 3. 10. 18. 27. 39. 53. 59. 64. 69. 80. 85. 86. Shakespeare's dramatische Werke, nach der Uebersetzung von Aug. Wilh. Schlegel, Phpp. Kaufmann und Voß revid. und teilweise neu bearb., mit Einleitungen versehen und hrsg. von Max Koch. 12 Bde. (280; 312; 320; 432; 340; 368; 352; 208; 375; 232; 332; 332 S.)
" 4. 11. 19. 29. 40. 55. 60. 65. 70. 74. 75. 79. 84. 90. Lessing's sämtliche Werke in 20 Bdn. Hrsg. und mit Einleitungen versehen von Hugo Göring. 1.—14. Bd. (292 S. mit Holzschn.-Portr.; 292; 295; 295; 348; 336; 236; 224; 254; 244; 184; 316; 244; 259 S.)
" 7. 16. 38. 44. Lenau's sämtliche Werke. Mit einer biograph. Einleitung von Anastasius Grün. 4 Bde. (249; 207 S. mit Holzschn.-Portr.; 191; 260 S.)
" 9. 12. Dante's göttliche Komödie. Uebers. und erläut. von Karl Streckfuß. Neu bearb. und mit einer historisch-biograph. Einleitung versehen von Otto Roquette. 2 Bde. (269; 288 S. mit Holzschn.-Portr.)
" 15. 23. 33. 42. Kleist's, H. v., sämtliche Werke. Neu durchges. und ergänzte Ausg. Mit Einleitung von Frz. Muncker. 4 Bde. (312 S. mit Portr. in Holzschn.; 347; 218; 332 S.)
" 17. 24. 35. 37. Körner's sämtliche Werke. Mit Einleitung von Herm. Fischer. 4 Bde. (258; 243; 327; 247 S.)
" 20. 26. 43. 45. Platen's sämtliche Werke. Mit einer biograph. Einleitung von Karl Goedeke. 4 Bde. (319; 344; 380; 320 S.)
" 30. 46. 49. Molière's ausgewählte Werke. Uebers. von F. S. Vierling. Mit Einleitung von Paul Lindau. 3 Bde. (338; 252; 287 S.)
" 32. 34. 48. Calderon's ausgewählte Werke. Uebers. von Aug. Wilh. Schlegel und J. D. Gries. Mit einer Einleitung des Grafen Ad. Fr. v. Schack. 3 Bde. (264; 292 S. mit Holzschn.-Portr.; 328 S.)
" 47. 52. 54. 56. Chamisso's gesammelte Werke. Neu durchges. und verm. Ausg. Mit biograph. Einleitung hrsg. von Max Koch. 4 Bde. (360; 348; 279; 304 S.)

—— Cotta'sche, der Weltlitteratur. 94.—178. Bd. 8. Stuttgart 885—88, Cotta'sche Buchh. geb. à Bd. *

Inhalt:

Bd. 164. 168. 176. Ariosto's, Ludovico, rasender Roland in 4 Tln. Übers. von J. D. Gries. Mit einer biographisch-litterarhistor. Einleitung von Herm. Fleischer. 1.—3. Tl. (332; 327 S. mit Portr. des Verf.; 348 S.)

" 122. 124. Bürger's, G. A., ausgewählte Werke in 2 Bdn. Mit einer biograph. Einleitung von Rich. Maria Werner. (283; 220 S. mit Holzschn.-Portr.)

" 119. 125. 127. 130. 134. 143. 152. 157. Byron's, Lord, poetische Werke in 8 Bdn. In älteren Übertragungen. (215; 212; 222 S. mit Holzschn.-Portr.; 240; 264; 276; 278; 256 S.)

" 118. Camões, die Lusiaden. Unter Zugrundelegung der Übersetzung von F. A. Kuhn und K. Th. Winkler gänzlich umgearb. von Rud. v. Belzig. Mit einer biographisch-litterarhistor. Einleitung von Karl v. Reinhardstöttner. (260 S. mit Holzschn.-Portr.)

" 94. 96. 97. 99. 101. 103. 104. 106. 107. 109. 110. 112. 113. 115. Goethe's sämtliche Werke. Neu durchges. und ergänzte Ausg. in 36 Bdn. Mit Einleitungen von Karl Goedeke. 23.—36. Bd. (208; 200; 255; 280; 304; 343; 356; 400; 276; 344; 296; 373; 344; 198 S.)

" 116. 120. 123. 128. 132. 133. Hauff's, W., sämtliche Werke in 6 Bdn. Mit biograph. Einleitung von Herm. Fischer. (272; 239; 348; 260 S. mit Holzschn.-Portr.; 288; 330 S.)

" 144—146. 150. 154. 155. 160. 165. 166. 169. 171. 175. Heine's, H., sämtliche Werke in 12 Bdn. Mit einer biographisch-litterarhistor. Einleitung von Steph. Born. (272; 326; 259; 228; 248; 287; 254; 272; 288; 276; 320; 312 S.)

" 178. Herder's ausgewählte Werke in 6 Bdn. Mit einer biographisch-litterarhistor. Einleitung von Jos. Lautenbacher. 1. Bd. (288 S. mit Bild.)

Bd. 170. 174. Homer's Werke in 2 Bdn. Übers. von Joh. Heinr. Voß. Mit einer litterarhistor. Einleitung von Jos. Lautenbacher. [1. Bd.: Ilias. (402 S.); 2. Bd.: Odyssee. (274 S.)]

" 158. Horaz' sämtliche Dichtungen. Nach den revid. Übersetzungen der Oden und Epoden von Ernst Günther, der Satiren und Episteln von Chr. Martin Wieland neu hrsg. und mit einer biographisch-litterarhistor. Einleitung und Anmerkungen versehen von Herm. Fleischer. (343 S.)

" 141. 142. 148. 149. Klopstock's gesammelte Werke in 4 Bdn. Mit einer Einleitung von Frz. Muncker. (272; 312; 228; 208 S. mit Holzschn.-Bild.)

" 100. Koch, Max, Shakespeare. Supplement zu den Werken des Dichters. (340 S. mit Portr. und Facs.)

" 95. 98. 102. 105. 108. 111. 114. Lessing's sämtliche Werke in 20 Bdn. Hrsg. und mit Einleitungen versehen von Hugo Göring. 14.—20. Bd. (263; 310; 328; 288; 220; 232; 240 S.)

" 173. Nibelungenlied, das. Bearb. und eingeleitet von Roman Woerner. (231 S.)

" 131. 138. Racine's sämtliche dramatische Werke in 4 Bdn. Übers. von ***. Mit einer biographisch-litterarhistor. Einleitung von Heinr. Welti. 1. und 2. Bd. (214; 196 S. mit Holzschn.-Portr.)

" 153. 159. Sophokles' sämtliche Werke in 2 Bdn. Übers. und mit einer Einleitung versehen von Leo Türkheim. (204; 228 S. mit Bild.)

" 139. 140. Tasso's, Torquato, befreites Jerusalem in 2 Tln. Übers. von J. D. Gries. Mit einer biograph. Einleitung von Herm. Fleischer. (256; 272 S. mit Holzschn.-Bild.)

" 117. 121. Tegnér's ausgewählte poetische Werke. Mit biograph. Einleitung hrsg. von Werner Söderhjelm. 2 Bde. (192; 190 S. mit Holzschn.-Portr.)

" 136. 137. Theater, spanisches, in 2 Bdn. Mit einer Einleitung hrsg. von Adf. Friedr. Graf v. Schack. (268; 371 S. mit 1 Portr.)

" 126. 129. 135. 147. 151. 156. 161. 163. Tieck's, Ludw., ausgewählte Werke in 8 Bdn. Mit einer Einleitung von Heinr. Welti. (247 S. mit Holzschn.-Portr.; 282; 267; 222; 270; 223; 288; 272 S.)

" 162. 167. 172. 177. Wieland's gesammelte Werke in 6 Bdn. Mit einer Einleitung von Frz. Muncker. 1.—4. Bd. (263; 228; 298; 299 S.)

—— Cotta'sche, der Weltlitteratur. 179.—195. Bd. 8. Stuttg. 889—90. Cotta Nachf. geb. à Bd. * 1 —

181. Ariosto's, Ludovico rasender Roland in 4 Tln. Uebers. v. J. D. Gries. Mit e. biograph.-litterarhistor. Einleitg. v. Herm. Fleischer. 4. Bd. (340 S.)

184. 185. 190. 191. 193. 194. Cervantes' ausgewählte Werke in 6 Bdn. Neue verb. Ausg. d. Uebersetzg. v. Hieron. Müller. Mit e. biographisch-litterarhistor. Einleitg. v. Otto Roquette. (308; 236; 275; 272 S. m. Bild d. Verf., 260; 255 S.)

195. Gudrun. Ein deutsches Heldenlied. Uebers. u. eingeleitet v. Fr. Lemmermeyer. (266 S.)

180. 182. 187.—189. Herder's ausgewählte Werke in 6 Bdn. Mit e. biographisch-litterarhistor. Einleitg. v. Jos. Lautenbacher. 2.—6. Bd. (324; 286; 235; 252; 280 S.)

186. 192. Racine's sämmtliche dramat. Werke in 4 Bdn. Uebers. v. ***. Mit e. biographisch-litterarhistor. Einleitg. v. Heinr. Welti. 3. u. 4. Bd. (240; 208 S.)

179. 183. Wieland's gesammelte Werke in 6 Bdn. Mit e. Einleitg. v. Frz. Muncker. 5. u. 6. Bd. (268; 312 S.)

Bibliothek, Cotta'sche, der Weltlitteratur. 196.—241. Bd. 8. Stuttgart 891—894. J. G. Cotta Nachf. Geb. in Leinw. à n. 1. —

Inhaltsübersicht in alphabetischer Ordnung:

Briefwechsel zwischen Schiller u. Goethe. Mit Einleitg. v. Frz. Muncker. 1.—4. Bd. (286, 224, 278 u. 270 S.) (212., 214., 216., 218. Bd.)

— zwischen Schiller u. W. v. Humboldt in den J. 1792 bis 1805. Mit Einleitg. v. Frz. Muncker. (292 S.) (230. Bd.)

Heldensagen des Firdusi. 3 Bde. In deutscher Nachbildg., nebst e. Einleitg. v. Adf. Frdr. Graf v. Schack. (295, 324 u. 327 S.) (224., 226., 228. Bd.)

Goethe's Briefe an Frau v. Stein, nebst Tagebuch aus Italien. In 4 Bdn. Mit Einleitg. v. K. Heinemann. 1.—3. Bd. (200, 236 u. 196 S.) (244., 246., 248. Bd.)

Grillparzer's sämtliche Werke. 5. Ausg. in 20 Bdn. Hrsg. u. m. Einleitgn. versehen v. Aug. Sauer. (264 S. m. 1 Bildnis; 240, 251, 232, 236, 256, 276, 268, 220, 268, 266, 219, 266, 191, 178, 196, 260, 203, 262 u. 250 S.) (196., 199., 202., 205., 208., 211., 213., 215., 217., 219., 221., 223., 225., 227., 229., 231., 233., 235., 237., 239. Bd.)

Hoffmann's, E. Th. A., ausgewählte Werke in 4 Bdn. Mit Einleitg. v. Jos. Lautenbacher. (294, 286, 234, 388 S. m. Bildnis.) (236., 238., 240., 242. Bd.)

Das Liederbuch vom Cid, nach der bis jetzt vollständigsten, Keller'schen Ausg., verdeutscht v. Glob. Regis. 2 Bde. Mit Einleitg. v. Wilh. Lauser. (200 u. 251 S.) (220., 222. Bd.)

Manzoni, Alessandro, die Verlobten. Aus dem Ital. übers. von Ed. v. Bülow. In 2 Bdn. Neu hrsg. u. eingeleitet v. Ludw. Fränkel. (384 u. 354 S.) (232., 234. Bd.)

Schopenhauer's, Arth., sämtliche Werke in 12 Bdn. Mit Einleitg. v. Rud. Steiner. 1.—4. Bd. (191 S. m. Bildnis, 216, 285, 346 S.) (241., 243., 245., 247. Bd.)

Uhland's gesammelte Werke in 6 Bdn. Mit e. biographisch-litterar.-histor. Einleitg. v. Herm. Fischer. (328, 342, 216, 236, 228 u. 208 S. m. 1 Bildnis.) (197., 198., 200., 201., 203., 204. Bd.)

Volkslieder. Alte hoch- u. niederdeutsche Volkslieder m. Abhandlgn. u. Anmerkgn. hrsg. v. Ludw. Uhland. 3. Aufl. Mit Einleitg. v. Herm Fischer. 4 Bde. (346, 320, 308 u. 260 S.) (206., 207., 209., 210. Bd.)

— Cotta'sche, der Weltlitteratur. 249.—299. Bd. 8. Stuttgart 895—898. J. G. Cotta Nachf. Geb. in Leinw. à n. 1. —

Inhaltsübersicht in alphabet. Ordnung:

Anthologie, slavische. J. deutschen Uebersetzgn. M. Einltg. v. Greg. Krek. (246 S.) (250. Bd.)

Aeschylos' ausgew. Dramen. Deutsch v. Leop. Graf zu Stolberg. M. Einltg. v. L. Türkheim. (195 S. m. Bildn.) (252. Bd.)

Bojardo, d. verliebte Roland. A. d. Italien. übers. v. J. D. Gries. Neu hrsg., überarb. u. eingel. v. Ludw. Fränkel. 2 Bde. (407 u. 380 S. m. Bildn.) (259., 261. Bd.)

Briefwechsel zw. Lessing u. Eva König. M. Einltg. u. Anmerkgn. v. Edm. Dörffel. 2 Bde. (210 u. 194 S. m. Bildn.) (256., 258. Bd.)

— zw. Schiller u. Körner. V. 1784 b. z. Tode Schillers. M. Einltg. v. Ludw. Geiger. 4 Bde. M. Anh.: Briefw. zw. Schiller u. Huber. (302, 272, 294 u. 408 S. m. 1 Bildn.) (265., 268., 270., 272. Bd.)

— zw. Schiller u. Lotte. 1788—1805. Hrsg. u. erläut. v. Wilh. Fielitz. 3 Bde. (300 S. m. Bildn., 266 u. 205 S.) (278., 280., 282. Bd.)

Droste-Hülshoff, Annette Freiin v., ges. Schriften in 3 Bdn. M. Einltg. v. Levin Schücking. 1. u. 2. Bd. (354 u. 379 S m. 1 Bildn.) (296., 298. Bd.)

Eckermann, Joh. Pet., Gespräche m. Goethe i. d. letzten Jahren s. Lebens. M. einleit. Abhandlg. u. Anmerkgn. v. Otto Roquette. 3 Bde. (254, 224 u. 239 S. m. Bildn.) (262., 264., 267. Bd.)

Goethe's Briefe an Frau v. Stein, nebst Tagebuch a. Italien. In 4 Bdn. M. Einltg. v. K. Heinemann. 4. Bd. (252 S.) (894.) (249. Bd.)

Grimmelshausen, H. J. Chr., d. abenteuerliche Simplicius Simplicissimus. M. Einltg. v. Ferd. Khull. 1. u. 2. Bd. (423 u. 320 S.) (253., 255. Bd.)

Hölderlin's ges. Dichtungen. Neu durchgesch. u. verm. Ausg. in 2 Bdn. M. biograph. Einltg. hrsg. v. Bertha Litzmann. (311 u. 292 S. m. 1 Bildn.) (274., 276. Bd.)

Jean Paul's ausgew. Werke in 8 Bdn. M. e. Einltg. v. R. Steiner. (230, 216, 222, 250, 246, 246, 271 u. 310 S. m. 1 Bildn.) (285., 287., 289., 291., 293., 295., 297., 299. Bd.)

Immermann's ausgew. Werke in 6 Bdn. M. Einltg. v. Frz. Muncker. (376, 384, 306, 394, 350 u. 364 S. m. 1 Bildn.) (273., 275., 277., 279., 281., 283. Bd.)

Rousseau's ausgew. Werke in 6 Bdn. Uebers. v. J. H. G. Heusinger. M. e. Einltg. v. Ph. Aug. Becker. (292, 256, 240, 386, 379 u. 238 S. m. 1 Bildn.) (284., 286., 288., 290., 292., 294. Bd.)

Schopenhauer's, Arth., sämmtliche Werke in 12 Bdn. M. Einltg. v. Rud. Steiner. 5.—12. Bd. (307, 367, 298, 228, 279, 308, 335 u. 400 S.) (251., 254., 257., 260., 263., 266., 269., 271. Bd.)

— Cotta'sche, der Weltlitteratur. 300. Bd. 8. Stuttgart 899. J. G. Cotta Nachf. Geb. in Leinw. n. 1. —

Droste-Hülshoff's, Annette Freiin v., gesammelte Schriften in 3 Bdn. Mit Einleitg. v. Levin Schücking. 3. Bd. (388 S.)

— Cotta'sche, der Weltliteratur. kl. 8. Stuttgart, J. G. Cotta Nachf.

Aristophanes' Werke. Übers. v. Ludw. Seeger. Neue Aufl., m. Einleitg. v. Herm. Fischer u. Wilh. Schmidt. 3 Bde. (236, 287 u. 272 S. (910)Geb. in Leinw. je 1.—; in 1 Leinw.-Bd. 3. —

Alphabetische Übersicht:

Anthologie, slav. In deut. Uebersetzgn. Mit Einl. v. G Krek. (246) 95.
Ariosto's, L, rasender Roland in 4 Tln. Uebers. v. JD Gries. Mit e. biograph.-litterarhistor. Einl. versehen v. H Fleischer. (1347) 88. 89.
Aristophanes' Werke. Übers. v. Ludw. Seeger. Neue Afl., m. Einleitg v. Herm. Fischer u. Wilh. Schmid. 3 Bde. (238, 287 u. 272) ('10) L je 1 —; in 1 L-Bd 3 —
Aeschylos' ausgew. Dramen. Deutsch v. L Graf zu Stolberg. Mit Einl. v. L Türkheim. (105 m. Bildnis.) 95.
Bojardo, d. verliebte Roland. Aus d. Ital. v. JD Gries. Neu hrsg., überarb. u. eingeleitet v. L Fränkel. 2 Bde. (787 m. Bildnis.) 95.
Briefwechsel zw. Lessing u. Eva König. Mit Einl. u. Anmerkgn v. E Dürffel. 2 Bde, (404 m. Bildnis.) 95.
— zw. Schiller u. Goethe. Mit Einl. v. F Muncker. 4 Bde. (1008) 93.
— zw. Schiller u. W v. Humboldt in d. J. 1792—1805. Mit Einl. v. F Muncker. (202) 93.
— zw. Schiller u. Körner. Von 1784 bis z. Tode Schillers. Mit Einl. v. L Geiger. 1. Bd. (302 m. Bildnis.) 95.
Briefwechsel zw. Schiller u. Körner. Von 1784 bis z. Tode Schillers. Mit Einl. v. L Geiger, Mit Anh.: Briefwechsel zw. Schiller u. Huber. 2—4. (Schl.-)Bd. (272, 294 u. 408) 96. [268.70.72.] Kplt in 2 L.-Bdn 4 —
— zw. Schiller u. Lotte. 1788—1805. Hrsg. u. erläut. v. W Fielitz. 3 Bde. (300, 266 u. 305 m. 1 Bildnis.) 97. [278.80.82.] In 1 Bd geb. 3 —
Bürger's, GA, ausgew. Werke in 2 Bdn. Mit e. biograph. Einl. v. RM Werner. (508) 86.
Byron's, Lord, dramat. Werke in 3 Bdn. Mit e. Einl. v. H Welti. (1579) 86. 87.
Calderon's ausgew. Werke in 3 Bdn. Uebers. v. AW Schlegel u. JD Gries. (884) 84.
Camões, d. Lusiaden. Unter Zugrundelegg d. Uebersetzg v. FA Kuhn u. KT Winkler gänzlich umgearb. v. R v. Belzig. Mit e. biograph.-litterarhistor. Einl. v. K. v. Reinhardstöttner. (260) 86.
Cervantes' ausgew. Werke in 6 Bdn. Neue Asg. d. Übersetzg v. H Müller. Mit e. biographisch-litterarhistor. Einl. v. O Roquette. (100) 89. 90.
Chamisso's gesammelte Werke. Neue Asg. in 4 Bdn. Hrsg. v. M Koch. (1291) 83.
Dante's göttl. Komödie. Uebers. u. erläut. v. K Streckfuss. Neu bearb. v. O Roquette. 2 Bde. (557) 82.
Droste-Hülshoff's, A Freiin v., ges. Schriften in 3 Bdn. Mit Einl. v. L Schücking. (354, 379 u. 368 m. Bildnis.) 98.99. [296.98.300.]
Eckermann, JP, Gespräche m. Goethe in d. letzten Jahren s. Lebens. Mit einleit. Abhandlg u. Anmerkgn v. O Roquette. (In 3 Bdn.) 1. u. 2. Bd. (478 m. Bildnis.) 95.
Eckermann, JP: Gespräche m. Goethe in d. letzten Jahren s. Lebens. Mit einleit. Abhandlg u. Anmerkgn v. O Roquette. 3. Bd. (239) 96. [267.] Kplt in 1 Bd geb. 3 —
Firdusi, Heldensagen. 3 Bde. In deut. Nachbildg, nebst e. Einl. v. AF Graf v. Schack. (946) 93.
Goedeke, K, Goethe's Leben. (187) 83.
Göring, H, Lessing's Leben. (184) 84.
Goethe's Briefe an Frau v. Stein, nebst Tagebuch a. Italien. In 4 Bdn. Mit Einl. v. K Heinemann. (883) 94.
Goethe's sämtl. Werke. Mit Einleitgn v. Goedeke. 1—36. Bd. (10408) 81—85.
Grillparzer's sämtl. Werke. 5. Asg. in 20 Bdn. Hrsg. u. m. Einleitgn versehen v. A Sauer. (4802 m. 1 Bildnis.) 92—94.
Grimmelshausen, HJC v., d. abenteuerl. Simplicius Simplicissimus. Mit Einl. v. F Khull. 1. u. 2. Bd. (543) 95.
Gudrun. Ein deut. Heldenlied. Übers. u. eingeleitet v. F Lemmermayer. (266) 90.
Hauff's, W, sämtl. Werke in 6 Bdn. Hrsg. v. H Fischer. 1. Bd. (272) 85.
Hauff's, W, sämtl. Werke in 6 Bdn. Mit biograph. Einl. v. H Fischer. (1732) 86.
Heine's, H, sämtl. Werke in 12 Bdn. Mit e. biograph.-litterarhistor. Einl. v. S Born. (2342) 87. 88.
Herder's ausgew. Werke in 6 Bdn. Mit e. biograph.-litterarhistor. Einl. v. J Lautenbacher. (1665) 88. 89.
Hoffmann's, ETA, ausgew. Werke in 4 Bdn. Mit Einl. v. J Lautenbacher. (1152 m. Bildnis.) 94.
Hölderlin's ges. Dichtgn. Neu durchgesch. u. verm. Asg. in 2 Bdn. Mit biograph. Einl. hrsg. v. B Litzmann. 2 Bde. (292 u. 311 m. Bildnis.) 96.97. [274.76.]
Homer's Werke in 2 Bdn. Uebers. v. JH Voss. Mit e. litterarhistor. Einl. v. J Lautenbacher. (409) 88.
Horaz' sämtl. Dichtgn. Nach d. rev. Ubersetzgn d. Oden u. Epoden v. E Günther, d. Satiren u. Episteln v. CM Wieland, neu hrsg. u. m. e. biograph.-litterarhistor. Einl. u. Anmerkgn versehen v. H Fleischer. (348) 87.
Immermann's ausgew. Werke in 6 Bdn. Mit Einl. v. F Muncker. (376, 384, 306, 394, 359 u. 264 m. Bildnis.) 96. [273.75.77.79.81.83.]
Kleist's, H v., sämtl. Werke. Neue Asg. in 4 Bdn., hrsg. v. F Muncker. (1209) 82—84.
Klopstock's gesamm. Werke in 4 Bdn. Mit e. Einl. v. F Muncker. (1020) 87
Koch, M, Shakespeare. (340) 85.
Körner's sämtl. Werke. Mit Einleitg v. H Fischer. 4 Bde. (1076) 82. 83.
Lenau's sämtl. Werke. Hrsg. v. A Grün. 4 Bde. (868) 82. 83.
Lessing's sämtl. Werke. Hrsg. v. A Göring. 1—20. Bd. (5611) 82—85.
Liederbuch, d., vom Cid, nach d. bis jetzt vollständigsten, Keller'schen Asg., verdeutscht v. G Regis. 2 Bde. Mit e. Einl. v. W Lauser. (451) 93.
Manzoni, A, d. Verlobten. Aus d. Ital. v. E v. Bülow. In 2 Bdn. Neu hrsg. u. eingeleitet v. L Fränkel. (738) 94.
Molière's sämtl. Werke. Uebers. v. S Bierling. 3 Bde. (887) 88.
Nibelungenlied, d. Bearb. u. eingeleitet v. R Woerner. (231) 88.
Jean Paul's ausgew. Werke in 8 Bdn. Mit e. Einl. v. R Steiner. (280, 216, 222, 250, 246, 248, 271 u. 310 m. Bildnis.) 97.98. [285.87.89.91.93.95.97.99.] In 4 Bde geb., L. 8 —; H.-F. 12 —
Platen's sämtl. Werke. Mit e. biograph. Einleitg v. K Goedeke. 4 Bde. (1363) 83. 88.
Racine's sämtl. dramat. Werke in 4 Bdn. Uebers. v. *, *. Mit e. biograph.-litterarhistor. Einl. v. H Welti. (858) 86. 89.
Rousseau's ausgew. Werke in 6 Bdn. Uebers. v. JHG Heusinger. Mit e. Einl. v. PA Becker. (292, 256, 240, 386, 379 u. 298 m. Bildnis.) 97.98. [284.86.88.90.92.94.]
Schack, AF Graf v., spanisches Theater in 2 Bdn. (619) 86.
Schiller's sämtl. Werke. Mit Einleitgn v. K Goedeke. 15 Bde. (3967) 82—84.
Schopenhauer's A, sämtl. Werke in 12 Bdn. Mit Einl. v. R Steiner. 1—10. Bd. (2825 m. Bildnis.) 94.95.
Schopenhauer, A: Sämtl. Werke in 12 Bdn. Mit Einl. v. R Steiner. 11. u. 12. Bd. (335 u. 400) 96. [269.71.] Kplt, in 6 Bde geb., L. 12 —; H.-F. 18 —
Shakespeare's dramat. Werke nach d. Uebersetzg v. AW Schlegel, P Kaufmann u. Voss, rev. u. teilweise neu bearb. v. M Koch. 12 Bde. (3883) 82—84.
Sophokles' sämtl. Werke in 2 Bdn. Uebers. u. m. e. Einl. versehen v. L Türkheim. (427) 87.
Tasso's, T, befreites Jerusalem in 2 Tln. Uebers. v. JD Gries. Mit e. biograph. Einl. v. H Fleischer. (528) 87.
Tegnér's ausgew. poet. Werke. Mit biograph. Einl. hrsg. v. Werner-Söderhjelm. 2 Bde. (391) 86.
Tieck's, L, ausgew. Werke in 8 Bdn. Mit e. Einl. v. H Welti. (2181) 86—88.
Uhland, L.
— alte hoch- u. niederdeut. Volkslieder, m. Abhandlgn u. Anmerkgn hrsg. 3. Afl. Mit Einl. v. H Fischer. 4 Bde. (1234) 93.
Uhland's, L, ges. Werke in 6 Bdn. Mit e. biographisch-litterar-histor. Einl. v. H Fischer. (1557 m. 1 Bildnis.) 92.
Wieland's ges. Werke in 6 Bdn. Mit e. Einl. v. F Muncker. (1598) 88. 89.
Wolzogen, K v., Schiller's Leben. Verf. a. Erinnergn d. Familie, s. eigenen Briefen u. d. Nachrichten s. Freundes Körner. Neue Afl. (279) 83.

Bibliothek deutscher Curiosa. 1.—5. Bd. 8. Lindau und Berlin 876—82. Hamburg, Verlagsanstalt und Druckerei, A.-G. *

Bibliothek deutscher Curiosa. 4 Bde. 8. Lindau 876,77. Berlin, Hofmann und Comp. à Bd. * ℳ 1,50. *

—— deut. Curiosa. 5. Bd. 8. Berl. 82, Hofmann & Co. geb. n. 2. 50 (1—5.: n. 10. 50)
C Weise's Bauern-Komödie v. Tobias u. d. Schwalbe. Aufgeführt im J. 1682. Mit e. Einl. hrsg. v. R Genée. (98)

Bibliothek der Damen oder Sammlung lehrreicher Abhandlungen zur Bildung des schönen Geschlechts [aus dem Französischen]. Zittau 1766. Ü: *Kretschmann, Carl Friedrich.* (JL) (GGr)

— d. Damen, od. Abhandl. zum Unterricht d. Frauenzimmer. 8. Zittau 766. Schöps. 8 gl. neue Bibl. rc. 8. Ebd. 769. 12 gl.

Dänische **Bibliothec** oder Sammlung Von Alten und Neuen Gelehrten Sachen aus Dännemark. Stück 1—5. Copenhagen und Leipzig. 1738—44; Stück 6—9, Copenhagen. 1745—47. 8°.
Stück 1—3 wurden herausgegeben v. Ludwig Harboe und Jacob Langebek, 4—9 v. Olaus Heinrich Moller.

— Dänische, 9 Thle. 8. 738—46.

Bibliothek, Dänische, oder Sammlung von alten und neuen gelehrten Sachen aus Dänemark. Kopenh. u. Leipzig 1743—49. H (St. 1—3): *Harboe, Ludwig* & *Jac. Langebeck.* (St. 4—9): *Möller, Olaus Heinrich.* (ML)

Bibliothek christlicher Denker, s. Herbst, Ferd.

— f. Denker u. Männer v. Geschmack, s.a. Winkopp.

— f. Denker u. Männer v. Geschmack; herausg. v. P. A. Winkopp u. A. 4 Bde à 6 Stcke. gr. 8. Gera 783—91. Beckmann. 7 Rthl. 8 gl.

Bibliothek russischer Denkwürdigkeiten. Hrsg. v. Thdr. Schiemann. 1.—5. Bd. gr. 8. Stuttgart, J. G. Cotta Nachf. n. 18. —
1. Memoiren v. Jac. Iwanowitsch de Sanglen. 1776—1831. Aus dem Russ. übers. v. L. v. Marnitz. (X, 167 S.) 893. n. 3. —
2. Erinnerungen v. Alex. Lwowitsch Seeland aus der polnischen Revolution v. 1830/31. Aus dem Russ. übers. von Geo. Frhrn. v. Saß. (VII, 138 S.) 894. n. 3. —
3. Nicolai Iwanowitsch Pirogow: Lebensfragen. Tagebuch e. alten Arztes. Aus dem Russ. übertr. v. Aug. Fischer. (IX, 500 S.) 894. n. 6. —
4. Konst. Kawelin's u. Iwan Turgenjew's sozial-politischer Briefwechsel m. Alex. Iw. Herzen. Mit Beilagen u. Erläutergn. hrsg. v. Michail Dragomanow. Autoris. Uebersetzg. aus dem Russ. v. Boris Minzes. (XVII, 232 S.) 894. n. 3. —
5. Erinnerungen e. Dorfgeistlichen. Ein Beitrag zur Geschichte der Leibeigenschaft u. ihrer Aufhebg. Aus dem Russ. übertr. v. M. v. Oettingen. (VI, 204 S.) 894. n. 3. —

Bibliothek russischer Denkwürdigkeiten. Hrsg. v. Thdr. Schiemann. 6. u. 7. Bd. gr. 8. Stuttgart 895. J. G. Cotta Nachf. n. 9. — (1.—7.: n. 27. —)
6. Michail Bakunin's sozial-polit. Briefwechsel m. Alexander Iw. Herzen u. Ogarjow. M. e. biograph. Einleitg., Beilagen u. Erläutergn. v. Michail Dragomanow. Autor. Uebersetzg. a. d. Russ. v. Boris Minzes. (CX, 420 S.) n. 6. —
7. Jugenderinnergn. v Alex. Iwanowitsch Nikitenko. A. d. Russ. übers. v. R. Türstig. (X, 188 S.) n. 3. —

Deutsch-Amerikanische Bibliothek: Band 1–10, 1872–1900
A Publisher's series, rather then a serial. 12 mo. each 3 to 400 pages. Published by E. Steiger & Co.

—— deutsch-amerikanische. 1.—10. Bd. 8. New-York 872—78, Steiger. à Bd. ℳ 2,25; geb.

Inhalt:
Bd. 1. 2. Solger, R., Anton in Amerika.
» 3. 4. Dilthey, Karl, [Julian Werner.] Novellen und Erzählungen. 1. Thl.: Die schönsten Tage einer Tänzerin (Lola Montez). — Mein Onkel Fischer in Baltimore. (IV, 211 S.); 2. Thl.: New-York in alter Zeit. — Gefahren eines Sängerfestes. (IV, 207 S.)
» 5. 6. Lexow, Friedr., Novellistisches. 1. Thl.: Auf dem Geierfels. (IV, 146 S.); 2. Thl.: Imperia. (141 S.)
Bd. 7. 8. Lexow, Rud., Romane und Novellen. 1. Thl.: Annie's Prüfungen. (222 S.) 2. Thl.: Der Rubin. (130 S.)
» 9. Dilthey, Karl, [Jul. Werner], Novellen und Erzählungen. 3. Thl.: Henriette Sonntag. (179 S.)
» 10. Lexow, Friedr., Novellistisches. 3. Thl.: Vornehm und gering. (152 S.)

Die Deutsch-Amerikanische Bibliothek: 1890–1900?
Irregular. Published by Street & Smith. New York, NY

—— deutsche. Samml. auserl. Orig.-Rom. 1—12. Bd. 8. Frankf. (Berl., Janke.) 14. 10
Bechstein, L, d. Dunkelgraf. (472) 54. 1. 12
Kühne, FG, d. Freimaurer. (648) 54. 1. 21
Kürnberger, F, d. Amerika-Müde. (504) 56. 1. 15
Kurz, H, d. Sonnenwirth. (508) 54. 1. 15
Marggraff, H, Fritz Beutel. (423) 55. 1. 6
Mügge, T, Afraja. (553) 54. 1. 16⅓
– Erich Randal. (830) 56. 2. 15
Müller, O, Charlotte Ackermann. (453) 54. 1. 6
Ring, M, John Milton u. s. Zeit. (562) 57. 1. 15
Scheffel, V, Ekkehard. (463) 55. 1. 15
Willkomm, E, d. Familie Ammer. (724) 55. 2. –
– Rheder u. Matrose. (562) 57. 1. 15

Bibliothek, deutsche. Sammlung auserlesener Original-Romane. Unter Mitwirkung von L. Bechstein, H. König, Hm. Kurz, Hm. Marggraff, Thdr. Mügge, O. Müller, Wfg. Müller, Rb. Prutz u. a. m. Herausg. von Otto Müller. 1—12. Bd. Frankfurt a. M. 854—57. Meidinger Sohn u. Co. 8.
1. Bd. Afraja. Roman von Thdr. Mügge. (2 Bl., 553 S.) 1 ℛ 16 ngr
2. Bd. Charlotte Ackermann. Ein Hamburger Theater-Roman aus dem vorigen Jahrh. von Otto Müller. (453 S.) 1 ℛ 6 ngr
3. Bd. Der Dunkelgraf. Roman von Ludw. Bechstein. (1 Bl., 472 S.) 1 ℛ 12 ngr
4. Bd. Der „Sonnenwirth." Schwäbische Volksgeschichte aus dem vorigen Jahrhundert. Von Herm. Kurz. (VII, 508 S.) 1 ℛ 15 ngr
5. Bd. Die Freimaurer. Eine Familiengeschichte aus dem vorigen Jahrhundert von F. Gust. Kühne. (2 Bl., 664 S.) 1 ℛ 24 ngr
6. Bd. Die Familie Ammer. Deutscher Sittenroman von Ernst Willkomm. (2 Bl., 724 S.) 2 ℛ
7. Bd. Ekkehard. Eine Geschichte aus dem 10. Jahrh. von Jos. Vict. Scheffel. (2 Bl., XI, 463 S.) 1 ℛ 15 ngr
8. Bd. Der Amerika-Müde. Amerikanisches Kulturbild von Ferd. Kürnberger. (2 Bl., 504 S.) 1 ℛ 15 ngr
9. Bd. Erich Randal. Histor. Roman aus der Zeit der Eroberung Finnlands durch die Russen im Jahre 1808 von Thdr. Mügge. (4 Bl., 830 S.) 2 ℛ 15 ngr
10. Bd. Fritz Beutel. Eine Münchhausenlade von Herm. Marggraff. (2 Bl., 423 S.) 1 ℛ 6 ngr
11. Bd. Rheder und Matrosen. Ein Hamburger Roman. Von Ernst Willkomm. (2 Bl., 562 S.) 1 ℛ 15 ngr
12. Bd. John Milton und seine Zeit. Historischer Roman von Max Ring. (4 Bl., 562 S.) 1 ℛ 15 ngr

— deut. Willkomm, E: Familie Ammer. — Rheder u. Matrosen. Jetzt: Berl., H Barsdorf.

— deutsche. Sammlung seltener Schriften der älteren deutschen National-Literatur. Herausg. u. mit Erläuterungen versehen von Heinr. Kurz. Leipzig 862—64. Weber. 8. Jeder Bd. n. 2 ℛ
1. 2. Bd.: Esopus von Burkhard Waldis. 2 Thle. (XLVIII, 972 S.)
3—6. Bd.: Hans Jacob Christoffels v. Grimmelshausen Simplicianische Schriften. 4 Thle. (CXXVII, 1872 S.)

— deutsche. Sammlung seltener Schriften der älteren deutschen National-Literatur. Herausg. u. mit Erläuterungen versehen von Heinr. Kurz. Leipzig 865—68. Weber. 8.
7. Bd.: Jörg Wickram's Rollwagenbüchlein. (L, 252 S.) n. 1 ℛ 15 ngr; geb. n. 1 ℛ 25 ngr
8—10. Bd.: Johann Fischart's sämmtliche Dichtungen. 3 Thle. (LIV, 288; LIV, 458; LXXVII, 544 S.) n. 6 ℛ 15 ngr; geb. n. 7 ℛ 15 ngr

[Bibliothek.] Weltausstellung St Louis 1904. Deutsche Bibliothek (ausgest. von F. Volckmar). *[Auch mit engl. Text.]* (Leipzig 1904.) 8°. — Mh 1762. —

— Deutsche. kl8° Berl., Deut. Bibliothek. L je 1 —; Geschenkausg., Ldr 3 — d
Andersen, HC: Das Märchen meines Lebens. (Hrsg. v. Heinz Amelung.) (8, 227) ('12)
Beethoven's Briefe. (Ausgew. u. hrsg. v. Hugo Leichtentritt.) (16, 250) ('12)
Borowski, LE, RB Jachmann u. A Ch. Wasianski: Immanuel Kant. Sein Leben in Darstellgn v. Zeitgenossen. Biographien. (Hrsg. v. Fel. Gross.) (8, 306) ('12)
Carlyle, Thom.: Üb. Helden, Heldenverehrg u. d. Heldentümliche in d. Gesch. 6 Vorlesgn. (Nach d. Übersetzg v. J Neuberg hrsg. v. Rob. v. Erdberg.) (12, 278) ('12)
Chesterfield, Lord: Briefe an s. Sohn. (Ausgew. u. hrsg. v. Alex. v. Gleichen-Russwurm.) (11, 308) ('12)
Claudius, Matthias: Der Wandsbecker Bote. Die Persönlichkeit im Spiegel ihrer Werke. (Hrsg. v. Fel. Gross.) (5, 281) ('12)
Fichte, Joh. Gottlieb: Die Anweisg z. seligen Leben. (Hrsg. v. Heinr. Scholz.) (59, 224) ('12)
— Reden an d. deut. Nation. (Hrsg. v. Arth. Liebert.) (18, 268) ('12)
Goethe's Eltern: Briefe. (Ausgew. u. eingeleitet v. Carl Schüddekopf.) (11, 291) ('12)
— Faust. 1. u. 2. Tl. (Hrsg. v. Carl Schüddekopf.) (390) ('12)
Gracian's, Balthazar, Hand-Orakel u. Kunst d. Weltklugheit. Aus dessen Werken gezogen v. Don Vincencio Juan de Lastanosa u. a. d. span. Original treu u. sorgfältig übers. v. Arth. Schopenhauer. (Hrsg. v. Alex. v. Gleichen-Russwurm.) (15, 209) ('12)
Hauff, Wilh.: Lichtenstein. Romant. Sage. (Hrsg. v. Alex. v. Gleichen-Russwurm.) (14, 387) ('12)
— Märchen. (Hrsg. v. Alex. v. Gleichen-Russwurm.) (5, 370) ('12)
Heine's Buch d. Lieder. (Hrsg. v. Hanns Holzschuher.) (15, 314) ('12)
Hoffmann, ETA: Die Elixire d. Teufels. (Hrsg. v. Kurt Martens.) (23, 315) ('12)
Homer, Ilias. Übers. v. Joh. Heinr. Voss. (Durchgesehen u. eingeleitet v. Otto Hauser.) (11, 436) ('12)
— Odyssee. Übers. v. Joh. Heinr. Voss. (Durchgesehen u. eingeleitet v. Otto Hauser.) (8, 366) ('12)
Humboldt, Wilh. v.: Briefe an e. Freundin. (Ausgew. u. hrsg. v. Alex. v. Gleichen-Russwurm.) (12, 218) ('12)
Immermann, Karl: Der Oberhof. (Hrsg. v. Hanns Holzschuher.) (8, 377) ('12)
Ludwig, Otto: Zwischen Himmel u. Erde. (Hrsg. v. Arth. Eloesser.) (7, 241) ('12)
Meinhold, Wilh.: Maria Schweidler, d. Bernsteinhexe. Der interessanteste aller bisher bekannten Hexenprozesse, nach e. defekten Handschrift ihres Vaters, d. Pfarrers Abraham Schweidler in Coserow auf Usedom hrsg. (Neu hrsg. v. Rob. v. Erdberg.) (16, 264) ('12).
Mörike's, Eduard, Briefe. (Ausgew. u. eingel. v. Will Vesper.) (6, 351) ('12)
— Erzählgn u. Märchen. (Hrsg. v. Gust. Manz.) (15, 316) ('12)
Mozart's Briefe. (Ausgew. u. hrsg. v. Hugo Leichtentritt.) (15, 254) ('12)
Prévost, Abbé: Manon Lescaut. Die Gesch. e. Liebe. (Nach d. Übersetzg v. Eduard v. Bülow hrsg. v. Rich. Zoozmann.) (16, 245) ('12)
Reuter, Christian: Schelmuffsky. Ein lügenhafter Reiseroman. (Hrsg. u. eingel. v. Rich. Zoozmann.) (212) ('12)
Schleiermacher, Frdr.: Üb. d. Relig. Reden an d. Gebildeten unter ihren Verächtern. (Hrsg. v. Mart. Rade.) (14, 228) ('12)
Seneca: Vom glückseligen Leben. (Hrsg. v. Alex. v. Gleichen-Russwurm.) (11, 306) ('12)
Töpffer, Rud.: Die Bibliothek meines Oheims. Eine Genfer Novelle. (Nach d. Übersetzg v. CT Heyne hrsg. v. Hanns Floerke.) (15, 249) ('12)
Walther v. d. Vogelweide: Gedichte. (Nach d. Übertragg v. Karl Simrock hrsg. v. Frdr. v. d. Leyen.) (15, 217) ('12)

— deutsche, volkswirthschaftlicher Klassiker. Unter Mitwirkung deutscher Volkswirthe hrsg. v. Karl Braun-Wiesbaden. 1—5. Lfg. 8. Berlin 879. 80. Herbig. à n. 1. —
1—3. Streitschriften v. Frdr. Bastiat. 1—3. Lfg. (1. Bd. XVI, 271 S.)
4. 5. Aus Karl Heinr. Hagen's Staatslehre. (VIII, 236 S.)

Bibliothek, Deutsche, vollständ. Lehrmittel f. d. deut. Unterr. an Lehrer- u. Lehrerinnen-Seminaren. Begründet v. Wilh. Hering, Gust. vom Stein, Frdr. Mich. Schiele. NAfl 7. Bd. gr8° Berl., Union Zweigniederlassg.
Bisher u. d. T.: Dürr's deut. Bibliothek. (siehe diese.)
Busch, Rich.: Deut. Prosa v. Luther bis zu Lessing. 5. Afl. (6, 114) '12 [7] geb. 1 60

— deutsche, f. Russen. 1. Bdchen. 8. St. Petersburg 883. (Erickson & Co.) n. — 50
Die Geschichte vom Kalif Storch. Märchen von W. Hauff. (32 S.)

— deutsche, schönwissenschaftliche, ein alphabetisches Verzeichnis d. vorzüglichst. in Deutschland erschienenen ält. u. neuern Werke aus diesem Fache. 8. Berlin, Sander. 815. Rthlr. –

—— für das katholische Deutschland. 1. Jahrg. 1. Bdchn. A. u. d. T.: Die Wahrheit des kathol. Glaubens, bewiesen durch eine einzige histor. Thatsache oder kritische Prüfung des Wunders von Tipasa dem heutigen Tefessed bei Algier. Nach dem Französ. von Vict. de Buck. 8. (VII und 28 S.) Soest 853, Nasse.

— deutscher Dichter des 17ten Jahrh., s.a. Wilh. Müller.

— deutscher Dichter d. 17n Jahrh., herausg. v. Wlh. Müller; fortges. v. K. Förster. 1s–12s Bdchen. 8. Leipz. 822—28. Brockhaus. 16 rß 8 gr (Auch einzeln unt. folg. T.: 1s Bdch.: Auserles. Gedichte v. Mt. Opitz v. Boberfeld. 822. 1 rß 12 gr 2s B.: Andr. Gryphius auserles. Gedichte. 822. 1 rß 12 gr 3s B.: Paul Flemming's auserles. Gedichte. 822. 1 rß 12 gr 4s Bd.: Rod. Weckherlin, Gedichte. 823. 1 rß 12 gr 5s B.: Gedichte v. Sim. Dach; Rob. Roberthin; Heinrich Albert. 823. 1 rß 12 gr 6s B.: Fr. Logau; Hans Aßmann v. Abschatz. 824. 1 rß 4 gr 7s Bd.: Jul. Wlh. Zinckgräf; Andr. Tscherning; Er. Cph. Homburg; Paul Gerhard. 825. 1 rß 8 gr 8s B.: Jh. Rist; Dn. Geo. Morhof. 825. 1 rß 4 gr 9s B.: Geo. Ph. Harsdörfer; Jh. Kla[illegible]; Sigm. v. Birken; Andr. Scultetus; Just. Geo. Schottel; Adm. Olearius; Jh. Scheffler. 826. 1 rß 4 gr 10s B.: Jh. Cph. Günther, auserles. Gedichte. 827. 1 rß 4 gr 11s B. herausg. v. Karl Förster: Jak. Schwiger; Geo. Neumark; Joach. Neander. 828. 1 rß 12 gr 12s B.: Fr. Spee. 831. 1 rß 8 gr)

—— deutscher Dichter d. 17. Jahrh. Begonnen v. Wilh. Müller. Fortges. v. Karl Förster. XIII. u. XIV. (letzt.) Bd. 8. Leipzig, Brockhaus.

A. u. d. Ttln.:
Bd. XIII. Auserlesene Gedichte v. Zachar. Lund, Dav. Schirmer u. Phil. Zesen. (24 B.) 837. 1 Thlr. 20 Gr.
" XIV. Auserlesene Gedichte v. Chrstn. Hoffmann v. Hoffmannswaldau, Dan. Casp. v. Lohenstein, Chrstn. Wernike, Friedr. Rudolf Ludw. Frhr. v. Canitz, Chrstn. Weise, Joh. v. Besser, Heinr. Mühlpforth, Benj. Neukirch, Joh. Mich. Moscherosch u. Nic. Peucker. (32 B.) 838. 2 Thlr. 12 Gr.
1—XII. Bd. Ebendas. 1822—31. 16 Thlr. 8 Gr.

Bibliothek der komischen Dichter Roms, in freier metrischen Übersetzung von Fr. Hild. von Einsiedel. Leipz. 806. 2 Th. 8. 2 rthl. 2 gr. Enth. die *Comödien des Terenz.*

— moderner Dichter u. Denker. 1. Bd. 8. Korneuburg 910. J. Kühkopf. 2. —
Die Dornenkrone. Ein Mysterium des Glaubens. — Severine. Ein Mysterium der Sinne. 2 Novellen. Von Valent. Teirich. (VI, 120 S.)

—— ungarischer Dichter in treuer metrischer, deutscher Uebersetzung von Carl Horschetzky. 1. Volkslieder der Ungarn. gr. 16. (160 S.) Pest 861, (Geibel.) *

Bibliothek ungarischer Dichter in treuer metrischer, deutscher Uebersetzung von Carl Horschetzky. 1. Volkslieder der Ungarn. Pest 862. (Geibel.) 16. (160 S.) n. 12 ngr.

Bibliothek humoristischer Dichtungen, s.a. Haller, Gustav

— humoristischer Dichtungen, herausg. von Gust. Haller. Halle 868—70. Barthel. 16. Jeder Bd. n. 10 ngr.; geb. n. 15 ngr.
1. Bd.: Humoristische Dichtungen für gesellige Kreise. Aus den Quellen geschöpft u. mit biograph. Nachrichten über die Dichter versehen von Gust. Haller. 1. Sammlg. 1. u. 2. Aufl. (XXVIII, 160 S.)
2. Bd.: Sang u. Schwank. Heitere Stücke von befreundeten Dichtern herausg. von O. F. Gruppe. 1. u. 2. Aufl. (V, 158 S.)
3. Bd.: Aristophanes, die Acharner. In deutscher Uebersetzung von Rud. Westphal. 1. u. 2. Aufl. (XIX, 128 S.)
4. Bd.: Humoristische Lyrik des klassischen Alterthums. Uebersetzungen von Rud. Westphal. 1. u. 2. Aufl. (142 S.)
5. Bd.: Humoristische Dichtungen für gesellige Kreise. Von Gust. Haller. 2. Sammlg. 1. u. 2. Aufl. (XXVI, 186 S.)
6. Bd.: Winkler, Thdr., Humoresken. (VI, 156 S.)

—— humoristischer Dichtungen. Hrsg. von G. Haller. 11 Bde. 16. Halle 869—72. Gera, Griesbach's Verlag. ℳ 11.; geb.

Bibliothek humoristischer Dichtungen. Hrsg. v. Gust. Haller. 6—11. Bd. 16. Berlin 871—74. Grote. à n. 1. —; geb. à n. 1. 50
6. Humoresken v. Thdr. Winkler. 2. Aufl. (V, 156 S.)
7. Pesach Pardel. Ein modernes Epos in 10 Gesängen. — Hilpah u. Shalum. Eine vorsündflutl. Geschichte, gesungen in der langathm. geschnörkelten, chines. grünen Theeweis. Von Jul. Grosse. 2. Aufl. (140 S.)
8. Der politische Kannengießer. Komödie in 5 Acten v. Ludw. Holberg. Aus dem Dän. übers. v. P. J. Willatzen. 2. Aufl. (120 S.)
9. Humoristische Dichtungen f. gesellige Kreise. Aus den Quellen geschöpft u. m. biograph. Nachrichten üb. die Dichter versehen v. Gust. Haller. 3. Sammlg. 2. Aufl. (XXXIV, 172 S.)
10. Das Reserve-Lazareth in Schöppenstedt. Fünfactiges Lustspiel in Versen v. Heinr. Loschge. 2. Aufl. (110 S.)
11. Humoristische Gedichte v. A. F. E. Langbein. Hrsg. v. Jul. Tittmann. (139 S.)

Bibliothek moderner Dramatiker. 1. [einz.] Ferdinand Kronegg. Der ewige Friede. Drama in 1 Aufzuge. *Berlin: S. Franke 1893.* (55 S.) 8° [F.]
1sp 8966

— moderner Dramatiker. I. 8° Berl. 93, Neufeld & H. 1 —
F Kronegg, d. ewige Friede. Drama. (55)
Vergriffen. — Erscheint nicht mehr.

—— dramatische, mit Beiträgen v. A. Cosmar, F. Génée u. Spieß. 1. Bd. gr. 16. (13 B.) Berlin 839, Löhmann.
Inh.: Der Schauspieler v. Stettin, Lustsp. v. L. Spieß. — Der Escadron-Chirurg, Lustsp. v. Génée. — Mamsell Bernard od.: das väterl. Ansehen, Lustsp. v. Génée. — Drei Ehen u. eine Liebe, Lustsp. v. Cosmar.

—— dramatische des Auslandes in gewählten Uebersetzungen. 1—10. Bdchn. 12. Wien. [Sammer.] à * 8 Ngr. *

A. u. d. Ttln.:
Bdchn. 1—6. Scribe, Eug., ausgew. dramat. Werke. 1—6. Bdchn.
Bdchn. 1. Fesseln. Lustspiel in 5 Aufz., nach d. Franz. bearb. v. Andr. Schumacher. (9½ B.) 842.
" 2. — Verleumdung. Schausp. in 4 Aufz., nach „la calomnie" bearb. (5 B.) 842.
" 3. Das Glas Wasser. (8 B.) 843.
" 4. Die Gevatterschaften. Lustspiel in 5 Aufz. nach „la camaraderie" bearb. v. L. v. Alvensleben. (8 B.) 842.
" 5. Oscar, od. der Mann, der seine Frau betrügt. Lustspiel in 3 Aufz. von Scribe u. Duveyrier. Uebers. v. A. Schumacher. (10⅔ B.) 842.
" 6. Rücksichten. (5 B.) 843.
" 7. Moratin, L. F. de, sämmtl. dramat. Werke. Aus d. Span. v. Andr. Schumacher. 1. Bdchn.
Bdchn. 1. Die neue Komödie. Lustspiel in 2 Aufz. (3¾ B.) 843.

— dies. 8.—10. Bdchen. Eugen Scribe's ausgew. dramat. Werke. 7.—9. Bdchen. Geliebt sein oder sterben. Lustspiel in 1 Aufz. — Cromwell's Sohn, oder: Eine Restauration. Histor. Gemälde in 5 Aufz. nach d. Französ. von F. W. Zierath. — Valerie. Lustspiel in 3 Aufz. nach d. Französ. von A. Lago. 12. Ebd. 843, 44. à n. ¼ rß

— dramatische, in vereinfachter deutscher Stenographie (Einigungssystem Stolze-Schrey). II.—V. Bändchen. 12. Erfurt 898. (Leipzig, J. H. Robolsky.) à n. — 20
II. Nacht a. d. Meere. Betrachtg. — E. entscheid. Tag. Novelle von Alfr. Graf Adelmann. (24 autogr. S.)
III. Lied, mein. Gedicht. — E. entscheid. Tag. Novelle von Graf Adelmann. Forts. u. Schluss. — Am Erlenteich. Skizze v. H. — Rafaels Tod. (24 autogr. S.)
IV. V. Waldesnacht. Ballade. — In Vertretung. Humoreske. Von D. Saul. (47 S.)
Das I. Bdchn ist z. Z. vergriffen.

Bibliothek moderner Dramen. 1. Bd. 8° Lpzg 93, M Hesse. — 60
H Ibsen. Baumeister Solness. Schauspiel. Übers. v. V Ottmann. (100)

— moderner Dramen. 32. u. 33. Bd. 8° Berl.-Ch., Vita. 4 — d
Holzer, Rud.: Hans Kohlhase. Drama. 2. Afl. (129) ('09). [33.] 2 —
Wertheimer, Paul: Wenn zwei dasselbe tun. 4 Einakter. (143) ('09.) [32.] 2 —
Bisher unter Einzeltiteln.

— moderner Dramen. 34—40. Bd. 8° Berl.-Ch., Vita. je 2 — d
Esmann, Gust.: Masken. Schauspiel. Für d. deut. Bühne bearb. v. Walt. Bloem. (132) ('09) [34]
Heckscher, Siegfr.: Der Tod. Tragödie. — Der Spielmann. Ein Legendenspiel. (55) ('11) [40]
Hirschberg, Herb.: Stilicho. Drama. (136 u. Musikbeil. 1 Bl.) '10 [37]
Lossow, Rud. v.: Raimund. Drama. (142) ('10) [36]
Misch, Rob.: Das Prinzchen. Eine Liebeskomödie. (171) ('11) [39]
Towska, Kory: Der Fingerhut. Lustspiel. (185) ('11) [38]
Wittenbauer, Ferd.: Ein Fremdling. Drama. (148) ('09) [35]

Dreyer's Bibliothek moderner Schriftsteller. Bd 1–4. *(Berlin: D. Dreyer & Co. [1902].)* 3 Bde 8° [F.]
1 — Franklin, C. H.: Zucker-Else.
2 — Herrmann, Karl: Liebe wächst an allen Wegen.
3. 4. — Herrmann, Karl: Eine Tändelei d. gnädigen Frau. [04. 8346

(D. Dreyer's **Bibliothek** moderner Schriftsteller.) [Jg. 1, Bd 1–12.] 2, 1. [Mehr nicht erschienen.] Berlin: D. Dreyer & Co. [1903–04]. 13 Bde 8° [F.]
[1,1] — Herrmann, Carl: Liebe wächst an allen Wegen. (2. Aufl.) [1903.]
[2] — Schüler, Carl: Zum Protest. [1903.]
[3] — Taunay, (Alfredo) Vconde de: Innocencia. (2. Aufl.) [1903.]
[4] — (Simson, A[rtur] E[ugen]): Leidende Liebe. 2. Aufl. [1903.]
[5] — Troll-Borostyáni, Irma v.: Dem Verdienste s. Krone. [1903.]
[6] — Neumann-Jödemann, Ernst: Moderne Lumpe. [1903.]
[7] — Folkart, M. [d. i. Martha Meyer]: Das liebe Ich. [1903.]
[8] — Silva Tavares, Pedro: Freie u. Unfreie. [1903.]
[9. 10] — Neumann-Jödemann, Ernst: Bühnenzauber. 2. Aufl. [1903.]
[11] — Werner, Franz: Heimatluft. [1903.]
[12] — Klausner-Dawoc, Ludw.: Die Geschichte einer Ungebildeten. [1903.]
2, 1 — Schüler, Carl: Schleppe u. Schminke. [1904.] [05. 15311

1, 1–12; 2, 1 s. 04. 5254–65

(Rich.) **Eckstein's Moderne Bibliothek.** No 1. *Berlin: R. Eckstein Nachf. 1901.* 8° [03. 13380

— für d. Familie Eden. 1s Bdchen. 8. Zürich ... Ziegler u. S. 14 Kr. 2s Bdchen, oder: Ein Bändchen nachgelassener Schriften v. Pfenninger. 8. Ebd. 14 Kr. 3s Bdchen: Briefe an Nichtmusiker über d. Musik. Ebd. 6 Kr. 4s, 5s Bdchen: Samml. ausgewählt. Gesänge a. d. besten Dichtern, m. Musik. Ebd. 18 Kr.

— moderner **Einakter**, s. a. **Striese.**

Bibliothek moderner Einakter. H. 1–4. *Charlottenburg: M. Simson 18[98]–99.* 4 Bde 4°
1 — Linsemann, Paul: Nach Hause. [1898.]
2 — Mannstädt, W[ilh.]: Ein reizendes Füsschen. [1898.]
3 — Gensichen, Otto Franz: Lydia. [1899.]
4 — Manuel, E.: Kein Recht. (1899.)
— **Striese.** Bd 1–4, Beigabe. [03. 3860

—— von **Eisenbahn-Novellen.** Nr. 1—5. 8. Berlin 869, Goldschmidt. *

Inhalt:
Nr. 1. Riendorf, M. Ant., wie man regiert. Humoristische Erzählung nach thatsächl. Vorgängen an kleinstaatl. Höfen aus der Kriegszeit 1866. (207 S.) *M. 2,25.
» 2. Gerstäcker, Friedr., Irrfahrten. (141 S.) M. 1,50.
» 3. —— das sonderbare Duell. (93 S.) M. 1.
» 4. Glaßbrenner, Adf., burleske Novellen. (96 S.) M. 1.
» 5. Temme, J. D. H., ein Gottvertrauen. (105 S.) M. 1.
Fortsetzung s. Bibliothek für Haus und Reise.

—— des **Eisenbahnwesens.** 1.—4. Bd. gr. 8. Wien 884, Hartleben's Verlag. geb. *
Inhalt:
Bd. 1. Haberer, Thdr., Geschichte des Eisenbahnwesens. (VI, 151 S.) *M 2.
» 2. Schreiber, J. F., das Tarifwesen der Eisenbahnen, dessen betriebsökonom. Aufgaben und Stellung im wirthschaftl. und socialen Staatsleben der Gegenwart. (VIII, 252 S.) *M 4.
» 3. Prasch, A., Handbuch des Telegraphendienstes der Eisenbahnen. (XVI, 160 S. mit 117 Abbild.) *M 3.
» 4. Krämer, J., Repetitorium der Mathematik und Elektricitäts-Lehre. Für die Bedürfnisse der Eisenbahn-Praxis elementar behandelt. (XIV, 176 S. mit 127 Abbild.) *M 3.

—— des **Eisenbahnwesens.** 5.—8. Bd. 8. Wien, Hartleben. geb. *
Inhalt:
Bd. 5. Weill, Sigism., der Transportdienst der Eisenbahnen. Ein Leitfaden zum Studium des Eisenbahn-Transportdienstes, insbesondere auf den österreichisch-ungar. Eisenbahnen. (VII, 284 S.) 885. *M 4.—.
» 6. Das österreichische Eisenbahnrecht. Systematisch dargestellt von Thdr. Haberer. (XV, 344, 246 S.) 885. *M 8.—.
» 7. Reitler, M. A., der Einnahmen-Verrechnungs- und Revisionsdienst der Eisenbahnen. (VIII, 296 S.) 886. *M 4.—.
» 8. Loewe, Ferd., der Schienenweg der Eisenbahnen. (XI, 380 S. mit 142 Abbild.) 886. *M 6.—.

—— elegante, moderner **Novellen.** Hrsg. v. Feodor Wehl. 1.—4. Bdchn. 16. Berlin 844, Schepeler. [1. (12⅛ B.) 2. u. 3. (24¼ B.) 4. (12½ B.) à 15 Ngr.]

—— des **Elektrophysikers** und Elektrotechnikers. Verzeichniss der neuesten Erscheingn. aus dem Gebiete der Elektricität, Elektrotechnik etc. Wesentlich die Elektricitäts-Literatur d. In- u. Auslandes seit 1883 umfassend. gr. 8. (IV, 140 S.) Frankf. a. M. 891, Alt. * 2 —

— **Elektro-technische.** 8° Wien, A Hartleben.
Albrecht, G, Geschichte d. Elektricität m. Berücksicht. ihrer Anwendgn. (336 m. Illustr.) 85. [Bd. 28.]

Auerbach, F, d. Wirkungsgesetze d. dynamoelektr. Maschinen. (250) 87. 38.Bd.

Canter, O, d. Haus- u. Hotel-Telegraphie. (219 m. Illustr.) 83. [Bd. 14.]

Canter, O, d. Haus- u. Hôtel-Telegraphie. 2. Afl. (230) 89. 14.Bd.

Canter, O: Die Haus- u. Hotel-Telegr. u. -Telephonie. 3. Afl. v. Paul Riemenschneider. (239 m. Abb.) 10. [14.] 3 —

Fiedler, L, d. Zeittelegraphen u. d. elektr. Uhren v. prakt. Standpunkte. (207) 90. 40.Bd.

Fodor, E de: Elektricität direkt a. Kohle. (306 m. Abb.) 97. [46.]

Fodor, E de, d. Glühlicht, s. Wesen u. s. Erfordernisse. Erfahrgn üb. Herstellg, Dauer u. Leuchtkraft d. Lampen, Berechng u. Ausführg d. Anlagen, prakt. Lichtvertheilg im Raume u. ausserordentl. Betriebsverhältn. (217) 85. [Bd. 27.]

Fodor, E de, Materialien f. Kostenvoranschläge elektr. Lichtanlagen. (224) 88. 39.Bd.

— d. elektr. Motoren, m. bes. Berücks. d. elektr. Strassenbahnen. (221) 90. 41.Bd.

Fodor, E de, d. elektr. Schweissg u. Löthg. (236) 92. [Bd 44.]

— d. elektr. Verbrauchsmesser. (219) 91. [Bd 43.]

Gerland, E, d. Anwendg d. Elektricität bei registrir. Apparaten. (258) 87. 36.Bd.

Gessmann, G, Magnetismus u. Hypnotismus. Eine Darstellg dieses Gebietes m. bes. Berücks. d. Beziehgn zw. d. mineral. Magnetismus u. d. sogen. thier. Magnetismus od. Hypnotismus. (216) 87. 35.Bd.

Gessmann, GW, Magnetismus u. Hypnotismus. Darstellg dieses Gebietes m. bes. Berücks. d. Beziehgn zw. d. mineral. Magnetismus, d. sog. thier. Magnetismus u. d. Hypnotismus. 2. Afl. (205 m. 19 Taf.) 95. [Bd 35.]

Glaser-De Cew, G, d. Construction d. magnet-elektr. u. dynamo-elektr. Maschinen. 5. Afl. v. F Auerbach. (253) 87. 1.Bd.

Glaser-DeCew, G, d. magnetelektr. u. dynamoelektr. Maschinen u. d. sogen. Secundär-Batterien. 4. Afl. (270 m. Illustr.) 84. [Bd. 1.]

Glaser-De Cew, d. dynamoelektr. Maschinen. Ihre Geschichte, Grundlagen, Construction u. Anwendgn. 6. Afl. v. F Auerbach. (288) 93. [Bd 1.]

Glaser-de-Cew: Die dynamoelektr. Maschinen. Ihre Grundl., Gesch., Konstruktion u. Anwendgn. 7. Afl. v. Kurt Riemenschneider. (298 m. Abb.) '09. [1.] 3 —

Granfeld, AE, d. Mehrfach-Telegraphie auf Einem Drahte. (258 m. Illustr.) 85. [Bd. 25.]

Hauck, WP, d. galvan. Batterien, Accumulatoren u. Thermosäulen. Eine Beschreibg d. hydro- u. thermo-elektr. Stromquellen m. bes. Rücksicht auf d. Bedürfnisse d. Praxis. 2. Afl. (320 m. Illustr.) 83. [Bd. 4.]

Hauck, WP, d. galvan. Batterien, Accumulatoren u. Thermosäulen. Beschreibg d. hydro- u. thermo-elektr. Stromquellen, m. bes. Rücks. auf d. Bedürfnisse d. Praxis. 3. Afl. (320) 90. 4.Bd.

Hauck, WP: Die galvan. Batterien, Accumulatoren u. Thermosäulen. Beschreibg d. hydro- u. thermo-elektr. Stromquellen m. bes. Rücks. auf d. Bedürfnisse d. Praxis. 4. Afl. (120 m. Abb.) 98. [4.]

— d. Grundlehren d. Elektricität m. bes. Rücksicht auf ihre Anwendgn in d. Praxis. (277 m. Illustr.) 83. [Bd. 9.]

— Die Grundlehren d. Elektricität m. bes. Rücks. auf ihre Anwendgn in d. Praxis. 2. Afl. (301 m. Abb.) 96. [9.]

Hoh, T, Elektricität u. Magnetismus als kosmotellur. Kräfte. (204) 87. 37.Bd.

Japing, E, d. Elektrolyse, Galvanoplastik u. Reinmetallgewinng. (260 m. Illustr.) 83. [Bd. 7.]

— d. elektr. Kraftübertragg u. ihre Anwendg in d. Praxis. Mit bes. Rücksicht auf d. Fortleitg u. Vertheilg d. elektr. Stromes dargestellt. 2. Afl. (239 m. Illustr.) 83. [Bd. 2.]

Japing, E, d. elektr. Kraftübertragg u. ihre Anwendg in d. Praxis. Neu bearb. v. J Zacharias. 3. Afl. (282) 91. [Bd 2.]

Japing, E: Die elektr. Kraftübertragg u. ihre Anwendg in d. Praxis. 4. Afl. v. J Zacharias. (240 m. Abb.) '06. [2.] 3 —

Jüllig, M, d. Kabeltelegraphie. (256 m. Illustr.) 84. [Bd. 26.]

Kadainka, V: Elemente d. Elektrizität u. Elektrotechnik f. Bergleute. Wesen d. Elektrizität, Elektrotechnik u. d. wichtigsten Maschinen u. Apparate. (284 m. Abb.) '05. [64.] 4 —

Kohlfürst, L, d. elektr. Einrichtgn d. Eisenbahnen u. d. Signalwesen. (327 m. Illustr.) 83. [Bd. 12.]

Krämer, J, d. elektr. Eisenbahn bezüglich ihres Baues u. Betriebes. (267 m. Illustr.) 83. [Bd. 17.]

Kruss, H, d. elektro-techn. Photometrie. (294) 86. 32.Bd.

Lewandowski, R, d. Elektro-Technik in d. prakt. Heilkde. (384 m. Illustr.) 83. [Bd. 18.]

May, G, d. Weltliteratur d. Elektricität u. d. Magnetismus v. 1860—1883 m. bes. Berücks. d. Elektro-Technik. Mit Sachreg. v. O Sallo. (208) 84. [Bd. 20.]

Neesen, F: Kathoden- u. Röntgenstrahlen, sowie d. Strahlg aktiver Körper. (240 m. Abb.) '04. [63.] 4 —

Neumayer, A, Laboratorien d. Elektro-Technik u. deren neuere Hilfsapparate. (281) 86. 33.Bd.

Peters, F: Angewandte Elektrochemie. 1. Bd. Die Primär- u. Secundär-Elemente. (328 m. Abb.) 97. [47.] ‖ 2. Bd. Anorgan. Elektrochemie. 1. Abth. Elektrochemie d. Metalloide u. d. Alkalimetalle. (248 m. Abb.) 98. [48.] ‖ 2. Abth. Elektrochemie d. Erdalkali-, Erd- u. Schwermetalle. (215 m. 1 Abb.) 98. [49.] ‖ 3. Bd. Organ. Elektrochemie. (205 m. Abb.) 98. [50.]

— Elektrometallurgie u. Galvanotechnik. 4 Bde (m. Abb.) 1. Bd. Halb- u. Leichtmetalle. (261) 1900. [53.] ‖ 2. Bd. Kupfer. (292) 1900. [54.] ‖ 3. Bd. Edelmetalle. (208) 1900. [55.] ‖ 4. Bd. Zink, Blei, Nickel u. Kobalt. (240) 1900. [56.]

Sack, J, d. elektr. Accumulatoren u. ihre Verwendg in d. Praxis. (250) 92. [Bd 45.]

Sack, J, d. Verkehrs-Telegraphie d. Gegenwart. (308 m. Illustr.) 83. [Bd. 5.]

Schaschl, J, d. Galvanostegie m. bes. Berücks. d. fabrikmäss. Herstellg dicker Metallüberzüge auf Metallen mittelst d. galvan. Stromes. (224) 86. 30.Bd.

Schwartze, T, d. Motoren d. elektr. Maschinen m. Bezug auf Theorie, Construction u. Betrieb. (312 m. Illustr.) 84. [Bd. 21.]

— Telephon, Mikrophon u. Radiophon. (232 m. Illustr.) 83. [Bd. 6.]

Schwartze, T, Telephon, Mikrophon u. Radiophon. Mit bes. Rücks. auf ihre Anwendg in d. Praxis bearb. 3. Afl. (253) 92. [Bd 6.]

Stügermayr, FP: Materialistisch-hypothet. Sätze u. Erklärg d. Wesens u. d. Kraftäusserga d. elektr. Fluidums. 2 Bde. (200 u. 251 m. Abb.) 99. [51.52.]

Tobler, A, d. elektr. Uhren u. d. elektr. Feuerwehr-Telegraphie. (195 m. Illustr.) 83. [Bd. 13.]

Tobler, A: Elektr. Uhren. 2. Afl. v. Johs Zacharias. (15, 255 m. Abb.) '09. [13.] 3 —

Tumlirz, O, d. Potential u. s. Anwendg zu d. Erklärg d. elektr. Erscheingn. (302 m. Illustr.) 84. [Bd. 23.]

Urbanitzky, A v., d. elektr. Beleuchtungs-Anlagen m. bes. Berücks. ihrer prakt. Ausführg. 2. Afl. (240 m. Illustr.) 83. [Bd. 11.]

Urbanitzky, A Ritter v.: Die elektr. Beleuchtgsanlagen m. bes. Berücks. ihrer prakt. Ausführg. 3. Afl. (240 m. Abb.) 98. [11.]

Urbanitzky, A Ritter v., Blitz u. Blitz-Schutzvorrichtgn. (254) 86. 29.Bd.

— Elektricität u. Magnetismus im Alterthume. (284) 86. 34.Bd.

— d. elektr. Licht u. d. hierzu angewandten Lampen, Kohlen u. Beleuchtungskörper. 2. Afl. (233 m. Illustr.) 83. [Bd. 3.]

— d. elektr. Licht u. d. hierzu angewandten Lampen, Kohlen u. Beleuchtungskörper. 3. Afl. (271) 90. 3.Bd.

Urbanitzky, A Ritter v.: Das elektr. Licht u. d. elektr. Heizg. 4. Afl. (232 m. Abb.) '03. [3.] 3 —

Wächter, F, d. Anwendg d. Elektricität f. militär. Zwecke. (240 m. Illustr.) 83. [Bd. 15.]

Wächter, F: Die Anwendg d. Elektrizität f. militär. Zwecke. 2. Afl. (216 m. Abb.) '04. [15.] 3 —

Wallentin, JG, d. Generatoren hochgespannter Elektricität m. vorwieg. Berücksicht. d. Elektrisirmaschinen im engeren Sinne. (272 m. Illustr.) 84. [Bd. 22.]

Weil, T: Die elektr. Bühnen- u. Effekt-Beleuchtg. Überblick üb. d. Methoden u. neuesten Apparate d. elektr. Bühnenbeleuchtg. (256 m. Abb.) '04. [62.] 4 —

Wietlisbach, V, d. Technik d. Fernsprechwesens. (267 m. Illustr.) 86. 31.Bd.

Wilke, A, d. elektr. Mess- u. Präcisions-Instrumente, sowie d. Instrumente z. Studium d. elektrostat. Elektricität m. bes. Rücksicht auf ihre Construction. (247 m. Illustr.) 83. [Bd. 8.]

Zacharias, J, d. Glühlampe. Ihre Herstellg u. Anwendg in d. Praxis. (195) 90. 42. Bd.

Zacharias, Johs, u. Herm. Heinicke: Prakt. Hdb. d. drahtlosen Telegr. u. Telephonie. (248 m. Abb. u. Tab.) '08. [65.] 4 —

Zacharias, J, d. elektr. Leitgn u. ihre Anlage f. alle Zwecke d. Praxis. (231 m. Illustr.) 83. [Bd. 16.]

Zacharias, J, d. elektr. Leitgn u. ihre Anlage f. alle Zwecke d. Praxis. 2. Afl. (247) 93. [Bd 16.]

Zacharias, J: Elektr. Strassenb. (240 m. Abb.) '03. [57.] 4 —

Zacharias, Johs: Elektrochem. Umformer. (Galvan. Elemente.) (12. 202 m. Abb.) '11 [66] 4 —; geb. n 5 —

— d. Unterhaltg u. Reparatur d. elektr. Leitgn f. alle Zwecke d. Praxis. (236 m. Illustr.) 84. [Bd. 24.]

Zech. elektr. Formelbuch. Mit e. Anh., enth. d. elektr. Terminologie in deut., franz. u. engl. Sprache. (223 m. Illustr.) 83. [Bd. 10.]

Zenger, KW, d. Spannungs-Elektricität, ihre Gesetze, Wirkgn u. techn. Anwendgn. (252 m. Illustr.) 84. [Bd. 19.]

Zsakula, MT: Wechselstromtechnik. I. Bd. Der einphas. Wechselstrom. (204 m. Abb.) '04. [58.] 4 — ‖ II. Bd. Mehrphas. Wechselströme u. Wechselstromsysteme. (216 m. Abb.) '04. [59.] 4 — ‖ III. Bd. Wechselstromgeneratoren. (200 m. Abb.) '04. [60.] 4 — ‖ IV. Bd. Wechselstromtransformatoren u. Wechselstrommotoren. (200 m. Abb.) '04. [61.] 4 —

—— Englische, eine fortlauf. Auswahl d. Anziehendsten u. d. Neuesten aus engl. Taschenbüchern u. Zeitschriften, in sorgfältig bearb. Uebertragungen hrsg. v. K. v. Kreling. I. u. II. Bd. à 6 Hfte. 8. (à Bd. 36 B.) Karlsruhe 834, Braun. à Bd.

—— englische, eine fortlauf. Auswahl d. Anziehendsten u. d. Neuesten a. engl. Taschenbüchern u. Zeitschriften, in sorgfält. bearbeit. Uebertragungen hrsg. v. K. v. Kreling. III. Bd. (6 Hfte.) u. Supplemhft. 8. Karlsruhe, Braun'sche Hofbuchh. [III. 835. * 2⅔ Thlr., Suppl. (9½ B.) 836. * ⅓ Thlr.] *

—— dies., hrsg. v. dems. IV — VI. Bd. (à 6 Hfte.) gr. 8. Karlsruhe 836, 37, Marx. à * 2 Thlr. 16 Gr. *
I. u. II. Bd. Karlsruhe 834, Braun. à * 2 Thlr. 16 Gr.

—— Englische, von Reich, s. Library.

Bibliothek des **Erfolges**. 1. u. 6. Bd. 8. Leipzig, E. Marré. à Bd. 1. —
1. Der Erfolg im Leben u. in der Gesellschaft. Von Frdr. Rankwert. (46 S.) (908).
6. Der Erfolg zu höchster körperlicher Kraftentwicklung u. Machtentfaltung auf physischer u. psychischer (hypnotisch-autosuggestiver) Grundlage. Lehrbuch der Physical Culture. Nach orig. amerikan. Methode, vollständig neu u. leichtfaßlich dargestellt. Von Mac Brown. 2. bedeutend verm. u. verb. Aufl. (42 S. m. Titelbild.) 907.

Bd. 2—5 sind noch nicht erschienen.

— wunderbarer Erlebnisse. 1. u. 2. Bd. gr. 8. Gotha, Verlagsanstalt u. Druckerei (H. Bartholomäus). à Bd. n. 1. 50
1. Genie u. Laster. Aufzeichnungen aus dem Tagebuche e. Privat-Detektivs. Von Rob. Heymann. (103 S.) (906.)
2. Abenteuer des Marquis Montesquieu. Von Rob. Heymann. (165 S.) (906.)

— neu eröffnete, f. Kinder v. 8—16 Jahren, s.a. Pilkington.

— neu eröffnete für Kinder v. 8—16n Jahren, 2 Bdch. 12. Lpz. Baumgärtner. 799. (a. unter dem Titel: Lebensbeschr. f. Knaben, 1s Bdch. u. f. Mädchen 2s Bdch.)

Bibliothek Eros. 1.—10. Bd. 8. Berlin (902). C. M. A. Müller & Co. à — 80; kart. à n. 1. —
1. Die Maske des Gehängten u. anderes. Geschichtchen u. Gedichtchen f. Lebemänner. Von Hect. Sylvester. (95 S.)
2. Peterchen u. and. Künstlergeschicht. Von Rud. Braune-Rossla. (83 S.)
3. Mit 13 Jahren u. anderes. Geschichtchen u. Gedichtchen f. Lebemänner. Von Hect. Sylvester. (93 S.)
4. Der Schäker u. andere Künstlergeschichten. Von Rud. Braune-Rossla. (87 S.)
5. Das Gebetbuch u. and. Humoresk. Von Karl Pauli. (96 S.)
6. Lumpengesindel. Gaunergeschichten. Von Hans Hyan. (96 S.)
7. Dolle Geschichten. Von Paul Günther. (79 S.)
8. Auf Amors Pfaden. Kleine Liebesgeschichten. Von Paul Bliss. (96 S.)
9. Ein Lebemann. Kleine Liebesgeschichten. Von Paul Bliss. (96 S.)
10. Welt u. Halbwelt. Skizzen u. Novellen. Von Hans Hyan. (94 S.)

— deutscher Erzähler a. Siebenbürgen u. Ungarn. 1. Bd. 12. Hermannstadt 898. G. A. Seraphin. n. 1. 40; geb. in Halbleinw. n. 1. 80
1. Geschichten a. d. Siebenbürger Sachsenlande von Osc. Wittstock. (VII, 166 S.)

— **morgenländischer Erzähler.** I. Bd. gr. 8. Leipzig 908. W. Heims. 4.—; erh. Pr. 6. 50
Hēmacandra, ausgewählte Erzählgn. aus Pariśiṣṭaparvan. Deutsch m. Einleitg. u. Anmerkgn. v. Johs. Hertel. (XI, 272 S.)

—— illustrirter Erzählungen für christliche Familien. I. Abthl. 1—4. Bd. A. u. d. T.: Die weite, weite Welt. Von Elisabeth Wetherell. Mit Illustrationen. 4 Thle. 8. (832 S. mit 8 Holzschnt.) Leipzig 853, [Literarisches Institut.]

—— interessanter Erzählungen. Nr. 1—41. gr. 16. Mülheim a. d. R. 871—74, Bagel. Nr. 1—3. 5. 7—41 à *
Nr. 4 und 6 à *

Inhalt:
Nr. 1. Zastrow, Carl, die Deserteure auf Tonga Tabu. Eine Erzählung. (88 S.)
» 2. —— die Goldsucher in Californien. Eine Erzählung. (79 S.)
» 3. —— Tom Blacklay, der Marketender. Zwei Erzählungen. (63 S.)
» 4. —— die beiden Flüchtlinge. Eine Erzählung. (96 S.)
» 5. —— ein Neger. Eine Erzählung. (70 S.)
» 6. —— der Mississippi-Wolf. Eine Erzählung. (83 S.)
» 7. —— die Falschmünzer. Eine Erzählung. (80 S.)
» 8. —— der Letzte der Inkas. Eine Erzählung. (86 S.)
» 9. —— der Sohn des Tscherkessen-Häuptling's Schamyl. Eine Erzählung. (78 S.)
» 10. —— die Klosterruine. Eine Erzählung. (79 S.)
» 11. —— im hohen Norden. Eine Erzählung. (75 S.)
» 12. Nellenburg, Roderich, auf den Wogen des Ozeans. Eine Seemannsgeschichte. (78 S.)
» 13. —— die Meuterer an Bord der Seemöve. Eine Seemannsgeschichte. (71 S.)
» 14. Der Mann mit der eisernen Maske. Eine historische Erzählung. (80 S.)
» 15. Grothe, Wilh., die Wilderer. Eine Criminalgeschichte. (78 S.)
» 16. Carl v. Prenzlau, Engländer und Indier. Eine Erzählung. (71 S.)
» 17. —— Wicondera, der weiße Adler. Eine Erzählung. (80 S.)
» 18. Zastrow, Carl, das unglückliche Königskind. Eine historische Erzählung. (72 S.)
» 19. —— ein Husar vom Leibregiment. Erzählung. (80 S.)
» 20. Nellenburg, Roderich, aus dem Leben eines deutschen Wallfischfängers. Eine Seemannsgeschichte. (80 S.)
» 21. Kurtius, Kurt, der Hausirer. Historische Erzählung. (80 S.)
» 22. —— der Dorfteufel. Erzählung. (78 S.)
» 23. —— ein Verbrecher. Erzählung. (80 S.)
» 24. Grothe, Wilh., die Flibustier. Erzählung. (80 S.)

„ 25. Jastrow, Carl, der Negerraub. Ein Abenteuer in Afrika. Erzählung. (78 S.)
„ 26. —— der Diamantenstab. Eine Erzählung. (79 S.)
„ 27. —— Schonga, die Neuseeländerin. Eine Erzählung. (80 S.)
„ 28. Sonnenburg, Ferd., der Ritter und das Fischermädchen. Eine Erzählung. (80 S.)
„ 29. —— Burg Bentheim. Eine Erzählung. (80 S.)
„ 30. Jastrow, Carl, der Schatz des Geizhalses. Eine Erzählung. (80 S.)
„ 31. Kurtius, Kurt, auf der Flucht. Eine Erzählung. (80 S.)
„ 32. —— Hans von Weser. Eine Erzählung. (80 S.)
„ 33. Frey, Wilh., die Seemannsbraut. Eine Erzählung. (80 S.)
„ 34. —— mitten durch's Herz. Eine Erzählung. (77 S.)
„ 35. —— der Sträfling von Vandiemensland. Eine Erzählung. (70 S.)
„ 36. —— Wani, das Hindumädchen. Eine indische Erzählung. (68 S.)
„ 37. Sonnenburg, F., des Löwen Rache. Eine historische Erzählung. (80 S.)
„ 38. Haindorff, H., das Bekenntniß vor dem Tode. Eine Erzählung. (80 S.)
„ 39. Frey, Wilh., die Tochter Cromwells. Eine histor. Erzählung. (80 S.)
Nr. 40. Frey, Wilh., die Schreckenstage von Damaskus. Eine Erzählung. (78 S.)
41. Nellenburg, Rod., im Indianergebiet oder ein gefahrvoller Ritt. Eine Erzählung. (80 S.)

—— interessanter Erzählungen. Nr. 42—124. 8. Mülheim 875—79, Bagel's Verlagsh. à Nr. *

Inhalt:
Nr. 42. Ernesti, Carl, auf gefährlicher Wacht in Feindesland. Eine Erzählung aus dem deutsch-französ. Kriege. (70 S.)
„ 43. Frey, Wilh., die weiße Sclavin. Eine Erzählung aus dem Pflanzerleben. (79 S.)
„ 44. —— Ara, die Tochter des Mulatten. Eine Erzählung aus dem Sclavenleben. (80 S.)
„ 45. Jastrow, Carl, die Auswanderer, oder ein Abenteuer in der Prairie. Die heimliche Hinrichtung. Zwei Erzählungen. (74 S.)
„ 46. —— der große Kuguar. Eine Erzählung. (80 S.)
„ 47. Sonnenburg, F., König Ethelbert und der Sänger. Eine Erzählung. (80 S.)
„ 48. Frey, Wilh., die Grafen von Broich und Styrum. Eine geschichtl. Erzählung. (79 S.)
„ 49. Adolfi, B., ein Polenherz oder die Flucht aus Sibirien. Eine Erzählung. (80 S.)
„ 50. —— Konradin, der Letzte der Hohenstaufen. Eine histor. Erzählung. (78 S.)
„ 51. Albrecht, R., die Piraten der Steppe. Der lange Daniel. Zwei Erzählungen. (80 S.)
„ 52. Frey, Wilh., der Sohn des Scharfrichters. Eine Erzählung. (79 S.)
„ 53. Jastrow, Carl, John Smith, der Abenteurer. Eine Erzählung. (80 S.)
„ 54. Kurtius, Kurt, der Deichbauer. Eine Erzählung. (80 S.)
„ 55. Haindorff, H., die verstümmelte Hand. Auf der Jagd. Drei Gauner. Drei Erzählungen. (80 S.)
„ 56. Albrecht, R., der Spion. Das Vermächtniß. Erzählungen. (80 S.)
„ 57. Wulff, Friedr. Wilh., der Haidehof. Eine Erzählung. (78 S.)
„ 58. Frey, Wilh., der geheimnißvolle Schatz. Eine Erzählung. (78 S.)
„ 59. Jastrow, Carl, die Königin Louise und ihre Schützlinge. Eine histor. Erzählung. (70 S.)
„ 60. Kümmel, Carl, eine Nacht im Moor. Eine Erzählung. (80 S.)
„ 61. Jastrow, Carl, der Pandurenoberst Trenck. Eine geschichtl. Erzählung. (80 S.)
„ 62. Kümmel, Max, Tomando, der Larpenfürst. Eine Erzählung. (80 S.)
„ 63. —— die Indianer der Cordilleren. Eine Erzählung. Eine unerwartete Zeugin. Eine amerikan. Criminal-Geschichte. (79 S.)
„ 64. Albrecht, R., das Vehmgericht. Eine geschichtl. Erzählung aus der Zeit des Kaiser Wenzels. (80 S.)
„ 65. Deutz, Fr., Abenteuer deutscher Auswanderer in Vandiemensland. Eine Erzählung. (80 S.)
„ 66. Kümmel, Max, das Testament des Seeräubers. Die gefälschten Banknoten. Zwei Erzählungen. (80 S.)
„ 67. —— in der Sahara. Eine Erzählung. (80 S.)
„ 68. Frey, Wilh., Menatongo, der Falkenindianer. Eine Erzählung. (80 S.)
„ 69. —— Loda, das Malayenmädchen. Eine Erzählung. (80 S.)
„ 70. Jastrow, Carl, Abd-el-Kader und der deutsche Deserteur. Eine geschichtl. Erzählung. (80 S.)
„ 71. Kümmel, Max, der Tod des Wildschützen. Eine Erzählung. (80 S.)
„ 72. Frey, Wilh., Onkel Tom's Hütte. Eine Erzählung aus dem Sclavenleben. (77 S.)
„ 73. Deutz, Fr., die Inselkönige oder Brudertreue. Eine Erzählung. (80 S.)
„ 74. Kümmel, Max, des Matrosen Schützling oder Anton's Seeabenteuer. Eine Erzählung. (80 S.)
„ 75. Jastrow, Carl, Achmet Bey oder die Eroberung von Constantine. Eine geschichtl. Erzählung. (80 S.)
Nr. 76. Kümmel, Max, die Verfolgten. Eine histor. Erzählung. (80 S.)
„ 77. Jastrow, Carl, der falsche Waldemar. Eine Erzählung. (80 S.)
„ 78. Kümmel, Max, der Galeerensträfling. Eine Erzählung. (80 S.)
„ 79. Jastrow, Carl, der Pampero-General. Eine Erzählung. (80 S.)
„ 80. Kümmel, Max, Irglas oder die Macht des Goldes. Eine Erzählung. (80 S.)
„ 81. —— Ghiavoni oder das Gasthaus zu Terracina. Eine Erzählung. (78 S.)
„ 82. —— eine dunkle That oder die Ueberschwemmung. Eine Erzählung. (80 S.)
„ 83. —— unter falschem Verdacht. Eine Erzählung. (80 S.)
„ 84. Jastrow, Carl, der Fabrikant und sein Doppelgänger. Eine Criminal-Erzählung. (80 S.)
„ 85. Kümmel, Max, das unheimliche Haus. Eine Erzählung. (80 S.)
„ 86. —— der Postwagenraub. Eine Erzählung. (79 S.)
„ 87. Kleist, H. v., Michael Kohlhaas. Eine Erzählung. (80 S.)
„ 88. Jastrow, Carl, an der Indianer-Grenze. Eine Erzählung. (80 S.)
„ 89. Kümmel, Max, die Eroberung von Constantinopel. Eine Erzählung. (80 S.)
„ 90. Jastrow, Carl, Sitting Bull, der Indianer-General. Eine Erzählung aus dem Indianer-Kriege im J. 1876. (80 S.)
„ 91. Kümmel, Max, Peter der Große und der Leibeigene. Eine Erzählung. (79 S.)
„ 92. Jastrow, Carl, der verbrannte Schuldschein. Eine Criminal-Erzählung. (79 S.)
„ 93. Amleth, B., wilde Welt. Eine Erzählung aus dem austral. Waldleben. (80 S.)
„ 94. Kümmel, Max, Busso v. Lossow, der Verfehmte. Eine Erzählung. (79 S.)
„ 95. Zimmermann, W., Adolf Steiner oder die Erlebnisse eines jungen Seemannes. Eine Erzählung. (80 S.)
„ 96. Jastrow, Carl, der Hubertusschacht. Eine Erzählung aus dem Bergmannsleben. (80 S.)
„ 97. Kümmel, Max, das Schwedengrab oder die Himmelsspringer. Eine Erzählung. (80 S.)
„ 98. Ornshagen, J. v., Betyar und Pandur oder auf Tausch gegeben. Eine Erzählung aus Ungarn. (80 S.)
„ 99. Fricke, W., Friedrich v. Padberg oder die Ritter vom Benglerbunde. Eine Erzählung. (80 S.)
„ 100. Amleth, B., Dirck Hollister, der Schmugglerführer. Eine Erzählung. (78 S.)
„ 101. Kümmel, Max, das Schildhorn oder Jaczo, der Wendenfürst. Eine Erzählung. (80 S.)
„ 102. Jastrow, Carl, die Glücksritter. Ein Volksmärchen. (80 S.)
„ 103. —— der Squatter im Goldlande. Eine Erzählung. (80 S.)
„ 104. Wulff, F. W., mit dem Tode gesühnt oder Ein Opfer der Ehre. Eine Erzählung aus den Befreiungskriegen. (79 S.)
„ 105. Jastrow, Carl, die Kinder des Zigeuners. Eine geschichtl. Erzählung. (80 S.)
„ 106. Kümmel, Max, im Felsenthale des Colorado. Eine Erzählung. (79 S.)
„ 107. —— der Königstiger oder des Sultans Rache. Eine Erzählung. (79 S.)
„ 108. Jastrow, Carl, das Perlenhalsband. Eine Criminalgeschichte. (80 S.)
„ 109. —— Franconi, der Luftschiffer. Eine Erzählung. (80 S.)
„ 110. —— die Verschwörung im Kaukasus. Peter III. und die holsteinische Garde. Zwei Erzählungen. (80 S.)
„ 111. Conradin, Th., der kleine Vagabund. Eine Erzählung aus dem Engl. (80 S.)
„ 112. Jastrow, Carl, St. Helena oder der Dämon Napoleons. Historische Erzählung. (80 S.)
„ 113. Würdig, L., Rittertrutz und Fürstenschutz. Historische Erzählung. Laudien, H., der kühne Seydlitz. (78 S.)
„ 114. Kümmel, Max, der Buschrähndscher. Eine Erzählung aus dem austral. Ansiedlerleben. (80 S.)
„ 115. Frey, Wilh., der Sohn des Waldläufers. Eine Erzählung aus dem Leben in den Felsenbergen Amerikas. (80 S.)
„ 116. Würdig, L., der Deserteur. Die Einnahme von Moers. Zwei histor. Erzählungen. (80 S.)
„ 117. Kümmel, Max, Saide, die Rose von Celebes. Eine Episode aus den Kämpfen der Malayen gegen die holländ. Herrschaft. (79 S.)
„ 118. Würdig, L., vor den Geschwornen. Krieg und Frieden. Bruderliebe. Drei Erzählungen. (80 S.)
„ 119. Jastrow, Carl, der Löwe von Flandern. Historische Erzählung nach H. Conscience. (80 S.)
„ 120. Kümmel, Max, der falsche Erbe. Eine Erzählung aus dem amerikan. Sklavenleben. (79 S.)
„ 121. —— Rache und Versöhnung, oder die Flucht über den Kaukasus. Eine Erzählung. (79 S.)
„ 122. Jastrow, Carl, der schwarze Buccanier. Eine Erzählung. (79 S.)
„ 123. Würdig, L., der Burgunderherzog und sein Edelknabe. Historische Erzählung. (80 S.)
„ 124. Jastrow, Carl, der Held von Richmond oder dem Muthigen hilft Gott. Erzählung. (80 S.)

—— interessanter Erzählungen. Nr. 125—147. 8. Mülheim 880—84, Bagel's Verlagsh. à Nr. *

Inhalt:
Nr. 125. Kümmel, M., der verschwundene Kassirer. Eine Criminalgeschichte. (80 S.)
„ 126. Wilhelmi, W., der rothe Kapitain, der Pirat und Sclavenhändler. Eine Erzählung. (80 S.)
„ 127. Kümmel, M., die geraubte Häuptlingstochter. Eine Erzählung aus dem Indianerleben. (79 S.)
„ 128. —— der Rebellen-Spion. Eine Erzählung aus dem nordamerikan. Bürgerkriege. (80 S.)
„ 129. Jastrow, Carl, Don Pedro, der Mexikaner. Eine Erzählung. (79 S.)
„ 130. Kümmel, M., in den schwarzen Bergen, oder die Goldgräber. Eine Erzählung. (79 S.)
„ 131. —— Matatoe, der geächtete Häuptling. Eine Erzählung aus dem Indianerleben. (79 S.)
„ 132. —— Cibola und Quivira oder die Wunderstädte des Goldlandes. Eine Erzählung aus Mexiko. (79 S.)
„ 133. —— die Sclavenjäger auf dem Maranon. Eine Erzählung. (80 S.)
„ 134. Cassau, Carl, der große Kriegsadler der Delawaren. Eine Erzählung. (79 S.)
„ 135. —— das Bad Montezumas. Eine Erzählung. (80 S.)
„ 136. Kümmel, M., durch die Pampas. Eine Erzählung. (80 S.)
Nr. 137. Kümmel, M., der Diamantenraub. Eine Erzählung aus den Diamantenminen Brasiliens. (80 S.)
„ 138. Seydel, C., der Seelenverkäufer am Red-River. Eine Erzählung aus Texas. (80 S.)
„ 139. Rosenthal, Louis, die Schatzkammer der Inkas. Der große Diamant. Zwei Erzählungen. (79 S.)
„ 140. Haindorff, Herm., ein dunkles Geheimniß. Eine Criminalgeschichte. (80 S.)
„ 141. Nellenburg, Rod., Flinkfuß, der Späher. Eine Erzählung. (80 S.)
„ 142. Seydel, C., Setiko, der dankbare Afrikaner. Eine Erzählung. (80 S.)
„ 143. Werner, G., Kacholi, der tapfere Dakota-Häuptling. Eine Erzählung aus dem Indianer-Leben. (80 S.)
„ 144. Pistorius, Franz, Rolf Tyndall, der Sträfling. Eine Erzählung. (80 S.)
„ 145—147. Lehmann, O., die schönsten Sagen des Rheins. 1.—3. Heft. (80 S.)

—— dass. — Nr. 35. 41. 45. 51. 53. 68. 73. 88. 90. 8. Mülheim 881,82, Bagel's Verlagsh. à Nr. *

Inhalt:

Nr. 35. Frey, Wilh., der Sträfling von Vandiemensland. Eine Erzählung. 2. Aufl. (79 S.)
„ 41. Nellenburg, Rod., im Indianergebiet oder ein gefahrvoller Ritt. Ein Abenteuer in Amerika. 2. Aufl. (80 S.)
„ 45. Zastrow, Carl, die Auswanderer oder ein Abenteuer in der Prairie. Die heimliche Hinrichtung. Zwei Erzählungen für Volk und Jugend. 2. Aufl. (79 S.)
„ 51. Albrecht, R., die Piraten der Steppe. Der lange Daniel. Zwei Erzählungen. 2. Aufl. (80 S.)
„ 53. Zastrow, Carl, John Smith, der Abenteurer. Eine Erzählung aus der Zeit der ersten Kolonieen in Amerika. 2. Aufl. (80 S.)
„ 68. Frey, Wilh., Menatongo, der Falken-Indianer. Eine Erzählung. 2. Aufl. (79 S.)
„ 73. Deutz, Fr., die Inselkönige oder Brudertreue. Eine Erzählung. 2. Aufl. (80 S.)
„ 88. Zastrow, Carl, an der Indianer-Grenze. Eine Erzählung. 2. Aufl. (80 S.)
„ 90. —— Sitting Bull, der Indianer-General. Eine Erzählung aus dem Indianer-Kriege 1876. 2. Aufl. (80 S.)

— interessanter Erzählungen. Nr. 53 u. 141—153. 8. (à 80 S.) Mülheim, Bagel. à n. — 50

53. John Smith, der Abenteurer. Eine Erzählg. aus der Zeit der ersten Kolonien in Amerika v. Carl Zastrow. 2. Aufl. 883.
141. Flinkfuß, der Späher. Erzählung v. Rob. Nettenburg. 883.
143. Kacholl, der tapfere Dakota-Häuptling. Eine Erzählg. aus dem Indianerleben v. G. Werner. 885.
144. Rolf Tyndall, der Sträfling. Eine Erzählg. v. Frz. Pistorius. 885.
145—147. Die schönsten Sagen d. Rheins. Gesammelt u. hrsg. v. Otto Lehmann u. a. 3 Bdchn. 885.

—— interessanter Erzählungen. Nr. 148—166. 8. (à Nr. 80 S.) Mülheim 885—88, Bagel's Verlagsbuchh. à Nr. *

Inhalt:

Nr. 148. Frey, W., Onkel Toms Hütte. Eine Erzählung aus dem Sklavenleben. 2. Aufl. (79 S.)
„ 149. Pistorius, Frz., die beiden Kapitäne. Eine Erzählung. (79 S.)
„ 150. —— Hiwa, die Insulanerin. Eine Erzählung. (79 S.)
„ 151. Zastrow, Karl, der Mann mit der eisernen Maske. Eine histor. Erzählung. 2. Aufl. (80 S.)
„ 152. Pistorius, Frz., die Schatzgräber von Santiago. Eine Erzählung. (79 S.)
„ 153. Füllgrap, Paul, Abenteuer im chinesischen Inselmeere. Eine Erzählung. (80 S.)
„ 154 —— der Untergang des Sturmvogels. Eine Erzählung aus dem Seeleben. (80 S.)
Nr. 155. Mylius, Otfried, der Schützling des Missionars. Eine Seemannsgeschichte. — Lilla, Felix, die unheimliche Mühle. Eine Erzählung. (79 S.)
„ 156. Pistorius, Frz., die Letzten auf dem Wrack. Eine Erzählung. (79 S.)
„ 157. Kurtius, Kurt, auf der Insel. Eine Erzählung. (80 S.)
„ 158. Kümmel, M., Saide, die Rose von Celebes. Eine Episode aus den Kämpfen der Malayen gegen die holländ. Herrschaft. 2. Aufl. (80 S.)
„ 159. Zastrow, Karl, die Deserteure auf Tonga Tabu. Eine Erzählung. 3. Aufl. (80 S.)
„ 160. Pistorius, Frz., die Flucht zum Rio del Norte. Eine Erzählung. (80 S.)
„ 161. —— der Pirat von Oskaloosa. Eine Erzählung. (80 S.)
„ 162. Cooper. James Fenimore, der Letzte der Mohikaner. Eine Erzählung aus dem J. 1757. Für die reifere Jugend bearb. von Karl Zastrow. (128 S.)
„ 163. —— der Wildtödter. Eine Erzählung. Für die reifere Jugend bearb. von Karl Zastrow. (128 S.)
„ 164. —— der Pfadfinder. Für die Jugend frei bearb. von Karl Zastrow. 2. Aufl. (120 S.)
„ 165. —— die Ansiedler an den Quellen des Susquehanna. Eine Erzählung. Für die reifere Jugend bearb. von Karl Zastrow. (128 S.)
„ 166. —— der Wildsteller. Eine Erzählung. Für die reifere Jugend bearb. von Karl Zastrow. (127 S.)

— interessanter Erzählungen. Nr. 175—180, 967—973. 12. (à Nr. ca. 96 S.) Mülheim a. Rh. 889, Bagel. à Nr. * — 50

175. Kaiser, W. Bleibe im Lande u. nähre dich redlich. Eine Erzählung aus dem Seeleben.
176. Müller, Karl. Der junge Auswanderer.
177. Würdig, L. Handwerk hat goldenen Boden.
178. —— O Straßburg, o Straßburg, du wunderschöne Stadt!
179. —— Diesseit u. Jenseit des Oceans.
180. Müller, Karl. Sioux Kit od. im fernen Westen. Vom Scherenschleifer zum Papuakönig.
967. Pistorius, Frz. Befreit vom Sclavenjoch od. der schwarze Kapitain.
968. Seydel, C. Die Dankbarkeit eines Indianers.
969. Müller, K. Der Prairie-Doktor. Der Findling.
970. —— Feurige Kohlen. Der Sohn des Kunstreiters.
971. —— Die Hand am Pflug und Gott im Herzen. Die jungen Auswanderer.
972. —— Die Opal-Grube. Aus dem Goldsucherleben.
973. Seydel, C. Talekah, der weiße Häuptling.

— interessanter Erzählungen. Nr. 42, 192—199, 962—966, 984—991. 12. Mülheim a. d. R. 893. J. Bagel. à n. — 50

42. Auf gefährlicher Wacht in Feindesland. Eine Erzählg. aus dem deutsch-französischen Kriege v. Carl Ernesti. (70 S.)
192. Die gefälschten Banknoten. Kriminal-Erzählg. v. Max Kümmel. — Ein stummer Zeuge. Eine Kriminalgeschichte v. R. Waldheim. Eine kleine Meuterei. Erinnerung e. Seemannes. (80 u. 64 S.)
193. Königsehe. Historische Erzählg. v. Herm. Hirschfeld. (88 S.)
194. Die unterirdische Eisenbahn. Das Geheimnis des Trappers. Zwei Erzählgn. v. J. O. Hansen. — Tom Blackley. Eine Erzählg. aus dem Seemannsleben v. Karl Zastrow. (64 u. 63 S.)
195. Marfa, die Leibeigene der Czarin od. Peter III. u. die holstein. Garde. Eine russ. Hofgeschichte v. Karl Zastrow. — Die Verschwörung im Kaukasus od. der Kommandant v. Mosdok. Eine Erzählg. v. Karl Zastrow. (64 u. 79 S.)
196. Der Talar. Erzählung v. Kurt Kurtius. Ein Abenteuer in Texas v. Rod. Nellenburg. — Der Heidehof od. deutsche Treue in schwerer Zeit. Eine Erzählg. v. Fr. Willib. Wulff. (61 u. 80 S.)
197. Schuld u. Sühne od. e. deutscher Bürger. Erzählg. v. L. Würdig. — Insubordination. Nach den Mitteilgn. e. Seeoffiziers v. Rud. Müldener. — In stürmischer Märznacht. Erzählung v. Wilh. Pleuß. (80 u. 64 S.)
198. Die Tempel-Ruinen od. der Schatz des Seeräubers. Erzählung v. Max Kümmel. — Sonderbare Ballgäste. Militär-Humoreske von Hans vom Zapfen. — Die Bataillons-Ordonnanz. Militär-Humoreske v. Ew. Aug. König. (80 u. 64 S.)
199. Mit dem Tode gesühnt od. e. Opfer der Ehre. Eine Erzählg. aus dem Befreiungskriege v. F. W. Wulff. — Ein modernes Duell. Graf Dufour. Zwei Tage aus e. Herrscherleben. Drei Novelletten von Karl v. Prenzlau. (63 u. 64 S.)
962. Der letzte der Mohikaner. Eine Erzählg. aus dem J. 1757 v. James Fenimore Cooper. Für die reifere Jugend bearb. v. Karl Zastrow. (128 S.)
963. Der Wildtöter. Eine Erzählg. v. James Fenimore Cooper. Für die reifere Jugend bearb. v. Carl Zastrow. (128 S.)
964. Der Pfadfinder. Nach J. F. Cooper f. die Jugend frei bearb. v. Carl Zastrow. 2. Aufl. (120 S.)
965. Die Ansiedler an den Quellen des Susquehanna. Eine Erzählg. v. James Fenimore Cooper. Für die reifere Jugend bearb. v. Carl Zastrow. (128 S.)
966. Der Wildsteller. Eine Erzählg. v. James Fenimore Cooper. Für die reifere Jugend bearb. v. Carl Zastrow. (127 S.)
984. Cecco, der Trapez-Schwinger. Erzählung aus dem Leben e. jungen deutschen Künstlers in Amerika v. Otfr. Mylius. (144 S.)
985. Der Pfeiltöter. Abenteuer u. Erlebnisse e. Ansiedlerfamilie im Indianergebiet. Erzählung v. M. Kümmel. (144 S.)
986. Quentin Durward, der schott. Edelknecht. Nach W. Scott f. die Jugend frei bearb. v. W. Fricke. (127 S.)
987. Hermanfried u. Amalberga. Eine Erzählg. aus der thüring. Vorzeit v. C. Seydel. (127 S.)
988. Fort Snelling. Erzählung aus dem Indianerleben v. Frz. Pistorius. (127 S.)
989. Peter Simpel oder Fahrten u. Abenteuer e. Seekadetten. Nach Capit. Marryat f. die Jugend frei bearb. v. W. Fricke. (136 S.)
990. Blanca, die Rose der Prairie. Eine Erzählg. aus dem Indianerleben v. M. Kümmel. (128 S.)
991. Olitopa, die schöne Waldblume. Erzählung aus dem Indianerleben v. A. H. Jogowitz. (128 S.)

Alphabetische Übersicht:

Adolfi, B, Konradin, d. Letzte d. Hohenstaufen. Eine histor. Erzählg. (78) 75.

— e. Polenherz od. d. Flucht a. Sibirien. Eine Erzählg. (80) 74.

Albrecht, R, d. Piraten d. Steppe. Der lange Daniel. Zwei Erzählgn. (80) 75.

Albrecht, R, d. Piraten d. Steppe. Der lange Daniel. 2 Erzählgn. 2. Afl. (80) 81. [Nr. 51.]

Albrecht, R, d. Vehmgericht. (80) 76.

— d. Vermächtniss. Der Spion. Erzählgn. (80) 75.

— wilde Welt. Eine Erzählg a. d. austral. Waldleben. (80) 77.

Amleth, B, Dirck Hollister, d. Schmugglerführer. (78) 78.

Cassau, C.

— d. grosse Kriegsadler d. Delawaren. (79) 81. [Nr. 184.]

Cassau, C, d. Bad Montezumas. (80) 81. [Nr. 185.]

Conradin, T, d. kl. Vagabund. (80) 79.

Cooper, JF, d. Ansiedler an d. Quellen d. Susquehanna. (128) 88.

Cooper, JF, d. Ansiedler a. d. Quellen d. Susquehanna. Für d. reif. Jugend bearb. v. C Zastrow. (128) 93. [Nr. 965.]

— d. Letzte d. Mohikaner. (128) 88.

— d. letzte d. Mohikaner. Für d. reif. Jugend bearb. v. C Zastrow. (128) 93. [Nr. 962.]

— d. Pfadfinder. 2. Afl. (120) 88.

— d. Pfadfinder. Für d. Jugend frei bearb. v. C Zastrow. 2. Afl. (120) 93. [Nr. 964.]

— d. Wildsteller. (127) 88.

— d. Wildsteller. Für d. reif. Jugend bearb. v. C Zastrow. (127) 93. [Nr. 960.]

— d. Wildtödter. (128) 88.

— d. Wildtöter. Für d. reif. Jugend bearb. v. C Zastrow. (128) 93. [Nr. 963.]

Deutz, F, Abenteuer deut. Auswanderer in Vandiemensland. (80) 76.

— d. Inselkönige od. Brudertreue. (80) 76.

Deutz, F, d. Inselkönige od. Brudertreue. 2. Afl. (80) 81. [Nr. 73.]

Ernesti, C, auf gefährl. Wacht in Feindesland. (70) 93. [Nr. 42.]

Fogowitz, AH, Olitopa, d. schöne Waldblume. (128) 93. [Nr. 991.]

Frey, W, Ara, d. Tochter d. Mulatten. (80) 77.

Frey, W, d. Grafen v. Broich u. Styrum. Eine geschichtl. Erzählg. (79) 75.

— mitten durch's Herz. Eine Erzählg. (77) 74.

— Onkel Tom's Hütte. (77) 76.

— Onkel Toms Hütte. 2. Afl. (79) 85. [Nr. 148.]

— Loda, d. Malayenmädchen. (80) 76.

— Menatongo, d. Falkenindianer. (79) 76.

Frey, W, Menatongo, d. Falken-Indianer. 2. Afl. (79) 81. [Nr. 68.]

— d. geheimnissvolle Schatz. (78) 75.

— d. Schreckenstage v. Damaskus. Eine Erzählg. (78) 75.

— d. Seemannsbraut. Eine Erzählg. (80) 74.

— d. weisse Sclavin. (79) 77.

— d. Sohn d. Scharfrichters. (79) 75.

— d. Sohn d. Waldläufers. (80) 79.

— d. Sträfling v. Vandiemensland. Eine Erzählg. (70) 75.

— d. Sträfling v. Vandiemensland. 2. Afl. (79) 81. [Nr. 85.]

— d. Tochter Cromwells. Eine histor. Erzählg. (80) 74.

— Wani, d. Hindumädchen. Eine ind. Erzählg. (68) 74.

Fricke, W, Quentin Durward. Nach W Scott f. d. Jugend frei bearb. (127) 93. [Nr. 986.]

Fricke, W, Friedr. v. Padberg od. d. Ritter vom Benglerbunde. (80) 78.

— Peter Simpel od. Fahrten u. Abenteuer e. Seekadetten. Nach Marryat f. d. Jugend frei bearb. (130) 98. [Nr. 989.]

Füllgrap, P, Abenteuer im chines. Inselmeere. (80) 86.

— d. Untergang d. Sturmvogels. (80) 87.

Grothe, W, d. Flibustier. Erzählg. (80) 73.

— d. Wilderer. Eine Criminalgeschichte. (78) 73.

Haindorff, H, d. Bekenntniss vor d. Tode. Eine Erzählg. (80) 73.

Haindorff, H, e. dunkles Geheimnis. (80) 82. [Nr. 140.]

— d. verstümmelte Hand. Auf d. Jagd. 3 Gauner. 3 Erzählgn. (80) 75.

Hansen, JO, d. unterird. Eisenbahn. Das Geheimnis d. Trappers. Zwei Erzählgn. — Tom Blackley. Von K Zastrow. (127) 93. [Nr. 194.]

Hirschfeld, H, Königsche. (80) 93. [Nr. 193.]

Kaiser, W, bleibe im Lande u. nähre dich redlich. (96) 89.

Kleist, H v., Michael Kohlhaas. (80) 77.

König, EA, d. Bataillons-Ordonnanz, s.: Kümmel, M, d. Tempel-Ruinen.

Kümmel, M, d. gefälschten Banknoten. — Ein stummer Zeuge v. R Waldheim. — Eine kleine Meuterei. Erinnerg e. Seemannes. (144) 93. [Nr. 192.]

Kümmel, M, in d. schwarzen Bergen od. d. Goldgräber. (79) 81. [Nr. 130.]

— Blanca, d. Rose d. Prairie. (128) 93. [Nr. 990.]

Kümmel, M, d. Buschrähndscher. (80) 79.

— Chiavoni od. d. Gasthaus zu Terracina. (78) 77.

— Cibola u. Quivira od. d. Wunderstätte d. Goldlandes. (79) 81. [Nr. 132.]

— d. Diamantenraub. (80) 82. [Nr. 137.]

— d. falsche Erbe. (79) 79.

— d. Eroberg v. Constantinopel. (80) 77.

— im Felsenthale d. Colorado. (79) 77.

— d. Galeerensträfling. (80) 76.

— d. geraubte Häuptlingstochter. (79) 80.

— d. unheiml. Haus. (80) 77.

Kümmel, M, d. Indianer d. Cordilleren. Eine unerwartete Zeugin. (79) 75.

— Irglas od. d. Macht d. Goldes. (80) 77.

— d. verschwundene Kassirer. (80) 80.

— d. Königstiger od. d. Sultans Rache. (79) 78.

— Busso v. Lossow, d. Verfehmte. (79) 77.

— Matatoe, d. geächtete Häuptling. (79) 81. [Nr. 131.]

— e. Nacht im Moor. (80) 75.

— durch d. Pampas. (80) 81. [Nr. 136.]

— Peter d. Grosse u. d. Leibeigene. (79) 77.

— d. Pfeiltöter. (144) 93. [Nr. 985.]

— d. Postwagenraub. (79) 77.

— Rache u. Versöhng, od. d. Flucht üb. d. Kaukasus. (79) 79.

— d. Rebellen-Spion. (80) 80.

— in d. Sahara. (80) 76.

— Saïde, d. Rose v. Celebes. (79) 79.

Kümmel, M, Saïde, d. Rose v. Celebes. 2. Afl. (80) 88.

— d. Schildhorn, od. Jaczo, d. Wendenfürst. (80) 78.

— d. Matrosen Schützling od. Anton's Seeabenteuer. (80) 76.

— d. Schwedengrab od. d. Himmelsspringer. (80) 77.

— d. Sclavenjäger auf d. Maranon. (80) 81. [Nr. 133.]

— d. Tempel-Ruinen od. d. Schatz d. Seeräubers. — Sonderbare Ballgäste v. H vom Zapfen. — Die Bataillons-Ordonnanz v. EA König. (144) 93. [Nr. 198.]

— d. Testament d. Seeräubers. Die gefälschten Banknoten. (80) 76.

— e. dunkle That od. d. Überschwemmung. (80) 77.

— d. Tod d. Wildschützen. (80) 76.

— Tomando d. Lappenfürst. (80) 75.

— unter falschem Verdacht. (80) 77.

— d. Verfolgten. (80) 76.

Kurtius, K, d. Deichbauer. (80) 75.

— d. Dorfteufel. Erzählg. (78) 73.

— auf d. Flucht. Eine Erzählg. (80) 74.

— d. Hausirer. Histor. Erzählg. (80) 73.

Kurtius, K, auf d. Insel. (80) 88.

— e. Verbrecher. Erzählg. (80) 75.

— Haus v. Weser. Eine Erzählg. (80) 74.

Laudien, H, d. kühne Seydlitz. — Würdig, L, Rittertrutz u. Fürstenschutz. (78) 79.

Lehmann, O, d. schönsten Sagen d. Rheins. 3 Bdchn. (240) 85. [Nr. 145—147.]

Lilla, F, d. unheiml. Mühle, s.: Mylius, O.

Mann, d., m. d. eisernen Maske. Eine histor. Erzählg. (80) 73.

Marryat, Peter Simpel, s.: Fricke, W.

Meuterei, e. kleine, s.: Kümmel, M, d. gefälschten Banknoten.

Müldener, R, Insubordination, s.: Würdig, L, Schuld u. Sühne.

Müller, K, d. junge Auswanderer. (96) 89.

— d. Hand am Pflug u. Gott im Herzen. Die jungen Auswanderer. 2 Erzählgn. (96) 89.

— Sioux Kit od. im fernen Westen. Vom Scherenschleifer z. Papuakönig. 2 Erzählgn. (96) 89.

— feurige Kohlen. Der Sohn d. Kunstreiters. 2 Erzählgn. (96) 89.

— d. Opal-Grube. Aus d. Goldsucherleben. 2 Erzählgn. (94) 90.

— d. Prairie-Doktor. Der Findling. 2 Erzählgn. (95) 89.

Mylius, O, Cecco, d. Trapez-Schwinger. (144) 93. [Nr. 984.]

Mylius, O, d. Schützling d. Missionars. Die unheiml. Mühle, v. F Lilla. (79) 87.

Nellenburg, R, Flinkfuss, d. Späher. (80) 83. [Nr. 141.]

— im Indianergebiet od. e. gefahrvoller Ritt. Eine Erzählg. (80) 73.

— im Indianergebiet od. e. gefahrvoller Ritt. 2. Afl. (80) 81. [Nr. 41.]

— aus d. Leben e. deut. Walfischfangers. Eine Seemannsgeschichte. (80) 73.

— d. Meuterer am Bord d. Seemöve. Eine Seemannsgeschichte. (71) 73

Nellenburg, R, d. Tatar. — Der Heidehof od. deut. Treue in schwerer Zeit v. FW Wulff. (141) 93. [Nr. 196.]

Nellenburg, R, auf d. Wogen d. Ozeans. Eine Seemannsgeschichte. (78) 73.

Ornshagen, J v., Betyar u. Pandur od. auf Tausch gegeben. (80) 77.

Pistorius, F, befreit v. Sclavenjoch od. d. schwarze Kapitain. (80) 89.

— d. Flucht z. Rio del Morte. (80) 88.

Pistorius, F, Hiwa, d. Insulanerin. (79) 85. [Nr. 150.]

— d. beiden Kapitäne. (79) 85. [Nr. 149.]

— d. Letzten auf dem Wrack. (79) 87.

— d. Pirat v. Oskaloosa. (80) 88.

— d. Schatzgräber v. Santiago. (79) 86.

Pistorius, F, Fort Snelling. (127) 98. [Nr. 988.]

— Rolf Tyndall, d. Sträfling. (80) 85. [Nr. 144.]

Pleuss, W, in stürm. Märznacht, s.: Würdig, L, Schuld u. Sühne.

Prenzlau, K v., e. modernes Duell etc., s.: Wulff, FW, m. d. Tode gesühnt.

Prenzlau, C v., Engländer u. Indier. Eine Erzählg. (71) 73.

— Wicondera, d. weisse Adler. Eine Erzählg. (80) 73.

Rosenthal, L, d. Schatzkammer d. Inkas. Der grosse Diamant. (79) 82. [Nr. 139.]

Scott, W, Quentin Durward, s.: Fricke, W.

Seydel, C, d. Dankbarkeit e. Indianers. Erzählg a. d. Leben an d. Grenze. (112) 89.

Seydel, C, Hermanfried u. Amalberga. (127) 93. [Nr. 987.]

Seydel, C, d. Seelenverkäufer am Red-River. (80) 82. [Nr. 138.]

— Seliko, d. dankbare Afrikaner. (80) 83. [Nr. 142.]

— Talekah, d. weisse Häuptling. Erzählg a. d. Indianergebiet. (96) 89.

Sonnenburg, F, Burg Bentheim Eine Erzählg. (80) 73.

— König Ethelbert u. d. Sänger. Eine Erzählg. (80) 75.

— d. Löwen Rache. Eine histor. Erzählg. (80) 74.

— d. Ritter u. d. Fischermädchen. Eine Erzählg. (80) 71.

Waldheim, R, e. stummer Zeuge, s.: Kümmel, M, d. gefälschten Banknoten.

Werner, G, Kacholi, d. tapfere Dakota-Häuptling. (80) 85. [Nr. 143.]

Wilhelmi, W, d. rothe Kapitain, d. Pirat u. Sclavenhändler. (80) 80.

Wulff, FW, d. Heidehof, s.: Nellenburg, R, d. Tatar.

Wulff, FW, d. Haidehof. Eine Erzählg. (78) 75.

Wulff, FR, m. d. Tode gesühnt od. e. Opfer d. Ehre. (79) 78.

— m. d. Tode gesühnt od. e. Opfer d. Ehre. — Ein modernes Duell. Graf Dufour. Zwei Tage a. e. Herrscherleben. Drei Novelletten v. K v. Prenzlau. (127) 98. [Nr. 199.]

Würdig, L, d. Burgunderherzog u. s. Edelknabe. (8)) 79.

— d. Deserteur. Die Einnahme v. Moers. (80) 79.

Würdig, L, diesseit u. jenseit d. Oceans. (96) 89.

— vor d. Geschworenen. Krieg u. Frieden. Bruderliebe. (80) 79.

— Handwerk hat goldenen Boden. (96) 89.

Würdig, L, Schuld u. Sühne od. e. deut. Bürger. — Insubordination v. R Müldener. — In stürm. Märznacht v. W Pleuss. (144) 93. [Nr. 197.]

— o Strassburg, o Strassburg, du wunderschöne Stadt. (96) 89.

Zapfen, H vom, sonderbare Ballgäste, s.: Kümmel, M, d. Tempel-Ruinen.

Zastrow, C, s. a. Cooper, JF.

Zastrow, C, Abd-el-Kader u. d. deut. Deserteur. (80) 76.

— d. Auswanderer od. e. Abenteuer in d. Prairie. Die heiml. Hinrichtg. (74) 77.

Zastrow, C, d. Auswanderer od. e. Abenteuer in d. Prärie. Die heiml. Hinrichtg. 2. Afl. (79) 81. [Nr. 45.]

— Achmet Bey od. d. Eroberg v. Constantine. (80) 76.

— Tom Blackley, s.: Hansen, JO, d. unterird. Eisenbahn.

Zastrow, C, Tom Blacklay, d. Marketender. Zwei Erzählgn. (63) 71.

— d. schwarze Buccanier. (70) 70.

— Sitting Bull, d. Indianer-General. (80) 77.

— Sitting Bull, d. Indianer-General. 2. Afl. (80) 82. [Nr. 90.]

— d. Deserteure auf Tonga Tabu. Eine Erzählg. (88) 71.

Zastrow, C, d. Deserteure auf Tonga Tabu. 3. Afl. (80) 88.

— d. Diamantenstab. Eine Erzählg. (79) 74.

— d. Fabrikant u. s. Doppelgänger. (80) 77.

— d. Falschmünzer. Eine Erzählg. (80) 73.

— d. beiden Flüchtlinge. Eine Erzählg. (98) 73.

— Franconi, d. Luftschiffer. (80) 78.

— d. Glücksritter. (80) 78.

— d. Goldsucher in Californien. Eine Erzählg. (79) 71.

— d. Held v. Richmond od. d. Muthigen hilft Gott. (80) 79.

— d. Hubertusschacht. (80) 77.

— e. Husar vom Leibregiment. Erzählg. (80) 73.

— an d. Indianergrenze. (80) 77.

— an d. Indianergrenze. 2. Afl. (80) 81. [Nr. 88.]

— d. Kinder d. Zigeuners. (80) 78.

— d. Klosterruine. Eine Erzählg. (79) 78.

— d. unglückl. Königskind. Eine histor. Erzählg. (72) 78.

— d. gr. Kuguar. Eine Erzählg. (80) 75.

— d. grosse Kuguar. (80) 77.

— d. Letzte d. Inkas. Eine Erzählg. (80) 73.

— d. Königin Louise u. ihre Schützlinge. (79) 75.

— d. Löwe v. Flandern. Nach H Conscience. (80) 79.

— d. Mann m. d. eisernen Maske. 2. Afl. (80) 85. [Nr. 151.]

— Marfa, d. Leibeigene d. Czarin od. Peter III. u. d. holstein. Garde. Die Verschwörg im Kaukasus od. d. Kommandant v. Mosdok. (143) 98. [Nr. 195.]

— d. Mississippi-Wolf. Eine Erzählg. (88) 71.

— e. Neger. Eine Erzählg. (70) 71.

— d. Negerraub. Ein Abenteuer in Afrika. (80) 74.

Zastrow, C, im hohen Norden. Eine Erzählg. (75) 73.

— d. Pampero-General. (80) 76.

— Don Pedro, d. Mexikaner. (79) 80.

— d. Perlenhalsband. (80) 78.

— St. Helena od. d. Dämon Napoleons. (80) 79.

— d. Schatz d. Geizhalses. Eine Erzählg. (80) 73.

— Schonga, d. Neuseeländerin. Eine Erzählg. (80) 74.

— d. verbrannte Schuldschein. (79) 77.

— d. Sohn d. Tscherkessen-Häuptling's Schamyl. Eine Erzählg. (80) 73.

— John Smith, d. Abenteurer. (80) 75.

— John Smith, d. Abenteurer. 2. Afl. (80) 88. [Nr. 58.]

— d. Squatter im Goldlande. (80) 78.

— d. Pandurenoberst Trenck. (80) 75.

Zastrow, C, d. Verschwörg im Kaukasus. Peter III. u. d. holstein. Garde. (80) 76.

— d. falsche Waldemar. (80) 76.

Zimermann, W, Adolf Steiner od. d. Erlebnisse e. jungen Seemanns. (80) 78.

— Ethnologische, s: Bibliothek, Kulturgeschichtl.

Bibliothek, Europäische, der neuen belletrist. Literatur Deutschlands. Grimma, Verlags-Comptoir. Sämmtliche unter dies. Titel ausgegebene Werke siehe einzeln unter den Titeln ihrer Verfasser.

Alphabetische Uebersicht der einzelnen Werke:

Ada oder die Pietisten. Ein Roman von Emilie R*. 4 Bde. 1237.—1240. Bd.

+ Adam, Onkel (C. A. Wetterbergh), Haß und Liebe. 4 Thle. 302—305. Bd.

Adam, Onkel, d. hölz. Löffel. 2 Thle. (356) 52.

—— Major Müllers Töchter. 172. Bd.

Agathens Gatte. Von der Verf. von „John Halifax." 5 Bde. 1139—1143. Bd.

Ainsworth, William Harrison, die Hexen von Lancashire. 5 Thle. 215—219. Bd.

Alvensleben, L v., d. Somnambule. 3 Bde. (680) 52.

Amari, Mich., der sicilianische Vesperkrieg. 4 Thle. 381—384. Bd.

Angela. Von dem Verf. der „Emilie Wyndham." (Mrs. Marsh.) 4 Thle. 449—451. und 470. Bd.

Arlincourt, d', die Verlobten des Todes. 301. Bd.

Azeglio, M. d', Niccolo de Lapi. 2 Bde. 17. u. 18. B.

Bell, Acton, Agnes Gray. 2 Thle. 395. und 396. Bd.

Bell, Acton Currer, die Geschwister. 510. Bd.

Bell, Currer, Jane Eyre. 2 Thle. 273. und 274. Bd.

—— Wildfell Hall. 4 Thle. 290—293. Bd.

—— Rockingham oder der jüngere Bruder. 3 Thle. 351—353. Bd.

—— Shirley. 5 Thle. 268—270. 295. und 296. Bd.

Bell, Ellis Currer, Wutheringshöhe. 3 Thle. 410—412. Bd.

Bell, Rob., die goldene Leiter. 4 Thle. 429—431. und 441. Bd.

Benoni, Lorenzo. Scenen a. d. Leben e. Italieners. 3 Bde. 54.

Berthet, E, d. letzte Irländer. 2 Thle. (409) 52.

Bertholdi, H., Börse und Salon. 380. Bd.

Binnewerck, Fr., Jeremias. 2 Thle. 601. und 602. Bd.

Blanche, A, d. Banditin. 3 Thle. (710) 51. 52.

Blanche, Aug., aus dem Tagebuche eines Geistlichen. 3 Bde. 1264.–1266. Bd.

Blessington, (Margaret,) Gräfin v., Lionel Deerhurst. 4 Thle. 126. und 131–133. Bd.

— Marmaduke Herbert rc. 4 Thle. 150–153. Bd.

Blessington, Gräfin v., Memoiren e. Kammerfrau. 1–3. Bd. 102–104. Bd.

Bray, Mrs. A., Heinrich von Pomeroy 1–3. Bd. 86–88 Bd.

Bremer, Friederike, die Mitternachtssonne. 2 Thle. 199. und 200. Bd.

— eine Ostergabe. 311. Bd.

Bulwer, Lady Lytton, Miriam Sedley oder Unkraut unter Weizen. 2 Thle. 563. und 564. Bd.

Bulwer, Edw. Lytton, Pisistratus Caxton. 1–6. Thl. 419. 468. 469. 506. 516. und 582. Bd.

Bulwer, EL, Pisistratus Caxton. 8–13. Thl. (1179) 53.

Bulwer, Edw. Lytton, die Caxtons. 1–5. Thl. 261–263. 282. und 283. Bd.

— Harald, der Letzte der sächs. Könige. 4 Thle. 177–180. Bd.

Bunnet, Fanny Elisab., Churfürstin-Pfalzgräfin Louise Juliane und ihre Zeit. 2 Bde. 1230. und 1231. Bd.

Buren-Schele, A. D. v., die Belagerung von Sebastopol. 2 Bde. 999. und 1000. Bd.

Caussidière, Memoiren. 2 Thle. 193. und 194. Bd.

Cavalho, José de, Marquis v. Pombal. 5 Thle. (1133) 52.

Cecil, od. Abenteuer eines Zierbengels. 1. u. 2. Bd. 109. u. 119. Bd.

Cecil, oder Abenteuer eines Zierbengels. 3. Thl. 123. Bd.

Chasles, Philarète, Karl I., sein Hof, Volk und Parlament. 371. Bd.

Chenu, A., die Verschwörer. 297. Bd.

Clarence oder eine Erzählung aus unserer Zeit. Von der Verf. von „Hope Leslie" rc. 3 Thle. 501–503. Bd.

Colletta, Pietro, Geschichte des Königreichs Neapel. 8 Thle. 164–171. Bd.

Collins, Wilkie, die Heirath im Omnibus. 3 Bde. 1081–1083. Bd.

Colmache, M., aus dem Leben des Fürsten Talleyrand. 3 Thle. 360–362. Bd.

Cooper, J. F.

— Miles Wallingford's Abenteuer. 3 Bde. 57–59. Bd.

Cooper, J. F., Lucy Hardinge. 1–3. Bd. 120–122. Bd.

Cooper, J. F., die Seelöwen. 3 Thle. 249. 259. und 260. Bd.

Cousin, V, Leben d. Frau v. Longueville. 4 Thle. (813) 52. 53.

Craik, Georgiana M., Verloren und Gewonnen. 2 Bde. 1186. und 1187. Bd.

Crowe, C, Lilly Dawson. 4 Bde. (779) 51.

Crowe, Catharine, Geistergeschichten und Familiensagen. 4 Bde. 1119–1122. Bd.

– Susanne Hopley od. Abent. e. Dienstmädch. 5 Thle. (1110) 51.

— Licht und Finsterniß oder Geheimnisse des Lebens. 5 Bde. 1003–1007. Bd.

– Linny Lockwood. 6 Bde. (1082) 54.

– d. Nixen. 3 Bde. (454) 51.

Crusenstolpe, J. M., die schwarze Gestalt auf Thorsborg. 3 Thle. 426–428. Bd.

Crusenstolpe, J. M., der Pfarrhof zu Högadal. 3 Bde. 60. 117. u. 118. Bd.

Cumming, Roualeyn Gordon, ein Jägerleben in Süd-Afrika rc. 4 Thle. 401–404. Bd.

Denkwürdigkeiten u. Vorsätze v. Adam Graeme v. Mossgray. 3 Thle. (626) 52.

Dickens, C., Bilder aus Italien. 101. Bd.

Dickens, Charles (†Boz), der Hausfreund. 417. Bd.

— londoner Skizzen. 1. und 2. Thl. 421. und 422. Bd.

Dickens, C, schwere Zeiten. 4 Bde. (634) 54.

Dietrich, Ludw., Erlebnisse auf meiner Wanderung durch Nordamerika und Westindien. 416. Bd.

Dumas, Alex., Cäsarine. 445. Bd.

Dumas Sohn, A, Edmund Cavanis. 2 Thle. (422) 52.

Dumas, A, Conscience. 3 Thle. (593) 52.

— Denkwürdigkeiten eines Arztes. 18–21. Thl. (Angelo Pitou.) 452–455. Bd.

— dass. – 22. Thl. 514. Bd.

– Denkwürdigk. e. Arztes. 23–36. Bd. (2741) 52–55.

— Diana de Lys. 548. Bd.

— das Drama von 1793. 4 Thle. 565–568. Bd.

— Gabriele. 2 Thle. 461. und 462. Bd.

— drei starke Geister. 2 Thle. 285. und 286. Bd.

Dumas, Alex., Jehu's Genossen. 5 Bde. 1014–1018. Bd.

— Geschichte der Regentschaft des Herzogs von Orleans. 2 Thle. 241. und 242. Bd.

— tausend und ein Gespenst. 1–5. Thl. 236. 250. 256. 272. und 277. Bd.

– Gespenster. 2 Thle. (283) 52.

Dumas, A., der Graf von Monte-Christo. 7 Bde. (8 Thle.) 42–45. 73. 79. 80. u. 85. Bd.

– e. Jahr an d. Ufern d. Sacramento. 2 Thle. (286) 52.

— die Courtisane. 2 Thle. 459. und 460. Bd.

— Ludwig XIV. rc. 6 Bde. 6. 62. u. 105–108. Bd.

— Ludwig XV. 4 Thle. 294. 309. 320. und 321. Bd.

— Ludwig XVI. 4 Thle. 478–481. Bd.

– Memoiren. 1–4. Thl. (903) 52.

– Memoiren. 5–21. Bd. (3310) 52–54.

– Olympia v. Clèves. 1–4. Thl. (712) 52.

– Olympia v. Clèves. 5–7. Thl. (656) 52.

— die Prinzen von Orleans und deren letztes Familienhaupt. 2 Thle. 390 und 391. Bd.

– u. E Sue, ausgew. kl. Romane. 3 Thle. (678) 52.

– Seeabenteuer u. Schiffbrüche. (260) 52.

Erzählungen, romantische. Von der Verf. von „John Halifax." 5 Bde. 1147–1151. Bd.

Familienhaupt, das. 6 Bde. 1038–1043. Bd.

Fels, Egon, Dorothea. 2 Bde. 1193. und 1194. Bd.

— zwei Ehen. 2 Bde. 1164. und 1165. Bd.

— die Kinder des Kaufmanns. 4 Bde. 1209.–1212. Bd.

— Wandlungen. 5 Bde. 1232.–1236. Bd.

Ferry, Gabr., neue transatlantische Bilder. 5 Thle. 472–475. und 490. Bd.

– d. Blume d. Prairie. 2 Thle. (406) 52.

Féval, P, Abent. e. Edelmanns. 2 Thle. (494) 52.

— die Dünensee. 2 Thle. 504. und 505. Bd.

— die Engel des Hauses. 5 Thle. 385–389. Bd.

Féval, Paul, Alizia Pauli. 2 Thle. 466. und 467. Bd.

– d. Sansculotte. 3 Thle. (705) 52.

d. Capitain Simon. 2 Thle. (314) 52.

Flygare-Carlén, E, binnen 6. Wochen. (207) 51.

Flygare-Carlén, E., das Dachkämmerchen. 2 Bde. 63. u. 64 Bd.

— der Einsiedler rc. 1–4. Bd., 110–113. Bd.

Flygare-Carlén, Emilie, der Einsiedler auf der Johannisklippe. 5. und 6. Thl. 124. und 125. Bd.

— das Fideicommiß. 3 Bde. 3—5. Bd.

— ein Gerücht. 8 Thle. 331—337. und 350. Bd.

– e. gute Partie. (190) 52.

— die Romanheldin. 1. und 2. Thl. 276. und 284. Bd.

Flygare-Carlén, Emilia, Stockholmer Scenen. 3 Bde. 1218.—1220. Bd.

— der Vormund. 6 Thle. 463—465. und 493—495. Bd.

— ein launiges Weib. 1—4. Thl. 229—232. Bd.

– e. launisches Weib. 2. Aft. 5 Bdé. (1090) 55.

Foudras, v., e. alte Maitresse. 3 Thle. (522) 52.

Foudras, v., d. Memoiren e. Königs. 3 Thle. (628) 52.

– Mignonne. 3 Thle. (145) 52.

– u. X de Montépin, Pivoine. 2 Thle. (310) 52.

– d. Rächernacht. 4 Thle. (855) 52.

† — und Xav. v. Montépin, die Ritter vom Landsknecht. 7 Thle. 585—588. und 603—605. Bd.

Foudras, v., Weiberlaune einer Frau von Stande. 2 Thle. 435. und 436. Bd.

Fournier, M. N., Geheimnisse eines politischen Spions. 5. und 6. Thl. 100. und 420. Bd.

Frau, C. L., die Ehescheidung. 33. Bd.

Frick, Ida, Abschied. 2 Bde. 1267. und 1268. Bd.

Fullerton, Georgina

— Grantley Manor. 3 Thle. 161—163. Bd.

Fullerton, Georgina, Ellen Middleton. 3 Thle. 181—183. Bd.

Galen, P, d. Inselkönig. 9 Thle. (1618) 52.

Garneray, Louis, Reisen, Abenteuer und Gefechte. 4 Thle. 569. 570. 599. und 600. Bd.

(Gaskyll, Mrs.,) Mary Barton. 4 Thle. 224. und 238—240. Bd.

Gaverre, v., die Familie. 2 Thle. 397. und 398. Bd.

Geheimnisse eines polit. Spions. 1—4. Bd., 72. u. 97—99. Bd.

Geschwisterkinder, die, oder Hofgunst und Volksgunst. 192. Bd.

Glücksritter, die. Von v. W. (286) 52.

Goldschmidt, M., Heimathlos. 5—10. Bd., 1001. und 1002., 1046—1049. Bd.

– e. Jude. 3 Bde. (558) 56.

Gore, Mrs., Mrs. Armytage oder Frauenherrschsucht. 3 Thle. 176. 184. und 185. Bd.

Gozlan, Leon, Georg III. und Caroline v. Braunschweig. 7—10. Bd., 1072—1075. Bd.

Grafen-Krieg, der. Vom Verf. v. Niels Juul. 5 Thle. (1286) 52.

Grossmann, J v., kl. Romane. 2. Bd. (183) 54.

Guarini, der treue Hirt. 61. Bd.

Halifax, John. 6 Bde. 1101—1106. Bd.

Halliburton, aus dem Osten. 237. Bd.

(—) der alte Richter oder Colonial-Leben. 3 Thle. 223. und 217— 218. Bd.

Hauch, C., das Schloß am Rhein rc. 3 Thle. 446—448. Bd.

Hausgeschichten. Von der Verf. von „John Halifax". 5 Bde. 1159.—1163. Bd.

Hawthorne, Nathaniel, das Sieben-Giebel-Haus. 3 Thle. 540—542. Bd.

Heiberg, J. L., Nah u. Fern. 53. Bd.

Herbst, Paul

— Eglantine Anke. 5 Bde. 1254.—1258. Bd.

Herbst, Paula, Doch noch! 3 Bde. 1069—1071. Bd.

— der Erbe. 3 Bde. 1078—1080. Bd.

— ein gebrochenes Herz. 3 Bde. 1008—1010. Bd.

– Ture Horn. 2 Bde. 2. Aft. (424) 60.

— ein fremdes Kind. 3 Bde. 1204.—1206. Bd.

— Contraste. 3 Bde. 1172.—1174. Bd.

— Liebe und Schuld. 3 Bde. 1152.—1154. Bd.

— Mose und Fritze. 3 Bde. 1110—1112. Bd.

— Olga. 3 Bde. 1011—1013. Bd.

— der Prügeljunge. 3 Bde. 1188.—1190. Bd.

— der Silberhut. 3 Bde. 1092—1094. Bd.

— der Sohn des Schmugglers. 3 Bde. 1144—1146. Bd.

— eine Stiefmutter. 3 Bde. 1035—1037. Bd.

— die Sühne. 3 Bde. 1064—1066. Bd.

– überall zu spät. 2 Bde. (371) 56.

Herbst, Paula, von Altmühl nach Sonderburg und Fridericia. 4 Bde. 1221.—1224. Bd.

Herloßsohn's C., ausgewählte Romane. 1—7. Thl. 399. 400. 442. 491. 492. 539. und 572. Bd.

Jagdschloss Hohnstein, das. 3 Bde. (598) 56.

Jacke, G., die Jesuiten-Beute. 4 Thle. 532—535. Bd.

In sechzig Jahren. 3 Thle. 134—136. Bd.

James, G. P. R., die alte Eichentruhe. 4 Thle. 365—368. Bd.

— der Förster. 3 Thle. 251—253. Bd.

— Gowrie oder das Complott des Königs. 4 Thle. 525—528. Bd.

— vor dreißig Jahren. 4 Thle. 254—257. Bd.

James, J. P. R., Rosa d'Albret. 2 Bde. 40. u. 41. Bd.

Jerrold, Douglas, Arm und Reich rc. 3 Thle. 344—346. Bd.

— der Geldmann. 2 Thle. 323. und 324. Bd.

— eine Laune und ihre Folgen. 3 Thle. 141—143. Bd.

Ingemann, Bernhard

— das stumme Fräulein. 558. Bd.

Ingemann, Bernh, Severin, Christian Blocks Jugendstreiche. 557. Bd.

— des Schuhflickers Sohn. 559. Bd.

— drei Wochen vor Weihnacht und die letzten Herren von Gervandsburg. 596. Bd.

St. John, Percy B., Quadrona. 6 Bde. 1019—1024. Bd.

Jones, Louise, Rosina. 3 Thle. 226—228. Bd.

Jósika, Nicol., die Hexen von Szegedin. 3 Bde. 1201.—1203. Bd.

Israeli, B. d', Coningsby. 3 Bde. 13. 14. u. 18. Bd.

— Contarini Flemming. 1. u. 2. Bd., 90. u. 91. Bd.

— Sybil. 3 Bde. 65. 75. u. 78. Bd.

Israeli, B. d', Tancred. 3 Thle. 137—139. Bd.

Kavanagh, Julia, Adele. 8 Bde. 1056—1063. Bd.

– Rachel Gray. 2 Bde. (310) 56.

— sieben Jahre und andere Erzählungen. 6 Bde. 1095—1100. Bd.

Kavanagh, Julia, französische Schriftstellerinnen. 5 Bde. 1181.—1185. Bd.

Kerkhofen, der Ochsenkopf zu Arnheim. 359. Bd.

Kingston, W., der Tscherkessen-Häuptling. 3 Bde. 50—52. Bd.

Kirkland, Mrs., aus dem Hinterwalde. 2 Thle. 517. und 518. Bd.

Knorring, A. v., Marie Gellert, der schützende Engel der Armuth. 2 Thle. 406. und 407. Bd.

— Rose und Reseda. 3 Thle. 233—235. Bd.

Kock, Paul de, Gerisette. 3 Thle. 423—425. Bd.

— die Ungenirte. 3 Thle. 275. 289. und 306. Bd.

Kossuth, Ludwig, gesammelte Werke. 1—3. Thl. 322. 348. und 349. Bd.

Criminalfälle, d. merkw. engl., d. Neuzeit. 4 Thle. (964) 52.

Lamartine, A. de, Genovefa. 379. Bd.

— Geständnisse. 2 Thle. 195. und 196. Bd.

— neue Geständnisse. 405. Bd.

— Raphael. 2 Thle. 197. und 198. Bd.

Lancelot oder der Gährungsstoff. Vom Verf. des „Alton Locke". 3 Thle. 511–513. Bd.

Larra, MJ de, d. Doncel. 3 Bde. (635) 57.

Lavarenne, Charles de, die provisorische Regierung. 300. Bd.

Lawrence, HML, Abent. e. Offz. im Pendschab. 3 Thle. (566) 52.

Leben um Leben. Von der Verf. von „John Halifax." 5 Bde. 1134–1138. Bd.

Ledru-Rollin, Englands gegenwärtiger politischer Verfall. 1–3. Thl. 341–343. Bd.

Lever, Charles

— Roland Cashel. 6 Thle. 225. 254. 255. und 278–280. Bd.

— die Daltons oder die drei Lebenswege. 1. u. 2. Thl. 597. und 598. Bd.

— Con Cregan's Geständnisse. 4 Thle. 312–315. Bd.

Lever, Charles, A. B. Aus dem münchener Leben. 5 Thle. 577–581. Bd.

— der Ritter von Gwynne. 6 Thle. 146–149. 157. und 158. Bd.

— Soldatenleben in Indien. 2 Thle. 363. und 364. Bd.

Lewes, G. H., Ranthorpe. 2 Thle. 174. und 175. Bd.

Liebe u. Ehrgeiz. 2 Thle. (488) 52.

Liebe und Politik. 5 Bde. 1247.–1251. Bd.

Adelaide Lindsay. Von dem Verf. der „Emilie Wyndham" (Mrs. March.) rc. 3 Thle. 372–374. Bd.

Longfellow, Henry Wordsworth D., Hyperion. Cisatlantische Bilder eines Amerikaners. 2 Thle. 498. und 499. Bd.

— Kavanagh. 500. Bd.

Lubojatzky

— 1830. Histor. Roman. 5 Bde. 8–12. Bd.

— 1840. Histor. Roman. 3 Bde. 34–36. Bd.

Lubojatzky, Fr., der Arme und seine Braut. 547. Bd.

Lubojatzky, F, Daria, d. Tochter d. Zigeuners. (288) 52.

– Erzählgn. 7 Bde. (1429) 54.

Lubojatzky, Fr., neue Erzählungen. 7. Bd., 960. Bd.

Lubojatzky, die Jüdin. 4 Bde. 46–49. Bd.

Macaulay, Thom. Babington, biographische Versuche. 1207. und 1208. Bd.

Märker, Jul., Leidenschaft, Liebe und Verbrechen. 2 Bde. 1191. und 1192. Bd.

— Verstand, Liebe und Glück. 2 Bde. 1252. und 1253. Bd.

Marmier, X de, neueste Erzählgn e. Reisenden. 2 Thle. (868) 52.

Marryat, Valerie. 3 Thle. 243–245. Bd.

Marston, od. Erlebnisse eines Edelmanns. 3 Bde. 1. 2. u. 66. Bd.

Mastriani, F, die Blinde v. Sorrent. 3 Bde. (522) 57.

Mayhew, H., 1851 oder der Familie Sandboys Abenteuer auf der Reise zum Glaspalast. 2 Thle. 487. und 488. Bd.

Mellin, GH, d. Fremdling v. Alsen. (246) 51.

Melville, Herrm., Redburns erste Reise. 3 Thle. 316–318. Bd.

Memoiren des Fürsten v. Metternich. 1–3. (?) Thl. 257. und 258. Bd.

Memoiren von Lola Montez, Gräfin von Landsfeld. 3 Thle. 443. 444. und 483. Bd.

Mery, Salons u. Souterrains. 3 Thle. (594) 52.

Mickowski, St., Ezela. 94. Bd.

Murger, H, d. Grisette d. Quartier latin. 2 Thle. (303) 52.

Murger, H, Scenen a. d. Leben d. Pariser Jugend. (240) 52.

Murger, Henry, pariser Zigeunerleben. 2 Thle. 496. und 497. Bd.

Musset, A. de, Javottes Geheimniß. 37. Bd.

Ormington, Cecil, Leben e. Hoflords. 4 Thle. (758) 52.

Oettinger, EM, Mlle. Mars u. ihr Hof. 2. Afl. 2 Thle. (435) 52.

Palmblad, WF, Aurora Königsmark. 9 Thle. (1892) 52.

Paulding, J. K., die Tochter des Puritaners. 2 Thle. 307. und 308. Bd.

Philarète, Ch., die englische Revolution. 56. Bd.

Pontmartin, Armand v., Denkwürdigkeiten eines Notars oder die Familienrache. 3 Thle. 338–340. Bd.

Porter, J, d. Herzog v. Ripperda. 6 Bde. (1201) 56.

Prévost, Manon Lescaut. (202) 52.

Pulszky, Frz., die Jacobiner in Ungarn oder die Verschwörung des Abts. 3 Thle. 507–509. Bd.

Quinet, E., meine Ferien in Spanien. 2 Thle. 154. und 155. Bd.

Ravenscliffe. Von dem Verf. von „Emilie Wyndham" (Mrs. March.) 4 Thle. 606–609. Bd.

Reach, AB, Clement Lorimer. 2 Thle. (511) 52.

Regnault, E., Geschichte der letzten acht Jahre. 1–3. Thl. 560–562. Bd.

Reid, M, d. Buschknaben. 3 Bde. (518) 56.

Reid, Mayne, die Freischaar. 3 Thle. 589–591. Bd.

– d. Heimath in d. Wüste. 2 Thle. (384) 52.

Reid, Mayne, die wilde Jägerin. 5 Bde. 1129–1133. Bd.

— der Jägerschmaus, oder Unterhaltungen am Lagerfeuer. 5 Bde. 1030–1034. Bd.

— die Kriegsfährte. 5 Bde. 1025–1029. Bd.

Reid, Mayne, die verlorene Lenore. 5 Bde. 1259.–1263. Bd.

— Oceola. 5 Bde. 1050., 1051., 1053–1055. Bd.

— die Reise im Finstern. 3 Bde. 1107–1109. Bd.

— die Skalpjäger. 4 Thle. 592–595. Bd.

Ridderstad, CF, d. Fürst. 7 Thle. (1433) 52.

Ridderstad, C. F., das Gewissen oder die Geheimnisse von Stockholm. 1–6. Thl. 484–486. und 543–545. Bd.

– d. schwarze Hand. 1–4. Thl. (878) 52.

– d. schwarze Hand. 5. u. 6. Thl. (334) 52.

– d. Schicksalsschläge. 3 Thle. (674) 52.

— der Trabant. 6 Thle. 519–524. Bd.

Rowcroft, C, Abent. e. Auswand. beim Aufsuchen e. Colonie. 4 Thle. (817) 52.

Ruxton, F. G., Trapperleben im fernen Westen. 2 Thle. 551. und 552. Bd.

Salters, C., Samuel Horn. 116. Bd.

Salters, C., Samuel Horn. 2. Thl. 140. Bd.

Sand, Georg, das Schloß Desertes. 482. Bd.

Sand, G., Johanna. 3 Thle. in 1 Bde. 39. Bd.

— der Uskoke. 20 Bd.

Satori-Neumann, J, d. Bischof. 3 Thle. (720) 52.

– d. Geheimnisse v. Benebridge Hall. 3 Bde. (570) 56.

Satori-Neumann, J., Louise, Prinzessin von Montpensier. 2 Thle. 555. und 556. Bd.

– d. weissen Rosen. 2 Thle. (446) 52.

– d. Schloss in Marienburg. (204) 52.

Schweigerd, CA, Skizzen u. Charaktere. 3 Thle. (608) 52.

Schweigerd, CA, a. d. alten Zeit. 4 Thle. (1034) 52.

Selbst. Vom Verf. des „Cecil a peer". 3 Thle. 356–358. Bd.

Sézannes, Frédéric, die drei Königinnen. 1. und 2. Thl. 298. und 299. Bd.

Skizzen, schwedische. Von Frau v. S. 2 Thle. (460) 52.

Smith, Albert, die Marquise von Brinvilliers rc. 3 Thle. 536–538. Bd.

Smith, A, So kommt man unter d. Haube. 3 Thle. (517) 52.

Smith, Seba, der Indianer-Häuptling und die Gefangene des Westens. 2 Thle. 144. und 145. Bd.

Sohn, der, der Nacht. Vom Verf. der „Todtenmühle" rc. 2 Thle. 369. und 370. Bd.

Soulie, F., die Gräfin von Monrion. 1–3. Bd. 89. 92. u. 93. Bd.

Souvestre, General Guillaume. 38. Bd.

— die Kletterstange. 2 Bde. 15. u. 16. Bd.

— Peter Landais. 19. Bd.

— der Mensch u. das Geld. 2 Bde. 54. u. 55. Bd.

Souvestre, Emile, Südfrüchte. 347. Bd.

— ein Wassertropfen. 2 Bde. 31. u. 32. Bd.

Sparre, Pehr, der Seekadett zur Zeit König Gustavs III. 5 Thle. 437–440. und 489. Bd.

Steinmetz, A., der Jesuit in der Familie. 2 Thle. 159. und 160. Bd.

Sternberg, Gr. v., d. Brüder od. d. Geheimniss. 5 Thle. (862) 52.

Stolle, Ferd., die Erbschaft in Kabul. 3 Thle. 392–394. Bd.

Storch, L., Raudon Crotinus und seine Genossen. 2 Thle. 583. und 584. Bd.

Storch, L, Pepi d. Auswanderin. 2 Thle. (399) 52.

Stowe Harriet Beecher

— des Predigers Brautwerbung. 4 Bde. 1087–1090. Bd.

Stowe, Harriet Beecher, Dred. 7 Bde. 992–998. Bd.

Sturmvogel, der. Vom Verf. des „Rockingham." 3 Thle. 432–434. Bd.

Sue, Eug., Ferdinand Duplessis oder die Memoiren eines Ehemannes. 3 Thle. 610–612. Bd.

— die Geheimnisse des Volkes oder Geschichte einer Proletarier-Familie. 1–3. Thl. 281. 287. und 319. Bd.

Sue, Eug., der ewige Jude. 10 Bde. 21–30 Bd.

Sue, E, Fabien de Luciole. (154) 52.

— Miß Mary oder die Gouvernante. 2 Thle. 515. und 516. Bd.

— die Schicksalsprophezeihung. 4 Thle. 456–458. und 471. Bd.

— die sieben Todsünden. 8 Bde. 70. 71. 76. 77. u. 81–84. Bd.

— die sieben Todsünden. 1–5. Abthl. 9 Thle. 201–209. Bd.

Swea. Kl. Romane v. Bremer, Carlén, Knorring etc. 2 Thle. (446) 52.

Talvj

— Marie Barcezay. 613. Bd.

Talvj. (Mrs. Robinson, geb. T. A. L. v. Jakob.), Kurmark und Kaukasus oder das Geheimniß. 2 Thle. 575. und 576. Bd.

Tarnowsky, L., die Makkabäer. 2 Bde. 7. u. 69. Bd.

Templeton, H, Gossip. Aufzeichngn a. d. Tageb. e. lebensmüden

Tenelli, die Atheisten. 1. u. 2. Bd. 95. 96. Bd.

Thackeray, W. M., Aufzeichnungen von Cornhill nach Groß-Cairo. 2 Thle. 408. und 409. Bd.

— komische Erzählungen. 1—3. Thl. 354. 355. und 571. Bd.

Thackeray, W. M., die vier George. 2 Bde. 1157. und 1158. Bd.

– Gesch. d. Henry Esmond. 4 Thle. (918) 52.

— Geschichte von Pendennis. 8 Thle. 222. 246. 271. 288. 330. und 413 —415. Bd.

— der Jahrmarkt des Lebens. (Vanity fair.) 6 Thle. 186—191. Bd.

— Lovel der Wittwer. 2 Bde. 1155. und 1156. Bd.

— Memoiren eines englischen Livreebedienten. 418. Bd.

– d. Newcomes. 10 Bde. (1714) 54–56.

— die Snobs. 2 Thle. 476. und 477. Bd.

— Samuel Titmarsh oder der Familiendiamant. 2 Thle. 220. und 221. Bd.

Thackeray, W. M., die Virginier. 11 Bde. 1044., 1045., 1052., 1067., 1068., 1076., 1077., 1084—1086. und 1091. Bd.

Tochter, d., d. Grafen. Von der Verf. v. Amy Hebert. 3 Thle. (718) 52.

Topelius, Z, Erzählgn u. Abent. e. alt. finnländ. Feldscherers. 3 Bde. (518) 55.

Toussaint, A. L. G., Rochus Menuwsfohn. 3 Thle. 529—531. Bd.

— die Prinzessin Orsini. 2 Thle. 553. und 554. Bd.

Torkel Trane, leichter Sinn u. Leichtsinn. 2 Bde. 67. u. 74. Bd.

Träumer, der, und der Wecker. 2 Thle. 549. und 550. Bd.

Trollope, Anthony, die Bertrams. 6 Bde. 1166.—1171. Bd.

— das Pfarrhaus Framley. 6 Bde. 1195.—1200. Bd.

— Orley Farm. 5 Bde. 1225.—1229. Bd.

— Schloß Richmond. 6 Bde. 1175.—1180. Bd.

Trollope, Anthony, Doctor Thorne. 6 Bde. 1123—1128. Bd.

Aus d. Verbanng. Rom. v. Dumas etc. 6. Thl. (208) 52.

Vries, L. de, der Schwur oder Verbrechen und Reue. 2 Thle. 573. und 574. Bd.

Walter, S., Schuld u. Unschuld. 1. u. 2. Bd. 114. u. 115. Bd.

Warburton, E, Darien od. d. Kaufmannsfürst. 3 Thle. (633) 52.

Welt, d. feine, v. Gothenburg. 1. Thl. (240) 52.

Welt, d. feine, v. Gothenburg. 2–10. Thl. (1909) 52. 53.

Wetherell, E, d. Berge d. Shatemuc. 6 Bde. (1158) 57.

Wetherell, Elisabeth, der alte Heim. 5 Bde. 1213.—1217. Bd.

— Melbourne House. 6 Bde. 1241.—1246. Bd.

Wetherell, Elisab., und Amy Lothrop, Say und Seal oder der Schulmeister von Pattaquasset. 6 Bde. 1113—1118. Bd.

Wilddieb, der. Vom Verf. d. Brüder. (238) 52.

Wilhelmina, Königin Philippa. 6 Thle. 325—329. und 375. Bd.

Wilhelmine, d. Familie Skytte. 2 Thle. (442) 52.

Winther, Chr., drei Novellen. 310. Bd.

Wise, Los Gringos oder Ansichten aus dem Innern von Mexiko rc. 3 Thle. 376—378. Bd.

Zschokke, Bekenntnisse e. braven Arbeiters. (236) 52.

Zustände, chinesische. 156. Bd.

— Europäische, der neuen belletristischen Literatur. 1—209: 215—826. 828—833. 835—859. 861. 863. 864. 869 u. 870. Bd. (I. u. II. Serie à 100 Bde. III. Serie 1—9. 15—100. Bd. IV—VII. Serie à 100 Bde. VIII. Serie 1—26. 28—33. 35—59. 61. 63. 64. 69. u. 70. Bd.) 8. Grimma 844—53, Verlags-Comptoir. 1—209. u. 215—700. Bd. à 1/2 ngr 701—826. 828—833. 835—859. 861. 863. 864. 869. u. 870 Bd. à 12 ngr

Für die vergriffenen Theile wurden andere Romane gleichen Verlages eingeschaltet. Es ist daher nöthig, bei Bestellungen den Inhalt d. betreffenden Bde. mit anzugeben.

— europäische, der neuen belletrist. Literatur Deutschlands, Frankreichs, Englands, Italiens, Hollands u. Scandinaviens. I. Serie. 100 Bde. u. II. Serie 1—22. Bd., od. der ganzen Samml. 101—122. Bd. 8. (à Bd. 15—20 B.) Grimma 845—47, Verlags-Comptoir. à Bd. Thlr.

I. Serie. 100 Bde.

Bd. 1., 2. Marston, oder Erlebnisse eines Weltmannes. Ins Deutsche übertr. v. A. Kretzschmar. 2 Bde.
" 3—5. Flygare-Carlén, Em., das Fideicommiß. Ins Deutsche übertr. v. Wachenhusen. 3 Bde.
" 6. Dumas, Alex., Ludwig XIV. und sein Jahrhundert. Ins Deutsche übertr. v. Strahlheim. 1 Bd.
" 7. Tarnowsky, Ladisl., d. Makkabäer. Ein geschichtl. Emancipations-Roman a. d. Morgenlande. 1. Bd.
" 8—12. Ludojatzky, 1830. Histor. Roman. 5 Bde.
" 13., 14. Israeli, B. d', Coningsby, od. die neue Generation. Ins Deutsche übertr. von A. Kretzschmar. 2 Bde.
" 15., 16. Souvestre, Em., die Kletterstange. Histor. Roman aus d. Julitagen 1830. Ins Deutsche übertr. von Oskar v. Birkeneck. 2 Bde.
" 17., 18. Azeglio, M. d', Niccolo de Lapi, od. die letzten Tage ein. Volkes. Ins Deutsche übertr. v. A. Küster. 2 Bde.
" 19. Souvestre, Em., Peter Landais, od. d. Schneider als Minister. Histor.-romant. Erzählung. Ins Deutsche übertr. von A. Diezmann.
" 20. Sand, George, der Uskoke. Histor. Roman. Ins Deutsche übertr. v. Th. Hell.
" 21—30. Sue, Eug., der ewige Jude. Ins Deutsche übertr. v. Th. Hell. 10 Bde.
" 31., 32. Souvestre, ein Wassertropfen. Eine bretagn. Erzählg. a. d. Zeiten der Reformation. Ins Deutsche übertr. von K. H. Milhauser. 2 Bde.
" 33. Frau, L. C., die Ehescheidung. A. d. Schwed. v. Wachenhusen.
" 34—36. Ludojatzky, 1840. Ein histor. Roman. 3 Bde.
" 37. Musset, Alfr. de, Javottes Geheimniß. — Die Piraten von Segna. Eine Novelle aus Venedig und dem adriat. Meere. Ins Deutsche übertr. v. Th. Hell.
" 38. Souvestre, Sulpice, General Guillaume. Ins Deutsche übertr. von K. H. Milhauser.
" 39. Sand, George, Johanna. Ins Deutsche übertr. v. Wachenhusen. 3 Thle. in 1 Bd.
" 40., 41. James, J. P. R. Rosa d'Albert od. d. unruhigen Zeiten. Ins Deutsche übertr. v. F. Schott. 2 Bde.
" 42—45. Dumas, Alex., der Graf von Monte-Christo. Aus d. Franz. v. A. Küster. I. 1. 2. II. III. Bd.
" 46—49. Ludojatzky, die Jüdin. 4 Bde.
" 50—52. Kingston, Will., der Tscherkessen-Häuptling. A. d. Engl. v. M. B. Lindau. 3 Bde.
" 53. Heiberg, Joh. Ludw., Nah und Fern. Aus d. Dän. v. G. Jacke.
" 54., 55. Souvestre, der Mensch u. das Geld. Eine bretagn. Erzähl. Ins Deutsche übertr. v. A. Küster. 2 Bde.
" 56. Philarète Chasles, die engl. Revolution. A. d. Franz. übers. v. H. Herrmann.
" 57—59. Cooper, J. F., Miles Wallingford's Abenteuer zu Wasser u. zu Lande. Aus d. Engl. übertr. v. Seidt. 3 Bde.
" 60. v. Crusenstolpe, J. M., der Pfarrhof zu Högadal. Aus d. Schwed. übertr. v. Wachenhusen. 1. Bd.
" 61. Guarini, der treue Hirt. Ins Deutsche übertr. von Merbach.
" 62. Dumas, Alex., Ludwig XIV. 2. Bd.
" 63., 64. Flygare-Carlén, Em., das Dachkämmerchen, v. Wachenhusen. 2 Bde.
" 65. Israeli, B. d'. Sybil, od. die beiden Nationen. A. d. Engl. v. Fr. Herrmann. 1. Bd.
" 66. Marston, Memoiren e. Staatmannes. Ins Deutsche übertr. v. A. Kretzschmar. 3. Bd. (Schluß.)
" 67. Torkel Trane, leichter Sinn u. Leichtsinn. A. d. Schwed. v. Rathgeber. 1. Bd.
" 68. Israeli, B. d'. Coningsby. 3. Bd.
" 69. Tarnowsky, die Makkabäer. 2. Bd.
" 70., 71. Die sieben Todsünden. Nach Eug. Sue v. Fr. Ludojatzky. 1. u. 2. Bd.
" 72. Geheimnisse eines politischen Spions. Aus d. Franz. von M. N. Fournier. 1. Bd.
" 73. Dumas, Alex., Graf von Monte Christo. 4. Bd. Aus d. Franz. v. A. Küster.
" 74. Torkel Trane, leichter Sinn u. Leichtsinn. A. d. Schwed. 2. Bd.
" 75. Israeli, B. d'. Sybil. 2. Bd.
" 76., 77. Die sieben Todsünden. 3. u. 4. Bd.
" 78. Israely, B. d'. Sybil. 3. Bd.
" 79., 80. Dumas, Alex., Graf von Monte Christo. 5. u. 6. Bd. A. d. Franz. v. A. Küster.
" 81—84. Die sieben Todsünden. Nach Eug. Sue v. Fr. Ludojatzky. 5—8. (letzt. Bd.)
" 85. Dumas, Alex., der Graf von Monte Christo. A. d. Franz. übers. v. A. Küster. 7. Bd. (Schluß.)
" 86—88. Bray, Mrs. Eliza, Heinrich v. Pomeroy, od. d. Johannesabend. Ins d. Engl. v. B. F. L. Petri. 3 Bde.
" 89. Soulié, F., die Gräfin v. Monrion. Ins Deutsche übertr. v. F. Dsabor. 1. Bd.
" 90., 91. Israeli, B. d', Contarini Flemming. Ins Deutsche übertr. von A. Kretzschmar. 1. u. 2. Bd.
" 92., 93. Soulié, F., die Gräfin von Monrion. Ins Deutsche übertr. v. F. Dsabor. 2. u. 3. Bd.
Bd. 94. Mieroslawski, Stanisl., Szela, der galizische Bauernchef od. die Blut- u. Schreckensscenen in Galizien während d. poln Aufstandes 1846.
" 95., 96. Tenelli, die Atheisten. 1. u. 2. Bd.
" 97—99. Geheimnisse eines polit. Spions. Aus d. Franz. von M. N Fournier. 2—4. Bd.

Bd. 100 ist zur Zeit noch nicht erschienen, wird aber Geheimnisse ein. polit Spions 5. Bd. enthalten.

II. Serie. 1—22. Bd., od. d. ganzen Samml. 101—122. Bd.

Bd. 101. Dickens, Charl., Bilder aus Italien. Ins Deutsche übertr v. A. Kretschmar.
" 102—104. Blessington, Gräfin v., Memoiren ein. Kammerfrau. 3 Bde.
" 105—108. Dumas, Alex., Ludwig XIV. u. sein Jahrhundert. Deutsch v. Strahlheim. 3—6. (letzt.) Thl.

„ 109. Cecil, od. Abenteuer ein. Zierbengels, vom Verf. der Romane: Selbst u. Cecil, ein Pair. A. d. Engl v. A. Kretzschmar. 1. Bd.
„ 110—113. Flygare-Carlén, Emilie, d. Einsiedler auf d. Johannisklippe. Küstenroman. Aus d. Schwed. v. G. v. Rosen. 4 Thle.
„ 114., 115. Walter, S., Schuld u. Unschuld. Aus d. Schwed. v. G. v. Rosen. 2 Bde.
„ 116. Salters, C., Sam. Horn, Leben u. Schicksale, Leiden u. Freuden ein. armen Schelms.
„ 117., 118. Crusenstolpe, J. M. v., der Pfarrhof zu Högabal. A. d. Schwed. v. Wachenhusen. 2. u. 3. Thl.
„ 119. Cecil, od. Abenteuer ein. Zierbengels v. Verf. d. Romane: Selbst u. Cecil, ein Pair. A. d. Engl. v. A. Kretzschmar. 2. Bd.
„ 120—122. Cooper, J. F., Lucy Hardinge. Fortsetzung u. Schluß von Miles Wellingford's Abenteuern zu Wasser u. zu Land. Ins Deutsche übertr. v. A. Kretzschmar. 1—3. Thl.

Die ersten 60 Bde. der I. Serie erschienen u. d. T.: Sammlung der neuern u. besten Romane der Franzosen, Briten, Italiener, Spanier, Schweden u. Dänen rc.

—— europäische, der neuen belletristischen Literatur Deutschlands, Frankreichs, Englands, Italiens, Hollands und Skandinaviens. I. Serie. Bd. 100. II. Serie. 23—100. Bd. III. Serie. Bd. 1—9. und 15—100. IV—VI. Serie à 100 Bde. und VII. Serie. 1—13. Bd., oder der ganzen Sammlung 100., 123—200. und 215—613. Bd. 8. Grimma 847—52, Verlags-Comptoir. à Bd.

I. Serie.

Bd. 100. Geheimnisse eines politischen Spions. Aus dem Franz. von M. R. Fournier. 5. Thl. (150 S.)

II. Serie. 23—100. Band, oder der ganzen Sammlung 123—200. Bd.

Bd. 123. Cecil, oder die Abenteuer eines Zierbengels. 3. Thl. (186 S.)
„ 124., 125. Flygare-Carlén, E., der Einsiedler auf der Johannisklippe. 5. und 6. Thl. (475 S.)
„ 126. Blessington, Gräfin v., Lionel Deerhurst oder die elegante Welt unter der Regentschaft. 1. Thl.
„ 127—130. Féval, P., die Mitternachtsquittung. 4 Thle. (905 S.)
„ 131—133. Blessington, Gräfin v., Lionel Deerhurst oder die elegante Welt unter der Regentschaft. 2—4. (letzter) Thl. (1091 S.)
„ 134—136. In sechzig Jahren. Nach dem Engl., deutsch von A. Kretzschmar. 3 Thle. (825 S.)
„ 137—139. Israeli, B. d', Tancred oder der neue Kreuzzug. 3 Thle. (? S.)
„ 140. Salters, C., Samuel Horn. 2. Thl. (222 S.)
„ 141—143. Jerrold, Douglas, eine Laune und ihre Folgen. Deutsch von A. Kretzschmar. 3 Thle. (772 S.)
„ 144., 145. Smith, Seba, der Indianer-Häuptling und die Gefangene des Westens. Eine Erzählung aus dem letzten amerikanischen Kriege. Uebers. von Fr. Gerstäcker. 2 Thle. (382 S.)
„ 146—149. Lever, Charles, der Ritter von Gwynne. Histor. Roman aus der Zeit der irischen Union. Deutsch von A. Kretzschmar. 1—4. Thl.
„ 150—153. Blessington, Gräfin v., Marmaduke Herbert oder der verderbl. Irrthum. Deutsch von A. Kretzschmar. 4 Thle. (949 S.)
„ 154., 155. Quinet, E., meine Ferien in Spanien. 2 Thle. (441 S.)
„ 156. Chinesische Zustände. Leben und Treiben in China, mit humor.-satyr. Rückblicken auf deutsche Verhältnisse von A. P. (196 S.)
„ 157., 158. Lever, Charles, der Ritter von Gwynne. Histor. Roman aus der Zeit der irischen Union. Deutsch von A. Kretzschmar. 5. und 6. Thl. (6. Thle. 1454 S.)
Bd. 159., 160. Steinmetz, Andrew, der Jesuit in der Familie. Eine Erzählung. Uebertr. von A. Kretzschmar. 2 Thle. (XII und 383 S.)
„ 161—163. Fullerton, Georgina, Grantley Manor. Eine Erzählung. Aus dem Engl. von A. Kretzschmar. 3 Thle. (606 S.)
„ 164—171. Colletta, Pietro, Geschichte des Königreichs Neapel. Aus dem Ital. übertr. von A. Leber. 2., mit einer bevorwortenden Kritik von Friedr. Chrph. Schlosser, verm. und verb. Aufl. 8 Thle. (XC und 1668 S.)
„ 172. (†Adam, Onkel,) Major Müllers Töchter. Ein Familienroman. Aus dem Schwed. übertr. von G. v. Rosen. (278 S.)
„ 173. Féval, Paul, der schwarze Bettler. Aus dem Franz. übertr. von Rich. Goß. (192 S.)
„ 174., 175. Lewes, G. H., Ranthorpe. Roman. Aus dem Engl. übertr. von A. Kretzschmar. 2 Thle. (IV und 450 S.)
„ 176. Gore, Mrs., Mrs. Armytage oder Frauenherrschsucht. Aus dem Engl. übertr. von A. Kretzschmar. 1. Thl. (244 S.)
„ 177—180. Bulwer, Edw. Lytton, Harold, der Letzte der sächs. Könige. Aus dem Engl. übertr. von A. Kretzschmar. 4 Thle. (1014 S.)
„ 181—183. Fullerton, Georgina, Ellen Middleton. Aus dem Engl. übertr. von A. Kretzschmar. 3 Thle. (607 S.)
„ 184., 185. Gore, Mrs., Mrs. Armytage oder Frauenherrschsucht. Aus dem Engl. übertr. von A. Kretzschmar. 2. und 3. (letzter) Thl. (481.)
„ 186—191. Thackeray, William Makepeace, der Jahrmarkt des Lebens. (Vanity fair.) Eine Novelle ohne Helden. Deutsch von W. E. Drugulin. 6 Thle. (1417 S.)
„ 192. Die Geschwisterkinder, oder Hofgunst und Volksgunst. Aus dem Schwed. übertr. von G. v. Rosen. (329 S.)
„ 193., 194. Caussidière, Memoiren. 2 Thle. (484 S.)
„ 195., 196. Lamartine, A. de, Geständnisse. 2 Thle. (480 S.)
„ 197., 198. —— Aufzeichnungen eines Zwanzigjährigen. 2 Thle. (349 S.)
„ 199., 200. Bremer, Friederike, die Mitternachtssonne. Eine Wallfahrt. Nach dem noch ungedr. Original-Manuscr. übers. 2 Thle. (VIII und 298 S.)

III. Serie. Bd. 1—9. und 15—100. Bd., oder der ganzen Sammlung 201—209. und 215—300. Bd.

Bd. 201—209. Sue, Eug., die sieben Todsünden. Uebertr. von Thdr. Hell. 1—5. Abthl.
Abthl. 1. Die Hoffart. 3 Thle. } (1272 S.)
„ 2. Der Neid. 1. und 2. Thl. } (1272 S.)
„ 3. Der Zorn. 2 Thle. (270 S.)
„ 4. Die Wollust. (225 S.)
„ 5. Die Trägheit. (163 S.)
„ 215—219. Ainsworth, William Harrison, die Hexen von Lancashire. 5 Thle. (1196 S.)
„ 220., 221. Thackeray, W. M., Samuel Titmarsh oder der Familiendiamant. In's Deutsche übertr. von W. E. Drugulin. 2 Thle. (292 S.)
„ 222. —— Geschichte von Pendennis, seinen Glücks- und Unglücksfällen, seinen Freunden und seinem größten Feinde. In's Deutsche übertr. von W. E. Drugulin. 1. Thl. (218 S.)
„ 223. (Halliburton.) Der alte Richter oder Colonial-Leben. Von dem Verf. des „Sam. Slick" rc. 1. Thl. (209 S.)
„ 224. (Gaskell, Mrs.,) Mary Barton. Eine Geschichte aus Manchester. Nach der 3. engl. Aufl. übers. 1. Thl. (203 S.)
„ 225. Lever, Charles, Roland Cashel. 1. Thl. (200 S.)
„ 226—228. Jones, Louise, Rosina. Geschichte eines Landmädchens. Aus dem Engl. übertr. von A. Kretzschmar. 3 Thle. (577 S.)
„ 229—232. Flygare-Carlén, Emilie, ein launisches Weib. Roman. Aus dem Schwed. übertr. von H. Bertholdi, 1—4. Thl. (1026 S.)
„ 233—235. Knorring, A. v., Rose und Reseda. Roman. Aus dem Schwed. übertr. von G. v. Rosen. 3 Thle. (? S.)
„ 236. Dumas, Alex., tausend und ein Gespenst. In's Deutsche übertr. von Ludw. Fort. 1. Thl.
„ 237. Halliburton, aus dem Osten. Aus dem Engl. übertr. von A. Kretzschmar. (X und 333 S.)
„ 238—240. (Gaskell, Mrs.,) Mary Barton. Eine Geschichte aus Manchester. Nach der 3. engl. Aufl. übers. 2—4. (letzter) Thl. (563 S.)
„ 241., 242. Dumas, Alex., Geschichte der Regentschaft des Herzogs von Orleans. (Auch als Fortsetzung der Geschichte Ludwigs XIV. desselben Verf.) In's Deutsche übertr. von Ludw. Fort. 2 Thle. (363 S.)
„ 243—245. Marryat. Valerie. Eine Selbstbiographie. In's Deutsche übertr. von A. Kretzschmar. 3 Thle. (495 S.)
„ 246. Thackeray, W. M., Geschichte von Pendennis, seinen Glücks- und Unglücksfällen, seinen Freunden und seinem größten Feinde. In's Deutsche übertr. von W. E. Drugulin. 2. Thl. (211 S.)
„ 247., 248. (Halliburton.) Der alte Richter oder Colonial-Leben. Von dem Verf. des „Sam. Slick" rc. 2. und 3. (letzter) Thl. (388 S.)
„ 249. Cooper, J. F., die Seelöwen. In's Deutsche übertr. von Johs. Hack. 1. Thl. (231 S.)
Bd. 250. Dumas, Alex., tausend und ein Gespenst. In's Deutsche übertr. von Ludw. Fort. 2. Thl.
„ 251—253. James, G. P. R., der Förster. Eine Erzählung aus der Zeit Richard III. 3 Thle. (887 S.)
„ 254., 255. Lever, Charles, Roland Cashel. 2. und 3. Thl.
„ 256. Dumas, Alex., tausend und ein Gespenst. In's Deutsche übertr. von Ludw. Fort. 3. Thl.
„ 257., 258. Memoiren des Fürsten v. Metternich. Aus dem Franz. von Ludw. Fort. 1—3. Thl. (299 S.)
„ 259., 260. Cooper, J. F., die Seelöwen. In's Deutsche übertr. von Johs. Hack. 2. und 3. (letzter) Thl. (456 S.)
„ 261—263. Bulwer, Edw. Lytton, die Caxtons. Ein Familiengemälde. In's Deutsche übertr. von W. E. Drugulin. 1—3 Thl.
„ 264—267. James, G. P. R., vor dreißig Jahren. 4 Thle. (857 S.)
„ 268—270. Bell, Currer, Shirley. Eine Erzählung. Aus dem Engl. übertr. von W. E. Drugulin. 1—3. Thl.
„ 271. Thackeray, W. M., Geschichte von Pendennis, seinen Glücks- und Unglücksfällen, seinen Freunden und seinem größten Feinde. In's Deutsche übertr. von W. E. Drugulin. 3. Thl.
„ 272. Dumas, Alex., tausend und ein Gespenst. In's Deutsche übertr. von Ludw. Fort. 4. Thl.
„ 273., 274. Bell, Currer, Jane Eyre. Memoiren einer Gouvernante. Aus dem Engl. übertr. von Ludw. Fort. 2 Thle. (372 S.)
„ 275. Kock, Paul de, die Ungenirte. In's Deutsche übertr. von Ludw. Fort. 1. Thl.
„ 276. Flygare-Carlén, Emilie, die Romanheldin. 1. Thl.
„ 277. Dumas, Alex., tausend und ein Gespenst. In's Deutsche übertr. von Ludw. Fort. 5. Thl. (1—5. Thl. 1192 S.)
„ 278—280. Lever, Charles, Roland Cashel. 4—6. Thl. (Schluß. ?.. S.)
„ 281. Sue, Eug., die Geheimnisse des Volkes oder Geschichte einer Proletarierfamilie. 1. Bd.
„ 282., 283. Bulwer, Edw. Lytton, die Caxtons. Ein Familiengemälde. In's Deutsche übertr. von W. E. Drugulin. 4. und 5. Thl. (1107 S.)
„ 284. Flygare-Carlén, Emilie, die Romanheldin. Novelle. 2. Thl. (1. und 2. Thl. 450 S.)
„ 285., 286. Dumas, Alex., drei starke Geister. In's Deutsche übertr. von Ludw. Fort. 2 Thle. (411 S.)
„ 287. Sue, Eug., die Geheimnisse des Volkes oder Geschichte einer Proletarierfamilie. 2. Thl. (1. und 2. Thl. 331 S.)
„ 288. Thackeray, W. M., Geschichte von Pendennis, seinen Glücks- und Unglücksfällen, seinen Freunden und seinem größten Feinde. In's Deutsche übertr. von W. E. Drugulin. 4. Thl. (3. und 4. Thl. 431 S.)
„ 289. Kock, Paul de, die Ungenirte. In's Deutsche übertr. von Ludw. Fort. 2. Thl. (1. und 2. Thl. 401 S.)
„ 290—293. Bell, Acton Currer, Wildfell Hall. In's Deutsche übertr. von W. E. Drugulin. 4 Thle. (871 S.)
„ 294. Dumas, Alex., Ludwig XV. Fortsetzung der Geschichte Ludwigs XIV. und der Geschichte der Regentschaft von dems. Verfasser. 1. Thl. (232 S.)
„ 295., 296. Bell, Currer, Shirley. Eine Erzählung. Aus dem Engl. übertr. von W. E. Drugulin. 4. und 5. Thl. (5 Thle. 1097 S.)
„ 297. Chenu, A., die Verschwörer. Enthüllungen. Die geheimen Gesellschaften. Die Polizeipräfectur unter Caussidière. Die Freischaaren. Aus dem Franz. von Ludw. Fort. (235 S.)
„ 298., 299. Gézannes, Frédéric, die drei Königinnen. Aus dem Franz. von Ludw. Fort. 1. und 2. Thl. (371 S.)
„ 300. Lavarenne, Charles de, die provisorische Regierung und das pariser Stadthaus. Enthüllungen. Zugleich als Fortsetzung des Chenu'schen Werkes: Die Verschwörer. (288 S.)

IV. Serie. 100 Bände, oder der ganzen Sammlung 301—400. Bd.

Bd. 301. Arlincourt, d', die Verlobten des Todes. Aus dem Franz. übers. von Ludw. Fort. (239 S.)
„ 302—305. (†Adam, Onkel,) Haß und Liebe. Roman. Aus dem Schwed. übertr. von A. Kretzschmar. 4 Thle. (874 S.)
„ 306. Kock, Paul de, die Ungenirte. In's Deutsche übertr. von Ludw. Fort. 3. (letzter) Thl. (248 S.)
„ 307., 308. Paulding, J. K., die Tochter des Puritaners. 2 Thle. (445 S.)
„ 309. Dumas, Alex., Ludwig XV. Fortsetzung der Geschichte Ludwig XIV. und der Geschichte der Regentschaft von dems. Verfasser. In's Deutsche übertr. von Ludw. Fort. 2. Thl. (260 S.)
„ 310. Winther, Chr., drei Novellen. Eines Weibes Herzensräthsel. Olaf Borch. Eines Weibes Rache. Aus dem Dän. übertr. von Leo Silberstein. (215 S.)
„ 311. Bremer, Friederike, eine Ostergabe. Der Leuchtthurm. Leben im Norden. Stockholmer Skizzen. (236 S.)
„ 312—315. Lever, Charles, Con Cregan's Geständnisse. 4 Thle. (973 S.)
„ 316—318. Melville, Herrm., Redburns erste Reise. Des Schiffsjungen Bekenntnisse und Erinnerungen eines Gentlemans Sohnes im Dienst eines Kauffahrers. Aus dem Engl. übertr. von Louise Marezoll. 3 Thle. (617 S.)
Bd. 319. Sue, Eug., die Geheimnisse des Volks, oder Geschichte einer Proletarier-Familie. In's Deutsche übertr. von L. Fort. 3. Thl. (183 S.)
„ 320., 321. Dumas, Alex., Ludwig XV. Fortsetzung der Geschichte Ludwig's XIV. und der Regentschaft von dems. Verfasser. In's Deutsche übertr. von Ludw. Fort. 3. und 4. (letzter) Thl. (364 S.)
„ 322. Kossuth, Ludwig, gesammelte Werke. Aus dem Ungar. übers. und hrsg. von G. Zerffy. 1. Bd.
„ 323., 324. Jerrold, Douglas, der Geldmann. 2 Thle. (456 S.)
„ 325—329. Wilhelmina, Königin Philippa. Histor. Roman. Aus dem Schwed. übertr. von A. Kretzschmar. 1—5. Thl.
„ 330. Thackeray, W. M., Geschichte von Pendennis, seinen Glücks- und Unglücksfällen, seinen Freunden und seinem größten Feinde. In's Deutsche übertr. von W. E. Drugulin. 5. Thl. (215 S.)
„ 331—337. Flygare-Carlén, Emilie, ein Gerücht. Roman. Aus dem Schwed. von A. Kretzschmar. 1—7. Thl. (1520 S.)
„ 338—340. Pontmartin, Armand v., Denkwürdigkeiten eines Notars oder die Familienrache. Aus dem Franz. übertr. von Ludw. Fort. 3 Thle. (535 S.)
„ 341—343. Ledru-Rollin, Englands gegenwärtiger politischer Verfall. Aus dem Franz. übertr. und mit krit. Anmerkungen und Erläuterungen begleitet von Ferd. Vogel. 1—3. Thl. (XV und 612 S.)
„ 344—346. Jerrold, Douglas, Arm und Reich oder die Geschichte von St. James und St. Giles. In's Deutsche übertr. von A. Kretzschmar. 2. (Titel-)Aufl. 3 Thle. (88? S. und 15 lith. Illustrationen.)
„ 347. Souvestre, Emile, Südfrüchte. In's Deutsche übertr. von Fr. Diezmann. (207 S.)
„ 348., 349. Kossuth, Ludw., gesammelte Werke. Aus dem Ungar. übers. und hrsg. von G. Zerffy. 2. und 3. Bd. (1—3. Bd. 592 S.)
„ 350. Carlén, Emilie, ein Gerücht. Roman. Aus dem Schwed. von A. Kretzschmar. 8. (letzter) Thl. (196 S.)
„ 351—353. Bell, Acton Currer, Rockingham oder der jüngere Bruder. Aus dem Engl. übertr. von A. Kretzschmar. 3 Thle. (688 S.)
„ 354., 355. Thackeray, W. M., komische Erzählungen. 1. und 2. Thl. (444 S.)
„ 356—358. Selbst. Vom Verf. des: Cecil a peer. In's Deutsche übertr. von Otto v. Wenckstern. 3 Thle. 2. (Titel-)Aufl. (VIII und 872 S.)
„ 359. Kerkhofen, (?) der Ochsenkopf zu Arnheim. Historisch-romantische Erzählung aus dem Geldernschen Kriege. Aus dem Holländ. (374 S.)
„ 360—362. Aus dem Leben des Fürsten v. Talleyrand. Nach den hinterlassenen Papieren von M. Colmache, Privatsecr. des Fürsten, hrsg. von Madame Colmache. 3 Thle. (VI und 539 S.)
„ 363., 364. Lever, Charles, Soldatenleben in Indien, oder die britische Armee wie sie ist. Aus dem Tagebuch eines brit. Militair hrsg. 2 Thle. (420 S.) (Erschien bereits 1847 unter dem Titel: Feldlager und Caserne.)
„ 365—368. James, G. P. R., die alte Eichentruhe. Eine Geschichte aus dem häusl. Leben. 4 Thle. (700 S.)
„ 369., 370. Der Sohn der Nacht oder der Wendenfürst. Historischer Originalroman aus der deutschen Vorzeit vom Verf. der „Todtenmühle" rc. 2 Thle. (392 S.)
„ 371. Chasles, Philarète, Karl der Erste, sein Hof, Volk und Parlament. Historische Schilderung der engl. Volksaufstände und Bürgerkriege im 17. Jahrh. Aus dem Franz. übers. von Hermann. (226 S.)
„ 372—374. Adelaide Lindsay. Ein Roman von dem Verf. der „Emilie Wyndham" (Mrs. March.) 3 Thle. (623 S.)
„ 375. Wilhelmina, Königin Philippa. Historischer Roman. Aus dem Schwed. übertr. von A. Kretzschmar. 6. (letzter) Thl. (1145 S.)
„ 376., 377. Wise, Los Gringos oder Ansichten aus dem Innern von Mexico und Californien nebst Wanderungen in Peru, Chili und Polynesien. 1. und 2. Thl. (VI und 486 S.)
„ 378. —— Los Gringos oder Ansichten aus dem Innern von Mexico und Californien nebst Wanderungen in Peru, Chili und Polynesien. 3. Thl. (Schluß.) (224 S.)
„ 379. Lamartine, A. de, Genovefa, Geschichte einer Magd. Aus dem Franz. übertr. von Ludw. Fort. (263 S.)
„ 380. Bertholdi, H., Börse und Salon. Deutscher Originalroman. (V und 168 S.)
„ 381—384. Amari, Mich., der sicilianische Vesperkrieg. Aus dem Ital. übersetzt von B. F. L. Petri. 4 Thle. (796 S.)
„ 385—389. Féval, Paul, die Engel des Hauses. Aus dem Franz. übertr. von Ludw. Fort. 5 Thle. (1092 S.)
„ 390., 391. Dumas, Alex., die Prinzen von Orleans und deren letztes Familienhaupt. Uebers. von Fr. Herrmann. 2 Thle. (474 S.)
„ 392—394. Stolle, Ferd., die Erbschaft in Kabul. Komischer Roman. 2. (Titel-)Abdr. 3 Thle. (683 S.)
„ 395., 396. Bell, Acton, Agnes Gray. Ein Roman. 2 Thle. (356 S.)
„ 397., 398. Gayette, v., die Familie. 2 Thle. (... S.)

Bibliothek, europäische, der neuen belletristischen Literatur Deutschlands, Frankreichs rc.

Bd. 399., 400. Herloßsohn's, C., ausgewählte Romane. 1. Thl.: Ein armes Mädchen. 2. Thl.: Täuschung der Liebe. (365 S.)

V. Serie. 100 Bände, oder der ganzen Sammlung 401—500. Bd.

Bd. 401—404. Cumming, Roualeyn Gordon, ein Jägerleben in Süd-Afrika während eines fünfjähr. Aufenthaltes im tiefen Innern nebst Notizen über die einheim. Stämme und Anekdoten von der Jagd des Löwen, Elephanten rc. Nach der 2. Aufl. aus dem Engl. 4 Thle. (763 S.)
„ 405. Lamartine, A. de, neue Geständnisse. Aus dem Franz. übertr. von Ludw. Fort. (235 S.)
„ 406., 407. Knorring, A. v., Marie Gellert, der schützende Engel der Armuth. Aus dem Schwed. 2 Thle. (498 S.)
„ 408., 409. Thackeray, W. M., Aufzeichnungen von Cornhill nach Groß-Cairo. Aus dem Engl. von D. L. Heubner. 2 Thle. (XII und 343 S.)
„ 410—412. Bell, Ellis Currer, Wutheringshöhe. Ein Roman. 3 Thle. (627 S.)
„ 413—415. Thackeray, W. M., Geschichte von Pendennis, seinen Glücks- und Unglücksfällen, seinen Freunden und seinem größten Feinde. In's Deutsche übertr. von W. E. Drugulin. 6—8. (letzter) Thl. (650 S.)
„ 416. Dietrich, Ludw., Erlebnisse auf meiner Wanderung durch Nordamerika und Westindien. Seitenstück zu: Der deutschen Auswanderer Fahrten und Schicksale von Fr. Gerstäcker. (VI und 147 S.)
„ 417. Dickens, (†Boz) Charles, der Hausfreund. (XII und 187 S.)
„ 418. Thackeray, W. M., Memoiren eines englischen Livreebedienten. (256 S.)
„ 419. Bulwer, Edw. Lytton, Pisistratus Caxton. Bunte Bilder aus dem engl. Leben. In's Deutsche übertr. von W. E. Drugulin. 1. Thl. (224 S.)
„ 420. Fournier, M. N., Geheimnisse eines polit. Spions. Aus dem Franz. Ein Beitrag zur geheimen Geschichte der Diplomatie. 6. (letzter) Thl. (164 S.)
„ 421., 422. Dickens, (†Boz) Charles, londoner Skizzen. 1. und 2. Thl. (381 S.)
„ 423—425. Kock, Ch. Paul de, Cerisette. Aus dem Franz. übertr. von Ludw. Fort. 3 Thle. (575 S.)
„ 426—428. Crusenstolpe, J. M., die schwarze Gestalt auf Thorsborg. Bilder und Erinnerungen aus dem ersten Drittheile unseres Jahrhunderts. 3 Thle. (600 S.)
„ 429—431. Bell, Rob., die goldene Leiter. Eine engl. Erzählung. 1—3. Thl.
„ 432—434. Der Sturmvogel. Eine Seegeschichte vom Verf. des „Rockingham." 3 Thle. (611 S.)
„ 435., 436. Foudras, v., Weiberlaune einer Frau von Stande. Aus dem Franz. übers. von Ludw. Fort. 2 Thle. (451 S.)
„ 437—440. Sparre, Pehr, der Seekadett zur Zeit König Gustavs III. Historischer Roman. Aus dem Schwed. von Kretzschmar. 1—4. Thl.
„ 441. Bell, Rob., die goldene Leiter. Eine engl. Erzählung. 4. (letzter) Thl. (4 Thle. 814 S.)
„ 442. Herloßsohn's, C., ausgewählte Romane. 3. Thl. Der junge Pathe. (231 S.)
„ 443., 444. Memoiren von Lola Montez, Gräfin v. Landsfeld. Aus dem Franz. übertr. von Ludw. Fort. 1. und 2. Thl.
„ 445. Dumas, Alex., Cäsarine. In's Deutsche übertr. von Ludw. Fort. (152 S.)
„ 446—448. Hauch, C., das Schloß am Rhein oder die verschied. Standpunkte. Ein Roman. 3 Thle. (665 S.)
„ 449—451. Angela. Ein Roman von dem Verf. der „Emilie Wyndham." (Mrs. March.) 1—3. Thl.
„ 452—455. Dumas, Alex., Denkwürdigkeiten eines Arztes. Aus dem Franz. übers. von A. Küster. 18—21. Thl. (Angelo Pitou.) (843 S.)
„ 456—458. Sue, Eug., die Schicksalsprophezeihung. Aus dem Franz. übertr. von Ludw. Fort. 1—3. Thl.
„ 459., 460. Dumas, Alex., die Courtisane. In's Deutsche übertr. von Ludw. Fort. 2 Thle. (420 S.)
„ 461., 462. —— Gabriele. Nach dem Franz. von A. Küster. 2 Thle. (417 S.)
„ 463—465. Flygare-Carlén, Emilie, der Vormund. 1—3. Thl.
„ 466., 467. Féval, Paul, Alizia Pauli. In's Deutsche übertr. von Ludw. Fort. 2 Thle. (529 S.)
„ 468., 469. Bulwer, Edw. Lytton, Pisistratus Caxton. Bunte Bilder aus dem engl. Leben. In's Deutsche übertr. von W. E. Drugulin. 2. und 3. Thl. (435 S.)
„ 470. Angela. Ein Roman von dem Verf. der „Emilie Wyndham." 4. (letzter) Thl. (4 Thle. 791 S.)
„ 471. Sue, Eug., die Schicksalsprophezeihung. Aus dem Franz. übertr. von Ludw. Fort. 4. (letzter) Thl. (4 Thle. 871 S.)
„ 472—475. Ferry, Gabr., neue transatlantische Bilder. 1—4. Thl.
„ 476., 477. Thackeray, W. M., die Snobs. Humoristische Bilder aus Alt-England. 2 Thle. (368 S.)
Bd. 478—481. Dumas, Alex., Ludwig XVI. In's Deutsche übertr. von Ludw. Fort. 4 Thle. (787 S.)
„ 482. Sand, Georg, das Schloß Désertes. Roman. Aus dem Franz. übertr. von Ludw. Fort. (192 S.)
„ 483. Memoiren von Lola Montez, Gräfin v. Landsfeld. Aus dem Franz. übertr. von Ludw. Fort. 3. (letzter) Thl. (3 Thle. 675 S.)
„ 484—486. Ridderstad, C. F., das Gewissen oder die Geheimnisse von Stockholm. Roman. Aus dem Schwed. übers. 1—3. Thl. (586 S.)
„ 487., 488. Mayhew, H., 1851 oder der Familie Sandboys Abenteuer auf der Reise zum Glaspalast. 2 Thle. (328 S.)
„ 489. Sparre, Pehr, der Seekadet zur Zeit König Gustavs III. Historischer Roman. Aus dem Schwed. von A. Kretzschmar. 5. (letzter) Thl. (5 Thle. 1100 S.)
„ 490. Ferry, Gabr., neue transatlantische Bilder. 5. Thl. (1—5. Thl. 1125 S.)

• 551., 552. Ruxton, F. G., Trapperleben im fernen Westen. 2 Thle. (391 S.)

• 553., 554. Toussaint, A. L. G., die Prinzessin Orsini. Historischer Roman. 2 Thle. (461 S.)

• 555., 556. Satori-Neumann, J., Louise, Prinzessin v. Montpensier. Historischer Roman aus der pariser vornehmen Welt. 2 Thle. (457 S.)

• 557. Ingemann, Bernh. Severin, Christian Blocks Jugendstreiche. Humoristischer Roman. Aus dem Dän. von C. Jakobsen. (176 S.)

• 536—538. Smith, Albert, die Marquise von Brinvilliers, Giftmischerin des 17. Jahrhunderts. Ein Roman aus den Tagen des alten Paris. In's Deutsche übertr. von A. Kretzschmar. 3 Thle. (625 S.)

• 539. Herloßsohn's, C., ausgewählte Romane. 6. Thl. Eine Weihnachtsbescherung. Ein Hofball.

• 540—542. Hawthorne, Nathaniel, das Sieben-Giebel-Haus. Deutsch von W. C. Drugulin. 3 Thle. (540 S.)

• 543—545. Ridderstad, C. F., das Gewissen oder die Geheimnisse von Stockholm. Roman. Aus dem Schwed. übers. 4—6. Thl. (648 S.)

• 546. Bulwer, Edw. Lytton, Pisistratus Caxton. Bunte Bilder aus dem engl. Leben. In's Deutsche übertr. von W. C. Drugulin. 5. Thl. (186 S.)

• 547. Lubojatzky, Fr., der Arme und seine Braut. Erzählung aus dem Leben. (246 S.)

• 548. Dumas, Alex., Diana de Lys. (200 S.)

• 549., 550. Der Träumer und der Wecker. Ein Bild aus unserer Zeit. Aus dem Engl. übertr. von A. Kretzschmar. 2 Thle. (506 S.)

• 506. Bulwer, Edw. Lytton, Pisistratus Caxton. Bunte Bilder aus dem engl. Leben. In's Deutsche übertr. von W. C. Drugulin. 4. Thl. (158 S.)

• 507—509. Pulszky, Frz., die Jacobiner in Ungarn oder die Verschwörung des Abts. Originalroman. 3 Thle. (575 S.)

• 510. Bell, Acton Currer, die Geschwister. Aus dem Engl. von L. Th. Fort. (237 S.)

• 511—513. Lancelot oder der Gährungsstoff. Vom Verf. des: Alton Locke. 3 Thle. (498 S.)

• 514. Dumas, Alex., Denkwürdigkeiten eines Arztes. Aus dem Franz. von A. Küster. 22. Thl. (167 S.)

• 515., 516. Sue, Eug., Miß Mary oder die Gouvernante. Aus dem Franz. übers. 2 Thle. (385 S.)

• 517., 518. Kirkland, Mrs., aus dem Hinterwalde. 2 Thle. (431 S.)

• 519—524. Ridderstad, C. F., der Trabant. Roman. Aus dem Schwed. übers. von Helms. 6 Thle. (1460 S.)

• 525—528. James, G. P. R., Gowrie oder das Complott des Königs. Historischer Roman. 4 Thle. (750 S.)

• 529—531. Toussaint, A. L. G., Rochus Menuwssohn. Originalroman. 3 Thle. (844 S.)

• 532—535. Jacke, G., die Jesuiten-Beute. Aus dem Holländ. 4 Thle. (815 S.)

• 491., 492. Herloßsohn's, C., ausgewählte Romane. 4. Thl. Schwester und Braut. 5. Thl. Des Schließers Nichte. Der Teufel in Röthen. (341 S.)

• 493—495. Flygare-Carlén, Emilie, der Vormund. Roman. 4—6. (letzter) Thl. (3—6. Thl. 780 S.)

• 496., 497. Murger, Henry, pariser Zigeunerleben. Bilder aus dem französ. Literaten- und Künstlerleben. Deutsch bearb. von Hugo Hartmann. 2 Thle. (472 S.)

• 498., 499. Longfellow, Henry Wordsworth D., Hyperion. Cisatlantische Bilder eines Amerikaners. 2 Thle. (360 S.)

• 500. —— Kavanagh. Erzählung. (184 S.)

VI. Serie. 100 Bände, oder der ganzen Sammlung 501—600. Bd.

Bd. 501—503. Clarence oder eine Erzählung aus unserer Zeit. Von der Verf. von: Hope Leslie ꝛc. Aus dem Engl. übers. von Louise Marezoll. 3 Thle. (771 S.)

• 504., 505. Féval, Paul, die Dünensee. Aus dem Franz. übertr. von Ludw. Fort. 2 Thle. (313 S.)

Bd. 558. Ingemann, Bernh. Severin, das stumme Fräulein. Roman. Aus dem Dän. von C. Jakobsen. (230 S.)

• 559. —— des Schuhflickers Sohn. Roman. Aus dem Dän. von C. Jakobsen. (172 S.)

• 560—562. Regnault, E., Geschichte der letzten acht Jahre, als Fortsetzung von L. Blanc Geschichte der letzten zehn Jahre. 1—3. Thl. (573 S.)

• 563., 564. Bulwer, Lady Lytton, Miriam Sedley oder Unkraut unter Weizen. Roman aus dem wirklichen Leben. 2 Thle. (372 S.)

• 565—568. Dumas, Alex., das Drama von 1793. Scenen aus der französ. Revolution. Aus dem Franz. von Ludw. Fort. 4 Thle. (790 S.)

• 569., 570. Garneray, Louis, Reisen, Abenteuer und Gefechte. Erinnerungen aus meinem Seeleben. Aus dem Franz. von Ludw. Fort. 1. und 2. Thl. (1. Thl. 222 S.)

• 571. Thackeray, W. M., komische Erzählungen. Aus dem Leben des Major Gahagan. 3. Thl. (172 S.)

• 572. Herloßsohn's, C., ausgewählte Romane. 7. Thl. Ein kathol. Landpfarrer. Fräulein Lisbeth. (272 S.)

• 573., 574. Vries, L. de, der Schwur oder Verbrechen und Reue. Aus dem Holländ. von G. Jacke. 2 Thle. (303 S.)

• 575., 576. Talvj. (Mrs. Robinson.) Kurmark und Kaukasus oder das Geheimniß. Aus dem Engl. übertr. von W. C. Drugulin. 2 Thle. (398 S.)

• 577—581. Lever, Charles, A. Z. Aus dem münchener Leben. Nach dem Engl. 5 Thle. (1007 S.)

• 582. Bulwer, Edw. Lytton, Pisistratus Caxton. Bunte Bilder aus dem engl. Leben. In's Deutsche übertr. von W. C. Drugulin. 6. Thl. (184 S.)

• 583., 584. Storch, L., Raudon Crotinus und seine Genossen. 2 Thle. (...? S.)

• 585—588. Foudras, v., und Xav. v. Montépin. Die Ritter vom Landsknecht. Deutsch von H. Bertholdi. 1—4. Thl. (854 S.)

• 589—591. Reid, Mayne, die Freischaar. Eine Erzählung aus dem letzten amerikan. Kriege. Aus dem Engl. 3 Thle. (497 S.)

• 592—595. —— die Skalpjäger, ein Roman aus Mexico. Aus dem Engl. 4 Thle. (685 S.)

• 596. Ingemann, Bernh. Severin, drei Wochen vor Weihnacht und die letzten Herren v. Gervansburg. Aus dem Dän. von C. Jakobsen. (224 S.)

• 597., 598. Lever, Charles, die Daltons oder die drei Lebenswege. 1. und 2. Thl. (390 S.)

• 599., 600. Garneray, Louis, Reisen, Abenteuer und Gefechte. Erinnerungen aus meinem Seeleben. Aus dem Franz. von Ludw. Fort. 3. und 4. (letzter) Thl.

VII. Serie. 1—13. Band, oder der ganzen Sammlung 601—613. Bd.

Bd. 601., 602. Binnewerck, Fr., Jeremias. Originalroman. 2 Thle. (362 S.)

• 603—605. Foudras, v., und Xav. v. Montépin. Die Ritter vom Landsknecht. Deutsch von H. Bertholdi. 5—7. (letzter) Thl. (567 S.)

• 606—609. Ravenscliffe. Von dem Verf. von „Emilie Wyndham" (Mrs. March). Aus dem Engl. 4 Thle. (668 S.)

• 610—612. Sue, Eug., Ferdinand Duplessis oder die Memoiren eines Ehemannes. 3 Thle. (533 S.)

613. Talvj. (Mrs. Robinson), Marie Barcoczy. Historischer Roman. Aus dem Engl. von C. M. Drugulin. (155 S.)

—— europäische der neuen belletristischen Literatur Deutschlands, Frankreichs, Englands, Italiens, Hollands und Skandinaviens. VII. Serie. 14—100. Bd., VIII. Serie. 100 Bde., IX. Serie. 1—33., 35—78., 80—87. und 89—100. Bd. und X. Serie. 1—59. und 61—91. Bd., oder der ganzen Sammlung 614—833., 835—878., 880—887., 889—959. und 961—991. Bd. 8. [Wurzen] 852—56, Verlags-Comptoir.
7. Serie à Bd.
8—10. Serie à Bd.

VII. Serie. 14—100. Band, oder der ganzen Sammlung 614—700. Bd.

Bd. 614., • 649—651. Lever, Charles, die Daltons oder die drei Lebenswege. 3—6. Thl. (786 S.)

615. Flygare-Carlén, Emilie, eine gute Partie. (190 S.)

• 616—618. Regnault, E., Geschichte der letzten acht Jahre, als Fortsetzung von L. Blanc Geschichte der letzten zehn Jahre. 4—6. Thl. (599 S.)

• 619., 620. Féval, Paul, der Kapitain Simon. Aus dem Französ. von H. Bertholdi. 2 Thle. (314 S.)

• 621—623. Schweigerd, C. A., Skizzen und Charaktere. 3 Thle. (IX und 648 S.)

• 624—626. Templeton, Horace, Gossip. Aufzeichnungen aus dem Tagebuche eines lebensmüden Diplomaten. 3 Thle. (680 S.)

• 627. Großmann, Julie v., kleine Romane. 1. Bd.: Schulhaus und Edelhof. Die Warnung. (168 S.)

• 628., 629. Thackeray, W. M., komische Erzählungen. 4. und 5. Bd.: Die Verschwörung von Bedford Row. Stubbsens Kalender. — Das pariser Skizzenbuch. Der Professor. (406 S.)

• 630. Bulwer, Edw. Lytton, Pisistratus Caxton. Bunte Bilder aus dem engl. Leben. In's Deutsche übertr. von W. C. Drugulin. 7. Thl. (206 S.)

• 631., 632., • 648. Ridderstad, C. F., das Gewissen oder die Geheimnisse von Stockholm. Aus dem Schwed. übers. 7—9. (letzter) Thl. (576 S.)

• 633., 634. Berthet, Elie, der letzte Irländer. Aus dem Französ. übers. 2 Thle. (409 S.)

• 635. Die feine Welt von Gothenburg. Ein Roman der Vergangenheit und Gegenwart. Aus dem Schwed. übertr. von A. Kretzschmar. 1. Thl. (240 S.)

Bd. 636—638. Foudras, v., die Memoiren eines Königs. Aus dem Französ. übertr. von A. Kretzschmar. 3 Thle. (628 S.)

• 639., 640. Dumas, Alex., Gespenster. 2 Thle. (283 S.)

• 641., 642. Foudras, v., und Xav. de Montépin, Pivoine. Fortsetzung der „Ritter vom Landsknecht". 2 Thle. (310 S.)

• 643—645. —— —— Mignonne. Fortsetzung von „Ritter vom Landsknecht" und „Pivoine". 3 Thle. (445 S.)

• 646—647. Ferry, Gabr., die Blume der Prairie oder die deutschen Colonisten an den Ufern des Colorado. 2 Thle. (406 S.)

• 652., 653. Lever, Charles, die Daltons oder die drei Lebenswege. 7. und 8. (letzter) Thl. (368 S.)

• 654—658. Aus der Verbannung. Gesammelte kleine Romane von Alex. Dumas, Eug. Sue, Vict. Hugo, Emil Souvestre u. A. 1—5. Thl. (1058 S.)

• 659—661., • 683. Dumas, Alex., Memoiren. Aus dem Franz. von A. Krüsten. 1—4. Thl. (903 S.)

• 662., 663. Wilhelmina, die Familie Skytte. Historischer Roman aus der Jugendzeit Gustav II. Adolphs. Aus dem Schwed. von Heinr. Helms. 2 Thle. (442 S.)

• 664—666. Lawrence, H. M. L., Abenteuer eines Offiziers im Pendschab. Nach der 2. engl. Aufl. deutsch von A. Kretzschmar. 3 Thle. (566 S.)

• 667., 668. Swea. Kleine Romane und Schilderungen aus der Gegenwart, von Friederike Bremer, Emilie Carlén, v. Knorring u. A. Aus dem Schwed. von Lp. Storch. 2 Thle. (416 S.)

• 669—673. Der Grafen-Krieg. Historischer Roman aus der ersten Hälfte des 16. Jahrh. von dem Verf. von „Niels Juul und seine Zeit" ꝛc. Deutsch von C. Jacobsen. 5 Thle. (1286 S.)

• 674., 675. Pepi, die Auswandrerin. Roman und doch Wahrheit, in Briefen einer Auswandrerin an ihre Freundin in Europa. Hrsg. von Leop. Storch. 2 Thle. (VI und 399 S.)

• 676., 677., • 687. Mery, Salons und Souterrains. 3 Thle. (594 S.)

• 678—680., • 686. Dumas, Alex., Olympia von Clèves. Deutsch von H. Bertholdi. 1—4. Thl. (712 S.)

• 681., 682. Reid, Mayne, die Heimath in der Wüste, oder die Abenteuer einer verirrten Familie in der Wildniß. 1. und 2. Thl. (384 S.)
• 684., 685. Onkel Adam, der hölzerne Löffel. Erzählung. Aus dem Schwed. von A. Kretzschmar. 1. und 2. Thl. (356 S.)
• 688., 689. Murger, Heinr., die Grisette des Quartier latin. 2 Thle. (303 S.)
• 690—693. Die merkwürdigsten englischen Criminalfälle der Neuzeit, von Sharp, Flint, Thomas, Waters und Warneford. Aus dem Engl. übertr. von H. v. Halle. 4 Thle. (VII und 964 S.)
• 694—697. Ridderstad, C. F., die schwarze Hand. Aus dem Schwed. 1—4. Thl. (878 S.)
• 698—700. Warburton, Elliot, Darien oder der Kaufmannsfürst. Historischer Roman. Aus dem Engl. übers. von Harold Waldner. 3 Thle. (633 S.)

VIII. Serie. 100 Bände, oder der ganzen Sammlung 701—800. Bd.

Bd. 701., 702. Oettinger, Ed. Maria, Mademoiselle Mars und ihr Hof. Historischer Originalroman. 2., vom Verf. durchgeseh. Aufl. 2 Thle. (435 S.)
• 703., 711. Ridderstad, C. F., die schwarze Hand. Aus dem Schwed. 5. und 6. Thl. (334 S.)
• 704., 705. Gozlan, Leon, Georg III., und Caroline von Braunschweig. Sittengemälde aus dem engl. Hofleben. 1. und 2. Thl. (375 S.)
• 706., 731., 732. Dumas', Alex., Memoiren. Aus dem Franz. von A. Krüsten. 5—7. Thl. (652 S.)
• 707—710. Rowcroft, Charles, Abenteuer eines Auswanderers beim Aufsuchen einer Colonie. Aus dem Engl. 4 Thle. (817 S.)
• 712—714. Die Tochter des Grafen von der Verf. von „Amy Hebert" ꝛc. Aus dem Engl. 3 Thle. (718 S.)
• 715. Murger, H., Scenen aus dem Leben der pariser Jugend. Aus dem Französ. übertr. von Ludw. Fort. (240 S.)
• 716., 717. Dumas Sohn, Alex., Edmund Cavanis oder Nacht- und Sonnenblicke des Schicksals. Roman. 2 Thle. (422 S.)
• 718., 719. Féval, Paul, Abenteuer eines Edelmanns. Ein Zeitgemälde aus der neuern und neuesten Geschichte Frankreichs. 2 Thle. (494 S.)
• 720—722. Foudras, v., eine alte Maitresse. Deutsch von H. Bertholdi. 3 Thle. (522 S.)
• 723—725., 759., 760. Sternberg, v., die Brüder oder das Geheimniß. Original-Roman. 5 Thle. (862 S.)
• 726—730., 744—747. Galen, Phil., der Inselkönig. Ein Roman aus Herloßsohn's nachgelassenen Papieren. 5 Thle. in 9 Abthlgn. (1618 S.)
• 733. Dumas, Alex., Denkwürdigkeiten eines Arztes. Aus dem Französ. übers. von A. Küster. 23. Thl.: Die Gräfin von Charny. (203 S.)
• 734—736., 769. Ridderstad, C. F., der Fürst. Roman. Aus dem Schwed. 1—4. Thl. (885 S.)
Bd. 737., 738., 742. Dumas, Alex., Conscience. Deutsch von H. Bertholdi. 3 Thle. (593 S.)
• 739—741. Féval, Paul, der Sansculotte. 3 Thle. (706 S.)
• 743., 761., 790. Dumas, Alex., Olympia von Clèves. Deutsch von H. Bertholdi. 5—7. (letzter) Thl. (656 S.)
• 748., 749. —— ein Jahr an den Ufern des Sacramento. 2 Thle. (286 S.)
• 750—752. Blanche, Aug., die Banditin. Eine Erzählung theils aus den Criminal-Acten, theils aus Mutter Stina's Mittheilungen geschöpft. Aus dem Schwed. 3 Thle. (710 S.)
• 753—755. Satori-Neumann, J., der Bischof. Eine Erzählung aus der Zeit Ludwigs XV. 3 Thle. (720 S.)
• 756—758. —— Rahel. 3 Thle. (560 S.)
• 762. Sue, Eug., Fabien de Luciole. Aus dem Französ. von Carl Löffler. (154 S.)
• 763—765. Alvensleben, L. v., die Somnambule oder der Fluch des Hauses. Original-Roman. 3 Thle. (680 S.)
• 766—768. Denkwürdigkeiten und Vorsätze von Adam Graeme v. Mossgray. Nebst Einigem aus der Chronik der Stadt Fendie. Von dem Verf. von „Frau Margarethe Maitland" ꝛc. Nach der 2., engl. Aufl. übers. 3 Thle. (626 S.)
• 770., 784. Ridderstad, C. F., der Fürst. Roman. Aus dem Schwed. 5. und 6. Thl. (383 S.)
• 771., 772. Satori-Neumann, J., die weißen Rosen. 2 Thle. (446 S.)
• 773. Zschokke, Bekenntnisse eines braven Arbeiters. Ein Sittenroman aus der Gegenwart. (236 S.)
• 774. Dumas, Alex., Seeabenteuer und Schiffbrüche. Den mündl. Berichten der Geretteten treu nacherzählt. (260 S.)
• 775—780. Skandinavische Erzählungen von Onkel Adam, Friederike Bremer, Emilie Carlén, S. Ingemann, C. F. Ridderstad u. A. 6 Thle. (1285 S.)
• 781. Dumas', Alex., Memoiren. Aus dem Franz. von A. Krüsten. 8. Thl. (211 S.)
• 782., 783. Marmier, Xav. de, neueste Erzählungen eines Reisenden. Aus dem Französ. 2 Thle. (308 S.)
• 785. Der Wilddieb. Original-Roman vom Verf. der „Brüder". (238 S.)
• 786—788. Dumas, Alex., und Eug. Sue, ausgewählte kleine Romane und Novellen. Zum ersten Male in's Deutsche übertr. von Carl Löffler. 3 Thle. (678 S.)
• 789. Prévost, Manon Lescaut. Aus dem Französ. übertr. von Ludw. Fort. (202 S.)
• 791. Satori-Neumann, J., das Schloß in Marienburg. Historischer Roman aus der Mitte des 14. Jahrh. (204 S.)
• 792—795. Cecil Ormington. Leben eines engl. Hoflords. Nach der 3., engl. Orig.-Ausg. übers. von A. Kretzschmar. 4 Thle. (758 S.)
• 796—800. José de Cavalho, Marquis v. Pombal. Historische Erzählung aus der letzten Hälfte des 18. Jahrhunderts. 5 Thle. (1133 S.)

IX. Serie. 1—33., 35—78., 80—87. und 89—100. Bd., oder der ganzen Sammlung 801—833., 835—878., 880—887. und 889—900. Bd.

Bd. 801—803. Smith, Albert, so kommt man unter die Haube oder Abenteuer einer Dame auf der Suche nach einem guten Ehemann. Komischer Roman. Aus dem Engl. übertr. von A. Kretzschmar. 3 Thle. (517 S.)
• 804. Lubojatzky, Fr., Daria, die Tochter des Zigeuners. Russische Erzählung. (288 S.)
• 805. Aus der Verbannung. Gesammelte kleine Romane von Alex. Dumas, Vict. Hugo, Emil Souvestre u. A. 6. Thl. (208 S.)
• 806., 807., 828., 829., 860. Dumas, Alex., Denkwürdigkeiten eines Arztes. Aus dem Französ. übers. von A. Küster. 24—28. Thl.: Die Gräfin v. Charny. (938 S.)
• 808. Ridderstad, C. F., der Fürst. Roman. Aus dem Schwed. 7. (letzter) Thl. (165 S.)
• 809., 810., 830., 831. Dumas', Alex., Memoiren. Aus dem Franz. von A. Krüsten. 9—12. Thl. (863 S.)
• 811—814. Foudras, v., die Rächernacht. Eine Geschichte unserer Zeit. Aus dem Französ. übertr. von Ludw. Fort. 4 Thle. (855 S.)
• 815—817. Die Schicksalsschläge. Roman aus dem Schwed. des „Pilgrim". Hrsg. von C. F. Ridderstad. 3 Thle. (674 S.)
• 818—821. Aus der alten Zeit. Historische und biograph. Skizzen ꝛc. gesammelt und hrsg. von C. A. Schweigerd. 4 Thle. (1034 S.)
• 822., 823., 844., 845., 854a., 855. Bulwer, Edward Lytton, Pisistratus Caxton. Bunte Bilder aus dem engl. Leben. In's Deutsche übertr. von W. E. Drugulin. 8—13. Thl. (1179 S.)
• 824. Die Glücksritter. Eine Zeichnung von W—. Aus dem Schwed. (286 S.)
• 825., 826. Schwedische Skizzen. Von M. S. v. S***. 2 Thle. (Die Schutzlosen. — Die Verleumdung.) (460 S.)
• 827. Großmann, Julie v., Kleine Romane. 2. Bd.: Die Geschiedenen. (183 S.)
• 832., 833. Liebe und Ehrgeiz. Vom Verf. des „Rockingham." Aus dem Engl. 2 Thle. (488 S.)
Bd. 835—843. Palmblad, Wilh. Fr., Aurora Königsmark und ihre Familie. Zeitbilder aus dem 17. und 18. Jahrh. Aus dem Schwed. übertr. von A. Kretzschmar. 9 Thle. (1892 S.)
• 846., 847. Reach, Angus B., Clement Lorimer oder das Buch mit den eisernen Haspen. Ein Roman. Aus dem Engl. übers. 2 Thle. (511 S.)
• 848—850., 859. Cousin, Vict., das Leben der Frau v. Longueville. Deutsch von A. Kretzschmar. 4 Thle. (813 S.)

— 733. 806. 807. 828. 829. 859 u. 861. Bd. Denkwürdigkeiten eines Arztes. Von Alex. Dumas. Aus d. Franz. übers. v. A. Küster. 23—29. Thl.: Die Gräfin v. Charny. 8. (203. 171. 198. 185. 188. 196 u. 204 S.) 852. 53. 2 ₰ 24 ngl

• 851—851b. Thackeray, W. M., Geschichte des Henry Esmond, ehem. Oberst im Dienste J. M. der Königin Anna. Von ihm selbst geschrieben. 4 Thle. (918 S.)
• 856—858., 863—868. Die feine Welt von Gothenburg. Ein Roman der Vergangenheit und Gegenwart. Aus dem Schwed. übertr. von A. Kretzschmar. 2—10. Thl. (1909 S.) (Vgl. Bd. 635.)
• 861., 862. Dumas, Alex., Denkwürdigkeiten eines Arztes. Aus dem Französ. von A. Küster. 29. und 30. Thl.: Die Gräfin v. Charny. (391 S.)
• 869., 870. Dumas', Alex., Memoiren. Aus dem Franz. von A. Krüsten. 13. und 14. Thl. (480 S.)
• 871—875. Crowe, Susanne Hopley oder Abenteuer eines Dienstmädchens. Aus dem Engl. übers. von A. Kretzschmar. 5 Thle. (1110 S.)
• 876—878. Lorenzo Benoni. Scenen aus dem Leben eines Italieners. Hrsg. von einem Freunde. Aus dem Engl. 1—3. Bd. (518 S.)

76—79. Bd. Lorenzo Benoni. Scenen aus dem Leben eines Italieners. Herausg. von einem Freunde. Aus d. Engl. 4 Bde. (176; 176; 166; 168 S.)

• 880—886. Lubojatzky, Fr., Erzählungen. 1—7. Bd. (1429 S.)
• 887. Goldschmidt, M., Heimathlos. Eine Erzählung. Aus dem Dän. 1. Bd. (200 S.)

88—90. Bd. Dumas, Alex. Memoiren. Aus dem Französ. von Krüsten. 15—17 Thl. (2 Bl., 183; 2 Bl., 188; 2 Bl., 188 S.)

• 889., 890. Dumas', Alex., Memoiren. Aus dem Franz. von A. Krüsten. 16. und 17. Thl. (376 S.)
• 891—894. Crowe, Lilly Dawson oder das Gasthaus zum schwarzen Jäger. Aus dem Engl. übers. von A. Kretzschmar. 4 Bde. (779 S.)
• 895. Flygare-Carlén, Emilie, binnen sechs Wochen. Novelle. Aus dem Schwed. (207 S.)
• 896—900. Crowe, Linny Lockwood oder das Leben einer Vielgeprüften. Aus dem Engl. übers. von A. Kretzschmar. 1—5. Bd. (914 S.)

Die Bandzahl 854 kommt bei dieser Serie doppelt vor.

X. Serie. 1—59. und 61—91. Band, oder der ganzen Sammlung 901—959. und 961—991. Band.

Bd. 901., 906., 924. Goldschmidt, M., Heimathlos. Eine Erzählung. Aus dem Dän. 2—4. Bd. (603 S.)
• 902., 907., 909., 910. Dickens, Charles, schwere Zeiten. Ein Roman. 4 Bde. (634 S.)
• 903—905. Pendennis, Arthur, (Thackeray.) die Newcomes. Geschichte einer sehr achtbaren Familie. 1—3. Bd. (550 S.)
• 908. Crowe, Linny Lockwood. 6. (letzter) Bd. (168 S.)
• 911., 914., 915. Dumas, Alex., Denkwürdigkeiten eines Arztes. Aus dem Französ. übers. von A. Küster. 31—33. Thl.: Die Gräfin v. Charny. (628 S.)

„ 912., 913. Dumas', Alex., Memoiren. Aus dem Franz. von A. Krüsten. 18. und 19. Thl. (369 S.)

„ 916—918. Crowe, die Nixen. Romantische Erzählung. Aus dem Engl. übers. von A. Kretzschmar. 3 Bde. (484 S.)

„ 919., 920. Dumas', Alex., Memoiren. Aus dem Franz. von A. Krüsten. 20. und 21. Thl. (359 S.)

„ 921. }
„ 928., 929. } Dumas', Alex., Denkwürdigkeiten eines Arztes. Aus dem Französ. übers. von A. Küster. 34—36. (letzter) Thl.: Die Gräfin v. Charny. (581 S.)

„ 922., 923. Pendennis, Arthur, (Thackeray.) die Newcomes. Geschichte einer sehr achtbaren Familie. 4. und 5. Bd. (367 S.)

„ 925—927. Topelius, Z., Erzählungen und Abenteuer eines alten finnländischen Feldscherers. Nach der 2., schwed. Aufl. übers. 3 Bde. (518 S.)

„ 930—934. }
„ 959. } Lubojatzky, Fr., neue Erzählungen. 1—6. Bd. (V und 973 S.)

„ 935—939. Kavanagh, Julie, Grace Lee. Deutsch von A. Kretzschmar. 5 Bde. (910 S.)

„ 940., 941. }
„ 951—953. } Pendennis, Arthur, (Thackeray.) die Newcomes. Geschichte einer sehr achtbaren Familie. 6—10. (letzter) Bd. (797 S.)

„ 942—946. Flygare-Carlén, Emilie, ein launisches Weib. Roman. 2. Aufl. 5 Bde. (1090 S.)

„ 947—950. Gozlan, Leon, Georg III. und Caroline von Braunschweig. Sittengemälde aus dem engl. Hofleben. 3—6. Thl. (783 S.)

„ 954—956. Goldschmidt, M., ein Jude. Roman. Aus dem Dän. übertr. von Edm. Zoller. 3 Bde. (558 S.)

„ 957., 958. Herbst, Paula, Ture Horn. Fortsetzung von „Der Einsiedler auf der Johannisklippe" von Emilie Flygare-Carlén. 2 Bde. (424 S.)

„ 961—963. Satori (Neumann), J., die Geheimnisse von Benebridge Hall. 3 Bde. (570 S.)

„ 964., 965. Kavanagh, Julia, Rachel Gray. Eine Erzählung aus dem wirkl. Leben. Deutsch von A. Kretzschmar. 2 Bde. (310 S.)

Bd. 966., 967. Herbst, Paula, überall zu spät. Novelle. 2 Bde. (371 S.)

„ 968—970. Das Jagdschloß Hohenstein. Fortsetzung des Romans „Die Jesuitenbeute." Aus dem Holländ. übertr. von A. Kretzschmar. 3 Bde. (598 S.)

„ 971—973. Reid, Mayne, die Buschknaben. Ein Jagd- und Thier-Roman. Ins Deutsche übertr. von A. Kretzschmar. 3 Bde. (518 S.)

„ 974—979. Porter, Jane, der Herzog von Ripperda. Ein Roman. Nach der 3., engl. Aufl. in's Deutsche übers. von A. Kretzschmar. 6 Bde. (1201 S.)

„ 980—982. Larra, Mariano José de, der Doncel. Historisch-romantische Erzählung aus dem 15. Jahrh. Aus dem Span. übertr. von Jul. Ebersberg. 3 Bde. (635 S.)

„ 983—985. Mastriani, Francesco, die Blinde von Sorrent. Roman. Aus dem Italien. übertr. von Jul. Ebersberg. 3 Bde. (522 S.)

„ 986—991. Wetherell, Elisabeth, die Berge des Shatemuc. Ins Deutsche übers. von A. Kretzschmar. 6 Bde. (1158 S.)

Vgl. 11. Bd. 1. Abthl. S. 97.

—— europäische, der neuen belletristischen Literatur. X. Serie. 60., 92—100. Bd., XI. Serie. 100 Bde. und XII. Serie. 1—51. Bd., oder der ganzen Sammlung 960., 992—1151 Bd. 8. Wurzen 857—61, Verlags-Comptoir. à Bd.

X. Serie. 60., 92—100. Bd., oder der ganzen Sammlung 960., 992—1000. Bd.

Bd. 960. Lubojatzky, Fr., neue Erzählungen. 7. Bd.: Die Leoniden von Oederan. Magdalena, das Kind der Fabrik. (243 S.)

Bd. 992—998. Stowe, Harriet Beecher, Dred. Eine Erzählung aus dem Großen Schreckenssumpfe. In's Deutsche übertr. von A. Kretzschmar. 7 Bde. (1336 S.)

„ 999., 1000. Buren-Schele, A. D. v., die Belagerung von Sebastopol. Historischer Roman aus der neuesten Zeit. Aus dem Holländ. übers. von A. Kretzschmar. 2 Bde. (398 S.)

XI. Serie. 100 Bde., oder der ganzen Sammlung 1001—1100. Bd.

Bd. 1001., 1002. Goldschmidt, M., Heimathlos. Eine Erzählung. Aus dem Dän. 5. und 6. Bd. (384 S.)

„ 1003—1007. Crowe, Licht und Finsterniß oder Geheimnisse des Lebens. In's Deutsche übertr. von A. Kretzschmar. 5 Bde. (XVII und 911 S.)

„ 1008—1010. Herbst, Paula, ein gebrochenes Herz. 3 Bde. (IX un 510 S.)

„ 1011—1013. —— Olga. Fortsetzung von „Ein launisches Weib" von Emilie Flygare-Carlén. 3 Bde. (511 S.)

„ 1014—1018. Dumas, Alex., Jehu's Genossen. In's Deutsche übertr. von A. Kretzschmar. 5 Bde. (1002 S.)

„ 1019—1024. St. John, Percy B., Quadrona. Ein Roman. Aus dem Engl. von A. Kretzschmar. 6 Bde. (XVIII und 1215 S.)

„ 1025—1029. Reid, Mayne, die Kriegsfährte. Ein Roman. Deutsch von A. Kretzschmar. 5 Bde. (XV und 979 S.)

„ 1030—1034. —— der Jägerschmaus, oder Unterhaltungen am Lagerfeuer. Ein Jagdroman. Deutsch von A. Kretzschmar. 5 Bde. (XV und 861 S.)

„ 1035—1037. Herbst, Paula, eine Stiefmutter. Roman aus der Jetztzeit. 3 Bde. (IX und 520 S.)

„ 1038—1043. Das Familienhaupt. Aus dem Engl. 6 Bde. (XVIII und 1077 S.)

„ 1044., 1045. }
1052., 1067. }
1068. } Thackeray, W. M., die Virginier. Eine Erzählung aus dem vorigen Jahrhundert. 1—5. Bd. (869 S.)

„ 1046—1049. Goldschmidt, M., Heimathlos. Eine Erzählung. Aus dem Dän. 7—10. (Schluß-)Bd. (706 S.)

„ 1050., 1051. }
1053—1055. } Reid, Mayne, Oceola. Ein Roman. Deutsch von A. Kretzschmar. 5 Bde. (900 S.)

„ 1056—1063. Kavanagh, Julia, Adele. Eine Erzählung. Aus dem Engl. von A. Kretzschmar. 8 Bde. (1427 S.)

„ 1064—1066. Herbst, Paula, die Sühne. Fortsetzung von „Ein Gerücht" von Emilie Flygare-Carlén. 3 Bde. (515 S.)

„ 1069—1071. —— Doch noch! Fortsetzung von „Die Romanheldin" von Emilie Flygare-Carlén. 3 Bde. (562 S.)

„ 1072—1075. Gozlan, Leon, Georg III. und Caroline v. Braunschweig. Sittengemälde aus dem engl. Hofleben. 7—10. (Schluß-)Bd. (740 S.)

„ 1076., 1077. }
1084—1086. }
1091. } Thackeray, W. M., die Virginier. Eine Erzählung aus dem vorigen Jahrhundert. 6—11. (Schluß-)Bd. (1194 S.)

„ 1078—1080. Herbst, Paula, der Erbe. Fortsetzung von „Das Fideicommiß" von Emilie Flygare-Carlén. 3 Bde. (537 S.)

„ 1081—1083. Collins, Wilkie, die Heirath im Omnibus. Deutsch von A. Kretzschmar. 3 Bde. (627 S.)

„ 1087—1090. Stowe, Harriet Beecher, des Predigers Brautwerbung. Deutsch von A. Kretzschmar. 4 Bde. (747 S.)

„ 1092—1094. Herbst, Paula, der Silberhut. Fortsetzung von „Der Jungfernthurm" von Emilie Flygare-Carlén. 3 Bde. (510 S.)

„ 1095—1100. Kavanagh, Julia, sieben Jahre und andere Erzählungen. Deutsch von A. Kretzschmar. 6 Bde. (1091 S.)

XII. Serie. 1—51. Bd., oder der ganzen Sammlung 1101—1151. Bd.

Bd. 1101—1106. John Halifax. Von der Verf. des „Familienhaupt." 6 Bde. (1106 S.)

„ 1107—1109. Reid, Mayne, die Reise im Finstern. Eine Erzählung. Deutsch von A. Kretzschmar. 3 Bde. (576 S.)

„ 1110—1112. Herbst, Paula, Rose und Fritze. Fortsetzung von „Der Vormund" von Emilie Flygare-Carlén. 3 Bde. (497 S.)

„ 1113—1118. Wetherell, Elisab., und Amy Lothrop, Say und Seal oder der Schulmeister von Pattaquasset. Deutsch von A. Kretzschmar. 6 Bde. (1084 S.)

„ 1119—1122. Crowe, Catharine, Geistergeschichten und Familiensagen. Deutsch von A. Kretzschmar. 4 Bde. (724 S.)

„ 1123—1128. Trollope, Anthony, Doctor Thorne. Ein Roman aus der Gegenwart. Nach der 3. engl. Aufl. deutsch von A. Kretzschmar. 6 Bde. (1115 S.)

„ 1129—1133. Reid, Mayne, die wilde Jägerin. Ein Roman. Deutsch von A. Kretzschmar. 5 Bde. (967 S.)

„ 1134—1138. Leben um Leben. Von der Verf. von „John Halifax" rc. Deutsch von A. Kretzschmar. 5 Bde. (996 S.)

„ 1139—1143. Agathens Gatte. Von der Verf. von „John Halifax" rc. Deutsch von A. Kretzschmar. 5 Bde. (908 S.)

„ 1144—1146. Herbst, Paula, der Sohn des Schmugglers. 3 Bde. (556 S.)

„ 1147—1151. Romantische Erzählungen. Von der Verf. von „John Halifax" rc. Deutsch von A. Kretzschmar. 5 Bde. (900 S.)

—— dass. — Ture Horn. Fortsetzung von „der Einsiedler auf der Johannisklippe" von Emilie Flygare-Carlén. Von Paula Herbst. 2 Bde. 957. und 958. Bd. (10. Serie 57. und 58. Bd.) 2. Aufl. 8. (424 S.) Wurzen 860, Verlags-Comptoir. à Bd. 12 Ngr. Thlr.

—— europäische, der neuen belletristischen Literatur. 1152.—1268. Bd. (XII. Serie 52.—100. Bd., XIII. Serie 1.—68. Bd.) 8. Wurzen 862—67, Verlags-Comptoir. à Bd. 12 Ngr.

XII. Serie. 52.—100. Bd., oder der ganzen Sammlung 1152.—1200. Bd.

Inhalt:

Bd. 1152—1154. Herbst, Paula, Liebe und Schuld. 3 Bde. (570 S.)

„ 1155. 1156. Thackeray, W. M., Lovel der Wittwer. Deutsch von A. Kretzschmar. 2 Bde. (329 S.)

„ 1157. 1158. —— die vier George. Zeit-, Hof- und Sittenbilder. Deutsch von A. Kretzschmar. 2 Bde. (294 S.)

„ 1159—1163. Hausgeschichten. Von der Verf. von „John Halifax", „Das Familienhaupt" rc. Deutsch von A. Kretzschmar. 5 Bde. (866 S.)

„ 1164. 1165. Fels, Egon, zwei Ehen. Novelle. 2 Bde. (448 S.)

„ 1166—1171. Trollope, Anthony, die Bertrams. Ein Roman. Deutsch von A. Kretzschmar. 6 Bde. (1151 S.)

„ 1172—1174. Herbst, Paula, Contraste. 3 Bde. 1. Aufl. 1863. und 2. Aufl. 1867. (634 S.)

„ 1175—1180. Trollope, Anthony, Schloß Richmond. Roman. Deutsch von A. Kretzschmar. 6 Bde. (1085 S.)

„ 1181—1185. Kavanagh, Julia, französische Schriftstellerinnen. Biographische Skizzen. Deutsch von A. Kretzschmar. 5 Bde. (848 S.)

„ 1186. 1187. Craik, Georgiana M., Verloren und Gewonnen. 2 Bde. (389 S.)

„ 1188—1190. Herbst, Paula, der Prügeljunge. Orig.-Roman. 3 Bde. (659 S.)

„ 1191. 1192. Märker, Jul., Leidenschaft, Liebe und Verbrechen. Novellen. 2 Bde. (298 S.)

„ 1193. 1194. Fels, Egon, Dorothea. Novelle. 2 Bde. (307 S.)

„ 1195—1200. Trollope, Anthony, das Pfarrhaus Framley. Ein Roman. Deutsch von A. Kretzschmar. 6 Bde. 1. Aufl. 1864. und 2. Aufl. 1867. (1064 S.)

XIII. Serie. 1.—68. Bd., oder der ganzen Sammlung 1201.—1268. Bd.

Bd. 1201—1203. Jósika, Nicol., die Hexen von Szegedin. Roman. 3 Bde. (562 S.)

Bd. 1204—1206. Herbst, Paula, ein fremdes Kind. Originalnovelle. 3 Bde. (627 S.)

„ 1207. 1208. Macaulay, Thom. Babington, biographische Versuche. 2 Bde. (351 S.)

„ 1209—1212. Fels, Egon, die Kinder des Kaufmanns. Roman. 4 Bde. (725 S.)

„ 1213—1217. Wetherell, Elisab., der alte Helm. Eine Erzählung. Deutsch von A. Kretzschmar. 5 Bde. (967 S.)

„ 1218—1220. Flygare-Carlén, Emilia, Stockholmer Scenen hinter den Coulissen. Aus dem Schwed. übertragen von C. F. Schirf. 3 Bde. (594 S.)

- 1221—1224. Herbst, Paula, von Altmühl nach Sonderburg und Fridericia. 4 Bde. (817 S.)
- 1225—1229. Trollope, Anthony, Orley Farm. Ein Roman. Deutsch von A. Kretzschmar. 5 Bde. (1053 S.)
- 1230. 1231. Bunnet, Fanny Elisabeth, Churfürstin-Pfalzgräfin Louise Juliane und ihre Zeit. Deutsch von Wilh. Reinhard. 2 Bde. (XIX und 350 S.)
- 1232—1236. Fels, Egon, Wandlungen. Roman. 5 Bde. (XXI und 822 S.)
- 1237—1240. Ada oder die Pietisten. Ein Roman von Emilie R*. Aus dem Schwed. übertragen von A. Kretzschmar. 4 Bde. (629 S.)
- 1241—1246. Wetherell, Elisabeth, Melbourne House oder die kleine Märtyrerin. Eine Erzählung. Deutsch von A. Kretzschmar. 6 Bde. (1057 S.)
- 1247—1251. Liebe und Politik. Roman aus dem Schwed. von A. Kretzschmar. 5 Bde. (861 S.)
- 1252. 1253. Märker, Jul., Verstand, Liebe und Glück. Novellen. 2 Bde. (325 S.)
- 1254—1258. Herbst, Paula, Eglantine Auke. Orig.-Novelle. 5 Bde. (733 S.)
- 1259—1263. Reid, Mayne, die verlorene Lenore. Ein Roman. In's Deutsche übertragen von A. Kretzschmar. 5 Bde. (833 S.)
- 1264—1266. Blanche, Aug., aus dem Tagebuche eines Geistlichen. Aus dem Schwed. von A. Kretzschmar. 3 Bde. (522 S.)
- 1267. 1268. Frick, Ida, Abschied. Zwei Novellen. 2 Thle. (X und 441 S.)

— Evangelisch-theologische. Hrsg. v. B Boss. 8° Lpzg, Quelle & M.
Sellin, E: Einleitg in d. Alte Test. (15, 153) '10. 2.60; L 3.20
Wiegand, Frdr.: Dogmengesch. d. alten Kirche. (8, 141) '12. 3 —; L 3.50

— dass. Kommentar z. Neuen Test. 8° Ebd.
Seeberg, Alfr.: Der Brief an d. Hebräer. (163) '12. 3.20; L 3.60

— exegetisk, en Samling af de bedste udforligere Kommentarer til det Ny Testamentes Breve udgiv. af W. J. J. Boethe. 14. og sidste Del. A. u. d. T.: Kommentar til Judæ Brev og Peters andet Brev af Karl Reinh. Jachmann. (Med en kritisk Indledning til 2 Pet. af C. Ullmann.) gr. 8. (171 S.) Kjøbenhavn 847, Høst. n. 3/8 ℛ

für Exterikultur. 1. Heft. 8. Berlin, Verlagsgesellschaft Corania. — 50
Die Schönheit der Frauen u. Jungfrauen. Von Liote Cornelius. (35 S. m. Abbildgn.) (904).
Fortsetzg., s.: Bibliothek f. Körperkultur.

Bibliothek für Exterikultur. H. No 1. Oranienburg: Orania [1905]. 8° [illegible]

— f. Fach- u. Fortbildungsschulen. Hrsg.: Leipz. Fortbildgsschulmänner. 1—5. Bd. 8° Lpzg, A Hahn.
für Bd 1—6: 5 — d
Germer, B: Die Ausbildg d. Fortbildgsschullehrer. (48) '11 [1] 1 —
— R Fiselius u. a.: Die einfache gewerbl. Buchführg in prakt. u. theoret. Darstellg. Musterlehrgang. Nebst: Aufg. f. d. Hand d. Schüler in Fortbildgs-, Fach- u. Gewerbesch. Hrsg. v. Leipz. Fortbildgsschulmännern. 1. Heft: Schlosserlehrling. (7, 79 u. 16) '11 [2] 1.50
Henschke, Margar.: Die Fortbildg d. a. d. Volkssch. entlass. Mädchen. (29) '11 [3] — 75
Penndorf, B: Der Wechsel. (45) '12 [5] 1 —
Steinert, Hugo: Die gewerbl. Kalkulation. (56) '11 [4] 1.20

Bibliothek für die Familie von Oberau

① Wahrheitsfreunde der allerverschiedensten Denkungsart von J. B. v. S. (= Johann Bieder von Sophienberg) ④ Die Familie von Eden oder gemeinnützige Bibliothek des Christianism für seine Freunde und Gegner ⑤ Anfang 1790—Februar 1792 (7 Hefte) ⑥ 8° ⑦ unregelmäßig (?) ⑧ Zürich: Ziegler u. Söhne ⑩ Johann Konrad Pfenninger ⑪ Johann Konrad Pfenninger als Verfasser ⑫ Eine Zeitschrift, in der aktuelle philosophische und religiöse Probleme in der äußeren Form eines Fortsetzungsromans behandelt werden. Die Romanfiguren verkörpern und verteidigen die einzelnen geistigen Richtungen der Zeit (z. B. den Kantianismus). Tendenzen des Lavaterkreises. ⑬ G. R. Zimmermann: Johann Kaspar Pfenninger ein christlicher Apologete. «Zürcher Taschenbuch» 1881. p. 128 ss.: p. 150—155 ⑭ Zh: Z ⑮ Die einzelnen Hefte haben noch besondere Titelblätter mit Titeln wie: «Konversationen im Vorhof des Tempels der Wahrheit», «Johannes Bieder v. S. über die Aufklärung» usw. Kupferstiche von Heinrich Pfenninger jun. und Johann Rudolf Schellenberg nach Zeichnungen von Kubinski, Schellenberg und Johann Martin Usteri.

Bibliothek des Familien-Wochenblatt. N° 1—8. Gr. in-8°. Zürich, Schröter & Meyer. 1887?

Inhalt: 1. Wer weiss, wozu es gut ist? In ernster Schule. Zwei Erzählungen von *Eugenie Tafel*. 24 S. — 60
2. Irrungen des Mutterherzens und Scenen und Bilder aus dem Frauenleben. Gedichte von *E. Ludwig*. 76 S. 1 25
3. Aus den Papieren der Grossmutter. Eine Erzählung von *Eug. Tafel*. 53 S. 1 —
4. Briefe an meinen jungen Haushalt, v. Tante Christine (*Marc Boyen*). 105 S. 1 60
5. Morgenstund hat Gold im Mund! Anleitung zum frühen Aufstehen. Insbesondere allen Kurbedürftigen gewidmet von *H. W.* 3. Aufl. 70 S. 1 —
6. Die Sittlichkeit ist im Rückschritte begriffen; woran liegt die Schuld? von *Jost-Ludwig*. — 60
7. Die Pflege der Kunst im Hause, von Prof. *Ulrich Schoop*. — 60
8. Im stillen Walde. Eine Erzählung von *Eug. Tafel*. 88 S. 1 25

Bibliothek des „Familien-Wochenblatt". N° 15. Gr. in-8°, 236 S. Zürich, Schröter & Meyer. 1888?
Inhalt: *Carola von Eynatten* u. Frau Dr. *A. Judex*. Der tägliche Tisch. (Bildet zugleich den III. Theil zum Werke „Für's Haus".)

Bibliothek des Familien-Wochenblatt. Nr. 21. Gr. in-8°. Zürich, Schröter & Meyer. 1887? 1 —
gebd. 1 25
*** Inhalt: Was brave Kinder gern haben. Illustrirtes Kinderbuch von *Hans Jakob Bosshard*. 96 S. mit Holzschn.

Bibliothek des Familien-Wochenblatt. Nr. 22. Gr. in-8°. Zürich, Schröter & Meyer. 1888? — 60
*** Inhalt: *J. Morgenthaler*. Der Schulgarten, mit besonderer Berücksichtigung der schweizerischen Verhältnisse. 24. S.

Bibliothek des „Familien-Wochenblatt". N° 23, 24 u. 27. In-8°. Zürich, Schröter & Meyer. 2 60
Inhalt: N° 23. Unsere Ernährung. Ein Familienbüchlein, insbesondere für die Landbevölkerung. Von *A. Hemmann*. 59 S. Fr. 1. 25. — N° 24. Der Erfolg. Ein Gemälde von Greuze. Von *Joseph Autier*. 41 S. 75 Cts. — N° 27. Wie erhält man die Wohnung gesund? Einige Winke für die häusliche Gesundheitspflege. Von Dr. *Gustav Custer*. 20 S. 60 Cts.
1888?

Bibliothek des „Familien-Wochenblatt". N° 25. 26. 28—34. In-8°. Zürich, Schröter & Meyer. 9 05
*** Inhalt: N° 25. Das Leben kein Traum. Erzählung von *Marie Gerner*. 81. S. Fr. 1. 50. — N° 26. Der arme Jack. Der blaue Vogel. Wiedergefunden. Drei Erzählungen von *Jos. Autier*. Autorisierte freie Uebersetzung von *B. M.-K.* 83 S. Fr. 1 25 — N° 28. Marius Maurel. Roman aus der Provence von *Jos. Autier*. Autorisierte freie Uebersetzung von *B. M-K.* 143 S. Fr. 2 50. — N° 30. Frau Drudels Hündlein. Eine tendenziöse Humoreske contra Kurpfuscher und Geheimmittelschwindel von Professor *J. Mähly*, Basel. 20 S. Fr. — 60. N° 31. Der arme Ninno. Eine wahrhafte Geschichte von *William Obé*. 24 S. Fr. — 60. — N° 32. Graphologische Briefe von *A. Zimmerli*. 20 S. Fr. — 60. — N° 33. Skizzen von *Margarethe Sommer*. 61 S. Fr. 1 25. — N° 34. Pädagogische Ketzereien von Dr. *H. Ehrmann*. 29 S. Fr. — 75.
1888?

(S.) Fischers Bibliothek zeitgenössischer Romane. Jg. 1, Bd 1. Berlin: S. Fischer (1908). 8° [illegible]

— der Forst- u. Jagd-Wissenschaft oder Verzeichniß der in älterer u. neuerer Zeit, besonders aber vom Jahre 1750 bis gegen das Ende des Jahres 1842 in Deutschland erschien. Bücher über alle Theile des Forst- u. Jagdwesens, über die Fischerei u. den Vogelfang. Zuerst herausgeg. von Thdr. Chr. Fr. Enslin. Von neuem gänzlich umgearb. von Wlh. Engelmann. Ein Supplement zur Bibliotheca oeconomica. Nebst e. vollständ. Materien-Register. 2. verb. u. verm. Aufl. gr. 8. Leipzig 843, W. Engelmann. n. 5/12 ℛ

—— forstwissenschaftliche. 1.—4. Heft. 8. Berlin 874, Schotte und Voigt. *

Inhalt:
Heft 1. Wiese, Ernst, die allgemeine Forstwirthschaftslehre. (72 S.) *M. 1,20.
" 2. Weber, Rud., der Wald im Haushalt der Natur und des Menschen. (93 S.) *M. 1,20.
" 3. 4. Wiese, Ernst, die Bewirthschaftung der Privatforsten. (XV, 222 S.) *M. 3.

—— forstwissenschaftliche. 5.—10. Heft. 8. Leipzig, H. Voigt. *

Inhalt:

Heft 5—7. Langenbacher, Ferd., Forstmathematik. (VII, 354 S. mit 117 eingedr. Holzschn. und 1 lithogr. Taf. in qu. Fol.) 876. (*M 6.) geb. *M 6,50.

Bibliothek, forstwirthschaftliche. 8—10. Hft. 8. Berlin u. Leipzig 876. H. Voigt. n. 6. 50; (1—10.: n. 17. 90)

8. Aus dem Forstschutz. Eine kurze Darstellung der Regeln desselben. Von C. Guse. (VI, 178 S.) n. 2. 50

9. 10. Die Jagd in ihrem ganzen Umfang mit besond. Berücksichtigung Deutschlands. Dargestellt von Aug. Goedde. 1. u. 2. Hft. (III, 315 S.) à n. 2. —

Bibliothek, forstwirthschaftliche 2c.

Heft 8. Guse, C., aus dem Forstschutz. Eine kurze Darstellung der Regeln desselben. (VI, 178 S.) 877. (*M 2,50.) geb. *M 3.

» 9. 10. Goedde, Aug., die Jagd in ihrem ganzen Umfang mit besond. Berücksicht. Deutschlands. 1. und 2. Heft. (IV, S. 1—315.) 877. à (*M 2.) geb. *M 2,50.

1.—4. Heft. Ebendas. 1874. (*M 5,40.) geb. *M 6,90.

Nicht weiter erschienen.

— fränkische. 1.—6. Bd. 8. Würzburg, Memminger. 13.60; geb. n 16. 30

Leythäuser, Max, der Abt v. Ebrach. Eine kultur-histor. Erzählg. aus dem fränk. Bauernkrieg. (IV, 400 S.) 907. (Bd. 1) 3. —; geb. 3. 50

Lommel, Geo., für Kaiser u. Reich! Elfstädtebund u. Bauernkrieg in Franken. 3. Aufl. (272 S.) 910. (Bd. 6.) 2.50; geb. 3. —

Memminger, Ant., das verhexte Kloster. Nach d. Akten dargest. 2. verb. Aufl. (181 S.) 908. (Bd. 2.) 2. —; geb. 2. 50

Memminger, Aug., zur Geschichte der Bauernlasten m. bes. Beziehung auf Franken u. Bayern. 3., völlig umgearb. u. verm. Aufl. (VII, 254 S.) 908. (Bd. 3.) 2.50; geb. 3. —

Schad, Joh. Bapt., das Paradies der Liebe. Aus den hinterlassenen Schriften nebst e. Biographie des Verf. (257 S.) 910. (Bd. 5.) 2.50; geb. 3. —

Sommer, Anna, Lisa Steinfeld. Erzählung aus Franken. (51 S.) 909. (Bd. 4.) — 80; geb. 1. 30

—— f. uns. Frauen. Hrsg. v. E Hoefer. 1—6. Bd. 16. Jena, Costenoble. n. 17. —; geb. n. 22. 75

Ballestrem, E Gräfin, d. Erbe d. zweiten Frau. (280) 78. n. 4. —; geb. n. 5. 25

Etlar, C, Gazela. Novelle. Deutsch v. P Schanz. (304) 80. n. 3. —; geb. n. 4. —

Franck, M, Rosy. Eine Erzählg. (167) 77. n. 3. —; geb. n. 4. —

Hoefer, E, d. Pfarrhaus zu Wudnik. Eine altmod. Kriegs- u. Liebesgesch. (262) 79. n. 3. 50; geb. n. 4. 75

Linhart, E, auf d. Giudecca. Novelle. (198) 78. n. 3. 50; geb. n. 4. 75

— f. unsere Frauen. Begründet v. Edm. Hoefer. 7. Bd. 16. Jena 890. Costenoble. n. 2. —; geb. n. 3. —

Zauberwasser. Eine Geschichte aus dem Banat von Nataly v. Eschstruth. 2. Aufl. (179 S.)

— der Frauenfrage, hrsg. v. Frau J. Kettler. 2.—7. u. 19.—22. Hft. gr. 8. Weimar, Weimarer Verlagsanstalt. n. 5. 90

Das 1. Hft. f. 1889 (Bd. XXV): Kettler, J., was wird aus unsern Töchtern.

2. Die Frauenbewegung in Deutschland. Ihr gegenwärt. Stand u. ihre Bedeutg. Von Hedwig Bender. (92 S.) 891. n. 1. 50

3. Was ist Frauen-Emanzipation? Vortrag, geh. in Berlin auf der 2. Generalversammlg. d. „Deutschen Frauenvereins Reform" v. Frau J. Kettler. (24 S.) 891. n. — 50

4. Wahrheiten f. Frauen! Von H. Buzello-Stürmer. (82 S.) 891. n. — 35

5. Streiflichter auf unsere Gegner. Von Frau J. Kettler. (48 S.) 891. n. — 50

6. Gleiche Bildung f. Mann u. Frau! Von Frau J. Kettler. (24 S.) 891. n. — 35

7. Deutsche Frauen vor dem Parlament. Der Verein Frauenbildungs-Reform in Weimar u. seine Petitionen an den deutschen Reichstag u. an die Landtage der deutschen Einzelstaaten. Aktenstücke zur neuesten Geschichte der Frauenbewegg. in Deutschland, gesammelt v. W. Grimm. (IV, 162 S.) 892. n. 1. 50

Das 7. Hft. bildet jetzt Hft. 14—18.

19. Das erste deutsche Mädchengymnasium. Von Frau J. Kettler. (32 S.) 893. n. — 30

20—22. Männer, Frauen u. Fortschritt. Aus dem Engl. der Frau Emma Hosken-Woodward. Autoris. Übertragg. v. K. Schirmacher. (82 S.) 893. n. — 90

— d. Frauenfrage, hrsg. v. Frau J Kettler. Nr. 3—22. 8° Weim., Weimarer Verl.-Anst. à — 30

Bender, H, d. Frauenbewegg in Deutschland. Ihr gegenwärt. Stand u. ihre Bedeutg. (92) 91. [Nr. 3—7.] 1.50

Buzello-Stürmer, H, Wahrheiten f. Frauen! (82) 91. [Nr. 10.] — 30

Grimm, W, deut. Frauen vor d. Parlament. Der Ver. Frauenbildungs-Reform in Weimar u. s. Petitionen an d. deut. Reichstag u. an d. Landtage d. deut. Einzelstaaten. Aktenstücke z. neuesten Geschichte d. Frauenbewegg in Deutschland. (162) 92. [Nr. 14—18.] 1.50

Hosken-Woodward, Männer, Frauen u. Fortschritt. Aus d. Engl. v. K Schirmacher. (82) 93. [Nr. 20—22.] — 90

Kettler, Frau J, gleiche Bildg f. Mann u. Frau! (24) 91. [Nr. 13.] — 30

— was ist Frauen-Emanzipation. Vortrag. (24) 91. [Nr. 8 u. 9.] — 60

— d. erste deut. Mädchengymnasium. (32) 93. [Nr. 19.] — 30

— Streiflichter auf uns. Gegner. (48) 91. [Nr. 11 u. 12.] — 60

Hft 1 u. 2 erschienen 1889 u. d. T.: Kettler, J, was wird a. uns. Töchtern. — Die früheren Hft-Nrn. sind geändert u. d. Preise gleichmässig auf à — 30 pro Hft festgesetzt.

Bibliothek für die deutsche Frauenwelt. Herausg. von Claire v. Glümer. Leipzig 856. O. Wigand. 8.

1. Bd.: Mythologie der Deutschen. Von Claire v. Glümer. (256 S.) 1 ₰

2. 3. Bd.: Johnston's Chemische Bilder aus dem täglichen Leben. Für Frauen bearb. von S. Augustin. 2 Bdchn. (280; 363 S.) 2 ₰

4. Bd.: Album einer deutschen Fürstin. 856. — 2. (Titel-) Aufl. 858. (X, 272 S.) 1 ₰

5. Bd.: Briefe über weibliche Bildung u. Erziehung. Von Elise v. Gleichen. (176 S.) n. 20 ngl

6. Bd.: Berühmte Frauen. Von Claire v. Glümer. 1. Thl. I. Rahel. II. Elisabet Fry. (171 S.) n. 20 ngl

7. Bd.: Meine Feierstunden. Moralische Erzählung von Fr. v. Stolz. (301 S.) 1 ₰

8. Bd.: Johanna. Ein Andachtsbuch von Albr. Pancritius. (176 S.) n. 20 ngl

— des Frohsinns. Auswahl von Meisterstücken der komischen Literatur. 2. abgekürzte Aufl. Stuttgart 854, 55. H. Köhler. (Leipzig, Baensch.) gr. 16. Jedes Bdchn. n. 5 ngl

1. 2. Bdchn.: Komische Briefe, Annoncen und Aufsätze aller Art. Neue Ausg. 2 Thle. in 1 Bde. (IV, 124; IV, 120 S.) einzeln 15 ngl

Bibliothek f. d. deut. Frauenwelt. Hrsg. v. C v. Glümer. 1—8. Bd. 8. Lpzg, O Wigand. n. 7. —

Album e. deut. Fürstin. 2. Afl. (272) 56. 1. —; geb. n. 1. 10

Gleichen, E v., Briefe üb. weibl. Bildg u. Erziehg. (176) 56. n. — 20

Glümer, C v., ber. Frauen. 1. Thl. (171) 56. n. — 20

— Mythol. d. Deutschen. (256) 56. 1. —

Johnston's chem. Bilder a. d. tägl. Leben, bearb. v. S Augustin. 2 Bde. (543) 56. 2. —

Pancritius, A, Johanna. Andachtsb. (176) 57. n. — 20

Stolz, F v., m. Feierstunden. (301) 57. 1. —

— d. Freimaurer. 16 bis 86 Stck. gr. 8. Berl. 790—803. Schöne. 4 ₰ 12 gr

— der Freimaurerei und der mit ihr in Verbindung gesetzten geheimen Gesellschaften. Systematisch zusammengestellt von Georg Kloß. gr. 8. Frankfurt a/M. ..., Sauerländer. n. $1\frac{2}{3}$ ₰

— für Freunde u. Freundinnen d. Schönen, (v. A. W. Schreiber). Mit 1 Kpf. 8. Offenb., Brede. 1 ₰ 8 gr

—— des Frohsinns, od. 10,000 Anekdoten, Witz- u. Wortspiele, Travestieen u. Parodieen, Epigramme, Räthsel, humorist. Aufsätze u. Curiosa aller Art, in Prosa u. Versen, redig. v. J. M. Braun. 10 Serien. 16. Stuttgart 836—40, Köhler. à Bd. * 6 Gr.

A. u. d. Titln.:

Serie I. Anekdoten v. Regenten, Staatsmännern, Feldherren u. a. histor. Personen. 1—4. Bdchn. ($31\frac{1}{2}$ B.) — 2. Bdchn. a. u. d. T.: Anekdoten u. Charakterzüge v. Peter d. Gr. Mit Portr. Einzeln * 7 Gr.

» II. Anekdoten v. Gelehrten u. Curiositäten d. Literatur. 1—4. Bdchn. ($32\frac{1}{2}$ B.) — 3. u. 4. Bdchn. a. u. d. T.: Vademecum f. Aerzte, in e. Samml. mediz. Anekdoten u. Curiositäten. 1. u. 2. Bdchn. Einzeln à * 7 Gr.

» III. Anekdoten scherzhaften Inhalts. 1—4. Bdchn. ($32\frac{1}{4}$ B.)

» IV. Deutsches Volksthum im Mittelalter. 1. u. 2. Bdchn. ($16\frac{1}{2}$ B.)

» V. Bdchn. 1. Epigramme u. Satyren, Sinngedichte u. poet. Scherze aller Art. (4 B.)

» 2. Travestieen u. Parodieen. 1. u. 2., verb. u. verm. Aufl. (à 8 B.) Vlnp. * 8 Gr.
» 3. Räthsel v. J. G. M(oser). Neue Samml. (8 B.)
» 4., 5. Sechs Tausend deutsche Sprüchwörter u. Redensarten. 1. u. 2. Abthl. (15½ B.) Einzeln * 15 Gr., Vlnpap. * 18 Gr.
» VI. A. Komische Briefe u. Zeitungsanzeigen. 2 Bdchn. (16½ B.)
B. Humorist. Perlenschnur. Chrestomathie d. gelungenst. Stellen a. d. besten humorist. Schriftstellern. 2 Bdchn. (16 B. u. Titlbld.) Vlnpap. à * 8 Gr.
» VII. Curiositäten. Gallerie auffallender Erscheinungen a. d. Gebiete d. Natur u. Kunst. 1. u. 2. Bdchn. (16 B.)
Serie VIII. Die Volksharfe. Samml. der schönsten Volkslieder aller Nationen. 6 Bdchn. (48 B.) Einzeln Vlnpap. à * 8 Gr.
» IX. Bdchn. 1., 2. Echte u. wahrhaft Feen-Mährchen. Neu bearb. 2 Bdchn. (17 B.) Einz. Vlnpap. m. 2 Kpfr. * 18 Gr.
3., 4. Arabische Mährchen. Neu bearb. 2 Bdchn. (17 B.) Einz. Vlnpap. m. 2 Kpfr. * 18 Gr.
» X. Dramat. Potpourri. Auswahl komischer Scenen u. Gesänge aus d. beliebtesten Lustspielen, Possen, Vaudeville's, Travestieen rc. 4 Bdchn. (33 B.)

—— dies. Neue Folge. I. II. u. V. Serie. 16. Ebds. 841, 42. à Bd. 6 Gr.
A. u. d. Titln.:
Serie I. Das Decameron v. Boccaccio. Neu übers. v. E. Ortlepp. 1—8. Bdchn. (65 B.)
» II. Großes Instrumental- u. Vokal-Concert. Eine musikal. Anthologie. Hrsg. v. E. Ortlepp. 1—16. Bdchn. (131½ B.)
» V. Tivoli. Neues Museum d. Witzes u. d. Laune. Eine humorist. Anthologie. Hrsg. v. E. Ortlepp. 1—8. Bdchn. (64½ B.)

— ders. Neue Folge. 3. Section. 1.—8. Bdchen. — A. u. d. T.: Großes Instrumental- u. Vokal-Concert. Eine musikalische Anthologie. Herausgeg. von Ernst Ortlepp. 9.—16. Bdchen. 16. Ebd. 841. à ¼ Thlr.

Bibliothek d. Frohsinns. Neue Folge. IV. Sect. A. u. d. T.: Taschenbuch der Blumensprache, od. deutscher Selam. Mit e. Anthologie zur Charakterisirung der Pflanzen Deutschlands. Hrsg. v. J. M. Braun. 4 Bdchn. gr. 16. (28 B.) Stuttgart 843, Köhler. à Bdchn.

—— dies. Neue Folge. V. Sect. 9—12. Bdchn. A. u. d. T.: Tivoli. Neues Museum d. Witzes u. d. Laune. Eine humorist. Anthologie, hrsg. v. E. Ortlepp. 9—12. Bdchn. 16. (30 B.) Ebds. à

Der herabges. Preis für die 10 Sectionen der ersten Reihe beträgt * 3 Thlr. 15 Ngr. Vollständig in 77 Bdchn. im herabges. Preise * 6 Thlr. — Vgl. 9. Bd. 1. Abth. S. 89, 90.

—— des Frohsinns. Auswahl von Meisterstücken der komischen Literatur. 2., abgekürzte Aufl. 1—7. Bdchn. gr. 16. (XI und 828 S. mit 1 Holzschn.) Stuttgart 854—55, H. Köhler. à Bdchn. * 5 Ngr. Leipzig: Baensch *

—— dass. — 2. Aufl. 9. Bdchn. gr. 16. (110 S.) Ebds. 855. -
Das 8. Bdchn. erscheint später.

Bibliothek, Gabelsberger. Nr. XII. gr. 8. Wien 894. Wiener stenograph. Verl. n. — 50
Bilderbuch ohne Bilder v. H. Ch. Andersen. Aus dem Dän. übers. v. Ed. Zoller. Stenographische Correspondenzschrift. Mit Bildnis u. Biographie des Dichters. (30 S.)
s.a. Bibliothek, Gabelsberger stenographische.

— Gabelsberger. 1.—26. Bd. 12. Berlin, Verlag Gabelsberger. Geb. in Leinw. f. je 4 Bde. n.n. 5. 50; Einzelpr. n.n. 35. 45
Inhaltsübersicht in alphabetischer Ordnung:
Hopfen, Hans, die 50 Semmeln des Studiosus Taillefer. Eine Studentengeschichte. Autogr. von Adf. Schöttner. (58 S.) (896.) (Bd. 4.) n.n. 1. 20
Putlitz, Gust. zu, Vergissmeinnicht. Eine Arabeske. Autogr. v. A. Schöttner. (59 S.) (899.) (Bd. 16.) n.n. 1. 25
— Walpurgis. Autogr. v. A. Schöttner. (175 S.) (898.) (Bd. 11.) n.n. 2. —
Storm, Thdr., Angelika. Novelle. Autogr. v. R. Preuss. (38 S.) (902.) (Bd. 25.) n.n. 1. —
— Aquis submersus. Autogr. v. R. Preuss. (111 S.) (896.) (Bd. 2.) n.n. 1. 50
— Bötjer Basch. Eine Geschichte. Autogr. v. R. Preuss. (95 S.) (899.) (Bd. 18.) n.n. 1. 50
— Ein Bekenntnis. Novelle. Autogr. v. R. Preuss. (88 S.) (898.) (Bd. 9.) n.n. 1. 25
— Im Brauerhause. Autogr. v. R. Preuss. (50 S.) (902.) (Bd. 26.) n.n. 1.
— Carsten Curator. Autogr. v. R. Preuss. (108 S.) (901.) (Bd. 20.) n.n. 1. 50
— Zur Chronik v. Grieshuus. Autogr. v. R. Preuss. (147 S.) (897.) (Bd. 7.) n.n. 2. —
— Ein Doppelgänger. Novelle. Autogr. v. R. Preuss. (105 S.) (898.) (Bd. 12.) n.n. 1. 25
— Eekenhof. Novelle. Autogr. v. R. Preuss. (66 S.) (901.) (Bd. 19.) n.n. 1. 25
— Ein Fest auf Haderslevhuus. Autogr. von A. Schöttner. (109 S.) (897.) (Bd. 8.) n.n. 1. 50
— Immensee. Autogr. v. A. Schöttner. (48 S.) (897.) (Bd. 5.) n.n. 1. —
— In St. Jürgen. Autogr. v. A. Schöttner. (61 S.) (901.) (Bd. 21.) n.n. 1 25
— „Es waren zwei Königskinder". Autogr. von R. Preuss. (62 S.) (899.) (Bd. 14.) n.n. 1. 25
— John Riew'. Novelle. Autogr. v. A. Schöttner. (86 S.) (899.) (Bd. 15.) n.n. 1. 50
— Der Schimmelreiter. Novelle. Autogr. v. R. Preuss. (189 S.) (902.) (Bd. 23.) n.n. 2. 50
— Im Schloss. Autogr. v. R. Preuss. (74 S.) (897.) (Bd. 6.) n.n. 1. —
— Schweigen. Autogr. von A. Schöttner. (102 S.) (901.) Bd. 22. n.n. 1. 50
— Die Söhne des Senators. Novelle. Autogr. v. R. Preuss. (68 S.) (902.) (Bd. 24.) n.n. 1. —
— Im Sonnenschein. 3 Sommergeschichten. Autogr. v. A. Schöttner. (43 S.) (898.) (Bd. 10.) n.n. 1. —
— Auf der Universität. Autogr. von A. Schöttner. (92 S.) (896.) (Bd. 3.) n.n. 1. 50
Tennyson, Alfr., Enoch Arden. Autogr. von R. Preuss. (67 S.) (896.) (Bd. 1.) n.n. 1. 25
Zander, C., Commersbuch f. Jünger Gabelsbergers. 3., verb. Aufl. (220 S.) (900.) (Bd. 17. 18.) n.n. 2. 50

Bibliothek Gabelsberger. 27. u. 28. Bd. 16. Berlin, Verlag Gabelsberger. Geb. in Leinw. n.n. 5.50
27. Neue Dorf- u. Schloss-Geschichten. Von Marie v. Ebner-Eschenbach. Übertr. u. autogr. v. R. Preuss. (171 S.) (903—905.) Geb. n.n. 2. 75
28. Dorf- u. Schloss-Geschichten. Von Marie v. Ebner-Eschenbach. Übertr. u. autogr. v. R. Preuss. (163 S.) (903—905.) Geb. n.n. 2. 75

—— Gabelsberger stenographische. 1.—4. Bdchn. gr. 16. Wien, (Hölder.) *
Inhalt:
Bdchn. 1. Hauff, Wilh., die Bettlerin vom Pont des Arts. Novelle. Uebertragen und autografirt von Vinc. Zwierzina. (89 S.) 878. *M 1,50.
» 2. Bauernfeld, aus der Mappe des alten Fabulisten. In stenograf. Uebertragung hrsg. von Vinc. Zwierzina. (80 S.) 879. *M 1,50.
» 3. 4. Lehnert, Jos., um die Erde. In stenograph. Uebertragung hrsg. von Vinz. Zwierzina. (XVI, 120 S. mit 22 Orig.-Illustr. und 1 lithogr. Karte.) 879. *M 2,40.

—— Gabelsberger stenographische. 1., 2., 5.—10. Bdchn. 16. Wien. (Leipzig, Robolsky.) *
Inhalt:
Bdchn. 1. Hauff, Wilh., die Bettlerin vom Pont des Arts. Novelle. Mit mässiger Anwendung der Satzkürzung. 2. Aufl. In stenograph. Uebertragung hrsg. von Vinc. Zwierzina. (91 photolithogr. S.) 883. *M 1.
Bdchn. 2. Bauernfeld, aus der Mappe des alten Fabulisten. Humor und Satyre. Correspondenzschrift. (39 S.) 882. *M 1.
» 5. 6. Zschokke, Heinr., Kleine Ursachen. Das blaue Wunder. Humoristische Novellen. Correspondenzschrift. 2. Aufl. In stenograph. Uebertragung hrsg. von Vinc. Zwierzina. (100 photolithogr. S.) 882. *M 2.
Teuffenbach, A Frhr. v., vaterländ. Ehrenbuch. Geschichtl. Denkwürdigkeiten a. allen Theilen d. oesterr.-ungar. Monarchie. In stenograph. Übertragg v. V Zwierzina. 2 Thle. (192) 80. n. 2. 40; in 1 Bd. geb. n. 4. —
» 7. 8. Teuffenbach, Albin Frhr. v., vaterländisches Ehrenbuch. Geschichtliche Denkwürdigkeiten aus allen Ländern der österreichisch-ungar. Monarchie. In stenograph. Uebersetzung und mit 17 Regenten-Porträts hrsg. von Vinc. Zwierzina. (VIII, 192 S.) 881. *M 2,40.; geb. in 1 Bd. *M 4.
» 9. †Halm, Friedr. [Eligius Frhr. v. Münch-Bellinghausen], die Marzipan-Lise. Erzählung. Correspondenzschrift. In stenograph. Uebertragung hrsg. von Vinc. Zwierzina. (39 S.) 882. *M 1.
» 10. Eichendorff, Jos. Frhr. v., aus dem Leben eines Taugenichts. Novelle. Correspondenzschrift und Übergang zur Satzkürzung. In stenograph. Übertragung hrsg. von Vinc. Zwierzina. (87 S.) 884. *M 2.

—— Gabelsberger stenographische. Nr. 7, 8 und 11. 12. Wien, (Steckler's stenograph. Selbstverlag.) *
geb. **
Inhalt:
Nr. 7. 8. Teuffenbach, Albin Frhr. v., vaterländisches Ehrenbuch. Geschichtliche Denkwürdigkeiten aus allen Ländern der österreichisch-ungar. Monarchie. Correspondenzschrift und Übergang zur Satzkürzung. In stenograph. Übertragung hrsg. von Vinc. Zwierzina. 2. Aufl. (IV, 216 S. mit 27 Regentenportr.) 884. *M 2.40.; geb. **M 3.40.
» 11. Rudolf, Kronprinz von Oesterreich, eine Orientreise. Mit höchstdessen Bewilligung stenograph. übertr. von Louis Melzer. Hrsg. von L. Steckler. 10 Lfgn. (IV, 297 S. mit 60 Illustr.) 885—87. à Lfg. * 50 Pf.; *M 5.—; geb. *M 6.—, und *M 6.50.

BIBLIOTHEK, Galante. Nr. 1 und 2 (Liebes-Abenteuer eines hübschen jungen Mannes. Sittenroman in 2 Bdn. Wien 1871). Verantwortl. Redacteur Alois Krammer. Druck und Verlag Jos. Holzwarth jun.
Verboten vom L.-G. Wien, 30. October 1871. § 516.

— galante. 10 Bde. kl. 8. Leipzig (909). F. Rothbarth. Geb. in Leinw. in Kassette 80. —

Bandello, Matteo, Künstler-Novellen aus der Renaissance. Aus dem Ital. v. Paul Seliger. 3. Aufl. (144 S.) Berlin (903).

[Brantôme.] Bourdeille, Pierre de, Herr v. Brantôme, aus den Lebenserinnerungen. Eingeleitet u. übers. v. Alfr. Semerau. Ergänzt von C. F. v. Schlichtegroll. 4. Aufl. (180 S.) (904.)

Castiglione, Graf Baldassare, Frauenspiegel d. Renaissance. Aus dem Ital. übers. u. eingeleitet v. Paul Seliger. 5. Aufl. (192 S.) (903.)

Diderot, Denis, im Kloster. Roman. Übers. u. bearb. v. J. Max. 4. Aufl. (IV, 222 S.) (903.)

Du Barry, der Frau Gräfin, Orig.-Briefe. Neudr. Mit e. Einleitg. v. René Schickele. 3. Aufl. (XIII, 208 S.) Berlin (905).

Firenzuola, Agnolo, Gespräche üb. die Schönheit d. Frauen. Aus dem Ital. v. Paul Seliger. 5. Aufl. (XII, 128 S.) 907.

Laclos, Choderlos de, gefährliche Freundschaften. Deutsch v. Heinr. Mann. 2 Bde. 2. Aufl. (XV, S. 5 bis 331 u. 3—293.) Berlin (905).

Lenclos, des Fräulein Ninon de, Briefe an den Marquis de Sevigné. Nebst e. Lebensgeschichte der Briefschreiberin. (290 S.) (908.)

Straparola, Giovan Francesco, die ergötzlichen Nächte. Eingeleitet u. übers. v. Alfr. Semerau. 2. Aufl. (183 S.) Berlin (904).

—— für wissenschaftliche Gartencultur. 1.—4. Bd. gr. 8. Stuttgart, Ulmer. *

Inhalt:

Bd. 1. Kolb, Max, Theorie des Gartenbaues. (XVI, 338 S.) 878. *M 8.

» 2. Lucas, Ed., Einleitung in das Studium der Pomologie, für angehende Pomologen, Freunde und Förderer der Obstkunde und Obstzucht. (XV, 266 S. mit 82 in den Text gedr. Holzschn.-Abbild.) 878. *M 6.

» 3. —— die Lehre vom Baumschnitt, für die deutschen Gärten bearb. unter Mitwirkung von Fr. Lucas. 4. umgearb. Aufl. (VIII, 298 S. mit 4 lithogr. Taf. und 165 eingedr. Holzschn.) 879. *M 6.

» 4. Tatter, W., Anleitung zur Obsttreiberei. (X, 336 S. mit 72 in den Text gedr. Holzschn.-Abbild.) 879. *M 7.

Bibliothek für wissenschaftliche Gartencultur. 5.—7. Bd. gr. 8. Stuttgart, Ulmer. *

Inhalt:

Bd. 5. Geschwind, Rud., Beiträge zur Landschaftsgärtnerei. Die Felsen in Gärten und Parkanlagen. Anleitung zur Verschönerung natürl. und Herstellung künstl. Felspartien für Landschaftsgärtner, Gartenbesitzer, Forstmänner und Architekten. (VIII, 346 S.) 880. *M 6.

» 6. Salomon, Carl, Handbuch der höheren Pflanzencultur. Botanische Gärtnerei. Beschreibung und Behandlung der werthvollsten und interessantesten Gewächshaus- und Zimmerpflanzen. (XII, 453 S. mit 11 in den Text gedr. Holzschn.) 880. *M 10.

» 7. Goetze, Edm., Pflanzengeographie für Gärtner und Freunde des Gartenbaues. (XII, 478 S.) 882. *M 9.

— gastronomische, Hegenbarth-Floriô. 1. Bd. 8. Dresden-Plauen, M. Hegenbarth. n. 1.—; geb. n. 1.60

Eß- u. Kochkunst, bürgerliche. Wie gestaltet man die tägl. Mahlzeiten reichhaltiger? (VI, 66 S.) (904.)

—— der Gegenwart. 1. Bd. A. u. d. T.: Aus dem Feldlager in der Krim. Briefe des Timescorrespondenten William Rusell. Deutsch bearb. von Jul. Seybt. gr. 8. (XII und 331 S.) Leipzig 855, Lorck. *

—— d. Gegenwart. 1. Bd. 8. Lpzg 55, Senf. n. 1. —
Russell, W, a. d. Feldlager in d. Krim. (334)

— der Gehe-Stiftung zu Dresden. III. Bd. Geographie u. Colonialpolitik. Abth. A. Cap. VI u. VIII. gr. 8. (IV, 184 S.) Dresden 899. v. Zahn & Jaensch. Geb. in Leinw. n. 2. —

Bd. I u. II u. d. T.: Katalog d. Bibliothek d. Gehestiftung. Ebd. 888—892. n. 10.—.

Die Bibliothek der Gehe-Stiftung zu Dresden. [1.] 1904/5. Jahresbericht, Systemat. u. alphabet. Zuwachsverzeichnis mit Ausschl. d. Antiquaria u. Fortsetzungen. Dresden: R. v. Zahn & Jaensch 1906. 8° [F.] 106. 6958 3

— d., d. Gehe-Stiftg zu Dresden '07 u. 8. Jahresbericht, systemat. u. alphabet. Zuwachsverz. m. Ausschl. d. Antiquaria u. Fortsetzgn. (115 u. 24, 98 m. je 1 Tab.) gr8° Dresd., v. Zahn & J. '08. '09. Je 1 — d

— Die, d. Gehe-Stiftung zu Dresden. '09—11. Jahresbericht, systemat. u. alphabet. Zuwachsverz. gr8° Dresd., v. Zahn & J. d
'09. (22, 107 m. 1 Tab. '10. 1 — ‖ '10. (23, 101 m. 1 Tab.) '11. — 75 ‖ '11. (28, 100 m. 1 Tab.) '12. 1 —

Bibliothek für modernes Geistesleben. Flugschriften z. Kenntnis d. Gegenwart u. f. ihre polit., sozial., pädagog. u. künstler. Aufgaben. In Verbindg. m. namhaft. Publizisten hrsg. v. Hans K. E. Buhmann. I. Jahg. 6 Hfte. gr. 8. Eisenach, Thüring. Verlagsanst. n. 4.—; erm. Pr. n. 2. —

1. Mann und Weib. Aphorismen. Von Hans K. E. Buhmann. (30 S.) 901. Einzelpr. n. 1.—; erm. Pr. n.n. — 25
2. Die Stellung d. Sozialdemokratie z. Religion. Von Ludw. Woltmann. (32 S.) 902. Einzelpr. n. 1.—; erm. Pr. n. — 40
3. Soziale Erziehung. I. Briefe u. Bilder. Von Hans K. E. Buhmann. (VII, 28 S.) 901. Einzelpr. n. 1.—; erm. Pr. n.n. — 25
4. Die Kirche. Von G. Wyneken. (34 S.) 902. Einzelpr. n. 1.—; erm. Pr. n. — 50
5. Alkoholismus u. Erziehung. Von Frz. Hähnel. (30 S.) 902. Einzelpr. n. — 50; erm. Pr. n.n. — 25
6. Die freie Hochschule als Mittel z. Steigerung uns. Volkskultur. Festrede zur Eröffnung d. „Freien Hochschule Berlin" i. Bürgersaale d. Berl. Rathauses am 13. I. 1902. Von Bruno Wille. (34 S.) 902. Einzelpr. n. 1.—; erm. Pr. n. — 50

— für modernes Geistesleben. 9. u. 10. Heft. 8. Hildburghausen, Thüringische Verlags-Anstalt. — 80

Gedanken zur Reform der Rechtspflege. I. Gerichtsverfassung. II. Vorbereitungsdienst, Richter, Rechtsanwälte, Staatsanwälte. (20 S.) 907. (Hft. 10) — 30

Wingenroth, Ernst, vom Wert der Brille. Gemeinverständlich dargestellt, m. 9 Fig. im Text. 2. Kapitel zu: Der Kampf gegen d. Erblindg. (25 S.) 907. (Hft. 9) — 50

Bisher unter den Einzeltiteln aufgenommen.

Bibliothek, geographische. Jena 1868—74. 8 Bde.

— germanische. I. Abtlg. Sammlung german. Elementar- u. Handbücher, hrsg. v. Wilh. Streitberg. I. Reihe: Grammatiken. 2. 8. u. 9. Bd. 8. Heidelberg, Carl Winter. 18.40; geb. in Leinw. n 21. —

Jespersen, Otto, a modern English grammar on historical principles. Part. I. Sounds an spellings. (XI, 485 S.) 909. (Bd. 9) 8.—; geb. in Leinw. n 9.

Schönhoff, Herm., emsländische Grammatik. Laut- u. Formenlehre der emsländ. Mundarten. Mit 1 (farb.) Karte. (XII, 228 S.) 908. (Bd. 8.) 7.—; geb. in Leinw. 8. —

Streitberg, Wilh., gotisches Elementarbuch. 3. u. 4. verb. Aufl. (XII, 313 S. m. 1 Taf.) 910. (Bd. 2) 3.40; geb. n 4.

Michels, Vict.: Mittelhochdeut. Elementarb. 2. Afl. (15, 324) '12 [7] 5 —; L n 6 —

— dass. III. Reihe: Lesebb. 2. u. 3. Bd. gr8° Ebd.
Kraus, Carl v.: Mittelhochdeut. Übgsb. (7, 258) '12 [2] 3.60; L n 4.20
Mansion, Jos.: Althochdeut. Leseb. f. Anfänger. (10, 173 m. 2 Taf.) '12 [3] 2.40; L n 3 —

— dasselbe. IV. Reihe: Wörterbücher. 1. Bd. 1.—20. Lfg. 8. Ebd. Subskr.-Pr. à 1.50

Norwegisch-dänisches etymologisches Wörterbuch. Von H. S. Falk u. Alf Torp. Mit Unterstützg. der Verff. fortgeführte deutsche Bearbeitg. v. Herm. Davidsen. 1.—20. Lfg. (S. 1—1000.) 907—910.

— dass. IV. Reihe: Wörterbb. 1. Bd, 15—22. Lfg, 2., 3. Bd. u. 4. Bd, 1—7. Lfg. 8° Ebd.
Falk, HS, u. Alf Torp: Norweg.-dän. etymolog. Wörterb. Auf Grund d. Übersetzg v. H Davidsen neu bearb. deut. Ausg. m. Lit.-Nachweisen stritt. Etymologien sowie deut. u. altnord. Wörterverz. 15—22. Lfg. (7 u. 1121—1722) '09 '10 [1, 21. 22] Subskr. 14 — (vollst.: 44 —; geb. n 46 —)
Grein, CWM: Sprachschatz d. angelsächs. Dichter. Unter Mitwirkg v. F Holthausen neu hrsg. v. JJ Köhler. 1—7. Lfg. (6 u. 1—560) '12 [4, 1—7] Subskr. je 1.50
Jelinek, Frz: Mittelhochdeut. Wörterb. zu d. deut. Sprachdenkmälern Böhmens u. d. mähr. Städte Brünn, Iglau u. Olmütz. (13—16. Jahrh.) (25, 1028) '11 [3] 20 —; geb. n 21 —
Schönfeld, M: Wörterb. d. altgerman. Personen- u. Völkernamen. Nach d. Überlieferg d. klass. Altertums bearb. (35, 309) '11 [2] 8 —; L n 9 —

— dasselbe. V. Reihe: Altertumskunde. 1. Bd. 8. Ebd. 5.—; geb. in Leinw. n 6. —

Nordisches Geistesleben in heidnischer u. früh-christl. Zeit. Von Axel Olrik. Übertr. v. Wilh. Ranisch. (XIII, 230 S. m. Abbildgn.) 908.

— dass. V. Reihe. 2. Bd. 8° Ebd.
Helm, Karl: Altgerman. Relig.-Gesch. 1. Bd. (Relig.-wissenschaftl. Bibliothek. Hrsg. v. Wilh. Streitberg u. Rich. Wünsch. 5. Bd.) (10, 411 m. Abb.) '13 [2] 6.40; geb. n 7.40

— germanische. II. Abtlg. Untersuchungen u. Texte. Hrsg. v. W. Streitberg. 1. Bd. 1. 8. Heidelberg, C. Winter Verl. n. 6.—; geb. n. 7. —

Beiträge zur germanischen Sprach- u. Kulturgeschichte. 1. Streckformen. Ein Beitrag zur Lehre v. der Wortentstehg. u. der german. Wortbetong. Von Heinr. Schröder. (XIX, 266 S.) 906.

Abtlg. I. s. a. Sammlung germanischer Elementarbücher.

— dasselbe. II. Abtlg. Untersuchungen u. Texte. Hrsg. v. W. Streitberg. 1. Bd. I. Tl., 2. Bd. u. 3. Bd. I. Tl. 8. Ebd. 9.70

1. II. Beiträge zur germanischen Sprach- u. Kulturgeschichte. II. Ablaut-Studien. Von Heinr. Schröder. (XI, 108 S.) 910. 3.—; geb. in Leinw. 3.80

2. Theophilus. Mittelniederdeutsches Drama, in 3 Fassgn. hrsg. v. Rob. Petsch. (X, 103 S.) 908. 2.—; geb. n 2.60

3, I. Bibel, die gotische. Hrsg. v. Wilh. Streitberg. I. Tl. Der got. Text u. seine griech. Vorlage. Mit Einleitg., Lesarten u. Quellennachweisen, sowie den kleineren Denkmälern als Anh. (XLVI, 484 S.) 908. 4.70

— dass. II. Abtlg. Untersuchgn u. Texte. 1. Bd, II. Tl; 3. Bd, II. Tl; 4. u. 5. Bd. 8° Ebd.

. Die got. Hrsg. v. Wilh. Streitberg. II. Tl. Gotisch-griech.-deut. Wörterb. (16, 180) '10 [3,II] 1.70 (vollst.: 6.40; L n 7.40) Wird nur an Abnehmer d. I. Tls abgegeben.

Lessing's Faustdichtg. Mit erläut. Beigaben hrsg. v. Rob. Petsch. (57 m. 1 Fksm.) '11 [4] 1.20; L n 1.80

Schröder, Heinr.: Beiträge z. german. Sprach- u. Kulturgeschichte. II. Ablautstudien. (11, 108) '10 [1,II] 3 —; L 3.80 (I u. II: 9 —; geb. 10.80)

Sievers, Eduard: Rhythm.-melod. Studien. Vorträge u. Aufsätze. (141) '12 [5] 3.20; L n 4 —

— dasselbe. III. Abtlg. Kritische Ausgaben altdeutsch. Texte. Hrsg. v. C. v. Kraus u. K. Zwierzina. 1. Bd. 8. Ebd. 907. 10 —; geb. in Leinw. nn 11.—

Der hl. Georg. Von Reinbot v. Durne. Nach sämtl. Handschriften hrsg. von Carl v. Kraus. (LXXXIV, 308 S.)

Bibliothek, Germanische. Hrsg. v. Wilh. Streitberg. III. Abtlg. Krit. Ausgaben altdeut. Texte. Hrsg. von C v. Kraus u. K Zwierzina. 2. Bd. 8° Heidelbg, Carl Winter.

Oswald, Der Wiener. Hrsg. v. Geo. Baesecke. (110, 67 m. 1 Taf.) '12 [2] 2.20; geb. n 3 —

Bibliothek, Carl Friedrich Gerstlacher's juristische, s. Gerstlacher.

— d. Gesamt-Litt. d. In- u. Auslandes. Nr. 1—450, 454—465. 8. Halle, Hendel. à *n.* — 25; Einbde à *n.n.* — 25

Abeken, B, e. Nacht. (60) 89. [Nr. 292.]
Abraham a Santa Clara, Etwas f. Alle, das ist e. kurze Beschreibg allerley Stand-, Amts- u. Gewerkpersonen m. beigedr. sittl. Lehre u. bibl. Concepten, durch welche d. Fromme m. gebühr. Lob hervorgestrichen, d. Tadelhafte aber m. e. müss. Ermahng nicht verschonet wird. Allen u. jeden heilsam u. leitsam, auch sogar nicht undienlich denen Predigern. (194) 90. [Nr. 376. 377.] n. — 50
Andersen, HC, Bilderbuch ohne Bilder. (56) 87 [Nr. 66.]
— d. Glückspeter. Erzählg. Deutsch v. M Fiesel. (75) 88. [Nr. 202.] In Prachtbd. m. G. n. 1. —
— Märchen. Gesamt-Asg. (605) 88. [Nr. 251—256.] n. 1. 50; Pracht-Asg. geb. m. G. n. 2. 75
Apulejus, Amor u. Psyche. Märchen. (44) 89. [Nr. 241.] In Prachtbd. m. G. n. 1. —
Archenholtz, JW v., Geschichte d. 7jähr. Krieges. (404) 88. [Nr. 213—216.] n. 1. —
Baehr, P, neues Buch d. Lieder. 2. Afl. (167) 87. [Nr. 114. 115.] n. — 50
Bellamy, E, im J. 2000. Ein Rückblick auf d. J. 1887. Übers. v. R George. (216) 90. [Nr. 436. 437.] n. — 50
Beniczky-Bajza, d. Schmetterling, s.: Novellenbuch.
Béranger, PJ de, Lieder. Deutsch v. D Schrutz. (260) 90. [Nr. 423—426.] n. 1. —; in Prachtbd. m. G. n. 1. 75
Björnson, B, Kapitän Mansona. (73) 88. [Nr. 180.]
Blumauer, A, Vergils Aeneis, travestirt. (189) 88. [Nr. 166. 167.] n. — 50
Boltz, A, hellen. Erzählgn. (115) 87. [Nr. 116. 117.] n. — 50
Börne, L, a. meinem Tagebuche. (66) 90. [Nr. 465.]
Brand, WF, Londoner Streifzüge. (143) 87. [Nr. 59. 60.] n. — 50
Bürger, GA, Gedichte. (276) 86. [Nr. 20—22.] n. — 75
— d. Freih. v. Münchhausen wunderbare Reisen u. Abenteuer zu Wasser u. zu Lande. (61) 88. [Nr. 233.]
Byron, Lord, d. Gefangene v. Chillon. Parrisina. Zwei poet. Erzählgn, übers. v. O Michaeli. (44) 90. [Nr. 422.]
Calderon de la Barca, Don P, d. Richter v. Zalamea. Übers. v. JD Gries. (81) 90. [Nr. 464.]
Cats, J, ausgew. Gedichte. Aus d. Holl. v. D Haek. (50) 90. [Nr. 405.]
Catull's Buch d. Lieder. Mit Anmerkgn. v. H Griebenow. (90) 89. [Nr. 324. 325.] n. — 50
Cervantes Saavedra, M de, Leben u. Thaten d. scharfsinn. Edlen Don Quijote v. la Mancha. Übers. v. L Tieck. 4 Bde. (1048) 89. [Nr. 296—305.] n. 2. 50
Chamisso, A v., Gedichte. (360) 86. [Nr. 10—12.] n. — 75; geb. m. G. 1. 30
— Peter Schlemihls wundersame Geschichte. (54) 86. [Nr. 34.]
Claudius, M, d. Wandsbecker Bote. Blütenkranz a. s. Werken, nebst e. Bild s. Lebens v. J Keuper. (115) 88. [Nr. 205. 206.] n. — 50
Csiky, G, d. Rosenkranz, s.: Novellenbuch.
Daudet, A, Fromont jun. u. Risler sen. Pariser Sittenbild. Übers. v. Hallbauer. (262) 90. [Nr. 461—463.] n. — 75
Dickens (Boz), C, d. Heimchen am Heerde. (92) 86. [Nr. 18.]
— d. Pickwickier. 2 Bde. (777) 87. [Nr. 93—98.] n. 1. 50
— d. Sylvesterglocken. Eine Koboldgeschichte v. Glocken, d. d. alte Jahr aus- u. d. neue einläuten. (88) 89. [Nr. 373.] In Prachtbd. m. G. n. 1. —
— d. Weihnachtsabend. (78) 87. [Nr. 68.]
Droste Hülshoff, A Freiin v., d. Judenbuche. Sittengemälde a. d. gebirg. Westphalen. (50) 89. [Nr. 353.]
Eberhard, CAG, Hannchen u. d. Küchlein. (94) 89. [Nr. 339.] In Prachtbd. m. G. n. 1. —
Eichendorff, J Frhr v., Gedichte. (302) 88. [Nr. 170—172.] n. — 75; in Prachtbd. m. G. 1. 50
— aus d. Leben e. Taugenichts. (92) 88. [Nr. 173.] Prachtbd. m. G. n. 1.—
Engel, JJ, d. Philosoph f. d. Welt. (278) 88. [Nr. 245. 246.] n. — 50
— Herr Lorenz Stark. Ein Charaktergemälde. (128) 88. [Nr. 231.]
Erckmann-Chatrian, Freund Fritz. Bilder a. d. Kleinstadtleben. Deutsch v. Hallbauer. (174) 89. [Nr. 335. 336.] n. — 50
— Geschichte e. Rekruten v. anno 1813. Deutsch v. Hallbauer. (170) 90. [Nr. 398. 399.] n. — 50
— d. poln. Jude. Charakterbild in 3 Abtlgn. Deutsch v. D Schrutz. (52) 90. [Nr. 445.]
Feuchtersleben, E Frhr v., z. Diätetik d. Seele. (110) 88. [Nr. 263.] In Prachtbd. m. G. 1. 20
Fichte's, JG, Reden an d. deut. Nation. (208) 89. [Nr. 356. 357.] n. — 50
Fischart, J, d. philosoph. Ehezuchtbüchlein. Erneuert u. bearb. v. G Holten-Weber. (64) 89. [Nr. 364.] In Prachtbd. m. G. n. 1. —
Forster, G, Ansichten v. Niederrhein. (112) 89. [Nr. 349.]
Fouqué, F Baron de la Motte, Undine. (88) 87. [Nr. 67.]
Gellert's Fabeln u. Erzählungen. (168) 87. [Nr. 99. 100.] n. — 50
Gènestet, PA de, ausgew. Gedichte. Uebers. v. JR Hanne. (116) 86. [Nr. 49. 50.] n. — 50
Goldsmith, O, d. Landprediger v. Wakefield. (156) 86. [Nr. 6. 7.] n. — 50
Goethe, JW v., Clavigo. (46) 87. [Nr. 113.]
— Egmont. (79) 86. [Nr. 48.]
— Faust. 2 Tle. (310) 86. 87. [Nr. 3 u. 63.] n. — 50
— Gedichte. (375) 86. [Nr. 35—37.] n. — 75
— Götz v. Berlichingen m. d. eisernen Hand. (92) 86. [Nr. 19.]
— Hermann u. Dorothea. (64) 86. [Nr. 9.]
— Iphigenie auf Tauris. (59) 86. [Nr. 44.]
— d. Leiden d. jungen Werther. (108) 87. [Nr. 62.]
— a. meinem Leben. Wahrheit u. Dichtg. (674) 88. [Nr. 186—191.] n. 1. 50
— Wilh. Meister's Lehrjahre. Roman. (524) 89. [Nr. 317—321.] n. 1. 25
— Wilh. Meisters Wanderjahre. (372) 89. [Nr. 343—345.] n. — 75
— d. Mitschuldigen. Lustspiel in Versen. (58) 88. [Nr. 240.]
— Reineke Fuchs. (130) 87. [Nr. 130.]
— Stella. Die Geschwister. (51) 87. [Nr. 154.]
— Torquato Tasso. (100) 86. [Nr. 57.]
— d. natürl. Tochter. Jerry u. Bätely. (100) 87. [Nr. 151.]
— d. Wahlverwandtschaften. (223) 88. [Nr. 249. 250.] n. — 50
Grimmelshausen, Simplicius Simplicissimus. Nach d. Bearbeitg v. OLB Wolff. (570) 90. [Nr. 439—444.] n. 1. 50
Haek, D, Apophthegmata. Deut. Citatenschatz. (229) 89. [Nr. 362. 363.] n. — 50
— ungar. Lyrik v. A Kisfaludy bis z. Gegenwart. (150) 88. [Nr. 193—195.] n. — 75; in Prachtbd. m. G. n. 2. —
— deut. Sinngedichte. Eine Auswahl deut. Epigramme u. Spruchgedichte v. d. Reformationszeit bis z. Gegenwart. (196) 86. [Nr. 51. 52.] n. — 50
Hart, J, Divan d. pers. Poesie. Blütenlese a. d. pers. Poesie. (270) 87. [Nr. 143—145.] n. — 75; in Prachtbd. m. G. 1. 50
Hartmann v. d. Aue, d. arme Heinrich. (48) 87. [Nr. 84.]
Hauff, W, d. Bettlerin v. Pont des Arts. (93) 86. [Nr. 28.]
— d. Bild d. Kaisers. (85) 87. [Nr. 121.]
— Lichtenstein. (316) 86. [Nr. 14—16.] n. — 75
— d. Mann im Monde, nebst d. Kontroverspredigt üb. H Clauren u. d. Mann im Monde. (220) 88. [Nr. 221. 222.] n. — 50
— Märchen. (313) 87. [Nr. 54—56.] n. — 75
— Mitteilgn a. d. Memoiren d. Satans. (255) 87. [Nr. 122. 123.] n. — 50
— Phantasien im Bremer Ratskeller. (48) 86. [Nr. 32.]
— d. letzten Ritter v. Marienburg. Othello. (102) 87. [Nr. 159.]
— d. Sängerin. Jud Süss. (118) 87. [Nr. 154.]
Hebel, JP, alemann. Gedichte. (13) 87. [Nr. 121.]
— Schatzkästlein d. rhein. Hausfreundes. (186) 86. [Nr. 39. 40.] n. — 50
Heine, H, Atta Troll. (68) 87. [Nr. 72.]
— d. Buch d. Lieder. (186) 87. [Nr. 70. 71.] n. — 50
— Deutschland. (64) 87. [Nr. 83.]
— letzte Gedichte. (118) 87. [Nr. 78.]
— neue Gedichte. Zeitgedichte. (108) 87. [Nr. 75.]
— z. Geschichte d. Religion u. Philosophie in Deutschland. (132) 87. [Nr. 104. 105.] n. — 50
— d. Harzreise (1824). (59) 87. [Nr. 139.]
— Reisebilder. I. Memoiren. (274) 87. (Nr. 73. 74.] n. — 50 ‖ II. Wintermärchen. (64) 87. [Nr. 81. 82.] n. — 50
— Romancero. (147) 87. [Nr. 76. 77.] n. — 50
— d. romant. Schule. (127) 87. [Nr. 106. 107.] n. — 50
Herder, JG, d. Cid. (115) 86. [Nr. 38.]
— Gedichte. (304) 88. [Nr. 260—262.] n. — 75; in Prachtbd. m. G. 1. 50
— Legenden u. Paramythien. (102) 89. [Nr. 274.]
— Stimmen d. Völker in Liedern. Gesammelt, geordnet, z. Teil übers. (360) 88. [Nr. 257—259.] n. — 75; in Prachtbd. m. G. 1. 50
— üb. d. Ursprung d. Sprache. (98) 88. [Nr. 239.]
Hoffmann, ETA, d. Fräulein v. Scuderi. Erzählg a. d. Zeitalter Ludwig XIV. (70) 89. [Nr. 293.)
— d. goldne Topf. Ein Märchen a. d. neuen Zeit. (85) 90. [Nr. 421.]
Hölty, LHC, Gedichte. (128) 89. [Nr. 271. 272.] n. — 50; in Prachtbd. m. G. 1. 50
Homer's Ilias v. JH Voss. (390) 87. [Nr. 85—87.] n. — 75
— Odyssee v. JH Voss. (300) 86. [Nr. 45—47.] n. — 75
Humboldt, A v., Ansichten d. Natur. (97) 90. [Nr. 387.]
— üb. d. Versuch, d. Gipfel d. Chimborazo zu ersteigen. Anh.: JB Boussingault's Chimborazo-Besteigg. (40) 90. [N. 388.]
Ibsen, H, Gespenster. Familiendrama. Deutsch v. F Albert. (70) 90. [Nr. 446.]
— d. Komödie d. Liebe. Komödie. Aus d. Norweg. (126) 90. [Nr. 374. 375.] n. — 50
Jean Paul, Flegeljahre. Eine Biographie. (427) 90. [Nr. 379—382.] n. 1. —
— Leben d. Quintus Fixlein, aus 12 Zettelkasten gezogen; nebst e. Mussteil u. einigen Jus de tablette. (206) 86. [Nr. 25. 26.] n. — 50
Immermann, d. Oberhof (316) 87. [Nr. 118—120.] n. — 75
— d. neue Pygmalion. (50) 89. [Nr. 288.]
— Tulifäntchen. Kom. Heldengedicht. (70) 88. [Nr. 209.] geb. m. G. n. 1. —
Jokai, M, Fortunatus, s.: Novellenbuch.
Irving, W, d. Alhambra od. d. neue Skizzenbuch. (229) 88. [Nr. 198—200.] n. — 75; in Prachtbd. m. G. 1. 50
— Gottfried Crayons Skizzenbuch. Gesamt-Asg. (339) 88. [Nr. 241—244.] n. 1. —; Pracht-Asg. geb. m. G. n. 1. 75
Kant, I, v. d. Macht d. Gemüts, durch d. blossen Vorsatz s. krankhaften Gefühle Meister zu sein. Ein Schreiben an CW Hufeland üb. dess. Buch „Makrobiotik" etc. (38) 88. [Nr. 247.]
Kennan, G, Sibirien. Deutch v. G Gärtner. 1. Tl. (236) 90. [Nr. 448—450.] n. — 75
Kleist, H v., Prinz Heinrich v. Homburg. (64) 87. [Nr. 127.]
— d. Hermannschlacht. Drama. (87) 89. [Nr. 326.]
— d. Käthchen v. Heilbronn od. d. Feuerprobe. (94) 87. [Nr. 108.]
— Michael Kohlhaas. (95) 88. [Nr. 192.]
— d. zerbrochene Krug. Lustpiel. (78) 90. [Nr. 400.]
Klinger, FM, d. leidende Weib. Trauerspiel. Nebst e. Anh.: die frohe Frau u. Klingers Entgegng. Hrsg. v. L Jacobowski. (88) 89. [Nr. 332.]
Klönne, H, a. Kindermund. (57) 88. [Nr. 161.] geb. m. G. 1. 30
Klopstock's Oden u. Epigramme in Ausw. Mit Erläuterg v. B Grosse. (106) 89. [Nr. 330. 331.] n. — 50
König Rother. Ein Gedicht deut. Volkspoesie d. 12. Jahrh. Neuhochdeutsch bearb. v. H Zimmer. (72 m. 1 Taf.) 89. [Nr. 352.]

Körner, T, d. Braut. Der grüne Domino. Der Vetter a. Bremen. drei Lustspiele. (59) 87. [Nr. 138.]
— Erzählgn. (40) 87. [Nr. 125.]
— d. Gouvernante, e. Posse; d. Fischermädchen, e. lyr. Drama; d. 4jähr. Posten. Singspiel. (54) 88. [Nr. 220.]
— Leier u. Schwert. (52) 87. [Nr. 53.]
— Toni, Drama. Der Nachtwächter, Lustspiel. (59) 87. [Nr. 187.]
— Zriny. (79) 87. [Nr. 64.]
Kortüm, KA, d. Jobsiade. Grotesk-kom. Heldengedicht m. d. Orig.-Holzschn. in 3 Tln. (338) 90. [Nr. 427—430.] n. 1. —
Kotzebue, A v, d. merkwürdigste Jahr meines Lebens. (234) 90. [Nr. 402—404.] n. — 75
La Rochefoucauld, Herzog F v., e. Bildnis d. Menschenherzens. Maximen, Sprüche u. Betrachtgn. Übers. v. H. v. Vintler. 2. Asg. (95) 90. [Nr. 378.]
Lenau, N, Gedichte. (202) 86. [Nr. 29—31.] n. — 75
Lessing, GE, Minna v. Barnhelm od. d. Soldatenglück. Ein Lustspiel. (80) 86. [Nr. 4.]
— Emilia Galotti. Trauerspiel. (69) 86. [Nr. 33.]
— Laokoon od. üb. d. Grenzen d. Malerei u. Poesie. 1. Tl. 1766. (161) 88. [Nr. 163. 164.] n. — 50
— Nathan d. Weise. Dramat. Gedicht. (122) 86. [Nr. 27.]
— Philotas. Trauerspiel. (31) 88. [Nr. 264.]
Longfellow, HW, Evangeline. (54) 88. [Nr. 197.] in Prachtbd m. G. 1. 20
— d. goldene Legende. (139) 87. [Nr. 156. 157.] n. — 50; geb. m. G. 1. 30
— d. Sang v. Hiawatha. Deutsch v. K Bindel. (152) 90. [Nr. 413. 414.] n. — 50; geb. m. G. 1. 50
Lytton-Bulwer, E, Nacht u. Morgen. Roman. (538) 90. [Nr. 383—386.] n. 1. —
— d. letzten Tage v. Pompeji. Aus d. Engl. (454) 89. [Nr. 358—361.] n. 1. —
Matthisson, F v., Gedichte. (100) 88. [Nr. 203.] geb. m. G. n. 1. 30
Mikspáth, K, Martha Timar, s.: Novellenbuch.
Molière, JB, d. Geizige. Deutsch v. W Graf Baudissin. (75) 87. [Nr. 80.]
— d. eingebildete Kranke. Komödie. Deutsch v. D Schrutz. (62) 89. [Nr. 371.]
Mosenthal, SH, Deborah. Volksschauspiel. (82) 89. [Nr. 305.]
Müller, W, Gedichte. Ges.-Asg. (327) 89. [Nr. 309—312.] n. 1. —; in Prachtbd m. G. n. 2. —
— Griechenlieder. (64) 89. [Nr. 314.]
Musäus' Volksmärchen d. Deutschen. Ausw. Bearb. v. H Meissner. (228) 89. [Nr. 354. 355.] n. — 50
Musset, A de, spielt nicht m. d. Liebe. Eine. venetian. Nacht od. Laurettas Hochzeit. (75) 88. [Nr. 181.]
Nicolai, F, Anekdoten v. König Friedrich II. v. Preussen u. v. einigen Personen, d. um ihn waren. (150) 90. [Nr. 394. 395.] n. — 50
Niebuhr, BG, griech. Heroengeschichten. (53) 90. [Nr. 420.]
Novalis [FG v. Hardenberg], Heinr. v. Ofterdingen. Roman. (156) 89. [Nr. 280. 281.] n. — 50
Novellenbuch, ungar. 1. Bdchn. Scheck u. Falbe v. A Petöfi. (86) 87. [Nr. 134.]
— dass. 2. Bdchn. Fortunatus v. M Jokai. (43) 87. [Nr. 135.]
— dass. 3. Bdchn. Der Sonderling v. H. v. Beniczky-Bajza. Der Rosenkranz v. G Csiky. Martha Timar v. K Mikspáth. (56) 87. [Nr. 136.]
Oeser, C, Weihgeschenk f. Frauen u. Jungfrauen. Briefe üb. ästhet. Bildg weibl. Jugend. Abdr. d. 3. Orig.-Afl. (300 m. Abbildgn.) 90. [Nr. 407—412.] n. 1. 50; geb. m. G. 3. —
Ovidius Naso, P, Verwandlungen. (144) 87. [Nr. 88. 89.] n. — 50
Pertersen, M, Prinzessin Ilse. Märchen a. d. Harzgebirge. (93) 90. [Nr. 397.] In Prachtbd. m. G. n. 1. —
— d. Irrlichter. (93) 90. [Nr. 396.] In Prachtbd. m. G. n. 1. —
Petöfi, A, Gedichte. (115) 87. [Nr. 152. 153.] n. — 50; geb. m. G. 1. 30
— Scheck u. Falbe, s.: Novellenbuch.
Platen, Graf A v., Gedichte. (398) 87. [Nr. 90—92.] n. — 75; in Prachtbd. m. G. 1. 50
Rabener's Werke, Ausw. Mit Einl. u. Erläutergn v. A Holder. Beitr. z. Kulturgeschichte u. Pädagogik d. 18. Jahrh. (237) 88. [Nr. 217—219.] n. — 75
Racine, J, Berenice. Tragödie. Übertr. v. FX Seidl. (58) 90. [Nr. 401.]
— Phädra. Ins Deutsche übertr. v. F v. Schiller. (57) 87. [Nr. 158.]
Raimund, F, d. Verschwender. Zaubermärchen. (77) 87. [Nr. 128.]
Raonkilde, A, Judith Fürste. Roman. Aus d. Dän. v. M. Mann. (175) 89. [Nr. 286. 287.] n. — 50
Reinick, R, Lieder. (130) 88. [Nr. 182. 183.] n. — 50; Prachtbd. m. G. 1. 30
Saint-Pierre, B de, Paul u. Virginie. (98) 87. [Nr. 69.]
Saphir, MG, wilde Rosen. Ges.-Asg. (255) 89. [Nr. 306—308.] n. — 75; in Prachtbd. m. G. n. 1. 75
Schenkendorf, M v., Gedichte. (232) 88. [Nr. 168. 169.] n. — 50; geb. m. G. 1. 50
Schiller, F v., d. Braut v. Messina od. d. feindl. Brüder. (98) 87. [Nr. 79.]
— Briefe an d. Frhrn H v. Dalberg in d. J. 1781—1785. (51) 90. [Nr. 435.]
— Gedichte. (296) 86. [Nr. 1. 2.] n. — 50
— Geschichte d. 30jähr. Krieges. (350) 89. [Nr. 367—369.] n. — 75
— d. Jungfrau v. Orleans. (128) 86. [Nr. 43.]
— Kabale u. Liebe. (98) 88. [Nr. 162.]
— Don Karlos, Infant v. Spanien. (219) 87. [Nr. 61.]
— d. Neffe als Onkel. Lustspiel nach d. Franz. d. Picard. (48) 88. [Nr. 210.]
— d. Räuber. (126) 87. [Nr. 106.]
— Maria Stuart. (143) 86. [Nr. 41.]
— Wilhelm Tell. Schauspiel. (124) 86. [Nr. 5.]
— d. Verschwörg d. Fiesco zu Genua. (100) 87. [Nr. 146.]
— Wallenstein. 2 Tle. (287) 86. [Nr. 33. 34.] n. — 50
Schjörring, J, Esthers Geschichte. Roman. Aus d. Dän. v. L Fehr. (139) 89. [Nr. 284. 285.] n. — 50
Schleiermacher, FDE, Monologen. Eine Neujahrsgabe. (64) 89. [Nr. 370.]
— üb. d. Religion. Reden an d. Gebildeten unter ihren Verächtern. (272) 89. [Nr. 346—348.] n. — 75
Schmid, C v., d. Hopfenblüten. Die Ostereier. 2 Erzählgn. (100) 90. [Nr. 406.]
— Rosa v. Tannenburg. Erzählg. (114) 90. [Nr. 410.]
Schrutz, D, Perlen f. d. Vortrag. Balladen- u. Romanzenschatz, a. d. Weltlitteratur gesammelt. (509) 88. [Nr. 267—270.] n. 1. —
Schulze, E, d. bezauberte Rose. (72) 87. [Nr. 65.]
Schwab, G, d. deut. Volksbücher. I. Doktor Faustus. (74) 89. [Nr. 329.] || II. Fortunat u. s. Söhne. (102) 89. [Nr. 372.]
Scott, W, Quentin Durward. Roman. Deutsch v. H Döring. (515) 90. [Nr. 415—418.] n. 1. —
— Ivanhoe. Roman. (438) 87. [Nr. 140—142.] n. — 75
— Kenilworth. Roman. Aus d. Engl. v. E v. Hohenhausen, durchgeseh. u. bearb. v. J Pederzani-Weber. (460) 88. [Nr. 226—228.] n. — 75
Scribe, E, d. Glas Wasser od. Wirkgn u. Ursachen. (84) 87. [Nr. 126.]
Sealsfield, C, d. Kajütenbuch od. nationale Charakteristiken. (226) 87. [Nr. 131—133.] n. — 75
Seume, JG, mein Leben. (120) 89. [Nr. 275.]
Shakespeare, W, Julius Cäsar. Trauerspiel. (92) 86. [Nr. 8.]
Shakespeare, W, Coriolanus. Histor. Drama. Nach der Schlegel-Tieck'schen Übersetzg. (110) 90. [Nr. 438.]
— Hamlet, Prinz v. Dänemark. (106) 87. [Nr. 148.]
— König Heinrich IV. (171) 87. [Nr. 149. 150.] n — 50
— König Heinrich V. Histor. Drama. Übers. v. AW v. Schlegel. (99) 89. [Nr. 340.]
— d. Kaufmann v. Venedig. (79) 88. [Nr. 185.]
— viel Lärmen um Nichts. (83) 89. [Nr. 318.]
— König Lear. (100) 88. [Nr. 175.]
— Macbeth. (84) 86. [Nr. 42.]
— Othello. (99) 88. [Nr. 174.]
— König Richard II. Trauerspiel. Übers. v. AW v. Schlegel. (84) 90. [Nr. 389.]
— König Richard III. Trauerspiel. Übers. v. AW v. Schlegel. (106) 90. [Nr. 390.]
— Romeo u. Julia. (89) 88. [Nr. 196.]
— e. Sommernachtstraum. Schauspiel. Übers. v. AW v. Schlegel. (66) 88. [Nr. 201.]
— was ihr wollt. Lustspiel. Übers. v. AW v. Schlegel. (80) 89. [Nr. 290.]
— d. lust. Weiber v. Windsor. Lustspiel. (87) 89. [Nr. 273.]
— d. Widerspenstigen Zähmg. Lustspiel. (80) 88. [Nr. 248.]
— d. Wintermärchen. Schauspiel. Nach d. Schlegel-Tieckschen Übersetzg, berichtigt nach d. Asg. d. Shakespeare-Ver. (95) 88. [Nr. 252.]
Slowacki, J, erzähl. u. lyr. Gedichte. Metr. übertr. v. A Weiss. (127) 88. [Nr. 229. 230.] n. — 50; in Prachtbd. m. G. 1. 50
Sophokles, Aias. (61) 88. [Nr. 177.]
— König Ödipus. Tragödie. Übers. v. R Körner. (79) 89. [Nr. 276.]
— Philoktetes. Tragödie. Übers. v. R Körner. (72) 89. [Nr. 338.]
Spitta, KJP, Psalter u. Harfe. Sammlg christl. Lieder z. häusl. Erbaug. (136) 90. [Nr. 392. 393.] n. — 50; in Prachtbd. m. G. n. 1. —
Strachwitz, M Graf, Gedichte. Gesamt-Asg. (170) 88. [Nr. 223. 224.] n. — 50; in Prachtbd. m. G. 1. 50
Tacitus, CC, Germaniens Lage, Sitten u. Völkerschaften u. d. Leben d. Jul. Agricola. Übers. v. W Böttcher. (63) 89. [Nr. 337.]
Tegnér's, E, Frithjofs Sage. Aus d. Schwed. v. G Mohnike. (103) 86. [Nr. 58.]
— d. Nachtmahlskinder. Aus d. Schwed. v. G Mohnike. (38) 89. [Nr. 291.] geb. m. G. n. 1. —
Tennyson's Enoch Arden. Aus d. Engl. v. H Griebenow. (35) 89. [Nr. 334.] In Prachtbd. m. G. n. 1. —
Tiedge, CA, Urania. Ein lyr.-didakt. Gedicht. (118) 88. [Nr. 207. 208.] n. — 50; geb. m. G. n. 1. 30
Tolstoi, LN Graf, d. Macht d. Finsternis od. reiche d. Bösen d. Finger, so fasst er d. ganze Hand. Volksdrama. (127) 88. [Nr. 178. 179.] n. — 50
Tschernow, a. russ. Dichtern. [Lyrisches, Episches, Dramatisches] in deut. Übertraggn. (231) 89. [Nr. 277—279.] n. — 75; geb. m. G. 1. 75
Turgenjew, JP, Federzeichngn e. Jägers. Aus d. Russ. v. A Markow. I. (152) 89. [Nr. 327. 328.] n. — 50
Ujejski, K, bibl. Melodien. Deutsch v. E Bett. (48) 90. [Nr. 391.]
Varnhagen v. Ense, Frhr Geo. v. Derfflinger. Lebensbild. (61) 89. [Nr. 333.]
— Fürst Leopold v. Anhalt-Dessau. Lebensbild. (148) 89. [Nr. 350. 351.] n. — 50
— Graf Matthias v. d. Schulenburg. Lebensbild. (78) 89. [Nr. 366.]
Vergil's Äneis. Von JH Voss. Neue Asg. (280) 90. [Nr. 432—434.] n. — 75
Voss, JH, Luise. (90) 86. [Nr. 17.] geb. m. G. n. 1. —
Wallace, L, Ben Hur od. d. Tage d. Messias. Deutsch v. P Heichen. (568) 90. [Nr. 454—460.] n. 1. 75; geb. m. G. 3. —
Walther v. d. Vogelweide, Gedichte. Gesammtasg. (139) 87. [Nr. 109. 110.] n. — 50
— dass. Schulasg. (127) 87. (Nr. 111. 112.) n. — 50
Wartenegg, W v., d. Verwendbare. Erzählg. (81) 87. [Nr. 129.]
Weber, F, Minnesinger. Deut. Liederdichter d. 12., 13. u. 14. Jahrh. a. d. Manesseschen Liederhandschrift u. and. Sammlgn, ausgew. u. neuhochdeutsch übertr. (146) 88. [Nr. 211. 212.] n. — 50
Weber, KJ, Demokritos od. hinterlass. Papiere e. lach. Philosophen. 1. Bdchn (76) 87. [Nr. 100.] || 2. (84) 88. [Nr. 165.] || 3. Bdchn (54) 88. [Nr. 176.] || 4. Bdchn (84) 88. [Nr. 184.] || 5. Bdchn (112) 88. [Nr. 204.] || 6. Bdchn (76) 88. [Nr. 234.] || 7. Bdchn (66) 88. [Nr. 238.] || 8. Bdchn (182) 88. [Nr. 205. 206.] n. — 50 || 9. Bdchn (152) 89. [Nr. 282. 283.] n. — 50 || 10. Bdchn (155) 89. [Nr. 294. 295.] n. — 50 || 11. Bdchn (155) 89. [Nr. 315. 316.] n. — 50 || 12. Bdchn (177) 89. [Nr. 322. 323.] n. — 50 || 13. Bdchn (90) 90. [Nr. 447.]
Wellmer, A, Kaiser Wilhelm. Ein Lebensbild in kleinen Zügen v. grossen Kaiser. (116) 88. [Nr. 225.]
Wernher d. Gärtner, Meier Helmbrecht. Eine deut. Novelle a. d. 13. Jahrh. Übers. v. L Fulda. (84) 89. [Nr. 289.]
Wieland, CM, Oberon. (212) 87. [Nr. 102. 103.] n. — 50
Zschokke, JHD, d. Abenteuer d. Neujahrsnacht. (68) 86. [Nr. 13.]
— d. tote Gast. Erzählg. (95) 88. [Nr. 235.]
— d. Goldmacherdorf. Erzählg. (112) 89. [Nr. 342.]
— d. Verklärgn. Erzählg. (92) 88. [Nr. 237.]
— d. blaue Wunder. Die weibl. Stufenjahre. Erzählgn. (56) 88. [Nr. 236.]
Nr. 451—453 erscheinen später.

— d. Gesamt-Litt. d. In- u. Auslandes. Nr. 451—453 u. 466—902. 8° (Zum Tl m. Bildnissen.) Halle, O Hendel. à — 25 Einbde à n. n. — 25

Ahrenberg, J, d. Stockjunker. Eine Erzählg a. Karelen. Aus d. Schwed. v. M Hellbusch. (228) 95. [Nr. 830—32.] — 75
Ambros, AW, Abriss d. Musikgeschichte. Vorlesgn. (85) 91. [Nr. 550.]
Arndt, EM, Gedichte. Ausw. (248) 91. [Nr. 466—68.] — 75; in Prachtbd m. G. 1.75
Arnim, LA v., u. C Brentano, d. Knaben Wunderhorn. Alte deut. Lieder. Neudr., m. Einl. u. Anmerkgn hrsg. v. J Ettlinger. (808) 91. [Nr. 531—39.] 2.25; in Prachtbd auf bess. Pap. 4 —
Banville, T v., Gringoire. Schauspiel. Deutsch v. E Haynel. (40) 93. [Nr. 726.]
Bechstein, L, deut. Märchenbuch. (156) 91. [Nr. 471.72.] — 50; in Prachtbd m. G. 1.30
Becquer, GA, span. Lieder. Deutsch v. R Jordan. (80) 93. [Nr. 655.] In Prachtbd 1.50
Bellamy, E, Maud Elliott, e. Liebesgeschichte auf umgekehrte Art. Ein Echo v. Antietam. Zwei Novellen. Deutsch v. G Joël. (55) 91. [Nr. 474.]
Björnson, B, Absalons Haar. Novelle. Deutsch v. W Meinhardt. (111) 94. [Nr. 823.24.] — 50
— auf Gottes Wegen. Roman. Deutsch v. W Meinhardt. (282) 92. [Nr. 601—4.] 1 —
Bismarck, Fürst, Reden a. d. J. 1847—1895. Hrsg. v. H Kraemer. 3 Bde. (449, 484 u. 438) 95. [Nr. 860—65, 873—78 u. 890—95.] à 1.50; in Orig.-Bd à 2.50
Börjesson, J, König Erich. Trauerspiel. Übertr. u. f. d. Bühne neu bearb. v. L Passarge. (84) 93. [Nr. 724.]
Bothmer, H, d. Schweizerland im Liede. Anthologie. (190) 92. [Nr. 636—38.] — 75; in Prachtbd m. G. 2 —
Boz s.: Dickens, C.

Brentano, C, d. Knaben Wunderhorn, s.: Arnim, LA v.

Bulwer, EL, Eugen Aram. Roman. Nach d. Übersetzg v. F Notter bearb. v. T Bergfeldt. (458) 93. [Nr. 656–61.] 1.50

Busse, C, neuere deut. Lyrik. Mit e. litterar-histor. Einl. (487) 95. [Nr. 879–85.] 1.75; in Orig.-Bd 3 —

Byron, Lord, Childe Harolds Pilgerfahrt. Epos. Übertr. v. F Dobbert. (192) 93. [Nr. 682–84.] — 75

Cäsar's, CJ, Denkwürdigkeiten a. d. gall. Kriege. Neue Bearbeitg d. Übersetzg v. F Strack. (223) 93. [Nr. 698–700.] — 75

Darwin, C, d. Abstammg d. Menschen u. d. geschlechtl. Zuchtwahl. Deutsch v. G Gärtner. (878) 93. [Nr. 667–81.] 3.75; geb. 4.50

— d. Entstehg d. Arten durch natürl. Zuchtwahl od. d. Erhaltg d. bevorzugten Rassen im Kampfe ums Dasein. Deutsch v. G Gärtner. (602) 92. [Nr. 611–21.] 2.75; geb. in Hlbfrz. 3.50

— Reise. Tagebuch naturgeschichtl. u. geolog. Untersuchgn üb. d. währ. d. Weltumsegig auf I. M. Schiff Beagle besuchten Länder. Aus d. Engl. d. 15. Afl. Mit e. Einl. u. Anmerkgn v. A Kirchhoff. (590 m. Abbildgn.) 93. [Nr. 714–22.] 2.25; geb. in Halbfrz 3 —

Daudet, A, d. Abenteuer d. Herrn Tartarin a. Tarascon. Deutsch v. T Bergfeldt. (92) 92. [Nr. 569.]

— Briefe a. m. Mühle. Deutsch v. T Bergfeldt. (118) 91. [Nr. 517. 518.] — 50

Dickens, C, (Boz), Klein-Dorrit. Roman. Deutsch v. G Walter. (806) 93. [Nr. 690–97.] 2 —

— Leben u. Abenteuer Nicholas Nicklebys. Übers. von E v. Bauernfeld. 2 Bde. (918) 92. [Nr. 624–35.] 3 —

— Lebensgeschichte u. Erfahrgn David Copperfields d. Jüng. Deutsch v. G Walter. 2 Bde. (911) 94. [Nr. 762–71.] 2.50

Dickens, C (Boz), Oliver Twist od. Laufbahn e. Waisenknaben. Übers. von E v. Bauernfeld. (459) 92. [Nr. 570–74.] 1.25

Droste-Hülshoff, A Freiin v., Gedichte. (288) 93. [Nr. 710–13.] 1 — in Prachtbd m. G. 1.75

Dumas, A, d. drei Musketiere. Aus d. Franz. (687) 95. [Nr. 835–42.] 2 —; in Orig.-Bd 3 —

Echegaray, J, lust. Leben — traur. Tod. Drama. Aus d. Span. v. L Fastenrath. (65) 92. [Nr. 551.]

Eeden, F van, d. kleine Johannes. Aus d. Holl. v. A Fles. (127) 92. [Nr. 609.10.] — 50

Einhard, d. Leben Karls d. Gr. Übers. u. erläut. v. H Althof. (74) 93. [Nr. 723.]

Emerson, RW, Essays. Übers. u. m. e. einleit. Studie üb. d. Autor versehen v. K Federn. I. (184) 94. [Nr. 821. 22.] — 50

Eötvös, J Frhr. v., d. Dorfnotar. Deutsch v. Graf J Mailath. (724) 95. [Nr. 849–56.] 2 —

Erckmann-Chatrian, d. Belagerg v. Pfalsburg, e. Episode a. d. letzten Zeit d. 1. Kaiserreichs. Deutsch v. K Schade. (180) 93. [Nr. 701. 2.] — 50

Froschmäusekrieg, der. Ein kom. Heldengedicht. Im Versmasse d. Urschrift a. d. Griech. übers. u. m. Einl. versehen v. P Mitzschke. 2. Asg. (68) 92. [Nr. 622.]

Fusinato, A, d. Student v. Padua. Die Promotion. Eine gute Haut. Deutsch v. F Adler. (50) 91. [Nr. 510.]

Gannett, W, d. Lebens Mühsal e. Segen, u. and. Betrachtgn. Übers. von L v. London. (96) 93. [Nr. 703. 4.] — 50

Gaudy, F Frhr. v., venetian. Novellen. (274) 95. [Nr. 843–46.] 1 —

— a. d. Tagebuche e. wandernden Schneidergesellen. (78) 91. [Nr. 489.]

George, H, Fortschritt u. Armut. Untersuchg üb. d. industriellen Krisen u. d. Zunahme d. Armut inmitten wachs. Reichtums. — Das Mittel dagegen. Deutsch v. F Dobbert. (504) 92. [Nr. 876–82.] 1.75

Gogolj, NW, d. Revisor. Komödie. Nach d. letzten, krit., v. N Tichonrawow besorgten Asg. übertr. v. F Fiedler. (112) 94. [Nr. 760. 761.] — 50

Grimm, J u. W, Kinder- u. Hausmärchen. Vollständ. Asg. (628) 94. [Nr. 740–45.] 1.50; in Prachtbd 3 —

— — dass. Ausw. (196) 94. [Nr. 738. 39.] — 50; in Prachtbd 1.50

Habberton, J, andrer Leute Kinder. Deutsch v. F Dobbert. (243) 91. [Nr. 544–46.] — 75, auf bess. Pap. in Prachtbd 1.75; m. Helenen's Kinderchen in 1 Bd. geb. 2.50

— d. Bartoner Temperenzbewegg. Deutsch v. F Dobbert. (130) 92. [Nr. 563. 64.] — 50

— Helenens Kinderchen. Deutsch v. R George. (132) 91. [Nr. 527. 28.] — 50; in Prachtbd 1.50

Hamer, J, schau um dich u. schau in dich. Dichtgn. (72) 93. [Nr. 654.] Geb. m. G. 1.20

Harte, B, Argonauten-Geschichten. Deutsch v. J Hoops. 3 Tle m. e. Einl. üb. B H. (180) 92. 93. [Nr. 594, 595 u. 689.] — 75

— d. Pflegling d. gold. Pforte. Deutsch v. P Heichen. (160) 91. [Nr. 483. 484.] — 50

Hauff, W, Gedichte u. Skizzen. (99) 93. [Nr. 725.]

Hebbel, F, Erzählgn. Ausw. (136) 94. [Nr. 786. 87.] — 50

— Gedichte. Ausw. (264) 94. [Nr. 727–29.] — 75; in Prachtbd m. G. 1.50

— Gyges u. s. Ring. Tragödie. (78) 94. [Nr. 735.]

— Judith. Tragödie. (62) 94. [Nr. 734.]

— Maria Magdalena. Bürgerl. Trauerspiel. (56) 94. [Nr. 733.]

— d. Nibelungen. Ein deut. Trauerspiel. (248) 94. [Nr. 730–32.] — 75

Hedenstjerna, A v. (Sigurd), d. Hilfsprediger v. Ovislinge. Aus d. Schwed. v. C Thams. (76) 94. [Nr. 780.]

— Frau Westberg's Pensionäre. Aus d. Schwed. v. C Thams. (91) 95. [Nr. 872.]

— Fräulein Jennys Stellgn. Aus d. Schwed. v. M Hellbusch. (84) 95. [Nr. 847.]

— Herrn Jönssons Memoiren. Deutsch v. M Hellbusch. (90) 95. [Nr. 889.] Diese 4 in 1 Bd geb. u. d. T.: Novellen: 1 —; geb. 1.25; in Orig.-Bd. 2 —

Hertz, H, König Renés Tochter. Lyr. Drama. Deutsch v. JD Ziegeler-Glücksburg. (66) 94. [Nr. 772.]

Hoffmann, ETA, d. Majorat. Erzählg. (80) 91. [Nr. 487.]

Horatius, Oden u. Epoden. Im Versmass d. Urschrift übers. u. m. erläut. Anmerkgn vers. v. JC Koehler. (152) 91. [Nr. 507. 8.] — 50

Ibsen, H, Hedda Gabler. Schauspiel. Deutsch v. V Ottmann. (128) 91. [Nr. 475.76.] — 50

— e. Puppenheim. Schauspiel. Aus d. Norweg. v. J Engeroff. (82) 92. [Nr. 597.]

— Rosmersholm. Schauspiel. Deutsch v. J Engeroff. (76) 93. [Nr. 688.]

— Baumeister Solness. Schauspiel. Deutsch v. P Hermann. (136) 93. [Nr. 643.44.] — 50

— e. Volksfeind. Schauspiel. Aus d. Norweg. v. JC Poestion. (100) 91. [Nr. 543.]

— d. Wildente. Schauspiel. Deutsch v. J Engeroff. (100) 94. [Nr. 808.]

Kennan, G, Sibirien. Deutsch v. G Gärtner. 2. Tl. (244 m. 1 Karte.) 91. [Nr. 451–53.] — 75 ‖ Schluss (54) 91. [Nr. 547.]

Kingsley, C, Hypatia od. Neue Feinde m. altem Gesicht. Übertr. v. S v. Gilsa. (458) 91. [Nr. 520–25.] 1.50; in Prachtbd m. G. 3 —

Knigge, A Frhr., üb d. Umgang m. Menschen. (349) 94. [Nr. 800–808.] 1 —; in Prachtbd 2 —

Korolenko, W, a. d. Leben d. sibir. Flüchtlinge. „Der Wald rauscht". Eine Waldlegende. Übers. von M v. Petzold. (72) 91. [Nr. 490.]

— d. blinde Musiker. Aus d. Russ. v. A Markow. (114) 92. [Nr. 592. 593.] — 50

Köstlin, J, Martin Luther, d. deut. Reformator. (Neudr.) (71) 93. [Nr. 709.]

Laveleye, E de, d. Socialismus d. Gegenwart. Mit e. Anh.: Der Socialismus in England v. GH Orpen. Übers. v. C Jasper. (347) 95. [Nr. 825–29.] 1.25

Le Sage, d. hink. Teufel. Übers. v. F Gleich. (248) 91. [Nr. 511–13.] — 75

Lessing, GE, hamburg. Dramaturgie. (406) 91. [Nr. 479–82.] 1 —

Lie, J, d. Hellseher od. Bilder a. Nordland. Aus d. Norweg. v. O Jiriczek. (96) 91. [Nr. 549.]

Luther, M, an d. christl. Adel deut. Nation v. d. christl. Standes Besserg. Eingel. u. hrsg. v. H Wittenberg. (82) 91. [Nr. 515.]

— geistl. Lieder. Hrsg. v. H Wittenberg. (72) 91. [Nr. 509.] In Prachtbd m. G. 1.20

— e. Sendbrief an d. Papst Leo X. u. Von d. Freiheit e. Christenmenschen. (45) 91. [Nr. 514.]

Mackay, E, Liebesbriefe e. Geigers. Übers. v. F Dobbert. (88) 95. [Nr. 896. 97.] — 50; in Orig.-Bd m. G. 1.50

Madách, E, d. Tragödie d. Menschen. Dramat. Dichtg. Dem Ungar. nachgedichtet v. E Planer. (149) 91. [Nr. 541. 42.] — 50

Maistre, X de, Erzählgn. Deutsch v. K Bindel. Reise um mein Zimmer. Nachtfahrt um mein Zimmer. Der Aussätzige v. Aosta. (124) 92. [Nr. 605. 6.] — 50

Malling, M, e. Roman v. ersten Konsul. Nach d. Schwed. v. E Walde. (184) 95. [Nr. 886–88.] — 75

Mann, d. arme, im Toggenburg. Neu hrsg. u. m. Anmerkgn versehen v. L Zürn. (218) 92. [Nr. 587–589.] — 75

Manzoni, A, d. Verlobten. Eine Mailänder Geschichte a. d. 17. Jahrh. Übers. von E v. Bülow. (654) 94. [Nr. 793–99.] 1.75; in Prachtbd 3 —

Milton, J, d. verlorene Paradies. Deutsch v. SG Bürde. (357) 94. [Nr. 804–7.] 1 —; in Prachtbd 2 —

Molière, JB, Tartüffe. Lustspiel. Deutsch v. E Duller. (82) 91. [Nr. 516.]

Mügge, T, Afraja. Ein nord. Roman. (519) 92. [Nr. 554–59.] 1.50; in Prachtbd 3 —

Ohnet, G, Sergius Panin. Übers. v. HT Kühne. (296) 95. [Nr. 806–809.] 1 —

Orpen, GH, d. Socialismus in England, s.: Laveleye, E de, d. Socialismus d. Gegenwart.

Ovid's Liebesbüchlein. Ein Cyklus altröm. Lebens in modernem Gewande v. F Hers. (72) 91. [Nr. 548.]

Pauli, K, d. Waffen nieder! Drama nach B v. Suttner. (120) 93. [Nr. 641. 42.] — 50

Prinzhorn, W, v. beiden Ufern d. Atlantic. Englisch-amerikan. Anthologie. (Von J Thomson bis z. Gegenwart.) (536) 94. [Nr. 814–20.] 1.75; in Prachtbd m. G. 3.50

Renan, E, d. Leben Jesu. Deutsch v. W Kalt. [Volksasg.] (156) 92. [Nr. 567. 68.] — 50; auf bess. Pap. in Prachtbd m. G. 1.50

Rodenberg, J, Bilder a. d. Berliner Leben. In e. Ausw. (164) 92. [Nr. 583. 84.] — 50

Sarcey, F, d. Belagerg v. Paris. Eindrücke u. Erinnergn. Aus d. Franz. v. T Bergfeldt. (252) 94. [Nr. 773–75.] — 75

Schefer, L, Laienbrevier. (309) 93. [Nr. 649–51.] — 75; in Prachtbd m. G. 2 —

Schiller, F v., Geschichte d. Abfalls d. verein. Niederlande v. d. span. Regierg. (306) 93. [Nr. 706–8.] 1 —

Schleiermacher, FED, z. Darstellg d. theolog. Studiums. Zum Behuf einleit. Vorlesgn entworfen. (104) 95. [Nr. 833. 34.] — 50

Schopenhauer, A, Aphorismen z. Lebensweisheit. Hrsg. v. BHF Rein. (162) 91. [Nr. 469. 70.] — 50
Später u. d. T.: Parerga u. Paralipomena III. Bd d. Sammlg eingefügt.

— Parerga u. Paralipomena. Kleine philosoph. Schriften. Hrsg. v. H Hirt. I–III. (476) 91. 92. [Nr. 469. 70. 590. 91. 98.] 1.25 ‖ IV–XI. (634) 92. 93. [Nr. 623. 52. 53. 63–66. 85. 86.] 2.25 (In 2 Bde geb. à 2.50)

— d. Welt als Wille u. Vorstellg. Nach d. 3. Afl. 2 Bde. (1274 m. 1 Taf.) 92. [Nr. 491–502.] 3 —

Schwab, G, d. schönsten Sagen d. klass. Altertums nach s. Dichtern u. Erzählern. Vollständ. Asg. 2 Tle. (818 m. 2 Taf.) 94. [Nr. 746–755.] 2.50; in Prachtbd 3.50

Scott, W, d. Jungfrau v. See. Dichtg. Deutsch v. F Dobbert. (135) 94. [Nr. 791. 92.] — 50; in Prachtbd m. G. 1.75

— Guy Mannering od. d. Sterndeuter. Aus d. Engl. v. W Gerhard, durchges. u. bearb. v. PE Beyer. (476) 91. [Nr. 503–6.] 1 —; in Orig.-Bd 2.50

— Waverley od. 's ist nun 60 Jahre. Übers. v. MK Richter. (476) 94. [Nr. 780–90.] 1.25; in Prachtbd 2.50

Shakespeare, W, Antonius u. Cleopatra. Trauerspiel. Nach d. Schlegel-Tieck'schen Übersetzg, berichtigt nach d. Asg. d. Shakespeare-Vereins. (104) 95. [Nr. 870.71.] — 50

Siegfried, L, Federzeichngn a. Holstein. (127) 92. [Nr. 565.66.] — 50

Sigurd s.: Hedenstjerna, A v.

Slowacki, J, Lilla Weneda. Tragödie. Aus d. Poln. v. H Monat. (94) 91. [Nr. 519.]

Smiles, S, Charakter. Deutsch v. F Dobbert. (334) [Nr. 756–59.] 1 — in Prachtbd 2.50

— Pflicht, erläut. durch Beispiele d. Mutes, d. Geduld u. Ausdauer. Deutsch v. F Dobbert. (392) 94. [Nr. 809–13.] 1.25; in Prachtbd 2.50

— Selbsthilfe. Deutsch v. F Dobbert. (388) 94. [Nr. 781–85.] 1.25; in Prachtbd 2.50

— Sparsamkeit. Deutsch v. F Dobbert. (359) 95. [Nr. 898–902.] 1.25 in Orig.-Bd 2.50

Sophokles, Elektra. Tragödie. Übers. v. R Körner. (69) 92. [Nr. 560.]

Steuer, A, galiz. Ghettogeschichten u. Bilder. (128) 91. [Nr. 477.78.] — 50

Suttner, B v., d. Waffen nieder, s.: Pauli, K.

Tennyson's A, Aylmers Feld. Deutsch v. EV Zenker. (82) 93. [Nr. 687.]

Tieck, L, Novellen. I. Der Aufruhr in d. Cevennen. (206) 95. [Nr. 857–859.] — 75

Tillier, C, mein Onkel Benjamin. Deutsch v. T Bergfeld. (194) 91. [Nr. 485. 86.] — 50; in Orig.-Bd m. G. 1.50

Tolstoj, L, d. Herr u. s. Knecht. Aus d. Russ. ü. v. W Henckel. (56) 95. [Nr. 848.]

Töpffer, R, Genfer Novellen. Die Bibliothek meines Oheims. (150) 92. [Nr. 599. 600.] — 50

— Rosa u. Gertrud od. d. Geprüften. (179) 92. [Nr. 639. 40.] — 50

Turgenjew, JS, Federzeichngn e. Jägers. Aus d. Russ. v. A Markow. II. (166) 94. [Nr. 778. 79.] — 50

Uhland, L, Herzog Ernst v. Schwaben. Trauerspiel. (72) 93. [Nr. 648.]

— Gedichte. (284) 93. [Nr. 645—47.] — 75; in Prachtbd m. G. 1.50

— Ludwig d. Bayer. Schauspiel. (79) 93. [Nr. 662.]

Verne, J, e. Idee d. Doktor Ox. Erzählg. Deutsch v. G Albrecht. (66) 91. [Nr. 488.]

Weber, KG, Demokritos od. hinterlass. Papiere e. lach. Philosophen. XIV—XXII. Schluss (320) 91. 92. [Nr. 473, 526, 540, 552, 553, 561, 562, 575, 585, 586 u. 596.] 2.75

Weiss, A, poln. Dichtg in deut. Gewande. (151) 91. [Nr. 529. 30.] — 50 in Prachtbd 1.50

— poln. Novellenbuch in deut. Gewande. 2 Bde. (192 u. 186) 92. 94. [Nr. 607. 8. u. 776. 77.] à — 50

— d. Gesamtlitt. d. In- u. Auslandes. Nr. 903—1438. 8° Halle, O Hendel. à — 25; Einbde in L. à Bd nn — 25

Adler, L: Das Friedensdenkmal. Drama. (87) 98. [1168.69.]

Aldrich, TB: Marjorie Daw u. and. Erzählgn. Aus d. Engl. v. M Goulven. (95) 1900. [1416.17.]

Amicis, E de: Skizzen a. d. Soldatenleben. Ausw. Deutsch v. H Katz. (109) 97. [1053.54.]

Andrejanoff, V v.: Lett. Volkslieder u. Mythen. (64) 96. [954.]

Barthel, GE: Neuer poet. Hausschatz. Hochdeut. Gedichte a. d. Zeit v. Beginne d. Romantik bis auf uns. Tage in systematisch geordneter Ausw. (40, 1194) 96. [983—98.] In Geschenkbd 5 —

Bechstein, L: Das tolle Jahr v. Erfurt. Historisch-romant. Roman a. d. 16. Jahrh. Neu hrsg. v. P Sonnekalb. (171 m. Bildnis.) 99. [1282—87.] In Orig.-Bd 3 —

Beecher-Stowe, H: Onkel Toms Hütte. Nach d. Engl. v. H Trescher. (342 m. Titelbild.) 97. [1098—1102.] In Orig.-Bd 2.50

Beer, M: Struensee. Trauerspiel. Hrsg. v. F Kwest. (125 m. Bildnis.) 1900. [1395.]

Bern, M: Geleitworte fürs Leben. Zurufe geistl. u. weltl. Dichter. (207) 1900. [1358—60.] In Orig.-Bd m. G. 2 —

Birch-Pfeiffer, C: Dorf u. Stadt. Schauspiel. Mit d. Extempores verseh. Bühneneinrichtg v. D Schrutz. (88 m. Bildnis.) 99. [1231.]

— Der Glöckner v. Notre-Dame. Romant. Drama. Bühneneinrichtg v. D Schrutz. (76 m. Bildnis.) 99. [1233.]

— Die Grille. Ländl. Charakterbild. Für d. Bühne eingerichtet u. m. d. Extempores versehen v. D Schrutz. (86 m. Bildnis.) 99. [1230.]

— Steffen Langer a. Glogau od. Der holländ. Kamin. Lustspiel. Bühneneinrichtg v. D Schrutz. (90 m. Bildnis.) 99. [1237.]

— Der Leiermann u. s. Pflegekind. Orig.-Volksstück. Für d. Bühnengebr. eingerichtet v. D Schrutz. (83 m. Bildnis.) 99. [1236.]

— Die Waise v. Lowood. Schauspiel. Bühneneinrichtg v. D Schrutz. (82 m. Bildnis.) 99. [1229.]

Borel, H: Junge Liebe. Aus d. Holl. v. E Keller-Soden. (133 m. Bildnis.) 1900. [1347.48.] In Orig.-Bd 1.50

— Weisheit u. Schönheit a. China. Aus d. Holl. v. E Keller-Soden. (184) 98. [1200—3.] In Orig.-Bd. 2 —

Bulwer, EL: Rienzi, d. letzte d. Tribunen. Roman. Übers. v. T Roth. (504 m. Bildnis.) 97. [1040—46.] In Orig.-Bd 3.50

Buning, W: Marinebilder. Aus d. Holl. 1. u. 2. Bdchn. (176) 96. [906. 909.]

Burns, R: Lieder u. Balladen. Nebst e. Ausw. d. Gedichte. Hrsg. v. W Prinzhorn. (40, 325 m. Bildnis.) 96. [930—34.] In Orig.-Bd 3 —

Byron, Lord: Manfred. Dramat. Gedicht. Übertr. v. Freifrau J Knorr. (46 m. Bildnis.) 1900. [1422.] In Orig.-Bd m. G. 1.20

Carlyle, T: Üb. Helden, Heldenverehrg u. d. Heldentüml. in d. Gesch. 6 Vorträge. Übersetzg. (288 m. Bildnis.) 98. [1149—53.] In Orig.-Bd m. G. 2.50

— Sartor Resartus od. Leben u. Meingn d. Hrn Teufelsdröckh, in 3 Büchern. Übers. v. K Schmidt. (292 m. Bildnis.) 1900. [1384—88.] In Orig.-Bd 2.50

— Die französ. Revolution. Mit einleit. Studie v. K Schmidt. 1. Bd. Übers. v. L Daufalik. 2. Bd. Übers. v. F Kwest. (443 u. 476 m. Bildnis.) 98. [1204—9 u. 1221—26.] In 2 Orig.-Bdn 4.50

Constant, B: Adolphe. Roman. Deutsch v. S Ettlinger. (151) 98. [1197—99.] In Orig.-Bd 2 —

Corelli, M, u. a.: Stimmgsbilder a. West u. Ost. Romant. Erzählgn. Aus d. Engl. v. M Schultz. (147) 99. [1323.24.]

Dante Alighieri: Das neue Leben. Übers. u. durch e. Studie üb. Beatrice eingeleitet v. K Federn. (140 m. Bildnis.) 97. [1095—97.] In Orig.-Bd 1.50

Darwin, C: Der Ausdruck d. Gemütsbeweggn bei Menschen u. Tieren. Deutsch v. T Bergfeldt. (208 m. Abb., Bildnis u. 7 Taf.) 96. [963—71.] In Geschenkbd 3 —

Daudet, A: Numa Roumestan. Roman. Übers. v. G Gärtner. (200 m. Bildnis.) 98. [1162—65.]

— Tartarin in d. Alpen. Neue Thaten d. Helden v. Tarascon. (179) 97. [1018—20.]

Dumas, A: 20 Jahre später. Fortsetzg d. Romans „Die 3 Musketiere". Aus d. Franz. (842 m. Bildnis.) 97. [1084—94.] In Orig.-Bd 4.50

— Der Graf v. Monte Christo. Roman in 2 Bdn. Mit e. Vorbemerkg v. F Kwest. (608 u. 636 m. Bildnis.) 99. [1293—1308.] In Orig.-Bd 6 —

Emerson, RW: Essays. 2. Tl. Repräsentanten d. Menschheit. Übers. u. m. e. einleit. Studie üb. d. Autor versehen v. K Federn. (139—333 m. Bildnis.) 96. [903—5.] (1 u. 2 in 1 Bd geb.: 2 —) ‖ 3. Tl. Übers. v. K Federn u. T Weigand. (110 m. Bildnis.) 97. [1049.50.] (Kplt in 1 Bd geb.: 3 —)

Erbrecht, d. Nach d. Bestimmgn d. BGB gemeinverständlich dargest. v. e. prakt. Juristen. Mit d. Wortlaut d. behandelten §§ d. BGB. (82) 99. [1289.]

Erckmann-Chatrian: Freund Fritz. Lustspiel. Deutsch v. D Schrutz. (66) 99. [1262.]

— Die Rantzau. Charakterbild. Deutsch v. D Schrutz. (70) 99. [1254.]

— Madame Therese. Deutsch v. T Bergfeldt. (164) 96. [913.14.]

Etlar, C (C Brosböll): Erzählgn a. fremden Landen. Aus d. Dän. v. G Denwitz. (260 m. Bildnis.) 1900. [1400—03.]

Familienrecht, d. Nach d. Bestimmgn d. BGB gemeinverständlich dargest. v. e. prakt. Juristen. Mit d. Wortlaut d. behandelten §§ d. BGB. (78) 99. [1288.]

Federn, K: Essays z. amerikan. Litt. (159) 99. [1246—48.] In Orig.-Bd 2 —

Ferry, G: Der Waldläufer. Scenen a. d. mexikan. Waldleben. Aus d. Franz. v. G Füllner. 4 Tle in 1 Bde. (225, 199, 176 u. 233) 97. [1055—65.] In Orig.-Bd. 5 —

Fischer-Sallstein, C: Rheinlands-Geschichten. (181) 1900. [1502—04.] In Orig.-Bd 1.50

Flaubert, G: Madame Bovary. Sittenbild a. d. Provinz. Deutsch v. C Feustel. (308) 96. [909—12.]

Freiligrath, G: Engl. Dichter. Übersetzgn nach PB Shelley, T Moore, J Keats, AC Swinburne u. A. (146) 98. [1110—13.] In Orig.-Bd 2 —

Gesetzbuch, bürgerl., f. d. Deut. Reich, nebst Einführgsges. Textausg. m. Register. (400 u. 122) 96. [944—48.]

Giacomo, S di: Fantasia. — Das Kloster. 2 Dichtgn. Aus d. Neapolitan. v. G Carel. (68 m. Bildnis.) 99. [1255.] In Orig.-Bd 1 —

Giacosa, G: 2 Schauspiele. Übers. v. O Eisenschitz. Freudlose Liebe. — Rechte d. Seele. (116 m. Bildnis.) 98. [1114.15.]

Gotthelf, J (A Bitzius): Ausgew. Werke. Bearb. v. J Kwest. 1. Bd. Uli d. Knecht. (328 m. Bildnis.) 98. [1154—58.] ‖ 2. Bd. Uli d. Pächter. (362 m. Bildnis.) 99. [1256—60.]

Grigorowitsch, DW: 3 Erzählgn. Aus d. Russ. v. E Zimmermann. (68 m. Bildnis.) 1900. [1383.]

Grimm, J: Kleinere Schriften (Akademie-Reden). Ausw. (135 m. Bildnis.) 96. [952.53.]

Handelsgesetzbuch f. d. Deut. Reich nebst Einführgsges. Vollständ. Text-Asg. m. Einschl. d. Seehandels. (262) 97. [1024—26.]

Harte, B: Argonautengesch. Deutsch v. J Hoops. IV u. V. (181—327 m. Bildnis.) 96. [943.962.] In 1 Geschenkbd 2.50

Hartner, E (E v. Twardowska): Ohne Gewissen. Roman. 2. Afl. (251) 98. [1217—20.] In Orig.-Bd 2.50

— Im Schloss zu Heidelberg. Histor. Roman a. d. Zeit nach d. 30jähr. Kriege. 2. Afl., hrsg. v. M v. Twardowska. (372 m. Titelbild.) 98. [1105—9.] In Orig.-Bd 2.50

Hebbel, F: Aus H.'s Tagebüchern. Ausw. (324 m. Bildnis.) 97. [1011—15.]

Hebel, JP: Erzählgn d. rhein. Hausfreundes. (Neue Folge d. „Schatzkästleins".) Im Auftr. d. Altonaer Prüfgsausschusses f. Jugendschriften hrsg. v. A Volquardsen. (164 m. Bildnis.) 1900. [1457.58.]

Hedenstjerna, A v. (Sigurd): Aus d. Heimat. Bilder u. Skizzen. Deutsch v. M Langfeldt. (208) 96. [927—29.] In Orig.-Bd 2 —

— Im Kaleidoskop. Bilder a. d. Alltagsleben. Aus d. Schwed. v. H Fick. (250) 98. [1184—87.] In Orig.-Bd 2 —

— Marie a. d. „Gold. Ross". Der Majoratsherr v. Halleborg. Erzählgn. Aus d. Schwed. v. M Hellbusch. (176) 97. [1021—23.] In Geschenkbd 2 —

Herbart, JF: Umriss pädagog. Vorlesgn. Kritisch durchgesch. Asg. m. Einl. u. Anmerkgn v. H Zimmer. (187 m. Bildnis.) 1900. [1353—55.]

Herder, JG v.: Wie d. Alten d. Tod gebildet?, s.: Lessing, GE.

— Vom Erlöser d. Menschen. Nach uns. 3 ersten Evangelien. Neu hrsg. v. T Schneider. (122 m. Bildnis.) 99. [1243.44.] In Orig.-Bd m. G. 1.50

Herold, P: Strafgesetzb. f. d. Deut. Reich in d. v. 1.I.1900 ab gelt. Fassg. Text-Asg. m. Anmerkgn. (103) 1900. [1326.]

Heyden, F v.: Das Wort d. Frau. Mit e. Vorbemerkg v. F Kwest. (110) 99. [1245.] In Orig.-Bd m. G. 1.20

Hölderlin, F: Gedichte. Hrsg. v. O Linke. (208 m. Bildnis.) 99. [1290—92.] In Orig.-Bd m. G. 1.50

Hugo, V: Notre Dame v. Paris. Übers. v. F Kottenkamp. (268 m. Bildnis.) 98. [1131—37.] In Orig.-Bd 3 —

Jacobsen, JP: Marie Grubbe. Roman. Aus d. Dän. v. JD Ziegeler. (240 m. Bildnis.) 96. [972—75.]

Ibsen, H: Die Stützen d. Gesellschaft. Schauspiel. (135 m. Bildnis.) 97. [1051.52.]

Jókai, M: Die Narren d. Liebe. Roman. (264 m. Bildnis.) 1900. [1349—52.]

Josephus, d. F, jüd. Altertümer. Übers. u. m. Einl. u. Anmerkgn versehen v. H Clementz. I. Bd, Buch I—X. (646 m. 2 Taf.) ‖ II. Bd, Buch XI—XX. (724 m. 1 Taf. u. 2 Stammbäumen.) 1900. [1329—39 u. 1368—80.]

— Gesch. d. jüd. Krieges. Übers. u. m. Einl. u. Anmerkgn versehen v. Clementz. (695 m. 2 Taf.) 1900. [1424—35.] In Orig.-Bd 4.50

Jugenderinnerungen e. alten Mannes. (W v. Kügelgen.) Neu hrsg. v. F Kwest. (423) 99. [1309—14.] In Orig.-Bd 2.25

Kaarsberg, HS: 2 dän. Dorfgeschichten. (Das Mütterchen. Andreas.) Aus d. Dän. v. F v. Känel. (144 m. Bildnis.) 97. [1069.70.]

Kant's, I: Kritik d. reinen Vernunft. Hrsg. u. m. e. Einl., sowie Registern versehen v. K Vorländer. (48, 859 m. Bildnis.) 99. [1266—77.] In Orig.-Bd 3.60

Kipling, R: Schlichte Geschichten aus ind. Bergen. (Plain tales from the hills.) Aus d. Engl. v. A Puchta. (244 m. Bildnis.) 1900. [1409—12.] In Orig.-Bd 2 —

Kowalewsky, S: Kindheitserinnergn. 1. Tl. Deutsch v. M Kurella. (136) 96. [935.36.] (2. Tl s.: Leffler, C.)

Lamprecht, d. Pfaffen, Alexanderlied. In neuhochdeut. Übertragg nebst Einl. u. Kommentar v. RE Ottmann. (67, 426 m. 1 Fksm.) 98. [1210—16.]

Lavater, JC: Worte d. Herzens. Hrsg. v. CW Hufeland. Mit biograph. Einl. v. C Werckshagen. (98 m. Bildnis.) 1900. [1356.57.] In Orig.-Bd m. G. 1.50

Leffler, C: Sonja Kowalewsky. 2. Tl. Was ich m. ihr zusammen erlebt u. was sie mir v. sich erzählt hat. Deutsch v. L Wolf. (118) 96. [937.38.] (1. Tl s.: Kowalewsky, S.)

Lemaitre, J: Novellen. Übers. v. R Strauss. (62) 96. [949.]

Lessing, GE: Wie d. Alten d. Tod gebildet. — Herder, JG v.: Wie d. Alten d. Tod gebildet? (111 m. Abb.) 98. [1127.28.]

Leyen, F v. d.: Ind. Märchen, übertr. Mit e. Anh.: Die verschied. Darstellgn a. d. Gesch. d. Märchen. (168) 98. [1188—97.] In Orig.-Bd 2 —

Loti, P (J Viaud): Islandfahrer. Roman. Aus d. Franz. v. F Dobbert. (173 m. Bildnis.) 97. [1016.17.] In Geschenkbd 2 —

Ludwig, O: Der Erbförster. Trauerspiel. (80 m. Bildnis.) 96. [915.]

— Die Heiterethei. Novelle. (193—422 m. Bildnis.) 96. [919—21.]

— Zwischen Himmel u. Erde. Novelle. (191 m. Bildnis.) 96. [917.18.]

— Die Makkabäer. Trauerspiel. (81—176 m. Bildnis.) 96. [916.]

— Aus d. Regen in d. Traufe. Novelle. (423—492 m. Bildnis.) 96. [922.] Kplt u. d. T.: Werke, Ausw. 2.25; in Orig.-Bd 3 —

Märchen a. 1001 Nacht. (528 m. 3 Bildern.) 96. [956—62.] In Geschenkbd 2.50

Maupassant, G de: Gedichte. Deutsch v. F Steinitz. (50 m. Bildnis.) 99. [1261.] In Orig.-Bd. 1 —

Menge, G: Karen. Eine Sylter Gesch. (132) 99. [1249.50.] In Orig.-Bd 1.50

Mistral, F: Gedichte. Aus d. Provençal. v. F Steinitz. (76 m. Bildnis.) 1900. [1404.5.] In Orig.-Bd 1 —

Mosen, J: Gedichte. Hrsg. v. P Friedrich. (128 m. Bildnis.) 98. [1103.4.] In Orig.-Bd m. G. 1.50

Mügge, T: Der Vogt v. Sylt. Erzählg. (229 m. Bildnis.) 1900. [1389—91.] In Orig.-Bd 1.50

Multatuli, (ED Dekker): Max Havelaar od. d. Kaffee-Versteigergn d. niederländ. Handels-Gesellschaft. Aus d. Holl. v. K Mischke. (295 m. Bildnis.) 1900. [1896—99.]
Murray, WC: John Pym od. 6 Gesch. a. d. Papieren e. Privatdetektivs. Übers. v. M Hoefer. (123) 98. [1166.67.]
Nestroy, J: Der böse Geist Lumpaci-Vagabundus od. d. liederl. Kleeblatt. Zauberposse m. Gesang. Für d. Bühnengebr. eingerichtet u. m. d. Extempores versehen v. D Schrutz. (67 m. Bildnis.) 99. [1258.]
Pestalozzi, JH: Lienhard u. Gertrud. Für Schule u. Volk bearb. v. R Poppe u. O Schulze. (492) 96. [976—81.]
Petzold, M: Die Einzige. Schauspiel. (52) 98. [1159.]
Plautus: Zwillinge. (Menaechmi.) Lustspiel. Übers. v. G Schmilinsky. (58) 1900. [1418.]

Poe, EA: Erzählgn wunderbarer u. unheiml. Begebenheiten in Ausw. Aus d. Engl. (308) 96. [939—42.]
Raeder, G: Robert u. Bertram od. d. lust. Vagabunden. Posse m. Gesängen u. Tänzen. Für d. Bühnengebr. eingerichtet v. D Schrutz. (80 m. Bildnis.) 99. [1251.]
Rohrscheidt, K v.: Armin u. Thusnelda. Heldenlieder. (58 m. Titelbild.) 97. [1066.]
Rolandslied. Das älteste französ. Epos, übers. v. G Schmilinsky. (122) 96. [1007.8.]

Rothe, R: Ausgew. Schriften. Neu hrsg. v. T Schneider. (142 m. Bildnis.) 1900. [1881.82.]
Rückert, F: Gedichte. Ausw. Hrsg. v. O Linke. (162 m. Bildnis.) 97. [1002.3.] In Orig.-Bd. m. G. 1.75
— Liebesfrühling. (192 m. Bildnis.) 96. [1000.1.] In Orig.-Bd. m. G. 1.75
— Die Makamen d. Hariri. Hrsg. v. O Linke. (224 m. Bildnis.) 97. [1007—10.]
— Die Weisheit d. Brahmanen. Ausw. (186 m. Bildnis.) 97. [1004—6.]
Sachs, H: Komödien. In freier Bearbeitg v. G Burchard. (64 m. Bildnis.) 1900. [1327.]

Schandorph, S: Brigitte. Roman. Übers. u. bearb. v. JD Ziegeler. (146) 96. [923.24.]
Schlitzler-Perasini, G, u. W Schönau: Florians Brautfahrt. (Auf d. Grenzbaude.) Schwank. (72) 1900. [1436.]
Schiller, F v.: Der Geisterseher. (95 m. Bildnis.) 97. [1089.]
— Kleine pros. Schriften. (187 m. Bildnis.) 96. [950.51.]
— Wilh. Tell. Schauspiel. Bühnen-Bearbeitg. Mit vollständ. Scenarium unter Zugrundelegg d. neuen Systems e. Regie-Partitur v. H Jantsch. (20, 195 m. 1 Farbdr.) 98. [1120—22.]
— Turandot, Prinzessin v. China. Tragikom. Märchen nach v. Gozzi. (80 m. Bildnis.) 97. [1048.]

Schleiermacher, F: Der christl. Glaube nach d. Grundsätzen d. ev. Kirche im Zusammenhange dargestellt. Mit Begleitwort v. Förster. 2 Thle in 1 Bde. (404 u. 455 m. Bildnis.) 97. [1027—36.] In Orig.-Bd 4 —
Schmidt, M: Die Schwanjungfrau. Aus d. Hochlandbildern. (126 m. Bildnis.) 97. [1067.68.]
Schönthan, P v.: Humoresken u. Skizzen. (73) 99. [1263.]

Schrutz, D: Der Engel d. Mitternacht. Phantast. Drama. Nach Barrière u. Plouvier. (103) 98. [1180.81.]
— Katechismus f. Liebhaber-Bühnen u. Anfänge in d. Darstellgskunst. (98 m. 9 Dekorationsentwürfen u. 3 Pl.) 98. [1123—26.]
— Das Käthchen v. Heilbronn. Histor. Schauspiel. Nach Kleist's Urtext f. d. Bühnengebr. eingerichtet. (69) 99. [1252.]
— Das Theater im Salon. Sammlg leichter Stücke z. Aufführg. 1. u. 2. Serie à 5 Bde. (136, 136, 136, 132, 148, 112, 127, 120, 120 u. 122) 97.98. [1074—83, 1170—79.]
Schubart, CFD: Gedichte. Ausgew. v. H Solger. (80 m. Bildnis.) 1900. [1429.] In Orig.-Bd m. G. 1.20

Schwartz, E: Die Verfassgsurkde f. d. Preuss. Staat v. 31.I.'50, nebst Ergänzgsges. u. e. Einl. (279 m. 2 Tab.) 98. [1192—96.]
Scott, W: Der Talisman. Erzählg a. d. Zeit d. Kreuzfahrer. Nach d. Übersetzg v. H Döring neu bearb. (341 m. Bildnis.) 99. [1239—42.] In Orig.-Bd 2.50
Seyffardt, JLKF: Die Geusen. Bilder a. d. niederländ. Befreigskampfe. Ep. Dichtg. Hrsg. v. E Palleske, neu hrsg. v. K Menne. (88) 98. [1129.30.]
Shakespeare, W: Jul. Caesar. Trauerspiel. Bühnen-Bearbeitg. Mit vollständ. Scenarium unter Zugrundelegg d. neuen Systems e. Regie-Partitur v. H Jantsch. (10, 156) 98. [1160.61.]

Sienkiewicz, H: „Quo vadis?“ Erzählg a. d. Zeit Neros. Übers. v. E Pathory. (523 m. Bildnis.) 1900. [1361—67.] In Orig.-Bd 3 —
Smidt, H: Devrient-Novellen. Hrsg. v. P Sonnekalb. (272 m. 1 Bildnis.) 98. [1116—19.]
Sterne, L: Yoricks empfindsame Reise durch Frankreich u. Italien. Aus d. Engl. (120 m. Bildnis.) 96. [925.26.]

Stifter, A: Abdias. Der Condor. 2 Erzählgn. Mit Einl. v. C Müller-Rastatt. (107 m. Bildnis.) 99. [1264.65.]
— Brigitta. Der Waldsteig. Mit e. Einl. v. K Müller-Rastatt. (110 m. Bildnis.) 99. [1280.81.]
— Der Hochwald. Das Haidedorf. Erzählgn. Mit Einl. v. C Müller-Rastatt. (115 m. Bildnis.) 99. [1237.38.] In Orig.-Bd. m. G. 1.50
— Die Narrenburg. — Die 3 Schmiede ihres Schicksals. Mit e. Einl. v. K Müller-Rastatt. (122 m. Bildnis.) 99. [1278.79.]
— Bunte Steine. 6 Erzählgn. Mit Einl. v. K Müller-Rastatt. (263 m. Bildnis.) 99. [1282—35.] In Orig.-Bd 2 —
Stilgebauer, E: Neidhart v. Reuenthal. Der Roman e. Minnesängers. (191 m. 1 Abb.) 1900. [1406—8.] In Orig.-Bd 2 —

Tasso, T: Aminta. Schäferspiel. Aus d. Ital. v. A Oehlke. (72 m. Bildnis.) 96. [955.]
Thackeray, WM: Der Jahrmarkt d. Lebens. Roman ohne Helden. Deutsch v. F Dobbert. 4 Tle in 2 Bdn. (863) 98. [1188—48.] In Orig.-Bd 4 —
Thaten, d., d. Kaisers Augustus, v. ihm selbst erzählt. (Monumentum Ancyranum.) Übers. u. erklärt v. C Willing. (44 m. Bildnis u. 1 Pl.) 97. [1047.]
Thatsachen-Scherze. (Practical jokes.) Humorist. Erzählgn, a. d. Engl. v. L Rosenzweig. (120) 99. [1321.22.]

Thoresen, M: Norweg. Novellen. Ubers. v. F v. Känel. (201 m. Bildnis.) 99. [1318—20.] In Orig. Bd 1.50
Tolstoi, Graf L: Auferstehg. Roman in 3 Tln. Aus d. Russ. (640 m. Bildnis.) 1900. [1340—46.] Geb. in L. 2 —
Twain, M: Die Abenteuer Tom Sawyers. Deutsch v. H Hellwag. (194 m. Bildnis.) 1900. [1413—15.]
Verlaine, P: Gedichte, übertr. v. H Kirchner. (76) 98. [1182.83.] In Orig.-Bd 1.75
Vörösmarty, M: Zalans Flucht. Deutsch v. G Kösztka. (212 m. Bildnis.) 1900. [1419—21.] In Orig.-Bd m. G. 2 —
Weiss, A: Poln. Novellenbuch in deut. Gewande. 3. Bd. (223) 97. [1071—73.]
Wickström, VH: Armliot Gällina. Die Gesch. eines Friedlosen. Aus d. Schwed. v. L Passarge. (191 m. Bildnis.) 99. [1315—17.] In Orig.-Bd. 1.50
Wolzogen, H v.: Das Schloss d. Herzen. Zauberspiel. Musik v. H Sommer. (93) 1900. [1325.26.]

— d. Gesamtlitt. d. In- u. Auslandes. Nr. 1439—1932. 8° Halle, O Hendel. Je — 25; Einbde je nn — 25

Alarcón, Don JR de: So gewinnt man Freunde. (Ganar amigos.) Schausp. Verdeutscht v. L Wagler. (90) ('04.) [1821.] d
Alexis, W (W Häring): Cabanis. Vaterländ. Roman. (708 m. Bildnis.) ('04.) [1761—69.] In Geschenkbd 3.50 d ‖ Dorothee. Vaterländ. Roman. (486 m. Bildnis.) ('04.) [1829—34.] In Geschenkbd. 2.50 d ‖ Die Hosen d. Herrn v. Bredow. Vaterländ. Roman. (296 m. Bildnis.) ('02.) [1542—45.] In Geschenkbd 2 — d ‖ Isegrimm. Vaterländ. Roman. (598 m. Bildnis.) ('03.) [1690—96.] In Geschenkbd 3 — d ‖ Der Roland v. Berlin. Vaterländ. Roman. (550 m. Bildnis.) ('02.) [1555—60.] In Geschenkbd 2.50 d ‖ Ruhe ist d. 1. Bürgerpflicht. Vaterländ. Roman. (827 m. Bildnis.) ('03.) [1739—47.] In Geschenkbd 3.50 d ‖ Der Werwolf. Vaterländ. Roman. (384 m. Bildnis.) ('02.) [1566—70.] In Geschenkbd 2.25 d ‖ Der falsche Woldemar. Vaterländ. Roman. (579 m. Bildnis.) ('02.) [1583—89.] In Geschenkbd 3 — d
Altona, KE (E Rzesacz): Der junge Goldschmied. Dichtg. (171 m. Bildnis.) ('03.) [1670—72.] In Geschenkbd m. G. 1.50 d
Andersen's Märchen. Ergänzgsbd. Neu a. d. Dän. übers. v. G Höller. Mit d. chronolog. Übersicht sämtl. Märchen. (322 m. Bildnis.) ('04.) [1783—87.] In Geschenkbd. 2 — d
Andrejew, L: Der Abgrund u. and. Novellen. Aus d. Russ. v. T Kroczek. (237 m. Bildnis.) ('05.) [1890—1901.] In Geschenkbd 2 — d
Angely-Geyer, R: Mondaine. Komödie. (28) ('04.) [1791.] d
Aucassin u. Nicolete. Altfranzös. Roman a. d. 13. Jahrh. Übers. v. P Schäfenacker. (64) ('03.) [1705.] d
Auerbach, A: Aus Schillers Jugendzeit. 2 dramat. Szenen. D'r Herr Regimentsfeldscher. Schiller auf d. Solitüde. (48) ('05.) [1862.] d
Augier, E: Familie Fourchambault. Schausp. Aus d. Franz. v. R Löwenfeld. (76) ('02.) [1576.] d

Aurbacher, L: Kl. Erzählgn u. Schwänke. Aus d. Schriften u. d. Nachlass zusammengest. v. J Sarreiter. (126 m. Bildnis.) ('03.) [1708.09.] d
Balzac, H de: Eugenie Grandet. Aus d. Franz. (196 m. Bildnis.) ('01.) [1457—59.] d
Bauernfeld: Fortunat. Dramat. Märchen. Musik v. S Meyrowitz. Hrsg. v. E Kilian. (92 m. Bildnis.) ('02.) [1610.] d
Baumann, A: Singspiele a. d. österr. Bergen im Volksdialekt. (Das Versprechen hinterm Herd. — Der Freiherr als Wildschütz. — 's ersch'ti Busserl.) Nach d. Erstausg. v. J. 1850 f. d. Bühne eingerichtet u. m. d. Extempores versehen v. D Schrutz. (64) ('01.) [1472.] d
Bell, C: Jane Eyre, d. Waise v. Lowood. Übers. v. E v. Bauernfeld. (184 m. Bildnis.) ('04.) [1806—08.] In Geschenkbd 1.50 d
Benedix, R: Das Gefängnis. Lustsp. (68 m. Bildnis.) ('04.) [1772.] d ‖ Das bemooste Haupt od. Der lange Israel. Schausp. (59 m. Bildnis.) ('04.) [1774.] d ‖ Haustheater. Ausw. d. besten einakt. Lustsp., Vorsp. u. Soloszenen f. gesell. Kreise u. öffentl. Bühnen. Hrsg. v. CW Schmidt. 1—7. Bd. (80, 83, 80, 84, 83, 79 u. 80 m. je 1 Bildnis.) ('04.'05.) [1803.09.20.28.49.72.96.] d ‖ Der Störenfried. Lustsp. (82 m. Bildnis.) ('04.) [1773.] d ‖ Die zärtl. Verwandten. Lustsp. (80 m. Bildnis.) ('04.) [1760.] d ‖ Der Vetter. Lustsp. (55 m. Bildnis.) ('04.) [1759.] d ‖ Doktor Wespe. Lustsp. (80 m. Bildnis.) ('04.) [1758.] d
Björnson, B: Der König. Schausp. Nach d. 3. Afl. d. Orig. übers. v. Ali Graf. (104 m. Bildnis.) ('03.) [1703.04.] d
Birch-Pfeiffer, C: Der Goldbauer. Orig.-Schausp. Für d. Bühnenaufführg eingerichtet v. D Schrutz. (80 m. Bildnis.) ('01.) [1460.] d ‖ Pfeffer-Rösel. Schausp. Für d. Bühne eingerichtet v. D Schrutz. (64 m. Bildnis.) ('01.) [1461.] d
Bothmer, H: Das Heidebuch. Lieder z. Ruhme u. Preise d. Heide. (71) ('02.) [1580.] In Geschenkbd m. G. 1 — d
Brinckman, J: Kaspar-Ohm un ick. (174) ('02. [1595.96.] In Geschenbd 1.50 d
Büchner, G: Dantons Tod. Drama. (64 m. Bildnis.) ('03.) [1650.] d
Budde, L: Kl. Geschichten f. gr. Leute. Übers. v. H Prehn. (155 m. Bildnis.) ('01.) [1524.25.] d
Bulwer, EL: Pelham od. Begegnisse e. Weltmannes. Übers. v. C Richard. (442 m. Bildnis.) ('04.) [1822—27.] In Geschenkbd 3 — d
Byron, Lord: Die Belagerg v. Korinth. — Beppo. Übers. v. A Neidhardt. (58 m. Bildnis.) ('03.) [1689.] d ‖ Don Juan. Ep. Gedicht in 16 Gesängen. Übers. v. A Neidhardt. (526 m. Bildnis.) ('04.) [1792—98.] In Geschenkbd 3 — d ‖ Marino Faliero, Doge v. Venedig. Geschichtl. Tragödie. Übers. v. A Neidhardt. (106 m. Bildnis.) ('03.) [1710.11.] d ‖ Die beiden Foscari. Geschichtl. Trauersp. Übers. v. A Neidhardt. (66 m. Bildnis.) ('04.) [1753.] d ‖ Vermischte lyr. Gedichte. Übers. v. A Neidhardt. (130 m. Bildnis.) ('05.) [1891.92.] Geb. m. G. 1.50 d ‖ Der Giaur. Fragment e. türk. Gesch. — Die Braut v. Abydos. Türk. Gesch. Übers. v. A Neidhardt. (74 m. Bildnis.) ('03.) [1668.] d ‖ Himmel u. Erde. Mysterium. Übers. v. A Neidhardt. (34 m. Bildnis.) ('04.) [1788.] d ‖ Kain. Mysterium. Übers. v. A Neidhardt. (60 m. Bildnis.) ('03.) [1721.] d ‖ Der Korsar. — Lara. Übers. v. A Neidhardt. (90 m. Bildnis.) ('03.) [1669.] d ‖ Mazeppa. — Die Insel. Übers. v. A Neidhardt. (66 m. Bildnis.) ('03.) [1697.] d ‖ Sardanapal. Tragödie. Übers. v. A Neidhardt. (90 m. Bildnis.) ('04.) [1754.] d ‖ Werner, od. Die Erbschaft. Tragödie. Übers. v. A Neidhardt. (104 m. Bildnis.) ('04.) [1810.11.] d
Calderon de la Barca, Don P: Übers Grab hinaus noch lieben. (Amar despues de la muerte.) Schausp. Frei übers. u. f. d. deut. Bühne bearb. v. A Frhrn v. Malsen. (54 m. Bildnis.) ('05.) [1902.] d
Collins, W: Detektiv-Geschichten. Übers. v. P Butzer. (345) ('01.) [1444—46.] d
Corneille, P: Horatius. Trauersp. Aus d. Franz. in deut. Reime übertr. v. R Wilke. (47 m. Bildnis.) ('05.) [1879.] d
Dante's göttl. Comödie. Übers. v. B Carneri. Mit e. Namen-Reg. (452 m. Bildnis.) ('01.) [1528—34.] In Geschenkbd 3 — d
Defoe, D: Leben u. Abenteuer d. Robinson Crusoe. Neu a. d. Engl. übers. u. m. literarhistor. Einl. versehen v. H Ullrich. (304 m. Bildnis.) ('05.) [1912—15.] In Geschenkbd 1.50 d
Dickens, C (Boz): Bleakhaus. 2 Bde. Aus d. Engl. (480 u. 482 m. Bildnis.) ('03.) [1722—33.] In Geschenkbd 4 — d
Droste-Hülshoff, A Freiin v.: Aus d. Nachlass. Bilder a. Westfalen. Bei uns zulande auf d. Lande. Die Schlacht im Loener Bruch. (131 m. Bildnis.) ('05.) [1860.61.] d
Echegaray, J: Galeotto. Drama. Nach d. Span. f. d. deut. Bühne bearb. v. A Grawein. (59 m. Bildnis.) ('01.) [1523.] d
Eckermann, JP: Gespräche m. Goethe in d. letzten Jahren s. Lebens. Hrsg. v. F Bernt. Nebst e. Anh. Goethes Gespräche m. Friedrich Soret. Mit Einl. u. Anmerkgn. (22, 591 u. 68 m. Bildnis.) ('05.) [1920—27.] In Geschenkbd 3 — d
Eliot, G: Silas Marner, d. Leinwandweber v. Raveloe. Erzählg. Übers. v. F Kwest. (182 m. Bildnis.) ('02.) [1620.21.] d

Elster, C: Erzählgn. Aus d. Norweg. v. JC Poestion. (114) ('01.) [1521.22.] d

Emerson, RW: Aus Welt u. Einsamkeit u. and. Essays. Übertr. v. S v. Harbou. (190 m. Bildnis.) ('02.) [1617—19.] In Geschenkbd 2 — d

Erckmann-Chatrian: Waterloo. Fortsetzg d. „Gesch. e. Rekruten v. anno 1813". Übers. v. Hallbauer. (208) ('04.) [1835—37.] Mit d. „Gesch. e. Rekruten in 1 Geschenkbd 2 — d

Flammarion, C: Gott in d. Natur. Aus d. Franz. v. TF Grigull. (351 m. Bildnis.) ('02.) [1612—16.] In Geschenkbd 2.50 d

Fleming, P: Ausgew. latein. Gedichte. Übers. u. m. e. Einl. versehen v. C Kirchner. (188 m. Bildnis.) ('01.) [1451—53.] In Geschenkbd m. G. 2 — d

Friedrich d. Gr. als Kronprinz im Briefwechsel m. Voltaire. Bearb. m. Erläutergn u. Inhaltsübersicht v. H Hersch. (432 m. Bildnis.) ('02.) [1600—5.] In Geschenkbd 2.50; Liebhaber-Ausg. in Saff. 6 — d

Gerstäcker, F: Die Flusspiraten d. Mississippi. (415 m. Bildnis.) ('03.) [1640—44.] In Geschenkbd 2 — d ‖ Gold. Kaliforn. Lebensbild. (476 m. Bildnis.) ('03.) [1656—61.] In Geschenkbd 2.50 d ‖ Die Regulatoren in Arkansas. (402 m. Bildnis.) ('03.) [1635—39.] In Geschenkbd 2 — d

Goldoni, C: Der Diener zweier Herren. Lustsp. Deutsch v. FL Schröder. Hrsg. v. P Sonnekalb. (46 m. Bildnis.) ('05.) [1871.] d

Gorki, M: Mein Reisegefährte u. and. Novellen. Aus d. Russ. v. T Kroczek. (181 m. Bildnis.) ('03.) [1700—02.] d ‖ Der Vagabund u. and. Novellen. Aus d. Russ. v. T Kroczek. (173 m. Bildnis.) ('03.) [1713—15.] d

Goethe, JW v.: Märchen u. kleinere Erzählgn. Ausgew. v. H Marshall. (180 m. Bildnis.) ('03.) [1735.36.] In Geschenkbd m. G. 1.50 d ‖ Italien. Reise. (128 m. Bildnis.) ('03.) [1651.52.] d

Gotthelf, J: Dursli, d. Branntweinsäufer od. Der hl. Weihnachtsabend. Für deut. Leser bearb. v. F Kwest. (116 m. Bildnis.) ('03.) [1677.] d ‖ Geld u. Geist od. d. Versöhng. Erzählg. Für deut. Leser bearb. v. F Kwest. (309 m. Bildnis.) ('01.) [1481—85.] d ‖ Käthe, d. Grossmutter. Erzählg. Für deut. Leser bearb. v. F Kwest. (258 m. Bildnis.) ('04.) [1817—19.] d

Grabbe, CD: Napoleon od. Die 100 Tage. Schausp. Hrsg. u. m. e. Einl. versehen v. P Friedrich. (118 m. Bildnis.) ('01.) [1527.] d

Greinz, R: Der Gsöllherr. Eine Gesch. a. d. Tiroler Bergen. (103) ('01.) [1487.88.] d

Grillparzer, F: Die Ahnfrau. Trauersp. (91 m. Bildnis.) ('03.) [1628.] d ‖ Ein Bruderzwist in Habsburg. Trauersp. (99 m. Bildnis.) ('03.) [1664.] d ‖ Ein treuer Diener s. Herrn. Trauersp. (74 m. Bildnis.) (03.) [1649.] d ‖ Esther. Dramat. Fragment. (84 m. Bildnis.) ('03.) [1647.] d ‖ Die Jüdin v. Toledo. Histor. Trauersp. (63 m. Bildnis.) ('03.) [1648.] d ‖ Das Kloster bei Sendomir. Der arme Spielmann. Erzählgn. Mit e. Vorbemerkg v. H Marshall. (69) ('05.) [1859.] d ‖ Libussa. Trauersp. (86 m. Bildnis.) ('03.) [1663.] d ‖ Des Meeres u. d. Liebe Wellen. Trauersp. (71 m. Bildnis.) ('03.) [1632.] d ‖ König Ottokars Glück u. Ende. Trauersp. (96 m. Bildnis.) ('03.) [1646.] d ‖ Sappho. Trauersp. (64 m. Bildnis.) ('03.) [1629.] d ‖ Selbstbiogr. Erlebnisse u. Erinnergn. (198 m. Bildnis.) ('03.) [1665—67.] In Geschenkbd m. G. 1.50 d ‖ Der Traum e. Leben. Dramat. Märchen. (82 m. Bildnis.) ('03.) [1631.] d ‖ Das gold. Vliess. Dramat. Gedicht in 3 Abtlgn. 1. Abtlg: Der Gastfreund. Trauersp. 2. Abtlg: Die Argonauten. Trauersp. (82 m. Bildnis.) ('03.) [1645.] d ‖ 3. Abtlg: Medea. Trauersp. (71) ('03.) [1630.] d ‖ Weh dem, d. lügt! Lustsp. (64 m. Bildnis.) ('03.) [1633.] d

Halm, F: Camoens. Charakterbild. Bühnenbearbeitg v. P Sonnekalb. (36 m. Bildnis.) ('01.) [1499.] d ‖ Der Fechter v. Ravenna. Trauersp. (74) ('02.) [1575.] d ‖ Griseldis. Dramat. Gedicht. (75 m. Bildnis.) ('02.) [1622.] d ‖ Der Sohn d. Wildnis. Dramat. Gedicht. (82 m. Bildnis.) ('02.) [1546.] d ‖ Wildfeuer. Dramat. Gedicht. (72 m. Bildnis.) ('02.) [1582.] d

Hebbel, F: Agnes Bernauer. Ein deut. Trauersp. (84 m. Bildnis.) ('01.) [1535.] d ‖ Herodes u. Mariamne. Tragödie. (96 m. Bildnis.) ('05.) [1919.] d ‖ Der Rubin. Märchen-Lustsp. (48 m. Bildnis.) ('05.) [1928.] d

Heijermans jr., H: Das 7. Gebot. Bürgerl. Sittenkomödie. Übers. u. f. d. deut. Bühne bearb. v. E Soltau. (87) ('03.) [1734.] d ‖ Die Hoffng auf Segen. (Op hoop van zegen.) Eine Fischer-Tragödie. Übers. u. f. d. deut. Bühne bearb. v. O van Bergh. (91) ('01.) [1513.] d

Henzen, W: Kaiser, König u. Bürger. Drama. Neue Ausg. (64) ('01.) [1512.] d

Hersch, H: Die Anna-Lise. Schausp. (55) ('01.) [1468.] d

Hoffmann, ETA: Die Elixiere d. Teufels. Nachgelassene Papiere d. Bruders Medardus, e. Kapuziners. Hrsg. v. d. Verf. d. Phantasiestücke in Callots Manier. (283 m. Bildnis.) '05. [1887—90.] Geb. 2 — d ‖ Meister Martin d. Küfner u. s. Gesellen. — Die Bergwerke zu Falun. Erzählgn. (91 m. Bildnis.) ('02.) [1563.] d

Jacobsen, JP: Niels Lyhne. Aus d. Dän. v. M Langfeldt. (202 m. Bildnis.) ('05.) [1916—18.] In Geschenkbd 1.50 d

Jahnke, H, u. W Schirmer: Kein Hüsung. Volksschausp. Mit freier Benutzg d. gleichnam. Dichtg F Reuters. (72) ('02.) [1574.] d

Josephus, d. F, kleinere Schriften (Selbstbiogr. — Geg. Apion — Üb. d. Makkabäer). Übers. u. m. Anmerkgn versehen v. H Clementz. (248) ('01.) [1466—70.] In Geschenkbd 2.50

Kleist, H v.: Die Familie Ghonorez. Authent. Fassg d. Familie Schroffenstein. Nach d. Handschrift kritisch hrsg. u. eingeleitet v. E Wolff. (116 m. Bildnis.) ('03.) [1634.] d

Koran, der. Aus d. Arab. v. TF Grigull. Mit Vorbemerkg u. Index nebst d. Fcsm. e. Koranhandschrift. (512) ('01.) [1501—7.] In Geschenkbd. 2.50

Kowalewsky, S: Vera Vorontzoff. Nach e. wahren Begebenh. a. d. russ. Leben. Aus d. Schwed. v. F Hoffmann. (62 m. Bildnis.) ('02.) [1554.] d

Kozlowski, S: Esther. Drama. Deutsch v. A Weiss. (82) ('04.) [1789.] d ‖ Ein Wettkampf. Drama. Deutsch v. A Weiss. (68) ('04.) [1799.] d

Kurz, H: Schillers Heimatjahre. Histor. Roman. (504 m. Bildnis.) ('05.) [1880—86.] In Geschenkbd 2.50 d

Lieder, d., d. Anakreon u. d. Anakreontiker. Mit Einl. u. Anmerkgn v. H Griebenow. (80) ('04.) [1790.] d

Lindhé, W: Durch d. Brandg u. and. Erzählgn. Aus d. Schwed. (136 m. Bildnis.) ('01.) [1473.74.] d

Lindner, A: Der Kurprinz v. Brandenburg. Vaterländ. Schausp. Nach e. hinterlass. Entwurf f. d. Bühne bearb. v. K Grube. (63 m. Bildnis.) ('01.) [1439.] d

Linke, O: Neue miles. Märchen. (139) ('01.) [1463—65.] In Geschenkbd 2 — d

Liscow's Werke. Ausw. Zur 200. Wiederkehr s. Geburtstages hrsg. v. A Holder. Mit e. Einl. d. Hrsgs. (138 m. Bildnis u. 1 Abb.) ('01.) [1454—56.] d

Logau, F v.: Sinngedichte u. Epigramme. Zusammengest. v. Todt. (104 m. 1 Fksm.) ('05.) [1897.98.] Geb. m. G. 1.50 d

Lustspiele, 3 neupers. Übertr. u. bearb. v. L Passarge. (103) ('01.) [1442.43.] d

Meyr, M: Ende gut, alles gut. Erzählg a. d. Ries. (98 m. Bildnis.) ('03.) [1699.] d ‖ Die Lehrersbraut. Erzählg a. d. Ries. (143 m. Bildnis.) ('03.) [1673.74.] d ‖ Ludwig u. Annemarie. Erzählg a. d. Ries. (96 m. Bildnis.) ('03.) [1662.] d ‖ Der Sieg d. Schwachen. Erzählg a. d. Ries. (120 m. Bildnis.) ('03.) [1687.88.] d

Multatuli (ED Dekker): Die Abenteuer d. kl. Walther. Humorist. Roman. Aus d. Holl. v. K Mischke. Mit e. Einl. d. Übersetzers. (259 m. Bildnis.) ('01.) [1489—92.] In Geschenkbd 2 — d ‖ Die Braut. Schausp. Aus d. Holl. v. K Mischke. (84 m. Bildnis.) ('02.) [1547.] d ‖ Fürstenschule. Schausp. Aus d. Holl. v. K Mischke. (87 m. Bildnis.) ('01.) [1526.] d ‖ Ideen u. Skizzen. Ausgew. u. a. d. Holl. übers. v. K Mischke. (176 m. Bildnis.) ('04.) [1778—80.] In Geschenkbd 2 — d ‖ Millionen-Studien. Aus d. Holl. v. K Mischke. (274 m. Abb. u. Bildnis.) ('02.) [1590—93.] In Geschenkbd 2 — d ‖ Minnebriefe. — Zeige mir d. Platz, wo du gesäet hast! Aus d. Holl. v. R Ruben. Mit e. Einl. v. K Mischke. (196 m. Bildnis.) ('03.) [1653—55.] In Geschenkbd 2 — d ‖ Walther in d. Lehre. Humorist. Roman. Aus d. Holl. v. K Mischke. (Fortsetzg v. „Die Abenteuer d. kl. Walther".) (288 m. Bildnis.) ('01.) [1508—11.] In Geschenkbd 2 — d

Nekrassow, NA: Russ. Frauen. Grossmutter-Memoiren a. d. J. 1826. Aus d. Russ. v. R Seuberlich. (67 m. Bildnis.) ('01.) [1440.] d

Nicholson, JS: Thoth. — Toxar. 2 Erzählgn. Aus d. Engl. v. M Goulven. (248) ('02.) [1548—51.] d

Nicolai (H Scharling): Meine Frau u. ich. Erzählg v. N., e. jungen Ehemanne. Aus d. Dän. v. M Langfeldt. (196 m. Bildnis.) ('05.) [1909—11.] In Geschenkbd 1.50 d (Vgl.: Scharling.)

Novalis' Gedichte. Ges.-Ausg. (76 m. Bildnis.) ('01.) [1450.] In Geschenkbd m. G. 1.20 d

Omar Chajjam: Sprüche. Aus d. Pers. v. MR Schenck. (107) ('02.) [1597. 98.] In Geschenkbd 1.20 d

Pestalozzi, H: Wie Gertrud ihre Kinder lehrt. Ein Versuch, d. Müttern Anleitg zu geben, ihre Kinder selbst zu unterrichten, in Briefen. Mit Einl., erläut. Anmerkgn u. e. zusammenhäng. Darstellg d. pädagog. Gedanken Pestalozzis v. R Poppe u. O Schulze. (16, 216 m. Bildnis.) ('05.) [1929—31.] d

Plato: Das Gastmahl. (Gespräch üb. d. Liebe.) Neu übers. u. m. Anmerkgn versehen v. O Linke. (72) ('01.) [1471.] d

Plautus: Schiffbruch. (Rudens.) Lustsp. Neu übers. v. G Schmilinsky. (72) ('01.) [1441.] d

Prutz, R: Buch d. Liebe u. and. ausgew. Gedichte. (190 m. Bildnis.) ('03.) [1626.27.] In Geschenkbd m. G. 1.50 d

Rehfues, PJ v.: Marienburg. Schausp. m. e. Vorsp.: Die Schlacht bei Tannenberg. Nach R. bearb. v. L Passarge. (87 m. Bildnis.) ('01.) [1480.] d

Reuter, F: Dörchläuchting. (210 m. Bildnis.) ('05.) [1903—05.] In Geschenkbd 1.50 d ‖ Ut mine Festungstid. (212 m. Bildnis.) ('05.) [1853—55.] In Geschenkbd 1.50 d ‖ Ut de Franzosentid. Woans ik tau 'ne Fru kamm. (184 m. Bildnis.) ('05.) [1856—58.] In Geschenkbd 1.50 d ‖ Kein Hüsung. (141 m. Bildnis.) ('05.) [1876—78.] In Geschenkbd 1.50 d ‖ Läuschen un Rimels. Plattdeut. Gedichte heit. Inhalts in mecklenburgisch-vorpommerscher Mundart. (328 m. Bildnis.) ('05.) [1863—67.] In Geschenkbd 2 — d ‖ Die meckelnbörgschen Montecchi un Capulettis od. De Reis' nah Konstantinopel. (232 m. Bildnis.) ('05.) [1906—08.] In Geschenkbd 1.50 d ‖ Hanne Nüte un de lütte Pudel. 'Ne Vagel- un Minschengeschicht. (176 m. Bildnis.) ('05.) [1873—75.] In Geschenkbd 1.50 d ‖ De Reis' nah Belligen. Poet. Erzählg in niederdeut. Mundart. (182 m. Bildnis.) ('05.) [1893—95.] Geb. 1.50 d ‖ Schurr-Murr. Wat tausamen is schrapt ut de hochdüt. Schöttel, ut d. plattdüt. Pott un d. missingschen Ketel. (199 m. Bildnis.) ('05.) [1868—70.] In Geschenkbd 1.50 d ‖ Ut mine Stromtid. (646 m. Bildnis.) ('05.) [1840—48.] In Geschenbd 3 — d

Rydberg, V: Der letzte Athener. Roman. Deutsch v. MC Fiesel. (448 m. Bildnis.) ('01.) [1536—41.] In Geschenkbd 2.50 d

Hans Sachs-Tragödien. In freier Bearbeitg v. Gust. Burchard. (82 m. Bildnis.) ('05.) [1932.] d

Salis-Seewis, JG v.: Gedichte. (87 m. Bildnis.) ('02.) [1562.] In Geschenkbd m. G. 1.20 d

Scharling, H: Zur Neujahrszeit im Pfarrhof zu Nöddebo. Erzählg. Deutsch v. I u. K Mautner. (213 m. Bildnis.) ('04.) [1755—57.] In Geschenkbd 1.50 d (Vgl.: Nicolai.)

Schaumberger, H: Im Hirtenhaus. Eine oberfränk. Dorfgesch. (163 m. Bildnis.) ('05.) [1851.52.] In Orig.-Bd 1.50 d

Schiller, F v.: Demetrius. Dramat. Fragment. (44 m. Bildnis.) ('02.) [1581.] d ‖ Don Karlos, Infant v. Spanien. Dramat. Gedicht. Für d. deut. Bühne bearb. u. inszeniert v. CW Schmidt. (152 m. Bildnis.) ('04.) [1804.05.] d ‖ Lied v. d. Glocke. Illustr. m. leb. Bildern v. F Freih. v. Dingelstedt. Musik v. Lindpaintner. Hrsg. v. P Sonnekalb. (30 m. Bildnis.) ('01.) [1498.] d ‖ Die Räuber. Schausp. Für d. deut. Bühne bearb. v. CW Schmidt. (110) ('03.) [1706.07.] d

Schirmer, W: Onkel Bräsig. Lebensbild. Nach F Reuters Erzählg „Ut mine Stromtid" frei bearb. (70) ('02.) [1561.] d ‖ Ut de Franzosentid. Zeitbild a. d. deut. Freiheitskriegen. Nach F Reuters Erzählg frei bearb. Mit e. Einl. v. H Jahnke. (84) ('02.) [1011.] d

Schmidt, L: Luigi Cafarelli. Lustsp. (50) ('01.) [1449.] d

Schoeppl, H: Mozart. Dramat. Charakterbild. (64) ('03.) [1712.] d

Scott, W: Der Abt. Roman. Neu bearb. v. T Bergfeldt. (469 m. Bildnis.) ('03.) [1710—20.] In Geschenkbd 2.50 d ‖ Das Kloster. Roman. Neu bearb. v. T Bergfeldt. (404 m. Bildnis.) ('01.) [1493—97.] In Geschenkbd 2.50 d

Shakespeare, W: Hamlet, Prinz v. Dänemark. Trauersp. Nach d. Übersetzgn v. AW v. Schlegel u. L Seeger f. d. deut. Bühne bearb. v. CW Schmidt. (131 m. Bildnis.) ('03.) [1737.38.] d ‖ Der Kaufmann v. Venedig, Märchen. Nach d. Übersetzgn v. AW Schlegel u. K Simrock f. d. deut. Bühne bearb. v. CW Schmidt. (88 m. Bildnis.) ('03.) [1698.] d ‖ Othello, d. Mohr v. Venedig. Trauersp. Nach d. Übersetzgn v. Schlegel-Tieck u. W Jordan f. d. deut. Bühne bearb. u. inszeniert v. CW Schmidt. (102) ('04.) [1781.82.] d

Shelley, PB: Die Cenci. Tragödie. Übers. v. W Oetzmann. (80 m. Bildnis.) ('04.) [1748.] d ‖ Der entfesselte Prometheus. Lyr. Drama. Deutsch v. A Graf Wickenburg. (90 m. Bildnis.) ('02.) [1564.] d

Sienkiewicz, H: Ohne Dogma. Roman in 3 Tln. Übers. v. B Bonnin. (381 m. Bildnis.) ('01.) [1475—79.] In Geschenkbd 2.50 d ‖ Am sonnigen Gestade. — Die Dritte. — Hania. 3 Novellen. Übers. v. B Bonnin. (248 m. Bildnis.) ('02.) [1623—25.] In Geschenkbd 2 — d ‖ Die Kreuzritter. Histor. Roman a. d. 15. Jahrh. Aus d. Poln. v. T Kroczek. 1. vollständ. wohlf. Ausg. (750 m. Bildnis.) ('03.) [1678—86.] In Geschenkbd 3 — d

Spindler, C: Der Jesuit. Charaktergemälde a. d. 1. Viertel d. 18. Jahrh. (317 m. Bildnis.) ('04.) [1812—15.] In Geschenkbd 2 — d

Swinburne, AC: Atalanta in Calydon. Tragödie. Deutsch v. A Graf Wickenburg. (68 m. Bildnis.) ('02.) [1565.] d

Thomas v. Kempen: 4 Bücher v. d. Nachfolge Christi. Neu hrsg. v. H Wittenberg. (192) ('04.) [1775—77.] In Geschenkbd m. G. 1.50 d

Tieck, L: Novellen. (Des Lebens Überfluss. — Liebeswerben. — Waldeinsamkeit.) (214 m. Bildnis.) (04.) [1800—02.] d

Tolstoi, LN Graf: Die Früchte d. Aufklärg. Lustsp. Aus d. Russ. v. B Hauss. (91 m. Bildnis.) ('02) [1591.] d

Töpfer, KFG: Der Pariser Taugenichts. Lustsp. Frei n. d. Franz. Mit d. Extempores verseh. Bühneneinrichtg v. D Schrutz. (59) ('02.) [1599.] d

Tschechow, A: Die Hexe u. and. Novellen. Aus d. Russ. v. T Kroczek. (280 m. Bildnis.) ('04.) [1749—52.] d ‖ Ein Zweikampf. Novelle. Aus d. Russ. v. T Kroczek. (95 m. Bildnis.) ('04.) [1770.71.] d

Turgenjew, IS: 3 Erzählgn. Aus d. Russ. v. N Möhring. (198 m. Bildnis.) ('03.) [1675.76.] d

Twain, M: Die Abenteuer Huckleberry Finns (d. Kameraden v. Tom Sawyer). Deutsch v. H Hellwag. (286) (02.) [1577—79.] d

Uhland, L: Gedichte. Ausw. f. d. Jugend. Ausgew. v. Hamburger Jugendschriften-Ausschuss. (76 m. Bildnis.) ('01.) [1500.] d

Vega, L de: Wozu haben sie d. Augen? Lustsp. n. Si no vieran las mugeres! v. E Tiessen-Stettin. (69 m. Bildnis.) ('02.) [1553.] d ‖ Seine Sklavin. Lustsp. n. Lope de Vega v. E Tiessen-Stettin. (71 m. Bildnis.) ('02.) [1552.] d

Wagner, HL: Die Kindermörderin. Trauersp. Hrsg. u. bearb. v. J Ettlinger. (63 m. Bildnis.) ('04.) [1816.] d

Weiser, K: Zu Grunde. Soz. Drama. (56) (’04.) [1839.] d ‖ Loki. Modernes Drama. (34) (’05.) [1850.] d ‖ Parenthesen. 5 Einakter u. Erzählgn in Schillerschen Dramen. (66) (’04.) [1838.] d

Weiss, A: Poln. Novellenb. in deut. Gewande. 4. Bd. (212) (’02.) [1571—73.] d

Wiseman: Fabiola od. Die Kirche d. Katakomben. Übers. v. F Kwest. (380 m. Abb. u. Bildnis.) (’02.) [1606—9.] In Geschenkbd 2 — d

Wolff, PA: Preciosa. Schausp. Für d. Bühne eingerichtet u. m. d. Extempores versehen v. D Schrutz. (65) (’01.) [1486.] d

Zola, E: Germinal. Roman. Übers. v. F Kwest. (488 m. Bildnis.) (’01.) [1514—20.] In Geschenkbd 3 — d

— d. Gesamtlit. d. In- u. Ausl. Nr 1938—2165. kl8° Halle, O Hendel. Je — 25 d

Aho, Juhani: Junggesellenliebe u. and. Novellen. Aus d. Finn. v. Milli Vinkontiwna Konowalow. (164 m. Bildn.) (’06.) [1943—45.] L. 1.10; Geschenkbd 1.50

Benedix, Roder.: Haustheater. Ausw. d. besten einakt. Lustsp., Vorsp. u. Soloszenen f. gesell. Kreise u. öffentl. Bühnen. Hrsg. v. CW Schmidt. 8—13. Bd. (75, 54, 76, 80, 64 u. 77 m. je 1 Bildn.) (’06.) [1941.42.46.75.95.2004.] L. je — 60

Bergerac, Cyrano de: Reise in d. Sonne. Aus d. Franz. übers., sowie m. Einl. u. Anmerkgn versehen v. A Kreyes. (102) (’09.) [2158.] L. — 60

Björnson, Björnstjerne: Ein Fallissement. Schausp. Deutsch v. Emil Jonas. Textlich rev. v. Herb. v. Berger. (89 m. Bildn.) (’08.) [2095.] L. — 60

Blicher, St.St.: 14 Tage in Jütld. Novelle. Aus d. Dän. v. Gertr. Daub. (138 m. Bildn.) ’09. [2134.35.] L. — 85

Brachvogel, AE: Friedemann Bach. Roman. Mit Vorbemerkg v. Paul Schaumburg. (570 m. 1 Bildn.) (’09.) [2106—11.] L. 1.95; Geschenkbd 2.75 ‖ Narziss. Trauersp. Mit e. Vorbemerkg v. Paul Schaumburg. (10, 64 m. Bildn.) (’09.) [2121.] L. — 60 ‖ Maria Stuart. Histor. Roman. (218 m. Bildn.) ’09. [2130—32.] L. 1.10; Orig.-Geschenkbd 1.75

Buchhorn, Jos.: Aus e. stillen Winkel. Neue Skizzen v. Niederrhein (zw. Neuss u. Zons). (106 m. Bildn.) (’09.) [2151.52.] L. — 85

Bulwer, Eduard Lytton: Zanoni. Roman. Aus d. Engl. übers. u. neu bearb. (418 m. Bildn.) (’08.) [2060—64.] L. 1.70; Geschenkbd 2.50

Burg, Paul: Die v. roten Haus. Künstlerroman. (204) (’09.) [2144—47.] L. 1.35; Geschenkbd 2 —

Condivi, Ascanio: Das Leben d. Michelangelo Buonarroti, beschrieben v. s. Schüler C. Übers. v. John Adler. (90) (’09.) [2161.] L. — 60

Cooper, James Fenimore: Der rote Freibeuter. Aus d. Engl. (426 m. Bildn.) (’07.) [2050—55.] L. 1.95; Geschenkbd 2.50

Cordes, Olga: Hilde u. and. Novellen. (103 m. Bildn.) (’09.) [2142.43.] L. — 85; Geschenkbd 1.50

Daehne, Paul: Auf Messinas Trümmern. Berichte e. Augenzeugen. (121 m. Bildn., 1 Karte u. 1 Fksm.) (’09.) [2118.19.] L. — 85

Deutschland in sr tiefen Erniedrigg. Mit e. Vorbemerkg v. Paul Schaumburg. (64 m. 1 Taf.) (08.) [2100.] L. — 60

Emerson, Ralph Waldo: Die Lebensführg. Übers. v. Frz Kwest. (12, 195 m. Bildn.) (’09.) [2137—39.] L. 1.10; Orig.-Geschenkbd 2.25

Freiligrath, Ferd.: Gedichte. Mit e. Vorbemerkg v. Arth. Ploch. (259 m. Bildn.) (’07.) [2010—13.] L. 1.35; Geschenkbd m. G. 2 —

Gerhardt, Paul: Geistl. Lieder. Mit e. Vorbemerkg v. Arth. Ploch. (303 m. Bildn.) (’07.) [2018—21.] L. 1.35; Geschenkbd m. G. 2 —

Gerstäcker, Frdr.: Heitere Erzählgn. (284 m. Bildn.) (’07.) [2029—32.] L. 1.35; Geschenkbd 1.75 ‖ Unheiml. Geschichten. (286 m. Bildn.) (’07.) [2038—41.] L. 1.35; Geschenkbd 1.75 ‖ Hinterwäldler-Geschichten. 2 Tle. (279 u. 290 m. je 1 Bildn.) (’07.) [2042—45 u. 2056—59.] L. je 1.35; Geschenkbd je 1.75 ‖ Kriegsbilder. Erzählgn u. Erinnergn a. d. Kriegsj. 1870/71. (284 m. Bildn.) (’08.) [2068—71.] L. 1.35; Geschenkbd 1.75 ‖ Amerikan. Sklavenleben. Erzählgn. (303 m. Bildn.) (’08.) [2089—92.] L. 1.35; Geschenkbd 1.75

Glaubrecht, O: Der Kalendermann vom Veitsberg. Erzählg f. d. Volk. (156 m. Bildn.) (’07.) [2046.47.] L. — 85 ‖ Die Schreckensjahre v. Lindheim. Beitrag z. Sittengesch. d. 17. Jahrh. (71 m. Bildn.) (’08.) [2079.] L. — 60 ‖ Der Zigeuner. Ein Gottesgericht. 2 Erzählgn f. d. Volk. (117 m. Bildn.) (’07.) [2048.49.] L. — 85

Gordon, Heinz: In Vertretg. Soldatenschwank. (70 m. Bildn.) (’09.) [2112.] L. — 60

Goethe u. Schiller: Xenien. (Jubelnr 2000.) (72) (’06.) [2000.] L. — 60; Geschenkbd 1 —

Grün, Anastas.: Gedichte. Mit e. Vorbemerkg v. Arth. Ploch. (200 m. Bildn.) (’07.) [2025—27.] L. 1.10; Geschenkbd m. G. 1.75

Gudrun. Deut. Heldenlied, übers. v. Karl Simrock. (201) (’07.) [2022—24.] L. 1.10; Geschenkbd 1.50

Gutzkow, Karl: Uriel Acosta. Trauersp. Mit e. Einl. v. Paul Schaumburg. (16, 61 m. Bildn.) (09.) [2125.] L. — 60 ‖ Der Königsleutnant. Lustsp. Mit e. Einl. v. Paul Schaumburg. (20, 82 m. Bildn.) (’09.) [2124.] L. — 60 ‖ Eine Phantasieliebe (Imagina Unruh). Novelle. Mit e. Einl. v. Paul Schaumburg. (9, 84 m. Bildn.) (’09.) [2122.] L. — 60 ‖ Das Urbild d. Tartüffe. Lustsp. Mit e. Einl. v. Paul Schaumburg. (20, 76 m. Bildn.) (’09.) [2126.] L. — 60 ‖ Zopf u. Schwert. Lustsp. Mit e. Einl. v. Paul Schaumburg. (18, 74 m. Bildn.) (’09.) [2123.] L. — 60

Gyllembourg-Ehrensvärd, Thomasine Christine: Familie Polonius. Die hellen Nächte. 2 Novellen. Aus. d. Dän. v. E Glawe. (15, 157 m. Bildn.) (’09.) [2148—50.] L. 1.10; Geschenkbd 1.75

Hackländer, FW: Namenlose Geschichten. (404 m. Bildn.) (’08.) [2084—88.] L. 1.70; Geschenkbd 2 — ‖ Handel u. Wandel. (263 m. Bildn.) (’08.) [2072—75.] L. 1.35; Geschenkbd 1.75

Hedberg, Frans: Der Bankdirektor. Roman. Aus d. Schwed. v. O Lengning. (122 m. Bildn.) (’09.) [2140.41.] L. — 85

Hedenstjerna, A v.: Neue Novellen. Aus d. Schwed. v. M Hellbusch. (Jonas Durmans Testament. Aus d. Schwed. v. M Hellbusch. (104) (’06.) [1952.53.] L. — 85 ‖ Was d. Kondukteur erzählte. Aus d. Schwed. v. M Hellbusch. (56) (’06.) [1954.] L. — 60 ‖ Herrn Petterssons Gardinenpredigten. Aus d. Schwed. v. M Hellbusch. (48) (’06.) [1951.] L. — 60) L. 1 —; L. 1.35; Geschenkbd 2 —

Holberg, Ludw. Frhr v.: Der polit. Kannegiesser. Lustsp. Aus d. Dän. v. Gust. Herberich. (58 m. Bildn.) (’06.) [1976.] L. — 60

Hutten, Ulr. v.: Gesprächbüchlein. Vollständ. Ausg. n. d. im J. 1521 v. Ritter selbst besorgten Verdeutschg. Hrsg. u. in d. Sprache erneuert v. Rich. Zoozmann. (40, 149 m. Bildn.) (’08.) [2065—67.] L. 1.10; Geschenkbd 1.50

Immermann, Karl: Tristan u. Isolde. Gedicht in Romanzen. (223 m. Bildn.) (’06.) [1972—74.] L. 1.10; Geschenkbd 2 —

Knapp, Alb.: Ewiges u. Zeitliches. Aus d. Gedichten. (288 m. Bildn.) (’06.) [1962—65.] L. 1 —; Geschenkbd 2 —

Lenz, Paul, u. Gust. May-Hartung: Der Stammbaum. Schwank. (70) (’09.) [2120.] L. — 60

Luther's, Mart., Colloquia od. Tischreden, so er in vielen Jahren m. gelehrten Leuten, auch fremden Gästen u. s. Tischgesellen geführt, n. d. Hauptstücken uns. christl. Lehre zusammengetr. Eingeleitet u. in Ausw. hrsg. v. Hans Wittenberg. (212 m. Bildn.) (’06.) [1997—99.] L. 1.10; Geschenkbd 1.50

Mark Aurel's Selbstbetrachtgn. Übers. v. Hans Stich. (119 m. Bildn.) (’06.) [1949.50.] L. — 85; Geschenkbd 1.50

Maupassant, Guy de: Novellen u. Skizzen. Aus d. Franz. v. Theo Kroczek. (180 m. Bildn.) (’06.) [1938—40.] L. 1.10; Geschenkbd 1.50

Mistral, Frederi: Mirèio. Provenzal. Epos. Deutsch v. Franziska Steinitz. Mit e. Essay v. Herm. Grimm. (186 m. Bildn. u. 1 Kartenskizze.) (’06.) [2001—3.] L. 1 —; Geschenkbd 2 —

Moore, Thom.: Lalla Rukh, d. mongol. Prinzessin. Romant. Dichtg. Aus d. Engl. v. Frdr. Baron de la Motte Fouqué. (224 m. Bildn.) (’06.) [1977—79.] L. 1.10; Geschenkbd 2 —

Mörike, E: Gedichte. Ausgew. u. m. e. Einl. versehen v. Frdr. Bernt. (272 m. Bildn.) (’06.) [1983—86.] L. 1.35; Geschenkbd m. G. 2 — ‖ Das Stuttgarter Hutzelmännlein. Märchen. (86 m. Bildn.) (’06.) [1947.48.] L. — 85; Geschenkbd 1.50 ‖ Mozart auf d. Reise n. Prag. Mit e. Einl. v. Frdr. Bernt. (14, 55 m. Bildn.) (’06.) [1937.] L. — 60; Geschenkbd 1 — ‖ Maler Nolten. Novelle in 2 Tln. (307 m. Bildn.) (’06.) [1966—70.] L. 1.70; Geschenkbd 2.50

Mosenthal, SH: Der Sonnwendhof. Volksschausp. (78 m. Bildn.) (’08.) [2101.] L. — 60

Nathusius, Marie: Elisabeth. Eine Gesch., d. nicht m. d. Heirat schliesst. (401 m. Bildn.) (’06.) [1955—61.] L. 2.20; Geschenkbd 2.50 ‖ Tageb. e. armen Fräuleins. (130 m. Bildn.) (’08.) [2077.78.] L. — 85

Nibelungenlied, das. Übers. v. Karl Simrock. (319 m. 1 Taf.) (’07.) [2006—9.] L. 1.35; Geschenkbd 2 —

Oborn, Ant.: Der Wasunger Krieg. Histor. Komödie. (71 m. Bildn.) (’08.) [2076.] L. — 60

Orszezko, Elise: Ein böses Weib. Deutsch v. Theo. Kroczek. (128 m. Bildn.) (’08.) [2102.03.] L. — 85

Potapenko, JN: Eine Familiengesch. Deutsch v. Theo. Kroczek. (128) (’08.) [2093.04.] L. — 85

Racine, J: Athalia. Trauersp. (60 m. Bildn.) (’06.) [1971.] L. — 60

Raeder, Gust.: Flick u. Flock. Zauberposse m. Gesang u. Tanz. (67 m. Bildn.) (’06.) [1987.] L. — 60

Reuper, Jul.: Im Reiche d. Löwen. Klass. Tierfabeln a. aller Welt. (16, 147 m. Abb.) (’09.) [2162—65.] L. 1.35; Orig.-Geschenkbd 2 —

Rosa, Antonio: Verlorne Heimat. Drama. Aus d. Ital. v. Hugo Webinger. (46 m. Bildn.) (’09.) [2127.] L. — 60

Rydberg, Vikt.: Röm. Cäsaren in Marmor. Aus d. Schwed. v. Jos. Fredbärj. (206 m. 8 Bildn.) (’09.) [2153—57.] L. 1.70; Orig.-Geschenkbd 3.25

Sand, George: Der Teufelssumpf. Übers. v. Anna Puchta. (76 m. Bildn.) (’06.) [1986.] L. — 60

Schaumberger, Heinr.: Bergheimer Musikanten-Geschichten. Heitere Bilder a. d. oberfränk. Volksleben. (283 m. Bildn.) (’07.) [2014—17.] L. 1.35; Geschenkbd 2 —

Schleiermacher, Frdr. Dan. Ernst: Die Weihnachtsfeier. Ein Gespräch. (56 m. Bildn.) (’06.) [1996.] L. — 60

Schwab, Gust.: Die deut. Volksbücher. III. Die 4 Heymonskinder. (103 m. Bildn.) (’06.) [1980.] ‖ IV. Die schöne Melusina. (79 m. Bildn.) (’06.) [1981.] ‖ V. Herzog Ernst. Die schöne Magelone. (80 m. Bildn.) (’06.) [1982.] ‖ VI. Genovefa. Der arme Heinrich. Hirlanda. (68 m. Bildn.) (’06.) [1991.] ‖ VII. Kaiser Oktavianus. (72 m. Bildn.) (’06.) [1992.] ‖ VIII. Der gehörnte Siegfried. Die Schildbürger. (68) (’06.) [1993.] ‖ IX. Griseldis. Robert d. Teufel. Das Schloss in d. Höhle Xa Xa. (83) (’06.) [1994.] L. je — 60; (Vollst. in 2 L.-Bdn 2.75; in 1 imit. HF.-Bd 3.50)

Scott, Walt.: Woodstock od. d. Ritter. Erzählg a. d. Zeit Cromwells. Aus d. Engl. (508 m. Bildn.) (’07.) [2033—37.] L. 1.70; Geschenkbd. 2.50

Sealsfield, Charles: Nathan, d. Squatter-Regulator. (195 m. Bildn.) (’06.) [1983—85.] L. 1.10

Sophokles: Antigone. Tragödie. Deutsch v. Frdr. Wendenburg. (48 m. Bildn.) (’06.) [2005.] L. — 60

Stein, Armin (Herm. Nietschmann): Georg Händel u. s. gr. Sohn. Geschichtl. Erzählg. (133 m. Bildn.) (’09.) [2128.29.] L. — 85

Stendhal (Marie-Henri Beyle): Die Äbtissin v. Castro. Renaissancenovelle. Übertr. v. Hans Heinr. Bockwitz. (12, 142) (’09.) [2159.60.] L. — 85

Thomas-San-Galli, Wolfg. A: Musikal. Essays. (155 u. Musikbeil. 2 u. 2 m. 2 Bildn.) (’09.) [2113—16.] L. 1.35; Geschenkbd 2.50 ‖ Musik u. Kultur. Betrachtgn u. Gespräche f. Laien, Musikfreunde u. Künstler. (137 m. Bildn.) (’08.) [2104.05.] L. — 85; Orig.-Geschenkbd 2.50

Volkserzählungen, keltische. Deutsch v. M Bruset. (57) (’09.) [2136.] L. — 60

Weinberg, Max: Ewige Weish. Spruchpoesie des Talmud u. d. rabbin. Lit., nebst Fabeln, Parabeln u. Sagen derselben übers. (12, 147, 56 u. 12) (’08.) [2096—99.] L. 1.35; Orig.-Geschenkbd 2.50

Weiss, Alb.: Poln. Novellenb. in deut. Gewande. 5. Bd. (198 m. 1 Bildn.) (’06.) [1988—90.] L. 1.10

Wildermuth, Ottilie: Perlen a. d. Sande. Erzählgn. (288 m. Bildn.) (’08.) [2080—83.] L. 1.35; Geschenkbd 1.75

Winlandsagas, die. Die Erzählgn v. d. Entdeckg Nordamerikas durch d. Normannen im J. 1000. Aus d. Altisländ. übers. u. m. geschichtl. Einl. versehen v. Aug. Kromayer. (12, 65) (’09.) [2133.] L. — 60

Zeyer, Jul.: Heimat. Dichtg. Deutsch v. O Malybrok-Stieler. (71 m. Bildn.) (’07.) [2028.] L. — 60

Zigeunererzählungen u. Volksdichtungen in Versen. Uebers. u. eingeleitet v. Marcel Arpad. (12, 84 m. 1 Abb.) (’09.) [2117.] L. — 60; Geschenkbd 1.25

— d. Gesamtliteratur d. In- u. Auslandes. Nr 2166—2314. kl8° Halle, O Hendel. je — 25 d
Apelt, Ernst Frdr.: Metaphysik. Neu hrsg. v. Rud. Otto. (S. a—q, 16, 772) ('10) [2195—2206] L n 3.45; Geschenkbd 5 —
Becker, A: Aus Deutsch-Ostafrika. Sturm- u. Drangperiode. Erinnergn e. alten Afrikaners. (8, 176 m. 18 Vollbild. u. Bildn.) ('11) [2261—65] L 1.70; Geschenkbd 3 —
Beethoven, Ludw. van: Briefe. In Ausw. hrsg., eingeleitet u. erläutert v. Wolfg. A Thomas-San-Galli. (6, 210 m. Bildn. u. 1 Fksm.) ('10) [2191—94] L 1.35; Geschenkbd 2 —
Birch, Aug.: Das Gespenst auf d. Ostgladis u. and. Erzählgn. Aus d. Dän. (119) ('12) [2310.11] L n — 85
Bordeaux, Henry: Die Geschichte e. Ehe. (Wenn d. Augen sich auftun.) Roman. Aus d. Franz. v. Martha Schiff. (372 m. Bildn.) ('12) [2293—98] L n 1.95; Geschenkbd 3 —
Chesterfield's, Lord, Briefe an s. Sohn. In Ausw. übertr. u. bearb. v. Karl Stabenow. (16, 87) ('12) [2278.79] L n — 85; Geschenkbd 1.50
Disraeli (Lord Beaconsfield): David Alroy. Aus d. Engl. v. G Unna. (6, 324 m. Bildn.) ('12) [2267—72] L n 1.95; Geschenkbd 3 —
Falk, Johs: Goethe, a. näherem persönl. Umgange dargestellt. Neu hrsg. v. Rud. Eckart. (12, 208) ('12) [2289—92] L 1.35; Geschenkbd 2 —
Geissler, Max: Die 7 Glücksucher. Roman. (224 m. Bildn.) ('12) [2299—2303] L 1.70; Geschenkbd 3 —
Gerhard, C: Aus d. Herzensleben berühmter Dichter. Novellen u. Skizzen. (128 m. Bildn.) ('11) [2245.46] L n — 85; Geschenkbd 1.50
Gerhardt-Amyntor, Dagob. v.: Das Buch d. Frau. Hrsg. v. Helene v. Gerhardt. (8, 320 m. Bildn.) ('12) [2283—88] L n 1.95; Geschenkbd 3 —
Grimm, Brüder: Deut. Sagen. In Ausw. hrsg. v. Osc. Lang. (20, 256 m. Bildnissen) ('11) [2251—54] L 1.35; Geschenkbd 2 —
Guseck, Bernd v. (Gust. v. Berneck): Die wilde Rose. Novelle. (12, 155 m. Bildn.) ('12) [2280—82] L 1.10; Geschenkbd 2 —
Gutzkow, Herm.: Gedichte. Aus d. Nachlasse hrsg. v. Emil Gutzkow. (8, 127 m. Bildn.) ('10) [2207.08] L n — 85; Geschenkbd 1.50
Haymerle, Frz Ritter v.: Ewigkeitsmenschen. Biograph. Charakterbilder. (7, 189) ('11) [2216—18] L 1.10; Geschenkbd 2 —
Holtei, Karl v:: Die Vagabunden. Roman. (4, 618 m. Bildn.) ('11) [2232—38] L 2.20; Geschenkbd 3 —
Kypke, Maria: Spirito santo. Zinzendorf, d. Herold d. Weltmission u. s. Lieder. (116 m. Bildn.) ('11) [2220.21] L n — 85; Geschenkbd 1.50
Lundegård, Axel: Königin Margarete, d. Tochter d. Dänenkönigs Waldemar. Aus d. Schwed. v. Margar. Grobleben. (9, 280) ('11) [2239—44] L n 1.95; Geschenkbd 3 —
Luther, Mart.: Der gr. Katechismus. Deut. Unterr. im Christentum. Wittenberg 1529. Im Deutsch v. heute neu hrsg. v. Mörchen. (4, 116 m. Bildn.) ('10) [2179] L n — 60
Mantau, Emma: Mutter Marias Geheimnis u. and. Skizzen. (7, 62) ('12) [2314] L n — 60
Metastasio: Dramen. Ausgew. u. übertr. v. Max. Rud. Schenck. Buchschmuck d. venezian. Orig.-Ausg. v. 1748. (9, 366 m. Bildn. u. 4 Taf.) ('10) [2209—14] L n 1.95; Geschenkbd 4 —
Novellenbuch, Russisches. Zusammengest. u. übers. v. H Röhl. 1. Bd. (5, 177) ('11) [2222—24] L 1.10 ‖ 2. Bd. (214) ('11) [2247—50] L 1.35: vollst.. Geschenkbd 3 —
Plinius d. Jüngere: Briefwechsel m. Trajan. Übers. v. Wern. Prollius. (87) ('10) [2178] L n — 60
Rosegger, Hans Ludw.: Gottlieb Alcibiades. Roman. 2. Afl. (344) ('12) [2304—09] L n 1.95; Geschenkbd 3 —
Schätzler-Perasini, Gebh., u. Rich. Kessler: Manöverregen. Lustspiel. (100) ('12) [2266] L n — 60
Schenck, Max. Rud.: Erbe. Versb. eines Verbannten. (5, 243 m. Bildn. u. 1 Fksm.) ('12) [2273—77] L 1.70; Geschenkbd 3.50
Schiller in s. Briefen. Ausw. a. 2000 Briefen: gruppiert u. erläutert v. Frz Ritter v. Haymerle. (11, 641 u. 8 m. 2 Bildnissen) ('10) [2166—75] L n 2.95; m. G 4 —; Ldr m. G 5 —
Schleiermacher: Üb. Freundsch., Liebe u. Ehe. Ausw. a. Schleiermachers Briefen, Schriften u. Reden. (32, 238) ('10) [2187—90] L 1.35; Geschenkbd 2 —
Schmid, Heinr.: Vorlesgn üb. d. Wesen d. Philos. u. ihre Bedeutg f. Wissensch. u. Leben. (Neu hrsg. v. R Otto.) (8, 289) ('11) [2225—30] L n 1.95; Geschenkbd 3 —
Sheridan, Rich. Brinsley: Die Lästersch. Komödie. Übertr. u. f. d. Bühne bearb. v. Christian Gaehde. (91) ('11) [2219] L n — 60
Sienkiewicz, Henryk: Im Strudel. Roman. Übertr. v. B Baumgarten. (4, 334) ('10) [2180—85] L n 1.95; Geschenkbd 3 —
Streicher, Andr.: Schillers Flucht v. Stuttgart u. Aufenthalt in Mannheim v. 1782—85. (8, 156 m. Bildn.) ('10) [2176.77] L n — 85
Tolstoj, Graf Alexej: Der Tod Iwans d. Grausen. Tragödie. Deutsch v. Frdr. Fiedler. (94) ('11) [2231] L n — 60
Turgenjew, Iw. S: Gnadenbrot. Komödie. Deutsch v. Adf Hess. (4, 52 m. Bildn.) ('11) [2215] L n — 60
Vigny, Alfr. de: Cinq-Mars od. e. Verschwörg gegen Richelieu. Übers. v. Johs Scherr. (7, 400 m. Bildn.) ('11) [2255—60] L n 1.95; Geschenkbd 3 —
Voltaire: Merope. Trauerspiel. Deutsche Nachdichtg v. Rich. Riess. (8, 53 m. Bildn.) ('10) [2186] L n — 60
Weiser, Karl: Maximilian v. Mexiko. Tragödie. (102) ('12) [2312.13] L n — 85

— deut. Geschichte, hrsg. v. H v. Zwiedineck-Südenhorst. (In ca. 130 Lfgn.) 1—55. Lfg. 8. Stuttg., Cotta Nf. à *n.* 1. —; auch in ca. 48 Abteilgn à *n.* 4 —
Egelhaaf, G, deut. Geschichte im 16. Jahrh. bis z. Augsb. Religionsfrieden. (1. Bd. 680 m. 1 Karte u. 2. Bd. 1—192) 87—90. n. 11. —
Gutsche, O v., deut. Geschichte v. d. Urzeit bis zu d. Karolingern. (1—240) 87. 88. n. 3. —
Koser, R, König Friedrich d. Grosse. (1. Bd. 256) 90. n. 4. —
Kraus, V v., deut. Geschichte im Ausgange d. Mittelalters. 1438—1510. (1—80) 88. n. 1. —
Lindner, T, deut. Geschichte unter d. Habsburgern u. Luxemburgern, [1273—1437]. (480) 89. 90. n. 6. —
Manitius, M, deut. Geschichte unter d. sächs. u. sal. Kaisern. (639) 87—89. n. 8. —
Mühlbacher, E, deut. Geschichte unter d. Karolingern. (1—400) 87—90. n. 5. —
Ritter, M, deut. Geschichte im Zeitalter d. Gegenreformation u. d. 30jähr. Krieges. (1. Bd. 646 u. 2. Bd. 1—80) 86—90. n. 9. —
Zwiedineck-Südenhorst, H v., deut. Geschichte im Zeitraum d. Gründg d. preuss. Königtums. (1. Bd. 588 u. 2. Bd. 1—32) 87—90. n. 8. —

— deut. Gesch., hrsg. v. H v. Zwiedineck-Südenhorst. 107—140. Lfg. 8° Stuttg., JG Cotta Nf. à 1 —; auch in ca 48 Abtlgn à 4 —
Heigel, KT: Deut. Gesch. v. Tode Friedrichs d. Gr. bis z. Auflösg d. alten Reichs. V—VII. (1. Bd. 305—574) 96.97.99. [110.25.32.]
Jastrow, I, u. G Winter: Deut. Gesch. im Zeitalter d. Hohenstaufen. (1125—1278.) IV—XIV. (1. Bd. 22 u. 241—644 u. 2. Bd. 1—404) 97—1900. [118.14.16.17.21.28.36.20.31.34.38.]
Koser, R: König Friedrich d. Gr. IX—XII. (2. Bd. 1. Hlfte. 1—306) 97—99. [122.27.33.36.]
Kraus, V v.: Deut. Gesch. im Ausgange d. M.-A. (1438—1519). VI u. VII. (401—560) 97.1900. [118.37.]
Ritter, M: Deut. Gesch. im Zeitalter d. Gegenreformation u. d. 30jähr. Krieges (1555—1648). XV—XVII. (2. Bd. 1—240) 97.1900. [124.30.35.]
Schultze, W: Deut. Gesch. v. d. Urzeit bis zu d. Karolingern. XI u. XII. (2. Bd. 321—548 m. 1 Karte.) 96. [108.12.]
Zwiedineck-Südenhorst, H v.: Deut. Gesch. v. d. Auflösg d. alten bis z. Gründg d. neuen Reiches 1806—71. III—XI. (1. Bd. 161—628 m. 1 Karte u. 2. Bd. 1—240) 96—1900. [107.9.11.15.19.20.28.30.40.]

— deut. Gesch., hrsg. v. H v. Zwiedineck-Südenhorst. 141—163. Lfg. 8° Stuttg., JG Cotta Nf. Je 1 —; auch in etwa 48 Abtlgn zu 4 — d
Heigel, KT: Deut. Gesch. v. Tode Friedrichs d. Gr. bis z. Auflösg d. alten Reichs. VIII—XI. (2. Bd. 1—320.) '01-04. [145.49.56.60.]
Jastrow, J, u. G Winter: Deut. Gesch. im Zeitalter d. Hohenstaufen (1125—1273). XV u. XVI. (Schluss.) (2. Bd. [1190—1273.] 20 u. 405—646) '01. [141.46.]
Koser, R: König Friedrich d. Gr. XIII—XVI. (2. Bd. 307—693) '01-03. [142.47.51.54.]
Kraus, V v.: Deut. Gesch. im Ausg. d. M.-A. (1438—1519). 1. Bd. Deut. Gesch. z. Z. Albrechts II. u. Friedrichs III. 1438—86. VIII. (561—655) '05. [163.]
Ritter, M: Deut. Gesch. im Zeitalter d. Gegenreformation u. d. 30jähr. Krieges (1555—1648). XVIII—XX. (3. Bd. 241—480.) '01-04. [144.53.61.]
Zwiedineck-Südenhorst, H v.: Deut. Gesch. v. d. Auflösg d. alten bis z. Gründg d. neuen Kaiserreiches 1806—71. XII—XX. (Schl.) (2. Bd. 241—496 u. 3. Bd. 504) '01-04. [143.48.50.52.55.57—59.62.]

— deut. Gesch., hrsg. v. H v. Zwiedineck-Südenhorst. 164—171. Lfg. Lex8° Stuttg., JG Cotta Nf. Je 1 —; auch in Abtlgn zu 4 — d
Heigel, KTh.: Deut. Gesch. v. Tode Friedrichs d. Gr. bis z. Auflösg d. alten Reichs. XII u. XIII. (2. Bd. 321—480) ('06.'07.) [164.69.]
Kraus, Vikt. v., u. Kurt Kaser: Deut. Gesch. im Ausg. d. M.-A. (1438—1519). Bd I v. Kraus, Bd II v. Kaser. IX—XII. (2. Bd. 320) ('06.'07.'09.) [165.67.68.71.]
Ritter, Mor.: Deut. Gesch. im Zeitalter d. Gegenreformation u. d. 30jähr. Krieges 1555—1648. XXI. u. XXII. (Schl.) (3. Bd. 15 u. 481—648) ('06.'08.) [166.170.]

— deutscher Geschichte, hrsg. v. H v. Zwiedineck-Südenhorst. 172—175. (Schluss-)Lfg. Lex8° Stuttg., JG Cotta Nf. je 1 —; auch in Abtlgn zu 4 — d
Heigel, K Th.: Deut. Gesch. v. Tode Friedrichs d. Gr. bis z. Auflösg d. alten Reiches. XIV.XV. (2. Bd: 10 u. 481—672) ('11) [173.74]
Kraus, Vikt. v., u. Kurt Kaser: Deut. Gesch. im Ausg. d. MAlters 1438—1519). XIII. XIV. (2. Bd: 10 u. 321—527) '12 [174.75]

— deut. Geschichte, hrsg. von H v. Zwiedineck-Südenhorst. 56—106. Lfg. 8° Stuttg. 91—96, JG Cotta Nf. à 1 —; auch in ca. 48 Abteilgn à 4 —
Egelhaaf, G, deut. Geschichte im 16. Jahrh. bis z. Augsb. Relig.-Frieden. 12—16. Lfg. (2. Bd 193—624) [Lfg 58, 61, 64, 67 u. 69.]
Gutsche, O, u. W Schultze, deut. Geschichte v. d. Urzeit bis zu d. Karolingern. 4—10. Lfg. (1. Bd 241—480 u. 2. Bd 1—320) [Lfg 77, 82, 88, 93, 95, 100 u. 103.]
Heigel, KT, deut. Geschichte v. Tode Friedrichs d. Gr. bis z. Auflösg d. alten Reichs. 1—4. Lfg. (1—304) [Lfg 71, 92, 98 u. 102.]
Jastrow, I, deut. Geschichte im Zeitalter d. Hohenstaufen. 1—3. Lfg. (1—240) 93. [Lfg 83, 87, 89.]
Koser, R, König Friedrich d. Grosse. 5—8. Lfg. (1. Bd 295—640) [Lfg 59, 73, 80 u. 84.]
Kraus, V v., deut. Geschichte im Ausgange d. Mittelalters. [1438—1519.] 2—5. Lfg. (81—400) [Lfg 57, 66, 90 u. 105.]
Lindner, T, deut. Geschichte unter d. Habsburgern u. Luxemburgern [1273—1437.] 7—12. Lfg. (2. Bd 451 m. 1 Karte.) [Lfg 65, 72, 74, 76, 78 u. 79.]
Mühlbacher, E, deut. Geschichte unter d. Karolingern. 6—8. Lfg. (401—674 m. 1 Karte.) [Lfg 62, 84 u. 106.]
Ritter, M, deut. Geschichte im Zeitalter d. Gegenreformation u. d. dreissigjähr. Krieges. 10—14. Lfg. (2. Bd 81—482) [Lfg 63, 70, 81, 91 u. 99.]
Schultze, W, deut. Geschichte v. d. Urzeit bis zu d. Karolingern, s.: Gutsche, O.
Zwiedineck-Südenhorst, H v., deut. Geschichte v. d. Auflösg d. alten bis z. Gründg d. neuen Reiches. 1. u. 2. Lfg. (1. Bd 1—160.) [Lfg 101 u. 104.]
— deut. Geschichte im Zeitraum d. Gründg d. preuss. Königtums. 9—10. Lfg. (2. Bd 33—664 m. 1 Karte.) [Lfg 56, 60, 68, 75, 86, 94, 96 u. 97.]

— livländischer Geschichte, hrsg. unt. Mitwirkg. zahlr. balt. Historiker v. Ernst Seraphim. I. u. II. Bd. gr. 8. Reval, F. Kluge. n. 10. —
I. D. Feldoberst Klaus Kursell u. s. Zeit. E. Bild Ehstlands i. d. ersten Zeit schwed. Herrschaft von Ernst Seraphim. (XIII, 168 S. m. 3 Stammtaf.) 897. n. 4. —
II. Herzog Christoph v. Mecklenburg, letzter Koadjutor d Erzbist. Riga. E. Beitrag z. livländ. u. mecklenburg. Geschichte v. Alex. Bergengrün. (IX, 324 S. m. 1 Tab.) 898. n. 6. —

— livländischer Geschichte, hrsg. unter Mitwirkg. zahlreicher balt. Historiker v. Ernst Seraphim. III. Bd. gr. 8. Reval, F. Kluge. n. 6. —
Die Katastrophe der Stadt Dorpat während des nordischen Krieges. Nebst zeitgenöss. Aufzeichngn. Von Fr. Bienemann jun. (XIII, 194 u. 110 S.) 902.
Bd. I u. II. Ebd. 897. 898. n. 10. —.

BIBLIOTHEK der Geschichte der Menschheit. 4 Bde. Leipzig 1780—82. 8°. (4 Mk. Paul Neubner, Cöln. 1892.)

Eine interessante Sammlung von Sittenschilderungen fremder Völker, namentlich reichhaltig in Bezug auf Hochzeitsgebräuche, Ansichten über Jungfernschaft u. Ehe, das Leben der Mädchen u. Weiber bei d. verschiedenen Völkerstämmen etc.

Bibliothek der Geschichte der Menschheit. Leipzig 1780—85. H: (Bd. 1 u. 2): *Hirschfeld, Christian Cay, Lorenz & Valentin August Heinze.* (Ky) (MGT) (ML) V: (Bd. 3 ff.): *Heinze, V. A.* (BrMm) (ML).

— der Geschichte d. Menschheit, (v. V. A. Heinze), 8 Bde. 8. Lpz. 780—85. Weidmann. 4 Thlr. 20 Gr. (5r—8r Bd. A. u. d. T.: Beschreib. d. Chinesen. 4 Thle, 784, 85. 2 Thlr. 8 Gr.)

—— der neueren Geschichte. Samml. der vorzügl. Geschichtschreiber vom Anfange des 16. Jahrh. bis auf d. Gegenwart. Hrsg. v. Phil. Hedw. Külb. 1. Thl. Francesco Guicciardini's Geschichte Italiens. A. d. Ital. v. Ed. Sander. 1. u. 2. Bd. à 5 Hfte. gr. 8. (82 B.) Darmstadt 843—46, Leske. à Hft. * 15 Ngr. *

—— der neueren Geschichte. Hrsg. von Phil. Hedw. Külb. 1. Thl. Francesko Guicciardini's Geschichte Italiens. 3. Bd. 1. und 2. Heft. gr. 8. (S. 1—256.) Darmstadt 847, Leske. à Heft * 15 Ngr. Thlr. *
1. Thl. 1. und 2. Bd. Ebendas. 1843—46. * 5 Thlr.

Bibliothek der Sächsischen Geschichte, gesam. v. Karl Limmer. 8°.
5. Werk: Entwurf einer urkundlich-pragmatischen Geschichte von Thüringen. Nicht Regenten-, sondern Landesgeschichte; mit erläuternden und berichtigenden Rücksichten auf die gesammte Sächsische und Deutsche Geschichte, mit drey genealogischen Tabellen. Ronneburg. 1837.

— der sächsischen Geschichte u. Landeskunde, hrsg. v. Gust. Buchholz. I. Bd. 1. Hft. gr. 8. Leipzig, S. Hirzel. n. 3. —
Der Dresdener Friede u. die Politik Brühls. Von Rhold. Becker. (XIV, 143 S.) 902.

— der sächsischen Geschichte u. Landeskunde, hrsg. von Gust. Buchholz. I. Bd., 2. Heft. gr. 8. Leipzig, S. Hirzel. n. 4. —
2. Die Haltung Kursachsens im Streite um die unmittelbare Reichsritterschaft in den J. 1803—1806. Mit e. Anh.: Statistische Beiträge zur Kenntnis der Reichsritterschaft. Von Ghold. Weicker. (VI, 110 S.) 906.

— der sächsischen Geschichte u. Landeskunde, hrsg. v. Gust. Buchholz u. Rud. Kötzchke. I. Bd. 3. Heft u. II. Bd. 1. Heft. gr. 8. Leipzig, S. Hirzel. 8. —
Plathner, Ferd., Behördenorganisation u. Kriegskontributionen im Königr. Sachsen während des Generalgouvernements v. 1813 u. 1814. Mit Akten-Beilagen. (III, VII, 91 S.) 909. (I. Bd. 3. Heft) 4. —
Scheer, Rud., d. Entwicklg. d. Annaberger Posamentenindustrie im 19. Jahrh. Mit e. Anh.: Der polit. Gesinnungswandel d. Bevölkerg. im Annaberger Industriebezirk seit den Notstandsjahren um die Mitte des 19. Jahrh. (VIII, 118 S.) 909. (II. Bd. 1. Heft) 4. —

— d. sächsischen Gesch. u. Landeskde, hrsg. v. Gust. Buchholz u. Rud. Kötzschke. II. Bd, 2. Heft; III. Bd, 3 Hefte u. IV. Bd, 1. u. 2. Heft. gr8° Lpzg, S Hirzel. (I—IV, 2: 41—)
Dame, Cai: Die Entwickelg d. ländl. Wirtschaftslebens in d. Dresden Meissner Elbtalgeg. v. d. Sorbenzeit bis z. Beginn d. 19. Jhts. (8, 225 m. 5 Ktn.) '11 [III,1] 4 —
Gündel, Alex.: Landesverwaltg u. Finanzwesen in d. Pflege Groitzsch-Pegau v. d. Mitte d. 14. bis z. Mitte d. 16. Jahrh., e. Beitrag z. Gesch. d. sächs. Ämterverwaltg. (16, 250 u. 3) '11 [II,2] 4 —
Hennig, Alfr.: Boden u. Siedelgn im Kgr. Sachsen. (20, 205 u. 3 m. Skizzen.) '12 [III,3] 5 —
Hohlfeld, Johs: Stadtrechngn als histor. Quellen. Beitrag z. Quellenkde d. ausgeh. MAlters. Dargelegt an d. Beisp. d. Pegauer Stadtrechngn d. 14/15. Jahrh. (8, 174 m. 1 Grundr.) '12 [IV,1] 5 —
Meyer, Rud.: Der sächs. Landtag v. 1811. (8, 128) '12 [III,2] 4 —
Paul, Mart.: Graf Wackerbarth-Salmour, Oberhofmeister d. sächs. Kurprinzen Friedrich Christian. Beitrag z. Gesch. d. Reorganisation d. sächs. Staates 1763. (9, 115) '12 [IV,2] 4 —

— intimer Geschichten. 1. Bd. 8. Berlin, Metropol-Verlag. n. — 50
Edelwild. Obere Zehntausend. Schlumms. Ein Ballabend in Berlin W. Von Eug. Stangen. (46, 48, 48 u. 48 S. m. Abbildgn.) (906.)

Bibliothek intimer Geschichten. 2—5. Bd. (Mit Abb.) 8. Berlin, Metropol-Verlag. à Bd. — 50
Forsten, Hans, die neue Zofe. Die Dame v. Maxim. Sein Verhältnis. Ein lustiges Atelier. (45, 48, 48 u. 48 S.) (907.) (Bd. 3)
Schidlof, Berth., um e. Backhendel. Des Lebens Maskenspiel. Ein Fehltritt. Pariser Leben. (48, 48, 48 u. 48 S.) (907.) (Bd. 5)
Scott, Frz., „Mulleken". Monte Carlo. Eine tolle Ehe. Lustmord. (48, 48, 48 u. 48 S.) (907.) (Bd. 2)
Sylvester, Hect., Opfer der Leidenschaft. Eine Ueberraschung. Das Halsband der Marquise. Unter blonden Bestien. (48, 48, 48 u. 47 S.) (907.) (Bd. 4)

— englischer Geschichtsschreiber, s. Collection of engl. historians.

—— der wichtigsten Geschichtswerke des Auslandes. Hrsg. von Johs. Scherr. 1—12. Lfg. A. u. d. T.: Geschichte der Republik Venedig. Von Daru. Aus dem Französ. von Thdr. Ruprecht. Vollständige Ausg. 1—4. Bd. 8. (1. und 2. Bd. XXXIX und 989 S., 3. und 4. Bd. XXVI und 966 S.) Leipzig 854, O. Wigand. à Lfg. * 10 Ngr. *

— d. wichtigsten neuern Geschichtswerke d. Auslandes, in Uebersetzungen v. e. Gesellsch. deutscher Gelehrten; unter Redaktion v. K. H. L. Pölitz. 1r, 2r Thl. A. u. d. T.: Geschichte Persiens von d. frühesten Periode an bis zur jetzigen Zeit. Aus d. Engl. des J. Malcolm, v. G. W. Becker. 2 Bde. gr. 8. Leipz. 830. Hinrichs; Hartleben. 2 Thlr. 3r, 4r Thl. A. u. d. T.; der Wiener Congreß. Geschichtl. dargestellt v. G. Flassan. Aus d. Französ. übers. u. mit e. Vorr. begleitet v. A. L. Herrmann. 2 Bde, Ebd. 830. Ebd. 2 Thlr. 5r Thl. A. u. d. T.: Geschichte d. neuern Griechenlandes seit d. Zeit d. Befreiungskrieges. Aus d. Französ. d. Jakovaky Rizo Nerulos, übers. durch H. F. Eisenbach. gr. 8. Ebd. 830. 1 Thlr. 6r—11r Thl. A. u. d. T.: Bignon's Geschichte von Frankreich, vom achtzehnten Brûmaire (November 1799) bis zum Frieden von Tilsit (Julius 1807). Uebersetzt von H. Hase. 6 Bde. gr. 8. Ebd. 830—31. 6 Thlr. 12r, 13r Thl. A. u. d. T.: Geschichte d. Municipal-Rechts in Frankreich, unter d. römischen Herrschaft u. unter den drei Dynastieen. Von M. Raynouard. Uebersetzt von Fr. W. Emmermann. 2 Bde. gr. 8. Ebd. 830. 2 Thlr. 14r, 15r Thl. A. u. d. T.: Geschichte der Hugenotten d. 16n Jahrh. Aus d. Engl. d. W. S. Browning, Esq., übers. durch K. Herzog. 2 Bde. gr. 8. Ebd. 830, 31. 2 Thlr. 16r Thl.: Geschichte Cromwell's. Nach d. gleichzeit. Denkschriften u. parlamentar. Sammlungen v. M. Villemain. Aus d. Französ. v. C. P. Berly. gr. 8. Ebd. 830. 1 Thlr. 17r Thl. A. u. d. T.: Segûr, Gesch. Ludwig XI. Aus d. Französ. übers. v. L. Hoffmann. gr. 8. Ebd. 831. 1 Thlr. 18r u. 19r Thl. A. u. d. T.: Darû, Gesch. d. Bretagne; aus d. Französ. v. Fr. W. Schubert. 2 Bde. gr. 8. Ebd. 831, 32. 2 Thlr.

— der Geschichtswissenschaft. Hrsg. v. Erich Brandenburg. 8. Leipzig 909, Quelle & Meyer.
Darmstaedter, Paul, die Vereinigten Staaten von Amerika. Ihre polit., wirtschaftl. u. soziale Entwicklg. (VI, 242 S.) Geb. in Leinw. 4. —
Hampe, Karl, deutsche Kaisergeschichte in der Zeit der Salier u. Staufer (VIII, 289 S.) Geb. in Leinw. 4. —

— d. Geschichtswissenschaft. Hrsg. v. Erich Brandenburg. 8° Lpzg, Quelle & M.
Hampe, Karl: Deut. Kaisergeschichte in d. Zeit d. Salier u. Staufer. 2. Afl. (8, 294) '12. L 4.40
Weber, Ottoc.: Deut. Gesch. v. westfäl. Frieden bis z. Untergange d röm.-deut. Reiches 1648/1806. (8, 204) '13. L 3.40

Bibliothek für den guten Geschmack. Amsterdam und Bern [Leipzig] 1772. V: *Laroche, Sophie von geb. Gutermann.* (Wr) (GGr.)

Bibliothek für den guten Geschmack, Band 1-13 (u. II.?). Wien, v. *Trattnern*; Bern, *Walthar*; Amsterdam, *Schreuder*. 1772-76, 13 Bde in-8°.
Titre général gravé par *(Dunker)* mais non signé.

BIBLIOTHEK DER DEUTSCHEN PHARMACEUTISCHEN GESELLSCHAFT. (Abgeschlossen am 1. Oktober 1903.) Berlin 1903. Druck von Gebr. Unger. 8°.

Bibliothek der Gesellschaft für Erdkunde zu Berlin. Verzeichniss der Bücher. Berlin 1888.

Bibliothek der königlich physikalisch-oekonomischen Gesellschaft zu Königsberg
Heft 1. Königsberg, 1838. Gedruckt in der Hartungschen Hofbuchdruckerei. 8°
Dasselbe. 2. Aufl. ib. 1846–
Heft 2. ib. 1853. Gedruckt bei G. D. Böhmer.

Bibliothek der litterarischen Gesellschaft zu Halberstadt ... Halberstadt am 1. Juni 1796. V: *Augustin, Christian Friedrich Bernhard.* (GGr)

Bibliothek, Die, der Oberlausitzer Gesellschaft der Wissenschaften ... Görlitz 1819. H: *Neumann, Joh. Gotth.* (BrMm) (MGT) »1820« (Ky)

BIBLIOTHEK der physikalischen Gesellschaft zu Berlin. 1. Juli 1864. Berlin, Buchdruckerei von Gustav Lange. 8°.

Bibliothek, die, d. Oberlausitzischen Gesellschaften, alphab. geordn. (v. Jt. Gtth. Neumann). 1r Thl., mit 2 Kpf. gr. 8. 820. Görlitz, (Anton in Halle). 2 ₰ 6 ℊ

— d. peinl. Gesetzgebung.

— d. peinl. Gesetzkunde.

— d. Gesundheitspflege. Bd 1, 2, 4—10, 10a u. b, 11—14, 15a, 16a u. 17—20. 8° Stuttg., EH Moritz. 27 —; L. 33.50 d
Dennig, A: Hygiene d. Stoffwechsels im gesunden u. kranken Zustande. (88 m. Abb. u. 1 farb. Taf.)'05. [10a.] 1.20; geb. 1.50
Eichhorst, H: Hygiene d. Herzens im gesunden u. kranken Zustande. (94 m. 6 Taf.)'04. [11.] 1.20; geb. 1.50
Ewald, CA: Hygiene d. Magens, d. Darms, d. Leber u. d. Niere im gesunden u. kranken Zustande. (136 m. Abb. u. 3 Taf.) '04. [10.] 1.20; geb. 1.50
Forel, A: Hygiene d. Nerven u. d. Geistes im gesunden u. kranken Zustande. (282 m. Abb.) ('03.) [9.] ‖ 2. Afl. (296 m. Abb.)'05. Je 2.50; geb. je 3 —
Gruber, M: Hygiene d. Geschlechtslebens, dargest. f. Männer. (84 m. 2 Taf.) ('04.) [13.] ‖ 4—6. Taus. (87 m. 2 Taf.)'05. Je 1.20; geb. je 1.50
Haug, R: Hygiene d. Ohres im gesunden u. kranken Zustande. (104 m. 3 Taf.)'02. [5.] — 80; geb. 1 —
Jaerschky, P: Körperpflege durch Gymnastik, Licht u. Luft. (138 m. Abb.) '05. [17.] 1.60; geb. 2 —; 4 Taf. dazu in 4° — 80
Lange, F, u. J Trumpp: Entstehg u. Verhütg d. körperl. Missgestalt. Entstehg u. Verhütg d. runden Rückens, d. Wirbelsäulenverkrümmg, d. hohen Hüfte u. d. hohen Schulter, d. X- u. O-Beine, d. Plattfusses etc. (119 m. Abb.)'05. [14.] 1.60; geb. 2 —
Neumayer, H: Hygiene d. Nase, d. Rachens u. Kehlkopfes im gesunden u. kranken Zustande. (160 m. 5 Taf.) ('03.) [6.] 1.20; geb. 1.50
Orth, J: Aufg., Zweck u. Ziele d. Gesundheitspflege. (55)'04. [1.] — 80; geb. 1 —
Port, G: Hygiene d. Zähne u. d. Mundes im gesunden u. kranken Zustande. (94 m. Abb. u. 2 Taf.)'02. [7.] — 80; geb. 1 —
Riecke, E: Hygiene d. Haut, Haare u. Nägel im gesunden u. kranken Zustande. (200 m. Abb.)'05. [12.] 1.60; geb. 2 —
Rieder, H: Körperpflege durch Wasseranwendg. (201 m. Abb.) ('03.) [18.] 1.60; geb. 2 —
Rubner, M: Uns. Nahrgsmittel u. d. Ernährgskde. (116) '04. [20.] 1.20; geb. 1.50
Schaeffer, O: Ursachen u. Verhütg v. Frauenkrankh. (94 m. Abb.)'04. [16a.] 1.20; geb. 1.50
Schottelius, M: Bakterien, Infektionskrankh. u. deren Bekämpfg. (237 m. 33 z. Tl farb. Taf.)'05. [2.] 2.50; geb. 3 —
Schrötter, L v.: Hygiene d. Lunge im gesunden u. kranken Zustande. (132 m. Abb.) ('03.) [8.] 1.60; geb. 2 —
Sicherer, O v.: Hygiene d. Auges im gesunden u. kranken Zustande. (130 m. Abb.) ('03.) [4.] 1.20; geb. 1.50
Trumpp, J: Gesundheitspflege im Kindesalter. II. Tl. Körper- u. Geistespflege im schulpflicht. Alter. (140) ('03.) [15a.] — 80; geb. 1 — (I u. II.: 1.60; geb. 2 —)
Walz, K: Hygiene d. Blutes im gesunden u. kranken Zustande. (86 m. 2 farb. Taf.)'06. [10b.] 1.20; geb. 1.50

— d. Gesundh.-Pflege, hrsg. v. Hans Buchner, Max Rubner u. F Gussmann. Bd 2, 9, 10, 10a u. b, 11, 13, 15a, 17, 19 u. 20. kl8° Stuttg., EH Moritz. 21.40 (Vollst., 24 Bde: 21 —; geb. 28 —) d
Dennig, Adf: Hygiene d. Stoffwechsels u. d. Stoffwechselkrankh. 3. Taus. (88 m. Abb. u. 1 farb. Taf.) ('08.) [10a.] 1.20
Eichhorst, Herm.: Hygiene d. Herzens u. d. Blutgefässe im gesunden u. kranken Zustande. 2. Afl. (144 m. Abb.)'06. [11.] 1.20; L. n 1.50
Ewald, CA: Hygiene d. Magens, d. Darms, d. Leber u. d. Niere im gesunden u. kranken Zustande. 2. Afl. (159 m. Abb. u. 3 Taf.)'06. [10.] 1.20; L. n 1.50
Forel, Aug.: Hygiene d. Nerven u. d. Geistes im gesunden u. kranken Zustande. 3. Afl. (319 m. Abb. u. 4 Taf.)'08. [9.] 3.50; L. 4.50
Gruber, Max: Hygiene d. Geschlechtslebens, dargest. f. Männer. 3. Afl. (93 m. 2 farb. Taf.)'07. [13.] 1.20; L. 1.50
Jaeger, Heinr., u. Frau Anna Jaeger: Hygiene d. Kleidg. (220 m. Abb. u. 15 Taf.)'06. [10.] 2.50; L. 3 —
Jaerschky, Paul: Körperpflege durch Gymnastik, Licht u. Luft. 2. Afl. (174 m. Abb.)'06. [17.] 1.60; L. 2 —
Rubner, Max: Nahrgsmittel- u. Ernährgskde. 2. Afl. (136) ('08.) [20.] 2 —; L. 2.50
Schottelius, Max: Bakterien, Infektionskrankh. u. deren Bekämpfg. 2. Afl. (319 m. Abb. u. 32 z. Tl farb. Taf.)'09. [2.] 5 —; L. 6 —
Trumpp, Jos.: Gesundh.-Pflege im Kindesalter. II. Tl: Körper- u. Geistespflege im schulpflicht. Alter. 2. Afl. (156)'06. [15a.] — 80; L. 1 —
Walz, Karl: Hygiene d. Blutes u. d. Blutkrankh. 3. Taus. (86 m. 2 farb. Taf.) ('08.) [10b.] 1.20
Früher u. d. T.: Volksbücher d. Gesundheitspflege.

— gewählte, f. Seelsorger. 13 Bde. in 22 Abtheill. 8. Cilli 794—96. (J. F. Korn in Bresl.) 8 ₰ 12 ℊ

— Goldene, d. Bildg u. d. Wissens. Lehr- u. Selbstunterrichtswerk z. Wissensbereicherg. NAfl (457; 110; 7, 326; 123, 127, 105; 259, 166, 148, 79, 49, 4, 52, 74, 79, 128, 102, 28; 197, 112, 123 u. 4 m. Abb., [4 farb.] Taf. u. 33 farb. Ktn.) Lex8° Lpzg, FE Bilz ('09). L (32 —) 33 — d

Goldschmidt's Bibliothek für Haus und Reise. Bd 14. 1874
s. Streckfuss, Adolf: Dorenberg. Im Schwedenacker.

— Göttingische, d. neuesten theolog. Literatur, herausg. v. J. F. Schleusner u. K. F. Stäudlin. 4 Bde. 8. Götting. 795—99. Vandenhöck u. R. (1r Bd. in 12 Stcken à 3 ℊ 2r bis 4r Bd. jeder von 6 Stcken à 6 ℊ) 6 ₰ 5r Bd. 1s, 2s Stck, oder neue Götting. Bibl. 1r Bd. 1s, 2s Stck. 8. Zelle 800, 1. Schulze. 16 ℊ

Bibliothek Goetz-Jahn. Geistig arbeiten u. Erfolg. (Einleitung zu Henry Edward Jost's Hauptwerk „Über den Erfolg".) 4 Bde. Lex.-8. Berlin (904). Modern-pädagog. u. psycholog. Verlag. n. 2. 30; Einzelpr. à n. 1. —
1. Wie fördern wir unsere mentale u. psychische Arbeitsfähigkeit? Von Emil Musafia, M. A. (47 S.)
2. Wie sollen wir die modernen Weltsprachen erlernen? Von Frz. Jos. Goetz. (46 S.)
3. Wie erleichtern wir unsere geistigen Arbeiten? Von Frz. Jos. Goetz. (47 S.)
4. Geistig arbeiten u. der Erfolg. Von Wilh. Jahn. (47 S.)

Bibliothek indogerman. Grammatiken. Bearb. v. F Bücheler, B Delbrück, H Hübschmann, A Leskien, G Meyer, E Sievers, H Weber, WD Whitney, E Windisch. 1—4. Bd. 8. Lpzg, Breitkopf u H. n. 25. 50
Delbrück, B, Einl. in d. Sprachstudium. Ein Beitrag z. Geschichte u. Methode d. vergl. Sprachforschg. (141) 80. n. 3. —; geb. n. 4. 50
Meyer, G, griech. Grammatik. (464) 80. n. 9. 50
Sievers, E, Grundzüge d. Lautphysiologie z. Einführg in d. Stud. d. Lautlehre d. indogerman. Sprachen. (150) 76. n. 3. —
Whitney, WD, ind. Grammatik, umfass. d. klass. Sprache u. d. ält. Dialecte. Aus d. Engl. übers. v. H Zimmer. (519) 79. n. 10. —; geb. n. 11. 50

— indogerman. Grammatiken, bearb. v. F Bücheler, B Delbrück, K Foy etc. 1. Bd., 2. Bd. 1. u. 2. Abth. u. 4. Bd. 8. Lpzg, Breitkopf & H. *n.* 14. 70
Delbrück, B, Einleitg in d. Sprachstudium. Ein Beitrag z. Geschichte u. Methodik d. vergleich. Sprachforschg. 2. Afl. (140) 84. n. 3. —; geb. n. 4. 50
Holtzmann, A, Grammatisches a. d. Mahabharata. Ein Anh. zu WD Whitney's ind. Grammatik. (50) 84. n. 1. 20
Sievers, E, Grundzüge d. Phonetik z. Einführg in d. Studium d. Lautlehre d. indogerman. Sprachen. 2. Afl. d. „Grundzüge z. Lautphysiologie". (224) 81. n. 4. 50; geb. n.n. 6. —
Whitney, WD, d. Wurzeln, Verbalformen u. primären Stämme d. Sanskrit-Sprache. Ein Anh. zu s. ind. Grammatik. Uebers. v. H Zimmer. (252) 85. n. 6. —; geb. n. 7. 50

— dass. 4. Bd. 8. Ebd. 82. *n.* 4. —
Introduction to the study of language: a crit. survey of the history and methods of comparative philology of the indo-european languages. By B Delbrück. (142) n. 4. —

— indogerman. Grammatiken, bearb. v. F Bücheler, B Delbrück, K Foy etc. 1—3. Bd. 8. Lpzg, Breitkopf & H. *n.* 26. —
Meyer, G, griech. Grammatik. 2. Afl. (588) 86. n. 11. —; geb. n.n. 12. 50
Sievers, E, Grundz. d. Phonetik z. Einführg in d. Studium d. Lautlehre d. indogerman. Sprachen. 3. Afl. (255) 85. n. 5. —; geb. n.n. 6. 50
» 2. Whitney, W. D., a Sanskrit grammar, including both the classical language and the older dialects, of Veda and Brahmana. 2d edit. (XXV, 551 S.) 888. *ℳ 10.—.
Whitney, WD, a Sanskrit grammar, including both the classical language, and the older dialects, of Veda and Brahmana. 2. ed. (577) 89. n. 10. —

— indogerman. Grammatiken. 1., 4. u. 5. Bd u. 6. Bd, 1. Abth. 8° Lpzg, Breitkopf & H. 23 —; Einbde à n.n. 1.50
Delbrück, B, Einl. in d. Sprachstudium. Ein Beitr. z. Geschichte u. Methodik d. vergleich. Sprachforschg. 3. Afl. (144) 93. [Bd 4.] 3 —
Hatzidakis, GN, Einl. d. neugriech. Grammatik. (464) 92. [Bd 5.] 10 —
Hübschmann, H, armen. Grammatik. 1. Thl. Armen. Etymologie. 1. Abth.: Die pers. u. arab. Lehnwörter im Altarmenischen. (280) 95. [Bd 6, I.] 5 —
Sievers, E, Grundzüge d. Phonetik z. Einführg in d. Studium d. Lautlehre d. indogerman. Sprachen. 4. Afl. (298) 93. [Bd 1.] 5 —

— indogermanischer Grammatiken. Bearb. v. F. Bücheler, B. Delbrück, K. Foy u. a. 2., 3. u. 6. Bd. 1. Thl. 2 Abthlgn. gr. 8. Leipzig, Breitkopf & Härtel. n. 36. —; geb. n. 40. 50
2. A Sanskrit grammar, including both the classical language, and the older dialects, of Veda and Brahmana. By William Dwight Whitney. 3. ed. (XXVI, 551 S.) 896. n. 10. —; geb. n. 11. 50
3. Griech. Grammatik von Gust. Meyer. 3., verm. Aufl. (XVIII, 715 S.) 896. n. 13. —; geb. n.n. 14. 50
6. I. Armenische Grammatik von H. Hübschmann. 1. Thl. Armen. Etymologie. 1. Abth.: D. pers. u. arab. Lehnwörter im Altarmenischen (280 S.) 895. n. 5. —
6. II. Dasselbe. 1. Thl. Armen. Etymologie. 2. Abth.: D. syr. u. griech. Lehnwörter i. Altarmen. u. d. echtarmen. Wörter. (XXIII u. S. 281—575.) 897. n. 8. —
(1. Thl. kplt. in Halbfrzbd.: n.n. 14. 50

— indogermanischer Grammatiken. Bearb. v. B. Delbrück, K. Foy, H. Hübschmann etc. 1. Bd. gr. 8. Leipzig, Breitkopf & Härtel. n. 5. —; geb. 6. 50
Grundzüge der Phonetik zur Einführung in das Studium der Lautlehre der indogermanischen Sprachen. Von Ed. Sievers. 5. verb. Aufl. (XVI, 328 S.) 901.

— indogermanischer Grammatiken. Bearb. v. B. Delbrück, K. Foy, H. Hübschmann u. a. 4 Bd. gr. 8. Leipzig, Breitkopf & Härtel. n. 3. —; geb. n 4. 50
Einleitung in das Studium der indogermanischen Sprachen. Ein Beitrag zur Geschichte u. Methodik der vergleich. Sprachforschg. Von B. Delbrück. 4. völlig umgearb. Aufl. (XVI, 175 S.) 901.

— indogermanischer Grammatiken. Bearb. v. B. Delbrück, K. Foy, H. Hübschmann u. a. IV. Bd. gr. 8. Leipzig 908. Breitkopf & Härtel. 4. —
Einleitung in das Studium der indogermanischen Sprachen, e. Beitrag zur Geschichte u. Methodik der vergleich. Sprachforschg. Von B. Delbrück. 5. Aufl. (XVI, 173 S.)

Bibliothek der Grazien, eine musikalische Monatsschrift für Liebhaberinnen und Freunde des Gesangs und des Klaviers. Herausgegeben von Ihro Königlichen Majestät der regierenden Königin in Preussen, unterthänigst zugeeignet von Heinrich Philipp Bossler. – Speier, H. P. Bossler, 1789. 2 vol. in 4 obl. 60 S., 59 S.
– 2. Jg.– Speier, Bossler, 1790. 2 vol. in 4-obl., 59 S., 59 S.

— der Grazien. 3 Bde. 8. Pirna 804. (Arnold in Dresd.) 3 ₰

BIBLIOTHEK der Grazien. Bdchn. 1—3 (soviel ersch.?). Mit 1 hübschen Frontisp. (die 3 Grazien), unsign., in reizender Amoretten- u. Arabeskenbordüre. Pirna, bei Pinther 1804. — *A. E.:* von Bdchn. 2: Dresden, gedr. bei Meinhold u. Comp. Kl. 8°. Die Titelbll. auf stärkerem Pap. (In Dresden.) Zahm.

I: X—202 S. 1. Eugenios und Helena. Fragment aus dem Tagebuche einer Reise durch Griechenland (S. 1—45). 2. Der Pflegling. Eine Erzählung (S. 47—109). 3. Das Mißverständniß. Eine Erzählung (S. 111—202).
II: Tit., Nebentit., 1 Bl. Vorber., 259 S., 1 S. Druckanz. Enth.: Drei Abende am Kaminfeuer meines Schwiegervaters. (1. Das höllische Wäschermädchen [S. 1—79]. 2. Anklam, od. Die Entführung auf väterliche Veranlassung [S. 80—166]. 3. Das fatale Perlengeschenk [S. 167—259].)
III: Tit. u. 184 S. Enth.: Die häuslichen Feste. Eine Erzählung, nach d. Französ. der Frau von Genlis bearb.

— der Grazien. 1r Thl. 12. Köln 806. Kommerskirchen. 20 gr.

— grüne. Eine Sammlung interessanter Volksromane aus alter u. neuer Zeit nach Aktenstücken u. Traditionen für Stadt u. Land bearb. von bedeutenden Schriftstellern Deutschlands. Darmstadt 870. Verlag u. Depot gemeinnütziger Schriften. 8. Jede Liefg. 3 ngr.
1—12. Liefg.: Breughel, H. L., Johannes Bückler genannt Schinderhannes u. die Räuberbanden an der Mosel, der Nahe u. am Rhein. Historischer Roman aus französ. Zeit. (1. Bd. XIII, 484 S.; 2. Bd. S. 485—564.)

Bibliothek, grüne. Eine Sammlung interessanter Volksromane aus alter u. neuer Zeit nach Aktenstücken u. Traditionen f. Stadt u. Land bearb. v. bedeutenden Schriftstellern Deutschlands. 13—23. Lfg. gr. 8. Darmstadt 870. 71. Verlag u. Depot gemeinnütz. Schriften. — 30
Johannes Bückler genannt Schinderhannes u. die Räuberbanden an der Mosel, der Nahe u. am Rhein. Historischer Roman aus franz. Zeit v. H. L. Breughel. (2. Bd. X u. S. 565—973.)
Die Hyäne des Schlachtfeldes u. der Ulan od. die schöne Braut v. Straßburg. Eine histor. Erzählg. aus dem Krieg gegen die Franzosen im J. 1870 v. Rheinfels. (S 1—64.)

—— grüne. Eine Sammlung interessanter Volksromane aus alter und neuer Zeit nach Aktenstücken und Traditionen für Stadt und Land bearb. von bedeutenden Schriftstellern Deutschlands. gr. 8. Darmstadt 870,71, Verlag und Depot gemeinnütziger Schriften. [Berlin, Burmester und Stempell.] In Lfgn. à 30 Pf.
Inhalt:
Breughel, H. L., Johannes Bückler genannt Schinderhannes und die Räuberbanden an der Mosel, der Nahe und am Rhein. Historischer Roman aus französ. Zeit. 2 Bde. (1056 S.) ℳ 6,60. — Rheinfels, die Hyäne des Schlachtfeldes und der Ulan oder die schöne Braut von Straßburg. Eine histor. Erzählung aus dem Krieg gegen die Franzosen im J. 1870. 2 Bde. (1088 S.) ℳ 7,20.

— grüne. Nr. 1—4. gr. 16. Wien, L. Weiß. à n. — 20
1. Der arme Spielmann. Novelle. Von Frz. Grillparzer. (96 S.) (903.)
2. Brigitta. Erzählung. Von Adalb. Stifter. (127 S.) (903.)
3. Entdeckung der blauen Grotte auf der Insel Capri. Eine Geschichte. Von Aug. Kopisch. (88 S.) (903.)
4. Der Pfarrer v. Cucugnan u. Anderes. Von Alphonse Daudet. (96 S.) (903.)

Bibliothek, Hamburgische vermischte, worin zur Aufnahme der Wissenschaften, Künste und Sprachen allerhand neue Entdeckungen ... mitgetheilt werden. Bd. 1—3. Hamb. 1743—45. H: *Kohl, Johann Peter.* (ML)

— Hamburgische, vermischte. 3 Thle. 8. Hamb. Brandt. 743—45.

— Hamburgische, worin zur Aufnahme der Wissenschaften, Künste und Sprachen neue Entdeckungen und Gedanken mitgetheilt werden. Hamb. 743–45. 3 Thle. 8. 4 rthl. 12 gr.

Bibliothek der Hand- u. Kunst-Arbeiten. Hrsg. v. Hedwig Brauer. Nr. 1—3. 8. Leipzig, E. Volkening. à n. — 50
1. Handgemalte Farbentafel z. Darstellg. d. Wirkung v. 36 Farbentönen, d. durch Mischg. u. Verdünng. a. d. 3 Grundfarben erzielt werden können. Von Geo. Keilitz. Vorausgeschickt ist e. Farbenlehre. (14 S. m. 2 Taf.) 896.
2. Anleitg. z. Aquarell-Malerei, nebst e. Abhandlg. üb. Farbenlehre. N. d. besten Quellen u. neuesten Erfahrgn. zusammengest. 2. Aufl. (3. u. 4. Tausd.) (11, 39 S.) 896.
3. Anleitg. z. Öl-Malerei. N. d. besten Quellen u. eig. Erfahrgn. zusammengest. von Geo. Keilitz. (48 S.) 897.

Bibliothek geographischer Handbücher. Begründet v. Frdr. Ratzel. Neue Folge. Hrsg. v. Albr. Penck. Unter Mitwirkg. v. Ed. Brückner, Hans Crammer, Osk. Drude u. a. gr. 8. Stuttgart, J. Engelhorn Nachf.

Hann, Jul., Handbuch der Klimatologie. I. Bd.: Allgemeine Klimalehre. Mit 22 Abbildgn. im Text, 3., wesentlich umgearb. u. verm. Aufl. (XIV, 394 S. m. Fig.) 908. 13.—; Einband nnn 1.50

— dasselbe. II. Bd.: Klimatographie. 1. Tl.: Klima der Tropenzone. Mit 7 Abbildgn. im Text. 3., wesentlich umgearb. u. verm. Aufl. (XII, 426 S.) 910. 14.—; Einband nnn 1.50

Hann, Jul.: Handb. d. Klimatol. 3. Bd: Klimatogr. 2. Tl: Klima d. gemäss. Zonen u. d. Polarzonen. 3. Afl. (9, 713 m. Abb.) '11. 23 — (1—3: 50 —)

Krümmel, Otto, Handbuch der Ozeanographie. I. Bd. Die räuml., chem. u. physikal. Verhältnisse d. Meeres. Mit 69 Abbildgn. im Text. 2. völlig neu bearb. Aufl. des im J. 1884 erschienenen Bd. I des Handbuchs der Ozeanographie von Geo. v. Boguslawski. (XVI, 526 S. m. 2 Tab.) 907. 22 —; Einbd. in Halbfrz. nnn 1.50

Krümmel, Otto: Handb. d. Ozeanogr. 2. Bd. Die Beweggsformen d. Meeres (Wellen, Gezeiten, Strömgn). 2. Afl. (16, 766 m. 3 Tab.) '11. 32 — (vollst.: 54 —)

Penck, Albr., Morphologie der Erdoberfläche. 2 Tle. [Anastatischer Neudr.] (XIV, 471 u. X, 696 S. m. 67 Abbildgn.) [894] (910.) 32. —

Ratzel, Frdr., Anthropogeographie. 1. Tl.: Grundzüge der Anwendg. der Erdkunde auf die Geschichte. 3., unveränd. Aufl. (XVI, 400 S.) 909. 15. —

Ratzel, Frdr.: Anthropogeogr. 2. Tl: Die geograph. Verbreitg d. Menschen. 2. Afl. (30, 605 m. 1 farb. Kte u. Ktchn.) '12. 24 —

Bibliothek geographischer Handbücher, herausgegeben von Prof. Dr. Friedrich Ratzel. (I.) Anthropo-Geographie, oder Grundzüge der Anwendung der Erdkunde auf die Geschichte von Dr. Friedrich Ratzel, Prof. an der technischen Hochschule in München. (II.) Handbuch der Klimatologie, von Dr. Julius Hann, Director der meteorol. Centralanstalt und Prof. an der Universität in Wien etc. (Mit 1 Taf.) (III.) Handbuch der Oceanographie von Prof. Dr. Georg v. Boguslawski, Sectionsvorstand im hydrographischen Amt der Admiralität etc. Bd. 1. Räumliche, physikalische und chemische Beschaffenheit der Oceane. Mit 15 Abbild. Bd. 2. Die Bewegungsformen des Meeres von Dr. Otto Krümmel. Mit 1 Beitrage von Prof. Dr. K. Zöppritz. Mit 60 Abbild. (im Texte) und 1 Uebersichtskarte der Meeresströmungen. (IV.) Handbuch der Gletscherkunde, von Dr. Albert Heim, Prof. der Geologie am schweizerischen Polytechnikum und der Universität in Zürich. Mit 2 Tafeln und 1 Karte. (V.) Allgemeine Geologie von Dr. Karl v. Fritsch, Prof. an der Universität in Halle. Mit 102 Abbild. (im Texte). (VI.) Handbuch der mathematischen Geographie von Prof. Dr. Siegmund Günther in München. Mit 155 Abbild. (im Texte). (VII.) Handbuch der Pflanzengeographie von Dr. Oscar Drude, Prof. der Botanik an der technischen Hochschule und Director des k. botanischen Gartens zu Dresden. Mit 4 Karten und 3 Abbild. (VIII.) Morphologie der Erdoberfläche von Dr. Albrecht Penck, Prof. der Geographie an der Universität Wien. 1. Th. Mit 29 Abbild. 2. Th. Mit 38 Abbild. (10 Bde.)
8. Stuttgart 1882--1894.

Bibliothek geographischer Handbücher, herausgegeben von Prof. Dr. Friedrich Ratzel. (Fortsetzung.) (I.) Anthropo-Geographie. 2. Theil. Die geographische Verbreitung des Menschen. Von Dr. Friedrich Ratzel, Professor der Geographie an der Universität Leipzig. Mit 1 Karte und 32 Abbildungen. — (IX.) Handbuch der Seekunde. Allgemeine Limnologie von Dr. F. A. Forel, Professor an der Universität Lausanne. Mit 1 Tafel und 16 Abbildungen. (2 Bde.)
8. Stuttgart 1891--1901

—— der gesammten Handelswissenschaften. Von Andree, Asher, Bleibtreu, Borel rc. (In 14 Bdn.) 1—25. Lfg. Lex.-8. Stuttgart 861, Engelhorn. à Lfg. 10 Ngr.

Lfg. 1. 5. 6. 10. 12. 16. 18. 21. 22. Wächter, Osc., Wechsellehre nach den deutschen und ausländischen Gesetzen, für den prakt. Gebrauch des Handelsstandes dargestellt. (803 S.) 3 Thlr.

" 2. 7. 13. 23. Bleibtreu, L. C., Handbuch der Münz-, Maaß- und Gewichtskunde und des Wechsel-, Staatspapier-, Bank- und Aktienwesens europäischer und außereuropäischer Länder und Städte. (S. 1—384.) 1 Thlr. 10 Ngr.

" 3. 8. 14. 19. 25. Handelscorrespondenz, allgemeine, in 6 Sprachen (deutsch, holländisch, englisch, französisch, italienisch und spanisch), bearb. von Brutzer, J. Vos jr., Sommerville, Borel, M. Buono und M. W. Brasch. (S. 1—480.) 1 Thlr. 20 Ngr.

" 4. 15. Schwarzkopf, S. A., und C. Seubert, Handbuch der allgemeinen Waarenkunde für das Selbststudium wie für den öffentlichen Unterricht. (1. Bd. S. 1—192.) 20 Ngr.

" 9. 11. 17. 20. 24. Schmidt, Louis, die Buchführung und die damit verbundenen schriftlichen Ausarbeitungen. (488 S.) 1 Thlr. 20 Ngr.

Schmidt, L., d. Buchführg. (488) 62.

—— der gesammten Handelswissenschaften. Von Andree, Asher, Bleibtreu, Borel rc. 26.—75. Lfg. Lex.-8. Stuttgart 861—68, [Maier.] à Lfg. 10 Ngr.

Inhalt:

Lfg. 26. 27. Handelscorrespondenz, allgemeine, in 6 Sprachen (deutsch, holländisch, englisch, französisch, italienisch und spanisch), bearb. von Brutzer, J. Vos jun., Sommerville, Borel, M. Buono und M. W. Brasch. (S. 481—664.) Complet einzeln 2 Thlr. 12 Ngr.; geb. 2 Thlr. 22 Ngr.

" 32. 36. 40. 41. 43. 44. 46. —— specielle, in 6 Sprachen (deutsch, holländisch, englisch, französisch, italienisch und spanisch), bearb. von Brutzer, Vos jun., Sommerville, Borel, M. Buono und M. W. Brasch. (660 S.) Complet einzeln 2 Thlr. 12 Ngr.; geb. 2 Thlr. 22 Ngr.

" 28. 34. Bleibtreu, L. C., Handbuch der Münz-, Maaß- und Gewichtskunde und des Wechsel-, Staatspapier-, Bank- und Aktienwesens europäischer und außereuropäischer Länder und Städte. (S. 385—602. Schluß.) Complet einzeln 2 Thlr. 7½ Ngr.; geb. 2 Thlr. 17½ Ngr.

" 29. 31. 33. 35. 38. 42. 45. Schmidt, Louis, Arithmetik des Verkehrslebens. Vollständiges Handbuch der Arithmetik für Kaufleute, Bankiers, Fabrikanten rc. (660 S.) Complet einzeln 2 Thlr. 12 Ngr.; geb. 2 Thlr. 22 Ngr.

" 30. 39. 47. 49. 53. 56. 59. 74. Andree, Karl, Geographie des Welthandels. Mit geschichtl. Erläuterungen. 1. Bd. (668 S.) und 2. Bd. (S. 1—80.) 1. Bd. complet einzeln 2 Thlr. 12 Ngr.; geb. 2 Thlr. 22 Ngr.

" 37. 48. 51. 52. 55. 57. 60. 61. Seubert, C., und Mor. Seubert, Handbuch der allgemeinen Waarenkunde für das Selbststudium wie für den öffentlichen Unterricht. Mit eingedr. Holzschn. 1. Bd. (XV und 447 S.) 2. Bd. (VIII und 493 S.) Complet einzeln à Bd. 1 Thlr. 22½ Ngr.; geb. à Bd. 2 Thlr. 2½ Ngr.

Lfg. 50. 54. 58. 64. Volkswirthschaftslehre. (S. 1—368.)

" 62. 63. 65. 69. 72. 73. 75. Wörterbuch der Handels- und Geschäftssprache. Deutsch, holländisch, englisch rc. nebst ausführl. Waarenverzeichniß und 5 Sprachregistern bearb. von H. Brutzer, W. Binder, J. Vos u. A. (544 S.) Complet einzeln 2 Thlr. 24 Ngr.; geb. 3 Thlr. 4 Ngr.

" 66—68. 70. 71. Geschichte des Welthandels. Zum Privatstudium wie zum Gebrauche für Unterrichtsanstalten von C. Büchele. (XIV und 416 S.) Complet einzeln 2 Thlr.; geb. 2 Thlr. 10 Ngr.

—— dass. — Suppl.-Heft: Das metrische Münz-, Maß- und Gewichts-System. Von Bopp. Lex.-8. (136 S.) Ebendas. 869.

—— der gesammten Handelswissenschaften. Von Andree, Bleibtreu, Borel rc. 76.—98. Lfg. Lex.-8. Stuttgart 870—74, Maier. Lfg. 76—94, 96—98. à *M* 1. Lfg. 95

Inhalt:

Lfg. 76. 81. 83. 85. 86. 88. 89. Hahn, Otto, das Handelsrecht nach dem allgemeinen deutschen Handelsgesetzbuch nebst Anh. über das franz. Recht und das Seerecht. (548 S.) *M* 7.20.

" 77. 80. 82. 84. 87. 90—95. Andree, Karl, Geographie des Welthandels. Mit geschichtlichen Erläuterungen. (2. Bd. XX, S. 81—975.) 2. Bd. complet *M* 15.

" 78. 79. Mangoldt, H. v., Volkswirthschaftslehre. (XIV, S. 369—491.) Complet *M* 6.

" 96—98. Andree, Karl, Geographie des Welthandels. Mit geschichtlichen Erläuterungen. 3. Bd.: Handelsgeographie der europäischen Staaten von Heinr. Glogau. (S. 1—240.)

Lfg. 1.—98. *M* 98,50.

—— dass. — Supplement: Hilfstabellen nach dem Decimalsystem zu Prämien- und verschiedenartigen anderen Berechnungen in den Rechnungsmünzen aller Länder, von Ernst Arheidt. 1. Aufl. *M* 2., und 2. Aufl. Lex.-8. (V, 155 S.) Ebendas. 871.

—— der gesammten Handelswissenschaften. Von Andree, Bleibtreu, Borel rc. 99.—121. (Schluß-)Lfg. Lex.-8. Stuttgart 875—77, Maier. à Lfg. * *M* 1. *

Inhalt:

Andree, Karl, Geographie des Welthandels. Mit geschichtl. Erläuterungen. 3. Bd.: Handelsgeographie der europäischen Staaten. 1. Hälfte bearb. von H. Glogau, J. Minoprio, Lorenz Brauer, M. Haushofer, Jos. Fischer. (S. 241—1264.) 2. Hälfte bearb. von M. Haushofer. (VI, 772 S.) — 1.—98. Lfg. Ebendas. 1861—74. * *M* 98,50.
Compl. 15 Bde. * *M* 136,75.

— der Handelswissenschaften f. den Selbstunterricht. (In etwa 70 Lfgn.) I. 1.—5. Lfg. gr. 8. Wien, L. Weiss. n. — 40

Deutsche Handelskorrespondenz. Von Karl Porges. 10. Aufl. 1.—5. Lfg. (S. 1—160 m. 3 Formularen.) 902.

— der Handelswissenschaften f. den Selbstunterricht. I. 6.—17. Lfg gr. 8. Wien [L. Weiss]. Berlin, Commissions- u. Export-Buchh. J. Singer & Co. à n. — 40

I. Deutsche Handelskorrespondenz. Von Karl Porges. 10. verb. Aufl. 6.—17. (Schluss-)Lfg. (III u. S. 161—508 m. 3 Formular.) 902. 908. (kplt. geb. in Leinw. n. 6. 80; erm. Pr. 6. —)

— handelswissenschaftliche. Hrsg. v. der ersten deutschen Buchhalterschule (Zimmermann.) I., II., IV. u. V. Bd. gr. 8. Berlin (Berolina-Versand-Buchhandlg.) 9. 25
I. II. Zimmermann, Herm. Aug., Universalschlüssel zur doppelten Buchführung m. Berücksicht. der einfachen u. Tabellen zur amerikanischen. Vollständiges Lehrwerk. Auf Grund der neuesten Fortschritte im gesamten Buchführungsgebiete verf. 3.Tausend. — 25 Orig.-Lehrbriefe zur vollständigen Erlernung der einfachen, doppelten u. amerikanischen Buchführung in brieflichen Cursen, m. Berücksicht. der neuesten Fortschritte im gesamten Buchführungsgebiete verf. (172 u. 27 S.) Wandsbek (900). 6. —
IV. — Deutsche allgemeine Stenographie (genannt Blitz-Stenographie). Einziges normales System der Welt. Einstufig, drucklos, zeilenunabhängig. (II, 8 S.) 902. 1.—
V. — Dasselbe. Vollständiges Lehrbuch. (2. Aufl.) (II, 24 S.) 902. 2. 25

— d. Handels-Zeitg. f. d. ges. Uhren-Industrie. Hrsg. v. Wilh. Diebener. 1.—8. Hft. gr. 8. Leipzig 896. W. Diebener. n. 4. 70
1. Wie bekämpft d. Uhrmacher die Uhrenauktionen? Von P. Rocke. (19 S.) n. — 30
2. D. Reichsgesetz betr. d. Feingehalt d. Gold- u. Silberwaaren. Erläut. v. P. Rocke. (30 S.) n. — 80
3. D. Konstrukteur u. d. Konstruktions-Zeichnen f. d. Uhrmacherei. E. Lehrbuch f. Schule u. Werkstatt. Von A. Kittel. (V, 91 S. m. 163 Fig.) n. 3. 60

—— der Handlungswissenschaft, od. Verzeichniß der von 1750 bis zu Anfang 1845 in Deutschland erschien. Bücher üb. alle Theile der Handlungskunde u. deren Hülfswissenschaften. Nebst einem Nachtr. enth. die wichtigsten Schriften der engl., franz., holländ., italien. u. span. Sprache, u. eine Uebers. der Eisenbahnliteratur. Zuerst hrsg. v. Th. Ch. Fr. Enslin. 2. Aufl. gänzlich umgearb. v. Wilh. Engelmann. Mit e. Materien-Register. gr. 8. (14½ B.) Leipzig 846, Engelmann. *

— des praktischen Handwerkes. Eine Sammlg. v. Hand- u. Hilfsbüchern auf den Gebieten des modernen Handwerkes u. des gewerbl. Schaffens, bearb. v. erfahrenen Fachmännern der verschiedenen Einzelzweige. 1. u. 2. Bd. Lex. 8. Leipzig, Jacobi & Quillet. Geb. in Leinw. à 18. —
Issel, Hans, der moderne Maurer, enth.: Die Baumaterialien u. ihre Gewinng., die Gründg. der Gebäude, der Steinverband im Mauerwerk, das Wölben, die steinernen Treppen, bürgerl. Wohn- u. Miethäuser, die moderne Putzfassade, ländl. Wohn- u. Nutzbauten, massive Fußböden, Isoliergn. im Hochbau u. als Anh.: Die Geschäftskunde des Maurers. Unter Mitarbeiterschaft v. E. Pfaff, Werner Issel u. K. Bohnsack. Mit 1000 Textfig., 1 farb. Titelbilde u. 100 Taf. (z. Tl. Doppeltaf.) (XV, 594 S.) 908. (Bd. 2)
Opderbecke, Adf., der moderne Bau- u. Kunstschlosser, umfassend: Die Rohstoffe, die Handelsware, die Werkstatt, die Bearbeitung des Schmiedeeisens, die Verbindungs- u. Zusammenfügungs-Arbeiten, die Konstruktionen des Hochbaues, die Baubeschläge, Türen, Tore u. Fenster, die Mannstaedtschen Ziereisen, Gitterwerke u. andere Kunstschmiedearbeiten. Als Lehr- u. Handbuch f. die Praxis bearb. Mit 1442 Fig. u. 100 Taf. (VIII, 578 S.) 908. (Bd. 1)

—— für das deutsche Haus. 1. Bdchn.: Heimatlos. Erzählung von Erich Norden. 12. (78 S.) Wiesbaden 887, Ebbeke. *

—— f. das deutsche Haus. 2. u. 3. Bdchn. 12. (à Bdch. 80 S.) Wiesb. 891, Ebbecke. à Bdch. * 1 —
2. Evers, Ernst. Erzählungen f. das deutsche Volk.
3. Frommel, Emil. Ernstes u. Heiteres.

— f. Haus u. Reise. 1—11. Bd. 8. Berl., Goldschmidt. 4. 12½
Beta, O, Schmollis, e. Hundeleben. (135) 70. — 15
Gerstäcker, F, d. sonderb. Duell. (93) 69. — 10
— Irrfahrten. (111) 69. — 15
Glassbrenner, A, burleske Novellen. (96) 69. — 10
Niendorf, MA, d. Randschrift e. Königs. (97) 70. — 10
— wie man regiert. (207) 69. — 22½
Ring, M, am Abgrund. (95) 70. — 10
Temme, JDH, e. Gottvertrauen. (105) 69. — 10
Wallner, F, a. m. Erinnergn. (91) 70. — 10
— a. d. Theaterwelt. (114) 70. — 10
— a. m. Wanderbuche: Italia. (91) 70. — 10

Bibliothek für Haus und Reise. Nr. 6—23. 8. Berlin, Goldschmidt. Nr. 6—8, 10, 11, 14, 15, 19—23 à
Nr. 9, 12, 13, 16—18 à
Inhalt:
Nr. 6. Wallner, Frz., aus der Theaterwelt. (III, 114 S.) 870.
" 7. —— aus meinen Erinnerungen. (III, 94 S.) 870.
" 8. —— aus meinem Wanderbuche: Italia. (III, 91 S.) 870.
" 9. Beta, O., Schmollis, ein Hundeleben. (135 S.) 870.
" 10. Niendorf, M. Ant., die Randschrift eines Königs. Historische Novelle. (97 S.) 870.
" 11. Ring, Max, am Abgrund. (95 S.) 870.
" 12. Neumann-Strela, Karl, wer ist von Gottes Gnaden? Humoristische Erzählung. (147 S.) 871.
" 13. Gerstäcker, Friedr., Verhängnisse. (135 S.) 871.
" 14. Schlägel, Max v., Novellen. (III, 82 S.) 872.
" 15. Temme, J. D. H., der gute Herr. Eine Criminalgeschichte. (84 S.) 872.
" 16. Neumann-Strela, Karl, Erzählungen. (136 S.) 872.
" 17. Gerstäcker, Friedr., ein Plagiar. Mexicanische Erzählung. (124 S.) 872.
" 18. Schücking, Levin, Wilderich. — In der Löwen-Apotheke. (IV, 150 S.) 873.
" 19. Temme, J. D. H., die Weddinger. (90 S.) 873.
" 20. Adolay, Ed., Miß Hetty. (106 S.) 873.
" 21. Temme, J. D. H., zur linken Hand. (83 S.) 874.
" 22. Widdern, M., ein Dornröschen. (88 S.) 874.
" 23. Ring, Max, die Auferstandenen. (105 S.) 874.
Nr. 1—5 s. Bibliothek von Eisenbahn-Novellen.

—— für Haus und Reise. 24.—39. Bd. 8. Berlin, Goldschmidt.
Inhalt:
Bd. 24. Streckfuß, Adf., Dorenberg. Im Schwedenacker. (165 S.) 875. (M 1,50.) 75 Pf.
" 25. Mühlfeld, Jul., meine Ideale! Erzählung aus der Bühnenwelt. (154 S.) 875. (M 1,50.) 75 Pf.
Bd. 26. Temme, J. D. H., ein Verlobungsfest. (102 S.) 75. *M 1.
" 27. Schücking, L., das Capital. (158 S.) 875. (M 1,50.) 75 Pf.
" 28. Widdern, M., im Doctorhause. (118 S.) 876. *M 1.
" 29. Habicht, Ludw., harte Kämpfe. (150 S.) 876. (M 1,20.) 75 Pf.
" 30. Girndt, Otto, ein heimliches Verhältniß. Ellet. (169 S.) 876. (M 1,20.) M 1.
" 31. Schücking, L., ein Familiendrama. (306 S.) 876. (M 3.) M 1,80.
" 32. Temme, J. D. H., nach Jahren. Criminal-Geschichte. (168 S.) 877. M 1,20.
" 33. Mühlfeld, Jul., die Erben von Moosdorf. (112 S.) 877. (M 1.) 75 Pf.
" 34. Schwerin, Josephine Gräfin, in Banden. (246 S.) 877. (M 3.) M 1,80.
" 35. Widdern, M., Ebbe und Fluth. Orig.-Erzählung. (161 S.) 877. (M 1,20.) M 1.
" 36. Stökl, Helene, Maja. (192 S.) 877. (M 1,50.) M 1.
" 37. Girndt, Otto, Harzreise. Anno 72. (81 S.) 877. M 1.
" 38. Schlägel, M. v., am Genfer-See. Zwei Erzählungen. (111 S.) 878. M 1.
" 39. Widdern, M., Wandlungen. (195 S.) 878. (M 2.) M 1.
1., 2. und 6.—39. Bd. Ebendas. M 39,50. — 3.—5. Bd. vergriffen.

— für Haus und Reise. 32—39. Bd. 8. Berlin. 877—79. Goldschmidt. n. 9. 20
32. Nach Jahren. Criminal-Geschichte von J. D. H. Temme. (168 S.) 1. 20
33. Die Erben von Moosdorf. Von Jul. Mühlfeld. (112 S.) n. 1. —
34. In Banden. Von Josephine Gräfin Schwerin. (246 S.) 3. —
35. Ebbe u. Fluth. Orig.-Erzählung v. M. Widdern. (161 S.) — 50
36. Maja. Von Helene Stökl. (192 S.) 1. 50
37. Harzreise. Anno 72. Von Otto Girndt. (81 S.) n. — 50
38. Am Genfer-See. Zwei Erzählungen von M. v. Schlägel. (111 S.) n. — 50
39. Wandlungen. Von M. Widdern. (195 S.) n. 1. —

—— der Hausfrau, s. Wagner, Charlotte.

— der Hausfrau. Hrsg. v. F. Frenzel u. H. Krätzer. 1. Bd. 8. Leipzig 887. Reinboth. n. — 50
Wie schützen unsere Hausfrauen die notwendigsten Nahrungsmittel vor dem Verderben? (55 S.)

— Hauswirtschaftliche. Hrsg.: Anna v. Wehlau. (I. J.) 1—4. Bdchn. 8° Lpzg, O Nemnich. 2.40 d
Eickhoff, Marga: Häusl. Gymnastik uns. Jugend u. ihre Spiele im Freien. (8, 73) '12 [2.3] HL 1.20
Helmers, Willy: Das Wissenswerte v. Gase f. d. Hausfrau. (4, 71 m. Fig.) '12 [1] HL — 60; Subskr. — 50
Müller, Gust. Adf: Die Kleinwohng als schönes Heim. Mit e. Anh.: Wohngssuche u. Umzug. (5, 68) '12 [4] HL — 60

— hebräische. Blätter für neue u. ältere Literatur des Judenthums. Hrsg. von Jul. Benzian. Mit literar. Beilage von Steinschneider. 19—21. Jahrg. 1879—1881. à 6 Nrn. (à 1–2 B.) gr. 8. Berlin, Benzian. à Jahrg. n. 8. —

— gemeinverständlicher Heilkunde. Sammlg. belehr. Darstellgn. üb. Ursachen, Wesen, Verhütg. u. Heilg. der verschiedenen Krankheiten. Hrsg. v. bewährten, tücht. Aerzten. 1. 2. Bd. 8. Wien, Hartleben. geb. n. 3. 50

1. Ursachen u. Verhütung d. Lungenschwindsucht. Populäre Abhandlung für Gebildete aller Stände von A. Wettendorfer. M. e. Vorworte v J. Schnitzler. M. 15 Abbildgn. (VI, 115 S.) 888. n. 1. 50
2. Ursachen u. Verhütung d. Scrophulose. Popul. Abhandlg. f. Gebildete aller Stände v. L. Ungar. (VI, 143 S.) 889. n. 2. —

— gemeinverständlicher (gemeinnütziger) Heilkunde. 3. u. 4. Bd. 12. Wien, A. Hartleben. Geb. in Leinw. à n. 2 — (1—4.: n. 7. 50)

3. Das Naturheilverfahren auf moderner Grundlage bei den verschiedenen Leiden d. Organismus. Für Gesunde u. Kranke aller Stände. Von J. Wilheim. (XVI, 158 S.) 892.
4. Das menschliche Auge im gesunden u. kranken Zustande. Populäre Abhandlg. f. Gebildete aller Stände v. Th. Wechsler. (XII, 156 S. m. 33 Abbildgn.) 393.

— der prakt. Heilkunde, v. Hufeland, s.a. Bibl. d. Arzneikunde.

—— der practisch. Heilkunde, s.a. Hufeland, C. W.

Bibliothek der practischen Heilkunde. Hrsg. von C(hristoph) W(ilhlem von) Hufeland. Bd. 1-30. 33 - 84. (Nebst) Universal-Reg. – Jena: Akadem. Buchh. 1799 - 1840. Bde. 8°
(Fortges. u. d. T.:) C. W. Hufeland's Bibliothek der practischen Heilkunde. Fortges. von E(mil) Osann. Bd. 77 - 84. 1837 - 40.

—— der pract. Heilkunde. Hrsg. v. C. W. Hufeland u. E. Osann. 59—72. Bd. — (Neue) Bibliothek etc. 39—52. Bd. od. Jahrg. 1828—34. à 12 Stcke. 8. Berlin, Reimer. à Jahrg.
„Biblioth. d. pract Arzneikunde u. Wundarzneikunst." 1—20. Bd. 1799—1808. 18 Thlr. 8 Gr., Suppl. z. 12. 13. 15. 17. 19. u. 20. Bde. à 6 Gr. „Bibl. d. pr. Heilk." 21. u. 22. Bd. 1809. 2 Thlr., 23—31. Bd. 11 Thlr. 8 Gr. — 32. Bd. erschien nicht. — 33—38. Bd. 1815—17. à J. 2 Thlr. 16 Gr., 39—58. Bd. 1818—27. à J. 2 Thlr. 20 Gr. Ebendas. — Seit 1821 ist Osann Mitredacteur.

— der practischen Heilkunde von C. W. Hufeland. Fortgesetzt von E. Osann. 1841. LXXXV. Bd. 2 Abtheil. 8. Berlin 841, Reimer. n. 2 ß

— dies. Fortgesetzt von Fr. A. Augustin. LXXXVI. Bd. A. u. d. T.: Die Heilkunde im Jahre 1841. Dargestellt von Fr. A. Augustin. 8. Berlin 843, E. H. Jonas. n. 2⅔ ß

—— heitere, für Haus und Reise. 1. und 2. Bd. 16. Dresden 874, Kaufmann. à Bd.
Inhalt:
Bd. 1. Kladderadatsch in bester Laune. (72 S.)
» 2. Kladderadatsch auf Reisen, oder Lache mit. 1. und 2. Aufl. (72 S.)

— heitere, f. Haus u. Reise. 1. u. 2. Bd. gr. 16. (à 72 S.) Dresden 875. Kaufmann. à — 75
1. Kladderadatsch in bester Laune. 2. Aufl.
2. Kladderadatsch auf Reisen, od.: Lache mit! 3. Aufl.

— hellenische, od. Sammlg. v. Arbeiten auf dem Gebiete der alt-, mittel- u. neugriech. Sprache u. Litteratur, unter Red. v. H. C. Muller u. A. J. Flament. 1. Thl. 1. u. 2. Bd. gr. 8. Leiden, E. J. Brill. n.n. 8. —

1. Historische Grammatik der hellenischen Sprache, oder Uebersicht d. Entwickelungsganges der altgriech. zu den neugriech. Formen, nebst e. kurzen Geschichte der mittleren u. neuesten Litteratur, m. Sprachproben u. metr. Uebersetzgn., v. H. C. Muller. (In 2 Bdn.) 1. Bd. Grammatik. (VIII, 227 S.) 891. n.n. 4. —
2. Historische Grammatik der hellenischen Sprache, oder Uebersicht d. Entwickelungsganges der altgriech. zu den neugriech. Formen, nebst e. kurzen Geschichte der mittleren u. neuesten Litteratur, m. Sprachproben u. metr. Uebersetzgn., v. H. C. Muller. (In 2 Bdn.) 2. Bd. Chrestomathie in chronolog. Reihenfolge, griech. Texte von Homer bis auf die Gegenwart, zum Theile mit Uebersetzg. u. Anmerkgn. (171 S.) 892. n.n. 4.

BIBLIOTHEK, HELVETISCHE, bestehend in historischen, politischen und critischen Beyträgen zu den Geschichten des Schweitzerlandes. 1.—5. Stück in einem Bde. Zürich 1735—36. 8°. Pgt. 200.—

Diesch 90. Die Herausgeber sind JOH. JAK. BODMER und J. J. BREITINGER. 1741 erschien das 6. und letzte hier fehlende Stück.

Helvetische Bibliothek, Bestehend In Historischen, Politischen und Critischen Beyträgen Zu den Geschichten Des Schweitzerlands. Erstes, Zweytes, Drittes, Viertes Stück (= 4 Teile in 3 Bdn.) Zürich, Conrad Orell und Comp., 1735/36. 8°. 8 Bl. 198 S., 294 S., 284 S. und 3 (leere) Bl., 3 Bl. 248 S. Bd. I/II in 1 etwas abgenutztem Pbd. d. Z., Bd. III in HPgt. d. Z., Bd. IV in etwas benütztem Pbd. d. Z.

G. IV[1]. 10, 8. Haller II, 288: „Eine von den schätzbarsten Sammlungen, von Bodmer und Breitinger besorget". Barth 9665. Brandstetter p. 16. Die seltenen ersten Bände. Mehrere Jahre später erschienen noch zwei weitere „Stücke". Zu Anfang des 4. Bandes ein Inhaltsverzeichnis über die abgeschlossenen 4 Bände. Wichtig die jedem Bande beigefügten Übersichten und Kritiken der „Gelehrten Zeitungen".

— Helvetische, od. Beytr. z. d. Gesch. d. Schweitzerlandes. 6 Thle. 8. Zürich, Orell, Füßli u. C. 735—41.

Herders Theologische Bibliothek. (Freiburg i. Br.)

I. Serie: Scheeben, J. M., Handbuch der kath. Dogmatik (unvollendet).
Hering, F. H., Lehrbuch des kathol., oriental. und protest. Kirchenrechts
Pruner, J. E., Lehrbuch der kathol. Moraltheologie.
Thalhofer, Handbuch der kathol. Liturgik.
Alzog, J., Handbuch der Patrologie oder der ältern christl. Litterärgeschichte
Hergenröther, J., Handbuch der allgemeinen Kirchengeschichte.
Kaulen, Fr., Einleitung in die hl. Schrift A. und N. Testamentes.
Hettinger, Fr., Lehrbuch der Fundamentaltheologie oder Apologetik.
Schwane, J., Dogmengeschichte.
Schegg, Ph., Biblische Archäologie.
Kihn, H., Encyklopädie und Methodologie.

II. Serie: Jungmann, J., Theorie der geistlichen Beredsamkeit.
Gihr, N., Das hl. Meßopfer, dogmatisch, liturgisch und ascetisch erklärt.
Stöhr, A., Handbuch der Pastoralmedizin.

— der röm. Historiker in neuen Uebersetzungen. 6 Bde, mit Portr. (Enthalten: 1) Sallusts Werke. 2) Cornel. Nepos Leben der. Feldherrn. 3) Florus röm. Begebenheiten. 4) Curtius Thaten Alexander d. (Gr.) gr. 8. Wien 806. Ant. Doll. 3 ß 16 gl Schrbp. 5 ß 12 gl

Bibliothek d. röm. Historiker in neuen Uebers. 6 Bd. m. Portr. gr. 8. Wien, Doll d. jüng., (Liebeskind, Leipzig) 806. Rthlr. Schreip.

— historische. Hrsg. v. d. Red. d. Histor. Zeitschrift. 1.—7. Bd. gr. 8. München, R. Oldenbourg. Geb. in Leinw. n. 27. —

1. Heinrich v. Treitschkes Lehr- u. Wanderjahre 1834—1866. Erz. v. Thdr. Schiemann. 2. Aufl. (X, 291 S. m. 2 Bildn.) 898. n. 5. —
2. Pufendorf's, Sam., Briefe an Christian Thomasius (1687–1693). Hrsg. u. erklärt v. Emil Gigas. (78 S.) 897. n. 2. —
3. Vorträge u. Abhandlgn. von Heinr. v. Sybel. M. e. biograph. Einleitg. v. C. Varrentrapp. (V, 379 S.) 897. n. 7. —
4. D. Fortschritte d. Diplomatik s. Mabillon vornehml. in Deutschland Österreich. Von Rich. Rosenmund. (X, 125 S.) 897. n. 3. —
5. Margaretha v. Parma, Statthalterin d. Niederlande (1559—1567). Von Fel. Rachfahl. (VII, 275 S.) n. 5. —
6. Studien z. Entwickelg. u. theoret. Begründg. d. Monarchie. I. Altertum. Von Jul. Kaerst. (VII, 109 S.) 898. n. 3. —
7. D. Berliner Märztage v. 1848. D. Ereignisse u. ihre Überliefg. Von Wilh. Busch. (V, 74 S.) 899. n. 2.

— historische. Hrsg. v. der Red. der histor. Zeitschrift. 8.—13. Bd. gr. 8. München, R. Oldenbourg. Geb. in Leinw. n. 34. —

8. Sokrates u. sein Volk. Ein Beitrag zur Geschichte der Lehrfreiheit. Von Rob. Pöhlmann. (V, 133 S.) 899. n. 3. 50
9. Hans Carl v. Winterfeldt. Ein General Friedrichs des Großen. Von Ludw. Mollwo. (X, 263 S.) 899. n. 6. —
10. Die Kolonialpolitik Napoleons I. Von Gust. Roloff. (XIV, 258 S. m. 1 eingedr. Karte.) 899. n. 5. —
11. Territorium u. Stadt. Aufsätze zur deutschen Verfassungs-, Verwaltungs- u. Wirtschaftsgeschichte. Von Geo. v. Below. (XXI, 342 S.) 900. n. 7. —
12. Zauberwahn, Inquisition u. Hexenprozeß im Mittelalter u. die Entstehung der großen Hexenverfolgung. Von Jos. Hansen. (XV, 535 S.) 900. n. 10. —
13. Die Anfänge des Humanismus in Ingolstadt. Eine litterar. Studie zur deutschen Universitätsgeschichte. Von Gust. Bauch. (XIII, 115 S.) 901. n. 3. 50

Bd. 1—7. Ebd. 897—899. n. 27. —.

— historische. Hrsg. v. der Red. der histor. Zeitschrift. 14.—19. Bd. 8. München, R. Oldenbourg.
Geb. in Leinw. n. 29. —
14. Studien zur Vorgeschichte der Reformation. Aus schles. Quellen. Von Arnold Osk. Meyer. (XIV, 179 S.) 903. n. 4. 50
15. Die „Capita agendorum". Kritischer Beitrag zur Geschichte der Reformverhandlgn. in Konstanz. Von Karl Kehrmann. (67 S.) 903. n. 2. —
16. Verfassungsgeschichte der australischen Kolonien u. des „Commonwealth of Australia". Von Doerkes-Boppard. (XI, 340 S.) 903. n. 8. —
17. Oliver Cromwell. Von Sam. Rawson Gardiner, M. A. Autoris. Übersetzg. aus dem Engl. v. E. Kirchner. Mit e. Vorwort v. A. Stern. (VII, 228 S.) 903. n. 5. 50
18. Innocenz III. u. England. Von Else Gütschow. (X, 198 S.) 904. n. 4. 50
19. Die Ursachen der Rezeption des römischen Rechts in Deutschland. Von Geo. v. Below. (XII, 166 S.) 905. n. 4. 60
Bd. 1—13. Ebd. 897—901. n. 61. —.

— historische. Hrsg. v. der Red. der histor. Zeitschrift. 20. Bd. gr. 8. München, R. Oldenbourg. 6.—; geb. 6. 75
Bayern im J. 1866 u. die Berufung des Fürsten Hohenlohe. Eine Studie. Von Karl Alex. v. Müller. (XVI, 292 S.) 909.
Bd. 1—19. Ebd. 897—905. 90.— (Nur geb.)

— Historische. Hrsg. v. d. Red. d. histor. Zeitschr. 21—32. Bd. gr8° Münch., R Oldenbourg. (1—20 jetzt: 50 —; 21—32: 63.80
Daenell, Ernst: Die Spanier in Nordamerika v. 1513—1824. (15, 217) '11 [22] Pappbd 6 —
Dorien, Kurt: Der Bericht d. Herzogs Ernst II. v. Koburg üb. d. Frankfurter Fürstentag 1863. Beitrag z. Kritik sr Memoiren. (16, 170) '10 [21] Pappbd 4 —
Mähl, Hans: Die Überleitg Preussens in d. konstitutionelle System durch d. 2. vereinigten Landtag. (12, 268) '09 [23] Pappbd 6 —
Mayer, Eduard Wilh.: Machiavellis Geschichtsauffassg u. s. Begriff virtù. Studien zu sr Historik. (10, 126) '12 [31] Pappbd 4 —
Platzhoff, Walt.: Frankr. u. d. deut. Protestanten 1570—73. (18, 215) '12 [28] Pappbd 6 —
Preitz, Max: Prinz Moritz v. Dessau im 7jähr. Kriege. (Zum 31. 10. '12.) (5, 184 m. 1 Bildn. u. 2 Taf.) '12 [30] Pappbd 5 —
Schubert, Hans v.: Staat u. Kirche in d. arian. Kgreichen u. im Reiche Chlodwigs. Mit Exkursen üb. d. älteste Eigenkirchenwesen. (14, 199) '12 [26] Pappbd 6 —
Sohm, Walt.: Die Schule Johann Sturms u. d. Kirche Strassburgs in ihrem gegenseit. Verhältn. 1530—81. Beitr. z. Gesch. deut. Renaissance. (14, 318) '12 [27] Pappbd 8 —
Spangenberg, Hans: Vom Lehnstaat z. Ständestaat. Beitr. z. Entstehg d. landständ. Verfassg. (207) '12 [29] Pappbd 6 —
Strich, Mich.: Liselotte u. Ludwig XIV. (7, 154 m. 1 Taf.) '12 [25] Pappbd 5 —
Tarrasch, Fritz: Der Übergang d. Fürstent. Ansbach an Bayern. (8, 182) '12 [32] Pappbd 5 —
Troeltsch, Ernst: Die Bedeutg d. Protestantismus f. d. Entstehg d. modernen Welt. (103) '11 [24] Pappbd 2.80

— historische, d. Auslandes, s. Benzel-Sternau.

— histor., v. Fürstenth. Halberstadt. 2 Thle. gr. 4. Halbst. (Lange in Berlin) 778—84. (1r 9 gr. 2r 8 gr.)

— histor., v. Fürstenth. Halberstadt, (v. J. H. Lucanus). 2 Thle. gr. 4. Halberst. 778—84. (Reimer in Berl.) 18 ℛ

— Historische, Hermes. 1. u. 2. Bd. 8° Hambg, R Hermes. d
Heymann, Rob.: Kuriositäten d. Weltgesch. Kulturhistor. Novelletten. (115) ('12) [1] Pappbd 2.50
Obst, Arth.: Aus Hamburgs Lehrjahren. Kulturhistor. u. topograph. Skizzen. (199) ('12) [2] Pappbd 2.80

— historische, für die Jugend. 1. Bdchn.: Das Leben und Wirken Rudolfs v. Habsburg. Der Jugend erzählt von J. Loserth. gr. 16. (66 S.) Wien 876, Hölder.
Nicht weiter erschienen.

— historische, für die Jugend, hrsg. von Alois Egger v. Möllwald. 1.—13. Bdchn. gr. 16. Wien, Hölder. cart. *
Inhalt:
Bdchn. 1. Kraus, Vict. v., Kaiser Maximilian I. Sein Leben und Wirken. (IV, 140 S. mit 1 Holzschntaf.) 877. * ℳ 1,28.
" 2. Jarz, Konr., Kaiser Friedrich III. und Herzog Albrecht VI. (VI, 150 S. mit 2 Holzschntaf.) 877. * ℳ 1,28.
" 3. Reischker, Edm., Maria Theresia vor ihrer Thronbesteigung. (VI, 138 S.) 877. * ℳ 1,20.
" 4. Skalla, Ferd., Herzog Leopold der Glorreiche und seine Zeit. (IV, 156 S.) 877. * ℳ 1,28.
" 5. Smolle, Leo, Nikolaus Lenau. (IV, 104 S.) 877. * 96 Pf.
" 6. Wolf, G., Kaiser Josef II. (148 S. mit 1 Portr. in Holzschn.) 878. * ℳ 1,28.
" 7. Jarz, Konr., König Ladislaus Posthumus. (VI, 157 S. mit 2 Holzschn.-Portr.) 878. * ℳ 1,28.
" 8. Biermann, G., Karl IV., römisch-deutscher Kaiser und König von Böhmen. (90 S. mit 1 Holzschn.-Portr.) 878. * 96 Pf.
" 9. Zwiedineck-Südenhorst, Hans v., Wallenstein. (104 S. mit 1 Holzschn.-Portr.) 878. * 96 Pf.
" 10. Schober, J., Sigismund Freiherr v. Herberstein. Ein österreich. Staatsmann des 16. Jahrh. (VII, 96 S. mit Holzschn.-Portr.) 878. * 96 Pf.
" 11. Reischker, Edm., Maria Theresia im Erbfolgekriege. (VI, 186 S.) 879. * ℳ 1,28.
" 12. Reissenberger, Karl, Bilder aus der Vergangenheit der Siebenbürger Sachsen. (III, 107 S.) 879. * ℳ 1,8.
" 13. Schindl, Rud., Andreas Hofer und seine Kampfgenossen vom J. 1809. (VI, 134 S.) 879. * ℳ 1,28.

— historische, für die Jugend. Hrsg. von Alois Egger v. Möllwald. 14. und 15. Bdchn. 8. Wien 880, Hölder. cart. à Bdchn.
Inhalt:
Bdchn. 14. Bachmann, Adph., Albrecht I., deutscher König und Herzog von Österreich. (III, 132 S. mit chemityp. Portr.)
" 15. Schlossar, Ant., Erzherzog Johann Baptist von Österreich. (III, 146 S. mit chemityp. Portr.)

— historische, interessanter Memoiren und politischer Denkschriften des 18. und 19. Jahrh. hrsg. von Ferd. Philippi. 1—12. (Bd.) br. 8. Grimma 850, Verlags-Comptoir. à Bd. * 20 Ngr. Thlr. *
Auch unter den Titeln:
(Bd.) 1., 2. Jenseit der Pyrenäen. Von T. M. Houghes (Hughes). 2 Bde. (XIX und 556 S.)
" 3. Georg IV. und sein Hof. Aus dem Tagebuche eines alten Diplomaten. (266 S.)
" 4., 5. Aus der Mappe König Ludwig Philipps. 2 Bde. (XII und 586 S.)
" 6. Rußland wie es ist, d. i. physikal. und polit. Statistik, Verwaltung und Regierung des russ. Kaiserreichs unter Nikolaus. (X und 315 S.)
" 7., 8. Italien in seinen Beziehungen zur Freiheit und modernen Civilisation von Andr. Ludw. Mazzini. 2 Bde. (XX und 696 S.)
" 9., 10. Das enthüllte Rußland oder Kaiser Nicolaus und sein Reich. Nach dem Engl. Originalwerk: Revelations of Russia. Bearb. von Adph. Heller. 2 Bde. (XXII und 696 S.)
" 11., 12. Iwan Golowin, russische Charaktere. 2 Bde. (IV und 630 S.)

— histor., interess. Memoiren u. polit. Denkschr. d. 18. u. 19. Jahrh. hrsg. v. F Philippi. XIII—XV. 8. Wurz. 51, Verl.-Compt. à n. — 20
Malmesbury, Tagebücher u. diplom. Briefwechsel s. Grossvaters J. H. Earl v. Malmesbury. 3 Bde. (993)

— historische, interessanter Memoiren und politischer Denkschriften des 18. und 19. Jahrh. hrsg. von Ferd. Philippi. 13—15. Bd. A. u. d. T.: Lord Malmesbury, Tagebücher und diplomat. Briefwechsel seines Großvaters James Harris, Earl von Malmesbury, während seiner Missionen bei den Höfen von Berlin, Petersburg, dem Haag, Madrid und Paris. Aus dessen Originalbriefen und Depeschen hrsg. 3 Bde. br. gr. 8. (XVIII und 998 S.) Grimma 852. [Wurzen,] Verlags-Comptoir. à Bd. * 20 Ngr. *
1—12. Bd. Ebendas. 850. * 8 Thlr.

— historisch-politische. 1.—90. Lfg. gr. 8. Berlin und Leipzig 869—79. Heidelberg, Weiß. à Lfg.

— historisch-politische. 1.—78. Lfg. gr. 8. Berlin 869—74, Heimann. [Leipzig, Koschny.] à * 50 Pf. *
Inhalt:
Lfg. 1. 3. 5. 7. 9. 10. 13. 15. 17. 18. 20. 24—26. 28. 30. 32. 35. 36. Buckle's, Henry Thomas, Geschichte der Civilisation in England. Uebersetzt von Imman. Heinr. Ritter. 5 Bde. in 19 Lfgn. (VIII, 206; VIII, 231; VIII, 227; IX, 207; XII, 263 S.)
" 2. 4. 6. 8. 23. 39. Winckelmann's, Hans Joach., Geschichte der Kunst des Alterthums, nebst einer Auswahl seiner kleinern Schriften. Mit einer Biographie Winckelmann's und einer Einleitung versehen von Jul. Lessing. 6 Lfgn. (XXVII, 355 S.)
" 11. 16. 48. Hutten's, Ulrich v., ausgewählte Gespräche und Briefe. Uebersetzt und mit einer Einleitung versehen von Otto Stäckel. 3 Lfgn. (XX, 172 S.)
" 12. 14. 19. Fichte's, Joh. Glieb., Reden an die deutsche Nation. Mit einer Einleitung versehen von E. Kuhn. 3 Lfgn. (XXXVI, 153 S.)
" 21. 22. Humboldt, Wilh. v., Abhandlungen über Geschichte und Politik. Mit einer Einleitung versehen von L. B. Förster. 2 Lfgn. (XXXVI, 95 S.)
" 27. Luther's, Dr. Mart., Sendschreiben: An den christlichen Adel deutscher Nation. Auf Grund einer genauen Revision des Worttextes nach der verm. Wittenberger Orig.-Ausg. Luther's von 1520 mit Erläuterungen und Einleitung hrsg. von Ernst Kuhn. (XVI, 80 S.)
" 29. 45. 49. 68—71. Milton's, John, politische Hauptschriften. Uebersetzt und mit Anmerkungen versehen von Wilh. Bernhardi. 7 Lfgn. (321 S.)

• 31. 43. Severinus v. Monzambano (Samuel v. Pufendorf), über die Verfassung des deutschen Reichs. Uebersetzt und mit Einleitung versehen von Harry Breßlau. 2 Lfgn. (138 S.)
• 33. Machiavelli, Niccolo, der Fürst. Uebersetzt und bevorwortet von W. Grützmacher. (60 S.)
• 34. 37. Friedrich II., Antimachiavel nebst zwei kleineren politischen Aufsätzen. Aus dem Französ. übersetzt und mit einer Einleitung versehen von L. B. Förster. 2 Lfgn. (XX, 119 S.)
• 38. 40. Beccaria, über Verbrechen und Strafen nebst Anmerkungen und einem Anh.: Graf Röderer, über die Abschaffung der Todesstrafe. Uebersetzt und mit Vorwort und Beccaria's Biographie versehen von M. Waldeck. 2 Lfgn. (124 S.)
• 41. 42. 46. 47. Machiavelli, Niccolo, Erörterungen über die erste Dekade des Titus Livius. Uebersetzt von W. Grützmacher. 4 Lfgn. (268 S.)
Lfg. 44. Anklage gegen die Agiotage erhoben beim Könige und den Notablen durch Gabriel Victor Riquetti, Grafen v. Mirabeau. Nach dem französ. Orig. von Max v. Raßt. (III, 64 S.)
• 50. 51. Dante Alighieri über die Monarchie. Uebersetzt und mit einer Einleitung versehen von Osk. Hubatsch. (91 S.)
• 52. Schuler-Libloy, altgermanische Bilder aus der Zeit Karl's des Großen. Drei Vorträge. (63 S.)
• 53—66. Lecky, Will. Ed. Hartpole, Geschichte des Geistes der Aufklärung in Europa, seiner Entstehung und seines Einflusses. Volks-Ausg. nach der 4. Aufl. des engl. Orig. übersetzt von Imm. Heinr. Ritter. 14 Lfgn. (VIII, 456 S.)
• 67. Lopez, José F., Vertheidigung der Regierung und der Civilehe-Rechte von Santa Fé gegen den Bischof von Paraná. Mit Bewilligung des Verf. nach der 4. Aufl. aus dem Span. bearb. von M. Waldeck. (39 S.)
• 72. 73. Schuler v. Libloy, Friedr., der Socialismus und die Internationale nach ihren hervorragendsten Erscheinungen in Literatur und Leben. Drei Vorträge. (69 S.) Einzeln *ℳ 1.20.

—— historisch-politische. 74.—90. Lfg. gr. 8. Leipzig 876—79, Koschny. à Lfg. *

Inhalt:

Lfg. 74—82. 86. 87. John Milton's politische Hauptschriften. Uebersetzt und mit Anmerkungen versehen von Wilh. Bernhardi. 2. Bd. 7 Lfgn. (V, 353 S.); 3. (Schluß-)Bd. 7 Lfgn. (XVIII, 342 S.)
• 83—85. Hume, Dav., nationalökonomische Abhandlungen. Uebersetzt von H. Niedermüller. (V, 134 S.)

1.—73. Lfg. Ebendas. 1869—74. *ℳ 36,50.

— homiletische, s.a. *Homiliarum.*

Bibliothek, homiletische, s.a. Homileensammlung.

Homiletische **Bibliothek** hrsg. von Rabb. Israel Nobel. 1, Nr 1. Frankfurt a. M.: Kauffmann [um 1910]. 8° [11. 3003

— Homiletische, hrsg. v. J Nobel. I. Casualreden. Nr 1. 16° Frankf.M., J Kauffmann. d
Nobel, Isr.: Trauerrede. (8) ('11) [1] — 40

— homiletische, f. kathol. Seelsorger u. Prediger. 13 Bde. gr. 8. Lpz. Liebeskind. 790—806.

— homiletische, für kathol. Seelsorger u. Prediger, herausg. von Adm. Forstner. 13 Bde. gr. 8. St. Pölten 790—806. (Wien, A. Doll). 22 ℛ 18 ℊ N. A. Ebd. 16 ℛ

Bibliothek, Homiletische, für Seelsorger und Prediger ... St. Pölten 1786—1806. H: *Forstner, Adam.* (EB)

Bibliothek der Humanitätswissenschaften, zur Selbstbildung für Jünglinge von reiferm Alter. Leipz. 821. 6 Bde. 8. 10 rthl. Enthält Propädeutik der Geschichte, oder historische Vorbereitungs- und Hülfswissenschaften.

— d. Humanitätswissenschaften, zur Selbstbildung f. Jünglinge v. reiferem Alter. Herausg. v. Gr. Kuffner. 1r—5r Bd. A. u. d. T.: Propädeutik d. Gesch. od. histor. Vorbereitungs- u. Hülfswissenschaften. 5 Bde. gr. 8. Wien 821. Ant. Doll. 8 ℛ 6r Bd. Gesch. d. histor.-philos. Wissenschaften u. Universalgeschichte. gr. 8. Ebd. 822. 1 ℛ 16 ℊ 7r—12r Bd. A. u. d. T.: 7r Geschichte d. Griechen, Römer u. d. mit diesen in Berührung gekommenen gleichzeit. Völker. 8r Gesch. v. England. 9r Gesch. von Frankreich. 10r Gesch. v. Deutschland. 11r Gesch. d. Oesterr. Kaiserstaats. 12r Gesch. d. Nordischen Reiche. gr. 8. Ebd. 823. 10 ℛ 13r Bd. A. u. d. T.: Gesch. v. Italien, Spanien u. Portugal. gr. 8. Ebd. 824. 1 ℛ 16 ℊ 14r—19r Bd. Philosophische Wissenschaft. 1r—6r Bd. (3r u. 4r Bd. haben auch d. T.: Pantheon d. epischen Dichtungen aller Völker u. Zeiten. 2 Thle. 5r u. 6r Bd.: Theorie d. Beredtsamkeit f. alle Formen prosaischer Darstell. 2 Thle.) gr. 8. Ebd. 824 u. 25. 10 ℛ

— d. Humanitätswissenschaften zur Selbstbildung f. Jünglinge von reiferen Alter. Herausgeg. v. Gr. Kuffner. 1r—5r Bd. A. u. d. T.: Propedeutik d. Geschichte, od. histor. Vorbereitungs- u. Hülfswissenschaften. 5 Bde. gr. 8. Wien 827, Ant. Doll.

Bibliothek des Humors, s.a. Hopp, Ernst Otto

— des Humors. 1.—3. Bd. gr. 16. Berlin 889. 890. Pfeilstücker. geb. à n. 2.—
1. Medizinischer Humor. Gesammelt u. hrsg. v. E. O. Hopp. (VIII, 320 S.)
2. Brandenburgisch-preußische Geschichte. M. e. Anh.: Berliner Witze u. Redensarten. Gesammelt u. hrsg. v. E. O. Hopp. (VII, 307 S.)
3. Geistlicher Humor. Gesammelt u. hrsg. v. E. O. Hopp. (VIII, 312 S.)

— des Humors. Gesammelt u. hrsg. v. E. O. Hopp. 4.—8. Bd. 12. Berlin, F. Pfeilstücker. Geb. à n. 2.—
4. Lehrer u. Schüler. (VII, 288 S.) 891.
5. Juristischer Humor. (VII, 312 S.) 891.
6. Liebe, Ehe, Familie. (VIII, 312 S.) 891.
7. Anekdoten u. Episoden aus der deutschen Geschichte. (IV, 311 S.) 892.
8. — dasselbe aus der neuesten deutschen Geschichte. (VI, 311 S.) 892.

— des Humors. Ein wohlgeordneter Haus- u. Reiseschatz v. über 7000 Anekdoten, Humoresken, Scherzen, hrsg. v. E. O. Hopp. Billige Volksausg. in 12 Bdn. 2. durch Nachträge verm. Aufl. 1.—10. Bd. 12. Berlin, Leipzig, F. Pfeilstücker. à 1.25; geb. à 1.50; auch in 60 Lfgn. à —25
1. Medizinischer Humor. Aerzte—Zahnärzte—Apotheker—Patienten—Simulanten — Im Bade. (X, 342 S.) 899.
2. Brandenburgisch-preußische Geschichte. Mit e. Anh. Berliner Witze u. Redensarten. (IX, 318 S.) (899).
3. Geistlicher Humor. Aus Deutschland—England—Amerika—Frankreich—Italien—Rußland. (X, 324 S.)
4. Lehrer u. Schüler. Professoren—Studenten—Gymnasium—Seminar—Mädchenschule—Volksschule. (IX, 298 S.) (899.)
5. Juristischer Humor. Referendare—Assessoren—Rechtsanwälte—Richter—Angeklagte—Kuriosa. (X, 320 S.) 900.
6. Liebe, Ehe, Familie. Männer u. Frauen — Junggesellen—Witwen—Schwiegermütter—Heiratsgeschichten. (X, 316 S.) (900.)
7. Anekdoten u. Episoden aus der deutschen Geschichte bis 1861. (VII, 318 S.) (900.)
8. Anekdoten u. Episoden aus der neusten deutschen Geschichte. Kaiser Wilhelm I. — Kaiser Friedrich — Bismarck — Moltke — 1866—1870/71. (VIII, 318 S.) (900.)
9. Maler. Deutsche Dichter in Frankreich, England, Amerika rc. Zeitungen, Journalisten rc. Allerlei. (VII, 290 S.) (901.)
10. Theater. (VIII, 360 S.) 901.

—— französischer Humoristen und Realisten. 1.—7. Bd. gr. 8. Leipzig, Greßner und Schramm. à Bd. *ℳ 2.40. *

Inhalt:

Bd. 1. Delvau, Alfr., Großvaters alte Flammen. Humoresken. (III, 201 S.) 886.
„ 2. Gyp, rund um die Ehe. Roman aus dem Pariser Leben. (288 S.) 886.
Zola, E. leichtfüss. Historien. Novellen u. Erzählen. (259) 86.
„ 3. Zola, Emile, leichtfüßige Histörchen. Novellen und Erzählungen. (259 S.) 887.
„ 4. Droz, Gustav, Papa Mama und's Kleine. Bilder aus dem Ehe- und Familienleben der Franzosen. Nach der 133. Ausg. des französ. Orig. „Monsieur, Madame et Bébé" übertr. von Paul Heichen. (III, 255 S.) 887.
„ 5. Belot, Adolphe, die Königin der Schönheit. Roman. (255 S.) 887.
„ 6. Chavette, Eug., die kleinen Komödien der Sünde. (189 S.) 887.
„ 7. Daudet, Alphonse, Novellen und Skizzen. (172 S.) 887.

Bibliothek, Humoristische, s.a. Pierrot.

Bibliothek, humoristische, „Fidele Geister". Humoresken u. Scherze. Reich illustr. 1.—4. Bd. 8. (à 64 S.) Berlin 891. Verl. „Fidele Geister". à n. — 50
1. Allweil fidel. — 2. In allen Farben. — 3. Leichte Waare. — 4. Allerlei Unkraut.

— humoristische. Hrsg. v. Rud. Heinr. Greinz. 1.—3. Bd. 8. Leipzig, H. Haessel. n. 8. 40; geb. in Leinw. n. 11. —
1. Don Kichote. E. droll. Heldengedicht. Von Pet. Schunck. (272 S.) 895. n. 2. 40; geb. n. 3. —
2. Durch's Standesamt. E. lust. Geschichte a. d. Bergen von Hartl Mitius. (192 S.) 896. n. 3. —; geb. n. 4. —
3. Aus d. Tagebuche e. Höhlenmolches von Rud. Huch. 2. Aufl. (VII, 219 S.) 897. n. 3. —; geb. n. 4. —

— humoristische. 1. u. 2. Bdchn. kl. 8. Berlin, W. Osterwald. à n. — 50
1. Der nervöse Redakteur u. andere Humoresken. Von Jul. Knopf. (64 S.) 905.
2. Das Duell u. andere Humoresken. Von Jul. Knopf. (96 S.) 905.

— humoristische, f. reisende Kaufleute. 1. Bd. 8. Leipzig 890. Laudien. n. 1. —
Unterwegs mit dem Musterkasten. Reisehumoresken von Alwin Römer. (VIII, 97 S.)

— humorist., f. Stolze'sche Stenographen. Hrsg. v. Emil Hesse. I. u. II. Bd. 12. Wetzikon 895. (Leipzig, J. H. Robolsky.) Kart. n.n. — 70
I. Er bringt s. Frau. Humoreske v. Märzroth. Autor. Übertragg. v. Emil Hesse. (24 S.) n.n. — 30
II. D. Hochzeitskater. [Aus: „Was d. Spatzen v. Schuldache pfeifen" (lust. Geschichten f. alle Welt) v. Alwin Römer. Autor. Übertragg. in Stolze'sche Stenographie u. hrsg. v. Emil Hesse. (24 S.) n.n. — 40

BIBLIOTHEK, Humoristisch-satyrisch-pikante. Nonne und Officier. Verlag v. L. Merz. Druck v. H. Schlick in St. Veit a. d. G.
— — Dieselbe. Die Garnisonstratsche. Ebd.
— — Dieselbe. Jusuff's pikante Abenteuer. Ebd. Sämmtl. verboten v. L.-G. Klagenfurt, 5. Mai 1895. § 516.

— Hydro-diätetische. Nº 1: „Kochmittel" oder Natur? Ein Vortrag über Entstehung und Heilung der Lungenkrankheiten, gehalten zu Berlin im Verein II. für volksverständliche Gesundheitspflege und arzneilose Heilweise, von *C. Griebel.* In-8º. 23 S. Wytikon-Zürich, Apistische Verlagsanstalt. 1891? — 20

—— für Jäger und Jagdfreunde. Hrsg. von. C. E. Frhrn. v. Thüngen. 1.—24. Lfg. gr. 8. Leipzig, Schmidt und Günther. à Lfg. *
Inhalt:
Lfg. 1. Foichtinger, J., jagdhistorische Rückblicke. (S. 1—48 mit 1 Holzschntaf.) 877.
" 2. Thüngen, C. E. Frhr. v., über Hege und Beschuß eines Rebhühnerstandes. (S. 49—78.) 877.
" 3. 4. Dombrowski, Raoul v., das Streifen, Treibjagd in Feld und Wald auf Niederwild. (S. 81—94 mit 1 Plan.) — Droste-Hülshoff, Friedr. Frhr. v., zur Geschichte der Fasanerien in der Mark Brandenburg. (S. 95—158.) 877.
" 5. Foichtinger, J., zur Jagdgeographie. I. Ueber Jagdwaffen und Jagdmethoden. (S. 161—198.) 877.
" 6. Meyerinck, R. v., das Jagdschloß Königswusterhausen. (S. 199—208.) — Tschusi zu Schmidhofen, Vict. Ritter v., die europäischen Schneehühner. (S. 209—253.) 877.
" 7. 8. Foichtinger, J., zur Jagdgeographie. II. Die Jagdzonen der Erde. (S. 257—335.) 878.
" 9. —— die Fuchsjagd. (S. 337—375.) 878.
" 10. Thüngen, C. E. Frhr. v., Beiträge zur Naturgeschichte der Waldschnepfe und Kenntniß ihrer Jagd. (S. 377—421.) 878.
" 11. Nolde, Baron v., die Jagdthiere im russischen Reiche, deren Jagdarten, jagdliche Verhältnisse und Jagdgesetze, mit besond. Berücksicht. der russ. Ostseeprovinz Kurland. (S. 425—480.) 878.
Lfg. 12. Meyerinck, R. v., das Jagdschloß Letzlingen und die sich daran knüpfenden Jagdverhältnisse der Haide vom J. 1855 bis auf die neueste Zeit. (S. 481—514 mit eingedr. Plan und Ansicht des Schlosses.) 878. Einzelpr. * ℳ 1,50.
" 13. 14. Foichtinger, J., Geschichte der Jagdschlösser und Jagdfeste von der ältesten bis auf die neuere Zeit. (87 S.) 878.
" 15. Müller, Thdr., Jagden in Australien. (147 S.) 878.
" 16. Foichtinger, J., die Geschichte der Falkenjagd. (S. 153—193.) 878.
" 17. Thüngen, C. E. Frhr. v., über Wildhege und Hegeverordnungen. (S. 193—219.) 879.
" 18. 19. Nolde, Baron Ferd. v., die Flugwildjagd in ihrem ganzen Umfange. (S. 225—248.) — —— der Hühner- oder Vorstehhund in seinen verschiedenen Racen, dessen Erziehung, Dressur und Abführung auf Wild, nebst einer Beschreibung der in Kurland übl., bisher aber geheim gehaltenen Parforce-Dressur-Methode vermöge der Würge. (40 S. mit 1 Taf. Abbild.) 876.
" 20. Schmidt, Heinr., Biographie des Vice-Oberjägermeister Sr. Maj. des Kaisers Richard v. Meyerinck. — Schenk zu Schweinsberg, Karl Frhr., über die Erziehung und Erhaltung eines guten Rehstandes in der Gebirgsjagd. (S. 273—295 mit Portr. in Holzschn.) 879.
" 21. 22. Die Angelfischerei, die Krebsfischerei, das Fischstechen und der Fang mit der Schlinge. Uebersichtlich dargestellt von einem alten Praktikus. 2. sehr verm. und verb. Aufl. (IV, 44 S.) — Der Vorstehhund, dessen Zeugung, Parforce-, Stuben- und Felddressur, nach dem Ausspruche erfahrener Waidmänner und erprobter alter Jäger. 2. Aufl. (22 S.) 879.
" 23. Droste-Hülshoff, Friedr. Frhr. v., die Jagddienste der Unterthanen der Mark Brandenburg in früherer Zeit. — Nolde, Baron Ferd. v., das edle Waidwerk in älteren Zeiten. (48 S.) 878.
Droste-Hülshoff, F Frhr v., d. Jagddienste d. Mark Brandenburg in früheren Zeiten — Molde, Bar. F v., d. edle Waidwerk in älteren Zeiten. (50) 79.
" 24. Riesenthal, O. v., das Edelwild. (48 S.) 878.
— Edelwild. (50) 79.

—— für Jäger- und Jagdfreunde. Hrsg. von bedeutenden Jägern und Fachmännern. 25.—29. Lfg. 8. Leipzig, Schmidt und Günther. à Lfg. *
Inhalt:
Lfg. 25. Riesenthal, O. v., Damwild. Monographischer Beitrag. (S. 393—432.) 880.
" 26. Wildhagen, Ferd., der Wolf, geschildert nach seiner Verbreitung und Lebensweise sowie Jagd und Fang in Rußland. (S. 433—472.) 880.
" 27. Foichtinger, J., Beiträge zur Geschichte waidmännischen Aberglaubens. (S. 473—507.) 881.
" 28. 29. Droste-Hülshoff, Friedr. Frhr. v., der Wolf in der Mark Brandenburg. (79 S.) 882.

— Jenaische philosophische, unter Aufsicht d. Hofr. J. G. Daries herausg. 2 Bde od. 12 Stcke. 8. Jena 759, 60. Gollner

Bibliothek, illustrirte, d. landwirthschaftl. Gartenbaues, s.a. Jäger, H. — Loisel, M. — Rubens, Ferd. —

— illustrirte, des landwirthschaftlichen Gartenbaues für Gärtner, Landwirthe u. Gutsbesitzer. Mit besonderer Berücksichtigung des Obst- u. Gemüsebaues u. des Gartenbetriebes in Frankreich u. England. Herausg. von H. Jäger. Mit zahlreichen in den Text gedr. Abbildgn. (Holzschn.) Leipzig 855—58. Spamer. br. 8.
I. Abth.: 1. Bd. Der praktische Obstgärtner.
1. Bdchn.: Die Baumschule. Vollständige Anleitung zur Anzucht der Obstbäume, zum Betriebe der Baumschulen im Großen aus Samen. Mit Benutzung der neuesten u. besten Quellen bearb. von H. Jäger. Mit 57 in den Text gedr. Abbildgn. 855. (XIV, 220 S.) n. 25 ngr.
I. " 2. —— der Obstbau. Anleitung zur Anlage von Obstgärten und Baumgütern, zur Kultur der Obstbäume und Sträucher jeder Art, Behandlung der Baumkrankheiten; so wie zur Aufbewahrung, Versendung, Verwerthung und Verwendung des Obstes. Für Land- und Gartenbesitzer, Gärtner und Obstfreunde. Mit Benutzung der besten und neuesten Quellen bearb. Mit einem Verzeichniß der bekanntesten Obstbaumschulen Deutschlands ꝛc. (XVI und 226 S. mit 49 in den Text gedr. Abbildungen.) 856. * 20 Ngr.
2. Bdchn.: Der Obstbau. Anleitung zur Anlage von Obstgärten und Baumgütern zur Kultur der Obstbäume u. Sträucher jeder Art Behandlung der Baumkrankheiten; so wie zur Aufbewahrung, Versendung, Verwerthung u. Verwendung des Obstes. Für Land- u. Gartenbesitzer, Gärtner u. Obstfreunde. Mit Benutzung der besten u. neuesten Quellen bearb. von H. Jäger. Mit 49 in den Text gedr. Abbildgn., sowie einem Verzeichniß der bekanntesten Obstbaumschulen Deutschlands ꝛc. 857. (XVI, 226 S.) n. 20 ngr.

1. Bdchn. 3. Hardy, J. A., der Obstbaumschnitt. Neueste Methode zur Behandlung der feineren Obstarten am Spalier und in allen anderen gebräuchl. Formen. Nach der 2. Aufl. des Orig. bearb. und durch Zusätze und Erläuterungen den deutschen Verhältnissen angepaßt von H. Jäger. (XVII und 192 S.) 854. * 1 Thlr.

3. Bdchn.: Der Obstbaumschnitt. Neueste Methode zur Behandlung der feineren Obstarten am Spalier u. in allen anderen gebräuchlichen Formen. Von J. A. Hardy. Nach der 2. Aufl. des Orig. bearb. u. durch Zusätze u. Erläuterungen den deutschen Verhältnissen angepaßt von H. Jäger. 855. (XVII, 192 S.) n. 1 ℛ

I. Abth. 2. Bd.: Der praktische Gemüsegärtner.

1. Bdchn.: Grundsätze und allgemeine Regeln für den vollkommenen Gemüsebau im freien Lande, unter besonderer Berücksichtigung der Kultur im Großen. Nach den neuesten Erfahrungen und Fortschritten dargestellt von H. Jäger. Mit 50 in den Text gedr. Abbildgn. 857. (XII, 192 S.) n. 20 ngr

2. Bdchn.: Enthltd. die besondere Kultur aller bekannten Gemüsearten im freien Lande, als: aller Kohlarten, Hülsenfrüchte, Salat-, Spinat-, Lauch-, Zwiebel- u. gurkenartigen Pflanzen, Rüben, Wurzel- u. Knollengewächse &c. im Kleinen u. Großen. Für Land- u. Gartenbesitzer. Nach den neuesten Erfahrungen u. Fortschritten bearb. von H. Jäger. Mit 24 in den Text gedr. Abbildgn., sowie einem Verzeichniß der deutschen Gärtnereien, wo Gemüsesamen zu haben sind. 857. (VIII, 248 S.) n. 25 ngr

3. Bdchn.: Die Gemüsetreiberei oder die Kultur der Frühgemüse in Mistbeeten, Treibkasten u. Treibhäusern, einschließlich der Melonen-, Champignons- u. Ananaszucht, sowie der Erdbeertreiberei. Nach den neuesten Erfahrungen u. Fortschritten dargestellt von H. Jäger. Mit 20 in den Text gedr. Abbildgn. 857. (VIII, 117 S.) n. 15 ngr

III. Abth.

1. Bdchn.: Die vollkommene Spargelzucht. Cultur der Spargel auf natürlichem u. künstlichem Wege. Von M. Loisel. Nach dem Französ. unter Mitwirkung von H. Jäger. 855. (IX, 58 S.) n. 12½ ngr

2. Bdchn.: Das Winzerbuch. Leichtfaßliche Anleitung zum Weinbau im Kleinen u. Großen; mit besonderer Berücksichtigung der nördlichen Gegenden. Mit einem Anh.: I. Die Traubenkrankheit. II. Der Weinbaukalender. Unter Benutzung der besten u. neuesten Erfahrungen bearb. von Ferd. Rubens. (Mit 63 in den Text gedr. Abbildgn.) 858. (XVIII, 262 S.) n. 25 ngr

3. Bdchn.: Der Apothekergarten. Anleitung zur Kultur u. Behandlung der in Deutschland zu ziehenden medicin. Pflanzen. Für Apotheker u. Gärtner, Land- u. Gartenbesitzer. Von H. Jäger. Mit 33 in den Text gedr. Abbildgn.) 858. (XX, 176 S.) n. 25 ngr

Abthl. 3. Bd. 3. Der Apothekergarten. Anleitung zur Kultur und Behandlung der in Deutschland zu ziehenden medicinischen Pflanzen. Für Apotheker und Gärtner, Land- und Gartenbesitzer. (XX und 176 S. mit 33 in den Text gedr. Abbild. in Holzschn.) 859. * 25 Ngr.

— illustrirte, des landwirthschaftlichen Gartenbaues für Gärtner, Landwirthe und Gartenbesitzer. Mit besonderer Berücksichtigung des Obst- u. Gemüsebaues u. des Gartenbetriebes in Frankreich u. England. Herausg. von H. Jäger. Vorschule des landwirthschaftlichen Gartenbaues. Eine Ergänzung sämmtl. Bdchn. dieser Bibliothek. Leipzig 860. Spamer. 8. n. 25 ngr

Inhalt: Die Boden- und Düngerkunde, mit besonderer Berücksichtigung des Gemüse-, Obst- und Weinbaues. Nebst Kalender der Nutzgärtnerei, enth. alle beim Gemüse- u. Obstbau vorkommenden monatlichen Verrichtungen. (Eine Vorschule des landwirthschaftl. Gartenbaues. Herausg. von H. Jäger. Mit in den Text gedr. Abbildgn. (Holzschn.) (XII, 243 S.)

— I. (Abth.) Der praktische Obstgärtner. 3 Bde. 2. verm. u. verb. Aufl. Ebend. 860, 62. 8. n. 2 ℛ 15 ngr

1. Bd.: Die Baumschule. Vollständige Anleitung zur Anzucht der Obstbäume, zum Betriebe der Baumschulen im Großen u. Kleinen u. zur Gewinnung neuer Obstsorten aus Samen. Mit Benutzung der neuesten u. besten Quellen bearb. von H. Jäger. Mit 65 in den Text gedr. Abbildgn. u. s. w. (Holzschn.) (XII, 246 S.) n. 25 ngr

2. Bd.: der Obstbau. Anleitung zur Anlage von Obstgärten u. Baumgütern zur Kultur der Obstbäume u. Sträucher jeder Art, Behandlung der Baumkrankheiten; sowie zur Aufbewahrung, Versendung, Verwerthung u. Verwendung des Obstes. Von H. Jäger. Mit 65 in den Text gedr. Abbildgn. (Holzschn.) (XIV, 212 S.) n. 20 ngr

3. Bd.: Der Obstbaumschnitt. Neueste Methode zur Behandlung der feinern Obstarten am Spalier sowie in allen andern gebräuchlichen Formen. Nach J. A. Hardy, Dubreil, Lepère u. A. Bearb. unter Benutzung der neuesten Aufl. des Traité de la taille des arbres fruitiers. Par J. A. Hardy, u. durch Zusätze u. Erläuterungen unsern Verhältnissen angepaßt von H. Jäger. Mit 90 in den Text gedr. Abbildgn. u. mehreren Taf. (Holzschn. in 4. u. Fol.) (XVI, 199 S.) n. 1 ℛ

Bibliothek, illustrirte, des landwirthschaftlichen Gartenbaues &c. 2. Abth. Der praktische Gemüsegärtner. Nach den neuesten Erfahrungen u. Fortschritten dargestellt von H. Jäger. 3 Thle. 2. verb. u. verm. Aufl. Mit in den Text gedr. Abbildgn. (Holzschn.) Ebend. 863. 8. n. 2 ℛ

1. Thl.: Grundsätze u. allgemeine Regeln für den Gemüsebau im Großen u. Kleinen. (XII, 180 S.) n. 20 ngr

2. Thl.: Die besondere Kultur aller bekannten Gemüsearten im freien Lande. (VII, 208 S.) n. 25 ngr

3. Thl.: Die Gemüsetreiberei oder die Kultur der Frühgemüse in Mistbeeten, Treibkästen u. Treibhäusern, einschließlich der Melonen-, Champignon-, Erdbeer- u. Ananaszucht. (VIII, 112 S.) n. 15 ngr

— illustrirte, des landwirthschaftlichen Gartenbaues für Gärtner, Landwirthe u. Gartenbesitzer. Hersg. von H. Jäger. Leipzig 865. Spamer. (Stuttg., Cohen & Risch.) 8.

1. Abthl.: Der praktische Obstgärtner.

3. Bdchn.: Jäger, H., der Obstbaumschnitt. Neueste Methode zur Behandlung der feinern Obstarten am Spalier sowie in allen andern gebräuchlichen Formen. Nach J. A. Hardy. Bearb. unter Benutzung von dessen „Traité de la taille des arbres fruitiers" u. durch Zusätze u. Erläuterungen unsern Verhältnissen angepaßt. 3., verm. u. verb. Aufl. Mit 96 in den Text gedr. Abbildgn. (Holzschn.) (XVI, 214 S.) n. 1 ℛ

3. Abth.: Besondere Kulturen.

1. Bdchn.: Die vollkommene Spargelzucht. Kultur des Spargel auf natürlichem u. künstlichem Wege. Nach dem Französ. von M. Loisel, sowie unter Mitwirkung u. unter Zugabe e. Anhanges: Ueber den Spargelbau im Großen von H. Jäger. 2., verm. u. verb. Aufl. mit 9 Abbildgn. (Holzschn.) (VIII, 68 S.) n. 12½ ngr

—— illustrirte, des landwirthschaftlichen Gartenbaues für Gärtner, Landwirthe und Gartenbesitzer. Hrsg. von H. Jäger. 1. Abthl.: Der praktische Obstgärtner. 3. Bdchn.: Der Obstbaumschnitt. Neueste Methode zur Behandlung der feinern Obstarten am Spalier sowie in allen andern gebräuchl. Formen. Nach J. A. Hardy. Bearb. unter Benutzung von dessen „Traité de la taille des arbres fruitiers" und durch Zusätze und Erläuterungen unsern Verhältnissen angepaßt. 3., verm. und verb. Aufl. gr. 8. (XVI und 214 S. mit 96 in den Text gedr. Abbild. in Holzschn.) Leipzig 867, Spamer. *

Bibliothek, illustrirte, d. landwirthschaftlichen Gartenbaues f. Gärtner, Landwirthe u. Gartenbesitzer. Mit besond. Berücksicht. des Obst- u. Gemüsebaues u. d. Gartenbetriebes in Frankreich u. England. Hrsg. v. H. Jäger. 1. Abth. 2. Bd., 2. Abth. 3 Bde. u. 3. Abth. 3. Bd. gr. 8. Hannover 871. 73. Cohen. n. 12. —

1. Abth. 2. Bd. Der Obstbau. Anleitung zur Anlage v. Obstgärten u. Baumgärten, zur Kultur der Obstbäume u. Sträucher jeder Art, sowie zur Aufbewahrg., Versendg., Verwerthg. 2c. d. Obstes. Für Land- u. Gartenbesitzer, Gärtner u. Obstfreunde. Von H. Jäger. 3. umgearb. Aufl. Mit 76 in den Text gedr. Abbildgn. (in Holzschn.) (X, 202 S.) n. 3. —
2. Abth. 1—3. Bd. Der Gemüsegärtner. Grundsätze u. allgemeine Regeln f. den Gemüsebau im Großen u. Kleinen. Nach den neuesten Erfahrgn. u. Fortschritten dargestellt v. H. Jäger. 3. verb. u. verm. Aufl. Mit 74 in den Text gedr. Abbildgn. (in Holzschn.) (VIII, 224 u. VIII, 232 S.) à n. 2. 50. — 3. Bd. (VIII, 143 S.) n. 1. 50; 3 Bde. in 1 Bd. geb. n. 7. 50
3. Abth. 3. Bd. Der Apothekergarten. Anleitung zur Kultur u. Behandlg. der in Deutschland zu zieh. medizin., sowie zu Essenzen gebrauchten Pflanzen. Für Apotheker u. Gärtner, Land- u. Gartenbesitzer v. H. Jäger. 2. Aufl. Mit 83 in den Text gedr. Abbildgn. (in Holzschn.) (XXI, 182 S.) 2. 50

— (illustrierte) der **Gesundheitspflege**, hrsg. v. Hans Buchner, Max Rubner u. F. Gußmann. Bd. 2, 9, 10a u. b, 13 u. 20. kl. 8. Stuttgart, E. H. Moritz. 14. 10

Dennig, Adf., Hygiene des Stoffwechsels u. die Stoffwechselkrankheiten (Fettsucht, Gicht, Zuckerkrankheit 2c.) Mit 1 kolor. Taf. u. 5 Textabbildgn. 3. Tauf. (88 S.) (908.) (Bd. 10a) 1. 20
Forel, Aug., Hygiene der Nerven u. des Geistes im gesunden u. kranken Zustande. Mit 10 Illustr., darunter 4 Taf. 3. rev. u. verm. Aufl. (7. bis 9. Tauf.) (319 S.) 908. (Bd. 9) 3.50; geb. in Leinw. 4. 50
Gruber, Max, Hygiene des Geschlechtslebens, dargestellt f. Männer. Mit 17 kolor. Fig. auf 2 Taf. 3. verm. u. verb. Aufl. (7—12. Tauf.) (93 S.) 907. (Bd. 13) 1.20; geb. in Leinw. 1. 50
Rubner, Max, Nahrungsmittel- u. Ernährungskunde. 2. verm. Aufl. (4.—10. Tauf.) (136 S.) (908.) (Bd. 20) 2.—; geb. in Leinw. 2. 50
Schottelius, Max, Bakterien, Infektionskrankheiten u. deren Bekämpfung. 2. erweit. Aufl. Mit 32 teils farb. Taf. u. viel. Textabbildgn. (319 S.) 909. (Bd. 2) 5.—; geb. in Leinw. 6. —
Walz, Karl, Hygiene des Blutes u. die Blutkrankheiten. Mit 8 farb. Abb. auf 2 Taf. 3. Tauf. (86 S.) (908.) (Bd. 10b) 1. 20

Bibliothek, illustrierte, des Humors. 1.—3. Bd. 8. Berlin, Verlag des Satyr. à — 50

1. Vor Ankauf wird gewarnt u. andere Humoresken. Von Karl Pauli. Illustriert v. J. Schlattmann. (94 S.) (901.)
2. „Jeehrter Herr Jerichtshof". Kriminal-Humoresken. Von Alfr. Gottwald. (94 S.) (901.)
3. Dufte Jungen's. Humoresken. Von Hans Hyan. (96 S.) 901.

— illustr., **niederdeut. Klassiker.** 2. Bd. 8° Lpzg 95, O Lenz. 2 —; geb. 3 —

Frans Essink, sien Läwen u. Driewen äs oolt Mönstersk Kind. Kom. Roman in 8 Abtlgn. II. Satyr. Tl.: Nao sienen Daud. Von H Landois. 7. Afl. (170 m. Illustr.)

— illustr., **niederdeutscher Klassiker.** 1., 2. u. 4. Bd. 8. Leipzig, O. Lenz. n. 8. —; geb. n. 11. —

1. Frans Essink sien Läwen u. Driewen äs oolt Mönstersk Kind. Kom. Roman in 4 Abteilgn. I. Humorist. Tl.: Ut Läwtiden. Von H. Landois. M. 11 Bild. nach Handzeichngn. d. Verf. v. Paul Krieger. 8., verm. u. verb. Aufl., in Münsterschem Dialekte, m. d. Bildn. d. Verf. (XX, 247 S.) 896. n. 3. —; geb. n. 4. —
2. Dasselbe. II. Satyr. Tl.: Nao sienen Daud. M. 13 Illustr. u. Orig.-Skizzen d. Verf. v. Paul Krieger. 7., auf's Neue verm. u. vergiftete Aufl. (XII, 170 S.) 895. n. 2. —; geb. n. 3. —
4. Dasselbe. IV. (Schluß-)Thl.: Frans Essink up de Seelenwanderg. (psychodromisch). M. 35 Bild. v. Verf. u. v. Kaldewey. (VIII, 183 S.) 898. n. 3. —; geb. n. 4. — (Kpl. n. 12. —; geb. n. 16. —)

— illustr., **niederdeutscher Klassiker.** 2. Bd. 8. Leipzig, O. Lenz. n. 2. 25; geb. n. 3. 25

Landois, H., Frans Essink, sien Läwen un Driewen äs oolt Mönstersk Kind Komischer Roman in 6 Abtlgn. II. Satirischer Tl.: Nao sienen Daud Mit 13 Illustr. nach Orig.-Skizzen des Verf. vom Maler Paul Krieger. 8., aufs neue verm. u. vergiftete Aufl. (XV, 185 S.) 903.

— illustrierte, der **Kunst- u. Kulturgeschichte.** 1.—5. Bd. gr. 8. [Leipzig, P. Friesenhahn.] Magdeburg, W. Niemann. à n. 4. —; geb. in Leinw. n. 5. —; in Prachtbd. n. 5. 50

1. Handbuch der griechischen Archäologie v. Max Collignon. Deutsche Ausg. v. J. Friesenhahn. Preisgekrönt v. der „Association pour l'encouragement des Études grecques". (312 S.) 893.
2. Die vlämische Malerei v. A. J. Wauters. Von der königl. belg. Akademie preisgekrönt. Einzige autoris. deutsche Ausg. v. Ludw. Neustadt. (354 S.) 893.
3. Geschichte des Rittertums v. Otto Henne am Rhyn. (250 S.) 893.
4. Geschichte der Musik v. Otto Keller. (438 S.) 894.
5. Kulturgeschichte der Kreuzzüge. Von Otto Henne am Rhyn. (302 u. 20 S.) 894.

— dasselbe. (6. Bd.) gr. 8. Ebd. 894. Subskr.-Pr. n. 4. —; geb. n. 5. —; Einzelpr. n. 5. —; geb. n. 6. —

Geschichte der Siegel. Von Gust. A. Seyler. (VIII, 383 S.)

Bibliothek, illustr., d. Kunst- u. Kulturgeschichte. (VII. Bd.) gr. 8. [Magdeburg 895. W. Niemann.] Leipzig, B. Elischer Nf. n. 5. —; geb. n. 6. —

Geschichte d. Kupferstichs v. Hans Wolfg. Singer. (VII, 238 S.)

— illustrirte, der **Länder- und Völkerkunde.** 2. und 6.—10. Bd. gr. 8. Freiburg i. Br., Herder'sche Verlagsh. * geb. *

Inhalt:

Bd. 2. Kaulen, Fr., Assyrien und Babylonien nach den neuesten Entdeckungen. 3. abermals erweit. Aufl. (X, 266 S. mit Titelbild, 78 in den Text gedr. Holzschn., 6 Tonbildern, 1 Inschriftentaf. und 2 Karten.) 885. *ℳ 4.—.; geb. *ℳ 6.—.
" 6. Paulitschke, Phpp., die Sudanländer nach dem gegenwärtigen Stande der Kenntnis. (XII, 311 S. mit 59 in den Text gedr. Holzschn., 12 Tonbildern, 2 Lichtdr. und 1 Karte.) 884. *ℳ 7.—.; geb. *ℳ 9.—.
" 7. Geistbeck, M., der Weltverkehr. Telegraphie und Post, Eisenbahnen und Schiffahrt, in ihrer Entwicklung dargestellt. (VIII, 495 S. mit 123 Abbild. und 33 Karten.) 886. *ℳ 8.—.; geb. *ℳ 10.—.
" 8. Lux, A. E., die Balkanhalbinsel (mit Ausschluß von Griechenland). Physikalische und ethnograph. Schilderungen und Städtebilder. (X, 276 S. mit 90 Illustr., 1 Panorama von Konstantinopel und 1 Übersichtskarte.) 887. *ℳ 6.—.; geb. *ℳ 8.—.
" 9. Hesse-Wartegg, Ernst, Kanada und Neu-Fundland. Nach eigenen Reisen und Beobachtungen. (IX, 224 S. mit 54 Illustr. und 1 Übersichtskarte.) 888. *ℳ 5.—.; geb. *ℳ 7.—.
" 10. Schweiger-Lerchenfeld, A. Frhr. v., das Mittelmeer. (316 S. mit 1 Karte.) 888. *ℳ 6.—.; geb. *ℳ 8.—.

Die früher erschienenen Bände enthalten:

Bd. 1. Jakob, A., unsere Erde. 883. *ℳ 3.—.
" 3. Schütz-Holzhausen, D. Frhr. v., der Amazonas. 883. *ℳ 4.—.
" 4. Kayser, Fr., Aegypten einst und jetzt. 884. *ℳ 5.—.
" 5. Kolberg, J., nach Ecuador. 884. *ℳ 8.—.

— illustrierte, der **Länder- u. Völkerkunde.** gr. 8. Freiburg i/B., Herder.

Dahlmann, Jos., S. J., indische Fahrten. 2 Bde. Mit 471 Bildern auf 111 Taf. u. 2 farb. Karten (XIV, 403 u. XVIII, 456 S.) 908. 18.—; geb. in Leinw. 23. —
Kayser, Frdr., u. Ernst M. Roloff, Ägypten einst u. jetzt. 3., völlig neubearb Aufl. Mit Titelbild in Farbendr., 180 Abbildgn. u. 1 (farb.) Karte. (X, 335 S.) 908. 7.—; geb. in Leinw. 9. —
Bisher unter Einzeltiteln aufgenommen.

— Illustrierte, d. **Länder- u. Völkerkunde.** gr8° FreiburgB., Herder. d

Werner, Eug.: Kaiser-Wilhelms-Land. Beobachtgn u. Erlebn. in d. Urwäldern Neuguineas. (14, 314 m. Abb., farb. Titelbild u. 1 farb. Kte.) '11. 7 —; L 8.30

— illustrirte, f. **Nutz- u. Sport-Geflügelzucht.** In zwanglosen Heften. 1—3. Hft. 8. (96, 112 u. 112 S.) Minden 885. Köhler. à — 75

Bibliothek, illustrierte, f. Nutz- u. Sport-Geflügelzucht. In zwanglosen Heften. 4.—6. Hft. 8. (6. Hft. 111 S.) Minden 888. Köhler. à — 75

— dasselbe. 7. Hft. (Kalender f. Geflügelfreunde 1888.) 8. (112 S.) Ebd. 890. n. — 75

Bibliothek, illustr., f. Nutz- u. Sport-Geflügelzucht. Praktische Mitteilgn. f. Geflügelzüchter u. Vogelfreunde. 8.—11. Hft. (Kalender f. Geflügelfreunde 1889, 1890, 1891, 1892.) 8. (à ca. 96 S. m. Abbildgn. u. Taf.) Minden 891—894. W. Köhler. à n. — 60

Bibliothek, illustrierte, der Rechts- u. Staatskunde, in Einzeldarstellungen, hrsg. v. E. Francke. kl. 8. Stuttgart, E. H. Moritz.

9. Bd. Bernhöft, Frz., Das neue bürgerliche Recht in gemeinverständlicher Darstellung mit Beispielen aus dem praktischen Leben. V. Erbrecht. (356 S.) Geb. in Leinw. 3. —. — 24. Bd. Ehrhardt, K., Unser Schulwesen. (132 S.) '06. 1. —; geb. in Leinw. 1. 50. — 27. Bd. Berberich, A., Bau- u. Wohnungshygiene. 2. verm. Aufl. Mit 38 Abbildgn. (222 S). 2. —; geb. in Leinw. 2. 50.

Bibliothek, illustrierte, der Rechts- u. Staatskunde, in Einzeldarstellungen, hrsg. v. E. Francke. kl. 8. Stuttgart, E. H. Moritz.

13. Bd. Bazille, W., Unsere Reichsverfassung u. deutsche Landesverfassungen (Reichs- u. Landesstaatsrecht). (224 S. m. 1 Bildnis.) '06. 1. 50; geb. in Leinw. 2. —. — 21. Bd. Egner, H., u. K. Schuemacher. Unser Zoll- u. Steuerwesen. Mit 9 Abbildgn. (215 S.) 1. 50; geb. in Leinw. 2. —.

— Illustr., d. Rechts- u. Staatskde. NAfl 12. Bd. kl8° Stuttg., EH Moritz. d

Liefmann, Rob.: Kartelle u. Trusts u. d. Weiterbildg d. volkswirtschaftl. Organisation. 2. Afl. (210) '10 [12] 2 —; L n 2.50

Bibliothek, illustrierte, d. Reisen u. Abenteuer. 8.—25. Bd. Mit je 8 Vollbildern.) 8. Berlin, E. Freyhoff. à n. — 60; geb. à n. — 80

Valen, J. Hendrik van, aus Sibirien entflohen. Erzählung. Nach van V. m. Genehmigg. des Verf. frei bearb. von Geo. Gärtner. (152 S.) (904.) (Bd. 16.)

Barzini, Luigi, der „Vaqueano". Episode aus d. südamerikan. Bürgerkriege. Uebers. v. H. Dövids. (136 S.) (904.) (Bd. 20.)

Bröhat, Alfr. v., das Burenmädchen. Erzählung vom Kap der guten Hoffnung. (Die Menschenjäger. 2. Tl.) (110 S.) (904.) (Bd. 18.)

— die Menschenjäger. Kämpfe, Abenteuer u. Jagden im Lande der Buren. (109 S.) (904.) (Bd. 17.)

Cassau, Carl, die Mormonenbraut. Erzählung. (136 S.) (903.) (Bd. 10.)

Fischer, Herm., der Engel der Grenze. Wilde Szenen aus Kentucky. Erzählung aus Amerikas Urwäldern. (110 S.) (903.) (Bd. 13.)

— auf dem Kriegspfade oder Die Flüchtlinge. Eine Erzählung aus den Urwäldern Nord-Amerikas. Nach dem Engl. bearb. (125 S.) (905.) (Bd. 23.)

Gärtner, Geo., der Kommandant der Negerjäger. Erzählung aus den Kämpfen der Holländer in Surinam. Frei nach J. Hendrik van Valen. Mit Genehmigg. des Verf. bearb. (110 S.) (905.) (Bd. 21.)

Gerstäcker, Frdr., blau Wasser. Erzählgn. aus dem Schiffsleben. (125 S.) (905.) (Bd. 22.)

— die Goldsucher. Erzählung aus Ecuador. — Der Schiffs-Kapitän. (136 S.) (903.) (Bd. 15.)

— die Moderatoren. Erzählung aus Texas. — Das Fort an der Salzfurth. (128 S.) (903.) (Bd. 14.)

— in den Pampas. — Das Wrack. (142 S.) (903.) (Bd. 11.)

— in der Südsee. Erzählung aus dem Seeleben. (142 S.) (904.) (Bd. 19.)

Grundmann, J., in den Jagdgründen der Apachen. Eine Erzählg. aus d. Südwesten Amerikas. (117 S.) (903.) (Bd. 8.)

— auf der Prärie. (120 S.) (903.) (Bd. 9.)

Lindbaum, G., selbst verraten u. Das Goldlager im Felsgang. 2 Erzählgn. aus den Golddistrikten Alaskas. (135 S.) (905.) (Bd. 25.)

Sylvino, Nicolao, auf Tod u. Leben. Eine Erzählg. aus dem Trapperleben des wilden Westens. (116 S.) (905.) (Bd. 24.)

Treu, Ludw., im fernen Westen. Jagden u. Abenteuer. (120 S.) (903.) (Bd. 12.)

— illustrierte, der Reisen u. Abenteuer. 26.—30. Bd. (Mit je 3 Vollbild.) 8. Berlin-Wilmersdorf, E. Freyhoff. à Bd. — 60

Fischer, Herm., die Rifle-Rangers od. Die Freischar. Kriegs-Szenen aus Mexiko. Nach Kapitän Mayne-Reid bearb. (132 S.) (907.) (Bd. 28)

Gerstäcker, Frdr., quer durch die Wildnis. Jagden u. Abenteuer im fernen Westen. (128 S.) 907. (Bd. 27)

Grubert, Otto, ein Wiedersehen. Erzählung. — Theinert, A., im Auswandererzuge. Erlebnisse. (112 S.) (907.) (Bd. 30)

Melander, Rich., im Lande Sitting Bulls. Roman aus dem nordamerikan. Kolonistenleben. Übers. von Frdr. v. Känel. (132 S.) (907.) (Bd. 26)

Theinert, A., lebendig begraben u. Anderes. (119 S.) (907.) (Bd. 29)

— illustrirte, f. Gabelsberger'sche Stenographen. Stenographische Übertragg. u. Autographie v. Heinr. Kottner. 1. Jahrg. 1886. 6 Hfte. gr. 8. (1. Hft. 27 autogr. S. m. 2 Bildern.) Budweis. (Leipzig, Robolsky.) n. 4. 80

Bibliothek. Indische. Eine Zeitschrift von August Wilhelm von Schlegel. Band I—III. 2 voll. Bonn 1823—1830.

—— indische. 1.—5. Bd. 8. Leipzig 868, Denicke. [P. Ehrlich.] (*M.* 12.) *

Inhalt:

Bd. 1. Hoëvel, W. R. van, aus dem indischen Leben. Aus dem Holländ. von Wilh. Berg. Autorisirte Ausg. (XV, 328 S.) (*M.* 3.) **M.* 1.

• 2—5. Brink, J. ten, ostindische Damen und Herren. Vier Beiträge zur Kenntniß der Sitten und Gebräuche in der europ. Gesellschaft von Holländisch-Indien. Aus dem Holländ. von Wilh. Berg. Autorisirte Ausg. 4 Thle. (XXVI, 983 S.) (*M.* 9.) **M.* 3.

— indogermanische. Hrsg. v. Herm. Hirt u. Wilh. Streitberg. I. Abtlg. Sammlung indogerm. Lehr- u. Handbücher. I. Reihe: Grammatiken. 4. u. 5. Bd. 6. Bd. 2 Tle. u. 8. Bd. 8. Heidelberg, Carl Winter. 57.60; geb. in Leinw. n 62. —

Reichelt, Hans, awestisches Elementarbuch. (XXIV, 516 S.) 909. (Bd. 5) 13.20; geb. in Leinw. n 14. —

Stahl, J. M., kritisch-historische Syntax des griechischen Verbums der klassischen Zeit. (XII, 838 S.) 907. (Bd. 4) 20.—; geb. n 21. —

Thumb, Alb., Handbuch der griechischen Dialekte. (XVIII, 403 S.) 909. (Bd. 8) 7.—; geb. in Leinw. n 8. —

Thurneysen, Rud., Handb. des Alt-Irischen. Grammatik, Texte u. Wörterbuch. I. Tl.: Grammatik. (XVI, 582 S.) 909. (Bd. 6. I) 15.—; geb. n 16. —

— dasselbe. II. Tl.: Texte m. Wörterbuch. (V, 100 S.) 909. (Bd. 6. II) 2.40; geb. n 3.—

Bibliothek, indogermanische. Hrsg. v. Herm. Hirt u. Wilh. Streitberg. I. Abtlg. Sammlung indogerm. Lehr- u. Handbücher. II. Reihe: Wörterbücher. 1. Bd. u. 2. Bd. 1—6. Lfg. 8. Heidelberg, Carl Winter. 19. 40

Berneker, Erich, slavisches etymologisches Wörterbuch. (In ca. 24 Lfgn.) 1—6. Lfg. (S. 1—480.) 908—910. (II. Bd.) à 1. 50

Walde, Alois, latein. etymolog. Wörterbuch. 2. umgearb. Aufl. (XXXI, 1044 S.) 910. (I. Bd.) 10.40; geb. n 11. 50

— dasselbe. II. Abtlg. Sprachwissenschaftl. Gymnasialbibliothek. Unter Mitwirkg. v. Fachgenossen hrsg. v. Max Niedermann. 1. u. 2. Bd. u. 3. Bd. 2 vols. 8. Ebd. 12. 40

Bally, Ch., Traité de stylistique française. 1. vol. (XX, 331 S.) 909. (Bd. 3) 4.80; geb. in Leinw. n 5.—; 2. vol. (264 S.) 3.80; geb. in Leinw. n 4. —

Niedermann, Max, historische Lautlehre des Latein. Vom Verf. durchgesch., verm. u. verb. deutsche Bearbeitg. des französ. Originals v. Ed. Hermann. (XIV, 115 S. m. 1 Abbildg.) 907. (Bd. 1) 2. —

Schoel, Willy, neuhochdeutsche Sprachlehre. 1. Laut- u. Wortbildungslehre f. die Oberstufe höherer Lehranstalten. (VIII, 89 S. m. 1 Abbild.) 908. (Bd. 2) 1. 80

Erschien früher u. d. T.: Sammlung indogerman. Lehrbücher.

— dass. II. Abtlg. Sprachwissenschaftl. Gymnasialbibliothek. Hrsg. v. Max Niedermann. NAfl 1. Bd. 8° Ebd.

Niedermann, Max: Histor. Lautlehre d. Lateinischen. 2. Afl. (17, 124) '11 [1] 2 —

— Indogermanische. Hrsg. v. Herm. Hirt u. Wilh. Streitberg. 1. Abtlg. Sammlg indogerman. Lehr- u. Handbb. I. Reihe: Grammatiken. 9. u. NAfl 2. Bd. 8° Heidelbg, Carl Winter.

Hirt, Herm.: Handb. d. griech. Laut- u. Formenlehre. Einführg in d. sprachwissenschaftl. Studium d. Griechischen. 2. Afl (16, 652) '12 [2] 8 —; geb. n 9 —

Moulton, JH: Einleitg in d. Sprache d. Neuen Test. (20, 416) '11 [9] 7.20; L n 8 —

Bibliothek, Die, des kärnt. Industrie- u. Gewerbevereines. Klgft., Leon, (ca. 1890). 15 S.

— des kgl. preussischen historischen Instituts in Rom. 1. u. 2. Bd. Lex.-8. Rom, Loescher & Co. n. 12. —

1. Die Kaiserinnengräber in Andria. Ein Beitrag zur apul. Kunstgeschichte unter Friedrich II. Von Arth. Haseloff. Mit 9 Taf. u. 25 Textabbildgn. (VIII, 61 S.) 905. n. 4. 50

2. Forschungen zu Luthers römischem Prozess. Von Paul Kalkoff. (XXII, 212 S.) 905. n. 7. 50

— des kgl. preuss. historischen Instituts in Rom. 3—5. Bd. Lex. 8. Rom, Loescher & Co. 25. 50

Cardauns, Ludw., zur Geschichte der kirchl. Unions- u. Reformbestrebungen von 1538—1542. (XIII, 312 S.) 910. (Bd. 5) 10. 50

Göller, Emil, die päpstliche Pönitentiarie von ihrem Ursprung bis zu ihrer Umgestaltung unter Pius V. 1. Bd. Die päpstl. Pönitentiarie bis Eugen IV. 2 Tle. (XIV, 278 u. V, 189 S.) 907. (Bd. 3. 4) 15. —

Bd. 1 u. 2. Ebd. 905. 12.—

— d. kgl. preuss. historischen Instit. in Rom. 5—9. Bd. Lex. 8° Rom, Loescher & Co. (1—9: 76.50)
Cardauns, Ludw.: Zur Gesch. d. kirchl. Unions- u. Reformbestrebgn v. 1538—42. (13. 312) '10 [5] 10.50
Göller, Emil: Die päpstl. Pönitentiarie v. ihrem Ursprung bis zu ihrer Umgestaltg unter Pius V. 2. (Schluss-)Bd. Die päpstl. Pönitentiarie v. Eugen IV. bis Pius V. 2 Tle. Darstellg u. Quellen. (11, 216 u. 7, 210) '11 [7.8] (je) 15 —
Meyer, Arnold Osk.: Engld u. d. kathol. Kirche unter Elisabeth u. d. Stuarts. 1. Bd: Engld u. d. kathol. Kirche unter Elisabeth. (27, 489) '11 [6] 15 —
Streitschriften, Unbekannte kirchenpolit., a. d. Zeit Ludwigs d. Bayern (1327—54). Analysen u. Texte, bearb. v. Rich. Scholz. 1. Tl: Analysen. (12, 256) '11 [9] 9 —
— Histor.-polit. Jetzt: Lpzg, F Meiner. 66,80

— interessante. (Sammlung spann. Romane u. Novellen f. Reise u. Haus.) Nr. 1—22. kl. 8. Leipzig, O. Zöphel. à Nr. n. — 20

Inhalt:

Blankensee, Theo v. (M. Blank), das wandernde Bild. — Kain. 2 Kriminalerzählungen. (94 S.) (905.) (Nr. 5.)
— die rote Hand der Mafia. Kriminalroman. (78 S.) (906.) (Nr. 20)
— späte Rache. Kriminal-Roman. (95 S) (905.) (Nr. 2.)
— die Sonne bringt es an den Tag. Kriminalroman in 2 Bdn. (80 u. 75 S.) (906.) (Nr. 16. 17.)
— verschlungene Schicksale. Kriminalroman. (94 S.) (905.) (Nr. 9.)
— auf Wegen der Liebe u. Rache. Kriminalroman in 2 Bdn. aus den Schreckenstagen der russ. Revolution der Gegenwart. (78 u. 79 S.) (906.) (Nr. 11. 12.)
Eiben, E., Hypnotisiert. Kriminalroman. (110 S.) (905.) (Nr. 1.)
Isolani, Eug., ein Muttermord? Kriminalgeschichte. (76 S.) (905.) (Nr. 8.)
Kalsenberg, M. v., die Folgen e. Leidenschaft. Kriminalroman. (80 S.) (906.) (Nr. 22.)
Krause, Cäsar, ein verfehltes Leben. Kriminalroman. (80 S.) (906.) (Nr. 15.)
Ladenburg, Max, um e. Frauenehre. Kriminal-Roman. (79 S.) (906.) (Nr. 13.)
Oehlmann, Carl, im Banne der Schuld. Kriminalroman in 2 Bdn. (191 S.) (905.) (Nr. 6. 7.)
Possony, A. O. v., der Fluch der Schönheit. Kriminal- u. Liebes-Roman. (79 S.) (906.) (Nr. 14.)
Rotenstein, Herb. v., das Verhängnis auf Schloß Lindenberg. Kriminal-Roman. (83 S.) (906.) (Nr. 18.)
Salvator, Ewald, ein Strich durch die Rechnung. Kriminal-Roman. (72 S) (906.) (Nr. 19.)
Sassen, Alfr., die Beichte der ersten Liebhaberin. Kriminalroman. (96 S.) (905.) (Nr. 4.)
Strahl, Vict., im Liebeswahn. Roman. (94 S.) (905.) (Nr. 3.)
Tiaden, Heinr., im Club der Glücksucher. Kriminalroman. (77 S.) (906.) (Nr. 21.)
Walter, Marie, der Brandstifter. Kriminalroman. (96 S.) (905.) (Nr. 10.)

— interessante. (Sammlung spann. Romane u. Novellen f. Reise u. Haus.) Nr. 23—60. kl. 8. Leipzig, O. Zöphel. à Nr. — 20

Alisat, Carlo, 1000 Mk. Belohnung. Kriminalroman. (78 S.) (910). (Nr. 60)
Ambrus, Zoltan, der Verdacht. Kriminalroman. Übers. aus dem Ung. v. E. Blumgrund. (77 S.) (907.) (Nr. 23)
Bernard, Eug., wer war's? Kriminalroman aus der Gegenwart. (77 S.) (907.) (Nr. 30)
Bernard, Jean, aus Liebe. Kriminalroman. (76 S.) (907). (Nr. 37)
Blankensee, Theo v., gekreuzte Fährten. Kriminal-Roman. (79 S.) 907.) (Nr. 32)
— Das Geheimnis der Mutter. Roman aus dem Leben. (79 S.) (907). (Nr. 27)
— Das Geheimnis des Schwarzbart. Kriminalroman. (78 S.) (908). (Nr. 47)
— Zerstörtes Glück. Kriminalroman. (79 S.) (909.) (Nr. 52)
— Der Zauber v. Monte Carlo. Roman. (76 S.) (907). (Nr. 40)
Bliß, Paul, Frauenliebe. Novellen. (76 S.) (907). (Nr. 34)
Breyer, Alb., gefahrvolles Schweigen. Kriminalroman. (63 S.) (908). (Nr. 46)
— Das große Los. Kriminalerzählung. (78 S.) (907.) (Nr. 35)
Burg, Anna, des Lorbeers Hüterin. Novelle. (79 S.) (907). (Nr. 25.)
Eggert, Emil, verlorenes Spiel. Kriminalroman. (75 S.) (908). (Nr. 45)
Gebhardt, F., allein in der Welt. Roman. (78 S.) (910). (Nr. 59)
Halster, G. v., im Banne der Leidenschaft. Ein Künstlerroman. (72 S.) 907). (Nr. 36)
Ladenburg, Max, eine verhängnisvolle Brautwerbung. Kriminalroman. (73 S.) (90-). (Nr. 44)
— Schatten der Vergangenheit. (70 S.) (910). (Nr. 57)
— Das Testament des Frauenhassers. Roman. (80 S.) (907). (Nr. 29)
Lothringer, Frz., die Büßerin. Kriminalerzählung. (79 S.) (908.) (Nr. 42)
Lutz, Siegfr. v., der Blitz-Trust. Ein Zukunftsroman. (80 S.) (907). (Nr. 31)
— Das Teufelsweib. In der Todeskammer. 2 Kriminal-Erzählgn. (77 S.) (907). (Nr. 26)
Märker, Hugo, das Geheimnis des Toten. Kriminalroman. (78 S.) (909). (Nr. 51)
Reutter, Fritz, ein wertloses Dasein. Kriminalerzählung. (79 S.) (909). (Nr. 54)
Rex, Roland, der Giftmischer. Kriminalroman. (68 S.) (907). (Nr. 39)
Robinson, F. W., zu spät! Ein Roman aus dem Leben. Uebers v. Bertha Katscher. (79 S.) (910). (Nr. 56)
Tiaden, Heinr., auf nächtlichen Pfaden. Kriminalroman. (80 S.) (909). (Nr. 55)
— Frauenlist. Kriminalerzählung. (76 S.) (907). (Nr. 28)
— Das rote Gespenst. Kriminalroman. (80 S.) (907). (Nr. 38)
Tilde, Wilh., falsch verbunden! Kriminalerzählung. (80 S.) (908). (Nr. 48)
Tilde, Wilh., Im Schatten des Verdachts. Roman. (78 S.) (907). (Nr. 33)
Schloßhenner, A., das einsame Haus. Kriminalerzählung. (79 S.) (908). (Nr. 41)
Sims, George R., spurlos verschwunden. Kriminalerzählung. Aus dem Engl. übers. v. J. Cassierer. (78 S.) (909). Nr. 53)
Walter, Marie, gelöste Fesseln. Kriminalroman. (78 S.) (908). (Nr. 50)
— Ein Rätsel. Kriminalroman. (76 S.) (907). (Nr. 24)
— Wenn Frauen lieben. Kriminalerzählung. (74 S.) (908). (Nr. 43)
Wendt, K., schwarze Spuren. Kriminalroman. (78 S.) (910). (Nr. 58)
Wilken, A., im Schweigen des Waldes. Kriminalroman. (80 S.) (908). (Nr. 49)

— Interessante. (Sammlg spann. Romane u. Novellen f. Reise u. Haus.) Nr 56—65. kl8° Lpzg, O Zöphel. je — 20 d
Alisat, Carlo: 1000 Mk Belohng. Kriminalroman. (78) ('10) [60]
Felden, K: Feurige Gluten. Kriminal-Roman. (78) ('11) [62]
Gebhardt, F: Allein in d. Welt. Roman. (78) ('10) [59]
Helmar, Käthe: Künstlerehen. Roman. (78) ('11) [65]
Kühns, Curt: Im Strome d. Lebens. Roman. (80) ('11) [64]
Ladenburg, Max: Schatten d. Vergangenh. (70) ('10) [57]
Ribi, Hugo: Das verschlossene Kabinett. Eine geheimnisvolle Geschichte. Übers. v. A Rudolph. (64) ('11) [63]
Robinson, FW: Zu spät! Roman a. d. Leben. Uebers. v. Bertha Katscher. (79) ('10) [56]
Wendt, K: Schwarze Spuren. Kriminalroman. (78) ('10) [58]
Wilcken (Umschl.: Wilken), A: Verlorene Existenzen. Roman. (80) ('11) [61]

Internationale Bibliothek: No. 1 April 1887 - No. 16 June 1890. Monthly. John Müller was its editor. New York, NY

Internationale Bibliothek: Nos. 1–17, April 1887 March 1894 This is a publisher's series, rather than a serial. New York, NY

— internationale. I. Serie. 28 Hfte. = 7 Bde. 8. Stuttgart 887. 888. Dietz. à Hft. n. — 50
1. Bd. (Hft. 1—3): Aveling, E., die Darwin'sche Theorie. (222 S. m. eingedr. Holzschn. u. 1 Portr.) geb. n. 2. —
2. Bd. (Hft. 4—6): Kautsky, K., Karl Marx's ökonomische Lehren. Gemeinverständlich dargestellt u. erläutert. (262 S.) geb. n. 2. —
3. Bd. (Hft. 7—10): Köhler, O., Weltschöpfung und Weltuntergang. Die Entwicklg. v. Himmel u. Erde, vom Standpunkt d. Naturwissenschaft aus dargestellt. (336 S. m. eingedr. Holzschn.) geb. n. 2. 50
4. Bd. (Hft. 11, 12): Die ländliche Arbeiterfrage. Nach dem Russischen d. Kablukow. 2. Aufl. (195 S.) geb. n. 2. —
5. Bd. (Hft. 13—16): Kautsky, K., Thomas More u. seine Utopie. (V, 343 S.) geb. n. 2. 50
6. Bd. (Hft. 17—20): Bebel, A., Charles Fourier. Sein Leben u. seine Theorien. (311 S. m. Bild u. 1 Taf.) geb. n. 2. 50
7. Bd. (Hft. 21—28): Schippel, M., das moderne Elend u. die moderne Uebervölkerung. Eine Erkenntniß unserer sozialen Entwicklg. (263 S.) geb. n. 2. —

— dasselbe. II. Serie. 2 Bde. 8. Ebd. 888. 889. 8. 40
1. Bd.: Blos, W., die französ. Revolution. Volksthümliche Darstellg. der Ereignisse u. Zustände in Frankreich von 1789 bis 1804. Mit vielen Porträts u. histor. Bildern. 20 Hfte. (VI, 632 S.) 4. —; geb. n. 5. 50
2. Bd.: Bommeli, R., die Geschichte der Erde. Mit vielen Illustrationen u. einigen Karten. 22 Hfte. (XVIII, 684 S.) 4. 40; geb. n. 5. 90

— internationale. II. Serie. 22 Hefte. Die Geschichte der Erde v. R. Bommeli. Mit Illustr. u. Karten. gr. 8. (XVIII, 684 S.) Stuttg. 889,90, Dietz. à Heft — 20; 4 40; geb. 5 90

— internationale. 1. Jahrg. 19 Nrn. 8. Stuttgart, J. H. W. Dietz Nachf. à — 20
1.—9. Der Glaube a. d. Menschheit. Naturwiss., psycholog. u. geschichtl. begr. v Rud. Peters. 1.—9. Hft. (280 S.) 896. 97.
10.—19. Städteverwaltg. u. Munizipal-Sozialismus in England. Von C Hugo. 10 Hfte. (XII, 300 S.) 897.

— dasselbe. II. Serie. 25 Hfte. gr. 8. Stuttgart 897. 98. J. H. W. Dietz Nachf. à — 20
Geschichte d. franz. Revolution v. 1848 u. d. zweiten Republik in volksthüml. Darstellg. von Louis Héritier. Hrsg. u. erweit. v. W. Eichhoff u. Ed. Bernstein. M. e. Nachtrag: V. zweiten Kaiserreich b. z. dritten Republik v. Ed. Bernstein. (XVI, 784 S. m. Abb.) Kplt.: n. 5—; geb. n. 6. 50

Bibliothek internationale. Bd. 13, 26 a—c u. 35—37. 8. Stuttgart, J. H. W. Dietz Nachf. Geb. in Leinw. n. 24. —
13. Das Erfurter Programm, in seinem grundsätzlichen Theil erläutert. Von Karl Kautsky. 6. Aufl. Nach der 5. Aufl. unverändert. (XX, 262 S.) 905. n. 2. —
26 a. Aus Leben u. Wissenschaft. Gesammelte Vorträge u. Aufsätze. Von A. Dodel. I. Serie. 1. Thl. Leben u. Tod. 3. Aufl. (VIII, 264 S. m. Abbildgn. u. Bildnis.) 904. n. 2. —
26 b. — dasselbe. 2. Thl. (Kleinere Aufsätze.) Bauer, Arbeiter, Wissenschafter. — Konrad Deubler, e. Bauern-Philosoph. — Vom Weib. — Ueber die ältere Naturverachtg. u. die neuere Natur-Betrachtg. 3. Aufl. (V, 264 S.) 904. n 2. —
26 c. — dasselbe. 3. Thl. Moses od. Darwin? 3. Aufl. (III, VIII, 166 S.) 904. n. 1. 50
35. Theorien üb. den Mehrwert. Von Karl Marx. Aus dem nachgelassenen Mskr. „Zur Kritik der polit. Ökonomie" hrsg. v. Karl Kautsky. I. Die Anfänge der Theorie vom Mehrwert bis Adam Smith. (XX, 430 S.) 905. n. 5. 50; geb. n. 6. —
36. — dasselbe. II. David Ricardo. 1. Tl. (XII, 344 S.) 905. n. 4. 50; geb. n. 5. —
37. — dasselbe. 2. Tl. (IV, 384 S.) 905. n. 5. —; geb. n. 5. 50

Bibliothek, internationale. Bd. 37a. 8. Stuttgart, J. H. W. Dietz Nachf. 7.50; geb. in Leinw. 8.—; in Halbfrz. 9. —
Theorien üb. den Mehrwert. Von Karl Marx. Aus dem nachgelassenen Mskr. „Zur Kritik der polit. Ökonomie" hrsg. v. Karl Kautsky. 3. Bd. Von Ricardo zur Vulgärökonomie. (XIV, 602 S.) 910. 7.50; geb. in Leinw. 8.—; in Halbfrz. 9.— (Kpl.: 22.50; geb. 24.50, resp. 28. 50)

— internationale. Bd 37a u. 38. 8° Stuttg., JHW Dietz Nf. d
Kautsky, Karl: Ethik u. materialist. Geschichtsauffassg. Ein Versuch. 6. u. 7. Taus. (8, 144) '10 [38] L 1.50

— internationale, f. Pädagogik u. deren Hilfswissenschaften. In Verbindg. m. N. M. Butler, G. Compayré, N. Fornelli u. a., hrsg. v. Chr. Ufer. I.—IV. Bd. gr. 8. Altenburg, O. Bonde. n. 27. —; geb. n.n. 33. —
I. Die Entwicklung der Kindesseele. Von Gabr. Compayré. Von der französ. Akademie gekrönt. Mit Erlaubnis des Verf. nach der 2. Aufl. des Originals übers. u. m. ergänz. Anmerkgn. versehen v. Chr. Ufer. (VII, 460 S.) 900. n. 8. —; geb. n.n. 9. 50
II. Psychologie u. Pädagogik des Kinderspiels. Von G. A. Colozza. Mit e. Einleitg. v. N. Fornelli. Mit Erlaubnis des Verf. aus dem Ital. übers., sowie durch Zusätze u. Anmerkgn. ergänzt v. Chr. Ufer. (VIII, 272 S.) 900. n. 5. —; geb. n.n. 6. 50
III. Die anormalen Kinder u. ihre erziehliche Behandlung in Haus u. Schule. Von Jean Demoor. (IX, 292 S.) 901. n. 6. —; geb. n.n. 7. 50
IV. Ausgewählte Beiträge zur Kinderpsychologie u. Pädagogik. Von G. Stanley Hall. Mit Erlaubnis des Verf. aus dem Engl. übers., m. e. Einleitg. versehen, sowie durch Anmerkgn. u. Zusätze ergänzt v. Jos. Stimpfl. (VII, 451 S) 902. n. 8. —; geb. n.n. 9. 50

— internationale, f. Pädagogik u. deren Hilfswissenschaften. In Verbindg. m. N M. Butler, G. Compayré, N. Fornelli u a. hrsg. v. Chr Ufer. V. u. VI. Bd. gr. 8. Altenburg, O. Bonde. n. 16. —; geb. n.n. 19. 50
V. Psychologie der Gefühle. Von Th. Ribot. Aus dem Franz. übers. v. Chr. Ufer. (VIII, 548 S.) 903. n. 10. —; geb n. 12. —
VI. Erziehungsfragen Gesammelte Aufsätze. Von K. E. Palmgren. (IV, 25? S.) 904. n. 6. —; geb. n.n. 7. 50
Bd. I—IV. Ebd. 900—02. n. 27. —; geb. n.n. 33. —.

— internationale, f. Pädagogik u. deren Hilfswissensch. Hrsg. v. Chr. Ufer. NAfl 3. Bd. gr8° Altenbg, O Bonde.
Demoor, Jean: Die anormalen Kinder u. ihre erziehl. Behandlg in Haus u. Schule. 2. Afl. (11, 309) '12 [3] 6 —; geb. 7.50

Bibliothek internationale wissenschaftliche.
1. Bd.: Das Wasser in seinen Formen als Wolken und Flüsse, Eis und Gletscher. Von John Tyndall. Autoris. Ausg. 2. verb. Aufl. 8. (XXI, 228 S. mit 26 eingedr. Abbild. in Holzschn.) Leipzig 871, Brockhaus. * *M* 4.; geb. *

— internationale wissenschaftliche. (Hrsg. unter Mitwirkung von H. Marquardsen und Osc. Schmidt von I. Rosenthal.) 8. Leipzig, Brockhaus. * geb. *

Inhalt:

Bd. 1. Tyndall, John, das Wasser in seinen Formen als Wolken und Flüsse, Eis und Gletscher. (XV, 228 S. mit 26 Abbild. in eingedr. Holzschn.) 873. * *M* 4.; geb. * *M* 5.

1. Das Wasser in seinen Formen als Wolken u. Flüsse, Eis u. Gletscher. Von John Tyndall. Mit 26 (eingedr.) Abbildungen in Holzschn. Autoris. Ausg. 2. verb. Aufl. (XXI, 228 S.) n. 4. —; 877—82. geb. n. 5. —

2. Schmidt, Osc., Descendenzlehre und Darwinismus. 1. Aufl. 1873, und 2. verb. Aufl. (VIII, 308 S. mit 26 Abbild. in eingedr. Holzschn.) 875. * *M* 5.; geb. * *M* 6.
2. Schmidt, Osc., Descendenzlehre und Darwinismus. 3. verb. Aufl. (X, 308 S. mit 26. Abbild. in Holzschn.) 884. * *M* 5.; geb. * *M* 6.
3. Bain, Alex., Geist und Körper. Die Theorien über ihre gegenseitigen Beziehungen. (241 S. mit 4 Abbild. in eingedr. Holzschn.) 874. * *M* 4.; geb. * *M* 5.
3. Bain, Alex., Geist und Körper. Die Theorien über ihre gegenseitigen Beziehungen. Autoris. Ausg. 2. verb. Aufl. (III, 242 S. mit 4 eingedr. Abbild. in Holzschn.) 881. * *M* 4.; geb. * *M* 5.
4. Bagehot, Walter, der Ursprung der Nationen. Betrachtungen über den Einfluss der natürl. Zuchtwahl und der Vererbung auf die Bildung politischer Gemeinwesen. (VI, 255 S.) 874. * *M* 4.; geb. * *M* 5.
4. Bagehot, Walter, der Ursprung der Nationen. Betrachtungen über den Einfluss der natürlichen Zuchtwahl und der Vererbung auf die Bildung politischer Gemeinwesen. Autoris. Ausg. 2. verb. Aufl. (VIII, 255 S.) 883. * *M* 4.—; geb. in Leinw. * *M* 5.—.
5. Vogel, Herm., die chemischen Wirkungen des Lichtes und die Photographie in ihrer Anwendung in Kunst, Wissenschaft und Industrie. (VIII, 280 S. mit 94 Abbild. in eingedr. Holzschn. und 6 Taf. ausgeführt durch Lichtpausprocess, Reliefdruck, Lichtdruck, Heliographie u. Photolithographie.) 874. * *M* 6.; geb. * *M* 7.
5. Vogel, Herm., die chemischen Wirkungen des Lichts und die Photographie in ihrer Anwendung in Kunst, Wissenschaft und Industrie. 2. Aufl., verm. durch einen Nachtrag über die neuesten Fortschritte der Photographie. (VIII, 302 S. mit 100 Abbild. in Holzschn. und 6 Taf., ausgeführt durch Lichtpausprocess, Reliefdr., Lichtdr., Heliogr. und Photolithogr.) 884. * *M* 6.; geb. * *M* 7.
6. 7. Smith, Edw., die Nahrungsmittel. 2 Bde. 1. Bd.: Feste Nahrungsmittel aus dem Thier- und Pflanzenreiche. (XI, 272 S. mit 16 Abbild. in eingedr. Holzschn.) — 2. Bd.: Flüssige und gasige Nahrungsmittel. (VII, 232 S. mit 3 Abbild. in eingedr. Holzschn.) 874. à Bd. * *M* 4.; geb. *M* 5.
8. Lommel, Eug., das Wesen des Lichts. Gemeinfassliche Darstellung der physikalischen Optik in fünfundzwanzig Vorlesungen. (XIV, 330 S. mit 188 Abbild. in eingedr. Holzschn. und 1 farb. Spectraltaf.) 874. * *M* 6.; geb. * *M* 7.
9. Stewart, Balfour, die Erhaltung der Energie, das Grundgesetz der heutigen Naturlehre, gemeinfasslich dargestellt. (XII, 207 S. mit 14 Abbild. in eingedr. Holzschn.) 875. * *M* 4.; geb. * *M* 5.
9. Stewart, Balfour, die Erhaltung der Energie, das Grundgesetz der heutigen Naturlehre, gemeinfasslich dargestellt. Autoris. Ausg. 2. verb. Aufl. (XII, 210 S. mit 14 Abbild. in Holzsch.) 883. * *M* 4.—; geb. in Leinw. * *M* 5.—.
10. Pettigrew, J. Bell, die Ortsbewegung der Thiere. Nebst Bemerkungen über Luftschifffahrt. (X, 230 S. mit 131 Abbild. in eingedr. Holzschn.) 875. * *M* 4.; geb. * *M* 5.
11. Maudsley, Henry, die Zurechnungsfähigkeit der Geisteskranken. Autoris. Ausg. (XI, 304 S.) 875. * *M* 5.; geb. * *M* 6.
12. Bernstein, Jul., die fünf Sinne des Menschen. (XII, 265 S. mit 91 eingedr. Abbild. in Holzschn.) 875. * *M* 5.; geb. * *M* 6.
12. Die fünf Sinne d. Menschen. Von J. Bernstein. Mit 93 Holzschn. 2., verb. Aufl. (XII, 285 S.) 880. n. 5. —; geb. n. 6. —
13. Draper, John Will., Geschichte der Conflicte zwischen Religion und Wissenschaft. Autoris. Ausg. (XXIV, 333 S.) 875. * *M* 6.; geb. * *M* 7.
14. 15. Spencer, Herbert, Einleitung in das Studium der Sociologie. Nach der 2. Aufl. des Originals hrsg. von Heinr. Marquardsen. Autoris. Ausg. 2 Thle. (VI, 264; 272 S.) 875. * *M* 8.; geb. * *M* 10.
14. 15. Einleitg. i. d. Studium d. Sociologie. Von Herb. Spencer. Hrsg. v. Heinr. v. Marquardsen. 2., durch e. Nachtrag verm. Aufl. 2 Thle. Autor. Ausg. (VIII, 264 u. V, 297 S.) 896. n. 6. —; in 1 Bd. geb. n.n. 7. —
16. Cooke, Josiah P., die Chemie der Gegenwart. Autoris. Ausg. (VII, 334 S. mit 31 eingedr. Abbild. in Holzschn.) 875. * *M* 5.; geb. * *M* 6.
17. Fuchs, Karl, Vulkane und Erdbeben. (XII, 344 S. mit 36 eingedr. Abbild. in Holzschn. und 1 chromolithogr. Karte in qu. Fol.) 875. * *M* 6.; geb. * *M* 7.
18. Beneden, P. J. van, die Schmarotzer des Thierreichs. Autoris. Ausg. (274 S. mit 83 eingedr. Abbild. in Holzschn.) 876. * *M* 5.; geb. * *M* 6.
19. Peters, Karl Ferd., die Donau und ihr Gebiet. Eine geolog. Skizze. (VIII, 375 S. mit 71 eingedr. Abbild. in Holzschn.) 876. * *M* 6.; geb. * *M* 7.
20. Whitney, Will. Dwight, Leben und Wachsthum der Sprache. Uebersetzt von Aug. Leskien. Autoris. Ausg. (XV, 350 S.) 876. * *M* 5.; geb. * *M* 6.
21. Jevons, W. Stanley, Geld und Geldverkehr. Autoris. Ausg. (XVI, 359 S.) 876. * *M* 5.; geb. * *M* 6.
22. Dumont, Léon, Vergnügen und Schmerz. Zur Lehre von den Gefühlen. Autoris. Ausg. (VIII, 320 S.) 876. * *M* 5.; geb. *M* 6.

23. Schützenberger, P., die Gährungserscheinungen. Autoris. Ausg. (VIII, 302 S. mit 28 eingedr. Abbild. in Holzschn.) 876. *ℳ 5.; geb. *ℳ 6.

24. Blaserna, Pietro, die Theorie des Schalls in Beziehung zur Musik. Zehn Vorlesungen. Autoris. Ausg. (IX, 236 S. mit 36 eingedr. Abbild. in Holzschn.) 876. *ℳ 4.; geb. *ℳ 5.

25. Berthelot, M., die chemische Synthese. Autoris. Ausg. (XIX, 306 S.) 877. *ℳ 5.; geb. *ℳ 6.

26. Luys, J., das Gehirn, sein Bau und seine Verrichtungen. Autoris. Ausg. (XVI, 299 S. mit 6 eingedr. Abbild. in Holzschn.) 877. *ℳ 5.; geb. *ℳ 6.

27. Rosenthal, J., allgemeine Physiologie der Muskeln und Nerven, (XV, 316 S. mit 75 eingedr. Abbild. in Holzschn.) 877. *ℳ 5.; geb. *ℳ 6.

27. Allgemeine Physiologie der Muskeln u. Nerven. Von J. Rosenthal. 2. umgearb. Aufl. Mit 94 Abbildgn. in Holzschn. (XV, 324 S.) 899. n. 5.—; geb. n.n. 6.—

28. Brücke, Ernst, Bruchstücke aus der Theorie der bildenden Künste. (XI, 226 S. mit 39 eingedr. Abbild. in Holzschn.) 877. *ℳ 4.; geb. *ℳ 5.

29. Meyer, Hugo, Grundzüge des Strafrechts nach der deutschen Gesetzgebung unter Berücksicht. ausländ. Rechte. (VIII, 292 S.) 877. *ℳ 5.; geb. *ℳ 6.

30. 31. Quatrefages, A. de, das Menschengeschlecht. 2 Thle. Autoris. Ausg. (X, 336; VI, 278 S.) 878. *ℳ 9.; geb. *ℳ 11.

32. 33. Böhmert, Vict., die Gewinnbetheiligung. Untersuchungen über Arbeitslohn und Unternehmergewinn. 2 Thle. (X, 345; X, 484 S.) 878. *ℳ 11.; geb. *ℳ 13.

34. Secchi, Angelo, die Sterne. Grundzüge der Astronomie der Fixsterne. (VI, 414 S. mit 78 eingedr. Abbild. in Holzschn. und 9 Taf. in Farbendr., Lithogr. und Stahlst.) 878. *ℳ 8.; geb. *ℳ 9.

35. Lockyer, J. Norman, Studien zur Spectralanalyse. Autoris. Ausg. (X, 231 S. mit 51 eingedr. Abbild. in Holzschn. und 8 Taf. in Photogr., Farbendr. und Holzschn.) 879. *ℳ 6.; geb. *ℳ 7.

36. Vignoli, Tito, über das Fundamentalgesetz der Intelligenz im Thierreiche. Versuch einer vergleichenden Psychologie. Autoris. Ausg. (VI, 237 S.) 879. *ℳ 4.; geb. *ℳ 5.

37. Wurtz, Ad., die atomistische Theorie. Autoris. Ausg. (VIII, 314 S. mit 1 lithogr. Taf.) 879. *ℳ 5.; geb. *ℳ 6.

38. Hartmann, Rob., die Völker Afrikas. (XXIII, 342 S. mit 94 eingedr. Abbild. in Holzschn.) 879. *ℳ 6.; geb. *ℳ 7.

39. 40. Semper, Karl, die natürlichen Existenzbedingungen der Thiere. 2 Thle. (X, 299; VIII, 296 S. mit 106 eingedr. Abbild. in Holzschn. und 2 lithogr. Karten.) 880. *ℳ 11.; geb. *ℳ 13.

41. Rood, Ogden N., die moderne Farbenlehre mit Hinweisung auf ihre Benutzungen in Malerei und Kunstgewerbe. Autoris. Ausg. (VIII, 350 S. mit 131 eingedr. Abbild. in Holzschn. und 1 Farbentaf.) 880. *ℳ 5.; geb. *ℳ 6.

42. Meyer, Geo. Herm. v., unsere Sprachwerkzeuge und ihre Verwendung zur Bildung der Sprachlaute. (X, 367 S. mit 47 eingedr. Abbild. in Holzschn.) 880. *ℳ 6.; geb. *ℳ 7.

43. 44. Thurston, Rob. H., die Dampfmaschine. Geschichte ihrer Entwickelung. Bearb. und mit Ergänzungen versehen von W. H. Uhland. 2 Thle. Autoris. Ausg. (XIV, 249; VIII, 347 S. mit 188 Abbild. in Holzschn.) 880. *ℳ 10.; in 1 Bd. geb. *ℳ 11.

45. Bain, Alex., Erziehung als Wissenschaft. Autoris. Ausg. (XX, 466 S.) 880. *ℳ 8.; geb. *ℳ 9.

46. Joly, N., der Mensch vor der Zeit der Metalle. (VIII, 450 S. mit 136 Abbild. in Holzschn.) 880. *ℳ 8.; geb. *ℳ 9.

47. Vignoli, Tito, Mythus und Wissenschaft. Eine Studie. Autoris. Ausg. (X, 317 S.) 880. *ℳ 5.; geb. *ℳ 6.

48. Huxley, T. H., der Krebs. Eine Einleitung in das Studium der Zoologie. Autoris. Ausg. (X, 313 S. mit 82 eingedr. Abbild. in Holzschn.) 881. *ℳ 5.; geb. *ℳ 6.

49. Fritz, Herm., das Polarlicht. (X, 348 S. mit 2 eingedr. Holzschn.-Abbild., 1 chromolithogr. Karte und 4 lithogr. Taf.) 881. *ℳ 6.; geb. *ℳ 7.

50. Morselli, Heinr., der Selbstmord. Ein Kapitel aus der Moralstatistik. Autoris. Ausg. (XVI, 338 S. mit 1 chromolithogr. Karte.) 881. *ℳ 6.; geb. *ℳ 7.

51. Fick, Adf., mechanische Arbeit und Wärmeentwickelung bei der Muskelthätigkeit. (XIII, 237 S. mit 33 eingedr. Abbild. in Holzschn.) 882. *ℳ 5.; geb. *ℳ 6.

52. 53. Bastian, H. Charlton, das Gehirn als Organ des Geistes. 2 Thle. Autoris. Ausg. (XIV, 344; VIII, 388 S. mit 184 eingedr. Abbild. in Holzschn.) 882. *ℳ 12.; geb. *ℳ 14.

54. Saporta, G. de, und A. F. Marion, die paläontologische Entwickelung des Pflanzenreichs. Die Kryptogamen. Autoris. Ausg. (XIV, 250 S. mit 85 eingedr. Abbild.) 882. *ℳ 5.; geb. *ℳ 6.

54. Die paläontologische Entwickelung d. Pflanzenreichs. Die Kryptogamen. Von G. de Saporta u. A. F. Marion. Mit 85 (eingedr.) Abbildgn. Autoris. Ausg. (XIV, 250 S.) 883. n. 5.—; geb. n. 6.—

55. Le Conte, Jos., die Lehre vom Sehen. Autoris. Ausg. (XII, 261 S. mit 131 eingedr. Abbild. in Holzschn.) 882. *ℳ 5.; geb. *ℳ 6.

55. Die Lehre vom Sehen. Von Jos. Le Conte. Mit 31 (eingedr.) Abbildgn, in Holzschn. Autoris. Ausg. (XII, 261 S.) 883. n. 5.—; geb. n. 6.—

56. Melde, Frz., Akustik. Fundamentalerscheinungen und Gesetze einfach tönender Körper. (VIII, 356 S. mit 87 eingedr. Abbild. in Holzschn.) 882. *ℳ 7.; geb. *ℳ 8.

56. Akustik. Fundamentalerscheinungen u. Gesetze einfach tönender Körper. Dargestellt v. Frz. Melde. Mit 87 (eingedr.) Abbildgn. in Holzschn. (VIII, 356 S.) 883. n. 7.—; geb. n. 8.—

57. Lubbock, Sir John, Ameisen, Bienen und Wespen. Beobachtungen über die Lebensweise der gesell. Hymenopteren. Autoris. Ausg. (XVII, 381 S. mit 31 eingedr. Abbild. und 5 lithogr. und color. Taf.) 882. *ℳ 8.; geb. *ℳ 9.

57. Ameisen, Bienen u. Wespen. Beobachtungen üb. die Lebensweise der gesell. Hymenopteren. Von Sir John Lubbock, Bart. Mit 31 (eingedr.) Abbildgn. u. 5 lith. (u. color.) Taf. Autoris. Ausg. (XVII, 381 S.) 883. n. 8.—; geb. n. 9.—

58. Young, C. A., die Sonne. Autoris. Ausg. (VIII, 318 S. mit 82 eingedr. Holzschn.-Abbild. und 2 Lichtdr.-Taf.) 883. *ℳ 6.; geb. *ℳ 7.

59. Mach, Ernst, die Mechanik, in ihrer Entwickelung historisch-kritisch dargestellt. (X, 483 S. mit 250 eingedr. Abbild.) 883. *ℳ 8.; geb. *ℳ 9.

59. Die Mechanik, in ihrer Entwickelung historisch kritisch dargestellt v. E. Mach. Mit 250 Abbildgn. 2., verb. Aufl. (X, 492 S.) 888. n. 8.—; geb. n. 9.—

59. D. Mechanik i. ihrer Entwickelg. histor. kritisch dargest. von Ernst Mach. 3., verb. u. verm. Aufl. (XII, 505 S. m. 250 Abb.) 897. n. 8.—; geb. n.n. 9.—

59. Die Mechanik in ihrer Entwickelung historisch-kritisch dargestellt. Von Ernst Mach. Mit 257 Abbildgn. 4. verb. u. verm. Aufl. (XVI, 550 S.) 901. n. 8.—; geb. n.n. 9.—

60. Hartmann, Rob., die menschenähnlichen Affen und ihre Organisation im Vergleich zur menschlichen. (X, 303 S. mit 63 eingedr. Abbild. in Holzschn.) 883. *ℳ 6.; geb. *ℳ 7.

61. Scott, Rob. H., elementare Meteorologie. Uebers. von W. v. Freeden. Autoris. Ausg. (XVII, 392 S. mit 63 Abbild. und 11 Taf.) 884. *ℳ 6.; geb. *ℳ 7.

62. Sully, James, die Illusionen. Eine psycholog. Untersuchung. Autoris. Ausg. (XII, 344 S. mit 7 Abbild. in Holzschn.) 884. *ℳ 6.; geb. *ℳ 7.

63. Huxley, T. H., Physiographie. Eine Einleitung in das Studium der Natur. Für deutsche Leser frei bearb. von Herm. Jordan. Autoris. Ausg. (XX, 521 S. mit 182 Abbild. und 8 Karten und Taf.) 884. *ℳ 9.; geb. *ℳ 10.

64. De Candolle, Alphonse, der Ursprung der Culturpflanzen. Uebers. von Edm. Goetze. Autoris. Ausg. (X, 590 S.) 884. *ℳ 9.; geb. *ℳ 10.

65. Die Säugethiere in ihrem Verhältniss zur Vorwelt. Von Osc. Schmidt. Mit 51 Abbildgn. (XII, 280 S.) 883. n. 5.—; geb. n. 6.—

65. Schmidt, Osc., die Säugethiere in ihrem Verhältniss zur Vorwelt. (XII, 280 S. mit 51 Abbild.) 884. *ℳ 5.; geb. *ℳ 6.

66. Die primitive Familie in ihrer Entstehung u. Entwickelung, dargestellt v. C. N. Starcke. (XIII, 341 S.) 888. n. 5.—; geb. n. 6.—

67. Die Sinne u. das geistige Leben der Thiere, insbesondere der Insekten. Von J. Lubbock. Übers. v. W. Marshall. Mit 118 Abbildgn. in Holzschn. Autoris. Ausg. (XVIII, 296 S.) 889. n. 6.—; geb. n. 7.—

68. Die wichtigsten periodischen Erscheinungen der Meteorologie u. Kosmologie. Von H. Fritz. (XI, 428 S. m. 10 Abbildgn. u. 1 Taf.) 889. n. 7.—; geb. n. 8.—

— internationale wissenschaftliche. 59. Bd. 8. Leipzig 904. F. A. Brockhaus. n. 8.—; geb. n.n. 9.—
Die Mechanik in ihrer Entwickelung historisch-kritisch dargestellt. Von Ernst Mach. Mit 257 Abbildgn. 5. verb. u. verm. Aufl. (XVI, 561 S.)

Alphabetische Übersicht:

Bagehot, W, d. Ursprung d. Nationen. Betrachtgn üb. d. Einfluss d. natürl. Zuchtwahl u. d. Vererbg auf d. Bildg polit. Gemeindewesens. (255) 74. n. 4.—; geb. n. 5.—

Bain, A, Erziehg als Wissenschaft. (466) 80. [Bd. 45.] n. 8.—; geb. n. 9.—

Bain, A, Geist u. Körper. Die Theorien üb. ihre gegenseit. Beziehgn. (241 m. H.) 74. n. 4.—; geb. n. 5.—

— Geist u. Körper. Die Theorien üb. ihre gegenseit. Beziehgn. 2. Afl. (249) 81. [Bd. 8.] n. 4.—; geb. n. 5.—

Bastian, HC, d. Gehirn als Organ d. Geistes. 2 Thle. (732 m. H.) 82. [Bd. 52. 53.] n. 12.—; geb. n. 14.—

Beneden, PI van, d. Schmarotzer d. Thierreichs. (274 m. H.) 76 [Bd. 18.] n. 5.—; geb. n. 6.—

Bernstein, J, d. fünf Sinne d. Menschen. (285 m. H.) 75. n. 5.—; geb. n. 6.—

Bernstein, J, d. fünf Sinne d. Menschen. 2. Afl. (225 m. H.) 89. n. 5.—; geb. n. 6.—

Berthelot, M, d. chem. Synthese. (396) 77. [Bd. 25.] n. 5.—; geb. n. 6.—

Blaserna, P, d. Theorie d. Schalls in Beziehg z. Musik. (236 m. H.) 76. [Bd. 24.] n. 4.—; geb. n. 5.—

Böhmert, V, d. Gewinnbetheiligg. Untersuchgn üb. Arbeitslohn u. Unternehmergewinn. 2 Thle. (829) 78. [Bd. 32. 33.] n. 11.—; geb. n.n. 13.—

Brücke, E, Bruchstücke a. d. Theorie d. bild. Künste. (226 m. H.) 77. [Bd. 28.] n. 4.—; geb. n. 5.—

Candolle, H de, d. Ursprung d. Culturpflanzen. Uebers. v. E Goese. (590) 84. [Bd. 64.] n. 9.—; geb. n. 10.—

Le Conte, J, d. Lehre v. Sehen. (261 m. H.) 83. [Bd. 55.] n. 5.—; geb. n. 6.—

Cooke, JP, d. Chemie d. Gegenwart. (334 m. H.) 75. n. 5.—; geb. n. 6.—

Draper, JW, Geschichte d. Conflicte zw. Religion u. Wissenschaft. (383) 75. n. 6.—; geb. n. 7.—

Dumont, L, Vergnügen u. Schmerz. Zur Lehre v. d. Gefühlen. (320) 76. [Bd. 22.] n. 5.—; geb. n. 6.—

Fick, A, mechan. Arbeit u. Wärmeentwickelg bei d. Muskelthätigkeit. (237 m. H.) 82. [Bd. 51.] n. 5.—; geb. n. 6.—

Fritz, H, d. wichtigsten period. Erscheingn d. Meteorologie u. Kosmologie. (428 m. Abbildgn u. 1 Taf.) 89. n. 7. —; geb. n. 8. —

Fritz, H, d. Polarlicht. (348 m. H. u. 1 Karte) 81. [Bd. 49.] n. 6. —; geb. n. 7. —

Fuchs, K, Vulkane u. Erdbeben. (344 m. H.) 75. n. 6. —; geb. n. 7. —

Hartmann, R, d. menschenähnl. Affen u. ihre Organisation im Vergleich zur menschl. (308 m. H.) 83. [Bd. 60.] n. 6. —; geb. n. 7. —

Hartmann, R, d. Völker Afrikas. (342 m. H.) 79. [Bd. 38.] n. 6. —; geb. n. 7. —

Huxley, TH, d. Krebs. Eine Einleitg in d. Studium d. Zoologie. (313 m. H.) 81. [Bd. 48.] n. 5. —; geb. n. 6. —

— Physiographie. Eine Einleitg in d. Studium d. Natur. Deutsch v. H Jordan. (521 m. H. u. 8 Kart.) 84. [Bd. 63.] n. 9. —; geb. n. 10. —

Jevons, WS, Geld u. Geldverkehr. (359) 76. [Bd. 21.] n. 5. —; geb. n. 6. —

Joly, N, d. Mensch vor d. Zeit d. Metalle. (450 m. H.) 80. [Bd. 46.] n. 8. —; geb. n. 9. —

Lockyer, JN, Studien z. Spectralanalyse. (281 m. H., Photogr. u. Chromol.) (281) 79. [Bd. 35.] n. 6. —; geb. n. 7. —

Lommel, E, d. Wesen d. Lichts. (329 m. H.) 75. n. 6. —; geb. n. 7. —

Lubbock, Sir J, Ameisen, Bienen u. Wespen. Beobachtgn üb. d. Lebensweise d. gesell. Hymenopteren. (381 m. H. u. col. L.) 83. [Bd. 57.] n. 8. —; geb. n. 9. —

Lubbock, J, d. Sinne u. d. geist. Leben d. Thiere, insbesond. d. Insekten. Übers. v. W Marshall. (296 m. H.) 89. n. 6. —; geb. n. 7. —

Luys, J, d. Gehirn, s. Bau u. s. Verrichtgn. (290 m. H.) 77. [Bd. 26.] n. 5. —; geb. n. 6. —

Mach, E, d. Mechanik, in ihrer Entwickelg histor.-krit. dargestellt. (483 m. H.) 83. [Bd. 59.] n. 8. —; geb. n. 9. —

Mach, E, d. Mechanik, in ihrer Entwickelg histor. dargestellt. 2. Afl. (492 m. H.) 88. n. 8. —; geb. n. 9. —

Mach, E: Die Mechanik in ihrer Entwickelg historisch-kritisch dargestellt. 3. Afl. (505 m. Abb.) 97. [59.] 8 —; geb. nn 9 —

Mach, E: Die Mechanik in ihrer Entwickelg historisch-kritisch dargest. 4. Afl. (550 m. Abb.) '01. [59.] ‖ 5. Afl. (561) '04. Je 8 —; geb. je nn 9 —

Marion, AF, d. paläontolog. Entwickelg d. Pflanzenreichs, s.: Saporta, G de.

Maudsley, H, d. Zurechnungsfähigkeit d. Geisteskranken. (304) 75. n. 5. —; geb. n. 6. —

Melde, F, Akustik. Fundamentalerscheingn u. Gesetze einfach tönender Körper. (356 m. H.) 83. [Bd. 56.] n. 7. —; geb. n. 8. —

Meyer, GH v., uns. Sprachwerkzeuge u. ihre Verwendg z. Bildg d. Sprachlaute. (367 m. H.) 80. [Bd. 42.] n. 6. —; geb. n. 7. —

Meyer, H, Grundzüge d. Strafrechts nach d. deut. Gesetzgebg unter Berücksicht. ausländ. Rechte. (202) 77. [Bd. 29.] n. 5. —; geb. n. 6. —

Morselli, H, d. Selbstmord. Ein Kapitel a. d. Moralstatistik. (338 m. 1 Karte) 81. [Bd. 50.] n. 6. —; geb. n. 7. —

Peters, KF, d. Donau u. ihr Gebiet. Eine geol. Skizze. (375 m. H.) 76. [Bd. 19.] n. 6. —; geb. n. 7. —

Pettigrew, JB, d. Ortsbewegg d. Thiere. Nebst Bemerkgn üb. Luftschiffahrt. (290 m. H.) 75. n. 4. —; geb. n. 5. —

Quatrefages, A de, d. Menschengeschlecht. 2 Thle. (614) 78. [Bd. 30. 31.] n. 9. —; geb. n.n. 11. —

Rood, ON, d. mod. Farbenlehre m. Hinweisg auf ihre Benutzgn in Malerei u. Kunstgewerbe. (350 m. H.) 80. [Bd. 41.] n. 5. —; geb. n. 6. —

Rosenthal, J, allg. Physiologie d. Muskeln u. Nerven. (316 m. H.) 77. [Bd. 27.] 5. —; geb. n. 6. —

Rosenthal, J: Allg. Physiol. d. Muskeln u. Nerven. 2. Afl. (324 m. H.) 99. [27.] 5 —; geb. nn 6 —

Saporta, G de, u. AF Marion, d. paläontolog. Entwickelg d. Pflanzenreichs. Die Krytogamen. (250 m. H.) 83. [Bd. 54.] n. 5. —; geb. n. 6. —

Schmidt, O, Descendenzlehre u. Darwinismus. 2. Afl. (308) 74. n. 5. —; geb. n. 6. —

Schmidt, O, Descendenzlehre u. Darwinismus. 3. Afl. (308 m. H.) 84. [Bd. 2.] n. 5. —; geb. n. 6. —

— d. Säugethiere in ihrem Verhältniss z. Vorwelt. (280 m. H.) 84. [Bd. 65.] n. 5. —; geb. n. 6. —

Schützenberger, P, d. Gärungserscheingn. (302 m. H.) 76. [Bd. 23.] n. 5. —; geb. n. 6. —

Scott, RH, elementare Meteorologie. Uebers. v. W v. Freeden. (392 m. H.) 84. [Bd. 61.] n. 6. —; geb. n. 7. —

Secchi, A, d. Sonne. Grundzüge d. Astronomie d. Fixsterne. (444 m. 9 Taf. in Farbendr. etc.) 78. [Bd. 34.] n. 8. —; geb. n. 9. —

Semper, K, d. natürl. Existenzbedinggn d. Thiere. 2 Thle. (505 m. H. u. 2 Karten.) 80. [Bd. 39. 40.] n. 11. —; geb. n. 13. —

Smith, E, d. Nahrungsmittel. 2 Bde. (504 m. H.) 74. n. 8. —; geb. n. 10. —

Spencer, H, Einleitg in d. Studium d. Sociologie. Hrsg. v. H Marquardsen. 2 Thle. (536) 75. n. 8. —; geb. n. 10. —

Spencer H: Einl. in d. Studium d. Sociol. Hrsg. v. H v. Marquardsen. 2. Afl. 2 Thle. (264 u. 297) 96. [14.15.] 6 —; in 1 Bd. geb. nn 7 —

Starcke, CN, die primitive Familie in ihrer Entsteng u. Entwickelg. (341) 88. n. 5. —; geb. n. 6. —

Stewart, B, d. Erhaltg d. Energie, d. Grundgesetz d. heut. Naturlehre. (207 m. H.) 75. n. 4. —; geb. n. 5. —

Sully, J, d. Illusionen. Eine psycholog. Untersuchg. (340 m. H.) 84. [Bd. 62.] n. 6. —; geb. n. 7. —

Thurston, RH, d. Dampfmaschine. Geschichte ihrer Entwicklg. Bearb. v. WH Uhland. 2 Thle. (596 m. H.) 80. [Bd. 43. 44.] n. 10. —; in 1 Bd. geb. n. 11. —

Tyndall, J, d. Wasser in s. Formen als Wolken u. Flüsse, Eis u. Gletscher. (228 m. H.) 72. n. 4. —; geb. n. 5. —

Tyndall, J, d. Wasser in s. Formen als Wolken u. Flüsse, Eis u. Gletscher. 2. Afl. (288 m. H.) 78. [Bd. 1.] n. 4. —; geb. n. 5. —

Vignoli, T, üb. d. Fundamentalgesetz d. Intelligenz im Thierreich. Versuch e. vergleich. Physiologie. (237) 79. [Bd. 30.] n. 4. —; geb. n. 5. —

— Mythus u. Wissenschaft. (317) 80. [Bd. 47.] n. 5. —; geb. n. 6. —

Vogel, H, d. chem. Wirkgn d. Lichtes u. d. Photographie in ihrer Anwendg in Kunst, Wissenschaft u. Industrie. (280 m. H. u. L.) 74. n. 6. —; geb. n. 7. —

Vogel, H, d. chem. Wirkgn d. Lichts u. d. Photographie in ihrer Anwendg in Kunst, Wissenschaft u. Industrie. 2. Afl. (302 m. Illustr.) 84. [Bd. 5.] n. 6. —; geb. n. 7. —

Whitney, WD, Leben u. Wachsthum d. Sprache. Uebers. v. A Leskien. (350) 76. [Bd. 20.] n. 5. —; geb. n. 6. —

Wurtz, A, d. atomist. Theorie. (314 m. 1 L.) 79. [Bd. 37.] n. 5. —; geb. n. 6. —

Young, CA, d. Sonne. (318 m. H. u. 2 Lichtdr.) 83. [Bd. 58.] n. 6. —; geb. n. 7. —

— d. Journale. 1r, 2r Bd. (v. A. v. Kotzebue; die folg. Bde v. and. Verf.) 8. St. Petersb. 783.

— italienische, s.a. F. C. L. Sickler.

— Italienische, oder Sammlung etc. a. ital. Monathschr. 2 Thle. gr. 8. Lpz. Fritsch. 778—79.

— italienische, od. Samml. kleiner Abhandll. zur Naturgeschichte, Oekonomie etc. A. d. Ital. Monatsschr. (v. J. J. Volckmann). Mit Kpf. 2 Thle. gr. 8. Leipz. 778, 79. (Hahn). 2 Rthlr.

—— italienische. Hrsg. v. J. Ulrich. 1. u. 2. Bd. gr. 8. Lpz. Renger. * 6 80

1. Ältere Novellen. (XX, 158 S.) 889. * 2 80.
2. Ausgewählte Novellen Sacchetti's, Ser Giovanni's und Sercambi's. (XXVIII, 190 S.) 891. * 4 —.

— ital. - med. - chirurg. s.a. Kühn.

Italienische medicinisch-chirurgische **Bibliothek** oder Uebersetzungen und Auszüge aus den neuern Schriften italienischer Aerzte und Wundärzte. Hrsg. von C(arl) G(ottlob) Kühn u. C(arl) Weigel. Bd. 1-3. Leipzig: J. G. Müllerische Buchh. 1793 - 96. 8°

Bd. 1, St. 1. 2: 1793.
Bd. 2, St. 1. 2: 1794 - 96.
Bd. 3, St. 1. 2: 1796.

— jüdisch-humoristische. 1. u. 2. Bd. 8. Leipzig, M. W. Kaufmann. à n. 1. 50; Einbde. in Leinw. à n.n.n. — 60

1. Die Killeberger. Nach der Natur aufgenommen v. Onkel Siegfried. (278 u. VIII S.) (901.)
2. Gesammelte Humoresken u. Kulturbilder. Von Leon Wolff. (VII, 231 S. m. Bildnis.) (902.)

Der 1. Bd. erschien ohne Bandbezeichnung.

—— für die Jugend, s.a. Geschenk.

—— für die Jugend. 1.—3. Bdchn. 16. Berlin 867, Liebrecht. cart. à Bdchn. 7½ Ngr.

Inhalt:

Bdchn. 1. Gaulke, Ludw., Martin Klaus oder die erste Seereise eines Matrosen. Eine Erzählung für meine jungen Freunde. 2. Aufl. (76 S. mit 4 lithogr. Abbild. in Tondr.)

» 2. Koenemann, Dietr., Erzählungen für die Jugend. (104 S. mit 3 Stnt. in Tondr.)

» 3. Gaulke, Ludw., Märchenkranz für meine jungen Freunde. (94 S. mit 3 Stnt. in Tondr.)

—— für die Jugend. Nach pädagogischen Grundsätzen hrsg. von S. Heller (von der hohen Warte). 1.—6. Bdchn. 16. Wien, Hölder. à Bdchn. cart.

Inhalt:

Bdchn. 1. (Zweite Stufe, 1. Bdchn.) Das Rosenstöckchen. — Aus Mozart's Kindheit. — Barbara Uttmann, die Wohlthäterin des Erzgebirges. — Bauer und Dichter. — Die Windmühle. — Die Stecknadel. — Das Gänseblümchen. — Des Vaters Uhr. — Die Gründung Prags. — Messer und Gabel. — Der Garten in der Wüste. — Werth der Zeit. — Geschichte der Nähmaschine. — Vom Marschall Radetzky. — Die Memnonsäule. (96 S.) 875.

» 2. (Dritte Stufe, 1. Bdchn.) Im Himmel. — Der Blitzschlosser von Wittenberg. — Zu früh, zu spät. — Der König im Joche. — Das Mikroskop. — Eine Neujahrsnacht aus dem Leben der grossen Kaiserin. — Johannes Kepler. (91 S.) 875.

» 3. (Erste Stufe, 1. Bdchn.) Volksmärchen aus Niederösterreich. — Vom Tänzer im Walde. — Die bucklige Bohne. — Das hochmüthige Körnlein. — Ein munteres Vögelein. — Goldäunchen. — Eine Geschichte von den Kartoffeln. — Maria und der Stern. — Vom guten Kaiser Josef. — Der Bottichstein. (90 S.) 875.

» 4. (Vierte Stufe, 1. Bdchn.) Rafael Donner. (98 S.) 876.

» 5. (Dritte Stufe, 2. Bdchn.) Vater Laudon. — Was der See erzählt. — Das Lied von der Glocke. — Die Schillerbank. — Beim Pater Petrus. — Der Gefangene. (100 S.) 878.

» 6. (Vierte Stufe, 2. Bdchn.) Valentin. — Aus dem Leben eines Verirrten. (108 S.) 879.

—— für die Jugend. Nach pädagogischen Grundsätzen hrsg. von S. Heller [von der hohen Warte.] 1., 2., 7. und 8. Bdchn. 16. Wien, Hölder. à Bdchn. cart.

Inhalt:

Bdchn. 1. (Zweite Stufe, 1. Bdchn.) Das Rosenstöckchen. — Aus Mozart's Kindheit. — Barbara Uttmann, die Wohlthäterin des Erzgebirges. — Bauer und Dichter. — Die Windmühle. — Die Stecknadel. — Das Gänseblümchen. — Des Vaters Uhr. — Die Gründung Prags. — Messer und Gabel. — Der Garten in der Wüste. — Werth der Zeit. — Geschichte der Nähmaschine. — Vom Marschall Radetzky. — Die Memnonsäule. 2. Aufl. (99 S.) 879.

" 2. (Dritte Stufe, 1. Bdchn.) Im Himmel. — Der Blitzschlosser von Wittenberg. — Zu früh, zu spät. — Der König im Joche. — Das Mikroskop. — Eine Neujahrsnacht aus dem Leben der großen Kaiserin. — Johannes Keppler. 2. Aufl. (93 S.) 879.

" 7. (Dritte Stufe, 3. Bdchn.) Vaterländische Sagen: Der nächtliche Hirte. — Der versunkene Wald. — Witko der Kravar. (92 S.) 880.

" 8. (Dritte Stufe, 4. Bdchn.) Die Schildwache des Kaisers. — Mutterliebe. — Die Macht des Vertrauens. — Die weiße Rose. — Schad't nix. — Mozart's Schwanengesang. — Arm und Reich. — Das Rosenblatt. — Ein Held der Wissenschaft. (99 S. mit 4 Orig.-Illustr.) 884.

—— für die Jugend. Nach pädagog. Grundsätzen hrsg. von S. Heller. 3., 4. und 9. Bdchn. Mit je 4 Orig.-Illustr. 12. Wien, Hölder. cart. à Bdchn. 75 Pf.; geb. à *

Inhalt:

Bdchn. 3. (1. Stufe, 1. Bdchn.) Volksmärchen aus Niederösterreich. — Vom Tänzer im Walde. — Die bucklige Bohne. — Das hochmüthige Körnlein. — Ein munteres Vögelein. — Goldäunchen. — Eine Geschichte von den Kartoffeln. — Maria und der Stern. — Vom guten Kaiser Josef. — Der Bottichstein. 2. Aufl. (V, 88 S.) 885.

" 4. (4. Stufe, 1. Bdchn.) Rafael Donner. 2. Aufl. (100 S.) 886.

" 9. (3. Stufe, 5. Bdchn.) Vergelt's Gott! — Wie Liesl zu einem Geburtstag kam. — Aus Nacht zum Licht. (97 S.) 887.

— für die christliche Jugend in Haus u. Schule. Leipzig 857. Friedlein. br. gr. 16.

1. Bd. Das Vater Unser. In sieben christl. Erzählungen für die Jugend von C. A. Staudenmeyer. Mit 8 (lith. u.) color. Bildern. 2. (Titel-) Aufl. (VIII, 234 S.) 1 ₰

2. Bd. Die Werke der Barmherzigkeit. In sechs christl. Erzählungen für die Jugend von C. A. Staudenmeyer. Mit 6 (lith. u.) color. Bildern von Th. Rothbarth. (XV, 296 S.) 1 ₰ 15 ngl

Bibliothek für die erwachsene Jugend. s.a. Almanach f. d. erwachsene Jugend.

— für d. erwachsene Jugend, zur angenehmen Unterhaltung, enth. Gil-Blas. 1s Bdchen. (A. u. d. T.: Almanach f. d. erwachsene Jugend.) Mit 4 Kpf. 8. Berl. 801. Maurers B. 1 ₰ 8 ℊ

Bibliothek für die erwachsene Jugend zur angenehmen Unterhaltung und Belehrung. 1. Bdchen. Berlin 1802. H: *Kinderling, Johann Friedrich.* (KY) (MGT)

Alphabetische Übersicht:

—— für d. reifere christl. Jugend. 1–7. Bd. 8. Augsburg, Lampart u. Comp. à Bd. 20 Ngr.

A. u. d. Ttln.:

Bd. 1. Geschichte der Maria Stuart, Königin v. Schottland. A. d. Franz. des de Marlès. (19 B. u. 1 Stahlst.) 842.

" 2. Geschichte der Johanna von Arc. A. d. Franz. des J. J. E. Roy. (18¼ B. u. 1 Stahlst.) 843.

" 3. Die letzten Tage von Pompeji. A. d. Franz. des Lemercier v. Rob. della Torre. (18 B. u. 1 Stahlst.) 843.

" 4. Sephora d. jüdische Jungfrau, od. Rom u. Jerusalem. A. d. Franz. d. Lemercier von Rob. della Torre. (21 B. u. 1 Stahlst.) 844.

" 5. Marie od. der Engel auf der Erde. A. d. Franz. der Mlle Fanny de V... v. Robert della Torre. (16¼ B. u. 1 Stahlst.) 845.

" 6. Fenelon. Erzbischof v. Cambrai nach Cardinal Beausset. Aus d. Franz. v. Rob. della Torre. (17 B. u. 1 Stahlst.) 846.

" 7. Ernestine, od. der Reiz der Tugend. — Nelly, die junge Künstlerin. — Karoline u. Julchen, die beiden Waisen. 3 Erzählungen nach d. Franz. v. Rob. della Torre. (14¾ B. u. 1 Stahlst.) 846.

—— für die reifere christliche Jugend. 8–10. Bd. 8. [Regensburg, Manz.]

Auch unter den Titeln:

Bd. 8. Ferdinand Cortez oder die Eroberung von Mexiko. Nach dem Franz. des Henri Lebrun von Rob. della Torre. (X und 300 S. mit 1 Stahlst.) 847. 20 Ngr.

" 9. Geschichte der Kreuzzüge. Nach dem Franz. des F. Valentin von Rob. della Torre. (X und 304 S. mit 1 Stahlst.) 848. 20 Ngr.

" 10. Die Waise aus Moskau oder die jugendliche Erzieherin. Eine Erzählung aus den Zeiten des letzten französ. Krieges. Nach dem Franz. von Rob. della Torre. (VI und 242 S. mit 1 Stahlst.) 850. 15 Ngr.

1–7. Bd. jetzt Ebendas. 1842–46. 4 Thlr. 20 Ngr.

—— für die reifere christliche Jugend. 11–19. Bd. 8. Regensburg, Manz.

Auch unter den Titeln:

Bd. 11–14. Mislin, Jac., die heiligen Stätten. Pilgerreise nach Jerusalem durch Oesterreich, Ungarn, Slavonien, die Donaufürstenthümer, über Constantinopel rc. Aus dem Französ. 4 Thle. [1. (350 S. mit 1 Stahlst.) 2. (288 S.) 3. und 4. (670 S.) à Bd. 22½ Ngr.] 852. 3 Thlr.

" 15. Stewart, Agnes M., Welt und Kloster. Novelle. Nach dem Engl. bearb. von Emma Heinrich. (XVI und 168 S. mit 1 Stahlst.) 1853.

" 16. Ude, der Sohn der armen Wittwe. Eine Erzählung aus dem Leben Karl des Großen. Nach dem Französ. von Jos. Borscht. (235 S. mit 1 Stahlst.) 855. 18 Ngr.

" 17. Menard, Theoph., Ferreol, oder: Sieg der Religion über die Leidenschaft. Eine Geschichte aus der französ. Revolution. Aus dem Französ. übers. von einem Pfarrer aus der Diözese Trier. (256 S. mit 1 Stahlst.) 855. 19½ Ngr.

" 18. Anna, oder kindliche Liebe. Nach dem Französ. von Jos. Borscht. (280 S. mit 1 Stahlst.) 855. 19½ Ngr.

" 19. Die barmherzige Schwester. Eine amerikan. Erzählung. Nach dem Engl. von J. A. St. 2., verb. Aufl. (276 S. mit 1 Stahlst.) 855. 18 Ngr.

1–10. Bd. Ebendas. 1842–50. 6 Thlr. 15 Ngr.

— für die reifere christliche Jugend. Regensburg 853–58. Manz. 8.

2. Bd. Geschichte der Johanna von Arc, genannt die Jungfrau von Orleans. Für die reifere christliche Jugend aus dem Französ. des J. J. E. Roy. 2., sehr verm. u. verb. Aufl. Mit 1 Stahlst. (VIII, 264 S.) 20 ngl

4. Bd. Sephora, die jüdische Jungfrau. Oder: Rom und Jerusalem. Nach dem Französ. des Lemercier deutsch bearb. von Rob. della Torre. 2. verb. rc. Aufl. Mit 1 Stahlst. (344 S.) 20 ngl

5. Bd. Marie. Oder: Ein Engel auf Erden. Nach dem Französ. der Fanny de V. deutsch bearb. rc. von Rob. della Torre. 2. verb. Aufl. Mit 1 Stahlst. (252 S.) 20 ngl

—— dass. — 1–5. Bd. 2., verb. Aufl. à Bd. mit 1 Stahlst. 8. Ebds. [1. (312 S.) 852., 2. (VIII und 264 S.) 854., 3. (312 S.) 852., 4. (344 S.) 853., 5. (252 S.) 856. à Bd. 20 Ngr.

—— für die reifere christliche Jugend. 20–22. Bd. 8. Regensburg 857. 58. Manz.

Inhalt:

Bd. 20. Roubuys, H. J. A. van, der Waffenschmied und sein Sohn. Aus dem Holländ. übers. von F. R. (288 S. mit 1 Stahlst.) 19½ Ngr.

" 21. Gellier, Christoph Columbus, oder die Entdeckung von Amerika. Nach dem Französ. von Jos. Borscht. (348 S. mit 1 Stahlst.) 19½ Ngr.

" 22. Wechs, M., der Sohn des Republikaners. Eine Erzählung für die Jugend. (242 S. mit 1 Stahlst.) 18 Ngr.

1–19. Bd. Ebendas. 1842–55. 11 Thlr. 15 Ngr.

—— für die reifere christliche Jugend. 7.–9. Bd. 8. Regensburg, Manz. à Bd. 20 Ngr.

Inhalt:

Bd. 7. Della Torre, Rob., Ernestine, oder der Reiz der Tugend. — Nelly, die junge Künstlerin. — Karoline und Julchen, die beiden Waisen. 3 Erzählungen nach dem Französ. 2., sehr verb. Aufl. (264 S. mit 1 Stahlst.) 865.

" 8. —— Ferdinand Cortez oder die Eroberung von Mexico. Nach dem Französ. de Henri Lebrun deutsch bearb. für die reifere christl. Jugend. 2., verb., mit erläut. Anmerkungen verm. Aufl. (XII und 302 S. mit 1 Stahlst.) 867.

" 9. —— Geschichte der Kreuzzüge. Nach dem Französ. des F. Valentin deutsch bearb. (VIII und 325 S.) 867.

—— dass. — 23.–25. Bd. 8. Ebendas. 866. à Bd. 20 Ngr.

Inhalt:

Bd. 23. Fullerton, G., Rosa Leblanc. Aus dem Engl. von Carl Braun. 2. Aufl. (254 S. mit 1 Stahlst.)

" 24. Enttäuschter Ehrgeiz oder: Verheirathet und ledig. Von der Verf. von „Welt und Kloster" rc. Aus dem Engl. von Carl Braun. 2. Aufl. (275 S. mit 1 Stahlst.)

" 25. Fullerton, G., Laurentia. Eine Erzählung aus Japan. Aus dem Engl. von Fr. X. Hahn. 2. Aufl. (VIII und 279 S. mit 1 Stahlst.)

—— für die reifere christliche Jugend. 2., 10., 26.–36. Bd. 8. Regensburg, Manz.

Inhalt:

Bd. 2. Geschichte der Johanna v. Arc, genannt die Jungfrau von Orleans. 3., sehr verm. und verb. Aufl. (VIII, 264 S. mit 1 Stahlst.) 869. ℳ 2.

" 10. Die Waise aus Moskau oder die jugendliche Erzieherin. Eine Erzählung aus den Zeiten des letzten französ. Krieges. Nach dem Französ. von Robert della Torre. 2. Aufl. (244 S. mit 1 Stahlst.) 870. ℳ 1,50.

" 26. Schorn, Jac., der polnische Zuave. Eine Erzählung aus der Gegenwart für die reifere Jugend. (188 S. mit 1 Stahlst.) 870. ℳ 1,50.

" 27. Juliana, oder die wunderbaren Führungen der Vorsehung. Eine Erzählung für die Jugend. Aus dem Französ. (VI, 258 S. mit 4 Stahlst.) 870. ℳ 2.

• 28. Erven, Frz., Murad Bey oder: Er hat seinen Gott verleugnet. Dem kathol. Volke und der reiferen Jugend erzählt. (268 S. mit 1 Stahlst.) 870. M. 2.
• 29. Klitsche, A., das wunderbare Bild. Oder: Der Sieg. Eine Erzählung aus dem dreißigjähr. Kriege. Nach dem Italien. (255 S. mit 1 Stahlst.) 871. M. 2.
• 30. Wannenmacher, F. X., Bamba Zampa, oder Negerschicksale. Eine Erzählung für die christliche Jugend. (202 S. mit 1 Stahlst.) 870. M. 1,50.
• 31. Lehmann, M. die Rose von San Jago. Eine Erzählung aus dem span. Volksleben. (264 S. mit 1 Stahlst.) 870. M. 2.
• 32. Sadlier, J., Elinor Preston. Oder: Schilderungen aus der Heimath und der Fremde. Aus dem Engl. übertragen von Carl Braun. (312 S. mit 1 Stahlst.) 871. M. 2.
• 33. Georg Massinger, oder die schlimmen Folgen gemischter Ehen. Ein Familiengemälde. Aus dem Engl. übertragen von Carl Braun. (344 S. mit 1 Stahlst.) 871. M. 2.
• 34. Schneider, Heinr., Georg v. Eschenberg und seine Zeit. Eine Geschichte aus der Mitte des 12. Jahrh. Dem deutschen Volke und der Jugend erzählt. Aus dem Nachlasse hrsg. (VIII, 300 S. mit 1 Stahlst.) 871. M. 2,25.
• 35. Frank O'Donnell, oder das alte Haus in der Heimath. Eine Erzählung aus dem irischen Volksleben. Nach dem Engl. (432 S. mit 1 Stahlst.) 871. M. 2,70.
• 36. Wannenmacher, F. X., Franz Walters Irrfahrten in London. Eine Erzählung. (270 S.) 873. M. 2.
Bd. 37. Schöpf, Joh., die Rosen vom Berge Sinai. Erzählungen über die 10 Gebote Gottes für die reifere Jugend. (233 S. mit 1 Stahlst.) 875. M. 2.

— für die reifere christliche Jugend. 10. 26—37. Bd. 8. Regensburg 871—75. Manz. 25. 45

10. Die Waise aus Moskau od. die jugendl. Erzieherin. Eine Erzählg. aus den Zeiten d. letzten französ. Krieges. Nach dem Franz. v. Robert della Torre. Mit 1 Stahlst. 2. Aufl. (244 S.) 1. 50
26. Der polnische Zuave. Eine Erzählg. aus der Gegenwart f. die reifere Jugend v. Jac. Schorn. Mit 1 Stahlst. (188 S.) 1. 50
27. Juliana, od. die wunderbaren Führungen der Vorsehung. Eine Erzählg. für die Jugend. Aus dem Franz. Mit 4 Stahlst. (VI, 258 S.) 2. —
28. Murad Bey od.: Er hat seinen Gott verleugnet. Dem kathol. Volke u. der reiferen Jugend erzählt v. Frz. Erven. Mit e. Stahlst. (268 S.) 2. —
29. Das wunderbare Bild. Od.: Der Sieg. Eine Erzählg. aus dem dreißigjähr. Kriege v. A. Klitsche. Nach dem Italien. Mit e. Stahlst. (255 S.) 2. —
30. Bamba Zampa, od. Negerschicksale. Eine Erzählg. f. die christl. Jugend v. F. X. Wannenmacher. Mit e. Stahlst. (202 S.) 1. 50
31. Die Rose v. San Jago. Eine Erzählg. aus dem span. Volksleben. Von M. Lehmann. Mit e. Stahlst. (264 S.) 2. —
32. Elinor Preston. Oder: Schildergn. aus der Heimath u. der Fremde. Von J. Sadlier. Aus dem Engl. übertragen v. Carl Braun. (312 S. m. 1 Stahlst.) 2. —
33. Georg Massinger, od. die schlimmen Folgen gemischter Ehen. Ein Familiengemälde. Aus dem Engl. übertragen v. Carl Braun. (344 S. m. 1 Stahlst.) 2. —
34. Georg v. Eschenberg u. seine Zeit. Eine Geschichte aus der Mitte d. 12. Jahrh. Dem deutschen Volke u. der Jugend erzählt v. Heinr. Schneider. Aus dem Nachlaß hrsg. Mit e. Stahlst. (VIII, 300 S.) 2. 25
35. Frank O'Donnell, od. das alte Haus in der Heimath. Eine Erzählg. aus dem irischen Volksleben. Nach dem Engl. Mit e. Stahlst. (432 S.) 2. 70
36. Franz Walters Irrfahrten in London. Eine Erzählg. v. F. X. Wannenmacher. (270 S.) 2. —
37. Die Rosen vom Berge Sinai. Erzählungen üb. die zehn Gebote Gottes f. die reifere Jugend. Von Joh. Schöpf. Mit e. Stahlst. (233 S.) 2. —

• 38. Ampère, J. J., Hilda, oder: Das Christenthum im 5. Jahrh. Erzählung. In's Deutsche übertragen von J. Ebersberg. 2. Aufl. (172 S. mit 1 Stahlst.) 876. M. 1,50.
• 39. Die Geschichte eines Portraits, oder: Bewahre, was dir anvertraut. Aus dem Engl. von Th. Grewer. (342 S. mit 1 Stahlst.) 877. M. 2,40.
• 40. Durliac, E., Erzählungen aus der Vendée. Mit einem histor. Gemälde der ersten Kriege der Vendée. Mit einem Vorworte von L. Veuillot. Nach dem Französ. von F. M. Brug. 2. Aufl. (252 S. mit 1 Stahlst.) 877. M. 1,80.
• 41. Anderdon, W. H., im Schnee. Erzählungen vom St. Bernhardsberge. Aus dem Engl. übers. von F. Milden. 2. Ausg. (250 S. mit 1 Stahlst.) 877. M. 2.
• 42. Potter, Th. J., Schloß Percy Grange, oder: Der Ocean des Lebens. Eine Erzählung in drei Büchern. Aus dem Engl. von C. B. Reiching. 2. Ausg. (XII, 276 S. mit 1 Stahlst.) 877. M. 2.
• 43. Brun, C., die Macht des guten Beispiels. Der reiferen Jugend gewidmet. Aus dem Französ. frei übers. von H. Werner. (163 S. mit 4 Stahlst.) 877. M. 1,50.

1.—36. Bd. Ebendas. 1842—73. *M. 71,55.

—— für die reifere christliche Jugend. 19. und 44.—47. Bd. 8. Regensburg, Manz.

Inhalt:
Bd. 19. Stelzig, J. A., die barmherzige Schwester. Eine amerikan. Erzählung. Nach dem Engl. 2. Aufl. (276 S. mit 1 Stahlst.) 884. M. 1,30.
• 44. Pfaff, C., die Eroberung von Malta und Rhodus, oder Philipp Villiers de l'Isle-Adam und Johann de la Valette. Zwei Heldenbilder aus dem 16. Jahrh. Erzählt für Volk und Jugend. 2. Aufl. (224 S. mit 1 Titelbilde in Holzschn.) 879. M. 1,50.
• 45. Einsiedel, Jocosus, das Familienkreuz. Ein Lebensbild vom Donaustrand. (295 S. mit 1 Stahlst.) 882. M. 2.
• 46. Der Schatz von Kermerel. Erzählung aus der Schreckenszeit von M. G. de H. Autoris. Uebersetzung. (343 S. mit 1 Titelbilde [Stahlst.]) 882. M. 2,40.
• 47. Maurice, Abel, das Kind der Vorsehung. Aus dem Französ. übers. von Heinr. Werner. (276 S. mit 1 Titelbilde.) 883. M. 2.

—— für die reifere christliche Jugend. 8., 10., 17. und 48.—55. Bd. 8. Regensburg, Verlags-Anstalt.

Inhalt:
Bd. 8. Torre, Rob. della, die letzten Tage von Pompeji. Nach dem Französ. des Lemercier deutsch bearb. für die reifere christl. Jugend. 3. verb., mit erläut. Bemerkungen verm. Aufl. (312 S. mit 1 Stahlst.) 888. M. 2.—.
Bd. 10. Torre, Rob. della, die Waise aus Moskau oder die jugendliche Erzieherin. Eine Erzählung aus den Zeiten des russisch-französ. Krieges. Nach dem Französ. 3. Aufl. (244 S. mit 1 Stahlst.) 886. M. 1.50.
• 17. Menard, Theophilus, Ferreol oder der Sieg der Religion über die Leidenschaft. Eine Geschichte aus der französ. Revolution. Aus dem Französ. übers. von einem Pfarrer aus der Diöcese Trier. 2. Aufl. (256 S. mit 1 Stahlst.) 888. M. 2.—.
• 48. Lehmann, M., der Kohlenbauer. Eine Erzählung aus dem schwäb. Bauernleben. (212 S. mit 1 Titelbild.) 883. M. 1.80.
• 49. Erlebnisse eines Priesters und Soldaten unter den Negern in Afrika. Eine Erzählung zur Belehrung, Erbauung und Unterhaltung für die Jugend. Nach dem Französ. 2. Aufl. des u. d. T. erschienenen: Die Yulofi von de Préo. (VIII, 213 S. mit 1 Stahlst.) 884. M. 1.50.
• 50. Merz, A., unter den Bambarrasnegern. Erzählung für Volk und Jugend. (247 S. mit 1 Stahlst.) 884. M. 1.80.
• 51. Werfer, Alb., Leben der heiligen Elisabeth von Ungarn, Landgräfin von Thüringen und Hessen. 2. Aufl. (143 S. mit 1 Stahlst.) 886. M. 1.15.
• 52. Hellwig, Bernh., der Alchimist. Eine Erzählung für die reifere Jugend. (VIII, 181 S. mit 1 Titelbild.) 886. M. 1.50.
• 53. Stein, Ottilie, Bilder aus der schlesischen Heimat. I. Am Ziel. II. Aus der Jugendzeit. Freud und Leid. III. Ein Jahr in Josephsthal. Erzählungen für die reifere Jugend. (191 S. mit 1 Titelbild.) 887. M. 1.20.
• 54. Franco, J. J., die neuen Kreuzfahrer oder die heldenmütigen Verteidiger des heiligen Stuhles. Aus dem Französ. (247 S. mit 1 Titelbild.) 888. M. 2.—.
• 55. Gransard, A., goldene Herzen. Erzählungen für die reifere Jugend und das Volk. Aus dem Französ. (VII, 350 S.) 888. M. 2.40.
56. Bierthaler, Frz. Mich. Franz Traugott. Eine lehrreiche Erzählung. Neue verm. Aufl. v. Heinr. Schwarz. (XII, 234 S. m. 1 Bild.) 889. * 2 —.
57. Frankenberg, Paul. Drei Tiroler Kinder in Freud u. Leid. (378 S. m. 1 Titelbilde.) 890. 2 40.
58. Ambach, Ed. v. Der Adler od. Schuld u. Sühne. Ein Familiengemälde aus den Zeiten d. 7jähr. Krieges. 3. Aufl. (XII, 179 S. m. 1 Stahlst.) 890. 1 50.
59. Stein, Ottilie. Ein mutiges Mädchen. Die Geschwister. Aus der Jugendzeit. Gracy. Vier Erzählgn. f. die reifere Jugend. (232 S. m. 1 Titelbild.) 890. 1 50.

— für die reifere christliche Jugend. 1., 3., 4., 9. u. 18. Bd. 8. Regensburg, Nationale Verlags-Anstalt. à 2. —

1. Geschichte der Maria Stuart, Königin von Schottland. Für die reifere christl. Jugend aus dem Franz. d. de Marlès. 4. Aufl. (VIII, 324 S. m. 1 Stahlst.) 892.
3. Die letzten Tage v. Pompeji. Nach dem Franz. des Lemercier deutsch bearb. f. die reifere christl. Jugend v. Rob. della Torre. 4., verb. u. verm. Aufl. (311 S. m. 1 Stahlst.) 894.
4. Sephora, die jüdische Jungfrau, od. Rom u. Jerusalem. Nach dem Franz. d. Lemercier deutsch bearb. f. die reifere christl. Jugend v. Rob. della Torre. 4., verb. m. erläut. Bemerkgn. verm. Aufl. (375 S. m. Stahlst.) 893.
9. Geschichte der Kreuzzüge. Nach dem Franz. d. F. Valentin. Deutsch bearb. v. Rob. della Torre. 3., verb. u. m. erläut. Anmerkgn. verm. Aufl. (VIII, 344 S. m. 1 Stahlst.) 892.
18. Anna Saint-Ange, od. Sieg treuer Kindesliebe. Nach dem Franz. 2. Aufl. (172 S. m. 1 Stahlst.) 891.

— f. d. reifere christl. Jugend. 5., 7., 22. u. 23. Bd 8. Regensburg 896. Nationale Verlagsanstalt. n. 7. 30

5. Marie, od.: E. Engel auf Erden. N. d. Franz. v. Fanny de B.., deutsch bearb. v. Rob. della Torre. 4. Aufl. (252 S. m. 1 Stahlst.) n. 1. 50
7. Ernestine od. d. Reiz d. Tugend. Nelly, d. junge Künstlerin. Karoline u. Julchen, die beiden Waisen. 3 Erzählgn., n. d. Franz. v. Rob. della Torre. 3. Aufl. (223 S. m. 1 Stahlstich.) n. 2.
22. Der Sohn d. Republikaners. E. Erzählg. f. d. Jugend v. M. Wechs. 2. Aufl. (207 S. m. 1 Stahlst.) 1. 80
23. Rosa Leblanc. Von G. Fullerton. N. d. Engl. v. Karl Braun. 3. Aufl. (213 S. m. 1 Stahlst.) 2. —

— für die reifere christl. Jugend. 1., 2., 10. u. 21. Bd. 8. Regensburg, Verlagsanstalt vorm. G. J. Manz. n. 5. 70

1. Geschichte der Maria Stuart, Königin v. Schottland. Von de Marlès. Für die reifere christl. Jugend, aus dem Franz. 5., verb. Aufl. (292 S. m. 1 Stahlst.) 900. n. 1. 50; geb. n. 2. —

2. Geschichte der Johanna v. Arc, genannt die Jungfrau v. Orleans. Von J. J. E. Roy. Für die reifere christl. Jugend, aus dem Franz. 6., verb. Aufl. (VIII, 242 S. m. 1 Stahlst.) 900. n. 1. 50; geb. n. 2. —

10. Die Waise aus Moskau od.: Die jugendl. Erzieherin. Eine Erzählg. aus den Zeiten des russisch-französ. Krieges. Von Rob. della Torre. Nach dem Franz. 4. Aufl. (263 S. m. 1 Stahlst.) 901. n. 1. 20

21. Christoph Kolumbus, od.: Die Entdeckung Amerikas. Von Jos. Borscht. Nach dem Franz. der Celliez. 3., durchgeseh. Aufl. (279 S. m. 1 Stahlst.) 899. n. 1. 50; geb. n. 2. —

Alphabetische Übersicht:

Ambach, E v., d. Adler od. Schuld u. Sühne. Ein Familiengemälde aus d. Zeiten d. 7jähr. Krieges. 3. Afl. (179) 90. 1. 50

Ampère, JJ, Hilda od. d. Christenthum im 5. Jahrh. Uebers. v. J Ebersberg. 2. Afl. (172) 76. 1. 50

Anderdon, WH, im Schnee. Erzählgn v. St. Bernhardsberge. Uebers. v. F Milden. 2. Aag. (250) 77. 2. —

Borscht, J, Anna od. kindl. Liebe. (280) 55. – 19½

Borscht, J: Christoph Kolumbus od.: Die Entdeckg Amerikas. Nach d. Franz. d. Celliez. 3. Afl. (279 m. 1 St.) 90. [21.] 1.50; geb. 2 —

– Odo d. Sohn d. armen Wittwe. (235) 55. – 18

Brun, E, d. Macht d. guten Beispiels, frei übers. v. H Werner. (168) 77. 1. 50

Celliez, Christoph Columbus. (348) 58. – 19½

Ehrgeiz, enttäuschter. Von der Verf. v. Welt u. Kloster. 2. Afl. (275) 66.

Einsiedel, J, d. Familienkreuz. Ein Lebensbild v. Donaustrand. (295) 81.

Erven, F, Murad Bey, od.: Er hat seinen Gott verleugnet. (268) 71. 2. —

Franco, JJ, d. neun Kreuzfahrer od. d. heldenmüt. Verteidiger d. hl. Stuhles. Aus d. Franz. (247) 88. 2. —

Frank, O'Donnell od. d. alte Haus in d. Heimath. (482) 78. 2. 70

Frankenberg, P, drei Tiroler Kinder in Freud u. Leid. (370) 90. 2. 40

Fullerton, G, Laurentia. 2. Afl. (279) 66.

– Rosa Leblanc. 2. Afl. (254) 66.

Fullerton, G: Rosa Leblanc. Aus d. Engl. v. K Braun. 3. Afl. (213 m. 1 St.) 96. [28.] 2 —

Geschichte d. Johanna v. Arc. 3. Afl. (264) 69.

Gesch. d. Kreuzzüge. (325) 67.

Geschichte d. Kreuzzüge. Nach d. Franz. d. F Valentin. Deutsch bearb. v. R della Torre. 3. Afl. (344 m. 1 St.) 92.

Geschichte d. Maria Stuart, Königin v. Schottland. Aus d. Franz. d. de Marlès. 4. Afl. (324 m. 1 St.) 92.

Gransard, A, goldene Herzen. Erzählgn. Aus d. Franz. (350) 88. 2. 40

Grewer, T, d. Geschichte e. Portraits od. bewahre was dir anvertraut. (342) 77. 2. 40

Hellwig, B, d. Alchimist. (161) 86. 1. 50

Juliana, od. d. wunderbaren Führgn d. Vorsehg. (258 m. 4 St.) 71. 2. —

Klitsche, A, d. wunderb. Bild, od.: d. Sieg. (255) 71. 2. —

Lehmann, M, d. Kohlenbauer. Erzählg a. d. schwäb. Bauernleben. (212) 83. 1. 80

Lehmann, M, d. Rose v. San-Jago. (264) 71. 2. —

Lemercier

– Sephora d. jüd. Jungfrau. 2. Afl. (344) 53. – 20

Lemercier. d. letzten Tage v. Pompeii. 2. Afl. (342) 52. – 20

Marie, od. e. Engel auf Erden. N. d. Franz. der F de V. bearb. v. R della Torre 2. Afl. (252) 56. – 20

Marie, od.: Ein Engel auf Erden. Nach d. Franz. d. F de V. . . 4. Afl. (252 m. 1 St.) 96. [5.] 1.50

Marlès, de, Gesch. d. Maria Stuart. 2. Afl. (312) 52. – 20

Marlès, de: Gesch. d. Maria Stuart, Königin v. Schottl. Aus d. Franz. 5. Afl. (292 m. 1 St.) 1900. [1.] 1.50: geb. 2 —

Massinger, Georg, od.: d. schlimmen Folgen gemischter Ehen. Ein Familiengemälde. (344) 71. 2. —

Maurice, A, d. Kind d. Vorsehg. Uebers. v. H Werner. (276) 83. 2. —

Menard, T, Ferreol. (256) 55. – 19½

Menard, T, Ferreol od. Sieg d. Religion üb. d. Leidenschaft. 2. Afl. (256) 88. 2. —

Mers, A, unter d. Bambarrasnegern. (247) 84. 1. 80

Mislin, J, d. heil. Stätten. Pilgerreise nach Jerusalem. 4 Thle. (1208) 52–54. 3. —

Nouhuys, HJC van, d. Waffenschmied u. s. Sohn. (288) 57. – 19½

Ourliac, E, Erzählgn a. d. Vendée. Mit e. histor. Gemälde d. ersten Kriege d. Vendée. Nach d. Franz. v. FM Brug. 2. Afl. (252) 77. 1. 80

Pfaff, C, d. Eroberg v. Malta u. Rhodus od. Philipp Villiers de l'Isle-Adam u. Johann de la Valette. Zwei Heldenbilder a. d. 16. Jahrh. 2. Afl. (224) 80. 1. 50

Potter, TJ, Schloss Percy Grange od. d. Ocean d. Lebens. Aus d. Engl. v. OB Reiching. (276) 77. 2. —

Préo, de, Erlebnisse e. Priesters u. Soldaten unter d. Negern in Afrika. 2. Afl. v.: Die Yulofl. (218) 84. 1. 50

Roy, JE, Gesch. d. Johanna v. Arc. 2. Afl. (264) 54. – 20

Roy, JJE: Gesch. d. Johanna v. Arc, gen. d. Jungfrau v. Orleans. Aus d. Franz. 6. Afl. (242 m. 1 St.) 1900. [2.] 1.50: geb. 2 —

Sadlier, J, Elinor Preston, od.: Schildergn a. d. Heimath u. d. Fremde. (312) 71. 2. —

Anna Saint-Ange od. Sieg treuer Kindesliebe. Nach dem Franz. 2. Aufl. (272 S. m. 1 Stahlst.) 890. (Bd. 18.) 2. —

Anna Saint-Ange, od. Sieg treuer Kindesliebe. Nach d. Franz. 2. Afl. (272 m. 1 St.) 91.

Schatz, d., v. Kermerel. Erzählg a. d. Schreckenszeit v. MG de H. (344) 82. 2. 40

Schneider, H, Georg v. Eschenberg u. s. Zeit. (300) 73. 2. 25

Schöpf, J, d. Rosen v. Berge Sinai. (233) 75. 2. —

Schorn, J, d. poln. Zuave. (188) 71. 1. 50

Schwester, d. barmherzige. 2. Afl. (276) 55. – 18

Die barmherz. Schwester. Eine amerikan. Erzählg. Nach d. Engl. v. JA Steizig. 3. Afl. (276)

Sephora, d. jüd. Jungfrau, od. Rom u. Jerusalem. Nach d. Franz. d. Lemercier deutsch bearb. v. R della Torre. 4. Afl. (375 m. 1 St.) 93.

Stein, O, Bilder a. d. schles. Heimat. I. Am Ziel. II. Aus d. Jugendzeit. Freud u. Leid. III. Ein Jahr in Josephsthal. (191) 88. 1. 20

– e. mut. Mädchen. Die Geschwister. Aus d. Jugendzeit. Gracy. 4 Erzählgn. (282) 90. 1. 50

Stewart, AM, Welt u. Kloster. (168) 53. – 15

Die letzten Tage v. Pompeji. Nach d. Franz. d. Lemercier deutsch bearb. v. R della Torre. 4. Afl. (311 m. 1 St.) 94.

Torre, R della, Ernestine, od. d. Reiz d. Tugend. – Nelly, d. junge Künstlerin. – Karoline u. Julchen, d. beiden Waisen. 2. Afl. (264) 65. – 20

Torre, R della: Ernestine od. d. Reiz d. Tugend. Nelly, d. junge Künstlerin. Karoline u. Julchen, d. beiden Waisen. 3 Erzählgn, nach d. Franz. 3. Afl. (223 m. 1 St.) 96. [7.] 2 —

Torre, R della, Ferd. Cortez od. d. Eroberg v. Mexico. 2. Afl. (302) 67.

Torre, R della, d. letzten Tage v. Pompeji. Nach d. Franz. d. Lemercier deutsch bearb. 3. Afl. (312) 88. 2. —

Torre, R della, d. Waise a. Moskau od. d. jugendl. Erzieherin. 2. Afl. (244) 73. 1. 50

— die Waise aus Moskau od. die jugendliche Erzieherin. Eine Erzählg. aus den Zeiten d. russisch.-französ. Krieges. Nach d. Franz. 3. Aufl. (244 S. m. 1 Stahlst.) 886. (Bd. 10.) 1. 50

– d. Waise a. Moskau od. d. jugendl. Erzieherin. 3. Afl. (244) 87. 1. 50

Torre, R della: Die Waise a. Moskau od.: Die jugendl. Erzieherin. Erzählg a. d. Zeiten d. russisch-französ. Krieges. Nach d. Franz. 4. Afl. (263 m. 1 St.) '01. [10.] 1.20; geb. 1.80

Vierthaler, FM, Franz Traugott. Eine lehrreiche Erzählg. Neue Afl. v. H Schwarz. (254) 89. 2. —

Wannenmacher, F. X.

– Franz Wolters Irrfahrten in London. (270) 73. 2. —

Wannenmacher, FX, Bamba Zampa, od. Negerschicksale. (202) 71. 1. 50

Wechs, M, d. Sohn d. Republikaners. (242) 58. – 18

Wechs, M: Der Sohn d. Republikaners. 2. Afl. (207 m. 1 St.) 96. [22.] 1.80

Werfer, A, Leben d. hl. Elisabeth v. Ungarn, Langräfin v. Thüringen u. Hessen. 2. Afl. (143) 86. 1. 15

—— für die weibliche Jugend, in Gesellschaft m. Mehreren hrsg. v. Wilh. Aug. Jäger. 1—5. Bdchn. gr. 12. Stuttgart, Beck u. Fränkel. à * 10 Gr.

A. u. d. Titln.:

Bdchn. 1. Die allgem. Geschichte, f. d. weibl. Jugend, erzählt v. W. A. Jäger. 1. Bdchn. (7½ B.) 835.

" 2. Die allgem. Erdbeschreibung f. d. weibl. Jugend, verfaßt v. Karl Pfaff. 1. Bdchn. Die Einleit. u. d. Geschichte d. Erdbeschreibung. (8¼ B.) 835.

" 3. Die Dichter d. alten Griechenlands u. Roms, bearb. v. Gust. Schwab. 1. Bdchn. Griechen: Homer. Hesiod. Die Lyriker. Pindar. Die Elegiendichter. (8 B.) 835.

" 4. —— dass. 2. Bdchn. Griechen: Aeschylos. Sophokles. Euripides. Aristophanes. Theokritos. Die Epigrammendichter. (7¼ B.) 835.

" 5. Die allgem. Geschichte f. d. weibl. Jugend, erzählt v. W. A. Jäger. 2. Bdchn. (8 B.) 836.

—— für Jugendlehrer, Eltern, Erzieher u. Freunde d. Jugend. 1. Thl. — A. u. d. T.: Schauplatz d. Natur. Od.: Merkwürdige u. interessante Erzählungen aus d. Naturreiche. Für Freunde d. Naturkunde u. f. Lehrer in Real- u. Volksschulen z. Belebung d. naturwissenschaftl. Unterrichts. Hrsg. v. Carl Lippert. 8. (11 B.) Quedlinburg 834, Basse.

— der neuern u. neuesten franz. Jugendschriften, herausg. und mit sacherklärenden und grammatischen Anmerkk., so wie mit einem Wortverzeichnisse versehen von Siegesm. Fränkel. 16 Bdchn. gr. 16. Berlin 836. Lewent. ¼ ℛ

Bibliothek für Jünglinge; oder gesammlete Sittenlehren für alle Scenen des Lebens; ... Leipzig 1763. Ü: *Gellius, Johann Gottfried.* (ML)

— f. Jünglinge. 1r Thl. 8. Münch. 770. Crätz. 14 ϗ

Bibliothek für Jünglinge oder Sittenlehre für alle Scenen des Lebens. 2. Aufl. Leipzig 1773. H: *Weisse, Christian Felix.* (Ky) (MGT)

— f. Jünglinge, oder Sittenl. f. alle Scenen d. Lebens. 8. Lpz. Böhme. 773.

— f. Jünglinge, od. Sittenlehre f. alle Scenen d. Lebens, (v. Chr. Fr. Weiße). 8. Leipz. .. 2e A. 773. (Enobloch). 16 ϗ

— f. Jünglinge u. Mädchen. 6 Stck. 8. Hamburg!, Matthiesen. 787—88.

— f. Jünglinge u. Mädchen. 4 Bde. 8. Hamb. (Böhme, Lpz.) 788.

Bibliothek f. Junglinge u. Mädchen; e. Monatsschrift. 4 Bde. 8. Hamb. 788. (Enobloch in Leipz.) 2 ℛ

Bibliothek für Preuss. Juristen und Cameralisten, ... Berlin 1814. V: *Enslin, Theodor Christian Friedr.* (Ky) (MGT) H (2. Aufl. 1815): *Hoffmann, F. G.* (Hitzig)

— f. Preuß. Juristen u. Cameralisten. Vollständ. Verzeichniß d. Schrift. üb. d. ältere u. neuere Preuß. Recht u. Cameralwesen. Neue umgearb. Ausg. v. Hoffmann. 8. Berl. 815. Sander. 6 ℛ

J u r i s t i s c h e **Bibliothek.** Eine Zeitschrift für neuere Rechtswissenschaft u. Geschäftskunde. Bd. 1, H. 1-4. (Mehr nicht erschienen.) Cassel 1811 - 13.

— juristische. Eine Zeitschrift für neue Rechtswissensch. u. Geschäftskunde; herausgeg. von ein. Gesellschaft Gelehrten. I. 1s—4s Stück. Marb. Krieger. 811—13. (à 16 gr.)

Bibliothek der aargauischen Kantonsschule. Nachtrag ... 1908 s. [Catalog. K' der] B' der aa' Kant'... .

— christkathol. Kanzelberedsamkeit aus d. 18en Jahrh. ꝛc. 32 Bände. Neue Aufl. (z. Theil unrechtmäßige) von den Predigten v. Gretsch, Haberkorn, Tschupik, Wansiedel — Siehe prakt. Abtheilung.

—— deutscher Kanzelberedsamkeit. Eine Auswahl d. vorzügl. Predigten älterer u. neuerer Zeit. 14 Bde. gr. 8. ... Hildburghausen 831, 32, Bibliograph. Institut.

— deutscher Kanzelberedtsamkeit. Eine Auswahl d. vorzügl. Predigten älterer u. neuerer Zeit. 14 Bde. gr. 8. Hildburgh. 831—32. (Leipz., Wolbrecht). Schweiz. P. 7 ℛ

—— französ. Kanzelberedtsamkeit. Eine Samml. ausgewählt. Predigten d. vorzüglichsten kathol. Kanzelredner Frankreichs. Musterbilder f. Kanzelredner aller Confessionen u. Erbauungsbuch f. kathol. Christen. 1. u. 2. Bd. gr. 8. Leipzig, Ph. Reclam jun. [1. 1. Aufl. 838. Neue Ausg. 840. (à $27\frac{1}{4}$ B.), 2. (24 B.) 841. à * $1\frac{1}{3}$ Thlr.] *

—— französischer Kanzelberedtsamkeit. Eine Samml. ausgewählter Predigten der vorzüglichsten kathol. Kanzelredner Frankreichs. Musterbilder u. Erbauungsbuch für kathol. Christen. 3. Bd. gr. 8. (25 B.) Leipzig 843, Jackowitz. *
1. u. 2. Bd. Leipzig 1840, 41. Reclam jun. * 2 Thlr. 20 Ngr.

—— jüdischer Kanzelredner. 1. und 2. Jahrg. Hrsg. von M. Kayserling. Berlin 869—71. Breslau, Preuß und Jünger. à Jahrg.

—— jüdischer Kanzelredner. Eine chronolog. Sammlung der Predigten, Biographien und Charakteristiken von Adler, Aub, Auerbach, Beer, Büdinger, Cassel, Ehrentheil, Einhorn ꝛc. Für Rabbiner, Prediger und Lehrer und als Erbauungsbuch für die Familie. Hrsg. von M. Kayserling. Nebst einer homilet. Beilage. 1. und 2. Jahrg. à Jahrg. 6 Hefte. gr. 8. (à Heft 48—72 S., Beilage 8—16 S.) Berlin 869,70, Springer's Verlag. à Heft * *M.* 1.; à Jahrg. *

Bibliothek der kathol. Kanzelberedsamkeit. Herausg. von den Domherren Räß u. Weis (gegenw. Bischöfen zu Strasburg u. Speyer). 12 Bände (jeder 18—20 Bogen stark mit 2 Portraits, mit Ausnahme des 3en u. 4en). gr. 8. Frankfurt 1829—33, Jäger 8 Thlr. 20 ggr. — 16 fl. jetzt 8 Thlr. 10 ggr. — 15 fl. 12 kr.

—— der kathol. Kanzelberedsamkeit. Hrsg. v. A. Räß u. N. Weis. 12 Bde. Jeder m. 2 Bildn. gr. 8. Frankfurt a. M., Jäger. [1. ($10\frac{1}{4}$ B.), 2. u. 3. (20 B.), 4. u. 5. ($20\frac{1}{2}$ B.), 6. u. 7. ($19\frac{1}{2}$ B.), 8. ($10\frac{1}{2}$ B.) 829, 30. à 16 Gr., 9—12. (à 20 B.) 831, 32. à 12 Gr.]

— der kathol. Kanzelberedtsamkeit. Herausg. von Dr. Räß und Dr. Weis. 1r u. 2r Bd. 2e durchges. und verb. Aufl. Mit 4 Bildn. gr. 8. Frankfurt a. M. 836. Jäger. $\frac{11}{12}$ ℛ — 12r Bd. Mit 2 Bildn. gr. 8. Ebd. 832. $\frac{7}{8}$ ℛ. (Alle 12 Bde. $8\frac{5}{6}$ ℛ)

— der kathol. Kanzelredner d. Auslandes, s.a. Le Jeune. — Seaneri. — Ventura. — Vieira.

—— der vorzüglichsten kathol. Kanzelredner d. Auslandes. Hrsg. v. ein. Vereine kathol. Geistlichen. I. Abthl. 1—13. Hft. u. II. Abthl. 1—4. Hft. gr. 8. Weißenburg a. S., Meyer's Vrlsexped.
A. u. d. Ttln.:
Abthl. I. Nic. Tulte de Mac Carthy, Predigten. A. d. Franz. v. ein. kathol. Geistlichen. 1—13. Hft. ($73\frac{1}{2}$ B.) 840, 41. 3 Thlr. 6 Gr.
" II. Ant. Vieira (a. d. G. Jesu) d. Apostel Brasiliens, Predigten. A. d. Portugies. übers. v. Frz. Jos. Schermer. 1—4. Hft. ($23\frac{3}{4}$ B.) 840, 41. 1 Thlr.

—— der vorzüglichsten kathol. Kanzelredner des Auslandes. Hrsg. von einem Verein kathol. Geistlichen. 2. Abth. 5—15. Hft. u. 3. u. 4. Abth. 1—7. Hft. u. 5. Abthl. 6 Hfte. gr. 8. Regensburg, Manz.
A. u. d. Ttln.:
Abth. II. 5—15. Hft. 2 Thlr. $22\frac{1}{2}$ Ngr.
Predigten von Antonio Vieira, dem Apostel Brasiliens. Aus d. Portug. von Frz. Jos. Schermer. 5—15. Hft. (2. u. 3. Bd.) ($47\frac{1}{4}$ B.) 843. 46.
" III. 6 Hfte. 1 Thlr. $17\frac{1}{2}$ Ngr.
Der treue u. sichere Wegweiser v. Jericho nach Jerusalem. Geistvolle Missionspredigten des J. le Jeune, genannt der „blinde Pater." 2 Bde. [1. ($16\frac{1}{4}$ B.) 843, 2. (17 B.) 46.] Einzeln à 20 Ngr.
" IV. 7 Hfte. 1 Thlr. $18\frac{3}{4}$ Ngr.
Die Stimme des Hirten. Vertrauliche Reden eines Pfarrers an seine Pfarrkinder, auf alle Sonntage im Jahre. Von Reguis. Neu aus d. Franz. übers. 1. Jahrg. 1. Bd. ($30\frac{1}{4}$ B.) 845.
" V. 6 Hfte. 1 Thlr. 15 Ngr.
White, Th., Predigten. A. d. Engl. 2 Bde. (....B.) 844.
1. u. 2. Abth. 1—4. Hft. Ebendas. 1840, 41. 4 Thlr. $7\frac{1}{2}$ Ngr.

Bibliothek und Karten-Sammlung, Die, der Geographischen **Anstalt von Justus Perthes in Gotha.** [Gotha 1901.] V: *Hölscher, Carl.* (Berl)

— Casualistische, (von Jh. Sam. Bail). 1r Bd. 1s Stck. 8. Glog. 799. N. Günthersche B. 20 ℛ

— kasuistische, 1r Bd. Ehescheidungs- u. Sühns-Versuche enthaltend. 8. Glogau, Günter. 799.

—— katholisch-theologische. 1.—7. Bd. gr. 8. Mainz 863, Kunze.
Inhalt:
Bd. 1. Good, Rud., das geheiligte Kirchenjahr; oder Feier der heil. Zeiten und Feste in der kathol. Kirche nach dem Werke M. A. Nickel's bearb. Ein kirchl. Hausbuch für kathol. Christen. Neue (Titel-)Ausg. (XX und 500 S. mit 4 Bildern in Holzschn. und mehreren Vignetten.) (855.)
" 2. 3. Buß, F. J., die Gesellschaft Jesu, ihr Zweck, ihre Satzungen, Geschichte, Aufgabe und Stellung in der Gegenwart. 2 Abthlgn. Neue (Titel-)Ausg. (XVIII und 1726 S.) (853.)
" 4. 5. Perthes, Heinr. Jos., die Geschichte der christl. Kirche. 2 Bde. Neue (Titel-)Ausg. (XII und 1064 S.) (841,42.)
" 6. Probst, Ferd., katholische Glaubenslehre. Ein Religions-Handbuch für Laien. Neue (Titel-)Ausg. (XII und 390 S.) (844.)
" 7. Gondon, Jul., die religiöse Bewegung in England, oder die Fortschritte des Katholicismus und die Rückkehr der anglikan. Kirche zur Einheit. Aus dem Französ. übersetzt. Neue (Titel-)Ausg. (X und 332 S.) (845.)

Bibliothek des Kaufmanns, s. Briefsteller, allgemeiner kaufmännischer. — Lövinsohn.

— des jungen Kaufmanns. 5. 9. 11. 14.—16. u. 20. Bd. 8. Hamburg, Paustian Gebr. à Bd. 1. 20
Franzos, Berth., der Korrespondent wie er sein soll! Ein Buch üb. die Kunst, stilgerechte u. wirkungsvolle Geschäftsbriefe zu schreiben. Mit zahlr. Muster-Beispielen unter besond. Berücksicht. ihrer Sprachreinheit. Unter Mitarbeit v. Frz. Winterstein. (72 S.) (909). (Bd. 15)
Groenewald, Alb., ich will vorwärts! Ein Buch f. junge Kaufleute u. Beamte, die Karriere machen wollen. 3. Aufl. (64 S.) (909). (Bd. 5)
Martens, P. Ch., wie komme ich m. meinem Gehalt aus? Ein Buch f. strebsame u. ordnungslieb. Leute. (76 S.) (909). (Bd. 14)
Newman, William P., Lehrbuch der Handelskorrespondenz in deutscher u. englischer Sprache. Mit zahlr. Anmerkgn. zu jedem Briefe. (1. u. 2. Aufl.) (Je 78 S.) (909). (Bd. 11) 1.20; geb. Leinw. 1. 50
Semlow, Ludw., wie man billig u. erfolgreich Reklame macht! Ein Buch f. Geschäftsleute, die vorwärts wollen. (64 S.) 909. (Bd. 16)
Toltot, Eugène, Lehrbuch der Handelskorrespondenz in deutscher u. französischer Sprache. Mit zahlr. Anmerkgn. zu jedem Briefe. (1. u. 2. Aufl.) (Je 78 S.) (909). (Bd. 20) 1.20; geb. in Leinw. 1. 50
Winterstein, Frz., Winke f. junge Kaufleute, die im Auslande Stellung suchen. England, Frankreich, Spanien, Russland u. Italien. 4. Aufl. (67 S.) 910. (Bd. 9)

Bibliothek d. jungen Kaufmanns. 17—21. u. NAfl 2., 3. u. 9. Bd. 8° Hambg, Paustian Gebr. je 1.20
Busse, Max: Kaufmänn. Schnellrechnen. Die Abkürzgsmethoden d. kaufmänn. Rechnens. Anh.: Das Aufsuchen v. Buchgsfehlern. (64) ('11) [18]
Franzer, Berth.: Bewerbgs-Schreiben, d. Erfolg haben! In deut., engl. französ., span. u. italien. Sprache. 5. Afl. (64) ('11) [3]
Gabriel, Bruno: Wie erlange ich e. flotte Handschrift? (40 m. Abb.) ('11) [19]
Groenewald, Alb.: Der Rechtsanwalt in d. Westentasche. 200 Rechtsfragen a. d. tägl. Leben u. ihre Beantwortg. (101) ('11) [20]
Schott, Sigm.: Kapitalanlage. Anleitg zu zweckmäss. u. vorteilhafter Vermögensverwaltg. 3. Afl. (96) ('12) [21]
Taeuber, Rud.: Wechsel- u. Scheckverkehr. (110) ('11) [17]
Winterstein, Frz: Wie erlerne ich schnell e. fremde Sprache? 3 Afl. (59) ('11) [2]
— Winke f. junge Kaufleute, d. im Auslande Stellg suchen. Engld, Frankr., Spanien, Russld u. Italien. 4. Afl. (67) ('10) [9]

— kaufmännische, f. Gabelsberger'sche Stenographen. 1. Serie. I. u. III. Bd. 16. Zwickau (908). (J. Herrmann). à Bd. — 10
I. Erzählungen. Der beste Empfehlungsbrief. Antons Eintritt in das Geschäft. Meine Lehrlingszeit. Der schlaue Lehrling. Der Lehrling. In stenograph. Schrift übertr. v. Joh. F. Herget. (16 S.)
III. Humor, allerlei. In stenograph. Schrift übertr. v. Joh. F. Herget. (16 S.)

— Kaufmännische, f. Gabelsberger'sche Stenographen. I. Serie. 5. Bd. 16° Mainz (Schliessfach), JF Herget. (Nur dir.) (Pp.)
Herget, Joh. F: Geschäftsbriefe. (16) ('10) [5] — 10

— kaufmännische, f. Unterhalt. u. Belehr. Eine Auswahl interess. Aufsätze u. gedieg. Abhandln. z. Verbreit. ein. zeitgemäß. Bildung unt. d. jungen Handelsbeflissenen, so wie zur Erweck. u. Beförder. wahrer Achtung vor d. erwählten Berufe. 6 Hfte. 8. (24 B.) Erfurt 839, Hilsenberg. *

— keilinschriftliche. Sammlung von assyrischen und babylonischen Texten in Umschrift und Uebersetzung. Hrsg. von E. Schrader. 1. Bd. 8. (XVI, 217 S. mit 1 Karte.) Berlin 888, Reuther's Verlagsh. *

— keilinschriftliche. Sammlung v. assyr. u. babylon. Texten in Umschrift u. Übersetzung. In Verbindung mit L. Abel, C. Bezold, P. Jensen, F. E. Peiser, H. Winckler hrsg. v. E. Schrader. 1. Bd. Mit chronolog. Beigaben u. 1 Karte v. H. Kiepert. gr. 8. (XVI, 218 S.) Berlin 889. Reuther. n. 9. —

— dasselbe. 2. Bd. Mit chronolog. Beigaben u. 1 Karte v. H. Kiepert. gr. 8. (VI, 291 S.) Ebd. 890. n. 12. —

— dasselbe. 3. Bd. 2. Hälfte. gr. 8. (IV, 147 S.) Ebd. 890. n. 6. —
3. Bd. 1. Hälfte erscheint später.

18

— keilinschriftliche. Sammlung v. assyr. u. babylon. Texten in Umschrift u. Übersetzg. In Verbindg. m. L. Abel, C. Bezold, P. Jensen, F. E. Peiser, H. Winckler hrsg. v. Eberh. Schrader. 3. Bd. 1. Hälfte. gr. 8. (IV, 211 S.) Berlin 892. Reuther & Reichard. n. 8. — (1—3.: n. 35. —)

Bibliothek, keilinschriftliche. Sammlg. v. assyr. u. babylon. Texten in Umschrift u. Uebersetzg. In Verbindg. m. L. Abel, C. Bezold, P. Jensen, F. E. Peiser, H. Winckler hrsg. v. Eberh. Schrader. 4. u. 5. Bd. 2 Hälften. gr. 8. Berlin 896. Reuther & Reichard. n. 23. — (1.—5.: n. 60. —)
4. Texte jurist. u. geschäftl. Inhalts v. Fel. E. Peiser. (XX, 323 S.) n. 13. —
5. D. Thontafeln v. Tell-el-Amarna v. Hugo Winckler. 2 Hälften. (XXXVI, 415 u. 50 S.) à n. 10. —

— keilinschriftliche. Sammlung v. assyr. u. babylon. Texten in Umschrift u. Übersetzg. In Verbindg. m. L. Abel, C. Bezold, P. Jensen, F. E. Peiser, H. Winckler hrsg. v. Eberh. Schrader. VI. Bd. Mythologische, religiöse u. verwandte Texte. 1. Tl. gr. 8. Berlin, Reuther & Reichard. n. 30. —
Assyrisch-babylonische Mythen u. Epen. Von P. Jensen. (588 S.) 900. 901.
Bd. 1—V. 859—896. n. 68. —.

BIBLIOTHEK. – für Kinder und Kinderfreunde. K. k. Taubstummen Institut, Wien 1789. 1 vol. 230 S. + 2 Bl + 1 Kpf.

— für meine Kinder. 7 Bdchn. Mit eingedr. Holzschn. 8. Leipzig, O. Wigand. Thlr. * 1
Auch unter den Titeln:
Bdchn. 1. Gilfred, der Flüchtling auf der Insel Spitzbergen. Eine anmuthige und lehrreiche Erzählung von Mor. Schlimpert. (80 S.) 847. * 7½ Ngr.
" 2. Valentin Duval. Von Mor. Schlimpert. (84 S.) 847. * 10 Ngr.
" 3. Waldleben in Amerika. (60 S.) 848. * 10 Ngr.
" 4. Peter Dumont's Geschichte seiner 34jähr. Sclaverei in Afrika. Von Mor. Schlimpert. (60 S.) 848. 6 Ngr.
" 5. Liebet Euch wie Brüder und Schwestern. Morgenländisches Mährchen von Ferd. Schmidt. (56 S.) 848. 6 Ngr.
" 6. Der Grüne. Eine Erzählung von Ernst Leyde. — Otto's Wanderungen oder die Schrecken des Lasters und das heitere Glück der Jugend. Eine Erzählung von Ferd. Schmidt. (75 S.) 848. * 10 Ngr.
" 7. Abenteuer des Johann Dietrich. Märchen von der Insel Rügen. (52 S.) 848. * 10 Ngr.

– dass. Mit vielen Bildern. (in) 2 Bde. 3. (Titel-)Aufl. 8. (VIII und 678 S. mit eingedr. Holzschn.) Ebds. 851.

— d., f. m. Kinder. 2 Bde. 3. Afl. 8. (678) Lpzg 52, O Wigand. 2. 12

— f. Kinderärzte, (v. J. G. Frz. v. P. Thorner v. Thornrein). 2 Bdchen. 8. Wien 792. Hörling. 1 fl 4 Kr

— d. Kirchenväter, in Uebersetz. u. Auszügen aus ihren besten Schriften u. mit Anmerkk. v. Chr. Fr. Rösler. 10 Thle. gr. 8. Leipz. 776—86. Hertel. 13 fl 8 Kr

— der Kirchenväter. Eine Auswahl aus deren Werken. Urschrift mit deutscher Uebersetzung. Begründet und unter Mitwirkung Anderer hrsg. von Frz. Oehler. 1—4. Thl. gr. 8. Leipzig, Engelmann.
Inhalt:
Thl. 1. Gregor's von Nyssa Gespräch mit seiner Schwester Makrina über Seele und Auferstehung und Lebensbeschreibung seiner Schwester Makrina an den Mönch Olympios. Griechisch und deutsch von Frz. Oehler. (XV und 239 S.) 858. 1 Thlr.
" 2. — — Abhandlungen vom Religionsunterricht, über Vater, Sohn und heil. Geist an den Tribunen Simplicius, über die Dreieinigkeit an Eustathius, über den Glauben an einen dreieinigen Gott an Ablabius, und an die Heiden aus den allgemeinen Vernunftbestimmungen. Griechisch und deutsch von Frz. Oehler. (III und 239 S.) 858. 1 Thlr.
" 3. — — Abhandlung von der Erschaffung des Menschen und fünf Reden auf das Gebet. Griechisch und deutsch von Frz. Oehler. (315 S.) 859. 1 Thlr. 7½ Ngr.
" 4. — — Abhandlung über den gottgeweihten ehelosen Stand und acht Reden auf die Seligpreisungen. Griechisch und deutsch von Frz. Oehler. (VII und 319 S.) 859. 1 Thlr. 7½ Ngr.

— der Kirchenväter. Auswahl der vorzüglichsten patrist. Werke in deutscher Uebersetzung, hrsg. unter der Oberleitung von F. X. Reithmayr. 1.—29. Lfg. Nach dessen Tode fortgesetzt von Val. Thalhofer. Lfg. 30.—140. gr. 16. Kempten 869—75, Kösel'sche Buchh. à Lfg. *
Inhalt:
Lfg. 1. 4. 8. 12. Die Schriften der apostolischen Väter nebst den Martyr-Akten des heil. Ignatius und heil. Polykarp, nach dem Urtexte übersetzt von J. Chrysost. Mayer. 4 Lfgn. (XII, III, 440 S.)
" 2. 5. 9. Ausgewählte Schriften des heil. Cyprian, Bischof von Carthago und Martyr, nach dem Urtexte übersetzt von Ulr. Uhl. 3 Lfgn. (379 S.)
" 3. 7. 14. 19. Chrysostomus ausgewählte Schriften nach dem Urtexte übersetzt. Mit einer kurzen Lebensbeschreibung des Heiligen von Joh. Chrysost. Mitterrutzner. 4 Lfgn. (491 S.)
" 6. 11. 18. 24. 33. 38. 39. 42. Ausgewählte Schriften des Septimius Tertullianus übersetzt und mit Einleitungen versehen von Heinr. Kellner. 1. und 2. Bd. à 4 Lfgn. (449; 391 S.)
" 10. 16. 31. 36. 81. 82. 86. 99. Ausgewählte Schriften des heil. Ephräm von Syrien, aus dem Syrischen und Griechischen übersetzt von Pius Zingerle. 1. und 2 Bd. à 4 Lfgn. (419; 403 S.)
" 13. 21. 30. 35. 37. 40. 43. Ausgewählte Schriften des Eusebius Pamphili, Bischofs von Cäsarea in Palästina, nach dem Urtext übersetzt. Mit einem kurzen Vorbericht über das Leben und die Schriften des Eusebius von Marzell Stigloher. 1. Bd. 7 Lfgn. (714 S.)
" 15. Des heil. Vincenz von Lerin Commonitorium, übersetzt von Ulr. Uhl. (100 S.)
" 17. Die Apologien des heil. Justinus, Philosophen und Martyrs, übersetzt von P. A. Richard. (104 S.)
" 20. 23. 27. 29. Des heil. Cyrillus Erzbischofs von Jerusalem und Kirchenvaters Katechesen, nach dem Urtexte übersetzt von Joh. Nirschl. 4 Lfgn. (455 S.)
" 22. Des M. Minucius Felix Octavius. Uebersetzt und erläut. von Aloys Bieringer. (88 S.)
" 25. 28. 34. 46. 54. 73. 74. 79. 80. 89. 90. 100. 101. 105. 106. 112. 113. 121. 122. 133. 134. Ausgewählte Schriften des heil. Aurelius Augustinus, Kirchenlehrers, nach dem Urtexte übersetzt. Mit einer kurzen Lebensbeschreibung des Heiligen von J. Molzberger. 1. Bd. 5 Lfgn. (487 S.); 2. Bd. 6 Lfgn. (613 S.); 3. Bd. 10 Lfgn. (952 S.)
" 26. 32. 47. 60. Ausgewählte Schriften des heil. Ambrosius, Bischofs von Mailand, übersetzt von Frz. Xav. Schulte. 1. Bd. 4 Lfgn. (422 S.)

„ 41. 44. 58. Ausgewählte Gedichte der syrischen Kirchenväter Cyrillonas, Baläus, Isaak von Antiochien und Jakob von Sarug, zum ersten Male aus dem Syrischen übersetzt von Gust Bickell. 3 Lfgn. (290 S.)

„ 45. 50. 51. 56. 61. 62. 71. 72. Ausgewählte Schriften des heil. Irenäus, Bischofs von Lyon und Martyrers, nach dem Urtexte übersetzt ꝛc. von Heinr. Hayd. 1. und 2. Bd. à 4 Lfgn. (425; 368 S.)

„ 48. 57. 67. 68. 77. 78. 125. 126. 129. 130. 135. 136. Ausgewählte Schriften des heil. Hieronymus, Kirchenlehrers, nach dem Urtexte übersetzt von Pet. Leipelt. 1. Bd. 6 Lfgn. (607 S.); 2. Bd. 1.—4. Lfg. (S. 1—568.)

49. Tatian's, des Kirchenschriftstellers, Rede an die Griechen, übersetzt und mit Einleitungen versehen von Valent. Gröne. (84 S.)

„ 52. 53. 69. 70. 75. 76. 131. 132. 139. 140. Ausgewählte Schriften des heil. Athanasius, Erzbischofs von Alexandria und Kirchenlehrers, aus dem Urtexte übersetzt und mit Einleitung, sowie erläuternden Bemerkungen versehen von Jos. Fisch. 1. Bd. 6 Lfgn. (585 S.); 2. Bd. 1.—4. Lfg. (S. 1—384.)

„ 55. 59. Ausgewählte Schriften des Sulpicius Severus, eingeleitet, aus dem Urtexte übersetzt von Aloys Bieringer. 2 Lfgn. (179 S.)

„ 63. 64. 66. 83. 84. 119. 120. 127. 128. 137. 138. Ausgewählte Schriften des heil. Gregorius des Großen, Papstes und Kirchenlehrers, nach dem Urtext übersetzt. Mit einem kurzen Vorbericht über das Leben und die Schriften des Heiligen von Thdr. Kranzfelder. 1. Bd. 5 Lfgn. (535 S.); 2. Bd. (8 Lfgn.) 1.—6. Lfg. (S. 1—576.)

„ 65. Des heil. Theophilus, Bischofs von Antiochia, Schrift an Autolykus nach dem Urtexte übersetzt von J. Leitl, und des Philosophen Hermias Verspottung der heidnischen Philosophen übersetzt von J. Leitl. (128 S.)

Lfg. 85. 107. 108. 116. Ausgewählte Schriften des heil. Chrysostomus, Erzbischof von Constantinopel und Kirchenlehrers nach dem Urtexte übersetzt. (2. Bd. 432 S.)

„ 87. 88. Melito's, des Bischof von Sardes, Rede an den Kaiser Antoninus [über die Wahrheit] übersetzt und mit Einleitungen versehen von Valent. Gröne. (24 S.) — Hippolytus', des Presbyters und Martyrers, Buch über Christus und den Antichrist, übersetzt und mit Einleitungen versehen von Valent. Gröne. (62 S.) — Hippolytus', des Presbyters und Martyrers, Canones, übersetzt und mit Einleitungen versehen von Valent. Gröne. (48 S.)

„ 91. 92. 97. 98. Ausgewählte Schriften des heil. Gregor von Nazianz, Patriarch und Kirchenlehrer, nach dem Urtexte übersetzt und mit einer kurzen Lebensbeschreibung des Heiligen und Einleitung von Joh. Röhen. 1. Bd. 4 Lfgn. (383 S.)

„ 93—96. Die sogenannten apostolischen Constitutionen und Canonen, nach dem Urtexte übersetzt von Ferd. Boxler (350 S.)

„ 102—104. Ausgewählte Schriften der syrischen Kirchenväter Aphraates, Rabulas und Isaak von Ninive, zum ersten Male aus dem Syr. übersetzt von Gust. Bickell. 1.—3. Lfg. (S. 1—270.)

„ 109—111. Ausgewählte Reden des heil. Petrus Chrysologus, Kirchenlehrers und Erzbischofs zu Ravenna, nach dem Urtexte übersetzt und mit Einleitungen versehen von Marc. Held. 1.—3. Lfg. (S. 1—288 S.)

„ 114. 115. 123. 124. Ausgewählte Schriften des heil. Gregorius, Bischofs von Nyssa, nach dem Urtexte übersetzt. Mit einer kurzen Lebensbeschreibung und Einleitung versehen von Heinr. Hayd. 1. Bd. 4 Lfgn. (424 S.)

„ 117. 118. Ausgewählte Schriften des Origenes, Kirchenschriftstellers aus Alexandrien, nach dem Urtexte übersetzt. Mit einem gedrängten Vorberichte über das Leben, die Schriften und die Lehre des Origenes von Jos. Kahlhofer. 1. Bd. 1. und 2. Lfg. (S. 1—192.)

Bibliothek der Kirchenväter. Auswahl der vorzüglichsten patrist. Werke in deutscher Uebersetzung, hrsg. unter der Oberleitung von Valentin Thalhofer. 140.—322. Lfg. gr. 16. Kempten 875—79, Kösel'sche Buchh. à Lfg. *

Inhalt:

Lfg. 141. 142. 151. 152. 160. Ausgewählte Schriften des heil. Athanasius, Erzbischof von Alexandria und Kirchenlehrers, aus dem Urtexte übersetzt und mit Einleitung, sowie erläuternden Bemerkungen versehen von Jos. Fisch. 2. Bd. 5.—9. (Schluß-)Lfg. (S. 385—840.)

„ 143. 144. Ausgewählte Schriften des heil. Gregorius des Großen, Papstes und Kirchenlehrers, nach dem Urtext übersetzt. Mit einem kurzen Vorbericht über das Leben und die Schriften des Heiligen von Thdr. Kranzfelder. 2. Bd. 7. und 8. (Schluß-)Lfg. (S. 577—726.)

„ 145. 146. Die Schriften des christlichen Philosophen Athenagoras aus Athen. Uebersetzt von Alois Bieringer. 2 Lfgn. (198 S.)

„ 147. 148. 153. 196. 222. Ausgewählte Schriften des Titus Flavius Clemens von Alexandrien. Uebersetzt von L. Hopfenmüller und J. Wimmer. 5 Lfgn. (467 S.)

„ 149. 150. 163. 164. 169. Ausgewählte Reden des heil. Petrus Chrysologus, Kirchenlehrers und Erzbischofs zu Ravenna, nach dem Urtexte übersetzt und mit Einleitungen versehen von Marc. Held. 4.—8. (Schluß-)Lfg. (S. 289—755.)

„ 154. 178. 188. Ausgewählte Schriften des Firmianus Laktantius, des christlichen Cicero. Uebersetzt von P. H. Jansen und Remig. Storf. 3 Lfgn. (306 S.)

„ 155. 156. 167. 168. 183. 184. 236. 237. 245. 246. Ausgewählte Schriften des heil. Basilius, übersetzt von Remig. Storf. 1. Bd. 6 Lfgn. (533 S.); 2. Bd. 4 Lfgn. (366 S.)

„ 157. 158. 161. 162. 170. 171. 174—177. 187. 228—231. 241. 242. 243. 253. 254. 264. 265. 270. 271. 279. 280. 286. 287. 301. 317. 318. Die Briefe der Päpste und die an sie gerichteten Schreiben von Linus bis Pelagius II. (vom J. 67—590), übersetzt von Severin Wenzlowsky. 1. Bd. 6 Lfgn. (528 S.); 2. Bd. 5 Lfgn. (520 S.); 3. Bd. 7 Lfgn. (637 S.); 4. Bd. 4 Lfgn. (371 S.); 5. Bd. 6 Lfgn. (527 S.); 6. Bd. 1.—3. Lfg. (S. 1—272.)

„ 159. Ausgewählte Schriften des heil. Gregorius Thaumaturgus (des Wunderthäters). Uebersetzt von Jos. Margraf. (84 S.)

„ 165. 166. 193. 194. 199. 200. 208. 209. 214. 234. 235. 247. 248. 258. Ausgewählte Schriften des Origenes, Kirchenschriftstellers aus Alexandrien, nach dem Urtexte übersetzt. Mit einem gedrängten Vorberichte über das Leben, die Schriften und die Lehre des Origenes von Jos. Kohlhofer. 1. Bd. 3. und 4. (Schluß-) Lfg. (S. 193—339.); 2. Bd. 6 Lfgn. (566 S.); 3. Bd. 6 Lfgn. (586 S.)

„ 181. 182. 201. 202. 210. Ausgewählte Schriften des heil. Ephräm von Syrien, aus dem Syrischen und Griechischen übersetzt von Pius Zingerle. 3. Bd. 5 Lfgn. (496 S.)

„ 172. 173. 179. 180. 185. 186. Sämmtliche Reden des heil. Leo des Großen, Papstes und Kirchenlehrers. Uebersetzt von M. M. Wilden. 6 Lfgn. (527 S.)

„ 189—192. 197. 198. 203. 216. 226. 227. 238—240. 249. 250. 260. 261. 266. 267. 272. 283. 284. 293. 294. 303—306. 321. 322. Ausgewählte Schriften des heil. Aurelius Augustinus, Kirchenlehrers, nach dem Urtexte übersetzt. Mit einer kurzen Lebensbeschreibung des Heiligen von J. Molzberger. 4. Bd. 7 Lfgn. (696 S.); 5. Bd. 6 Lfgn. (607 S.); 6. Bd. 7 Lfgn. (675 S.); 7. Bd. 6 Lfgn. (526 S.); 8. Bd. 1.—4. Lfg. (S. 1—400.)

„ 195. Des Tyrannius Rufinus von Aquileja Commentar zum apostol. Glaubensbekenntniß. Übersetzt von H. Brüll. (85 S.)

„ 204. 205. Ausgewählte Schriften der syrischen Kirchenväter Aphraates, Rabulas und Isaak von Ninive, zum ersten Male aus dem Syr. übersetzt von Gust. Bickell. 4. und 5. (Schluß-)Lfg. (S. 273—426.)

„ 206. 207. 255. 256. 285. Ausgewählte Schriften des heil. Ambrosius, Bischofs von Mailand, übersetzt von Frz. Xav. Schulte. 2. Bd. 5 Lfgn. (472 S.)

„ 211—213. Die griechischen Liturgieen der Heiligen Jakobus, Markus, Basilius und Chrysostomus. Uebersetzt von Remig. Storf. 3 Lfgn. (284 S.)

„ 215. Die Mozarabische und Ambrosianische Liturgie. Uebersetzt und erläut. von Th. Kranzfelder. (112 S.)

„ 217. 218. 225. Des Priesters Salvianus von Marseille acht Bücher über die göttliche Regierung. Uebersetzt von Alb. Helf. 3 Lfgn. (231 S.)

„ 219. Des heil. Vaters Dionysius Areopagita angebliche Schrift über die kirchliche Hierarchie. Uebersetzt von Remig. Storf. (120 S.)

„ 220. 221. 223. 224. Des heil. Zeno, Bischofs von Verona Traktate oder geistliche Reden. Uebersetzt von Pet. Leipelt. 4 Lfgn. (375 S.)

Lfg. 232. 233. 244. Ausgewählte Schriften des heil. Gregor von Nazianz, Patriarch und Kirchenlehrer, nach dem Urtexte übersetzt und mit einer kurzen Lebensbeschreibung des Heiligen und Einleitung von Joh. Röhm. 2. Bd. 3 Lfgn. (307 S.)

„ 251. 252. 262. 297. 298. 309. 319. 320. Sämmtliche Schriften des ehrwürdigen Joh. Cassianus. Uebersetzt von A. Abt und Karl Kohlhund. 1. Bd. 6 Lfgn. (602 S.); 2. Bd. 1. und 2. Lfg. (S. 1—192.)

„ 257. 268. 269. 277. 278. 290. Ausgewählte Schriften des sel. Theodoretus, Bischofs von Cyrus. Uebersetzt von Ludw. Küpper. 6 Lfgn. (568 S.)

„ 259. 273. 274. 288. 289. Sämmtliche Schriften des heil. Makarius des Großen, des Aegypters. Uebersetzt von Magnus Jocham. 5 Lfgn. (433 S.)

„ 263. 275. 276. 281. 282. 291. 292. Ausgewählte Schriften des heil. Hilarius, Bischofs von Poitiers. Uebersetzt von Jos. Fisch. 7 Lfgn. (668 S.)

„ 295. 296. 302. 307. 308. 314. Ausgewählte Schriften des heil. Cyrillus, Patriarch von Alexandrien. Uebersetzt von Heinr. Hayd. 6 Lfgn. (562 S.)

„ 299. 300. 310. 311. Ausgewählte Schriften des heil. Chrysostomus, Erzbischofs von Constantinopel und Kirchenlehrers nach dem Urtexte übersetzt von Matth. Schmitz und Joh. Chr. Mitterrutzner. 3. Bd. 1.—4. Lfg. (S. 1—384.)

„ 312. 313. 315. 316. Ausgewählte Schriften des heil. Cyprian, Bischofs von Karthago und Martyr. nach dem Urtexte übersetzt von Jos. Niglutsch, Ant. Egger und Ulr. Uhl. 2. Bd. 1.—4. Lfg. (S. 1—368.)

— der Kirchenväter. Auswahl der vorzüglichsten patrist. Werke in deutscher Uebersetzung, hrsg. unter der Oberleitung von Valent. Thalhofer. 323.—382. Bdchn. 12. Kempten 880—84, Kösel'sche Buchh. à Bdchn. *

Inhalt:

Bdchn. 323. 338. 345. 363. 364. 371. a. Die Briefe der Päpste. 6. Bd. (S. 273—335); 7. Bd. (S. 1—464.) b. Die Schriften der apostolischen Väter. Nachtrag. (24 S.)

„ 324. Cyprian's ausgewählte Schriften. 2. Bd. (S. 369—495.)

„ 325. 326. 336. 337. 343. 344. 349—351. 358. 359—362. 368. 369. 370. 372—382. Chrysostomus' ausgewählte Schriften. 3. Bd. (S. 385—612.); 4. Bd. (664 S.); 5. Bd. (784 S.); 6. Bd. (482 S.); 7. Bd. (500 S.); 8. Bd. (672 S.); 9. Bd. (543 S.); 10. Bd. (S. 1—192.)

„ 327. 334. 335. 355. 356. Cassian's Schriften. 2. Bd. (S. 193—633.)

„ 328. 329. 333. Eusebius' ausgewählte Schriften. 2. Bd. (S. 1—303.)

„ 330—332. Epiphanias' ausgewählte Schriften. (S. 1—287.)

„ 339. 340. 346. 347. Johannes' von Damaskus Glaubenslehre. (S. 1—316.)

„ 341. 342. 348. 357. 366. 367. Gregor's von Nyssa ausgewählte Schriften. 2. Bd. (S. 1—599.)

„ 352—354. 365. Basilius' ausgewählte Schriften. 3. Bd. (S. 1—384.)

— der Kirchenväter. Auswahl der vorzüglichsten patrist. Werke in deutscher Uebersetzung, hrsg. unter der Oberleitung von Valentin Thalhofer. 398.—419. Bdchn. 12. Kempten 885,86, Kösel'sche Buchh. à Bdchn. *

Inhalt:

Bdchn. 398—400. Chrysostomus' ausgewählte Schriften. (8. Bd. S. 673—315; 10. Bd. S. 193—368.)
" 401. 402. Die Briefe der Päpste. (7. Bd. S. 465—607.)
" 403. 404. Chrysostomus' ausgewählte Schriften. (10. Bd. S. 385—512.) Die Lehre der 12 Apostel. (27 S.)
" 405—419. General-Register. 2 Bde. (570; 624 S.) 885—87.

— der Kirchenväter. Auswahl der vorzüglichsten patrist. Werke in deutscher Uebersetzg., hrsg. unter der Oberleitung v. Valentin Thalhofer. 420. Bdchn. Bericht üb. die „Bibliothek der Kirchen väter". Schluß-Bd. 12. (184 S.) Kempten 889, Kösel. gratis

— d. Kirchenväter. Ausw. patrist. Werke in deut. Übersetzg. Hrsg. v. O Bardenhewer, Th. Schermann, K Weyman. 1—7. Bd. 8° Kempt., J Kösel. je 2.70; L 3.50; in HPerg. 4 —

1. Augustinus, Des hl. Kirchenvaters Aurelius, ausgewählte Schriften. Aus d. Lat. übers. 1. Bd. 22 Bücher üb. d. Gottesstaat. Übers. v. Alfr. Schröder. 1. Bd. (Buch I—VIII.) (16, 63, 442) '11. Einzelpr. 3.50; geb. 4.30 u. 4.80
2. Dionysius Areopagita, Des hl., angebl. Schriften üb. d. beiden Hierarchien. Aus d. Griech. v. Jos. Stiglmayr. — Gregorius Thaumaturgus, Des hl., ausgew. Schriften. Aus d. Griech. übers. v. Herm. Bourier. — Methodius v. Olympus, Des hl., Gastmahl od. d. Jungfräulichk. Aus d. Griech. übers. u. m. Erläutergn versehen v L Fendt. (27, 209; 8, 60 u. 9, 127) '11. Einzelpr. 3.50; geb. 4.30 u. 4.80
3. Irenäus, Des hl., ausgew. Schriften, ins Deutsche übers. 1. Bd. 5 Bücher gegen d. Häresien. Uebers. v. E Klebba. I. Bd, Buch I—III. (10, 321) '12. Einzelpr. 3.50; geb. 4.30 u. 4.80
4. Dass. 2. Bd. 5 Bücher gegen d. Häresien. II. Bd, Buch IV u. V. — Schrift z. Erweis d. apostol. Verkündigg. Aus d. Armen. v. Sim. Weber. (260 u. 18, 68) '12. Einzelpr. 3.50; geb. 4.30 u. 4.80
5. Liturgien, Griechische. Uebers. v. Remig, Storf. Mit Einleitgn versehen v. Thdr Schermann. — Palladius, Des, v. Hellenopolis Leben d. hl. Väter. Aus d. Griech. v. St. Krottenthaler. — Gerontius: Das Leben d. hl. Melania. Aus d. Griech. v. St. Krottenthaler. (6, 313; 6, 129 u. 6, 54) '12. Einzelpr. 3.50; geb. 4.30 u. 4.80
6. Schriften, Ausgew., d. syr. Dichter Cyrillonas, Baläus, Isaak v. Antiochien u. Jakob v. Sarug. Aus d. Syr. v. S Landersdorfer. (8, 54, 45, 148 u. 183) '12. Einzelpr. 3.50; geb. 4.30 u. 4.80
7. Tertullian's ausgew. Schriften ins Deutsche übers. — 1. Bd. Private u. katechet. Schriften. Neu übers., m. Lebensabriss u. Einleitgn versehen v. KA Heinr. Kellner. (46, 347) '12. Einzelpr. 2.70; L 3.60: HPerg. 4.10

Zur Berichtigung: Im XVII. Bd. 1. Abthl. S. 160 muß es statt 323.—382. Bdchn. heißen: 323.—397. Bdchn. — Die fehlenden Nr. 383—397 enthalten die daselbst aufgeführten ausgewählten Schriften des heil. Chrysostomus, und zwar: 7. Bd. (S. 481—500); 8. Bd. (672 S.); 9. Bd. (543 S.); 10. Bd. (S. 1—192.)

Alphabetische Übersicht:

Ambrosius' ausgew. Schriften. Uebers. v. FX Schulte. 1—4. Lfg. (422) 71—73.
Ambrosius' ausgew. Schriften. 5—9. Lfg. (II.: 1—472) 76—78.
Athanasius' ausgew. Schriften. Uebers. v. J Fisch. 1—15. Lfg. (I.: 585. II.: 1—840) 73—75.
Athenagoras' Schriften. 2 Lfgn. (108) 75.
Augustinus', A, ausgew. Schriften. Uebers. v. J Molzberger. 1—21. Lfg. (I—III.: 2052) 71—74.
Augustin's ausgew. Schriften. 22—50. Lfg. (V—VIII.: 2904) 76—79.
Basilius' ausgew. Schriften. 1. u. 2. Lfg. (I.: 1—192) 75.
Basilius' ausgew. Schriften. 3—10. Lfg. (I.: 193—583. II.: 368) 76—78.
Basilius' ausgew. Schriften. (3. Bd 384)
Bericht üb d. „Bibliothek d. Kirchenväter". Schluss- u. Gratis-Bd. (184)
Briefe, die, d. Päpste. 1—4. Lfg. (I.: 1—368) 75.
Briefe, die, d. Päpste. 5—32. Lfg. (I.: 369—524. II—VI.: 2890. VII.: 1—96) 76—80.
Briefe, d., d. Päpste. (7. Bd. 97—607)
Cassian's Schriften. 1—11. Lfg. (I. II.: 1050) 78—80.
Cassian's Schriften. (2. Bd. 449—638)
Chrysologus, P, ausgew. Reden. Uebers. v. M Held. 1—4. Lfg. (680) 74. 75.
Chrysologus' ausgew. Reden. 5—7. Lfg. (481—577) 76.
Chrysostomus' ausgew. Schriften. Uebers. v. JC Mitterrutzner. 1—3. Lfg. (315) 69. 70.
Chrysostomus' ausgew. Schriften. Uebers. v. JC Mitterrutzner. 4—9. Lfg. (I.: 340—491. II.: 432.) 71—74.
Chrysostomus' ausgew. Schriften. 10—19. Lfg. (III.: 612. IV.: 1—308.) 79. 80.
Chrysostomus' ausgew. Schriften. (4. Bd. 369—664. 5—10. Bd. 3626) Die Lehre d. 12 Apostel. (27) n. 16. 80
Clemens' v. Alexandria ausgew. Schriften. 1—3. Lfg. (288) 75.
Clemens' v. Alexandrien ausgew. Schriften. 4. u. 5. Lfg. (289—467.) 76. 77.
Cyprian, ausgew. Schriften. Uebers. v. U Uhl. (379) 69. 70. n. — 12
Cyprian's ausgew. Schriften. 4—6. Lfg. (II.: 495) 79. 80.
Cyrillus' Katechesen. Uebers. v. J Nirschl. 1—4. Lfg. (455) 71.
Cyrill's v. Alexandria ausgew. Schriften. 6 Lfgn. (562) 79.
Dionysius, üb. d. kirchl. Hierarchie. (120) 77.
Ephräm v. Syrien, ausgew. Schriften. Uebers. v. P Zingerle. 1. Lfg. (I.: 1—96) 70.
Ephräm v. Syrien, ausgew. Schriften, Uebers. v. P Zingerle. 2—7. Lfg. (I.: 97—412. II.: 403) 70—74.
Ephräm's ausgew. Schriften. 8—12. Lfg. (III.: 496) 76. 77.
Epiphanius' ausgew. Schriften. 1—3. Lfg. (287) 80.
Eusebius Pamphili, ausgew. Schriften. Uebers. v. M Stigloher. 1. Lfg. (I.: 1—112) 70.
Eusebius Pamphili ausgew. Schriften. Uebers. v. M Stigloher. 2—7. Lfg. (113—714) 71—73.
Eusebius' ausgew. Schriften. 8—10. Lfg. (II.: 1—303) 80.
Gedichte, ausgew., d. syr. Kirchenväter Cyrillonas, Baläus, Isaak v. Antiochien u. Jakob v. Sarug. Uebers. v. G Bickell. 1—3. Lfg. (200) 72. 73.
General-Register. 1. u. 2. Lfg. (160)
General-Register. (1. Bd. 161—570 u. 2. Bd. 624)
Gregorius d. Gr. ausgew. Schriften. Uebers. v. T Kranzfelder. 1—13. Lfg. (I.: 535. II.: 1—726) 73—75.
Gregor v. Nazianz ausgew. Schriften. Uebers. v. J Röhm. 1—4. Lfg. (383) 74.
Gregor's v. Nazianz ausgew. Schriften. 5—8. Lfg. (II.: 307) 77.
Gregor's v. Nyssa
— Abh. v. d. Erschaffg d. Menschen. (315) 59. 1. $7\frac{1}{2}$
Gregor's v. Nyssa Abh. v. Religionsunterr., üb. Dreieinigkeit etc. (239) 58. 1. —
— Abh. üb. d. gottgeweihten ehelosen Stand. (319) 59. 1. $7\frac{1}{2}$
— Gespräch m. Makrina üb. Seele u. Auferstehg. (239) 58. 1. —
Gregorius v. Nyssa, ausgew. Schriften. Uebers. v. H Hayd. 1—4. Lfg. (424) 74.
Gregor's v. Nyssa ausgew. Schriften. 5. u. 6. Lfg. (II.: 1—192) 80.
Gregor's v. Nyssa ausgew. Schriften. (2. Bd. 193—599)
Gregorius Thaumaturgus' ausgew. Schriften. 1. Lfg. (84) 75.
Hieronymus' ausgew. Schriften. Uebers. v. P Leipelt. 1—12. Lfg. (I. II.: 1175) 72—75.
Hilarius' ausgew. Schriften. 7 Lfgn. (606) 78.
Hippolytus' Buch üb. Christus. Uebers. v. V Gröne. (62) 74.
— Canones. Uebers. v. V Gröne. (48) 74.
Johannes' v. Damaskus Glaubenslehre. 1. u. 2. Lfg. (1—176) 80.
Johannes' v. Damaskus Glaubenslehre. (177—316)
Irenäus' ausgew. Schriften. Uebers. v. H Hayd. 1—8. Lfg. (I.: 425. II.: 1—308) 72—74.
Justinus' Apologien. Uebers. v. PA Richard. (140) 71.
Constitutionen u. Canonen, d. sogen. apostol. Uebers. v. F Boxler. 1—4. Lfg. (350) 74.
Laktantius' ausgew. Schriften. 1. Lfg. (96) 75.
Laktantius' ausgew. Schriften. 2. u. 3. Lfg. (97—306) 76.
Leo d. Gr. sämmtl. Reden. 6 Lfgn. (527) 76.
Liturgieen, griech. 3 Lfgn. (284) 77.
— mozarabische u. ambrosian. (112) 77.
Makarius' sämmtl. Schriften. 5 Lfgn. (438) 78.
Melito's Rede an d. Kaiser Antonius [üb. d. Wahrheit]. Uebers. v. V. Gröne. (240) 74. — 80
Minucius Felix, M, Octavius. Uebers. v. A Bieringer. (88) 71. — 40
Origenes ausgew. Schriften. Uebers. v. J Thalhofer. 1. u. 2. Lfg. (I.: 192) 74.
Origenes' ausgew. Schriften. 3—16. Lfg. (I.: 193—339. II. III.: 1152) 76—78.
Rufinus' apostol. Symbolum. (85) 76.
Salvian, üb. d. göttl. Regierung. 3 Lfgn. (231) 77.
Schriften, ausgew., d. syr. Kirchenväter Aphraates, Rabulas u. Isaak v. Ninive. Uebers. v. G Bickell. 1—3. Lfg. (270) 74.
Schriften, ausgew., syr. Kirchenväter. 4. u. 5. Lfg. (273—420) 76.
Schriften, d., d. apostol. Väter. Uebers. v. JC Mayer. 1—4. Lfg. (140) 69. 70.
Sulpicius Severus' ausgew. Schriften. Uebers. v. A Bieringer. 1. Lfg. (179) 73.
Tatian's Rede an d. Griechen. Uebers. v. V Gröne. (84) 72. — 40
Tertullianus, S, ausgew. Schriften. Uebers. v. H Kellner. 1. u. 2. Lfg. (I.: 1—224) 70.
Tertullian's, S, ausgew. Schriften. Uebers. v. H Kellner. 3—8. Lfg. (I.: 225—449. II.: 391) 71. 72.
Theodoret's ausgew. Schriften. 6 Lfgn. (568) 78.
Theophilus' Schrift an Antolykus. Uebers. v. J Leitl. — Hermias' Verspottg d. heidn. Philosophen. Uebers. v. J Leitl. (128) 73. — 40
Vincenz v. Lerin, Commonitorium. Uebers. v. U Uhl. (100) 70. — 40
Zeno's v. Verona Traktate. 4 Lfgn. (375) 77.

Bibliothek der Kirchenversammlungen des vierten und fünften Jahrhunderts in Übersetzungen und Auszügen [von Georg Daniel Fuchs]. Leipzig 1780—84. H: (Th. 4.): *Planck, Gottlieb Jacob.* (BrMm)

— für d. allgem. Kirchenwesen aller Nationen u. Confessionen. Herausg. von Alexander Müller u. Ernst Münch. 2 Hefte. gr. 8. Stuttgart 1836, Rieger (fehlt). 1 Thlr. 4 ggr. — 1 fl. 48 kr.

Bibliothek ausländischer Klassiker in deutscher Uebertragung. 1.—74. Bd. 8. Hildburghausen 865—68, Bibliographisches Institut.

Inhalt:

Bd. 1. Shakespeare's Macbeth. Deutsch von Wilh. Jordan. (122 S.) 5 Ngr.
" 2. Tegnér's, Esaias, Frithjofs-Sage. Deutsch von Heinr. Viehoff. (143 S.) 6 Ngr.; geb. 10 Ngr.
" 3. Shakespeare's Hamlet. Deutsch von Ludw. Seeger. (200 S.) 9 Ngr.
" 4. Töpffer, Rud., Rosa und Gertrud. Eine Genfer Novelle. Aus dem Französ. übertragen von Karl Eitner. (211 S.) 10 Ngr.; geb. 15 Ngr.
" 5. Shakespeare's Romeo und Julie. Deutsch von Wilh. Jordan. (135 S.) 6 Ngr.
" 6. 7. Burns', Rob., Lieder und Balladen. Deutsch von Karl Bartsch. 1. Thl. (136 S.) 6 Ngr. — 2. Thl. (159 S.) $7\frac{1}{2}$ Ngr.; compl. geb. 18 Ngr.
" 8—10. Dante Alighieri's göttliche Komödie. In Jamben übertragen von Karl Eitner. 1. Thl.: Die Hölle. (XXXII und 156 S.) 9 Ngr. — 2. Thl.: Das Fegefeuer. (168 S.) 8 Ngr. — 3. Thl.: Das Paradies. (172 S.) 8 Ngr.; compl. geb. 1 Thlr.

• 11. Byron, Lord, Dichtungen. Deutsch von Wilh. Schäffer. (118 S.) 6 Ngr.; geb. 10 Ngr.

• 12. 13. Björnson's, Björnstjerne, Bauernnovellen. Aus dem Norweg. übertragen von Edm. Lobedanz. 2 Thle. (245 S.) à Thl. 6 Ngr.; compl. geb. 18 Ngr.

• 14—16. Molière's Charakter-Komödien. Im Versmaße des Orig. übertragen von Adf. Laun. 1. Thl.: Der Misanthrop. (127 S.) 6 Ngr. — 2. Thl.: Der Tartüff. (140 S.) 7 Ngr. — 3. Thl.: Die gelehrten Frauen. (118 S.) 6 Ngr.; compl. geb. 25 Ngr.

• 17. Scott, Walter, das Fräulein vom See. Romantische Dichtung. Uebers. von Heinr. Viehoff. (168 S.) 8 Ngr.; geb. 12 Ngr.

• 18. 19. Homer's Odyssee im Versmaaße der Urschrift übers. von F. W. Ehrenthal. 2 Thle. (382 S.) 19 Ngr.; geb. 24 Ngr.

• 20. Shakespeare's König Lear. Deutsch von Wilh. Jordan. (166 S.) 8 Ngr.

• 21. 22. Sand, Geo., ländliche Erzählungen. Deutsch von Aug. Cornelius. 1. Thl.: Der Teufelssumpf. (99 S.) 5 Ngr. — 2. Thl.: Franz der Champi. (154 S.) 7½ Ngr.; compl. geb. 18 Ngr.

• 23. Shakespeare's Wintermärchen. Deutsch von Karl Simrock. (132 S.) 7 Ngr.

• 24. —— Timon von Athen. Deutsch von Ludw. Seeger. (131 S.) 7 Ngr.

• 25. Beaumarchais' ein toller Tag oder Figaro's Hochzeit. Uebersetzt und eingeleitet durch Frz. Dingelstedt. (127 S.) 6 Ngr.; geb. 10 Ngr.

• 26. St. Pierre, Bernardin de, Paul und Virginie und die indische Hütte. Uebers. von Karl Eitner. (175 S.) 8 Ngr.; geb. 12 Ngr.

• 27. Shakespeare's König Johann. Deutsch von Ludw. Seeger. (119 S.) 6 Ngr.

• 28. —— Viel Lärmens um Nichts. Deutsch von Karl Simrock. (124 S.) 6 Ngr.

• 29. 30. Percy Bysshe Shelley's ausgewählte Dichtungen. Deutsch von Adf. Strodtmann. 1. Thl. (176 S.) 8 Ngr. und 2. Thl. (190 S.) 9 Ngr.; compl. geb. 22 Ngr.

• 31—33. Björnson, Björnstjerne, dramatische Werke. Aus dem Norweg. übertragen von Edm. Lobedanz. 1. Thl.: Hulda. Zwischen den Schlachten. (VIII und 176 S.) 9 Ngr. — 2. Thl.: König Sigurd. 1. und 2. Abthl. (164 S.) 8 Ngr. — 3. Thl.: König Sigurd. 3. Abthl. (148 S.) 7½ Ngr.; compl. geb. 1 Thlr. 2 Ngr.

• 34. Leopardi, Giacomo, Gedichte. Verdeutscht in den Versmaßen des Orig. von Rob. Hamerling. (144 S.) 7 Ngr.; geb. 12 Ngr.

• 35. 36. Le Sage's der hinkende Teufel. Deutsch von Levin Schücking. 2 Thle. (280 S.) à Thl. 7 Ngr.; compl. geb. 20 Ngr.

• 37. 38. Sophokles. Uebers. von Heinr. Viehoff. 1. Thl.: König Oedipus. Oedipus in Kolonos. Antigone. (224 S.) 11 Ngr. — 2. Thl.: Der rasende Ajas. Philoktetes. Elektra. Die Trachinierinnen. (248 S.) 12 Ngr.; compl. geb. 28 Ngr.

• 39. Chateaubriand's Atala, René und der Letzte der Abenceragen. Deutsch von Maria v. Andechs (Baronin v. Leinburg.) (183 S.) 9 Ngr.; geb. 14 Ngr.

• 40. Shakespeare's Sturm. Deutsch von Frz. Dingelstedt. (93 S.) 5 Ngr.

• 41—43. Geoffrey Chaucer's Canterbury Geschichten. Uebers. von Wilh. Hertzberg. 3 Thle. (674 S.) 1 Thlr. 2 Ngr.; geb. 1 Thlr. 10 Ngr.

• 44. Shakespeare's der Liebe Lohn verloren und die beiden Edelleute von Verona. Deutsch von Karl Simrock. (214 S.) 14 Ngr.

Bd. 45. 46. 49. 50. Manzoni, Aless., die Verlobten. Eine mailänd. Geschichte aus dem 17. Jahrh. aufgefunden und erneut. Aus dem Italien. übers. von Emilie Schröder. Eingeleitet durch H. Th. Rötscher. 2 Thle. (368 und 320 S.) 1 Thlr. 8 Ngr.; geb. 1 Thlr. 20 Ngr.

• 47. 48. Byron's Don Juan. Deutsch von Wilh. Schäffer. 1.—6. Gesang. 2 Thle. (276 S.) 13½ Ngr.; geb. 18 Ngr.

• 51. Shakespeare's Cymbelin. Deutsch von Wilh. Jordan. (151 S.) 7½ Ngr.

• 52. —— Sonette. Deutsch von F. A. Gelbcke. (176 S.) 8 Ngr.; geb. 12 Ngr.

• 53. 54. 56. 57. 62. 63. 65. 66. Cervantes Saavedra, Miguel de, der sinnreiche Junker Don Quijote v. der Mancha. Aus dem Span. von Edm. Zoller. 4 Bde. (762, 352, 288 S.) 2 Thlr. ½ Ngr.; geb. 2 Thlr. 20 Ngr.

• 55. Shakespeare's Gleiches mit Gleichem. Deutsch von Karl Simrock. (118 S.) 6 Ngr.

• 58. Kalidasa's Sakuntala. Ein ind. Schauspiel. Aus dem Sanskrit und Prakrit metrisch übers. von Ernst Meier. (158 S.) 7½ Ngr.; geb. 12 Ngr.

• 59. 60. Milton, John, das verlorene Paradies. Episches Gedicht. Uebersetzt von Karl Eitner. (338 S.) 16½ Ngr.; geb. 22 Ngr.

• 61. Shakespeare's König Richard II. Uebersetzt von Heinr. Viehoff. (114 S.) 6 Ngr.

• 64. Alfr. Tennyson's ausgewählte Dichtungen. Deutsch von Adf. Strodtmann. (190 S.) 9 Ngr.; geb. 14 Ngr.

• 67. 68. 71. Spanisches Theater. Hrsg. von Mor. Rapp. 1. Bd.: Die Anfänge des spanischen Theaters. Gil Vicente, Lope de Rueda. (336 S.) 15½ Ngr.; geb. 20 Ngr. — 2. Bd.: Cervantes' Neun Zwischenspiele, deutsch von H. Kurz. (185 S.) 9 Ngr.; geb. 14 Ngr.

• 69. Shakespeare's König Richard III. Uebersetzt von Wilh. Jordan. (160 S.) 7½ Ngr.

• 70. —— König Heinrich VIII. Deutsch von Heinr. Viehoff. (124 S.) 6 Ngr.

• 72. —— Perikles. Deutsch von Karl Simrock. (102 S.) 5 Ngr.

• 73. —— Titus Andronicus. Deutsch von Heinr. Viehoff. (102 S.) 5 Ngr.

• 74. —— Komödie der Irrungen, deutsch von Frz. Dingelstedt. (82 S.) 5 Ngr.

—— ausländischer Klassiker in deutscher Uebertragung. 75.—145. Bd. 8. Hildburghausen [Leipzig] 868—72, Bibliographisches Institut. 145 Bde. complet (* ℳ 113,10.); geb. * 1

Inhalt:

Bd. 75. Sterne, Laur., Yorick's empfindsame Reise. Aus dem Engl. übersetzt von Karl Eitner. (189 S.) 90 Pf.; geb. * ℳ 1,40.

• 76. Shakespeare's Walpurgisnachtstraum. Deutsch von Karl Simrock. (95 S.) 50 Pf.

• 77. 80. 81. Staël's, Frau v., Corinna. Deutsch von M. Bock, mit einem Vorwort von Fr. Spielhagen. 3 Thle. (540 S.) (ℳ 2,55.) ℳ 1,50.; geb. * ℳ 2,40.

• 78. Shakespeare's die Kunst einen Trotzkopf zu brechen. Deutsch von Karl Simrock. (110 S.) 50 Pf.

• 79. —— die lustigen Weiber von Windsor. Deutsch von Karl Simrock. (121 S.) 60 Pf.

• 82. 83. 85. 86. Holberg's, Ludw., ausgewählte Komödien. Aus dem Dänischen von Rob. Prutz. 4 Thle. (202; 226; 218; 227 S.) (ℳ 4,30.); geb. * ℳ 3,50.

• 84. Shakespeare's Othello. Deutsch von W. Jordan. (152 S.) 75 Pf.

• 87. Byron, Lord, Childe Harold's Pilgerfahrt. Deutsch von A. H. Janert. (191 S.) 90 Pf.

• 88—91. 109. Rapp, Mor., spanisches Theater. 3.—5. Bd. (418; 412; 266 S.) ℳ 5,40.

• 123. 124. —— dass. — 6. Bd. Schauspiele von Calderon de la Barca. (277 S.) ℳ 1,45.

• 131. 132. —— dass. — 7. Bd. (279 S.) ℳ 1,40.; geb. in 3 Bdn. * ℳ 8.

• 92. Shakespeare's Was ihr wollt. Deutsch von Frz. Dingelstedt. (110 S.) 50 Pf.

• 93. —— Wie es euch gefällt. Deutsch von Frz. Dingelstedt. (114 S.) 60 Pf.

• 94. 95. Defoe, Dan., Leben und Abenteuer des Robinson Crusoe. Aus dem Engl. übertragen von Karl Altmüller. (VII, 324 S.) ℳ 1,55.; geb. * ℳ 1,75.

• 96—99. Sterne, Laurence, Tristram Shandy's Leben und Meinungen. Aus dem Engl. übersetzt von F. A. Gelbcke. 1. Thl. (316 S.) (ℳ 1,50.); 2. Bd. (285 S.) (ℳ 1,40.); geb. in 1 Bd. * ℳ 2,60.

• 100. Shakespeare's Kaufmann von Venedig. Deutsch von Karl Simrock. (106 S.) 50 Pf.

• 101. Aeschylos. Uebersetzt von A. Oldenberg. (216 S.) ℳ 1,10.; geb. * ℳ 1,50.

• 102. 103. Racine's ausgewählte Tragödien. In Jamben übertragen von Adf. Laun. (320 S.) ℳ 1,50.; geb. * ℳ 1,75.

• 104. Morgenländische Anthologie. Eine Auswahl klassischer Dichtungen aus der sinesischen, indischen, persischen und hebräischen Literatur. Uebersetzt von Ernst Meier. (256 S.) ℳ 1,20.; geb. * ℳ 1,50.

Bd. 105. Shakespeare's Julius Caesar. Deutsch von Heinr. Viehoff. (116 S.) 60 Pf.

• 106. Camoens, Luis de, die Lusiaden. Heroisch-episches Gedicht. Aus dem Portug. in Jamben übersetzt von K. Eitner. (262 S.) ℳ 1,30.; geb. * ℳ 1,60.

• 107. Puschkin's Dichtungen. Deutsch von Ferd. Löwe. (138 S.) 70 Pf.; geb. * ℳ 1,20.

• 108. Shakespeare's Antonius und Cleopatra. Deutsch von Karl Simrock. (150 S.) 75 Pf.

• 110. —— Coriolan. Deutsch von Heinr. Viehoff. (155 S.) 75 Pf.

• 111. Goldsmith's Landprediger von Wakefield. Deutsch von Karl Eitner. (219 S.) ℳ 1,5.; geb. * ℳ 1,40.

• 112. 113. Byron's dramatische Werke. Deutsch von W. Grützmacher. (321 S.) ℳ 1,50.

• 114. 115. Shakespeare's König Heinrich der Vierte. 1. und 2. Thl. Deutsch von Heinr. Viehoff. (124 S.) 60 Pf.; (136 S.) 70 Pf.

• 116. 117. 119. 120. 121. Rousseau's Bekenntnisse. Deutsch von Levin Schücking. 2 Thle. 1. Thl. (330 S.); 2. Thl. (470 S.) ℳ 3,85.; geb. * ℳ 4.

• 118. Shakespeare's König Heinrich der Fünfte. Deutsch von Heinrich Viehoff. (130 S.) 60 Pf.

• 122. Byron, Lord, Dichtungen. Deutsch von Wilh. Schäffer. 2. Bdchn. (132 S.) 70 Pf.

• 125. Amerikanische Anthologie. Dichtungen der amerikan. Literatur der Gegenwart in den Versmaßen der Orig. übersetzt von Adf. Strodtmann. (236 S.) ℳ 1,10.; geb. * ℳ 1,50.

• 126. Shakespeare's Ende gut Alles gut. Deutsch von Karl Simrock. (120 S.) 60 Pf.

• 127. —— Troilus und Cressida. Deutsch von Karl Simrock. (144 S.) 70 Pf.

• 128—130. La Bruyère, die Charaktere oder die Sitten im Zeitalter Ludwig XIV. Aus dem Französ. übersetzt von Karl Eitner. 3 Thle. (416 S.) ℳ 2.; geb. * ℳ 2.

131—132. Spanisches Theater. Hrsg. v. Mor. Rapp. (7. Bd. S. 1—279.) à — 70

• 133. 134. Die Romanzen vom Cid. Aus dem Span. übersetzt von Karl Eitner. (248 S.) ℳ 1,20.; geb. * ℳ 1,50.

• 135—137. Shakespeare's König Heinrich VI. 1.—3. Thl. Deutsch von Heinr. Viehoff. (114; 118; 126 S.) à 60 Pf.

• 138. 139. Transatlantische Novellen. Uebersetzt von Karl H. Baum. 2 Thle. (S. 1—144.) 70 Pf.; (S. 145—298.) 75 Pf.; geb. in 1 Bd. * ℳ 1,50.

• 140. 141. Genée, Rud., Shakespeare's Leben und Werke. 2 Hälften. (408 S.) à ℳ 1.

• 142. Byron, Lord, Dichtungen. Deutsch von Adf. Strodtmann. 3. Bdchn. Gjaur. Braut von Abydos. Lara. Parisina. (176 S.) 80 Pf.

• 143. Rousseau's ausgewählte Briefe. Deutsch von Fr. Wiegand. (153 S.) 75 Pf.; geb. * ℳ 1,20.

• 144. Mérimée's ausgewählte Novellen. Deutsch von Adf. Laun. (241 S.) ℳ 1,10.; geb. * ℳ 1,50.

• 145. Byrons, Lord, lyrische Gedichte. Ausgewählt und übersetzt von Heinr. Stadelmann. (XVI, 132 S.) 75 Pf.

—— ausländ. Klassiker. 146. u. 147. Lfg. 8. Lpzg 78, Bibliogr. Inst. 2. 30

Homers Ilias. Deutsch v. FW Ehrenthal. (472)

—— ausländischer Klassiker. 146. und 147. Lfg.: Homers Ilias. Deutsch von F. W. Ehrenthal. 8. (472 S.) Leipzig 879, Bibliograph. Institut.

1.–145. Lfg. Ebendas. *ℳ 113,10.

—— ausländischer Klassiker. 148.—163. (Schluß-)Lfg. 8. Leipzig 880, Bibliograph. Institut. Subscr.-Pr. Ladenpr.

Inhalt:

Lfg. 148. Euripides' ausgewählte Dramen. Deutsch von Jak. Mähly. (XXXII, 210 S.) ℳ 1,20.; Ladenpr. ℳ 1,75.

» 149—152. Rabelais' Gargantua und Pantagruel. Deutsch von F. A. Gelbcke. 2 Bde. (495; 428 S.) ℳ 4,50.; Ladenpr. ℳ 6,50.

» 153. Griechische Lyriker. Uebers. von Jak. Mähly. (XXII, 143 S.) 80 Pf.

» 154. Römische Lyriker. Uebers. von Jak. Mähly. (XXVI, 156 S.) 80 Pf.

» 155—158. Mähly, Jak., Geschichte der antiken Literatur. 2 Bde. (280; 276 S.) ℳ 2,70.; Ladenpr. 3,50.

» 159—163. Altenglisches Theater. Hrsg. von Rob. Prölß. 2 Bde. (456; 272 S.) ℳ 3,60.; Ladenpr. ℳ 6.

Alphabetische Übersicht:

Anthologie, amerikan. Uebers. v. A Strodtmann. (236) 70. – 11

– morgenländ. Uebers. v. E Meier. (256) 69. – 12

Aeschylos. Uebers. v. A Oldenburg. (216) 69. – 11

Beaumarchais' e. toller Tag. Uebers. durch F Dingelstedt. (127) 66. – 6

Björnson, B, Bauernnovellen. A. d. Norw. v. E Lobedanz. 2 Thle. (245) – 12

Björnson, B, dramat. Werke. A. d. Norw. v. E Lobedanz. 1. Thl.: Hulda. Zwischen d. Schlachten. (176) 66. – 9

– dass. 2. u. 3. Thl.: König Sigurd. 3 Abthn. (312) 66. – 16½

La Bruyère, d. Charaktere od. d. Sitten im Zeitalter Ludwig XIV. Uebers. v. K Eitner. 3 Thle. (416) 71. 2. —

Burns, W, Lieder u. Balladen. Deutsch v. K Bartsch. 2 Thle. (295) – 13½

Byron, Dichtgn. Deutsch v. W Schäffer. (118) – 6

– Dichtgn. Deutsch v. W Schäffer. 2. Bd. (132) 70. – 7 (1. 2.: – 13½)

Byron, Lord, Dichtgn. Deutsch v. A Strodtmann. 3. Bdchn. (176) 74. — 80

— lyr. Gedichte, übers. v. A Stadelmann. (132) 72. — 75

– Don Juan. Deutsch v. W Schäffer. 2 Thle. (276) 67. – 13½

Byron, Lord, Childe Harold's Pilgerfahrt. Deutsch v. AH Janert. (191) 69. – 9

– dramat. Werke. Deutsch v. W Grützmacher. (321) 70. – 15

Camoens, L de, d. Lusiaden. Uebers. v. K Eitner. (262) 69. – 13

Cervantes Saavedra, M de, d. sinnr. Junker Don Quijote v. d. Mancha. A. d. Span. v. E Zoller. 4 Bde. (1402) 67. 68. 2. – ½

Chateaubriand's Atala, René u. d. Letzte d. Abenceragen. Deutsch v. M v. Andechs. (183) 66. – 9

Chaucer's, G, Canterbury Geschichten. Uebers. v. W Hertzberg. 3 Thle. (624) 66. 67. 1. 2

Dante Alighieri's göttl. Komödie. Uebers. v. K Eitner. 1. Thl Die Hölle. (156) – 9

– dass. 2. Thl.: Das Fegefeuer. (168) – 8

– dass. 3. Thl.: Das Paradies. (172) – 8

Defoe, D, Leben u. Abent. d. Robinson Crusoe. A. d. Engl. v. K Altmüller. (321) 69. – 15½

Genée, R, Shakespeare's Leben u. Werke. (408) 72. 2. —

Goldsmith's Landprediger v. Wakefield. Deutsch v. K Eitner. (219) 70. – 10½

Holberg's L, ausgew. Komödien. A. d. Dän. v. R Prutz. 4 Thle. (873) 68. 1. 13

Homers Odyssee, übers. v. FW Ehrenthal. 2 Thle. (382) – 19

Kalidasa's Sakuntala. A. d. Sanskr. u. Prakrit v. E Meier. (158) 67. – 7½

Leopardi, G, Gedichte. Verdeutscht v. R Hamerling. (111) 66. – 7

Le Sage's d. hink. Teufel. Deutsch v. L Schücking. 2 Thle. (280) 66. – 11

Manzoni, A, d. Verlobten. A. d. Ital. v. C Schröder. 2 Thle. (688) 67. 1. 5

Mérimée's ausgew. Novellen. Deutsch v. A Laue. (241) 72. 1. 10

Milton, J, d. verlor. Paradies. Uebers. v. K Eitner. (338) 67. – 16½

Molière, Charakter-Komödien. Uebertr. v. A Laun. 1. Thl.: Der Misanthrop. (127) – 6

– dass. 2. Thl.: Der Tartüff. (140) – 7

– dass. 3. Thl.: Die gelehrten Frauen. (118) – 6

Novellen, transatlant. Uebers. v. KH Baum. 2 Thle. (298) 71. 1. 45

St. Pierre, B de, Paul u. Virginie. Uebers. v. K Eitner. (175) 66. – 8

Puschkin's Dichtgn. Deutsch v. F Löwe. (138) 69. – 7

Racine's ausgew. Tragödien. Uebertr. v. A Laun. (320) 69. – 15

Romanzen, d., v. Cid. Uebers. v. K Eitner. (248) 71. 1. 20

Rousseau's Bekenntnisse. Deutsch v. L. Schücking. 2 Thle. (800) 70. 1. 8½

Rousseau's ausgew. Briefe. Deutsch v. F Wiegand. (153) 72. — 75

Sand, G, ländl. Erzählgn. Deutsch v. A Cornelius. 1. Thl.: Der Teufelssumpf. (99) – 5

– dass. 2. Thl.: Franz d. Champi. (154) – 7½

Scott, W, d. Fräulein vom See. Uebers. v. H Viehoff. (168) – 8

Shakespeare's Antonius u. Cleopatra. Deutsch v. K Simrock. (150) 69. – 7½

– Julius Caesar. Deutsch v. H Viehoff. (116) 69. – 6

– Coriolan. Deutsch v. H Viehoff. (155) 70. – 7½

– Cymbelin. Deutsch v. W Jordan. (151) 67. – 7½

– Ende gut, Alles gut. Deutsch v. K Simrock. (120) 70. – 6

– Gleiches m. Gleichem. Deutsch v. K Simrock. (118) 67. – 6

Shakespeare's Hamlet. Deutsch v. L Seeger. (200) – 9

– König Heinrich VIII. Deutsch v. H Viehoff. (121) 68. – 6

– König Heinrich V. Deutsch v. H. Viehoff. (130) 70. – 6

Shakespeare's König Heinrich VI. Deutsch v. H Viehoff. 3 Thle. (358) 71. 1. 80

– König Heinrich IV. 2 Thle. Deutsch v. H Viehoff. (260) 70. – 13

Shakespeare's König Johann. Deutsch v. L Seeger. (119) 66. – 6

– Kaufmann v. Venedig. Deutsch v. K Simrock. (106) 69. – 5

– Komödie d. Irrgn. Deutsch v. F Dingelstedt. (82) 68. – 5

– d. Kunst e. Trotzkopf zu brechen. Deutsch v. K Simrock. (110) 68. – 5

– König Lear. Deutsch v. W Jordan. (166) – 8

– d. Liebe Lohn u. d. beiden Edelleute v. Verona. Deutsch v. K Simrock. (214) 67. – 11

– Macbeth. Deutsch v. W Jordan. (122) – 5

– Othello. Deutsch v. W Jordan. (152) 68. – 7½

– Perikles. Deutsch v. K Simrock. (102) 68. – 5

– König Richard III. Uebers. v. W Jordan. (160) 68. – 7½

– König Richard II. Uebers. v. H Viehoff. (114) 67. – 6

– Romeo u. Julie. Deutsch v. W Jordan. (135) – 6

– Sonette. Deutsch v. FA Gelbcke. (176) 67. – 8

– Sturm. Deutsch v. F Dingelstedt. (93) 66. – 5

– Timon v. Athen. Deutsch v. L Seeger. (131) 66. – 7

– Titus Andronicus. Deutsch v. H Viehoff. (102) 68. – 5

– Troilus u. Cressida. Deutsch v. K Simrock. (111) 70. – 7

– viel Lärmens um Nichts. Deutsch v. K Simrock. (121) 66. – 6

– Walpurgisnachtstraum. Deutsch v. K Simrock. (95) 68. – 5

– was ihr wollt. Deutsch v. F Dingelstedt. (110) 69. – 5

– d. lust. Weiber v. Windsor. Deutsch v. K Simrock. (121) 68. – 6

– wie es euch gefällt. Deutsch v. F Dingelstedt. (114) 69. – 6

– Wintermärchen. Deutsch v. K Simrock. (132) 66. – 7

Shelley's, PB, ausgew. Dichtgn. Deutsch v. A Strodtmann. 2 Thle. (366) 66. – 17

Sophokles. Uebers. v. H Viehoff. 1. Thl. Kön. Oedipus. Oedipus in Kolonos. Antigone. (221) 66. – 11

– 2. Thl. Der rasende Ajas. Philoktetes. Elektra. Die Trachinierinnen. (248) 66. – 12

Staël's, v., Corinna. Deutsch v. M Bock. 3 Thle. (510) 68. – 25½

Sterne, L, Tristram Shandy's Leben u. Meingn. A. d. Engl. v. FA Gelbcke. 2 Thle. (601) 69. – 29

– Yorick's empfinds. Reise. A. d. Engl. v. K Eitner. (189) 68. – 9

Tegnér's, E, Frithjofs-Sage. Deutsch v. H Viehoff. (143) – 6

Tennyson, A, ausgew. Dichtgn. Deutsch v. A Strodtmann. (190) 68. – 9

Theater, span. 1. Bd.: Die Anfänge. Hrsg. v. M Rapp. (336) 68. – 15½

– dass. 2. Bd.: Cervantes, Zwischenspiele. Deutsch v. H Kurz. (185) 68. – 9

– dass. 3. u. 4. Bd.: Lope de Vega. Hrsg. v. M Rapp. 2 Thle. (860) 69. 1. 11

– dass. 5. Bd.: Tirso de Molina. Hrsg. v. L Braunfels. (266) 70. – 13

– dass. 6. Bd.: Calderon de la Barca, Schauspiele. (277) 70. – 14½

Theater, spanisches. Hrsg. v. M Rapp. 7. Bd. (279) 71. 1. 40

Töpffer, R, Rosa u. Gertrud. A. d. Franz. v. K Eitner. (211) – 10

— der deutschen Klassiker. Mit literargeschichtlichen Einleitungen, Biographien u. Porträts. 25 Bde. (in 142 Liefgn.) Mit Holzschnitttafeln. Hildburghausen 861—64. Bibliograph. Institut. gr. 8. (1.: XXXII, 776 S.; 2.: XVI, 864 S.; 3.: XXIV, 856 S.; 4.: 752 S.; 5.: 890 S.; 6.: 880 S.; 7.: 895 S.; 8.: 832 S.; 9.: 883 S.; 10.: 855 S.; 11.: 920 S.; 12.: 896 S.; 13.: 896 S.; 14.: 732 S.; 15.: 1007 S.; 16.: 712 S.; 17.: 883 S.; 18.: 896 S.; 19.: 728 S.; 20.: 712 S.; 21.: 744 S.; 22.: 732 S.; 23.: 733 S.; 24.: 720 S.; 25.: 978 S.) Jede Liefg. 5 ngr.

Bibliothek der deutschen Classiker für Schule u. Haus. Mit Lebensbeschreibungen, Einleitungen u. Anmerkungen herSg. von W. Lindemann. 3 Bde. Freiburg i. Br. 868. Herder. 12. 1. 2.: à 22½ ngr.; 3.: 1 ℛ; in 10 Liefgn. à Liefg. 7½ ngr.

Inhalt: 1. Liefg.: Goethe's Leben u. ausgewählte Gedichte. (197 S.)

2. Liefg.: Lessings Leben, Gedichte, Fabeln, Minna v. Barnhelm u. Emilia Galotti. (235 S.)

3. Liefg.: Goethe's Iphigenia. Hermann u. Dorothea. (146 S.)

4. Liefg.: Schiller's Leben u. Gedichte. (218 S.)

5. Liefg.: Goethe's Götz v. Berlichingen. Sprüche in Versen u. Prosa. (VI, 164 S.)

6. Liefg.: Die Göttinger: Bürger, Hölty, v. Stolberg &c. (167 S.)

7. Liefg.: Schiller's Maria Stuart. Jungfrau von Orleans. (283 S.)

8. Liefg.: Schiller's Braut von Messina. Tell. (V, 228 S.)

9. Liefg.: Jean Paul's Leben, Geist aus seinen Werken. (134 S.)

10. Liefg.: Herder's Leben, Geist aus seinen Werken. (VII, 127 S.)

— deutscher Classiker. Eine Auswahl des Schönsten u. Gediegensten in Poesie u. Prosa aus ihren sämmtlichen Werken. Für Schule u. Haus. 19 Bde. Leipzig 866. Hartmann. 16. (5333 S. u. 4 Stahlst.) n. 2 ℛ

—— deutscher und ausländischer Klassiker in Arends'scher Stenographie, autographiert und hrsg. von G. Wendtland. 1.—9. Heft. 8. Leipzig, Robolsky. à Heft

Inhalt:

Heft 1. Schiller, Wallensteins Lager. (. . S.) 875. (Vergriffen.)

» 2. Tennyson, Enoch Arden. (. . S.) 875. (Vergriffen.)

» 3. Die Frau Kaffeesiederin. Lustspiel nach Tannenhofer. (30 S.) 876.

» 4. Lenz, Phil., des Lieutenants Hund. Sergeant Meyer. Militär-Humoresken. (28 S.) 877.

» 5. —— ein Spazierritt. Militair-Humoreske. (34 S.) 877.

» 6. † Breitbüren, Kl. v. [Nik. Schüren], die Tartarenlüge oder die Eroberung von Sebastopol. Histor. Lustspiel. (50 S.) 877.

» 7. Lenz, Phil., das Trinkgold. Militair-Humoreske. (67 S.) 878.

» 8. —— die langen und die kurzen Hosen. Militair-Humoreske. (40 S.) 878.

» 9. Schüren, Nik., Goswin von Randerode. Histor. Novelle aus der Zeit der Kreuzzüge. (47 S.) 878.

— deutscher Classiker f. Schule u. Haus. Mit Lebensbeschreibgn., Einleitgn. u. Anmerkgn. hrsg. v. W. Lindemann. 2. Serie. 1—10. Lfg. 8. Freiburg i. Br. 871. Herder. à — 75

1. Goethe's Prosa. Klopstock. (IV, 190 S.)
2. Romantiker. I. A. W. Schlegel. Fr. Schlegel. Novalis. Tieck. Brentano. Arnim. Schelling. (IV, 180 S.)
3. Romantiker. II. Körner. Arndt. Schenkendorf. Fouqué. Werner. Schulze. Eichendorf. Sailer. Görres. (IV, 200 S.)
4. Schwäbische Dichter: Uhland. Schwab. Kerner. K. Mayer. G. Pfizer. Möhrike. Fröhlich. W. Müller. Chamisso. (VI, 192 S.)
5. Lehr- u. Gedankendichter: Rückert. Platen. Schefer. Bodenstedt. Hammer. Mosen. Hebbel. Brunner. Schrott. (VI, 180 S.)
6. Oesterreicher: A. Grün. Lenau. Vogl. Seidl. Zedlitz. Ebert. Halm. Feuchtersleben. Pyrker. Grillparzer. Hartmann. Stifter. (V, 185 S.)
7. Dichter der Neuzeit: I. Heine. Freiligrath. Hoffmann v. Fallersleben. Kinkel. Prutz. Gaudy. Dingelstedt. Wackernagel. Strachwitz. Simrock. W. Müller. Kaufmann. Reinick. Pape. (VI, 183 S.)
8. Dichter der Neuzeit: II. Geibel. Kopisch. Redwitz. Koch. Schack. Lingg. Roquette. Hamerling. Scheffel. Heyse. — A. Stolz. (V, 183 S.)
9. Dichterinnen. Dialekt-Dichtung. Droste-Hülshoff. Stolterfoth. Kulmann. Betty Paoli. 2c. — Groth. Meyer. Müller. K. Runge. Reuter. 2c. (VIII, 207 S.)
10. Religiöse Dichtung: Barthel. Beck. Bone. Des Bordes. Braun. 2c. (X, 193 S.)

—— dass. — Ausg. in 2 Serien à 3 Bdn. 8. Ebendas. 871. à Serie ℳ 7,50. à Serie geb. ℳ 9,60.

Inhalt:

Serie 1. Bd. 1. Goethe. Mit dem Bildniß Goethe's. ℳ 2,25.; geb. ℳ 3.
" 1. " 2. Schiller. Mit dem Bildniß Schiller's. ℳ 2,25.; geb. ℳ 3.
" 1. " 3. Lessing. Die Göttinger: Bürger. Hölty. v. Stolberg. Voß. Claudius. Jean Paul. Herder. Mit den Bildnissen Lessing's und Herder's. ℳ 3.; geb. ℳ 3,60.
" 2. " 1. Goethe's Prosa. Klopstock. Romantiker. ℳ 2,25.; geb. ℳ 3.
" 2. " 2. Schwäbische Dichter. W. Müller. Chamisso. Lehr- und Gedanken-Dichter. Oesterreicher. ℳ 3.; geb. ℳ 3,60.
" 2. " 3. Dichter der Neuzeit. Dichterinnen. Dialekt-Dichtung. Religiöse Dichtung. ℳ 2,25.; geb. ℳ 3.

— deutscher Klassiker f. Schule u. Haus. Mit Lebensbeschreibgn., Einleitgn. u. Anmerkgn. Begründet v. Wilh. Lindemann. 2., völlig neu bearb. Aufl., hrsg. v. Otto Hellinghaus. 4.—9. Bd. kl. 8. Freiburg i/B., Herder. Geb. in Leinw. à Bd. n. 3. —

4—6. Goethe's Werke f. Schule u. Haus. Mit Lebensbeschreibg., Einleitgn. u. Anmerkgn. hrsg. v. Otto Hellinghaus. 3 Bde. (XXIII, 619; V, 582 u. V, 637 S. m. 3 Bildnissen.) 906.
7—9. Schiller's Werke f. Schule u. Haus. Mit Lebensbeschreibg., Einleitgn. u. Anmerkgn. hrsg. v. Otto Hellinghaus. 3 Bde. (XVI, 657; V, 648 u. VI, 728 S. m. 3 Bildnissen.) 905.

Bibliothek deutscher Klassiker f. Schule u. Haus. Mit Lebensbeschreibgn., Einleitgn. u. Anmerkgn. Begr. v. Wilh. Lindemann. 2., völlig neu bearb. Aufl., hrsg. v. Otto Hellinghaus. 1—3. u. 10—12. (Schluß-)Bd. kl. 8. Freiburg i/B., Herder. Geb. in Leinw. à 3. —

Dichterkreis, der schwäbische. Österreichische Dichter. M. e. Bildnis Ludwig Uhlands. (XIII, 619 S.) 908. (Bd. 11.)
Klopstock's Werke. Der Göttinger Dichterbund. (Klopstock's Werke. Der Messias, Gedichte. — Der Göttinger Dichterbund: Hölty. Voß. Fr. L. Graf zu Stollberg 2c.) Mit e. Bildnis Klopstocks. (XII, 630 S.) 907. (Bd. 1.)
Lessing u. Wieland. (Lessing: Gedichte. Fabeln in Prosa. Minna v. Barnhelm. Emilia Galotti. Nathan der Weise. — Wieland: Oberon.) M. e. Bildnis Lessings nach dem Gemälde v. Wilh. Tischbein dem Älteren in den kgl. Museen zu Berlin. (X, 653 S.) 907. (Bd. 2.)
Romantik. Dichtung der Freiheitskriege. Chamisso. Platen. Mit e. Bildnis Brentanos. (XIV, 651 S.) 908. (Bd. 10.)
Vom „jungen Deutschland" bis zur Gegenwart. Mit e. Bildnis d. Annette Freiin v. Droste-Hülshoff. (XXI, 563 S.) 908. (Bd. 12.)
Werke, ausgewählte, v. Herder, Claudius, Bürger u. Jean Paul. Mit e. Bildnis Herders. (XIV, 578 S.) 907. (Bd. 3.)

— deutscher Klassiker f. Schule u. Haus. Mit Lebensbeschreibgn, Einleitgn u. Anmerkgn. Begründet v. Wilh. Lindemann. 3. Afl. v. Otto Hellinghaus. (12 Bde.) kl8° Freiburg B., Herder. L je 3 —; HPerg. 4 — d

1. Klopstock's Werke. Der Göttinger Dichterbund. (Klopstock's Werke: Der Messias. Gedichte. — Der Göttinger Dichterbund: Hölty, Voss, Fr. L Graf zu Stolberg). (12, 630 m. 1 Bildn.) '12.
2. Lessing u. Wieland. (Lessing: Gedichte. Fabeln in Prosa. Minna v. Barnhelm. Emilia Galotti. Nathan d. Weise. — Wieland: Oberon.) (10, 653 m. 1 Bildn.) '12.
3. Herder, Claudius, Bürger u. Jean Paul: Ausgew. Werke. (14, 578 m. 1 Bildn.) '12.
4—6. Goethe's Werke f. Schule u. Haus. 3 Bde. (23, 619; 5, 582 u. 5, 637 m. 3 Bildn.) ('11)
7—9. Schiller's Werke f. Schule u. Haus. 3 Bde. (16, 657; 5, 648 u. 6, 728 m. 3 Bildn.) ('11)
10. Romantik. Dichtg d. Freiheitskriege. Chamisso. Platen. (14, 651 m. Abb.) '12.
11. Dichterkreis, Der schwäbische. Österr. Dichter. (15, 619 m. 1 Bildn.) '12.
12. Vom „Jungen Deutschld" bis z. Gegenwart. (21, 563 m. 1 Bildn.) '12.

—— d. griech. u. röm. Classiker. 1—74. Bdchn., 1. Abth. 5. Thl. 1—6. Bdchn., 4. Abth. 3. Thl. 1—5. Bdchn. 32. (à 96) Berl. 51—54, Rauh. à n. — $1^{1}/_{4}$

— der griechischen u. römischen Classiker. Enthaltend das Schönste aus denselben in deutscher Uebertragung. 1—22. Bdchn. 32. (1. Thl. 477 S. 2. Thl. 480 S. 3 Thl. 311 S. 4. Thl. 651 S. 2. Abthl. 1. Thl. S. 1—176.) Leipzig, Berlin & Magdeburg 851. 52, Expedition der Classiker. (à n. $^{1}/_{24}$ sgr) n. $^{11}/_{12}$ sgr

— der griechischen und römischen Classiker. Enthaltend das Schönste aus denselben in deutscher Uebertragung. 23—74. Bdchn. Berlin 853. Rauh. (I. Abth. 5. Bd.: 600 S. II. Abth. 1. Bd.: S. 177—536; 2. Bd.: 552 S.; 3. Bd.: 594 S.; 4. Bd.: 512 S, — III. Abth. 1. Bd.: 517 S.; 2. Bd.: 636 S.; 3. Bd.: 645 S. — IV. Abth. 1. Bd.: 592 S.; 2. Bd.: 487 S.) Jedes Bdchn. n. $1^{1}/_{4}$ ngr

— der griechischen und römischen Classiker. Enth. das Schönste aus denselben in deutscher Uebertragung. (In 18 Liefgn.) Berlin 864. Rauh. 32. Jede Liefg. 5 ngr

1. Liefg.: Die Tragödien des Sophokles übers. von K. W. F. Solger. 1. Abthlg. (336 S.)

— griechischer u. römischer Klassiker in wortgetr. deutsch. Uebersetzgn. Nr. 1—65. 32. Halberstadt. Leipzig, C. Bange. à n. — 30

1.—4. Cornelius Nepos, berühmte Feldherren auswärt. Völkerschaften 4 Hfte. (56, 51, 61 u. 52 S.) 895.
5.—13. C. Jul. Cäsar, gall. Krieg. 9 Hfte. (62, 82, 29, 36, 59, 47, 88 u. 54 S.) 895.
14.—28. P. Ovidius Naso, Verwandlungen. 15 Hfte. (40, 46, 38, 40, 35, 37, 44, 45, 44, 42, 45, 35, 53, 46 u. 48 S.) 895. 96.
29.—35. Xenophon's Anabasis. 7 Hfte. (56, 42, 43, 51, 49, 46 u. 70 S.) 896. 99.
36.—42. Xenophon's Hellenika. 7 Hefte. (48, 50, 54, 70, 64, 65 u. 64 S.) 896.
43. Lysias, Rede gegen Eratosthenes. (34 S.) 897.
44. Lysias, Rede gegen Agorat. (32 S.) 897.
45. Lykurg, Rede gegen Leokrates. (71 S.) 897.
46. Cicero, M. Tullius, Pro lege Manilia od. de imperio Cn. Pompeji. (51 S.) 897.
47. Cicero, M. Tullius, 1. u. 2. Rede geg. Catilina. (50 S.) 897.
48. Cicero, M. Tullius, 3. u. 4. Rede gegen Catilina. (48 S.) 897.
49. 50. Sallust, C., D. Verschwörg. d. Catilina. (40 u. 46 S.) 897.
51.—53 Sallust, C., D. Jugurthin. Krieg. (56, 60 u. 54 S.) 897.
54—65 Virgil's, P., Aeneis. 1.—XII. Buch. (44, 47, 42, 45, 53, 50, 46, 41, 46, 52, 51 u. 53 S.) 897.

Bibliothek historischer Classiker aller Nationen. Nach eines jeden neuester Ausgabe. 8°.

— italienischer Classiker. 1—27. Bd. Leipzig 856. Brockhaus. gr. 12. Jeder Bd. 10 ngr

Neue Titel-Ausg. der in die „Ausgewählte Bibliothek der Classiker des Auslandes" aufgenommenen Schriften italien. Autoren.

—— landwirthsch. Classiker. 1—21 Lfg. 16. Berl., Wiegandt, H. u P. à n. 1 —

Koppe's, JG, Unterricht im Ackerbau u. in d. Viehzucht. 10. Afl. v. E v. Wolff. 15 Lfgn. (909) 72.
Thümen, JH v., d. isolirte Staat in Beziehg auf Landwirthschaft u. Nationalökonomie. 3. Afl., hrsg. v. H Schumacher-Zarchlin. 1—6. Lfg. (1.: 1—384) 75.

— landwirthschaftlicher Classiker. 1—35. Lfg. gr. 16. Berlin 873. 76. Wiegandt, Hempel & Parey. à n. 1. —

1—15. Koppe's, J. G., Unterricht im Ackerbau u. in der Viehzucht. Mit Koppe's Portrait u. Biographie. 10. Aufl., hrsg. u. durch Zusätze verm. von Emil v. Wolff. (XXXII, 909 S.)

16—35. J. H. v. Thünen's isolirter Staat in Beziehg. auf Landwirthschaft u. Nationalökonomie. 3. Aufl., hrsg. v. H. Schumacher-Zarchlin. 20 Lfgn. (1. Bd. 400, 2. Bd. 1. Abth. 288 2. Abth. 444 u. 3. Bd. VIII, 144 S.)

— medicinischer Klassiker. Hrsg. v. J. Ch. Huber. 1. Bd. gr. 8. München 894. J. F. Lehmann's Verl. n. 4. —

Die Gynäkologie (περὶ γυναικείων) des Soranus v. Ephesus. Geburtshilfe, Frauen- u. Kinderkrankheiten. Diätetik der Neugeborenen. Übers. v. H. Lüneburg. Commentirt u. m. Beilagen versehen v. J. Ch. Huber. (IX, 173 S.)

— der neuesten ausländ. Classiker in den Originalsprachen. I. Master Humphrey's clock, by Boz, 1.—7. Liefg. — II. Histoire de Napoléon, par A. Dumas. 3 Liefgen. — III. Pierre-Paul Rubens, par H. Berthoud. 1. 2. Liefg. — IV. The Pathfinder, by Cooper. 1. Liefg. schmal 12. Berlin 841, Liebmann u. Comp. à Liefg. 1/8 ß

—— der neuesten deutschen Classiker. Eine Auswahl des Schönsten u. Gediegensten aus ihren sämmtl. Werken. Miniatur-Ausgabe. 50 Bdchn. 1 u. 2. Aufl. 16. (à Bdchn. 5—7 B.) Leipzig 839—43. Schmaltz. à Bdchn. * 2 1/2 Ngr. Thlr. *

—— der neuesten deutschen Classiker. Eine Auswahl d. Schönsten u. Gediegensten a. ihr. sämmtl. Werken. Für Schule u. Haus. Mit Bildn., Lebensbeschreibn. u. e. Literaturgeschichte d. neuesten Zeit. 1. u. 2. Thl. 8. Gesammtaufl. od. erste in Schiller-Format. 16. (20 u. 19 B.) Leipzig 839, 40. [Quedlinburg, Schmaltz.] à * Thlr.

— der neuesten deutschen Classiker. Eine Auswahl d. Schönsten u. Gediegensten aus ihren sämmtl. Werken. Für Schule u. Haus. Mit Bildnissen, Lebensbeschreibungen u. einer Literaturgeschichte d. neuesten Zeit. 1r u. 2r Thl. 8e Gesammtaufl. oder erste im Schiller-Format. 16. Leipzig 839, 40. Schmidt. (Verlags-Verein.) à n. 1/2 ß

— der neuesten deutschen Classiker. Eine Auswahl des Schönsten u. Gediegensten aus ihren sämmtlichen Werken. 43. Thl. kl. 16. Leipzig 843. (Schmaltz.) n. 1/12 ß (1.—42. Bdchn. à n. 1/12 ß)

— dies. 1. Thl. 8. Gesammt-Aufl. oder 1. im Schiller-Form. 16. Leipzig 841. (Schmalz.) n. 1/4 ß

— dies. Der Gedichte 10. Thl. 8. Gesammt-Aufl. oder 1. im Schiller-Form. 16. Ebd. 844. n. 1/4 ß

—— der neuesten deutschen Classiker. Eine Auswahl d. Schönsten u. Gediegensten aus ihren sämmtl. Werken. Für Schule u. Haus. (Taschen-Ausg.) 24 Thle. 3. Stereot-Aufl. 32. (à Bdchn. 5—6 B. M. 8 Portr.) Leipzig 846, 47, Schmaltz. à 2 1/2 Ngr.

—— dass. Gedichte. Neue Ausg. 1—10. Thl. mit 8 Portr. 16. (à Thl. 18—20 B.) Ebds. 846, 47. à Thl.

—— dass. Prosa. Neue Ausg. 1—9. Thl. mit 8 Portr. 16. (à Thl. 18—20 B.) Ebds. 846, 47. à Thl.

— dies. 1.—18. Bdchn. 3. Stereot.-Ausg. Mit Portraits. 32. Ebd. 846. à 1/12 ß

Bibliothek der neuesten deutschen Classiker. 3. Ster.-Aufl. 19—50. Thl. 32. (à 110-120 S.) Mit 8 lith. Portr. Leipzig 847—49, Schmaltz. à n. 1/12 ß

—— der neuesten deutschen Classiker. Eine Auswahl des Schönsten und Gediegensten aus ihren sämmtl. Werken. Für Schule und Haus. 3. Stereotyp-Aufl. 25—50. Thl. 32. (2871 S. und 8 lith. Portr.) Leipzig 848—49, Schmaltz. à Thl. 2 1/2 Ngr. Thlr.

1—24. Bdchn. Ebendas. 1846—47. 2 Thlr.

—— pädagogischer Classiker. Eine Sammlung der bedeutendsten pädagogischen Schriften älterer und neuerer Zeit. Unter Mitwirkung mehrerer Schulmänner und Gelehrten hrsg. von Herm. Beyer. 1.—40. Lfg. gr. 16. Langensalza 869—73, Verlags-Comtoir. à Lfg. *

Inhalt:

Lfg. 1—15. Pestalozzi's, J. H., ausgewählte Werke. Mit Pestalozzi's Biographie. 4 Bde. (V, 423; 580; 532; 576 S.)

„ 16—22. Schleiermacher. (X, 777 S.)

„ 23—31. Rousseau, J. J. Hrsg. von Thdr. Vogt und E. Fritsche. 2 Bde. (430; 575 S.)

„ 32—40. Herbart, Joh. Friedr. Pädagogische Schriften. Mit Herbart's Biographie von Friedr. Bartholomäi. 2 Bde. (396; 668 S. mit 2 Tab. in 4.)

—— pädagogischer Classiker. Eine Sammlung der bedeutendsten pädagog. Schriften älterer und neuerer Zeit. 41.—57. Lfg. gr. 16. Langensalza, [Verlags-Comptoir.] Beyer und Söhne. à Lfg. *

Inhalt:

Lfg. 41—46. Comenius, Joh. Amos, pädagog. Schriften. Uebers. mit Anmerkungen und des Comenius Biographie versehen von Thdr. Lion. 6 Lfgn. (513 S.) 875.

„ 47—54. Francke's, A. H., pädagogische Schriften. Nebst der Darstellung seines Lebens und seiner Stiftungen hrsg. von G. Kramer. 8 Lfgn. (VII, 528 S.) 876.

„ 55. Montaigne, Michel de, Auswahl pädagog. Stücke aus Montaigne's Essays übers. von Ernst Schmid. (76 S.) 876.

„ 56. 57. Kant, Imman., über Pädagogik. Mit Kant's Biographie hrsg. von Thdr. Vogt. (124 S.) 878.

— pädagogischer Klassiker. Eine Sammlung der bedeutendsten pädagog. Schriften älterer u. neuerer Zeit. Hrsg. v. Friedr. Mann. Mit erläut. Anmerkgn. 1.—29. u. 31. Bd. gr. 8. Langensalza, Beyer & Söhne. n. 85. 55; geb. n. 115. 5

1—4. Pestalozzi's ausgewählte Werke. Hrsg. v. Frdr. Mann. 4 Bde.) (1. Bd. 4. Aufl. XVI, 376 S.; 2. Bd. 3. Aufl. X, 426 S.; 3. Bd. 2. Aufl. VI, 533 S.; 4. Bd. 2. Aufl. 368 S.) 883—889. n. 11. 50; geb. n. 15. 50

5. Schleiermacher's, Frdr., pädagog. Schriften. Hrsg. v. C. B. Platz. 2. Aufl. (LXIV, 628 S.) 876. n. 5. —; geb. n. 6. 20

6. 7. Rousseau, J. J., übers. u. erläut. v. E. v. Sallwürk. 2. Aufl. 2 Bde. (XX, CXXIII, 268 u. VIII, 405 S.) 883. n. 6. —; geb. n. 8. —

8. Herbart's, J. F., pädagogische Schriften. Mit Herbart's Biographie hrsg. von Friedr. Bartholomäi. 1. Bd. 4. Aufl. (CIV, 290 S.) 887. *ℳ 2.50.; geb. *ℳ 3.50.

9. —— dass. — 2. Bd. 4. Aufl. (VIII, 412 S. mit 1 Tab. und 1 Stnt.) 888. *ℳ 3.—.; geb. *ℳ 4.—.

8. Herbart, J. F., pädagog. Schriften. M. H.'s Biographie. Hrsg. v. F. Bartholomäi. 1. Bd. 5. Aufl. M. Anmerkgn. v. E. v. Sallwürk. (CIV, 290 S.) 889. n. 2. 50; geb. n. 3. 50

9. — dasselbe. 2. Bd. 5. Aufl. (VIII, 412 S. m. 1 Tab. und 1 Taf.) 889. n. 3. —; geb. n. 4. —

10. Comenius, Amos, pädagog. Schriften. Hrsg. v. C. Th. Lion. 2. Aufl. (V, LXXXVII, 280 S.) 883. n. 3. —; geb. n. 4. —

11. Francke's, A. H., pädagog. Schriften. Hrsg. v. G. Kramer. 2. Ausg. (XII, 85, 456 S.) 885. n. 4. —; geb. n. 5. —

12. Auswahl pädagog. Stücke aus M. de Montaigne's Essays. 876. n. — 50; geb. n. 1. 10

13. Kant, Im., üb. Pädagogik. Hrsg. v. Th. Vogt. 2. Aufl. (V, 127 S.) 883. n. 1. —; geb. n. 1. 75

14—16. Niemeyer, A. H., Grundsätze der Erziehung u. d. Unterrichts. Hrsg. v. W. Rein. 2. Aufl. 3 Bde. (XXIII, 371; 201; 454 S.) n. 8. 50; geb. n. 11. 50 (I. Bd. n. 3. —; geb. n. 4. —; II. Bd. n. 2. —; geb. n. 3. —; III. Bd. n. 3. 50; 882—84. geb. n. 4. 50)

17. Basedow, J. B., pädagogische Schriften. Hrsg. von H. Göring. (XIV, 519 S.) 880. n. 5. —; geb. n. 6. 20

18. Dinter's, F. G., ausgewählte pädagogische Schriften. Mit Einleitgn. u. Anmerkgn. Hrsg. v. Fr. Seidel. 1. Bd. 2. Aufl. (XVI, 402 S.) 887. n. 3. —; geb. n. 4. —

19. Dinter, F. G., ausgewählte pädagogische Schriften. 2. Bd. 881. *ℳ 3.50.

19. — dasselbe. 2. Bd. 2. Aufl. (X, 470 S.) 889. n. 3. 50; geb. n. 4. 50

20. Fichte, J. G., Reden an die deutsche Nation. Hrsg. von Th. Vogt. 881. n. 2. 50; geb. n. 3. 50

21. Iselin, Isaak, pädagog. Schriften. Hrsg. v. H. Göring. 882. n. 3. —; geb. n. 4. —

22. Locke, J., Gedanken üb. Erziehung. Hrsg. v. E. v. Sallwürk. (LXXII, 235 S.) 883. n. 2. 50; geb. n. 3. 50

23. Friedrich's des Großen pädagog. Schriften u. Aeußerungen. Mit e. Abhandlg. über Friedrich's d. Gr. Schulregiment, hrsg. v. Jürgen Bona Meyer. (XX, 344 S.) 885. n. 3.—; geb. n. 4. —

24. Richter's, Jean Paul Frdr., Levana, nebst pädagogischen Stücken aus s. übrigen Werken u. dem Leben des vergnügten

Schulmeisterleins Maria Wuz in Auenthal. Hrsg. von K. Lange. (VI, XCIII, 311 S.) 886. n. 3.50; geb. n. 4.50
25. Sallwürk, E. v., Fenelon u. die Literatur der weibl. Bildung in Frankreich von Claude Fleury bis Frau Necker de Saussure. (IX, 422 S.) 886. n. 3.50; geb. n. 4.50
26. Mager, K., deutsche Bürgerschule. Hrsg. v. K. Eberhardt. (XII, 164 S.) 888. n. 1.80; geb. n. 2.80
27. Comenius, J. A., schola ludus, d. i. die Schule als Spiel. Ins Deutsche übertr. v. W. Böttcher. (XV, 373 S.) 888. n. 3.—; geb. n. 4.—
28. Luther's, M., pädagogische Schriften u. Aeußerungen. Gesammelt u. in einer Einleitung zusammenfassend charakterisirt u. dargestellt von H. Keferstein. (XCII, 293 S.) 888. n. 3.—; geb. n. 4.—
29. Salzmann's, Ch. G., ausgewählte Schriften. Mit S's. Lebensbeschreibg. Hrsg. v. E. Ackermann. (XLVI, 249 S.) 889. n. 2.50; geb. n. 3.50
31. Milton's pädagogische Schriften und Aeußerungen. Mit Einleitg. u. Anmerkgn. Hrsg. von Jürgen Bona Meyer. 890. n. —75; geb. n. 1.50

— pädagogischer Klassiker. Eine Sammlung der bedeutendsten pädagog. Schriften älterer u. neuerer Zeit. Hrsg. v. Friedr. Mann. 1., 8.—10., 19., 24., 29.—31. Bd. gr. 8. Langensalza, Beyer u. Söhne. * 23 75; geb. * 32 50

1. Pestalozzi's, J. H., ausgewählte Schriften. Mit Pestalozzi's Biographie hrsg. v. Friedr. Mann. 1. Bd. 4. Aufl. (XVI, 376 S.) 892. * 2 50. geb. ** 3 50.
8. 9. Herbart's, Joh. Friedr., pädagogische Schriften. Mit Herbart's Biographie hrsg. v. Fr. Bartholomäi. 5. Aufl., neu bearb. u. m. erläut. Anmerkgn. versehen v. E. v. Sallwürk. [1. Bd. (XII, 428 S.) 890. * 2 50; geb. * 3 50. 2. Bd. (VI, 462 S. m. 2 Tab. u. 1 Taf.) 891. * 3 —; geb. ** 4 —.] * 5 50; geb. ** 7 50.
10. Comenius', Joh. Amos, große Unterrichtslehre. Übers., m. Anmerkgn. u. e. Lebensbeschreibg. d. Comenius, v. C. Th. Lion. 3., verb. Aufl. (XCIV, 298 S.) 891. * 3 —; geb. ** 4 —.
23. Friedrich's des Großen pädagogische Schriften und Äußerungen. Mit einer Abhandlung über Friedrich's des Großen Schulregiment, nebst einer Sammlung der hauptsächlichsten Schul-Reglements, Reskripte und Erlasse, übers. und hrsg. von Jürgen Bona Meyer. (XX, 344 S.) 885. *ℳ 3.—.; geb. *ℳ 4.—.
24. Richter's, Jean Paul Friedr., Levana, nebst pädagogischen Stücken aus seinen übrigen Werken und dem Leben des vergnügten Schulmeisterleins Maria Wuz in Auenthal. Mit Richter's Biographie hrsg. von Karl Lange. (VI, XCIII, 341 S.) 886. *ℳ 3.50.; geb. *ℳ 4.50.
24. Richters, Jean Paul Friedr., Levana, nebst pädagog. Stücken aus seinen übr. Werken u. dem Leben d. vergnügten Schulmeisterleins Maria Wuz in Auenthal. Mit Richter's Biographie hrsg. v. Karl Lange. 2., verb. u. verm. Aufl. (VI, C, 351 S.) 893. * 3 50; geb. ** 4 50.
25. Sallwürk, E. v., Fénelon und die Litteratur der weiblichen Bildung in Frankreich von Claude Fleury bis Frau Necker de Saussure. (IX, 422 S.) 886. *ℳ 3.50.; geb. *ℳ 4.50.
26. Mager's, Karl, deutsche Bürgerschule. Hrsg. von K. Eberhardt. 1.—4. Lfg. (S. 1—128.) 888. à Lfg. * 25 Pf. *ℳ 1.—.
27. Comenius, J. A., Schola ludus, d. i. die Schule als Spiel. Ins Deutsche übertr. von W. Böttcher. (XV, 373 S.) 888. *ℳ 3.—.; geb. *ℳ 4.—.
29. 30. Salzmann's, Ch. G., ausgewählte Schriften. Mit Salzmann's Lebensbeschreibg. hrsg. v. Ed. Ackermann. 1. u. 2. Bd. (XLVI, 249; VII, 294 S.) 890,91. à Bd. * 2 50; geb. à Bd. * 3 50.
31. Milton's pädagogische Schriften u. Äußerungen. Mit Einleitg. u. Anmerkgn. hrsg. v. Jürgen Bona Meyer. (XVI, 64 S.) 890. * 75; geb. ** 1 50.

— pädagogischer Klassiker. Eine Sammlg. der bedeutendsten pädagog. Schriften älterer u. neuerer Zeit. Hrsg. v. Frdr. Mann. 3., 4., 6., 9., 10., 12., 24., 30. u. 32. Bd. gr. 8. Langensalza, H. Beyer & Söhne. n. 24.—; geb. n.n. 32.60

3. J. H. Pestalozzi's ausgewählte Schriften. Mit Pestalozzi's Biographie hrsg. v. Frdr. Mann. 3. Bd. 4. Aufl. (VI, 545 S. m. 2 Taf.) 893. n. 3.—; geb. n.n. 4.—
4. — dasselbe. 4. Bd. 4. Aufl. (V, 382 S. u. S. XVII—CXLI.) 894. n. 2.—; geb. n.n. 3.—
6. J. J. Rousseau's Emil od. üb. die Erziehg. Übers., m. Einleitgn. u. Anmerkgn. versehen v. E. v. Sallwürk. Mit Rousseau's Biographie v. Thdr. Vogt. 3. Aufl. (XXI, CXXIV, 269 S.) 894. n. 3.—; geb. n.n. 4.—
12. Michel de Montaigne. Auswahl pädagogischer Stücke aus M.'s Essays, übersetzt v. Ernst Schmid. 2., durchgesch. Aufl. (V, 72 S.) 894. n. —50; geb. n.n. 1.10
32. Wilh. Harnisch's Handbuch f. das deutsche Volksschulwesen. Mit Anmerkgn. u. Harnisch's Biographie hrsg. v. Frdr. Bartels. (LXIV, XII, 380 S.) 893. n. 3.50; geb. n.n. 4.50

— pädagogischer Klassiker. Eine Sammlg. der bedeutendsten pädagog. Schriften älterer u. neuerer Zeit, hrsg. v. Frdr. Mann. 1., 7.—10, 20., 22., 29. u. 33. Bd. gr. 8. Langensalza, H. Beyer & Söhne. n. 23.10; geb. n. 31.70

1. Pestalozzi's, J. H., ausgew. Schriften. M. Pestalozzis Biographie hrsg. v. Frdr. Mann. 1. Bd. 5. Aufl. (CXLI, 376 S.) 897. n. 3.50; geb. n. 4.50
7. J. J. Rousseau's Emil, od. üb. d. Erziehg. Übers., m. Einleitgn. u. Anmerkgn. vers. von E. v. Sallwürk. M. Rousseaus Biographie v. Thdr. Vogt. 2. Bd. 3. Aufl. (VIII, 115 S.) 895. n. 3.—; geb. n.n. 4.
8. Joh. Frdr. Herbart's pädagog. Schriften. M. Herbarts Biographie hrsg. v. Fr. Bartholomäi. 6. Aufl., neu bearb. u. m. erläut. Anmerkgn. vers. von E. v. Sallwürk. 1. Bd. (XII, 446 S.) 896. n. 2.50; geb. n. 3.50
9. Dasselbe. 2. Bd. (VI, 466 S. m. 2 Tab. u. 1 Taf.) 896. n. 3.—; geb. n. 4.—
10. Comenius', Joh. Amos, große Unterrichtslehre. Übers., m. Anmerkgn. u. e. Lebensbeschreibg. d. Comenius, v. C. Th. Lion. 4., verb. Aufl. (XCVII, 300 S.) 898. n. 3.—; geb. n.n. 4.—
20. J. G. Fichtes Reden a. d. deutsche Nation. M. Fichtes Biographie sow. m. erläut. Anmerkgn. versehen v. Thdr. Vogt. 2. Aufl. (VII, 288 S.) 896. n. 2.50; geb. n. 3.50
22. Locke's, John, Gedanken üb. Erziehg. Engl., übers. u. erläut. E. v. Sallwürk. 2. Aufl. (VIII, 310 S.) 897. n. 2.50; geb. n. 3.50
29. Salzmann's, Ch. G., ausgew. Schriften. M. Salzmanns Lebensbeschreibg. hrsg. v. Ed. Ackermann. 1. Bd. 2. Aufl. (XLVI, 250 S.) 897. n. 2.50; geb. n. 3.50
33. Comenius', Joh. Amos, Informatorium. D. Mutter Schul. d. i., Ein richt. vnd augenscheinl. bericht, wie frome Eltern, theils selbst, theils durch ihre Ammen, Kinderwärterin, vnndt andere mitgehülffen, ihr allerthewrestes Kleinod, Die Kinder, in d. ersten sechs Jahren, ehe sie d. Praeceptoren vbergeben werden, recht vernünfftiglich, Gott zu ehren, ihne selbst zu trost, den Kindern aber zur seeligkeit aufferziehen vnd vben sollen. Marci 10, 14. Lasset die Kindlin zu mir kommen, vnndt wehret jnen nicht, denn solcher ist das reich Gottes. Gedruckt zur Poln. Lissaw. Anno MDCXXXIII. Neu hrsg. v. C. Th. Lion. (VII, 64 S) 898. n. —60; geb. n. 1.20

— pädagogischer Klassiker. Eine Sammlg. der bedeutendsten pädagog. Schriften älterer u. neuerer Zeit, hrsg. v. Frdr. Mann. 2., 5., 13., 30. u. 34.—40. Bd. gr. 8. Langensalza, H. Beyer & Söhne. n. 33.90; geb. n. 44.85

2. Pestalozzi's, J. H., ausgewählte Werke. Mit Pestalozzis Biographie hrsg. v. Frdr. Mann. 2. Bd. 5. Aufl. (X, 428 S.) 902. n. 3.—; geb. n. 4.—
5. Schleiermacher's pädagog. Schriften. Mit e. Darstellg. seines Lebens hrsg. v. C. Platz. (Mit Genehmigg. d. Orig.-Verlegers Hern. G. Reimer in Berlin.) 3. Aufl. (LXIV, 628 S.) 902. n. 5.40; geb. n. 6.60
13. Über Pädagogik. Von Imman. Kant. Mit Kant's Biographie hrsg. v. Thdr. Vogt. 3. Aufl. (VII, 139 S.) 901. n. 1.—; geb. n.n. 1.75
30. Salzmann's, Ch. G., ausgewählte Schriften. Mit Salzmann's Lebensbeschreibg. hrsg. v. Ed. Ackermann. 2. Bd. 2. Aufl. (VII, 294 S.) 901. n. 2.50; geb. n. 3.50
34. Finger's, F. A., ausgewählte pädagogische Schriften. 1. Bd. A. Allgemein Pädagogisches. (VIII, 355 S.) 899. n. 2.50; geb. n.n. 3.50
35. Dasselbe. 2. Bd.: B. Aufsätze m. Bezugnahme auf einzelne Unterrichtsfächer. C. Beiträge zur Schulgeschichte v. Frankfurt a. M. (VI, 387 S.) 899. n. 3.—; geb. n.n. 4.—
36. Adolf Diesterweg. Darstellung seines Lebens u. seiner Lehre u. Auswahl aus seinen Schriften. Von E. v. Sallwürk. 1. Bd. (VIII, 497 S.) 899. n. 3.50; geb. n.n. 4.50
37. Adolf Diesterweg. Darstellung seines Lebens u. seiner Lehre u. Auswahl aus seinen Schriften. Von E. v. Sallwürk. 2. Bd. (VIII, 435 S.) 899. n. 3.50; geb. n.n. 4.50
38. dasselbe. 3. (Schluß-)Bd. (VIII, 314 S.) 900. 3.—; geb. n.n. 4.—
39. Sigismund's, Berth., ausgewählte Schriften. Hrsg., m. Biographie u. Anmerkgn. versehen v. Karl Markscheffel. (L, 496 S. m. 1 Bildnis.) 900. n. 4.50; geb. n.n. 5.50
40. Herder's J. G., pädagogische Schriften u. Äußerungen. Mit Einleitg. u. Anmerkgn. hrsg. v. Horst Keferstein. (XII, XLVIII, 171 S.) 902. n. 2.—; geb. n. 3.—

— pädagogischer Klassiker. Eine Sammlg. der bedeutendsten pädagog Schriften älterer u. neuerer Zeit. Hrsg. v. Frdr. Mann. 3. 8.—10. u. 42. Bd. 8. Langensalza, H. Beyer & Söhne. n. 14.40; geb. n.n. 19.40

3. Pestalozzi's, J H., ausgewählte Werke. Mit Pestalozzis Biographie hrsg v. Frdr. Mann. 3. Bd. 5 Aufl. (VI, 547 S. m. 3 Taf.) 906. n. 3.—; geb. n.n. 4.—
8. Pädagogische Schriften. Von Joh. Frdr. Herbart. Mit Herbarts Biographie hrsg. v. Fr. Bartholomäi. 7. Aufl., neu bearb. u. m. erläut. Anmerkgn. versehen v. E. v. Sallwürk. 1. Bd. (XII, 466 S.) 903. n. 3.—; geb. n.n. 4.—
9. Dasselbe. 2. Bd (VIII, 467 S. m. 2 Tab. u. 1 Taf.) 906. 3.—; geb. n. 4—
10. Große Unterrichtslehre. Von Joh. Amos Comenius. Übers. m. Anmerkgn u. e. Lebensbeschreibg. des Comenius, v. C. Th. Lion. 5. verb. Aufl. (CII, 300 S.) 904. n. 3.—; geb. n.n. 4.—
42. Fragmente über Menschenbildung. Von Ernst Mor. Arndt. Nach der Orig.-Ausg. neu hrsg. v. Wilh. Münch u. Heinr. Meisner. (XXVIII, 234 S.) 904. n. 2.40; geb. n. 3.40
Der 41. Bd. ist noch nicht erschienen.

— **pädagogischer Klassiker.** Eine Sammlg. der bedeutendsten pädagog. Schriften älterer u. neuerer Zeit, hrsg. v. Frdr. Mann. 6. 22. 24. 38. 43. u. 44. Bd. 8. Langensalza, H. Beyer & Söhne. 18.40; geb. 24. 40

Comenius', Joh. Amos, pädagogische Schriften. 3. Bd.: I. Der Mutter Schul. II. Didaktische Ährenlese. Hrsg. v. C. Th. Lion. 2. Aufl. (XII, 106 S.) 907. (Bd. 31) 1.20; geb. n 2. —

Goltz, Bogumil, Buch der Kindheit. Hrsg. v. Karl Muthesius. (XVII, 282 S.) 908. (Bd. 43) 2.50; geb. 3. 50

Locke's, John, Gedanken üb. Erziehung. Eingeleitet, übers. u. erläutert von E. v. Sallwürk. 3. Aufl. (VIII, 312 S.) 910. (Bd. 22) 2.50; geb. 3. 50

Richter's, Jean Paul Frdr., Levana nebst pädagog. Stücken aus seinen übrigen Werken u. dem Leben des vergnügten Schulmeisterleins Maria Wuz in Auental. Mit Richters Biographie hrsg. v. Karl Lange. 3. Aufl. (VI, C, 351 S.) 910. (Bd. 24) 3.50; geb. 4. 50

Rousseau's, J. J., Emil od. über die Erziehung. Übers., m. Biographie u. Kommentar, von E. v. Sallwürk. 4. Aufl. (VII, XXII, 276 S.) 907. (Bd. 6) 3.50; geb. n 4. 50

Waitz', Thdr., allgemeine Pädagogik u. kleinere pädagogische Schriften. Mit e. Einführg. üb. das Verhältnis der Waitzschen Pädagogik zu seiner Ethik, Psychologie, Anthropologie u. Persönlichkeit u. e. Bildnis des Verf., hrsg. v. Otto Gebhardt. (CXXXXVIII, 428 S.) 910. (Bd. 44) 5.20; geb. n 6. 40

Bd. 41 ist noch nicht erschienen.

— **pädagogischer Klassiker.** Sammlg d. bedeutendsten pädagog. Schriften älterer u. neuerer Zeit, hrsg. v. Frdr. Mann. 44. u. NAfl 7., 22., 24. u. 36. Bd. 8° Langens., H Beyer & S. d

Bd 41 ist noch nicht erschienen. Bd 14 u. 15 s: Beyer, H.

Locke's John, Gedanken üb. Erziehg. Eingel., übers. u. erläut. v. E v. Sallwürk. 3. Afl. (8, 312) '10 [22] 2.50; geb. 3.50

Richter's, Jean Paul Frdr.; Levana nebst päd. Stücken a. s. übr. Werken u. d. Leben d. vergnügten Schulmeisterleins Maria Wuz in Auental. Mit Richters Biogr. hrsg. v. Karl Lange. 3. Afl. (6, 100, 351) '10 [24] 3.50; geb. 4.50

Rousseau's, JJ, Emil od. Üb. d. Erziehg. Übers., m. Biogr. u. Kommentar v. E v. Sallwürk. 2. Bd. 4. Afl. (6, 418) '11 [7] 3 —; geb. n 4 —

Sallwürk, E v.: Adolf Diesterweg. Darstellg s. Lebens u. sr Lehre u. Ausw. a. s. Schriften. 1. Bd, 2. Afl. (136, 375) '11 [36] 3.50; geb. n 4.50

Waitz', Thdr: Allg. Pädagogik u. kleinere päd. Schriften. Mit Einführg üb. d. Verhältn. d. Waitzschen Pädagogik zu sr Ethik, Psychol., Anthropol. u. Persönlichk., hrsg. v. Otto Gebhardt. (148, 428 m. Bildn.) '10 [44] 5.20; geb. n 6.40

Alphabetische Übersicht:

Arndt's, EM, Fragmente üb. Menschenbildg. Nach d. Orig.-Ausg. neu hrsg. v. W Münch u. H Meisner. (28, 234)'04. [42.] 2.40; geb. nn 3.40

Comenius', JA, Informatorium. Der Mutter Schul. d. i., Ein richt. vnd augenscheinl. bericht, wie frome Eltern, theils selbst, theils durch ihre Ammen, Kinderwärterin, vnndt and. mitgehülffen, ihr allerthewrestes Kleinod, Die Kinder, in d. ersten 6 Jahren, ehe sie d. Praeceptoren vbergeben werden, recht vernünfftiglich, Gott zu ehren, ihnē selbst zu trost, d. Kindern aber z. seeligkeit aufferziehen vnd vben sollen. Poln. Lissaw. MDCXXXIII. Neu hrsg. v. CT Lion. (64) 98. [33.] — 60; geb. 1.20

Comenius, JA, schola ludus, d. i. Schule als Spiel. Deutsch v. W Böttlcher. (278) 88. n. 3. —; geb. n. 4. —

Comenius, JA. pädag. Schriften. Uebers. v. T Lion. 1—3. Lfg. (320) 75.

Comenius, JA, pädagog. Schriften. Uebers. v. Th Lion. 4—6. Lfg. (321—543) 76.

Comenius', Joh. Amos, pädagog. Schriften. 3. Bd: I. Der Mutter Schul. II. Didakt. Ährenlese. Hrsg. v. CTh. Lion. 2. Afl. (12, 106)'07. [33.] 1.20; geb. n 2 —

Comenius, JA, grosse Unterrichtslehre. Übers., m. Anmerkgn u. e. Lebensbeschreibg d. Comenius v. CT Lion. 3. Afl. (392) 91. [Bd 10.] 3 —; geb. n.n. 4 —

— grosse Unterrichtslehre. Übers., m. Anmerkgn u. e. Lebensbeschreibg d. Comenius, v. CT Lion. 4. Afl. (97, 300) 98. [10.] 3 —; geb. nn 4 —

Comenius', JA, gr. Unterr.-Lehre. Übers., m. Anmerkgn u. e. Lebensbeschreibg d. Comenius, v. CT Lion. 5. Afl. (102, 300)'04. [10.] 3 —; geb. nn 4 —

Diesterweg, A, s.: Sallwürk, E v.

Dinter, FG, pädagog. Schriften. Mit Einleitgn u. Anmerkgn hrsg. v. F Seidel. 2. Bd. 2. Afl. (470) 89. n. 3. 50

Fichte's, JG, Reden an die deut. Nation. Mit F.'s Biogr. sowie m. erläut. Anmerkgn versehen v. T Vogt. 2. Afl. (288) 96. [20.] 2.50; geb. 3.50

Finger's, FA: Ausgew. pädagog. Schriften. 1. Bd.: A. Allg. Pädagogisches. (255) 99. [34.] 2.50; geb. nn 3.50 ‖ 2. Bd.: B. Aufsätze m. Bezugnahme auf einz. Unterr.-Fächer. C. Beitr. z. Schulgesch. v. Frankfurt a. M. (387) 99. [35.] 3 —; geb. nn 4 —

Francke, AH, pädagog. Schriften. Hrsg. v. G Kramer. 8 Lfgn. (528) 76.

Goltz, Bogumil: Buch d. Kindh. Hrsg. v. Karl Muthesius. (17, 282)'08. [43.] 2.50; geb. n 3.50

Harnisch's, W, Handb. f. d. deut. Volksschulwesen. Mit Anmerkgn u. Biographie hrsg. v. F Bartels. (456) 93. [Bd 32.] 3.50; geb. 4.50

Herbart, JF, pädag. Schriften. Hrsg. v. F Bartholomäi. 9 Lfgn. (1064) 75.

Herbart's, JF, pädagog. Schriften. Mit Herbart's Biographie hrsg. v. F Bartholomäi. 5. Afl., neu bearb. u. m. erläut. Anmerkgn versehen v. E v. Sallwürk. 1. Bd. (428) 90. n. 2. 50; geb. n. 3. 50

Herbart's, JF, pädagog. Schriften. Mit Herbart's Biographie hrsg. v. F Bartholomäi. 5. Afl., neu bearb. v. E v. Sallwürk. 2. Bd. (462 m. 2 Tab. u. 1 Taf.) 91. [Bd 9.] 3 —; geb. n.n. 4 —

Herbart, JF: Pädagog. Schriften. Mit H.'s Biogr. hrsg. v. F Bartholomäi. 6. Afl., m. Anmerkgn v. E v. Sallwürk. 1. Bd. (416) 96. [8.] 2.50; geb. 3.50 ‖ 2. Bd. (466 m. Tab. u. 1 Taf.) 96. [9.] 3 —; geb. 4 —

Herbart's, JF, pädagog. Schriften. Mit Herbarts Biogr. hrsg. v. F Bartholomäi. 7. Afl. v. E v. Sallwürk. 1. Bd. (456)'03. [8.] 3 —; geb. nn 4 —

Herbart's, Joh. Frdr., pädagog. Schriften. Mit Herbarts Biogr. hrsg. v. Fr. Bartholomäi. 7. Afl., neu bearb. u. m. erläut. Anmerkgn versehen v. E v. Sallwürk. 2. Bd. (467 m. 2 Tab. u. 1 Taf.)'06. [9.] 3 —; geb. n 4 —

Herder's, JG, pädagog. Schriften u. Äussergn. Mit Einl. u. Anmerkgn hrsg. v. H Keferstein. (48, 171)'02. [40.] 2 —; geb. 3 —

Kant, J, üb. Pädagogik. Hrsg. v. T Vogt. 2 Lfgn. (124) 78.

Kant, I: Üb. Pädagogik. Mit Kant's Biogr. hrsg. v. T Vogt. 3. Afl. (139) '01. [13.] 1 —; geb. nn 1.75

Locke's J, Gedanken üb. Erziehg. Eingeleitet, übers. u. erläut. v. E v. Sallwürk. 2. Afl. (310) 97. [22.] 2.50; geb. 3.50

Luther's, M, pädagog. Schriften u. Aeussergn. Aus s. Werken gesammelt u. in e. Einleitg zusammenfassend charakterisiert u. dargestellt v. H Keferstein. (385) 88. n. 3. —; geb. n. 4. —

Milton's pädagog. Schriften u. Aeussergn. Mit Einleitg u. Anmerkgn hrsg. v. JN Meyer. (64) 90. n. — 75; geb. n. 1.50

Montaigne, M de, Auswahl pädagog. Stücke aus M's Essays übers. v. E Schmid. (70) 79.

Montaigne, M de, Ausw. pädagog. Stücke a. d. Essays, übers. v. E Schmid. 2. Afl. (72) 94. [Bd 12.] — 50; geb. n.n. 1.10

Pestalozzi's, JH, ausgew. Schriften. Mit Pestalozzi's Biographie hrsg. v. F Mann. 1. Bd. 4. Afl. (376) 89. n. 2. 50; Einbd. n.n. 2. —

Pestalozzi's, JH, ausgew. Schriften. Mit Pestalozzi's Biographie hrsg. v. F Mann. 3. Bd. 4. Afl. (545 m. 2 Taf.) 93. [Bd 3.] 3 —; geb. n.n. 4 — ‖ 4. Bd. 4. Afl. (383 u. 125) 94. [Bd 4.] 2 —; geb. n.n. 3 —

Pestalozzi's, JH, ausgew. Schriften. Mit P.'s Biogr. hrsg. v. F Mann. 1. Bd. 5. Afl. (141, 376) 97. [1.] 3.50; geb. 4.50

Pestalozzi's (JH) ausgew. Werke. (I. II.: 1003, III.: 1—368)

Pestalozzi ausgew. Werke. 3. Bd. 4. Lfg. u. 4. Bd. 1—4. Lfg. (III.: 369—532. IV.: 576) 72.

Pestalozzi's, JH, ausgew. Werke. Mit Pestalozzis Biogr. hrsg. v. F Mann. 2. Bd. 5. Afl. (428)'02. [2.] 3 —; geb. nn 4 —

Pestalozzi's, JH, ausgew. Werke. Mit Pestalozzis Biogr. hrsg. v. Frdr. Mann. 3. Bd. 5. Afl. (547 m. 3 Taf.)'06. [3.] 3 —; geb. n 4 —

Richter's, JPF, Levana, nebst pädagog. Stücken a. s. übr. Werken u. d. Leben d. vergnügten Schulmeisterleins Maria Wuz in Auenthal. Mit Richter's Biographie hrsg. v. K Lange. 2. Afl. (451) 92. [Bd 24.] 3.50; geb. n.n. 4.50

Rousseau. JJ. Hrsg. v. T Vogt u. E Fritsche. 1—9. Lfg. (I. II.: 1005) 73.

Rousseau's, JJ, Emil od. üb. d. Erziehg. Übers., m. Einleitgn u. Anmerkgn versehen von E v. Sallwürk. Mit Rousseau's Biographie v. T Vogt. 3. Afl. 1. Bd. (414) 93. [Bd 6.] ‖ 2. Bd. (415) 95. [Bd 7.] à 3 —; geb. à n.n. 4 —

Rousseau's, JJ, Emil od. Üb. d. Erziehg. Übers., m. Biogr. u. Kommentar, v. E v. Sallwürk. 4. Afl. (22, 276)'07. [6.] 3.50; geb. n 4.50

Sallwürk, E v.: Adf Diesterweg. Darstellg s. Lebens u. s. Lehre u. Ausw. a. s. Schriften. 1. u. 2. Bd. (497 u. 485) 99. [36.37.] à 3.50; geb. à nn 4.50 ‖ 3. (Schl.-)Bd. (314) 1900. [38.] 3 —; geb. nn 4 —

Salzmann's, CG, ausgew. Schriften. Mit Salzmann's Lebensbeschreibg hrsg. v. E Ackermann. (295) 89. n. 2. 50; Einbd. n.n. 1. —

Salzmann, CG, ausgew. Schriften. Mit Salzmann's Lebensbeschreibg hrsg. v. E Ackermann. 2. Bd. (294) 91. [Bd 30.] 2.50; geb. 3.50 (1. u. 2.: 5 —; geb. 7 —)

Salzmann's, CG, ausgew. Schriften. Mit S.'s Lebensbeschreibg hrsg. v. E Ackermann. 1. Bd. 2. Afl. (46, 250) 97. [29.] 2.50; geb. 3.50

Salzmann's, CG, ausgew. Schriften. Mit Salzmann's Lebensbeschreibg hrsg. v. E Ackermann. 2. Bd. 2. Afl. (294)'01. [30.] 2.50; geb. nn 3.50

Schleiermacher. 7 Lfgn. (777) 72.

Schleiermacher's pädagog. Schriften. Mit e. Darstellg s. Lebens hrsg. v. C Platz. 3. Afl. (64, 628)'02. [5.] 5.40; geb. nn 6.00

Sigismund's, B, ausgew. Schriften. Hrsg., m. Biogr. u. Anmerkgn v. K Markscheffel. (50, 406 m. 1 Bildnis.) 1900. [39.] 4.50; geb. nn 5.50

— **theologischer Klassiker.** Ausgewählt u. hrsg. v. evangel. Theologen. 1.—29. Bd. 8. Gotha, F. A. Perthes. geb. à Bd. n. 2. 40

Inhaltsübersicht in alphabet. Ordnung:

Augustin's Bekenntnisse, in neuer Übersetzg. u. mit e. Einleitg. dargeboten v. W. Bornemann. (XXXVIII, 240 S.) 889. (Bd. 12.)

Vier Bücher v. d. Nachfolge Christi. Nach gereinigtem Texte neu übers. u. m. e. Einleitg. versehen v. E. Fromm. (XXVIII, 175 S.) 889.

Bücher, vier, v. der Nachfolge Christi. Nach gereinigtem Texte neu übers. u. m. e. Einleitg. versehen v. E. Fromm. (XVIII, 175 S.) 890. (Bd. 24.)

Gregorius' v. Nazianz Schutzrede u. Chrysostomus' sechs Bücher vom Priestertum. Zwei pastoraltheolog. Schriften d. alten Kirche, in e. neuen deutschen Übersetzung dargeboten u. m. e. Einleitung versehen v. G. Wohlenberg. (VII, 260 S.) 890. (Bd. 29.)

Hamann, J. G., Auswahl aus seinen Briefen u. Schriften, eingeleitet u. erläutert v. C. Franklin Arnold. (VII, 307 S.) 888. (Bd. 11.)

Harms, Cl., Pastoraltheologie in Reden an Theologie-Studierende. Nach der Orig.-Ausg. [1830—1834] aufs neue hrsg. in 2 Tln. (VII, 312 u. VIII, 312 S.) 888. (Bd. 5. 6.)

Claus Harms', gewesenen Predigers in Kiel, Lebensbeschreibung, verfasset v. ihm selber. Mit den 95 Thesen d. Verf. (XII, 271 S.) 888. (Bd. 7.)

Luther's, Mart., reformatorische Hauptschriften. Mit e. Einleitg. von Karl Alfr. v. Hase. (III, 314 S.) 888. (Bd. 2.)

Massillon's ausgewählte Predigten. Übers. v. Jos. Lutz. Mit e. Einleitg. aus Frz. Theremins „Demosthenes u. Massillon". (V, 323 S.) 889. (Bd. 18.)

Menken's, Gfr., Homilien in Auswahl u. m. Einleitg. v. F. Chr. Achelis. 2 Tle. (315 u. 303 S.) 888. (Bd. 8, 9.)

Neander, der heilige Bernhard u. sein Zeitalter. Mit Einleitg. u. Zusätzen v. S. M. Deutsch. 1. u. 2. Tl. (XXVII, 297 u. III, 292 S.) 889. 890. (Bd. 22. 23.)

— Geschichte der Pflanzung u. Leitung der christlichen Kirche durch die Apostel. Neuer Abdr. der 5. Aufl. [1862.] 1.—3. Tl. (VII, 262; VI, 329; VII, 321 S.) 890. (Bd. 26—28.)

Schleiermacher, Frdr., der christliche Glaube, nach den Grundsätzen der evangel. Kirche im Zusammenhange dargestellt. Neue unveränd. Ausg. in 4 Tln., eingeleitet durch d. Verf.'s zwei Sendschreiben über seine Glaubenslehre. (VI, 361; VI, 253; VI, 353; XII, 268 S.) 889. (Bd. 13—16.)

— Reden über die Religion. Mit e. Einleitg. v. Siegfr. Lommatzsch. (V, 333 S.) 888. (Bd. 4.)

Spener's, Ph. J., Hauptschriften. Bearb. u. eingeleitet v. Paul Grünberg. (280 S.) 889. (Bd. 21.)
Spitta, C. J. Ph., Psalter u. Harfe. Mit e. Einleitg. v. Ludw. Spitta. (CXXXVI, 195 S.) 890. (Bd. 25.)
Sursum corda! Eine Auswahl frommer Lieder aus der Gegenwart. (304 S.) 889. (Bd. 17.)
Theremin, Frz., die Beredsamkeit e. Tugend oder Grundlinien e. systemat. Rhetorik u. Gespräche, nebst Bruchstücken aus den Briefen an e. Nichtexistierenden. (274 S.) 888. (Bd. 10.)
— ausgewählte Predigten. 2 Tle. (VI, 279 u. 314 S.) 889. (Bd. 19. 20.)
Tholuck's, A., ausgewählte Predigten. Mit e. Einleitg. v. Leop. Witte. (V, 304 S.) 888. (Bd. 8.)
Zimmer, Frdr., Bücherkleinode evangelischer Theologen. Mitteilungen bekannterer evangel. Theologen der Gegenwart üb. Bücher, die ihnen f. Amt u. Leben v. besonderem Werte gewesen sind, zusammengestellt u. als Einleitg. in die „Bibliothek theolog. Klassiker" hrsg. 1. u. 2. Aufl. (XVI, 270 S.) 888. (Bd. 1.)

Bibliothek theologischer Klassiker. Ausgewählt u. hrsg. v. evangel. Theologen. 30.—54. Bd. 8. Gotha, F. A. Perthes. Geb. à Bd. n. 2,40

Inhaltsübersicht in alphabetischer Ordnung:

Baur, Ferd. Chr., Vorlesungen üb. neutestamentliche Theologie. Hrsg. v. Ferd. Fried. Baur. Neue Ausg. Mit e. Einleitg. v. Otto Pfleiderer. 1. u. 2. Tl. (VII, 251 u. VIII, 224 S.) 893. (45. 46. Bd.)
Bengel's, J. A., Gnomon in deutscher Bearbeitung v. evangelischen Geistlichen. Mit e. Einleitg. versehen v. Rob. Kübel. 1. Tl., enth.: Joh. Albr. Bengel, v. Rob. Kübel. Das Evangelium Matthäi, v. Roquette. Das Evangelium Marci, v. Paul Küßner. (340 S.) 890. (32. Bd.)
Bengel's, JA, Gnomon in deut. Bearbeitg v. ev. Geistlichen. 1. Tl, enth.: JA Bengel v. R Kübel. Das Evangelium Matthäi v. Roquette. Das Evangelium Marci v. P Küssner. (340) 91.
— dasselbe. 2. Tl., enth.: 1. Die Apostelgeschichte, v. Orthmann. 2. Das Evangelium Lucä (Kap. 1—8), v. Klas. (307 S.) 894. (49. Bd.)
— dasselbe. 3. Tl., enth.: 1. Das Evangelium Lucä (Kap. 9—24), v. Klas. 2. Das Evangelium Johannis (Kap. 1—10), v. Theel. (288 S.) 894. (50. Bd.)
— dasselbe. 4. Tl., enth.: 1. Das Evangelium Johannis (Kap. 11 bis 21), v. Theel. 2. Römerbrief, v. Klas. (322 S.) 894. (51. Bd.)
— dasselbe. 5. Tl., enth.: 1. 1. u. 2. Korintherbrief, v. Dietz. 2. Galater-, Epheser-, Philipper- u. Kolosserbrief, v. Vorrmann. (342 S.) 894. (52. Bd.)
— dasselbe. 6. Tl., enth.: 1. 1. u. 2. Thessalonicherbrief, 1. u. 2. Brief an Timotheus, Brief an Titus, Brief an Philemon, v. Dreising. 2. 1. u. 2. Petrusbrief, 1., 2. u. 3. Johannesbrief, Brief des Jakobus, Brief des Judas, v. Boy. (247 S.) 894. (53. Bd.)
— dasselbe. 7. Tl., enth.: 1. Brief an die Ebräer, 2. Die Offenbarung Johannis, v. Roquette. (319 S.) 891. (54. Bd.)
Harms, Claus, Festpredigten. [Aus der Winter- u. Sommerpostille.] Mit d. Verf. Aufsatz: „Mit Zungen! lieben Brüder, m. Zungen reden!" [Aus den „Theol. Stud. u. Krit. 1833"] als Einleitg. (317 S.) 891. (39. Bd.)
Herder, Joh. Gfr., vom Geist der ebräischen Poesie. Mit e. Einleitg. versehen v. Frdr. Hoffmann. 2 Tle. [2. Tl. Mit e. Anh., Herder's Übersetzg. d. Hohen Liedes enth.] (VIII, 295; 310 S.) 890. (30. 31. Bd.)
Herder, Joh. Gfr. Vom Geist der ebräischen Poesie. Mit e. Einleitg. versehen v. Friedr. Hoffmann. 1. u. 2. Tl. Mit e. Anh., Herder's Uebersetzg. d. Hohen Liedes enth. (VIII, 295; 310 S.) 891.
Hüffell's, Ludw., Wesen u. Beruf d. evangelisch-christlichen Geistlichen. Mit e. Einleitg. versehen v. Adf. Klas. 1.—4. Bd. (XIII, 284; VIII, 263; VIII, 239; VIII, 230 S.) 890,91.
Pascal's Gedanken üb. die Religion. Übers. v. Joh. Geo. Dreydorff. (288 S.) 891. (40. Bd.)
Schleiermacher, Frdr., kleinere theologische Schriften. 1. u. 2. Tl. (V, 251 u. V, 282 S.) 893. (47. 48. Bd.)
— christliche Sittenlehre in Vorlesungen [Wintersemester 1822—1823]. Aus Nachschriften hrsg. v. L. Jonas [1843]. 1. u. 2. Tl. (VI, 265 u. IV, 264 S.) 891. (37. 38. Bd.)
Schmid, Chrn. Frdr., biblische Theologie d. Neuen Testamentes. Neue Ausg. 3 Tle. (VI, 310; VII, 312; VII, 319 S.) 892. (42.—44. Bd.)
Weisheit, die, auf der Gasse. Deutsche Sprichwörter religiösen u. sittl. Inhaltes, zusammengetragen vom evang.-theol. Seminar in Herborn. (243 S.) 892. (41. Bd.)

—— **classische, des In- u. Auslandes.** 1. Bd. A. u. d. T.: Laleh-Rukh. Eine romant. Dichtung aus d. Morgenlande. Nach d. Engl. des Thomas Moore, bearb. u. m. Anmerkn. begleitet v. Wollheim. 8. ($23^1/_2$ B.) Hamburg 840, Schuberth u. Comp.

—— **classische, des In- und Auslandes.** 1—4. Bd. 16. Hamburg, Schuberth und Comp. *

Auch unter den Titeln:

Bd. 1. Lalah-Rukh. Eine romant. Dichtung aus dem Morgenlande. Nach dem Engl. des Thomas Moore, bearb. und mit Anmerkungen begleitet von Wollheim. (378 S.) 847. * 1 Thlr. 10 Ngr.
„ 2. Die Ostsee. Gedicht in 3 Gesängen von Gustav Gardthausen. 2., unveränd. Abdruck. (177 S.) 847. * 20 Ngr.
„ 3. Vermischte Schriften von G. A. v. Maltitz. Neue Ausg. in 1 Bd. und mit einer Einleitung von C. A. Schloenbach. (168 S.) 847. * 20 Ngr.
„ 4. Walhalla. Sammlung vorzügl. Declamationsstücke für meine Schüler, höhere Lehranstalten und Freunde der Declamation. Mit Anmerkungen zum Redevortrag und einer kurzen Anleitung zur Verslehre, hrsg. von Jul. Schramm. (XII und 240 S.) 848. * 20 Ngr.

— dies. 3. Bd. Vermischte Schriften v. G. A. Freih. v. Maltitz. Neue Ausg. in 1 Bd. u. m. einer Einleitung v. C. A. Schloenbach. gr. 16. (168 S.) Ebd. 848. n. $^2/_3$ ℛ geb. n. $^5/_6$ ℛ

—— **classische, der älteren Romandichter Englands.** Eine Auswahl d. Werke Fielding's, Smollet's, Goldsmith's, Sterne's, Swift's u. A. In neuen Uebertragungen hrsg. v. A. Diezmann. 1—30. Bd. 16. Braunschweig, Westermann. à 8 Gr. Thlr.

A. u. d. Ttln.:

Bd. 1—4. Sterne, Lor., Tristram Shandy's Leben u. Meinungen. Uebers. v. G. N. Bärmann. 4 Thle. (61 B.) 839. 1 Thlr. 8 Gr.
„ 5., 6. Swift, Jonath., Gulliver's Reisen. 2 Thle. ($22^3/_4$ B.) 839. 16 Gr.
„ 7—10. Smollet, Tob., Abenteuer Roderic Random's. 4 Thle. ($42^1/_2$ B.) 839. 1 Thlr. 8 Gr.
„ 11—13. —— Humphry Clinker's Reisen. A. d. Engl. übers. v. Heinr. Döring. 3 Thle. ($35^1/_4$ B.) 839. 1 Thlr.
„ 14—19. —— Peregrin Pickle's Abenteuer, Fahrten u. Schwänke. Ein kom. Roman. A. d. Engl. v. G. N. Bärmann. 6 Thle. ($65^1/_4$ B.) 840. 2 Thlr.
„ 20—22. Fielding, Heinr., Geschichte u. Abenteuer v. Joseph Andrews u. seinem Freunde Hrn. Abrah. Adams. Geschrieben in Nachahmung d. Manier v. Cervantes, Verf. d. Don Quixote. A. d. Engl. v. D. v. Czarnowski. 3 Thle. 16. (31 B.) 840. 1 Thlr.
„ 23. Goldsmith, Oliver, der Landprediger von Wakefield. Eine Erzähl. A. d. Engl. übers. v. A. Diezmann. (15 B.) 840. 8 Gr.
„ 24. Sterne, Lor., Yorick's empfindsame Reise durch Frankreich u. Italien. A. d. Engl. übers. v. G. N. Bärmann. (11 B.) 840. 8 Gr.

— 25r—

30r Bd. Geschichte des Tom Jones, v. Fielding. Aus d. Engl. v. A. Diezmann. 840. 2 ℛ

„ 25—30. Fielding, Heinr., die Geschichte des Tom Jones, eines Findlings. Neu a. d. Engl. übertr. v. A. Diezmann. 1—6. Thl. ($74^1/_2$ B.) 841, 42. 2 Thlr.

— **classische, für das deutsche Volk u. die Jugend.** Insbesondere für Schul- u. Volksbibliotheken, gesammelt von C. Schmaltz. 1. Thl. — A. u. d. T.: Buch für die Jugend gebild. Stände. gr. 16. Leipzig 844. (Schmaltz.) n. $^1/_3$ ℛ — Velinp. cart. n. 1 ℛ

— dies. 2. Thl. — A. u. d. T.: Neues Buch für die Jugend gebildeter Stände. gr. 16. Ebd. 844. n. $^1/_3$ ℛ — Velinp. cart. n. 1 ℛ — u. 3. Thl. 16. Ebd. 846. à n. $^1/_3$ ℛ

—— **classische f. d. deutsche Volk u. d. Jugend.** Insbesondere für Schul- u. Volksbibliotheken gesammelt von C. Schmaltz. 1—3. Thl. 16. (68 B.) Leipzig 846, Schmaltz. à *

Thl. 1 u. 2 auch u. d. Ttln.:

Thl. 1. Buch für die Jugend gebildeter Stände. ($23^1/_4$ B.)
„ 2. Neues Buch für die Jugend gebildeter Stände. (23 B.)

Bibliothek, kleine. 1. und 2. Bdchn. 128. Halberstadt 882, Bange. à Bdchn.

Inhalt:

Bdchn. 1. Griechische Geschichte. (64 S.)
» 2. Römische Geschichte. (72 S.)

Bibliothek, Kleine. Nr. 1-123.
Hamm i. W.: Breer & Thiemann 1897–1907.

Babo, J. M., Otto v. Wittelsbach. E. Trauerspiel. (110 S.) 898. (Nr 31.)
— Die Strelizen. E. Schausp. in vier Aufz. (84 S.) 898. (Nr. 30.)
Brechten, Marga (Klara Lötschert), im Sturme d. Zeit. Eine Erzählg. aus der Gegenwart. (148 S.) (900.) (Nr. 47. 48.)
Brentano, Clemens, Gedichte (Auswahl). (VII, 235 S.) 898. (Nr. 24—26.)
Brentano, Klem., das Märchen v. Gockel, Hinkel u. Gackeleia. Nach seiner ursprüngl. Fassg. bearb. von Hans Eschelbach. (120 S.) 901. (Nr. 64.)
Brown, Allan, treu bis zum Tode. Aus d. Engl. Autoris. Uebersetzg. v. Alice Salzbrunn. (76 S.) (900.) (Nr. 50.)
Chateaubriand, F. R. A. de, Atala. René. Deutsch v. Hans Willy Mertens. (165 S.) (903.) (Nr. 84. 85.)
Chézy, W. Th. v., Hans Schrätzenstaller. Vom tanzenden Knochenmann. Zwei Erzählgn. (87 S.) 898. (Nr. 23.)
Chimani, Leop., Vater Feldheim u. seine Kinder. — Der gefundene Hase. 2 Erzählgn. f. Kinder. (62 S.) (900.) (Nr. 43.)
Conscience, Hendrik, der Bahnwärter. Aus dem Niederländ. v. A. Steinbach. (90 S.) 901. (Nr. 60.)
— Der arme Edelmann. Aus dem Niederländ. v. A. Steinbach. (162 S.) 900. (Nr. 58. 59.)
— Der Geizhals. Aus d. Niederländ. v. A. Steinbach. (156 S.) 900. (Nr. 55. 56.)
— Die Geschichte des Grafen Hugo v. Craenhove und seines Freundes Abulfaragus. Deutsch v. A. Steinbach. (153 S.) 900. (Nr. 53. 54.)
Conscience, Hendrik, Eine Null zu viel. A. d. Holländ. von A. Steinbach. (155 S.) 897. (Nr. 14—15.)

— Micke-Ticke Tack. A. d. Holländ. v. A. Steinbach. (97 S.) 897. (Nr. 8.)

— Eine Seemannsfamilie. — Großmütterchen. 2 Erzählgn. f. die Jugend. Deutsch v. A. Steinbach. (80 S.) 900. (Nr. 57.)

Deklamationsbüchlein, Lustiges. Hrsg. v. e. Vereinspräses. (IV, 155 u. IV S.) 898. (Nr. 33/34.)

Dickens, Charles, das Heimchen am Herde. Ein Hausmärchen. Deutsch v. Hans Willy Mertens. (148 S. (903.) (Nr. 82. 83.)

Diepenbrock, Melchior von, Geistl. Blumenstrauß. (Ausw.) (VIII. 62 S.) 897. (Nr. 10.) Geb. in Leinw. n. — 60

Dierkesmann, J., D. Sohn d. Wilderers. E. Erzählg. a. d. Volksleben. (76 S.) 897. (Nr. 2.)

Dransfeld, Hedwig, D. Buch d. Wünsche. E. Sammlg v. Gelegenheitsgedichten f. Schule u. Haus. (III, 160 S.) 898. (Nr. 35—36.)

— D. gute Ton f. d. heranwachs. Jugend. (163 S.) 897. (Nr. 12—13.) Geb. in Leinw. n. 1. —

— Weihnachtsfeier f. Schule u. Haus. E. Sammlg. v. Gedichten. (VIII, 72 S.) 897. (Nr. 16.)

Droste-Hülshoff, Annette von, D. geistl. Jahr. Nebst e Anhang geistl. Lieder. (IV, 156 S.) 897. (Nr. 4—5.) Geb. in Leinw. n. 1. —

Eichendorff, Jos. Frhr. v., aus dem Leben e. Taugenichts. Novelle. (116 S.) (902.) (Nr. 76.)

Garrett, Almeida, der Schwertfeger v. Santarem oder das Schwert des Connetabel. Drama in 5 Akten. Uebers. v. Geo. Winkler. (VIII, 108 S.) (900.) (Nr. 46.)

Girardin, J., Leute von gutem Willen. A. d. Franz. v. J. Brand. (116 S.) 898. (Nr. 22.)

Görres, Guido, Marienlieder. (VIII, 62 S.) 897. (Nr. 11.) Geb. in Leinw. n. — 60

Goethe, J. W. v., Faust. Eine Tragödie. 1. Tl. Hrsg. v. Karl Macke. (182 S.) (Nr. 116, 117)

Goethe's Gedichte. Auswahl. Hrsg. v. Karl Macke. 1. Bd. (VII, 291 S.) (904.) (Nr. 90—92.)

— dasselbe. 2. Bd. (VIII, 280 S.) (905.) (Nr. 100—102.)

Goethe, J. W. v., Hermann u. Dorothea. Hrsg. von Karl Macke. (VIII, 90 S.) (902.) (Nr. 78.)

— Iphigenie auf Tauris. Ein Schauspiel. (89 S.) (906.) (Nr. 115.)

Grillparzer, Frz., der Traum e. Leben. Dramatisches Märchen in 4 Aufzügen. Hrsg. v. Hans Willy Mertens. (154 S.) (904.) (Nr. 88. 89.)

Hebel, J. P., Schatzkästlein des rheinischen Hausfreundes. (271 S.) 901. (Nr. 65—67.)

Heitzer, Lor., Robinson Crusoe. Für die deutsche Jugend bearb. (200 S.) 901. (Nr. 62. 63.)

Howard, Blanche Willis, Toni, die Kammerjungfer. Humoreske, nach dem Amerikan. Frei übers. v. Alice Salzbrunn. (123 S.) (900.) (Nr. 51. 52.)

Kesting, F., Buch der Sprüche. Eine Sammlung v. Sinnsprüchen, Sinngedichten, Sprichwörtern u. Sentenzen f. die ins Leben eintret. Jugend u. die Hand der Erzieher. (VIII, 448 S.) (904.) (Nr. 93—97.)

Kolping, Adolf, Erzählungen. A. d. Leben e. Aufgeklärten. Zwei Nachbarn. (72 S.) 898 (Nr. 29.)

— dasselbe. Clara. Peter, d. Schmied. (76 S.) 898. (Nr. 28.)

— dasselbe. 1. Bleib daheim. 2. E. Brautwerbg. a. dem Lande. (108 S.) 897. (Nr. 3.)

— dasselbe. D. Geldteufel. E. Besuch b. Onkel. (97 S.) 898. (Nr. 37.)

— dasselbe. Handel u. Wandel. (90 S.) 898. (Nr. 32.)

— dasselbe. Heimat u. Fremde. Meister Andreas, d. Nachtwächter. (90 S.) 897. (Nr. 7.)

— dasselbe. Kindersinn u. Gottessegen. Nachbars Lenchen. Belohnte Wohlthätigkeit. (96 S.) 898. (Nr. 42.)

— dasselbe. D. Kulshof u. s. Schicksale. E. Lehrstück a. d. Erziehg. (86 S.) 897. (Nr. 9.)

— dasselbe. D. Lindenkreuz. (108 S.) 897. (Nr. 6.)

— dasselbe. Ludwig. — Gebet u. es wird euch gegeben werden. (80 S.) 898. (Nr. 39.)

— dasselbe. Schuld, Strafe u. Versöhng. (96 S.) 898. (Nr. 19.)

— dasselbe. D. Tod e. Bettlers. Toms. (98 S.) 898. (Nr. 18.)

— dasselbe. Untreue schlägt d. eig. Urheber. Du sollst nicht stehlen. (98 S.) 898. (Nr. 20.)

— dasselbe. Walter, d. kl. Porzellanhändler. Was e. gute Frau vermag. D. gebannte Schafdieb. (70 S.) 898. (Nr. 27.)

— dasselbe. Was Gott thut, das ist wohlgethan. (88 S.) 898. (Nr. 21.)

— dasselbe. Paul Werner. Fromme Liebe. (105 S.) 897. (Nr. 17.)

Kolping, Adf., Erzählungen. Wie sich einer zu Grunde richtet. — Ein Spielchen. (95 S.) (900.) (Nr. 49.) (Sämmtliche Erzählgn. in 4 Bde. geb. à n. 1. 50)

Lessing, Ghold. Ephr., Minna v. Barnhelm, od. das Soldatenglück. Ein Lustspiel in 5 Aufzügen. Hrsg. v. Laurenz Kiesgen. (140 S.) (904.) (Nr. 86. 87.)

Mertens, Hans Willy, Till Eulenspiegel. Nach den ältesten Ausgaben v. 1515 u. 1519 neu bearb. (133 S.) (906.) (Nr. 113. 114.)

— des Freiherrn v. Münchhausen wunderbare Reisen u. Abenteuer zu Wasser u. zu Lande. Nach G. A. Bürgers Übersetzg. neu bearb. (120 S.) (905.) (Nr. 98. 99.)

Moeser, H., Wie hilft man schnell b. Unglücksfällen u. plötzl. Erkrankgn. in d. Kinderstube? (54 S.) 897. (Nr. 1.)

Nießen, J., die beliebtesten Blumen und Zierpflanzen. Ihre naturgeschichtl. Merkmale, ihre Anzucht u. Pflege. Neu bearb. u. hrsg. (III, 371 S.) (902.) Nr. 71—75.)

Saint-Pierre, Bernardin de, Paul u. Virginie. Deutsch v. Hans Willy Mertens. (114 S.) (906.) (Nr. 105. 106.)

Schiller, Frdr. v., Gedichte. Auswahl. Hrsg. v. Laur. Kiesgen. (320 S.) (906.) (Nr. 107—110.)

Schiller, Frdr. v., die Jungfrau v. Orleans. Eine romant. Tragödie. Hrsg. v. Laur. Kiesgen. (166 S.) (903.) (Nr. 79. 80.)

— Maria Stuart. Ein Trauerspiel. Hrsg. v. Laur. Kiesgen. (168 S.) (906.) (Nr. 111. 112.)

— Wilhelm Tell. Schauspiel. Hrsg. v. Laur. Kiesgen. (150 S.) (905.) (Nr. 103. 104.)

Shakespeare, W., Macbeth. Hrsg. v. Karl Macke. (100 S.) (903.) (Nr. 81.)

Stifter, Adb., Brigitta. Novelle. Nach der ursprüngl. Textausg. (69 S.) 901. (Nr. 61.)

Stolberg, Frdr. Leop. Graf zu, ein Büchlein v. der Liebe. (164 S.) (900.) (Nr. 44. 45.)

Stolberg, F. L., Gedichte. Auswahl. (IV, 88 u. III S.) 898. (Nr. 38.)

Thijm, Jos. Alb. Alberdingk, niederländische Erzählungen. I. Gertrudis v. Oosten. II. Dirk Dircxen Bommer. Deutsch v. A. Steinbach.) (103 S.) (902.) (Nr. 77.)

Wildbach, Im Wetter geschüttelt. Eine Erzählg. a. d. Bergmannsleben. (224 S.) 898. (Nr. 40. 41.)

Wiseman, Nikol., Fabiola od. die Kirche der Katakomben. Aus dem Engl. übers. v. Johanna Baltz. (511 S.) (Nr. 118—123)

Bibliothek, Kleine. Bdchn. 1-550. Leipzig: C. Bange.

Abriss, kurzer, aus der Arithmetik, üb. Zins-, Zinseszinsen-, Renten- u. Rabatt-Rechnung, sowie üb. die Auflösung v. Gleichungen 3. u. 4. Grades, üb. Permutationen, Kombinationen u. Variationen, üb. den binomischen Lehrsatz, üb. die Wahrscheinlichkeits-Rechnung, sowie schliesslich mehrere Aufgaben aus dem Gebiete der Physik. (122 S.) (909). (513.—515. Bdch.)

Arithmetik. (32) (05.) [362.]

Arrians Anabasis. IV.—VII. Buch. (84, 71, 72 u. 75 S.) (908). (490.—493. Bdch.)

Bibelkunde. I. Das alte Testament. (148 S.) (Bd 24).

— dasselbe. II. Neues Testament. (136 S.) (Bd. 25.)

Bibelkunde II. Neues Testament. (112 S.) (910). (25. Bdch.)

Botanik. I. Allgemeine Botanik. (Morphologie u. Übersicht des Linné'schen u. Decandolle'schen Systems. (85 S.) (Bd. 34.)

— dasselbe. II. Specielle Botanik. (Dicotyledonen m. Ausnahme der Perigonblütigen). (107 S.) (Bd. 35).

— dasselbe. III. Specielle Botanik. (Perigonblütige Dikotyledonen, Monocotyledonen u. Acotyledonen.) (96 S.) (Bd. 36.)

Cäsar's Bürgerkrieg. (91. 53 u. 119 S.) (Bd. 56—60.)

— Gallischer Krieg. Autor. wortgetreue Uebersetzg. (62, 32, 36, 49, 58, 47 u. 88 S.) Bd. 61—68.)

Cäsar, gallischer Krieg. VIII. (77 S.) (907). (451. Bdch.)

Chemie, anorganische. I. Metalloide. (79 S.) (Bd. 17.)

— dasselbe. II. Metalle 1—3. (62, 67 u. 64 S.) (Bd. 18—20.)

— organische. Chemie der Kohlenstoffverbindungen. I–IV. (282 S.) (901). (Bd. 237a, 238—240.)

Cicero

— Das 4. Buch der Anklage gegen C. Verres. (Über die Bildwerke). (147 S.) (902.) (Bd. 262. 263.)

— Das 5. Buch der Anklage gegen C. Verres. (Über die Todesstrafen.) (168 S.) (902.) (Bd. 264. 265.)

Cicero's Briefe. (952 S.) (906.) (Nr. 421—440.)

Cicero, Brutus. Kapitel 1—35. (64 S.) (910). (522. Bdch.)

— Die drei Bücher v. den Pflichten. (192 S.) (902.) (Bd. 257—259.)

— Cato der Ältere. (60 S.) (Bd. 93.)

— Divinatio in Caecilium. (45 S.) (904.) (Nr. 348.)

— „Lälius üb. die Freundschaft" an Titus Pomponius Atticus. (75 S.) (902.) (Bd. 138.)

— 1. u. 2. Rede gegen Catilina. (26 u. 24 S.) (Bd. 69.)

— dasselbe. 3. u. 4. Rede. (27 u. 21 S.) (Bd. 70.)

— Rede f. Dejotarus. (37 S.) (902.) (Bd. 254.)

— Rede f. Q. Ligarius. (32 S.) (902.) (Bd. 255.)

— Rede f. Marcellus. (24 S.) (902.) (Bd. 256.)

— Rede pro Milone. (80 S.) (Bd. 81. 82.)

— Rede f. Lucius Murena. (92 S.) (904.) (Nr. 357. 358.)

— Rede f. Cn. Plancius. (87 S.) (906.) (Nr. 403. 404.)

— Rede f. Sestius. (129 S.) (904.) (Nr. 353. 354.)

— Rede f. P. Sulla. (85 S.) (902.) (Bd. 261.)

— vom Redner. I. Buch. (184 S.) (906.) (Nr. 386—388.)

— dasselbe. II. Buch. (205 S.) (906.) (Nr. 389—393.)

— dasselbe. III. Buch. (129 S.) (906.) (Nr. 394—396.)

— Pro Roscio Amerino. Kap. 1—29. (S. 1—48.) (Bd. 78.)

— Tuskulanen. (S. 1—382.) (903.) (Nr. 301—306. 313. 314.)

Cicero, Verteidigungsrede für den Dichter Aulus Licinius Archias. (27 S.) (901.) (Bd. 139.)

— Über das Wesen der Götter. (287 S.) (910). (528.—532. Bdch.)

Curtius Rufus. Buch III. (56 S.) (906.) (Nr. 374.)

— dasselbe. Buch IV. (52 u. 52 S.) (906.) (Nr. 375—375a.)

— dasselbe. Buch V. (65 S.) (906.) (Nr. 376. 377.)

— dasselbe. Buch VI. (43 u. 29 S.) (906.) (Nr. 378. 379.)

— dasselbe. Buch VII. (46 u. 28 S.) (906.) (Nr. 380. 381.)

— dasselbe. Buch VIII. (90 S.) (906.) (Nr. 382. 383.)

— dasselbe. Buch IX. (62 S.) (906.) (Nr. 384.)

— dasselbe. Buch X. (58 S.) (906.) (Nr. 385.)

Demosthenes, Rede üb. den Chersonês. (32 S.) (904. (Nr. 321.)

— III. olynthische Rede. Rede üb. den Frieden. (S. 33—57.) (903.) (Nr. 339.)

— Dritte Rede gegen Philipp. (32 S.) (906.) (Nr. 420.)

— Rede vom Kranze. (1—86.) (S. 1—48.) (905.) (Nr. 365.)

— dasselbe. (87—256.) (S. 49—144.) (905.) (Nr. 366. 367.)

— dasselbe. (257—Schluss.) S. 145—179.) (906.) (Nr. 368.)

— II. olynthische Rede. Rede üb. den Frieden. (29 S.) (903.) (Nr. 338.)

Geographie. I. Allgemeines u. Australien. (62 S.) (Bd. 10.)

— dasselbe. II. Afrika. Asien u. Amerika. (74 S.) (Bd. 11.)

Geographie. Asien, Afrika, Amerika, Australien u. Ozeanien, Polargebiete. 2. Aufl. (112 S.) (910). (11. Bdch.)

— dasselbe. IV. V. Deutschland. I. II. (à 48 S.) (Bd. 13, 14.)

— dasselbe. III. Europa. (48 S.) (Bd. 12.)

Geschichte, brandenb.-preussische. 3., verm. u. verb. Aufl. (98 S.) 899. (Bd. 9.)

— griechische. 2., verb. Aufl. (64 S.) Halberstadt (Bd. 1.)

— der Jugend-Lektüre u. pädagogischer Wegweiser. (40 S.) (901.) (Bd. 237.)

— Mittelalter. I. II. (56 u. 64 S.) (Bd. 4, 5.)

— morgenländische. (68 S.) (Bd. 3.)

— der deutsch. National-Litteratur. I. 1.—3. Periode. H. — 1300. (67 S.) (Bd. 27.)

— dasselbe. II. 4.—6. Periode. 1300—1748. (78 S.) (Bd. 28.)

— dasselbe. III. Von Klopstock bis zu den Dichtern der Befreiungskriege incl. (138 S.) (Bd. 29.)

— dasselbe. IV. Die deutsche Poesie seit den Befreiungskriegen. (105 S.) (Bd. 30.)

— Neuzeit. I. (63 S.) (Bd. 6.)

— dasselbe. II. 3., verb. Aufl. (68 S.) (900.) (Bd. 7.)

— d. Pädagogik. 1. Tl. Die vorchristliche Zeit. (48 S.) (900.) (Bd. 220.)

— dasselbe. III. Tl. Von der Reformation bis Pestalozzi. (62 S.) (901). (Bd. 222.)

— dasselbe. IV. Tl. Das 19. Jahrh. (60 S.) (901). (Bd. 223.)

— römische. (78 S.) Halberstadt. (Bd. 2.)

Grammatik, deutsche. (76 S.) 900. (Bd. 16.)

— englische. I. Formenlehre. (76 S.) (Bd. 52.)

— dasselbe. II. Syntax. (137 S.) Bd. 53, 54.)

— französische. I. Formenlehre. (100 S.) (Bd. 48, 49.)

— dasselbe. II. Syntax. (120 S.) (Bd. 50, 51.)

— griechische. I. Formenlehre. a) Nomen. (46 S.) (Bd. 44.)

— dasselbe. II. Formenlehre. b) Verbum. (79 S.) (Bd. 45.)

— dasselbe. III. Syntax des Nomen. (66 S.) (Bd. 46.)

— dasselbe. IV. Syntax des Verbum. (68 S.) (Bd. 47.)

— lateinische. I. Formenlehre. (40 S.) (Bd. 41.)

— dasselbe. II. Syntax des Nomen. (30 S.) (Bd. 42.)

— dasselbe. III. Syntax des Verbum. (30 S.) (Bd. 43.)

Grimm's Märchen. Für Jugend u. Volk ausgewählt u. bearb. v. R. Dierkesmann. (260 S.) (902.) (Nr. 68—70.)

Hartdegen, F., kurzer Abriss der Geometrie. (200 S.) (910). (516.—519. Bdch.)

Herodot. Buch I—IV. (223, 181, 172 u. 112 S.) (902.) (Bd. 241—252.)

Herodot. Buch V. (117 S.) (903.) (Nr. 276. 277.)

— dasselbe. Buch VI. (124 S.) (903.) (Nr. 278. 279.)

— dasselbe. Buch VII. (234 S.) (903.) (Nr. 293—297.)

— dasselbe. Buch VIII. (S. 1—168.) (903.) (Nr. 307—309.)

— dasselbe. Buch IX. (S. 1—151.) (903.) (Nr. 310—312.)

Homer, Ilias. I, II, IV, V, VII u. VIII. (36, 47, 31, 52, 27 u. 32 S.) (901. 902.) (Bd. 193. 194. 196. 197. 199. 200.)

Homer, Ilias. IX, X u. XII—XIX. (44, 37, 32, 59, 37, 52, 60, 56, 48 u. 32 S.) (903.) (Nr. 201. 202 u. 204—211.)

— dasselbe. XXI—XXIV. (48, 37, 68 u. 60 S.) (903.) (Nr. 213—216.)

— Odyssee. I—XII, XV, XVI, XIX u. XX. (28, 48, 19, 34, 38, 34, 32, 26, 34, 28, 37, u. 23 S.) (900.) (Bd. 181—186. 188 u. 190.)

Horaz, von der Dichtkunst. (36 S.) (902.) (Bd. 268.)

— dasselbe IV u. Carmen seculare. qu. 64. (31 S.) 899. (Bd. 134.)

— Episteln I u. Ia. (36 u. 35 S.) (902.) (Bd. 266. 267.)

— Epoden. qu. 64. (32 S.) 899. (Bd. 130.)

— Oden. (Buch I.) qu. 64. (48 S.) 900. (Bd. 131.)

— Satiren II. 1—3 u. 4—8. (39 u. 48 S.) (900. 902.) Bd. 136. 137.)

Katull, Lieder. (Auswahl.) (34 S.) (910). (545. Bdch.)

Kirchengeschichte. I. Tl. (Bis zur Reformation 1517.) (132 S.) (Bd. 22.)

— dasselbe. II. Tl. (170 S.) Halberstadt. (Bd. 23.)

Kirchenlied, evangel. I. Tl. 1. (109 S.) (Bd. 21.)

— dasselbe. II. 64°. (62 S.) (Bd. 26.)

Livius, römische Geschichte. II—VIII. (S. 113—171, 192, 64, 64, 110, 59 u. S. 65—130, u. 120 S.) 900. (Bd. 166—170. 173. 175—177. 177a. 178 u. 178a.)

— dasselbe. XXI—XXIV. (126, 73 u. 80 S., S. 97—138 u. 117 S.) (900—902.) (Bd. 121—124 u. 127—129.)

Livius, römische Geschichte. IX. (134 S.) (903.) (Nr. 179. 179a. b.)

— dasselbe. X. (127 S.) (903.) (Nr. 180. 180a. b.)

— dasselbe. XXV. (121 S.) (903.) (Nr. 298. 299.)

— dasselbe. XXVI. (S. 49—189.) (903.) (Nr. 316. 317.)

— dasselbe. XXVII. (S. 1—128.) (903.) (Nr. 322. 323.)

— dasselbe. XXVIII. (64 S.) (903.) (Nr. 325.)

— dasselbe. XXIX. (99 S.) (904.) (Nr. 349. 350.)

— dasselbe. XXX. (108 S.) (904.) (Nr. 351. 352.)

— dasselbe. XXXI. Buch. Kapitel 1—50. (102 S.) (906.) (Nr. 397. 398.)

— dasselbe. XXXII. Buch. (85 S.) (906.) (Nr. 399. 400.)

— dasselbe. XXXIII. (95 S.) (906.) (Nr. 415. 446.)

— dasselbe. XXXIV. (120 S.) (906.) (Nr. 447—449.)

Livius, römische Geschichte. XXXV. (102 S.) (909). (474.—476. Bdch.)

— dasselbe. XXXVI. (90 S.) (907). (477.—479. Bdch.)

— dasselbe. 37. u. 38. Buch. (128 u. 152 S.) (908). (499.—506. Bdch.)

— dasselbe. XXXIX. (132 S.) (909). (507.—509. Bdch.)

— dasselbe. XXXX. (135 S.) (910). (510.—512. Bdch.)

Logik. (Von B. Clemenz.) (44 S.) (902.) (Bd. 103.)

Lycurgi oratio in Leocratem. (71 S.) (Bd. 94.)

Lysias I. Eratosthenes. (32 S.) (Bd. 91.)

— Rede gegen Agorat. (32 S.) (Bd. 92.)

Lysias, Rede f. Mantitheos. — Für den Presthaften (Krüppel). (28 S.) (903.) (Nr. 319.)

Memoriergedichte. I. II. (59 u. 72 S.) (Bd. 236, 80.)

Menschenkunde. (Anthropologie.) Gesundheitslehre. (59 S.) (901). (Bd. 37.)

Mertens, Hans Willy: Till Eulenspiegel. Nach d. ält. Ausg. v. 1515 u. 19 neu bearb. (133) (06.) [113.14.] L. — 75

Methodik u. Geschichte der Methodik. 1. u. 2. Tl. (131 S.) (901). (Bd. 38, 39.)

Mineralogie. (55 S.) (Bd. 15.)

Mittelalter. I.II. (56 u. 64) [4.5.]

Cornelius Nepos, berühmte Feldherren auswärtiger Völkerschaften. In wortgetreuer Uebersetzg. (56, 51, 64 u. 52 S.) (Bd. 87—90.)

Neuzeit. I. (63) ‖ II. 3. Afl. (68) 1900. [6.7.]

Ovid's Fasten. I. Buch. (51 S.) (906.) (Nr. 405.)

— dasselbe. II. (80 S.) (906.) (Nr. 406. 407.)

— dasselbe. III. (84 S.) (906.) (Nr. 408. 409.)

— Tristien. Buch I—V. (61, 45, 71, 59 u. 64 S.) (906.) 416—419. 419a.)

Ovid, Verwandlungen. I—III, VI u. XI—XV, qu. 64. (52 S.) 899—902. (Bd. 140. 142. 143. 146 u. 151—155.)

Physik. Lehre vom Licht (Optik). 1. u. 2. Tl. (115 S.) (901.) Bd. 225, 226.)

— dasselbe. Wärmelehre. II. Tl. (S. 65—128.) (901). (Bd. 228.)

— dasselbe. Lehre vom Schall (Akustik). Magnetismus. (79 S.) (901.) (Bd. 229.)

— dasselbe. Mechanik. 1.—3. Tl. (199 S.) (901). (Bd. 230—232.)

— dasselbe. Elektrizität. 1.—2. Tl. (S. 1—201.) (901.) (Bd. 233—235.)

Plato, Apologie des Socrates. (56 S.) 902. (Bd. 269.)

Plato's Eutyphron. (35 S.) (903.) (Nr. 271.)

— Gastmahl. (S. 65—112.) (903.) (Nr. 273.)

— Gorgias. (174 S.) (903.) (Nr. 290—292.)

— Kriton. (28 S.) 902. (Bd. 270.)

— Laches. (52 S.) (903.) (Nr. 300.)

— Phädon. (138 S.) (902.) (Bd. 218. 219.)

— Phädrus. (117 S.) (903.) (Nr. 274. 275.)

— Protagoras. (112 S.) (903.) (Nr. 288. 289.)

Plato's Staat. Buch I—Buch VII, Kapitel 1—13. (384 S.) (910). (533.—540. Bdch.)

— dasselbe. Buch VII—Buch X. (Schluss.) (S. 385—570.) (910). (541.—544. Bdch.)

Plautus, die Gefangenen. (79 S.) (910). (520. 521. Bdch.)

Plutarch, Aristides. (58 S.) (907). (452. Bdch.)

Properz: Ausgew. Elegien. Übersetzg. 5 Tle. (217) ('11) [546—50]

Psychologie. (60 S.) (902.) (Bd. 224.)

Sallust, Catilina. (84 S.) (Bd. 83. 84.)

— Der Jugurthinische Krieg. (164 S.) (Bd. 85. 86.)

Sophokles, Ajax. (79 S.) (904.) (Nr. 340. 341.)

— Elektra. (79 S.) (904.) (Nr. 342. 343.)

— König Oedipus. (91 S.) (904.) (Nr. 344. 345.)

— Oedipus auf Kolonos. (102 S.) (904.) (Nr. 346. 347.)

— Philoktetes. (88 S.) (904.) (Nr. 355. 356.)

— die Trachinierinnen. (1—1275.) (S. 1—80.) (905.) (Nr. 369. 370.)

Tacitus, Annalen Buch I. (120 S.) (Nr. 282. 283.)

— dasselbe. Buch II. (112 S.) (903.) (Nr. 284. 285.)

— dasselbe. Buch III. (S. 1—99.) (903.) (Nr. 286. 287.)

— dasselbe. XI. Buch. (52 S.) (906.) (Nr. 371.)

— dasselbe. XII. Buch. (84 S.) (906.) (Nr. 372. 373.)

Tacitus, Annalen. Buch IV. (S. 33—96.) (907). (480.—482. Bdch.)

— dasselbe. XIII. (93 S.) (907). (465. 466. Bdch.)

— dasselbe. XIV. (117 S.) (907). (467.—469. Bdch.)

— dasselbe. XV. (120 S.) (907). (470. 471. 471a. Bdch.)

— dasselbe. XVI. (48 S.) (907). (472. Bdch.)

— Germania. (59 S.) (903.) (Nr. 281.)

— Historien. I. Buch. (120 S.) (906.) (Nr. 455. 456.)

— Historien. II. (128 S.) (907). (457. 458. Bdch.)

— dasselbe. III. (116 S.) (907). (459. 460. Bdch.)

— Leben des Julius Agricola. (69 S.) (904.) (Nr. 336. 337.)

Thijm, JAA: Niederländ. Erzählgn. I. Gertrudis v. Oosten. II. Dirk Dircxen Bommer. Deutsch v. A Steinbach. (103) ('02.) [77.]

Thukydides' Werke. Buch I. (S. 65—128.) (903.) (Nr. 329.)

— dasselbe. Buch II. (119 S.) (904.) (Nr. 331. 332.)

— dasselbe. Buch III. (124 S.) (904.) (Nr. 333—335.)

— dasselbe. Buch IV. (146 S.) (904.) (Nr. 359—361.)

— dasselbe. Buch V. (109 S.) (906.) (Nr. 363. 364.)

— dasselbe. Buch VI. (126 S.) (906.) (Nr. 401. 402.)

— dasselbe. Buch VII. (114 S.) (906.) (Nr. 441. 442.)

— dasselbe. Buch VIII. (124 S.) (906.) (Nr. 443. 444.)

Vergil's, P. Aeneide. (44, 47, 42, 45 u. 53 S.) (Bd. 95—99.)

— Aeneis. VI—IX. (54, 51, 48 u. 59 S.) (Bd. 100 u. 115—117.)

Xenophon's Anabasis. (64, 42, 43, 52, 49, 46 u. 70 S.) (900. 902.) (Bd. 71—77.

— Cyropädie. I—VI. (49, 54, 56, 61, 77 u. 54 S.) (899—902.) (Bd. 107—112.)

Xenophon, Cyropädie. VII u. VIII. (79 u. 64 S.) (903.) (Nr. 113. 114.)
— Hellenica. I—VII. (48, 54, 59, 75, 88, 77 u. 76 S.) (899—902.) (Bd. 101. 101a. 102. 104—106 u. 93a.)
— Memorabilien. I. (62 S.) (902.) (Bd. 156.)
— Memorabilien. IV. (79 S.) (903.) (Nr. 159. 160.)

Zoologie. I. Säugetiere u. Vögel. (126 S.) (Bd. 81.)
— dasselbe. II. Reptilien, Fische, Insekten. (94 S.) (Bd. 32.)
— dasselbe. III. Spinnen, Krustentiere, Würmer etc. (81 S.) (Bd. 33.)

Bibliothek, Kleine. Wien 1907 ff. H: *Neidl, Julius.* (EB)

Bibliothek, Kleine. Bd. 1-25. Stuttgart: Dietz 1909–1912

Bommeli, R: Die Gesch. d. Erde. (I.) Wie Berg u. Tal entstehen. Kurzer Abriss d. dynam. Geol. (127 m. Abb. u. 1 farb. Kte.) '11 [15] ‖ II. Die Weltalter. Kurze Charakteristik d. geolog. Perioden u. Formationen. (103 m. Abb. u. 2 farb. Taf.) '12. [21]

Deutsch, Jul.: Aus alten Tagen. Soz. Bilder a. d. deut. Vergangenh. (95) '11 [16]

Duncker, Herm., volkswirtschaftliche Grundbegriffe m. besond. Berücksicht. der ökonomischen Grundlehren v. Karl Marx. Als Leitfaden f. Unterrichtskurse. 2., verm. Aufl. (79 S.) 910. (Nr. 6.)

Duncker, Käte, die Kinderarbeit u. ihre Bekämpfung. 2., durchgeseh. Aufl. (78 S.) 910. (Nr. 5.)

Engels, Frdr., Ludwig Feuerbach u. der Ausgang der klassischen deutschen Philosophie. Mit Anh.: Karl Marx üb. Feuerbach. 5. Aufl. (IV. 64 S.) 910. (Nr. 8.)

Frank, Ludw.: Die bürgerl. Parteien d. deut. Reichstags. Histor. Skizze. Anh.: Die Programme d. bürgerl. Parteien Deutschlds. (111) '11 [13]

Gorter, Herm., der histor. Materialismus. Für Arbeiter erklärt. Aus dem Holl. übers. v. Anna Pannekoek. Mit e. Vorwort v. Karl Kautsky. (128 S.) 909. (Nr. 4.)

Kautsky, Karl: Parlamentarismus u. Demokratie. 2. Afl. (140) '11 [12]
— dass. Begonnen v. L.-D. Fortgesetzt v. Heinr. Cunow. 2. Tl. Nahrgsbeschaffg u. Ernährg. Von C. (92 m. Abb.) '12 [22] ‖ 3. Tl. Entstehg d. Waffen — Körperschmuck. Von C. — Die Technik d. Bekleidg. Von L.-D. (103 m. Abb.) '12 [24]

Lewin-Dorsch, Hannah: Die Technik in d. Urzeit u. auf primitiven Kulturstufen. Hrsg. v. Heinr. Cunow. Das Feuer. Der Wohngsbau. (111 m. Abb.) '12 [18]

Linke, Fel., ist die Welt bewohnt? Eine Darstellg. der Frage nach der Bewohnbarkeit anderer Weltkörper auf Grund unseres jetz. Wissens von der Natur derselben u. v. Leben. (110 S. m. Abbildgn.) 910. (Nr. 9.)

Linke, Fel.: Kann d. Erde untergehen? Betrachtgn üb. d. kosm. Stabilität uns. Erdenlebens. (134 m. Fig.) '11 [14]

Lipschütz, Alex.: Die Arbeit d. Muskeln. (93 m. Fig.) '12 [20]

Mehring, Frz: 1807—12: Von Tilsit nach Tauroggen. (106) '12 [25]

Plechanow, G., die Grundprobleme d. Marxismus. Autoris. Übersetzg. v. M. Nachimson. (112 S.) 910. (Nr. 7.)
Die Bände 1—8 erschienen ohne Sammeltitel.

Reitz, Adf: Die Bakterien. Einführg in d. Reich d. Mikroorganismen. (95 m. z. Tl farb. Abb.) '11 [10]
— Chemie im Alltag. (110) ('12) [19]

Rühle, Otto: Grundfragen d. Erziehg. (96) '12 [23]

Woldt, Rich.: Das grossindustrielle Beamtentum. Gewerkschaftl. Studie. (117) '11 [17]
— Der industrielle Grossbetrieb. Einführg in d. Organisation moderner Fabrikbetriebe. (112 m. Abb.) '11 [11]

— kleine ascetische. Altes u. Neues, halb Vergessenes u. beinahe Verlorenes aus dem Schatze der ascet. Litteratur der kathol. Kirche. 1.—3. Bd. 16. München 887. Stahl son. n. 3. 90; geb. n. 5. 72

1. Liebesbüchlein f. dankb. Verehrer d. bittern Leidens u. Sterbens unseres Herrn u. Heilandes Jesu Christi u. der Schmerzen Seiner gebenedeiten Mutter Maria. Zugleich e. Meß- u. Kreuzwegbüchlein. Neue Art der lieb. Betrachtg. in kurzen Erwäggn., hauptsächlich nach d. Gesichten der m. den Wundmalen d. Herrn begnadigten gottsel. Klosterfrau Anna Katharina Emmerich. (VIII, 363 S. mit 1 Chromolith.) n. 1. 80; geb. n. 2. 40
2. Lob u. Dankbüchlein f. fromme Verehrer des Lebens u. Leidens unseres Herrn u. Heilandes Jesus Christus. Uralte, herzinnige Danksaggn., Lobgebete u. Erwäggn. nach e. alten Handschrift vom J. 1510. (VIII, 429 S. mit 1 Chromolith.) n. 1. 50; geb. n. 2. 20
3. Grundzüge der christlichen Vollkommenheit v. A. Rosmini. Uebers. von O. v. D. (XII, 80 S.) n. — 60; geb. n. 1. 12

Bibliothek, Kleine auserlesene liturgische, für Prediger. Gotha 1793—97. V: *Pfaff, Heinrich Ludwig & andere.* (MI.) (Winer)

— kleine auserles. liturgische, f. Prediger. 6 Bdchen. gr. 8. Gotha 800—806. Ettinger. (Hahn in Hannov.) 3 rß 4 gr 4s—6s Bdchen. A. u. d. T.: kleine liturgische Samml. f. Prediger. gr. 8. Ebd. 805. 2 rß 4 gr)

— kleine, f. d. Damentoilette, 1s Bdch. 8. Quedlinb. Ernst. 805.

— kleine encyklopädische, oder zusammenhängende Uebersicht aller menschl. Kenntnisse u. Fertigkeiten. 79 Lief. Mit 36 Kpft. u. Tabb. Wien 813—14. Bauer u. Dirnböck. 24 rß Schrbp. 32 rß Velinp. 40 rß

Bibliothek, kleine encyklopädische, od. zusammenhängende Uebersicht aller menschl. Kenntnisse u. Fertigkeiten, mit K. u. Landcharten. 1r—55r Bd. Wien, Kosmograph. Büreau. 813—14. (à 16 gr.)

— kleine, christlicher Erbauungsschriften aus dem Kreise der protestant. Kirche. Ein Volksbuch für evangel. Christen. Ausgew. u. hrsg. v. A. Franz. 2 Bdchn. 8. (5½ B.) Leipzig 845, Braus. à

— kleine, neuer moral. Erzählungen f. d. weibl. Jugend. 1—3. Bdchn. 16. Erfurt 839, Hilsenberg. à ⅓ Thlr.

Bdchn. 1. Valerie od. die junge Künstlerin. Eine Erzähl. z. Veredl. d. weibl. Herzens f. junge Damen v. 14—16 Jahren. N. d. gekr. Preisschr. d. S. Ulliac Tremadeure a. d. Franz. v. Louise Kellner. (172 Seit.)
" 2. Emmeline od. d. junge Clavierspielerin. N. d. Franz. d. S. U. Tremadeure v. d. Gräfin v. G. (202 Seit.)
" 3. Adelheid, die junge Pächterin. N. d. Franz. d. S. U. Tremadeure v. Frau v. Berlepsch. (144 Seit.)

— kleine gewählte, f. Seelsorger. 13 Bde. 8. 794. (Jetzt Breslau, J. F. Korn d. ä.)

Kleine juristische Bibliothek oder ausführliche Nachrichten von neuen kleinern juristischen vornehmlich akademischen Schriften mit unparteyischen Prüfungen derselben. Hrsg. von Joh. Ludw. Klüber. Bd. 1-7. Erlangen 17(85) - 93. 7 Bde.

— d. kleine, f. Kinder, in 16 Bdchen, mit 207 Kpf., als Blumen, Thiere, Kinderspiele u. dgl. in Kästchen. Leipz. 821. Magaz. f. Ind. 2 rß ill. 3 rß

— kleine, f. prakt. Landwirthe, od. Samml. nützl. u. erprobter Rathschläge aus d. Gebiet d. Thierheilkunde, Schaf- u. Rindviehzucht, Technologie, Federviehzucht u. a. wichtigen Zweigen d. Landwirthschaft. Hrsg. v. mehr. prakt. Landwirthen u. Thierärzten. 12 Lfgn. 8. Berlin, Heymann. Zusam. genomm.

A. u. d. Ttln.:
Lfg. 1—5. Rathgeber f. prakt. Landwirthe, v. J. N. Rohlwes. 5 Hfte. Neue Ausg. (41¼ B., 3 Kpfrt. u. 1 Tab.) 837. Einzeln 20 Gr.
" 6., 7. Die Federviehzucht. Von J. N. Rohlwes. N. Ausg. (18¼ B.) 837. Einz. 16 Gr.
" 8., 9. Vollständ. Anweis. z. ökonom. Aufnehmen u. Separiren ohne künstl. Werkzeuge, f. diejen., welche keine mathemat. Kenntnisse besitzen. Von F. A. W. Netto. Mit Tabn. u. 6 Stnt. Neue Ausg. (14¼ B.) 837. Einz. 1 Thlr.
" 10., 11. Die Wartung, Zucht u. Pflege d. Schafe, ihre Benutzung u. Veredelung; od. Dienstanweisung f. meinen Schäfer in allen seinen Geschäften u. Dienstverhältnissen. Von Carl. Aug. Hubert. Nebst 3 Kpfrt. Neue Ausg. (22 B.) 838. Einz. 22 Gr.
" 12. Receptbuch f. Schäfer, od.: Prakt. Anweis., wie e. jeder die Ursachen d. Krankheiten bei d. Schafen auffinden, dieselben erkennen u. heilen soll. Auch als 2. Thl. zu: Hubert, die Wartung ꝛc. d. Schafe ꝛc. Von J. N. Rohlwes. Neue Ausg. M. 1 Kpfrt. (10¼ B.) 838. Einz. 10 Gr.

— kleine, f. Landwirte u. Tierzüchter. 1. Heft. 8. Dessau 909. E. H. de Rot. p — 40
Verspricht die Zucht d. kaltblütig. Pferdes in Deutschland Erfolg? Von Fr. Richter. 2. Aufl. (15 S.)

„Kleine Bibliothek für praktische Landwirthschaft, oder Sammlung nützlicher Erfindungen und erprobter Rathschläge aus dem Gebiete der Thierheilkunde, Schaf-, Rind- und Federviehzucht, Technologie und andern wichtigen Zweigen der Landwirthschaft", 12 Bändchen, Berlin 1837, 1838 (Hofmann).

— kl. militärische, oder Lesebuch f. Soldatenschulen, 1ster. 8. Bresl. W. G. Korn. 790.

— kleine, für innere Mission, hrsg. vom Hauptverein für innere Mission der evangel.-luther. Kirche im Königr. Sachsen. 1. und 2. Heft. gr. 8. Leipzig 874, Buchh. des Vereinshauses. à Heft *

Inhalt:
Heft 1. Hesekiel, Johs., Erziehungsvereine. Vortrag. (20 S.)
" 2. Funcke, Hans v., Gemeinde-Diakonie. (23 S.)

—— kleine, für innere Mission, hrsg. vom Hauptverein für innere Mission der evangel.-luther. Kirche im Königr. Sachsen. 3.—10. Heft. gr. 8. Leipzig, (Buchh. des Vereinshauses.) à Heft * 20 Pf. *

2. Funcke, H v., Gemeinde-Diakonie. (28) 75.
Heft 3. Lehmann, E. G., die Stadtmission. (19 S.) 875.
" 4. Keller, Emil, die christliche Krankenpflege. Vortrag. (15 S.) 877.
" 5. Watzdorf, W. v., die Aufgaben der inneren Mission gegenüber der Verwendung weiblicher und jugendlicher Arbeiter in Industrie und Gewerbe, im Lichte der neuesten Reichs-Enquête-Berichte und anderer officieller Publikationen. (27 S.) 877.
" 6. Sengelmann, H., ein Wort für die Idioten. (16 S.) 877.
" 7. Schelle, Ernst Edm., Der Kindergottesdienst. (24 S.) 879.
" 8. Mahn, die Pflege der Entlassenen. (28 S.) 879.
" 9.10. Haepe, H., die Herberge zur Heimath. Rathgeber bei Einrichtung und Verwaltung derselben. (40 S.) 879.
1. und 2. Heft. Ebendas. 1874. * 40 Pf.

—— kleine, für innere Mission, hrsg. vom Landesverein für innere Mission der evangelisch-luther. Kirche im Königr. Sachsen. 11.—13. Heft. gr. 8. Dresden. (Leipzig, Buchh. des Vereinshauses.) à Heft *

Inhalt:
Heft 11. Heynemann, über Bezirksarmenhäuser. (16 S.) 880.
" 12. Zahn, v., die Vagabondennoth und die innere Mission. Referat für die Delegirten-Conferenz der Kreis- und Stadtvereine für innere Mission im Königr. Sachsen am 3. Mai 1881. (36 S.) 881.
" 13. Herz, die Innungen und Herbergen zur Heimath. Welche Aussichten und Aufgaben erwachsen uns aus der gegenwärtigen Innungsbewegung für die Weiterentwickelung unserer Herbergen zur Heimath? Referat, gehalten bei der Conferenz für das Herbergswesen in Dresden, am 11. April 1883. (16 S.) 883.

—— kleine, für innere Mission, hrsg. vom Landesverein für innere Mission der evangelisch-luther. Kirche im Kgr. Sachsen. 14. Heft: Die öffentliche Unsittlichkeit und ihre Bekämpfung. Vortrag in der General-Versammlung des Landesvereins für innere Mission im Kgr. Sachsen, am 17. April 1888 gehalten von Ludw. Klemm. gr. 8. (40 S.) Dresden 888. Leipzig, Buchh. des Vereinshauses. *

— kleine, f. innere Mission, hrsg. vom Landesverein f. i. M. der evang.-luth. Kirche im Kgr. Sachsen. 15. Hft. gr. 8. Dresden 894. (Niederlage zur Verbreitung christl. Schriften.) n. — 30

Die Pflege der christlichen Gemeinschaft u. die innere Mission. Vortrag am 21. Mai 1894 geh. v. Gust. Streit. (39 S.)

— kleine, f. inn. Mission, hrsg. v. Landesverein f. i. M. d. evang.-luth. Kirche i. Kgr. Sachsen. 16.—19. Hft. gr. 8. Dresden (Niederlage z. Verbreitg. christl. Schriften). à n. — 30

16. Z. Diakonissenfrage. Von Gerh. Uhlhorn. [A.: „Allg. evang.-luther. Kirchenzeitg."] M. e. Anh.: Ansprache b. Jahresfest d. Landesvereins f. inn. Mission i. d. evang.-luth. Kirche Bayerns i. Nürnberg, geh. a. 11. Septbr. 1894 v. Fr. Boeckh. (27 S.) 895. n. — 30
17. D. Patentamt d. Kirche u. s. Verwertg. f. d. Förderg. d. kirchl. Lebens m. bes. Rücksicht auf d. inn. Mission. Vortrag, i. d. General-Versammlg. d. Landesvereins f. inn. Mission i. Königr. Sachsen a. 7. Juli 1896 zu Dresden geh. v. W. Schöpff. (Nebst e. kurzen Bericht üb. d. a. d. Vortrag folg. Besprechg. d. Gegenstandes. (24 S.) 896.
18. D. Strafrichter gegenüber d. Wanderbettelplage u. Vagabundennot. Vortrag, in e. v. Landesverein f. inn. Mission veranstalt. Versammlg. üb. d. Fürsorge f. d. mittellosen Wanderer a. 8. Juli 1896 zu Dresden geh. v. Esche. (20 S.) 896.
19. J. H. Wichern's Aufruf z. inn. Mission, s. Denkschrift v. 1849 u. d. gegenwärt. Stand d. inn. Mission d. evang.-luth. Kirche im Königr. Sachsen. Vortrag, geh. i. d. Generalversammlg. d. Landesvereins f. inn. Mission i. Dresden a. 26. April 1898 von Graf Otto Vitzthum v. Eckstädt. (32 S.)

— kleine, f. innere Mission, hrsg. vom Landesverein f. i. M. der evang.-luth. Kirche im Kgr. Sachsen. 20. Hft. gr. 8. Dresden (Niederlage des Vereins zur Verbreitg. christl. Schriften.) n. — 30

150 Jahre Gemeinschaftspflege in Sachsen, besonders im Vogtland u. Erzgebirge. Ein Beitrag zur sächs. Kirchengeschichte. Von W. Kluge. (31 S.) 900.

— kleine, f. innere Mission, hrsg. vom Landesverein f. i. M. der evang.-luth. Kirche im Kgr. Sachsen. 21. Heft. gr. 8. Dresden (Niederlage des Vereins zur Verbreitg. christl. Schriften). n. — 30

Der Kampf gegen den Alkoholismus, eine dring. Aufgabe der inneren Mission. Vortrag, in der 37. Generalversammlg. des Landesvereins f. innere Mission der ev.-luth. Kirche im Königr. Sachsen am 28. IV. 1903 zu Dresden geh. Von Arth. Esche. (32 S.) 903.

— kleine okkultistische. I. Bd. 1.—3. Lfg. gr. 16. München, F. C. Mickl. à — 50

Mystische Mächte od. der Schlüssel zu d. Geheimnissen d. Wunderbaren. Von C. v. Eckartshausen. Neue [Titel-]Ausg. (XV u. S. 1—336 m. Bildnis.) [897.] 901.

— kleine okkultistische. II. Bd. 4.—11. Lfg. gr. 16. Wien, F. C. Mickl à n. — 50

4.5. Theosophische Erquickungen. Zwei Perlen aus den Schriften des Erzherzog Carl v. Oesterreich, eingeleitet durch e. literarhistor. Studie „Von deutscher Mystik". (64 S.) 903.
6.—9. Die wichtigsten Hieroglyphen für's Menschen-Herz. Von Karl v. Eckartshausen. Neu hrsg. vom Bund christl. Mystiker. 2 Bde. (Neue [Titel-]Ausg.) (216 u. 228 S.) [896. 97.] (903.)
10. 11. Kostis Reise v. Morgen gegen Mittag. Eine Reisebeschreibg. aus den Zeiten der Mysterien, m. wicht. Bruchstücken der Wahrheit belegt, u. anwendbar f. die Gegenwart u. die Zukunft Von Carl v. Eckartshausen. (Neue [Titel-]Ausg.) (190 S. m. Titelbild.) [896. 97.] (903.) Kart.

Bibliothek, kleine okkultistische. 4. Bdchen. 16. Wien, F. C. Mickl. — 50

Theosophische Erquickungen. Von Erzherzog Carl v. Oesterreich. Zwei Perlen aus den Schriften des C., eingeleitet durch e. literarhistor. Studie „Von deutscher Mystik". (Neue [Titel-]Ausg.) (64 S.) [903.] (909.)

Kleine Bibliothek des Sächs. Rechts. Thl. I. [blos 5 Bogen.] *Leipzig*, (herausgeg. v. Renat. Ghlf. Lübel.) 795. 8.

— kleine, für Arends'sche Stenographen. Hrsg. v. Fr. Spahr. 1. 2. Hft. 8. Leipzig, Robolsky. n. — 65

1. Der Treue Lohn. Eine Erzählg. aus d. Berliner Handwerkerleben. Eine gefährliche Nachtparthie. Skizze aus d. russischen Volksleben. Von H. Müller-Bohn. (32 autogr. S.) 888. n. — 35

Rösener, H. Frauenbilder a. d. Stenographenwelt. (32) 89. n.n. — 30

2. Frauenbilder aus der Stenographenwelt. Von H. Rösener. (32 autogr. S.) 890. n. — 30

— kl. theologische, 10 Stcke. 8. Erf. 771—81. Keyser. 20 gr

Bibliothek, kleine wohlfeile kathol., z. Unterhalt., Belehr. u. Erbauung. 1—5. Jahrg. à 24 Bdchn. 12. Aachen 837—41, Cremersche Buchh. [1—3. J. à * 2⅙ Thlr., 4., 5. J. à 2¼ Thlr.] Thlr.

—— dies. — Supplementb. z. 1. Jahrg. — A. u. d. T.: Das Opfer d. neuen Bundes; od. d. kathol. Lehre vom allerheil. Meßopfer, nebst geschichtl. Einleit. u. Erklär. d. Meß-Ceremonien u. Gebete. Von K. Deutschmann. Mit e. Vorr. v. L. Nellessen. 2. Thl. 12. (13 B.) Ebds. 839. *

— kleine, zum Zeitvertreib, od. Samml. ausgewählter Erzähll.; aus d. Französ. v. J. G. Peinemann. 2 Thle. 8. Bresl. 790. W. G. Korn. 20 gr

—— für die Kleinen. 4 Bdchn. 16. (à Bdchn. 63 S. mit eingedr. farb. Holzschn.) München 884, Stroefer. cart. In Futteral * M 2,25.; einzeln à Bdchn. *

Inhalt:
Bdchn. 1. Unseres Kindes Album. Mit Reimen, von sich und seinen Freunden.
" 2. Miezkätzchen's Album. Mit Reimen über Miez, ihre Familie und ihre Bekannten.
" 3. Meiner Puppe Album. Mit Reimen über sie und ihre Freunde.
" 4. Album Allerlei. Mit Reimen.

Bibliothek für Kleintier- u. Geflügelzucht. Nr. 1 u. 2. 8. Husum, C. F. Delff à n. — 80

1. Das russische Kaninchen. Von Herm. Ziemer. (28 S. m. Abbildgn.) 905.
2. Das französische Widderkaninchen. Von Herm. Ziemer. (30 S. m. 1 Taf.) 905.

— Knaake. Katalog der Sammlg. v. Reformationsschriften des Begründ. der Weimarer Lutherausgabe J. K. F. Knaake. In 6 Abthlgn. nebst Register. (III, 27, 122, VIII; 188, VIII; 154, VIII; 122, X; 150, X u. 90, X S. m. Abbildgn.) 8. Leipzig 908. O. Weigel. Geb. in Leinw. 12. —

— d. Französ., Sächs. u. Oesterr. Kochkunst. 2 Thle. 8. Prag 785. Schönfeld. 1 ₰

— kölnische, rheinischer Autoren. kl. 8. Köln, Hoursch & Bechstedt. à Bd. 1.20; geb. 1.80; in Liebhaberbd. 2. —
Schneider-Clauß, Wilh., Alaaf Kölle! En Schelderei us großer Zick. 1. Tl. (178 S.) (908.) (Bd. 3.)
— dasselbe. 2. u. 3. (Schluß-)Tl. (148 u. 164 S.) (908.)
— Fletten un Blotsdröppcher. Dichtungen. (VI, 183 S. m. Bildnis.) (907.) (Bd. 2.)
Schneider-Clauß, Wilh., em ahle Poßhoff. Veer Verzällcher üvver einfache Lück. (176 S.) (907.) (Bd. 1.)
— Gesammelte Werke. 4. Bd. Ming eezte Liebschaff. E löstig Stöckelchi us unse Lottervovejohre. (120 S.) (909.)
— dasselbe. 10. Bd. Zwesche Bringspooz un Eigelstein. Kölsche Bildcher un Verzällcher (VII, 176 S.) (910.)

Literarische Kommission der Loge Archimedes zu den 3 Reissbretern, Altenburg, S.-A. **Bibliothek** betreffend. [Dat.:] Altenburg 190[5]—1906. 4⁰ [Kopftit.]
190[5]. 2 Bl.; 1906. 2 Bl.
Bitte an die Logen um Überlassung frmrischer Schriften.

— compendiöse, d. gemeinnützigsten Kenntn. f. alle Stände. 8. Halle, Gebauer, 790—98. (1te Abthl. der Landmann, 4 Hefte; 2te d. Bürger, od. Technologie, 2 Hefte; 3te der Kaufmann, 6 Hefte; 4te der Künstler, 1 Heft; 5te d. Geistliche, od. Religionslehr. 11 Hefte; 6te der Pädagoge, 6 Hefte; 7te d. Arzt, 4 Hefte; 8te d. Rechtsgelehrte, od. Jurist, 1 Heft; 9te d. Staats- od. Geschäftsmann, 2 Hefte; 10te der Soldat, 4 Hefte; 11te d. Weib, 4 Hefte; 12te d. Mensch, 2 Hefte; 13te d. Philosoph, 1 Heft; 14te der Physiker, 2 Hefte; 15te der Arithmetiker, 2 Hefte; 16te der Mathematiker, 3 Hefte; 17te der Astronom, 2 Hefte; 18te der Baumeister, 4 Hefte; 19te der Mineralog, 5 Hefte; 20ste der Botaniker, 18 Hefte; (Fortsetzung hiervon siehe Helms Flora). 21ste d. Zoolog, 8 Hefte; 22ste der Geograph, 5 Hefte; 23ste der Historiker, 8 Hefte; 24ste der schöne Geist, 6 Hefte; 25ste der Freymaurer, 5 Hefte; 26ste der Sprachforscher, 1 Heft; 27ste der Lückenbüßer, 4 Hefte; jedes Heft à 6 gr.) Rthlr. !

Bibliothek, Compendieuse Physikalische, s. Rohr, Julius Bernhard von

Bibliothek, Die königliche, zu Berlin 1842—67. Berl. 1867. V: *Pertz, Gg Hnr.* (Zuwachsverz. d. Bibl. in Zürich 1898 ff.)

— die königliche, in Berlin in den J. 1846 bis 1850. gr. 8. (16 S.) Berlin 851, Decker. 3 ngr.

Bibliothek, die königliche, in Berlin in den J. 1851, 1852 und 1853 (von C. H. Pertz). gr. 8. (16 S.) Berlin 854, Deckersche geheime Ober-Hofbuchdr.
Vgl. 11. Bd. 1. Abthl. S. 96.

Bibliothek praktischer Conversationsbücher der wichtigsten neueren Sprachen. Mit vollständ. Bezeichnung der richtigen nationalen Aussprache durch deutsche Buchstaben. 1.—3. Bdchn. 16. Leipzig 870, Fr. Fleischer. cart. à Bdchn.
Inhalt:
Bdchn. 1. Praktisches französisch-deutsches Conversationsbuch für den gesellschaftl. und geschäftl. Verkehr und auf Reisen. Bearb. von F. Booch-Arkossy. (VIII, 120 S.)
„ 2. Praktisches englisch-deutsches Conversationsbuch für den gesellschaftl. und geschäftl. Verkehr und auf Reisen. Bearb. von F. Booch-Arkossy. (VIII, 120 S.)
„ 3. Praktisches italienisch-deutsches Conversationsbuch für den gesellschaftl. und geschäftl. Verkehr und auf Reisen. Bearb. von F. Booch-Arkossy. (VIII, 127 S.)

Bibliothek für Körperkultur. 1. u. 3.—7. Heft. kl. 8. Berlin, Verlagsgesellschaft Corania. à Heft — 50
Ernst, Rob., Sprech- u. Stimmgymnastik. Eine Anleitung f. Redner, Künstler, Lungenschwache u. Stammler. Mit Abbildgn. (74 S.) (907.) (Heft 5. 6.)
Heinz, Karl, die Körperpflege im höheren Lebensalter. Mit 12 Abb. (68 S.) (907.) (Heft 3.)
Hostato, H. St., ernste Worte an zukünftige Ehegatten. (26 S.) (907.) (Heft 1.)
Satow, Hans, die beste Gymnastik f. Berufstätige. Wie man in der Familie Gymnastik treiben soll u. kann. Mit Abbildgn. u. 1 Übungstafel. (31 S.) (907.) (Heft 4.)
Winsch, Wilh., warum gibt es zweierlei Geschlechter? Nach e. Vortrag. (41 S.) (907.) (Heft 7.)
Vergl.: Bibliothek f. Exterikultur.

— für rationelle Körperpflege. I. Ser. Nr. 1. schm. 8. Berlin, Dr. H. Natge. n. 1. —
Die Nasen- u. Gesichts-Röte. Ihre Ursachen u. naturgemässe Behandlg. Von Winkler. (19 S.) (905.)

— f. rationelle Körperpflege. Jetzt: Berlin, Verl.-Gesellschaft Corania.

Rhenanus, Beatus. Die Bibliothek und Correspondenz des Beatus Rhenanus zu Schlettstadt. Ein Bericht von Adalbert Horawitz. [SA. aus SWA. 1874, phil.-histor. Classe (LXXVIII. Bd., S. 313).] Wien 1874.

— des rothen Kreuzes. Gesammelt v. der offiziellen Vereinszeitschrift. Mit Geleitwort v. Gerhardt. 1. u. 2. Hft. gr. 8. Berlin, Verlag Das rothe Kreuz. à n. — 75
1. Hygienische Plaudereien. Von Julian Marcuse. I. Thl. 1. Plaudereien aus der Kinderstube. 2. Plaudereien aus Stadt u. Land. (VII, 91 S.) 902.
2. Dasselbe. II. Thl. Plaudereien aus Haus u. Hof. (VII, 73 S.) 902.

— merkwürdiger Criminal- u. Rechtsfälle d. älteren u. neu. Zeiten u. aller civilis. Völker. Für gebil d. Leser hrsg. v. Th. v. Haupt u. Fr. Heldmann. 1—4. Bdchn. gr. 12. (39½ B.) Darmstadt 830, 31, Leske. à

— interessanter Criminalgeschichten der neueren und neuesten Zeit. Aus authentischen Quellen. Im Vereine mit mehreren Mitarbeitern herausg. von C. Müller. 6 Bdchn. Quedlinburg 859. Basse. 16. (1160 S.) Jedes Bdchn. 15 ngr.

— d. Kriminalistik. Einzeldarstellgn d. Strafrechtswissensch. u. ihrer Hilfswissensch., hrsg. v. G Aschaffenburg u. N Herm. Kriegsmann. 1. Bd. gr8° Heidelbg, Carl Winter.
Kriegsmann, N Herm.: Einführung in d. Gefängniskunde. (8, 350) '12 [1] 5.40; geb. n 6.50

Bibliothek merkwürd. Criminal-Rechtsfälle, s. Th. v. Haupt.

— f. Kritik u. Exegese d. N. Testam. u. älteste Kirchengeschichte, herausg. v. J. E. Chr. Schmidt u. K. Chr. L. Schmidt. 2 Bde à 5 Stcke. 8. Hadam. 796—803. (Lanz in Weilb.) 5 ₰ 3r Bd. 1s, 2s Stck. 8. Ebd. 802. (Ebd.) 1 ₰

— für Kritik und Exegese des alten und neuen Testamentes und älteste Christengeschichte. Herausgegeben von Johann Ernst Christian Schmidt und Karl Christian Ludw. Schmidt. Band 3, Stück 1. 2. 2 voll. Hadamar 1802. 1804.

— kritische, (herausg. v. J. Andr. Fabricius). 4 Bde à 6 Thle. 8. Leipz. 748—59. Stoppel

— kritische, für das Schul- u. Unterrichtswesen, s. a. Jahrbücher für Philologie.

— kritische, f. d. Schul- u. Unterrichtswesen. Herausg. v. G. Seebode. Jahrg. 1819—23. 1r—5r Jahrg. gr. 8. Hildesh., Gerstenberg. à Jahrg. 4 ₰

— kritische, f. d. Schul- u. Unterrichtswesen. Neue Folge. Hrsg. v. G. Seebode. 1—3. Jahrg. 1828—30. à 2 Bde. od. 160 Nrn. (½ B.) Nebst Intelligenzblatt. gr. 4. Hildesheim. (Hannover, Hahn.) à J.
(Aeltere Folge.) 1—9. Jahrg. 1819—27. Hildesheim, Gerstenberg. 40 Thlr. 4 Gr. — Seit 1831 verschmolzen mit „Jahn's Jahrbücher etc."

— krit., d. schön. Wissensch. 2 Bde. 8. Köthen 785. Aue. 2 ₰ (Dass. erschien 1797 mit folg. n. Tit.: Handbuch f. Freunde d. schön. Wissensch.)

— kulinarische. Hrsg. v. Rich. Gollmer. 1.—5. Bd. 8. Berlin, C. Georgi. à Bd. n. — 40
1. Eier. 120 neue Zubereitungsarten. Praktischer Ratgeber. Von Helene v. Reymond. (48 S. m Abbildgn) (905.)
2. Pilze. 100 erprobte Zubereitgn. Praktischer Ratgeber. Von Pierre Duval. (48 S.) 905.
3. Gebäck. 125 erprobte Rezepte. Praktischer Ratgeber. Von Friederike Karussy. (48 S.) (905.)
4. Fische. 1?5 neue Zubereitungsarten. Praktischer Ratgeber. Von Rich. Gollmer. (48 S.) (906.)
5. Salate. 137 erprobte Rezepte. Von Helene v. Reymond. (40 S.) (906.)

— kulinarische. Hrsg. v. Rich. Gollmer. 1., 3., 6. u. 7. Bd. 8. Berlin, C. Georgi. à Bd. — 60
Duval, Pierre, pikante Bissen. 50 kleine Vor-, Zu- u. Nachspeisen. — Suppen. 100 erprobte Zubereitungsvorschriften. II. Tl. (48 S.) (907.) (Bd. 7.)
— Suppen. 100 erprobte Zubereitungsvorschriften f. einfachen u. feinen Haushalt. I. Tl. (48 S.) (907.) (Bd. 6.)
Karussy, Friederike, Gebäck. 125 erprobte Rezepte. Prakt. Ratgeber. 2. Aufl. (48 S.) (910.) (Bd. 3.)
Reymond, Helene v., Eier. 120 neue Zubereitungsarten. Prakt. Ratgeber. 2. Aufl. 4.—6. Taus. (47 S. m. Abbildgn.) (907.) (Bd. 1.)

— d. amerikanischen Kulturgesch. Hrsg. v. Nicholas Murray Butler u. Wilh. Paszkowski. 1. u. 2. Bd. 8° Berl., Weidmann. d
Lodge: Henry Cabot: George Washington. Aus d. Engl. übers. 2 Tle. (8, 320 u. 6, 355) '12 [1] L je 4 —
Smith, C Alphonso: Die amerikan. Lit. Vorlesgn. (7, 388) '12 [2] L 5 —

— Kulturgeschichtl., hrsg. v. W Foy. I. Reihe: Ethnolog. Bibliothek m. Einschluss d. altoriental. Kulturgesch. 1. 8° Heidelbg, Carl Winter.
Graebner, F: Methode d. Ethnol. (18, 192) '11 [1] 4 —; L 4.80

— der Künste u. Gewerbe u. der damit zusammenhängenden nützlichen u. unterhaltenden Wissenschaften, hauptsächlich im Gebiete der Natur. Von einer Gesellschaft deutscher Praktiker, unter Benützung der besten Quellen des Auslandes. 1. Bd. Die Färberei in ihrem ganzen Umfange, od. die Woll-, Seide- u. Baumwoll-Färberei, sammt d. Blaugrund-Druckerei. Vollständig u. unter Zugrundelegung langjähr. prakt. Erfahrungen gemeinfaßlich dargestellt. v. Frdr. Berner. 16. (454 S.) Stuttgart 850, Scheible. 1 ₰ 4 ngr

Bibliothek der redenden und bildenden Künste. Leipzig 1806—11. H: *Dyk, Johann Gottfried.* (BrMm) (MGT)
Vorh. u. d. T.: Neue Bibliothek der schönen Wissenschaften und der freien Künste.

— d. redenden u. bildenden Künste. 8 Bde. gr. 8. Leipz. 806—12. Dyck. 10 ₰ 16 gr

— f. Kunst- u. Antiquitätensammler. 1—3., 5. u. 9. Bd. 8° Berl., RC Schmidt & Co. 34 —
4. u. 6—8. Bd sind noch nicht erschienen.
Bernhart, Max: Medaillen u. Plaketten. (8, 180 m. Abb.) '11 [1] L 6 —
Donath, Adph: Psychol. d. Kunstsammelns. (156 m. Abb.) '11 [9] L 6 —
Kümmel, Otto: Das Kunstgewerbe in Japan. (7, 200 m. Abb. u. 4 Markentaf.) '11 [2] L 6 —
Schmidt, Rob.: Möbel. Handb. f. Sammler u. Liebhaber. (248 m. Abb.) '13 [5] L 8 —
Schnorr v. Carolsfeld, Ludw.: Porzellan d. europ. Fabriken d. 18. Jahrh. (8, 276 m. Abb. u. 2 Taf.) '12 [3] L 8 —

— ausgew. Kunstschriftsteller. 2. Bd. 8° Ebd. L. 17.50
Delacroix, E: Mein Tagebuch. (Deutsch v. E Hancke.) (264 m. Bildnis.) ('03.) [2.] 4.50

— ausgewählter Kunstschriftsteller. 2.—5. Bd. 8. Ebd. Geb. in Leinw. n. 17. 50
2. Mein Tagebuch. Von Eug. Delacroix. (Deutsche Bearbeitung von Erich Hancke.) (264 S. m. Bildnis.) 905. Geb. n. 4. 50
3. Die alten Meister. Von Eug. Fromentin. Ins Deutsche übertr. v. Frhr. Eberhard v. Bodenhausen. 1. Tl. Belgien. (XI, 135 S.) 903. n. 2. 50
4. Dasselbe. 2. Tl. Holland. (S. 139—416.) 904. n. 4. 50; 1. u. 2. Tl. in 1 Bd. geb. n. 7. 50
5. Streifzüge e. holländischen Malers in Deutschland. Von Jan Veth. (VII, 149 S. m. 10 Taf.) 904. n. 4. 50; geb. n. 5. 50

— ausgewählter Kunstschriftsteller. 3. u. 4. Bd. 8. Berlin, B. Cassirer. 4.50; geb. 5. 50
3. 4. Die alten Meister Belgien-Holland. Von Eug. Fromentin. Ins Deutsche übertr. v. Frhr. Eberhard v. Bodenhausen. 2. Aufl. (XV, 351 S.) 907.

— hervorragender Kunstschriftsteller. 1. Bd. 8. Berlin, B. Cassirer. Geb. in Leinw. n. 3. 50
1. Malerei. Von Emile Zola. Mit einer Einleitg. v. Herm. Helferich. (170 S. m. 1 Bildnis.) 903. n. 3. 50
Fortsetzung u. d. T.:

Bibliothek, Curieuse, oder Fortsetzung der monatlichen Unterredungen einiger guten Freunde. 1704—6. Frankf. u. Leipz. H: *Tentzel, Wilh. Ernst.* (Cat. d. Stadtbibl. Zürich. Zürich 1864—97.)

Bibliothek deutscher Curiosa. Berlin 1876—83. H: *Meissner, Alfred.* (Euph X, S. 578—588.)

§ * BIBLIOTHEK deutscher Curiosa. Bd. 1—7 (noch mehr ersch.?). Lindau, Ludwig, 1876—83. 8°.

—— deutscher Curiosa. 1.—4. Bd. 8. Lindau, Ludwig. à Bd. * M. 1.50. *
Inhalt:
Bd. 1. Meißner, A. G., Skizzen. (IX, 100 S.) 876.
„ 2. 3. Bonaventura, [J. H. v. Schelling], Nachtwachen. (X, 193 S.) 877.
„ 4. Briefe eines Frauenzimmers aus dem XV. Jahrh. (Von Paul v. Stetten dem Jüngern.) (XVI, 104 S.) 877.

Bibliothek deutscher Curiosa. 4. u. 5. Bd 8. Berlin 879. 82. Hofmann & Co. geb. à n. 2. 50 (1—5.: n. 10. 50)
4. Briefe eines Frauenzimmers aus dem XV. Jahrh. (Von Paul v. Stetten dem Jüngern.) (XVI, 104 S.)
5. Chrn. Weise's Bauern-Komödie v. Tobias u. der Schwalbe. Aufgeführt im Jahre 1682. Mit einer Einleitung hrsg. v. Rud. Genée. (XXI, 98 S.)

— kynologische. Hrsg. v. Vero Shaw, Rich. Genthner, C. G. L. Quensell u. a. m. 2.—4. Bd. 8. Wien, Huber & Lahme Nachf. 4. —
Genthner, Rich., der Collie (schottischer Schäferhund), seine Rassekennzeichen, Zucht, Aufzucht u. Pflege. In kurzgefaßter Weise vorgeführt. (48 S.) 908. (Bd. 4.) 1. 50
— Der Dachshund, seine Zucht u. Verwendg. (Winke f. Dachshundliebhaber.) (43 S.) 908. (Bd. 3.) 1. 25
Quensell, C. G. L., Abstammung, Züchtung u. Arbeit des Schweißhundes f. hirschgerechte Jäger u. solche, die es werden wollen. 3., vollkommen umgearb. Aufl. (Bearb. v. Rich. Genthner.) (72 S.) 908. (Bd. 2.) 1. 25
Bd. 1 u. d. T.: Shaw, Vero, Einiges üb. Pflege u. Aufzucht der Hunde. 906. — 60

— Kynologische. Hrsg. unter Mitwirkg v. Vero Shaw, Rich. Genthner, CGL Quensell. 5. u. NAfl 1. Bd. 8° Wien, Huber & L. Nf. (1—5: 8.75) d
„Bachberg": Zuchtwahl u. Aufzucht d. Foxterriers. (120 m. Abb. u. 4 Stammtaf.) ('11) [5] 4 —
Shaw, Vero: Einiges üb. Pflege u. Aufzucht d. Hunde. 4. Afl. v. Rich. Genthner. (59) ('11) [1] — 75

— for Læger. Udgivet af Directionen for det Classenske Literatur-Selskab. Red. af C. Otto, 1845. Suppl.-Bd. Det kong. Sundhedskollegiums Forhandlinger for Aaret 1845. gr. 8. (364 S.) Kopenhagen 847, Reitzel. n. 1 ₰ 12 ngr

— dies. 1846. Nr. 1—4. gr. 8. (456 u. 474 S., 1 lith. Taf. u. 1 Tab. in Fol.) Ebd. (à Nr. n. 3/4 ₰) n. 3 ₰

— dies. 3. Raekke. 1. Bd. 2 Hfte. 1847. Jan. u. April. gr. 8. (482 S. m. 4 Tab. in gr. 4. u. qu. Fol.) Ebd. (à n. 3/4 ₰) n. 1 1/2 ₰ — 2. Bd. 1. Hft. Juli 1847. gr. 8. (240 S.) Ebd. n. 3/4 ₰

— d. Länderkunde, hrsg. v. Alf. Kirchhoff u. Rud. Fitzner. 1.—4. Bd. gr. 8. Berlin 898. A. Schall. n. 22. —
1. Antarktis von Karl Fricker. (VIII, 230 S. m. Abb., 8 Taf. u. 1 farb. Karte.) In Halbleinw. kart. n. 5. —
2. D. ostafrikan. Inseln. Von C. Keller. (VII, 188 S. m. Abb., 8 Taf. u. 3 farb. Karten.) In Halbleinw. kart. n. 5. —
3. 4. Italien. Von W. Deecke. (XII, 514 S. m. Abb., 28 Taf., 8 Karten u. 2 Plänen.) n. 12. —; geb. n. 14. —

Bibliothek der Länderkunde. Hrsg. v. Alfr. Kirchhoff u. Rud. Fitzner. 5.—11. Bd. gr. 8. Berlin, A. Schall. n. 40.—; geb. n. 47.—
5.6. Neu-Guinea, m. Beiträgen von A. Frhrn. v. Danckelmann, F. v. Luschan, Paul Matschie u. Otto Warburg, m. Unterstützg. der Kolonial-Abteilg. des auswärt. Amtes, der Neu-Guinea-Kompagnie u. der deutschen Kolonial-Gesellschaft. Von Max Krieger. (XII, 535 S. m. 56 Abbildgn., 32 Taf. u. 4 Karten.) (899.) n. 11.50; geb. n. 13.50
7.8. Kolumbien. Von Fritz Regel. (XII, 274 S. m. Abbildgn., 33 Taf. u. 1 farb. Karte.) (899.) n. 8.50; geb. n. 10.—
9. Neuseeland. Von Rob. Lendenfeld. (VIII, 186 S. m. Abbildgn., 1 Taf. u. 1 farb. Karte.) (900.) n. 7.—; geb. n. 8.50
10.11. China, das Reich der 18 Provinzen. 1. Tl. Die allgemeine Geographie des Landes. Von Ernst Tiessen. (XI, 426 S. m. Abbildgn., Taf. u. 2 farb. Karten.) 902. n. 13.—; geb. n. 15.—
1.—4. Bd. Ebd. 898. n. 22.—.

—— der Länder- und Völkerkunde. In Verbindung mit Mehreren hrsg. von W. Stricker. 1—3. Heft. 8. Frankfurt a. M. 847, Meidinger. à Heft * 8 Ngr. *
Heft 1. Die Republik Meriko. Nach den neuesten und besten Quellen geschildert von W. Stricker. (158 S.)
" 2. Ungarn und Siebenbürgen. Nach den besten und neuesten Quellen geschildert von W. Stricker. (178 S.)
" 3. Ober- und Mittel-Italien. Nach eigener Anschauung und den besten Quellen geschildert von W. Stricker. (143 S.)
Der Preis des einzelnen Heftes ist * 12 Ngr.

—— der Länder- und Völkerkunde. Eine Darstellung der Erlebnisse und Forschungen der berühmtesten Reisenden unserer Zeit. 23 Lfgn. gr. 16. Berlin 862,63, Hasselberg'sche Verlagsh. à Lfg. * 4 Ngr. *
Inhalt:
Lfg. 1—6. 13—18. Alex. v. Humboldt's Reisen in Amerika und Asien. Eine Darstellung seiner wichtigsten Forschungen von H. Klencke. 5. Aufl. 2 Bde. (V und 632 S., 660 S.)
" 7—12. David Livingstone's Reisen in Südafrika. Hrsg. von H. Klencke. (696 S.)
" 19—23. Heinrich Barth, Overweg und Richardson, Reise in Central-Afrika in den J. 1849—55. (XII und 558 S.)

—— der Länder- u. Völkerkunde. 1.—50. Lfg. gr. 8. (à Lfg. 3 Bog.) Lpz. 890, 91 Baldamus. à Lfg. * — 50; * 25 —

—— dass. — 1. u. 2. Bd. gr. 8. Ebd. 888.
Subscr. Pr. à Bd. * 4 —; * 8 —
1. Schwarz, Bernh. Kamerun. Reise in die Hinterlande der Kolonie. Mit Karte. 2. Ausg. (IV, 357 S.)
2. —— Algerien (Küste, Atlas u. Wüste) nach 50 Jahren französischer Herrschaft. Reiseschilderung nebst e. systemat. Geographie d. Landes. Mit Illustr. u. e. Karte. 2. Ausg. (IV, 388 S.)

— d. Länder- u. Völkerkunde. 27—56. Lfg. 8° (à 3 B.) Lpzg 91.92, E Baldamus. à — 50
Erscheint vorläufig nicht weiter.

—— für Landwirthschaft und Gartenbau. 1. und 2. Thl. gr. 8. Stuttgart 859. 60, Metzler'sche Buchh. Verlags-Conto.
Inhalt:
Thl. 1. Lucas, Ed., der Gemüsebau. Anleitung zur Cultur der Gemüse in Garten und Feld für Landwirthe, Gärtner und Gartenfreunde. (VIII und 302 S. mit dem lithogr. Plan eines Gemüsegartens und zahlreichen Abbildungen in eingedr. Holzschn.) 1 Thlr.
2. Courtin, Alb., neueste Methode des Schnittes und der Zucht der Obstbäume, in Form von Spalieren, Hochstämmen, Pyramiden rc. Eine gründliche, durch zahlreiche Holzschn. erläuterte, prakt. Anleitung zur ertragreichsten Behandlung, Erhaltung und Verjüngung sämmtlicher Kern- und Steinobstbäume. Nach der 3. Aufl. von Du Breuils „Instructions sur la conduite des arbres fruitiers" bearb. und mit vielen Zusätzen versehen, nebst einer Abhandlung über die Krankheiten der Obstbäume und ihre Heilung rc. (XII und 236 S. mit 137 eingedr. Holzschn.) 1 Thlr. 18 Ngr.

— für Landwirthschaft u. Gartenbau. Stuttgart 860—62. Metzler. gr. 8.
1. Bd.: Der Gemüsebau. Anleitung zur Cultur der Gemüse in Garten und Feld für Landwirthe, Gärtner u. Gartenfreunde von Ed. Lucas. Mit dem (lith.) Plan eines Gemüsegartens u. zahlreichen Abbildgn. (Holzschn. im Text.) 2. stark verm. Aufl. (VIII, 302 S.) 1 ₰
2. Bd.: Neueste Methode des Schnittes und der Zucht der Obstbäume, in Form von Spalieren, Hochstämmen, Pyramiden rc. Eine gründliche, durch zahlreiche Holzschn. erläuterte, praktische Anleitung zur ertragreichsten Behandlung, Erhaltung und Verjüngung sämmtlicher Kern- u. Steinobstbäume. Nach der 3. Aufl. von Du Breuils „Instructions sur la conduite des arbres fruitiers" bearb. u. mit vielen Zusätzen versehen, nebst einer Abhandlung über die Krankheiten der Obstbäume u. ihre Heilung rc. von Alb. Courtin. Mit 137 Holzschn. (XII, 236 S.) 1 ₰ 18 ngr.
3. Bd.: Die Lehre vom Obstbau auf einfache Gesetze zurückgeführt. Ein Leitfaden für Vorträge über Obstcultur u. zum Selbstunterricht von Ed. Lucas u. Frdr. Medicus. Mit 99 eingedr. Holzschn. 2. sehr verb. u. erweit. Aufl. (VIII, 231 S.) 24 ngr.

Bibliothek für Landwirthschaft u. Gartenbau. Stuttgart, Metzler. 8.
III.: Lucas, Ed., u. Frdr. Medicus, die Lehre vom Obstbau auf einfache Gesetze zurückgeführt. Ein Leitfaden für Vorträge über Obstcultur u. zum Selbstunterricht. 3. Aufl. 865. (XII, 254 S.) — 4. verm. Aufl. Mit 104 eingedr. Holzschn. 869. (XII, 290 S.) 26 ngr.
IV.: Lucas, Ed., der Obstbau auf dem Lande. Eine gemeinfaßliche belehrende Dienstanweisung für Gemeinde-Baumwärter. Mit 25 in den Text gedr. Abbildgn. (Holzschn.) 4. verm. Aufl. (XII, 132 S.) 16 ngr.

—— für Landwirthschaft und Gartenbau. I., III., IV. gr. 8. Stuttgart, Metzler's Verlag.
Inhalt:
I. Lucas, Ed., der Gemüsebau. Anleitung zur Cultur der Gemüse in Garten und Feld für Landwirthe, Gärtner und Gartenfreunde. 3. stark verm. Aufl. (X, 318 S. mit dem lithogr. Plane eines Gemüsegartens und 115 eingedr. Holzschn.) 870. ℳ 3.
III. —— und Friedr. Medicus, die Lehre vom Obstbau auf einfache Gesetze zurückgeführt. Ein Leitfaden für Vorträge über Obstcultur und zum Selbstunterricht. 4. Aufl. 869. ℳ 2,60., und 5. verm. Aufl. (XII, 290 S. mit 104 eingedr. Holzschn.) 873. ℳ 3,50.
IV. —— der Obstbau auf dem Lande. Eine gemeinfaßl. belehrende Dienstanweisung für Gemeinde-Baumwärter. 4. verm. Aufl. (XII, 132 S. mit 25 in den Text eingedr. Abbild. in Holzschn.) 868. ℳ 1,60.
2. Bd. Ebendas. 1860. ℳ 4,80.

— für Landwirthschaft u. Gartenbau. 3. Bd. 8. Stuttgart 878. Metzler's Verl. n. 3. 80
Die Lehre vom Obstbau auf einfache Gesetze zurückgeführt. Ein Leitfaden f. Vorträge über Obstcultur u. zum Selbstunterricht von Ed. Lucas u. Frdr. Medicus. Mit zahlreichen eingedr. Holzschn. 6. vielfach überarb. u. verm. Aufl. (XVI, 343 S.)

Bibliothek f. Landwirtschaft u. Gartenbau. 1.—6. Bd. gr. 8. Stuttgart, J. B. Metzler's Verl. n. 16.—
1. Der Gemüsebau. Anleitg. zur Cultur der Gemüse in Garten u. Feld f. Landwirte, Gärtner u. Gartenfreunde. Mit dem (lith.) Plan e. Gemüsegartens v. Ed. Lucas. 4., stark. verm. Aufl. (X, 306 S. m. 112 Holzschn.) 882. Kart. n. 3.—
2. Neueste Methode d. Schnittes u. der Zucht der Obstbäume, in Form v. Spalieren, Hochstämmen, Pyramiden rc. Eine gründl., durch zahlreiche Holzschn. erläuterte, prakt. Anleitg. zur ertragreichsten Behandlg., Erhaltg. u. Verjüngg. sämmtl. Kern- u. Steinobstbäume. Nach der 3. Aufl. v. Du Breuil's „Instruction sur la conduite des arbres fruitiers" bearb. u. m. vielen Zusätzen versehen, nebst e. Abhandlg. üb. die Krankheiten der Obstbäume u. ihre Heilg., sowie e. Anh. üb. Lepère's Methode d. Einkneipens bei Pfirsichbäumen v. Alb. Courtin. (XII, 236 S. m. 137 Holzschn.) 860. n. 3.—
3. Die Lehre vom Obstbau, auf einfache Gesetze zurückgeführt. Ein Leitfaden f. Vorträge üb. Obstkultur u. zum Selbstunterricht v. Ed. Lucas u. Frdr. Medicus. 7., unter Mitwirkg. v. Frdr. Lucas überarb. u. verm. Aufl. (XVI, 450 S. m. Holzschn.) 886. Kart. n. 4. 40
4. Der Obstbau auf dem Lande. Eine gemeinfaßl. belehr. Dienstanweisg. f. Gemeinde-Baumwärter. Im Auftrage der k. württ. Centralstelle f. die Landwirthschaft bearb. v. Ed. Lucas. 6., verm. Aufl. Mit ausführl. alphabet. Sachregister. (X, 150 S. m. Abbildgn.) 876. Kart. n. 1. 80
5. Der Hopfenbau. Eine gemeinfaßl. belehr. Darstellg. der Kultur u. Behandlg. d. Hopfens von der ersten Anlage bis zur Ernte u. dem Trocknen nach eigenen Erfahrgn. v. Frdr. Wirth. 2., verm. Aufl. (VIII, 68 S. m. 12 lith. Taf.) 878. 3.—
6. Kurzgefaßte Anleitung zum Anbau d. Leines u. zur Flachsbereitung v. C. J. Eisbein. (59 S. m. Abbildgn.) 892. n. — 80

— dasselbe. 1. Bd. 8. Ebd. 894. Kart. n. 3. 75
Der Gemüsebau. Anleitung zur Kultur der Gemüse im Mistbeet, Garten u. Feld f. Gärtner, Gartenfreunde u. Landwirte v. Ed. Lucas. 5., stark verm. u. umgearb. Aufl. v. Fr. Lucas. (XI, 366 S. m. 145 Abbildgn. u. 1 Gartenplan.)

— für Landwirtschaft u. Gartenbau. III. 8 Stuttgart 898. J. B. Metzler's Verl. n. 4. 15; geb. n.n. 4. 50
D. Lehre v. Obstbau, auf einf. Gesetze zurückgef. E. Leitfaden f. Vorträge üb. Obstkultur u. z. Selbstunterr. von Ed. Lucas u. Frdr. Medicus. 8., vielfach überarb. u. verm. Aufl. von Frdr. Lucas. M. zahlr. eingedr. Holzschn. (XVI, 482 S.)

(B) Bibliothek f. Landwirtschaft u. Gartenbau. III. 898. (ABL 29.) Ladenpr. aufgehoben.

— der gesamten **Landwirtschaft**. Hrsg. v. Karl Steinbrück. 1.—20. u. 22.—54. Bd. kl. 8. Hannover, Dr. M. Jänecke. 68.40; Leinw.-Einbd. à — 30

Arndt, A., Landwirtschaftsrecht. (XII, 130 S.) 909. (Bd. 50.) Kart. 2. 20
Balster, Heinr., allgem. landwirtschaftl. Pflanzenkunde. (IV, 56 S. m. Abbildgn.) 907 (Bd. 11.) — 65
Bauer, Paul, Brauerei u. Mälzerei. Mit 11 Abb. im Text. (VII, 50 S.) 909. (Bd. 42) 1. 20
Baumert, G., die Zuckerfabrikation. Mit 9 Abb. im Texte. (VIII, 59 S.) 908. (Bd. 37.) — 80
Beeck, Alfr., landwirtschaftl. Federviehzucht. (VIII, 131 S. m. 43 Abb.) 908. (Bd. 33.) 1. 50
Bödeker, Ernst, Maultierzucht u. Maultierhaltung. (102 S.) 908. (Bd. 46.) 1. 50
— Ziegenzucht. (VI, 51 S. m. Abbildgn.) 907. (Bd. 32.) — 65
Brödermann, E. A., Schafzucht u. Schafhaltung. (V, 72 S. m. Abbildgn.) 907. (Bd. 31.) — 80
Buhlert, Hans, Hülsenfrüchte. (IV, 52 S. m. Abbildgn.) 908. (Bd. 15.) — 65
Bussen, Frz., landwirtschaftliches Genossenschaftswesen. Kurzgefaßte Darstellg. der Organisation, Rechtsverhältnisse u. Einrichtg. der deutschen landwirtschaftl. Genossenschaften. (VI, 130 S.) 909. (Bd. 52.) 2. —
Cluß, Ad., Brennerei. Mit 45 Abb. im Text. (IX, 160 S.) 908. (Bd. 38.) 1. 80
Cronheim, Walt., die Fischzucht. (VI, 46 S. m. Abbildgn.) 907. (Bd. 34.) — 65
Eckhoff, Joh., Bienenzucht. (VII, 80 S. m. Abbildgn.) 907. (Bd. 35.) — 45
Falke, Frdr., Wiesen u. Weiden. (VII, 112 S. m. Abbildgn.) 908. (Bd. 19.) 1. 20
Fischer, Max, die Milchwirtschaft. (VII, 81 S. m. Abbildgn.) 907. (Bd. 29.) — 95
— Pferdezucht u. Pferdehaltung. (IX, 98 S. m. Abbildgn.) 908. (Bd. 27) 1. 20
— Rinderzucht u. Rindviehhaltung. (X, 87 S. m. Abbildgn.) 907. (Bd. 28.) — 90
Franck-Oberaspach, Fritz, Düngung u. Düngemittel. (VII, 120 S. m. 14 Abb.) 908. (Bd. 12.) 1. 50
Freybe, Otto, Klima- u. Witterungskunde. (V, 71 S.) 908. (Bd. 10.) — 80
Fruwirth, C., der Getreidebau. (X, 87 S. m. Abbildgn.) 907. (Bd. 14.) — 95
Gisevius, Paul, der Boden. (VII, 50 S.) 907. (Bd. 7.) — 65
— Bodenverbesserung u. Bodenbearbeitung. (X, 98 S. m. Abbildgn.) 907. (Bd. 8.) 1. 10
Henze, Alfr., die Hauptgrundsätze des Forstbetriebes f. den waldbesitzenden Landwirt. Ein Leitfaden z. Selbstunterricht, sowie zum Gebrauch an landwirtschaftl. Schulen. (115 S. m. 9 Abbildgn.) 908. (Bd. 47.) 1. 20
Holdefleiß, P., allgemeine Tierzucht. I. Züchtungslehre. (X, 101 S. m. Abbildgn.) 907. (Bd. 25.) 1. 10
— dasselbe. II. Fütterungslehre. (XXII, 150 S.) 907. (Bd. 26.) 1.90; in 1 Bd. geb. 3. 20
— Landwirtschaftl. Pflanzenzüchtung. (XXIV, 201 S. m. 1 Taf.) 908. (Bd. 24.) 2. 20
— Landwirtschaftliche Taxationslehre u. Reinertragsveranschlg. (XVIII, 185 S.) 908. (Bd. 6.) 2. 20
Hollrung, Max, kurzgefaßte Anleitung zur Erkennung, Beurteilung, Verhütung u. Beseitigung d. wichtigsten Pflanzenkrankheiten. (VI, 48 S. m. Abbildgn.) 907. (Bd. 23.) 60
Knoch, R., landwirtschaftl. Baukunde. I. Tl. Landwirtschaftl. Bautechnik. (113 S.) 908. (Bd. 43.) 1. 50
— dasselbe. II. Tl. Scheunen u. Ställe. Mit 65 Abb. im Texte u. 1 Taf. (VIII, 108 S.) 909. (Bd. 44.) 2.
— dasselbe. III. Tl. Gehöfte, Nebengebäude u. Arbeiterwohnhäuser. Mit 75 Abb. i Text. (115 S.) 909. (Bd. 45.) Kart. 2.
Koch, B., Schweinezucht u. Schweinehaltung. (VI, 78 S. m. Abbildgn.) 907. (Bd. 30.) — 80
Lilienthal, die Futterpflanzen. Rationeller Futterbau auf dem Ackerlande. (VI, 69 S. m. Abbildgn.) 907. (Bd. 16.) — 80
Linckh, G., der Anbau der Handelsgewächse. (VIII, 92 S. m. Abbildgn.) 908. (Bd. 18.) 1.
Lohaus, H. W., die Pflege d. landwirtschaftl. Kulturpflanzen. (VI, 72 S.) 908. (Bd. 13.) — 80
Mahlich, P., Kaninchenzucht u. Kaninchenhaltung. Mit 11 Abb. im Text. (68 S.) 908. (Bd. 49.) — 65
Mauritzio, A., Kraftfuttermittel. (IV, 112 S.) 908. (Bd. 51.) 1. 60
— Die Müllerei u. Bäckerei. (VIII, 69 S.) 909. (Bd. 41.) 1. 50
Mendelson, Frz., die landwirtschaftl. Arbeiterfrage. Mit e. Anh. Rechtsmittel beim Kontraktbruch im Reich u. in den Bundesstaaten. (VI, 133 S.) 909. (Bd. 54.) Kart. 2.
Meyer, Diedr., der Hackfruchtbau. (VII, 87 S. m. Abbildgn.) 907. (Bd. 17.) — 95
— Die künstliche Trocknung der wasserreichen Futtermittel u. ihre wirtschaftliche Bedeutung. (VI, 130 S. m. Abbildgn.) 908. (Bd. 40.) 1. 80
Müller, J., Obstbau. (VII, 151 S. m. Abbildgn. u. 1 Plan. 908. (Bd. 20.) 1. 80
Rautmann, H., Seuchen u. Herdenkrankheiten der landwirtschaftlichen Haustiere. (XII, 104 S. m. 50 Abb.) 907. (Bd. 36.) 1. 40
Schlotfeldt, Ernst, der Hund, seine Rassen, Zucht u. Haltung. (184 S. m. Abbildgn.) 908. (Bd. 48.) 2. —
Schmidt, H., u. P. Walter, landwirtschaftliche Buchführg. Einf. Buchführg. (VI, 59 S.) 908. (Bd. 4.) — 70
— — dasselbe. Doppelte Buchführg. (VI, 169 S.) 908 (Bd. 5.) 1.80; m. dem 4. Bd. in 1 Bd. geb. 2. 90
Schmidt, Jos., die Stärkefabrikation. Mit 44 Abb. u. 5 Taf. (IX, 134 S.) 909. (Bd. 39.) 2. 20
Schroeder, Paul, landwirtschaftl. Betriebseinrichtung u. Betriebsleitung. (VIII, 163 S.) 908. (Bd. 3.) 2. —
Steinbrück, Karl, die Geschichte der deutschen Landwirtschaft. (VI, 60 S.) 908. (Bd. 1.) — 80
— Landwirtsch. Betriebsmittel. (VIII, 68 S.) 908. (Bd. 2.) — 90
Strecker, W., Feldmessen u. Nivellieren. Anleitung zum Gebrauche f. Landwirte u. landwirtschaftl. Lehranstalten. Mit 102 Abb. im Text. (IV, 124 S.) 909. (Bd. 53.) 2. 20
— Landwirtschaftl. Maschinen u. Geräte. (VIII, 128 S. m. 93 Abb.) 908. (Bd. 9.) 1. 40
Walther, Frz., der Feldgemüsebau. (VI, 68 S. m. Abbildgn.) 908. (Bd. 22.) — 80
Vergl.: Handbuch der gesamten Landwirtschaft.

— d. gesamten **Landwirtschaft**. Hrsg. v. Karl Steinbrück. 20. u. 21. Bd. kl8° Lpzg, Dr. M Jänecke.
(vollst., 54 Bde: in 53 Bdo geh. 40 —; geb. 50 —) d
Bd 21 wird nur mit Bd 20 zusammen abgegeben.
Müller, J: Obstbau. — Albert, Jul.: Weinbau. (5, 151 u. 46 m. Abb. u. 1 Pl.) Hannover '08 [20.21] 2.20; L 2.50

— **landwirthschaftliche**. Leipzig: Reichenbach.

Bd. 18. Kirchhof, Emil, das Ganze der Mengedünger- oder Compostbereitung. Praktische Anleitung zur sorgfält. und zweckmäßigen Benutzung aller in jeder Wirthschaft vorkommenden, oft vernachlässigten und geringgeschätzten Düngerstoffe durch Mengedünger oder Composthaufen (Erdhaufen, Mengehaufen). 2. (Titel-)Ausg. (VIII und 127 S.) (852.) 15 Ngr.
„ 19. Büchner, Carl, die Spatenkultur im Felde oder sichere praktische Anleitung wie durch zeitweil. Anwendung derselben der Ackerbau auf die höchste Stufe der Ertragsfähigkeit gebracht werden kann. Nach eigenen Erfahrungen. 2. (Titel-)Ausg. (VIII und 101 S.) (852.) 9 Ngr.
„ 20. Kirchhof, Emil, die Jungviehzucht. Anleitung zu einem naturgemäßen Betriebe derselben, um einen nutzbaren Rindviehstand zu erzielen und zu erhalten. 2. (Titel-)Ausg. (VI und 112 S.) (853.) 12 Ngr.
„ 21. Böttiger, Max, das Ganze des Oelgewächsbaues. Kurzgefaßte prakt. Anleitung zur lohnendsten Cultur der wichtigsten Oelgewächse. Nach den neuesten Erfahrungen bearb. Mit einem Vorwort von Will. Löbe. (VII und 102 S.) 12½ Ngr.

1.—21. Bd. kosten zusammen 9 Thlr. 27½ Ngr.

— **landwirthschaftliche**. 1—6. Bd. 8. Leipzig, Reichenbach'sche Buchh. à Bd. 15 Ngr.

Auch unter den Titeln:

Bd. 1. Löbe, William, die Kartoffel. Ihre Geschichte; ihr Anbau; ihre Ernte; ihre Aufbewahrung; ihre Krankheiten; ihre Ersatzmittel ꝛc. Eine in der 1. Aufl. von der märkisch-ökonom. Gesellschaft gekrönte Preisschrift. 2., umgearb. Aufl. (XII und 175 S.) 855.
„ 2. Kirchhof, Emil, das Unkraut. Praktische Anleitung zur gänzl. Vertilgung der Aecker- und Wiesen-Unkräuter mit Angabe und Abbildungen der zu ihrer Vertilgung erforderl. Werkzeuge nebst Beschreibung der am häufigsten vorkommenden der Cultur hinderlichen Pflanzen. 2. Aufl. (VIII und 278 S. mit 12 eingedr. Holzschn.) 855.
„ 3. Prost, W., der Boden. Umschau in der Hauptwerkstätte des Landwirths. (V und 151 S.) 855.
„ 4. Kirchhof, Emil, der Maisbau. Nach den neuesten Erfahrungen dargestellt. (VIII und 168 S. mit eingedr. Holzschn.) 856.
„ 5. Charlier, Pierre, das Castriren der Kühe. Nach der französ., dem k. landwirthschaftl. Centralverein überreichten Schrift. Nebst einem die Milchwirthschaft und die Fabrikation feiner Käse betreff. Anhange. (XI und 113 S. mit eingedr. Holzschn.) 856.
„ 6. Prost, W., das Drainiren. (V und 128 S. mit eingedr. Holzschn.) 856.

— **landwirthschaftliche**. 7—12. Bd. 8. Leipzig. [Wittenberg, Reichenbach'sche Buchh.] à Bd. 15 Ngr.

Inhalt:

Bd. 7. Jacque, Charles, Züchtung edler Hühnerracen. Aus dem Französ. (VII und 108 S. mit vielen in den Text gedr. Holzschn.) 857.
„ 8. Patzig, G. C., Verbesserung der Wiesen durch Bewässerung. Oder prakt. Anleitung, den Wiesen den höchsten Ertrag abzugewinnen nebst einer kurzen Anweisung über das Drainiren mit Berücksicht. der Verhältnisse kleiner Landwirthe. 3., verb. und verm. Aufl. (VIII und 136 S. mit 44 eingedr. Holzschn.) 858.
„ 9. Löbe, William, der Kleebau. Anleitung zu einem vernunftgemäßen Betriebe desselben. 4., verm. Aufl. (VIII und 154 S. mit 16 eingedr. Holzschn.) 858.
„ 10. Filber, Carl, die Fütterung der Kühe als Grundlage der rationellen Rindviehzucht. (VIII und 121 S. mit 6 in den Text gedr. Holzschn.) 860.
„ 11. Schwarzwäller, Udo, der praktische Brennerei-Verwalter. Ein Wegweiser bei dem Betriebe der Branntweinbrennerei und Spiritusfabrikation mit Anführung der wichtigsten Vorschriften der Maischsteuer-Gesetzgebung. (VIII und 152 S. mit 2 Abbild. in eingedr. Holzschn.) 861.
„ 12. Löbe, Will., rationelle Düngerlehre. 2., gänzlich umgearb. Aufl. (VIII und 136 S. mit 6 Abbild. auf 1 Holzschnt. in Fol.) 861.

— landwirthschaftliche. Leipzig, Reichenbach. 8.

2. Bd.: Kirchhof, Emil, das Unkraut. Praktische Anleitung zur gänzlichen Vertilgung der Acker- u. Wiesen-Unkräuter, mit Angabe u. Abbildungen der zu ihrer Vertilgung erforderlichen Werkzeuge, nebst Beschreibung der am häufigsten vorkommenden der Cultur hinderlichen Pflanzen. 3. Aufl. Mit 22 Holzschn. 868. (VIII, 318 S.) 24 ngr.

13. Bd.: Anton Habl's Bienenbuch oder vollständige Anleitung zu einer neuen vortheilhaften Bienen-Zuchtmethode auf Grund der Wissenschaft u. Erfahrung. Mit Berücksichtigung der neuesten Bienen-Zuchtmethoden Dzierzon's u. v. Berlepsch's. 2. verb. u. verm. Aufl. Mit 20 Abbildgn. 862. (XIV, 94 S.) 15 ngr.

14. Bd.: Der praktische Fischereibetrieb in seinem höchsten Ertrage. Ein Wegweiser zu richtiger u. einträglicher Bewirthschaftung der Teiche, Seen, Flüsse u. Bäche nebst Anleitung zur künstlichen Fischzucht. Von Joh. Gottfr. Wirth. Mit 9 Abbildgn. 2., durchaus umgearb. u. vervollständigte Aufl. 862. (VIII, 134 S.) 15 ngr.

15. Bd.: Die Wasserheilkunst, angewandt auf die Heilung der Krankheiten der Hausthiere, namentlich der Pferde, Rinder, Schafe etc. Nach den neuesten Erfahrungen bearb. von F. W. Kobbe. 2. durchaus umgearb. u. vervollständigte Aufl. 862. (X, 117 S.) 15 ngr.

16. Bd.: Das kranke Pferd. Unterweisung die innerlichen u. äußerlichen Krankheiten des Pferdes mit Leichtigkeit zu erkennen und durch Hausmittel auf die einfachste Weise zu heilen. Auf Grund 20jähriger Praxis nach einer ganz neuen Methode bearb. von Ferd. Rud. Jacoby. Mit 10 Abbildgn. 863. (VIII, 143 S.) 15 ngr.

17. Bd.: Die Obstbaumzucht als lohnendste Erwerbsquelle u. edelste Nebenbeschäftigung. Nach den neuesten Grundsätzen u. Fortschritten in der Obstbaumzucht u. auf Grund langjähriger eigener Erfahrungen bearb. von mehreren Landschullehrern u. herausg. durch Wunderlich. Mit 8 Abbildgn. 862. (VIII. 64 S.) 9 ngr.

18. Bd.: Das Ganze der Mengedünger- oder Compostbereitung. Praktische Anleitung zur sorgfältigen u. zweckmäßigen Benutzung aller in jeder Wirthschaft vorkommenden, oft vernachlässigten u. geringgeschätzten Düngerstoffe durch Mengedünger oder Composthaufen [Erdhaufen, Mengehaufen] von Emil Kirchhof. 2. Ausg. 862. (VIII, 127 S.) 15 ngr.

19. Bd.: Die Spatenkultur im Felde oder sichere praktische Anleitung wie durch zeitweilige Anwendung derselben der Ackerbau auf die höchste Stufe der Ertragsfähigkeit gebracht werden kann. Nach eigenen Erfahrungen von Carl Büchner. 2. Ausg. 862. (VIII, 101 S.) 9 ngr.

20. Bd.: Die Jungviehzucht. Anleitung zu einem naturgemäßen Betriebe derselben, um einen nutzbaren Rindviehstand zu erzielen und zu erhalten. Von Emil Kirchhof. 2. Ausg. 863. (VI, 112 S.) 12 ngr.

21. Bd.: Böttger, Max, das Ganze des Oelgewächsbaues. Kurzgefaßte prakt. Anleitung zur lohnendsten Cultur der wichtigsten Oelgewächse. Nach den neuesten Erfahrungen bearb. Mit e. Vorwort von Will. Löbe. 865. (VII, 102 S.) 12 1/2 ngr.

Alphabetische Übersicht:

Böttger, M, d. Ganze d. Oelgewächsbaues. (102) 65. — 12 1/2
Büchner, C, d. Spatencultur im Felde. 2. Asg. (101) 62. — 9
Charlier, P, d. Castriren d. Kühe. (113) 56. — 15
Fischer, K, d. Fütterg d. Kühe. (124) 60. — 15
Habl's, A, Bienenbuch. 2. Afl. (94) 62. — 15
Jacoby, FR, d. kranke Pferd. (143) 63. — 15
Jacque, C, Züchtg edler Hühnerracen. (108) 57. — 15
Kirchhof, E, d. Ganze d. Mengedünger- od. Compostbereitg. 2. Asg. (127) 62. — 15
– d. Jungviehzucht. 2. Asg. (112) 63. — 12
– d. Maisbau. (168) 56. — 15
– d. Unkraut. 2. Afl. (278) 55. — 15
Kirchhof, E, d. Unkraut. 3. Afl. (318)
Knobbe, FW, d. Wasserheilkunst, angew. a. d. Heilg d. Krankh. d. Hausthiere. 2. Afl. (117) 62. — 15
Löbe, W, ration. Düngerlehre. 2. Afl. (136) 61. — 15
– d. Kartoffel. 2. Afl. (175) 55. — 15
– d. Kleebau. 4. Afl. (151) 58. — 15
Patzig, GC, Verbesserg d. Wiesen durch Bewässerg. 3. Afl. (136) 58. — 15
Protz, W, d. Boden. (151) 55. — 15
– d. Drainiren. (128) 56. — 15
Schwarzwäller, U, d. prakt. Brennerei-Verwalter. (152) 61. — 15
Wirth, JG, d. prakt. Fischereibetrieb. 2. Afl. (134) 62. — 15
Wunderlich, G, d. Obstbaumzucht. (64) 62. — 9

— landwirthschaftliche. Enthltd.: Die Lehre vom Boden u. den verschiedenen künstlichen Düngarten. Die Lehre von der Viehzucht. Die Lehre von der Landwirthschaft, Moral, Gesetzgebung, Nationalökonomie etc. Mit Abbildungen. Neue Ausg. 1. Liefg. Leipzig 870. Wartig. gr. 8. (S. 1—80.) n. 5 ngr.

— landwirthschaftliche. 1.—15. Bd. 8. Berlin 874,75, Schotte und Voigt. *

Inhalt:

Bd. 1. Anacker, Herm., die allgemeine Viehzucht in populärer Darstellung für Landwirthe. (153 S.) *ℳ 2.

" 2. Pinckert, F. A., die Urbarmachungen, Umwandlungen und mechan. Verbesserungen des Bodens. (119 S.) *ℳ 1,80.

" 3. 4. Taschenberg, E. L., das Ungeziefer der landwirthschaftlichen Culturgewächse. (230 S. mit 36 Abbild. in eingedr. Holzschn.) *ℳ 3.

" 5. 6. Demler, Paul, die Bodenkunde in populär-wissenschaftlicher Darstellung für Landwirthe. (214 S.) *ℳ 2,50.

" 7. Perels, Emil, die Trockenlegung versumpfter Ländereien mit besond. Berücksicht. der Drainage. (160 S.) *ℳ 2,40.

8. Bouché, J., der Gemüsebau. Eine prakt. Anleitung zur Erziehung und Kultur sämmtlicher Gemüse und Küchengewächse. (161 S.) *ℳ 2,40.

9. 10. Anacker, Herm., die Fütterungslehre der größeren Hausthiere. (219 S.) *ℳ 2,50.

11. Löbe, William, die Unkräuter auf Feldern, Wiesen, Weiden, in Gärten und Weinbergen, ihre Abhaltung und Tilgung. (116 S.) *ℳ 1,60.

12. 13. Rost, B., die Milchwirthschaft und die Bereitung der vorzüglichsten Molkereiprodukte etc. (VIII, 227 S.) *ℳ 3.

14. 15. Fuchs, E., die Branntweinbrennerei in kurzgefaßter Darstellung. Mit besond. Berücksicht. unserer deutschen Verhältnisse und des neuesten Standpunktes derselben. (VI, 318 S. mit eingedr. Holzschn.) *ℳ 4,50.

— landwirthschaftliche. 16.—30. Bdchn. 8. [Berlin 875, Schotte und Voigt.] Leipzig, H. Voigt. geb. *

Inhalt:

Bdchn. 16. Giersberg, Fr., der Anbau der Futterkräuter und Futtergräser. (IV, 199 S.) *ℳ 3,20.

" 17. Werner, Hugo, die landwirthschaftliche Buchführung. (VI, 131 S.) *ℳ 2,90.

" 18. Delius, Adf., die Teichwirthschaft. (VIII, 96 S. mit 5 Holzschntaf. Abbild. und 6 Tab. in qu. Fol.) *ℳ 2,90.

" 19. Pinckert, Friedr. Aug., das Winter- und Sommer-Getreide, dessen Anbau und Benutzung. (VI, 180 S.) *ℳ 2,70.

" 20. Löbe, Will., die Geflügelzucht in ihrem ganzen Umfange: die Zucht, Fütterung, Mastung, Krankheiten etc. (124 S.) *ℳ 2,30.

" 21. Jäger, H., der Blumengarten und die Blumenzucht auf dem Lande. Eine Anleitung zur Anlage und Erhaltung ländl. Blumengärten, sowie zur Anzucht und Behandlung der Blumen. (X, 160 S.) *ℳ 3.

22. 23. Goeschke, Frz., der Obstbau. Eine populäre Anleitung zur Erziehung und Pflege der Obstbäume in den verschiedenen Formen, wie auch zur Kenntniß empfehlenswerther Obstsorten. (VII, 350 S. mit 2 Stnt. in qu. Fol.) *ℳ 5.

24. Zürn, Friedr. Ant., die Pflege der gesunden Haussäugethiere. 1. Thl.: Von der Ernährung der Haussäugethiere. (XII, 156 S. mit 2 Tab. in qu. Fol.) *ℳ 3,20.

25. Heiden, Ed., die Düngerlehre in populär-wissenschaftlicher Darstellung. (VIII, 144 S. mit 4 Tab. auf 1 Bl. in gr. Fol.) *ℳ 3.

26. 27. Gerstenberg, A., die landwirthschaftliche Baukunde. 1. Thl.: Vor- und Hülfswissenschaften. 1. Bd. (VII, 371 S. mit 405 eingedr. Holzschn.) *ℳ 6.

28. 29. Pollmann, Aug., die Honigbiene und ihre Zucht. Nach den Grundsätzen der besten Meister und neuesten Forschungen. Theoretisch-prakt. Handbuch. (VII, 229 S. mit 155 in den Text gedr. Holzschn. und 1 Lichtdr.) *ℳ 4,50.

30. Weisweiler, Urban, die Zucht des Maulbeerbaumes und der Seidenraupe. (VIII, 145 S. mit 20 eingedr. Holzschn.) *ℳ 3.

— dass. — 31.—54. Bdchn. 8. Leipzig, H. Voigt. geb. *

Inhalt:

Bdchn. 31. 32. Gerstenberg, A., die landwirthschaftliche Baukunde. 1. Thl.: Vor- und Hülfswissenschaften. 2. Bd. (302 S. mit 431 eingedr. Holzschn.) 875. *ℳ 6.

33. Löbe, Will., die Ziegen- und Kaninchenzucht. (IV, 80 S.) 875. *ℳ 1,80.

Bdchn. 34. Goethe, Rud., Weinbau und Kellerwirthschaft in populärer Darstellung für Landwirthe. (VI, 144 S. mit 28 eingedr. Holzschn.-Abbild.) 876. *ℳ 3.

" 35. 36. Hektor, J., Lehrbuch des rationellen Wiesenbaues und der Weidewirthschaft. (IX, 172 S. mit 2 Stnt. in qu. 4.) 876. *ℳ 3,50.

" 37. Pinckert, Friedr. Aug., die Lehre von der landwirthschaftlichen Saat- und Pflanzung. (VIII, 149 S.) 876. *ℳ 3.

" 38. Rost, B., Anbau der Hülsenfrüchte und des Buchweizens, nebst einem Anhang: „Die Kultur der Hülsenfrüchte als Garten- oder Gemüsepflanzen." (VI. 133 S.) 876. *ℳ 2,70.

" 39. 40. May, Geo., Anleitung zum Betriebe der landwirthschaftlichen Pferdezucht. (VIII, 196 S.) 877. *ℳ 3.

" 41—43. Rost, B., die rationelle Rindviehzucht. (XI, 563 S.) 877. *ℳ 7,50.

" 44. 45. Zürn, Fr. A., die Pflege der gesunden Haussäugethiere. 2. Thl.: Von dem üblen Einfluß verdorbener Nahrung. Die Ursachen der ansteckenden Krankheiten. Die Pflege und Abwartung der Arbeits-, Melk-, Mast-, Woll- und Zucht-Thiere. (IX, 249 S. mit 4 Taf. Abbild. in Lithogr.) 877. *ℳ 4.

" 46. 47. Giersberg, Fr. L., der rationelle Kartoffelbau. (V, 216 S.) 877. *ℳ 3.

48. Pinckert, Friedr. Aug., der praktische Baumzüchter in der Obstkultur für Herrschaftsbesitzer, Landwirthe, Cameralisten, Straßenbau-Inspectoren, Communalbeamte, Gemeindevorsteher, Obstzüchter, Garten- und Baumwärter ꝛc. (IV, 96 S.) 878. *ℳ 1,50.

49. Giersberg, Fr. und J. W., Krankheiten der landwirthschaftlichen Culturpflanzen. (VIII, 181 S.) 878. *ℳ 2,50.

50. Löbe, W., Briefsteller für Landwirthe. Leitfaden der Correspondenz für Landwirthe, Gemeindevorstände, Lehrer, Ackerbau-, Landwirthschafts-, Winterabend-, Fortbildungsschulen zur selbstständigen Anfertigung von Briefen aller Art, Telegrammen, Frachtbriefen, Declarationen, Begleitschreiben, Postmandaten, Posteinzahlungen ꝛc. (IV, 160 S.) 879. *ℳ 2,50.

51. Lippe-Weißenfels, A. Graf zur, der Compost und seine Verwendung. (124 S.) 879. *ℳ 2,50.

52. 53. Blomeyer, Ad., die mechanische Bearbeitung des Bodens mit Rücksicht auf Erfahrung und Wissenschaft. (216 S.) 879. *ℳ 4.

54. Rost, B., über Milchergiebigkeit des Rindviehes, Aufzucht der Kälber im Allgemeinen und Aufzucht der Kälber auf Milchergiebigkeit ꝛc. (IV, 130 S.) 876. *ℳ 2,50.

1.—15. Bdchn. Ebendas. 1874—75. *ℳ 25,70.; geb. *ℳ 30,70.

— landwirtschaftliche. Nr. 1. 8. Leipzig, Landwirtschaftl. Schulbuchh. **Kart. n. 1. 80**

Landwirtschaftliche Insekten-Kunde m. besond. Berücksicht. der Bekämpfungsmittel der Schädlinge, nebst e. Anh.: Anleitung zur Bekämpfg. einiger wicht. Pflanzenkrankheiten, tier. Schädlinge u. Unkräuter. Ein Leitfaden f. landwirtschaftl. Lehranstalten u. zum Selbstunterricht. Von Rob. Graas. Mit 63 in d. Text gedr. Abbildgn. u. 4 farb. Insektentaf. (VII, 120 S.) 899.

— Langen, kleine. 1.—18. Bd. 12. München, A. Langen. **à n. 1. —; geb. à n. 2. —**

1. Schläfst du Mutter? Ruth. Novelle von Jak. Wassermann. (107 S.) 897.
2. Julchens Heirat. Eine Ehenovelle von Marcel Prévost. Autoris. Übersetzg. a. d. Franz. (135 S.) 897.
3. Verraten. Novelle von Amalie Skram. Autoris. Übersetzg. a. d. Norweg. v. Emmy Drachmann. (191 S.) 897.
4. D. Wundbare u. and. Novellen v. Heinr. Mann. (177 S.) 897.
5. Pariser Abenteuer u. and. Novellen von G. de Maupassant. Übers. v. A. Vögtlin. (141 S.) 897.
6. Fräulein Caja. Von Herm. Bang. Autoris. Übersetzg. a. d. Dän. v. M. Blumenreich. (147 S.) 897.
7. E. Zweikampf. Erzählg. von Ant. Tschechoff. Autor. Übersetzg. a. d. Russ. v. Korfiz Holm. (143 S. m. Vignetten.) 897.
8. Fleurette. Von Marcel Prévost. Autor. Übersetzg. v. Emil Wiarsky. (133 S. m. Vignetten.) 897.
9. D. Regenschirm u. and. Geschichten von G. de Maupassant. (154 S.) 897.
10. D. Schaffnerin. D. Mächtigen. Novellen von Jak. Wassermann. (132 S.) 897.
11. D. gelbe Domino. Roman von Marcel Prévost. (157 S.) 897.
12. D. wilde Jockey u. and. von Fritz Mauthner. (147 S.) 897.
13. Vom Peperl u. and. Raritäten. Von Ernst v. Wolzogen. (118 S.) 898.
14. Nimba von Marcel Prévost. Autor. Übersetzg. a. d. Franz. v. F. Gräfin zu Reventlow. (127 S.) 898.
15. Schwarz-Braun-Blond. Von G. de Maupassant. A. d. Franz. v. F. Gräfin zu Reventlow. (137 S.) 898.
16. Schloß Übermut. Novelle von Korfiz Holm. (157 S.) 898.
17. Starker Tobak u. and. Novellen von Ant. Tschechoff. Autor. Übersetzg. a. d. Russ. v. Wladimir Czumikow. (150 S.) 898.
18. D. Brillanthalsband u. and. Novellen von G. de Maupassant. (151 S.) 898.

Bibliothek Langen, kleine. 1., 7., 10., 11., 13., 16., 17., 19.—54. Bd. 12. München, A. Langen. **à n. 1. — geb. (Bd. 1. 7. 10. 11. 13. 16. 17. 19—46) à n. 2. — u. (Bd. 47—54) à n. 1. 50**

Inhaltsübersicht in alphabetischer Ordnung:

Björnson, Björnstjerne, Absalons Haar. Einzig berecht. Übersetzg. von Maria v. Borch. 1.—5. Taus. (à 163 S.) 901. (Bd. 40.)

— Mutters Hände u. andere Erzählungen. Einzige berecht. Übersetzg. aus dem Norweg. von Maria v. Borch. (145 S.) 902. (Bd. 48.)

Bodman, Eman. v., Jakob Schläpfle u. andere Geschichten. (156 S.) 901. (Bd. 37.)

Dumas Fils, Alex., eine Jugenderinnerung u. andere Geschichten. Einzig berecht. Übersetzg. v. Ludw. Scharf u. Wilh. Thal. (127 S.) 901. (Bd. 55.)

Gorki, Maxim., ein Verbrechen u. andere Geschichten. Deutsch v. Korfiz Holm. (149 S.) 902. (Bd. 53.)

Hamsun, Knut, die Stimme des Lebens u. andere Novellen. (113 S.) (901.) (Bd. 45.)

Hanschner, A., Vaatjes Hochzeit. Novelle. (142 S.) 902. (Bd. 52.)

Hilditch, Jac., Fräulein England. Einzig autoris. Übersetzg. aus dem Norweg. v. Mathilde Mann. (164 S.) 900. (Bd. 26.)

Holm, Korfiz, Mesalliancen. 12 Liebes- u. Ehegeschichten. (155 S. m. Titelbild.) 901. (Bd. 31.)

— Schloß Übermut. Novelle. 3.—5. Taus. (157 S.) 902. (Bd. 16.)

Maupassant, Guy de, Bett 29 u. andere Novellen. Aus d. Franz. (158 S.) 902. (Bd. 54.)

— das Loch u. andere Novellen. Übersetzung aus dem Franz. (121 S.) 901. (Bd. 38.)

— die Millionenerbschaft. Deutsch v. Ludw. Wechsler. 1.—6. Taus. (à 154 S.) 900. 902. (Bd. 30.)

— unnütze Schönheit u. andere Novellen. Aus d. Franz. (120 S.) 902. (Bd. 47.)

— der Tugendpreis u. andere Geschichten. Aus dem Franz. v. Ludw. Wechsler. (152 S.) 900. (Bd. 23.)

Perfall, Ant. v., die Hexe v. Norderoog. Novelle. (148 S.) 902. (Bd. 50.)

— die Malschule. Novelle. (109 S.) (901.) (Bd. 46.)

Prévost, Marcel, der gelbe Domino. 7. u. 8. Taus. (157 S.) 902. (Bd. 11.)

— Pariser Ehemänner. Einzige berechtigte Übersetzg. aus dem Franz. von F. Gräfin zu Reventlow. 1.—5. Taus. (à 171 S.) 901. 902. (Bd. 32.)

— auf Liebeswogen. Einzig autoris. Übersetzg. aus dem Franz. v. F. Gräfin zu Reventlow. (VII, 137 S.) 899. (Bd. 21.)

— unter uns Mädchen. Einzig autoris. Übersetzg. aus d. Franz. v. F. Gräfin zu Reventlow. (140 S.) 900. (Bd. 24.)

— Revanche. Einzig autoris. Übersetzg. aus dem Franz. v. F. Gräfin zu Reventlow. (146 S. m. Titelbild.) 900. (Bd. 25.)

Schandorph, Sophus, erste Liebe. Roman. Autorisierte Übersetzg. aus d. Dän. v. Mathilde Mann. (153 S.) 899. (Bd. 20.)

Schlicht, Frhr. v., Alarm u. andere Militärhumoresken. 1.—6. Taus. (à V, 149 S.) 900. 902. (Bd. 28.)

— der nervöse Leutnant u. andere Militärhumoresken. 1.—5. Taus. (à 157 S.) 901. (Bd. 41.)

Simplicissimus, lieber, 100 Anekdoten. 1.—10. Taus. (à 154 S.) 900. 901. (Bd. 43.)

— dasselbe. Neue Folge. (128 S.) (901.) (Bd. 44.)

Thoma, Ludw., Assessor Karlchen u. andere Geschichten. 1.—7. Taus. (à 160 S.) 901. 903. (Bd. 34.)

Tschechoff, Ant., Ja, die Frauenzimmer! u. andere Novellen. Deutsch v. Korfiz Holm. (150 S.) 901. (Bd. 39.)

— der Taugenichts. Erzählung e. Provinzialen. Ins Deutsche übertr. v. Fritze u. Geo. Bernhard. (148 S.) 900. (Bd. 29.)

— Starker Tobak u. andere Novellen. Einzig berecht. Übersetzg. aus dem Russ. v. Wladimir Czumikow. 2. Aufl. (150 S.) 901. (Bd. 17.)

— Schatten des Todes! (Aus den Papieren e. alten Mannes.) Erzählung. Deutsch v. Korfiz Holm. (155 S.) 902. (Bd. 51.)

— ein Zweikampf. Erzählung. Einzig berecht. Übersetzg. aus d. Russ. v. Korfiz Holm. 2. Aufl. (143 S.) 901. (Bd. 7.)

Wassermann, Jak., die Schaffnerin. Die Mächtigen. Novellen. 3. u. 4. Taus. (132 S.) 902. (Bd. 10.)

— Schläfst du Mutter? — Ruth. Novellen. 3. u. 4. Taus. (107 S.) 902. (Bd. 1.)

Wolzogen, Ernst, v., vom Peperl u. andern Raritäten. 6. u. 7. Taus. (148 S.) 902. (Bd. 13.)

Zola, Emile, ein Bad u. andere Novellen. Aus dem Franz. (124 S.) 902. (Bd. 49.)

— die Erdbeeren u. andere Novellen. Deutsch v. Guido Eckardt. (128 S.) 901. (Bd. 33.)

— um e. Liebesnacht u. andere Novellen. (V, 128 S.) 900. (Bd. 22.)

— die Schultern der Marquise u. andere Novellen. 1.—9. Taus. (130 S.) 898—902. (Bd. 19.)

— der Sturm auf die Mühle u. andere Novellen. Aus dem Franz. (147 S.) 901. (Bd. 42.)

— die Tanzkarte u. andere Novellen. Deutsch v. Ernst Hardt. (144 S.) 901. (Bd. 36.)

— die Wasser steigen u. andere Novellen. (132 S.) 900 (Bd. 27.)

— Langen, kleine. 2. 3. 9. 18. 21. 22. 33. 34. 39. 41. 42. 44. 47. 49. u. 53.—89. Bd. 16. München, A. Langen à Bd. n. 1. —; geb. in Leinw. n. 1. 50; in Ldr. n. 2. 80

Bierbaum, Otto Jul., die Haare der hl. Fringilla u. andere Geschichten. 4. u. 5. Taus. (121 S.) 906. (Bd. 66.)

Björnson, Björnstjerne, ein Tag. — Ivar Bye. 2 Erzählgn. Einzig berecht. Übersetzg. aus dem Norweg. v. Maria v. Borch u. G. J. Klett. (130 S.) 903. (Bd. 58.)

Busson, Paul, Aschermittwoch. Novelletten. (115 S.) 903. (Bd. 57.)

Drachmann, Holger, in Sturm u. Stille. Seegeschichten. Berechtigte Übersetzg. aus dem Dän. v. Herm. Key. (149 S.) 905. (Bd. 81.)

Duncker, Dora, Lottes Glück. Totgelacht. 2 Novellen. (114 S.) 903. (Bd. 56.)

Gorki, Maxim, Spleen. Ein paar Tage aus dem Leben e. Müllers. Erzählung. Deutsch v. Korfiz Holm. Umschlag v. Fritz Endell. (129 S.) 906. (Bd. 88.)

— ein Vagabund. Erzählung. Deutsch v. Korfiz Holm. (153 S.) 905. (Bd. 77.)

— ein Verbrechen u. andere Geschichten. Deutsch v. Korfiz Holm. 4.—6. Taus. (149 S.) 905. (Bd. 53.)

— Zigeuner- u. andere Geschichten. Deutsch v. Korfiz Holm. (144 S.) 903. (Bd. 61.)

Holm, Korfiz, die Sünden der Väter u. andre ironische Geschichten. (142 S.) 905. (Bd. 82.)

Maupassant, Guy de, Bett 29 u. andere Novellen. Aus dem Franz. 4.—6. Tauf. (158 S.) 905. (Bd. 54.)
— das Brillanthalsband u. andere Novellen. 6.—8. Tauf. (154 S.) 904. (Bd. 18.)
— Fräulein Cocotte u. andere Novellen. Aus dem Franz. (187 S.) 906. (Bd. 89.)
— Mondschein u. andere Novellen. Aus dem Franz. (125 S.) 904. (Bd. 69.)
— Frau Parisse u. andere Novellen. Aus dem Franz. (122 S.) 903. (Bd. 63.)
— Fräulein Perle u. andere Novellen. Aus dem Franz. (119 S.) 905. (Bd. 79.)
— der Regenschirm u. andere Novellen. Deutsch v. A. Vögtlin. 6.—8. Tauf. (154 S.) 904. (Bd. 9.)
— die kleine Roque u. andere Novellen. Aus dem Franz. (120 S.) 904. (Bd. 74.)
— die Schauspielerin u. andere Novellen. Aus dem Franz. (120 S.) 905. (Bd. 84.)
— Unnütze Schönheit u. andere Novellen. Aus dem Franz. 4. u. 5. Tauf. (120 S.) 906. (Bd. 47.)
Meyrink, G: Der heisse Soldat u. and. Geschichten. (147)'08. [62.]
Meyrink, Gust., der heiße Soldat u. andere Geschichten. 4. u. 5. Tauf. (147 S.) 906. (Bd. 62.)
Owlglaß, der saure Apfel. Simplicissimus-Gedichte. (92 S.) 904. (Bd. 72.)
Perzynski, Frdr., Weltstadtseelen. Novelletten. (159 S.) 904. (Bd. 73.)
Prévost, Marcel, Julchens Heirat. Eine Ehenovelle. Autoris. Übersetzg aus dem Franz. 15—17. Tauf. (135 S.) 903 (Bd. 2.)
— auf Liebeswogen. Einzig autoris. Übersetzg. aus dem Franz. v F. Gräfin zu Reventlow. 8.—10. Tauf. (VII, 137 S.) 905. (Bd. 21.)
— die kleine Venezolanerin u. andere Novellen. Einzig berecht. Übersetzg. aus dem Franz. (140 S.) 903. (Bd 60.)
Roda Roda, adelige Geschichten. 1.—5. Tauf. (131 S.) 906. (Bd. 86.)
Schlemihl, P:
Neue Grobheiten. Simplicissimus-Gedichte. (112)'03. [65.]
Schlemihl, Pet., Grobheiten. Simplicissimus-Gedichte. 7. bis 10. Tauf. (XI, 89 S.) 903. (Bd. 64.)
— neue Grobheiten. Simplicissimus-Gedichte. 7. u. 8. Tauf. (112 S.) 906. (Bd. 65.)
Schlicht, Frhr. v., der Dichterleutnant u. andere Militärhumoresken. 4. u. 5. Tauf. (120 S) 906. (Bd 83.)
— der nervöse Leutnant u. andere Militärhumoresken. 8. bis 10. Tauf. (157 S.) 905. (Bd. 41.)
— der Lügenmajor u. andere Militärhumoresken. 1.—6. Tauf. (Je 132 S.) 904 (Bd. 71.)
Simplicissimus, lieber. Hundert Anekdoten. 2. Folge. 9. bis 12. Tauf. (128 S.) (906.) (Bd. 44.)
— dasselbe. Hundert Anekdoten. 3. Folge. (136 S.) 905. (Bd. 76.)
— dasselbe. Hundert Anekdoten. 4. Folge. (144 S.) 906. (Bd. 86.)
Skram, Amalie, verraten. Novelle. Einzige berecht. Übersetzg. aus d. Norweg. v. Emmy Drachmann. 5. u. 6. Tauf. (191 S.) 905. (Bd. 3.)
Thoma, Ludw., Assessor Karlchen u. andere Geschichten. 8. bis 10. Tauf. (160 S.) 905. (Bd. 34.)
— Pistole od. Säbel? u. anderes. (149 S.) 905. (Bd. 80.)
— die Wilderer. (89 S.) 904. (Bd. 70.)
Tolstoi, Leo., 40 Jahre. Eine kleinruss. Legende. Deutsch v. Korfiz Holm. (142 S) 904. (Bd. 68.)
Tschechoff, Ant., ja, die Frauenzimmer! u. andere Novellen. Deutsch v. Korfiz Holm. 4.—6. Tauf. (150 S.) 905. (Bd. 39.)
Wedekind, Frank, Mine-Haha. Oder üb. die körperl. Erziehg. der jungen Mädchen. Aus Helene Engels schriftl. Nachlaß hrsg. 4. u. 5. Tauf. (129 S.) 906. (Bd. 55.)
Wolf, Curt Jul., moderne Minneritter. Novellen. (127 S.) 903. (Bd. 59.)
Zola, Emile, ein Bad u. andere Novellen. Aus dem Franz. 4.—6. Tauf (124 S.) 903. (Bd. 49)
— die Erdbeeren u. andere Novellen. Deutsch v. Guido Eckardt. 4.—6. Tauf. (128 S) 905. (Bd. 33.)
— ein Leben in Liebe. Novellen. Aus dem Franz. (168 S.) 906. (Bd. 87.)
— um e. Liebesnacht u. andere Novellen. Aus dem Franz. 5. bis 10. Tauf. (V, 128 S.) 905. (Bd. 22.)
— meine Liebste u. andere Novellen. Aus dem Franz. (128 S.) 905. (Bd. 78.)
— Lili u. andere Novellen. Aus dem Franz. (111 S.) 904. (Bd. 67.)
— Nantas u. andere Novellen. Aus dem Franz. (123 S.) 904. (Bd. 75.)
— der Sturm auf die Mühle u. andere Novellen. Aus dem Franz. 4. u. 5. Tauf. (147 S.) 906. (Bd. 42.)

— Langen, kleine. 11., 31., 32., 34., 38., 50., 63., 76. u. 90.—105. Bd. 16. München, A. Langen. à Bd. 1.—; geb. in Leinw. 1.50; in Ldr. 2.80

d'Annunzio, Gabriele, aus jungfräulichen Landen. Farbenskizzen. Deutsch v. Herm. Albrecht. (144 S.) (910.) (Bd. 102.)
Auburtin, Vict., die goldene Kette u. anderes. (159 S.) (910.) (Bd. 101.)
Bergman, Bo., die Reise nach Paris u. andere Geschichten Einzige berecht. Übersetzg. aus d. Schwed. v. Marie Franzos (127 S.) 908. (Bd. 91.)
Dostojewski, F. M., die fremde Frau und der Mann unterm Bett. Ein ehrlicher Dieb. 2 Erzählgn. Deutsch v Frida Ichak. (151 S.) 908. (Bd. 96.)
France, Anatole, Revolutionsgeschichten. Einzige berecht Übersetzg. v. F. Gräfin zu Reventlow. (189 S.) 908. (Bd. 95.
— Der Statthalter v. Judäa u. anderes. Einzig berecht. Übers v. F. Gräfin zu Reventlow. (145 S.) (910.) (Bd. 104.)
Holm, Korfiz., Mesalliancen. 12 Liebes- u. Ehegeschichten 4. u. 5. Tauf. (155 S.) 907. (Bd. 31.)
Lagerlöf, Selma, Schwester Olives Geschichte u. andere Erzählungen. Einzig berecht. Übersetzg. aus dem Schwed. v Marie Franzos. (152 S.) 908. (Bd. 99.)
Maupassant, Guy de, ein Abend u. andere Novellen. (151 S.) (910.) (Bd. 105.)
— Bauerngeschichten. Deutsch v. F. Gräfin zu Reventlow. (140 S.) 908. (Bd. 93.)
— Neue Bauerngeschichten. Deutsch v. F. Gräfin zu Reventlow (161 S.) 908. (Bd. 94.)
— Diamanten u. andere Novellen. (130 S.) 908. (Bd. 97.)
— Das Loch u. andere Novellen. Aus dem Franz. 4. u. 5. Tauf (121 S.) 907. (Bd. 38.)
— Frau Parisse u. andere Novellen. Aus dem Franz. 4. u. 5 Tauf. (122 S.) 908. (Bd. 63.)
Perfall, Ant. v., die Hexe v. Norderoog. Novelle. 4. Tauf (148 S.) 908. (Bd. 50.)
Polgar, Alfr., der Quell des Übels u. andere Geschichten. (120 S.) 908. (Bd. 90.)
Prévost, Marcel, der gelbe Domino. Roman. 9. u. 10. Tauf. (157 S.) 908. (Bd. 11.)
— Pariser Ehemänner. Einzige berecht. Übersetzg. aus dem Franz. v. F. Gräfin zu Reventlow. 6. u. 7. Tauf. (171 S.) 907. (Bd. 32.)
Schäff, Heinr., abseits. Lieder meines Lebens. (103 S.) (910.) (Bd. 103.)
— Simplicissimus, lieber. 100 Anekdoten. 8. Folge. 9. bis 10. Tauf. (130 S.) 908. (Bd. 76.)
— dasselbe. 100 Anekdoten. 5. Folge. (138 S.) 906. (Bd. 92.
— dasselbe. 6. Folge. 100 Anekdoten v. Roda Roda. (125 S. 908. (Bd. 98.)
Thoma, Ludw., Assessor Karlchen u. andere Geschichten. 11—13. Tauf. (160 S.) 907. (Bd. 34.)
— Moritaten. Wahrheitsgetreu berichtet. (130 S.) 908. (Bd. 100.

— Langen, kleine. 101—115. Bd. 16° Münch., A Langen. je 1 —; L 1.50; Ldr 2.80 d

d'Annunzio, Gabriele: Aus jungfräul. Landen. Farbenskizzen. Deutsch v. Herm. Albrecht. (144) ('10) [102]
Auburtin, Vict.: Die goldene Kette u. anderes. (159) ('10) [101]
Castell, Alex.: Die mysteriöse Tänzerin. Kleine Geschichten. (170) ('11) [106]
Conrad, Jos.: Das Blest u. and. Erzählgn. Aus d. Engl. v. Ernst Wolfg. Günter. (136) ('12) [116]
Ewald, Carl: Der Garten d. Sulamith. Erzählg. Aus d. Dän. v. Helene Kaudres. (154) ('11) [109]
France, Anatole: Der Statthalter v. Judäa u. anderes. Übers. v. F Gräfin zu Reventlow. (145) ('10) [104]
Maupassant, Guy de: Ein Abend u. and. Novellen. (151) ('10) [105]
Ring, Barbra: Anne Karine Corvin. Erzählg. Aus d. Norweg. v. Cläre Greverus Mjöen. (120) ('11) [107]
— 2 Jahre später. Erzählg. Übers. v. Cläre Greverus Mjöen. (159) ('12) [112]
Schäff, Heinr.: Lieder meines Lebens. (103) ('10) [103]
Thoma, Ludw. (Pet. Schlemihl): Kirchweih. Simplicissimus-Gedichte. (100) ('12) [111]
Wagner, Herm.: Sieg d. Dummheit u. and. Geschichten. (147) ('12) [113]
Wolfgang, Bruno: Die schöne Frau u. and. Erzählgn. (163) ('11) [108]
— Hexentanz u. and. Geschichten. (147) ('12) [114]
Zweig, Arnold: Aufzeichngn üb. e. Familie Klopfer. Das Kind. 2 Erzählgn. (132) ('11) [110]

— Langenscheidt'sche, sämtlicher griechischen und römischen Klassiker in neueren deutschen Muster-Uebersetzungen. [1164 Lfgn. (à Lfg. ca. 8 Bog.) Stuttgart-Berlin 855—89.] Neue Ausg. in 110 Bdn. 8. Berlin 885—89, Langenscheidt'sche Verlagsh. à Lfg.

1164 Lfgn. zusammen genommen (statt ℳ 407.40.) *
geb. à Bd. in Halbfrz. *
110 Bde. geb. in Halbfrz. zusammen genommen (statt ℳ 440.—.) *

Inhalt:

Griechische Dichter.

Bd. 1. Äschylos. Uebers. von Donner. (10 Lfgn.)
„ 2. Äsop. Uebers. von Wilh. Binder. (2 Lfgn.) — Hesiod. Uebers. von Ed. Eyth. (2 Lfgn.) — Quintus. Uebers. von Donner. (9 Lfgn.)
„ 3. Anakreon. Uebers. von Ed. Mörike. (6 Lfgn.) — Theognis. Uebers. von W. Binder. (2 Lfgn.) — Theokrit. Uebers. von Ed. Mörike ꝛc. (6 Lfgn.)
„ 4. Anthologie. Uebers. von Joh. Gottl. Regis. (3 Lfgn.)
„ 5—8. Aristophanes. Uebers. von Minckwitz und E. Wessely. (38 Lfgn.)
„ 9—13. Euripides. Uebers. von Minckwitz ꝛc. (52 Lfgn.)
„ 14. 15. Homer. Uebers. von Donner. (20 Lfgn.)
„ 16. Pindar. Uebers. von Schnitzer. (9 Lfgn.)
„ 17—19. Sophokles. Uebers. von Ad. Schöll. (33 Lfgn.)

Griechische Prosaiker.

„ 20—26. Aristoteles. Uebers. von Ad. Stahr ꝛc. (77 Lfgn.)
„ 27. Arrian. Uebers. von K. Cleß. (13 Lfgn.)
„ 28. Demosthenes. Uebers. von Westermann. (12 Lfgn.)
„ 29. Diodor. Uebers. von Wahrmund. (13 Lfgn.)

Bd. 30. Epiktet. Uebers. von Karl Conz. (2 Lfgn.) — Mark Aurel. Uebers. von K. Cleß. (5 Lfgn.) — Theophrast. Uebers. von W. Binder. (2 Lfgn.)
" 31. Heliodor. Uebers. von Thdr. Fischer. (6 Lfgn.) — Herodian. Uebers. von Ad. Stahr. (5 Lfgn.)
" 32. 33. Herodot. Uebers. von Bähr. (24 Lfgn.)
" 34. Isokrates. Uebers. von Flathe ꝛc. (4 Lfgn.) — Lykurgos. Uebers. von H. Bender. (2 Lfgn.) — Lysias. Uebers. von Westermann ꝛc. (5 Lfgn.)
" 35. 36. Lucian. Uebers. von Thdr. Fischer. (21 Lfgn.)
" 37. 38. Pausanias. Uebers. von O. L. B. Schubart. (21 Lfgn.)
" 39—42. Plato. Uebers. von Prantl ꝛc. (39 Lfgn.)
" 43—48. Plutarch. Uebers. von Ed. Eyth. (60 Lfgn.)
" 49—51. Polybios. Uebers. von A. Haakh ꝛc. (29 Lfgn.)
" 52—55. Strabo. Uebers. von Forbiger. (34 Lfgn.)
" 56. 57. Thukydides. Uebers. von Wahrmund. (18 Lfgn.)
" 58—61. Xenophon. Uebers. von Zeising ꝛc. (36 Lfgn.)

Römische Dichter.

" 62. Catull. Uebers. von Fr. Pressel. (3 Lfgn.) — Horaz. Uebers. von W. Binder. (7 Lfgn.)
" 63. Juvenalis. Uebers. von Alex. Berg. (10 Lfgn.)
" 64. Lucanus. Uebers. von Jul. Krais. (7 Lfgn.)
" 65. Lucretius. Uebers. von W. Binder. (6 Lfgn.) — Persius. Uebers. von W. Binder. (3 Lfgn.) — Phädrus. Uebers. von Siebelis. (2 Lfgn.)
" 66. Martialis. Uebers. von Alex. Berg. (16 Lfgn.)
" 67—69. Ovid. Uebers. von Suchier ꝛc. (33 Lfgn.)
" 70—73. Plautus. Uebers. von W. Binder. (46 Lfgn.)
" 74. Propertius. Uebers. von Jacob ꝛc. (6 Lfgn.) — Statius. Uebers. von K. W. Bindewald. (6 Lfgn.) — Tibullus. Uebers. von W. Binder. (3 Lfgn.)
" 75. Terentius. Uebers. von J. Herbst. (12 Lfgn.)
" 76. Virgilius. Uebers. von W. Binder. (10 Lfgn.)

Römische Prosaiker.

" 77. Cäsar. Uebers. von H. Köchly und Rüstow. (11 Lfgn.)
" 78—93. Cicero. Uebers. von Mezger, W. Binder, Köchly u. a. (160 Lfgn.)
" 94. Cornelius Nepos. Uebers. von Siebelis. (3 Lfgn.) — Eutropius. Uebers. von Forbiger. (3 Lfgn.) — Quintilian. Uebers. von H. Bender. (2 Lfgn.)
" 95. Curtius. Uebers. von Siebelis. (9 Lfgn.)
" 96. Justinus. Uebers. von Forbiger. (12 Lfgn.)
" 97—101. Livius. Uebers. von Gerlach. (57 Lfgn.)
" 102. Plinius. Uebers. von Klußmann und Binder. (9 Lfgn.)
" 103. Sallustius. Uebers. von K. Cleß. (10 Lfgn.)
" 104. 105. Seneca. Uebers. von Forbiger. (18 Lfgn.)
" 106. Suëton. Uebers. von Ad. Stahr. (12 Lfgn.)
" 107. 108. Tacitus. Uebers. von Ludw. Roth. (25 Lfgn.)
" 109. Vellejus. Uebers. von Eyßenhardt. (3 Lfgn.) — Victor. Uebers. von Forbiger. (5 Lfgn.)
" 110. Vitruvius. Uebers. von Reber. (10 Lfgn.)

—— Langenscheidt'sche, sämtlicher griechischen u. römischen Klassiker in neueren deutschen Muster-Uebersetzungen. 8. Berl. 889 -92, Langenscheidt. à Lfg. * — 35

Aristoteles' Werke. 9., 10., 14. u. 18. Lfg. 2. Aufl. Politik. Deutsch von Adf. Stahr u. Karl Stahr. 1., 2., 6. u. 10. Lfg. (S. 1—96, 241—88, 433—61.)
dass. — 78. u. 79. Lfg. Staat der Athener. Uebers. v. Frz. Poland. (XII, 114 S.)
Aeschylos. Tragödien. Deutsch in d. Versmaßen d. Urschrift v. J. J. L. Donner. 1.—4., 6.—8. Lfg. 2. Aufl. (1. Bd., S. 1—192; 2. Bd., S. 33—176.)
Cäsars, Gaius Jul., Werke. 1.—4. Lfg. Memoiren üb. den Gallischen Krieg [De bello Gallico]. Deutsch v. H. Köchly u. W. Rüstow. 1. Lfg. 7. Aufl., 2. Lfg. 8. Aufl.; 3. Lfg. 7. Aufl.; 4. Lfg. 8. Aufl. (VIII, S. 1—176.)
Catull's ausgewählte Gedichte. Verdeutscht in den Versmaßen der Urschrift v. Friedr. Pressel. 3 Lfgn. 3. Aufl. (VIII, 116 S.)
Cicero's, Marcus Tullius, Werke. 33.—34. Lfg. Drei Bücher vom Redner. Übers. v. Raph. Kühner. 2. u. 3. Lfg. 3. Aufl. (S. 49—128.)
—— dass. — 47.; 48. Lfg. Tusculanen. Übers. u. erklärt v. Raph. Kühner. 2. Lfg. 5. Aufl. 3. Lfg. 4. Aufl. (S. 33—128.)
—— dass. — 73. u. 74. Lfg. Rede f. Sextus Roscius aus Ameria. Verdeutscht v. Johs. Siebelis. 1. Lfg. 2. Aufl.; 2. Lfg. 3. Aufl. (S. 1—87.)
—— dass. — 75. Lfg. Rede üb. Gnäus Pompejus' Oberbefehl od. üb. den Manilischen Gesetzvorschlag. Verdeutscht v. Johs. Siebelis. 1. Lfg. 4. Aufl. (32 S.)
—— dass. — 104. Lfg. Vier Reden gegen Lucius Sergius Catilina. Uebers. v. Wilh. Binder. 3. Lfg. 2. Aufl. (S. 97—128.)
—— dass. — 125. Lfg. Zweite Rede gegen Verres. Uebers. v. Wilh. Binder. 10. Lfg. 3. Aufl. (S. 1—48.)
—— dass. — 127. 128. Lfg. Verrinische Reden. Übers. v. Wilh. Binder. 12. u. 13. Lfg. 2. Aufl. (6. Bdchn., S. 1—103.)
—— dass. — 133. u. 134. Lfg. Rede f. Publius Sestius. Deutsch v. H. Köchly. 2. u. 3. Lfg. 2. Aufl. Rev. v. H. Uhle. (S. XLIX—LXXII u. 1—64.)
Curtius Rufus. Von den Thaten Alexanders d. Großen. Deutsch v. Johs. Siebelis. 1. Lfg. 4. Aufl. Rev. v. H. Uhle. (48 S.)
Demosthenes' ausgewählte Reden. Verdeutscht v. Ant. Westermann. 2. Lfg. 6. Aufl.; 5. Lfg. 4. Aufl. (S. 49—88; 65—112.)
Herodotus v. Halikarnassus. Die Musen. Übers. v. J. Chr. F. Bähr. 13., 18. u. 24. Lfg. [13. 4. Aufl. (5. Bd. S. 1—48.) — 18. 5. Aufl. (7. Bd. S. 33—80.) — 24. 4. Aufl. (9. Bd. S. 49—87.)]
Homer's Werke. 11. Heft. Die Odyssee. Deutsch in der Versart der Urschrift v. J. J. C. Donner. 1. Lfg. 3. Aufl. Rev. v. H. Uhle. (48 S.)
Horatius', Flaccus, Werke. 1.—3. Lfg.: Oden. Deutsch in den Versmaßen der Urschrift v. Wilh. Binder. 1. Lfg. 9. Aufl.; 2. u. 3. Lfg. 6. Aufl. (S. 1—128.)
—— dass. — 5. u. 7. Lfg. Satiren u. Episteln. Deutsch in den Versweisen der Urschrift v. Wilh. Binder. 1. Lfg. 6. Aufl. 3. Lfg. 5. Aufl. (48 S.; 2. Bd. S. 97—140.)
Isokrates' Werke. Deutsch v. Thdr. Flathe. 1. u. 4. Lfg. [1. Lfg.: Panegyrikos. 2. Aufl. (47 S.); 4. Lfg. Areopagitikos. 2. Aufl. (36 S.)]
Juvenalis, Decimus Junius. Satiren. Im Versmaße d. Originals übers. u. erläutert v. Alex. Berg. 10 Lfgn. 2. Aufl. (320 S.)
Livius, Titus. Römische Geschichte. Deutsch v. Fr. Dor. Gerlach. 1., 3., 12., 14., 20.—23., 32. Lfg. [1. Lfg. 6. Aufl. (1. Bd. S. 1—48.) — 3. Lfg. 5. Aufl. (1. Bd. S. 91—138.) — 12. Lfg. 4. Aufl. (2. Bd. S. 49—96.) — 14. Lfg. 4. Aufl. (68 S.) — 20. 21. Lfg. 5. Aufl. (92 S.) — 22. Lfg. 6. Aufl. (3. Bd. S. 1—48.) — 23. Lfg. 5. Aufl. (3. Bd. S. 49—96.) — 32. Lfg. 2. Aufl. (54 S.)]
Lysias' ausgewählte Reden. Verdeutscht v. Ant. Westermann. 2. Lfg. 3. Aufl. (S. 33—79.)
—— dass. — Übers. v. Wilh. Binder. 4. u. 5. Lfg. 2. Aufl. (S. 1—84.)
Nepos Cornelius. Verdeutscht v. Johs. Siebelis. 1. u. 2. Lfg. 6. Aufl. (96 S.)
Ovid's Werke. 1. u. 2. Lfg. Metamorphosen. Deutsch im Versmaße der Urschrift. Übers. u. erläutert v. R. Suchier. 1. Lfg. 7. Aufl.; 2. Lfg. 6. Aufl. (VIII, S. 1—80.)
—— dass. — 17. Lfg. Festkalender. Deutsch im Versmaße d. Urschrift. Uebers. u. erläutert v. E. Klußmann. 5. Lfg. 3. Aufl. (S. 161—214.)
—— dass. — 25.—27. Lfg: Liebesgesänge [Elegiae]. Deutsch im Versmaße d. Urschrift v. Alex. Berg. 1.—3. Lfg. 2. Aufl. (S. 1—130.)

Bibliothek, Langenscheidt'sche, sämtlicher griechischen u. römischen Klassiker ꝛc.
Pausanias' Beschreibung v. Griechenland. Übers. v. Joh. Heinr. Chr. Schubart. 15., 17., 19. u. 20. Lfg. [15. Lfg. 2. Aufl. (5. Bd. S. 663—710.) — 17. Lfg. (5. Bd. S. 759—790.) — 19. 20. Lfg.: Einleitung u. Register. (6. Bd. S. 1—96.)
Plato's Werke. 18. Lfg.: Euthyphron u. Kriton. Deutsch v. Ed. Eyth. 1. Lfg. 3. Aufl. (3. Bd. S. 1—32.)
—— dass. — 22. Lfg.: Protagoras u. Laches. Deutsch v. Ed. Eyth. 1. Lfg. 3. Aufl. (IV, 32 S.)
Plutarch's Biographieen. Deutsch v. Ed. Eyth. 1.—3., 27. u. 28. Lfg. 2. Aufl. (à Lfg. 2—3 Bog.)
Polybios' Geschichte. Übers. v. A. Haakh u. K. Kraz. 5. u. 6. Lfg. 2. Aufl. 1. Bd. S. 173—252.)
Quintilianus', Marcus Fabius, Unterweisung in der Beredsamkeit. 10. Buch. Übers. v. Herm. Bender. 2. Aufl. 2 Lfgn. (75 S.)
Sallustius Crispus, des Gaius Werke. Übers. u. erläutert v. C. Cleß. 1. Lfg.: Der Krieg gegen Jugurtha. 1. Lfg. 4. verb. Aufl. (VIII, 48 S.)
—— dass. — 6.—8. Lfg.: Die Verschwörg. Catilinas. 2.—4. Lfg. 3. Aufl. (à Lfg. 3 Bog.)
Tacitus, Cornelius. Werke. Deutsch m. Erläutergn., Rechtfertiggn. u. geschichtl. Supplementen v. Carl Ludw. Roth. 5., 7.—10. u. 19. Lfg. [Annalen. 1. Lfg. 5. Aufl. (48 S.) — 3. Lfg. 5. Aufl. (3 Bog.) — 4.—6. Lfg. 1. Aufl. (S. 1—128.) — 15. Lfg. 2. Aufl. (6. Bd. S. 145—189.)]
—— dass. — Deutsch v. Carl Ludw. Roth. 21. Lfg.: Historien. 2. Lfg. 4. Aufl. (3 Bog.)
Terentius', d. Publius, Lustspiele. Deutsch v. Johs. Herbst. 3. u. 4. Lfg. Der Kastrat [Eunuchus]. 2. Aufl. (105 S.)
—— dass. — Deutsch v. Johs. Herbst. 8. Lfg.: Phormio. 2. Aufl. (S. 49—104.)
—— dass. — Deutsch v. Johs. Herbst. 9. u. 10. Lfg.: Der Selbstpeiniger [Heautontimorumenos]. 2. Aufl. (104 S.)
Thukydides' Geschichte d. peloponnesischen Krieges. Übers. v. Adf. Wahrmund. 4., 14. u. 15. Lfg. [4. Lfg. 4. Aufl. — 14. u. 15. Lfg. 2. Aufl. (à Lfg. 32 S.)]
Vergilius Maro, Publius. Deutsch in der Versweise der Urschrift v. Wilh. Binder. 1., 2. u. 5. Lfg. [1. u. 2. Lfg. 5. Aufl. — 5. Lfg. 4. u. 5. Aufl. (à Lfg. 3 Bog.)]
Xenophon's Werke. 6., 7. u. 9. Lfg.: Hellenische Geschichte. Übers. v. J. Rieckher. 2. u. 3. Lfg. 5. Aufl. (S. 33—128.) — 5. Lfg. 4. Aufl. (S. 177—224.)
—— dass. — 12. u. 13. Lfg.: Anabasis od. Feldzug d. jüngern Cyrus. Übers. u. durch Anmerkgn. erläutert v. A. Forbiger. 2. u. 3. Lfg. 5. Aufl. (S. 33—103.)
Vgl.: Rex, Erwin. Abriß der Geschichte d. antiken Litteratur.

BIBLIOTHEK für Lebemänner. 5 Bde. Budapest, Gustav Grimm, 1891. 8⁰. (à Mk. 2.50) (à Mk. 1.20 H. Hugendubel, c. 1904.)
I.: Aus Amor's Tagebuch. E. Sammlg. pikant. Erzählgn.
II.: Aus d. Memoiren e. Gigerls. Erlebtes, Amüsantes, Pikantes.
III.: Compass für Liebende. Galante Abenteuer u. Boudoir-Geschichten.
IV.: Allerlei Liebe. Aus d. Reiche d. Pikanterie.
V.: Was uns Frau Venus erzählt.

— d. geselligen Lebens. 3. Bd. 16° Berl., H Steinitz. d
Bd 1 bildet Kat. 06/09: Rex: Wem bring ich wohl d. 1. Glas; Bd 2 Kat. 06/09: Rex: Fesch u. vornehm.
Rex. Erwin: Fremdwörterb. Lexikon d. Fremdwörter u. fremdsprachl. Redensarten im Deutschen. (15, 319) ('12) [3] 1 —

Bibliothek der praktischen Lebenskunde. 1.—3. Bd 8. Berlin, Modern-pädagog. u. psycholog. Verlag. à Bd. 1. 50; geb. 2. 30
Thompson, William, empor zu Erwerb u. Vermögen! (VI, 110 S.) (908.) (Bd. 2.)
— Von den geheimen Kräften in uns. (IV, 122 S.) (907.) (Bd. 1.)
— Wir u. die Menschen um uns. (VI, 100 S.) (908.) (Bd. 3.)

— d. gesamten Lebensmittelindustrie. Hrsg. v. Geo. Lebbin. 4. Bd. 8° Lpzg, Dr. M Jänecke.
Bd 1—3 sind noch nicht erschienen.
Kullmann, Otto: Die Spirituosen-Industrie. (5, 89 m. Abb.) '12 [4] L 2.80

Bibliothek der Lebens-Spuren. Nr. 1. 8. Amden. Lorch, K. Rohm. n. — 20
Tod, der. Ein Evangelium des Lebens. Von Glückselig. [Aus: „Lebens-Spuren".] (24 S.) (901.)

Bibliothek des deutschen peinlichen und Lehnrechts. Frankf. u. Leipz. 1788. V: *Gruber*, *Joh. Siegmund.* (ENGJ)

—— ausführlicher Lehr- und Lesebücher der modernen Sprachen und Literaturen nach Robertson's Methode. Unter Mitwirkung nationaler Gelehrten hrsg. von F. Booch-Arkossy. 1.—5. Bd. und 6. Bd. 1. Cursus. gr. 8. Leipzig, Breitkopf und Härtel. cart.

Inhalt:

Bd. 1. Ausführliches Lehr- und Lesebuch zum fertigen Sprechen und Schreiben der italienischen Sprache. Für höhere Lehranstalten und zum Selbstunterricht Gebildeter bearb. von F. Booch-Arkossy, unter Mitwirkung von Francesco d'Assisi Caprara und C. M. Rechenberg. 2 Curse und Suppl. (VIII, 248; VI, 280; IV, 144 S.) 880. *M 8.
" 2. Ausführliches Lehr- und Lesebuch zum fertigen Sprechen und Schreiben der französischen Sprache. Für höhere Lehranstalten und zum Selbstunterricht Gebildeter bearb. von F. Booch-Arkossy, unter Mitwirkung von Emile Labaite. 3. neubearb. und vervollständ. Aufl. des „Praktisch-theoret. Lehrganges der französ. Schrift- und Umgangssprache". 2 Curse und Suppl. (XII, 288; VIII, 328; IV, 115 S.) 880,81. *M 9.

- 3. Ausführliches Lehr- und Lesebuch zum fertigen Sprechen und Schreiben der spanischen Sprache. Für höhere Lehranstalten und zum Selbstunterricht Gebildeter bearb. von F. Booch-Arkossy, unter Mitwirkung von Don Manuel F. Cartajena. 2 Curse und Suppl. (XII, 248; VIII, 252; IV, 116 S.) 881. *ℳ 8.
- 4. Ausführliches Lehr- und Lesebuch zum fertigen Sprechen und Schreiben der englischen Sprache. Für höhere Schulen und zum Selbstunterricht Gebildeter bearb. von F. Booch-Arkossy, unter Mitwirkung von Mr. Leland Mason [aus New-York]. 4. neubearb., mit vollständ. Umschreibung der engl. Aussprache durch deutsche Buchstaben verseh. Aufl. 2 Curse und Suppl. (XII, 233; VIII, 282; IV, 96 S.) 882. *ℳ 8.
- 5. Ausführliches Lehr- und Lesebuch zum fertigen Sprechen und Schreiben der russischen Sprache. Für höhere Lehranstalten und zum Selbstunterricht Gebildeter bearb. von F. Booch-Arkossy, unter Mitwirkung von S. Borisowitsch Mandelkern [aus Odessa]. 2. neubearb., mit vollständ. Umschreibung der russ. Aussprache durch deutsche Buchstaben verseh. Aufl. 2 Curse. (XII, 287; VIII, 252 S.) 883. *ℳ 3.

Bd. 6. 1. Cursus. Ausführliches Lehr- und Lesebuch zum fertigen Sprechen und Schreiben der polnischen Sprache. Für höhere Lehranstalten und zum Selbstunterricht Gebildeter unter Mitwirkung mehrerer poln. Gelehrten bearb. und hrsg. von F. Booch-Arkossy. Mit vollständ. Umschreibung der poln. Aussprache durch deutsche Buchstaben. (XII, 272 S.) 884. *ℳ 3.

Bibliothek ausführlicher Lehr- und Lesebücher der modernen Sprachen und Literaturen nach Robertson's Methode. Unter Mitwirkung nationaler Gelehrten hrsg. von F. Booch-'Arkossy. 6. Bd. 2. Cursus und Supplement. gr. 8. Leipzig 885, Breitkopf und Härtel. cart. *

Inhalt:

Bd. 6. 2. Cursus: Booch-'Arkossy, Fr., ausführliches Lehr- und Lesebuch zum fertigen Sprechen und Schreiben der polnischen Sprache. Für höhere Lehranstalten und zum Selbstunterricht Gebildeter unter Mitwirkung mehrerer poln. Gelehrten bearb. und hrsg. Mit vollständ. Umschreibung der poln. Aussprache durch deutsche Buchstaben. 2. Cursus. (VIII, 267 S.) *ℳ 3.—.

Supplement. (IV, 90 S.) *ℳ 2.—.

—— landwirthschaftlicher Lehrbücher für Ackerbau-, Obst- und Weinbauschulen, Fortbildungsschulen rc. 1.—8. Bd. gr. 8. Stuttgart, Ulmer. *

Inhalt:

Bd. 1. Martin, Wilh., die Hauptlehren der neueren Landwirthschaft. Ein Leitfaden zum Unterricht an mittleren und niederen landwirthschaftl. Schulen. 3. umgearb. Aufl. (XII, 348 S. mit 5 Holzschn.) 876. *ℳ 3,60.
- 2. Hoos, F. J., Handbuch des stilistischen Unterrichts für landwirthschaftl. Fortbildungsschulen, sowie zum Gebrauche für prakt. Landwirthe. Eine Sammlung von Aufsätzen und Aufgaben mit Dispositionen aus dem Gebiete landwirthschaftlich nützl. und schädl. Thiere, der Pflanzen- und Bodenkunde, des Briefwechsels und der Geschäftsaufsätze des Landwirths, nebst einer Anleitung zur Abfassung telegraph. Depeschen und method. und grammatikal. Andeutungen. 2. Aufl. (XVI, 288 S.) 876. *ℳ 3,30.
- 3. Martin, Wilh., Lesebuch für Fortbildungsschulen, Orts-Lesevereine, landwirthschaftl. Schulen und für das Haus. 2. Aufl. (VIII, 274 S. mit 31 eingedr. Holzschn.) 876. *ℳ 2,80.
- 4. Löser, J., und H. Zeeb, landwirthschaftliches Rechenbuch, nebst Anleitung zum Feldmessen, Nivelliren und Berechnen der Körper. Für Fortbildungs-Landwirthschaftsschulen nach der Münz-, Maß- und Gewichts-Ordnung des Deutschen Reichs. (VIII, 265 S. mit 75 eingedr. Holzschn.) 873. *ℳ 2,80.; Resultate mit 10 Abbild. *ℳ 1. Vgl. XV. Bd. 2. Abth. S. 75. — 2. umgearb. und verm. Aufl. (XII, 319 S. mit 133 in den Text gedr. Holzschn.) 880. *ℳ 3,20.
- 5. Lucas, Ed., kurze Anleitung zur Obstkultur. Als Leitfaden bei Vorträgen über Obstbau an Seminarien, pomolog. und Gartenbau-Instituten, landwirthschaftl. Lehranstalten und Fortbildungsschulen, wie auch zum Selbstunterricht. 4. verm. Aufl. (VIII, 124 S. mit 4 lithogr. Taf. Abbild. in qu. Fol.) 876. *ℳ 1,60.

Bd. 6. Lucas, Ed., die Kreis- oder Bezirksbaumschule. Prakt. Anleitung zur Anlage und Behandlung derselben, zugleich als belehrende Instruktion für Baumgärtner. 4. verm. und vielfach umgearb. Aufl. der Schrift: „Die Gemeindebaumschule". (VIII, 120 S. mit 52 eingedr. Holzschn. und 1 Plane.) 873. *ℳ 2,25. Vgl. XV. Bd. 2. Abthl. S. 81.
- 7. Wiedersheim, A., der Weinbau. Prakt. Anleitung zum Weinbau nach mehr als 40jähr. Erfahrungen und mit Zugrundelegung von Single's Schrift: „Die Traubensorten Württembergs". Zugleich als Lehrbuch für die Fortbildungsschulen unserer Weingegenden bearb. (VIII, 132 S. mit 13 in den Text gedr. Holzschn.) 872. *ℳ 1,20. Vgl. XV. Bd. 2. Abthl. S. 871.
- 8. Kohlhepp, P. und C., Thierärztlicher Unterricht für Landwirthe über Bau, Gesundheitspflege, Geburtshülfe, Gewährleistung und erste Behandlung der häufigsten Krankheiten unserer landwirthschaftl. Hausthiere. (IV, 140 S. mit 10 Holzschn.) 879. *ℳ 1,80.

—— landwirtschaftlicher Lehrbücher für Ackerbau-, Obst- und Weinbauschulen, Fortbildungsschulen rc. 1., 3., 4., 5., 8.—10. Bd. gr. 8. Stuttgart, Ulmer. *

Inhalt:

Bd. 1. Martin, Wilh., die Hauptlehren der neueren Landwirtschaft. Ein Leitfaden zum Unterricht an mittleren und niederen landwirtschaftl. Schulen. 4. umgearb. Aufl. (XII, 310 S.) 881. *ℳ 3,60.
- 3. —— das tägliche Leben. 3. Aufl. des Lesebuchs für Fortbildungsschulen, Haushaltungsschulen, Orts-Lesevereine und für das Haus. (V, 144 S.) 881. *ℳ 1,60.
- 4. Löser, J., und H. Zeeb, landwirtschaftliches Rechenbuch, nebst Anleitung zum Feldmessen, Nivelliren und Berechnen der Körper, sowie Erläuterungen und Aufgaben aus der Physik und Mechanik. Für Fortbildungs- und Landwirtschafts-Schulen, wie auch zum Selbstunterricht bearb. Resultate. 2. umgearb. und verm. Aufl. (66 S. mit 6 eingedr. Holzschn.) 880. *ℳ 1,20.
- 5. Lucas, Ed., kurze Anleitung zur Obstkultur. Ein Leitfaden bei Vorträgen über Obstbau an Seminarien, pomolog. und Gartenbau-Instituten, landwirtschaftl. Lehranstalten und Fortbildungsschulen, wie auch zum Selbstunterricht. 5. verm. Aufl. (VIII, 126 S. mit 4 lithogr. Taf. Abbild.) 880.; 6. Aufl. Bearb. von Fr. Lucas. (VIII, 122 S. mit 4 lithogr. Taf. Abbild. und 24 in den Text gedr. Holzschn.) 880. *ℳ 1,60.
- 8. Kohlhepp, P., und C. Kohlhepp, tierärztlicher Unterricht für Landwirte über Bau, Gesundheitspflege, Gewährleistung und erste Behandlung der häufigsten Krankheiten unserer landwirtschaftlichen Haustiere. Zugleich ein Leitfaden für landwirtschaftl. Schulen. 2. verm. Aufl. (VIII, 141 S. mit 20 in den Text gedr. Holzschn.) 884. *ℳ 1,80.
- 9. Schäfer, Wilh., Lehrbuch der Milchwirtschaft. Ein Leitfaden für den Unterricht an milchwirtschaftl. und landwirtschaftl. Lehranstalten, sowie zum Gebrauch für Landwirte und sonstige Milchviehhalter. Unter besond. Berücksicht. mittlerer und kleinerer Betriebsverhältnisse bearb. 2. verm. und verb Aufl. (XII, 158 S. mit 104 in den Text gedr. Holzschn.) 883. *ℳ 2,80.
- 10. Adam, Thdr., die landwirtschaftliche Haustierzucht. Zum Selbstunterrichte für Landwirte und als Leitfaden zum Unterrichte an landwirtschaftl. Winterschulen. 2. umgearb. Aufl. (VIII, 200 S. mit 26 in den Text gedr. Abbild.) 884. *ℳ 2,40.

Bibliothek praktischer Lehrbücher für Ackerbau-, Obst- und Weinbauschulen, landwirthschaftl. Fortbildungsschulen rc.
Titel wurde nachträglich geändert in: Bibliothek landwirthschaftl. Lehrbücher für Ackerbau-, Obst- und Weinbauschulen rc.

—— prakt. Lehrbücher f. Ackerbau-, Obst- u. Weinbauschulen, landwirthsch. Fortbildungsschulen etc. 1—3. Bd. 8. Stuttg. 76, Ulmer. n. 9. 70

Hoos, FJ, Handbuch d. stilist. Unterrichts f. landwirthsch. Fortbildungsschulen, sowie z. Gebrauche f. prakt. Landwirthe. 2. Afl. (287) n. 3. 30

Martin, W, d. Hauptlehren d. neueren Landwirthschaft. 3. Afl. (348) n. 3. 60

— Lesebuch f. Fortbildungsschulen, Orts-Lesevereine, landwirthsch. Schulen u. f. d. Haus. 2. Afl. (247 m. H.) n. 2. 80

—— prakt. Lehrbücher f. Ackerbau-, Obst- u. Weinbauschulen, landwirthsch. Fortbildgsschulen etc. 5. Bd. 8. Stuttg. 76, Ulmer. n. 1. 60. (1—5.: n. 14. 10)

Lucas, E, kurze Anleitg z. Obstkultur. 4. Afl. (123 m. 4 L.)

— f. Lehrer in Bürger- und Landschulen. 2 Bde. 8. Görl. Anton. 802.

— des Lehrmittel-Universum. 1. u. 2. Bd. kl. 8. Berlin (G. Winckelmann & H. Peters.) Geb. in Leinw. à Bd. n. 1. —

1. Experimentator u. Modellbauer, der. (112 S.) (906.)
2. Wie baue ich e. Terrarium u. womit bepflanze u. bevölkere ich dasselbe? Eine kurze Anweisg. f. Anfänger, namentlich f. Knaben, bei Anlage, Besetzg. u. Pflege des Terrariums. Unter besond. Berücksicht. der deutschen Tierwelt u. auf Grund eigener Erfahrgn. bearb. von Herm. Steudel. (119 S. m. Abbildgn.) 907.

— d. Lehrmittel-Universum. Jetzt: Berlin, Verlag d. Lehrmittel-Universum.

Bibliothek der Leibesübungen. Leipzig.

1. Benedix: Geräteturnen. T. 1. Grundregeln u. Turnsprachliches.
2—3. Benedix, G.: Geräteturnen. T. 2. H. 1. Turnübungen.
4—5. Benedix, G.: Geräteturnen. T. 2. H. 2. Turnübungen.
6—7. Koppisch, R.: Freiübungen. T 1.

— f. Leidende u. Mißmüthige. 3 Thle. m. K. 8. Lpz. Leo. 795. (à 20 gr.)

— Leipziger landwirtschaftliche, Gartenbau- u. Weinbau-Bibliothek. 5—8. gr. 8. Leipzig, O. Lenz. n. 5. 50

5. Die Krankheiten des Rindviehes, deren Heilg. u. Verhütg. Nach eigenen Beobachtgn. u. Erfahrgn. in der Tierpraxis in gemeinverständl. Form zusammengestellt. Von A. v. Menesse. Mit 9 Abbildgn. (III, 60 S.) 899. n. 1. —; geb. n. 1. 50
6. Die rationelle Geflügelzucht. Krankheiten d. Geflügels, deren Heilg. u. Verhütg. Von A. v. Menesse. Mit 8 Abbildgn. (68 S.) 899. n. 1. —; geb. n. 1. 50
7. Das Buch vom Weine. Anbau, Bereitg., Behandlg., Kenntnis u. Verbesserg. der Weine f. Winzer, Weinhändler u. Wirte. Von Gust. Rawald. 4. Aufl. Unter Mitwirkg. hervorrag. Fachleute völlig neu bearb. v. Fr. L. Göß. (IX, 208 S.) 901. n. 3. —; geb. n. 4. —
8. Die Kultur der Veilchen. Anleitung, Veilchen lohnend im Garten u. unter Glas zu kultivieren, m. Angabe d. Sorten. Anh.: Krankheiten u. Verwendg. d. Veilchen. Von J. Barfuß. (IV, 32 S.) (901.) n. — 50

Nr. 5 u. 6 erschienen noch unter den früh. Titel: Landwirtschaftlichen. Gartenbau-Bibliothek, Leipziger; — *Nr. 7 bildet Rawald, G: Das Buch v. Weine.*

— Leipziger landwirtschaftliche. Gartenbau- u. Weinbau-Bibliothek. 9. gr 8. Leipzig, O. Lenz. n. — 80; geb. n. 1. 30

Die Krankheiten des Hundes u. ihre Behandlung. Von A. v. Menesse. (III, 89 S.) (903.)

— d. neuesten Lesebücher. 1r Bd. 2 Hälften u. 2n Bdes 1e Hälfte. gr. 8. Düsseld. 797. Schreiner. 4 ℛ

—— für christliche Leser. 1.—9. Bd. 8. Trier 867—73, Braun's Verlag. à Bd. *

Inhalt:

Bd. 1. Delta, Marie, Almosen ohne Geld. Erzählung. Aus dem Französ. frei übers. 2. Aufl. (190 S.)
„ 2. Eine treue Seele. Erzählung nach dem Französ. (195 S.)
„ 3. Bourdon, J., die Ehescheidung. Erzählung. Aus dem Französ. frei übersetzt von Ed. Stefanson. (195 S.)
„ 4. Livonnière, Marin de, vornehm und gering. Eine Geschichte aus der Bretagne. Mit einem Briefe des Grafen von Falloux an den Verfasser als Vorrede. Nach der 2. Aufl. des Französ. frei übers. (VIII, 238 S.)
„ 5. Navery, Raoul de, der Engel des Bagno's. Erzählung. Nach der 2. Aufl. des Französ. frei übers. (III, 208 S.)
„ 6. —— Bauer und Advokat. Erzählung. Nach der 2. Aufl. des Französ. frei übers. von Amelie Godin. (220 S.)
„ 7. —— die verborgene Hand. Erzählung. Nach dem Französ. frei bearb. von C. A. Beck. (186 S.)
„ 8. —— ein Frauenherz. Criminalgeschichte aus der jüngsten Vergangenheit. Nach dem Französ. bearb. von Ed. Stefanson. (196 S.)
„ 9. Lenzen, Maria, geb. di Sebregondi, der Proceß. Eine Novelle. (168 S.)

— für christliche Leser. 1. 6—9. Bd. 8. Trier 871—74. Braun. à n. 1. 60

1. Almosen ohne Geld. Erzählung v. Marie Delta. Aus dem Franz. frei übers. (190 S.) 2. Aufl.
6. Bauer u. Advokat. Erzählung von Raoul de Navery. Nach der 2. Aufl. d. Franz. frei übers. v. Amelie Godin. (220 S.)
7. Die verborgene Hand. Erzählung v. Raoul de Navery. Nach dem Franz. frei bearb. v. C. A. Beck. (186 S.)
8. Ein Frauenherz. Criminalgeschichte aus der jüngsten Vergangenheit v. Raoul de Navery. Nach dem Franz. bearb. v. Ed. Stefanson. (196 S.)
9. Der Proceß. Eine Novelle v. Marie Lenzen, geb. di Sebregondi. (168 S.)

— für christliche Leser. 6. 8. u. 10. Bd. 8. Leipzig 879. Braun. à n. 1. 60

6. Bauer u. Advokat. Erzählung von Raoul de Navery. Nach der 2. Aufl. d. Französischen frei übers. v. Amelie Godin. (204 S.) 2. Aufl.
8. Die Gefangenen des Czaren. Historische Novelle v. A. Archier. Nach dem Franz frei übers. (162 S.) 2. Aufl.
10. Bilder aus dem Gesellenleben. Zwei Erzählungen v. Frz. Hisgen. (196 S.)

— f. d. gebild. Lesewelt. 5 Jahrg. compl. 36 Bde. m. K. u. Vign. Ebend.

Bibliothek d. geogr. Lexikons d. Schweiz. Geogr., volkswirtschaftl., geschichtl. Atlas d. Schweiz. 6 Lfgn. (48 farb. Kartons. u. II S. Text.) 31×22 cm. Neuchâtel, Gebr. Attinger '08. Geb. 8 —

Bibliothek des geograph. Lexikons der Schweiz. Bilder-Atlas der Schweiz. Sammlung v. Landschafts-, Städte- u. Typenbildern aus allen Kantonen m. erklär. Text, zusammengestellt durch die Mitarbeiter am geograph. Lexikon der Schweiz. (IV, 476 S.) 32×26 cm. Neuenburg (909). Gebr. Attinger. Geb. in Leinw. 22. —

— dasselbe. Die Schweiz. Geographische, demograph., polit., volkswirtschaftl. u. geschichtl. Studie v. A. Aeppli, H. Aeppli, A. Bachmann u. a. Red.: Heinr. Brunner. Mit zahlr. Ansichten, Plänen, Tabellen u. Skizzen. 15. Fasz. (VIII, 711 S.) 31×22 cm. Ebd. 908. Subskr.-Pr. bis 30. VI. 1908 à — 80; bis 30. XI. 1908 à 1. —; (kplt. geb.: 24. —)

Bibliothek für Liebende und für Freunde des feinen Geschmacks, s.a. Störchel

— f. Liebende, (v. . . . Störchel). 2 Thle. 8. Prag 803. Poll. 1 ℛ 8 gl

— f. Liebende u. Freunde d. Geschmacks, v. Störchel, m. K. 2 Bde. 8. Lpz. Joachim. 803.

Bibliothek der Liebhabereien. 1. Bd. gr. 8. Leipzig, F. Lipp. n. 2. —; geb. 2. 70
Die Ansichtspostkarte. Praktische Anleitung f. Sammler zur Abschätzg. u. Unterscheidg. der Karten, sowie zum Sammeln u. Ordnen derselben, m. e. kurzen histor. Einleitg. u. m. mehreren Postkartenbeilagen. Von L. v. Schwerin. Mit 18 Illustr. 2. Aufl. (VIII, 88 S.) 902.

— der alten armenischen Literatur, in deutscher Übersetzg. hrsg. v. der Wiener Mechitharisten-Congregation. 1. Bd. gr. 8. Wien. Leipzig, O. Harrassowitz. n.n. 5. —
Eznik v. Kolb, Wardapet, wider die Sekten. Aus dem Armen. übers. u. m. Einleitg., Inhalts-Übersichten u. Anmerkgn. versehen v. Joh. Mich. Schmid. (X, 209 S.) 900.

Bibliothek der alten armenischen Literatur in deutscher Übersetzung hrsg. von d. Wiener Mechitharisten-Congregation. Bd 1. *Wien: Mechitharisten-Congreg. 1900.* 8° [oo. 6006

— d. alten Literatur u. Kunst, (herausg. v. Thom. Tyh. Tychsen, Chr. W. Mitscherlich u. A. H. L. Heeren). 10 Stcke. 8. Gött. 786—94. Dieterich. 3 ℛ 8 gl

— d. ältern Literatur, od. histor. Auszüge, Uebersetzungen, Anekdoten u. Charaktere aus verschied. Werken ꝛc., v. F. Pächtermünze, (angebl. Jgn. Schmid). 16 Stck. 8. Zürich 793. Orell. 20 gl

— d. ausländ. Literatur, v. J. C. Stockhausen. 2 Bde, auf 1770 u. 71. 8. Hanau 770—72. Schulz. 5 ℛ 8 gl

Bibliothek der ausländischen Litteratur für practische Medicin. Leipzig 1823—32. H: *Kreysig, Frdr. Ldw.* (call)

— d. ausländ. Literatur f. prakt. Medicin. 1r Bd. A. u. d. T.: A. P. Wilson Philip, üb. Indegestion. u. deren Folgen. Nach d. 2n Ausg. frei bearb. u. mit Bemerkk. vornehml. in Bezieh. auf engl. Literatur, v. M. Hasper. gr. 8. Leipz. 823. (Lehnhold). 2 ℛ 2r Bd. A. u. d. T.: Jh. Swan's gekrönte Preisschrift, über d. Behandl. d. Localkrankheiten d. Nerven, nebst dessen anatom.-physiolog.-patholog. Beobachtt. über d. Nervensystem. Aus d. Engl., mit Zusätzen herausg. v. Frz. Francke. gr. 8. Ebd. 824. 1 ℛ 8 gl 3r Bd. A. u. d. T.: F. B. Montfalcon, üb. d. Sümpfe u. durch d. Sumpfausdünstung hervorgerufene Krankheiten. Eine gekr. Preisschrift. Aus d. Französ. v. Dr. Heyfelder. gr. 8. Ebd. 826. 14 gl 4r Bd. A. u. d. T.: P. J. Descot, über d. örtlichen Krankheiten d. Nerven. Eine unter Béclard's Anleit. u. mit dessen Beihülfe gearb. Abhandl. Aus d. Französ. frei bearb., als Nachtr. zu Swan's Werk über denselben Gegenstand, v. J. Radius. gr. 8. Ebd. 826. 18 gl

— d. ausländ. Literatur für prakt. Medizin. 1r Bd. A. u. d. T.: P. H. Wilson Philip, über Indegestion u. deren Folgen. Nach d. 2n Ausg. frei bearb. u. mit Bemerkk. vornemlich in Beziehung auf engl. Literatur v. M. Hasper. gr. 8. Leipz. 823, Hartmann.

— dess. 2r Bd. A. u. d. T.: J. Swan's gekrönte Preisschrift üb. d. Behandlung d. Localkrankheiten d. Nerven, nebst dessen Anatomisch-Physiologisch-Patholog. Beobachtt. über d. Nervensystem. Aus d. Engl. mit Zusätzen herausgeg. v. Frz. Francke. gr. 8 Ebend. 824.

— dess. 3r Bd. — A. u. d. T.: J. B. Montfalcon, über d. Sümpfe u. durch d. Sumpfausdünstungen hervorgerufene Krankheiten. E. gekr. Preisschrift. A. d. Franz. v. D. Heyfelder. gr 8. Ebend. 826.

— 4r Bd. — A. u. d. T.: P. J. Descot, üb. d. örtlichen Krankheiten d. Nerven. Eine unter Béclard's Anleitg. u. mit dessen Beihülfe gearb. Abhandl. Aus d. Franz. frei bearbeitet, als Nachtrag zu Swan's Werk üb. denselben Gegenstand, v. J. Radius. gr. 8. Ebend. 826.

Bibliothek, d. ausländ. Litt. f. prakt. Medizin ꝛc. 5r Bd. A. u. d. T.: Baillie, (M.,) medizin. Vorles. u. Beobachtt. Aus d. Engl. von C. Hoffmann. gr. 8. Leipz. 827, Hartmann.

—— der ausländ. Literatur f. prakt. Medicin. 5. Bd. — A. u. d. T.: Math. Baillie, mediz. Vorles. u. Beobachtungen als Mspt. f. Freunde. A. d. Engl. v. C. Hohnbaum. gr. 8. (12 B.) Leipzig 827, [Lehnhold.]

— ders. 6. Bd. — A. u. d. T.: Esquirol, allgem. u. specielle Pathologie u. Therapie d. Seelenstörungen. Frei bearb. v. C. Chr. Hille. Nebst ein. Anh. krit. u. erläut. Zusätze v. J. C. A. Heinroth. M. 11 Stnt. gr. 8. (42¼ B. u. 1 Tab.) Ebds. 827.

— ders. 7. Bd. — A. u. d. T.: Portal, Beobachtn. üb. d. Natur u. Behandlung d. Epilepsie. A. d. Franz. frei bearb. u. mit Zusätzen vers. v. K. Chr. Hille. gr. 8. (32 B.) Ebds. 828.

— ders. 8. u. 9. Bd. — A. u. d. T.: A. N. Gendrin, anatom. Beschreibung d. Entzündung u. ihrer Folgen in d. verschied. Geweben d. menschl. Körpers. Ein gekr. Werk. A. d. Franz. übers., mit Nachträgen u. e. Register verm. v. Just. Radius. 1. u. 2. Thl. gr. 8. Ebds. 828, 29. [1. (37 B.) 2 Thlr.. 2. (34½ B.) 2 Thlr. 12 Gr.]
Der 10. Bd. (Gendrin, Beschr. 3. Thl.) wird noch erwartet.

– ders. 10. Bd. Meissner, Friedrich Ludwig: C. Billard's Krankheiten der Neugebornen und Säuglinge 1829.

— ders. 11. Bd. — A. u. d. T.: C. Billard, Krankheiten d. Neugebornen u. Säuglinge, nach d. neuesten klinischen u. patholog.-anatom. im Hospital d. Findelkinder zu Paris gemachten Beobachtn. A. d. Franz. frei bearb. v. Fr. Ludw. Meißner. Nebst 2 Kpfrt. in Fol. gr. 8. (25 B.) Ebds. 828.

— ders. 12. Bd. — A. u. d. T.: C. Lachaise, phys. Abhandl. üb. d. Verkrümmungen d. Wirbelsäule, od. Auseinandersetzung d. Mittel, durch welche d. Verunstaltungen d. Wirbelsäule, insbes. beim weibl. Geschlecht, verhütet u. ohne d. Gebr. d. Streckbetten geheilt werden können. A. d. Franz. übers. u. bevorwort. v. F. J. Siebenhaar. M. 6 Stnt. gr. 8. (10½ B.) Ebds. 829.

13r Bd. A. u. d. T.: L. J. M. Robert, Blattern, Varioliden, Kuhpocken u. ihr Verhältniß zu einander. Aus d. Französ. mit Zus. u. Noten v. C. W. Günz. gr. 8. Ebd. 829.

— ders. 13. Bd. — A. u. d. T.: L. J. M. Robert, Blattern, Varioloiden, Kuhpocken u. ihr Verhältniß zu einander, auf Grund neuer, in d. jüngsten Epidemie v. Marseille gewonn. Erfahrn. dargest. Nach d. Franz. bearb. u. m. Zusätzen u. Noten vers. v. Ed. W. Günz. gr. 8. (9 B.) Ebds. 830.

— ders. 14. Bd. — A. u. d. T.: F. Magendie, physiolog. u. medicin. Untersuchn. üb. d. Harngries, seine Ursachen, Symptome u. Behandlung; nebst einigen Bemerkn. üb. Diät u. Verhalten ders., die von Harnsteinen befreit worden sind. A. d. 2. Aufl. d. Franz. bearb. v. Fr. Ludw. Meißner. M. 1 ill. Kpfrt. gr. 8. (10½ B.) Ebds. 830.

— ders. 15. u. 16. Bd. — A. u. d. T.: R. T. H. Laennec, Abhandlung v. d. Krankheiten d. Lungen u. d. Herzens, u. d. mittelbaren Auscultation als eines Mittels zu ihrer Erkenntniß A. d. Franz. übers. v. Fr. Ludw. Meißner. 2 Thle. M. 8 Stnt. gr. 8. (77¼ B.) Ebds. 832.
1. Bd. A. P. W. Philip, üb. Indigestion, übers. v. Hasper. 1823. 2 Thlr. — 2. Joh. Swan, die Localkrankheiten der Nerven, übers. v. Fr. Francke. 1824. 1 Thlr. 8 Gr. — 3. J. B. Monfalcon, üb. d. Sümpfe, übers. v. Heyfelder. 1825. 14 Gr. — 4. P. J. Descot, die örtl. Krankheiten d. Nerven, übers. v. Just. Radius. (Nachtrag z. Swan.) 1826. 18 Gr. Leipzig, [Lehnhold.]

Bibliothek der ausländ. Literatur f. prakt. Medicin. 18 Bde. Wohlfeile Gesammtausgabe. gr. 8. (420 B., 3 Kpfr.- u. 14 Stntaf., u. 1 Tab.) Leipzig 839, [Wöller.] * Thlr.
A. u. d. Ttln.:
Bd. I. Philipp, A. P. W., üb. Indigestion u. deren Folgen. Uebers. v. M. Hasper.
" II. Swan, Jos., gekrönte Preisschr. über d. Behandl. d. Lokalkrankheiten d. Nerven, nebst dess. anatom.-physiol.-patholog. Beobachtungen üb. d. Nervensystem, v. F. Francke.
" III. Monfalcon, J. B., üb. d. Sümpfe u. d. durch d. Sumpfausdünstungen hervorgeruf. Krankheiten, v. Heyfelder.
" IV. Descot, P. J., üb. d. örtlichen Krankheiten d. Nerven, v. J. Radius.
" V. Baillie, Math., medicin. Vorlesn. u. Beobachtn. v. G. Hohnbaum.
" VI. Ayre, Jos., prakt. Bemerkn. üb. d. gestörte Absonderung d. Galle etc., v. J. Radius.
" VII. Portal, Beobachtungen üb. d. Natur u. Behandl. d. Epilepsie, v. K. Ch. Hille.
" VIII. IX. Gendrin, A. N., anatom. Beschreib. d. Entzündung etc., v. J. Radius. 2 Thle.
" X. Béclard, F. A., Uebersicht d. neuern Entdeckungen in d. Anatomie u. Physiologie, v. L. Cerutti.
" XI. Billard, C., Krankheiten d. Neugebornen u. Säuglinge, v. F. L. Meißner.
" XII. Lachaise, C., physiolog. Abhandl. üb. d. Verkrümmungen d. Wirbelsäule, v. F. J. Siebenhaar.
" XIII. Robert, L. J. M., Blattern, Varioliden, Kuhpocken u. ihr Verhältniß zu einander, v. C. W. Günz.
" XIV. Magendie, F., physiolog. u. medicin. Untersuchn. üb. d. Harngries etc., v. F. L. Meißner.
" XV., XVI. Laennec, R. T. H., Abhandl. von d. Krankheiten d. Lungen u. d. Herzens etc., v. F. L. Meißner. 2 Thle.
" XVII., XVIII. Orfila, allgem. Toxikologie, v. O. B. Kühn. 2 Thle.
Die einzelnen Werke sind ebenfalls verhältnißmäß. im Preise herabgesetzt.

· der englischen Literatur für Schule und Haus. Herausg. von H. Robolsky. Leipzig 859. Gerhard. 8.
1. Heft: Benj. Franklin's Autobiography. Im Auszuge u. mit Anmerkungen herausg. (71 S.) n. 5 ngr.
2. Heft: The life of Benjamin Franklin. A continuation to B. Franklin's Autobiography. By Jared Sparks. Im Auszuge u. mit Anmerkungen herausg. (V, 92 S.) n. 6 ngr.
3. Heft: Jacobite plots against the person of William the Third, king of England. Episode aus Macaulay's history of England. Mit Einleitung u. Noten herausg. (86 S.) n. 5 ngr.
4. Heft: Sketches of a traveller. Aus dem Sketch-book und Bracebridge Hall von Wash. Irving. Mit Anmerkungen herausg. (103 S.) n. 6 ngr.

— der mittelhochdeutschen Litteratur in Böhmen, hrsg. v. Ernst Martin m. Unterstützung des Vereins f. Geschichte der Deutschen in Böhmen. 1—3. Bd. gr. 8. Prag. Leipzig 876—80. Brockhaus' Sort. in Comm. n. 16. —
1. Wilhelm v. Wenden. Ein Gedicht Ulrichs v. Eschenbach. Hrsg. v. Wendelin Toischer. (XXXIV, 223 S.) n. 6. —
2. Der Ackermann aus Böhmen, hrsg. u. m. dem tschech. Gegenstück Tkadleček verglichen v. Joh. Knieschek. (140 S.) n. 4. —
3. Das Leben des heil. Hieronymus, in der Uebersetzung des Bischofs Johannes VIII. v. Olmütz hrsg. v. Anton Benedict. (LXV, 232 S.) n. 6. —

— der mittelhochdeutschen Litteratur in Boehmen, begründet v. Ernst Martin. Hrsg. vom Verein f. Geschichte der Deutschen in Böhmen. IV. Bd. gr. 8. Prag 893. H. Dominicus. — Leipzig, F. A. Brockhaus. n. 9. — (1—4.: n. 25. —)
Willehalm. Ein Rittergedicht aus der 2. Hälfte d. 13. Jahrh. von Meister Ulrich v. dem Türlin. Hrsg. v. S. Singer. (V, LXXXIX, 410 S.)

Bibliothek der neuesten ausländischen Litteratur... für das Jahr 1776. Hanau. H: *Stockhausen, Joh. Chph.* (ML)

Bibliothek der neuesten juristischen Litteratur für das Jahr 1783 - 88. Von Aug. Friedr. Schott. Leipzig 1783 - 89. Nachträge. Th. 1. 2. Nebst Reg. 1789 - 1790. 7 Bde.

— d. neuesten medicin.-chirurg. Literat. s.a. Hunczovsky.

Bibliothek der neuesten medicinisch-chirurgischen Literatur für die kais.königl.Feldchirurgen, hrsg.von J(ohann Nepomuk) Hunczovsky und J(ohann) A(dam) Schmidt. Bd 1-3, gbd., Abb.

Wien: { Bd 1: Gräffer 1789
Bd 2: Stahel 1791
Bd 3: Gräffer 1792

JB 486

— d. neuest. philosoph. Literatur. Herausg. v. J. C. C. Schmidt, K. Grolmann u. F. W. D. Snell. 2 Stcke. 8. Gießen 799. Heyer. 1 Rthlr 8 gr. 16 Stck. auch Krieger. 10 gr.

BIBLIOTHEK DER NEUESTEN PHYSISCH-CHEMISCHEN, METALLURGISCHEN, technologischen und pharmaceutischen Literatur. Herausgegeben von S. F. Hermbstädt. 4 vols., 8vo. Berlin, 1788–'95.

Continued under the title:

Annalen der chemischen Literatur. Herausgegeben von Wolf. 1 vol., 8vo. Berlin, 1802.

— d. neueſten ſchönwiſſenſchaftl. Literatur, s. a. Literatur d. neueſten Lektüre.

— d. neueſten ſchönwiſſenſchaftl. Literatur. 2 Bde. gr. 4. Deſſau. (Vollmer, Hamb.) 794. (iſt e. N. T. d. B.: Literat. d. neueſten Lectüre.)

Bibliothek der neuesten Theologischen, philosophischen, und schönen Litteratur
⑤ 1784—1786 ⑥ 8° ⑦ Halbjahresschrift ⑧ Zürich: Orell, Geßner, Füßli & Cie. ⑩ eine «freywillige Gesellschaft von Gelehrten» ⑫ Rezensionen (es werden u. a. Werke von Herder, Pestalozzi, Schiller besprochen) ⑬ BGSZ: 99 (p. 46/47, Nr. 11) ⑭ Be: S.

— der niederrheiniſchen Literatur. Mit Einleitg., Anmerkgn. u. Gloſſaren hrsg. v. P. Norrenberg. 1. Hft. gr. 8. Vierſen 873. Baedeker. n. 1. 50

Homulus. [Der ſünden loin iſt der Toid.] Geiſtliches Schauſpiel von Jaſp. v. Gennep. (54 S.)

Bibliothek der österreichischen Literatur. Wien 1769—1770. H: *Fidler, Dominik von.* (Realzeitung 1771, S. 773) H: *Klemm, Chn Gottlob.* (GGr V/309, Nr. 8/19) (BiblPort)

— d. Oeſtreich. Literatur. 4 Bde. gr. 8. Wien 769—79. Trattner. 4 ℛß

Bibliothek der Pädagogischen Literatur. Hrsg. v. J. Chr. Fr. GutsMuths. Gotha: Perthes. Leipzig: Richter 1800—05.
Forts. s. Zeitschrift für Pädagogik.

— der ungariſchen nationalen u. internationalen Literatur. 1. Bd. gr. 8. Budapeſt 880. (Leipzig, Friedrich.) n. 10. — Ungarn betreffende deutſche Erſtlings-Drucke. 1454—1600. Mitgetheilt von K. M. Kertbeny. [Anh.: Deutſcher Ausweis der 371 Druckwerke in ungar. Sprache des 15. u. 16. Jahrh. Nach Karl Szabó.] (CLXXXIV, 760 S.)

Bibliothek der ältesten deutschen Literatur-Denkmäler. 1—4. Bd. Paderborn, Schöningh. gr. 8.

1. Bd.. Ulfilas oder die uns erhaltenen Denkmäler der gothischen Sprache. Text, Grammatik u. Wörterbuch. Bearb. u. herg. von Frdr. Ludw. Stamm. 3. Aufl. 865. — 4. Aufl., besorgt von Mor. Heyne. 869. (XII, 386 S.) n. 1 ℛß 20 ngr.
2. Altniederdeutsche Denkmäler. 1. Thl. Hêliand. Mit ausführl. Glossar hrsg. von Mor. Heyne. (VIII und 380 S.) 865. * 2 Thlr.
2. Bd.: Hêliand. Mit ausführlichem Glossar herg. von Mor. Heyne. 866. (VIII, 380 S.) n. 2 ℛß
3. Angelsächsische Denkmäler. 1. Thl. Beóvulf. Mit ausführl. Glossar hrsg. von Mor. Heyne. 1. Aufl. 1863. * 1 Thlr. 15 Ngr., und 2. Aufl. (VI und 273 S.) 868. * 1 Thlr. 10 Ngr.
4. Bd.: Kleinere altniederdeutsche Denkmäler. Mit ausführlichem Glossar herg. von Mor. Heyne. 867. (XVII, 190 S.) n. 1 ℛß

Bibliothek der ältesten deutschen Litteratur-Denkmäler. 1.—6. Bd. gr. 8. Paderborn, Schöningh. *
Inhalt:
Bd. 1. Stamm's, Friedr. Ludw., Ulfilas oder die uns erhaltenen Denkmäler der gothischen Sprache. Text, Wörterbuch und Grammatik. Neu hrsg. von Mor. Heyne. 4. Aufl. (XII, 386 S.) 1869; 5. Aufl. (XII, 476 S.) 1872, und 6. Aufl. (XII, 442 S.) 874. *ℳ 5.
» 2. Altniederdeutsche Denkmäler. 1. Thl.: Hêliand. Mit ausführlichem Glossar hrsg. von Mor. Heyne. 2. verb. Aufl. (VII, 375 S.) 873. *ℳ 6.

—— der ältesten deutschen Litteratur-Denkmäler. 1., 3., 4., 7., 9., 11., 14. Bd. gr. 8. Paderborn, F. Schöningh. *
Inhalt:
Bd. 1. Stamm's, Friedr. Ludw., Ulfilas oder die uns erhaltenen Denkmäler der gothischen Sprache. Text, Grammatik und Wörterbuch. Neu hrsg. von Mor. Heyne. 7. Aufl. (XII, 440 S.) 878. *ℳ 5.
» 3. Angelsächsische Denkmäler. 1. Thl.: Beóvulf. Mit ausführl. Glossar hrsg. von Mor. Heyne. 4. Aufl. (VIII, 287 S.) 879. *ℳ 5.
» 4. Altniederdeutsche Denkmäler. 2. Thl. A. u. d. T.: Kleinere altniederdeutsche Denkmäler. Mit ausführl. Glossar hrsg. von Mor. Heyne. 2. Aufl. (XVI, 207 S.) 877. *ℳ 4.
» 3. Angelsächsische Denkmäler. 1. Thl.: Beówulf. Mit ausführlichem Glossar hrsg. von Mor. Heyne. 3. Aufl. (275 S.) 873. *ℳ 4,80.
» 4. Altniederdeutsche Denkmäler. 2. Thl.: Kleinere altniederdeutsche Denkmäler. Mit ausführlichem Glossar hrsg. von Mor. Heyne. (XVII, 190 S.) 868. *ℳ 3.
» 5. Tatian. Lateinisch und altdeutsch mit ausführlichem Glossar hrsg. von Ed. Sievers. (X, 493 S.) 872. *ℳ 6,40.
5. Tatian. Lat. u. altdeutsch hrsg. v. E Sievers. (493) 74. n. 6. 40
» 6. Die altdeutschen Bruchstücke des Tractats des Bischof Isidorus von Sevilla de fide catholica contra Judaeos. Nach der Pariser und Wiener Handschrift mit Abhandlung und Glossar hrsg. von Karl Weinhold. (133 S.) 874. *ℳ 2.
» 7. Die Lieder der älteren Edda [Saemundar Edda], hrsg. von Karl Hildebrand. (XIV, 323 S.) 876. *ℳ 6.
» 9. Otfrids Evangelienbuch. Mit Einleitung, erklärenden Anmerkungen und ausführl. Glossar hrsg. von Paul Piper. 1. Thl.: Einleitung und Text. (VIII, 696 S.) 878. *ℳ 15.
» 11. Die prosaische Edda im Auszuge, nebst V'olsunga-saga und Nornagests-thàttr. Mit ausführl. Glossar hrsg. von Ernst Wilken. 1. Thl.: Text. (CVIII, 264 S.) 878. *ℳ 6.
» 14. Meyer, Carl, Sprache und Sprachdenkmäler der Longobarden. Quellen, Grammatik, Glossar. (VII, 310 S.) 877. *ℳ 4,50.
2., 5. und 6. Bd. Ebendas. 1872—74. *ℳ 14,40
8., 10., 12. und 13. Bd. noch nicht erschienen.

— der ältesten deutschen Litteratur-Denkmäler. 1. u. 12. Bd. gr. 8. Paderborn, F. Schöningh. à n. 5. —
1. Frdr. Ludw. Stamm's Ulfilas od. die uns erhaltenen Denkmäler der goth. Sprache. Text, Wörterbuch u. Grammatik. Neu hrsg. v. Mor. Heyne. 8. Aufl. (XII, 422 S.) 885.
12. Die prosaische Edda im Auszuge, nebst Volsunga-saga u. Nornagests-thàttr. Mit ausführl. Glossar hrsg. v. Ernst Wilken. II. Thl.: Glossar. (VI, 230 S.) 883. (cplt.: n. 7. 70)

Bibliothek der ältesten deutschen Litteratur-Denkmäler. 2. 3. 8. Bd. gr. 8. Paderborn, F. Schöningh. n. 15. —
2. Altniederdeutsche Denkmäler. 1. Tl.: Heliand. Mit ausführl. Glossar hrsg. v. Mor. Heyne. 3., verb. Aufl. (394 S.) 883. n. 6. —
3. Beowulf. Mit ausführl. Glossar hrsg. v. Mor. Heyne. 5. Aufl. besorgt v. A. Socin. (X, 299 S.) 888. n. 5. —
8. Glossar zu den Liedern der Edda [Saemundar Edda]. Von H. Gering. (VIII, 200 S.) 887. n. 4. —

— der ältesten deutschen Litteratur-Denkmäler. V. Bd. gr. 8. Paderborn 892. F. Schöningh. n. 10. —
Tatian. Lateinisch u. altdeutsch m. ausführl. Glossar hrsg. v. Ed. Sievers. 2., neubearb. Ausg. (LXXV, 518 S.)

— d. ältesten deutschen Litteratur-Denkmäler. 1., 3., I. u. 8. Bd. gr. 8. Paderborn. F. Schöningh. n. 14. —
1. Frdr. Ludw. Stamm's Ulfilas od. d. uns erhalt. Denkmäler d. gotischen Sprache, neu hrsg. Text u. Wörterbuch v. Mor. Heyne. Grammatik v. Ferd. Wrede. 9. Aufl. (XV, 444 S.) 896. n. 5. —
3. Angelsächs. Denkmäler. I. Beówulf. M. ausführl. Glossar hrsg. v. Mor. Heyne. 6. Aufl., besorgt v. Adf. Socin. (VIII, 298 S.) 898. n. 5. —
8. Glossar z. d. Liedern d. Edda (Saemundar Edda) v. Hugo Gering. 2. Aufl. (XV, 212 S.) 896. n. 4. —

— d. ältesten deutschen Literatur-Denkmäler. I., II., III. u. VII. Bd gr. 8. Paderborn. F. Schöningh. n. 24. —
I. Stamm's, Frdr. Ludw., Ulfilas od. die uns erhaltenen Denkmäler der gotischen Sprache, neu hrsg. v. Mor. Heyne u. Ferd. Wrede. 10. Aufl. (XVI, 440 S.) 903. n. 5. —
II. Altniederdeutsche Denkmäler. I. Tl. Hêliand nebst den Bruchstücken der altsächsischen Genesis. Mit ausführl. Glossar hrsg v. Mor. Heyne. 4. Aufl. (VIII, 391 S.) 905. n. 6. —
III. Angelsächsische Denkmäler. I. Tl. Beówulf. Mit ausführl. Glossar hrsg. v. Mor. Heyne. 7. Aufl., besorgt v. Adf. Socin. (VIII, 298 S.) 903. n. 5. —
VII. Lieder, die, der älteren Edda (Saemundar Edda). Hrsg. v. Karl Hildebrand. 2. völlig umgearb. Aufl. v. Hugo Gering. (XX, 484 S.) 904. n. 8. —

— der ältesten deutschen Literatur-Denkmäler. I., III. u. VIII. Bd. 8. Paderborn, F. Schöningh. 16. 80
Bëowulf. Mit ausführl. Glossar hrsg. v. M. Heyne. 9. Aufl., bearb. v. Levin L. Schücking. (Angelsächsische Denkmäler. I. Tl.) (XII, 323 S.) 910. (Bd. III.) 5. 80
8. Aufl. (XII, 315 S.) 908. 5. 40
Gering, Hugo, Glossar zu den Liedern der Edda (Saemundar Edda.) 3. Aufl. (XII, 229 S.) 907. (Bd. VIII.) 5. 40
Stamm-Heyne's Ulfilas od. die uns erhaltenen Denkmäler der gotischen Sprache. Text, Grammatik, Wörterbuch, neu hrsg. v. Ferd. Wrede. 11. Aufl. (XXVIII, 400 S.) 908. (Bd. I.) 5. 60

— d. ältesten deutschen Literatur-Denkmäler. NAfl 3., 7. u. 11. Bd. 8° Paderb., F Schöningh.
Bëowulf. Mit ausführl. Glossar hrsg. v. Mor. Heyne. 9. Afl., bearb. v. Levin L Schücking. (12, 323) '10 [3] 5.80; geb. n 6.80
Edda, Die pros., im Auszuge nebst Volsunga-saga u. Nornagests-þáttr. Mit ausführl. Glossar hrsg. v. Ernst Wilken. 2. Afl. I. Tl: Text. (15, 264) '12 [11] 4 —; geb. n 5 —
Lieder, Die, d. älteren Edda (Saemundar Edda). Hrsg. v. Karl Hildebrand. 3. Afl. v. Hugo Gering. (25, 483) '12 [7] 8 —; geb. n 9 —

— liturgische. Sammlung gottesdienstl. Bücher aus dem deutschen Mittelalter. Hrsg. v. Alb. Schönfelder. I. u. II Bd. Ritualbücher. gr. 8. Ebd. n. 9. 50
I. (XX, 100 S.) 904. n. 4. 50
II. Die Agende der Diözese Schwerin v. 1521. (XXV, 107 S.) 906. n. 5. —

Bibliothek, liturgische, für Prediger. Gotha 1793. 6 Bde. 8.

Bibliothek für Luftschiffahrt u. Flugtechnik. Begr. v. Ansbert Vorreiter. 1.—4. Bd. 8. Berlin, R. C. Schmidt & Co. Geb. in Leinw. 23. 50
Ferber, F., die Kunst zu fliegen, ihre Anfänge — ihre Entwickelung. Berechtigte Übersetzg. m. Nachträgen v. A. Schöning. (215 S. m. 108 Abbildgn.) 910. (Bd. 4.) Geb. in Leinw. 5. —
Silberer, Vict., Grundzüge der praktischen Luftschiffahrt. Handbuch f. angeh. Ballonführer; prakt. Anleitg. zum Gebrauche u. zur richt. Behandlg. des Kugelballons. Mit 23 Abbildgn. im Text u. vielen Vignetten. (248 S.) 910. (Bd. 2.) Geb. in Leinw. 7. —
Vorreiter, Ansbert, Kritik der Drachenflieger. Mit 121 Abbildgn. u. Zeichngn. im Text, sowie e. vergleich. Zusammenstellg. der wichtigsten Drachenfliegertypen. 2. durchgesch. u. verm. Aufl. (131 S. m. 1 Tab.) 910. (Bd. 1.) Geb. in Leinw. 4. —
1. Aufl. (120 S.) 909. Geb. 4. —

Bibliothek f. Luftschiffahrt u. Flugtechnik. Begründet v. Ansbert Vorreiter. 3—6., 8., 11. u. NAfl 1. Bd. 8° Berl., RC Schmidt & Co. (1—6, 8 u. 11: L 49.50)
Bd 7, 9 u. 10 sind noch nicht erschienen.
Falkenberg, Gust. v.: Der Fallschirm, s. geschichtl. Entwicklg u. s. techn. Problem. (189 m. Abb.) '12 [8] L 6 —
Ferber, F: Die Kunst zu fliegen, ihre Anfänge — ihre Entwickelg. Übers. v. A Schöning. (215 m. Abb.) '10 [4] L 5 —
Olszewski u. Helmrich v. Elgott: Das Flugzeug in Heer u. Marine. (288 m. Abb.) '12 [6] L 7 —
Painlevé, Paul, u. Émile Borel: Theorie u. Praxis d. Flugtechnik. Übers. nebst e. Anh. v. A Schöning. (251 m. Abb.) '11 [5] L 7 —
Skopik, OL: Wie berechnet, konstruiert u. baut man e. Flugzeug? (221 m. Abb.) '12 [11] L 6 —
Vorreiter, Ansbert: Kritik d. Drachenflieger. 2. Afl. (131 m. Abb. u. 1 Tab.) '10 [1] L 4 —
— Motoren f. Luftschiffe u. Flugapparate. (225 m. Abb.) '10 [3] L 7.50

Bibliothek für Lustgärtner und Blumenfreunde, ... Erlangen 1806. V: *Le Pique, Johann Philipp.* (GGr) (Ky) (MGT) (Adel)

— f. Lustgärtner u. Blumenfreunde rc. 8. Erl. 806. Palm. 14 gr.

— englischer Lustspieldichter, v. Mehreren übertragen. 1—3. Bdchn. 8. Leipzig, Hinrichssche Buchh.
A. u. d. Titln.:
Bdchn. 1. Sheridan, Richa. Brinsl., dramat. Werke, übers. v. Alex. Fischer. 1. Thl. Die Nebenbuhler, Lustsp. in 5 Aufz. — Sanct Patrickstag, Posse in 2 Aufz. (16 B.) 839. 21 Gr.
" 2. Farquhar, Geo., dramat. Werke, deutsch bearb. u. mit e. Vorw. v. Siegm. Frankenberg. Das beständige Ehepaar. Lustsp. in 5 Acten. — Stutzerlist. Lustsp. in 5 Acten. (16 B.) 839. 18 Gr.
" 3. Knowles, Jam. Sheridan, Lustspiele, übers. v. Ernst Susemihl. — Die Liebesjagd. Lustsp. in 5 Akten. — Der Bettler v. Bethnal Green. Lustsp. in 3 Acten. (12¾ B.) 840. 16 Gr.

Bibliothek guter alter deutscher Lustspiele, gesammelt u. herausgeg. v. Panse. 1r Theil enthält Goldoni, der Diener zweier Herren. — Holberg, der polit. Kannengießer. 16. Leipz. 826. Weygand.

Bibliothek Carl v. Lützow. Abt. I. II. *Leipzig: F. Meyer [1898].* 2 Bde 8.
I. Kunstgesch. Galeriewerke. Archäol. ... (VIII, 104 S.)
II. Litterarhistorik. (48 S.) [99. 26. 3

BIBLIOTHEK für erwachsene Mädchen, Gattinnen und Mütter. Bd. 1. Mit 1 Kpf. Frauenfeld 1804. 8°. (1 fl. 8 kr.) (34 kr. Beck, Nördlingen, Cat. I. [1829]. p. 92.)
Auch m. d. Tit.: Elsa's Vermächtniß für ihre Tochter Henriette.

— f. junge Mädchen (i. Alter v. 12—16 Jahren). Hrsg. unter Mitwirkg. bedeut. Jugendschriftsteller v. Karl Ommerborn. I.—X. Bdchn. 8. (M. Abb. u. Vign.) M.-Gladbach, A. Riffarth. Geb. in Halbleinw. à n. 1. 20
I. Die Waldheimat. Erzählg. v. Anna Benfey-Schuppe. (134 S.) 896.
II. Gut verzinst. D. Berggeist. Onkel Eduard. Von Redeatis (Maria Petzel). (119 S.) 896.
III. Elsbeths Leiden u. Freuden. Ihren kleinen Freundinnen erz. v. Alinda Jacoby. (141 S.) 896.
IV. Dortie Werner. Rosels Geheimnis. Erzählgn. f. junge Mädchen v. Anna Hilden. M. 3 ganzseit. Tonbild. u. 10 Textill. v. O. Herrfurth. (127 S.) 897.
V. Aus Marfas Jugendzeit. Erzählg. v. E. M. Hamann. M. 3 ganzseit. Tonbild. u. 10 Textill. v. F. Schwormstädt. (142 S.) 897.
VI. Aennill. Erzählg. v. Carola v. Eynatten. M. 3 ganzseit. Tonbild. u. 10 Textill. v. O. Maehll. (142 S.) 897.
VII. Neue Lebenswege. In der Fremde. Erzählgn. f. junge Mädchen v. Erna Velten. M. 3 ganzseit. Tonbild. u. 10 Textill. v. W. Schäfer. (144 S.) 897.
VIII. Die Cousinen. Von Bertha Schmitt. M. 3 ganzseit. Tonbild. u. 10 Textill. v. F. Schwormstädt. (118 S.) 898.
IX. Treue um Treue v. Maria Hohoff. M. 3 ganzseit. Tonbild. u. 10 Textill. v. O. Maehly. (132 S.) 898.
X. Die Gräfin Hallstein von Anna Hilden. M. 3 ganzseit. Tonbild. u. 10 Textill. v. F. Schwormstädt. (140 S.) 898.

— für junge Mädchen (im Alter von 12—16 Jahren). Hrsg. unter Mitwirkg. bedeut. Schriftstellerinnen von Karl Ommerborn. kl. 8. Würzburg, F. X. Bucher. Geb. in Leinw. à n. 1. 20
Aus dem Märchenlande. 6 Erzählgn. Von Alinda Jacoby. Mit 3 ganzseit. Tonbildern u. 10 Textillustr. v. Wilh. Rohm. (IV, 105 S.) (906.)
Waldmädchen u. Königstochter. Eine Erzählg. aus dem 8. Jahrh. Von Fl. Lechmann. Mit 3 ganzseit. Tonbildern u. 8 Textillustr. v. Wilh. Rohm. (IV, 114 S.) (906.)

— für junge Mädchen (im Alter von 12—16 Jahren). Hrsg. unter Mitwirkg. bedeut. Schriftstellerinnen v. Karl Ommerborn. kl. 8. Würzburg, F. X. Bucher.
Jacoby, Alinda, eine Luftschiffahrt zu den Seeräubern. Erzählung f. die reifere Jugend. Mit 3 ganzseit. Tonbildern u. 8 Textillustr. v. W. Rohm. (108 S.) (909.) Geb. in Leinw. 1. 50

— f. junge Mädchen (im Alter v. 12—16 Jahren). Hrsg. v. Karl Ommerborn. kl8° Würzbg, FX Bucher. d
Hilden, Anna: Katie. Aus d. Leben e. jungen Gräfin. Dem Engl. nacherzählt. (7, 164 m. Abb. u. 3 Tonbild.) ('11) L 1.50
Redeatis: Jeannette Bardeau. Aus d. Leben e. jungen Schweizerin. — Liselotte. Erzählg. (5, 101 m. Abb. u. 3 Tonbild.) ('11) L 1.50

— f. junge Mädchen (i. Alter v. 12—16 Jahren). Hrsg. v. Karl Ommerborn (jetzt F. X. Bucher, Würzburg). Fortsetzg. s. unt. den betreff. Einzeltiteln.

— f. Mädchen nach den Stufen d. Alters, (v. W. v. Pallhausen, od. K. v. Eckartshausen?) 3 Bdchen. 8. Münch. 791. Lentner. 1 Thl.

Magische Bibliothek. Bd 1. Dresden: Horster [1900]. 8° [06. 6734

— magische. 1. u. 2. Bd. 8. Nürnberg, Horster. à 6. 50; geb. in Leinw. à 7. 50
1. Magie „fin de siècle". Von F. W. Conradi. (184 S. m. Abbildgn. u. Bildnis.) Dresden (900).
2. Der Kartenkünstler im XX. Jahrh. Von F. W. Conradi. (255 S. m. Abbildgn.) 901.

— magische. 3. u. 4. Bd. gr. 8. Berlin, Horster. n. 6. —
3. Magisches Allerlei. Von F. W. Conradi. (III, 192 S. m. Abbildgn.) (905.) n. 3. —
4. Démonstrations mystérieuses. Von F. W. Conradi. (192 S. m. Abbildgn. u. Bildnis.) (905.) n. 3. —
Bd. 1 u. 2 jetzt Ebd. 900. 901. n. 13. —.

— Aufsehn erregend. Männer rc., s. a. Kotzebueana.

— Aufsehn erregend. Männer d. ehemal. Deutschl. 2 Thle. 8. Hamb. Vollmer.

Bibliothek der Märchen. Erster [bis Sechster] Theil. Prag 1811—12. H: *Gerle, Wolfgang Adolph.* (GGr IX, 133)

— der Mährchen. 6 Bde. enthalten Tausend u. Ein Tag, od. d. Mährchen der Saßhiane. 8. Prag, Enders u. Comp. 811—12. (à 18 gr.)

— orientalischer Märchen u. Erzählungen in deutscher Bearbeitg. m. Einleitg., Anmerkgn. u. Nachweisen v. H. Oesterley. 1. Bdchn. Baitál Pachísí od. die 25 Erzählgn. e. Dämon. gr. 8. (218 S.) Leipzig 873. F. Fleischer. n. 3. —

— Mathematische. Hrsg. v. W Lietzmann u. A Witting. 1—9. kl8° Lpzg, BG Teubner. geb. je — 80
Lietzmann, W: Der pythagoreische Lehrsatz m. e. Ausblick auf d. Fermatsche Problem. (4, 72 m. Fig.) '12 [3]
Löffler, Eug.: Ziffern u. Ziffernsysteme d. Kulturvölker in alter u. neuer Zeit. (4, 93) '12 [1]
Meissner, Otto: Wahrscheinlichkeitsrechng nebst Anwendgn. (4, 64 m. Fig.) '12 [4]
Meth, Paul: Theorie d. Planetenbewegg. (4, 60 m. Fig. u. 1 Taf.) '12 [8]
Timerding, HE: Die Fallgesetze. Ihre Gesch. u. ihre Bedeutg. (4, 48 m. Fig. u. 1 Bildn.) '12 [5]
Wieleitner, H: Der Begriff d. Zahl in seiner log. u. histor. Entwicklg. (4, 67 m. Fig.) '11 [2]
— Die 7 Rechngsarten m. allg. Zahlen. (4, 71 m. Fig.) '12 [7]
Witting, Alex.: Einführg in d. Infinitesimalrechng. (4, 73 m. Fig. u. 2 Taf.) '12 [9]
Zacharias, Max: Einführg in d. projektive Geometrie. (4, 51 m. Fig.) '12 [6]

Bibliothek, Mechanisch-technische (Hartleben). 1-14. Wien 1889-06

Bibliothek, mechanisch-technische (Hartleben). 15-18. Wien 1908-11

Bibliothek, Mecklenburgische. Rostock 1729—30. V: *Mantzel, Ernst Joh. Frdr.* (Bachmann, Mecklenburg. Güstrow 1889. S. 369.)

— f. d. Medicin, Chirurgie u. Geburtshülfe, von e. Gesellsch. v. Gelehrten, herausg. v. J. Arnemann, 1r Thl. 1e, 2e Abtheil. gr. 8. Götting. 799, 800. Dieterich. 1 ℛ
Vorh. u. d. T.: Bibliothek für Chirurgie und pract. Medizin.

Bibliothek d. deutschen Medizin u. Chirurgie, hrsg. v. J. B. Friedreich u. A. K. Hesselbach. 1. Jahrg. 1828. 6 Doppelhfte. gr. 8. Würzburg, Strecker. Thlr.

—— ders., hrsg. v. A. K. Hesselbach. 2—5. Jahrg. 1829—32. à 6 Dplhfte. gr. 8. Ebds. à

—— ders. Ergänzungsbd. z. 1—3. Jahrg. à 2 Abthln. u. 4. Jahrg. 1. Abthl. gr. 8. Ebds. 828—32. [1. J. 3 Thlr., 2. 2 Thlr. 4 Gr., 3. 1 Thlr. 16 Gr., 4. 1. 1 Thlr.]

—— der deutschen Medicin u. Chirurgie, hrsg. v. A. K. Hesselbach. 4. Jahrg. 1831. Ergänzungsbd. II. Abthl. gr. 8. (16 B.) Würzburg 830, Strecker.
Vgl. 8 Bd. I. Abthl. S. 83.

— für soziale Medizin, Hygiene u. Medizinalstatistik u. die Grenzgebiete v. Volkswirtschaft, Medizin u. Technik. Hrsg. v. Rud. Lennhoff. Nr. 1—4. gr. 8. Berlin, Allgemeine medizin. Verlagsanstalt. 13. 10
Abelsdorff, W., die Mitwirkung v. Ärzten im Dienste der englischen Gewerbeaufsicht. (51 S.) 910. (Nr. 4.) 1. —
Neisser, E. J., internationale Übersicht üb. Gewerbehygiene. Nach den Berichten der Gewerbe-Inspektoren der Kulturländer bearb. (XV, 352 S. m. 3 Taf.) (907.) (Nr. 1.) 10. 50
Neumann, H., öffentliche Säuglings- u. Kinderfürsorge. (40 S.) 909. (Nr. 2.) — 80
Sommer, die Beziehungen zwischen Psychologie, Psychopathologie u. Kriminalpsychologie vom Standpunkt der Vererbungslehre. (Vortrag, geh. in der Gesellschaft f. soziale Medizin, Hygiene u. Medizinalstatistik am 21. IV. 1909 in Berlin, nebst Diskussion.) (30 S.) 910. (Nr. 3.) — 80

Bibliothek für soziale Medizin, Hygiene und Medizinalstatistik u. die Grenzgebiete von Volkswirtschaft, Medizin u. Technik. Hrsg. von Dr. Rudolf Lennhoff. No. 1. Berlin: Gutenberg (1907). 8° [09. 17390]

— f. soz. Medizin, Hygiene u. Medizinalstatistik u. d. Grenzgebiete v. Volkswirtsch., Medizin u. Technik. Hrsg. v. Rud. Lennhoff. Nr 4—7. gr8° Berl., Allg. medizin. Verl.-Anst. (1—7: 17.60)
Abelsdorff, W: Die Mitwirkg v. Aerzten im Dienste d. engl. Gewerbeaufsicht. (51) '10 [4] 1 —
Arzt u. Privatversicherg. 5 Vortr. (102) '12 [5] 2 —
Mugdan, Einführg in d. RVO. Vortragsreihe. (95) '12 [6] 2 —
Müller, Heinr. Aug.: Weitere Untersuchgn z. freien Ärztewahl im Lichte d. Praxis. (16) '12 [7] — 50

— medicinisch-chirurgische, s.a. Tode.

Medicinisch-chirurgische **Bibliothek** von Johann Clemens Tode. Bd. 1-10. Kopenhagen: Rothensche Hof-u. Univ. Buchh. Buchh. 1775(1774) - 87, 8°.
Bd. 1, St. 1-3: 1775 (1774 - 75).
Bd. 2, St. 1-3: 1775.
Bd. 3, St. 1-3: 1776.
Bd. 4, St. 1-3. 1777.
Bd. 5, St. 1-3: 1778.
Bd. 6, St. 1-3: 1779.
Bd. 7, St. 1-3: 1779.
Bd. 8, St. 1-3: 1781.
Bd. 9, St. 1-3: 1781.
Bd. 10, St. 1-3: 1787.

Medicinische **Bibliothek**. Hrsg. von Joh(ann) Friedr(ich) Blumenbach. Bd. 1-3. Göttingen: Dieterich 1783 - 91. 5 Bde. 8°.—
Bd. 1, St. 1-4: 1783 - 84.
Bd. 2, St. 1-4: 1785 - 87.
Bd. 3, St. 1-3: 1788 - 91.
Vorh. u. d. T.: Medicinisch-praktische Bibliothek.

Medicinische Bibliothek. Hrsg.v. Joh(ann) Friedr(ich) Blumenbach. Bd 1-3, gbd.

Göttingen: Dieterich 1783-1795

— medicinische, od. Verzeichniß aller vorzügl. in Deutschland erschienenen medicin. u. chirurg. Werke. 8. Berl. 815. Sander. 8 ℛ

— Medizinische. 1—4. gr8° Radebeul-Dresd., M Wolf's V. 6 — d
Erdmann, P: Missgriffe u. Verirrgn im geschlechtl. Leben. (50 m. Abb.) ('11) [2] 1.20
Hagen, E: Die Geschlechtskrankh., deren Gefahren, Verhütg, Behandlg u. Heilg. (79 m. Abb.) ('11) [3] 1.60
Moldau: Die Onanie od. Selbstbefleckg, ihre Ursachen, Folgen u. Heilg. (68 m. Abb.) ('11) [4] 1.60
Wolfahrt: Was soll jeder junge Mann u. jede Jungfrau v. Liebe u. Ehe wissen? 10. Afl. Von R Hagen. (80) ('11) [1] 1.60

— medicinische, f. praktische Ärzte. Leipzig, C. G. Naumann.
Abeles, G: Die Hyperplasie d. Rachentonsille u. d. adenoiden Vegetationen d. Nasenrachenraumes. (123 m. Abb.) 98. [186—88.] Geb. 2 —
— Die laryngo- u. rhinolog. Untersuchgsmethoden. (156 m. Abb.) 99. [139—41.] Geb. 2 —
Barwinski, Anl. z. hydropath. Behandlg d. acuten Infectionskrankheiten, m. e. kurzen Beschreibg d. dazu nöth. Proceduren. (240) 93. [Nr. 16—18.] 1.50; geb. 2 —
Beier, C: Die Untersuchg d. Harns u. s. Verhalten bei Krankh. (249 m. Abb.) 1900. [153—56.] Geb. 3 —
— Die Untersuchg uns. wichtigsten Nahrgs- u. Genussmittel. (147) 98. [116—18.] Geb. 2 —
Blass, C, d. Impfg u. ihre Technik. (76) 94. [Nr. 2.] — 50; geb. 1 —
Blass, C: Die Impfg u. ihre Technik. 2. Afl. (83) 01. [2.] Geb. 1 —
Boltenstern, O v.: Die neuere Gesch. d. Medicin. (398) 99. [143—47.] Geb. 4 —
Boltenstern, O v.: Die Vergiftgn. (355) '02. [166—170.] Geb. 3.50
Dolega, M, d. Massage, ihre Technik u. Anwendg in d. prakt. Medicin. (110 m. Abbildgn.) 93. [Nr. 14. 15.] 1 —; geb. 1.50
Donat, J, d. gynäkolog. Untersuchg. (82 m. Abbildgn.) 95. [Nr. 64. 65.] 1 —; geb. 1.50
Eschweiler, A: Die Erysipel-, Erysipeltoxin- u. Serumtherapie d. bösart. Geschwülste. (138) 98. [119.20.] Geb. 1.50
Flatau, S, d. Retroflexio uteri u. ihre Behandlg. (55 m. Abbildgn.) 95. [Nr. 47. 48.] 1 —; geb. 1.50
Froehlich, W, Beitr. z. Behandlg d. Mäler (Pigment-, Warzen- u. Gefässmäler). (40 m. Abbildgn.) 95. [Nr. 3.] — 50; geb. 1 —
Frölich, H, Vortäuschg v. Krankheiten. (86) 95. [Nr. 66. 67.] 1 — geb. 1.50
Hezel, O: Die Zuckerkrankh. (333) 99. [148—52.] Geb. 3.50
Jaffé, M, Prinzipien u. Technik d. heut. Wundbehandlg. (158 m. Abbildgn.) 94. [Nr. 34—36.] 1.50; geb. 2 —
Koenig, A, d. neueren Hilfsmittel z. Diagnose u. Therapie d. Blasenkrankheiten. (96 m. Abbildgn u. 4 Taf.) 95. [Nr. 57—60.] 2 — geb. 3 —
Kossmann, R: Die geburtshülfl. Praxis in kurzer Darstellg. (219 m. Abb.) 96. [85—89.] Geb. 3.50

Kübner, A: Grundr. d. öffentl. u. privaten Gesundheitspflege. (506) 97. [93—100.] Geb. 5 —

Landau, R, Arzneiverordngn f. Krankenkassenärzte. Mit Benutzg d. deut. Arzneitaxen u. d. österr. bearb. (151) 95. [Nr. 61—63.] 1.50 geb. 2 —

Lange, J, u. M Brückner: Grundr. d. Krankh. d. Kindesalters. (532) 96. [78—80.] Geb. 5 —

Lange, J, u. M Brückner: Grundr. d. Krankh. d. Kindesalters. 2. Afl. (584) '02. [78—80.] Geb. 5 —

Lange, M: Physiol., Pathol. u. Pflege d. Neugeborenen. (296) 97. [107—11.] Geb. 3.50

Odenthal, W, Asepsis, s.: Sänger, M.

Peters: Adressen u. Bezugsquellen f. Aerzte in alphabet. Reihenfolge. Mit bes. Berücks. d. neueren Arzneimittel u. ihrer Dosirg, incl. Serum- u. Organ-Therapie. (276) 97. [101—4.] Geb. 3 —

Peters, H, d. Kurorte. Bäder, Heilquellen, Wasser-Heilanstalten, klimat. Kurorte, Sommerfrischen u. Privat-Heilanstalten Deutschlands, Oesterreich-Ungarns u. d. Schweiz. (424) 98. [Nr. 22—26.) 2.50; geb. 3.50

— d. physikal. Therapie d. Phthise. Ein Ersatzmittel f. d. Hochgebirge. (55) 98. [Nr. 13.] — 50; geb. 1 —

Radestock, G, d. Innunctionskur; ihre Anwendg u. Bedeutg gegenüber and. antiluet. Kuren. (122) 94. [Nr. 29. 30.] 1 —; geb. 1.50

Rosenbach, O, d. Entstehg u. d. hygien. Behandlg d. Bleichsucht. (119) 98. [Nr. 1.] — 50; geb. 1 —

Sänger, M, u. W Odenthal, Asepsis in d. Gynäkologie u. Geburtshülfe. (120 m. Abbildgn u. 2 Taf.) 94. [Nr. 31—33.] 1.50; geb. 2 —

Schaefer, K, d. Kost d. Gesunden u. Kranken. (99) 95. [Nr. 49. 50.] 1 —; geb. 1.50

Schmaltz, R, u. O Schweissinger, d. Arzneimittel in alphabet. Reihenfolge. (234) 93. [Nr. 4—6.] 1.50; geb. 2 —

Schmaltz, R: Die Pathol. d. Blutes u. d. Blutkrankh. (268) 96. [81—84.] Geb. 3 —

Schürmayer, B: Die pathogenen Spaltpilze. (352 m. Abb. u. 2 Farbdr.) 98. [121—28.] Geb. 5 —

— Die bacteriolog. Technik. (278 m. Abb. u. 2 Farbdr.) 98. [129—35.] Geb. 4.50

Schweissinger, O, d. Arzneimittel, s.: Schmaltz, R.

Seiffert, M, techn. Anl. z. mikroskop. Diagnostik f. d. Gebr. in d. ärztl. Praxis. (256 m. 14 farb. Taf.) 93. [Nr. 7—12.] 3 —; geb. 4 —

Steuer, A, d. häufigsten Ohrenkrankheiten im Bilde. Nebst Anl. z. Untersuchg d. Gehörorgans. (63 m. H. u. 16 farb. Taf.) 95. [Nr. 41—46.] 3 —; geb. 4 —

Strauss, A, Grundriss d. Pathologie u. Therapie d. Hautkrankheiten. (224 m. Abbildgn. u. 13 Taf.) 95. [Nr. 51—56.] 3 —; geb. 4 —

Thiele, A: Blutentziehgn, insbes. d. Aderlass, ihre Technik u. Anwendg in d. modernen Therapie. (105 m. Abb.) 96. [90—92.] Geb. 2 —

Wegele, C, d. Wirkungsweise d. Sool- u. Seebäder, ihre Indicationen u. Anwendungsweise. (240 m. 1 farb. Taf. u. farb. Karte.) 94. [Nr. 37—40.] 2 —; geb. 3 —

Wiemer, O: Das Diphtherieheilserum in Theorie u. Praxis. Leitf. d. Antitoxinbehandlg. d. Diphtherie. (129) 97. [105.6.] Geb. 1.50

Windscheid, F, d. Anwendg d. Elektricität in d. medicin. Praxis. (176 m. Abbildgn u. 4 Taf.) 93. [Nr. 19—21.] 1.50; geb. 2 —

Windscheid, F: Pathol. u. Therapie d. Erkrankgn d. Nervensystems. (244 m. Abb.) 99. [157—61.] Geb. 3.50

Winkelmann, K, d. erste Hilfe bei schweren Verletzgn. (152 m. Abbildgn.) 94. [Nr. 27. 28.] 1 —; geb. 1.50

Winkelmann, K: Die Unterleibsbrüche u. ihre chirurg. Behandlg. (116 m. Abb.) 96. [70—72.] Geb. 2 —

Wittgenstein, A, hydropath. Behandlg d. chron. inneren Krankheiten in d. Praxis. Mit ausführl. Darstellg d. einschläg. Proceduren. (136) 95. [Nr. 68. 69.] 1 —; geb. 1.50

Wittgenstein, A: Physikalisch-diätet. Behandlg d. Magenkrankh. in d. Praxis. Mit Anh.: Kochrecepte. (227) ('01.) [162—65.] Geb. 3 —

Wossidlo, H: Die Stricturen d. Harnröhre u. ihre Behandlg. (185 m. Abb.) 97. [112—16.] Geb. 3 —

! — Medizinische, f. prakt. Ärzte. Jetzt: Berl., Schweizer & Co.

[Umschlagt.:] Medicinische **Bibliothek** des Dr. [Friedr. Theod.] v. Frerichs in Berlin, weil. Geh. Ober-Med.-Rath u. Prof. Antiquarischer Katalog. *Berlin: A. Hirschwald 1894.* (2 Bl., 80 S.) 1 Bd 8. (95. 336)

Medicinisch-gerichtliche Bibliothek. Hrsg. v. Christoph Friedrich Elsner u. J(ohann) D(aniel) Metzger. Bd 1, Stück 1-3; Bd 2, Stück 1,3. gbd.

Königsberg: Hartung 1784-87

JB 6.140

— medicin.-prakt., in Verbind. mit mehrern Gelehrten herausg. v. H. Rahn. 1r Bd., 1r u. 2r Thl. gr. 8. Zürich 795, 96. Orell. 2 Rthl. 16 Gr.

— medicinisch-praktische f. Aerzte, s. Kortum.

Medicinisch-practische **Bibliothek** worin Nachrichten von den neuesten zur Ausübung der Heilkunde gehörigen Schriften ... geliefert werden. (Hrsg.: Johann Andreas Murray.) Bd. 1-3. Göttingen: Dieterich 1775 (1774) - 1780. 8°
Bd. 1, St. 1-4: 1775 (74 - 75).
Bd. 2, St. 1-4: 1777 (75 - 77).
Bd. 3, St. 1-4: 1780 (78 - 80).

— meine. 4 Bdchn. 4. (à Bdchn. 32 S. m. Textillustr. u. je 1 farb. Titelbild.) [Münch. 889.] Nürnb., Stroefer. geb. à Bdchn. * 1 —; geb. in 1 Bd. * 3 50
1. Lechler, Cornelie. Feierstündchen. Erzählungen u. Reime.
2. Schwahn, Ottilie. Aus Nah u. Fern. Erzählungen u. Verse.
3. Meixner, Auguste. Kleine u. große Freunde. Erzählungen u. Verse.
4. Binder, Helene. Allerlei Gesellschaft. Erzählungen u. Verse.

— meine. Anregungen u. Winke f. die Einrichtg. v. Haus- u. Familien-Bibliotheken. 12. (13 S.) Zürich 893. C. M. Ebell. — 30

Bibliothek, meine. I. Serie: Allgemeines. Nr. 1. kl. 8. Leipzig, Stella-Verlag. à Nr. n. — 10
Unsere Aufgaben zur See. Von E. Kaiser. (16 S.) (905.)

— dasselbe. XII. Serie: Lektüre. Nr. 2000—2008. kl. 8. Ebd (905). à Nr. n. — 10
Irrfahrten. Von Frdr. Gerstäcker. 4 Hfte. (151 S.)

— nordischer Meister-Erzähler. Nr. 1 u. 2. 8. Leipzig, G. Müller-Mann. à n. 1. 50
1. Künstler-Herzen. Zwei Strandgeschicht. Von Holger Drachmann. Autoris. Übertragg. aus dem Dän. von Carl Küchler. (162 S. m. Abbildgn.) 900.
2. Laurekas Korholnen. Eine Lapplandsgeschichte. Von Laura Kieler. Einzige autoris. Übertragg. aus dem Norweg. von Carl Küchler. (167 S.) 900.
Mehr nicht erschienen.

— ausgewählter serbischer Meisterwerke, m. literarhistor. Einleitgn. hrsg. v. Frdr. S. Krauss. 1.—6. Bd. 8. Leipzig, Deutsche Verlagsactiengesellschaft. n. 8.—
1. Auf uferloser See. Drama in 4 Aufzügen. Von Branislav Gj. Nušić. Deutsch v. Frdr. S. Krauss. (XXXI, 111 S. m. Bildnis.) 903. n. 1. 50
2. Ein Geniestreich. Volksstück in 5 Aufzügen od. 9 Bildern. Von Milovan Gj. Glišić. Deutsch v. Frdr. S. Krauss. Mit echten serb. Sang- u. zigeuner. Spielweisen v. Vladimir R. Gjorjević. (XXII, 192 S. m. 2 Bildnissen.) 903. n. 1. 50
3. Um hohen Preis. Ein bürgerlich Trauerspiel. Von Branislav Gj. Nušić. Übers. u. f. die deutsche Bühne bearb. v. Frdr. S. Krauss. (XXV, 119 S.) 904. n. 1. 50
4. Der französisch-preussische Krieg. — Ich gratuliere! — Grosse Wahl schafft grosse Qual. — Ein Liebesbrief. 4 Lustspiele. Von Kosta Trifković. Übers. u. f. die deutsche Bühne bearb. v. Frdr. S. Krauss. (XVI, 182 S. m. Bildnis.) 904. n. 1. 50
5. Die Blume v. Cannosa. Mater Dolorosa. 2 Novellen. Von Vid. Vuletić Vukasović. Deutsch v. Frdr. S. Krauss. (XXXIII, 110 S. m. Bildnis.) 906. n. 1. —
6. Liebe u. Leben im Herzogland. 11 Erzählgn. Von Svetozar Ćorović. Deutsch v. Frdr. S. Krauss. (XIV, 167 S. m. Bildnis.) 906. n. 1. —

— d. Meisterwerke d. Auslandes. In neuen Uebersetzungen. Herausg. v. L. G. Förster. 1s—3s Bdchen. A. u. d. T.: Ossians Gedichte. 3 Bdchen. 16. Quedlinb. 827. Basse. (à 9 Gr.) 1 Rthl. 3 Gr. Schrbp. 1 Rthl. 12 Gr. Velinp. 2 Rthl. 4s—6s Bdchen. A. u. d. T.: Florians sämmtl. Werke, übers. v. L. G. Förster. 1s—6s Bdchen. 12. Ebd. 827—29. (à 9 Gr.) 2 Rthl. 6 Gr. in 8. auf Velinp. (à Bd. 1 Rthl. 8 Gr.) 8 Rthl.

— der Meisterwerke d. Auslandes. In neuen Uebersn. 6—9. Bdchn. — A. u. d. T.: Florian's sämmtl. Werke. Neu übers. v. L. G. Förster. 3—6. Bd. 16. (44½ B.) Quedlinburg 828, 29, Basse. à 9 Gr.
1—3. Bdchn. Ossian's Gedichte. 4. u. 5. Florian's sämmtl. W. 1. u. 2. Bd. Ebendas. 1827, 28. à 9 Gr.

— ausgewählte Memoiren des XVIII. u. XIX. Jahrh. Mit geschichtl. Einleitungen u. Anmerkgn. hrsg. v. F. E. Pipitz u. G. Fink. 1—4. Bd. gr. 8. Belle-Vue bei Constanz, Verlagsbuchh.
A. u. d. Titln.:
Bd. 1. Memoiren der Frau Roland. Mit ein. Einleit.: die Frauen in der Revolution. 2 Thle. (54¾ B.) 844. 2 Thlr.
" 2. Masson, geheime Denkwürdigkeiten üb. Rußland. Mit ein. Einleit.: Russische Geschichten im XVIII. u. XIX. Jahrh. 2 Thle. (39¼ B.) 1 Thlr. 15 Ngr.
" 3. Oginski, Michael, Denkwürdigkeiten üb. Polen, das Land u. seine Bewohner. Mit e. Einleit.: Polnisch-russische Wahlverwandtschaften v. Einzug d. Polen in Moskau (1605) bis zum Einzug d. Russen in Warschau (1831). 3 Thle. (... B.) 845. 3 Thlr. 22½ Ngr.
" 4. Walpole, Horaz, Denkwürdigkeiten aus d. Regierungszeit Georgs II. u. Georgs III. Mit einer Einleit.: Das 18. Jahrh. in Walpole's Briefwechsel. (3 Thle.) 1. Thl. (24 B.) 846. 1 Thlr.
Die Einleitung: Das 18. Jahrh. etc. wird mit dem 2. Thle. ausgegeben.

— dass. 4. Bd. Einleitung: Das 18. Jahrhundert in Walpole's Briefwechsel. br. 8. (221 S.) Constanz 848. [Hamburg, Berendsohn.]
Die Einleitung wurde den Abnehmern des Werkes gratis geliefert.
1—3. Bd. und 4. Bd. 1. Thl. jetzt Ebendas. 1844—46. 6 Thlr.

—— ausgewählter Memoiren des 18. und 19. Jahrhunderts. 1—7. (Thl.) 1. Bd. gr. 8. Grimma, Verlags-Comptoir.

Auch unter den Titeln:

(Thl.) 1. James Harris, ersten Earl v. Malmesbury, Tagebücher und Briefwechsel, während seines Aufenthaltes als Gesandter an den Höfen von Madrid, Friedrichs des Großen, Katharinens II. und im Haag 2c. Hrsg. von seinem Enkel. Ins Deutsche übertr. von A. Kretzschmar. 3 Bde. [1. 2. (XVIII und 772 S.) 847., 3. (326 S.) 848.] 4 Thlr. 15 Ngr.

" 2. Italien in seinen Beziehungen zur Freiheit und modernen Civilisation, von Andr. Ludw. Mazzini. 2 Bde. (XX, 312 S. und 3$\!$84 S.) 848. 3 Thlr.

" 3. Das enthüllte Portugal nebst Blicken auf die gegenwärt. Zustände Spaniens. Von T. M. Hughes. Aus dem Engl. von A. Kretzschmar. 2 Bde. (XII und 556 S.) 848. 3 Thlr.

" 4. Memoiren und Charakterzüge aus dem Privatleben der Königin Luise von Preußen, Gemahlin Friedrich Wilhelm III. Von Mrs. Constanze Richardson. (Aus dem Engl.) (242 S.) 848. 1 Thlr. 15 Ngr.

" 5. Memoiren der Viscounteß Sundon, Garderobemeisterin der Königin Karoline, Gemahlin Georgs II., nebst Briefen von den berühmtesten Personen ihrer Zeit. Nach den Originalen hrsg. von Mrs. Thomson. Aus dem Engl. von A. Kretzschmar. 2 Bde. (XX und 448 S.) 848. 3 Thlr.

" 6. Revue rétrospective d. i. die wichtigsten Dokumente aus dem geh. Archive der Regierung Louis Philipps und seiner bei Erstürmung der Tuilerieen dort vorgefund. Privatakten. 2 Bde. [1. (VI und 313 S.) 2. (VI und 273 S.)] 848. 3 Thlr.

" 7. Geheime Geschichte des Hofes, des Ministeriums und der Zeiten Georgs IV. mit zahlreich eingewebten noch ungekannten Anekdoten noch lebender fürstl. Personen, Staatsmänner 2c. Von einem alten Diplomaten. Aus dem Engl. übertr. von A. Kretzschmar. 1. Bd. (266 S.) 848. 1 Thlr. 15 Ngr.

— ausgewählter Memoiren des XVIII. u. XIX. Jahrhunderts. Mit geschichtl. Einleitungen u. Anmerkungen hrsg. v. F. E. Pipitz u. G. Fink. 4 Bde. Horaz Walpole's, Grafen von Orford, Denkwürdigkeiten aus der Regierungszeit Georgs II. u. Georgs III. Mit einer Einleitung: Das 18. Jahrhundert in Walpole's Briefwechsel. 3 Thle. br. 8. (221 S. XVI. 363 u. 979 S.) Constanz 847. 48, Verlagsbuchh. Belle-Vue (jetzt: Hamburg, Berendsohn.) (Die Einleitg. apart 2/3 ß 1. Thl. 1 ß 2. u. 3. Thl. à 1 1/2 ß) 4 ß

— dies. 5. Bd. Denkwürdigkeiten über Italien, v. General Wilh. Pepe. Mit der Einleitung: Uebersicht der italien. Memoirenliteratur. 3 Thle. br. 8. (Einleitg. CCXXVIII S. 1. Thl. 347 S. 2. Thl. 368 S. 3. Thl. 390 S.) Zürich 848, Schultheß. (1. Thl. 1 ß 2. Thl. 1 ß 3. Thl. 2 ß 16 ngr) 4 ß 16 ngr

— wertvoller Memoiren Lebensdokumente hervorrag. Menschen aller Zeiten u. Völker. Hrsg. v. Ernst Schultze. 1. Bd. u. 2. Bd. 2 Tle. gr. 8. Hamburg, Gutenberg-Verlag Dr. E. Schultze. n. 12. —; geb. n. 15. —; auf bess. Pap. geb. n. 22. —; Luxusausg. geb. n. 40. —

1. Reisen, die, des Venezianers Marco Polo im 18. Jahrh. Bearb. u. hrsg. v. Hans Lemke. Mit e. Bilde Marco Polos. (548 S.) 907. n. 6 —; geb. n. 7. —; auf bess. Pap. geb. n. 12 —; Luxusausg. geb. n. 20. —

2. I Bürgertum, deutsches, u. deutscher Adel im 16. Jahrh. Lebens-Erinnergn. des Bürgermeisters Bartholomäus Sastrow u. des Ritters Hans v. Schweinichen. Bearb. v. Max Goos. 1. Tl. Bartholomäus Sastrow. (173 S.) 907. n. 3. —; geb. n. 4. —

2. II. — dasselbe. Hans v. Schweinichen. (151 S.) 907. n. 3. —; geb. n. 4. —; m dem 1. Tl. in 1 Bd. geb. n. 5. —; geb. n. 6. —; auf bess. Pap. geb. n. 10. —; Luxusausg. geb. n. 20. —

— wertvoller Memoiren. Lebensdokumente hervorrag. Menschen aller Zeiten u. Völker. Hrsg. in Verbindg. m. Carl Brockelmann, Aug. Fournier, Karl Thdr. v. Heigel u. a. v. Ernst Schultze. 3.—11. Bd. gr. 8. Hamburg, Gutenberg-Verlag. Jeder Bd. 6. —; geb. 7. —; Vorzugs-Ausg. geb. in Ldr. 14. —; Luxus-Ausg. in Perg. 20. —

Aus der Dekabristenzeit. Erinnerungen hoher russ. Offiziere (Jakuschkin, Obolenski, Wolkonski) v. der Militär-Revolution des J. 1825. Bearb. v. Adda Goldschmidt. 2. Taus. (382 S.) 907. (Bd. 3.) 5. —; geb. 6. —; erh. Pr. 6. —; geb. 7. —; auf bess. Pap. geb. 10. —; erh. Pr. 14. —; Luxusausg. geb. 20. —

Cortez, Ferd., die Eroberung v. Mexiko. Drei eigenhänd. Berichte an Kaiser Karl V. Bearb. v. Ernst Schultze. Mit Bildern u. Plänen. (643 S.) 907. (Bd. 4.) 6. —; geb. 7. —; auf bess. Pap. geb. 10. —; erh. Pr. 14. —; Luxusausg. geb. 20. —

Daney, Jos., der Tiroler Volksaufstand des J. 1809. Erinnerungen. Bearb. v. Jos. Steiner. (Buchschmuckleisten v. Thdr. Hermann.) 1—3. Taus. (400 S.) 909. (Bd. 11.)

Feldzugserinnerungen aus dem Kriegsj. 1809. Bearb. v. Frdr. M. Kircheisen. (Buchschmuckleisten v. Thdr. Herrmann.) 1—3. Taus. (387 S.) 909. (Bd. 10.)

Garibaldi's, Gius., Memoiren. Ein Auszug aus seinen Tagebüchern. Übers. u. bearb. v. Walt. Friedensburg. Mit 1 Bilde Garibaldi's. 1.—4. Taus. (452 S.) 909. (Bd. 9.)

Gordon of Khartum, des Generals Charles, Briefe u. Tagebuchblätter. Sebastopol — An der Donau — In Armenien u. am Kaukasus — Gegen die Taipings — Gravesend — Sudan — Palästina — Khartum. Ausgewählt u. übers. v. Max Goos. 1.—4. Taus. (456 S.) 908. (Bd. 8.)

Inglis, Lady, u. Forbes-Mitchell, Erinnerungen aus dem indischen Aufstand 1857/58. Bearb. v. Elisab. Braunholtz. Mit (5) Bildern u. Plänen. 1.—3. Taus. (375 S.) 908. (Bd. 6.)

Kircheisen, Frdr. M., Memoiren aus dem spanischen Freiheitskampfe 1808—1811. Ludwig v. Grolmann. — Albert Jean Michel Rocca. — Moyle Sherer. — Heinrich v. Brandt. — Henri Ducor. — Don Juan Andrés Nieto Samaniego. 1.—3. Taus. (506 S.) 908. (Bd. 7.)

Ségur, General Graf Philipp, Adjutant Napoléons I., Erinnerungen. Hohenlinden — Alpenfeldzug — Kopenhagen u. Madrid — Herzog v. Enghien — Ulm u. Austerlitz — Gaeta — Jena — Berlin — russ. Gefangenschaft — Somo Sierra. Bearb. v. Frdr. M. Kircheisen. 1.—3. Taus. (472 S.) 908. (Bd. 5.)

Bd. 2. Ebd. 907. Erh. Pr. 6. —; geb. 7. —.

Bibliothek der Menschheitsziele. I. u. II. Bd. gr. 8. Leipzig, O. Wigand. à 6. —

Nadastiny, Frz., Untermenschen. Das ius talionis im Lichte der Kriminalpsychologie, gewidmet den edlen Vorkämpfern der Menschheit f. Freiheit, Wahrheit u. Recht, sowie meinen offenen u. geheimen Geistesantipoden. (IX, 191 S.) 908. (Bd. II.)

Scheffer, Thassilo v., der Mensch u. die Religion. (X, 188 S.) (908.) (Bd. I.)

— f. d. Merkwürdigste aus d. Natur- u. Völkergeschichte. 1r Thl. gr. 8. Leipz. 796. Kummer. 18 gl

... Bibliothek Jürgen Bona Meyer, weil. Univ.-Prof. d. Philos. u. Paedag. in Bonn. Philosophie. (Abt. I – III.) *Giessen: J. Ricker 1898.* 3 Bde 8. (I.) (46 S.) (II.) (74 S.) (III.) (46 S.) (99. 269 3

BIBLIOTHEK Mignon mit künstler. Illustr. (Format 8:15) 6 Bde. Gr. Lichterfelde 1902/05.

De la Hire, Die Königsdirne (Gräfin du Barry) — Rebell, In den Bädern von Bajae. Altrömisches Sittenbild. — Brulat, Das Modell, Pariser Künstlerroman. — Shakespeare, Romeo und Julia. — Du Bois, Greisenrache. Spartanische Sitten. — Gomez-Carillo, Allerhand Püppchen von hier und anderwärts.

— mikrologische. 1.—3. Bd. Lex. 8. Stuttgart, Franckh. 5. —

1. Elementarkurs der Mikrologie, hrsg. v. R. H. Francé, F. W. Goldschmidt, K. Pritzsche, G. Scheriel, W. Siebe, K. Steyer, A. Wagner. (IV, 116 S. m. Abbildgn.) 909. 2. —
2. Der Bildungswert der Kleinwelt. Gedanken üb. mikroskop. Studien. Von R. H. Francé. [Aus: „F., das Leben der Pflanze, 3. Bd."] (45 S. m. Abbildgn. u. 1 Taf.) 907. 1. —
3. Tiere u. Pflanzen des Seenplanktons. Von A. Seligo. Mit 1 Taf. u. 247 Textfig. (64 S. m. 1 Bl. Erklärgn.) (908.) 2. —
4 Francé, RH: Wege z. Natur. Einführg in mikroskop. Studien f. Anfänger. (42 m. Abb.) ('09)

Bibliothek des Militär-Anwärters. 3. Bd. Berlin 896. [M. F. Funcke.] R. Siegismund. n. 1. —

3. D. Militär-Anwärter i. d. Polizei-Verwaltg. v. Waldemar Erdmann u. Wilh. Lauer. (VIII, 40 u. XXXII S.)

— für Militäranwärter zum Selbstunterricht. Mit e. aus 50 Haupt- u. 17 Nebenkarten besteh. Atlas, sowie 13 Chromo- u. Kunstdr.-Taf. u. mehreren 100 Textillustr. Unter Berücksichtig. der Herstellg. v. Prüfungsarbeiten f. Stellenbewerbgn., sowie Allgemeines üb. Anstellg. der Militäranwärter im Reichs- u. Staatsdienst. Ferner e. Auszug aus den Bestimmgn. zur Besetzg. der Subaltern- u. Unterbeamten-Stellen bei den Reichs- u. Staatsbehörden u. der Friedensbesoldungsvorschrift f. Militäranwärter. 3 Bde. (28, 128, 102, 147, 105, 104, 41, 79; 49, 43, 79, 74, 179, VII, 286, 140; 344, 211 u. II S.) Lex.-8. Leipzig (904). Radebeul-Oberlößnitz, F. E. Bilz. Geb. in Leinw. n. 30. —

— f. Militäranwärter z. Selbstunterr. 6 Bde. (28, 128, 102, 107; 148, 166 m. 5 Tab., 41, 79; 49, 52, 79, 74, 247; 122, 328; 264, 167, 140 m. Abb., z. Tl farb. Taf. u. 53 Kart.) Lex 8° Lpzg, FE Bilz (08). Geb. 32 — d

— militär-belletristische. (Hrsg.: Karl M. Danzer.) 1.—4. Bdchn. 8. Wien, L. W. Seidel & Sohn. à n. 2. —
1. Die v. Streberedorf u. Anderes. Von Erwin v. Egdd. Illustrirt von Roland. (85 S.) 903.
2. Der gemüthskranke Husar u. andere Militärhumoresken. Von Roda Roda. Illustrirt v. Roland. (90 S.) 903.
3. Im mohrengrauen Rock. Heiteres aus dem Leben der Künstlgen. Von F. Xav. Kappus u. E. v. Horstenau. Mit e. Vorwort v. Karl Baron Torresani. Illustrirt v. Roland. (VI, 73 S.) 903.
4. Kantonierungs-Bilder. Gereimtes u. Ungereimtes. Von Alfr. Edhnstorff. Illustr. v Ferry Ullö. (V, 88 S.) 903.

— militärische, 2 Stck. 8. Hannov. Helwing. 782.

Bibliothek, Militärische. Berlin 1785. H: *Tempelhof, Georg Friedrich von.* (Ky) (MGT)

Bibliothek, militärische. 8. Berl. Sander. 815. Rthlr.

— militärische. Ein Verzeichniß aller vorzüglichen in Deutschland erschienenen Werke über Kriegskunst u. deren Hülfswissensch. 2e Aufl. 8. Berl. 817. Sander. 4 gl

Bibliothek, Militärische, oder Verzeichniss aller brauchbaren ältern und neuern Schriften über Kriegskunst und deren Hülfswissenschaften, welche in Franz Härter's Buchhandlung auf der Freyung beym Straussen Nr. 157 in Wien zu erhalten sind. (Donation Liechtenstein.) 8. (Wien) 1821.

— militärische, für Offiziere aller Waffen. 1.—10. Bd. gr. 8. Cassel und Leipzig 873—74, Luckhardt'sche Verlagsh. à Bd. * M. 2. *

Inhalt:
Bd. 1. Wolff, Prem.-Lieutn. Aug., Preußens und Frankreichs Vorbereitungen zum Kriege 1870/71 und der Beginn desselben. (VI, 101 S.)
» 2. Streiflichter auf die französische Heeresleitung während des Krieges 1870/71 von Hauptm. G. v. M.. 1. Thl.: Die Armee des Kaiserreiches. (VIII, 119 S. mit 3 lithogr. Plänen in gr. 4.)
» 3. Beiträge zu einer psychologischen Entwickelungsgeschichte der österreichischen Armee. (VIII, 119 S.)
» 4. General Faidherbe und seine Gegner im Feldzuge 1870—1871. Von E. v. B. (78 S.)
» 5. Herbst, Auditeur G., Studien zum Militär-Strafgesetzbuch für das deutsche Reich. (VII, 133 S.)
» 6. Helldorff, Lieutn. A., die Unteroffizier-Frage als wichtigste Militärfrage der Gegenwart. (119 S.)
» 7. Die Waffen der internationalen Welt-Ausstellung zu Wien 1873. Kritische Besprechung von W. A—n. (127 S.)
» 8. Psychologisches und Physiologisches aus der österreichischen Armee vom Verf. der „Beiträge zu einer psycholog. Entwickelungsgeschichte der österreich. Armee". (136 S.)
» 9. Das französische Heerwesen in seiner Neugestaltung. (97 S.)
» 10. Crousaz, Maj. z. D. A. v., die Disciplin des preußischen Heeres nach ihren histor. Haltpunkten und ihrer Bethätigung. (101 S.)
Crousaz, A v., d. Disciplin d. preuss. Heeres nach ihren histor. Haltpunkten u. ihrer Bethätigg. (100) 75.

Bibliothek für Militairs überh. u. für Unteroffiziere insbes. 1e—3e u. 5e Lfrg.: Lehre von den Handwaffen. — 4e u. 6e Lfrg.: Militairisches Lesebuch. 1e Abthl. — 7e—9e Lfrg.: Lehre vom Militairstyl. — 10e Lfrg. A. u. d. T.: Erklärendes Wörterbuch der in der Kriegskunstsprache vorkomm. Fremdwörter. .. Stuttgart u. Tübingen 835—39. v. Cotta. (1e—9e Lfrg. (à Lfrg. 1/8 ℛ) 10e Lfrg 1/2 ℛ) 1 5/8 ℛ

— für Militärs überhaupt u. f. Unteroffiziere insbesondere. 10 Lfgn. 16. Stuttgart u. Tübingen, Cotta'sche Buchh. Thlr.
Lfg. 1—9. Lehre v. d. Handwaffen. (15 B.) — Militär. Lesebuch. 1. Abthl. (12 B.) — Die Lehre vom Militärstyl. (12 B.) 836, 37. à 3 Gr.
» 10. Erklärendes Wörterbuch der in d. Kriegskunstsprache vorkomm. Fremdwörter. (9½ B.) 839. 12 Gr.

— militärtechnische. Hrsg. v. W. Machytka u. K. Harbauer. I. 8. Wien, C. W. Stern. 4. —
Die Zerstörung u. Beschädigung eiserner Brücken. Von Wladim. Machytka. (VI, 107 S. m. Fig.) 907.

— für die heil. Mission des kathol. Deutschlands. Zur Ergänzung der Volksschriften „Bonifacius-Denkmal." 1. Jahrg. 1—3. Hft. 12. Augsburg 845, Kollmann'sche Bh. [1. (6⅛ B.) 2. (4¾ B.) 3. (6½ B.) à 7½ Ngr.] —
Das 1. Hft. a. u. d. T.:
Wesenheit, Kraft u. Uebung d. drei göttl. Tugenden v. Frz. Neumayr. (1. Hft.)

Bibliothek für die heil. Mission des kathol. Deutschlands. 1. Jahrg. 4. Hft. A. u. d. T.: Leben d. Cardinals Rob. Bellarmin. Von e. Priester in Franken. 12. (10¾ B.) Regensburg 846, Manz. 12 Ngr. — einzeln Thlr. ·

— für innere Mission. Hrsg. v. W. Zinsser. Nr. 1—3. gr. 8. Leipzig 890. Akadem. Buchhandlg. (W. Faber). à n. — 50
1. Die Aufgaben d. inneren Mission in der Wohnungsfrage v. E. Hasse. Vortrag. (13 S.)
2. Die soziale Frage u. die innere Mission nach dem Brief d. Jacobus. Von Th. Zahn [Aus: „Zeitschr. f. kirchl. Wissenschaft u. Leben".] (23 S.)
3. Die deutsche Seemannsmission. Vortrag, geh. auf Veranlassg. der freien akadem. Vereinigg. f. innere Mission zu Leipzig. Für den Druck erweitert u. hrsg. v. E. Petri. (30 S.)

— für innere Mission. Hrsg. v. W. Zinsser. Nr. 4—6. gr. 8. Leipzig 891. Verlag der Akadem. Buchhandl. (W. Faber.) n. 1. 40 (1—6: n. 2. 90)
4. Aus dem Gebiete der inneren Mission in Paris v. Fristus. (26 S.) n. — 50
5. Innere Mission u. soziale Frage. Vortrag v. A. Stöcker. 1. u. 2. Tausend. (25 S.) n. — 40
6. Der Kommunismus in christlichem Gewande. Von Alb. Hauck. (19 S.) n. — 50

Bibliothek der Evang.-Luth. Missions-Anstalt in Breklum. Breklum. 1900. 8°

— Lorenz Mizlers Neu eröffnete Musikalische- Band I—III. Leipzig 1739. 1740—43. 1746—1752.

BIBLIOTHEK nach der Mode. Th. 1. (einz.) Erfurt Akadem. Buchh., 1793. 8°.
Citirt Kayser p. 14. unter Romanen.

— nach der Mode, (v. H. Zschokke). 1r Thl. 8. Frankf. a. d. O. 793. Akadem. B. 16 gl

— nach der Mode, 1ter Theil. 8. Frankf. an der Oder, 793. Kunze. 20 sgl.

— moderne. 1. Jahrg. 1.—30. Hft. 8. Prag (900. 901). A. Hynek. à — 40
Aphrodite. Von Pierre Louys. Mit Illustr. v. A. Calbet. Deutsch von Gust. v. Joanelli. (416 S.) — Sopha. Von Crebillon, fils. Mit Illustr. v. Coeurdame. Deutsch von G. v. Joanelli. (368 S.) — Angola. Von La Morliere. Mit Illustr. von Coeurdame. Deutsch von G. v. Joanelli. (S. 1—128.)

— moderne. 1. Jahrg. 31.—50. (Schluß-)Heft. 8. Prag (901—904). A. Hynek. à n. — 40
Crebillon fils, Sopha. Mit Illustr. v. Coeurdame. Deutsch von G. v. Joanelli. (S. 369—512.)
Louys, Pierre, Gespräche der griechischen Hetären. Von Lukian. Einzige deutsche autoris. wörtl. Übersetzg. v. Gust. v. Joanelli. Illustrationen von Coeurdame. (140 S.)
Rochette Chevalier de Morliere, Jaques, Angola. Deutsch von G. v. Joanelli. Mit Illustr. v. Coeurdame. (S. 129—348.)
Schmidbauer, Maxim, die neue Magdalene. Satyre. Buchschmuck (Illustr.) v. Coeurdame. (XII, 124 S.)

— dasselbe. II. Serie. 44 Hefte. kl. 8. Ebd. (904. 905). à n. — 40
Brenner, Gabr., das Liebesleben des Francesco del Nero. Ein Roman aus dem Florenz der Renaissance. Buchschmuck (Illustr.) von Coeurdame. (215 S.)
Castanier, Prosper, Orgien der Römer. Mit Illustr. von Schmidt u. Coeurdame. (VIII, 417 S.)
— die Tochter des Krösus. Illustriert v. Schmidt. (VIII, 320 S.)
Keller, Alex., die Liebe im Alterthum. Liebes-Episoden aus dem classisch. Rom nach Ovid, Tibulle, Lucrèce u. Properce. Illustrationen v. Marodon. Deutsch v. Morizeau. (159 S.)
— die Liebe im alten Griechenland nach Longus, Plato, Theocrit, Bion u. Moschus, Sappho u. Anacreon. Illustrationen von Vallurian. Deutsch v. Morizeau. (187 S)
Schmidbauer, Maxim, der Über-Alvin. Eine Geschichte aus der schönsten Stadt der Welt: dem ästhet. Berlin. Buchschmuck (Illustr.) von Coeurdame. (95 S.)

! — Moderne. Brenner, G: Das Liebesleben d. Francesco del Nero. — Schmidbauer, Maxim: Die neue Magdalena. Beschlagnahmt.

— moderne ärztliche, hrsg. von Ferd. Karowski. 1.—28. Heft. gr. 8. Berlin, L. Simion Nf. à Hft. n. 1. —
Albers-Schönberg, der diagnostische Wert der Röntgenuntersuchungen f die innere Medizin. (30 S.) 904. (Hft. 2.)
Beck, Carl, der Wert d. Röntgenverfahrens in d. Chirurgie. (75 S.) 905. (Hft. 18. 19.)
Beyer, J. L., über die Verwendung kolloidaler Metalle (Silber u. Quecksilber) in d. Medizin. (40 S.) 904. (Hft. 6.)
Boas, J., Anzeigen u. Grenzen f. chirurgische Eingriffe am Magen. (80 S.) 905. (Hft. 21.)
Brieger, L., u. A. Laqueur, moderne Hydrotherapie. (67 S.) 904. (Hft. 13. 14.)
— u. Mart. Mayer, Licht als Heilmittel. (36 S.) 904. (Hft. 10.)
Bruck, Carl, Wesen, Bedeutung u. experimentelle Stützen d. Ehrlichschen Seitenkettentheorie. (48 S.) 906. (Hft. 25.)
Eulenburg, A., d. Hysterie d. Kindes. (38 S.) 905. (Hft. 17.)
Ewald, C. A., Erkrankungen der Gallenblase u. Gallengänge m. besond. Berücksicht. ihrer Beziehungen zu den Erkrankungen d. Magens u. d. Därme. (36 S.) 904. (Hft. 9.)
Feilchenfeld, Leop., für den praktischen Arzt wichtige Fragen aus der Lebensversicherung. (48 S.) 905. (Hft. 20.)
Freund, Wilh. Alex., über Neurasthenia hysterica u. die Hysterie der Frau. (40 S. m. Abbildgn.) 904. (Hft. 3.)
Hetsch, die Grundlagen der Serumdiagnostik u. deren Bedeutung f. den Praktiker. (48 S.) 904. (Hft. 12.)
Homén, E. A., über den Einfluss der Bakteriengifte, insbesondere der sogen. echten Toxine auf die verschiedenen Gewebe d. menschl. Organismus. (62 S.) 906. (Hft. 26. 27.)
Korányi, A. v., die wissenschaftlichen Grundlagen der Kryoskopie in ihrer klinischen Anwendung. (40 S.) 904. (Hft. 1.)
Magnus-Levy, A., Organtherapie u. innere Secretion. (40 S.) 906. (Hft. 28.)
Marckwald, W., über Becquerelstrahlen u. radioaktive Substanzen. (30 S. m Abbildgn.) 904. (Hft. 7.)
Martini, Erich, Insekten als Krankheitsüberträger. (39 S.) 904. (Hft 11.)
Moll, Alb., sexuelle Perversionen, Geisteskrankheit u. Zurechnungsfähigkeit. (32 S.) 905. (Hft. 15.)
Oppenheimer, Carl, die Fermente u. ihre biologische Bedeutung. (48 S.) 904. (Hft. 16.)
Schmieden, V., neuere Anschauungen über das Wesen u. die Behandlung der Prostatahypertrophie. (40 S.) 905. (Hft. 24.)
Spies, P., die Erzeugung u. die physikalischen Eigenschaften der Röntgenstrahlen. (46 S. m. Abbildgn.) 904. (Hft. 8.)
Strauss, H., Bedeutung der Kryoskopie für Diagnose u. Therapie von Nierenerkrankungen. (68 S.) 904. (Hft. 4. 5.)
Tavel, E., chirurgische Infektion u. deren Prophylaxe. (74 S.) 905. (Hft. 22. 23.)

(Wilh.) Möller's Bibliothek für Gesundheitspflege, Erziehung und Volksaufklärung. H. 1. *Berlin: W. Möller [1903].* 8° [F.]

— medizinischer Monographien. I.—X. Bd. gr. 8. Leipzig, Dr. W. Klinkhardt. 96. 40
Ebstein, Wilh., die Pathologie u. Therapie der Lepra. (VI, 112 S.) 909. (Bd. IX.) 3. 50; geb. 4. 20; Subskr.-Pr. 3. —; geb. 3. 60
Kleist, Karl, Untersuchungen zur Kenntnis der psychomotorischen Bewegungsstörungen bei Geisteskranken. (VIII, 171 S.) 908. (Bd. III.) 4. 50
— Weitere Untersuchungen an Geisteskranken mit psychomotorischen Störungen. Die hyperkinet. Erscheingn. Die Denkstörgn., hypochondr. u. affektiven Störgn. bei akinet. u. hyperkinet. Kranken. (XI, 309 S.) 909. (Bd. VIII.) 7. 60; geb. 9. —; Subskr.-Pr. 6. 45; geb. 7. 65
Köster, Fettresorption im Darme u. Gallenabsonderung nach Fettdarreichung. Zugleich e. Vorschlag zur Verbesserg. der Ölkur. (V, 98 S. m. 6 Taf.) 908. (Bd. V.) 8. —; erm. Pr. 6. —
Lewin, Carl, die bösartigen Geschwülste. Vom Standpunkt der experimentellen Geschwulstforschg. dargestellt. Mit 1 farb. Taf. u. 57 Abbildgn. im Text. (X, 308 S.) 909. (Bd. VII.) 11. —; geb. 12. —; Subskr.-Pr. 9. 45; geb. 10. —
Meirowsky, E., über den Ursprung des melanotischen Pigments der Haut u. des Auges. Aus der königl. Universitätsklinik f. Hautkrankheiten in Breslau. (Dir.: A. Neisser.) (VIII, 123 S. m. 8 farb. Taf.) 908. (Bd. IV.) 15. —; erm. Pr. 10. —
Neugebauer, Fr. v., zur Lehre v. der Zwillingsschwangerschaft m. heterotopem Sitz der Früchte, das e. Ei in cavo uteri, das andere extrauterin gelagert. Kasuistik v. 171 Fällen nebst zwei eigenen Beobachtgn. (168 u. 7 S. m. Abbildgn.) 907. (Bd. I.) 6. —
Neugebauer, Frz. Ludw. v., Hermaphroditismus beim Menschen. (VII, 748 S. m. Abbildgn.) 908. (Bd. II.) 40. —; geb. 43. —
Pappenheim, A., über die verschiedenen lymphoiden Zellformen des normalen u. pathologischen Blutes. in Gemeinschaft u. Mitarbeit v. A. Ferrata. (V, 132 S. m. 4 farb. lith. Taf.) 911. (Bd. X.) 6. —; geb. 7. —
Sauerbeck, Ernst, die Krise in der Immunitätsforschung. [Aus: „Folia serologica".] (IV, 91 S.) 909. (Bd. VI.) 1. 80; geb. 2. 50; Subskr.-Pr. 1. 55; geb. 2. 15
Bd. I—V erschienen ohne Sammeltitel.

— medizinischer Monographien. 10. u. 11. Bd. Lex8° Lpzg, Dr. W Klinkhardt. (1—11 Subskr.: 99.40; geb. 114.20)
Ball, Osk.: Das Problem d. bakteriellen Infektion. (104) '11 [11] 3 —; geb. 4 —; Subskr. 2.55; geb. 3.40

— montanistische. Verzeichniss der in Deutschland u. im Ausland in den J. 1866—1870 auf den Gebieten d. Berg-, Hütten- u. Salinenwesens, der Mineralogie, Geognosie, Geologie u. Paläontologie erschienenen Bücher, Zeitschriften u. Karten. Mit Materien-Reg. gr. 8. (XVI, 71 S.) Leipzig 871. Quandt & Händel. 1. 50

Bibliothek moral., f. d. jung. deutsch. Adel. (v. J. G. Schummel.) 3 Thle. 8. Liegn. Steudt. 785—87.

Bibliothek Eugen Muentz. Hervorragende Sammlg. v. Werken zur Geschichte u. Theorie der Kunst. (IV, 90, 114, 165, 60, 76 u. 190 S. m. 2 Bildnissen.) 8. Frankfurt a/M. 903—905. J. Baer & Co. Geb in Leinw. n. 4. —

Bibliothek, Musicalische- Herausgegeben von H. A. Fr. v. Eschstruth. I. II. Stück. Marburg und Giesen (!) 1784. 1785.

(Mosewius.) Musikalische Bibliothek enthaltend die nachgelassene Büchersammlung des Herrn Dr. Johann Theodor Mosewius. Breslau (um 1860).

— Musikalisch-kritische- von Johann Nicolaus Forkel. Band 1—3. Gotha 1778—1779.

— berühmter Mystiker. Hrsg. v. E. A. Kernwart. 1. u. 2. Bd. 8. Leipzig [Jaeger.] Theosoph. Centralbuchh à n. 2. —
1 Die Nachfolge Christi. Von Thomas v. Kempen. Ein kernhafter Auszug aus: „De Imitatione Christi". Nach dem latein. Urtexte (frei) bearb. u. m. Anmerkgn. hrsg. v. E. A. Kernwart. (XV, 172 S.) 903.
2. Reife Aehren. Von Thomas v. Kempen. Eine Sammlung auserlesener Weisheitslehren aus den Schriften des erleuchteten Th. v. K. Zusammengetragen zur Erbauung. Nach den latein. Urtexten (frei) bearb. u. m. Anmerkgn. hrsg. v. E. A. Kernwart. (XVI, 99 S.) (903.)

— berühmter Mystiker. Hrsg. v. EA Kernwart. 3. Bd. 8° Lpzg, Theosoph. Verl.-Haus. 3 — (1—3: 7 —)
Eckartshausen, Carl v.: Mystische Nächte od. d. Schlüssel zu d. Geheimnissen d. Wunderbaren. Neu hrsg. u. red. v. EA Kernwart. (207 m. 2 Taf.) (07.) [3.] 3 —

—— mystische und ascetische, oder Sammlung der Hauptwerke der Mystiker und Asceten, vorzüglich des Mittelalters. 1—9. Publication. 32. Köln, Heberle. (Zusammen genommen)
Auch unter den Titeln:
Publication 1. Der zweite Thomas von Kempis oder des ehrwürd. Gerlach Petri innige Selbstgespräche mit Gott. Aus dem Latein. übers. von Nic. Casseder. 2., rechtmäß. Aufl. (187 S.) 849. 7½ Ngr.
" 2. Wilhelm II., Graf von Holland und römischer König, Weihgeschenk für fromme Christen oder Betrachtungen über die Geheimnisse des Leidens Christi. Aus dem Latein., nebst der Lebensgeschichte Wilhelms von Friedr. Wilh. Otto. (142 S.) 850. 6 Ngr.
" 3. Die Schriften des heil. Aloysius (v. Gonzaga) übers. von A. Heuser. (99 S. und 1 Stnt.) 850. 5 Ngr.
" 4. Himmelsstiege oder Erhebung der Seele zu Gott durch die Betrachtung der erschaffenen Dinge. Von Rob. Bellarmin. In deutscher Bearbeitung hrsg. und mit Anmerkungen versehen von F. X. Dieringer. (XXII und 444 S. mit Bellarmin's lith. Port.) 850. 22½ Ngr.
" 5. Der heil. Angela v. Foligno Gesichte und Unterweisungen. In deutscher Bearbeitung hrsg. und mit Anmerkungen versehen von J. H. Lammerz. (VIII und 403 S.) 851. 20 Ngr.
" 6. Ausgewählte Offenbarungen der heil. Brigitta. Uebers. von A. Heuser. (VII und 343 S. mit 1 Stahlst.) 851. 15 Ngr.
" 7. Des ehrwürd. Albert des Großen (Erzbischof von Regensburg) goldenes Büchlein: wie man Gott anhangen soll. Aus dem Latein. durch Nic. Casseder. 2., rechtmäßige Ausg. (68 S.) 851. 4 Ngr.
" 8. Des heil. Anselm, Erzbischofs von Canterbury, Buch der Betrachtungen. Neu hrsg., übers. und mit dem Leben des Heiligen und den nothwend. Erläuterungen versehen von Ad. Buse. (339 S.) 851. 12½ Ngr.
" 9. Ausgewählte Schriften des heil. Thomas v. Aquin. Von den zwei Geboten der Liebe, den zehn Geboten Gottes und dem hochwürd. Sakramente des Altars. Aus dem Latein. übers. und mit Anmerkungen versehen von Conr. Martin. (XIII und 525 S. mit 1 Stahlst.) 852. 17½ Ngr.
Brigitta, ausgew. Offenb., übers. v. A Heuser. (343) 51.

Bibliothek, mystische und ascetische, oder Sammlung der Hauptwerke der Mystiker und Asceten vorzüglich des Mittelalters. 10. Publication. A. u. d. T.: Ausgewählte Offenbarungen der h. Mechthildis. Uebers. von A. Heuser. Köln 854. Heberle. 32. (2 Bl., 168 S.) 7½ ngl.

—— mystische und ascetische, oder Sammlung der Hauptwerke der Mystiker und Asceten vorzüglich des Mittelalters. 11. Publication. A. u. d. T.: Fromme Uebungen über das Leben und Leiden unseres göttlichen Herrn und Heilands Jesu Christi von Joho. Tauler. Aus dem Latein. von J. Ohaus. 32. (VIII und 544 S.) Köln 857, Heberle.
1—10. Publication. Ebendas. 1849—54. 2 Thlr. 27½ Ngr.

— **mythologische, hrsg. v. der Gesellschaft f. vergleich. Mythenforschg. I. Bd. 4 Hefte; II. u. III. Bd. à 2 Hefte u. IV. Bd. 1 Heft. 8. Leipzig, J. C. Hinrichs' Verl.** 42. —
Böklen, Ernst, Adam u. Quain im Lichte der vergleichenden Mythenforschung. (IV, 148 S.) 907. (I. Bd. 2. 3. Hft.) 4. —
— Sneewittchenstudien. 1. Tl. 75 Varianten im engern Sinn. Gesammelt u. unter sich selbst verglichen. (III, V, 172 S.) 910. (III. Bd. 2. Hft.) 6. —
Ehrenreich, Paul, die allgemeine Mythologie u. ihre ethnologischen Grundlagen. (VIII, 288 S.) 910. (IV. Bd. 1. Hft.) 10. —
Hüsing, Geo., die iranische Überlieferung u. das arische System. (III, XVI, 248 S. Mit: Siecke, Ernst: Nachträge zur Abhandlung „Hermes der Mondgott" S. 99—118.) 909. (II. Bd. 2. Hft.) 8.—; Nachtrag allein 1. —
(II. Bd. vollständig: 12. —; geb. n 13. 50)
Lessmann, Heinr., Aufgaben u. Ziele der vergleichend. Mythenforschg. (III, VIII, 52 S.) 908. (I Bd. 4. Hft.) 2. —
Schultz, Wolfg., Rätsel aus dem hellenischen Kulturkreise. Gesammelt u. bearb. 1. Tl. Die Rätselüberlieferg. (XX, 159 S.) 909. (III. Bd. 1. Hft.) 6. —
Siecke, Ernst, Drachenkämpfe. Untersuchungen zur german. Sagenkunde. (123 S.) 907. (I. Bd. 1. Hft.) 3. —
— Hermes der Mondgott. Studien zur Aufhellg. der Gestalt dieses Gottes. (98 S.) 908. (II. Bd. 1. Hft.) 3. —

— **Mythologische.** Hrsg. v. d. Gesellsch. f. vergleich. Mythenforschg. III. Bd, 2. (Schl.-)Heft; IV. Bd, 2 Hefte u. V. Bd, 1. Heft. Lex8° Lpzg, JC Hinrichs. (I—V, 1: 51—; Einbde je 1.50)
Böklen, Ernst: Sneewittchenstudien. 1. Tl. 75 Varianten im engern Sinn. (5, 172) '10 [III,2] 6 —
Ehrenreich, Paul: Die allg. Mythol. u. ihre ethnolog. Grundlagen. (8, 288) '10 [IV,1] 10 —
Hüsing, Geo.: Krsaaspa im Schlangenleibe u. and. Nachträge z. iran. Überlieferg. (64 u. 3) '11 [IV,2] 2 —
Schultz, Wolfg.: Rätsel a. d. hellen. Kulturkreise. Gesammelt u. bearb. 2. Tl. Erläutergn z. Rätselüberlieferg. (4, 3, 160) '12 [V,1] 6 — (vollst.: 12 —; geb. n 13 —)

— **od. Nachricht v. neuen Büchern,** 100 Thle. 8. Halle, Renger, 709—20.

— **od. Nachricht v. Büchern,** 13 Thle. 8. Halle, Kümmel, 718.

(Georg E.) Nagel's **Bibliothek** illustrierter Humoresken. 1. *Berlin: G. E. Nagel [1902.]* 8° [F.]

BIBLIOTHEK FÜR NAHRUNGSMITTEL-CHEMIKER. Herausgegeben von J. Ephraim. Leipzig, 1894–95. 8 vols., 8vo.
Vol. I: WURZBURG, A. Nahrungsmittel-Gesetzgebung (Die) im deutschen Reiche und den einzelnen Bundesstaaten. 1894.
Vol. II: RÖTTGER, H. Kurzes Lehrbuch der Nahrungsmittel-Chemie. 1894.
Vol. III: MAYRHOFER, J. Instrumente und Apparate zur Nahrungsmittel-Untersuchung. 1894.
Vol. IV: EPHRAIM, J. Sammlung der wichtigsten Originalarbeiten über Analyse der Nahrungsmittel. 1895.
Vol. V: MÜLLER, C. Mikroskopie der Nahrungs- und Genussmittel.
Vol. VI: WERNICKE, C. Bacteriologie; ein kurzes Lehrbuch für Nahrungsmittel-Chemiker.
Vol. VII: WEIGMANN, U. Milch (Die) und ihre Produkte.
Vol. VIII: PRIOR, E. Chemie und Physiologie des Malzes und des Bieres.

— **für Nahrungsmittel-Chemiker. Hrsg. v. Jul. Ephraim unter Mitwirkg. v. Mayrhofer, Carl Müller, H. Röttger, E. Wernicke, A. Würzburg u. unter Förderg. v. Geissler, E. Hanausek, Medicus, K. Thiel. 1.—4. Bd. 8. Leipzig, J. A. Barth.** n. 25. —
1. Die Nahrungsmittel-Gesetzgebung im Deutschen Reiche u. in den einzelnen Bundesstaaten. Von Arth. Würzburg. (XIV, 372 S.) 894. n. 6. —
2. Kurzes Lehrbuch der Nahrungsmittel-Chemie. Von H. Röttger. (XII, 467 S.) 894. n. 7. —
3. Instrumente u. Apparate zur Nahrungsmittel-Untersuchung. Von J. Mayrhofer. (XI, 324 S. m. 158 Abbildgn.) 894. n. 6. —
4. Sammlung der wichtigsten Originalarbeiten üb. Analyse der Nahrungsmittel, zusammengestellt u. m. Anmerkgn. versehen v. Jul. Ephraim. (VIII, 322 S.) 895. n. 6. —

— **für Nahrungsmittel-Chemiker. Hrsg. v. Jul. Ephraim unter Mitwirkg. v. J. Mayrhofer, Carl Müller, E. Prior, H. Röttger, E. Wernicke, A. Würzburg u. unter Förderg. v. Geissler, E. Hanausek, Medicus, K. Thiel. 5. Bd. 8. Leipzig 896. J. A. Barth.** n. 11. —;
geb. in Leinwand n. 12. — (1.—5.: n. 36. —)
Chemie u. Physiologie d. Malzes u. d. Bieres. Von Eug. Prior. (X, 507 S. m. Fig. u. Tab.)

—— der deutschen Nationalliteratur. Hrsg. von Heinr. Kurz. 1.—18. Lfg. br. 8. Hildburghausen (867)68, Bibliographisches Institut. à Lfg. 5 Ngr.
Inhalt:
Lfg. 1—4. 9—14. Goethe's Werke. (1. Bd. XL und 623 S. und 2. und 3. Bd. 1045 S.)
„ 5—8. 15—18. Schiller's Werke. 1. und 2. Bd. (XX und 1247 S.)
Lfg. 29—46. 51—66. Goethe's Werke. 4.—12. Bd. (524; 464; 428; 522; 591; 722; 528; 608; 779 S.) 12 Bde. geb. *M 30. — Gedichte apart, 2 Bde., geb. *M 4.
„ 67—72. Chamisso's Werke. 2 Bde. (464; 456 S.) geb. *M 4.
„ 81—95. Lessing's Werke. 4 Bde. (515; 447; 681; 831 S.) geb. in 3 Bdn. *M 10.
„ 96—101. Hoffmann, E. T. A., ausgewählte Werke. 2 Bde. (436; 453 S.) geb. *M 4.
„ 102—110. Wieland, Ch. M., ausgewählte Werke. 3 Bde. (XXVIII, 448; 445; 467 S.) geb. *M 6.
„ 111—125. Herder, Joh. Gottfr., ausgewählte Werke. Kritisch durchgeseh. Ausg. mit Angabe der Lesarten. 4 Bde. (478; 531; 723; 650 S.) geb. *M 10.
1.—18. Lfg. Ebendas. 1868. M 9.

— **der deutschen Nationalliteratur. Hersg. von Heinr. Kurz. 1—110. Liefg. Hildburghausen 868—70. Bibliograph. Institut. 8. Jede Liefg.** 5 ngr.
Einzelausgaben nach den Verff. alphabetisch geordnet:
v. Chamisso's Werke. 2 Bde. (464; 456 S.) 1 ₰; geb. n. 1 ₰ 15 ngr.
Goethe's Werke. 12 Bde. (1.: XL, 623; 2. 3.: 1045; 4.: 524; 5.: 464; 6.: 428; 7.: 522; 8.: 591; 9.: 722; 10.: 528; 11.: 608; 12.: 779 S.) 7 ₰ 10 ngr.; geb. n. 9 ₰;
Gedichte. 2 Bde. apart 1 ₰; geb. n. 1 ₰ 15 ngr.
Hoffmann, E. T. A., ausgewählte Werke. 2 Bde. (436; 453 S.) 1 ₰; geb. n. 1 ₰ 15 ngr.
v. Kleist's, Heinr., Werke. 2 Bde. (XVI, 844 S.) 25 ngr.; geb. n. 1 ₰ 5 ngr.
Lessing's Werke. 4 Bde. (515; 447; 681; 831 S.) 2 ₰ 15 ngr.; geb. n. 3 ₰ 15 ngr.
Schiller's Werke. 6 Bde. (1. 2.: 1247; 3.: 776; 4.: 593; 5.: 553; 6.: 564 S.) 4 ₰ 5 ngr.; geb. n. 4 ₰ 15 ngr.
in 4 Bdn. (ohne die Fragmente u. Uebersetzungen) 2 ₰ 25 ngr.; geb. n. 3 ₰
Wieland, Ch. M., ausgewählte Werke. 1—3. Bd. (XXVIII, 448; 445; 467 S.) 1 ₰ 15 ngr.; geb. n. 2 ₰ 7½ ngr.

— **der deutschen Nationalliteratur des 18. u. 19. Jahrhunderts. 1—29. Bd. Leipzig 868—70. Brockhaus. 8. Jeder Bd.** n. 10 ngr.; geb. n. 15 ngr.
1. Bd.: Schleiermacher, Fr., über die Religion. Reden an die Gebildeten unter ihren Verächtern. Mit Einleitung hersg. von C. Schwarz. (XXI, 254 S.)
2. Bd.: Klopstock, F. G., Oden. Auswahl. Mit Einleitung u. Anmerkungen hersg. von Heinr. Düntzer. (XXVI, 221 S.)
3. 4. Bd.: Musäus, J. K. A., Volksmärchen der Deutschen. Mit Einleitung u. Anmerkungen hersg. von Mor. Müller. 3 Thle. (XV, 537 S.)
5. 6. Bd.: Kortum, C. A., die Jobsiade. Ein komisches Heldengedicht in 3 Thln. 13. bericht. Aufl. Mit Einleitung u. Anmerkungen hersg. von Frdr. W. Ebeling. (XXII, 372 S. mit Holzschn.)
7. Bd.: Schulze, Ernst, die bezauberte Rose. Ein Gedicht in 3 Gesängen. Poetisches Tagebuch. Mit Einleitung u. Anmerkungen hersg. von Jul. Tittmann. (XXXVI, 190 S.)
8. Bd.: Lessing, G. E., Minna von Barnhelm. Emilia Galotti. Nathan der Weise. Mit Einleitung hersg. von Herm. Hettner. (XXIII, 318 S.)
9. Bd.: Wieland, Chr. M., Oberon. Ein Gedicht in 12 Gesängen. Mit Einleitung u. Anmerkungen hersg. von Rhold. Köhler. (XXIII, 257 S.)

10. 11. Bd.: Müller, Maler, Dichtungen. Mit Einleitung herzg. von Herm. Hettner. 2 Thle. (XX, 402 S.)

12. Bd.: Körner, Th., Leier u. Schwert. Zriny. Rosamunde. Mit Einleitung herzg. von Rud. Gottschall. (XXX, 237 S.)

13. 14. Bd.: Forster, Geo., Ansichten vom Niederrhein, von Brabant, Flandern, Holland, England u. Frankreich im April, Mai u. Juni 1790. Mit Einleitung u. Anmerkungen herzg. von Wilh. Buchner. (XXXVI, 430 S.)

15. Bd.: v. Herder, Joh. G., der Cid. Nach spanischen Romanzen besungen. Mit e. Einleitung über Herder u. seine Bedeutung für die deutsche Literatur herzg. von Jul. Schmidt u. mit Erläuterungen versehen von Karoline Michaelis. (XXXIII, 152 S.)

16. Bd.: Seume, J. G., Spaziergang nach Syrakus im J. 1802. Mit Einleitung u. Anmerkungen/herzg. von Herm. Oesterley. (XIII, 209 S.)

17. 18. Bd.: Müller, Wilh., Gedichte. Mit Einleitung u. Anmerkungen herzg. von Max Müller. 2 Thle. (XXXVI. 174; VII, 101 S.)

19. 20. Bd.: v. Goethe, J. W., Faust. Eine Tragödie. Mit Einleitung u. Erläuterungen herzg. von Mor. Carriere. 2 Thle. (XIX, 226; V, 205 S.)

21. 22. Bd.: Bürger, G. A., Gedichte. Neue vollständige Ausg. Mit Einleitungen u. Anmerkungen herzg. von Jul. Tittmann. (LX, 330 S.)

23—25. Bd.: v. Herder, J. G., Ideen zur Geschichte der Menschheit. Mit Einleitung u. Anmerkungen herzg. von Julian Schmidt. 3 Bde. (LXXXVIII, 148; VIII, 284; VII, 256 S.)

26. Voß, Joh. Heinr., Luise. Ein ländliches Gedicht. — Idyllen. Mit Einleitung u. Anmerkungen herzg. von Karl Goedeke. (XXX, 215 S.)

27. Bd.: Schleiermacher, Fr., Monologen. Eine Neujahrsgabe. — Die Weihnachtsfeier. Ein Gespräch. Mit Einleitung herzg. von Carl Schwarz. (XXV, 158 S.)

28. Bd.: Mendelssohn, Moses, Phädon oder über die Unsterblichkeit der Seele. In drei Gesprächen. — Jerusalem oder über religiöse Macht u. Judenthum. Mit Einleitung u. Anmerkungen herzg. von Arn. Bodek. (XLI, 216 S.)

29. Bd.: Hölty, L. H. Chr., Gedichte. Mit Einleitungen u. Anmerkungen herzg. von Karl Halm. (XXXVI, 158 S.)

— der deutschen Nationalliteratur. Hrsg. v. Heinr. Kurz. 111—125. Lfg. br. 8. Leipzig 870—72. bibliogr. Institut. à — 50

Ausgewählte Werke v. Joh. Gottfr. Herder. Kritisch durchgesehene Ausg. m. Angabe der Lesarten. 1—15. Lfg. (1. Bd. 478, 2. Bd. 531, 3. Bd. 723 u. 4. Bd. 650 S.)

— der deutschen Nationalliteratur d. 18. u. 19. Jahrhunderts. 30—40. Bd. 8. Leipzig 871—76. Brockhaus. à n. 1. 20; geb. à n. 2. —

30. Fabeln u. Erzählungen. Geistliche Oden u. Lieder. Von Chr. Fürchteg. Gellert. Mit Einleitgn. Hrsg. v. Karl Biedermann. (XVII, 238 S.)

31. Reden an die deutsche Nation v. Joh. Glieb. Fichte. Mit Einleitg. hrsg. v. Imm. Herm. Fichte. (XXXIX, 190 S.)

32. 33. Patriotische Phantasien. Von Justus Möser. Mit Einleitg. u. Anmerkgn. herzg. v. Reinhard Zöllner. In 2 Thln. (XLIII, 184 u. VII, 188 S.)

34. Wilhelm Tell. Schauspiel v. Frdr. Schiller. Mit Einleitg., dem alten Volksschauspiel v. Uri u. Erklärgn. hrsg. v. Mor. Carriere. (LXIX, 144 S.)

35. Virgil's Aeneis travestirt v. Aloys Blumauer. Mit e. Einleitg. üb. die Parodie u. die Parodisten u. m. Anmerkgn. hrsg. v. Ed. Grisebach. (XXVII, 200 S.)

36. Ueber die Ehe. Von Thdr. Glieb. v. Hippel. Mit Einleitg. u. Anmerkgn. hrsg. v. Emil Brenning. (XXXI, 202 S.)

37. Gedichte v. Frdr. v. Matthisson. Mit Einleitgn. u. Anmerkgn. hrsg. v. Ernst Kelchner. (XVIII, 135 S.)

38. Heinrich v. Ofterdingen. Von Novalis [Frdr. v. Hardenberg]. Mit Einleitg. u. Anmerkgn. hrsg. v. Julian Schmidt. (XXIV, 144 S.)

39. Martin Luther od. die Weihe der Kraft. Von Zach. Werner. Mit Einleitg. u. Anmerkgn. hrsg. v. Julian Schmidt. (XVI, 192 S.)

40. Hermanns Schlacht. Ein Bardiet f. die Schaubühne v. Frdr. Glieb. Klopstock. Mit Einleitgn. u. Anmerkgn. hrsg. v. Heinr. Düntzer. (XXIV, 120 S.)

Bibliothek der deutschen Nationalliteratur des 18. u. 19. Jahrh. 1., 2. u. 41—44. Bd. 8. Leipzig 877—81. Brockhaus. à 1. 20; geb. à 2. —

1. Ueber die Religion. Reden an die Gebildeten unter ihren Verächtern. Von Frdr. Schleiermacher. Mit Einleitung hrsg. v. Carl Schwarz 2. Aufl. (XX, 254 S.)

2. Oden v. Frdr. Glieb. Klopstock. Auswahl. Mit Einleitung u. Anmerkungen hrsg. v. Heinr. Düntzer. 2. Aufl. (XXVI, 221 S.)

41. 42. Ausgewählte Dramen von Heinr. v. Kleist. Mit Einleitung u. Anmerkungen hrsg. v. Karl Siegen. 2 Thle. (XXXIV, 214 u. XVI, 218 S.)

43. Katzenberger's Badereise. Von Jean Paul. Mit Einleitung u. Anmerkungen hrsg. v. Otto Sievers. (LVI, 139 S.)

44. Laokoon oder über die Grenzen der Malerei u. Poesie. Von Ghold. Ephr. Lessing. Mit Einleitung u. Anmerkungen hrsg. v. Rob. Boxberger. (XX, 162 S.)

—— der gesammten deutschen National-Literatur v. d. ältesten bis auf d. neuere Zeit I. Abthl. 1—3. 5—7. 8. 10. 11. 13. 17—24. Bd., II. Abthl. 1. 2. Bd., III. Abthl. 1. Bd. gr. 8. Quedlinburg, Basse. 42 Thlr. 12 Gr., Schwzrvlnp.

Abthl. I. a. u. d. Ttln.:

Bd. 1. Kutrun. Mittelhochdeutsch. Hrsg. v. Ad. Ziemann. (14½ B.) 835. 1 Thlr. 12 Gr., Schwzrvlnp. 2 Thlr.

- 2. Theuerdank. Hrsg. u. mit ein. histor.-krit. Einleit. vers. v. Carl Haltaus. Nebst 6 lith. Blätt. (½ gr. Fol.) (21¾ B.) 836. 2 Thlr. 8 Gr., Schwzrvlnp. 3 Thlr.

- 3. Deutsche Gedichte d. XII. Jahrh. u. d. naechstverwandten Zeit. 1. Thl. Die Strassburg-molsheim. Handschrift, enthalt. d. Glouben d. armen Hartmann, die Letanie, den Alexander d. Pfaffen Lamprecht, den Pilatus. Hrsg. v. H. F. Massmann. (23 B.) 837. 1 Thlr. 20 Gr., Schwzrvlnp. 2 Thlr. 10 Gr.

- 5. Herbort's von Fritslâr liet von Troye, hrsg. v. Geo. Karl Frommann. (24½ B.) 837. 1 Thlr. 20 Gr., Schwzrvlnp. 2 Thlr. 10 Gr.

- 6. Eraclius. Deutsches u. französ. Gedicht d. XII. Jahrh. (jenes v. Otte, dieses v. Gautier v. Arras) nach ihren je beiden einzigen Handschriften, nebst mittelhochdeutschen, griech., latein. Anhängen u. geschichtl. Untersuchung. Zum ersten Male hrsg. v. H. F. Massmann. (41¼ B.) 842. 3 Thlr. 16 Gr., Schwzrvlnp. 4 Thlr. 8 Gr.

- 7. Die deutschen Abschwörungs-, Glaubens-, Beicht- u. Betformeln vom VIII. b. z. XII. Jahrh. Nebst Anhängen u. Schriftnachbildungen. Hrsg. v. H. F. Massmann. (13 B. u. 5 Steindr.) 839. 1 Thlr. 4 Gr., Schwzrvlnp. 1 Thlr. 10 Gr.

- 8. Liederbuch d. Clara Hätzlerin. A. d. Handschrift d. Böhm. Museums zu Prag hrsg. u. mit Einleit. u. Wörterb. vers. v. Carl Haltaus. (28 B.) 840. 2 Thlr. 8 Gr., Schwzrvlnp. 3 Thlr. 8 Gr.

- 10. Deutsche Interlinearversionen der Psalmen. A. ein. windberger Handschrift zu Munchen (XII. Jahrh.) u. ein. Handschrift zu Trier (XIII. Jahrh.) zum ersten Male hrsg. v. E. G. Graff. (42¾ B. u. 1 Schrifttaf.) 839. 3 Thlr. 20 Gr., Schwzrvlnp. 4 Thlr. 20 Gr.

- 11. Deütsche Predigten. 1. u. 2. Thl.

1. Thl. Deütsche Predigten d. XII. u. XIII. Jahrh., aus gleichzeit. Handschriften zum erstenmale hrsg. u. erläutert v. Karl Roth. Nebst ein. geschichtl. Vorberichte, u. ein. Stammtaf. d. Bruders Berhtolt v. Regensburg, entworfen v. J. R. Schuegraf. (8 B.) 839. 20 Gr., Schwzrvlnp. 1 Thlr.

2. - Deütsche Predigten d. XIII. u. XIV. Jahrh. Hrsg. v. Herm. Leyser. Mit Glossar. (13 B.) 838. 1 Thlr., Schwzrvlnp. 1 Thlr. 6 Gr.

- 13. Cuonrat von Würzeburc's Werke.

3. Thl. Otte mit dem barte. Hrsg. v. Karl Aug. Hahn. (7 B.) 838. 20 Gr., Schwzrvlnp. 1 Thlr.

- 17. Das Narrenschiff v. Seb. Brant, nebst dess. Freiheitstafel. Neue Ausg., nach d. Original-Ausg. besorgt u. mit Anmerkn. vers. v. Adam Walther Strobel. (20½ B.) 839. 1 Thlr. 20 Gr., Schwzrvlnp. 2 Thlr. 10 Gr.

- 18. Kleinere Gedichte v. dem Stricker. Hrsg. v. Karl Aug. Hahn. gr. 8. (8 B.) 839. 1 Thlr., Schwzrvlnp. 1 Thlr. 6 Gr.

- 19. Heinrich's von Krolewiz ûz Missen Vater Unser. Hrsg. v. Geo. Chr. Frieder. Lisch. (13¾ B.) 839. 1 Thlr. 16 Gr., Schwzrvlnp. 2 Thlr.

Bibliothek der gesammten deutschen National-Literatur etc.

Bd. 20. Gedichte d. XII. u. XIII. Jahrh. Hrsg. v. Karl Aug. Hahn. (10 B.) 840. 1 Thlr. 4 Gr., Schwzrvlnp. 1 Thlr. 8 Gr.

- 21. Altteutsche Schauspiele. Hrsg. v. Frz. Jos. Mone. (14 B.) 841. 1 Thlr. 8 Gr., Schwzrvlnp. 1 Thlr. 12 Gr.

- 22. Dyocletianus Leben von Hans v. Bühel. Hrsg. v. Adelb. Keller. (13¼ B.) 841. 1 Thlr. 12 Gr., Schwzrvlnp. 1 Thlr. 20 Gr.

- 23. Gesta Romanorum, das ist der Roemer tat, hrsg. v. Adelb. Keller. (11½ B.) 841. 1 Thlr. 8 Gr., Schwzrvlnp. 1 Thlr. 12 Gr.

- 24. Der jungere Titurel, hrsg. v. Karl Aug. Hahn. (38½ B.) 842. 2 Thlr. 16 Gr., Schwzrvlnp. 3 Thlr.

Abthl. II. a. u. d. Ttln.:

Bd. 1. Untersuchungen zur Geschichte d. teutschen Heldensage. Von Frz. Jos. Mone. (19 B.) 836. 2 Thlr. 8 Gr., Schwzrvlnp. 2 Thlr. 16 Gr.

- 2. Die Arthur-Sage u. d. Mährchen d. rothen Buchs v. Hergest. Hrsg. v. † San-Marte. (21 B.) 842. 2 Thlr., Schwzrvlnp. 2 Thlr. 8 Gr.

III. Abthl. 1r Bd. Ad. Ziemann, mittelhochdeutsches Wörterbuch. 3 Lfrgg. A.—Z. gr. 8. Ebd. 837, 38. 4⅓ ℛ Velinp. 6 ℛ

—— der gesammten deutschen National-Literatur v. d. ältesten bis auf die neuere Zeit. 9. Bd. A. u. d. T.: Sanct Alexius Leben in 8 gereimten mittelhochdeutschen Behandlungen. Hrsg. v. Hans Ferd. Massmann. gr. 8. (13⅞ B.) Quedlinburg 843, Basse. 1 Thlr. 15 Ngr. — Velinp.

—— dies. 12. Bd. A. u. d. T.: Flora u. Blanscheflur, eine Erzählung von Konr. Fleck, hrsg. v. Em. Sommer. gr. 8. (22 B.) Ebds. 846. 2 Thlr. Vlnp.

—— dies. 15. Bd. A. u. d. T.: Auswahl der Minnesänger für vorlesungen und zum schulgebr. mit einem wörterbuche u. einem abrisse der mhd. formenlehre hrsg. v. Karl Volckmar. gr. 8. (15 B.) Ebds. 845. 1 Thlr. 10 Ngr. — Vlnp.

—— dies. 16. Bd. A. u. d. T.: Heinrichs von Meissen des Frauenlobes Leiche, Sprüche, Streitgedichte u. Lieder. Erläut. u. hrsg. v. Ludw. Ettmüller. gr. 8. (20⅛ B.) Ebds. 843. 2 Thlr. 10 Ngr. — Vlnp.

1. Abthl. 1—3. 5—7. 8. 10. 11. 13. 17—24. Bd., II. Abthl. 1. 2. Bd., III. Abthl. 1. Bd. Ebendas. 1835—42. 42 Thlr. 15 Ngr. Vlnp. 52 Thlr. 25 Ngr. — Die in der Reihenfolge fehlenden Bände sind noch nicht erschienen.

—— der gesammten deutschen National-Literatur von der ältesten bis auf die neuere Zeit. 1. Abthl. 4., 14. und 25—31. Bd. gr. 8. Quedlinburg, Basse. Vlnp.

Auch unter den Titeln:

Bd. 4. Der keiser und der kunige buoch oder die sogenannte Kaiserchronik, Gedicht des 12. Jahrh. von 18,578 Reimzeilen. Nach 12 vollständ. und 17 unvollständ. Handschriften, so wie anderen Hülfsmitteln, mit genauen Nachweisungen über diese und Untersuchungen über Verfasser und Alter etc. nebst ausführl. Wörterbuche und Anhängen zum ersten Male hrsg. von Hans Ferd. Massmann. 1. und 2. Thl. [1. (XXX und 608 S.) 3 Thlr. 10 Ngr., Vlnp. 4 Thlr. 10 Ngr., 2. (732 S.) 849. 3 Thlr. 10 Ngr., Vlnp. 4 Thlr. 10 Ngr.]

- 14. Jacob Ruffs Etter Heini uss dem Schwizerland, sammt einem Vorspiel. Erläut. und hrsg. von Herm. Marcus Kottinger. (XXXVIII und 254 S.) 847. 1 Thlr. 20 Ngr., Vlnp. 2 Thlr.
- 25. Mare von Sente Annen Erzebiscove ci Kolne bi Riol. Von Neuem hrsg. von H. E. Bezzenberger. (X und 121 S.) 848. 1 Thlr., Vlnp. 1 Thlr. 5 Ngr.

Bd. 26. Jacob Ruffs Adam und Heva. Erläutert und hrsg. von Herm. Marcus Kottinger. (VIII und 216 S.) 848. 1 Thlr. 20 Ngr., Vlnp. 2 Thlr.

27. Theophilus, der Faust des Mittelalters. Schauspiel aus dem 14. Jahrhundert. In niederdeutscher Sprache. Erläutert und hrsg. von Ludw. Ettmüller. (XLIV und 50 S.) 849. 20 Ngr., Vlnp. 25 Ngr.

28. Engla and seaxna scôpas and bôceras. — Anglosaxonum poëtae atque scriptores prosaici, quorum partim integra opera, partim loca selecta collegit, correxit, ed. Ludov. Ettmüllerus. (XXIV und 304 S.) 850. 1 Thlr. 20 Ngr., Vlnp. 2 Thlr.

29. Vorda vealhstôd engla and seaxna. — Lexicon anglosaxonicum ex poëtarum scriptorumque prosaicorum operibus nec non lexicis anglosaxonicis collectum, cum synopsi grammatica ed. Ludov. Ettmüllerus. (LXXI und 768 S.) 851. 4 Thlr. 15 Ngr., Vlnp. 5 Thlr. 10 Ngr.

30. Der wälsche Gast des Thomasin v. Zirclaria. Zum ersten Male hrsg. mit sprachl. und geschichtl. Anmerkungen von Heinr. Rückert. (XII und 612 S.) 851(52.) 3 Thlr., Vlnp. 3 Thlr. 15 Ngr.

31. Dat spil fan der upstandinge. Gedichtet 1464. Mit Einleitung und Erläuterungen hrsg. von Ludw. Ettmüller. (XXIII und 123 S.) 851. 25 Ngr., Vlnp. 1 Thlr.

—— dass. II. Abthl. 3. Bd. A. u. d. T.: Beiträge zur bretonischen und celtisch-germanischen Heldensage. Von San-Marte (A. Schulz.) gr. 8. (VIII und 200 S.) Quedlinburg 847, Basse. Thlr. Vlnp.

Vgl. 10. Bd. 1. Abthl. S. 94.

—— d. ges. deut. Nat.-Literatur. 1. Abth. 4. u. 29—39. Bd. 8. Quedl., Basse. 33. 5; Vel. 38. — (I. 1—12, 13c—39, II. 1—3, III. 1. 95. 25; Vel. 117. 25)

Der keiser u. kunige buoch od. d. sog. Kaiserchronik, hrsg. v. HF Massmann. 3. Thl. (1192) 54. 4. 25; Vel. 5. 25
Ettmüller, L, lexicon anglosaxonicum. (768) 51. 4. 15; Vel. 5. 10
Thomasin v. Zirclaria, d. wälsche Gast. Hrsg. v. H Rückert. (612) 52. 3. —; Vel. 3. 15
Dat spil fan der upstandinge. 1464. Hrsg. v. L Ettmüller. (123) 51. — 25; Vel. 1. —
Das Passional. Leg.-Samml. d. 13. Jahrh. hrsg. v. FK Köpke. (520) 52. 3. 20; Vel. 4. 15
Wizlâw's Fürsten v. Rügen Sprüche u. Lieder. Nebst Ged. v. Eike v. Repgôwe. Hrsg. v. L Ettmüller. (100) 52. — 20; Vel. — 25
Bruder Philipps Marienleben, hrsg. v. H Rückert. (391) 53. 1. 20; Vel. 2. —
Karl d. Grosse v. d. Stricker, hrsg. v. K Bartsch. (532) 57. 2. 15; Vel. 3. —
Lohengrin. Krit. hrsg. v. H Rückert. (292) 58. 57. 1. 15; Vel. 1. 20
Erlösung, die. Ausw. geistl. Dicht., hrsg. v. K Bartsch. (461) 58. 2. 15; Vel. 3. —
Ebernand v. Erfurt, Heinrich u. Kunigunde, hrsg. v. R Bechstein. (207) 60. 1. 25; Vel. 2. 10
Albrecht v. Halberstadt u. Ovid im Mittelalt. v. K Bartsch. (756) 61. 4. —; Vel. 5. —

—— der gesammten deutschen National-Literatur von der ältesten bis auf die neuere Zeit. 1. Abthl. 4. Bd. 3. Abthl., und 32—34. Bd. gr. 8. Quedlinburg, Basse. Vlnp.

Auch unter den Titeln:

Bd. 4. Massmann, Hans Ferd., der kaiser und der kunige buoch oder die sogenannte Kaiserchronik, Gedicht des 12. Jahrh. von 18578 Reimzeilen. Zum ersten Male hrsg. 3. Thl. (XXIV und 1192 S.) 854. 4 Thlr. 25 Ngr.; Vlnp. 5 Thlr. 25 Ngr.

- 32. Köpke, Fr. Carl, das Passional. Eine Legenden-Sammlung des 13. Jahrh. Zum ersten Male hrsg. und mit einem Glossar versehen. (XVI und 820 S.) 852. 3 Thlr 20 Ngr.; Vlnp. 4 Thlr. 15 Ngr.
- 33. Ettmüller, Ludw., des Fürsten von Rügen Wizlâw's des Vierten Sprüche und Lieder in niederdeutscher Sprache. Nebst einigen kleinen niederdeutschen Gedichten: Herrn Eiken v. Repgôwe Klage, der Kranichs Hals und der Thiere Rath. (100 S.) 852. 20 Ngr.; Vlnp. 25 Ngr.
- 34. Rückert, Heinr., Bruder Philipps des Carthäusers Marienleben. Zum ersten Male hrsg. (VIII und 391 S.) 853. 1 Thlr. 20 Ngr.; Vlnp. 2 Thlr.

Der Preis der zur Zeit erschienenen Bände ist 83 Thlr. 15 Ngr.; Vlnp. 102 Thlr. 25 Ngr. Vgl. 11. Bd. 1. Abthl. S. 102.

—— der gesammten deutschen National-Literatur von der ältesten bis auf die neuere Zeit. 2. Abthl. 4. Bd.: Zur Waffenkunde des älteren deutschen Mittelalters. Mit 13 lithogr. Abbild. aus Handschriften zur Parcival-Dichtung. Hrsg. von San-Marte. (A. Schulz). gr. 8. (XIV und 355 S.) Quedlinburg 867, Basse. Velinp.

—— dass. — 3. Abthl. 2. Bd.: Reimregister zu den Werken Wolframs v. Eschenbach. Von A. Schulz. (San-Marte.) gr. 8. (V und 113 S.) Ebendas. 867. Velinp.

1. Abthl. 1.—12., 13c.—39., 2. Abthl. 1.—4., 3. Abthl. 1. Bd. Ebendas. 1835—60. kosten zusammen 98 Thlr. 15 Ngr.; Velinp. 120 Thlr. 25 Ngr.

—— der gesammten deutschen National-Literatur von der ältesten bis auf die neuere Zeit. 2. Abthl. 5. und 6. Bd. gr. 8. Quedlinburg, Basse. ℳ 8.; Velinp.

Inhalt:

Bd. 5. San-Marte [A. Schulz], über Wolfram's v. Eschenbach Rittergedicht Wilhelm v. Orange und sein Verhältniß zu den alt-französ. Dichtungen gleichen Inhalts. (165 S.) 871. ℳ 3,50.; Velinp. ℳ 4.

- 6. —— Rückblicke auf Dichtungen und Sagen des deutschen Mittelalters. Literarische Vorträge. (VIII, 220 S.) 872. ℳ 4,50.; Velinp. ℳ 5,50.

1. Abthl. Bd. 1.—12., 13c.—39.; 2. Abthl. Bd. 1—4.; 3. Abthl. Bd. 1. und 2. Ebendas. 1835—67. ℳ 298,50.; Velinp. ℳ 366.

Bibliothek des germanischen Nationalmuseums zu Nürnberg. (Abgedruckt aus dem 1. Bd. der Schriften des germanischen Nationalmuseums.) Nürnberg. 1855. 8⁰.

—— national-ökonomische, hrsg. von J. Prince-Smith, s. Bibliothek volkswirthschaftlicher Schriften.

— naturalistische. Hrsg. v. Arth. Zapp. 1.—27. Bd. 8. Berlin, H. Steinitz. à n. 1. —

Inhaltsübersicht in alphabet. Ordnung:

Alfß, Paul, Dämon Weib. Erzählg. (127 S.) 897. (Bd. 15.)
— Schule d. Liebe. (159 S.) 898. (Bd. 22.)
— Sündengeld. E. mod. Geschichte. (127 S.) 897. (Bd. 8.)
Braun, Max, die Puppengräfin. Roman. (114 S.) 898. (Bd. 27.)
Falck, Norbert, Sohnesrecht. Roman (107 S.) 896. (Bd. 7.)
Faverie, Schalck de la, Gerettet. Autor. Uebersetzg. a. d. Franz. v. M. Speyer. (122 S.) 897. (Bd. 13.)
Fileß, Erich, d. Herr Kollega. 2. Aufl. (144 S.) 898. (Bd. 18.)
Friedmann, Alfr., Vorleben. E. mod. Geschichte. (184 S.) 898. (Bd. 21.)
Goncourt, Edmond de, „Elisa“ (La fille Elisa.) Roman e. Verlorenen. Autor. Uebersetzg. a. d. Franz. v. Wilh. Thal. 4. Aufl. (VI, 154 S.) 897. (Bd. 14.)
Jacobson, Benno, Mademoiselle Bizi. 4. Aufl. (156 S.) 898. (Bd. 19.)
Kapff-Essenther, F. v., Don-Juan-Phantasie. (199 S.) 897. (Bd. 23.)
Kreyer, Max, Onkel Fisi. 3. u 4. Taus. (2. Aufl.) (156 S.) 897. (Bd 10.)
Maspes, Adolfo, Frauenherzen. Autor. Uebersetzg. a. d. Italien. v. Hans Jürgens. (150 S.) 897. (Bd. 16.)
Maupassant, Guy de, Monsieur Parent. Deutsch v Wilh. Thal. (197 S.) 896. (Bd. 25.)
— die kleine Roque u. a. Deutsch v. Wilh. Thal. (139 S.) 897. (Bd. 11.)
— Ein Sohn u. Anderes. Deutsch v. Wilh. Thal. (3. [Umschlag-] Aufl.) (143 S.) 898. (Bd. 20.)
— die Totenhand. Deutsch v. Wilh. Thal. (205 S.) 896. (Bd 26.)
Revel, Hugo Alphonse, Hermeline. A. d. fin de Siècle. (146 S.) 897. (Bd. 12.)
— Frau Lüge. (176 S.) 897. (Bd. 17.)
Ring, Max, Gift! Kriminalgeschichte. (198 S.) 896. (Bd. 24.)

Zapp, Arth., Allerlei Evatöchter. 3.—5. Taus. (121 S.) 897. (Bd. 6.)
— Moderne Frauen. Erzählg. (3. Aufl. v. „der Ibsenbund.") (4.—6. Taus.) (190 S.) 897. (Bd. 9.)
— Lieutenant Don Juan. Erbauliche Zeitbilder. 1. Lieutenant Don Juan. 2. General Brutus. 3. u. 4. Taus. (124 S.) 896. (Bd. 3.)
— die Lüge d. Ehe. Sittenbilder. 3. u. 4. Taus. (163 S.) 896. (Bd. 4.)
— Sodom. Sittenbilder a. d. heut. Berlin. 3. u. 4. Taus. (162 S.) 896. (Bd. 5.)
— Sittenbilder a. d. mod. Eheleben. (1. Gleiches Recht! Gleiche Pflicht! 2. Ein Lendemain.) 8.—10. Taus. (119 S.) 897. (Bd. 2.)
— Wie die jungen Mädchen lieben! Studien a. d. Liebesleben d. weibl. Welt. 3.—5. Taus. (122 S.) 896. (Bd. 1.)

— naturalistische. 28.—30. Bd. 8. Berlin. H. Steinitz. à n. 1.—
28. Gestern u. Heut. Roman. Von Ulr. Frank. (178 S.) 896.
29. Vorbestraft. Eine Criminalgeschichte. Von Paul Blumenreich. (182 S.) 897.
30. Vor dem Schwurgericht u. A. Geschichten. Von Max Ring. (Neue [Titel-]Ausg. (194 S.) (896.) 899.

— für Naturfreunde. Nr. 1—8. 8. Wien 887. O. Frank. n. 5. 60
1. Der Kanarienvogel, seine Zucht u. Pflege, m. besond. Berücksicht. der deutschen Landrace v. E. Perzina (28 S.) n. — 60
2. Der Swarzbarsch u. der Forellenbarsch [Black Bass], ihr wirthschaftl. Werth u. ihre Zucht. Von Max v. dem Borne. (16 S. m. 2 Abbildgn.) n. — 40
3. Der Flußkrebs, seine Beschreibung u. Zucht. Von O. Frank. (19 S.) n. — 60
4. Der Goldfisch, seine Pflege u. Zucht. Von G. Findeis. (23 S.) n. — 60
5. Der Macropode, seine Pflege u. Zucht. Von G. Findeis (30 S.) n. — 80
6. Die schweren asiatischen Hühner-Racen Cochin, Brahma u. Langshan. Von M. Kaposi. (32 S.) n. — 80
7. Das Kaninchen, seine Aufzucht u. Pflege. Von M. Konnerth. 2. Aufl. (38 S.) n. 1. —
8. Die Rothbugamazone. Von M. Kaposi. (32 S.) n. — 80

— d. gesammt. Naturgesch. s. Fiebig.

— der gesamten Naturheilkunde. 1.—4. Bd. gr. 8. Berlin, H. Steinitz' Verl. n. 5. —
1. Die Naturheilmethode. Geschichte, Bedeutg., Technik, Anwendg., Heilwirkg. 2c. v. Carl Reiß. I. Allgemeiner Tl. (VIII, 114 S.) 892. n. 2. —
2. — dasselbe. II. Tl.: Die Naturheilmethode bei Nerven- u. Rückenmarkskrankheiten. (VII, 61 S.) 893. n. 1. —
3. — dasselbe. III. Tl.: Die Naturheilmethode bei Magen- u. Darmkrankheiten (Verdauungsstörgn.). (VI, 60 S.) 894. n. 1. —
4. Die Naturheilmethode bei Asthma u. Herzleiden v. Carl Reiß. (VII, 54 S.) 895. n. 1. —

Bibliothek d. ges. Naturheilkunde. 2., 3. u. 5.—16. Bd. gr. 8. Berlin, H. Steinitz, Verl. à n. 1. —
(1.—16.: n. 17. —)
2. D. Naturheilmethode b. Nerven- u. Rückenmarks-Krankheiten v. Carl Reiß. 2. Aufl. (72 S.) 897.
3. D. Naturheilmethode b. Magen- u. Darmkrankheiten (Verdauungsstörungen) v. Carl Reiß. 2. Aufl. (71 S.) 897.
5. D. Naturheilmethode b. Frauenkrankheiten v. Carl Reiß. (VII, 64 S.) 895.
6. D. Naturheilmethode b. Rheumatismus u. Gicht v. Carl Reiß. (VII, 55 S.) 895.
7. D. Naturheilmethode b. Lungen- u. Halskrankheiten v. Carl Reiß. (58 S.) 895.
8. D. Naturheilmethode b. d. Zuckerkrankheit v. Carl Reiß. (68 S.) 895.
9. D. Naturheilmethode b. Hämorrhoidalleiden v. Carl Reiß. (VII, 57 S.) 895.
10. D. Naturheilmethode b. Fettleibigkeit u. Verfettungskrankheiten v. Carl Reiß. (VII, 61 S.) 896.
11. D. Naturheilmethode b. Blutarmut, Magerkeit, engl. Krankheit, Scrofeln u. erschöpf. Leiden v. Carl Reiß. (V, 56 S.) 896.
12. D. Naturheilmethode b. Nieren- u. Blasenleiden (Harnbeschwerden) v. Carl Reiß. 3. u. 4. Taus. (VII, 53 S.) 897.
13. D. Naturheilmethode b. Nervenschmerzen (Neuralgien), Hüftweh, Gesichts- u. Kopfschmerz, Magenkrampf u. a. v. Carl Reiß. (56 S.) 897.
14. D. Naturheilmethode b. Erkältungskrankheiten (Schnupfen, Husten, Rheumatismus, Augenleiden, Grippe, Influenza 2c. 2c.) v. Carl Reiß. (64 S.) 897.
15. D. Naturheilmethode b. Leber- u. Gallenleiden v. Carl Reiß. (VII, 63 S.) 898.
16. D. Naturheilmethode b. Hautleiden v. Carl Reiß. (VII, 54 S.) 898.

— der gesamten Naturheilkunde. 4., 17. u. 18. Bd. gr. 8. Ebd. à n. 1. —
4. Die Naturheilmethode bei Asthma u. Herzleiden. Von Carl Reiß. 2. Aufl. (3., 4. u. 5. Taus.) (VII, 56 S.) (899.)
17. Die Naturheilmethode bei Krämpfen u. Krampfkrankheiten (Epilepsie, Schreibkrampf, Veitstanz, Schüttellähmg. 2c. 2c.). Von Carl Reiß. (61 S.) 900.
18. Die Naturheilmethode bei sexueller Neurasthenie. Von Carl Reiß. (62 S.) 901.

— der gesamten Naturheilkunde. 3. 7.—9. 19. u. 20. Bd. 8. Berl., H. Steinitz. à n. 1. —
3. Die Naturheilmethode bei Magen- u. Darmkrankheiten (Verdauungsstörungen) Von Carl Reiß. 3. Aufl. (64 S.) (905.)
7. Die Natur-Heilmethode bei Lungen- u. Halskrankheiten. Von Carl Reiß. 2. verb. Aufl. (64 S.) (905.)
8. Die Naturheilmethode bei der Zuckerkrankheit. Von Carl Reiß. (2. Aufl.) (80 S.) (904)
9. Die Naturheilmethode bei Hämorrhoidalleiden. Von Carl Reiß. 2. Aufl. (64 S.) (905.)
19. Die Natur-Heilmethode bei Gallen-, Nieren-, Blasen- etc. (u.) Steinleiden Von Carl Reiß. (70 S.) 903.
20. Die Natur-Heilmethode bei den Geschlechtskrankheiten. Von Carl Reiß. (70 S.) (905)

Bibliothek der gesamten Naturheilkunde. 2. Bd. 8. Berlin (907). H. Steinitz. 1. —
Die Natur-Heilmethode bei Nerven- u. Rückenmarks-Krankheiten. Von Carl Reiß. 2., neubearb. Aufl. (72 S.)

Bibliothek d. gesamten Naturheilkunde, Fortsetzg, s.a. Reiss, Carl.

Bibliothek der Naturkunde. N. Aufl. 3.u.4. Bd., s. Bibliothek der Naturkunde und Technik.

— der Naturkunde u. Technik, s.a. Volksbücher.

— der Naturkunde u. Technik. 1. u. 5. Bd. kl. 8. Stuttgart, E. H. Moritz. Geb. in Leinw n. 4. —
1. Einführung in die praktische Physik in gemeinverständlicher Darstellung. 1. Bd.: Physik der Materie (Mechanik, Akustik u. Kalorik). Von Thdr. J. Hartwig. Mit 150 Illustr. (198 S.) 906. 1. —; geb in Leinw. 1. 50
5. Unfallverhütung f. Industrie u. Landwirtschaft Von Konr. Hartmann. Mit 80 Illustr. (204 S.) (903.) Geb. n. 2. 50
Bd. 2—4 u. d. T.: Volksbücher f. Naturkunde u. Technik. Ebd. 901. 902. à n. — 80; geb n. 1. —.

— der Naturkunde u. Technik. 2. Bd. 8. Stuttgart, E. H. Moritz. à Bd. 1.—; geb. in Leinw. 1. 50
Einführung in die praktische Physik in gemeinverständl. Darstellung. Von Thdr. Hartwig. 2. Bd.: Physik des Äthers (Licht u. Elektrizität). Mit 166 Illustr. u. 1 Farbentaf. (187 S.) 907. Mit dem 1. Bd. in 1 Leinw.-Bd. 3. —
Fortsetzg., s.: Bibliothek der Technik u. Industrien.

[Bibliothek [Volksbücher] der Naturkunde und Technik.]
Bd 3. Ahrens, F. B., Einführung in die praktische Chemie. Unorganischer Teil. [1901.] 160 S. mit 24 Abb.
Bd 4. Dasselbe. Organischer Teil. [1902.] 144 S. mit 22 Abb.

— d. Naturkunde. NAfl 3. u. 4. Bd. 8° Stuttg., EH Moritz. d Ahrens, Fel. B: Einführg in d. prakt. Chemie. 2. Afl. v. FW Hinrichsen. (11, 302 m. Abb. u. 6 [2 farb.] Taf.) ('12) [3.4] 3.50; L 4.50

— natur- u. kulturphilosophische. 1.—4. Bd. 8 Leipzig, J. A. Barth. n. 17. 40; geb in Leinw. n. 20. 60
1. Philosophie der Botanik. Von J. Reinke. (VI, 201 S.) 905. n 4. —; geb. n. 4 80
2. Die geistige Überbürdung in der modernen Kultur. Von Marie v. Manacéine Übersetzung, Bearbeitg u. Anh.: Die Überbürdg in der Schule v. Ludw Wagner. (VII, 20 S.) 905. n 4. —; geb. in Leinw. n. 4. 80
3. Der Vitalismus als Geschichte u. als Lehre. Von Hans Driesch. (X, 246 S.) 905. n. 5. —; geb in Leinw. n. 5. 80
4. Leib u. Seele. Darstellg. u. Kritik der neueren Theorien des Verhältnisses zwischen phys. u. psych. Dasein Von Rud. Eisler. (VI, 217 S.) 906. n. 4. 40; geb. in Leinw. n. 5. 20

— natur- u. kulturphilosophische. 5.—7. Bd. gr.8. Leipzig, J. A. Barth. 13.60; geb. in Leinw. 16. —
Neisser, Karl, Ptolemäus od. Kopernikus? Eine Studie üb. die Bewegg. der Erde u. üb. den Begriff der Bewegg. (V, 154 S.) 907. (Bd. 7) 3.—; geb. in Leinw. 3. 80
Ratzel, Frdr., Raum u. Zeit in Geographie u. Geologie. Naturphilosoph. Betrachtgn. Hrsg. v. Paul Barth. (VIII, 177 S.) 907. (Bd. 5) 3.60; geb. in Leinw. 4. 40
Steinmetz, S. Rud., die Philosophie des Krieges. (XVI, 352 S.) 907. (Bd. 6) 7.— geb. in Leinw. 7. 80
Bd. 1—4. Ebd. 905. 906. 17.40; geb. 20. 60

— der gesammten Naturwissenschaften, unter Mitwirkg. v. M. Alsberg, Th. Engel, Sigm. Günther rc. v. Otto Dammer. (In 60—70 Lfg.) 1. Lfg. gr. 8. (4½ Bog. m. Holzschn. u. 2 Chromolith.) Stuttgart 886. Weisert. n. 1. —

— der gesamten Naturwissenschaften, unter Mitwirkg. v. M. Alsberg, Th. Engel, Sigm. Günther rc. hrsg. v. O. Dammer. 1.—17. Lfg. gr. 8. (à 4—5 Bog. mit eingedr. Holzschn., Chromolith. u. Karten.) Stuttgart 886. 887. Weisert. à Lfg. n. 1. —

— dasselbe. 18.—91. Lfg. gr. 8. (à 2—3 Bog. m. eingedr. Holzschn. u. Chromolith.) Ebd. 887—890. à Lfg. n. — 50

— der gesamten Naturwissenschaften, unter Mitwirkg. hervorrag. Fachmänner hrsg. v. Otto Dammer. Mit Farbendr.-Taf. u. Holzschn. 64.—91. Lfg. gr. 8. (à Lfg. 2—3 Bog.) Stuttg. 889 —91, Weisert. à Lfg. — 50; 14 —
1.—63. Lfg. Ebd. 1887—88. * 40 —.

—— naturwissenschaftliche. 5 Bde. Lpz. 890—92, J. J. Weber. 8. u. folgend. Einzeltiteln:
1. Gaudry, Alb. Die Vorfahren d. Säugetiere in Europa. — 2. Migula, W. Die Bakterien. — 3. Jourdan, E. Die Sinne u. Sinnesorgane d. niederen Tiere. — 4. Gerland, E. Geschichte d. Physik. — 5. Trouessart, E. L. Die geographische Verbreitung d. Tiere.

— naturwissenschaftliche. 1. u. 2. Hft. 8. Berlin. G. H. Meyer. à n. — 75; geb. à n. 1. —
Bilder aus dem Pflanzenleben in gemeinverständlicher Darstellung f. Freunde der Natur, insbesondere f. Seminaristen u. Lehrer. Von L. Busemann. 1. u. 2. Hft. (IV, 96 u. IV, 101 S.) 902.

— naturwissenschaftliche. 3. Heft. 8. Berlin, F. Wunder. n. 80
3. Bilder aus der Chemie des täglichen Lebens, in gemeinverständl. Darstellg. für Freunde der Natur, insbesondere für Seminaristen u. Lehrer. Von L. Busemann. (IV, 105 S.) (903.)
Hft. 1 u. 2 jetzt Ebd. 902. erh. Pr à n. — 80.

Bibliothek, Naturwissenschaftliche, Benziger's, s. Benziger: Bibliothek, Naturwissenschaftliche.

— naturwissenschaftliche, f. Jugend u. Volk. Hrsg. v. Konr. Höller u. Geo. Ulmer. 8. Leipzig, Quelle & Meyer. Geb. in Leinw., jeder Bd. 1. 80
Buesgen, M., der deutsche Wald. Mit zahlr. Abb. u. 2 Taf. (VIII, 170 S.) 908.
Heller, C., das Süßwasser-Aquarium, e. Stück Natur im Hause. Mit zahlr. Abb. u. 1 farb. Taf. (IV, 190 S.) (908.)
Herding, J. F., Beleuchtung u. Heizung. (VII, 168 S. m. Abbildgn.) (908.)
Krefft, P., Reptilien- u. Amphibienpflege. Mit zahlr. Abb. (VII, 144 S. m. 1 farb. Taf.) (908.)
Linstow, O. v., die Schmarotzer der Menschen u. Tiere. Mit zahlr. Abb. (VIII, 144 S.) (909.)
Schulz, Paul F. F., häusliche Blumenpflege. Eine Anleitg. zur Pfleg. der dankbarsten Zimmer- u. Balkonpflanzen. (VII, 216 S. m. Abbildgn.) (910.)
Schütze, C., die Kraftmaschinen. Mit zahlr. Abb. im Text u. 2 Taf. (VIII, 216 S.) (909.)
Schwantes, G., aus Deutschlands Urgeschichte. Mit Zeichngn. v. C. Schwantes u. zahlr. anderen Abbild. (V, 183 S.) (908.)
Timm, R., niedere Pflanzen. Mit zahlr. Abb. u. 1 farb. Taf. (194 S.) (909.)
Ulmer, Fritz, Signale in Krieg u. Frieden. (VII, 212 S. m. Abbildgn. u. 5 [1 farb.] Taf.) (910.)
Bieumeyer, Hugo, Bilder aus dem Ameisenleben. Mit 48 Abb. (VIII, 159 S.) (910.)
Wagner, W., die Heide. Mit zahlr. Abb. im Text u. 7 [1 farb.] Taf. (200 S.) (909.)
Zimmermann, W., die Photographie. Mit zahlr. Abb. im Text u. auf Taf.) (IV, 161 S.) (909.)

— Naturwissenschaftliche, f. Jugend u. Volk. Hrsg. v. Konr. Höller u. Geo. Ulmer. 8° Lpzg, Quelle & M. L je 1.80 d
Dannmeyer, F: Seelotsen-, Leucht- u. Rettgswesen. Beitrag z. Charakteristik d. Nordsee u. Niederelbe. (135 m. Abb. u. 2 Ktn.) ('11)
Gothan, W: Aus d. Vorgesch. d. Pflanzenwelt. (184 m. Abb.) ('12)
Hahn, O: Chemisches Experimentierb. (165 m. Abb.) ('12)
Keller C: Im Hochgebirge. Tiergeograph. Charakterbilder. (144 m. Abb.) ('11)
Reukauf, E: Die mikroskop. Kleinwelt unsrer Gewässer. Einführg in d. Naturgesch. d. einfachsten Lebensformen nebst kurzer Anleitg zu deren Studium. (134 m. Abb.) ('11)
Schulz, Paul F F: Häusl. Blumenpfl. (7, 216 m. Abb.) ('10)
Sellheim, H: Tiere d. Waldes. (10, 182 m. Abb. u. 2 Taf.) ('11)
Ulmer, Fritz: Signale in Krieg u. Frieden. (7, 212 m. Abb. u. 5 [1 farb.] Taf.) ('10)
— Unsere Wasserinsekten. (5, 165 m. Abb. u. 3 Taf.) ('12)
Voigt, Alwin: Unsere Singvögel. (190 m. Abb. u. 4 Chromotaf.) ('11)

(K.) Naumburg's Moderne Bibliothek. Bd 1. *Kindelbrück & Leipzig: K. Naumburg [1902].* 8°

— nautische. Hrsg. v. F. Bolte. 1.—7. Bd. 8. Berlin, K. W. Mecklenburg. à Bd. 1.—; geb. in Leinw. 1. 50
Bolte, F., der Beruf des Schiffsoffiziers in der Handelsmarine. (VII, 90 S. m. Abbildgn.) 907. (Bd. 1)
— Elementare Schiffahrtkunde. (VII, 122 S. m. Fig.) 907. (Bd. 3)
Foerster, E., die Technik der Weltschiffahrt. Mit vielen Textabbildgn. (VII, 167 S.) 909. (Bd. 6. 7)
Reinicke, G., Schiffsjungendienst. (VII, 125 S. m. Fig.) 907. (Bd. 2)
Schulze, F., die Entwicklung des Segelsports in Deutschland. Mit vielen Textabbildgn. (VII, 122 S.) 908. (Bd. 5)
Wislicenus, Geo., die Entwicklung der Seekriegswaffen. (VIII, 110 S.) 910. (Bd. 4)

— neo-mystische. Nr. 1. gr. 8. München (Th. Heinrich). n. — 30
Der Letzte seines Stammes. Von Raoul de la Hault. (15 S.) (904.)

Bibliothek, Neue, oder Nachricht und Urtheile von neuen Büchern. Franckfurt und Leipzig 1709 — 13. V: *Türck, Wilhelm,* dann *Gundling, Nicolaus Hieronymus.* (Myl) Renger

— neue. Nr. 1. 8. Wien, Verlag der „Neuen Bibliothek". n. 1 80
Der Erfolg im Leben Ein Buch f. strebsame Leute. Von Heinr. Ernst Schwartz. (58 S.) 906.

— neue. (Red.: Andr. J. Ring.) Nr. 2 u. 3. 8. Wien, Verlag der „Neuen Bibliothek". à 1. 80
Schwartz, Heinr. Ernst, wie führe ich e. Detail-Geschäft? Anregungen u. Winke f. den prakt. Kaufmann. (57 S.) 906. (Nr. 2)
— In Zahlungsnöten. Geschichte e. kaufmänn. Sterbegangs. (44 S.) 907. (Nr. 3)

Bibliothek, Neue alchymistische, für die Naturkunde unseres Jahrhunderts. Frankfurt 1770 — 73. V: *Schröder, Friedrich Joseph Wilhelm.* (Ky)

— neue alchymist., f. d. Naturk. unseres Jahrh. 2 Bde od. 11 Stcke. 8. Frankf. 770 — 73. Brönner. 2 ℛ
Forts. u. d. T.: Neue Sammlung der Bibliothek für höhere Naturwissenschaft.

Neue alchymistische Bibliothek für den Naturkundiger unsers Jahrhunderts ausgesucht.
Bd 1 - 2, gbd.

Frankfurt u. Leipzig: Brönner 1772 - 1774

JB 260

— neue allgemeine deutsche, 1r—55r Bd. gr. 8. Hamb. 795 u. ff. Bohn. 82 ℛ 12 gr 1r Anh. nebst Register z. 1n bis 28n Bde. 1e—6e Abthl. gr. 8. Ebd. 797—803. 9 ℛ 12 gr 56r bis 107r u. letzter Bd. nebst 2m Anh. in 4 Abthll. gr. 4. Berl. 801—6. Nicolai. 83 ℛ 105r bis 107r Bd., enth. das doppelte Register zu d. Anzeigen d. Bücher von den Jahren 1801—4. 3 ℛ 12 gr) 2r Anh. 4 Abthll. z. 29n—68n Bde v. 1796—1800. gr. 8. Ebd. 803. 6 ℛ
Vorh. u. d. T.: Allgem. deutsche Bibliothek.

—— neue, f. d. Chirurgie u. Ophthalmologie, hrsg. v. C. J. M. Langenbeck. 4. Bd. 4. Stck. 8. (12 B.) Hannover 828, Hahn.
1—3. Bd. à 4 Stck. u. 4. Bd. 1—3. Stck. Ebendas. 1815—27. à Stck. 20 Gr. — 4 Bde. cpl. hrbgs. Pr. 4 Thlr., einzeln à St. 6 Gr.

— neue, d. Damen rc. 8. Ebend. 769.

Neue Elektrotechnische Bibliothek. (Eine populäre Darstellung z. Studium u. Selbstunterricht in d. physikal. u. techn. Grundlagen d. Elektrotechnik. Bd 1.) Berlin: Schran 1910. 8°

— neue engl., v. Gewerbekünsten u. v. Hausmitteln rc., s. Mackenzie's 5000 Recepte.

BIBLIOTHEK, Neue Erotische. 5 Bde. (jeder in sich abgeschlossen). (Mk. 24.—, einzeln à Mk. 6.—, Ch. Corday, Paris - St. Mandé, 9 rue Fays.)
Unter Bücher-Anzeigen am Schluss von Heft 5 des „Amethyst", April 1906. — In Deutschland rar!

— neue, f. Freunde einer erheiternden u. geistreich. Lectüre. 4 Jahrg. 48 Bde. m. K. Wien, Bauer. 807—10.

— neue histor., f. alle Klassen, (v. F. G. A. Lobethan). 4 Stcke. 8. Lemgo 793—95. Meyer. (à 10 gr) 1 rthl 16 gr

Neue illustrirte Bibliothek der Länder- und Völkerkunde zur Erweiterung der Kenntniß der Fremde. Neuere Reisen. Amerika. Bd 1. 1867
s. Kane, Elisha Kent: Kane, der Nordpolfahrer.

Neue Internationale Bibliothek. Romane, Novellen. (1.) *Berlin: Internat. Verlagsanst. 1900.* 8° [F.]

N e u e juristische Bibliothec, in welcher kurtze Auszüge aus allen gelehrten Nachrichten von den neuesten Juristischen Schriften nebst deren Inhalt . . . mitgetheilet werden, von Joh. Chr. Fischer. Bd. 1. (Mehr nicht ersch.)– Jena 1773.

— neue juristische, besond. d. Staats- u. Kirchenrechts, (v. Andr. Jos. Schnaubert). 28 Stcke. 8. Marb. 780—87. Krieger. 3 rthl 8 gr Neueste fortgesetzte Bibl. d. deutschen Staats- u. Lehnrechts, (v. And. Jos. Schnaubert). 1r Bd. 5 Stcke. 8. Jena 789, 90. (Schmid). 1 rthl 6 gr

— neue, d. kathol. Kanzelberedsamkeit. Hrsg. v. A. Räß u. N. Weis. 1—4. Bd. à 4 Hfte. Jeder Bd. m. 2 Bildn. gr. 8. (à 20 B.) Frankfurt a. M. 833, 35, Jäger. à Bd.

— neue, der kathol. Kanzelberedtsamkeit. Hrsg. v. A. Räß u. Weis. 1—6. Bd. gr. 8. Frankfurt a. M., Jäger'sche Buchh. à 22 Gr.
Bd. 1., 2. 2., verb. Aufl. M. d. Bildn. v. A. Jeanjean, F. J. Moser, Lenfant u. de Feller. (à 20 B.) 836.
" 3., 4. Pfingstcyclus. (Eucharistische Predigten. 1. u. 2. Thl.) M. d. Bildn. v. Ludw. v. Ponte, R. M. Legris-Duval, Konr. Tanner u. Rom. Zängerle. (à 20 B.) 835.
" 5. Predigten bei der Feier d. ersten heil. Communion. M. d. Bildn. v. John England u. Mich. Wittmann. (20 B.) 837.
" 6. Predigten bei der Feier der ersten heiligen Communion u. üb. d. heil. Meßopfer. M. d. Bildn. v. Fr. X. Schwäbl u. A. J. Binterim. (20 B.) 838.
Vgl. 8. Bd. 1. Abth. S. 82.

— neue kaufmännische, f. den Selbstunterricht u. die Praxis, hrsg. v. Otto Knörk. 8 Bde. 8. Berlin 907. R. Wichert. Geb. in eleg. Leinw. 24.—; einzelne Bde. 3.50; in einfach. Bd. 3.—
Knörk, Otto, Geld-, Bank- u. Börsenkunde. Ein Ratgeber f. den Verkehr m. der Bank u. der Börse. Mit Anh.: Wie schützt sich der Kapitalist vor Vermögensverlusten? Wertpapiere, die zu Kapitalanlagen besonders geeignet sind. (VIII, 312 S.) (Bd. 2)
— Moderne Geschäfts-Praxis. Zweckmäßige Anleitg. f. die Eröffng. u. den rationellen Betrieb e. Geschäftes. Enth.: Wesen u. Erfordernisse des Geschäftslebens. Wesen u. Arten der kaufmänn. u. gewerbl. Betriebe. Der Betrieb des Einzelgeschäfts. Die Hilfseinrichtgn. des Handels. Der staatl. Schutz des Handels u. a. m. (VIII, 312 S.) (Bd. 1)
— Deutsche Handels-Korrespondenz f. den Selbstunterricht u. die Praxis. Enth.: Anleitung f. den deutschen Geschäftsstil, geschäftl. Rundschreiben, allgemeine Geschäftsbriefe, Briefverkehr im Waren-, Fabrikations- u. Engros-Geschäft, im Geld u. Zahlungsverkehr, Stellengesuche u. Bewerbungsschreiben, Schriftverkehr m. Behörden u. a. m. (VIII, 312 S.) (Bd. 5)
— Neues praktisches Rechtshandbuch f. Kaufleute u. Gewerbetreibende. Enth.: Reichsversicherungsgesetze, Zivil- u. Strafprozeß, Gewerbegericht, Kaufmannsgericht, Konkursverfahren, das Recht des Kaufmannes u. seiner Angestellten, Schuldverhältnisse, Wechselrecht, Verträge, Errichtg. v. Testamenten, Verjährg. v. Ansprüchen, Erbschaft, Bürgschaft, Darlehen, Zession, Gesinde-Ordng., Muster f. gerichtl. Anträge u. Klagen u. a. m. Unter jurist. Mitarbeit hrsg. (VIII, 312 S.) (Bd. 8)
— u. Jules Hauzeur, Französisch f. Kaufleute u. Gewerbetreibende f. den Selbstunterricht u. die Praxis. Enth.: Kaufmännische Redewendgn., Anleitg. f. die Abfassg. französ. Geschäftsbriefe, französ. Musterbriefe in zusammenhäng. Folge, Gesprächsstoffe u. a. m. Alles m. gegenüberssteh. Übersetzg. (VIII, 314 S.) (Bd. 7)
— u. E. R. Jones, MA., DD., Englisch f. Kaufleute u. Gewerbetreibende f. den Selbstunterricht u. die Praxis. Enth.: Kaufmännische Redewendgn., Anleitg. f. die Abfassg. engl. Geschäftsbriefe, engl. Musterbriefe in zusammenhäng. Folge. Gesprächsstoffe u. a. m. Alles m. gegenübersteh. Übersetzg. (VIII, 312 S.) (Bd. 6)
Voelkner, Osk., praktisches Rechnen f. den Kaufmann u. Gewerbetreibenden, m. e. Anh. üb. Münz-, Maaß- u. Gewichtskunde aller Staaten der Erde f. den Selbstunterricht u. die Praxis. Leichtverständl. Anleitg. f. sämtl. Berufsstände, alle Rechnungsarten des bürgerl. Lebens u. öffentl. Verkehrs schnell u. richtig zu lösen. Mit Resultaten. (VIII, 344 S.) (Bd. 4)
Wende, F., einfache u. doppelte Buchführung, m. e. Anh. üb. amerikan. Buchführg. f. den Selbstunterricht u. die Praxis. Leichtverständl. Anleitg. f. die verschiedenen Arten der Buchführg. auf Grund der neuen kaufmänn. Gesetzgebg. (VIII, 312 S.) (Bd. 3)

Bibliothek, neue kritische, für das Schul- und Unterrichtswesen. Herausgegeben von G. Seebode. Hildesh. 822. 12 Hefte. 2 Bde. 4 rthl. (Der vorigen Bibliothek *vierter* Jahrgang.)
Vorh. u. d. T.: Kritische B i b l i o t h e k.

— neue krit., für d. Schul- u. Unterrichtswesen. Herausg. von G. Seebode. 1r—4r Jahrg. od. 6r—9r Jahrg. 1824—27. gr. 8. Hildesh., Gerstenberg. à Jahrg. 4 rthl 16 gr Neue Folge, herausg. v. G. Seebode. 1r—3r Jahrg. 1828—30. gr. 4. Hildesh., (Hahn in Hannov.) à Jahrg. 6 rthl

— neue militärische. 4 Thle. (Herausg. v. Andr. Böhm u. F. K. Schleicher). 8. Marb. 788—90. Krieger. 2 rthl 16 gr (A. u. d. T.: Neue militär. Zeitung.)

— neue ökonomisch-technologische. 1—5. Thl. (6 Bde.) 8. Nordhausen, Fürst.
A. u. d. Titln.:
Thl. 1. Handbuch des Gärtners. Eine gedrängte, aber vollständ. Belehrung üb. alle Arbeiten bei der Obst-, Küchen- u. Blumengärtnerei. In alphabet. Ordnung. Von L. L. Dietrich. gr. 8. (21 B.) 844. 1 Thlr. 12½ Ngr.
" 2. Handbuch des Böttchers od. Küfers. Von Frz. Gutjahr. Mit 79 Abbildgn. (auf 3 Taf. in Fol.) 8. (9½ B.) 844. 1 Thlr. 10 Ngr.
" 3. Das Ganze der Vergoldungs- u. Versilberungskunst nach allen bisher üblich gewesenen u. durch Wohlfeilheit, sowie durch Dauer u. Schönheit bewährten Verfahrungsweisen dargest. u. mit einer genauen Beschreibung der Vergoldung u. Versilberung auf galvanischem Wege vervollständigt. (5½ B. u. 1 Stnt.) 845. 15 Ngr.
" 4. Handbuch des Saamengärtners. Eine gedrängte aber vollständ. u. nach den neuesten Erfahrungen berichtigte Anweis. v. d. in Deutschland angebauten Küchengewächsen einen guten u. richtigen Saamen zu erzielen. Nach den besten Quellen u. neuesten Erfahrungen von L. L. Dietrich. (7¾ B.) 846. 15 Ngr.
" " 2. B. Die Veredlungsarten der Bäume, Sträucher u. krautartigen Gewächse, namentl. das Pfropfen, Ouliren, Copuliren rc. nach ihren Abweichungen beschrieb. u. durch zahlreiche Abbild. verdeutlicht durch L. L. Dietrich. (6 B.) 15 Ngr.
" 5. Handbuch des Conditors u. Zuckerbäckers. Enthalt. mehr als 3000 Vorschriften rc. von B. G. Gh. Ehrhardt. 8. (19¾ B.) 846. 1 Thlr.

Bibliothek, Neue orientalische und exegetische. Göttingen 1786—93. II (1—8): *Michaelis, Joh. David.* (9): *Tychsen, Th. Ch.* (Winer) Vandenhoeck & Ruprecht.
Anf. u. d. T.: Orientalische und exegetische Bibliothek.

— neue, für Pädagogik rc. s.a. Guts-Muths, J. C. F.

Neue Bibliothek für Pädagogik. Hrsg. v. J. Chr. Fr. GutsMuths. Leipzig. 1808—09. Gleditsch
Vorh. u. d. T.: Zeitschrift für Pädagogik.

Bibliothek, Neue Philologische. Leipzig 1776—78. H: *Vollborth, J. Ch. & andere.* (BrMm) (ErschDL)

— neue philologische. 4 Bde. 8. Leipz. 776—78. Weygand. 3 rthl 1 gr

— neue philologische und kritische von C. F. Schmidt. Wittenb. 772–75. 5 St. 8. 20 gr. Dürr.
Anf. u. d. T.: Philologische und kritische Bibliothek.

— neue philosophische, (v. J. E. Faber u. Just. Chr. Hennings). 2 Bde in 8 Stcken. 8. Leipz. 774—76. Weygand. 2 rthl 16 gr

— neue politische. Cassel 854. Balde. (Sondershausen, Neuse.) gr. 8.
1. Bd.: Rußlands Fortschritte im Norden, Süden und Westen. Nach dem Engl. des D. Urquhart. (2 Bl., 236 S.) 22½ ngl
2. Bd.: Ansichten und Politik des Viscount Palmerston als Minister, Diplomat und Staatsmann mit einer Einleitung. Aus dem Engl. des George Henry Francis von Esmarch. (Neue Titelausg.) (2 Bl., 433 S.) 1 ₰
3. Bd.: Der dritte Stand, seine Entstehung und Entwickelung. Von Augustin Thierry. Gekrönte Preisschrift. Aus dem Französ. (XII, 183 S.) 22½ ngl
4. Bd.: Lord Georg Bentinck. Eine politische Biographie von Benj. Disraeli. Aus dem Engl. übers. von Ernst Susemihl. (Neue Titel-Ausg.) (1 Bl., 390 S.) 1 ₰
5. Bd.: Der Kaukasus. Von Iwan Golowin. Aus dem Engl. (2 Bl., 156 S.) 24 ngl

— neue realistische. 1. u. 2. Bd. 8. Berlin, H. Steinitz. à n. 2. —
1. Der Giftmischer. Roman. Von Emile Gaboriau. Deutsch v. Wilh. Thal. (223 S.) (900.)
2. Schulden. Roman. Von F. v. Kapff-Essenther. (233 S.) (900.)

neue, d. wichtigsten Reisebeschreibungen, herausg. von Bertuch. 1r—6r Bd. gr. 8. Ebend. 814—15.
1r Bd. enthält: Makenzie Reise durch die Insel Island im Sommer 1810, mit Chart. u. K.
2r Bd. 1) Lewis u. Clarke, Tagebuch ein, Entdeckungsreise durch Nord-Amerika, mit 1 Charte. 1 Rthlr. 12 gr. 2) Moriers Reise durch Persien, Armenien u. Klein-Asien nach Constantinopel. 1 Rthlr. 3 gr.
3r Bd. Catteau-Calleville Gemälde d. Ostsee, mit Charten u. K.
4r Bd. Heinrich Salts neue Reise nach Abyssinien in d. Jahren 1809 u. 10, mit 1 Charte.
5r Bd. J. J. Daurion-Lavaysse, Reise nach d. Inseln Trinidad, Tabago u. Margaretha, so wie in verschied. Theile v. Venezuela, mit 1 Charte.
6r Bd. Matthew Flinders Reise nach d. Austral-Lande. in d. Jahren 1801—803, mit 1 Charte.

— neue, d. wichtigsten Reisebeschreibungen; herausgeg. von Bertuch. 2te Hälfte d. 1ten Centurie. 7r Bd. enthält: 1) Ali-Bey's Reisen in Afrika u. Asien. 1te Abtheilung. 2) Maggil's neue Reise nach Tunis. gr. 8. Weimar. Ind. Comt. 816. Rthlr.

Bibliothek, neue, d. wicht gst. Reisebeschr. 8r Bd., enth Ali Bey's Reisen in Afrika u. Asien. 2te Abthlg. gr. 8, Ebend. 817.

— — 9r Band., enthält Elphinstone's Geschichte d. Engl. Gesandtschaft an den Hof v. Kabul. 1r Bd. gr. 8. Ebend. 817.

— — 10r Bd. enth. Elphinstone Geschichte d. Gesandtschaft ıc. 2r Bd. Ebend. 817.

— — 11r Bd., enth. Kosters Reisen in Brasilien. Ebend. 817.

— — 12r Bd., enth. Pottingers Reise durch Beludschistan und Sinde. Ebend. 817.

— — 13r Bd., enth. Clarke's Reise durch Rußland u. die Tartarey. Ebend. 818.

— — 14r Bd., enth. 1) Eschwege Journal von Brasilien. 1r Heft. 2) Legh Reise durch Aegypten. Ebend. 818.

— — 15r Bd., enth. 1) Eschwege Journal 2r Heft. 2) Brakenridge Ansichten von Luisiana. Ebend. 819

— — — 3) H. M. Brackenridge, Ansichten von Luisiana. Aus d. Engl. 818.

— — 16r Bd., enth. Perons Entdeckungsreise nach Australien. 2r Band. 819.

— — 17r Bd., enth. 1) Mellish's Reisen durch d. vereinigten Staaten von Amerika. 2) Kirkpatrik's Nachrichten von dem Königr. Nepaul. Ebend. 819.

— — 18r Bd., enth. Nicolas Reise nach u. in Neuseeland. 1814 u. 1815. mit den holländ. Missionarien, m. 1 Kpf. und 1 Charte. gr. 8. Ebend. 819.

— — 19r Bd. enth: 1) Priors Reisen in das indische Meer, nach dem Cap ıc. a. d. Engl. von Leidenfrost. 1 Rthl. — 2) Halls Entdeckungsreise nach der Westküste von Korea, übers. v. F. Rühs. 1 Thlr. 6 Gr. gr. 8. Ebend.

— — 20r Bd. gr. 8. Ebend. 819.
enthält: Mariner, W., Nachrichten üb. d. freundschaftlich. oder d. Tonga Inseln. Herausg. v. J. Martin. A. d. Engl.

— — 20r Bd.
J. Mariner, Nachrr. über d. freundschaftl. oder d. Tonga-Inseln. Herausg. v. J. Martin. Aus d. Engl. Mit 1 Kpf. u. 1 Karte. 820.

— — 21r Bd. M. 1 Karte. gr. 8. Ebend. 820.
enthält: Bowdich, E., Mission d. Engl.-Afrikanis. Compagnie v. Cap Cost Castle nach Ashanti. Aus dem Engl. von C. Fl. Leidenfrost.

— — 22r Bd. M. 1 Charte. gr. 8 Ebend. 820.
enthält: Mollien, G., Reise in das Innere von Afrika an die Quellen des Senegal u. des Gambia im Jahr 1818.

— — 23r Bd. M. 1 Karte. gr. 8. Ebend. 820.
enthält: 1) Morier's, zweyte Reise nach Persien ıc. 2) Cordova, A. de, Reise nach d. Magellanstraße ıc.

— — 24r Bd. Mit Kart. 1 Kupf. gr. 8. Ebend. 820.
enthält: Burkhardt, J. L., Reisen in Nubien. Aus d. Englischen.

— — 25r Bd. Mit 1 Kart. gr. 8. Ebend. 821.
enthält: Blaquiere, E. Briefe a. dem Mittelländischen Meere, enthaltend eine Schilderung d. bürgerl. und politischen Zustandes von Sicilien, Tripolis, Tunis und Malta. 1r Thl. A. d. Engl.

— 26r Bd. M. Karten. gr. 8. 821.
enthält: Blaquiere, E., Briefe aus dem Mittelländischen Meere. 2r Thl.

— — 27r Bd. enthält: 1) Kinneirs Reise durch Klein-Asien, Armenien u. Kurdistan in den Jahren 1813 u. 1814. A. d. Engl. v. F. A. Ukert. 2) Beaufort's Karamanien, oder Beschreib. der Südküste von Klein-Asien. A. d. Engl. v. F. A. Ukert. gr. 8. 821. 822.

— neue, d. wichtigsten Reisebeschreibungen ıc. 28r Bd. enth.: J. Luccock, Bemerkk. üb. Rio de Janeiro u. Brasilien während e. Aufenthalts v. J. 1808—18. A. d. Engl. v. C. Fl. Leidenfrost. 1e Abthlg. Mit 2 Chart. gr. 8. Weimar 821, Industrie-Compt. Rthlr.

Bibliothek, neue, d. wichtigst. Reisebeschreibungen ıc. 29r Bd. Reise v. Tripolis an d. Gränzen v. Aegypten im J. 1817. A. d. Ital. v. P. Della Cella. 18 gr. — J. Luccock, Bemerkk. üb. Rio de Janeiro ıc. 2e Abthlg. gr. 8. Ebend. 821. 1 Rthlr. 12 gr.

— dess. 30 Bd., W. T. Harris, Bemerkk. auf e. Reise durch d. vereinigten Staaten v. Nord-Amerika in d. J. 1817—19, a. d. Engl. v. C. Fl. Leidenfrost. 1 Rthlr. — C. A. Anspach, Geschichte u. Beschreib. v. Newfoundland u. d. Küste v. Labrador; aus d. Engl. Mit 2 Chart. 1 Rthlr. 12 gr. gr. 8. Ebend. 822.

— dess. 31r Bd. 1e Abthlg., P. A. Jaubert, Reise durch Armenien u. Persien in den J. 1805 u. 6. Nebst e. Nachricht über Ghilan u. Masanderan von d. Obristen Trezel. Aus d. Franz. gr. 8. Ebend. 822.

— dess. 31r Bd. 2e Abthlg. Tagebuch e. Landreise durch d. Küstenprovinzen Chinas von Manchao, an d. Südküste von Hainan nach Canton, in den J. 1819 u. 20. Aus d. Engl. übers. v. C. Fl. Leidenfrost. gr. 8. Ebend. 822.

— dess. 32r Bd. W. J. Burchell, Reise in d. Innere von Süd-Afrika. A. d. Engl. 1r Bd. gr. 8. Ebend. 822.

— dess. 33r Bd., J. Campbells, Reisen in Südafrika. (Die 2te Reise.) Mit 1 Charte. (1 Rthlr. 12 gr.) — G. Waddington u. B. Hanbury's, Reise in verschied. Gegenden Aethiopiens. A. d. Engl. Mit 1 Karte. (1 Rthlr.) gr. 8. Ebend. 822.

— 33r Bd. J. Campbell's Reisen in Südafrika. (Die 2e Reise.) Mit 1 K. 823. 1 ₰ 12 ℊ 2) G. Waddington's u. B. Hanbury's Reise in verschied. Gegenden Aethiopiens. Aus d. Engl. Mit 1 Karte. 823. 1 ₰

— dess 34r Bd. J. L. Burkhardt, Reisen in Syrien, Palästina, u d. Gegend d. Berges Sinai. A. d. Engl. herausg. u. mit Anmerkk. begleit. v. W. Gesenius. 1r Bd. M. Charten. gr. 8. Ebend. 823. 2 Rthlr. 10 gr. weiß Pap.

— dess. 35r Bd. Ker-Porter, (Rob.) Reisen in Georgien, Persien rc. im Laufe d. Jahre 1817—20. A. d. Engl. 1r Thl. gr. 8. Ebend. 823.

— dess. 36r Bd. 1e Abthlg. J. Franklin's, Reise an d. Küsten des Polarmeers in den Jahren 1819—22. 1e Abthlg. gr. 8. Ebend. 823.

— dess. 36 Bd. 2e Abtheilg., J. Franklin's Reise an d. Küsten des Polarmeers in den Jahren 1819—22. 2e Abthlg. Mit 1 Charte u. 1 Holzschn. gr. 8. Ebend. 824.

— dess. 37r Bd. H. E. Mourad, Gemälde d. Küste von Guinea u. d. Einwohner derselben, wie auch d. Dänischen Kolonien auf dieser Küste. Entworfen während meines Aufenthalts in Afrika, 1805—9. Aus d. Dän. v. H. E. Wolf. gr. 8. Ebend. 824.

— dess. 38r Bd., J. L. Burckhardt, Reisen in Syrien, Palästina u. d. Gegend des Berges Sinai. Aus d. Engl. Herausgeg. u. mit Anmerkk. begleitet v. W. Gesenius. 2r Bd. Mit 3 Karten u. 1 Tafel Inschriften. gr. 8. Ebend. 824. 2 Rthlr. 18 gr. Weiß Druckpap.

— dess. 39r Bd. Enth. W. J. Burchell, Reisen in das Innere von Süd-Africa, a. d. Engl. 2r Band gr. 8. Ebend. 825.

— dess. 40r Bd., J. D. Cochrane, Fußreise durch Rußland u. d. Sibirische Tartarei, u. von d. Chines. Grenze nach dem Eismeere u. Kamtschatka, aus d. Engl. gr. 8. Ebend. 825.

— dess. 41r Bd., Al. Caldcleugh, Reisen in Süd-Amerika während d. Jahre 1819—25; enth. eine Schilderung d. gegenwärtig. Zustandes v. Brasilien, Buenos Ayres u. Chile. gr. 8. Ebend. 826.

— dess. 42r Bd. 1e Abthl., W. B. Stevenson, Reisen in Arauco, Chile, Peru u. Columbia in d. Jahren 804—23. 1e Abthl. gr. 8. Ebend. 826.

— dess. 42r Bd. 2e Abthl., W. B. Stevenson, Reisen in Arauco, Chile, Peru u. Columbia in d. Jahren 1804—23. 2e Abthl. gr. 8. Ebend. 826.

— dess. 43r Bd. Beschreib. d. Reisen u. Entdekk. im nördl. u. mittl. Afrika in d. J. 1822—24, v. Denham, Clapperton u. Oudeny. A. d. Engl. gr. 8. Ebend. 827. Rthlr.

Bibliothek, neue, d. wichtigst. Reisebeschreibungen rc. 44r Bd, J. Weddel, Reise in d. südl. Polarmeer in d. J. 1822—24. — G. Finlayson, Gesandschaftsreise nach Siam u. Hue, in d. J. 1821 u. 22. Aus d. Engl. gr. 8. Ebend. 824.

— 44r Bd. 1) J. Weddell, Reise in d. südl. Polarmeer, in den J. 1821—24. Aus d. Engl. Mit 3 Kart. 827. 1 ₰ 2) G. Finlayson, Gesandtschaftsreise nach Siam u. Hue, in den J. 1821 u. 22. Aus d. Engl. 827.

— dess. 45r Bd., J. S. Buckingham, Reise durch Syrien u. Palästina. Aus d. Engl. 1r Thl. Mit 4 Plänen. gr. 8. Ebend. 827.

—— neue, der wichtigsten Reisebeschreibungen rc. Nach Bertuch's Tode bearb. u. hrsg. v. mehr. Gelehrten. 46. Bd. — A. u. d. T.: J. S. Buckingham, Reisen durch Syrien u. Palästina. A. d. Engl. 2. Thl. M. 1 Charte. gr. 8. (33½ B.) Weimar 828, Landes-Ind.-Comptoir.
1. Thl. Ebendas. 1827. 2 Thlr. 12 Gr.

—— ders. 47. Bd. — A. u. d. T.: J. P. Hamilton, Reise durch d. innern Provinzen v. Columbien. A. d. Engl. gr. 8. (29 B.) Ebds. 828.

—— ders. 48. Bd. — A. u. d. T.: J. B. Fraser, Reise nach u. in Khorasan, in d. J. 1821—22, nebst Nachrichten von d. nordöstl. v. Persien geleg. Ländern, u. Bemerkn. üb. d. National-Character d. Perser, wie üb. d. Regierung u. d. Macht Persiens. A. d. Engl. 1. Thl. gr. 8. (37¼ B.) Ebds. 828.
Vgl. 52. Bd.

—— ders. 49. Bd. 1. u. 2. Hälfte. — A. u. d. T.: H. G. Ward, Mexico im J. 1827. A. d. Engl. 2 Thle. gr. 8. (41½ B.) Ebds. 828, 29.

—— ders. 50. Bd. — A. u. d. T.: Ein Winter in Lappland u. Schweden. Von Arthur de Capell Brooke. A. d. Engl. M. 1 Vign. gr. 8. (42 B.) Ebds. 829.

—— ders. 51. Bd. — A. u. d. T.: Zweite Reise d. Capit. John Franklin an d. Küsten d. Polarmeeres, in d. J. 1825, 1826 u. 1827. A. d. Engl. M. 1 Charte u. 1 Taf. Abbild. gr. 8. (21½ B.) Ebds. 829.

—— ders 52. Bd. — A. u. d. T.: J. B. Fraser, Reise nach u. in Khorasan, in d. J. 1821—22, nebst Nachrichten v. d. nordöstl. v. Persien geleg. Ländern rc. A. d. Engl. 2. Thl. gr. 8. (42½ B.) Ebds. 829.
Vgl. 48. Bd.

Bibliothek, neue, der wichtigst. Reisebeschreibungen rc. 53. Bd. — A. u. d. T.: Land- u. Seereisen im Niederländ. Indien u. einigen Brit. Niederlassungen, unternom. in d. Zeitraume v. 1817—1826, durch Joh. Olivier. A. d. Holländ. 1. Thl. gr. 8. (28 B.) Weimar 829, Landes-Ind.-Compt. Thlr.
Vgl. 63. Bd.

—— ders. 54. Bd. — A. u. d. T.: Joh. Ludw. Burckhardt, Reisen in Arabien, enthalt. eine Beschreibung derjen. Gebiete in Hedjaz, welche die Mohamedaner für heilig achten. Von d. Londoner Gesellsch. zur Beförd. d. Entdeckung d. Innern von Africa hrsg. (v. W. Ouseley.) A. d. Engl. M. 1 Charte u. 4 Grundrissen. gr. 8. (45 B.) Ebds. 830.
Vgl. 57. Bd.

—— ders. 55. Bd. — A. u. d. T.: Tagebuch d. zweiten Reise d. Capt. Clapperton in's Innere v. Africa, nebst d. Tagebuche d. R. Lander. (Mit Clapperton's Leben.) A. d. Engl. M. 2 Charten (in gr. Fol. u. gr. 4.) gr. 8. (28 B.) Ebds. 830.

—— ders. 56. Bd. — A. u. d. T.: Tagebuch d. Gesandtschaft an die Höfe von Siam u. Cochin-China. Von John Crawfurd. A. d. Engl. M. 1 Karte u. 2 Schrifttaf. Abbild. gr. 8. (58 B. u. 1 Tab. in Fol.) Ebds. 831.

—— ders. 57. Bd. — A. u. d. T.: Bemerkungen üb. d. Beduinen u. Wahaby, gesammelt während seiner Reisen im Morgenlande von d. verstorb. Joh. Ludw. Burckhardt. Hrsg. von d. Gesellsch. zur Beförderung d. Entdeckung d. innern Africa. A. d. Engl. M. 1 Karte (in kl. Fol.) gr. 8. (38¾ B.) Ebds. 831.
Vgl. 54. Bd.

—— ders. 58. Bd. — A. u. d. T.: Reise durch d. obern Provinzen v. Vorderindien, von Calcutta bis Bombay, in den J. 1824 u. 1825. Von Reg. Heber; nebst Nachrichten üb. Ceylon u. eine im J. 1826 gemachte Reise nach Madras u. in die südl. Provinzen. 1. Bd. A. d. Engl. gr. 8. (39 B.) Ebds. 831.
Vgl. 60. Bd.

—— ders. 59. Bd. — A. u. d. T.: Reise nach d. Stillen Ocean u. d. Beeringsstraße, zur Mitwirk. b. d. Polarexpeditionen, ausgeführt im kgl. Engl. Schiffe Blossom unter d. Commando d. Capit. F. W. Beechey, in d. J. 1825—28. Hrsg. im Auftrage der Lords-Commissäre d. Admiralität. 1. Thl. (A. d. Engl. übers.) M. 1 Taf. Abbild. gr. 8. (30 B.) Ebds. 832.
Vgl. 61. Bd.

—— ders. 60. Bd. — A. u. d. T.: Bericht üb. eine Reise durch d. obern Provinzen v. Vorderindien, von Calcutta bis Bombay, in d. J. 1824 u. 1825. Von Reg. Heber. 2. Bd. A. d. Engl. gr. 8. (39¼ B.) Ebds. 832.
Vgl. 58. Bd.

—— ders. 61. Bd. — A. u. d. T.: Reise nach d. Stillen Ocean u. d. Beeringsstraße unt. d. Commando d. Capt. F. W. Beechey in d. J. 1825—28. 2. Thl. (A. d. Engl. übers.) M. 1 Karte (in gr. Fol.) gr. 8. (28¾ B.) Ebds. 832.
Vgl. 59. Bd.

—— ders. 62. Bd. — A. u. d. T.: Reisen in Georgien, Persien, Armenien, d. alten Babylonien rc. im Laufe d. J. 1817—20, v. Robert Ker Porter. 2. Thl. A. d. Engl. M. 1 Kpfr. u. 2 Stnt. (in gr. 4.) gr. 8. (51¾ B.) Ebds. 833.
1. Thl. Ebendas. 1823. 2 Thlr. 21 Gr.

—— ders. 63. Bd. — A. u. d. T.: Land- u. Seereisen im Niederländ. Indien u. einigen Brit. Niederlassungen, unternom. in d. Zeitraume v. 1817—26, durch Joh. Olivier. A. d. Holländ. übers. 2. Thl. gr. 8. (26 B.) Ebds. 833.
Vgl. 83. Bd.

—— ders. 64. Bd. — A. u. d. T.: Reisen nach u. in Bokhara. Auf Befehl d. obersten Regier. Ostindien's in d. J. 1831, 1832 u. 1833, v. Alex. Burnes. A. d. Engl. 1. Bd. gr. 8. (26 B.) Ebds. 834.
„Bibliothek d. neuesten u. wichtigst. Reisebeschr. rc., hrsg. v. M. C. Sprengel u. T. F. Ehrmann.“ 1—50. Bd. 1800—14. 129 Thlr. 8 Gr. — „Neue Biblioth. d. wicht. Reisebeschr. rc.“ 1—65. Bd. 1815—27. 112 Thlr. 6 Gr. Ebendas.

—— neue, der wichtigsten Reisebeschreibungen rc. 64. u. 65. Bd. — A. u. d. T.: Reisen nach u. in Bokhara. Von Alex. Burnes. A. d. Engl. 2 Bde. M. 1 Karte u. 2 Abbild. gr. 8. Weimar, Landes-Indust.-Comptoir. [64. (32 B.) 834. 2½ Thlr., 65. (40 B.) 835. 3¼ Thlr.]

* — neue, der Romane. Eine Sammlung von interessanten Erzählungen; aus d. Engl. 8 Bde. 8. Berl. Neue Soc. Buchh. 805. (Kostet jetzt: Ir 1 Rthlr. IIr 1 Rthlr. IIIr 16 gr. IVr 20 gr. Vr 20 gr. VIr 20 gr. VIIr 12 gr. VIIIr 12 gr.)

— neue, d. Romane, e. Samml. d. interessant. Liebes- u. Rittergesch. 8 Bde. m. K. 8. Berlin, Oehmigke d. j. 805.

— neue, der Romane. 8 Bde. Mit Kpf. 8. Berl. 805. (Sander). 5 ₰ 12 ℊ

Bibliothek, neue, der Romane. 1r—4r Bd. (1r Bd.: Sophiens Reisen. 2r Bd.: der Waizenkorb. 3r Bd.: der Unbekannte v. Ed. v. der Oelsnitz. 4r Bd.: Theobalds, des Dichters, Liebe, Leiden u. Vollendung, v. Ed. v. der Oelsnitz.) 8. Leipz. 826, Kayser.

— neue, deutscher Romane. 8 Thle. 8. Leipz. 802—4. Gleditsch. (Brockhaus). 6 ₰ (1r—3r Thl. A. u. d. T.: H. Frohreich, Begebenheiten auf Bernach. 3 Bde. 2 ₰ 16 ℊ — 4r Thl. A. u. d. T.: Gesch. e. Strumpfbandes. 16 ℊ — 5r Thl. A. u. d. T.: der Regentag auf d. Lande. 16 ℊ — 6r Thl. A. u. d. T.: der Unbekannte. 16 ℊ — 7r Thl. A. u. d. T.: Vater u. Sohn. 12 ℊ — 8r Thl. A. u. d. T.: Maria, od. die Phantasie der Liebe. 20 ℊ)

— neue, deutscher Romane, m. K. 8 Thle. 8. Lpz. C. Richter, (Gleditsch:) 802–4. (I–III. 2 Rthlr. 16 gr. IV–VI. à 16 gr. VII. 12 gr. VIII. 20 gr.) (1s 2s 3s enth. Begebenheiten auf Bergach, Roman durch Roman, v. Hch. Frohreich. 3 Thle. 4s Gesch. e. Strumpfbandes. 5s d. Regentag auf d. Lande. 6s d. Unbekannte. 7s Vater u. Sohn. 8s Marie, od. d. Phantasie d. Liebe.)

—— neue stenographische, d. allgemein. schweiz. Stenographen-Vereins. 1. u. 2. Bd. 8. Wetzikon, 889. (Lpz., Robolsky). geb. ** 3 —
1. Keller, Gfr. Das Fähnlein der sieben Aufrechten. Novelle. Autogr. v. C. Schmieder. (74 S. m. Bild.) * 2 —.
2. Meyer, Conr. Ferd. Der Schuss v. der Kanzel. Novelle. (IV, 68 autogr. S.) ** 1 —.

Bibliothek, neue stenographische, des allgem. schweizer. Stenographenvereins. Bd. II.: *Meyer, C. F.* Der Schuss von der Kanzel. In-8°. IV, 68 S. Wetzikon, Verlag d. Allg. Schweizer. Stenographenver. (H. Bebie), 1889. 1 25, gebd. 2 —

—— neue, für das deutsche Theater. Ausgewählt, hrsg. und erläutert von Herm. Riotte. Nr. 1—25. 8. Leipzig, Vieweg. à Nr. 50 Pf.
Inhalt:
Nr. 1. Wohlmuth, Alois, Lessing in Kamenz. Charakterbild in 2 Acten. — Claar, Emil, auf den Knieen. Lustspiel in 1 Aufzuge. (VI, 71 S.) 886.
„ 2. John, A., Vittoria Accorombona. Trauerspiel in 5 Aufzügen. (IV, 72 S.) 886.
„ 3. Walther, Osc., mit dem Strome. Schauspiel in 4 Acten. Die Dramaturgie und das Leben. Ein Essay als Nachwort. (VII, 72 S.) 886.
„ 4. Rüffer, Friedr., die Braut. Dramat. Soloscene. — Stempfle, Hans, ein moderner Don Juan. Lustspiel in 1 Act. — Perron, Paul, blinde Liebe. Lustspiel in 1 Act. (79 S.) 886.
„ 5. Spalteholz, Rob., mein Freund Belany. Schauspiel in 4 Aufzügen. (100 S.) 886.
„ 6. Riotte, Herm., Pseudonym. Lustspiel in 5 Acten. (110 S.) 886.
„ 7. Walther, Osc., das Schloß am Meer. Orig.-Schauspiel in 5 Acten. (III, 90 S.) 886.
„ 8. Hilpert, Frz., der Bauernbaron. Volksstück mit Gesang in 5 Acten. (IV, 75 S.) 886.
„ 9. Samhaber, Ed., Dido. Trauerspiel in 5 Acten. — Zimmermann, Geo., Fest-Prolog mit lebenden Bildern zur Feier des Sedantages. (79 S.) 886.
„ 10. Körner, Geo., des Markgrafen Brautfahrt. Schauspiel in 5 Acten. (84 S.) 886.
„ 11. Volkmer, Carl, Otto der Schütz. Romantisches Schauspiel in 5 Abthlgn. Mit freier Benutzung von Gfried. Kinkels rheinischer Geschichte gleichen Namens. (80 S.) 886. 87.
„ 12. Hilpert, Frz., Schubart. Schauspiel in 5 Acten. (91 S.) 886. 87.
„ 13. Riotte, Herm., Michael Kohlhaas. Romantisches Trauerspiel in 5 Acten. (IV, 108 S.) 886.
„ 14. Lippert, Ernst, in heimlicher Ehe. Lustspiel in 4 Acten. Bühnen-Einrichtung von Herm. Riotte. (101 S.) 887.
„ 15. Riotte, Herm., Lippold, der Hofjude. Schauspiel in 5 Aufzügen. Für die deutsche Bühne eingerichtet. (107 S.) 887.
„ 16. Kottowitz Edler v. Kortschak, Gfried. Alex. Vikt., aus der Gesellschaft. Schauspiel in 4 Aufzügen. (III, 104 S.) 887.
„ 17. —— der Feudal-Demokrat. Lustspiel in 3 Aufzügen. (84 S.) 887.
„ 18. —— im Schooße der Erde. Drama in 5 Aufzügen. (VIII, 87 S.) 887.
„ 19. —— die schlimme Jugend. Lustspiel in 3 Aufzügen. (89 S.) 887.
„ 20. Krottenau, Friedr. v., und Carl Steindl, catilinarische Existenzen. Trauerspiel in 5 Acten. (82 S.) 887.
„ 21. Maercker, Otto, der Vegetarianer. Lustspiel in 2 Aufzügen. (45 S.) 887.
„ 22. Corleis, F., gefährliche Feinde. Ein Schauspiel in 5 Aufzügen. (95 S.) 887.
„ 23. Kottowitz Edler v. Kortschak, Gfried. Alex. Vikt., Weitmoser. Tragödie in 5 Aufzügen. (124 S.) 887.
„ 24. Preuß, Arth., Onkel Kaesermann. Schwank in 4 Aufzügen. (78 S.) 887.
„ 25. Volkmer, Carl, die Weibertreue von Weinsberg. Romantisches Volksstück mit Gesang in 4 Abthlgn. mit freier Benutzung eines älteren Stoffes. Musik von L. Hesse. (71 S.) 887.
26. Pauli, Karl, Gänseliesel. Schauspiel in 5 Acten nach Nathaly v. Eschstruth. (118 S.) 88.
27. —— um höheres Recht. Schauspiel in 3 Acten. (92 S.) 88.
7. Walther, Osk. Das Schloß am Meer. Orig.-Schauspiel in 5 Akten. 2. Druck. (79 S.) 890.
28. Die Verschwörung d. Cinq Mars. Ein Trauerspiel in 5 Akten v. E. D. (92 S.) 889.

—— neue, f. das deutsche Theater. Nr. 29. 12. Leipzig 893. Bautzen, O. Vieweg. n. — 50
Der neue Hirt. Schauspiel in 3 Aufzügen v. Adf. Warnheim. (78 S.)

Bibliothek, neue, f. das deutsche Theater. Nr. 8. kl. 8. Bautzen (908). O. Vieweg. — 50
Der Bauernbaron. Volksstück m. Gesang in 5 Aufzügen. Von Frz. Hilpert. Musik v. Wilh. Dressler. 2. neubearb. Aufl. (64 S.)

Bibliothek, Neue, kleiner Theaterstücke für Theater-Gesellschaften. Ein Pendant zur deutschen Schaubühne. Augsburg 1818. H: *Schiessler, Sebast. Wilh.* (?) (GGr III, 852)

Bibliothek, Neue, zur Unterhaltung und Vergnügen. Frankfurt und Leipzig 1797. V: *Rebmann, Andreas Georg Friedrich* oder *Carl Heun* (?). (BGE VI³, 404)

— Neue, der Unterrichts-Lectüre zur Ergänzung des häuslichen und Schulunterrichts für die Jugend beiderlei Geschlechts. 1. Bdchen. 1. Abtheil. Geschichte. 1. Bd. — A. u. d. T.: Geschichte der westasiatischen Länder und Macedoniens bis zur Ausbreitung der römischen Herrschaft. 8. Ebend. 846. n. $^5/_{12}$ ₰

— dies. 2. u. 5. Bdchn. 2. Abthl. Geographie u. Ethnographie. 1. u. 2. Bd. A. u. d. T.: Erzählungen u. Beschreibungen aus Amerika. 2. Bde. 8. Ebd. 846. à n. $^{5}/_{12}$ ₰

Bibliothek, neue, der Unterrichts-Lectüre für die Jugend beiderlei Geschlechts. Hrsg. von Friedr. Richter. 3. Abthl. Naturgeschichte. 4. Bd. Unterhaltungen aus der Naturgeschichte der Vögel. 1. Thl. 8. (XXXVI und 332 S.) Berlin 847, Richter'sche Vrlgsh. Thlr. *-
Vgl. 10. Bd. 1. Abthl. S. 95.

—— neue, der Unterrichts-Lectüre für die Jugend beiderlei Geschlechts. Hrsg. von Friedr. Richter. 1. Abthl. Geschichte. 1. Bd. A. u. d. T.: Geschichte der westasiat. Länder und Macedoniens bis zur Ausbreitung der römischen Herrschaft. 2., verb. Aufl. 8. (XXXII und 230 S.) Berlin 848, Richter'sche Vrlgsh. *

—— dass. 1. Abthl. Geschichte. 4. Bd. A. u. d. T.: Römische Geschichte von Augustus bis Romulus Augustulus. 8. (XXVI und 304 S.) Ebds. 848. *

—— dass. 1. Abthl. Geschichte. 5. Bd. A. u. d. T.: Erzählungen aus dem Mittelalter. 1. Hälfte. Von der Entstehung des ostgoth. Königreiches bis zum Tode Wilhelms des Eroberers. 8. (VIII und 260 S.) Ebds. 848. *

Bibliothek, neue, des Wissens, Lerne zu Hause! ohne Lehrer. 1.—3. Bd. schmal 8. Berlin, B. Sellin.
à Bd. n. — 15
1. Wie bewerbe ich mich erfolgreich um offene Stellen? Praktische Anleitg. zum Selbstunterricht ohne Lehrer, nebst ausführl. Beispielen. Von Willy Schwarze. (20 S.) (904.)
2. Die kaufmännische Korrespondenz. Praktische Anleitg. zum Selbstunterricht ohne Lehrer nebst ausführl. Beispielen. Von Willy Schwarze. (80 S.) (906.)
3. Richtig Deutsch in Wort u. Schrift. Praktische Anleitung, enth. alle Regeln u. e. Wörterverzeichnis f. die allgemeine deutsche Rechtschreibung im Selbstunterricht. Von Ewald Salvator. (61 S.) (906.)

Bibliothek, Neue, der schönen Wissenschaften. Bd. 1—22. Leipzig 1765—1806. H: *Weisse, Christian Felix.* (GGr.) »1765—97. H: *Weisse, Chn Fel. & Joh. Gfr. Dyck*« (AarF) H: [Bd. 49-60]: *Schäfer, Gottfried Heinr.* [?] (Ky)

Bibliothek, Neue, der schönen Wissenschaften und der freyen Künste. Bd. 1—72. 66 Bde. Leipzig 1765—1806. Dyck.

— — ders. Register von 12 zu 12 Bden. gr. 8. Ebend. 772—98. (1s—3s à 16 gr. 4s 10 gr. 5s 1 Thl.)

—— neue wohlfeile, der italienischen Classiker. 9 Bde. Mit 5 Stahlst. gr. 16. Stuttgart 855, Rieger'sche Vrlgsh. à Bd. * 12 Ngr. *
Inhalt:
Bd. 1. Boccaccio's Romane und Novellen. Zum ersten Male getreu übers. 1. Bd.: Dekameron und Fiammetta. Ins Deutsche übers. von Gust. Diezel. 3., durchgeseh. und theilweise neu bearb. Aufl. 1. Thl. (VI und 334 S.) Einzeln 15 Ngr.
» 2., 5. Ariost's rasender Roland. Ins Deutsche übers. von Herm. Kurz. 2 Thle. (XX und 924 S.)
» 3., 6. Boccaccio's Romane und Novellen. Zum ersten Male getreu übers. 2. und 3. Bd.: Dekameron und Fiammetta. Ins Deutsche übers. von Gust. Diezel. 3., durchgeseh. und theilweise neu bearb. Aufl. 2. Thl. (630 S.) Einzeln à 15 Ngr.
» 4. Dante Alighieri's göttliche Komödie. Ins Deutsche übers. von Bernd v. Guseck. (516 S.)
» 7. Torquato Tasso's befreites Jerusalem. Im Versmaße der Urschrift übers. von J. M. Duttenhofer. (560 S.)
» 8. Ariost's rasender Roland. Ins Deutsche übers. von Herm. Kurz. 3. Thl. (476 S.)
» 9. Boccaccio's Romane und Novellen. Zum ersten Male getreu übers. 4. Bd.: Dekameron und Fiammetta. Ins Deutsche übers. von Gust. Diezel. 3., durchgeseh. und theilweise neu bearb. Aufl. 4. Thl. (202 S.)

—— neueste historische, des Auslandes. 1—21. Thl. 16. Cassel 852—56. [Sondershausen, Neuse.] à Thl. * 20 Ngr. *
Inhalt:
Thl. 1—3. Regnault, Elias, Geschichte der acht Jahre 1840—1848. 3 Thle. (1732 S.) * 2 Thlr.
» 4—8. Blanc, Louis, Geschichte der zehn Jahre 1830—1840. 5 Thle. (2822 S.) * 3 Thlr. 10 Ngr.
» 9—16. Lamartine, A., Geschichte der Restauration. 8 Thle. (3238 S.) * 5 Thlr. 10 Ngr.
» 17—19. Coletta, P., Geschichte des Königreichs Neapel. 3 Thle. (... S.) * 2 Thlr.
» 20., 21. Blanc, Louis, Geschichte der französischen Revolution. Aus dem Französ. übers. 1. und 2. Thl. (400 und 316 S.) à Thl. * 20 Ngr. * 1 Thlr. 10 Ngr.

—— dass. — 2. Aufl. 1. und 2. Lfg. A. u. d. T.: Geschichte der Restauration von A. Lamartine. 2. Aufl. 1. und 2. Lfg. (1. Thl. XVI und S. 1—320.) 16. Ebds. 854. à Lfg. * 4 Ngr. *

—— neueste humoristische. Zur Erhaltung und Verbreitung froher Laune. Eine Auswahl der vorzüglichsten Erzeugnisse im Gebiete der Komik, die durch Vortrag den Beifall des Publikums erlangt haben. Hrsg. von Pierrot. 2 Bde. gr. 16. Berlin 854, Abelsdorff. [1. Bd.: Gedichte. (X und 534 S.) * 1 Thlr., 2. (640 S.) * 1 Thlr. 10 Ngr.] *

Bibliothek, Neueste juristische, vornehmlich des teutschen Staats- und Kirchenrechts. Giessen Krieger 1780—86. V: *Schnaubert, Andreas Joseph.* (Ky) (MGT)
Forts. u. d. T.: Neueste fortgesetzte juristische Bibliothek.

— neueste jurist. — Forts s.a. Schnaubert.

Neueste fortgesetzte Juristische **Bibliothek** vornehmlich des deutschen Staats-und Kirchenrechts. Von Schnaubert. Bd. 1, Stück 1-5. (Mehr nicht ersch.) – Jena, 1789 - 91.

—— neueste, protestant. deutscher Kanzelberedtsamkeit, s. Musterpredigten d. Kanzelredner Deutschlands, 3. u. 4. Bd.

— Neueste kaufmännische. Aus d. Praxis f. d. Praxis. 8 Bde. 1—4. Afl. 8° Berl., R Wichert '11'12. L 24 —; einz. Bde 3.50 d
Baum, Rich.: Einfache, doppelte u. amerikan. Buchführg. (380) '11 [1]
Blaschke, Paul: Des Kaufmanns Englisch. Korrespondenz, Grammatik u. Konversationsübgn. (8, 376) '11 [7]
— Des Kaufmanns Französisch. Korrespondenz, Grammatik u. Konversationsübgn. (8, 376) ('11) [8]
Heinrich, Wilh., u. Rud. Bode: Prakt. Korrespondenz d. Kaufmanns. Handb. d. gesamten deut. Handelskorrespondenz. (384) '11 [3]
Hirsch, Siegfr.: Die Bank, ihre Geschäftszweige u. Einrichtgn. 2. Afl. (320) '11 [4]
Obst, Johs: Geschäftspraxis in Handel u. Gewerbe. (384) [5]
Solani, E: Neues Rechtshandb. m. Formularen u. Mustern. (384) '11 [6]
Weber, Otto: Kaufmänn. Rechnen. (384 m. Fig.) '11 [2]

— neueste landschaftliche, f. Baiern. 1s—6s Heft. 8. Münch. 801. J. Lindauer. (à 9 kr) 2 ₰ 6 kr

Bibliothek, Neueste landschaftliche, für Baiern. O. O. 1802—4. V: *Heller von Hellersberg, Carl Seb. Edler von.* (Mitth. M. Grolig.)

—— neueste naturwissenschaftliche. Abthl. 1. und 2., Abthl. 3. 1. Thl., Abthl. 4. 1. Thl. und 5. Abthl. 16. Cassel. [Sondershausen, Neuse.] *
Inhalt:
Abthl. 1. Örsted's, Hans Chrn., gesammelte naturwissenschaftliche Schriften. Nach der 2. Orig.-Ausg. aus dem Dän. übers. von G. F. v. Jenssen-Tusch. 4 Bde. [Der Geist in der Natur. Nebst Örsted's Lebensbeschreibung. (XX und 244 S.) — Die Naturwissenschaft und die Geistesbildung. (271 S.) — Neue Beiträge zum Geiste in der Natur. 2 Thle. (501 S.)] 854. * 1 Thlr. 20 Ngr.
» 2. Schouw, J. F., Naturschilderungen. Eine Reihe gemeinverständl. Vorträge aus dem Gebiete der Naturwissenschaften. Neueste und vollständigste Ausg. Frei nach dem Dän. von G. F. v. Jenssen-Tusch. Mit einer Lebensskizze des Verf. 2 Thle. (XIV und 496 S.) 854. * 1 Thlr.
Abthl. 3. 1. Thl. Wallace, Alfr. R., Reisen am Amazonenstrom und Rio negro. Naturwissenschaftliche Berichte. Aus dem Engl. 1. Thl. (IV und 219 S.) 855. * 15 Ngr.
» 4. 1. » Johnston, Jac. F. W., die Chemie des gewöhnlichen Lebens. Aus dem Engl. 1. Thl. (V und 234 S.) 855. * 15 Ngr.
» 5. Alexander v. Humboldt. (344 S. mit 1 Portr. in Stahlst.) 855. * 15 Ngr.

—— dass. — 1. und 2. Abthl. 16. Sondershausen 856, Neuse. à Abthl. * 10 Ngr. *
Inhalt:
Abthl. 1. Örsted's, Hans Chr., gesammelte naturwissenschaftliche Schriften. Nach der 2. Orig.-Ausg. aus dem Dän. übers. von G. F. v. Jenssen-Tusch. 1. Bd.: Der Geist in der Natur. Nebst Örsted's Lebensbeschreibung. 2. (Titel-)Aufl. (XX und 244 S.)
» 2. Schouw, J. F., Naturschilderungen. Eine Reihe gemeinverständl. Vorträge aus dem Gebiet der Naturwissenschaften. Neueste und vollständigste Ausg. Frei nach dem Dän. von G. F. v. Jenssen-Tusch. Mit einer Lebensskizze des Verf. 1. Thl. 2. (Titel-)Aufl. (V und 256 S.)

—— neueste naturwissenschaftliche. 1. Abthl. Die Polarwelt, ihre Erscheinungen und Wunder. Für Leser aller Stände anschaulich geschildert von Carl Müller. br. 8. (VI und 188 S.) Sondershausen 857. 58, Neuse. * $22^1/_2$ Ngr.; geb. *

— neueste, d. Unterhaltung. Eine Samml. d. interess. Novellen, Erzähln., Criminal-Geschichten, biograph. Skizzen, Charakterzügen, Anekdoten rc. d. berühmt. Dichter d. Inn- u. Auslandes. Hrsg. v. G. v. Krämer. 6 Bdchn. 8. (87¼ B.) Augsburg 831, 32, v. Jenisch u. Stage'sche Buchh. à 20 Gr.

— neueste, der Unterhaltung. Eine Sammlung der interess. Novellen, Erzählungen, Criminalgeschichten, biograph. Skizzen, Charakterzügen, Anekdoten rc. d. berühmt. Dichter d. In- u. Auslandes. Herausg. v. G. v. Krämer. 6 Bdchen. 2e wohlf. Ausg. 8. Augsburg 833. v. Jenisch u. Stage'sche B. 3 ₰ — 7s—12s Bdchn. od. N. Folge 1s—6s Bdchn. 8. Ebd. 835. 4 ₰ Vgl. Pfennig-Bibliothek.

— niederländische. 1—21. Bd. 8. Leipzig, Lorck. à Bd. * 10 Ngr. *

Auch unter den Titeln:
Bd. 1—6. Conscience, Hendrik, Jacob von Artevelde. Histor. Roman aus dem Vläm. unter Mitwirkung des Verf. von O. L. B. Wolff. 6 Bde. (XIV und 710 S. mit des Verf. Portr. in Stahlst.) 849.
„ 7. — der Rekrut. Aus dem Vläm. von O. L. B. Wolff. (141 S.) 850.
„ 8—11. Schaick, Cornelis van, niederländische Dorfgeschichten. Aus dem Holländ. unter Mitwirkung des Verf. von Ed. Wagner. Mit einer biograph. Skizze. 4 Bde. (XX und 579 S. mit des Verf. Portr. in Stahlst.) 850.
„ 12. Conscience, Hendrik, Baas Gansendonck. Aus dem Vläm. von O. L. B. Wolff. (147 S.) 850.
„ 13. — die hölzerne Clara. Aus dem Vläm. von Rud. Müldener. (IV und 121 S.) 850. 851.
„ 14—19. Toussaint, A. L. G., die Engländer in Utrecht. Historischer Roman aus dem Holländ. von O. L. B. Wolff. 6 Bde. (921 S.) 851.
„ 20. Conscience, Hendrik, der arme Edelmann. Aus dem Vläm. von O. L. B. Wolff. (176 S.) 851.
„ 21. — blinde Rosa. Aus dem Vläm. von Rud. Müldener. (48 S.) 851.

— niederländische. 22—24. Bd. 8. Leipzig 852—56, [Wiedemann.] à Bd. * 10 Ngr. *

Inhalt:
Bd. 22. Conscience, Hendrik, der Geizhals. (192 S.)
„ 23. Was eine Mutter leiden kann. Eine wahre Geschichte. Aus dem Vläm. von Ed. Wegener. (30 S.)
„ 24. Conscience, Hendrik, Mutter Hiob. Aus dem Vläm. von Carl Arenz. (169 S.)
1—21. Bd. Ebendas. 1849—51. * 7 Thlr.

— nordische, hrsg. von J. Hoffory. 1. Bd.: Die Frau vom Meere. Schauspiel in 5 Akten von H. Ibsen. Deutsch von J. Hoffory. 8. (109 S.) Berlin 888, S. Fischer Verlag. *

— nordische. Hrsg. v. Jul. Hoffory. 1.—17. Bd. 8. Berl. 889—91, S. Fischer. * 28 —
1. Ibsen, Henrik. Die Frau vom Meere. Schauspiel in 5 Akten. Deutsch v. Jul. Hoffory. 2. Aufl. (V, 109 S.) * 1 50.
2. Schmidt, Rud. Novellen. Deutsch v. M. v. Borch. (253 S.) * 3 —.
3. Brandes, Edvard. Ein Besuch. Schauspiel in 2 Akten. Deutsch v. Jul. Hoffory. (61 S.) * 1 —.
4. Ibsen, Henrik. Die Kronprätendenten. Historisches Schauspiel in 5 Akten. Deutsch v. Adf. Strodtmann. (V, 142 S.) * 1 50.
5. — Comödie der Liebe. Comödie in 3 Akten. Deutsch von M. v. Borch (VI, 121 S.) * 1 —.
6. — Die Wildente. Schauspiel in 5 Akten. Deutsch von M. v. Borch. 2. Aufl. (129 S.) * 1 —.
7. Jacobsen, J. P. Novellen. Deutsch v. Marie Herzfeld. (125 S.) * 1 50.
8. Kjelland, Alex. L. Johannisfest. Autoris. Übersetzg. aus dem Norweg. v. Mary Ottesen. (133 S.) * 2 —. 89. 90.
9. Ibsen, Henrik. Der Bund der Jugend. Lustspiel in 5 Aufzügen. Deutsch v. Adf. Strodtmann. 2. Aufl. (143 S.) * 1 50.
10. — Die Stützen der Gesellschaft. Schauspiel in 4 Aufzügen. Deutsch v. E. Klingenfeld. 2. Aufl. (125 S.) * 1 50. 89. 90.
11. — Rosmersholm. Schauspiel in 4 Akten. Deutsch von M. v. Borch. 3. Aufl. (100 S.) * 1 —. 89. 90.
12. — Ein Puppenheim. Schauspiel in 3 Akten. Deutsch von M. v. Borch. (98 S.) * 1 —.
13. — Gespenster. Ein Familiendrama in 3 Akten. Deutsch v. O. Zinck. (88 S.) * 1 —.
14. — Ein Volksfeind. Schauspiel in 5 Akten. Deutsch von M. v. Borch. (121 S.) * 1 50. 89. 90.
15. Garbora, Arne. Bei Mama. Deutsch v. Marie Herzfeld. (VII, 389 S.) * 3 50. 89. 91.
16. Ibsen, Henrik. Hedda Gabler. Schauspiel in 4 Akten. Deutsch v. Emma Klingenfeld. 1. u. 2. Aufl. (111 S.) * 1 50. 89. 91.
17. Hamsun, Knut. Hunger. Roman. Aus d. Norweg. von M. v. Borch. (240 S.) * 3 —. 88. 91.

— ausgewählter Novellen deutscher und ausländischer Erzähler. 1—5. Bdchn. 8. Mainz 852—53, [Kirchheim.]

Inhalt:
Bdchn. 1. Sniebers, A., Bilder aus dem Leben. Aus dem Vläm. übertr. von Carl Arenz. (244 S.) 14 Ngr.
„ 2. Conscience, Hendrik, der Geizhals. Aus dem Vläm. übertr. von Carl Arenz. (XII und 198 S.) 12 Ngr.
„ 3. Ein Schmerz. Die grünen Jalousien. Zwei Erzählungen nach dem Französ. von Jos. Vorscht. (152 S.) 11 Ngr.
„ 4. Gouraud, Julie, Marianne Aubry. Nach dem Französ. von Jos. Vorscht. (244 S.) 14 Ngr.
„ 5. Rochère, Eugenie de la, Tebaldo oder Glaube und Vorurtheil. Nach dem Französ. von Jos. Vorscht. (272 S.) 14 Ngr.

— katholischer Novellen. Hrsg. von W. N. Stehling. 1. Jahrg. 6—8. Heft. Der Jesuit. 3—5. (letztes) Heft. 8. (S. 145—334.) Cöln und Neuß 846, Schwann'sche Vrlgsh. 1—8. Heft. *

— katholischer Novellen. Hrsg. v. W. N. Stehling. 1. Jahrg. 1—5. Hft. 8. Neuß, Schwann. Für Hft. 1—8. *

Inhalt:
Hft. 1—3. Die Freischärler, od. Folgen einer gemischten Ehe. Novelle aus d. jüngsten Zeit. 8. (12⅔ B.) 846.
„ 4., 5. Der Jesuit. I. II. (9 B.) 847.

— kleiner Novellen u. Erzählgn. v. Dichtern u. Schriftstellern d. Gegenwart, hrsg. v. Mart. Maack. Nr. 1—44. 8. Lübeck, Verl. der Novellenbibliothek. à Nr. — 25
1. Wie wir uns fanden. — Flitterwochen. — Kein Herz Novellen v. Mart. Maack. 2. Aufl. (38 S.) 896.
2. D. dumme Hans. Novelle v. Mart. Maack. 2. Aufl. (28 S.) 896.
3. Veronika. Erzählg. f. d. reif. Jugend v. Mart. Maack. 3. Aufl. (31 S.) 896.
4. 5. Herzens-Irrlichter. Novelle von Schack v. Igar (Elfriede Jaksch. (58 S.) 896.
6. Nur Deutsch! Humoreske von E. v. Winterfeld-Warnow. (30 S. m. Bildn.) 896.
7. 8. Die Vogelsteller. Erzählg. a. d. Harzer Bergmannsleben v. Frz. Wichmann. (54 S.) 896.
9. 10. E. einsames Leben. Novelle von E. v. Brun-Barnow. (40 S. m. Bildn.) 896.
11. 12. Im Schatten d. Todes. Novelle v. Nina Güthner. (44 S. m. Bildn.) 896.
13. Sein Ideal. Novelle v. Mart. Maack. (28 S.) 896.
14. Im Schnee. E. Weihnachtsgabe f. d. Kleinen v. Mart. Maack. D. Insel d. Seligen. E. Kinder-Märchen. (20 S.) 896.
15.—30. D. Novelle. E. krit. Lexikon üb. d. bekannt. deutschen Dichter d. Gegenwart m. bes. Berücksicht. d. Novellisten. Von Mart. Maack. M. e. Einleitg. v. C. Beyer (d. Verf. d. deutschen Poetik). M. zahlr. Porträts. (348 S.) 896.
Einzelausg. n. 3. 75; geb. in Leinw. n. 6. —
31.—33. Sigrun. Schausp. i. 4 Akten v. Mart. Maack. (119 S.) 896.
34. Sein Nebenbuhler. Novelle v. Konrad Telmann. (27 S. m. Bildn.) 896.
35. D. Narr d. Glücks. Novelle v. Jul. Grosse. (40 S. m. Bildn.) 896.
36. D. Gefahren d. Abwesenheit. Portugies. Novelle v. Alfr. Friedmann. (24 S.) 896.
37. 38. Ihr Opfer. Novelle von Marie v. Suttner. (47 S. m. Bildn.) 896.
39. 40. Lütt-Dörken. Novellist. Charakterstudie aus Nieder-Deutschland v. Mart. Maack. — Mein Robert. Erzählg. v. Mart. Maack. (56 S. m. Bildn.) 896.
41. 42. 's Seeröserl. Erzählg. v. M. Schurz. (15 S. m. Bildn.) 896.
43. 44. Sein Weib. Novelle von Ida v. Brun-Barnow. (15 S. m. Bildn.) 896.

— der Novellen, Mährchen u. Sagen; hrsgg. v. Thdr. Echtermeyer, L. Henschel u. K. Simrock. 1r—3r Thl. A. u. d. T.: Quellen des Shakespeare, in Novellen, Mährchen rc. 3 Thle. 8. Berl. 836, 31. Finke. 4 ₰ 12 g/ 4r Thl. A. u. d. T.: Novellen-Schatz der Italiener; hrsgg. von Echtermeyer u. Simrock. 1r Thl. 8. Ebd. 832. 1 ₰ 12 g/

— der neuesten englischen Novellen rc., s. Library.

— wertvoller Novellen u. Erzählungen. Hrsg. v. Otto Hellinghaus. 1.—8. Bd. (VII, 332; V, 324; V, 325; V, 348; V, 317; V, 326; V, 327 u. V, 334 S.) kl. 8. Freiburg i/B. 908—10. Herder. Geb. in Leinw. à 2. 50

— wertvoller Novellen u. Erzählgn. Hrsg. v. Otto Hellinghaus. V—VIII. Bd u. NAfl I. u. II. Bd. kl8° Freiburg B., Herder. L je 2.50 d
I. 2. Afl. (7, 322) ('12) ‖ II. 2. Afl. (5, 324) ('12) ‖ V. (5, 317) ('10) ‖ VI. (5, 326) ('10) ‖ VII. (5, 327) ('10) ‖ VIII. (5, 334) ('10)

Bibliothek des Nützlichen, Unterhaltenden und Merkwürdigen. Leipzig 1806. V: *Löhr, Joh. Andreas Chn.* (NN)

— f. Offiziere. (Fortsetz. d. Militärbibliothek, v. G. v. Scharnhorst). 4 Stcke, mit Kpf. 8. Götting. 785, 86. Dieterich. 2 ₰ Fortsetz., s. Journal, neues militär.
Vorh. u. d. T.: Militär-Bibliothek

— occultistische. I.—VI. Bd. 8. Leipzig, A. F. Schlössel. à n. 1.50

I. Offenbarung der Wunder u. Geheimnisse aller Zeiten. Auf Grund alter Ueberliefergn. u. der neuesten Forschngn. bearb. Von J. Körmann-Alzech. 1. Bd. Der Hypnotismus als Schlüssel des Occultismus u. Magismus. (64 S.) 904.
II. Offenbarung der Wunder u. Geheimnisse aller Zeiten. Auf Grund alter Ueberliefergn. u. der neuesten Forschngn. bearb. Von J. Körmann-Alzech. 2. Bd. Schwarze u. weiße Magie. Ägyptische Mysterien. Hexenwesen. Faust's Höllenfahrt, Höllenzwang Indische Wunder. Die Fakire. (64 S.) (904.)
III. — Dasselbe. 3. Bd. Das Hellsehen. Die Seherin v. Prevorst. Wahr- u. Warnträume. Wahrsagen. Gottesurteile. Nekromantie. Astrologie. Künstliche Erzeugg. bestimmter Träume. (64 S.) (904.)
IV. — Dasselbe. 4. Bd. Telepathie, Gedankenübertragg., Gedankenlesen. Cumberland. Die Svengalis. Fernsehen. Fernwirken. Doppelgänger. Gespenster leb. Personen. Das zweite Gesicht. (64 S.) (904.)
V. — Dasselbe. 5. Bd. Die Wunder des Spiritismus. Tischrücken. Geisterschrift. Das Medium. Geisterphotographie. Die spiritist. Zirkel. Sprechen in fremden Zungen. Geistererscheinungen. Gespenstergeschichten. Die weiße Dame. (64 S.) (904.)
VI. — Dasselbe. 6. Bd. Magnetismus. Wie wird man Magnetiseur? Magnetische Wunder. Der Od. Sensitive Menschen. Sympath. Heilkunde. Die große Mosesbibel. Erlangung höchster Macht, Glückseligkeit, Weisheit, Vollbringg. v. Wundertaten (64 S.) (904.)

Bibliothek, okkultistische. 1. u. 2. Bd. 8. Berlin, P. Raatz. à Bd. n. — 80

1. Bedingungen zur Aufnahme in okkulte Schulen. Von H. P. Blavatsky (17 S.) (906.)
2. Die verräterische Bildergalerie. Das wandernde Auge. Von Bryan Kinnavan (W. Q. Judge). (S. 19—41.) (906.)

— okkultistische. 3.—5. Bd. kl. 8. Berlin, P. Raatz. à Bd. — 30

Befähigung zur Chelaschaft. — Mahatmas u. Chelas. Vermutlich v. H. P. Blavatsky. (Übers. aus „Theosophist" u. „Guide to theosoph".) (28 S.) (910.) (Bd. 5)
Blavatsky, H. P., Okkultismus u. okkulte Künste. Aus dem Engl. (31 S.) (907.) (Bd. 3)
Judge, W. Q., Gespräche m. H. P. Blavatsky üb. Okkultismus. Soll man Hellsehen lehren? Aus dem Engl. (22 S.) (907.) (Bd. 4)

— Okkultistische. 5. u. 6. Bd. 8° Berl., P Raatz. je — 30
Befähigung z. Chelaschaft. — Mahatmas u. Chelas. Vermutl. v. HPBlavatsky. (Übers. a. „Theosophist" u. „Guide to theosophy".) (228) ('10) [5]
Kinnavan, Bryan (WQ Judge): Die Haut d. Erde. — Judge, WQ: Der Astralrausch. Die Täuschgn d. Hellsehens. (Übers. a. „The path".) (27) ('11) [6]

Oekonomische Bibliothek oder Verzeichnis der neuesten und besten deutschen Bücher und Schriften, welche in die ökonomische, politische und Cameral-Wissenschaften einschlagen. - o.O. 1867. 78 S. - 2. Aufl. Leipzig 1841. 8,438 S. v. W. Engelmann

Bibliothek: Ökonomische Bibliothek für den Bürger und Landmann
⑤ 1799—? ⑥ 8° ⑦ Monatsblatt ⑧ Malans: Buchdruckerei Malans ⑫ landwirtschaftliches Blatt ⑭ Ch: K.

Ophthalmologische Bibliothek. Hrsg.v. Karl Himly und Joh(ann) Adam Schmidt. Bd 1-2/1, 3/2. gbd.

Braunschweig, Jena: 1802-06
H. 1 u. d. T.: Ophthalmologische Beobachtungen.

Ophthalmologische Bibliothek. Hrsg. von Karl Himly u. Joh(ann) Adam Schmidt. Bd. 1-3. Jena: Frommann 1803 - 05 (1807). 7 H. 8°
Bd. 1, St. 2: 1803.
Bd. 2, St. 1-3: 1803 - 04.
Bd. 3, St. 1-3: 1805 - 07.

Bibliothek, Orientalische, oder Wörterbuch zur Kenntniss des Orients. Lemgo 1788 — 92. H: *Wahl*, *Samuel Friedrich Günther*. (Vater)

— Orientalische. 1. Bd. 8° Offenb., Astarte-Verl. d
Falkenau, Kurt: Im Banne d. Fakire. Ind. Roman. (80) ('11) [1] — 40

— d. neuest. u. best. Originale, Trauer- u. Lustspiele, 2 Bde. 8. Cölln, Imhof. 788—90.

—— deutscher Originalnovellen. 1—3. Bdchn. 16. Leipzig 853, Hinze. à Bdchn. * 10 Ngr. *
Inhalt:
Bdchn. 1. Stern, Adf., der Winkelpoet. Ein Lebensbild. (90 S.)
" 2—3. —— ein verlornes Weib. Erzählung aus der Gegenwart. 2 Bdchn. (115 S.)

—— deut. Originalnovellen. 1—3. Bd. 16. Lpzg 53, Matthes. à n. — 10
Stern, A, e. verlornes Weib. 2 Bde. (115)
– d. Winkelpoet. (90)

—— neuer Originalnovellen, s. Maja.

—— deutscher Original-Romane. 1—14. Bd. 8. Leipzig, O. Wigand. *
Inhalt:
Bd. 1., 2. Scherr, Johs., Graziella. Memoiren-Novelle. 2 Thle. (662 S.) 852. * 2 Thlr. 20 Ngr.
" 3. Rollett, Herm., Jucunde. (198 S.) 853. 1 Thlr.
" 4—7. † Gustav vom See (v. Struensee), die Egoisten. Roman. 4 Thle. (1076 S.) 853. 3 Thlr. 15 Ngr.
" 8. Ottilie, ein Diplomat. Roman. (372 S.) 853. 1 Thlr. 15 Ngr.
" 9., 10. Tiedemann, Osw., ein Jesuit. Roman in 2 Bdn. (VIII und 592 S.) 853. 2 Thlr.

9. 10. Bd.: Ein Jesuit. Roman in 2 Bdn. von Osw. Tiedemann. 854. (2 Bl., 218; 2 Bl., 284 S.) 2 ℛ

" 11. Schein und Wesen. Ein Roman. (352 S.) 854. 1 Thlr. 15 Ngr.

12—14. Bd.: Konstantinopel und Athen. Ein Roman. 1—3. Bd. 854—56. (IV, 243; 4 Bl., 254; IV, 191 S.) Jeder Bd. 1 ℛ

" 12—14. Konstantinopel und Athen. Ein Roman. 1—3. Bd. (XI und 688 S.) 855—56. 3 Thlr.

—— deutscher Original-Romane. Hrsg. von Alfr. Meißner. 27. und 28. Jahrg. 1872 und 1873. à Jahrg. 24 Bde. (à Bd. ca. 220 S.) 8. Leipzig, E. J. Günther. à Jahrg. *
Inhalt:
1872.
Bd. 1— 4. Schlaegel, Max v., Pariser Todtentanz. 1. Abthl.: Nach uns die Sündfluth. 4 Bde.
" 5. 6. —— dass. — 2. Abthl.: Der rothe Fasching. 2 Bde.
" 7— 9. Baudissin, Ulrich, der Lebensretter. 3 Bde.
" 10. Palm, Adf., im Labyrinth der Seele. 1 Bd.
" 11—13. Schücking, Levin, Krieg und Frieden. 3 Bde.
" 14. 15. Wartenburg, Karl, Robespierre. 2 Bde.
" 16—18. Schubert, F. C., die Jagd nach dem Glücke. 3 Bde.
" 19. 20. Schmid, Herm., die Türken in München. 2 Bde.
" 21—23. Mylius, Otfr., ein Meteor der Börse. 3 Bde.
" 24. Sacher-Masoch, Maria Theresia und die Freimaurer. 1 Bd.
1873.
" 1— 5. Frenzel, Karl, Lucifer. 5 Bde.
" 6— 9. Byr, Rob., Wrack. 4 Bde.
" 10—12. Grosse, Jul., offene Wunden. 3 Bde.
" 13. 14. Herbert, Lucian, die Blume von Sumatra. 2 Bde.
" 15. Gerstäcker, Friedr., das Hintergebäude. 1 Bd.
" 16—18. Cressieux, C., die Kunstreiterin. 3 Bde.
" 19. Sealsfield, Charles, die Grabesschuld. 1 Bd.
" 20. 21. Sacher-Masoch, russische Hofgeschichten. 2 Bde.
" 22—24. Mühlbach, Louise, protestantische Jesuiten. 3 Bde.
Vgl.: Album.

—— deutscher Original-Romane. Hrsg. unter Betheiligung der ersten Schriftsteller Deutschlands. 29.—31. Jahrg. 1874—1876. à Jahrg. 24 Bde. (à Bd. ca. 220 S.) 8. [Leipzig, E. J. Günther.] Berlin, Nicolai'sche Buchh. à Jahrg.
Inhalt:
1874.
Bd. 1— 5. Schmid, Herm., Concordia. Eine deutsche Kaisergeschichte aus Bayern. 5 Bde.
" 6. Schlägel, Max v., die Volksbeglücker.
" 7—10. Baudissin, Ulrich, in engen Kreisen. 4 Bde.
" 11. 12. Eckstein, Ernst, Novellen. 2 Bde.
" 13—15. Grün, A., das Forsthaus in den Vogesen. 3 Bde.
" 16. Leyb, E. F., der Tannhäuser.
" 17. 18. Frenzel, Karl, Lebensräthsel. 2 Bde.
" 19. 20. Schlägel, Max v., die Ritter der Gegenwart. 2 Bde.
" 21. 22. Sacher-Masoch, russische Hofgeschichten. 3. und 4. Bd.
" 23. 24. Oehlschläger, Herm., Novellen. 2 Bde.
1875.
" 1— 7. Meis, A., unsichtbare Mächte. 1. Abthl. 5 Bde. 2. Abthl. 1. und 2. Bd.
" 8—11. Byr, Rob., Quatuor. 4 Bde.
" 12—14. Meis, A., unsichtbare Mächte. 2. Abthl. 3.—5. Bd.
" 15. 16. Heigel, Karl, Benedictus. 2 Bde.
" 17—20. Frenzel, Karl, Silvia. 4 Bde.
" 21. 22. Schlägel, Max v., Graf Ketlan, der Rebell. 1. und 2. Bd.
" 23. Sacher-Masoch, galizische Geschichten.
" 24. Bacano, E. M., am Wege aufgelesen.
1876.
" 1— 5. Meis, A., neue Horizonte. 1. Abthl. 5 Bde.
" 6. Sacher-Masoch, Wiener Hofgeschichten. 2. Bd.
" 7—11. Godin, A., Frauen-Liebe und Leben. 5 Bde.
" 12—14. Meis, A., neue Horizonte. 2. Abthl. 1.—3. Bd.
" 15—19. Byr, Rob., Larven. 5 Bde.
" 20. Meis, A., neue Horizonte. 2. Abthl. 4. Bd.
" 21—24. Schlägel, Max und Marie v., Deutsch und Wälsch. 4 Bde.
Nicht weiter erschienen.

— sowohl von Original- als auch neubearbeiteten älteren Romanen d. In- u. Auslandes f. Jung u. Alt von Fr. v. M....... 1. Bdchn. Die harten Köpfe. 8. (58 S.) Wien 873. Sartori. — 75

Bibliothek d. neuest. u. besten Original-Trauer- u. Lustspiele. 2 Bde. 8. Cöln, Imhof. 788—90

— kleiner Originalwerke d. Deutschen. 7 Thle. 8. Berl. 789—99. Vieweg in Braunschw. 6 ℛ 12 gl (3r bis 7r enth. G. W. C. Starke, häusl. Gemälde. 793—803.) (vergl. Starke.)

—— für Ost und West. 1.—13. Bd. 8. Wien 884, Engel. à Bd. *

Inhalt:

Bd. 1. Chiavacci, V., aus dem Kleinleben der Großstadt. Wiener Genrebilder. 1. Bd. Mit 1 Titel-Illustr. von Hans Schließmann. (VIII, 240 S.)
- 2. Bauernfeld, E. v., Novellenkranz. Mit 1 Titel-Illustr. von L. Lewin. (244 S.)
- 3. Nordau, Max, ausgewählte Pariser Briefe. (254 S.)
- 4. Weilen, Jos., Daniela. Roman. Mit 1 Titel-Illustr. von Tadeusz Rybkowski. (258 S.)
- 5. Nordmann, Johs., Unterwegs. Fortsetzung des Wanderbuches: „Meine Sonntage". (VIII, 210 S.)

Bd. 6. Traun, Jul. v. der, die Aebtissin von Buchau. Eine Noveue. (165 S.)
- 7. Groß, Ferd., Blätter im Winde. Neue Skizzen. Mit dem (Holzschn.-)Portr. des Verf. (192 S.)
- 8. Friedmann, Alfr., neue Lebensmärchen. (236 S.)
- 9. Marriot, Emil, der geistliche Tod. Erzählung aus dem kathol. Priesterstande. (258 S.)
- 10. Kanzoni, Emmerich, vor fünfzig Jahren. (238 S.)
- 11. Schreiber, C., eine Wienerin in Paris. Mit Vorrede von Ferd. Groß, (219 S.)
- 12. Wehle, J. H., Krethi und Plethi. Porträts, nach dem Leben gezeichnet. (210 S.)
- 13. Wobiczka, Vict., der schwarze Junker. Geschichtliche Erzählung aus Oesterreichs Vergangenheit. (181 S.)

—— für Ost und West. Zusammengestellt von Alfr. Friedmann. 14.—19. Bd. 8. Wien, Engel. *

Inhalt:

Bd. 14. Kalbeck, Max, Wiener Opernabende. (III, 271 S.) 885. *ℳ 1.—.
- 15. Egon [F. Mamroth], Meilensteine. Wanderbilder aus dem Süden. (IX, 248 S.) 885. *ℳ 1.—.

Bd. 16. 17. Lemmermayer, Fritz, der Alchymist. Ein deutscher Roman aus der Wende des 15. Jahrh. 1. und 2. Buch. (XII, 180; 175 S.) 885. à Bd. * 80 Pf.
- 18. Viktor, Max, drei Erzählungen. (183 S.) 886. * 80 Pf.
- 19. Scherer, Frz., verschlungene Wege. Zwei Erzählungen. (167 S.) 886. * 80 Pf.

— österreichische. Hrsg.: Alb. Ilg. I.—III. Bd. gr. 8. Wien, C. Graeser. à n. 2.—; geb. in Leinw. à n.n. 2.80

I. Die Gemälde-Sammlung d. kunsthistorischen Hof-Museum in Wien. Besprochen v. Hans Grasberger. (VI, 224 S. m. 20 Abbildgn.) 892.
II. Hundert Jahre deutscher Dichtung in Steiermark 1785 bis 1885. Von Ant. Schlossar. (XI, 193 S. m. 10 Abbildgn.) 893.
III. Kaiserin Maria Ludovica v. Österreich (1787—1816). Nach ungedr. Briefen v. Eug. Guglia. (XI, 196 S. m. Bildnis.) 894.

— f. Pädagogen und Erzieher, f. Roos.

— f. Pädagogen u. Erzieher, in Verbind. mit mehrern Gelehrten herausg. v. J. Fr. Roos. 2 Thle. 8. Gießen (u. Marb.) 783, 84. Krieger. 1 ℛ 8 gl

— der katholischen Pädagogik. Hrsg. unter Mitwirkg. v. L. Kellner, Knecht u. Herm. Rolfus v. F. X. Kunz. 1.—3. Bd. gr. 8. Freiburg i/Br., Herder. n. 11.50; geb. n. 16.90

1. Die christliche Erziehung. Dargestellt im Auftrage d. hl. Karl Borromäus v. S. Antoniano. Aus dem Ital. übers. u. m. der Biographie d. Verf. versehen v. F. X. Kunz. (XVIII, 440 S.) 888. n. 5.—; geb. n. 6.80
2. Maphens Vegius' Erziehungslehre, Einleitung, Uebersetzg. u. Erläuterg. v. K. A. Kopp. — Aeneas Sylvius' Traktat über die Erziehung der Kinder, gerichtet an Ladislaus, König von Ungarn u. Böhmen. Einleitg., Uebersetzg. u. Erläutergn. v. P. Galliter. (X, 302 S.) 889. n. 3.—; geb. n. 4.80
3. Ausgewählte Schriften v. Columban, Alkuin, Dodana, Jonas, Hrabanus Maurus, Notker Balbulus, Hugo v. St. Viktor u. Peraldus. Einleitung u. Uebersetzg. v. Gabr. Meier. (XII, 345 S.) 890. n. 3.50; geb. n. 5.30

— der katholischen Pädagogik. Hrsg. unter Mitwirkg. v. L. Kellner, Knecht u. Herm. Rolfus v. F. X. Kunz. 4.—7. Bd. gr. 8. Freiburg i/B., Herder. n. 13.10 (1—7.: n. 24.60; Einbde. in Halbfrz. à n. 1.80)

4. Joh. Mich. Sailer's pädagogisches Erstlingswerk, e. Vorläufer seiner Erziehungslehre. Neu hrsg. u. m. e. Einleitg. u. Anmerkgn. begleitet v. L. Kellner. — Frz. v. Fürstenberg. Sein Leben u. seine Schriften. Hrsg. v. J. Esch. (XI, 316 S.) 891. n. 3.—
5. Joh. Ign. v. Felbiger's Methodenbuch. Mit e. geschichtl. Einleitg. üb. das deutsche Volksschulwesen vor Felbiger u. üb. das Leben u. Wirken Felbiger's u. seiner Zeitgenossen Ferd. Kindermann u. Alexius Vinz. Parzizek. Bearb. u. m. Erläutergn. versehen v. Joh. Panholzer. (XI, 368 S.) 892. n. 3.90
6. Frz. Mich. Vierthaler's ausgewählte pädagogische Schriften. Hrsg. u. m. Einleitg. vers. v. L. Glöckl. (VIII, 268 S.) 893. n. 2.60
7. Kardinal Johs. Dominici's Erziehungslehre u. die übrigen pädagogischen Leistungen Italiens im 15. Jahrh. Der Kartäuser Nik. Kemph u. seine Schrift: Über das rechte Ziel u. die rechte Ordnung des Unterrichts. Übers. u. m. biograph. Einleitgn. versehen v. Augustin Rösler. (XIV, 354 S.) 894. n. 3.60

- d. kathol. Pädagogik. Begr. unt. Mitwirkg. v. L. Kellner, Knecht, Herm. Rolfus u. hrsg. v. F. X. Kunz. VIII—X. gr. 8. Freiburg i/B., Herder. n. 13.— (I—X.: n. 37.60; Einbde. in Halbfrz. à n. 1.80)

VIII. Ausgew. pädagog. Schriften d. Desiderius Erasmus. Allgem. Einleitg., Biographie, Übersetzg. u. Erläutergn. v. Dietr. Reichling. — Johs. Ludov. Vives' pädagog. Schriften. Einleitg., Charakteristik, Übersetzg. u. Erläutergn. v. Frdr. Kayser. (XXXVI, 436 S.) 896. n. 5.—
IX. D. Studienordng. d. Gesellschaft Jesu. M. e. Einleitg. v. Bernh. Duhr, S. J. (VIII, 286 S.) 896. n. 3.—
X. Sacchini, Juvencius u. Kropf, d. Jesuiten, Erläuterungsschriften z. Studienordng. d. Gesellschaft Jesu. Übers. v. J. Stier, M. Schwickerath, F. Zorell, Mitgliedern ders. Gesellschaft. (XII, 470 S.) 898. n. 5.—

Bibliothek der katholischen Pädagogik. Begründet unter Mitwirkg. v. L. Kellner, Knecht, Herm. Rolfus u. hrsg. v. F. X. Kunz. XI.—XIV. gr. 8. Freiburg i/B., Herder. n. 18.40; (Einbde. in Halbfr. à n. 1.80)

XI. Perpiña, Bonifacius u. Possevin, der Jesuiten, ausgewählte pädagogische Schriften. Übers. v. J. Stier, S. J., G. Scheid, S. J., G. Fell, S. J. (X, 564 S.) 901. n. 6.—
XII. Theoretische u. praktische Methodik. Von B. A. Achille. Aus dem Franz. übers. u. m. e. Einleitg. u. Erläutergn. versehen v. Jos. Ant. Keller. (LXIV, 308 S.) 899. n. 3.80
XIII. Über Erziehung f. Erzieher. Von Joh. Mich. Sailer. Mit Anh. Neu hrsg. u. m. e. Einleitg. u. Anmerkgn. versehen v. Johs. Baier. (IX, 309 S.) 899. n. 3.20
XIV. Schriften u. Einrichtungen z. Bildung d. Geistlichen. Übers., erläutert u. m. e. Geschichte des geistl. Bildungswesens eingeleitet. Von Mark. Siebengartner. (XV, 501 S.) 902. n. 5.40

I—X. Ebd. 888—898. n. 37.60.

— der katholischen Pädagogik. Begründet unter Mitwirkg. v. L. Kellner, Knecht, Herm. Rolfus u. hrsg. v. F. X. Kunz XV. gr. 8 Freiburg i/B, Herder. n. 5.—

Colonna, Ägidius Romanus' de, Johs. Gerson's, Dionys des Kartäusers u. Jak. Sadolet's pädagogische Schriften. Übers. u. m. biograph. Einleitgn. u. erläut. Anmerkgn. versehen v. Mich. Kaufmann, F. X. Kunz, Heinr. Al. Keiser u. Karl Alois Kopp. (XIII, 441 S.) 904.

I—XIV. Ebd. 888-904. n. 56.—.

— der katholischen Pädagogik. Begründet unter Mitwirkg. v. L. Kellner, F. J. Knecht, Herm. Rolfus u. hrsg. v. F. X. Kunz. XIII u. XVI. gr. 8. Freiburg i/B., Herder. 11.40; geb. in Halbfrz. 15.—

Rayneri, G. A., Pädagogik in 5 Büchern. Mit histor.-literar. Einleitg. v. G. B. Gerini. Aus dem Ital. übers. u. m. Anmerkgn. versehen v. A. Keel u. F. X. Kunz. (XII, 708 S.) 909. (XVI) 8.—; geb. in Halbfrz. 10.—
Sailer, Joh. Mich., üb. Erziehung f. Erzieher. Mit Anh. Neu hrsg. u. m. e. Einleitg. u. Anmerkgn. versehen v. Joh. Baier. 2., durchges. u. erweit. Aufl., hrsg. v. Frz. Xav. Kunz. (XI, 343 S.) 910. (XIII) 3.40; geb. in Leinw. 4.40; in Halbfrz. 5.—

Paltram, Fr. Petronius: Pädagogik d. hl. Johann Baptist de la Salle u. d. christl. Schulbrüder in deut. Bearbeitg. (12, 320) '11 [17] 3.40; L 4.40; HF 5—

—— pädagogische. Hrsg. von Karl Richter. 1.—15. Bd. 1. und 2. Lfg. gr. 8. Leipzig, Hesse's Verlag. (*ℳ 45,50.) * geb. (*ℳ 58,50.) *

— Pädagogische, 2 Hfte. 8. Hamb. Gundermann. 794. 795. (à 12 gr.)

Bibliothek, pädagogische. Eine Sammlung der wichtigsten pädagog. Schriften älterer und neuerer Zeit. Im Vereine mit Gesinnungsgenossen hrsg. von Karl Richter. 1. Reihe. 1.—9. Bd. oder 1.—48. Heft. gr. 8. Berlin, Klönne und Meyer. [Leipzig, Siegismund und Volkening.] à Heft *

Inhalt:

Heft 1—3. 5. (1. Bd.) Pestalozzi, wie Gertrud ihre Kinder lehrt. Erläutert und mit Anmerkungen versehen von Alb. Richter. 1. Aufl. 1870, 2. und 3. Aufl. (256 S.) 873.

" 4. 6. (2. Bd.) Salzmann, Noch etwas über die Erziehung. Erläutert und mit Anmerkungen versehen von Karl Richter. 1. und 2. Aufl. (128 S.) 1870,74, und 3. verb. Aufl. (141 S.) 875.

" 7. 8. (2. Bd.) —— Ameisenbüchlein. Erläutert und mit Anmerkungen versehen von Karl Richter. 2. Aufl. (116 S.) 874.

" 9. 12. 15. (2. Bd.) —— Ueber die wirksamsten Mittel, Kindern Religion beizubringen. Bearb. und mit Erläuterungen versehen von Karl Richter. (200 S.) 870.

" 10. 11. 13. 16. 18. 22. 23. (3. Bd.) Comenius, Joh. Amos, große Unterrichtslehre. Aus dem Latein. übersetzt und mit Anmerkungen versehen von Jul. Beeger und Friedr. Zoubek. 1. Aufl. 1870, und 2. Aufl. (VIII, 304 S.) 873.

" 14. (4. Bd.) Montaigne, Mich. v. Ansichten über die Erziehung der Kinder. Uebersetzt und mit Anmerkungen versehen von Karl Reimer. (80 S.) 871.

" 17. 34—37. 40. 41. 47. 48. 54. 55. (8. Bd.) Rousseau, J. J., Emil. Uebersetzt und mit Anmerkungen versehen von Karl Reimer. 1. Aufl. 871—74, und 2. Aufl. (LXIV, 596 S.) 874,75.

" 19—21. 24. 25. 27—33. (5. Bd.) Francke, A. H., Schriften über Erziehung und Unterricht. Bearb. und mit Erläuterungen versehen von Karl Richter. (760 S.) 872.

" 26. 38. 39. 45. 46. (6. Bd.) Locke, John, einige Gedanken über Erziehung. Uebersetzt und mit Einleitung und Anmerkungen versehen von Mor. Schuster. (LVI, 277 S.) 872.

" 42—44. (7. Bd.) Pestalozzi, Lienhard und Gertrud. Bearb. und mit Anmerkungen versehen von Karl Richter. 1. Aufl. 1873, und 2. Aufl. (XXXII, 192 S.) 874.

—— dass. — 2. Reihe. 1.—10. Heft. [Der ganzen Sammlung 49.—58. Heft oder 8. Bd. 10. und 11. (Schluß-)Heft; 10. Bd. 1. und 2. Heft und 11. Bd. 6 Hefte. gr. 8. Leipzig 874, Siegismund und Volkening. à Heft *

Inhalt:

Heft 1. 2. (10. Bd.) Kant, Immanuel, über Pädagogik. Mit Einleitung und Anmerkungen versehen von O. Willmann. 1. Aufl. 1873, und 2. Aufl. (128 S.) 875.

" 3—5. 8—10. (11. Bd.) Comenius, J. A., ausgewählte Schriften. Mutterschule, Pansophie, Panegersie ꝛc. [Werke 2. Bd.] Uebersetzt und mit Erläuterungen versehen von Jul. Beeger und Joh. Leutbecher. 1. Aufl. 1873,74, und 2. Aufl. (XVI, 359 S.) 875.

" 6. 7. (8. Bd.) Rousseau, J. J., Emil. X. XI. Uebersetzt und mit Erläuterungen versehen von Karl Reimer. (LXIV, S. 549—596.) 875.

—— **pädagogische. Sammlung der wichtigsten pädagog. Schriften älterer und neuerer Zeit. Hrsg. von Karl Richter. 2. Reihe. 11.—40. Heft. [Der ganzen Sammlung 59.—88. Heft oder 12.—17. Bd.] gr. 8. Leipzig 875—80, Siegismund und Volkening.** à Heft *

Inhalt:

Heft 11—15. (12. Bd.) Campe, J. H., Theophron. Mit Anmerkungen und Erläuterungen versehen von Karl Richter. 5 Hefte. (XXIV, 296 S.)

" 16—23. (13. Bd.) Herbart, Joh. Friedr., pädagogische Schriften. 1. Bd.: Allgemeine Pädagogik und Umriß pädagog. Vorlesungen. Mit Anmerkungen und Erläuterungen versehen von Karl Richter. 8 Hefte. (XCVI, 400 S.)

" 26—34. (14. Bd.) —— dass. — 2. Bd.: Kleinere pädagog. Schriften, Reden und Abhandlungen. Mit Anmerkungen und Erläuterungen versehen von Karl Richter. 9 Hefte. (XLVIII, 525 S. mit 1 Stnt. und 2 Tab.)

" 24. 25. (15. Bd.) Rabelais, François, Gedanken über Erziehung und Unterricht aus seinem „Gargantua und Pantagruel". Bearb. von Fr. Aug. Arnstädt. 2 Hefte. (128 S.)

" 35. 36. 37. (16. Bd.) Fénélon, über Töchtererziehung. Uebersetzt und mit Einleitung und Anmerkungen versehen von Fr. Aug. Arnstädt. 3 Hefte. (S. 1—190.)

" 38—40. (17. Bd.) Salzmann, Chrn. Gtthlf., Konrad Kiefer, oder Anweisung zu einer vernünftigen Erziehung der Kinder. Ein Buch für's Volk. Mit Anmerkungen und Erläuterungen versehen von Karl Richter. 3 Hefte. (XVI, 166 S.)

—— **dass. — 1. Reihe. 9.—12., 14., 16.—18. Heft. Neue Aufl. gr. 8. Ebendas.** à Heft *

Inhalt:

Heft 9. (2. Bd.) Salzmann, über die wirksamsten Mittel Kindern Religion beizubringen. Bearb. und mit Erläuterungen versehen von Karl Richter. 2. verb. Aufl. 1. Heft. (64 S.) 878.

" 10—12. 16—18. (3. Bd.) Comenius, J. A., große Unterrichtslehre. Uebers. und mit Einleitungen und Erläuterungen versehen von Jul. Beeger und Friedr. Zoubek. [Comenius, Werke, 1. Bd.] 3. Aufl. 1.—6. Heft. (XLVIII, S. 1—256.) 875—78.

" 14. (4. Bd.) Montaigne, M. v., Ansichten über Erziehung der Kinder. Uebers. und mit Erläuterungen versehen von Karl Reimer. 2. Aufl. (68 S.) 875.

—— **dass. — 2. Reihe. 1. und 2. Heft. 1. Bd., der ganzen Sammlung 10. Bd. gr. 8. Ebendas.** *

Inhalt:

Heft 1. 2. Kant, Imman., über Pädagogik. Bearb. und mit Erläuterungen und Anmerkungen versehen von Willmann. 3. Aufl. (128 S.) 875.

—— pädagogische. Eine Sammlung der wichtigsten pädagog. Schriften älterer und neuerer Zeit. Hrsg. von Karl Richter. 89.—99. Heft. gr. 8. Leipzig, Siegismund und Volkening. à Heft *

Inhalt:

Heft 89—91. Salzmann, Chr. Gotth., Krebsbüchlein oder Anweisung zu einer vernünftigen Erziehung der Kinder. Mit Anmerkungen und Erläuterungen versehen von K. Richter. 3 Hefte. (XXIV, 176 S.) 880,81.

" 92—99. Vives, Johs. Ludw., ausgewählte pädagog. Schriften. Uebers. und mit Einleitung und Anmerkungen versehen von Rud. Heine. 8 Hefte. (XIV, 424 S.) 881,82. geb. in Leinw. *ℳ 5.

—— dass. — Eine Sammlung der wichtigsten pädagog. Schriften älterer und neuerer Zeit. Hrsg. von Karl Richter. 5., 7., 15. Bd. 2. Abtl. und 17. Bd. 1. Abtl. gr. 8. Leipzig, Siegismund und Volkening. *

Inhalt:

Bd. 5. Francke, A. H., kurzer und einfältiger Unterricht, wie die Kinder zur wahren Gottseligkeit und christlicher Klugheit anzuführen sind. Nebst 6 Beilagen. Bearb. und mit Erläuterungen versehen von Karl Richter. 2. durchgeseh. und verm. Aufl. (191 S.) 888. *ℳ 1.50.; cart. *ℳ 1.80.; geb. *ℳ 2.25.

" 7. Pestalozzi, Lienhard und Gertrud. Bearb. und mit Erläuterungen versehen von Karl Richter. 4. durchgeseh. und verm. Aufl. (XXIV, 203 S.) 882. *ℳ 1.50.; geb. *ℳ 2.25.

" 15. 2. Abtl.: Salzmann, Chr. Gotth., Konrad Kiefer. Bearb. und mit Erläuterungen versehen von Karl Richter. (XVI, 166 S.) 885. *ℳ 1.50.; cart. *ℳ 1.70.

" 17. Pestalozzi, I. Die Abendstunde eines Einsiedlers. Bearb. und mit Erläuterungen versehen von Karl Richter. (VIII, 48 S.) 885. * 50 Pf.; cart. * 70 Pf.

17. Bd. 1. Abtl. bildet Nr. 100 der Heft-Ausgabe.

— **dasselbe. Eine Sammlung der wichtigsten pädagog. Schriften älterer u. neuerer Zeit. Hrsg. von Karl Richter. I. Bd.; II. Bd. 2. Abtlg. u. VII. Bd. gr. 8. Leipzig, Siegismund & Volkening.** n. 4. 50

1. Wie Gertrud ihre Kinder lehrt. Von J. H. Pestalozzi. Bearb. u. m. Erläutergn. verseh. v. Alb. Richter. 6. [Titel-] Aufl. (210 S.) [894.] (902.) n. 2.—; geb. n. 2. 80

II. 2. Ameisenbüchlein. (Anweisung zu e. vernünft. Erziehg. f. Erzieher.) Von C. G. Salzmann. Bearb. u. m. Erläutergn. versehen v. Karl Richter. 4. u. 5. durchgeseh. u. verm. Aufl. (à 124 S.) 899. 901. n. 1.—

VII. Lienhard u. Gertrud. Von Pestalozzi. Bearb. u. m. Erläutergn. vers. v. Karl Richter. 5. durchges. u. verm. Aufl. (XXII, 202 S.) 893. n. 1. 50; kart. n. 1. 80; geb. n. 2. 25

Bibliothek, pädagogische. Eine Sammlg. der wichtigsten pädagog. Schriften älterer u. neuerer Zeit. Hrsg. v. Karl Richter. II. Bd. 2. Abtlg. u. XIII. Bd. gr. 8. Leipzig, Siegismund & Volkening. n. 5. —

II, 2. Ameisenbüchlein. Von Salzmann. Bearb. u. m. Erläutergn. versehen v. Karl Richter. 6. durchgeseh. u. verm. Aufl. (126 S.) 903. n. 1.—; kart. n. 1. 20

XIII. Pädagogische Schriften. Von J. F. Herbart. (Herbarts Werke. 1. Bd.) Allgemeine Pädagogik u. Umriß pädagog. Vorlesgn. Mit Einleitg. u. Anmerkgn versehen v. Karl Richter. 2 [Titel-]Aufl. (XCVI, 400 S.) [878.] (903.) n. 4. —

— **pädagogische. Eine Sammlg. der wichtigst. pädagog. Schriften älterer u. neuerer Zeit. Hrsg. v. Karl Richter. III. Bd. 2. Abtlg. u. XVII. Bd. gr. 8. Leipzig, Siegismund & Volkening.** 3.75; geb. n 4.55; in Leinw. 5. 25

Comenius, J. A., große Unterrichtslehre. (Werke 1. Bd.) Aus dem Lat. übers., nochmals überarb. u. m. Anmerkgn. versehen v. Jul. Beeger. 5. v. Karl Hultgren u. Herm. Gebhardt aufs neue durchgeseh. u. verb. Aufl. (VII, 282 S.) (908.) (III, 2) 3.—; geb. n 3.50; in Leinw. 4. —

Pestalozzi, die Abendstunde e. Einsiedlers. Bearb. u. m. Erläutergn. versehen v. Karl Richter. 4. durchgeseh., verb. u. durch Beigabe des 2. u. 3. Abdr. der Abendstunde verm. Aufl. (XVIII, 38 S.) 909. (XVII) —75; geb. n 1.05; in Leinw. 1. 25

—**pädagogische, ein Verzeichniß aller in Deutschland erschienenen pädagogischen Werke, nach Ersch, Natorp ꝛc. 8. Berl. 815.** Sander. 6 gl.

Bibliothek, pädagogische, hrsg. v. prakt. Schulmännern. Orig.-Aufsätze, Abhandlgn. u. Studien aus dem Gebiete der gesamten Unterrichtswissenschaften zur Fortbildg. d. Lehrers im Amte u. als Grundlage zu Konferenz- u. Lehrerprüfungsarbeiten. 1—4. Bdchn. gr. 8. (VII, 90; VII, 99, 100 u. 96 S.) Langensalza 884—86. Schulbuchh. à n. 1. —

—— dass. — hrsg. von prakt. Schulmännern. Orig.-Aufsätze, Abhandlungen und Studien aus dem Gebiete der gesamten Unterrichtswissenschaften zur Fortbildung des Lehrers im Amte und als Grundlage zu Konferenz- und Lehrerprüfungsarbeiten. 2.—4. Bdchn. gr. 8. (VII, 99; 100; 96 S.) Langensalza 885,86, Schulbuchh. von Greßler. à Bdchn. *ℳ 1.—. *

1. Bdchn. Ebendas. 1884. *ℳ 1.—.

—— pädagogische. 1., 4., 10.—14. und 16. Bd. gr. 8. Hannover, C. Meyer. *

Inhalt:

Bd. 1. Schumann, J. Chr. G., Lehrbuch der Pädagogik. 1. Tl.: Einleitung und Geschichte der Pädagogik mit Musterstücken aus den pädagog. Meisterwerken der verschiedenen Zeiten. 8. verb. und verm. Aufl. (XII, 454 S.) 887. *ℳ 4.40.

„ 4. —— Leitfaden der Pädagogik für den Unterricht in Lehrerbildungsanstalten. 2. Tl.: Geschichte der Pädagogik. 5. verm. und verb. Aufl. (VIII, 308 S.) 888. *ℳ 3.—.

„ 10. Vogel, Aug., systematische Darstellung der Pädagogik Johann Heinrich Pestalozzis mit durchgängiger Angabe der quellenmäßigen Belegstellen aus seinen sämtlichen Werken. (VIII, 276 S. mit 1 Portr. nach Diogg nebst Facs. Pestalozzis.) 886. *ℳ 3.80.

„ 11. Schulze, C., systematische Uebersicht der in Zeitschriften, Programmen und Einzelschriften veröffentlichten wertvollen Aufsätze über Pädagogik aus den J. 1880 bis 1886. Ein Nachschlagebuch für Lehrer zur Vorbereitung auf das Examen und für den Unterricht. (VIII, 276 S.) 887. *ℳ 3.60.

„ 12. Vogel, Aug., Herbart oder Pestalozzi? Eine krit. Darstellung und Vergleichung ihrer Systeme, als Beitrag zur richtigen Würdigung ihres gegenseit. Verhältnisses. (IV, 164 S.) 887. *ℳ 2.40.

„ 13. Fricke, J. H. Alb., Handbuch des Katechismus-Unterrichts nach Dr. M. Luthers Katechismus; zugleich Buch der Beispiele. Für Lehrer und Prediger bearb. 1. Bd.: Einleitung und 1. Hauptstück. (VIII, 328 S.) 886. *ℳ 3.80.

„ 14. —— dass. — 2. Bd.: Das 2. Hauptstück. (320 S.) 887. *ℳ 3.80.

14. — dasselbe. 2. Bd. Das 2. Hauptstück. 2., verb. Aufl. (IX, 346 S.) 893. n. 4. —; geb. n. 4. 60

15. — dasselbe. 3. Bd.: 3.—5. Hauptstück u. ausführl. Sachregister. (VIII, 323 S.) 889. n. 3. 80

„ 16. Streich, A., Beiträge zu einer Pädagogik für die deutschen Schulen des Auslandes. Eine Handreichung für die deutschen Schulvorstände und Lehrer an den zweisprach. Schulen im Auslande. (VIII, 198 S.) 888. *ℳ 4.—.

Folgende, als Einzelschriften erschienene Werke bilden die übrigen Theile der Sammlung:

Bd. 2. Schumann, J. Chr. G., Lehrbuch der Pädagogik. 2. Tl. 884. *ℳ 4.40.

„ 3. —— Leitfaden der Pädagogik. 1. Tl. 883. *ℳ 3.—.

„ 5. 6. —— pädagogische Chrestomathie. 2 Tle. 878,80. à *ℳ 3.—.

„ 7. Ruete, Herm., Anthologie geistlicher Lyrik. 878. *ℳ 1.—.

„ 8. 9. Schumann, J. Chr. G., die Kirchengeschichte in Lebensbildern. 1. und 2. Abtl. 878,80. *ℳ 6.—.

„ 15. Fricke, J. H. Alb., Handbuch des Katechismus-Unterrichts. 3. Bd., ist noch nicht erschienen.

—— pädagogische. 1.—4. Bd. 8. Hannov., Meyer. * 14 90

1. 2. Schumann, J. Chr. Glob. Lehrb. d. Pädagogik. 1. u. 2. Tl. [1. Tl. Einleitg. u. Geschichte d. Pädagogik m. Musterstücken aus d. pädagog. Meisterwerken d. verschiedenen Zeiten. 9. verb. u. verm. Aufl. (XV, 508 S.) 891. * 4 50; 2. Tl. Die systemat. Pädagogik u. d. Schulkunde. 8. verb. u. verm. Aufl. (VIII, 462 S.) 889. * 4 40.] * 8 90.

3. 4. Schumann, J. Chr. Glob. Leitfaden d. Pädagogik f. d. Unterricht in Lehrerbildungsanstalten. [3. Tl. Die systemat. Pädagogik u. die Schulkunde. 5. verb. u. verm. Aufl. (VIII, 302 S.) 889. * 3 —; 4. Tl. Geschichte der Pädagogik. 6. verb. Aufl. (VIII, 307 S.) 891. * 3 —.] * 6 —.

3. Leitfaden der Pädagogik f. den Unterricht in Lehrerbildungsanstalten v. J. Chr. Glob. Schumann. 1. Tl. Die systemat. Pädagogik. 6., verb. Aufl. (VIII, 280 S.) 894. n. 3. —; geb. n. 3. 50

12. Herbart od. Pestalozzi? Ein krit. Darstellg. ihrer Systeme, als Beitrag zur richt. Würdigg. ihres gegenseit. Verhältnisses. Von Aug. Vogel. 2. Aufl. (IV, 161 S.) 893. n. 2. 40

13. Handbuch d. Katechismus-Unterrichts nach M. Luthers Katechismus; zugleich Buch der Beispiele. Für Lehrer u. Prediger bearb. v. J. H. Alb. Fricke. 1. Bd. Einleitung u. erstes Hauptstück. 2., verb. Aufl. (V, 355 S.) 892. n. 3. 80; geb. n. 4. 40

Bibliothek, pädagogische. Eine Sammlg. der wichtigsten pädagog. Schriften älterer u. neuerer Zeit. Hrsg. v. Karl Richter. 1. Bd. gr. 8. Leipzig 894. Siegismund & Volkening. n. 2. —; kart. n. 2. 40; geb. in Leinw. n. 2. 80

1. Pestalozzi. Wie Gertrud ihre Kinder lehrt. Bearb. u. m. Erläutergn. versehen v. Alb. Richter. 5. Aufl. (210 S.)

17. Ein Beitrag zur Berichtigung der Herbart-Zillerschen wissenschaftlichen Pädagogik. Das Verhältnis der transscendentalen Freiheit bei Kant zur Möglichkeit moral. Erziehung. Von Carl Felsch. (III, 88 S.) 894. n. 1. 50

18. Präparationen üb. 40 Kernlieder der evang. Kirche m. e. Anh. enth. Bilder aus der Geschichte der kirchl. Dichtg. Für die Oberstufe der Volksschule u. f. Mittelschulen ausgeführt v. F. Passarge. (VIII, 216 S.) 894. n. 2. —

Bibliothek, pädagogische. 1. u. 2. Bd. 1. Tl. 4., 13., 14., 19. (2 Hälften), 20. u. 21. Bd. I. Tl. gr. 8. Hannover, C. Meyer. n. 27. 35

1. Lehrbuch d. Pädagogik v. J. Chr. Glob. Schumann u. Gust. Voigt. 1. Tl.: Einleitg. u. Geschichte d. Pädagogik m. Musterstücken a. d. pädagog. Meisterwerken d. verschied. Zeiten. 10., verb. u. verm. Aufl. (XI, 518 S.) 895. n. 4. 50; geb. n. 5. 20

2, I. Dasselbe. 2. Tl.: Psychologie. 10., umgearb. Aufl. (VIII, 268 S.) 898. n. 2. 50; geb. n. 3. —

4. Leitfaden d. Pädagogik f. d. Unterr. i. Lehrerbildungsanst. v. J. Chr. Glob. Schumann. 2. Tl.: Geschichte d. Pädagogik. 7., verb. Aufl. (VIII, 310 S.) 895. n. 3. —; geb. n. 3. 50

13. 14. Handbuch d. Katechismus-Unterr. n. D. M. Luthers Katechismus; zugl. Buch d. Beispiele. Von J. H. Alb. Fricke. (In 3 Bdn.) 1. u. 2. Bd. 3., verb. Aufl. (XV, 385 u. XV, 370 S.) 897 u. 98. à n. 4. —; geb. à n. 4. 60

19. Bibelkunde, zugl. prakt. Kommentar z. bibl. Geschichte v. J. H. Alb. Fricke. (2 Bde.) 1. Bd., enth.: Einleitg. z. Bibel u. d. Alte Testament. 2 Hälften. (XVI, 448 S.) 895. à n. 2. —

20. Dasselbe. 2. Bd., enth.: D. Neue Testament. (XX, 508 S.) 898. n. 4. 60; geb. n. 5. 20 (Kplt: n. 8. 60; geb. n. 9. 80)

21, I. D. Geschichts-Unterr. n. d. Forderungen d. Gegenw. E. method. Handbuch, i. Anschl. a. d. Deutsche Geschichte v. H. Weigand u. A. Tecklenburg bearb. von H. Weigand. 1. Tl. (61 S.) 897. n. — 75

— pädagogische. Bd. 1, 2 I. u. II. Tl., Bd. 3, 4, 21 I. u. II. Tl. u. Bd. 22. gr. 8. Hannover, C. Meyer. n. 23. 90

1. Lehrbuch der Pädagogik. Von J. Chr. Glob. Schumann u. Gust. Voigt. 1. Tl. Einleitung u. Geschichte der Pädagogik m. Musterstücken aus den pädagogischen Meisterwerken der verschiedenen Zeiten. 11. verb. u. verm. Aufl. (XI, 460 S.) 899. n. 4. 50; geb. n. 5. 20

2. I. — dasselbe. II. Tl. Psychologie. 11. verb. u. verm. Aufl. (VIII. 293 S.) 901. n. 2. 80; geb. n. 3. 40

2. II. — dasselbe. 3. Tl. Die systemat. Pädagogik u. die Schulkunde. 10. verb. u. verm. Aufl. (VIII, 374 S.) 899. n. 3. 80; geb. n. 4. 40

3. Leitfaden der Pädagogik f. den Unterricht in Lehrerbildungsanstalten. Von J. Chr. Glob. Schumann. 1. Tl. Die systemat. Pädagogik u. die Schulkunde. 7. verb. Aufl. (VIII, 275 S.) 900. n. 3. —; geb. n. 3. 50

4. — dasselbe. 2. Tl. Geschichte der Pädagogik. 8. verb. Aufl. (VIII, 332 S.) 899. n. 3. —; geb. n.n. 3. 50

21. I. Der Geschichtsunterr. nach den Forderungen der Gegenwart. Ein method. Handbuch im Anschlusse an die Deutsche Geschichte v. H. Weigand u. A. Tecklenburg bearb. Von Heinr. Weigand. I. Tl. 2. verb. Aufl. (76 S.) 900. n. 1. —

21. II. — dasselbe. II. Tl. (VIII, 480 S.) 899. 900. n. 4. 80; geb. n. 5. 40

22. Die organische Eingliederung der Heimat- u. Stammesgeschichte in die Reichsgeschichte. Eine method. Anweisg. Mit Stoffverteilungsplan u. Unterrichtsbeispielen. Im Anschluß an des Verf. „Geschichte v. Göttingen u. Umgegend“, an dessen „Ergänzungsheft f. die Prov. Hannover, sowie an die „deutsche Geschichte“ v. Weigand u. Tecklenburg. Von Aug. Tecklenburg. (93 S.) 899. n. 1. —

— pädagogische 1. Bd.; 2. Bd. 2 Tle.; 13. 14. 18.—20. Bd.; 21. Bd. 2 Tle. u. 23. Bd. 8. Hannover, C. Meyer. n. 35. 90; geb n. 41. 20

1. Lehrbuch der Pädagogik. Von J. Chr. Glob. Schumann u. Gust. Voigt 1. Tl Einleitung u Geschichte der Pädagogik m Musterstücken aus den pädagog. Meisterwerken der verschiedenen Zeiten. 12. verb. u. verm. Aufl. (XV, 484 S.) 904. n. 4. 50; geb. n. 5. 20

2, I. — — Dasselbe. 13. verb. u. verm. Aufl. 2. Tl. Lehrbuch der pädagog. Psychologie v. Gust. Voigt. 4. verb u. verm. Aufl. (VIII, 278 S.) 905. n 3. 40; geb. n. 4. —
3. Aufl. (VIII, 254 S.) 903. n. 3. —; geb. n. 3. 60

2, II. — — Dasselbe. 11 vollständig neubearb. Aufl 3. Tl. Spezielle Methodik u. Schulkunde. (VIII, 664 S. m 14 Taf.) 904. n. 5. —; geb n. 5. 60

13. Handbuch des Katechismus-Unterrichts nach D. M. Luthers Katechismus; zugleich Buch der Beispiele. Für Lehrer u. Prediger bearb. Von J. H. Alb. Fricke. (In 3 Bdn.) 1. Bd. Einleitung u 1. Hauptstück. 4. verb. Aufl (XVI, 387 S.) 904 n. 4. —; geb. n. 4. 60

14. — Dasselbe. 2. Bd. 2. Hauptstück. 4., verb. Aufl. (XIII, 375 S.) 905. n. 4. —; geb. n. 4. 60

18. Präparationen zu 40 Kernliedern u. 10 geistlichen Liedern aus der neueren u. neuesten Zeit der evangelischen Kirche, m. e. Anh., enth.: Bilder aus der Geschichte der kirchl. Dichtg. Für die Oberstufe der Volksschule u. f. Mittelschulen ausgeführt. Von F. Passarge. 2. verm. u. verb Aufl. (VIII, 290 S.) 904. n. 2. 40; geb n. 2. 80

19. Bibelkunde. Ein Hilfsbuch beim Bibellesen, zugleich prakt. Kommentar zur bibl Geschichte. Von J. H. Alb. Fricke. (2 Bde.) I. Bd., 1. Hälfte. 2. u. 3. verb. Aufl. (VIII, 240 S. m. 1 farb. Karte.) 904. n. 2. —

20. — Dasselbe. I. Bd., 2. Hälfte. 2. u 3. verb. Aufl. (XIII u. S. 241—552.) 905. n. 2. 60
(I. Bd. vollständig: 4. 60; geb. 5. 20

21. I. Der Geschichts-Unterricht nach den Forderungen der Gegenwart. Ein method. Handbuch, im Anschlusse an die deutsche Geschichte von H. Weigand u. A Tecklenburg bearb. von Heinr. Weigand. I. Tl. 3. verb. Aufl. (VIII, 76 S.) 906. n. 1. —

21. II. — Dasselbe. II. Tl. 2. verb. Aufl. (VIII, 484 S.) 905. n. 4 —; geb. n. 4. 60

23. Die Psychologie, als Fundamentalwissenschaft der Pädagogik in ihren Grundzügen dargestellt. Von E. Zühlsdorff. Mit e. Begleitwort v. Bauckmann. (XII, 252 S.) 905. n. 3. —; geb. n. 3. 60

— pädagogische. II. Bd. 1. Tl. III. Bd. 2 Tle., IV. u. XXIV. Bd. 8. Hannover, C. Meyer. 12. 60
Meyerholz, Frdr., Erkenntnisbegriff u. Erkenntniserwerb. Eine Natorp-Studie. (68 S.) 905. (XXIV. Bd.) 1. 20
Schumann, J. Chr. Glob., Grundzüge der Pädagogik. Neu bearb. v. Herm. Walsemann. (3 Bde.) 1. Bd., I. Tl. A. Grundzüge der system. Psychologie u. der Logik. B 1. Erziehungslehre (im engeren Sinne). 8., neu bearb. Aufl. (VIII, 176 S.) 909. (III. Bd. 1. Tl.) 1.80; geb. 2. 25
— dasselbe. 1. Bd., II. Tl. B 2. Allgemeine Unterrichtslehre. B 3. Schul- u. Amtskunde. 8., neu bearb. Aufl. (174 S.) 909. (III. Bd. 2. Tl.) 1.80; geb. 2. 25
— dasselbe. 2. Bd. Geschichte der Pädagogik. 9., neu bearb. Aufl. (VIII, 308 S.) 909. (IV. Bd.) 4 —; geb. 4. 60
Voigt, Gust., Lehrbuch der Pädagogik. (3 Tle.) 14., verb. Aufl. 2. Tl.: Lehrbuch der pädagog. Psychologie v. Gust. Voigt. 5., verb. Aufl. (VIII, 314 S.) 910. (II. Bd. 1. Tl.) 3.80; geb. 4. 40

— Pädagogische. N. Aufl. 1. Bd., 2. Bd. 1.Tl; 18. u. 23. Bd. 8° Hannover: Meyer
Passarge, F: Präparationen zu 40 Kernliedern u. 10 geistl. Liedern a. d. neueren u. neuesten Zeit d. evang. Kirche. Für d. Oberst. d. Volkssch. u. f. Mittelsch. ausgeführt. 3. Afl. (11, 210) '12 [18] 2 —; geb. n 2.40
Schumann, JChr. Gottlob, u. Gust. Voigt: Lehrb. d. Pädagogik. (3Tle.) 1. Tl: Einleitg u. Gesch. d. Pädagogik m. Musterstücken a. d. pädagog. Meisterwerken d. verschied. Seiten. 13. Afl. (15, 448) '12 [1] 4.40; geb. n 5 — ‖ 2. Tl: Lehrb. d. päd. Psychol. v. Gust. Voigt. 5. Afl. (8, 314) '10 [2,1] 3.80; geb. 4.40
Zühlsdorff, E: Die Psychol., als Fundamentalwissensch. d. Pädagogik in ihren Grundz. dargestellt. 2. Afl. (16, 288 m. Fig.) '12 [23] 3.50; geb. n 4 —

— pädagogische, zur Bestimm. u. Berichtig. d. Urtheils üb. d. neuesten im Erziehungsfache herausgek. Schriften. 2 Hfte. 8. Hamb. 794, 95. Gundermann. (à 12 gr) 1 rß

— patriotische. 1. Bd. 8. Langensalza 801. Schulbuchh. n. 2. 20
Kurze Lebensbilder der Hohenzollern-Fürstinnen auf dem brandenburgisch-preußischen Throne v. E. Heinrich. (VIII. 280 S.)

— Pfälzische topographische, (v. F. P. Wundt). 3 Stcke. 8. Speyer 785—90. Pfähler. (Schwan u. G, in Manh.) 1s, 2s Stck 18 gr 3s 12 gr) 1 rß 6 gr

—— f. Pferdeliebhaber. 8. u. 9. Bd. 8. Stuttg., Schickhardt u. Ebner. * 8 —; geb. * 9 40
8. Stiller, Heinr. Das Karussel-Reiten m. genauer Erklärung aller Figuren, u. sämtliche Commandos. (VIII, 179 S. m. 81 Abbildgn. in Holzschn. u. 1 Kunstbeilage. 889. * 5 —; geb. * 6 —.
9. Hoffmann, L. Die Sattel- u. Geschirrdrücke u. deren Heilung. (XI, 129 S. m. eingedr. Abbildgn.) 890. * 3 —; geb * 3 40.
Die früheren Bände erschienen unter folgenden Einzeltiteln:
1. Adam, P. Die Lehre v. d. Beurtheilung d. Pferdes. Ebd. 881. * 3 —; geb. * 3 40.
2. Zündel, Aug. Die Gesundheitspflege d. Pferde. Ebd. 882. * 4 —; geb. * 4 40.
3. Schwarznecker, G. u. W. Zipperlen. Beschreibung d. vorzüglichsten Pferderassen. Ebd. 883. * 2 —; geb. * 2 40.
4. Loiset's, Baptist, prakt. Unterricht in Kunstdarstellungen mit Pferden. Ebd. 884. * 2 40; geb. * 2 80.
5. Deseler, P. Hippolog. Wörterbuch. Ebd. 884. * 2 —; geb. * 2 40.
6. Ein Besuch in Trakehnen im Sommer 1885. Ebd. 885. * 1 —.
7. Wrangel, Graf C. G. Der Training d. Pferdes zu verschiedenen Gebrauchszwecken. Nach d. besten Quellen u. auf Grund persönl. Erfahrung geschildert. 8. (III, 128 S.) Ebd. 889. * 3 —; geb. * 3 40.

Bibliothek für Pferdeliebhaber. I. 8. Stuttgart, Schickhardt & Ebner. n. 3. —; kart. n. 3. 40
Die Lehre v. der Beurteilung d. Pferdes in Bezug auf Körperbau u. Leistung. Von P. Adam. 2. umgearb. Aufl. Neue Ausg. Mit vielen Abbildgn. in Holzschn. (XII, 219 S.) 903.

— für Pferdeliebhaber. X. 8. Stuttgart 904. Schickhardt & Ebner. n 1. 60
Das Damen-Reiten. Ratschläge f. Anfängerinnen in der Reitkunst. Von E. Zobel. Mit 19 Abbildgn. (VIII, 64 S.)

Bibliothek f. Pferdeliebhaber. NAfl 4. 8° Stuttg., Schickhardt & E. d
Loiset, Bapt.: Prakt. Unterr. in Kunstdarstellgn m. Pferden od. Anleitg d. Pferden all d. Kunstfertigk. zu lehren, wie man sie bei d. Kunstreitern ausführen sieht. Mit Selbstbiogr. u. Reflexionen üb. Reitkunst u. Kunstreiter, neu hrsg. v. *.*. 2. Afl. (8, 147) '11 [4] 2.40; geb. n 2.80

Bibliothek, philatelistische. 1. Bd. Die Wasserzeichen auf den seit 1818 bis dato emittirten Briefmarken u. Couverts nebst Abriss e. Geschichte der Briefmarken u. d. Briefmarkensammelwesens [Philatelie] v. Alfr. Moschkau. Mit 70 in den Text gedr. Holzschn. gr. 8. (VIII, 44 S.) Dresden 871. C. E. Dietze. n. — 80

Bibliothek, philologische. Von Walch. Götting. 770–75. 3 Bände. 8. 3 rthlr.

— philologische, unter Aufsicht Walchs, (v. E. H. Mutzenbecher u. A.) 3 Bde. 8. Gött. 771—75. Vandenhöck u. R. 3 rß

—— philologische und archäologische, s. Calvary.

Bibliothek, philologische und kritische, von C. F. Schmidt. Leipz. 770–72. 10 St. 2 Bde. 8. 1 rthl. 16 gr.
Büschel

— d. Philosophen. Geleitet v. Fritz Mauthner. (I. Reihe in 20 Bdn.) 1—5. Bd. 8° Münch., G Müller. je 4.50; geb. 6.50; Luxusausg. 20 —
Agrippa v. Nettesheim: Die Eitelk. u. Unsicherh. d. Wissensch. u. d. Verteidiggsschrift. Hrsg. v. Fritz Mauthner. 1. Bd. (54, 322) '13 [5] Einzelpr. 5.50; HLdr 8 —
Jacobi's Spinoza-Büchlein. Nebst Replik u. Duplik. Hrsg. v. Fritz Mauthner. (27, 344) '12 [2] 4.50; geb. 7 —
Kant, Imm.: Briefwechsel. In 3 Bdn. Hrsg. v. HE Fischer. 1. Bd. (15, 394) '12 [1] 5 —; geb. 7.50
Schopenhauer: Die Welt als Wille u. Vorstellg. Hrsg. v. Ludw. Berndl. 1. Bd. (Schopenhauers Werke II.) (30, 725) '12 [3] 6 —; geb. 8.50
Schriften, Die, zu JG Fichte's Atheismus-Streit. Hrsg. v. Hans Lindau. (29, 387) '12 [4] 4.50; HF 7 —

— d. griech. Philosophen, (v. J. G. Schultheß). 4 Bde. gr. 8. Zürich 778—82. Geßner. 3 rß 16 gr

— f. Philosophie. Hrsg. v. Ludw. Stein. 1. u. 2. Bd. gr8° Berl., L Simion Nf. je 2.50; f. d. Abnehmer d. Archivs unentgeltl.
Boden, Frdr.: Die Instinktbedingtheit d. Wahrheit u. Erfahrg. (Beil. zu Heft 4 d. Archivs f. systemat. Philos., Bd 17.) (80) '11 [1]
Husik, Isaac: Matter and form in Aristotle. A rejoinder. (Beil. zu Heft 3 d. Archivs f. Gesch. d. Philos., Bd 25.) (93) '12 [2]

— d. Philosophie u. Literatur. 1r Bd., 2 Stcke u. 2n Bds 1s Stck. 8. Frankf. 774, 75. Strauß. 1 rß 12 gr

Philosophische Bibliothek, s.a. Hennings, Aug. Adolph Friedr. 1794.

— philosoph., der verschied. Meinungen über d. heutigen Angelegenheiten d. Menschheit, (v. A. Hennings). gr. 8. Hamb. 794. (Aue in Altona). 1 rß

— philosoph. d. verschied. Meinungen üb. d. heutig. Angelegenh. d. Menschh. gr. 8. Hamb. Bachmann. 794.

Bibliothek, Philosophische.
Halle 1768–69. H: *Riedel, Fr. Just.* (JL)

—— philosophische. Hrsg. von J. H. v. Kirchmann. 1.—288. Heft. 8. Berlin und Leipzig 868—79. Heidelberg, Weiß. à Heft

—— philosophische, oder Sammlung der Hauptwerke der Philosophie alter und neuer Zeit. Unter Mitwirkung namhafter Gelehrten hrsg., beziehungsweise übersetzt, erläutert und mit Lebensbeschreibungen versehen von J. H. v. Kirchmann. 1.—214. Heft. 8. Berlin 868—73, Heimann. [Leipzig 874, Koschny.] à Heft

Inhalt:

Bd. 1. Heft	1.	Kirchmann, J. H. v., die Lehre vom Wissen als Einleitung in das Studium philosophischer Werke. (VIII, 97 S.)
» 2. »	2. 4. 6. 9—11.	Kant's, Immanuel, Kritik der reinen Vernunft. (VI, 720 S.)
» 3. »	12.	Kirchmann, J. H. v., Erläuterungen zu Kant's Kritik der reinen Vernunft. (VIII, 111 S.)
» 4. »	3. 5. 8.	Spinoza's, Benedict v., Ethik. (VIII, 258 S.)
» 5. »	13. 14.	Erläuterungen zu Benedict von Spinoza's Ethik. (VIII, 186 S.)
» 6. »	7.	Schleiermacher's, Frdr., Monologen. Hrsg., erläut. und mit einer Lebensbeschreibung Schleiermacher's versehen von J. H. v. Kirchmann. (VI, 100 S.)
» 7. »	15. 16.	Kant's Kritik der praktischen Vernunft. 2 Hefte. (196 S.)
» 8. »	26.	Kirchmann, J. H. v., Erläuterungen zu Kant's Kritik der praktischen Vernunft. (68 S.)
» 9. »	17. 20. 21. 24.	Kant, Imm., Kritik der Urtheilskraft. 4 Hefte. (XII, 382 S.)
» 10. »	27.	Kirchmann, J. H. v., Erläuterungen zu Kant's Kritik der Urtheilskraft. (VIII, 92 S.)
» 11. »	18. 19.	—— die Grundbegriffe des Rechts und der Moral als Einleitung in das Studium rechtsphilosophischer Werke. (VIII, 201 S.) 2. Aufl. 1873. *M 1,25.
» 12. »	23.	Berkeley's Abhandlung über die Principien der menschl. Erkenntniss. Ins Deutsche übersetzt und mit erläut. und prüf. Anmerkungen versehen von Friedr. Ueberweg. (XV, 150 S.)

» 13. » 22. 25. Hume, Untersuchungen über den menschl. Verstand. (IX, 194 S.) — Eine Untersuchung in Betreff des menschlichen Verstandes. Uebersetzt, erläutert und mit einer Lebensbeschreibung Hume's versehen von J. H. v. Kirchmann. 2. verm. Ausg. (IX, 214 S.) 875. *ℳ 1,50.

» 14. » 28. 30. 31. Kant's Anthropologie in pragmatischer Hinsicht. 2. Aufl. 1873. (VIII, 266 S.)

» 15. » 29. 32. 33. 34. 36. Grotius, Hugo, drei Bücher über das Recht des Krieges und Friedens. 1. Bd. (XII, 503 S.)

» 16. » 38. 40—42. 44. —— dass. — 2. Bd. (472 S.)

» 17. » 35. 37. 39. Kant, Imm., die Religion innerhalb der Grenzen der blossen Vernunft. (VIII, 242 S.)

» 18. » 49. Spinoza's, B. de, kurzgefasste Abhandlung von Gott, dem Menschen und dessen Glück. (XV, 117 S.)

» 19. » 51. Aristoteles, über die Dichtkunst. Ins Deutsche übersetzt und mit erläut. Anmerkungen und einem die Textkritik betr. Anhang versehen von Friedr. Ueberweg. 1. Aufl. (VIII, 112 S.) 1870. 50 Pf., und 2. nach der hinterlass. Handschrift des Uebersetzers wesentlich verm. und verb. Aufl. (VIII, 107 S.) 874. * 75 Pf.

» 20. » 47. Kirchmann, J. H. v., Erläuterungen zu Kant's Anthropologie in pragmatischer Hinsicht. (V, 92 S.)

» 21. » 50. —— Erläuterungen zu Kant's Religion innerhalb der Grenzen der blossen Vernunft. (XVI, 66 S.)

» 22. » 53. 54. Kant's, Imman., Prolegomena zu einer jeden künftigen Metaphysik, die als Wissenschaft wird auftreten können. Hrsg. und erläut. von J. H. v. Kirchmann. (V, 152 S.)

» 23. » 55. 56. —— Logik. Ein Handbuch zu Vorlesungen hrsg. von Glob. Benj. Jäsche. Erläut. von J. H. v. Kirchmann. (V, 164 S.)

» 24. » 43. 45. 46. 48. 52. 57. 58. Schleiermacher's, Friedr., philosophische Sittenlehre. (XX, 595 S.)

» 25. » 59. 64. 65. Descartes', René, philosophische Werke. Uebersetzt, erläutert und mit einer Lebensbeschreibung des Descartes versehen von J. H. v. Kirchmann. 1. Thl. 1. Abthl.: Abhandlung über die Methode richtig zu denken. (VIII, 83 S.) * 50 Pf.; 2. Abthl.: Untersuchung über die Grundlage der Philosophie. (144 S.) *ℳ 1.

» 26. » 70. 71. 76. 77. 82. 83. —— dass. — 2. Thl. 1. Abthl.: Principien der Philosophie. (VIII, 287 S. mit 10 Stnt. in 8. und 4.) *ℳ 2.; 2. Abthl.: Ueber die Leidenschaften der Seele. (144 S.) *ℳ 1.

» 27. » 60. 62. 63. 68. 69. 72. Plato's Staat. Uebersetzt von Friedrich Schleiermacher und erläut. von J. H. v. Kirchmann. (VIII, 493 S.)

» 28. » 61. Kant's, Imman., Grundlegung zur Metaphysik der Sitten. Hrsg. und erläut. von J. H. v. Kirchmann. (VII, 95 S.)

» 29. » 66. 67. 73. 81. —— die Metaphysik der Sitten. (X, 351 S.)

» 30. » 74. 75. 84. 85. 86. 88. Hegel, Geo. Wilh. Friedr., Encyklopädie der philosophischen Wissenschaften im Grundrisse. Zum Gebrauche seiner Vorlesungen. Mit Einleitung und Erläuterungen hrsg. von Karl Rosenkranz. (XXIII, 496 S.)

» 31. » 78—80. Condillac's Abhandlung über die Empfindungen. Aus dem Französ. übersetzt mit Erläuterungen und einem Excurs über das binoculare Sehen von Ed. Johnson. (228 S.)

» 32. » 87. 89. 90. 91. 96. Baco's, Franz, neues Organon. Uebersetzt, erläut. und mit einer Lebensbeschreibung des Verf. versehen von J. H. v. Kirchmann. (VIII, 386 S.)

» 33. » 92—95. 100. 101—103. Kant's, Imman., kleinere Schriften zur Logik und Metaphysik. Hrsg. und erläut. von J. H. v. Kirchmann. 4 Abthlgn. (VIII, 176; 156; VI, 176; 179 S.)

» 34. » 98. 99. Rosenkranz, Karl, Erläuterungen zu Hegel's Encyklopädie der philosophischen Wissenschaften. (152 S.)

» 35. » 97. 104. 108. 109. Spinoza, theologisch-politische Abhandlung Uebersetzt von J. H. v. Kirchmann. (276 S.)

» 36. » 111. Kirchmann, J. H. v., Erläuterungen zu B. v. Spinoza's theologisch politischer Abhandlung. (114 S.)

» 37. » 105. 106. 110. 138. 139. Kant's, Imman., kleinere Schriften zur Ethik und Religions-Philosophie. Hrsg. und erläutert von J. H. v. Kirchmann. 2 Abthlgn. (224; VIII, 178 S.)

» 38. » 112—116. Die Metaphysik des Aristoteles, übersetzt und erläut. von J. H. v. Kirchmann. 1. Bd. (424 S.)

» 39. » 117. 118. 121—123. —— dass. — 2. Bd. (346 S.)

» 40. » 107. 130. 157. 158. 163. 190. 195. 196. 205—207. Erigena, Johs. Scotus, über die Eintheilung der Natur. 1. Abthl., das 1. bis 3. Buch enth. 5 Hefte. Uebersetzt und mit einer Schluss-Abthl. über Leben und Schriften des Erigena, die Wissenschaft und Bildung seiner Zeit, die Voraussetzungen seines Denkens und Wissens etc. versehen von Ludw. Noack. (VIII, 418 S.); 2. Abthl. 6 Hefte. (416 S.)

» 41. » 119. 120. Spinoza, Benedict v., René Descartes' Prinzipien der Philosophie 1. und 2. Thl. In geometr. Weise begründet. Mit einem Anhang: Metaphysische Gedanken des Letzteren, in welchem sowohl die in dem allgemeinen wie in dem besond. Theile der Metaphysik vorkommenden schwierigen Fragen kurz erklärt werden. Uebersetzt und erläut. von J. H. v. Kirchmann. (XXVI, 170 S.)

» 42. » 124. 125. Kirchmann, J. H. v., Erläuterungen zu Benedict v. Spinoza's Bearbeitung der Prinzipien der Philosophie des René Descartes. (112 S.)

» 43. » 126. 127. 131. Aristoteles' drei Bücher über die Seele. Uebersetzt und erläutert von J. H. v. Kirchmann. 3 Hefte. (X, 217 S.)

» 44. » 128. 129. Spinoza's, Benedict v., Abhandlung über die Verbesserung des Verstandes und über den Weg, auf dem er am besten zur wahren Kenntniss der Dinge geführt wird, und desselben polit. Abhandlung, in welcher dargelegt wird, wie die Verfassung sowohl bei einem monarch. wie bei einem aristokrat. Regiment beschaffen sein müsse, damit sie nicht in Tyrannei ausarten, sondern der Friede und die Freiheit der Bürger unverletzt erhalten bleibe. Uebersetzt und erläut. von J. H. v. Kirchmann. (XIX, 151 S.)

» 45. » 134. 135. Kirchmann, J. H. v., Erläuterungen zu Benedict v. Spinoza's Abhandlung über die Verbesserung des Verstandes und zu dessen polit. Abhandlung. (136 S.)

» 46. » 136. 137. 140. 141. Die Briefe mehrerer Gelehrten an Benedict v. Spinoza und dessen Antworten, soweit beide zum besseren Verständniss seiner Schriften dienen. Uebersetzt und erläut. von J. H. v. Kirchmann. 4 Hefte. (XIV, 258 S. mit eingedr. Holzschn.)

» 47. » 142. Kirchmann, J. H. v., Erläuterungen zu Benedict v. Spinoza's Briefwechsel. (IV, 87 S.)

48. Heft 132. 133. Fichte's, Joh. G., Versuch einer Kritik aller Offenbarung. Hrsg. und erläut. von J. H. v. Kirchmann. (VIII, 193 S.)

» 49. » 143—146. 164—169. Kant's, Imman., kleinere Schriften zur Naturphilosophie. 1. und 2. Abthl. (VIII, 306; 461 S., mit eingedr. Holzschn.)

» 50. » 147—150. 153. 154. Locke's, John, Versuch über den menschl. Verstand. In vier Büchern. Uebersetzt und erläut. von J. H. von Kirchmann. 1. Bd. (X, 456 S.)

» 51. » 177. 178. 186—189. —— dass. — 2. Bd. (379 S.)

» 52. » 159. 160. 193. 194. Kirchmann, J. H. v., Erläuterungen zu John Locke's Versuch über den menschlichen Verstand. 2 Bde. (169; 134 S.)

» 53. » 151. 152. Giordano Bruno, von der Ursache, dem Princip und dem Einen. Aus dem Italien. übersetzt und mit erläut. Anmerkungen versehen von Adf. Lasson. (184 S.)

» 54. » 155. 156. Kirchmann, J. H. v., Erläuterungen zu Kant's Logik. (IX, 117 S.)

» 55. » 161. 162. —— Erläuterungen zu Kant's Prolegomenen zu einer jeden künftigen Metaphysik, die als Wissenschaft wird auftreten können. (VIII, 98 S.)

» 56. » 179. 180. 184. 185. 191. 192. 197—199. Leibniz, über den menschlichen Verstand. Deutsch von Schaarschmidt. 9 Hefte. (600 S.)

» 57. » 170—176. Kant's vermischte Schriften und Briefe. 7 Hefte. (VIII, 562 S.)

» 58. » 181—183. Kirchmann, J. H. v., Erläuterungen zu Immanuel Kant's kleinere Schriften über Logik und Metaphysik. (VII, 192 S.)

» 62. » 200—204. Cicero, Marc. Tullius, fünf Bücher über das höchste Gut und Uebel. Uebersetzt, erläut. und mit einer Lebens-Beschreibung des Cicero versehen von J. H. v. Kirchmann. (XIII, 332 S.)

» 63. » 208—211. —— Drei Bücher über die Natur der Götter. Uebersetzt und erläutert von J. H. v. Kirchmann. (XXII, 240 S.)

» 64. » 212—214. —— Lehre der Akademie. Uebersetzt und erläutert von J. H. v. Kirchmann. (XIV, 162 S.)

—— philosophische, oder Sammlung der Hauptwerke der Philosophie alter und neuer Zeit etc. 3., 5., 8., 26., 35., 53. und 54. Heft. 8. Leipzig, Koschny. à Heft

Inhalt:

Heft 3. 5. 8. Spinoza's, Benedict v., Ethik. Uebers., erläut. und mit einer Lebensbeschreibung Spinoza's versehen von J. H. v. Kirchmann. 3. verb. Aufl. (XI, 268 S.) 877.

» 26. Kirchmann, J. H. v., Erläuterungen zu Kant's Kritik der praktischen Vernunft. 2. Aufl. (68 S.) 876.

» 35. Kant, Imman., die Religion innerhalb der Grenzen der blossen Vernunft. Hrsg. und erläut. von J. H. v. Kirchmann. 2. Aufl. 1. Heft. (VIII, 80 S.) 875.

» 53. 54. Kant's Imman., Prolegomena zu einer jeden künftigen Metaphysik, die als Wissenschaft wird auftreten können. Hrsg. und erläut. von J. H. v. Kirchmann. 2. Aufl. (VII, 152 S.) 876.

—— philosophische, oder Sammlung der Hauptwerke der Philosophie alter und neuer Zeit. Unter Mitwirkung namhafter Gelehrten hrsg., beziehungsweise übers., erläut. und mit Lebensbeschreibungen versehen von J. H. v. Kirchmann. 215.—283. Heft. 8. Leipzig, Koschny. à Heft *

Inhalt:

Bd. 56. Heft 217. Schaarschmidt, Einleitung zu Leibnitz' neue Abhandlungen über den menschlichen Verstand. (LXIII S.) 875. [56. Bd. compl. *ℳ 5.]

Bd. 59. Heft 219—221. Kirchmann, J. H. v., Erläuterungen zu Kant's Grundlegung zur Metaphysik der Sitten und zu Kant's Metaphysik der Sitten oder den Anfangsgründen der Rechts- und Tugendlehre. (X, 160 S.) 875.

» 222. —— Erläuterungen zu Kant's kleinern Schriften zur Ethik und Religions-Philosophie. (VIII, 72 S.) 875.

» 60. » 254. 256. —— Erläuterungen zu Kant's Schriften zur Naturphilosophie. (XV, 184 S.) 878.

» 61. » 259. 260. —— Erläuterungen zu Kant's vermischten Schriften und Briefwechsel. (VIII, 87 S.) 878.
» 65. » 215. 216. Schaarschmidt, C., Erläuterungen zu den neuen Abhandlungen über den menschlichen Verstand von G. W. v. Leibniz. (120 S.) 875.
» 66. » 233. Noack, Ludw., Johannes Scotus Erigena. Sein Leben und seine Schriften, die Wissenschaft und Bildung seiner Zeit, die Voraussetzungen seines Denkens und Wissens und der Gehalt seiner Weltanschauung. (66 S.) 877.
» 67. » 218. Mettrie, de la, der Mensch eine Maschine. Uebersetzt, erläutert und mit einer Einleitung über den Materialismus versehen von Adf. Ritter. (81 S.) 875.
» 68. » 223—227. Des Aristoteles Nikomachische Ethik. Uebersetzt und erläutert von J. H. von Kirchmann. (XXXVII, 245 S.) 876.
» 69. » 228—230. Kirchmann, J. H. v., Erläuterungen zur Nikomachischen Ethik des Aristoteles. (VI, 209 S.) 876.
» 70. » 231. 232. Aristoteles' Kategorien oder Lehre von den Grundbegriffen und dessen Hermeneutica oder Lehre vom Urtheil. Uebers. und erläut. von J. H. v. Kirchmann. (XII, 82 S.) 876.
» 71. » 234. 235. Kirchmannn, J. H. v., Erläuterungen zu den Kategorien und den Hermeneutiken des Aristoteles. (V, 114 S.) 876.
» 72. » 236. 237. Aristoteles' erste Analytiken oder Lehre vom Schluss. Uebers. und erläut. von J. H. v. Kirchmann. (XX, 150 S.) 877.
» 73. » 238—241. Kirchmann, J. H. v., Erläuterungen zu den ersten Analytiken des Aristoteles. (VII, 260 S. mit 4 Stnt.) 877.
» 74. » 242—245. Des Sextus Empiricus Pyrrhoneïsche Grundzüge. Aus dem Griech. übers. und mit einer Einleitung und Erläuterungen versehen von Eug. Pappenheim. (239 S.) 877.
» 75. » 246—248. Hume, Dav., Dialoge über natürliche Religion. Ueber Selbstmord und Unsterblichkeit der Seele. Ins Deutsche übers. und mit einer Einleitung versehen von Friedr. Paulsen. (158 S.) 877.
» 76. » 249—253. 261. 262. Supplement-Band zu Kant's Werken. 1. Abthl.: Die physische Geographie. Hrsg. von J. H. v. Kirchmann. 5 Hefte. (IX, 322 S.) — 2. Abthl.: Die vier lateinischen Dissertationen Kant's. Hrsg. von J. H. von Kirchmann. 2 Hefte. (VI, 122 S.) 878.
» 77. » 257. 258. Aristoteles' zweite Analytiken, oder die Lehre vom Erkennen. Uebers. und erläut. von J. H. v. Kirchmann. (XXXI, 102 S.) 878.
» 78. » 263—265. Kirchmann, J. H. v., Erläuterungen zu den zweiten Analytiken des Aristoteles. (VII, 190 S.) 878.
» 79. » 266—269. 270—274. Leibniz, Theodicee. 9 Hefte. (XV, 533 S. mit 2 Tab.) 878,79.
» 80. » 275. 276. Kirchmann, J. H. v., Erläuterungen zur Theodicee von Leibniz. (162 S.) 879.
» 81. » 277—280. Leibniz' kleine philosophische Schriften. 4 Hefte. (XII, 268 S.) 879.
» 82. » 281—283. Erläuterungen zu Leibniz' kleinen philosophischen Schriften. (200 S.) 879.

1.—214. Heft. Ebendas. 1868—74. *ℳ 107.

—— philosophische, oder Sammlung der Hauptwerke der Philosophie alter und neuer Zeit. Unter Mitwirkung namhafter Gelehrten hrsg., beziehungsweise übers., erläutert und mit Lebensbeschreibungen versehen von J. H. v. Kirchmann. 284.—313. Heft. gr. 8. [Leipzig, Koschny.] Heidelberg, Weiss' Verlag. à Heft *

Inhalt:

Heft 284. 285. Plato's Gastmahl. Uebers. und erläut. von Arth. Jung. (109 S.) 880.
» 286—290. Aristoteles' Politik. Uebers. und erläut. von J. H. v. Kirchmann. (XXXVII, 267 S.) 880.
» 291. 292. —— dass. — Erläuterungen von J. H. v. Kirchmann. (VII, 131 S.) 880.
» 293—295. Plato's Dialog Theätet. Uebers. und erläut. von J. H. v. Kirchmann. (XIX, 171 S.) 880.
» 296—300. Pappenheim, Eug., Erläuterungen zu des Sextus Empiricus Pyrrhoneïschen Grundzügen. (VI, 290 S.) 881.
» 301—303. Plato's Dialog Parmenides. Uebers. und erläut. von J. H. v. Kirchmann. (XLII, 142 S.) 882.
» 304—307. Die Topik des Aristoteles. Uebers. von J. H. v. Kirchmann. (XXXVI, 205 S.) 883.
» 308. 309. —— dass. — Erläuterungen von J. H. v. Kirchmann. (VI, 130 S.) 883.
» 310. 311. Aristoteles' sophistische Widerlegung. Uebers. und erläut. von J. H. v. Kirchmann. (XXVI, 66 S.) 883.
» 312. —— dass. — Erläuterungen von J. H. v. Kirchmann. (VI, 64 S.) 883.
» 313. Locke's Leitung des Verstandes. Uebers. und mit Einleitung hrsg. von Jürgen Bona Meyer. (X, 94 S.) 883.

314—319. Wörterbuch der philosophischen Grundbegriffe. Von Fr. Kirchner. 6 Lfgn. (V, 459 S.) 886. n. 4. —

Heft 1—303. (88 Bde.) [*ℳ 153.] *ℳ 112.

Bibliothek, philosophische, oder Sammlung der Hauptwerke der Philosophie alter und neuer Zeit. Unter Mitwirkung namhafter Gelehrter hrsg., bezw. übers., erläutert und mit Lebensbeschreibungen versehen von J. H. v. Kirchmann. 13., 26. I, 44. und 94. Bd. 8. Heidelberg, G. Weiss' Verlag. *

Inhalt:

Bd. 13. (22.—25. Heft.) Hume, Dav., eine Untersuchung in Betreff des menschlichen Verstandes. Übers., erläutert und mit Lebensbeschreibung Hume's versehen von J. H. v. Kirchmann. 4. Aufl., durchgesehen von H. Giesserow, (XVI, 211 S.) 888. *ℳ 1.50.
» 26. I. (297.—300. Heft.) Descartes', René, philosophische Werke. Übers., erläutert und mit einer Lebensbeschreibung des Descartes versehen von J. H. v. Kirchmann. 3. Abthl.: Die Principien der Philosophie. 2. Aufl. (XVI, 287 S. mit 10 Taf.) 887. Subscr.-Pr. à Heft * 50 Pf.; Ladenpr. compl. *ℳ 2.50.
» 44. (128. und 129. Heft.) Spinoza's, Benedict v., Abhandlung über die Verbesserung des Verstandes und über den Weg, auf den er am besten zur wahren Erkenntnis der Dinge geführt wird, und desselben politische Abhandlung, in welcher dargelegt wird, wie die Verfassung sowohl bei einem monarchischen wie bei einem aristokratischen Regiment beschaffen sein müsse, damit sie nicht in Tyrannei ausarte, sondern der Friede und die Freiheit der Bürger unverletzt erhalten bleibe. Übers. und erläutert von J. H. v. Kirchmann. 2. Aufl., durchgesehen von G. Giesserow. (XXIV, 151 S.) 888. *ℳ 1.—.
» 94. (314.—319. Heft.) Kirchner, Fr., Wörterbuch der philosophischen Grundbegriffe. 6 Lfgn. (V, 459 S.) 886. Subscr.-Pr. à Lfg. * 50 Pf.; Ladenpr. compl. *ℳ 4.—.

1.—313. Heft oder 1.—93. Bd. [*ℳ 158.30.] *ℳ 115.—.

—— philosophische, od. Sammlung d. Hauptwerke d. Philosophie alter u. neuer Zeit. Unter Mitwirkg. namhafter Gelehrten hrsg., bezw. übers., erläutert u. m. Lebensbeschreibgn. versehen v. J. H. v. Kirchmann. 2. Bd. u. 26. Bd. 2. Abthl. 8. [Heidelb. 891. G. Weiss] Berl., Philosoph.-Histor. Verlag. * 3 40

2. Imman. Kant's Kritik d. reinen Vernunft. Hrsg., erläutert u. m. e. Lebensbeschreibg. versehen von J. H. v. Kirchmann. 7. Aufl. [Sämmtliche Werke 1. Bd.] (XVI, 720 S.) * 2 40; geb. in Leinw. * 3 10.
26. II. René Descartes' philosoph. Werke. Uebersetzt, erläutert u. m. einer Lebensbeschreibung des Descartes versehen von J. H. v. Kirchmann. 4. Abthl.: Ueber die Leidenschaften der Seele. 2. durchges. Aufl. (144 S.) * 1 —
4. Benedict v. Spinoza's Ethik. Uebers., erläutert u. m. e. Lebensbeschreibg. Spinoza's versehen von J. H. v. Kirchmann. 5., verb. Aufl. (X, 268 S.) 893. n. 1. 50; geb. n. 2. —
26, II. René Descartes' philosophische Werke. Uebers., erläutert u. m. e. Lebensbeschreibg. d. Descartes versehen von J. H. v. Kirchmann. 4. Abth. Ueber die Leidenschaften der Seele. 2., durchgeseh. Aufl. (144 S.) 891. n. 1. —

— dasselbe. 102., 103., 180., 181., 215. Hft. 8. Ebd. à n. — 50

102. 103. Imman. Kant's Prolegomena zu e. jeden künftigen Metaphysik, die als Wissenschaft wird auftreten können. Hrsg. von J. H. v. Kirchmann. 3. Aufl. (VII, 152 S.) 893.
180. 181. René Descartes' Prinzipien der Philosophie. 1. u. 2. Thl. In geometr. Weise begründet durch Benedict Spinoza. Mit e. Anh.: Metaphysische Gedanken d. Letzteren, in welchem sowohl die in dem allgemeinen wie in dem besonderen Theile der Metaphysik vorkomm. schwier. Fragen kurz erklärt werden. Uebers. u. erläutert von J. H. v. Kirchmann. 2. Aufl. (XXVI, 159 S.) 892.
215. John Locke's Versuch üb. den menschlichen Verstand. In 4 Büchern. 1. Bd. Uebers. u. erläutert von J. H. v. Kirchmann. 2. Aufl. 1. Hft. (IX u. S. 1—86.) 894.

— philosophische. 20., 21., 27., 35., 37., 39., 57., 76., 80., 81., 84., 97. u. 102.—106. Bd. gr. 8. Leipzig, Dürr'sche Buchh. n. 38. 60

20. Berkeley's Abhandlgn. üb. d. Prinzipien d. menschl. Erkenntnis. Ins Deutsche übers. u. m. erläut. u. prüf. Anmerkgn. versehen v. Frdr. Ueberweg. 3. Aufl. (XIV, 149 S.) 900. n. 2. —
21. Von der Ursache, dem Princip u. dem Einen. Von Giordano Bruno. Aus dem Ital. übers. u. m. erläut. Anmerkg. versehen v. Adf. Lasson. 3. verb. Aufl. (XXIV, 162 S.) 902. n. 1. 50
27. Descartes', René, philosophische Werke. 2. Abtlg. Meditationen üb. die Grundlagen der Philosophie. 3. Aufl. Hrsg., übers. u. unt. Zugrundelegg. der eig. Erläutergn. Descartes' erklärt v. Arth. Buchenau. (XVI, 67 S.) 902. n. 1. 50
35. Eine Untersuchung üb. d. menschlichen Verstand. Von Dav. Hume. 5. durchgeseh. Aufl. (163 S.) 902. n. 1. 50
37. Kritik der reinen Vernunft. Von Imman. Kant. Hrsg., erläutert u. m. e. Lebensbeschreibg. Kant's versehen v. J. H. v. Kirchmann. 8. rev. Aufl. Bearb. v. Frdr. Valentiner. Sämmtl. Werke. I. Bd. (XX, 769 S.) 901. n. 4. —
39. Kritik d. Urtheilskraft. Von Imman. Kant. Hrsg. u. m. e. Einleitg., sowie e. Personen- u. Sachregister verseh. v. Karl Vorländer. 3. Aufl. (XXXVIII, 413 S.) 902. n. 3. 50; geb. n. 4. 50
57. Erläutergn. zu Kant's Religion innerhalb der Grenzen d. blossen Vernunft. Von J. H. v. Kirchmann. 2. Aufl. (XIV, 68 S.) 900. n. — 50
76. Locke's, John, Versuch üb. den menschlichen Verstand. In 4 Büch. 2. Bd. Uebers. u. erläut. v. J. H. v. Kirchmann. 2. Aufl., bearb. v. C. Th. Siegert. (381 S.) 901. n. 3. —
80. Plato's Staat. Uebers. v. Frdr. Schleiermacher, erläut. von J. H. v. Kirchmann. 2. Aufl., bearb. v. C. Th. Siegert. (V–VIII u. 493 S.) 901. n. 3. —
81. Plato's Gastmahl. Uebers. u. erläutert v. Arth. Jung. 2. Aufl. (107 S.) 900. n. 1. —
84. Schleiermacher's, Frdr., Monologen. Kritische Ausg. Mit Einleitg., Bibliographie u. Index v. Frdr. Mich. Schiele. (XLVI, 130 S.) 902. n. 1. 40
97. Erläuterungen zu Benedict v. Spinoza's Ethik. Von J. H. v. Kirchmann. 3. Aufl. (VI, 186 S.) 900. n. 1. —
102. Berkeley's drei Dialoge zwischen Hylas u. Philonous. Ins Deutsche übers. u. m. e. Einleitg. versehen v. Raoul Richter. (XXVII, 131 S.) 901. n. 2. —

103. Schiller's philosophische Schriften u. Gedichte. (Ausw.) Zur Einführg. in seine Weltanschaug. Mit ausführl. Einleitg. hrsg. v. Eug. Kühnemann. (328 S.) 902. n. 2. —
104. Schelling's Münchener Vorlesungen: Zur Geschichte d. neueren Philosophie u. Darstellung d. philosophischen Empirismus. Neu hrsg. u. m. erläut. Anmerkgn. versehen v. Arth. Drews. (XVI, 354 S.) 902. n. 4. 60
105. Geschichte der Philosophie. 1. Bd. Philosophie des Altertums u. d. Mittelalt. Von Karl Vorländer. (X, 292 S.) 903. n. 2. 50; geb. n. 3. —
106. Dasselbe. 2. Bd. Philosophie der Neuzeit. (VIII, 539 S.) 903. n. 3. 60; geb. n. 4. 20

— philosophische. Bd. 2. 3. 20. 26a. 33. 37. 41. 43. 45. 67. 69. 92. 107—110 u. 112. 8. Leipzig, Dürr'sche Buchh. n. 55. 20

Aristoteles' Metaphysik. Übers. u. m. e. Einleitg. u. erklär. Anmerkgn. versehen v. Eug. Rolfes. (Neue Ausg.) 1. Hälfte. Buch I—VII. (216 S.) 904. (Bd. 2.) n. 2. 50
— dasselbe. 2. Hälfte. Buch VIII—XIV. (200 S.) (Bd. 3.) 904. n. 2. 50 (Vollständig: n. 5. —)
Berkeley's Abhandlung üb. die Prinzipien der menschlichen Erkenntnis. Ins Deutsche übers. u. m. erläut. u. prüf. Anmerkgn. versehen v. Frdr. Ueberweg. 4. Aufl. (XIV, 149 S.) 906. (Bd. 20.) n. 2. —; kart. n. 2. 40; geb. in Leinw. n. 2. 60
Descartes, René, philosophische Werke. 1. Abtlg. (Fortsetzg.) I. Regeln zur Leitg. des Geistes. II. Die Erforschg. der Wahrheit durch das natürl. Licht. Übers. u. hrsg. v. Art. Buchenau. (XVIII, 149 S.) 906. (Bd. 26a.) n. 1. 80; geb. in Leinw. n. 2. 40
Hegel, Geo. Wilh. Frdr., Encyclopädie der philosophischen Wissenschaften im Grundrisse. In 2. Aufl. neu hrsg. v. Geo. Lasson. (LXXVI, 522 S.) 905. (Bd. 33.) n. 3. 60; geb. in Leinw n. 4. 20
Herders Philosophie. Ausgewählte Denkmäler aus d. Werdezeit der neuen deutschen Bildg. Hrsg. v. Horst Stephan. (XLIV, 310 S.) 906. (Bd. 112.) n. 3. 60; geb. in Leinw. n. 4. 20
Heynacher, Max, Goethes Philosophie aus seinen Werken. Ein Buch f. jeden gebildeten Deutschen. Mit ausführl. Einleitg. hrsg. (VIII, 428 S.) 905. (Bd. 109) n. 3. 60; geb. n. 4. —; in Geschenkbd. n. 5. —
Kant's, Imman., Grundlegung der Metaphysik der Sitten. 3. Aufl. Hrsg. u. m. Einleitg sowie e. Personen- u. Sachregister versehen v. Karl Vorländer. (XXX, 102 S.) 906. (Bd. 41.) n. 1. 40; kart. n. 1. 80
— Kritik der reinen Vernunft. In 8. Aufl. rev. v. Thdr. Valentiner. 9 Aufl. Kant's sämmtl. Werke. I. Bd. (XI, 769 S.) 906. (Bd. 37.) n. 4. —; kart. n. 4. 60
— Logik. Ein Handbuch zu Vorlesgn., (zuerst) hrsg. v. Glob. Benj. Jäsche 3. Aufl. Neu hrsg. m. e. Einleitg. sowie e. Personen- u. Sach-Register versehen v. Walt. Kinkel. (XXVIII, 171 S.) 904. (Bd. 43.) n. 2. —; geb. n. 2. 40
— die Religion innerhalb der Grenzen der blossen Vernunft. 3. Aufl. Hrsg. u. m. e. Einleitg. sowie e. Personen- u. Sachregister versehen v. Karl Vorländer. (XCVI, 260 S.) 903. (Bd. 45.) n. 3. 20
Kirchner, Frdr., Wörterbuch der philosophischen Grundbegriffe. 4. neubearb. Aufl. v. Carl Michaëlis. (VI, 587 S.) 903. (Bd. 67.) n. 5. 60; geb. n. 7. —
Leibniz, G. W. v., neue Abhandlungen üb. den menschl. Verstand. Ins Deutsche übers., m. Einleitg., Lebensbeschreibg. des Verf. u. erläut. Anmerkgn. versehen v. C. Schaarschmidt. 2. Aufl. (LXVIII, 590 S.) 904. (Bd. 69.) n. 6. —; geb. n. 6. 50; in Leinw. n. 6. 80
Leibniz, G. W. v., Hauptschriften zur Grundlegung der Philosophie. Übers. v. A. Buchenau. Durchgesehen u. m. Einleitgn. u. Erläutergn hrsg. v. E. Cassirer. 1. Bd. (VIII, 375 S. m. 1 Taf.) 904. (Bd. 107.) n. 3 60
— dasselbe. 2. Bd. (582 S.) 906. (Bd. 108.) n. 5. 40; kart. n. 5. 80; geb. in Leinw. n. n. 5. 90
Shaftesbury, Untersuchung üb. die Tugend Ins Deutsche übertr. u. m. e. Einleitg. versehen v. Paul Ziertmann. (XV, 122 S.) 905. (Bd. 110.) n. 1. 40; geb. in Leinw. n. 1. 80
Spinoza, Baruch de, Ethik. Übers. u. m. e. Einleitg. u. e. Register versehen v. Otto Baensch. (XXVII, 311 S.) 905. (Bd. 92.) n. 3. —; kart. n. 3. 40; geb. n. 3. 60

— philosophische. 26—28., 35., 36., 38., 40., 42., 46—49., 51., 67., 68., 70., 80., 82., 91—95., 103., 105., 106., 111. u. 113—123. Bd. 8. Leipzig [Dürrsche Buchh.] Fel. Meiner. 125. 25

Baumann, Jul., Wolffsche Begriffsbestimmungen. Ein Hilfsbüchlein beim Studium Kants. (IV, 50 S.) 910. (Bd. 122.) 1. —
Cohen, Herm., Kommentar zu Immanuel Kants Kritik der reinen Vernunft. (IX, 233 S.) 907. (Bd. 113.) 2. —; geb. 2. 50
Descartes', René, philosophische Werke. 1. Abtlg. Abhandlung üb. die Methode. Neu übers. u. m. Einleitg. u. Anmerkgn. hrsg. v. Art. Buchenau. (XII, 70 S.) 905. (Bd. 26.) —60; geb. 1. 10. (Mit Bd. 26a in 1 Bde.: 2.40; geb. 3. —)
Descartes', René, philosophische Werke. 2. Abtlg. Meditationen üb. die Grundlagen der Philosophie. In 3. Aufl. neu übers. u. m. ausführl., auf Descartes' eigene Schriften gestützten Kommentar hrsg. v. Arth. Buchenau. (XVI, 313 S.) 904. (Bd. 27.) 3. —; geb. 3. 50
— dasselbe. 3. Abtlg. Die Prinzipien der Philosophie. Mit 47 Fig. im Text. 3. Aufl. Mit e. Anh., enth. Bemerkgn. René Descartes' üb. e. gewisses in den Niederlanden gegen Ende 1647 gedr. Programm v. Arth. Buchenau. (XLVII, 310 S.) 908. (Bd. 28.) 5. —; geb. 5. 60
Fichte, Schleiermacher, Steffens üb. das Wesen der Universität. Mit e. Einl. hrsg. v. Eduard Spranger. (XLIII, 291 S.) 910. (Bd. 120.) 4. —; geb. in Leinw. 4. 50
Hegel's, Geo. Wilh. Frdr., Phänomenologie des Geistes. Jubiläumsausg. In rev. Text hrsg. u. m. e. Einleitg. versehen v. Geo. Lasson. (CXIX, 532 S.) 907. (Bd. 114.) 5. —; geb. 6. —
Humboldt's, Wilh. v., ausgewählte philosophische Schriften. Hrsg. v. Johs. Schubert. (XXXIX, 222 S.) 910. (Bd. 123.) 3. 40; geb. 4. —
Hume, Dav., Dialoge üb. natürliche Religion. Über Selbstmord u. Unsterblichkeit der Seele. Ins Deutsche übers. u. m. e. Einleitg. versehen v. Frdr. Paulsen. 3. Aufl. (165 S.) 905. (Bd. 36.) 1. 50; geb. 2. —
— Eine Untersuchung üb. den menschlichen Verstand. 6. Aufl. Hrsg. v. Raoul Richter. (VIII, 223 S.) 907. (Bd. 35.) 2. 40; geb. 2. 90
Julian's, Kaiser, philosophische Werke. Übers. u. erklärt v. Rud. Asmus. (IX, 223 S.) 908. (Bd. 116.) 3. 75; geb. 4. 25
Kant's, Imman., Beweisgrund zu e. Demonstration des Daseins Gottes nebst den anderen kleineren Schriften zur Religionsphilosophie. Der II. Abtheilg. v. Kant's kleinen Schriften zur Ethik u. Religionsphilosophie. 2. Aufl., durchgesehen v. Frdr. Mich. Schiele. (VIII, 172 S.) 902. (Bd. 47. II.) 1. 50; geb. 2. —
— Physische Geographie. 2. Aufl. Hrsg. u. m. e. Einleitg., Anmerkgn. sowie e. Personen- u. Sachregister versch. v. Paul Gedan. (XXX, 386 S.) 905. (Bd. 51.) 2. 80; geb. 3. 40
— Kritik der praktischen Vernunft. 5. Aufl. Hrsg. u. m. Einleitg. sowie e. Personen- u. Sachregister versehen v. Karl Vorländer. (XLVII, 220 S.) 906. (Bd. 38.) 2. 80; geb. 3. 40
— Metaphysik der Sitten. 2. Aufl. Hrsg. u. m. Einleitg. sowie e. Personen- u. Sachregister versehen v. Karl Vorländer. (LI, 378 S.) 907 (Bd. 42.) 4. 60; geb. 5. 20
— Prolegomena zu e. jeden künftigen Metaphysik, die als Wissenschaft wird auftreten können. 4. Aufl. Hrsg. u. m. e. Einleitg., drei Beilagen sowie e. Personen- u. Sachregister versehen v. Karl Vorländer. (XLVI, 208 S.) 905. (Bd. 40.) 2. —; geb. 2. 50
— Kleinere Schriften zur Logik u. Metaphysik. 2. Aufl. Hrsg. u. m. Einleitgn. sowie Personen- u. Sachregistern versehen v. Karl Vorländer. (XXXII, 169; XL, 172; XX, 175 u. XXXI, 176 S.) 905. (Bd. 46.) 5. 20; geb. 6. —; auch in 4 Abtlgn. je 1. 50; geb. je 2. —
— Kleinere Schriften zur Naturphilosophie. 2. Aufl. Hrsg. u. m. e. Einleitg. sowie m. e. Personen u. Sachregister vers. v. Otto Buek. 1. Abtlg. (XLII, 358 S.) 909. (Bd. 48.) 4. —; geb. 4. 60
— dasselbe. 2. Abtlg. (XII, 454 S.) 907. (Bd. 49.) 5. —; geb. 5. 50
Kirchner's Wörterbuch der philosophischen Grundbegriffe. 5. Aufl. Neubearbeitung v. Carl Michaëlis. (V, 708 S.) 907. (Bd. 67.) 8. —; geb. 9. 50
Leibniz, G. W. v., Erläuterungen zu den neuen Abhandlungen üb. den menschl. Verstand. Hrsg. v. C. Schaarschmidt. 2. Aufl. (122 S.) 908. (Bd. 70.) 2. —; geb. in Leinw. n. 2. 50
Lessing's Briefwechsel m. Mendelssohn u. Nicolai üb. das Trauerspiel. Nebst verwandten Schriften Nicolais u. Mendelssohns hrsg. u. erläutert v. Rob. Petsch. (LV, 144 S.) 910. (Bd. 121.) 3. —; geb. 3. 50
— Philosophie. Denkmäler aus der Zeit des Kampfes zwischen Aufklärung u. Humanität in der deutschen Geistesbildung. Hrsg. v. Paul Lorentz. (LXXXVI, 396 S.) 909. (Bd. 119.) 4. 50; geb. 5. 20
Messer, Aug., Einführung in die Erkenntnistheorie. (VI, 199 S.) 909. (Bd. 118.) 2. 40; geb. 3. —
Mettrie, de la, der Mensch e. Maschine. Übers., m. e. Vorrede u. m. Anmerkgn. vers. v. Max Brahn. (XXII, 72 S.) 909. (Bd. 68.) 1. 80; geb. 2. 20
Plato's Staat. Übers. v. Frdr. Schleiermacher, erläutert von J. H. v. Kirchmann. 3. Aufl., durchgesehen v. Th. Siegert. (VI, 426 S.) 907. (Bd. 80.) 4. —; geb. 4. 60
— Dialog Theätet. Übers. u. erläutert v. Otto Apelt. 2., der neuen Übersetzg. 1. Aufl. (IV, 192 S.) 911. (Bd. 82.) 3. 40; geb. 4. —
Schiller's philosophische Schriften u. Gedichte. (Auswahl.) Zur Einführg. in seine Weltanschauung. Mit ausführl. Einleitg. hrsg. v. Eug. Kühnemann. 2., verm. Aufl. (438 S.) 910. (Bd. 103.) 4. 50; geb. 5. 20
Schleiermacher's, Frdr., Weihnachtsfeier. Kritische Ausg. M. Einleitg. u. Register v. Herm. Mulert. (XXXIV, 78 S.) 908. (Bd. 117.) 2. —; geb. 2. 70
Shaftesbury, ein Brief üb. den Enthusiasmus. Die Moralisten. Ins Deutsche übertr. u. eingeleitet v. Max Frischeisen-Köhler. (XXXI, 212 S.) 909. (Bd. 111.) 3. —; geb. 3. 70

— Theologisch-politischer Traktat. 3. Aufl. Übertr. u. eingeleitet nebst Anmerkgn. u. Registern v. Carl Gebhardt. (XXXIV, 423 S.) 908. (Bd. 93.) 5.40; geb. 6. —

Vorländer, Karl, Geschichte der Philosophie. 2. Aufl. (4—6. Taus.). I. Bd. Altertum, Mittelalter u. Übergang zur Neuzeit. (XIV, 361 S.) 908. (Bd. 105.) 3.60; geb. 4. 50

— dasselbe. II. Bd. Philosophie der Neuzeit. (VIII, 512 S.) 908. (Bd. 106.) 4.50; geb. 5. 50

Witasek, Steph., Grundlinien der Psychologie. Mit 15 Fig. im Text. (VIII, 392 S.) 908. (Bd. 115.) 3.—; geb. 3. 50

— **Philosophische.** Bd 76, 120—126, 132a—c, 133a—d, 134a—d, 135a—c, 140a u. b, 141—143, 145, 146 u. NAfl 4, 5, 29, 35, 44, 47II, 67, 81, 82, 85, 92, 105 u. 106. 8° Lpzg, F Meiner.

Als Bd 127—131 wurden Fichte's, Joh. Gottl., Werke eingefügt. — Bd 144 ist noch nicht erschienen.

d'Alembert: Einleitg in d. französ. Enzyklopädie v. 1751. (Discours préliminaire.) Hrsg. u. erläut. v. Eug. Hirschberg. (I. Tl: Text.) (23, 164) '12. 2.50; geb. 3 — ‖ II. Tl: Erläutergn. (8, 192) '12 [140a.b] 1.50; in 1 L-Bd n 4.50

Aristoteles: Nikomachische Ethik. 2. Afl., d. neuen Übersetzg 1.Afl. Übers. u. m. Einleitg u. erklär. Anmerkgn versehen v. Eug. Rolfes. (24, 174) '11 [5] 3.20

— Üb. d. Seele. Neu übers. v. Adf Busse. (Neue Ausg.) (20, 121) '11 [4] 2.20; geb. n 2.70

Baumann, Jul.: Wolffsche Begriffsbestimmgn. Hilfsbüchl. b. Studium Kants. (4, 56) '10 [122] 1 —

Berkeley: Versuch e. neuen Theorie d. Gesichtswahrnehmg u. Die Theorie d. Gesichtswahrnehmg verteidigt u. erläutert. Übers. u. m. Anmerkgn versehen v. Raymund Schmidt. (12, 152) '12 [143] 3.20; geb. 3.80

Damaskios a. Damaskus: Das Leben d. Philosophen Isidoros. Wiederhergestellt, übers. u. erklärt v. Rud. Asmus. (16, 224) '11 [125] 7.50; geb. 8 50

Descartes', René, philosoph. Werke. Übers. u. erläut. v. Art. Buchenau. 4. Abtlg. Üb. d. Leidenschaften d. Seele. 3. Afl. (31, 150) '11 [29] 2.20; geb. 2.80

Fichte, Joh. Gottlieb: Transzendentale Logik. Neu hrsg. v. Fritz Medicus. (5, 298) '12 [132b] 4 —; geb. 5 —

— Die Staatslehre od. üb. d. Verhältnis d. Urstaates z. Vernunftreiche. Neu hrsg. v. Fritz Medicus. (4, 209) '12 [132c] 3 —; geb. 4 —

— System d. Sittenlehre (1812). Neu hrsg. v. Fritz Medicus. (4, 117) '12 [132a] 1.60; geb. 2.20

— Schleiermacher, Steffens üb. d. Wesen d. Universität. Hrsg. v. Eduard Spranger. (43, 291) '10 [120] 4 —; L 4.50

Hegel, Geo. Wilh. Frdr.: Naturrecht u. Staatswissensch. im Grundrisse. Zum Gebr. f. s. Vorlesgn. Berlin 1821. Neue Ausg. v. Georg Lasson. A. u. d. T.: Grundlinien d. Philos. d. Rechts. Mit d. v. Gans red. Zusätzen a. Hegels Vorlesgn neu hrsg. v. L. (95, 380) '11 [124] 5.46; geb. 6 —

Herbart, Joh. Frdr.: Lehrb. z. Einleitg in d. Philos. 4. Afl. v. K Häntsch. (77, 388) '12 [146] 5 —; geb. 5.60

Humboldt, Wilh. v.: Ausgew. philosoph. Schriften. Hrsg. v. Johs Schubert. (39, 222) '10 [123] 3.40; geb. 4 —

Hume, Dav.: Eine Untersuchg üb. d. menschl. Verstand. 7. Afl. Hrsg. v. Raoul Richter. (8, 223) '11 [35] 2.40

Kant, Imman.: Anthropologie in pragmat. Hinsicht. 5. Afl. Hrsg. u. eingel. v. Karl Vorländer. (20, 328) '12 [44] 3.80; geb. 4.40

— Beweisgrund zu e. Demonstration d. Daseins Gottes nebst d. and. kleineren Schriften z. Relig.-Philos. 3. Afl. v. Frdr. Mich. Schiele. (8, 172) '11 [47,II] 1.50; geb. 2 —

Kirchner's Wörterb. d. philosoph. Grundbegriffe. 6. Afl. 3. Neubearbeitg v. Carl Michaelis. (6, 1124) '11 [67] 12.50; geb. 14 —

Lessing's Briefwechsel m. Mendelssohn u. Nicolai üb. d. Trauerspiel. Nebst verwandten Schriften Nicolais u. Mendelssohns hrsg. v. Rob. Petsch. (55, 144) '10 [121] 3 —; geb. 3.50

Locke's, John, Versuch üb. d. menschl. Verstand. 2. Bd. (Buch III u. IV), übers. v. Carl Winckler. (7, 428) '11 [76] 5.40; geb. 6.20

Lotze, Herm.: System d. Philos. 1. Tl. Logik. 3 Bücher v. Denken, v. Untersuchen u. v. Erkennen. Mit d. Übersetzg d. Aufsatzes: „Philosophy in the last forty years", e. Namen- u. Sachreg. Hrsg. u. eingel. v. Geo. Misch. (128, 632 m. Bildn.) '12 [141] 7.50; L 8.50 ‖ 2. Tl. Metaphysik. 3 Bücher d. Ontol., Kosmol. u. Psychol. Mit Anh.: Die Prinzipien d. Ethik, e. Namen- u. Sachreg. Hrsg. v. Geo. Misch. (8, 644) '12 [142] 7.50; geb. 8.50

Platon's Dialog Philebos. Übers. u. erläutert v. Otto Apelt. (157) '12 [145] 2.80; geb. 3.40

— Dialog Theätet. Übers. u. erläut. v. Otto Apelt. 2, d. neuen Übersetzg 1. Afl. (4, 192) '11 [82] 3.40; geb. 4 —

— Gastmahl. 3. Afl. Neu übertr. u. eingel. v. Kurt Hildebrandt. (128) '12 [81] 2 —; geb. 2.50; Luxusausg. 4 —

Schelling, FWJ v.: Bruno / od. üb. d. göttl. u. natürl. Prinzip d. Dinge. Hrsg. v. Otto Weiss. [Aus: „Schelling's Werke. Ausw. in 3 Bdn".] (417—536) '11 [134c] Pappbd 2.40

— Darstellg e. Systems d. Philos. Hrsg. v. Otto Weiss. [Aus: „Schelling's Werke. Ausw. in 3 Bdn".] (309—416) '11 [134b] Pappbd 2.40

— Einleitg zu d. Entwurf e. Systems d. Naturphilos. Allg. Deduktion d. dynam. Prozesses. Hrsg. v. Otto Weiss. [Aus: „Schelling's Werke. Ausw. in 3 Bdn".] (681—816) '11 [133d] Pappbd 2.40

— Vom Ich als Prinzip d. Philos. Hrsg. v. Otto Weiss. [Aus: „Schelling's Werke. Ausw. in 3 Bdn".] (96) '11 [133a] Pappbd 2 —

— Ideen zu e. Philos. d. Natur. Hrsg. v. Otto Weiss. [Aus: „Schelling's Werke. Ausw. in 3 Bdn".] (97—439) '11 [133b] L 5.40

— Positive Philos. in Ausw. Hrsg. v. Otto Weiss. [Aus: „Schelling's Werke. Ausw. in 3 Bdn.] (513-856) '11 [135 c] Pappbd.5 —

— Schriften z. Philos. d. Kunst. Hrsg. v. Otto Weiss. [Aus: „Schellings Werke. Ausw. in 3 Bdn".] (425 m. Bildn.) '11 [135a] Pappbd 5.40

— System d. transzendentalen Idealismus. Hrsg. v. Otto Weiss. [Aus: „Schelling's Werke. Ausw. in 3 Bdn".] (308) '11 [134a] L 5 —

— Vorlesgn üb. d. Methode d. akadem. Studiums. Hrsg. v. Otto Weiss. [Aus: „Schelling's Werke. Ausw. in 3 Bdn".] (537—682) '11 [134d] Pappbd 2.80

— Von d. Weltseele. Hrsg. v. Otto Weiss. [Aus: „Schelling's Werke. Ausw. in 3 Bdn".] (441—679) '11 [133c] L 4.40

— Üb. d. Wesen d. menschl. Freiheit. Hrsg. v. Otto Weiss. [Aus: „Schelling's Werke. Ausw. in 3 Bdn".] (427—512) '11 [135b] Pappbd 1.60

Schleiermacher's, Frdr., Grundriss d. philosoph. Ethik. (Grundlinien d. Sittenlehre.) Hrsg. 1841 v. Aug. Twesten. Neuer Abdr. v. Fr. M Schiele. (8, 219) '11 [85] 2.80; L 3.40

Spinoza, Baruch de: Ethik. Übers. v. Otto Baensch. 7. (d. neuen Übersetzg 2.) Afl. (31, 315) '10 [92] 3.40; geb. 4 —

Vorländer, Karl: Gesch. d. Philos. 3. Afl. 1. Bd. Altertum, MAlter u. Übergang z. Neuzeit. (12, 368) '11 [105] 3.60; geb. 4.50 ‖ II. Bd. Philos. d. Neuzeit. (8, 524) '11 [106] 4.50; geb. 5.50

— Immanuel Kants Leben. 1—3. Taus. (11, 223 m. 1 Bildn.) '11 [126] 3 —; geb. 3.60; Geschenkbd 4.20

— **phonetische**, hrsg. v. Wilh. Vietor. (1. Hft.) 8. Heilbronn 886. Henninger. n. 1. 20

Chrph. Frdr. **Hellwag**, dissertatio de formatione loquelae [1781]. Neudruck, besorgt v. Wilh. Vietor. (IV, 60 S.)

[Photographische Bibliothek. Sammlung kleinerer photograph. Hilfsbücher. No 1.] *Berlin: R. Oppenheim (G. Schmidt) 1892.* 8°

— **photographische**, hrsg. v. F. Stolze. 1. u. 2. Bd. gr. 8. Berlin 893. Mayer & Müller. n. 4. 50

1. Die photographische Ortsbestimmung ohne Chronometer u. die Verbindung der dadurch bestimmten Punkte untereinander. Von F. **Stolze**. (VII, 78 S. m. Abbildgn.) n. 2. —
2. Die Chronophotographie v. J. E. **Marey**. Aus dem Franz. übers. von A. v. Heydebreck. (V, 91 S. m. Abbildgn.) n. 2. 50

— **photographische.** (Sammlg. kleinerer photograph. Hilfsbücher.) Nr. 5—10. gr. 8. Berlin, G. Schmidt. n. 14. 95; geb. n.n. 17. 90

5. Anleitg. z. photograph. Retouche u. z. Übermalen v. Photographien. 3., umgearb. Aufl. v. Kopske's Anleitg. z. Retouchieren. Von **Schultz-Hencke**. M. 2 Lichtdr.-Taf. u. 21 Fig. i. Text. (VIII, 131 S.) 897. n. 2. 50; geb. n. 3. —
6. Photograph. Aufnahme u. Projektion m. Röntgenstrahlen mittels d. Influenz-Elektrisiermaschine. E. Anleitg. f. d. Praxis von Alfr. **Parzer-Mühlbacher**. M. 10 Taf. n. Orig.-Aufn. d. Verf. u. 15 Fig. i. Text. (V, 47 S.) 897. n. 1. 80; geb. n. 2. 25
7. D. Celloidinpapier, s. Herstellg. u. Verarbeitg. M. bes. Berücksicht. d. Anfertigg. v. Mattpapieren, sow. d. Platintonprozesses von Paul **Hanneke**. M. 15 Fig. i. Text. (VII, 131 S.) 897. n. 3. —; geb. n. 3. 50
8. D. Platinverfahren i. d. Photographie. E. Anleitg. f. Anfänger. N. A. Horsley-Hinton's Buch „The Platinotype Process" bearb. von J. **Gaedicke**. M. 4 Fig. i. Text u. 2 Taf. i. Lichtdr. (VIII, 76 S.) 897. n. 1. 80; geb. n. 2. 25
9. D. Fernobjektiv i. Porträt-, Architektur- u. Landschaftsfache. A. Grund eig. prakt. Erfahrgn. ausgearb. v. Hans **Schmidt**. M. 10 Taf. u. 52 Fig. i. Text. (VII, 120 S.) 898. n. 3. 60; geb. n. 4. 20
10. D. Gummidruck (direkter Pigmentdruck). E. Anleitg. f. Amateure u. Fachpotographen v. J. **Gaedicke**. M. 2 Fig. i. Text u. 2 Taf. (VIII, 79 S.) 898. n. 2. 25; geb. n n. 2. 70

Bd. 1—4 erschienen nur als Einzeltitel:

1. D. photograph. Pigment-Verfahren von H. W. **Vogel**. 892.
2. D. Retouche v. Photographien von Johs. **Grasshoff**. 894.
3. Stereoskopie f. Amateurphotographen v. C. E. **Bergling**. 896.
4. D. photograph. Ausrüstg. der Forschungsreisenden von A. **Niemann**. 896.

— **photographische.** (Sammlung kurzer photograph. Spezialwerke.) 1. u. 11.—15. Bd. gr. 8. Berlin, G. Schmidt. n. 14. 70; geb. n. 17. 50

1. Das photographische Pigment-Verfahren (Kohledruck). Von H. W. **Vogel**. 4., völlig veränd. Aufl., m. e. Anh. üb. das Velours-, Gummidruck- u. Ozotypie-Verfahren. Bearb. v. Paul Hanneke. Mit 1 Taf. in Pigmentdruck u. 15 Abbildgn. im Text. (VIII, 127 S.) 902. n. 3. —; geb. n. 3. 50
11. Das Arbeiten m. Films. Von Mart. **Kiesling**. Mit 28 Fig. im Text. (46 S.) 900. n. — 90; geb. n.n. 1. 25
12. Stand-Entwicklung als Universal-Methode f. alle Zwecke. Von E. **Blech**. Mit 2 Abbildgn. im Text. (VII, 95 S.) 900. n. 1. 80; geb. n.n. 2. 25
13. Anleitung zur Projektion photographischer Aufnahmen u. lebend. Bilder (Kinematographie). Von Hans **Schmidt**. Mit 56 Fig. im Text. (VIII, 121 S.) 901. n. 2. 50; geb. n. 3. —
14. Die Architektur-Photographie unter besond. Berücksicht. der Plastik u. des Kunstgewerbes. Von Hans **Schmidt**. Mit 20 Taf. u. 52 Abbildgn. im Text. (XII, 140 S.) 902. n. 4. —; geb. n. 4. 50
15. Vergrössern u. Kopieren auf Bromsilberpapier. Von Fritz **Loescher**. Mit 1 Taf. in Bromsilberdruck u. 16 Abb. im Text. (IX, 105 S.). 902. n. 2. 50; geb. n. 3. —

Bibliothek, photographische. Sammlung kurzer photograph. Spezialwerke. 1.—3. 5. 10.—12. u. 15.—22 Bd. 8. Berlin, G. Schmidt. n. 35.20; geb. n. 42.55

Bergling, C. E., Stereoskopie f. Amateurphotographen. 2. durchgeseh. Aufl. Mit 24 Fig. (V, 5? S.) 904. (Bd. 3.) n. 1 20; geb. n. 1.65

Bloch, E., Stand-Entwicklung als Universalmethode f. alle Zwecke. 2., durchgesch. Aufl. Mit 3 Abbildgn. im Text. (VII, 95 S.) 905. (Bd. 12.) n. 1.80, geb. n. 2.25

Gaedicke, Joh., der Gummidruck (Direkter Pigmentdruck). Eine Anleitg f. Amateure u. Fachphotographen. 3., durchgeseh. u. verm. Aufl. Mit 8 Fig. im Text u. 2 Taf. (VIII, 95 S.) 906. (Bd. 10.) n. 2.50; geb n. 3.—
2. Aufl. (VIII, 85 S.) 903. n. 2.50; geb. n. 3.—.

Grasshoff, Joh., die Retusche v. Photographien, nebst ausführl. Anleitg. zum Kolorieren m. Aquarell- u. Ölfarben. Bearb. v. Fritz Loescher. 10. ergänzte u. verb. Aufl. Mit 5 Taf. u. mehreren Textfig. (VIII, 115 S.) 906. (Bd. 2.) n. 2.50; geb. n. 3.—
9. Aufl. (VIII, 122 S.) 903. n. 2 50; geb. n. 3.50.

Hanneke, Paul, die Herstellung v. Diapositiven zu Projektionszwecken (Laternbildern), Fenstertransparenten u. Stereoskopen. Mit 23 Abbildgn. (VIII, 128 S.) 904. (Bd. 20.) n. 2.50; geb. n 3.—

— die Herstellung v. photographischen Postkartenbildern, nebst Anleitg. zur Präparation lichtempfindl Postkarten nach einfacheren Verfahren. Mit 11 Abbildgn. im Text. (V, 79 S.) 905. (Bd. 22.) n. 1.50; geb. n. 2.—

Holm, E., Photographie bei künstlichem Licht. Anleitung zum Photographieren bei Magnesium-Licht. Mit zahlreichen Abbildgn. u. 6 Taf. (X, 124 S.) 903. (Bd. 16.) n. 2.50; geb. n. 3.—

— das Photographieren m. Films. Mit 51 Abbildgn. (VIII, 64 S.) 904. (Bd. 11.) n. 1.20; geb. n. 1.65

Kaiserling, Carl, Lehrbuch der Mikrophotographie, nebst Bemerkungen üb. Vergrösserung u. Projektion. Mit 54 Abbildgn. im Text. (VIII, 179 S.) 903. (Bd. 18.) n. 4.—; geb. n. 4.50

König, E., die Farben-Photographie. Eine gemeinverständl. Darstellg. der verschiedenen Verfahren, nebst Anleitg. zu ihrer Ausführg. 2. verm. u. verb. Aufl. Mit 1 Farbentaf., 1 Tondr.-Taf. u. 2 Fig. im Text. (V, 96 S.) 906. (Bd. 19.) n. 2.50; geb. n. 3.—
1. Aufl. (VII, ?8 S.) 904. n. 2.50; geb. 3.—.

Loescher, Fritz, Vergrössern u. Kopieren auf Bromsilberpapier. 2. neubearb. Aufl. Mit 1 Taf. in Bromsilberdr. u. 19 Abbildgn. im Text. (VII, 111 S.) 905. (Bd. 15.) n. 2.50; geb. n. 3.—

Lüppo-Cramer, die Trockenplatte. Ihre Eigenschaften u. ihre Behandlg. in der photograph. Praxis. Mit 6 Taf. (VII, 99 S.) 903. (Bd. 17.) n. 2.50; geb. n. 3.—

Scheffer, W., Anleitung zur Stereoskopie. Mit e. Anh.: Stereoskopische Formeln u. a. Mit 37 Abbildgn. (VII, 99 S.) 904. (Bd. 21.) n. 2.50; geb. n. 3.—

Schultz-Hencke, D., Anleitung zur photographischen Retusche u. zum Übermalen v. Photographien. Für den Selbstunterricht u. den Unterricht in Fachschulen. 4., neu bearb. Aufl. Mit 4 Lichtdr.-Taf. u. 23 Abbildgn. im Text. (VIII, 126 S.) 905 (Bd. 5.) n. 2.50; geb. n. 3.—

Vogel, H. W., das Pigment-Verfahren (Kohledruck), m. e. Anh. üb. das Gummidruck- u. Ozotypie-Verfahren. Bearb. v. Paul Hanneke. 5. verm. Aufl. Mit 1 Taf. in Pigmentdr. u. 22 Abbildgn. im Text. (VIII, 134 S.) 905. (Bd. 1.) n. 3.—; geb. n. 3.50

Bibliothek, photographische. Sammlg. kurzer photograph. Spezialwerke. 4., 6., 13., 15., 20. u. 23—26. Bd. 8. Berlin, G. Schmidt. 20.45; geb. 26.15

Fleck, C., Photokeramik. Anleitung zur Übertragung photograph. Aufnahmen auf Porzellan, Email, Glas u. Metall. Mit 12 Fig. im Text. (V, 61 S.) 90?. (Bd. 26.) 1.20; geb. 1.80

Hanneke, Paul, die Herstellung v. Diapositiven zu Projektionszwecken (Laternbildern), Fenstertransparenten u. Stereoskopen. 2. Aufl. Mit 32 Abbildgn. (VIII, 128 S.) 909. (Bd. 20.) 2.50; geb. 3.20

König, Ernst, das Arbeiten m. farbenempfindlichen Platten. Mit 2 Fig. im Text u. 16 Taf. (VII, 76 S.) 909. (Bd. 25.) 2.25; geb. 2.85

— Die Autochrom-Photographie u. die verwandten Dreifarbenraster-Verfahren. (III, 60 S.) 908. (Bd. 23.) 1.20; geb n 1.70

Loescher, Fritz, Vergrössern u. Kopieren auf Bromsilberpapier. 3 erweit. Aufl. Bearb. v. Hans Loescher. Mit 1 Taf. in Bromsilberdr. u. 24 Abbildgn. im Text. (VII, 124 S.) 908. (Bd. 15.) 2.50; geb. 3.20

Niemann, Adf., die Photographie auf Forschungsreisen m. besond. Berücksicht. der Tropen. 2. Aufl. Umgearb. u. erweitert auf Grund der neuesten Erfahrgn. u. m. Hilfe v. namhaften Forschungsreisenden. Mit 78 Abb. im Text. (VII, 120 S.) 909. (Bd. 4.) 2.50; geb. 3.20

Parzer-Mühlbacher, Alfr., Röntgenphotographie. Anleitung zu leicht auszuführ. Arbeiten m. stat. u. galvan. Elektrizität unt. besond. Berücksicht. d. Influenz-Elektrisiermaschine. 2. neubearb. Aufl. Mit 8 Taf. u. 29 Fig. im Text. (IV, 95 S.) 908. (Bd. 6.) 2.50; geb. 3.—

Puyo, C., der Oelfarben-Kopierprozess nach Rawlins. Autoris. Übersetzg. v. C. Stürenburg nach der in der Bibliothek des Photo-Clubs zu Paris erschienenen Orig.-Arbeit. Mit 6 Taf. nach Oelfarbenkopien. (VI, 71 S.) 908. (Bd. 24.) 1.80; geb. 2.40

Schmidt, Hans, die Projektion photographischer Aufnahmen. 2. neu bearb. u. bedeutend verm. Aufl. Mit 174 Fig. im Texte. (VIII, 220 S.) 908. (Bd. 13.) 4.—; geb. 4.80

! — Photograph. 26 Bde. Jetzt: Berl., Union, Zweigniederlassg.

Bibliothek, Physikalische, s. Erxleben, Johann Christ. Polykarp

— physikal. ökonom. Bibliothek. 23 Bde. à 4 Stcke. 8. Götting. 770—807. Vandenhöck u. R. 19 Thlr 4 gr

Bibliothek, plattdeutsche. 1.—7. Bd. 8. Berlin, W. Süsserott. n. 10.—

1. Swinegel-Geschichten. Von Karl Beyer. 1. u. 2. Aufl. (à 102 S.) 901. n. 1.—; geb. n. 1.50
2. Frisch Salat. Plattdütsche Geschichten. Von Heinr. Bandlow. (VII, 104 S. m. Bildnis.) 901. n. 1.—; geb. n. n. 1.75
3. Knack'n un Plünn'n. Plattdeutsche Gedichte u. Humoresken in mecklenburg. Mundart. Von Herm. Rehse. (IV, 91 S.) 901. n. 1.—
4. Mecklenbörger Stadt- u. Dörpgeschichten. Von Ulr. Hagen. (2. Aufl.) Neu bearb. (III, 70 S.) 901. n. 1.—; geb. n. 2.—
5. Allerlei Kroenkram. Plattdütsche Gedichte. Von Max Götze. (IV, 104 S.) 902. n. 1.—; geb. n. 1.50
6. Schelmstück'. Vertellt v. Vagel Strauß. (IV, 92 S.) 901. n. 1.—; geb. n. 1.50
7. Arwslünn'. Roman. Von Herm. Rehse. 2 Tle. in 1 Bde. (176 u. 171 S.) 902. n. 4.—; geb. in Leinw n. 5.—

Die Bände 1—4 u. 6 sind ursprünglich nicht unter diesem Sammeltitel erschienen.

(B) — plattdeutsche. 901. 902. (KBL. 31.) Jetzt: Potsdam, A. Stein.

— plattdeutsche humoristische. 1. 8. Osnabrück (907). B. Wehberg. 1.—; geb. n 1.50

Abendteuer des Entspekter Bräsig, bürtig aus Meckelborg-Schwerin, v. ihm selbst erzählt. — Dörchläuchting. — Wat bi 'ne Aewerraschung rute kamen kann. Von Fritz Reuter. (296 S.)

Bibliothek der angelsächsischen Poesie in kritisch bearb. Texten und mit vollständigem Glossar von C. W. M. Grein. (In 2 Bdn. Text und 2 Bdn. Glossar.) 1—3. Bd. gr. 8. Göttingen, Wigand. Thlr. *

Inhalt:

Bd. 1. Text. 1. Bd. (VI und 370 S.) 857. * 2 Thlr. 20 Ngr.
" 2. Text. 2. Bd. (IV und 416 S. mit 1 lithogr. Facsimile.) 858. * 3 Thlr.
" 3. Sprachschatz. 1. Bd. (VIII und 538 S.) 861. * 4 Thlr. 20 Ngr.

Bibliothek der angelsächsischen Poesie in kritisch bearbeiteten Texten und mit vollständigem Glossar hrsg. von C. W. M. Grein. 4. Bd. 1. und 2. Heft: Sprachschatz der angelsächs. Dichter. 2. Bd. 1. und 2. Heft. gr. 8. (X und 804 S.) Göttingen 863,64, Wigand. [1. Heft * 2 Thlr. 20 Ngr., 2. Heft * 4 Thlr.] *

1.—3. Bd. Ebendas. 1857—61. * 10 Thlr. 10 Ngr.

— der angelsächsischen Poesie, begründet v. Chrn. W. M. Grein. Neu bearb., verm. u. nach eignen Lesungen der Handschriften hrsg. v. Rich. Paul Wülker. 1. Bd. 1. Hälfte. gr. 8. (VI, 148 S.) Kassel 881. Wigand. n. 4.—

— der angelsächsischen Poesie, begründet v. Chrn. W. M Grein. Neu bearb., verm. u. nach eignen Lesgn. der Handschriften hrsg. von Rich. Paul Wülker. 1. Bd. 2. Hälfte u. 2. Bd. 1. Hälfte. gr. 8. Kassel, Wigand. n. 12.—

I. 2. (X u. S. 149—422 m. 4 Lichtdr.-Taf.) 883. n. 8.— (1. Bd. cplt.: n. 12.—)
II. 1. Die angelsächsischen Prosabearbeitungen d. Benedictinerregel. Hrsg. v. Arnold Schröer. 1. Hälfte. (VII, 141 S.) 885. n. 4.—

— der angelsächsischen Poesie, begründet v. Chrn W. M. Grein. Neu bearb., verm. u. nach neuen Lesgn der Handschriften hrsg. v. R. P. Wülker. 2. Bd 1. Hälfte. gr. 8. (VI, 210 S.) Cassel 888. Wigand n. 8.— (I u. II, 1.: n. 20.—

— der angelsächsischen Poesie, begründet v. Chrn. W. M. Grein. Neu bearb., verm. u. nach neuen Lesgn. der Handschriften hrsg. v. Rich. Paul Wülker. II. Bd. 2. Hälfte. gr. 8. Leipzig 894. G. H. Wigand. n. 18. — (I. u. II.: n. 38. —)

Die Verceller Handschrift, die Handschrift des Cambridger Corpus Christi Collegs CCI, die Gedichte der sogen. Caedmonhandschrift, Judith der Hymnus Caedmons, Heiligenkalender, nebst kleineren geistlichen Dichtungen. 2. Hälfte. (IX u. S. 211—570.)

— d. angelsächsischen Poesie, begr. v. Chrn. W. M Grein. Vermehrt u. n. neuen Lesgn. d. Handschriften hrsg. v. Rich. Paul Wülker. 3. Bd. 2 Hälftn. gr. 8. Leipzig 897. 98. G. H. Wigand. n. 23. —; (I—III.: n. 61. —)

D. Handschr. v. Exeter. Metra d. Boetius, Salomo u. Saturn, d. Psalmen. Von Bruno Assmann. Nebst e. Lebensskizze Grein's v. Rich. Paul Wülker u. m. Grein's Bildnis. (VII, 248 u. XV, 244 S.)

Bibliothek slavischer Poesien in deutscher Uebertragung. Redact.: Jos. Wenzig. gr. 16. Prag, Urbanek. *

Inhalt:

Bd. 1. Heft 1. Auswahl aus Jos. Wenzig's Uebertragungen slavischer Volkslieder. Böhmische Volkslieder. (S. 1—86.) 875. *ℳ 1.
» 2. —— dass. — Mährische und slovakische Volkslieder. (S. 89—136.) * 64 Pf.
» 3. —— dass. — Dalmatische, russische und bulgarische Volkslieder. (S. 137—200.) 876. *ℳ 1,20.
» 2. Mickiewicz, Adam, Grazyna. Litthauische Erzählung. Aus dem Poln. metrisch übertragen von Alb. Weiss. (IX, 58 S.) 876. *ℳ 1.

— poetische, z. Ehre d. Deutschen. 2 Thle. 8. Heilbr. 763. Claß. 1 rß 4 K

— poetische, z. Ehre d. Deutsch. 2 Thle. 8. Heilbr. Claß. 795.

Bibliothek für moderne Politik und Staatswissenschaft. Hrgg. v. Karl Riedel. Heft 1 — 4. Darmstadt. 1841 — 41. 8°.

—— für moderne Politik u. Staatswissenschaft. Hrsg. v. Karl Riedel. 1. u. 2. Hft. 16. Darmstadt, Leske. à * ⅔ Thlr. * Thlr.

A. u. d. Titln.:

Hft. 1. Der Fürst d. Niccolo Machiavelli. Uebers. u. eingeleit. v. Riedel. (10 B.) 841.
» 2. Karl Ludw. v. Haller's staatsrechtl. Grundsätze. Nach dess. Restauration d. Staatswissenschaft bearb. u. beleuchtet v. Riedel. (18 B.) 842.

—— für moderne Politik u. Staatswissenschaft. Hrsg. v. Karl Riedel. 3. u. 4. Hft. gr. 16. Darmstadt 843, Leske. *

A. u. d. Titln.:

Hft. 3. Immanuel Sieyes' Theorie der Volksvertretung in der constitution Monarchie. Nach dessen polit. Schriften dargest. v. Karl Riedel. (18½ B.) * 20 Ngr.
» 4. Mariana von dem Könige u. des Königs Erziehung. Mit Untersuchungen üb. d. christl. Staat der Neuzeit von Karl Riedel. (22½ B.) * 1 Thlr.

1. u. 2. Hft. Ebendas. 1841, 42. à * 20 Ngr.

— für Politik u. Volkswirthschaft. Hrsg. v. Hieber u. C. A. Patzig. 1.—4. u. 6. Hft. gr. 8. Berlin, W. Baensch. n. 7. 80

1. Urheberrecht u. Verlagsrecht. (Gesetz v. 19. VI. 1901.) Dargestellt nach den Verhandlgn. d. Reichstags. Von A. Esche. (IV, 48 S.) 901. n. — 60
2. Der Toleranzantrag des Centrums. Dargestellt nach den Verhandlgn. d. Reichstags. Von Hieber. (31 S.) 901. n. — 60
3. Lex Heinze. Nebst Anh: Gesetz betr. Ändergn. u. Ergänzgn. des Strafgesetzbuchs. Vom 25. VI. 1900. Dargestellt nach den Verhandlgn. des Reichstags v. ***. (47 S.) 901. n. — 60
4. Die Landbevölkerung der Prov. Hannover u. die Agrarzölle. Von J. Klathmann. (119 S.) 902. n. 2. —
6. Das Vereins- u. Ordenswesen in Frankreich u. die parlamentarischen Kämpfe um das Gesetz vom 1. VII. 1901. Von Fritz Hoffet. (IV, 160 S.) 902. n. 4. —

Das 5. Hft. erscheint später.

Bibliothek f. Politik u. Volkswirtschaft. Hrsg. v. Hieber u. C. A. Patzig. Heft 5. 7. 8. gr. 8. Berlin, W. Baensch. 1903.

5. Warschauer, O., Physiologie der deutschen Banken. (III, 112 S.) 4. —. — 7. Reichstagssession, die, 1900/3. 1. Tl.: Finanzwesen. Allgemeine Etatberatg. Expedition nach Ostasien. Heerwesen. Kriegsflotte. (IV, 137 S.) 2. —. — 8. Dasselbe. 2. Tl. Sozial- u. Gewerbepolitik. Bearb. v. F. S. Neumann. (V. 147 S.) 2. —

Bibliothek f. Politik u. Volkswirtschaft. Hrsg. v. Hieber u. C. A. Patzig. 9. Heft, I. Abschn., 17. u. 19. Heft. I. u. II. Tl. gr. 8. Berlin, W. Baensch.

9, 1. Neumann, F. S., Die Reichstagssession 1900/3. 3. Tl: Schutzgebiete. Verkehrswesen. Toleranzantrag u. Jesuitengesetz. Strafrecht u. bürgerl Recht. Elsass-Lothringen. Polnische Angelegenheiten. Sozialpolitischer Nachtrag zu Tl. II. Verschiedenes. (189 S.) 2. —. — 17. Hieber, Das Gesetz üb. die Kaufmannsgerichte vom 6. VII. 1904. 2. Aufl. (52 S.) —. 60 — 19, I. Landtagssession, die preussische, 1904. 20. Legislaturperiode. I. Session. 1. Abschn. (Von der Eröffng. am 19. I. bis zur Vertagg. am 30. VI. 1904.) 1. Heft. I. Landtag u. Landtagswahlrecht. II. Finanzwesen. III. Innere Verwaltg. IV. Wasserwirtschaftliche Vorlagen. (128 S.) 1. 50. — 19, II. Landtagssession, die preussische, 1904 20. Legislaturperiode. I. Session. 1. Abschn. (Von der Eröffng. am 19. I. bis zur Vertagg. am 30. VI. 1904.) 2. Heft. V. Bauverwaltung. VI. Eisenbahnen. VII. Handels- u. Gewerbeverwaltung. VIII. Bergwerke. Hütten. Salinen. IX. Landwirtschaftliche Verwaltg. X. Domänen u Forsten. XI. Justizverwaltung. XII. Kultus. Unterricht. Medizinalwesen. XIII. Besoldungswesen. Wohnungsfürsorge. Veteranenbeihilfen. XIV. Ostmarken. (230 S.) 2. — 1904.

Bibliothek f. Politik u. Volkswirtschaft. Hrsg. v. Hieber u. C. A. Patzig. 10. Heft. gr. 8. Berlin, W. Baensch. 1903. 2. 50.

10. Reichstagswahlen, die, seit 1871. I. Süd- u. Südwestdeutschland. (Bayern. Württemberg. Baden. Hessen. Elsass-Lothringen.) (88 S. m. 2 farb. Tab.)

Bibliothek f. Politik u. Volkswirtschaft. Hrsg. v. Hieber u. C A. Patzig. 11. Heft. gr. 8. Berlin '03, W. Baensch. 1904 Kart. 4. —

11. Reichstagswahlen, die, seit 1871. II. Mitteldeutschland. (Königr. Sachsen. Thüringen. Anhalt.) III. Nordwestdeutschland. (Hannover. Schleswig-Holstein. Oldenburg. Braunschweig. Schaumburg-Lippe Lippe-Detmold. Waldeck. Hansestädte.) IV. Westdeutschland. (Westfalen Hessen-Nassau. Rheinprovinz. Hohenzollern-Sigmaringen.) (195 S. m. 2 [1 farb.] Taf.)

Bibliothek f. Politik u. Volkswirtschaft. Hrsg. v. Hieber u. C. A. Patzig. 13. Heft. gr. 8. Berlin, W. Baensch. 1903 1. —

13. Müllendorff, P., Staat u. katholische Kirche in Frankreich u. in Preussen. (63 S.)

— f. Politik u. Volkswirtschaft. Hrsg. v. Hieber u. C. A. Patzig. 14. Heft. gr. 8. Berlin, W. Baensch. 1903 3. —

14. Landtagssession, die preussische, 1903. (Im Auftrag der nationalliberalen Partei hrsg.) (184 S.)

Bibliothek f. Politik u. Volkswirtschaft. Hrsg. v. Hieber u. C. A. Patzig. 15. Heft. gr. 8. Berlin, W. Baensch. 1904 Geb. in Leinw. 8. —

15. Caemmerer, v., Die Entwickelung der strategischen Wissenschaft im 19. Jahrh. (XI, 213 S.)

Bibliothek f. Politik u. Volkswirtschaft. Hrsg. v. Hieber u. C. A. Patzig. 16. Heft. gr. 8. Berlin, W. Baensch. 1904 1. —

16. Stillich, O., Roheisensyndikat u. Halbzeugverband. Kritische u. systemat. Bearbeitg. der Ergebnisse der Eisenkartell-Enquete. (40 S.)

— f. Politik u. Volkswirtschaft. Hrsg. v. Hieber u. C. A. Patzig. 5. 7. 8. Hft 9. Hft. I. Tl. 10. 11. Hft. 13. —17. Hft. 18. Hft. 2 Tle., 19. Hft. 2 Tle. u. 20. Hft. gr. 8. Berlin, [Verlag der „Deutschen Stimmen"]. A. Duncker. n. 37. —

Caemmerer, v., die Entwickelung der strategischen Wissenschaft im 19. Jahrh. (XI, 213 S.) 904. (Hft. 15.) Geb in Leinw. n. 8. —
Hieber, das Gesetz üb. die Kaufmannsgerichte vom 6. VII. 1904. 2. Aufl. (52 S.) 904. (Hft. 17.) n. —, 60
Landtagssession, die preußische, 1903. (Im Auftrag der nationalliber Partei hrsg.) (184 S.) (903.) (Hft. 14.) n. 3. —
— die preußische, 1904. 20. Legislaturperiode. I. Session. 1. Abschn. (Von der Eröffng. am 19. I. bis zur Vertagg. am 30. VI. 1904.) 1. Hft. I. Landtag u. Landtagswahlrecht. II. Finanzwesen. III Innere Verwaltg. IV. Wasserwirtschaftliche Vorlagen. (128 S.) 904. (19 I) n. 1. 50
— dasselbe. 2. Hft. V. Bauverwaltung. VI. Eisenbahnen. VII. Handels- u. Gewerbeverwaltung. VIII. Bergwerke. Hütten. Salinen. IX. Landwirtschaftliche Verwaltg. X. Domänen u. Forsten. XI. Justizverwaltung. XII. Kultus, Unterricht. Medizinalwesen. XIII. Besoldungswesen. Wohnungsfürsorge. Veteranenbeihilfen. XIV. Ostmarken. (230 S.) 904. (19. II.) n. 2. —
Müllendorff, P., Staat u. katholische Kirche in Frankreich u. in Preußen. (63 S.) 903. (Hft. 13.) n. 1. —
Neumann, Fritz Stef., die Reichstagssession 1900/3. 3. Tl.: Schutzgebiete. Verkehrswesen. Toleranzantrag u. Jesuitengesetz. Strafrecht u. bürgerl. Recht. Elsaß-Lothringen. Polnische Angelegenheiten. Sozialpolitischer Nachtrag zu Tl. II. Verschiedenes. (180 S) 904. (9. 1.) n 2. —
Reichstagssession, die, 1900/3. 1. Tl.: Finanzwesen. Allgemeine Etatberatung. Expedition nach Ostasien. Heerwesen. Kriegsflotte. (IV, 137 S.) 903. (Hft. 7.) n.n. 2. —
— dasselbe. 2. Tl. Sozial- u. Gewerbepolitik. Bearb. v. Fritz Stef. Neumann. (V, 147 S.) 903. (Hft 8.) n.n. 2. —
— 1903/4. 1. Tl. I. Reichstag. II. Finanzwesen. III. Reichskanzler u. Auswärt. Amt. IV. Reichsamt des Innern. (148 S.) 904. (Hft. 18.) n 1. 20
— dasselbe. II. Tl. V. Heerwesen. VI. Kriegsflotte. VII. Schutzgebiete. VIII. Justizwesen IX. Handelspolitik. X. Verkehrswesen. XI. Verschiedenes. (96 S.) 905. (18. II.) n. 1. 20
Reichstagswahlen, die, seit 1871. I. Süd- u. Südwestdeutschland. (Bayern. Württemberg. Baden. Hessen. Elsaß-Lothringen.) (88 S. m. 2 farb. Tab.) 903. (Hft. 10.) n. 2. 50
— dasselbe. II. Mitteldeutschland. (Königr. Sachsen. Thüringen. Anhalt.) III. Nordwestdeutschland. (Hannover. Schleswig-Holstein. Oldenburg Braunschweig. Schaumburg-Lippe. Lippe-Detmold. Waldeck. Hansestädte.) IV. Westdeutschland. (Westfalen. Hessen-Nassau. Rheinprovinz. Hohenzollern-Sigmaringen.) (195 S. m. 2 [1 farb.] Taf.) 903. (Hft. 11.) Kart. 4. —

Stillich, Osc., Roheisensyndikat u. Halbzeugverband. Kritische u. system. Bearbeitg. der Ergebnisse der Eisenkartell-Enquete. (4 S.) 904. (Hft. 16.) n. 1. —

Warschauer, Otto, Physiologie der deutschen Banken. (III. 112 S.) 903. (Hft. 5.) n. 4. —

Was die neuen Handelsverträge bringen. Darstellung ihres Inhalts, m. Benutzg. der amtl. Denkschriften, u. handelspolit. Bewertg. der Verträge. (116 S.) 905. (Hft. 20.) n. 1. —

Bibliothek f. Politik u. Volkswirtschaft. Hrsg. v. Hieber u. C. A. Patzig. 21. u. 22. Hft. gr. 8. Berlin, A. Duncker. n. 1. 20

21. Bemerkungen zur Arbeiterbewegung. Von Jeremias Schneider. (54 S.) 905. n. — 60
22. Die parlamentarische Studienfahrt nach Togo u. Kamerun. Reisebriefe. Von Hagemann. (50 S.) 906. n. — 60

Hft. 12 ist noch nicht erschienen.

— für Politik u. Volkswirtschaft. Hrsg. v. Hieber u. C. A. Patzig. 26. u. 29. Heft. gr.8. Berlin, A. Duncker. 5. —

Landtagssession, die preußische, 1905/06. 1. Heft. I. Das Volksschulunterhaltungsgesetz. (179 S.) 906. (Hft. 29.) 2.50

Reichstagssession, die, 1905/06. 2. Heft. V. Kolonialverwaltung u. Schutzgebiete. (176 S.) 906. (Hft. 26.) 2.50

Der Preis d. 15. Heftes ist auf 5.– ermäßigt.

Spinoza, Baruch de, Abhandlung üb. die Verbesserung des Verstandes. Abhandlung vom Staate. 3. Aufl. Übertr. u. eingeleitet nebst Anmerkgn. u. Register v. Carl Gebhardt. (XXXII, 214 S.) 907. (Bd. 95.) 3.—; geb. 3. 50

— Kurzgefasste Abhandlung von Gott, dem Menschen u. dessen Glück. Aus dem Holl. ins Deutsche übers. u. m. e. Vorwort begleitet v. C. Schaarschmidt. 3. verb. Aufl. (XII, 128 S.) 907. (Bd. 91.) 1.80; geb. 2. 30

— I. Descartes' Prinzipien d. Philosophie auf geometrische Weise begründet. II. Anh., enth. metaphys. Gedanken. 3. Aufl. Neu übers. u. hrsg. v. Art. Buchenau. (VIII, 190 S.) 907. (Bd. 94.) 2.40; geb. 2. 90

— Ethik. Übers. u. m. e. Einleitg. u. e. Register versehen v. Otto Baensch. 7. (der neuen Übersetzg. 2., verb.) Aufl. (XXXI, 315 S.) 910. (Bd. 92.) 3.40; geb. 4. —

— **Politische.** (Hrsg. v. Eduard Bernstein, Hanns Dorn u. Gust. F Steffen.) 8° Jena, E Diederichs.

George, Lloyd: Bessere Zeiten. (Hrsg. v. Eduard Bernstein. Übers. v. Helene Simon.) 1—4. Taus. (11, 257) '11. Pappbd 3 —; L 4 —

Koigen, Dav.: Die Kultur d. Demokratie. Vom Geiste d. volkstüml. Humanismus u. v. Geiste d. Zeit. 1—3. Taus. (10, 309) '12. Pappbd 5 —; L 6 —

Mac Donald, J Ramsay: Sozialismus u. Regierung. 1—4. Taus. (Übers. v. Osk. Petersson. Hrsg. v. Eduard Bernstein.) (24, 186) '12. Pappbd 3 —; L 4 —

Potthoff, Heinz: Probleme d. Arbeitsrechtes. Rechtspolit. Betrachtgn e. Volkswirtes. 1—3. Taus. (Hrsg. v. Eduard Bernstein.) (255) '12. Pappbd 4 —; L 5 —

Steffen, Gust. F: Die Demokratie in Engld. Einige Beobachtgn im neuen Jahrh. u. e. Renaissanceepilog. 1—4. Taus. (8, 228) '11. Pappbd 3 —; L 4 —

— Der Weg zu sozialer Erkenntn. 3. u. 4. Taus. (8, 220) '12. Pappbd 3 —; L 4 —

Wallas, Graham: Politik u. menschl. Natur. (Hrsg. v. Eduard Bernstein. Bearb. v. Ferd. L Leipnik.) 1—4. Taus. (7, 189) '11. Pappbd 3 —; L 4 —

Wells, HG: Die Zukunft in Amerika. (Übers. v. Paul Fohr.) 1—4. Taus. (228) '11. Pappbd 3 —; L 4 —

— Polnische, (v. Chr. Gli. Steiner). 9 Stcke. 8. Warschau 787, 88. 2 ℛ 15 gℓ

Bibliothek, Polnische, welche von Büchern und andern zur Polnischen und Preussischen Historie dienlichen Sachen ausführliche Nachricht giebt. Tannenberg und Danzig [1718—19]. V: *Lengnich, Gottfried.* (BrMm) (MI.)

— polygraph., d. Deutschen. 2 Bde. 8. Zeitz 799. Webel. 1 ℛ

— polysophische. Nr. 1—5. 12. München, F. C. Mickl. à — 50

1—3. Pessimistische Weisheitskörner. Auf litterar. Streifzügen gefunden. Von Max Selling. (VI, 149 S.) 901.
4. Wann der Auerhahn balzt! Lieder u. Gedichte, zum Theil in österreich. Mundart. Von Frz. Unger. 2. [Titel-]Aufl. (v.: Von der blauen Donau u. der grünen Mur). (56 S.) [899.] 901.
5. Deutsche Scholarenlieder. Trink- u. Wanderlieder. Von Mich. Blum. 2. Aufl. (40 S.) 902.

Bibliothek, Polytechnische. Monatliches Verzeichniss der in Deutschland und dem Auslande neu erschienenen Werke aus den Fächern der Mathematik und Astronomie, der Physik und Chemie, der Mechanik und des Maschinenbaues, der Baukunst und Ingenieurwissenschaft, des Berg- u. Hüttenwesens. Mit Inhaltsangabe der wichtigsten Fachzeitschriften. Jhg. 1—25. 1865—90. Leipzig. 8.

Bibliothek, Polytechnische. Verzeichnis der in Deutschland und im Auslande neu erschienenen Werke aus den Fächern der Mathematik und Astronomie, der Physik und Chemie, der Mechanik und des Maschinenbaues, der Baukunst und Ingenieurwissenschaft, des Berg- und Hüttenwesens und Mineralogie und Geologie. Jg. 1—52. Leipzig 1866—1917

— **polytechnische. Monatliches Verzeichniss der in Deutschland u. dem Auslande neu erschienenen Werke aus den Fächern der Mathematik u. Astronomie, der Physik u. Chemie, der Mechanik u. des Maschinenbaues etc. Mit Inhaltsangabe der wichtigsten Fachzeitschriften. Jahrg. 1866 u. 67. à 12 Nrn. (à 1 Bgn.) à n. 20 ngr — 1868—1870. à 12 Nrn. (à 1—1½ Bgn.). Leipzig, Quandt & Händel. gr. 8. Jeder Jahrg. n. 1 ℛ**

— polytechnische. Monatliches Verzeichniss der in Deutschland u. dem Auslande neu erschienenen Werke aus den Fächern der Mathematik u. Astronomie, der Physik u. Chemie, der Mechanik u. d. Maschinenbaues, der Baukunst u. Ingenieurwissenschaften, d. Berg- u. Hüttenwesens, der Mineralogie u. Geologie. Mit Inhaltsangabe der wichtigsten Fachzeitschriften. Jahrg. 1870—1876 à 12 Nrn. (à 1—1½ B.) gr. 8. Leipzig, Quandt & Händel. à Jahrg. n. 3. —

Bibliothek, polytechnische. Monatl. Verzeichn. der in Deutschland u. dem Auslande neu erschienenen Werke aus den Fächern der Mathematik u. Astronomie, der Physik u. Chemie, der Mechanik u. des Maschinenbaues, der Baukunst u. Ingenieurwissenschaft, des Berg- u. Hüttenwesens, der Mineralogie u. Geologie. Mit Inhaltsangabe der wichtigsten Fachzeitschriften. 12—17. Jahrg. 1877—1882. à 12 Nrn. (à 1—1¼ B.) gr. 8. Leipzig, Quandt & Händel. à Jahrg. n. 3 —

— polytechnische. Monatliches Verzeichniss der in Deutschland u. dem Auslande neu erschienenen Werke aus den Fächern der Mathematik u. Astronomie, der Physik u. Chemie, der Mechanik u. d. Maschinenbaues, der Baukunst u. Ingenieurwissenschaft, d. Berg- u. Hüttenwesens, der Mineralogie u. Geologie. Mit Inhaltsangabe der wichtigsten Fachzeitschriften. 18—21. Jahrg. 1883—1886 à 12 Nrn. (à 1—1¼ B.) gr. 8. Leipzig, Quandt & Händel. à Jahrg. n. 3. —

— polytechnische. Monatliches Verzeichniss der in Deutschland u. d. Auslande neu erschienenen Werke aus den Fächern der Mathematik u. Astronomie, der Physik u. Chemie, der Mechanik u. des Maschinenbaues, der Baukunst u. Ingenieurwissenschaft, des Berg- u. Hüttenwesens, der Mineralogie u. Geologie. Mit Inhaltsangabe der wichtigsten Fachzeitschriften. 22.—25. Jahrg. 1887—1890. à 12 Nrn. (à 1—1¼ B.) gr. 8. Leipzig, Quandt & Händel. à Jahrg. n. 3. —

— polytechnische. Monatliches Verzeichniss der in Deutschland u. dem Auslande neu erschienenen Werke aus den Fächern der Mathematik u. Astronomie, der Physik u. Chemie, der Mechanik u. d. Maschinenbaues, der Baukunst u. Ingenieurwissenschaft, d. Berg- u. Hüttenwesens, der Mineralogie u. Geologie. Mit Inhaltsangabe der wichtigsten Fachzeitschriften. 26.—29. Jahrg. 1891—1894. à 12 Nrn. (à 1—1¼ Bog.) gr. 8. Leipzig, Quandt & Händel. à Jahrg. n. 3. —

— polytechnische. Monatl. Verzeichn. d. in Deutschland u. d. Auslande neu erschien. Werke a. d. Fächern d. Mathematik u. Astronomie, d. Physik u. Chemie, d. Mechanik u. d. Maschinenbaues, d. Baukunst u. Ingenieurwiss., d. Berg- u. Hüttenwesens, d. Mineralogie u. Geologie. M. Inhaltsang. d. wichtigsten Fachzeitschriften. 30.—33. Jahrg. 1895—1898. à 12 Nrn. (Bog.) gr. 8. Leipzig, Quandt & Händel. à Jahrg. n. 3. —

— polytechnische. Monatliches Verzeichniss der in Deutschland u. dem Auslande neuerschienenen Werke aus den Fächern der Mathematik u. Astronomie, der Physik u. Chemie, der Mechanik u. des Maschinenbaues, der Baukunst u. Ingenieurwissenschaft, des Berg- u. Hüttenwesens, der Mineralogie u. Geologie. Mit Inhaltsangabe der wichtigsten Fachzeitschriften. 34.—37. Jahrg. 1899—1902. à 12 Nrn. 8. (II, 190; II, 194; II, 190 u. II, 190 S.) Leipzig, Quandt & Händel. à Jahrg. n. 3. —

— polytechnische. Monatliches Verzeichniss der in Deutschland u. dem Auslande neu erschienenen Werke aus den Fächern der Mathematik u. Astronomie, der Physik u. Chemie, der Mechanik u. des Maschinenbaues. der Baukunst u. Ingenieurwissenschaft, des Berg- u. Hüttenwesens, der Mineralogie u. Geologie. Mit Inhaltsangabe der wichtigsten Fachzeitschriften. 38.—41. Jahrg. 1903—1906. à 12 Nrn. (à Jhrg. II, 190 S.) 8. Leipzig, Quandt & Händel. à Jhrg. n. 3. —

— polytechn. Monatl. Verz. d. in Deutschl. u. d. Ausl. neu erschien. Werke a. d. Fächern d. Mathematik u. Astronomie, d. Physik u. Chemie, d. Mechanik u. d. Maschinenbaues, d. Baukunst u. Ingenieurwiss., d. Berg- u. Hüttenwesens, d. Mineral. u. Geol. 41—44. J.'06—9 je 12 Nrn. (Nr 1. 16) 8° Lpzg, JA Barth. Je 3 —

— polytechnische. Monatliches Verzeichnis der in Deutschland u. dem Auslande neu erschienenen Werke aus den Fächern der Mathematik u. Astronomie, der Physik u. Chemie, der Mechanik u. des Maschinenbaues, der Baukunst u. Ingenieurwissenschaft, d. Berg- u. Hüttenwesens, der Mineralogie u. Geologie. Mit Inhaltsangabe der wichtigsten Fachzeitschriften. 42. u. 43. Jhrg. 1907 u. 1908. à 12 Nrn. (à ca. 16 S.) 8. Leipz., Quandt & Händel. à Jhrg. 3. —

— dasselbe. 44. u. 45. Jahrg. 1909 u. 1910 à 12 Nrn. (à ca. 16 S.) 8. Leipzig, J. A. Barth. à Jhrg. 3. —

— Polytechnische. Monatl. Verz. d. in Deutschld u. d. Auslde neu erschien. Werke a. d. Fächern Mathematik u. Astronomie, Physik u. Elektrotechnik, Chemie, Mechanik u. Maschinenbau, Bau- u. Ingenieurwissensch., Eisenbahn u. Schifffahrt, Berg- u. Hüttenwesen. Mit Inhaltsangabe d. wichtigsten Fachzeitschriften. 45—47. J. '10—12 je 12 Nrn. ('12, Nr 1: 16) 8° Lpzg, JA Barth. je 3 —

Bibliothek, polytechnische. I.—III. Tl. gr. 8. Magdeburg, Faber'sche Buchdr. n. 8. —; Einbde. à n. — 50

I. Die Dynamomaschine. Physikalische Prinzipien, Arten, Teile, Wechselwirkg. der Teile u. Konstruktion derselben. Mechanikern, angeh. Elektrotechnikern u. auch weiteren Kreisen gewidmet. Eine physikalisch-techn. Studie v. W. Weiler. (VIII, 76 S. m. 114 Fig. u. 1 Taf.) 892. n. 2. —

II. Die Spannungs-Elektrizität. Eine Anleitg. zur Anfertigg. u. Behandl. der zur Spannungs-Elektrizität geh. Apparate, zur Anstellg. der damit vorzunehm. Versuche u. zur Ableitg. der daraus folg. Regeln u. Gesetze. Nach method. Grundsätzen bearb. v. W. Weiler. (VII, 177 S. m. 179 Abbildgn. u. 1 Taf.) 893. n. 4. —

III. (Suppl. zum 1. Tl.). Bau u. Konstruktion e. Dynamomaschine zu 45 Glühlampen je zu 16 Normalkerzen nach den v. Weiler im 1. Tl. der polytechnischen Bibliothek gegebenen Regeln u. Anweisungen, nebst kurzer Beschreibg. e. elektr. Licht-Anlage. Mit 4 Abbildgn. u. 3 farb. Fig.-Taf., Kostenanschlag, Bezugsquellen etc. Von Clem. Severin. Mit Anh.: Berechnung e. Gleichstrommaschine f. Beleuchtg., e. Gleichstrommaschine f. Galvanoplastik, u. zweier kleiner Elektromotoren v. je 10 mkg. Mit 17 Abbildgn. Von W. Weiler. (VIII, 72 S.) 894. n. 2. —

— polytechnische. 1. Bd. gr. 8. Magdeburg 897. Faber. n. 4. —; geb. n. 4. 50

D. Dynamomaschine. Physikal. Prinzipien, Arten, Teile, Wechselwirkg d. Teile u. Konstruktion ders. Mechanikern, angeh. Elektrotechnikern u. auch weit. Kreisen gewidm. von W. Weiler. 3., umgearb. u. verm. Aufl. (XVI, 199 S. m. 190 Fig.)

— f. Postwerthzeichen-Sammler. 2. u. 4. Bd. gr. 8. Leipzig 890. W. A. L. Senf & Co. à n.n. 2. 50; geb. n.n. 3. —

2. Handbuch f. Postkarten-Sammler, bearb. v. Louis Senf. Verzeichniss aller bis zur Neuzeit erschienenen Postkarten u. Kartenbriefe. Mit vielen erklär. Abbildgn. u. üb. 600 Abbildgn. Nebst beigesetzten Verkaufspreisen der Briefmarkenhandl. v. W. A. Louis Senf & Co. in Leipzig. (488 S.)

4. Die Sprachwissenschaft in der Briefmarkenkunde. Ein Handbuch f. Sammler jeder Richtg., insbesondere f. Freunde d. Briefmarkensammelwesens v. Osk. Kausch. 2., verb. Aufl. (XI, 244 S.)

Der 1. u. 3 Bd. erscheinen später.

— prakt., f. Prediger. 1r, 2r Bd. gr. 8. Gotha 803, 4. Ettinger. 2 ₰ 16 gr.

— f. naturwissenschaftliche Praxis, hrsg. v. W Wächter. 1—5. 8° Berl., Gebr. Borntraeger. 18.80

Heine, E: Die prakt. Bodenuntersuchg. Anleitg z. Untersuchg, Beurteilg u. Verbesserg d. Böden m. bes. Rücks. auf d. Bodenarten Norddeutschlds. (12, 162 m. Abb. u 1 farb. Kte.) '11 [3] 3.50

Schleip, W: Anleitg z. prakt. Studium niederer Tiere (Protozoa, Coelenterata, Vermes, Echinodermata). (7, 154 m. Abb.) '11 [2] 3.50

Sommerfeldt, Ernst: Praktikum d. experimentellen Mineral. m. Berücks. d. kristallograph. u. chem. Grenzgebiete. (11, 192 m. Abb.) '11 [4] L 4.80

Tobler-Wolff, G, u. F Tobler: Anleitg z. mikroskop. Untersuchg v. Pflanzenfasern. (8, 141 m. Abb.) '12 [5] L 3.50

Volkmann, Wilh.: Praxis d. Linsenoptik in einfachen Versuchen z. Erläuterg u. Prüfg opt. Instrumente. (7, 166 m. Abb. u. 4 Taf.) '10 [1] L 3.50

Bibliothek für Prediger, s.a. Scherer, A.

Bibliothek f. Prediger. Hrsg. v. A. Scherer, im Verein m mehreren Capitularen d. Stiftes Fiecht. 4. Aufl., durchgesehen u. verbessert v. A. Witschwenter. (In 8 Bdn oder ca. 60 Lfgn.) 1.—35. Lfg. gr. 8. Freiburg i/Br. 888—890. Herder. à Lfg. n. 1. —

1. Bd. Die Sonntage des Kirchenjahres. I. Der Weihnachtscyklus, v. 1. Adventssonntage bis Septuagesimä. (III, 608 S.) n. 5. 40

2. Bd. — dasselbe. II. Der Ostercyklus, v. Sonntage Septuagesimä bis Christi Himmelfahrt. (840 S.) n. 7. 60

3. Bd. — dasselbe. III. Der Pfingstcyklus. 1. Hälfte. Vom Sonntage vor bis zum 12. Sonntag nach Pfingsten. (748 S.) n. 7. —

4. Bd. — dasselbe. IV. Der Pfingstcyklus. 2. Hälfte. Vom 13. bis zum letzten Sonntag nach Pfingsten. (823 S.) n. 8. — (1—4.: n. 28. —; Einbde. à n.n. 2. —)

5. Die Feste des Herrn. 3. Aufl. (S. 1—704.) n. 7. —

s.: Scherer, A., Bibliothek f. Prediger.

— für Prediger. Hrsg. v. A. Scherer im Verein m. mehreren Capitularen d. Stiftes Fiecht. Durchgesehen u. verb. v. Ant. Witschwenter. 36.—59. (Schluß-)Lfg. gr. 8. Freiburg i/B. 891—893. Herder. à n. 1. —

5. Bd. Die Feste des Herrn. 3. Aufl. (VIII u. S. 705—816.) 5. Bd. kplt.: n. 8. —; geb. n.n. 10. —

6. Bd. Die Feste Mariä. 3. Aufl. (VIII, 718 S.) n. 7. 50; geb. n.n. 9. 50

7. Bd. Die Feste der Heiligen. 3. Aufl. (X, 824 S.) n. 8.50; geb. n.n. 10. 50

8. Bd. Gelegenheitspredigten. 4. Aufl. (XI, 701 S.) n. 7. —; geb. n.n. 9. —

— f. Prediger. Hrsg. v. P. A. Scherer, O. S. B., im Verein m. mehr. Kapitularen d. Stiftes Fiecht. Bd. 1—4. 5. Aufl. Durchges. v. P. Ant. Witschwenter, O. S. B. gr. 8. Freiburg i/B., Herder. n. 28. —; geb. in Halbfrz. n.n. 36. 20

1. D. Sonntage d. Kirchenjahres. I. D. Weihnachts-Cyklus, v. 1. Adventssonntag b. Septuagesima. (VIII, 604 S.) 897. n. 5. 40; geb. in Halbfrz. n.n. 7. 60; auch in 6 Lfgn. à n. — 90

2. Dasselbe. II. D. Oster-Cyklus, v. Sonntag Septuagesima b. Christi Himmelfahrt. 2 Hälftn. (810 S.) 898. à n. 3. 80; kplt. geb. in Halbfrz. n. 9. 60

3. Dasselbe. III. D. Pfingst-Cyklus 1. Hälfte, v. Sonntag vor b. z. 12. Sonntag nach Pfingsten. 2 Hälftn. (748 S.) Ebd. 898. à n. 3. 50; kplt. geb. in Halbfrz. n.n. 9. —

4. Dasselbe. IV. D. Pfingst-Cyklus 2. Hälfte, v. 13. b. zum letzten Sonntage n. Pfingsten. 2 Hälften. (823 S.) Ebd. 898. à n. 4. —; in 1 Halbfrzbd. n.n. 10. —

— f. Prediger. Hrsg. v. A. Scherer, O. S. B. im Verein m. mehreren Kapitularen des Stiftes Fiecht. 5.—8. Bd. 4. Aufl., durchgesehen v. Ant. Witschwenter, O. S. B. gr. 8. Freiburg i/B., Herder. n. 31. —; geb. n.n. 39. —
5. Die Feste des Herrn. 2 Hälften. (VIII, 816 S.) 899. à n. 4. —; in 1 Halbfrzbd. n.n. 10. —
6. Die Feste Mariä. 2 Hälften. (VIII, 718 S.) 899. à n. 3. 75; in 1 Halbfrzbd. n.n. 9. 50
7. Die Feste der Heiligen. 2 Hälften. (XII, 824 S.) 900. à n. 4. 25; in 1 Halbfrzbd. n.n. 10. 50
8. Gelegenheitspredigten. 2 Hälften. 5. Aufl., durchgesehen v. Johs. B. Lampert, O. S. B. (XI, 702 S.) 900. 901. à n. 3. 50; geb. in Halbfrz. n.n. 9. —

— für Prediger. Im Verein m. mehreren Mitbrüdern hrsg. v. Augustin Scherer, O. S. B. 1. Bd. gr. 8. Freiburg i/B., Herder. n. 6. —; geb. in Halbfrz. n. 8. 50
Die Sonntage des Kirchenjahres. I. Der Weihnachts-Zyklus, vom 1. Adventssonntag bis Septuagesimä, 6. Aufl., durchgesehen v. Johs. Bapt. Lampert, O. S. B. (X, 616 S.) 906.

— dasselbe. Neue Folge. I. Bd. Des ganzen Werkes IX. Bd. 1.–10. Lfg. gr. 8. Ebd. à n. 1. —
Exempel-Lexikon f. Prediger u. Katecheten, der Hl. Schrift, dem Leben der Heiligen u. andern bewährten Geschichtsquellen entnommen. Von A. Scherer, O. S. B. 2., verm. u. verb. Aufl., besorgt v. Johs. Bapt. Lampert, O. S. B., unter Mitwirkung mehrerer Mitbrüder. I. Bd. 10 Lfgn. (VII, VII, 1021 S.) 905. 906. n. 10. —; geb. in Halbfrz. n. 12. 50

Bibliothek für Prediger. Im Verein m. mehr. Mitbrüd. hrsg. v. Augustin Scherer, O. S. B. 2—5. Bd. gr. 8. Freiburg i/B., Herder. 36.40; geb. in Halbfrz. 45. 90
II. Die Sonntage des Kirchenjahres. Von Augustin Scherer, O. S. B. II. Der Oster-Zyklus, vom Sonntag Septuagesima bis Christi Himmelfahrt. 6. Aufl., durchgesehen v. Johs. Bapt. Lampert, O. S. F. (X, 854 S.) 907. 8.40; geb. 10. 40
III. Die Sonntage des Kirchenjahres. III. Des Pfingst-Zyklus. 1. Hälfte, vom Sonntag vor bis zum 12. Sonntag n. Pfingsten. 6. Aufl., durchgesehen v. Johs. Bapt. Lampert, O. S. B. (X, 762 S.) 908. 8.—; geb. in Halbfrz. 10. 50
IV. Dasselbe. IV. Des Pfingst-Zyklus 2. Hälfte, vom 13. bis z. letzten Sonntag nach Pfingsten. 6. Aufl., durchgesehen v. Johs. Bapt. Lampert, O. S. B. (X, 852 S.) 909. 10.—; geb. in Halbfrz. 12 50 (Kplt. 32.40; geb. 42.50.)
V. Die Feste des Herrn. 5. Aufl., durchges. v. Johs. Bapt. Lampert, O. S. B. (X, 855 S.) 910. 10.—; geb. in Halbfrz. 12.50

— dasselbe. Neue Folge. II—IV. Bd. (Des ganzen Werkes X—XII. Bd.) gr. 8. Ebd. à 10.—; geb. in Halbfrz. à 12. 50
II—IV. Exempel-Lexikon f. Prediger u. Katecheten, der Hl. Schrift, dem Leben der Heiligen u. andern bewährten Geschichtsquellen entnommen. Von A. Scherer, O. S. B. 2., verm. u. verb. Aufl., besorgt v. Johs. Bapt. Lampert, O. S. B., unter Mitwirkg. mehrerer Mitbrüder. II—IV. (Schluß-)Bd. Mit e. ausführl. Sachregister üb. alle 4 Bde. (1015, 1013 u. 1002 S.) 907 909. à 10.—; geb. in Halbfrz. à 12.50.

Bibliothek f. Prediger. Hrsg. v. Augustin Scherer. 5—7. Bd. 5. Afl. v. Johs Bapt. Lampert. gr8° FreiburgB., Herder. d
5. Die Feste d. Herrn. (10, 855) '10. 10 —; HF 12.50 ‖ 6. Die Feste Mariä. (10, 749) '11. 9 —; HF 11.50 ‖ 7. Die Feste d. Heiligen. (12, 861) '12. 10 —; HF 12.50

— d. neuest. u. best. engl. Predigten, v. J. C. F. Schulz, 8 Bde gr. 8. Marburg, Krieger. 772—75.

—— vorzügl. Predigten d. In- u. Auslandes; v. e. Gesellsch. kathol. Geistlichen. 1. Jahrg. f. d. J. 1829 u. 30. 3 Bde. od. 12 Hfte. 8. ... Augsburg, Schlosser.

—— ders. 2. Jahrg. f. d. J. 1831 u. 32. 3 Bde. od. 12 Hfte. 8. ... Ebds.
Hieran schließt sich:

— vorzügl Predigten des In- u. Auslandes, von e. Gesellschaft kathol. Geistlichen. 1r—3r Jahrg. ... 4r Jahrg. oder Neue Bibliothek vorzügl. Predigten. 1r—4r Bd. gr. 8. Augsburg 837. Schlosser. 1/2 ℛ

—— vorzüglicher Predigten, Homilien u. Predigtentwürfe f. d. J. 1833 u. 34. 3 Bde. od. 12 Hfte. gr. 8. ... Augsburg, Schlosser.

— Prochaska, illustrirte. Bücher f. Alle. Separat-Ausg. der Illustr. Monatsbände. 1. Serie. 12 Bde. 8. (à ca. 128 S.) Teschen 893. K. Prochaska. Geb. in Leinw. à — 50; Einzelpr. à — 60

—— der angelsächsischen Prosa in kritisch bearb. Texten hrsg. von Chr. Wilh. Mich. Grein. 1. Bd.: Alfrik de vetere et novo testamento, Pentateuch, Josua, Buch der Richter und Hiob. gr. 8. (IV, 272 S.) Cassel und Göttingen 872, Wigand. *

—— der angelsächsischen Prosa. Begründet von Chrn. W. M. Grein. Fortgesetzt unter Mitwirkung mehrerer Fachgenossen von Rich. Paul Wülker. 2. Bd. 2 Hälften: Die angelsächsischen Prosabearbeitungen der Benedictinerregel. Hrsg. von Arnold Schröer. gr. 8. Ebendas. [1. Hälfte. (VII, S. 1—141) 885. *ℳ 4.; 2. Hälfte. (XLIV, S. 143—260.) 888. *ℳ 6.—.] *
1. Bd. Ebendas. 1872. *ℳ 8.—.

— der angelsächsischen Prosa. Begründet v. Chrn W. M. Grein. Fortgesetzt unter Mitwirkg. mehrerer Fachgenossen v. Rich. Paul Wülker. 2. Bd. 2. Hälfte u. 3. Bd. gr. 8. Ebd. n. 16. — (I—III.: n. 28. —)
II. 2. Die angelsächsischen Prosabearbeitgn. der Benedictinerregel. Hrsg. v. A. Schröer. 2. Hälfte. (XLIV u. S. 143 bis 260.) 888. n. 6. —
III. Angelsächsische Homilien u. Heiligenleben. Hrsg. v. B. Assmann. (IX, 294 S.) 889. n. 10. —

— d. angelsächsischen Prosa, begr. v. Chrn. W. M. Grein, fortges. unt. Mitwirkg. mehr. Fachgen. v. Rich. Paul Wülker. 4. Bd. 1. Hälfte u. 2. Hälfte, 1. Abth. gr. 8. Ebd. 897. 98. n. 28. —; (I—IV, 1, 2, I.: n. 65. —)
Alfred's, König, Übersetzg. v. Bedas Kirchengeschichte. Hrsg. v. Jac. Schipper. M. Unterstützg. d. kaiserl. Akademie d. Wiss. i. Wien. (IX, 512 S.)

— der angelsächsischen Prosa, begründet v. Chrn. W. M. Grein, fortgesetzt unter Mitwirkg. mehrerer Fachgenossen v. Rich. Paul Wülker. IV. Bd., 2. Hälfte, 2. Abtlg. u. 5. Bd. gr. 8. Leipzig [G. H. Wigand]. Hamburg, H. Grand. n. 32. —
IV. Alfred's, König, Übersetzung v. Bedas Kirchengeschichte. Hrsg. v. Jac. Schipper. 2. Hälfte, 2. Abtlg. Mit Unterstützg. der kaiserl. Akademie der Wissenschaften in Wien. (V, XI—XLV u. S. 513—743 m. 2 Taf.) 899. n. 12. —
V. Übersetzung der Dialoge Gregors des Grossen üb. das Leben u. die Wunderthaten italienischer Väter u. üb. die Unsterblichkeit der Seelen. Von Waerferth v. Worcester. Aus dem Nachlasse v. Jul. Zupitza. Nach e. Copie v. Henry Johnson hrsg. v. Hans Hecht. (XIII, 374 S.) 900. n. 20. —

— der angelsächsischen Prosa, begründet v. Christian W. M. Grein. Fortgesetzt unter Mitwirkung mehrerer Fachgenossen v. Rich. Paul Wülker. 6. Bd. gr. 8. Hamburg, H. Grand. n. 10. — (1—6: n. 98. —)
Denkmäler, kleinere angelsächsische. I, 1. Das Laeceboc. 2. Die Lacnunga m. grammat. Einleitg. 3. Der Lorica-Hymnus m. der angelsächs. Glossierg. nebst e. Abhandlg. üb. Text u. Sprache des Denkmals. 4. Das Lorica-Gebet u. die Lorica-Namen. Hrsg. v. Günth. Leonhardi. (V, 243 S.) 905.

— der angelsächsischen Prosa, begr. v. Christian W. M. Grein. Fortgesetzt unter Mitwirkg. mehrerer Fachgenossen v. Rich. Paul Wülker. V. Bd. 2. Abtlg. gr. 8. Hamburg, H. Grand. 8. —
Waerferth's v. Worcester, Übersetzg. der Dialoge Gregors des Grossen üb. das Leben u. die Wundertaten italienischer Väter u. üb. die Unsterblichkeit d. Seelen. 2. Abtlg. Einleitg. v. Hans Hecht. (IV, 183 S.) 907. 8.— (Kplt. 28. —)

— d. angelsächsischen Prosa, begründet v. Chr. WM Grein. Fortgesetzt v. RP Wülker. Hrsg. v. Hans Hecht. VII. Bd u. VIII. Bd, 1. Tl. Hambg, H Grand. (I—VIII, 1: 136 —)
Glossar, Das Epinaler u. Erfurter. Neu hrsg. n. d. Handschriften u. erklärt v. Otto B Schlutter. 1. Tl: Faksimile u. Transliteration d. Epinaler Glossars. (29 Lichtdr.-Taf. m. 8, 28 S. Text.) 32,5×24,5 cm. '12 [VIII,1] 8 —
Psalter, Der Cambridger (Hs. Ff. 1. 23 university libr. Cambridge). Hrsg. m. bes. Berücks. d. latein. Textes v. Karl Wildhagen. I. Text m. Erklärgn. (23, 416 m. 1 Bildn.) 8° '10 [VII] 22 —

Bibliothek französischer Prosaiker. Für den Schulgebrauch herausg. von H. Robolsky. 2. Bd. A. u. d. T.: Guillaume le Conquérant. Aus A. Thierry's hist. de la conquête de l'Angleterre etc. Mit Einleitung und Noten zum Schulgebrauch. Berlin 857. Renger. 8. (XI, 216 S.) 15 ℊℓ
Den 1. Bd. bildet: Jeanne d'Arc. Episode etc. von Barante. Vgl. Barante.

Bibliothek Ferdinand von Quast zu Radensleben. [Neu-Ruppin 1901.] V: *Bouillon, Charles Otto.* (Berl)

—— moderner Räubergeschichten aus der Gegenwart und jüngsten Vergangenheit. 1. Bd. 1—5. Heft. 8. Berlin 851, C. Schultze's Buchdr. à Heft *·4 Ngr. *

Inhalt:
Heft 1. Haß und Fluch oder ein widerwärtiges Ereigniß. (32 S.)
„ 2. Bassermannsche Gestalten. (32 S.)
„ 3. Herr v. Vincke, der König des Rechtsbodens. (32 S.)
„ 4. Die Revolutionäre in Schlafrock und Pantoffeln. (32 S.)
„ 5. Revolutionade. Helden-, Schelmen- und Narrengesang auf das R. 1848. (32 S.)

Walter Eichners [d. i. Walter Heichen] Bibliothek moderner Realisten und Humoristen. Bd 1. 2. 7. *(Berlin: R. Lüders & C. [1898].)* 8. [99. 4628

— realistische. 1.—6. Bd. 8. Berlin 892. H. Steinitz' Verl. n. 10.—
1. Leute von heute! Lose Skizzen v. Karl Pröll. (VII, 166 S.) 892. n. 1. 50
2. Onkel Fisi v. Max Kretzer. 2. Taus. (Neue Titel-Ausg.) (115 S.) 892. n. 1.—
3. Die Frau Marquise. Roman v. Botho v. Pressentin. 3. (Titel-)Aufl. (348 S.) 892. n. 2.—
4. Eine wie Tausend. Roman, nach dem Portugies. d. Eça de Queiroz bearb. v. Conr. Alberti. 2. (Titel-) Aufl. (250 S.) 892. n. 2.—
5. Landsberger, Heinr. Die Unbefleckte. Eine nicht konventionelle Geschichte. (128 S.) 890. * 1 50.
5. Die Unbefleckte. Eine nichtkonventionelle Geschichte v. Heinr. Landsberger. (128 S.) 892. n. 1. 50
6. Leidenschaften. Berliner Roman v. Botho v. Pressentin. 4. (Titel-)Aufl. 2 Thle. in 1 Bd. (227 u. 240 S.) 891. n. 2.—
7. 8. Racowitza, Hel. v. Ererbtes Blut. Roman. 2 Bde. (340, 278 S.) 892. * 10 —; geb. * 12 —.

— realistische. 1.—3. Bd. kl. 8. Leipzig, A. Cavael. n. 2. 80
1. Tugenden, die, der Damen des ? Husarenregiments. Erzählungen e. Kavallerie-Offiziers. (93 S.) 906. n. — 80
Erschien ohne Sammeltitel.
2. Prinzipien üb. Ehe u. Ehre. Erzählung aus dem Militärleben. Von Marie Gräfin Sturza-Lihanyi. (92 S.) 906. n. 1.—
3. Bonsaks Erzählungen. Geschichten aus dem Nordland. Von Andr. Haukland. Autoris. Uebers. v. Luise Wolf. (100 S.) 906. n. 1.—

— Realistische. 4—6. Bd. 8° Lpzg, A Cavael. d
Schilling, Herm.: Begegngn. Ein Geschichtenb. 1. Bd: Jugendsünden e. modernen Idealisten. 2. [Tit.-]Afl. (5, 171) ['05] ('11) [4.5] 2 —; geb. 3 — ‖ 2. Bd: Schatten im Licht. (5. 79) '11 [6] 1 —; geb. 1.50

Bibliothek des Rechts oder raisonirendes Repertorium der Gesetzgebung und Rechtswissenschaft. (Bibliotheca del Diritto o repertorio ragionato di legislazione e di giurisprudenza.) Heft 57 und 58. Venedig, G. Antonelli 1852. 4.

— des öffentlichen Rechts, hrsg. v. F. Scholz u. Storck. Sammlung gemeinverständl. Darstellgn. des Staats- u. Verwaltungsrechtes der wichtigsten Kulturstaaten der Gegenw. 1—19. Bd. 8. Hannover, Dr. M. Jänecke. 87.80; Leinw.-Einbde. à — 40
Bazille, Wilh., das Staats- u. Verwaltungsrecht des Königr. Württemberg. (IX, 351 S.) 908. (Bd. 2.) 4. 60
Beseler, Wilh., Staats- u. Verwaltungsrecht d. Fürstent. Schaumburg-Lippe. (IV, 119 S.) 910. (Bd. 17.) 3. —
Bollmann, Johs., Verfassung u. Verwaltung der freien Hansestadt Bremen. (VII, 178 S.) 909. (Bd. 13.) 4. —
Bornhak, Conr., Staats- u. Verwaltungsrecht d. Grossherzogt. Baden. (VI, 174 S.) 908. (Bd. 1.) 2. 60
Brückner, Wilh., Staats- u. Verwaltungsrecht d. freien u. Hansestadt Lübeck. (VIII, 150 S.) 909. (Bd. 6.) 3. 60
Ferdinandy, Gejza v., Staats- u. Verwaltungsrecht d. Königr. Ungarn u. seiner Nebenländer. Übers. v. Heinr. Schiller. (XVI, 318 S.) 909. (Bd. 16.) 6. —
Frankenberg, H. v., das Staats- u. Verwaltungsrecht d. Herzogt. Braunschweig. (VIII, 195 S.) 909. (Bd. 4.) 4. —
Hamel, J. A. van, Staats- u. Verwaltungsrecht d. Königr. der Niederlande. (VII, 148 S.) 910. (Bd. 18.) 4. 80
Hässelbarth, das Staats- u. Verwaltungsrecht d. Herzogt. Sachsen-Altenburg. (VIII, 290 S.) 909. (Bd. 7.) 5. 60
Hatschek, Jul., Staats- u. Verwaltungsrecht. v. Australien u. Neu-Seeland. (III, 252 S.) 910. (Bd. 19.) 5. 80
Hubrich, Eduard, preussisches Staatsrecht. (VIII, 248 S.) 909. (Bd. 15.) 3. 40
Knetsch, W. Alfons, das Staats- u. Verwaltungsrecht v. Sachs.-Weimar-Eisenach nebst revidiertem Grundgesetz f. das Grossherzogt. Sachsen-Weimar-Eisenach vom 15. X. 1850. (X, 210 S.) 909. (Bd. 14.) 5. 60
Langbein, A., das Staats- u. Verwaltungsrecht des Fürstent. Schwarzburg-Sondershausen. (VIII, 201 S.) 909. (Bd. 10.) 4. 80
Oberländer, O., Verfassung u. Verwaltung d. Herzogt. Sachsen-Meiningen. (X, 242 S.) 909. (Bd. 12.) 6. —
Sanftenberg, G., u. W. Knorr, das Staats- u. Verwaltungsrecht des Herzogt. Anhalt. (XV, 378 S.) 909. (Bd. 3.) 5. —
Schlotter, Paul, das Staats- u. Verwaltungsrecht der Fürstentümer Reuss älterer u. jüngerer Linie. Gemeinverständlich dargestellt. (VIII, 158 S.) 909. (Bd. 8.) 4. —
Schollenberger, J., das schweizerische öffentliche Recht. Ein polit. Führer durch die Schweiz. (XIII, 260 S.) 909. (Bd. 5.) 5. —
Schwartz, Hugo, das Staats- u. Verwaltungsrecht des Fürstent. Schwarzburg-Rudolstadt. In systemat. Übersicht bearb. (XIV, 242 S.) 909. (Bd. 9.) 6. —
Sutner, Carl Aug., das Staats- u. Verwaltungsrecht des Königr. Bayern. (VI, 258 S.) 909. (Bd. 11.) 1. —

— d. öffentl. Rechts, hrsg. v. F Scholz u. Storck. Sammlg gemeinverständl. Darstellgn d. Staats- u. Verwaltgsrechtes d. wicht. Kulturstaaten d. Gegenwart. 17—20. Bd. 8° Hann. Lpzg, Dr. M Jänecke. (1—20: 93.60; Einbde je — 40)
Beseler, Wilh.: Staats- u. Verwaltgsrecht d. Fürstent. Schaumburg-Lippe. (4, 119) '10 [17] 3 —
Hammel, JA van: Staats- u. Verwaltgsrecht d. Kgr. d. Niederlde. (7, 148) '10 [18] 4.80
Hatschek, Jul.: Staats- u. Verwaltgsrecht v. Australien u. Neu-Seeld. (252) '10 [19] 5.80
Llambi-Campbell, P: Abriss d. Staats- u. Verwaltgsrechts d. Argentin. Republik. Übers. v. R Bartolomäus. (8, 252) '11 [20] 5.80; L 6.20

— d. peinl. Rechts, d. peinl. Gesetzgebung ꝛc. 1r—3r Thl. 8. Giesen, Tasché. 804.

Bibliothek d. Preuss. Rechts in system. Materienfolge. Ein vollständ. Verzeichn. aller üb. d. Preuss. Recht v. d. ältesten Zeiten an bis Ende Juni 1731 erschien. Werke. Herausg. v. ein. Rechtsgelehrten. (Nebst Sach- u. Namen-Register.) *Berlin*, List. gr. 8. (8 Gr.)

—— des Preuß. Rechts in system. Materienfolge. Ein vollständ. Verzeichniß aller üb. d. Preuß. Recht v. d. ältesten Zeiten an bis Ende Juni 1881 erschienenen Werke. Hrsg. v. e. Rechtsgelehrten. (Nebst Sach- u. Namen-Register.) gr. 8. (3¼ B.) Berlin 832, List.

— f. Rechtsgelehrte u. Geschäftsfreunde, s. H. C. L. Böttger.

— der Rechts- u. Staatskunde, s.a. Volksbücher.

Bibliothek (Volksbücher) der Rechts- und Staatskunde Stuttgart
1. Poellath K, der Arbeiterschutz. (166 S) 1901. — 2. Bazille W und R Köstlin, unser öffentliches Fürsorgewesen. (120 S) 1905. — 3. Sinzheimer L, die Arbeiterwohnungsfrage. (190 S) 1902. — 5. Bernhöft F, das neue bürgerliche Recht. I. 1902. — 6. Bernhöft F, das neue bürgerliche Recht. II. 1903. — 7 a. Bernhöft F, das neue bürgerliche Recht. III. 1905. — 8. Bernhöft F, das neue bürgerliche Recht. IV. 1906. — 13. Bazille W, unsere Reichsverfassung u deutsche Landesverfassungen. (224 S) 1906. — 14. Bazille W u R Köstlin, unser Heimatrecht. (104 S) 1905. — 21. Egner H u K Schumacher, Unser Zoll- u Steuerwesen. (215 S) 1907. — 21 a. Linschmann H, die Reichsfinanzreform von 1906. (210 S) 1906.

— der Rechts- u. Staatskunde (in Einzeldarstellungen hrsg. v. Ernst Francke). Bd. 2. 4. 6. 7a u. b. 8. 14. 15. 17. 18. 21a. 22. 23. 25. 26. kl. 8. Stuttgart, E. H. Moritz. n. 21. —; geb. in Leinw. n. 28. 50
Bazille, Wilh., u. Reinh. Köstlin, unser öffentliches Fürsorgewesen (Arbeiterversicherung). (120 S.) (905.) (Bd. 2.) n. 1. —; geb. in Leinw. n. 1. 50
— — unser Heimatrecht. Die Reichs- u. Staatsangehörigkeit, die Heimat- u. Reisepapiere, das Gemeindebürgerrecht, gemeinverständlich dargestellt. (104 S.) (905.) (Bd. 14.) n. 1. —; geb. in Leinw. n. 1. 50
Bender, A., gewerbliche Gesundheitspflege. Mit 68 Illustr. (184 S.) 906. (Bd. 26.) n. 2. —; geb. in Leinw. n. 2. 50
Bernhöft, Frz., das neue bürgerliche Recht in gemeinverständlicher Darstellg. m. Beispielen aus dem praktischen Leben. II. Recht der Schuldverhältnisse. (298 S.) 903. (Bd. 6.) n. 2. —; geb. n. 2. 50
— dasselbe. III. Sachenrecht. 1. Abtlg. Rechte an Grundstücken, insbesond. Hypothekenrecht, nebst Grundbuchordng. u. Zwangsversteigerungsgesetz. (192 S.) 904. (Bd. 7a.) n. 1. 50; geb. n 2. —
— dasselbe. III. Sachenrecht. 2. Abtlg. Rechte an beweglichen Sachen. (124 S.) 905. (Bd. 7b.) n. 1. —; geb. in Leinw. n. 1. 50
— dasselbe. IV. Familienrecht. (308 S.) 906. (Bd. 8.) n. 2. —; geb. in Leinw. n. 2. 5; (I—IV: Geb. 9. —)
Bezner, Ludw., unser evangelisches Kirchenwesen. Kurze Darstellg. der Entstehg., Verfassg. u. Ordng. der evangel. Kirche. Mit 12 Abbildgn. (127 S.) 905. (Bd. 23.) n. 1. —; geb. in Leinw. n. 1. 50

Woltenstern, O. v., öffentl. Gesundheitspflege u. Medizinalwesen. In gemeinverständl. Darstellg. (256 S.) 906. (Bd. 25.) n. 2.—; geb. in Leinw. n. 2. 50

Bürer, O., unser Handelsmarinewesen. Mit 42 Textillustr., 1 Karte der Weltverkehrslinien des Norddeutschen Lloyd, 1 Karte der Binnenwasserstraßen Deutschlands, u. 1 kolor. Taf der Handelsflaggen der Seestaaten u. deutsch. Reedereien. (184 S.) (905.) (Bd. 18.) n. 1. 50; geb. in Leinw. n. 2 —

Harder, Alex. v., unser Gerichtswesen. (98 S.) 906. (Bd. 15.) n. 1.—; geb in Leinw. n. 1. 50

Laufer, Frz., unser Polizeiwesen. (167 S. m. Abb., 2 Taf. u. 1 Bildnis.) (905.) (Bd. 22.) n. 1. — ; geb. in Leinw n. 1.50

Lengning, C., unser Kriegsmarinewesen Mit 70 Illustr. u. 1 kolor. Karte der Kriegsflaggen der Seestaaten. (175 S.) (906.) (Bd. 17.) n. 1.—; geb. in Leinw. n. 1. 50

Linschmann, Hugo, die Reichsfinanzreform v. 1906. Ein Rückblick auf ihre Geschichte. (210 S.) 906. (Bd. 21a.) n. 2.—; geb. in Leinw. n. 2. 50

Matthiaß, Bernh., die Entwicklung des deutschen bürgerlich. Rechts in gemeinverständlicher Darstellung. (103 S.) 905. (Bd. 4.) n. 1.—; geb. in Leinw. n. 1. 50

Bd. 1—3 u. 5 u. d. T.: Volksbücher d. Rechts- u. Staatskunde. Ebd. 901. 902. Geb. n. 4. 50.

— der Rechts- u. Staatskunde in gemeinverständlicher Darstellg., hrsg. v. Ernst Francke. Bd. 9, 12, 13, 18a, 19—21, 24 u. 27. kl. 8. Stuttgart, E. H. Moritz. Geb. in Leinw. 21. 50

Bazille, Wilh., unsere Reichsverfassung u. deutsche Landesverfassign. (Reichs- u. Landesstaatsrecht). (224 S. m. 1 Bildn.) 906. (Bd. 13) 1.50; geb. 2.—

Berberich, Alois, Bau- u. Wohnungshygiene. 2. verm. Aufl. Mit 38 Abbildgn. (222 S.) 907. (Bd. 27) 2.—; geb. 2. 50

Bernhöft, Frz., das neue bürgerliche Recht in gemeinverständl. Darstellg. m. Beispielen a. d. prakt. Leben. V. Erbrecht. (158 S.) 907. (Bd. 9) Geb. 3.— (Vollständig: Geb. 12. —)

Egner, H., u. K. Schuemacher, unser Zoll- u. Steuerwesen. Mit 9 Abb. (215 S.) 907. (Bd. 21) 1.50; geb. 2. —

Ehrhardt, Karl, unser Schulwesen. (132 S.) 908. (Bd. 24) 1.—; geb. 1. 50

Grotewold, Chr., unser Kolonialwesen u. seine wirtschaftliche Bedeutung. 3.—5. Tauf. Mit Beilage: Wirtschaftskarten unserer Kolonien. (12 farb. Bl.) 33,5×23,5 cm. (248 S. m. Abb.) 908. (Bd. 18a) 4.—; geb. 4. 50

1. Aufl. (ohne Beilage). (248 S.) 907. 2.—; geb. 2. 50

Liefmann, Rob., Kartelle u. Trusts u. die Weiterbildung d. volkswirtschaftl. Organisation. 2., stark erweit. Aufl. (6—10. Tauf.) (210 S.) 910. (Bd. 12) 2.—; geb. n 2. 50

1. Aufl. (143 S.) 908. 1.—.

Müller, Ph., unser Eisenbahnwesen. Mit 22 Abb. u. Formularen. (212 S.) (907.) (Bd. 10) 1.50; geb. 2. —

Persuhn, Werner, unser Postwesen. (178 S.) (907.) (Bd. 20) 1.—; geb. 1 50

— f. d. peinl. Rechtswissenschaft u. Gesetzkunde. Herausg. v. Almendingen, Feuerbach, K. Grolmann, 1r Bd, 1s bis 3s Stck. 8. Hadam. 797 — 99 (Lanz in Weilb.) 3 Rthlr 16 gr Dass. mit v. Grolmann u. v. Feuerbach, 2r Bd. 1s Stck. 8. Götting. 800. Vandenhöck u. R. 1 Rthlr 8 gr Dass. mit v. Feuerbach u. v. Grolmann. 2n Bds. 2s u. 3s Stck. u. 3n Bds. 1s Stck. (3 Bde.) 8. Gießen 804. (Ferber). 4 Rthlr Hbg. Pr. 2 Rthlr 12 gr (1r Bd. Auch u. d. T. v. Almendingen, über das culpose Verbrechen rc. Ebd. 20 gr) (vergl. v. Almendingen.)

— f. d. peinl. Rechtswissensch. u. Gesetzkunde, v. Almendingen, Feuerbach, K. Grolmann, 1r Bd. 1s — 3s Stck. 8. Hadam. Gel. [illegible] Buchh. 797 — 99. (1s 1 Rthlr. 8 gr. 2s 1 Rthlr. 3s 1 Rthlr. 8 gr.)

Bibliothek für die peinliche Rechtswissenschaft und Gesetzkunde. Herborn u. Hadamar 1797—99. V: *Grolmann, Carl.* (Schletter, Handb. d. jurist. Litt. Grimma 1843. S. 135.)

— — desselben, v. Almendingen, Grolmann rc. 2r Bd. 1s Stck. 8. Götting. Vandenhök. 800.

• — f. die peinl. Rechtswissenschaft, von Almendingen, von Feuerbach u. v. Grollmann. 3 Bde. 8. Gießen. Müller. 804.

Ist auch unt. folg. Titel bes. zu haben:

Bibliothek für Positive Rechtswissenschaft und Diplomatik. Hrsg. von Carl Traug. Gottlob Schönemann. Bd. 1, Stück 1-3. (Mehr nicht ersch.)– Göttingen 1798 - 99.

— politischer Reden aus d. 18. u. 19. Jahrhundert. 6 Bde. 1. Ausg. 1843, 44 u. neue Ausg. 16. (à 138 B.) Berlin 841, 45, Vossische Buchh. à • 20 Ngr. •

Die 1. Ausg. wurde in (24) Lfgn. à • 5 Ngr. ausgegeben.

— der neuesten Reisebeschreibungen. 21 Bde. Mit Kpf. u. Kart. gr. 8. Nürnb. 782 — 97. Schneider u. W. 28 Rthlr 12 gr (1r Bd. Dav. Cranzen's Historie v. Grönland. Mit Zus. bis aufs J. 1779. Mit 8 Kpf. 782. 1 Rthlr 8 gr 2r Bd. v. Troils Reise d. Island, u. Fabricius Reise d. Norwegen. M. 1 K. u. 2 Kpf. 2e A. 785. 1 Rthlr 8 gr 3r Bd. Pennants Reise d. Schottland, m. Anh. v. Ehrnmalms Reise d. Westnordland n. Lappland, im Sommer 1741. 781. 20 gr 4r Bd. Arth. Youngs Reise n. Irland rc. u. Anh. e. Reise d. England u. Wales, insgl. in d. Höhlen v. Ingleborough u. Settle in d. Westriding v. Yorkshire 782. 20 gr 5r Bd. Kampfers Reise nach Japan, v. Dohm herausgeg. M. K. u. Prospekte. 782. 1 Rthlr 8 gr 6r Bd. Sonnerat's Reise n. Ostindien u. Sina in d. J. 1774 — 81. Mit K. 784. 1 Rthlr 8 gr 7r Bd. 1e Abtheil. Marions Reise n. Neu-Seeland u. d. Freundschafts-Inseln. Mit Kpf. 785. 12 gr 2e Abthl. Reise e. französ. Officiers n. Tunis, Tripolis, Algier, Fez u. Marocco. Mit 1 Karte u. Anh., welcher Sonnerat's Reise berichtigt. 787. 8 gr 8r u. 9r Bd. Cooks dritte u. letzte Reise. 2 Thle. Mit Kpf. u. Kart. Aus d. Engl. übers. 789 — 90. 3 Rthlr 12 gr 10r u. 11r Bd. Totts Nachrr. v. d. Türken u. Tartarn. 2 Thle., m. v. Peyssonnels Zusätz. Mit Kpf. A. d. Französ. 787 — 88. 2 Rthlr 12 gr 12r Bd. 1e Abthl. Savary's Reise n. Griechenl. Mit 1 Kpf. A. d. Französ. 789. 12 gr 2e Abthl. John Filsons Reise n. Kentuki in Nordamerika. A. d. Engl. 790. 8 gr 13r Bd. Isert's Reise n. Guinea in Afrika u. Westindien rc. Mit 1 Kpf. 790. 1 Rthlr 14r Bd. 1e Abthl. Carras Gesch. v. d. Moldau u. Wallachei. A. d. Franz. 790. 12 gr 2e Abthl. Noris Beitrr. z. Kenntn. d. Afrik. Königr. Dahomy in Guinea. A. d. Engl., nach v. Brisson's Kenntn. v. Arabien. A. d. Französ. Mit 1 K. 790. 16 gr 15r Bd. 1e Abthl. Jh. Luffmann's Beschreib. d. Insel Antigua in Westindien rc. A. d. Engl., mit Anmerkk. von J. H. Wiedmann. Mit 1 Karte. 790. 12 gr 2e Abthl. Matth. Consett's Reise d. Schweden, schwedisch Lappland, Finnl. u. Dänemark. A. d. Engl. v. J. H. Wiedmann. M. 4 Kpf. 790. 20 gr 16r Bd. 1 Abthl. Will. Radcliffe, Reise d. Schweden rc. 790. 20 gr 2e Abthl. Bemerk. e. Malthes. Ritters auf e. Reise d. einige Europ. Länder. Aus d. Französ. 790. 8 gr 17r Bd. Philip's Reise n. Neu-Süd-Wales u. Botany-Bay. Aus d. Engl. (v. Jh. Balbach). 2 Abthll. Mit 8 Kpf. 791. 2 Rthlr 18r Bd. 1e Abthl. Reise e. Engländers durch einen Theil v. Frankreich rc. Aus d. Engl. 791. 12 gr 2e Abthl. Bruce, Reise n. Abyssinien u. d. Nilquellen. A. d. Französ. v. Ehrmann. Mit 1 Karte. 792. 16 gr 19r u. 20r Bd. Hunter's Tagebuch von Port-Jackson. 2 Bde. Mit Kpf. 793 — 94. 4 Rthlr 21r Bd. Agrell's Reise n. Marocco. Aus d. Schwed. 797. 2 Rthlr)

Bibliothek der neuesten Reisebeschreibungen. Bd. 6—8. Nürnberg 1784—86. H: *Dillinger, Georg Adam.* (MGT)

Bibliothek d. neuest. u. interessant. Reisebeschreibungen, 56 Bde. gr. 8. Wien, Bauer. 800—810. Rthlr.

Bibliothek der neuest. u. wichtigst. Reisebeschreibb. u. geograph. Nachrr. z. Erweiter. d. Erdkunde rc. 50 Bde. M. Kart. u. Kpf. gr. 8. Weimar 800 — 814. Ind.-Cpt. 129 Rthlr 3 gr (1r Bd. Browne's Reisen in Afrika, Aegypten u. Syrien. A. d. Französ., mit Anmerkk. v. M. C. Sprengel. Mit 1 Karte. 800. 2 Rthlr 6 gr 2r Bd. Wilson's Beschr. einer Missionsreise n. d. stillen Ozean, in d. J. 1796 — 98, nebst: la Billardière, Reise in d. Südsee. Ausz. aus d. Engl. v. M. C. Sprengel. Mit 1 Karte. 800. 2 Rthlr 6 gr 3r Bd. 1) Beaujour's Schilder. d. Handels von Griechenland, herausg. v. Sprengel. 801. 1 Rthlr 3 gr 2) Grasset St. Sauveur Beschreibung d. ehemal. Venetian. Besitzungen in Griechenland, v W. H. Tone, herausg. v. Sprengel. Mit 1 Karte. 801. 1 Rthlr 3 gr 4r Bd. 1) Hyder-Aly u. Tippo Saheb, od. histor.-geograph. Uebersicht d. Mysorischen Reichs, v. Sprengel. Mit 1 Kpf. u. 1 Karte. 801. 21 gr 2) S. Turner's Reisen n. Butan u. Tibet. Aus d. Engl. v. Sprengel. 801. 21 gr 3) Symes Gesandtsch.-Reise nach d. Königr. Ava. A. d. Engl. v. Sprengel. Mit 1 Karte. 801. 1 Rthlr 3 gr 5r Bd. 1) Barrow's Reisen d. die innern Gegenden d. südl. Afrika, in d. J. 1797 — 98. A. d. Engl. m. Anmerkk. v. Sprengel. 1r Thl. Mit 1 Karte. 801. 1 Rthlr 18 gr 2) Degrandpré's Reise n. d. westl. Küste von Afrika, in d. J. 1786 u. 87. Aus d. Französ. v. Sprengel. 801. 12 gr 6r Bd. G. A. Olivier's Reise durch die Türkei, Aegypten u. Persien, während d. ersten 6 Jahre d. französ. Republik, oder v. 1792 — 98. 1r Thl. Aus d. Französ. v. Sprengel. 802. 2 Rthlr 6 gr 7r Bd. 1) Fr. Hornemann's Tagebuch sr. Reise v. Cairo u. Mourzuck, in den J.

1797 — 98. Aus d. deutsch. Handschrift, herausg. v. C. König. Mit 2 Kart. 802. 1 Rthlr. 12 gr. 2) Mackenzie, Reise n. d. nördl. Eismeere, im J. 1798. Aus d. Engl. v. Sprengel. M. 1 Karte. 802. 9 gr. 3) Lajaille, Reise n. d. Senegal, in d. J. 1784 u. 87. Herausg. v. La Barthe; nebst Beschreib. d. Goldlandes Bambuck. A. d. Französ. von Sprengel. Mit 1 Karte. 802. 18 gr. 8r Bd. 1) M. Sauer's Reise n. d. nördl. Gegenden v. Rußland, Asien u. Amerika, in d. J. 1785 — 94. Aus d. Engl. v. Sprengel. Mit 1 Karte. 802. 1 Rthlr. 2 gr. 2) J. Jackson's Tagebuch e. im J. 1797 unternomm. Reise zu Lande aus Ostindien nach England. Aus d. Engl. im Ausz. Mit 1 Karte. 803. 1 Rthlr. 9r Bd. 1) Durand's Nachrr. v. d. Senegal-Ländern, nebst Rubault's Landreise n. Galam im J. 1786. Aus d. Französ. von Ehrmann. Mit 1 Karte. 803. 1 Rthlr. 6 gr. 2) Labarthe's Reise n. der Küste v. Guinea, oder Beschreib. d. Westafrikanisch. Küstenstrichs vom Kap Tagrin bis z. Kap Lopez Gonsalves. Mit 1 Karte. 803. 1 Rthlr. 6 gr. 10r Bd. 1) Schilderung v. Louisiana. A. d. Französ. Mit 1 Karte. 804. 1 Rthlr. 18 gr. 2) A. Rochon's Reise n. Marokko u. Indien, in d. J. 1767 — 73. Aus d. Französ. v. Ehrmann. 804. 18 gr. 11r Bd. 1) R. Percival's Beschreib. d. Insel Ceylon u. ihrer Bewohner, u. Nachr. einer Gesandtschaftsreise a. d. Hof v. Kandia. Mit Einleit. v. Ehrmann u. 1 Karte. 804. 1 Rthlr. 18 gr. 2) K. Paultre's geogr. Nachrr. v. Syrien rc. Aus d. Französ. Mit 1 Karte. 804. 9 gr. 3) Elmore's verm. Nachrr. von verschied. Gegenden, Inseln u. Handelsplätzen in Asien u. vorzügl. in Ostindien. Aus d. Engl. 804. 9 gr. 12r Bd. 1) Bory de St. Vincent, Geschichte u. Beschr. d. Kanar. Inseln. Aus d. Französ., mit Zus. v. Ehrmann. Mit 2 Karten. 804. 2 Rthlr. 2) Mich. Devezin's Nachrr. über Aleppo u. Cypern; aus d. noch ungedr. Engl. Original-Handschr. herausg. v. Harles. 804. 9 gr. 13r Bd. Reise nach Aegypten rc. (1798 — 1801) v. G.....d. Aus d. Französ., mit Anmerkk. u. Zus. von Ehrmann. Mit 1 Karte. 804. 2 Rthlr. 6 gr. 14r Bd. 1) J. Barrow's Reise durch China, in d. J. 1793 — 94. Aus d. Engl. von J. C. Hüttner. 1r Thl. Mit Kpf. 804. 3 Rthlr. 2) Beiträge z. nähern Kenntn. d. Tatarei, besond. v. Taschkent, China u. dem Kirgisenlande. 804. 18 gr. 15r Bd. 1) C. F. Volney's Schilder. d. Vereinigten Staaten v. Nordamerika rc. Aus d. Französ. v. Ehrmann. Mit 1 Karte. 804. 1 Rthlr. 6 gr. 2) V. P. Malouet's Reise n. d. Französ. Guiana u. nach Surinam. Aus d. Französ. Mit 1 Karte, 804. 1 Rthlr. 16r Bd. 1) J. Barrow's Reisen durch China, v. Peking n. Kanton rc., in d. J. 1793 — 94. 2r Thl. Aus d. Engl., mit Anmerkk. von J. C. Hüttner. Mit Kpf. 805. 2 Rthlr. 2) W. Wittmann's Reisen nach d. Türkei, Kleinasien, Syrien u. Aegypten, in d. J. 1799, 1800 u. 1801. Aus d. Engl. 805. 1 Rthlr. 17r Bd. 1) J. Barrow's Reisen durch d. innern Gegenden d südl. Afrika, in d. J. 1797 — 98. 2r Thl. Herausgeg. von Ehrmann. Mit 1 Karte. 805. 2 Rthlr. 2) F. A. Michaux's Reise in d. Innere d. Nordamerik. Freistaaten, westwärts der Aleghany-Gebirge. A. d. Französ., mit Anmerkk. u. Zus. von Ehrmann. Mit 1 Karte. 805. 1 Rthlr. 6 gr. 18r Bd. 1) Rob. Percival's Beschreib. d. Vorgebirges d. guten Hoffnung. A. d. Engl. v. Ehrmann. 805. 2 Rthlr. 6 gr. 2) Rob. Semple's Wander. u. Schilder. v. Vorgebirge d. guten Hoffnung rc. A. d. Engl. v. Ehrmann. 805. 12 gr. 19r Bd. 1) W. R. Broughton's Entdeckungsreise in d. nördl. stille Meer, in d. J. 1795 — 98. Aus d. Engl. v. Ehrmann. Mit 1 Karte u. 1 Kpf. 805. 1 Rthlr. 21 gr. 2) St. Papon's Reise in d. Departem. d. See-Alpen. A. d. Französ., mit Anmerkk. u. Zus. 805. 12 gr. 3) Reise nach d. Insel Martinique v. J. R. A. d. Französ. Mit 1 Karte. 805. 9 gr. 20r Bd. Ferri de St. Constant, London u. die Engländer, e. geogr.-statist.-moral. Gemälde. 1r Thl., mit 1 Pl. v. London. 805. 2 Rthlr. 18 gr. 21r Bd. G. A. Olivier's Reise durch d. türk. Reich, Aegypten u. Persien rc. A. d. Französ. v. Ehrmann. 2r Thl. Mit 1 Karte. 805. 3 Rthlr. 6 gr. 22r Bd. 1) R. C. Dallas's Gesch. d. Maronen-Neger auf Jamaika. A. d. Engl. v. Ehrmann. Mit 1 Karte. 1 Rthlr. 18 gr. 2) Dn. Mac-Kinnen's Reise nach d. Britt. Westindien u. besonders n. den Bahama-Inseln, in d. J. 1802 u. 3. Aus d. Engl. v. Ehrmann. Mit 1 Karte. 805. 21 gr. 23r Bd. 1) Thm. Winterbottom's Nachrr. v. d. Sierra-Leona-Küste u. ihrer Bewohner. Aus d. Engl. v. Ehrmann. Mit 1 Karte. 805. 2 Rthlr. 2) J. P. Hockin's Berichte v. d. neuesten Reisen n. d. Pelew-Inseln. A. d. Engl., mit Anmerkk. v. Ehrmann. M. 1 Kpf. 805. 21 gr. 24r Bd. 1) Woodard's Gesch. sr. Schicksale u. ss. Aufenthalts auf d. Insel Celebes rc. Aus d. Engl. v. Ehrmann. Mit 1 Karte. 805. 21 gr. 2) Tuckey's Bericht v. e. Reise nach Neu-Süd-Wales. Aus d. Engl. 805. 15 gr. 3) Register über die ersten 24 Bde. d. Bibl. der Reisebeschreibb. 805. 1 Rthlr. 6 gr. 25r Bd. Bory de St. Vincent's Reise nach d. Maskarenischen oder Französ.-Afrikanischen Inseln rc., in d. J. 1801 u. 2. A. d. Französ. Mit 2 Karten. 805. 3 Rthlr. 26r Bd. 1) Bory de St. Vincent's Beitrr. z. Naturgeschichte d. Maskarenischen Inseln rc. Aus dess. Reis. zusammengetr. u. geordn., von Dr. Biedermann. 805. 1 Rthlr. 2) Skjöldebrand's Beschr. d. Wasserfälle u. des Kanals v. Trollhätta, u. Reise nach d. Nordkap, im J. 1799. Aus d. Französ. v. Ehrmann. Mit 3 Karten. 805. 1 Rthlr. 12 gr. 3) Haringmann's Tageb. e. Reise nach Marokko, im Jahre 1788. Aus dem Holländ. 805. 21 gr. 27r Bd. Feri de St. Constant, London u. die Engländer; e. geogr.-statist.- u. moral. Gemälde. 2r Thl. A. d. Französ. Mit 1 Karte. 805. 2 Rthlr. 18 gr. 28r Bd. 1) Histor. Versuch über d. Handel u. die Schifffahrt auf d. schwarzen Meere. A. d. Französ. 806. 21 gr. 2) Sm. Holme's Tageb. e. Reise nach Sina u. in die Tatarei, in den J. 1792 u. 93. Nach d. Französ. 806. 21 gr. 3) J. G. Hebbe's Nachrr. v. d. Azorischen Inseln rc. A. d. Schwed. v. Rühs. 806. 6 gr. 4) Briefe aus Aegypten, während d. Britt. Feldzugs daselbst im J. 1801. Nach d. Engl. 806. 12 gr. 29r Bd. 1) Turnbull's Reise um die Welt rc., in d. J. 1800 — 4. A. d. Engl. v. Ehrmann. 806. 1 Rthlr. 18 gr. 2) Th. Lindley's Reise n. Brasilien rc., in d. J. 1802 u. 3. A. d. Engl. v. Ehrmann. 806. 18 gr. 30 — 32 Bd. Neueste Beitrr. zur Kunde v. Indien. A. d. Engl. v. T. F. Ehrmann. 3 Bde. Mit 1 Karte u. 6 Kpf. 806. 7 Rthlr. 12 gr. 33r Bd. 1) Beschr. der Insel St. Helena. Aus d. Engl. v. Ehrmann. Mit 1 Kpf. 807. 1 Rthlr. 2) Bellaire's Beschr. d. vorm. venetian. Inseln u. Besitzungen im Jonischen Meere. Aus d. Französ. von Ehrmann. Mit 1 Karte, 807. 1 Rthlr. 6 gr. 3) Jak. Grant's Bericht von e. Entdeckungsreise nach Neu-Süd-Wales, in d. J. 1800 — 2. A. d. Engl. Mit 1 Karte. 807. 1 Rthlr. 34r Bd. 1) Anderson's kl. Fußreise durch e. Theil v. Seeland. A. d. Engl. 807. 12 gr. 2) Depon's Nachrr. v. d. General-Hauptmannschaft Caracas, oder d. östl. Theile v. Terra-Firma rc., in d. J. 1801 — 4. Mit 1 Karte. 807. 2 Rthlr. 6 gr. 35r Bd. 1) J. Drayton's Beschr. v. Süd-Carolina. A. d. Engl. Mit 1 Karte. 808. 1 Rthlr. 18 gr. 2) V. P. Malouet's Beschr. v. St. Domingo. A. d. Französ. 808. 18 gr. 36r Bd. Olivier's Reise durch d. Türk. Reich, Aegypten u. Persien, in d. J. 1792 — 98. A. d. Französ. v. Ehrmann. 3r Bd. 808. 2 Rthlr. 2) Register über d. 25n bis 36n Bd. 808. 6 gr. 37r Bd. Peron's Entdeckungs-Reise n. Australien, in d. J. 1800 — 4. A. d. Französ. v. Ehrmann. 1r Thl. Mit 2 Kpf. 808. 2 Rthlr. 38r Bd. J. Barrow's Reise nach Cochinchina, in d. J. 1792 u. 93. A. d. Engl. v. Ehrmann. 808. 2 Rthlr. 6 gr. 39r Bd. 1) Jak. Haafner's Landreise längs der Küste Orixa u. Koromandel, auf d. westl. Indischen Halbinsel. Aus d. Holländ. v. Ehrmann. 2 Thle. 809. 1 Rthlr. 18 gr. 2) A. Tibeaut's v. Berneaud Schilder. d. Insel Elba rc. Aus d. Französ. v. Ehrmann. Mit 1 Karte. 809. 18 gr. 40r Bd. 1) Castellan's Briefe über Morea u. d. Inseln Cerigo, Hydra u. Zante. Aus d. Französ. Mit 1 Plan. 809. 1 Rthlr. 2) S. de Sacy's neueste Beitrr. z. Kunde d. Asiat. Türkei. Aus d. Franz. v. Ehrmann. 809. 15 gr. 3) A. v. Gardanne's Tagebuch e. Reise durch die Asiat. Türkei nach Persien u. wieder zurück nach Frankreich; in d. J. 1807 u. 8. Aus d. Französ. Mit 1 Pl. 809. 15 gr. 41r u. 42r Bd. 1) J. Meermann's Reise durch d. Norden u. Nord-Osten v. Europa, in den J. 1797 — 1800. A. d. Holländ. übers. u. mit Anmerkk. begl. v. Chr. Fr. Rühs. 2 Thle. 810. 4 Rthlr. 12 gr. 2) T. Speeleveld's Briefe über die Insel Walcheren. Aus d. Holländ. 810. 15 gr. 43r Bd. 1) H. Potter's Reise durch d. Oestl. Departem. v. Holland u. d. Herzogth. Oldenburg u. von Süd-Holland, im J. 1808. A. d. Holländ. 2 Thle. 811. 1 Rthlr. 9 gr. 2) J. Houßmann's Reise durch d. nördl. Gegenden von England. Aus d. Engl. Mit 2 Pl. 811. 1 Rthlr. 3 gr. 44r u. 45r Bd. G. V. Valentia u. H. Salt's Reisen nach Indien, Ceylon, d. rothen Meere, Abyssinien u. Aegypten, in d. J. 1802 — 6. A. d. Engl., m. Anmerkk. v. Chr. Fr. Rühs. 2 Thle. M. 1 Karte. 811. 5 Rthlr. 12 gr. 46r Bd. 1) A. P. Ledru's Reise nach d. Inseln Teneriffa, Trinidad, St. Thomas, St. Cruz u. Portoriko, in d. J. 1796 — 808. A. d. Französ. Mit 1 Karte. 812. 1 Rthlr. 12 gr. 2) Neueste Beitrr. z. Kunde v. d. Insel Madagaskar. A. d. Französ. Mit 2 Kart. 812. 18 gr. 47r Bd. de la Bissachere, gegenwärt. Zustand von Tunkin, Cochinchina u. die Königr. Camboja, Laos u. Lac-Tho. A. d. Französ., mit Anmerkk. von E. A. W. v. Zimmermann. 813. 2 Rthlr. 48r Bd. Z. M. Pike's Reise durch d. westl. Gebiete v. Nord-Amerika, enthalt. die Tagebücher d. Reisen von St. Louis, den Mississippi hinauf, durch d. Innere v. Louisiana, u. durch d. nördl. Provinzen von Neu-Spanien, in d. J. 1805 — 7. Aus d. Engl. von Ph. Chr. Weyland. Mit 1 Karte. 813. 2 Rthlr. 12 gr. 49r Bd. 1) Andr. Grant's Beschreib. v. Brasilien rc., mit Berichtigungen d. Hrn.

Naverro d'Anovade. Aus d. Französ. 814. 1 ₰ 6 ℊ 2) W. Hamilton, Aegyptiaca, oder Beschreib. des Zustandes d. alten u. neuen Aegyptens, in d. J. 1801 — 2. A. d. Engl. 814. 18 ℊ 50r Bd. 1) Klaproth's Beschreib. des östl. Caucasus. 814. 1 ₰ 2) Ingigian's Nachr. über d. Thrazischen Bosporus, oder die Straße v. Konstantinopel. Aus d. Armen. ins Französ., u. aus diesem ins Deutsche übers. von Adanson. 814. 12 ℊ 3) Register zum 37n — 50n Bde. 1 ₰)

—— der vorzügl. u. neuesten Reisebeschreibungen üb. alle Theile d. Welt, in systemat. Ordnung mit Charten. In Verbindung mit mehr. Mitarbeitern besorgt u. hrsg. v. J. Hörner. 1—7. Lfg., enthalt. Reisen um die Welt. 1., u. 2. Bd. 1—4. Hft. 8. ... Hildburghausen 828, 29, Kesselring. à Lfg. 4 Gr.

Bibliothek der vorzügl. Reisebeschreibb. aus d. frühern Zeiten. Neu übers. u. mit Anmerkk. v. G. W. Lorsbach. 1r Bd. gr. 8. Marb. 805. Krieger. 2 ₰

— der Reisen u. Abenteuer. 1.—7. Bd. 8. Berlin [J. Gnadenfeld & Co.] E. Freyhoff. à n. — 60

1. Unter den Anhängern Mohameds. Reise-Erzählg. Von Karl Cassau. (Neue [Titel-] Ausg.) (126 S.) [898.] 899.
2. Auf der Spur. Reise-Erzählg. Von Karl Cassau. (110 S.) 899.
3. Endlich befreit. Erzählung. Von Carl Cassau. (125 S.) (899.)
4. Der Ueberfall in der Prairie. Eine Erzählg. aus dem westl. Amerika. Von J. Grundmann. (120 S.) (899.)
5. Die Ansiedler am Cheyenne. Erzählung aus dem wilden Westen. Von E. v. Barfus. (128 S.) (899.)
6. Die Piraten am oberen See. Erzählung. Von Carl Cassau. (125 S.) (899.)
7. Tokeah, der letzte Häuptling seines Stammes. Erzählung. Von J. Grundmann. (128 S.) (899.)

— d. Reisen u. Abenteuer. 8—25. Bd. 8° Berl. (Schönebg), E Freyhoff. Je — 60 d

Balen, JH van: Aus Sibirien entflohen. Erzählg. Frei bearb. v. G Gärtner. (152 m. 8 Vollbildern.) ('04.) [16.]
Barzini, L: Der „Baqueano". Episode a. d. südamerikan. Bürgerkriege. Uebers. v. H Dévidé. (136 m. 3 Vollbildern.) ('04.) [20.]
Bréhat, A v.: Die Menschenjäger. Kämpfe, Abenteuer u. Jagden im Lande d. Buren. (100 m. 8 Vollbildern.) ('04.) [17.] ‖ 2. Tl. Das Burenmädchen. Erzählg v. Kap d. guten Hoffng. (110 m. 8 Vollbildern.) ('04.) [18.]
Cassau, C: Die Mormonenbraut. Erzählg. (136) ('03.) [10.]
Fischer, H: Der Engel d. Grenze. Wilde Szenen a. Kentucky. Erzählg a. Amerikas Urwäldern. (110) ('03.) [13.] ‖ Auf d. Kriegspfade od. Die Flüchtlinge. Erzählg a. d. Urwäldern Nord-Amerikas. Nach d. Engl. (125 m. 3 Vollbildern.) ('05.) [23.]
Gärtner, G: Der Kommandant d. Negerjäger. Erzählg a. d. Kämpfen d. Holländer in Surinam. Frei nach JH van Balen. (110 m. 3 Vollbildern.) ('05.) [21.]
Gerstäcker, F: Die Goldsucher. Erzählg a. Ecuador. — Der Schiffs-Kapitän. (136) ('03.) [15.] ‖ Die Moderatoren. Erzählg a. Texas. — Das Fort an d. Salzfurth. (128) ('03.) [14.] ‖ In d. Pampas. — Das Wrack. (142) ('03.) [11.] ‖ In d. Südsee. Erzählg a. d. Seeleben. (142 m. 3 Vollbildern.) ('04.) [19.] ‖ Blau Wasser. Erzählgn a. d. Schiffsleben. (125 m. 3 Vollbildern.) ('05.) [22.]
Grundmann, J: In d. Jagdgründen d. Apachen. Erzählg a. d. Südwesten Amerikas. (117) ('03.) [8.] ‖ Auf d. Prärie. (120) ('03.) [9.]
Lindbaum, G: Selbst verraten u. Das Goldlager im Felsgang. 2 Erzählgn a. d. Golddistrikten Alaskas. (135 m. 3 Vollbildern.) ('05.) [25.]
Sylvino, N: Auf Tod u. Leben. Erzählg a. d. Trapperleben d. wilden Westens. (116 m. 8 Vollbildern.) ('05.) [24.]
Treu, L: Im fernen Westen. Jagden u. Abenteuer. (120) ('03.) [12.]

—— älterer Reisen. Hrsg. von Friedr. Steger. 1. Bd. A. u. d. T.: Mungo Park's Reisen in Afrika. Von der Westküste zum Niger. Neu bearb. von Friedr. Steger. gr. 8. (XVII und 322 S.) Leipzig 856, Lorck. *

—— ält. Reisen. Hrsg. v. F Steger. 1. Bd. 8. Lpzg 56, Senf. n. 1. —

Mungo Park's Reisen in Afrika. (322)

Bibliothek denkwürdiger Reisen. Erzählgn. üb. berühmte Reisen a. d. Feder v. Teilnehmern. Hrsg. in Verbindg. m. M. v. Brandt, Siegm. Günther, Eug. Oberhummer u. a. v. Ernst Schultze. 1.—3. Bd. 8. Hamburg, Gutenberg-Verlag. à Bd. 6.—; geb. in Leinw. 7.—; Vorzugsausg., geb. in Ldr. 14.—; Luxusausg. geb. in Perg. 20. —

Cook, des Kapit. James, Weltumsegelungsfahrten. Ein Auszug aus seinen Tagebüchern. Bearb. u. übers. v. Edwin Hennig. Mit 8 Bildern u. 1 (farb.) Karte. 1.—4. Taus. (554 S.) 908. (Bd. 1)
Markham, Clements R., aus dem Lande der lebenden Buddhas. Die Erzählgn. v. der Mission George Bogle's nach Tibet u. Thomas Manning's Reise nach Lhasa (1774 u. 1812). Aus dem Engl. übers. u. bearb. von M. v. Brandt. Mit 4 Bildern u. 1 Karte. 1.—3. Taus. (480 S.) 909. (Bd. 3.)
Perry, die Erschließung Japans. Erinnerungen v. der Fahrt der amerikan. Flotte 1853/54. Bearb. v. A. Wirth u. Adf. Dirr. (Buchschmuck-Leisten v. Hub. Wilm u. Ernst Liebermann.) 1.—3. Taus. (376 S. m. 6 Vollbild.) 910. (Bd. 2)
Reise, Die, d. Arabers Ibn Batūta durch Indien u. China (14. Jahrh.). Bearb. v. Hans v. Mžik. 1—2. Taus. (490 m. 2 Ktn.) Hambg '11 [4]

—— geographischer Reisen und Entdeckungen älterer und neuerer Zeit. 1.—8. Bd. gr. 8. Jena, Costenoble. [Gera, Griesbach's Verlag.] (*ℳ 49.) *

Inhalt:

Bd. 1. Hayes, J. J., das offene Polar-Meer. Eine Entdeckungsreise nach dem Nordpol. Aus dem Engl. von J. E. A. Martin. (XXIV, 390 S. nebst 3 chromolithogr. Karten in Tondr. und 6 Illustr. in Holzschn. in Tondr.) 868. (*ℳ 5.) ℳ 3.; geb. *ℳ 4.
" 2. Pinto's, Fernand Mendez, abenteuerliche Reise durch China, die Tartarei, Siam, Pegu und andere Länder des östlichen Asiens. Neu bearb. von Ph. H. Külb. (XVI, 412 S.) 868. (*ℳ 5.) ℳ 2,50.; geb. *ℳ 4.
" 3. Baker, Sam. White, der Albert N'yanza, das große Becken des Nil und die Erforschung der Nilquellen. Autorisirte vollständ. Ausg. für Deutschland. Aus dem Engl. von J. E. A. Martin. 2. Aufl., wohlfeile Volksausg. 868. *ℳ 5., und 3. Aufl. (XX, 498 S. mit 32 Illustr. in Holzschn. und 1 chromolithogr. Karte.) 875. *ℳ 5,40.; geb. *ℳ 6,75.
" 4. Bickmore, Alb. S., Reisen im ostindischen Archipel in den J. 1865 und 1866. Autorisirte vollständ. Ausg. für Deutschland. Aus dem Engl. von J. E. A. Martin. (XVI, 443 S. nebst 36 Illustr. in Holzschn. und 2 lithogr. Karten in Farbendr. in qu. 4. und qu. Fol.) 869. (*ℳ 8.) *ℳ 3.; geb. *ℳ 4,50.
" 5. Die schwedischen Expeditionen nach Spitzbergen und Bären-Eiland ausgeführt in den J. 1861, 1864 und 1868 unter Leitung von O. Torell und A. E. Nordenskiöld. Aus dem Schwed. übersetzt von L. Passarge. (XV, 518 S. nebst 9 großen Ansichten in Holzschn. und Tondr., 27 Illustr. in Holzschn. und 1 lithogr. Karte von Spitzbergen in Farbendr. in gr. 4.) 869. (*ℳ 6.) ℳ 3.; geb. *ℳ 4.
Bd. 6. Browne, J. Roß, Reisen und Abenteuer im Apachenlande. Aus dem Engl. in deutscher Bearbeitung von H. Hertz. (X, 486 S. mit 155 Illustr. in Holzschn. eingedr. und auf 8 Taf. 870. (*ℳ 6.) *ℳ 3.; geb. *ℳ 4,50.
" 7. Martins, Charles, von Spitzbergen zur Sahara. Stationen eines Naturforschers in Spitzbergen, Lappland, Schottland ꝛc. Autoris. und unter Mitwirkung des Verf. übertrag. Ausg. für Deutschland. Mit Vorwort von Carl Vogt. Aus dem Französ. von A. Bartels. 2. Aufl. 2 Abthlgn. in 1 Bde. (XXII, 333 S.) 871. (*ℳ 6.) *ℳ 5.; geb. *ℳ 7.
" 8. Livingstone, David und Charles, neue Missionsreisen in Süd-Afrika unternommen im Auftrage der engl. Regierung. Forschungen am Zambesi und seinen Nebenflüssen nebst Entdeckung der Seen Schirwa und Nyassa in den J. 1858—1864. Autoris. vollständ. Ausg. für Deutschland. Aus dem Engl. von J. E. A. Martin. (XXVIII, 700 S. nebst 1 lithogr. Karte in Fol. und 40 Illustr. in eingedr. Holzschn. und Holzschnitaf.) 2. Aufl. Wohlfeile Volks-Ausg. 874. *ℳ 8.
Bd. 9. Shaw, Rob., Reise nach der Hohen Tatarei, Yarkand und Kâshgar und Rückreise über den Karakoram-Paß. Autoris. vollständ. Ausg. für Deutschland. Aus dem Engl. von J. E. A. Martin. 2. (Titel-) Aufl. Wohlf. Volksausg. (XXIII, 420 S. mit 14 Illustr. in Holzschn. und Tondr. und 2 Karten in Holzschn. in gr. 4.) (872)76.
" 10. Morelet, Arth., Reisen in Central-Amerika. In deutscher Bearbeitung von H. Hertz. 2. (Titel-)Aufl. Wohlf. Volksausg. (X, 362 S. mit eingedr. Holzschn., 7 Illustr. in Tondr. und 1 lithogr. Karte in 4.) (872)76.
" 11. Musters, George Chaworth, unter den Patagoniern. Wanderungen auf unbetretenem Boden von der Magalhães-Straße bis zum Rio Negro. Autoris. vollständ. Ausg. für Deutschland. Aus dem Engl. von J. E. A. Martin. 2. Aufl. Wohlf. Volksausg. (X, 341 S. mit 9 Illustr. in Ton- und Schwarzdr. und 2 lithogr. Karten in 8. und Fol.) 877.

12. Reisen in der Mongolei, im Gebiet der Tanguten u. den Wüsten Nordtibets in den Jahren 1870 bis 1873. Von N. v. Prschewalski. Autoris. Ausg. f. Deutschland. Aus dem Russ. u. m. Anmerkgn. versehen von Albin Kohn. Mit 22 (Holzschn.=) Illustr. (eingedr. u. auf Taf.) u. einer (chromolith.) Karte. 2. (Titel=)Aufl. (XIV, 538 S.) (1877.)

12. Prschewalski, N. v., Reisen in der Mongolei, im Gebiet der Tanguten und den Wüsten Nordtibets in den J. 1870 bis 1873. Autoris. Ausg. für Deutschland. Aus dem Russ. und mit Anmerkungen versehen von Albin Kohn. 2. (Titel-)Aufl. (XIV, 538 S. mit 22 [Holzschn.-]Illustr. [eingedr. und auf Taf.] und 1 chromolithogr. Karte.) 881.

13. Reise zur Auffindung eines Ueberlandweges von China nach Indien. Von T. T. Cooper. Autoris. Ausg. f. Deutschland. Aus dem Engl. Mit einem Anh., die beiden engl. Expeditionen von 1868 u. 1875 unter Sladen u. Browne, u. Margarys Reise betr., von H. L. v. Klenze. Mit einer (lith.) Karte u. 13 (Holzschn.=)Illustr. 2. (Titel=) Aufl. (XIV, 507 S.) (1877.)

13. Cooper, T. T., Reise zur Auffindung eines Ueberlandweges von China nach Indien. Autoris. Ausg. für Deutschland. Aus dem Engl. Mit einem Anhang, die beiden engl. Expeditionen von 1868 und 1875 unter Sladen und Browne und Margarys Reise betr., von H. L. v. Klenze. 2. (Titel-)Aufl. (XIV, 507 S. mit 1 lithogr. Karte und 13 [Holzschn.-]Illustr.) 882.

—— geographischer Reisen und Entdeckungen älterer und neuerer Zeit. 14. und 15. Bd. gr. 8. Jena 886, Costenoble. *

Inhalt:

Bd. 14. Thomson, Jos., Expedition nach den Seen von Central-Afrika in den J. 1878 bis 1880, im Auftrage der königl. britt. Geograph. Gesellschaft. Einzige, autoris. deutsche Ausg. Aus dem Engl. 2. (Titel=)Aufl. 2 Thle. in 1 Bde. (XI, 239; 248 S. mit 2 Landkarten in Farbendr.) *ℳ 6.—.
" 15. Bird, Isabella L., unbetretene Reisepfade in Japan. Eine Reise in das Innere des Landes und nach den heil. Stätten Nikko und Yezo. Autoris. deutsche Ausg. Aus dem Engl. 2. (Titel-) Aufl. 2 Thle. in 1 Bde. (XII, 299; VIII, 235 S. mit Illustr. und 1 Landkarte.) *ℳ 8.—.

—— naturhistorischer Reisen f. d. reif. Jugend. 1—4. Bdchn. — A. u. d. T.: Des Frh. Alex. v. Humboldt u. Aimé Bonpland Reise in d. Aequinoctial-Gegenden d. neuen Continents, f. d. reif. Jugend z. belehr. Unterhalt. bearb. v. G. A. Wimmer. 4 Bdchen. Mit v. Humboldt's Portr., 9 Kpfr. u. 3 Charten. gr. 12. (65 B.) Wien 830, Gerold.

— d. neuesten Reisen in d. class. Länder d. Vorwelt. Herausgeg. v. Sickler 2c., s. Bouqueville.

— f. Reisende 2c, s. d. Wittwe, Roman, od. a. Auswahl engl. Romane 2c.

Religionsgeschichtliche Bibliothek. Hrsg. von Heinrich Tannenberg. Bd 1. 2. *Berlin-Friedrichshagen: C. Teistler & Co. 1898.* 2 Bde 8° [7.
1 — Tannenberg, Heinrich: Die Religionsforschung u. d. hist. Prinzip.
2 — Tannenberg, H.: Was ist Religion? [04. 16;50

— religionspädagogische, hrsg. v. Heinr. Spanuth. Nr. 1—5. gr. 8. Göttingen, Vandenhoeck & Ruprecht. 9. 80
Matthes, Heinr., der evang. Religionsunterricht im Dienst der Erziehg. innerhalb der religiösen Gemeinschaft. Zugleich e. Darstellg. der Grundzüge e. zeitgemäßen Methodik. (IV, 84 S.) 910. (Nr. 5) 1. 80
Religionsunterricht, der evangelische, auf höheren Schulen, dargestellt v. O. Schönhuth, H. Strohl, K. Scheer, O. Göller, J. Schoell. Hrsg. v. Jul. Smend. (VI, 136 S.) 910. (Nr. 4) 2.40; geb. 3. —
Neukauf, A., Vorfragen zur Reform des Religionsunterrichts in der Volksschule. Ein Beitrag zur Lösung der schulpolit. Fragen auf dem Gebiet des Religionsunterrichts. (IV, 132 S.) 909. (Nr. 1) 2.60; geb. 3. 20
Thrändorf, E., Kirchengeschichte u. Erziehung. Vortrag, von der Konferenz v. Religionslehrern an den höheren Schulen Sachsens. (20 S.) 910. (Nr. 3) — 50
Weinel, Ada, deutsche Dichtung u. christl. Ideal in der Schule. 6 Vorträge, geh. auf dem Jenaer Ferienkurs 1909. (98 S.) 909. (Nr. 2) 2.—; geb. 2. 60

— Religionspädagogische, hrsg. v. Heinr. Spanuth. Nr 3—6. gr8° Gött., Vandenh. & R. (1—6: 11.30) d
Emlein, R: Relig.-Unterr. bei Proletarierkindern. Gedanken a. d. Praxis — für d. Praxis. (4, 139) '12 [7] 2.80
Matthes, Heinr.: Der ev. Relig.-Unterr. im Dienst d. Erziehg innerh. d. relig. Gemeinsch. Zugl. e. Darstellg d. Grundz. e. zeitgemässen Methodik. (4, 84) '10 [5] 1.80
Meier, Frdr.: Jesu frohe Botsch. im Unterr. Erklärg neutestamentl. Erzählgn z. Vorbereitg d. Relig.-Lehrers. (4, 92) '11 [6] 2 —
Religionsunterricht, Der ev., auf höh. Schulen, dargest. v. O Schönhuth, HStrohl, K Scheer, O Göller, J Schoell. Hrsg. v. Jul. Smend. (6, 136) '10 [4] 2.40; geb. 3 —
Thrändorf, E: Kirchengesch. u. Erziehg. Vortr. (20) '10 [3] — 50

— Religionswissenschaftl. Hrsg. v. Wilh. Streitberg u. Rich. Wünsch. 1—5. Bd. 8° Heidelbg, Carl Winter. 32.20; geb. n 36.40
Goldziher, Ign.: Vorlesgn üb. d. Islam. (10, 341) '10 [1] 8.40; geb. n 9.20
Günter, Heinr.: Die christl. Legende d. Abendlandes. (8, 246) '10 [2] 6.40; geb n 7.20
Helm, Karl: Altgerman. Relig.-Gesch. 1. Bd. (German. Bibliothek. Hrsg. v. Wilh. Streitberg. I. Abtlg, V. Reihe. 2. Bd.) (10, 411 m. Abb.) '13 [5] 6.40; geb. n 7.40
Reuterskiöld, Edg.: Die Entstehg d. Speisesakramente. Aus d. Schwed. v. Hans Sperber. (7, 141) '12 [4] 3.80; geb. n 4.60
Schulemann, Günth.: Die Gesch. d. Dalailamas. (9, 290 m. 1 Taf.) '11 [3] 7.20; geb. n 8 —

Bibliothek: Revolutionäre Bibliothek
⑤ 1905 ⑥ 8° ⑧ Zürich: A. Schaufelberger ⑩ Gruppe «Weckruf» ⑫ anarchistisch ⑭ Be: L (1905: Nr. 1—2) ⑮ v. Der Weckruf (sub 1).

August Gottlieb Richters chirurgische Bibliothek (Bd. 14 ff: Mitarb. Just(us) Christian (von) Loder.) Bd. 1-14. (Nebst) Reg. Göttingen & Gotha (3 ff.: Göttingen:) Dieterich 1771 - 95. 8°
Reg: Allgemeines Register über die ersten 6 Bde. (Bearb.: Christian Friedrich Witting.) 1794.

August Gottlieb Richters chirurgische Bibliothek.
Bd. 1-15. Frankenthal: Verl. d. Gegelschen Buchdr. u. Buchh. 1788 - 98.
(= Auserlesene Sammlung der besten medicinischen u. chirurgischen Schriften. Bd. 25 - 30. 32 - 35. Bd. 53. 54. 57. 60.)

—— von Ritter-, Räuber- u. Criminal-Geschichten, bearb. v. mehreren Gelehrten. 1. u. 2. Suite à 10 Bde. 8. Leipzig, Schreck. à Bd. 1 Thlr. Zusamm. genomm.
1. Suite a. u. d. Ttln.:
Bd. 1. Lips Tullian. Eine Schilderung d. Greuelthaten u. fürchterl. Verbrechen dieses berücht. Räuberhauptmanns. N. d. Criminalakten bearb. (16½ B.) 839.
= 2. Ritter Hans v. Bleileben, der irrende Geist im Bilathale, od. die Hexe d. Kußberges bei Teplitz. Ritter-Roman, nach alter böhm. Volkssage bearb. (13½ B.) 839.
= 3. Räuber-Novellen u. Mord-Geschichten. Nach zuverläss. Quellen bearb. (13 B.) 839.
= 4. Eduard u. Kunigunde. Eine Ritter- u. Klostergeschichte. (13 B.) 840.
= 5. Ritter Harras, der kühne Springer. Eine interessante Rittergeschichte. (13 B.) 840.
= 6. Rinaldo Rinaldini, der große Räuberhauptmann. Neu bearb. von v. D***. (13 B.) 840.
= 7. Urach d. Schwarze, od. d. Hummel-Fürst. Ein höchst abenteuerl. Ritterroman. (12 B.) 840.
= 8. Schwanhilde v. Kyburg u. Fedor v. Trautenstein, od. d. Frevelthat an Gottgeweihter Stelle. Ritter- u. Geistergeschichte d. Vorzeit. (13 B.) 840.
= 9. Eduard Horst, Demagog, dann Schmuggler u. endlich Räuberhauptmann. Eine Criminalgeschichte a. d. neuesten Zeit. (11½ B.) 840.
= 10. Der Räuber u. sein Kind, od. das Raubnest auf d. Felsenklippe. Grausenerregende Räubergeschichte aus d. neuern Zeit. (10½ B.) 840.
2 Suite a. u. d. Ttln.:
Bd. 1., 4. Antonio Garillas d. gefürcht. Räuberhauptmann in d. Pyrenäengebirgen, od.: Der kühne Guerillas-Anführer seit 1808. Interessanter Räuber-Roman a. d. neuesten Zeit. 2 Thle. (31 B.) 841.
= 2. Bayard, der Ritter ohne Furcht u. Tadel. Interessante französ. Ritter- u. Kriegsgeschichte. (12 B.) 841.
= 3. Ritterkraft u. Rittertreue, od. Wiprecht v. Groitzsch. Interessante Rittergeschichte. (12 B.) 841.
= 5. Marie Lafarge, verurtheilt als Giftmischerin u. angeklagt als Diamantendiebin. Criminalgeschichte d. neuesten Zeit. (15¼ B.) 841.
= 6. Der wandelnde Geist auf d. Kucksburg, od.: Der fürchterl. Raubritter. Schaudergemälde a. d. Zeiten d. Vehme. (12½ B.) 841.
= 7. Gobertino, der 970fache Mörder, d. fluchwürdigste aller Räuberchefs. Wahres Schaudergemälde a. d. neuern u. neuesten Zeit. (12¾ B.) 841.
8. Crassinello d. verkappte Dirnenräuber, od.: der Teufel in Menschengestalt. Eine Schaudergeschichte v. Carl Santo. (12½ B.) 841.
= 9. Arabesko, od. d. italien. Teufel in Spanien. Eine Räubergeschichte a. d. Zeit d. Freiheitskampfes d. Spanier geg. d. Franzosen. (13 B.) 841.
= 10. Malowsky, od. die verschworenen Räuber in d. poln. Wäldern. Höchst interessanter Räuberroman. (10¼ B.) 841.

Bibliothek der Mecklenburgischen Ritter- und Landschaft. Rostock 1789. H: *Lange*, *Chr. Hnr.* (Hauptkat. d. Univ.-Bibl. Tübingen. K. S. 63.)

— der Mecklenburgischen Ritter- und Landschaft. 1. Abth. Mecklenburgica. Rostock 858. (Stiller.) gr. 8. (6 Bl., XI, 370 S.) n. 1 ℛ

— der Mecklenburgischen Ritter- und Landschaft. 2. Abth. 1… 3. Liefg. Rostock 859. (Stiller.) gr. 8. n. 1 ℛ
Inhalt: 1. Liefg.: Rechts- u. Staatswissenschaften. (IX, 291 S.)
2. Liefg.: Geschichte, Staaten-, Länder- u. Völkerkunde. (XVI, 344 S.)
3. Liefg.: Sprachwissenschaft. Allgemeine Literatur, Literärgeschichte u. Bibliothekwissenschaft. (V, 72 S.)

— der Robinsone, (v. Haken). 5 Thle. 8. Berl. 805—808. (Reimer). 7 ℛ 12 𝒩

— d. Robinsone 2c. 5 Thle. 8. Berlin, Unger. 805-808. (à 1 Rthlr. 12 gr.)

— der älteren Romandichter Englands. In neuen Uebertragungen herausgeg. von A. Diezmann. 25.—30. Bd. — A. u. d. T.: Die Geschichte des Tom Jones, eines Findlings. Von H. Fielding. Neu aus dem Engl. übertragen von Diezmann. 6 Thle. 16. Braunschweig 841, 42, Westermann. (à ⅓ ℛ) 2 ℛ

— der Romane, (v. H. A. O. Reichard u. A.) 21 Thle. 8. Berl. u. Leipz. 773—794. Hartknoch. 15 ℛ 18 𝒩

§ * **BIBLIOTHEK** der Romane (hrsg. v. Heinr. Aug. Ottokar Reichard u. A.) 21 Bde. Mit 21 Tkpf. u. 21 TVign. von Chodowiecki, Meil, Mechau, Schubert u. Geyser. Berlin, Chrn. Friedr. Himburg, 1778—81, u. Riga, Hartknoch, 1782—94. 8°. (125 Mk.. in 9 gleichzeit. Ldrbdn. u. 3 Pppbdn. m. T., Friedr. Meyer, Lpz., 1906.) (Expl. auch im British Museum.)

Von den ersten Bänden erschienen neue Ausgaben 1782 etc. Enth. u. a. Auszüge aus: Schäffereyen von der schönen Juliane. (Cfr. Montreux, Nic. de.) — Rétif de la Bretonne, das Verderben des Landmanns. od. die Gefahren der Stadt. — La garduna (die Ratze) von Sevilla. (S. Leben .... der Donna Rufina. A. d. Span. des Castillo de Sollórçano.) — Dorat, die Schäferstunde. — Cazotte, Lord eh' er sichs versah. — Memoiren eines Zeitgenossen des Regenten von Frankreich etc.

— d. **Romane. 1—20. Bd. 8° Lpzg, Insel-Verl. L je 3 —; Ldr 5 — d**

Alexis, W: Die Hosen d. Herrn v. Bredow. Vaterländ. Roman. (435) ('11) [5]
Coster, Charles de: Ulenspiegel u. Lamme Goedzak. Ein fröhl. Buch trotz Tod u. Tränen. (Übertr. v. Alb. Wesselski.) (640) ('12) [15]
Defoe, Dan.: Robinson Crusoe. Nach d. ältesten deut. Übertragg. (Hrsg.: Severin Rüttgers.) (506) ('12) [13]
Dostojewski, FM: Schuld u. Sühne. Roman. (Uebertr. v. H Röhl.) (846) ('12) [19]
Flaubert, Gust.: Frau Bovary. (Übertr. v. Arth. Schurig.) (499) ('11) [4]
— Salambo. Roman a. Alt-Karthago. (Verdeutschg v. Arth. Schurig.) (439 m. 1 Kte.) ('12) [14]
François, Louise v.: Frau Erdmuthens Zwillingssöhne. (426) ('12) [20]
— Die letzte Reckenburgerin. (385) (11) [1]
Gotthelf, Jerem.: Wie Uli, d. Knecht, glücklich wird. (431) ('11) [7]
Jacobsen, Jens Pet.: Frau Marie Grubbe. (Übertr. v. Mathilde Mann.) (311) ('11) [9]
— Niels Lyhne. (Übertr. v. Anka Mann.) (270) ('11) [2]
Murger, Henri: Die Boheme. Szenen a. d. Pariser Künstlerleben. (Übertr. v. Fel. Paul Greve.) (409) ('11) [10]
Scott, Walt.: Ivanhoe. (Dem Text wurde d. v. Paul Ernst rev. Übertragg v. L Tafel zugrunde gelegt.) (587) ('11) [3]
— Der Talismann. (Der Text folgt d. Übertragg v. Aug. Schäfer, d. v. Paul Ernst rev. wurde.) (432) ('11) [6]
Thackeray, WM: Die Gesch. d. Henry Esmond, v. ihm selbst erzählt. (Uebertr. v. Else v. Schorn.) (541) ('12) [18]
Tieck, Ludw.: Vittoria Accorombona. (416) ('12) [11]
Tillier, Claude: Mein Onkel Benjamin. (Übertr. v. Rud. G Binding.) (301) ('12) [16]
Turgenjeff, Iwan: Väter u. Söhne. (314) ('11) [8]
Tuti-Nameh. Das Papageienb. Nach d. türk. Fassg übers. v. Geo. Rosen. (432) ('12) [17]
Weigand, Wilh.: Die Frankenthaler. 5. Afl. (310) ('12) [12]

— auserlesener Romane u. Erzähll. Deutschlands. 1r Thl. Mit 1 Kupf. 16. Regensburg 827, Daisenberger.

BIBLIOTHEK auserlesener Romane und Erzählungen Deutschlands. Mit Kpfrn. 12 Thle. München 1827—28. 8°. (1 fl. 12 kr. Coppenrath, Regensb., c. 1870.) Zahm.

—— ausgewählter Romane des Auslandes. 1—24. Bd. 8. Leipzig 840, Berger's Buchh.

Bd. 1—3. Der Jude. Von H. de Balzac. 3 Bde. (26¹/₄ B.)
» 4., 5. Ali. Von E. Sue. 2 Bde. (23 B.)
» 6—8. Novellen. Von H. de Balzac. 3 Bde. (43³/₄ B.)
» 9. Der Salamander. Von E. Sue. (20 B.)
» 10. Die 32. Halbbrigade. Von A. Barginet. (... B.)
» 11., 12. Die Cucaracha. Von E. Sue. 2 Thle. (20 B.)
» 13—16. Die sieben Todsünden. Von M. Raymond. 4 Thle. (43³/₄ B.)
» 17. Die Chronik der Kaiserzeit. Von A. Barginet. (18 B.)
» 18., 19. Frankreich. Von Lady Morgan. 2 Bde. (44³/₄ B.)
» 20. Das Schloß von Coppet. Von Frau von Genlis. (8³/₄ B.)
» 21. Die Barricaden von 1830. Von E. Debraux. (13 B.)
» 22. Der Menschenfeind. Von A. Duval. (9 B.)
» 23., 24. Fünf Monate in Paris. Von Baron Lamothe. 2 Bde. (26¹/₄ B. u. d. Bilde von Louis Philipp I.)

Bibliothek ausgewählter neuer Romane des Auslandes.
— dies. 10.—12. Bd. A. u. d. T.: Capt. Marryat's Werke. 10.—12. Bd. Peter Simpel. 3 Thle. 3. Aufl. 8. Ebd. 843. 1 ₰

— dies. 13.—15. Bd. A. u. d. T.: Capt. Marryat's sämmtl. Werke. 13.—15. Bd. Japhet, der einen Vater sucht. 3 Thle. 3. Aufl. 8. Ebd. 843. 1 ₰

—— ausgewählter neuer Romane des Auslandes. Neue Folge der Bibliothek der neuesten u. besten Romane der engl. Literatur. 1—13. Bd. 8. Braunschweig, Vieweg u. Sohn. à Bd. 10 Ngr. Thlr

A. u. d. Titln.:

Bd. 1—3. Andersen's gesamm. Schriften. Hrsg. v. L. Röhrdanz. 1—3. Bd. Bd. 1—3. Eines Dichters Bazar. 3 Thle. (33³/₄ B.) 843.
» 4—6. Marryat's sämmtliche Werke. 63—65. Bd. Bd. 63—65. Herrn Violet's Reisen und Abenteuer in Californien, Sonora u. West-Texas. A. d. Engl. v. G. N. Bärmann. 3 Thle. (30¹/₄ B.) 844.
» 7., 8. Andersen's gesammelte Schriften. 4. u. 5. Bd. Bd. 4., 5. Der Improvisator. 2 Thle. (10 B.) 846.
» 9., 10. Marryat's sämmtliche Werke. 66. u. 67. Bd. Bd. 66., 67. Die Mission, od. Scenen in Afrika. Für die Jugend geschild. A. d. Engl. v. G. N. Bärmann. 2 Thle. (26¹/₄ B. u. 2 Stahlst.) 846.
» 11—13. Andersen's gesammelte Schriften. 6—8. Bd. Bd. 6—8. Nur ein Geiger. 3 Thle. (19¹/₄ B.) 846.

Bildet die Fortsetzung zu Nachstehendem.

— ausgewählter neuer Romane des Auslandes. Neue Folge der Bibliothek der neuesten u. besten Romane der engl. Literatur. 1—3. 7—13. Bd. 8. 1—3. H. C. Andersen's ges. Schriften. Herausg. v. L. Rohrdantz. 1—3. Bd. Eines Dichters Bazar. 2. Ausg. 3 Thle. (516 S.) 7 u. 8. Andersen's Schriften. 4 u. 5. Bd. Der Improvisator. 2 Thle. (450 S.) 9 u. 10. Marryat's sämmtl. Werke. 66 u. 67. Bd. Die Mission oder Scenen in Afrika. Für die Jugend geschildert. Aus d. Engl. v. G. N. Bärmann. 2 Thle. (122 S. u. 2 Lith.) 11—13. Andersen's Schriften. 6—8. Bd. Nur ein Geiger. 3 Thle. (120 S.) Braunschweig 847, Vieweg u. Sohn. (à Bd. ¹/₂ ₰) 3¹/₂ ₰

—— ausgewählter Romane und Novellen. Hrsg. von Carl Lindow. 1. und 2. Bd. 8. Berlin, Lindow. à Bd. 15 Ngr.

Bd. 1. Epheublätter. Novellen von Alex. Franz. (234 S.) 850.
» 2. Winterblumen, zu einem Novellen-Kranze gebunden von H. Hagendorff, A. Franz, J. Fröhlich, R. Linderer, H. Rudolf, C. Lindow. (218 S.) 851.

—— der ausgezeichnetsten italienischen Romane. Hrsg. von G. Fink. 1—13. Bdchn. 16. Stuttgart 854, Franckh'sche Vrlgsh. à Bdchn. 2 Ngr.

Inhalt:

Bdchn. 1—13. Manzoni, Alessandro, die Verlobten. Eine mailänd. Geschichte aus dem 17. Jahrh. Aus dem Italien. von G. Fink. 13 Bdchn. (836 S.)

—— der ausgezeichnetsten polnischen Romane in deutschen Uebersetzn. 1—3. Bdchn. — A. u. d. T.: Michael Czajkowski's Kirdżali. Deutsch v. H. Scherbel. 3 Bdchn. gr. 12. (21¹/₃ B.) Lissa 840, Günther.

Bibliothek der besten englischen und französischen Romane. 1—16. Bd. 8. Leipzig 853, O. Wigand. à Bd. 22¹/₂ Ngr. Thlr.

Inhalt:

Bd. 1—5. Burney, Cäcilie. Denkwürdigkeiten einer reichen Erbin. Frei nach dem Engl. von de Bawr. 5 Thle. (1401 S.)
» 6—9. Ruth. Ein Roman von der Verf. der Marie Barton. 4 Thle. (894 S.)
» 10—13. Der Roué. Aus dem Engl. von Thdr. Ruprecht. 4 Thle. (1146 S.)
» 14—16. Gore, das Leben einer englischen Pfarrerstochter. Deutsch von L. v. Alvensleben. 3 Thle. (826 S.)

—— der besten u. neuesten schwedischen Romane. 18 Thle. 16. Leipzig, Gebr. Schumann. à 7¹/₂ Ngr.

A. u. d. Titln.:

Thl. 1—4. Amtomara. Ereignisse kurz vor, bei u. nach d. Ermordung Gustav des Dritten. Von C. J. L. Almquist. 4 Thle. (33 B.) 842.
» 5—9. Gabriele Mimanso, der letzte Mordversuch gegen d. König Ludwig Philipp von Frankreich, im Herbste 1840. Von Almquist. Aus d. Schwed. 3 Thle. (44¹/₂ B.) 842.
» 10—13. Der Stellvertreter. Von Emilie Flygare-Carlén. A. d. Schwed. 4 Thle. [1. (7¹/₂ B.) 842, 2., 3. (17³/₄ B.) 4. (8¹/₄ B.) 843.]
» 14—18. Drei Frauen in Smaland. Roman von C. J. L. Almquist. 5 Thle. (44¹/₄ B.) 843, 44.

— der Romane von u. für Damen. 1e Liefer. 8. Berl. 810. Hitzig. (Dümmler). 1 ₰ 12 gl

— der Romane, von u. f. Damen. 2te Lieferung. (Enth. Rosamunde, od. die Pfänder d. Treue, von Wilhelmine Willmar.) 8 Berl. Dümmler. 811.

— — 3te Liefer. (enth. kleine Erzählungen von d. Verf. des Rodrich ic. Karoline Baronin Fouqué.) 8. Ebend. 811.

— — 4te Liefer. (enth. Natalie von Fanny.) 8. Ebendas. 812.

— — 5te Lief. (enth. Magie d. Natur. Eine Revolutionsgeschichte, von Karoline Bar. de la Motte Fouqué.) 8. Ebend. 812.

— — 6te Lief. (enth. kleine Erzählungen, von Carnow. 8. Ebend. 815.

— der Romane von und für Damen. 7te Lief.
Auch unter dem Titel:
Fouqué, Caroline de la Motte, neue Erzählungen. 8. Berlin, Dümmler. 817.

(Bibliothek histor. Romane. 1—7. Bd.) 8. (101 B.) Leipzig 834, Lauffer. Thlr.
Bd. 1 u. 2. Erich Stenbock u. seine Freunde, v. Karl Venturini. 2. Ausg. (Neuer Tit.) — 3 u. 4. Jean Cavalier v. Karl Venturini. 2. Ausg. (Neuer T.) — 5—7. Die Braut. A. d. Ital. v. C. G. Henning. Neue Ausg. (Neuer T.)

(—— ders.. 8. u. 9. Bd.) — A. u. d. T.: Gemälde aus d. Zeiten d. Mittelalters. In drei Büchern. Von Joh. Otto. Rhode. 2 Thle.: Ibrahim u. Rebekka. Schauplatz: Das maurische Königreich Granada in Spanien. — Iba u. Isabella. — Esmar u. d. Thal d. Ruhe. 8. (27½ B.) Ebds. 834.
Einen Hauptit. d. Werkes 1—9. Bd., hat nur der Umschlag.

—— historischer Romane. 10—12. Bd. 8. Leipzig, Lauffer. Thlr.
A. u. d. Ttln.:
Bd. 10., 11. Haberland, K. W., histor. Erzählungen aus Preußens Vorzeit. 2 Bde. (Neue Ausg.) (23 B.) 836. 1 Thlr. 18 Gr.
„ 12. Müller, J. A., William, od. Geburt u. Verdienst. Mehr Wahrheit als Dichtung. Ein romant.-histor. Gemälde. Neue Ausg. (14 B.) 836. 1 Thlr.
1—9. Bd. Ebendas. 1834. 8 Thlr. 6 Gr.

—— historischer Romane u. Erzähln., in Originalwerken d. vorzügl. vaterländ. Schriftsteller. 12 Bde. gr. 12. (116⅔ B.) Leipzig 828—32, Focke.
Bd. 1 u. 2. A. v. Tromlitz, das Opfer, ein histor.-rom. Gemälde a. d. 16. Jahrh. 2 Thle. 2 Thlr.
„ 3 u. 4. C. Storch, die Kuruzzen, ein histor.-rom. Gemälde a. d. Gesch. Ungarns, in 2 Novellen. (1. Nov. Die Mühle im Jezeranathale, 2. Nov. Fürst Ragozi.) 2 Thle. 3 Thlr.
„ 5 u. 6. W. v. Lüdemann, die Foscari, ein histor.-rom. Gemälde a. d. 15. Jahrh. 2 Thle. 3 Thlr. 12 Gr.
„ 7 u. 8. H. Smidt, Hamburg's Catonen, eine histor. Erzähl. a. d. 17. Jahrh. 1 Thlr. 8 Gr. — Ders., das Schlachtengemälde v. Fehrbellin. Eine histor. Nov. 1 Thlr.
„ 9. Fr Laun, Marie v. England. Eine histor. Nov. 1 Thlr. 12 Gr.
„ 10. Ed. Gehe, histor. Novellen u. Erzähln. (Procida. — Die Bürger v. St. Jean sur Saone. — Charlotte Corday.) (1. Bd.) 1 Thlr. 12 Gr.
Vgl. 12. Bd.
„ 11. C. v. Wachsmann, neueste histor. Novellen u. Erzähln. (Der neunte Thermidor. — Louise v. Montmorency. — Die Meergeusen.) 1 Thlr. 16 Gr.
„ 12. Ed. Gehe, neueste histor. Novellen u. Erzähln. 2. Bd. (Der König. — Das Torfschiff. — Das Haus Braganza.) 1 Thlr. 16 Gr.
Vgl. 10. Bd.

—— interessanter Romane. 1.—5. Bd. 8. Berl., [Slottko.] Georgi. à Bd. * 2 —
1. Marby, A. Die Salon-Fee. Roman. (240 S.) 891.
2. Claretie, Jules. Ehre. Roman. (248 S.) 891.
3. Boisgobey, Fortuné du. Der blaue Schleier. Roman. 2. Aufl. (232 S.) 892.
4. Höcker, Geo. Des Waldhofbauern Einziger. Roman. (247 S.) 892.
5. Wörishöffer, S. Der Väter Schuld. Erzählung. (264 S.) 892. geb. in Leinw. * 4 —.

— interessanter Romane. 1.—5. Bd. 8. Berlin 891. [A. Slottko.] C. Georgi. à n. 2. —
1. Die Salon-Fee. Roman v. A. Marby. 4. Aufl. (237 S.) 894.
2. Ehre. Roman v. Jules Claretie. (248 S.) 891.
3. Der blaue Schleier. Roman von Fortuné du Boisgobey. 2. Aufl. (232 S.) 891.
4. Des Waldhofbauern Einziger. Roman von Geo. Höcker. (247 S.) 891.
5. Der Väter Schuld. Erzählung v. S. Wörishöffer. (264 S.) 892. Geb. in Leinw. n. 4. —

— dasselbe. 6.—9. Bd. 8. Berlin, C. Georgi. à n. 2. —
6. Dämon Geld. Erzählung von S. Wörishöffer. (254 S.) 893. Geb. in Leinw. n. 4. —
7. Magelone. Roman von B. v. der Lancken. (190 S.) 893.
8. Die Kunstreiterin. Roman v. Paul Perron (Osk. Riecke). (286 S.) 893.
9. Prinzessin ohne Land u. Krone. Roman v. Hans Wolff. (224 S. m. Bildnis d. Verf.) 894.

— interessanter Romane. 12 Bde. 8. Erfurt (899). F. Bartholomäus. à n. 2. —
1. Die Salon-Fee. Roman. Von A. Marby. 7. Aufl. (221 S.)
2. Ehre. Roman. Von Jules Claretie. (Neue Ausg.) (234 S.)
3. Der blaue Schleier. Roman. Von Fortuné du Boisgobey. 6. Aufl. (224 S.)
4. Des Waldhofbauern Einziger. Von Geo. Höcker. (Neue Ausg.) (245 S.)
5. Der Väter Schuld. Erzählung. Von S. Wörishöffer. 2. Aufl. (261 S.)
6. Dämon Geld. Erzählung. Von S. Wörishöffer. 2. Aufl. (248 S.)
7. Magelone. Roman. Von B. v. der Lancken. 2. Aufl. (171 S.)
8. Die Kunstreiterin. Roman. Von P. Perron. 3. Aufl. (283 S.)
9. Sensitive. Roman. Von S. Wörishöffer. (Neue Ausg.) (253 S.)
10. Der letzte Arnsteiner. Roman. Von S. Wörishöffer. 2. Aufl. (198 S.)
11. Geheimnis des Hauses Wolfram. Roman. Von S. Wörishöffer. 2. Aufl. (232 S.)
12. Martha u. Maria. Roman. Von Arth. Zapp. (Neue Ausg.) (170 S.)

— classischer Romane. 1. Serie. Walter Scott's Romane. 1—106. Lfg. 16. (à 9 B.) Leipzig 874—76. Zieger. à n. — 50

— classischer Romane u. Novellen des Auslandes. 1r—4r Bd. A. u. d. T.: Der sinnreiche Junker Don Quixotte von la Mancha, v. M. Cervantes de Saavedra. Aus d. Span. v. D. W. Soltau. 4 Thle. gr. 12. Leipz. 825, Brockhaus.

— dass. 5r Bd. — A. u. d. T.: Der Landprediger von Wakefield. Eine Erzählung von O. Goldsmith. Aus d. Engl. durch K. E. von der Oelsnitz. Mit e. Einleitung. gr. 12. Leipz. 825, Brockhaus.

Bibliothek classischer Romame u. Novellen des Auslandes. 6r—9r Bd. — A. u. d. T.: Le Sage, Gil Blas v. Santillana. Aus d. Franz. 4 Thle. gr. 12. Leipzig 826, Brockhaus. Rthlr.

— dess. 10r Bd. — A. u. d. T.: D. Frc. de Quevedo Villegas, Geschichte u. Leben des Erzschelms, genannt Don Paul. Aus den Span. v. J. G. Keil. Mit einer Einleitung. gr. 12. Leipzig 826, Brockhaus.

— dess. 11r—14r Bd. — Auch u. d. T.: H. Fielding, Geschichte Tom Jonas, eines Findlings. Aus d. Engl. durch W. v. Lüdemann. 4 Thle. Mit einer Einleitung. gr. 12. Leipz. 826, Brockhaus.

—— classischer Romane u. Novellen d. Auslandes. 5. Bd. — A. u. d. T.: Der Landprediger v. Wakefield. Eine Erzähl. v. Oliv. Goldsmith. A. d. Engl. übers. durch Karl Ed. v. d. Oelsnitz. 2. Aufl. Mit e. Einleit. gr. 12. (11⅓ B.) Leipzig 833, Brockhaus.

—— ders. 15. Bd. — A. u. d. T.: L. Holberg, Niels Klims Wallfahrt in die Unterwelt. A. d. Latein. übers. durch E. G. Wolf. Mit e. Einleit. gr. 12. (17⅓ B.) Ebds. 828.

—— ders. 16. Bd. — A. u. d. T.: Letzte Briefe d. Jacopo Ortis. Von Ugo Foscolo. A. d. Ital. übers. durch Fr. Lautsch. Mit e. Einleit. gr. 12. (13 B.) Ebds. 829.

—— ders. 17—19. Bd. — A. u. d. T.: Delphine. Von A. G. v. Staël, geb. Necker. A. d. Franz. übers. durch Fr. Gleich. Mit e. Einleit. 3 Thle. gr. 12. (64½ B.) Ebds. 829.

—— ders. 20—22. Bd. — A. u. d. T.: Das Decameron v. Giov. Boccaccio. A. d. Ital. übers. 3 Thle. Mit e Einleit. gr. 12. (42 B.) Ebds. 830.
1—4, 6—14. Bd. Ebendas. 1825, 26. enth.:
Bd. 1—4. de Cervantes, Don Quixotte, übers. v. D. W. Soltau. 2 Thlr. 12 Gr.
„ 6—9. Le Sage, Gil Blas von Santillana. 2 Thlr.
„ 10. de Quevedo Villegas, Geschichte u. Leben d. Erzschelms Don Paul, übers. v J. G. Keil. 12 Gr.
„ 11—14. Fielding, Tom Jones, übers. v. W. v. Lüdemann. 2 Thlr. 12 Gr.

— classischer Romane u. Novellen d. Auslandes. 1—4., 23—27. Bd. gr. 12. Leipzig, Brockhaus.

A. u. d. Ttln.:

Bd. 1— 4. Cervantes Saavedra, Mig. de, der sinnreiche Junker Don Quixote von la Mancha. A. d. Span. übers. durch Dietr. Wilh. Soltau, 2. Aufl. 4 Thle. (60 B.) 837. 2 Thlr. 12 Gr.

„ 23., 24. — die Leiden d. Persiles u. der Sigismunda. A. d. Span. übers. Mit e. Einleit. v. Ludw. Tieck. 2 Thle. (22 2/3 B.) 837. 1 Thlr. 8 Gr.

„ 25., 26. Manzoni, Alessand., die Verlobten. Eine mailänder Geschichte a. d. 17. Jahrh. Aufgefunden und erneut v. ꝛc. A. d. Ital. übers. v. Ed. v. Bülow. 2., völlig umgearb. Aufl. 2 Thle. (37 B.) 837. 2 Thlr.

„ 27. Cazotte, Jacq., der verliebte Teufel, u. der Lord aus d. Stegreife. Zwei Novellen. (10 1/2 B.) 838. 16 Gr.

5—22. Bd. Ebendas. 1826—33. 10 Thlr. 17 Gr. — 1—22. Bd. zusamm. genomm. nur 8 Thlr.

— neuer engl. Romane. 4 Bde. (Ir enth. die Denkwürdigkeiten des Grafen von Glenthorn, von Miß Edgeworth, übersetzt von Karoline von Woltemann. IIr Schleichkünste von derselben Verf, u. Uebersetzerin.)

— — IIIr enth. Darstellungen aus dem wirkl. Leben von Mrs. Opie, 1r Bd. 2 Erzählungen. a) der Schein ist gegen sie. b) Augustin u. sein Weib, bearbeit. v. Henr. Schubart.

— — IVr enth. Darstellungen aus dem wirkl. Leben, v. Opie, 2r Bd. 2 Erzählungen. a) die geheimnißvolle Fremde. b) Lady Anne u. Lady Johanne, von Henr. Schubart. 8. Leipz. Brockhaus. 814 u. 15. (jeder Band 1 Rthlr. 8 gr.)

— neuer englischer Romane 5r bis 6r Bd. 8. Leipzig, Brockhaus. 817.

Enthalt: der Guerilla-Anführer, von Mrs. Emma Parker. Bearbeitet von Henr. Schubart, 817.

— der neuesten Romane des Auslandes. 1e Abthlg. — A. u. d. T.: Galt, Rothelan. Ein histor. Roman; aus d. Engl. v. Fr. L. Rhode. 3 Bde. gr. 12. Frankf. 827, Schäfer.

— der neuesten u. besten Romane d. englischen Literatur. 1—116. Bd. 8. Braunschweig, Vieweg u. Sohn. à 1/3 Thlr.

A. u. d. T.:

Bd. 1—42. Marryat's sämmtl. Werke. 1—59. Bd.

Bd. 1— 3. Willy Königs-Eigen. Uebers. v. H. Roberts. 3 Thle. (38 B.) 835. 1 Thlr.

„ 4— 6. Der Pascha. Uebers. v. H. Roberts. 3 Thle. (35 7/8 B.) 835.

„ 7— 9. Frank Mildmay, d. Flotten-Offizier. Uebers. v. H. Roberts. 3 Thle. (53 3/4 B.) 835.

„ 10—12. Peter Simpel. Uebers. v. K.———s. 3 Thle. (31 1/2 B.) 836.

„ 13—15. Japhet, der ein. Vater sucht. Uebers. v. H. Roberts. 3 Thle. (38 B.) 836.

„ 16—18. Jakob Ehrlich. Uebers. v. G. N. Bärmann. 3 Thle. (37 3/4 B.) 836.

„ 19—21. Newton Forster. 3 Thle. (21 1/4 B.) 836.

„ 22—24. Ralph Rattlin. Uebers. v. G. N. Bärmann. 3 Thle. (27 3/4 B.) 836.

„ 25—27. Der Pirat u. die drei Kutter. 3 Thle. (14 1/2 B.) 836.

„ 28—30. Mr. Midshipman Easy. Uebers. v. G. N. Bärmann. 3 Thle. (22 B.) 836.

„ 31—33. Snarleyyow od. d. Höllenhund. 3 Thle. (28 1/2 B.) 836.

„ 34—36. Das gespenstische Schiff. Uebers. v. G. N. Bärmann. 3 Thle. (32 1/2 B.) 837

„ 37—39. Die Büßung, od. Ardent Troughton. Uebers. v. G. N. Bärmann. 3 Thle. (37 3/4 B.) 838.

„ 40—42. Der alte Commodore. Uebers. v. G. N. Bärmann. 3 Thle. (36 1/4 B.) 838.

„ 43—50. † Dr. Harrisson, Mittheilungen a. d. Tagebuche ein. Arztes. 2. Aufl., durchges. u. m. e. Vorworte begleit v. K. H. Hermes. 8 Thle. (60 B.) 839. — Der 7. u. 8. Bd. a. u. d. T.:

Letzte Mittheilungen a. d. Tagebuche ein. Arztes ꝛc., 2 Thle., wodurch d. 1. Aufl. d. obig. Werkes, vgl. 8 Bd.: Mittheilungen ꝛc. ergänzt wird.

„ 51—53. Chamier, Fred., sämmtl. Werke. 1—3. Bd.

Bd. 1—3. Ben Brace, der Letzte v. Nelson's Agamemnonen. Uebers. v. G. N. Bärmann. 3 Thle. 2. Aufl. (39 3/4 B.) 839.

„ 54—56. Wilson, Tom Cringle's Schiffs-Tagebuch. Uebers. v. G. N. Bärmann. 3 Thle. (42 1/4 B.) 839.

„ 57—65. Boz's, gesammelte Werke. 1—9. Bd.

Bd. 1—6. Die nachgelass. Papiere d. Pickwick-Clubbs, enthalt. ein. getreuen Bericht d. Wahrnehmungen, Gefahren, Reisen, Abenteuer u. heiteren Erlebnisse d. correspondir. Mitglieder d. Clubbs. Uebers. v. O. v. Czarnowsky. 6 Thl. M. 6 Federzeichn. n. Phiz. (76 1/2 B.) 839.

„ 7—9. Oliver Twist, od. d. Laufbahn ein. Waisenknaben. Uebers. v. A. Diezmann. 3 Thle. M. 3 Federzeichn. n. Phiz. (36 1/4 B.) 839.

Bd. 66—68. Chamier, Fred., sämmtl. Werke. 4—6. Bd.

Bd. 4—6. Jack Adams, d. Meuterer. Dem Engl. nacherzählt v. G. N. Bärmann. 3 Thle. (33 B.) 839.

„ 69—76. Boz's gesammelte Werke. 10—17. Bd.

Bd. 10—17. Leben u. Abentheuer d. Nicol. Nickleby. Uebers. v. K. H. Hermes u. A. Diezmann. 8 Thle. 2. Aufl. M. 3 Federzeichn. n. Phiz. (34 B.) 839.

„ 77—90. Marryat's sämmtl. Werke. 43—56. Bd.

Bd. 43—48. Ein Tagebuch in Amerika. Uebers. v. G. N. Bärmann. 6 Thle. (69 7/8 B.) 839, 40.

„ 49—51. Der arme Jack. Uebers. v. G. N. Bärmann. 3 Thle. (34 1/4 B.) 840.

„ 52., 53. Olla podrida od. kleinere gesammelte Schriften. Uebers. v. G. N. Bärmann. 2 Thle. (39 7/8 B.) 841.

„ 54—56. Memoiren d. Admirals Sir Sidney Smith. Uebers. v. G. N. Bärmann. 3 Thle. (47 B.) 840.

„ 91—93. Chamier, Fred., sämmtl. Werke. 7—9. Bd.

Bd. 7—9. Schiff Püsterich. Ein Seeroman. Uebers. v. G. N. Bärmann. 3 Thle. (34 3/4 B.) 840.

„ 94—105. Boz's gesammelte Werke. 18—29. Bd.

Bd. 18—29. Herrn Humphrey's Wanduhr. Uebers. v. O. v. Czarnowsky. 1—12. Thl. (11. u. 12. Thl.: Barnaby Rudge.) M. 12 Radirungen. (Lith.) nach Cattermole u. Browne. (113 1/4 B.) 840, 41.

„ 106—108. Marryat's sämmtl. Werke. 57—59. Bd.

Bd. 57—59. Joseph Rushbrook, od. d. Wilddieb. Uebers. v. G. N. Bärmann. 3 Thle. (30 1/4 B.) 841.

„ 109—111. Chamier, Fred., sämmtl. Werke. 10—12. Bd.

Bd. 10—12. Tom Bowling, der Glücksschiffer. Ein Seeroman. Uebers. v. G. N. Bärmann. 3 Thle. (37 3/4 B.) 841.

„ 112—116. Boz's gesammelte Werke. 30—34. Bd.

Bd. 30., 31. Herrn Humphrey's Wanduhr. 13. u. 14. Bd. (Barnaby Rudge.) M. 2 Radirungen. (Lith.) nach Cattermole u. Browne. (17 1/2 B.) 842.

„ 32—34. Pic-Nic-Blätter. Uebers. v. Amalie Winter. 3 Thle. M. 3 Radirungen (Lith.) nach Geo. Cruikshank. (49 1/2 B.) 841.

Uebersicht der einzelnen Werke:

Boz. 1—34. Bd., vgl. Bibliothek, 57—65., 69—76., 94—105., 112—116. Bd.

Chamier. 1—12. Bd., vgl. Bibliothek, 51—53., 66—68., 91—93., 109—111. Bd.

Harrisson. 8 Thle., vgl. Bibliothek, 43—50. Bd.

Marryat. 1—59. Bd., vgl. Bibliothek, 1—42., 77—90., 106—108. Bd.

Wilson. 3 Thle., vgl. Bibliothek, 54—56 Bd.

— der neuesten u. besten Romane der engl. Literatur. 10—15. Bd. 8. Braunschweig 843, Vieweg u. Sohn. à Bd.

A. u. d. T.:

Marryat's sämmtl. Werke. 10—15. Bd.

Bd. 10—12. Peter Simpel. 3 Thle. 3. Aufl. (30 3/4 B.)

„ 13—15. Japhet, der e. Vater sucht. 3 Thle. 3. Aufl. (38 3/4 B.)

— dies. 117—129. Bd. 8. Ebds. à Bd.

A. u. d. Ttln.:

Bd. 117—119. Chamier's sämmtliche Werke. 13—15. Bd. Leidenschaft u. Grundsatz. 3 Thle. Aus d. Engl. von G. N. Bärmann. (33 B.) 842.

„ 120—122. Wilson's sämmtl. Werke. 4—6. Bd. Der Mücke Kreuzfahrt. Romant. Seegemälde in 3 Thln. Dem Engl. nachgeschildert von G. N. Bärmann. (30 3/4 B.) 842.

„ 123—125. Boz (Charles Dickens) sämmtl. Werke. 35—37. Bd. Amerika. Aus d. Engl. v. O. v. Czarnowsky. 3 Thle. (34 3/4 B.) 843.

„ 126—128. Marryat's sämmtl. Werke. 60—62. Bd. Percival der Bastard. A. d. Engl. v. G. N. Bärmann. 3 Thle. (32 B.) 843.

„ 129. Boz (Charles Dickens) sämmtl. Werke, 38. Bd. Das Leben u. die Abenteuer von Martin Chuzzlewit. A. d. Engl. von Otto v. Czarnowski. 1. Thl. Mit 2 Stahlradgn. nach Phiz. (9 7/8 B.) 843.

Bd. 1—116. Ebendas. 1835—42. à Bd. 10 Ngr. — Hieran schließt sich die Bibliothek ausgewählter neuer Romane des Auslandes.

— russischer Romane. 8. Leipzig, Excelsior-Verlag.

Tragödie e. Tsarenbraut. Kulturgeschichtlicher Roman aus d. russ. Mittelalter. Nach Solowiew bearb. Von E. v. Otto (321 S.) (910.) 3. —

— der schönsten modernen Romane Italiens. 1—6. Bdchn. 8. Stuttgart, Neff.

A. u. d. T.:

Bdchn. 1—6. Margherita Pusterla. Romant. Gemälde v. Cäsar Cantu. A. d. Ital. v. G. Fink. (45 1/4 B.) 841.

— wohlfeiler Romane für 1843. 1. Bd. Julian Chownitz, eine venezianische Liebe. Aus der neuern Zeit. 2. Bd. Chevalier St. Henri, Nachtviolen. Ein Novellenkranz. 3. u. 4. Bd. Schauer-Novellen von Ferd. Kleophas. 2 Bde. 5. Bd. Thron u. Herz. Histor. Roman von Thdr. Drobisch. 6. Bd. Der alte Demagog oder Abenteuer u. Schicksale eines Weltbürgers. Vom Verf. der Chronique scandal. des päbstl. Hofes. 8. Leipzig 843, Peter. (Kößling.) pro 12 Bde. 7 1/2 ß

— von Romanen f. gebild. Leser. 100 Bde. mit K. 8. Berl. Maurer'sche Buchh. 815.

— romanische. Hrsg. von Wendelin Foerster. Nr. 1—3. 8. Halle, Niemeyer. n. 11.—
1. Christian v. Troyes, Cligés. Textausg. m. Einleitung u. Glossar, hrsg. v. W. Foerster. (XXI, 215 S.) 888. n. 4.—
2. Die beiden Bücher d. Makkabäer. Eine altfranzös. Uebers. aus dem 13. Jahrh. Mit Einleitg., Anmerkgn. u. Glossar zum ersten Male hrsg. v. E. Goerlich. (L, 130 S.) 888. n. 4.—
III. Altprovenzalische Marienklage d. XIII. Jahrh. Nach allen bekannten Handschriften hrsg. v. W. Mushacke. (L, 65 S.) 889. * 3 —.
3. Altprovenzalische Marienklage des XII. Jahrhunderts. Nach alten bekannten Handschriften hrsg. v. W. Mushacke. (L, 65 S.) 890. n. 3.—

Bibliothek, romanische, hrsg. v. Wendelin Foerster. Nr. 4—10. 8. Halle a/S., M. Niemeyer. n. 30. 40 (1—3.: n. 41. 40)
4. Wistasse le Moine. Altfranzösischer Abenteuerroman d. XIII. Jahrh. Nach der einz. Pariser Handschrift v. Neuem hrsg. v. Wendelin Foerster u. Joh. Trost. (XXXI, 88 S.) 891. n. 3.—
5. Kristian v. Troyes Yvain [Der Löwenritter]. Neue verb. Textausg. mit Einleitg. u. Glossar. Hrsg. v. W. Foerster. (XXIV, 187 S.) 891. n. 4.—
6. Das Adamsspiel. Anglonormannisches Gedicht des 12. Jahrh., m. e. Anh.: Die 15 Zeichen d. jüngsten Gerichts. Hrsg. v. Karl Grass. (VIII, 174 S.) 891. n. 4.—
7. Ille u. Galeron von Walter v. Arras. Altfranzösischer Abenteuerroman d. XII. Jahrh. Nach d. einzigen Pariser Handschrift hrsg. v. Wendelin Foerster. (XLVIII, 244 S.) 891. n. 7.—
8. Bertran v. Born. Hrsg. v. Alb. Stimming. (VIII, 247 S.) 892. n. 4. 60
9. Don Baltasar de Caravajal, la bandolera de Flandes (el Hijo de la Tierra). Commedie spagnuole del secolo XVII, sconosciute, inedite o rare pubblicate dal Dr. Antonio Restori. (X, 112 S.) 893. n. 2. 80
10. Altbergamaskische Sprachdenkmäler (IX.—XV. Jahrh.). Hrsg. u. erläutert v. J. Etienne Lorck. (236 S.) 893. n. 5.—

— romanische, hrsg. v. Wendelin Foerster. XI.—XV. 8. Halle, M. Niemeyer. n. 36. 40 (I.—XV.: n. 77. 80)
XI. Vita e poesie di Sordello di Goito per Cesare de Lollis. (VIII, 327 S.) 896. n. 8.—
XII. D. Gedichte d. Folquet v. Romans, hrsg. v. Rud. Zenker. (VIII, 91 S.) 896. n. 2. 40
XIII. Kristian v. Troyes Erec u. Enide. Neue verb. Textausg. m. Einleitg. u. Glossar, hrsg. v. Wendelin Foerster. (XLV, 230 S.) 896. n. 6.—
XIV. Estoria, la, de los quatro dotores de la santa eglesia. D. Geschichte d. vier grossen latein. Kirchenlehrer, in einer alten span. Übersetzg. n. Vincenz v. Beauvais. Hrsg. v. Frdr. Lauchert. (XIV, 443 S.) 897. n. 12.—
XV. Gesta Karoli Magni ad Carcassonam et Narbonam. Latein. Text u. provenzal. Übersetzg. m. Einleitg. v. F. Ed. Schneegans. (IX, 270 S.) 898. n. 8.—

Bibliothek, romanische. Hrsg. v. Wendelin Foerster. I., V., XVI. u. XVII. 8. Halle, M. Niemeyer. n. 27. 60
I. Kristian v. Troyes' Cligés. Textausg. m. Einleitg., Anmerkgn. u. Glossar, hrsg. v. W. Foerster. 2., umgearb. u. verm. Aufl. (XLVII, 231 S.) 901. n. 6.—
V. Kristian v. Troyes, Yvain (der Löwenritter). Textausg. m. Einleitg., Anmerkgn. u. vollständ. Glossar hrsg. v. W. Foerster. 2., umgearb. u. verm. Aufl. (LXVI, 249 S.) 902. n. 6.—
XVI. Vega, Lope de, los Guzmanes de Toral ó como ha de usarse del bien y ha de prevenirse el mal. Commedia spagnuola del secolo XVII, sconosciuta, inedita o rara, publicata dal Antonio Restori. (XX, 100 S. m. 1 Taf.) 899. n. 3. 60
XVII. Adan de la Hale le Bochu d'Aras, des altfranzösischen Trouvere, Canchons u. Partures. Hrsg. v. Rud. Berger. 1. Bd. Canchons. (VIII, 530 S.) 900. n. 12.—

— romanische. Hrsg. v. Wendelin Foerster. XVIII. 8. Halle 905. M. Niemeyer. n. 8.—
Perrin v. Angicourt, die Lieder des Trovoors P. Kritisch hrsg. u. eingeleitet v. Geo. Steffens. (XI, 364 S.)

Bibliothek, romanische. Hrsg. v. Wendelin Foerster. Nr. I, V, VI, XIII u. XIX. 8. Halle, M. Niemeyer. 25. 60
Adamsspiel, das. Anglonormannisches Mysterium d. XII. Jahrh., hrsg. v. Karl Grass. 2. verb. Aufl. (LXIX, 95 S.) 907. (Nr. VI) 4.—
Kristian v. Troyes, Cligés. Textausg. m. Variantenauswahl, Einleitg., Anmerkgn. u. vollständ. Glossar. Hrsg. v. Wendelin Foerster. 3. umgearb. u. verm. Aufl. (XC, 288 S.) 910. (Nr. I) 6.—
— Erec u. Enide. Textausg., m. Variantenauswahl, Einleitg., erklär. Anmerkgn. u. vollständ. Glossar hrsg. v. Wendelin Foerster. 2. gänzlich umgearb. u. verm. Aufl. (XLVIII, 273 S.) 909. (Nr. XIII) 6.—
— Yvain (der Löwenritter). Textausg. m. Einltg., erklär. Anmerkgn. u. vollständ. Glossar, hrsg. v. W. Foerster. 3. verm. Aufl. (LXIV, 275 S.) 906. (Nr. V) 6.—
Vie, la, Sainte Paule. Zum 1. Male hrsg. v. Karl Grass. (LII, 70 S.) 908. (Nr. XIX) 3. 60

— Romanische. Hrsg. v. Wendelin Foerster. 20 u. NAfl 1 u. 5. 8° Halle, M Niemeyer.
Kristian v. Troyes: Cligés. Textausg. m. Variantenausw., Einleitg, Anmerkgn u. vollständ. Glossar. Hrsg. v. Wendelin Foerster. 3. Afl. (90, 288) '10 [1] 6 —
— Wilhelm v. Engld (Guillaume d'Angleterre). Ein Abenteuerroman. Textausg. m. Einleitg, hrsg. v. Wendelin Foerster. (35, 92) '11 [20] 2.40
— Yvain (d. Löwenritter). Textausg. m. Variantenausw., Einleitg, erklär. Anmerkgn u. vollständ. Glossar, hrsg. v. Wendelin Foerster. 4. Afl. (66, 292) '12 [5] 6 —

— für Romanenleser. 2 Bde. 8. Leipz. 798. Sommer. (Nauck). 1 ₰ 16 gr

— der classischen Romantiker Altenglands. Eine Auswahl der Werke Fielding's, Smollet's, Goldsmith's, Sterne's, Swift's u. A. Hrsg. von A. Diezmann. 30 Bde. 2. (Titel-) Aufl. 8. Braunschweig 848, Westermann.
Bd. 1—4. Sterne, Lor., Tristram Shandy's Leben und Meinungen. 4 Thle. (872 S.)
" 5., 6. Swift, Jonath., Gulliver's Reisen. 2 Thle. (358 S.)
Bd. 7—10. Smollet, Tob., Abenteuer des Roderick Random. 4 Thle. (672 S.)
" 11—13. — Humphry Clinker's Reisen. 3 Thle. (536 S.)
" 14—19. — Peregrin Pickle's Abenteuer. 6 Thle. (1030 S.)
" 20—22. Fielding, Heinr., Joseph Andrews Geschichte und Abenteuer. 3 Thle. (492 S.)
" 23. Goldsmith, Oliver, der Landprediger von Wakefield. (236 S.)
" 24. Sterne, Lor., Yorick's empfindsame Reise. (172 S.)
" 25—30. Fielding, Heinr., die Geschichte des Tom Jones, eines Findlings. 6 Thle. (1169 S.)

— des Romantischen u. Romanhaften aller Zeiten u. Völker. Hrsg. von e. Verein v. Literatur-Freunden. (1. Bdchn.) 16. (10 B.) Berlin 829, Krause.

— romantisch-historische, 8 Bde. 8. Prag, Polt. (Joachim in Lpz.) 801-6. (I. II. h. a. d. Tit. Paßmann Oglu. 2 Bde. m. K. 1 Rthlr. 8 gr. III. IV. Carl XII. König v. Schweden, genannt d. Eisenkopf. 2 Thle. 1 Rthlr 16 gr. V. enth. Johanne d'Ark. 1 Rthlr. 8 gr. VI. VII. enth. Diogenes Romanus. 2 Rthlr. 16 gr. VIII. enth. Ilampejus d. Große. 1 Rthlr. 8 gr.)

Bibliothek, Rostocksche exegetische, was betrifft das alte Testament. Rostock 1734. V: *Mantzel, Caspar.* (Bachmann, Mecklenburg. Güstrow 1889. S. 369.)

— die rothe, enthalt. Robinsonaden, Visionen rc. 1r Thl. Mit Kpf. 8. Leipz. 781. Kleyb. 1 ₰ 4 gr

— d. Rothe, enth. Robinsonaden, Visionen rc. 1r Thl. m. K. 8. Leipz. Kleyb. 791.

— die rothe, enthaltend Robinsonaden, Visionen und cabalistische Erzählungen, 1ter Th. m. Kupf. 8. Leipz. 792. Kleyb. 1 Rthl. 5 sgl.

— rothe. Unterhaltung für Haus und Reise. Nr. 1—7. 8. Gera 884, Literar. Institut von Rob. Hahn.
Inhalt:
Nr. 1. Hempel, Th., nach drei Jahren. (42 S.) 30 Pf.
" 2. Reichner, Klara, eine dunkle That. Kriminal-Novelle. (46 S.) 40 Pf.
" 3. Volger, Ed., in der eigenen Schlinge gefangen. Humoreske. (52 S.) 50 Pf.
" 4. Richter, Ludw., Regen und Sonnenschein. Humoreske. (16 S.) — Auf dem Balle. Humoreske von H. R. (32 S.) 30 Pf.
" 5. Wichmann, Fr., verlobt und verliebt. Novelle. (72 S.) 50 Pf.
" 6. Berger, J., das Pathchen. Novelle. (144 S.) * ℳ 1,20.
" 7. Reichner, Klara, Gold und Ehre. Erzählung. (43 S.) 40 Pf.

— Rothbarth. 13. Bd. 8° Berl., Concordia. 3 —; geb. 4 — d
Schulte vom Brühl, Walth.: Sachsenschädel. Roman v. d. roten Erde. 2. Afl. (256) Lpzg (06). [13.] 3 —; geb. 4 —

— Rothbarth. 13. Bd. 8. Leipzig, F. Rothbarth. n. 3. —; geb. n. 4. —
13. Sachsenschädel. Ein Roman von der roten Erde. Von Schulte vom Brühl. 2. Aufl. (256 S.) (906.)
Die früheren Bände sind nicht unter Sammeltitel erschienen.

— Rothbarth. 14. u. 15. Bd. 8. Leipzig [F. Rothbarth]. Berlin, Hesperus-Verlag. 5.—; geb. 7. —
Brulat, Paul, Cabassous Abenteuer. Roman. Autoris. Übersetzg. (167 S.) (907.) (Bd. 14) 2.—; geb. 3. —
Goldbeck, Eduard, Seine Hoheit der Bastard. (360 S.) (907.) (Bd. 15) 3.—; geb. 4. —
Bd. 13. (KVL 33.) Jetzt: Berlin, Concordia.

—— internationaler Rundreiseführer. Hrsgbr. u. Chefredact.: J. Riblinger. Sekt. A. Tour 1—4. 12. (Mit Karten u. Plänen.) Münch., [Schweitzer.] Seitz u. Schauer. * 3 —
1. München — Kufstein — Innsbruck — (Brenner —) Bozen — Meran — Ala — Verona — Venedig — Mailand — Chiasso — (Gotthart) — Luzern — Zürich — Lindau — München. 1. Ausg. 891. (XVI, 169 S.) 2. Ausg. 892. (XVI, 137 S.) * 2 —.
2. München — Salzburg — Königssee — Ischl — Bischofshofen — (Giselabahn) — Innsbruck — (Arlbergbahn) — Bregenz — Constanz — Lindau — München. (XVI, 83 S.) 891. * 1 —.
2. München — Salzburg — Königssee — Ischl — Bischofshofen — (Giselabahn) — Innsbruck — (Arlbergbahn) — Bregenz — Constanz — Lindau — München. (XII, 103 S.) 892. n. 1. 50
3. München — Salzburg — Linz — (Donautor) Wien — Pesth — Wien — (Semmering) Graz — Triest — Venedig (Pusterthal) — Meran — (Brenner) Innsbruck — München. (XVI, 178 S.) 892. * 3 —.
4. München — Innsbruck (Arlberg) — Buchs — Zürich — Luzern — (Brünigbahn) — Interlaken — Bern — Lausanne — Genf — Basel — Schaffhausen — Constanz — Lindau — München. (XVI, 162 S.) 892. * 2 —.

— Russische, s. a. Backmeister.

— russische. (In russ. Sprache.) 1.—53. Bd. 8. Leipzig, R. Gerhard. n. 102. 50
Inhaltsübersicht in alphabetischer Ordnung:
Baranzewitsch, K. S., aus Zufall! Mit Einleitg. v. S. Mandelkern. (IV, 43, S.) 891. (51. Bd.) n. — 80
Chmielnizky, Bogdan, Kosackenaufstand gegen die Polen. Übers. v. S. Mandelkern. 2. Aufl. (119 S.) 883. (44. Bd.) n. 1. 50
État de l'armée russe durant la guerre de sept ans. — La cruelle Saltikoff. (42 S.) 863. (21. Bd.) n. — 75
Galitzüin, H., aus der Jugendzeit Alexanders I. (40 S.) 862. (17. Bd.) Vergriffen. n. 1. —
— Bericht e. Augenzeugen üb. den 14. Decbr. 1824. (24 S.) 862. (18 Bd.) Vergriffen. n. — 75
— über die angebliche Fürstin Tarakanoff. (24 S.) 863. (20. Bd.) Vergriffen. n. — 75
Gedichte v. Sp . . . . i u. P. P. (V, 90 S.) 860. (11. Bd.) n. 1. 50
Gogol, Nikol., der Revisor. Lustspiel. (125 S.) 882. (43. Bd.) n. 1. 50
Golowin, Iwan, 10 Jahre in England. (X, 143 S. m. 1 Bildnis.) 858. (5. Bd.) n. 4. 50
— Memoiren. (216 S.) 858. (6. Bd.) Vergriffen. n. 4. 50
— Rovira. Drama in 3 Acten. (53 S.) 858. (3. Bd.) n. 1. 50
— das junge Russland. (216 S.) 858. (7. Bd.) Vergriffen. n. 2. 40
— Vorlesungen über Phrenologie. (77 S. m. Fig.) 858. (4. Bd.) n. 2. —
Krestowski, W. W., durchtriebene Schelme. 3 Bde. (499, 283 u. 466 S.) 870. (27.—29. Bd.) à n. 2. 50
Leontieff, K. N., Pembe. Eine albanes. Erzählg. (106 S.) 870. (30. Bd.) n. 1. 50
Lermontoff, s.: Puschkin.
— Biographie d'Arsène Mazéevitch archévêque de Rostoff et de Jaroslaw. (28 S.) 863. (19. Bd.) n. — 75
Mill, J. S., die Freiheit. Aus dem Engl. (253 S.) 861. (15. Bd.) n. 4. —
Nekrassoff, N., Gedichte. (XVIII, 226 u. III S.) 859. (10. Bd.) n. 2. 25
Polanski, karpatische Novellen. [Kleinrussisch.] 2 Bde. (IV, 236 u. III, 265 S.) 891. (48. 49. Bd.) à n. 3.
Protokoll d. v. Sr. Maj. eingesetzten Komité's zur Regelung der Angelegenheiten zwischen der russischen Regierung u. d. römischen Hof. (40 S.) 861. (13. Bd.) n. —. 75
Puschkin u. Schefftschenko, neue Gedichte. (45 S.) 859. (8. Bd.) Vergriffen. n. — 75
— Rülejeff, Lermontoff etc., gesammelte Gedichte. (VII, 272 S.) 858. (1. Bd.) Vergriffen. n. 2. 25
Rapport à Cathérine II. sur le gouvernement de l'État. — Mémoire du Prince Michael Wolkonsky sur les réformes à introduire en Russie. (39 S.) 863. (22. Bd.) n. — 75
Rapprochement du Raskol avec l'orthodoxie russe. (103 S.) 863. (23. Bd.) n. 1. 50
Revision, die, d. Statthalters. (VII, 77 S.) 858. (2. Bd.) Vergriffen. n. 1. 50
Rülejeff, s.: Puschkin.
Saltikoff, la cruelle, s.: État de l'armée russe.
Saltykow [Schtschedrin], M. E., im Auslande. (333 S.) 883. (45. Bd.) n. 4. 20
Schefftschenko, s.: Puschkin.
Tatischtscheff, Testament. (40 S.) 862. (16 Bd.) n. — 75
Tolstoj, Leo N., Iwan der Narr. Vom Autor genehmigte Ausg. (46 S.) 892. (53. Bd.) n. — 60
— wovon die Leute leben. Mit Einleitg. v. S. Mandelkern. (IV, 38 S.) 891. (50. Bd.) n. — 80
Tschechoff, A. P., eine Unannehmlichkeit. Mit Einleitg. v. S. Mandelkern. (IV, 39 S.) 891. (52. Bd.) n. — 80
Turgenieff, J., was Vater Alexis erzählt. (28 S.) 877. (39. Bd.) n. — 50
— Fragmente aus eignen u. fremden Erinnerungen. (47 S.) 882. (40. Bd.) n. — 80
— Frühlingswogen. (259 S.) 870. (31. Bd.) n. 3. 60
— König Lear der Steppe. 2. Aufl. (144 S.) 884. (32. Bd.) n. 1. 50
— das Lied der triumphierenden Liebe. (39 S.) 882. (42. Bd.) n. — 50
— Memoiren e. Jägers. 2 Bde. (304 u. 314 S.) 871. (34. 35. Bd.) à n. 3. 50
— Klara Militsch [Macht der Liebe]. Novelle. (109 S.) 883. (47. Bd.) n. 1. 20
— Neuland. 2 Bde. (283 u. 244 S.) 877. (37. 38. Bd.) à n. 3. —
— Poch! poch! poch! Studie u.: e. seltsame Geschichte. Erzählung. (100 S.) 877. (33. Bd.) n. 1. 50
— Rauch. 2. Aufl. (320 S.) 876. (24. Bd.) n. 4. 80
— Senilia. Gedichte in Prosa. (95 S.) 883. (46. Bd.) n. 1. 20
— die Uhr. (89 S.) 877. (36. Bd.) n. 1. 20
— eine Unglückliche. 3. Aufl. (157 S.) 879. (25. Bd.) n. 1. 80
— Väter u. Söhne. 2. Aufl. (374 S.) 880. (26. Bd.) n. 4. 80
— der Verzweifelte. (42 S.) 882. (41. Bd.) n. — 60
— Wer hat Recht? [Ueber die Vereinigg. der morgenländ. Kirche m. d. abendländischen.] (VIII, 87 S.) 861. (14. Bd.) n. 1. 50
Wisin, Memoiren. 2. Aufl. (III, 178 S.) 859. (9. Bd.) Vergriffen. n. 3. —
Wolfsohn, W. W., nur e. Seele. Schauspiel. (195 S.) 860. (12. Bd.) n. 3. —
Wolkonsky, Michael, mémoire, s.: Rapport à Cathérine II.

— russische. (In russ. Sprache.) 54. Bd. 8. Leipzig, R. Gerhard. n. 2. 80
Nådeschda Nikolajewna. Von W. Garschin. Mit Einleitg. v. A. Tkatsch. (VIII, 112 S.) 900.

—— Russische, für Deutsche, s. Knorring, K. v.

Bibliothek, Russische sozialdemokratische. 8°.– Genf-Basel-Lyon, H. Georg, 1875.

Bibliothek vaterländischer Sagen u. Erzählungen. 5. u. 6. Bd. 8. Giessen, E. Roth. n. 5. —; geb. n. 7. —
5. Der Moosbauer. Roman aus dem odenwälder Volksleben. Von Ph. Buxbaum. (178 S.) (906.) n. 2. —; geb. n. 3. —
6. Der eiserne Landgraf. Kulturhistorischer Roman aus dem 14. Jahrh. Von R. Francke. (332 S.) (906.) n. 3. —; geb. n. 4. —
Die Bde. 1—4 erschienen ohne Sammeltitel.

— vaterländischer Sagen u. Erzählungen. VII.—X. Bd. 8. Gießen, E. Roth. 6.90; geb. 9. —
Buxbaum, Ph., Bauernbrot. Bilder aus dem Odenwälder Volksleben. Mit Orig.-Zeichngn. v. A. Buxbaum. (IV, 165 S.) (910.) (Bd. X) 1.50; geb. 2.
— Von Jägern u. Wildschützen. Erzählungen aus dem Odenwälder Volksleben. 1. Bd.: Die Heckenrose. (128 S.) (907.) (Bd. VII) 1.50; geb. 2.
dasselbe. 2. Bd.: Der Goldvogel. (161 S.) (907.) (Bd. VIII) 1.50; geb. 2.—
Im Wildstöck'l. Die Geschichte e. Waldbuben. (IV, 221 S.) (909.) (Bd. IX) 2.40; geb. 3. —

—— für Sammler. Anleitungen und Einführungen in alle Sammelgebiete der Kunst und Wissenschaften. Unter Mitwirkung der bedeutendsten Fachmänner hrsg. von Hans Brendicke. 1. Bd.: Einführung in die Kunde von Postwertzeichen. Eine Anleitung für angehende und erfahrene Briefmarkensammler. Von Hans Brendicke. 8. (VI, 112 S. mit 3 Taf.) Berlin 888, S. Mehring. *

—— f. Sammler. Anleitgn f. alle Sammelgebiete d. Kunst u. Wissenschaft. Hrsg. v. H Brendicke. 1—3. Bd. 8. Berl. 89, Issleib. à n. 1. 50
1. Einführg in d. Kunde v. d. Postwertzeichen. Von H Brendicke. (112 m. 3 Taf.) 84.
2. Einführg in d. Münzkunde. Von H Brendicke. (96 m. 4 Taf.)
3. Einführg in d. Kunde v. d. Kupferstichen u. verwandten Schwarzdrucken. Von H Brendicke. (77 m. Bildern.)

—— für Sammler. Anleitungen u. Einführgn. in alle Sammelgebiete d. Kunst u. Wissenschaft. Unter Mitwirkg. d. bedeutendsten Fachmänner hrsg. v. Hans Brendicke. 2. u. 3. Bd. 8. Berl. 889, [Mehring.] Schuhr. à Bd. * 1 50
2. Brendicke, Hans. Einführung in die Münzkunde. (96 S. m. 4 Taf.)
3. —— Einführung in d. Kunde v. den Kupferstichen u. verwandten Schwarzdrucken. (77 S. m. Bildern.)
1. Bd. Ebd. 1888. * 1 50.

BIBLIOTHEK, oder Sammlung von Begebenheiten, die täglich vorkommen. Aus d. Französ. Bd. 1. Breslau, verlegts Wilh. Gottl. Korn. 8⁰.
M. M. V. 1782. S. 410.

—— der wichtigsten deutsch. prosaist. Satiriker u. Humoristen d. 17. Jahrh., hrsg. v. H. Dittmar. 1. Bd. — A. u. d. T.: Wunderliche u. wahrhaftige Gesichte Philanders von Sittewald, d. i. Satirische Schriften v. J. M. Moscherosch. 1. Thl. 1. Bd., enthalt.: Den Schergenteufel. Der Welt Wesen. Die Venusnarren. Das Todtenheer. 8. (24 B. u. 1 Bildn.) Berlin 830, Reimer.

— satirische, 5 Thle. gr. 8. Stuttg. 760, 61. Metzler. 2 ₰ 12 gl

— „Saturn". Illustrierte Universal-Bibliothek. 1.—4. Bd. 8. Stuttgart, Neues literar. Institut. à — 25
Dalmer, Max, das letzte Opfer des Swantewit. Historische Erzählg. Mit Bildern (1 Vollbild) v. Thdr. Volz. (78 S.) (909.) (Bd. 1)
May, Karl, Abdahn Effendi. Reiseerzählung. Mit (2 Voll-) Bildern v. Thdr. Volz. (102 S.) (909.) (Bd. 3. 4)
Volz, Max Herm., Siume. Reiseerzählung aus Borneo nach den Erinnergn. e. holländisch-ind. Ingenieurs. Mit Bildern (1 Vollbild) v. Max Tilke u. Thdr. Volz. (61 S.) (909.) (Bd. 2)

— „Saturn". Illustr. Universal-Bibliothek. 6—12. Bd. (Mit Abb.) 8⁰ Stuttg., Neues literar. Instit. je — 25 d
Bd 5 ist noch nicht erschienen.
Auf fernen Pfaden. Exot. Novellen u. Skizzen. (80) ('11) [11]
May, Karl: Schamah. Reiseerzählg. (80) ('11) [7]
Mordtmann, AJ: Violanta. Erzählg. (95) ('11) [10]
Reulecke, Aug.: Die güld. Olga. Geschichtl. Erzählg. (140) ('11) [8.9]
Schrott, Henriette: Das Glück d. Hilarius Stubenrauch u. Anderes. (70) ('11) [12]
Twain, Mark (SL Clemens): Tom Saweyer als Detektiv. Wie es Huck Finn erzählt. (68) ('11) [6]

* **BIBLIOTHEK**, Satyrische, oder auserlesener kleiner satyrischer Schriften Sammlg. 1—5 (cplt.). Mit 5 Titelvignetten. Frankfurt und Leipzig (o. Adresse) 1760 bis 65. 8⁰. (1—4 in 2 voll. in Frankfurt a. M., Stadtbibl.) (Cplt. 14 Mk. Max Harrwitz, Berlin, 1904; 20 Mk. C. G. Boerner, Lpz., 1907.)
In dieser Vollständigkeit selten! Fehlt bei Weller I: 1760. 6 Bll., 228 S. II: 1761. 2 Bll. u. S. 233 bis 468. III: 1762. 2 Bll. u. S. 471—704. IV: 1763. 1 Bl. u. S. 705—941. V: 1765. 1 Bl. u. S. 943 bis 1179. Zusammen 17, 22, 19, 10, 17 Stücke. Das 1. Stück der 5. Sammlg. mit d. Tit.: „Don Ambrosio Pansa von Mancha des Jüngern (d. i. Meyling), weyland unpartheyischen gelehrten Zeitungsschreibers, jetzigen wohlbestalten Correctors, ... wohlgemeintes Meßgeschenk, mit des Sezers Noten. Graptomaniacum" (S. 943—1043) erschien schon früher (apart) 1757. — S. über das Werk auch Flögel, kom. Litt. I. p. 288.

— Satyr. 1. Bdchn. 8⁰ Dux, Verl. „Satyr". d
Delv. A: Im gefährl. Alter. Satiren u. Humoresken. (47) ('11) [1] — 30

Bibliothek für Schachfreunde. Hrsg. von den ersten Meistern des Schachspiels. 1.—6. Bdchn. 16. Leipzig, Roegner. *
Inhalt:
Bdchn. 1. Bardeleben, Curt v., Kritik der spanischen Partie. Die Lopez-Analyse der letzten Dezennien, auf ihren wahren Werth geprüft und als nothwend. Ergänzung eines jeden Schach-Lehrbuches bearb. (X, 102 S. mit 12 Diagrammen.) 885. *ℳ 1.50.
» 2. Minckwitz, J., Humor im Schachspiel. Eine Sammlung auserlesener Humoresken, Novellen, Skizzen, Anekdoten, Miniatur-Partien, Scherz-Probleme, Schwänke, Calembourgs, Aphorismen, Lieder etc. auf dem Gebiete des Schach. Allen muntern Jüngern Caïssa's zugeeignet. (VIII. 230 S. mit 42 Diagrammen.) 885. *ℳ 2.—.
» 3. Gottschall, Herm. v., kleine Problem-Schule. Die Grundzüge der Kompositionslehre, an 88 Aufgaben eigener Erfindung für das Selbststudium erläutert. (IX, 138 S. mit 88 Diagrammen.) 885. *ℳ 1.—.
» 4. Bardeleben, Curt v., Taschen-Lexikon der Eröffnungen. Ein Hilfsbuch für Turnierspiel etc. in tabellar. Zügeordnung hrsg. Nebst einem Anhang: Lopez-Neuerungen. (VIII, 61 S.) 885. *ℳ 1.—.
» 5. Minckwitz, J., der Entscheidungskampf zwischen W. Steinitz und J. H. Zukertort um die Meisterschaft der Welt. Vorgeschichte und Verlauf des Matches mit biographisch krit. Einleitung und ausführl. Glossarium der zu New-York, St. Louis und New-Orleans im Frühjahr 1886 gespielten 20 Partien. Nach Orig.-Berichten hrsg. (VII, 202 S. mit 25 Diagrammen.) 886. *ℳ 2.—.
» 6. Roegner, A., Vademecum der Kombinations-Praxis, illustr. durch 120 brillante Partieopfer berühmter Meister. (128 S.) 888. *ℳ 1.50.
Roegner, A, Vademecum d. Kombinations-Praxis, illustr. durch 120 brillante Partieopfer berühmter Meister. (128) 89. n. 1. 50

— für Schachfreunde. Hrsg. v. den ersten Meistern d. Schachspiels. 6. Bdchn. 12. Leipzig 889. Roegner. n. 1. 50; geb. n. 2. — (1—6.: n. 9. —)
Vademecum der Kombinations-Praxis, illustrirt durch 120 brillante Partieopfer berühmter Meister v. Adf. Roegner. Mit 120 Diagrammen. (128 S.)

— für Schachfreunde. Hrsg. v. den ersten Meistern des Schachspiels. 7. Bdchn. gr. 16. Leipzig, A. Roegner. n. 1. 50; geb. n.n. 2. —
Das Endspiel in der modernen Meisterpraxis. Die Prinzipien der Endspielführg., dargelegt an 80 der leb. Partie entnommenen ausführlich glossierten Beispielen. Von Jacques Mieses. (VII, 94 S. m. Diagrammen.) (900).
1.—6. Ebd. 885—889. n. 9. —.

— für Schachfreunde. Hrsg. v. den ersten Meistern des Schachspiels. 4. Bdchn. 16. Leipzig, A. Roegner. n. 1. 50; geb. in Leinw. n. 2. —
Taschenlexikon der Eröffnungen. Ein tabellar. Hilfsbuch f. Turnierspiel in tabellar. Zügeordng. Von Curt v. Bardeleben. 2. Aufl. (VIII, 87 S.) 906.

— d. deutsch. Schausp. 3 Stck. Lpz. Jacobäer.

Bibliothek der teutschen Schauspiele aufs Jahr 1781. Danzig 1781—82. H: *Bentzmann, Peter.* (Ky) (MGT)

—— vaterl. Schauspiele. 1—11. Bdchn. 16. Frick. (Aar., Sauerländer.) 3. 20½
Arx, A v., d. Tag bei Laupen. (127) 63. — 12
Bornhauser, T, Gemma v. Arth. (133) 63. — 8
Bruhin, CA, Henzi. (165) 63. — 12
— Landammann Suter. (150) 63. — 12
Feierabend, MA, Adrian v. Bubenberg, od. d. Schlacht b. Murten. (127) 60. — 14½
Kopp, JE, Schwarz u. Roth. — Niklaus v. d. Flüe auf d. Tag zu Stanz. Von PC Planta. (96) 63. — 8
Kramer, PW, d. Hexe v. Gäbistorf. (162) 63. — 12
Müller, B, d. Hörige. — Rudolph v. Habsburg u. d. Königswahl. v. J v. End. (128) 63. — 8
Platowitsch, B, d. Schlacht b. St. Jakob. (88) 62. — 8
Plattner, P, Joh. Caldar. (108) 63. — 8
Stocker, FA, d. Schlacht b. Sempach. — Dramat. Scenen v. L Eckardt. (104) 64. — 8

— vaterländischer Schauspiele. 1—11. Bdchn. Frick, Stocker. 16. 3 ₰ 20½ ngr.
1. Bdchn.: Die Schlacht bei St. Jakob. Historisch dramatisches Gemälde in 1 Aufzügen. Nach einem älteren Stoffe frei bearb. von Boleslaf Platowitsch. 862. (88 S.) 8 ngr.
2. Bdchn.: Die Schlacht bei Sempach. Historisches Schauspiel in 2 Aufzügen mit einem Epilog von F. A. Stocker. Nach dem Französ. des Jul. Mühlhauser. Dramatische Scenen von Ludw. Eckardt. Savoyen schweizerisch. Der Neujahrsabend im Schweizerhause. 864. (104 S.) 8 ngr.
3. Bdchn.: Adrian v. Bubenberg oder die Schlacht bei Murten. Ein schweizerisch vaterländisches Volksschauspiel in 5 Aufzügen von M. Aug. Feierabend. 860. (VI, 127 S.) 14½ ngr.
4. Bdchn.: Johann Caldar. Schauspiel in 5 Aufzügen von Placid Plattner. 863. (108 S.) 8 ngr.
5. Bdchn.: Landammann Suter. Trauerspiel in 5 Aufzügen von C. A. Bruhin. 863. (150 S.) 12 ngr.
6. Bdchn.: Schwarz und Roth. Schauspiel in 1 Aufzug von J. E. Kopp. Niklaus v. der Flüe auf dem Tag zu Stanz. Schauspiel in 1 Akt von P. C. Planta. 863. (96 S.) 8 ngr.
7. Bdchn.: Die Hexe von Gäbistorf. Historisch romant. Drama in 5 Aufzügen von Phil. Walburg Kramer. 863. (122 S.) 12 ngr.
8. Bdchn.: Henzi. Trauerspiel in 5 Aufzügen von C. A. Bruhin. 863. (165 S.) 12 ngr.
9. Bdchn.: Der Tag bei Laupen. Historisches Schauspiel in 5 Aufzügen von Adrian v. Arx. 863. (127 S.) 12 ngr.
10. Bdchn.: Gemma v. Arth. Volksschauspiel in 5 Aufzügen von Thomas Bornhauser. 863. (133 S.) 8 ngr.
11. Bdchn.: Der Hörige. Schauspiel in 3 Aufzügen von B. Müller. Rudolf v. Habsburg und die Königswahl. Schauspiel in 2 Aufzügen nach zwei älteren Stücken bearb. für das Volkstheater von Jörg v. End. 863. (128 S.) 8 ngr.

Bibliothek vaterländischer Schauspiele. Frick 864. Stocker. 16.
12. Bdchn.: Planta, P. C., räthische Parteigänger. Histor. Trauerspiel in 5 Aufzügen. (XXIII, 181 S.) n. 12 ngr.
13. Bdchn.: Stocker, F. A., Major Davel. Historisch-romant. Drama in 5 Aufzügen. [Nach dem Französ. von O. Hürt-Binet u. E. H. Gaullieur.) (180 S.) n. 8 ngr.

— vaterländischer Schauspiele. Bdchn. 12. Aarau 876—83. Sauerländer. n. 10. 20

1. Die Schlacht bei St. Jacob. Historisch-dramat. Gemälde in 4 Aufzügen. Nach einem ältern Stoffe frei bearb. von Boleslaf Platowitsch. 2. Aufl. (88 S.) n. 1. —

2. Die Schlacht bei Sempach. Historisches Trauerspiel in 2 Aufzügen u. einem Epilog von F. A. Stocker. [Nach dem Franz. d. Jules Müllhauser.] Dramatische Scenen von Ludw. Eckardt. [Savoyen — schweizerisch. Der Neujahrabend im Schweizerhause.] 2. Aufl. (104 S.) n. 1. —

3. Der Karfunkel. Volksdrama in 3 Aufzügen von Frz. Pocci. Für das schweiz. Volkstheater arrangirt von Jörg v. End. (71 S.) — Der Vagabund. Volksschauspiel in 1 Aufzug v. F. A. Stocker. (S. 73—111.) 2. Aufl. n. 1. —

7. Die Hexe von Gäbistorf. Historisch-romant. Drama in 5 Aufzügen von Ph. Walburg Kramer. 2. Aufl. (122 S.) n. 1. —

10. Bornhauser, Th., und F. A. Stocker, Gemma von Arth. 2. Aufl. (136 S.) 876.

11. Der Hörige. Schauspiel in 3 Aufzügen, von B. Müller. 2. Aufl. (128 S.) n. 1. —

15. Arx, Adr. v., der Korporal oder die Heimatlosen. 2. Aufl. (112 S.) 876.

16. Feierabend, M. A., die Entführung. Neue Ausg. (120 S.) 876.

17. —— Christian Schybi. (72 S.) 877.

18. Schädelin, J. J., Julia Alpinula. Trauerspiel in 3 Akten. (52 S.) 877. *M 1.

19. Remor, Felix, Hans Waldmann. Trauerspiel in 5 Akten. (99 S.) 879. *M 1.

20. Henne, Otto, Berthelier. Histor. Drama in 5 Aufzügen. (138 S.) 880. *M 1,20.

21. Meyer-Merian, Thdr., Samuel Henzi. Trauerspiel in 5 Aufzügen. (98 S.) 878. *M 1.

22. Alte u. neue Liebe oder die Mühle v. Stansstad. Drama in 5 Akten von Thdr. Meyer-Merian. 2. Aufl. (106 S.) n. 1. —

23. Johann v. Schwaben. Historisches Schauspiel in 5 Aufzügen v. Mor. Blanckarts. (100 S.) n. 1. —

24. 25. Der Jesuitenstreit. Von J. Kuoni. I. Die Freischaarenzüge. Vaterländisches Schauspiel in 5 Aufzügen. (196 S.) — II. Der Kampf mit dem Sonderbund. Vaterländisches Schauspiel in 5 Aufzügen. (169 S.) à n. 1. 60

26. Lemierre's Wilhelm Tell. Aus dem Französ. übers. von G. Geilfuss. 2. verb. Aufl. (XIX, 76 S.) 880. *M 1.

31. 32. Am-Herd, P. L. Thomas in der Bünden od. der Freiheitskampf von Wallis. Ein histor. Drama. 16. (VIII, 199 S.) 880.

— vaterländischer Schauspiele. 4. 10. 27—30. Bdchn. 12. Aarau, Sauerländer. à n. 1. —

4. Johann Caldar. Schauspiel in 5 Aufzügen v. Placid Plattner. 2. Aufl. (108 S.) 884.

10. Gemma v. Arth. Volksschauspiel in 5 Aufzügen v. Thom. Bornhauser. Für das Liebhabertheater umgearb. v. F. A. Stocker. 3. Aufl. (133 S.) 886.

27. Herz u. Ziel od. Paul u. Lina. Vaterländisches Drama m. Gesang in 4 Aufzügen v. Dav. Hilty-Kunz. (128 S.) 883.

28. Konrad u. Bertha od. die Freiherren v. Hohensax zu Sax u. Forstegg. Historisches Drama m. Gesang in 3 Aufzügen v. Dav. Hilty-Kunz. (100 S.) Buchs-Werdenberg 879.

29. Die Waisen von Stans. Ein vaterländ. Drama v. Emil Zschokke. 2. Aufl. (50 S.) 885.

30. Graf Rudolph v. Werdenberg od. der Appenzeller Freiheitskampf. Historisches Schauspiel m. Gesang in 3 Aufzügen v. Dav. Hilty-Kunz. (107 S.) 886.

— vaterländischer Schauspiele. 7. 21. 31.—33. Bd. 12. Aarau, Sauerländer's Verl. à Bd. n. 1. —

7. Die Hexe v. Gäbistorf. Historisch-romant. Drama in 5 Aufzügen v. Phpp. Walburg Kramer. 3. Aufl. (122 S.) 888

21. Samuel Henzi. Trauerspiel in 5 Akten v. Thdr. Meyer-Merian. 2. Aufl. (111 S.) 886.

31. 32. Thomas in den Bünden, oder der Freiheitskampf von Wallis. Ein histor. Drama. Von P. L. Amherd. (VIII 200 S.) 887.

33. Arnold Winkelried. Dramatisches Gedicht von Fr. Niggli (102 S.) 887.

— vaterländischer Schauspiele. 9., 14., 15., 22., 28., 34.—36. Bd. 12. Aarau, H. R. Sauerländer & Co. n. 9. —

9. Der Tag bei Laupen. Historisches Schauspiel in 5 Aufzügen von Adrian v. Arx. 2. Aufl. (111 S.) 891. n. 1. —

14. Das Landrecht v. Solothurn vom J. 1492. Historisches Schauspiel in 5 Akten von Adrian v. Arx. 2. Aufl. (89 S.) 894. n. 1. —

15. Der Corporal od. die Heimatlosen. Ein Schauspiel in 5 Akten von Adrian v. Arx. 3. Aufl. (112 S.) 892. n. 1. —

22. Alte u. neue Liebe od. die Mühle v. Stansstad. Drama in 5 Akten v. Theod. Meyer-Merian. 3. Aufl. (106 S.) 891. n. 1. —

22. Meyer-Merian, Th. Alte u. neue Liebe oder die Mühle v. Stansstad. Drama in 5 Akten. 3. Aufl. 12. (106 S.) 892.

28. Konrad u. Bertha od. Freiherr Joh. Philipp v. Hohensax zu Forstegg. Historisches Drama m. Gesang in 4 Aufzügen v. Dav. Hilty-Kunz. 2., verb. Aufl. (97 S.) 893. n. 1. —

34. Die Dornacher Schlacht. Schauspiel in 5 Aufzügen v. Adrian v. Arx jgr. Neue Volks-Ausg. 8. (78 S.) 886. n. 1. —

35. Der Bund der drei Länder v. 1291. Dramatischer Beitrag zur 600jähr. Erinnerungsfeier 1891. Von Ant. Pletscher. 12. (64 S.) 892. n. 1. —

36. Ital Reding, der Eisenkopf v. Greifensee. Volksschauspiel in 5 Aufzügen v. Albr. Emch. 2. Aufl. (160 S.) 895. n. 2. —

— vaterländ. Schauspiele. Nr. 5, 10, 12, 27, 36/37, 40—62. Aarau, H. R. Sauerländer & Co. à n. 1. —

Inhaltsübersicht in alphabet. Ordnung:

Bornhauser, Thom., Gemma v. Arth. Volksschausp. in 5 Aufz. F. d. Liebhabertheater bearb. v. F. A. Stocker. 4. Aufl. 12. (133 S.) 896. (Nr. 10.)

Bruihn, C. A., Landammann Suter. Trauersp. in 5 Aufz. 2. Aufl. 12. (149 S.) 895. (Nr. 5.)

Diethelm, Arnold, d. schweizer. Bauernkrieg. Trauersp. in 5 Akten. 12. (131 S.) 897. (Nr. 54.)

— Alois Reding od. d. Schwyzer letzter Freiheitskampf. Vaterländ. Schausp. in 4 Aufz. 12. (92 S.) 895. (Nr. 42.)

— D. Rütihofbur od. Trennig u. Wiederfinde. Dialectstück in 5 Akten. 12. (122 S.) 896. (Nr. 44.)

Ehrhardt, Adf., Im Berner Oberland. Orig.-Schw. m. Ges. in 1 Akt. Musik v. Ludw. Dieffenbacher. 12. (V, 82 S.) 896. (Nr. 48.)

Farner, Ulr., Geschwornen Eiden treu! E. histor. Schausp. in 4 Aufz. 2. Aufl. 12. (100 S.) 896. (Nr. 49.)

Fischer, G., Bertha Steiger. Trauersp. in 3 Akten. 12. (140 S.) 898. (Nr. 58—59.)

Girard, Adrian, Alles f. d. Volk u. f. d. Vaterland. Volksst. in 3 Akten m. Musik, Ges. u. Tanz. Musik u. Ges. v. Verf. 12. (128 S.) 896. (Nr. 53.)

Hilty-Kunz, Dav., Herz u. Ziel od. Paul u. Lina. Vaterländ. Drama m. Ges. in 4 Akten. 2., verb. Aufl. 12. (104 S.) 899. (Nr. 27.)

Hodler, Emma, Am Grauholz. Histor. Zeitbild v. 1798. Volksstück in 4 Akten. 12. (V, 126 S.) 897. (Nr. 50.)

Hoffmann, Traug., D. Mönch v. Zofingen od. d. Mordnacht am Othmarustag 1238. Histor. Drama in 5 Akten. 12. (83 S.) 896. (Nr. 45.)

Kuoni, J., Ulrich Varnbüler od. d. Klosterbruch zu Rorschach. Vaterländ. Schausp. in 5 Aufz. 12. (224 S.) 896. (Nr. 51,52.)

Leuenberger, Joel, Addrich im Moos od. d. Bauernkrieg im Aargau. Vaterländ. Schausp. in 5 Akten. N. d. gleichnam. Zschokke'schen Novelle frei bearb. 12. (95 S.) 898. (Nr. 56.)

Oschwald-Ringier, F., „Laßt hören aus alter Zeit". Dramat. Bilder a. d. Schweizergeschichte. 8. (VIII, 142 S.) 895. (Nr. 40—41.)

Planta, P. C., Rhätische Parteigänger. Histor. Trauerspiel in 5 Aufz. 2. Aufl. 12. (181 S.) 898. (Nr. 12.)

Rödiger, Fritz, Schultheiß Wengi. Volksschauspiel i. 4 Aufz. a. d. Zeiten d. schweizer. Religionswirren im 16. Jahrh. 3. Aufl. gr. 8. (V, 98 S.) 895. (Nr. 36—37.)

Schild, M., D. Fischer v. Inselwald. Schausp. in 4 Aufz. 12. (VII, 80 S.) 897. (Nr. 55.)

Schlumpf, Marie, Das verlorene Kind. Vaterländ. Schausp. in 5 Akten. N. d. gleichnam. Erzählg. v. Jak. Frey f. d. Bühne bearb. 12. (87 S.) 898. (Nr. 57.)

— D. Ländermädchen. Schausp. in 5 Akten a. d. Tagen d. franz. Internierg. 1871. 12. (75 S.) 899. (Nr. 62.)

Weber, Heinr., Helvetia. Festspiel in 2 Gruppen. (1. u. 2. Aufl.) 12. (35 S.) 895. (Nr 43.)

— Hans Waldmann. E. vaterl. Drama in 5 Akten. 12. (159 S.) 899. (Nr. 60.61.)

Wolfram, Ernst, Bürgerzopf. Schausp. in 4 Aufz. 12. (VII, 182 S.) 896. (Nr. 46—47.)

— vaterländischer Schauspiele. 22, 30 u. 63.—78. Aarau, H. R. Sauerländer & Co. à n. 1.—

22. Alte u. neue Liebe od. d. Mühle v. Stansstad. Drama in 5 Akten. Von Thdr. Meyer-Merian. 4. Aufl. 12. (104 S.) 900.
30. Graf Rudolf v. Werdenberg od. der Appenzeller Freiheitskampf. Historisches Schauspiel m. Gesang in 3 Aufzügen. Von Dav. Hilty-Kunz. 2. Aufl. 12. (69 S. m. 1 Taf.) 899.
63. Die Blümlisalp. Vaterländisches Schauspiel m. Gesang in 3 Aufzügen. Von Th. Arnet. 12. (97 S.) 899.
64. Obristzunftmeister Widmer. Vaterländisches Schauspiel in 3 Akten. Von H. Weber. [Aus: „Die Schweiz".] 12. (43 S.) 899.
65. 66. Die Grafen v. Toggenburg. Vaterländisches Drama in 5 Akten. Von C. G. J. Sailer. (Neue [Titel-]Ausg.) gr. 8. (111 S.) [879.] (899.)
67. Die Nonne v. Wyl. Vaterländisches Drama in 5 Akten. Von C. G. J. Sailer. 2. [Titel-]Aufl. gr. 8. (130 S.) [888.] (899.)
68. Die Dornacher Schlacht. Festspiel zur 400jähr. Gedächtnisfeier. Von Adrian v. Arx. 3. Aufl. 8. (127 S.) 900.
69. Hans Waldmann. Trauerspiel in 4 Akten u. 7 Aufzügen nach Scholz, Forrer u. Spindler. Umgearb. u. arrangiert v. Schiffmann-Hob. 8. (61 S.) 901.
70. 71. Der Freihof v. Aarau. Vaterländisches Schauspiel in 5 Aufzügen aus der Zeit des alten Zürcherkrieges. Für die Bühne bearb. nach e. gleichnam. Novelle v. Heinr. Zschokke. Von Rud. Girard. 12. (169 S.) 900.
72. Die letzten v. Unspunnen. Bernisch-histor. Schauspiel in 5 Aufzügen. Von R. A. Bohren. 12. (106 S.) 901.
73. 74. Kardinal Schinner. Drama in 5 Akten. Von G. Fischer. 12. (150 S.) 901.
75. Die Linden u. die Harten. Vaterländisches Trauerspiel in 5 Akten. Von Arnold Diethelm. 8. (62 S.) (901.)
76. Die letzte Hexe. Dramatisches Kulturbild aus dem vor. Jahrh. Trauerspiel in 5 Akten. Von Arn. Diethelm. 12. (50 S.) (901.)
77. 78. Die Nonne v. Wyl. Vaterländisches Drama in 5 Akten. Von C. G. J. Sailer. 3. Aufl. (147 S.) 902.
2. Aufl. s. Nr. 67.

— vaterländischer Schauspiele. 10. 13. 15. 44. 76 u. 79—87. kl. 8. Aarau, H. R. Sauerländer & Co. n. 14. 20

Arnet, Thad., die Schlacht am Morgarten. Volksschauspiel m. Gesang in 5 Aufzügen. (140 S.) 905. (Nr. 82.) n. 1. 20
Arx, Adrian v., der Korporal od. die Heimatlosen. Ein Schauspiel in 5 Akten. 4. Aufl. (108 S.) 907. Nr. 15. n. 1.—
Baumer, E., Marie v. Hagenbach od.: Der Liebe Sieg. Historisches Schauspiel in 5 Akten (Zeit 1469—1470). (72 S.) 904. (Nr. 81.) n. 1.—
Bornhauser, Thomas, Gemma v. Arth. Volksschauspiel in 5 Aufzügen. Für das Liebhabertheater umgearbeitet v. F. A. Stocker. 5. Aufl. (131 S.) (905.) (Nr. 10.) n. 1.—
Diethelm, Arnold, die letzte Hexe. Dramatisches Sittenbild aus dem 18. Jahrh. Trauerspiel in 5 Akten. 2. Aufl. (61 S.) (904.) (Nr. 76.) n. 1.—
— der Rütlihofbur od. Trennig u. Wiederfinde. Dialektstück in 5 Akten. 2. Aufl. (122 S.) 906. (Nr. 44.) n. 1.—
Emch, Alb., die Patrioten. Schauspiel in 5 Akten. 2. Ausg. (110 S.) 905. (Nr. 83.) n. 1.—
Heer, C. W., Niklaus v. der Flüe. Ein dramat. Gedicht. Neue [Titel-]Ausg. (VIII, 176 S.) [864] (906). (Nr. 87.) n. 1.—
Kaiser, Ludw., Arnold v. Winkelried oder Die Schlacht bei Sempach. Ein eidgenöss. Trauerspiel in 5 Aufzügen. Neue Aufl. (101 S.) 902. (Nr. 79.) n. 1.—
Müller, Erwin, Klausner-Zelle. Ritter-Schloß. Weberhäuschen. 3 Bilder aus des Aargauerlandes Vergangenheit. Den ländl. Bühnen im Aargau zur ersten Hundertjahrfeier als Festspiel gewidmet. (116 S.) (903.) (Nr. 80.) n. 1.—
Rieser, Joh., Bannerherr Kollin od. Die Schlacht bei Arbedo. Vaterländisches Schauspiel in 5 Akten. 2. Aufl. (134 S.) 8. 906. (Nr. 85. 86.) n. 2.—
Stocker, F. A., Major Davel. Historisch-romant. Drama in 5 Aufzügen. (Nach dem Französ. der HH. O. Hirt-Binet u. E. H. Gaullieur.) 2. Aufl. (150 S.) 904. (Nr. 13.) n. 1.—
Strähl-Imhoof, Neuenegg. Trauerspiel in 2 Aufzügen. (60 S.) 906. (Nr. 84.) n. 1.—

— vaterländischer Schauspiele. Nr. 6, 7, 17, 22 u. 88—90. kl. 8. Aarau, H. R. Sauerländer & Co. 7. 60

Feierabend, Aug., Christian Schybi. Vaterländisches Volkstrauerspiel. 2. Aufl. (70 S.) 910. (Nr. 17) 1.—
Kopp, J. E., Schwarz u. Roth. Schauspiel in 1 Aufzug.
Planta, P. C., Niklaus v. der Flüe auf dem Tag zu Stans. Schauspiel in 1 Akt. 2. Aufl. (67 S.) 908. (Nr. 6) 1.—
Kramer, Ph. Walburg, die Hexe v. Gäbistorf. Historisch-romantisches Drama. 5. Aufl. (117 S.) 911. (Nr. 7) 1.—
Meyer-Merian, Theod., alte u. neue Liebe od. Die Mühle v. Stansstad. Drama in 5 Akten. 5. Aufl. (104 S.) 909. (Nr. 22) 1.—
Keßler, Frdr., Niklaus v. der Flüe. Neue [Titel-]Ausg. (149 S.) [872.] 907. (Nr. 88) 1.—
Ribaux, Adf., Julia Alpinula. Drama in 5 Akten u. 8 Bildern, in Prosa. Deutsch v. A. Oberholzer. (141 S.) 908. (Nr. 90) 1. 60
Thur, Rob. an der, der Alpensohn. Schweizer Volksschauspiel in 7 Akten m. e. Vorspiel u. Gesang. (79 S.) 907. (Nr. 89) 1.—

— vaterländ. Schauspiele. 91—94 u. NAfl 7, 11, 17. kl8° Aar., HR Sauerländer & Co. d

End, Jörg v.: Rudolf v. Habsburg u. d. Königswahl. Schausp., nach 2 älteren Stücken bearb. f. d. Volkstheater. (3. Afl.) (36) '11 [94] —70
Feierabend, Aug.: Christian Schybi. Vaterländ. Volkstrauersp. 2. Afl. (70) '10 (Umschl.: '11) [17] 1 —
Fischer, G: Arnold v. Melchthal. Drama. 2. Taus. (119) '10 (Umschl. '11) [91.92] nn 1.75
Kramer, Ph. Walburg: Die Hexe v. Gäbistorf. Historisch-romant. Drama. 5. Afl. (117) '11 [7] 1 —
Lauenberger, Joel: Die Schenke z. grauen Wolf od. Bauer u. Aristokrat. Vaterländ. Schausp. a. d. Berner Gesch. Nach d. Arthur Biller'schen Novelle frei dramatisiert. (85) ('11) [93] 1.20
Müller, B: Der Hörige. Schausp. 3. Afl. (81) '11 [11] 1 —

Bibliothek August Scherl. Bd 34. (um 1870)

s. Collins, William Wilkie: Die Frau in Weiß.

— für Scherz u. Ernst. Hrsg. v. H. Behringer 2.—4. Bdchn. gr. 16. (à 32 S.) Dresden 896. (Hainichen, G. E. Hoffmann.) à —10

2. Hochzeits-Gedichte ernsten u. heit. Inhalts nebst Beiträgen zu Hochzeitszeitgn.
3. Neueste Original-Polterabend-Scherze u. Gedichte ernsten u. heit. Inhaltes.
4. Toaste u. Trink-Sprüche f. alle Gelegenheiten.

Bibliothek der Scherze, s.a. Reilly, Franz Johann Joseph von

Bibliothek der Scherze. O. O. 18?? H: *Reilly, Franz Johann Joseph von.* (GGr) (WBL)

Schick's Humoristische Bibliothek: Band 1—3! 1886—1889! Chicago, Il.

A publisher's series, not a true serial; however, it was issued in "Lieferungen" and paged continuously; re-issued in bound volumes by publisher.

Bibliothek deutscher Schönheiten aus d. Gebiete d. Poesie u. Prosa. 6 Bde. 16. Jena, Mauke. Einzeln à * ½ Thlr., zusamm. genomm. * Thlr.

A. u. d. Titln.:

Bd. 1. Genius aus Schiller's Werken. Als Register zu dess. neuer Taschen-Ausg. in zwölf Bdn., bearb. v. H. Döring. Nebst ein. alphabet. Inhalts-Verzeichniß zu Schillers Werken T. A. in zwölf Bdn. (13 B.) 839.
„ 2. Genius aus Göthe's Werken. Als Register zu dess. Octav- u. Taschen-Ausg. bearb. v. H. Döring. (13½ B.) 839.
„ 3. Genius aus Jean Paul's Werken. Als Register zu dess. Gesammtausg. bearb. v. J. Günther. (12 B.) 840.
„ 4. Genius aus Klopstock's Werken. Als Register zu dess. Gesammtausg. bearb. v. H. Döring. (9¾ B.) 840.
„ 5. Genius aus Wieland's Werken. Als Register zu dess. Gesammtausg. bearb. v. J. Günther. (9¾ B.) 841.
„ 6. Genius aus Herder's Werken. Als Register zu dess. Gesammtausg. bearb. v. J. Günther. (9¾ B.) 841.

— schönwissenschaftliche. Ein Verzeichniß der vorzügl. in Deutschland erschien. ältern u. neuern Romane, Gedichte u. Schauspielsammlungen u. einleitenden theoret. Werke rc. 8. Berl. 815. 2e Aufl. 818. Sander. 6 ℳ

Bibliothek Schreiber, kleine. Nr. 1—15. gr. 8. Eßlingen, J. F. Schreiber. Geb. in Leinw. n. 31. 10

1. Naturgeschichte der Säugetiere, m. in den Text eingedruckt. farb. Abbildgn. Von Max Dalitzsch. Zum Schulgebr. u. zum Selbststudium hrsg. (III, 64 u. IV S.) (900.) n. 1. 50
2. Naturgeschichte der Vögel, m. in den Text eingedr. farb. Abbildgn. Von Max Dalitzsch. Zum Schulgebrauch u. zum Selbststudium hrsg. (III, IV, 48 S.) (900.) n. 1. 20
3. Naturgeschichte der Kriechtiere, Lurche, Fische, Manteltiere, weichtierähnlichen Tiere u. Weichtiere, m. in den Text eingedr. farb. Abbildgn. Von Max Dalitzsch. Zum Schulgebrauch u. zum Selbststudium hrsg. (III, 92 u. VI S.) (900.) n. 2. 50
4. Naturgeschichte der Insekten, Tausendfüßer, spinnenartiger Tiere u. Krebstiere, m. in den Text eingedr. farb. Abbildgn. Von Max Dalitzsch. Zum Schulgebr. u. zum Selbststud. hrsg. (Tierbuch. 4. Bdchn.) (III, VII, 100 S.) (901.) n. 2. 50
5. Naturgeschichte der Würmer, Stachelhäuter, Pflanzentiere u. Urtiere, m. in den Text eingedr. farb. Abbildgn. Von Max Dalitzsch. Zum Schulgebr. u. zum Selbststudium hrsg. (Tierbuch. 5. Bdchn.) (III, III, 48 S.) (901.) n. 1. 20
6. Pflanzenbuch, m. in den Text eingedr. farb. Abbildgn. Von Max Dalitzsch. Ein Lehrbuch der Botanik zum Gebrauch im Freien u. in der Schule. 2. Aufl. 1. Bdchn. Morphologie, Anatomie, Physiologie, Familie 1—31. (IV, LX. 61 u. VII S.) (900). n. 2.—

7. Dasselbe. 2. Bdchn. Familie 32—52. (IV, IV u. S. 52—103.) (900.) n. 1. 50
8. Dasselbe. 3. Bdchn. Familie 53—77. (IV, IV u. S. 104—174.) (900.) n. 1. 50
9. Dasselbe. 4. Bdchn. Familie 78—128. (IV, VI u. S. 174—250.) (900.) n. 2. —
10. Physikbuch, m. in den Text eingedr. farb. Abbildgn. Von W. Weiler. Ein Lehrbuch der Physik f. den Schulunterricht u. zur Selbstbelehrg. 1. Bd.: Magnetismus u. Elektricität, m. 445 in den Text eingedr. meist farb. Abbildgn. (X, 290 u. XI S.) (901.) n. 4. 50
11. Dasselbe. 2. Bd.: Mechanik, m. 50 in den Text eingedr. meist farb. Abbildgn. (III, VII, 156 u. VII S.) (902.) n. 2. 50
12. Dasselbe. 3. Bd.: Schwingungen u. Wellen; Akustik: Lehre vom Schall, m. 80 in den Text eingedr. meist farb. Abbildgn. (III, III, 208 u. II S.) (902.) n. 1. 20
13. Dasselbe. 4. Bd.: Kalorik: Lehre v. der Wärme, m. 95 in den Text eingedr. meist farb. Abbildgn. (III, IV, 88 u. II S.) (902.) n. 1. 50
14. Dasselbe. 5. Bd.: Optik, Lehre vom Licht, m. 202 in den Text eingedr. meist farb. Abbildgn. (III, VIII, 139, XIV u. V S.) (902.) n. 2. 50
15. Physikalisches Experimentier- u. Lese-Buch m. vielen Freihandversuchen. Für den Schulunterricht u. zur Selbstbelehrg. bearb. Von W. Weiler. Mit 257 in den Text eingedr. meist farb. Abbildgn. (III, IV, 143 u. V S.) (902.) n. 3. —

— auserles. Schriften berühmter Männer d. 16n Jahrh., d. auf Staat, Kirche u. Literatur bedeutend eingewirkt. 1r Thl. — A. u. d. T.: W. Pirkheimers Schweizerkrieg u. Ehrenhandel mit seinen Feinden zu Nürnberg. Nebst Biographie u. krit. Schriftenverzeichniß. Herausgeg. v. F. Münch. 8. Basel 826, Schweighäuser.

— esoterischer Schriften. 1.—5. Bd. gr. 8. Leipzig 898. W. Friedrich. à n. 1. —
I. Religionslehre, die, d. Buddhisten. Ins Deutsche übertr. v. Frz. Hartmann. (V, 129 S.)
II. Sankaracharya: D. Palladium d. Weisheit (Viveka Chudamani). A. d. Sanskrit übers. v. Mohini Chatterii. (V, 98 S.)
III. IV. D. Geheimlehre i. d. christl. Religion u. d. Erklärgn. v. Meister Eckhart. Von Frz. Hartmann. (Neue [Umschlag-] Ausg.) (VIII, 226 S.) (895.)
V. Was ist Mystik? Von Carl Graf zu Leiningen-Billigheim. (Neue [Titel-] Ausg. (127 S.) (893.)

— esoterischer Schriften. VI.—XII. Bd. 8. Leipzig, W. Friedrich. à n. 1. —
VI. Die sieben Prinzipien od. Grundteile d. Menschen. Von Annie Besant. (Neue [Titel-]Ausg.) (VIII, 160 S.) (895.) 899.
VII. VIII. Reinkarnation od. Wiederverkörperungslehre. Von Annie Besant. (Neue [Titel-]Ausg.) (V, 182 S.) [895.] 900.
IX. Tao-Teh-King (Der Weg, die Wahrheit u. das Licht). Aus dem Chines. des Lao-tze übers. Von Frz Hartmann. (Neue [Titel-]Ausg. v.: Theosophie in China.) (135 S.) [897.) (900).
X. Unsere unsichtbaren Helfer. Von C. W. Leadbeater. Autoris. Übersetzg. aus dem Engl. (Neue [Titel-]Ausg) (81 S.) [897.] (900).
XI. XII. Die Erkenntnislehre der Bhagavad Gita im Lichte der Geheimlehre betrachtet. Ein Beitrag zum Studium derselben. Von Frz. Hartmann. (Neue [Titel-]Ausg.) (V. 150 S.) [897.] (900).

(5) — esoterischer Schriften. VI—VIII. Bd. 899. 900. (KBl. 31.) Jetzt: Leipzig, Theosoph. Verlagshaus.

—— classischer Schriften der praktischen Medicin. Bd. 1. Thl. 1—3. Institutionum medicinae practicae quas auditoribus suis praelegebat Jo. Bapt. Burserius de Kanilfeld. Vol. 1. Pars 1—3. De febribus, praemittitur commentariolum de inflammatione. Edit. cur. Jul. Leo. 16 maj. (26⅞ B.) Berolini 843. [Hirsch u. Comp.] *

— klein. jurist. Schriften, herausgeg. v. L. G. Hübner und K. A. Tittmann, s.a. K. A. Tittmann.

Bibliothek kleiner juristischer S c h r i f t e n . Hrsg. v. Chr. Gotth. Hübner u. Carl Aug. Tittmann. Bd. 1-3. Leipzig 1800 - 02. 3 Bde.

— der in Elsässischer Mundart erschienenen Schriften. (Von Louis Mohr.) gr. 8. (22 S.) Straßburg 877. Schultz & Co. n. 1. —

Bibliothek naturwissenschaftlicher Schriften f. Gebildete aller Stände. 1. Bd. gr. 8. Jena 876. Costenoble. n. 2. 50
Ursprung u. Metamorphosen der Insecten. Von Sir John Lubbock. Einzig autoris. Ausg. f. Deutschland. Nach der 2. Aufl. aus dem Engl. v. W. Schlösser. Mit 6 (lith.) Taf. u. 63 in den Text gedr. Holzschn. (XVII, 112 S.)

— verschied. z. schwedisch. Civil- u. Gelehrten-Historie gehörig. Schriften. 5 Thle. 4. Stockholm. 736.

—— volkswirthschaftlicher Schriften. Hrsg. durch J. Prince-Smith. I. Bd. 1—5. Lfg. A. u. d. T.: Volkswirthschaftliche Harmonien. Nach dem Franz. des Friedr. Bastiat. 1—5. Lfg. gr. 12. (III und 368 S.) Berlin 850, Hempel. à Lfg. * 5 Ngr. *

— deutscher Schriftsteller a. Böhmen. Hrsg. im Auftr. d. Gesellschaft z. Förderg deut. Wissenschaft, Kunst u. Lit. in Böhmen. 1. u. 2. Bd. 8° Prag u. Wien 94, F Tempsky. — Lpzg, G Freytag. à 2 —
Herman, N, d. Sonntags-Evangelia (1561). Hrsg. v. R Wolkan. (256 m. Bildnis.) [Bd 2.]
Reich, M, ausgew. Werke. Hrsg. v. R Fürst. (285 m. Bildnis.) [Bd 1.]

Bibliothek deutscher Schriftsteller aus Böhmen. Hrsg. i. Auftr. d. Gesellschaft z. Förderg. deutscher Wissenschaft, Kunst u. Literatur i. Böhmen. 4.—7. Bd. 8. Prag u. Wien. F. Tempsky. — Leipzig, G. Freytag. n. 11. — (1, 2, 4—7: n. 15. —)
4. Ausgew. Werke v. Johs. Mathesius. 1. Bd.: Leichenreden. I. Ausw. hrsg., erläut. u. eingel. v. Geo. Loesche. (XXXVII, 283 S. m. Bildn.) 896. n. 2. —
5. Erinnergn. a. m. Leben. Von Jos. Rank. (411 S. m. Bildn.) 896. n. 3. —
6. Ausgew. Werke v. Johs. Mathesius. 2. Bd.: Hochzeitspredigten. Hrsg., erläut. u. eingel. v. Geo. Loesche. (XXI, 387 S. m. Bildn.) 897. n. 3. —
7. Ausgew. Werke v. Jos. Meßner. Hrsg. u. eingel. v. Paul Meßner. (XV, 306 S. m. Bildn.) 897. n. 3. —

— deutscher Schriftsteller aus Böhmen. Hrsg. im Auftrage der Gesellschaft zur Förderg. deutscher Wissenschaft, Kunst u. Literatur in Böhmen. 3., 8.—10., 12. u. 13. Bd. 8. Prag, J. G. Calve. n. 22. —
3. Gedichte. Von Frdr. Bach. Hrsg. v. Jul. Reinwarth. Mit dem Bildnisse d. Dichters. (XLI, 166 S.) 900. n. 3. —
8. Deutsche Lieder auf den Winterkönig. Hrsg. v. Rud. Wolkan. Mit Portr. u. 7 Taf. in Lichtdr. (XVIII, 412 S.) 898. n. 3. —
9. Ausgewählte Werke. Von Johs. Mathesius. 3. Bd.: Luthers Leben in Predigten. Hrsg., erläutert u. eingeleitet von Geo. Loesche. Mit 2 Portr. (XXIV, 563 S.) 898. n. 4. — (1.—3.: n. 9. —)
10. Gesammelte Dichtungen. Von Just. Frey. Hrsg. v. seinem Sohne. Mit dem Bildnisse des Dichters. (XL, 415 S.) 899. n. 3. —
12. Sämmtliche Werke. Von Adb. Stifter. 14. Bd. Vermischte Schriften. 1. Abth. Hrsg. v. Adb. Horcicka. Mit 18 Lichtdr.-Taf. (LXXXV, 402 S.) 901. n. 5. —; geb. n. 6. 80
13. Ausgewählte Werke. Von Graf Kasp. v. Sternberg. 1. Bd. Briefwechsel zwischen J. W. v. Goethe u. Kaspar Graf v. Sternberg. (1820—1832.) Hrsg. v. Aug. Sauer. Mit 3 Bildn. Sternbergs. (XLI, 434 S.) 902. n. 4. —
Bd. 11 erscheint später.

Bibliothek deutscher Schriftsteller aus Böhmen. Hrsg. im Auftrage d. Gesellschaft zur Förderg. deutscher Wissenschaft, Kunst u. Literatur in Böhmen. 9. 11. 14. u. 16. Bd. 8. Prag, J. G. Calve. n. 22. —
9. Ausgewählte Werke. Von Johs. Mathesius. 3. Bd.: Luthers Leben in Predigten. Nach dem Urdruck. Kritische Ausg. m. Kommentar v. Geo. Loesche. 2., verb. u. verm. Aufl. Mit 3 Portr. (XXIV, 619 S.) 906. n. 4. —
11. Sämmtliche Werke. Von Adalb. Stifter. 1. Bd. Studien. 1. Bd. Hrsg. v. Aug. Sauer. Mit dem Bildnisse des Dichters u. 2 Lichtdr.-Taf. (LXXVII, 414 S.) 904. n. 5. —;
14. Ausgewählte Werke. Von Johs. Mathesius. 4. Bd. Handsteine. Hrsg., eingeleitet u. erläutert v. Geo. Loesche. Mit 2 Lichtdr.-Taf. (VIII, 704 S.) 904. n. 10. — (1.—4.: 19. —)
16. Literarisches Skizzenbuch. Gesammelte Aufsätze. Von Jos. Bayer. Mit dem Bildnis des Verf. (VIII, 358 S.) 905. n. 3. —
Der 15. Bd. ist noch nicht erschienen.

— deutscher Schriftsteller aus Böhmen. Hrsg. im Auftrage der Gesellschaft zur Förderg. deutscher Wissenschaft, Kunst u. Literatur in Böhmen. 4., 18—22., 25. u. 27—29. Bd. 8. Prag, J. G. Calve. 45. —
Bayer, Jos., Studien u. Charakteristiken. Dramaturgisches u. Erinnergn. an Persönlichkeiten. Mit der Reproduktion e. Porträtbüste des Verf. (XVII, 499 S.) 908. (Bd. 20.) 4. —
Frankl, Ludw. Aug., Erinnerungen. Hrsg. v. Stef. Hock. (XVI, 391 S. m. 1 Abbildg., 3 Bildnissen u. 1 Faksm.) 910. (Bd. 20.) 5. —
Hartmann's, Mor., gesammelte Werke. 1. Bd.: Moritz Hartmanns Leben u. Werke. Ein Beitrag zur polit. u. literar. Geschichte Deutschlands im XIX. Jahrh. v. Otto Wittner. 1. Tl.: Der Vormärz u. die Revolution. Mit 5 Lichtdr.-Bildern. (XVI, 465 S.) 906. (Bd. 18.) 6. —

— dasselbe. 2. Bd.: Moritz Hartmanns Leben u. Werke. Ein Beitrag z. polit. u. literar. Geschichte Deutschlands im XIX. Jahrh. v. Otto Wittner. 2. Tl.: Exil u. Heimkehr. M. 4 Lichtdr.-Bild. (XVI, 661 S.) 907. (Bd. 19.) 8. —

Kopp, Arth., Franz Anton Graf Sporck, e. deutsch-böhmischer Mäzen, u. seine Streitgedichte gegen die Schurtzer Jesuiten. (VI, 220 S. m. 1 Bildnis.) 910. (Bd. 28.) 2. —

Mathesius, Johs., ausgewählte Werke. 1. Bd. Leichenreden. Nach dem Urdruck (1559). Verkürzte Ausg. m. Kommentar, nebst e. Lebensabriß des Verf. v. Geo. Loesche. M. 2 Lichtdr. 2. durchges. u. ergänzte Aufl. (XXXVIII, 280 S.) 908. (Bd. 4.) 2. —

Sternberg, des Grafen Kasp. v., ausgewählte Werke. 2. Bd. Materialien zu meiner Biographie. Hrsg. v. Wladimir Helekal. (XXX, 312 S. m. 6 Lichtdr.-Taf.) 909. (Bd. 27.) 2. —; (1. u. 2: 7. —)

Stifter's, Adalb., sämmtliche Werke. 2. Bd. Studien. 2. Bd. Unter Mitwirkg. v. Frz. Hüller hrsg. v. Rud. Frieb, Hans Hartmann, Jos. Taubmann. Mit 2 Lichtdr.-Taf. u. 1 Stammbaum. (LXXIV, 373 S.) 908. (Bd. 21.) 5. —

— dasselbe. 3. Bd. Studien. 3. Bd. Hrsg. v. Frz. Hüller, Karl Kolischke, Jos. Nadler. (LXXXVII, 407 S. m. 7 Lichtdr.-Taf.) 910. (Bd. 22.) 5. —

— dasselbe. 5. Bd. 1. Hälfte. Bunte Steine. (Text.) Unter Mitwirkg. v. Fr. Hüller u. Hugo Sturm hrsg. v. Frz. Eggerer u. Adf. Raschner. Mit 4 Lichtdr.-Taf. (XCV, 302 S.) 908. (Bd. 25.) 5. —

Bd. 15, 17, 23, 24 u. 26 sind noch nicht erschienen.

Briefe a. d. Vormärz. Sammlg a. d. Nachlass Moritz Hartmanns, hrsg. u. eingeleitet v. Otto Wittner. (55, 557) '11 [30] 7 —

—— der griechischen und römischen Schriftsteller über Judenthum und Juden, s. a. Schriften hrsg. vom Institut zur Förderung der israelitischen Literatur.

— der griechischen u. römischen Schriftsteller über Judenthum u. Juden in neuen Uebertragungen u. Sammlungen. 1. Bd. Leipzig 865. Leiner. 8. (144 S.) 15 ngr.

—— klassischer Schriftsteller Nordamerika's. A. d. Engl. 1—12. Bd. 16. Frankfurt a. M., Sauerländer. à ⅜ Thlr.

A. u. d. Ttln.:

Bd. 1— 6. Paulding, James, amerikan. Romane. 1—6. Bd.
1., 2. Bd. Wohlauf, nach Westen! 2 Bde. (34 B.) 837.
3., 4. " Des Holländers Heerd. 2 Bde. (32 B.) 838.
5., 6. " Königmarke, od. alte Zeiten in d. neuen Welt. 2 Bde. (30½ B.) 840.
" 7—12. Bird's ausgewählte amerikan. Romane. 1—6. Bd.
1—3. Bd. Die Falken aus d. Falken-Höhle. Eine Gesch. aus Pensylvanien. 3 Thle. (45 B.) 840.
4—6. " Der Waldteufel. Ein Roman aus Kentucky. 3 Thle. (41½ B.) 841.

— spanischer Schriftsteller, hrsg. v. Adf. Kressner. 1—3. Bd. 8. Leipzig 886. Renger. n. 3. 50

1. Novelas ejemplares de Cervantes. Mit erklär. Anmerkgn. v. Adf. Kressner. 1. Tl. Las dos doncellas. La señora Cornelia. (X, 87 S.) 1. 20
2. Comedias de Don Pedro Calderon de la Barca. Mit Einleitg. u. erklär. Anmerkgn. hrsg. v. Adf. Kressner. 1. Tl. La vida es sueño. (XII, 104 S.) n. 1. 50
3. Con mal o con bien a los tuyos te ten. Novela por Caballero. Mit erklär. Anmerkgn. v. Adf. Kressner. (VIII, 52 S.) n. — 80

— spanischer Schriftsteller, hrsg. v. Adf. Kressner. 4.—10. Bd. gr. 8. Leipzig, Renger. n. 11. 50

4. El ingenioso hidalgo Don Quijote de la Mancha, compuesto por Miguel de Cervantes Saavedra. 1. parte. Mit erklär. Anmerkgn. v. Adf. Kressner. (XI, 92 S.) 887. n. 1. 60
7. — dasselbe. 1. parte. 2. Bdchn. Mit erklär. Anmerkgn. v. A. Kressner. (141 S.) 889. n. 2. 40
5. Comedias de Calderon. Mit erklär. Anmerkgn. v. Adf. Kressner. II. Tl. El alcalde de Zalamea. (X, 94 S.) 887. n. 1. 60
6. Los Amantes de Teruel. Drama en verso y prosa y en cuatro actos de J. E. Hartzenbusch. Mit Einleitg. u. Anmerkgn. hrsg. v. A. Kressner. (XVI, 72 S.) 887. n. 1. 50
8. Comedias de Frey Lope Felix de Vega Carpio. Mit Einleitg. u. Anmerkgn. hrsg. v. A. Kressner. 1. Tl.: La esclava de su galan. (XIV, 98 S.) 889. n. 1. 80
9. Vida del Gran Capitan por Don M. J. Quintana. [Aus: Vidas de Españoles célebres.] Hrsg. m. Einleitg. u. erklär. Anmerkgn. v. A. Kressner. (VII, 77 S.) 890. n. 1. 40
10. La vida de Lazarillo de Tormes, y de sus fortunas y adversidades. Mit erklär. Anmerkgn. v. A. Kressner. (XII, 66 S.) 890. n. 1. 20

— spanischer Schriftsteller. Hrsg. v. Adf. Kressner. 11.—17. Bd. 8. Leipzig, Renger. n. 11. 80

11. Sammlung spanischer Gedichte. Ausgewählt u. m. Anmerkgn. versehen v. Adf. Kressner. (VIII, 200 S.) 891. n. 3. —
12. El Trovador. Drama en 5 jornadas, en verso, por D. Antonio García Gutierrez. Mit erklär. Anmerkgn. hrsg. v. Adf. Kressner. (VIII, 76 S.) 892. n. 1. 30
13. Pobre Dolores! Novela por Fernan Caballero. Mit erklär. Anmerkgn. hrsg. v. Adf. Kressner. (VII, 72 S.) 892. n. 1. 20
14. Un año despues de la boda. Drama en 5 actos, en verso por Antonio Gil y Zarate. Mit erklär. Anmerkgn. v. Adf. Kressner. (VII, 87 S.) 892. n. 1. 30
15. El ingenioso Hidalgo Don Quijote de la Mancha, compuesto por Miguel de Cervantes Saavedra. 1. Parte. 3. Bdchn. Mit erklär. Anmerkgn. (122 S.) 893. n. 2. —
16. — dasselbe. 1. Parte. 4. Bdchn. Mit erklär. Anmerkgn. hrsg. v. Adf. Kressner. (135 S.) 894. n. 2. —
17. Un Sí y un No. Comedia en prosa y en 3 actos de Don Juan Eugenio Hartzenbusch. Mit erklär. Anmerkgn. hrsg. v. Adf. Kressner. (VII, 58 S.) 895. n. 1. —

— spanischer Schriftsteller. Hrsg. v. Adf. Kressner. 1.—3. u. 18.—20. Bdchn. gr. 8. Leipzig, Renger. n. 8. —

1. Novelas ejemplares de Miguel de Cervantes Saavedra. (Auswahl.) M. erklär. Anmerkgn. hrsg. v. Adf. Kressner. 1. Tl.: Las dos doncellas. La Señora Cornelia. 2., verb. Aufl. (X, 89 S.) 895. n. 1. 20
2. Comedias de Don Pedro Calderon de la Barca. M. e. Einleitg. u. erklär. Anmerkgn. hrsg. v. Adf. Kressner. 1. Tl.: La vida es sueño. 2., verb. Aufl. (XII, 107 S.) 897. n. 1. 60
3. Con mal ó con bien a los tuyos te ten. Novela de Fernan Caballero. M. erklär. Anmerkgn. hrsg. v. Adf. Kressner. 2., verb. Aufl. (VII, 56 S.) 897. n. 1. —
18. Novelas ejemplares de Miguel de Cervantes Saavedra. (Auswahl.) M. erklär. Anmerkgn. hrsg. v. Adf. Kressner. 2. Tl.: La Jitanilla. El amante liberal. (VIII, 122 S.) 896. n. 2. — (1. u. 2.: n. 4. 60)
19. Tu amor ó la muerte de Mariano José Larra. M. erklär. Anmerkgn. hrsg. v. Adf. Kressner. (VI, 34 S.) 896. n. — 60
20. Comedias de Don Pedro Calderon de la Barca. M. erklär. Anmerkgn. hrsg. v. Adf. Kressner. 3. Tl.: El médico de su honra. (XII, 98 S.) 898. n. 1. 60

— spanischer Schriftsteller. Hrsg. v. Adf. Kressner. 4., 21. u. 22. Bdchn. gr. 8. Leipzig, Renger. n. 5. 40

4. El ingenioso hidalgo Don Quijote de la Mancha. Von Miguel de Cervantes Saavedra. 1. parte. 1. Bdchn. Mit erklär. Anmerkgn. hrsg. v. Adf. Kressner. 2. Aufl. (XI, 98 S.) 902. n. 1. 60
21. Comedias. Von Frey Lope Felix de Vega Carpio. Mit Einleitg. u. Anmerkgn. hrsg. v. Adf. Kressner. II. Tl. Amar sin saber a quién. (XIV, 104 S.) 901. n. 1. 80
22. Una en otra. Novela. Von Fernan Caballero. Mit erklär. Anmerkungen hrsg. von Adf. Kressner. (VII, 132 S.) 901. n. 2. —

— spanischer Schriftsteller. Hrsg. v. Adf. Kressner. 23. Bdchn. 8. Leipzig, Renger. n. 1. 20

Moratin, Don Leandro Fernandez de, el sí de las niñas. Comedia en tres actos. Mit Einleitg. u. Anmerkgn. hrsg. v. Adf. Kressner. (VII, 64 S.) 904.

Bibliothek älterer Schriftwerke der deutschen Schweiz und ihres Grenzgebietes. Hrsg. von Jak. Baechtold und Ferd. Vetter. 1. und 2. Bd. gr. 8. Frauenfeld, Huber. Subscr.-Pr. * ℳ 12.; Ladenpr. *

Inhalt:

Bd. 1. Die Stretlinger Chronik. Ein Beitrag zur Sagen- und Legendengeschichte der Schweiz aus dem XV. Jahrh. Mit einem Anhang: Vom Herkommen der Schwyzer und Oberhasler. Hrsg. von Jak. Baechtold. (LXXXV, 202 S. mit 1 Chromolithogr. und 1 genealog. Tab. in qu. gr. 4.) 877. Subscr.-Pr. * ℳ 4.; Ladenpr. * ℳ 5.
" 2. Niklaus Manuel. Hrsg. von Jak. Baechtold. (CCXXIII, 467 S.) 878. Subscr.-Pr. * ℳ 8.; Ladenpr. * ℳ 10.

—— älterer Schriftwerke der deutschen Schweiz und ihres Grenzgebietes. Hrsg. von Jak. Baechtold und Ferd. Vetter. 3.—5. Bd. gr. 8. Frauenfeld, Huber. *

Inhalt:

Bd. 3. Haller's, Albr. v., Gedichte. Hrsg. und eingeleitet von Ludw. Hirzel. (XII, DXXXVI, 423 S.) 882. * ℳ 10.
" 4. 5. Schweizerische Volkslieder. Mit Einleitung und Anmerkungen hrsg. von Ludw. Tobler. 1. und 2. Bd. (XII, CLI, 234; XXVIII, 264 S.) 882, 84. à Bd. * ℳ 5.

—— älterer Schriftwerke der deutschen Schweiz. Hrsg. von Jak. Baechtold und Ferd. Vetter. 6. Bd. und Ergänzungsbd. 1. und 2. Lfg. gr. 8. Frauenfeld, Huber. *

Inhalt:

Bd. 6. Bartsch, Karl, die schweizer Minnesänger. Mit Einleitung und Anmerkungen hrsg. (CCXX, 474 S.) 886. * ℳ 8.—.
Ergänzungsbd.: Das Schachzabelbuch Kunrats v. Ammenhausen, Mönchs und Leutpriesters zu Stein am Rhein. Nebst den Schachbüchern des Jakob von Cessole und des Jakob Mennel hrsg. von Ferd. Vetter. 1. und 2. Lfg. (VIII, Sp. 1—432.) 886, 88. à Lfg. * ℳ 2.40.

—— dass. 2. Serie 1. Hft. 8. Ebd. 87. n. 2. 60
Chronik d. Gesellschaft d. Mahler. 1721—1722. Nach d. Mscr. d. Züricher Stadtbibliothek v. T Vetter. (117)

—— dass. — 2, Serie. 1. Heft: Chronik der Gesellschaft der Mahler. 1721—1722. Nach dem Mscr. der Zürcher Stadtbibliothek hrsg. von Thdr. Vetter. 8. (VIII, 117 S.) Ebendas. 888. *

Bibliothek älterer Schriftwerke der deutschen Schweiz. Hrsg. von Jak. Baechtold u. Ferd. Vetter. 2. Serie. 2. u. 3. Heft. 8. Frauenfeld 891, Huber. * 4 60
2. Die Discourse der Mahlern. 1721—1722. Mit Anmerkgn. hrsg. v. Thdr. Vetter. 1 Tl. (124, 13 S.) * 2 60.
3. Geschichte der Gelehrtheit v. C. M. Wieland, seinen Schülern dictiert. Hrsg. v. Ludw. Hirzel. (XII, 81 S.) * 2 —.
2. Serie 1. Heft. Ebd. 1888. * 2 60.

—— älterer Schriftwerke der deutschen Schweiz. Hrsg. v. Jak. Baechtold u. Ferd. Vetter. Ergänzungsbd. 3. Lfg.: Das Schachzabelbuch Kunrats v. Ammenhausen, Mönchs u. Leutpriesters zu Stein am Rhein. Nebst d. Schachbüchern d. Jakob v. Cessole u. d. Jakob Mennel hrsg. v. Ferd. Vetter. Mit e. Exkurs üb. das mittelalterl. Schachspiel von v. Heydebrand u. der Lasa. 3. Lfg. gr. 8. (XXIV, LXXIV Sp.; 870 Sp. m. 1 Bild u. 1. Tab.) Frauenfeld 892, Huber. * 8 —
1.—6. Bd. u. Ergänzungsbd. 1. u. 2. Lfg. Ebd. 1877—88. * 45 40.

— f. deutsche Schüler. Nr. 1 u. 2. 8. Leipzig 895. E. Wolkening. n. — 50
1. Wie präpariere ich mich f. d. fremdsprachl. Lektüre? Beantwortet f. d. Schüler höh. Lehranst. v. Max Schneidewin. [Aus: „Deutsche Schülerztg."] (20 S.) n. — 30
2. Szenen a. Horribilicribrifax Teutsch d. Andr. Gryphius. Z. Gebr. a. d. Liebhaberbühne ausgew. u. m. szen. Bemerkgn. versehen. (12 S.) n. — 20

— für deutsche Schüler. Nr. 3 u. 4. 16. Leipzig, E. Wolkening. n. — 50
3. Die Ahnherrn des deutschen Dramas. Von Rost. (24 S.) (905.) n. — 20
4. Tafeln zur Kulturgeschichte 4500 vor bis 1900 nach Chr. Von E. Wilhelm. (32 S.) (905) n. — 30

— Schüler-Versetzung. Der versetzte Schüler. Hülfsbuch f. die Anfertigg. guter Arbeiten zu Hause u. in der Klasse. Erreichg. der Versetzg. in die nächsthöhere Klasse u. Bestehen jedes Schülerexamens. 1.–12. 14.–18. 22.–24. u. 34. Bdchn. schmal gr. 8. Berlin-Schöneberg, Mentor-Verlag. à Bdchn. n. 1. —
Arithmetik u. Algebra f. Quartaner, Unter-Tertianer, Ober-Tertianer, Unter-Sekundaner u. Ober-Sekundaner. Leicht lernbare Gesetze m. Musterbeispielen. Bedeutende Hilfsmittel u. Erleichtergn. Kurzgefaßt, klar, gründlich, übersichtlich u. leichtfaßlich. Für die Schüler aller höheren Schulen bearb. Von D. Katz. (60 S.) (905.) (10. Bdchn.)
Englisch f. Unter-Tertianer, Ober-Tertianer u. Unter-Sekundaner. Leicht lernbare Regel m. übersetzten Beispiel-Sätzen. Bedeutende Hilfsmittel u. Erleichtergn. Für die Schüler aller höheren Schulen bearb. Von H. Buschlag. (56 S.) (905.) (5. Bdchn.)
— f. Ober-Sekundaner, Unter-Primaner, Ober-Primaner u. Abiturienten. Leicht lernbare Regeln m. übersetzten Beispiel-Sätzen. Bedeutende Hilfsmittel u. Erleichtergn. Für die Schüler aller höheren Schulen bearb. Von H. Buschlag. (53 S.) (905.) (6. Bdchn.)
Französisch f. Sextaner, Quintaner, Quartaner, Unter-Tertianer u. Ober-Tertianer. Leicht lernbare Regeln m. Musterbeispielen. Bedeutende Hilfsmittel u. Erleichtergn. Für die Schüler aller höheren Schulen bearb. Von H. Buschlag. (60 S.) (905.) (2. Bdchn.)
— f. Unter-Sekundaner, Ober-Sekundaner, Unter-Primaner, Ober-Primaner u. Abiturienten. Leicht lernbare Regeln m. übersetzten Beispielsätzen. Bedeutende Hilfsmittel u. Erleichtergn. Für die Schüler aller höheren Schulen bearb. Von H. Buschlag. (65 S.) (905.) (3. Bdchn.)
Geographie. Physikalische u. polit. Geographie f. Sextaner, Quintaner, Quartaner, Unter-Tertianer, Ober-Tertianer, Unter-Secundaner, Ober-Secundaner, Unter-Primaner, Ober-Primaner u. Abiturienten. Bedeutende Hilfsmittel u. Erleichtergn. Kurzgefaßt, klar, gründlich, übersichtlich u. leichtfaßlich. Für die Schüler aller höheren Schulen bearb. Von H. Buschlag. (77 S.) (905.) (4. Bdchn.)
Geschichte — Geschichtsdaten nebst Anleitung, die Geschichtszahlen sowie jeden geschichtlichen Text viel leichter, schneller u. gründlicher als sonst zu lernen u. zu behalten. Für Sextaner, Quintaner, Quartaner, Unter-Tertianer, Ober-Tertianer, Unter-Sekundaner, Ober-Sekundaner, Unter-Primaner, Ober-Primaner u. Abiturienten. Kurzgefaßt, klar, gründlich, übersichtlich u. leichtfaßlich. Für die Schüler aller höheren Schulen bearb. Von H. Buschlag. (78 S.) (905.) (15. Bdchn.)
— des Mittelalters. Anleitung, Geschichte des Mittelalters viel leichter, schneller u. gründlicher als sonst zu lernen, u. bedeutend länger als sonst zu behalten. Bedeutende Hilfsmittel u. Erleichtergn. Für Quartaner, Unter-Tertianer, Ober-Tertianer, Unter-Sekundaner, Ober-Sekundaner, Unter-Primaner, Ober-Primaner u. Abiturienten. Kurzgefaßt, klar, gründlich, übersichtlich u. leichtfaßlich. Für die Schüler aller höheren Schulen bearb. Von H. Buschlag. (XII, 128 S.) (906.) (22. Bdchn.)
— der Neuzeit. Anleitung, Geschichte der Neuzeit viel leichter, schneller u. gründlicher als sonst zu lernen u. bedeutend länger als sonst zu behalten. Bedeutende Hülfsmittel u. Erleichtergn. Für Quartaner, Unter-Tertianer, Ober-Tertianer, Unter-Sekundaner, Ober-Sekundaner, Unter-Primaner, Ober-Primaner u. Abiturienten. Kurzgefaßt, klar, gründlich, übersichtlich u. leichtfaßlich. Für die Schüler aller höheren Schulen bearb. Von H. Buschlag. (XII, 185 S.) (906.) (23. Bdchn.)
Griechisch f. Obertertianer, Untersekundaner, Obersekundaner, Unterprimaner, Oberprimaner u. Abiturienten. Leicht lernbare Regeln m. übersetzten Beispielsätzen. Bedeutende Hilfsmittel u. Erleichtergn. Kurzgefaßt, klar, gründlich, übersichtlich u. leichtfaßlich. Für die Schüler aller höheren Schulen bearb. Von R. Dietzel. (X, 88 S.) (906.) (14. Bdchn.)
Lateinisch f. Sextaner, Quintaner, Quartaner, Unter-Tertianer u. Ober-Tertianer. Leicht lernbare Regeln m. Musterbeispielen. Bedeutende Hülfsmittel u. Erleichtergn. Kurzgefaßt, klar, gründlich, übersichtlich u. leichtfaßlich. Für die Schüler aller höheren Schulen bearb. Von A. Töcke. (109 S.) (905.) (11. Bdchn.)
— f. Unter-Tertianer, Ober-Tertianer, Unter-Sekundaner, Ober-Sekundaner, Unter-Primaner, Ober-Primaner u. Abiturienten. Leicht lernbare Regeln m. Musterbeispielen. Bedeutende Hülfsmittel u. Erleichtergn. Kurzgefaßt, klar, gründlich, übersichtlich u. leichtfaßlich. Für die Schüler aller höheren Schulen bearb. Von D. Katz. (XII, 120 S.) (906.) (12. Bdchn.)
Lösung planimetrischer Konstruktionsaufgaben nebst reichhaltiger Sammlung gelöster Aufgaben f. Quartaner, Unter-Tertianer, Ober-Tertianer u. Unter-Sekundaner. Gründliche Unterweisg. im Lösen planimetr. Konstruktionsaufgaben durch geometr. Analysis. Kurzgefaßt, klar, gründlich, übersichtlich u. leichtfaßlich. Für die Schüler aller höheren Schulen bearb. Von H. Buschlag. (64 S. m. Fig.) (905.) (8. Bdchn.)
— Dasselbe f. Ober-Sekundaner, Unter-Primaner, Ober-Primaner u. Abiturienten. Gründliche Unterweisg. im Lösen planimetr. Konstruktionsaufgaben durch geometr. Analysis. Kurzgefaßt, klar, gründlich, übersichtlich u. leichtfaßlich. Für die Schüler aller höheren Schulen bearb. Von H. Buschlag. (54 S. m. Fig.) (905.) (9. Bdchn.)
Planimetrie f. Quartaner, Untertertianer, Obertertianer, Untersekundaner, Obersekundaner, Unterprimaner, Oberprimaner u. Abiturienten. Lehrsätze m. recht leicht lernbaren Beweisen. Leichtverständliche Anweisg. zur Aufgaben-Lösg. Kurzgefaßt, klar, gründlich, übersichtlich u. leichtfaßlich. Für die Schüler aller höheren Schulen bearb. Von H. Buschlag. (114 S. m. Fig.) (905.) (7. Bdchn.)
Rechnen. Die bürgerl. Rechnungsarten. Leichtester u. gründlichster Lehrgang des bürgerl. Rechnens. Anleitung, viel leichter, schneller u. gründlicher als sonst die bürgerl. Rechnungsarten zu erlernen u. das Gelernte bedeutend länger als sonst zu behalten. Leichtfaßliche Anweisg. f. Schüler: 1. Nach leicht lernbaren Regeln u. Formen m. Musterbeispielen: a) gute Klassenarbeiten anzufertigen, b) gute häusl. Arbeiten zu machen. 2. Zahlen viel leichter, schneller u. gründl. als sonst zu lernen u. viel länger als sonst zu behalten. 3. Sämtliche Schwierigkeiten des Rechenunterrichts leicht u. sicher zu überwinden. Bedeutende Hülfsmittel u. Erleichtergn. Für Quartaner, Unter-Tertianer, Ober-Tertianer, Unter-Sekundaner, Ober-Sekundaner, Unter-Primaner, Ober-Primaner u. Abiturienten. Kurzgefaßt, klar, gründlich, übersichtlich u. leichtfaßlich. Für die Schüler aller höheren Schulen bearb. Von H. Buschlag. (XI, 107 S.) (906.) (24. Bdchn.)
— f. Sextaner, Quintaner, Quartaner, Unter-Tertianer, Ober-Tertianer, Unter-Secundaner, Ober-Secundaner, Unter-Primaner, Ober-Primaner u. Abiturienten. Leicht lernbare Regeln m. Musterbeispielen. Bedeutende Hülfsmittel u. Erleichtergn. Kurzgefaßt, klar, gründlich, übersichtlich u. leichtfaßlich. Für die Schüler aller höheren Schulen bearb. Von H. Buschlag. (64 S.) (905.) (1. Bdchn.)
Rechtschreibung, deutsche, u. bedeutende Erleichterung des Auswendiglernens u. Behaltens fast aller Aufgaben des Unterrichts im Deutschen. Anleitung, Aufgaben des Unterrichts im Deutschen viel leichter, schneller u. gründlicher als sonst zu lernen und das Gelernte bedeutend länger als sonst zu behalten. Bedeutende Hülfsmittel u. Erleichtergn. Für Sextaner, Quintaner, Quartaner, Unter-Tertianer, Ober-Tertianer, Unter-Sekundaner, Ober-Sekundaner, Unter-Primaner, Ober-Primaner u. Abiturienten. Kurzgefaßt, klar, gründlich, übersichtlich u. leichtfaßlich. Für die Schüler aller höheren Schulen bearb. Von H. Buschlag. (XII, 71 S.) (906.) (34. Bdchn.)
Stereometrie f. Untersekundaner u. Obersekundaner. Recht leicht lernbarer, gründl. Anfängerkurs. Anleitung f. Schüler, sich üb. die ersten Schwierigkeiten des Unterrichts in der Stereometrie leicht u. sicher hinwegzuhelfen. Bedeutende Hülfsmittel u. Erleichtergn. Konstruktionsaufgaben m. Lösg. Musteraufgaben m. ausführl. Ausrechng. Kurzgefaßt, klar, gründlich, übersichtlich u. leichtfaßlich. Für die Schüler aller höheren Schulen bearb. Von H. Buschlag. (XII, 64 S. m. Fig.) (906.) (18. Bdchn.)
Trigonometrie, ebene u. sphärische, f. Unter-Primaner, Ober-Primaner u. Abiturienten. Recht leicht verständl., gründl. Kursus. Leicht lernbare Regeln u. Formeln. Bedeutende Hülfsmittel u. Erleichtergn. Reichhaltige Sammlg. häufig vorkomm. Aufgaben nebst deren ausführl. Lösg. Kurzgefaßt, klar, gründlich, übersichtlich u. leichtfaßlich. Für die Schüler aller höheren Schulen bearb. Von H. Buschlag. (103 S.) (905.) (17. Bdchn.)
— (Goniometrie u. Trigonometrie) f. Untersekundaner u. Obersekundaner. Recht leicht lernbarer gründlicher Anfängerkursus. Anleitung f. Schüler, sich über die ersten Schwierigkeiten des Unterrichts in der Trigonometrie leicht u. sicher hinwegzuhelfen. Bedeutende Hülfsmittel u. Erleichtergn. Kurzgefaßt, klar, gründlich, übersichtlich u. leichtfaßlich. Für die Schüler aller höheren Schulen bearb. Von H. Buschlag. (58 S. m. Fig.) (905.) (16. Bdchn.)

— **Schüler-Versetzung.** (Mentor-Repetitorien.) Hilfsbücher f. die Anfertigg. guter Arbeiten zu Hause u. in der Klasse, Erreichg. d. Versetzg. in d. nächsthöhere Klasse u. Bestehen jedes Schülerexamens. Bdchn. Nr. 2, 3, 10—14, 20, 23—33 u. 35—40. 22,5×12 cm. Berlin-Schöneberg. Mentor-Verlag. à Bdchn. 1. —

Dietzel, R., Griechisch. Anfängerkursus. Für die Schüler der Untertertia. 2. Aufl. (XII, 88 S.) (909.) (13. Bdch.)

— dasselbe. Für die Schüler der Obertertia bis Oberprima u. f. Abiturienten. Leicht lernbare Regeln m. übersetzten Beispielsätzen. 2. Aufl. (X, 88 S.) (909.) (14. Bdch.)

Katz, D., Arithmetik u. Algebra. Für die Schüler d. Quarta bis Obersekunda. 2. Aufl. (60 S.) (909.) (10. Bdch.)

— Lateinisch. Für die Schüler der Untertertia bis Oberprima u. f. Abiturienten. 2. Aufl. (XII, 120 S.) (910.) (12. Bdch.)

Tölcke, A., Lateinisch. Für die Schüler der Sexta bis Obertertia. 2. Aufl. (109 S.) (910.) (11. Bdch.)

Zuschlag, H., Arithmetik u. Algebra II. Höhere Arithmetik u. Algebra. Leichtester u. gründlichster Lehrgang der höheren Arithmetik u. Algebra. Anleitung, viel leichter, schneller u. gründlicher als sonst die höhere Arithmetik u. Algebra zu erlernen u. das Gelernte bedeut. länger als sonst zu behalten. Leichtfaßliche Anweisg. f. Schüler.: 1. Nach leicht lernbaren Regeln u. Formeln m. Musterbeispielen: a) gute Klassenarbeiten anzufertigen, b) gute häusl. Arbeiten zu machen. 2. Zahlen viel leichter, schneller u. gründlicher als sonst zu lernen u. viel länger als sonst zu behalten. 3. Sämtliche Schwierigkeiten des Unterrichts in der höheren Arithmetik u. Algebra leicht u. sicher zu überwinden. Bedeutende Hilfsmittel u. Erleichtergn. Für Ober-Sekundaner, Unter-Primaner, Ober-Primaner u. Abiturienten. Kurzgefaßt, klar, gründlich, übersichtlich u. leichtfaßlich. Für die Schüler aller höheren Schulen bearb. (VIII, 90 S.) (907.) (25. Bdch.)

— Deutscher Aufsatz I. Leichter gründl. Lehrgang des dtschn. Aufsatzes. Für die Schüler der mittleren Klassen. 1. u. 2. Aufl. (VIII, 96 S.) (907. 909.) (26. Bdch.)

— dasselbe. II. Anleitung, sich in der Anfertigg. guter dtsch. Aufsätze leicht, schnell u. gründlich einzuarbeiten. Für die Schüler der oberen Klassen. 1. u. 2. Aufl. (VIII, 93 S.) (907. 909.) (27. Bdch.)

— Botanik. Eingerichtet zum schnellen, leichten Auswendiglernen. Leichtfaßliche Anweisg. f. Schüler: 1. das in der Botanik f. zu Hause zum Lernen Aufgegebene viel schneller u. bedeutend länger als sonst zu behalten: 2. gute Klassenarbeiten anzufertigen; 3. gute häusl. Arbeiten zu machen; 4. Zahlen aus der Botanik viel leichter, schneller u. gründlicher als sonst zu behalten; 5. sämtl. Schwierigkeiten des Unterrichts in der Botanik leicht u. sicher zu überwinden. Bedeutende Hilfsmittel u. Erleichtergn. Für d. Schüler aller Klassen u. Abiturienten. Kurzgefaßt, klar, gründlich, übersichtlich u. leichtfaßlich. Für die Schüler aller höh. Schulen bearb. (XVI, 78 S.) (907.) (30. Bdch.)

— Anorganische Chemie. Anleitg., anorgan. Chemie viel leichter, schneller u. gründl. als sonst zu lernen u. bedeutend länger als sonst zu behalten. Für Untertertianer, Obertertianer, Untersekundaner, Obersekundaner, Unterprimaner, Oberprimaner u. Abiturienten. Kurzgefaßt, klar, gründlich, übersichtlich u. leichtfaßlich. Für die Schüler all. höh. Schulen bearb. (XII, 68 S.) (908.) (29. Bdch.)

— Organische Chemie. Anleitung, organ. Chemie viel leichter, schneller u. gründl. als sonst zu lernen u. bedeutend länger als sonst zu behalten. Für Untersekundaner, Obersekundaner, Unterprimaner, Oberprimaner u. Abiturienten. Kurzgefaßt, klar, gründlich, übersichtlich u. leichtfaßlich. Für die Schüler aller höheren Schulen bearb. (XII 56 S.) (908.) (28. Bdch.)

— Französisch. Für die Schüler der Sexta bis Obertertia. 2. Aufl. (65 S.) (909.) (2. Bdch.)

— dasselbe. Für die Schüler der Untersekunda bis Oberprima u. f. Abiturienten. 2. Aufl. (68 S.) (910.) (3. Bdch.)

— Geschichte der Neuzeit. Bedeutende Hilfsmittel u. Erleichtergn. f. die Schüler der Quarta bis Oberprima u. f. Abiturienten. 2. Aufl. (XII, 185 S.) (909.) (23. Bdch.)

— Alte orientalische Geschichte. Für die Schüler aller höheren Schulen bearb. (VIII, 42 S.) (908.) (40. Bdch.)

— Gleichungen 3. u. 4. Grades. Für Obersekundaner, Unterprimaner, Oberprimaner u. Abiturienten. (VIII, 106 S.) (909.) (39. Bdch.)

— Diophantische Gleichungen. Für Obersekundaner, Unterprimaner, Oberprimaner u. Abiturienten. Recht leichter, gründl. Lehrgang der diophant. Gleichgn. Anleitung, sich m. leichter Mühe einzuarbeiten, u. schnell u. sicher gute Fortschritte zu machen. Für die Schüler aller höh. Schulen bearb. (VIII, 58 S.) (908.) (36. Bdch.)

— Deutsche Grammatik. Bedeutende Erleichterg. d. Auswendiglernens u. Behaltens fast aller Aufgaben des Unterrichts in der deutschen Grammatik. Anleitung, Aufgaben des Unterrichts in der deutschen Grammatik viel leichter, schneller u. gründlicher als sonst zu lernen u. das Gelernte bedeutend länger als sonst zu behalten. Anweisung f. Schüler: 1. das f. zu Hause zum Lernen Aufgegebene in der Klasse vor dem Lehrer flott erzählen zu können u. nicht stecken zu bleiben; 2. gute Klassenarbeiten zu schreiben; 3. gute häusl. Arbeiten zu machen; 4. Schwierigkeiten des Unterrichts in der dtschn. Grammatik leicht u. sicher zu überwinden. Bedeutende Hilfsmittel u. Erleichtergn. Für Sextaner, Quintaner, Quartaner, Untertertianer, Obertertianer, Untersekundaner, Obersekundaner, Unterprimaner, Oberprimaner u. Abiturienten. Kurzgefaßt, klar, gründlich, übersichtlich u. leichtfaßlich. Für die Schüler aller höheren Schulen bearb. (VIII, 86 S.) (907.) (35. Bdch.)

— Deutsche Literaturgeschichte. Anleitung, deutsche Literaturgeschichte viel leichter, schneller u. gründl. als sonst zu lernen u. bedeutend länger zu behalten. Bedeutende Hilfsmittel u. Erleichtgern. Für Quartaner, Unter-Tertianer, Ober-Tertianer, Unter-Sekundaner, Ober-Sekundaner, Unter-Primaner, Ober-Primaner u. Abiturienten. Kurzgefaßt, klar, gründlich, übersichtlich u. leichtfaßlich. Für die Schüler aller höheren Schulen bearb. 1. u. 2. Aufl. (XI, 121 S.) (906. 910.) (20. Bdch.)

— Lösung planimetrischer Teilungsaufgaben. Jede Aufgabe m. Lösg. Für Obersekundaner, Unterprimaner, Oberprimaner u. Abiturienten. Gründliche Unterweisg. im Lösen planimetr. Teilungsaufgaben durch geometr. Analysis. Für die Schüler aller höheren Schulen bearb. (VIII, 40 S.) (908.) (38. Bdch.)

Zuschlag, H., Lösung planimetr. Verwandlungsaufgab. Jede Aufgabe m. Lösg. Für Quartaner, Untertertianer, Obertertianer, Untersekundaner, Obersekundaner, Unterprimaner, Oberprimaner u. Abiturienten. Gründliche Unterweisg. im Lösen planimetr. Verwandlungsaufgaben durch geometr. Analysis. Kurzgefaßt, klar, gründlich, übersichtlich u. leichtfaßlich. Für die Schüler aller höheren Schulen bearb. (VIII, 51 S. m. 50 Fig.) (908.) (37. Bdch.)

— Mineralogie. Bedeutende Erleichterg. des Auswendiglernens u. Behaltens fast aller Aufg. des Unterrichts in der Mineralogie. Anweisung f. Schüler: 1. das f. zu Hause zum Lernen Aufgegebene in der Klasse vor dem Lehrer flott u. gut erzählen zu können u. nicht stecken zu bleiben; 2. gute Klassenarbeiten zu schreiben: 3. gute häusl. Arbeiten zu machen; 4. Schwierigkeiten des Unterrichts in der Mineralogie leicht u. sicher zu überwinden. Bedeutende Hilfsmittel u. Erleichtergn. Für Sextaner, Quintaner, Quartaner, Untertertianer, Obertertianer, Untersekundaner, Obersekundaner, Unterprimaner, Oberprimaner u. Abiturienten. Kurzgefaßt, klar, gründlich, übersichtlich u. leichtfaßlich. Für die Schüler aller höheren Schulen bearb. (XII, 67 S. m. Fig.) (907.) (31. Bdch.)

— Physik. Eingerichtet zum schnellen, leichten Auswendiglernen. Anleitung, Physik viel leichter, schneller u. gründlicher als sonst zu lernen u. bedeutend länger als sonst zu behalten. Anweisung f. Schüler: 1. das in der Physik f. zu Hause zum Lernen Aufgegebene in der Klasse vor dem Lehrer flott u. gut erzählen zu können u. nicht stecken zu bleiben; 2. gute Klassenarbeiten zu schreiben; 3. gute Aufsätze zu machen; 4. Zahlen viel leichter u. schneller als sonst zu lernen u. bedeutend länger als sonst zu behalten; 5. sämtl. Schwierigkeiten des Unterrichts in der Physik leicht u. sicher zu überwinden, Bedeutende Hilfsmittel u. Erleichtergn. Für Quartaner, Untertertianer, Obertertianer, Untersekundaner, Obersekundaner, Unterprimaner, Oberprimaner u. Abiturienten. Kurzgefaßt, klar, gründlich, übersichtlich u. leichtfaßlich. Für die Schüler aller höheren Schulen bearb. (VIII, 78 S.) (907.) (33. Bdch.)

— Rechnen (II). Die bürgerl. Rechnungsarten. 2. Aufl. (IX, 107 S.) (910.) (24. Bdch.)

— Zoologie. Eingerichtet zum recht schnellen u. leichten Auswendiglernen. Bedeutende Hilfsmittel u. Erleichtergn. Für Sextaner, Quintaner, Quartaner, Untertertianer, Obertertianer u. Untersekundaner. Kurzgefaßt, klar, gründlich, übersichtlich u. leichtfaßlich. Für die Schüler aller höheren Schulen bearb. (XVI, 124 S.) (908.) (32. Bdch.)

— **Schüler-Versetzung.** (Mentor-Repetitorien.) Hilfsbb. f. d. Anfertigg guter Arbeiten zu Hause u. in d. Kl., Erreichg d. Versetzg in d. nächsthöh. Kl. u. Bestehen jedes Schülerexamens. Bdchn Nr 41—43, 45 u. NAfl 1, 3—5, 7, 8, 10—12, 15, 18, 20, 23—26, 29, 33—35 u. 40. 22,5×12 cm. Berl-Schönebg, Mentor-Verl. je 1 — d

Bd 44 ist noch nicht erschienen.

Groeper: Religion (1). Evangelisch. (80) ('12) [43]

Homann, O: Anorgan. Chemie. 2. Afl. (92) ('12) [29]

— Planimetr. Konstruktionsaufg. Für Unterprimaner, Oberprimaner, Abiturienten u. f. solche, d. sich selbständ. vorbereiten. (52 m. Fig. u. 1 Taf.) ('12) [42]

Katz, D: Arithmetik u. Algebra. (I.) Für Quarta bis Unterprima. 3. Afl. (8, 90) ('12) [10]

— Lateinisch. Für Untertertia bis Oberprima u. f. Abiturienten. 2. Afl. (12, 120) ('10) [12]

Koeppler, H: Die Zinseszins- u. Rentenrechng. (96) ('12) [41]

Schubert, R: Examinatorium d. französ. Grammatik in Frage u. Antwort. (95) ('12) [45]

Tamsen, Mart.: Geogr. Astronomisch-mathemat. Geogr. Physikal. u. polit. Geogr. 2. Afl. (52) ('11) [4]

Tölcke, A: Lateinisch. Für Sexta bis Obertertia. 2. Afl. (109) ('10) [11]

Zuschlag, H: Höh. Arithmetik und Algebra. (II.) Für Obersekunda bis Oberprima u. f. Abiturienten. 2. Afl. (8, 100) ('12) [25]

— Deut. Aufsatz. Lehrg. d. deut. Aufsatzes. Für mittl. Kl. 3. Afl. (8, 94) ('12) [26]

— Englisch. Für Untertertia bis Obersekunda. 2. Afl. (56) ('11) [5]

— Fransösisch. Für Untersekunda bis Oberprima u. f. Abiturienten. 2. Afl. (68) ('10) [3]

— Gesch. d. Neuzeit. 3. Afl. (12, 184) ('12) [23]

— Alte oriental. Gesch. 2. Afl. (8, 44) ('12) [40]

— Geschichtsdaten. 2. Afl. (80) ('12) [15]

— Deut. Grammatik. 2. Afl. (86) ('11) [35]

— Planimetr. Konstruktionsaufg. (I), nebst Sammlg gelöster Aufg. Für Quarta bis Untersekunda. 2. Afl (68 m. Fig.) ('11) [8]

— Deut. Lit.-Gesch. 2. Afl. (11, 121) ('10) [20]

— Physik. 2. Afl. (8, 78) ('11) [33]

— Planimetrie. Für Quarta bis Oberprima u. f. Abiturienten. 2. Afl. (112 m. Fig.) ('11) [7]

— Rechnen (II). Die bürgerl. Rechngsarten. 2. Afl. (9, 107) ('10) [24]

— Theoretisches Rechnen. 2. Afl. (61) ('12) [1]

— Deut. Rechtschreibg. 2. Afl. (71) ('12) [34]

— Stereometrie. Anfängerkursus. 2. Afl. (12, 64 m. Fig.) ('11) [18]

—— die schwarze. Eine Sammlung interessanter Criminalgeschichten mit Benützung authentischer Quellen. Hrsg. von J. Pfundheller. 10 Bde. à Bd. 5 Hefte. (à Bd. ca. 320 S.) 8. Wien 862,63, Typographisch-literarisch-artistische Anstalt. à Heft * 4 Ngr.

—— schwarze. Galgenvögel oder blutige Thaten menschlicher Ungeheuer. Raub-, Mord-, Gauner- und Diebesgeschichten aus alter und neuer Zeit. 1.—3. Bd. à 20 Hefte. gr. 8. (à Heft 3 Bog. mit 1 Chromolithogr.) Dresden 871,72, Tittel. à Heft 30 Pf.; à Bd.

Bibliothek, Schwedische, . . . Stockholm 1728—36. H: *Nettelbla* (*Nettelbladt*), *Chn.* (EB)

Bibliothek der Schweizergeschichte und aller Theile, so dahin Bezug haben, systematisch und chronologisch geordnet. Bern 1785—87. V: (Th. 3—6): *Stapfer, J. J.* (Ky)

Bibliothek: Schweizerische Bibliothek

⑤ 1791—1792 ⑥ 8° ⑦ viermonatlich (es erschienen nur die ersten 3 Hefte) ⑧ Bern: Dan. Albrecht Emanuel Hortin ⑩ «Schweizerische Gesellschaft» in Bern ⑫ wissenschaftlich-kritische Zeitschrift ⑬ BGSZ: 99, 963, 973 ⑭ Be: L, S ⑮ Es wurde eine Art National-Bibliographie geplant. Alle neuen, die Schweiz unmittelbar betreffenden Schriften sollten angezeigt und besprochen werden.

— für innerliche Seelen. Schaffhausen 860—62. Hurter. 16.
1. Thl.: Betrachtungen über das Leben der allerseligsten Jungfrau von Alvarez de Paz. Ins Deutsche übersetzt von einem Priester der Diözese Rottenburg. Mit 1 Stahlst. (XI, 187 S.) 9 ngr.
2. Thl.: Sacrosancta missa. Aphorismen über die heilige Eucharistie von Jac. Merlo-Horstius u. ascetische Abhandlung über das Meßopfer von Cardinal Bona. Ins Deutsche übersetzt von einem Priester der Diöcese Rottenburg. Mit 1 Stahlst. (X, 277 S.) 15 ngr.
3. Thl.: Uebung der christlichen Vollkommenheit. Auszug aus dem Werke des Priesters Alph. Rodriguez. Mit 1 Stahlst. (XXI, 629 S.) 1 ℛ
4. Thl.: Monat des allerheiligsten Herzens Jesu für innerliche Seelen, mit einer Betrachtung auf den ersten Freitag eines jeden Monats u. einer Auswahl von Ablässen u. Gebeten von Huguet. Aus dem Französ. (VIII, 330 S. u. 1 Stahlst.) 16 ngr.
5. Thl.: Der Schild der Kinder Mariens oder Belehrungen über das Vertrauen zur heiligen Jungfrau u. ihren vier Scapulieren nebst einer Auswahl der schönsten Gebete u. der hauptsächlichsten zu ihrer Ehre verliehenen Ablässe von A. M. Huguet. Uebersetzt von L. Welebit. Mit 1 Stahlst. (XX, 284 S.) 15 ngr.

— für innerliche Seelen. Schaffhausen 865. Hurter. 16.
6. Thl.: Ascetische u. moralische Blumenlese aus den Schriften der Heiligen, welche nicht zu den Vätern u. Lehrern der Kirche zählen. Nach dem Französ. bearb. von Theophilus Presbyter. 1. Abthl.: Geist heiliger Männer. 1. Bdchn. Mit 1 Stahlst. (VIII, 472 S.) 22½ ngr.

—— für innerliche Seelen. 4. Thl.: Monat des allerheiligsten Herzens Jesu für innerliche Seelen, mit einer Betrachtung auf den ersten Freitag eines jeden Monats und einer Auswahl von Ablässen und Gebeten von P. Huguet. 2. Aufl. gr. 16. (VIII, 327 S. mit 1 Stahlst.) Schaffhausen 871, Hurter'sche Buchh. [Regensburg, Manz.]

—— für innerliche Seelen. 8. und 9. Thl. gr. 16. Regensburg, Manz. à Thl. ℳ 3.

Inhalt:

Thl. 8. Rodriguez, Alph., Uebung der christlichen Vollkommenheit. Für Weltpriester und Laien bearb. von P. J. Tricalet. Aus dem Französ. 2. verm. Ausg. (XXIV, 644 S. mit 1 Stahlst.) 875.

" 9. Geist des heil. Franz v. Sales, Fürstbischofs von Genf. Gesammelt aus den Schriften des Joh. Pet. Camus, Bischofs von Belley, durch P. C. Aus dem Französ. übers. von Mich. Kolb. Neue, nach der neuesten Pariser Aufl. des Originals verb. Aufl. (640 S.) 877.

1., 2., 4.—8. Thl. Ebendas. 1860—70. ℳ 11,15.

Bibliothek für innerliche Seelen. 8. Tl. 12. Regensburg 891. Nationale Verlags-Anstalt. 3. —
Des ehrwürdigen Priest. Alf. Rodriguez übung der christlichen Vollkommenheit. Für Weltpriester u. Laien bearb. v. Tricalet. Aus dem Franz. Neueste, verm. Ausg. (XXIV, 648 S. m. 1 Stahlst.)

Bibliothek des Seelen- u. Sexuallebens. Der I. Serie 1.—10. Heft. gr. 8. Oranienburg, Orania-Verlag. à n. —50
Gerling, Reinh., freie Liebe od. bürgerliche Ehe? (30 S.) (904.) (Hft. 2.)
— Reform-Ehe oder Ehe-Reform? (26 S.) (904.) (Hft. 1.)
— ist Selbstmord Krankheit oder Verbrechen? Eine Studie. (28 S.) (904.) (Hft. 7.)
— das Versehen der Frauen u. die vorgeburtliche Erziehung. (28 S.) (904.) (Hft. 3.)
Linke, Heinz, Wunder u. Aberglauben in d. Heilkunde. Kulturgeschichtliche Studie zur Charakterisierg. der Gegenwart. (29 S.) (904.) (Hft. 9.)
Prager, F., die Krankheiten d. Ehelebens. (32 S.) (904.) (Hft. 4.)
Rau, Hans, Wollust u. Schmerz. Eine psychologische Studie. (26 S.) (904.) (Hft. 10.)
Bierath, Willy, Frauen-Elend. Ein neues Wort zum alten Thema. (28 S.) (904.) (Hft. 6.)
— Sinnlichkeit beim Weibe. (Ist das Weib sinnlicher als der Mann?) Eine psycholog. Studie. (28 S. m. 1 Abbildg.) (904.) (Hft. 8.)
Wendel, G., der Krankheiten letzte Ursache. Mit Benutzg. e. älteren Schrift v. Rosch bearb. u. hrsg. (30 S.) (904.) (Hft. 5.)

Ⓑ — des Seelen- u. Sexuallebens. 1—10. Hft. 904. (KBL 33.) Jetzt: Oranienburg, F. Koslowsky.

Joh. Henr. Chr. v. Selchows juristische Bibliothek von neuen juristischen Büchern und Abhandlungen. Bd. 1-5.– Göttingen : 1764 - 82. 5 Bde.

— litterarischer u. culturhistorischer Seltenheiten. Nr. 1. 2, 3a u. 7. 8. Leipzig, A. Weigel. 10. 50
1. 2. Petronius, Begebenheiten des Enkolp. Aus dem Satyricon übers. v. Wilh. Heinse. Wortgetreuer Abdr. der seltenen Uebersetzg. Rom 1773. 2 Bde. (184 u. 166 S.) 898. 6. —
3a Fischer, Frdr. Chrph. Jo., über die Probenächte der deutschen Bauernmädchen. Wortgetreuer Abdr. der Orig.-Ausg. Berlin u. Leipzig 1780. (VIII, 68 S.) 902. 1. 50
7. Kindleben, Chrn. Wilh., Studenten-Lexicon. Aus den hinterlassenen Papieren e. unglückl. Philosophen Florido genannt, ans Tageslicht gestellt. Wortgetreuer Abdr. der Orig.-Ausg. Halle 1781. (204 S.) 899. 3. —

— litterarischer u. kulturhistorischer Seltenheiten. Nr. 3b, 4 u. 5. 8. Leipzig, A. Weigel. n. 7. 50
3b. Goethe, das Tagebuch (1810). — Vier unterdrückte römische Elegien. — Nicolai auf Werthers Grab. Wortgetreue Neudrucke. Mit e. litterarhistor. Einleitg. unter Benutzg. e. bisher noch unbekannten Briefwechsels hrsg. v. Max Mendheim. (47 S.) 904. n. 1. 50
4. 5. Most, rheinischer. Erster Herbst. O. O. 1775. — (J. J. Hottinger.) Menschen, Thiere u. Goethe. Eine Farce. 1775. — (Joh. Leop. Wagner.) Confiskable Erzählungen 1774. Wien bey der Bücher-Censur. Wortgetreue Neudrucke der seltenen Orig.-Ausg. Mit e. litterarhistor. Einleitg. v. M. Descoltes. (24, 8, 185, 24 u. 45 S.) 904. n. 6. —
Nr. 1, 2, 3a u. 7. Ebd. 898—902. n. 10. 50.

— litterarischer u. culturhistorischer Seltenheiten. Nr. 6. 8. Leipzig, A. Weigel. 3. —
Freimaurerlieder als Quellen zu Schillers Lied „An die Freude". Von Ghold. Deile. Wortgetreue Neudrucke bisher noch unbekannter Quellen, m. e. Einleitg. „Über das Verhältnis der Freimaurer zu Schiller". Ein Beitrag zur Erklärg. des Liedes „An die Freude". (125 S.) 907.
Nr. 1–6. Ebd. 898—904. 13. —

Bibliothek, Die, des kgl. romanischen Seminars an der Universität Halle 1875—1900. Halle a. S. 1901. V: *Heuckenkamp, Ferd.* (Berl)

Sexualpsychologische Bibliothek. Hrsg.: Dr. med. Iwan Bloch. Serie 1, Bd 1. (Berlin: L. Marcus 1909.) 8° [10. 14024

— sexualpsychologische. Hrsg.: Iwan Bloch. I. Serie. 6 Bde. 1.—5. Aufl. 8. Berlin, L. Marcus. à Bd. 4.—; geb. in Leinw. 5.—
Granier, Camille, das verbrecherische Weib. Autoris. Übersetzg. von Otto v. Boltenstern. (XVI, 442 S.) (910.) (5. Bd.)
Quirós, C., Bernaldo de, u. J. M. L. Aguilaniedo, Verbrechertum u. Prostitution in Madrid. Mit e. Vorwort v. Cesare Lombroso. Autoris. Übersetzg. (XIX, 340 S.) (910.) (3. Bd.)
Talmeyr, Maurice, das Ende e. Gesellschaft. Neue Formen der Korruption in Paris. Autoris. Übersetzg. v. Emile Charlet. Mit e. Nachwort v. Iwan Bloch. (VIII, 374 S.) (910.) (6. Bd.)
Tilly, des Grafen v., Memoiren. Mit e. Vorwort von Fed. v. Zobeltitz. 2 Abtlgn. (XX, 467 u. XII, 417 S.) (910.) (1. u. 2. Bd.)
Tresmin-Trémolières, Yoshiwara. Die Liebesstadt der Japaner. Autoris. Übersetzg. v. Bruno Sklarek. (XII, 289 S.) (910.) (4. Bd.)

Bibliothek der Sittengemälde. 1. Berlin: Jacobsthal [1908]. 8° (09-3177

—— skandinavische, eine Zeitschrift, enth.: eine fortlauf. Auswahl d. Anziehendsten u. d. Neuesten aus d. dän., norweg. u. schwed. Litteratur in sorgfältig bearbeit. Uebertragn. Redig. v. J. W. v. Schepelern u. A. v. Gähler. 1. u. 2. Jahrg. 1. Hft. gr. 8. (15½ B., u. 15½ B. u. 1 Musikbeil.) Kopenhagen 836. (Leipzig, Rein'sche Buchh.) à * 1 Thlr. 4 Gr. *

—— skandinavische. Eine Sammlung schwedischer, norwegischer und dänischer Romane, Novellen, Sagen u. s. w. Hrsg. von Gottfr. v. Leinburg. 1—3. Bdchn. 12. Frankfurt a. M., Brönner. *

Auch unter den Titeln:
Bdchn. 1. Zwei Erzählungen von Chrn. Winther. Als Anhang die schon bekannte Wintherſche Novelle: Der „Beichtstuhl." Aus dem Dänischen von Gottfr. v. Leinburg. (XLVIII und 119 S.) 847. * 10 Ngr.
" 2. Zwei Zeitalter. Novelle vom Verf. der Erzählung: „Eine Alltags-Geschichte." Dänisch hrsg. von Joh. Ludw. Heiberg. Uebers. von Gottfr. v. Leinburg. (XXIV und 366 S.) 848. * 24 Ngr.
" 3. Gerda. Nachgelassenes Gedicht von Esaias Tegnér. Deutsch von Gottfr. v. Leinburg. (XXIV und 88 S.) 850. * 10 Ngr.

—— skandinav. 5—12. Bd. 8. Lpzg 51, Hartknoch. à *n.* — 10
Stagnelius, EJ, ges. Werke. 6 Bde. (706)
Winther, C, Novellen. 2 Bde. (236)

—— skandinavische. 1—12. Bd. 8. Leipzig, Lorck. à Bd. * 10 Ngr. Thlr. *
Auch unter den Titeln:
Bd. 1—4. Das Meerweib. Hrsg. von Eman. St. Hermidad. Aus dem Dän. von F. A. Leo. 4 Bde. (456 S.) 850.
" 5., 6. Winther, Christ., Novellen. Aus dem Dän. von H. Zeise. Mit einer biograph. Skizze des Verf. von P. L. Möller. 2 Bde. (236 S.) 851.
" 7—12. Stagnelius, E. J., gesammelte Werke. Deutsch von A. L. Kannegießer. 6 Bde. (XXIV und 706 S.) 851.

— dies. 13 u. 14. Bd. Joh. Ludw. Runeberg's gesammelte Dichtungen. Deutsch v. Hans Wachenhusen. 1 u. 2. Bd. 8. 1. Bd. Die Sagen des Fähnrich Stahl. Ein Romanzen-Cyclus. (123 S. m. Portr. in Stahlst.) 2. Bd. Nadeschda. Neun Gesänge. (91 S.) Ebd. 852. (à n. ⅓ ℛ) n. ⅔ ℛ (1—14: n. 4⅔ ℛ)

— skandinavische, hrsg. v. Gust. af Geijerstam. 1.—3. Bd. 8. Berlin 898. G. Bondi. n. 8.—
1. Inferno von Aug. Strindberg. Autor. Übersetzg. v. Chrn. Morgenstern. (XVI, 245 S.) n. 3.—
2. D. kleine Karl. Roman e. Knaben v. Karl A. Tavaststjerna. Autor. Übersetzg. v. Gust. Morgenstern. (237 S.) n. 3.—
3. Ivar Lyth. Geschichte e. Unglücklichen von Gust. af Geijerstam. Autor. Übersetzg. v. Gust. Morgenstern. (182 S.) n. 2.—

— d. elenden Scribenten. 7 Stcke. 8. Frankf. u. Lpz. 768—71. (Hoffmann in Weim.) 1 ℛ 4 gr

Bibliothek der elenden Scribenten. Th. 1—7. London und Halle [Weimar] 1768. V: (Th. 1): *Riedel, Friedrich Just.* (Th. 4): *Wilcke, C. H.* (Wr) (ML)

Bibliothek, Mecklenburgischer Scribenten. Rostock 1731—32. V: *Mantzel, Ernst Joh. Frdr.* (Bachmann, Mecklenburg. Güstrow 1889. S. 369.)

— Slavische, od. beiträge zur slavischen philologie u. geschichte hrsg. v. Fr. Miklosich. 1. Bd. gr. 8. (IV u. 322 S. m. 1 lith. Taf. in qu. Fol.) Wien 851, Braumüller. n. 1 ℛ 6 ngr

— slavische, oder Beiträge zur slavischen Philologie u. Geschichte herausg. von Fr. Miklosich und J. Fiedler. 2. Bd. Wien 858. Braumüller. gr. 8. (3 Bl., 313 S.) n. 2 ℛ

Bibliothek von Sonntagsschriften des Zürcherischen Vereins für Sonntagsfeier. Nachtrag 1., vom Januar 1901, [zum] Katalog, vom Februar 1899. 4 S. 8. (Zürich III, Hans Wirz.)

Bibliothek, Socialdemokratische. 34 Hefte u. 2 Beilagen. Heft 1-24. 8° Hottingen-Zürich, Volksbuchhandlg., 1885 - 1888. Heft 25 - 34 u. 2 Beilagen. 8°.– London, German Cooperative Printing and Publishing Co., 1890.

— Soziale. 2. u. 3. Heft. 8° Wien, Volksbund-Verl.
Heft 1 ist vergriffen.
Resch, Jos.: Der gesetzl. Arbeiterschutz in Oesterr. (42) ('11) [2] — 35
Wohnungsfürsorgefonds u. Baugenossensch. (23) '11 [3] — 25

Bibliothek Socialistische. Hrsg. von Hermann Teistler. Heft 1-3. 8°.– Berlin, „Socialist", 1892.

— sozialistische. Hrsg. v. Herm. Teistler. 1.—3. Hft. 8. Berlin 892. Friedrichshagen. Verlagshaus f. Volkslitteratur, E. Teistler & Co. n. — 40
1. Der Parlamentarismus u. die Arbeiterklasse. Von Herm. Teistler. (48 S.) n. — 15
2. Werth u. Bedeutung polit. Demonstrationen. Festschrift z. Maifeier. Von Hans Müller. (29 S.) n. — 10
3. Die Bedeutung d. Gewerkschaften f. d. Taktik d. Proletariats. E. Beitrag z. Entwickelungsgeschichte d. Gewerkschaften. Von Paul Kampffmeyer. (30 S.) n. — 15

Bibliothek, Socialistische in Jüdisch-Deutsch. Von was einer lebt. Übersetzt aus dem Polnischen von Mordsche, Sohn Pauls. 8°. London, Wernik u. Solotkoff, Printers, 1888.

Bibliothek für Socialwissenschaft, m. besond. Rücks. auf sociale Anthropologie u. Pathologie. In Gemeinschaft mit ... hrsg. von Dr. Hans Kurella. Mit Taf. Bd 1–16. Leipzig: G. H. Wigand 1894–98. 8°
1. Ribot, Th.: Die Vererbung. 5. Aufl. 1895. 2. Haycraft, J. B.: Auslese u. Rassenverbesserung. 1895. 3. Ellis, H.: Mann u. Weib. 1895. 4. Ellis, H.: Verbrecher u. Verbrechen. 1895. 5. Ferri, E.: Socialismus u. moderne Wissenschaft. 1895. 6. Laurent. E.: Die Zwitterbildungen. 1896. 7. Ellis, H., u. Symonds, J. A.: Das konträre Geschlechtsgefühl. 1896. 8. Ferri, E.: Das Verbrechen als sociale Erscheinung. 1896. 9. Lorenz, M.: Die marxistische Socialdemokratie. 1896. 10. Platter, J.: Demokratie u. Socialismus. 1897. 11. Grunwald, M.: Englische Socialreformer. 1897. 12. Gottstein, A.: Allgem. Epidemiologie. 1897. 13. Grotjahn, A.: Der Alkoholismus. 1898. 14. Calwer, R.: Einführung in d. Socialismus. 1896. 15. Lombroso, C.: Entartung u. Genie. 1894. 16. Lombroso, C. Der Antisemitismus u. d. Juden. 1894. [11. 18038

Bibliothek f. Sozialwissenschaft m. bes. Rücksicht a. soc. Anthropologie u. Pathologie, in Gemeinschaft m. Havelock Ellis, Enrico Ferri, Cesare Lombroso, Gust. H. Schmidt, Gius. Sergi u. Werner Sombart hrsg. v. Hans Kurella. 1.—13. Bd. 8. Leipzig, G. H. Wigand. n. 70. 50; Einbde. à n.n. 1. 25
1. D. Vererbung. Psycholog. Untersuchg. ihrer Gesetze, eth. u. soc. Konsequenzen v. Th. Ribot. 5., völl. neu bearb. Aufl. Autor. deutsche Ausg. v. Hans Kurella. (XVII, 410 S.) 895. n. 10. —
2. Natürl. Auslese u. Racenverbessergn. v. John B. Haycraft. Autor. deutsche Ausg. v. Hans Kurella. (X, 216 S.) 895. n. 5. —
3. Mann u. Weib. Anthropolog. u. psycholog. Untersuchg. d. sekund. Geschlechtsunterschiede. Von Havelock Ellis. Autor. deutsche Ausg. v. Hans Kurella. (XIV, 408 S. m. Abb.) 895. n. 7. —
4. Verbrecher u. Verbrechen v. Havelock Ellis. Autor., vielf. verb., deutsche Ausg. v. Hans Kurella. (XIII, 342 S. m. Abb. u. 7 Taf.) 895. n. 5. —
5. Socialismus u. mod. Wissenschaft v. Enrico Ferri. M. Genehmigg. d. Verf. übers. u. ergänzt v. Hans Kurella. (XIV, 169 S.) 895. n. 1. 50
6. D. Zwitterbildgn., Gynaekomastie, Feminismus, Hermaphrodismus v. E. Laurent Autor. Ausg. m. e. Einleitg. v. Hans Kurella. (XXV, 253 S. m. 17 Taf. im Text.) 896. n. 5. —
7. D. konträre Geschlechtsgefühl v. Havelock Ellis u. J. A. Symonds. Deutsche Orig.-Ausg., bes. unt. Mitwirkg. v. Hans Kurella. (XVI, 308 S.) 896. n. 6. —

8. D. Vorbrochen als soc. Erscheing. Grunds. d. Kriminal-Sociologie v. Enrico Ferri. Autor. deutsche Ausg. v. Hans Kurella. (XV, 497 S. m. 1 graph. Taf.) 896. n. 7. 50
9. D. Marxist. Socialdemokratie v. Max Lorenz. (X, 229 S.) 896. n. 3. 50
10. Demokratie u. Sozialismus. Von Jul. Platter. (XIII, 276 S.) 897. n. 4. 50
11. Engl. Sozialreformer. Eine Sammlg. „Fabian Essays", hrsg. v. M. Grunwald. Autor. Übersetzg. v. Dora Landé. (V, XIII, 298 S.) 897. n. 3. —
12. Allgem. Epidemiologie. Von Adf. Gottstein. (IX, 458 S.) 897. n. 6. 50
13. D. Alkoholismus n Wesen, Wirkg. u. Verbreitg. Von Alfr. Grotjahn. (X, 412 S.) 898. n. 6. —

Bibliographie der Sozialwissenschaften. — Bibliographie des scienses sociales. — Bibliography of social science. Hrsg. v. H. Beck im Auftrage des internationalen Instituts f. Sozialbibliographie. 1906. 2. Jahrg. (XLVIII, 604 S.) Lex.-S. Dresden, O. V. Böhmert. 12. —

Bibliographie der Sozialwissenschaften. — Bibliographie des sciences sociales. — Bibliography of social science. Hrsg. v. H. Beck im Auftrage des internationalen Instituts f. Sozial-Bibliographie. 1907. 3. Jahrg. (X, VIII, 709 S.) Lex.-S. Dresden, O. V. Böhmert. 12. —

Bibliographie der Sozialwissenschaften. — Bibliographie des sciences sociales. — Bibliography of social science. Zugleich 3. Tl. der Blätter f. d. gesamten Sozialwissenschaften. 5. Jahrg. 1909. (II, XXIV, 836 u. VII S.) Lex.-8. Berlin, Bibliograph. Zentral-Verlag. 24. —; geb. 26. —
Buchausgabe der Monatsbibliographien der „Kritischen Blätter f. die gesamten Sozialwissenschaften" m. Generalregister.

— spanische, m. deutschen Anmerkungen f. Anfänger v. J. Fesenmair. 1—5. Bdchn. gr. 16. München, Lindauer. n. 5. —
1. Erzählungen u. Schilderungen. (VII, 75 S.) 884. n. — 90
2. Los amantes de Teruel. Drama refundido en 4 actos en verso y prosa de Don Juan Eugenio Hartzenbusch. (99 S.) 884. n. — 90
3. La independencia. Comedia en 4 actos y en prosa por D. Manuel Breton de los Herreros. (120 S.) 885. n. 1. —
4. Biographien berühmter Spanier. Del Marques de Santillana v. Pulgar. Vida del Cid y de Cervantes v. Quintana. (106 S.) 885. n. 1. —
5. El mágico prodigioso, compuesto por D. Pedro Calderon de la Barca. (VII, 132 S.) 886. n. 1. 20

— spanische, m. deutschen Anmerkungen f. Anfänger v. J. Fesenmair. 6.—8. Bdchn. gr. 16. München Lindauer. à n. 1. —
6. El cautivo en argel y el licenciado Vidriera: novelas de Miguel de Cervantes Saavedra. (114 S.) 887.
7. Juan de las Viñas. Comedia en 2 actos en prosa por J. E Hartzenbusch. — El Destino. Comedia en 1 acto de M. J. Diana. (104 S.) 888.
8. Justa y Rufina. Relacion por F. Caballero. La obligacion y la buenaventura. Cuentos por D. A. de Trueba. (IV, 105 S.) 889.

— spanische, m. deutschen Anmerkungen f. Anfänger v. J. Fesenmair. 9. Bdchn. gr. 16. München 892. J. Lindauer. n. 1. 40
Vida de las Casas obispo que fue de Chiapa por D. Manuel José Quintana. (VIII, 187 S.)

— spanische. Mit deutschen Anmerkgn. f. Anfänger v. J. Fesenmair. 10. Bdchn. Erzählungen. 12. (III, 69 S.) München 899. J. Lindauer. n. — 80

— praktischer Specialbuchführungen f. Handel u. Gewerbe. 1.—3. Bd. gr. 8. München, R. Lechner's Verl. Geb. n. 11. —
1. Praktische Buchführung f. Ziegeleien. Zum Selbstunterricht bearb. v. Geo. Buerdorff. (88 u. 7 S.) 892. n. 3. —
2. Praktische Buchführung f. Brauereien. Zum Selbstunterricht bearb. v. Paul Bürck. (132 S.) 893. n. 3. —
3. Praktische Buchführung f. Maschinenfabriken u. Eisengiessereien. Nach doppeltem u. amerikan. System zum Selbstunterricht bearb. v. Geo. Ackermann. (220 S.) 893. n. 5. —

— prakt. Specialbuchführgn f. Handel u. Gewerbe. Hrsg. v. B Bürck. 1—3. Bd. 8° Münch. Lpzg, Curt Lehmann. Geb. 11 —
Ackermann, G, prakt. Buchführg f. Maschinenfabriken u. Eisengiessereien. Nach doppeltem u. amerikan. System z. Selbstunterr. bearb. (220) 93. [Bd 3.] 5 —
Bürck, P, praktische Buchführg f. Brauereien. (162) 93. [Bd 2.] 3 —
Buerdorff, G, prakt. Buchführg f. Ziegeleien. (95) 92. [Bd 1.] 3 —

— praktischer Spezialbuchführungen f. Handel u. Gewerbe. 1.—3. Bd. gr. 8. München 892. 893. Leipzig, B. Elischer Nachf. geb. n. 11. —
1. (88 u. 7 S.) n. 3. —. — 2. (132 S.) n. 3. —. — 3. (220 S.) n. 5. —

— praktischer Spezialbuchführungen f. Handel u. Gewerbe. 1. Bd. gr. 8. Leipzig (906). (B. Elischer Nachf.) Geb. in Leinw. n. 3. —
Praktische Buchführung f. Ziegeleien. Zum Selbstunterricht bearb. Von Geo. Buerdorff. 2. Aufl. (95 S.)

—— gärtnerischer Special-Culturen. 1.—13. Bdchn. 8. Lpz., Thiele. à Bdchn. * — 50
1. Thomas, K. Die Cultur der Myrthe communis. (16 S.) 888.
2. —— Die Treiberei der Hyacinthen. (16 S.) 888.
3. Mooy, Polman, sen. Geschichte u. Beschreibung der Tulpen und deren Cultur, sowie des Handels in diesen Blumenzwiebeln während der letzten 4 Jahrhunderte. (24 S.) 888.
4. Cultur u. Vermehrung d. chinesischen Primels. Mit dem 1. Preise d. Leipziger Gartenbau- und Gärtnervereins gekrönte Schrift. Nebst Anh.: Die Gardenien-Cultur. (22 S.) 889.
5. Deberitz, E. Anweisung zur Camellien-Cultur, nebst Anh.: Das Veredeln der Rosen im Winter. (24 S.) 891.
6. Rainer, Michael. Das Treiben des Gemüses, hauptsächlich d. Gurke u. Melone. (20 S.) 891.
7. Jubisch, Max. Ueber Cultur u. Verwerthung der Schwarzen Johannisbeere. (32 S.) 891.
8. —— Die Cultur und Treiberei der Erdbeere. (52 S.) 891.
9. —— Über die Cultur der Johannis- und Stachelbeere. (36 S.) 891.
10. —— Die Cultur d. Himbeere, Feige, Maulbeere u. amerikan. Preiselbeere. Mit einem Anh.: Die Mandel. (48 S.) 891.
11. —— Ueber Cultur und Verwerthung der Amerikan. Brombeere, Quitte, Hagebutte u. Haselnuss. (36 S.) 891.
12. Michel, R. Die Cultur der Chrysanthemum indicum. (26 S.) 891.
13. Jubisch, M. Ueber Cultur u. Verwerthung der Korneliuskirsche und schwarz. Hollunderbeere. Mit einem Anh.: Die Mispel. (32 S.) 891.

—— des Spiritualismus. 1.—8. Bd. 8. Leipzig, O. Mutze. *

Inhalt:

Bd. 1. Davis, Andrew Jackson, die Principien der Natur, ihre göttlichen Offenbarungen und eine Stimme an die Menschheit. Aus der 30. Ausg. des amerikanisch-engl. Originals in's Deutsche übers. von Gregor Const. Wittig, und mit einem Vorwort nebst Anhang hrsg. von Alex. Aksákow. 2 Bde. (XCVI, 1200 S., Anh. 91 S.) 869. Mit Portr. in Stahlst. *M 16.

» 2. —— der Zauber-Stab. Eine Autobiographie des amerikanischen Sehers und Verkündigers der „Harmonischen Philosophie". Aus der 8. Orig.-Ausg. in's Deutsche übers. von Gregor Const. Wittig und hrsg. von Alex. Aksákow. (XLII, 662 S.) 868. *M 8.

Bd. 3. Crookes, William, der Spiritualismus und die Wissenschaft. Experimentelle Untersuchungen über die psychische Kraft. Nebst bestätigenden Zeugnissen des Physikers C. F. Varley, des Mathematikers A. D. Morgan, des Naturforschers A. R. Wallace, des Chemikers R. Hare und anderer Gelehrten. Prüfungs-Sitzungen des Mr. D. D. Home mit den Gelehrten zu St. Petersburg und London. Nach dem Russ. und Engl. übers. von Greg. Const. Wittig und hrsg. von Alex. Aksákow. (XXII, 120 S. mit 16 Abbild. in eingedr. Holzschn.) 872. *M 2.

» 4. Hare, Robert, experimentelle Untersuchungen über Geister-Manifestationen. Als eine wissenschaftl. Streitschrift gegen die jüngsten Dogmen des vatican. Concils über die allein wahre und unfehlbare Inspiration und Offenbarung in Auszügen aus der 5. amerikan.-engl. Ausg. in's Deutsche übers. von Greg. Const. Wittig und hrsg. von Alex. Aksákow. (LXXXI, 196 S. mit 4 lithogr. Abbild.) 871. *M 4.

» 5. Davis, Andrew Jackson, der Reformator. Harmonische Philosophie über die physiologischen Laster und Tugenden und die sieben Phasen der Ehe. Aus der 4. amerikan.-engl. Orig.-Ausg. mit besonderer Autorisation des Verf. in's Deutsche übers. von Greg. Const. Wittig und hrsg. von Alex. Aksákow. (LXXXIV, 520 S.) 867. *M 7.

» 6. Der Arzt. Harmonische Philosophie über den Ursprung und die Bestimmung des Menschen, sowie über Gesundheit, Krankheit und Heilung. (Ein populäres Hand- und Nachschlagebuch für Jedermann.) Auf besondere Anregung des 1858 verstorb. Präsidenten der kaiserl. Leopoldin.-Carolin. Akademie der deutschen Naturforscher und Aerzte, Prof. Dr. Chr. Gottfr. Nees v. Esenbeck zu Breslau, aus der 1853 erschienenen 4. amerikan. Ster.-Ausg. in's Deutsche übers. von Greg. Const. Wittig und hrsg. von Alex. Aksákow. (CXCIII, 457 S., Anh. 68 S.) 872. *M 8.

» 7. Edmonds, John Worth, der amerikanische Spiritualismus. Untersuchungen über die geistigen Manifestationen. In's Deutsche übers. von Greg. Const. Wittig und hrsg. von Alex. Aksákow. (240 S. mit 3 Abbild. in eingedr. Holzschn.) 873. *M 4.

» 8. Wallace, Alfr. Russel, die wissenschaftliche Ansicht des Uebernatürlichen, welche eine experimentelle Untersuchung über die vorgeblichen Kräfte von Hellsehern und Medien durch Männer der Wissenschaft wünschenswerth erscheinen lässt. Mit Bewilligung des Verf. in's Deutsche übers. von Greg. Const. Wittig und hrsg. von Alex. Aksákow. (XIV, 128 S.) 874. *M 4.

— des **Spiritualismus** f. Deutschland. Hrsg. u. red. v. Alex. Nikolajewitsch **Aksákow**. Sämtliche Werke der Bibliothek ins Deutsche übers. v. Greg. Constantin Wittig. 18. Werk. 2 Bde. gr. 8. Leipzig 905. O. Mutze. n. 12. —; geb. n. 15. —

Animismus u. Spiritismus. Versuch e. krit. Prüfg. der mediumist. Phänomene m. besond. Berücksicht. der Hypothesen der Halluzination u. des Unbewussten. Als Entgegng. auf Dr. Ed. v. Hartmanns Werk: „Der Spiritismus". Von Alex. Nikolajewitsch Aksákow. 2 Bde. Mit der Autobiographie u. dem Portr. des Verf. nebst 11 Lichtdr.-Taf. u. e. Vorwort des Übersetzers. 4. verb. u. verm. Aufl. (CXII, XIX, 752 S.)

Die früheren Bände erschienen ohne Sammeltitel.

—— für **Sport** und Jagd. 1.—4. Bd. 8. Leipzig 863—65, Bergson-Sonenberg. [Mülheim, v. Kamp.] à Bd. 15 Ngr.

Inhalt:

Bd. 1. Jules Gerard, der Löwenjäger. (XI und 148 S.)
" 2. Priam, Leben und Zufälle eines Jockey. (IV und 203 S.)
" 3. Bombonnel, der Panther-Tödter. Seine Jagden beschrieben von ihm selbst. (IV und 136 S.)
" 4. Zoller, Edm., die Rennen und Fuchsjagden in England. Nach Alph. Esquiros. (VIII und 136 S.)

—— f. Sport u. Jagd. 1—4. Bd. 8. Lpzg. (Berl., Reymann.) à — 15

Bombonnel d. Panther-Tödter. (136) 63.
Gerard, Jul., d. Löwenjäger. (145) 63.
Priam, Leben u. Zufälle e. Jockey. (203) 63.
Zoller, E, d. Rennen u. Fuchsjagden in England. (136) 65.

Bibliothek für Sport u. Naturliebhaberei. 1.—3. Bd. gr. 8. Berlin, F. Pfenningstorff. à n. 1. —

1. Landwirtschaftliche Geflügelzucht. Eine Anweisg. zum zweckmäß. u. lohn. Betrieb der Geflügelzucht m. besond. Berücksicht. der landwirtschaftl. Verhältnisse. Von B. **Blancke**. Mit zahlr. Abbildgn. u. e. Anh.: 1. Wie ich Geflügelzüchter wurde, u. welche Einnahmen ich im J. 1898 aus meinem Geflügelhof hatte. Von e. lüneburg. Landwirt. 2. Ueber die Einrichtg. v. Eierverkaufs-Genossenschaften, auf Grund der Einrichtgn. u. bisher. Erfolge des Eierverkaufs auf genossenschaftl. Wege seitens des Vereins f. Geflügelzucht in Bevensen. Von Becker. — 3. Satzungen f. Eierverkaufs-Genossenschaften. — 4. Satzungen f. Geflügelzucht-Vereine. 2., verm. u. verb. Aufl. (VI. 150 S. m. Abbildgn.) 900.
2. Das Zimmer-Aquarium. Ein kurzer Wegweiser f. den Anfänger bei Anlage, Einrichtg., Besetzg. u. Pflege des Aquariums. Von E. **Bade**. Mit 2 Taf. u. zahlreichen Textabbildgn. (VI, 183 S.) (900.)
3. Künstliche Brut u. Aufzucht des Geflügels. Eine Anleitg., wie dieselbe gewinnbringend zu betreiben ist. Von B. **Blancke**. (VIII, 98 S. m. Abbildgn.) (901.)

Bibliothek für Sport & Naturliebhaberei. 1. u. 3.—9. Bd. 8. Berlin, F. Pfenningstorff. à Bd. n. 1. —

Blancke, B., künstliche Brut u. Aufzucht des Geflügels. Eine Anleitg., wie dieselbe gewinnbringend zu betreiben ist. 2. verb. Aufl. m. zahlreichen Abbildgn. (VII, 94 S.) (905.) (Bd. 3.)

— landwirtschaftliche Geflügelzucht. Eine Anweisg. zum zweckmäß. u. lohn. Betrieb der Geflügelzucht m. besond. Berücksicht. der landwirtschaftl. Verhältnisse. Mit 9 Taf. u. zahlreichen Abbildgn. 3. vollständig durchgearb. u. ganz neu illustr. Ausg. (V, 149 S.) (904.) (Bd. 1.)

Detmers, Erwin, die Pflege, Zähmung u. Fortpflanzung der Raubvögel in der Gefangenschaft. Ein Lehrbuch f. Fachleute u. Laien. Mit 11 Textabbildgn. (94 S.) (906.) (Bd. 9.)

Hintz, Aug., Unterricht in der Bienenzucht. Praktische Anleitg. zur gründl. Erlerng. des rationellen Bienenzuchtbetriebes. Mit zahlreichen Abbildgn. (IV, 140 S.) (905.) (Bd. 7.)

Mahlich, P., Kaninchenzucht als Liebhaberei u. Einnahmequelle. Ein Wegweiser f. den Anfänger in der Kaninchenzucht. Mit zahlreichen Abbildgn. (V, 71 S.) (905.) (Bd. 6.)

— Nutztaubenzucht. Leitfaden f. Anfänger u. erfahrene Züchter. Mit vielen Abbildgn. (72 S.) (904.) (Bd. 4.)

Mußhoff, Hugo, das Terrarium u. seine Bewohner. Ein kurzer illustr. Ratgeber f. Terrarienfreunde. Mit zahlreichen Abbildgn. zumeist nach photograph. Aufnahmen. (99 S.) (904.) (Bd. 5.)

Schuster, Wilh., Vogelhandbuch. Ornithologisches Taschen- u. Exkursionsbuch zum Studium der Vogelarten, Vogelkleider, Vogeleier, Vogelgesänge, Vogelnahrg. u. s. w., u. s. w. Systematisch kurze, sehr ausgieb. u. instruktive Beschreibg. unserer einheim. Vogelarten. Mit 70 Textabbildgn. (VIII, 98 S.) (905.) (Bd. 8.)

— für **Sport** & Naturliebhaberei. 1., 2. u. 10. Bd. 8. Berlin, F. Pfenningstorff. à Bd. 1. —

Bade, E., das Zimmer-Aquarium. Ein kurzer Wegweiser f. den Anfänger bei Anlage, Einrichtg., Besetzg. u. Pflege des Aquariums. 3. vollständig umgearb. u. verm. Aufl. Mit 1 Taf. u. 89 Textabbildgn. nach Orig.-Zeichngn. u. Photographien des Verf. (XI, 131 S.) (907.) (Bd. 2.)

Blancke, B., landwirtschaftliche Geflügelzucht. Eine Anweisg. zum zweckmäß. u. lohn. Betrieb der Geflügelzucht m. besond. Berücksicht. der landwirtschaftl. Verhältnisse. Mit 9 Taf. u. zahlreichen Abbildgn. 4., vollständig durchgearb. Ausg. (VI, 148 S.) (907.) (Bd. 1.)

Schuster, Wilh., deutsche Käfigvögel. Anweisung zur Pflege, Zucht u. Beobachtg. der heim. Singvögel. Mit e. Einführg. v. Camillo Morgan. Mit 10 Vollbildern u. 18 Textabbildgn. (XII, 71 S.) 907. (Bd. 10.)

— f. **Sport** u. **Naturliebhaberei.** 11. u. 12. Bd. 8° Berl., F Pfenningstorff. je 1 — d

Konwiczka, H: Der prakt. Sammler. Anleitg z. verständ. Sammeln m. bes. Berücks. d. Selbstbauens v. Sammelgeräten. I. Tl. Insekten-Sammlgn. (86 m. Abb.) ('12) [11] ‖ 2. Tl. Muschel-, Pflanzen- u. Mineraliensammlgn. Ausstopfen v. Vögeln u. kleinen Säugetieren, sowie Präparieren v. Schädeln. Nebst Anh.: Die Photogr. im Dienste d. Naturaliensammlers. (78 m. Abb.) ('12) [12]

— f. **Sport** u. Spiel. I.—XVIII. gr. 8. Leipzig, Grethlein & Co. n. 64. 40; geb. in Leinw. n. 80. 20; in Halbldr. n. 92. 50

I. Der Reitsport. Von S. v. **Sanden**. Mit 54 Abbildgn. Rich. Schönbeck. (171 S.) (900.) n. 4. —; geb. in Leinw. n. 5. —; in Halbldr. n. 6. —
II. Lawn-Tennis. Von Frhr. Rob. v. **Fichard**. Mit 28 Abbildgn. (128 S.) (901.) n. 3. —; geb. in Leinw. n. 3. 80; in Halbldr. n. 4. 50
III. Das Billard-Spiel. Von Frz. **Kübel**. Mit 103 Abbildgn. v. Verf. (96 S.) 901. n. 2. —; geb. in Leinw. n. 2. 80; in Halbldr. n. 3. 50
IV. Die Jagd. Von Wilh. **Ahlers**. Mit 39 Abbildgn. v. Ernst Otto. (238 S.) (901.) n. 4. 50; geb. in Leinw. n. 5. 50; in Halbldr. n. 6. —
V. Geländereiten. (Kriegs-, Jagd- u. Dauerreiten.) Von S. v. **Sanden**. (157 S.) (901.) n. 4. —; geb. in Leinw. n 5. —; in Halbldr. n. 6. —
VI. Der Schwimmsport. Von Axel v. **Altenstein**. Mit 79 Abbildgn. v. Karl Spilling. (181 S.) (901.) n. 4. 50; geb. in Leinw. n. 5. 50; in Halbldr. n. 6. —
VII. Der Segelsport. Von J. W. **Scheibert** u. Frz. **Scheibert**. Mit 48 Abbildgn. v. den Verf. u. 4 Taf. (149 S.) (901.) n. 4. —; geb. in Leinw. n. 5. —; in Halbldr. n. 5. 50
VIII. Der Rennsport. Von Erich **Bauer**. (227 S. m. 32 Abbildgn.) (901.) n. 7. —; geb. in Leinw. n. 8. —; in Halbldr. n. 9. —
IX. Rasenspiele. Von Kurt v. **Eberbach**. 1. Bd. Golf—Krocket—Bowls—Kricket. (160 S. m. 41 Abbildgn.) (901.) n. 4. 50; geb. in Leinw. n. 5. 50; in Halbldr. n. 6. —
X. dasselbe. 2. Bd. Fussball. Mit 36 Abbildgn. (128 S.) (902.) n. 2. 80; geb. in Leinw. n. 3. 50; in Halbldr. n. 4. 20
XI. dasselbe. 3. Bd. Polo. Mit 16 Abbildgn. (78 S.) (902.) n. 2. 20; geb. in Leinw. n. 3. —; in Halbldr. n. 3. 50
XII. dasselbe. 4. Bd. Hockey—Eishockey—Hurling—Ball-Goal. Mit 24 Abbildgn. (86 S.) (902). n. 2. 80; geb. in Leinw. n. 3. 50; in Halbldr. n. 4. 20
XIII. dasselbe. 5. Bd. La Crosse — Baseball — Damen-Baseball — Rounders — Kaiserball. Mit 29 Abbildgn. (90 S.) (902.) n. 2. 80; geb. in Leinw. n. 3. 50; in Halbldr. n. 4. 20
XIV. Der Turnsport. Von Axel v. **Altenstein**. Mit 51 Abbildgn. v. Karl Spilling. (159 S.) (902.) n. 2. —; geb. in Leinw. n. 2. 80; in Halbldr. n. 3. 50
XV. Der Fechtsport. Von Axel v. **Altenstein**. Mit 42 Abbildgn. v. Karl Spilling. (131 S.) (902.) n. 3. —; geb. in Leinw. n. 3. 80; in Halbldr. 4. 50
XVI. Der Fahrsport. Von Wilh. **Ahlers**. Mit 41 Abbildgn. (219 S.) (902.) n. 4. 50; geb. in Leinw. n. 5. 50; in Halbldr. n. 6. —
XVII. Der Rudersport. Von J. W. **Scheibert** u. Frz. **Scheibert**. Mit 46 Abbildgn. (185 S.) (902.) n. 4. —; geb. in Leinw. n. 5. —; in Halbldr. n. 5. 50
XVIII. Alpiner Sport. Von Erich **König**. Buchschmuck v. Otto Baurledl. (113 S.) (902.) n. 2. 80; geb. in Leinw. n. 3. 50; in Halbldr. n. 4. 20

II.—IX. sind ohne Bandbezeichnung erschienen.

— für **Sport** u. Spiel. 19.—29. u. 31.—34. Bd. 8. Leipzig, Grethlein & Co. n. 52. 20; geb. n. 64. 70

Doerry, Kurt, Leichte Athletik. Mit zahlreichen Abbildgn. (92 S.) (904.) (Bd. 26.) n. 1. 50; geb. n. 2. —

Esebeck, Frhr. H. A. v., die Parforce-Jagd auf Hasen. Unter Benutzg. engl. Quellen. (209 S. m. Abbildgn.) (904.) (Bd. 27.) n. 5. —; geb. n. 6. —

Fellner, Gust., der Angelsport. Mit vielen Abbildgn. u. 2 Taf. Fischabbildgn. (336 S.) (905.) (Bd. 28.) n. 4. 50; geb. n. 5. 50

Ilgner, Emil, der Hundesport. 1. Bd. (Geschichte, Zucht, Dressur, Ausstellungswesen usw.) Mit 51 Abbildgn. (195 S.) (904.) (Bd. 24.) n. 4. —; geb. n. 5. —

— dasselbe. 2. Bd. (Die Rassen der Hunde.) Mit 84. Abbildgn. (259 S.) (904.) (Bd. 25.) n. 5. —; geb. n. 6. —

Luerssen, Art., Boxen, Faustkampf u. Fussfaustkampf z. Selbstwehr u. Leibesübg. Mit 76 Abbildgn., darunter 46 Zeichngn. nach dem Leben vom Verf. (221 S.) (906.) (Bd. 34.) n. 2. 20; geb. in Leinw. n. 2. 80
Münzer, Rich., das Cayenne-Whist (u. Bridge). Eine Studie. (228 S.) (Bd. 33.) n. 3. —; geb. in Leinw. n. 3. 80
Robl, Thaddäus, der Radrennsport. (VII, 144 S.) (905.) (Bd. 29.) n. 1. 80; geb. in Leinw. n. 2. 20
Sanden, S. v., das rohe Pferd. Seine erste Erziehung, Pflege u. Anleitg. zum Reitgebrauch. Mit 19 Abbildgn. (116 S.) (904.) (Bd. 22.) n. 2. —; geb. in Leinw. n. 2. 80; in Halbldr. n. 3. 50
Scheibert, J., W. Scheibert u. Fr. Scheibert, der Wintersport. Mit 65 Abbildgn. (104 S.) (903.) (Bd. 19.) n. 2. —; geb. in Leinw. n. 2. 80; in Halbldr. n. 3. 50
Schmidt-Benecke, Fred, der Hindernissport. Mit 64 Abbildgn. sowie e. Anh. m. 34 Rennbahnplänen. (167 u. 47 S.) (904.) (Bd. 23.) n. 6. —; geb. in Leinw. n. 7. —; in Halbldr. n. 8. —
Schoenbeck, Rich., der Damen-Reitsport. Mit 50 Abbildgn. (170 S.) (904.) (Bd. 21.) n. 4. —; geb. in Leinw. n. 5. —; in Halbldr. n. 6. —
Tschoepe, Thdr., der Traber-Sport. (VIII, 109 S. m. Abbildgn.) (905.) (Bd. 32.) n. 3. —; geb. in Leinw. n. 4. —
Zadig, Geo., der Ringkampf. Mit e. Vorwort von Rhold. Bogas u. 149 Abbildgn. nach photograph. Orig.-Aufnahmen. (230 S.) (905.) (Bd. 31.) n. 3. 20; geb. in Leinw. n. 3. 80
Zechlin, Max R., der Automobil-Sport. Mit 111 Abbildgn. (192 S.) (903.) (Bd. 20.) n. 5. —; geb. in Leinw. n. 6. —; in Halbldr. n. 7. —
Bd. 30 ist noch nicht erschienen.

Bibliothek für Sport u. Spiel. 1., 5., 10., 11., 15., 16., 22., 30., 31. u. 35—41. Bd. 8. Leipzig, Grethlein & Co. 56.20; geb. in Leinw. 69. —
Aarland, Geo. u. Fel. Naumann, der Kamera-Sport. Mit 58 Abbildgn. u. Taf. (165 S.) (908.) (Bd. 38.) 2.20; geb. 2. 80
Ahlers, Wilh., der Fahrsport. Mit 41 Abbildgn. 2. [Titel-]Aufl. (219 S.) [902] (907.) (Bd. 16.) 4.50; geb. in Leinw. 5. 50
Faber, Paul, der Fussballsport. Mit Beiträgen v. W. Sanss, W. Jestram, P. v. Goldberger, A. Taubert u. D. Gold u. vielen Abbildgn. (129 S.) (907.) (Bd. 10.) 1.50; geb. in Leinw. 2. —
Tritt an die Stelle des Eberbachschen Buches.
Haeseler, Graf v., u. Axel Frhr. v. Maltzahn, Leistungen v. Reiter u. Pferd u. Vorbereitung zu solchen. Mit 10 Abbildgn. u. 1 Kartenskizze. (129 S.) (908.) (Bd. 39.) 2.—; geb. 2. 80
Hasperg, H., Polo. Mit 24 Abbildgn. (Neue Aufl. des K. v. Eberbach'schen Buches.) (163 S.) (907.) (Bd. 11.) 8.—; geb. 9. —
Kerkau, G., Handbuch der Billardspielkunst. Unter Mitwirkg. des Weltmeisters Hugo Kerkau u. anderer Meister des Billardspiels hrsg. Mit 155 Abbildgn. mustergült. Stösse bzw. Orig.-Zeichngn. v. Kerkau, Aigner, Bloeckl usw. u. zahlreichen anderen in- u. ausländ. Experten, sowie vielen Abbildgn. nach photogr. Orig.-Aufnahmen. (215 S.) (908.) (Bd. 36.) 4.—; geb. 5. —
Kufahl, Hans, der Fechtsport. Mit Abbildgn., hauptsächlich aus dem Atelier A. Huber, k. u. k. Hof- u. Kammerphotograph, Wien. (150 S.) (908.) (Bd. 15.) 3.—; geb. 3. 80
Pehle, Wilh., der Kegelsport. Hrsg. im Auftrage des deutschen Kegelbundes. Mit zahlreichen Abbildgn. (201 S.) (907.) (Bd. 35.) 2.—; geb. in Leinw. 2. 50
Radrennsport, der. II. Bd. (Fliegerrennen) v. Weltmeisterschaftsfahr. Willy Arend. Mit zahlreichen Abbildgn. (115 S.) (907.) (Bd. 30.) 1.80; geb. 2. 20
Sanden, S. v., Geländereiten (Kriegs-, Jagd- u. Dauerreiten). 2. [Titel-]Aufl. (157 S.) [901] (907.) (Bd. 5.) 4.—; geb. in Leinw. 5. —
— Das rohe Pferd. Seine erste Erziehg., Pflege u. Anleitg. zum Reitgebrauch. Mit 19 Abbildgn. 2. [Titel-]Aufl. (116 S.) [904] 907. (Bd. 22.) 3.—; geb. in Leinw. 3. 80
— Der Reitsport. 2. verm. u. verb. Aufl. Mit 58 Abbildg. v. Rich. Schönbeck. (180 S.) (908.) (Bd. 1.) 4.—; geb. 5. —
Schmidt, Wilh., das Saalfahren. Eine Anleitg. zum Radfahren im Saale. Abschn. I: Allgemeines. Abschn. II: Reigenfahren. Abschn. III: Radball- u. Radpolospiele. Mit 308 Abbildgn., 6 Reigenbeispielen u. 1 Muster für das Aufschreiben der Spielergebnisse. Amtliches Lehrbuch des deutschen Radfahrer-Bundes (E. V.). 2., vollständig durchgesch., verb. u. verm. Aufl. (177 S.) (909.) (Bd. 37.) 3.—; geb. in Leinw. 3. 80
Weissbein, Siegfr., Hygiene d. Sports. Unter Mitwirkg. v. Bickel, Boruttau, v. Boustedt u. a. hrsg. Mit e. Vorwort v. F. Kraus. 2 Bde. (1. Bd. Allgem. Tl. 340 S. m. 31 Abbildgn., u. 2. Bd. Spezieller Teil. 371 S. m. 98 Abbildgn.) (910.) (Bd. 40, 41.) 10.—; geb. i. Leinw. 12. —
Zadig, Geo., der Ringkampf. Mit e. Vorwort v. Rhold. Bogas u. 151 Abbildgn. nach photogr. Orig.-Aufnahmen. 2., verm. u. verb. Aufl. (236 S.) (907.) (Bd. 31.) 3.20; geb. 3. 80

Bibliothek f. Sport u. Spiel. 40—42. u. NAfl 1—3., 17., 19., 21. u. 33. Bd. 8° Lpzg, Grethlein & Co.
Eilers, Konr.: Der Schiesssport. (221 m. Abb.) ('11) [42] 4 —; L 5 —
Fichard, Frhr Rob. v.: Lawn-Tennis. 3. Afl. (154 m. Abb.) ('11) [2] 3 —; L 3.80
Gaza, B v.: Der Rudersport (Riemenrudern, Skullen u. Canoesport). Mit Beiträgen v. Wilh. Rettig, Herm. Wilker, E Hartung, W v. Diest u. Emil Praetzel. (236 m. Abb.) ('12) [17] 3 —; L 3.80 (Die frühere Ausg. wurde v. J, W u. F Scheibert bearb.)
Kübel, Frz: Das Billard-Spiel. 2. Afl. (95 m. Abb.) ('11) [3] 1.80; L 2.50
Münzer, Rich.: Lehrb. d. Bridge. (Neue Ausg.) (219) ('11) [33] 3 —; L 3.80
Rosenow, Herm.: Der Wintersport. (174 m. Abb.) ('12) [19] 3 —; geb. 3.30
Schoenbeck, Rich.: Der Damen-Reitsport. 3. Afl. (164 m. Abb.) ('11) [21] 4 —; L 5 —
Weissbein, Siegfr.: Hygiene d. Sports. 2 Bde. (340 u. 371 m. Abb.) ('10) [40.41] 10 —; L 12 —

— der Sport-Jahrbücher. 8. Ebd.
Athletik-Jahrbuch 1909. Hrsg. v. der deutschen Sport-Behörde f. Athletik. 5. Jahrg. (218 S. m. Abbildgn.) 1. —
Fussball-Jahrbuch 1909. Hrsg. vom deutschen Fussball-Bund. 6. Jahrg. (190 S. m. Abbildgn.) 1. —

— der neuern lebenden Sprachen, oder Verzeichniß sowohl der Grammatiken, Wörterbücher, Chrestomathien, Lesebücher u. a. Werke, welche zum Studium der französ., engl., italien., span., portug., holländ., dän., schwed., poln., russ. 2c. Sprache gehören, als auch dersen. ausländ. Classiker, welche in Deutschland besond. v. J. 1800 bis Anfang d. J. 1841 in Deutschland zum Abdrucke gekommen sind. Herausgeg. v. W. Engelmann. Nebst einer systemat. Uebersicht. gr. 8. Leipzig 841, Engelmann. 1 ₰

— der neueren Sprachen od. Verzeichniß der in Deutschland besonders vom J. 1800 an erschienenen Grammatiken, Wörterbücher, Chrestomathien, Lesebücher u. anderer Werke, welche das Studium der lebenden europ. Sprachen betreffen, wie auch derjenigen ausländ. Classiker, welche ebendaselbst vom J. 1800 bis zur Mitte des J. 1849 zum Abdruck gekommen sind. Hrsg. v. Wilh. Engelmann. Suppl.-Hft.: enth. die Literatur vom Anfange des J. 1841 bis zur Mitte des J. 1849. [Bibliotheca philologica Nr. 2.] gr. 8. (VIII u. 167 S.) Leipzig 850, W. Engelmann. n. 2/3 ₰

— der neueren Sprachen oder Verzeichniß der in Deutschland besonders vom J. 1800 an erschienenen Grammatiken, Wörterbücher, Chrestomathien, Lesebücher und anderer Werke, welche das Studium der lebenden europäischen Sprachen betreffen, wie auch derjenigen ausländ. Classiker, welche ebendaselbst vom J. 1800 bis zur Mitte des J. 1868 zum Abdr. gekommen sind. Hrsg. von Wilh. Engelmann. 2. Suppl.-Heft: enth. die Literatur von der Mitte des J. 1849 bis zur Mitte des J. 1868. gr. 8. (IV, 210 S.) Leipzig 869, Engelmann. *
Hauptwerk. Ebendas. 1842. * ℳ 4,50.; 1. Suppl.-Heft 1850. * ℳ 2.

— der Sprachenkunde, s.: Kunst, die, der Polyglottie.

— für Staats- und Gemeinde-Verwaltungs-Angelegenheiten. Hrsg. von H. A. Mascher. 1. und 2. Heft. gr. 8. [Eisenach.] Kassel 876, Bacmeister. *
Inhalt:
Heft 1. Laue, Fr., die Abfuhr der menschlichen Excremente und Hausabfälle aus den Städten und ländlichen Ortschaften. (IV, 14 S.) * 40 Pf.
" 2. Feldmann, J., der Waisenrath. Eine Instruktion für die nach der preuß. Vormundschafts-Ordnung vom 5. Juli 1875 von den Gemeinden zu bestellenden Waisenräthe. (31 S.) * 50 Pf.

— Staatsbürgerliche. 1. Heft. 8° Wien, Volksbund-Verl.
Rathod: Die direkten Steuern Oesterr. (48) '11 [1] — 35

Bibliothek zum Gebrauch der baierischen Staats-, Kirchen- und Gelehrten-Geschichte. München 1772—75. H: *Finauer, Pet. Paul.* (AarF)

Bibliothek der Mährischen Staatskunde. Wien 1786. V: *Hanke, Johann Alois, später von Hankenstein.* (MGT) (weber)

— d. Schweizer. Staatskunde, s. a. J. C. Fäsi.

Bibliothek der Schweizerischen Staatskunde, Erdbeschreibung und Litteratur
⑤ Januar 1796—September 1797 ⑥ 8° ⑦ Monatsblatt ⑧ Zürich ⑩ Johann Caspar Fäsi ⑫ historische Zeitschrift ⑬ BGSZ: 99 ⑭ Be: L; Lu: Z.

— f. Staatskunst, Rechtswissenschaft u. Kritik. 14 Hefte. gr. 8. Gießen 803 — 14. (Leske in Darmst.) 7 ℛ Hbg. Pr. 2 ℛ

— f. Staatskunst, Rechtswissensch. u. Critik rc. gr. 8. Giessen, Tasche u. M. 808—810.

— f. Staatskunst, Rechtswissenschaft u. Kritik. 118—148 H. ft. gr. 8. Giessen, Müller, 811—13. (à 12 gr.)

Bibliothek, Die, der zoologischen Station zu Neapel. Leipzig 1874. V: *Dohrn*, *Ant.* (Hauptkat. d. Univ.-Bibl. Tübingen. K, Nachtr. 20.)

Steiger's Humoristische Bibliothek: Nos. 1 ,18, 1886 ? New York
Published by Ernst Steiger. Tales of Hackländer, Gerstäcker etc.

—— stenographische. System Arends. Hrsg. von Ed. Gaillard. 1. Folge. Arends ausgewählte Schriften. Libussas Wahl oder der würdigste Mann. gr. 8. (52 S.) Berlin 873, Gerold. *

—— stenographische. System Gabelsberger. 1. und 2. Heft. 12. Braunschweig, Schulbuchhandlung. à Heft * 60 Pf. *
Inhalt:
Heft 1. Benz, Phpp., das Trinkgeld. Militär-Humoreske. Mit Genehmigung des Verlegers in stenograph. Schrift übertr. von E. Ruthe. (44 autogr. S.) 886.
» 2. Andersen, H. C., Bilderbuch ohne Bilder. Nach der vom Verf. besorgten deutschen Orig.-Ausg. mit Genehmigung von Ed. Wartig's Verlag in stenograph. Schrift übertr. von C. Hartwig. (48 S.) 886.

— stenographische. System Gabelsberger. 3. Hft. 12. Braunschweig 896. Schulbuchh. n. — 60
D. Schulausflug u. Papa's Zahnschmerzen. Zwei Novellen v. Hans Arnold. M. Genehmigg. d. Verlegers, Bonz & Comp., u. d. Verf. in stenograph. Schrift übertr. v. E. Ruthe. (33 S.)

— stenographische, System Roller. 1.—3. Bd. gr. 8. Berlin. (Leipzig, Robolsky.) n. 2. 60
1. Goethe's Hermann u. Dorothea. (III, 44 autogr. S.) 887. n. 1. 10
2. Zschokke, J. H. D., das Abenteuer der Neujahrsnacht. (36 autogr. S.) 889. n. — 75
3. Hauff, W., Phantasien im Bremer Rathskeller. (29 autogr. S.) 890. n. — 75

— stenographische, System Roller. 4.—7. Bd. gr. 8. Berlin 898. (Leipzig, J. H. Robolsky.) à n.n. — 75 (1.—7.: n.n. 5. 50)
4. D. todte Gast. Von Zschokke. (48 S.) n.n. — 75
5. Aus der Fremdenlegion. Von Erich v. Nordeck. (40 S.) n.n. — 75
6. Festspiele f. Stenographen-Vereine, verf. v. Systemgenossen. (40 S.) n.n. — 75
7. Militär-Humoresken. Von J. T. Kujawa. (48 S.) n.n. — 75

— stenographische. System Roller. 1. Bd. gr. 8. Berlin 898. (Leipzig, J. H. Robolsky). n. 1. —
Göthe's „Hermann u. Dorothea". 2. Aufl. (III, 44 S.)

— stenographische, System Schrey [vereinfachte deutsche Stenographie]. Hrsg. von Carl Kanitz. 1. Bdchn. 12. Ebd. 889. n. — 60
Aus der Säbeltasche. Soldatengeschichte v. F. W. Hackländer. In „vereinfachte Stenographie" übertr. v. Carl Kanitz. (59 autogr. S.)

— stenographische. System Schrey (vereinfachte deutsche Stenographie). Hrsg. v. Carl Kanitz. 2. Bdchn. gr. 16. Leipzig 893. J. H. Robolsky. n. — 75 (1. u. 2.: n. 1. 35)
5 ausgewählte Erzählungen v. Ludw. Ganghofer. In stenogr. Schrift übertr. u. autogr. v. Carl Kanitz. (63 S.)

—— stenographische, des allgemeinen schweizerischen Stenographenvereins. 1.—3. Bd. gr. 8. Wetzikon bei Zürich. (Ebendas.) **
Inhalt:
Bd. 1. Keller, Gfried., das Fähnlein der sieben Aufrechten. Novelle. (70 autogr. S. mit lithogr. Portr.) 885. **ℳ 1.—.
» 2. Kübler, J., Schwefeldavid. Eine Geschichte aus der helvet. Revolution. (95 autogr. S. mit lithogr. Titel und Portr. des Verf.) 885. **ℳ 1.40.
» 3. Meyer, Conr. Ferd., das Amulet. (80 autogr. S.) 886. **ℳ 1.—.

-- stenographische, aus Tirol. Herausgeg. v. tirolischen Stenographen-Verein in Innsbruck. 8. 1881. (12 Nrn. à 1 Bog.) 1 fl.
Innsbruck: Wagner 1881.

— stenographische, der Unterhaltung u. der Bildung nach Stolze-Schrey. Hrsg. v. H. Coprian. 1. Bd. 8. Berlin (908.) Gerdes & Hödel. 1.—; geb. 1.50
Die Studienreise des Staatssekretärs Dernburg nach Deutsch-Ostafrika. Von Osc. Bongard. Auszug. (74 S.)

— Stenographische, d. Unterhaltg u. d. Bildg n. Stolze-Schrey. Hrsg. v. H Coprian. 2. Bd. 8° Berl., Buchh. d. Stenogr.-Verb. Stolze-Schrey. (1 u. 2: 2.50; geb. 3.50)
Wertheimer, Fritz: Bilder a. Ost-Asien. Reiseschildergn. 1. Tl: China. (92 m. 2 Taf.) ('11) [2] 1.50; geb. 2 —

— gewählter Strafrechtsfälle. Herausg. von Ph. Bopp 1r Bd. 1s u. 2s Hft. A. u. d. T.: Mühlberger, das Verbrechen des Mordes rc. gr. 8. Leipzig u. Stuttg. 834. Scheible's Verlagsbuchh. (Literatur-Compt.) (à 5/8 ℛ) 1 1/4 ℛ (Vgl. Mühlberger.)

—— interessanter und gediegener Studien und Abhandlungen aus der polytechnischen und naturwissenschaftlichen Literatur Frankreichs für Studirende. Mit deutschen Anmerkungen von J. Baumgarten. 1.—9. Bdchn. gr. 16. Kassel, Kay. à Bdchn. *ℳ 1. *
Inhalt:
Bdchn. 1. Causeries et études scientifiques. (VI, 135 S.) 875.
» 2. Tableaux industriels. (VI, 135 S.) 875.
» 3. Physique du globe. Voyages scientifiques. (VI, 153 S.) 875.
» 4. Études biographiques. (152 S.) 875.
» 5. Tableaux et scènes de l'Archipel Indien et de l'Océanie. (154 S.) 876.
» 6. Tableaux et scènes de l'Amérique tropicale. (154 S.) 876.
» 7. Inventeurs et physiciens célèbres. (VI, 120 S.) 876.
» 8. Causeries technologiques et industrielles. (VII, 151 S.) 877.
» 9. Tableaux zoologiques. (V, 129 S.) 877

Bibliothek interessanter und gediegener Studien und Abhandlungen aus der wissenschaftlichen Litteratur Frankreichs. Mit deutschen Anmerkungen von J. Baumgarten. 10. Bdchn.: Tableau ethnographiques et géographiques. Peuplades et pays voisins des colonies allemandes. 16. (XVI, 136 S.) Kassel 885, Kay. *
1.—9. Bdchn. Ebendas. 1875—77. à *ℳ 1.—.

Bibliothek, Die, der Stuzer, oder Nachrichten um zur Geschichte des guten Tons, und der ausserordentlich guten Gesellschaft zu dienen ... A. d. Franz. Prag 1771. V: *Gaudet*, *F. C.* (BrMm)

— d. Stutzer, od. Nachr. z. Gesch. des guten Tons. a. d. Franz. 8. Prag u. Lpz. Hilscher. 772.

Bibliothek der Symbole und Glaubensregeln der Alten Kirche. Hrsg. v. Dr. August Hahn, weil. ord. Prof. ... an d. Univ. Breslau. 3. vielfach veränd. u. verm. Aufl. v. Dr. G[eorg] Ludwig Hahn, ord. Prof. ... an d. Univ. Breslau. M. e. Anh. v. Dr. Adolf Harnack, ord. Prof. ... an d. Univ. Berlin. *Breslau: E. Morgenstern 1897.* (XVI, 412 S.) 1 Bd 8. [98. 229]

— der Symbole und Glaubensregeln der apostolisch-katholischen Kirche. Herausg. vom (evang.) Consistorialrath Dr. Aug. *Hahn zu Breslau. gr. 8. Daselbst 1842, Grass, B. et C. 3/4 Thlr. — 1 fl. 21 kr.

— nützl. Taschenbücher. Hrsg. v. Emil Fischer u. Osk. Leiner. kl8° Lpzg, O Leiner.
Fischer, Emil: Taschenb. f. Pflanzensammler. 13. Afl. (344 m. Abb. u. 3 farb. Taf.) ('09.) L. 2 — ‖ Taschenbuch f. Schmetterlingssammler. 6. Afl. (11, 253 u. 25 m. Abb. u. 14 farb. Taf.) ('08.) L. nn 2.75
Schlotfeldt, Ernst: Taschenbuch f. Jäger u. solche, d. es werden wollen. (2. Afl.) (231) '09. L. 3 —

— nützl. Taschenbücher. Hrsg. v. Emil Fischer u. Osk. Leiner. kl8° Lpzg, O Leiner.
Fischer, Emil: Taschenb. f. Pflanzensammler. 14. Afl. (8, 344 m. Abb. u. 3 farb. Taf.) ('11) L 2 —

— praktischer Taschen-Receptbücher. Nr. 1: Taschen-Receptbuch des Schwarz-, Weiß- und Zuckerbäckers. Enth.: Anweisungen zu allen beliebten Gebäcken, zur Aufbewahrung und Prüfung von Mehl, Butter, Eiern rc., sowie zahlreiche andere minder bekannte Vortheile. In alphabet. Ordnung von Fel. Moßbach. gr. 16. (196 S.) Leipzig 864, M. Schäfer.

— der gesamten Technik. 1.—10. u. 12.—14. Bd. kl. 8. Hannover, Dr. M. Jänecke. geb. in Leinw. n. 32. 70

Baumgartner, F., Mühlen- u. Speicherbau. Mit 52 Abbildgn. im Text. (132 S.) 906. (Bd. 13.) n. 1. 80; geb. in Leinw. n. 2. 20

Boje, Ad., Schalttafelbau. Mit 100 Abbildgn. im Text u. auf 5 Taf., sowie 7 Tab. u. 4 Schaulinien. (158 S.) 907. (Bd. 10.) n. 2. 80; geb. in Leinw. n. 3. 20

Dosch, A., die Feuerungen d. Dampfkessel. Mit 88 Abbildgn. im Text. (105 S.) 907. (Bd. 8.) n. 2. 20; geb. in Leinw. n. 2. 60

Holltscher, A., gewerbliche Gesundheitslehre. Gemeinverständlich dargestellt. Mit 36 Abbildgn. (178 S.) 907. (Bd. 14.) n. 2. 20; geb. in Leinw. n. 2. 60

Koschmieder, Herm., die Erzeugung u. Verwendung des Steinkohlengases. Mit 136 Abbildgn. (230 S.) 906. (Bd. 7.) n. 3. —; geb. in Leinw. n. 3. 40

Miller, Wilh., die Vermessungskunde. Ein Taschenbuch f. Schule u. Praxis. 2. [Titel-]Aufl. Mit 117 in den Text gedr. Abbildgn. (IX, 174 S.) [903.] 906. (Bd. 12.) n. 2. 60; geb. in Leinw. n. 3. —

Müller, Bruno, das Motorboot u. seine Maschinenanlagen. Mit 126 Abbildgn. (183 S.) 906. (Bd. 6.) n. 2. 40; geb. in Leinw. n. 2. 75

Neumann, Hans, die Verbrennungskraftmaschinen in der Praxis. Handbuch f. die Anlage, Wartg. u. den Betrieb der modernen Verbrennungskraftmaschinen. Mit 137 Abbildgn. im Text. (320 S.) 906. (Bd. 9.) n. 4. —; geb. in Leinw. n. 4. 40

Penkert, J. K. Rich., das Rettungswesen im Bergbau. Kurze Darstellg. der Rettungsapparate, Rettungsarbeiten, Sicherheitsvorrichtgn. usw. im Bergwesen. Mit 19 Abbildgn. im Text. (48 S.) 906. (Bd. 4.) n. — 60; geb. in Leinw. n. — 90

Pohl, H., die Montage elektrischer Licht- u. Kraftanlagen Ein Taschenbuch f. Elektromonteure, Installateure u. Besitzer elektr. Anlagen. Mit 328 in den Text gedr. Beispielen u. Schaltgn. 3. Taus. [Titel-Ausg.] (XIV, 272 S.) [903.] 905. (Bd. 1.) Geb. in Leinw. n. 2. 40

Rudolphi, G., die kaufmännische Fabriksbetriebsbuchführung u. Verwaltung. (48 S.) 906. (Bd. 5.) n. — 60; geb. in Leinw. n. — 90

Schulz, Ernst, die Krankheiten elektrischer Maschinen. Kurze Darstellg. d. Störgn. u. Fehler an Dynamomaschinen, Motoren u. Transformatoren f. Gleichstrom, ein- u. mehrphas. Wechselstrom f. den prakt. Gebrauch der Installateure. Mit 42 Abbildgn. im Text. 3. Taus. [Titel-Ausg.] (IV, 50 S.) [903] 05. (Bd 2.) Geb. in Leinw. n. 1. 75

— Wissenswertes aus dem Dynamobau f. Installateure. Mit 77 Abbildgn. im Text. (159 S.) 906. (Bd. 3.) n. 2. 20; geb. in Leinw. n. 2. 60

Bd. 11 ist noch nicht erschienen.

— der gesamten Technik. 1., 2., 11., 12., 15.—128., 130—152. u. 156. Bd. kl. 8. Hannover, Dr. M. Jänecke.

Axmacher, Aug., praktischer Führer durch den Zeugdruck. Ein Wegweiser f. Schüler techn. Lehranstalten, Werkmeister, angeh. Koloristen u. Fabrikanten v. Druckwaren. I. Bdchn. Mit Abbildgn. v. Maschinen u. Zeugmustern aus dem prakt. Grossbetriebe. (90 S. m. 4 Mustertaf.) 908. (Bd. 95). 1. 80; geb. 2. 20

— Dasselbe. II. Bdchn. (V, 288 S.) 908. (Bd. 96.) 3.80; geb. 4. 20

Baumgartner, F., die Müllerei. Mit 43 Abbildgn. im Text. (101 S.) 907. (Bd. 43.) 1.40; geb. in Leinw. 1. 80

Bender, O., Feuerungswesen. Mit 77 Abbildgn. im Text. (VII, 263 S.) 907. (Bd. 36.) 3.80; geb. in Leinw. 4. 20

— Laboratoriumstechnik. Mit 90 Abbildgn. im Text. (149 S.) 909. (Bd. 108.) 2.60; geb. in Leinw. 3. —

Bohnenstengel, E., die Elektrizität auf den Dampfschiffen. Mit 117 Abbildgn. im Text. 3. Aufl. (124 S.) 907. (Bd. 57.) 1.80; geb. in Leinw. 2. 20.

Bomborn, Bernh., das deutsche Gebrauchsmusterrecht. Mit 4 Fig. im Text. (152 S.) 909. (Bd. 134.) Kart. 2. 50

Bondi, Vict., ruhende Umformer (Transformatoren). Mit 104 Abbildgn. im Text. (144 S.) 908. (Bd. 40.) 2.—; geb. in Leinw. 2. 40

Both, Otto, die Bandweberei (Bandwirkerei). Mit 218 Abbildgn. im Text. (240 S.) 907. (Bd. 54.) 3.20; geb. in Leinw. 3. 60

Bottler, Max, Harze u. Harzindustrie. Mit 33 Abbildgn. (291 S.) 907. (Bd. 45.) 4.—; geb. in Leinw. 4. 40

Bousse, Ant., die Fabrikation nahtloser Stahlrohre, m. e. Einleitung üb. die Fabrikation geschweisster Eisenrohre. Mit 5 Taf. u. 158 Textabb. (352 S.) 908. (Bd. 27) 4.60; geb. 5. —

Brauer, Rich., die Grundzüge der praktischen Hydrographie. Mit 24 Tab. u. 38 Textfig. (233 S.) 907. (Bd. 53) 3.40; geb. in Leinw. 3. 80

Breuer, Carl, Kitte u. Klebstoffe. Geschichtliche u. techn. Ausführgn. Mit 8 Abb. im Texte. (VIII, 260 S.) 907. (Bd. 33) 3.40; geb. in Leinw. 3. 80

Brode, Johs., Elemente der physikalischen Chemie. Mit 15 Abb. im Texte. (IV, 148 S.) 908. (Bd. 30) 2.20; geb. 2.60

Chodounský, Frz., die Bierbrauerei. (VI, 253 S. m. 25 Abb.) (910.) (Bd. 128) Geb. in Leinw. 4. 60

Cremer, Chr., der Monteur. Praktisches Unterrichts-, Nachschlage- u. Handbuch f. Maschinenbauer. 4. Aufl., vollständig neu bearb. v. E. Immerschitt u. A. Königswerther. Mit 519 Fig. im Texte u. 4 Taf. (XVI, 569 S.) 908. (Bd. 11) Geb. in Leinw. 7. 50

Dettmers, Erich, die Fabrikation der Lacke, Firnisse u. des Siegellacks. Leichtfassliches Handbuch f. Fabrikanten. Es enthält e. ausführl., übersichtl. Ausführg. der gesamten Fabrikation aller flücht. u. fetten Firnisse u. Lacke nebst genauer Bearbeitg. aller gebrauchten Materialien Auch ist als Anh. e. genaue Anleitg. z. Siegellackfabrikation gegeben. Leichtfassl. Darstellg. Mit 8 Abb. (X, 122 S.) 909. (Bd. 116) Kart. 2.60

Dittmarsch, A., die Gewinnung der nutzbaren Mineralien v. d. Lagerstätten. (Grubenbaue, Gruben, Ausrichtg., Vorrichtg. u. Abbau. Tagebaue u. Gräbereien.) Mit 70 Abb. im Text. (84 S.) 907. (Bd. 58) 1.20; geb. in Leinw. 1. 60

— Grubenausbau. Mit 248 Abb. im Texte. (155 S.) 908. (Bd. 102) 2.20; geb. 2. 60

Dosch, A., Betrieb u. Wartung der Dampfkessel. Mit 270 Abb., zahlreichen Tabellen u. Beispielen. (VIII, 215 S.) 909. (Bd. 124) Kart. 3. —

Eger, Ernst, Seifenindustrie. Mit 43 Abb. im Text. (171 S.) 907. (Bd. 24) 2.40; geb. in Leinw. 2. 80

Ehrhardt, Ernst, Hebemaschinen u. Transporteinrichtungen im Fabrikbetriebe u. bei Montagen. Kurze, aber vollständ. u. übersichtl. Darstellg. der Hebevorrichtgn., Winden, Krane u. Transportmittel f. den Techniker, Betriebsleiter, Werkmeister u. Monteur. Mit 94 Abb., 18 Tab., 132 Formeln u. mehreren Aufgaben. (279 S.) 907. (Bd. 23) 3.60; geb. in Leinw. 4. —

Ehrhardt, R., die Kaliindustrie. Mit 25 Fig. im Text u. 1 graph. Darstellg. (76 S.) 907. (Bd. 28) 1.40; geb. in Leinw. 1. 80

Ertel, Arth., Handbuch f. den Bau u. die Instandhaltung der Oberleitungsanlagen elektrischer Bahnen. Mit 294 Abb. im Text, 2 Taf. u. e. Notizblock f. den Gebrauch auf der Strecke. (VI, 336 S.) 907. (Bd. 42) 4.20; geb. in Leinw. 5. —

Feeg, Otto, die Pumpen. ihr Bau, ihre Aufstellung u. ihr Betrieb. Mit 189 Fig. im Texte. (325 S.) 909. (Bd. 107) 5.—; geb. in Leinw. 5. 40

Feldmann, H., Baukonstruktion. I. Bd. Konstruktionselemente in Stein, Holz u. Eisen. Mit 113 Abb. im Texte. (57 S.) 907. (Bd. 60) 1.—; geb. in Leinw. 1. 40

— dasselbe. II. Bd. Die Gebäudemauern. Mit 62 Abb. im Text. (56 S.) 907. (Bd. 63) 1.—; geb. in Leinw. 1. 40

— dasselbe. III. Bd. Die massiven u. Holzbalken-Decken. Mit 277 Abb. im Texte u. 1 Taf. (204 S.) 909. (Bd. 119) Kart. 3.60 (I III: Geb. u. kart. 6. 40)

Foerster, P., Elektrochemie. Mit 55 Abbildgn. im Text. (VIII, 144 S.) 908. (Bd. 85) 2.20; geb. 2. 60

Fermum, G., die Legierungen, ihre Herstellung u. Verwendung f. gewerbliche Zwecke. (VIII, 158 S. m. 29 Abbildgn.) (910.) (Bd. 137) Geb. 3. 20

Fiedler, K., die Materialien d. Textil-Industrie. (240 S.) 909. (Bd. 133) Kart. 3. 80

Freise, Frd., Aufbereitung v. Erzen u. Kohlen. Mit 195 Abbildgn. im Texte. (206 S.) 908. (Bd. 37) 2.80; geb. in Leinw. 3. 20

Friedländer, Leo, Feld- u. Industriebahnen. Mit 102 Abbildgn. im Texte u. 4 Tab. (120 S.) 908. (Bd. 20) 1.80; geb. 2. 20

Friese, Wilh., die Asphalt- u. Teerindustrie. Eine Darstellg. üb. die Eigenschaften, Gewinng. u Verwertg. der natürl. u. künstl. Asphalte. Mit 56 Abbildgn. im Text. (374 S.) 908. (Bd. 31) 5—; geb. in Leinw. 5. 40

Fuhrmann, Willib., die Elektrizität in der Landwirtschaft. Mit 37 Abb. (82 S.) 909. (Bd. 129) Kart. 1. 80

Fürstenau, Rob., die Technik der Röntgenapparate. (III, 171 S. m. 84 Abb.) (910.) (Bd. 138) Geb. in Leinw. 3. 60

Gayer, Sig., die Holzarten u. ihre Verwendung in der Technik. (VIII, 300 S. m. 44 Abb.) (910.) (Bd. 147) Geb. in Leinw. 6. —

Gössling, Willy, die Arzneimittel. Ihre Herstellg., Eigenschaften u. Verwendg. Unter bes. Berücksicht. der Patentliteratur. (VI, 167 S.) 909. (Bd. 122) Kart. 3. 40

Greiner, Wilh., neue Gerätekonstruktionen u. Turnhallen-Anlagen. Mit 27 Abb. u. 10 Taf. (54 S.) 909. (Bd. 100) 1.20; geb. in Leinw. 1. 60

— Die Schlachthofanlagen u. ihre maschinellen Einrichtungen. Mit 71 Abb. u. 8 Taf. (96 S.) 909 (Bd. 120) Kart. 2. 50

— Die Transmissionen, ihre Konstruktion, Berechnung, Anlage, Montage u. Wartung. Mit 209 Abb. u. 4 Taf. (252 S.) 908. (Bd 68) 3.40; geb. in Leinw. 3. 80

Grimshaw, Rob., Anregungen zur Organisation industrieller Betriebe. Uebersetzung e. v. demselben Verf. vor dem Franklin-Institut, Philadelphia, geh. Vortrages. (46 S.) (910.) (Bd. 152) — 60; geb. n — 90

Guillery, C., Bau der Eisenbahnwagen u. ihre Unterhaltung im Betriebe. Mit 79 Abb. im Text u. 1 Taf. (149 S.) 908. (Bd. 101) 2.40; geb. in Leinw. 2.80

Haase, Wilh., Hartzerkleinerung. Mit 91 Abb. im Texte. (157 S.) 907. (Bd. 66) 2.20; geb. in Leinw. 2.60

— Ölmüllerei. Mit 46 Abb. im Text. (91 S.) 909. (Bd. 118) Kart. 2.40

Hahn, Hans, Grundriss der Chemie f. Techniker. Zugleich e. Repetitorium der Chemie f. Studierende der Ingenieur-Wissenschaften. I. Tl. Anorganische Chemie. (193 S. m. Fig.) 909. (Bd. 117) Kart. 3.20

— dasselbe. II. Tl.: Organische Chemie. Die wichtigsten Tatsachen der organ. Chemie. (146 S. m. 6 Abb.) (910.) (Bd. 148) Geb. in Leinw. 3.— (I u. II: 6.20)

Halver, Paul, die Kalkulation im Maschinenbau. Ein Leitfaden f. den Unterricht u. die Praxis. (66 S.) 909. (Bd. 132) Kart. 1.40

Haenig, A., die Steinkohle. Ihre Gewinng. u. Verwertg. Unter besond. Berücksicht. der nationalökonom. Bedeutg. der Steinkohle sowie der neuesten Anlagen zu ihrer Gewinng. u. Verwertg. f. Praxis u. Selbststudium erläutert. Für Techniker, Bergleute, Kohlenindustrielle u. Kohlenhändler. Mit 129 in den Text u. auf Taf. gedr. Abbildgn. (329 S.) 908. (Bd. 82) 4.60; geb. 5.—

Häntzschel-Clairmont, Walt., die Praxis d. Modelltischlerei. Mit 153 Abb. im Texte. (184 S.) 908. (Bd. 93) 2.60; geb. 3.—

Havemann, Rechnen u. Geometrie. Ein Nachschlagebuch f. Fortbildungsschüler. Mit 51 Abb. im Text. (94 S.) 908. (Bd. 71) 1.20; geb. in Leinw. 1.50

Helm, Max, die Steingutfabrikation. Nach der Praxis dargestellt. (VII, 174 S. m. 28 Abb. u. 1 Taf.) (910.) (Bd. 145) Geb. in Leinw. 4.20

Herner, Heinr., Schiffbau. (VIII, 220 S. m. 167 Abb. im Text u. auf 3 Taf.) (910.) (Bd. 156) Geb. in Leinw. 4.60

Hillig, Hugo, technische Anstriche. Prakt. Erläuterg. aller Anstrichtechniken. Mit 15 Abb. im Texte. (251 S.) 908. (Bd. 34) 3.40; geb. 3.80

Jüngst, Fritz, die nutzbaren Lagerstätten. Mit geolog. Einführg. Ein Leitfaden f. prakt. Bergleute. Mit 100 Abb. im Text. (183 S.) 908. (Bd. 77) 2.40; geb. in Leinw. 2.80

Kausch, O., die Kohlensäure, ihre Herstellung u. Verwendung. Mit 47 Abb. im Text. (IV, 152 S.) 909. (Bd. 121) Kart. 3.—

Kedesdy, E., die Sprengstoffe. Darstellung u. Untersuchg. der Sprengstoffe u. Schiesspulver. Mit 81 Abb. im Texte. (VII, 283 S.) 909. (Bd. 105) 4.20; geb. in Leinw. 4.60

Klein, Emil, der moderne Bau- u. Möbelschreiner. Technischer u. geschäftl. Ratgeber f. Arbeitgeber u. Arbeitnehmer, als Fabrikanten, Geschäftsführer, Handwerker, Arbeiter u. Lehrlinge, sowie Handbuch f. das gewerbl. Unterrichtswesen. Mit 247 Abb. im Text u. auf 2 Taf. (256 S.) 908. (Bd. 94) 3.40; geb. 3.80

— Die verschiedenen Techniken zur Bearbeitung v. Gold u. Silber als Handarbeit u. Fabrikation. Technischer u. geschäftl. Ratgeber f. Fabrik u. Werkstatt, sowie Handbuch f. das gewerbl. Unterrichtswesen. Mit 126 Abb. im Texte. (XII, 223 S.) (909.) (Bd. 136) Kart. 4.—

Knoch, R., landwirtschaftliche Baukunde. 1. Bd.: Landwirtsch. Bautechnik. 2. Bd.: Scheunen u. Ställe. 3. Bd.: Gehöfte, Nebengebäude u. Arbeiterwohnhäuser. (113; VIII, 108 u. 115 S. m. 177 Abb.) (910.) (Bd. 144) Geb. in Leinw. 6.—

Koch, Paul, Untersuchung der Dampferzeugungsanlagen auf ihre Wirtschaftlichkeit u. Vorschläge zu deren Erhöhung. Mit 59 Abbildgn. im Text. (173 S.) 907. (Bd. 29.) 2.40; geb. in Leinw. 2.80

Kochenrath, W., Grundzüge des Eisenbahnbaues. I. Tl. Linienführung, Unter- u. Oberbau, Schutz- u. Nebenanlagen auf freier Strecke. Für den Unterricht u. die Übgn. an techn. Lehranstalten sowie zum Gebrauch in der Praxis u. bei der Vorbereitg. f. den mittleren techn. Eisenbahndienst bearb. Mit 236 in den Text gedr. Abbildgn., 3 Tab. u. 5 Tafel-Zeichngn. (254 S.) 908. (Bd. 106.) 3.80; geb. in Leinw. 4.20

Koll, Gottfr., Brücken aus Holz. Mit 176 Abbildgn. im Text. (153 S.) 908. (Bd. 78.) 2.20; geb. 2.60

— Brücken aus Stein. Mit 153 Abbildgn. im Text. (136 S.) 908. (Bd. 97.) 2.—; geb. 2.40

Koschmieder, Herm., die technischen Gasarten m. Ausschluss des Steinkohlengases u. Azetylens. Mit 9 Abbildgn. im Text. (40 S.) 907. (Bd. 39.) —.65; geb. in Leinw. —.95

— Die Müllbeseitigung. Mit 22 Abbildgn. im Text. (70 S.) 907. (Bd. 73.) 1.—; geb. in Leinw. 1.40

Krause, Galvanotechnik (Galvanostegie u. Galvanoplastik). Mit 24 Abbildgn. im Texte. (XI, 185 S.) 908. (Bd. 92.) 2.80; geb. in Leinw. 3.20

Kron, Osk., der Verkehr m. Materialprüfungsämtern. Mit 22 Abbildgn. im Text. (105 S. m. 2 Taf.) 909. (Bd. 123.) Kart. 2.50

Krönlein, H., die Lederfabrikation. Handbuch f. die Praxis. (IV, 206 S.) (910.) (Bd. 143.) Geb. in Leinw. 4.20

Lachemair, A. v., die Materialien des Maschinenbaues. Mit 14 Abbildgn. im Text. (209 S.) 909. (Bd. 131.) Kart. 4.

Langer, Karl, die Feuersicherheit in Kohlenbergwerken. Mit 1 Abbildg. im Texte. (111 S.) 907. (Bd. 52.) 1.60; geb. in Leinw. 2.—

Larcher, M., Parfümerien. Mit 8 (Umschlag 1) Abbildgn. im Text. (134 S.) 907. (Bd. 59.) 2.20; geb. in Leinw. 2.60

Laudien, K., die Elektrotechnik. Die Grundgesetze der Elektrizitätslehre u. die techn. Erzeugg. u. Verwertg. des elektr. Stromes in gemeinverständl. Darstellg. Ein Handbuch f. Techniker u. alle in ihrem Berufe m. der Elektrotechnik in Berührg. Kommenden. (235 S. m. 307 Abbildgn.) 908. (Bd. 88.) 3.60; geb. 4.—

Lichte, Herm. F., das Roheisen u. seine Darstellung durch den Hochofenbetrieb. Unter Berücksicht. sämtl. Neuergn. allgemein erläutert f. die Praxis u. das Selbststudium. Mit 76 in den Text u. auf 4 Taf. gedr. Abbildgn. (309 S.) 907. (Bd. 15.) 4.60; geb. in Leinw. 5.—

Lots, R., Einrichtung v. Fabriken. Mit 90 Abbildgn. im Texte. (VIII, 179 S.) 908. (Bd. 90.) 2.80; geb. in Leinw. 3.20

— Fabrikbauten. Mit 149 Abbildgn. im Texte. (240 S.) 907. (Bd. 65.) 3.20; geb. in Leinw. 3.60

Luhmann, E., Kakao u. Schokolade. Eine ausführl. Beschreibg. der Herstellg. aller Kakaopräparate u. der dafür erforderl. Einrichtgn. Mit 68 Abbildgn. im Text. (210 S.) 909. (Bd. 114.) 4.—; geb. in Leinw. 4.40

Mayer, Joh. Eug., das mechanische Rechnen des Ingenieurs (Rechenschieber, Rechenmaschinen, Planimeter, Integrator, Integraph). Mit 31 Abbildgn. im Texte u. auf 1 Taf. (118 S.) 908. (Bd. 91.) 1.80; geb. 2.20

Meisel, Ferd., Elemente der geometrischen Optik. Eine Einführg. in das Verständnis der Wirkungsweise opt. Instrumente f. Praktiker u. f. Studierende der Naturwissenschaften. Mit 157 Abbildgn. im Texte. (294 S.) 908. (Bd. 69.) 4.—; geb. in Leinw. 4.40

Michel, Ph., die Rohrleitungen im Dampfbetrieb. (VI, 176 S. m. 133 Abbildgn. 1 Taf. u. 2 Anhängen.) (910.) (Bd. 146.) Geb. in Leinw. 4.20

— Wärme- u. Kälteschutz. Mit 26 Abbildgn. im Text. (105 S.) 907. (Bd. 22.) 1.50; geb. in Leinw. 1.90

Milde, Bernh., die Arbeiten des inneren Ausbaues. Treppen, Türen, Fenster, Läden, Beschläge. Für die Praxis u. den Schulgebrauch bearb. Mit 158 Abbildgn. im Texte. (IV, 111 S.) 909. (Bd. 130.) Kart. 2.20

Miller, W., Meister-Prüfungen f. das Baugewerbe, Maurer, Zimmerer, Steinmetze. Mit 56 Abbildgn. im Text. (91 S.) 907. (Bd. 21.) 1.20; geb. in Leinw. 1.60

— Die Vermessungskunde. Ein Taschenbuch f. Schule u. Praxis. 3. Aufl. (XI, 256 S. m. 202 Abbildgn.) 910. (Bd. 12.) Geb. in Leinw. 4.50

Moye, Alb., die Gewinnung u. die Verwendung des Gipses. Mit 74 Abbildgn. im Texte. (VIII, 142 S.) 908. (Bd. 72.) 2.—; geb. in Leinw. 2.40

Nantke, P., Bauführung. Mit 7 Abbildgn. im Text. (81 S.) 908. (Bd. 98.) 1.40; geb. 1.80

— Holzbaukunst am deutschen Bürgerhause. Mit 120 Abbildgn. (144 S.) 909. (Bd. 111.) 2.60; geb. in Leinw. 3.—

Offer, Thdr., Analyse der Fette u. Öle. Mit 2 Tab. u. 11 Abb. (283 S.) 907. (Bd. 17.) 3.60; geb. in Leinw. 4.—

Penkert, J. K. Rich., die chemische Untersuchung der Wettergase. Mit 81 Abbildgn. im Text. (76 S.) 907. (Bd. 32.) 1.20; geb. in Leinw. 1.60

Pohl, H., der Betrieb elektrischer Licht- u. Kraftanlagen. Ein Handbuch f. Ingenieure, Elektromonteure, Installateure, Betriebsführer, Schalttafelwärter, Kesselwärter, Maschinisten, sowie Besitzer elektr. Anlagen. Mit 89 Abbildgn. im Text. (X, 121 S.) 909. (Bd. 100.) Kart. 2.50

— Die Montage elektrischer Licht- u. Kraftanlagen. Ein Taschenbuch zum Gebrauch f. Ingenieure, Elektromonteure, Installateure, Betriebsführer, Schalttafelwärter, Kesselwärter, Maschinisten, sowie die Besitzer elektr. Anlagen. 3. verm. Aufl. (IX, 176 S. m. 253 Abbildgn.) 910. (Bd. 1.) Geb. in Leinw. 2.40
2. Aufl. (X, 167 S.) 907.

Preger, Ernst, die Bearbeitung der Metalle in Maschinenfabriken durch Giessen, Schmieden, Schweissen, Härten u. Tempern. Mit 228 Abbildgn. im Texte. (311 S.) 908. (Bd. 103.) 4.—; geb. in Leinw. 4.40

— Die Werkzeugmaschinen. Mit 235 Fig. im Text. (208 S.) 907. (Bd. 64.) 2.80; geb. in Leinw. 3.20

Putmans, Alfons, der Schornsteinbau. Ein Nachschlage- u. Hilfsbuch f. Techniker, Baumeister, Betriebsleiter usw. Mit 86 in den Text eingedr. Fig. u. e. Tabellenanh. (234 S.) 908. (Bd. 99.) 3.20; geb. in Leinw. 3.60

Reich, A., die Entwässerung der Städte. Mit 120 Abbildgn. im Text. (VI, 138 S.) 908. (Bd. 79.) 2.—; geb. 2.40

— Der Erdbau. Mit 80 Abbildgn. im Text. (161 S.) 907. (Bd. 56.) 2.20; geb. in Leinw. 2.60

— Reinigung u. Beseitigung städtischer u. gewerblicher Abwässer. Mit 32 Abbildgn. im Text. (139 S.) 907. (Bd. 55.) 2.20; geb. in Leinw. 2.60

Reichelt, Alfr., die Prüfung der Konstruktionsstoffe f. den Maschinenbau. Kurz gefasstes Handbuch f. den prakt. Gebrauch. Mit 99 Abbildgn. im Text. (X, 223 S.) 909. (Bd. 110.) 3. 40; geb. in Leinw. 3. 80

Rieke, Rhold., das Porzellan. (X, 191 S. m. 27 Abbildgn.) (910.) (Bd. 150.) Geb. in Leinw. 4. 60

Rost, F., Flugapparate. Mit 31 Abbildgn. im Text. (64 S.) 909. (Bd. 112.) 1. 20; geb. in Leinw. 1. 60

— Tiefbohrtechnik. Mit 82 in den Text gedr. Abbildgn. (100 S.) 908. (Bd. 74.) 1. 60; geb. in Leinw. 2. —

Rottmann, Walt., die Untersuchung u. Verbesserung des Wassers f. alle Zwecke seiner Verwendung. Mit 71 Fig. im Texte. (VII, 160 S.) 907. (Bd. 67.) 2. 20; geb. in Leinw. 2. 60

Rudolph, Wilh., die Tonwarenerzeugung (allgemeine Keramik) m. besond. Berücksicht. der chemischen Grundlagen. (VIII, 184 S. m. 48 Abbildgn.) (910.) (Bd. 139.) Geb. in Leinw. 3. 60

Rupprecht, Heinr., Schmiermittel, ihre Herstellg., Verwendg. u. Untersuchg. Mit 59 Abbildgn. im Text. (378 S.) 908. (Bd. 86.) 4. 80; geb. 5. 20

Schall, Max, Herstellg. u. Verwendg. der verdichteten u. verflüssigten Gase. (171 S. m. 50 Abbildgn.) (910.) (Bd. 140.) Geb. in Leinw. 3. 60

Scheel, Karl, das Acetylen. Mit 16 Abbildgn. im Text. (74 S.) 907. (Bd. 44.) 1. —; geb. in Leinw. 1. 40

Scheffler, W., Einrichtung v. Fabriklaboratorien. (146 S. m. 48 Abbildgn.) (910.) (Bd. 151.) Geb. in Leinw. 3. 40

Scheithauer, W., die Braunkohlenteerprodukte u. das Ölgas. Mit 43 Abbildgn. (171 S.) 907. (Bd. 16.) 2. 20; geb. in Leinw. 2. 60

Schipmann, W., aus der Praxis e. Glashüttenfachmanns. Mit 27 Abbildgn. im Text. (75 S.) 907. (Bd. 47.) 1. 20; geb. in Leinw. 1. 60

— dasselbe. Unter Mitwirkg. v. stud. arch. Hanns Schipmann bearb. II. Tl. „Wannen". Mit 16 Abbildgn. im Text u. 12 Taf., gezeichnet v. H. Schipmann. (99 S.) 908. (Bd. 75.) 2. —; geb. in Leinw. 2. 40

— dasselbe. Ausg. in 1 Bde. (75 u. 99 S. m. Abbildgn. u. Taf.) (910.) (Bd. 149.) Geb. in Leinw. 3. 80

Schmidt, Axel, natürliche Bausteine. Ein Hilfsbuch f. die Praxis, f. den Unterricht an techn. Lehranstalten u. zum Selbststudium, e. Nachschlagebüchlein f. Architekten u. Baumeister. Mit 53 Abbildgn. im Text. (174 S.) 908. (Bd. 76.) 2. 40; geb. 2. 80

Schön, F., die Schule d. Werkzeugmachers u. d. Härten des Stahles. 2., umgearb. u. erweit. Aufl. Mit 29 Abb. im Texte. (138 S.) 907. (Bd. 49.) 1. 90; geb. in Leinw. 2. 30

Schoenbeck, Frdr., die Elektrizität als Wärmequelle. Mit 53 Abbildgn. im Text. (103 S.) 907. (Bd. 61.) 1. 60; geb. in Leinw. 2. —

Schrader, Fritz, der Treppenbau. Gemeinverständliche Darstellg. üb. das Wesen u. die Preis- u. Zeitberechng. des Treppenbaues. Mit 195 Abbildgn. im Texte. (126 S.) 908. (Bd. 46.) 1. 80; geb. in Leinw. 2. 20

— Veranschlagen v. Hochbauten, nebst Preisbestimmungen u. Kostenberechnung e. Beispieles. Mit 7 Abbildgn. im Text u. 1 Taf. (XI, 263 S.) 908. (Bd. 87.) 3. 60; geb. 4. —

Schultz, Fritz, das Drechslerbuch. Ein Wegweiser u. Ratgeber in allen Gebieten des weitverzweigten Drechslerhandwerks. Mit 185 Abbildgn. im Texte. (264 S.) 908. (Bd. 89.) 3. 60; geb. 4. —

— Technik der Färbe- u. Vollendungsarbeiten. Eine Quelle der Beratg. der verschiedensten Fragen der Holz, Metall, Stein, Perlmutter, Elfenbein, Bernstein, Horn, Steinnuss u. Meerschaum verarbeit. Gewerbe. Zum Gebrauche f. Schreiner, Drechsler, Holzschnitzer, Metallarbeiter sowie ganz besonders f. gewerbl. Lehranstalten bearb. (136 S.) 909. (Bd. 113.) Kart. 2. 60

Schulz, Ernst, die Krankheiten elektrischer Maschinen. Kurze Darstellg. der Störgn. u. Fehler an Dynamomaschinen, Motoren u. Transformatoren f. Gleichstrom, ein- u. mehrphas. Wechselstrom f. den prakt. Gebrauch der Installateure. Mit 42 Fig. im Text. 2., verb. Aufl. (88 S.) 907. (Bd. 2.) 1. 40; geb. in Leinw. 1. 75

Schwanecke, Hans Karl, Lüftung u. Entstaubung. Taschenbuch f. den Entwurf, die Ausführg. u. Ueberwachg. derart. Anlagen. Mit 154 Abbildgn. im Text u. 1 Taf. (436 S.) 909. (Bd. 84.) 6.—; geb. in Leinw. 6. 40

— Die Ventilatoren u. Exhaustoren m. besond. Berücksicht. der Schleuderräder. Mit 96 Abbildgn. im Text. (258 S.) 910. (Bd. 135) Kart. 5. —

Schwarzer, Herm., Betrieb u. Wartung der Dreschapparate. Mit 71 Abbildgn. im Text u. 2 Taf.) (136 S.) 909. (Bd. 125) Kart. 2. 60

Spörl, Hans, die Photographie in der Technik. Ein Leitfaden zur prakt. Anwendg. der Photographie f. techn. Berufskreise. Mit 48 Abbildgn. im Texte. (189 S.) 909. (Bd. 115) Kart. 3. —

Stadelmann, Eman., der Schalttafelwärter. Mit 110 Abbildgn. (167 S.) 907. (Bd. 48) 2.40; geb. in Leinw. 2. 80

Stegmann, B., die Wetterwirtschaft im Bergwerksbetriebe. Mit 128 Abb. im Text. (271 S.) 908. (Bd. 80) 3.60; geb. 4. —

Stern, Paul, die Isolationsmessung u. Fehlerortsbestimmung in elektrischen Starkstromanlagen. Für Montageleiter, Betriebsleiter, Revisoren, Installateure u. Monteure elektr. Anlagen bearb. Mit 102 Abbildgn. im Texte. (VI, 106 S.) 908. (Bd. 81) 1.60; geb. 2.—

— Die Revision elektrischer Starkstromanlagen. Für Revisionstechniker, Montageleiter, Betriebsleiter, Verwaltungsbeamte, Gewerbeaufsichtsbeamte, Bergpolizei-, Baupolizei- u. Feuerpolizeibeamte, Feuerwehroffiziere, Feuerversicherungs- u. Unfallversicherungstechniker bearb. (XI, 231 S. m. 1 Tab.) 908. (Bd. 88) Geb. in Leinw. 3. 60

Stier, Gg. Th., der Eisen- u. Metallarbeiter in der beruflichen Ausbildung. I. Die Grundlagen der Praxis. (202 S. m. 115 Abbildgn.) (910.) (Bd. 141) Geb. in Leinw. 3. 20

— dasselbe. II. Die sachgemässe Entwicklg. der Arbeitsstücke. (XII, 224 S. m. 206 Abbildgn.) (910). (Bd. 142) Geb. in Leinw. 3. 20

— Lehrgänge u. Arbeitsproben f. die werktätige Ausbildung der Lehrlinge u. f. die Gesellenprüfungen im eisen- u. metalltechnischen Praktikum. Methodisches Hand- u. Lehrbuch f. gewerbl. Lehranstalten, besonders gewerbl. Lehrer, Lehr- u. Prüfungsmeister, Gesellen u. Lehrlinge. Ergänzungsbd. zu „Der Lehrling". Verf. nach 45jähr. Praxis. Mit 206 Abbildgn. im Texte. (XII, 224 S.) 908. (Bd. 104) 2.80; geb. in Leinw. 3. 20

— Der Lehrling im eisen- u. metalltechnischen Praktikum. Methodisches Lehrbuch f. die Werkstatt-Ausbildg. in sämtl. Zweigen der Eisen- u. Metallbranche, verf. nach 45jähr. Praxis. Mit 100 Abbildgn. im Texte u. 6 Taf. (202 S.) 907. (Bd. 51) 2.80; geb. in Leinw. 3. 20

Stolzenwald, G., Industrie des Sulfats, der Salzsäure u. der Salpetersäure. Mit 29 Abbildgn. im Text. (146 S.) 907. (Bd. 62) 2.20; geb. in Leinw. 2. 60

— Zinkgewinnung. Mit 10 Abbildgn. (88 S.) 907. (Bd. 41) 1.40; geb. in Leinw. 1. 80

Thiele, Ludw., die Fabrikation v. Leim u. Gelatine. Dem gegenwärt. Standpunkt der Wissenschaft u. Technik entsprechend verf. Mit 44 Abbildgn. im Text. (158 S.) 907. (Bd. 28) 2.20; geb. in Leinw. 2. 60

Vogt, Gust., die Wäscherei im Klein-, Neben- u. Grossbetrieb. Unter Berücksicht. der Chemisch-Wäscherei u. -Reinigg., der Fleckenreinigungskunde, Desinfektion, Färberei u. Bleicherei, Handschuhwäscherei u. -Färberei, Teppichreinigg. usw. Mit 14 in den Text gedr. Abb. (152 S.) 907. (Bd. 25) 2.—; geb. in Leinw. 2. 40

Wagner, C. A., die Baustoffe. Mit 104 Abbildgn. im Text. (253 S.) 908. (Bd. 83) 3.40; geb. 3. 80

Wangemann, das deutsche Patentrecht. (200 S.) 908. (Bd. 70) 2. —; geb. 2. 40

Weickert, Frdr., Prüfung elektrischer Maschinen u. Transformatoren. Mit 64 Abbildgn. im Texte. (119 S.) 907. (Bd. 50) 1.80; geb. in Leinw. 2. 20

Weil, Ludw., die Herstellung pharmazeutischer Präparate. Ein Handbuch f. Praktiker. Mit 20 Abbildgn. (87 S.) 907. (Bd. 18) 1.40; geb. in Leinw. 1. 80

Wolf, Geo., Bäckerei. Zum Gebrauche in Bäckerfachklassen u. Müllerschulen u. zum Selbstunterrichte. Mit 71 Abbildgn. im Texte. (147 S.) 907. (Bd. 35) 2.20; geb. in Leinw. 2. 60

Wrobel, E., landwirtschaftliche Maschinen u. Geräte zur Bodenbearbeitung, Düngung, Saat u. Pflege der Pflanzen. Mit 140 Fig. (218 S.) 907. (Bd. 10) 3.20; geb. in Leinw. 3. 60

Zipp, Herm., der Schutz der Hochspannungsanlagen gegen Blitz u. Überspannungen. Mit 100 Abbildgn. (168 S.) 909. (Bd. 127) Kart. 3. —

— d. gesamten Technik. 137—165., 202. (54.), 204., 207., 209., 213., 214. u. NAfl 1., 8., 12., 29., 35., 48., 50., 68., 86., 100., 128. Bd. kl8° v. Bd 210 ab 8° Lpzg, Dr. M Jänecke.
Bd 77, 58, 37, 102, 80, 82, 15 u. 26, s: Bergbau, Der, 1—8. Bd.

Adam, Ferd.: Der Heizgsmonteur. Taschenb. f. Installation, Projektierg u. Revision v. Heizgsanlagen unter bes. Berücks. v. Betriebsstörgn. (6, 80 m. Abb.) ('12) [165] L 1.80

Benfey, Gust.: Herstellg feuerfester Erzeugnisse. (7, 144 m. Abb.) Hann. ('12) [160] L 3.20

Both, Otto: Die Bandweberei, Bandwirkerei. 1. Tl. Die Bindgn, Patronen u. Musterg. 2. Afl. (10, 168 m. Abb. u. 10 Mustertaf.) Hann. '12 [202 (54) I] L 4.80 ‖ 2. Tl. Der Bandstuhl u. d. sonst. Maschinen f. d. Bandweberei. — Fachliches Rechnen. — Die Garne. — Die Kalkulation. 2 Afl. (9, 284 m. Abb.) 8° '12 [202 (54) II] L 5.40

Chodounský, Frz: Die Bierbrauerei. (253 m. Abb.) Hann. ('10) [128] L 4.60

Dosch, A: Die Feuergn d. Dampfkessel. 2. Taus. (168 m. Abb.) ('12) [8] L 2.60

Feeg, Otto: Unfallverhütg u. Fabrikhygiene. (7, 304 m. Fig.) ('12) [155] L 5 —

Fermum, G: Die Legiergn, ihre Herstellg u. Verwendg f. gewerbl. Zwecke. (8, 158 m. Abb.) Hann. ('10) [137] geb. 3.20

Fürstenau, Rob.: Die Technik d. Röntgenapparate. (171 m. Abb.) Hann. ('10) [138] L 3.60

Gayer, Sig.: Die Holzarten u. ihre Verwendg in d. Technik. (8, 300 m. Abb.) Hann. ('10) [147] L 6 —

Gräbner, Ernst: Die Weberei. (12, 327 m. Abb.) 8° '13 [207] L 7.50

Greiner, Wilh.: Die Transmissionen, ihre Konstruktion, Berechng, Anlage, Montage u. Wartg. 2. Taus. (252 m. Abb. u. 4 Taf.) ('12) [68] L 3.80

Grimshaw, Rob.: Anreggn z. Organisation industr. Betriebe. Vortrag. (46) Hann. ('10) [152] — 60; geb. n — 90

Hahn, Hans: Chemie f. Techniker. 2. Tl: Organ. Chemie. (146 m. 6 Abb.) Hann. ('10) [148] L 3 — (1 u. 2: 6.20)

Heim, Max: Die Steingutfabrikation. (7, 174 m. Abb. u. 1 Taf.) Hann. ('10) [145] L 4.20

Herner, Heinr.: Schiffbau. (8, 220 m. Abb. u. 3 Taf.) Hann. ('10) [156] L 4.60

Knepscher, Walth.: Die Appretur d. Seiden-, Halbseiden- u. Samtgewebe. (7, 39 m. Abb.) '12 [204] L 1.80

Knoch, R: Landwirtschaftl. Baukde. 1. Bd: Bautechnik. 2. Bd: Scheunen u. Ställe. 3. Bd: Gehöfte, Nebengebäude u. Arbeiterwohnhäuser. (113; 8, 108 u. 115 m. Abb.) Hann. ('10) [144] L 6 —

Koch, Paul: Die Montage u. d. Reparatur d. Dampfkessel. (117 m. Abb.) Hann. ('11) [153] L 2 —

— Untersuchg d. Dampferzeuggsanlagen auf ihre Wirtschaftlichk. u. Vorschläge zu deren Erhöhg. 2. Taus. (173 m. Abb.) ('12) [29] L 2.80
Kochenrath, W: Grundz. d. Eisenbahnbaues. 2. Tl. Stations- u. Sichergsanlagen. (8, 170 m. Abb. u. 6 Taf.) Hann. '12 [163] L 2.40 (1 u. 2: geb. 6.60)
Koschmieder, Herm.: Der prakt. Gasinstallateur. Erzeugg u. Verwendg d. Steinkohlengases. (262 m. Abb.) Hann. ('11) [158] L 3.40
Krönlein, H: Die Lederfabrikation. (4, 206) Hann. ('10) [143] L 4.20
Michel, Ph.: Die Rohrleitgn im Dampfbetrieb. (176 m. Abb., 1 Taf. u. 2 Anh.) Hann. ('10) [146] L 4.20
Miller, Wilh.: Die Vermessgskde. 3. Afl. (11, 256 m. Abb.) Hann. '10 [12] L 4.50
Mundorf, E: Die Appretur d. Woll- u. Halbwollwaren. Kl. Ausg. (8, 82 m. Abb.) ('12) [209] L 2.80
Pohl, H: Der Betrieb elektr. Licht- u. Kraftanlagen. 2. Taus. (10, 121 m. Abb.) ('12) [100] L 2.50
— Die Montage elektr. Licht- u. Kraftanlagen. 4. Afl. (8, 188 m. Abb.) '12 [1] L 2.40
Rieke, Rhold: Das Porzellan. (10, 191 m. Abb.) Hann. ('10) [150] L 4.60
Rudolph, Wilh.: Die Tonwarenerzeugg (allg. Keramik) m. bes. Berücks. d. chem. Grundlagen. (8, 184 m. Abb.) Hann. ('10) [139] L 3.60
Rupprecht, Heinr.: Schmiermittel, ihre Herstellg, Verwendg u. Untersuchg. 2. Taus. (373 m. Abb.) ('12) [86] L 5.20
Schall, Max: Herstellg u. Verwendg d. verdichteten u. verflüssigten Gase. (171 m. Abb.) Hann. ('10) [140] L 3.60
Scheffler, W: Einrichtg v. Fabriklaboratorien. (146 m. Abb.) Hann. ('10) [151] L 3.40
Schipmann, W: Aus d. Praxis e. Glashüttenfachmannes. Ausg. in 1 Bde. (75 u. 99 m. Abb. u. Taf.) Hann. ('10) [149] L 3.80
Schmiedt, Osk.: Vereinfachte Gebäude-Blitzschutzanlagen. (5, 87 m. Abb.) Hann. ('12) [164] L 1.80 öll
Schulz, Ernst: Die elektr. Maschinen. 1. Bd. Die Dynamomaschinen u. Elektromotoren f. Gleichstrom. 2. Afl. (147 m. Fig.) '13 [213] L 2.80 ‖ 2. Bd: Generatoren, Transformatoren, Motoren f. Wechsel- u. Drehstrom. 2. Afl. (102 m. Fig.) '13 [214] L 2.80
Seifert, Paul: Schweissen u. Löten. (4, 282 m. Abb.) Hann. ('11) [154] L 5 —
Stadelmann, Eman.: Der Schalttafelwärter. 2. Taus. (107 m. Abb.) ('12) [48] L 2.80
Stier sen., Gg Th.: Der Eisen- u. Metallarbeiter in d. berufl. Ausbildg. I. Die Grundlagen d. Praxis. (202 m. Abb.) Hann. ('10) [141] L 3.20 ‖ II. Die sachgemässe Entwicklg d. Arbeitsstücke. (12, 224 m. Abb.) Hann. ('10) [142] L 3.20
Walther, Gust.: Farben u. Farbstoffe. (7, 220 m. Abb. u. 9 Taf.) Hann. '11 [157] L 4.80
Weickert, Frdr.: Berechng elektr. Leitgsquerschnitte. (4, 48 m. Fig. u. 1 Tab.) Hann. ('12) [161] L 1.20
— Prüfg elektr. Maschinen u. Transformatoren. 2. Taus. (119 m. Abb.) ('12) [50] L 2.20
Weinwurm, Edm.: Betriebsstörgn in d. Malzfabrikation u. Bierbrauerei, sowie deren Behebg. (4, 154) Hann. ('11) [159] L 3 —
Wolff, Geo.: Bäckerei. Zum Gebr. in Bäckereifachkl. u. Müllersch. 2. Taus. (147 m. Abb.) ('12) [35] L 2.60
Wurf, Geo.: Elektromotorischer Antrieb v. Arbeitsmaschinen. (8, 141 m. Abb., 1 Taf. u. 1 Anh. m. Skizzen.) '12 [162] L 3 —

Bibliothek der Technik u. Industrien. Hrsg. v. Chr. Grotewold. 6.—10. Bd. 8. Stuttgart, E. H. Moritz. Geb. in Leinw. 18.50

Grotewold, Chr., die deutsche Hochseefischerei in der Nordsee. Mit 75 Illustr. (208 S.) (908). (Bd. 9) 3.50; geb. in Leinw. 4. —
— Die Tabakindustrie. Ihr Rohmaterial, ihre Technik u. ihre volkswirtschaftl. Bedeutg. (Neue Ausg.) Mit 44 Illustr. (152 u. 7 S.) (909). (Bd. 7) 2.50; geb. in Leinw. 3. —
— Die Zuckerindustrie. Ihr Rohmaterial, ihre Technik u. ihre volkswirtschaftl. Bedeutg. Mit 43 Illustr. (178 S.) (907). (Bd. 6) 2.50; geb. in Leinw. 3. —
Linschmann, Hugo, die Spiritusindustrie. Ihre Technik, Steuern u. Monopole. (Neue Ausg.) Mit 16 Illustr. (86 u. 8 S.) (909). (Bd. 8) 2.—; geb. in Leinw. 2.50
Zipp, Herm., Dynamomaschinen, Elektromotoren u. Transformatoren als Energieumformer. Mit 242 Abbildgn. (XII, 307 S.) 908. (Bd. 10) Geb. in Leinw. 6. —
Erschien früher u. d. T.: Bibliothek der Naturkunde u. Technik.

— d. physikalisch-medizinischen Techniken. Hrsg. v. Heinz Bauer. 1—4. Bd. gr8° Berl., H Meusser. L 40.85; Subskr.: 35.80
Groedel, Frz M: Die Röntgendiagnostik d. Herz- u. Gefässerkrankgn. (7, 188 m. Abb. u. 12 Taf.) '12 [2] L 13.80; Subskr. 12 —
Köhler, Alban: Das Röntgenverfahren in d. Chirurgie. (7, 79 m. Abb. u. 4 Taf.) '11 [1] L 5.75; bezw. 5 —
Reyher, Paul: Das Röntgenverfahren in d. Kinderheilkde. (16, 241 m. Fig. u. 12 Taf.) '12 [4] L 16 —; bezw. 14 —
Stümpke, G: Die medizin. Quarzlampe, ihre Handhabg u. Wirkgsweise. (8, 94 m. Abb.) '12 [3] L 5.30; bezw. 4.80

— technische, s. Uhland.

— technische, f. Bautischler, s.: Krug, E., u. Schidermair.

— technische, für Hafner und Ofenbauer, s. Dempp, Carl Wilh.
— technische, für Maurer, s. Dempp, Carl Wilh.

— technische, für Meubeltischler, s. Harrer.

— technische, f. Schlosser, s.: Krug, E.

— technische, für Steinmetzen, Bildhauer und Stukatorer, s. Dempp, Carl Wilh.

— technische, für Zimmerleute, s. Dempp, Carl Wilh.

— technische, f. Zimmer- u. Dekorationsmaler, s.: Anschütz.

— technologische. Altona 865. Verlags-Bureau. 8. Jeder Bd. 1 ß

1. Bd.: 260 Vorschriften zur Anfertigung der beliebtesten Liqueure, doppelten u. einfachen Branntweine, in gleichen des Rums, Arac de Goa, Franzbranntwein rc. nebst dem Reinigen des rohen Spiritus u. einem Anhang gemeinnütziger Vorschriften. Von Wilh. Dittmann. 3., sorgfältig durchges. u. vielfach verm. Aufl. (XVI, 143 S.)
2. Bd.: John Griffith's 400 Geheimmittel für Metallarbeiter aller Art, enth.: bewährte Anweisungen zur Darstellung allen Bedürfnissen genügender Legirungen, Lothe, Firnisse rc. sowie zum Vergolden, Versilbern, Verplatiniren rc. Für die Bedürfnisse der deutschen Metallarbeiter bearb. von Erdm. Wildermuth. (XVI, 167 S.)
3. Bd.: Des seligen Meister Stolle erprobte u. bewährte 251 Geheimmittel für Tischler, Drechsler, Polirer u. Holzarbeiter jeder Art, enth.: Anweisungen zu den besten Holzbeizen, Polituren, Firnissen u. verschiedensten Anstrichen rc. (XVI, 160 S.)

— technologische. 4—6. Bd. Altona 866—68. Verlags-Bureau. 8. 3 ß 7½ ngr.

4. Bd.: Die Schule des Seifensieders. Eine gründliche Anweisung zu allen bei der Fabrikation der gewöhnlichen u. feineren Kern- u. gefüllten Seifen vorkommenden Arbeiten u. Vorrichtungen, nebst genauer Auskunft über alle für den Betrieb der Seifenfabrikation wichtigen, in der neuesten Zeit gemachten Erfindungen, Entdeckungen u. Verbesserungen. (VII, 241 S.) 1 ß 7½ ngr.
5. Bd.: Gerstner, Frdr., Die Schule des Böttchers oder Küfers. Eine deutliche u. praktische Belehrung über die Anfertigung aller Böttcherarbeiten mit Hand- u. Maschinenarbeit, nebst Beschreibung aller dazu nöthigen Werkzeuge u. Materialien, Inhaltsberechnung der Faßgeräthe nach verschiedenen Verfahrungsarten, mit dazu gehörenden Tabellen u. vollständ. Anweisung zur Behandlung aller u. neuer Fässer rc. Für Meister, Gesellen u. Lehrlinge des Böttchergewerkes, sowie auch für Brau- u. Brennereibesitzer rc. unter Zugrundelegung der neuesten Erfahrungen bearb. Mit 91 Abbildgn. (Holzschn. im Text.) (VI, 280 S.) 1 ß
6. Bd.: v. Werken, G., das Ganze der Ziegelfabrikation. Eine nach den besten in- u. ausländischen Quellen bearb. Darstellung der Fabrikation von Dachziegeln, Backsteinen u. Drainirröhren rc. (VII, 275 S.) 1 ß

Bibliothek kleiner Theaterstücke für Privatgesellschaften, ein Pendant zur deutschen Schaubühne. 4 Bde. 8. (Augsburg, v. Jenisch u. Stage.) 817.

Bibliothek Englischer Theologen. Mit kurzen Lebensnachrn. u. gelegentl. Anmerkn. hrsg. v. Fr. Schulte. 1. Bd. — A. u. d. T.: Wesenheiten d. christl. Religion. Von Rich. Whately. Wortgetreu übers. u. mit Lebensnachrichten üb. d. Verf. versehen. gr. 8. (14½ B.) Köln 833, Ritzefeld. Thlr.

— ders. 2. Bd. — A. u. d. T.: Die Irrthümer d. Romanismus, auf ihren Ursprung in d. menschl. Natur zurückgeführt. Von Rich. Whately. Wortgetreu übers. rc. gr. 8. (15½ B.) Ebds. 833.

— theologische. 1.—4. Bd. gr. 8. Freiburg i. Br. 873—75, Herder'sche Verlagsh. à Bd. M. 3,60.

Inhalt:
Bd. 1. 3. 4. Scheeben, M. Jos., Handbuch der katholischen Dogmatik. 1. Bd. 1.—3. Abthlg. (XI, 915 S.)
" 2. Bering, Friedr. H., Lehrbuch des katholischen und protestantischen Kirchenrechtes mit besonderer Rücksicht auf das vatikan. Concil sowie auf Deutschland, Oesterreich und die Schweiz. 1. Abthl. (240 S.)

— theologische. 5.—17. Bd. gr. 8. Freiburg i. Br., Herder'sche Verlagsh.

Inhalt:

Bd. 5. 11. Bering, Friedr. H., Lehrbuch des katholischen und protestantischen Kirchenrechts, mit besonderer Rücksicht auf das Vatikanische Concil, sowie auf Deutschland, Oesterreich und die Schweiz. 2. Abthl. (S. 241—560.) 875. * M 4,80.; 3. Abthl. (XX, S. 561—815.) 876. M 3,60.; compl. M 12.

= 6. 12. Pruner, Joh. Ev., Lehrbuch der katholischen Moraltheologie. 1. Abthl. (I—XII, S. 1—316.) 875. M 4 80.; 2. Abthl. (XIII—XXIV, S. 317—820.) 877. M 7,20.; compl. M 12.

= 7. Alzog, Johs., Handbuch der Patrologie oder der älteren christlichen Literärgeschichte. 3. neubearb. und verm. Aufl. (XVI, 572 S.) 876. M 8,40.

= 8. 10. 13. 15. Hergenröther, J., Handbuch der allgemeinen Kirchengeschichte. 1. Bd. 1. Abthl. (VIII, S. 1—480.) 876; 2. Abthl. (S. 481—1007.) 876. à Abthl. M 6. — 2. Bd. 1. Abthl. 1. und 2. Aufl. (IV, S. 1—480.) 877. M 6. — 2. Bd. 2. Abthl. (S. 481—1112.) 878. M 7.; compl. M 25.

= 9. Kaulen, Frz., Einleitung in die heilige Schrift Alten und Neuen Testaments. 1. Hälfte. (VIII, 152 S.) 876. M 2.

= 14. Scheeben, M. Jos., Handbuch der katholischen Dogmatik. 2. Bd. 1. Abthl. (VIII, S. 1—514.) 878. M 6,60.

= 16. 17. Hettinger, Frz., Lehrbuch der Fundamental-Theologie oder Apologetik. 2 Thle. (X, 435; X, 484 S.) 879. à Thl. M 6.

— theologische. 2. Serie. 1.—6. Bd. gr. 8. Freiburg i. Br., Herder'sche Verlagsh. *

Inhalt:

Bd. 1. 2. 4. 6. Jungmann, Jos., Theorie der geistlichen Beredsamkeit. Academische Vorlesungen. 1. Bd. 1. Hälfte. (XII, S. 1—208.) 877. M 2,40.; 2. Hälfte. (S. 209—468.) 877. M 3. — 2. Bd. 1. Hälfte. (S. 469—752.) 878. M 3,30.; 2. Hälfte. (S. 753—1165.) 878. M 4,80.; compl. M 13,50.

= 3. Gihr, Nik., das heil. Meßopfer dogmatisch, liturgisch und ascetisch erklärt. (XII, 705 S.) 877. M 8,40.

= 5. Stöhr, Aug., Handbuch der Pastoralmedicin mit besonderer Berücksichtigung der Hygieine. 1. Lfg. (VI, S. 1—256.) 878. M 3,60.

— theologische. 1. Serie. 5. Bd., 6. Bd. 1. Abthl., 9. Bd. 1. Abthl., 10., 15., 18.—22. Bd. gr. 8. Freiburg i. Br., Herder'sche Verlagsh. *

Inhalt:

Bd. 5. Pruner, Joh. Ev., Lehrbuch der katholischen Moraltheologie. 2. revid. und theilweise umgearb. Aufl. (XX, 799 S.) 883. * M 10.

= 6. 1. Abthl. Thalhofer, Valentin, Handbuch der katholischen Liturgik. 1. Bd. 1. Abthl. (XII, 330 S.) 883. * M 4.

= 9. 1. Abthl. Kaulen, Frz., Einleitung in die heilige Schrift Alten und Neuen Testaments. 1. Thl. 2. verb. Aufl. (VI, 152 S.) 881. * M 2.

= 10. Hergenröther, Jos., Handbuch der allgemeinen Kirchengeschichte. 1. Bd. 3. verb. Aufl. (XI, 824 S.) 884. * M 10.

= 15. —— dass. — 2. Bd. 2. Abthl. 2. Aufl. (S. 481—1112.) 880. * M 7.

= 19. —— dass. — 3. (Suppl.-)Bd. (V, 631 S.) 880. * M 9.

= 18. Scheeben, M. Jos., Handbuch der katholischen Dogmatik. 2. Bd. 2. Abthl. (IX—XII, S. 515—951.) 880. * M 5,40. (2. Bd. compl. * M 12.)

= 22. —— dass. — 3. Bd. 1. Abthl. (X, 630 S.) 882. * M 8.

= 20. Kaulen, Frz., Einleitung in die heilige Schrift Alten und Neuen Testaments. 2. Hälfte. 1. Abthl.: Besondere Einleitung in das Alte Testament. (S. 153—370.) 881. * M 3.

= 21. Schwane, Jos., Dogmengeschichte der mittleren Zeit. [787—1517 n. Chr.] (XII, 701 S.) 882. * M 9.; geb. * M 10,75.

22. Handbuch der katholischen Dogmatik. Von M. Jos. Scheeben. 3. Bd. 1. Abth. (X, 630 S.) 882. 8. — (I—III. 1.: 30. 80.)

— dass. — 2. Serie. 1., 2., 3. und 5. Bd. 2. Abthl. gr. 8. Ebendas. *

Inhalt:

Bd. 1. 2. Jungmann, Jos., Theorie der geistlichen Beredtsamkeit. Academische Vorlesungen. 2 Bde. 2. und verb. Aufl. (X, 620; 572 S.) 883. à * M 6.; geb. * M 7,75.

= 3. Gihr, Nik., das heilige Meßopfer, dogmatisch, liturgisch und ascetisch erklärt. 2. verm. und verb. Aufl. (XVI, 732 S.) 1880; 3. abermals verm. und verb. Aufl. (XVIII, 767 S.) 884. * M 7,50.

= 5. 2. Abthl. Stöhr, Aug., Handbuch der Pastoralmedicin mit besonderer Berücksichtigung der Hygieine. 2. (Schluß-)Abthl. (S. 257—476.) 1881. * M 3.; compl. * M 6,60., geb. * M 8,35.; 2. Aufl. (VIII, 477 S.) 882. * M 6.; geb. * M 7,75.

= 9. Kaulen, Frz., Einleitung in die heilige Schrift Alten und Neuen Testaments. 2. verb. Aufl. (VI, 599 S.) 887. * M 8.—.; geb. * M 9.75.

= 11. 12. Hergenröther, Jos., Handbuch der allgemeinen Kirchengeschichte. 2. und 3. Bd. 3. Aufl. [2. Bd. (X, 902 S.) 885. * M 10.—.; 3. Bd. (X, 1115 S.) 886. * M 14.—.] * M 24.—. 1. Bd. (10. Bd. der Theolog. Bibliothek). Ebendas. 1884. * M 10.—.; compl. geb. * M 39.25.

= 16. Hettinger, Frz., Lehrbuch der Fundamental-Theologie oder Apologetik. 2. verm. und verb. Aufl. (XV, 926 S.) 888. * M 12.—.; geb. * M 13.75.

= 22. 2. Abthl.: Scheeben, Jos., Handbuch der katholischen Dogmatik. 3. Bd. 2. Abthl. (II, S. 631—1012.) 887. * M 4.40.

1.—3. Bd. 1. Abthl. Ebendas. 1873—82. * M 30.80.; compl. geb. * M 40.45.

— theologische. [1. Serie.] 6. Bd. 2. Abthl., 7. und 8. Bd. 1. und 2. Abthl., 9., 11., 12., 16. und 22. Bd. 2. Abthl. gr. 8. Freiburg i. Br., Herder'sche Verlagsh. *

Inhalt:

Bd. 6. 2. Abthl.: Thalhofer, Valentin, Handbuch der katholischen Liturgik. 1. Bd. 2. Abthl. XI—XIV, S. 331—917.) 887. * M 6.—. (1. Bd. compl. * M 10.—; geb. * M 11.75.)

= 7. Alzog, Johs., Grundriß der Patrologie oder der älteren christlichen Litteraturgeschichte. 4. verb. Aufl. (XI, 590 S.) 888. * M 8.—.; geb. * M 9.75.

= 8. 1. Abthl.: Schegg, Peter, biblische Archäologie. Nach seinem Tode hrsg. von Joh. Baptist Wirthmüller. I. Land und Leute: Natur- und Volksleben. (XXI, S. 1—388.) 887. * M 5.—.

= 8. —— dass. — 2. Abthl. [II. Cultus. III. Staatsökonomie.] (IV, S. 389—716.) 888. * M 4.—. (8. Bd. compl. geb. * M 10.75.)

— dass. — 2. Serie. 3.—5. Bd. gr. 8. Ebendas. 887. *
geb. *

Inhalt:

Bd. 3. Gihr, Nik., das heilige Meßopfer, dogmatisch, liturgisch und ascetisch erklärt. 4. Aufl. (XVIII, 765 S.) * M 7.50.; geb. * M 9.25.

= 4. —— die Sequenzen des römischen Meßbuches, dogmatisch und ascetisch erklärt. Nebst einer Abhandlung über die Schmerzen Mariä. (VIII, 548 S. mit 5 Bildern.) * M 6.—.; geb. * M 7.75.

= 5. Stöhr, Aug., Handbuch der Pastoralmedicin mit besond. Berücksicht. der Hygieine. 3. Aufl. (VIII, 477 S.) * M 6.—.; geb. * M 7.75.

— theologische. [1. Serie.] 9. Bd. 1. u. 2. Abthl., 13. Bd. 1. Abthl., 15., 19. u. 20. Bd. gr. 8. Freib. i. Br., Herder. * 29 50

9. 1 u. 2. Kaulen, Frz. Einleitung in d. heilige Schrift A. u. N. Testaments. 3. verb. Aufl. [1. (S. 1—182.) 890. * 2 —; 2. (S. 183—486.) 892. 3 —.] * 5 —.

13. 1. Thalhofer, Valent. Handbuch d. kathol. Liturgik. 2. Bd. 1. Abthl. (VIII, 344 S.) 891. * 4 —.

15. Kihn, Heinr. Encyklopädie u. Methodologie d. Theologie. (XI, 573 S.) 892. * 8 —; geb. 9 75.

19. Schwane, Jos. Dogmengeschichte. 1. Bd.: Vornicänische Zeit. 2. verm. u. verb. Aufl. (X, 572 S.) 892. * 7 50; geb. * 9 25.

20. —— Dogmengeschichte d. neueren Zeit. [Seit 1517 n. Chr.] (X, 415 S.) 890. * 5 —; geb. * 6 75.

— dass. — 2. Serie, 3. Bd. gr. 8. Ebd. 892. * 7 —; geb. * 8 75

Gihr, Nik. Das heilige Meßopfer, dogmatisch, liturgisch u. ascetisch erklärt. 5. verb. Aufl. (XVI, 734 S.)

Bibliothek, theologische. 20. Bd. gr. 8. Freiburg i/B. 895. Herder. n. 11. 50;
geb. in Halbfrz. n. 13. 25; in Halbsaffian n.n. 13. 50

Dogmengeschichte. Von Jos. Schwane. 2. Bd.: Patrist. Zeit. (325—787 n. Chr.) 2., verm. u. verb. Aufl. (XIII, 891 S.)

— dasselbe. II. Serie. 1.—3. Bd. gr. 8. Ebd. n. 19. —;
geb. in Halbsaffian n.n. 25. —

1. 2. Theorie d. geistl. Beredsamkeit. Akadem. Vorlesgn. v. Jos. Jungmann, S. J. 3. Aufl. 2 Bde. (XIV, 606 u. X, 555 S.) 895. n. 12. —; geb. n.n. 16. —

3. D. hl. Meßopfer, dogmat., liturg. u. ascet. erklärt von Nik. Gihr. 6. Aufl. (12.—14. Taus.) (XVI, 734 S.) 897. n. 7. —; geb. n.n. 9. —

Bibliothek, theologische, aus Perthes Verlag. 1.—48. Lfg. gr. 8. Gotha 862—67, F. A. Perthes. à Lfg. * 20 Ngr. *

Inhalt:

Aug. Neander's Werke. [1. Bd. (703 S.) 2. Bd. (CXVI und 600 S. mit 2 lithogr. und ill. Karten in gr. Fol.) 3. und 4. Bd. (XXIV und 930 S.) 5. Bd. (476 S.) 6. und 7. Bd. (XLII und 857 S.) 8. Bd. (439 S.) 9. und 10. Bd. (XXII und 834 S.) 11. und 12. Bd. (LXX und 982 S.) 13. Bd. (XI und 548 S.) 14. Bd. (92 S.)] 13 Bde. complet * 21 Thlr. 14 Ngr.

Aug. Tholuck's Werke. [1.—3. Bd. (LVIII und 768 S.) 4. Bd. (272 S.) 5. und 6. Bd. (XX und 720 S.) 7. Bd. (X und 584 S.) 8. Bd. (X und 280 S.) 9. Bd. (VIII und 246 S., 206 S.)] 9 Bde. complet * 12 Thlr. 2 Ngr.

C. Ullmann's Werke. [1. Bd. (XII und 232 S.) 2. Bd. (XXVI und 598 S.) 3. und 4. Bd. (XI und 845 S.) 5. Bd. (395 S.)] 5 Bde. complet * 8 Thlr. 8 Ngr.

— theologische, aus Perthes Verlag. 49—53. Lfg. gr. 8. Gotha 872—75. F. A. Perthes. n. 9. 60

A. Tholuck's Werke. 10. Bd. (IV, 348 u. IV, 258 S.) n. 4. —

— dasselbe. 11. Bd. Uebersetzung u. Auslegg. der Psalmen f. Geistliche u. Laien der christlichen Kirche. 2. Aufl. (IV, 658 S.) n. 5. 60

— theosophische. 1.—3. Bd. 12. Braunschweig, C. A. Schwetschke & Sohn. n. 4. —

1. Der Weg zur Unsterblichkeit, auf unläugbare Kräfte der menschlichen Natur gegründet. Von J. Kernning (Jos. Bapt. Krebs). (XII, 151 S. m. Bildnis.) 893. n. 1. —

2. Schlüssel zur Geisteswelt od. die Kunst d. Lebens. Von J. Kernning (Joh. Bapt. Krebs). (IV, 243 S.) 893. n. 1. 50

3. Christentum od. Gott u. Natur nur eins durch das Wort. Von J. Kernning. (VIII, 240 S.) 894. n. 1. 50

— theosophische. 1. Bd. Lex. 8. Leipzig, Theosoph. Verlagshaus. 3.50; geb. 4. 50
Okkulte Chemie. Eine Reihe hellseher. Beobachtgn. üb. die chem. Elemente. Atomlehre. Von Annie Besant u. C. W. Leadbeater. Autoris. Übersetzg. v. R. Lange. Mit Beiträgen üb. „Forschgn. betr. der ‚Okkulten Chemie'" u. „Wie die ‚Okkulte Chemie' geschrieben wurde" von Joh. v. Manen. (IV, 166 S. m. Fig. u. 5 Taf. (909).

— Tiefenbach. 17.—20. Bd. 8. Leipzig, C. F. Tiefenbach, Sep.-Cto. n. 14. —; geb. n. 18. —
17. Irrlichter. Russischer Sittenroman. Von W. J. Nemirowitsch-Dantschenko. Deutsch von C. v. Gütschow. Orig.-Umschlagzeichng. v. Paul W. Ehrhardt. (244 u. 179 S.) (901.) n. 3. —; geb. n. 4. —
18. dasselbe. (2. Bd.) (248 S.) (901.) n. 3. —; geb. n. 4. —
19. Intérieurs aus dem Leben der Zwanzigjährigen. Von Rich. Schaukal. Mit e. Vor-, Mittel- u. Nachwort. (XIV, 235 S.) (901.) n. 5. —; geb. in Segeltuch 6. —
20. Deutsches Erbe. Roman aus den nationalen Verhältnissen Böhmens. Von Ant. Ohorn. Orig.-Umschlagzeichng. v. Leonh. Geyer. (295 S.) (902.) n. 3. —; geb. in Leinw. n. 4. —
Die Bände 1—16 erschienen nicht unter diesem Sammeltitel.

Bibliothek Tiefenbach. 20. Bd. 8° Lpzg, GF Tiefenbach.
Bisher unter Einzeltitel aufgenommen.
Ohorn, Ant.: Deut. Erbe. Roman a. d. nationalen Verhältnissen Böhmens. 2. Afl. (328 m. 1 Bildn.) ('12) [20] 3 —; geb. n 4 —

Bibliothek für Thierärzte, Landwirthe und Liebhaber der Thierarzneikunde. Cassel 1794 – 96. H: *Busch, Joh. Dav.* (BV)

Bibliothek für Thierärzte, Landwirthe und Liebhaber der Thierarzneikunde. Bd. 1.2. Marburg 1794 - 95.
1. Thl. 1 u. 2 d. Zergliederung d. Pferdes, nach e. neu verb. Übers. aus d. Franz. d. (Claude) Bourgelat. 1794.
2. Thl. 3 d. Anatomie, nemlich d. Lehre von d. Drüsen u. Eingeweiden. 1795.

— f. Thierärzte, Liebh. dieser Kunde ꝛc. (1r Thl. Bourgelat, Zergliederung d. Pferdes. 1 ℛ 8 gl. 2r Thl. de la Guerinière, Reitkunst. 3 ℛ) 2 Thle. gr. 8. Marb. 794—96. Krieger. 4 ℛ 8 gl. (vergl. de la Guerinière.)

— f. Thierärzte, Liebhaber dies. Kunde ꝛc. 2 Thle. gr. 8. Marb. Krieger. 794—802. (1r 1 Thlr. 8 gr. 2r 3 Thlr.)

Bibliothek, Topographische Pfälzische, oder systematisches Verzeichniss der bisherigen Pfälzischen topographischen Schriften, ... Speyer u. Leipz. 1785—89. H: *Wundt, Friedrich Peter.* (MGT) (MS) (Ky)

—— transatlant. 1—14. Bd. = Ausgew. Werke v. G Lippard. 1—14. Bd. 16. Brschw. 59, Verl.-Compt. à — 15
Die Empire-City od. New-York bei Nacht u. Tag. 5 Bde. (1200)
Blanche v. Brandiwyne. 3 Bde. (596)
Adonai, d. Pilger d. Ewigkeit. (199)
Novellen. (217) Eleanor. (190)
Der Mann m. d. Maske. 3 Bde. (512)

—— transatlantische. 1—14. Bd. gr. 16. Hamburg 859, Verlags-Comptoir. à Bd. 15 Ngr.
Inhalt:
Ausgewählte Werke von Geo. Lippard. 1—14. Bd.
Bd. 1—5. Die Empire-City oder New-York bei Nacht und Tag. Ein Roman. Aus dem Engl. übers. von Adf. Strodtmann. 5 Bde. (1200 S.)
„ 6—8. Blanche v. Brandywine oder der 11. September 1777. Ein Roman aus der amerikan. Revolution. Aus dem Engl. übers. von Adf. Strodtmann. 3 Bde. (596 S.)
„ 9. Adonai, der Pilger der Ewigkeit. Ein Roman. Aus dem Engl. übers. von Adf. Strodtmann. (199 S.)
„ 10. Novellen. Aus dem Engl. übers. von Adf. Strodtmann. (217 S.)
„ 11. Eleanor. Aus dem Engl. übers. von Adf. Strodtmann. Lippard's Biographie. (VII und 190 S.)
„ 12—14. Der Mann mit der Maske. Denkwürdigkeiten eines Predigers. (Seitenstück zu „New-York bei Nacht und Tag.") Ein Roman. Aus dem Engl. übers. von Adf. Strodtmann. 3 Bde. (512 S.)

Bibliothek, türkische. Hrsg. v. Geo. Jacob. 1.—6. Bd. 8. Berlin, Mayer & Müller. n. 16. 60
1. Vorträge türkischer Meddâh's (mimischer Erzählungskünstler). Zum ersten Male ins Deutsche übertr. u. m. Textprobe u. Einleitgn. hrsg. von Geo. Jacob. (IV, 119 u. 8 S. m. 1 Taf.) 904. n. 8. 60
2. Ein Jahr in Konstantinopel. Von Mehmed Tevfiq. 1. Monat: Tandyr baschy (der Wärmekasten.) Nach dem Stambuler Druck v. 1299 h. zum ersten Mal ins Deutsche übertr. u. durch Fussnoten erläutert v. Thdr. Menzel. (VII, 62 S.) 905. n. 1. 80
3. — dasselbe. 4. Monat: Die Ramazan-Nächte. Nach dem Stambuler Druck v. 1299 h. zum ersten Mal ins Deutsche übertr. u. durch Fussnoten erläutert von Thdr. Menzel. (VIII, 64 S.) 905. n. 1. 80
4. — dasselbe. 2. Monat: Helva-sohbeti (Die Helva-Abendgesellschaft). Nach dem Stambuler Druck v. 1299 h. zum ersten Mal ins Deutsche übertr. u. durch Fussnoten erläutert v. Thdr. Menzel. (89 S.) 906. n. 2. 20
5. Xoros kardasch. (Bruder Hahn.) Ein oriental. Märchen- u. Novellenbuch, aus d. Türk. zum ersten Mal ins Deutsche übertr v. Geo. Jacob. (XIV, 122 S.) 906. n. 3. 60
6. Ein Jahr in Konstantinopel. Von Mehmed Tevfiq. 3. Monat: Kjatχane. (Die süssen Wasser v. Europa.) Nach dem Stambuler Druck v. 1299 h. zum ersten Mal ins Deutsche übertr. u durch Fussnoten erläutert von Thdr. Menzel. (140 S.) 906. n. 3. 60

— türkische. Hrsg. v. Geo. Jacob. 7.—12. Bd. 8. Berlin, Mayer & Müller. 23. 70
Hikmet, Ahmed, türkische Frauen. Nach dem Stambuler Druck xaristan u-gülistan v. 1317 h zum ersten Male ins Deutsche übertr. u. m. Fussnoten u. e. Einleitg. versehen v. Frdr. Schrader. (IX, 64 S.) 907. (Bd. 7) 2.—
Jacob, Geo., Beiträge zur Kenntnis des Derwisch-Ordens der Bektaschis. Mit e. Anh. v. Snouck Hurgronje u. 2 Taf. (X, 100 S.) 908. (Bd. 9) 3. 60
Lutfi Pascha, des, Asafnâme, nach den Handschriften zu Wien, Dresden u. Konstantinopel zum 1. Male hrsg. u. ins Deutsche übertr. v. Rud. Tschudi. (XXI, 38 u. 45 S. m. 1 Taf.) 910. (Bd. 12) 5. 50
Nöldeke, A., das Heiligtum al-Husains zu Kerbelâ. Mit e. Anh. von Grafen Eberh. v. Mülinen u. 8 Taf. (VII, 72 S.) 909. (Bd. 11) 5. —
Tevfiq, Mehmed, ein Jahr in Konstantinopel. 5. Monat: Die Schenke od. Die Gewohnheitstrinker v. Konstantinopel. Nach dem Stambuler Druck v. 1300 h. zum ersten Mal ins Deutsche übertr. u. durch Fussnoten erläutert v. Thdr. Menzel. (VI, 158 S.) 909. (Bd. 10) 4. —
Xodscha Nedim, der übereifrige. Eine Meddâh-Burleske, türkisch u. deutsch m. Erläutergn. zum ersten Male hrsg. v. Frdr. Giese. (X, 33 u. 25 S.) 907. (Bd. 8) 3. 60

— Türkische. Hrsg. v. Geo. Jacob. 12—14. Bd. 8° Berl., Mayer & M. (1—14: 47.30)
Frank, Rud.: Scheich 'Adî, d. grosse Heilige d. Jezîdîs. (7, 134 m. 1 Taf.) '11 [14] 4 —
Lutfi Pascha, Des, Asafnâme, nach d. Handschriften zu Wien, Dresden u. Konstantinopel z. 1. Male hrsg. u. übertr. v. Rud. Tschudi. (21. 38 u. 45 m. 1 Taf.) '10 [12] 5.50
Tevfiq, Mehmed: Das Abenteuer Buadem's. Aus Mehmed Tevfiq's Anekdoten-Sammlg „Buadem" nach d. Stambuler Druck v. 1302 h z. 1. Male ins Deutsche übertr. u. durch Fussnoten erläutert v. Thdr Menzel. (8, 107 m. 1 Taf.) '11 [13] 3 —

— älterer deutscher Übersetzungen. Hrsg. v. Aug. Sauer. 1. Bd. 8. Weimar 894. E. Felber. n. 3. —
Die schöne Magelone, aus dem Franz. übers. v. Veit Warbeck 1527. Nach der Orig.-Handschr. hrsg. v. Johs. Bolte. (LXVII, 87 S.)

— ält. deutscher Übersetzungen. Hrsg. v. Aug. Sauer. 2.—5. 8. Weimar 897. E. Felber.
Subskr.-Pr. n. 8. 80, Einzelpr. n. 10. —
(1.—5.: 11. 80 bezw. n. 14. —)
Griech. Epigramme u. and. kleinere Dichtgn. i. deutschen Übersetzgn. d. XVI. u. XVII. Jahrh. M. Anmerkgn. u. ausführl. Einleitg. hrsg. v. Max Rubensohn. M. 1 Zinkogr. (XVIII, CCLXXVI, 210 S.)

— älterer deutscher Übersetzungen. Hrsg. v. Aug. Sauer. 6. 8. Berlin, E. Felber. n. 2. —
Reuchlin's Verdeutschung der ersten olynthischen Rede des Demosthenes. (1495.) Hrsg. v. Frz. Poland. (LVI, 35 S.) 899. n. 2. —

Bibliothek der Uebersetzungen sämmtlicher griechischer u. römischer Klassiker. Stuttgart 1854—80 — 8°.
Aeschylos' Werke. Im Versmass der Urschrift von J. J. C. Donner. 2 Bde. in 1 Vol.
Die Aesopischen Fabeln. Von Dr. W. Binder.
Anakreon u. die sog. anakreontischen Lieder. Revision und Ergänzung der J. Fr. Degen'schen Uebersetzung mit Erklärungen von E. Mörike.
Aristophanes' Lustspiele. Von J. Minckwitz. 3 Bde.
Aristoteles' Werke:
Ueber die Theile der Thiere v. Dr. A. Karsch. | Poetik von A. Stahr. } In 1 Bd.
Politik v. C. u. A. Stahr.
Redekunst von A. Stahr.
Nikomachische Ethik von A. Stahr.
Naturgeschichte der Thiere von A. Karsch. (Unvoll.)
Metaphysik | Topik u. über die Seele | Organon | Grosse Ethik, eudemische Ethik, kleine naturwissenschaftliche Schriften } von Bender.
Arrian's Werke von C. Cless.
Cäsar's Werke von H. Köchly u. W. Rüstow.
Catull's ausgewählte Gedichte. In den Versmassen der Urschrift von Dr. Fr. Pressel.
Cicero's Werke:
Sämmtliche Briefe, von K. L. F. Mezger.
Vom Redner | Von dem höchsten Gute u. Uebel | Tuskulanen | Vom Wesen der Götter | Von der Weissagung } von R. Kühner.
Cato oder vom Greisenalter | Lälius oder von der Freundschaft | Paradoxe der Stoiker an M. Brutus | Von den Pflichten } von R. Kühner. In 1 Bd.
Sechs Bücher vom Staat von F. Bähr u. der Redner von J. Sommerbrodt. 1 Bd.
Gesetze, Brutus, Rhetorik, akademische Untersuchungen von W. Binder. 1 Bd.
Rede für Sextus Roscius aus Ameria, für den Manilischen Gesetzvorschlag, für Murena, für P. Sulla, für den Dichter Archias, für sein Haus, für M. Marcellus u. Q. Ligarius, für König Dejotarus, 4 Reden gegen L. Sergius Catilina, Reden nach seiner Rückkehr im Senate und vor dem Volke, 14 Philippische Reden, Verrinische Reden, für C. Rabirius Postumus gegen L. Piso, für M. Coelius Rufus, für P. Sestius, für A. Cluentius Avitus, für A. Caecina gegen den Volkstribun P. Servilius Rullus, über das Ackergesetz, für Cn. Plancius, für Tit. Annius Milo. 5 Bde.
Cornelius Nepos | Curtius Rufus, von den Thaten Alexanders des Grossen } von Dr. J. Siebelis.
Demosthenes' ausgewählte Reden von Dr. A. Westermann.
Diodors' von Sicilien Geschichtsbibliothek v. Dr. A. Wahrmund.
Epictet's Handbüchlein der stoischen Moral und das Gemälde des Cebes v. Theben von C. Conz.
Euripides' Dramen von J. Minckwitz. 4 Bde.
Eutropius' Abriss der röm. Geschichte von Dr. Alb. Forbiger.
Gerlach, Fr. Doroth., Die Geschichtschreiber der Römer von den frühesten Zeiten bis auf Orosius.
Heliodor's äthiopische Geschichten von Dr. Theod. Fischer.
Herodian's Geschichte des römischen Kaiserthums seit Marc Aurel von A. Stahr.
Herodot's v. Halicarnassus Musen von J. Chr. F. Bähr. 3 Bde.
Hesiod's Werke. Im Versmass der Urschrift von Ed. Eyth.
Homer's Ilias u. Odyssee. Im Versmass der Urschrift von J. J. C. Donner. 2 Bde.
Horatius Flaccus' Werke. In den Versweisen der Urschrift von Dr. W. Binder.
Isocrates' Panathenaicos u. Panegyricos von Dr. Th. Flathe u. Lysias' ausgewählte Reden von A. Westermann. 1 Bd. (Unvoll.)
Justinus' Auszug aus des Trogus Pompejus Philippischer Geschichte von Dr. A. Forbiger.
Juvenalis' Satiren. Im Versmass des Originals v. Dr. A. Berg.
Livius' Römische Geschichte von Fr. Doroth. Gerlach. 5 Bde.
Lucanus' Pharsalia. Im Versmass der Urschrift von J. Krais.
Lucian's Werke von Dr. Th. Fischer. 2 Bde.
Lucretius, von der Natur der Dinge. Im Versmass der Urschrift von W. Binder.
Marc Aurel's Selbstgespräche von Dr. C. Cless.
Martialis' Epigramme. Im Versmass des Originals von Dr. A. Berg.
Minckwitz, Joh., Vorschule zum Homer.
Ovid's Werke. Im Versmass der Urschrift von Suchier, Klussmann, Berg. 3 Bde.
Pausanias' Beschreibung von Griechenland von Dr. J. H. Schubart. 2 Bde.
Pindar's Siegesgesänge metrisch übers. von Dr. C. F. Schnitzer.
Persius' Satiren. Im Versmass der Urschrift von Dr. W. Binder. | Phädrus, äsopische Fabeln von Dr. Joh. Siebelis. } 1 Bd.
Plato's Werke: Der Staat, Phädon, Gastmahl, Phädrus, Vertheidigungsrede des Socrates, Eutyphron u. Kriton, Gorgias, Protagoras u. Laches. 3 Bde.
Parmenides, über die Gesetze. (Unvoll.)
Plautus' Lustspiele von Dr. W. Binder. 4 Bde.
Plinius Sec. Briefe von E. Klussmann und Dr. W. Binder. (Unvoll.)
Plutarch's Biographien von E. Eyth. 5 Bde.
Polybios' Geschichte von A. Haakh.
Prantl, K., Uebersicht der griechisch-römischen Philosophie.
Propertius' u. Tibullus' Elegieen. Im Versmass der Urschrift von Friedr. Jacob u. W. Binder. 1 Bd.
Quintus von Smyrna, Die Fortsetzung der Ilias. In Versart der Urschrift von J. J. C. Donner.
Quintilianus' Unterweisung in der Beredsamkeit. 10. Buch von Binder.
Sallustius' Werke von Dr. C. Cless.
Seneca, ausgewählte Schriften. Briefe an Lucilius 1—90; Trostschriften an Marcia, Helvia u. Polybius; Abhandlungen vom glücklichen Leben, von der Gemüthsruhe u. von der Kürze des Lebens. Von Dr. Alb. Forbiger. 2 Bde.
Sommerbrodt, Jul., Das altgriechische Theater.
Sophocles' Werke. In der Versweise der Urschrift von Ad. Schöll. 3 Bde.
Statius' Werke. Im Versmass der Urschrift von Bindewald (Unvoll.)
Strabo's Erdbeschreibung von Dr. A. Forbiger. 2 Bde.
Sueton's Kaiserbiographieen von Ad. Stahr.
Tacitus' Werke von C. L. Roth. 2 Bde.
Terentius' Lustspiele von J. Herbst.
Theognis' Elegieen, Phokylides' Mahngedicht u. Pythagoras' goldene Sprüche. Im Versmass der Urschrift von Dr. W. Binder.
Theokrit's Idyllen, Bion u. Moschos. Im Versmass der Urschrift von Mörike u. Notter.
Theophrast's Charactere von Dr. W. Binder.
Thukydides' Geschichte des peloponnesischen Krieges von Dr. A. Wahrmund. 2 Bde.
Vellejus Paterculus' römische Geschichte von F. Eyssenhardt.
Aurel Victor von Dr. A. Forbiger.
Virgilius Maro's Werke. In der Versweise der Urschrift von Dr. W. Binder.
Wahrmund, Ad., Die Geschichtschreibung der Griechen.
Xenophon's Werke: Hellenische Geschichte; Feldzug des jüngeren Cyrus; Cyropädie; Erinnerungen an Sokrates; das Gastmahl; Hiero u. Lobrede auf Agesilaos; Hipparchikos u. über die Reitkunst; über die Haushaltungskunst, Kynegetikus oder Büchlein von der Jagd und als Anhang Arrian's Kynegetikus. 4 Bde.

—— der Unterhaltung und Belehrung für Leser aller Stände. Hrsg. von W. Alexis (W. Häring.) 1. Bd. 8. (III und 221 S. mit eingedr. Holzschn.) Berlin 854, Barthol. *
Aus: Volkskalender für 1854, hrsg. von W. Alexis, besonders abgedruckt.

— der Unterhaltung u. d. Wissens. Mit Orig.-Beiträgen der hervorragendsten Schriftsteller u. Gelehrten. Jahrg. 1877. 13 Bde. gr. 16. (1. Bd. 288 S.) Stuttgart, Schönlein. à Bd. — 50

— der Unterhaltung u. des Wissens. Mit Orig.-Beiträgen der hervorragendsten Schriftsteller u. Gelehrten. Jahrg. 1878. 13 Bde. gr. 16. (à Bd. ca. 288 S.) Stuttgart, Schönlein. à Bd. — 50

— dasselbe. Jahrg. 1879—1882. 13 Bde. gr. 16. (à Bd. ca. 256 S.) Ebend. geb. à Bd. n. — 75

— der Unterhaltung u. d. Wissens. Mit Orig.-Beiträgen der hervorragendsten Schriftsteller u. Gelehrten. Jahrg. 1884—1887. à 13 Bde. 12. (à Bd. ca. 256 S.) Stuttgart. Schönlein. geb. à Bd. n. — 75

— der Unterhaltung u. d. Wissens. Jahrg. 1888—1891. à 13 Bde. 12. (à Bd. 256 S.) Stuttgart, [Schönlein's Nachf.] „Union". geb. à Bd. n. — 75

— der Unterhaltung u. d. Wissens. Mit Orig.-Beiträgen der hervorragendsten Schriftsteller u. Gelehrten, sowie zahlreichen Illustr. Jahrg. 1892—1895. (Aug. 1891—Juli 1895.) à 13 Bde. 12. (à Bd. 240 S.) Stuttgart, Union. Geb. in Leinw. à Bd. n. — 75

— d. Unterhaltung u. d. Wissens. M. Orig.-Beiträgen d. hervorrag. Schriftsteller u. Gelehrten, sow. zahlr. Ill. Jahrg. 1896—1899. (August 1895—Juli 1899.) à 13 Bde. (à 240 S) 12. Stuttgart, Union. Geb. in Leinw. à Bd. n. — 75

Bibliothek der Unterhaltung u. des Wissens. Mit Orig.-Beiträgen der hervorragendsten Schriftsteller u. Gelehrten, sowie zahlreichen Illustr. Jahrg. 1900—1903. (Aug. 1899—Juli 1903.) à 13 Bde. (à Bd. 248 S.) 8. (Stuttgart, Union. Geb. in Leinw. à Bd. n. — 75

— der Unterhaltung u. des Wissens. Mit Orig.-Beiträgen der hervorragendsten Schriftsteller u. Gelehrten, sowie zahlreichen Illustr. Jahrg. 1904—1907. (Aug. 1903—Juli 1907.) à 13 Bde. (à Bd. 240 S.) kl. 8. Stuttgart, Union. Geb. in Leinw. à Bd. n. — 75

— der Unterhaltung u. des Wissens. Mit Orig.-Beiträgen der hervorragendsten Schriftsteller u. Gelehrten, sowie zahlreichen Illustr. Jahrg. 1908—1911. (Aug. 1907—Juli 1911.) à 13 Bde. (à Bd. 240 S.) kl. 8. Stuttgart, Union. Geb. in Leinw. à Bd. — 75

— d. Unterhaltg u. d. Wissens. J. '11—13. (Aug. '11—Juli '13.) Je 13 Bde. (Je 1. Bd: 240 m. Abb.) kl8° Stuttg., Union. d. Bd L — 75 d

Bibliothek turnerischer Unterhaltungen. 1.—3. Bdchn. gr. 8. Leipzig, Strauch. à n. — 50
1. Frisch, frei, fromm, froh! Ein Turnerschwank aus der Zeit f. die Zeit. In 2 Aufzügen. Eine Turnstunde in Kamerun. Ein Turnerschwank mit Gesang und Tanz. In 1 Aufzuge. Von R. Stoewer. (32 S.) 888.
2. Gut Heil! Turnerspiel in 3 Aufzügen v. W. Gittermann. (35 S.) 889.
3. Die Bürgschaft. Ballade von Fr. v. Schiller, schattenmimodramatisch dargestellt. In 2 Aufzügen. Nebst allgemeinen Vorbemerkgn. f. die Aufführg. v. Schattenspielen u. den zur Bürgschaft nöt. Masken. — Im schwarzen Walfisch zu Askalon. Nach e. alt assyr. Keilschrift episch-dramatisch-musikalisch behandelt f. Soli u. Chor. In 1 Aufzuge. — Der Wirtin Töchterlein. Nach Ludw. Uhland musikalisch-dramatisch bearb. f. Soli u. Chor. In 1 Aufzuge. Von R. Stoewer. (34 S. m. 1 Taf.) 890.

— turnerischer Unterhaltungen. 4.—10. Bdchn. gr. 8. Leipzig, Ed. Strauch. à n. — 50
4. Einquartierung. Turnerspiel in 2 Aufzügen v. Wilh. Gittermann. (31 S.) 891.
5. Schreiberseelen. Turnerspiel m. Gesang in 2 Bildern v. G. Trömer. (28 S.) 891.
6. Quodlibet. 6 Aufführgn. f. e. humorist. Turnerabend. Von Rud. Stoewer. (III, 48 S.) 893.
7. „Per Telephon." Turnerischer Schwank in 1 Aufzug. Von Emil Rädlein. Unsinniana rusticana od. närr. Zipfelmützentanz, gesessen, gelaufen, gefahren nach der Musik v. 12 dummen Bauernjungen. Von Emil Rädlein. (30 S.) 893.
8. 9. Reigen u. Reigentänze. Reigen, Charakter- u. Waffentänze f. Turnvereine. Zusammengestellt v. J. Reinhardt. (84 S.) 893.
10. Neu-Berlin od. Kusecke u. Pusecke in Kamerun. Ein Bühnenweihturnfestspiel in 1 Aufzuge v. Wilh. Gittermann. (51 S.) 891.

— turnerischer Unterhaltungen. 11. u. 12. Bdchn. gr. 8. Leipzig, E. Strauch. à n. — 50
11. J. Reiche Rübezahls. Turner. Schau- u. Radaustück i. e. Vorspiel u. 1 Akt. N. nicht erlebten Begebenheiten b. d. Riesengebirgsturnfahrten m. Einflechtg. beliebter Lieder u. m. Ausstattg. turner. Vorführgn. geschr. v. Gust. Leutheußer. (42 S. m. Fig.) 895.
12. Turner-Weihe. Von Wilh. Krumm. — Götter, Helden u. Turner. Von G. Bardenheuer. — Im Lager. Drei patriot.-turner. Lustspiele. Von Thdr. Kleber. (32 S.) 897.

— turnerischer Unterhaltungen. 13. Bdchn. gr. 8. Leipzig, E. Strauch. n. — 50
Turnerstreiche. Schwank in 1 Aufzuge. Von Max Möckel. (37 S.) (905.)

— turnerischer Unterhaltungen. 8. 9. 14. u. 15. Bdchn. gr. 8. Leipzig, E. Strauch. 2. —
8. 9. Reigen- u. Charaktertänze zu Vereinsfestlichkeiten. Von L. Schütze. Mit 45 Abbildgn. (59 S.) (907). 1. —
14. 15. (2. Reihe: 1. u. 2. Bdchn.) Spiele für Jung u. Alt. Anleitung zu den wichtigsten Turn- u. Gesellschaftsspielen. Von Paul Henzschel. Mit 31 Abbildgn. (V, 64 S.) (907). 1. —

— gediegener Unterhaltungs-Literatur. 1.—5. Bd. 8. Gautzsch, Fel. Dietrich. Subskr.-Pr. à Bd. 1.—; geb. 1.50; Einzelpr. 1.25; geb. 1.75
Esche, F. A., Tintenkleckse u. Fettflecke! Humoristisch-satir. Skizzen aus dem Bureaukratenleben u. Anderes. (Neue [Titel-] Ausg.) (123 S.) Leipzig [905] (907). (Bd. 5)
— Vagabunden-Geschichten. (Neue [Titel-]Ausg.) (III, 144 S.) Leipzig [905] (907). (Bd. 4)
Ssemenoff, S. T., Onkel Ilja u. andere Dorfgeschichten, nebst e. Vorworte v. Graf Leo Tolstoi, e. Einleitg. v. Paul Birjukoff. Autoris. Übersetzg. v. Joh. Hermann. 2 Bde. (Neue [Titel-]Ausg.) (III, 157 u. III, 173 S.) Leipzig [905] (907). (Bd. 2. 3) In 1 Bd. geb. 3. —
Zemiak, Sömöne, die in Finsternis wandeln. Ruthenische Novellen. Berechtigte Übersetzg. aus dem Franz. v. Joh. Hermann. (Neue [Titel-]Ausg.) (III, 231 S.) Leipzig [905] (907). (Bd. 1)

Bibliothek der Unterrichts-Lectüre zur Ergänzung des häusl. u. Schulunterrichts für d. Jugend beiderlei Geschlechts, sowie zur selbstbelehr. Unterhalt. Unter Mitwirkung fachverwandter Freunde begründet v. Fr. Schubart, fortgesetzt von Friedr. Richter. 3 Abthln. 12 Bdchn. 8. Berlin, Richter'sche Vrlsbuchh. Thlr. *
A. u. d. Ttln.:
Abthl. I. Geschichte. 4 Bde. * 1 Thlr. 25 Ngr.
Bd. 1. Geschichte der westasiatischen Länder u. Macedoniens bis zur Ausbreitung der römischen Herrschaft. Nach d. Französ. 1. Ausg. 842. * 15 Ngr. u. 2. A. (à 18 B.) 846. * $12\frac{1}{2}$ Ngr.
" 2. Geschichte der griech. Staaten bis zum Tode Alexanders d. Großen. Nach d. Französ. v. Fr. Schubart. 1. Ausg. 843. * 15 Ngr. u. 2. A. (à $15\frac{1}{2}$ B.) 846. * $12\frac{1}{2}$ Ngr.
" 3. Geschichte der Römer von Romulus bis Augustus. Von Friedr. Richter. ($19\frac{1}{2}$ B.) 845. * 15 Ngr.
" 4. Römische Kaiser-Geschichte von Augustus bis Romulus Augustulus. Von Friedr. Richter. (21 B.) 845. * 15 Ngr.
Abthl. II. Geographie u. Ethnographie. 4 Bde. * 1 Thlr. $22\frac{1}{2}$ Ngr.
Bd. 1—3. Erzählungen u. Beschreibungen v. America zur näheren Kenntniß dieses Welttheils u. zur Anschauung des Natur- u. Menschenlebens in demselben. 3 Thle. 1. u. 2. Ausg. [1. (à 18 B.) .... 842, * 15 Ngr., 2. Ausg. 46. * $12\frac{1}{2}$ Ngr., 2. (à $25\frac{1}{2}$ B.) 1. A. 844. * 15 Ngr., 2. A. 46. * $12\frac{1}{2}$ Ngr., 3. (à $12\frac{1}{2}$ B.) 1. A. 845. * 15 Ngr. 2. A. 46. * $12\frac{1}{2}$ Ngr.]
" 4. Grundzüge des Natur- u. Menschenlebens in Australien u. Polynesien. Von Friedr. Richter. (20 B.) 846. * 15 Ngr.
Abthl. III. Naturgeschichte. 4 Bde. * 1 Thlr. 12 Ngr.
Bd. 1—3. Darstellungen aus dem Leben d. Säugethiere, zur Erweiterung d. Unterrichts über dieselben. Von Friedr. Richter. 3 Thle. [1. (16 B.) 842. * 15 Ngr., 2. (à $19\frac{1}{2}$ B.) 1. Ausg. 844. * 15 Ngr., 2. A. 46. * $12\frac{1}{2}$ Ngr., 3. (à 17 B.) 1. Ausg. 845. * 15 Ngr., 2. A. 46. * $12\frac{1}{2}$ Ngr.]
" 4. Unterhaltungen aus d. Naturgeschichte der Vögel. (17 B.) 847. * 12 Ngr.
Der Titel d. 2. Ausg. ist: Neue Bibliothek d. Unterrichts-Lectüre.

— f. länger dien. Unteroffiziere z. Selbstunterr. 2 Bde. (68, 28, 52, 49, 148, 79, 79, 105; 140 u. 161 m. z. Tl farb. Taf. u. 53 Kart.) Lex8° Lpzg, FE Bilz (08). Geb. 22 — d

Die vaterländische **Bibliothek**. Ein Bücher-Catalog. S. 27-54. 8°. (Ital.)
Progr. Zara 1859.

Bibliothek des entomologischen Vereins in Stettin. Januar 1847. s. l. 8°*)

Bibliothek des Vereins für Meklenburgische Geschichte und Alterthumskunde, wie solche am Ende des Junius 1836 bestand. (Ohne bes. Titelblatt.) 8°
Dasselbe. Fortsetzung 1. 1837. (Ohne bes. Titelblatt.)
Dasselbe. Fortsetzung 2. 1838. (Ohne bes. Titelblatt.)

Bibliothek des Vereins katholischer deutscher Lehrerinnen im Vereinshause zu Boppard. Hamm i. W. [1907]: Breer & Thiemann. (38 S.) 8° [Umschlagt. F.] [08. 6248 6

— des Litterarischen Vereins in Stuttgart, s. a. Publicationen.

—— des litterarischen Vereins in Stuttgart. 1.—183. Bd. 8. Stuttgart und Tübingen, Selbstverlag des Litterar. Vereins.
Nicht im Handel; nur den Vereinsmitgliedern gewidmet. Beitrag für jedes Verwaltungsjahr ℳ 20.—., wofür folgende Serien geliefert werden:
Verwaltungsjahr 1. (1839—1842.) 1.—3., 5. und 6. Bd.; 2. (1843—1844.) 7.—11. Bd.; 3. (1845—1846.) 12.—15. Bd.; 4. (1847—1848.) 4., 16. und 17. Bd.; 5. (1849—1850.) 18.—24. Bd.; 6. (1851.) 25.—28. Bd.; 7. (1852—1853.) 29.—32. Bd.; 8. (1854.) 33.—35. Bd.; 9. (1855.) 36.—38. Bd.; 10. (1856.) 39.—42. Bd.; 11. (1857.) 43.—45. Bd.; 12. (1858—1859.) 46.—51. Bd.; 13. (1860.) 52.—57. Bd.; 14. (1861.) 58.—63. Bd.; 15. (1862.) 64.—68. Bd.; 16. (1863.) 69.—74. Bd.; 17. (1864.) 75.—77. Bd.;

18. (1865.) 78.—80. Bd.; 19. (1866.) 81.—85. Bd.; 20. (1867.) 86.—89. Bd.; 21. (1868.) 90.—92. Bd.; 22. (1869.) 93.—95. Bd.; 23. (1870.) 96.—99. Bd.; 24. (1871.) 100.—106. Bd.; 25. (1872.) 107.—109. Bd.; 26. (1873.) 110.—113. Bd.; 27. (1874.) 114.—117. Bd.; 28. (1875.) 118.—122. Bd.; 29. (1876.) 123.—125. Bd.; 30. (1877.) 126.—130. Bd.; 31. (1878.) 131.—135. Bd.; 32. (1879.) 136.—139. Bd.; 33. (1880.) 140.—145. Bd.; 34. (1881.) 146.—150. Bd.; 35. (1882.) 151.—157. Bd.; 36. (1883.) 158.—162. Bd.; 37. (1884.) 163.—167. Bd.; 38. (1885.) 168.—171. Bd.; 39. (1886.) 172.—175. Bd.; 40. (1887.) 176.—179. Bd.; 41. (1888.) 180.—183. Bd.

Bibliothek des litterarischen Vereins in Stuttgart (Tübingen). 1.—187. Publication. gr. 8. Stuttgart u. Tübingen. Wird vom „Litterar. Verein" nur den Vereinsmitgliedern geliefert. (Tübingen, Franz Fues.)

1. Strassburgische Chronik von Fritsche Closener. (127 S.) — Des schwäbischen Ritters Georg von Ehingen Reisen nach der Ritterschaft, hrsg. von F. Pfeiffer. (28 S.) — Aeneas Sylvius Piccolomineus, de viris illustribus. (68 S.) — Ott Ruland's Handlungsbuch. (36 S.) — Codex Hirsaugiensis. (S. 1—103.) — Index. (S. 104—231.) 843.

2—4. Fratris Felicis Fabri Evagatorium in Terrae Sanctae, Arabiae et Egypti peregrinationem, ed. C. D. Hassler. 3 voll. (480; 545; 575 S.) 843—849.

5. Die Weingartner Liederhandschrift. Hrsg. v. F. Pfeiffer u. F. Fellner. (338 S.) 843. — Italienische Lieder des Hohenstaufischen Hofes in Sicilien. (67 S.) 843.

6. Briefe der Prinzessin Elisabeth Charlotte von Orleans an die Raugräfin Louise. 1676—1722. Hrsg. v. W. Menzel. (XVIII, 527 S. mit 1 Fcsm.) 843. (s. Publ. 88, 107, 122, 132, 144, 157.)

7. Des Böhmischen Herrn Leo's von Rozmital Ritter-, Hof- und Pilgerreise durch die Abendlande. 1465—67. (XIV, 212 S.) 844. — Livländische Reimchronik. Hrsg. v. F. Pfeiffer. (VIII, 332 S.) 844.

8. Chronik des Edlen En Ramon Muntaner. Hrsg. v. K. Lanz. (XXXVI, 550 S.) 844.

9. Bruchstück über den Kreuzzug Friedrich's I. Hrsg. v. Fr. Frhrn. v. Reiffenberg. (24 S.) — Ein Buch von guter Speise. (VI, 29 S.) — Die alte Heidelberger Liederhandschrift. Hrsg. v. F. Pfeiffer. (XII, 295 S. mit 1 Taf.) 844.

10. Urkunden, Briefe und Aktenstücke zur Geschichte Maximilian's I. und seiner Zeit. Hrsg. v. J. Chmel. (VI, 579 S.) 845.

11. Staatspapiere zur Geschichte des Kaisers Karl V. Mitgetheilt v. K. Lanz. (XXVIII, 587 S.) 845.

12. Das Ambraser Liederbuch vom Jahre 1582. Hrsg. v. J. Bergmann. (XIV, 400 S.) 845.

13. Li Romans d'Alixandre par Lambert li Tors et Alexandre de Bernay. Nach Handschriften der Königl. Büchersammlung zu Paris. Hrsg. v. H. Michelant. (XXIII, 560 S.) 846.

14. Urkunden zur Geschichte des schwäbischen Bundes. (1488—1533.) Hrsg. v. K. Klüpfel. (In 2 Bdn.) 1. Bd. 1488—1506. (XII, 555 S.) 846. (2. Bd. s. Publ. 31.)

15. Cancioneiro geral. Altportugiesische Liedersammlung des Edeln Garcia de Resende. Neu hrsg. v. E. H. v. Kausler. (In 3 Bdn.) 1. Bd. (XV, 507 S.) 846. (s. Publ. 17 u. 26.)

16. Carmina Burana. Lateinische u. deutsche Lieder u. Gedichte einer Handschrift des 13. Jahrhdts. aus Benedictbeuren. (XIV, 275 S.) — Albert von Beham u. Regesten Pabst Innocenz IV. Hrsg. v. C. Höfler. (XXIV, 223 S.) 847.

17. Cancioneiro geral. Altportugiesische Liedersammlung des Edeln Garcia de Resende. Neu hrsg. v. E. H. v. Kausler. 2. Bd. (599 S.) 848. (s. Publ. 15. 26.)

18. Conrad's v. Weinsberg, des Reichs-Erbkämmerers, Einnahmen- u. Ausgaben-Register von 1437 u. 1438. (VIII, 95 S.) 850.

19. Das Habsburg-Oesterreichische Urbarbuch. Hrsg. v. Frz. Pfeiffer. (XXV, 404 S.) 850.

20. Hadamar's von Laber Jagd u. drei andere Minnegedichte seiner Zeit u. Weise: Des Minners Klage; Der Minnenden Zwist u. Versöhnung; Der Minne Falkner. Hrsg. v. J. A. Schmeller. (XX, 218 S.) 850.

21. Meister Altswert. Hrsg. v. W. Holland u. A. Keller. (XXIV, 256 S.) 850.

22. Meinauer Naturlehre. Hrsg. v. W. Wackernagel. (IX, 19 S.) 851.

23. Der Ring von Heinrich Wittenweiler. Hrsg. v. Ludw. Bechstein, eingeleitet durch A. v. Keller. (XII, 258 S.) 851.

24. Gedenkbuch des Metzer Bürgers Philippe v. Vigneulles aus d. J. 1471—1522. Nach der Handschrift d. Verf. hrsg. v. H. Michelant. (XXXV, 444 S.) 852.

25. Ludolphi, rectoris ecclesiae parochialis in Suchem, de itinere terrae sanctae liber. Nach alten Handschriften berichtigt hrsg. v. F. Deycks. (XXV, 104 S.) 851.

26. Cancioneiro geral. Altportugiesische Liedersammlung des Edeln Garcia de Resende. Neu hrsg. v. E. H. v. Kausler. 3. Bd. (674 S.) 852. (s. Publ. 15. 17.)

27. Diu Crône von Heinrich von dem Türlin. Zum erstenmal hrsg. v. G. H. F. Scholl. (LI, 511 S.) 852.

28—30. Fastnachtsspiele aus d. 15. Jahrhundert. Gesammelt v. A. Keller. Mit Nachlese. (In 4 Bdn.) 1.—3. Bd. (S. 1—496; S. 497—1074; S. 1075—1621.) 853—858. (4 Bd. s. Publ. 46.)

31. Urkunden zur Geschichte des schwäbischen Bundes. (1488—1533.) Hrsg. v. K. Klüpfel. 2. Bd.: 1507—1533. (370 S.) 853. (1. B. s. Publ. 14.)

32. Konrad Stolle's thüringisch-erfurtische Chronik. Aus d. Urschrift hrsg. v. L. Fr. Hesse. (XXVIII, 216 S.) 854.

33. 34. Der abenteuerliche Simplicissimus u. andere Schriften von Hans Jacob Christoph v. Grimmelshausen. Hrsg. v. A. v. Keller. (In 4 Bdn.) 1. u. 2. Bd. (S. 1—664; S. 666—1210.) 854. (3. 4. Bd. s. Publ. 65. 66.)

35. Erzählungen aus altdeutschen Handschriften. Gesammelt durch A. v. Keller. (712 S.) 855.

36. Die Schauspiele des Herzogs Heinrich Julius von Braunschweig. Nach alten Drucken und Handschriften hrsg. v. W. L. Holland. (VI, 908 S.) 855.

37. Spiegel des Regiments von Johann v. Morssheim. Hrsg. v. K. Goedecke. (54 S.) 856.

38. Martina von Hugo v. Langenstein. Hrsg. durch A. v. Keller. (763 S.) 856.

39. Denkmäler der provenzalischen Litteratur. Hrsg. v. K. Bartsch. (XXV, 356 S.) 856.

40. Amadis, erstes Buch, nach der ältesten deutschen Bearbeitung hrsg. v. A. v. Keller. (482 S.) 857.

41. Deutsche Dichtungen von Nicodemus Frischlin. Hrsg. v. D. Fr. Strauss. (201 S.) 857.

42. Das Zeitbuch des Eike von Repgow in ursprünglich niederdeutscher Sprache und in früher latein. Uebersetzung. Hrsg. v. H. F. Massmann. (X, 753 S.) 857.

43. Wormser Chronik v. Friedr. Zorn; mit den Zusätzen Franz Berthold's von Flersheim. Hrsg. v. W. Arnold. (290 S.) 857.

44. Der trojanische Krieg von Konrad von Würzburg. Nach den Vorarbeiten K. Frommann's und F. Roth's zum erstenmal hrsg. durch A. v. Keller. (596 S.) 858. (s. Publ. 133.)

45. Karl Meinet. Zum erstenmal hrsg. durch A. v. Keller. (902 S.) 858.

46. Nachlese zu den Fastnachtsspielen aus dem 15. Jahrhundert. (4. Bd.) (370 S.) 858. (s. Publ. 28—30.)

47. N. Federmann's und H. Stade's Reisen in Südamerika 1529—1555. Hrsg. v. K. Klüpfel. (209 S.) 859.

48. Dalimil's Chronik von Böhmen. Hrsg. v. Venceslav Hanka. (253 S.) 859.

49. Paul Rebhun's Dramen. Hrsg. v. H. Palm. (202 S.) 859.

50. Die Geschichten u. Thaten Wilwolt's von Schaumburg. Hrsg. durch A. v. Keller. (208 S.) 859.

51. Decameron von Heinr. Steinhöwel. Hrsg. v. A. v. Keller. (704 S.) 860.

52. Dietrich's erste Ausfahrt. Hrsg. v. F. Stark. (XX, 356 S.) 860.

53. Mitteldeutsche Gedichte. Hrsg. v. Karl Bartsch. (XXXVI, 229 S.) 860.

54. Gedichte von Jehan de Condet nach der Casanatensischen Handschrift. Hrsg. v. A. Tobler. (186 S.) 860.

55. Huyge van Bourdeus. Ein niederländ. Volksbuch. Hrsg. v. F. Wolf. (88 S.) 860.

56. Das Buch der Beispiele der alten Weisen. Nach Handschriften hrsg. v. W. L. Holland. (VI, 261 S.) 860.

57. Translationen von Niclas v. Wyle. Hrsg. durch A. v. Keller. (373 S.) 861.

58. Scherzgedichte von Joh. Lauremberg. Hrsg. v. J. M. Lappenberg. (VII, 324 S. m. 1 Fcsm.) 861.

59. Des Grafen Wolrad von Waldeck Tagebuch während d. Reichstages zu Augsburg 1548. Hrsg. v. C. L. P. Tross. (271 S.) 861.

60. Meleranz von dem Pleier. Hrsg. v. K. Bartsch. (386 S.) 861.

61. Reisen und Gefangenschaft Hans Ulrich Krafft's. Aus der Originalhandschrift hrsg. v. K. D. Hassler. (440 S.) 861.

62. Cyriacus Spangenberg von der Musica und den Meistersängern. Hrsg. durch A. v. Keller. (172 S.) 861.

63. Nürnberger Polizeiordnung aus dem 13.—15. Jahrh. Hrsg. v. Jos. Baader. (340 S.) 861.

64. Endres Tucher's Baumeisterbuch der Stadt Nürnberg (1464—1475). Mit e. Einleitg. u. sachl. Anmerkgn. v. F. v. Weech, hrsg. durch M. Lexer. (387 S.) 862.

65. 66. Der abenteuerliche Simplicissimus u. andere Schriften von Hans Jac. Christ. v. Grimmelshausen. Hrsg. v. A. v. Keller. 3. u. 4. Bd. (S. 1—497; S. 499—944.) 862. (s. Publ. 32 u. 34.)

67. Renaus de Montauban oder die Haimonskinder. Altfranzös. Gedicht, nach den Handschr. zum erstenmal hrsg. v. H. Michelant. (542 S.) 862. (s. Publ. 174.)

68. Meisterlieder der Kolmarer Handschrift. Hrsg. v. K. Bartsch. (734 S.) 862.
69. Ein geistliches Spiel v. S. Meinrad's Leben u. Sterben. Aus der einzigen Einsiedeler Handschrift hrsg. v. P. Gall Morell. (126 S.) 863.
70. Des Teufels Netz. Satirisch-didakt. Gedicht aus der ersten Hälfte des 15. Jahrhunderts. Hrsg. v. K. A. Barack. (467 S.) 863.
71. Heinrich Mynsinger, von den Falken, Pferden und Hunden. Hrsg. v. K. D. Hassler. (98 S.) 863.
72. Der Veter Buoch. Nach e. Breslauer Handschrift hrsg. v. H. Palm. (107 S.) 863.
73. Paul Fleming's lateinische Gedichte. Hrsg. v. J. M. Lappenberg. (624 S.) 863.
74. Reimchronik über Herzog Ulrich von Württemberg und seine nächsten Nachfolger. Zum erstenmal hrsg. v. E. Frhrn. v. Seckendorff. (208 S.) 863.
75. Barlaam und Josaphat. Französ. Gedicht des 13. Jahrhunderts von Gui de Cambrai, nebst Auszügen aus mehreren anderen romanischen Versionen hrsg. v. H. Zotenberg u. P. Meyer. (419 S.) 864.
76—80. Ayrer's Dramen. Hrsg. v. A. v. Keller. 5 Bde. (S. 1—735; S. 737—1440; S. 1441—2175; S. 2177—2848; S. 2849—3184.) 865.
81. Hans Jacob Breuning's von Buchenbach Relation über seine Sendung nach England im Jahre 1595. Mitgetheilt v. A. Schlossberger. (92 S.) 865.
82. 83. Paul Fleming's deutsche Gedichte. Hrsg. v. J. M. Lappenberg. 2 Bde. (S. 1—541; S. 543—961.) 865. (s. Publ. 73.)
84. Gallus Oheim's Chronik von Reichenau. Hrsg. v. K. A. Barack. (246 S.) 866.
85. Schimpf und Ernst von Johannes Pauli. Hrsg. v. H. Österley. (559 S.) 866.
86. Die Reisen des Samuel Kiechel. Aus drei Handschr. hrsg. v. K. D. Hassler. (484 S.) 866.
87. Das deutsche Heldenbuch. Nach dem mutmasslich ältesten Drucke neu hrsg. v. A. v. Keller. (788 S.) 867.
88. Briefe der Herzogin Elisabeth Charlotte von Orleans aus den J. 1676—1706. [2. Bd.] Hrsg. v. W. L. Holland. (554 S.) 867. (s. Publ. 6.)
89. Flores musicae omnis cantus Gregoriani von Hugo von Reutlingen. Neu hrsg. u. bearb. v. C. Beck. (162, 67 S. Notenschrift m. 4 Taf.) 868.
90. Das Leben der heiligen Elisabeth vom Verf. der Erlösung. Hrsg. v. M. Rieger. (434 S.) 868.
91—94. Zimmerische Chronik. Hrsg. v. K. A. Barack. 4 Bde. (561; 607; 608; 803 S.) 869.
95—99. Wendunmuth von Hans Wilhelm Kirchhof. Hrsg. v. H. Österley. 5 Bde. (608; 567; 528; 390; 218 S.) 869.
100. 101. Die deutschen Historienbibeln des Mittelalters. Nach 40 Handschriften zum erstenmal hrsg. v. J. F. L. Thdr. Merzdorf. 2 Bde. (S. 1—432; S. 433—916.) 870.
Hierzu als Anhang:
Zum hundertsten Bande der Bibliothek des litterar. Vereins in Stuttgart. Eine Denkschrift von dem Präsidenten des Vereins (Adelbert v. Keller). 8. (36 S.) 870.
102—106. Hans Sachs. Hrsg. v. A. v. Keller u. E. Götze. 1.—5. Bd. (484; 447; 614; 454; 353 S.) 870. (s. Publ. 110, 115, 121, 125, 131, 136, 140, 149, 159, 173, 179, 181.)
107. Briefe der Herzogin Elisabeth Charlotte von Orleans aus den J. 1707—1715. [3. Bd.] Hrsg. v. W. L. Holland. (820 S.) 871. (s. Publ. 6.)
108. Der Nonne von Engethal Büchlein von der Genaden Überlast. Hrsg. v. K. Schröder. (71 S.) 871.
109. Reinfrid von Braunschweig. Hrsg. v. K. Bartsch. (830 S.) 871.
110. Hans Sachs. Hrsg. v. A. v. Keller u. E. Götze. 6. Bd. (396 S.) 872. (s. Publ. 102—106.)
111. Die ersten deutschen Zeitungen. Hrsg. mit e. Bibliographie (1505—1599) v. E. Weller. (362 S.) 872.
112. Historia del Cavallero Cifar. Hrsg. v. H. Michelant. (377 S.) 872.
113. Friedrich's von Logau sämtliche Sinngedichte. Hrsg. v. G. Eitner. (821 S.) 872.
114. Verhandlungen über Thomas von Absberg und seine Fehden gegen den schwäbischen Bund. 1519—1530. Hrsg. v. J. Baader. (576 S.) 873.
115. Hans Sachs. Hrsg. v. A. v. Keller u. E. Götze. 7. Bd. (484 S.) 873. (s. Publ. 102—106.)
116. Li Romans de Durmart le Galois. Altfranzös. Rittergedicht, zum erstenmal hrsg. v. E. Stengel. (622 S.) 873.
117. Steinhöwel's Äsop. Hrsg. v. H. Österley. (372 S.) 873.
118. Augustin Tünger's Facetiae. Hrsg. v. A. v. Keller. (163 S.) 874.
119. Dichtungen des 16. Jahrhunderts. Nach den Originaldrucken hrsg. v. E. Weller. (126 S.) 874.
120. La Dime de pénitance; altfranzös. Gedicht, verfasst im Jahre 1288 von Jehan von Journi. Aus e. Handschrift des British Museum zum erstenmal hrsg. v. H. Breymann. (146 S.) 874.
121. Hans Sachs. Hrsg. v. A. v. Keller u. E. Götze. 8. Bd. (709 S.) 874. (s. Publ. 102—106.)
122. Briefe der Herzogin Elisabeth Charlotte von Orleans aus den J. 1716—1718. [4. Bd.] Hrsg. v. W. L. Holland. (502 S.) 874. (s. Publ. 6.)
123. Demantin von Berthold von Holle. Hrsg. v. K. Bartsch. (400 S.) 875.
124. Briefwechsel zwischen Christoph, Herzog von Württemberg, und Petrus Paulus Vergerius. Gesammelt u. hrsg. v. E. v. Kausler u. Thdr. Schott. (517 S.) 875.
125. Hans Sachs. Hrsg. v. A. v. Keller u. E. Götze. 9. Bd. (561 S.) 875. (s. Publ. 102—106.)
126. Johann Reuchlin's Briefwechsel. Gesammelt u. hrsg. v. L. Geiger. (372 S.) 875.
127. Des Dodes Danz. Nach den Lübecker Drucken von 1489 u. 1496 hrsg. v. H. Baethcke. (145 S.) 876.
128. Nikolaus Muffel's Beschreibung der Stadt Rom. Hrsg. v. W. Vogt. (64 S.) 876.
129. Quellen zur Geschichte des Bauernkriegs in Oberschwaben. Hrsg. v. F. L. Baumann. (906 S.) 876.
130. Simon Dach. Hrsg. v. H. Österley. (1038 S.) 876.
131. Hans Sachs. Hrsg. v. A. v. Keller u. E. Götze. 10. Bd. (515 S.) 876. (s. Publ. 102—106.)
132. Briefe der Herzogin Elisabeth Charlotte von Orleans aus dem Jahre 1719. [5. Bd.] Hrsg. v. W. L. Holland. (400 S.) 877. (s. Publ. 6.)
133. Anmerkungen zu Konrad's Trojanerkrieg v. K. Bartsch. (489 S.) 877. (s. Publ. 44.)
134. Anton Tucher's Haushaltbuch (1508—1517). Hrsg. v. W. Loose. (220 S.) 877.
135. Hans Georg Ernstinger's Raisbuch. Hrsg. v. Ph. A. F. Walther. (312 S.) 877.
136. Hans Sachs. Hrsg. v. A. v. Keller u. E. Götze. 11. Bd. (475 S.) 878. (s. Publ. 102—106.)
137. Hermann von Sachsenheim. Hrsg. v. E. Martin. (282 S.) 878.
138. Andreas Gryphius' Lustspiele. Hrsg. v. H. Palm. (584 S.) 878. (s. Publ. 162 u. 171.)
139. Quellen zur Geschichte des Bauernkriegs aus Rotenburg a. d. Tauber. Hrsg. v. F. L. Baumann. (723 S.) 878.
140. Hans Sachs. Hrsg. v. A. v. Keller u. E. Götze. 12. Bd. (588 S.) 879. (s. Publ. 102—106.)
141. Mitteilungen aus dem Eskurial v. H. Knust. (685 S.) 879.
142. Das Nibelungenlied. Nach der Piaristenhandschrift hrsg. v. A. v. Keller. (383 S.) 879.
143. Hugo von Montfort. Hrsg. v. K. Bartsch. (236 S.) 879.
144. Briefe der Herzogin Elisabeth Charlotte von Orleans aus d. Jahre 1720. [6. Bd.] Hrsg. v. W. L. Holland. (431 S.) 879. (s. Publ. 6.)
145. Zwei Reden an Kaiser und Reich von Johannes Sleidanus. Neu hrsg. v. E. Böhmer. (297 S.) 879.
146. Faust's Leben von Georg Rudolf Widmann. Hrsg. v. A. v. Keller. (737 S.) 880.
147. Niederdeutsche Bauernkomödien des 17. Jahrhunderts. Hrsg. v. H. Jellinghaus. (290 S.) 880.
148. Die beiden ältesten lateinischen Fabelbücher des Mittelalters, des Bischofs Cyrillus Speculum sapientiae u. des Nicolaus Pergamenus Dialogus creaturarum. Hrsg. v. J. G. Th. Grässe. (309 S.) 880.
149. Hans Sachs. Hrsg. v. A. v. Keller u. E. Götze. 13. Bd. (609 S.) 880. (s. Publ. 102—106.)
150. Heidelberger Passionsspiel. Hrsg. v. G. Milchsack. (306 S.) 880.
151. Chronik des Bickenklosters zu Villingen 1238—1614. Hrsg. v. K. J. Glatz. (167 S.) 881.
152. Tristant und Isalde, Prosaroman des 15. Jahrhunderts. Hrsg. v. F. Pfaff. (236 S.) 881.
153. Lutwin's Adam u. Eva. Zum erstenmal hrsg. v. K. Hofmann u. W. Meyer. (131 S.) 881.
154. Die Baseler Bearbeitung von Lambrecht's Alexander. Hrsg. v. Rich. Maria Weber. (230 S.) 881.
155. Des Bamberger Fürstbischofs Johann Gottfried von Aschhausen Gesandtschafts-Reise nach Italien u. Rom 1612 u. 1613. Hrsg. v. Chr. Häutle. (204 S.) 881.
156. Egerer Fronleichnamsspiel. Hrsg. v. G. Milchsack. (364 S.) 881.
157. Briefe der Herzogin Elisabeth Charlotte von Orleans aus den J. 1721 u. 1722. [7. Bd.] Hrsg. v. W. L. Holland. (607 S.) 881. (s. Publ. 6.)
158. Ulrich's von Richenthal Chronik des Konstanzer Concils 1414—1418. Hrsg. v. M. R. Buck. (255 S.) 882.
159. Hans Sachs. Hrsg. v. A. v. Keller u. E. Götze. 14. Bd. (356 S.) 882. (s. Publ. 102—106.)
160. Der Kreuziger des Johannes von Frankenstein. Hrsg v. F. Khull. (428 S.) 882.
161. Hausbuch des Herrn Joachim von Wedel auf Krempzow Schloss und Blumberg erbgesessen. Hrsg. durch J. Frhrn. v. Bohlen-Bohlendorff. (578 S. mit 1 Fcsm.-Taf.) 882.
162. Andreas Gryphius' Trauerspiele. Hrsg. v. H. Palm. (814 S.) 882. (s. Publ. 138 u. 171.)
163. Michael Lindener's Rastbüchlein und Katzipori. Hrsg. v. Frz. Lichtenstein. (218 S.) 883.
164. Heinrich Hug's Villinger Chronik von 1495—1533. Hrsg. v. Chr. Roder. (274 S.) 883.
165. Der Kampf um Teneriffa. Dichtung u. Geschichte v. Antonio de Viana. Hrsg. v. Frz. v. Löher. (424 S.) 883.
166. Das Schachgedicht Heinrich's von Beringen. Hrsg. v. P. Zimmermann. (432 S.) 883.
167. Schreiben des Kurfürsten Karl Ludwig von der Pfalz u. der Seinen. Hrsg. v. W. L. Holland. (554 S.) 884.
168. Das Reisebuch der Familie Rieter. Hrsg. v. R. Röhricht u. H. Meisner. (162 S.) 884.

169. Li Romans de Claris et Laris. Hrsg. v. J. Alton. (939 S.) 884.
170. Dramen von Ackermann u. Voith. Hrsg. v. H. Holstein. (340 S.) 884.
171. Andreas Gryphius' lyrische Gedichte. Hrsg. v. H. Palm. (610 S.) 881. (s. Publ. 138 u. 162.)
172. Hans Schiltberger's Reisebuch. Nach der Nürnberger Handschrift hrsg. v. V. Langmantel. (200 S.) 885.
173. Hans Sachs. Hrsg. v. A. v. Keller u. E. Götze. 15. Bd. Hrsg. v. E. Götze. (583 S.) 885. (s. Publ. 102—106.)
174. Reinolt von Montelban oder die Heimonskinder. Hrsg. v. F. Pfaff. (680 S.) 885. (s. Publ. 67.)
175. Ulrich Füetterer's Prosaroman von Lanzelot. Nach der Donaueschinger Handschrift hrsg. v. A. Peter. (III, 302 S.) 885.
176. Fr. Heinr. Reusch, die Indices librorum prohibitorum des XVI. Jahrh. (598 S.) 886.
177. Gualteri Burlaei liber de vita et moribus philosophorum. Mit e. altspan. Uebersetzung der Eskurialbibliothek hrsg. v. H. Knust. (441 S.) 886.
178. Gerard von Amiens, der Roman von Escanor, Hrsg. v. H. Michelant. (697 S.) 886.
179. Hans Sachs. Hrsg. v. A. v. Keller u. E. Götze. 16. Bd. Hrsg. v. E. Götze. (558 S.) 886. (s. Publ. 102—106.)
180. Vita beate virginis Marie et salvatoris mundi. Hrsg. v. A. Vögtlin. (278 S.) 888.
181. Hans Sachs. Hrsg. v. A. v. Keller u. E. Götze. 17. Bd. (580 S.) 888.
182. Heinrich Kaufringer's Gedichte. Hrsg. v. K. Euling. (XVI, 244 S.) 888.
183. Alexander, von Ulrich von Eschenbach. Hrsg. v. W. Toischer. (XXII, 870 S.) 888.
184. Reise nach Südamerika von Ulrich Schmiedel in d. J. 1534—1554. Nach d. Münchener Handschr. hrsg. v. V. Langmantel. (162 S.) 889.
185. Deutsche Volksbücher. Aus e. Züricher Handschr. d. 15. Jahrhdts. hrsg. v. A. Bachmann u. S. Singer (CXX, 509 S.) 889.
186. Fratris Felicis Fabri tractatus de civitate ulmensi, de ejus origine, ordine, regimine, de civibus ejus et statu. Hrsg. v. G. Veesenmeyer. (XII, 251 S.) 890.
187. Le Roman de Marques de Rome. Hrsg. v. Joh. Alton. (C, 182 S.) 890.

— d. litterarischen Vereins in Stuttgart [Tübingen]. 188.—191. Publication. (Jahrg. 1891.) gr. 8. Tübingen, Solbstverl. d. litterar. Vereins.
Nur f. Mitglieder d. Vereins (Jahresbeitrag n.n.n. 20. —)
188. 191. Hans Sachs. Hrsg. v. A. v. Keller u. E. Goetze. 18. u. 19. Bd. Hrsg. v. E. Goetze. (575 u. 460 S.) 890. 891.
189. Morgant der Riese in deutscher Übersetzung d. 16. Jahrh., hrsg. v. Alb. Bachmann. (LXXV, 427 S.) 890.
190. Chronik d. Johan Oldecop, hrsg. v. Karl Euling. (VIII, 720 S.) 891.

— dasselbe. 192.—195. Publication. (Jahrg. 1892.) gr. 8.) Ebd. Nur f. Mitgl. d. Vereins (Jahresbeitrag n.n.n. 20. —)
192. Fratris Pauli Waltheri Guglingensis Itinerarium in terram sanctam et ad sanctam Catharinam. Hrsg. u. m. Erläutergn. versehen v. M. Sollweck. (XVI, 327 S.) 892.
193. 195. Hans Sachs. Hrsg. v. A. v. Keller u. E. Goetze. 20. u. 21. Bd. Hrsg. v. E. Goetze. (563 u. 440 S.) 892.
194. Ansels v. Karthago. Hrsg. v. Joh. Alton. (606 S.) 892.

— d. litterarischen Vereins i. Stuttgart [Tübingen]. 196.—199. Publication. (45. Jahrg. 1894.) gr. 8. Tübingen 894. Selbstverl. d. litterar. Vereins.
Nur f. Mitglieder d. Vereins (Jahresbeitrag n.n.n. 20. —)
196. Herm. Schedel's Briefwechsel. (1452—1478). Hrsg. v. Paul Joachimsohn. (X, 216 S.)
197. Valentin Schumann's Nachtbüchlein. (1559.) Hrsg. v. Johs. Bolte. (XXIV, 439 S.)
198. Brun v. Schonebek. Hrsg. v. Arwed Fischer. (LXII, 443 S.)
199. Geo. Rud. Weckherlin's Gedichte, hrsg. von Herm. Fischer. 1. Bd. (IX, 520 S.)

— dasselbe. 200.—203. Publication. (46. Jahrg. 1895.) gr. 8. Ebd. 895.
Nur f. Mitgl. d. Vereins (Jahresbeitrag n.n.n. 20. —)
200. Geo. Rud. Weckherlin's Gedichte, hrsg. v. Herm. Fischer. 2. Bd. (VII, 552 S.)
201. Hans Sachs. Hrsg. von A. v. Keller u. E. Goetze. 22. Bd. Hrsg. v. E. Goetze. (574 S.)
202. D. Schriften d. Kölner Domscholasters, spät. Bischofs v. Paderborn u. Kardinal-Bischofs v. S. Sabina Oliverus. Hrsg. v. Hoogeweg. (CLXXXIII, 352 S.)
203. Predigten des h. Bernhard in altfranzös. Übertragung, a. e. Handschrift d. kgl. Bibliothek zu Berlin hrsg. v. Alfr. Schulze. (XX, 442 S.)

— dasselbe. 204.—207. Publication. (47. Jahrg. 1896.) gr. 8. Ebd. 896.
Nur f. Mitglieder d. Vereins (Jahresbeitrag n.n.n. 20. —)
204. Briefwechsel Balthasar Paumgartners d. Jüngeren m. s. Gattin Magdalena, geb. Behaim. (1582—1598.) Hrsg. v. Geo. Steinhausen. (IX, 304 S.)
205. Boccaccio de claris mulieribus, deutsch übers. v. Stainhöwel. Hrsg. v. Karl Drescher. (LXXVI, 341 S.)
206. D. Haimonskinder i. deutscher Übersetzg. d. XVI. Jahrh., hrsg. v. Alb. Bachmann. (XXIII, 310 S.)
207. Hans Sachs. Hrsg. von A. v. Keller u. E. Goetze. 23. Bd. Hrsg. v. E. Goetze. (612 S.)

Bibliothek d. litterarischen Vereins in Stuttgart [Tübingen]. 208.—211. Publication. (48. Jahrg. 1897.) gr. 8. Tübingen 897. Selbstverl. d. litterar. Vereins.
Nur f. Mitglieder d. Vereins (Jahresbeitrag n.n.n. 20. —)
208. Christoforo Armeno: D. Reise d. Söhne Giaffers, a. d. Ital. übers. durch Joh. Wetzel 1583, hrsg. v. Herm. Fischer u. Jos. Bolte. (VII, 228 S.) 895.
209. Frey's, Jak., Gartengesellschaft (1556), hrsg. v. Johs. Bolte. (XXXIV, 312 S.)
210. Gatineau, Péan, aus Tours: Leben u. Wunderthaten d. hl. Martin. Altfranzös. Gedicht a. d. Anfang d. XIII. Jahrh. Z. 1. Male vollst. hrsg. m. Einleitg., Anmerkgn. u. Glossar v. Werner Söderhjelm. (VIII, 334 S.)
211. Spangenberg, Wolfhart, u. Isaac Fröreisen: Griech. Dramen i. deutschen Bearbeitgn. Nebst deutschen Argumenten hrsg. v. Osk. Dähnhardt. 1. Bd. (313 S.)

— dasselbe. 212.—215. Publication. (49. Jahrg. 1898.) gr. 8. Ebd. 898.
Nur f. Mitglieder d. Vereins (Jahresbeitrag n.n.n. 20. —)
212. Spangenberg, Wolfhart, u. Isaak Fröreisen: Griech. Dramen, in deutschen Bearbeitgn. Nebst deutschen Argumenten hrsg. v. Osk. Dähnhardt. 2. Bd. (350 S.) 897.
213. Meistersinger-Protokolle, Nürnberger, von 1575—1689. Hrsg. v. Karl Drescher. 1. Bd. 1575—1634. (327 S.) 897.
214. Dasselbe. 2. Bd. 1635—1689. (XII, 334 S.) 897 (898).
215. Truber's, Primus, Briefe, m. d. dazu gehör. Schriftstücken ges. u. erläut. v. Thdr. Elze. (XVI, 574 S.) 897
Die Bände jedes Jahrg. werden stets zusammen versandt.

— des litterarischen Vereins in Stuttgart (Tübingen). 216.—218. publication. (50. Jahrgangs, 1899, 1.—3. publication.) gr. 8. Tübingen, Litterar. Verein.
Nur f. Mitglieder. (Jahresbeitrag n.n.n. 20.—)
216. Sone v. Nausay. Hrsg. v. Mor. Goldschmidt. (V, 656 S.)
217. Montanus, Mart., Schwankbücher (1557—1566). Hrsg. v. Johs. Bolte. (XL, 686 S.)
218. Gleim u. Uz, Briefwechsel. Hrsg. u. erläutert v. Carl Schüddekopf. (XV, 553 S.)

— dasselbe. 219—222. publication. (51. Jahrgangs, 1900 u. 1901, 1.—4. publication.) gr. 8. Ebd.
219. Haller, Albr. v., u. Eberh. Frdr. v. Gemmingen, Briefwechsel. Nebst dem Briefwechsel zwischen Gemmingen u. Bodmer. Aus Ludw. Hirzels Nachlass hrsg. v. Herm. Fischer (IX, 184 S.) 899.
220. Sachs, Hans. Hrsg. v. A. v. Keller u. E. Goetze. 24. Bd. Hrsg. v. E. Goetze. (246 S.) 900.
221. Dreytwein's, Dionysius, Esslingische Chronik (1548—1564). Hrsg. v. Adf. Diehl. (XXIII, 326 S.) 901.
222. Wickram's, Geo., Werke. 1. Bd. (Galmy. Gabriotto.) Hrsg. v. Johs. Bolte u. Willy Scheel. (XLIV, 376 S.) 901.

— dasselbe. 223—226. publication. (52. Jahrgangs, 1902, 1—4. publication.) gr. 8. Ebd.
223. Wickram's, Geo., Werke. 2. Bd. (Knabenspiegel. Vom ungeratnen Sohn. Von guten u. bösen Nachbarn. Der Goldfaden.) Hrsg. v. Johs. Bolte. (LI, 440 S.) 901.
224. Hesler, Heinr. v., das Evangelium Nicodemi. Hrsg. v. Karl Helm. (VII, C, 284 S.) 902.
225. Sachs, Hans. Hrsg. von A. v. Keller u. E. Goetze. 25. Bd. Hrsg. v. E. Goetze. (660 S.) 902.
226. Knebel, Joh., O. Cist, die Chronik des Klosters Kaisheim, verf. im J. 1531. Hrsg. v. Frz. Hüttner. (625 S.) 902.

— des litterarischen Vereins in Stuttgart (Tübingen). 227—230. publication. (53. Jahrgangs, 1903, 1.—4. publication.) gr. 8. Tübingen, Litterar. Verein.
Nur f. Mitglieder. (Jahresbeitrag n.n.n. 20.—)
227. Albrecht v. Scharfenberg, Merlin u. Seifrid de Ardemont in der Bearbeitg. Ulr. Füetrers hrsg. v. Frdr. Panzer. (CXXXIII, 182 S.) 902.
228. Stuart, Elisabeth, Königin v. Böhmen, Briefe an ihren Sohn, den Kurfürsten Carl Ludwig v. d. Pfalz. 1650—1662. Nach den im königl. Staatsarchiv zu Hannover befindl. Originalen hrsg. v. Anna Wendland. (XXXII, 224 S.) 902.
229. Wickram's, Geo., Werke. 3. Bd. (Rollwagenbüchlein. Die sieben Hauptlaster.) Hrsg. v. Johs. Bolte. (XXXVI, 395 S. m. Abbildgn.) 903.
230. Dasselbe. 4. Bd. (Losbuch. Von der Trunkenheit. Der irr reitende Pilger.) (LII, 350 S.) 903.

— dasselbe. 231.—234. publication. (54. Jahrgangs, 1904, 1.—4. publication.) gr. 8. Ebd.
231. Elisabeth Charlotte v. Orléans, Herzogin, aus den Briefen an Etienne Polier de Bottens. Hrsg. v. S. Hellmann. (XVIII, 131 S.) 903.
232. Wickram's, Geo., Werke. 5. Bd. (Die zehn Alter. Der treue Eckart. Das Narrengiessen. Der verlorene Sohn. Weiberlist.) Hrsg. v. Johs. Bolte. (CXI, 276 S. m. Abbildgn.) 903.
233. Buch, das, der Maccabäer in mitteldeutscher Bearbeitung. Hrsg. v. Karl Helm (XCVI, 412 S.) 904.
234. Bibel, die erste deutsche. 1. Bd. (Evangelien.) Hrsg. v. W. Kurrelmeyer. (XLVIII, 450 S.) 904.

Bibliothek des litterarischen Vereins in Stuttgart (Tübingen). 235.—238. publication. (55. Jahrgangs, 1905, 1.—4. publication.) gr. 8. Tübingen, Litterar. Verein.
Nur f. Mitglieder. (Jahresbeitrag n.n.n. 20. —)
235. Sidrach, das Buch. Nach der Kopenhagener mittelniederdeutschen Handschrift v. J. 1479 hrsg. v. H. Jellinghaus. (XII, 240 S.) 904.
236. Wickram's, Geo., Werke. 6. Bd. (Tobias. Knabenspiegel.) Hrsg. v. Johs. Bolte (XCIX, 343 S.) 905.
237. Dasselbe. 7. Bd. (Ovids Metamorphosen, Buch 1—8.) Hrsg. v. Johs. Bolte. (L, 402 S.) 905.
238. Bibel, die erste deutsche. 2. Bd. (Briefe, Apostelgeschichte, Offenbarung.) Hrsg. von W. Kurrelmeyer. (540 S.) 905.

— dasselbe 239.—242. publication. (56. Jahrgangs, 1906, 1.—4. publication.) gr. 8. Ebd.
239. Ortnit u. Wolfdietrich, nach der Wiener Piaristenhandschrift hrsg. von Justus Lunzer Edlen v. Lindhausen. (XXI, 312 S.) 906.
240. Schoepflin's, Joh. Dan., brieflicher Verkehr m. Gönnern, Freunden u. Schülern. Hrsg. v. Rich. Fester. (XXVII, 420 S.) 906.
241. Wickram's, Geo., Werke 8. Bd. (Ovids Metamorphosen, Buch 9—15.) Hrsg. v. Johs. Bolte. (LXXVII, 461 S.) 906.
242. Gleim u. Ramler, Briefwechsel. Hrsg. u. erläutert v. Carl Schüddekopf. 1 Bd. 1745—1752. (XIX, 387 S.) 906.

— des litterarischen Vereins in Stuttgart (Tübingen). 243—250. publication. (57. u. 58. Jahrgangs. 1907 u. 1908/1909. je 1—4. publication.) gr. 8. Tübingen, Litterar. Verein.
Nur f. Mitglieder. (Jahresbeitrag nn 20. —)
Bibel, die erste deutsche. 3. Bd. (Genesis, Exodus, Leviticus.) Hrsg. v. W. Kurrelmeyer. (XIII, 472 S.) 907. (Nr. 243.)
— dasselbe. 4. Bd. (Numeri—Ruth.) Hrsg. v. W. Kurrelmeyer. (449 S.) 907. (Nr. 246.)
— dasselbe. 5. Bd. (Die 4 Bücher der Könige.) Hrsg. v. W. Kurrelmeyer. (474 S.) 908. (Nr. 249.)
Gleim u. Ramler, Briefwechsel. Hrsg. u. erläutert v. Carl Schüddekopf. 2. Bd. 1753—1759. (IX, 416 S.) 907. (Nr. 244.)
Hugo v. Trimberg, der Renner. Hrsg. v. Gust. Ehrismann. 1. u. 2. Bd. (396 u. 315 S.) 908. 09. (Nr. 247. 248.)
Sachs, Hans. Hrsg. von A. v. Keller u. E. Goetze. 26. Bd. Hrsg. v. E. Goetze. (VI, 408 S.) 908. (Nr. 250.)
Weckherlin's, Geo. Rud., Gedichte, hrsg. v. Herm. Fischer. 3. u. Suppl.-Bd. (VII, 190 S.) 907. (Nr. 245.)

— d. litterarischen Vereins in Stuttgart (Tübingen). 251—258. publication. (59. u. 60. Jahrg.; '10—12 je 1—4. publication.) gr8° Tüb., Litterar. Verein. (Nur dir.) Nur f. Mitgl. Jahresbeitr. nnn 20 —
Bibel, Die 1. deut. 6. Bd. (1. Chronika — 3. Esra.) Hrsg. v. W. Kurrelmeyer. (416) '09 [251] ‖ 7. Bd. (Tobias — Psalmen.) Hrsg. v. W. Kurrelmeyer. (540) '10 [254] ‖ 8. Bd. (Sprüche — Jesaja.) Hrsg. v. W. Kurrelmeyer. (550) '12 [258]
Hugo v. Trimberg: Der Renner. Hrsg. v. Gust. Ehrismann. 3. u. 4. Bd. (315 u. 295 m. 1 Taf.) '09'11 [252.56]
Matthisson's, Frdr., Gedichte. Hrsg. v. Gottfr. Bölsing. 1. Bd. Die Gedichte v. 1776—94. (8 289) '12 [257]
Pyramus-Thisbe-Spiele, 3 deut. (1581—1607). Hrsg. u. eingel. v. Alfr. Schaer. (19, 237) '11 [255]
Schallenberg, Christoph v.: Ein österr. Lyriker d. XVI. Jahrh. Hrsg. v. Hans Hurch. (39, 230) '10 [253]

Bibliothek des Posener Naturwissenschaftlichen Vereines. (Fortsetzung 1.)**) 1853. (Ohne bes. Titelblatt. Posen, gedruckt bei W. Decker & Comp.) 4°

— d. Vereins z. Reform d. Litteratur f. die weibl. Jugend. 1. u. 2. Bd. gr. 8. Berlin. L. Oehmigke's Verl. geb. in Leinw. à n. 3. —
1. Vor Tagesanbruch. Erzählg. a. d. Gegenwart f. jüng. wie reif. Mädchen. Von Sophie Stein. (285 S.) 896. n. 2. 20; geb. n. 3. —
2. Lebens- u. Charakterbilder deutscher Frauen. F. reif. Mädchen v. Alice Bousset. (179 S.) 897. nur geb.

Bibliothek, Vermischte..., s. Neuenhahn, Carl Ludwig

— des Verwaltungsbeamten. 1.—6. Bd. 16. Nossen, W. H. Möller. (Nur direkt.) Geb. in Leinw. 6. 50
Kögler, Emil, das Pensionsrecht der sächsischen Gemeindebeamten m. den dazu ergangenen Entscheidungen des kgl. sächs. Oberverwaltungsgerichts, sowie e. ausführlichen Sachregister. (30 S.) 910. (Bd. 2) Geb. in Leinw. — 50
Meutzner, das sächsische Wasserrecht. (43 S.) 910. (Bd. 4) Geb. in Leinw. — 75
Pörschel, Osk., das Grundbuchwesen in Sachsen. 2., umgeänd. u. bedeutend erweit. Aufl. (68 S.) 910. (Bd. 5) — 60; geb. in Leinw. — 75
Sieblist, die Fürsorgeerziehung nach dem sächsischen Gesetz v. 1. II. 1900. (58 S.) 910. (Bd. 1) Geb. in Leinw. 1. —
— Die revidierte Landgemeindeordnung f. das Königr. Sachsen. Textausg. m. den Entscheidgn. des kgl. sächs. Oberverwaltungsgerichts u. sonst. wicht. Entscheidgn. u. Anmerkgn. nebst e. ausführl. Sachregister. (175 S.) 910. (Bd. 3) Geb. in Leinw. 2. 50
Spindler, Otto, das sächsische Sparkassenrecht (80 S.) 910. (Bd. 6) Geb. in Leinw. 1. —

— der gesammten Haus- und landwirthschaftlichen Viehzucht und Viehnutzung. Herausg. von Max Böttger, J. F. Dietrich, Karl Fischer etc. Berlin 862—64 Schotte & Co. 8.
1. Bdchn.: Anleitung zum rationellen Betriebe der Pferdezucht u. Pferdehaltung. Nebst einer Anweisung zum Zähmen widerspenstiger Pferde. Von Will. Löbe. Mit 15 in den Text gedr. Abbildgn. (Holzschn.) (V, 122 S. u. 1 Holzschntaf. in 4.) Subscr.-Pr. n. 12 ngr.; Ladenpr. n. 15 ngr.
2. Bdchn.: Praktisches Handbuch der gesammten Milchwirthschaft, der Dauermilch-, Butter-, Schmalz- u. Käse-Fabrikation, nach den in Deutschland, der Schweiz, Frankreich etc. üblichen u. erprobtesten Verfahrungsarten. Nach den bewährtesten Erfahrungen u. unter Berücksichtigung der neuesten Erfindungen. Von J. F. Dietrich. 1. Thl. Die Milchwirthschaft. Mit 9 Abbildgn. (Holzschn.) (VIII, 102 S.) Subscr.-Pr. n. 12 ngr.; Ladenpr. n. 15 ngr.
3. Bdchn.: Anleitung zum rationellen Betriebe der allgemeinen Viehzucht. Enthaltend die allgemeinen Grundsätze der Züchtung, des Werthes der Futtermittel, der Futterbereitung etc. Von Will. Löbe. Mit 32 Abbildgn. (Holzschn.) (IV, 126 S.) Subscr.-Pr. n. 12 ngr.; Ladenpr. n. 15 ngr.
4. Bdchn.: Praktisches Handbuch der gesammten Milchwirthschaft, der Dauermilch-, Butter-, Schmalz- u. Käsefabrikation, nach den in Deutschland, der Schweiz, Frankreich etc. üblichen u. erprobtesten Verfahrungsarten. Nach den bewährtesten Erfahrungen u. unter Berücksichtigung der neuesten Erfindungen. Von J. F. Dietrich. 2. Thl. Die Dauermilch-, Butter-, Schmalz- u. Käse-Fabrikation. Mit 17 Abbildgn. (Holzschn.) (VI, 204 S.) Subscr.-Pr. n. 20 ngr.; Ladenpr. n. 25 ngr.
5. Bdchn.: Praktisches Handbuch der Rindviehzucht. Gründliche auf Wissenschaft und Erfahrung beruhende Anweisung zur Züchtung, Fütterung, Pflege und Mästung des Rindviehes von Karl Fischer. Mit 18 Abbildgn. (auf 10 Holzschntaf. in 8. u. 4.) Zugleich als Fortsetzung der Schrift: „Die rationelle Aufzucht der Kälber" von demselben Verf. (V, 105 S.) Subscr.-Pr. n. 15 ngr.; Ladenpr. n. 20 ngr.
6. Bdchn.: Anleitung für Hausfrauen und Wirthschafterinnen zum Schlachten der Thiere, zur Aufbewahrung aller Fleisch- u. Fettarten u. der Eier, zum Kochen u. Einkochen, Einsalzen, Einpökeln etc. des Fleisches aller Thierarten etc. Von Marie Kübler. Mit 13 Abbildgn. (Holzschn.) (VIII, 120 S.) Subscr.-Pr. n. 12 ngr.; Ladenpr. n. 15 ngr.

7. Bdchn.: Anleitung zum rationellen Betriebe der Zucht, Ernährung, Pflege und Wollgewinnung der Schafe. Nebst einem Anh.: Die Zucht u. Haltung der Ziegen u. Kaninchen. Von Will. Löbe. Mit 8 Abbildgn. (Holzschn.) (VI, 127 S.) Subscr.-Pr. n. 15 ngr.; Ladenpr. n. 20 ngr.

8. Bdchn.: Handbuch für Schweinezüchter u. Schweinehalter. Enth. eine auf Wissenschaft u. Erfahrung beruhende gründliche Anleitung zur Racenkenntniß, Zucht, Ernährung ꝛc. der Schweine. Mit besonderer Berücksichtigung der englischen Schweineracen. Von Karl Fischer. Mit 6 Abbildgn. (Holzschn.) (VI, 98 S.) Subscr.-Pr. n. 12 ngr.; Ladenpr. n. 15 ngr.

9. Bdchn.: Anleitung zum rationellen Betriebe der Fischzucht und des Fischfanges in fließenden Gewässern und Teichen. Mit besond. Berücksichtigung der Angelfischerei und der künstl. Fischzucht. Nebst einem Anh.: die rationelle Blutegelzucht. Begründet auf eigene langjähr. prakt. Erfahrungen von Max Wirth. Mit 2 (lith.) Taf. Abbildgn. (III, 136 S.) Subscr.-Pr. n. 15 ngr.; Ladenpr. n. 20 ngr.

10. Bdchn.: Gründliche Anleitung zum praktischen und einträglichen Betriebe der Seidenzucht. Mit e. Anh.: Die Maulbeerbaumzucht als nothwendige Grundlage zu einer rationellen Seidenzucht nebst Angabe des richtigen Maulbeerbaumschnittes. Bearb. auf Grund vieljähr. prakt. Erfahrgn. von A. F. Voigt. 2. Aufl. Mit 36 lith. Abbildgn. (auf 3 Taf.) u. 9 Holzschn. (im Text.) (VII, 92 S.) Subscr.-Pr. n. 12 ngr.; Ladenpr. n. 15 ngr.

11. Bdchn.: Die rationelle Aufzucht der Kälber auf Grund der Wissenschaft und Erfahrung. Nebst einer Einleitung über Viehzucht im Allgemeinen. Von Karl Fischer. 2. unveränd. Abdr. (IV, 91 S.) Subscr.-Pr. n. 10 ngr.; Ladenpr. n. 12 ngr.

12. Bdchn.: Die Kastration der Kühe als ein Mittel zur Erzielung größeren Milchertrages und vollkommener Mästung. Auf Grund pract. Erfahrung von J. Heinrich. Mit Abbildgn. (in Holzschn.) 2. Ausg. (45 S.) Subscr.-Pr. n. 6 ngr.; Ladenpr. n. 7½ ngr.

13. Bdchn.: Praktisches Handbuch der rationellen Viehmästung. Vollständige Anleitung zur erfolgreichen Mästung der Rinder, Kälber, Schweine ꝛc. Auf Grund der bewährtesten Erfahrungen und unter steter Berücksichtigung der belangreichsten wissenschaftl. Forschungen der Neuzeit, bearb. und herausg. von Max Böttger. 2. Aufl. (VI, 201 S.) Subscr.-Pr. n. 15 ngr.; Ladenpr. n. 20 ngr.

14. Bdchn.: Die Bienenzucht. Vollständige und faßl. Anleitung zur vortheilhaften Zucht der Bienen nach der Dzierzon'schen Methode. Von G. Kleine. Mit 21 Abbildgn. (in Holzschn.) (VII, 164 S.) Subscr.-Pr. n. 16 ngr.; Ladenpr. n. 20 ngr.

Rudolph Augustin Vogels medicinische **Bibliothek**. Darinne von den neuesten zur Arzneygelahrtheit gehörigen Büchern u. Schriften ausführliche Nachricht gegeben u. . . . Erfarungen . . . bekannt gemacht werden. Bd. 1.2. Erfurt u. Leipzig: Schröder 1752 (1751) - 1753. 8⁰
Bd. 1= St. 1-10: 1751 - 52.
Bd. 2= St. 11 - 20: 1752 - 53.
Forts. s. Bibliothek, Rudolph Augustin Vogels neue medicinische. Bd. 1. 1754 ff.

Rudolph Augustin Vogels neue medicinische **Bibliothek**.
Bd. 1-8. Göttingen: Vandenhök 1754 - 72. 8⁰.–
Bd. 1, St. 1-6: 1754.
Bd. 2, St. 1-6: 1755.
Bd. 3, St. 1-6: 1756 - 57.
Bd. 4, St. 1-6: 1758 - 61.
Bd. 5, St. 1-6: 1762 - 65.
Bd. 6. St. 1-6: 1766.
Bd. 7, St. 1-6: 1767 - 69.
Bd. 8, St. 1-6: 1769 - 72.
Anf. s. Bibliothek Rudolph Augustin Vogels medicinische. Bd. 1-2. 1751 - 52.

—— für das deutsche Volk. Eine Sammlung der Schätze aus den Meisterwerken aller Nationen, vorzüglich Deutschlands. Mit Bildnissen und Lebensbeschreibungen. Hrsg. von Ferd. Schmidt. 1—3. Bd. gr. 16. Berlin 853, Barthol. à Bd. 7½ Ngr. —

Inhalt:
Bd. 1. Kletke, H., und Ferd. Schmidt, ernste und heitere Geschichten von Schiller, Goethe, Herder ꝛc. (208 S. mit Friedr. v. Schillers Portr. in Holzschn.) 853.
" 2. Schmidt, Ferd., das Buch der Märchen. (264 S. mit Ludw. Tieck's Portr. in Holzschn.)
" 3. Hinze, Ed., Naturbilder. (XII und 225 S. mit 1 Holzschnt.) 854.

—— ausführlicher Völker- u. Staaten-Geschichten d. Auslandes. 1. u. 2. Bd. — A. u. d. T.: Gesch. v. Persien, v. d. frühesten Zeiten bis zu d. neuesten nach morgenländ. Quellen v. J. Malcolm. 1. u. 2. Thl. Nach d. 2. Ausg. übertr. v. R. O. Spazier. gr. 8. Stuttgart, Cotta. [1. (36 B.) 830. 1 Thlr. 20 Gr., 2 (28¼ B.) 831. 1 Thlr. 12 Gr.]

—— ders. 3. Bd. — A. u. d. T.: Don Diego Hurtado de Mendoza's Gesch. d. Empörung d. Mauren in Granada. Zum erstenmal a. d. Span. u. nach d. unverstümmelten Ausg. v. Valencia übers. v. R. O. Spazier. gr. 8. (17 B.) Ebds. 832.

—— für moderne Völkerkunde. 1.—12. Lfg. gr. 8. Leipzig 884, F. Duncker. à Lfg. *

Inhalt:
Bd. 1. Neelmeyer-Vukassowitsch, Heinr., die Vereinigten Staaten von Amerika. Nach eigenen Beobachtngen geschildert. (VII, III, 640 S.)
" 2. —— Oesterreich-Ungarn. Nach eigenen Beobachtungen geschildert. 1. und 2. Lfg. (S. 1—128.)

—— für moderne Völkerkunde. 13.—26. Lfg. 2. Bd.: Oesterreich-Ungarn. Nach eigenen Beobachtungen geschildert von H. Neelmeyer-Vukassowitsch. 3.—16. (Schluss-)Lfg. gr. 8. (VIII, S. 129—1099.) Leipzig 885, [F. Duncker. — Unfud.] Bauer.
à Lfg. *M 1.—. [*M 16.—.], herabges. Preis *

—— dass. — 27.—42. Lfg. 3. Bd.: Grossbritannien und Irland. Nach eigenen Beobachtungen geschildert von H. Neelmeyer-Vukassowitsch. 16 Lfgn. gr. 8. (VIII, 914 S., Beilage V S.) Ebendas. 886.
à Lfg. * 50 Pf. [*M 8.—.]; herabges. Preis *

—— dass. — 43.—56. Lfg. 4. Bd.: Russland. [Europäisches und asiatisches Russland.] Nach eigenen Beobachtungen geschildert von H. Neelmeyer-Vukassowitsch. 14 Lfgn. gr. 8. (XXIII, 782 S.) Leipzig 887, Verlag der Bibliothek für moderne Völkerkunde (E. Heitmann). à Lfg. *M 1.—. *

— der Volksarzneikunde, oder Anleit. f. Jedermann, sich vor gewöhnl. Krankheiten zu sichern ꝛc. Von G. W. Becker u. A. 2 Thle. 8. Pirna 803, 4. Friese. 2 Rthl 8 gr

—— sämmtlicher deutschen Volksbücher. Erste Subscr.-Ausg. 1.—5. Lfg. gr. 16. Leipzig 872, Minde. à Lfg. 30 Pf.

Inhalt:
Lfg. 1. Till Eulenspiegel. (VI, 141 S.)
" 2. Herzog Ernst. (69 S.)
" 3. Dr. Johannes Faust. (151 S.)
" 4. Magelona. (62 S.)
" 5. Die sieben weisen Meister. (80 S.)

— vaterländischer Volkserzählungen. 1. u. 2. Bdchn. 16. Schwäb. Hall, W. German's Verl. à n. — 50
1. Die warnende Ahnfrau od. die letzten Tage der Geyersburg. Erzählung von v. Gaupp. 3. Ausg. (160 S.) 893.
2. Die Rache der Haller Städtemeisterin. Eine Erzählg. aus Schwäbisch Hall's Vorzeit v. Fr. Norden. 2. Ausg. (159 S.) 894.

Bibliothek des Jüdischen Volksfreundes. Hrsg. von Rabb. Dr. [Benedikt] Wolf, Cöln. 1. Cöln: Bibliothek 5670 (1910). 4⁰ III. 3140

Bibliothek deutscher Volksschriften. 0 Stcke. 8. Jena 788. (Hennings in Neisse). 1 Rthl 8 gr

—— evangelischer Volksschriften für das Haus. 1. Bdchn.: Melanchthon's Leben und Wirken. Von C. S. F. Schultz. 2. (Titel-)Aufl. 8. (72 S.) Berlin 860, Nicolai's Sortiment. *

Bibliothek evangelischer Volksschriften für das Haus. Berlin 862. Nicolai'sche Sortbdlg. 8.
1. Bdchn.: Melanchthon's Leben und Wirken. Von C. S. F. Schultz. 2. Aufl. (72 S.) n. 10 ngr.

—— kath. Volksschriften. 1—5. Bd. 12. Würzb. 08, Woerl. geb. à — 12
Braun, I, durch Leid zu Freud. (163)
Geiger, H, Lydia. (308)
Lebensbilder. (491)
Meyer v. Schauensee, L, d. Knabe vom Berg. (345)
Wörner, B, zwei Familien. (167)

— f. Volks- u. Weltwirtschaft. 1—3. Heft. gr8° Dresd., E Pierson. 5.50
Mammen, Frz: Der Grund u. Boden in d. Volkswirtsch. (30) ('11) [3] 1 — d
— Die Produktionsfaktoren Natur, Arbeit u. Kapital. (84) ('11) [1] 2 — d
Robertson, John M: Patriotismus—Militarismus—Imperalismus Aus d. Engl. v. Karl Hanselmann. (15, 184) '10 [2] 2.50

—— katholischer Volksschriften. 1.—5. Bd. 12. Zürich 868, Woerl. geb. à Bd. 12 Ngr.
Inhalt:
Bd. 1. Lebensbilder. (491 S.)
» 2. Schauensee, Louise Meyer v., der Knabe vom Berg. Erzählung. (IV und 348 S.)
» 3. Geiger, Herm., Lydia, ein Bild aus der Zeit des Kaisers Mark Aurel. (XVI und 308 S. mit 1 Stahlst.)
» 4. Wörner, Bern., zwei Familien. Nach einer wahren Begebenheit für das deutsche Volk erzählt. (VIII und 167 S.)
» 5. Braun, Isabella, durch Leid zu Freud. Erzählungen. (IV und 163 S.)

—— der Volkswirthschaftslehre und Gesellschaftswissenschaft. Hrsg. von F. Stöpel. 1.—25. Lfg. gr. 8. Berlin, [Expedition des „Merkur".] Prager. à Lfg. * ℳ 1. *
Inhalt:
Lfg. 1. 2. 12. 15. Carey, H. C., die Einheit des Gesetzes nachgewiesen in den Beziehungen der Natur-, Social-, Geistes- und Moral-Wissenschaft. Aus dem Engl. 4 Lfgn. (XX, 436 S.) 878. Einzelpreis ℳ 5.; geb. * ℳ 6.
» 3. 4. 8. 9. Smith, E. Peshine, Handbuch der politischen Oekonomie. Aus dem Engl. 4 Lfgn. (XVI, 398 S.) 878. Einzelpreis ℳ 5.; geb. * ℳ 6.
» 5—7. 10. 11. 13. 14. 16. 17. Smith, Adam, Untersuchung über das Wesen und die Ursachen des Volkswohlstandes. Deutsch von F. Stöpel. 4 Bde. 9 Lfgn. (VIII, 354; VI, 289 und 247; VI, 364 S.) 878. Einzelpreis (* ℳ 10,80.) ℳ 7.; geb. * ℳ 9.
» 18—25. Malthus, T. R., Versuch über das Bevölkerungs-Gesetz oder eine Betrachtung über seine Folgen für das menschliche Glück in der Vergangenheit und Gegenwart, mit einer Untersuchung unserer Aussichten auf künftige Beseitigung oder Milderung der aus ihm entspringenden Uebel. Nach der 7. Ausg. des engl. Orig. übers. von F. Stöpel. 8 Lfgn. (XVI, 866 S.) Einzelpreis * ℳ 10.; geb. * ℳ 11,25.

— d. Volkswirthschaftslehre u. Gesellschaftswissenschaft. Begr. v. F. Stöpel. Fortgef. v. Rob. Prager. VIII. gr. 8. Berlin, R. L. Prager. n. 5. —; geb. in Halbfrz. n. 6. —
Organisation d. Arbeit. Von Louis Blanc. N. d. 9., umgearb. u. durch e. Kapitel verm. Aufl. d. Originals übers. v. Rob. Prager. (X, 332 S.) 899.

— der Volkswirtschaftslehre u. Gesellschaftswissenschaft. Begründet v. F. Stöpel. Fortgeführt v. Rob. Prager. II u. IX—XII. gr. 8. Berlin, R. L. Prager. n. 33. 50; geb. in Halbfrz. n. 42. —
II. Versuch üb. das Bevölkerungsgesetz od. e. Betrachtg. üb. seine Folgen f. das menschl. Glück in der Vergangenheit u. Gegenwart, m. e. Untersuchg. unserer Aussichten auf künft. Beseitigg. od. Milderg. der aus ihm entsprieg. Uebel. Von T. R. Malthus. Nach der 7. Ausg. des engl. Originals übers. v. F. Stöpel. 2. Aufl., durchgesehen u. verb. v. Rob. Prager. (XVI, 863 S.) 900. n. 10. —; geb. n. 11. 25
IX. Neue Grundsätze der politischen Okonomie od. der Reichtum in seinen Beziehgn. zu der Bevölkerg. Von J. C. L. Simonde de Sismondi. Nach der 2. Ausg. v. 1827 übertr. v. Rob. Prager. I. (XXVIII, 859 S.) 901. n. 5. —; geb. n. 6. —
X. dasselbe. II. (VI, 369 S.) 902. n. 5. —; geb. n. 6. —
XI. Die ökonomische Entwicklung Europas bis zum Beginn der kapitalistischen Wirtschaftsform. Von Maxime Kowalewsky. Mit Genehmigg. des Verf. aus dem Russ. übers. v. Leo Motzkin. I. Römische u. german. Elemente in der Entwicklg. der mittelalterl. Gutsherrschaft u. der Dorfgemeinde. (VIII, 539 S.) 901. n. 7. 50; geb. n. 8. 75
XII. dasselbe. II. Die Feudalisierg. des Grundbesitzes in ökonom. Beziehg. (V, 466 S.) 902. n. 6. —; geb. n. 7. —

— der Volkswirtschaftslehre u. Gesellschaftswissenschaft. Begründet v. F. Stöpel. Fortgeführt v. Rob. Prager III.—VI. XIII. XVIII. u. XVIII. 8. Berlin, R. L. Prager. n. 29. 50; geb. in Halbfrz. n. 35. 25 (I—XII, XVII u. XVIII. geb. in Halbfrz. zusammen bezogen n. 80. —
III. Untersuchung üb. das Wesen u. die Ursachen des Volkswohlstandes. Von Adam Smith. Aus dem Engl übertr. v. F. Stöpel. 2. Aufl., durchgesehen u. verb. v. Rob. Prager. 1. Bd. (VIII, 354 S.) 905. n. 3. —
IV. Dasselbe 2. Bd. (VI, 298 S) 906. n. 2. 40
V. Dasselbe. 3. Bd. (V, 247 S.) 906. Einzelpr. n. 1. 60
VI. Dasselbe. 4. Bd. (VI, 363 S.) 907. Einzelpr. n. 1. 80 (Vollständig 7. —; in 2 Halbfrzbdn. 9. —).
XIII. Die ökonomische Entwicklg. Europas bis zum Beginn der kapitalistischen Wirtschaftsform. Von Maxime Kowalewsky. Mit Genehmigung des Verf. aus dem Russ. übers. III. Englische, deutsche, italien. u. span. Wirtschaftsverfassg. in der 2. Hälfte des Mittelalters. (VII, 501 S.) 905. n. 7. 50; geb. in Halbfrz. n. 8. 75 (I—III. 21. —; geb. 24. 50).
XVII. Untersuchung über die Grundsätze der Verteilung des Reichtums zu besond. Beförderung menschlichen Glücks. Auf das neuerdings vorgeschlagene System freiwilliger Gleichheit des Besitzes angewendet. Von William Thompson. Übers. nach der engl. Orig.-Ausg. (1824) v. Osw. Collmann. I. Nebst e. Einleitg.: Geschichte der sozialistischen Ideen in England v. H. S. Foxwell. (XCII, 457 S.) 903. n. 7. 50; geb. n. 8. 75
XVIII. Dasselbe. Nebst e. Einleitg.: Geschichte der sozialist. Ideen in England v. H. S. Foxwell. II. (VII, 555 S.) 904. n. 7. 50; geb. n. 8. 75
XIV—XVI sind noch nicht erschienen.

— der Volkswirtschaftslehre u. Gesellschaftswissenschaft. Begründet v. F. Stöpel. Fortgeführt v. Rob. Prager. XIV u. XIX. 8. Berlin, R. L. Prager. 18.50; geb. 21. 25
Kowalewsky, Maxime, die ökonomische Entwicklung Europas bis zum Beginn der kapitalistischen Wirtschaftsform. Mit Genehmigg. des Verf. aus dem Russ. übers. IV. Die Zersetzg. der Grundherrlichkeit. Der Prozess der Bauernbefreig. Übers. v. Aug. Scholz. (VII, 512 S.) 909. (XIV) 8.50; geb. 9.75 (I—IV: 29.50; geb. 34.25)
Malthus, T. R., Grundsätze der politischen Ökonomie m. Rücksicht auf ihre praktische Anwendung. Nach der 2. sehr verm. Aufl. des engl. Originals übers. v. V. Marinoff. (XVI, 578 S.) 910. (XIX) 10. —; geb. in Halbfrz. 11. 50
Bd. XV u. XVI sind noch nicht erschienen.

— d. Volkswirtschaftslehre u. Gesellschaftswissensch. Begründet v. F Stöpel. Fortgeführt v. Rob. Prager. 15, 16 u. 19. 8° Berl., RL Prager. (1—13, 17 u. 18 zusammenbez. jetzt: 80 —)
Kowalewsky, Maxime: Die ökonom. Entwicklg Europas bis z. Beginn d. kapitalist. Wirtschaftsform. Aus d. Russ. übers. V. Die hofrechtl. Verfassg d. Gewerbes u. d. Zunftwesens. Der schwarze Tod u. s. wirtschaftl. Folgen. Deutsch v. MB Kupperberg. (7, 458) '11 [15] 8.50; HF 9.75 ‖ VI. Das Verschwinden d. Hörigk. u. d. Wandlgn d. Grundherrsch. in Engld u. Italien. Bauernbefreig u. Grundentlastg in Deutschld u. Russld. Uebers. v. A Stein. (11, 501) '13 [16] 9.50; geb. 10.75 (I—VI: 47.50; geb 54.75)
Malthus, TR: Grundsätze d. polit. Ökonomie m. Rücks. auf ihre prakt. Anwendg. Übers. v. V Marinoff. (16, 578) '10 [19] 10 — HF 11.50

Vollständige Bibliothek oder encyclopädisches Real-Lexicon der gesammten theoretischen und praktischen Homöopathie zum Gebrauch für Aerzte, Wundärzte, Studirende, Apotheker und alle gebildete Nichtärzte. Nach ihrem gegenwärtigen Standpunkte bearbeitet von einem Vereine mehrer Homöopathiker. Bd 1, 550 S., gbd.

Leipzig: Schumann 1835

JB 2.618

—— vollständige, od. encyclopäd. Real-Lexicon d. gesammt. theoret. u. prakt. Homöopathie, z. Gebr. f. Aerzte, Wundärzte, Apotheker u. alle gebild. Nichtärzte. Nach ihrem gegenwärt. Standpunkte bearb. v. ein. Vereine mehr. Homöopathiker. 5 Bde. gr. 8. (284¾ B.) Leipzig 835 — 38, Künzel. (7) * Thlr.

Bibliothek, vollständige, oder encyclopäd. Real-Lexicon der gesammten Medicin mit Rücksicht auf die Homöopathie. Nach ihrem gegenwärt. Standpunkte bearbeitet von einem Vereine von prakt. Aerzten. 1.—5. Bd. Lex.-8. Leipzig 843 — 45, Krappe. baar 7½ ₰

— vollständ. kaufmännische, im Vereine mit Mehrern hrsg. v. F. Ahn. 1—16. Hft. 8. Aachen, Mayer.
A. u. d. Ttln.:
Hft. 1., 2. Handbuch d. kaufm. Briefwechsels. (12½ B.) 837. à 6 Gr.
= 3., 4. Ahn, F., Manuel de la correspondance commerciale. (12¼ B.) 837, 38. à 6 Gr.
= 5. Dietrich, A., Handbuch d. kaufm. Terminologie. (7 B.) 838. 6 Gr.
= 6., 7. — Handbuch d. Contorkunde, od. Anleit. zur Bearbeit. aller kaufm. Geschäftsaufsätze. (12 B.) 838. à 6 Gr.
= 8., 9. Schmidt, F., Handbuch d. Buchhaltungskunde. (12 B.) 838. à 6 Gr.
= 10., 11. Berger, A. F., Handbuch d. Maaße u. Gewichte aller Länder d. Erde, nach d. neuest. Untersuchn. u. gesetzl. Bestimmungen bearb. (12 B.) 838, 39. à 6 Gr.
= 12. — Handbuch d. Münz- u. Wechselkunde, nach d. neuest. Bestimmungen bearb. (9 B.) 9 Gr.
= 13., 14. Ahn, F., Handbuch d. engl. Handelscorrespondenz, m. beigefügt. Uebersetz. aller in d. Briefen vorkomm. schwierig. Wörter u. Ausdrücke. (12 B.) 839. à 6 Gr.
= 15., 16. — Handbuch d. ital. Handelscorrespondenz m. beigefügt. Uebersetz. aller in d. Briefen vorkomm. schwierig. Wörter u. Ausdrücke. (10¾ B.) 840. à 6 Gr.

— vollständige kaufmännische, im Verein mit Mehreren hrsg. von F. Ahn. 1—4. Hft. Handbuch der deutschen Handelscorrespondenz von F. Ahn. 2., verb. u. verm. Aufl. 12. Aachen, Mayer.
A. u. d. Ttln:
Hft. 1., 2. Ahn, F., Handbuch der deutschen Handelscorrespondenz. 2. Aufl. (8½ B.) 845. 15 Ngr.
= 3., 4. Manuel de la Correspondence commerciale. 2. Aufl. (8½ B.) 846. 15 Ngr.

Bibliothek, vollständige kaufmännische, im Vereine mit Mehreren hrsg. von F. Ahn. 13. und 14. Heft. A. u. d. T.: Englische Handelskorrespondenz mit beigefügter Uebersetzung aller in den Briefen vorkommenden schwierigen Wörter und Ausdrücke von F. Ahn. 2., verm. und verb. Aufl. 8. (VII und 175 S.) Leipzig 852, E. H. Mayer. Thlr.

Bibliothek, vollständige kaufmännische, im Vereine mit Mehreren herausg. von F. Ahn. Leipzig 853. E. H. Mayer. 8.
3. 4. Heft: Französische Handelskorrespondenz mit beigefügter Uebersetzung aller in den Briefen vorkommenden schwierigen Wörter u. Ausdrücke. 3. verb. u. verm. Aufl. (XII, 155 S.) 15 ngr

— vollständige kaufmännische, im Vereine mit Mehreren hrsg. von F. Ahn. 1—4. Heft. 8. Leipzig, E. H. Mayer.
Auch unter den Titeln:
Heft 1., 2. Deutsche Handelskorrespondenz mit französ. Uebersetzung aller in den Briefen vorkommenden schwierigen Wörter und Ausdrücke, von F. Ahn. 3., verb. und verm. Aufl. (IV und 198 S.) 852. 15 Ngr.
= 3., 4. Französische Handelskorrespondenz mit beigefügter Uebersetzung aller in den Briefen vorkommenden schwierigen Wörter und Ausdrücke. 3., verb. und verm. Aufl. (XII und 155 S.) 855. 15 Ngr.

Bibliothek, vollständige kaufmännische, im Vereine mit Mehreren herausg. von F. Ahn. Leipzig 859, 60. E. H. Mayer. 8. Jedes Heft 7½ ngr.
1. 2. Heft: Deutsche Handelskorrespondenz mit französ. Uebersetzung aller in den Briefen vorkommenden schwierigen Wörter u. Ausdrücke, von F. Ahn. 4. verb. u. verm. Aufl. (XV, 167 S.)
3. 4. Heft: Französische Handelskorrespondenz mit beigefügter Uebersetzung aller in den Briefen vorkommenden schwierigen Wörter u. Ausdrücke, von F. Ahn. 4. verb. u. verm. Aufl. (XII, 155 S.)

— vollständige kaufmännische, im Vereine mit Mehreren hrsg. von F. Ahn. 1—4. Heft. 8. Leipzig 860, E. H. Mayer. à Heft 7½ Ngr.
Inhalt:
Heft 1., 2. Ahn, F., deutsche Handelskorrespondenz mit französ. Uebersetzung aller in den Briefen vorkommenden schwierigen Wörter und Ausdrücke. 4., verb. und verm. Aufl. (XV und 167 S.)
= 3., 4. — französische Handelskorrespondenz mit beigefügter Uebersetzung aller in den Briefen vorkommenden schwierigen Wörter und Ausdrücke. 4., verb. und verm. Aufl. (XII und 155 S.)

— vollständige kaufmännische, im Vereine mit Mehreren herasg. von F. Ahn. Leipzig 866, 67. E. H. Mayer. 8. Jedes Heft 7½ ngr.
3. 4. Heft: Französische Handelscorrespondenz mit beigefügter Uebersetzung aller in den Briefen vorkommenden schwierigen Wörter u Ausdrücke. 5. verb. Aufl. (XVI, 187 S.)
13. 14. Heft: Englische Handelscorrespondenz mit beigefügter Uebersetzung aller in den Briefen vorkommenden schwierigen Wörter u. Ausdrücke. 3., verm. u. verb. Aufl. (XVI, 154 S.)

— vollständige kaufmännische, hrsg. von F. Ahn. 3., 4., 15. und 16. Heft. 8. Leipzig, Mayer.
Inhalt:
Heft 3. 4. Ahn, F., französische Handelscorrespondenz mit beigefügter Uebersetzung aller in den Briefen vorkommenden schwierigen Wörter und Ausdrücke. 6. verb. Aufl. (XVI, 187 S.) 873. M 1,50.
Heft 15. 16. Ahn, F., italienische Handelscorrespondenz mit beigefügter Uebersetzung aller in den Briefen vorkommenden schwierigen Wörter und Ausdrücke. 2. verb. Aufl. (XII, 148 S.) 872. M 1.50.

Bibliothek und Vorbildersammlung des Bayerischen Gewerbemuseums. Verzeichnis der wichtigsten Werke, Bücher und Schriften. 1-10. Nürnberg 1889

Bibliothek, vorderasiatische. I. Bd. 1. Abtlg. (In d. Reihenfolge d. Erscheinens 1. Stück u. 2. Stück 1.—12. Lfg.) 8. Leipzig, J. C. Hinrichs' Verl. 45.—
I. 1. Die sumerischen u. akkadischen Königsinschriften. Von F. Thureau-Dangin. (XX, 275 S.) (907.) 9.—; geb. in Leinw. 10.—
II. 1.—12. Die El-Amarna-Tafeln. Von J. A. Knudtzon. 1.—12. Lfg. (IV u. S. 1—1152.) 907—910. à 3.—; Subskr.-Pr. bis 31. XII. 1908 à 2.50

— Vorderasiatische. II. Stück, 12—14. Lfg.; III. u. IV. Stück. gr8° Lpzg, JC Hinrichs. (I, II, 1—14, III u. IV: 70.50)
Knudtzon, JA: Die El-Amarna-Tafeln. 12—14. Lfg. (1057—1344) '10—12 [II, 12—14] (je) 3 —; Subskr. bis 31. 12. '08 (je) 2.50
Langdon, Stephen: Die neubabylon. Königsinschriften. Aus d. Engl. übers. v. Rud. Zehnpfund. (6, 376) '12 [IV] 12 —; geb. 13 —
Weissbach, FH: Die Keilinschriften d. Achämeniden. (84, 160) '11 [III] 7.50; L 8.50

— von Vorlesungen der berühmt. jetzt lebenden Aerzte, Wundärzte u. Geburtshelfer des Auslandes über Medizin. Deutsch bearb. von Fr. J. Behrend. 24.—38. Bd. gr. 8. Leipzig 841—46, Kollmann. s. 1) Gendrin, über die Krankheiten des Herzens. — 2) Kirby u. Malgaigne, über die Eingeweidebrüche. — 3) Wallace, über venerische Krankheiten. — 4) Chowne, über Leichenerscheinungen. — 5) Marsh Hall, Theorie u. Praxis der innern Krankheiten. — 6) Ders. über die Krankheiten des Nervensystems. — 7) Carmichael, über die syphilit. Krankheiten. — 8) Orfila, über Arsenikvergiftungen. — 9) Stokes, die Brustkrankheiten. — 10) Hodgkin, Krankheiten der serösen u. mukösen Häute. — 11) H. Ancell, über Physiologie rc. des Blutes. — 12) Alcock, über die Amputation. — 13) Todd, über Gicht u. Rheumatismus. — 14) Bird, über Harnsedimente rc. — 15) Gregory, über Ausschlagsfieber. — 16) Lugol, J. G. A., Untersuchungen rc.

— von Vorlesungen d. vorzügl. u. berühmt. Lehrer d. Auslandes üb. Medizin, Chirurgie u. Geburtshülfe, bearb. u. redig. v. Friedr. Behrend. 1—23., 25., 26. u. 29. Bd. gr. 8. Leipzig, Kollmann. Zusamm. genomm. Subscrptpr.
A. u. d. Ttln.:
Bd. I. Lawrence, Will., Vorlesn. üb. Chirurgie u. chirurg. Therapeutik. 3 Thle. (74 B.) 833—35. 4 Thlr.
- II. Stokes, Will., Vorlesn. üb. d. Heilung d. innern Krankheiten. 1. u. 2. verb. u. verm. Aufl. (24¼ B.) 839. 1 Thlr. 12 Gr.
- III. Chomel, A. F., Vorlesn. üb. d. Symptome, d. Verlauf, d. Leichenbefund, d. Wesen u. d. Behandl. d. typhösen Krankheit od. d. anhaltenden Fieber. (26 B.) 836. 2 Thlr.
- IV. Guthrie, J. J., u. B. C. Brodie, Vorlesn. üb. d. vorzügl. Krankheiten d. Harnausführungsorgane u. d. Mastdarms (mit Ausschluss d. Syphilis). (19 B.) 836. 1 Thlr. 8 Gr. Mit Kpfrt. 2 Thlr.
- V. Magendie, F., Vorlesn. üb. organ. Physik etc. mit steter Hinweisung auf d. prakt. Medizin. (21¾ B.) 836. 1 Thlr. 12 Gr.
- VI. Blundell, James, Vorlesn. üb. Geburtshülfe. Mit Anmerkn. u. Erklärn. v. Th. Castle. Deutsch v. Ludw. Calmann. 2 Abthl. [1. (31⅝ B. u. 3 Kpfrt.) 836. 2. (33⅝ B. u. 1 Kpfrt.) 838. à 2 Thlr. 6 Gr.] 4 Thlr. 12 Gr.
- VII. Latham, P. M., Vorlesn. üb. d. Symptome als Zeichen, besond. üb. d. Diagnostik durch d. Gehör bei Krankheiten d. Brust. (10 B.) 837. 16 Gr.
- VIII. Alibert, Vorlesn. üb. d. Krankheiten d. Haut; hrsg. v. M. Daynac. Deutsch v. Max. Bloest. 2 Thle. M. 1 Stat. (60⅝ B.) 837, 38. 4 Thlr. 12 Gr.
- IX. Pereira, Jon., Vorlesn. üb. Materia medica, od. üb. d. Herkunft, d. Qualität, d. Zusammensetzung u. d. Wirksamkeit d. Arzneistoffe. 2 Thle. (98¼ B.) 838, 39. 6 Thlr. 20 Gr.
- X. Andral, G., Vorlesn. üb. d. Krankheiten d. Nervenheerde. (33¼ B.) 838. 2 Thlr. 8 Gr.
- XI. Flourens, Vorlesn. üb. Befruchtung u. Ei-Bildung d. Menschen u. d. Thiere. (12¼ B.) 838. 21 Gr.
- XII. Lisfranc, Vorlesn. üb. d. Diagnose u. d. Behandl. d. Krankheiten d. Uterus. (22⅝ B.) 839. 1 Thlr. 18 Gr.
- XIII. Chomel, A. F., Vorlesn. üb. Rheumatismus u. Gicht. Hrsg. v. A. P. Requin. Deutsch v. Gust. Krupp. (23⅝ B.) 839. 1 Thlr. 18 Gr.

- XIV. Wardrop, James, u. H. Clutterbuck, Vorlesn. üb. d. Regeln u. Anzeigen zur richtigen Anwend. v. Blutentziehungen in Krankheiten. (19 B.) 840. 1 Thlr. 8 Gr.
- XV. Magendie, F., üb. d. Blut. A. d. Franz. v. Gust. Krupp. (16 B.) 839. 1 Thlr. 4 Gr.
- XVI. Elliotson, John, Vorlesn. üb. spezielle Pathologie u. Therapie etc. (49¼ B.) 841. 3 Thlr. 12 Gr.
- XVII. Magendie, F., Vorlesn. üb. organ. Physik. Uebers. v. Gust. Krupp. 3. Thl. (18 B.) 839. 1 Thlr. 8 Gr.
- XVIII. Thomson, A. T., Vorlesn. üb. gerichtl. Arzneiwissenschaft. (48¼ B.) 840. 3 Thlr. 12 Gr.
- XIX. Magendie, F., Vorlesn. üb. d. epidem. Cholera. Deutsch v. S. Hirsch. (12 B.) 839. 21 Gr.
- XX. Williams, Charl. J. B., Vorlesn. üb. d. Krankheiten d. Brust. Mit Holzschn. (31 B.) 841. 2 Thlr. 8 Gr.
- XXI. Magendie, F., Vorlesn. üb. d. Nervensystem u. seine Krankheiten. A. d. Franz. v. Gust. Krupp. (27½ B.) 841. 2 Thlr.
- XXII. Velpeau, Alf. L. M., Vorlesn. üb. d. klin. Chirurgie. A. d. Franz. v. Gust. Krupp. 3 Thle. (73¾ B.) 840, 42. 5 Thlr. 8 Gr.
- XXIII. Chomel, F. A., Vorlesn. üb. Pneumonie. Hrsg. v. F. Sestier. Deutsch v. Gust. Krupp. (26½ B.) 841. 2 Thlr.
- XXV. Kirby u. Malgaigne, üb. d. Eingeweidebrüche, deren Symptome, Diagnose u. Behandlung. Deutsch bearb. v. F. O. Lietzau. (23¾ B.) 842. 1 Thlr. 18 Gr.
- XXVI. Wallace, Will., Darstellung d. Verlaufs u. d. Behandl. d. primären u. konstitution. vener. Krankheit u. ihrer Varietäten. (36½ B.) 842. 2 Thlr. 16 Gr.

—— von Vorlesungen der vorzügl. u. berühmtesten Lehrer d. Auslandes üb. Medizin, Chirurgie u. Geburtshülfe, bearb. od. redig. von Friedr. J. Behrend. 24., 27., 28. u. 30—38. Bd. gr. 8. Leipzig, Kollmann. Subscrptpr. f. Abnehmer d. ganzen Bibliothek Thlr.

A. u. d. Ttln.:

Bd. XXIV. Gendrin, M. A. N., Vorlesgn. über d. Herzkrankheiten. A. d. Franz. v. Gust. Krupp. (24¼ B.) 843. 1 Thlr. 22½ Ngr.
- XXVII. Chowne, W. D., über diejenigen Leichenerscheinungen, welche nicht-pathologisch sind, aber dafür gehalten werden können. A. d. Engl. von Gumbinner. (9¼ B.) 843. 20 Ngr.
- XXVIII. Hall, Marshall, Grundzüge d. Theorie u. Praxis der innern Krankheiten, nebst Beobachtgn. über d. wechselseit. Beziehungen der Anatomie u. Physiologie zur Pathologie u. Therapie. Deutsch v. Levin. (45 B. u. 4 Stnt.) 3 Thlr. 10 Ngr.
- XXIX. Hall, Marshall, üb. d. Krankheiten u. Störungen d. Nervensystems. M. 8 Stahlst. (28½ B.) 842. 2 Thlr. 8 Gr.

Der 1. Bd. erschien unt. d. Sammeltit.: Vorlesungen etc. vgl. 8. Bd. 2. Abthl. S. 377. Die fehlenden Bde. werden noch erwartet.

- XXX. Carmichael, Richard, klinische Vorlesgn. üb. d. syphilitischen Krankheiten. In's Deutsche übertr. v. L. Posner. (7 B. u. 1 col. Taf.) 843. 20 Ngr.

Aus Behrend's Syphidologie V. Bd. besond. abgedruckt.

- XXXI. Orfila, Vorlesgn. über Arsenikvergiftung in chemischer. gerichtl. u. therapeut. Hinsicht, mit Bezugnahme auf den Laffarge'schen Rechtsfall. Deutsch v. Ed. Henoch. Mit Abbild. (6 B.) 843. 15 Ngr.
- XXXII. Stokes, William, die Brustkrankheiten, deren richtige Würdigung u. Behandlung. (30¼ B.) 844. 2 Thlr. 7½ Ngr.
- XXXIII. Hodgkin, Thom., die Krankheiten der serösen u. mukösen Häute anatomisch-patholog. dargest. in einer Reihe von Vorlesgn. In's Deutsche übertr. von Levin. (54 B.) 844. 3 Thlr. 25 Ngr.
- XXXIV. Ancell, Henry, Vorlesgn. über d. Physiologie u. Pathologie des Blutes u. der andern animalischen Flüssigkeiten. In's Deutsche übertr. v. L. Posner. (31 B.) 845. 2 Thlr. 5 Ngr.
- XXXV. Alcock, Rutherford, Vorlesgn. üb. d. Amputation, besonders üb. die Verletzungen, welche sie erheischen, u. üb. die Zeit, wann sie bei denselben vorzunehmen. (20 B. u. 2 Tab.) 844. 1 Thlr. 15 Ngr.
- XXXVI. Todd, Rob. Bentley, Vorlesgn. über Gicht u. Rheumatismus, mit Berücksichtig. der neuesten Resultate der Chemie. (8¾ B.) 844. 18¾ Ngr.
- XXXVII. Bird, Golding, Vorlesgn. üb. die physikal., patholog. u. semiot. Charaktere der Harnsedimente, u. Sam. Wright üb. d. Physiologie, Pathologie u. Semiotik des Speichels. (24¾ B.) 846. 1 Thlr. 24 Ngr.
- XXXVIII. Gregory, Georg, Vorlesgn. über d. Ausschlagsfieber. Deutsch v. Herm. Helfft. (15½ B.) 845. 1 Thlr. 3 Ngr.

Bd. 1—23, 25, 26 u. 29. Ebendas. 1833—42. zusammengenommen im Subscrpr. 48 Thlr. 20 Ngr.

— der grauen Vorwelt, (v. Joh. Isab. Eleon. v. Wallenrodt u. Er. Müller). 3 Thle. 8. Lpz. 793—94. Voß. 2 Thlr 12 Gr (1r Thl. A. u. d. T.: Wallenrodt, die drei Spinrocken, oder Bertha v. Salza rc. 3r Thl. A. u. d. T.: der Zauberspiegel, (v. K. Al. Seidel.)

— Warschauer. 4 Thle m. Regist. 8. Leipz. 754.

— des „Praktischen Wegweisers". 2. u. 3. Bd. 8. Würzburg, Verlag des Prakt. Wegweisers. 1.15

Bungartz, J.. die Dressur des Polizei- u. Sanitätshundes. Anleitung zur Dressur auf Grund e. 20jähr. prakt. Erfahrg. (63 S. m. Abbildgn.) 910. (Bd. 3.) Geb. — 75

Koltermann, M., bienenwirtschaftliche Buchführung. Eine Anleitg. f. Groß- u. Kleinbetriebe der Imkerei, nebst e. Sammlung von Musterformularen u. Probebeispielen. (40 S.) (907). (Bd. 2.) — 40

Bd. 1 u. d. T.: Alfonsus, Alois, das neue Bienenbuch. Jetzt Ebd. 902. 1. —

— d. „Praktischen Wegweisers". 3. u. NAfl 2. u. 4. Bd. 8° Würzbg, Verl. d. Prakt. Wegweisers. d

Bd 1 bildet Kat. 06/09: Koltermann, M: Bienenwirtschaftl. Buchführg.

Alfonsus, Alois: Das neue Bienenb. 4. Afl. (165 m. Abb.) '12. [2] HL 1.30

Bungartz, J: Die Dressur d. Polizei- u. Sanitätshundes nebst Anh. „Der Zoll- od. Grenzhund". (Neue Ausg.) (74 m. Abb.) '11 [3] geb. — 75

Janson, Arth.: Auf 300 qm Gemüseland d. Bedarf e. Haushalts zu ziehen. Anleitg z. nutzbring. Gemüsebau d. kleineren Mannes u. z. Bewirtschaftg ländl. Grundstücke sowie kleiner Schreber- u. Nutzgärten. 2. Afl. (164 m. Abb. u. 1 Pl.) '12 [4] geb. 1.25

Bibliothek f. die elegante Welt. 6 Bde. 8. Leipz., Schmidt. 4 Thlr 12 Gr

— d. feinen Welt. M. Kpf. 16. Leipz. 799. (W. Rauck). 16 Gr

— d. fein. Welt. m. K. 8. Leipz. Sommer. 799.

—— für die gebildete Welt. 1. und 2. Bd. 8. Zürich 867, Woerl. à Bd. 18 Ngr.

Inhalt:

Bd. 1. Geiger, Herm., Leander und Hermigild oder die Wiedergeburt Spaniens. Eine Erzählung aus der Geschichte der Westgothen. 2 Thle. in 1 Bde. (XV und 555 S. mit 2 Stnt.)
- 2. Bresciani, Ant., Oderic der päpstliche Zuave. Historischer Roman. (XV und 384 S.)

Bibliothek für die gebildete Welt. 1. 2. Bd. Zürich 868. Woerl. 8. Jeder Bd. 18 ngr.

1. Bd.: Geiger, Herm., Leander u. Hermigild oder die Wiedergeburt Spaniens. Eine Erzählung aus der Geschichte der Westgothen. 2 Thle. in 1 Bde. (XV, 555 S. u. 2 Lithogr.)
2. Bd.: Bresciani, Ant., Oderic der päpstliche Zuave. Historischer Roman. (XV, 384 S.)

—— der Weltkunde, s. Weltkunde.

Bibliothek der Neuesten Weltkunde

① Geschichtliche Übersicht der denkwürdigsten Erscheinungen bei allen Völkern, ihrem literarischen, politischen und sittlichen Leben ③ Wöchentliche Unterhaltungsblätter für Welt- und Menschenkunde ⑤ 1828—1848 ⑥ 8° ⑦ jährlich 12 Hefte ⑧ Aarau: H. R. Sauerländer (1828—1842); Frankfurt a. M.: (1843—1848) ⑩ H. Malten ⑲ Be: L.

—— der neuesten Weltkunde. Geschichtl. Uebersicht d. denkwürd. Erscheinungen bei allen Völkern d. Erde, ihrem literar., polit. u. sittlichen Leben. Hrsg. v. H. Malten. Jahrg. 1828—31. à 12 Thle. gr. 12. Aarau, Sauerländer. à J. 8 Thlr., hrbgs. Pr. zusam.

—— dies. (mit d. Zusatz:) Geschichtl. Uebersicht denkwürd. Ereignisse d. Gegenwart u. Vergangenheit bei allen Völkern d. Erde, in ihrem polit., religiösen, wissenschaftl., literar. u. sittl. Leben. Hrsg. v. H. Malten. Neue Folge. Jahrg. 1832—34. à 12 Thle. gr. 12. Aarau, Sauerländer. à J.

H. Zschokke, „Miszellen" rc. Jahrg. 1809—13. gr. 4. à 6 Thlr. 12 Gr., wurden ersetzt durch dess. „Ueberlieferungen z. Gesch. uns. Zeit", Jahrg. 1817—23. gr. 4. hrbgs. Pr. 14 Thlr. Aus diesen entstanden die „Unterhaltungsblätter f. Welt- u. Menschenkunde", Jahrg. 1824—27. gr. 4. Ebendas. hrbgs. Pr. 18 Thlr. 8 Gr., an welche letztere sich obige „Bibliothek" schließt.

—— der neuesten Weltkunde. Geschichtl. Uebersicht denkwürd. Ereignisse d. Gegenwart u. Vergangenheit bei allen Völkern d. Erde, in ihrem polit., religiösen, wissenschaftl., literar. u. sittl. Leben. Hrsg. v. H. Mr. Malten. Jahrg. 1835—42. à 4 Bde. od. 12 Thle. Aarau, Sauerländer's Vrlsbuchh. [Jahrg. 835—39. gr. 12. à 8 Thlr., J. 40—42. Lex.-8. à 9⅓ Thlr.]

Vgl. 8. Bd. 1. Abthl. S. 84.

— der neuesten Weltkunde. Von H. Mr. Malten. Jahrg. 1841, 1842. à 12 Bde. Lex.-8. Aarau, Sauerländer's Verlags-Buchh. à 9⅓ Thlr — Jahrg. 1843—1846 u. d. T.: Weltkunde. à 12 Hefte. gr. 8. Frankfurt a/M., Brönner. à 6⅓ Thlr

—— der besten Werke des 18. und 19. Jahrh. 1.—14. Bd. gr. 16. Leipzig 867, O. Wigand. à Bd. 15 Ngr.

Inhalt:

Bd. 1. Tocqueville, Alexis de, der alte Staat und die Revolution. Deutsch von Thdr. Oelckers. (318 S.)
» 2—7. Voltaire, über den Geist und die Sitten der Nationen. Deutsch von K. F. Wachsmuth. 6 Thle. (1578 S.)
» 8, 9. Jerrold, Douglas, Männer von Charakter. Deutsch von Thdr. Oelckers. 2 Thle. (532 S.)
» 10. Müller, Joh. Gottwerth, Siegfried v. Lindenberg. Ein pommerscher Junker aus dem 18. Jahrh. (378 S.)
» 11. 12. Marivaux, M. de, der emporgekommene Bauer oder die Memoiren des Herrn ***. Deutsch von Carl Hugo v. Geismar. 2 Thle. (405 S.)
» 13. 14. —— Marianne oder die Abentheuer der Gräfin v. ***. Deutsch von A. Diezmann. 2 Thle. (111 und 359 S.)

—— der besten Werke des 18. und 19. Jahrhunderts. 15. und 16. Bd.: Leben, Lieben und Thaten des Hans v. Schweinichen, eines deutschen Ritters aus dem 16. Jahrh. Nach den Aufzeichnungen des Ritters neu erzählt von A. Diezmann. 1. und 2. Bd. gr. 16. (XII, 344 S.) Leipzig 868, O. Wigand. à Bd. *M* 1,50.

—— empfehlenswerther Werke der neueren deutschen Literatur zur Belehrung und Unterhaltung sowie zu Geschenken bei allen vorkommenden Gelegenheiten. 2. Jahrg., die Literatur von 1861—62 und Nachträge zum 1. Jahrg. enth. br. 8. (IV und 74 S.) Leipzig 862, Zander.

1. Jahrg. Ebendas. 1861. 7½ Ngr.

—— gediegener und interessanter französischer Werke. Zum Gebrauche höherer Bildungsanstalten ausgewählt und mit den Biographien der betreff. Classiker ausgestattet von Ant. Goebel. 1—8. Bdchn. 32. Münster 855—56, Theissingsche Buchh. Thlr. *

Inhalt:

Bdchn. 1. Fléchier, Histoire de Théodose le grand. Suivie d'un commentaire historique et géographique. (X und 256 S.) * 8 Ngr.
» 2. Capefigue, Histoire de Charlemagne. Suivie d'un commentaire historique et géographique. (VIII und 234 S.) * 8 Ngr.
» 3. Michaud, J.-F., Histoire de la première croisade. Suivie d'un commentaire historique et géographique. (VIII und 260 S.) * 8 Ngr.
» 4. Lamartine, Alph. de, Mort de Louis XVI. Tirée de l'histoire des Girondins et suivie d'un commentaire historique. (VIII und 126 S.) * 5 Ngr.
» 5. Choix de nouvelles du XIX. siècle. (129 S.) * 5 Ngr.
» 6. Galland, Ant., Histoire d'Aladdin ou la lampe merveilleuse. Conte arabe traduit. Edition soigneusement épurée par un Abbé français. (184 S.) * 6 Ngr.
» 7. Choix de contes et de récits. (XV und 150 S.) * 5 Ngr.
» 8. Nouvelles pittoresques. (IX und 261 S.) 8 Ngr.

—— gediegener und interessanter französischer Werke. Zum Gebrauche höherer Bildungsanstalten ausgewählt und mit den Biographien der betreff. Classiker ausgestattet von Ant. Goebel. 9—25. Bdchn. 32. Münster 857—61, Theissing'sche Buchh. *

Inhalt:

Bdchn. 9. Bossuet, Oraison funèbre de Louis de Bourbon. (87 S.) * 3 Ngr.
» 10. Laharpe, Discours sur l'état des lettres en Europe. (80 S.) * 3 Ngr.
» 11. Thiers, Bonaparte en Égypte et en Syrie. Avec commentaire. (136 S.) * 5 Ngr.
» 12. Bazancourt, baron de, l'Expédition de Crimée jusqu'à la prise de Sebastopol. Abrégée et arrangée à l'usage des colléges. (VII und 368 S.) * 12 Ngr.
» 13. Choix de poésies narratives. Précédé d'un traité de la versification française et suivi d'un commentaire et de notices biographiques. (XIX und 196 S.) * 8 Ngr.
» 14. Choix de pièces dramatiques. Contenant: Musard par Picard. Le bon coeur par Berquin. (VIII und 86 S.) * 3 Ngr.
» 15. Petites pièces de théâtre. Contenant: Les interprétations par Th. Leclerq. Partie et revanche par Eug. Scribe. L'humoriste par Th. Leclerq. (VIII und 103 S.) * 4 Ngr.
» 16. Comédies choisies. Contenant: Le voyage par Th. Leclerq. Le mousse par Souvestre. (VIII und 154 S.) * 5 Ngr.
» 17. Rollin, hommes illustres de l'antiquité. Avec des notes grammaticales et un vocabulaire des noms propres. (XV und 156 S.) * 6 Ngr.
» 18. Cuvier, éloges historiques de MM. de Saussure, Pallas, Hauy, de Lacepède et Cavendish. Précédé d'une notice biographique et suivis d'un commentaire. (202 S.) * 6 Ngr.
» 19. Michaud, J.-F., Histoire de la troisième croisade. Suivie d'un commentaire historique et géographique. (220 S.) * 8 Ngr.
» 20. Salvandy, N. A. de, Jean Sobieski, le libérateur de la chrétienté ou la campagne de Vienne. Précédé d'une vie de Jean Sobieski et suivi d'un commentaire historique et géographique. (134 S.) * 4 Ngr.
» 21. Corneille, P., le Cid. Tragédie en 5 actes. Précédée d'une notice biographique et d'un abrégé de la versification française. (120 S.) * 4 Ngr.
» 22. Racine, Jean, Athalie. Tragédie en 5 actes. Précédée d'une notice biographique et d'un abrégé de la versification française. (123 S.) * 4 Ngr.
» 23. Molière (J.-B. Poquelin de), l'avare. Comédie en 5 actes. (144 S.) * 4 Ngr.
» 24. Le Phèdre français ou choix de fables en vers et en prose par Lafontaine, Fénélon et autres. Avec des notes grammaticales. (114 S.) * 4 Ngr.
» 25. Tableaux historiques du moyen âge tirés des oeuvres de Thierry, Capefigue, Vertot, Châteaubriand. Avec un vocabulaire historique et géographique. (XI und 208 S.) * 8 Ngr.

1—8. Bdchn. Ebendas. 1855,56. * 1 Thlr. 23 Ngr.

—— gediegener und interessanter französicher Werke. Zum Gebrauche höherer Bildungsanstalten ausgewählt und mit den Biographien der betreff. Classiker ausgestattet von Ant. Goebel. 26.—30. Bdchn. 16. Münster 862—64, Theissing'sche Buchh. *

Inhalt:

Bdchn. 26. Rollin, Ch., Histoire d'Alexandre le Grand. Avec un vocabulaire des noms propres. 2. Édit. soigneusement corrigée. (XI und 220 S.) * 8 Ngr.
» 27. Paganel, Camille, Histoire de Frédéric le Grand. Suivie d'un commentaire historique et géographique. (449 S.) * 12 Ngr.
» 28. Montesquieu, Considérations sur les causes de la grandeur des Romains et de leur décadence. Suivies de commentaires historiques et géographiques. (XI und 252 S.) * 8 Ngr.
» 29. Barante, Histoire de Jeanne d'Arc. Précédée d'une introduction historique et suivie d'un vocabulaire historique et géographique. (XV und 181 S.) * 6 Ngr.
» 30. Dumas, Alex., Histoire de Napoléon. Enrichie de notes histor. et géograph. (VI und 314 S.) * 10 Ngr.

— gediegener u. interessanter französischer Werke. Zum Gebrauche höherer Bildungsanstalten ausgewählt u. m. den Biographien der betreffenden Classiker ausgestattet v. Ant. Goebel. 3. 5. 15. 17. 19. 20. 22. 27—41. Bdchn. 16. Münster 870—76. Theissing. n. 16. 50

3. J. F. Michaud. Histoire de la première croisade. Suivie d'un commentaire historique et géographique. 5. Ed. soigneusement corrigée. (VIII, 260 S.) n. — 80
5. Choix de nouvelles du XIX. siècle. 4. Ed. soigneusement corrigée. (129 S.) n. — 50
15. Petites pièces de théâtre. 2. Ed., soigneusement corrigée. (VIII, 102 S.) n. — 40
17. Rollin. Hommes illustres de l'antiquité. Avec des notes grammaticales et un vocabulaire des noms propres. 5. Ed. soigneusement corrigée. (220 S.) n. — 80
19. J. F. Michaud. Histoire de la troisième croisade. Suivie d'un commentaire historique et géographique. 3. Ed. soigneusement corrigée. (220 S.) n. — 80
20. N.-A. de Salvandy. Jean Sobieski, le libérateur de la chrétienté ou la campagne de Vienne. Précédé d'une vie de Jean Sobieski et suivi d'un commentaire historique et géographique. 3. Ed. soigneusement corrigée. (135 S.) n. — 40
22. Jean Racine. Athalie. Tragédie en 5 actes. Précédé d'une notice biographique et d'un abrégé de la versification française. 3. Ed. soigneusement corrigée. (123 S.) n. — 40
27. Histoire de Frédéric le Grand. Par Camille Paganel. Suivie d'un commentaire historique et géographique. 4. Ed., soigneusement corrigée. (448 S.) n. 2. —
28. Montesquieu. Considérations sur les causes de la grandeur des Romains et de leur décadence. Suivies de commentaires historiques et géographiques. 3. Ed. soigneusement corrigée. (XI, 252 S.) n. — 80
29. Barante. Histoire de Jeanne d'Arc. Précédé d'une introduction historique et suivie d'un vocabulaire historique et géographique. 2. Ed., soigneusement corrigée. (XV, 181 S.) n. — 60
30. Alexandre Dumas. Histoire de Napoléon. 2. Ed., soigneusement corrigée. (VI, 314 S.) n. 1. —
31. Mignet, vie de Franklin. Avec commentaire. (212 S.) n. — 80
32. Washington. Etude historique par Guizot. (182 S.) n. — 80
33. Emile Souvestre, au coin du feu. (213 S.) n. — 80
34. Chefs-d'oeuvre épistolaires, ou recueil de lettres choisies des écrivains les plus célèbres du siècle de Louis XIV. Ed. stér. Avec des notices biographiques et explicatives. (222 S.) n. — 90
35. Villemain. Vies des principaux poëtes anglais. Suivies d'un discours sur Ossian Macpherson. Avec un vocabulaire des noms propres. Ed. stér. (221 S.) n. — 90

36. Voltaire. Charles XII., roi de Suède. Edition adaptée à l'usage des écoles, suivi d'un commentaire historique et géographique. Ed. stér. (VIII, 359 S.) n. 1. —
37. J. Michelet, études de la nature. Avec commentaire. (VIII, 198 S.) n. — 80
38. Histoire de la littérature française au moyen âge. Par J. Demogeot. Suivie de commentaires. (VII, 275 S.) n. — 90
39. Alphonse de Lamartine, voyage en orient. Ed. adaptée à l'usage de la jeunesse. (358 S.) n. 1. 20
40. Xavier de Maistre, Prascovie ou la jeune Sibérienne. (VI. 94 S.) n. — 40
41. Atala. Par le vicomte de Chateaubriand. Ed. adaptée à l'usage de la jeunesse. (110 S.) n. — 50
42. Florian, J. P. C. de, Don Quichotte. Edit. adaptée à l'usage de la jeunesse. (377 S.) 877. *ℳ 1,20.

—— gediegener und interessanter französischer Werke. Zum Gebrauche höherer Bildungsanstalten ausgewählt und mit den Biographien der betreff. Classiker ausgestattet von Ant. Goebel. 43.—55. Bdchn. Ster.-Ausg. 16. Münster, Theissing'sche Buchh. *

Inhalt:

Bdchn. 43. Florian, M. de, Guillaume Tell ou la Suisse libre. (97 S.) 877. * 40 Pf.
» 44. Vertot, Conjuration du Portugal ou le Portugal délivré de la domination espagnole en 1640. Avec commentaires historiques et géographiques. (138 S.) 878. * 50 Pf.
» 45. Fénelon, Aventures de Télémaque, reduites à 12 livres. Avec commentaire mythologique. (X, 341 S.) 878. *ℳ 1.
» 46. Thierry, Amédée, Histoire d'Attila. Adaptée à l'usage des écoles. (IX, 234 S.) 878. * 90 Pf.
» 47. Lamartine, Alphonse de, Christophe Colomb. Édit. adaptée à l'usage des écoles. (164 S.) 878. * 60 Pf.
» 48. Voltaire, Guerre pour la succession d'Espagne 1701—1714. Tirée du Siècle de Louis XIV. Avec commentaire. (VII, 180 S.) 879. * 60 Pf.
» 49. —— Pierre le Grand. Édit. adaptée à l'usage des écoles, suivie d'un commentaire historique et géographique. (VI, 359 S.) 880. *ℳ 1,20.
» 50. Segur, comte de, les désastres de la grande armée de Napoléon pendant 1812. Avec des notes historiques et géographiques. (VIII, 213 S.) 881. * 80 Pf.
» 51. Staël-Holstein, Mme. de, de la littérature allemande. Édit. adaptée à l'usage de la jeunesse. Édit. stér. (XIV, 337 S.) 882. *ℳ 1.
» 52. Marmontel, Jean-François, Bélisaire. Édit. adaptée à l'usage de la jeunesse. Édit. stér. (VIII, 179 S.) 882. *60 Pf.
» 53. Buffon, Choix de l'histoire naturelle des animaux. Édit. adaptée à l'usage de la jeunesse. (255 S.) 883. * 60 Pf.
» 54. Daru, P., Histoire de la quatrième croisade et de l'empire latin d'Orient. (109 S.) 883. * 40 Pf.
» 55. —— Tableau du commerce et de l'industrie de Venise. Avec commentaires. (204 S.) 884. * 80 Pf.

—— gediegener und interessanter französischer Werke. Zum Gebrauche höherer Bildungsanstalten ausgewählt und mit den Biographien der betreffenden Classiker ausgestattet von Ant. Goebel. 1., 3.—5., 7.—9., 11., 12., 17., 19.—33., 36., 40., 41., 46. und 53.—56. Bdchn. Stereotyp-Ausg. 16. Münster, Theissing'sche Buchh.

Inhalt:

Bdchn. 1. Fléchier, Histoire de Théodose le Grand. (266 S.) 886. 80 Pf.
» 3. Michaud, Histoire de la première croisade. (268 S.) 888. 80 Pf.
» 4. Lamartine, Mort de Louis XVI. (134 S.) 887. 50 Pf.
» 5. Choix de Nouvelles du XIXe siècle. (Contenant: Legouvé, L'Ours de la Maledetta; Bouilly, Barthélemy; L'Étoile polaire; X. de Maistre, Le Lépreux de la cité d'Aoste; Töpffer, Le Grand Saint-Bernard.) (130 S.) 885. 50 Pf.
» 7. Choix de Contes et de Récits. (Contenant: De Chézy, Dasaratha; Thierry, Morman; Legouvé, Blanche et Isabelle; Nodier, La Combe de l'Homme Mort; De Walsh, Le Curé de Saint-Lyphar; Souvestre, L'Apprenti.) (166 S.) 884. 50 Pf.
» 8. Nouvelles pittoresques. (Contenant: Souvestre, Le chasseur de chamois; Al. Dumas, Partie et revanche; J. Arago, Les Paulistes; Mad. Ch. Reybaud, Donatien de Martinique; G. Ferry, Le Capitaine Don Blas; Th. Pavie, La Peau d'ours.) (272 S.) 887. 80 Pf.
» 9. Bossuet, Oraison funèbre de Louis de Bourbon. (88 S.) 881. 30 Pf.
» 11. Thiers, Bonaparte en Égypte et en Syrie. (136 S.) 886. 50 Pf.
» 12. Bazancourt, L'Expédition de Crimée jusqu'à la prise de Sébastopol. (376 S.) 887. ℳ 1.20.
» 17. Rollin, Hommes illustres de l'antiquité. Avec des notes grammaticales et un vocabulaire des noms propres. (164 S.) 887. 60 Pf.
» 19. Michaud, Histoire de la troisième croisade. (220 S.) 888. 80 Pf.
» 20. Salvandy, Jean Sobieski le Libérateur de la Chrétienté ou la Campagne de Vienne. (136 S.) 883. 40 Pf.
» 21. Corneille, Le Cid. (Mit einer Verslehre und fortlaufender Erzählung.) (120 S.) 887. 40 Pf.
» 22. Racine, Athalie. (Mit einer Verslehre und fortlaufender Erzählung.) (124 S.) 888. 40 Pf.
» 23. Molière, L'Avare. (144 S.) 883. 40 Pf.
» 24. Le Phèdre français ou choix de Fables en vers et en prose par Lafontaine, Fénelon et autres. Avec des notes grammaticales. (114 S.) 888. 40 Pf.
» 25. Tableaux historiques du moyen âge tirés des œuvres de Thierry, Capefigue, Vertot, Châteaubriand. (220 S.) 886. 80 Pf.
» 26. Rollin, Histoire d'Alexandre le Grand. (232 S.) 886. 80 Pf.
» 27. Paganel, Histoire de Frédéric le Grand. Suivie d'un commentaire historique et géographique. (448 S.) 884. ℳ 1.20.
» 28. Montesquieu, Considérations sur les causes de la grandeur des Romains et de leur décadence. Suivies de commentaires historiques et géographiques. (264 S.) 885. 80 Pf.
» 29. Barante, Histoire de Jeanne d'Arc. Précédée d'une introduction historique et suivie d'un vocabulaire historique et géographique. (198 S.) 885. 60 Pf.
30. Dumas, Histoire de Napoléon. Enrichie de notes historiques et géographiques. (320 S.) 884. ℳ 1.—.
» 31. Mignet, Vie de Franklin. Avec commentaire. (212 S.) 881. 80 Pf.
» 32. Guizot, Washington. Étude historique. (182 S.) 883. 80 Pf.
» 33. Souvestre, Au coin du feu. (214 S.) 887. 80 Pf.
36. Voltaire, Charles XII., roi de Suède. (63 S.) 887.
» 36. Voltaire, Charles XII., roi de Suède. Edition adaptée à l'usage des écoles, suivie d'un commentaire historique et géographique. (368 S.) 888. ℳ 1.—.
» 40. Maistre, Xav. de, Prascovie ou la jeune Sibérienne. (100 S.) 882. 40 Pf.
» 41. Chateaubriand, Atala. Edition adaptée à l'usage de jeunesse. (110 S.) 882. 50 Pf.
» 46. Thierry, Histoire d'Attila. Edition adaptée à l'usage des écoles. (244 S.) 886. 90 Pf.
» 53. Buffon, Choix de l'histoire naturelle des animaux. (XIV, 231 S.) 883. 80 Pf.
» 54. Daru, P., Histoire de la quatrième croisade et de l'empire latin d'Orient. (VIII, 101 S.) 883. 40 Pf.
» 55. —— Tableau du commerce et de l'industrie de Venise. Précédé de l'histoire de la fondation de Venise. Suivi d'un commentaire historique et géographique. (VI, 198 S.) 884. 60 Pf.
» 56. Souvestre, Un philosophe sous les toits. Edition adaptée à l'usage de la jeunesse. Edit. stér. (VIII, 211 S.) 887. 80 Pf.

—— dass. — Wörterbuch von A. Klipstein zum 3., 11., 17. und 24., 19., 28. und 36. Bdchn. 16. Ebendas. [3. Bdchn. (52 S.) 886; 11. Bdchn. (40 S.) 887; 17. und 24. Bdchn. (60 S.) 888; 19. Bdchn. (52 S.) 887; 28. Bdchn. (44 S.) 887; 36. Bdchn. (63 S.) 886.] à Wörterbuch 30 Pf.

—— dass. — Wörterbuch v. A. Klipstein zum 26. u. 27. Bd. 16. Ebd. 890. à Bd. — 30

26. Wörterbuch zu Rollin, histoire d'Alexandre le Grand. (64 S.)
27. Wörterbuch zu Paganel, histoire de Frédéric le Grand. (80 S.)

Bibliothek gediegener u. interessanter französischer Werke. Zum Gebrauche höherer Bildungsanstalten ausgewählt u. m. den Biographieen der betr. Klassiker ausgestattet v. Ant. Goebel, fortgesetzt v. Johs. Brüll. 57.—62. Bdchn. 16. Münster i/W., Theissing. n. 3. 80

57. Madame Cottin, Élisabeth ou les exilés de Sibérie Éd. rédigée pour la jeunesse et les écoles. (184 S.) 892. n. — 60; geb. n.n. — 85
58. Mignet, histoire de la révolution française depuis 1789 jusqu'en 1814. Texte abrégé et commenté pour les écoles. (VIII, 535 S.) 892. n. 1. 50
59. Boissier, Cicéron dans la vie publique et privée. Edition adaptée à l'usage des écoles. (X, 147 S.) 893. n. — 50
60. Boissier, Cicéron dans ses relations avec Atticus et Caelius. Édition adaptée à l'usage des écoles. (V, 109 S.) 893. n. — 40; geb. n.n. — 65
61. Boissier, César et Cicéron. (V, 129 S.) 894. n. — 40; geb. n.n. — 65
62. Boissier, Cicéron dans les relations avec Brutus et Octave. (VII, 124 S.) 894. n. — 40; geb. n.n. — 65

— dass. Wörterbuch z. 17/24., 33., 36., 59—62. Bdchn. Von A Klippstein. 12° Ebd. à — 30

17/24. Rollin, hommes illustres u. Choix de fables par Lafontaine etc. (60) 94.
33. Souvestre, au coin du feu. (70) 91.
36. Voltaire, Charles XII, roi de Suède. (63) 92.
59—62. Boissier, Cicéron et ses amis. (30) 95.

— gediegener klassischer Werke der englischen Litteratur. Zum Gebrauche der studier. Jugend ausgewählt u. ausgestattet v. Ant. Goebel. 14. Bdchn. 16. Münster 887. Aschendorff. n. 1. —

Daniel Defoe, Robinson Crusoe. (VIII, 320 S.)

—— gediegener klassischer Werke der italienischen Litteratur. Für Schule und Haus ausgewählt und ausgestattet von Ant. Goebel. 1.—9. Bdchn. 16. Münster, Aschendorff'sche Buchh. *

Inhalt:

Bdchn. 1. Boccaccio, Novelle scelte. (VIII, 210 S.) 882. * 80 Pf.
» 2. Goldoni, Carlo, Commedie scelte. Tomo 1. (V, 156 S.) 882. * 60 Pf.
» 3. —— dass. — Tomo 2. Con la vita dell' autore. (228 S.) 882. * 80 Pf.
» 4. Nota, Alberto, Commedie scelte. Tomo 1. (184 S.) 882. * 60 Pf.
» 5. —— dass. — Tomo 2. (192 S.) 882. * 70 Pf.
» 6. Grazzini detto il Lasca, Novelle scelte. (VIII, 164 S.) 883. * 60 Pf.
» 7. Tiraboschi, Girolami, Vite dei grandi poeti italiani. (VIII, 166 S.) 883. * 60 Pf.
» 8. Cantù, Cesare, Biografie. Carlo Magno, il Sid, Saladino, Bajardo. (VI, 290 S.) 883. * ℳ 1.
» 9. —— dass. — Colombo, Franklin, Washington. (232 S.) 884. * 80 Pf.

—— gediegener klassischer Werke der italienischen Litteratur. Für Schule und Haus ausgewählt und ausgestattet von Ant. Goebel. 10. Bdchn.: Le mie prigioni von Silvio Pellico. 16. (VI, 269 S.) Münster 885, Aschendorff'sche Buchh. *

—— gediegener und lehrreicher Werke der englischen Litteratur. Zum Gebrauche der studier. Jugend ausgewählt und ausgestattet von Ant. Goebel. 1.—13. Bdchn. 16. Münster, Aschendorff'sche Buchh. *

Inhalt:

Bdchn. 1. Goldsmith, Oliver, Alexander the Great. (XVI, 173 S.) 881. * 50 Pf.
» 2. Gillies, John, the Persian wars. (VI, 266 S.) 881. * 80 Pf.
» 3. —— illustrious statesmen and philosophers. (V, 173 S.) 881. * 50 Pf.
» 4. Hume, Dav., Alfred the Great. Richard the Lion-Hearted. Preceded by the autobiography of Hume. (146 S.) 881. * 40 Pf.
» 5. —— William the Conqueror. (136 S.) 881. * 40 Pf.
» 6. Gibbon, Edw., History of the first and fourth crusades. (VIII, 220 S.) 882. * 60 Pf.
» 7. Franklin, Benjamin, Autobiography. (VIII, 254 S.) 882. * 80 Pf.
» 8. Gibbon, Edw., History of the heroes of Old Germany Alaric, Odoacer, Theodoric the Great, Clovis, and Alboin. (228 S.) 882. * 65 Pf.
» 9. Swift, Jonathan, Gulliver's travels. Selection for the youth. (221 S.) 882. * 65 Pf.
» 10. Smiles, Sam., Deeds of heroism. Selected and illustrated for the use of schools. (VI, 254 S.) 883. * 80 Pf.
» 11. Pope, Alex., the adventures of Odysseus. (VIII, 160 S.) 883. * 50 Pf.
» 12. Lingard, John, life of Mary Stuart. (VIII, 316 S.) 884. * ℳ 1.
» 13. Johnson, Sam., History of Rasselas, prince of Abyssinia. (VI, 189 S.) 884. * 50 Pf.

Bibliothek neurologischer Werke des In- und Auslandes. Bd 1–6. *Leipzig & Wien: F. Deuticke 1894–95.* 6 Bde 4°(8°)

1 — Gilles de la Tourette: Die Hysterie nach d. Lehren d. Salpêtrière. Mit e. Vorw. von J[ean] M[artin] Charcot. Autor. deutsche Ausg. von Karl Grube. (1.) Normale oder interparoxysmale Hysterie. 1894.
2 — Marie, Pierre: Vorlesungen über d. Krankheiten d. Rückenmarkes. Autor. deutsche Ausg. von Dr. Max Weiß in Wien. 1894.
3 — Janet, Pierre: Der Geisteszustand d. Hysterischen. ⟨Die psychischen Stigmata.⟩ Mit e. Vorr. von Prof. [Jean Martin] Charcot. Uebers. von Max Kahane. (Bd 1.) 1894.
4 — Buschau, G.: Die Basedow'sche Krankheit. 1894.
5. [6.] — Charcot, J[ean] M[artin]: Poliklin. Vorträge. Bd 1. Übers. von Sigm. Freud. 1894. 2. Übers. von Dr. Max Kahane. 1895. [03. 11697

1. 3 a. 02. 7298/99 2 a. 93. 6828 4 a. 94. 1931

— niederdeutscher Werke. 16.—18., 25. u. 28. Bd. 8. Ebd. n. 10. 80; geb. n. 15. 20

16. Hempelmann's Smiede. E. westfäl. Roman a. d. „guten alten Telt" i. münsterländ.-niederdeutscher Sprache v. Ferd. Krüger. 3. (Schluß-)Bd. (VIII, 260 S.) 894. (à) n. 3. —; geb. (à) n. 4. —
17. Chronika van Saust. M. viel. schoinen Billern. Von Ludw. Schröder. Chroniken niederdeutscher Städte. 2. Bd. (VIII, 184 S.) 896. n. 2. —; geb. n. 3. —
18. Chronika v. Iserlaun. Ernste un lustige Geschichten ut oaller un niggar Têit. Vertallt van Uhlmann-Bixterheide un Carl Hülter. Mit allerlai schoinen Billern van Adph. Osterhold. Chroniken niederdeutscher Städte. 3. Bd. (XII, 161 S.) 896. n. 2. 60; geb. n. 3. 60
25. Wat se' sick in 'en Ramskenbrinker Duerp vertellt. Von Minna Schrader. (VII, 192 S.) 896. n. 1. 80; geb. n. 2. 70
28. Gedichte in plattdeutscher Mundart von Heinr. Turk. 2. Aufl. M. e. Bildn. d. Dichters u. e. Einleitg. v. Carl Hülter. (VI, 95 S.) 897. n. 1. —; geb. n. 2. —

— der vorzüglichsten Werke der neueren deutschen Litteratur, welche zur Belehrung und Unterhaltung sowie als Fest-Geschenke für Erwachsene und für die Jugend empfohlen werden können. Zusammengestellt u. herausg. von G. Wuttig u. L. Zander. Leipzig 861. L. Zander. 8. (IV, 128 S.) 7½ ngr.

Bibliothek Winkelmann. Geh. Hofr. Dr. ... Eduard Winkelmann, o. Prof. f. Gesch. an d. Univ. Heidelberg ... *(Leipzig: F. Meyer [189*].)* (101 S.) 1 Bd 8. [90. 263 3

— d. Wissens. 8° Berl., Buchh. Vorwärts. d
Graf Geo. Engelb.: Entwicklgsgesch. d. Erde. Mit e. Anh.: Geolog. Profile u. Erklärg geolog. Fachausdrücke. (103 m. Abb.) '12. L 1 —

— des allgemeinen u. praktischen Wissens. Zum Studium u. Selbstunterricht in den hauptsächlichsten Wissenszweigen u. Sprachen, hrsg. v. Eman. Müller in Verbindg. m. Gust. Blumschein, Bruno H. Bürgel, Fried. Claussen u. a. 5 Bde. 1—25. Tauf. Lex.-8. Berlin, Deutsches Verlagshaus Bong & Co. Geb. in Halbfrz. à n. 12. 50 auch in 75 Lfgn. à n. — 60

1. (16, 144, 88, 111, 95, 80, 128, 95, 83 u. 91 S. m. Abbildgn. u. farb. Taf.) (903.)
2. (III, 112, 108, 128, 164, 68, 56, 108 u. 28 S. m. Abbildgn., Tab. u. 42 farb. Karten.) (904.)
3. (III, 48; 76, 99, 40, 56, 36, 112, 104, 152, 80, 64 u. 72 S. m. Abbildgn., 1 Tab., 1 Formular, 19 [18] farb. Taf. u. 8 farb. Karten.) (904.)
4. (III, 40, 21, 20, 144, 128, 128, 104, 138, 32, 28, 12, 48 u. 98 S. m. Abbildgn., 28 [16 farb.] Taf. u. 1 Bl. Erklärgn.) (905.)
5. (III, 34, 89, 128, 80, 88, 170, 177 u. 207 S. m. Abbildgn. u. 18 [2 farb.] Taf.) (905.)

— dasselbe. 76.—82. Lfg. (Ergänzungsbd. 1.—7. Lfg.) (338 S. m. Abbildgn. u. 7 [6 farb.] Taf.) Lex.-8. Ebd. (906.) à n. — 60

— des allgemein. u. prakt. Wissens. Zum Studium u. Selbstunterricht in den hauptsächlichsten Wissenszweigen u. Sprachen, hrsg. v. Eman. Müller-Baden in Verbindg. m. L. Bauer, Gust. Blumschein, Bruno H. Bürgel u. a. 6. Bd. 1.—20. Tauf. (III, 118, 104, 90, 90, 106, 168, 62 u. 96 S. m. z. Tl. farb. Abbildgn. u. Taf.) Lex. 8. Berlin (909). Deutsches Verlagshaus Bong & Co. Geb. in Halbfrz. 12.50; auch in Lfgn. à — 60

— dasselbe. 83.—95. (Schluß-)Lfg. (Ergänzungsbd. 8—20. Lfg.) (685 S. m. Abbildgn. u. 12 [4 farb.] Taf.) Lex. 8. Ebd. (907). à — 60

— d. allg. u. prakt. Wissens. Zum Studium u. Selbstunterr. in d. hauptsächlichsten Wissenszweigen u. Sprachen. Hrsg. v. Eman. Müller-Baden. 91—100. Taus. 6 Bde. Lex 8° Berl., Deut. Verlagshs Bong & Co. ('12). je L 12.50 d
1. (7, 44, 168, 144, 146, 136, 153, 62, 40, 24 u. 20 m. Abb. u. 1 farb. Taf.) ‖ 2. (5, 95, 164, 99, 104, 128, 204, 4, 68, 56 u. 40 m. Abb., Tab. u. Taf.) ‖ 3. (5, 111, 128, 80, 28, 32, 12, 95, 56, 36, 150, 83, 64, 72 u. 98 m. Abb. u. z. Tl farb. Taf.) ‖ 4. (5, 104, 112, 96, 48, 91, 114, 118, 104 u. 178 m. Abb. u. farb. Taf.) ‖ 5. (5, 28, 76, 161, 2 S., 42 farb. Ktns.; 128, 108, 152 u. 224 m. Abb., farb. Taf. u. weiteren farb. Ktn.) ‖ 6. (5, 34 90, 128, 82, 88, 106, 171, 90 u. 90 m. Abb. u. z. Tl farb Taf.)
19

— des allgemeinen u. praktischen Wissens f. Militär-Anwärter. Zum Studium u. Selbstunterricht in den hauptsächlichsten Wissenszweigen u. Sprachen nebst e. ausführl. Darstellg. der allgemeinen Zivilversorgungsbestimmgn. u. der Laufbahnen- u. Besoldungsverhältnisse der Militäranwärter im Reichs- u. Staatsdienste. Hrsg. v. Eman. Müller, in Verbindg. m. Geo. Biedenkapp, Gust. Blumschein, Friedr. Claussen u. a. Neueste amtlich gült. Rechtschreibg. 3 Bde. 1.—10. Tauf. (III, 136, 48, 169, 268, 170; III, 49, 68, 56, 214. 34, 215, 136 u. III, 254, 194 u. 310 S. m. Abbildgn., z. Tl. farb. Taf. u. 42 farb. Karten.) Lex.-8. Berlin (905). Deutsches Verlagshaus Bong & Co. Geb. in Leinw. n. 30. —

Bibliothek allgemeinen und praktischen Wissens für Militär-Anwärter. Zum Studium u. Selbstunterr. in d. hauptsächl. Wissenszweigen u. Sprachen, nebst e. ausf. Darst. d. allgem. Zivilversorgungsbestimmungen u. d. Laufbahnen u. Besoldungsverhältnisse d. Militäranwärter im Reichs- u. Staatsdienste. Hrsg. von Emanuel Müller-Baden in Verb. mit ... Neueste amtl. gültige Rechtschreibung. 1.–10. Taus. Bd 1–3. Berlin, Leipzig, Wien, Stuttgart: Bong & Co. (1906). 3 Bde 4°(8°) [F.] [06. 11233

— allgemeinen u. praktischen Wissens für längerdienende Unteroffiziere. Zum Studium u. Selbstunterricht in den hauptsächlichsten Wissenszweigen u. Sprachen nebst einer ausführl. Darstellg. der Versorgg. des ausgedienten Unteroffiziers der österreichisch-ungar. Monarchie im Staats- u. öffentl. Dienste. Hrsg. v. Eman. Müller in Verbindg. m. Geo. Biedenkapp, Gust. Blumschein, Fried. Claußen u. a. Neueste amtl. gült. Rechtschreibg. 8 Bde. 1.—10. Tauf. (III, 99, 48, 169, 268, 170; III, 49, 68, 66, 214, 34, 216, 136 u. III, 254, 194 u. 310 S. m. Abbildgn., z. Tl. farb. Taf. u. 42 farb. Karten.) Lex.-8. Berlin (906). Deutsches Verlagshaus Bong & Co. Geb. in Leinw. 30. —

— für fachliches Wissen im Schuhmachergewerbe. I. Bd. gr. 8. Leipzig-R. 908. J. Mäser. — 50
Die einfache Buchführung f. Schuhmacher nach Beispielen aus der Prax. d. Schuhmachergewerbes. Von Carl Roßberger. (50 S.)

Bibliothek des praktischen Wissens. Hrsg. v. A(rthur) Bergmann. ([Bd] 1.) *Breslau: A. Bergmann 1897.* 8. [98. 737

[F.] Die Rechte des Angeklagten. E. unentbehrl. Rathgeber u. Wegweiser im Strafprocess v. Fritz Hartwig. 3. Aufl. ... *Breslau: A. Bergmann 1897.* (65 S.) 1 Bd 8.
= Bibliothek d. praktischen Wissens. [Bd] 1. [98. 737

— des praktischen Wissens. Nr. 1 u. 6—9. 8. Leipzig, R. Lipinski. 2. 70
1. Die Kunst der Rede. Von Manfr. Wittich. (107 S.) 901. 1.—
6. Die Rechte des Angeklagten. Ein unentbehrl. Ratgeber u. Wegweiser im Strafprozeß. Von Fritz Hartwig. 7. Aufl. (69 S.) 901. — 60.
7. Die Rechte u. Pflichten des Mieters nach dem neuen bürgerl. Gesetz. Kommentar zum Mietrecht. Von Rich. Lipinski. 20. Aufl. (92 S.) (901.) — 20
8. Die Klage vor den Amts-, Gewerbegerichten u. den Schiedsgerichten f. Arbeiterversicherung, sowie die Zwangsvollstreckung. Ein Leitfaden u. Ratgeber f. Jedermann, der klagen muß. Von Herm. Lorenz. (84 S.) 902. — 60
9. Der außergerichtliche Vergleich m. den Gläubigern u. das Konkursverfahren. Praktischer Wegweiser f. Schuldner, die den Konkurs vermeiden wollen, od. sich in Konkurs befinden, desgleichen für Gläubiger, die ohne Anwaltshilfe Auskunft zu erhalten wünschen. Von Herm. Röder. (37 S.) 902. — 40
Nr. 2—5 s.: Rechtsbücher, volkstüml. 2—5.

— des praktischen Wissens. Nr. 10—12. 8 Leipzig, R. Lipinski. n. 3. 80
10. Das Recht im gewerblichen Arbeits-Verhältnis. Bearb. auf Grund des bürgerl. Gesetzbuchs, der Reichsgewerbeordnung, Verordngn. des Bundesrats, Entscheidungen der Gewerbegerichte u. des Reichsgerichts. Von R. Lipinski. Volksausg. (269 S.) 903. n. 1. 50
11. Das Recht u. der Rechtsweg der Handlungsgehilfen (Kaufmannsgerichte). Von R. Lipinski. (192 S.) 904. n. 1. 80; geb. in Leinw. n. 2. 50
12. Die Unfallversicherung. Gemeinverständlich nach dem Reichsgesetze vom 30. VI. 1900 dargestellt. Von Frdr. Kleeis. 4. verb. Aufl. (61 S.) 904. n. — 50

—— für Wissenschaft und Literatur. 1.—13., 15.—20., 22.—28. Bd. Berlin, [Grieben.] Th. Hofmann. *
Inhalt:
Bd. 1. [3. 4.] [Philosoph. Abthl. I.] Caspari, Otto, die Grundprobleme der Erkenntnissthätigkeit beleuchtet vom psychologischen und kritischen Gesichtspunkte. Als Einleitung in das Studium der Naturwissenschaften. 1. Thl.: Die philosophische Evidenz mit Rücksicht auf die kritische Untersuchung der Natur des Intellects. 1. und 2. (Titel-)Aufl. (XVIII, 251 S. mit 12 in den Text gedr. Holzschn. und 1 illustr. Taf.) 876,79. *M. 5. — 2. Thl.: Die Natur des Intellects im Hinblick auf die Grundantinomie des wissenschaftlichen Denkens. 1. und 2. (Titel-)Aufl. (XXXII, 364 S. mit 6 in den Text gedr. Holzschn. und 1 illustr. Taf.) 876,79. *M. 7. compl. *M. 12.
" 2. [26.] [Abthl. für Werke allgemeinen Inhalts I.] Willkomm, Mor., Spanien und die Balearen. Reiseerlebnisse und Naturschilderungen nebst wissenschaftl. Zusätzen und Erläuterungen. Mit (lithogr. und color.) Plan der Tropfsteinhöhlen von Artá. 1. und 2. (Titel-)Aufl. (X, 350 S.) 876,79. *M. 7.
" 3. [9.] [Staats- und rechtswissenschaftl. Abthl. I.] Clement, Knut Jungbohn, Forschungen über das Recht der Salischen Franken vor und in der Königszeit. Lex Salica und Malbergische Glossen. [Erläuterungen nebst erstem Versuch einer vollständigen hochdeutschen Uebersetzung.] Nachgelassenes Werk. Hrsg. und mit einem Vorworte und Register versehen von Heinr. Zoepfl. 1. und 2. (Titel-)Aufl. (XXIV, 468 S.) 876,79. *M. 10
" 4. [17.] [Histor. Abthl. I.] Lorenz, Ottokar, drei Bücher Geschichte und Politik. (VIII, 630 S.) 876; 2. Aufl. (V, 630 S.) 879. *M. 12.
" 5—7. 27. 28. [10—14.] [Histor. Abthl. II—IV, VIII, IX.] Krones, Frz., Handbuch der Geschichte Oesterreichs von der ältesten bis neuesten Zeit, mit besond. Rücksicht auf Länder-, Völkerkunde und Culturgeschichte bearb. 1. und 2. (Titel-)Aufl. 5 Bde. 876—79. 1. Bd. (VIII, 671 S.) *M. 10,50.; 2. Bd. (IV, 659 S. mit 4 genealog. Tab.) *M. 10,50.; 3. Bd. (688 S.) *M. 10,50.; 4. Bd. (706 S.) *M. 10,50.; 5. Bd. Zusätze und Register. (III, 263 S.) *M. 4,50.; compl. *M. 46,50.
" 8. [1.] [Philosoph. Abthl. II.] Harms, Friedr., die Philosophie seit Kant. (XV, 603 S.) 876; 2. (Titel-)Aufl. (XIII, 603 S.) 879. *M. 12.
" 12. [25.] [Abthl. für Werke allgemeinen Inhalts II.] Hallier, Ernst, Ausflüge in die Natur. Allgemein verständl. Schilderungen. 1. und 2. (Titel-)Aufl. (III, 284 S. mit eingedr. Holzschn.) 876,79. *M. 5,40.
" 13. [19.] [Medicin. Abthl. II.] Reich, Ed., die Ursachen der Krankheiten. 2. völlig umgearb. und verm. Aufl. (XVI, 654 S.) 876. *M. 12.
" 15. [6.] [Abthl. für Werke allgemeinen Inhalts III.] Weis, Ludw., Idealrealismus und Materialismus. Eine allgemein verständl. Darstellung ihres wissenschaftl. Werthes. 1. und 2. (Titel-)Aufl. (IV, 151 S.) 877,79. *M. 3.
" 16. [27.] [Abthl. für Werke allgemeinen Inhalts IV.] Vogel, Herm. W., vom indischen Ocean bis zum Goldlande. Reisebeobachtungen und Erlebnisse in vier Welttheilen. 1. und 2. (Titel-)Aufl. (VI, 452 S.) 877,79. *M. 7.50.
" 9. [20.] [Medicin. Abthl. I.] Schauenburg, Carl Herm., Handbuch der öffentlichen und privaten Gesundheitspflege. 1. und 2. (Titel-)Aufl. (XI, 283 und Anhang 62 S.) 876,79. *M. 6.
" 10. [23.] [Naturwissenschaftl. Abthl. I.] Schiff, Hugo, Einführung in das Studium der Chemie, nach Vorlesungen, gehalten am naturwissenschaftl. Institut in Florenz. 1. und 2. (Titel-)Aufl. (XI, 328 S.) 876,79. *M. 6.
" 11. [22.] [Naturwissenschaftl. Abthl. II.] Huxley, Thom. Henry, Reden und Aufsätze naturwissenschaftlichen, pädagogischen und philosophischen Inhalts. Deutsche autoris. Ausg., nach der 5. Aufl. des engl. Originals hrsg. von Fritz Schultze. 1. und 2. (Titel-)Aufl. (VIII, 328 S.) 877,79. *M. 6.
" 17. [8.] [Staats- und rechtswissenschaftl. Abthl. III.] Contzen, Heinr., Geschichte der socialen Frage von den ältesten Zeiten bis zur Gegenwart. 1. und 2. (Titel-)Aufl. (VIII, 404 S.) 877,79. *M. 7,50.
" 18. [2.] [Philosoph. Abthl. III.] Harms, Friedr., die Philosophie in ihrer Geschichte. I. Geschichte der Psychologie. 1. und 2. (Titel-)Aufl. (X, 398 S.) 878,79. *M. 7,50.
" 19. [21.] [Medicin. Abthl. III.] Seitz, Frz., Diphtherie und Croup, geschichtlich und klinisch dargestellt. 1. und 2. (Titel-)Aufl. (IX, 516 S.) 877,79. *M. 9.
" 20. [24.] [Naturwissenschaftl. Abthl. III.] Thorpe, T. E., und M. M. Pattison Muir, die qualitative Analyse nebst Anleitung zu Uebungen im Laboratorium. Autoris. deutsche Ausg. von E. Fleischer. 1. und 2. (Titel-)Aufl. (X, 224 S. mit chromolithogr. Spectraltaf. und 58 eingedr. Holzschn.) 878,79. *M. 4.50.
" 22. [18.] [Histor. Abthl. V.] Schuler v. Libloy, Fr., aus der Türken- und Jesuitenzeit vor und nach dem Jahre 1600. Histor. Darstellungen, zumal Fürsten- und Volksgeschichte in den Karpathenländern. 1. und 2. (Titel-)Aufl. (VI, 268 S.) 877,79. *M. 5.
" 23. [5.] [Philosoph. Abthl. IV.] Müller, Geo. Elias, zur Grundlegung der Psychophysik. Kritische Beiträge. 1. und 2. (Titel-)Aufl. (XVI, 424 S.) 878,79. *M. 7,50.
" 24. 25. [15.] [16.] [Histor. Abthl. VI. und VII.] Huhn, Eug. H. Th., Geschichte Lothringens. Mit genealog. Tab. und hist. lithogr. Karten. 2 Bde. 1. und 2. (Titel-)Aufl. (X, 401; 428 S.) 877,79. *M. 12.
" 26. [7.] [Staats- und rechtswissenschaftl. Abthl. IV.] Zoepfl, Heinr., Grundriss zu Vorlesungen über Rechtsphilosophie [Naturrecht]. 1. und 2. (Titel-)Aufl. (VIII, 218 S.) 878,79. *M. 4.
Die in Klammern gesetzten Zahlen geben die jetzt gültige Reihenfolge. Bd. 14 und 21 der alten Reihenfolge sind nicht erschienen.

—— geheimer Wissenschaften. 1. und 2. Bdchn. 16. Leipzig 852, Stoll. à Bdchn. * 10 Ngr. *
Inhalt:
Bdchn. 1. Esquiros, Alph., Lichtstrahlen aus dem unenthüllten Jenseits. Beweise für die Fortdauer des Menschen und der Seele nach dem Tode. Bekenntnisse eines röm. Priesters. (142 S.)
" 2. Lacordaire, die enthüllten Geheimnisse des Magnetismus. Eine Tröstung für die Menschheit. (X und 165 S.)

Bibliothek der gesammten medicinischen Wissenschaften f. praktische Aerzte u. Specialärzte. Hrsg. v. A. Drasche unter Mitwirkg. v. Arnold, Baumert, Bergmeister etc. Schriftleitung: Jul. Weiss, A. Brestowski. 1.—49. Lfg. gr. 8. (à 2—3 Bog. m. Abbildgn. u. Taf.) Wien 893. 894. [M. Merlin.] Teschen, K. Prochaska. à n. 1. —

— dasselbe. I. Bd. 1. u. 2. Hälfte. Lex.-8. Ebd. 894. Subskr.-Pr. n. 17. —; Einzelpr. n. 18. 70; Einbde. in Halbfrz. à n.n. 2. 50

1. Interne Medicin u. Kinderkrankheiten 1. Hälfte. (480 S. m. 1 Farbendr. u. 55 Illustr.) Subskr.-Pr. n. 10. —; Einzelpr. n. 11. —
2. — dasselbe. 2. Hälfte. (S. 481—813 m. 3 Taf. u. 37 Illustr.) Subskr.-Pr. n. 7. —; Einzelpr. n. 7. 70

— dasselbe. II. Bd. Pharmakologie u. Toxikologie. Red. v. A. Brestowski. gr. 8. (967 S.) Ebd. 894. n. 20. 30; geb. in Halbfrz. n.n. 22. 80; geb. in Leinw. Einzelpr. n. 26. — (1. u. 2.: n. 37. 30; geb. n.n. 42. 80)

Bibliothek d. ges. medicinischen Wissenschaften f. prakt. Aerzte u. Specialärzte. Hrsg. v. A. Drasche, unt. Mitwirkg. v. Arnold Babes, Baumert etc. Red. v. Jul. Weiss u. A. Brestowski. 50.—170 Lfg. Lex.-8. (à ca. 3 Bog. m. Abb.) Teschen 895—898. K. Prochaska. à n. 1. —

— dasselbe. Geburtshilfe u. Gynäkologie. Red. v. Jul. Weiss. Lex.-8. (960 S. m. Abb. u. 1 Taf.) Ebd. 895. n. 20. —; Einzelpr. 25. —; Einbd. n.n. 2. 50

— dasselbe. Interne Medicin u. Kinderkrankheiten. M. Beiträgen v. Babes, W. Balser, Ph. Biedert etc. 2. u. 3. Bd. gr. 8. (816 S. m. 34 Fig. u. 1 farb. Taf.) Ebd. à n. 17. —; Einzelpr. à n. 21. 25; Einbd. à n.n. 2. 50

2. (816 S. m. 34 Fig. u. 1 farb. Taf.) 895. n. 17. —; Einzelpr. n. 21. 25; Einbd. n.n. 2. 50
3. (1106 S. m. Sachreg. d. Bde. I—III, 1 Farbentaf. u. 37 Fig. im Text.) 898. n. 23. —; Einzelpr. n. 28. 75; Einbd. n.n. 2. 50; (kplt.: Subskr.-Pr. n. 57. —; Einzelpr. n. 71. 25. —; Einbde. in Halbfrz. à n.n. 2. 50)

— dasselbe. Allgem. medicin. Chemie. Red. v. A. Brestowski. Lex.-8. (960 S.) Ebd. 896. n. 20. —; Einzelpr. n. 25. —; Einbd. n.n. 2. 50

— dasselbe. Augenkrankheiten. M. Beiträgen v. Asmus, Bach, Bergmeister etc. Red. v. Jul. Weiss. M. 2 Farben-Taf. u. 164 Fig. i. Text. Lex.-8. (758 S.) Ebd. 898. Subskr.-Pr. n. 17. —; Einzelpr. n. 21. 25; Einbd. in Halbfrz. n.n. 2. 50

Bibliothek der gesammten medicinischen Wissenschaften f. praktische Aerzte u. Specialärzte. Hrsg. v. A. Drasche unter Mitwirkg. v. Arnold, Asmus, Babes u. a. Red. v. Jul. Weiss u. A. Brestowski. 171—230. (Schluss-)Lfg. (169¾ Bog. m. Abb. u. 3 farb. Taf.) gr. 8. Teschen 899—902. K. Prochaska. à n. 1. —

— dasselbe. Hygiene u. gerichtl. Medicin. Mit Beiträgen v.: Anacker, Balser, Beumer etc. Red. v. A. Brestowski. Mit 2 Farbentaf. u. 13 Fig. im Text. gr. 8. (1119 S.) Ebd. 899. n. 23. —; geb. in Halbfrz. n. 25. 50

— dasselbe. Ohren-, Nasen-, Rachen- u. Kehlkopf-Krankheiten. Mit Beiträgen v. Barnick, H. Begert, Böke etc. Red. v. Jul. Weiss. Lex.-8. (743 S. m. 161 Fig.) Ebd. 899. n. 16. —; geb. in Halbfrz. n.n. 18. 50

— dasselbe. Venerische u. Hautkrankheiten. Mit Beiträgen v. Babes, v. Düring-Pascha, Eichhoff etc. Red. v. Jul. Weiss. gr. 8. (860 S.) Ebd. 900. n. 19. —; geb. in Halbfrz. n.n. 21. 50

— dasselbe. Chirurgie. Mit Beiträgen v. Baehr, Bass, Bencke etc. Red. v. Jul. Weiss. Mit zahlr. Fig. u. 2 Farbentaf. gr. 8. (1229 S.) Ebd. 901. n. 27. —; geb. in Halbfrz. n.n. 29. 50

— der gesammten medicinischen Wissenschaften f. praktische Aerzte u. Specialärzte. Hrsg. von A. v. Drasche unter Mitwirkg v. Arnold, Asmus, Babes u. a. Red. v. Jul. Weiss u. A. Brestowski. Supplement u. Generalregister f. die ganze Bibliothek. Nachträge u. Ergänzgn. zu sämmtl. Disciplinen unter besond. Berücksicht. der neuesten Heilmittel u. Heilmethoden. Red. u. hrsg. v. Jul. Weiss u. A. Brestowski. (227 u. 217 S.) gr. 8. Teschen 903. K. Prochaska. n. 11. — (Kplt. 12 Bde. geb. n. 260. —)

— d. gesamten medicinischen Wissenschaften. Jetzt: Leipzig, Antiqu. Carl Köhler.

Bibliothek der schönen Wissenschaften, od. Verzeichn. d. vorzügl., in älterer u. neuerer Zeit, bis zur Mitte d. Jahres 1836 in Deutschland erschien. Romane, Gedichte, Schauspiele u. and. zur schönen Literatur gehör. Werke, so wie der besten deutschen Uebersetzn. poet. Werke aus lebenden fremden Sprachen. Zuerst hrsg. v. Theod. Christ. Friedr. Enslin. Gänzlich umgearb. u. neu hrsg. v. Wilh. Engelmann. 2. Aufl. mit d. Inhaltsangabe d. Gesammt- u. Sammelwerke. gr. 8. (32¼ B.) Leipzig 837, Engelmann. Thlr

— der schönen Wissenschaften od. Verzeichniß der von der Mitte des vor. Jahrhunderts bis zur Mitte d. Jahr. 1845 in Deutschland erschienenen Romane, Gedichte, Schauspiele u. anderer zur schönen Literatur gehörigen Werke, sowie d. deutsch. Uebersetz. poet. Werke aus lebenden fremden Sprachen. Hrsg. v. Wilh. Engelmann. 2. Bd. Die Literatur von d. Mitte des J. 1836 bis zur Mitte d. J. 1845. Mit d. Inhaltsangabe der Gesammt- und Sammelwerke. gr. 8. (23¾ B.) Leipzig 845, Engelmann.

1. Bd. Ebendas. 1837. 2 Thlr.

— d. schönen Wissensch. u. freien Künste. 12 Bde. (1r—4r, v. Fr. Nicolai). gr. 8. Leipz. 757—65. Dyck. 10 ggr Register üb. diese 12 Bde. gr. 8. Ebd. 767. 14 Rt Neue Bibl. d. schön. Wissensch. 1r — 72r Bd. gr. 8. Leipz. 765—806. Dyck. 64 ggr Register zu allemal 12 Bden. (zum 49n u. 60n Bde. v. G. H. Schäfer). 5 Bde. gr. 8. Ebd. 772—98. 3 ggr 10 Rt

Bibliothek der sozialen u. polit. Wissenschaften Frankreichs. I.—IV. Bd. gr. 8. Zittau 896. Pahl. à n. 2. —

I. D. soziale Frage. Von André Liesse. Autor. Übersetzg. a. d. Franz. v. L. A. Hauff. (X, 203 S.)
II. Erziehg. u. Unterr. v. F. Picavet. Autor. Übersetzg. a. d. Franz. v. L. A. Hauff. (XII, 187 S.)
III. D. Lehre v. Staat. Von Ch. Benoist. Autor. Übersetzg. a. d. Franz. v. L. A. Hauff. (XII, 224 S.)
IV. D. Handel. Von G. François. Autor. Übersetzg. a. d. Franz. v. E. Hüncher. (X, 159 S.)

Bibliothek d. sozialen u. polit. Wiss. Frankreichs. I—IV. Bd. 8° Zitt. 96. Paris, H Welter. à 2 —

Benoist, C: Die Lehre v. Staat. Übers. v. LA Hauff. (224) [III.]
François, G: Der Handel. Übers. v. E Hüncher. (159) [IV.]
Liesse, A: Die soz. Frage. Übers. v. LA Hauff. (203) [I.]
Picavet, F: Erziehg u. Unterr. Übers. v. LA Hauff. (187) [II.]

— d. soz. u. polit. Wissenschaften [illegible] Frankreichs. Verleger zu ändern in: Backnang: J. Rath.

— d. sozialen u. polit. Wissenschaften Frankreichs, neue Ausg., s.: Wissenschaften, d. sozialen u. politischen, Frankreichs.

— der unterhaltenden Wissenschaften rc. I. Bd. Geschichte der Feldzüge Napoleons in Aegypten u. auf der pyrenäischen Halbinsel. Von Theod. West. I. Lfg. 4. (2 B.) Berlin 844, Bade. pro 20 L.

— wissenschaftl., od. Magazin f. alle Stände. 4 Hefte. 4. Papenh. 787. Typograph. Soc. 16 Rt

— — des Wissenswürdigsten aus der technischen Chemie und Gewerbskunde. 1. Serie. Technisch-chemische Notizen, Recepte, Erfahrungen und Abhandlungen u. s. w. 1. Bd. 1. und 2. Aufl., 2. und 3. Bd. und 2. Serie. Praktische technisch-chemische Haus- und Hülfsbücher. 1. und 2. Bd. gr. 8. Leipzig 859—61, Spamer. *

Inhalt:

Serie 1. Bd. 1—3. Winckler, Emil, technisch-chemisches Recept-Taschenbuch. Enthaltend 1540 Vorschriften und Mittheilungen aus dem Gebiete der techn. Chemie und Gewerbskunde. Zum Gebrauche für Chemiker, Fabrikanten, Apotheker rc. 1. Bd. 1. Aufl. und 2., verm. und umgearb. Aufl. (1. Bd. XXXII und 346 S., 2. Bd. XXXII und 351 S., 3. Bd. VI und 302 S.) à Bd. * 1 Thlr.; geb. * 1 Thlr. 10 Ngr.

— des Wissenswürdigsten aus der technischen Chemie und Gewerbskunde. Leipzig 860, 61. Spamer. 8.

1. Serie. Technisch-chemische Notizen, Recepte, Erfahrungen und Abhandlungen.

1. 2. Bd.: Technisch-chemisches Recept-Taschenbuch. Enthaltend 1500 Vorschriften und Mittheilungen aus dem Gebiete der technischen Chemie und Gewerbskunde. Zum Gebrauche für Chemiker, Fabrikanten, Apotheker rc. Von Emil Winckler. 2 Bde. (1. Bd. XXXV, 360 S. — 2. verm. Aufl. XXXII, 346 S.; 2. Bd.: XXXII, 351 S.) Jeder Bd. n. 1 ℛ︀

2. Serie. Praktische technisch-chemische Haus- u. Hilfsbücher.

1. Bd.: Vademecum des Vergolders. Hand- u. Hilfsbuch für Metallarbeiter, insbesondere für Gürtler, Schwertfeger rc. Gründliche Anweisung zur Erzeugung der Feuervergoldung, der nassen Vergoldung und Versilberung rc. Nach den bewährtesten Quellen, den gebräuchlichsten und neuesten Methoden, sowie auf Grund eigener Erfahrungen bearb. von Emil Winckler. Mit in den Text gedr. Abbildgn. (in Holzschn.) (XVI, 249 S.) n. 1 ℛ︀ 10 ngr.

2. Bd.: Das illustrirte Buchbinderbuch. Vollständige Unterweisung in den Arbeiten und Kunstfertigkeiten des Buchbinders. Mit besonderer Hinsicht auf die neuesten deutschen, engl. und französ. Fortschritte in diesem Fache rc. In allgemein verständl. Weise sowol für den Anfänger wie für den geübten Fachmann auf Grund prakt. Erfahrungen bearb. von Ludw. Brade und Emil Winckler. Mit in den Text gedr. Abbildgn. (Holzschn.) (XVI, 276 S.) n. 1 ℛ︀

3. Bd.: Die Lack- und Firniß-Fabrikation in ihrem ganzen Umfange. Nebst einer Anleitung zur Lackirkunst. Nach den bewährtesten Quellen und auf Grund eigener Erfahrungen bearb. von Emil Winckler. Mit vielen in den Text gedr. Abbildgn. (in Holzschn.) 2. durchgeseh. Aufl. Vermehrt mit Vorschriften in Betreff der neuesten Benzin-, Photogen- und Chloroformfirnisse rc. (XIX, 352 S.) n. 1 ℛ︀ 15 ngr.

— des Wissenswürdigsten aus der technischen Chemie u. Gewerbskunde. Technisch-chem. Notizen, Recepte, Erfahrgn. u. Abhandlgn. zum Gebrauche f. Chemiker u. Techniker, Apotheker rc. Nach den neuesten Quellen zusammengestellt, sowie auf Grund eigener Erfahrgn. bearb. v. Emil Winckler. 1. Serie. 4. Bd. gr. 8. Leipzig 872. Spamer. n. 3. —; geb. n. 4. —

Technisch-chemisches Recept-Taschenbuch. Enthaltend 1550 Vorschriften u. Mittheilgn. aus dem Gebiete der techn. Chemie u. Gewerbskunde. 4. verm. u. umgearb. Aufl. (XXXII, 356 S.)

— — des Wissenswürdigsten aus der technischen Chemie und Gewerbskunde. Technisch-chemische Notizen, Recepte, Erfahrungen und Abhandlungen zum Gebrauche für Chemiker, Fabrikanten, Landwirthe rc. Nach den neuesten Quellen zusammengestellt sowie auf Grund eigener Erfahrungen bearb. von Emil Winckler. 1. Serie. 4. Bd.: Technisch-chemisches Recept-Taschenbuch. Enth. 1375 Vorschriften und Mittheilungen, darunter 200 Recepte, geprüft im Laboratorium des Herausgebers. Nebst Altvater's vieljährig bewährten Vorschriften zur Essigbereitung. 2. verm. und verb. Aufl. gr. 8. (XXIV, 340 S. mit 27 in den Text eingedr. Abbild.) Leipzig 874, Spamer. *

geb. *

Bibliothek, Wittenbergische, neue orientalische und exegetische. Jena 1776—79. V: *Hirt, Johann Fr.* (Ky) Anf. u. d. T.: Orientalische und exegetische Bibliothek.

— Wittenbergische, neue oriental. u. exeger. 4 Stcke. 8. Jena 776—79. Fickelscher. 1 ℛ︀ 12 K

Bibliothek, wohlfeile, guter katholischer Bücher zur Erbauung, Belehrung u. Unterhaltung. Erste Reihenfolge. 12 Bdchn. 8. Regensburg 843, Manz. Thlr.

A. u. d. Ttln.:

Bdchn. 1. Mein Rücktritt zur katholischen Kirche. Von Rich. Waldo Sibthorp. Aus d. Engl. nach der 5. Aufl. v. C. Willman. (8½ B.) 10 Ngr.

„ 2—4. Beweise d. wahren Kirche. In 2 Thln. Von Klemens Wenzeslau. Nach einer engl. Umarb. (18¼ B.) 22½ Ngr.

„ 5., 6. Annalen d. Erzbrüderschaft d. heiligsten u. unbefleckten Herzens Mariä zur Bekehr. d. Sünder. Aus d. Franz. übers. v. M. Sintzel. 1. Hft. (11¼ B. u. 1 Stahlst.) 10 Ngr.

„ 7., 8. Die erste Kommunion. Eine Erzähl. von d. Verfasserin der „Geraldine." Aus d. Engl. (8⅓ B.) 11¼ Ngr.

„ 9—12. Die Größe des Katholicismus. Vollst. Uebers. a. d. Französ. d. Aug. Siguier. Hrsg. u. mit ein. Vorw. 1. Bd. (27 B.) Für 2 Bde. 1 Thlr. 20 Ngr.

—— dies. Zweite Reihenfolge. 12 Bdchn. 8. Ebds. 843.

A. u. d. Ttln.:

Bdchn. 1., 2. Leben d. heil. Patriarchen Joseph, d. Nährvaters Jesu Christi. Geschichtl. dargest. von Augustin Saccardi. Aus d. Italien. Nebst ein. Anh. von Betrachtungen zur Verehrung des heil. Joseph v. Alph. Maria v. Liguori. (19¼ B. u. 1 Stahlst.) 22½ Ngr.

„ 3—5. Eine Stunde wahrer Andacht, od. Blüthensamml. a. d. kathol. Religion. Ein Andachts- u. Belehrungsbuch. Zugleich als Zugabe zu meinem motivirten Glaubensbekenntnisse. Von Frz. Gerh. Becqueray. (17½ B. u. 1 Stahlst.) 18¾ Ngr.

„ 6—9. Die Größe des Katholicismus. Von Siguier. 2. Bd. (Vgl. 1. Reihenfolge.)

„ 10—12. Annalen d. Erzbrüderschaft d. heil. u. unbeflecktesten Herzens Mariä zur Bekehrung d. Sünder. A. d. Franz. übers. (v. M. Sintzel. 2. Hft. (... B.) 10 Ngr.

—— dies. Dritte Reihenfolge. 12 Bdchn. 8. Ebds. 843.

A. u. d. Ttln.:

Bdchn. 1—5. Ratisbonne, Geschichte des heil. Bernard. 1. Bd. (32⅜ B. u. 1 Stahlst.) für 2 Bde. 1 Thlr. 25 Ngr.

„ 6., 7. D. heil. Filomena. B. Th. Neik. (11½ B. u. 1 Stahlst.) 7½ Ngr.

„ 8., 9. Leben der heil. Angela Meriei. Hrsg. v. Mich. Sintzel. (18 B. u. 1 Stahlst.) 15 Ngr.

„ 10—12. Kurze Betrachtungen u. Trostgründe in d. Widerwärtigkeiten dieses Lebens. (... B. u. 1 Stahlst.) 11¼ Ngr.

—— dies. Vierte Reihenfolge. 12 Bdchn. 8. Ebds. 844.

A. u. d. Ttln.:

Bdchn. 1—5. Geschichte d. heil. Bernard. Von Abbé M. Th. Ratisbonne. Uebers. v. M. Sintzel. 2. Bd. (31 B.) Vgl. 3. Reihenfolge.

„ 6—9. Leben Johannes Berchmanns. Nach P. Virgil Cepari neu bearb. v. M. Sintzel. (28 B. u. 1 Stahlst.) 20 Ngr.

„ 10—12. Annalen d. Erzbruderschaft rc. A. d. Franz. v. M. Sintzel. 3 Hfte. (... B.) 10 Ngr.

—— dies. Neue Reihenfolge I. Sammlung. (Der ganzen Reihenfolge V. Samml.) 12 Bdchn. 8. Ebds. 844.

A. u. d. Ttln.:

Bdchn. 1. Die Leiden der Katholiken in Irland v. J. Röttinger. (6 B.) 7½ Ngr.

„ 2. Mislin, J., Jerusalem. Frei nach d. Franz. v. S. Brunner. (... B.) 6¼ Ngr.

„ 3—5. Die Verehrung des heil. Jünglings Stanislaus Kosta aus d. Gesellschaft Jesu. Ein Lehr- u. Gebetbüchlein rc. Gesamm. v. M. Sintzel. (... B. u. 1 Stahlst.)

„ 6. Leiden u. Verfolgungen der kathol. Kirche in Rußland u. Polen v. J. Röttinger. (... B.) 10 Ngr.

„ 7., 8. Hoffbauer, C. M., d. erste deutsche Redemptorist in sein. Leben u. Wirken rc. Hrsg. v. Pösl. (... B. u. 1 Stahlst.) 10 Ngr.

„ 9—12. Ansart, M., der Geist des heil. Vinzenz v. Paul, od. Muster eines vollkommenen Lebens rc. Nach der franz. Ausg. übers. v. M. Sintzel. 1. Thl. Mit Abbildgn. d. Heiligen. (... B.) Für 3 Thle. 1 Thlr. 20 Ngr.

—— dies. Neue Reihenfolge II. Samml. (Der ganzen Reihenfolge VI. Samml.) 12 Bdchn. 8. Ebds. 844—46.

Bdchn. 1—3. Ansart, M., der Geist d. heil. V. v. Paul. 2. Thl. (... B.) S. neue Reihenf. 1. Samml.

„ 8. Das Husarenkind od. Gott hilft jeder Zeit den Seinigen. Eine lehrr. Erzähl. f. d. Jugend u. Jugendfreunde. 3. verm. Aufl. (... B.) 5 Ngr.

„ 9., 10. Kathol. Wahrheit u. protest. Irrthum in 50 Fragen u. Antworten. (... B.) 11¼ Ngr.

„ 11. Schwarz, J. G., die heil. Mathilde, Gemahlin Heinrichs I. Mit Vorw. v. Höfler. (... B.) 10 Ngr.

Das 4—7. u. 12. Bdchn. sind noch nicht erschienen.

—— wohlfeile, guter katholischer Bücher zur Erbauung, Belehrung und Unterhaltung. Neue Reihenfolge. II. Sammlung. (Der ganzen Reihenfolge VI. Sammlung.) 4—7. und 12. Bdchn. 8. Regensburg 846, Manz. 12 Bdchn.

Bdchn. 4—7. Gossin, M., der heil. Vinzenz von Paul, geschildert in seinen Schriften, oder: Sammlung der Grundsätze, Rathschläge, Uebungen und Briefe des heil. Vinzenz von Paul. Aus dem Franz. übers. von Mich. Sintzel. Supplementband zum Geiste des heil. Vinzenz von Paul. (... S. und 1 Facsim. des Heiligen.)
„ 12. Betrachtung des heiligen Kreuzweges unseres göttlichen Erlösers Jesu Christi. Ein kathol. Erbauungsbüchlein zum Privatgebrauche von Ant. Niederhuber. (108 S. und 1 Stahlst.)

—— dies. Neue Reihenfolge. III. Sammlung. (Der ganzen Reihenfolge VII. Sammlung.) 12 Bdchn. 8. Ebds. 1847.

Bdchn. 1., 2. Ottilia, eine Erzählung (und) Petronilla, eine Erzählung von Mart. Schricker. (175 S. und 1 Stahlst.)
„ 3., 4. Das christl. Haus in bibl. Beispielen geschildert von Joh. Nep. Schneid. 2., verb. Aufl. (184 S. und 1 Stahlst.)
„ 5. Missionsunterrichtsbüchlein. Von J. Neumaier. (56 S.)
„ 6. Marcell der brave Sohn. Eine Erzählung von Maria Lenzen, geb. Sebregondi. (135 S. und 1 Stahlst.)
„ 7. Die Andacht zu den 7 Zufluchten. Von einem Priester der Gesellschaft Jesu. Neu hrsg. von Mich. Sintzel. (249 S. und 1 Stahlst.)
„ 8. Andacht zur Ehre der heiligsten Kindheit Jesu. Hrsg. von Mich. Sintzel. 4. Aufl. (211 S. und 1 Stahlst.)
„ 9. Andachtsbüchlein zur Verehrung des heil. Antonius von Padua. Von Mich. Sintzel. (180 S. und 1 Stahlst.)
„ 10. Maximilians-Büchlein. Das Leben des heil. Maximilian. Von Mich. Sintzel. (287 S. und 1 Stahlst.)
„ 11—12. Marquard Rotenhan's Andachtsübungen. Neue Aufl. Hrsg. von Geo. Adam Ahlem. (378 S. und 1 Stahlst.)

—— dies. Neue Reihenfolge. IV. Sammlung. (Der ganzen Reihenfolge VIII. Sammlung.) 12 Bdchn. 8. Ebds. 848.

Bdchn. 1., 2. Maria, unser Leitstern auf dem Lebensmeere; oder Bekehrung, Gedanken und Gefühle des D. Ludw. Maria von Concilliis. Bearb. von J. Gaume. Aus dem Franz. 1847. (XXXII und 160 S.)
„ 3. Angela, die brave Tochter. Eine Erzählung für die reifere Jugend von Maria Lenzen, geb. Sebregondi. 1842. (112 S. und 1 Stahlst.)
„ 4., 5. Das heil. Vaterunser. Kurze Belehrung und Anweisung, dieses heiligste rc. Gebet mit großem Seelennutzen zu beten. Nach dem größern Werke von Reinhard neu hrsg. (162 S.)
„ 6. Annalen der Erzbruderschaft des heiligsten und unbeflecktesten Herzens Mariä zur Bekehrung der Sünder. Aus dem Franz. des Dufriche-Desgenettes. 5. Heft. (112 S.)
„ 7—9. Die Andacht zum heil. Scapulier. Nach dem Franz. des de Sambucy, bearb. und verm. von Mich. Sintzel. (468 S. und 1 Stahlst.)
„ 10—12. Lehr- und Gebetbuch zur Verehrung des heil. seraph. Vaters Franziskus v. Assisi. Von Mich. Sintzel. (520 S. u. 1 Stahlst.)

— wohlfeile katholische, zur Unterhaltung, Belehrung u. Erbauung. 4.—9. Jahrg. à 24 Liefg. 12. Aachen 840—46, Cremer'sche Buchh. à Jahrg. n. 2¼ ß

— wohlfeile katholische, zur Unterhaltung, Belehrung u. Erbauung. 10 u. 11. Jahrg. à 24 Bdchn. 18. Aachen 847. 48, Cremer. — 12. Jahrg. 12 Lfgn. gr. 12. Ebd. 850. à Jahrg. n. 2⅛ ß

—— dass. — 12.—15. Jahrg. und 16.—18. Jahrg. oder Neue Folge 1.—3. Jahrg. à Jahrg. 12 Lfgn. 8. Ebendas. 849—64. à Jahrg. *

—— dass. — 19. Jahrg. (Neue Folge 4. Jahrg.) 12 Lfgn. 8. (à Lfg. ca. 110 S.) Ebendas. 867. *

1.—9. Jahrg. Ebendas. 1838—46. * 19 Thlr. 20 Ngr.

—— wohlfeile, von Unterhaltungsschriften, in Taschenformat. 1—16. Bdchn. (41 B. in 8., 37 B. in 12., u. 107¾ B. in 16.) Leipzig 829—34, Klein. Zusamm. genomm.

Einzeln:

Bdchn. 1—3. P. J. Charrin, Pariser Abendunterhaltungen. Aus d. Franz. v. L. Hermann. 3 Bdchn. (Neue wohlf. Ausg. v. dessen Damen-Erzählungen.) 12. 1 Thlr.
„ 4. u. 5. W. v. Lüdemann, Andruzzos d. Livadier. Histor. Roman. 2 Bdchn. N. wohlf. A. 12. 18 Gr.
„ 6—8. Lebewohl. N. d. Franz. frei bearb. v. L. Kruse. 3 Thle. 8. 1 Thlr. 12 Gr.
„ 9—11. Pigault-Lebrun, d. Egoismus, od. so sind wir alle. Humoristischer Roman. Deutsch hrsg. v. C. Klein. 3 Thle. N. wohlf. A. 16. 1 Thlr. 8 Gr.
„ 12. G. Jördens, Bella u. Beata. N. wohlf. A. 16. 10 Gr.
„ 13. u. 14. K. H. L. Reinhardt, der Kreuzzug nach Griechenland. Roman. 2 Thle. Die Elfen. — Die Tempelritter. N. wohlf. A. 16. 1 Thlr.
„ 15. Die heldenmüth. Tochter. Griech. Novelle a. d. gegenwärt. Revolutionsperiode, v. P. G**. Frei n. d. Franz. v. W. J. F. v. Halem. N. wohlf. A. 16. 10 Gr.
„ 16. Schreckens-Tage d. unglückl. Elmira Hetikar, einer jungen Griechin aus Jassy. Eine Schauder-Gesch. a. d. gegenwärt. griechisch-türk. Kriegs-Epoche. A. d. Papieren eines ***schen Gesandtschafts-Secretairs. Frei n. d. Engl. bearb. v. C. M. Rittler. N. wohlf. A. 16. 12 Gr.

—— wohlfeile, von Unterhaltungsschriften in Taschenformat. 17—32. Bdchn. 16. Leipzig, C. Klein.

Bd. 17., 18. Susanne, od. d. Gefallsüchtige ohne es zu wissen. A. d. Franz. v. Belmont. 2 Thle. Neue u. wohlf. Ausg. (22½ B.) 835. 20 Gr.
„ 19., 20. Hundt-Radowsky, Hartw. v., Blumenkränze. 2 Kränze. (Thle.) Neue u. wohlf. Ausg. (32½ B.) 835. 1 Thlr.
„ 21. Wilhelmi, H., Zeichnungen nach d. Natur. Entworfen auf e. Reise durch d. Schweiz nach d. Chamouny-Thale. Neue Ausg. (16 B.) 837. 12 Gr.
„ 22. —— Komische Abentheuer Franz Haysans. Seltsame Geschichte e. ungerath. Sohnes, der Verwalter, Scheerenschleifer, Matrose, Colonie-Aufseher, Negerfürst u. Spion war, auch zweimal gehängt wurde. Neue Ausg. (13¾ B.) 837. 10 Gr.
„ 23., 24. Schoppe, Amalie, geb. Weise, Lebensbilder, od. Franziska u. Sophie. Roman in Briefen, besond. f. Frauen u. Jungfrauen. 2 Thle. Neue Ausg. (34½ B.) 837. 1 Thlr. 4 Gr.
„ 25., 26. Kock, Paul v., komische Scenen aus dem Leben eines Bonvivants. A. d. Franz. 2 Thle. 2. Ausg. (21¾ B.) 838. 1 Thlr.
„ 27., 28. Rumsen, H. G., die Bonvivants. Charakterbilder nach d. Leben. 2 Bde. 2. Ausg. (21¼ B.) 838. 1 Thlr.
„ 29—31. Dietrich, Ewald, die Werschowitze. Histor.-romant. Gemälde aus Böhmens Vorzeit. 3 Abthl. Neue Ausg. (40½ B.) 839. 1 Thlr. 9 Gr.
„ 32. Der Talmudist in d. elegant. Welt. Vom Verf. des „jüdischen Gil Blas." Neue Ausg. (13¾ B.) 839. 12 Gr.

1—16. Bdchn. Ebendas. 1829—34. 6 Thlr.

Bibliothek Wolf. 1—15. Bd. 8° Dresd., M Wolf. je — 30 d

Adonis, Der, v. 2. Garderegt. Roman e. Vielbegehrten. (54) ('12) [12]
Betonjeff, Sascha: Das Opfer d. armen Wera. Aus Russlds schlimmer Zeit. (52) ('11) [6]
Breitenfeldt, Erna v.: Auf Liebeswogen. (56) ('11) [8]
Cordes, Alfr.: Die weissen Spatzen. Aus d. modernen Leben. (63) ('11) [7]
Gerhardt: Madame Vampyr. Roman einer Verlorenen. (48) ('11) [5]
Halden (Umschl.: Helden), Hans: Die Braut seines Bruders. Roman a. d. Leben. (61) ('12) [15]
— Im Joch d. Ehe. Der Roman e. Frau a. d. oberen Zehntausend. (52) ('11) [9]
Halwey, Marcell: Das Meernixchen. and- u. Seeabenteuer e. kleinen Kokette. (52) ('11) [3]
Hawton, Henry: Die Uebersättigten. Roman a. d. Opiumhöhlen Londons. (63) ('12) [11]
Patterson, Maud: Meine Schreckensnacht auf d. „Titanic". (48) ('12) [13]
Raisky, Jadwiga v.: Die Durchgebrannten auf d. Hochzeitsreise. Stunden, Tage u. Nächte zweier Verliebten. (48) ('11) [1]
— (Umschl.: Reisky): Juanas Heirat. Aus Spaniens Glut. (63) ('12) [10]
Sünde, Die, d. Mutter. Roman e. unglückl. Kindes. Von S. J. R. (56) ('12) [14]
Vermont, J: Kascheinmenwillys tolle Abenteuer. (Spitzbubengeschichten.) (48 m. Abb.) ('11) [4]
Voges, Eug.: Sie hat d. Tipp. Ein Blick in d. Turfgeheimnisse. (56) ('11) [2]

BIBLIOTHEK für Wollüstlinge. 4 Bde. Rom, o. J. (Ende 18. Jh.). (Weller, fing. Dr.) Grosse Seltenheit!

Noch kein Expl. nachgewiesen.

Bibliothek phonetischer Wörterbücher. Hrsg. u. d. „Association phonétique internationale" gewidm. v. H. Michaelis. 1. Bd. gr. 8. Hannover 897. C. Meyer. n. 4.—; geb. n. 4. 80

Dictionnaire phonétique de la langue française. Par H. Michaelis et P. Passy. Complément nécessaire de tout dictionnaire français. Avec préface de Gaston Paris. (XVI, 319 S.)

— des romant. Wunderbaren, (von Chr. A. Vulpius). 2 Thle. 8. Leipz., Steinacker. 2 ß 8 g

BIBLIOTHEK des romantisch Wunderbaren (von *Christian August Vulpius*). Leipzig 1805. (Im British Museum.)

Anon.-Lex. I. p. 234.

—— der Zauber-, Geheimniß- und Offenbarungs-Bücher und der Wunder-, Hausschatz-Literatur aller Nationen in allen . ren Raritäten und Kuriositäten. Zur Geschichte der Kultur hauptsächlich des Mittelalters, hrsg. von J. Scheible. 1—15. Abthl. 8. Stuttgart, Scheible. à Abthl. 22 Ngr.

Auch unter den Titeln:

Abthl. 1—5. Dr. Johannes Faust's Magia naturalis et innaturalis, oder dreifacher Höllenzwang, letztes Testament und Siegelkunst. Nach einer kostbar ausgestatteten Handschrift in der herzogl. Bibliothek zu Koburg vollständig und wortgetreu hrsg. in 5 Abthlgn., mit einer Menge ill. Abbildungen. (265 S. und 46 Stnt.) 849.

" 6. Das sechste und siebente Buch Mosis, d. i.: Mosis magische Geisterkunst, das Geheimniß aller Geheimnisse. Wort- und bildgetreu nach einer alten Handschrift. 1. und 2., verm. Aufl. [1. (31 S. und 23 Stnt.) 849., 2. (151 S. und 30 Stnt.)] 851.

" 7., 8. Die Nachtseite der Natur, oder Geister und Geisterseher Von C. Crowe. Nach der 2. engl. Ausg. übers. von Car Kolb. 2 Thle. (663 S.) 849.

" 9., 10. Die erstaunlichen Bücher des großen Arztes, Sehers und Schicksals-Propheten Nostradamus in's Deutsche übertr. und den Verständnisse aufgeschlossen von Ed. Roesch. 2 Thle. (530 S. 850.

" 11., 12. Die sibyllinischen Orakel oder die Aussprüche und Weissagungen der alten Sibylle über die Vergangenheit, Gegenwar und Zukunft der Welt. Aus alten Schriften in deutsche Uebertragung mit Einleitung und erläut. Anmerkungen hrsg von Rich. Clemens. 2 Thle. (511 S.) 851.

" 13., 14. Doctor Faust's Bücherschatz. Vollständige Sammlung de 14 ihm zugeschriebenen magischen Werke: Höllenzwang Schwarzer Rabe, Meergeist ꝛc. in wort- und bildgetreuen Abdrücken. 2 Thle. mit einer Menge Abbildungen. (413 S mit 40 Stnt. und eingedr. Holzschn.) 851.

" 15. Die sympathetisch-magnetische Heilkunde in ihrem ganzen Umfange: oder die Lehre von der Transplantation der Krankheiten, die Amulete, die Signaturen ꝛc. (356 S.) 851.

— sozialer Zeitfragen. Nr. 1. gr. 8. München, O. Mitterlein. —40

Das Recht der Unverehelichten. Eine Streitfrage v. e. Frau. Von Eva v. Drenken. (23 S.) (907.)

— der Zeitschrift f. Förder- u. Verladeeinrichtungen im Bergwerks- u. Hüttenbetriebe. gr. 8. Berlin, W. Borngraeber, Sep.-Conto.

Feuerlose Lokomotiven. Von John. (54 S. m. Abbildg.) 910. 2.—

— d. best. deutsch. Zeitschriften. 1r Bd. 8. Pappenh. Typogr. 788.

— d. best. deutsch. Zeitschriften. 1r Bd. 8. Pappenh. 788. (Lpz., Wienbrack). 16 gr.

BIBLIOTHEK für gesellige Circel (sol). 2 Thle. Berlin 1801. 8⁰. 432 S. (2 Mk. 50 Pfg. Rich. Härtel, Plauen, c. 1902.)

Reiche Auswahl v. Räthseln, Gesellschaftsspielen, Anekdoten, Gespenstergeschichten, Kartenkunststücken u. s. w.

— f. gesellschaftl. Zirkel in froh. Stunden. 4 Thle. 8. Berl. 801, 2. Schöne. (Ist e. n. Titel v.: Tzschucke, Taschenb.) 1r u. 2r Thl. 1 Rthlr 14 gr. 3r u. 4r Thl. 1 Rthlr 12 gr. 3 Rthlr 2 gr.

— für Zucker-Interessenten, s.: Rathke, Alb.

— der fremden Zungen. 1.—20. Bd. 8. Stuttgart, Deutsche Verlags-Anstalt. à n. 1.—; geb. à n. 1.50

1. Nantas. Von Emile Zola. Genug! Von J. Turgenjew. Akazienblüte. Von Matilde Serao. Ländlich sittlich. Von D. Emilia Pardo Bazán. Vögel ohne Schwingen. Von Ed. Rabos. (152 S.) 892.
2. Die Diebin. Von Georges Ohnet. Ländliche Ritterlichkeit. Von Giovanni Verga. Schneewinter. Von Gustaf Geijerstam. Gedenkst Du ...? Von Hajota. Der Heim Pons de Vignys. Von Fiore della Nebe. (166 S.) 892.
3. Das Kind. Von Guy de Maupassant. Phöbes Glück. Von George Gissing. Sigurd, der Bootsführer. Von Gestur Palsson. Warum? Von Xaver Sandor-Gjalski. Eine Osterkerze. Von J. L. Caragiale. (158 S.) 892.
4. Starkmut. Von Edmondo de Amicis. Die Ohrfeige. Von Narcis Oller. Die Freudenbotschaft. Von Igor Kalnoll. Er weiß alles. Von L. K. Lazarevits. Ohne Worte. Von Karl A. Tavaststjerna. Zweierlei Glück. Von Djedloff. (167 S.) 892.
5. Nach der Hochzeit. Von Neera. (142 S.) 893.
6. Junge Liebe. Von Henrik Pontoppidan. Margareta. Von Juan Valera. Das ewige Fieber. Von Sándor Bródy. (162 S.) 893.
7. Sahra Halls sonderbare Geschichte. Von J. P. Smith Demjans Fischsuppe. Von C. F. Merkoff. (168 S.) 893.
8. Die Schwestern Verdan. Von T. Combe. Goldflocken. Von Anton Bžlesk. (142 S.) 893.
9. Ein fahrender Ritter der Foot-Hills. Das Erbteil in den Deblow-Marschen. Kapitän Jims Freund. Von Bret Harte. (188 S.) 893.
10. Verbannt. Von Guy de Maupassant. Die Liebe e. Positivisten. Von Edward Bellamy. Virginia. Von Mrs. Forrester. Priester Narkissos. Von Bikelas. Blüten der Hoffnung. Von Marchesa Colombi. Sein eigener Doppelgänger. Von Boleslaw Prus. (159 S.) 893.
11. Der Seeteufel. Von Frank R. Stockton. Auf zur Sonne! Von Aug. Strindberg. Der Arzt der Armen. Von Luigi Capuana. Der alte Narr. Von Béla Kaposi. Ein Kreuzgang. Von Chrn. Elster. Die Sirene. Von Ivo Vojnovic. (163 S.) 893.
12. Soll ich heiraten? Von Pedro Maria Barrera. Eine Liebesgeschichte. Von Henrik Pontoppidan. Das sprechende Pferd. Von F. Anstey. Die Piquefünf. Von Petro Ivo. (167 S.) 893.
13. Knud Tandberg. Von Amalie Skram. Der Tolle vom Binsenbruch. Von Renat. Fucini. Der Siebente. Von Emile Seipgens. Böhmerwald-Idylle. Von Jaroslav Vrchlicky. (159 S.) 894.
14. Eine teure Christbaumfeier v. Jac. Polonsky. Der Impressionist. Von Karl A. Tavaststjerna. Die Estkosehre. Von Alexius von Kada. Das geheime Duell. Von Domenico Ciampoli. (164 S.) 894.
15. Der verhaßte Schwiegersohn. Von Etelka v. Gyarmathy. Der Hochzeitstag. Von Juhani Aho. Eine Wimper. Von J. Beir de Turique. Djalaleddin. Von Raff. (167 S.) 894.
16. Schwester Martha. Von Charles Sybeyre. San Asinone. Von Wilh. Bergson. (162 S.) 894.
17. Geschichte ohne Ende. Von Rich. Harding Davis. Zweite Wahrheit. Von Matschtet. Für die künftigen Generationen. Von Sigism. Justh. Corisande. Von Mrs. Forrester. Ellen Foshöj. Von Iwar Ring. (158 S.) 894.
18. An die Jugend. Von Emile Zola. Bei der Finnenkirche. Von Magd. Thoresen. Zwei Briefe. Von Louis Alfonso. Am Strom. Von F. Martini. An Sie. Von T. R. Sullivan. Am Schluß der Flitterwochen. Von Karl A. Tavaststjerna. (168 S.) 894.
19. Al-Davan. Von W. Korolenko. Frau Melina. Von F. Herczeg. Die Ranch Heavenly Rest. Von Forbes Heermans. Engelhans. Von Geo. Drosinis. Brandung. Von Marie Boddaert. (162 S.) 894.
20. Addio. Von Neera. Ein Seelchen. Von Louis Couperus. Der Bauern-Don-Juan. Von Steph. v. Barsony. Eine Sylvesternacht. Von B. Heidenstam. (152 S.) 894.

Bibliothéka, s. Bibliotéka.

Bibliothekar, Der. Leipzig [1902]. V: *Paszkowski, Wilhelm.* (Stadtbibl. Frankf. a. M. Kat. der Neueren Bestände.)

Bibliothekar, Der. Mit einem Anhang: Die Bibliothekarin. Leipzig [1909]. V: *Oberlaender, Herbert.* (Berlzu 1923, II, 2524)

Der **Bibliothekar.** M. e. Anh. Die Bibliothekarin. Leipzig 1909. 8⁰. —.
(Was willst Du werden? Die Berufsarten d. Mannes in Einzeldarstellungen.)

Bibliothekar, der. Monatsschr. f. Arbeiterbibliotheken. Red.: Gust. Hennig. 1. Jahrg. April—Dezbr. 1909. 9 Nrn. (à ca. 8 S.) Lex. 8. Leipzig, Leipziger Buchdruckerei. 1.50

Bibliothekar, Der. Monatsschr. f. Arbeiterbibliotheken. Red.: Gust. Hennig. 2—4. J. '10—12 je 12 Nrn. ('12, Nr 1: 8 u. 4) Lex8⁰ Lpzg, Leipz. Buchdr. viertelj. —50

Bibliothekar, der allrathgebende poet., f. alle irgend vorkommende Familien-Feste, sowohl bei frohen wie bei traur. Begebenheiten. Eine auserles. Samml. von neuen geistr. Gelegenheitsgedichten in gebund. u. ungebund. Rede. Nebst Anleit. zur Kunst Verse zu schreiben, selbst Gelegenheits-Gedichte anzufert., u. solche f. jed. vorkomm. Fall anpassend abzuändern. 8. (15 B.) Graudenz 832. (Berlin, Enslin'sche Buchh.)

Bibliothekar, der allrathgebende poetische, für alle irgend vorkommende Familienfeste, sowohl bei frohen wie bei traurigen Begebenheiten. Eine auserles. Samml. von neuen geistreichen Gelegenheits-Gedichten ꝛc. 2., verm. u. verb. Aufl. 8. (17½ B.) Graudenz 845, Röthesche Buchh.

Bibliothekar, Der, und sein Beruf. Nöte, Wünsche und Hoffnungen, erwogen von einem preußischen Kollegen. Leipzig 1909. V: *Reinhold, Heinrich.* (EB)

— der, u. sein Beruf. Nöte, Wünsche u. Hoffngn., erwogen v. e. preuß. Kollegen. (46 S.) 8. Leipzig 909. Quelle & Meyer. 1.—

Bibliothekcatalog, s. Bibliothekskatalog.

Allgemein zugängliche **Bibliotheken**, Lesehallen und Museen, ständig eingerichtete Theater und Bühnen im Königreiche Böhmen im J. 1905. Deutsche Ausg. Prag: Selbstverl.; Calve in Komm. 1910. CCXV, 204 S. 4°
(Mitteilungen d. Statist. Landesamtes d. Kgr. Böhmen. Bd 14, H. 1.) [11. 4511

Die ASZETISCHEN Bibliotheken aufgehoben, und die aszetischen Bücher unterdrückt.
In: Merkur Jg. 1. 1786. H. 2.

Bibliotheken, Die, und die Bewegungen auf dem Gebiete des deutschen Buchhandels. Leipzig [1884]. V: *Dziatzko, Carl.* (cb)

Bibliotheken, Lesehallen und Museen, Theater und Bühnen in Kgr. Böhmen. 1905. (Mitteilungen des Statistischen Landesamtes des Königreichs Böhmen 14) Prag 1910

Berliner Bibliothekenführer. Herausgegeben von P. Schwenke und A. Hortzschansky. Berlin 1906.

Bibliotheken - Instruction. Wien 1825. V: *Powondra, Thomas.* (Erman & Horn, Bibliographie d. dtsch. Universitäten. 1. Leipz. u. Berl. 1904. S. 235.)

Bibliothekkatalog, s. Bibliothekskatalog

Bibliothekordnung, s. Bibliotheksordnung.

Bibliothekskatalog, 97 S.
Progr. Czernowitz St. G. Sch. 1880.

Bibliothekcatalog. B'-K' des Appenzeller-Vereins Zürich. 1909. [Mit 1 Wappenvignette.] 67 S. 8. [Zürich, Gebr. Leemann & Co.] [fr. —. 80]

Bibliothekcatalog. B' K' der Lithographia Bern. [Mit illustriertem Umschlag.] *lithogr.* [IV + 10 S.] 8. [Bern, Lithogr. C. L. Wehrlin, 1904.] fr. —. 30

Bibliothekcatalog. B'-K' der Sektion Bern des Schweizer Alpenklub. Teil 1 enthaltend: Die Bücher, die Karten und die Panoramen. Bestand auf 12. Oktober 1908. [Mit 1 Vignette.] II + IV + 261 S. 8. (Laupen-Bern, E. Bollmann, [1909].) [fr. 1. 70]

Bibliothekcatalog. Kaufmännischer Verein Bern. Bibliothek-Katalog nach dem Bestande vom 1. Januar 1901 und Reglement für die Benützung der Bibliothek und des Lesezirkels. IV + 28 S. 8. Bern, Büchler & Co., 1901.

Bibliotheks-Catalog der ger. u. vollk. Johannisloge »Blücher von Wahlstadt« im Or. Charlottenburg. Nach der Aufnahme in den Ferien 1901. Charlottenburg 1902. H: *Nauert, Edmund.* (wolfstieg I, 18)

Bibliothekcatalog. Bibliothek-Katalog (des) Kaufmännische(n) Verein(s) Burgdorf. August 1901. II + 16 S. 8. Burgdorf, (S. Haller), 1901.

Bibliotheks-Katalog des Museums Francisco-Carolinum in Linz a. D. Verf. v. Gust. Bancalari. Hrsg. vom Verwaltungsrathe des Museums. Nebst I. u. II. Nachtrag. (IX, 767 S.) gr. 8. Linz a/D. 896. 900. Museum Francisco-Carolinum. (Nur direkt.) Fink. n. 5. 10

Bibliotheks-Katalog der Theosophischen Gesellschaft, Zweig Berlin. [Nebst] Nachtrag 1. [Mehr nicht erschienen.] Berlin: Theosoph. Gesellsch. [um 1904]. (38, 7 S.) 8° [Umschlagt.] [06. 10018

Bibliotheks-Katalog der Theosophischen Gesellschaft, Zweig Berlin. 3. Aufl. Berlin: Theosoph. Gesellsch. 1906. (35 S.) 8° [ ] [06. 10019

Bibliotheks-Katalog der Loge Harpokrates im Or. zu Magdeburg. Bestand am 1. April 1858. Magdeburg [1858]: Demcker. 11 S. 8⁰
[Nach Kat. d. □ Z. gold. Krone, Stendal.]

Der Bibliothekskatalog des Stiftes Heiligenkreuz vom Jahre 1374. Aus der Handschrift von St. Gallen herausgegeben von P. Gabriel Meier O. S. B. [Aus dem Archiv für österr. Geschichte (Bd. XC, II. Hälfte, S. 401) separat abgedruckt.] Wien. 1901. In Comm. Gerold's Sohn. Gr.-8°. K —.50

Bibliothekcatalog. Bibliothek-Katalog des Kaufmännischen Vereins Herisau. II + 19 S. 8. Herisau, Schläpfer & Cie., [1902].

Bibliotheks-Catalog der Johannisloge zur Akazie am Saalstrande in Wenigenjena. Nebst Anh. die übrigen Sammlungen dieser Loge betr. Nach dem Bestande vom Dez. 1897. Hof [1898]. H: *Piltz, Ernst.* (wolfstieg I, 18)

Bibliothek-Katalog der Künstler-Gesellschaft in Zürich 1875. 31 Stn. 8. Zürich, Druck von Orell Füssli & Co.

I. Nachtrag zum Bibliothekskatalog [der Loge z. Preuss. Adler in Insterburg] 1910. o. O. u. J. 3 Bl. 8⁰. [Kopftit., recto bedr.]
Nachtrag II und Berichtigungen zum Bibliotheks-Katalog Juni 1911. o. O. u. J. 3 Bl. 8⁰. [Kopftit., recto bedr.]
°Nachtrag III zum Bibliothekskatalog Johanni 1912. o. O. u. J. 4 Bl. 8⁰ [recto bedr.].
°[Ebenso] Nachtrag IV... Johanni 1913. o. O. u. J. 4 Bl. [recto bedr.]

Loge zu den drei Bergen in Freiberg [i. S.]. Bibliothek-Katalog 1875. Freiberg i. S. [1875]: Gerlach. 47 S. 8⁰ [Umschlagtit.]

Bibliothek-Katalog des deutsch. Museums v. Meisterwerken d. Naturwissensch. u. Technik. (IX, 271 S.) Lex. 8. Leipzig 907. B. G. Teubner. 5. —

Bibliothekscatalog. Bibliotheksk' der Museumsgesellschaft in Bern. Februar 1908. 306 S. 8. Bern, Gustav Grunau, 1908.

Bibliothekscatalog. 1. Nachtrag zum B'-K' der Museumsgesellschaft in Bern. Juni 1910. 11 S. 8. [Bümpliz, Benteli A.-G.]

Verband d. Privat-Theater-Vereine Deutschlands. **Bibliothek-Katalog.** Ausg. 1901. ([Berlin] 1901.) 8° [06. 7305

Bibliotheks-Katalog des Vereines der Buchdrucker Kärntens. Klgft., St. Josefs-Druck., 1901. 37 S. — Klgft., v. Kleinmayr, 1907. 44 S. — Klgft., St. Josefs-Druck., 1909. 38 S.

Bibliotheks-Katalog der wissenschaftlichen Werke, Militärwissenschaftlicher und Casino-Verein in Wien. Wien 1890. Beigeb. 1. Nachtrag, enthaltend die vom August 1890 bis August 1893 zugewachsenen neuen Werke.
8. Wien 1890 u. 1893.

Bibliotheks-Catalog der wissenschaftlichen Werke. Militär-wissenschaftlicher und Casino-Verein in Wien. (Ergänzung.) Beigebunden 2—6. Nachtrag vom August 1893 bis Ende August 1899. 8. Wien 1895—1899.

— — (Neu-Auflage.) Beigebunden 1. und 2. Nachtrag. 8. Wien 1901—1903.

Bibliothek-Katalog der Johannis-Loge Wilhelm zur aufgehenden Sonne im Or. Stuttgart. [Nebst] Nachtr. Stuttgart 1880: Kröner; 1894: Stähle & Friedel. 8⁰
Verz. 39 S. 1880; Nachtr. 1880—1893; 14 S. 1894. [Umschlagtit.]
Tt. 6.

Bibliothekcatalog. B'-K' des Kaufmännischen Vereins Winterthur. 8.
B'-K'.... 1908. [Mit 1 Vignette.] IV + 61 S. Winterthur, Geschwister Ziegler. fr. 1. —
Nachtrag 1 zum B'-K'..., umfassend die im Vereinsjahre 1908/1909 angeschafften Werke. 6 S. [W', G' Z'.]
Nachtrag 2 zum B'-K'..., umf' die im V' 1909/1910 ang' Werke. 8 S. [W', G' Z'.]

Central-Gewerbe-Verein f. Rheinland, Westfalen u. benachbarte Bezirke zu Düsseldorf. **Bibliotheks-Katalog** abgeschlossen am 15. August 1908 mit der Nummer 2200. Düsseldorf (1908): Bagel. 158, 264 S. 8⁰ [09. 11431]

Bibliotheks-Ordnung [der Loge Archimedes zu den drei Reissbretern]. Angenommen in der Sitzung des Logen-Vorstandes vom 25. Jan. 1910. [Altenburg 1910.] 1 Bl. 8⁰ [Kopftit.]

Bibliotheksordnung und Benutzungsordnung vom 14. Juni 1893. Frankfurt a. M. o. J. 8⁰.

Bibliotheksordnung der Deutschen Morgenländischen Gesellschaft. (Leipzig [1906]: G. Kreysing.) (XVI S.) 8⁰ [Kopft.] [06. 9061 3]

Bibliotheks-Ordnung der 'Psychologischen Gesellschaft zu Berlin'. Beschlossen am 6. Nov. 1902. ([Berlin: Psycholog. Gesellschaft] 1902.) (1 Bl.) 8⁰ [Kopft.] [06. 6450]

Bibliothek-Ordnung der Hansa-Schule. Bergedorf bei Hamburg, gedr. in E. Wagners Buchdr., 1891; S. 53—54; 4⁰
Bergedorf bei Hamburg, Hansa-S, OP 1891 (710)

Großherzogl. Badische Technische Hochschule zu Karlsruhe. Auszug aus der **Bibliotheksordnung.** (§ 1—12.) [Um 1904.] — [Veränderte Fassung.] (Okt. 1907.) ¶ Die vollständige Bibliotheksordnung nicht gedruckt.

Grossherzogl. Technische Hochschule zu Darmstadt. Auszug aus der **Bibliothek-Ordnung** der Grossherzogl. Technischen Hochschule zu Darmstadt. (B.) Bestimmungen für die Benutzung der Bibliothek seitens der Docenten. ([Folgt:] C. Bestimmungen über Anschaffungen.) 1895.

Grossherzogl. Technische Hochschule zu Darmstadt. Auszug aus der **Bibliothek-Ordnung.** Bestimmungen für die Benutzung der Bibliothek seitens der Studierenden. [Folgt:] Bestimmungen für die Benutzung des Lesezimmers seitens der Studierenden. [1895.]

. Auszug aus der **Bibliotheksordnung** der Großh. Technischen Hochschule zu Darmstadt. (B.) Bestimmungen für Dozenten. ([Folgt:] C. Bestimmungen über Anschaffungen.) 1895. ⟨Neudr. 1912.⟩

Bibliothek-Ordnung der Kgl. Bayer. Technischen Hochschule zu München (v. 6. 10. 1884). 1884.
[Dasselbe] (v. 2. 1. 1892). 1892. ¶ Abgedr. in: Katalog d. Bibliothek. Nachtrag 1. 1892 [Nr 2353].

[Umschlagt.:] **Bibliotheksordnung** der K. S. Technischen Hochschule Dresden. *Dresden: Dr. v. B. G. Teubner 1897.* (7 S.) 1 Bd 8. [97. 7701]

Bibliotheksordnung der K. S. Technischen Hochschule Dresden. Vom 25. 2. 1910. 1910.

Bibliothek-Ordnung für die Kgl. Technische Hochschule zu Aachen, genehmigt 9. 1. 1883.

Bibliothek-Ordnung der Kgl. Technischen Hochschule zu Hannover (v. 12. 7. 1882). *H**

Bibliothek-Ordnung der Kgl. Technischen Hochschule in München (v. 23. 1. 1903). — [Dasselbe u. d. T.:] Bibliotheks-Ordnung . . . (v. 23. 1. 1903, 28. 5. u. 5. 6. 1908). ¶ Abgedr. in: Katalog d. Bibliothek. Nachtrag 2. 1903 [Nr 2353]. *1903: M*

Bibliothekordnung der thierärztlichen Hochschule. (Berlin 1898.) (7 S.) 8⁰ [Kopft. F.] [06. 3842]

Loge Friedrich zur Gerechtigkeit [in Berlin]. Bibliothek-Ordnung und Katalog. [Berlin 1895]: Denter & Nicolas. 27 S. 8⁰ [Umschlagtit.]

Grossherzogl. Polytechnikum Darmstadt. Auszug aus der **Bibliothekordnung.** Bestimmungen für die Benutzung der Bibliothek seitens der Studirenden (v. 12. u. 13. 2. 1874). [Folgt:] Bestimmungen über die Benutzung des Lesezimmers seitens der Studirenden. — [Anderer Dr. u. d. T.:] Grossherzogl. polytechnische Schule zu Darmstadt. Auszug aus der Bibliothek-Ordnung . . . *1. Dr.: Da HofB*

Bibliotheksordnung am Kgl. Polytechnikum Dresden (v. 26. 7. 1878).

Bibliotheksordnung am Kgl. Polytechnikum Dresden (v. 23. 1. 1884). 1884.

Großherzogl. polytechnische Schule zu Darmstadt. **Bibliothek-Ordnung.** Auszug. B. Benutzung der Bibliothek Seitens der Docenten des Polytechnikums. [Folgt:] C. Bestimmungen über Anschaffung der Bücher (v. 12. u. 13. 2. 1874). [Autogr.]

Bibliothek-Ordnung der Polytechnischen Schule zu München (v. 23. 9. 1870). 1870. ¶ Abgedr. in: Katalog d. Bibliothek. 1881 [Nr 2353].

Potsdam: **Bibliothek-Ordnung** [der Loge Teutonia zur Weisheit]. (Meister-Beschluss vom 17. Mai 1883.) [Potsdam 1883: Krämer.] 1 B. 8° [Kopftit.]

Kaiserliche Universitäts- und Landes-Bibliothek. **Bibliotheks-Ordnung.** *Strassburg: J. H. E. Heitz 1901.* (11 S.) 8° [Umschlagt.] [01. 10349 8

Bibliothek-Ordnung für die Königliche Universitäts-Bibliothek zu Kiel. 2. Abdruck. Mit Berücksichtigung der erfolgten Abänderungen und Ergänzungen. Kiel. 1890. 8°.

Bibliotheksordnung des Vereins deutscher Eisenhüttenleute. Düsseldorf 1910. 7 S. 8° [10. 16811

Bibliothèque de l'adolescence ou choix des meilleurs ouvrages français du 19. siècle. 1. Série. Vol. 1—3. gr. 16. Magdeburg und Leipzig 854, [Gebr. Baensch.] à Vol. 6 Ngr.

Aussi sur les titres:

Vol. 1. Les proscrits de Charles Nodler; avec des notes historiques et philologiques par G. H. F. de Castres. (VI und 66 S.)
2. Ce que la forêt se raconte. Contes de Gust. de Putlitz. Traduits de l'allemand. Publiés par G. H. F. de Castres. (VI und 52 S.)
3. L'amour et le grimoire, par Charles Nodler. Avec des notes historiques et philologiques par G. H. F. de Castres. (55 S.)

Bibliothèque Américaine. Catalogue raisonné d'une collection de livres précieux sur l'Amérique parus depuis sa découverte jusqu'à l'an 1700 en vente chez Friedrich Arnold Brockhaus à Leipzig. Rédigé par Paul Trömel. Leipzig 1861. XI, 133 S. 8°.

***Bibliothèque* amusante, Première Division. Contes de Fées, voyages imaginaires etc. III Vols. gr. 12. Weim. 812 et 13. L.-Ind.-Compt. 3 ℛ Seconde Division. Contes moreaux. III Vols. gr. 12. La même 812 et 14. 3 ℛ**

Bibliothèque amusante de la jeunesse. gr. in-16. Leipsic. (Quedlinbourg 842, Schmaltz.) n. 2 ℛ

Bibliothèque amusante de la jeunesse. Nouvelle Édition. Vol. 1. gr. 16. (750 S.) Leipsic 849, Schmaltz. 2 ℛ

Bibliothèque des Arts et Métiers. No 1. 8. Berne, Büchler & Co., 1901. fr. —. 30

s. (Hug, G[ottlieb]).

Bibliothèque balnéolog. Dir. général: C Preysz. Nr. 40. 8° Budap. 95, Eggenberger. 1 —

Les plages et les stations minérales de la Belgique. Par J Felix. (48 m. Abbildgn.)

Nr. 1—39 sind teils in ungar., teils u. d. T.: Bibliothek, balneolog., in deut. Sprache erschienen.

— **bleue.** VI Vol. 8. Bern, Typogr. Sociét.

Bibliothèque classique intéressante. I. Série. No. 1—6. 8. Berlin 886. Neufeld & Mehring. à 1. 20

1. H. de Balzac: Scènes de la vie privée. La femme abandonnée. La femme de 30 ans. Nouvelle éd. (153 S.)
2. Bret: Mémoires et lettres de Mademoiselle de Lenclos. Éd. complète. (179 S.)
3. C. Delaclos: Les liaisons dangereuses. Lettres recueillies dans une société, et publiées pour l'instruction de quelques autres. (183 S.)
4. Diderot: La religieuse. (235 S.)
5. Frédéric Soulié: Nouvelles. (194 S.)
6. Claude Tillier: Mon oncle Benjamin. Nouvelle éd. (204 S.)

Bibliothèque classique intéressante. 2. série. 6 vols. 8. Berlin 887. Neufeld & Henius. à 1. 20

1. La Fontaine: Les amours de Psyché et de Cupidon. Nouvelle éd. (174 S.)
2. Mme. Emile de Girardin: Le lorgnon, Contes d'une vieille fille à ses neveux. Noémi ou l'enfant crédule. L'île des marmitons. Nouvelle éd. (105 S.)
3. M. de Crébillon le fils: Le sopha. Conte moral. Ed. complète. (185 S.)
4. Voisenon: Contes légers. Éd. complète. (211 S.)
5. Marguerite de Valois: Les contes de la Reine de Navarre. Nouvelle éd. (308 S.)
6. H. de Balzac: Physiologie du mariage ou méditations de philosophie éclectique sur le bonheur et le malheur conjugal. Nouvelle éd. (310 S.)

—— **des classiques français.** 1—120. Livr. gr. 16. Francfort s. M. 853—56, Bechhold. à Livr. * 4 Ngr. *

Aussi sur les titres:

Histoire de la révolution française, par A. Thiers. 22 Livr. ou 7 Vol. [1. (425 S.) 2. (460 S.) 3—5. (1262 S.) 6. (380 S.) 7. (511 S. mit Portr. in Stahlst. und 1 lithogr. Karte in Fol.)] * 2 Thlr. 28 Ngr.

Oeuvres de Molière. Augmentées de notes explicatives. 12 Livr. ou 3 Vol. (1903 S.) * 1 Thlr. 18 Ngr.

Oeuvres complètes de Lamartine. Livr. 1—45. ou Vol. 1—12. [1. et 2. (1200 S.) 3—5. (1487 S.) 6. (536 S.) 7. et 8. (908 S.) 9. et 10. (987 S.) 11. (488 S.) 12. (404 S.)] * 6 Thlr.

Oeuvres complètes de J.-J. Rousseau avec des notes historiques. Livr. 1—36. ou Vol. 1—11. [1. (503 S.) 2. (400 S.) 3. et 4. (860 S.) 5. (376 S.) 6. et 7. (798 S.) 8—10. (1107 S.) 11. (S. 1—224.)] * 4 Thlr. 24 Ngr.

Oeuvres complètes de Béranger. Livr. 1—5. ou Vol. 1. et 2. (XVIII und 621 S.) * 20 Ngr.

Bibliothèque des classiques français. Livr. 121—186. gr. 16. Frankfurt a. M. 856—59, Bechhold. à Livr. * 4 Ngr. *

Auch unter den Titeln:

Livr. 121. 122. 124. 126. 128. 130. Rousseau, J.-J., oeuvres complètes, avec des notes historiques. [11. Bd. (S. 225—462.) und 12. Bd. (448 S. [Schluss] mit in Stahl gest. Portr.)]
» 123. 125. 127. 129. 131—148. 151—167. Hugo, Victor, oeuvres complètes. [1. und 2. Bd. (628 S.) 3. Bd. (462 S.) 4—6. Bd. (1034 S.) 7. Bd. (325 S.) 8. Bd. (567 S.) 9. Bd. (621 S.) 10. Bd. (576 S. mit Portr. in Stahlst.)]
» 149. 150. Béranger (J.-P. de), oeuvres complètes. 3. Bd. (224 S.)
» 168—174. Racine (J.), théâtre complet, précédée d'une note par Auger. 2 Bde. (850 S.)
» 175—186. Corneille, Pierre et Thomas, théâtre. [1. Bd. (631 S.) und 2. Bd. (615 S.)]

Vgl. 12. Bd. 1. Abthl. S. 107.

—— **contemporaine.** Choix des meilleurs auteurs français. Avec des notes explicatives en français et en allemand. A l'usage des écoles et de l'étude particulière par C. M. Sauer. Nr. 1—3. 8. Görlitz 879, Vierling. à * 60 Pf. *

Inhalt:

Nr. 1. Souvestre, Emile, les anges du foyer. (IV, 68 S.)
» 2. Michelet, J., la mer. (III, 60 S.)
» 3. Melesville et Duveyrier, Michel Perrin. Comédie en 2 actes. (III, 74 S.)

Eine Ausgabe mit französ. und italien. Anmerkungen erschien 1879 zu gleichem Preise.

Bibliothèque contemporaine. Choix des meilleurs auteurs français. Avec des notes explicatives en français et en allemand. A l'usage des écoles et de l'étude particulière par C. M. Sauer. Nr. 4: Le Puff ou mensonge et vérité. Comédie en 5 actes par Eug. Scribe. 8. (IV, 124 S.) Görlitz 880, Vierling. *

Bibliothèque critique ou memoires pour servir à l'histoire litteraire ancienne et moderne: . . . Berlin 1745. H: *Formey, Joh. Heinrich Samuel.* (Milchs)

Bibliothèque des Dames, ou recueils en prose et en vers de plus beaux morceaux de litterature, reflex, morales, biographies, modernes etc. 4 Vol. avec gravures color. gr. 8. Bronsw. Pluchart. 816 et 17. Rthlr.

Bibliothèque dramatique, nouvelle, Tom. IV. (Les trois quartiers, comédie par Picard et Mazères. — Simple histoire, comédie-vaudeville par Scribe et de Courcy.) 8. (10 B.) Jena 828, Bran.

Bibliothèque dramatique, nouvelle, Tom. V. (Blanche d'Aquitaine ou le dernier des Carlovingiens, tragédie, p. Hipp. Bis. — Avant, pendant et après, esquisses historiques, p. Scribe et de Rougemont.) 8. (11 B.) Jena 828, Bran. Thlr,

—— la même. Tom. VI. (La petite ville, par Picard. — Malvina, ou un mariage d'inclination, p. Scribe.) 8. (10¼ B.) le même 829.

—— la même. Tom. VII. (La femme jalouse, comédie, de Desforges. — L'ambassadeur, comédie-vaud., p. Scribe et Mellesville. 8. (10 B.) le même 829.

—— la même. Tom. VIII. (Hernani, par V. Hugo. — Les manteaux, p. Scribe, Varner et Dupin.) 8. (10 B.) le même 830. Tom. I—III. Ebendas. 1825—27. à 12 Gr.

Bibliothèque de drames nationaux. Choix de pièces tirées de l'histoire et des moeurs de la Suisse publié par F. A. Stocker. Vols. I. II. Frick 864. Stocker. 16. n. 28 ngr

I.: Haldy, J., Ida de Tockenbourg. Drame versifié en 5 actes. — Mulhauser, Jul., Philibert Berthelier, ou Genève en 1519. Drame national historique à grand spectacle, en 5 actes et 12 tableaux. (211 S.) n. 16 ngr

II.: Hurt-Binet, O., et E. H. Gaullieur, Le major Davel. Drame historique en 5 actes. (152 S.) 12 ngr

— de l'école des hautes études. Sciences philologiques et historiques. 20—24. u. 26—28. Fasc. gr. 8. Paris 875. 76. Vieweg. n. 85. 75

20. Quintilien, institution oratoire, collation d'un manuscript du IXe siècle par Em. Chatelain et Jul. le Coultre. (52 S.) n. 3. —
21. Pleurs de Philippe le Solitaire, poëme en vers politiques, publ. dans le texte pour la première fois d'après six mss. de la bibliothèque nationale par Em. Auvray. (107 S.) n. 3. 75
22. Hymne a Ammon-Ra des papyrus égyptiens du musée de Boulaq trad. et commenté par Eug. Grébaut. (304 S.) n. 22. —
23. Haurvatât et Ameretât, essai sur la mythologie de l'Avesta, par J. Darmesteter. (91 S.) n. 4. —
24. Bücheler, Fr., précis de la déclinaison latine. (XXII, 225 S.) n. 8. —
26. Bréal, M., les tables Eugubines. Texte, traduction et commentaire avec une grammaire et une introduction historique. (XXXII, 391 S. m. 13 Steintaf. in 4. u. gr. Fol.) n. 30. —
27. Robiou, Fél., questions Homériques. (S. 1—110.) n. 6. —
28. Matériaux pour servir a l'histoire de la philosophie de l'Inde. Exposé chronologique et systematique d'après les textes de la doctrine des principales upanishards par P. Regnaud. (181 S.) n. 9. —

— de l'école des hautes études. Sciences philologiques et historiques. Tome 31 et 33. 8. Paris 877. Vieweg. n. 32. —

31. Histoire de la ville de Saint-Omer et de ses institutions jusqu'au XIVe siècle. Par A. Giry. (XII, 608 S.) n. 20. —
33. Etudes sur l'industrie et la classe industrielle à Paris au XIIIe et au XIVe siècle. Par Gust. Fagniez. (XI, 426 S.) n. 12. —

—— économique, publiées p. C. Schütz. Vol. I—VII. gr. in-16. Bielefeld, Velhagen et Klasing. à ½ Thlr.

A. s. l. ttrs.

Vol. I. Indiana. — André. Par George Sand. (27⅛ B. et Portr. de l'aut.) 843.
II—V. Révolution française. Histoire de dix ans. 1830—1840. Par Louis Blanc. IV Tom. [1., 2. (57⅛ B.) 3. (31⅝ B.) 844., 4. (29 B.) 45.]
VI. Notre-Dame de Paris. Par Victor Hugo. 16. (23½ B. et 1 Portr.) 845.
VII. Nouvelles génevoises par R. Töpfer. (23½ B.) 846.

— d'éducation pour le premier age. XIV Vols. 24. Braunschw. 814—17. Pluchart. 7 ℛℊ 18 ℊℊ

— Françaiae, s. a. J. B. Engelmann.

—— française. (Livr. I.) — A. s. l. t.: Modèles de Narration. Extraits de Chateaubriand, Barante, Fénélon, Montesquieu, Walsh, Mad. Ducrest, Ségur, Peron etc. Avec des notes histor., biograph. et littéraires, précédés d'un essai sur l'éducat. des jeunes personnes, p. Fresse-Montval. (Livr. I.) gr. in-8. (10½ B.) Francfort s. M. 834, Schmerber. Drckvlnp. 12 Gr., Vlnp.

—— française ou choix de livres intéressants destinés à la jeunesse allemande des deux sexes. Collection d'ouvrages français, où l'on a supprimé les parties d'une importance secondaire et les détails peu convenables à l'âge et aux moeurs de jeunes gens, recueillis par Charles Zoller. Tome I—XII. gr. 16. Stuttgart 850—51, E. Hallberger. à Tome * 10 Ngr. *

Aussi sur les titres:

Tome I. Graziella par A. de Lamartine. (124 S.)
II. Une veillée d'automne par une vieille femme. Lydie ou la résurrection par Charles Nodier. Boutades et bluettes par J. Petit-Senn. (124 S.)
III. Robertine par Mme. de Bawr. (162 S.)
IV. Picciola par X. B. Saintine. (159 S.)
V. Oeuvres choisies du Comte Xav. de Maistre, cont. la jeune Sibérienne, le lépreux de la cité d'Aoste et quelques journées du voyage autour de ma chambre. Suivie d'une harmonie poétique au Comte Xav. de Maistre par Lamartine. (144 S.)
VI. Choix d'oeuvres dramatiques de Cas. Delavigne, cont. les enfants d'Edouard et une famille au temps de Luther. (223 S.)
VII. Nouvelles Génevoises par R. Töpffer. (151 S.)
VIII. Madeleine par Jules Sandeau. (158 S.)
IX. De l'Allemagne par Mme. de Staël, choix de beautés principales et des parties les plus intéressantes de l'ouvrage. (IV und 167 S.)
X. Voyage en Orient. Quinze jours au Sinaï. Par Alex. Dumas. (158 S.)
XI. Mosaïque cont.: Le dernier des Abencerages, par Châteaubriand. Les prisonniers du Caucase par Xav. de Maistre. La grenadière, par de Balzac. Mémoires d'un écu de cinq francs, par une vieille femme. (III und 155 S.)
XII. Choix de poésies françaises. Poètes modernes. (VIII und 152 S.)

—— française ou choix de livres intéressants destinés à la jeunesse allemande des deux sexes. Collections d'ouvrages français, recueillis par Charles Zoller. Série II. Tome 1—6. gr. 16. Stuttgart, Ed. Hallberger. à Tom. * 10 Ngr. *

Aussi sur les titres:

Tome 1. Les martyrs par Châteaubriand. (150 S.) 852.
- 2. Quelques journées de l'hermite de la Chaussée d'Antin ou observations sur les moeurs et les usages français au commencement du XIX. siècle par Jouy. (VI und 161 S.) 853.
- 3. Le conteur génévois. Nouvelles, souvenirs, épisodes par C. Mallet. (172 S.) 853.
- 4. Un philosophe sous les toits. Ouvrage couronné par l'académie française, publié par Emile Souvestre. (152 S.) 854.
- 5. Lectures choisies pour les jeunes personnes. (VI und 163 S.) 854.
- 6. Le compagnon du foyer par Surville née de Balzac. (176 S.) 855.

Serie I. (12 Tomes. 1. Édit.) Ebendas. 1850—51. * 4 Thlr.

Bibliothèque française ou Choix de livres intéressants destinés à la jeunesse allemande des deux sexés. Collection d'ouvrages français etc., recueillis par Charles Zoller. Série I. 2. édit. (Titel-Ausg.) Stuttgart (850, 51.) 854, 56. E. Hallberger. gr. 16. Jedes Bdchn. 10 ngr

Tome 1.: Graziella par A. de Lamartine. (2 Bl., 124 S.)
„ 2.: Une veillée d'automne par une vieille femme. — Lydie ou la résurrection par Charles Nodier. — Boutades et blouettes par J. Petit-Senn. (2 Bl., 124 S.)
„ 3.: Robertine par Mme. de Bawr. (2 Bl., 160 S.)
„ 4.: Picciola par X. B. Saintine. — 3. édit. 857. (1 Bl., 159 S.)
„ 5.: Oeuvres choisies du comte X. de Maistre cont. la jeune Sibérienne etc. Suivies d'une harmonie poëtique au comte de Maistre par Lamartine. (2 Bl., 144 S.)
„ 6.: Choix d'oeuvres dramat. de Casimir Delavigne. Conten. les Enfants d'Edouard et Une famille aux temps de Luther. (2 Bl., 233 S.)
„ 8.: Madelaine par Jul. Sandeau. (2 Bl., 158 S.)
„ 9.: De l'Allemagne par Mme de Stael, choix des beautés principales et des parties les plus intéressantes de l'ouvrage. (1 Bl., IV, 167 S.)
„ 10.: Voyage en Orient. Quinze ans au Sinai. Par Alex. Dumas. (2 Bl., 158 S.)
„ 11.: Mosaïque conten. Le dernier des Abencerages, par Chateaubriand, Les Prisonniers du Caucase, par X. de Maistre, La Grenadière, par de Balzac, Mémoires d'un écu de cinq francs, par une vieille femme. (2 Bl., 155 S.)
„ 12.: Choix de poésies françaises. Poètes modernes. (VIII, 152 S.)

Bibliothèque Française etc. Série II. Tome I. II. gr. 16. 1. Les martyrs par Châteaubriand. (150 S.) 2. Quelques journées de l'hermite de la Chaussée d'Antin ou observations sur les moeurs et les usages français au commencement du XIX. siècle par Jouy. (VI u. 161 S.) Ebd. 852. (à n. 1/3 ℛ︀ß) n. 2/3 ℛ︀ß

— — Série II. Ebend. 853—55. gr. 16. Jedes Bdchn. 10 ngr
Tome 3.: Le conteur Génévois. Nouvelles, souvenirs, épisodes par C. Mallet. (172 S.)
„ 4.: Un philosophe sous les toits. Ouvrage couronné par l'Acad. franç., publié par Em. Souvestre. (152 S.)
„ 5.: Lectures choisies pour les jeunes personnes. 853. — 2. édit. 857. (VI, 163 S.)
„ 6.: Le compagnon du foyer par Mme. Surville née de Balzac. (2 Bl., 176 S.)

— **française.** Choix d'ouvrages de la littérature moderne, à l'usage de la jeunesse. Avec notes et questionnaires. 1., 3., 8., 11., 12., 26.—29., 34.—37., 40., 41., 44.—47., 51.—62. Bd. 16. Dresden, G. Kühtmann. Geb. n. 26. 90

1. Thérèse ou l'enfant volé par A.-E. de Saintes. 12. Aufl. Im Auszuge m. Anmerkgn. u. Fragen, nebst e. Wörterbuche neu hrsg. v. C. Th. Lion. (IV, 91 u. 53 S.) 893. n. 1.—
3. Madeleine, extrait de l'ouvrage de J. Sandeau. Mit Anmerkgn., Fragen u. e. Wörterbuch zum Schul- u. Privatgebrauch neu hrsg. v. C. Th. Lion. 9. Aufl. (III, 104 u. 57 S.) 892. n. 1.—
8. Courage et bon coeur, anecdotes du temps de l'empire. Par E. M. de St. Hilaire. Avec notes allemandes et questionnaires par anc. maitresse Mme. A. Brée. 7. Aufl., durchgesehen u. m. Wörterbuch hrsg. v. C. Th. Lion. (III, 82 u. 31 S.) 891. n. — 90
11. 12. Trois mois sous la neige. Journal d'un jeune habitant du Jura. Par J. J. Porchat. Im Auszuge m. Anmerkgn. u. Fragen nebst e. Wörterbuch zum Schul- u. Privatgebrauch neu hrsg. v. C. Th. Lion. 9. Aufl. (III, 145 u. u. 63 S.) 892. n. 1. 30
26—29. Rosa. Une histoire de jeune fille par Mad. É. de Pressensé. 2 vols. Mit Anmerkgn. u. Fragen, nebst e. Wörterbuch hrsg. v. Meta v. Metzsch. 5. Aufl. (III, 180; III. 186 u. 44 S.) 891. n. 2. 80
34—37. La maison blanche, par Mad. E. de Pressensé. En 2 parties. In Auszügen m. Anmerkgn. u. Fragen nebst e. Wörterbuch zum Schulgebrauch hrsg. v. C. Th. Lion. 2., umgearb. Aufl. (III, 191 u. 81 S.) 892. n. 1. 60
40. 41. Petite mère par Mad. É. de Pressensé. Im Auszuge m. Anmerkgn. u. Fragen, nebst e. Wörterbuch hrsg. v. C. Th. Lion. 3. Aufl. (III, 179 u. 53 S.) 891. n. 1. 50
44—47. Sans famille par Hector Malot. Nach der 46. Ausg. [Paris, E. Dentu, éditeur 1885]. In Auszügen hrsg. v. C. Th. Lion. 3. Aufl 2 vols. (VIII, 164; III, 177 u. Wörterbuch 57 S.) 893. n. 3. —
51. Le petit chose par Alph. Daudet. Im Auszuge hrsg. v. C. Th. Lion. (IV, 150 u. Wörterbuch 65 S.) 891. n. 1. 20
52. Perles de la prose française pour jeunes demoiselles, recueillies et pourvues d'un vocabulaire par Chrét. Guil. Damour. (III, 144 u. Wörterbuch 44 S.) 891. n. 1. 20
53. Le roman d'un jeune homme pauvre par Octave Feuillet. Für den Schulgebrauch bearb. v. Rahn. Mit Wörterbuch. (149 u. 22 S.) 894. n. 1. 20
54. L'Abbé Constantin par Ludovic Halévy. Für den Schulgebrauch bearb. v. Hans Nehry. Mit Wörterbuch. (136 u. 24 S.) 894. n. 1. 20
55. Un philosophe sous les toits — journal d'un homme heureux — par Émile Souvestre. Für den Schulgebrauch bearb. v. Ernst Möbius. Mit Wörterbuch. (145 u. 45 S.) 894. n. 1. 20
56. Trente ans de Paris à travers ma vie et mes livres par Alphonse Daudet. In Auszügen m. Anmerkgn. zum Schulgebrauch hrsg. v. C. Th. Lion. (IV, 88 S.) 894. n. — 80
57. Cinq semaines en ballon. Voyages de découvertes en Afrique par Jules Verne. Für den Schulgebrauch bearb. v. O. Opits. Nach der 61. Aufl. des Originals. Mit Wörterbuch. (VII, 140 u. 40 S.) 894 n. 1. 20
58. Nouvelles genevoises par Rodolphe Toepffer. Für den Schulgebrauch bearb. v. F. Kalepky. Mit Wörterbuch. (122 u. 22 S.) 894. n. 1. —
59. Colomba par Prosper Mérimée. Für den Schulgebrauch bearb. von Bertha v. der Lage. Mit Wörterbuch. (148 u. 24 S.) 894. n. 1. 20
60. Chez nous. Nouvelles jurassiennes par T. Combe. Für den Schulgebrauch hrsg. v. Hans Nehry. Mit Wörterbuch. (137 u. 44 S.) 894. n. 1. 20
61. Pêcheur d'Islande par Pierre Loti. Nach der 123. Aufl. des Originals f. den Schulgebrauch bearb. v. Rahn. Mit Wörterbuch. (155 u. 26 S.) 894. n. 1. 20
62. La neuvaine de Colette par Jeanne Schultz. Für den Schulgebrauch bearb. v. Wilh. Reimann. Mit Wörterbuch. (150 u. 36 S.) 894. n. 1. 20

— **française.** 7., 26., 27., 40., 41., 44., 45., 51., 63.—65., 67.—69. Bd. 12. Dresden, G. Küthmann. Geb. n. 13. 70

7. Adèle ou la petite fermière. Par S. Ulliac Trémadeure. M. Anmerkgn. u. Fragen, nebst e. Wörterbuch. F. d. Schulgebr. neu hrsg. v. Rahn. 8. Aufl. (IV, 83 u. 26 S.) 895. n. — 90
26. 27. Rosa. Une histoire de jeune fille par E. de Pressensé. 1. partie. Im Ausz. m. Anmerkgn. u. Fragen, nebst e. Wörterbuch z. Schulgebr. neu hrsg. v. C. Th. Lion. 6. Aufl. (IV, 138, 54 u. 26 S.) 895. n. 1. 40
40. 41. Petite mère par E. de Pressensé. Im Ausz. m. Anmerkgn. u. Fragen, nebst e. Wörterbuch z. Schulgebr. hrsg. v. C. Th. Lion. 4. Aufl. (IV, 151, 55 u. 40 S.) 895. n. 1. 50
44. 45. Sans famille par Hector Malot. 1. partie. N. d. 46. Orig.-Ausg. In Auszgn. m. Anmerkgn. u. Fragen, nebst e. Wörterbuch z. Schulgebr. hrsg. v. C. Th. Lion. 4. Aufl. (IV, 137, 71 u. 13 S.) 895. n. 1. 50
51. Le petit chose par Alphonse Daudet. Im Ausz. m. Anmerkgn., Fragen u. e. Wörterverzeichn. z. Schulgebr. hrsg. v. C. Th. Lion. 3., verb. Aufl. (VI, 164, 69 u. 40 S.) 898. n. 1. 20
63. Histoire d'un petit homme. Ouvrage couronné par l'académie française par Marie Rob. Halt. In Auszgn. m. Anmerkgn., Fragen u. e. Wörterbuch z. Schulgebr. hrsg. v. C. Th. Lion. (VI, 205 u. 83 S.) 895. n. 1. 50
64. L'invasion. Souvenirs et récits par Ludovic Halévy. In Auszgn. m. Anmerkgn., Fragen u. e. Wörterbuch z. Schulgebrauch hrsg. v. C. Th. Lion. (V, 125 u. 45 S.) 895. n. 1. 20
65. La catastrophe de Sedan par Emile Zola. Ausz. aus „La débâcle". F. d. Schulgebrauch bearb. v. Rich. Ackermann. (IV, 77 u. Wörterbuch 32 S. m. 1 Karte.) 895. n. — 90
67. En famille par Hector Malot. In Auszgn. m. Anmerkgn. u. Fragen, nebst e. Wörterbuch z. Schulgebr. hrsg. v. C. Th. Lion. Tome I. (100, 86 u. 23 S.) 896. n. 1. 40
68. Dasselbe. Tome II. (128 u. 22 S.) 896. n. 1. —
69. Le gardian de la Camargue par Louis Figuier. F. d. Schulgebr. bearb. von Bertha v. d. Lage. (IV, 111, Wörterbuch 39 u. Anmerkgn. u. Questionnaire 23 S.) 895. n. 1. 20

Bibliothèque française. 70.—72. Bd. 12. Dresden, G. Kühtmann. Geb. in Leinw. à n. 1. 20

70. Rahn, Contes et nouvelles. I. Ernste u. heitere Novellen hervorrag. Schriftsteller der neueren französ. Litteratur. Für den Schulgebrauch bearb. Mit Anmerkgn., Questionnaire u. Wörterbuch. (III, 112, 32 u. 31 S.) 901.
71. 72. dasselbe. II u. III. Ernste u. heitere Novellen hervorrag. Schriftsteller der neueren französ. Litteratur. Für den Schulgebrauch bearb. Mit Anmerkgn., Questionnaire u. Wörterbuch. (VI, 112, 32, 32 u. VI, 137, 31 u. 36 S.) 901.

Bibliothèque française. 3. 40. 41. 44—47. 51. 53. 54. 59 u. 73—80. Bd. kl. 8. Dresden, G. Kühtmann. Geb. in Leinw. u. geh. n. 22 90

Bruno, G., Le tour de la France par deux enfants. Im Auszug m. Anmerkgn. u. Wörterbuch nach der 350. Aufl. des Originals für den Schulgebrauch hrsg. von M. Stoye. (V, 130, 16 u. 44 S.) 903. (Bd. 79.) n. 1. 40
Daudet, Alphonse, Le petit chose. Im Auszuge m. Anmerkgn., Fragen u. einem Wörterverzeichnis zum Schulgebrauch hrsg. v C. Th. Lion. 4. Aufl. (VI, 161, 40 u. 69 S.) 903. (Bd. 51.) n. 1. 20
Erckmann-Chatrian, Histoire d'un conscrit de 1813. Im Auszuge für den Schulgebrauch hrsg. v. A. Mühlan. (132, 30 u. 18 S.) 903. (Bd. 76.) Geb. in Leinw. u. geh. n. 1. 60
Feuillet, Octave, Le roman d'un jeune homme pauvre. Für den Schulgebrauch bearb. v. Rahn. Mit Anmerkgn., Fragen u. Wörterbuch. 2. Aufl. (132, 22 u. 30 S.) 906. (Bd. 53.) Geb. in Leinw. u. geh. 1. 60
Gagnebin, Mme. Suzanne, Mademoiselle Alex. Nouvelle. In Auszügen m. Anmerkgn. u. Fragen nebst e. Wörterbuche zum Schulgebrauche hrsg. v. C. Th Lion. Einzig autoris. Ausg. (IV, 148, 61 u. 24 S.) 902 (Bd. 78.) Geb. in Leinw u. geh. n. 1. 60
Halévy, Ludovic, L'abbé Constantin. Für den Schulgebrauch bearb. v. Hans Nehry. 2. Aufl., m. Anmerkgn., Fragen u. Wörterbuch. (121, 33 u. 24 S.) 904. (Bd. 54.) n. 1. 60
Loti, Pierre, Matelot. Nach der 23. Aufl. des Originals f. den Schulgebrauch bearb. v. Rahn. Mit Anmerkungen u. Wörterbuch. (VI, 180, 86 u. 28 S. m. Bildnis.) 903 (Bd. 74.) Geb. in Leinw. u. geh. n. 1 60
Malot, Hect., Sans famille. 2 parties. Nach der 46. Orig.-Ausg. In Auszügen m. Anmerkgn. u. Fragen nebst einem Wörterbuch zum Schulgebrauch hrsg. v. C. Th. Lion. 5. Aufl. (IV, 137, 13, 71 u. IV, 163 u. 10 S.) 901. 903 (Bd. 44—47.) à n. 1. 50
Mérimée, Prosper, Colomba. Für den Schulgebrauch bearb. v. Bertha v. der Lage. Mit Anmerkgn., Fragen u. Wörterbuch. 2. Aufl. (IV, 122, 30 u. 24 S.) 901. (Bd. 59.) n 1. 60
Molière, L'Avare. Mit Einleitg., Anmerkgn. u. Wörterbuch zum Schulgebrauche hrsg. v. Hugo Lichtenauer. (VIII, 141, 34 u. 8 S.) 903. (Bd. 75.) Geb. in Leinw. u. geh. n 1. —

Pressensé, Madame E. de, Petite mère. Im Auszuge m. Anmerkgn. u. Fragen nebst e. Wörterbuch zum Schulgebrauch hrsg. v. C. Th. Lion. 6. Aufl. (IV, 151, 55 u. 40 S.) 904. (Bd. 40. 41.) Geb in Leinw. u. geh. n. 1. 50
Sandeau, J., Madeleine. Extrait. Mit Anmerkgn., Fragen u. e. Wörterbuch zum Schul- u. Privatgebrauch hrsg. v. C. Th. Lion. 10. Aufl. (IV, 80, 57 u. 30 S.) 904. (Bd. 3.) Geb. in Leinw. u. geh. n. 1. —
— Mademoiselle de la Seiglière. Nach der neuesten Aufl. des Originals f. den Schulgebrauch bearb. v. Rahn. Mit Anmerkungen u. Wörterbuch. (VI, 178, 28 u. 17 S.) 908. (Bd. 77.) Geb. in Leinw. u. geh. n. 1. 60
Stolz, Madame de, La maison roulante. Mit Anmerkgn., Fragen u. Wörterbuch nach der 9. Aufl. des Originals für den Schulgebrauch bearb. v. Rahn. (IV, 94, 35 u. 31 S.) 905. (Bd. 80.) n. 1. 20
Taine, H., Les origines de la France contemporaine. L'ancien régime. Nach der 28. Ausg. des Originals für den Schulgebrauch bearb. v. Medem Mit Anmerkgn u. Wörterbuch. (V, 149, 23 u. 40 S.) 904. (Bd. 78.) n. 1. 40
Die Bände 73—77 erschienen ohne Sammeltitel.

Bibliothèque française. 1., 8., 40., 41., 44., 45., 51., 54., 61., 65., 67., 70. u. 81—92. Bd. kl. 8. Dresden, G. Kühtmann. Geb. u. geh. 27. 20
Colomb, Mme., la fille de Carilès. Für d. Schulgebrauch bearb. v. Rönnberg. Mit Questionnaire u. Wörterbuch. (71, 21 u. 32 S.) 909. (Bd. 88.) Geb. u. geh. 1. —
Coppée, Contes. Mit Einleitg., Anmerkgn. u. Wörterbuch f. den Schulgebrauch hrsg. v. Paul Becker. Mit Genehmigg. der Verlagsbuchhdlg. Alphonse Lemerre, Paris. (XI, 93, 22 u. 23 S.) 908. (Bd. 84.) Geb. u. geh. 1. 20
Daudet, Alphonse, le petit chose. Im Auszuge m. Anmerkgn., Fragen u. e. Wörterverzeichnis zum Schulgebrauch hrsg. v. C. Th. Lion. 5. Aufl. (VI, 164, 40 u. 69 S.) 908. (Bd. 51.) Geb. u. geh. 1. 20
Driant, vers un nouveau Sedan. Für den Schulgebrauch bearb. u. m. Anmerkgn., Questionnaire u. Wörterbuch hrsg. v. Fritz Meyer. Mit 1 Karte. (IX, 87, 29 u. 41 S.) 908. (Bd. 85.) Geb. u. geh. 1. 20
Halévy, Ludovic, l'abbé Constantin. Für d. Schulgebrauch bearb. v. Hans Rehrig. 3. Aufl. Mit Anmerkgn., Fragen u. Wörterb. (121, 32 u. 24 S.) 909. (Bd. 54.) Geb. u. geh. 1. 60
Lamé-Fleury, l'histoire de France. Racontée à la jeunesse. Für den Schulgebrauch hrsg. v. Fr. Weyel. 1. partie. Depuis les origines jusqu'à l'avènement des Valois. Mit Anmerkgn., Questionnaire u. Wörterbuch. (V, 97, 47 u. 36 S.) 909. (Bd. 86.) Geb. u. geh. 1. 20
— dasselbe. 2. partie. Depuis l'avènement des Valois jusqu'à Napoléon III. Mit Anmerkgn. u. Wörterbuch. (V, 142, 20 u. 40 S.) 909. (Bd. 87.) Geb. u. geh. 1. 20
Loti, Pierre, Pêcheur d'Islande. Nach der 123. Aufl. d. Originals f. den Schulgebrauch bearb. v. Rahn. Mit Anmerkgn., Questionnaire u. Wörterbuch. 8. Aufl. (135, 24 u. 28 S.) 908. (Bd. 61.) Geb. u. geh. 1. 60
Malot, Hect., en famille. Tome I. In Auszügen m. Anmerkgn. u. Fragen nebst e. Wörterbuche zum Schulgebrauch hrsg. v. C. Th. Lion. 2. Aufl. (100, 23 u. 86 S.) 909. (Bd. 67.) Geb. u. geh. 1. 40
— Sans famille. I. partie. Nach der 40. Orig.-Ausg. In Auszügen m. Anmerkgn. u. Fragen nebst e. Wörterbuch zum Schulgebrauch hrsg. v. C. Th. Lion. 6. Aufl. (VI, 137, 13 u. 71 S.) 908. (Bd. 44. 45.) Geb. u. geh. 1. 50
Molière, les femmes savantes. Mit Einleitg., Anmerkgn. u. Wörterbuch zum Schulgebrauch hrsg. v. Rahn. (VIII, 108, 36 u. 26 S.) 907. (Bd. 81.) Geb. in Leinw. u. geh. 1. 20
Pressensé, Madame E. de, petite mère. Im Auszuge m. Anmerkgn. u. Fragen nebst e. Wörterbuch zum Schulgebrauch hrsg. v. C. Th. Lion. 7. u. 8. Aufl. (151, 40 u. 55 S.) 907. 909. (Bd. 40. 41.) Geb. in Leinw. u. geh. 1. 50
Racine, Jean, Athalie. Tragédie tirée de l'écriture sainte. Mit Anmerkgn., Wörterbuch u. metr. Einleitg. hrsg. v. Rahn. (XX, 94, 44 u. 24 S.) 909. (Bd. 89.) Geb. u. geh. 1. 20
Rahn, choix de poésies françaises particulièrement des poètes lyriques du XIXe siècle. Mit Vorwort, Anmerkgn. u. Wörterbuch hrsg. (XII, 168, 70 u. 44 S.) 908. (Bd. 82.) Geb. u. geh. 1. 50
— Contes et nouvelles. I. Ernste u. heitere Novellen hervorrag. Schriftsteller der neueren franz. Litteratur. Für den Schulgebrauch bearb. Mit Anmerkgn., Questionnaire u. Wörterbuch. 2. Aufl. (VI, 112, 31 u. 32 S.) 909. (Bd. 70.) Geb. u. geh. 1. 20
Saintes, A. E. de, Thérèse ou l'enfant volé. 14. Aufl. Im Auszuge mit Anmerkgn. u. Fragen nebst e. Wörterbuche hrsg. v. C. Th. Lion. (III, 72, 19 u. 53 S) 910. (Bd. 1.) Geb. u. geh. 1. —
Ségur, Mme. la Comtesse, née Rostopchine, les malheurs de Sophie. Für den Schulgebrauch m. Anmerkgn., Fragen u. Wörterbuch bearb. v. Meta Edith Meyn. (III, 83, 8, 15 u. 22 S.) 911. (Bd. 91.) Geb. u. geh. 1. 20
Soelter, petites histoires pour la jeunesse. Für den Schulgebrauch bearb. Mit Anmerkgn., Fragen u. Wörterbuch. (III, 95, 20, 18 u. 26 S.) 909. (Bd. 90.) Geb. u. geh. 1. 20
St. Hilaire, E. M. de, courage et bon coeur. Anecdotes du temps de l'empire. Mit Anmerkgn., Fragen u. e. Wörterbuch zum Schulgebrauch hrsg. v. C. Th. Lion. 9. Aufl. (IV, 59, 22 u. 32 S.) 907. (Bd. 8.) Geb. u. geh. nn — 80
Thiers, A., la campagne d'Italie de Napoléon Bonaparte en 1800. Auszug aus: „Histoire du consulat et de l'empire". Für den Schulgebrauch hrsg. u. m. Wörterbuch, Questionnaire u. Anmerkgn. verseh. v. O. Glöde. (VIII, 142, 47 u. 44 S.) 908. (Bd. 83.) Geb. u. geh. 1. 20
Witt, Mme. de, née Guizot, les petits enfants. Contes d'une mère. Für den Schulgebrauch bearb. v. Adelh. Sydow. Mit Anmerkgn., Fragen u. Wörterbuch. Autoris. Ausg. (102, 10, 38 u. 31 S.) 911. (Bd. 92.) Geb. u. geh. 1. 20
Zola, Emile, la catastrophe de Sedan. Auszug aus „La débâcle". Mit Anmerkgn. u. Fragen nebst Wörterbuch zum Schulgebrauche hrsg. v. Rich. Ackermann. Mit 1 Karte. 2. Aufl. (V, 55, 20 u. 33 S.) 907. (Bd. 65.) Geb. in Leinw. u. geh. — 90

Bibliothèque française. Einsprachige (Reform-)Ausg. Nr. 1—4 u. 6. kl. 8. Dresden, G. Kühtmann. Geb. u. geh. 6. 90
Feuillet, Octave, le roman d'un jeune homme pauvre. Edition classique avec notes littéraires et grammaticales par Rahn et Henri Guillod. (III, 132 u. 32 S.) 909. (Nr. 4.) Geb. u. geh. 1. 60
Loti, Pierre, pêcheur d'Islande. Edition classique avec notes littéraires et grammaticales par Rahn et Henri Guillod. (135 u. 24 S.) 909. (Nr. 1.) Geb. u. geh. 1. 60
Racine, Jean, Athalie. Tragédie tirée de l'écriture sainte. Edition classique avec notes littéraires et grammaticales par Rahn et Henri Guillod. (XV, 94 u. 32 S.) 909. (Nr. 2.) Geb. u. geh. 1. 20
Sandeau, Jules, Mademoiselle de la Seiglière. Edition classique avec notes littéraires et grammaticales par Rahn et Henri Guillod. (IV, 173 u. 32 S.) 909. (Nr. 3.) Geb. u. geh. 1. 60
Zola, Emile, la catastrophe de Sedan. Extrait de La débâcle. Edition annotée à l'usage des classes par R. Ackermann et M. Chenot. 2. éd. revue. (IV, 55 u. 24 S. m. 1 farb. Karte.) 910. (Nr. 6.) Geb. u. geh. — 90

— franç. 91—94. Bd u. NAfl 61., 62. u. 80. Bd. kl 8° Dresd., G Kühtmann.
Loti, Pierre: Pêcheur d'Islande. Bearb. v. Rahn. Mit Anmerkgn, Questionnaire u. Wörterb. 4. Afl. (135, 14, 12 u. 26) '11 [61] geb. u. geh. 1.60
Sand, Geo.: La petite fadette. Hrsg. v. Fr. Weyel. Mit Anmerkgn, Fragen u. Wörterb. (4, 147, 17, 25 u. 42) '11 [93] geb. u. geh. 1.40
Schultz, Jeanne: La neuvaine de Colette. Bearb. v. Wilh. Reimann. 3. Afl. Mit Anmerkgn, Fragen u. Wörterb. (7, 120, 21, 14 u, 49) '11 [62] geb. u. geh. 1.60
Ségur, Comte de: Histoire de Napoléon et de la grande-armée pendant l'année 1812. Für d. Schulgebr. bearb. v. Wilh. Reimann. Mit Einleitg, Anmerkgn, Wörterb. u. Übersichtskte. (6, 132, 57 u. 67) '12 [94] geb. u. geh. 1.60
Ségur, Mme la Comtesse, née Rostopchine: Les malheurs de Sophie. Bearb. m. Anmerkgn, Fragen u. Wörterb. v. Meta Edith Meyn. (83, 8, 15 u. 22) '11 [91] geb. u. geh. 1.20
Stolz, Mad. de: La maison roulante. Mit Anmerkgn, Fragen u. Wörterb. bearb. v. Rahn. 2. Afl. (4,94,15,21 u.84) '11 [80] geb. u. geh. 1.20
Witt, Mme de, née Guizot: Les petits enfants. Contes d'une mère. Bearb. v. Adelh. Sydow m. Anmerkgn, Fragen u. Wörterb. (102, 10, 38 u. 31) '11 [92] geb. u. geh. 1.20

— — dass. Einsprach. (Reform-)Ausg. Nr 9. kl8° Ebd.
Nr 7 s: Textausgaben französ. u. engl. Schriftsteller; Nr 8 s: Library, English.
Ségur, Comte de: Histoire de Napoléon et de la grande-armée pendant l'année 1812. (Pages choisies.) Ed. avec notes littéraires et grammaticales par Reimann et Lucien Jomard. (7, 132 u. 58 m. 1 Kte.) '12 [9] L u. geh. 1.60

— **française à l'usage des écoles.** Berlin, Friedberg & Mode. cart.
1. Prascovie ou la jeune Sibérienne par Xavier de Maistre. Mit Anmerkgn. hrsg. v. Adf. Lundehn. (112 S.) 884. n. — 60; Wörterbuch (25 S.) n. — 20
2. Considérations sur les causes de la grandeur des Romains et de leur décadence par Montesquieu. Mit Anmerkgn. hrsg. v. M. Schaunsland. (VIII, 144 S.) 884. n. 1. —; Wörterbuch (20 S.) n. — 20
3. Fünf Erzählungen aus Au coin du feu par Émile Souvestre. Mit Anmerkgn. u. e. Wörterverzeichnisse hrsg. v. K. Kaiser. (VIII, 98 S.) 884. n. 1. —; Wörterverzeichn. (29 S.) n. — 20
4. Histoire de Napoléon et de la grande-armée pendant l'année 1812 par le Comte de Ségur. Mit e. Einleitg. u. erklär. Anmerkgn., nebst e. (lith.) Karte. Hrsg. v. C. Th. Lion. 2 Tle. (XIII, 201, u. VI, 140 S.) 884. 85. à n. 1. 20; Wörterverzeichn. (74 S.) n. — 40

4b. **Ségur**, Comte de, Histoire de Napoléon et de la Grande Armée pendant l'année 1812. Mit einer Einleitung und erklär. Anmerkungen. Hrsg. von C. Th. Lion. 2. Tl.: Buch V—VII, 4. (VI, 140 S.) 885. *ℳ 1.20.

5. Lettres de mon moulin par Alphonse Daudet. Hrsg. u. m. Anmerkgn. versehen v. Adf. Lundehn. (VIII, 102 S.) 884. n. 1. —; Wörterverzeichn. (31 S.) n. — 20

5. Daudet. Lettres de mon moulin. Mit Einleitg. u. Anmerkgn. hrsg. v. Ad. Lundehn 2. Aufl. (VII, 109 S.) 891. Wörterbuch dazu. (20 S.)

6. Bonaparte en Egypte et en Syrie par Thiers. Hrsg. u. m. Anmerkgn. versehen, nebst 1 Karte, v. Schaunsland. (VIII, 119 S.) 885. n. 1. —; Wörterbuch (31 S.) n. — 20

7. 8. **Chateaubriand**, F. A. de, Itinéraire de Paris à Jérusalem. Mit Anmerkungen hrsg. von W. Kaiser. Redig. und mit einer biograph. Einleitung versehen von A. Brennecke. 2 Tle. (IX, 190; 167 S.) 885. à Tl. *ℳ 1.—.; Wörterbuch (36 S.) * 20 Pf.

9. **Lamartine**, A. de, Voyage en Orient. Mit Anmerkungen hrsg. von Fr. Strehlke. (IX, 99 S.) 885. *ℳ 1.—.; Wörterbuch (20 S.) * 20 Pf.

10. **Rollin**, Hommes illustres de l'antiquité. Morceaux tirés des ouvrages de R. Mit Anmerkungen zum Schulgebrauch hrsg. von Jos. Sarrasin. (IX, 176 S.) 885. *ℳ 1.—.; Wörterbuch (35 S.) * 20 Pf.

11. **Michaud**, J. F., Histoire de la troisième croisade. Im Auszuge hrsg. und mit Anmerkungen versehen von H. Bockhoff. (XVI, 158 S. mit 2 Karten.) 885. *ℳ 1.—.; Wörterbuch (39 S.) * 20 Pf.

12. **Galland**, A., Histoire de Sindbad le marin. Schulausgabe mit Anmerkungen, Wörterbuch und Präparationen von Heinr. Löwe. (79 S.) 886. * 60 Pf.; Wörterbuch (49 S.) * 20 Pf.

13. **Dumas**, Alex., Histoire de Napoléon de 1769 à 1814. Mit Anmerkungen und einem Wörterbuche hrsg. von Friedr. Augustiny. (139 S.) 886. *ℳ 1.—.; Wörterbuch (13 S.) * 20 Pf.

14. **Erckmann-Chatrian**, Histoire d'un conscrit de 1813. Hrsg. und erläutert von Alfr. van der Velde. (218 S.) 886. *ℳ 1.—.; Wörterbuch (40 S.) * 20 Pf.

15. **Daudet**, Alph., Contes du lundi. Hrsg. und mit Anmerkungen versehen von Adf. Lundehn. (109 S.) 886. *ℳ 1.—.; Wörterbuch (25 S.) * 20 Pf.

15. Contes du lundi par Alphonse Daudet. Hrsg. u. m. Erläutergn. versehen v. Adf. Lundehn. 2. Aufl. (VI, 98 S.) 894. Geb. n. 1. —; Wörterbuch (22 S.) n. — 20

16. **Thiers**, Campagne d'Italie en 1800. Hrsg. und mit Anmerkungen versehen von M. Schaunsland. (125 S. mit 1 Karte.) 885. *ℳ 1.—.; Wörterbuch (36 S.) * 20 Pf.

16. Campagne d' Italie en 1800 par Thiers. Hrsg. u. m. Anmerkgn. versehen nebst e. Karte v. M. Schaunsland. (125 S.) 886. n. 1. —; Wörterbuch dazu (36 S.) n. — 20

17. **Lundehn**, Adf., Lectures faciles et instructives. Hrsg. und mit Anmerkungen versehen. (VI, 160 S.) 886. *ℳ 1.—.; Wörterbuch (35 S.) * 20 Pf.

18. —— und E. **Meves**, Choix de poésies. Ausgewählt, mit einer kurzen französ. Verslehre, biograph. Notizen und Anmerkungen versehen. (XXIV, 218 S.) 887. *ℳ 1.20.; Wörterbuch (19 S.) * 20 Pf.

19. **Lanfrey**, P., Les campagnes de 1806 et de 1807. Réduction de la partie correspondante de l'histoire de Napoléon Ier. Bearb. und mit Anmerkungen versehen von W. Bertram. (VIII, 168 S.) 888. *ℳ 1.20.; Wörterbuch (24 S.) * 20 Pf.

20. Hommes célèbres de l'histoire romaine nach Duruy. Ein französ. Cornelius Nepos für Quarta und Untertertia sämtl. höheren Lehranstalten. Mit kulturgeschichtl. Anmerkungen und einem Wörterbuche. Bearb. und hrsg. von H. W. Glabbach. (VII, 158 S. mit 2 Karten.) 888. *ℳ 1.20.; Wörterbuch (58 S.) * 30 Pf.

20. Hommes célèbres de l'histoire romaine v. Duruy. Für unt. u. mittlere Klassen höh. Lehranst. M. kulturgeschichtl. Anmerkgn., 2 Karten u. 1 Wörterbuche. Bearb. u. hrsg. v. H. W. Glabbach. 2., verb. Aufl. (VIII, 158 S.) 896. Geb. n. 1. 20; Wörterbuch (58 S.) — 30

21. **Duruy**, Victor, Le siècle de Louis XIV. Histoire de France de 1661 à 1715. Mit Anmerkungen und einem Wörterbuche versehen und zum Gebrauche in höheren Lehranstalten hrsg. von K. A. Mart. Hartmann. (VIII, 194 S. mit 1 Karte.) 888. *ℳ 1.20.; Wörterbuch (32 S.) * 20 Pf.

21. Duruy, Victor. Le siècle de Louis XIV. Histoire de France de 1661 à 1715. Mit Anmerkgn. u. e. Wörterbuche versehen u. zum Gebrauch in höheren Lehranstalten hrsg. v. K. A. Mart. Hartmann. Mit 1 Karte. 2. verb. Aufl. (XI, 194 S.) 892. Wörterbuch dazu. (34 S.)

22. **Mignet**, Histoire de la révolution française. Hrsg. und mit Anmerkungen versehen von M. Schaunsland. (170 S.) 888. *ℳ 1.20.; Wörterbuch (40 S.) * 20 Pf.

23. Esquisses de l'histoire littéraire de la France au moyen âge. Mit Anmerkgn. u. Wörterverzeichnis hrsg. von A. Lundehn. (V, 180 S.) 889. Wörterbuch dazu. (19 S.)

24. Guizot. Histoire de la civilisation en Europe, depuis la chute de l'empire romain jusqu'à la révolution française. Ausgewählte Abschnitte, m. Anmerkungn. zum Schulgebrauch hrsg. v. K. Mayer. (VII, 139 S.) 890. Wörterbuch dazu. (15 S.)

25. Waterloo, suite d'Un Conscrit de 1813 par Erckmann-Chatrian. Hrsg. u. erläutert v. H. W. Glabbach. Mit 1 Karte u. 1 Plan v. Pfalzburg. (VIII, 152 S.) 893. n. 1. 30; Wörterbuch dazu (22 S.) n. — 20

26. La Prusse après Jéna par Charles Levin. Mit Anmerkgn. u. Wörterverzeichnis hrsg. v. A. Mühlau. (IV, 52 S.) 893. n. — 80; Wörterbuch (10 S.) n. — 20

27. La guerre de 1870|71 v. A. Chuquet. M. Anmerkgn. u. Wörterverzeichn. hrsg. v. A. Mühlan. (IV, 118 S.) 897. n. 1. 20; Wörterbuch (20 S.) n. — 20

28. César et Cicéron v. Gaston Boissier. Hrsg. u. m. Anmerkgn. f. d. Schulgebrauch vers. v. Max Schaunsland. (IV, 109 S.) 897. n. 1. 20;

29. Le tour de la France par deux enfants v. G. Bruno. Im Ausz. m. Anmerkgn. z. Schulgebr. hrsg. v. A. Mühlan. M. e. Karte v. Frankreich. (IV, 76 S.) 898. Geb. n. 1. 20; Wörterbuch dazu (41 S.) n. — 20

— française pour la jeunesse plus avancée etc. III Cab. 8. Leipz. 809, Hartknoch. 1 ꝛβ 22 ℊ

Bibliothèque, Française à l'usage de la jeunesse..., s.a. Bibliothèque, Petite, Française a l'usage de la jeunesse...

Bibliothèque française à l'usage de la jeunesse avec notes allemandes et questionnaires par Mme. A. Brée et C. Th. Lion. 2—6. 8 – 12. 21—27. 32—46. 48 et 49. Bd. 16. Leipzig, Baumgärtner. cart. 17. 14

2. La vendange ou le diable a dit non. Fleurette. Par Mme. A. Conte. 5. Aufl. (III, 107 S.) 885. — 60

3. Madeleine. Extrait de l'ouvrage de J. Sandeau. 8. Aufl. (III, 146 S.) 884. — 60

4. La morale enseignée par l'exemple. Histoires. 6. Aufl. (III, 123 S.) 885. — 60

5. Les contes de la bonne maman. 7. Aufl. (III, 112 S.) 884. — 60

6. Les soirées de famille, histoires. Avec notes allemandes et questionnaires par Mme. A. Brée. 4. Aufl. (122 S.) 883. — 60

8. Courage et bon coeur, anecdotes du temps de l'empire. Avec notes allemandes et questionnaires par Mme. A. Brée. 6. Aufl. (111 S.) 883. — 60

9. Les petits contes de l'oncle Robert. Par Mme. Eugénie Foa, le chanoine Saviguy, Mme. de Renneville etc. 4. Aufl. (100 S.) 885. — 60

10. Ismaël. Histoire arabe par Th. Pario. 5. Aufl. (III, 116 S.) 884. — 60

11. 12. Trois mois sous la neige. Journal d'un jeune habitant du Jura. Par J. J. Porchat. 8. Aufl. (III, 200 S.) 884. — 90

21. Les cinq nouvelles. Contes à l'usage de la jeunesse. Avec notes allemandes et questionnaires par Mme. A. Brée. 3. Aufl. (III, 118 S.) 886. — 60

22. Les veillées du château ou une semaine de vacances. Historiettes. 3. Aufl. (130 S.) 885. — 60.

23. Les soirées d'hiver, histoires à l'usage de la jeunesse. 4. Aufl. (III, 138 S.) 884. — 60

24. 25. Abrégé de l'histoire de l'oncle Tom. Avec notes allemandes et questionnaires par Mme. A. Brée. 6. Aufl. (228 S.) 883. — 90

» 26—29. **Pressensé**, Mme. E. de, Rosa. Une histoire de jeune fille. Avec notes et questionnaires par Mme. Meta de Metzsch. 4. Aufl. 2 parties. (254; 243 S.) 886,88. à partie 90 Pf.

26. 27. Rosa. 1. partie. Une histoire de jeune fille par Mad. E. de Pressensé. Avec notes et questionnaires par Mme. Meta de Metzsch. 4. Aufl. (254 S.) 886. — 90

32. 33. Augustin. Par Mme. de Pressensé. 2. partie. (III, 218 S.) 884. — 90

34—37. La maison blanche. Par Mme. E. de Pressensé. 1. et 2. partie. Avec notes allemandes et questionnaires publié en abrégé par C. Th. Lion. (213 u. III, 204 S.) 883. à — 90

38. 39. Deux ans au lycée. Par Mme. E. de Pressensé. Publié en abrégé. (III, 259 S.) 885. — 90

40. 41. Petite mère. Par Mme. E. de Pressensé. (251 S.) 885. — 90

42. 43. Quatre récits et deux légendes. Nach „Légendes et récits pour la jeunesse" par Mme. de Witt, née Guizot et Louise Leclerc, suivi de „Alexandrine" par Marie-Ange de T***. (III, 210 S.) 885. — 90

44—47. **Malot**, Hector, Sans famille. Nach der 46. Ausg. in Auszügen mit Anmerkungen und Fragen zum Schulgebrauch hrsg. von C. Th. Lion. 2 parties. (188; 220 S.) 886. cart. in 2 Bdn. à 90 Pf.

44- 46. Sans famille par Hector Malot. Nach der 46. Ausg. in Auszügen m. Anmerkgn. u. Fragen zum Schulgebrauch hrsg. v. C. Th. Lion. 2 parties. (188 u. 220 S.) 886. In 2 Bde. cart. à — 90

48. 49. Histoire d'un forestier par Prosper Chazel. Ouvrage couronné par l'académie française. In Auszügen m. Anmerkg. u. Fragen nebst 2 Erzählgn. Dolly-Pépita zum Schulgebrauch hrsg. v. C. Th. Lion. (217 S.) 886. — 90

— française à l'usage de la jeunesse avec notes allemandes et questionnaires. 1., 15., 28., 29., 40., 41. u. 50. Bd. 16. Dresden 888—890. Kühtmann. cart. 4. 40

1. Saintes, A. E. de, Thérèse ou l'enfant volé. Avec notes etc. 11. Aufl. (119 S.) 888. 60 Pf.
1. Thérèse ou l'enfant volé. Avec notes etc. par Mme. A. Brée. 11. Aufl. (119 S.) — 60
15. Nouvelles histoires à l'usage de la jeunesse. Avec notes allemandes et questionnaires par ancienne maîtresse Mme. A. Brée. 3. Aufl. (109 S.) — 60
28. 29. Rosa. 2. partie. Une histoire de jeune fille par Mme. E. de Pressensé. Avec notes etc. par Mlle. Meta de Metzsch. 4. Aufl. (243 S.) — 90
40. 41. Petite mère par Mme. E. de Pressensé. Avec notes etc., publié en abrégé par C. Th. Lion. 2. Aufl. (251 S.) — 90
50. Fleurs de champs. Nouvelles pour des jeunes filles, choisies par Mlle. Méta de Metzsch. 3. Aufl. (244 u. Wörterbuch 50 S.) 890. n. 1. 40

—— française à l'usage de la jeunesse avec notes allemandes et questionnaires. 3., 8., 26.—29., 40., 41., 44.—47., 52. Bd. 16. Dresd., Kühtmann. cart. * 13 60

3. Madeleine; extrait de l'ouvrage de J. Sandeau. Mit Anmerkgn., Fragen u. e. Wörterbuch zum Schul- u. Privatgebrauch neu hrsg. v. C. Th. Lion. 9. Aufl. (III, 104, 57 S.) 892. * 1 —.
8. St. Hilaire, E. M. de. Courage et bon coeur, anecdotes du temps de l'empire. Avec notes allemandes et questionnaires par A. Brée. 7. Aufl., durchges. u. m. Wörterb. hrsg. v. C. Th. Lion. (III, 82, 31 S.) 891. * — 90.
26—29. Pressensé, Mad. E. de. Rosa. Une histoire de jeune fille. 2 Bde. Mit Anmerkgn. u. Fragen, nebst e. Wörterbuch hrsg. v. Meta v. Metzsch. 5. Aufl. (III, 180; III, 186, 44 S.) 891. * 2 80.
40. 41. —— Petite mère. Im Auszuge m. Anmerkgn. u. Fragen, nebst e. Wörterbuch hrsg. v. C. Th. Lion. 3. Aufl. (III, 179, 58 S.) 891. * 1 50.
44. 45. Malot, Hector. Sans famille. 1re partie. Nach der 46. Ausg. In Auszügen m. Anmerkgn. u. Fragen, nebst e. Wörterbuch zum Schulgebrauch hrsg. v. C. Th. Lion. 2. u. 3. Aufl. (III, 164 S.; Wörterbuch 57 S.) 891,92. * 1 50.
46. 47. — dass. — 2e partie. 2. Aufl. (III, 177 S.; Wörterbuch 57 S.) 891. * 1 50.
51. Daudet, Alph. Le petit chose. Im Auszuge hrsg. v. C. Th. Lion. (IV, 180 S.; Wörterbuch 65 S.) 891. * 1 20.
52. Perles de la prose française pour jeunes demoiselles, recueillies et pourvues d'un vocabulaire par Chrét. Guil. Damour. (III, 144 S.; Wörterbuch 44 S.) 891. * 1 20.

Bibliothèque française, nouvelle, Choix de littérature moderne épurée pour la jeunesse par Harnier. 1. Bd. gr. 8. (B. 1—10.) Berlin 838. Behr. *

Bibliothèque, Française, petite..., s. Bibliothèque, Petite, Française...

Bibliothèque générale des Ecrivains de l'ordre de St. Benoit. 4 Vol. 4. Frft. Varrentrapp.

— — le même livre. IV Tom. 4. Basel, Tourneysen. 778.

— a l'usage des jeunes gens, qui veulent appreadre la lang. franç. etc. T. I, cont. un extrait du voyage de M. Pagés autour du monde (par J. Chr. Fr. Guths-Muths) 8. Leipz. 788. (W. Vogel). 18 gr

Bibliotheque grecque ou l'histoire chronol. des auteurs grecs et les notices de leurs ouvrages et leurs editions, par Anth. Gaza. Vienn. 810. 2 Vol. 8. 5 rthl. 6 gr. Beck

— des Classiques Grecs, avec la traduction latine, et les index latins, publié par Firmin Didot. — Homère et Fragments des Cycliques. 1e Livr. Lex.-8. Paris 837. Firmin Didot Frères. $3\frac{1}{3}$ ß

Bibliothèque historique. Tom. I. et II. Memoires de Madame de la Rochejaquelein, ecrits par elle-même. 2 Tom. 16. (Jena 826, Bran.)

Bibliothèque historique des amateurs de la science. Rédigée par Charles Rosenberg. Tom. I. A. s. l. t.: Biographies instructives des hommes les plus illustres de l'histoire universelle. Tome I. Temps ancien. 1. Partie. Histoire des Grecs. Depuis les temps les plus reculés jusqu'à la mort d'Alexandre le grand. Suivie d'un appendice sur la civilisation, les sciences et les arts chez les Grecs. 8. (370 S.) Berlin 848, Besser's Vrlgsh. Thlr.

— historique des amateurs de la science. Rédigée par Charles Rosenberg. Tom. I. Biographies instructives des hommes les plus illustres de l'histoire universelle. Tome I. Temps ancien. 1. Partie. Histoire des Grecs. Depuis les temps les plus reculés jusqu'à la mort d'Alexandre le grand. Suivie d'un appendice sur la civilisation, les sciences et les arts chez les Grecs. 8. (370 S.) Berlin 849, Bessers Verlag. [Franz Duncker.] 1 ß

—— historique, philosoph. et litéraire. 2 ann. 1844 et 45, à 12 Vol. 12. Louvain. (Aix-la-Chapelle, Mayer.) à An. *

—— homoeopathique domestique. Nr. 11—15. 16. Leipzig 887, Dr. Schwabe. *

Inhalt:

Nr. 11. Le choléra et sa guérison rapide et sûre par l'homoeopathie. Rédigé par un médecin homoeopathe, d'après les expériences les meilleures et les plus récentes. Traduit d'après la 7e édit. allemande. (26 S.) * 50 Pf.
» 12. L'application des médicaments externes usités en homoeopathie, notamment de l'Arnica, la Calendula, l'Hamamelis, la Ruta etc., suivie d'un guide pour le traitement des plaies, blessures, entorses, luxations, brûlures et congélations. Rédigé à l'usage des gens du monde pour un médecin praticien. D'après la 4e édit. allemande. (90 S.) * 80 Pf.
» 13. La guérison des maux de dents par les médicaments homoeopathiques comme moyen de juger la valeur de l'homoeopathie. Recommandé aux gens du monde pour en constater la réalité par un medecin homoeopathe. Traduit de l'allemand d'après la 3e édit. amplifiée. (48 S.) * 60 Pf.
» 14. La diphthérite. Instruction pour le traitement préservatif et curatif des angines catarrhales, ainsique de l'angine couenneuse ou diphthérite selon les principes de l'hygiène et de l'homoeopathie. Traduction de la 2e édit. (44 S.) * 60 Pf.
» 15. Billig, Hugo, L'angine membraneuse ou le croup des enfants. Rapport de diagnostic et d'instruction pour les traiter dès leur première apparition selon les principes de l'homoeopathie. Dédié aux parents, ainsi qu'aux partisans de la méthode homoeopathique. Avec un appendice concernant la diphthérite et de son traitement par Carl Heinigke. Traduit de la 3e édit. allemande. (68 S.) * 60 Pf.

Vgl.: Hausbibliothek, homoeopathische.

—— de la jeunesse. Tom. I—III. 12. Vienne, Mechitaristen-Congreg.-Buchh.

A. s. l. t.:
Tom. I. Théodore ou la piété filiale p. H..... (9¼ B.) 836. 8 Gr.
II., III. Une année à Paris, ou les contradictions de la raison. p. H..... II Ts. (19 B.) 836, 37. 16 Gr.

—— de la jeunesse. Par Gust. Nieritz. Contes choisis traduits de l'Allemand par St. Leportier. 1—6. (Bdchn.) 8. Leipzig 859, Voigt und Günther. à (Bdchn.) * 15 Ngr.

Inhalt:

Bdchn. 1. Mücke, C., voyage dans le Hartz ou les vues de Dieu sont impénétrables. (157 S. mit 1 ill. Stnt.)
» 2. Muller, Wilh., le fils de viel invalide ou l'amour filial récompensé. (142 S. mit 1 ill. Stnt.)
» 3. Frédéric et Oscar Dornbusch ou aimez votre prochain comme vous-même. Par un ami de la jeunesse. (126 S. mit 1 ill. Stnt.)
» 4. Nieritz, Gust., Jonas et le prince enlevé ou à chacun selon ses oeuvres. (171 S. mit 1 ill. Stnt.)
» 5. —— le petit berger et son chien ou pardonnez et il vous sera pardonné. (183 S. mit 1 ill. Stnt.)
» 6. —— Gottlieb le petit mineur ou qui bien fera, bien trouvera. (160 S. mit 1 ill. Stahlst.)

—— de la jeunesse. Par Gust. Nieritz. Contes choisis traduits de l'allemand par St. Leportier. 2. Série. 6 Vols. Mit je 1 ill. Stnt. 8. Leipzig, 863, [Günther.] cart. à Vol. * 15 Ngr. *

Inhalt:

Vol. 1. Nieritz, Gust., huit jours de voyage ou l'orchestre ambulant. (138 S.)
» 2. —— Tobias ou la flute magique. Légende historique. (124 S.)
» 3. —— le bon curé de campagne. Ou Dieu est au ciel! O homme, pourquoi perdre courage? (100 S.)
» 4. Mucke, C., le jeune Valentin Duval. Ou l'art de ne devoir son bonheur qu'à soi-même. (156 S.)
» 5. Dreukhan, F., Gotthard et son cheval noir. (163 S.)
» 6. Nieritz, Gust., les enfants d'Édouard ou le cinquième commandement. (152 S.)

—— illustrée des contes les plus amusants pour les enfants en franç. et en polonais. Tirés des meilleurs auteurs et édités par J. N. Bobrowicz. Avec grav. sur bois par Bertall, Johannot, etc. Vol. I—V. A. s. l. tit.: Bibliotheka malownicza najzabawnie jszych powieści dla dzieci po francuzku i po polsku. Tom. I—V. 8. Leipzig, librairie étrangère. [I—III. (29½ B.) 846., IV., V. (20 B.) à Vol. 1 Thlr.] Thlr.

— illustrée des contes les plus amusants pour les enfants en Français et en Polonais. Édités par J. N. Bobrowicz. Avec gravures sur bois. — Biblioteka malownicza najzabawniejszych powieści dla dzieci etc. IV u. V. Vol. 8. (154 u. 160 S.) Leipzig 847, Librairie étrangère. à 1 ß

—— impériale publique de St. Pétersbourg. — Catalogue de la section des Russica ou écrits sur la Russie en langues étrangères. 2 vol. Lex.-8. (VIII, 845; 771 S.) St. Pétersbourg 873. (Leipzig, Voss.) *

Bibliothèque de l'Institut agricole de Fribourg-Pérolles. (Catalogue) 1902. 86 p. 8. Fribourg, Impr. de l'Œuvre de Saint-Paul, 1902.

[*Extrait du* Rapport *de l'*Institut Agricole de Fribourg ... de 1901.]

Bibliothèque instructive des écoles secondaires. — Sammlung und Bearbeitung von Meisterwerken der französ. Sprache und Literatur für die oberen Klassen höherer Schulanstalten von H. A. Werner. 1.—4. Bd. gr. 8. Berlin, Springer's Verlag. à Bd. * M 1,20. *

Inhalt:

Bd. 1. Arago, Dominique François. James Watt. Biographie lue en séance publique de l'Académie des sciences, le 8 Décbre. 1834. (X, 141 S.) 870.

» 2. Souvestre, Émile. Choix de contes et récits. (VI, 166 S.) 871.

» 3. Mignet, Franç. Aug. Alex. La Germanie au 8e et au 9e siècle, sa conversion au christianisme, et son indroduction dans la société civilisée de l'Europe occidentale. (XI, 120 S.) 871.

» 4. Discours sur les révolutions de la surface du globe, et sur les changements qu'elles ont produits dans le règne animal. (X, 164 S.) 872.

— instructive des écoles secondaires. — Sammlung und Bearbeitung von Meisterwerken der französ. Sprache und Literatur für die oberen Klassen höherer Schulanstalten von H. A. Werner. 5. Bd.: Histoire générale de la civilisation en Europe par Guizot. gr. 8. (VI, 185 S.) Berlin 877, Springer. *

1.—4. Bd. Ebendas. 1870—72. * M 4.80.

Bibliothèque instructive des écoles secondaires. Sammlung und Bearbeitung von Meisterwerken der französ. Sprache und Litteratur, für die oberen Klassen höherer Lehranstalten, von H. A. Werner. 1., 2. und 6. Bdchn. 8. Berlin, Springer. cart. *

Inhalt:

Bdchn. 1. Arago, Dominique François, James Watt. Biographie, lue en séance publique de l'Académie des sciences, le 8 décembre 1834. Für die oberen Klassen der höheren Schul-Anstalten bearb. und erläut. von H. A. Werner. 2. Aufl. (X, 134 S.) 884. * M 1,20.

» 2. Souvestre, Émile, Choix de contes et récits. Für die Mittelklasse der höheren Schul-Anstalten bearb. und erläut. von H. A. Werner. 2. Aufl. (VII, 164 S.) 883. * M 1,40.

» 6. La Fontaine, Jean, Quatre-vingt fables. Für die Mittelklasse der höheren Schul-Anstalten ausgewählt, bearb. und erläut. von H. A. Werner. (VIII, 120 S.) 884. * M 1,20.

3.—5. Bdchn. Ebendas. 1871—77. * M 3,80.

Bibliothèque et Inventaire de la Société fribourgeoise des Ingénieurs et Architectes. ([Catalogue.] 1906 janvier 12.) II + 11 p. 8. Fribourg (Suisse), Fragnière Frères, 1906.

— du jurisconsulte et du publiciste, par M. M. Ackersdyk, Birnbaum, de Coster, Destriveaux, Ernst, Holtius etc. Tom. I. in 6 Heften. gr. 8. Lüttich 826. (Marcus in Bonn.)

Bibliothèque littéraire-nationale, extraite des meilleures publications françaises, anglaises et allemandes. Littérature. Histoire. Sciences. Mélanges et Nouvelles. 1839. 12 Cahiers. gr. in-8. Genève 839. Soleure, Expedition des Verbreiters etc. n. 3 ß

— choisie de la littérature française. Thiers, M. N., histoire de la Revolution française. V Tom. 8. Leipzig 846, Brockhaus et Avenarius. (à 1 ß) 5 ß

— choisie de la littérature Française. — Histoire de la révolution Française par M. Thiers. Tom. VI. 8. Leipzig 847, Brockhaus 1 ß (1—6: 6 ß)

— dies. Oeuvres complètes du Comte Xavier de Maistre. Nouv. éd. 8. (280 S.) Ebend. 847. 1 ß

— choisie de la littérature française en prose par R. Schwalb. Essen 856, 57. Bädeker. 8.

Tom. I. Discours sur l'histoire de la révolution d'Angleterre par Guizot. (83 S.) n. 6 ngl

„ II. Histoire de Charles I. depuis son avénement jusqu'à sa mort par Guizot. (153 S.) n. 10 ngl

„ III. IV. Lettres et poésies de Frédéric le Grand. I. et II. A. u. d. T.: Briefe und Dichtungen Friedrichs des Grossen in biographisch geordneter Auswahl. Herausg. von R. Schwalb. (228; 271 S.) I.: n. 15 ngl; II.: n. 20 ngl

— choisie de la littérature française en prose par R. Schwalb. Essen 859. Bädeker. 8.

Tome V. Récits historiques par Augustin Thierry et Mme. Campan. (95 S.) n. 7½ ngl

Bibliothèque choisie de la littérature française en prose par R. Schwalb. Tome 2. gr. 8. Essen 874. Baedeker. n. 1. —

Histoire de Charles I. depuis son avénement jusqu'à sa mort par M. Guizot. 3. éd. (153 S.)

Bibliothèque choisie de la littérature française en prose par R. Schwalb. Tome I.: Discours sur l'histoire de la révolution d'Angleterre par Guizot. 2e édit. gr. 8. (83 S.) Essen 877, Bädeker. *

— choisie de la littérature française en prose par R. Schwalb. Tome 1. 8. Essen 878. Baedeker. n. — 60

Discours sur l'histoire de la révolution d'Angleterre par Guizot. 1. et 2. éd. (82 S.)

— choisie de la littérature française en prose par R. Schwalb. Tome 1 et 2. gr. 8. Essen 885, Bädeker. *

Inhalt:

Tome 1. Guizot, M., Discours sur l'histoire de la révolution d'Angleterre. 3e édit. (83 S.) * 60 Pf.

» 2. — Histoire de Charles I. depuis son avénement jusqu'à sa mort. 4e édit. (152 S.) * M 1.—.

— d'une maison de campagne. 200 Vol. in 12. Paris 820. I à III. Livr. 21 Vol.

— des Mémoires relatifs a l'histoire de France pendant le 18me siècle, avec avant-propos et notices, par M. Fr. Barrière T. A. s. le T.: Mémoires de Mme de Staal Delaunay, de M. le Marq. d'Argenson et de Mme mère du régent. Suivis d'éclaircissements extraits des mémoires du Duc de St.-Simon, avec avant-propos et Notices de Fr. Barrière. 8. Paris 846, Didot fr. (à) n. 1 ß

— la même. Tom. IIe. A. s. le T.: Mémoires secrets sur le règne de Louis XIV, la régence et le règne de Louis XV, par Duclos, historiographe de France, etc. 8. Les mêmes. 846. n. 1 ß

— la même, Tom. V. Aussi sous le titre: Mémoires de Marmontel. 8. Les mêmes. 846. n. 1 ß

— moderne. Vol. I—XII. 16. Leipzig 846, 47, Schäfer. à Vol. * 3 Ngr. *

A. s. l. ttrs.:

Vol. I., II. La robe de noce par Alexandre Dumas. (Avec le Portr. et Facsim. de Dumas.) II Vol. (14 B.)

III., IV. Le maitre d'école, par Fréd. Soulié. II Vol. (12¾ B.)

V—XII. La fatale Année. 4. édit. Tome I—III. (33¾ B.)

— moderne. Collection de livres de lecture à l'usage des classes supérieures et moyennes des écoles des deux sexes avec des notes grammaticales et étymologiques par C. M. Sauer. Série littéraire. I et II. Série historique. I. Série dramatique. I. 8. Brüssel 862—64, Schnée. *

Inhalt:

Série littéraire. I.: Au coin du feu par Émile Souvestre. (X und 165 S.) * 12 Ngr.

— dass. — II.: Un philosophe sous les toits par Émile Souvestre. Avec des notes grammaticales et étymologiques par le bibliothécaire Aug. Scheler. (VIII und 191 S.) * 12 Ngr.

Série historique. I.: Guillaume le Conquérant ou l'Angleterre sous les Normands. Ouvrage revu par M. Guizot. (103 S.) * 10 Ngr.

Série dramatique. I.: La joie fait peur. Comédie en 1 acte, en prose par Émile de Girardin. (IV und 63 S.) * 6 Ngr.

— des moralistes anciens. Dresd. 786. 10 Vol. 8. (Ist ein Abdruck des folgenden Buches.)

Bibliothèque musicologique. 2. Paris: A. Picard & fils; Leipzig: O. Harrassowitz 1906. 4° [cf. 1905]

— Napoléon. — Recueil de mémoires, biographies et tableaux histor. pour servir à l'hist. de l'Empereur Napoléon et des ses contemporains. Editeur A. Viedure. Tom. I—IV. — A. s. l. t.: de Norvins, hist. de Napoléon. IV Ts. 16. (82 B.) Leipzig 828, Hartleben's Vrls.-Exped. hrbgs. Pr.

— la même. Tom. V et VI. — A. s. l. t.: L. F. J. de Bausset, Mémoires anecdotiques sur l'interieur du Palais et sur quelques événemens de l'Empire depuis 1805 jusqu'au 1. Mai 1814. p. s. à l'hist. de Napoléon. II Ts. 16. (34½ B.) le même 828. hrbgs. Pr.

— Napoléon. — Recueil de mémoires, biographies et tableaux historiques pour servir à l'histoire de l'Empereur Napoléon et des ses contemporains. Editeur A. Viédure. Tom. I—VI 16. Leipz. 828. (Volckmar). 6 ₰ 12 gr.

Bibliothèque, nouvelle, dramatique. Tome I., contenant: les vèpres siciliennes, Tragédie, l'école des vieillards, comédie; le tardif, comédie. 8. Jena 825, Bran.

Bibliothèque, nouvelle, dramatique. Tom. II. (Sylla, p. E. Jouy. — La mère rivale p. C. Bonjour. — La Demoiselle à marier, p. Scribé et Mélesville. Tom. III. Le Tasse, drama historique p. Al. Duval. — Le mariage de Raison, p. Scribé et Varner.) 8. Jena 827, Bran. Rthlr.

—— nouvelle, illustrée pour la jeunesse et la famille. 1. Section: Vol. I. br. 8. Leipzig 855, Spamer. *

Inhalt:

Le livre d'or I. Abécédaire français illustré pour les petits enfants. Nouvelle méthode de lecture à développer l'intelligence et la mémoire des enfants et à les instruire en les amusant. Par Louise Buck. Avec préface de Ch. Vogel et F. Flügel. Orné de 300 jolis gravures, d'un frontispice etc. (en bois.) Avec un supplément: La boîte typographique (7 Bl.) (VIII und 95 S.)

Das Suppl. einzeln * 10 Ngr.

—— nouvelle, illustrée pour la jeunesse et la famille. 1. Section. Le livre d'or. Vol. I.: Abécédaire français illustré pour les petits enfants. Nouvelle méthode de lecture à développer l'intelligence et la mémoire des enfants et à les instruire en les amusant. Par Louise Bouc. Avec préface de Ch. Vogel et F. Flügel. 2. Édition, augmentée et corrigée. Avec un suppl. La boîte typographique. gr. 8. (VIII und 108 S. mit eingedr. Holzschn., 1 ill. Holzschnt. und ill. Titel in Holzschn. nebst 7 Tab.) Leipzig 861, Spamer. *

—— dass. — 1. Section. Le livre d'or. Vol. II.: L'Ami de la jeunesse ou livre d'or illustré. Tableaux descriptifs et intéressants sur l'astronomie, la météorologie, la géologie etc. par Charles Brandon. gr. 8. (X und 830 S. mit eingedr. Holzschn. und 5 Holzschnt. in Tondr.) Ebendas. 861. * 1 Thlr. 10 Ngr.; geb. *

—— nouvelle, illustrée pour la jeunesse et la famille. 1. Section. Le livre d'or. Vol. I.: Abécédaire français illustré pour les petits enfants. Nouvelle méthode de lecture propre à développer l'intelligence et la mémoire des enfants et à les instruire tout en les amusant. Par Louise Bouc. 3. édit., augmentée et corrigée. gr. 8. (VIII und 112 S. mit eingedr. Holzschn. und 2 Holzschntaf. in Buntdr.) Leipzig 866, Spamer. cart. *

— nouvelle, illustrée, pour la jeunesse et la famille. 1. Section. Le livre d'or. I. Abécédaire français illustré pour les petits enfants. Nouvelle méthode de lecture propre à développer l'intelligence et la mémoire des enfants et à les instruire tout en les amusant. Par Louise Bouc. Avec préface de Ch. Vogel et F. Flügel. 4. Ed., augmentée et corrigée. Ornée de 300 jolies gravures, d'un frontispice etc. Avec un supplément la boîte typographique. gr. 8. (VIII, 112 S.) Leipzig 872. Spamer. n. 1. 50; geb. n. 2. —; das Suppl. apart (7 Steintaf.) In Umschlag. n. 1. —

Bibliothèque, nouvelle illustrée, pour la jeunesse et la famille. Vol. II. L'ami de la jeunesse. Tableaux descriptifs et intéressants sur l'astronomie, la météorologie, la géologie, l'histoire naturelle et l'anthropologie suivis de récits sur la vie des héros de la paix et de la guerre par Charles Brandon. 2. éd. Avec 250 jolies gravures sur bois insérées dans le texte, un frontispice colorié et 4 illustrations à 2 teintes. gr. 8. (VIII, 346 S.) Ebend. 873. n. 4. —; geb. n. 4. 50

—— dass. — 2e Série. II. Les inventions merveilleuses. Vol. 1: Les inventions merveilleuses — anciennes et modernes — du génie de l'homme dans les sciences, l'industrie et les arts depuis les temps les plus reculés jusqu'à la fin du XVIIIe siècle par Charles Brandon. Avec 170 jolies gravures sur bois insérées dans le texte, un frontispice colorié et deux illustrations à deux teintes. gr. 8. (VIII, 240 S.) Ebendas. 873. *

Bibliothèque, **nouv. des Romans 3. Année. XVI Vols. gr. 12. Leipz., Wolff u. C. (Schmidt). 12 ₰**

Bibliothèque, nouvelle théatrale. 8. Brunsv. Pluchart. 813.

—— petite, pour les enfants du premier et second age. (Arrangée) par N. Lebrun. Nouv. édit. III Vol. 16. (13½ B.) Leipzig 830, Michelsen.

— petite, Française, ou choix des meilleurs ouvrages de la littérature moderne, à l'usage de la jeunesse, suivi d'un questionnaire par Mme. A. Brée. [Lecture et conversation.] Vol. I. Thérèse ou l'enfant volé, par A. F. de Saintes. 16. (116 S.) Leipzig 848, Baumgärtner. — 2. édition. 16. Ebd. 851. 1/6 ₰

– dass. Vol. 1. Therese ou l'enfant vole, par A. F. de Saintes. 1. edit, 848. et 2. edit. (a 116 S.) 852.

— dies. Vol. 2. La vendange ou le diable a dit non, suivi de Fleurette, par Mme. Achille Conte. 16. (106 S.) Ebd. 848. — 2. édition. 16. (IV u. 106 S.) Ebd. 852. 1/6 ₰

— dies. Vol. 3. Madeleine, extrait de l'ouvrage de Jules Sandeau. 16. (132 S.) Ebd. 848. — 2. édition. 16. (132 S.) Ebd. 852. 1/6 ₰

— dies. Vol. 4. La morale enseignée par l'exemple. 16. (108 S.) Ebd. 848. — 2. édition. 16. (108 S.) Ebd. 852. 1/6 ₰

— dies. Vol. 5. Les contes de la bonne maman par de Savigny, Léon Guérin, Mlle. Eugénie Foa etc. 16. (112 S.) Ebd. 849. — 2. édition. 16. (112 S.) Ebd. 852. 1/6 ₰

— dies. Vol. 6. Les soirées de famille, histoires à l'usage de la jeunesse. 16. (112 S.) Ebd. 849. 1/6 ₰

— dies. Vol. 7. Adèle ou la petite fermière. Par Mlle. S. Ulliac Trémadeure. 16. (111 S.) Ebd. 849. 1/6 ₰

— dies. Vol. 8. Courage et bon coeur, anecdotes du temps de l'empire, par E. Marco de Saint-Hilaire. 16. (100 S.) Ebd. 850. 1/6 ₰

— dies. Vol. 9. Les petits contes de l'oncle Robert, par Mme. Eugénie Foa, Savigny etc. 16. (99 S.) Ebd. 850. 1/6 ₰

— dies. Vol. 10. Ismael, histoire arabe, par Théodore Pavie. 16. (100 S.) Ebd. 850. 1/6 ₰

— dies. Vol. 11 — 12. Trois mois sous la neige. Journal d'un jeune habitant du Jura par J. J. Porchat. 2 Parties. (193 S.) Ebd. 850. 1/3 ₰

— dies. Vol 13—14. Les colons du rivage, ou industrie et probité, par J. J. Porchat. 2 Parties. (216 S.) Ebd. 851. 1/3 ₰

— dies. Vol. 15. Nouvelles histoires à l'usage de la jeunesse. 16. (100 S.) Ebd. 851. 1/6 ₰

– dass. Vol XVI. Contes de ma tante Gertrude. (107 S.) 1851.

— dies. Vol. 16. Contes de ma tante Gertrude. 16. (107 S.) Ebd. 852. 1/6 ₰

— dies. Vol. 17. Contes d'un père à ses enfants ou choix d'histoires à l'usage de la jeunesse. 16. (107 S.) Ebd. 852. 1/6 ₰

— dies. Vol. 18. Adèle et Charles ou les enfants vertueux, par Mme. de Flesselles. 16. (IV u. 112 S.) Ebd. 852. 1/6 ₰

— dies. Vol. 19. Les deux orphelins, par M. A. E. de Saintes. 16. (IV u. 134 S.) Ebd. 852. 1/6 ₰

— dies. Vol. 20. Le charme de l'eremitage, historiettes et nouvelles à l'usage de la jeunesse, par Mlle. Elise Brun. 16. (124 S.) Ebd. 852. 1/6 ₰

Bibliothèque petite française etc.
Vol. 20. Les charmes de l'ermitage, historiettes et nouvelles à l'usage de la jeunesse, par Élise Brun. (124 S.) 853. 5 Ngr.
- 21. Les cinq nouvelles; contes à l'usage de la jeunesse. (116 S.) 853. 5 Ngr.
- 22. Les veillées du chateau, ou une semaine de vacances. (120 S.) 853. 5 Ngr.
- 23. Les soirées d'hiver, histoires à l'usage de la jeunesse. (128 S.) 853. 5 Ngr.
- 24. Abrégé de l'histoire de l'oncle Tom à l'usage de la jeunesse. (212 S.) 854. 7½ Ngr.
Vol. 1—17. Ebendas. 1848—52. 2 Thlr. 25 Ngr.

—— le même. Vol. 1., 3. und 4. 3. Édition et Vol. 2—12. 2. Édition. 16. Leipzig 852—56, Baumgärtners Buchh. à Vol. 5 Ngr. Thlr.

— petite, française, ou Choix des meilleurs ouvrages de la littérature moderne, à l'usage de la jeunesse, suivi d'un questionnaire par Mme. A. Brée. Leipzig 853—57. Baumgärtner. 16.
Vol. I.: Thérèse ou l'enfant volé par A. F. de Saintes, ouvrage autorisé par l'université de France. 3. édit. (118 S.) 5 ngr
„ III.: Madeleine, extrait de l'ouvrage de Jules Sandeau. (3. édit.) (2 Bl., 132 S.) 5 ngr
„ IV.: La morale enseignée par l'exemple. 3. édit. (2 Bl., 108 S.) 5 ngr
„ VI.: Les soirées de famille, histoires à l'usage de la jeunesse. 2. édit. (116 S.) 5 ngr
„ VII.: Adèle ou la petite fermière. Par Mlle Ulliac Trémadeure. 2. édit. (112 S.) 5 ngr
„ VIII.: Courage et bon coeur, anecdotes du temps de l'empire. Par E. Marco de Saint-Hilaire. 2. édit. (104 S.) 5 ngr
„ IX.: Les petits contes de l'oncle Robert, par Mme Eugènie Foa, le chanoine Savigny, Mme de Renneville etc. 2. édit. (2 Bl., 99 S.) 5 ngr
„ X.: Ismael, histoire arabe, par Thdr. Pavie. 2. édit. (2 Bl., 100 S.) 5 ngr
„ XI. XII.: Trois mois sous la neige journal d'un jeune habitant du Jura par J. J. Porchat. 2. édit. Partie 1. 2. (2 Bl., 193 S.) 10 ngr
„ XXI.: Les cinq nouvelles contes à l'usage de la jeunesse. (116 S.) 5 ngr
„ XXII.: Les veillées du château ou une semaine de vacances. Historiettes à l'usage de la jeunesse. (120 S.) 5 ngr
Vol. XXIII.: Les soirées d'hiver, histoires à l'usage de la jeunesse. (128 S.) 5 ngr
„ XXIV. A. u. d. T.: Abrégé de l'histoire de l'oncle Tom à l'usage de la jeunesse. (212 S.) 7½ ngr

petite, française, ou choix des meilleurs ouvrages de la littérature moderne à l'usage de la jeunesse. (Lecture et conversation.) Avec notes allemandes et questionnaires. Par Mme. A. Brée. Leipzig 859—64. Baumgärtner. 16.
Vol. I.: Thérèse ou l'enfant volé. 4. édit. 859. — 5. édit. 864. (119 S.) 5 ngr
Vol. II.: La vendange ou le diable a dit non, suivi de Fleurette. 3. édit. 863. 5 ngr
Vol. III.: Madeleine. Avec notes allemandes et questionnaires par Mme. A. Brée. 4. édit. 862. (140 S.) 5 ngr
Vol. V.: Les contes de la bonne maman. 3. édit. 859. (112 S.) 5 ngr
Vol. VII.: Adèle ou la petite fermière. 2. édition. 862. (107 S.) 5 ngr
Vol. VIII.: Courage et bon coeur. Anecdotes du temps de l'empire. Avec notes allemandes et questionnaires par Mme. A. Brée. 3. édit. 861. (111 S.) 5 ngr
Vol. XI. XII.: Trois mois sous la neige. Journal d'un jeune habitant du Jura. 2 Parties. 3. édit. 862. (198 S.) 10 ngr
Vol. XIII. XIV.: Les colons du rivage, ou industrie et probité. 2 Parties. 2. édit. 862. (220 S.) 10 ngr
Vol. XVI.: Contes de ma tante Gertrude. 2. édit. 859. (115 S.) 5 ngr
Vol. XIX.: Les deux orphelins. Avec notes allemandes et questionnaires par Mme. A. Brée. 2. édit. 861. (111 S.) 5 ngr
Vol. XXIII.: Les soirées d'hiver, histoires à l'usage de la jeunesse. 2. édit. 863. (138 S.) 5 ngr
Vol. XXIV.: Abrégé de l'histoire de l'oncle Tom à l'usage de la jeunesse. Avec notes allemandes et questionnaires par Mme. A. Brée. 2. édit. 860. (224 S.) 5 ngr

— petite, française, ou choix des meilleures ouvrages de la littérature moderne à l'usage de la jeunesse. Avec notes allemandes et questionnaires. Par Mme. A. Brée. Leipzig 866—70. Baumgärtner. 16. Jeder Bd. 5 ngr
Vol. I.: Thérèse ou l'enfant volé. 6. édit. (110 S.)
Vol. III.: Madeleine. 5. édit. (146 S.)
Vol. V.: Les contes de la bonne maman. 4. édit. (112 S.)
Vol. VIII.: Courage et bon coeur. 4. édit. (111 S.)

— — Nouvelle série. Avec notes allemandes et questionnaires par Méta de Metzsch. Ebend. 870. 16. Jeder Bd. 10 ngr
Vol. I. II.: de Pressensé, Mme. E., Rosa. Une histoire de jeune fille. 2 vols. (243; 234 S.)
Vol. III. IV.: Augustin. 2 vols. (261; 218 S.)

— petite, française, ou choix des meilleurs ouvrages de la littérature moderne, à l'usage de la jeunesse avec notes allemandes et questionnaires. Par Mme. A. Brée. Vol. 1. 3—6. 8—12. 15—22. et 24. 16. Leipzig 871—75. Baumgärtner. 10. 5
1. Thérèse ou l'enfant volé. 8. éd. (119 S.) — 60
3. Madeleine. 7. éd. (146 S.) — 50
4. Morale en exemple. 5. éd. (123 S.) — 60
5. Les contes de la bon maman. 5. éd. (112 S.) — 50
6. Les soirées de famille, histoires à l'usage de la jeunesse. 8. éd. (122 S.) — 50
8. Courage et bon coeur. 5. éd. (109 S.) — 50
9. Les petites contes de l'oncle Robert, par Mme. Eugénie Foa, le chanvioe Savigny, Mme. de Renneville etc. 13. éd. (100 S.) — 50
10. Ismaël, histoire arabe. 4. éd. (116 S.) — 50
11. 12. Trois mois sous la neige. 2 parties. 6. éd. (200 S.) à — 50
15. Nouvelles histoires à l'usage de la jeunesse. 2. éd. (109 S.) — 50
16. Contes de ma tante Gertrude. 5. éd. (115 S.) — 60
17. Contes d'un père à ses enfants. 2. éd. (120 S.) — 50
18. Adèle et Charles. 2. éd. (133 S.) — 50
19. Les deux orphelins. 3. éd. (154 S.) — 50
20. Les charmes de l'eremitage. Historiettes et nouvelles. Par Elise Brun. 2. éd. (III, 128 S.) — 50
21. Les cinq nouvelles. 2. éd. (117 S.) — 50
22. Les veillées du château, ou une semaine de vacances. 2. éd. (130 S.) — 50
24. Abrégé de l'histoire de l'uncle Tom à l'usage de la jeunesse. 4. éd. (230 S.) — 75

— le même. Nouvelle série. Par Melle Méta de Metzsch. 1. et 2. vol. 16. Ebend. 876. à 1. —
Rosa. Une histoire de jeune fille par Mme. E. de Pressensé. 2. éd. (254 u. 243 S.)

—— française, petite, ou choix des meilleurs ouvrages de la littérature moderne à l'usage de la jeunesse. Avec notes allemandes et questionnaires par Mme. A. Brée. Vol. 1., 2., 4., 5., 7., 11—14., 16., 23—25. 16. Leipzig 879, Baumgärtner's Buchh. à Bd.
Inhalt:
Vol. 1. Thérèse ou l'enfant volé. 9e édit. (119 S.)
» 2. La vendange. Fleurette. 4e édit. (107 S.)
» 4. La morale enseignée par l'exemple. 5e édit. (123 S.)
» 5. Les contes de la bonne maman. 6e édit. (112 S.)
» 7. Adèle ou la petite fermière. 6e édit. (107 S.)
» 11. 12. Trois mois sous la neige. 2 parties. 7e édit. (200 S.)
» 13. 14. Les colons du rivage. 2 parties. 3e édit. (220 S.)
» 16. Contes de ma tante Gertrude. 6e édit. (115 S.)
» 23. Les soirées d'hiver. 3e édit. (138 S.)
» 24. 25. Abrégé de l'histoire de l'Oncle Tom à l'usage de la jeunesse. 2 parties. 5e édit. (229 S.)
Vol. 3., 6., 8—10., 15., 17—22. Ebendas. à 60 Pf.

—— française, petite, ou choix des meilleurs ouvrages de la littérature moderne à l'usage de la jeunesse. Avec notes allemandes et questionnaires par Mme. A. Brée. Vol. 1., 3., 5., 6., 8., 10.—12., 15., 16., 19., 23.—37. 16. Leipzig, Baumgärtner's Buchh. geb. à Bd.
geb. à Doppelbd.

Inhalt:
Vol. 1. Saintes, A. E. de, Thérèse ou l'enfant volé. 10e édit. (119 S.) 882.
» 3. Madeleine. Extrait d'un ouvrage, auquel l'Académie française a accordé le prix Monthyon. 7e et 8e édit. (III, 146 S.) 879,84.
» 5. Les contes de la bonne maman. 7e édit. (III, 112 S.) 884.
» 6. Les soirées de famille. Histoires. 4e édit. (122 S.) 883.
» 8. Courage et bon cœur. Anecdotes du temps de l'Empire. 5e et 6e édit. (111 S.) 879,83.
» 10. Parie, Th., Ismaël. Histoire arabe. 5e édit. (III, 116 S.) 884.
» 11. 12. Porchat, J. J., Trois mois sous la neige. Journal d'un jeune habitant du Jura. 8e. édit. (III, 200 S.) 884.
» 15. Nouvelles histoires. 2e édit. (109 S.) 878.
» 16. Contes de ma tante Gertrude. 7e édit. (112 S.) 882.
» 19. Saintes, A. E. de, Les deux orphelins. 4e édit. (155 S.) 882.
» 23. Les soirées d'hiver. Histoires à l'usage de la jeunesse. 4e édit. (III, 138 S.) 884.
» 24. 25. Abrégé de l'histoire de l'oncle Tom. 6e édit. (228 S.) 883.
» 26. 27. Pressensé, Mme. E. de, Rosa. Une histoire de jeune fille. 1re partie. 3e édit. (254 S.) 882.
» 28. 29. —— dass. — 2e partie. 3e édit. (243 S.) 882.
» 30. 31. Augustin. 1re partie. 2e édit. (261 S.) 882.
» 32. 33. —— dass. — 2e partie. 2e édit. (218 S.) 882.
» 34. 35. Pressensé, Mme. E. de, La maison blanche. 1re partie. (213 S.) 883.
» 36. 37. —— dass. — 2e partie. (III, 203 S.) 883.

Bibliothèque, Petite, Française a l'usage de la jeunesse..., s.a. Bibliothèque, Française a l'usage de la jeunesse...

— petite, française à l'usage de la jeunesse avec notes allemandes et questionnaires par Mme. A. Brée. 1—3., 5., 7., 8., 11—14., 16. 24. u. 25. Bd. 16. Leipzig 880. Baumgärtner. à — 60
1. Thérèse ou l'enfant volé. 9. Aufl. (119 S.)
2. La vendange ou le diable a dit non. Fleurette. 4. Aufl. (III, 107 S.)
3. Madelaine. Extrait d'un ouvrage, auquel l'académie française a accordé le prix Monthyon, dans sa séance d'août 1847. 7. Aufl. (III, 146 S.)
5. Les contes de la bonne maman. 6. Aufl. (III, 112 S.)
7. Adèle ou la petite fermière. 6. Aufl. (III, 107 S.)
8. Courage et bon coeur. Anecdotes du temps de l'empire. 5. Aufl. (111 S.)
11. 12. Trois mois sous la neige. Journal d'un jeune habitant du Jura. 7. Aufl. (III, 200 S.)
13. 14. Les colons du rivage ou industrie et probité. 3. Aufl. (III, 220 S.)
16. Contes de ma tante Gertrude. 6. Aufl. (III, 115 S.)
24. 25. Abrégé de l'histoire de l'oncle Tom. 5. Aufl. (230 S.)

— petite, choisie de la littérature française, ou collection des meilleurs ouvrages anciens. I. Série. Oeuvres de J. Racine I.—IV. 16. Gleiwitz 846, Landsberger. à n. 1/12 ₰

Bibliothèque petite, choisie de la litérature franç. ou collection des meilleurs ouvrages anciens. Publiée par Jos. Heimbrod. 1. Série. Oeuvres de J. Racine. 5—8. Livr. 16. (232 S.) Gleiwitz 847, Landsberger. (à n. 1/12 ₰) n. 1/3 ₰ (1—8: n. 2/3 ₰)

— de Petit-Maîtres. 8. Münster 775. Coppenrath. 10 ℊ

— philologique. Méthodes Hartleben pour l'étude rapide des principales langues du monde entier. 51. vol. 12. Wien 896. A. Hartleben. Geb. in Leinw. n. 2. —
Méthode théorique et pratique de langue russe comprenant l'étude de la grammaire, de la prononciation et de l'accentuation, de nombreux exercices d'application, ainsi qu'une chrestomathie accentuée avec traduction interlinéaire. Adaptée à l'usage des Français p. L. Lemonnier. (188 S.)
Bildet den 51. Band von: Die Kunst der Polyglottie.

—— polonaise. Nouvelle Série. Vol. 1.: Mes prisons en Russie. Mémoires de J. Gordon. gr. 16. (VIII und 348 S.) Leipzig 861, Franck'sche Verlagsbuchh.

Bibliothèque populaire (Be)
① liberté — égalité humanité (sur la couverture) ② Bibliothèque populaire à un batz (sur la couverture) ⑤ janvier 1834—octobre 1834 (?) ⑥ in-4° ⑦ mensuel ⑧ Bienne: Imprimerie de la Jura Suisse (janvier 1834—juillet 1934). Schneider et Co. (août 1834—?) ⑩ Direction de la Bibliothèque populaire à Bienne ⑫ au service de l'instuction du peuple et de la propagande radicale ⑭ Be: L ⑮ Edition allemande: Volksbibliothek.

— portative des auteurs classiques français. 8 Vols. 12. Zwickau 818—20. Gebr. Schumann. geh. 3 ₰ roh 2 ₰ 16 ℊ Hbg. Pr. à 5¼ ℊ 1 ₰ 16⅔ ℊ

Bibliothèque de la Revue d'Alsace, s.: Revue d'Alsace.

Bibliothèque de la Société romande d'apiculture: Règlement et Catalogue. (Moudon, octobre 1905.) 14 p. 8. Moudon, Impr. de «L'Éveil», 1905.

— suédoise. Part. I. 8. Dessau 783. chez les Sav. 12 ℊ

Bibliothèque du Théâtre François, depuis son origine; contenant un extrait de tous les ouvrages composés pour ce théâtre depuis les Mystères jusqu'aux pièces de P. Corneille ... Dresde 1768. V: *La Baume le Blanc, L. C. de*, oder *Marin, L. F. C.* [?] (BrMm)

—— pour tous. 1re—4e année. à Jahrg. 24 Lfgn. gr. 8. (à Lfg. ca. 48 S. mit Holzschn.) Bern 874—77, Haller. à Lfg. * 50 Pf.; à Jahrg. *
Nicht weiter erschienen.

Bibliothèque universelle. — Archives des sciences physiques et naturelles. 3e période, tome XI. Nr. 6. 15 Juin 1884.

Bibliothèque universelle. Archives des sciences physiques et naturelles. Tables générales des auteurs et des matières de 1846 à 1878. Période de 1846 à 1857, tomes I à XXXVI. Période de 1858 à 1878, tomes I à LXIV. In-8°, 737 p. Genève, bureau des Archives; Lausanne, G. Bridel. Bâle, H. Georg. 1887? 20 —

— universelle de Genève. [Tome VI—IX.] Année 1847—1850. à 12 cahiers. gr. 8. Genève, Kessmann. à année n. 14⅔ ₰
Besteht aus den beiden Abtheilungen: Littérature et sciences morales et politiques u. Archives des sciences physiques et naturelles, siehe diese.

—— univ. et revue suisse. 73. Année. 3 Bde. od. 12 Lfgn. (à 10 B.) 8. Laus. 68. Zür., Orell, F. & Co. *n.n.* 6. 10. || 74. Année. Red.: E Tallichet. 69. *n.* 6. 20

Bibliothéque universelle et Revue Suisse. Redaction: M. Ed. Tallichet. Année 1875. Janvier. in-8. Lausanne, G. Bridel. Prix par an fr. 20. — chaque cahier 2. 50
Sommaire: I. De Schwyz à Schwyz par Sion. Notes de voyage, par M. Eugène Rambert. — II. Le comte Gorani en Suisse, d'après ses mémoires inédits, par M. Marc-Monnier. — III. Le pinson des Colombettes. Nouvelle, par M. Louis Favre. — IV. La France actuelle, par M. Ed. Tallichet. — V. Soyons comme il faut. Comédie, par M. Moïse Hornung. — VI. Chronique parisienne. — VII. Chronique italienne. — VIII. Chronique d'Alsace. La science et le théâtre à Strasbourg. La nouvelle université d'Alsace. — En quoi elle se distingue des grands établissements d'Allemagne.

Bibliothèque universelle et Revue suisse. 83me année. Nouvelle période, tome 61. N° 241. Janvier 1878. 8°. Lausanne, au Bureau. (Bâle chez H. Georg) par an pour la Suisse 20 —
l'étranger 25 —

Bibliothèque universelle et Revue suisse. 84e année. Nouvelle période, tome 62. 1879. In-8°. Paraît au commencement de chaque mois. Lausanne, au Bureau. (Bâle chez H. Georg).
Per an pour la Suisse 20 —
pour l'étranger 25 —

Bibliothèque universelle et Revue suisse. Sous la direction de *Ed. Tallichet.* 85e année. 1880. In-8°. Paraît au commencement de chaque mois. Lausanne, au Bureau. (Bâle chez H. Georg). Par an pour la Suisse 20 — pour l'étranger 25 —

Bibliothèque universelle et Revue suisse. Sous la direction de *Ed. Tallichet.* 87e année. 1882. In-8°. Paraît au commencement de chaque mois. Lausanne, au Bureau. (Bâle, Genève et Lyon, H. Georg). Par an pour la Suisse 20 — Pour l'étranger 25 —

Bibliothèque universelle et revue suisse. Sous la direction de Ed. Tallichet. 88e année 1883. In-8°. Paraît au commencement de chaque mois. Lausanne au bureau (Bâle, Genève et Lyon, H. Georg). Par an pour la Suisse 20 — Pour l'étranger 25 —

Bibliothèque universelle et revue suisse. Sous la direction de Ed. Tallichet. 89e année 1884. In-8°. Paraît au commencement de chaque mois. Lausanne, au bureau. (Bâle, Genève, Lyon, H. Georg.) par an 20 — pour l'étranger 25 —

Bibliothèque universelle et Revue suisse. 92e année. 3e période. Tome XXXIII. 3 livrais. de 224 p. in-8°. Lausanne, Georges Bridel. Bâle, H. Georg. Par an (12 livr.) 20 —, Union post. 25 — Six mois 11 —, „ „ 14 —

Bibliothèque universelle et Revue suisse. 93e année. 3e période. Tome XXXVII—XL. Chaque tome à 3 livrais. de 224 p. in-8°. Lausanne, Georges Bridel. Bâle, H. Georg. Par an (12 livr.) 20 — Union postale 25 — Six mois 11 — „ „ 14 —

Bibliothèque universelle et Revue suisse. 94e année. 3e période. Tome XLI à XLIV. Chaque tome à 3 livrais. de 224 p. in-8°. Lausanne, Georges Bridel. Bâle, H. Georg. Par an (12 livr.) 20 — Union postale 25 — Six mois 11 — „ „ 14 —

Bibliothèque universelle et Revue suisse. CIIIe année. 12 Nos. In-8°. Lausanne, Bureau de la Bibl. Univ. — (Bâle, Georg & Co.) par an en Suisse 20 —; pour l'étranger 25 —

Bibliothèque universelle et Revue suisse, 105e année. 12 Nos. In-8°. Lausanne, Bureau de la Bibl. univ. (Bâle, Géorg & Co.). Par an en Suisse 20 — pour l'étranger 25 —

Bibliothèque universelle et Revue suisse, 106me année. 12 Nos. In-8°. No. 1. 224 p. Lausanne, Bureau de la Bibliothèque universelle. (Bâle, Georg & Co.) Par an, en Suisse 20 — pour l'étranger 25 —

Bibliothèque de voyages, de chasses et d'aventures à l'usage de la jeunesse et des gens du monde publiée sous la direction de M. V. Tissot. A toutes voiles par F. Cooper. 12. (280 S. m. Illustr.) Lausanne 890. Payot. cart. n. 1. 20

— dasselbe. Le Robinson des Alpes par G. Aimard. 12. (275 S. m. Illustr.) Ebd. 890. cart. n. 1. 20

— dasselbe. Les émigrants par Hoffmann. 12. (256 S. m. Illustr.) Ebd. 890. cart. n. 1. 20

— dasselbe. Pierre Simple par Marryat. 12. (288 S. m. Illustr.) Ebd. 890. cart. n. 1. 20

— dasselbe. Les drames de l'Inde. De Delhi à Cawnpore par F. Maynard. 12. (268 S. m. Illustr.) Ebd. 890. cart. n. 1. 20

Bibliothèque-Anthropos s.: Anthropos-Bibliothek.

Biblische Erdkunde [Schlagwort]
Biblische Erdkunde. Kiepert, Heinr., Wandkarte zur Erläuterung der biblischen Erdkunde Alten u. Neuen Testaments, im Auftrage der städt. Schuldeputation zu Berlin bearb. 1 : 3,000,000. 4 Blatt. Neue Ausg. Farbendr. à 49×64,5 cm. Berlin 892. D. Reimer. n. 4. —; auf Leinw. in Mappe n. 7. —; m. Stäben n. 9. —

Biblische Geschichte [Schlagwort]
Biblische Geschichte. Braselmann's, J. E.: Bibel-Atlas z. Schul-u. Privatgebrauche. Völlig umgearb. u. verm. v. A. Herkenrath. 14. Aufl. 4. (24 m. 8 L.)– Düsseld. 81, Michels. n. 1–; geb. n. 1.20.

– Leeder, E.: Schul-Atlas z. bibl. Geschichte. 6 (lith. u. col.) Karten. Nebst beschreib. Text. 40. Aufl. 8°(24) Ess. 84, Bädeker. n.1.–

Biblische Geschichte. Ohmann, C. L., Schulwandkarte zur biblischen Geschichte. 9 Blatt. Berlin, A. Wruck's Verl. 5. 50; auf Leinw. in Mappe 14. —

– Riess, R.: D. Länder d. heil. Schrift. Historisch-geograph. Bibel-Atlas, als Hilfsmittel z. Verständniss d. heil. Schrift u. d. bibl. Geschichte. Nach d. besten u. neuesten Hilfsquellen dargestellt in 7 (lith. z. Thl. col.) Karten. (Neue Aufl.) Fol. Freib. i/Br. 82, Herder. In Mappe n 2.40

Biblische Geschichte und Geographie [Schlagwort]
— s.a. Atlanten. Leeder, E. — Riess, v. — Länder der heil. Schrift. — Missionskarten.

Biblische Geschichte u. Geographie. Karten, 4, zur biblischen Geschichte. Chromolith. 8. Wiesbaden 889. Bechtold & Co. — 5

— Kiepert, H., Wandkarte zur Erläuterung der biblischen Erdkunde alten u. neuen Testaments, im Auftrage der städt. Schuldeputation zu Berlin bearb. 1 : 300,000. Neue Ausg. 4 Blatt. Farbendr. Imp.-Fol. Berlin 890. D. Reimer. n. 4. —

— Rössel, Th., Schulwandkarte der biblischen Länder, nach den besten Quellen f. den allgemeinen Schulgebrauch beim Unterricht in der Geschichte des Reiches Gottes bis zum Ende der Kreuzzüge bearb. 1 : 2,500,000. 4 Blatt. Chromolith. Imp.-Fol. Dresden 888. Huhle. n. 6. —; f. Aufzug auf Leinw. m. Stäben n.n. 4. —

— Streich, T. Fr., Handkarte zur biblischen Geographie, m. besond. Berücksicht. d. heil. Landes. Für die Hand der Schüler gezeichnet. 2. Aufl. Chromolith. Fol. Esslingen 889. Lung. n. — 30

Biblische Geschichten f. Geschichten.

Biblische Karten [Schlagwort]
Biblische Karten, s.: Palästina.

Biblische Länder [Schlagwort]
— s. a.: Palästina. — Schulwandkarten.

Biblische Länder. Atlas zur biblischen Geschichte zum Gebrauch in Gymnasien, Real- u. Bürgerschulen. 7. gänzlich umgearb. u. verb. Aufl. v. Issleib-Königs Atlas zur bibl. Geschichte. (8 farb. Kartons.) gr. 4. Leipzig 903. [Th. Hofmann.] B. G. Teubner. n. — 50

Biblische Länder. Brammer, H., Wandkarte der biblischen Länder, nach Entwürfen v. B. bearb. in der geographisch-artist. Anstalt v. F. A. Brockhaus in Leipzig. 1 : 2,000,000. 158×194 cm. Farbdr. Hermannsburg (902). Missionshandlg.)
Auf Leinw. m. Stäben, m. Kugelzeigestock n.n. 22. —

Biblische Länder. Diercke, C., Schulwandkarten.

— Karte zur biblischen Erdkunde. Hauptkarte. 1:2,500,000, Nebenkarten: 1:1,000,000 u. 1:7,500,000. 157×186 cm. Farbdr. Braunschweig (905). G. Westermann. Auf Leinw. m. Stäben 18. —

— Korn, G., Schulwandkarte d. Reisen Jesu. 1:300,000. 93,5×62,5 cm. Farbdr. Gera (900). Leipzig, Th. Hofmann. n. 2. 40; auf Leinw. m. Stäben n. 5. 20

— Leeder, E., Schul-Atlas zur biblischen Geschichte, bearb., gezeichnet u. nebst Beschreibung hrsg. (6 z. Tl. farb. Karten m. 28 S. Text.) 8. Essen (904). G. D. Baedeker. n. 1. —

Biblische Länder. Ludt, A., Wandkarte zur biblischen Geschichte. 1:1,800,000. 3. Aufl. 4 Blatt à 72×94 cm. Farbdr. Leipzig (906). G. Lang. n. 12. —; auf Leinw. m. Stäben n. 16. —

— Ludt, A., Wandkarte z. bibl. Geschichte. 1 : 1,800,000. 6. Aufl. 4 Blatt. à 72×93,5 cm. Farbdr. Leipzig (910). G. Lang. 12.—; auf Leinw. m. Stäben 16.—; Ausg. in span. Sprache. 1. Aufl. auf Leinw. m. Stäben 16. —

— Riess, Ricardus de, Atlas scripturae sacrae. X tabulae geographicae (in Farbdr.) cum indice locorum scripturae sacrae vulgatae editionis, scriptorum ecclesiasticorum et ethnicorum. Ed. II. Recognita ea collata, passim emendata et aucta labore et studio Carol. Rueckert. (VIII, 26 S. Text.) 4. Freiburg i/B. 906. Herder. n. 5. 60; geb. in Leinw. n. 6. 80

Biblische Länder. Rössel, Th., Schulwandkarte der biblischen Länder, nach d. besten Quellen f. d. allgem. Schulgebrauch b. Unterricht in der Geschichte des Reiches Gottes bis zum Ende der Kreuzzüge bearb. 1 : 2,500,000. 2., verb. Aufl. 4 Blatt à 57,5 × 76 cm. Farbdr. Dresden 898. A. Huhle. n. 6. —; auf Leinw. m. Stäben n. 10. —

— Rübsamen, Chr., Schul-Wandkarte der Länder der hl. Schrift. 1 : 2,125,000. 4 Blatt à 46 × 72 cm. Farbendr. Glogau (890). C. Flemming. 3. —; auf Leinw. in Mappe n. 7. —; m. rohen Stäben n. 8. —; m. schwarz polierten Stäben n. 9. —

[F.] **Biblisches** und Rabbinisches aus Salomon Plessner's Nachlass. Zu s. hundertsten Geburtstage hrsg. v. Rabbiner Dr. Elias Plessner ... *Frankfurt a. M.: J. Kauffmann 1897.* (73, 88 S., 1 Portr.) 1 Bd 8. [97. 5706

Nahum, Das Buch, übs. u. commentiert v. Salomon Plessner. *Frankfurt a. M. 1897.*
in: **Biblisches** u. Rabbinisches aus S. Plessner's Nachlass. [97. 5706

Plessner, Salomon: Koh lehâi, hebr. Anmerkgn z. Mischna, zu den Agadoth der beiden Talmuden u. d. ältesten rabbinischen Schriften. *Frankfurt a. M. 1897.*
in: **Biblisches** u. Rabbinisches aus S. Plessner's Nachlass. [97. 5706

Plessner, Elias: Keter malkût, Charakteristik Salomon Plessner's. *Frankfurt a. M. 1897.*
in: **Biblisches** u. Rabbinisches aus S. Plessner's Nachlass. [97. 5706

Hirschfeld, Hartwig: Biographie Salomon Plessner's. *Frankfurt a. M. 1897.*
in: **Biblisches** u. Rabbinisches aus S. Plessner's Nachlass. [97. 5706

Bibo, Herm., Erfindung u. Bearbeitung einer neuen, durch die 2 gleichmässig ohne Brüche theilbaren Decimal-Rechnung, aus dem neuen Zahlensysteme hergeleitet, wonach sich alle Münz-, Maass- u. Gewichtsverhältnisse in höchster Einfachheit begründen lassen. Lex. 8. (20 S. m. 2 Tab. in Lex. 8. u. Fol.) Berlin 850. (Schneider & Co.) 1/3 ₰

Bibo, H., Wie erzieht man am besten den Neger zur Plantagen-Arbeit? 8. (46 S. mit 1 Taf.) Berlin 887. Walther & Apolant. n. 1. —

BIBOW, Ernst (Rüdesheim): Primäre oder secundäre Paralyse? - München: Höfling 1894. 43 S.
7.5.1894 - Chr 1893/94,14; Jv 1893/94,194
Diss.Ingolst.-Landsh.-Mchn.

Bibow, Herm., einträgl. Geflügelzucht i. Großen. Prakt. Anleitg. z. Betriebs-Einrichtg. u. Durchführg. M. Orig.-Bauplänen. [Aus: „Deutsche landwirtschaftl. Presse."] gr. 8. (V, 66 S.) Berlin 895. P. Parey. n. 1. 50

Bibow, Herm., einträgliche Geflügelzucht im Großen. Praktische Anleitg. zur Betriebs-Einrichtg. u. -Durchführg. 2., verm. u. verb. Aufl. Mit Orig.-Bauplänen. (VII, 92 S. m. 4 Taf.) gr. 8. Berlin 905. P. Parey n. 2. —

Bibra, s. Geschichte der Familie v. Bibra.

Bibra, Lorenz von, Fürstbischof von Würzburg. München 1882. V: *Bibra, Wilhelm Freih. von.* (BMarsch 390)

v. Bibra, Frhr. ...., freimüthige Beleuchtung der gegenwärt. Verhältnisse d. Adels zu Fürst; Bürger u. Bauer. gr. 16. (27 S.) Nürnberg 848, Lotzbeck. 4 ngr

— u. Lichtenberg, das Gesetz f. Elsaß-Lothringen betr. die Fischerei vom 2. Juli 1891. Im Auftrage d. Ministeriums, Abtheilg. f. Finanzen, Landwirthschaft u. Domänen erläutert u. hrsg. 8. (VIII, 156 S.) Ebd. 893. n. 3. —; geb. n. 3. 50

Bibra: Die Getraidearten und das Brod, s. Bibra, Ernst

Bibra, Frhr. v., die Haltung u. Verwendung der Zuchtstiere in Elsaß-Lothringen. Zusammenstellung u. Erläuterg. der betr. Gesetze, Verordngn., Bekanntmachgn. rc., nebst e. Ueberblick üb. den Stand der Rindviehzucht in Elsaß-Lothringen. Im Auftrag des Ministeriums, Abtheilg. f. Finanzen, Landwirthschaft u. Domänen hrsg. 12. (V, 60 S.) Straßburg 893. K. J. Trübner Verl. Kart. n. 1. —

v. Bibra, (A. W.) Weldelgard, Schauspiel in 4 Aufzügen mit e. Vorsp. 8. Quedl. 824, Basse.

von Bibra, Alfred [app. Arzt aus Meiningen]: Die Verunreinigung der Zimmerluft durch salpetrige Säure '(Untersalpetersäure)' als Produkt der künstlichen Beleuchtung ... [Sep.-Abdr.] München, Druck v. R. Oldenbourg, 1892; 28 S. 8.
München, Med. Fak., Inaug.-Diss. v. 1893

v. Bibra, Ernst, die Abenteuer eines jungen Peruaners in Deutschland. Ein Roman. 3 Bde. Jena 870. Hermsdorf. 8. (237; 229; 237 S.) 3 ₰

Bibra, Ernst Frhr. v., die Abenteuer eines jungen Peruaners in Deutschland. 3 Bde. gr. 16. Jena 870. Leipzig, Licht und Meyer.

v. Bibra, Frhr. Ernst, die Algodon-Bay in Bolivien. Mit 3 (lithochrom.) Taf. [Aus d. IV. Bd. d. Denkschr. d. k. Akad. d. Wiss.] Fol. (42 S.) Wien 852. (Braumüller.) n. 1 ₰ 26 ngr

Bibra, (Ernst.) v., die Algodon-Bay in Bolivien. Fol. (42 S. mit 3 lithochrom. Taf.) Wien 852, (Gerold's Sohn.) *

Bibra, E. v., Beiträge zur Naturgeschichte von Chile. Mit 5 (lith.) Taf. (in Farbendr. in qu. Fol.) (Aus d. Denkschriften d. k. Akad. d. W.) Wien 853. Gerold. gr. 4. (1 Bl., 70 S.) n. 3 ℳ

—— Brautstand und Verehelichung. Ein geheimnißvoller Weg. Zwei Erzählungen aus Südamerika. gr. 8. (IV, 172 S.) Ellwangen 874, Schwäbische Buchh. [Biegenbalg.] *

—— die Bronzen und Kupferlegirungen der alten und ältesten Völker, mit Rücksichtnahme auf jene der Neuzeit. gr. 8. (VIII, 211 S.) Erlangen [Stuttgart] 869, Enke. (* ℳ 4,20.)

— über Chile. (Aus d. Sitzungsberichten d. k. Akad. d. W.) Nürnberg 853. (Korn.) gr. 8. (12 S.) n. 8 ngr

—— über Chile. Lex.-8. (12 S.) Wien 853, (Gerold's Sohn.)

Bibra, Ernst v., Aus Chili, Peru und Brasilien. 3 Bde. Leipzig (Jena) 862. Costenoble. 8. (845 S.) 3 ℳ 22½ ngr

— ueberalte Eisen- u. Silber-Funde. Archäologisch-chemische Skizze. gr. 8. (IV, 75 S.) Nürnberg 873. Richter & Kappler. n. 1. 50

— Graf Ellern. Roman. 3 Bde. Leipzig 869. Dürr'sche Buchhdlg. 8. (3 Bll., 245 S.; 3 Bll., 255 S.; 3 Bll., 266 S.) 4 ℳ

— Erb- u. Liebeshändel, s.: Lese-Cabinet, neuestes belletristisches.

Bibra, Ernst Frhr. v., Erinnerungen aus Süd-Amerika. 3 Bde. 8. (XV und 718 S.) Leipzig 861, Costenoble.

— Erlebtes u. Geträumtes. Novellen u. Erzählungen. 3 Bde. Jena 867. Costenoble. 8. (833 S.) 3 ℳ 22½ ngr

Die Fahrt um das Cap Horn v. Ernst Freiherrn von Bibra. (Besonders abgedruckt aus dem 2. Bande der Abhandlungen der naturhistorischen Gesellschaft zu Nürnberg.) Nürnberg o. J. 8°.

—— chemische Fragmente über die Leber und die Galle. gr. 8. (IV und 104 S.) Braunschweig 849, Vieweg und Sohn. *

Bibra, Ernst Frhr. v., wackere Frauen. Roman. 3 Bde. 8. (243; 232; 247 S.) Jena 876, Costenoble.

—— ein edles Frauenherz. Ein Roman. 3 Bde. 8. (860 S.) Jena 866, Costenoble.

—— ein edles Frauenherz. Ein Roman. 2. (Titel-)Ausg. 3 Bde. 8. (280; 287; 293 S.) Jena (866)69, Costenoble.

Bibra, E. v. (Hrsg.), s. Gaea.

—— d. narkot. Genussmittel u. d. Mensch. 8. (308) Nürnb. 55. (Rgsbg, Coppenrath.) n. 2. —; m. 6 Abb. n. 2. 15; Abb. einz. n. — 20

—— die narkotischen Genußmittel und der Mensch. gr. 8. (V und 398 S.) Nürnberg 855, Schmid. *
mit 6 Abbild. in Naturselbstdr. *
die Abbild. einzeln *

Bibra, Frhr. v., die Getreidearten und das Brod. Lex.-8. (VIII und 502 S.) Nürnberg 860, W. Schmid.

— die ersten Glieder e. langen Kette. Roman. 3 Bde. 8. (XXIII, 248; V, 272 u. V, 268 S.) Nürnberg 871. Richter & Kappler. 12. —

Bibra, Ernst Frhr. v., Haschisch, s. Reiselectüre.

Bibra, Ernst v., Hülfstabellen z. Erkennung zoochemischer Substanzen. (4 Tab. Roy.-Fol.) Erlangen 846, Enke. *

Bibra, Ernst Freiherr von.
Chemische Hülfstafeln. Erlangen, 1846. 8vo.

—— Hoffnungen in Peru. Ein Roman. 3 Bde. 8. (720 S.) Jena 864, Costenoble.

—— ein Juwel. Südamerikanischer Roman. 3 Bde. 8. (827 S.) Jena 868, Costenoble.

— der Kaffee und seine Surrogate. (Aus d. Abhandlungen d. naturwissenschaftlich-technischen Commission bei d. k. Akad. d. Wissensch. in München.) München 858. Literar-artist. Anstalt. gr. 8. (1 Bl., 110 S.) n. 22 ngr

—— die Kinder der Gauner. Roman. 2 Bde. 8. (III, 278; III, 286 S.) Nürnberg 872, Richter und Kappler.

—— und Lor. Geist, die Krankheiten der Arbeiter in den Phosphorzündholzfabriken insbesond. das Leiden der Kieferknochen durch Phosphordämpfe. Vom chem.-physiolog., medicin.-chirurg. und medicin-polizeyl. Standpunkt bearb. gr. 8. (VIII und 347 S. mit Atlas von 9 ill. Kpfrt. in qu. Imp.-4. und 4 S. Text in gr. 4.) Erlangen 847. [Frankfurt a. M., Heyder und Zimmer.] *

— u. Lor. Geist, die Krankheiten der Arbeiter in den Phosphorzündholzfabriken insbesondere das Leiden der Kieferknochen durch Phosphordämpfe. Vom chem.-physiolog., medicin.-chirurg. u. medicin.-polizeyl. Standpunkt bearb. Mit Atlas v. 9 gemalten Kpfrtaf. (in qu. Imp. 4. m. 4 S. Text in gr. 4.) gr. 8. (VIII u. 347 S.) Erlangen 849, Heyder. n. 3 ℳ

Bibra, Ernst v., Kunst-Denkmaeler, s. a. Kunst-Denkmaeler.

Kunst-Denkmaeler in Deutschland von der frühesten Zeit bis auf unsere Tage. Bearbeitet von E. von Bibra u. A. Heft 1—5. (Unvollständig.) Schweinfurth 1844. 4°.

— Novellen, s. Abende, deutsche.

— el paso de las animas, s. Album. Bibliothek deutscher Orig.-Romane.

—— El paso de las animas. Roman. 2 Bde. 8. (216; 178 S.) Leipzig 870, E. J. Günther.

— über einige pathologische Producte v. Vögeln u. Säugethieren Mit 1 Steindrtaf. [Für d. kais. Leopold.-Carol.-Akad. d. Naturforscher.] gr. 4. (28 S.) Breslau u. Bonn 848, Weber. n. 12 ngr (siehe auch: Actorum, nov., academiae caes. Leopold.-Carol. vol. XXII. pars 1.)

—— Reise in Südamerika. 2 Bde. gr. 8. (III und 648 S.) Mannheim 854, [Bassermann'sche Brlgsh.]

—— Reiseskizzen und Novellen. 4 Bde. 8. (1048 S.) Jena 864, Costenoble.

— die Schatzgräber, Roman. 3 Bde. Jena 867. Costenoble. 8. (853 S.) 4 ℳ

Bibra, E v., e. alte Schuld, s.: Reiselectüre.

— Hieronimus Scottus, s.: Lese-Cabinet, neues belletristisches.

— die neun Stationen d. Herrn v. Scherenberg. Roman. 2 Bde. 8. (253 u. 261 S.) Jena 873. Costenoble. 10. 50

— die neun Stationen des Herrn v. Scherenberg. 2. (Titel-)Aufl. Wohlfeile Volks-Ausg. 2 Thle. in 1 Bde. 8. (253 u. 264 S.) Jena (1873) 880. Costenoble. 3. —

—— In Südamerika und in Europa. Roman. 2 Bde. 8. 231; 264 S.) Jena 874, Costenoble.

Bibra, Ernst Frhr. v., in Südamerika u. in Europa. Roman. 2. Aufl. 2 Thle. in 1 Bde. 8. (231 u. 264 S.) Jena 883. Costenoble. 3. —

— aus jungen u. alten Tagen. Erinnerungen. 3 Bde. 8. Jena 868. Costenoble. 8. (8 Bll., 874 S.) 3 ₰ 22½ ngr.

Tzarogy. Roman von Ernst v. Bibra. Bd 1—3. Jena: Costenoble 1865. 863 S. 8°

TB. 353. Schildert das Treiben Saint-Germains. Taute gibt fälschlich Leipzig als Verlagsort an.

—— Untersuchung des orber Badesalzes. gr. 4. (3 S.) Würzburg 855. (Gera, Illgen's Erben.)

—— chemische Untersuchungen verschiedener Eiterarten u. einiger anderer krankhafter Substanzen. Ein Beitrag zur patholog. Chemie. gr. 8. (15¼ B.) Berlin 842, Förstner.

—— chemische Untersuchungen üb. die Knochen u. Zähne d. Menschen u. der Wirbelthiere, mit Rücksichtnahme auf ihre physiolog. u. patholog. Verhältnisse. gr. 8. (28 B. u. 5 Taf., Stahlst.) Schweinfurt 844, [Kleinknecht u. Comp.] *

—— vergleichende Untersuchungen über das Gehirn des Menschen und der Wirbelthiere. Lex.-8. (V und 134 S.) Mannheim 854, [Bassermann'sche Vrlgsh.] *

—— und Emil Harless, die Wirkung des Schwefeläthers in chem. und physiolog. Beziehung. gr. 8. (VIII und 190 S. mit 2 Stnt.) Erlangen 847. [Frankfurt a. M., Heyder und Zimmer.]

v. Bibra, F. L., s. 1) Georg III. 2) Handbüchlein d. Angelfischerei. 3) Hof v. St. James.

Bibra, Friedrich Baron (Red.), s. B l ä t t e r , Österreich-ungarische, für Geflügel- und Kaninchenzucht, dann für Bienen- und Fischzucht, Sing- und Ziervogel-Pflege.

Bibra, Friedr. Baron, unser Haushuhn. Die äußeren typischen Merkmale der verschiedenen Rassen. Nach den verläßlichsten Quellen zusammengestellt. 8. (IV, 62 S.) Dresden 878, Schönfeld's Verlagsh. cart. *

! Bibra, F: Haushuhn. Jetzt: Hannov., M & H Schaper. 76/80

v. Bibra, G. N. Der sächsische Staat im Lichte der Regierung Sr. Majestät des Königs Friedrichs Augusts des Gerechten dargestellt. 8. Dresden 1818.

Biebra, G. N. v., der Staat, im Lichte d. Regierung weiland Sr. Maj. des Königs v. Sachsen, Friedrich August's d. Gerechten, dargest. 8. (25 B.) Dresden 828, [Grimmer.]

v. Bibra, G. N., (Karl Chr. Gust. Nietzsche,) d. Staat, im Lichte d. Regierung weiland Sr. Maj. d. Königs v. Sachsen, Friedr. August d. Gerechten, dargestellt. 8. Dresd. 828. Hilscher. 2 ₰

v. Bibra, J. A. F. W., s. Resignation.

v. Bibra, Frhr. Phil. Ant. Siegm., († d. 5. März 1803.), s. 1) Führer d. Jugend. 2) Journal v. u. f. Deutschland

Bibra, R. Frhr. v., s.: Spanien in Wort u. Bild.

Bibra, Rhard. Frhr. v., Anleitg. z. Hand- u. Finger-Gelenk-Übgn. als Vorbereitg. f. d. Handhabung der Waffen. Die Abb. sind v. Verf. nach d. Natur gezeichnet. gr. 8. (16 S.) Wien 892. L. W. Seidel & Sohn. n. — 50

Bibra, Rhard. Frhr. v., Beitrag zur Geschichte der Kissinger Heilquellen „Rakoczy" u. „Pandur". (S. 167—209) gr. 8. Würzburg 906 (Stahel's Verl.) n. 1. —
Sonderabdruck aus: Archiv d. hist. Ver. v. Unterfranken u. Aschaffenburg".

Bodenlauben bei Bad Kissingen. Geschichte d. Burg u. d. Amtes von Reinhard v. Bibra. (Mit 8 Abb. u. Pl.) *Bad Kissingen: F. Weinberger (1903).* (146 S.) 8° [03. 6903

Bibra, Rhard. Frhr. v., D. Schlacht b. Würzburg am 3. IX. 1796. [Aus: „Archiv d. histor. Vereins v. Unterfranken u. Aschaffenburg".] gr. 8. (82 S. m. 1 Bildn. u. 1 Plan.) Würzburg 897. (Stahel.) n. — 80

Bibra, Wilh. Frhr. v., Beiträge zur Familien-Geschichte der Reichsfrhrn. v. Bibra. Auf Grund urkundl. Nachrichten bearb. Als Mscr. gedr. 1. und 2. Bd. gr. 8. München, Kaiser. [1. Bd. (VIII, 233 S. mit 1 Photolithogr., 2 Stnt. und 1 Stammbaum.) 880. *M 4,30.; 2. Bd. (IV, 508 S. mit 6 Lichtdr.-Abbild. und 5 genealog. Taf.) 882. *M 6.] *

Bibra, Wilh. Frhr. v., Beiträge zur Familien-Geschichte der Reichsfreiherrn v. Bibra. Auf Grund urkundl. Nachrichten bearb. 3. Bd. [1. Hälfte.] gr. 8. (VI, 308 S. mit 7 Abbild. und 6 genealog. Taf.) München 888, Kaiser. **
1. und 2. Bd. Ebendas. 1880,82. *M 10.30.

Bibra-Speßhardt, Th. v., aus erster, gold'ner Liebeszeit. Eine Erzählung für junge Mädchen. 12. (247 S.) Leipzig 888, Reinboth. *M 1.50.; geb. *

Bibra-Speßhardt, Th. v. Die Wunderblume d. Glücks. Eine Novelle. gr. 16. (III, 94 S.) Lpz. 890, Fock. geb. in Goldschn. * 1 50

Bibran, Sigism. Frhr. v., De jure baronum. s. A l e x a n d r i, Johann Heinr.: De tutela materna principum imperii, Disp.

Bibring, A. Jakob —. Andachtsklänge zur Allerhöchsten Vermählungsfeier Sr. Apostol. Majestät unseres huldvollen allergnädigsten Kaisers Franz Joseph I. mit der durchl. Prinzessin Elisabeth, Herzogin in Baiern. Verfaßt von — —. 8. (8 S.) Wien. Gedruckt bei Adalbert della Torre. 1854.

Bibrowicz, W[enzeslaw], Prakt. Arzt: Aus der chirurgischen Universitätsklinik zu Breslau. Beiträge zur Klinik und Chirurgie des Hirnabscesses. Tübingen 1905: H. Laupp jr. (54 S.) 8° ¶ (Aus „Beiträge zur klinischen Chirurgie" Bd. 47, H. 2.)

Breslau, Med. Fak., Ref. Kausch, Diss. v. 6. Jan. 1906

[Geb. 10. Dez. 74 Grätz in Posen; Wohnort: Kattowitz O.-S.; Staatsangeh.: Preußen; Vorbildung: Elisabeth-Gymn. Breslau Reife M. 94; Studium: Breslau 10 S.; Coll. 2. Aug. 05; Approb. 28. Juli 00.]

Bibulus, Agapetus, über Mäßigkeits-Vereine. (A. d. 3. Jahrg. d. „Sachsenzeitung" abgedr.) 8. ... Leipzig 831, Hartmann.

Bibulus, Agapetus, (...) über Mäßigkeitsvereine. (Aus d. Sachsenzeit. abgedr.) 8. Leipz. 832. Hartmann. 3 gr.

Bibus, Ottilie, D. Steffelhofbauer. E. Volksdichtg. 8. (63 S.) Dresden 897. E. Pierson. n. 1. —

Bibus, Ottilie. Mein Tagebuch. Gedichte. 2. veränd. u. verm. Aufl. gr. 16. (XII, 139 S.) Lpz. 889, [Danz]. * 2 —
geb. m. Goldschn. * 3 —

— X-Strahlen. (D. „Tagebuches" bedeutend verm. 3. Aufl.) Gedichte. 8. (170 u. V S.) Ebd. 897. n. 2. —;
geb. n. 3. —

Bibus, Vincenz (Red.), s. W o c h e n p o s t . – Neuhauser Wochenpost.

Bicaissius manuale medicor. 12. Jena, Cröcker. 712.

Bicat, P. v., d. practische Arzt am Krankenbette ic. 8. Wien, Mösle. 794.

Biccius, Christian

— — De pileo, Vom Recht des Huths. Tractatio jurid. (Weissenfels, 31. X. 1680.) Halle (Hendel) 1736. 40 S. (6.—)
Widm .v.: Phil. Adolf Schmid.

Bichat, (François Marie) Xavier: Abhandlung über die Häute im allgemeinen und über die verschiedenen Häute insbesondere. (Traité des membranes. Dt.) Übers.von C(hristian) F(riedrich) Doerner. 400 S., gbd.

Tübingen: Heerbrandt 1802

Bichat, Xav., Abhandl. üb. d. Häute im Allgemeinen u. über d. verschied. Häute insbesondere; aus d. Französ. übers. v. C. F. Dörner. 8. Tübing. 802. (Osiander). 1 ℛ 8 g

Bichat, (François Marie) Xavier: Allgemeine Anatomie angewandt auf die Physiologie und Arzneywissenschaft. (Anatomie générale appliquée à la physiologie et à la médecine. Dt.) Th.1/1 - 2 - 2/1 - 2 übers.von C(hristoph) H(einrich) Pfaff, Th.3 (= Supplement) von P(ierre) A(ugustin) Béclard, übers.von (Friedrich Peter) Ludwig Cerutti, gbd.

Leipzig: { Th.1 - 2: Crusius 1802 - 1803
Th.3: Hartmann 1823

Bichat, Xav., allgem. Anatomie, angew. auf Physiol. u. Arzneywissensch. übers. u. m. Anm. vers. v. Pfaff. 2 Bde in 4 Abth. gr. 8. Leipz. F. C. W. Vogel. 802. 3.

— allgem. Anatomie, angewandt auf d. Phisiologie u. Arzneiwissenschaft. 3r Thl. herausg. v. F. A. Béclard. A. u. d. Tit.: F. A. Béclard Uebersicht d. neuern Entdeckung in d. Anatomie u. Physiologie, aus d. Franz. übers. v. C. Cerutti. gr. 8. Leipz. 824, Hartmann.

— allgem. Anatomie, angewandt auf d. Physiologie u. Arzneiwissenschaft, herausg. v. F. A. Béclard. A. u. d. T.: F. A. Béclard, Uebers. d. neuern Entdeckungen in d. Anatomie u. Physiologie, aus d. Französ. übers. v. L. Cerutti. gr. 8. Leipz. 825. (Lehnhold). 1 ℛ 12 g

Bichat, (X.) patholog. Anatomie. Letztes Werk. A. d. Franz. mit Anmerkk. v A. W. Pestel. gr. 8. Leipz. 826, Taubert.

— s. J. P. Desault's chirurg. Nachlass.

Bichat, (François Marie) Xavier: Physiologische Untersuchungen über Leben und Tod. (Recherches physiologiques sur la vie et la mort. Dt.) Übers.von (Christoph Immanuel) Veizhans. 389 S., gbd.

Tübingen: Heerbrandt 1802

— physiolog. Unters. über Leben u. Tod. Aus d. Französ. v. Weizhans. gr. 8. Tüb. 802. (Osiander). 1 ℛ 8 g

— Dass. im Ausz. u. mit Anmerkk. v. Herholdt. Aus d. Dän. von Pfaff. 2 Thle. gr. 8. Kopenh. 802, 3. Brummer. 14 g

Bichat, Xavier: Physiolog. Untersuchgn üb. d. Tod, s Klassiker d. Medizin.

— Versuch über Desault u. dessen Verdienste um die Chirurgie, übersetzt u. mit Anmerkk. vers. von J. G. A. Wardenburg. 8. Götting. 798. Dieterich. 6 g

Biche, une autre, anglaise. Histoire authentique d'Anonyma. 3 Vols. (Bibliothèque choisie. Vols. 839—841.) 16. (436 S.) Naumburg 865, Pätz.

Bichel, C. E., Untersuchungsmethoden f. Sprengstoffe. Fol. (23 S. m. 14 Abbildgn. u. 1 farb. Taf.) Berlin 902. W. Ernst & Sohn. n. 3.—
Sonderabdruck aus: „Zeitschr. f. d. Berg-, Hütten- u. Salinenwesen im Preuss. Staate".

Bicheroux, Robert: Die rechtliche Bedeutung eines Theaterbillets. *Düsseldorf 1897: L. Schwann.* (48 S.) 8°
Erlangen, Jur. Diss. v. 11. Sept. 1897

Bichler, Ant., Cerkveno leto alj pesmi z napevi za vse nedele ino praznike. 12. (216 S.) Klagenfurt 852, Leon. 2/3 ℛ

Bichler, Frz., in die Siebenhügelstadt, s.: Pesendorfer, Frdr.

Bichler, H., Der Turnunterricht an den Gymnasien, Lahr 1878, 9 S., Gr.-8°.

Bichler, Karl, der Elektriker in Schule u. Haus, s.: Steigl, Jos.

Bichler, Karl, Grundriss der Naturlehre, s.: Steigl, Jos.

Bichler, Karl: Physik u. Chemie f. Bürgersch., s: Netoliczka, Eug.

Bichler, Wilhelm, prakt. Arzt in Haunstetten: Ein Fall von abgesackter eitrig-jauchiger Peritonitis. München 1905: C. Wolf. (18 S.) 8°
München, Med. Fak., Ref. v. Bauer, Diss. v. 10. Nov. 1905
[Geb. 5. Nov. 76 München; Wohnort: Haunstetten b. Augsburg; Staatsangeh.: Bayern; Vorbildung: Luitpold-Gymn. München Reife Juli 96; Studium: München 10 S.; Coll. 10. Nov. 05; Approb. 12. Juli 01.]

BICHLMAIER, Georg (Haidhausen): Ueber die Wasserscheu.- München: Weiss 1867. 30 S.
13.6.1866 - Urk (Titel: De hydrophobia.); P 71

Diss. Ingolst.-Landsh.-Mchn.

Bichlmeyer, Jos., heimische Bauweise f. den Kreis Schwaben u. Neuburg, s.: Schriften des bayer. Vereins f. Volkskunst u. Volkskunde in München. 2. Hft.

Bichmann, Heinr.: Der Zinsfuss seit 1895. (154 u. 45) gr8° Berl.. Puttk. & M. '12. 5.20; L 6.60

Bichmann, Heinrich Andreas (Resp.): De Dominio hominis in bruta ..., s. Walther, Heinrich Andreas

Bichmann, Hermann
Bichmann, H., Ansprache üb. Psalm 77, 6 b. d. Gedenkfeier d. Braunschw. Infant.-Regts. Nr. 92 a. Tage v. Vendôme, 16. Decbr. 1895, i. Dom z. Braunschweig geh. 1. u. 2. Aufl. gr. 8. (8 S.) Braunschweig 896. H. Wollermann. — 15

Bichmann, Herm., Leben und ausgewählte Predigten des † Stiftsdechant Ludw. Wilh. Theod. Gottfr. Bichmann. 2 Thle. gr. 8. [Frankfurt a. M., Zimmer'sche Buchh.] Heilbronn 876, Gebr. Henninger. *
Inhalt:
Thl. 1. Das Leben. (V, 68 S.) *ℳ 1,60.
2. Predigten. (VIII, 236 S.) *ℳ 4,40.

Bichmann, H. Ein Rückblick in die vorigen Tage 1806—1815. Gedächtnisansprache, üb. Psalm 77. gr. 8. (9 S.) Braunschw. 890, Wollermann. * — 20

Bichmann, H., Thut Busse! das Himmelreich ist nahe herbeigekommen. Predigt über Matth. 3, 1—12, am 3. Advent 1886 im Dom zu Braunschweig gehalten. gr. 8. (10 S.) Braunschweig 886, Wollermann. *

Bichmann, H., welche Anforderungen müssen an die evangelische Predigt gestellt werden? Predigt am Sonntag Septuagesimä 1901 üb. Römer 10, 8—18 in der Hof- u. Domkirche zu Braunschweig. gr. 8. (10 S.) Braunschweig 901. H. Wollermann. — 15

Bichmann, Phil. Ad. Moritz (Resp.): Aera nativitatis Christigenuina ..., s. Liebknecht, Johann Georg

Bichmann, Wilhelm, Oberlieut. im Reg. Chronik des k. k. Inft.-Reg. Nr. 62, dermalen Ludwig Prinz von Bayern. Von seiner Errichtung 1798—1880. Im Auftrage des Reg.-Commandos verfasst. (Mit 6 Taf.) 504 S. gr. 8. Wien 1880.

Bichon, G. W., Lehrbuch der Sohlledergärberei nebst Darstellung des Lütticher, Staveloter, Malmedyer, St. Vither u. s. w. Verfahrens bei dem Sohlledergärben. gr. 8. (13½ B. u. 5 Stat.) Berlin 845, Nauck u. Comp. *

Bichon, G. W: Lehrbuch der Sohllederbärberei. Berlin 1848

Bichowsky, Selda. Spina bifida. Diss. Med. Bern. 36 S. 8. Bern. H. v. Kamp-Berger, 1909.

Bichsel, Adolf: Graf Eberhard II von Kyburg (1290 bis 1357). Bern 1899. 120 S. und 2 Taf. 8°.
Bern. Phil. Diss. 1898/99.

Bichsel, Ad. Graf Eberhard II. von Kyburg (1299—1357). Ein Beitrag zur Geschichte der Grafen von Habsburg-Kyburg. 8°. V, 120 S. m. 2 Tfln. Bern, Hans Körber. 1899 1 80

Bichsel, Adolf. Leitfaden für den Unterweisungs-Unterricht. VIII + 40 S. 8. Bern, A. Benteli, 1902. cart. fr. —.40, 13 Ex. fr. 4.80

Bichtelar, C. (Red.), s. Eisenbahn-Presse, Freie.

Bick, Jos., Horazkritik seit 1880. (VI, 89 S.) gr. 8. Leipzig 906. B. G. Teubner. n 1. 80

Bick, J., Wiener Palimpseste. I. Teil: Cod. Palat. Vindobonensis. 16 olim Bobbiensis, Lucanus. Pelagonius etc. etc. [Sitzungsber. d. k. Akad. d. Wiss., philos.-histor. Klasse. 159. Bd. 7. Abt.] Gr.-8°. (116 S. mit 6 Tafeln.) † K 4.20
Wien: Hölder 1908

Bick, Joseph: Welche Einwendungen von irgend welchem Belang sein seit dem Erschienen von Otto Kellers „Epilegomena" gegen das darin aufgestellte Dreiklassen-System geltend gemacht worden.
Phil. Diss. Prag 1904/1905.

Bickart, Edmund [aus Eichstetten (Baden)]: Über Wolffberg's quantitative Farbensinnprüfung zur Diagnose von Refraktionsanomalien. . . . Emmendingen, Buchdr. v. Albert Dölter, 1890; 26 S. 8°
Strassburg, Med. Fak., Inaug.-Diss. v. 1890

BICKART, Otto: Beitrag zur Casuistik der Hirntumoren.- München: Kastner & Lossen 1897. 33 S. 22.7.1897 - Chr 1897/98,17; Jv 1897/98,206 Diss. Ingolst.-Landsh.-Mchn.

Bicke, Frz., über die Luftverdünnung u. Anwendung der verdünnten Luft. (Atmosphär. Eisenbahnen) gr. 8. Innsbruck, Wagner. 1862.

Bickel, Adf, s: Beiträge, Internationale, z. Pathol. u. Therapie d. Ernährgsstörgn.

Bickel, Adolf: Beiträge zur Rückenmarksphysiologie der Amphibien und Reptilien. *(Altenburg) 1898: (Pierer).* (22 S.) 8° Bonn, Med. Diss. v. [4. März] 1898

— u. Paul Jacob, über neue Beziehungen zwischen Hirnrinde u. hinteren Rückenmarkswurzeln hinsichtlich der Bewegungsregulation beim Hunde. gr. 8. (5 S.) Berlin 900. (G. Reimer.) n. — 50
Sonderabdruck aus: „Sitzungsber. d. preuss. Akad. d. Wiss."

Bickel, A., Über d. Einfluss d. Morphiums u. Opiums auf d. Magen- u. Pankreassaftsekretion. Nach gemeinschaftlich m. L. Pincussohn angestellten Versuchen. (7 S.) Lex. 8. Berlin 907. (G. Reimer.) — 50
Sonderabdr. aus „Sitzungsber. d. preuss. Akad. d. Wiss."

Bickel, Adf., über die Entwicklung der pathologischen Physiologie u. ihre Stellung zur klinischen Medizin. Öffentliche Vorlesg., geh. am 20. V. 1904 in der Aula der kgl. Friedrich-Wilhelms-Universität zu Berlin. (27 S.) Lex.-8 Stuttgart 904. F Enke. n. 1. -

— Zur Kenntn. d. Stoffwechsels bei d. Mast. Zum Teil n. e. Vortr. f. prakt. Ärzte. [Aus: „Reichs-Med.-Anz."] (8) 8° Lpzg. B Konegen '11. 1 —

Über die Pathologie und Therapie der Sekretionsstörungen des Magens. Von Dr. Adolf **Bickel**, Prof. Berlin: Fischer 1907. (26 S.) 8° [Umschlagt.]
— Klinik, Berliner. H. 230. [07. 11836

— u. Roeder, Sterilisation u. Kühlhaltung ohne Eis f. künstliche Säuglingsnahrung. (6 S. m. Abb.) gr. 8. Leipzig 910. B. Konegen. 1. —
Sonderabdruck aus „Der Kinderarzt".

— Eine histor. Studie üb. d. Entdeckg d. Magendie-Bell'schen Lehrsatzes. [S.-A.] (30) 8° Bonn, M Hager '01. 1.50

Bickel, Adf., eine historische Studie üb. die Entdeckung des Magendie-Bell'schen Lehrsatzes. gr. 8. (30 S.) Bonn 901. E. Strauss. 1. 50
Sonderabdruck aus: „Archiv f. d. ges. Physiologie".

Bickel, Adf., eine histor. Studie üb. d. Entdeckg. d. Magendie-Bell'schen Lehrsatzes. Jetzt: Bonn, M. Hager.

— u. Gerh. **Katsch**: Chirurgische Technik z. normalen u. patholog. Physiol. d. Verdaugsapparates. (11, 109 m. Fig. u. 6 [2 farb.] Taf.) Lex8° Berl., A Hirschwald '12. 12 —

— experimentelle Untersuchungen üb. die Pathogenese der Cholaemie u. die daraus sich ergeb. Grundsätze f. die Therapie der v. der Cholaemie begleit. Leberkrankheiten. gr. 8. (V, 112 S.) Wiesbaden 900. J. F. Bergmann. n. 3. —

— Untersuchgn üb. d. Mechanismus d. nervösen Beweggsregulation. (188 m. Abb.) 8° Stuttg., F Enke '03. 6 —

Wie studiert man Medizin? Der Bildungsgang des Arztes auf Grund d. Studienpläne u. Prüfungsbestimmungen dargest.... von Dr. med. Adolf **Bickel**, Privatd. Stuttgart: Violet 1906. VII, 168 S. 8°
(Violets Studienführer.) [11. 3979 11

Bickel, B., Ergebnisse d. geographischen Unterrichts, s.: Kunze, Fr.

Bickel, Carl
Bickel, C., zum Andenken an die Konfirmation. Rede üb. Joh. 15, 9—11, geh. in der Marktkirche zu Wiesbaden, am 18. März 1894. gr. 8. (14 S.) Wiesbaden 894. H. Roemer. n. — 30

Bickel, C., zum Andenken a. d. Konfirmation. Rede üb. Phil. 3, 12, geh. i. d. Marktkirche z. Wiesbaden, a. 29. März 1896. gr. 8. (14 S.) Wiesbaden 896. (H. Giess — H. Roemer.) n. — 40

Bickel, C., zur Erinnerung an die Confirmation. Rede über 1. Petri 2, 21. Gehalten in der Hauptkirche zu Wiesbaden am 2. Mai 1886. gr. 8. (15 S.) Wiesbaden 886, Rodrian. *

Bickel, C, zur Erinnerg an d. Confirmation. Rede üb. 1. Petri 2, 21. 8. (15) Wiesbad. 86. Starck. n. — 40

Bickel, C. Zur Erinnerung an d. Tag d. Konfirmation. Rede üb. Psalm 37. 37. 8. (15 S.) Wiesb. 889. Feller u. Gecks. * — 40

— zur Erinnerung an den Tag der Konfirmation. Rede üb Matth. 6, 33, geh. in der Hauptkirche zu Wiesbaden am 22. März 1891. gr. 8. (14 S.) Wiesbaden 891. Starck. n. — 40

— dasselbe. Rede üb. 1. Kor. 13, 13. Geh. in der Hauptkirche zu Wiesbaden am 30. März 1890. 8. (15 S.) Ebd. 890. n. — 40

Bickel, C., ich schäme mich des Evangeliums von Christo nicht. Confirmations-Rede über Röm. 1, 16. Gehalten in der Bergkirche zu Wiesbaden am 15. Mai 1881. gr. 8. (15 S.) Ebendas. 881. *

Bickel, C., Confirmations-Rede über Hebräer 13, 9: Es ist ein köstliches Ding, daß das Herz fest werde, welches geschiehet durch Gnade. Gehalten am 13. Mai 1877 in der evangel. Hauptkirche zu Wiesbaden. gr. 8. (13 S.) Wiesbaden 877, Rodrian. *

—— Confirmations-Rede über Matth. 5, 16: Lasset euer Licht leuchten vor den Leuten, auf daß sie eure guten Werke sehen und euren Vater im Himmel preisen. Gehalten am 8. Juni 1879 in der Bergkirche zu Wiesbaden. gr. 8. (13 S.) Ebendas. 879. *

—— Confirmations-Rede über 1. Mos. 32, 26: Ich lasse dich nicht, du segnest mich denn. Gehalten am 2. Juni 1878. gr. 8. (15 S.) Ebendas. 878. *

Bickel, C., Confirmations-Rede über Offenbarung Johannis 2, 10: Sei getreu bis an den Tod, so will ich dir die Krone des Lebens geben. Gehalten am Himmelfahrtsfest, 6. Mai 1880, in der Bergkirche zu Wiesbaden. gr. 8. (14 S.) Wiesbaden 880, Rodrian. *

Bickel, C., Confirmations-Rede üb. Offenbarung Joh. 3, 11: Halte, was du hast, daß niemand deine Krone nehme. gr. 8. (15 S.) Wiesbaden 883. Rodrian. n. — 40

Bickel, C, Confirmationsrede üb. Sprüche Sal. 23, 26: Gieb mir, mein Kind, dein Herz u. lass deinen Augen meine Wege wohlgefallen. 8. (16) Wiesbad. 84. Rodrian. n. — 40

Bickel, C., Confirmations-Rede über 1. Timoth. 6, 12: Kämpfe den guten Kampf des Glaubens; ergreife das ewige Leben, dazu du auch berufen bist. Gehalten am 9. Mai 1875. gr. 8. (14 S.) Wiesbaden 875, Rodrian. *

—— Confirmations-Rede über 2. Timotheus 3, 14: Bleibe bei dem, was du gelernt hast und wovon du überzeugt bist, sintemal du weißt, von wem du es gelernt hast. Gehalten in der Bergkirche zu Wiesbaden am 14. Mai 1882. gr. 8. (16 S.) Wiesbaden 882, Rodrian. *

—— die christliche Lehre. Ein Leitfaden für evangel. Confirmanden und Confirmirte. 1. Aufl. (108 S.) 1877. * M 1,25., cart. * M 1,50.; 2. verm. und verb. Aufl. gr. 8. (III, 128 S.) Ebendas. 878. * M 1,60.; cart. *

—— die christliche Lehre. Ein Leitfaden für evangel. Konfirmanden und Konfirmierte. 3. verm. und verb. Aufl. gr. 8. (VII, 171 S.) Ebendas. 881. *

— die christliche Lehre. Für evangel. Konfirmanden u. Konfirmierte. 4., verb. Aufl. 8. (VIII, 144 S.) Wiesbaden 887. Rodrian. cart. n. 1. 40

—— d. christl. Lehre. Für ev. Konfirmanden u. Konfirmierte. 4. Afl. 8. (144) Wiesbad. 87. Starck. n. 1. 40

Bickel, Karl, d. christl. Lehre. F. Kirche, Schule u. Haus. 5., umgearb. Aufl. gr. 8. (VII, 146 S.) Leipzig 897. F. Jansa. n. 2. 20; kart. n. 2. 40; geb. n. 2. 80

Bickel, C., die Noth unserer Zeit. Predigt gehalten bei der Jahres-Versammlung des Nassauischen Protestanten-Vereins im Rathhaussaale zu Herborn am 11. Juni 1874. gr. 8. (11 S.) Wiesbaden 874, Rodrian.

—— was da schwindet und was da bleibt. Neujahrs-Predigt, gehalten am 1. Jan. 1885 bei seiner Einführung als erster Pfarrer der evangel. Gemeinde zu Wiesbaden. gr. 8. (12 S.) Ebendas. 885. *

Bickel, Ernst
·Bickel, E., De Joannis Stobaei excerptis Platonicis de Phaedone. Diss. 1902. 41 S.

Bickel, Ernest., de Ioannis Stobaei excerptis Platonicis de Phaedone. (S. 405—501.) gr. 8. Leipzig 903. B G. Teubner. n. 3. 60
Sonderabdruck aus: „Jahrbb. f. class. Philol."

Bickel, Ernst, aus Wiesbaden: Wimpfeling als Historiker. *Marburg 1904: H. Bauer.* (90 S.) 8°
Marburg, Phil. Diss. v. [11. Juli] 1904

Bickel, Frz. Xav., der Obstbaufreund. Eine kurze, leichtverständl. Anleitg. f. den Obstbau u. zur Obstverwertg. f. den einfachen Landwirt. (36 S. m. Abbild.) 8. Kufstein (909). E. Lippott. — 60

Bickel, Frz Xav.: Der Obstbaufreund. Anleitg z. Obstbau u. z. Obstverwertg. 2. Ausg. (48 m. Abb.) 8° Kufst., (E Lippott) '11. — 70 d

Bickel, Fritz: Welche rechtlichen Folgen ergeben sich aus der mangelhaften Beschaffenheit der an Erfüllungsstatt gegebenen Leistung gemäss den Vorschriften des römischen Rechtes? *Wiesbaden 1897: K. Schwab.* (49 S.) 8°
Erlangen, Jur. Diss. v. 18. Juni 1897

Bickel, G. (Red.), s. Traducteur, Le.

Bickel, Gustav, s. Bickell, Gustav (Orientalist)

Bickel, Gustav [pract. Arzt aus Wiesbaden]: Ueber die Ausdehnung und den Zusammenhang des lymphatischen Gewebes in der Rachengegend. Berlin, 1884. (Separatabdruck aus Virchow's Archiv, 97. Band, 1884. Druck und Verlag von Georg Reimer in Berlin.) 8. 24 S. Diss. Strassburg

Bickel, Hans, aus Kempten: Ueber den Kohlensäuregehalt in der Luft der Gährkeller von Brauereien und den Einfluss derselben auf den Gesundheitszustand der hier beschäftigten Arbeiter. *Würzburg 1898: J. B. Fleischmann.* (19 S.) 8°
Würzburg, Med. Diss. v. 1898

Bickel, Heinrich: Aus d. med. Klinik d. Univ. Bonn. Ueber die auskultatorische Methode der Blutdruckmessung mit bes. Berücks. des diastolischen Blutdruckes. Berlin 1909: Schumacher. 20 S. 8° ¶ (Aus: Zeitschrift f. exper. Pathol. u. Therapie. Bd 5.)
Bonn, Med. Diss. v. 13. Nov. 1909, Ref. Schultze
[Geb. 29. Mai 85 Wiesbaden; Wohnort: Bonn; Staatsangeh.: Preußen; Vorbildung: Gymn. Wiesbaden Reife O. 03; Studium: Genf 1, Göttingen 4, München 2, Bonn 3 S.; Coll. 4. Aug. 08; Approb. 1. Nov. 09.] [U 10. 303

Bickel, J. A., Abschieds-Predigt, gehalt. vor den Gemeinden Prillwitz, Hohenzieritz u. Weisdin am Sonntage Laet. 1841. gr. 8. (1 B.) Neubrandenburg, [Brünslow.]

Bickel, J. A., Abschieds-Predigt, gehalten vor den Gemeinden Prillwitz, Hohenzieritz und Weisdin am Sonntage Lätare 1841. gr. 8. Neustrelitz u. Neubrandenburg 841, Dümmler. 1/12 ß

—— Antritts-Predigt, gehalt. vor d. Schloß- u. Stadt-Gemeinde zu Neustrelitz am 2. Osterfeiertage 1841. gr. 8. (1 B.) Neubrandenburg, [Brünslow.]

Bickel, J. A., Auswahl von Predigten. gr. 8. (21½ B.) Neustrelitz 840, Barnewitz. * 1 Thlr. 10 Ngr. Blnv. *

—— das Leiden Christi. Eine Reihe von Passionsbetrachtungen, nebst einer Bußtagspredigt. gr. 8. (6 B.) Neubrandenburg 840, [Brünslow.]

Bickel, J. A., das Leiden Christi. Eine Reihe von Passionsbetrachtungen, nebst einer Bußtagspredigt. gr. 8. Neustrelitz u. Neubrandenburg 840. Dümmler, Hofbuchh. ½ ß

—— das Werk u. die Pflicht der Heiden-Bekehrung. Zwei Predigten. gr. 8. (1½ B.) Neustrelitz 843, Dümmler. (r)

Bickel, Jh. Dn. Karl, neues Spruchbuch, oder Samml. bibl. Sprüche u. Liederverse über die Wahrh. d. christl. Glaubens- u. Sittenlehre, f. d. Nassauischen Lande. 8. Wiesb. 793.

Bickel, Johann Wilhelm, s. Bickell, Johann Wilhelm

Bickel, Karl, s. Bickel, Carl

BICKEL, Max (München): Über die in der Münchener Poliklinik vom Jahre 1895-1900 vorgenommenen Osteotomien.- München: Wolf 1901. 44 S. 24.7.1901 - Chr 1901/02,231 Jv 1901/02,267 Diss. Ingolst.-Landsh.-Mchn.

Bickel, Max, s.: Taschen-Kalender f. Post u. Telegraphie.

Bickel, Otto. Christliche Dienstpflicht. Synodalpredigt über Markus 10, 42—45. gehalten am Vorabend der Zürcherischen Kirchensynode... 6. Oktober 1903... in Zürich. Anhang: Übersicht der zürcherischen Synodalpredigten seit 1834. 22 S. 8. Zürich, Schulthess & Co., 1903. [fr. —. 45]
Synodalpredigten. Neue Reihe. Nro 7.

Bickel, Otto: Aus der medizinischen Klinik zu Bonn. Ein Fall von akuter Poliomyelitis beim Erwachsenen unter dem Bilde der aufsteigenden Paralyse. *Bonn 1898: C. Georgi.* (31 S.) 8°
Bonn, Med. Diss. v. [2. März] 1898

Bickel, P. (Red.), s. Der Wahrheitszeuge.

Bickel, P. W., s. Bickel, Philipp

Bickel, Philipp (Hrsg.), s. Der Führer.

Bickel, P. W., Samenkörner. Erzählungen u. Gedichte f. Jung und Alt. gr. 16. (92 S. m. eingedr. Holzschn. u. Holzschntaf.) Cleveland, O. 874. (Philadelphia, Schäfer & Koradi.) geb. n. 1. –

Bickel, P. W., das Singvögelein, eine Sammlung von Melodien und Liedern für Sonntagsschulen. 6. stark verm. und verb. Aufl. gr. 16. (182 S.) Cleveland, O. 874. (Philadelphia, Schäfer und Koradi.) geb. *

Bickel, Phpp., d. Singvögelein. E. Sammlg. v. Liedern f. Sonntags-Schulen. (Ausg. m. Noten.) 10. (verb.) Aufl. 39. Tausend. gr. 8. (248 S.) Hamburg 894. J. G. Oncken Nachf. Geb. in Leinw. n. 1. 25

— dasselbe. (Ausg. ohne Noten.) 7. Aufl. gr. 16. (126 S.) Ebd. 895. Kart. n. — 40

Bickel, Philipp, das Singvögelein. Eine Sammlg. v. Liedern f. Sonntags-Schulen. (Gr. Ausg. m. Melodien.) Neue u. verm. Ausg. 2. Aufl. gr. 8. (304 S.) Cassel 902. J. G. Oncken Nachf. n. 1. —; kart. n. 1. 25; geb. in Leinw. n. 1. 50; m. Goldschn. n. 1. 80

— dasselbe. (Kl. Ausg.) Neue u. verm. Ausg. (6.—10. Tausend.) gr. 16. (152 S.) Ebd. 902. n.n. — 25; geb. n. — 40; in Leinw. — 60

Bickel, Philipp: Das Singvögelein. Sammlg v. Liedern f. Sonntagssch. (Mit Noten.) 6. Afl. (304) 8° Kass., JG Oncken Nf. 08. 1 —; HL. 1.25; L. 1.50; m. G. 1.80 d

Bickel, Samuel [von Zürich]: Kantonales Verfassungsrecht in den Entscheidungen des schweizerischen Bundesgerichts. Zürich 1900. 168 S. 8°.
Zürich. Jur. Diss. 1899/1900.

Bickelhaupt, Greta: Die gehaalte G'schwister. Volksstück. (111 m. Titelbild.) 8° Darmst., HL Schlapp '11. 1 — d

Bickelhaupt, Greta: Oudewäller Leit. Erzählgn u. Gedichte in d. Mundart d. Erlbacher Gegend. (156) kl8° Darmst., HL Schlapp '09. 1 —; geb. 1.50 d

Bickelhaupt, Greta, aus em Oudewald. Geschichten u. Gedichte in Odenwälder Mundart. (126 S.) kl. 8. Darmstadt 908. H. L. Schlapp. — 80; geb. 1. 20

Bickelhaupt, Greta, Rege un Sunneschoi. Gedichte u. Geschichten aus dem Odenwald. (158 S.) kl. 8. Gießen (906). E. Roth. n. 1. —; geb. n. 1. 50

Bickell, Gust., Beiträge zur semitischen Metrik. I. Das alphabet. Lied in Nahum I 2—II 3. [Aus: „Sitzungsber. d. k. Akad. d. Wiss."] Lex.-8. (12 S.) Wien 894. (F. Tempsky.) n. — 40

Bickell, G, Beitr. z. semit. Metrik. I. Das alphabet. Lied in Nahum I 2—II 3. 8° (12) Wien 94, (C Gerold's S.). — 40

Bickell, Gust., Carmina veteris testamenti metrice. Notas criticas et dissertationem de re metrica Hebraeorum adjecit G. B. gr. 8. (IV, 236 S.) Innsbruck 882, Wagner'sche Universitäts-Buchh. *
Vgl.: Ecker, J.

Bickell, Gust., Conspectus rei Syrorum literariae additis notis bibliographicis et excerptis anecdotis. gr. 8. (112 S.) Münster 871, Theissing'sche Buchh. *

Bickel, Gust., conspectus rei Syrorum literariae additis notis bibliographicis et excerptis anecdotis. gr. 8. (112 S.) Münster 872. Theissing. n. 2. 40

— **Dichtungen der Hebräer.** Zum erstenmal nach dem Versmaße d. Urtextes übers. I. II. 12. Ebend. 882. n. 2. 80
1. Geschichtliche u. prophetische Lieder. (VIII, 136 S.) n. 1. 60
2. Job, Dialog über d. Leiden d. Gerechten. (XII, 92 S.) n. 1. 20

Bickell, Gust., Dichtungen der Hebräer. Zum erstenmale nach dem Versmaße des Urtextes übersetzt. III. Der Psalter. 12. (X, 278 S.) Innsbruck 883. Wagner. n. 3. 20 (I—III.: n. 6. —)

—— Ephraemi Syri, s. Ephraemi Syri carmina Nisibena.

Bickell, Gust., Gründe für die Unfehlbarkeit des Kirchenoberhauptes nebst Widerlegung der Einwürfe. Münster, Russell, 1870, gr. 8°, 24 S., 1. u. 2. Aufl., 50 Pf.

Bickell, Gust., Grundriß der hebräischen Grammatik. 2 Abthlgn. 8. Leipzig, Brockhaus. *
Inhalt:
Abthl. 1. Sprach- und Schriftgeschichte; Lautlehre. (VI, 34 S. nebst 1 lithogr. Schrifttafel in qu. gr. Fol.) 869. * 75 Pf.
" 2. Stamm- und Wortbildungslehre; Syntax. Nebst einer Conjugationstab. (61 S.) 870. * ℳ 1.

Bickell, Gustav(Wilhelm Hugo) (Kassel)
De indole ac ratione versionis alexandrinae in interpretando libro Jobi.
Marburg 1861.
[Diss. phil. Marburg 1861, zugleich Habil. phil. Giessen 1863, lt. Personalakten im UA. (Phil. K 20)]

Bickell, Gust., de indole ac ratione versionis Alexandrinae in interpretando libro Jobi. gr. 8. (51 S.) Marburg 862, Elwert'sche Universitäts-Buchh.

Bickell, G, de indole ac rat. versionis Alexandr. in interpret. libro Jobi. 8. (51) Marb. 62. (Frankf., Völcker.) — 10

Bickell, Gust., De indole ac ratione versionis Alexandrinae in interpretando libro Jobi. (Marburg.) 1863, 50 S., 1 Mk.

— **das Buch Job,** nach Anleitung der Strophik u. der Septuaginta auf seine ursprüngl. Form zurückgeführt u. im Versmaße des Urtextes übers. gr. 8. (68 S.) Wien 894. C. Gerold's Sohn. 2. —

Bickell, Gustav, Job, Dialog über das Leiden des Gerechten. 1882, XII u. 92 S., 1,20 Mk. Zweites Bändchen aus „Dichtungen der Hebräer." Zum ersten Male nach dem Versmaße des Urtextes übersetzt. Innsbruck, Wagner, 1882—1883.

—— s. Isaaci, S., Opera omnia.

Bickell, G., s.: Kalilag u. Damnag.

— **Messe u. Pascha.** der apostol. Ursprung der Meßliturgie u. ihr genauer Anschluß an die Einsetzungsfeier der h. Eucharistie durch Christus, aus dem Pascharitual nachgewiesen. [Mit Zusätzen verm. Separatabzug aus dem „Katholik."] gr. 8. (IV, 140 S.) Mainz 872. Kirchheim. 1. 50

—— outlines of hebrew grammar. Ed. by SI Curtiss, Jr. 8. (140) Lpzg 76, Brockhaus. n. 3. —; geb. n. 4. —

Bickell, Gustavus, Outlines of Hebrew Grammar. Revised by the author, and annotated by the translator Samuel Ives Curtiss, jun. With a lithogr. table of Semitic characters by J. Euting (in qu. gr. Fol.). 8. (XIII, 140 S.) Leipzig 877, Brockhaus. * ℳ 3.; geb. *

Bickell, Gustav, Der Prediger über d. Werth d. Daseins. Wiederherstellung d. bisher zerstückelten Textes, Uebersetzung u. Erklärung. 8. (112 S.) Innsbruck, Wagner'sche U.-Buchh. 60 kr. 1762
1884

Bickell, Gust., Metrices biblicae regulae exemplis illustratae. Innsbruck, Wagner, 1879, 8°, 72 S., 1,60 Mk.

—— Supplementum ad metricae biblicae regulas exemplis illustratas. Ebendas., 20 S., 40 Pf.

— **synodi Brixinenses saeculi XV.** Primus od. gr. 8. (80 S.) Innsbruck 880. F. Rauch. n. 1. 20

Bickell, Gust. Koheleth's Untersuchung üb. den Wert d. Daseins. Nach dem hergestellten Zusammenhange übersetzt. gr. 8. (20 S.) Innsbr. 886, Wagner. * — 40

Bickell, Gustav Wilhelm Hugo, s. Bickell, Gustav

Bickell, Herm. (Marburg), De interpretatione fragmenti 7. § 2. de distractione pignorum d. (20, 5) disceptatur. Dissert. Marbg. (C. L. Pfeil) 28. X. 1868. 49 S. (3.—)
Gew.: Ferd. Maxim. v. Ysenburg-Büdingen-Wächtersbach.

Bickell, Johann Wilhelm

Bickell, Joh. Wilh., Beiträge zum Civilproceß. Enthalt. ein. Commentar üb. d. kurhess. Gesetz v. 16. Sept. 1834 zur Abstellung mehr. in processual. Verfahren wahrgenomm. Mängel. 1. Abthl. gr. 8. ($13^1/_4$ B.) Cassel 836, Kriegersche Buchh.
Abgedruckt aus: Zeitschr. f. Recht u. Gesetzgebung in Kurhess. Hft. 1.

— et Herm. Hupfeldus A. J. Arnoldio ante hos quinquaginta annos munus academicum in Academica Marburgensi auspicato congratulantur. Sub nexa sunt: 1) De Patris, quae in Gratiani decreto in veniuntur, disquitio historico criticae, auctore Bickelio. 2) De emendanda ratione lexicographiae semiticae commentatio auctore Hupfeldo. 4. Marburg 827, Krieger.

Bickell, J. W.: Ueb. d. Entstehung u. d. Gebrauch d. beiden Extravagantensammlungen d. Corp. jur. Canon. *Marburg, Kassel*, Kriegers V. II. 825. 8. (10 Gr.)

Bickell, Jh. W., über d. Entstehung u. den heutigen Gebrauch d. beiden Extravagantensamml. d. Corpus juris canonici. gr. 8. Marb. 826, Krieger. 10 ℊ

Bickell, Jh. Wlh., Geschichte des Kirchenrechts (in 3 Bden.) 1. Bd. 1. Liefg. gr. 8. Giessen 843, Heyers Verlag. $1^1/_3$ ℛ

Bickell, Joh. Wilh., Geschichte des Kirchenrechts. 1. Bd. 2. Lfg. Nach dem Tode des Verf. hrsg. von Friedr. Wilh. Röstell. gr. 8. (VIII und 251 S.) Frankfurt a. M. 849, [Leipzig, Fr. Fleischer.]
1. Bd. 1. Lfg. Ebendas. 1843. 1 Thlr. 10 Ngr.

(Bickell, Joh. Wilh.), De paleis, quae in Gratiani decreto inveniuntur, disquis. histor.-crit. (Marburg 1827.) 18 S. (1.50)

Bickell, Joh. W., über d. Reform d. protest. Kirchenverfassung, in besond. Beziehung auf Kurhessen. Mit e. Nachworte v. H. Hupfeld. gr. 8. ($4^1/_2$ B.) Marburg 831, Elwert.

—— über d. Verpflichtung d. evangel. Geistlichen auf d. symbol. Schriften. 1. Aufl. ($2^3/_4$ B.) 839. $^9/_{24}$ Thlr., 2., sehr verm. Aufl. gr. 8. (8 B.) Cassel 840, Kriegersche Buchh.

Bickell, Johann Wilhelm (Hrsg.), s. Zeitschrift f. Recht u. Gesetzgebung in Kurhessen.

Bickell, L., s.: Bau- u. Kunstdenkmäler, d., im Reg.-Bez. Cassel.

Bickell, L., bookbindings from the Hessian historical exhibition illustrating the art of binding from the XVth to the XVIIIth centuries, described by L. B. With 53 heliotype prints on 42 plates. gr. Fol. (14 S. Text.) Leipzig 893. K. W. Hiersemann. Geb. in Halbfranz. n.n. 75. —

Bickell, L. Bucheinbände d. XV. bis XVIII. Jahrh. aus hess. Bibliotheken, verschiedenen Klöstern u. Stiften, der Palatina u. der landgräfl. hess. Privatbibliothek entstammend. Mit 53 Lichtdr. auf 42 Taf. Fol. (18 S. Text.) Lpz. 892, Hiersemann.
In Hlbldrbd. od. Hlbldrmappe ** 75 —

Bickell, L., die Eisenhütten d. Klosters Haina u. der dafür thätige Formschneider Philipp Soldan v. Frankenberg. gr. 4. (32 S. m. 9 Lichtdr.-Taf.) Marburg 889. Elwert's Verl. n. 6 —

Bickell, L., zur Erinnerung an die Elisabethkirche zu Marburg u. zur 6. Säcularfeier ihrer Einweihung. gr. 4. (41 S. m. eingedr. Holzschn.) Marburg 883. Elwert's Verl. n. 1. 20

Bickell, L., Kreis Gelnhausen. s.: Bau- u. Kunstdenkmäler, die, im Reg.-Bez. Cassel. I.

Bickell, L., hessische Holzbauten, Text, s.: Hanftmann, B.

Bickell, L., hessische Holzbauten. 1. Heft. gr. 4. (30 Lichtdr.-Taf. mit 12 S. Text.) Marburg 887, Elwert's Verlag. In Mappe *

— hessische Holzbauten. 2. u. 3. Hft. m. 50 Lichtdr. v. J. B. Obernetter in München. gr. 4. (1 Bl. Text.) Marburg i/H. 891. N. G. Elwert's Verl. In Mappe. n. 33.— (1—3.: n. 53. —)

Bickell, L., hessische Holzbauten. 50 ausgewählte Taf. (Mit III S. Text.) Fol. Marburg 906. N. G. Elwert's Verl. In Leinw.-Mappe n. 30. —

Bickelmann, Albert, approb. Arzt aus St. Johann a. d. Saar: Über die angeborene Verschließung des Mastdarms und Afters und die Mißbildungen im Bereiche des innern und äußern Dammes. *Saarbrücken 1902: Gebr. Hofer.* (61 S.) 8°
Erlangen, Med. Diss. v. 28. Juni 1902

Bickelmann, Geo. Conr., allgemeines deutsches Kochbuch für jede Haushaltung, oder Lehrbuch der Koch- u. Backkunst, nebst e. nach den Jahreszeiten eingerichteten Küchenzettelbuche. 2e bedeutend verm. u. verbess. Aufl. 8 Lfrgg. gr. 8. Zittau 836. Nauwerck. Leipzig, R. Friese. $1^3/_4$ ℛ

Bickelmann, Geo. Conr., allgem. deutsches Kochbuch f. jede Haushaltung, od. Lehrbuch d. Koch- u. Backkunst, nebst ein. nach d. Jahreszeiten eingericht. Küchenzettelbuche. 2., bedeut. verm. u. verb. Aufl. 8 Lfgn. gr. 8. ($23^1/_2$ B.) Zittau 837, Nauwerck.

Bickelmann sen., Geo. Conr., allgemeines deutsches Kochbuch f. jede Haushaltung, od. Lehrbuch der Koch- u. Backkunst; enth. eine prakt. Anleitg. zur Bereitg. v. mehr als 1300 auserlesenen Speisen, aller Arten Zuckerbäckereien, eingemachten Früchten 2c., nebst e. nach den Jahreszeiten eingerichteten Küchenzettel. 3. bedeutend verm. u. verb. Aufl. gr. 8. (VIII u. 389 S.) Dresden 852, Arnold in Comm. n. $1^1/_3$ ℛ

Bickelmann sen., Geo. Conr., allgemeines deutsches Kochbuch für jede Haushaltung oder Lehrbuch der Koch- und Backkunst, enthaltend eine praktische Anleitung zur Bereitung von mehr als 1300 auserlesenen Speisen, allen Arten Zuckerbäckereien, eingemachten und eingesottenen Früchten, Sülzen, Gelées 2c. nebst einem nach den Jahreszeiten eingerichteten Küchenzettel. 4., bedeutend verm. und verb. Aufl. gr. 8. (VIII und 391 S.) Dresden (861)62, Arnoldische Buchh.

Bickelmann, Geo. Konr., Lehrbuch d. Koch- u. Backkunst, oder neuestes Dresdener Kochbuch, enth. eine prakt. Anleit. z. Bereitung von mehr als 1100 auserles. feinen Speisen 2c. Herausg. v. J. A. Grimmer, K. Hitzscholb, F. J. Jerschabeck u. J. G. Weld. gr. 8. Dresd. 827. Hilscher. 2 ℛ

Bickenbach, Schulchronik. Fol. Lissa 902. F. Ebbecke. Geb. in Leinw., Ausg. A. (32 Bog.) n. 3. —; Ausg. B. (42 Bog.) n. 3. 50; Ausg. C. (52 Bog.) n. 4. —

Bickenbach, Artur, appr. Arzt: Aus d. Univ.-Frauenklinik zu Bonn. Ueber Hinterscheitelbeineinstellung. Bonn 1910: Ludwig. 64 S. 8°
Bonn, Med. Diss. v. 30. Juli 1910, Ref. Fritsch
[Geb. 17. Sept. 84 Solingen; Wohnort: Bonn; Staatsangeh.: Preußen; Vorbildung: Gymn. Solingen Reife O. 03; Studium: Theol. Halle 1, Med. Bonn 6, Berlin 3, Bonn 2 S.; Coll. 23. Juli 10; Approb. 15. Juli 10.] [U 10. 304

Bickenbach, Car. Julius (geb. Eckenhagen im Rheinl. 7. 12. 1825): De tabe dorsuali. Berolini (1853). (29 S.) 8°
Berlin, Med. Diss. v. 24. Aug. 1853

Bickenbach, J. R., s. C. Armengaud, industrielle Zeitschr.

Bickenbach, Otto: Aus d. med. Klinik in Bonn. Über die in der medicinischen Klinik in Bonn im Wintersemester 1889/90 beobachteten Influenza-Fälle. . . . Uerdingen, Buchdr. v. Georg Fohrer, 1890: 26 S. + 2 Bl. 8°
Bonn, Med. Fak., Inaug.-Diss. v. [14. Jun.] 1890

Bickenbach, Paul [aus Wülfrath (Preussen)]: Ueber die entzündlichen Krankheiten der Placenta .... Jena, Druck v. B. Engau, 1887; 34 S. 8°.
Jena. Med. Fak., Inaug.-Diss. v. [20. März] 1887.

Bickenbach, Paul, über die entzündlichen Krankheiten der Placenta. Diss. Jena 1887, G. Neuenhahn. 84 S.

Bicker, Aemil, Predigt am Reformationsfeste 1882. Text: 1. Corinth. 7, V. 23. Geh. in der St. Nicolai-Kirche zu Rinteln. 8. (15 S.) Rinteln 883. Bösendahl. — 15

Bicker, Georg

Bicker, G., praktische Arzneymittellehre rc. a. d. Lat. 8. Mannh. Löffler. 781.

— einige Bemerkk. über d. Nervenfieber rc. 8. Brem. 802. Frkf. a. M. Fr. Wilmans. 4 gr

— — dasselbe. 8. Bremen, Müller. 807.

Bicker, Geo., materia pract. etc. Brem. 778. Foerster. 10 gr Deutsch unt. d. T.: prakt. Arzneimittellehre. 8. Manh. 781. Löffler. 8 gr

— von d. Nachtheilen d. Begräbnisse in d. Kirchen u. auf d. Kirchhöfen der Städte. 8. Bremen 811. Heyse. 4 gr

Bicker, I. L., compend. theolog. moral. 2 Ptes. 8. Mainz, Fischer.

Bickerich, Wilhelm

Bickerich, W., zum Andenken an den langjährigen Seelsorger der Johannisgemeinde zu Lissa, Past. prim. Robert Frommberger. Rede, in der Kirche geh. v. seinem Nachfolger. (10 S. m. 2 Abbildgn.) 8. Lissa 903. F. Ebbecke. n. — 20

Bickerich, W., Festrede zum 100jähr. Geburtstage Kaiser Wilhelms I., b. d. Festakt z. Lissa i. P. a. 22. III. 1897 geh. gr. 8. (11 S.) Lissa 897. F. Ebbecke. n. — 25

Bickerich, W., vaterländische Geschichte, s.: Rudolph, A.

Bickerich, Wilh., Lissa u. Herrnhut. Ein Beitrag zur Geschichte des Pietismus in der Prov. Posen. (74 S.) 8. Lissa 908. O. Eulitz. 1. 25
Sonderabdr. aus „Ztschr. f. Brüdergeschichte".

Bickerich, W: Raphael V. Lesoczynski, s: Aus Lissas Vergangenheit.

Bickerkuhl, Friedrich, e. Roman a. d. Leben u. f. dasselbe, v. J. M. Schwager. 8. Dortmund, Mallinkrodt. 802.

v. Bickern, Nik., s. Pflichten e. Frauenzimmers.

Bickerstaff, Isaac, physician and astrologer. Papers from Steele's „Tatler". 16. (192 S.) Leipzig 888, Gressner und Schramm. *

Bickersteth, Edward Henry

Bickersteth. Von den zukünftigen Dingen. 7 Gesänge, aus d. Engl. frei übers. v. Ernst A. Roßteuscher. 12. (XV, 207 S.) Basel 890, [Spittler.] Jäger u. Kober. * 1 60
geb. * 2 60; m. Goldschn. * 2 80

Bickersteth, von den zukünftigen Dingen. 7. Gesänge aus dem Engl. Frei übers. v. Ernst A. Roßteuscher. 2. Aufl. (XV, 206 S.) kl. 8. Basel 908. Kober. 1. 60; geb. in Leinw. 2.60; m. Goldschn. 2. 80

Bickersteth, Edw. Henry, der Fels der Ewigkeiten oder biblisches Zeugniß von der einigen ewigen Gottheit des Vaters, und des Sohnes, und des heiligen Geistes. Aus dem Engl. übers. Bremen 861. Verlag des Tractathauses. gr. 8. (VIII, 168 S.) n. 20 ngr

Bickersteth, E. H., gestern, heute und in Ewigkeit. Ein Gedicht in 12 Büchern. Aus dem Engl. übers. von Helene v. B. gr. 8. (III, 403 S.) Gotha 887, F. A. Perthes. *

Bickersteth-Ward, Charlotte, Wirken und Leiden, s. Wirken und Leiden.

Bickert, Armin, a. Otterberg, gepr. Rechtsprakt. in München: Objekt der Beleidigung. Frankenthal 1908: L. Beller. (73 S.) 8° [F.]
Erlangen, Jur. Fak., Ref. Allfeld, Diss. v. 20. Febr. 1908
[Geb. 29. Okt. 80 Otterberg (Pfalz); Wohnort: München; Staatsangeh.: Bayern; Vorbildung: Gymn. Neustadt a. d. Haardt Reife Juli 99; Studium: Bonn 1, Heidelberg 1, München 4 S.; Rig. 16. Okt. 07.]

Bickes, die Bewegung d. Bevölkerung mehrerer Europ. Staaten. 8. (34¼ B.) Stuttgart 833, Cotta.

Bickes, Franz Heinr., Mittheilung üb. die Erfindung den Boden ohne Dünger anzubauen. gr. 8. (2 B.) Frankfurt a. M. 842. (Mainz, v. Zabern.) *

Bickes, Friedr. Ad., Anleit. z. Kenntniß u. richt. Beurtheil. aller Arten v. Equipagen, od. Darstell. d. Kunst d. Kutschenfabrikation in ihrem ganzen Umfange rc. Nebst d. Kunst d. engl. Plattirens, so wie aller Arten Versilberung u. Vergold. Mit e. erklär. Verzeichnisse d. Kunstausdrücke u. 10 Taf. Abbild. Fol. 1. Aufl. 829. 3 Thlr., u. 2. Ausg. (à 26¼ B.) gr. 8. Freiburg, Wagner.

— Anleitung zur Kenntniß u. richtigen Beurtheilung aller Arten von Equipagen, od. Darstellung der Kunst, der Kutschenfabrikation in ihrem ganzen Umfange rc. Nebst der Kunst des engl. Plattirens, sowie aller Arten Versilberung und Vergoldung. Mit e. erklärenden Verzeichnisse d. Kunstausdrücke und 10 Taf. Abbildd. 2e Ausg. gr. 8. Freiburg 833. Fr. Wagner. 1⅞ ß

Bickes, Friedr. Ad., das gewerbfleißige Deutschland. — Die Kunst- u. Kutschenwagnerei in ihrem ganzen Umfange rc. Größtenth. nach Selbsterfahrn. hrsg. Mit vielen Steinzeichn. (auf 2½ Bog.) 8. (20 B.) Heilbronn 835, Claßische Buchh.

— das gewerbsame Deutschland. — Darstell. d. künstl. Sattler-Profession in ihrem ganzen Umfange. Mit Beiträgen berühmter Meister u. nach Selbsterfahrn. hrsg. M. 6 Stnt. 8. (23½ B.) Heilbronn 838, Claßische Buchh.

— das Ganze d. Kunst d. Lackirens, Vergoldens, Staffirmalens u. d. damit verbund. Farbenbereitung rc. Mit berichtig. Bemerkn. üb. d. Manieren d. M. Watin u. e. Anh. üb. d. Bereitung u. Anwend. d. chines. Lacks. Größtentheils nach Selbsterfahrungen hrsg. u. bearb. 8. (19 B.) Heilbronn 834, Claß.

— die Gürtler-Profession in ihrem ganzen Umfange. Dargest. nach d. neuesten, bewährt. Erfindn. rc., so wie d. vollständ. Kunst d. engl. Platirens auf Kupfer u. Eisen. Nebst ausführl. Anleit. z. Verfertig. aller Arten Goldfirnisse, Polirpulver, Glühwachse, Kitte auf Porzellan, Glas rc. Mit Abbild. (auf 1 Stnt. in 4.) 8. (11½ B.) Heilbronn 834, Claß.

— die Gürtler-Profession in ihrem ganzen Umfange; dargest. nach d. neuesten, bewährtesten Erfindn. rc., sowie d. Vergoldung, Versilberung u. d. engl. Platirens. Nach eign. Erfahrn. bearb. 2 Thle. 8. Heilbronn 840, Claßische Buchh. [1. 2. Ausg. (11½ B. u. 1 Stnt.), 2. (11 B. u. 2 Stnt.) à ⅚ Thlr.]
Der 2. Thl. a. u. d. T.: Die Sporer-Profession in Verbind. m. d. Gürtler-Kunst.

— die Schmide-Profession mit d. Amboße, u. Anweis. z. Fabrikation d. Eisens, Cement- u. Guß-Stahles, deren Anwend., Kenntniß u. Eigenschaften hinsichtl. d. Härtens rc. Nebst e. vollständ. Lehre z. Beschlagen aller Arten Kutschengestelle rc., so wie zum Aufbiegen u. Richten d. Schwanenhälse nach e. neuen, die Arbeit ungem. erleicht. Verfahren; das Verfertigen d. Achsen u. Nabenbüchsen rc. rc. Endlich e. ausführl., treffl. Anleit. z. Verfertig. d. berühmt. Stahl- od. Kutschenfedern, nach d. Art u. d. Grundsätzen d. Rastadter Kutschenfabrik. M. 4 Taf. in 4., enthalt. 90 erläut. Fig. u. Abbild. 2 Thle. 8. (22 B.) Heilbronn 834, Claß.

Bickes, W. (Hrsg.), s. Zeitung, Staatswirtschaftliche.

Bickford, Elisabeth E. [aus Piermont, N.-H., U.-S.-A.]: Ueber die Morphologie und Physiologie der Ovarien der Ameisen-Arbeiterinnen ... (Aus: Zool. Jahrb., Bd. 9 Abth. f. Syst.) Jena, G. Fischer, 1895; 31 S., 2 Taf. 8.
Freiburg i. B., Phil. Fak., Inaug.-Diss. v. 1895

Bickhardt, H, s: Blätter, Entomologische.

Bickhardt, H., Histeridae, s.: Coleopterorum catalogus.

Bickhardt, Justus, approb. Arzt aus Wiesbaden: Aus d. Frauenklinik zu Giessen. Ein Fall von einseitiger Polyhydramnie bei eineiigen Zwillingen. *Frankfurt a. M. 1901: G. Horstmann.* (32 S.) 8°
Giessen, Med. Diss. v. 1901

Bickhoff, fünf Fälle v. Hernia umbilicalis [Exomphalus -- Omphalocele congenita]. Nach e. Vortrag. [Aus: „Frauenarzt".] gr. 8. (6 S.) Neuwied 890. Heuser's Verl. n. — 30

Bicking, Franz

Bicking, Frz., die Gymnastik des Athmens zur Heilung von verschiedenen Krankheiten insbesondere der Schwindsucht. gr. 8. (48 S.) Berlin 872, Lesser. [Denicke's Verlag.] *

Bicking, Frz., die Heillehre von der Seite der Reaction aufgefaßt, mit Hinweisung auf die Krankheit des Hrn. Dr. Simon, prakt. Arztes in Hamburg, welche in dessen „Antwortschreiben rc. zur Abwehr der zeit- und naturgemäßen Heilkunst rc." hervorgetreten ist. gr. 8. Berlin 845, Mittler. n. 1/2 ₰

— über das Heilverfahren des Joh. Schroth zu Nieder-Lindewiese bei Freiwaldau, im Gegensatze zu dem Verfahren des Vincenz Prießnitz auf dem Gräfenberge. 16. Erfurt 842, Otto. 1/4 ₰

Bicking, F., Iphigeneia in Tauris, s. Iphigeneia.

Jacob Molay. Ein Drama in fünf Acten von Ludw. Rüben [d. i. Bicking]. Leipzig: Reclam [ca 1874]. 89 S. 12°
(Universal-Bibliothek. 133.)
Trauerspiel in Jamben; behandelt den Untergang des Templerordens von dem Einzuge der Tempelritter in Paris bis zu Molays Tode.

— Philosophie des Bewusstseins in Bezug auf das Böse und das Uebel. Hinterlassenes Manuscript. gr. 8. (81 S.) Berlin 873, Denicke's Verlag. *

Bicking, Franz (Erfurt), De phthisi laryngea. Diss. med. Bln. (Jordan) 8. II. 1833. 33 S., mit Liter. u. Biogr. (M.: B. Jung.) (4.20)
Oppon.: P. Worbertz, L. Kassel, N. Lippmann.

Bicking, (Franz), das Princip der Medicin in seiner Folgerung aus dem Begriff des Organischen. gr. 8. (79 S.) Berlin 847, Strikker. n. 12 ₰

— Sendschreiben an die medicinische Facultät in Berlin, zur Vertheidigung einer natur- u. zeitgemäßen Heilkunst. gr. 8. Berlin 844, Mittler. n. 1/3 ₰

— die Verirrungen der Medicin v. ihrem Grundprincip u. die Feststellung desselben in d. homöopath.-specifischen Heillehre. gr. 8. (1 1/4 B.) Berlin 843, Mittler, Verl.

Bicking, Frz., nachgelassene Werke. Hrsg. v. E. Schroeder. 4 Bde. gr. 8. Berlin 874. Denicke's Verl. n. 18. —

1. Epische Dichtungen. (X, 187 S.)	Einzelpr. n. 3. —
2. Gedichte. (VIII, 224 S.)	Einzelpr. n. 3. 50
3. Dramen. 1. Bd. (452 S.)	Einzelpr. n. 7. 50
4. Dramen. 2. Bd. (340 S.)	Einzelpr. n. 6. —

Bickmann, Evarist, schlichte Weisen. Gedichte. 12. (144 S.) Heiligenstadt 894. F. W. Cordier. n. 2. —; geb. n. 3. —

Bickmann, Evarist, O. S. F., schlichte Weisen. Gedichte. 2., verm. Aufl. (VIII, 160 S.) kl. 8. Paderborn 907. F. Schöningh. Geb. in Leinw. m. Goldschn. 3. —

Bickmore, Reisen im ostindischen Archipel, s. Bibliothek geographischer Reisen.

(Bicknell, Alex.) Geschichte Eduards, Prinzen von Wallis, insgemein der schwarze Prinz genannt. A. d. Engl. 8. Leipzig 1778.

Bickoreth haittim eine Monatschrift zur Unterhaltung und Belehrung hrsg. von B. Fischer. (In hebr. Sprache.) 1. Jahrg. 1864. Octbr. bis Decbr. 3 Nrn. (1 1/2 Bog. mit eingedr. Holzschn.) gr. 4. Leipzig, M. Schäfer. *

de Bicquilley, C. F., die Rechnung des Wahrscheinlichen. Aus d. Französ., mit Anmerkk. v. Chr. Fr. Rüdiger, gr. 8. Leipz. 788. Schwickert. 1 ₰

Bicycle-Buch für 1888. Hrsg. von Vict. Silberer. 16. (LVI, 74 S.) Wien 888, Verlag der Allgemeinen Sport-Zeitung. geb.
Nicht weiter erschienen.

Biczó, Alex. v., von der heitern Seite. Skizzen. (191 S.) kl. 8. Wien 908. A. Opitz Nachf. 1. 20

Bida, A., s.: Evangelien, die vier.

Bidder, Erfahrungen üb. d. Verbreitungsweise d. Cholera. Bericht an d. Kgl. Preuss. Immediat-Commission z. Abwehr d. Cholera. (A. „Rust's Magazin" abgedr.) gr. 8. (4 B.) Berlin 831, Reimer. Thlr.

Bidder, Alex. Aug., de cranii conformatione, ratione imprimis habita Jacobsonii de cranio primordiali ejusque ossificatione sententiae. Dissert. inaugur. 8maj. (51 S. und 1 Stnt. in gr. 4.) Dorpat 847, (Gläser's Verlag.) Thlr.

Bidder, Alfred, Untersuchungen über das Blutgefässsystem einiger Hirudineen. Diss. Dorpat. 8°. 42 pp. mit einer lithographirten Tafel. 1868

Bidder, Ernst, Beiträge zur Lehre von der Function der Nieren. Inaugural-Dissertation. gr. 8. (48 S. mit 1 Stnt.) Dorpat 862. (Mitau, Reyher's Verlag.)

Bidder, Ernst, und Wassily Sutugin, aus der Gebäranstalt des kaiserlichen Erziehungshauses, gegenwärtig unter der Direction des Prof. Krassowsky. Klinischer Bericht für die J. 1840—1871. gr. 8. (205 S. mit eingedr. graph. Taf. in Holzschn. und 1 Tab. in qu. 4.) St. Petersburg 874, Röttger. *

Bidder, Ernst, und Alfr. Bidder, gynäkologische Mittheilungen. Gratulationsschrift zur Feier des 50jähr. Doctorjubiläums von Friedr. Heinr. Bidder, Prof. emer. der Physiologie. gr. 8. (VII, 65 S. mit 1 photogr. Taf.) Berlin 884, Hirschwald. *

Bidder, F., und C. Kupffer, Untersuchungen über die Textur des Rückenmarks und die Entwickelung seiner Formelemente. Mit 5 (lith.) Taf. Leipzig 857. Breitkopf u. Härtel. gr. 4. (IX, 121 S.) 2 ₰

Bidder, Frdr., üb. alte Erstgebärende. Diss. gr. 8. (73 S.) Mitau 893. (Jurjew [Dorpat], E. J. Karow.) n. 1. 50

Bidder, Friedrich [cand. med.]: Ein Fall von Inversio vesicae urinariae congenita. . . . Königsberg i. Pr., Buch- u. Steindr. E. Erlatis, *1891;* 24 S., 2 Bl., 1 Taf. 8°
Königsberg, Med. Fak., Inaug.-Diss. v. 24. Jul. 1891

Bidder, Friedr. Ein Fall v. Inversio vesicae urinariae congenita. Diss. gr. 8. (24 S. m. 1 Taf.) Königsb. i. Pr. 891, (Koch). * 1 —

Bidder, F(riedrich) H(einrich): Neue Beobachtungen über die Bewegungen des weichen Gaumens und über den Geruchssinn. 30 S., gbd., 1 Taf.

Dorpat: Kluge
Leipzig: Wigand } 1838

Bidder, F. H., neue Beobachtungen üb. d. Bewegungen d. weichen Gaumens u. über d. Geruchssinn. M. 1 lith. Taf. gr. 4. (3¾ B.) Dorpat 838, Kluge. (Leipzig, Michelsen.) *

—— neurolog. Beobachtungen. M. 2 lith. Taf. 4. (7¼ B.) Dorpat 836, Kluge. (Leipzig, Brockhaus.) *

Bidder F. H.: Zur Lehre v. dem Verhältniss d. Ganglienkörper zu den Nervenfasern. Neue Beiträge. Nebst e. Anh. v. A. W. Volkmann. Leipz. 1847. 72 S. 2 Tvl. 4°.

Bidder, F. H., zur Lehre von dem Verhältnise der Ganglienkörper zu den Nervenfasern. Neue Beiträge. Nebst einem Anhange von A. W. Volkmann. gr. 4. (76 S. und 2 Kpfrt.) Leipzig 848, Breitkopf und Härtel.

— u. A. W. Volkmann, die Selbständigkeit des sympathischen Nervensystems durch anatomische Untersuchungen nachgewiesen. Mit 3 Kupfrt. gr. 4. Leipzig 842, Breitkopf u. Härtel. 1½ ₰

Bidder, F. H., vergleichend-anatomische u. histolog. Untersuchungen üb. d. männl. Geschlechts- u. Harnwerkzeuge d. nackten Amphibien. gr. 4. (9½ B. u. 3 Stnt.) Dorpat 846. (Gläser.) *

— u. C. Schmidt, die Verdauungssäfte u. der Stoffwechsel. Eine physiologisch-chemische Untersuchung. Mit 5 Taf. graph. Darstellgn. (in Fol.) gr. 8. (X u. 413 S.) Mitau 852, Reyher. 3¼ ₰

Bidder, Hnr., Zusätze u. Nachtr. zu J. F. v. Körbers Auszug d. russ. Manifeste ꝛc., s. Jt. Fr. v. Körber.

Bidder, Hugo. De Strabonis studiis Homericis capita selecta. Diss. gr. 8. (56 S.) Gedani 889. (Königsb. i. Pr., Koch). * 1 50

Bidder, Roderich, über Koheleths Stellung zum Unsterblichkeitsglauben. Ein Beitrag zu gerechter Beurtheilung des Buches Koheleth. gr. 8. (54 S.) Erlangen 875, Deichert.

Bidembach, Rich., der Schalmeier von Wald, s. Bachem's Novellen-Sammlung.

Bidenharn, E., theologica doctrina Benedict. Iburgensium. contra L. Krotten. 8. Münst. Aschendorff. 786.

Bidenhausen, Eberhard Freiherr v. (Red.), s. Pan.

Bider, Görg, (W. C. S. Mylius), s. Ant. Hamilton.

Bider, H. Langenbruck als Terrainkurort mit Höhenklima. Mit einer nach den Steigungsverhältnissen geordneten Übersicht der Kurwege. 8. Zürich 1894.

Bider, M. Echinococcus multilocularis des Gehirns, nebst Notiz über das Vorkommen des Echinococcus in Basel. Mit Tafel. In-8°. 27 S. Basel. These. 1896

[Bider, Martin.] Langenbruck als Kur- und Erholungsort. Nebst Titelkupfer [Tafel] und Karte. 8. Basel, Langenbruck 1839.

[Bider, Martin.] Langenbruck als Cur- und Erholungsort. (2. Aufl.) 8. Basel, Langenbruck 1860.

Biderfeld, Karl, s. Biederfeld, Karl

Bidermann. Togenburgischer B' s. Biedermann.

Bidermann, Dr., Beitrr. z. Naturgeschichte d. Maskarenischen Inseln ꝛc., s. Bibliothek d. n. u. wicht. Reisebeschreibb. 26r Bd.

Bidermann, Ge. Chr. (Resp.): De cognitione paraphrenitidis..., s. Brendel, Jo. God. (Praes.)

Bidermann, H. J.
BERN, was es werden könnte! (von *H. J. Bidermann*).
Bern 1798. 8°. (In Zürich, Stadtbibl.)
Anon.-Lex., I. c. (nach Meusel).

Bidermann, Dr. Hermann Ignaz, Prof. Steiermarks Beziehungen zum croatisch-slavonischen Königreich im XVI. und XVII. Jahrhunderte. Separat-Abdruck aus den: „Mittheilungen des historischen Vereins für Steiermark". 39. Jahrg. 8. Graz 1891.

Bidermann, Herm. Ign., die technische Bildung im Kaiserthume Oesterreich. Ein Beitrag zur Geschichte der Industrie und des Handels. Wien 854. Gerold. gr. 8. (XII, 144 S.) 24 ngr.

Bidermann, Hermann Ignatz: Die Bukowina unter österreichischer Verwaltung 1775–1875. Wien: Selbstverl. 1875; 2. Aufl. Lemberg: Piller 1876. (Vorabdruck erschienen in: Wiener Zeitung, 1875.)

Bidermann, Herm. Ign. — Das Eisenhütten-Gewerbe in Ungarn, und dessen früheren Annexen. Ein Beitrag zur Statistik und Geschichte der volkswirthschaftlichen Verhältnisse Ungarns von — —. 1tes Heft. Pest, 1857. Buchdr. von Emil Müller. (94 S. 8.)

Bidermann, Hermann Ignaz, *Dr., k. k. o. ö. Prof. der Nationalökonomie, der Verwaltungs- und Finanzgesetzkunde.* Waidmännische Erinnerungen aus Oesterreichs Vorzeit. Druck von *A. Leykam's Erben* in *Graz*. 37 S. 8°.

INHALT. Chronik der Jagdlust österr. Fürsten. — Die Reize der Jagd und ihre Rentabilität im 17. Jahrhunderte. — Licht- und Schattenseite der Jagdlust. — Die Abnahme des Wildreichthums im 18. Jahrhunderte und deren Ursachen. — Ursprung und Ausbildung des Jagdregals. — Die wechselnden Formen der Jagd.

Bidermann, H. J. Gedanken zur Grundsteuerreform. 8°. Innsbruck 1874.

Bidermann, Herm. Ign., Geschichte der österreichischen Gesammt-Staats-Idee 1526—1804. 1. Abth. 1526—1705. Innsbruck 867. Wagner. gr. 8. (X, 174 S.) n. 1 ₰ 10 ngr.

Bidermann, Dr. Hermann Ignaz, Geschichte der österreichischen Gesammt-Staats-Idee 1526—1804. II. Abtheilung. 1705—1740. Gr.-8. (XI, 361 S.) 3.80
Innsbruck: Wagner 1889

Biedermann, Herm. Ignaz, s. Hock, Karl Fr. v., der Oesterreichische Staatsrath [1760—1848.]

Bidermann, Herm. Ign., die Italiäner im tirolischen Provinzial-Verbande. gr. 8. (XV, 301 S.) Innsbruck 874, Wagner'sche Universitäts-Buchh. *

—— über den Merkantilismus. Vortrag an der k. k. Universität zu Innsbruck. Mit Zusätzen und Anmerkungen des Verf. gr. 8. (58 S.) Innsbruck 870, Wagner'sche Universitäts-Buchh. *

Bidermann, Hermann Ignaz: Die ruthenische Nationalität und ihre Bedeutung für Österreich. Wien: Gerold 1863.

Bidermann, Hermann Ignaz: Die Nationalitäten in Tirol und die wechselnden Schicksale ihrer Verbreitung. Stuttgart 1886: Engelhorn. 88 S. [Forschungen zur deutschen Landes- und Volkskunde. I, 7.]

Bidermann, H. J., die Romanen und ihre Verbreitung in Oesterreich. Ein Beitrag zur Nationalitäten-Statistik mit einleitenden Bemerkungen über deren Verhältniss zu den Rechts- und Staatswissenschaften. Festschrift der k. k. Universität Graz aus Anlass der Jahresfeier am 15. Novbr. 1876. Lex.-8. (V, 206 S.) Graz 877, Leuschner und Lubensky. *

Bidermann, Herm. Ign., die ungarischen Ruthenen, ihr Wohngebiet, ihr Erwerb und ihre Geschichte. 1. Thl. Innsbruck 862. Wagner. Lex.-8. (XX, 140 S.) n. 1 ₰ 10 ngr.

—— die ungarischen Ruthenen, ihr Wohngebiet, ihr Erwerb und ihre Geschichte. (In 2 Thln.) 1. Thl. und 2. (historischer) Thl. 1. Heft. Lex.-8. [1. Thl. (XX und 140 S.) * 1 Thlr. 10 Ngr.; 2. Thl. 1. Heft. (IV und 120 S.) * 1 Thlr. 10 Ngr.] Innsbruck 862,67, Wagner'sche Universitäts-Buchh. *

— die ungarischen Ruthenen, ihr Wohngebiet, ihr Erwerb u. ihre Geschichte. 2. [historischer] Thl. 1. Hft. Ebend. 868. gr. 8. (IV, 120 S.) n. 1 ₰ 10 ngr.

— neuere slavische Siedelungen auf süddeutschem Boden, s.a. Forschungen zur deutschen Landes- u. Volkskunde. Bd.2, H.5.

Bidermann, H. J., Neuere slavische Siedlungen auf Süddeutschem Boden. Stuttgart 1888. 8.
(Ist: Forsch. z. d. L.- u. V.-K. Bd. 2. H. 5.) . . . . (D.)

Bidermann, H. Ign., die wiener Stadt-Bank, ihre Entstehung, ihre Eintheilung und Wirksamkeit, ihre Schicksale. Lex.-8. (105 S.) Wien 859, (Gerold's Sohn.) *
Aus: Archiv für Kunde österreich. Geschichtsquellen, besonders abgedruckt.

—— russische Umtriebe in Ungarn. Ein Beitrag zur Geschichte Oesterreichs wie Russlands mit einem Anh.: Zur Statistik der ungar. Slaven. gr. 8. (IV und 72 S.) Innsbruck 867, Wagner'sche Universitäts-Buchh. *

— russische Umtriebe in Ungarn. Ein Beitrag zur Geschichte Oesterreichs wie Russlands mit e. Anh.: Zur Statistik der ungar. Slaven. Ebend. 868. gr. 8. (IV, 72 S.) n. 15 ngr.

Bidermann, Jacob
Bidermann, Jac., deliciae sacrae ad usum scholarum. 12. Augsb. Rieger. 743.

— Epigrammat. Libri III. 12. Augsb. Wolf. 753.

R.P. Jacobi Bidermanni è Societate Jesu Heroum Epistolae ... Salisburgi ... Impensis Joannis Dratzieher Bibliopolae. Anno 1716. Typis, Joann. Bernardi Prambsteidl, Typographi.

Bidermann, J. J., Erklär. des heil. Vater Unsers. 4. Augsb. Wolf. 753.

— ascetische Gedanken. 8. Ebend. 731.

— Lust- u. geistreiche Heldenschreib. 8. Ebend. 704.

BIDERMANN, JACOB, S. J.: Lebensgeschichte des heiligen Ignatz von Loyola, Stifters der Gesellschaft Jesu. Aus dem Lateinischen übersetzt von Johann Bapt. Geiß, Professor zu Kremnitz. Schemnitz 1804. Gedr. bey Franz Joh. Sulzer. XVI, 120 S. - 160 mm

— Utopia. 12. ibid.

Bidermann, Johann Gottfried, s. Biedermann, Johann Gottfried

Bidermann, Johann Gottlieb: Acht Abhandlungen von Bergwerksmünzen. Freiberg 1753 - 1772. 4°

— Nova acta scholastica. Lips. 748. 50. 2 Vol. (24 P.) 8. 2 rthl.

— — De coronatis puerperarum aedibus. Freiberg (Matthaei) 29. XII. 1750. 4 Bl. (2.—) 2617
J. G. W. Dominicus (Crimmitschau), J. F. Hauschild (Dresden), J. G. Seger (Seyfersbach), J. F. Rost (Markneukirchen).

— Altes u. Neues v. Schulsachen. 8. Halle, Gebauer. (Hahn, Hannov.) 752—55.

— Anfangsgr. d. hebr. Sprache. 3. Leipz. Breitkopf. 785.

— — De arte obliviscendi. Freiberg (Matthaei) 11. XII. 1752. 4 Bl. (2.—) 262[illegible]
C. A. Neuber (Dresden).

— — Bella scholis fatalia strictim persequutus. Freiberg (J. Ch. Matthaei) 11. I. 1762. 4 Bl., mit zahlr. Namen. (2.20) 2634

— — (Naumburg), Caussas subitae mortis fulmine tactorum. Lpz. (Breitkopf) 18. XI. 1768. 28 S. (4.80) 2644

— — De cenotaphiis. Freiberg (Matthaei) 15. V. 1755. 4 Bl. (2.—) 2626
Fr. Traug. Herzog (Königsbrück), Ch. Th. Küchenmeister (Dorfhayn), J. S. u. E. G. Richter (Oberschön.).

— — Comment. altera qua de viris scholasticis in scholas liberalibus. Naumburg (J. G. Laitenberger/Bossoegel) 7. IV. 1745. 4 Bl. (1.50) 2605
Biogr. v.: Adam Andreae (Gr.-Strelitz/Schles.), Stephan Bylanck (Friedland/Pomm.), Lor. Circler, Christian Freytag, Abr. Hinckelmann, Gottfried Hofmann, Andr. Lindemuth (Erfurt), Chn. Papen, Conr. Tib. Rango, Val. Weinrich, Gg. Wend (Breslau).

— — Mutua seren. fam. elect. Saxonicae et Bavaricae connubia anno 1747. Freiberg (Stoessel) 1747. 4 Bl. (3.—) 2607
E. A. Buschmann (Waldheim), C. G. Glaeser (Gelenau), Chr. Ad. Liebe (Frbg.), S. G. Haberland (Oederan), B. F. Koehler (Döbeln).

— — De lapidum cultu divino ex antiquitate comment. Freiberg (Ch. Matthaei) 8. I. 1749. 4 Bl., mit Namen. (2.50) 2613

— — Quaestionem cur multi melius scribant quam loquantur et contra. Freibg. (Chph. Matthaei) 10. VI. 1748. 4 Bl. (2.—) 2611
W. M. Büchner (Nürnberg), J. A. Hennicke (Sangerhausen), G. F. Zündler (Freibg.), G. H. Koehler (Nossen).

— — De diis dormientibus carptim praefatus. Freiberg (Matthaei) 16. IX. 1757. 2 Bl. (1.50) 26[illegible]
M. E. Engel (Chemnitz), G. F. Oppelt (Crummenhennersdorf).

Bidermann, Johann Gottlieb: Abgenöthigte Ehren-Rettung wider die unverschämten Lästerungen über seine Einladungsschrift: De vita musica. – Leipzig: Michael Carl Friedrich Müller (1750). 16 S. 8°

Bidermann, Jo. Gottl.: De eruditis male habitis praefatus. Freibergae (1750)

— — Februalia veterum. Freiberg (S. F. Barthel) 14. II. 1765. 4 Bl. (2.—) 2639
W. F. S. Teucher (Freiberg), F. G. Gampe (Freiberg).

— — De feriis servorum. Freiberg (Sam. Friedr. Barthel) 22. II. 1770. 4 Bl. (1.50) 2648
J. Gottfried Boerner (Misn.), Christ. Gottl. Weber (Miltitz).

— — De genio saeculi litterario. Freiberg (S. F. Barthel) 20. II. 1769. 4 Bl. (1.50) 2645
G. B. Schmidt (Freiberg), L. G. Wildenhayn (Langenhennersdorf).

— — De Graecia aenigmatum. Freiberg, 26. VI. 1769. 8 S. (Dresden: Harpeter.) (2.—) 2647

— — Ad halcyonia senectutis. Vir.. Hieron. Joach. Waeger .. memoriam. Freiberg (Matthaei) 6. XI. 1752. 4 Bl., mit zahlr. Namen. (3.—) 262[illegible]

— — Fabulosam de septem dormientibus historiam. Freiberg (Matthaei) 26. VI. 1752. 4 Bl. (2.50) 2619
Ch. G. Seyler (Oberneuschoenberg).

Bidermann, Johann Gottlieb: De H o r a t i o musico praefatus ad orationem beneficio Richteriano destinatam humanissime invitat . . . – Freiberg: Sam. Friedrich Barthel 1768. 8 S. 4⁰

— — De insolentia titulorum librariorum. Naumburg (Bossegoel) 6. IV. 1743. 4 Bl. (2.—) 2604
J. G. Engau (Gebesee), Chn. G. Born (Schlebroda), J. Chn. Francke.

— — De primis rei metallicae inventoribus. Freiberg (S. F. Barthel) 1763. 4 Bl. (2.—) 2638
Ch. G. Hain (Königstein), J. L. Mündler (Dresden), C. G. Kühn (Königstein).

— — De Jove hospitali. Freiberg (S. F. Barthel) 18. VIII. 1768. 4 Bl. (2.—) 2643
J. F. Tittel (Tautenhain), Ch. G. Richter (Rüsseina), J. G. Boerner (Burcardsdorf).

— — Juvenalia sub auspic. novi anni carptim exponit et ad vota religiosa nuncupanda obsequ. invit. Freiberg (Matthaei) 12. I. 1756. 4 Bl., mit zahlr. Namen. (2.—) 2627

— — De Latinitate Maccaronica. Frbg. (Chph. Matthae) 27. V. 1748. 4 Bl. (2.—) 2610
J. G. Haenisch (Rabischau), C. G. Burckhard (Muldau), C. Ch. Fr. Collmann (Frauenstein), J. G. Hezel (Olbernhau).

— — De laudibus nimiis. Freiberg (S. F. Barthel) 7. III. 1771. 4 Bl. (2.—) 2651
Ch. G. Funcke (Freiberg), F. W. Schubart (Freiberg).

— — Lex viva in mortuis spirans exemplo viri Christian Friedrich Wilisch. Freiberg (Matthaei) 19. II. 1759. 4 Bl. (2.50) 2631
Ch. G. Stecher (Freiberg).

— — De Lua veterum dea piaculari. Freiberg (Matthaei) 17. II. 1757. 4 Bl. (2.—) 2628
J. F. Pistorius (Freiberg), J. F. Helbig (Tuttendorf).

— — Meletema de . . . viro opportuno ex. Lev. XVI, 21. Freiberg (Matthaei) 3. IX. 1759. 4 Bl., mit zahlr. Namen. (2.50) 2632

— — Memorias discipulorum extraneorum in schola Freibergensi versatorum praem. Comment. 3, 5, 7, 9, 10. Frbg. (Matthaei) 1752—60. je 4 Bl., mit zahlr. Namen. (5.—) 2623
7: De xenotaphiis veterum. 9: De infamia nominum. 10: De Chimaeris scholasticis.

Biedermann, J. G., de montibus symbolicis. Freiberg. 1769. 4.

— — Monumenta poetica animalibus Brutis posita hoc fascic. II contin. Freiberg (S. F. Barthel) 27. II. 1769. 4 Bl. (2.—) 2646
Ch. G. Richter (Rüsseina), J. G. Stecher (Freiberg).

— — De Augustis Augustorum mortibus. Freiberg (S. Fr. Barthel) 1763. Folio. 2 Bl. (—.50) 2636

— — De muliere ungues suos faciente signo luctus hoc ipso tempore publici luctus. Freiberg (J. Ch. Matthaei) 17. II. 1762. 4 Bl. (2.—) 2635
F. T. Hübel (Nassau), F. T. Hartwig (Blumenau).

Bidermann, Johann Gottlieb: N a c h g e d a n k e n Herrn M. Joh. Gottl. Biedermanns, Rect. der Schule zu Freyberg, über sein Programma De Vita Musica in einem Verweisschreiben an eine Hochwürdige Person zu Freyberg entworfen. – Freyberg, auf Kosten des Verfassers 175o. 8 S. 8⁰

— — Bonum nomen Sal. Friedr. Seyfried. Freibg. (Matthaei) 19. II. 1753. 4 Bl. (3.—) 2624
J. E. Harzbach (Freiberg).

— — Omen in nomine viri Georg Samuel Aster. Frbg. (Matthae) 8. IX. 1747. 4 Bl. (3.50) 2609
J. G. Hetzel, G. E. Aster (Oschatz), J. Ch. Fritsche (Sayda), S. I. Bergen (Frbg.), Ch. S. Saupe (Lommatzsch).

— otia literaria p. I. 8, Freiberg 751. Reinhold. 8 gr.

— — Palladem armatam cum musis inermibus delineat. Freiberg (Matthaei) 20. IX. 1759. 4 Bl. (2.—) 2633
S. G. Bienert (Freiberg), J. G. Bidermann (Naumburg).

— — De Panda pacis dea. Freiberg (S. F. Barthel) 20. III. 1763. 4 Bl., mit zahlr. Namen. (2.50) 2637

— — De pastophoris. Naumburg (J. G. Laitenberger/Bossoegel) 28. IV. 1746. 4 Bl. (2.50) 2606
J. Gottlob Holzapffel (Naumburg), J. Friedr. Bittorff (Wittenberg).

— — De veterum poculis grammaticis comment. Freiberg (Ch. Matthaei) September 1748. 4 Bl. (2.50) 2612
G. H. Heyne (Nauendorf), S. G. Haberland (Oederan), J. G. Berthold (Colmnitz), C. F. Richter (Geysing).

— — De porcis sacris et mysticis. Freiberg (S. F. Barthel) 15. VI. 1772. 4 Bl. (2.—) 2653
C. H. Lingk (Freiberg).

— — Quae sit injuria felix ex Claudian. in IIII. consulat. honorii v. 612 sqq. Freiberg (Matthaei) 13. XII. 1751. 4 Bl. (2.—) 2618
G. S. Creuziger (Franckenberg), A. H. Otto (Bautzen), D. F. Hartwig (Großhartmannsdorf).

— — Quam sit conditio dulcis sine pulvere palmae? ex Hor. L. I. ep. I. 51. Freiberg (Matthaei) 16. III. 1758. 4 Bl., mit zahlr. Namen. (2.—) 2630

— — Quid sit כלעאח־חקרש numer. IV, 20. Freiberg (S. F. Barthel) 5. III. 1770. 4 Bl. (1.50) 2649
J. F. Bielitz (Schoenerstad.), J. M. Schulze (Ulricomont.), Ch. G. Funcke (Freib.).

— — Quid velit et possit rerum concordia discors ex Horat. L. I. ep. XII, 19. Freibg. (Ch. Matthaei) 20. II. 1749. 4 Bl. (1.50) 2614
C. G. Glaeser (Gelenau).

Bidermann, Jo. Gottl., Quomodo solemur fatis contraria fata? ex Virg. Aen. I, 240. Freiberg (Matthaei) o. J. 4 Bl. (2.—) 2603a
Ch. E. L. Tzschoeckel (Freiberg), H. A. Hennicke (Weissensee).

— — De religione juramenti. Freiberg (S. F. Barthel) 22. III. 1771. 4 Bl. (1.50) 2652
J. G. Strasburger (Hilbersdorf), Ch. G. Weber (Miltitz), G. John (Mohorn.).

Bidermann, J. G., de nominum religione. Freib. 1751. 4.

— — De reliquiis eruditorum comment. histor.-litt. Freiberg (Matthaei) 25. VI. 1753. 4 Bl. (2.—) 2625
J. J. Krebel (Naumburg).

— — Sacra mensis Augusti. Freiberg (Matthaei) 2. VIII. 1752. 4 Bl., mit Namen. (2.—) 2620

Bidermann, J. G., de sanctis acephalis. Friberg. 1751. 4.

Biedermann, J. G., Selecta scholastica, sive Programmata varii argumenti. Colleg. J. G. Biedermann. Naumb. 745. 3 Fasc. 8. 18 gr.

— — De scholis ollarum disserit scholae cathedrali Naumburgensi vale dicturus. Nbg. (J. G. Laitenberger/Bossoegel) 19. IV. 1747. 16 S., mit Abb. (Urne) u. Namen. (3.20) 2608

— — Scholarum Scyllas et Charybdes occasione jubilaei scholast. vir Jo. Andr. Luther. Freiberg (S. F. Barthel) 15. VI. 1767. 4 Bl., mit zahlr. Namen. (2.—) 2641

— — De sene depontano. Ad memoriam Jo. Andreas Luther. Freiberg (S. F. Barthel) 18. II. 1771. 4 Bl., mit Biogr. L.'s. (3.—) 2650
E. W. Schumacher (Freiberg), G. S. Richter (Schellenberg).

— — Sermones animalium Brutorum testimoniis atque exemplis. Freiberg (S. F. Barthel) 9. IV. 1767. 4 Bl. (2.—) 2640
M. Klemm (Weigmannsdorf), G. H. Helmricht (Dobrilugk).

Biedermann, J. G., Templa Pacis et Concordiae. Lipsiae 748. 4.

— — De virga medica ad stat. Theb. II, II. Freiberg (Matthaei) 1750. 4 Bl. (2.50) 2616
E. T. Soemer (Dippoldiswalde), A. F. Hünichen (Gr.-Schirm.), Ch. G. Hasse (Nieder-Bobritsch), Ch. E. Marbach (Ringenthal), M. Ch. Engel (Chemnitz).

— — De vita musica ex Plaut. mostellar. act. III sc. II 40. Freiberg (Ch. Matthaei) 12. V. 1749. 4 Bl. (3.—) 2615
J. G. Hezel (Olbernhau), E. A. Buschmann (Waldheim), J. G. Berthold (Colmnitz), B. F. Koehler (Döbeln).

Bidet, Abhandl. v. Anbau u. Verbesser. d. Weinstocks. Aus d. Französ. Mit 3 Kpf. 8. Leipzig, 1754. Vogel. — 2⅓

Bidet et du Hamel du Monceau, Traité sur la nature et sur la culture de la Vigne. 2 Vol. av. fig. 12. Paris et Lpz. 753.

Bidez, J: La tradition manuscrite du lexique de Suidas. [Aus: „Sitzgsber. d. preuss. Akad. d.Wiss."] (850—863) Lex.8° Berl.. G Reimer '12. — 50

La tradition manuscrite de Sozomène et la Tripartite de Théodore le Lecteur par Joseph **Bidez**, prof., Gand. Leipzig: J. C. Hinrichs 1908. (IV, 96 S.) 8°
—**Texte** u. Untersuchungen z. Geschichte d. altchristl. Literatur. 32, 2b. [08. 5311

Bidlingmaier, Friedrich, aus Lauffen a. Neckar: Geometrischer Beitrag zur Piëzoelektrizität der Krystalle. *Potsdam 1900: E. Stein.* (60, II S.) 8°
Göttingen, Phil. Diss. v. [16. Jan.] 1901

Bidlingmaier, Frdr., geometrischer Beitrag zur Piëzoelektrizität der Krystalle. Diss. gr. 8. (IV, 60 u. II S. m. 4 Fig.) Potsdam 900. (Göttingen, Vandenhoeck & Ruprecht.) n. 1. 60

Bidlingmaier, Frdr.: Magnet. Beobachtgn an Bord, s: Anleitung zu wissenschaftl. Beobachtgn auf Reisen.

Der Doppelkompass, s. Theorie u. Praxis. Von Dr. Friedrich **Bidlingmaier**. Mit 18 Abb. (Berlin: G. Reimer 1907.) (104 S.) 4°
= **Südpolar-Expedition**, Deutsche, 1901–1903. Bd 5, H. 1. [07. 14224

— Ebbe u. Flut, s.: Meereskunde. II, 5.

— Ergebn. d. magnet. Beobachtgn '10, s: Veröffentlichungen d. kais. Observatoriums in Wilhelmshaven.

Der Kompass in seiner Bedeutung für die Seeschiffahrt wie für unser Wissen von der Erde. Von Dr. Fr[iedrich] **Bidlingmaier**. Berlin: E. S. Mittler & Sohn 1907. (37 S.) 8° [Umschlagt.]
— **Meereskunde**. Jg. 1, H. 3. [07. 13108

— Kurven-Sammlg v. erdmagnet. Variationen, beobachtet '02—03 auf d. Gauss-Station im südl. Eismeer. — Erdmagnet. See-Beobachtgn u. anschliess. Untersuchgn, s: Südpolar-Expedition, Deutsche, '01—03.

— Erdmagnetische See-Beobachtungen, s.: Südpolar-Expedition. V, 2.

— Übersicht üb. d. Tätigk. d. Erdmagnetismus, s: Veröffentlichungen d. kais. Observatoriums in Wilhelmshaven.

Bidlingmaier, Frdr., zu den Wundern des Südpols, s.: Jugend- u. Volksbibliothek, deutsche. 201. Bdchn.

Bidlo u. Kvačala: „Brüderunität u. Luthertum", s: Jahrbuch d. Gesellsch. f. d. Gesch. d. Protestantismus in Österr.

Bidou, Ch., le Guide d'une mère, ou Traité d'Education particulière. II. Vol. gr. 8. Par. (Walther, Dresd.) 806.

Bidoulac, deutsche, französische, dänische u. englische Gespräche, aufs neue mit Verbess. herausg. 8. Copenhagen, Bannier. (auch Schubothe.) 815.

—Sur l'union des mots. Ed. II. 8. Kopenh. 824. Bonnier (Leipz., Wienbrack). 4 ℋ

Bidpai, des indischen Philosophen, Buch d. Weisen in lust- u. lehrreich. Erzählungen. A. d. Arab. v. Phil. Wolff. 2. Ausg. 2 Thle. in 1 Bde. (M. 2 Titbild.) gr. 12. (24½ B.) Stuttgart 839, [Scheible, Rieger u. Sattler.]

Bidpai. Calila und Dimna, a. d. Arab. übers. von C. A. Holmboe. Christiania 1832. H: *Treschow Hanson, Peder.* (Pettersen, Anon. og Pseudonymer. Kristiania 1890.)

—Fabeln, übersetzt von Phil. Wolff, s. Erzählungen, morgenländische. 1s u. 2s Bdchn.

Fabeln und Parabeln des Orients. Der türkischen Sammlung humajún name [**Bīdpāï**: Kalīla wa Dimna, Ausz., türk. Übers.] entnommen u. ins Deutsche übertr. von Souby-Bey. Mit e. Vorw. von Prof. Dr. Rieder Pascha. *Berlin: F. Fontane & Co. 1903.* (XII, 130 S.) 8° [J. u. Ant.]
[03. 7827

Indianische Geschichte und Fabeln des Bidpai und Lockmann. Aus dem Türckischen des Ali Tscheleri-Ben-Saleh ins Französische übersezt von dem Herrn [Ant.] Galland, und nach dessen Tode heraus gegeben . . . Nunmehro ins Teutsche gebracht. 2 Teile in 1 Bd. Frankfurt & Leipzig, Monath, 1745. 8°. *Gestoch. Frontispiz*, 17 Bl. (Titel in rot und schwarz), 226 S., 1 Bl., 22 S., 1 Bl. *Mit 8 Kupfern und einigen Holzschnittornamenten.* Ld. d. Z. m. Rv. u. Rsch. Rücken oben beschädigt.
Nach den zahlreichen Ausgaben des 15. und 16. Jahrhunderts der Übertragung des Antonius von Pforr († 1483) nach italienischen und lateinischen Versionen, scheint dieses die *erste selbständige neuere deutsche Übersetzung* des „Bidpai" zu sein. Der Übersetzer ist ungenannt, sein Stil ist für diese Zeit schon etwas „altmodisch". Die hübschen Stiche gehen wohl auf französische Vorlagen zurück. — Eine weiße Ecke des Titels fehlt; gutes Ex. Nicht bei Fromm.

Bidpai. Des Braminen Pilpai, *Weisheit der Indier in Fabeln.* Zur Unterhaltung und Belehrung der Jugend aus gebildeteren Ständen. Bearbeitet von A. L. Matthaei ... Hannover, Helwingsche Hofbuchhandl. [c. 1820]. XIV S. (inkl. lith. Titel m. Vign.), 239 S. 1 Bl. Kl.-8°. Benutzter Pbd. d. Z. (Rücken beschäd.) Interess. Werkchen, ★ 1. Ausg. 20.—

Bidschof, Friedr., Bestimmung der Bahn des Kometen 1848 I. Lex.-8. (17 S.) Wien 887, (Gerold's Sohn.) *

Bidschof, F., Bestimmung der Bahn des Kometen 1848 I. [Aus: „Sitzunzsber. d. k. Akad. d. Wiss."] Lex.-8. (17 S.) Wien 887. (Tompsky.) n. — 40

Bidschof, F, Bestimmg d. Bahn d. Kometen 1890. II. 8° (18) Wien 91, (C Gerold's S.). — 30

Bidschof, Frdr., Bestimmung der Bahn d. Kometen 1890. II. [Aus: „Sitzungsber. d. k. Akad. d. Wiss."] Lex.-8. (18 S.) Wien 891. (F. Tompsky.) n. — 30

Bidschof, Friedrich, Bestimmung der Bahn des Planeten (172) Andromache. (Aus den Sitzungsber. der k. Akad. der Wissensch.) Gr.-8. (14 S.) In Comm. --.20
Wien: Tempsky 1889

— Bestimmung der Bahn d. Planeten (175) Andromache. [Aus: „Sitzungsber. d. k. Akad. d. Wiss."] Lex.-8. (14 S.) Ebd. 889. n. — 40

Bidschof, Frdr., Bestimmung der Bahn d. Planeten (236) Honoria. Lex.-8. (30 S.) Wien 885. (Gerold's Sohn.) n.n. — 50

— Bestimmung der Bahn der Planeten (279) Thule. [Aus: „Sitzungsber. der k. Akad. d. Wiss."] Lex.-8. (55 S.) Ebd. 891. n. 1. —

Bidschof, Frdr., s: Ephemeriden, Astronomisch-nautische.

— über die Grösse u. Zahl der Sterne, s.: Vorträge des Vereines zur Verbreitg. naturwissensch. Kenntnisse in Wien. 40. Jahrg. 14. Hft.

Bidschof, Friedrich: Katalog von 1238 Sternen...
s. Palisa, Johann

— der Planet Mars, s.: Vorträge des Vereines zur Verbreitg. naturwissensch. Kenntnisse in Wien. 39. Jahrg. 14. Hft.

-- u. Arth. Vital, fünfstellige mathematische u. astronomische Tafeln. Zum Gebrauche f. Mathematiker, Astronomen, Geographen u. Seeleute zusammengestellt u. m. Formelsammlgn. versehen. Ster.-Ausg. (XVIII, 219 S.) Lex.-8. Wien 905. F. Deuticke. Geb. in Leinw. n. 7. 50

— Tavole e prontuari per i calcoli di navigazione, s.: Vital, Arturo.

—— Untersuchungen über die Bahn des Planeten (220) Stephanie. Lex.-8. (16 S.) (Ebendas.) 886. **
aus: Sitzungsberichte der k. Akademie der Wissenschaften, besonders abgedruckt.

Bidschoff, Friedrich, s. Bidschof, Friedrich

Bidulph, der Miß Sidney, Geschichte, aus ihrem eignen Tagebuche gezogen; aus d. Engl. 5 Thle. 8. Leipz.... 2e A. 770—75. Weidmann. 1 ℛ 20 ℊ

Bie, Felix [Dr. jur.]: Ausgew. Doktordissertationen d. Leipz. Juristenfakultät. Über die Kollektivprokura. Leipzig, Veit & C., 1894; 57 S. 8.
Leipzig, Jur. Fak., Inaug.-Diss. v. [26. Jan.] 1894

Bie, Jac. de, Imperatorum Romanorum numismata aurea. Cum figg. Antv. 627. 4. 4 rthl. Berol. 705. 4. 1 rthl. 8 gr. Cura Sig. Havercampi. Amst. 738. 4. 3 rthl.

Bie, Jak. Chr., s. Sarkasmen.

SARKASMEN.... Aus der dänischen Originalhandschrift (des *Jacob Christian Bie*) übersetzt (von Gerhard Wilh. Amandus Lempelius). Adrianopel (Schleswig) 1792. 8⁰. (36xr.) (18 xr Beck, Nördl., Cat. 1. [1829]; jetzt höher!)
Anon.-Lex. IV. p. 24 (nach Goedeke u. Weller); Kordes nennt Lempelius als Verfasser. (?) — Weller, fing. Druckorte, hat „Altona, Hammerich" als wirkl. Druckort.

Das Ballet von Oscar **Bie**. Mit 3 Kunstbeil. u. 14 Vollbild. Berlin: Bard, Marquardt & Co. [1905]. (76 S.) 8°
= **Literatur**, Die. Bd 15. [05. 8639

– Das Ballett. Mit 3 mehrfarbigen Kunstbeilagen und 14 Vollbildern in Tondruck. Ebd. 1908. (Verlagsanzeige ohne Preisangabe.)

Bie, Osc., das Fest der Elemente, s. d. Kunst, die.

Das Fest der Elemente. Von Oscar **Bie**. Mit 2 farb. Taf. u. 10 Taf. in Tondr. Berlin: Marquardt (1900). 60 S. 8°
(Die Kunst. Bd 50.) [09. 11766

Handzeichnungen alter Meister von Oscar **Bie**. Mit 3 Kunstbeil., 12 Vollbild.u.mehreren Vignetten.(Berlin):Bard,Marquardt&Co.[1904].(66S.)8°
= **Kunst**, Die. Bd 34. [05. 2715

Bie, Osc., Kampfgruppe u. Kämpfertypen in der Antike. gr. 8. (III, 160 S.) Berlin 891. Mayer & Müller. n. 8. 60

Das Klavier und seine Meister v. Oscar **Bie**. M. zahlr. Portr., Ill. u. Facs. sowie musikal. Originalbeiträgen v. Eugen d'Albert, Wilhelm Kienzl, Moritz Moszkowski, Philipp Scharwenka u. Richard Strauss. *München: Verlagsanst. F. Bruckmann A.-G. 1898.* (VIII, 312 S., 15 Portr., 7 Taf., 1 Facs., o, 2 S., 1 Bl., 3, 7 S. Mus.-Beil.) 1 Bd 8. [98. 11726

Albert, Eugen d': Studie üb. d. Traum der Ghismonda a. d. Oper Ghismonda. *München 1898.*
in: **Bie, Oscar**: Das Klavier u. s. Meister. [98. 11726

Kienzl, Wilhelm: Schlaf', Kindlein, schlaf'! *München 1898.*
in: **Bie, Oscar**: Das Klavier u. s. Meister. [98. 11726

Moszkowski, Maurice: Pensée fugitive. *München 1898.*
in: **Bie, Oscar**: Das Klavier u. s. Meister. [98. 11726

Scharwenka, Philipp: Nachtstück. *München 1898.*
in: **Bie, Oscar**: Das Klavier u. s. Meister. [98. 11726

Strauss, Richard: Fuge (aus: Thema u. 15 Improvisationen m. Fuge f. Klavier, comp. im J. 1884)'. *München 1898.*
in: **Bie, Oscar**: Das Klavier u. s. Meister [98. 11726

Bie, Osc., das Klavier u. seine Meister. Mit zahlreichen Portr., Illustr. u. Fksms. 2. Aufl. gr. 8. (IX, 318 S.) München 901. Verlagsanstalt F. Bruckmann. n. 10. —; geb. n. 12. —

Klavier, Orgel und Harmonium. Das Wesen d. Tasteninstrumente. Von Prof. Dr. Oskar **Bie**. Leipzig: Teubner 1910. 116 S. 8°
(Aus Natur u. Geisteswelt. Bdch. 325.) [10. 14957

— zwischen den Künsten. Beiträge zur modernen Aesthetik. [Aus: „Neue deutsche Rundschau".] Lex.-8. (108 S.) Berlin 895. S. Fischer Verl. n. 2. —; geb. n. 3. —

Das Kunstgewerbe. Von Oscar **Bie**. Frankfurt am M.: Rütten & Loening (1908). (84 S.) 8°
= **Gesellschaft**, Die. Bd 20. [08. 18871

Bie, Osc., die Musen in der antiken Kunst. gr. 8. (VI, 106 S. mit 19 Fig.) Berlin 887, Weidmann'sche Buchh. *

Intime Musik von Oskar **Bie**. Mit 1 Heliogr. u. 9 Vollbild. (Berlin): Bard, Marquardt & Co. [1904]. (52 S.) 8°
= **Musik**, Die. Bd 2. [05. 3295

Die moderne Musik und Richard Strauss von Oscar **Bie**. Mit 8 Bildn. u. 7 Notenbeilagen. Berlin: Bard, Marquardt & Co. [1906]. (77 S.) 8°
= **Kultur**, Die. Bd 11. [06. 14397

Das bürgerliche Porträt des neunzehnten Jahrhunderts in Deutschland. Von Oscar **Bie**. Chodowiecki. Graff. Krüger. Runge. Oldach. Mit 5 Kupferdr.-Taf. u. 5 Abb. Berlin: J. Bard; B. Cassirer 1907. (4 S.) gr. 2°
= **Porträt**, Das. Lfg 3. [08. 884

Bie, Oscar, de Musarum imaginibus quaestiones selectae. Diss. Berlin 1887, Mayer & Müller. 8⁰. 31 S.

Oskar **Bie**. Reise um die Kunst. Berlin: Reiss 1910. XIII, 336 S. 8°
[11. 2346

— Reise um die Kunst. (Den Umschlag zeichnete Wolf Schmidt.) 2. Aufl. (XIII, 336 S.) 8. Berlin 910. E. Reiss. 4.—; geb. 5. —

— Romantik in Italien, s. Veröffentlichung d. Lessing-Gesellsch. f. Kunst-Wissensch.

— Romantik in Italien. (Veröffentlichg. der Lessing-Gesellschaft für Kunst-Wissenschaft, E. V. Berlin.) (114 S. m. 2 Taf.) 8. Berlin (908). [E. Kantorowicz.] C. A. Schwetschke & Sohn. 2.—; geb. 3. —

Bie, Oskar (Hrsg.), s. Rundschau, Neue deutsche.

— Holländ. Skizzenb., s: Liebermann, Max.

— Constantin Somoff. (54 S. m. 40 Taf.) gr. 8. Berlin 907. J. Bard. Geb. 15.—; Luxusausg., geb. in Perg. 35. —

BIE, Oskar (Prof. Dr., Red. d. „Neuen Rundschau" in Berlin, geb. zu Breslau 9. Febr. 1864), Der Tanz. Mit Buchschmuck

von Carl Walser u. 100 Kunstbeilagen (in Lichtdruck, Chromo etc.). Berlin, Bard, Marquardt & Co. M.CMVI. (1906.) Imp.-8°. 370 S. (incl. 4 Bll. Vorst.), 1 Bl. Nachricht. (Mk. 25—.) (18 Mk. Rich. Bertling, Dresden, 1808: Imit. Ganzprgt. mit Goldpressungen, oberer Schnitt vergoldet, sonst unbeschn., wie neu; 25 Mk., ebenso, Dieterich, Göttingen, 1907.)

Wurde von Oscar Brandstetter in Leipzig gedruckt. Den Druck der Kunstbeilagen lieferten W. Büxenstein u. H. S. Hermann in Berlin. Den Einband fertigten Hübel u. Denck in Leipzig.

Inhalt: Rhytmische Künste. — Das Fest der Elemente. — Der Tanz im Dienst. — Der gesellschaftliche Verkehr. — — Der Gesellschaftstanz. — Das Kunstwerk des Tanzes. — Das Ballett. — Die Musik.

— — Dasselbe. Luxusausgabe. 30 numer. u. vom Autor sign. Expll. auf japan. Büttenpap. in Prgtbd. (à Mk. 100—.)

Der Tanz als Kunstwerk von Oscar **Bie.** Mit 14 Vollbild. (Berlin): Bard, Marquardt & Co. [1905]. (56 S.) 8°
= **Kunst,** Die. Bd 43. [05. 15767

Bie, Oscar, der Tanz. Jetzt: Berlin, Emil Goldschmidt.

Tanzmusik von Oskar **Bie.** Mit 1 Heliogr. u. 13 Vollbild. (Berlin): Bard, Marquardt & Co. [1904]. (69 S.) 8°
= **Musik,** Die. Bd 6. [05. 3099

— Das Theater, s: Walser, Karl.

Der gesellschaftliche Verkehr. Von Oskar **Bie.** Mit 2 Vierfarbendr. u. 12 Vollbild. Berlin: Bard, Marquardt & Co. [1905]. (62 S.) 8°
= **Kultur,** Die. Bd 2. [05. 15890

Die Wand und ihre künstlerische Behandlung. Von Oskar **Bie.** Mit 2 Kunstbeil., 10 Vollbild. u. zahlr. Vignetten. (Berlin): Bard, Marquardt & Co. [1904]. (117 S.) 8°
= **Kunst,** Die. Bd 22. [05. 8763

Was ist moderne Kunst? Von Oscar **Bie.** Mit 1 Vierfarbendr. u. 15 Vollbild. (Berlin): Bard, Marquardt & Co. [1906]. (63 S.) 8°
= **Kunst,** Die. Bd 51. [06. 14400

— Grete Wiesenthal, s u. Lang, Erwin.

Bie, Oscar u. Erwin Lang. Grete Wiesenthal. Holzschnitte von Erwin Lang. Mit einer Einleitung von Oscar Bie. Berlin, Erich Reiss (1910).
6 bl.: 9 Taf. 4°.

Die moderne Zeichenkunst von Oscar **Bie.** Mit 4 Kunstbeil. u. 9 Vollbild. (Berlin): Bard, Marquardt & Co. [1904]. (70 S.) 8°
= **Kunst,** Die. Bd 36. [05. 8719

Bie, Osk., Die moderne Zeichenkunst. Berlin [1905]. 8°.
(D. Kunst, hrsg. von Rich. *Muther.* Bd 36.)

Die Anwendung des Lichtes in der Medizin mit besond. Berücks. von Prof. Finsens Lebenswerk. Von Dr. Valdemar **Bie,** Kopenhagen, übers. von Dr. H. Schramm, Kopenhagen. Mit 22 Abb. u. 1 Portr. von Prof. Finsen. Wiesbaden: J. F. Bergmann 1905. (70 S.) 8° [05. 6470 3

Bie, V. (Hrsg.), s. Mitteilungen aus Finsens medicinischem Lichtinstitut.

Bie, Willem van (Wassenaer, Holland) [Auctor]
Dissertatio inauguralis medica de synocho putrida.
Giessae 10. Dez. 1787: Braun. (2), 20, (2) S. 4°
pro gradu in utraque medicina doctoris .... rite obtinendis.

Biebach, A., Leitfaden z. Vorbereitg. f. d. Prüfg. z. Postanwärter, Postgehülfen u. Postassistenten. gr. 8. (IV, 172 S.) Nerchau 897. Berlin, Fussinger. n. 2.—; kart. n. 2. 50

Biebach, Albert, de re municipali Salonitana. Diss. Halle 1887, Lippertsche Buchh. 8°. 30 S.

Bieback, Martin, aus Stepenitz in Pommern: Die angeborenen Halsfisteln und ihre Behandlung. *Greifswald 1899: H. Adler.* (29 S.) 8°
Greifswald, Med. Diss. v. 21. März 1899

Biebeler, Gust. Die Psalmen Davids in freier poet. Uebertragung. gr. 8. (XI, 210 S.) Halle a. S. 889. Fricke's Sort. * 3 —

Biebelhausen, P.: De monte olivarum. – Leipz. 1704.

Biebelried [Schlagwort]
Biebelried, Parade bei, s.: Militärkarten.

Biebendt, Albrecht, prakt. Zahnarzt: Ueber die Kraft des Gaumensegelverschlusses. Berlin (1908): Siebert. 82 S. 8°
Berlin, Med. Diss. v. 29. Sept. 1908, Ref. Kraus
[Geb. 17. Okt. 71 Schönebeck a. Elbe; Wohnort: Zehlendorf; Staatsangeh.: Preußen; Vorbildung: König Wilhelms-Gymn. Magdeburg Reife M. 90; Studium: Leipzig 2, Berlin 3, Halle 4, Berlin 5 S.; Rig. 14. Aug. 08.] [U 09. 28

Bieber [Schlagwort]
Bieber, s.: Geologische Karten (Preussen).
Bieber, s.: Preussen. Messtischblätter.

Bieber [Verfasser]
Bieber, Adf., Einführung in die Geschichte der Baukunst, s.: Bilderatlas zur Einführung in die Geschichte der Baukunst.

Bieber, Annemarie, appr. Ärztin a. Hammer ⟨Westpr.⟩: **Ein Beitrag zur recidivierenden Glaskörperblutung und ihrer Behandlung durch Carotisligatur. Berlin 1906: Leonhard Simion Nf. (30 S.) 8°**
Freiburg i. B., Med. Fak., Ref. Axenfeld, Diss. v. 1906
[Geb. 18. Febr. 84 Hammer; Wohnort: Freiburg i. B.; Staatsangeh.: Preußen; Vorbildung: Luisen-Gymn. Berlin Reife O. 01; Studium: Berlin 2, München 2, Freiburg i. B. 5 S.; Coll. 26. Jan. 06.]

Bieber, Arthur, a. Hamburg: Über die Einwirkung von Oxalester auf cyklische Ketone. Hildesheim 1905: A. Lax. (47 S.) 8°
Göttingen, Phil. Fak., Ref. Wallach, Diss. v. 24. Juli 1905
[Geb. 2. Apr. 80 Hamburg-Uhlenhorst; Wohnort: Hamburg; Staatsangeh.: Hamburg; Vorbildung: Oberrealschule Hannover Reife O. 99; Studium: Karlsruhe T.H. 4, Göttingen 6 S.; Rig. 31. Mai 05.]

Bieber, Aug., de duali numero apud epicos, lyricos, atticos. Dissertatio philologica. gr. 8. (56 S.) Jena 864, Fr. Frommann. *

Bieber, Carl. Heil dem edlen Hause Wettin! Huldigungs Fest-Dichtg. zur Wettin-Jubel-Feier f. Schulen u. Vereine. 1.—3. Aufl. 8. (15 S.) Pirna 889, Glöckner. † — 20

Bieber, Carl: Hohenzollern u. Oranien, s. Sitt, Hans

Bieber, Carl, 6 altniederländ. Volkslieder, s.: Kremser, Ed.

Bieber, Dora, a. Bismarckshöhe: Studien zur Geschichte der Fabel in den ersten Jahrhunderten der Kaiserzeit. Berlin 1906: L. Simion Nf. (58 S.) 8° (Erscheint vollst. u. d. T.: Studien z. Gesch. d. Fabel u. Chrie.)
München, Phil. Fak., Ref. Crusius, Diss. v. 9. März 1906
[Geb. 27. Okt. 82 Bismarckshöhe, Kr. Czarnikau, Prov. Posen; Wohnort: Berlin; Staatsangeh.: Preußen; Vorbildung: Luisen-Gymn. Berlin Reife O. 01; Studium: Berlin 4, Heidelberg 2, München 3 S.; Rig. 9. März 06.]

Bieber, Ernestus, Visibadensis: Hygini fabularum **supplementum.** *Marpurgi Catt. 1904: J. B. Hirschfeld Lipsiensis.* (44 S.) 8°
Marburg, Phil. Diss. v. [13. Mai] 1904

Bieber, Georg Elert. Plan zu Errichtung einer für Hamburg möglichst vorteilhaften Versicherungs-Compagnie gegen Feuer-Gefahr. Hamburg 1795.

Ders. Prüfung der Bemerkungen eines Ungenannten über die vorläufigen Punkte einer Association Hamburgischer Einwohner, zur gemeinsamen Versicherung ihrer Mobilien-Güter usw. Hamburg 1795.

Bieber, Hanns, a. Nürnberg: Ansprüche des Berechtigten aus der unrechtmäßigen Pfändung und Versteigerung einer dem Schuldner nicht gehörigen beweglichen Sache. Borna-Leipzig 1906: R. Noske. (36 S.) 8°
Heidelberg, Jur. Fak., Ref. Bekker, Diss. v. 1. Okt. 1906
[Geb. 1. Jan. 82 Nürnberg; Wohnort: Berlin; Staatsangeh.: Bayern u. Preußen; Vorbildung: Gymn. Schweinfurt Reife M. 01; Studium: Würzburg 3, München 2, Berlin 5 S.; Rig. 31. Juli 06.]

Bieber, Hugo: Johann Adolf Schlegels poet. Theorie, in ihrem Zusammenhange untersucht. s: Palaestra.

Bieber, *Johann Andreas*, M. D., † Gotha 21. Nov. 1801.
—— Blätterskelete. 1. Zehend. Gotha 1774. 8. (½ *Louisd'or*.)

Bieber, Margar., d. Dresdner Schauspielerrelief, s. Arbeiten an d. akadem. Kunstmuseum zu Bonn. I.

Bieber, Margarete, a. Schönau, Kr. Schwetz: Das Dresdner Schauspielerrelief. Ein Beitrag zur Geschichte des tragischen Kostüms und der griechischen Kunst. Bonn 1907: F. Cohen. (91 S.) 8°
Bonn, Phil. Fak., Ref. Loeschcke, Diss. v. 24. Juni 1907
[Geb. 31. Juli 79 Schoenau, Kr. Schwetz; Wohnort: Schoenau; Staatsangeh.: Preußen; Vorbildung: Kgl. Gymn. Thorn Reife M. 01; Studium: Berlin 4, Bonn 5 S.; Rig. 19. Dez. 06.]

Bieber, Margar., s: Verzeichnis d. käufl. Photographien d. kais. deut. archäolog. Instit. in Athen. 1. Heft. Athen u. Attika.

Bieber, *Moritz* [app. Arzt aus Gotha]: Über Gastroenterostomie ... Gotha, Buchdr. Th. H. Wechsung, 1895; 2 Bl., 39 S. 8.
Jena, Med. Fak., Inaug.-Diss. v. [14. Okt.] 1895

Bieber, Otto, Referendar a. Eisleben: Der Zugang empfangsbedürftiger mündlicher Willenserklärungen. Baruth ⟨Mark⟩ 1908: J. Särchen. (66 S.) 8°
Würzburg, Jur. Fak., Ref. v. Burckhard, Diss. v. 16. Jan. 1908
[Geb. 23. Mai 85 Eisleben; Wohnort: Baruth; Staatsangeh.: Preußen; Vorbildung: Gymn. Potsdam Reife O. 03; Studium: Berlin 7 S.; Rig. 6. Nov. 07.]

Bieber, R., die Bau-Polizei der Provinz Brandenburg (ausschließlich der Stadt Berlin). Enthaltend die bis 1. Aug. 1855 erlassenen bezüglichen Verordnungen. Forst (857). (Sorau, Bath.) 16. (128 S.) n. 13 ngr

— — Nachtrag. Enthaltend die bis zum 1. Mai 1857 erlassenen bezüglichen Gesetze und Verordnungen. Sorau 857. Bath in Comm. 16. (24 S.) n. 2 ngr

Bieber, R., die Bau-Polizei der Provinz Brandenburg (ausschliessl. der Stadt Berlin). Enthaltend die bis 1. Aug. 1855 erlassenen bezüglichen Verordnungen. Nebst Nachtrag, enth. die bis 1. Mai 1857 erlassenen bezüglichen Gesetze und Verordnungen. 8. Sorau, Eschrich. 1857. n.

Bieber, M., das Gewerbe des Schornsteinfegers in gewerblicher und technischer Beziehung für die Provinz Brandenburg und die zu einer Feuer-Societät verbundenen Städte der Kur- und Neumark und der Nieder-Lausitz. 8. (VI und 82 S.) Forst 853. (Guben, Berger.) *

Bieber, Rich., Détails Berliner Neubauten. 25 Bl. in Lichtdr. gr. 8. (28 S. Text.) Berlin 898. W. Schultz-Engelhard, Sop.-Cto. In Leinw.-Mappe. n. 10.—

Bieber, Rich., s.: Hausbesitzer-Kalender, deutscher.

Bieber, Vincenz
Bieber, V., über zwei neue Batrachier der böhmischen Braunkohlenformation. [Mit 3 (lith.) Taf.] [Mittheilungen aus dem geolog. Institute der Prager k. k. Universität Nr. 2.] [Aus: „Sitzungsber. d. k. Akad. der Wiss.“] Lex.-8. (23 S.) Wien 880. (Gerold's Sohn.) n. 1.—

Bieber Vincenz: Beitrag zur Trinkwasserversorgungsfrage der Stadt Marburg. (18). Marburg R. 91. Progr.

Bieber, Vincenz Zum Dinotheriumfund bei Franzensbad in Süfswassertertiär Böhmens. 31 S. u. Taf. 8. [illegible] D. G. *Olmütz* 1885.

Bieber, V., zum Dinotheriumfund bei Franzensbad im Süsswassertertiär Böhmens. gr. 8. (34 S. mit 1 Taf.) Olmütz 885. (Wien, Pichler's Wwe. und Sohn.) *

Bieber, Vincenz: Das Mineralmoor der „Soos“. Geologisch bearb. – Marburg a/D. 1887. 4°

Bieber-Boehm, Hanna, Erwiderung auf die Erklärung der Sittlichkeits-Kommission v. Septbr. 1904. (7 S.) 16. Berlin (C. 2, Kaiser-Wilhelmstr. 39, II) 904. Verein „Jugendschutz“. nn. — 10

Bieber-Böhm, Hanna, 26000 Schlafstellen, s. a. Schriften z. Besten d. Vereins „Jugendschutz“.

Bieber-Böhm, Hanna: 26 000 Schlafstellen! Ein Hilferuf. Vortr., geh. i. Verein „Frauenwohl“ i. Dez. 1889. Gefahren d. ersten Kinderjahre. Nach d. Engl. bearb. Berlin: Imberg & Lefson 1890. 13 S. 8° (Schriften z. Besten d. Vereins „Jugendschutz“. 2.)

Bieber-Böhm, Hanna: Die Sittlichkeitsfrage, eine Gesundheitsfrage. 2 Referate, geh. beim Internationalen Frauen-Congress in Berlin 1896. — Berlin: Verein „Jugendschutz“ 1896. 11 S. 8°

Bieber-Boehm, Hanna (Hrsg.), s. Stritt, Marie: Frauen-Land sturm.

— Vorschläge zur Bekämpfung der Prostitution. ⟨Angenommen v. „Bund deutscher Frauenvereine“ als Anlage z. einer Petition an d. Reichstag, die Aufhebung d. gewerbsmäßigen Prostitution betr.⟩ — Berlin: Selbstverl. 1895. 18 S. 8°

— Wo kam Brüderchen her? Übersetz. v. Ellis Ethelmer's „Baby Buds“. (37 S.) Ebd. 1900. —.50

— wollen die Frauen-Vereine das gemeingefährliche Gewerbe der Prostitution vom Gesetz erlaubt od. verboten wissen? Entgegnung auf die i. A. d. Kommission z. Hebg. d. Sittlichkeit verf. „Grundfragen der Sittlichkeitsbewegung (v. Anna Pappritz) u auf die Ausführgn. v. Frau K. Scheven im „Centralblatt des Bundes d. Fr. V.“ v. 1. IX. 1903. (12 S.) kl 8. Ebd. 904. nn. — 10

Bieber-Schläfli, G: Das bürgerl. Geschäftsrechnen, s: Fässler, F.

Bieberbach, E., über Verrenkungen einzelner Handwurzelknochen. Inaugural-Dissertation. gr. 8. (24 S.) Jena 877, (Neuenhahn.)

Bieberbach, Ludw.: Üb. e. Satz d. Herrn C Jordan in d. Theorie d. endl. Gruppen linearer Substitutionen. [Aus: „Sitzgsber. d. preuss. Akad. d. Wiss.“] (231—240) Lex8° Berl., G Reimer '11. — 50

Bieberbach, Ludwig: Zur Theorie der automorphen Funktionen. Göttingen 1910: Dieterich. 42 S. 8°
Göttingen, Phil. Diss. v. 2. März 1910, Ref. Klein
[Geb. 4. Dez. 86 Hofheim; Wohnort: Heppenheim; Staatsangeh.: Hessen; Vorbildung: Gymn. Bensheim Reife O. 05; Studium: Heidelberg 3, Göttingen 5 S.; Rig. 6. Jan. 10.]

Bieberfeld, Siegfried, a. Lissa in Posen, Referendar am kgl. Amtsgericht zu Baldenburg: Die durch letztwillige Verfügung ausgestellte Quittung. Ein Beitrag zur Lehre von der Quittung nach gemeinem Rechte und dem Bürgerlichen Gesetzbuche. Lissa i. P. 1907: Comenius-Druckerei. (VI, 42 S.) 8° [F.]
Erlangen, Jur. Fak., Ref. Oertmann, Diss. v. 7. Juni 1907
[Geb. 15. Okt. 81 Lissa (Posen); Wohnort: Baldenburg (Westpr.); Staatsangeh.: Preußen; Vorbildung: Gymn. Lissa Reife O. 03; Studium: Berlin 3, Breslau 3 S.; Rig. 20. Dez. 06.]

v. Bieberstein s.a Marschall v. Bieberstein.

Bieberstein, Ernst Marschall von
Bieberstein, Marschall von, theor.-prakt. Anweisung zur Situations-Zeichenkunst. Auf einfachen Lehrsätzen gegründet u. mit besonderer Hinsicht militär.- u. ökonom. Zwecke entworf. u. M. einem Hefte Vorlegebl. 4. Berlin, Maurersche Buchh. 818.

— die Taktik, hergeleitet aus d. Kriegscombinationslehre. Für Personen aller Volksbewaffnungsclassen, denen es um eine wissenschaftl. Ansicht der Taktik zu thun ist und für deren Kriegsschulen. gr. 8. Magdeb. Heinrichshofen. 816.

Bieberstein, Ernst v., über die Verwandtschaft d. militairischen Wissenschaften. Eine kriegskünstlerische Abhandlung mit Beziehung auf die neuere Kriegsgeschichte. 8. Breslau, W. G. Korn. 817. 295 S.

Marschall von Bieberstein, Er.: Vorlegeblätter beim Situationszeichnen. Hft. 1. [Berlin 1801.] 6 Bl. 8°.

Marschall von Bieberstein, Er.: Vorschriften zur militairischen Situationszeichnung. Zum Gebrauche der Königl. Preuss. Militair-Erziehungs-Anstalten entworfen. Berlin 1801. 11 Tf. 8°.

Marschall v. Bieberstein. Vorschriften zur Situations-Zeichnung. Berlin 1808. 8°.

Bieberstein, Marschall von, Vorschriften z. Situationszeichnung. 3te verm. Aufl. quer 4, Berlin, Maurerische Buchh. 815.

Marschall von Bieberstein, Er.: Vorschriften zur Situations-Zeichnung. Zum Gebrauche der Königl. Preuss. Militair-Erziehungs-Anstalten entworfen. Gestochen vom Verfasser. Berlin 1816. 9 Tf. 8°.

— Vorschriften f. Situations-Zeichnung. N. Aufl. 4. Ebend. 818.

Bieberstein, a. L. B. Friedr. Marschall, Flora Taurico-Caucasica. Tomus III. Supplementum continens plantas phanerogamas, per Tauriam atque Caucasum, post edita priora volumina detectas et in pristinas animaduersiones. 8maj. Charkouiae. Tübingen, Cotta. 819.

Bieberstein, Hans v.: Der Herr Geheimrat. Erzählg a. d. Badeleben Karlsbads z. Biedermeierzeit. (126) kl8° Dresd., H. Minden ('12). 1.50 d

Bieberstein, Hans v., Radikalkuren. Roman aus dem Karlsbader Badeleben. (236 S.) 8. Dresden (905) H. Minden. n. 3 —; geb. n.n. 4. —

Die Kaiserin Josephine. Uebertragen und bearbeitet von Oskar Marschall v. Bieberstein. Mit 11 Illustrationen. Leipzig, o. J. 8°. (Mk. 4,60.) (2 Mk. M. Glogau jr., Hamburg, 1906; 1 Mk. 80 Pfg., wie neu, B. Seligsberg, 1906.)

POTOCKA, Graefin, Memoiren 1794–1820. Veröff. v. C. Stryienski. Deutsch bearb. v. O. Marschall v. Bieberstein. Mit Portr. v. Angelika Kaufmann u. zahlr. Illustr. Leipzig 1904. 8°. (Mk. 7,50.) (4 Mk. Dieterich, Göttingen, 1907.)

Bieberstein, O. Marschall v. (Red.), s. Salonblatt, Deutsches.

Bieberstein, Rogalla von, s.a. Rogalla von Bieberstein

(Bieberstein, R. v.,) das heutige Gefecht. Berlin 1871. 8.

Bieberstein, Rogalla v., Commentar zu den neuesten Bestimmungen f. die Ausbildung der Infanterie d. d. 19. März 1873. 8. (22 S.) Berlin 873. Voßische Buchh. — 50

Biebl, Vinz., die Militär-Administration für Cadeten-, Einjährig-Freiwilligen-, Manipulations- und Unteroffizier-Schulen. 2. verb. Aufl. 1880. *M 1,80.; 3.—6. verb. Aufl. gr. 8. (96 S.) Graz 881—84. (Wien, Seidel und Sohn.) *
Die 1. Aufl. erschien im Selbstverlag des Verfassers.

Biebl, Vinz., Militär-Administration für Cadeten-, Einjährig-Freiwilligen-, Manipulations- und Unteroffiziers-Schulen. 7. verb. und ergänzte Aufl. (97 S.) 1885 und 8. Aufl. gr. 8. (104 S.) Graz 887. (Wien, Seidel und Sohn.) *

Bieblach [Schlagwort]
Bieblach, s.: Gera.

Biebra, G. N. von, s. Bibra, G. N. von

Biebrach, kritische Beleuchtung der preußischen u. süddeutschen Kriegführung im Main-Feldzuge 1866. gr. 8. (88 S. m. 3 Steintaf. in Fol.) Mainz 870. v. Zabern. n. 1. 50

— der Fähnrich als Topograph. Lehrbuch für den Unterricht in der Terrainlehre, im militär. Planzeichnen und im Aufnehmen. gr. 8. (XIII, 177 S. mit Holzschn. im Texte und 19 lithogr. Taf. in qu. 4.) Berlin 871, Mittler und Sohn. *

— der Fähnrich als Topograph. Lehrbuch f. den Unterricht in der Terainlehre, im militär. Planzeichnen u. im Aufnehmen. Mit Holzschn. im Texte u. 19 (lith.) Taf. (in qu. 4.) gr. 8. (XIII, 177 S.) Berlin 874. Mittler & Sohn. n. 5. —

Biebrach, A., Festrede am 10. 9. 1905 bei dem 25. Stiftungsfeste des Allgemeinen Turnvereins „Guts Muths" zu Dresden-Striesen, Dresden 1905, 8 S., 8°.

Biebrach, A., was darfst Du vom Odd-Fellow-Orden erwarten, u. was erwartet der Orden v. Dir? Vortrag, geh. auf dem XIII. deutschen Odd-Fellow-Tage zu Hirschberg i. Schl. am 2. VIII. 1908. (IV, 83 S.) kl. 8. Leipzig 908. Th. Leibing. — 30

Biebrach, Kurt, die holzgedeckten Franziskaner- u. Dominikanerkirchen in Umbrien u. Toskana, s.a. Beiträge zur Bauwissenschaft. 11. Hft.

Biebrach, Kurt: Die holzgedeckten Franziskaner- und Dominikanerkirchen in Umbrien und Toskana. Berlin: Wasmuth 1908. VI, 70 S. 4° ¶ Auch als: Beiträge zur Bauwissenschaft. H. 11.
Dresden, Dr.-Ing.-Diss. v. 9. 7. 1908

Biebrich, St. Alb., Die Zukunft der deutschen Landwirtschaft. 8°. Berlin.

Biechel, Ign., Beschreib. aller im Herzogthum d. Oberpfalz befindl. Land-, Pfleg- u. Herrschaftsgerichte u. s. w. gr. 4. München 783. Strobl. 1 ß

(Biechele). Aechte Darstellung der Anlässe, welche die Rothweiler u. Burgheimer im Breisgau bewogen, die Waffen gegen die Franzosen zu ergreifen, u. alle Ereignisse, welche sich in dieser Gegend zutrugen. Von**. 8. s. l. 1799.

BIECHELE, Eduard (Ansbach): De catarrho.- Monachii: Giesser 1840. 15 S.
19.11.1839 - Urk; F 64

Diss. Ingolst.-Landsh.-Mchn.

Biechele, Johann Nepomuk
— kurze Erklärung d. Ceremonien, die bei d. Einweihung e. kathol. Kirche vorkommen rc. 8. Karlsr. 814.

Biechele, J. Nep., d. vier Evangel. in Einem, harmon. geordn. ꝛc. 3 Bde. 8. Th. Ehrenbreit. Gebra. (Herder in Freiburg) 8ʒi. 5.

Biechele, Jh. Nep., die vier Evangelien in Einem harmonisch geordnet. 3 Bde. 8. Th. Ehrenbreitst. 804, 5. 2e Aufl. 808. N. Aufl. Freiburg 814. Herder. 2 fl 12 kr (Gräffer u. Schmidl in Wien). 2 fl

Biechle, J. Nep., die vier Evangelien in Einem harmonisch geordnet, erklärt u. mit Anwendungen versehen, od. das eigentliche Unterrichts- u. Erbauungsbuch f. Christen. 3 Bde. 2e Aufl. gr. 8. Wörsburg 1806, Herder in Fr. 2⅔ Thlr. — 4 fl. 30 kr.

— kirchl. Lieder u. Gesänge. 8. Freiburg 816. Wagner. 2 kr

— Rede über die Leiden der im Felde stehenden Krieger. 8. Freiburg 797.

— vollständ. christl. kathol. Religions-Unterricht. 3 Thle. 8. Heidelb. 810. Mohr. (1r Thl. 2 kr 2r Thl. 4 kr 3r Thl. 10 kr) compl. nur 14 kr

— 56 Sätze zur Erlangung des theol. Doktorats. 8. Frburg 792.

— über d. Sittenverderben d. Jugend ꝛc. gr. 8. Freiburg 792. (Haslinger in Linz.) 3 kr

— was soll der Priester d. Volke u. was das Volk dem Priester sein? Eine Rede. gr. 8. Augsb. 802. Rieger. 3 kr

Biechele, Max, Anleitung zur Erkennung und genauen Prüfung aller in der deutschen Pharmacopöe aufgenommenen Stoffe. Zugleich ein Leitfaden bei Apotheken-Visitationen für Gerichtsärzte, Aerzte und Apotheker. 16. (80 S.) Eichstätt 872, Krüll'sche Buchh. *

Biechele, Max, Anleitung zur Erkennung und genauen Prüfung aller in der neuen Auflage der deutschen Pharmacopoe aufgenommenen Stoffe. Mit einer Anweisung zu den maasanalyt. Prüfungen. Zugleich ein Leitfaden bei Apotheken-Visitationen für Gerichtsärzte, Aerzte und Apotheker. 3. und 4. Aufl. (III, 294 S.) 1883. * ℳ 2.; geb. * ℳ 2,70.; 5. verm. und verb. Aufl. 16. (326 S.) Eichstätt 884, Stillkrauth. geb. *

Biechele, Max, Anleitung zur Erkennung und genauen Prüfung aller in der deutschen Pharmacopoe aufgenommenen Stoffe, sowie auch der neueren Arzneimittel. Mit einer Anweisung zur Darstellung und Prüfung der Lösungen zu volumetr. Prüfungen. Zugleich ein Leitfaden bei Apotheken-Visitationen für Gerichtsärzte, Aerzte und Apotheker. 6. verm. und verb. Aufl. 12. (III, 314 S.) Eichstätt 887, Stillkrauth. geb. *

—— dass. — Nebst Verordnungen für das Königr. Bayern. 12. (III, 314, 63 S.) Ebendas. 887. geb. *

Biechele, Max, Anleitung zur Erkennung u. Prüfung aller im Arzneibuche f. das deutsche Reich, 3. Ausg., aufgenommenen Arzneimittel. Mit e. Anweisg. zur Darstellg. u. Prüfg. der volumetr. Flüssigkeiten. Zugleich e. Leitfaden bei Apotheken-Visitationen f. Gerichtsärzte, Aerzte u. Apotheker. 7. Aufl. 12. (VII, 379 S.) Eichstätt 891. A. Stillkrauth. Geb. n.n. 3. —

— dasselbe. 8., vielfach veränd. Aufl., m. Berücksicht. der Arbeiten, welche üb. das Arzneibuch erschienen. 12. (382 S.) Eichstätt 892. Berlin, J. Springer. Geb. in Leinw. n. 3. 60; m. Schreibpapier durchsch. n. 4. 60

Biechele, Max, Anleitg. z. Erkenng. u. Prüfg. aller i. Arzneibuch f. d. Deutsche Reich (3. Ausg.) aufgenomm. Arzneimittel. Anh. z. 8. Aufl., enth. d. durch d. Nachtrag z. Arzneibuch entstandenen Veränderg n. u. Ergänzgn. gr. 16. (37 S.) Berlin 895. J. Springer. n. — 40 (Hauptwerk m. Anh.: n. 4. —)

— dasselbe. Zugl. e. Leitfaden b. Apotheken-Visitationen f. Gerichtsärzte, Ärzte u. Apotheker. 9., vielfach verm. Aufl. 12. (VI, 402 S.) Ebd. 895. Geb. in Leinw. n. 4. —

Anleitung zur Erkennung und Prüfung aller im Arzneibuch für das Deutsche Reich (Vierte Ausgabe) aufgenommenen Arzneimittell. Zugleich ein Leitfaden bei Apothekenvisitationen. Zehnte Auflage. Berlin, 1901. 12mo.

Biechele, Max, Anleitung zur Erkennung u. Prüfung aller im Arzneibuch f. das Deutsche Reish (4. Ausg.) aufgenomm. Arzneimittel. Zugleich e. Leitfaden bei Apotheken-Visitationen f. Apotheker u. Aerzte. 11., vielfach verm. u. verb. Aufl. 12. (VIII, 491 S.) Berlin 902. J. Springer. Geb. in Leinw. n 5. —
10. Aufl. (VIII, 465 S.) Ebd. 901. n. 5. —.

Biechele, Max, Anleitung zur Erkennung u. Prüfung aller im Arzneibuch f. das Deutsche Reich (4. Ausg.) aufgenommenen Arzneimittel. Zugleich e. Leitfaden bei Apotheken-Visitationen f. Apotheker u. Ärzte. 12., vielfach verm. u. verb. Aufl. (IV, 512 S.) kl. 8. Berlin 906. J Springer. Geb. in Leinw. n. 5. —

Biechele, Max: Anleitg z. Erkenng u. Prüfg aller im Arzneib. f. d. Deut. Reich, 5. Ausg., aufgenommenen Arzneimittel m. Erläuterg d. bei d. Prüfg d. chem. Präparate sich abspiel. chem. Prozesse. Zugl. e. Leitf. bei Apotheken-Visitationen f. Apotheker u. Ärzte. 13. Afl. (4, 612) kl8° Berl., J Springer '11. L 6.60

— Anleitg. zur Erkenng., Prüfg. u. Wertbestimmg. d gebräuchlichsten Chemikalien f. d. techn., analyt. u. pharmaceut. Gebrauch. 12. (VI, 558 S.) Ebd. 896. Geb. in Leinw. n. 5. —

Biechele, Max, die bayer. Apotheke in revisionsfähigem Zustande in Bezugnahme auf die reichs- u. landesgesetzl. Bestimmgn. f. das Apothekenwesen. Zugleich e. Leitfaden f. Apotheken-Visitationen. 2., vielfach veränd. u. verm. Aufl. (41 S.) gr. 8. Halle 908. C. A. Kaemmerer & Co. 1. 20

Biechele, Max (Hrsg.), s. a. Arzneibuch f. d. Deutsche Reich.

— Arzneibuch f. d. Deut. Reich 3. Asg. [Pharmacopoea Germanica, ed. III.] Vollständ. Text d. Arzneibuches m. Berechng sämtl. Vorschriften auf bestimmte Gewichte, Angabe d. Verfälschgn u. Verunreinigg n d. Arzneimittel, nebst vielen Arbeitstabellen. 3. Afl. 12° (411) Eichst. 91. Halle, CA Kaemmerer & Co. 2.50; geb. in Lnw. n.n. 3 —

— Arzneibuch f. das Deutsche Reich 3. Ausg. [Pharmacopoea Germanica, ed. III.] In Taschenformat. Vollständiger Text d. Arzneibuches m. Berechng. sämtl. Vorschriften auf bestimmte Gewichte, Angabe der Verfälschgn. u. Verunreiniggn. der Arzneimittel, nebst vielen Arbeitstabellen. Zugleich e. Einschreibebuch. Ein Hülfsbuch beim Arbeiten in der Rezeptur u. Defektur. 3. Aufl. 12. (411 S.) Eichstätt 891. A. Stillkrauth. Geb. in Leinw. n.n. 3. —

— Arzneibuch f. d. Deutsche Reich. 3. Ausg. (Pharmacopoea Germanica, ed. III.) Taschenformat. Vollständ. Text d. Arzneib. m. Berechng. sämtl. Vorschriften auf bestimmte Gewichte, Angabe d. Verfälschgn. u. Verunreiniggn. d. Arzneimittel, nebst vielen Arbeitstabellen. Zugl. e. Einschreibebuch. M. e. Anh., enth. d. aus d. Nachtrag v. 20. Dezbr. 1894 sich ergeb. Ändergn. u. Ergänzgn. E. Hilfsbuch b. Arbeiten i. d. Rezeptur u. Defektur. 4. Aufl. 12. (411 u. 22 S.) Halle 896. C. A. Kaemmerer & Co. n. 2. 40; geb. in Leinw. n. 3. —; Nachtrag allein (22 S.) n. — 40

— Arzneibuch f. das Deutsche Reich, 4. Ausg. (Pharmacopoea Germania, ed. IV) im Taschenformat, enth. sämmtl. Vorschriften, auf bestimmte Gewichtsmengen berechnet, nebst vielen Arbeitstabellen. Zugleich e. Einschreibebuch. Ein Hilfsbuch bei Arbeiten in der Rezeptur u. Defektur. 5. Aufl. 12. (VII, 296 S.) Halle 901. C. A. Kaemmerer & Co. n. 2.40; geb. in Leinw. n. 3.—

Biechele, Max, neu revidirte Arznei-Taxe für das Königr. Bayern und Ergänzungs-Taxe für solche Stoffe, die in der Pharmacopoea und in der amtl. Taxe nicht aufgenommen sind. Ferner: Berechnung der Mischungs-Verhältnisse und der Taxe für die nach der Pharmacopoe nur zur Dispensation zu bereitenden Arzneistoffe. 16. (111 S.) Eichstätt 878, Krüll'sche Buchh. *

—— neu revidirte Arznei-Taxe für das Königr. Bayern für das J. 1883. Ergänzungs-Taxe für solche Stoffe, die in der Pharmacopoea und in der amtl. Taxe nicht aufgenommen sind, und Berechnung der Mischungs-Verhältnisse und der Taxe für die nach der Pharmacopoea nur zur Dispensation zu bereitenden Arzneistoffe. 16. (94 S.) Ebendas. 883. * 80 Pf.; geb. *

—— die gesetzlichen Bestimmungen für das Apothekenwesen in Bayern. Zusammengestellt und mit Erläuterungen versehen. 12. (VI, 205 S.) Ebendas. 888. *

Biechele, Max. Die gesetzl. Bestimmungen f. das Apothekenwesen in Bayern. Eine vollständ. Sammlg. aller reichs- u. landesgesetzl. Bestimmgn. üb. das Apothekenwesen. 2. Aufl. gr. 16. (VII, 191 S.) Ebd. 891. geb. * 2 —

Biechele, Max, gesetzl. Bestimmgn. f. d. Apothekerwesen i. Bayern. 2. Aufl. Nachtrag, enth. d. seit 1891 erschien., d. bayer. Apothekerwesen betr. Gesetze u. Verordngn. 2. Aufl. 12. (II, 86 S.) Ebd. 896. n. — 80

— dasselbe. 2. Nachtrag. 12. (14 S.) Ebd. 897. n. — 25 (Hauptwerk m. 1. u. 2. Nachtrag: n. 3.05

— dasselbe. E. vollständ. Sammlg. aller reichs- u. landesgesetzl. Bestimmgn. üb. d. Apothekenwesen. Zusammengest. u. m. Erläutorgn. versehen. 3. Aufl. 12. (X, 270 S.) Ebd. 899. n. 2.50; geb. in Leinw. n. 3.—

— die gesetzlichen Bestimmungen f. das Apothekenwesen in Bayern. (3. Aufl.) Nachtrag, enth. die im J. 1899, 1900 u. bis April (Umschlag August) 1901 erschienenen reichs- u. landesgesetzl. Bestimmgn. üb. das Apothekenwesen. 12. (52. S.) Ebd. 901. n. — 60 Hauptwerk. Ebd. 899. n. 2.50; geb. n. 3.—.

— die gesetzlichen Bestimmungen f. das Apothekenwesen in Bayern. (3. Aufl.) 2. Nachtrag, enth. die im J. 1901 bis Ende 1903 erschienenen reichs- u. landesgesetzlichen Bestimmgn. üb. das Apothekenwesen. Mit alphabet. Inhaltsverzeichnis des 1. u. 2. Nachtrages. (57 S.) 12. Halle 904. C. A. Kaemmerer & Co. n. — 80 (Hauptwerk m. Nachtrag: n. 3.90; geb. in Leinw. u. geh. n. 4.40)

Biechele, Max, die gesetzl. Bestimmungen f. das Apothekenwesen in Bayern. Eine vollständ. Sammlg. der reichs- u. landesgesetzl. Bestimmgn. üb. das Apothekenwesen. Hrsg. u. m. Erläutergn. versehen. 4. neubearb. u. verm. Aufl. (VIII, 231 S.) 8. Halle 908. C. A. Kaemmerer & Co. 4.—; geb. in Leinw. 4.40

— Vereinfachte, praktische u. übersichtliche Buchführung f. Apotheker, durch e. Beispiel erläutert. (110 S.) 8. Ebd. 908. Geb. in Leinw. 2.40

Biechele, Max.
Chemischen (Die) Gleichungen der wichtigsten anorganischen und organischen Stoffe. Mit besonderer Berücksichtigung der deutschen und österreichischen Pharmacopoe, sowie der massanalytischen Untersuchungen der Arzneistoffe. Nach den neuesten chemischen Anschauungen bearbeitet. Eichstädt, 1885. pp. iv–952–vi, 8vo.

— d. chem. Gleichgn. d. wichtigsten anorgan. u. organ. Stoffe. M. bes. Berücksicht. d. deutschen u. österr. Pharmacopoe, sow. d. massanalyt. Untersuchgn. d. Arzneistoffe. Nach d. neuesten chem. Anschaugn. bearb. 2. (Titel-)Aufl. 2 Hälften. gr. 8. (IV, 958 S.) Ebd. (885) 896. n. 9.—; in 1 Hlbfrzbd. n. 10.50

— dasselbe. Anh., enth. d. a. d. Arzneibuche f. d. Deutsche Reich (3. Ausg.) u. d. Nachtrage sich ergeb. Ändergn. u. Ergänzgn. gr. 8. (142 S.) Ebd. 896. n. 2.—

— deutsche Miniatur-Pharmakopöe. Vollständiger Inhalt der deutschen Pharmakopöe m. Berechng. sämmtl. Vorschriften auf e. bestimmtes Gewicht, sowie Angabe der Bereitungsweise, der Verunreiniggn. u. der Ausbeute der chem. Praeparate. Zugleich eingerichtet zum Einschreiben grösserer od. geringerer Quantitäten, im Falle das bezeichnete Gewicht zu gross od. zu gering f. das betreff. Geschäft erscheint. Ein prakt. Hand- u. Hilfsbuch f. Aerzte u. Apotheker. 16. (IV, 405 S.) Ebend. 874. n. 3. —

Biechele, Max, deutsche Miniatur-Pharmacopoe. Enthaltend die Berechnung sämmtlicher Vorschriften auf bestimmte Gewichte, Angabe der Verunreinigungen und Ausbeute der Präparate. Zugleich ein Einschreibebuch. Ein Hilfsbuch beim Arbeiten in der Receptur und Defectur. 2. Aufl. 12. (III, 272, 147 S.) Eichstätt 883, Stillkrauth. * geb. *

— Pharmakognosie in Verbindung m. spezieller Botanik in tabellarischer Form. Mit besond. Berücksicht. d. Arzneibuches f. das deutsche Reich bearb. Mit e. Anh.: Arzneistoffe aus dem Tierreiche. 2. Tl. d. Repetitoriums der Botanik. Lex.-8. (112 S. m. 1 Tab.) Ebd. 892. n. 3.—; geb. in Leinw. n.n. 3.60

Biechele, Max, Pharmakognosie in Verbindung m. specieller Botanik in tabellar. Form. Mit besond. Berücksicht. des Arzneibuches f. das Deutsche Reich, IV. Ausg. bearb. Mit e. Anh.: Arzneistoffe a. d. Thierreiche u. tabellar. Übersicht d. Blüthenbaues d. Phanerogamen. 2. Aufl. gr. 8. (183 S.) Halle 901. C. A. Kaemmerer & Co. n. 3.60; geb. in Leinw. n. 4.20

Die chemischen Processe und stöchiometrischen Berechnungen bei den Prüfungen und Wertbestimmungen der im Arzneibuche f. d. Deutsche Reich (4. Ausg.) aufgenommenen Arzneimittel. Gleichzeitig theoret. Teil d. Anleitung z. Erkennung u. Prüfung aller im Arzneibuche f. d. Deutsche Reich (4. Ausg.) aufgenommenen Arzneimittel. Von Dr. Max Biechele, Apotheker. *Berlin: J. Springer 1902.* (XII, 320 S.) 8° (o.)

— mikroskopische Prüfung der offizinellen Drogen, nebst Erläuterg. der im Arzneibuche f. das Deutsche Reich vorkomm. botan. Bezeichngn. (136 S.) 8. Regensburg 904. A. Coppenrath's Verl. Kart. n. 2.—

— Reaktionen der f. die Pharmazie wichtigeren Verbindungen. Eine Anleitg. zur Ausführg. v. chem. Reaktionen f. Apotheker-Incipienten u. Studierende d. Pharmazie. (X, 128 S.) gr. 8. Stuttgart 908. F. Enke. 2.40; geb. in Leinw. n 3.40

Biechele, Max, Reductionstabelle des alten Medizinalgewichtes in das Grammgewicht und Berechnung der diesem Gewichte entsprechenden Arzneitaxe häufig vorkommenden Arzneimittel. Fol. (2 lithogr. Tab.) Eichstätt 878, Krüll'sche Buchh. *

— Repetitorium der Botanik in Verbindung m. Pharmacognosie in tabellarischer Form. 1. Tl. Allgemeine Botanik. 10 Tab. qu. gr. Fol. Mit Text. gr. 8. (3 S.) Ebd. 890. In Mappe. n. 4.20

— Repetitorium d. Botanik. 2. Tl. Pharmakognosie in Verbindg m. spez. Botanik in tabellar. Form. Mit bes. Berücks. d. Arzneibuches f. d. deut. Reich bearb. Mit e. Anh.: Arzneistoffe a. d. Tierreiche. 8° (112 m. 1 Tab.) Ebd. 92. Geb. in Lnw. n.n. 3.50 (1 u. 2. geb. u. in Mappe: 8 —)

—— Stöchiometrie mit besond. Berücksicht. der deutschen Pharmacopoe, sowie der massanalyt. Untersuchungen der Arzneistoffe. gr. 8. (IV, 363 S.) Ebendas. 887. *
geb. *

Stöchiometrie. . . . Zweite Auflage. Halle, 1895. 8vo.

— Stöchiometrie m. bes. Berücksicht. d. deutschen Pharmacopoe sow. d. massanalyt. Untersuchgn. d. Arzneistoffe. 2. (Titel-)Aufl. gr. 8. (IV, 239 S.) Ebd. (887) 896. n. 4. —; geb. in Leinw. n. 4. 70

Biechele, Max, die Strukturformeln der organischen Chemie m. Berücksicht. der offizinellen organisch-chemischen Präparate f. Studierende der Pharmazie u. der Medizin. (VII, 198 S.) gr. 8. Halle 906. C. A. Kaemmerer & Co. n. 3. —; geb. in Leinw. n. 3. 80

— pharmaceutische Uebungspräparate. Anleitung zur Darstellg., Erkenng., Prüfg. u. stöchiometr. Berechng. v. officinellen chemisch-pharmaceut. Präparaten. gr. 8. (VI, 308 S.) Berlin 894. J. Springer. Geb. in Leinw. n. 6.—

Pharmazeutische Übungspräparate. Anleitung z. Darstellung, Erkennung, Prüfung u. stöchiometrischen Berechnung von offizinellen chemisch-pharmazeut. Präparaten. Von Dr. Max Biechele, Apotheker. 2., verb. Aufl. *Berlin: J. Springer 1903.* (VI, 307 S.) 8° (c3. 1390a

— Pharmazeut. Ubgspräparate. 3. Afl. (6, 264 m. Fig.) 8° Ebd. '12. L 6 —

Biechele, M. (Red.), s. Wochenschrift, Neue pharmaceutische.

Biechele, Max (Hrsg.), s. Zeitschrift für Untersuchung von Lebensmitteln und Verbraucher-Gegenständen.

Biecheler, Ferdinand
Bedenken, einige, gegen die Abschaffung aller Zehentrechte ohne Ausnahme im Großhrztth. Baden. gr. 8. (1½ B.) Freiburg 831, Gebr. Groos.

Bedenken (Einige) gegen die Abschaffung aller Zehentrechte ohne Ausnahme im Grossherzogthum Baden. gr. 8°. Freiburg, Gebr. Groos, 1832.

BIECHELE, Wendelin (Obergermaringen): Ueber die Bedeutung der Vivisection für die Chirurgie.- München 1885.
19.6.1885 - Urk (Titel: De vivisectione chirurgiae ratione habita.); Chr 1884/85,22
Diss. Ingolst.-Landsh.-Mchn.

BIECHELL. – über die Sittenverderbnisse der Jugend. Linz, Haslinger 1792.

Biechle, Johann Nepomuk, s. Biechele, Johann Nepomuk

Biechling, Andreas Simson (Magdeburg), De persecutione delinquentium. Von der Nacheile. Diss. jur. Präs. Christian Wildvogel. Jena (Müller) 14. XII. 1709. 62 S. (5.—) 2654

Biéchy, Thdr., einige, jedoch nicht allein massgebende Bewegungen der Bataillons-Schule nach den Vorschriften des IX. Abschnittes III. Theils der Waffenübungen der königl. bayer. Infanterie „Art wie die Uebungen betrieben werden sollen". Als Vorbereitung für die Verwendung des Bataillons auf dem Terrain und für das Gefecht mit den Anhaltspunkten für die Erzielung einer raschen Verständigung zwischen den Bataillons- und Compagnie-Commandanten, sowie mit einigen Beispielen für die Anwendung der Schule auf das Exerziren mit bestimmten Gefechtslagen. Nach dem Entwurfe eines Stabsoffiziers autograph. dargestellt in 20 (lithogr.) Plaenen. qu. gr. Fol. Augsburg 870, Rieger'sche Buchh. *

Bieck, dreyfaches Interim, s. Verein. d. Religion. B. Lpz.

Bieck, Erim. (Resp.): Diss. de autochiria subtili, s. Roehrensee, Dn. Chr. (Praes.)

Bieck, Ernst [aus Rummelsburg i. P.]: Halbseitige Bulbarparalytische Symptome und einseitige atrophische Accessorius- und Hypoglossuslähmung bei Hirnlues. . . . Berlin, Buchdr. v. Gustav Schade (Otto Francke) (1889); 29 + 1 S. + 1 Bl. 8°
Berlin, Med. Fak., Inaug.-Diss. v. 5. März 1889

Bieck, Friedrich August (Weissenfels), Positiones de natura et indole cambiorum. Präs. Joh. Christ. Hedler. Wittenberg (Schlomach) Dezember 1749. 15 S. (3.50) 2655

Bieck, Jo. Friedrich
— — De fatuitate Brocardici vulgaris, causa fatua excusat a dolo. Diss. jur. Präs. Christian Thomasius. Halle (Salfeld) 20. XI. 1720. 126 S. (5.50) 2658

— **Jo. Friedr.** (Halle), De natura precum juridicarum. Präs. Christian Thomasius. Halle (J. Chn. Zahn) 9. V. 1710. 66 S. (5.—) 2656
— — Dasselbe. Halle (Hendel) 1728. (5.—) 2657

Bieck, Paul, Beiträge zur Casuistik der Nierengeschwülste. Diss. Marburg 1886, N. G. Elwertsche Univ.-Buchh. 8°. 25 S.

Bieck, Paul [aus Stettin]: Beiträge zur Casuistik der Nierengeschwulste . . . . Marburg, Univ.-Buchdr. (R. Friedrich), 1886; 25 S. 8°.
Marburg, Med. Fak., Inaug.-Diss. v. [16. Okt.] 1886.

Bieck, R., Luther's kleiner Katechismus und Spruchbuch zu demselben. Für den Schulgebrauch und Confirmandenunterricht zusammengestellt. 2. Aufl. 8. (56 S.) Cüstrin und Berlin 848, Enslin'sche Buchh.

Bieck, R., Luthers kl. Katechismus u. Spruchbuch zu demselben. Für den Schulgebrauch u. Confirmandenunterricht zusammengestellt. 2. Aufl. 8. (56 S.) Cüstrin u. Berlin 848, Geelhaar. 3 *ngr.*

Bieck, R., die Kreis- und Lokalaufsicht in Volksschulen. Ein Vortrag gehalten auf der Pastoral-Conferenz in Berlin am 29. Mai 1872. gr. 8. (17 S.) Erfurt 872, Villaret. *

Bieck, R., Predigt am 17. Sonntage p. Trin., als am Tage nach dem Geburtsfeste unsers theuern Königs in der hiesigen Barfüßer-Kirche gehalten. Lex.-8. (15 S.) Erfurt 860, (Körner'sche Buchh.)

Bieck, R., Predigt, am 10. S. p. Trinit., den 21. Aug. 1870 über das Evangelium Lucä Cap. 19, V. 41—48, zu Erfurt gehalten. Erfurt 870. Villaret. gr. 8. (11 S.) n. 2 *ngr.*

Bieck, R., Spruchbuch zu Dr. Mart. Luther's kleinem Katechismus nebst einer Sammlung von Gebeten. 3. Aufl. 8. (72 S.) Berlin 856(57,) Geelhaar.

Bieck, R., Spruchbuch zu Dr. Martin Luther's kleinem Katechismus, nebst einer Sammlung von Gebeten und 80 Kirchenliedern. 4. Aufl. 8. (80 S.) Berlin 863, Geelhaar. cart. *

—— Spruchbuch zu Dr. Mart. Luthers kleinem Katechismus nebst einer Sammlung von Gebeten. 5. Aufl. 8. (60 S.) Berlin 873, Geelhaar. *

Bied, Ferd., der wohlfeilste u. sicherste Barometer, oder der Spinnen als untrügliche Wetterpropheten. Nach Quatremere Disjonval. 8. (1¼ B.) Heilbronn 844. (Drechsler'sche Buchh.)

Bieda, Georg, a. Bernstadt ⟨Schlesien⟩: Drei Fälle von Knochenabsceß. Kiel 1906: Schmidt & Klaunig. (23 S.) 8°
Kiel, Med. Fak., Ref. Helferich, Diss. v. 13. Dez. 1906
[Geb. 16. Dez. 81 Bernstadt i. Schl.; Wohnort: Bernstadt; Staatsangeh.: Preußen; Vorbildung: St. Matthias-Gymn. Breslau Reife O. 00; Studium: Breslau 4, Berlin 2, Breslau 3 S.; Coll. 23. Nov. 06; Approb. 1. März 06.]

Biedau, Viktor v. Woikowsky-
s. Woikowsky-Biedau. [II. 6485]

Biede W, das Pellerhaus zu Nürnberg in seinen schönsten Räumen und Details. (15 Bl Photographien) und Text. fol In Mappe. Nürnberg

Biedekarken, Carl [pr. Arzt aus Stettin, Preussen]: Ueber multiple, insbesondere Alkohol-Neuritis m. Beschreibg e. Falles v. solcher ... Freiburg i. B., Buchdr. v. Ch. Ströcker, 1892; 79 S. 8.
Freiburg i. B., Med. Fak., Inaug.-Diss. v. 1892

Biedenbach's, Mieze, Erlebnisse. Erinnerungen e. Kellnerin. 1.—10. Taus. (à 260 S.) 8. Berlin 906. F. Fontane & Co. n. 3.—; geb. n. 4.—

Biedenburg, J. D.: Versuch vom Bau der Welt aus der Natur, darinne durch einen aus der Natur gehenden Beweiß vom inneren Bau des generalen Systems der Welt, diese als e. wahre eintzige allenthalben in sich verbundene Maschine dargest. wird.– Bremen 1731: Jani. 38 S. 8°

Biedenfeld, Frhr. v., D. Giftbecher, s.: Trueba.

Biedenfeld, Curt Frhr. v., Auszüge aus dem amerikanischen Tagebuch e. um die Ecke gegang. preuß. Kürassier-Lieutenants. 12. (183 S.) Leipzig 900. [H. W. Th. Dieter.] G. Müller-Mann. n. 2.50; erm. Pr. 1.50

Biedenfeld, Eugenie v., Obstbüchlein oder 2250 Verwendungen der 18 Haupt-Obstgattungen für Tafel und Küche. Nach 60jähriger Beobachtung und mit Benutzung der Hauptwerke der verschiedenen deutschen Lande für die Küche zusammengetragen. Ein Seitenstück zu dem Kartoffelbüchlein und Kartoffel-Kochbuch für Reich und Arm, von derselben Verfasserin. Weimar 853. Böhlau. gr. 16. (VIII, 189 S.) n. 12 ngr

Biedenfeld, Ferd., die Blumen im Zimmer, s. Belehrungen, unterhaltende.

Biedenfeld, Ferd. Frhr. v., d. Blumen im Zimmer. A. u. d. T.: unterhalt. Belehr. z. Förder. allgem. Bildung. 8. Leipzig, 1853. Brockhaus. — 5

—— **Blumisten-Almanach oder die beliebtesten Modepflanzen neuerer Zeit, als der Astern, Aurikeln, Azaleen, Balsaminen etc. Nach umfassenden Abhandlungen jetzt lebender und genannter berühmter Gärtner Frankreichs, Belgiens und Deutschlands. I. Reihe. Mit Abbildungen. 8. (X und 429 S. mit 1 Stnt. in 4.) Weimar 856, Voigt.**

Biedenfeld, Ferd. (Leop. Karl) Frhr. v., das Buch d. Rosen. Eine popul. Monographie f. Dichter, Botaniker, Gärtner u. Blumenfreunde. (Mit ill. Titbild.) gr. 12. (22⅙ B.) Weimar 840, Voigt. Thlr.

v. Biedenfeld, Ferd. Frh., das Buch der Rosen. Eine populäre Monographie f. Dichter, Botaniker, Gärtner u. Blumenfreunde, 2. verm. Aufl. 12. (XII u. 603 S. nebst 2 Lith.) Weimar 847. Voigt. 2 Thlr.

— d. Buch d. Rosen. Eine populäre Monographie f. Dichter, Botaniker, Gärtner u. Blumenfreunde. gr. 12. Weimar, 1840. 2. Aufl. 1848. Voigt. (2. —) — 15

– s. Conversations-u. Universal-Haus-Lexicon

– s. Denkwürdigkeiten etc. d. Scharfrichters zu London.

– s. Dodecaton.

Biedenfeld, Ferd. (Leop. Karl) Frhr. v., der Elegante, s. Elegante.

v. Biedenfeld, Frhr. Fd., Erzählungen. 1r Thl. 8. Frankfurt 837, Sauerländer, 1½ Thlr.

v. Biedenfeld, Frhr. Fd. Lpld. K., Feierstunden, s. Feierstunden.

—— Feldzug der Oestreicher in Italien von der Papstwahl Pius IX. bis zum Waffenstillstand von Mailand. Voran eine Schilderung der Zustände Italiens seit dem wiener Congreß und der Hauptveranlassungen seines Aufstandes. gr. 8. (235 S.) Weimar 849, Voigt.

v. Biedenfeld, Ferd. Frh., neuestes Garten-Jahrbuch nach Le bon Jardinier 1846, v. Poiteau, Vilmorin, Audot, Neumann, Pepin u. m. Benutzung der deutschen, engl., franz. u. belgischen Hauptquellen für alle neueren Pflanzen bis 1846. Mit 8 lith. Taf. Lex. 8. (VIII u. 432 S.) Weimar 847, Voigt. 3 Thlr.

— dass. Nach Le bon Jardinier u. den besten u. neuesten anderen Quellen für Zier-, Landschafts-, Küchen- u. Arzneigärtnerei. Fortges. v. Joh. Aug. Frdr. Schmidt. 1. Ergänzungsheft, welches die neuen Entdeckungen, Fortschritte u. Erweiterungen d. Gartenwesens vom Jan. 1846 bis Michaelis 1847 umfaßt ꝛc. Lex. 8. (VIII u. 62 S.) Ebd. 848. ½ Thlr.

— dass. 2. Ergänzungsheft, welches die neuen Entdeckungen, Fortschritte u. Erweiterungen d. Gartenwesens von Michaelis 1847 bis dahin 1848 umfaßt u. die Beschreibung von beinahe 700 Pflanzen enthält. Lex. 8. (XII u. 124 S.) Ebd. 849. ⅚ Thlr.

— dass. 3. Ergänzungsheft, welches die neuesten Entdeckungen, Fortschritte u. Erweiterungen d. Gartenwesens von Michaelis 1848 bis dahin 1849 umfaßt u. die Beschreibung von beinahe 600 Pflanzen enthält. Lex. 8. (XII u. 137 S.) Ebd. 850. 11/12 Thlr.

— dass. 4. Ergänzungsheft, welches die neuen Entdeckungen, Fortschritte u. Erweiterungen d. Gartenwesens von Michaelis 1849 bis dahin 1850 umfaßt u. die Beschreibung von beinahe 600 Pflanzen enthält. Lex. 8. (XII u. 148 S.) Ebd. 851. 11/12 Thlr.

— dass. 5. Ergänzungsheft, welches die neuen Entdeckungen, Fortschritte u. Erweiterungen d. Gartenwesens von Michaelis 1850 bis dahin 1851 umfaßt u. die Beschreibung von beinahe 600 Pflanzen enthält. Lex. 8. (XII u. 154 S.) Ebd. 852. 11/12 Thlr. (cplt. 7 1/12 Thlr.)

Biedenfeld, Ferd. v., neuestes Garten-Jahrbuch. Fortgesetzt von Joh. Aug. Friedr. Schmidt. 6. Ergänzungsheft, welches die neuen Entdeckungen, Fortschritte und Erweiterungen des Gartenwesens von Michaelis 1851 bis dahin 1852 umfaßt und die Beschreibung von etwa 500 Pflanzen enthält. Weimar 853. Voigt. Lex.-8. (X, 150 S.) 27½ ngr

— — Fortgesetzt von Joh. Aug. Friedr. Schmidt. 7. Ergänzungsheft, welches die neuen Entdeckungen ꝛc. von Michaelis 1852 bis dahin 1853 umfaßt u. die Beschreibung von beinahe 500 Pflanzen enthält. Weimar 854. Voigt. Lex.-8. (XI. 146 S.) 27½ ngr

— — 8. Ergänzungsheft, welches die neuen Entdeckungen ꝛc. von Michaelis 1853 bis dahin 1854 umfaßt und die Beschreibung von beinahe 800 Pflanzen enthält. Weimar 855. Voigt. Lex.-8. (VI, 205 S.) 1 Thlr.

— — 9. Ergänzungsheft, welches die neuen Entdeckungen ꝛc. von Michaelis 1854 bis dahin 1855 umfaßt und die Beschreibung von beinahe 600 Pflanzen enthält. Weimar 856. Voigt. Lex.-8. (VIII, 192 S.) 1 Thlr.

Biedenfeld's, Ferd. Frhrn. v., neuestes Garten-Jahrbuch. 10. Ergänzungsheft, welches ein General-Register sämmtlicher Artikel des Hauptwerkes und der 10 Ergänzungshefte umfaßt und die Beschreibung von beinahe 600 Pflanzen enthält. Lex.-8. (IV und 162 S.) Weimar 857, Voigt.

— — 11. Ergänzungsheft, welches die neuen Entdeckungen ꝛc. von Michaelis 1856 bis dahin 1857 umfaßt. Mit 6 lith. Fig. (auf 1 Taf.) Weimar 858. Voigt. Lex.-8. (IV, 210 S.) 1 Thlr. 15 ngr

Biedenfeld, Frhr. von (Hrsg.), s. Gartenzeitung, Allgemeine Thüringische, unter Protektion des Erfurter Gartenbau-Vereins u. in Verbindung mit den tüchtigsten Gärtnern und Botanikern des In- und Auslandes.

Biedenfeld, Ferd., Geschichte des Mönchswesens. Weimar 1837. 2 Bde. 8.

—— **Geschichte d. Ritterorden. Supplement s. Archiv.**

Biedenfeld, Ferdinand, Frh. von. Geschichte und Verfassung aller geistlichen und weltlichen, erloschenen und blühenden Ritterorden. Nebst einer Übersicht sämmtlicher Militär- und Civil-Ehrenzeichen, Medaillen &. &: und einem Atlas ... Zugleich als Fortsetzung von dessen Geschichte der Mönchs- und Klosterfrauen-Orden im Orient und Occident ... Weimar 1841, Verlag, Druck und Lithographie von Bernhard Friedrich Voigt.
2 Bde. 8°.
I Erloschene Orden: VIII + VIII + 240 S.
II Blühende Orden: Tit., 1 Bl., XIV + 513 S., 1 Tabelle, 1 Bl.: 53 Taf. in kol. Lithogr. m. über 700 Abb

Biedenfeld, Ferdinand Freiherr von, Die gepriesene Glückseligkeit unserer dermaligen Zustände in Deutschland und unsere Aussichten in die Zukunft. Nebst kritischer Beleuchtung unseres neuesten National-Regiments. Weimar, Voigt, 1848. VI, 152 S. 8°.

— Handbuch aller bekannten Obstsorten nach den Reifzeiten alphabetisch geordnet, mit möglichst vollständiger Angabe ihrer deutschen und ausländischen, wissenschaftlichen und vulgären Namen für Pomologen, Landwirthschafts-, Gartenbau- u. pomologische Vereine, Baumschulen- u. Gartenbesitzer, Handelsgärtner, Landwirthe ꝛc. mit Hauptregister. 1. Bd. Birnen. — 2. Bd. Aepfel. Jena 854. Frommann. Lex.-8. (LXXXIV, 148; LXVI, 320 S.) 1.: n. 1 Thlr 6 Ngr; 2.: n. 2 Thlr

– s. v. Haussez, Reise

Biedenfeld, Ferdinand Frh. von, s. Hennig, Joh. S.

v. Biedenfeld, Fd., Frhr., die Heraldik od. populäres Lehrbuch d. Wappenkunde f. Diplomaten, Genealogen ꝛc., aber auch mit besond. Rücksicht auf d. Bedürfnisse d. Maler, Zeichner, Kupferstecher ꝛc. als Anhang zu dess. Verf. Ritterordenswerk. Mit 530 lith. Fig. (auf 22 Taf.) u. 1 illum. Bildertaf. gr. 4. Weimar 846, Voigt. $1^2/_3$ Thlr

v. Biedenfeld, Frhr. Fd., neues Jahrbuch für die Bühne. 1r Jahrg. Mit 7 Costüm-Bildern. gr. 12. Weimar 835. Voigt. $1^3/_4$ Thlr

Biedenfeld, Ferdinand Frh. von, s. Jonghe, J. de

—— die Kinder d. Vorsehung, s. Delafaye-Brehier.

Biedenfeld, Ferdinand Frh. von, s. Knight, Thom. Andr.

s. Lecoq, Henri, künstl. Befruchtung d. Pflanzen.

– s. Leymardiar, die Opfer d. Inquisition.

— Ludwig XI. letzte Lebenstage, s. Blüthen, dramatische.

Biedenfeld, F. v: Die Luftballone und das Reisen durch die Luft. 2. Aufl. Weimar 1862

— Mohnblätter. Eine Samml. anspruchsloser Erzählungen. 2 Bde. 8. Brünn 820. Traßler. 1 Thlr 12 Gr

– s. Napoleonische Ideen.

Biedenfeld, Ferdinand Frh. von, s. Neumann, M.

—— Novellen u. bunte Blätter. 2 Thle. 8. (40 B.) Frankfurt a. M. 830, Sauerländer.

— die komische Oper der Italiener, der Franzosen u. der Deutschen. Ein flüchtiger Blick in die Welt, wie sie war u. ist. gr. 8. (VIII u. 247 S.) Leipzig 848, T. O. Weigel. $1^1/_2$ Thlr

—— der Reichthum d. Armen ꝛc., s. Reichthum.

Biedenfeld, Ferdinand Frh. von, s. Rivers, Thom.

– s. Sagen, Mährchen, Kriegsscenen.

Biedenfeld, Ferd. (Leop. Karl) Frh. v., das Kloster Saint-Michel, s. Smith.

Biedenfeld, Ferd. (Leop. Carl) v., die neue Spalierzucht d. Pfirsichbäume im Viereck. Erfunden von dem Kunstgärtner Felix Mallot zu Montreuil, u. nach dessen von der kgl. Gartengesellschaft zu Paris gekrönt. Preisschrift bearb. 8. ($4^3/_4$ B. u. 1 Stnt.) Weißensee 843, Großmann.

—— der letzte Tag ein. Selbstmörders, s. Imberdis.

— Ein Tag in Weimar. Ein kurzgefaßter Fremdenführer. Mit 1 Ansicht von Weimar (in Stahlst. u. 3 Holzschn.) Weimar 853. Jansen u. Co. 8. (3 Bl., 56 S.) 15 Ngr

—— **e. Tag in Weimar. 8. (56) Weim. 53. (Berl., Mode's V.) — 15**

Biedenfeld, Ferd. (Leop. Carl) v., neues Taschenbuch f. Natur-, Forst- u. Jagdfreunde, s. Taschenbuch.

BIEDENFELD, Frhr. v., Der hinkende Teufel zu Berlin. In zwanglosen Heften herausgegeben. 4 Hefte. Berlin. Bei Cosmar und Krause. Berlin 1827—28. 8°. (15 Mk., mit den illustr. Orig.-Umschlägen, E. Frensdorff, 1905.) Selten cplt.!

—— der hinkende Teufel zu Berlin. 4. Hft. 12. (7 B.) Berlin 828, [Zesch.]
1—3. Hft. Ebendas. 1827. à 12 Gr.

—— das Theater des Lebens. 18 Erzähln. u. Mährchen, s. Theater.

—— chronolog.-synchronist. Uebersicht sämmtl. Mönchs- u. Nonnenklöster. gr. Fol. (2 Tabellen.) Weimar 837, Voigt.
Aus: Dess., Ursprung, Aufleben ꝛc. sämmtl. Mönchs- u. Klosterfrauen-Orden, besond. abgedruckt.

— Unterhaltungen f. müßige Stunden. 2 Bde. 8. Karlsr. 815. Braun. 1 Thlr

— Unterhaltungen für müßige Stunden. 1s Bdchn. 8. Karlsr. 816. 1 Thlr

—— Ursprung, Aufleben, Größe, Herrschaft, Verfall u. jetzige Zustände sämmtl. Mönchs- u. Klosterfrauen-Orden im Orient u. Occident. Nebst d. ill. Abbildn. v. 77 verschied. geistl. Orden u. ein. chronolog.-synchronist. Tab. (2 Bog. Fol.) d. Entsteh. v. 481 Congregationen. Nach Urkunden u. Originalquellen. 2 Bde. Nebst Supplem.-Hft. gr. 8. ($58^1/_4$ B.) Weimar 837, 39, Voigt.
Das Supplem.-Hft. a. u. d. T.: Gesch. aller geistl. u. weltl. erloschenen u. blühenden Orden. Supplem.-Hft. (9 B.) 839. 16 Gr.
Fortsetz., vgl. dass., Geschichte u. Verfass. aller etc. Ritterorden.

—— Verirrungen, Schwächen u. Krankheiten, s. Verirrungen.

— Verirrungen, Schwächen u. Krankheiten unsers Jahrh. Ein Zeitspiegel nach d. Leben, n. E. Allez, M. Aycard, Imberdis, Mad. Bodin ꝛc. 1s Bdchn. 8. Weimar 837. Voigt. $1^2/_3$ Thlr

Biedenfeld, Ferd. Freyh. von, Mancherley Vernünftiges und Verrücktes in einer Laterna Magica. Nach d. Französ. 8. Leipz. Hartleben in Pesth. 820.

—— Weimar. Ein Führer f. Fremde u. Einheimische durch die Stadt u. ihre Umgebungen. M. 1 Plan d. Stadt (Roy.-Fol. u. color.) u. 1 spec. Karte d. Umgegend. (gr. 4.), v. C. W. Weiland. 16. ($25^1/_4$ B.) Weimar 841, Hoffmann. *

Biedenfeld, Ferdinand Frh. von, s. Weise, Joh. Chph. Glo.

— portatives Whistbüchlein enthaltend d. Hauptregeln u. Maximen des Whist zu 4, 3 u. 2 Spielern, Hamburg und die preuß. Partie nach den neuesten Manieren. Als Ergebnisse vieljähr. Studien, zahlreicher Sitzungen u. Debatten. 8. Weimar 846, Voigt. $^1/_3$ Thlr

v. Biedenfeld, (Ferd.) Winterabende, eine Samml. dramat. Beiträge für leichte Unterhalt. u. Darstell. bestimmt. 4 Bde, enthalten: 1) Johann Sbogar, od. d. Ruinen im Walde v. Spalatro. 2) Der Myrthenzweig, od. Parteien-Kämpfe. 3) Die beiden Peter, oder d. Bürgermeister v. Saardam. 4) Die Einsiedelei im Walde, od. d. unsichtbare Zeuge. 5) Gold. 6) die Grafen v. Walmor, od. Verbrechen aus Vaterliebe. 7) Der Baron Martin. 8) Johann Wernot. 9) Ugolino, od. der Hungerthurm. 10) Die eiserne Jungfrau. 11) Der Calabrese. 12) Der Aufruhr in Mexiko. 13) Der Schiffscapitän. 14) Leon von Mectreal. 15) Der Verwalter, oder Lohn d. Treue. 8. Bamb. 822, Wesché in Frankf.

v. Biedenfeld, Frhrr. Leop., Wiesenblumen, gesammelt an d. freundl. Ufern der Elbe. (Enthalt. 1) Haß beidrn Geschlechtern. 2) Das Wiedersehen. 3) Zwei Tage der Angst, oder der schwarze Sammtrock. 4) Die Braut in Amsterdam.) 8. Dresd. 818. Arnold. 1 Thlr

— Wörterbuch der Synonymen sämmtlicher Pflanzen des Zier-, Gemüse- u. Landschafts-Gartens in alphabet. Folge der Geschlechter u. ihrer Arten, zu leichtester u. schnellster Auffindung aller verschied. Namen sämmtl. Gartenpflanzen, zu Vermeidung v. Missverständnissen etc. 2 Bde. 12. (1. Bd.: A. bis H. XXVIII u. 512 S. 2. Bd.: I. bis Z. 630 S.) Weimar 848, Voigt. (1. Bd. 2 ߭ 2. Bd. 2 1/3 ߭) 4 1/3 ߭

Biedenkapp, Geo., Babylonien u. Indogermanien. Ein Geistesflug um die Erde. (V, 165 S.) gr. 8. Berlin 903. Jena, H. Costenoble. n. 2. —

— Bahnbrecher des Weltverkehrs. (242 S.) 8. Berlin 904. Gose & Tetzlaff. Geb. n. 3. —

Biedenkapp, Geo., Beiträge zu den Problemen des Selbstbewusstseins, der Willensfreiheit u. der Gesetzmässigkeit des Geistes, teilweise m. Bezug auf die Philosophie der Inder. Diss. gr. 8. (64 S.) Halle a/S. 893. (Leipzig, G. Fock.) n. 1. —

Biedenkapp, Georg [aus Londorf in Oberhessen]: Beiträge zu den Problemen des Selbstbewusstseins, der Willensfreiheit und der Gesetzmässigkeit des Geistes, teilweise m. Bezug auf d. Philosophie d. Inder ... Halle a. S., Hofbuchdr. v. C. A. Kaemmerer & C., 1893; 64 S., 1 Bl. 8.
Halle, Phil. Fak., Inaug.-Diss. v. [19. Mai] 1893

Biedenkapp, Geo., Denkdummheiten. Merkworte z. geist. Selbstzucht. 8. (IV, 174 S.) Leipzig 897. C. G. Naumann. n. 1. 50; geb. n. 2. —

— Durch Wille z. Erfolg. Interessante Einblicke in d. Reich d. Erfindgs-, Natur- u. Sprachgesch. (223 m. Abb.) 8° Ebd. ('12). L 4 — d

Biedenkapp, Geo.: Die Entwicklg d. modernen Verkehrsmittel, s: Sammlung belehr. Unterhaltgsschriften f. d. deut. Jugend.

Biedenkapp, Georg: Max Eyth, ein deutscher Jngenieur und Dichter. Stuttgart 1910. (Buchbeilage 1 zu »Technische Monatshefte« 1910)

Biedenkapp, Geo., Max Eyth, ein deutscher Jngenieur u. Dichter. Eine biograph. Skizze, m. Proben aus seinen Werken nebst Illustr. (54 S.) Lex. 8. Stuttgart 910. Franckh. 1.—; geb. 1. 80

— Sophie Germain, ein weiblicher Denker. Mit e. Übersetzg. ihrer „Allgem. Betrachtgn. üb. den Stand der Wissenschaften u. Literaturen in den verschied. Kulturepochen". (VII, 160 S.) 8. Jena 910. H. W. Schmidt. 3.—; geb. 4. —

Biedenkapp, Geo, kleine Geschichten u. Plaudereien philosophischen, pädagogischen u. satirischen Inhalts. 8. (170 S.) Leipzig 902. H. Seemann Nachf. n. 3. —

— s.: Jngenieur, der.

— im Kampf gegen Hirn-Bacillen. Eine Philosophie der kleinen Worte m. Ergebnissen f. Politik u. Pädagogik. 8. (XVI, 162 S.) Berlin 902. Gose & Tetzlaff. n. 2. 40; geb. n. 3. —

Biedenkapp, Georg, Sancta Libertas. Gedichte. 8°. West Hoboken, N. J., 1893.

Biedenkapp, Georg. Friedrich Nietzsche und Friedrich Naumann als Politiker. 71 S. 8. Göttingen, Franz Wunder, 1901. [M. 1. —]

Biedenkapp, Geo.: Der Nordpol als Völkerheimat. Nach d. Ergebnissen d. prähistor., etymolog. u. naturwiss. sowie insbes. d. Veda- u. Avesta-Forschgn Tilaks dargest. (195) gr8° Jena, H Costenoble '06. 6 —; geb. 7.50

— Philosophische Satiren. (93 S.) kl 8. Berlin 905. Gose & Tetzlaff. n. 3 —; erm. Pr. n. 1. —

— Schätze im Alltag. Für kleine u. große Leute. (87 S.) 8. Steglitz-Berlin (Mommsenstr. 6) 907. Dr. Geo. Biedenkapp. Kart. n. 2. —

Schultaugenichtse und Musterschüler von Dr. Georg Biedenkapp. Mit 23 Portr. Jena: H. Costenoble 1907. (232 S.) 8° [F.] [07. 17093

— Sonnenmär. Das Gesetz von der Erhaltg. der Kraft, f. jung u. alt erzählt. (VIII, 84 S.) kl. 8. Leipzig 904. F. Brandstetter. n. 1. —; kart. n. 1. 20

Aus Deutschlands Urzeit. Nach Funden u. Denkmälern von Georg Biedenkapp. Mit 1 Titelbilde u. 4 Taf. Berlin: H. Paetel 1904. (VIII, 161 S.) 8° [F.]
= Sammlung belehrender Unterhaltungsschriften f. d. deutsche Jugend. Bd 11. [05. 6379

— Was erzähle ich meinem Sechsjährigen? Aus Urzeit u. Gegenwart. 1. u. 2. Afl. (123 m. Abb.) 8° Jena, H Costenoble '03.04. Geb. 3 — d
Die 1. Afl. erschien in Berlin.

— Was erzähle ich meinem Sechsjährigen? Aus Urzeit u. Gegenwart. 3. Aufl. (XV, 128 S. m. 10 Abbild.) gr. 8. Ebd. 907. Geb. in Leinw. 2. —

— James Watt u. d. Erfindg d. Dampfmaschine. (54 m. Abb.) Lex8° Stuttg., Franckh '11. 1 —; geb. 1.80 d

Graf Zeppelin. Werden u. Schaffen e. Erfinders, s.: Lebensbücher der Jugend. 7. Bd.

Biedenkopf [Schlagwort]

Biedenkopf, s. a. Sauerland.

Biedenkopf, Kreis. Karte des Kreises Biedenkopf (Reg.-Bez. Wiesbaden). 1 : 100,000. 63,5×80cm. Lith. Marburg 901. N. G. Elwert's Verlag. — 80

Biedenkopf [Verfasser]

Biedenkopf, Hermann, aus Chemnitz i. S.: Der Ackerbau im Chemnitzer Industriebezirk. *(Leipzig) 1900: (Gebr. Junghanss).* (66 S.) 4° (8°)
Giessen, Phil. Diss. v. 1900

Biedenkopf, Herm., Fütterungskunde u. Futterberechnung. Für die Hand des prakt. Landwirts gemeinverständlich dargestellt. (III, 32 S. m. 4 Tab.) 8. Leipzig (904) M. C. Schmidt & Co. Kart. n — 80

Biedenkopf, Herm., Fütterungskunde u. Futterberechnung. Für die Hand des prakt. Landwirts gemeinverständlich dargestellt. 2., stark verm. u. verb. Aufl. v. Chr. Momsen. (109 S.) 8. Leipzig (907). [M. C. Schmidt & Co.] Hannover, M. u. H. Schaper. In Leinw. kart. 1. 60

! Biedenkopf, Herm.: Füttergskde u. Futterberechng. Jetzt: Aar., E Wirz. L 1.80 06/09

— Lehrbuch der Tierzucht. Ein Schulbuch. (Landwirtschaftliche Unterrichtsbücher.) 2. Aufl. Mit 8 biolog. Rassebildern u. 88 Textabbildgn. (IX, 238 S.) 8. Berlin 905. P. Parey. Geb. in Leinw. n. 2. 80
1. Aufl. (VIII, 230 S.) Ebd. 904. Geb. n. 2. 80.

— Lehrbuch der Tierzucht. Ein Schulbuch. 4. Aufl. Mit 9 biolog. Rassebildern u. 107 Textabbildgn. (Landwirtschaftliche Unterrichtsbücher.) (VIII, 248 S.) 8. Berlin 909. P. Parey. Geb. in Leinw. 2. 80

— Lehrb. d. Tierzucht. Ein Schulb. 5. Afl. (Landwirtschaftl. Unterrichtsbb.) (8, 256 m. Abb. u. 8 farb. Rassebild.) 8° Berl., P Parey '11. L 2.80 d

Biedenkopf, Herm., Leitfaden der Ackerbaulehre. Für Lehranstalten u. zum Selbstunterricht bearb. 8. (VIII, 122 S. m. Abbildgn.) Berlin 899. P. Parey. Geb. in Leinw. n. 1. 40

Leitfaden der Ackerbaulehre. Für Lehranstalten u. z. Selbstunterr. bearb. von Dr. Hermann Biedenkopf, Landwirtschaftsl. in Chemnitz. 2., verb. Aufl. Mit 46 Abb. *Berlin: P. Parey 1901.* (VIII, 136 S.) 8° [F.]
= Unterrichtsbücher, Landwirtschaftliche. [35.] [00. 6319

— Leitfaden der Ackerbaulehre. Ein Schulbuch. 3., neu bearb. Aufl. (Landwirtschaftl. Unterrichtsbücher.) (VII, 160 S. m. 66 Abbildgn. u. 8 Taf.) 8. Ebd. 909. Geb. in Leinw. 2. —

Leitfaden für einfache landwirtschaftliche Untersuchungen. Zum Gebr. an landwirtsch. Schulen u. z. Selbstunterr. bearb. von Dr. Hermann **Biedenkopf**, Landw.Lehrer in Chemnitz. Mit 35 Abb. *Berlin: P. Parey 1902.* (VI, 86 S.) 8° [F.]
= Unterrichtsbücher, Landwirtschaftliche. [45.] 02. 6311

Leitfaden für einfache landwirtschaftliche Untersuchungen. Zum Gebr. an landwirtsch. Schulen u. z. Selbstunter. bearb. von Dr. Hermann **Biedenkopf**, Oberl. 2., neubearb. Aufl. Mit 38 Textabb. Berlin: P. Parey 1906. (VI, 93 S.) 8° [F.]
— **Unterrichtsbücher**, Landwirtschaftliche. [Bd 45.] 07. 11311

— Pflanzenkde f. landw. Schulen, s.: Schmeil's, Otto, naturwiss Unterr.-Werk.

Biedenweg H., Fr., Harten, Smarten un Begebenheiten. Bunte Biller ut mine Lebenstid in dree Afdeelungen. gr. 16. (113 S.) Stade 873, (Pockwitz.) *

Biedenweg, H., über die Verbesserung der Hannoverschen Landes-Pferdezucht durch das Königl. Land-Gestüt zu Celle, nebst Vorschlägen zu dessen weiterer zeitgemäßer Fortbildung, so wie zur gleichzeitigen Hebung unserer Pferdezucht durch die Privatbeschäler. Stade 855. Pockwitz. gr. 8. (40 S.) n. 10 ngr

BiedenwegH., Verhandlungen des Central-Ausschusses der Königl. Landwirthschafts-Gesellschaft zu Celle in der Sommerversammlung zu Stade am 16. Juni 1865 u. in der Winterversammlung zu Celle am 15. Novbr. 1865 über das Verhältniß der Privat-Hengsthalterei zum Königl. Landgestüte. Stade 866. (Berlin, Kortkampf.) 8. (32 S.) n. 5 ngr

— Zeitfragen. Zwanglose Hefte. 1. gr. 8. (32 S.) Stade 872. Krakau in Comm. n. — 50

Biedenweg, Joh., Betrachtungen üb. d. Nothstand u. d. Klagen d. Ackerbau-, Handel- u. Gewerbetreibenden Hannoveraner, besond. d. Einwohner d. Hrzgthms. Bremen. Im Febr. 1831. gr. 8. (1¼ B.) Bremen, (Heyse.)

Biedenweg, Joh. Godofr. Otto, Commentatio ad formulas Visigothicas novissime repertas. Dissert. inaug. Berolini 856. (Hannover. Schmorl u. v. Seefeld.) gr. 8. (2 Bl., 89 S.) n. 25 ngr

Biedenweg, Joan. Godofr. Otto, Commentatio ad formulas Visigothicas novissime repertas. Dissertatio inauguralis. gr. 8. (III und 89 S.) Berlin 857. (Hannover, Schmorl und v. Seefeld.) *

Biedenweg, W., Welches sind die wesentlichen Stücke der kirchlichen Trauung, und welche Bedeutung hat demnach die kirchliche Trauung für den Ehebund? Convents-Vortrag. gr. 8. (27 S.) Hannover 875, Feesche. *

Biedenweg, Wilh. Plutarchs Quellen in den Lebensbeschreibungen des Dion und Timoleon. 36 S. Progr. Rg. *Dortmund* 1884.

Bieder, H. (Red.), s. Hotel-Industrie und Kochkunst.

Bieder, H., Übungsmaterial für den Unterricht in der deutschen Rechtschreibung. Auf Grundlage des amtl. Orthographiebuches methodisch bearb. gr. 8. (40 S.) Leipzig 880, Peter's Verlag. cart. *

Bieder, Hermann

Bieder, H., u. A. Gurnik, Bilder a. d. Geschichte d. Stadt Frankfurt a/O. gr. 8. (VI, 184 S.) Frankfurt a/O. 899. Trowitzsch & Sohn. Geb. in Leinw. 2. 50

Bieder, H., Bilder aus der Geschichte der Stadt Frankfurt a. Oder. II. Bd. (IV, 267 S.) gr. 8. Frankfurt a/O. 908. Trowitzsch & Co. Geb. in Leinw. nn 3. —
Bd. I. von: Bieder, H., u. A. Gurnik. Ebd. 899. 2. 50

Bieder, H., und M. Pohlandt, Frankfurt a. Oder. Ein Beitrag zur Heimatskunde. gr. 8. (VIII, 132 S.) Frankfurt a. O., 886, Trowitzsch und Sohn. *
geb. **

— u. G. Runge, Heimatskunde d. Kreises Lebus. M. Kreiskarte. gr. 8. (VIII, 122 S.) Frankfurt a/O. 898. B. Waldmann. Kart. n. 1. 20

Bieder, Phil., (Buchhändler zu München), an Hans Sachs von Straubing. 8. Landsh. 802. Weber in München. 2 gr

Bieder, J. C. v., üb. Aufklär. unvorgreiflich. Gedanken. gr. 8. Ebend. 791.

— über Aufklärung, s. Bibliothek f. d. Familie v. Oberau.

— Klagen über gewisse Sachwalter, s. Bibliothek f. d. Familie v. Oberau.

— Klagen üb. gewisse Sachwalter d. Christenthums. 8. Ebendas. 790.

Bieder, v. S., J., Totalrevision üb. d. Sache d. Juden- u. Christen-Biblien, s. Bibliothek f. d. Familie v. Oberau.

Bieder, J., Totalrevision üb. d. Sache d. Juden- u. Christen-Biblien. 3 Thle. gr. 8. Zürich, Ziegler. 792.

Bieder, J. v. S., Portion Wahrheit, s. Bibliothek für Fam. v. Oberau. 4r.

Bieder, Theob.: Beitr. z. Gesch. d. Rassenforschg u. d. Theorie d. Germanen-Heimat, s.: Beiträge z. Rassenkde. H. 7

Friedrich Hebbel von Theobald **Bieder**. Leipzig: Verl. f. Lit., Kunst u. Musik 1906. (40 S.) 8° [F.]
— **Beiträge** z. Literaturgeschichte. H. 15. 06. 9675

Biederbeck, Josef: Neue Untersuchungen über die Absorption von Nikotin und Ammoniak aus Luftmischungen und dem Zigarettenrauch. Würzburg 1908: Staudenraus. 24 S. 8°
Würzburg, Med. Diss. v. 17. Juli 1909, Ref. Lehmann
[Geb. 2. Aug. 83 Niedermarsberg; Wohnort: Würzburg; Staatsangeh.: Preußen; Vorbildung: Gymn. Warburg Reife O. 03; Studium: München 1, Würzburg 4, Straßburg 1, Berlin 1, Würzburg 3 S.; Coll. 28. Okt. 08; Approb. 13. Juli 08.] [U 09. 4101

Biederfeld, Karl

Biederfeld, Carl, e. Gesch. 2 Thle. 8. Frkft. Garbe, (Gebhardt u. K. auch Herrmann.) 783.

Biederfeld, Karl; e. Geschichte. 2 Thle. 8. Frankf. a. M. 783. Gebhardt u. K. 1 ℛ 12 gr

Biderfeld, Carl, eine Geschichte von ihm selbst beschrieben, 2 Th. 8. Frkf. 783. 84. Garbe. 1 Rtl. 15 sg.

Biederitz [Schlagwort]

Biederitz, s.: **Preussen**. Messtischblätter.

Biederlack, Car. Christ. Herm. (geb. Greven in Westf. 28. 1. 1817): De pestis Atheniensis indole typhosa. Berolini (1841). (29 S.) 8°
Berlin, Med. Diss. v. 16. Aug. 1841

Biederlack, Franz: Die naturphilosophischen Gedanken Kants in ihrer systematischen Entwicklung. Halle a. S. 1910: Karras. 41 S. 8° ¶ (Ersch. vollst. als: Abhandlungen z. Philos. u. ihrer Gesch. hrsg. v. Erdmann. H. 36.)
Bonn, Phil. Diss. v. 27. Juli 1910, Ref. Erdmann
[Geb. 5. April 84 M.-Gladbach; Wohnort: Bonn; Staatsangeh.: Preußen; Vorbildung: Gymn. Carolinum Osnabrück Reife O. 04; Studium: Freiburg i. B. 1, Bonn 10 S.; Rig. 4. Aug. 09.] [U 10. 350

Biederlack, Jos., S. J., Der Darlehenszins, s.: Vorträge u. Abhandlungen, hrsg. v. d. Leo-Gesellschaft.

Biederlack, Jos., Entwickelung und Stand der heutigen Arbeiterfrage; die Reformziele in derselben gemäss der Arbeiter-Encyclica Leo XIII. Sociale Vorträge, gehalten bei dem Wiener socialen Vortragscurse 1894. gr. 8°. Wien 1895.

— Die soziale Frage. Ein Beitrag zur Orientierung über ihr Wesen und ihre Lösung. 1.—3. Aufl. gr. 8⁰. Innsbruck, F. Rauch, 1898.

Biederlack, Jos., die sociale Frage. Ein Beitrag zur Orientierg. üb. ihr Wesen u. ihre Lösg. 5. Aufl. gr. 8. (X, 280 S.) Innsbruck 902. F. Rauch. n. 2. 40

Biederlack, Jos., die soziale Frage. Ein Beitrag zur Orientierg. üb. ihr Wesen u ihre Lösg. 6. Aufl. (X, 290 S.) 8. Innsbruck 904. F. Rauch. n. 2. 40

Biederlack, Jos., S. J., die soziale Frage. Ein Beitrag zur Orientierg. üb. ihr Wesen u. ihre Lösg. 7. Aufl. (X, 304 S.) 8. Innsbruck 907. F. Rauch. 2.40; geb. n 3. 80

Biederlack, Jos.: Theolog. Fragen üb. d. gewerkschaftl. Bewegg, s: Bücherei, Soziale.

— Der moderne Socialismus. Sociale Vorträge, geh. bei dem Wiener socialen Vortragscurse 1894. gr. 8⁰. Wien 1895.

— Die mod. Strafrechtstheorien v. Standpunkte d. christl. Staatsauffassg., s.: Vorträge u. Abhandlungen, hrsg. v. d. Leo-Gesellschaft.

Biederleute, d. glücklichen, auf d. Lande; e. Histor.-Büchlein zu Nutzen u. Frommen für Alle, die es werden wollen. 8. Basel u. Leip. (807). Joachim. 8 gr.

— — dasselbe. 8. Basel, Holdenecker. 807.

Biedermaier, Gottlieb. 1901 [Pseud.]
s. a Graf, Franz. A 12.1004

Biedermaier, Glieb. (Frz. Graf), das Weib, die Liebe u. dergleichen. Klänge aus der Liederleier des alten G. B. Illustriert v. J. G. Mohr. 8. (V, 88 S.) Dresden 901. E. Pierson. n. 1. 50; geb. n. 2. 50

Biedermann. –
— der, eine moral. Schrift. 100 Stck. 4. Leipz.

Biedermann, Der. Th. 1. 2. Leipzig 1728—29. H: *Gottsched, Joh. Chph.* (Waniek, Gottsched. Leipzig 1897, S. 64.)

Biedermann, d. deutsche, Familiengemälde in 2 Akt. v. Gutenberg. 8. Wien, Pichler. 805.

Ordinarius senior facult. jur. Lipsiens. examen liber baro **Gustav Heinrich v. Biedermann.** Leipzig (Joh. Sommer) 18. IV. 1810. 18 S., mit Biogr. (M.: C. F. Richter.) (2.50)
Praemittitur quaestio 20 u. 21.

Biedermann, Karl. Kurzer Lebensabriss, seinen Freunden und Verehrern gewidmet . . . Leipzig 1901. V: *Gensel, Jul.* (Biogr. Jahrbuch. Hsg. v. Bettelheim. VI, 417.)

Biedermann, d. satirische, 15 Stcke. 8. Prag 788. Diesbach 13 gr.

Biedermann. Togenburgischer Bidermann. Das ist: Historische / einfältige vnd warhaffte Underscheydung / zwischen dem treuen vnd vntreuen Underthan in der Graffschafft Toggenburg. Von einem gefreyten Eydgnossen in Truck verfertiget. Im Thon: Willhelm bin ich der Telle / etc. 8. *o. O.* Anno 1710.

BIEDERMANN. Amidobenzoësäure aus Chlordracyl- und Chlorsalylsäure. Göttingen, 1868. Diss.

Biedermann: Österr. C h r o n i k, s. B i e d e r m a n n s c h r o n i k.–

Biedermann: I n d u s t r i e der Fettkörper auf der Wiener Ausstellung, s. K r a u t.

Biedermann, ..., die magische u. unsichtbare Leier, e. modernisirte Erzählung aus d. Hexen-, Zauber- u. Gespensterzeit. Erf. 787. Keyser. 2 gr.

Biedermann, Petronelle, die polnische Einsiedlerin auf d. Annen-Berge in Oberschlesien. Histor. Erzählung aus der Zeit d. Aufstandes in Polen. 1r u. 2r Bd. . Leipzig ... (Melzer.) 1 ℔

DARBENNIME (d. i. Assessor *Biedermann*). Curieuse Reise-Beschreibung des Herrn Androphili, darinnen nicht nur viele Städte, Schlösser und Dörffer aus Francken, Sachsen und Schlesien deutlich beschrieben, sondern auch viele artige, lächerliche und dabey wahrhafftige Historien vorgetragen werden. Mit 3 Kpfrn. Leipzig 1735. 8⁰. Rar! (5 Mk. J Ricker, Giessen, 1893; jetzt theurer!)
Vielfach interessante Berichte (u. a. über B r e s l a u).

v. Biedermann's Sammlg. prakt. Handbücher Bd. I—III. Leipzig 890.
I. Mickley u. Streissler, Nachschlageb. d. Arbeiterschutzgesetzgebg.
II. Streissler, Rechtslexikon f. Urheber.
III. — intern. Urheberrechtsgesetzgebgn.

— der Schulze v. Waldheim, od. Bruchstücke aus d. Dorfrebellion. 8. Eisenach 792. (Bärecke). 6 gr.

Biedermann, der Schulze von Waldheim, oder Bruchstücke aus der Dorfrebellion, 8. Eisenach, 792. Krumbhaar 10 sgl.

Biedermann, der Schulze v. Waldheim, od. Bruchstücke aus der Dorfrebellion. 8. Eisenach 807. Bärecke. (W. Rauck in Leipz.) 6 gr.

Biedermann, d. Schulze v. Waldheim, od. Bruchstücke a. d. Dorfrebellion. 8. Eisenach, Wittekind. (Sommer in Lpz.) 807. Rthlr.

Biedermann, Adolf. Zur Syntax des Verbums bei Antoine de la Sale. Beitrag zur französischen Syntax des XV. Jahrhunderts. Diss. Phil. Basel. ([Sep.-Abdr. aus] den «Romanischen Forschungen» Band 22, Heft 3.) IV + 61 S. 8. Erlangen, Junge & Sohn, 1907.

Biedermann, Albert, s. B i e d e r m a n n, Wilhelm Gustav Adolf

Biedermann, Alf., s.: Lieder, 11, f. vierst. Männerchor.

Biedermann, Alfred [aus Lodz (Polen, Russland)]: Ueber den Thiophenaldehyd und seine Derivate. Ueber Thienylmercaptan. Versuche zu Synthesen in der Thiophenreihe .... Göttingen, Druck d. Univ.-Buchdr. v. E. A. Huth, 1886; 51 + 1 S. 8⁰.
Göttingen, Phil. Fak., Inaug.-Diss. v. 21. Jul. 1886.

Biedermann, Alfr., über den Thiophenaldehyd und seine Derivate. Ueber Thienylmercaptan. Versuche zu Synthesen in der Thiophenreihe. Inaugural-Dissertation. gr. 8. (51 S.) Göttingen 886, (Vandenhoeck und Ruprecht.) *

Biedermann, Alois Eman., christliche Dogmatik. Lex.-8. (XIV, 765 S.) Zürich 869, Orell, Füssli und Comp. *

Biedermann, Alois Eman., christliche Dogmatik. (In 2 Bdn.) 1. Bd.: Der principielle Theil. 2. erweit. Aufl. gr. 8. (XVI, 382 S.) Berlin 884, G. Reimer. *

Biedermann, Alois Eman., christliche Dogmatik. 2. Bd.: Der positive Theil. 2. erweit. Aufl. gr. 8. (VIII, 675 S.) Berlin 885, G. Reimer. *
1. Bd. Ebendas. 1884. *ℳ 6.—.

— eine Ehrenrettung. Vortrag, gehalten im Züricher Rathhaus. gr. 8. (36 S.) Ebendas. 885. *
Aus: Protestantische Kirchenzeitung, besonders abgedruckt.

Biedermann, A.E. (Hrsg.), s. K i r c h e, Die, der Gegenwart.

Biedermann, A. E., Heinrich Lang. Mit dem Bildnisse Lang's in Lichtdr. nach einer Photogr. v. J. Ganz in Zürich. gr. 8. (136 S.) Zürich 876, Schmidt. *

Biedermann. A(lois) E(manuel). Aus dem Leben meines Vaters (Emanuel B' von Winterthur, geb. 1779, gest. 1836). Von A(loys) E. B' (Prof.). [SA.] 8. [Zürich 1884.]

Biedermann, A. E., Leitfaden für den Religionsunterricht an höheren Gymnasien. gr. 8. (XVI und 100 S.) Zürich 859, Orell, Füßli und Comp.

Biedermann, Alois (Eman.), die Pharisäer und Sadducäer. Akademischer Vortrag, gehalten den 9. Febr. 1854. gr. 8. (37 S.) Zürich 854, Meyer und Zeller's Verlag.

— die Propheten des alten Bundes. Akademischer Vortrag, gehalten den 9. Febr. 1860 in Zürich. (Abdr. aus den Zeitstimmen aus der reformirten Kirche der Schweiz.) Winterthur, (Steiner.) gr. 8. (27 S.) n. 4 ngr.

Biedermann, Alois Eman., Stellung u. Aufgabe der Philosophie in der Theologie. Akademische Antrittsrede, gehalt. den 31. Octbr. 1850. gr. 8. (23 S.) Zürich 850, Schultheß. 4 ngr.

Biedermann, A. E., unsere Stellung zu Christus. Vortrag, geh. in der Versammlung d. „Schweizerischen Vereins für freies Christenthum", Zürich, den 4. Juli 1882. [Aus: „Protestant. Kirchenzeitung".] 8. (36 S.) Berlin 882. G. Reimer. n. — 50

Biedermann, A[lois] E[manuel]. (David Friedrich) Strauss und seine Bedeutung für die Theologie. Rectoratsrede, gehalten an der Stiftungsfeier der Züricher Hochschule, den 29. April 1875. [A.] 8. [Leipzig 1875.]

Biedermann, A. Eman., die freie Theologie od. Philosophie u. Christenthum in Streit u. Frieden. gr. 8. (17½ B.) Tübingen 844, Fues, Vrlsbuchh. *

Biedermann. A[lois] E[manuel]. Versuch einer Reconstruction des von Herrn Professor A. E. B' sel. am 14. December 1883 vor der Section Uto (S. A. C.) gehaltenen Vortrages: „Reiseerinnerungen". ([Von Gerold *II.*] M[eyer] v[on] K[nonau].) SA. 8. Zürich 1885.

—— ausgewählte Vorträge und Aufsätze, mit einer biograph. Einleitung von J. Kradolfer. gr. 8. (VIII, 57, 457 S. mit Biedermann's Stahlstich-Bildniss.) Ebendas. 885. *

—— unsere junghegelsche Weltanschauung oder der sogenannte neuste Pantheismus. Allen Denkenden J. P. Romangs gewidmet. gr. 8. (IV und 208 S.) Zürich 849, Schultheß.
Aus: Kirche der Gegenwart ꝛc., besonders abgedruckt.

Biedermann, Arthur, z. Z. Assistenzarzt an d. Med. Abt. B. d. Allerh.-Hospitals zu Breslau: Aus dem städtischen Allerheiligen-Hospital zu Breslau, Med. Abt. B. ⟨Prof. Dr. Ercklentz.⟩ Über einen Fall von Leberabszess im Anschluss an Appendicitis. Breslau 1907: Breslauer Genossenschafts-Buchdruckerei. (30 S.) 8°

Breslau, Med. Fak., Ref. v. Strümpell, Diss. v. 12. April 1907
[Geb. 21. Jan. 81 Rawitsch; Wohnort: Frankenstein i. Schl.: Staatsangeh.: Preußen; Vorbildung: Gymn. Wongrowitz Reife O. 99; Studium: Breslau 2, Straßburg 2, Breslau 2, Kiel 1, Breslau 2 S.; Coll. 28. März 07; Approb. 3. Mai 04.]

Biedermann, Frhr. B. v., s.: Büchersammlung, allgemeine, der freien Vereinigung v. Schriftstellern, Literatur- u. Kunstfreunden.

Biedermann, B. v., Erzählungen. I. Schach d. König. 8. (167 S.) Dresden 898. E. Pierson. n. 2. —

Biedermann, Bruno: Die Versorgung der russischen Baumwollindustrie mit Baumwolle eigener Produktion. Heidelberg 1907: K. Rössler. (107 S.) 8°

Heidelberg, Phil. Fak., Ref. Gothein, Diss. v. 19. Dez. 1907
[Geb. 3. Nov. 78 Lodz (Rußland); Wohnort: Heidelberg; Staatsangeh.: Rußland; Vorbildung: Höhere Gewerbesch. Lodz Reife M. 95; Studium: Techn. H[illegible]n. München 4, Berlin 8, Univ. Berlin 1, Heidelberg 5 S.; Rig. 15. Nov. 07.]

Biedermann, C., Gretchen v. Saal, s.: Erzählungen aus dem illustrirten schweizerischen Unterhaltungsblatt f. Stolze'sche Stenographen.

Biedermann, C., aus Joh. Rud. Schellenbergs handschriftlichem Nachlaß, s.: Neujahrsblatt der Stadtbibliothek Winterthur. 1902.

Biedermann, C. A. Das nördliche Georgia (die georgische Schweiz) und seine Hülfsquellen. Ein wünschenswerthes Ansiedelungsziel für thätige Landwirthe und Weinbauer auf Grundlage eigener Anschauungen und Erfahrungen dargestellt. In-8°. 85 S. Mit 1 Karte, 1 Plan und Illustrationen. Basel, Louis Jenke. 1882 — 80

Biedermann, C. Ed.

Biedermann's Ed., Hamburger Exporteurliste (V. Aufl.), 734 Firmen enth., n. Strassen u. n. d. Alphabet geordnet, m. Angabe d. Export-Länder, hauptsächl. Export-Artikel u. Namen d. Procuristen u. Einkäufer. 8. (IV, 63 S.) Hamburg (Graskeller 19,II) 896. C. Ed. Biedermann. n. 3. —

Biedermann's, C. Ed., Hamburger Exporteurliste (VIII. Aufl.), 832 Firmen enth., nach Strassen, nach Ländern u. nach dem Alphabet geordnet, m. Angabe der Export-Länder, hauptsächlichsten Export-Artikel u. Namen der Procuristen u. Einkäufer. gr. 8. (170 S.) Hamburg (Adolphspl. 4) (901). C. E. Biedermann. n. 3. —

Biedermann's, C. Ed., Hamburger Exporteurliste (IX. Aufl.), 856 Firmen enth., nach Strassen, nach Ländern u. nach dem Alphabet geordnet, m. Angabe der Export-Länder, hauptsächlichsten Export-Artikel u. Namen der Procuristen u. Einkäufer. (167 S.) 8. Hamburg (Adolphsplatz 4) (903). C. E. Biedermann. n. 3. —

— Hamburger Export-Handbuch. Alphabet. Verzeichn. sämmtl. Exportartikel u. deren directe u. beste Bezugsquellen d. hies. Agentur-Geschäfte. 6., verm. u. verb. Aufl. 1896—98. gr. 8 (IV, 400 S.) Ebd. 896. Geb. n. 3. —

— Hamburger Export-Handbuch. Alphabetisches Verzeichniss sämmtl. Exportartikel u. deren directe u. beste Bezugsquellen durch hiesige Agentur-Geschäfte. 8. verm. u. verb. Aufl. 1900—1902. 2 Bde. gr. 8. (IV, 1370 S.) Ebd. Geb. in Leinw. n. 10. —

— Hamburger Export-Hdb. 9. Afl. 1903—5. 3 Bde. (2315) 8° Ebd. L. 15 —

— Fabrikanten-Liste m. den Exportvertretern in Hamburg 1900. gr. 8. (149 S.) Ebd. (901). n. 1.25

— Fabrikanten-Liste m. d. Exportvertretern in Hamburg 1903. (2. Afl.) (202) 8° Ebd. 1.25

Biedermann, Carl, s. Biedermann, Karl

[Biedermann. Charles.] Zur Familiengeschichte der Steiner im XVII. Jahrhundert. Njbl. Stadtbibl. Winterthur 1890. 4. Winterthur 1889.

[Biedermann. Charles.] Joh(ann) Jakob Hettlinger von Winterthur. [Mit 2 Tafeln.] Njbl. Stadtbibl. Winterthur 1891. 4. Winterthur 1890.

(Biedermann, C[harles].) Rektor Dr. J(ohann) J(acob) Welti. ⟨1828—1900.⟩ Separatabdruck aus dem 31. Jahresheft des Vereins schweiz. Gymnasiallehrer [1901]. 15 S. 8. (Aarau, Sauerländer.)

— Christian Gottlob (Annaberg), De separationibus edicto praetoris haud concessis. Präs. Aug. Cornel. Stockmann. Lpz. (Sommer) 10. IV. 1788. 27 S. (4.80) 2662
Gew.: Traug. Andr. Biedermann.

Biedermann, Chph. Friedr., die Bibelstunde für Schule und Haus, oder 4 Tabellen und die 80 Kirchenlieder nach den 3 preuß. Regulativen vom 1., 2. u. 3. October 1854. Ein Leitfaden beim Religionsunterricht in der evangelischen Elementarschule sowie bei Hausandachten. Halle 856. Hendel. 8. (VII, 80 S.) 3 ngr.

Biedermann, Chrph. Frdr., die Bibelstunde für Schule und Haus, oder 6 Tabellen und die 80 Kirchenlieder nach den drei preuß. Regulativen vom 1., 2. und 3. October 1854. So wie Wörterbuch zu dem kleinen Katechismus Luthers. Ein Leitfaden beim Religionsunterricht in der evangel. Elementarschule, sowie bei Hausandachten. 2., verm. u. verb. Aufl. Halle 862. Pfeffer. 8. (VI, 162 S.) n. 10 ngr.

— der 15. October. Patriotisches Taschenbuch für Preußens christliche Schuljugend zur Schulfeier am Geburtstage Sr. Maj. des Königs von Preußen Friedrich Wilhelm IV. Halle 853. Hendel. 8. (22 S.) 2⅓ ngr.

Biedermann, Chrph. Friedr., Schulharfe. Ein Melodienbüchlein in Ziffern zu Chorälen, Psaltern und liturg. Chören für Volksschulen. 16. (VIII und 36 lithogr. S.) Halle 859, Pfeffer. *

Biedermann, Clara, s. Ernst, Magda.

Biedermann, David Rudolf: Über Wirksamkeit des Rehburger Brunnens. 8°.– Hannover 1792. Hahn.

Biedermann, David Rudolf: Über die Wirksamkeit des Rehburger Gesundbrunnens. – Hannover: Ritscher 1792. 48 S. 8°

Biedermann, Detlev Frhr. v., Anweisung zur Rechnungsführung bei kleineren Sparkassen. Ein Hilfsbuch für angehende Cassirer, Rechnungsführer, Ausschuß- oder Deputationsmitglieder rc. gr. 8. (37 S.) Olbernhau 859. (Chemnitz, May.) *

Biedermann, Detlev Frhr. v., berathender Führer durch sämmtliche königl. Sammlungen, Kunstschätze und Sehenswürdigkeiten Dresdens. gr. 16. (V, 109 S. mit eingedr. Holzschn.) Dresden 871, Schrag's Verlag. [Kaufmann's Buchh.] *

— die Kreuze in der Heraldik. Monographie. Mit 3 (lith.) Bildtaf. [Aus: „Jahrbuch d. heraldisch-genealog. Vereines „Adler" in Wien."] Imp.-4. (10 S.) Wien 874. (Dresden, Schilling.) n. 1. —

Biedermann, Detlev Frhr. v., praktische Mathematik für Damen. Ein leichtfaßl. arithmet. Rathgeber und nützl. Festgeschenk für die Frauenwelt mit 24 instructiven (eingedr.) Illustr. gr. 8. (16 S.) Dresden 879, Expedition der Europäischen Modenzeitung.

Biedermann, Detlev Frhr. v., über die Pflichten und Rechte der Rittergutsbesitzer mit besond. Rücksicht auf das Königr. Sachsen. gr. 8. (XII und 84 S.) Dresden 860, am Ende. Thlr. *

v. Biedermann, Detlev, über die Pflichten u. Rechte der Rittergutsbesitzer mit besond. Rücksicht auf das Königr. Sachsen. 2., mit Nachträgen verseh. Ausg. Dresden 866. am Ende. gr. 8. (XII, 88 S.) n. 16 ngr.

Biedermann, D. Frhr. v., der Roman als Kunstwerk. Dresden 870. Leipzig, Leipner. *

—— der Roman als Kunstwerk. Eine Skizze als Beitrag zur Aesthetik. 8. (39 S.) Dresden 870, Schulbuchh. [Leipzig, Schulverlag.] *

Biedermann, Detlev v., der neue Stimmstock für Pianofortes. Winterthur. (Hegner.) qu. gr. 8. verklebt. n. 4 ngr

Biedermann, Detlev v., der neue Stimmstock für Pianofortes. qu. gr. 8. Winterthur 855, Central-Büreau für nützliche Erfindungen. *

—— neues heraldisches System für Wappen-Sammlungen nebst einer Anleitung zur Anlage von Sammlungen. br. 8. (X, 70 S.) Dresden 870, Schulbuchh. [Leipzig, Schulverlag.]

Biedermann, D. Frhr. v., die Wappen der Stammlande u. Herrschaften d. Wettiner Fürstenhauses. Chromolith. Taf. in Fol. Mit Text. gr. 8. (7 S.) Leipzig 889. M. Ruhl. n. 2. —

Biedermann, Detlev Frhr. v., das Zeitungswesen sonst und jetzt. 8. (109 S.) Leipzig 882, Friedrich. *

(Biedermann, E. Prof.) das Realgymnasium und die Lehrerbildung im neuen Schulgesetz. 46 Stn. 8. Zürich, Orell, Füssli & Cie. 1872

Biedermann, E., das Vormundschaftsrecht in seiner practischen Anwendung im Königreich Hannover, insbesondere als Leitfaden für Vormünder, Curatoren und andere Güterverwalter. Hannover 863. Meyer. gr. 8. (68 S.) n. 10 ngr.

Biedermann, Ed.: Hamb. Exporteurliste, s. Biedermann, C.Ed.

— Ehrenhold Friedrich (Annaberg), De vera sententiarum nullitate sive insanabili ad. recess. imp. noviss. § 121 et 122. Lpz. Langenheim) 21. V. 1772. 31 S. (5.—) 2663

(Biedermann, Emanuel.) Erinnerungen. Wanderungen, Erfahrungen und Lebensansichten eines froh- und freisinnigen Schweizers. Schmucklos aber treu niedergeschrieben für seine Freunde. 2 Theile. 8. Trogen 1828–1829.

Die technische Entwicklung der Eisenbahnen der Gegenwart. Von E[rnst] Biedermann, Betriebs-Insp. Mit zahlr. Abb. Leipzig: B. G. Teubner 1906. (V, 132 S.) 8° [F.]
— Natur, Aus, u. Geisteswelt. Bdch. 144. [07. 908]

Biedermann, Ernst, die wirtschaftliche Entwicklung der preussischen Staatseisenbahnen, veranschaulicht in Tabellen u. graphischen Darstellungen. (V, 56 S. m. 3 farb. Taf.) Lex.-8. Berlin 906. J Springer. n. 3. —
Sonderabdruck aus: „Archiv f. Eisenb.-Wesen."

Biedermann, Ernst, die Erweiterungsanlagen der Görlitzer Eisenbahn zwischen Berlin u. Grünau. (14 S. mit 7 Abbildgn. u 7 Taf.) gr. Fol. Berlin 905. W. Ernst & Sohn. Kart. n. 6. —
Sonderabdruck aus: „Zeitschr. f. Bauwesen."

Biedermann, Ernst, stud. iur.: Der Rücktritt vom zweiseitigen Vertrage wegen Schuldnerverzuges nach dem Schweizerischen Obligationenrecht. Zürich 1909: Grapentien. XI, 146 S. 8°
Leipzig, Jur. Diss. v. 12. Okt. 1909
[Geb. 21. Juli 85 Winterthur; Wohnort: Winterthur: Staatsangeh.: Schweiz; Vorbildung: Gymn. Winterthur Reife M. 04; Studium: Zürich 3, München 1, Berlin 1. Leipzig 1. Bern 1. Leipzig 1 S.; Rig. 21. Juli 09.] [U 10. 2664

Biedermann, Ernst, Die Statistik d. Edelmetalle als Materialien z. Beurtheilg. d. Währungsfrage i. Tabellen u. graph. Darstellgn., unt. Anlehng. a. d. Soetbeer'schen „Materialien", zusammengest. u. fortges. b. Ende 1895, nebst e. Anh. z. Einführg. i. d. Hauptprobleme d. Währungsfrage. M. 3 farb. Taf. in Steinstich. [Aus: „Ztschr. f. d. Berg-, Hütten- u. Salinenwesen i. Preuss. Staate".] gr. 4. (84 S.) Berlin 898. W. Ernst & Sohn. Kart. n. 6. —

— die Statistik der Edelmetalle, als Material zur Beurteilung des Standes der Währungsfrage, sowie der internationalen Handels- u. Zahlenbilanz, in Tabellen u. graphischen Darstellungen aufgestellt. 2. neu bearb. u. erweit. Aufl. (132 S. m. 3 farb. Taf.) 4. Ebd. 904. Kart. n. 6. —

Biedermann, Ernst, graphische Tafeln zur Veranschaulichg. des wirthschaftl.-socialen Aufbaues d. deutschen Volkswirtschaftskörpers d. Gegenwart u. sein. Veränderungstendenzen auf Grund d. Ergebnisse d. Berufs- u. Gewerbestatistik, nebst kurzen Erläuterungen. gr. 4. (3 farb. Taf. m. 16 S. Text.) Berlin 901. M. Pasch. n. 3. —

Biedermann, Ernst, die Vorortbahn von Berlin nach Gross-Lichterfelde. gr. Fol. (13 S. m. 5 Abbildgn. u. 7 [1 farb. Doppel-] Taf.) Berlin 900. W. Ernst & Sohn. Kart. n. 8. —
Sonderabdruck aus: „Zeitschr. f. Bauwesen".

Biedermann, F. B. François, Don Quichotte, et la tâche de ses traducteurs : eclaircissements nouveaux sur le style et l'esprit de l'original, et sur l'interprétation de son texte ; développés dans une analyse du début de son nouveau traducteur français M. Viardot. gr. in-8. Paris et Leipsic 838. Brockhaus et Avenarius. n. $^2/_3$ ℛ︎

Biedermann, F. Bh. F., s. 1) Ideen aus d. wirkl. Welt. 2) Traité d'Utrecht.

Biedermann, F. C., s. B i e d e r m a n n, Friedrich Carl

Biedermann Fedor, Referendar: Die Haftung des Versicherers gegenüber dem durch betrügerische Vorspiegelungen des Vermittlungsagenten zum Vertragsabschluß verlockten Versicherungsnehmer. Breslau: Graß, Barth & Co. 1910. 80 S. 8°
Breslau, Jur. Diss. v. 14. April 1910, Ref. Meyer, Schott
[Geb. 22. Mai 87 Breslau; Wohnort: Bolkenhain; Staatsangeh.: Preußen; Vorbildung: Friedrichs-Gymn. Breslau Reife O. 05; Studium: Breslau Phil. 3, Jura 2, Göttingen 2, Breslau 1 S.; Rig. 12. Nov. 09.] [U 10. 468

Biedermann, Fel., s.: D ö r m a n n, Fel.

Biedermann, Flodoard Frhr. v., A n w e i s u n g für den gesetzmässigen Betrieb des Kolportage-Buchhandels. 2. Aufl. 12. (16 S.) Leipzig 891. F. W. v. Biedermann. — 40

Biedermann, Frhr. v., Anweisg. f. d. gesetzmäß. Betrieb d. K o l p o r t a g e - B u c h h a n d e l s. 3., n. d. Gesetz v. 6. VIII. 1896 veränd. Aufl. 12. (IV, 24 S. m. 2 Formularen.) Leipzig 898. O. Maier. n.n.n. — 30

Biedermann, Flodoard Frhr v.: Alte Bauwerke im Kolonialstil a. d. nordamerikan. Unionsstaaten Südkarolina u. Georgia, s.: Crane, CA.

Deutsche Druckschriften des fünfzehnten Jahrhunderts. Von F[lodoard] v. Biedermann. *[Frankfurt a. M. 1902.]* (4 Bl.) 4°
[Aus: Anzeiger f. Druckereien. 1902.] ca. 6030

Biedermann, F. v., Einführung in die Rechtskunde des Buchhändlers, s. a. U h l, Gust., Unterrichtsbriefe.

Biedermann, F. v., Einführung in die Rechtskunde des Buchhändlers. 2., verb. u. verm. Aufl. (III, 104 S.) gr. 8 Leipzig (905). G. Uhl. n. 3. 60; geb. n. 4. 50

Biedermann, Flodoard Frhr. v., s.: G o e t h e ' s, Joh. Wolfg. v., Gespräche.

Biedermann, Flodoard Frhr. v., s. K l e i s t ' s, Heinr. v., Gespräche.

Biedermann, Flodoard Frhr von, s. M o n a t s h e f t e f. Lithographie.

Biedermann, Flodoard Frhr. v., Graphische Musterblätter mod. Künstler, s.: K n a b, Alb.

Biedermann, F Frhr. v., Pressfreiheit u. Gewerbeordng. Eine Studie z. modernen Gesetzgebg. 8° (48) Lpzg 94, FW v. Biedermann. — 50

— Sammlg prakt. Handbücher. III. u. IV. 12° Ebd. 7 — (I—IV.: 12 —; Einbde à — 50)
Beigel, R, d. Buchführg nach d. gesetzl. Bestimmgn d. deut. Reiches u. d. Auslandes. (272) 01. [IV.] 8 —
Streissler, F, d. Recht f. Urheber, Buchhandel u. Presse. II. Die internat. Urheberrechts-Gesetzgebgn u. Konventionen. (221) 00. [III.] 4 — (I u. II.: 8 —)
Bd I bildet: Mickley, ET, u. F Streissler, Nachschlagebuch.
Bd II bildet: Streissler, F, d. Recht f. Urheber. 1. Bd.

— Schrifttafeln, s.: **R a d z i g - R a d z y k**, Herm.

Biedermann, Fl. Frhr. v., deutsche Verlagsordnung. Entwurf. 12. (16 S.) Leipzig 890. v. Biedermann. — 40

Biedermann, Franz: Frage: Ist der Pabst befugt, ohne Einwilligung der Bischöfe einem deutschen Reichsfürsten die Erlaubniß zu ertheilen, die in dessen Lande gelegenen Güter der kathol. Geistlichkeit zu besteuern? o.O. (1788?)

Biedermann, Friedr., Epheuranken. Gedichte. Bremen 855. Schünemann's Verlag. 16. (192 S.) n. 20 ngl.

Biedermann, Friedr. Carl, Fundamental-Philosophie. gr. 8. (26¾ B.) Leipzig 838, Gebr. Reichenbach.

— F. C., De genetica philosophandi ratione et methodo, praesertim Fichtii, Schellingii, Hegelii, seu de idea absoluti, pro philosophandi principio perperam habita. Lpz. (Gebr. Reichenbach) 1835. 66 S. (6.50) 2664
Gew.: Philipp Wagner.

— — (Lpz.) u. **Gotthold Loescher** (Langenbach), De genetica philosophandi ratione et methodo praesertim Fichtii, Schellingii, Hegelii. Dissert. I, synthecticam Fichtii methodum exhibens. Lpz. (C. P. Melzer) 12. VIII. 1835. 22 S. (3.80) 2665
Gew.: Philipp Wagner (Konrektor d. Kreuzschule, Dresden).

— Wissenschaft u. Universität in ihrer Stellung zu d. prakt. Interessen d. Gegenwart. Eine Gegenschrift gegen: „Prof. K. H. Scheidler: Ueber die Idee d. Universität u. ihre Stellung zur Staatsgewalt." 8. (8½ B.) Leipzig 839, Gebr. Reichenbach.

Biedermann, G.: Über Katarrh der Respirationsorgane. 139 S. 8°. Prag 1843: Pospischil. (Ehrlich)
Inaugural-Dissertation.

Biedermann, Geo., lateinisches Elementarbuch für die 1. Klasse der Lateinschule. 1. Aufl. (VIII, 148 S.) 1875; 2. Aufl. gr. 8. (IV, 138 S.) München 877, Th. Ackermann. *

Biedermann, Geo., lateinisches Elementarbuch für die 1. Klasse der Lateinschule. 3. Aufl. (V, 135 S.) 1880; 4. Aufl. gr. 8. (V, 136 S.) München 883, Th. Ackermann. *

Biedermann, Geo. Lateinisches Elementarbuch f. die erste Klasse der Lateinschule. 5. Aufl. gr. 8. (IV, 140 S.) Münch. 889, Th. Ackermann Verlag. * 1 60

Biedermann, Geo., lateinisches Elementarbuch f. die 1. Klasse d. humanistischen Gymnasiums. 6. Aufl. gr. 8. (VI, 146 S.) München 891. Th. Ackermann's Verl. n. 1. 50

Biedermann, Geo., latein. Elementarbuch f. d. 1. Klasse d. humanist. Gymnasiums. 7. Aufl. gr. 8. (VIII, 153 S.) München 895. Th. Ackermann. n. 1. 50; geb. n.n. 1. 80

Biedermann, Geo., lateinisches Elementarbuch f. die erste Klasse des humanistischen Gymnasiums. 8. Aufl. gr. 8. (VIII, 153 S.) München 898. Th. Ackermann. n. 1.50; geb. n.n. 1. 80

Biedermann, Geo., lateinisches Elementarbuch für die erste Klasse des humanistischen Gymnasiums. 9. Aufl. (VII, 153 S.) 8. München 904. Th. Ackermann. n. 1. 50; geb. in Leinw. n.n. 1. 80

! — Latein. Elementarb. Jetzt: Nürnbg, C Koch. '01/05

Biedermann, G: Latein. Elementarb. f. d. I. u. II. Klasse d. humanist. Gymnasiums. 8° Münch., T Ackermann. 3.10; geb. nn 3.80
I. 8. Afl. (150) 98. 1.50; geb. nn 1.80 ‖ II. 5. Afl. (203) 99. 1.60; geb. 2 —

Biedermann, G[eorg], Dr., Prof.: **Friedensunterhandlungen** des Administrators von Freising, Pfalzgrafen Philipp bei Rhein, im Landshuter Erbfolgestreit 1504. *Freising 1899: A. Fellerer.* (68 S.) 8°
Freising, k. Humanist. G, P 1899*

Biedermann. Geo. Geographie von Bayern, s. a. A r e n d t s, C.

Biedermann, G., G e o g r a p h i e v. Bayern nebst der Heimatkunde u. e. Übersicht üb. die einzelnen Erdteile. 17., neu bearb. Aufl. (m. 16 Abbildgn.) (VIII, 101 S.) 8. Regensburg 909. Verlagsanstalt vorm. G. J. Manz. 1. —

Biedermann, G: Geogr. v. Bayern nebst d. Heimatkde u. e. Uebersicht üb. d. einz. Erdteile. 18. Afl. (7, 84 m. Abb.) Regensbg, Verl.-Anst. vorm. GJ Manz '12. geb. 1 — d

— Geogr. v. Europa ohne Deutschld, Oesterr.-U., d. Schweiz. 16. Afl. (4, 161 m. Abb.) 8° Ebd. '12. geb. 1.50 d

— Geogr. v. Mitteleuropa. Deutschld, Österr.-U., d. Schweiz. 16. Afl. (4, 188 m. Abb.) 8° Ebd. '12. geb. 1.50 d

Biedermann, Georg Die Insel Kephallenia im Altertum. 8 (1 Bl. 81 S., 1 Kärtch., 22 Originalzeichn. u. 2 Planskizzen). Progr. Maximilians-G. München 1887.

Biedermann, Georg, die Insel Kephallenia im Altertum. Diss. Würzburg 1887, Stahelsche Univ.-Buchh. 8°. 84 S. mit 5 Taf.

Biedermann, G., Geographischer Leitfaden. 2. Aufl. 8. (XVI, 327 S.) Regensburg 883, Manz. *
Früher u. d. T.: Arendts, Karl, Leitfaden für den ersten wissenschaftlichen Unterricht in der Geographie.

—— geographischer Leitfaden. 3. und 4. Aufl. 8. (XVI, 328 S.) Regensburg 885,87, Verlags-Anstalt. * geb. *

Biedermann, G., geographischer Leitfaden. 5. Aufl. 8. (VIII, 336 S. m. eingedr. Abbildgn.) Regensburg 889. Verlagsanstalt. n. 2. 30; geb. n. 2. 50

— geographischer Leitfaden. 6. Aufl. 8. (XI, 336 S.) München u. Regensburg 891. Nationale Verlags-Anstalt. n. 2. 30; geb. n.n. 2. 50

— geographischer Leitfaden. 13. Aufl. (VIII, 456 S. m. Abbildgn.) 8. Regensburg 905. Verlagsanstalt vorm. G. J. Manz. Geb. n. 2. 40

— Geographischer Leitfaden. 15., neu bearb. Aufl. (m. 84 Abb.) (XI, 434 S.) 8. Ebd. 900. Geb. in Leinw. 2. 80

Biedermann, Geo., lateinisches Uebungsbuch f. die 2. Klasse der Lateinschule. gr. 8. (VI, 147 S.) München 876. Th. Ackermann. n. 1. 60

—— lateinisches Uebungsbuch für die 2. Klasse der Lateinschule. 2. Aufl. gr. 8. (V, 179 S.) Ebendas. 880. *

— lateinisches Übungsbuch f. die 2. Klasse der Lateinschule. 3. Aufl. gr. 8. (V, 183 S.) München 885. Th. Ackermann's Verl. n. 1. 60

— lateinisches Übungsbuch für die 2. Klasse des Gymnasiums. 4., umgearb. Aufl. gr. 8. (VII, 195 S.) München 892. Th. Ackermann. n. 1. 60
Die 3. Aufl. erschien u. d. T.: B., lateinisches Übungsbuch für die 2. Klasse der Lateinschule.

— lateinisches Übungsbuch f. die 2. Klasse des Gymnasiums. 5. umgearb. Aufl. gr. 8. (V, 203 S.) Ebd. 899. n. 1.60; geb. n 2.—

— lateinisches Übungsbuch f. d. zweite Klasse des Gymnasiums. 6. umgearb. Aufl. (V, 215 S.) 8. München 905. Th. Ackermann. n. 1. 60; geb. n. 2.—

Biedermann, Germ., (R. K. Frhr. v. Senkenberg,) Gedanken über verschied. Paragraphen der Kaiserl. Wahlcapitulation. 4. (Wetzlar) 790. Winkler. 6 ꝑ

— Gedanken üb. die Kaiserl. Wahlkapitulation. 4. Wetzlar, Winkler. 791.

Biedermann, Gust., ein Blätter-Buch. gr. 8. (256 S.) Prag 879, Tempsky. *

Biedermann, Gust., zur logischen Frage. gr. 8. (IV, 80 S.) Prag 870, Tempsky. *

Biedermann, G., pragmatische u. begriffswissenschaftliche Geschichtsschreibung der Philosophie. Prag 870. Tempsky. gr. 8. (2 Bll., 75 S.) n. 16 ngr.

Biedermann, Gust., die speculative Idee in Humboldt's Kosmos. Ein Beitrag zur Vermittelung der Philosophie und der Naturforschung. gr. 8. (142 S.) Prag 849, Calve'sche Vrlgsh.

—— Kants Kritik der reinen Vernunft und die Hegelsche Logik in ihrer Bedeutung für die Begriffswissenschaft. gr. 8. (III, 106 S.) Prag 869, Tempsky. *

Biedermann, Gust., Metaphysik in ihrer Bedeutung für die Begriffswissenschaft. gr. 8. (III, 44 S.) Prag 870, Tempsky. *

Biedermann, Gust., die Naturphilosophie. gr. 8. (XXXVII, 364 S.) Prag 875. Tempsky. n. 8. —

—— Philosophie als Begriffswissenschaft. 1. und 2. Thl. gr. 8. Ebendas. 877. à Thl. * ℳ 8. *
Inhalt:
Thl. 1. Die Wissenschaft des Geistes. (XXXIII, 352 S.)
» 2. Die Naturwissenschaft. (XLIII, 405 S.)

Biedermann, Gust., Philosophie als Begriffswissenschaft. 3. (Schluss-)Thl. A. u. d. T.: Die Lebensweisheit. gr. 8. (XIX, 233 S.) Prag 880, Tempsky. *
1. und 2. Thl. Ebendas. 1877. * ℳ 16.

Biedermann, Gust., Philosophie als Begriffswissenschaft. Religions-Philosophie. gr. 8. (XXI, 175 S.) Prag 887, Tempsky. — Leipzig, Freytag. *

— Philosophie als Begriffswissenschaft. Natur-Philosophie. Des Systems der Philosophie 2. Thl. gr. 8. (XXXI, 316 S.) Ebd. 888. n. 8. 50

Biedermann, Gust., Philosophie als Begriffswissenschaft. Moral-, Rechts- u. Religionsphilosophie. gr. 8. (V, XIX, 45; IX, 69 u. XIII, 110 S.) Prag 890. Tempsky. — Leipzig, Freytag. n. 4. 20

Biedermann, Gust., Philosophie d. Geistes. Des Systems der Philosophie 1. Thl. gr. 8. (XXXI, 316 S.) Prag 886. Tempsky-Leipzig, Freytag. n. 8. 50

Biedermann, G., Philosophie d. Geschichte. 8. (586) Prag 84, Tempsky. — Lpzg, Freytag. 4. 10. —

— Philosophie d. menschlichen Lebens. Des Systems der Philosophie 3. Thl. gr. 8. (XVII, 256 S.) Ebd. 889. n. 8. —

—— System d. Philosophie. 3 Thle. 8. Ebd. n. 25. —
I. Philosophie d. Geistes. (347) 86. n. 8. 50
II. Naturphilosophie. (360) 88. n. 8. 50
III. Philosophie d. menschl. Lebens. (256) 89. n. 8. —

Biedermann, Gust., die Wissenschaft des Geistes. Der Wissenschaftslehre 2. und 3. Thl. gr. 8. Leipzig, Teubner.
Inhalt:
Thl. 2. Die Lehre des Geistes. (XV und 531 S.) 858. 3 Thlr.
» 3. Die Seelenlehre. (XVII und 398 S.) 860. 2 Thlr. 15 Ngr.
1. Thl. Ebendas. 1856. 1 Thlr. 15 Ngr.

Biedermann, Gust., die Wissenschaft des Geistes. 2. Aufl. gr. 8. (LVII und 508 S.) Prag 863, Tempsky.

—— die Wissenschaft des Geistes. 3. Aufl. gr. 8. (XXXIX, 403 S.) Prag 870, Tempsky. *

Biedermann, Gust., die Wissenschaftslehre. 1. Thl. A. u. d. T.: Die Lehre vom Bewusstsein. gr. 8. (XIX und 280 S.) Leipzig 856, (Teubner.)

Biedermann, Gustav Heinrich von

de Biedermann, G. H.: Diss. de juribus singularibus αὐτουργων metallicorum (von den Vorrechten der Eigenlöhner.) *Lips.*, (*Berlin*, List.) 810. 4. (10 Gr.)

— Gustav Heinrich von (Dresden) u. Friedrich Gotthold Oehlschlaegel (Eybenstock), De juribus singularibus *ΑΥΤΟΥΡΓΩΝ* metallicorum (Von den Vorrechten der Eigenlöhner). Dissertat. jur. metallici Saxonici. Lpz. (Joh. Sommer) 18. IX. 1810. 70 S. (5.50) 2666

Biedermann, Heinrich

— u. Hans Boller: Leitf. d. kaufmänn. Rechnens f. kaufmänn. Fortbildgssch. u. Handelsmittelsch. I. Tl. Pensum z. Vorbereitg auf d. Lehrlingsprüfg. (8, 126) 8° Zür., Schulthess & Co. '11. 1I L 2.20

Biedermann, H: Theorie d. doppelten Buchhaltg, entwickelt auf Grund d. Bilanzgleichg, s: Mitteilungen a. d. handelswissenschaftl. Seminar d. Univ. Zürich.

Biedermann, Heinr., der Überseehandel usw. nebst Buchhaltung e. Export- u. Kommissionshauses, unter Mitwirkg. von J. Fr. Schär, s. a. Sammlung Schär-Langenscheidt.

Biedermann, Heinrich. Der Überseehandel. Organisation, Betrieb und Rechnungswesen des überseeischen Export- und Importgeschäftes, nebst Buchhaltung eines Export- und Kommissionshauses nach französischer Form mit acht Spezialjournalen auf Grund von Originaldokumenten von H' B', Professor ... in Winterthur, unter Mitwirkung von Dr. J(ohann) Fr(iedrich) Schär, Professor ... [in] Berlin. XVI+216 S. gr.-8. Gross-Lichterfelde-Ost, Dr. P. Langenscheidt, [1906]. M. 8.—, geb. 10.—

Sammlung Schär-Langenscheidt. Ausbau des Systems Schär-L's Kaufmännische Unterrichtsstunden»... Hrg. von Dr. J'F' Schär... Band 2...

Biedermann, Herb., das große Buch der komischen Vorträge, s.: Neuberg, Herm.

Biedermann, Hermann Ignaz, s. Bidermann, Hermann Ignaz

Biedermann, J., Unterweis. im Christenth. in kurz. katech. Reden. gr. 8. Salzb. Mayr. 805.

Biedermann, J. F., von der Liebe z. Hause Gottes. Predigt. gr. 8. Bresl. 820. Max u. C. 2 gr

Biedermann, J. Gf., († d. 11. Nov. 1824.) s. Ph. J. *Piderit*, Pharmacopoea rationalis.

Biedermann, J.R., s. Biedermann, David Rudolf

Biedermann, Jac., Volk man betrügt dich! Aus dem Französ. übers. v. C. F. Trippe. Soest 865. Nasse. 12. (47 S.) 3/4 ngr.

[F.] Nüt för uguat. Gedichte in Montavoner Mundart v. Johann Baptist Biedermann. *Stuttgart: Süddeutsches Verl.-Inst. 1897.* (XV, 223 S.) 1 Bd 8. [97. 8490

Biedermann, Joh. Christoph (Hrsg.), s. a. Stephanus und Paulus.

Biedermann, J. Chr., Stephanus u. Paulus. Eine Zeitschr. f. Freunde d. Literatur u. Kunst. 1s Hft. Mit 1 Kpf. 8. Leipz. (München) 812.

Biedermann, Johann Gottfried

— **Genealogie d. hoh. Fürstenhäus. im Fränk. Kr., aus d. bewährt. Urkunden rc. Fol. Bayreuth. 746.**

Biedermann, J. Gf., Genealogie d. hohen Fürsten-Häuser im Fränk. Kreise, Grafenh., Ritterschaft rc. 10 Thle. Fol Nürnb. 753. 30 ℛ Register über sämmtl. genealog. Tabellen. Fol. Nürnb. 771. Felssecker. 1 ℛ 8 gr

Biedermann, J. Gfr., Genealogie d. hoh. Graf. Häuser im Fränk. Kr. 1 Thl. Fol. Erlangen. 745.

Biedermann's Geschlechtsregister des Patriciats zu Nürnberg, fortgesetzt u. hrsg. (v. G. E. Waldau). Nürnberg 1787. fol.

Biedermann, J.Gf. Geschlechtsregister des Patriciats zu Nürnberg, bis zum Jahr 1788 fortgesetzt ... Nürnberg 1788. H: *Waldau, Georg Ernst.* (Ky)

Biedermann, Jh. Gf., († d. 22. Sept. 1808.) charakterist. Skizze M. Hübler's. 8. Freiberg 805. Craz u. G. 8 gr

Biedermann, Johann Gottlieb, s. Bidermann, Johann Gottlieb

Biedermann, Johannes: Beiträge zur Kenntniss des Coffeïn's und Coffeïdin's. Halle a. S. 1881: Plötz. 49 S. 8°

Halle-Wittenberg, Phil. Diss. v. 29. Juli 1881

Geb. Lettin (Saalkr.) 13. 5. 1846. V.

Vom Verf. u. Ernst Schmidt ersch. noch: Ueber das Coffeïn und seine Salze. In: Archiv der Pharmacie. Bd 221. Halle a. S. 1883. S. 175—186.

Biedermann, Karl

Biedermann, K., 1815—1840. 25 Jahre deutscher Geschichte. Vom Wiener Congreß bis zum Thronwechsel in Preußen. Eine Ergänzg. nach rückwärts zu d. Verf.'s „30 Jahre deutscher Geschichte, 1840—1870". 1. Bd. 8. (VII, 346 S.) Breslau 889. Schles. Verlagsanstalt. n. 3. 50; geb. n. 5. —

Biedermann, Karl, 1815—1840. 25 Jahre deutscher Geschichte. Vom Wiener Congreß bis zum Thronwechsel in Preußen. Eine Ergänzg. nach rückwärts zu d. Verf.'s „30 Jahre deutscher Geschichte, 1840—1870". 2. (Schluß-) Bd. 8. (XIV, 323, XII u. XVI S.) Breslau 890. Schles. Verlags-Anstalt. n. 3. 50; geb. n. 5. — (kplt.: n. 7. —; geb. n. 10. —)

Biedermann, Karl, die Adresse des Vereinigten preuß. Landtags an den König, beleuchtet. gr. 8. (16 S.) Leipzig, 847. (Biedermann.) 1/12 ℛ

— **die Aufgabe des ersten Vereinigten Landtages in Preußen beleuchtet. Nebst vergleich. Zusammenstellung aller bisher erschienenen Schriften über die Verordnungen v. 3. Febr. 1847. 8. (336 S.) Leipzig 847, G. Wigand (jetzt Schlicke.) 1/12 ℛ**

Biedermann, Karl, Bericht über den ersten deutschen Journalistentag, gehalten zu Eisenach am 22. Mai 1864. Leipzig, Brockhaus in Comm. gr. 8. (25 S.) n. 4 ngr

Biedermann, C., Socialistische Bestrebungen in Deutschland. (Unsere Gegenwart und Zukunft, I. Bd. Leipzig, G. Mayer, 1846.)

—— **ein Blatt aus der neuesten Verwaltungsgeschichte Sachsens f. Blatt.**

Biedermann, Karl, der letzte Bürgermeister von Straßburg. Vaterländisches Drama in 5 Akten. Mit einem Epilog aus der Gegenwart. 8. (135 S.) Leipzig 870, Brockhaus. *

Biedermann, Karl, Deutschland im achtzehnten Jahrhundert. 2 Bde. Leipzig 854, 858. Weber. gr. 8. n. 5 ℛ 15 ngr
1. Bd.: Deutschlands Politische, materielle und sociale Zustände im 18. Jahrh. (XX, 428 S.) n. 2 ℛ 15 ngr
2. Bd.: Deutschlands geistige, sittliche und gesellige Zustände im 18. Jahrhundert. 1. Thl.: Bis zur Thronbesteigung Friedrichs des Großen. (1740.) (XXIV, 560 S.) n. 3 ℛ

— **Deutschland im 18. Jahrhundert. Leipzig 867. Weber. gr. 8. 2. Bd.: Deutschlands geistige, sittliche u. gesellige Zustände im 18. Jahrh. 2. Thl. Von 1740 bis zum Ende des Jahrh. 1. Abth. Von Gellert bis mit Wieland. (X, 226 S.) n. 1 ℛ 10 ngr**

Biedermann, Karl, Deutschland im 18. Jahrh. 2. Bd. Deutschlands geist., sittl. u. gesell. Zustände im 18. Jahrh. 2. Thl. Von 1740 bis zum Ende d. Jahrh. 2. Abth. gr. 8. (IX u. S. 227—440.) Leipzig 875. Weber. n. 4. — (I. II. 1. II, 1. u. 2.: n. 24. 50)

Biedermann, Karl, Deutschland im 18. Jahrhundert. 1. Bd., 2. Bd. 1. Thl. und 2. Thl. 3. (Schluß-)Abthl. und Generalregister. gr. 8. Leipzig 880, Weber. *M 31.; geb. in Halbfrzbd. ** compl. *M 40.; geb. in Halbfrzbd. **

Inhalt:
Bd. 1. Deutschlands politische, materielle und sociale Zustände im 18. Jahrh. 2. verm. und verb. Aufl. (XX, 423 S.) *M 8.; geb. **M 10.
„ 2. Deutschlands geistige, sittliche und gesellige Zustände im 18. Jahrh. 1. Thl.: Bis zur Thronbesteigung Friedrichs des Großen. [1740.] 2. verm. und verb. Aufl. (XXII, 514 S.) *M 9.; geb. **M 11.
„ 2. — dass. — 2. Thl.: Von 1740 bis zum Ende des Jahrh. 3. Abthl. (XIII, 1244 S.) *M 14.; geb. **M 16. — Generalregister. (58 S.) *M 1.; geb. **M 2.
2. Bd. 2. Thl. 1. und 2. Abthl. Ebendas. 1867,75. *M 8.; geb. *M 10.

— Erinnerungen aus der Paulskirche. 8. (XII u. 411 S.) Leipzig 849, G. Mayer. 1 1/2 ₰

— die Erklärung des Hrn. v. Beschau, s. Erklärung.

— die Erziehung zur Arbeit, eine Forderung des Lebens an die Schule. 2. völlig umgearb. Aufl. gr. 8. (VII, 126 S.) Leipzig 1883, Matthes. *
Die 1. Aufl. unter dem Pseudonym Carl Friedrich.

Biedermann, Karl: Frauen-Brevier. Kulturgeschichtl. Vorlesungen. — Leipzig: Weber 1856. XVIII, 514 S. 8°

— Frauenbrevier. Beiträge zur weiblichen Bildung. 2. umgearb. Aufl. 8. (X, 537 S.) Leipzig 881, Weber. geb. *

— Friedrich der Große und sein Verhältniß zur Entwicklung des deutschen Geisteslebens. gr. 8. (80 S.) Braunschweig 859, Westermann. *

Biedermann, Carl, Führer auf die Hohe Veitsch [Veitschalpe] und die Schneealpe. Hrsg. von der Section „Austria" des deutschen und österreich. Alpenvereins. 8. (47 S.) Wien 882, Lechner's Sortiment. cart. *

Biedermann, Karl (Hrsg.), s. Gegenwart, Unsere, und Zukunft.

Biedermann, Karl, Unsere Gegenwart u. Zukunft. 1. Bd. 2. unveränd. Aufl. Lex.-8. Leipzig 846, G. Mayer. n. 1 2/3 ₰

— dass. 2.—4. Bd. Lex.-8. Ebd. 846. à n. 1 2/3 ₰

— unsere Gegenwart und Zukunft. 5—8. Bd. gr. 8. Leipzig 847, Mayer. [5. (336 S.) 6. (356 S.) 7. (331 S.) 8. (334 S.) à * 1 Thlr. 20 Ngr.] *
1—4. Bd. Ebendas. 1846. à * 1 Thlr. 20 Ngr.

Biedermann, Karl. Geschichte Deutschlands vom Wiener Congreß bis zur Aufrichtung d. neuen deutschen Kaiserthums. 1815—1871. 2 Thle. in 4 Bdn. (Neue Titel-Ausg. v. „1815—1840" u. „1840—1870"). 8. (VII, 346; XIV, 323, XVII, XVI; II, 500; II, 540 S.) Ebd. 891. * 17 —

Biedermann, Carl. Geschichte d. Bezirkes Dielsdorf. In-8°, 145 S. Bülach, F. Scheuchzer. 1883

— Geschichte des deutschen Einheitsgedankens. Ein Abriß deutscher Verfassungsgeschichte von der Urzeit bis zur Errichtg. d. neuen deutschen Kaisertums. gr. 8. (VI, 68 S.) Wiesbaden 894. J. F. Bergmann. n. 1. —

Biedermann, K., Geschichte der Leipziger Kramer-Innung 1477—1880. Ein urkundl. Beitrag zur Handelsgeschichte Leipzigs u. Sachsens. Im Auftrage der Kramer-Innung verf. gr. 8. (VII, 182 S. m. 4 Lichtdr.) Leipzig 881. (Hinrichs' Verl.) n. 5. —

Biedermann, Karl. Geschichte des ersten preußischen Reichstags. Leipzig, Biedermann 1847. VIII 498 S. 8.

— der Geschichtsunterricht in der Schule, seine Mängel und ein Vorschlag zu seiner Reform. gr. 8. (45 S.) Braunschweig 860, Westermann. *

Biedermann, Karl (I.), der Geschichtsunterricht auf Schulen nach kulturgeschichtlicher Methode. gr. 8. (45 S.) Wiesbaden 885, Bergmann. *

Biedermann, K: Der Gesch.-Unterr. auf Schulen nach kulturgeschichtl. Methode. 2. Afl. 8° (37) Wiesb. 1900, JF Bergmann. — 80

Biedermann, Karl, Kaiser Heinrich IV. Trauerspiel in 5 Acten. Weimar 861. Böhlau. 8. (IV, 112 S.) n. 15 ngr.

Biedermann, Karl (Hrsg.), Der Herold.

— dreißig Jahre deutscher Geschichte. Von der Thronbesteigung Friedrich Wilhelm IV. bis zur Aufrichtung des neuen deutschen Kaiserthums. Mit einem Rückblick auf die Zeit von 1815 bis 1840. 2 Bde. 8. (IV, 500 u. II, 450 S.) Breslau 870—82. Schottländer. n. 10. —

— dreißig Jahre deutscher Geschichte. Von der Thronbesteigung Friedrich Wilhelm IV. bis zur Aufrichtung des neuen deutschen Kaiserthums. Mit einem Rückblick auf die Zeit von 1815 bis 1840. 10 Lfgn. oder 2 Bde. 8. (VII, II, 500; II, 450 S.) Breslau 881, Schottländer. *M 10.; geb. *

Biedermann, Karl, 1840—1870. Dreißig Jahre deutscher Geschichte. Vom Thronwechsel in Preußen bis zur Aufrichtung des neuen deutschen Kaiserthums. Nebst einem Rückblick auf die Zeit von 1815—1840. 2 Bde. 2. Aufl. Mit einer Vorrede des Verf. 8. (XI, 500; II, 540 S.) Ebendas. 883. *M 10.; geb. **

— 30 Jahre deut. Geschichte, 1840—1870. Mit e. Rückblick auf d. Zeit v. 1815—1840 u. e. Uebersicht d. ersten 25 Jahre d. neuen Deutschen Reichs. 4. (Volks-)Asg. 2 Bde. 8° (1095) Bresl. 96, Schles. Buchdr. etc. 6 —; geb. 8 —; auch in 12 Lfgn à — 50

Biedermann, Karl. 50 Jahre im Dienste d. nationalen Gedankens. Aufsätze u. Reden. 8. (XII, 232 S.) Bresl. 892, Schles. Verlags-Anstalt. * 3 —; geb. * 4 —

Biedermann, K: Fünfzig Jahre im Dienste des nationalen Gedankens. Aufsätze und Reden. 2. Aufl. Breslau 1892

— die Universität Jena nach ihrer Stellung und Bedeutung in der Geschichte deutschen Geisteslebens von ihrer Gründung bis auf die Gegenwart. Eine Festgabe zum 300jähr. Jubiläum dieser Universität, zugleich ein Beitrag zur deutschen Kulturgeschichte. gr. 8. (108 S.) Jena 858, Bran'sche Buchh. *
Aus: Minerva. 2. Bd. 3. Heft. Jahrg. 1858, besonders abgedruckt.

— in wie weit u. wie hat d. Geschichtsunterricht „als Vorbereitg zu dienen z. Teilnahme an d. Aufgaben, welche d. öffentl. Leben d. Gegenwart an jeden Gebildeten stellt?" Eine Meinungskundgebg im Hinblick auf d. Versammlg deut. Historiker. 8° (28) Wiesb. 93. JF Bergmann. — 60

Biedermann, Karl, s. Katechismus, politischer, f. Deutschland.

— Sachsens Landtag 1845/46. I. Karakteristiken d. beider Präsidenten v. Carlowitz u. Braun u. des Führers d. Opposition Karl Todt. II. Rückblick auf die Wirksamkeit des Landtags. gr. 8. (7 B.) Leipzig 846, Schrey.
Aus: Sachsens berühmte Männer besond. abgedruckt.

Biedermann, Karl, Leben und Schicksale v. X. Y. Z. d. Verf. d. Phantasiegemälde, m. K. 2 Bde, 8, Lpz. Schiegg. (Vollmer, Hamb.) 805.

— mein Leben u. e. Stück Zeitgeschichte. Eine Ergänzg. zu d. Verf.: „Dreißig Jahre deutscher Geschichte". 1. Bd. 1812—1849. 8. (VIII, 393 S.) Breslau 886. Schottländer. n. 5. —; geb. n. 6. 50

— mein Leben u. e. Stück Zeitgeschichte. Eine Ergänzg. zu d. Verf. „Dreißig Jahre deutscher Geschichte". 2. Bd. 1849—1886. 8. (VI, 425 S.) Ebd. 886. n. 5. —; geb. n. 6. 50 (1. 2.: n. 10. —; geb. n. 13. —)

— Leitf. d. deut. Geschichte f. d. Schulgebr. 8° (95 m. 4 Kart.) Lpzg 95, R Voigtländer. — 80; geb. — 90

— Leitfaden d. deutschen Geschichte f. d. Schulgebrauch. Unt. Beirat prakt Schulmänner verf. 2., unveränd. Aufl. M. 4 (farb.) Geschichtskarten. 8. (95 S.) Leipzig 897. R. Voigtländer. Geb. n.n. — 90

— Leitf. d. deut. Gesch. f. d. Schulgebr. 2. Afl. 8° (95 m. 4 Kart.) Lpzg 98, R Voigtländer. Geb. nn — 90

Biedermann, Karl, aus Bad Liebenstein: Ueber quantitative Metalltrennungen mit Hydrazin, in einem Bromstrome und im Schwefligsäurestrom. *Heidelberg 1900: J. Hörning.* (40 S.) 8°
Heidelberg, Naturw.-math. Diss. v. 1900

Biedermann, Carl (Hrsg.), s. Monatsschrift, Deutsche, für Litteratur und öffentliches Leben.

Biedermann, Carl. Das deutsche Nationalleben in seinem gegenwärtigen Zustande und in seiner fortschreitenden Entwicklung betrachtet. Programm einer Monatsschrift, welche vom Januar 1842 an unter dem Titel: Deutsche Monatsschrift für Litteratur und öffentliches Leben unter Leitung des Verfassers erscheinen wird. Leipzig. B. Tauchnitz jun. 1841. VIII 70 S. 8.

Biedermann, Carl, Ad orationem aditialem publicam. — Dissertatio de notione libertatis ejusque in philosophia practica usu. Lpz. (Breitkopf & Haertel) 2. XI. 1843. 17 S. (4.—) 2659

Biedermann's, Carl, Oetscher-Führer. Zweite erweiterte Auflage mit Dürrenstein- und Hochkaar-Gebiet. Bearbeitet von Josef Rabl. Mit einer Karte von G. Freytag. 8. (XVI, 102 S) In Lwd. geb. 2.—
Dasselbe ohne Karte 1.10
Wien: Artaria & Co. 1893.

— Kaiser Otto III. Trauerspiel in 5 Aufzügen. Leipzig 863. Brockhaus. 8. (VI, 127 S.) n. 20 ngr.

Biedermann, Karl, Das deutsche Parlament. Ein Entwurf, der am 30. März in Frankfurt a. M. zusammentretenden Versammlung deutscher Männer gewidmet. Leipzig, Biedermann, 1848. 32 S. 8⁰.

[F.] Das erste deutsche Parlament. Zu dessen fünfzigjähr. Jubiläum. Von Dr. Karl Biedermann. *Breslau: S. Schottlaender 1898.* (2 Bl., 109 S.) 1 Bd 8. [98. 6257

—— die deutsche Philosophie von Kant bis auf unsere Zeit ihre wissenschaftl. Entwicklung u. ihre Stellung zu den polit u. socialen Verhältnissen der Gegenwart. 2 Bde. gr. 8. Leipzig 842, 43. [Mayer.] [1. (34¾ B.) 2. (40½ B.)]

— die Repräsentativ-Verfassungen mit Volkswahlen, s. Princip, das constitutionelle.

— s. Sachsens berühmte Männer und Frauen.

Biedermann, Special-Führer in das Oetscher-Gebiet u. auf den Dürrenstein. Unter Mitwirkg. der Alpen-Gesellschaft „die Lackenhofer" u. bekannter Kenner dieses Alpengebietes bearb. 12. (VIII, 76 S.) Wien 888. Artaria & Co. cart. n. 1. 80; m. Special-Touristenkarte u. Distanz- u. Wegmarkirungskärtchen n. 4. —

Biedermann, Karl (II.), us Stadt und Land. Erzellige. 8. (348 S.) Winterthur 888, Geschwister Ziegler. *
geb. *

—— les systèmes représentatifs avec élections populaires historiquement exposés et développés en rapport avec les conditions politiques et sociales des peuples. Traduit de l'allemand par Stanisl. Leportier. 8. (VII und 278 S.) Leipzig 864, Brockhaus. *

— deutsche Volks- u. Kulturgeschichte f. Schule u. Haus. 3 Tle. gr. 8. Wiesbaden, Bergmann. n. 6. —; geb. n. 7. 50
1. Die Urzeit. Das Frankenreich unter den Merovingern u. Karolingern. (VIII, 112 S.) 885. n. 1. 40
2. Von der Entstehung e. selbständigen deutschen Reichs bis zu Karl V. [843—1519]. (IV, 182 S.) 885. n. 1. 80
3. Von Karl V. bis zur Aufrichtung d. neuen deutschen Kaisertums [1519—1871]. (IV, 252 S.) 886. n. 2. 80

— — Deutsche Volks- u. Kulturgeschichte f. Schule u. Haus. 2., verb. u. verm. Aufl. 3 Tle. in 1 Bde. gr. 8. (XI, 108; IV, 174; IV, 239 S.) Wiesb. 891, Bergmann. ‧ 6 —; geb. ‧ 7 50

— deutsche Volks- u. Kulturgeschichte f. Schule u. Haus. 3. [Titel-]Aufl. 3 Tle. gr. 8. (XI, 108; IV, 174 u. IV, 239 S.) Wiesbaden (891) 898. J. F. Bergmann. n. 6. —; in 1 Leinwbd. n. 7. 50

Biedermann, Karl, Deutsche Volks- u. Kulturgeschichte von der Urzeit bis zum Schlusse des 19. Jahrh. Für Schule u. Haus. 4., verb. u. verm. Aufl. 3 Tle. in 1 Bde. gr. 8. (XVI, 108; IV, 174 u. V, 268 S.) Wiesbaden 901. J. F. Bergmann. n. 6.—; geb. n. 7. 50

—— Vorlesungen über Sozialismus und soziale Fragen. 8. (X und 283 S.) Leipzig 847, Biedermannsche Vrlgsh.

— Vorlesungen üb. Socialismus u. Socialpolitik. 8. (205 S.) Breslau 900. Schles. Buchdruckerei 2c. n. 3.—;
(Leipz.: Steinacker) geb. n. 4.—

—— die Wiedereinberufung der alten Stände in Sachsen, aus dem Gesichtspunkte des Rechts und der Politik beleuchtet. Zugleich eine Rechtfertigung der Kammern von 1849 — 1850. Lex.-8. (VI und 88 S.) Leipzig 850, O. Wigand.

—— ein Wort an Sachsens Stände. Rede, gehalt. beim Konstituzionsfest zu Leipzig am 4. Sept. 1845. gr. 8. (½ B.) Braunschweig 845, Otto. (Leipzig, Mayer.)

— Deutschlands trübste Zeit, s. a. Nationalbibliothek, deutsche.

— Deutschlands trübste Zeit, oder: Der 30jähr. Krieg in seinen Folgen für das deutsche Culturleben. Berlin 862. Vrlgl. gr. 8. (LXXXVII, 215 S. mit Portr. in Holzschn.) 27 ngr.

—— Deutschl. trübste Zeit, od. d. 30jähr. Krieg in s. Folgen f. d. deut. Culturleben. 8. (215) Berl. 62, (Kobligk.) — 27

— Zeit- u. Lebensfragen aus dem Gebiete der Moral. 8. (135 S.) Ebd. 899. n. 1.50; geb. n. 2.50

— **Carl Christian Lorenz** (Cöthen), De usu geradae inter illustres dissertatio. Präs. Daniel Nettelbladt. Halle (Hendel) 19. VIII. 1786. 30 Seiten. (5.—) 2660
Mit handschriftl. Widmung.

— **Carl Heinrich August** (Kamenz), De justa foeminarum lactatione magno sanitatis praesidio sectio prior. De virtute lactationis prophylactica. Diss. med. Präs. Christian Friedrich Nürnberger. Wittenberg (A. Ch. Charisius) 7. III 1786. 28 Seiten. (5.—) 2661

Biedermann, Karl Laurent., Laurentius Biedermann. Criminalgeschichte aus d. 17. Jahrh. gr. 8. Deßau 843, Fritsche u. Sohn. n. ⅓ ngß

Biedermann, Martin, Medizinalprakt.: Beitrag zur Kenntnis des Smegmabacillus. Leipzig 1908: Georgi. 21 S. 8°
Leipzig, Med. Diss. v. 14. Okt. 1908, Ref. Curschmann
[Geb. 1. Aug. 83 Leipzig; Wohnort: Blankenhain i. Th.; Staatsangeh.: Sachsen; Vorbildung: König-Albert-Gymn. Leipzig Reife O. 03; Studium: Leipzig 10 S.; Coll. 23. Okt. 08.] [U 09. 2753

Biedermann, N., Jahresbericht d. Gymnasium z. Bonn, s. Freudenberg, J.

Biedermann, N.J.: (Wesentl. Inhalt a.d. Ministerial-Verfügung vom 24. Oktbr. 1837, nebst einer Nachschrift üb. d. Nachtheile, welche bisher d. Fortgang des Unterrichts hemmten od. erschwerten.) 14 S. Progr. Bonn 1838.

Biedermann, N.J.: (Ueber die Licht- und Schattenseite des Ehrtriebes.) 19 S.
Progr. Bonn 1836.

Biedermann, N.J.: Pädagog. Reflexionen. (Ueber die Gediegenheit d. Charakters u. moral. Würde als Grundlage d. Menschenbildung.) 23 S.
Progr. Bonn 1840.

Biedermann, Osk., s.: Blume, Osc.

Biedermann, Otto, aus Preuß.-Friedland: Die **Methode der** Auslegung und Kritik der biblischen Schriften in Spinozas theologisch-politischem Traktat im Zusammenhang mit seiner Ethik. *Erlangen 1903: E. Th. Jacob.* (70 S.) 8°
Erlangen, Phil. Diss. v. 2. März 1903

Biedermann, Paul [Dr.]: Die wissenschaftliche Bedeutung der Hypothese. Dresden, Druck v. B. G. Teubner, 1894; 3—40 S. 4.
Dresden-Altstadt, Annen-S '(RG)', OP 1894 (554)

Biedermann, Paul Der Delphin in der dichtenden und bildenden Phantasie der Griechen und Römer. 26 S. **Progr.** St. G. *Halle* 1881.

Biedermann, Paul: Ueber Multiplicator-Gleichungen höherer Stufe im Gebiete der elliptischen Functionen .... Greifswald, Druck v. F. W. Kunike, 1887; 2 Bl. + 90 S. + 1 Bl. 8°.
Leipzig, Phil. Fak., Inaug.-Diss. v. 15. Febr. 1887.

Biedermann, Paul, über Multiplicator-Gleichungen höherer Stufe im Gebiete der elliptischen Functionen. Diss. Leipzig 1887, Gustav Fock. 8°. 90 S.

[**Biedermann,** Paulus Ferdinandus]: * Quaestiones Catullianae. 70 S. 4° (2°)
Halle-Wittenberg, Phil. Diss. v. 17. März 1873
Geb. [Pyritz (Pomm.) 26. 11. 1844]

BIEDERMANN, RICHARD. Einige Beiträge zu der Frage der Bodenabsorption. Leipzig, 1869. **Diss.**

Biedermann, Rich., einige Beiträge zu der Frage der Bodenabsorption [aus den Landwirthschaftl. Versuchsstationen Bd. XI]. 8. (83 S.) Chemnitz 69. Focke.

Biedermann, Richard (Hrsg.), s. Forschungen, Wissenschaftlich-praktische, auf dem Gebiete der Landwirthschaft.

Biedermann, Richard *Hugo Ernst* [aus Krotoschin]: Zur Kenntnis der m-Diketo-hexamethylene ... Heidelberg, Univ.-Buchdr. v. J. Hörning, 1895; 33 S., 1 Bl. 8.
Heidelberg, Naturw.-math. Fak., Inaug.-Diss. v. [7. Juni] 1895

—— **Ratgeber in Feld, Stall und Haus.** Eine Sammlung von prakt. Versuchen und Fortschritten in allen Zweigen der Landwirtschaft. Redact.: Mor. Fleischer. 7.—10. Jahrg. 1881—1884. à Jahrg. 12 Nrn. (Bog.) gr. 8. Leipzig, Leiner. à Jahrg. *
Die frühern Jahrg. s. **Rathgeber,** der, in Feld, Stall und Haus.

—— Ratgeber in Feld, Stall und Haus. Eine Sammlung von prakt. Versuchen und Fortschritten in allen Zweigen der Landwirtschaft. Redact.: Mor. Fleischer. 11.—14. Jahrg. 1885—1888. à Jahrg. 12 Nrn. (Bog.) gr. 8. Ebendas. à Jahrg. *

—— Ratgeber in Feld, Stall u. Haus. Redact.: Mor. Fleischer. 15. Jahrg. 1889. 12 Nr. (Bog.) gr. 8. Ebd. * 3 —
Nicht weiter erschienen.

Biedermann, Rich. Über die Structur der Tintinnen-Gehäuse. Aus dem zoolog. Institut der Universität Kiel. gr. 4. (38 S. m. 3 Taf.) Kiel 892, (Lipsius u. Tischer). * 2 —

Biedermann, Richard [aus Winterthur]: Aus d. Zoolog. Institut d. Univ. Kiel. Ueber die Structur der Tintinnen-Gehäuse m. 3 Taf. ... Kiel, Druck u. Lith. v. E. Uebermuth, 1893; 38 S., 1 Bl., 3 Taf. 8.
Kiel, Phil. Fak., Inaug.-Diss. v. [15. Mai] 1893

CENTRALBLATT FÜR AGRICULTUR-CHEMIE UND RATIONELLEN WIRTHSCHAFTSBETRIEB. Referirendes Organ für naturwissenschaftliche Forschungen in ihrer Anwendung auf die Landwirthschaft. Herausgegeben von R. Biedermann. [*Edited in* 1875 *by* W. Detmer; *in* 1876–'79 *by* R. Biedermann, unter Mitwirkung von Mor. Fleischer und Bernh. Tollens.] 18 vols., 8vo. Leipzig, 1872–'80.

Biedermann's, Rich. Central-Blatt für Agrikulturchemie und rationellen Landwirthschafts-Betrieb. Referirendes Organ für naturwissenschaftl. Forschungen in ihrer Anwendung auf die Landwirthschaft. Fortgesetzt unter der Redact. von Mor. Fleischer und unter Mitwirkung von W. Borgmann, O. Kellner etc. 10.—13. Jahrg. 1881—1884. à Jahrg. 12 Hefte. gr. 8. (à Heft ca. 70 S.) Leipzig, Leiner. à Jahrg. *
Die frühern Jahrg. s. Central-Blatt für Agrikulturchemie.

Biedermann's (I.) Central-Blatt für Agrikulturchemie und rationellen Landwirtschafts-Betrieb. Referierendes Organ für naturwissenschaftl. Forschungen in ihrer Anwendung auf die Landwirtschaft. Fortgesetzt unter der Redact. von Mor. Fleischer und unter Mitwirkung von E. Borgmann, Brunnemann etc. 14.—17. Jahrg. 1885—1888. à Jahrg. 12 Hefte. gr. 8. (à Heft 72 S.) Leipzig, Leiner. à Jahrg. *

Biedermann's Central-Blatt für Agrikulturchemie u. rationellen Landwirtschafts-Betrieb. Referierendes Organ f. naturwissenschaftl. Forschgn. in ihrer Anwendg. auf die Landwirtschaft. Fortgesetzt unter der Redact. v. Mor. Fleischer u. unt. Mitwirkg. v. E. Borgmann, Böttcher, Brunnemann etc. 18.—20. Jahrg. 1889—91. à Jahrg. 12 Hefte. gr. 8. (à Heft ca. 72 S.) Lpz., Leiner. à Jahrg. * 20 —

— dasselbe. Fortgesetzt unter d. Red. v. U. Kreusler u. unter Mitwirkg. v. E. Borgmann, Böttcher, Held etc. 21.—23. Jahrg. 1892—1894. à 12 Hfte. (4½ Bog.) gr. 8. Ebd. à Jahrg. n. 20. —

Biedermann's Central-Blatt f. Agrikulturchemie u. rationellen Landwirtschafts-Betrieb. Referier. Organ f. naturwissenschaftl. Forschgn. in ihr. Anwendg. a. d. Landwirtschaft. Fortges. unt. d. Red. v. U. Kreusler u. unt. Mitwirkg. v. G. Bodländer, O. Böttcher u. A. 24.—27. Jahrg. 1895—1898. à 12 Hfte. gr. 8. (à Heft 4½ Bg.) Leipzig, O. Leiner. à Jahrg. n. 20. —
Kann auch halbjährlich bezogen werden.

— dasselbe. General-Register. Enth.: Bd. I—XXV. Jahrg. 1872—1896. Mit Genehmigg. der Red. unter U. Kreusler zusammengestellt v. Konr. Wedemeyer. gr. 8. (320 S.) Ebd. 901. n. 24. —

Biedermann's Central-Blatt f. Agrikulturchemie u. rationellen Landwirtschafts-Betrieb. Referierendes Organ f. naturwissenschaftl. Forschgn. in ihrer Anwendung auf die Landwirtschaft. Fortgesetzt unter der Red. v. O. Kellner u. unter Mitwirkg. v. R. Albert, F. Barnstein, Behrens etc. 28.—31. Jahrg. 1899—1902. à 12 Hfte. gr. 8. (à ca. 72 S.) Leipzig, O. Leiner. à Jahrg. n. 20. —

Biedermann's Central-Blatt für Agrikulturchemie u. rationellen Landwirtschafts-Betrieb. Referierendes Organ f. naturwissenschaftl. Forschgn. in ihrer Anwendg. auf die Landwirtschaft Fortgesetzt unter der Red. v. O. Kellner u. unter Mitwirkg. v. R. Albert. F. Barnstein, A. Beythien u. a. 32.—35. Jahrg. 1903—1906. à 12 Hefte. (à ca. 72 S.) 8. Leipzig, O. Leiner. à Jhrg. n. 20. —

— dasselbe. General-Register. Enth.: Bd. 26 bis 35. Jahrg. 1897 bis 1906. Mit Genehmigg. der Red. unter O. Kellner bearb. v. M. P. Neumann. (224 S.) gr. 8. Ebd. 907. 20. —
(Beide Register zusammen, erm. Pr. 40.—)

Biedermann's Zentralblatt f. Agrikulturchemie u. rationellen Landwirtschaftsbetrieb. Referierendes Organ f. naturwissenschaftl. Forschgn. in ihrer Anwendg. auf die Landwirtschaft. Fortgesetzt unter der Red. v. O. Kellner u. unter Mitwirkg. v. F. Barnstein, A. Beythien, E. Blanck u. a. 36—39. Jahrg. 1907—1910 à 12 Hefte. (à ca. 72 S.) 8. Leipzig, O. Leiner. à Jhg. 22. —

Biedermann's Zentralbl. f. Agrikulturchemie u. rationellen Landwirtschaftsbetrieb. Fortgesetzt unter d. Red. v. O Kellner, seit '11 v. M Popp. 39—41. J. '10—12. 12 Hefte. (1. Heft. 72) 8° Lpzg, O Leiner. halbj. je 11 —

Biedermann, Robert, prakt. Arzt von Zürich: Aus dem Pathologischen Institut der Universität Zürich. Über einige papillär gebaute Tumoren der Haut. '(Papillome.)'. '(Mit einer Tafel.)'. Zür. Orell Füssli Dr. 1895. 37 S., 1 Taf., 1 Bl. 8°.
Zürich, Med. Diss. [v. 3. Juli 1895].

Biedermann, Rudolf
Aluminium und Aluminium-Verbindungen auf der Wiener Ausstellung. Braunschweig, 1875. 8vo.

Biedermann, Rud., Bericht über d. Ausstellung wissenschaftl. Apparate im South Kensington Museum, zu London, 1876; zugleich vollständ. u. beschreib. Katalog der Ausstellung. Mit Holzschn. Im Auftrage d. kgl. grossbritann. Erziehungsrathes zusammengestellt. gr. 8. (LI, 1063 S.) Berlin 877. Asher & Co. geb. n. 10. —

Biedermann, Rud., die wichtigsten Bestimmungen der Patentgesetze aller Länder. Mit dem deutschen Patentgesetz, den Vorschriften über die Anmeldung von Erfindungen im Deutschen Reich und Bestimmungen des internationalen Vereins zum Schutz des gewerbl. Eigentums. 2. Aufl. gr. 8. (29 S.) Berlin 885, Springer. *
1. Aufl. u. d. T.: Biedermann, Rud., Tabelle über die wichtigsten Bestimmungen etc. Ebendas. 1881.

Biedermann, Rud., s.: Chemiker-Kalender.

Biedermann, Rudolf: Die Einwirkung der Kolmarer Meisterliederhandschrift (t) auf die Textgestaltung der Gedichte Heinrichs von Meissen, genannt der Frauenlob. *Berlin 1897: B. Paul.* (59 S.) 8°
Berlin, Phil. Diss. v. 13. Okt. 1897

Biedermann, R., Handbuch, enthaltend Aufsätze über die exacten Wissenschaften und ihre Anwendungen. (Zur internationalen Ausstellung wissenschaftlicher Apparate im South Kensington-Museum zu London 1876.) London 1876. 8°.

—— technisch-chemisches Jahrbuch 1881—1882. 4. Jahrg. gr. 8. (VI, 490 S. mit 374 in den Text gedr. Illustr.) Berlin 883, Springer. geb. *
1.—3. Jahrg. bilden den 2. Thl. von Chemiker-Kalender für 1880—1882.

—— dass. — 1882—1883. Ein Bericht über die Fortschritte auf dem Gebiete der chem. Technologie von Mitte 1882 bis Mitte 1883. 5. Jahrg. gr. 8. (VIII, 608 S. mit 337 in den Text gedr. Illustr.) Ebendas. 884. geb. *

—— technisch-chemisches Jahrbuch 1883—1884. Ein Bericht über die Fortschritte auf dem Gebiete der chem. Technologie von Mitte 1883 bis Mitte 1884. 6. Jahrg. gr. 8. (VIII, 573 S. mit 279 in den Text gedr. Illustr.) Ebendas. 885. geb. *

— dasselbe 1884—1885. Ein Bericht üb. d. Fortschritte auf dem Gebiete der chem. Technologie von Mitte 1884 bis Mitte 1885. 7. Jahrg. Mit 291 in den Text gedr. Illustr. gr. 8. (X, 579 S.) Ebend. 886. geb. n. 12. —

Biedermann, Rud., technisch-chemisches Jahrbuch 1885—1886. Ein Bericht üb. die Fortschritte auf dem Gebiete der chem. Technologie von Juli 1885 bis April 1886. 8. Jahrg. Mit 263 in den Text gedr. Illustr. gr. 8. (XII, 522 S.) Berlin 887. C. Heymann's Verl. n. 12. —

—— dass. — 1886—1887. Ein Bericht über die Fortschritte auf dem Gebiete der chem. Technologie vom April 1886 bis April 1887. 9. Jahrg. gr. 8. (X, 609 S. mit 294 in den Text gedr. Illustr.) Ebendas. 888. geb. *

Biedermann, Rud. Technisch-chemisches Jahrbuch 1887—1891. Ein Bericht üb. die Fortschritte auf dem Gebiete der chem. Technologie von April 1887 bis April 1891. 10.—13. Jahrg. gr. 8. (X, 612 S. m. 328 Text-Ill.; X, 625 S. m. 263 Text-Ill.; X, 622 S. m. 300 Text-Illustr.; XII, 645 S. m. 263 Text-Ill.) Berl., C. Heymann. geb. à Jahrg. 12

— dasselbe, 1891—1892. Vom Apr. 1891 bis Apr. 1892. 14. Jahrg. gr. 8. (X, 611 S. m. 236 Illustr.) Ebd. 893. Geb. in Leinw. n. 12. —

Biedermann, Rud., technisch-chemisches Jahrbuch 1892—1893. Vom Apr. 1892 bis Apr. 1893. 15. Jahrg. gr. 8. (X, 620 S. m. 240 Illustr.) Berlin 894. C. Heymanns Verl. Geb. in Leinw. n. 12. —

— dasselbe, 1893—1894. Vom Apr. 1893 bis Apr. 1894. 16. Jahrg. gr. 8. (X, 648 S. m. 245 Illustr.) Ebd. 894. Geb. in Leinw. n. 12. —

— technisch-chem. Jahrbuch 1894—1895. E. Bericht üb. d. Fortschritte auf d. Gebiete d. chem. Technologie v. Apr. 1894 b. Apr. 1895. 17. Jahrg. gr. 8. (VIII, 636 S. m. 205 Ill.) Berlin 896. C. Heymann's Verl. Geb. in Leinw. n. 12. —

— Technisch-chem. Jahrb. 1895—97. Bericht üb. d. Fortschr auf d. Gebiete d. chem. Technol. v. Apr. '95 bis Apr. '97 18. u. 19. Jahrg. 8° (604 u. 580 m. Abb.) Berl. 97.98, C Heymann's V. Geb. in L. à 15 —
Fortsetzg s. u. d. T.: Jahrbuch, technisch-chem.

Biedermann, Rudolf, Dr.: Zur Morphologie des französischen Verbs, speziell der unregelmässigen Verba. Berlin 1907: Weidmann. (19 S.) 4°
Berlin, VIII. R OP 1907 (143)

— Repertorium der technischen Journal-Litteratur, s. a. Repertorium.

—— Repertorium der technischen Journal-Litteratur. Im Auftrage des kaiserl. Patentamts hrsg. Jahrg. 1882 und 1883. Lex.-8. (V, 282; V, 378 Sp.) Berlin, C. Heymann's Verlag. à Jahrg. *
Frühere Jahrg. s. Kerl, Bruno.

—— Repertorium der technischen Journal-Litteratur. Im Auftrage des kaiserl. Patentamts hrsg. Jahrg. 1884. Lex.-8. (VI, 396 Sp.) Ebendas. 885. *

—— dass. — Jahrg. 1885. hoch 4. (V, 412 Sp.) Ebendas. 887. *

Biedermann, Rud.,
— Die Sprengstoffe. s: Aus Natur u. Geisteswelt 286.

— — Tabelle über die wichtigsten Bestimmungen der Patentgesetze aller Länder, mit dem deutschen Patentgesetz und den Vorschriften über die Anmeldung von Erfindungen. 12. (28 S.) Berlin 881, Springer. *

Biedermann, Rudolf: Zentralblatt f. Agrikulturchemie . . ., s. Biedermann, Richard

Biedermann, Th. Geschichte des Gymnasiums zu Basel. Zur 3. Säcularfeier im Auftrag der Schulbehörde verfasst. Gr. in-8°. X, 337 S. Basel, Emil Birkhäuser. 1889 5 —

Biedermann, Th. Burckhardt-, s. Burckhardt-Biedermann

— Traugott Andreas, De jure reformandi territoriali ad tres religiones in Imperio R. G. receptas haud restricto, ad verba finalia art. VII. p. o. Diss. jur. publ. eccles. Halle (Hundt) 30. XII. 1771. 47 S. (4.80) 2669

Biedermann, W., die Schillerfarben bei Insekten u. Vögeln, s.: Denkschriften der medizinisch-naturwissenschaftlichen Gesellschaft zu Jena. XI.

Biedermann, Wilh., Beiträge zur allgemeinen Nerven- und Muskelphysiologie. [Aus dem physiolog. Institute zu Prag.] 3. Mittheilung: Ueber die polaren Wirkungen des elektr. Stromes im entnervten Muskel. Lex.-8. (32 S. mit 2 lithogr. Taf. und 7 eingedr. Holzschn.) Wien 879, (Gerold's Sohn.) **
1. und 2. Mittheilung, s. Hering, E.

Biedermann, Wilh., Beiträge zur allgemeinen Nerven- und Muskelphysiologie. [Aus dem physiolog. Institute zu Prag.] 4. und 5. Mittheilung. Lex.-8. Wien, (Gerold's Sohn.) *
Inhalt:
Mittheilung 4. Ueber die durch chemische Veränderung der Muskelsubstanz bewirkten Veränderungen der polaren Erregung durch den elektrischen Strom. (43 S. mit 1 lithogr. Taf.) 879. * M 1,20.
» 5. Ueber die Abhängigkeit des Muskelstromes von localen chemischen Veränderungen der Muskelsubstanz. (41 S.) 880. * 60 Pf.

—— dass. — 6. Mittheilung: Ueber rythm., durch chem. Reizung bedingte Contractionen quergestreifter Muskeln. Lex.-8. (19 S.) (Ebendas.) 880. *

—— dass. — 7. Mittheilung: Ueber die durch chemische Veränderung der Nervensubstanz bewirkten Veränderungen der polaren Erregung durch den elektrischen Strom. Lex.-8. (52 S. mit 2 lithogr. Taf.) (Ebendas.) 881. *

—— dass. — 8. Mittheilung: Ueber scheinbare Oeffnungszuckung verletzter Muskeln. Lex.-8. (28 S.) (Ebendas.) 882. **
9. Mittheilung, s. Hering, Ewald.

— Beiträge zur allgemeinen Nerven- und Muskelphysiologie. 10. Mitteilung: Zur Kenntnis der sekundären Zuckung. S. 87. III. 95 . . . . . . „ —.44
— — 11. Mitteilung: Über rhythmische Kontraktionen quergestreifter Muskeln unter dem Einflusse des konstanten Stromes (mit 2 Taf.). S. 87. III. 115 . . . . . „ 1.20
12. und 13. Mitteilung siehe Hering.
Separatabdruck

— Beiträge zur allgemeinen Nerven- und Muskelphysiologie. 14. Mitteilung: Über das Herz von *Helix pomatia*. S. 89. III. 19 . . . . . . „ —.60
15. und 16. Mitteilung siehe Hering.
— — 17. Mitteilung: Über die elektrische Erregung des Schließmuskels von Anodonta (mit 2 Taf.). S. 91. III. 20 . . . . . . „ 2.—
— — 18. Mitteilung: Über Hemmungserscheinungen bei elektrischer Reizung quergestreifter Muskeln und über positive kathodische Polarisation (mit 1 Taf.). S. 92. III. 142 . . . . . . „ 1.—
— — 19. Mitteilung: Über das elektromotorische Verhalten des Muschelnerven bei galvanischer Reizung. S. 93. III. 56 . . . . . . „ —.70
Separatabdruck

— Beiträge zur allgemeinen Nerven- und Muskelphysiologie. 20. Mitteilung: Über die Innervation der Krebsschere (mit 3 Taf.) S. 95. III. 7 . . . . . . „ 2.—
Separatabdruck

— Beiträge zur allgemeinen Nerven- und Muskelphysiologie. 21. Mitteilung: Über die Innervation der Krebsschere (mit 4 Taf.). S. 97. III. 49 . . . . . . „ 2.40
— — 22. Mitteilung: Über die Einwirkung des Äthers auf einige elektromotorische Erscheinungen an Muskeln und Nerven. S. 97. III. 84 . . . . . . „ —.70
— — 23. Mitteilung: Über sekundäre Erregung von Muskel zu Muskel. S. 97. III. 145 „ —.40
Separatabdruck

Dass. s.a.: B e i t r ä g e zur allg. Nerven- u. Muskelphysiologie.

Biedermann, Wilhelm: Über die E i n w i r k u n g des Aethers auf einige elektromotorische Erscheinungen an Muskeln und Nerven, s. B e i t r ä g e zur allgem. Nerven- und Muskelphysiologie.

Biedermann, W., Elektrophysiologie. gr. 8. (XIV, 857 S. m. 285 Abb.) Jena 895. G. Fischer. n. 18. —
Erschien in 2 Abtlgn. à n. 9. —.

Biedermann, Wilh., über die Erregbarkeit des Rückenmarkes. [Aus dem physiolog. Institute in Prag.] Lex.-8. (33 S. mit 1 lithogr. Taf.) Wien 883, (Gerold's Sohn.) *
Aus: Sitzungsberichte der k. Akademie der Wissenschaften, besonders abgedruckt.

– über die elektrische E r r e g u n g des Schliessmuskels von Anodonta, s. B e i t r ä g e zur allgem. Nerven- und Muskelphysiologie.

– über sekundäre E r r e g u n g vom Muskel zum Muskel, s. B e i t r ä g e zur allgem. Nerven- und Muskelphysiologie.

– über H e m m u n g s e r s c h e i n u n g e n bei elektrischer Reizung quergestreifter Muskeln und über positive kathodische Polarisation, s. B e i t r ä g e zur allgem. Nerven- und Muskelphysiologie.

—— über das Herz von Helix pomatia, s. Beiträge zur allgemeinen Nerven- und Muskelphysiologie.

-- zur Histologie u. Physiologie d. Schleimsecretion. [Mit 2 Taf.] [Aus: „Sitzungsber. d. k. Akad. d. Wiss."] Lex.-8. (23 S.) Wien 887. (Tempsky.) n. — 80

-- über die Innervation der Krebsscheere, s.: Beiträge zur allgemeinen Nerven- u. Muskelphysiologie.

-- zur Kenntniss der Nerven u. Nervenendigungen in den quergestreiften Muskeln der Wirbellosen. [Mit 2 Taf.] [Aus: „Sitzungsber. d. k. Akad. d. Wiss."] Lex.-8. (32 S.) Wien 887. (Tempsky.) n. 1. 60

Biedermann, W, üb. rhythm. durch chem. Reizg bedingte Contraction quergestreifter Muskeln, —— üb. rhythm. Contractionen quergestreifter Muskeln unt. d. Einflusse d. constanten Stromes, } s.: Beiträge z. allg. Nerven- u. Muskelphysiologie.

Biedermann, Wilh., zur Lehre vom Bau der quergestreiften Muskelfaser. [Aus dem physiolog. Institute zu Prag.] [Mit 1 (lith.) Taf.] [Aus: „Sitzungsber. d. k. Akad. d. Wiss."] Lex.-8. (14 S.) Wien 876. (Gerold's Sohn.) n. — 40

Biedermann, W., Untersuchungen üb. das Magenepithel. [Aus dem histolog. Institut der Anatomie in Prag.] [Aus: „Sitzungsber. d. k. Akad. d. Wiss."] Lex.-8. (22 S. m. 1 Steintaf. in qu. 4.) Wien 875. (Gerold's Sohn.) n. 1. —

Biedermann, W., Ueber die durch chemische Veränderung der Muskelsubstanz bewirkten Veränderungen der polaren Erregung durch den elektrischen Strom. Lex.-8. *43 S.* mit 1 lith. Tafel. Wien, Gerold's Sohn. 1879. fl. —.60
(Beiträge zur allgem. Nerven- u. Muskelphysiologie, 4. Mittheilung.)

—— über morphologische Veränderungen der Zungendrüsen des Frosches bei Reizung der Drüsennerven. [Aus dem physiolog. Institute zu Prag.] Lex.-8. (23 S. mit 1 lithogr. Tafel.) Wien 882, (Gerold's Sohn.) *
Aus: Sitzungsberichte der k. Akademie der Wissenschaften, besonders abgedruckt.

—— über das elektromotorische Verhalten der Muschelnerven bei galvanischer Reizung, s. Beiträge zur allgemeinen Nerven- und Muskelphysiologie.

Biedermann, Wilhelm Gustav Adolf

Biedermann, W. G. A., Chéloniens tertiaires des environs de Winterthur. Traduction franç. par Octave Bourrit. Pour faire suite à la „Monographie des Chéloniens tertiaires de la Molasse suisse par Pictet et Humbert." gr. 4. (22 S. mit 7 Stnt.) Winterthur 863, Wurster und Comp. *

Biedermann, W. G. A., Mastodon angustidens Cuv. Mit 2 (lith.) Taf. (in qu. Fol.). [Aus „Abhandlgn. der schweizer. palaeontolog. Ges."] gr. 4. (7 S.) Genf 876. (Basel, Georg. — Berlin, Friedlaender & Sohn.) n.n. 3. 20

B i e d e r m a n n, W[ilhelm] G[ustav] A[dolf]. Petrefacten aus der Umgegend von Winterthur. 4 Hefte. [Mit 25 Tafeln.] 4. Winterthur 1862–1873. A[q] 713
Heft 1: Schildkröten. [Mit 7 Tafeln.] (Progr.) 1862.
Heft 2: Die Braunkohlen von Elgg. Anhang: Hyainailouros Sulzeri m. [Mit 5 Tafeln.] 1863.
Heft 3: Mastodon angustidens Cuv. [Mit 4 Tafeln.] 1868.
Heft 4: Reste aus Veltheim. [Mit 9 Tafeln.] 1873.

Biedermann, W. G. A., Petrefacten aus der Umgegend v. Winterthur. 4. Hft. Reste aus Veltheim. gr. 4. (16 S. m. 9 Steintaf. in gr. 4. u. Fol.) Winterthur 873. (Bleuler-Hausheer & Co.) n. 3. —

Biedermann, W[ilhelm] G[ustav] Adolf, von Winterthur [Kt. Zürich]: Über die Prinzipien der Differenzialrechnung. Zür. E. Kiesling Dr. 1853. 31 S. 8°.
Zürich, Phil. Diss. v. 15. Sept. 1853.

Sus latidens von Veltheim. Winterthur 1873. **Progr.-Schr.**

B i e d e r m a n n, W o l d e m a r F r e i h. v o n - Goethes Briefwechsel mit Friedrich Rochlitz. Leipzig 1887.

Biedermann, Wold. Frhr. v., Elpenor, s. a. Goethe, Joh. Wolfg. v.

Elpenor. Trauerspiel. Fragment von [J o h. W o l f g. v.] **Goethe**. Forts. III. bis V. Aufzug von Woldemar Frh. v. B i e d e r m a n n. *Leipzig: F. W. v. Biedermann 1900.* (105 S.) 8° [00. 4454

Verheimlichte Epigramme Goethes von Woldemar F[rh.] v. **Biedermann.** (Hrsg.: Flodoard F[rh.] v. B i e d e r m a n n. Privatdr. d. Berliner Bibliophilen-Abends 1907. Friedenau-Berlin 1907: H. Brücker.) (5 Bl.) 8° [F.] [07. 3596

Biedermann, Wold. Frhr. v., Erläuterungen zu den Tag- u. Jahresheften v. Goethe. (Anh. an Goethe's Werke. Abth. f. Erläutergn. Bd. 35 u. 36.) gr. 8. (VIII, 365 S.) Leipzig 894. F. W. v. Biedermann. n. 5. —; geb. in Leinw. n. 6. —; in Halbfrz. n. 7. —

Biedermann, Woldem. Frhr. v., zu Goethe's Gedichten. 8. (III, 65 S.) Leipzig 870, Gerbe'sche Verlagsb. *

Biedermann, Woldem. Frhr. v., Goethe u. Dresden. 8. (VI, 172 S.) Berlin 875. Hempel. n. 3. —

Biedermann, Wold. Frhr. v., Goethe u. das sächsische Erzgebirge. Nebst Ueberblick der gesteinkund. u. bergmänn. Thätigkeit Goethe's. 8. (VI, 305 S.) Stuttgart 877. Cotta. n. 6. —

Biedermann, Wold. Frhr. v., Goethe und Leipzig. Zur 100jähr. Wiederkehr des Tags von Goethe's Aufnahme auf Leipzigs Hochschule. 2 Thle. 8. (XVI und 659 S.) Leipzig 865, Brockhaus. *

Biedermann, Woldemar Frh. von (Hrsg.), s. Goethe, Joh. Wolfg. v.: Briefe an Eichstädt.

Biedermann, Woldem. Frhr v., s: Goethe's, Joh. Wolfg. v., Gespräche.

Biedermann, Wold. Frhr. v., Goethe-Forschungen. Neue Folge. gr. 8. (X, 480 S. mit 2 Bildnissen und 2 Facs.) Leipzig 886, v. Biedermann. geb. *
[1. Bd.] Frankfurt a. M. 1879, Literar. Anstalt. *ℳ 9.—.

— Goethe-Forschungen. Anderweite Folge. Mit 3 Bildnissen u. dem Bildnisse des Verf. gr. 8. (XII, 271 S.) Leipzig 899. F. W. v. Biedermann. n. 10.—; geb. n. 11.— (Mit neuer Folge, 1886, zusammenbezogen geb. n. 17.—)

Katalog der Goethe-Bibliothek des verstorbenen Frh. Woldemar v. Biedermann sowie e. wertvollen Sammlung deutscher Literatur d. klass. u. romant. Periode. Stammbücher. (Vorr.: Adolf Stern.) Leipzig: C. G. Boerner (1905). (IV, 108 S.) 8° [05. 11505] 0

Biedermann-Imhoof, Richard: Über Fußhaltung der Vögel im Fluge. Eutin 1908 (Aus: Ornithol. Jahrbuch. Jg. 7)

Gereimte Gedanken und Erinnerungen v. Richard Biedermann-Imhoof. Eutin. 1909. 8°

Biedermanns, Karl, Leben u. Schicksale, v. A. Y. Z. (Chr. Fr. Glo. Kühne). 2 Bde. 8. Leipz. 803. Schiegg. (Cnobloch). 2 ℛ 20 ℊ

Biedermannschronik, Oesterreichische. Gegenstück zum Fantasten- und Predigeralmanach. Freiheitsburg [Wien] 1784. V: *Rautenstrauch, Joh.* (?) (WBL) (Schlesinger, Eugen, Rautenstrauch. Wien 1897. S. 3.)

Biedermanns-Chronik, österreich., 1r Thl., mit Anh. 8. Freiheitsburg 785. Academie in Linz. 10 ℊ (Wien: Wucherer)

Biedermeier-Zierat. (24 farb. Taf.) 39.5 × 39,5 cm. Plauen (906). Ch. Stoll In Halbleinw.-Mappe n. 36. —

Biedermeier-Zierat. Kleine Ausg. 24 Taf. 32,5×24,5 cm. Plauen (910). Ch. Stoll.
In Halbleinw.-Mappe 10.—; kolor. Ausg. 14. —

Biedersee, Volrad Ludwig von (Anhaltischer Adel), De delictis ministrorum principis. Präs. Aug. Leyser. Helmstedt (Hermann Daniel Hamm) 19. VI. 1719. 80 S. (6.—) 2670

Biedersfeld, Napol., Schnee-Glöckchen. Poetische Erstlinge. Wien 864. (Gerold's Sohn. — Lechner.) 8. (VII, 240 S.) n. 1 ℛ 10 ngr.

Biedersinn, Amalie v., od. d. ungl. Liebenden. 8. Quedl. Ernst. 809.

Biedersinn, Deutscher, und deutsche Liebe. Ein ritterliches Trauerspiel in fünf Aufzügen. Aus den Sagen der Vorzeit. O. O. 1793. Linz 1793. V: *Klesheim, Anton Freiherr von.* (GGR V/333, Nr. 121/3, V/347/202. V nicht: *Brockmann, Joh. Franz Hieronymus.* (BIBLPORT)

— deutsch., u. deutsche Liebe. Rittertrauersp. 8. Linz, Haßlinger. 793.

Biedersinn u. Frauentrug; e. Geschichte in Briefen ꝛc. 2 Thle. 8. Dessau 781. (Barth in Leipz.) 1 ℛ 15 ℊ

Biedersinn und Frauentrug, eine Geschichte in Briefen. Vom Verf. der Fragmente zur Geschichte der Zärtlichkeit. Dessau 1783—1784. V: *Miller, Johann Martin.* (BGE I², 361)

Biedersinn u. Frauentrug, e. Gesch. in Briefen ꝛc. 2 Thle. 8. Dessau, (Barth in Lpz.) 787.

Biedersinn u. Vaterlandsliebe. Lustsp. in 4 Aufz. 8. Wien, Wallishaußer.

Biederstädt, Diedr. Herm., s. Biederstedt, Diedr. Herm.

Biederstedt, Diedr. Herm., († d. 10. März 1824.) Anreden bei Taufhandlungen. gr. 8. Greifsw. 802.

— Anzeige des Todes u. s. w. des Grafen Julius v. Böhlen. gr. 8. Greifsw. 813. (Mauritius). 1 ℊ

— Beitr. zur Geschichte d. Kirchen u. Prediger in Neuvorpommern, vom Anfange d. Kirchenverbesserung d. Herzogth. bis zu Ende des J. 1817. 4 Thle. Mit 12 Kpf. 4. Greifsw. 818. Kuhnike. 1r — 3r Thl. 2 ℛ 4 r... Nachlese dazu, 1e Samml. 4. Ebd. 818. 16 ℊ

Biederstädt, (Diedr. Herrm.), Beitr. z. Gesch. d. Kirchen u. Prediger in Neuvorpommern. ꝛc. 4r Thl. m. 12 Kpf. 4. Greifswalde 819, Kuhnike. Rthlr. Alle 4 Theile

— Denkwürdigkeiten aus d. Geschichte d. Nicolaikirche zu Greifswalde. M. 2 Kpf. gr. 8. Greifsw. 812. Kuhnike. (Mauritius). 16 ℊ

— Erinnerungen an junge Christinnen, nach d. Vorbereitung auf die erste Feier d. Abendmahls. gr. 8. Greifsw. 808. Stendel.

— einige Gedanken über die wahre Würde d. höhern Alters. 8. Greifsw. 795.

— Geist d. pommrisch-rügenschen Predigtwesens v. d. Kirchenverbess. bis gegen d. Mitte d. 18n Jahrh. gr. 8. Stralsund 821, Löffler.

— Geist d. pommerisch-rügenschen Predigtwesens v. d. Kirchenverbess. bis gegen d. Mitte d. 18n Jahrh. gr. 8. Stralſ. 824. Löffler. 12 ℊ

— Geschichte der Nicolaikirche in Greifswalde. Mit 2 Kpf. 8. Greifsw. 808.

— ist das Werk aus Gott, so werdet ihr es nicht dämpfen. Zum Angedenken an die Kirchenverbesser. gesprochen. gr. 8. Stralſ. 818. Löffler. 5 ℊ

Biederstedt, Dt. Hm., an Confirmirte bey d. ersten Feyer d. Abendmahls ꝛc. 8. Stralsund, Stendel. 808.

— Deutschlands heilvolle Lage im Laufe d. J. 1813, 14, in heil. Reden erneuert. gr. 8. Stralſ. 814.

— Nachrr. v. d. Leben u. d. Schriften neuvorpommerisch = rügenscher Gelehrten, seit dem Anfange des 18n Jahrh. bis zum J. 1822. 1e Abtheil. gr. 4. Greifsw. 824. (Koch). 1 ₰ 8 ₰

— Nachrr. von den jetzt lebenden Schriftstellern in Neuvorpommern u. Rügen. gr. 8. Stralf. 822. (Löffler). 12 ₰

— Predigt zum Gedächtnisse der während des letzten beendigten Krieges im Felde Gefallenen. Gehalten am 4. Juli 1816. gr. 8. Stralf., Löffler. 8 ₰

— Predigten in Beziehung auf feierl. Gedächtnißtage voriger u. jetziger Zeiten. gr. 8. Stralf. 816. Löffler. 8 ₰

— Predigten, Gedanken u. Materialien über Wahrheiten d. Religion nach Anleit. d. Sonn = u. Festtags = Episteln. 2 Bde. gr. 8. Rost. 796. Stiller. 1 ₰ 8 ₰

— Predigten üb. ein. Gegenst. d. Rel. u. Sittenlehre. gr. 8. Berlin. Lange. 792.

— Predigten über einige Gegenstände d. christl. Religion u. Sittenlehre. gr. 8. Berl. 792. (Reimer). 10 ₰

— Predigten u. Reden bei besondern Gelegenheiten. gr. 8. Berl. 797. (Reimer). 16 ₰

— Predigtentwürfe über Sonn = u. Festtags = Evangelien. gr. 8. Berl. 795. (Reimer). 20 ₰

Biederstedt, Diedr. Herm., Reden in Beziehung auf die Armenpflege in Greifswalde etc. 8⁰. Stralsund, Stendel, 1808.

— Reden bei verschied. Gelegenheiten. 8. Stralsund 801.

— s. Reden bei Taufen u. Trauungen.

— Reden bei Trauungen wieder ausgesöhnter Gatten u. bei einer Taufe gehalten. gr. 8. Greifsw. 807.

— Sammlung einiger Kanzelvorträge. gr. 8. Stralf. 815. Löffler. 9 ₰

Biederstedt, Diedr. Herm.: Sammlung aller kirchlichen, das Predigtamt, dessen Verwaltung, Verhältnisse, Pflichten und Rechte betr. Verordnungen im Herzogthume Neuvorpommern und Fürstenthume Rügen. Th. 1-3, Abschn. 1. (Mehr nicht ersch.) Stralsund 1816-19.

— Sammlung aller kirchl., das Predigtamt, dessen Verwaltung, Pflichten u. Rechte betreff. Verordnungen im Herzogth. Neuvorpommern u. Fürstenth. Rügen. 2 Thle. gr. 8. Stralf. 817. Löffler. 1 ₰ 21 ₰

— was es auf sich habe, wenn e. christl. Volk am 1n Morgen e. neuen bürgerl. Jahres in seinen Tempeln erscheinet. gr. 8. Stralf. 815.

— das Werk d. Kirchenverbess. ist e. fortgehendes Werk. gr. 8. Stralf. 815.

— der hohe Werth d. uns durch die Kirchenverbesserung gesicherten Denkfreiheit in d. Religion. gr. 8. Stralf. 815.

— Worte väterl. Lehre an die Confirmanden. gr. 8. Stralf. 815.

Biedert, Philipp

Biedert, Ph., über diätetische Behandlung der Verdauungsstörungen der Kinder. gr. 8. (III, 82 S.) Stuttgart 899. F. Enke. n. 2. 60
Sonderabdruck aus „Archiv f. Kinderheilkunde".

Biedert, P: Die diätet. Behandlg d. Verdaugsstörgn d. Kinder. 2. Afl. (126) 8° Stuttg., F Enke '01. 3 —

Biedert, Phpp. Die Behandlung der Tuberkulose nach R. Koch. Mit e. Schema f. gefahrloses Vorgehen u. e. eigenen Theorie der Tuberkulose u. ihrer Behandlung. gr. 8. (76 S.) Berl. 891, Grosser. * 1 —
Aus: Deutsche Medicinal-Zeitung, besonders abgedruckt.

Biedert [Ph.], die Cholera. Der krit. Übersichten 3. Reihe. 8. (54 S.) Berlin 888, Grosser.
Aus: Deutsche Medizinal-Zeitung, besonders abgedruckt.

— u. E. Langermann, Diätetik u. Kochbuch f. Magen- u. Darmkranke. F. Aerzte u. Kranke nach eig. Erfahrgn. bearb. gr. 8. (XII, 180 S.) Stuttgart 895. F. Enke. n. 3. —; geb. in Leinw. n. 4. —

— u. G. Langermann's, Diätetik u. Kochbuch f. Magen- u. Darmkranke nebst e. Abriß üb. Untersuchung u. Behandlung. Neu hrsg. gemeinsam m. G. Langermann u. F. Gernsheim, Ph. Biedert. 2. umgearb. Aufl. (XII, 200 S.) gr. 8. Stuttgart 909. F. Enke. 4.20; geb. in Leinw. n 5. —

Biedert, Ph., Gemeinwohl u. Sittlichkeit. (17 S.) gr. 8. Leipzig 908. Leipziger Verlags- u. Kommissionsbuchh.
Sonderabdruck aus „Deut. Frühling". — 40

Biedert, Ph., s.: Jahrbuch der Medizinal-Verwaltung in Elsass-Lothringen.

Biedert, Philipp, s: Kind, Das, seine körperl. u. geist. Pflege.

Biedert, Ph., die Kinderernährung im Säuglingsalter. gr. 8. (XII, 392 S.) Stuttgart 880. Enke. n. 8. —

— die Kinderernährung im Säuglingsalter u. die Pflege v. Mutter u. Kind. Wissenschaftlich u. gemeinverständlich dargestellt. 2., ganz neu bearb. Aufl. gr. 8. (XII, 248 S.) Stuttgart 893. F. Enke. n. 4. 80

Biedert, Ph., Die Kinderernährung im Säuglingsalter u. d. Pflege v. Mutter u. Kind. Wissenschaftl. u. gemeinverständl. dargest. 3., ganz neu bearb. Aufl. gr. 8. (XII, 264 S.) Stuttgart 897. F. Enke. n. 5. —

Die Kinderernährung im Säuglingsalter und die Pflege von Mutter und Kind. Wissenschaftl. u. gemeinverständl. dargest. von Prof. Ph[ilipp] **Biedert**, Oberarzt zu Hagenau i. E. Mit 12 Abb. u. 1 Taf. 4. ganz neu bearb. Aufl. *Stuttgart: F. Enke 1900.* (XII, 263 S.) 8° [03. 1677] 11

— die Kinderernährung im Säuglingsalter u. die Pflege v. Mutter u. Kind. Wissenschaftlich u. gemeinverständlich dargestellt. 5. ganz neu bearb. Aufl. (XV, 272 S. m. 17 Abbildgn. u. 1 farb. Taf.) Lex.-8. Stuttgart 905. F. Enke n. 6 40; geb. in Leinw. n. 7. 60

—— Lehrbuch der Kinderkrankheiten, s. Vogel, Alfr.

— **Lehrbuch der Kinderkrankheiten**, auf Grund der 8. Aufl. des Buches v. A. Vogel ganz neu bearb. 11., sehr verm. u. verb. Aufl. gr. 8. (XIV, 661 S. m. 60 Holzschn. u. 2 lith. Taf.) Ebd. 894. n. 15. —

— Lehrbuch der Kinderkrankheiten. Auf Grund der 8. Aufl. des Lehrbuches v. A. Vogel ganz neu bearb. 12., sehr verm. u. verb. Aufl. Bearb. v. Ph. Biedert u. R. Fischl. gr. 8. (XVII, 819 S. m. 78 Abbildgn. u. 2 farb. Taf.) Ebd. 902. n. 18. —; geb. in Leinw. n. 19. 60

Das Medizinalwesen in Elsass-Lothringen auf Grund amtl. Materials bearb. von Prof. Dr. Ph[ilipp] **Biedert** u. Dr. O[tto] Weigand, Gen.-Oberarzt. Strassburg: L. Beust 1907. (IV, 272 S.) 8° [07. 10727

Biedert, P., die pneumatische Methode und der transportable pneumatische Apparat; s. Sammlung klinischer Vorträge.

— üb. ein. Probleme d. Milchwirtschaft u. Milchverwendg. [A.: „Allg. med. Central-Zeitg."] gr. 8. (9 S.) Berlin 895. O. Coblentz. n. 1. —

Biedert, Ph., die Reinkulturen im Reichs-Gesundheitsamt u. der Cholerabacillus, s.: Sonderabdrücke der deutschen Medizinal-Zeitung.

Biedert, Philipp (Worms)
Untersuchungen über die chemischen Unterschiede der Menschen- und Kuhmilch.
Giessen: W. Keller 1869. 64 S.
Diss. med. 14.6.1869.

—— Untersuchungen über die chem. Unterschiede der Menschen- und Kuhmilch. 2. sehr verm. Ausg. gr. 8. (VIII, 69 S.) 884. (Stuttgart: Enke) *
Die 1. Aufl. war nicht im Handel.

— die Versuchsanstalt f. Ernährung, e. wissenschaftliche, staatliche u. humanitäre Notwendigkeit. gr. 8. (16 S.) München 899. Seitz & Schauer. n. 1. —
Sonderabdruck aus „Deutsche Praxis"

— die Versuchsanstalt f. Ernährung. 899. (KBL 81.) Jetzt: München, Verlag d. ärztl. Rundschau.

Biederwald, Jul., s. nützl. Allerlei zur Unterhaltung.

Innere Secretion. Vorlesungen im S.-S. 1902 von Prof. Dr. Arthur Biedl in Wien. Mit 12 Abb. *Berlin & Wien: Urban & Schwarzenberg 1903.* (S. 281—338.) 8°
— Klinik, Wiener. 1903, H. 10 u. 11. [03. 13463

Biedl, Arth., innere Secretion. Vorlesungen im Sommer-Sem. 1902. (58 S. m. 12 Abbildgn.) gr. 8. Wien 904. Urban & Schwarzenberg. n. 2. —
Sonderabdruck aus: „Wiener Klinik".

Innere Sekretion. Ihre physiolog. Grundlagen u. ihre Bedeutung f. d. Pathologie. Von Prof. Dr. Artur Biedl. Mit e. Vorw. von Hofr. Prof. Dr. R[ichard] Paltauf. Berlin, Wien: Urban & Schwarzenberg 1910. XI, 538 S. 4° [10. 15380 9

Biedl, Arth.: Innere Sekretion. Ihre physiolog. Grundlagen u. ihre Bedeutg f. d. Pathol. (11, 538) Lex8° Wien, Urban & Schw. '10. 20 —; geb. n 22 — ‖ 2. Afl. (10, 534 m. Fig. u. 8 z. Tl farb. Taf.) '13. 24 —; geb. n 26 —

— u. Ludw. Braun, experimentelle Studien üb. Arteriosklerose. I. Das Bild der Kompressionsarteriosklerose. (34 S. m. 2 Taf.) gr. 8. Wien 910. A. Hölder. 2. 80
Sonderabdruck aus „Sitzungsber. d. k. Akad. d. Wiss."

— s: Zentralblatt d. experimentellen Medizin.

Biefel, Ferd. (geb. Neustadt in Schles. 27. 7. 1817): De febre miliari idiopathica. Berolini (1840). (32 S.) 8°
Berlin, Med. Diss. v. 30. Juli 1840

Biefel, Richard
Biefel, (Guido Rud.) Rich. (geb. Neustadt in Schles. 3. 6. 1824): De materiae tuberculosae subitanea et copiosa depositione et depositionis effectu. Berolini (1847). (31 S.) 8°
Berlin, Med. Diss. v. 23. Aug. 1847

Biefel, R, Reminiscenzen an d. Krankenevacuationsstrasse vor Paris 1870/71. 8. (112) Bresl. 76, Maruschke u. B. n. 2. —

Biefel, R., Reminiscenzen an die Krankenevacuationsstrasse vor Paris 1870/71, nebst allgemeinen Betrachtungen über Grundlage, Ausführung u. Vorbereitung der Krankenevacuation im Kriege. Mit einer (lith.) Karte. gr. 8. (IV, 112 S.) Breslau 877. Maruschke & Berendt. n. 2. —

Biefel, R. Im Reserve-Lazarett. Kriegschirurg. Aphorismen v. 1866. Berlin 1869.

Tagebuch und Bemerkungen aus dem Feldzuge 1864 v. Richard Biefel. Als Manuscript gedruckt. Breslau. (1865.) 8°

Biefeld, P., Elementare Physik. (Das Studium der Elektrotechnik in Theorie u. Praxis. Zum Gebrauch an techn. Fachschulen u. zum Selbstunterricht. Hrsg. v. A. Kraetzer.) 2 Tle. gr. 8. Berlin-Steglitz, [Buchh. der litterar. Monatsberichte.] Berlin, C. Malcomes. Geb. in Leinw. n. 3. 60
1. Mechanik — Wärme — Wellenlehre — Schall. Mit 45 Abbildgn. (VIII, 60 S.) 904. n. 1. 60
2. Licht — Elektrizität u. Magnetismus. Mit 76 Abbildgn. u. 1 farb. Taf. (V, 68 S.) 901. n. 2. —

Biefeld, Paul [von Watertown, Wisconsin, U. S. A.]: Experimentelle Untersuchungen über die Variation des Diffusions-Koefficienten wässeriger Zinksulfat-Lösungen mit Temperatur und Anfangskonzentration. Zürich-Oberstrass 1900. 62 S. 1 Bl. 3 Taf. 8°.
Zürich. Phil. Diss. II. S. 1899/1900.

Biefer, J[acob]. Handwerks- und Gewerbeverein des Kantons Zürich. Denkschrift zur Feier seines 50jährigen Bestehens 1854—1904. Im Auftrage des Vorstandes bearb. vom Vereinsaktuar J. B'.... [Mit Porträt-Tafel.] VIII + 223 S. 8. Winterthur, Buchdr. Winterthur, 1904.

Biefer, J: Methodik d. Unterr. an gewerbl. Fortbildgssch. unter bes. Berücks. schweiz. Verhältnisse. (260) gr8° Zür., Art. Instit. Orell Füssli '12. 4 —; L 5 —

Bieganski, M., Rechenbuch f. Volksschulen u. einfachen Schulverhältnissen, in 3 Hftn. nach den neuesten Anforderungen methodisch bearb. gr. 8. Hildesheim 887. Borgmeyer. n. — 70; geb. n. — 85
1. 2. (22 u. 31 S.) à n. — 20; geb. à n. — 25. — 3. (44 S.) n. — 30; geb. n. — 35.

Medizinische Logik [Logika medycyny]. Kritik d. ärztl. Erkenntnis von Dr. W[ładysław] Bieganski. Autor. Übers. nach d. 2. Orig.-Aufl. von Dr. A[lexander] Fabian. Würzburg: C. Kabitzsch 1909. (237 S.) 8° [08. 17456

Biege den Baum, so lange er noch jung ist . . . Prag 1843. V: *Schiessler, Sebastian Wilhelm.* (EB)

Biegeleben, A. v. Betrachtungen üb. das Verhältniß der menschlichen Seele zu der Thierseele, s. Broschüren, Frankfurter zeitgemäße.

Biegeleben, A. von, Betrachtungen über das Verhältnis der menschlichen Seele zur Tierseele. Frankfurter zeitgem. Broschüren Bd. 13 (1892), Heft 10, 27 S., gr. 8°, 50 Pf.

Katalog Biegeleben. — Katalog der sehr reichhaltigen u. vorzüglichen Sammlung von alten Kupferstichen, Radirungen, Holzschnitten, Handzeichnungen, Aquarellen, Miniaturen u. Büchern aus d. Nachlasse Sr. Exc. des Herrn *L.* Baron v. *Biegeleben* . . . . (87. Kunstauct. von *C. J. Wawra,* Wien, d. 15. Febr. sq. 1886.) Mit Titelholzsch., vielen Kpftaf.. Lichtdrucken u. Holzschnitten. Wien, Verlag von C. J. Wawra, 1886. Roy.-8°. Eleg. Hschwsldrb.
IX—231 S. 2913 Nrn. (Nr. 2692 ff. Bücher.) Sehr splendide Ausstattung. Druck d. k. k. Hofbuchdr. von Carl Fromme in Wien.

Biegeleben, Ldw., s. Petrarca's Reime.

Biegeleben, Marianne v., Gertrud, s.: Volks-Bibliothek, kathol. 5. Bd.

— die Gouvernante kommt! Die Wachspuppe, s.: Jugend-Bibliothek, kathol. 21. Bd.

— ein Knabenleben, s.: Jugend-Bibliothek, kath. 22. Bd.

Biegeleben, Marianna v., der Zwerge Weihnacht. Für groß u. klein erzählt. 12. (41 S.) Paderborn 893. F. Schöningh. Kart. n. 1. —

Biegeleben, Rich., der praktische Bierbrauer. Auf Erfahrg. u. Wissenschaft gegründete vollständ. Anleitg. zum Brauen e. gesunden, wohlschmeck. u. haltbaren Bieres, m. Berücksicht. der vorzüglichsten Braumethoden und der neuesten Erfahrgn. und Erfindgn. 8. (64 S.) Reutlingen 884. Enßlin & Laiblin. — 50

v. Biegelleben, s. Bigeleben.

Biegemann, Karl, Twisken Biege un Weern. Gedichte in lippskem Platt, Schötmarske Mundart. 8. (178 S.) Detmold 900. H. Hinrichs. n. 1. 80; geb. in Leinw. n. 2. 40

Biegemann [d.i. Volkhausen], Karl: Twisken B i e g e un Weern. Gedichte in lippsken Platt, Schötmarske Mundort, van Korl Biegemann. (2. Upl.) Detmold: Meyersche Hofbuchdr. 1908. XV, 200 S. 8°

Bieger, s.: Nibelungenlied, das.

Bieger, Franciscus (geb. am 19 Dez. 1806 in Mündelheim Rgbz. Düsseldorf): De regionum medullae spinalis in eius morbis diagnosi ... Bonnae, typ. C. Georgii (1832). 4 Bl., 23 S. 4.
Bonn, Med. Fak., Diss. v. 26 März 1832

Bieger, Joannes [Saxo]: De Auli Persii Flacci codice Pithoeano C recte aestimando. . . . Berolini, Heinrich & Kemke, 1890; 2 Bl. + 52 S. + 1 Bl. 8°
Berlin, Phil. Fak., Inaug.-Diss. v. 8. März 1890

Bieger, Mich., erster Nachtrag zum Repertorium über die in den Kreis-Amtsblättern für Oberfranken vom J. 1847 bis 1860 incl. erschienenen königl. allerh. Verordnungen, Ministerial-Rescripte, Regierungs- und Appellationsgerichts-Entschließungen etc. in alphabetisch-chronologischer Ordnung und im Auszuge ihres wesentlichen Inhaltes hergestellt. 2 Lfgn. gr. 4. (III S. und 558 Sp.) Bamberg 861. 62, Buchner'sche Buchh. à Lfg. * 1 Thlr. 8 Ngr. *
Schreibp. *
Vgl.: Stangl, M.

Biegler, Clem., meine Erlebnisse während d. Kriegsj. 1866. (95 S. m. 8 Bildnissen.) 8. Meran 908. (Wien, L. W. Seidel & Sohn.) 1. 50

Biegler, Clemens, Der österreichische Telegraphenbau. Eine Sammlung der den technischen Telegraphen-Dienst in Oesterreich betreffenden, bisher erschienenen und noch giltigen Vorschriften, nebst darauf bezughabenden Erläuterungen und sonstigen Amtsbehelfen. gr. 8. (779 u. XII S.) geh. 5 fl. Nur baar.
Brünn: C.Winkler 1882

Biegler, Clem., Der österr. Telegraphen-Bau. Eine Sammlung der den technischen Dienst betreffenden, bisher erschienenen und noch giltigen Vorschriften, nebst d. darauf bezughabenden Erläuterungen und sonstigen Amtsbehelfen. Lex. 8. (50 Bog.) Mit 172 Abbild. in Text. Brünn 1882, nun F. Karafiat. Hbg. Pr. 8 fl. Ins. 665

Biegler, Clem., der oesterreichische Telegraphen-Bau. Eine Sammlg. der den techn. Telegraphen-Dienst in Oesterreich betr., bisher erschienenen und noch gilt. Vorschriften, nebst darauf Bezug hab. Erläutergn. u. sonst. Amtsbehelfen. Mit 172 Abbildgn. gr. 8. (VIII, 779 u. XII S.) Brünn 883. (Winkler.) n. 10. —

Biegler, J. H., neue Polstermöbel. Fol. (50 Bl.) Berlin (901). E. Wasmuth. In Mappe n. 18. —

Biegler, J. H., neue Vorhänge. (20 Taf.) gr. 4. Berlin (904). E. Wasmuth. In Mappe n. 15. —

Biegler, Johs., üb. d. hl. Abendmahl nach Lehre u. Übung. gr. 8. (23 S.) Darmstadt 898. J. Waitz. n.n. — 25

Biegler, Johs., s.: Aus der Seelsorge f. die Seelsorge.

Biegler, Johs., Beicht- u. Kommunionbuch. (III, 56 S. m. Titelbild.) 8. Leipzig 903. G. Strübig. n.n. — 30

Biegler, Johs., Beicht- u. Kommunionbuch. 2. Aufl. (III, 56 S. m. Titelbild.) 8. Leipzig 909. G. Strübig. nn — 30

Biegler, J, an d. Christenlehrpflichtigen u. ihre Eltern. 12° (16) Stuttg. 95. Greiner & Pf. — 10

— die Civitas Dei des hl. Augustinus. In ihren Grundgedanken dargelegt. gr. 8. (74 S.) Paderborn 894. Junfermann. — 75

— durch Leiden zur Herrlichkeit. Die Geschichte des Leidens u. Sterbens sowie der siegreichen Auferstehg. u. Himmelfahrt unseres Herrn u. Heilandes Jesu Christi nach den vier hl. Evangelisten. 8. (36 S.) Darmstadt (900). (Frankfurt a/M., J. Schergens.) — 25

— Ehestandsbüchlein. 16. (69 S.) Stuttgart 893. Greiner & Pfeiffer. n. — 40;
feine Ausg. geb. in Leinw. n. 1. —

Erziehungslehren der Heiligen Schrift erl. von Johannes **Biegler**. Kassel: J. G. Oncken Nachf. [1907?]. (48 S.) 8° [F.] [07. 11213 4

— Frieden! Suchenden u. geängstigten Seelen gewidmet. 8. (141 S.) Frankfurt a/M. 902. J. Schergens. n. 1. —;
kart. n. 1. 20; geb. n. 1. 80

— das Gebet des Herrn, erklärt für Kinder. (32 S.) 8. Stuttgart (904). [P. Rocholl.] Basel, E. Finckh.
n — 50; geb. n. — 80

Biegler, Johs., Hab acht! Eine Gabe für christl. Jungfrauen. 1. und 2. Aufl. 8. (31 S.) Basel 888, Spittler. *

Biegler, J, hab acht! Eine Gabe f. christl. Jungfrauen. 3. Afl. 8. (31) Bas. 89. Spittler. n. — 20

Biegler, Johs. Hab acht! Eine Gabe f. christl. Jungfrauen. 3. u. 4. Aufl. 12. (31 S.) Basel 892, [Spittler.] Jaeger u. Kober.
** — 20

Biegler, Johs., hab acht! Eine Gabe für christl. Jungfrauen. 5. Aufl. 12. (31 S.) Basel 894. Jaeger & Kober.
n. — 20

— Hab acht! Eine Gabe f. christl. Jungfrauen. 7. Aufl. 12. (32 S.) Basel 900. Kober. n. — 20

— „Herr, den du lieb hast, der ist krank". Ein Trostbüchlein f. Kranke. 12. (VIII, 60 S. Stuttg. 892, Greiner u. Pfeiffer. * — 30
Feine Ausg., geb. in Leinw. * 1 20

— dasselbe. (Kl. Ausg.) 3. Aufl. 12. (XII, 73 S.) Ebd 895. n. — 30

— „Herr, den du lieb hast, der ist krank". E. Trostbüchl. f. Kranke. (Gr. Ausg.) 4. u. 5. Aufl. 12. (XII, 120 S.) Ebd. 895. n. — 60

— Herr, lehre uns beten! Vollständiges Gebetbuch f. alle Morgen u. Abende der Woche, in zehnfacher Abwechslg., f. die Festtage, f. Beicht- u. Kommuniontage sowie für besondere Zeiten u. Lagen. Mit e. Vorwort v. Löber. (VIII, 346 S. m. Titelbild.) gr. 8. Leipzig 903. G. Strübig. Geb. in Leinw. n. 3. —; m. Goldschn. n. 3. 50

— In Gottes Hut! Mitgabe fürs Leben. 8° (223 m. Abb.) Reutl. 98, Ensslin & L. Geb. in L. m. G. 3 —

— in Gottes Hut! Eine Mitgabe fürs Leben. Söhnen u. Töchtern gewidmet. 8. (223 S. m. Illustr.) Reutlingen (899). Enßlin & Laiblin. Geb. in Leinw. m. Goldschn. 3. —

— Ich bin der Herr, dein Arzt. Ein Handbüchlein für Kranke, Leidende, Sterbende u. ihre Freunde. 12. (296 S. m. Titelbild.) Reutlingen (900). Enßlin & Laiblin.
Geb. in Leinw. 1. —; m. Goldschn. 1. 75

— D. Jugendzeit d. Herrn geweiht, s.: Lavater, J. C.

— Kinderlieb. Ein Lehr- u. Gebetbüchlein f. Kinder. (102 S.) 16. Elberfeld 906. Buchh. der ev. Gesellschaft.
Kart. n. — 60

— das christliche Kirchenjahr f. Schule, Kirche u. Haus, s. a. Euler K., der kleine Katechismus Luthers.

Biegler, Johs., das christliche Kirchenjahr für Schule, Kirche u. Haus. gr. 8. (4 S.) Gießen (902). J. Ricker. — 10

— Das christl. Kirchenj. f. Schule, Kirche u. Haus. (4) 8° Giess., A Töpelmann (02). — 10 d

— Kreuzschule f. Kranke u. deren Freunde. (8, 114) 8° Brem., Buchh. u. Verl. d. Traktatbs ('12). 1 —; L 1.50 d

— der evangelische Küster (Kirchendiener, Glöckner), sein Amt, seine Verpflichtungen u. Verrichtungen. 8. (15 S.) Darmstadt 893. J. Waitz. n.n. — 25

Biegler, J. Leben heiliger Seelen. Nach Tersteegen und Gossner Kindern Gottes dargeboten. In-8°, VIII u. 120 S. Basel, C. F. Spittler. 1 —
1888 geb. 2 —

— Manna. Gebetbüchlein f. die evangel. Schuljugend. 1.—3. Aufl. 16. (VIII, 58 S.) Stuttgart 893. 894. Greiner & Pfeiffer. Geb. in Leinw. n. — 80

— Manuale. Evangelische Handagende, s.: Ohly's, Emil, Sammlung geistlicher Kasualreden.

Biegler, Johs., Psalmengebete. Ein Gebetbüchlein, zugleich Anleitg. zum gesegneten Gebrauch der Psalmen. (173 S.) 16. Elberfeld (905). Buchh. der ev. Gesellschaft. Geb. in Leinw. n. 1.—

— Reisegedanken, s.: Theremin, Frz.

— s.: Sailer, Joh. Mich. v., Briefe aus verschied. Jahrhunderten.

Biegler, J., sei stark! Eine Gabe f. christl. Jünglinge. 1 u. 2. Aufl. (31 S.) Basel 888. Spittler. n. – 20

—— Sei stark! Eine Gabe f. christl. Jünglinge. 3. Aufl. 12. (VI, 31 S.) Basel 891, [Spittler.] Jaeger u. Kober. * — 20

— Sei stark! E. Gabe f. christl. Jünglinge. 5. Aufl. 12. (32 S.) Basel 898. P. Kober. n. — 20

— sei stark! Eine Gabe f. christl. Jünglinge. 6. Aufl. (32 S.) 12. Basel 904. Kober. n. — 20

— ev. Vergissmeinnicht (Asg. I.) f. junge Christen. 32° (183) Kass. 95, E Röttger. — 40; geb. — 75; m. G. 1 — || Asg. II. f. junge Christen. 16° (509 m. Titelbild.) Geb. in Damast m. G. 1.50 || Asg. III. Gedenk- u. Merkbüchlein f. alle Tage d. Jahres. 16° (381 m. Titelbild. 95.) Geb. in Lnw. m. G. 1 —

— evang. Vergißmeinnicht (Ausg. I) f. junge Christen. 2. Aufl. 16. (IV, 133 S.) Kassel 896. E. Röttger. n. — 40; geb. n. — 75; m. Goldschn. n. 1. —

Biegler, Johannes. Nach der Verheissung. Eine Sammlung von Verheissungen der Heiligen Schrift. IV + 168 S. 8. Basel, Kober. 1902. [br. fr. 1. 25, geb. fr. 2. —]

Biegon v. Czudnochowski, Handbuch für Freimaurer. Ueber den Ursprung und die Geschichte des Ordens, br. 8. (VII und 220 S.) Neuwied 860, (van der Beeck.) **

Biegon v. Czudnochowski, Handbuch f. Freimaurer. Ueber den Ursprung und die Geschichte des Ordens. 861. (VII, 220 S.) n. 25 ngr. — 2. verm. u. verb. Aufl. Neuwied 862. Heuser. 12. (IX, 328 S.) n. 1 Thlr.

Biégon v. Czudnochowski, Otto, Steuerreform, Finanzpolitik u. Staatsrechnungslegung in Preussen. gr. 8. (211 S.) Berlin 873. Weidmann. n. 4. 80

Das elektrische Bogenlicht. Seine Entwicklung u. s. physikal. Grundlagen. Von Walther Biegon v. Czudnochowski. Lfg 1. *Leipzig: S. Hirzel 1904.* 4° [04. 1068] 7

Biegon von Czudnochowski, W: Das elektrische Bogenlicht. Leipzig 1906

Biegon v. Czudnochowsky, C. A. Woldemar u. Leopold. Biegon v. Czudnochowska, die deutsche Hausfrau; ein Handb. d. prakt. Kochkunst. 2 Thle. gr. 8. Leipz. 825. Lehnhold. 1 Thlr 16 gr

Biegungen und Ausbildungen, Die, der deutschen Wörter. . . . Zürich 1773. V: *Bodmer, Joh. Jacob.* (GGr) (JL)

Biehayn, Carl Eduard (Dresden), Collectanea medico-forensi de infanticidio. Diss. med. Leipzig (Sturm & Koppe) 1. XI. 1845. 24 S. (4.50) 2671
Gewidmet: Christ. Friedrich Biehayn, Woldemar August Rüdiger, Carl Frz. Friedr. Leop. v. Rüts.

Biehl, d. Madem., Comödien u. Lustsp. 5 Thle. 8. Kopenhag. Pelt. 760.

Biehl, A., s.: Himmelskarte, photographische.

Jul. Schmarje. Eine Erinnerungsgabe für die Brüder der Johs.-Loge „Gudrun", [in Hamburg]. Mit dem Bilde Schmarjes. Gewidmet von Georg **Biehl.** Hamburg 9. Nov. 1903: [Hamburg 1903: Laue.] 16 S. 8°

BIEHL, Karl
Über die intracranielle Durchtrennung des Nervus vestibuli und deren Folgen von Dr. Karl Biehl. (Mit 1 Tafel und 1 Textfigur.) (Aus den Sitzungsberichten der kaiserl. Akademie der Wissenschaften in Wien. Mathem.-naturw. Classe; Bd. CIX. Abth. III. Juli 1900. Wien. 1900. In Comm. Gerold's Sohn. Gr.-8°. 17 S. K —.70

Biehl, Karl, die Hörprüfung u. deren Verwertung bei der Untersuchung der Wehrpflichtigen, s.a. Publikationen, militärärztliche. Nr. 113.

Biehl, K. Die Hörprüfung und deren Verwertung bei der Untersuchung der Wehrpflichtigen. Wien 1908.

Biehl, Walther R[ichard]: Das toskanische Relief im 12., 13. und 14. Jahrhundert. Borna-Leipzig 1910: Noske. 83 S. 8° ¶(Vorstudie zu e. demnächst erschein. Gesch. d. toskan. Reliefs.)
Heidelberg, Phil. Diss. v. 22. Juli 1910, Ref. Thode
[Geb. 5. Sept. 82 Leipzig; Wohnort: Leipzig; Staatsangeh.: Sachsen; Vorbildung: Thomassch. Leipzig Reife O. 02; Studium: Lausanne 1, Genf 1, Leipzig 2, Berlin 2, Heidelberg 9 S.; Rig. 23. Juli 09.] [U 10. 2111

Biehl, Wilhelm
Biehl: Aristotelis de beatitudine humana doctrina. 12 S. 8°
Progr. Marburg 1858.

Biehl, W. Die Erziehungslehre des Aristoteles. Innsbruck, .G., 1877. 25 S.

Biehl, W.: Die Idee des Guten bei Platon. S. 49-67. gr. 8°. Progr. Graz II. OG. 1870.

Biehl, Wilh., die Idee des Guten bei Platon. gr. 8. (21 S.) Graz 871, (Leuschner und Lubensky.) *

Biehl: Ueber den Begriff „νοῦς" bei Aristoteles. 20 S. Progr. Linz 1864.

Biehle, Alb., die Steuerverfassung des Königr. Sachsen, s.: Vorträge üb. Gesetzesbde. u. Verwaltung.

Biehle, Johs: Theorie d. pneumat. Orgeltraktur u. d. Stellg d. Spieltisches. Mit e. psycholog. Studie üb. Zeitschwellen. [Aus: „Sammelbde d. internat. Musik-Gesellsch."] (37 m. Abb. u. 2 Taf.) Lex8° Lpzg. Breitk. & H. '11. 1.20

Biehler, Alfr., ich liebe dich! Gedichte. 12. (IV, 87 S.) Heidelberg 896. J. Hörning. Geb. in Leinw. m. Goldschn. n. 3. —

Biehler, Benjamin, s. Bieler, Benjamin

Biehler, Friedrich
Biehler, Fr., die besondere Aufgabe der evangelisch-luther. Kirche in Preußen, s.: Schmidt, D.

Biehler, Friedr. Die Einführung der Reformation in der Mark Brandenburg, s. Kirchen-Geschichte, märkische.

— dem HErrn allein die Ehre! Predigt zur Eröffng. der 14. General-Synode der evangelisch-luther. Kirche in Preußen am Mittwoch den 12. Septbr. 1894. gr. 8. (15 S.) Breslau 894. (C. Dülfer.) n. — 20

Biehler, Fr. (Red.), s. Kirchenblatt für die evangelisch-lutherischen Gemeinden in Preussen.

Biehler, J. Alois, s. B i h l e r , J. Alois

Biehler, *Johann Friedrich Theodor.*
—— Plantarum novarum ex herbario Sprengelii Centuria. D. Halae, typ. Grunert. 1807. 8. 46 p.

Biehler, Richard, aus Bauske ⟨Rußl.⟩: **Einfluß** des Unterbaus auf das Wachstum der Bäume. *Gießen 1903: Heppeler & Meyer.* (57 S.) 8°
Gießen, Phil. Diss. v. 1903

Biehler, Rudolf: Über die Behandlung der Placenta praevia. Freiburg i. B.: Hammerschlag & Kahle 1909. 48 S. 8°
Freiburg i. B., Med. Diss. v. 1909, Ref. Krönig
[Geb. 18. April 82 Freiburg i. B.; Wohnort: Freiburg i. B.; Staatsangeh.: Baden; Vorbildung: Gymn. Freiburg i. B. Reife Juli 01; Studium: Freiburg i. B. 9, München 2, Heidelberg 1 S.; Coll. 23. Juli 08.] [U 10. 954

Biehler, T. Über Gemmenkunde. Mit Angabe der berühmtesten Künstler und der vorzüglichsten Sammlungen. Wien 1860. 8°. 201 S. (L.Steckler)

— Ueber Miniatur-Malerei. gr. 8. (168 S.) Ebds. 1860. Hbg. Preis 40 kr. N. b.

Biehler, Waclaw, über lepröse Milzen. Diss. gr. 8. (26 S.) Tübingen 901. F. Pietzcker. n.n. — 80

Biehler-Buchensee, M. v., Lebensklänge. Gedichte. 8. (IV, 68 S.) Dresden 898. E. Pierson. n. 1. 50; geb. n. 2. 50

Biehler-Buchensee, Marie v., Libellen. 1898—1901. 16. (VII, 94 S.) Leipzig 901. H. Seemann Nachf. n. 2. —; geb. n. 3. 50

— das kleine **Modell** u. and. römische Skizzen. schmal 8. (VIII, 60 S. m. Titelbild.) Ebd. (901). n. 1. 50

Biehler-Buchensee, Marie, v., der unbesiegbare Papagei od.: Wie Seidels an die Riviera reisten. (807 S.) 8. Leipzig 909. Modernes Verlagsbureau. 4. —

B i e h l y , Hans. Die Kolpektomie als Prolapsoperation. Diss. Med. Bern. 22 S. 8. Bern, Stämpfli & Cie., 1902.

Biehringer, Aug., die mechanischen Arbeitsleistungen u. das Perpetuum mobile. Eine populäre Abhandlg. aus der Mechanik, Maschinenkunde u. Physik. 8. (V, 86 S. m. eingedr. Holzschn.) Nördlingen 875. Beck. n. 1. 20

Biehringer, August: Betrachtungen über Linien auf Rotations-Flächen. pg. 3-26. 4°. Heinr. Höreth.
Progr. Bayreuth 1856/57.

B i e h r i n g e r , A., schematische D a r s t e l l u n g elektrodynam. Maschinen. 2 Blatt. Chromolithogr. Imp.-Fol. Nürnberg 883, v. Ebner'sche Buchh. *

B i e h r i n g e r , A. Schematische Darstellung electrodynamischer Maschinen. Imp.-Fol. Nürnb. 883, J. L. Schrag. * 8 —

Biehringer, über schiefe trigonometrische Funktionen u. ihre Anwendung. gr. 8. (56 S. m. 1 Steintaf.) Nördlingen 877. Beck. n. 1. 60

Biehringer, A., Die Wirkungsweise elektro-dynamischer Maschinen zu Lehrzwecken und zum Selbstunterricht elementar behandelt. Mit 1 Figurentafel in Farbendruck. Nürnberg, von Ebner. 1883. M. 1.50

—— Ueber Witterungs- und Bodenverhältnisse Nürnbergs, s. Abhandlungen der naturhistor. Gesellschaft zu Nürnberg.

Biehringer, Fr. J: Kaiser Friedrich II., s: Studien, Historische.

Biehringer, Joach., Einführung in die Stöchiometrie od. die Lehre v. der quantitat. **Zusammensetzg.** der Körper u. ihren m. **dieser zusammenhängend. Eigenschaften.** Mit Rechenbeispielen. **Für Studierende u.** Chemiker. gr. 8. (XVIII, 498 S. m. 18 Abb. u. 1 Taf.) Braunschweig 900. F. Vieweg & Sohn. n. 9. —

Biehringer, Joachim, Dr., I. Assistent am Labor. f. analyt. u. techn. Chemie: Ueber die Farbstoffe der Pyroningruppe. Leipzig: J. A. Barth 1896. 43 S. 8° ¶ Aus: Journal f. prakt. Chemie. Bd 162. N. F. Bd 54. *Br*
Braunschweig Te. H., Hab.-Schr. v. 15. 7. 1896

Biehringer, J: Optische Untersuchungsmethoden. Berlin u. Wien 1910 (Aus: Handbuch der Biochemischen. Arbeitsmethoden)

Biel [Sachliches OW]

Biel, Die Stadt, nach ihrer Uranlage und ächten äusserlichen Verfassung. Biel 1795. V: *Wetzel, Emanuel.* (BrMm) (EngG) (Ky)

Biel u. Umgebung. Hrsg. vom Verkehrs- u. Verschönerungsverein Biel u. Umgebg. (82 S. m. Abbildgn.) kl. 8. Biel (904). (E. Kuhn.) n. — 20; französische Ausg. n. — 20

Biel und Umgebung. ([Illustrierter Führer,] Hrg. vom Verkehrs- und Verschönerungsverein B' und U'.) IV + 82 S. 8. Biel, Schreibbücherfabrik A.-G., [1904]. ***Aufdruck:* fr. —. 20**

Biel [Schlagwort]
Biel. B e c k e r. **F., Excursions-Karte v. Biel u. Umgebung. Hrsg. vom Verkehrs- u. Verschönerungsverein Biel u. dem schweiz. Juraverein. 1 : 75,000. 41,5×51,5 cm. Farbdr. Biel (904). E. Kuhn. n. 1. 50**

Biel [Verfasser]
Biel, Ahasver Johann (Präs.): De d e f e c t i b u s . . . psychologiae rationalis, s. B a u e r , Joh. Michael.

Biel, Ahasver Johann, De vera et nimia simplicitate elementorum. Disp. philos. Lpz. (Langenheim) 7. IV. 1745. 27 S. (4.20) 2673

Biel, Anna Maria, alte plattdeutsche **Kinderlieder,** gesammelt, u. neue hinzugedichtet. (68 S.) kl. 8. Kiel (907). R. Cordes. Kart. — 50

— **Mittsommernacht. Ein Spiel u. neue Lieder. (58 S.) 8. München-Schwabing (907). E. W. Bonsels & Co. Kart. 1. 50**

— Roman e. Mutter. (294 S.) 8. München (904). [C. Haushalter]. Verlag d. Süddtsch. Bauhütte. n. 3. —; geb. n. 4. —

Biel, Anna Maria, Roman einer Mutter. Jetzt: München, Georg C. Steinicke.

Biel, Anna Maria, was meine **Hausgeisterchen** mir erzählten. Märchen. Die Bilder zeichnete Theod. Herrmann. (106 S. m. 1 Bildnistaf.) 8. Bremen (905.) C. Schünemann. Kart. n. 1. 50

Biel, Anni v., d. **Damen-Reiten.** Ratschläge u. Winke f. alle Freundinnen d. Reitkunst. gr. 8. (VII, 82 S.) Berlin 895. E. S. Mittler & Sohn. n. 1. 20

Biel, Bernhard
Biel, B., mathematische Aufgaben f. die höheren Lehranstalten, unter möglichster Berücksicht. d. Anwendgn., wie überhaupt der Verknüpfg. der Mathematik m. anderen Gebieten zusammengestellt. Ausg. f. Gymnasien. 1. Tl.: Die Unterstufe. (VI, 161 S.) gr. 8. Leipzig 903. G. Freytag. Geb. in Leinw. n. 2. 50

— dasselbe. Ausg. f. **Realanstalten. 1 u. 2. Tl gr. 8.** Ebd. Geb. **in Leinw. n. 6. —**
1. Die Unterstufe. (VI, 206 S.) 903. n. 2. 50
2. Die Oberstufe. (209 S.) 906. n. 3. 50

Biel, B., mathematische Aufgaben f. die höh. Lehranstalten, unter möglichster Berücksicht. der Anwendgn., wie überhaupt der Verknüpfg. der Mathematik m. anderen Gebieten zusammengestellt. Ausg. f. Gymnasien. II. Tl.: Die Oberstufe. (261 u. IX S.) 8. Leipzig 907. G. Freytag. Geb. in Leinw. 3. 50

Biel, Bernhard, über Rollbewegungen unter der Voraussetzung, dass der erzeugende Punkt noch einer besonderen Eigenbewegung unterliegt. Diss. Marburg 1886, N. G. Elwertsche Univ.-Buchh. 8°. 28 S. mit einer Taf.

Biel, B. Über Rollbewegungen unter der Voraussetzung, dafs der erzeugende Punkt noch einer besonderen Eigenbewegung unterliegt. 32 S. Progr. *Bensheim* 1884.

[Kopft.:] **Biel**, Bernhard [Dr.]: Der mathematische Unterricht in seiner Beziehung zu anderen Unterrichtsgebieten. *Bensheim, 1895;* 24 S. 4.
Bensheim, grossh. G, OP 1895 (628 [viehn. 651])

Biel, C.H., s. Biel, Karl Heinrich

Biel, Gotthelf, Briefe an einen Freund, welcher von d. Kirchenscheu befallen war, geschrieben u. auf Verlangen des Freundes hier zusammengestellt u. der Oeffentlichkeit übergeben. gr. 8. (30 S.) Saalfeld 846, Niese. 1/12 ℛ

Biel, Gotthelf, u. Carl Gräf, christliches Erbauungsbuch für's Volk. Zur Beförderung des Reiches Gottes. 2. Aufl. (Titel-Ausg. von Erbauungsbuch für christl. Dienstboten.) gr. 12. (241 S.) Hanau (844) 851, Edler. 1/2 ℛ

Biel, Otthlf., Erbauungsbuch f. Dienstboten, s. Gräf, Carl.

Biel, Gottlieb Wilh. Ludwig von
Biel, Gtll. Wilh. Ludw. v., Einiges üb. edle Pferde, Veranlasst durch d. Schriften: v. Burgsdorf, üb. Wettrennen in England etc. (1827.) — G. G. Ammon, üb. d. Eigenschaften d. Soldatenpferdes etc. (1828.) gr. 8. (22 1/2 B.) Dresden 830. [Wien, Gerold.]

v. Biel, Baron Gtl. Wlh. Ldw., († d. 11. Mai 1831.) Einiges üb. edle Pferde. Veranlaßt durch die Schriften: v. Burgsdorf, üb. Wettrennen in England ꝛc. u. G. G. Ammon, über die Eigenschaften d. Soldatenpferdes ꝛc. gr. 8. Dresd. 830. Hilscher. 2 ℛ

Biel, Gust., Ernstes u. Heiteres aus Chile u. Umgegend. (189 S.) 8. Dresden (905). M. Hölzer. Geb. in Leinw. n. 2. —

Biel. Hieronymus Wigand
— — **u. Thomas Pfützner** (Estho-Livonus), De templi posterioris prae priori gloria, dissertatio prima. Wittenberg (Schroeder), 30. X. 1715. 17 Blatt. (4.50) 2676

— **Hieronymus Wigand** (Lüneburg), De templi prioris prae posteriori gloria. Präs. Jo. Christoph Wichmannshausen. Wittbg. (Chn. Schroeder) 28. IX. 1715. 24 Bl. (4.50) 2675

Biel, J., Untersuchungen üb. den Kumys u. den Stoffwechsel während der Kumyskur. Mit 2 (lith.) Curventaf. (in qu. gr. 4.) gr. 8. (51 S.) Wien 874. Faesy & Frick. n. 1. 20

Biel, Johann
— **Joh.** (Schwarzburg/Th.), De temperamento primi hominis in statu integritatis. Disp. physico-moralis. Präs. Gg. Chn. Werther. Lpz. (Imm. Titius) Sept. 1709. 24 S., mit Tit.-Vign. (4.80) 2677

Biel, *Johann Christian.*
—— Exercitatio de lignis ex Libano ad templum Hierosolymitanum aedificandum petitis, qua per ligna illa II. Paral. II. 8. cedrina, cupressina et pinea intelligenda esse, ostenditur. etc. Brunsvigae 1740. 4. (6) 61 p. — Ed. II. Brunsvigae 1749. 4.

Biel, I. C., de lignis ex Libano petitis cum indicib. necess. 4. Brunsv. Schroeder. 740.

Biel, Jh. Chr., novus thesaurus philologicus; sive Lex. in LXX et alios interpret. et scriptores apocryph. Veteris Test. ed. E. H. Mutzenbecher. III Pts. 8 maj. Hagae 779, 80. (Weygand in Leipz.) 9 ℛ 16 ℊ

— **Johann Christian** (Braunschwg.), De viris militia aeque ac scriptis illustr. Diss. histor.-literaria. Präs. Jo. Burchard Mencken. Lpz. (Brandenburger Erb.) 15. IX. 1708. 86 S., mit zahlr. Biographien. (6.50) 2678

Biel, Karl Heinrich, s.a. Anleitung, wie Kinder d. 10 Gebote...

Biel, K. H., Anleitung wie Kind. d. Erlern. d. 10 Gebote ꝛc. 8. Rudolst. Klüger. 802.

Biel, Karl Hnr., Anweis. f. Christen, die als vernünftige Menschen leben wollen. 8. Rudolst. 795. (Fr. Fleischer in Leipz.) 6 ℊ

— **Anweisung** f. Christ. d. als vernünft. Mensch. leben wollen. 8. Rudolst. (B. Fleischer, L.) 796.

Biel, Karl Heinrich, s.a. Anweisung z. Kenntniß d. Menschen.

K. H. Biel's Anweis. z. Kenntniss d. Menschen u. besond. d. Kräfte d. menschl. Seele. *Arnst.* u. *Rudolst.*, Langbein u. Klüger. 801. 8° 4 ℊ

— Anweisung z. vernünft. Verehr. Gottes. 8. Rudolst. 796. (Fr. Fleischer in Leipz.) 14 ℊ

— Hauptinhalt d. Lehre Jesu ꝛc. 8. Rudolst. 801. (Hildebrand in Arnst.) 4 ℊ

— Confirmations-Examen nach d. Lehre Jesu. 8. Rudolst. (Hildebrand in Arnst.) 1 ℊ

— Natur u. Geschichte, benutzt in e. Berg- u. Erndten-Gebeten. Nebst Liedern ꝛc. gr. 8. Rudolst. 798. (Craz u. G. in Freiberg). 18 ℊ

Biel, C. H., Natur u. Kunst ꝛc. benutzt in Berg- u. Erndtepredigt. n. Liedern f. Bergl. gr. 8. Freiberg, Craz u. Gerl. 798.

— Naturgeschichte f. den Bürger u. Landmann. 8. Rudolst. 805. (Hildebrand in Arnst.) 12 ℊ

— christl. Religions-Unterricht. 8. Rudolst. 805. (Hildebrand in Arnst.) 4 ℊ

Biel, Pet. Christ., Schleswig-Holstein-Lauenburg. Gewerbefreund, s. Gewerbefreund.

Biel, Peter Chr. (Hrsg.), s. Gewerbefreund, Königl. privilegierter Schleswig-Holstein-Lüneburgischer.

Biel, P. C., der kleine Kosmos. Eine leichtfaßliche Anleitung zur Kenntniß des Weltgebäudes. Zum Gebrauche für Schulen und zum Selbstunterrichte. Nebst einer Erklärung alles zum genauen Verständnisse des Kalenders Wissenswerthen. Hamburg 861. Kittler. gr. 8. (VI, 151 S.) n. 16 ngr.

—— prakt.-mathemat. Rathgeber, od. Formelsammlung f. Mathematiker ꝛc. 4. (24 B.) Altona 829, [Aue.]

Biel, Pt. Chr., ausführl. Rechenübungen für die Jugend, welche sich bisher nach den Rechentabellen für d. wechselseit. Unterricht geübt, od. ähnl. Vorbereitung genossen hat; nach e. strengmethod. Stufenfolge u. mit besond. Berücksichtigung auf eine harmonische Verbindung des Denk-, Kopf- u. Tafelrechnens. Mit 60 lithogr. Figuren. 8. Altona 832. Hammerich. 3/4 ℛ

— Auflösungen dazu. (Nur f. die Lehrer des Rechnens bestimmt.) 8. Ebd. 832. 3/4 ℛ

Biel, P. Chr., Vorschule d. Algebra oder Sammlung von Beispielen u. Formeln aus d. Buchstabenrechnung. Mit Resultaten. 8. Schlesw. 823. (Leipz., Enobloch). 1 ꝑ 8 gl.

Biel, R[udolf]: Ueber den Druckhöhenverlust bei der Fortleitung tropfbarer und gasförmiger Flüssigkeiten. 1907. 64 S. 4° ¶ Auch als: Mitteilungen über Forschungsarbeiten auf d. Gebiete d. Ingenieurwesens. H. 44; Ausz. in: Zeitschrift d. Vereines deutscher Ingenieure. Bd 52. 1908, Halbj. 1.
Berlin, Dr.-Ing.-Diss. v. 16. 12. 1904

Ueber den Druckhöhenverlust bei der Fortleitung tropfbarer und gasförmiger Flüssigkeiten. Von Dipl.-Ing. R. **Biel**, Nürnberg. (Berlin: J. Springer 1907.) (59 S.) 4°(8°)
= **Mitteilungen** über Forschungsarbeiten auf d. Geb. d. Ingenieurwesens.

Biel, Versuche üb. den Wärme- u. Spannungsverlust bei der Fortleitung gesättigten u. überhitzten Wasserdampfes, s.: Eberle, Chr.

R. Biel: Die Wirkungsweise der Kreiselpumpen und Ventilatoren. Versuchsergebnisse u. Betrachtungen. Berlin: J. Springer in Komm. 1907. (64 S.) 4°(8°) [Umschlagt.]
= **Mitteilungen** über Forschungsarbeiten auf d. Geb. d. Ingenieurwesens. H. 42.
{o6. 13804

Biel, Werner s. Beyel, Werner.

Biel, Wilhelm [app. Arzt aus Itzehoe]: Aus d. hygien. Institute zu Kiel. Ueber einen schwarzes Pigment bildenden Kartoffelbacillus ... Jena, G. Fischer, 1896; 8 S., 1 Bl. 8.
Kiel, Med. Fak., Inaug.-Diss. v. [11. März] 1896

— **Wilhelm Eduard** (Greifswald), De foraminis ovalis et ductus arteriosi mutationibus. Diss. med. Bln. (Feisler & Eisersdorff) 29. IX. 1827. 20 S. u. 2 Tfln. Abb. (C. L. Müller del. F. Guimpel sc.) u. Biogr. (M.: J. Bahnkamp.) (4.50) 2679
Oppon.: C. Giese, Ad. Wollmar, L. Piper.

Biela, Wilh. v., die zweite große Weltenkraft nebst Ideen üb. einige Geheimnisse d. phys. Astronomie, od. Andeutn. zu e. Theorie d. Tangentialkraft. M. 10 Stnt. gr. 8. (9¾ B.) Prag 836, [Kronberger u. Rziwnatz.]

v. Biela, Wlh., die zweite und große Weltenkraft, nebst Ideen über einige Geheimnisse der physischen Astronomie, od. Andeutungen zu einer Theorie der Tangentialkraft. Mit 10 erläut. Steindr. gr. 8. Prag 836. Kronberger u. Weber. 1½ ꝑ

Bielau, Fr., s. Vaterland.

Bielau, Frz. v., authentische Biographie v. Schlesiens berühmtem Naturarzt u. Erfinder der Wasserheilkde. Vincenz Priessnitz. 8. (56 S. m. Abbildgn. u. 1 Bildn.) Freiwaldau (902). B. Titze. Geb. in Leinw. n. 1.70

Bielau, F v.: Authent. Biogr. v. Schlesiens berühmtem Naturarzte u. Erfinder d. Wasserheilkde Vincenz Priessnitz. (56 m. Abb. u. 1 Bildnis.) 8° Freiw., (A Blažek) (02). L. 1.70

Bielawski, Jos., u. Vinc. **Haardt v. Hartenthurn,** die topographischen Arbeiten im westrussischen Grenzgebiete. Nach officiellen Quellen bearb. gr. 8. (S. 158—170 m. 2 Taf.) Wien 901. (R. Lechner's Sort.) n.n. — 80
Sonderabdruck aus „Mittheilgn. d. militär-geograph. Instit."

Bielawski, Wenzeslaw, Roderich, d. letzte König d. Westgothen. Histor. Drama in 5 Aufz. 8. (4½ B.) Breslau 837, (Friedländer.)

Bielchen, O., Muckebumm. Ein Sang vom Ukerkater. Ausrangirte Spreu. 8. (36 S.) Dresden 899. E. Pierson. n. — 75

Bielcke, Achat. Felix (Jena), De natura humana non erubescenda sed veneranda. Dissert. philos. Präs. Joseph Adam Braun. Lpz. (Breitkopf) 23. V. 1739. 30 S. (4.80) 2680

Bielcke, Johann Achatius Felix
Bielcke, Jh. Achat. Fel., († d. 12. Juni 1802.) kurze Apologie d. Luther. Lehre. 8. Leipz. 776. Sommer. (W. Nauck). 6 gl.

— Beytrag z. natürl. Gottesgelahrheit, s. Leistiko.

Bielcke, J. A. F., de cinerariis. Starg. 1791. f.; rep. in Bidermanni select. scholast. 1. p. 611 ss.

Bielke, J. A. F., de Clemente Alex. ejusque erroribus. Jen. 1737. 4; rep. in J. G. Walch misc. sacr. p. 510 ss.

Bielcke, J. A. F., de Essaeis et Therapeutis, prophetarum speciem prae se ferentibus. Starg. 1755. 4.

— **Johann Achatius Felix,** De familia dei ad Eph. III, 15. Diss. theolog. Jena (Fickelscherr) Febr. 1758. 52 S. (5.—) 2681
Gew.: Joh. Gg. Walch, Joh. Chph. Koecher, Joh. Pet. Reusch.

— neuere Gesch. d. menschl. Verstand. in göttlich. Dingen. 2 Thle. 4. Zelle, Gsellius. 748—52.

— Historie d. nat. Gottesgelahrheit. 4. Ebend. 742.

— von d. Versöhnenden im Leben Jesu. 4. Celle 760. Gsellius. 3 gl.

Bielke, M. Johann Achatius Felix, Was es auf sich habe, Staaten zu beherrschen, dass sie im Kriege sowohl, als im Frieden bestehen können . . . bey Gelegenheit des am 25. December 1745 zu Dresden so ruhmvoll als erwünschten Friedens am 24. Jenner, als dem höchsten Geburtsfeste Sr. Königl. Preussischen Majestät Friedrichs des Zweiten. Stargard und Leipzig 1746. 4. (12 Seit.)

— v. letzten Zwecke d. Schöpfung. 8. Celle 751. Gsellius. 3 gl.

Biele, Werner v. der (Adf. Werner), gesammelte Gedichte. (312 S.) kl. 8. Freiwaldau 907. A. Blažek. 1.50; geb. in Leinen 2.70

Biele, Werner v. d. (Ad. Werner), Sankt Sebaldus. Dichtg. 16. (58 S.) Freiwaldau 890. (B. Titze.) n. 1.—

Bielefeld [Sachliches OW]
Bielefeld, seine Vergangenheit und seine Gegenwart. Zugleich e. Führer durch Stadt u. Umgebung. Mit 27 Ill. u. 2 Vollbildern. Zsgest. u. hrsg. von Rudolf Trautmann. Festschrift z. 27. Westf. Städtetage 1., 2., 3. Juli 1904. *Bielefeld: A. v. d. Mühlen 1904.* (120 S.) 8° [F.] {04. 10087

Bielefeld, s. Vergangenh. u. s. Gegenwart. Zugl. e. Führer durch Stadt u. Umgebg. (119 m. Abb. u. 1 Pl.) 8° Bielef., A v. d. Mühlen '09. (Nur dir.) — 75

Bielefeld [Schlagwort]
— s. a.: **Deutschland.** Karte (Abt. Preussen).

Bielefeld, s.a Herford.
— s.a. Minden.

— s.a. Radfahrerkarten. Mittelbach.

— s.a. Radfahrerkarten. Straßenprofilkarte.

— s.a. Rheinprovinz. Liebenow.

— s.a. Westfalen. Grundkarte.

— s.a. Westfalen. Wegekarte.

Bielefeld. Karte v. Bielefelds Umgebung, entworfen v. W. F. Autogr. qu. 4. Bielefeld 887. Helmich. — 15

Bielefeld. Karte v. Bielefeld u. Umgegend. 54,5 × 66,5 cm. Farbdr. Bielefeld 899. A. Helmich. n. 1.25

— **Podlech,** Plan v. Bielefeld. 1 : 10,000. qu. gr. 4. Bielefeld 887. Helmich. n. — 50

Bielefeld. Podlech, Plan v. Bielefeld. 2., vervollständ. Aufl. 43,5×50 cm. Farbendr. Bielefeld 894. A. Helmich. n. — 75

Reg.Bez. Minden. Kreis **Bielefeld**. Entfernungskarte. Im Auftr. d. Kgl. Regierung in Minden unter Leitung d. Steuerrates [Heinrich] Rettberg nach d. Katasterkarten entw. im J. 1903. Maßst. 1:50,000. *Minden i. W. & Leipzig: M. Volkening 1903; Lith. E. Gaebler, Leipzig.* (1 Kartenbl. 62×53 cm.) quer-gr.2° [kol.]

Bielefeld (Kreis) – Vorländer, JJ, Karte v.d. Kreisen Bielefeld u. Halle im Reg.-Bez. Minden. Nach d. Katasterkarten bearb. 1:80,000. 3. Afl. Lith. u.col. Fol. Lpzg 1881, Siegismund & V.

Bielefeld (Stadt) – Podlech, Plan v. Bielefeld. 1:10,000. Chromol. 4°. Bielef. 1885. Helmich.

Bielefeld [Verfasser]

Bielefeld. Boileau dans son rapport avec Horace. Dillenburg, Pg., 1874. 10 S. 4.

Bielefeld, über den Gebrauch des Infinitivs in der französischen Sprache. Progr. d. Gymn. Salzwedel 1836. 4°. 28 S.

Bielefeld, F., s. Bielfeld, Detlef Friedrich

Erklärung des h[eiligen] W[ortes] des III. Gr[ades]. [Von J. M. Bielefeld. Le Havre] o. J. 2 Bl. 8°

Bielefeld, Jakob Friedrich Frhr von, s. Bielfeld, Jakob Friedrich Frhr von

Bielefeld, Joh. Christoph [Präs.] u. Joh. Christian Lange (Prof. t. Gießen) Dissertatio theologica inauguralis de antiquissimo et novissimo Theologico, h. e. de Jesu Christo, totius verae theologiae centro, ac religionis pantomysterio.
Giessae 22. Dez. 1716: vidua Vulpii et E.H. Lammers. (8), 76 S. 4°
pro licentia consequendi jura doctoratus

Bielefeld, Joh. Christoph [Präs.] u. Joh. Conr. Marquard (Münzenberg) [Autor et Resp.]
Dissertatio theologica de admirando judicii et amoris divini temperamento in mysteriis θεανθρώπου pro nobis et in nobis.
Giessae März 1707: H. Müller. 4°
publicae disquisitioni

Bielenfeld, Joh. Christoph [Präs.] u. Ant. Dan. Stockhausen [Resp.]
Diss. theol. de Theologia polemica juxta ductum in collegio privato introductionis ad Theologiam polemicam universalem.
Giessae 1706. 4°

Bielenfeld, Joh. Chrph. [Präs.] u. Joh. Hector Dietz (Frankf.) [Resp.]
Dissertatio theologica de theologia polemica, ejus indole ac officiis, juxta ductum in collegio privato introductionis ad theologiam polemicam universalem.
Giessae 30. Juni 1723: Müller. 51 S. 4°

Bielenfeld, J. C., doppelt. Zeugniß Gottes an d. Menschen Seel. üb. d. Evang. 4. Frankf. 725.

Bielefeld, Karl Ludwig (Resp.): De Rudolpho secundo..., s. Weber, Immanuel

Bielefeld, Ludw.: Dülmen u. s. Siedelstätten. 1. Geschichtl. Mitteilgn üb. d. Gemeinden Stadt Dülmen u. Hausdülmen, sowie d. Bauerschaft Mitwick. (82) 8° Dülmen, J Sievert '12. — 50

Bielefeld, Max, s. Bielefeldt, Max.

Bielefeld, Otto, Eine neue Aera englischer Socialgesetzgebung. gr. 8°. Leipzig, Duncker u. Humblot, 1898. (VII, 107 S.)

Bielefeld, Otto, s.: Bauern, unsere, u. die Parole: Gleiches Wahlrecht.

— s.: Wahlrecht, gleiches, u. billige Nahrung!

Bielefeld, Otto, Gleiches Wahlrecht und billige Nahrung. Die Parole des Bürgertums und der Arbeiterschaft. 8°. Freiburg (Baden), J. Bielefeld, 1907.

Bielefeld, Rud., Flora der ostfriesischen Halbinsel u. ihrer Gestade-Inseln. Zum Gebrauch in Lehranst. u. für Pflanzenfreunde bearb. gr. 8. (XLVII, 343 S.) Norden (900). D. Soltau. Geb. in Leinw. n. 3.—

Die Geest Ostfrieslands. Geol. u. geogr. Studien z. ostfries. Landeskunde u. z. Entwicklungsgeschichte d. Emsstromsystems. Von Dr. Rudolf **Bielefeld** in Halle a. S. Mit 3 Karten, 4 Lichtdrucktaf. u. 2 Profilen. Stuttgart: J. Engelhorn 1906. (S. 289–459.) 8°
— **Forschungen** z. deutschen Landes- u. Volks-Kunde. Bd 16, H. 4.

Bielefeld, Rudolf. Die Geest Ostfrieslands. Geologische und geographische Studien zur ostfriesischen Landeskunde und zur Entwicklungsgeschichte des Emsstromsystems. Diss. Phil. [II.] Univ. Zürich von R' B' aus Nesse in Ostfriesland. [Mit Figuren, 4 Tafeln und 3 Karten.] 173 S. 8. Zürich (Druck der Union Deutsche Verlagsgesellschaft in Stuttgart) 1906.
(*Ersch. auch als:* Forschungen zur Deutschen Landes- u. Volkskunde Bd. 16, Heft 4. Stuttgart, Verlag J. Engelhorn. [M. 10. –])

Bielefeld, Rud., Ostfriesland. Heimatkunde. (VIII, 176 S.) 8. Hannover 910. C. Meyer. Geb. in Leinw. 2. 25

Katalog Nr. 1. Gastronomie. Sammlung einer Anzahl von hervorragenden Speisen u. Getränken, die zu d. beigesetzten festen Preisen zu beziehen sind beim Diner d. Gesellsch. d. Bibliophilen im Hôtel Kaiserhof in Leipzig am 29. Nov. 1908. Verantw. f. d. bibliogr. Aufnahmen W[alter] B[ielefeld] u. E[rnst] S[chulz]-B[esser]. Leipzig 1908: O. Wigand. 9 S. 8° [Umschlagt.]

Bielefeldt, Alwin
Bielefeldt, A., s. Arbeiterversicherung

Bielefeldt, Hartmann, Klein, Lass u. **Zahn**, Die deutsche Arbeiterversicherung als sociale Einrichtung. 2. Aufl., im Auftrage des Reichsversicherungs-Amtes für den VII. Arbeiter-Versicherungs-Kongress in Wien 1905. gr. 8°. Berlin, A. Asher u. Co., 1905.

Bielefeldt, Sen.-Vors., Arbeiterversicherung und Volksgesundheit. 8°. Berlin, A. Asher u. Co., 1904. (Die deutsche Arbeiterversicherung als sociale Einrichtung, Heft 4.)

Bielefeldt, Alwin, die Heilbehandlung der gegen Unfall u. Invalidität versicherten Arbeiter in Deutschland. Im amtl. Auftr. f. die Weltausstellg. zu Paris bearb. gr. 8. (56 S.) Berlin 900. A. Asher & Co. n. — 40

Du traitement médical des ouvriers assurés contre les Accidents et contre l'Invalidité en Allemagne. Rapport fait pour l'Exposition Univ. de Paris sur la demande de l'Office Imp. des Assurances Sociales par Alwin **Bielefeldt**. *Berlin: A. Asher & Cie 1900.* (55 S.) 8°

Bielefeldt. Vortrag betr. die Invaliditäts- u. Altersversicherung nach dem Reichsgesetz vom 22. Juni 1889, geh. im landwirthschaftl. Kreisverein Straßburg-Land am 9. Novbr. 1890. 2., die neuesten amtl. Bekanntmachgn. berücksicht. Aufl. 4. (32 S.) Straßb. i. E. 891, Heitz. — 30

Bielefeldt, wie erlange ich sichere. Invaliden- od. Altersrente od. e. Beitragserstattung auf Grund des Invaliditäts- u. Altersversicherungsgesetzes? Praktische Rathschläge f. Versicherte u. deren Berather, unter Berücksicht. der Revisionsentscheidgn. des Reichs-Versicherungsamts ertheilt. 8. (87 S.) Berlin 895. A. Asher & Co. Kart. n. — 50

[F.] Die Schlacht bei Sedan. Bearb. nach d. Generalstabswerk: 'Der deutsch-französ. Krieg 1870/71' u. d. besten französ. Werken v. Georg **Bielefeldt**. *Berlin: M. Driesner 1896.* (2 Bl., 124 S., 1 Kt.) 1 Bd 8.

Bielefeldt, Geo: Method. Wortkde d. französ. Sprache m. bes. Berücks. d. Grammatik, Phraseol., Synonymik u. Etymol. (304) gr8° Berl., Friedberg & M. '12. 6 —; L 7.20 d

Bielefeldt, Hans, s. Bielfeldt, Hans

Bielefeldt, Karl: Das Eindringen des Kapitalismus in die Landwirtschaft unter besonderer Berücksichtigung der Provinz Sachsen und der angrenzenden Gebiete. (Obergütter: Selbstverl. 1910: Unger, Berlin.) x, 154 S. 8°
Berlin, Phil. Diss. v. 13. Aug. 1910, Ref. Sering
[Geb. 1. Okt. 80 Obergütter; Wohnort: Berlin; Staatsangeh.: Preußen; Vorbildung: Gymn. Burg Reife M. 01; Studium: München 3, Berlin 4, Straßburg 1, Berlin 3 S.; Rig. 3. März 10.] [U 10. 131

Das Eindringen des Kapitalismus in die Landwirtschaft unter besond. Berücks. d. Provinz Sachsen u. d. angrenzenden Gebiete. Von Dr. Karl **Bielefeldt.** Berlin: Puttkammer & Mühlbrecht 1911. x, 153 S. 8°
[Ersch. auch als Inaug.-Diss. Berlin 1910.] [11. 3004

Bielefeldt, Max, über Isodurolsulfosäure u. über die Oxydation des Isodurols [β-Tetramethylbenzol]. Inaugural-Dissertation. 8. (29 S.) Göttingen 880. (Vandenhöck & Ruprecht.) n. — 80

Bielek, Ladislaus v., Landes- und Gerichts-Advokat etc. Ethnographisch-geographische Statistik des Königreiches Ungarn und dessen Nebenländern. 8. Wien 1837.

Bielenberg, Hans, Referendar: Die Haftung des Bienenzüchters für Beschädigung durch Bienen, zugleich ein Beitrag zur Lehre von der Haftung für Tiere. Erlangen 1908: Jacob. VII, 99 S. 8°
Erlangen, Jur. Diss. v. 14. Nov. 1908, Ref. Siber
[Geb. 23. Febr. 83 Burg auf Fehmarn; Wohnort: Burg; Staatsangeh.: Preußen; Vorbildung: Gymn. Plön Reife O. 04; Studium: Marburg 3, Berlin 2, Kiel 1 S.; Rig. 14. Okt. 08.] [U 09. 665

Bielenberg, Hermann, Referendar aus Hemme: Inwieweit sind die Rechtssätze über die Wirkung der Abtretung persönlicher Ansprüche anzuwenden auf diejenige dinglicher Ansprüche? *Lunden 1904: H. Timm.* (48 S.) 8°
Rostock, Jur. Diss. v. [20. März] 1904

Bielenberg, Johs: Die Freih. d. Luftraums. (8, 75) gr8° Berl., F Vahlen '11. 2 —

Stammbaum der Familie Franzenburg nebst einigen Bemerkungen über d. Entwicklung u. Geschichte derselben von 1624–1906. Zsgest. von K(laus) **Bielenberg**, Lehrer. Glückstadt 1907: J. J. Augustin. (95 S.) 4°(8°) [07. 15745

Süderau. Ein Beitrag z. Heimatkunde von K. **Bielenberg**, Borsfleth. *Krempe 1903: A. Caspers.* (82 S.) 8° [F.] [04. 0303

Bielenberg, K., Süderau. Ein Beitrag zur Heimatkunde. (82 S.) gr. 8. Krempe 903. (Glückstadt, M. Hansen.) n. — 80

Bielenberg, Paul Herm., Referendar in Hamburg: Die Strafbestimmungen des Gesetzes zur Bekämpfung des unlauteren Wettbewerbes vom 27. Mai 1896 im Verhältnis zu verwandten Strafandrohungen anderer Reichsstrafgesetze. Hamburg 1904: Berngruber & Henning. (VIII, 92 S.) 8°
Marburg, Jur. Fak., Ref. Traeger, Diss. v. 20. Sept. 1904
[Geb. 1. Nov. 80 Hamburg; Wohnort: Hamburg; Staatsangeh.: Hamburg; Vorbildung: Johanneum Hamburg Reife O. 99; Studium: Lausanne 1, München 1, Freiburg i. B. 1, Berlin 1, Göttingen 2 S.; Rig. 11. Dez. 02.]

Bielenberg, R, Schulwandkarte v. Deutschland, nach eigner Methode bearb. u. gezeichnet. 1:800,000. 9 Bl. à 55×57,5 cm. Farbendr. Weim. 94, Geograph. Inst. 14 —; auf Lnw. m. St. 22 —

Bielenberg's, R, (stumme physikal.) Schulwandk. v. Europa. 1:2,750,000. 9 Bl. à 53×65 cm. Farbdr. Weim. 1900, Geograph. Instit. 12 —; auf L. m. St. 20 —

Bielenfeld, Johann Christoph, s. Bielefeld, Johann Christoph

Bielengebirge [Schlagwort]
Bielengebirge, s.: Glatzer Schneegebirge.

Bjelenky (Bielinsky), G.: Zur Frage der Stillungsnot und Stillungsunfähigkeit. ⟨Aus dem Frauenspital Basel-Stadt. Direktor Prof. von Herff.⟩ Leipzig 1909. 29 S. 8°. S.-A. aus den Beiträgen zur Geburtshülfe und Gynäkologie. Bd. 14. [29. IV 09.]
Basel Med Diss 1908/09

Bjelenky, [Hirsch]. Zur Frage der Stillungsnot und Stillungsunfähigkeit. Aus dem Frauenspital Basel-Stadt.... Diss. Med. Basel ... von G. Bjelenky ⟨Bjelinsky⟩. 30 S. 8. Leipzig, Georg Thieme, 1909.

Bielenstein, August
Bielenstein, A., d. Grenzen d. lett. Volksstammes u. d. lett. Sprache in d. Gegenwart u. im 13. Jahrh. Ein Beitr. z. ethnolog. Geographie u. Geschichte Russlands. (Mit e. Atlas v. 7 farb. Bl. in Fol.) 4° (548) St. Petersb. 92. (Lpzg, Voss' Sort.) 22. 50

Bielenstein, A., Handbuch der lettischen Sprache. 1. Grammatik. Mitau 863. Lucas. gr. 8. (XXIII, 432 S.) n. 2 ₰

Bielenstein, A., die Holzbauten u. Holzgeräte der Letten. Ein Beitrag zur Ethnographie, Culturgeschichte u. Archäologie der Völker Russlands im Westgebiet. 1. Tl. Die Holzbauten der Letten. (X, 224 S. m. 154 Abbildgn.) Lex. 8. St. Petersburg 907. (Leipzig, Voss' Sort.) 6. —

Bielenstein, A., zum 300jährigen Jubiläum der lettischen Literatur. Rede, gehalten auf der Jahresversammlung der lettisch-litterär. Gesellschaft in Riga, am 10. Decbr. 1886. 8. (34 S.) Mitau 886. (Besthorn.) *

Ein glückliches Leben. Selbstbiographie von DDr. A(ugust) **Bielenstein**, Pastor zu Doblen in Kurland. Mit d. Portr. d. Verf. *Riga: Jonck & Poliewsky 1904.* (VIII, 468 S.) 8° [F.] [03. 14493] 10

Bielenstein, A., Reiseskizzen aus dem Oberlande. [Aus: „Balt. Monatsschr."] gr. 8. (S. 569—743.) Riga 893. L. Hoerschelmann. n. 2. —

Bielenstein, A., für suchende Seelen. Licht, Kraft u. Trost aus dem Evangelium. gr. 8. (XX, 588 S.) Riga 901. [L. Hoerschelmann.] Jonck & Poliewsky. Geb. n. 7.20; m. Goldschn. n. 8.—; erm. Pr. geb. n. 6.—
Auch dessselb. Verfassers „Reiseskizzen a. d. Oberlande" sind in obigen Verlag übergegangen.

— die lettische Sprache nach ihren Lauten und Formen erklärend und vergleichend dargestellt. 1. Thl. Die Laute. Die Wortbildung. — 2. Thl. Die Wortbeugung. Berlin 863, 64. Dümmler's Verlhdlg. gr. 8. (XVI, 485 S.; VIII, 428 S.) Jeder Thl. n. 3 ₰ 10 ngr.

Bielenstein, A. u. E. u. H., Studien a. d. Gebiete d. lettischen Archäologie, Ethnographie u. Mythologie. [Aus: „Magazin d. lett.-litterär. Gesellsch."] gr. 8. (III, 61; 179 u. 42 S.) Riga 896. (L. Hoerschelmann.) n.n. 3. —

— Welchen Wert hat f. uns die deutsche Muttersprache? Gedanken üb. das Danken. 2 Vorträge aus dem Gebiete der Volkspsychologie. (48 S.) 8. Riga 907. Jonck & Poliewsky. 1.20

BIELER,
Der Konstitutions-Freund, oder Beleuchtung über den Entwurf der helvetischen Staats-Verfassung, sofern selbe in das Fach der Religion einschlägt.
Von Bürger Bieler, Pfarrer zu Gyswil ...
Luzern: Balthasar und Meyer. 1798. 26 S. 8°.
Zentralbibliothek Zürich

Bieler, A. C. (Resp.): Diss. de amore insano, s. Wucherer, Ch. L. (Praes.)

Bieler, A. C., De paralysi. 28 pp. Jon. 4°. 1719

Bieler, Albert
Bieler, geometrische Aufgaben, s.: Schuster, M.

Bieler, Alb. Schulgemäße Behandlung der Geometrie in Bürger- u. Mittelschulen. Für Lehrer u. Seminaristen bearb. (In 2 Tln.) 1. Tl.: Die Grundlehren der Geometrie. gr. 8. (VII, 78 S. m. Fig.) Hannov. 892, Meyer. 1 —

Bieler A. Bestimmung der Zeit des Herabfallens eines materiellen Punktes auf einigen verticalen Plancurven. 1884. 4.
Math. Diss. Marburg

Bieler, Alb., Bestimmung der Zeit d. Herabfallens eines materiellen Punktes auf vertikalen Plankurven. Untersuchungen in der höheren Mechanik. gr. 4. (28 S. m. 1 Steintaf.) Marburg 884. Sipmann. 1. 50

Bieler, Alb., angesetzte Gleichungen zu den Textgleichungen u. vollständige Lösungen zu der logarithmischen Berechnung v. Zahlenausdrücken in Müller-Bieler: Arithmetisches Lehr- u. Übungsbuch f. Knaben-Mittelschulen. (IV, 69 S.) 8. Leipzig 908. B. G. Teubner.
Nur f. Lehrer. nnn 2. —

Lehrbuch der Geometrie für Knaben-Mittelschulen. Nach Prof. H. Müllers Unterrichtswerk bearb. von Dr. Albert **Bieler**, Rektor. Leipzig & Berlin: B. G. Teubner 1907. (VII, 103 S.) 8° [F.]
(Heinrich Müllers Mathematisches Unterrichtswerk.) [07. 13356

Bieler, Alb., Arithmetisches Lehr- u. Ubungsbuch f Knaben-Mittelschulen. Nach H. Müllers mathemat. Unterrichtswerk hrsg. (Heinr. Müllers mathematisches Unterrichtswerk.) 1. u. 2. Tl. gr. 8. Leipzig. 906. B. G. Teubner. n. 2. —
1. Bis zu den Gleichungen 2. Grades m. mehreren Unbekannten einschließlich. (VI, 160 u. 2 S.) Geb. n. 1. 60
2. Reihenlehre, Zinseszins-Rechnung u. Anfangsgründe der Trigonometrie. (III, S. 163—194 u. 6 S.) n. — 40

— Lehr- u. Übungsbuch der Arithmetik u. Algebra f. Knaben-Mittelschulen. Im Anschluß an das Unterrichtswerk v. H. Müller hrsg. 2., nach den Lehrplänen v. 1910 umgearb. Aufl. (IV, 136 S. m. 6 Fig.) gr. 8. Ebd. 911. Geb. 1. 50

Bieler, Alb.: Lehr- u. Ubgsb. d. Arithmetik u. Algebra f. Knaben-Mittelsch. Im Anschluss an d. Unterr.-Werk v. H Müller hrsg. 3., d. Neubearbeitg nach d. Lehrplänen v. '10 2. Afl. (4, 136 m. Fig.) gr8° Lpzg, BG Teubner '11. geb. 1.50 d

— Lehr- u. Ubgsb. d. Raumlehre f. Knaben-Mittelsch. Im Anschluss an d. Unterr.-Werk v. H Müller bearb. 2. Afl. (7, 176 m. Abb. u. 2 Taf.) gr8° Ebd. '11. L 2 — d

Bieler, Alb., Leitfaden und Repetitorium der analytischen Mechanik. Für Studierende an Universitäten und techn. Hochschulen. 2 Tle. 8. Leipzig 888, Violet. à Tl. *M 1.80. *
Inhalt:
Tl. 1. Analytische Statik der festen Körper. Mit erläut. Beispielen. (VI, 87 S. mit in den Text gedr. Holzschn.)
» 2. Analytische Dynamik der festen Körper. Mit erläut. Beispielen. (V, 91 S. mit in den Text gedr. Holzschn.)

— Leitfaden f. den Unterricht in der Raumlehre in gehobenen Volks-, Bürger- u. Mittelschulen. Mit 96 Abbildgn. im Texte. gr. 8. (VI, 56 S.) Jena 889, Mauke. — 80

Rechenbuch für Knaben-Mittelschulen. Im Anschluß an d. Math. Unterrichtswerk von Prof. H. Müller hrsg. von Dr. Albert **Bieler**, Rektor. T. 1–3 (= H. 1–8). Leipzig & Berlin: B. G. Teubner 1906. 8 Bde 8° [F.]
T. 1. Für d. 4 unteren Klassen (= H. 1–4).
H. 1. Zahlenkreise von 1 bis 10, von 1 bis 20 u. z. Teil von 1 bis 100.
2. Zahlenkreise von 1 bis 100 u. z. Teil von 1 bis 1000.
3. Zahlenkreis von 1 bis 1000 u. s. Erweiterung bis zu den Millionen.
4. Das Rechnen im unbegrenzten Zahlenraum. Einführung in d. Rechnen mit mehrfach benannten Zahlen.
T. 2. Für die mittleren Klassen (= H. 5. 6). Das Rechnen mit mehrfach benannten Zahlen. Dezimalzahlen. Bruchrechnung. Flächen- u. Körperberechnung. ⟨T. 1.⟩
T. 3. Für d. oberen Klassen (= H. 7. 8).
H. 7. Zusammenges. Dreisatzaufgaben. Allgem. Prozentrechnung. Zins- ⟨mit Kurs-⟩Rechnung. Zinseszinsrechn., Sparkasse. Diskont-⟨Wechsel-⟩ Rechn. Gesellschaftsrechn. Mischungsrechn. Versicherungsrechn. Flächen- u. Körperrechn., T. 2. Mit Doppeltaf.: Reprod. e. Staatspapiers.
8. Abschluß d. bürgerl. Rechnungsarten. ⟨Kaufmänn. Rechnen.⟩ [07. 13993

— Rechenbuch f. Knaben-Mittelschulen. Im Anschluß an das mathemat. Unterrichtswerk v. H. Müller hrsg. 3 Tle. Ergebnisse. gr. 8. Ebd. 907. nnn 3. —
I. (31 S.) nnn 1.—. — II. III. (71 S.) nnn 2.—
Nur direkt an Lehrer.

— Rechenbuch f. Mittelschulen. Im Anschluß an das mathemat. Unterrichtswerk v. H. Müller hrsg. 2., nach den (neuen) Lehrplänen v. 1910 umgearb. Aufl. 8. Ebd.
1. Lehraufgabe der Klasse IX. (II, 56 S.) 910. — 50
2. Lehraufgabe der Klasse VIII. (II, 64 S. m. Abb.) 910. — 60
3. Lehraufgabe der Klasse VII. (II, 64 S.) 910. — 60
4. Lehraufgabe der Klasse VI. (II, 64 S.) 910. — 60
5. Lehraufgabe der Klasse V. (II, 64 S.) 910. — 60
6. Lehraufgabe der Klasse IV. (IV, 60 S.) 910. — 60
7. Lehraufgabe der Klasse III. Ausg. f. Mädchenschulen. Bearb. v. Wilh. Nieland. (VIII, 80 S. m. 20 Fig.) 911. — 80
7. 8. Lehraufgaben der Klassen III u. II. Ausg. f. Knaben-Mittelschulen. (IV, 38 u. II, 32 S.) 910. — 60
9. Lehraufgaben der Klasse I. Ausg. f. Knaben-Mittelschulen. (IV, 80 S.) 910. — 80

— Rechenb. f. Mittelsch. Im Anschl. an d. mathemat. Unterr.-Werk v. H Müller hrsg. 9 Hefte. 8° Ebd. d
1. Kl. IX. 2. u. 3. Afl. (56) '11. — 50 ‖ 2. Kl. VIII. 3. Afl. (64 m. Abb.) '11. — 60 ‖ 3. Kl. VII. 3. Afl. (64) '11. — 60 ‖ 4. Kl. VI. 3. Afl. (64) '11. — 60 ‖ 5. Kl. V. 3. Afl. (64) '11. — 60 ‖ 6. Kl. IV. 3. Afl. (4, 60) '11. — 60 ‖ 7.8. Kl. III u. II. Ausg. f. Knaben-Mittelsch. 2. Afl. (4, 38 u. 32) '10. — 60 ‖ 9. Kl. I. Ausg. f. Knaben-Mittelsch. 2. Afl. (4, 80) '10. — 80

— dass. 7—9. Heft: Lehraufg. d. Klassen III—I. Ausg. f. Mädchen-Mittelsch., bearb. v. Wilh. Nieland. 8° Ebd. d
7. Kl. III. (80 m. Fig.) '11. — 80 ‖ 8. Kl. II. (80 m. Fig.) '11. — 80 ‖ 9. Kl. I. (6, 122 m. Fig.) '11. 1 —

— u. Wilh. **Nieland**: Rechenb. f. Mädchen-Mittelsch. Ergebnisse zu Heft II—VI u. VII—IX. 8° Lpzg, BG Teubner '12. d
II—VI. Heft. 3. Afl. (61) nnn 1.40 ‖ VII. Heft. (11) nnn — 60 ‖ VIII. Heft. (10) nnn — 50 ‖ IX. Heft. (17) nnn — 80

— das System $\left(\frac{x^2}{a^2}+\frac{y^2}{b^2}-1\right)\left(\frac{x^2}{b^2}+\frac{y^2}{a^2}-1\right)=0$. Eine Untersuchung in der analyt. Geometrie. gr. 8. (8 S. mit 1 Taf.) Marburg 885, Sipmann'sche Buchh. *

— Mathemat. Unterr.-Werk f. Mittelsch., Anh., s: Nieland, Wilh., u. Gottfr. Giesen.

Bieler, Benjamin
— Auslegung d. Unterred Sauls mit d. Zauberer zu Endor. 8. Wittenb. 752. Bödner in Schw. 3 gr

Bieler, Benj., (auch Biehler), († ... 1771.) Betrachtt. über die bisher erstaunenswürd. Begebenheiten u. Erdbeben. 8. Wittenb. 756. 5 gr

Bieler, Benj. (Schweidnitz), De Hermensaula Saxonica enarratio succincta una cum statuae gloriosae base structili quam ecclesiae syderi Saxoniaeque decori archi-theologo rev. D. D. Hermanno in aula Dresdensi gratulatores quidam cordati litteris et scriptionibus suis huc dum consecrarunt. Torgau (J. G. Petersell) 1749. 27 Seiten. (4.80) 2682

Biehler, Benj. (Plancosteinensis Misnicus), Lapides Romanorum juxta vias positos. Präs. J. Steph. Pilarik (Wittenberg). Wittenbg. (Gerdes) 25. X. 1713. 16 S. (3.50) 2672
Gew.: J. Chph. v. Pistorius. — Widm. v.: Dan. Rosenfeld (Leipzig), Joh. Andr. Luther (Freiberg/Sa.), J. Mich. Dennschertz (Wertheim/Frk.).

— v. d. Lästerung u. Sünde wid. d. heil. Geist. 8. Hamburg. 744.

— s. V. E. Löscher, theologia pretiosa.

— Vorschläge z. Privatpolizey u. Schulanstalt. 2 Stck. 8. Dresden, Gerlach. 768.

Bieler, G., Chronik d. Stadt Torgau. 4. Leipz. 768. Compt. f. Literat. 3 gr

Bieler, Gust., das Symbolum apostolicum. Ein historisch-krit. Versuch. gr. 8. (32 S.) Strassburg 885, (Treuttel und Würtz.) *

Bieler, Harald von, Referendar: Ein Beitrag zu der Frage: Ist die Zession aus einem Rechtsgeschäft gültig, welches nach § 306 BGB. nichtig ist? Borna-Leipzig 1910: Noske. x, 30 S. 8°
Heidelberg, Jur. Diss. v. 3. Febr. 1910, Ref. Endemann
[Geb. 16. April 86 Lindenau, Kr. Graudenz; Wohnort: Lindenau; Staatsangeh.: Preußen; Vorbildung: Kgl. Gymn. Danzig Reife O. 06; Studium: Heidelberg 3, Berlin 3 S.; Rig. 21. Dez. 09.] [U 10. 1838

Bieler, Hugo, s.: **Katalog der 2. Acetylen-Fach-Ausstellung etc.**

Bieler, Johannes: Über die Echtheit des Lucianischen Dialogs Cynicus. Hildesheim, Druck v. Gebr. Gerstenberg, 1891; S. 3—18; 4°
Hildesheim, k. G Andreanum, OP 1891 (300)

Bieler, Johs., üb. die Echtheit d. Lucianischen Dialogs Cynicus. gr. 4. (18 S.) Hildesheim 891. (Leipzig, G. Fock.) n. — 90

Bieler, Johannes: Über die Echtheit des Lucianischen Dialogs de Parasito. Hildesheim, Druck v. Gebr. Gerstenberg, 1890; S. 3—23; 4°
Hildesheim, k. G Andreanum, OP 1890 (301)

Bieler, J., über die Echtheit d. Lucianischen Dialogs de Parasito. gr. 4. (23 S.) Hildesheim 890. (Leipzig, Fock.) n. 1. —

Bieler, Johannes: Uber die Echtheit der Lucianischen Schrift De Saltatione. Halle a. S., Druck d. Buchdr. d. Waisenhauses, 1894; 1 Bl., 24 S. 8.
Wilhelmshaven, k. G, OP 1894 (321)

Bieler, Kurt
Bieler: Denkschrift anlässl. d. 50jähr. Bestehens d. landwirtschaftl. Versuchsstation d. Landwirtschaftskammer f. d. Prov. Posen zu Posen. (19) Lex8° Posen, (Verl. d. landwirtschaftl. Centralbl.) '11. (Nur dir.) — 30

Bieler, Kurt [aus Bankau bei Danzig]: Ueber das sogenannte Fucusol. . . . Göttingen, Druck d. Dieterich'schen Univ.-Buchdr. (W. Fr. Kästner), 1890; 1 Bl. + 37 + 1 S. 8°
Göttingen, Phil. Fak., Inaug.-Diss. v. 7. März 1890

Bieler, Kurt. Über das sogenannte Fucusol. Diss. gr. 8. (37 S.) Gött. 890. (Vandenhoeck u. Ruprecht). * — 80

Bieler, Kurt, d. Rothamstoder Versuche n. d. Stande d. J. 1894. [Aus: „Landwirtschaftl. Jahrbb."] Lex.-8. (166 S. m. 2 Abb.) Berlin 896. P. Parey. n. 5. —

Bieler, K. u. W. Schneidewind. Die agrikultur-chemische Versuchsstation Halle a. S., ihre Einrichtung u. Thätigkeit. Mit e. Vorwort v. Maercker. gr. 8. (VII, 147 S. m. 26 Textabbildgn. u. 1 Lichtdr.-Taf.) Berl. 892, Parey. * 7 —

Bieler, Wilh.. Monte Carlo u. Nizza, s.a. Grieben's Reiseführ.

Monte Carlo und Nizza. Prakt. Führer. 2. Aufl. neu bearb. von Wilhelm Bieler. Mit 3 Karten. Berlin: A. Goldschmidt 1907—08. (IV, 100 S.) 8° [F. u. Ant.]
= Reiseführer, Griebens. Bd 87. [07. 8524

Monte Carlo und Nizza. Prakt. Führer. 3. Aufl. neu bearb. von Wilhelm Bieler. Mit 3 Kt. Berlin: Goldschmidt 1910—11. IV, 101 S. 8°
(Griebens Reiseführer. Bd 87.) [10. 500

Bieler, Wilhelm. Die Riviera. Praktischer Reiseführer. 8. Aufl., neu bearb. von W' B'. Mit 11 Karten. 192 + *Anhang (Anzeigen)* 48 S. 8. Berlin, Albert Goldschmidt, 1908-1909. ([geb.] M. 3.50) —
Griebens Reiseführer. Band 79.

Biéler-Chatelan, Th.: Die Zusammensetzg d. Ackerböden in volumetr. Darstellg. [Aus: „Internat. Mitteilgn. f. Bodenkde".] (8 m. Fig.) gr8° Berl., Verl. f. Fachlit. '12. 1 —

Die Verwaltung der Stadt Arnstadt in den Jahren 1891 bis 1895. Vom Oberbürgermeister Dr. Bielfeld. *Arnstadt 1897: E. Frotscher.* (92 S.) 8° [J.] [00. 8387 11

Bielfeld, Aug., Die Formen in d. Zithermusik. Monograph. Skizze. [Aus: „Echo vom Gebirge".] 8. (15 S.) Tölz (896). F. Fiedler. n. — 50

Bielfeld, Aug., der künstlerische Vortrag in der Musik. Eine monograph. Studie. [Aus: „Zithersignale".] gr. 8. (V, 51 S.) Trier 883. P. E. Hoenes. — 75

[BIELFELD, DETL. FRIEDR.], Der wohlthätige Amint. Eine Fischeridille. An Friedr. Aug. Schröder in Glückstadt. Als Mscpt. Kiel. 1797. P.

— üb. Deklamation als Wissensch. 8. Hamb., (A. Campe). 5 gl.

— Luthers 300jähr. Feier. gr. 8. Altona ... 2e A. 824. (Aue. 3 gl.

Bielfeld, (F.) Luther's 300jähr. Feyer. 2e Aufl. gr. 8. Altona 824, Busch. Rthlr.

Bielfeld, Detlef Friedrich: Luther. (Luther's 300 jährige Feier. 1. Ausg.) Kile. 1818. 8°

— Höhere Seelenlehre oder Bestaffelung der Gefühle, Leidenschaften und Charaktere nach ihrer wesentlichen Höhe und Tiefe im Gemüt. Kiel. 1812. Hesse

— Teuta, od. d. Todtenmahl. gr. 8. Hamb. 800. (A. Campe). 5 gl.

Teuta, oder das Todtenmaal: v. Detlef Friedrich Bielfeld. Hamburg. 1801. 8°.

Bielfeld, Dtl. F., Thuiskon, e. National-Epopee. 2 Bde. gr. 8. Leipz. 802, v. Schmidt. 4 Rthl. 8 gl. (Hammerich in Alt.) Hbg. Pr. 1 Rthl. 16 gl.

— vorläufige Winke z. e. Kanon d. Seelenlehre. 8. Kiel 811.

Bielfeld, Harald: Geschichte des Steuerwesens im Erzstifte Magdeburg .... (Aus: Staats- u. socialwiss. Forsch., hrsg. v. G. Schmoller. VIII, 1.) Leipzig, Duncker & Humblot, 1888; 1 Bl. + 34 S. + 1 Bl. 8°
Leipzig, Phil. Fak., Inaug.-Diss. v. 6. März 1888

Bielfeld, Harald. Geschichte des magdeburgischen Steuerwesens von der Reformationszeit bis ins 18. Jahrh. Nebst Aktenstücken und statist. Aufstellungen s.a. Staats- und sozialwiss. Forschungen, Bd. 8, Heft 1. Leipzig, Duncker u. H., 1888.

Bielfeld, Heinrich. Gedichte. Milwaukee: Freidenker Publishing Co., 1889. GSP, UC

Bielfeld, Jakob Friedrich Frhr. von
Bielefeld, v., dramat. Belustig. a. d. Franz. 8. Danz. (Jacobäer, Lpz.) 786.

Des Frh. v. Bielfeld freundschaftliche Briefe nebst einigen andern. Aus d. Franz. Th. 1. 2. Danzig u. Leipzig: Wedel 1765. 8° [Kupfertit.]
1. 488 S.; 2. 470 S.

[Dasselbe.] 2. durchaus verb. und verm. Aufl. 1770. 8°
1. 476 S.; 2. 474 S.
Auszug in: Taschenbuch f. Frmr. 1784 S. 151 bis 159 (Friedrich d. Gr. Aufnahme betr.); [dasselbe] [Nachdr.] 1784 S. 108—113.
Kl. 256.

v. Bielfeld, Jak. Fr., († d. 5. Apr. 1770.) freundschaftl. Briefe. 2 Thle. 8. Danz. 765. 2e A. Ebd. 770. (Enobloch in Lpz.) 1 Rthl.

— freundschaftl. Briefe. 2 Thle. 8. Danzig. (Böhme, a. Jacobäer, Lpz.) 770.

Bielfeld, Jakob Friedrich Frh. von (Hrsg.), s. E r e m i t , Der.

Bielfeld, Jacob Friedrich von. Friedrich der Große und sein Hof, oder: So war es vor 100 Jahren ... Breslau 1838. Ü: *Müller, Caroline.* (Nowack, Schles. Schriftst.-Lex. III, 95.) (Mitth. A. Rosenbaum.)

B i e l f e l d, Frhr. v., Friedr. d. Gr. u. sein Hof, od.: So war es vor 100 Jahren. In vertrauten Briefen geschrieben v. 1738—1760. 2 Thle. 8. (31 B.) Breslau 838, Max u. Comp.

Bielfeld, J. F. v. Vollständige Gelehrsamkeit, oder Grundlinien aller Wissenschaften und schönen Künste. Breslau 1767. V: *Wichmann, Chn August.* (MGT)

— vollständ. G e l e h r s a m k e i t. gr. 8. Bresl. Meyer. 767.

— erste Grundlinien d. allgem. Gelehrsamkeit, übers. mit Zus. u. Erläuterr. (v. Chr. A. Wichmann). 3 Bde. gr. 8. Bresl. 767. (Gosohorsky). 3 ₰

Bielfeld, Jak. Fr. von. Lehrbegriff der Staatskunst. Aus dem Französischen übersetzt von J. C. Gottsched und J. J. Schwabe 1761. 2. Ausg. 1773. 3. Ausg., von J. G. Meusel bearbeitet. 3 Thle. gr. 8°. Breslau 1777. Korn

B i e l e f e l d, (J. F.) Bar. de: „Institutions politiques", 3 tms., (t. 3 publié par la baronne de Bielefeld, née de Boden, avec l'éloge de l'auteur) Haye 1760, Leyde 1772. 4°. — Vorh.: Com. Bibl. Hamburg. — Deutsche Uebersetzung u. d. T.: „Des Freiherrn von Bielefeld Lehrbegriff der Staatskunst", 2 Bände, übersetzt von J. C. Gottsched und J. J. Schwabe, Breslau 1761 (bei Joh. Friedr. Korn, dem Aelteren), vorh.: UB Bonn — Ka. 69 — Der Uebersetzg. 2. Auflage 1764, 3. Auflage 1768 (3. Band 1773). — Außerdem erschienen Uebersetzungen in italienischer und russischer Sprache.

— s. P r o g r è s des Allemands etc.

Bielfeldt od. Edert? Zur Fibelfrage. (32) 8° Kiel, Lipsius & T. '11. — 40 d

Bielfeldt, A u g u s t: Bemerkungen zur Lehrerbesoldungsfrage. Altona-Ottensen 1908. 8° 56 S. (Selbstvlg.)

Denkschrift über die Gleichstellung der preußischen Volksschullehrer mit den Verwaltungssekretären. Im Einvernehmen mit dem Vorstande des S.-H. Lehrervereins v. August **Bielfeldt.** Altona-Ottensen. 1907. 8° 36 S. (Selbstvlg.)

Lehrermangel und Lehrerbesoldung. Von August **Bielfeldt,** Lehrer in Altona-Ottensen. Hamburg: Selbstverl. 1905. (61 S.) 8° [o6. 6960

Bielfeldt, Aug., der preussische Volksschullehrer u. die Subalternbeamten. Statistische Untersuchgn. üb. Ausbildg., Ausbildungskosten u. Dienst-Einkommen. (61 S. m. 1 Tab.) gr. 8. Altona 904. Lehrer A. Bielfeldt. n. 1. 25

Bielfeldt. Hans. praktischer Tierarzt aus Lehmbeck (Schleswig-Holstein). Über die Wirkung des Glykogens beim Pferde. Hannover 1909. IV + 29 S. 8°. [12. XI. 08.]

Bern Vet.-med. Diss. 1908/09.

B i e l f e l d t, Hans, Über die Wirkung des Glykogens beim Pferde. Diss. Vet.-Med. Bern. IV + 29 S. 8. Hannover, M. & H. Schaper, 1909.

Bielfeldt, Heinr., Fibel. Mit Bildern v. Erich Kuithan. (134 S. m. 1 Taf.) 8. Kiel 910. Lipsius & Tischer. Geb. 1,—; Begleitwort (40 S. m. Abbildg.) — 60

Bielfeldt, Heinr.: Fibel. 3—7. Taus. (132 m. Abb. u. 1 Taf.) 8° Kiel, Lipsius & T. '11. geb. 1 —; Begleitwort. (40 m. Abb.) — 60 d

B i e l h u b e r, C. (Hofmeister in L.), U n t e r h a l t u n g e n a u s d e r M y t h o l o g i e, o d e r G ö t t e r l e h r e d e r G r i e c h e n u n d R ö m e r, ... mit 41 niedlichen (z. Th. etw. freien) Kpfrn. von den besten Meistern ... Augsburg 1816. In der Exped. d. geogr. Unterhaltgn. ... (Nebst Kpftit.) 8°.

1 Bl., 430 S., 1 Bl. Err., 42 Kpftaf. (zum Theil gefalt.).

B i e l h u b e r, C., Unterhaltungen aus d. Mythologie. Mit 50 Kupf. gr. 8. Augsb. Bäumer. 816.

Bielhuber, C., Unterhaltung aus d. Mythologie od. Gotteslehre d. Griechen u. Römer, ihre Geschichte u. ursprüngl. Bedeutung. Mit 50 Kpf. gr. 8. Augsb. 818. Bürglen. 2 ₰ 8 gr.

B i e l h u b e r, (C.,) Unterhaltung aus d. Mythologie od. Götterlehre d. Griechen u. Römer, ihre Geschichte u. ursprüngl. Bedeutung mit 50 Kpfrn. gr. 8. Augsburg 823, Bäumer. (Leipz., Hinrichs.)

Bielich, Carl Frdr., Compendium der Gabelsberger'schen Stenographie. Lehr-Vortrag. 8. (94 S., wovon 40 lith.) Zwickau i/S. 881. Bielich. n. — 75

Bielig Josef und **Czerny Franz,** Lesebuch für österreichische allgemeine Volksschulen. Ausgabe für ein- bis dreiklassige Volksschulen. Wien 1906. F. T e m p s k y. I. Teil. Fibel für das 1. Schuljahr. Geb. K —.70. II. Teil. (Für das 2., 3., beziehungsweise auch das 4. Schuljahr.) Mit vielen Abbildungen. Geb. K 1.60. III. Teil. (Für das 4., 5., 6., 7. und 8. Schuljahr.) Mit 106 Abbildungen und drei Karten. Geb. K 2.40. (Min.-Erl. vom 19. Oktober 1906, Z. 39215.)

Bielig, Jos., u. Frz Czerny: Leseb. f. österr. allg. Volkssch. 1. Tl. Fibel (f. d. 1. Schulj.). (96 m. Abb. u. Bildn.) 8° Wien, F Tempsky '07. geb. nn — 70 d

Bielig, Jos., s.: T i t z e, Joh., 800 Aufsatzthemen zu freien Aufsätzen in der Volksschule.

Bieligk, Ernst: Katalog der Lehrerbibliothek. I. Teil: Religion, Philosophie, Pädagogik. 57 S. 8. II. Teil: Griechische Autoren, Römische Autoren, Hilfswissenschaften zur klassischen Philologie, Französisch, Englisch. Die übrigen lebenden Sprachen (außer d. deutschen Sprache). 1 Bl., S. 59—130. 8. III. Teil: Geschichte, Geographie, Mathematik, Astronomie, Naturwissenschaften, Rechtswissenschaft, Militaria, Deutsche Sprache, Allgemeine Encyclopädien, Bücherkunde, Geschichte der Philologie. 2 Bl., S. 131—228. 8. Progr.

Kgl. Pädagogium u. Waisenhaus [Steinbartsche Erziehungs- u. Unterrichtsanstalten] *Züllichau* 1905 1906 1907

Bieligk, Ernestus: De casuum syntaxi a Floro historico usurpata. Halis Saxonum 1883: Schlesinger. 87 S. 8°

Halle-Wittenberg, Phil. Diss. v. [31. Jan. 1884]

Geb. Felixgrube (Kr. Spremberg) 8. 6. 1858. V.

Bielik, Emerich, k. u. k. Militär-Kaplan. Podol 26. Juni 1866. E h r e n b l a t t aus der Geschichte des k. u. k. Infanterie-Regiments Edler von David Nr. 72 den lieben Kameraden anlässlich der Jahreswende des Gefechtes bei P o d o l gewidmet. 8. Pressburg (1893)

Geschichte der K. u. K. Militär-Seelsorge und des apostolischen Feld-Vicariates über Auftrag d. Apostol. Feld-Vicars Dr Colman Belopotoczky von E m e r i c h **Bielik,** Feld-Consist.-Secr. *Wien: Selbstverl. d. Feld-Vicariates 1901.* (VIII, 373 S.) 8° [01. 3339

Bieling, Alex., o r t h o g r a p h. Notstände. Vortrag, geh. i. Berliner Gymnasiallehrer-Verein u. in dessen Auftr. hrsg. gr. 8. (23 S.) Berlin 894. Mayer & Müller. n. — 50

Bieling, Alex., das Princip der deutschen Interpunktion, nebst einer übersichtl. Darstellung ihrer Geschichte. gr. 8. (88 S.) Berlin 880. Weidmann. n. 1. 60

Bieling, Alex. Die Reineke-Fuchsglosse in ihrer Entstehung und Entwicklung dargestellt. 22 S. Progr. Andr. Rg. *Berlin* 1881.

Bieling, Alex., die Reineke-Fuchs-Glosse, in ihrer Entstehg. u. Entwicklg. dargestellt. gr. 4. (22 S.) Berlin 884. Gaertner. n. 1. —

Bieling, Alexander Textkritische Studien zur Minna von Barnhelm. 4 (14 S.) Progr. Lessing-G. *Berlin* 1888

Bieling, Alex., textkritische Studien zur Minna v. Barnhelm. gr. 4. (14 S.) Berlin 888, Gaertner's Verlag. *

Bieling, Alexander: *De tempore, quo Sophocles Oedipum Coloneum composuisse putandus sit. 40 S. 4° (2°)
Halle-Wittenberg, Phil. Diss. v. 5. Okt. 1871
Geb. [Berlin 1. 5. 1847]
Datum des Diploms fälschlich 15. Okt. 1871.

— König Wilhelms Waffenweihe, s. a. Koch, Frdr. E.

[F.] König Wilhelms Waffenweihe. Melodram. Fest-Kantate f. gemischten- oder Männerchor u. Deklamation m. besond. Berücks. d. national-patriot. Feiern in Deutschlands höh. Schulen. Dichtg v. Prof. Dr. Alexander **Bieling**. Mus. v. Friedr. E. Koch, Gesangl. ... zu Berlin. *Quedlinburg: Ch. F. Vieweg [1898]*. (6 S.) 1 Bd 8. [98. 8731

Bieling, C.F.: De differentia inter senatus auctoritatem, consultum et decretum. 8 S.
Progr. Minden 1846.

Bieling, E. H., De hiatus vi atque usu apud poetas epicos qui Augusti aetate floruerunt. Diss. 1868. 70 S. 2.—

Bieling, Franz [approb. Arzt aus Wissen a. d. Sieg (Rheinpreussen)]: Beitrag zur Casuistik der papillären Carcinome der behaarten Kopfhaut .... Würzburg, Paul Scheiner's Buchdr., 1886; 35 S. 8°.
Würzburg, Med. Fak., Inaug.-Diss. v. 1886.

Bieling, Franz, Beitrag zur Casuistik der papillären Carcinome der behaarten Kopfhaut. Diss. Würzburg 1886, Stahelsche Univ.-Buchh. 8⁰. 35 S.

Bieling, G. Ph., s. A Innsprucker.

Bieling, Hugo, ein Beitrag zur Ueberlieferung der Gregorlegende. 4. (26 S.) Berlin 874. Goetz'sche Buchh. n. 1. —

Bieling, H. Ein Beitrag zur Ueberlieferung der Gregorlegende. Berlin, Sophien-R., 1874. 26 S. 4. Progr.

Bieling, Hugo Zu den Sagen von Gog und Magog. 23 S.
Progr. So. Rg. *Berlin* 1882.

—— zu den Sagen von Gog und Magog. 4. (28 S.) Berlin 882, [Weidmann'sche Buchh.] Gaertner's Verlag. *

Bieling, Hugo, s.: Sprachproben, altenglische.

Bieling, Karl: Geschichte der Entdeckung, auch Darstellung des geognostischen Vorkommens der bey dem Dorfe Thiede am Lindenberge im Herzogthume Braunschweig gefundenen merkwürdigen Gruppe fossiler Zähne und Knochen urweltlicher Thiere. – Wolfenbüttel (1818): Bindseil. 16 S. 8⁰

Bieling, C., Geschichte der Entdeckung, auch Darstell. d. geognost. Vorkommens d. bei d. Dorfe Tiede im Herzogth. Braunschweig gefund. merkwürd. Gruppe fossiler Zähne u. Knochen urweltlicher Thiere. Mit 1 Kpft. gr. 4. Wolfenb. 819. (Hannov., Hahn). 1 ℛ︀

Bieling, Kurt, der Alkohol u. der Alkoholismus, s.: Arzt, der, als Erzieher. 23. Heft.

Bieling, Kurt, approb. Arzt aus Berlin: Ueber die Dauerresultate der Vaginofixatio uteri. *Berlin (1898): E. Ebering.* (55 S.) 8°
Berlin, Med. Diss. v. 30. Sept. 1898

Bieling, Otto [app. Arzt aus Hamburg]: Aus d. medizin. Klinik in Kiel. Ueber die Perspiration bei universellem Eczem ... Kiel, Druck v. Schmidt & Klaunig, 1894; 28 S., 2 Bl. 8.
Kiel, Med. Fak., Inaug.-Diss. v. [19. Febr.] 1894

Bieling, Peter, a. Altenbeken ⟨Westfalen⟩: Beiträge zur Differentialdiagnose zwischen Massitis cystica und Cystadenoma mammae. Würzburg 1904: P. Scheiner. (57 S.) 8°
Würzburg, Med. Fak., Ref. v. Rindfleisch, Diss. v. 25. Aug. 1904
[Geb. 9. Febr. 78 Altenbeken; Wohnort: Altenbeken; Staatsangeh.: Preußen; Vorbildung: Gymn. Altenbeken Reife Juli 99; Studium: Würzburg 4, München 1, Würzburg 5 S.; Coll. 13. Juli 04; Approb. 16. Juni 04.]

Friedrich Händess. 1797–1838. Ein Zeuge d. Herrn unter Israel. Zumeist nach s. Tagebüchern u. Briefen geschildert von Richard **Bieling**, Missions-Geistl. in Berlin. *Berlin: Evang. Vereins-Buchh. 1894.* (58 S.) 8° [F.]
— Schriften d. Institutum Judaicum in Berlin. No 20. [94. 7346

Bieling, W., die Pürschzeichen beim Rotwilde. (10 Taf. m. farb. Mustern u. untergedr. Text.) Neudamm (900). J. Neumann. In Leinw.-Mappe n. 12. —

Bieling, W., die Pürschzeichen beim Rotwilde. 2., verb. Aufl. (10 Taf. m. farb. Mustern u. untergedr. Text.) Neudamm (902). J. Neumann.
Geb. in Leinw. in Leporelloform n. 12. —

Bjelinski, Maxim
Bjelinski, M., Nataschka u. andere Erzählungen. Autoris. Uebersetzg. v. A. Markow u. Cl. Heiß. gr. 8. (187 S.) Budapest 890. Grimm. n. 2. —

Bielitz [Schlagwort]
— s. a.: Europa. Liebenow.

Bielitz. Pfister, Rud., Orientierungs-Plan v. Bielitz-Biala. 1 : 10,000. Ausg. 1904. 52,5×32,5 cm. Farbdr. Bielitz, W. Fröhlich. n. — 90

Bielitz [Verfasser]
Bielitz, Alb., s. Handelsadressenbuch von Serbien.

Bielitz, Albert Samuel (Liebenwerda), Historiae feudorum nobilium, quae sunt in dominio principis electoris Saxoniae, adumbratio. Präs. Carl Salomon Zachariae. Wittenbg. (Ch. Ph. Meltzer) 22. IX. 1798. 24 S. (4.50) 2683
Gew.: Christian August Kunad (Zwickau).

Bielitz, Carl, die Napoleoniden im J. 1849, mit geschichtl. Notizen aus dem Leben sämmtl. Mitglieder der Napoleoniden-Familie, seit deren Erhebung vor 50 Jahren bis jetzt. Mit dem (lith.) Portr. von Carl Louis Napoleon Bonaparte. 8. (16 S.) Berlin 849, Winckelmann und Söhne.

Bielitz, Carl Frdr., Führer zum Altare des Herrn u. durchs Leben. Erbauungsstunden für Confirmanden. 8. (VI, 256 S. u. 1 Stahlst.) Leipzig 866. Abel. 22⅔ ngr.; geb. 1 ℛ︀

Bielitz G.: Beob. der meteor. Station in B. 5 u. 1 Taf. (6) 5. 9. 6. 3. v. K. Kolbenheyer. 74—6, 78. 81. 82. Progr.

— Gang der Wärme in B. nach 10-jährigen Beobachtungen. 26 m. 1 Taf. v. dems. 84. Progr.

Bielitz, Gust. Alex., Analyse und Erläuterungen des preuß. Gesetzes über das Rechtsmittel der Revision u. Nichtigkeitsbeschwerde v. 14. Decbr. 1833. gr. 8. Leipz. 833. Lehnhold. ⅓ ℛ︀

Bielitz, Gust. Alex., Analyse u. Erläuterungen d. Preuß. Gesetzes üb. d. Rechtsmittel d. Revision u. Nichtigkeitsbeschwerde vom 14. Dez. 1833. gr. 8. (4½ B.) Leipzig 834, Lehnhold.

Bielitz, Gustav Alexander: Anleitung zur Kenntniß der sämmtlichen in Chursachsen geltenden bürgerlichen Privat-Rechte (Th. 2.3.: des bürgerlichen und Lehnrechts) in einer Reihe von Briefen. Th. 1-3.– Leipzig: Breitkopf u. Haertel 1796.

Bielitz, Gust. Alex., Darstellung d. Rechte d. preuß. Fiskus. 8. (2½ B.) Berlin 839, Heymann. Thlr.
Aus der: Kameralistischen Zeitung, besond. abgedruckt.

Bielitz, Gust. Alex., Darstellung d. Rechts-Verhältnisse d. Adels in Preußen. Nebst e. Anh. v. adlichen Gütern, u. den mit d. Besitze verbund. Rechten. gr. 8. (3½ B.) Berlin 840, Heymann.
Aus der: Kameralistischen Zeitung, besond. abgedruckt.

—— Darstellung d. Rechtsverhältnisse beim Auszuge od. Altentheile, besond. nach preuß. Rechten. gr. 8. (6 B.) Leipzig 838, Pönicke u. Sohn.

Bielitz, Gust. Alex., Darstellung d. Verfassung u. Verwaltung d. Polizei in Preußen. Ein Hülfsbuch für Landräthe, Magistratspersonen u. Polizeibeamte. gr. 8. Leipzig 841, Kollmann 2/3 ℛ

—— Erläuterungen d. Preuß. Gesetzes, üb. d. Mandats-, d. summarischen, u. d. Bagatellprozeß, vom 1. Juni 1833. gr. 8. (6½ B.) Naumburg, Wild.
2. Abthl., vgl. dess. Ministerial-Instruction ꝛc.

Bielitz, Gust. Alex.: Ueber den verschiedenen Gerichtsstand besonders in Chursachsen. *Leipz.*, **Hinrichs. 801. 8. (14 Gr.)** (Seeger)

Bielitz, Gst. Alex.: Handb. d. Preuss. Kirchenr.. *Leipz.*, Hartmann. 818. gr. 8. (1 Thl. 12 Gr.) — 2e verm. u. verb. Ausg. *Leipz.*, Lehnhold. 831. gr. 8. (1 Thl. 12 Gr.)

Bielitz, Gust. Alex.: Handbuch d. fiscalischen Untersuchungs-Processes in Preussen. Neue, bis z. J. 1816 durch Nachträge verm. u. bericht. Ausg. *Erfurt*, **(Winkler.) (820.) 826. gr. 8. (18 Gr.)**

— Handb. des fiskalischen Untersuchungsprocesses im Preußischen. gr. 8. Zeitz 820. Webel. Neue verm. Ausg. gr. 8. Erf. 826. Keyser. 18 ℊ Zus. u. Ergänz. f. d. Besitzer d. 1n Ausg. gr. 8. Ebd. 826. 8 ℊ

— **Gustav Alexander** (Liebenwerda), De juribus singularibus, atque immunitatibus ob rem metallicam in Saxonia concessis. Disp. jur. Wittbg. (Tzschiedrich) 3. VII. 1794. 28 S. (4.50) 2684

Bielitz, Gust. Alex.: Die preuss. Justizverfassung, in ihrer Eigenthümlichkeit verglichen mit d. sächsischen. Eine Anleit. für die aus der sächs. in d. preuss. Dienst übergegangenen Justizbedienten, den neuen Geschäftsgang geschwind sich eigen zu machen. 3 Thle. *Halle*, **Renger. 817. 18. 8. (3 Thl.)**

—die Preuß. Justizverfassung in ihren Eigenthümlichkeiten ꝛc. 3 Thle. gr. 8. Halle 817, 18. (Berlin, Heymann.) 3 ℛ jetzt 2/3 ℛ

Bielitz, Gust. Alex.: Kommentar zum allgem. Landr. f. d. preuss. Staaten. 2. verm. u. verb. Ausg. 1. Bd., welcher die Erläuterr. d. Publikations-Patente, der Einleit. u. der 5 ersten Titel des 1. Theils enthält. *Erfurt*, **(Winkler.) (823.) 835. gr. 8. (1 Thl. 8 Gr.)**
2r Bd., welcher die Erläuterungen des 6n — 11n Tit. des 1n Th. enthält. *Ebend.* 824. (3 Thl.)
3r Bd., welcher d. Erläuterr. d. 12n — 17n Tit. d. 1n Th. enth. *Ebend.* 825. (3 Thl.)
4r. Bd., welcher d. Erläuterr. d. 18n — 23n Tit. d. 1n Th. enth. *Ebend.* 826. (3 Thl.)
5r Bd., welcher d. Erläuterr. d. fünf ersten Tit. d. 2n Th. enth. *Ebend.* 827. (3 Thl.)
6r Bd., welcher die Erläutt. des 6n — 8n Tit. d. 2n Th. enth. *Ebend.* 828. (3 Thl.)
7r Bd., welcher d. Erläutt. d. 9n — 14n Tit. d. 2n Th. enth. *Ebend.* 829. (3 Thl.)
8r (letzt.) Bd., welcher die Erläutt. d. 15 — 19n Tit. d. 2n Th. enth. *Ebend.* 830. (2 Thl. 16 Gr.)
Nachträge zum prakt. Kommentar üb. das allgem. Landr. für d. preuss. Staaten. 1s u. 2s Hft. — A. u. d. Tit: Abhandlungen zur Erläuter. d. preuss. Gesetze. 1s u. 2s Hft. *Ebend.* 831. 32. gr. 8. (1 Thl. 12 Gr.)

— prakt. Kommentar zum allgem. Landrechte für die preuß. Staaten. 2e verm. u. verb. Ausg. 1r Bd., welcher die Erläuterungen der Publikations-Patente, der Einleitung u. der 5 ersten Titel des 1ten Theils enthält. Lex.-8. Erfurt 835. Keyser. 1 1/3 ℛ

—— Ministerial-Instruction z. Ausführung d. Gesetzes üb. d. Mandats-, d. summar., u. d. Bagatellprozeß, v. 1. Juni 1833, begl. mit ein. Anmerkn. gr. 8. (2¼ B.) Naumburg, Wild.
Ist als 2. Abthl. v. dess. Erläuterungen, s. oben, zu betrachten.

Bielitz, Gustav Alexander: Von den Rechten und Befreyungen, welche die Bergleute und Bergbauenden nach den sächs. Gesetzen geniessen. Aus dem Latein. vom Verfasser. Dresden 1794.

— von d. Rechten u. Befriedigungen, welche die Bergleute u. Bergbauenden nach d. Sächs. Gesetzen genießen. 8. Wittenb. 794.

— Versuch über die vom Verlagsrechte geltenden Grundsätze, aus d. Analogie d. positiven Gesetze abzuleiten. 8. Dresd. 799. Hilscher. (Grimmer). 6 ℊ Hdg.-Pr. 4 ℊ

Bielitz, (Ern.) Rob. (geb. Naumburg a. S. 26. 9. 1834): De natura et curatione calculorum vesicalium. Berolini (1860). (40 S.) 8°
Berlin, Med. Diss. v. 29. März 1860

Bielitz, Walter, Oberarzt im Eisenbahn-Regt. No III: Ueber akute primär synoviale Gelenkeiterungen und ihre Behandlung. Gießen 1906: v. Münchow. (36 S.) 8°
Gießen, Med. Fak., Ref. Poppert, Diss. v. 21. Dez. 1906
[Geb. 25. Okt. 77 Lauenburg i. Pommern; Wohnort: Tempelhof; Staatsangeh.: Preußen; Vorbildung: Gymn. Danzig Reife O. 96; Studium: Halle 1, Berlin 9 S.; Coll. 29. Nov. 06; Approb. 11. Juli 02.]

Kolibri 360 GmbH
Ferdinand-Jühlke-Straße 7
99095 Erfurt, Deutschland
produktsicherheit@kolibri360.de